공업재료가공학 제5판

MANUFACTURING PROCESSES FOR ENGINEERING MATERIALS
IN SI UNITS

공업재료가공학 제5판

MANUFACTURING PROCESSES FOR ENGINEERING MATERIALS
IN SI UNITS

Prentice Hall
Upper Saddle River, NJ 07458
United States of America

공업재료가공학 제5판

MANUFACTURING PROCESSES FOR ENGINEERING MATERIALS SI Units 5th Edition

저 자 | KALPAKJIAN, SEROPE; SCHMID, STEVEN
역 자 | 김낙수
발행인 | 채희선
발행처 | 성진미디어
발행일 | 2014년 9월 3일
등 록 | 제311-2010-23호

전 화 | 02)374-4363(대표)
팩 스 | 02)375-4362
주 소 | 서울시 은평구 증산동 248 중앙하이츠상가 B101호

ISBN 978-89-98308-07-0

값 35,000원

역자 소개

김낙수

서강대학교 기계공학과 교수(1995~현재)
홍익대학교 기계공학과 교수(1990~1994)
오하이오주립대학교 ERC/NSM 선임연구원(1989~1990)
U.C.Berkeley 기계공학 박사(1989)
서울대학교 기계설계학과 학사/석사(1982/1984)

옮긴이 머리말

최근에 제조업의 기반기술인 공업재료 및 가공기술 분야에서의 비약적인 기술발전 속도는 그야말로 시간경쟁을 벌이는 것처럼 보인다. 새로운 기술들이 도입되어 산업에 활용되고, 전통적인 기술이라도 연관분야 신기술 및 정보통신기술과 융합되어 더욱 새로운 기술로 거듭나고 있다. 제조업에 많이 활용되기 시작한 신속조형기술 및 신속금형기술이 그 대표적인 예라고 할 수 있다.

『공업재료가공학』 제3판이 출간된 지 십년 만에 신판(제5판)을 다시 번역하였다. 뒤늦은 감이 있지만, 공업재료가공학 분야의 전통기술과 신기술을 전공분야의 학부생과 대학원생, 연구자, 제품 및 공정개발 책임자, 생산관리자 및 기술경영자들에게 소개하기 위해, 부지런히 제5판의 번역원고를 준비하였다.

그동안 우리나라의 가공기술수준이 많이 발전하였고, 기계, 자동차, 조선, 철강, 반도체 등 몇몇 분야에서는 이제 세계수준의 경쟁력을 확보하고 있다. 이는 모두 가공기술을 공부하고 연구하며 활용한 독자들의 관심과 열정이 낳은 결과라고 생각한다. 하지만 제조업의 기술수준이 어느 정도 올라와 있는 현 시점이야말로, 기술수준의 향상과 부가가치의 제고를 위해 연구와 기술개발에 더욱 힘쓸 때라고 생각한다. 이를 위해서는 원저자가 강조한대로, 재료/설계/가공공정 간의 상호작용에 대한 충실한 이해와 함께, 설계 및 개발/생산/관리 등이 융합된 학제적 본질을 활용하여야 한다. 이러한 점에서 이 책은 공업재료가공학 분야의 서적 중에서 가장 잘 저술되었다고 생각한다.

제5판에서는 기존의 중요한 주제들이 보다 체계적으로 정리되었고, 우리나라 제조업에 꼭 필요한 새로운 주제들도 많이 추가되었다. 이전 판에 비해, 기술적으로는 신속조형기술, 반도체가공, MEMS, 점진성형, 폴리머가공 역학, 다구치 방법 등이 새로 추가되었다. 개념적으로는 각종 공정에서의 제품 및 공정 설계지침, 수명주기공학, 지속가능가공, 홀론 생산방식, 경제적 고려사항 및 경쟁적 측면, 생산관리기법 등이 추가되어 제조업의 고도화에 필수적인 지식과 경향을 제공하고 있다.

각 장은 <주요내용>, 본문, 예, 사례연구, <내용 요약>, <수식 요약>, 참고문헌, <복습문제>, <연습문제>, <설계문제>의 형식으로 체계화되어 있다. 이는 독자들이 가공공정을 분석적이면서도 종합적으로 쉽게 이해하고 설계할 수 있도록 도움을 줄 것이다. 각 공정별로 설계지침과 설계문제를 통해 독자들의 제품 및 공정 설계/개발 능력을 포함한 문제해결능력을 향상시키고자 하였다. 또한 경제적 고려사항 및 생산관리기법을 통해 기술경영의 기초지식을 제공하고 있다. 789개의 도표, 94개의 예제와 사례연구, 1445개에 이르는 문제와 수많은 수식을 포함한 귀중한 자료들을 상호 유기적으로 제시하여 첨단의 가공공정을 잘 이해할 수 있도록 하였다.

제5판의 번역에서는 이전 판의 일부 번역내용과 의미가 같더라도 모두 재번역하여 의미의 전달이 보다 명확하도록 하였다. 원서를 번역함에 있어서, 필요에 따라 내용을 의역하거나 재구성하였다. 또한 영미단위에서 SI단위로 변환하면서 생긴 부적절한 유효숫자는 공학적 의미를 갖도록 절사하였다. 경우에 따라서는 절대온도(K)를 이해하기 쉬운 섭씨온도(°C)로, 미국달러화는 원화로 변환하여 소개하였다. 원서에서 발견된 극히 일부분의 오류도 모두 바로 잡았다.

제5판을 번역하면서 여전히 어려웠던 점은 신기술, 신소재, 신개념은 계속 만들어지는 반면, 아직도 많은 가공기술과 용어에 대하여 우리말로 된 적절한 표현이 부족하고, 있다고 하더라도 혼용되어 뜻의 전달에 오해가 생길 수 있다는 점이다. 이 부분은 이 분야에서 연구하고 교육하는 분들께서 끊임없이 노력해야 할 중요한 과제라고 생각한다. 아울러, 옮긴이의 얕은 지식으로 인한 오역이나 부적절한 표현이 발견되면 기탄없이 지적해주기 바란다.

끝으로, 이 책이 발간될 수 있도록 헌신적으로 협력해주신 (주)피어슨에듀케이션코리아의 여러분들, 특히 김정준 선생님에게 깊은 감사를 드린다. 또한 완성되기까지 많은 조력을 아끼지 않은 서강대학교 기계공학과의 정형가공연구실 학생 제군들에게도 고마움을 표한다.

2008년 10월
옮긴이 씀

머리말

가공학이 모든 측면에서 빠르게 발전함에 따라, 저자들은 가공공정 및 가공작업의 종합적이고 균형잡힌 최신의 과학, 공학, 기술을 지속적으로 제공해 왔다. 이 책의 이전 판들에서처럼, 제5판에서도 재료, 설계, 가공공정 간의 상호작용과 이들을 선택할 때 고려해야 할 수많은 인자들을 포함하는, 가공활동의 복잡성과 학제적인 본질을 계속 강조하였다.

현대의 글로벌경제에서 가공의 중요함을 이해하고 올바르게 인식할 수 있도록, 학생들에게 동기를 부여하고 흥미를 자극하기 위한 모든 시도를 하였다. 각 장의 끝부분에 제공한 많은 수의 복습문제와 연습문제는 학생들이 다양한 문제에 대하여 실행가능한 해답을 찾도록 함으로써, 모든 가공공정과 작업의 능력과 한계를 평가하는 기회를 주고자 하였다. 이들 문제에는 경제적 고려사항과 세계시장에서의 고도로 경쟁적인 측면도 포함된다. 이 책에 수록한 많은 예와 사례연구들 역시 학생들에게 주제들을 현장에서 활용하는 시각을 갖는 데 도움을 줄 것이다.

제5판에서 새롭게 추가된 사항들

- 다루고자 하는 내용을 잘 소개하기 위해, 각 장을 시작할 때 목적과 내용을 <주요내용> 편에 간단하게 요약하였다.
- 가공의 모든 측면에서 자료 및 그림과 함께 본문을 완전히 갱신하였다.
- 제5판에서 새로이 추가되거나 확장된 주제들은 다음과 같다.
  · 정보통신망
  · 가공에서의 설계 고려사항
  · 미소기계 및 미소전자기계 소자의 제작
  · 홀론 생산방식
  · 점진성형
  · 수명주기공학 및 지속가능가공
  · 폴리머가공의 역학
  · 미소가공
  · 나노가공 및 나노재료
  · 신속조형기술 및 신속금형기술
  · 다구치 방법

· 가공관련 정보를 얻을 수 있는 각종 기관의 웹사이트

- 전체를 편집하여 SI단위로 통일하였고, 가독성과 명료성을 갖도록 하였다.
- 본문 전체에 전후참조를 많이 삽입하여 학생들에게 도움을 주고, 동시에 설명하는 주제들 간의 복잡한 상호 관련성에 대한 넓은 시각을 제공하고자 하였다.
- 많은 그림들을 새로 추가하였고, 기존의 그림들도 그래픽효과를 충분히 주도록 개선하였다.
- 복습문제와 연습문제는 총 1445개로, 이전 판에 비해 18% 증가하였다. 상당수 선별된 연습문제의 답을 이 책의 끝부분에 수록하였다.
- 각 장의 끝부분에 수록되어 있는 참고문헌들을 대폭 갱신하였다.

강의보조자료

이 책에 수록된 주제에 대하여 강의하는 것을 보조하기 위해, 강의자들에게 배부할 파워포인트 자료와 해답집을 특별히 개발하였다. 이들 자료는 www.pearsoned-asia.com/kalpakjian에서 다운로드 받을 수 있다. SI판이 아닌 강의보조자료는 www.prenhall.com/kalpakjian에서 다운로드 받을 수 있다. 강의보조자료는 파워포인트, 키노트, pdf 형식의 시각교재로 구성되어 있다.

대상독자

이 책은 기계공학, 금속공학, 재료공학, 산업공학의 학부생들뿐만 아니라 대학원생, 그리고 관련 분야 실무자들을 위해 저술하였다. 저자들은 학생들이 이 책에서 가공과학과 공학의 넓은 주제를 공부하여, 가공이 한 국가의 건전한 경제와 국민의 복리에 끼치는 중요성과 의미를 인식해주기를 바란다.

저자들은 강의자나 학생들 모두로부터, 이 책을 준비하면서 기울인 주의를 피해나간 오류, 결함, 부정확한 정보들과 함께, 개선에 대한 제안과 관련한 어떤 의견이라도 받을 수 있다면 그에 대해 감사드린다.

감사의 글

이 책의 이번 판과 지난 판에 어떤 형태로든 각종 공헌을 해주신 학계, 산업계, 연구기관에 있는 분들의 포괄적인 목록을 다음과 같이 제시함을 기쁘게 생각한다.

B.J. Aaronson
R. Abella
D. Adams
K. Anderson
S. Arellano
R.A. Arlt
D.D. Arola
V. Aronov
A. Bagchi
E.D. Baker
J. Barak
J. Ben-Ari
G.F. Benedict
S. Bhattacharyya
J T. Black
W. Blanchard
C. Blathras
G. Boothroyd

D. Bourell
B. Bozak
N.N. Breyer
C.A. Brown
R.G. Bruce
J. Cesarone
T.-C. Chang
R.L. Cheaney
A. Cheda
S. Chelikani
S. Chen
S.-W. Choi
A. Cinar
R.O. Colantonio
P. Cotnoir
P.J. Courtney
P. Demers
D. Descoteaux
M.F. De Vries
R.C. Dix
M. Dollar
D.A. Dornfeld
H.I. Douglas
M. Dugger
D.R. Durham
D. Duvall
S.A. Dynan
J. El Gomayel
M.G. Elliott
E.C. Feldy
J. Field
G.W. Fischer
D.A. Fowley
R.L. French
B.R. Fruchter
D. Furrer
R. Giese
E. Goode
K.L. Graham
P. Grigg
M. Grujicic
P.J. Guichelaar
B. Harriger
D. Harry
M. Hawkins
R.J. Hocken
E.M. Honig, Jr.
S. Imam
R. Jaeger
C. Johnson
K. Jones
D. Kalisz
J. Kamman
S.G. Kapoor
R. Kassing
R.L. Kegg
W.J. Kennedy
B.D. King
J.E. Kopf
R.J. Koronkowski
J. Kotowski
S. Krishnamachari
K.M. Kulkarni
T. Lach
L. Langseth
M. Laurent
M. Levine
B.S. Levy
X.Z. Li
Z. Liang
B.W. Lilly
D.A. Lucca
M. Madou
S. Mantell
L. Mapa
A. Marsan
R. J. Mattice
C. Maziar
T. McClelland
W. McClurg
L. McGuire
K.E. McKee
K.P. Meade
M.H. Miller
R. Miller
T.S. Milo
J. Moller
D.J. Morrison
S. Mostovoy
C. Nair
P.G. Nash
J. Nazemetz
E.M. Odom
U. Pal
N. Pacelli
S. Paolucci
S.J. Parelukar
J. Penaluna
C. Petronis
S. Petronis
M. Philpott
M. Pradheeradhi
J.M. Prince
D.W. Radford
W.J. Riffe
R.J. Rogalla
Y. Rong
A.A. Runyan
P. Saha
G.S. Saletta
M. Salimian

M. Savic
W.J. Schoech
S.A. Schwartz
S. Shepel
R. Shivpuri
M.T. Siniawski
J.E. Smallwood
J.P. Sobczak
L. Soisson
P. Stewart
J. Stocker
L. Strom
A.B. Strong
K. Subramanian
T. Sweeney
W.G. Switalski
T. Taglialavore
M. Tarabishy
K.S. Taraman
R. Taylor
B.S. Thakkar
A. Trager
A. Tseng
C. Tszang
M. Tuttle
S. Vaze
J. Vigneau
G.A. Volk
G. Wallace
J.E. Wang
K.J. Weinmann
R. Wertheim
K. West
J. Widmoyer
K.R. Williams
G. Williamson
B. Wiltjer
J. Wingfield
P.K. Wright
N. Zabaras

또한 이 책의 내용을 검토해주신 다음 분들에게 감사드린다.

Z.J. Pei, Kansas State University
John Lewandowski, Case Western Reserve University
Yong Huang, Clemson University
T. Kesavadas, University at Buffalo
Nicholas X. Fang, University of Illinois
Philip J. Guichelaar, Western Michigan University
Zhongming Liang, Indiana University-Purdue University
Klaus J. Weinmann, University of California at Berkeley

우리는 미소전자소자에 관한 내용의 저자인 Kent M. Kalpakjian(Micron Technology, Inc.)와 자료를 검토해준 Robert Kerr(역시 Micron 사)에게 감사드린다. 또한 헌신과 지속적인 도움, 그리고 협조를 아끼지 않은 우리의 편집자, Pearson Prentice Hall의 상임편집자 Holly Stark, Prentice-Hall의 편집진인 Scott Disanno, Winifred Sanchez, Xiahong Zhu에게도 감사드린다. 마지막으로, 사례연구용으로 많은 그림과 자료를 제공해준 수많은 기관들에게 감사드린다.

SEROPE KALPAKJIAN
STEVEN R. SCHMID

차례

제 1 장 일반적 개요

제 2 장 재료의 기계적 성질

제 3 장 금속의 구조와 가공특성

제 4 장 표면, 트라이볼로지, 치수특성, 검사 및 품질인증

제 5 장 주조공정

제 6 장 부피성형가공법

제 7 장 판재성형가공

제 8 장 절삭가공

제 9 장 연삭가공 및 특수가공

제 10 장 폴리머와 강화플라스틱의 가공, 신속조형기술과 신속금형기술

제 11 장 분말금속, 세라믹, 유리, 초전도체의 성질과 가공법

제 12 장 접합과 이음

제 13 장 미소전자기계기구와 나노가공

제 14 장 가공자동화

제 15 장 컴퓨터통합가공 시스템

제 16 장 제품설계와 가공의 경쟁력

제 1 장

일반적 개요

주요내용

- 가공에 대하여 정의하고, 성공적인 제품을 가공하는 데 필요한 기술적, 경제적 고려사항 설명
- 제품의 설계 및 공학과 재료선택, 공정선택, 각종 비용과 같은 요인 간의 관계 기술
- 최신 가공기술의 동향과 고도로 경쟁적인 세계시장에서 이들 기술이 생산비용 절감에 어떻게 활용되고 있는지 소개

1.1 가공이란 무엇인가?

이 부분을 읽기 전에 잠시 주위에 보이는 물건, 즉 연필, 종이클립, 탁자, 전구, 문손잡이, 휴대폰 등을 살펴보자. 이 모든 물건들은 각종 원료로부터 변환되어 부품으로 만들어진 후, 특정 제품으로 조립된 것임을 쉽게 알 수 있다. 못, 볼트, 종이클립 같은 물건은 한 가지 재료로 만들어져 있는 데 반해, 대부분의 물건들(토스터기, 자전거, 컴퓨터, 세탁기, 건조기, 자동차, 농업용 트랙터 등)은 다양한 재료로 된 다수의 부품들이 조립되어 만들어진 것이다(그림 1.1 참조). 예를 들어, 볼펜은 약 10여 개의 부품으로 이루어져 있고, 잔디 깎는 기계는 약 300개, 그랜드 피아노는 12,000개, 자동차는 15,000개, C-5A 수송기는 4백만 개 이상의 부품으로 구성되며, 보잉 747-400은 6백만 개의 부품을 조립한 것이다. 이 모든 것들이 가공이라고 하는 다양한 과정을 통해 만들어진다.

가공(manufacturing)이란, 넓은 의미로는 원료를 제품으로 변환시키는 일련의 과정을 말한다. 즉, 가공은 다양한 제조 방법과 기술로 상품을 설계하고 생산하는 것이다. 가공은 기원전 4,000~5,000년으로 거슬러 올라가 나무, 세라믹, 돌, 금속 등으로 여러 가지 물건을 만드는 데서 시작하였다(표 1.1 참조). **가공**이란 단어는 '손으로 만든다' 는 뜻의 라틴어 *manufactus*에서 유래한다. **제조**(manufacture)라는 말이 처음 나타난 것은 1567년이고, **가공**이란 말은 1683년부터 쓰이기 시작했다. **생산**(production)이란 용어는 가공이란 용어 대신 사용되기도 한다.

가공을 통해 만들어지는 제품은 **개별제품**(discrete product)과 **연속제품**(continuous product)으로 구분된다. 못, 기어, 강구, 음료캔, 엔진블록 등은 개별제품의 예이고, 철사, 금속판재, 튜브, 파이프 등은 절단하여 개별제품으로 가공될 수 있는 연속제품이다.

제조된 품목은 원료의 일부로부터 유용한 제품이 되기까지 많은 변화를 겪으면서, 금전적 가치로 정의되는 **부가가치**(added value)를 더해 간다. 예를 들면, 세라믹의 원료로 쓰이는 진흙은 채굴될 당시에 일정한 가치를 갖고 있다. 진흙이 세라믹접시, 절삭공구, 전기절연재 등으로 만들어짐에 따라 진흙에는 부가가치가 더해진다. 마찬가지로, 철사로 만든 옷걸이나 못은 철사조각에 비해 높은 부가가치를 갖는다.

가공은 국가 및 세계 경제에 매우 중요하다. 그림 1.2는 국가별 1인당 국내총생산(GDP)을 해당 국가별 가공활동의 함수로 나타낸 것이다. 각 곡선은 1982년부터 2006년까지의 경향을 나타내며, 다음과 같은 특징을 살펴볼 수 있다.

1. 곡선의 시작점인 1982년에는 그림에서 회색으로 나타낸 것처럼, 국부가 가공활동의 수준과 밀접하게 연관되어 있다.
2. 2006년에는 다음과 같은 여러 요인에 의해 국부가 가공활동에 명확하게 의존하지 않음을 볼 수 있다.

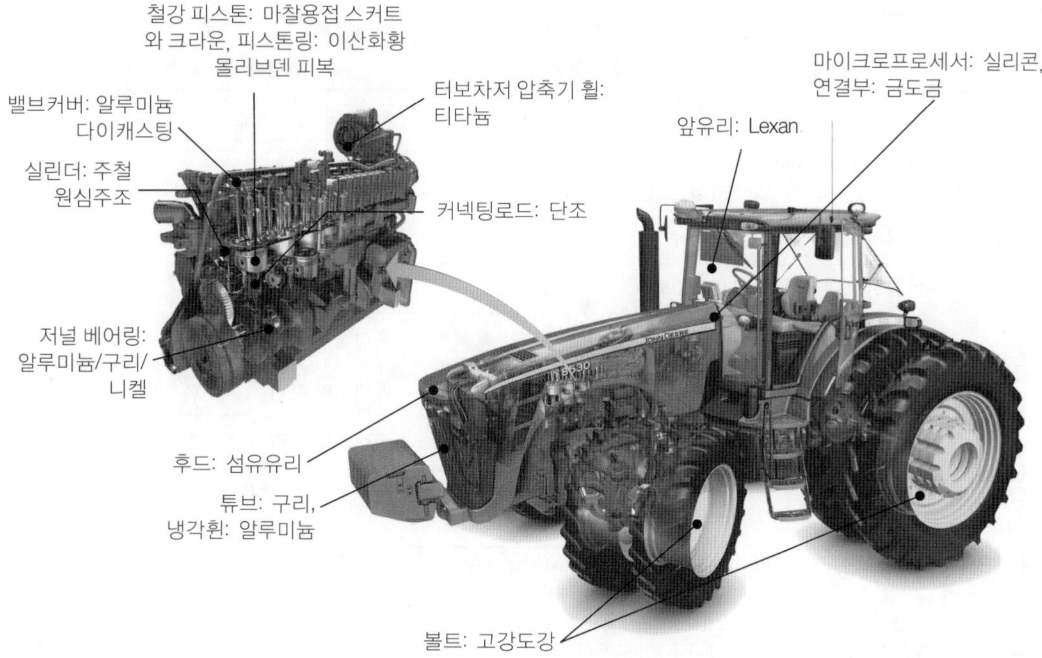

▲ 그림 1.1

다양한 재료와 공정이 적용된 디젤엔진을 상세하게 나타낸 모델 8430 트랙터.

- 일부 국가는 국민이 높은 생활수준을 누릴 수 있는 천연자원을 갖고 있다. 이 경향은 석유수출이 국부에 큰 기여를 한 쿠웨이트와 멕시코에서 분명하게 나타난다. 반면에, 천연자원이 풍부하지 않은 대부분의 국가에서는 건전한 경제를 위해 부를 창출해야만 한다.
- 한 국가의 가공수준이 일정하거나 약간 증가한 경우, 경제가 성장함에 따라 국가경제에서 차지하는 비중이 감소한다. 따라서 한 국가의 가공활동의 절대적 수준은 증가하더라도 국가경제 전체에서 차지하는 비중은 상대적으로 감소한 것으로 보인다.
- 글로벌 경제의 탄생을 언론에서는 해로운 것으로 인식하는 경향이 있지만, 글로벌 무역에 참여한 모든 국가의 부는 증가하였는데, 이러한 부의 증가가 가공활동이 경제적 부에 미치는 영향을 상회하였다.

3. GDP 증가폭이 큰 국가들은 자동차, 항공기, 의료기기, 컴퓨터, 전자제품, 기계류 같은 고부가가치 제품에 집중하여 경제활동을 하는 반면, 의류, 완구, 수공구 같이 노동집약적인 제품은 인건비용이 낮은 국가에서 집중적으로 생산된다. 노동집약적 가공활동은 그림 1.2의 회색영역 내의 곡선에 해당한다.

그림 1.2를 검토해보면, 서구에서 일반적으로 인정되는 생활수준을 얻으려면 건전하고 활발한 가공분야에 있어서, 고부가가치의 가공활동이 필수적임을 명확하게 알 수 있다.

표 1.1 재료 및 가공공정의 발달사

시대	연대	금속 및 주조	비금속재료 및 복합재료
	기원전 4000 이전	금, 구리, 운석철	토기, 도기, 천연섬유
	기원전 4000~3000	구리주조, 석재 및 금속 주형, 로스트왁스법, 은, 납, 주석, 청동	
진한: 기원전 221년~서기 220년	기원전 3000~2000	청동주조	유리구슬, 도자용 회전판, 유리그릇
이집트: 기원전 3100년~기원전 300년 그리스: 기원전 1100년~기원전 146년 로마제국: 기원전 500년~서기 476년 삼국시대: 기원전 200년~서기 660년	기원전 2000~1000	단철, 황동	
	기원전 1000~1	주철, 주강	유리성형 및 블로잉
	서기 1~1000	아연, 강	베네치아 유리
	1000~1500	용광로, 활자금속, 종의 주조, 백랍	크리스탈 유리, 자기
당송: 618년~1279년	1500~1600	주철제 대포, 주석접시	주조 판유리, 납유리
중세: 476년~1492년 르네상스: 14세기~16세기 고려: 918년~1392년	1600~1700	영구주형 주조, 구리와 아연으로부터 황동 제조	
	1700~1800	가단주철, 도가니 강(철봉)	
명청: 1368년~1912년 조선: 1392년~1910년	1800~1900	원심주조, 베세머법, 전해 알루미늄, 니켈강, 베빗, 아연도금강, 분말야금, 개방로 강	창유리, 전구, 가황처리, 고무가공, 폴리에스터, 스티렌, 셀룰로이드, 고무압출, 몰딩
제1차세계대전 산업혁명: 1750년~1850년	1900~1920		자동 병제조, 베이클라이트, 붕규산염유리
	1920~1940	다이캐스팅	플라스틱 개발, 주조, 몰딩; PVC, 셀룰로즈 아세테이트, 폴리에틸렌, 유리섬유
제2차세계대전 한국전쟁: 1950년~1953년	1940~1950	공업제품에 로스트왁스법 적용	아크릴, 합성고무, 에폭시, 감광유리
	1950~1960	세라믹주형, 구상주철, 반도체, 연속주조	ABS, 실리콘, 불화탄소, 폴리우레탄, 플로트유리, 열처리 유리, 유리세라믹
	1960~1970	스퀴즈캐스팅, 단결정 터빈블레이드	아세탈, 폴리카보네이트, 플라스틱 냉간성형, 강화플라스틱, 필라멘트 감기
우주시대 대한민국: 1948년~	1970~1990	컴팩트흑연주철, 진공주조, 유기체결합 사형주조, 조형 및 주입 자동화, 급속응고기술, 금속모재 복합재료, 반용융가공, 비정질금속, 형상기억합금(스마트재료), 컴퓨터 시뮬레이션	접착제 조립, 복합재료, 반도체, 광섬유, 구조용 세라믹, 세라믹모재 복합재료, 생분해 플라스틱, 전도성 폴리머
정보시대	1990~2000	용탕단조, 주형 및 금형의 CAD, 신속주형기술	나노상 재료, 금속 다공질재, 첨단 피복기술, 고온 반도체, 기계가공용 세라믹, 다이아몬드형 탄소

출처: J.A. Schey, C.S. Smith, R.F. Tylecote, T.K. Derry, T.I. Williams, S.R. Schmid, and S. Kalpakjian.

표 1.1 재료 및 가공공정의 발달사(계속)

성형가공	접합가공	공구, 기계가공, 가공시스템
타발		석재공구, 부싯돌, 목재, 골재, 상아, 복합재 공구
스탬핑, 장신구	연납접(Cu-Au, Cu-Pb, Pb-Sn)	코런덤(알루미나, 에모리)
금속판재절단으로 선재제조, 금엽	리벳팅, 경납접	팽이 제조, 타발 도끼, 제철 및 목공용 공구
동전 스탬핑	철강의 단접, 아교접착	개량형 끌, 톱, 줄, 목공용 선반
갑옷, 코이닝, 단조, 강제 검		갑옷 에칭
신선, 금/은 세공		샌드페이퍼, 풍력구동 톱
금속가공에 수력 이용, 화폐용 대판압연기		수동 선반(목공)
압연(납, 금, 은), 형상압연(납)		보링, 선삭, 나사절삭용 선반, 드릴프레스
압출(납파이프), 디프드로잉, 압연		
증기해머, 철강판재 압연, 이음매 없는 관, 철강레일 압연, 연속압연	전기도금	형삭, 밀링, 총상제조용 모방선반, 터릿선반, 만능 밀링머신, 비트리파이드 연삭숫돌
관재압연, 열간압출	산소아세틸렌, 아크, 전기저항, 테르밋 용접	기어 선반, 자동나사절삭기, 호빙, 고속도강, 알루미늄 산화물 및 실리콘카바이드(합성)
텅스텐선 분말가공	피복 용접봉	초경합금, 대량생산, 이송기계
압출(철강), 스웨이징, 공업제품 분말가공	서브머지드 아크용접	인산염 전환피복, 종합품질경영
냉간압출(철강), 폭발성형, 가공열처리	가스방호 금속아크, 텅스텐아크, 일렉트로슬래그 용접; 폭발용접	전기 및 화학적 기계가공, 자동제어
하이드로포밍, 정수압압출, 전자기성형	플라즈마아크, 전자빔 용접; 접착접합	티타늄카바이드, 인조 다이아몬드, 수치제어, 집적회로 칩
정밀단조, 등온단조, 초소성성형, 금형제작 CAD/CAM, 정형가공, 컴퓨터 시뮬레이션	레이저빔, 확산접합(초소성성형과 조합), 표면실장 연납접	cBN(큐빅보론질화물), 피복공구, 다이아몬드 선삭, 초정밀가공, CIM, 산업용 로봇, 머시닝센터와 터닝센터, 유연가공시스템, 센서기술, 자동검사, 전문가시스템, 인공지능, 컴퓨터 시뮬레이션 및 최적화
신속조형기술, 신속금형기술, 친환경 금속가공유	공구마찰용접, 무연납재료, 레이저 맞대기용접(테일러) 금속판재 블랭크, 전도성 접착제	미소가공, 나노가공, LIGA, 건식 식각기술, 직선형 모터, 인공신경망, 식스시그마

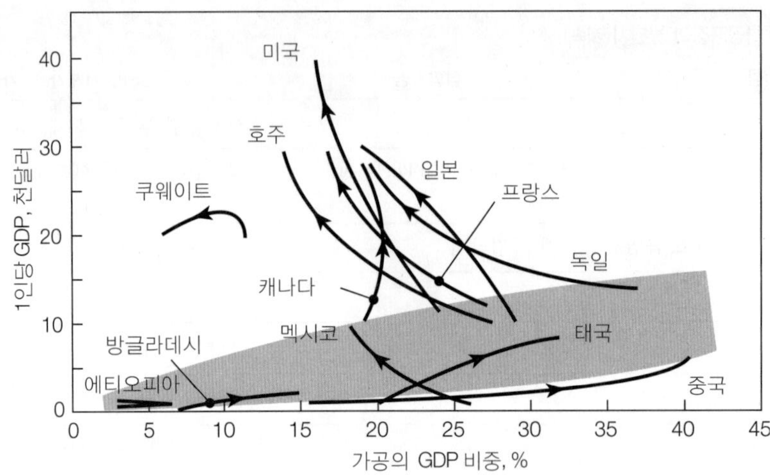

▶ **그림 1.2**
국가경제에 가공이 미치는 중요성. 곡선은 1982년부터 2006년까지를 나타냄.

가공은 복잡한 활동으로, 광범위한 훈련과 기술을 가진 사람들과 컴퓨터, 로봇, 물류 장치 등의 여러 수준으로 자동화된 다양한 기계, 장비, 공구를 포함한다. 가공활동은 다음과 같은 수요와 경향에 따라 이루어져야 한다.

1. 제품은 **설계조건**과 **제원**에 완전히 부합되어야 한다.
2. 제품은 가장 **경제적**이면서도 **친환경적**인 방법으로 제조되어야 한다.
3. 제품이 만들어진 후에 품질검사를 통해 **품질**을 유지할 것이 아니라, 설계에서 조립에 이르는 동안 매 단계에서 제품의 품질이 유지되어야 한다.
4. 세계적으로 경쟁이 심한 환경에서는 시장수요, 제품유형, 생산속도, 생산량의 변동을 수용하고, 소비자에게로의 적기납품을 보장할 만큼 **유연한** 생산방식을 사용해야 한다.
5. **재료**, **생산방법**, 제조업체 내 기술 및 관리활동의 **컴퓨터통합** 등에서 지속적으로 신기술 개발을 평가하여 적시에 경제적으로 활용해야 한다.
6. 가공활동은 세부 활동들이 상호 연관된 하나의 대규모 **시스템**으로 인식되어야 한다. 이 시스템이 모형화될 수 있으면 시장수요, 제품설계, 재료, 비용, 생산방법 등이 제품품질과 가격에 미치는 영향을 연구할 수 있다.
7. 제조업체는 소비자와 함께 일하며 적시에 응답을 받아서, **지속적인 제품개선**을 이루어야 한다.
8. 제조업체는 재료, 기계, 에너지, 자본, 노동력, 기술 등의 모든 자원을 최적 이용하는 것으로 정의되는 **생산성**을 향상시키기 위해 노력해야 한다. 모든 국면에서 단위시간당 종업원 1인의 산출량이 극대화되어야 한다.

1.2 제품설계와 동시공학

제품설계는 제품개발비용의 70~80%를 차지하고, 초기 설계단계에서 제조방법을 결정하는 매우 중요한 활동이다. 제품의 설계과정에서는 우선 그 제품에 요구되는 기능과 성능을 확실하게 이해해야 한다. 제품을 개발할 때는 완전히 새로 개발하거나, 기존의 제품을 변경하여 개발한다. 제품시장이나 기대되는 용도는 영업사원, 시장분석가, 사내 기타 사원들에 의해 명확하게 정의되어야 한다.

전통적으로, 설계와 가공활동은 동시에 행해진다기보다는 순차적으로 수행되는 것으로 여겨왔다(그림 1.3a 참조). 설계자는 상당한 시간과 노력을 들여서 부품들을 분석하고 상세도면을 준비한다. 그러면 이들 도면은 사내 타부서, 예를 들어, 특정 재료나 납품업체를 결정하는 부서로 '벽을 뛰어 넘어서' 넘겨진다. 그런 다음, 제품에 대한 제원이 생산부서로 전달되어 상세도면을 검토하고 효율적인 생산을 위한 공정을 선택한다. 이 방법은 한편으로 논리적이고 직접적인 것처럼 보이지만, 실제로는 자원을 심하게 낭비하는 방법이라는 것이 확인되었다.

이론적으로는, 제품이 사내 한 부서에서 다른 부서로 흘러서(그림 1.3a 참조) 시장에 곧바로 출시되는 것 같지만, 현실에서는 많은 문제점에 봉착하는 것이 보통이다. 예를 들어, 가공기사가 주조부품의 주조성을 향상시키기 위한 설계변경이나 다른 합금재료를 선택하기를 원할 수 있다. 이렇게 설계가 부분 변경되는 경우라도 그 제품이 제대로 기능하려면 전체 과정을 설계분석단계부터 다시 반복해야 한다. 그림 1.3a에 나타낸 이러한 반복과정으로 인해 자원이 낭비되고, 무엇보다도 중요한 것은 시간이 낭비된다는 점이다.

보다 발전된 제품개발방법을 그림 1.3b에 나타내었다. 시장분석에서부터 설계를 거쳐 가공을 하는 일반적인 제품개발의 흐름은 동일하지만, 보다 세심한 반복과정을 거친다. 즉, 이전 방법과의 주요 차이점은 제품설계의 초기단계부터 반복과정이 시작되면서(필연적으로 생김) 동시에 진행되므로, 시간과 노력을 덜 낭비한다는 것이다. 이 새로운 방법의 핵심은 반복과정에서의 **의사소통**이 중요하다는 점을 잘 인식하는 것이다. 공학, 마케팅, 서비스 기능 간의 의사소통뿐만 아니라 공학 내 하부기능, 즉 가공보장설계, 재활용보장설계, 안전보장설계 간에도 상호작용의 길이 열려 있어야 한다.

동시공학(CE, concurrent engineering)은 제품의 수명주기 동안 고려되는 모든 요소를 최적화한다는 관점에서 제품의 설계와 제조를 통합하는 체계적인 접근방법이다(1.4절 참조). 동시공학의 기본적인 목표는 제품설계 및 기능 상의 변경과 제품의 개념설계에서 생산 및 시장진입에 이르기까지 소비되는 시간과 비용을 최소화하는 것이다. 동시공학을 더욱 발전시킨 개념으로 **직접공학**(DE, direct engineering)이 있으며, 이는 제품 내 각 부품의 설계에 적용된 공학적 논리를 나타내는 데이터베이스를 활용하는 방법이다. 즉, 한 부품에 설계변경이 가해지면, 직접공학을 이용하여 설계변경에 맞도록 가공순서를 결정한다.

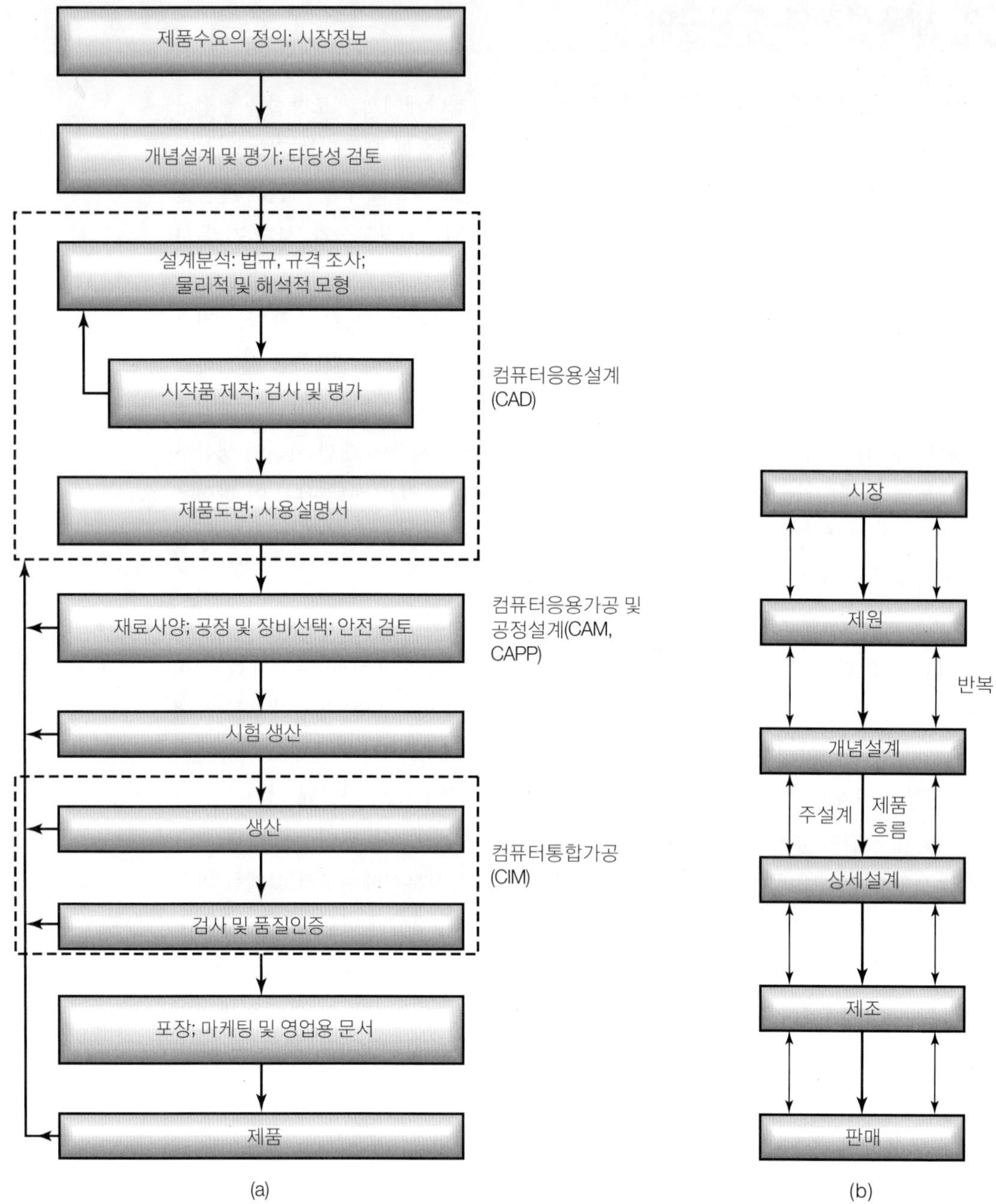

▲ **그림 1.3**

(a) 제품의 설계에서 가공에 이르기까지의 여러 단계. 제품의 복잡성과 재료의 종류에 따라, 최초의 개념설계부터 마케팅까지 수개월에서 수년이 걸린다. (b) 제품의 시장조사에서 판매에 이르기까지의 제품흐름과 동시공학의 활용.

동시공학의 개념은 논리적이면서 효율적이지만, 이를 이용하는 사람들이 팀을 이루어 협력하지 않거나, 동시공학의 진정한 이득을 알지 못할 때는 실제 적용에 있어서 많은 시간과 노력이 소모된다. 동시공학이 성공하려면 (1) 고위 경영진의 전폭적인 지지, (2) 다기능적이고 상호협력적인 작업팀과 지원팀, (3) 가용한 모든 기술의 활용이 필수적이다.

대기업이나 중소기업 모두에서, 제품설계 시에 하중, 응력, 변형, 최적형상과 같은 인자들을 분석하기 위해 제품에 대한 해석적, 물리적 모형을 보통 이용한다. 이러한 모형은 제품의 복잡성에 따라 그 필요성이 좌우되지만, 오늘날에는 **컴퓨터응용 설계/공학/가공** 기술의 도움으로 해석적 모형을 구성하고 연구하는 것이 용이해졌다.

제품설계자는 이들 모형을 토대로 제품의 최종형상과 치수, 표면정도와 치수정확도, 사용재료 등을 선택하고 결정한다. 설계자가 재료분야에 경험이나 자격이 없는 경우에는 재료기사의 조언과 협조를 받아 재료를 선택한다. 설계 시 중요한 고려사항 중 하나는 특정 부품을 어떻게 최종제품에 조립시키는가 하는 것이다. 볼펜이나 토스터기를 분해하거나, 자동차의 후드를 열어보면 많은 부품이 제한된 공간 안에 모여 있는 것을 볼 수 있다.

특히 복잡한 생산시스템에서는 강력하고 효과적인 도구로서, **컴퓨터 시뮬레이션**을 통해 제품의 성능을 평가하고 생산을 위한 가공시스템의 계획을 수립한다. 동화상 그래픽과 기타 다양한 기능을 갖는 컴퓨터 시뮬레이션용 언어가 다수 개발되어 있다. 컴퓨터 시뮬레이션은 설계결함의 조기 발견, 특정 생산시스템에서의 가능한 문제점 파악, 생산비용 최

표 1.2 각종 형상의 일반적인 가공방법

형상[1]	가공방법
평면	압연, 평삭, 브로칭, 밀링, 형삭, 연삭
공동부가 있는 부품	엔드 밀링, 방전가공, 전해가공, 초음파가공, 주조, 단조, 블랭킹, 압출, 사출성형, 금속사출성형
예리한 부분이 있는 부품	영구주형 주조, 절삭, 연삭, 조립, 분말야금, 코이닝
두께가 얇은 용기형 부품	슬러시 주조, 전해성형, 조립, 필라멘트 감기, 블로성형, 판재가공, 스피닝
튜브형 부품	압출, 인발, 롤성형, 스피닝, 원심주조, 필라멘트 감기, 용사법
관재의 성형	고무성형, 정수압 확관, 폭발성형, 스피닝, 하이드로포밍, 블로성형, 필라멘트 감기, 주조
박판의 곡면	신장성형, 핀가공, 조립, 열성형
박판의 구멍	블랭킹, 화학적 블랭킹, 광화학적 블랭킹, 레이저가공
단면가공	인발, 압출, 셰이빙, 선삭, 센터리스 연삭, 스웨이징, 롤성형
사각부의 가공	정밀블랭킹, 기계가공, 셰이빙, 벨트 연삭
작은 구멍의 가공	레이저 가공, 전자빔가공, 방전가공, 전해가공, 화학적 블랭킹
표면무늬 가공	널링, 와이어 브러싱, 연삭, 벨트 연삭, 숏 블라스팅, 에칭, 사출성형, 압축성형
정밀한 표면형상	코이닝, 인베스트먼트 주조, 영구주형 주조, 기계가공, 사출성형, 압축성형
나사산이 있는 부품	나사산 절삭, 나사산 전조, 나사산 연삭, 사출성형
초대형 부품	주조, 단조, 조립
초소형 부품	인베스트먼트 주조, 식각, 분말야금, 나노가공, LIGA, 미소가공

주: 1) 신속조형작업으로 모든 형상을 어느 정도 가공할 수 있음.

소화를 위한 가공라인의 최적화에 도움을 준다.

생산과정의 다음 단계는 제품의 최초 작동모델인 **시작품**(prototype)을 제작하고 시험하는 일이다. 이 분야의 중요한 신기술로 **신속조형기술**(rapid prototyping)을 들 수 있다(제10장 참조). 이는 CAD/CAM을 비롯한 각종 가공기술(주로 폴리머나 금속분말을 사용)을 이용하여 신속하고 저렴하게 실재하는 물리적 모형의 형태로 시작품을 제조하는 기술이다. 신개발 자동차부품의 시작품 제작을 예로 들면, 전통적인 기술로는 성형, 절삭 등의 가공방법을 사용하여 연간 수백억 원의 비용이 들고, 심지어 어떤 부품은 시작품 제작에만 1년의 기간이 소요되기도 한다. 신속조형기술을 이용하면 개발기간뿐만 아니라 비용을 대폭 절감할 수 있다. 이 기술은 이제 소량생산이나 저가 제품의 생산에 활용된다.

진보된 그래픽기술과 가상공간을 활용하여 설계자가 부품을 검토할 수 있는 소프트웨어 형태의 시작품을 **가상시작품**(virtual prototyping)이라고 한다. 이 기술은 CAD 패키지에서 활용되며, 대상부품에 질감을 주어 도면상의 부품이 실제로 만들어진 것처럼 설계자가 관찰하면서 검토할 수 있다.

시작품 단계에서 초기설계, 선택재료, 생산방법 등이 필요에 따라 수정된다. 이 단계가 완료되면, 가공기사, 공정계획자, 생산에 직접 관여하는 기타 모든 사람들의 도움을 받아 적절한 공정계획, 가공방법(표 1.2 참조), 장비, 공구 등을 선택한다.

1.3 가공, 조립, 분해, 서비스 보장설계

지금까지 살펴본 바와 같이, 설계와 가공은 밀접하게 상호 연관되어 있으므로, 설계와 가공을 별개의 분야나 활동으로 간주해서는 안 된다. 제품의 각 부분이나 부품은 설계조건 및 제원을 따라야 할 뿐만 아니라 경제적으로 쉽게 가공되어야 한다. 이 방법으로 생산성을 개선시키면, 제조업체는 경쟁력을 갖추게 된다. 이러한 넓은 관점은 이제 '가공을 위한 설계', 즉 **가공보장설계**(DFM, design for manufacture)라는 분야로 인정되고 있다. 이는 설계과정을 재료, 가공방법, 공정계획, 조립, 시험, 품질관리와 연계시키는 제품생산의 종합적인 접근방법이다.

가공보장설계가 효과적으로 이루어지려면, 설계자는 재료, 가공방법, 관련 작업/시험/장비의 특성/성능/한계에 대하여 근본적으로 이해하고 있어야 한다. 이 외에도 기계성능의 가변성, 표면정도, 소재치수의 정확도, 가공시간, 가공방법이 제품품질에 미치는 영향과 같은 특성에 대해서도 파악해야 한다.

설계자와 생산기사는 설계변경이 가공방법의 선택, 공구 및 금형, 조립, 검사, 제품가격 등에 미치는 여파를 평가할 수 있어야 한다. 최저 가격으로 가공과 조립을 쉽게 하는(즉, 생산수월성이 높은) 최적설계를 하려면, 이들 간의 정량적인 관계가 수립되어야만 한다. 이러한 해석에는 강력한 컴퓨터 프로그램을 사용하는 컴퓨터응용 설계/공학/가공/공정계획 기

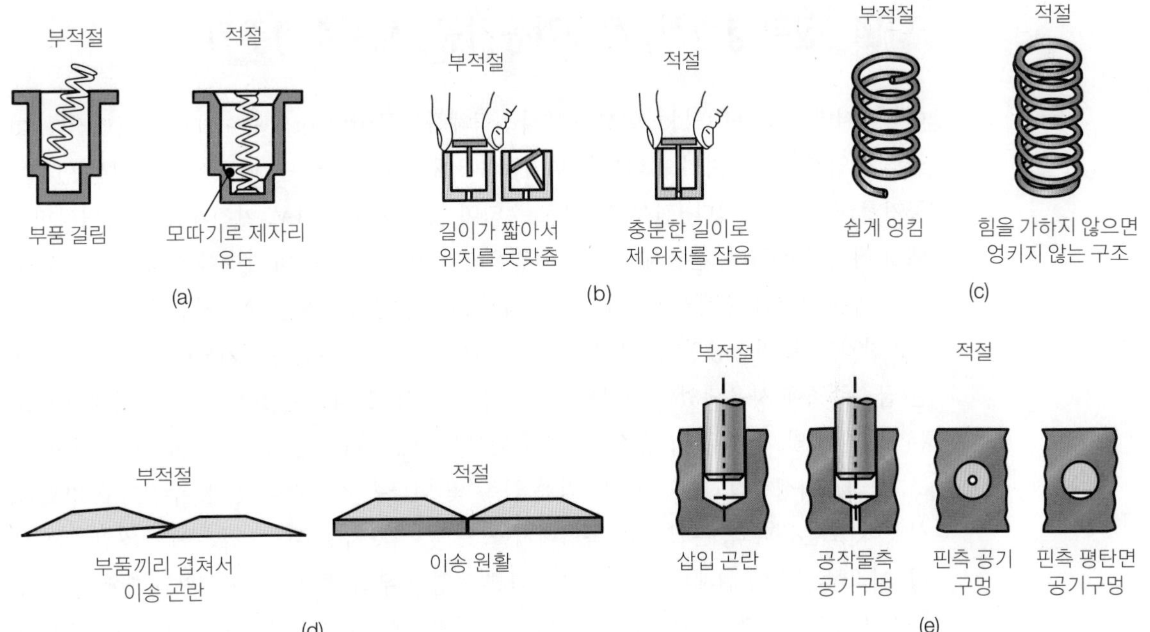

▲ **그림 1.4**
자동조립을 적용하기 위한 부품의 재설계.

술이 필요하다. **전문가시스템**에는 최적화 기능이 있어서, 설계를 최적화시키고자 할 때 전통적으로 사용된 반복기법을 신속하게 처리할 수 있다.

개별부품들이 제조된 후에는 하나의 제품으로 조립된다. **조립**은 전체 가공작업 중에서 중요한 단계이며, 각 부품을 서로 붙여나갈 때, 쉽고 빠르며 경제적이어야 한다(그림 1.4 참조). 또한 많은 제품들은 유지관리, 보수, 부품 재활용을 위해 가급적 쉽고 짧은 시간에 **분해**될 수 있도록 설계되어야 한다.

제품비용 중에는 조립작업의 비중이 상당히 높으므로, **조립보장설계**(DFA, design for assembly)와 **분해보장설계**가 중요하다. 조립이 쉬우면 분해도 쉬운 법이다. 제품 내부의 각 부품을 쉽게 찾아서 사후관리할 수 있는 **서비스보장설계**(design for service) 역시 중요하다. 최근의 경향은 **가공 및 조립보장설계**(DFMA, design for manufacture and assembly)라는 보다 종합적인 개념으로 발전하면서 설계, 가공, 조립 간의 근원적이고 중요한 상호 연관성을 부각시키고 있다.

경제적인 생산을 위한 **설계원칙**을 요약하면 다음과 같다.

- 설계는 가급적 단순하게 하여 가공, 조립, 분해, 유지관리, 재활용이 가능하도록 할 것
- 재료는 설계 및 가공특성뿐만 아니라 사용 중에도 적합하도록 선택할 것
- 치수정확도와 표면정도는 가급적 여유있게 할 것
- 비용을 대폭 증가시키는 이차가공이나 마무리공정은 피하거나 최소화할 것

1.4 친환경설계, 지속가능가공, 제품수명주기

미국에서만 매년 240억 kg 이상의 플라스틱제품과 750억 kg의 종이제품이 버려진다. 미국의 산업계와 소비자가 버리는 알루미늄을 3개월 동안 모으면, 미국 전체의 모든 민간항공기를 제조할 수 있다. 전세계적으로 수없이 많은 자동차, TV, 가전제품, 컴퓨터장비가 매년 버려지고 있다. 윤활제나 냉각제 같은 금속가공유, 제품의 세척에 이용된 각종 유제나 용제가 적절하게 폐기되거나 재활용되지 않으면 공기와 물을 오염시킨다.

마찬가지로, 가공공장에서 나오는 많은 부산물이 지난 수년간 폐기되어 왔는데, 여기에는 금속주조에 사용되었던 첨가제가 가해진 주물사; 열처리시설이나 도금작업에서 나오는 물, 기름 및 기타 유제; 주조공장이나 용접작업에서 나오는 슬래그(용재); 판재성형, 주조, 플라스틱성형작업 후 생기는 각종 금속 및 비금속 스크랩이 있다. 수질과 공기오염, 산성비, 오존층파괴, 온실효과, 독성폐기물, 토양오염, 지구온난화 같은 재앙을 생각해 보라. 이러한 활동이 현재나 미래에 미칠 나쁜 영향과 우리의 환경과 지구생태계에 줄 타격, 그리고 궁극적으로는 인류의 삶의 질에 주는 영향에 대해서는 중앙정부나 지방자치단체뿐만 아니라 일반 대중들도 잘 알고 있다. 이에 맞추어, 세계 각국에서는 전문기관, 중앙정부와 지자체가 광범위한 법률과 규제를 만들고 있다. 이들 규제는 매우 엄격해서, 규제의 적용으로 인해 산업체의 경제활동이 큰 타격을 입기도 한다. 에너지소비(와 관련비용)를 절감하거나, 비용 및 환경 측면에서 이득이 되는 재료로 대체할 때 부가가치가 생기도록 한다면 이러한 노력의 효과가 극대화될 것이다. 해마다 재활용 노력이 호응을 받으면서, 알루미늄은 제품에 따라 21~59%, 플라스틱은 5% 정도 재활용되고 있다.

환경문제에 대한 전세계적인 경각심과, 낭비는 용납될 수 없다는 인식으로 **재활용보장설계**(DFR, design for recycling)나 **환경고려설계**(DFE, design for the environment), 즉 **녹색설계**(green design, 녹색은 환경적으로 안전하고 친화적임을 의미)가 보편화되고 있다. 이러한 총체적인 노력을 통해 설계 및 생산의 초기단계부터 재료, 제품, 공정이 환경에 입힐 부정적 영향을 미리 파악한다.

경제활동에서 천연자원이 필수적이고, 우리 후손들도 자원을 사용할 수 있도록 하기 위해서는 에너지와 재료의 사용을 관리해야 한다는 인식으로부터 **지속가능가공**(sustainable manufacturing)의 개념이 생겨났다. 이를 위해서는 제품, 사용재료, 적용공정 및 실무 등을 종합 분석해야 한다. 이러한 관점에서 다음과 같은 사항들을 준수해야 한다.

- 제품설계를 개선하고 사용재료의 양을 줄임으로써 재료의 낭비 방지
- 제품과 공정에 유독물질 사용 억제
- 모든 폐기물의 적절한 처리 강화
- 재활용, 폐기물 처리, 재료의 재사용 방식의 개선

'요람에서 요람으로' 라는 철학으로 친환경재료를 사용하고 설계해야 한다. 즉, 제품의 전체수명주기 동안 실질적으로 최소한의 양만 폐기되도록 재료를 선택하고 사용해야 한다. 친환경재료는 다음과 같은 재료이다.

- 설계단계에서 선택한 재료가 예정 수명 동안 적절하게 기능한 후에, 안전하게 폐기되는 생물학적 주기를 마치는 재료, 즉 자연분해되어 생명을 유지시키는 새 토양으로 가장 간단하게 돌아갈 수 있는 (보통 유기) 재료
- 음료용기에 사용되는 알루미늄처럼 예정된 사용목적을 달성한 후에 재활용되어, 동일 재료가 계속 재사용되는 산업적 주기를 반복하는 재료

■ **제품수명주기** 제품수명주기(PLC, product life cycle)는 설계에서 시작하여 개발, 생산, 공급, 사용, 폐기, 재활용에 이르기까지 제품이 겪는 모든 단계로 구성된다. 일반적으로 제품은 다음 다섯 단계를 거친다.

1. 많은 시간과 비용이 투입되는 개발단계
2. 제품이 시장에서 허용되는지를 면밀하게 관찰하는 시장진입단계
3. 판매량이 증가하면서 제품 한 개당 가공비용이 절감되어 제조업체에 주는 이익이 높아지는 성장단계
4. 판매량이 최고에 도달하여 경쟁제품이 시장에 출현하는 성숙단계
5. 판매량과 이익이 감소하는 쇠퇴단계

■ **제품수명주기 관리** 제품의 개발에서부터 궁극적인 폐기나 재활용에 이르기까지, 여러 단계로 구성되는 수명주기에 맞추어서 제조업체가 적용하는 전략을 **제품수명주기 관리**(PLCM, product life cycle management)라고 한다. 제품의 유형, 고객의 반응, 시장조건 등에 따라서 PLCM을 통한 각종 전략을 적용한다.

1.5 재료의 선택

재료는 각각의 특성, 용도, 장점, 한계를 갖고 있으면서, 오늘날에는 사용할 수 있는 재료의 범위가 점점 넓어지고 있다. 가공에 사용되는 재료는 크게 다음과 같이 구분된다.

1. **철강**: 탄소강, 합금강, 스테인리스강, 공구 및 금형강(제3장)
2. **비철금속 및 합금**: 알루미늄, 마그네슘, 구리, 니켈, 티타늄, 초합금, 내열금속(몰리브덴, 니오븀, 텅스텐, 탄탈), 베릴륨, 지르콘, 저용융금속(납, 아연, 주석), 귀금속(제3장)
3. **플라스틱**: 열가소성 플라스틱, 열경화성 플라스틱, 탄성중합체(고무)(제10장)
4. **세라믹**: 유리세라믹, 유리, 흑연, 다이아몬드(제11장)

5. **복합재료:** 강화플라스틱, 금속모재 및 세라믹모재 복합재료, 벌집구조재(제10장 및 제11장)
6. **기타: 나노재료, 형상기억합금, 금속발포재, 비정질합금, 초전도체, 반도체**(제3장 및 제13장)

■ **재료대체** 신소재들이 개발됨에 따라 재료의 선택에 중요한 경향이 나타났다. 항공우주용 구조물이나 스포츠용품, 많은 하이테크 제품에는 최근에 개발된 신소재들이 사용된다. 각종 천연재료 및 공업재료 생산업체의 기득권으로 인해, 주로 경제적인 이유로 재료사용의 경향이 수시로 바뀐다. 예로서, 자동차용 플라스틱재료나 음료캔용 알루미늄이 많이 사용되면서, 철강 생산업체는 철강재료가 기술적으로나 경제적으로 타당함을 보이려고 한다. 마찬가지로, 알루미늄 생산업체는 여러 종류의 알루미늄재료를 자동차에 적용하는 노력을 보이고 있다(그림 1.5 참조).

일반 제품에서 상호 경쟁적인 재료 혹은 재료대체의 예를 들면, (1) 철강 대 플라스틱 종이클립, (2) 플라스틱 대 금속판재 전등스위치 판, (3) 망치의 목재손잡이 대 금속손잡이, (4) 유리 대 금속 주전자, (5) 플라스틱 대 가죽 자동차시트, (6) 금속판재 대 강화플라스틱 의자, (7) 아연도금강 대 구리 못, (8) 알루미늄 대 주철 프라이팬 등이 있다.

■ **재료의 성질** 재료를 선택할 때는 우선 강도, 인성, 연성, 경도, 탄성, 피로, 크리프 같은 **기계적 성질**을 고려해야 한다(제2장 참조). 이들 성질은 제5장에서 설명하는 열처리방법으로 매우 달라질 수 있다. 재료의 비강도(중량 대비 강도(強度), strength-to-weight ratio) 및 비강성(중량 대비 강성(剛性), stiffness-to-weight ratio) 역시 중요하며, 항공우주용 및 자동차

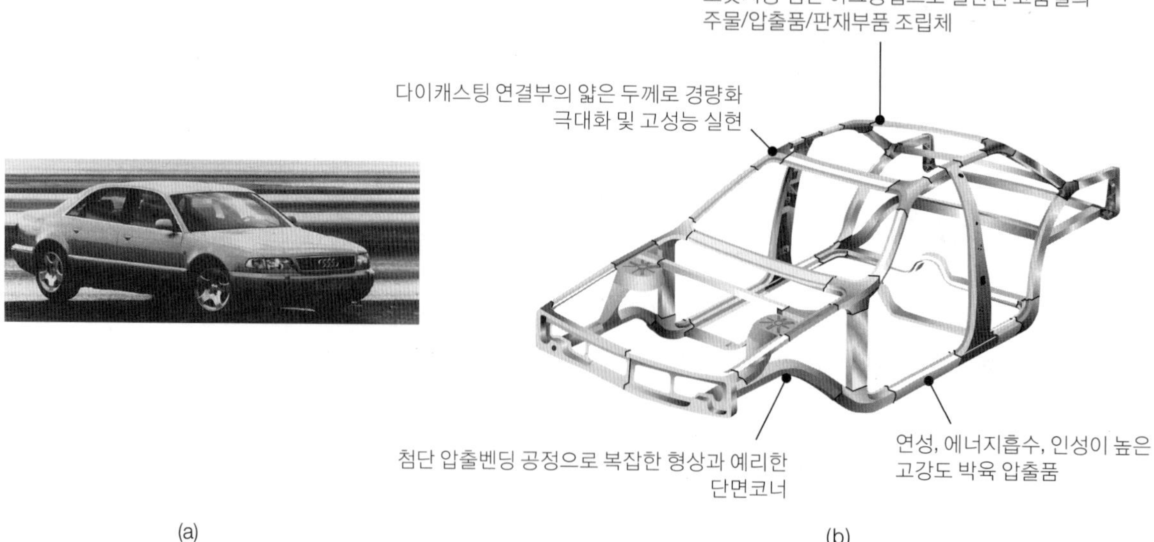

▲ **그림 1.5**

(a) 첨단재료를 사용한 아우디 A8 승용차, (b) 압출, 판재성형, 주조로 제작된 각종 부품으로 구성된 알루미늄 차체구조물.

용에는 특히 중요하다. 알루미늄, 티타늄, 강화플라스틱은 강이나 주철에 비해 높은 비강도와 비강성을 갖는다. 제품과 부품에 필요한 기계적 성질은 그 제품의 작동조건에 적절한 것이라야 한다.

기계적 성질을 고려한 후에는 밀도, 비열, 열팽창 및 전도, 용융점, 전기적 및 자기적 성질 같은 **물리적 성질**(제3장 참조)을 고려해야 한다. 재료의 **화학적 성질**은 정상적 환경이나 가혹한 환경에서 중요한데, 재료의 산화, 부식, 일반적인 성질의 열화, 가염성 등은 독성과 함께 고려되어야 할 중요한 요소들이다(예를 들어, 제13장에서 소개한 무연 연납재료). 재료의 **가공특성**은 주조, 성형, 절삭, 용접, 열처리 등으로 재료가 얼마나 용이하게 가공될 수 있는가를 결정한다. 재료를 원하는 형상으로 가공하는 방법에 따라 제품의 최종성질, 사용수명, 가격에 나쁜 영향을 줄 수도 있다.

■ **가격과 가용성** 재료선택의 경제적 측면은 재료의 성질이나 특성에 대한 기술적인 고려사항 못지않게 중요하다. 원자재, 중간재, 가공부품의 가격과 가용성(availability)은 가공에서 아주 중요한 사항들이다. 원자재나 중간재를 원하는 형상, 치수, 공차, 수량대로 구입할 수 없으면, 대체소재를 사용하거나 추가가공을 해야 하므로, 제16장에서 설명하는 제품원가를 크게 상승시킬 것이다. 예를 들어, 필요한 특정 직경의 환봉을 구입할 수 없다면, 보다 큰 직경의 환봉을 구입하여 절삭, 인발, 연삭 등의 가공법으로 직경을 줄여야 할 것이다.

수요뿐만 아니라 안정적 공급 또한 제품원가에 영향을 준다. 많은 국가에서 생산에 필수적인 수많은 원료들을 수입하는데, 이때의 수급상황은 상대국과의 정치적 관계에서 보장된다. 미국의 경우에는 생고무, 다이아몬드, 코발트, 티타늄, 크롬, 알루미늄, 니켈 등을 대부분 외국에서 수입한다.

재료를 가공할 때는 가공법에 따라 비용이 달라진다. 어떤 가공법은 고가의 기계를 필요로 하는 반면, 다른 가공법은 많은 노동력이 필요하거나(노동집약적), 숙련된 기술과 고도의 전문교육을 받은 인력을 필요로 한다.

■ **사용수명과 재활용** 마모, 피로, 크리프, 치수안정성과 같이, 시간이 지난 후 사용 중에 나타나는 현상 역시 중요하다. 이 현상들은 제품의 성능에 심각한 영향을 주므로, 적절히 관리되지 않으면 제품의 완전파손으로 이어질 수도 있다. 제품에 사용되는 재료의 적합성도 중요한데, 마찰과 마모, 부식 및 기타 현상으로 제품의 수명이 단축되거나 파손될 수도 있다. 이종금속 부품이 서로 접촉하고 있는 경우, 동전기의 작용으로 부식이 일어나는 경우가 있다. 우리가 원료와 에너지를 절약하여 보다 깨끗하고 건강한 환경에서 살고자 한다면, 제품이 사용수명을 다한 후, 부품을 재활용하거나 적절하게 폐기하는 것이 중요하다. 독성물질을 적절하게 처리하여 폐기하는 것 역시 매우 중요한 일이다.

1.6 가공법의 선택

표 1.2에 나타낸 것처럼, 주어진 재료로 어떤 부품을 가공할 때, 다양한 방법을 사용할 수 있으며, 각 공정마다 장점, 한계, 생산속도, 원가가 다르다(그림 1.6 참조). 재료의 가공방법을 넓게 분류하면 다음과 같다.

- **주조:** 소모성 및 비소모성 주형(제5장)
- **소성가공:** 압연, 단조, 압출, 인발, 판재성형, 분말야금, 몰딩(제6, 7, 10, 11장)
- **기계가공:** 선삭, 보링, 드릴링, 밀링, 평삭, 형삭, 브로칭, 연삭, 초음파가공, 화학가공, 전기적 또는 전기화학적 가공, 고에너지빔 가공(제8장 및 제9장)
- **접합:** 용접, 경납접, 연납접, 확산용접, 접착, 기계적 이음(제12장)
- **미소가공 및 나노가공:** 표면 미소가공, 건식 및 습식 식각, 전해성형(제13장)
- **마무리작업:** 호닝, 래핑, 연마, 버니싱, 버제거작업, 표면처리, 코팅, 도금(제9장)

가공형상 외에도, 다른 많은 요소들에 의해 특정 가공공정을 선택하게 된다. 그 중에서 재료의 종류와 성질이 우선 고려대상이다. 예를 들어, 취성(brittleness)이 있고 경한 재료는 성형이 쉽지 않지만, 각종 방법으로 주조되거나 기계가공될 수 있다. 가공되는 동안에는 재료의 성질이 변하는 경우가 많은데, 예를 들어 상온에서 성형된 금속은 가공되기 전보다 강도와 경도가 높아지나, 연성은 떨어진다. 따라서 재료의 **주조성**, **성형성**, **절삭성**, **용접성** 같은 가공특성을 고려해야 한다. 일반 제품을 가공하는 공정들끼리 대체되는 예로는 (1) 단조품 대 주물 크랭크축, (2) 금속판재 대 주물 허브, (3) 주물 대 판재성형 프라이팬, (4) 기계가공 대 분말야금 기어, (5) 전조 대 기계가공 나사, (6) 기계구조물의 주물 대 용접물 등을 들 수 있다.

가공기사는 가공 상의 문제와 비용절감에 있어서 항상 새로운 해답을 찾도록 도전받는다. 금속판재 부품을 예로 들면, 판재를 전단하고, 전통적인 공구, 펀치, 금형으로 성형하는 방식이 오랫동안 사용되어 왔다. 지금도 대부분 이 방식을 사용하지만, 일부 작업은 레이저 절단기술로 대체되고 있다. 컴퓨터제어가 발전함에 따라 레이저 경로를 자동제어하여 비싼 공구를 사용하지 않고도 각종 형상을 정확하고 경제적이면서도 반복적으로 가공

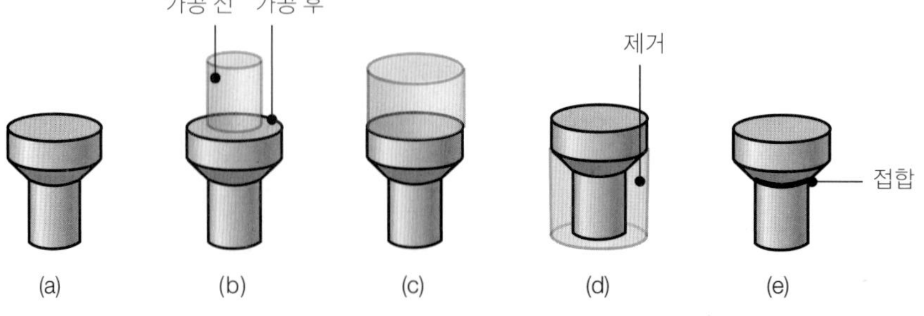

▶ **그림 1.6** 단순한 부품의 제조에 사용되는 가공법의 예: (a) 주조 혹은 분말야금, (b) 단조 혹은 업세팅, (c) 압출, (d) 절삭, (e) 접합.

할 수 있다.

■ **부품크기와 치수정확도** 제품의 크기, 두께, 형상의 복잡성은 가공법의 선택 시 가장 중요한 고려사항이다. 예를 들면, 복잡한 형상을 가진 부품은 소성가공으로는 쉽고 경제적으로 가공할 수 없지만, 주조, 사출, 분말야금으로 가공하거나, 보다 작은 부품을 조립하여 제조하면 쉽게 가공할 수 있다. 마찬가지로, 두께가 얇고 편평한 제품이라면 주조하기가 용이하지 않다. 열간가공에서는 치수 변화, 뒤틀림, 표면산화 등이 일어나므로, 이때 얻어지는 가공오차 및 표면정도(제4장 참조)는 냉간가공작업의 경우보다 좋지 않다. 주조 시에는 특수 재료로 된 매끈한 주형을 사용하면, 일반 주조법에 비해 우수한 표면정도를 얻을 수 있다. 재료가 가공되어 제품화된 후의 외관은 소비자의 기호에 영향을 준다. 소비자가 구매를 결정할 때, 항상 고려하는 제품의 특성은 색상, 느낌, 표면질감 등이다.

가공된 제품의 크기와 모양은 매우 다양한데(그림 1.7 참조), 대형 제품의 예로, 쌍발제트엔진 보잉777 여객기의 랜딩기어로 4.3 m의 높이에 3개의 축, 6개의 바퀴를 달고 있으며, 단조와 후속기계가공으로 제작된다(제6, 8, 9장 참조). 반면에, 크기에 있어서 다른 극단으로, 미소 부품 및 기구의 가공을 들 수 있다. 이들 부품은 전자빔, 레이저빔, 실리콘의 습식 및 건식 식각기술과 같은 표면 미소가공작업으로 만들어진다.

최근에는 **초정밀가공**(ultraprecision manufacturing) 기술과 장비가 개발되어 범용으로 사용된다. 예를 들면, 실온이 1°C 이내로 조절되는 항온실에서 초고강성의 장비에 극히 예리한 다이아몬드 팁을 절삭공구로 사용하여 경면가공을 할 수 있다. 분자빔 에피택시나 주사-터널링공학 같은 고도로 정교한 기술을 이용하면 원자격자크기(나노미터)의 정밀도를 얻을 수 있다.

미소전자기계시스템(MEMS, 제13장 참조)은 집적회로를 가진 미소기구이다. MEMS는 센서, 잉크젯 인쇄기구, 자기저장장치 등에 사용되며, 인간세포 수리용 로봇, 수술용 미소칼, 정밀사진용 카메라 셔터의 구동에 이용될 수 있다. 가장 최근의 동향으로 **나노전자기계시스템**(NEMS)을 들 수 있는데, 이는 생물학적 분자와 같은 크기에서 작동을 한다. 나노크기의 재료를 사용하거나 전혀 새로운 종류의 재료를 개발하는 데 많은 노력을 기울이고 있다. 한 예로, 탄소나노튜브(13.18절 참조)는 고성능 복합재료의 강화재, 나노미터크기의 전자기기 개발, 차세대 연료전지의 수소저장매체로 활용할 수 있다.

■ **가공비용 및 작업비용** 공구의 설계 및 비용, 생산개시기간, 소재재료가 공구 및 금형 수명에 미치는 영향 등은 모두 중요한 고려사항이다(제16장 참조). 공구는 그 크기, 설계, 예상수명에 따라 가격이 매우 비싼 경우도 있다. 예를 들어, 자동차 펜더를 금속판재로 스탬핑하는 철강 금형세트는 20억 원 이상에 달하기도 한다. 고가의 재료로 제품을 만드는 경우(항공기용 티타늄제 랜딩기어 혹은 탄탈제 콘덴서 등)에는 생산공정에서 스크랩률을 낮출수록 경제적이 된다. 다른 모든 조건이 동일하다면, 기계가공은 칩을 형성하여 시간과 재료를 많이 소비하므로(제8장 참조), 소성가공보다 비경제적인 방법이라 할 수 있다.

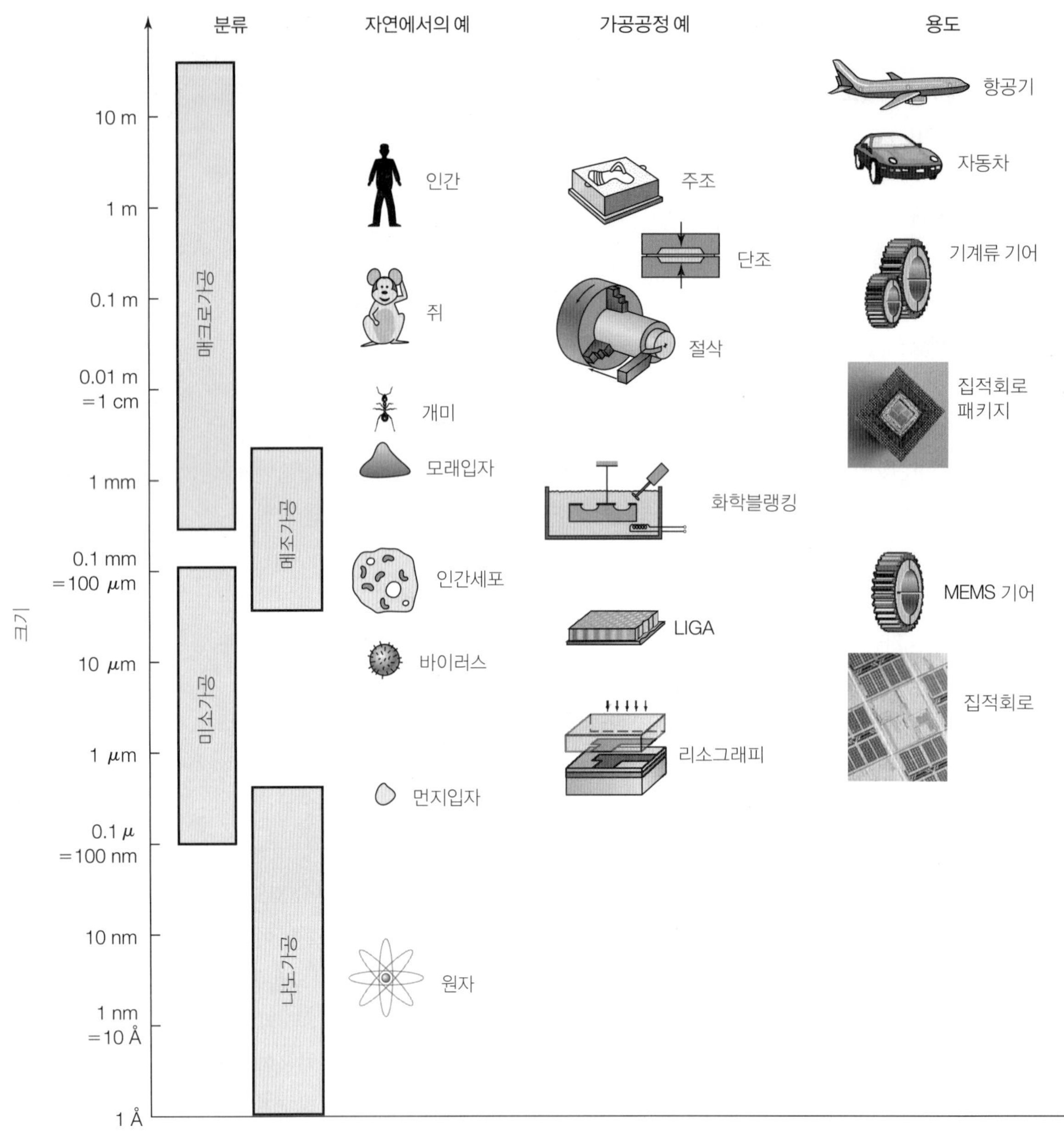

▲ **그림 1.7**
부품크기의 범위와 가공공정의 능력.

필요한 부품이나 제품의 수량과 요구되는 생산속도(단위시간당 생산개수)로부터, 사용할 가공법을 선택하여 생산의 경제성을 따질 수도 있다. 예를 들어, 음료캔이나 트랜지스터는 대형기계의 기어나 선박의 프로펠러에 비해 훨씬 높은 비율로 소비된다. 제조시설 안에 기계나 장비의 가용여부와 운전경험이 있는지 여부도 중요한 비용요인이다. 기계나 장비가 없으면, 일부 부품은 공장 밖에서 외주로 가공해야 한다. 자동차공장의 경우는 많은 부품을 외부 납품업체로부터 구입하거나, 외주업체로 하여금 주어진 제원에 맞게 가공해 오도록 한다.

생산설비의 가동으로 환경과 안전에 많은 영향을 줄 수 있다. 어떤 가공법은 사용기계와 작업방식에 따라 환경에 나쁜 영향을 주기도 한다. 예를 들어, 화학증착법이나 전기도금은 염소가스나 시안용액 같은 맹독성 화학물질을 사용한다. 금속가공작업에 사용하는 윤활제를 잘못 폐기하면 환경유해물질이 된다(4.4.4절 참조). 이들 공정은 적절하게 관리하여 공기, 수질, 소음공해를 야기하지 않도록 해야 한다. 사전에 주의하여 작업장 내의 위험요소를 제거하고 기계를 안전하게 사용하는 것 역시 중요한 고려사항이다.

■ **정형가공** 가공작업이라고 해서 모두 완제품을 생산하는 것이 아니며, 연삭이나 연마 같은 추가공정이 필요한 경우도 있다. 단조제품을 예로 들면, 최종치수나 표면정도를 만족시키기 위해 기계가공이나 연삭 같은 후속작업이 필요하다. 게다가 한 번의 가공공정으로 제품에 구멍을 내기가 어렵고 불가능하거나, 경제적으로 바람직하지 않은 경우에는 드릴작업 같은 후속작업이 필요하다. 이 구멍이 진원도, 치수정확도, 표면정도에서 적절하지 않으면 호닝과 같은 추가작업이 필요해진다.

추가공정이 있으면 제품원가는 상승한다. 가능하면 한 번의 공정에서 최종치수, 공차 및 제원으로 부품을 만드는 **정형**(net shape) 또는 **준정형 가공**(near-net shape manufacturing)의 개념이 중요하다. 이러한 가공방법으로는 준정형 단조나 주조, 스탬핑, 분말야금기술, 금속분말 사출성형, 세라믹 및 플라스틱의 사출성형 등을 들 수 있다.

1.7 컴퓨터통합가공

가공의 역사상 컴퓨터만큼 발전에 큰 효과를 준 예는 드물다. 이제는 **컴퓨터통합가공**(CIM, computer-integrated manufacturing)기술이 가공공정의 제어 및 최적화, 물류, 조립, 제품의 자동검사 및 시험, 재고관리, 기타 수많은 관리활동에 널리 사용된다. 컴퓨터통합가공은 (1) 시장수요의 급변과 제품변경에 신속대응, (2) 재료, 기계, 인력을 보다 잘 활용하고 재고를 줄임, (3) 통합가공작업에서 생산과 관리를 보다 효율적으로 조절, (4) 고품질의 제품을 저가로 생산할 수 있다. 다음은 가공작업에 컴퓨터를 중요하게 활용하는 예이다(제14장 및 제15장 참조).

1. **컴퓨터수치제어**: 수치자료의 형태로 코드화된 지령을 직접 전달하여 기계부품의 운동을 제어하는 기술이다(그림 1.8 참조). 1950년대 초에 처음으로 적용된 이래, 모든 기계의 자동화에서 중요한 발전이 되었다.
2. **적응제어**: 생산속도와 품질을 최적화하고 비용을 최소화하도록 자동으로 공정변수를 조절하는 기술이다. 하중, 온도, 표면정도, 치수 같은 변수를 항상 측정하여, 이 변수들

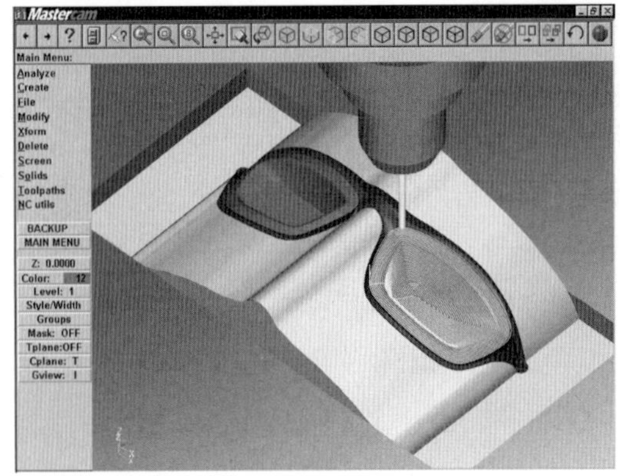

(a)

(b)

(c)

▲ **그림 1.8**

선글라스 제조용 금형의 기계가공: (a) 설계된 선글라스의 컴퓨터모델, (b) 컴퓨터수치제어 밀링머신에서의 금형공동부 절삭과정, (c) 최종제품.

이 허용범위 밖으로 벗어나면, 다시 허용범위 내로 들어올 때까지 공정변수를 조절한다.

3. **산업용 로봇:** 1960년대에 소개된 산업용 로봇은 반복적이고 따분하며 위험한 작업에서 인력을 대체하여, 인간에 의한 오차의 가능성과 품질의 변동을 줄이며 생산성을 향상시켰다. 감지기능을 갖춘 로봇도 개발되어(지능형 로봇) 인간의 동작을 흉내내고 있다(제14장).
4. **자동 물류:** 물류와 가공 작업에 컴퓨터를 활용하면서, 창고에서 가공기계까지 또는 가공기계에서 다른 가공기계로 소재를 운송하거나, 제품의 검사, 재고, 출하까지 모든 단계가 고도로 효율적이 되었다(14.6절 참조).

▶ **그림 1.9**
다수의 기계(머시닝 센터)와 복도를 따라 이동중인 자동주행차량(AGV)으로 구성된 유연가공시스템의 개관.

5. **자동 및 로봇 조립시스템**: 조립비용을 절감하기 위해 작업자가 하던 조립을 자동조립시스템으로 대체하고, 이미 설계된 제품은 쉽게 조립될 수 있도록 재설계되고 있다.
6. **컴퓨터응용 공정계획**: 이 방법은 공정계획을 최적화하고, 계획비용을 줄이며, 제품의 품질과 신뢰도의 일관성을 향상시킴으로써 생산성을 높이는 역할을 한다. 이 시스템에는 비용 및 작업표준(특정 작업을 수행하는 데 드는 시간)을 산출하는 기능도 추가될 수 있다(15.6절).
7. **그룹 테크놀로지**: 그룹 테크놀로지의 개념은 (1) 설계와 (2) 가공방법의 측면에서 유사한 부품끼리 분류하여 그룹별로 생산하는 것이다. 이 방법으로 부품설계 및 공정계획은 표준화되고, 부품집단은 효율성 있게 경제적으로 생산될 수 있다(15.8절).
8. **적시생산방식**(JIT, just-in-time): JIT의 원리는 (1) 소요자재의 적시보급, (2) 부품의 적시생산으로 반조립품 및 완전조립품 제조, (3) 판매시기에 맞춘 최종제품생산으로 구성된다. 이 방법으로 재고유지비용을 낮추고, 부품결함을 즉시 발견하며 생산성을 높여서, 고품질이면서 저가인 제품이 생산된다(15.12절).
9. **셀단위가공**: 셀단위가공은 중앙 로봇과 몇 대의 공작기계로 구성되는 작업장 혹은 가공셀을 활용하는 기술이며, 각 기계는 서로 다른 가공작업으로 부품을 가공한다(15.9절).
10. **유연가공시스템**: 이 방법은 산업용 로봇과 자동주행차량(AGV)을 몇 대의 가공기계마다 한 대씩 배치하여 가공단위를 보다 확대된 단위로 구성하고, 이들을 모두 중앙컴퓨

터에 연결 통합한 것이다. 유연가공시스템은 가공효율, 복잡성, 생산성을 극대화한 것으로(그림 1.9 참조), 비용이 많이 드는 시스템이기는 하나, 신속하게 가공순서를 바꾸면서 여러 종류의 소량생산부품을 가공할 수 있다. 이러한 유연성으로 인해, 다양한 종류의 제품에 대하여 시장수요가 급변해도 따라갈 수 있다.

11. **전문가시스템**: 전문가시스템은 복잡한 컴퓨터프로그램으로, 현실의 까다로운 문제나 업무를 전문가가 풀듯이 해결해나가는 기능을 갖추고 있다.
12. **인공지능**: 이 기술은 가공기계와 컴퓨터가 인간의 지능을 대신하도록 하는 것이다. 컴퓨터제어시스템은 경험을 통한 학습과 의사결정을 할 수 있어서 작업을 최적화하고 비용을 최소화하는 데 사용된다. 인간 두뇌의 사고과정을 모사하도록 설계된 **인공신경망**의 발전으로 생산시설의 모형화와 시뮬레이션, 가공공정의 감시 및 제어, 기계성능의 진단, 예산계획의 작성, 회사 생산전략의 관리가 가능하다.

지금까지 설명한 중요한 발전으로, 이제 '미래의 공장'은 현실화되어가고 있다. 인간이 직접 또는 거의 참여하지 않고 생산이 이루어지는 시스템은, 매우 역설적이고 심지어는 비현실적이라고도 여겨져 왔지만, 인간의 역할은 기계/컴퓨터/소프트웨어의 교체/감독/유지에 국한되면서, 미래로부터의 충격은 점점 현실화되고 있다.

이러한 첨단기술을 실제로 적용하려면 기술적으로나 경제적으로 전문가, 시간, 자본을 투입해야 한다. 그러나 첨단기술을 부적합하게 적용하거나, 의욕이 앞선 나머지 너무 대규모로 투자하는 경우에는 **투자회수**(ROI, return on investment)가 불투명해진다. 따라서 회사의 현실적이고 구체적인 필요성과 제품시장을 면밀하게 분석한 후에 적용해야 하며, 그 과정에서 구성원 간의 의사소통이 잘 유지되어야 한다.

1.8 고효율생산방식과 신속대응가공

고효율생산방식(lean manufacturing)은 기본적으로 (1) 회사의 모든 활동이 능률적이고 효과적으로 작동하는지 평가하고, (2) 품질이 유지되거나 향상되는 조건에서 작업에 사용되는 기계나 설비의 효율성, (3) 특정 작업에서 인원의 적절성, (4) 생산 및 비생산 노동력을 포함한 모든 활동에서 비용의 절감에 대한 면밀한 분석을 포함한다. 비록 참신한 개념은 아니지만, 이 개념은 기업문화를 근본적으로 변화시키면서 관리인력과 작업인력 간의 협동과 팀워크를 요구한다. 고효율생산방식은 단순히 사용자원을 삭감한다는 개념이 아니라, 업무상 모든 유형의 낭비요인을 제거하고 문제발생 즉시 해결함으로써 회사의 효율과 이익을 지속적으로 향상시키려는 개념이다.

신속대응가공(agile manufacturing)은 고효율생산방식의 원리를 보다 넓은 범위에 적용시키고자 만들어진 용어로, 그 속에 숨어 있는 원리는 가공업체가 **유연성**(신속성)을 확보하여 제품의 다양성과 수요, 고객의 요구에 신속하게 대응하도록 하는 것이다. 각종 방식으로 재배열될 수 있는 **모듈부품**과 첨단의 컴퓨터 하드웨어 및 소프트웨어를 사용하고, 교체시간 단축, 첨단 통신시스템 구축으로 기계나 설비에 유연성을 갖도록 하면(**재구성 가능한 기계**) 신속대응이 가능해진다. 예를 들면, 자동차산업에서 주문형 자동차를 3일 만에 조립하고, 궁극적으로는 모듈부품의 연결조립만으로 맞춤형 차량을 생산하는 시스템이 전통적인 조립라인을 대체할 것으로 예측된다.

1.9 품질인증과 종합품질경영

품질은 제품의 시장성과 고객만족도에 직접 영향을 주므로, 가공에 있어서 항상 가장 중요한 측면이었다. 전통적으로, 품질인증은 가공된 후의 부품들을 검사함으로써 얻어졌다. 부품을 검사하는 목적은 치수, 표면정도, 기계적 및 물리적 성질이 제원이나 규격에 상세하게 맞는지를 살피는 것이다. 그러나 제품으로 만들어진 후에는 제품 속의 품질을 검사할 수 없으므로, 초기 설계단계부터 이후의 모든 가공 및 조립 단계에 걸쳐서 제품 속에 품질이 함께 만들어져야 한다. 제품을 만들 때는 다양한 가공법을 동원하는 것이 일반적이며, 하나의 가공법을 거치면서도 제품의 편차가 심할 수 있으므로, 공정관리야 말로 품질을 유지하는 중요한 요인이다. 따라서 **제품이 아니라 공정 자체를 관리해야 한다.**

결함이 있는 제품을 생산하면, 조립작업에서부터 어려움을 겪기 시작하고, 조립 후에 수리를 요하며, 마침내 고객의 불만으로 이어지므로, 결국 제조업체에게 값비싼 희생을 치르게 만든다. **제품완전도**(product integrity)는 제품의 (1) 사용목적에의 적절성, (2) 실제 시장요구의 충족도, (3) 예상수명기간 동안의 정상기능, (4) 유지관리의 수월성을 나타내는 척도라고 정의할 수 있다.

종합품질경영(TQM, total quality management)과 **품질인증**은 제품을 설계하고 가공하는 분야에 있는 모든 사람의 책임이다. 우리는 '제품과 함께 만들어지는 품질'의 기술적, 경제적 중요성을 보다 잘 인식하게 되었는데, 이는 품질관리분야의 개척자인 데밍(Deming), 다구치(Taguchi), 후란(Juran)에 힘입은 바 크다(16.3절 참조). 이들은 품질에 대한 경영진의 의지, 모든 생산단계에서 작업자의 자부심, 그리고 부품생산을 온라인감시하고 품질문제의 신속규명에 사용되는 **통계적품질관리**(SPC)와 관리도 같은 강력한 기법을 사용하는 것이 중요하다고 지적한다(제4장 참조). 결국, 결함이 있는 제품을 찾아내는 것이 아니라 결함이 생기지 않도록 예방하는 것이 주된 목표이다. 그 결과로, 컴퓨터칩을 예로 들면, 백만 개 중에 단지 몇 개만이 불량인 수준으로 생산된다.

품질인증 분야에서는 가공공정 내의 여러 요소 및 이들 간의 상호 관계를 동시에 연구하는 기법인 '**실험계획법**'을 적용한다. 예를 들면, 기계가공작업에서 치수정확도나 표면정도에 영향을 주는 변수를 즉시 구별해내서 적절한 조치를 취할 수 있다. 가공의 세계화와 국제적 경쟁력을 갖출 것이 강하게 요구되면서 품질관리방법을 수립해야 한다는 국제적 합의의 필요성이 대두되었다. 그 결과, 품질관리 및 품질인증규격에 대한 ISO 9000 시리즈와 QS 9000이 만들어졌다. 제품에 대한 보증이 아니라 **공정에 대한 품질보증**인 이 규격에 등록된다는 것은 업체가 항상 자체 품질체계에 따라 조업함을 뜻한다. 이 두 표준은 업체가 세계무역시장에서 사업하는 방식에 항구적인 영향을 주면서, 이제는 품질에 대한 범세계적인 표준으로 자리잡게 되었다.

■ **제품책임** 작동불량인 제품을 사용한 결과로 개인에게 상해를 입히거나 심지어 사망에 이르게 하고, 개인이나 단체에게 경제적 손실을 입히는 경우가 있다. 이 중요한 주제를 **제품책임**(product liability)이라고 한다. 지역이나 국가마다 법률이 다르므로 이 주제와 관련된 기술적, 법률적 측면은 복잡하며, 관련당사자에게는 결정적인 경제적 타격을 줄 수 있다.

안전한 제품을 설계하고 가공하는 것은 제조업체의 책임 중에서 중요하고도 핵심적인 부분이다. 제품설계, 제조, 판매에 종사하는 모든 사람은 제품의 가능한 오용을 비롯한 제품파손의 모든 결과를 충분히 인식하고 있어야 한다. 책임과 관련지을 수 있는 제품의 예는 다음과 같이 수없이 많다: (1) 파손되면 작업자를 실명시키는 연삭숫돌, (2) 끊어지면 중량물이 추락되는 케이블, (3) 한 개의 부품이라도 파손되면 작동불량되는 브레이크, (4) 보호대가 없거나 부적절한 기계, (5) 적절한 경고가 부착되지 않은 전기 또는 유압공구.

인간요인공학(human-factors engineering)과 인간공학(ergonomics, 인간-기계 간의 상호작용)은 안전한 제품의 설계와 제조에 중요한 측면으로 부각되고 있다. 최적화되지 않은 제품의 예로는 (1) 불편하거나 불안정하여 피로를 가중시키고 영구적인 상해에 이르도록 설계된 작업의자, (2) 반복사용 시 사용자의 손이나 팔에 고통을 주는(반복적 스트레스 상해) 수동조작이 어려운 기구나 불량하게 설계된 키보드를 들 수 있다.

1.10 국제적 경쟁력과 가공비용

제품의 가격은 시장성이나 일반 소비자의 만족도 측면에서 흔히 최우선적인 고려사항이다. 제품의 판매가격 중에서 가공비용이 약 40%를 차지한다. 제품의 총 가공비용은 고정비용과 자본비용 외에 재료비, 공구비, 인건비 등으로 구성된다. 제품설계를 분석하여, 요구되는 성질 및 특성을 만족하면서도 부품의 크기와 형상이 최적이고, 선택된 재료가 가장 저렴한 것인지를 파악하여 가공비용을 최소화해야 한다. 또한 재료대체의 가능성을 검토하여 비용의 최소화를 이루는 것도 중요하다(제16장 참조).

가공에 있어서 경제성은 지금까지 중요한 인자였으며, 세계시장에서 고품질(**세계수준의 가공**, world-class manufacturing), 저가격 제품으로 **국제적 경쟁력**을 갖추고자 할 때는 더욱

표 1.3 제조업 작업자의 시간당 상대급여(2003년, 미국 = 100)

국가	값	국가	값
덴마크	147	아일랜드, 이태리	85
노르웨이	144	스페인	67
독일	136	이스라엘	53
벨기에, 스위스	127	뉴질랜드, 한국	48
핀란드, 네덜란드	123	싱가포르	33
오스트리아, 스웨덴	116	포르투칼, 대만	27
미국	100	체코	20
프랑스	96	브라질, 멕시코	11
영국	93	중국, 인도	10
호주, 캐나다, 일본	90		
유럽 국가	111		
아시아 국가	33		

출처: U.S. Department of Labor, November 2004.

중요하다. 1960년대 이후, 가공에 중요한 영향을 준 다음과 같은 경향이 생겨났다.

- 국제적 경쟁이 급속히 심화되면서 시장의 다국적화 및 역동화
- 시장조건의 광범위한 변동
- 고객은 고품질의 저가제품이 적시에 납품되도록 요구
- 제품 다양성이 매우 증가하여, 제품은 더욱 복잡해지고 수명주기는 단축

또 다른 중요한 경향으로는 세계 각국의 가공인건비가 심한 불균형을 보이면서 10배 이상 차이나는 경우도 있다는 점이다. 표 1.3에 제조업의 상대적 인건비를 미국의 경우를 100으로 보았을 때, 각 국가별로 추산하여 나타내었다. 추정치는 국가별로 다른 각종 연금이나 주택보조금 같은 요인을 일관되게 반영하지 않은 것으로 대략적인 값이다.

외주는 외부업체에 비용을 지불하면서 자사 내 활동을 맡기는 활동이다. 다국적기업의 경우에는 외주를 통해 다른 나라에 있는 사업부로 업무를 옮기는 경우도 있다. 1990년대 초반부터 생기기 시작한 가공작업의 외주는 통신 및 운송 인프라가 잘 발달한 경우에 가능하다. 예를 들어, 광섬유 통신라인이나 고속인터넷 접속이 불가능했다면, 인건비가 싼 인도의 소프트웨어업체가 유럽이나 미국의 업체와 협력할 수 없었을 것이다.

오늘날 일반인이 구입하는 많은 제품들이 인건비가 아직까지 가장 싼 편인 중국이나 멕시코(생활수준이 향상되면서 인건비가 증가추세)에서 생산되거나 조립된 것임은 놀라운 일이 아니다. 마찬가지로, 서방국가에 비해 인도에서 소프트웨어나 정보통신기술을 개발하는 것이 보다 경제적이다. 원가를 최소로 유지하는 것이야말로 제조업체가 항상 직면하는 어려움이자 생존과 직결된 문제이다.

원가를 낮게 유지하면서 시장의 요구에 부응하려면, 제조업체는 자체 업무를 **벤치마킹**해야 한다. 벤치마킹이란 업체 내의 각 업무를 평가하도록 하여, 타 업체와 자기 업체와의

강점을 비교하고 이해한 후, 미래에 대한 실현가능한 목표를 설정하는 것이다. 따라서 평가결과로부터 다양한 척도와 비교기준이 만들어진다.

1.11 가공의 일반적 경향

재료, 공정, 생산관리에서의 급속한 발전으로 인해, 다음과 같이 가공에 몇 가지 중요한 경향이 생기고 있다.

■ **재료** 가격을 낮게 유지하면서, 재료의 전반적인 성질, 가공특성, 신뢰도, 사용수명을 향상시키기 위해 조성, 순도, 결함(불순물, 개재물, 흠)을 잘 조절할 수 있게 되었다. 초전도체, 반도체, 나노재료 및 나노분말, 비정질합금, 형상기억합금(스마트 재료), 피복(coating), 기타 각종 공업용 금속 및 비금속 재료에 대한 개발이 계속 이루어지고 있다. 시험방법이나 장비도 향상되어 첨단의 컴퓨터와 소프트웨어를 활용하며, 세라믹, 초경합금, 기타 복합재료 같은 재료에 적용되고 있다.

에너지와 재료를 절약하고자 하는 노력으로, 재활용성이 좋고 비강도나 비강성이 높은 재료에 관심이 모아지고 있다. 재료의 열처리에서는 공정변수를 잘 관리하여 보다 예측가능한 신뢰성 있는 결과를 얻고 있으며, 표면처리방법 역시 빠르게 발전하고 있다. 공구, 금형, 몰드 재료에 있어서도 진보가 이루어져, 각종 공정변수에 잘 견디고 가공공정의 효율과 경제성을 향상시키고 있다. 그 결과, 제품생산의 효율이 향상되었고, 고품질 제품을 저가에 생산할 수 있게 되었다.

■ **공정, 설비, 시스템** 컴퓨터, 제어, 산업용 로봇, 자동검사, 운반과 조립, 센서기술에 있어서의 지속적인 발전으로 모든 가공공정과 설비의 효율과 신뢰도가 크게 향상되고 있다. 컴퓨터 하드웨어와 소프트웨어, 통신시스템, 적응제어, 전문가시스템, 인공지능 및 신경망 분야에서의 발전으로, 제조업체가 효율적으로 관리될 뿐만 아니라 그룹 테크놀로지, 셀가공, 유연가공시스템 같은 개념을 현실화시킬 수 있게 되었다.

설계와 가공에 컴퓨터 시뮬레이션 및 모델링의 사용이 보편화되면서 공정과 생산시스템을 최적화할 수 있고, 각 공정변수가 제품완전성에 미치는 영향을 예측할 수 있다. 이러한 노력의 결과로 제품설계 및 가공의 효율과 속도가 크게 향상됨으로써 생산의 전반적인 경제성에 영향을 주고, 나날이 경쟁이 심해지는 시장에서 제조원가를 낮추고 있다.

내용 요약 SUMMARY

- 가공은 각종 공정 및 방법을 사용하여 원료를 제품으로 만들어가는 과정이다. (1.1절)
- 제품설계는 가공의 필수적인 부분이며, 동시공학, 가공보장설계, 조립/분해/서비스 보장설계 등의 개념이 포함되는 추세이다. (1.2절 및 1.3절)
- 안전하고 환경친화적인 제품을 설계하고 가공하는 것은 제조업체의 중요하고 필수적인 책임이다. (1.4절)
- 적절한 재료를 선택하고, 각종 대안과 주어진 제품설계목표, 공정능력, 비용요인 등을 고려하여 최적의 가공법을 선택하는 것이 중요하다. (1.5절 및 1.6절)
- 컴퓨터통합가공은 설계, 분석, 가공, 품질관리 등의 업무에 광범위하게 컴퓨터를 활용하는 기술이다. (1.7절)
- 고효율생산방식과 신속대응가공은 업체 전반에 걸쳐 효율과 유연성을 중시함으로써 제조업체가 국제적 경쟁력을 갖추어 경제적 도전에 맞설 수 있게 하는 접근방법이다. (1.8절)
- 제품품질을 확보하는 것은 제조의 마지막 단계가 아니라 동시공학의 한 과정으로 간주해야 한다. 종합품질경영과 통계적 공정관리기술을 사용하여 제품의 설계 및 가공과정의 모든 단계에서 품질을 향상시킬 수 있다. (1.9절)
- 가공비용과 국제적 경쟁력은 제조업체가 가장 중요하게 고려해야 할 사항이다. (1.10절)
- 품질에 대한 요구, 친환경 지속가능성, 컴퓨터기술의 보편화 같은 추세가 가공공정, 재료, 시스템에 근본적인 변화를 주고 있다. (1.11절)

주요 기관과 웹사이트 REFERENCES

다음은 가공 과학 및 공학의 다양한 측면에서 정보공급원으로 사용될만한 전문협회 및 기관의 웹사이트이다.

Abrasive Engineering Society
www.abrasiveengineering.com

The Aluminum Association
www.aluminum.org

Aluminum Extruders Council
www.aec.org

The American Ceramic Society
www.ceramics.org

American Foundrymen's Society
www.afsinc.org

American Gear Manufacturers Association
www.agma.org

American Institute of Mining, Metallurgical and Petroleum Engineers
www.aimeny.org

American National Standards Institute
www.ansi.org

American Plastics Council
www.americanplasticscouncil.org

American Society of Mechanical Engineers
www.asme.org

American Society for Metals (ASM) International
www.asminternational.org

American Society for Nondestructive Testing
www.asnt.org

American Society for Precision Engineering
www.aspe.net

American Society for Quality
www.asq.org

American Society for Testing and Materials International
www.astm.org

American Welding Society
www.aws.org

Association for Iron and Steel Technology
www.aist.org

Association for Manufacturing Technology
www.mfgtech.org

Computer Aided Manufacturing International
www.intota.com

Copper Development Association
www.copper.org

Edison Welding Institute
www.ewi.org

Electronic Industries Association
www.eia.org

The Fastener Engineering and Research Association
www.fera.org.uk

Federation of Materials Societies
www.materialsocieties.org

Forging Industry Association
www.forging.org

Forging Industry Educational and Research Foundation
www.forgings.org

Grinding Wheel Institute
www.abrasiveengineering.com

Industrial Fasteners Institute
www.industrial-fasteners.org

Institute of Electrical and Electronics Engineers
www.ieee.org

Institute of Industrial Engineers
www.iienet.org

The International Academy for Production Engineering (CIRP)
www.cirp.net

International Copper Research Association
www.copper.org

International Lead Zinc Research Association
www.recycle.net

International Magnesium Association
www.intlmag.org

International Organization for Standardization
www.iso.org

International Society for Measurement and Control
www.isa.org

International Titanium Association
www.titanium.org

Investment Casting Institute
www.investmentcasting.org

Materials Research Society
www.mrs.org

Metal Powder Industries Federation
www.mpif.org

National Association of Corrosion Engineers (NACE) International
www.nace.org

National Association of Manufacturers
www.nam.org

National Electrical Manufacturers Association
www.nema.org

National Institute of Standards and Technology
www.nist.gov

National Science Foundation
www.nsf.gov

North American Die Casting Association
www.diecasting.org

Occupational Safety and Health Administration
www.osha.gov

Robotic Industries Association
www.roboticsonline.com

Society for the Advancement of Material and Process Engineers
www.sampe.org

Society of Automotive Engineers (SAE) International
www.sae.org

Society of Manufacturing Engineers
www.sme.org

Society of Plastics Engineers
www.4spe.org

Society of Tribologists and Lubrication Engineers
www.stle.org

Steel Founders' Society of America
www.sfsa.org

The Welding Institute
www.twi.co.uk

참고문헌 BIBLIOGRAPHY

Alukai, G., and Manos, A., *Lean Kaizen: A Simplified Approach to Product Improvements*, ASQ Quality Press, 2006.

Ashby, M., *Materials Selection in Mechanical Design*, 3rd ed., Butterworth-Heineman, 2005.

Boothroyd, G., Dewhurst, P., and Knight, W.A., *Product Design for Manufacture and Assembly*, 2nd ed., CRC Press, 2001.

Bralla, J.G., *Design for Manufacturability Handbook*, 2nd ed., McGraw-Hill, 1999.

Chang, T-C., Wysk, R.A., and Wang, H-P, *Computer-Aided Manufacturing*, 3rd ed., Prentice Hall, 2005.

Cheng, T.C., Podolsky, S., and Podolsky, S., *Just-in-Time Manufacturing—An Introduction*, Springer, 1996.

Clausing, D.P., *Total Quality Development*, American Society of Mechanical Engineers, 1994.

Craig, J.J., *Introduction to Robotics*, 3rd ed., Prentice Hall, 2003.

DeGarmo, E.P., Black, J T., and Kohser, R.A., *Materials and Processes in Manufacturing*, 9th ed., Industrial Press, 2004.

Deming, W.E., *Out of the Crisis*, MIT Press, 1982.

Friedman, T.L., *The World Is Flat*, Farrar, Straus and Giroux, 2006.

Groover, M.P., *Fundamentals of Modern Manufacturing*, 3rd ed., Wiley, 2007.

Gunasekaran, A., *Agile Manufacturing: The 21st Century Competitive Strategy*, Elsevier, 2001.

Hugos, M., *Essentials of Supply Chain Management*, 2nd ed., Wiley, 2006.

Hyer, N., and Wemmerlov, U., *Reorganizing the Factory: Competing Through Cellular Manufacturing*,

Productivity Press, 2002.

Irani, S.A., *Handbook of Cellular Manufacturing Systems*, Wiley, 1999.

Juran, J.M., and Godfrey, A.B., *Juran's Quality Handbook*, McGraw-Hill, 1998.

Kalpakjian, S., and Schmid, S.R., *Manufacturing Engineering and Technology*, 5th ed., Prentice Hall, 2006.

Madou, M.J., *Fundamentals of Microfabrication*, 2nd ed., CRC Press, 2002.

Madu, C., *Handbook of Environmentally Conscious Manufacturing*, Springer, 2001.

McDonough, W., and Braungart, M., *Cradle to Cradle*, North Point Press, 2002.

Montgomery, D.C., *Introduction to Statistical Quality Control*, Wiley, 2004.

Ortiz, C.A., *Kaizen Assembly*, CRC Press, 2006.

Pugh, S., *Creating Innovative Products Using Total Design*, Addison-Wesley Longman, 1996.

Pyzdek, T., *The Six Sigma Handbook*, 2nd ed., McGraw-Hill, 2003.

Schey, J.A., *Introduction to Manufacturing Processes*, 3rd ed., McGraw-Hill, 2000.

Taguchi, G., Chowdhury, S., and Wu, Y., *Taguchi's Quality Engineering Handbook*, Wiley, 2004.

제 2 장

재료의 기계적 성질

주요내용

- ❑ 재료의 기계적 성질을 결정하기 위한 보편적 시험방법과 그 종류
- ❑ 응력-변형률 곡선: 특성과 중요성, 온도와 변형률속도 같은 변수의 영향
- ❑ 재료가공 중에 나타나는 경도, 피로, 크리프, 충격, 잔류응력의 특성과 영향
- ❑ 항복조건과, 가공소요 하중 및 에너지 계산에의 활용

2.1 개요

제1장에서는 재료를 원하는 제품형상으로 가공하기 위한 여러 가공기술 및 방법들을 개략적으로 살펴보았다. 제조분야에서 중요하게 취급되는 소성가공은 다양한 방법으로 소재에 하중을 가하여 소재를 **소성변형**(plastic deformation)시켜 원하는 형상으로 만드는 가공법이다. 소성가공에는 **부피성형**(bulk deformation, 단조, 압연, 압출 및 인발 공정)과 **판재성형**(sheet forming, 굽힘, 디프드로잉, 스피닝 및 일반 프레스가공) **공정**이 있다. 이 장에서는 재료가 변형되는 동안 나타내는 기계적 거동에 관한 기본적인 내용, 즉 변형양상, 응력, 하중, 변형속도와 온도의 영향, 경도, 잔류응력, 항복조건 등에 대하여 설명한다.

자동차펜더나 선재 같은 제품을 가공하기 위해 금속소재를 잡아늘이면, 소재는 **인장**(tension)을 받고, 터빈디스크를 제작하기 위해 원주형 금속을 단조하면, 재료는 **압축**(compression)을 받는다. 판재에 펀치로 구멍을 뚫으면, 구멍단면을 따라 재료에 전단응력(shear stress)이 작용한다. 플라스틱병을 제작하기 위해 튜브형상의 소재에 내압을 걸면, 소재는 축 방향과 길이 방향으로 인장을 받는다.

이 모든 공정에서 소재가 변형되는 상태는 그림 2.1에 주어진 기본적인 변형양상, 즉 인장, 압축, 전단 변형 중 하나이거나 혹은 복합된 상태이다. 소재가 받는 변형의 정도를 나타내려면 변형률을 사용한다. 인장이나 압축의 경우, **공학적 변형률**(engineering strain), 즉 **공칭변형률**(nominal strain)은 다음과 같이 정의된다.

$$e = \frac{l - l_o}{l_o} \tag{2.1}$$

인장의 경우는 변형률이 양이 되며, 압축의 경우는 변형률이 음이 된다. 그림 2.1c에 나타낸 변형에서 **전단변형률**(shear strain)은 다음과 같이 정의된다.

$$\gamma = \frac{a}{b} \tag{2.2}$$

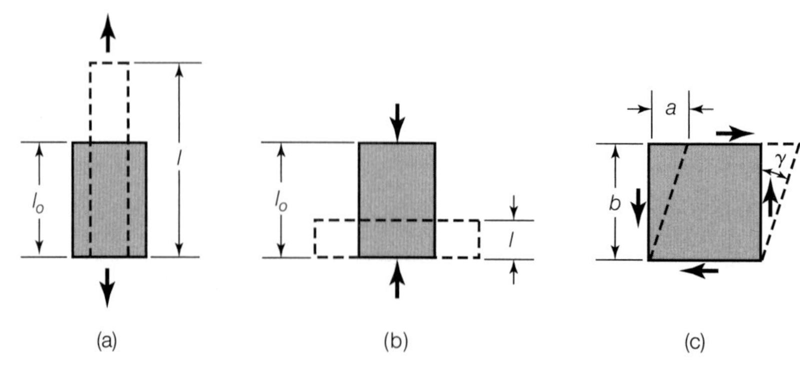

▶ **그림 2.1**
변형의 유형: (a) 인장, (b) 압축, (c) 전단. 가공 중에 발생하는 모든 변형과정은 이 유형들에 포함되며, 금속 판재를 신장성형하여 차체를 만드는 경우에는 인장변형, 단조로 터빈디스크를 가공할 때는 압축변형, 펀칭으로 구멍을 내는 경우에는 전단변형이 수반된다.

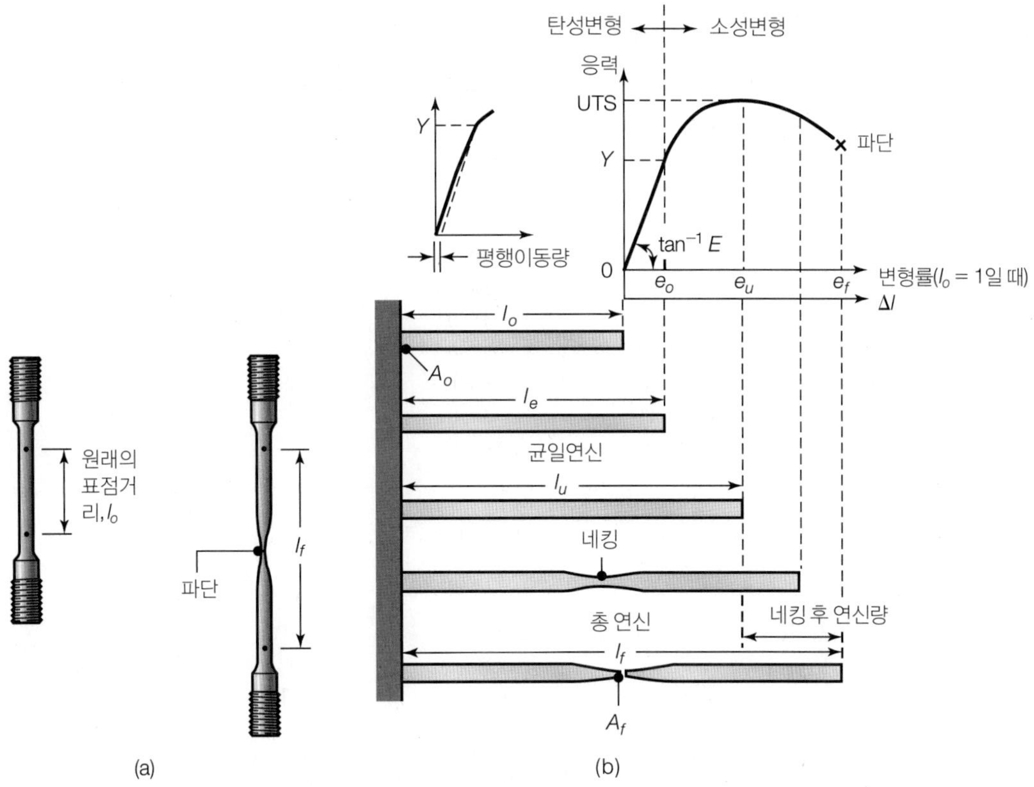

▲ **그림 2.2**

(a) 표준인장시편의 시험 전후 모양, (b) 인장시험 중에 시편이 늘어나는 단계.

그림 2.1에서 소재 또는 시편의 모양이 점선과 같이 변형되려면 화살표방향으로 **하중**을 작용시켜야 한다. 변형의 정도에 따라 소재에 가해야 할 하중의 크기를 결정하는 것은 가공공정에서 매우 중요한 일이다. 적합한 장비를 설계하고, 적절한 강도를 갖는 공구 및 금형 재료를 선택하며, 원하는 금속가공작업을 수행할 수 있는 장비를 결정하려면, 소재에 가해야 할 하중의 종류와 크기를 알아야 한다.

2.2 인장

인장시험은 비교적 간단하여 **재료가 갖는 하중-변형 특성**을 구하는 시험법 중 가장 보편적으로 이용된다. 인장시험의 절차는 규격(미국의 경우 ASTM, 한국의 경우 KS)에 맞는 시편을 준비하여 인장시험기로 시험한다. 인장시험용 시험기는 현재 다양한 종류가 개발되어 있다. 인장시편은 판재나 관재에서 만들 수도 있지만, 많은 경우가 원형단면을 가진 봉재로부터 제작된다.

표 2.1 상온에서 각종 재료의 기계적 성질

	E(GPa)	Y(MPa)	UTS(MPa)	표점거리 50 mm에서 연신율(%)	포아송비(ν)
금속재료(가공용)					
알루미늄 및 합금	69~79	35~550	90~600	45~5	0.31~0.34
구리 및 합금	105~150	76~1100	140~1310	65~3	0.33~0.35
납 및 합금	14	14	20~55	50~9	0.32
마그네슘 및 합금	41~45	130~305	240~380	21~5	0.29~0.35
몰리브덴 및 합금	330~360	80~2070	90~2340	40~30	0.32
니켈 및 합금	180~214	105~1200	345~1450	60~5	0.31
강	190~200	205~1725	415~1750	65~2	0.28~0.33
스테인리스강	190~200	240~480	480~760	60~20	0.28~0.30
티타늄 및 합금	80~130	344~1380	415~1450	25~7	0.31~0.34
텅스텐 및 합금	350~400	550~690	620~760	0	0.27
비금속재료					
세라믹	70~1000	—	140~2600	0	0.2
다이아몬드	820~1050	—	—	—	—
유리 및 자기	70~80	—	140	0	0.24
고무	0.01~0.1	—	—	—	0.5
열가소성 플라스틱	1.4~3.4	—	7~80	1000~5	0.32~0.40
강화된 열가소성 플라스틱	2~50	—	20~120	10~1	—
열경화성 플라스틱	3.5~17	—	35~170	0	0.34
보론섬유	380	—	3500	0	—
탄소섬유	275~415	—	2000~5300	1~2	—
유리섬유(S, E)	73~85	—	3500~4600	5	—
케블라섬유(29, 49, 129)	70~113	—	3000~3400	3~4	—
스펙트라섬유(900, 1000)	73~100	—	2400~2800	3	—

주: E, Y, UTS의 범위 중 최저값과 연신율의 범위 중 최고값은 순금속에 해당함. 표준단위 MPa를 영미단위 psi로 환산할 때는 145를 곱함. 즉, 100 MPa = 14,500 psi.

원래 길이가 l_o이고 단면적이 A_o인 시편을 생각하자(그림 2.2a 참조). 여기서 원래 길이란, 시편에 **표시한 표점** 사이의 표점거리(gage length)를 의미하며, 50 mm가 일반적이다. 구조물의 부재와 같이 큰 시편의 경우에는 표점거리를 더 크게 하거나, 작은 부품에 사용되는 소재의 시편은 표점거리를 작게 한다.

그림 2.2는 연성금속재료의 전형적인 인장시험 결과를 나타낸다. **공학적 응력**(engineering stress), 즉 **공칭응력**(nominal stress)은 원래 단면적에 대한 작용하중의 비로 다음과 같이 정의된다(공학적 변형률은 식 (2.1)로 정의되어 있다).

$$\sigma = \frac{P}{A_o} \tag{2.3}$$

시편에 처음 하중을 가하면, 시편은 **비례한도**(proportional limit)에 도달하기까지 작용하중에 비례하여 늘어난다. 따라서 이 구간에서의 재료거동을 **선형 탄성거동**(linear

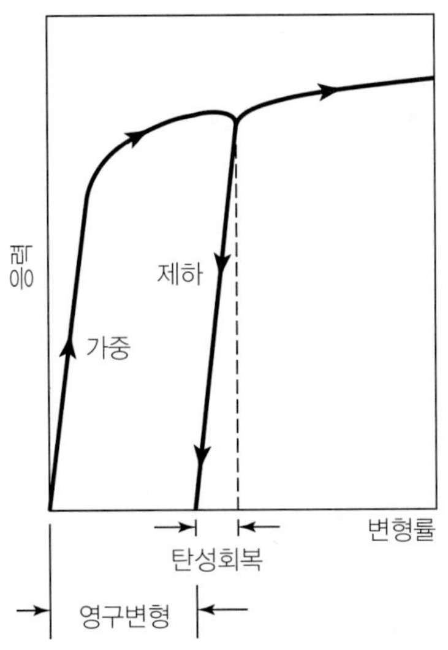

▶ **그림 2.3**

인장시편의 가중과 제하에 대한 개략도. 제하곡선은 원래의 탄성기울기와 평행하다.

elastic behavior)이라고 한다. 비례한도점에서부터 **항복점**(yield point) *Y*까지는 엄격히 선형거동은 아니지만, 소재는 여전히 탄성변형을 한다. 하중이 항복점에 도달하기 전에 제거되면, 시편은 원래 형상으로 되돌아온다. **탄성계수**(elastic modulus) 혹은 **영계수**(Young's modulus) E의 정의는 다음과 같다.

$$E = \frac{\sigma}{e} \tag{2.4}$$

이와 같은 선형적인 응력-변형률 관계식을 **후크의 법칙**(Hook's law)이라고 하며, 일반화된 형태는 2.11절에 나타내었다. 시편이 길이방향으로 늘어나면 횡방향(즉, 단면방향)으로는 줄어든다. 길이방향에 대한 횡방향 변형률비의 절대값을 **포아송비**(Poisson's ratio) ν라고 한다. 각종 재료들에 대한 대표적인 E와 ν 값을 표 2.1에 나타내었다.

응력-변형률 곡선 아랫부분에서 재료의 항복점 Y까지의 면적을 이 재료의 **탄성에너지율**(modulus of resilience)이라고 한다.

$$\text{탄성에너지율} = \frac{Ye_o}{2} = \frac{Y^2}{2E} \tag{2.5}$$

이 면적은 **단위체적당 에너지**의 단위를 가지며, 재료가 탄성적으로 저장할 수 있는 **비에너지**(specific energy)를 나타낸다. 이 값은 풀림처리된 구리의 경우 2.1×10^4 N-m/m^3, 풀림처리된 중탄소강은 1.9×10^5, 스프링강은 2.7×10^6에 달한다.

하중이 항복점 이상으로 증가하면 재료는 항복하기 시작한다. 즉, 소재가 **소성변형** 혹은 **영구변형**(permanent deformation)되기 시작하며, 응력과 변형률 사이의 관계도 더 이상 선형적이지 않다. 대부분의 재료에서는 항복점 전후로 응력-변형률 곡선의 기울기 변화가 작기 때문에 항복점을 구하기가 쉽지 않다. 흔히 사용하는 실용적인 방법으로는 그림 2.2b와 같이 변형률 축으로 0.2%, 즉 0.002만큼 곡선을 이동시켜, 탄성영역에서의 기울기 연장선과 원래 곡선이 만나는 점의 응력값을 항복응력으로 삼으며(내력, proof stress), 0.2%가 아닌 다른 값을 사용할 경우에는 항복응력을 나타낼 때 반드시 명시해야 한다(곡선이동법).

항복이 일어난다고 해서 소재가 반드시 파단되는 것은 아니다. 구조물이나 하중지지용 부재를 설계할 때, 항복은 영구변형을 일으키므로 바람직하지 않다. 그러나 단조, 압연, 판재성형 같이 재료에 영구변형을 주어 원하는 형상으로 소성변형시키고자 하는 금속가공공정에서는 필수적으로 항복이 일어나야 한다.

하중의 증가와 더불어 시편의 길이는 계속 늘어나고, 단면적은 길이방향에 대해 균일하게 줄어든다. 최초의 항복점보다 높은 수준의 응력을 받던 시편에서 하중을 제거하면, 응력곡선은 원래의 탄성기울기에 평행하게 직선을 따라 내려온다(그림 2.3 참조). 하지만 하중 또는 공학적 응력을 더욱 증가시키면, 마침내 응력은 최대점에 도달한 후 감소하기 시작한다. 이 최대응력을 재료의 **인장강도**(tensile strength) 혹은 **극한인장강도**(UTS, ultimate tensile strength)라고 하며(표 2.1 참조), 소재의 전반적인 강도를 간편하게 나타내는 척도로 사용한다.

UTS 점을 지나면, 그림 2.2a에 나타낸 것과 같이 네킹(necking)이 생기기 시작하며, 시편은 더 이상 균일하게 늘어나지 않는다. 즉, 시편의 단면적 변화가 길이를 따라 균일하지 않고, 국부적으로 집중되어 '목'처럼 잘록한 부위가 생긴다. 네킹이 생긴 뒤에는 공학적 응력이 점차적으로 감소되다가, 마침내 시편은 목 부위에서 파단된다. 최종응력값(그림 2.2b에서 X로 표시)을 재료의 **파단응력**(fracture stress 혹은 breaking stress)이라고 한다.

2.2.1 연성

파단 시의 변형률은 연성(ductility), 즉 재료가 파단될 때까지 얼마나 많은 변형을 견딜 수 있는지에 대한 척도이다. 그림 2.2b로부터 시편은 UTS 점에 도달할 때까지는 균일하게 늘어남을 알 수 있다. UTS 점까지의 변형률을 **균일변형률**이라고 하며, 파단 시까지의 변형률을 **연신율**(elongation)이라고 한다. 연신율은 파단된 시편을 다시 맞춘 후 표점 사이의 거리를 측정한 값, 즉 총 연신량으로부터 구해진다. 인장시험에서 연성을 나타내는 양은 연신율과 단면감소율(reduction of area)의 두 가지이다. **연신율**의 정의는 다음과 같다.

$$\text{연신율}(\%) = \frac{l_f - l_o}{l_o} \times 100 \tag{2.6}$$

여기서 l_f는 파단 시 길이이다. 각종 재료에 대한 연신율은 표 2.1에 나타내었다.

네킹은 국부적으로 발생하는 현상으로, 여러 쌍의 표점을 표시한 후 인장시험을 하고, 파단 후 각 표점 간의 연신율을 구해 보면, 표점거리가 짧을수록 연신율이 큼을 알 수 있다

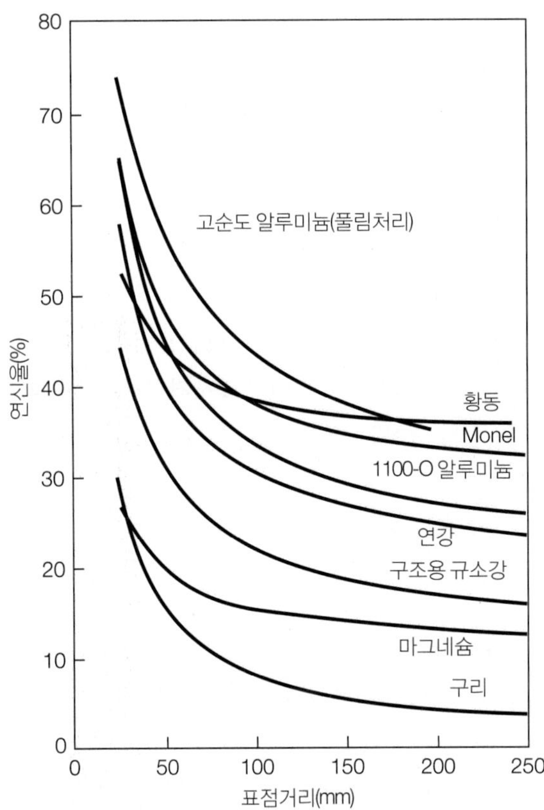

▶ **그림 2.4**

각종 금속의 총 연신율을 원래 표점거리의 함수로 나타낸 곡선.

(그림 2.4 참조). 목 부위에 가장 근접한 표점 사이의 연신율이 물론 가장 크지만, 표점거리가 늘어남에 따라 연신율이 영에 접근하는 것은 아니다. 왜냐하면 시편은 파단되기 전에 이미 영구변형상태로 일정량만큼 균일하게 신장되었기 때문이다. 따라서 연신율에 관한 자료를 제시할 때는 표점거리도 같이 명시해야 한다. 반면에, 인장시험에 관련된 다른 물성치들은 일반적으로 표점거리와 무관하다.

연성을 나타내는 두 번째 척도인 **단면감소율**은 다음과 같이 정의된다.

$$\text{단면감소율}(\%) = \frac{A_o - A_f}{A_o} \times 100 \tag{2.7}$$

여기서 A_f는 파단면의 단면적이다. 고온에서의 유리막대처럼, 어떤 재료는 파단 시 단면이 거의 점으로 줄어들 때까지 변형하여 단면감소율이 거의 100%에 가까운 경우도 있다.

흔히 사용되는 대부분의 공업용 금속은 연신율과 단면감소율 사이에 연관성이 있다. 대부분의 재료는 연신율이 대략 10~60% 정도이고, 단면감소율은 20~90% 정도이다. 열가소성 플라스틱(제10장 참조)이나 초소성재료(2.2.7절 참조)는 훨씬 큰 연성을 보인다. 실온에서의 유리나 분필 같은 취성재료(brittle material)는 용어 자체가 뜻하는 바와 같이 연성이 매우 작거나 없다.

2.2.2 진응력과 진변형률

원래 응력이란 단위면적당 작용하는 하중을 의미하므로, 다음과 같이 정의되는 진응력(true stress)을 사용하는 것이 보다 타당하다.

$$\sigma = \frac{P}{A} \tag{2.8}$$

여기서 A는 하중이 작용되는 순간의 실제단면적이다.

마찬가지 이유로, 전체 인장시험을 일련의 증분 형태 인장시험들의 연속으로 보면, 각 증분단계에서는 바로 직전에 변형된 길이를 시편의 원래 길이라고 생각할 수 있다. 따라서 다음과 같이 **진변형률**(true strain) 혹은 **대수변형률**(natural 혹은 logarithmic strain) ϵ을 정의하여 사용한다.

$$\epsilon = \int_{l_o}^{l} \frac{dl}{l} = \ln\left(\frac{l}{l_o}\right) \tag{2.9}$$

진변형률 ϵ과 공학적 변형률 e 사이에는 $\epsilon = \ln(1 + e)$의 관계가 있음을 식 (2.1)과 (2.9)로부터 알 수 있다. 표 2.2에 나타낸 것처럼, 변형이 작을 경우에는 두 변형률값에 차이가 없으나, 변형이 커질수록 두 값의 차이는 급격히 커진다.

금속시편의 체적은 소성영역에서 일정하게 유지된다(2.11.5절의 **체적일정조건** 참조). 따라서 균일변형이 이루어지는 동안 진변형률을 다음과 같이 표현할 수 있다.

$$\epsilon = \ln\left(\frac{l}{l_o}\right) = \ln\left(\frac{A_o}{A}\right) = \ln\left(\frac{D_o}{D}\right)^2 = 2\ln\left(\frac{D_o}{D}\right) \tag{2.10}$$

일단 네킹이 시작되면(불균일변형 상태), 시편 어떤 점에서의 진변형률은 바로 그 지점에서의 단면적 변화로부터 계산되어야 한다. 따라서 목 부위의 가장 가는 지점에서의 변형률이 가장 크다.

앞에서 지적한 바와 같이, 변형률이 작을 경우에는 두 변형률 간에 차이가 거의 없으므로 어떤 변형률을 사용해도 무방하다. 그러나 금속가공에서처럼 변형률이 클 경우에는 진변형률을 사용해야 한다. 다음과 같은 두 가지 예로부터, 변형률의 실용적인 척도로 진변형률을 사용하는 것이 타당함을 보일 수 있다.

1. 인장시편의 길이가 원래보다 두 배로 되었다고 하자. 이 변형은 압축 시 시편의 높이가

표 2.2 인장 시 공학적 변형률과 진변형률의 비교

e	0.01	0.05	0.1	0.2	0.5	1	2	5	10
ϵ	0.01	0.049	0.095	0.18	0.4	0.69	1.1	1.8	2.4

절반으로 줄어든 것에 상당한다. 인장과 압축에 의한 변형률을 각각 아래첨자 t와 c로 구별하면, $\epsilon_t = 0.69$ 및 $\epsilon_c = -0.69$인 반면에 $e_t = 1$ 및 $e_c = -0.5$이다. 따라서 진변형률이 보다 타당한 변형률 척도이다.

2. 높이가 10 mm인 어떤 시편이 높이가 0이 되도록 압축된다고 가정하자. 이 경우 $\epsilon_c = -\infty$인 반면에 $e_c = -1$이다. 시편의 높이가 0이 된다는 것은 변형이 무한히 가해진다는 의미이며, 진변형률값이 이 상황을 정확하게 표현한다.

위의 두 예로부터, 진변형률은 실제 물리적인 현상을 일관성 있게 표현하나 공학적 변형률은 그렇지 못함을 알 수 있다.

2.2.3 진응력-진변형률 곡선

공학적 응력과 진응력, 그리고 공학적 변형률과 진변형률 사이의 관계를 이용하면, 그림 2.2b의 공학적 응력-변형률 곡선을 **진응력-진변형률 곡선**으로 변환시킬 수 있다. 대표적인 진응력-진변형률 곡선이 그림 2.5a에 도시되어 있으며, 이 곡선은 편의상 다음 식으로 근사된다.

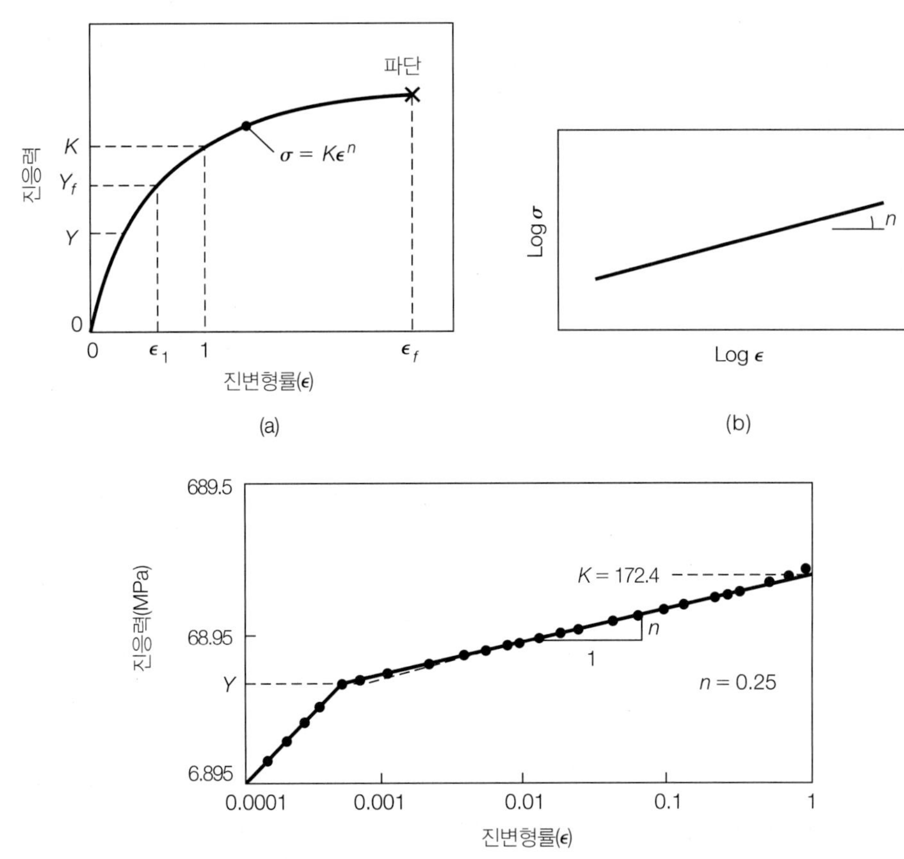

▶ **그림 2.5**

(a) 인장에서의 진응력-진변형률 곡선. 공학적 응력-변형률 곡선과는 달리 기울기가 항상 양이며, 변형률이 증가함에 따라 기울기는 감소한다. 탄성영역에서는 응력과 변형률이 비례하지만, 전체 곡선은 지수식으로 근사화될 수 있다. 곡선에서 Y는 항복응력, Y_f는 유동응력을 나타낸다. (b) 진응력과 진변형률 곡선을 대수그래프에 나타낸 경우. (c) 전대수용지에 나타낸 1100-O 알루미늄의 진응력-진변형률 곡선.

표 2.3 실온에서 식 (2.11)의 K 및 n 값

재료	K(MPa)	n
알루미늄, 1100-O	180	0.20
2024-T4	690	0.16
5052-O	210	0.13
6061-O	205	0.20
6061-T6	410	0.05
7075-O	400	0.17
황동, 70-30, 풀림처리	895	0.49
85-15, 냉간압연	580	0.34
청동(인), 풀림처리	720	0.46
코발트합금, 열처리	2070	0.50
구리, 풀림처리	315	0.54
몰리브덴, 풀림처리	725	0.13
저탄소강, 풀림처리	530	0.26
1045, 열간압연	965	0.14
1112, 풀림처리	760	0.19
1112, 냉강압연	760	0.08
4135, 풀림처리	1015	0.17
4135, 냉각압연	1100	0.14
4340, 풀림처리	640	0.15
17-4 P-H, 풀림처리	1200	0.05
52100, 풀림처리	1450	0.07
302 스테인리스, 풀림처리	1300	0.30
304 스테인리스, 풀림처리	1275	0.45
410 스테인리스, 풀림처리	960	0.10

주: 100 MPa = 14,500 psi

$$\sigma = K\epsilon^n \tag{2.11}$$

위 식은 재료의 항복점이나 탄성영역을 표현하지 못함을 알 수 있다. 그러나 이들 값은 공학적 응력-변형률 곡선에서 쉽게 구할 수 있다. 대부분 금속재료의 경우, 항복점에서의 변형률이 매우 작기 때문에, 즉 원래 단면적 A_o와 항복 시의 단면적 A의 차이가 매우 작기 때문에, 진응력이나 공학적 응력 어느 것을 사용하여 항복응력값을 구해도 그 차이는 무시할 만하다.

식 (2.11)은 다음 형태로 바꿀 수 있다.

$$\log \sigma = \log K + n \log \epsilon$$

따라서 진응력-진변형률 곡선을 대수그래프 상에 그리면 그림 2.5b와 같이 직선으로 된다. 여기서 기울기 n을 **가공경화지수**(work-hardening exponent) 혹은 **변형경화지수**(strain-hardening exponent)라 하고 K를 **강도계수**(strength coefficient)라 한다. K는 진

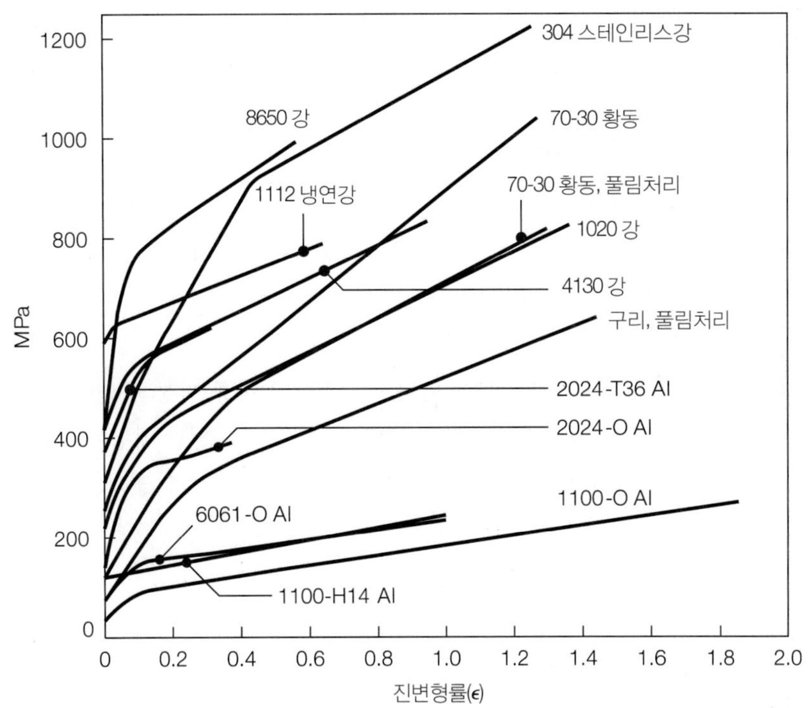

▶ **그림 2.6**
실온에서 각종 금속을 인장 시험했을 때의 진응력-진변형률 곡선. 이들 곡선에서 탄성 구간을 무시하고, 각 곡선이 응력축과 만나는 점을 항복응력 Y로 하였다. 이들 곡선에서 K 및 n 값을 구할 수 있으며, 자료의 출처가 다르므로 표 2.3의 값과 다소 차이가 있을 수 있다.

변형률의 크기가 1일 때의 진응력값이다. 각종 공업재료들에 대한 K와 n 값을 표 2.3에 나타내었고, 진응력-진변형률 곡선을 그림 2.6에 나타내었다. 자료출처와 시험조건의 차이로 인해, 표 2.3의 값과 그림 2.6의 곡선 사이에는 약간의 차이가 있다.

그림 2.5a에서, Y_f는 **유동응력**(flow stress)이라고 한다. 어떤 진변형률 ϵ_1에 대한 유동응력은 그 상태에서 소성변형이 지속되는 데 필요한 진응력값을 나타낸다. 따라서 변형경화재료의 유동응력은 변형률의 증가와 더불어 증가한다. 그림 2.5c에서, 탄성변형률의 크기가 소성변형률에 비해 매우 작음에 주목하면, 이 책에서 성형공정의 계산 시 탄성변형률은 무시하고, 소성변형률을 총 변형률로 삼는 것이 타당함을 알 수 있다.

■ **인성** 진응력-진변형률 곡선의 아랫부분 면적을 재료의 **인성**(toughness)이라고 하며, 파단 시의 진변형률을 ϵ_f라고 할 때 다음과 같이 표현된다.

$$\text{인성} = \int_0^{\epsilon_f} \sigma \, d\epsilon \tag{2.12}$$

인성은 파단될 때까지 소산된 단위체적당 에너지(즉, 비에너지)를 나타낸다. 그러나 이 비에너지값은 목 부위의 좁은 영역에 한정된 것이고, 그 외의 부분에서는 재료가 받는 변형률도 작고, 따라서 소산되는 에너지도 작다.

이 책에서 사용되는 인성은 파괴역학 관련문헌에서 사용되는 **파괴인성**(fracture toughness)과는 개념이 다르다. 이 책에서는 고체 내에서의 균열의 발생과 성장을 다루는 파괴역학은 다루지 않는다. 실제로, 금형설계나 금형수명에 관한 연구 외에는, 금속가공 공정에서 파괴역학분야와의 관련성은 제한적이다.

2.2.4 단순인장 시 불안정성

앞에서 언급된 바와 같이, 인장시험 시 극한인장강도에 도달하면, 네킹이 시작되면서 변형은 더 이상 균일하지 않게 된다. 이러한 불균일변형으로 소재의 가공 중에 국부적인 두께편차가 생기므로, 소재가 주로 인장을 받는 판재성형작업(제7장 참조)에서는 네킹의 발생이 매우 중요한 고려사항이다.

그림 2.2를 참조하면, 극한인장강도에 해당하는 점에서 하중-변형 곡선의 기울기는 0이 되며(즉, $dP = 0$), 이때부터 재료는 **불안정**해지기 시작한다. 일단 네킹이 시작되면 목부위의 단면적이 점점 작아지므로, 시편은 더 이상 하중을 지탱할 수 없다. $dP/d\epsilon$은 다음과 같이 구한다.

$$\epsilon = \ln\left(\frac{A_o}{A}\right), \quad A = A_o e^{-\epsilon}, \quad P = \sigma A = \sigma A_o e^{-\epsilon}$$

이므로,

$$\frac{dP}{d\epsilon} = \frac{d}{d\epsilon}(\sigma A_o e^{-\epsilon}) = A_o\left(\frac{d\sigma}{d\epsilon}e^{-\epsilon} - \sigma e^{-\epsilon}\right)$$

네킹 시작점에서 $dP = 0$이므로, 다음과 같은 관계식을 얻는다.

$$\frac{d\sigma}{d\epsilon} = \sigma$$

진응력-진변형률 곡선이 다음과 같이 표현될 경우에는

$$\sigma = K\epsilon^n$$

$$nK\epsilon^{n-1} = K\epsilon^n$$

로부터, 네킹 시작점에서의 변형률은 다음과 같다.

$$\epsilon = n \tag{2.13}$$

인장시험 시 불안정성은 서로 대립되는 두 작용이 동시에 일어나는 현상으로 볼 수 있다. 우선 시편에 작용하는 하중이 증가하면 단면적은 감소한다. 물론 네킹이 발생하는 부위에서의 단면적감소가 훨씬 크다. 한편, 변형경화에 의해 변형률이 증가할수록 재료는 더 강해진다. 시편에 작용하는 하중은 단면적과 강도의 곱이므로, 단면적의 감소속도가 강도의 증가속도보다 커질 때 불안정상태가 시작된다. 이러한 상태를 **기하학적 연화**(geometric softening)라고도 한다.

예 2.1 극한인장강도의 계산

어떤 재료의 진응력-진변형률 곡선이 다음과 같이 주어진다.

$$\sigma = 689.5\ \epsilon^{0.5}\ \text{MPa}$$

이 재료의 극한인장강도를 진응력과 공학적 응력의 값으로 각각 계산하여라.

풀이 최대하중작용, 즉 네킹 시 변형률은

$$\epsilon = n = 0.5$$

이므로, 극한인장강도의 진응력값은

$$\sigma = Kn^n$$
$$\text{UTS}_{\text{진응력}} = 689.5(0.5)^{0.5} = 487.6\ \text{MPa}$$

이다. 네킹 발생 시 실제면적 A_{neck}은 다음과 같이 구해진다.

$$\ln\left(\frac{A_o}{A_{\text{neck}}}\right) = n = 0.5$$

$$A_{\text{neck}} = A_o e^{-0.5}$$

최대하중 P는 다음과 같다.

$$P = \sigma A = \sigma A_o e^{-0.5}$$

따라서

$$P = (487.6)(0.606)(A_o) = 295.5A_o\ \text{MN}$$

그런데 UTS $= P/A_o$이므로, 극한인장강도는 다음과 같다.

$$\text{UTS} = 295.5\ \text{MPa}$$

2.2.5 응력-변형률 곡선의 형태

응력-변형률 곡선은 각 재료마다 다르며, 곡선의 모양은 재료의 화학적 조성과 나중에 설명할 많은 인자들에 따라 변한다. 식 (2.11)로 나타낸 지수 형태의 모델 외에, 대표적인 몇 가지 곡선모델이 그림 2.7에 있으며, 각각의 특징은 다음과 같다.

1. **완전탄성재료**(perfectly elastic material)의 거동은 마치 강성도 E를 가진 스프링과 흡사하다. 유리, 세라믹, 일부 주철과 같은 취성재료들의 거동이 이 형태의 곡선(그림 2.7a

▶ **그림 2.7**

각종 응력-변형률 곡선의 이상적인 모형: (a) 완전탄성, (b) 강-완전소성, (c) 탄성-완전소성, (d) 강-선형변형경화성, (e) 탄성-선형변형경화성. 점선에서의 화살표는 시험 도중 제하 및 가중을 나타내며, 대부분의 공업용 금속들은 (e)와 비슷한 거동을 보인다.

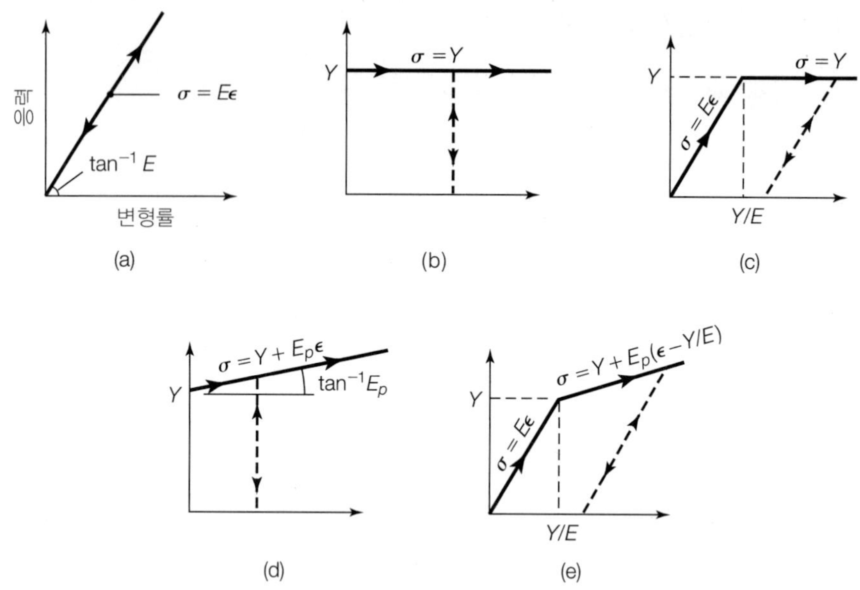

참조)을 따른다. 재료가 견딜 수 있는 응력의 한계에 도달하면 바로 파단되며, 영구변형은 있다 하더라도 무시할 만하다.

2. **강-완전소성재료**(rigid-perfectly plastic material)는 '강(剛)'이 의미하는 바와 같이 무한대의 E 값을 가진다. 응력값이 일단 항복응력 Y에 도달하면 변형하기 시작하며, 같은 응력값에서 소성변형이 진행된다. 즉, '완전소성'은 변형경화가 없음을 의미한다. 하중이 제거되면 탄성복원(elastic recovery) 없이 영구변형만 남는다(그림 2.7b 참조).
3. **탄성-완전소성재료**(elastic-perfectly plastic material)는 위의 두 모형이 복합된 형태이다. 즉, 유한한 탄성계수값을 가지며, 하중이 제거될 때는 탄성복원이 생기는 모형이다(그림 2.7c 참조).
4. **강-선형변형경화재료**(rigid-linearly strain-hardening material)는 소성변형 시 응력값이 변형량의 증대와 더불어 증가하는 모형이다. 즉, **유동응력**(주어진 변형률에서 소성변형이 유지될 수 있는 진응력값, 그림 2.5a 참조)이 변형률의 증가에 따라 선형적으로 증가한다. 하중의 제거 시 탄성복원은 없다(그림 2.7d 참조).
5. **탄성-선형변형경화재료**(elastic-linearly strain-hardening material)는 그림 2.7e와 같은 모형으로 곡선의 소성영역에서 변형률이 증가함에 따라 기울기가 일정하다는 점을 제외하고는(그림 2.5a 참조), 대부분 공업재료들의 거동을 근사적으로 나타낼 수 있다.

이상에서 나타낸 재료모형들의 응력-변형률 곡선은 식 (2.11)의 n을 조정하거나(그림 2.8 참조), 유사한 형태의 식을 사용하여 나타낼 수 있다.

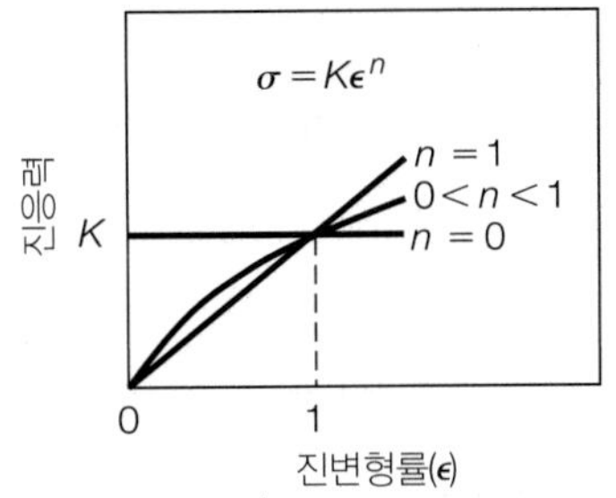

▶ **그림 2.8**

변형경화지수 n이 진응력-진변형률 곡선의 모양에 미치는 영향. $n = 1$이면 탄성재료, $n = 0$이면 강-완전소성재료를 나타낸다.

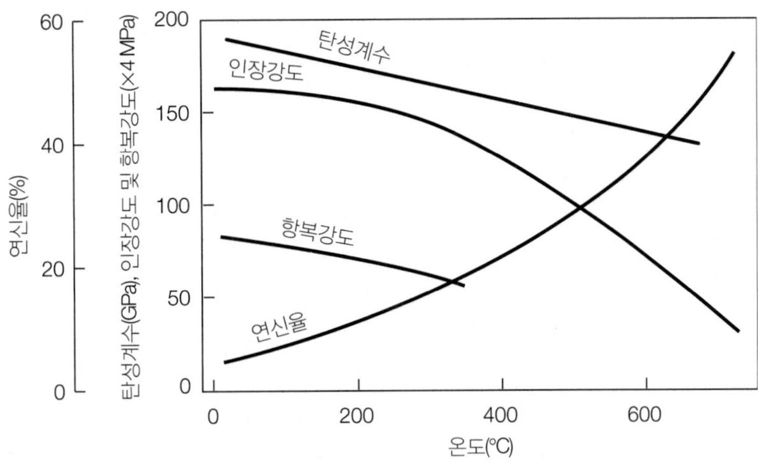

▶ **그림 2.9**

온도가 탄소강의 기계적 성질에 미치는 영향.

2.2.6 온도의 영향

응력-변형률 곡선의 형상에 영향을 주는 첫 번째 인자는 온도이다. 온도의 영향을 완전히 일반화시키기는 어렵지만, 일반적으로 온도가 증가하면 재료의 연성과 인성은 증가하고, 탄성계수, 항복응력, 인장강도는 감소한다(그림 2.9 참조). 온도는 변형경화지수 n에도 영향을 주며, 대부분의 금속에서는 온도가 증가하면 n은 감소한다. 재료의 종류, 화학적 조성, 불순물의 함유 정도에 따라 고온상태가 또 다른 중요한 효과를 줄 수 있으며, 이에 대한 논의는 제3장에서 자세히 다룬다. 온도의 영향은 다음 절에서 설명하는 변형률속도의 영향과 결부하여 고려해야 응력-변형률 곡선을 잘 이해할 수 있다.

2.2.7 변형률속도의 영향

소재는 가공법이나 사용장비에 따라 저속 혹은 고속으로 성형된다. 소재가 실제의 가공공정에서 겪는 변형과정을 잘 묘사하려면, 인장시험(혹은 압축시험이나 비틂시험)에서 시편에 대한 인장속도를 달리하여 다양한 변형률속도로 시험할 필요가 있다. 변형속도(deformation rate)는 단순히 인장시험기에서 시편의 인장속도(m/s 단위)이지만, 변형률속도(strain rate)는 다음에 정의된 바와 같이 시편형상의 함수이다. 각종 금속가공공정에서

표 2.4 금속가공공정에서의 변형률, 변형속도 및 변형률속도

공정	진변형률	변형속도(m/s)	변형률속도(s^{-1})
냉간가공			
단조, 압연	0.1~0.5	0.1~100	$1 \sim 10^3$
선재 및 관재 인발	0.05~0.5	0.1~100	$1 \sim 10^4$
폭발성형	0.05~0.2	10~100	$10 \sim 10^5$
열간 및 온간 가공			
단조, 압연	0.1~0.5	0.1~30	$1 \sim 10^3$
압출	2~5	0.1~1	$10^{-1} \sim 10^2$
기계가공	1~10	0.1~100	$10^3 \sim 10^6$
판재성형	0.1~0.5	0.05~2	$1 \sim 10^2$
초소성성형	0.2~3	$10^{-4} \sim 10^{-2}$	$10^{-4} \sim 10^{-2}$

의 대표적인 변형속도와 변형률속도를 표 2.4에 나타내었다.

공학적 변형률속도 $\dot{e}$와 진변형률속도 $\dot{\epsilon}$는 각각 다음과 같이 정의된다.

$$\dot{e} = \frac{de}{dt} = \frac{d\left(\frac{l - l_o}{l_o}\right)}{dt} = \frac{1}{l_o}\frac{dl}{dt} = \frac{v}{l_o} \tag{2.14}$$

$$\dot{\epsilon} = \frac{d\epsilon}{dt} = \frac{d\left[\ln\left(\frac{l}{l_o}\right)\right]}{dt} = \frac{1}{l}\frac{dl}{dt} = \frac{v}{l} \tag{2.15}$$

여기서 v는 변형속도, 즉 시편이 고정된 시험기 죠(jaw)의 속도이다.

공학적 변형률속도 $\dot{e}$는 변형속도 v에 비례하지만 진변형률속도 $\dot{\epsilon}$은 그렇지 않다. 즉, v가 일정한 인장시험인 경우, 진변형률은 시편의 길이가 늘어남에 따라 감소한다. 따라서 일정한 $\dot{\epsilon}$을 유지하기 위해서는 변형속도가 시편의 길이 변화에 따라 변해야 한다. 그러나 시편의 길이 변화가 작을 경우에는 이러한 차이는 중요하지 않다.

그림 2.10은 온도와 변형률속도가 금속재료의 강도에 미치는 효과를 보여주고 있다. 그림에서 명확히 알 수 있듯이, 변형률속도의 증가는 강도의 증가를 가져오며, 그림 2.11에 나타낸 것처럼 온도가 높을수록 이 효과가 커진다. 그러나 실온에서는 이 효과가 비교적 작다. 또한 그림 2.10은 저온의 낮은 변형률속도에서의 강도와 동일한 강도가 고온의 높은 변형률속도에서도 얻어질 수 있음을 보인다. 이러한 상호 관련성은 다양한 변형률속도와 온도에서 재료를 가공할 때, 이들 재료가 갖는 변형에 대한 저항을 짐작하는 데 중요하게 이용된다.

어떤 재료가 갖는 변형률속도 의존성은 일반적으로 다음과 같은 형태의 식으로 표현된다.

$$\sigma = C\dot{\epsilon}^m \tag{2.16}$$

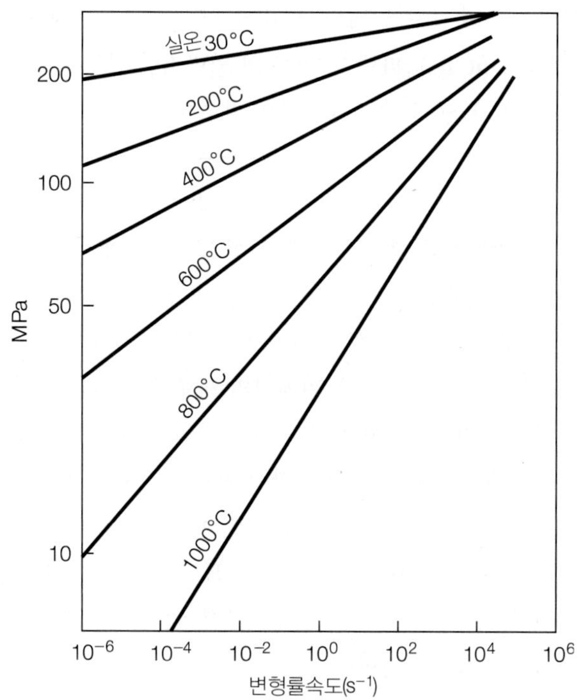

▶ **그림 2.10**

변형률속도가 알루미늄의 극한인장강도에 미치는 영향. 온도가 증가할수록 기울기가 커지므로 극한인장강도는 변형률속도에 민감해진다.

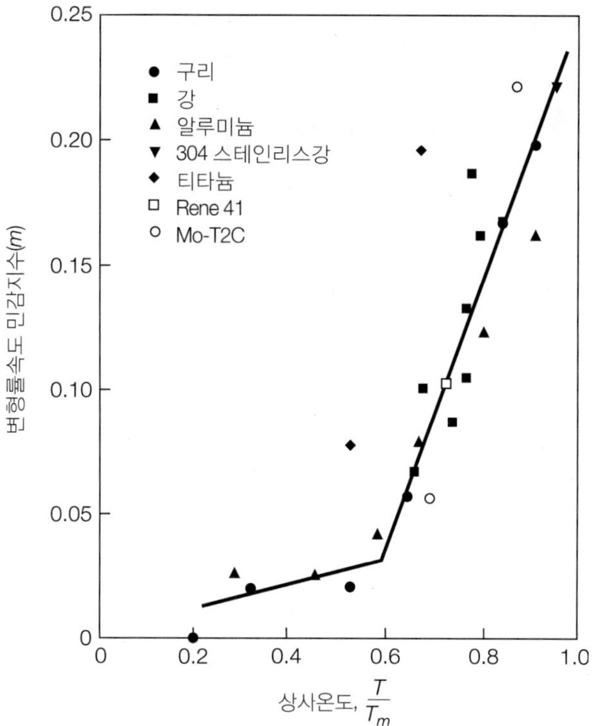

▶ **그림 2.11**

상사온도 T/T_m가 각종 금속의 변형률속도 민감지수 m에 미치는 영향. 경사가 변하는 온도는 대략 재결정온도에 해당한다.

여기서 C는 식 (2.11)의 K처럼 재료의 강도계수를 나타내고, m은 재료의 **변형률속도 민감지수**(strain-rate sensitivity exponent)를 나타낸다. m 값의 일반적인 범위는 냉간가공의 경우 0.05 이하, 열간가공의 경우 0.05~0.4, 초소성재료의 경우 0.3~0.85이다. 각종 재료들에 대한 C와 m 값이 표 2.5에 주어져 있다. 금속의 강도가 증가할수록 m 값은 감소함이 실험적으로 관찰된다.

m 값은 인장시험 시 네킹의 양상에 큰 영향을 주는데, 실험적인 관찰에 의하면, m 값이 크면 재료는 파단되기 전에 더 많이 늘어난다. 이 사실은 m 값이 큼에 따라 네킹이 확산됨을 의미한다. 네킹이 막 시작될 무렵에는 시편의 나머지 부분에서의 강도가 가공경화에 의해 증가하지만, 네킹이 일단 발생된 후에는 목 부위에서의 재료가 더 빨리 늘어나서 이 부근에서의 변형률속도가 시편의 나머지 부분에서보다 더 커지면서 더 강해지므로, 네킹에 대한 저항도 그만큼 더 커진다. 물론 네킹에 대한 저항이 커지는 정도는 재료의 m 값에 의존한다.

시험이 계속 진행됨에 따라, 네킹은 점점 확산되어 파단에 도달할 때까지 시편은 더 많이 늘어난다(그림 2.12 참조). 따라서 m 값이 크면, 총 연신량도 많아지고 네킹이 발생한 후의 연신율(postuniform elongation)도 증가한다.

변형률속도가 강도에 주는 영향은 변형률의 크기에 따라서도 달라진다. 즉, 변형률속도의 영향은 변형률의 증가와 더불어 커지며, 재료의 변형경화지수 n의 값에도 영향을 준다. 변형률속도가 증가하면 n은 감소하는 편이다.

표 2.5 풀림처리된 각종 금속에 대한 식 (2.16)의 C와 m 값(진변형률 범위: 0.2~1.0)

재료	온도 [°C]	C MPa	m
알루미늄	200~500	82~14	0.07~0.23
알루미늄합금	200~500	310~35	0~0.20
구리	300~900	240~20	0.06~0.17
구리합금(황동)	200~800	415~14	0.02~0.3
납	100~300	11~2	0.1~0.2
마그네슘	200~400	140~14	0.07~0.43
강: 저탄소강	900~1200	165~48	0.08~0.22
중탄소강	900~1200	160~48	0.07~0.24
스테인리스	600~1200	415~35	0.02~0.4
티타늄	200~1000	930~14	0.04~0.3
티타늄합금	200~1000	900~35	0.02~0.3
Ti-6Al-4V*	815~930	65~11	0.50~0.80
지르코늄	200~1000	830~27	0.04~0.4

*변형률속도 $2 \times 10^{-4}\ s^{-1}$

주: 온도가 증가하면 C는 감소하고 m은 증가한다. 변형률이 커지면 C는 증가하고, m은 증가 혹은 감소, 혹은 특정 온도 및 변형률 범위에서 음이 되기도 한다.

재료의 성형성(formability)은 주로 연성과 관련 있고, 온도와 변형률속도는 연성에 영향을 준다. 일반적으로 변형률속도가 커지면 재료의 연성은 저하된다. 7.5.5절의 **초소성 성형가공**에서 변형률속도에 매우 민감한 재료들의 연성에 대하여 설명한다. 초소성(superplastic)이란, 파단이 되기까지 큰 균일변형을 할 수 있는 재료의 변형능력이다. 이들 재료의 연신율은 수백 내지 2000% 정도에 달하며, 극단적인 예로는 고온상태의 유리나 열가소성 플라스틱을 들 수 있다. 초소성거동을 보이는 금속재료로는 미세한 결정립의 아연-알루미늄합금이나 티타늄합금을 들 수 있다. 니켈합금의 경우는 나노결정립 형태에서 초소성거동을 보인다(3.11.9절 참조).

2.2.8 정수압의 영향

지금까지의 설명은 대기압 하에서 수행되는 시험에 대한 것이었으나, 최고 10^3 MPa에 달하는 정수압(hydrostatic pressure) 상태에서도 인장시험을 수행할 수 있다. 이때 관찰된 정수압이 재료의 거동에 미치는 영향은 다음과 같이 요약된다: (1) 정수압은 파단 시 변형률의 실질적인 증가를 가져온다(그림 2.13 참조); (2) 정수압은 진응력-진변형률 곡선의 형태에는 거의 영향을 주지 못하며, 단지 곡선을 늘이는 효과만 가진다; (3) 정수압은 네킹발생 시 변형률이나 최대하중에는 아무런 영향도 주지 않는다; (4) 정수압이 제거된

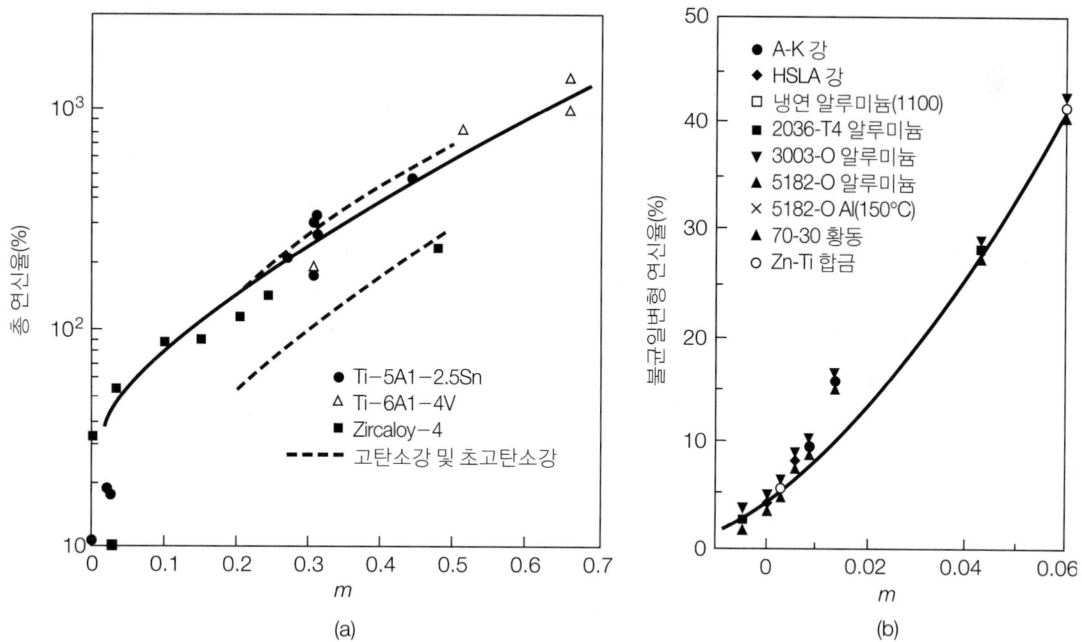

▲ 그림 2.12

(a) 변형률속도 민감지수 m이 각종 금속의 총 연신율에 미치는 영향, m 값이 큰 경우에는 연신율이 1000%에 달한다.
(b) 변형률속도 민감지수 m이 불균일변형(네킹 후)의 연신율에 미치는 영향.

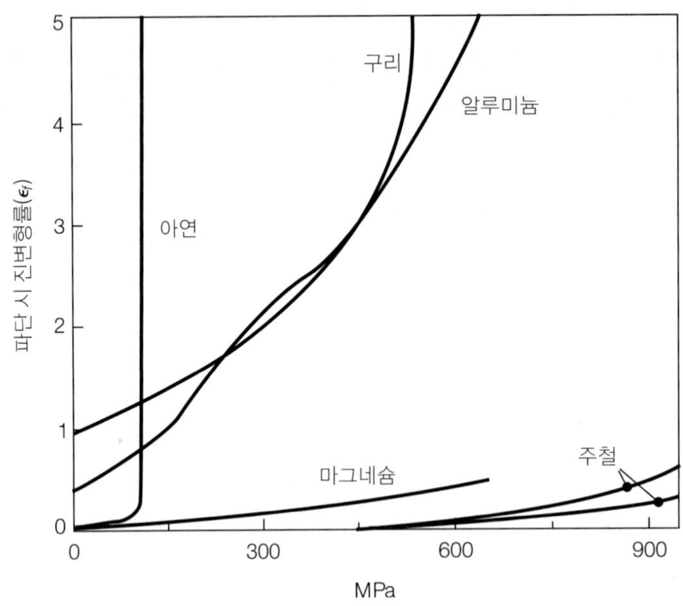

▶ **그림 2.13**
각종 금속의 인장시험에서 정수압이 파단 시 진변형률에 미치는 영향. 고압 하에서는 주철도 연성을 나타낸다.

후의 기계적 성질은 원래 상태로 복귀함이 일반적이다.

정수압에 의한 재료 연성의 증가는 다른 종류의 시험, 예를 들면 압축이나 비틂 시험에서도 관찰되며, 연성재료에서 뿐만 아니라 취성재료나 비금속재료에서도 관찰된다. 회주철, 대리석, 기타 취성재료들도 정수압 하에서는 다소 연성이 생기며, 소성변형이 가능해진다. 연성의 증대효과를 가져오는 데 필요한 정수압의 크기는 재료에 따라 다르다.

2.2.9 방사선의 영향

원자로에 응용할 목적으로, 방사선이 각종 금속 및 합금의 성질에 미치는 영향에 관한 연구들이 수행되고 있다. 강이나 기타 금속들이 고에너지 방사선에 노출된 경우에 보여지는 기계적 성질의 대표적인 변화로는 (1) 항복응력 증가, (2) 인장강도 증가, (3) 경도의 증가, (4) 연성 및 인성의 감소를 들 수 있다. 이때 변화의 정도는 재질 및 재료의 상태, 온도, 방사선의 세기 등에 따라 다르다.

2.3 압축

금속가공의 많은 공정들, 예를 들면 단조, 압연, 압출 공정은 소재에 압축하중을 가하여 원하는 형상으로 가공하는 방법이다. **압축시험**(compression test)은 그림 2.1b에 보인 것처럼 압축하중을 가하여 시편을 변형시키는 시험이며, 이로부터 앞에서 열거한 가공공정에 필요한 유용한 정보들, 즉 가공에 필요한 응력이나 압축 시 재료의 거동에 관련된 정보

▶ **그림 2.14**
원주형 시편(7075-O 알루미늄)을 평금형으로 압축할 때의 배럴링. 배럴링은 금형-소재의 접촉면에서 재료의 자유로운 유동을 방해하는 마찰력으로 인해 생긴다(그림 6.1 및 6.2 참조).

들을 얻을 수 있다. 압축시험은 원주형 시편을 준비하여, 이를 두 개의 편평한 압축판(platen) 사이에 놓고 압축함으로써 수행된다. 따라서 시편과 금형(즉, 압축판) 사이의 마찰이 중요한 인자로 작용한다. 그림 2.1b에서의 변형양상은 이상적인 경우이고, 실제로는 그림 2.14에서와 같이 마찰에 의해 옆구리가 볼록하게 나오는 **배럴링**(barreling) 현상이 생긴다. 즉, 금형과 접촉하는 시편의 양쪽 단면은 마찰에 의해 변형이 구속되어 다른 부위보다 적게 팽창된다.

이와 같이 압축시험 시 배럴링이 생기면 신빙성 있는 시험결과를 얻기 힘들뿐만 아니라 압축응력-변형률 곡선을 정확히 작도하기 어렵다. 왜냐하면 (1) 마찰에 의해 소산되는 에너지를 보충하려는 압축력의 증가를 초래하며, (2) 변형된 단면적이 시편의 높이에 따라 변하기 때문이다. 따라서 압축시험에서는 효과적인 윤활(4.4.3절 참조)을 하거나, 다른 방법을 이용하여 마찰을 최소로 하여 배럴링으로 인한 단면적 변화를 허용수준 이하로 줄이도록 해야 한다.

압축 시 공학적 변형률속도 $\dot{e}$은 다음과 같이 주어진다.

$$\dot{e} = -\frac{v}{h_o} \tag{2.17}$$

여기서 v는 압축판 속도이고 h_o는 원래 시편의 높이이다. 또한 진변형률속도 $\dot{\epsilon}$은 다음과 같다.

$$\dot{\epsilon} = -\frac{v}{h} \tag{2.18}$$

여기서 h는 매순간의 변형된 높이이다. 압축판 속도 v가 일정하게 유지되면, 진변형률속도는 압축이 진행될수록 증가한다. 일정한 진변형률속도로 시험하기 위해 **캠-플라스토미터**(cam plastometer)가 고안되었으며, 이는 캠의 작용을 통해 시편의 높이 h의 감소에 비례하여 압축판 속도 v를 줄인다.

압축시험은 시편의 옆구리가 볼록해지면서 생기는 균열을 관찰함으로써 금속의 연성을 결정하는 데도 이용된다(그림 3.21d 참조). 참고로, 정수압은 이러한 균열의 발생을 지연시키는 효과를 갖는다. 충분한 연성을 가진 재료로, 잘 윤활된 상태에서 압축시험을 하면 큰 변형률까지 균일한 변형을 얻을 수 있다. 이 점은 연성이 매우 큰 재료일지라도 비교적 작은 변형률에서 네킹이 발생하는 인장시험의 경우와 차이가 있다.

2.3.1 평면변형률 압축시험

평면변형률(plane-strain) 압축시험(그림 2.15)은 단조나 압연 같은 공정들(제6장에서 설명)을 모사하는 시험법이다. 이 시험에서는 시편이 압축되는 동안 시편의 폭 변화가 심하지 않도록 금형과 소재의 치수를 정한다. 즉, 시편의 폭을 다른 치수들에 비해 충분히 크게 하여, 금형 사이의 재료가 **평면변형률상태**(2.11.3절 참조)를 유지하게 한다. 전단변형에너지 항복조건(2.11.2절 참조)을 사용하면, 평면변형률상태에서의 항복응력 Y'은 다음과 같이 주어진다.

$$Y' = \frac{2}{\sqrt{3}}Y = 1.15Y \qquad (2.19)$$

앞에서 지적한 바와 같이, 이 시험의 결과가 의미를 가지려면 시편의 치수를 적절히 선정해야 한다.

평면변형률 압축시험 시 만족해야할 치수조건을 그림 2.15에 나타내었다. 아울러 시험절차에도 주의를 기울여야 한다. 예를 들면, 금형의 표면처리나 정렬, 접촉면을 윤활하거나 하중을 정확히 측정하는 일에도 주의가 요구된다.

동일한 재료의 인장 및 압축 시험결과들을 비교해 보면, **연성재료**의 경우에는 두 시험에서 각각 구한 진응력-진변형률 곡선들이 잘 일치한다(그림 2.16 참조). 그러나 취성재료의 경우에는 그렇지 않으며, 특히 연성에 관련된 성질에서는 차이가 크다(3.8절 참조).

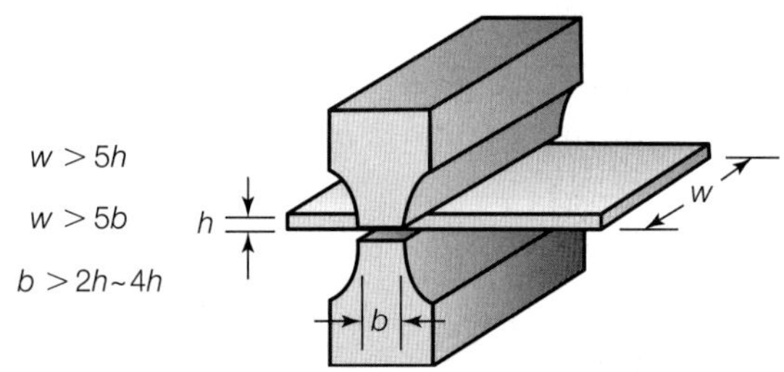

▶ 그림 2.15

평면변형률 압축시험의 개략도. 이 시험에서는 그림과 같은 치수관계를 유지해야 하며, 평면변형률에서의 항복응력 Y'을 구할 수 있다.

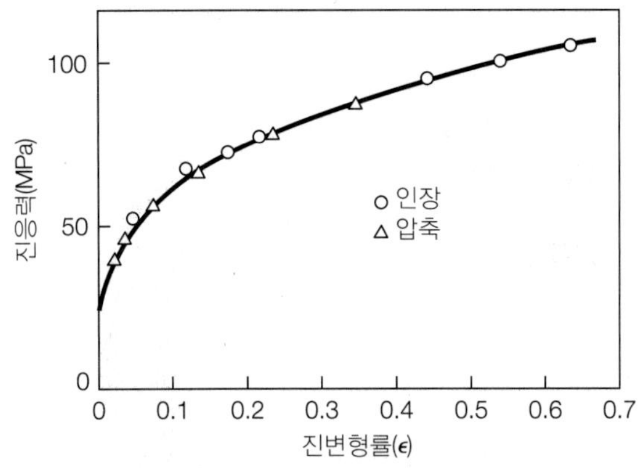

▶ **그림 2.16**

알루미늄의 인장 및 압축 시 진응력-진변형률 곡선. 연성재료에서는 인장과 압축에서의 곡선이 동일하다.

2.3.2 바우싱거 효과

소재를 가공할 때, 처음에는 인장변형시키고 나중에 압축변형시키거나, 또는 그 반대의 순서로 가공하는 일이 종종 있다. 그 예로는 소재를 굽혔다 펴는 작업, 판재 교정압연작업(roller leveling, 6.3.4절 참조), 역드로잉(reverse drawing, 7.6.2절 참조) 등이 있다. 인장항복강도가 Y인 금속을 소성영역까지 인장시켰다가 하중을 제거한 후 압축하면, 압축 시 항복강도가 인장 시보다 작아지는 경우가 있다(그림 2.17 참조). 이 현상을 바우싱거 효과(Bauschinger effect)라고 하며, 정도의 차이는 다소 있으나 모든 금속 및 합금들은 이러한 거동을 보인다. 물론 이 효과는 하중경로가 반대일 경우, 즉 압축한 후 인장하는 경우에도 나타난다. 하중이 작용된 반대방향의 항복응력이 저하되기 때문에, 이 현상을 **변형연화**(strain softening) 혹은 **가공연화**(work softening)라고도 한다. 이 현상은 비틂의 경우에도 관찰된다(2.4절 참조).

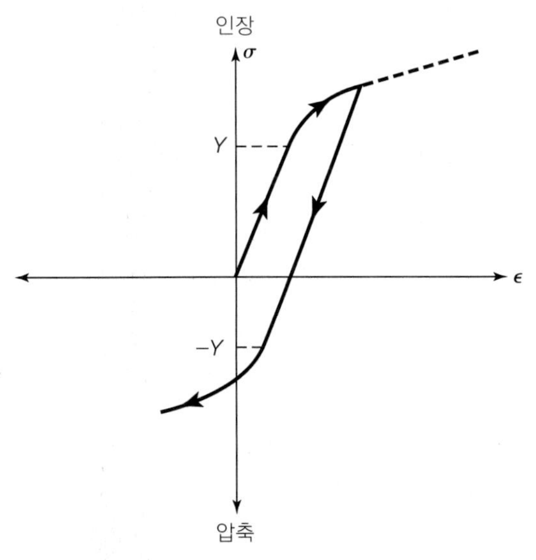

▶ **그림 2.17**

바우싱거 효과. 화살표는 가중 및 제하 경로를 나타내고, 시험이 인장을 받은 후 압축될 때는 항복응력이 감소하며, 압축 후에 인장을 가할 때는 인장 시의 항복응력이 감소한다.

▶ 그림 2.18

취성재료(세라믹이나 초경합금)에 대한 원판시험.

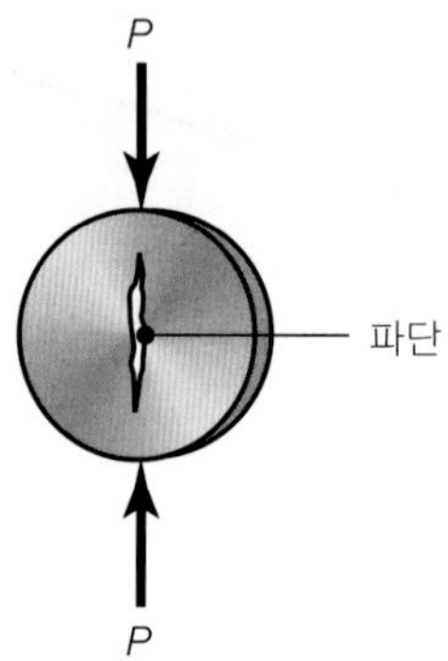

2.3.3 원판시험

원판시험(disk test)은 세라믹이나 유리 같은 취성재료의 시험을 위해 개발되었으며, 두 개의 경화처리된 압축판 사이에 원판형 시편을 세워서 설치한 후 이를 압축시킨다(그림 2.18 참조). 원판이 압축되면 압축방향에 수직한 방향으로 인장응력이 발생하여 압축방향으로 균열이 생기고, 마침내 원판은 반으로 쪼개진다(6.3.5절의 회전천공 참조).

원판에 발생되는 인장응력 σ는 중심선을 따라 일정하며, 다음 식으로 계산될 수 있다.

$$\sigma = \frac{2P}{\pi dt} \tag{2.20}$$

여기서 P는 파단 시 하중, d는 원판의 직경, t는 원판의 두께이다. 접촉점에서의 원판의 손상을 방지하기 위해 원판과 압축판 사이에는 얇은 띠 모양의 연한 금속을 깔며, 이는 시험 도중 압축판이 손상되는 것도 방지할 수 있다.

2.4 비틂

재료의 성질을 규명하는 또 다른 방법으로는 **비틂시험**(torsion test)이 있다. 이 시험에서는, 그림 2.19에 나타낸, 중간부분을 잘록하게 얇게 만든 튜브형상의 시편이 사용되며, 이는 단면에서의 응력과 변형률 분포상태가 근사적이나마 균일해지도록 하기 위함이다. 전단응력 τ는 다음 식으로 구해진다.

$$\tau = \frac{T}{2\pi r^2 t} \tag{2.21}$$

여기서 T는 시편에 작용하는 비틂모멘트(twisting moment 혹은 torque), r과 t는 각각 시편의 시험부(잘록한 곳)에서의 평균반경 및 두께이다. 전단변형률 γ는 다음 식으로 구해진다.

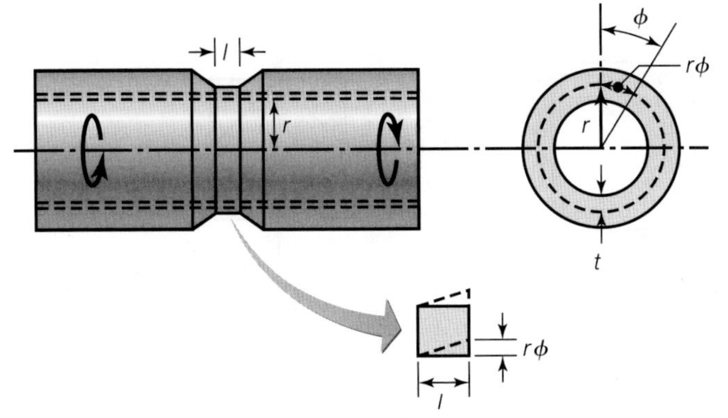

▶ **그림 2.19**
비틂시험 시편. 시편을 시험기에 걸고 비틀면 단면적이 작은 부분에서 요소는 전단변형한다.

$$\gamma = \frac{r\phi}{l} \tag{2.22}$$

여기서 l은 시험부의 길이이고, ϕ는 비틂각(rad 단위로 표시)이다. 따라서 어떤 재료의 비틂시험을 통해 얻은 시험결과(즉, T와 ϕ의 관계)로부터 전단응력-전단변형률 곡선을 그릴 수 있다. 이 곡선은 인장시험으로 얻은 수직응력-수직변형률 곡선을 변환하여 얻을 수도 있다(2.11.7절 참조).

탄성영역에서 전단변형률에 대한 전단응력의 비 G를 **전단탄성계수**(shear modulus) 혹은 **강성계수**(modulus of rigidity)라고 한다. 즉,

$$G = \frac{\tau}{\gamma} \tag{2.23}$$

이며, **단순전단**(simple shear)과 **순수전단**(pure shear)을 비교하면(그림 2.20 참조), 전단탄성계수 G와 탄성계수 E 사이에는 다음 관계식이 성립된다.

$$G = \frac{E}{2(1 + \nu)} \tag{2.24}$$

그림에서 볼 수 있듯이, 단순전단 시의 변형률은 순수전단변형률에 $\gamma/2$만큼의 회전이 더해진 것이다(순수전단의 응력상태에 관해서는 2.11.7절 참조).

예 2.2에서는, 두께가 얇은 관이 비틂을 받을 때에는 2.2.4절에서 설명한 인장시험의 경우와는 달리, 네킹이 발생하지 않음을 보인다. 즉, 시험부의 길이나 단면적의 변화가 없다. 비틂시험에서 구한 전단응력-전단변형률 곡선은 진응력-진변형률 곡선과 마찬가지로 단조증가하는 형태이다.

단조가공에서 금속의 성형성을 평가할 목적으로, 환봉에 대한 꼬임시험을 고온상태에서 수행하기도 한다(6.2.6절 참조). 파단 시까지 꼬인 횟수가 많을수록 금속의 단조성(forgeability)이 우수하다. 또한 정수압이 가해질 때 연성이 증가하는 경우와 유사하도록

▶ **그림 2.20**

(a) 단순전단과 (b) 순수전단의 비교.

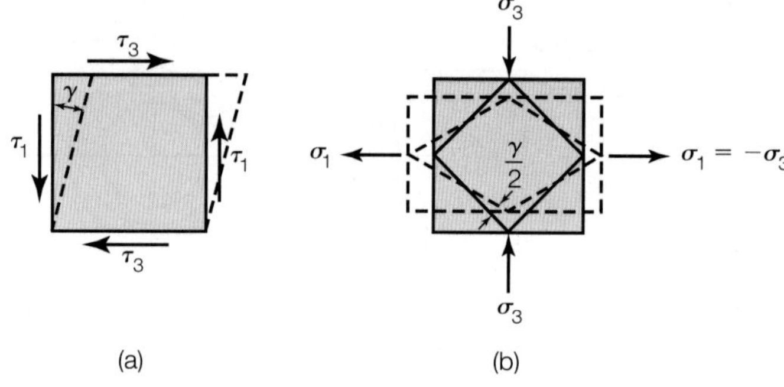

(2.2.8절 참조), 환봉을 축방향으로 압축하면서 비틂시험을 수행할 수도 있다. 파단 시 최대전단변형률을 압축응력의 함수로 나타내면, 압축응력을 크게 할수록 파단 시 최대전단변형률도 증가한다. 이 효과는 금속절삭에서도 관찰된다(8.2절 참조). 마치 정수압의 작용이 재료의 인성은 증가시키지만 응력-변형률 곡선의 일반 형상에 영향을 주지 않듯이, 수직압축응력도 항복을 일으키거나 소성변형이 계속되는 데 필요한 전단응력의 크기에는 아무런 영향을 주지 않는다.

예 2.2 두께가 얇은 관의 비틂시험에서의 불안정성

진응력-진변형률 곡선이 $\sigma = K\epsilon^n$로 주어지는 재료로 만들어진, 두께가 얇은 관재를 비틂시험할 때는 네킹이 일어나지 않음을 보여라.

풀이 식 (2.21)에 따르면, 비틂모멘트 T는 다음과 같다.

$$T = 2\pi r^2 t\tau$$

이 비틂모멘트의 작용으로 관재에 항복이 일어난다면, 전단변형에너지 항복조건(2.11.7절 참조)에 따라 전단응력 τ는 식 (2.56)의 유동응력 σ와 $\tau = \sigma/\sqrt{3}$의 관계가 있다. 한편, 비틂 시의 불안정조건은

$$\frac{dT}{d\epsilon} = 0$$

일 때이므로, r과 t가 상수임을 감안하여,

$$\frac{dT}{d\epsilon} = \left(\frac{2}{\sqrt{3}}\right)\pi r^2 \tau \frac{d\sigma}{d\epsilon}$$

$\sigma = K\epsilon^n$로 주어지는 재료의 경우에는

$$\frac{d\sigma}{d\epsilon} = nK\epsilon^{n-1}$$

이며, 따라서

$$\frac{dT}{d\epsilon} = \left(\frac{2}{\sqrt{3}}\right)\pi r^2 \tau nK\epsilon^{n-1}$$

이다. 이 식에서 $dT/d\epsilon$를 영으로 만드는 변수는 없으므로, 비틂을 받는 관재는 불안정을 겪지 않는다.

2.5 굽힘(굴곡)

세라믹이나 카바이드 같이 경하고 취성이 큰 재료들은 (1) 가공 상의 문제점들 때문에 복잡한 형상이나 엄격한 치수가 요구되는 시편으로 제작하기 어렵고, (2) 이들 재료는 표면 결함이나 노치에 민감하며, (3) 시편을 시험기에 물리는 것도 문제가 되고, (4) 시편이 정확한 위치에 놓여 있지 않으면 시편의 단면에서 응력분포가 불균일하게 될 수도 있다.

취성재료의 시험에 흔히 사용되는 방법은 **굽힘시험** 혹은 **굴곡시험**(flexure test)으로, 시편은 보통 직사각형 단면을 가진 보 형태로 제작되어 양단지지 방식으로 설치된다(그림 2.21 참조). 하중은 하나 혹은 두 개의 점에 수직으로 작용시키며, 전자를 **세점 굽힘시험**(three-point bending test), 후자를 **네점 굽힘시험**(four-point bending test)이라고 한다. 시편이 굽힘하중을 받으면, 아랫면에는 인장응력, 윗면에는 압축응력이 발생한다. 고체역학이나 재료역학 교재에 유도되어 있는 간단한 보 공식을 사용하면 응력의 크기를 쉽게 구할 수 있다. 굽힘에 의한 파단 시의 응력을 **파단계수**(modulus of rupture) 혹은 **횡파단강도**(transverse rupture strength)라고 하며, 다음 공식으로 구한다.

$$\sigma = \frac{Mc}{I} \tag{2.25}$$

여기서 M은 굽힘모멘트, c는 시편두께의 절반이고, I는 단면 이차모멘트이다.

그림 2.21에 나타낸 굽힘시험 시, 하중을 가하는 두 방법 사이에는 근본적인 차이가 있다. 세점 굽힘시험에서는 최대응력이 보의 중심점에 위치하나, 네점 굽힘시험에서는 두 하중작용점 사이의 구간에서 응력이 일정하며 최대응력도 이 구간에 걸쳐 있다. 물론 다른 시험조건들이 적절하다면, 두 경우의 최대응력은 같을 것이다. 그러나 네점 굽힘시험에서 두 하중점 사이에 있는 재료에 결함이 포함되어 있을 확률이 세점 굽힘시험에서 단일하중점 아래의 훨씬 작은 체적에 결함이 있을 확률보다 훨씬 높다. 이것은 네점 굽힘시

▶ 그림 2.21
취성재료에 대한 두 가지 굽힘시험: (a) 세점 굽힘, (b) 네 점 굽힘. 보에서의 굽힘 모멘트선도로부터 (a) 시편에서는 중앙점에서 최대굽힘모멘트가 작용하나, (b) 시편에서는 두 점 사이에서 최대굽힘모멘트가 일정하다.

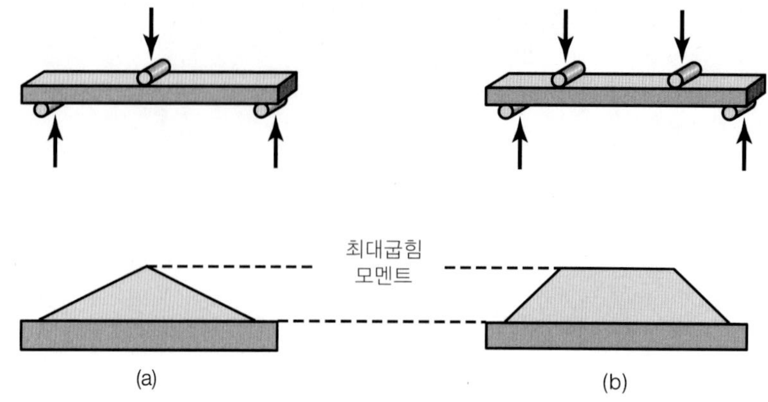

험 결과의 파단계수가 세점 굽힘시험의 경우보다 더 낮을 가능성을 시사하며, 실제로도 이러한 경향이 있음이 실험을 통해 밝혀졌다.

2.6 경도

재료의 기계적 성질을 평가하는 데 사용되는 가장 흔한 시험법 중 하나가 **경도시험**(hardness test)이다. 재료의 경도는 압입(indentation)으로 생기는 영구변형에 대한 재료의 저항성이라고 정의된다. 보편적으로 사용되지는 않지만, 마모나 긁힘에 대한 저항성으로 경도를 정의하기도 한다(제4장 참조). 재료의 경도를 측정하는 다양한 방법들은 사용하는 압입자(indenter)의 형상이나 재질에 따라서 구별된다. 압입에 대한 재료의 저항성은 압입자의 종류나 압입력에 따라 변하므로(즉, 시험방법에 따라 경도값이 달라지므로), 경도는 재료의 근원적인 성질이 아니다. 표준화된 경도시험법 중 흔히 사용되는 방법을 그림 2.22에 요약하여 나타내었다. 경도시험은 실험실에서 전용시험기로 수행하는 것이 보통이지만, 경우에 따라서는 휴대용 경도계를 사용하여 수행할 수 있으며, 구멍 내면이나 치형 같은 특정 형상이나 특정 재질에 맞추어서 측정할 수도 있다.

2.6.1 브리넬시험

브리넬경도시험(Brinell hardness test)에서는 강이나 텅스텐카바이드(초경합금)로 만든 직경 10 mm의 구형 압입자를 압입하중 500, 1500, 3000 kg으로 시편표면에 압입시킨다. **브리넬경도값**(HB로 표시)은 압입자국의 표면적에 대한 압입하중 P의 비로 표현되며, 다음과 같이 계산된다.

$$\mathrm{HB} = \frac{2P}{(\pi D)\left(D - \sqrt{D^2 - d^2}\right)} \tag{2.26}$$

시험법	압입자	압입형상 측면	압입형상 윗면	압입하중, P	경도값
브리넬	10 mm 강구 또는 텅스텐카바이드구	D, d	d	500 kg 1500 kg 3000 kg	$HB = \frac{2P}{(\pi D)(D - \sqrt{D^2 - d^2})}$
비커스	다이아몬드 피라미드	136°	L	1~120 kg	$HV = \frac{1.854P}{L^2}$
누우프	다이아몬드 피라미드	$L/b = 7.11$ $b/t = 4.00$ t	b, L	25 g~5 kg	$HK = \frac{14.2P}{L^2}$
로크웰 A C D	다이아몬드 원추	120° t = mm		60 kg 150 kg 100 kg	HRA HRC HRD } $= 100 - 500t$
B F G	0.16 cm 직경의 강구	t = mm		100 kg 60 kg 150 kg	HRB HRF HRG } $= 130 - 500t$
E	0.32 cm 직경의 강구			100 kg	HRE

▲ **그림 2.22**

각종 경도시험에서의 압입방식.

여기서 D는 압입자의 직경이고, d는 압흔(압입자국)의 직경(mm 단위)이다.

재료의 상태에 따라 표면에 생긴 압흔의 형태가 다르다. 냉간가공된(변형경화된) 재료의 경우에는 압입부 둘레가 뾰쪽하게 솟는 데 반해, 풀림처리된 재료는 이 부위가 둥글게 된다(그림 2.23 참조).

압입자라 하더라도 탄성계수값이 유한하므로 압입하중 P에 의해 탄성변형되어, 측정된 경도값이 예상만큼 정확하지 않을 수도 있다. 이 영향을 최소화하는 방법 중 하나는 강구(steel ball)보다 탄성계수가 커서 변형이 작은 텅스텐카바이드 압입자를 사용하는 것이다. 시험대상 재료가 경할수록 압흔이 작게 나타나므로, 정확한 측정에 충분히 필요한 압흔을 얻으려면 압입하중을 1500 kg이나 3000 kg으로 하는 것이 좋다. 텅스텐카바이드 압입자는 일반적으로 브리넬경도값 500 이상인 재료에 사용하는 것이 바람직하다.

경도가 높은 재료의 시험결과에는 사용된 압입자의 종류가 언급되어야 한다. 동일한 압입자를 사용하더라도 압입하중이 다르면 압흔의 형상이 달라지므로 브리넬경도값도 달

▶ **그림 2.23**

브리넬 경도시험에서의 압입자국: (a) 풀림처리된 금속, (b) 변형경화된 금속. 압입부 가장자리에서의 금속유동에 차이가 있다.

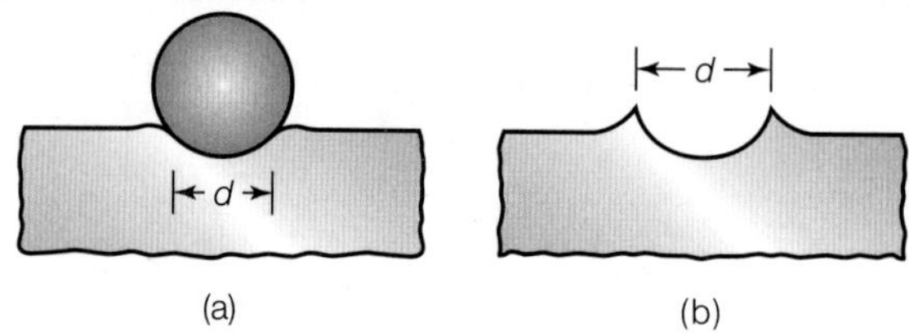

라진다. 따라서 시험에 사용된 압입하중도 시험결과에 언급되어야 한다. 브리넬경도시험은 일반적으로 경도가 낮거나 중간 정도인 재료들의 시험에 적합하다.

브리넬링(brinelling)이란 용어는 두 물체의 접촉에 의해 접촉면에 영구변형 자국이 남게 되는 현상을 말하며, 이러한 예로 변동하중이나 진동을 받는 볼 베어링이 평면 위에 압흔을 남기는 것을 들 수 있다. 변동하중은 물체가 운반되는 도중이나 물체가 설치된 기초가 흔들림에 의해 보통 생긴다.

2.6.2 로크웰시험

로크웰경도시험(Rockwell hardness test)에서는 압입된 **깊이**를 측정한다. 우선 압입자를 표면에 접촉시키고, 가벼운 **초기하중**을 작용시킨 후에 **시험하중**을 가한다. 로크웰경도값은 초기하중과 시험하중으로 인해 생긴 압입자국의 깊이차로 나타낸다. 사용되는 압입자의 재질 및 형상과 사용하중의 크기에 따라, 로크웰경도를 나타내는 여러 척도들이 사용된다. 많이 사용되는 척도들을 압입자 종류 및 시험조건과 함께 그림 2.22에 열거하였다. 로크웰경도값은 시험기에 부착된 눈금판으로부터 직접 읽으며, 경도값이 C 스케일로 55라면 55 HRC라고 나타낸다. 동일한 종류의 압입자로 더 가벼운 하중을 사용하는 **로크웰 표면경도시험법**도 개발되어 있다.

2.6.3 비커스시험

비커스시험(Vickers test)은 **다이아몬드피라미드 경도시험**이라고도 하며, 피라미드형상의 다이아몬드 압입자를 1~120 kg의 하중으로 압입한다(그림 2.22 참조). **비커스경도값**(HV로 표시)은 다음 공식으로 구한다.

$$\text{HV} = \frac{1.854P}{L^2} \tag{2.27}$$

여기서 P는 압입하중이고, L은 압입자국의 대각선 길이로 대개 0.5 mm 이하의 값이다. 비커스경도시험은 본질적으로 하중의 크기에 관계없이 동일한 경도값을 가진다. 이 시험법은 매우 경한 철강재를 포함하여 넓은 범위에 걸쳐 다양한 재료들의 경도시험에 적합하다.

2.6.4 누우프시험

누우프시험(Knoop test)은 한쪽 대각선이 긴 피라미드형상의 다이아몬드 압입자를 사용하며(그림 2.22 참조), 압입하중은 25 g에서 5 kg까지의 범위로 작용시킨다. **누우프경도값**(HK로 표시)은 다음 공식으로 구한다.

$$HK = \frac{14.2P}{L^2} \tag{2.28}$$

여기서 L은 긴 쪽 대각선의 길이로 0.01~0.1 mm의 범위이므로, 시편의 표면처리가 매우 중요하다. 누우프시험에서는 경도값이 작용하중의 크기에 따라 달라지므로, 항상 시험결과에 사용하중을 명시해야 한다. 누우프시험은 가벼운 하중을 사용하는 **미소경도시험**(microhardness test)이므로, 시편의 크기가 매우 작거나 얇은 경우와 보석, 카바이드, 유리 등의 취성재료들의 시험에 적합하다. 이 시험법은 압입자국이 작아서, 금속의 각 결정입자의 경도를 측정하는 데도 사용된다.

2.6.5 쇼어시험

쇼어경도계(scleroscope)는 끝에 다이아몬드가 부착된 중추를 유리관 속의 일정한 높이에서 시편의 표면에 낙하시켜 반발높이를 측정하는 장치이다. 따라서 경도값은 중추의 낙하높이와 반발높이로부터 구해진다. 반발높이가 높을수록 시편의 경도가 높으며, 시편에는 경미한 압입자국이 생긴다. 쇼어경도계는 휴대가 가능하므로 큰 물체의 경도측정에 편리하게 이용된다.

2.6.6 모스시험

모스시험(Mohs test)은 어떤 재료가 다른 재료를 긁어 흠집을 낼 수 있는 능력에 근거한다. 모스경도는 10등급으로 구분하여 경도 1의 활석에서 경도 10의 다이아몬드(가장 경도가 높은 물질)까지 각 등급에 표준광석이 정해져 있고, 모스경도가 높은 재료가 낮은 재료에 흠집을 낸다. 연한 금속은 2~3 정도, 경화강은 약 6 정도, 그리고 연삭숫돌에 사용되는 알루미나는 9이다. 모스경도는 광물학자나 지질학자들 사이에서 많이 통용되지만, 일부 재료들에 대한 모스시험은 가공기사들에게도 관심이 있다. 모스경도가 정량적은 아니지만 누우프경도와 좋은 상관관계를 나타낸다.

2.6.7 듀로미터

고무나 플라스틱 같이 연한 탄성재료의 경도는 **듀로미터**(durometer)라는 경도계로 측정된다. 이 방법에서는 (1) 일정한 하중을 빠르게 가하여 압입자를 시험표면에 압입시키고, (2) 압입깊이를 1초 후에 측정한다. 이 방법은 다분히 경험을 위주로 하며, 두 가지 척도를 사용한다. A 형식에는 무딘 압입자에 작용하중 1 kg을 사용하고, D 형식에는 뾰족한 압입자와 5 kg의 작용하중을 사용한다. 이 시험의 경도값은 0~100 사이의 범위로 주어진다.

2.6.8 경도와 강도의 관계

경도는 압입으로 인한 영구변형에 대한 재료의 저항능력이므로, 경도시험은 마치 재료표면의 좁은 영역에 압축시험을 하는 것과 비슷하다. 따라서 경도와 재료의 항복강도 Y 사이에 다음과 같은 형태의 연관성을 예상할 수 있다.

$$경도 = cY \tag{2.29}$$

여기서 c는 비례상수이다. 재료의 경도는 냉간가공이나 열간가공 같은 가공이력과 표면처리에 따라서 달라지므로, 동일재료라도 c 값은 일정하지 않다.

반무한체의 표면에 일정한 폭을 가진 평편치가 압입되는 문제(그림 6.12 참조)를 평면변형률 미끄럼선장 해석(slip-line analysis)을 통해 살펴보면, 재료가 완전소성체일 경우 c 값은 약 3이 된다. 이 값은 실험결과와도 비교적 잘 일치한다. 그림 2.24에 의하면, 냉간가공된 재료(완전소성체와 비슷한 거동)의 c 값이 풀림처리된 재료의 경우보다 이론값에 더 가깝다. 풀림처리된 재료는 압입되는 동안 변형경화로 인해 평균항복응력이 재료의 초기항복응력보다 커지기 때문에, c 값이 이론값보다 훨씬 크다.

경도값이 재료의 단축항복응력 Y보다 더 큰 이유는 평면변형률 압축시험에서와 마찬가지로 설명된다. 압입자 아래의 재료가 압축시험 시편처럼 원기둥형상으로 되어 있다면, 경도는 재료의 단축압축항복응력 Y와 같을 것이다. 그러나 실제로는 압입자 아래의 영역은 주위의 변형이 안 된 재료로 둘러싸여 구속을 받는다(그림 2.25 참조). 즉, 압입에 따른 변형은 삼축(triaxial) 압축상태이다. 따라서 2.11절의 항복조건에서 설명하듯이, 이 경우

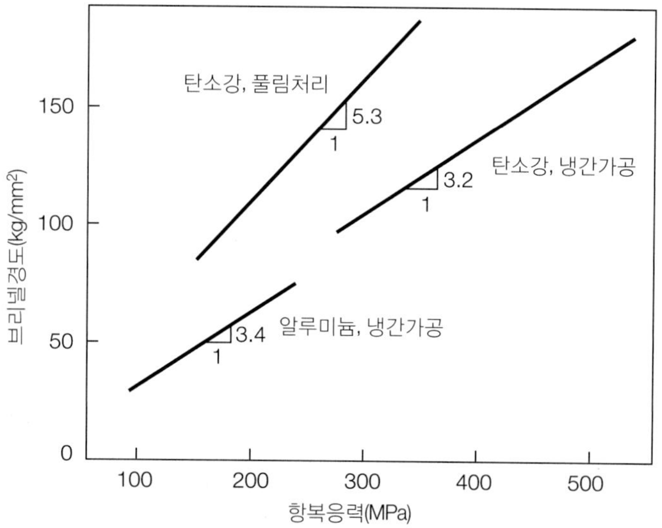

▶ **그림 2.24**
알루미늄과 강에서 브리넬 경도와 항복응력 간의 관계.

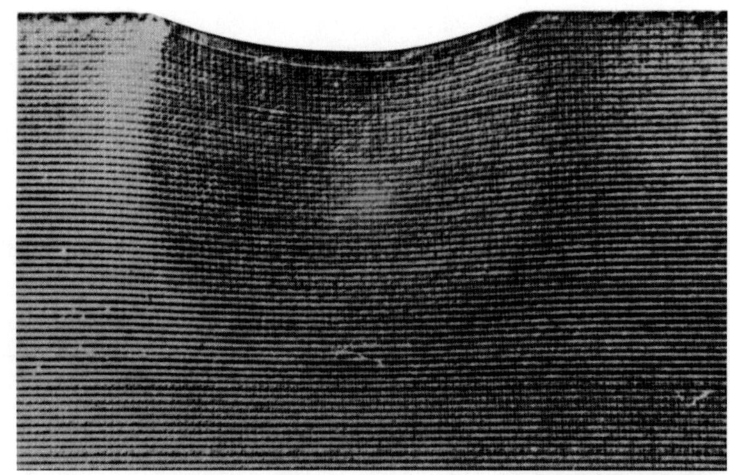

▶ **그림 2.25**

구형 압입자로 연강을 압입했을 때의 변형. 변형영역의 깊이는 압입깊이의 열 배 정도이다. 경도시험의 시편은 변형영역이 충분히 나타날 수 있는 크기이어야 하며, 두께가 얇은 시편에는 압입깊이를 작게 한다.

에 재료가 항복되려면 재료의 단축항복응력보다 큰 수직응력이 작용되어야 한다.

보다 실용적인 측면에서, 철강재에 대한 극한인장강도(UTS)와 브리넬경도(HB) 사이의 관계가 다음과 같이 구해져 있다.

$$\text{UTS} = 3.5(\text{HB}) \tag{2.30}$$

여기서 UTS의 단위는 MPa, HB는 작용하중 3000 kg에 대한 시험결과로서 단위는 kg/mm^2이다.

시편과 압입자 주위에 작은 전기로를 설치하는 방법을 사용하면 기존의 경도시험기로도 **고온경도시험**(hot hardness test)을 할 수 있다. 재료의 고온경도는 기계가공에서의 절삭공구나 금속가공에서의 금형 같이 고온상태에서 사용되는 재료들에 중요한 성질이다.

예 2.3 탄성에너지율의 계산

실온에서 심하게 변형된 어떤 철강소재의 경도가 300 HB로 측정되었다. 이 재료의 탄성에너지율이 어느 정도인지 평가하여라.

풀이 철강소재가 실온에서 많은 변형을 받았으므로, 응력-변형률 곡선의 형상이 완전소성체 모형과 상당히 흡사해졌다고 볼 수 있다. 따라서 이 재료를 완전소성체라고 가정하면, 식 (2.29)의 c 값은 3이 된다. 식 (2.29)로부터

$$Y = \frac{300}{3} = 100\ \text{kg/mm}^2 = 9.81 \times 10^8\ \text{N/m}^2$$

이며, 탄성에너지율은 식 (2.5)에 정의되어 있다. 즉, 다음과 같다.

$$\text{탄성에너지율} = \frac{Y^2}{2E}$$

표 2.1에서 강의 탄성계수 $E = 200$ GPa이므로,

$$\text{탄성에너지율} = \frac{(9.81 \times 10^8 \text{ N/m}^2)^2}{2(200 \times 10^9 \text{ N/m}^2)} = 2.4 \times 10^6 \text{ N-m/m}^3$$

이 된다.

2.7 피로

가공공정에서 사용되는 구조물과 기계요소들, 예를 들어 공작기계, 절삭공구, 금형, 기어, 캠, 축, 스프링 등은 정하중(static loads)뿐만 아니라 급속히 변동하는 동하중(dynamic loads)도 받는다. 반복응력(cyclic stress)은 반복되는 기계적 하중이나(치형, 금형, 절삭공구 등), 열하중에 의해(가열된 공작물과 접촉을 반복하는 금형의 경우) 발생된다. 이러한 반복응력상태 하에서는 재료가 정하중을 받을 때 파단되는 응력보다 낮은 응력에서 파단된다. 이 현상을 **피로파괴**(fatigue failure)라 하며, 실제 대다수 기계요소들이 파손되는 주원인이 되고 있다.

피로시험(fatigue test)에서는 인장 및 압축, 혹은 비틂이 조합된 다양한 형태의 응력상태를 시편에 가한다. 피로시험은 여러 가지 응력진폭(stress amplitude, S로 표시)에 대해 수행

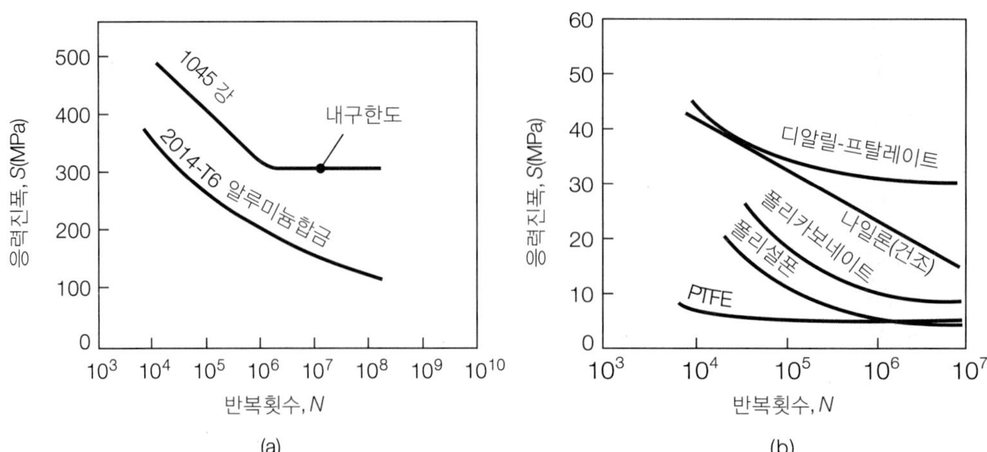

▲ **그림 2.26**

(a) 두 가지 금속의 S-N 곡선. 알루미늄은 강과 달리 내구한도를 갖지 않는다. (b) 폴리머의 S-N 곡선.

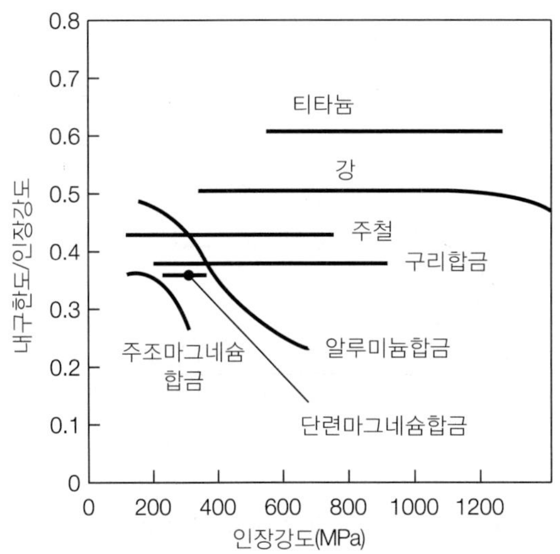

▶ **그림 2.27**

각종 금속의 인장강도에 대한 내구한도의 비. 이 곡선을 이용하면 각 금속의 인장강도로부터 피로강도를 산출할 수 있다.

하며, 시편의 완전파단 시까지 작용된 하중의 반복횟수(number of cycles, *N*으로 표시)를 각각 기록한다. 응력진폭은 시편이 받는 최대응력과 최소응력의 차를 반으로 나눈 값이다.

그림 2.26은 여러 재료들의 시험결과를 나타내며, 이들 곡선을 *S*–*N* 곡선이라고 한다. *S*-*N* 곡선은 양진응력(complete reversed stress)상태에서 구한 것으로, 이는 철사를 굽혔다 폈다하는 경우처럼 시편이 최대인장과 최대압축을 반복하여 받는 것이다. 피로시험은 회전하는 축에 일정한 하중을 작용시켜 수행할 수도 있다. 반복횟수가 아무리 많아지더라도 피로파괴를 일으키지 않는 최대응력을 재료의 **내구한도**(endurance limit) 혹은 **피로한도**(fatigue limit)라고 한다.

그림 2.27에서 볼 수 있듯이, 금속재료의 피로한도는 극한인장강도와 일정한 관계를 갖는다. 강재의 경우 피로한도는 인장강도의 약 절반이다. 많은 금속들, 특히 강재의 경우 피로한도가 명확하지만, 알루미늄합금은 피로한도가 명확하지 않고 *S*-*N* 곡선이 계속 아래로 향하는 경향을 가진다. 이처럼 명확한 피로한도를 갖지 않는 금속들(대부분의 면심입방격자 금속들)의 경우에는 피로한도를 어떤 특정한 반복횟수(예, 10^7)에서의 응력값으로 정한다. *S*-*N* 곡선을 사용하면 제품이나 부품의 유효수명을 결정할 수 있다.

2.8 크리프

크리프(creep)는 소재에 정하중이 가해진 상태에서 시간의 경과와 더불어 소재의 변형이 계속되는 현상이다. 금속재료와 열가소성 플라스틱이나 고무 같은 특정 비금속재료들은 어떤 온도에서도 크리프 현상이 생긴다. 납을 예로 들면, 실온에서도 현저한 크리프변형이 발생된다. 오래된 집의 창유리에서 위쪽보다 아래쪽이 더 두꺼운 것을 볼 수 있는데,

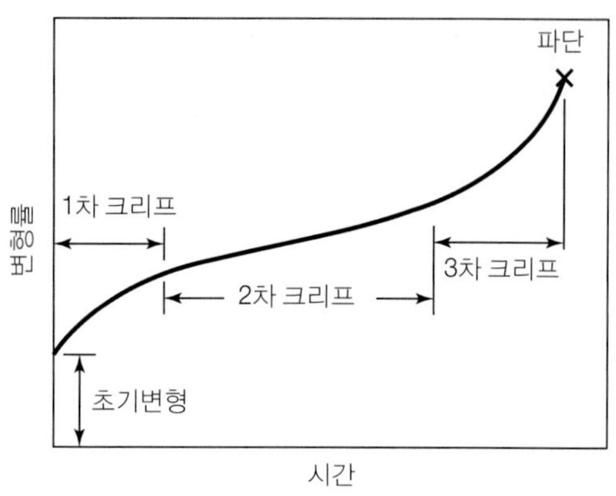

▶ **그림 2.28**

전형적인 크리프곡선. 곡선의 선형 구간(일정한 기울기)은 크리프수명을 고려한 부품설계에 유용하게 사용된다.

이는 오랜 세월 동안 창유리의 자중에 의한 크리프변형이 생겼기 때문이다. 금속재료들의 고온크리프 현상은 일반적으로 **결정립계에서의 미끄럼운동**으로 설명된다(3.4.2절 참조). 금속 및 합금의 경우, 크리프 현상이 뚜렷이 나타나기 시작하는 온도는 알루미늄합금의 약 200°C로부터 내열금속의 약 1500°C에 이르기까지 재료에 따라 광범위하게 변한다.

크리프 현상은 고온에서 작동되는 기계부품의 설계 및 해석에 중요하게 고려된다. 이들 부품의 예로는 가스터빈 블레이드와 제트엔진이나 로켓엔진의 고온에 노출되는 부품을 들 수 있다. 고압증기관이나 핵연료용 부품에서도 크리프가 중요시된다. 열간단조나 열간압출에 사용되는 공구나 금형 역시 고온과 높은 응력으로 인해 크리프변형이 생길 수 있다.

크리프시험은 주어진 온도에서 일정한 인장하중을 시편에 가한 후, 즉 시편에 일정한 공칭응력을 작용시킨 후, 시간의 경과에 따라 시편길이의 변화를 측정하는 것이다. 대표적인 크리프곡선(그림 2.28 참조)에서 볼 수 있듯이, 크리프곡선은 제1단계, 제2단계 및 제3단계로 구성된다. 인장시험에서와 같이, 시편에는 궁극적으로 네킹이 생기고 파단되며, 이 현상을 **크리프파단**(creep rupture)이라고 한다. 온도와 작용하중이 증가하면 크리프속도(creep rate)가 커짐을 예상할 수 있다.

설계에서 크리프를 고려할 때는 보통 제2단계 크리프를 기준으로 한다. 왜냐하면 제2단계에서는 곡선의 기울기(즉, 크리프속도)가 거의 일정하므로 실험값의 신빙성이 높고 해석도 용이하기 때문이다. 용융온도가 높은 재료는 크리프저항도 큰 편이며, 이는 부품설계의 일반 지침으로 활용된다. 크리프저항이 요구되는 곳에 사용되는 재료로는 스테인리스강, 초합금(superalloy), 내열금속 및 합금 등이 있다.

응력이완(stress relaxation)은 크리프와 밀접한 관계가 있다. 이는 외부하중에 의해 어떤 구조물 요소에 발생된 응력이 시간이 경과됨에 따라 요소의 치수는 변하지 않더라도 점차 소멸되는 현상이다. 이 예로는 인장, 압축, 혹은 비틂 하중을 받는 리벳, 볼트, 받침줄(guy wire)을 들 수 있다. 특히 열가소성 플라스틱 재료에 이러한 현상이 흔히 생기며, 또

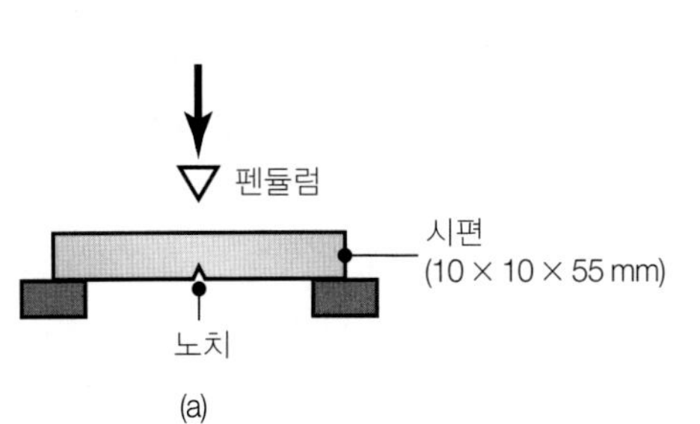

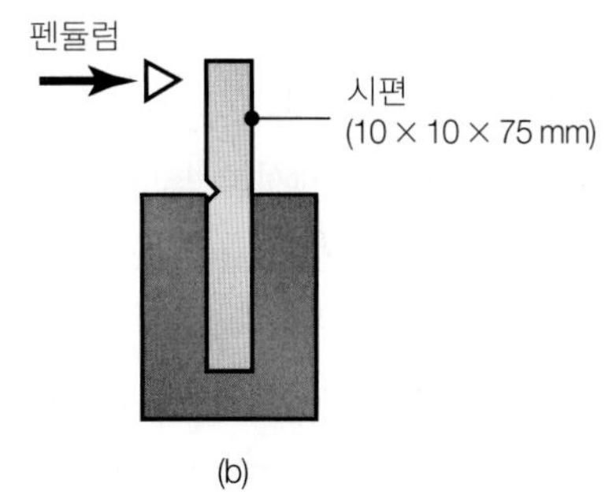

▶ **그림 2.29**
충격시험 시편: (a) 샤피, (b) 아이조드.

한 중요성을 가진다(10.3절 참조).

2.9 충격

제품으로 사용되는 동안뿐만 아니라, 가공과정에서도 소재가 **충격하중**(impact loading)을 받을 수 있다. 대표적인 **충격시험** 방법은 노치가 있는 시편을 펜듈럼해머 방식의 충격시험기에 설치한 후, 해머를 회전시켜 한 번의 충격으로 시편이 파단되도록 하는 것이다(그림 2.29 참조). **샤피**(Charpy) **충격시험**에서는 시편의 양단이 단순지지되도록 하고, **아이조드**(Izod) **충격시험**에서는 외팔보처럼 시편의 한쪽만 고정시킨다. 시험 전과 시험 후의 펜듈럼의 위치에너지 차에서 펜듈럼의 회전 중에 잃은 손실에너지를 빼면 시편의 파단에 소요된 에너지가 된다. 이 에너지를 재료의 **충격인성**이라고 한다.

충격시험은 특히 재료의 연성-취성 천이온도(ductile-brittle transition temperature)를 구하는 데도 활용된다(그림 3.26 참조). 충격저항이 큰 재료들은 일반적으로 강도와 연성이 높은, 인성이 큰 재료들이다. 표면결함은 충격인성의 저하를 가져오므로 표면결함에 대한 민감도, 즉 노치민감도(notch sensitivity)도 중요한 고려대상이다.

2.10 잔류응력

이 절에서는 불균질변형으로 인해 발생하는 **잔류응력**(residual stress)에 대해 설명한다. 잔류응력이란 소재가 변형된 후 외력이 모두 제거된 상태에서도 소재에 남아 있는 응력을 말한다. 불균질변형의 대표적인 예는 보의 굽힘이다(그림 2.30 참조). 굽힘모멘트가 작용되는 초기에는 보의 응력분포가 그림 2.30a와 같이 선형탄성상태이나, 모멘트가 증가하면 보의 외측부터 항복하기 시작하여 변형경화재료의 경우에 응력분포는 궁극적으로 그림 2.30b와 같이 된다. 굽힘모멘트를 제거하면 보는 탄성적으로 복원된다. 보가 굽혀진 후(소성변형을 겪었으므로 영구변형임), 보에서 하중을 제거하면 모멘트도 제거된다. 굽힘 모멘트가 제거되는 것은 크기가 같고 방향이 반대인 모멘트를 가하는 것과 같다.

앞서의 그림 2.3에서도 보았듯이, 모든 복원은 탄성적으로 이루어진다. 따라서 그림 2.30c에서 면적 *oab*와 *oac*의 중립축에 대한 모멘트가 같아야 한다. (물론 변형으로 인한 중립축의 위치 변화는 무시되었다.) 그림의 두 응력분포의 차이로 인해, 보에는 그림 2.30d와 같은 잔류응력이 남는다. 즉, *ad* 및 *oe* 구간에서는 압축잔류응력이 남고, *do* 및 *ef* 구간에서는 인장잔류응력이 남는다. 이와 같이 외력이 제거된 상태에서 남아 있는 잔류응력은 자체적으로 보의 정적 평형조건들이 만족되도록 분포한다. 이 예에서는 응력이 한 방향으로만 작용되고 있지만, 대부분 가공공정들의 변형상태에서는 잔류응력이 삼차원적으로 남는다.

앞서의 예에서, 잔류응력이 남아 있는 보의 형상에 변화를 주면, 예를 들어 보의 두께 일부분을 절삭하여 제거하면, 보의 평형상태는 깨진다. 따라서 보는 내부의 평형상태를 다시 만족하기 위해 곡률반경이 달라지면서 변형한다. 이러한 효과의 또 다른 예로, 잔류응력이 남아 있는 표면에 원형구멍을 뚫는 경우를 들 수 있다. 구멍으로 인한 평형상태의 깨어짐을 보상하기 위해 구멍은 타원형상으로 변형된다. 이러한 잔류응력의 변화로 인해 소재에 **뒤틀림**(warping)이 생기며, 간단한 예들을 그림 2.31에 나타내었다.

잔류응력의 평형상태는 장기간에 걸쳐 서서히 이루어지는 **응력이완**(stress relaxation) 현상에 의해서도 깨질 수 있으며, 이 경우 부품의 형상이나 치수는 이 기간 동안 조금씩 변형된다. 정밀기계나 측정장비의 경우에는 이러한 치수 변화가 중요한 고려대상이다.

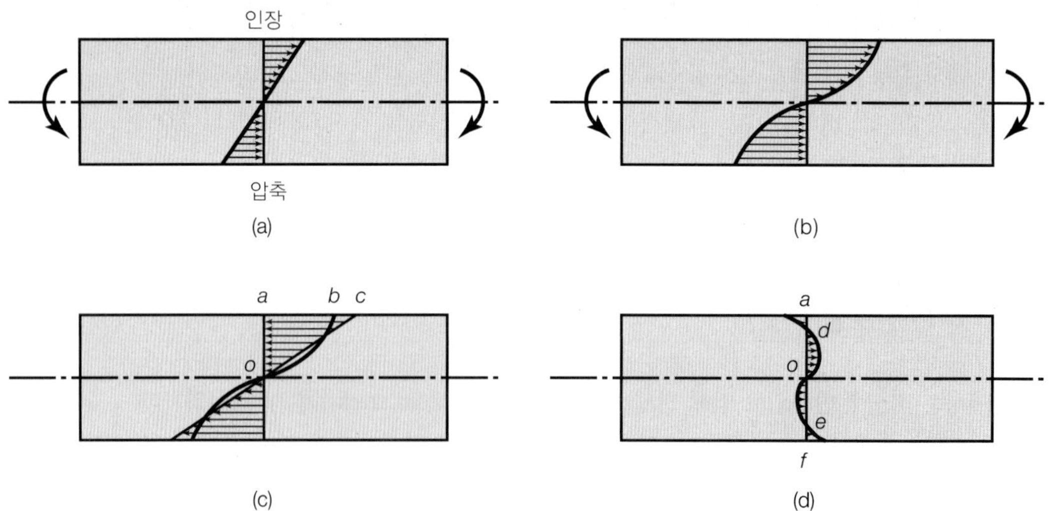

▲ 그림 2.30

탄성-변형경화성 재료로 된 보의 굽힘 시 발생하는 잔류응력. 하중의 제거는 (b)에 나타낸 것처럼 크기가 같은 모멘트를 반대방향으로 작용시키는 것과 같다. 대부분의 소성변형공정에서는 불균일변형으로 인해 잔류응력이 생기며, 잔류응력으로 인한 힘이나 모멘트는 내부에서 평형을 이룬다.

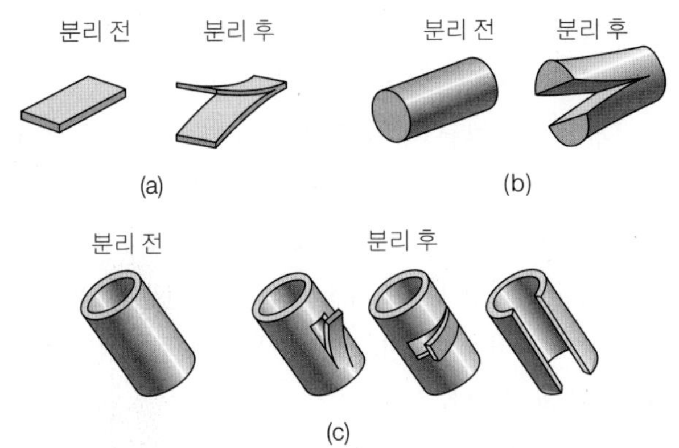

▶ **그림 2.31**
잔류응력이 있는 소재를 절삭이나 분리한 후에 생기는 변형: (a) 압연판, (b) 인발봉, (c) 두께가 얇은 튜브. 소재표면에 잔류응력이 남아 있으면, 원형 드릴로 구멍을 뚫는 경우, 소재의 제거에 의해 응력이 이완되면서 타원형 구멍이 된다.

잔류응력을 유발시키는 또 다른 원인으로, 금속의 가공 시나 가공 후에 금속상들 사이의 밀도차를 유발하는(예로서, 강의 경우 페라이트와 마르텐사이트 사이의 밀도차) 상변화(phase change)가 있다. 금속의 상변화는 미소한 체적 변화를 가져오고, 그 결과로 잔류응력이 남는다. 이 현상은 온간가공 및 열간가공, 열처리에서 중요하다. 잔류응력은 물체 내의 온도구배(temperature gradient)에 의해서도 유발된다. 예를 들면, (1) 주물이 냉각될 때(제5장 참조), (2) 기차바퀴가 제동될 때, (3) 연삭작업의 경우(9.4.3절 참조)에 이러한 현상이 생길 수 있다.

2.10.1 잔류응력의 영향

부품의 표면에 인장잔류응력이 남는 것은 바람직하지 않다. 왜냐하면 표면의 인장잔류응력은 부품의 피로수명과 파괴강도를 저하시키기 때문이다. 인장잔류응력이 남아 있는 경우에는 (외부하중에 의해) 부가되는 인장응력을 많이 견디지 못한다. 이 사실은 특히 재료가 비교적 취성일 때, 즉 소성변형이 거의 혹은 전혀 수반되지 않은 상태에서 파단될 때 명백하다. 가공품에 남는 인장잔류응력은 시간이 지나면서 **응력균열**이나 **응력부식균열**을 발생시킬 수도 있다(3.8.2절 참조).

반대로, 표면의 압축잔류응력은 일반적으로 바람직하다. 실제로, 제품의 피로수명을 향상시키기 위해 **숏피닝**(shot peening)이나 **표면압연**(surface rolling) 등의 방법을 통해 제품표면에 압축잔류응력이 생기게 한다(4.5.1절 참조).

2.10.2 잔류응력의 제거

응력제거 풀림처리(stress-relief annealing)를 하거나(5.11.4절 참조), 소성변형을 추가시키는 방법을 통해 잔류응력을 제거하거나 감소시킬 수 있다. 충분한 시간이 허용된다면, 실온에서도 응력이완작용을 통해 잔류응력이 감소될 것이다. 이때 물론 부품의 온도를 높이면 소요되는 시간을 크게 줄일 수 있다. 응력제거 풀림처리는 일반적으로 부품의 뒤틀림을 동반한다. 따라서 잔류응력 제거 시 발생할 수 있는 부품의 치수 변화를 보상하기 위한 기계가공여유(machining allowance)를 두어야 한다.

소성변형을 추가하여 잔류응력의 일부 혹은 전부를 제거하는 원리는 다음과 같다. 우선 어떤 금속부품에 그림 2.32a와 같이 소재의 외측에는 인장잔류응력, 내측에는 압축잔류응력이 존재한다고 하자. 물론 이들 응력은 탄성영역에 속하며 평형상태에 있다. 이 소재의 재료모형은 그림 2.32d에 나타낸 탄성-완전소성체라고 가정하자. 이들 인장 및 압축잔류응력들의 크기를 응력-변형률 곡선 상에 나타내었으며, 모든 잔류응력은 탄성영역에 있어야 하므로, 둘 다 항복응력 Y보다 작게 표시된다.

이 소재에 균일한 인장을 가하면, 응력-변형률 곡선 상의 점 σ_c 및 σ_t는 화살표방향으로 곡선을 따라 움직인다. 이 두 응력점이 도달할 수 있는 응력의 최대크기는 인장항복응력 Y이다. 충분히 큰 인장하중이 가해지면, 소재의 응력분포는 그림 2.32c에 보인 것과 같이 균일하게 된다. 이 상태에 도달한 후 하중이 제거되면, 응력이 탄성적으로 복원되고 잔류응력은 생기지 않는다. 실제로, 매우 작은 양의 인장변형을 통해서도 잔류응력을 해소시킬 수 있다. 왜냐하면 금속의 경우 탄성영역에서의 응력-변형률 곡선은 매우 가파르기 때문에, 작은 변형률로도 소재의 응력을 항복응력까지 올릴 수 있기 때문이다.

소재에 인장력을 가하는 방법으로, 소성변형을 추가하여 잔류응력을 제거하거나 해소시키는 경우에는 소재의 응력상태가 균일하게 되기에 충분한 변형이 가해져야 한다. 하지만 그림 2.7e의 탄성-선형변형경화 재료의 경우에는 압축응력 σ_c'이 인장응력 σ_t'보다 항상 작기 때문에 균일한 응력상태에 결코 도달될 수 없다. 변형경화가 작을 경우에는 σ_c'와 σ_t'의 차이가 작으므로, 하중이 제거된 후 소재에 남는 잔류응력도 작아진다.

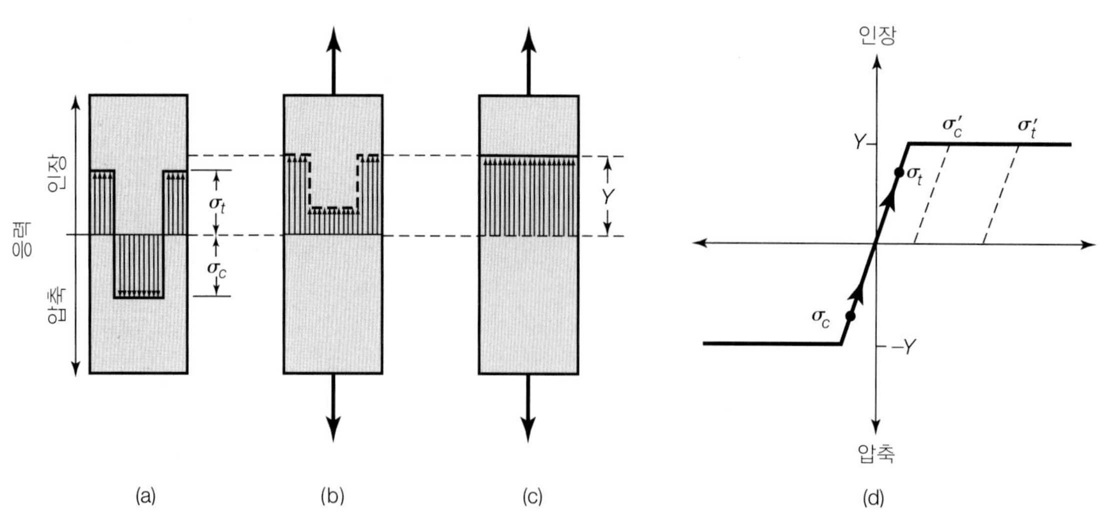

▲ **그림 2.32**

신장에 의한 잔류응력 제거. 잔류응력은 응력제거처리나 풀림처리 같은 열처리로도 제거 혹은 감소될 수 있다.

예 2.4 인장에 의한 잔류응력의 제거

길이가 0.25 m인 알루미늄소재의 잔류응력상태가 그림 2.32a와 같다. 재료는 항복응력 Y가 150 MPa인 탄성-완전소성체이며, 잔류응력의 크기는 σ_t = 140 MPa, σ_c = −140 MPa이다. 이 소재의 잔류응력을 제거하기 위해 인장 소성변형을 추가시키고자 할 때, 소재를 신장시켜야 할 최소길이를 구하여라.

풀이 이 소재의 잔류응력을 제거하기 위해서는 σ_c가 인장항복응력 Y에 도달할 때까지 신장되어야 한다. 따라서 총 변형률은 압축잔류응력이 0으로 될 때까지의 변형률과 그후 인장항복응력에 도달될 때까지 추가되는 변형률의 합으로 표시된다. 즉,

$$\epsilon_{\text{total}} = \frac{\sigma_c}{E} + \frac{Y}{E} \tag{2.31}$$

이며, 이 알루미늄소재의 탄성계수를 E = 70 GPa이라고 하면,

$$\epsilon_{\text{total}} = \frac{140}{70 \times 10^3} + \frac{150}{70 \times 10^3} = 0.00414$$

가 된다. 따라서 신장되어야 할 길이는 다음 식으로부터 구해진다.

$$\ln\left(\frac{l_f}{0.25}\right) = 0.00414 \quad \text{즉,} \quad l_f = 0.2510\ \text{m}$$

변형률이 매우 작기 때문에 공학적 변형률을 사용해도 무방하다. 이 경우에도 결과는 같다.

$$\frac{l_f - 0.25}{0.25} = 0.00414 \quad \text{즉,} \quad l_f = 0.2510\ \text{m}$$

2.11 삼축응력과 항복조건

소재의 변형이 수반되는 대부분의 가공공정에서는 단순인장이나 압축시험의 경우들과는 달리 소재가 일반적으로 **삼축응력상태**(triaxial stress state)에 있게 된다. 예를 들면, (1) 얇은 구형용기가 내압을 받아 팽창되는 경우, 이 용기의 요소들은 등이축인장응력을 받는다(그림 2.33a 참조); (2) 봉재나 선재가 원추형 다이를 통해 인발되는 경우(제6장 참조)에는 변형영역에 속해 있는 요소가 길이방향으로는 인장응력을, 원추면을 따라서 반경방향으로는 압축응력을 받는다(그림 2.33b 참조); (3) 판재의 디프드로잉 가공 시(7.6절 참조)에는

플랜지부의 소재가 반경방향으로는 인장응력을, 두께방향 및 원주방향으로는 압축응력을 받는다(그림 2.33c 참조). 재료를 가공할 때 수직응력이나 전단응력이 다양하게 작용하는 많은 예를 이 책의 나머지 장에서 볼 수 있다. 그림 2.33에 나타낸 삼차원응력으로 인해 소재요소는 변형된다.

탄성영역에서의 변형률은 다음과 같이 일반화된 후크의 법칙(generalized Hooke's law)으로 나타낸다.

$$\epsilon_1 = \frac{1}{E}[\sigma_1 - \nu(\sigma_2 + \sigma_3)] \tag{2.32a}$$

$$\epsilon_2 = \frac{1}{E}[\sigma_2 - \nu(\sigma_1 + \sigma_3)] \tag{2.32b}$$

$$\epsilon_3 = \frac{1}{E}[\sigma_3 - \nu(\sigma_1 + \sigma_2)] \tag{2.32c}$$

단순인장의 경우에는 위의 식에 $\sigma_2 = \sigma_3 = 0$을 대입하여,

$$\epsilon_1 = \frac{\sigma_1}{E}$$

$$\epsilon_2 = \epsilon_3 = -\nu\frac{\sigma_1}{E}$$

을 얻는다. 두 번째 식에서 음의 부호는 2, 3 방향으로 소재가 줄어듦을 의미한다.

단순인장이나 압축시험에서는 시편에 작용하는 인장응력이나 압축응력이 재료의 단축

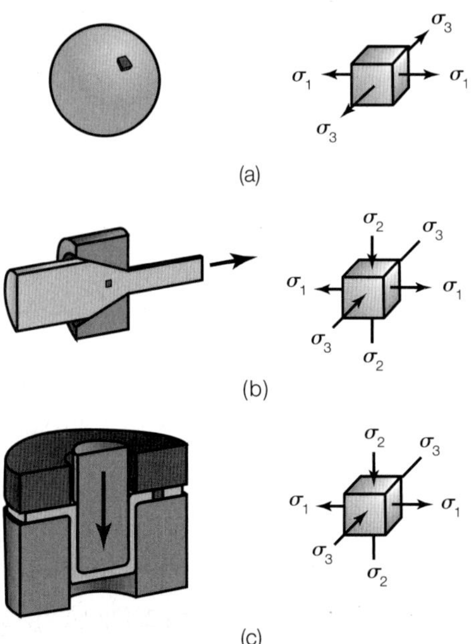

▶ 그림 2.33

각종 금속가공공정에서의 응력상태: (a) 내압을 받는 두께가 얇은 구각의 팽창, (b) 원형봉이나 선재를 원추형 다이 사이로 통과시켜 직경을 줄이는 인발, (c) 펀치와 다이로 판재를 컵모양으로 만들기 위한 디프드로잉가공.

항복응력 Y에 도달하면 재료가 **소성변형**을 시작한다. 그러나 보다 복잡한 응력상태에서는 재료의 항복여부를 판단하기 위해, 재료에 작용하는 여러 응력들과 재료의 단축항복응력 사이의 관계를 설정할 필요가 있다. 이 관계를 **항복조건**(yield criterion)이라고 한다. 몇 가지 항복조건이 발표되어 있으나, 금속재료들의 경우 가장 보편적으로 사용되는 항복조건은 최대전단응력조건과 전단변형에너지조건이다.

2.11.1 최대전단응력조건

Tresca 항복조건으로도 알려진 이 조건은 어떤 요소의 최대전단응력이 임계값에 도달할 때 항복이 시작된다는 가설에 근거한다. 3.3절에서 설명하듯이, 이 전단응력의 임계값은 물론 재료상수이며, 재료의 **전단항복응력**(shear yield stress) k라고 한다. 즉, 항복 시에는

$$\tau_{\max} = k \tag{2.33}$$

이다. 어떤 요소가 받고 있는 응력상태를 나타내는 편리한 방법은 고체역학 교재에 소개되는 **모어**(Mohr) **응력원**을 이용하는 것이다. 모어 응력원을 이용하면, 응력변환공식에 따라 **주응력**(principal stress)의 크기와 **방향**을 쉽게 구할 수 있다. 주응력이란, 전단응력이 영인 작용면 상에 존재하는 수직응력을 말한다.

최대전단응력이 k와 같으면, 이 응력상태를 갖는 소재부분은 항복된 상태에 놓인다. 모어 응력원에 따르면, 동일한 최대전단응력을 갖는 응력상태가 무수히 많다. 전단항복응력과 단축항복응력 사이의 관계는 단순인장시험으로부터 다음과 같이 주어진다.

$$k = \frac{Y}{2} \tag{2.34}$$

여기서 Y는 동일 소재의 단축항복응력이다. 어떤 이유로 소재가 항복되는 수준까지 응력을 증가시킬 수 없을 경우에는 소재온도를 상승시킴으로써 이 상한선을 낮추는 것이 하나의 간단한 해결책으로, 이것이 열간가공을 도입하는 가장 근본적이면서도 주된 이유이다. 최대전단응력 항복조건은 다음과 같이 표현될 수도 있다.

$$\sigma_{\max} - \sigma_{\min} = Y \tag{2.35}$$

여기서 최대수직응력과 최소수직응력의 차는 모어 응력원 중에서 가장 큰 원의 직경이므로, 최대전단응력의 두 배가 된다. 위 식에서 알 수 있듯이, 세 주응력값 중에서 중간값은 항복에 아무런 영향을 주지 못한다. 식 (2.36)의 왼쪽 항은 소재에 가해진 응력상태를 나타내고, 오른쪽 항은 재료상수를 나타내고 있음을 주의하자. 이상의 논의에서, (1) 재료는 연속(continuous)이고, 균질(homogeneous)하며, 등방성(isotropic)이라고 가정하였다. 즉, 재료는 어느 위치에서나 어느 방향으로도 동일한 성질을 갖는다; (2) 또한 인장응력은 양이고, 압축응력은 음이며, 재료의 인장항복응력과 압축항복응력의 크기는 같다고 가정하였

다(2.3.2절의 바우싱거 효과 참조).

2.11.2 전단변형에너지조건

von Mises **항복조건**으로도 알려진 이 조건은 재료의 단축항복응력 Y와 소재에 가해진 주응력상태 사이에 다음과 같은 관계식이 만족되면 항복이 시작된다는 가설에 근거한다. 즉,

$$(\sigma_1 - \sigma_2)^2 + (\sigma_2 - \sigma_3)^2 + (\sigma_3 - \sigma_1)^2 = 2Y^2 \tag{2.36}$$

최대전단응력조건과는 달리, 이 조건식에는 주응력의 중간값도 포함되어 있다. 위 식에서도 왼쪽 항은 소재에 가해진 응력상태, 오른쪽 항은 재료상수를 나타낸다.

예 2.5 얇은 구형용기의 항복

어떤 얇은 구형용기가 내압 p를 받고 있다. 이 용기의 직경은 50.8 cm이고 두께는 0.25 cm이다. 또 용기의 재료는 항복응력 137.9 MPa인 완전소성체이다. 앞에서 설명한 두 가지 항복조건을 사용하여 이 용기의 항복에 필요한 최소압력을 각각 구하여라.

풀이 내압을 받는 얇은 구형용기의 응력상태는 다음과 같다.

$$\sigma_1 = \sigma_2 = \frac{pr}{2t} \tag{2.37}$$

여기서 σ_1 및 σ_2는 막응력(membrane stress)이며, $r = 25.4$ cm, $t = 0.25$ cm이다. r/t비가 큰 경우에 두께방향의 응력 σ_3는 막응력에 비해 훨씬 작으므로 무시할 수 있다. 따라서 최대전단응력조건을 적용하면 다음과 같다.

$$\sigma_{max} - \sigma_{min} = Y$$

$$\sigma_1 - 0 = Y$$

$$\sigma_2 - 0 = Y$$

즉, $\sigma_1 = \sigma_2 = 137.9$ MPa이 된다. 따라서 항복에 필요한 압력은

$$p = \frac{2(0.25)(137.9)}{25.4}\ 2.71\ \text{MPa}$$

이며, 전단변형에너지조건(distortion-energy criterion)을 적용하면,

$$(\sigma_1 - \sigma_2)^2 + (\sigma_2 - \sigma_3)^2 + (\sigma_3 - \sigma_1)^2 = 2Y^2$$

$$0 + \sigma_2^2 + \sigma_1^2 = 2Y^2$$

이다. 따라서 $\sigma_1 = \sigma_2 = Y$가 되고, 동일한 결과를 얻는다. 즉, $p = 2.71$ MPa가 된다.

예 2.6 진응력-진변형률 곡선에서의 수정계수

인장시험결과로부터 진응력-진변형률 곡선을 작도할 때, 네킹 이후의 부분을 보정해야 하는 이유를 설명하여라.

풀이 시편이 균일하게 인장되는 동안에는 단축응력상태가 유지되나, 일단 네킹이 발생하면 목 부위에서는 그림 2.34에 보인 것처럼 삼축응력상태가 된다. 즉, 이 부위에서는 길이방향을 따라서 요소들의 단면적이 각기 다르며, 단면적이 작은 요소일수록 큰 인장응력을 받는다. 따라서 요소 1은 요소 2보다 더 많이 수축하려고 하며, 또 요소 2는 요소 3보다 더 많이 수축하려고 한다. 그러나 이들 요소는 서로 연결되어 있으므로, 요소 1의 수축은 요소 2에 의해 제한을 받고, 또 요소 2의 수축은 요소 3에 의해 제한을 받는다. 요소들 사이에 작용하는 이러한 자유로운 수축의 제한은 이 부위

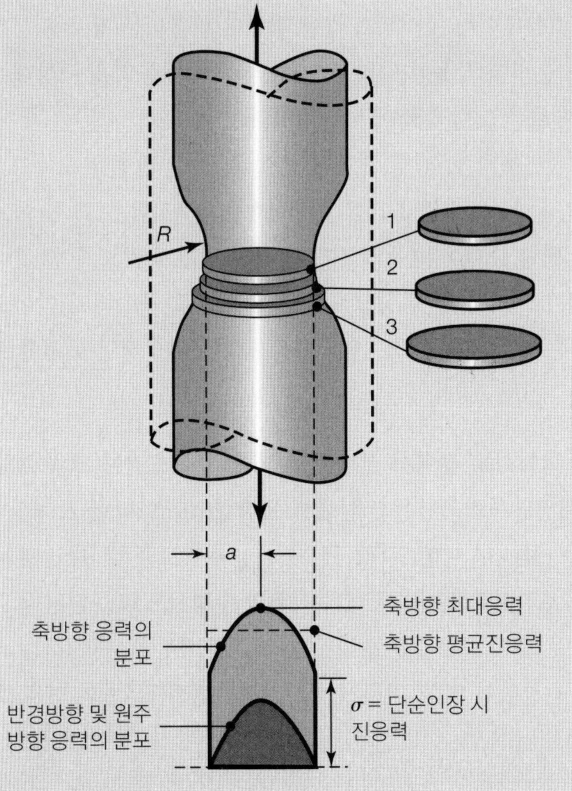

▶ **그림 2.34**
인장시험 시편에 생긴 네킹영역에서의 응력분포.

에 반경방향 응력과 원주방향 응력을 유발시킨다. 이 상황으로 인해 네킹 부위의 축방향 응력의 분포는 그림 2.34와 같이 된다.

이 그림에 나타낸 바와 같이, 단축인장상태에서의 진응력은 σ이나 인장시험결과로부터 계산된 진응력은 평균응력 σ_{av}이다. 따라서 진응력-진변형률 곡선을 작도할 때, 단축인장상태에서의 진응력값으로 수정해야 한다. P.W. Bridgman의 수학적 해석에 의거하면, 두 응력값 사이의 비는 다음과 같다.

$$\frac{\sigma}{\sigma_{av}} = \frac{1}{\left(1 + \frac{2R}{a}\right)\left[\ln\left(1 + \frac{a}{2R}\right)\right]} \tag{2.38}$$

여기서 R은 목 부위의 곡률반경이고 a는 가장 좁은 단면의 반경이다. 인장시험이 진행되는 동안 R을 측정한다는 것은 쉬운 일이 아니므로, 실험으로 미리 구해진 a/R과 진변형률 사이의 관계를 이용한다.

2.11.3 평면응력과 평면변형률

평면응력(plane stress)이란, 소재의 미소부분을 육면체로 나타낼 때, 육면체의 한 방향 이상에서 응력이 작용하지 않는 응력상태이다. 한 예로, 얇은 원통이 비틀리는 경우를 생각하면, 이 원통의 반경방향 면에는 응력이 작용하지 않는다. 따라서 이 원통의 응력상태는 평면응력이다. 평면응력의 다른 예들을 그림 2.35에 나타내었다.

평면변형률(plane strain)이란, 육면체의 한 방향 면에서 수직 및 전단 변형률 모두가 0인 응력상태를 말한다(그림 2.35c, d 참조). 그림 2.15의 **평면변형률 압축시험**은 그 한 예로서, 시편치수를 적절히 선정하여 변형 중에 시편폭의 변화가 거의 생기지 않도록 한 것이다. 평면변형률상태가 되기 위해서 요소가 한 방향으로 꼭 물리적으로 구속되지 않아도 된다. 얇은 원통이 비틀리는 경우는 벽두께의 변화가 없으므로 평면응력상태인 동시에 평면변형률상태이다(2.11.7절 참조).

■ **평면응력** 평면응력상태($\sigma_2 = 0$)에서는 앞에서 설명된 두 가지 항복조건이 그림 2.36의 도형들로 표현될 수 있다. 최대전단응력조건은 그림에서 육각형으로 나타난다. 제1사분면에서는 $\sigma_1 > 0$, $\sigma_3 > 0$이므로(물론 $\sigma_2 = 0$), 식 (2.35)가 $\sigma_{max} = Y$로 된다. 따라서 σ_1과 σ_3 중에 큰 값이 Y이므로, 항복조건이 그림에서처럼 수직선과 수평선으로 표현된다.

제3사분면에서는 σ_1과 σ_3가 모두 음이므로 같은 상황이다. 제2 및 제4사분면에서는 σ_1과 σ_3의 부호가 반대이므로 σ_2가 중간값이 된다. 따라서 식 (2.36)은 제2사분면의 경우

$$\sigma_3 - \sigma_1 = Y \tag{2.39}$$

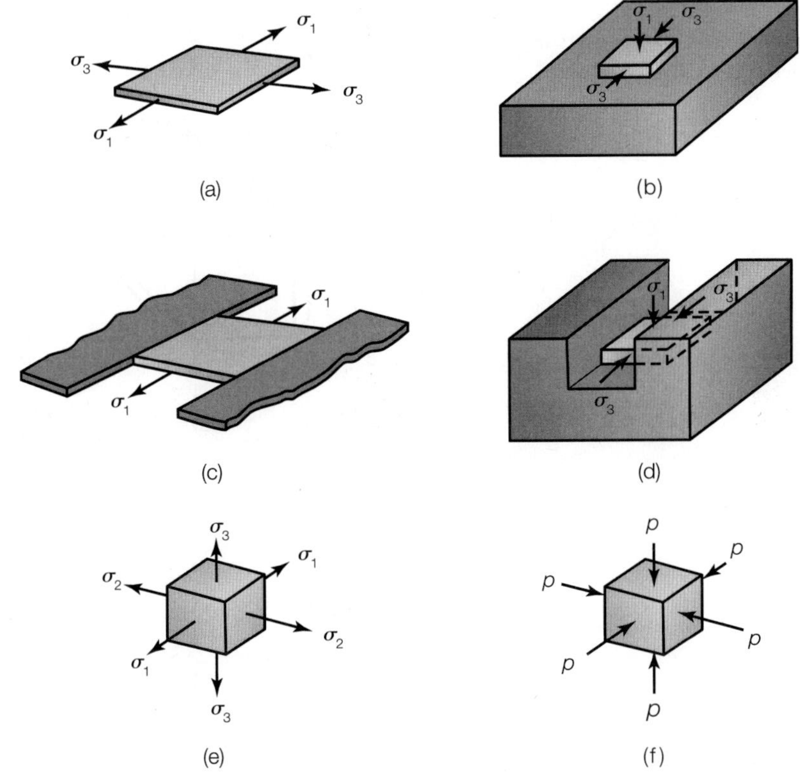

▶ **그림 2.35**

응력상태의 예: (a) 판재신장 시 평면응력; 판재수직면에는 응력이 없음. (b) 압축 시 평면응력; 압축되는 시편의 옆면에는 응력이 없음. (c) 인장 시 평면변형률; 신장되는 동안 판재의 폭은 일정하게 유지됨. (d) 압축 시 평면변형률; 홈에 의해 판재의 폭방향으로 구속(그림 2.16 참조). (e) 요소에 작용하는 삼축인장응력. (f) 요소에 작용하는 정수압압력.

로 되고, 제4사분면의 경우에는

$$\sigma_1 - \sigma_3 = Y \tag{2.40}$$

로 된다. 식 (2.39)와 (2.40)은 그림 2.36에서 기울기 45°인 직선들로 표시된다.

평면응력상태에 대한 전단변형에너지조건식은 다음과 같이 단순화된다.

$$\sigma_1^2 + \sigma_3^2 - \sigma_1\sigma_3 = Y^2 \tag{2.41}$$

위 식은 타원의 방정식으로, 그림에서 45° 기울어진 타원으로 표시되어 있다. 어떤 요소의 응력상태를 나타내는 점(즉, 두 주응력을 좌표로 하는 점)이 이들 도형의 내부로부터 경계선에 도달하면 이 요소는 항복하게 된다.

■ **유동법칙** 삼차원 탄성응력-변형률의 관계는 식 (2.32)로 나타낸 바 있다. 응력수준이 **소성변형**을 일으킬 만큼 충분히 클 때의 응력-변형률관계는 **유동법칙**(flow rule 또는 Lévy-Mises 식)으로부터 얻으며, 이에 대해서는 소성역학 교과서에 상세히 설명되어 있다. 유동법칙은 다음과 같이 변형률증분의 형태로 나타낸다($\bar{\epsilon}$와 $\bar{\sigma}$는 2.11.6절 참조).

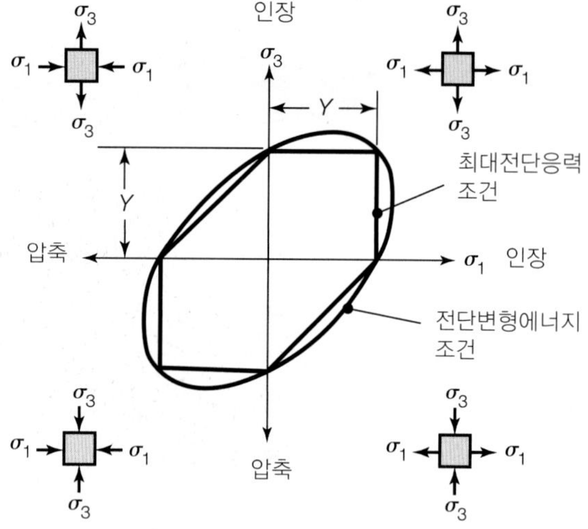

▶ **그림 2.36**
평면응력상태에서의 최대전단응력조건과 전단변형에너지조건.

$$d\epsilon_1 = \frac{d\bar{\epsilon}}{\bar{\sigma}}\left[\sigma_1 - \frac{1}{2}(\sigma_2 + \sigma_3)\right] \tag{2.42a}$$

$$d\epsilon_2 = \frac{d\bar{\epsilon}}{\bar{\sigma}}\left[\sigma_2 - \frac{1}{2}(\sigma_1 + \sigma_3)\right] \tag{2.42b}$$

$$d\epsilon_3 = \frac{d\bar{\epsilon}}{\bar{\sigma}}\left[\sigma_3 - \frac{1}{2}(\sigma_1 + \sigma_2)\right] \tag{2.42c}$$

위 식은 탄성응력-변형률관계를 나타낼 때 사용하는 일반화된 후크의 법칙과 유사한 형태이다.

■ **평면변형률** 그림 2.35c와 d에 나타낸 **평면변형률상태**에서는 $\epsilon_2 = 0$이 되므로, 중간응력인 σ_2는 다음과 같다.

$$\sigma_2 = \frac{\sigma_1 + \sigma_3}{2} \tag{2.43}$$

그림 2.15와 2.35d의 평면변형률압축에 대한 전단변형에너지조건식은 다음과 같이 단순화된다.

$$\sigma_1 - \sigma_3 = \frac{2}{\sqrt{3}}Y \approx 1.15Y = Y' \tag{2.44}$$

최대전단응력조건에 의거하면 $k = Y/2$, 전단변형에너지조건에 의거하면 $k = Y/\sqrt{3}$의 관계가 된다.

2.11.4 항복조건의 실험적 입증

앞에서 논의된 항복조건들의 타당성을 입증하기 위한 많은 실험적 연구들이 수행되었다. 이들 연구에서 보편적으로 사용한 실험방법은 얇은 원통형 시편에 내압이나 비틂하중을 가하거나, 두 가지 하중을 동시에 가하는 것이다. 하중의 형태에 따라 평면응력상태를 다양하게 얻을 수 있다.

많은 연성재료들의 항복거동에 대한 실험에 의하면, 전단변형에너지조건이 최대전단응력조건보다 실험결과에 더 잘 일치한다. 이 사실은 주로 연성재료들을 취급하는 금속가공 공정들의 해석에는 전단변형에너지조건의 사용이 바람직함을 의미한다(제6장 및 제7장 참조). 하지만 보다 간단한 형태인 최대전단응력조건도 사용상의 편리함 때문에 현장 설계자들에 의해 많이 사용된다. 대부분의 실제적인 적용에 있어서, 이들 두 항복조건 사이의 차이는 무시될 만큼 작다.

2.11.5 체적변형률

일반화된 후크의 법칙을 나타내는 세 식 (2.32a, b, c)을 합하면 다음의 관계를 얻는다.

$$\epsilon_1 + \epsilon_2 + \epsilon_3 = \frac{1 - 2\nu}{E}(\sigma_1 + \sigma_2 + \sigma_3) \tag{2.45}$$

이 식의 좌변을 **체적변형률**(volume strain) 혹은 **팽창률**(dilatation) Δ이라고 한다.

$$\Delta = \frac{\text{체적 변화량}}{\text{원래 체적}} = \frac{1 - 2\nu}{E}(\sigma_1 + \sigma_2 + \sigma_3) \tag{2.46}$$

소성영역에서는 $\nu = 0.5$이고, 체적 변화가 없다. 따라서 소성가공 시에는 다음 식이 성립된다.

$$\epsilon_1 + \epsilon_2 + \epsilon_3 = 0 \tag{2.47}$$

이 조건은 소성변형 시의 두 변형률을 알고 나머지 한 변형률을 구할 때 편리하게 사용된다.

재료의 **체적탄성계수**(bulk modulus) K는 다음과 같이 정의된다.

$$\text{체적탄성계수} = \frac{\sigma_m}{\Delta} = \frac{E}{3(1 - 2\nu)} \tag{2.48}$$

여기서 σ_m을 **평균응력**(mean stress) 혹은 **정수압응력**(hydrostatic stress)이라고 하며, 다음과 같이 정의된다.

$$\sigma_m = \frac{1}{3}(\sigma_1 + \sigma_2 + \sigma_3) \tag{2.49}$$

식 (2.46)으로부터 알 수 있듯이, **탄성영역**($0 < \nu < 0.5$)에서는 인장시편의 체적이 증가되

고 압축시편의 체적은 감소된다.

2.11.6 유효응력과 유효변형률

어떤 요소의 응력상태를 나타내는 수단으로 다음과 같이 정의되는 **유효응력**(effective stress) $\bar{\sigma}$이 편리하게 사용된다. 최대전단응력조건의 경우, 유효응력은

$$\bar{\sigma} = \sigma_1 - \sigma_3 \tag{2.50}$$

이며, 전단변형에너지조건의 경우에는

$$\bar{\sigma} = \frac{1}{\sqrt{2}}\left[(\sigma_1 - \sigma_2)^2 + (\sigma_2 - \sigma_3)^2 + (\sigma_3 - \sigma_1)^2\right]^{1/2} \tag{2.51}$$

이다. 여기서 계수 $1/\sqrt{2}$이 곱해져 있는 까닭은 유효응력이 단축인장상태에서의 인장응력과 같게 되도록 하기 위함이다. 이와 같이 유효응력은 일반 응력상태의 응력값들을 단축인장상태에 상당되는 응력값으로 나타내므로, 이를 상당응력(equivalent stress) 혹은 대표응력(representative stress)이라고도 한다.

마찬가지로, 어떤 요소의 변형률상태를 나타내는 수단으로 유효변형률(effective strain) $\bar{\epsilon}$이 다음과 같이 정의된다. 최대전단응력조건의 경우,

$$\bar{\epsilon} = \frac{2}{3}(\epsilon_1 - \epsilon_3) \tag{2.52}$$

이며, 전단변형에너지조건의 경우,

$$\bar{\epsilon} = \frac{\sqrt{2}}{3}\left[(\epsilon_1 - \epsilon_2)^2 + (\epsilon_2 - \epsilon_3)^2 + (\epsilon_3 - \epsilon_1)^2\right]^{1/2} \tag{2.53}$$

이다. 여기서도 단축인장상태에서는 유효변형률이 인장변형률과 같게 되도록 계수 $\frac{2}{3}$ 및 $\frac{\sqrt{2}}{3}$가 곱해져 있다. 따라서 유효변형률을 상당변형률(equivalent strain)이라고도 한다. 또한 응력-변형률 곡선은 유효응력-유효변형률 곡선이라고 할 수 있다(예 2.7 참조).

응력해석이나 가공공정 시뮬레이션에 사용되는 유한요소해석 소프트웨어 같은 고급 소프트웨어는 해석결과를 유효응력 및 유효변형률로 나타내는 경우가 많다. 유효응력 및 유효변형률이나 주응력 및 주변형률을 손으로 직접 계산할 필요는 없지만, 이들 개념의 물리적 의미를 이해하는 것은 매우 중요하다.

2.11.7 수직응력-수직변형률 곡선과 전단응력-전단변형률 곡선의 비교

동일 재료에 대한 인장시험과 비틂시험에서 각각 구한 응력-변형률 곡선은 상호 연관성을 갖는다. 이 연관성을 이용하면 한 곡선으로부터 다른 곡선의 작도가 가능하다. 인장시

험과 비틂시험 시의 응력상태에 대하여 다음 사실들을 정리할 수 있다.

- 인장시험의 경우, 단축응력 σ_1은 주응력이며 동시에 유효응력이다.
- 비틂시험의 경우, 주응력들은 비틂축에 대해 45° 방향으로 작용하며, 주응력 σ_1과 σ_3의 크기는 같고 부호는 반대이다.
- 단순비틂상태에서의 주응력의 크기는 최대전단응력의 크기와 같다.

단순비틂상태에서의 응력들은 다음의 관계를 가진다. 즉,

$$\sigma_1 = -\sigma_3, \quad \sigma_2 = 0, \quad \sigma_1 = \tau_1$$

이들 응력을 식 (2.50) 및 (2.51)에 각각 대입하면, 각 항복조건에 대한 유효응력을 구할 수 있다. 최대전단응력조건의 경우,

$$\overline{\sigma} = \sigma_1 - \sigma_3 = \sigma_1 + \sigma_1 = 2\sigma_1 = 2\tau_1 \tag{2.54}$$

이며, 전단변형에너지조건의 경우,

$$\overline{\sigma} = \frac{1}{\sqrt{2}}\left[(\sigma_1 - 0)^2 + (0 + \sigma_1)^2 + (-\sigma_1 - \sigma_1)^2\right]^{1/2} = \sqrt{3}\sigma_1 = \sqrt{3}\tau_1 \tag{2.55}$$

이다. 한편, 변형률에 대해서는 다음 사실들이 정리된다.

- 인장시험의 경우, $\epsilon_2 = \epsilon_3 = -\epsilon_1/2$
- 비틂시험의 경우, $\epsilon_1 = -\epsilon_3 = \gamma/2$
- 비틂시험 시 원통의 두께방향 변형률, $\epsilon_2 = 0$

비틂시험 시 $\epsilon_2 = 0$이 됨은 인장 주응력에 의한 원통두께의 감소량만큼 이 주응력과 같은 크기의 압축 주응력에 의해 두께가 증가된 결과라고 말할 수 있다. 이때 σ_2도 역시 0이 되므로, 얇은 원통이 비틀리는 경우는 평면응력인 동시에 평면변형률 상태이다.

이들 변형률을 식 (2.52) 및 (2.53)에 각각 대입하면, 해당 항복조건에 대한 유효변형률을 구할 수 있다. 즉, 최대전단응력조건의 경우,

$$\overline{\epsilon} = \frac{2}{3}(\epsilon_1 - \epsilon_3) = \frac{2}{3}(\epsilon_1 + \epsilon_1) = \frac{4}{3}\epsilon_1 = \frac{2}{3}\gamma \tag{2.56}$$

이며, 전단변형에너지 조건의 경우,

$$\overline{\epsilon} = \frac{\sqrt{2}}{3}\left[(\epsilon_1 - 0)^2 + (0 + \epsilon_1)^2 + (\epsilon_1 - \epsilon_1)^2\right]^{1/2} = \frac{2}{\sqrt{3}}\epsilon_1 = \frac{1}{\sqrt{3}}\gamma \tag{2.57}$$

이다. 이상에서 구한 식들을 이용하면 인장시험자료와 비틂시험자료를 상호 변환할 수 있다.

2.12 변형일

일(work)이란 하중과 하중작용거리의 곱, 즉 하중벡터와 거리벡터의 내적으로 정의된다. 또한 단위체적당 일은 응력과 변형률의 곱과 같다. 소성영역에서 응력과 변형률의 관계는 응력-변형률 곡선으로 표현되므로, 일을 계산할 때는 그림 2.37을 활용할 수 있다.

변형률 ϵ_1까지의 진응력-진변형률 곡선의 아랫부분 면적을 이 변형에 대한 소재의 **단위체적당 에너지**, 즉 **비에너지**(specific energy) u라고 하며 다음과 같이 표현한다.

$$u = \int_0^{\epsilon_1} \sigma \, d\epsilon \tag{2.58}$$

2.2.3절에서 설명한 것처럼, 진응력-진변형률 곡선은 다음과 같은 형태로 나타낼 수 있다.

$$\sigma = K\epsilon^n$$

따라서 식 (2.58)은 다음과 같이 표현된다.

$$u = K\int_0^{\epsilon_1} \epsilon^n \, d\epsilon$$

$$u = \frac{K\epsilon_1^{n+1}}{n+1} = \overline{Y}\epsilon_1 \tag{2.59}$$

여기서 $\overline{Y}$는 소재의 **평균유동응력**이다.

이 에너지는 단축인장 시 변형에 사용된 일을 나타낸다. 소재가 삼축응력상태에 있는 일반적인 경우의 비에너지증분은 다음과 같다.

$$du = \sigma_1 \, d\epsilon_1 + \sigma_2 \, d\epsilon_2 + \sigma_3 \, d\epsilon_3$$

이 식의 응용예는 예 2.7에서 설명하였다. 임의의 응력상태에 대한 보다 일반적인 방법은 단위체적당 에너지를 유효응력과 유효변형률로써 표현하는 것이다. 즉,

$$u = \int_0^{\epsilon} \overline{\sigma} \, d\overline{\epsilon} \tag{2.60}$$

변형에 소요된 일은 u와 소재의 체적을 곱한 값이다. 즉,

$$일 = (u)\,(체적) \tag{2.61}$$

식 (2.61)로 나타낸 에너지는 균일변형에 소요되는 최소에너지 혹은 이상에너지(ideal energy)이며, 실제변형에 소요되는 에너지에는 이 외에도 두 가지 요소, 즉 (1) 다이와 소재 사이의 마찰을 극복하기 위해 사용된 에너지와, (2) 다음에 설명하는 불균일변형에 의

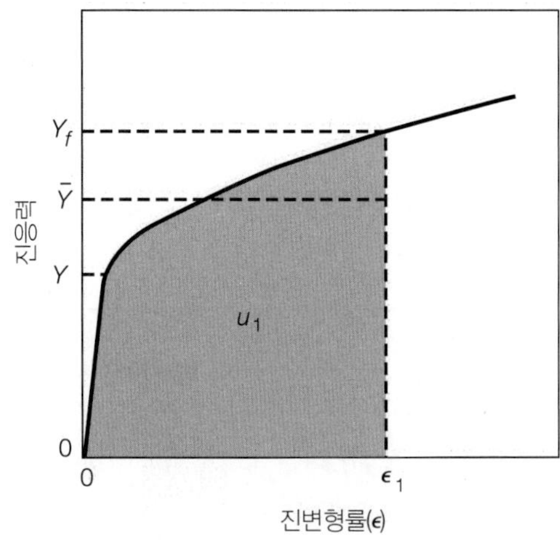

▶ **그림 2.37**

진응력-진변형률 곡선에 나타낸 항복응력 Y, 평균유동응력 $\bar{Y}$, 비에너지 u_1, 유동응력 Y_f.

한 **과잉일**(redundant work)이 포함된다.

그림 2.38a와 같은 직육면체 소재가 제6장에서 설명될 단조, 압출, 혹은 인발 공정을 통해 가공된다고 하자. 그림 2.38b는 이 소재가 이상적으로 변형된 상태를 보여주고 있다. 그러나 실제로는 마찰이나 다이형상의 영향으로 그림 2.38c와 같이 변형되는 것이 보편적이다. 그림의 (b)와 (c)의 차이점은, (c)의 경우 소재가 수평면을 따라 전단변형을 추가로 받고 있다는 점이다.

이 전단변형이 존재하면, 이에 상응되는 소성일이 추가되어야 하며, 따라서 에너지소모도 그만큼 증가한다. 이것을 과잉일이라고 하는데, 과잉이란 용어가 사용된 이유는 이 일이 소재가 원하는 형상으로 가공되는 데 기여하지 않기 때문이다. 그림 2.38에서 (b)와 (c)는 전체적으로 같은 형상과 치수를 가짐에 유의하자.

이제 총 비에너지는 다음과 같이 표현될 수 있다.

$$u_{총} = u_{이상} + u_{마찰} + u_{과잉} \tag{2.62}$$

어떤 소성가공공정의 효율은 다음과 같이 정의된다.

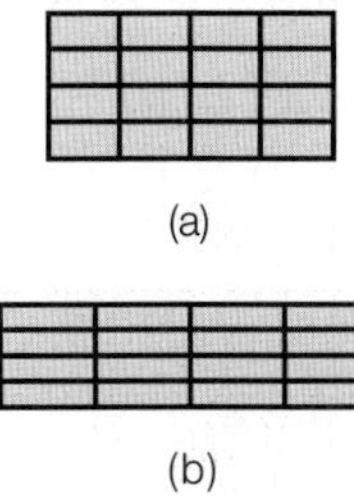

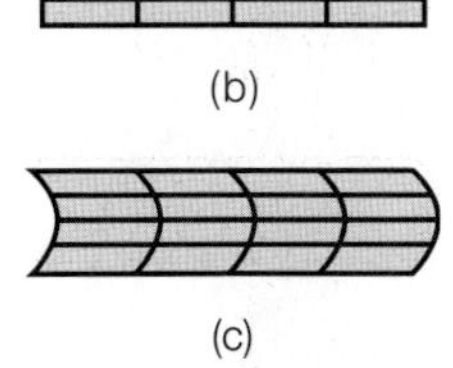

(c)

▶ **그림 2.38**

소재 내 격자무늬의 변형: (a) 변형 전 격자, (b) 이상변형 후, (c) 불균일변형 후. (c)의 변형은 근본적으로 (b)의 변형에 전단변형이 추가된 것이므로 보다 많은 변형일이 소요된다.

$$\eta = \frac{u_{이상}}{u_{총}} \tag{2.63}$$

이 효율의 크기는 공정의 종류, 마찰조건, 다이형상, 그리고 기타 공정변수들에 따라 매우 다르다. 대표적인 값으로는 압출가공의 경우 30~60%, 압연의 경우 75~95% 정도이다.

예 2.7 얇은 구형용기의 팽창

반경 r_o, 두께 t_o인 얇은 구형용기가 내압에 의해 팽창되고 있다. 이 용기의 재료는 항복응력 Y인 완전소성체라고 가정한다.

(1) 이 용기를 반경 r_f까지 팽창시키는 데 소요되는 일을 계산하여라.

(2) 용기의 반경이 일정한 속도로 증가된다면, 반경증가에 따라 소요동력이 어떻게 변해야 하는가?

풀이

(1) 예 2.6에서와 같이 두께방향의 응력을 무시하면, 이 용기가 받는 막응력들은 다음과 같다.

$$\sigma_1 = \sigma_2 = Y$$

또한 용기면을 따라 발생되는 진변형률의 크기는 다음과 같다.

$$\epsilon_1 = \epsilon_2 = \ln\left(\frac{2\pi r_f}{2\pi r_o}\right) = \ln\left(\frac{r_f}{r_o}\right)$$

이 용기는 양축인장응력상태에 있으므로, 비에너지는 다음과 같이 계산된다.

$$u = \int_0^{\epsilon_1} \sigma_1 \, d\epsilon_1 + \int_0^{\epsilon_2} \sigma_2 \, d\epsilon_2 = 2\sigma_1\epsilon_1 = 2Y\ln\left(\frac{r_f}{f_o}\right)$$

용기 재료의 체적은 $4\pi r_o^2 t_o$이므로, 변형일은 다음과 같이 계산된다.

$$W = (u)(체적) = 8\pi Y r_o^2 t_o \ln\left(\frac{r_f}{r_o}\right)$$

비에너지는 유효응력과 유효변형률로부터 계산될 수도 있다. 전단변형에너지 조건을 사용하면 다음과 같다.

$$\bar{\sigma} = \frac{1}{\sqrt{2}}\left[(0)^2 + (\sigma_2)^2 + (-\sigma_1)^2\right]^{-1/2} = \sigma_1 = \sigma_2$$

$$\bar{\epsilon} = \frac{\sqrt{2}}{3}\left[(0)^2 + (\epsilon_2 + 2\epsilon_2)^2 + (-2\epsilon_2 - \epsilon_2)^2\right]^{1/2} = 2\epsilon_2 = 2\epsilon_1$$

(소성변형에서는 $\epsilon_1 + \epsilon_2 + \epsilon_3 = 0$이므로, 두께방향 변형률은 $\epsilon_3 = -2\epsilon_2 = -2\epsilon_1$이다.)
따라서

$$u = \int_0^{\epsilon} \bar{\sigma}\bar{\epsilon} = \int_0^{2\epsilon_1} \sigma_1 \, d\epsilon_1 = 2\sigma_1\epsilon_1$$

즉, 결과는 동일하다.

(2) 동력은 단위시간당 일량으로 정의된다.

$$\text{동력} = \frac{dW}{dt}$$

반경이 r에 도달할 때까지 가해진 일량은 다음과 같이 표현될 수 있다.

$$W \propto \ln\left(\frac{r}{r_o}\right) \propto (\ln r - \ln r_o)$$

따라서

$$\text{동력} \propto \frac{1}{r}\frac{dr}{dt}$$

이다. 용기의 반경이 일정한 속도로 증가되면 dr/dt는 상수이므로, 소요동력과 반경 사이에는 다음과 같은 반비례관계가 유지된다.

$$\text{동력} \propto \frac{1}{r}$$

2.12.1 일, 열, 온도상승

소성가공 시 변형에 소모된 기계적 일의 거의 대부분은 열로 변환된다. 물론 이 에너지(즉, 기계적 일)의 극히 일부분은 탄성에너지 형태로 재료 내부에 남아 있으므로, 이 변환이 100% 이루어지는 것은 아니다. 재료 내부에 남아 있는 에너지를 **저장에너지**(3.6절 참조)라 한다. 저장에너지는 일반적으로 입력된 총 에너지의 5~10% 정도이지만, 이를 무시하고 일이 모두 열로 변환된다고 가정하면, 소재의 **온도상승폭**은 다음 식으로 주어진다.

$$\Delta T = \frac{u_{\text{총}}}{\rho c} \tag{2.64}$$

여기서 $u_{총}$은 식 (2.62)로부터 주어지는 비에너지이며, ρ와 c는 각각 재료의 밀도와 비열이다.

응력-변형률 곡선의 아랫부분 면적이 크거나 재료의 비열이 작을수록 소성가공에 의한 온도상승폭은 커진다. 이 온도상승폭은 해당 변형률속도에 대한 응력-변형률 곡선으로부터 예측될 수 있다(2.2.7절 참조). 비열과 열전도도 같은 물리적 성질도 온도의 영향을 받으므로 계산에 고려해야 함에 유의하자.

진변형률 1에 대한(예를 들어, 높이 27 mm인 시편이 10 mm로 압축된 경우) 이론적 온도상승폭을 계산하면, 알루미늄은 약 348°C, 구리 413°C, 저탄소강 553°C, 티타늄은 843°C이다. 식 (2.64)로 계산한 온도상승은 열이 외부로 소산되지 않은 이상적인 경우임에 유의한다. 실제작업에서 소재에 발생된 열은 대기를 통해, 공구나 다이를 통해, 그리고 냉각제나 윤활제가 사용된 경우에는 이들을 통해 외부로 빠져나간다. 따라서 공정이 천천히 수행될수록 실제 온도상승폭은 계산된 값보다 훨씬 작다. 반대로, 매우 빠른 속도로 수행되는 공정에서는 이러한 손실이 비교적 작다. 극한적인 상황에서는 공정이 거의 단열적으로 수행되어 소재의 온도가 **초기용융상태**(incipient melting)에 달할 정도로 높아진다.

예 2.8 압축 시의 온도상승

무게가 45.0 kgf인 추를 어떤 높이에서 낙하하여 직경 2.54 cm, 높이 2.54 cm인 원주형 시편을 압축하였더니, 온도가 55°C 상승하였다고 한다. 시편의 재료는 K = 103.4 MPa, n = 0.5, 밀도 = 2.768 g/cm^3, 비열 = 1.26 × 10^3 J/kg°C이다. 열손실과 마찰을 무시할 때, 주어진 자료로부터 시편의 최종높이를 계산하여라.

풀이 이 과정에서 단위체적당 발생한 열량은 다음과 같다.

$$u_{열량} = (c_p)(\rho)(\Delta T)$$

따라서

$$u_{열량} = (1.26 \times 10^3\,\text{J/kg°C})(2.768 \times 10^3\,\text{kg/m}^3)(55°\text{C}) = 1.918 \times 10^8\,\text{J/m}^3$$

한편, 단위체적당 시편에 가해진 일은

$$u_{일} = \frac{K}{n+1}\epsilon^{n+1} = \frac{(103.4\,\text{MPa})}{1.5}\epsilon^{1.5} = (0.6893 \times 10^8\,\text{N/m}^2)\epsilon^{1.5}$$

이므로, $u_{열량} = u_{일}$로부터

$$\epsilon^{1.5} = \frac{1.918 \times 10^8}{0.6893 \times 10^8} = 2.78$$

$$\epsilon = 1.977$$

최종높이를 구하면,

$$\ln\left(\frac{h_o}{h_f}\right) = \ln\left(\frac{2.54}{h_f}\right) = 1.977$$

이다. 따라서 최종높이는 다음과 같다.

$$h_f = 0.352 \text{ cm}$$

내용 요약 SUMMARY

- 가공공정에서는 재료에 소성변형을 가하여 형상을 변화시키는 경우가 많다. 따라서 강도, 탄성, 연성, 경도, 파괴인성, 소성변형, 소요에너지와 같은 기계적 성질이 중요한 인자들이다. 반면에, 재료의 거동은 온도, 변형률속도, 응력상태의 영향을 받고, 재료의 종류와 가공조건에 따라서도 달라진다. (2.1절)
- 인장시험을 통해 측정할 수 있는 기계적 성질로는 탄성계수(E), 항복응력(Y), 극한인장강도(UTS), 포아송비(ν) 등이 있다. 연신률이나 단면감소율로 나타내는 연성도 인장시험으로 알 수 있다. 진응력-진변형률 곡선은 강도계수(K), 변형경화지수(n), 변형률속도 민감지수(m), 파괴인성을 결정하는 데 중요하게 사용된다. (2.2절)
- 압축시험은 단조, 압연, 압출과 같은 가공공정에 가깝게 시편을 압축변형시키는 시험법이다. 하지만 마찰이 개입되고 배럴링이 생기기 때문에, 압축시험으로 얻은 기계적 성질은 부정확할 수 있다. (2.3절)
- 비틂시험은 관재 시편을 보통 사용한다. 이 시험법으로 전단, 절삭, 기타 기계가공 공정과 유사한 조건을 얻을 수 있다. (2.4절)
- 굽힘(굴곡)시험은 취성재료에 흔히 사용되는 시험법으로, 시편이 굽혀지면서 바깥부분이 파단될 때의 응력을 파단계수 혹은 횡파단강도라고 한다. 굽힘시험에서 시편에 힘이 가해지는 양상은 판재의 가공공정이나 공구 및 금형 재료를 시험할 때의 조건과 유사하다. (2.5절)
- 영구압입에 대한 재료의 저항성을 시험하는 경도시험법에는 그 종류가 많다. 경도는 강도 및 내마모성과 관련이 있지만, 그 자체가 재료의 고유한 성질은 아니다. (2.6절)
- 피로시험은 가공공정에서 부품이 받는 하중이 급격하게 변동하는 경우를 단순화시킨 시험법이다. 피로시험을 통해 내구한도 혹은 피로한도, 즉 재료가 반복하중횟수에 무관하게 피로파괴를 일으키지 않는 최대응력을 측정한다. (2.7절)

- 크리프는 일정 시간 동안 정하중이 가해질 때, 부품에 생기는 영구변형이다. 크리프시험에서는 특정 온도에서 시편에 일정한 하중을 가하고 시간이 지남에 따라서 생기는 길이의 변화를 측정한다. 시편은 궁극적으로 네킹을 일으키고 파단된다. (2.8절)
- 충격시험은 고속의 가공공정이나, 제품으로 사용 중에 재료가 충격하중(혹은 동하중)을 받는 상황을 단순화한 시험법이다. 충격하중이 발생하는 예로, 낙하단조, 단속절삭이나 고속변형을 시키는 공구 및 금형 재료를 들 수 있다. 충격시험을 통해 시편의 파단에 소요되는 에너지, 즉, 충격인성을 측정한다. 충격시험은 재료의 연성-취성 천이온도를 결정하는 데에도 사용된다. (2.9절)
- 잔류응력은 소재가 변형된 후, 외력이 모두 제거된 상태에서 소재에 남아 있는 응력이다. 잔류응력의 양상과 크기는 소재가 소성변형을 겪은 조건에 따라서 결정된다. 응력제거 풀림처리, 추가 소성변형, 응력이완 등의 방법으로 잔류응력을 감소시키거나 제거할 수 있다. (2.10절)
- 각종 공구와 금형을 사용하는 금속가공작업에서 시편 재료는 일반적으로 삼차원 응력상태에 놓인다. 소재에 가해진 응력상태와 재료의 단축항복응력 간의 관계를 나타내는 것을 항복조건이라 하며, 가장 많이 사용되는 조건으로는 최대전단응력조건(Tresca)과 전단변형에너지조건(von Mises)이 있다. (2.11절)
- 소재를 변형시키려면 에너지가 필요하다. 재료의 단위체적당 변형일(u)은 이상일, 마찰일, 과잉일의 세 가지 성분으로 구성된다. 단위체적당 변형일로부터 재료의 가공에 필요한 하중이나 에너지를 산출할 수 있고, 소성변형으로 인해 발생되는 열의 양과 그에 따른 소재의 온도상승폭을 알 수 있다. (2.12절)

수식 요약 SUMMARY OF EQUATIONS

- 공학적 변형률: $e = \dfrac{l - l_o}{l_o}$
- 공학적 변형률속도: $\dot{e} = \dfrac{v}{l_o}$
- 공학적 응력: $\sigma = \dfrac{P}{A_o}$
- 진변형률: $\epsilon = \ln\left(\dfrac{l}{l_o}\right)$
- 진변형률속도: $\dot{\epsilon} = \dfrac{v}{l}$
- 진응력: $\sigma = \dfrac{P}{A}$

- 탄성계수: $E = \dfrac{\sigma}{e}$
- 전단탄성계수: $G = \dfrac{E}{2(1+\nu)}$
- 탄성에너지율 $= \dfrac{Y^2}{2E}$
- 연신율 $= \dfrac{l_f - l_o}{l_o} \times 100$
- 단면감소율 $= \dfrac{A_o - A_f}{A_o} \times 100$
- 비틂 시 전단변형률: $\gamma = \dfrac{r\phi}{l}$
- 후크의 법칙: $\epsilon_1 = \dfrac{1}{E}[\sigma_1 - \nu(\sigma_2 + \sigma_3)]$ 등
- 유효변형률(Tresca): $\bar{\epsilon} = \dfrac{2}{3}(\epsilon_1 - \epsilon_3)$
- 유효변형률(von Mises): $\bar{\epsilon} = \dfrac{\sqrt{2}}{3}\left[(\epsilon_1 - \epsilon_2)^2 + (\epsilon_2 - \epsilon_3)^2 + (\epsilon_3 - \epsilon_1)^2\right]^{1/2}$
- 유효응력(Tresca): $\bar{\sigma} = \sigma_1 - \sigma_3$
- 유효응력(von Mises): $\bar{\sigma} = \dfrac{1}{\sqrt{2}}\left[(\sigma_1 - \sigma_2)^2 + (\sigma_2 - \sigma_3)^2 + (\sigma_3 - \sigma_1)^2\right]^{1/2}$
- 진응력-진변형률 관계(지수형): $\sigma = K\epsilon^n$
- 진응력-진변형률속도 관계: $\sigma = C\dot{\epsilon}^m$
- 유동법칙: $d\epsilon_1 = \dfrac{d\bar{\epsilon}}{\bar{\sigma}}\left[\sigma_1 - \dfrac{1}{2}(\sigma_2 + \sigma_3)\right]$ 등
- 최대전단응력조건(Tresca): $\sigma_{max} - \sigma_{min} = Y$
- 변형에너지조건(von Mises): $(\sigma_1 - \sigma_2)^2 + (\sigma_2 - \sigma_3)^2 + (\sigma_3 - \sigma_1)^2 = 2Y^2$
- 전단항복응력: $k = Y/2$(Tresca) 및 $k = (\sqrt{3}/2)Y$(von Mises)
- 체적변형률(팽창률): $\Delta = \dfrac{1 - 2\nu}{E}(\sigma_1 + \sigma_2 + \sigma_3)$
- 체적탄성계수 $= \dfrac{E}{3(1 - 2\nu)}$

- 변형 비에너지: $u = \int_0^{\epsilon_1} \bar{\sigma}\, d\bar{\epsilon}$

- 온도상승폭(단열상태): $\Delta T = \dfrac{u}{\rho c}$

참고문헌 BIBLIOGRAPHY

Ashby, M.F., *Materials Selection in Mechanical Design*, 3rd ed., Pergamon, 2005.

ASM Handbook,Vol. 8: *Mechanical Testing*, ASM International, 2000.

ASM Handbook, Vol. 10: *Materials Characterization*, ASM International, 1986.

ASM Handbook, Vol. 20: *Materials Selection and Design*, ASM International, 1997.

Beer, F.P., Johnston, E.R., and DeWolf, J.T., *Mechanics of Materials*, McGraw-Hill, 2005.

Boyer, H.E. (ed.), *Atlas of Creep and Stress-Rupture Curves*, ASM International, 1986.

______, *Atlas of Fatigue Curves*, ASM International, 1986.

______, *Atlas of Stress-Strain Curves*, ASM International, 1986.

Budinski, K.G., *Engineering Materials: Properties and Selection*, 8th ed., Prentice Hall, 2004.

Chandler, H., (ed.), *Hardness Testing*, 2nd ed., ASM Interna-tional, 1999.

Cheremisinoff, N.P., and Cheremisinoff, P.N., *Handbook of Advanced Materials Testing*, Dekker, 1994.

Davis, J.R. (ed.), *Tensile Testing*, 2nd ed., ASM International, 2004.

Dieter, G.E., *Mechanical Metallurgy*, 3rd ed., McGraw-Hill, 1986.

Dowling, N.E., *Mechanical Behavior of Materials: Engineering Methods for Deformation, Fracture, and Fatigue*, 3rd ed., Prentice Hall, 2006.

Handbook of Experimental Solid Mechanics, Society for Experimental Mechanics, 2007.

Herzberg, R.W., *Deformation and Fracture Mechanics of Engineering Materials*, 4th ed., Wiley, 1996.

Hosford, W.F., *Mechanical Behavior of Materials*, Cambridge, 2005.

Pohlandt, K., *Material Testing for the Metal Forming Industry*, Springer, 1989.

복습문제 QUESTIONS

2.1 그림 2.6에 주어진 자료만으로 연신율(%)을 계산할 수 있는지 설명하여라.

2.2 그림 2.4를 참조하면, 인장시험시편의 표점거리가 클수록 (파단 시) 연신율(%)이 감소함을 볼 수 있다. 표점거리를 아주 크게 하면 연신율은 영에 가까워지는가?

2.3 변형이 클수록 공학적 변형률과 진변형률의 차이가 커지는 이유를 설명하여라. 이러한 차이는 인장과 압축에서 동일한가?

2.4 응력척도를 같게 하여 인장시험의 진응력-진변형률 곡선과 공학적 응력-변형률 곡선을 그려보면 진응력-진변형률 곡선이 항상 위에 있게 된다. 압축시험에서 얻어지는 진응력-진변형률 곡선은 어떠한가?

2.5 인장시험과 압축시험 중 어느 쪽이 더 큰 용량의 시

험기를 필요로 하는가? 그 이유를 설명하여라.

2.6 다음 재료가 냉간가공을 받을 때 탄성에너지율은 어떻게 변화하는가?
(1) 탄성-완전소성재료
(2) 탄성-선형변형경화성재료

2.7 인장시험시편을 빠른 속도로 잡아늘여서 파단시켰을 때, 어느 부위의 온도가 가장 높으며, 그 이유는 무엇인가?

2.8 문제 2.7에서 시편을 매우 천천히 잡아늘인 경우, 시편의 온도분포는 어떻게 되겠는가?

2.9 인장시험에서 진응력-진변형률 곡선의 아랫부분 면적은 단위체적당 가해진 일이다. 또한 하중-연신량 곡선의 아랫부분 면적은 시편 전체에 가해진 일이다. 이 일을 표점거리 사이의 시편체적으로 나누면 단위체적당 가해진 일을 구할 수 있다(단, 모든 변형은 표점거리 사이에서만 일어났다는 가정 하에서). 이렇게 구해진 단위체적당 일은 진응력-진변형률 곡선의 아랫부분 면적과 같은가? 같다면, 모든 변형률에 대하여 같은가?

2.10 표 2.5의 하단부에 있는 주석에서 온도가 높아지면 C는 감소하고, m은 증가한다고 하였다. 그 이유를 설명하여라.

2.11 두 가지 재료에 대하여 K 값과 n 값을 각각 알고 있다고 하자. 이로부터 어떤 재료가 더 인성이 있는지 알 수 있는가? 알 수 없다면 추가로 알아야 할 자료는 무엇인지 설명하여라.

2.12 온도의 영향을 고려하여 그림 2.7에 있는 곡선들을 수정하고, 수정의 이유를 설명하여라.

2.13 변형속도[m/s]와 진변형률속도의 차이점을 구체적인 예를 들어서 설명하여라.

2.14 m 값이 클수록 네킹영역이 확산하고, 이 값이 작을수록 네킹은 국부적이 된다고 하였다. 이러한 거동이 생기는 이유를 설명하여라.

2.15 시편의 네킹영역에서 일어나는 현상을 고려하여 고온의 유리나 장난감용 수지(silly putty) 같이 m 값이 큰 재료를 천천히 잡아늘이면 파단되기 전까지 큰 연신량을 겪는 이유를 설명하여라.

2.16 네점 굽힘시험에서 길이와 단면적이 같은 시편으로, 윗면 하중점 사이의 간격을 증가시키면서 시험을 한다고 하자(그림 2.21b 참조). 이 시험결과에서 변하는 것이 있다면 무엇이며, 그 이유는 무엇인가?

2.17 식 (2.10)이 탄성영역에서도 적용되는지 여부에 대하여 설명하여라.

2.18 여러 종류의 경도시험법이 개발된 이유는 무엇인가? 매우 큰 물체의 경도를 측정하는 방법이 있다면 무엇인가?

2.19 알루미늄호일 같은 매우 얇은 재료에는 어떤 경도시험법과 척도를 적용해야 하는가? 그 이유는 무엇인가?

2.20 특정 용도로 경도시험을 하고자 할 때, 적절한 경도시험법 및 척도를 선정하는 데 고려해야 할 요인과 이유를 말하여라.

2.21 브리넬경도시험에서 타원형 압흔이 관찰되었다. 이 현상이 어떻게 나타날 수 있는지 설명하여라.

2.22 경도시험에서 마찰이 주는 영향이 있다면 무엇인지 설명하여라.

2.23 크리프와 응력이완의 차이점을 설명하고, 그 각각에 대하여 두 개씩의 공학적인 예를 들어라.

2.24 그림 2.31의 충격시험에서 그림에 나타낸 것과 반대방향에서 시편에 충격을 가하면 결과가 어떻게 달라지는가?

2.25 그림 2.30d에서 기계가공이나 연삭으로 ad의 재료층을 깎아내면, 시편은 어느 방향으로 휘겠는가? (힌트: (d)에서 시편은 수평방향으로 양단이 고정된 4개의 스프링으로 구성되어 있다고 하고, 각 스프링은 위로부

터 아래로 내려옴에 따라 압축, 인장, 압축, 인장을 각각 받고 있다고 가정하여라.)

2.26 재료가 탄성-선형변형경화성인 경우, 그림 2.32에 제시된 방법으로 재료 내의 잔류응력을 완전히 제거할 수 있는지 설명하여라.

2.27 그림 2.32를 참조하여, 압축변형으로 잔류응력을 제거할 수 있는가? 단축압축하중이 작용해도 소재는 좌굴되지 않는 것으로 가정한다.

2.28 다음 각 부품들이 갖추어야 할 바람직한 기계적 성질을 열거하고, 그 이유를 설명하여라.

(1) 엘리베이터 케이블
(2) 일회용 반창고
(3) 구두 밑창
(4) 낚시 바늘
(5) 자동차용 피스톤
(6) 보트 프로펠러
(7) 가스터빈 블레이드
(8) 스테이플

2.29 그림 2.31a와 b에서 소재를 절단하거나 분리하기 전의 잔류응력분포를 도시하여라. (힌트: 소재가 분리되기 전의 형상으로 밀어넣는다고 생각한다.)

2.30 소재의 소성변형일은 열손실이 없고 온도분포가 균일하다는 가정 하에 온도상승폭으로부터 계산할 수 있다. 만일 온도가 높아짐에 따라 재료의 비열이 감소한다고 하면, 상온에서의 비열로 계산한 소성변형일은 실제보다 큰가, 아니면 작은가?

2.31 균질하고 등방성인 시편이 탄성범위 내에서, (1) 단축압축응력을 받을 때와 (2) 단축인장응력을 받을 때, 체적은 어떻게 변화하는가?

2.32 정수압압축을 받는 상태는 압력유체실 내에서 시편을 가압하는 것으로 간단히 도달할 수 있다. 시편(정육면체나 원판형인)이 정수압인장 또는 그에 가까운 상태에 도달할 수 있는 방법을 제시하여라. (내압을 받는 얇은 구각은 단지 평면응력상태에 놓이므로 이 문제의 답이 되지 않는다.)

2.33 그림 2.19를 참조하여, 시편이 다음과 같은 하중을 받을 때, 두께가 얇은 부분의 소재요소가 받는 응력상태를 간단히 작도하여라.

(1) 비틂
(2) 비틂과 내압
(3) 비틂과 외압

단, 관재시편의 양끝은 막혀 있다.

2.34 동전모양의 연성금속판을 직경이 같은 강철봉에 경납접하여 붙인 후, 이를 단축인장시킨다. 연성금속에는 어떤 응력상태가 발생하는지 설명하여라.

2.35 연성금속으로 된 원판이 원판직경과 같은 두 개의 경화강 압축판으로 가압된다. 원판의 재료는 완전소성이라고 가정하고 마찰 및 온도 효과를 무시한다. 원판이 압축됨에 따라 압축하중에 변화가 있는지에 대하여 설명하여라.

2.36 완전소성재료가 $\sigma_1 > \sigma_2 > \sigma_3$인 응력상태 σ_1, σ_2, σ_3에서 항복하고 있다. σ_1이 증가하면 어떤 일이 일어나는지 설명하여라.

2.37 포아송비가 0.5인 재료의 체적변형률은 얼마인가? 재료의 포아송비가 0.7일 수 있는지 설명하여라.

2.38 재료가 음의 포아송비를 가질 수 있는지 설명하여라.

2.39 평면응력과 평면변형률을 명확하게 정의하여라.

2.40 금속표면 상에서 피복층의 경도를 측정하려면 어떤 시험법을 사용하겠는가? 피복층의 경도가 모재에 비해 경하거나 연하다면 측정결과가 달라지는지 설명하여라.

2.41 그림 2.7에 주어진 응력-변형률 모형들의 장점과 한계를 나열하여라.

2.42 범위를 나타내는 막대그래프로 표 2.1의 자료를 그리고, 결과에 대하여 언급하여라.

2.43 소재로 구입한 금속재료의 품질점검을 위해 경도시

험을 행하였다. 시험결과, 경도가 너무 높아서 소재가 용도에 맞는 충분한 연성을 갖지 못할 것이라고 생각되었다. 하지만 공급업자는 소재의 반품을 받는 대신에, 로크웰 경도시험에 사용한 다이아몬드 원추압입자가 마모되어 무뎌졌으므로 경도시험결과를 재조정해야 한다고 주장했다. 이 주장이 설득력이 있는지 설명하여라.

2.44 인장시험에서 항복강도를 결정할 때, 0.2% 곡선이동법을 사용하는 이유를 설명하여라.

2.45 문제 2.44를 참조하여, 고도로 변형경화된 재료에 대해서도 곡선이동법이 필요한지 설명하여라.

연습문제

PROBLEMS

2.46 원래 길이가 1.5 m인 금속봉재가 있다. 이 봉재를 처음에 1.75 m, 다음에 2.0 m, 마지막으로 3.0 m로 잡아늘였다. 총 진변형률은 각 단계에서의 진변형률의 합, 즉 진변형률은 더할 수 있음을 보여라. 공학적 변형률을 사용하면, 각 단계에서의 변형률을 더해도 총 변형률을 구할 수 없음을 보여라.

2.47 종이클립은 직경 1.2 mm인 철사로 만든다. 철사는 직경 15 mm인 원소재로부터 만들어진다고 할 때, 이 과정에서 철사가 겪는 길이방향 및 직경방향으로의 공학적 변형률과 진변형률을 구하여라.

2.48 다음과 같은 성질을 갖는 재료가 있다: UTS = 345 MPa, $n = 0.25$. 이 재료의 강도계수 K를 구하여라.

2.49 그림 2.6에 주어진 자료로부터 풀림처리된 70-30 황동의 극한인장강도를 구하여라.

2.50 강도계수가 400 MPa이고, 인장시편이 0.20인 진변형률에서 네킹을 일으키는 재료의 극한인장강도(공학적 응력)를 계산하여라.

2.51 유동응력이 $\sigma = K\epsilon^n$의 형태로 주어지고 $n = 0.3$인 다음과 같은 네 가지 재료를 평행하게 꼬아 만든 케이블이 있다.

재료 A: $K = 450$ MPa, $A_o = 7\ \text{mm}^2$
재료 B: $K = 600$ MPa, $A_o = 2.5\ \text{mm}^2$
재료 C: $K = 300$ MPa, $A_o = 3\ \text{mm}^2$
재료 D: $K = 760$ MPa, $A_o = 2\ \text{mm}^2$

(1) 이 케이블이 네킹을 일으키지 않고 견딜 수 있는 최대인장하중을 계산하여라.
(2) 만일 세 재료의 n 값이 다르다면, 최대인장하중을 어떻게 계산하겠는가?

2.52 그림 2.6만을 이용하여, 직경 1.27 cm인 304 스테인리스강으로 된 시편을 인장시험할 때의 최대하중을 계산하여라.

2.53 표 2.1에 주어진 자료를 이용하여, 표에 있는 각 금속재료의 전단탄성계수 G를 계산하여라.

2.54 유동응력이 $\sigma = K(\epsilon + 0.2)^n$, 파단 시 변형률이 ϵ_f인 재료의 인성을 나타내는 식을 유도하여라.

2.55 높이 2.54 cm, 직경 2.54 cm인 취성재료로 된 원주시편이 압축하중을 받고 있다. 13,608 kgf의 하중에서 45°의 방향으로 파단이 일어났을 때, 파단면에서의 전단응력과 수직응력을 계산하여라.

2.56 경도가 300 HB인 고냉간가공된 철강소재의 탄성에너지율은 얼마인가? 경도가 150 HB인 고냉간가공된 구리의 경우는 어떠한가?

2.57 높이 40 mm, 직경 15 mm인 원주를 마찰 없이 압축하여 높이를 75% 감소시켰다고 하자. 다음 재료들에 대하여 변형일을 계산하여라.
(1) 1100-O 알루미늄
(2) 풀림처리된 구리
(3) 풀림처리된 304 스테인리스강
(4) 70-30 황동

2.58 강도계수 689 MPa인 재료가 있다. 이 재료로 만든 인장시편이 0.17인 진변형률에서 네킹을 일으키기 시작했다. 이 재료의 극한인장강도는 430 MPa임을 보여라.

2.59 유동응력이 $\sigma = K(\epsilon + n)^n$ 식으로 주어진 재료로 인장시편을 만들었다.
(1) 네킹이 시작되는 진변형률을 구하여라.
(2) 공업재료가 이와 같은 거동을 갖는 것이 가능함을 보여라.

2.60 직경이 같지만, 높이가 다른 두 개의 원주시편이 있다. 두 시편을 동일한 높이감소율만큼, 예를 들어 50% 압축시키면(마찰 없이) 최종직경은 서로 같음을 보여라.

2.61 아래 그림에서 수평으로 놓인 강체 봉 *c-c*의 양 끝점에서 2:1 되는 지점에서 하중 *F*를 받음에 따라, 봉재 *a*는 인장, 봉재 *b*는 압축을 받고 있다. 두 봉재의 처음 단면적은 6.45 cm^2, 봉재 *a*의 처음길이는 20.32 cm, 봉재 *b*는 11.43 cm이고, 봉재 *a*의 진응력-진변형률 곡선은 $\sigma = 689\epsilon^{0.5}$ MPa로 주어진다. 수평 강체 봉을 계속 수평으로 유지하기 위한 봉재 *b*의 진응력-진변형률 곡선을 그려라.

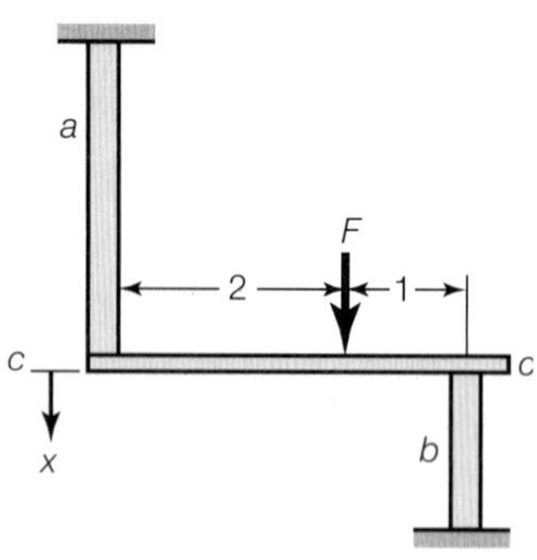

2.62 문제 2.61에서 얻은 곡선을 살펴보고, 일반적인 변형경화성 재료의 거동과 같은지 설명하여라.

2.63 직경 40 mm, 두께 5 mm인 시편을 원판시험했을 때, 시편이 500 MPa의 응력에서 파단하였다. 파단 시 시편에 가해진 하중은 얼마인가?

2.64 그림 2.32a에서, 인장 및 압축 잔류응력이 모두 69 MPa, 탄성계수는 207 GPa, 탄성에너지율은 2.1 cm-kg/cm^3라고 하자. 그림 (a)에서 원래 길이가 50.8 cm였다면, 잔류응력을 제거하기 위해 (b)에서 잡아늘여야 할 길이는 얼마인가?

2.65 탄성-완전소성 재료로 된 굽혀진 봉은 양 끝을 잡아늘여서 소성변형상태로 만듦으로써 똑바로 펴질 수 있음을 보여라. (힌트: 그림 2.32에 사용된 방법을 참조하여라.)

2.66 길이가 1.0 m인 봉을 굽힌 후 응력을 제거하였다. 중심축에서의 곡률반경이 0.50 m이고, 봉의 두께는 30 mm이며, 봉은 $Y = 600$ MPa, $E = 200$ GPa인 탄성-완전소성 재료로 만들어졌다. 이 봉을 잡아늘인 후 하중을 제거했을 때, 똑바로 펴지도록 하려면 얼마나 잡아늘여야 하는가?

2.67 단축항복응력이 *Y*인 재료가 σ_1, σ_2, σ_3의 주응력을 받고 있다(단, $\sigma_1 > \sigma_2 > \sigma_3$). 이때의 응력상태에 정수압응력 *p*가 중첩되어도(즉, 시편을 가압실에 넣는 경우) 항복에는 영향을 주지 않음을 보여라.

2.68 최대전단응력조건과 전단변형에너지조건이 동일한 답을 주는 구체적인 예를 두 가지 들어라.

2.69 항복응력이 *Y*인 두께가 얇은 구각이 내압 *p*를 받고 있다. 적절한 식을 사용하여 이 구각에 항복을 일으키는 압력은 사용하는 항복조건의 유형에 따라 달라지는지 설명하여라.

2.70 전단변형에너지 항복조건에 따르면, *Y*를 재료의 단축항복응력이라고 할 때 평면변형률 상태에서의 항복응력은 1.15*Y*가 됨을 보여라.

2.71 최대전단응력조건을 사용한 경우, 문제 2.70의 답은 어떻게 되는가?

2.72 길이 *l*, 두께 *t*, 내경 *r*인 양 끝이 막힌 두께가 얇은 원통에 내압 *p*가 작용한다. 일반화된 후크의 법칙을 사용하여 압력이 가해짐에 따른 원통길이의 변화를

구하여라. 단, 포아송비는 $\nu = 0.33$으로 한다.

2.73 두께가 얇은 원형 관재가 탄성범위에서 인장력을 받는다. 인장력이 증가하면 두께와 직경이 모두 줄어듦을 보여라.

2.74 길이가 긴 원주형 풍선에 가는 펜으로 정사각형을 그려 놓았다. 풍선을 불면 이 정사각형은 다음 중 어떤 모양이 되겠는가?

(1) 더 큰 정사각형

(2) 풍선의 원주방향으로 길이가 긴 직사각형

(3) 풍선의 축방향으로 길이가 긴 직사각형

(4) 타원

이 실험을 실제로 해보고, 관찰결과를 토대로 현상을 설명하는 적절한 식을 세워라. 풍선 재료는 등방성인 완전탄성체로 가정한다. 이 상황은 양끝이 막힌 두께가 얇은 실린더에 내압이 걸리는 경우이다.

2.75 한 변의 길이가 l_o인 정육면체를 소성변형시켜 변의 길이가 l_1, l_2, l_3인 정육면체로 만들었다. 재료는 강-완전소성체라고 가정하고, 체적일정조건은 $\epsilon_1 + \epsilon_2 + \epsilon_3 = 0$을 만족해야 함을 보여라.

2.76 최초의 직경이 30 mm인 강철 구에 5 GPa의 정수압을 가했을 때, 직경은 얼마로 되는가?

2.77 평면변형률 압축에서 전단에너지항복조건을 따를 때의 유효응력과 유효변형률을 구하여라.

2.78 (1) 두께 2 mm, $\sigma = 200 + 50\epsilon^{0.5}$ MPa인 재료로 만들어진 구각이 직경 100 mm에서 140 mm로 확장될 때, 가해진 일을 구하여라.

(2) 항복조건의 유형에 따라 답이 달라지는지 설명하여라.

2.79 직경 2.54 cm, 높이 2.54 cm인 원기둥 소재가 직경 5.08 cm의 공동부가 있는 강체 다이의 중심에 놓여 있으며, 이 주위는 압축성 재료로 채워져 있다(아래 그림 참조). 이 충전재의 압력과 체적 변화율의 관계는 다음과 같다.

$$p_m = 700 \frac{\Delta V}{V_{om}} \text{ MPa}$$

여기서 아래첨자 m은 충전재를 나타내며, V_{om}은 충전재의 초기체적이다. 충전재의 초기압력은 0이고, 소재의 응력-변형률 곡선은 $\sigma = 103.4\epsilon^{0.4}$ MPa이다. 소재와 충전재가 피스톤에 의해 동시에 압축될 때, 압축력 F와 피스톤이 움직인 거리 d 사이의 그래프를 그려라. 단, $d = 1.27$ cm까지 압축되고, 마찰은 없다고 가정한다.

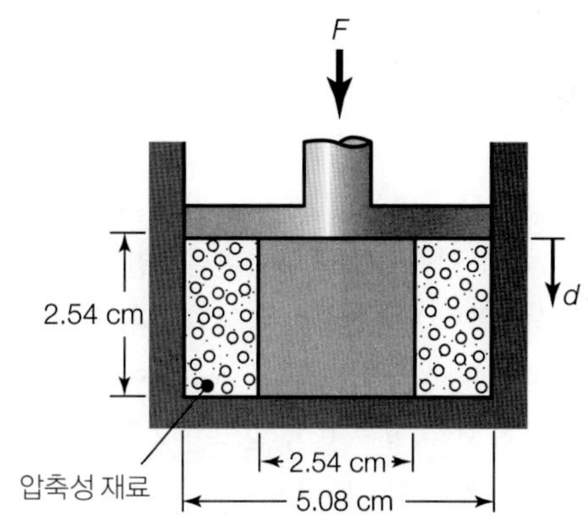

2.80 한 변의 길이가 20 mm인 정육면체 시편이 그림 2.35d와 같은 형상을 한 다이의 홈 속에서 압축되고 있다. 홈의 폭은 30 mm이고, 시편과 다이 사이의 마찰은 없다고 가정한다. 또한 시편의 재료는 다음 식과 같이 표현되는 강-선형변형경화성 재료라고 가정한다.

$$\bar{\sigma} = 70 + 30\bar{\epsilon} \text{ MPa}$$

시편의 높이가 3 mm로 압축된 순간의 압축력을 두 가지 항복조건에 대하여 각각 구하여라.

2.81 그림 2.7에 나타낸 각 응력-변형률 곡선에 대하여 2.12절에 설명한 비에너지를 구하여라.

2.82 항복응력이 70 MPa인 재료가 (1) σ_1, $\sigma_2 = 0$, $\sigma_3 = -2\sigma_1/2$인 주응력을 받고 있다. 이 재료가 전단변형에너지조건에 따라 항복을 일으킬 때 σ_1을 구하여라. (2) $\sigma_2 = \sigma_1/3$인 경우라면 어떠한가?

2.83 크기가 100 mm × 100 mm × 5 mm인 강철판이 두께방향으로는 $\sigma_3 = 0$이고, 등축인장응력 $\sigma_1 = \sigma_2$를 받고 있다. von Mises 항복조건을 사용할 때, 항복이 개시되는 순간에서 체적 변화의 최대값을 구하여라. 구리판인 경우라면 체적 변화는 어떠한가?

2.84 폭 50 mm, 두께 1 mm인 판재를 압연하여 최종두께를 0.5 mm로 만들었다. 이때 폭은 52 mm로 늘었다고 한다. 압연방향으로의 변형률을 구하여라.

2.85 알루미늄합금이 단축인장을 받을 때, 50 MPa에서 항복하였다. 이 재료가 $\sigma_1 = 25$ MPa, $\sigma_2 = 15$ MPa, $\sigma_3 = -26$ MPa의 응력상태에 있다면, 항복이 되었는지 설명하여라.

2.86 직경 2.54 cm, 높이 2.54 cm인 원기둥 시편에 90.7 kg의 추를 떨어뜨려서 압축변형시킨 직후에 시편의 온도상승폭이 148.9°C로 측정되었다. 열손실과 마찰이 없다고 가정하고, 시편의 최종높이를 구하여라. $K = 206.8$ MPa, $n = 0.5$, 밀도 = 2.768 g/cm^3, 비열 = 1256 J/kg°C를 사용한다.

2.87 높이 100 mm인 원기둥 시편이 마찰 없는 압축판으로 처음에는 높이 70 mm까지, 최종적으로 40 mm로 압축되었다. 두 단계에서 공학적 응력과 진응력을 각각 구하여 비교하고, 견해를 말하여라.

2.88 문제 2.87에서, 원기둥 시편이 알루미늄 1100-O이고 초기직경이 80 mm일 때, 각 단계에서의 압축하중을 구하여라.

2.89 앞의 문제에서 전체과정에서 소비된 비에너지와 총에너지를 계산하여라.

2.90 변형경화지수가 0.22인 금속이 변형률 0.2에서 137.9 MPa의 진응력을 나타내었다. (1) 이 재료의 응력-변형률 곡선과 (2) 극한인장강도를 구하여라.

2.91 전단항복응력 k가 140 MPa인 정육면체 금속의 한 변의 길이가 20 mm이다. 이 소재가 x방향으로 40 kN, y방향으로 80 kN의 하중을 받을 때, Tresca 항복조건에 따라 항복이 일어나는 z방향 압축하중을 구하여라.

2.92 초기직경 6.35 mm인 봉재에 9 kN의 인장하중이 작용하여 직경이 5 mm로 줄어들었다. 균일변형과 체적일정조건을 가정하고, (1) 공학적 응력과 공학적 변형률, (2) 진응력과 진변형률을 구하여라. (3) 이 소재가 345 MPa의 진응력을 받아서 직경이 5.6 mm가 된 경우에 공학적 응력과 공학적 변형률을 구하여라.

2.93 직경 10 mm, 표점거리 25 mm인 1112 강 인장시편이 두 개 있다. 한 시편은 구입한 상태 그대로이고, 다른 시편은 풀림처리한 시편이다. 각 시편에 대하여, (1) 네킹이 시작될 때의 진변형률, (2) 네킹시작점에서의 연신율, (3) 극한인장강도를 구하여라.

2.94 항복응력 110 MPa인 금속으로 부품을 만드는 과정에서, 소재가 σ_1, $\sigma_2 = \sigma_1/3$, $\sigma_3 = 0$의 응력상태에 놓인다. 이 응력상태를 모어 응력원으로 표시하고, 각 항복조건을 사용하여 항복이 일어나는 응력 σ_1을 구하여라.

2.95 항복응력 200 MPa인 냉간가공된 알루미늄에 500 kgf의 하중을 작용시킨 브리넬경도시험에서 압입깊이를 구하여라.

2.96 스테인리스강의 인장시험에서 다음과 같은 자료를 얻었다.

하중, P(kgf)	Δl(cm)
725.75	0
1133.98	0.0508
1360.78	0.2032
1632.93	0.5080
1905.088	1.0160
2041.166	1.5240
2086.525	2.1844
2080.175	2.4890

또한 $A_o = 0.3613$ cm^2, $A_f = 0.1032$ cm^2, $l_o = 5.08$ cm일 때, 이 재료의 진응력-진변형률 곡선을 작도하

여라.

2.97 아래 그림과 같은 응력상태를 받을 때, 소성변형되는 재료가 있다.

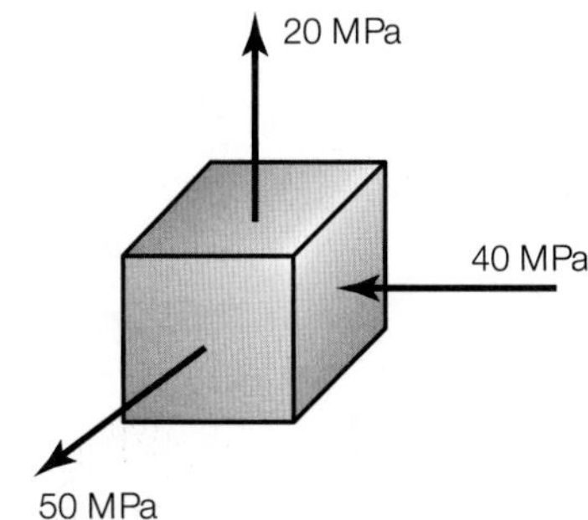

(1) 주응력을 크기 순으로 나열할 때, 주응력축을 그림에 표시하여라.

(2) Tresca 항복조건을 사용하는 경우의 항복응력은 얼마인가?

(3) von Mises 항복조건을 사용하는 경우의 항복응력은 얼마인가?

(4) 이 응력상태에서 측정된 변형률이 $\epsilon_1 = 0.4$, $\epsilon_2 = 0.2$라고 한다. ϵ_3는 얼마인가?

2.98 von Mises 항복조건을 다음과 같이 수정하였다고 하자.

$$(\sigma_1 - \sigma_2)^a + (\sigma_2 - \sigma_3)^a + (\sigma_3 - \sigma_1)^a = C$$

여기서 C는 상수이고, a는 2보다 큰 짝수이다. $a = 4$인 경우와 $a = 12$인 경우에 평면응력상태 항복곡선을 그림 2.36에 겹쳐서 작도하여라.

2.99 이 장의 내용에 대해 학생들에게 퀴즈문제를 낸다고 하자. 정량적인 문제 세 개와 정성적인 문제 세 개를 만들고, 답안을 제시하여라.

제 3 장

금속의 구조와 가공특성

주요내용

금속의 구조와 성질이 금속의 가공특성에 주는 영향을 설명함.

- 결정구조, 결정립과 결정립계, 소성변형, 열의 영향
- 금속의 냉간, 온간, 열간 가공의 특성과 응용
- 재료의 연성 및 취성 거동, 파단양상, 파괴거동에 영향을 주는 각종 인자
- 재료의 물리적 성질과 가공공정에의 적합성
- 철금속 및 비철금속의 일반적 성질과 공학적 응용

3.1 개요

원자의 배열, 즉 금속구조는 금속의 거동과 성질에 큰 영향을 미친다. 따라서 금속구조에 대한 지식으로부터, 금속의 거동과 성능을 예측하여 성질을 평가하고 조절할 수 있으므로, 특정 용도에 맞는 적절한 금속을 선택할 수 있다. 예를 들어, 제트엔진용 터빈블레이드를 단결정(single-crystal)으로 만들면, 일반 주물이나 단조품보다 우수한 성질을 갖는다(그림 3.1 참조).

이 장에서는 우선, 금속의 결정구조와 결정립, 결정립계, 개재물, 각종 결함이 금속가공 공정의 소성변형에 미치는 영향에 대하여 복습한다. 그리고 금속의 연성파괴 및 취성파괴와 파단을 설명하고, 응력상태, 온도, 변형률속도, 금속재료의 내/외부 결함과 같이 파괴에 영향을 주는 인자를 살펴본다. 이 장의 나머지 부분에서는 공업재료로 사용되는 철합금 및 비철합금의 일반적 성질에 대하여 설명하고, 설계지침 및 재료선택에 사용되는 자료를 제공한다.

3.2 금속의 결정구조

금속이 용융상태로부터 응고될 때, 원자들은 **결정**(crystal)이라고 하는 정렬된 형태로 배열되고, 반복되는 원자의 배열을 **격자구조**(lattice structure)라고 한다. 특정 금속의 격자구조 특성을 보여주는 가장 작은 원자그룹을 **단위포**(unit cell) 또는 단위격자라고 한다. 즉, 벽돌이 규칙적으로 정렬된 벽돌벽에서 벽돌 하나를 단위격자라고 생각하면 된다. 금속에는 다음과 같은 세 가지 기본적인 격자구조가 있다(그림 3.2~3.4 참조).

▶ **그림 3.1**
세 가지 방법으로 가공된 제트엔진용 터빈블레이드: (a) 일반주조, (b) 주상결정립을 가진 방향성 응고, (c) 단결정. 단결정 블레이드의 가격은 비싸지만 다른 블레이드에 비해 고온성질이 우수하다.

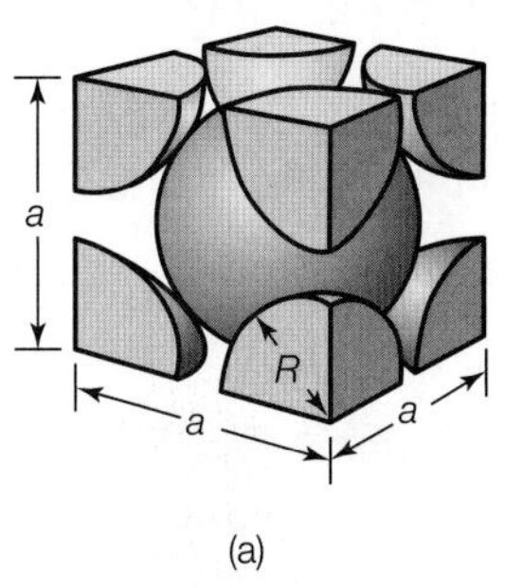

(a)

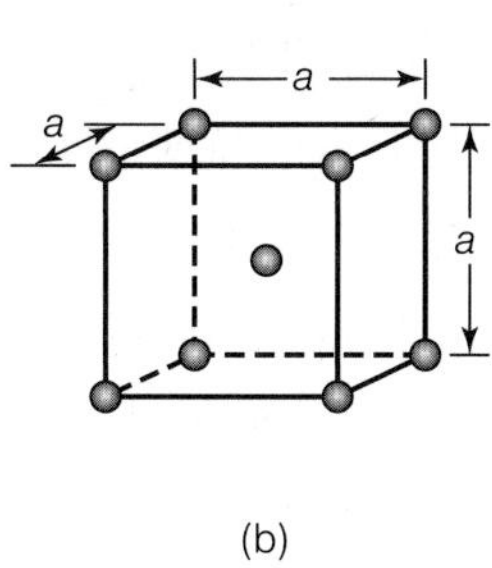

(b)

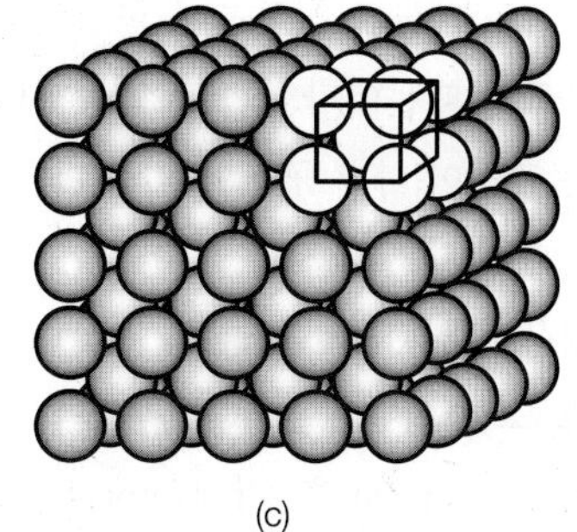

(c)

▶ **그림 3.2**

체심입방형(BCC) 격자구조: (a) 구형 모델, (b) 단위포, (c) 다수의 단위포로 구성된 단결정.

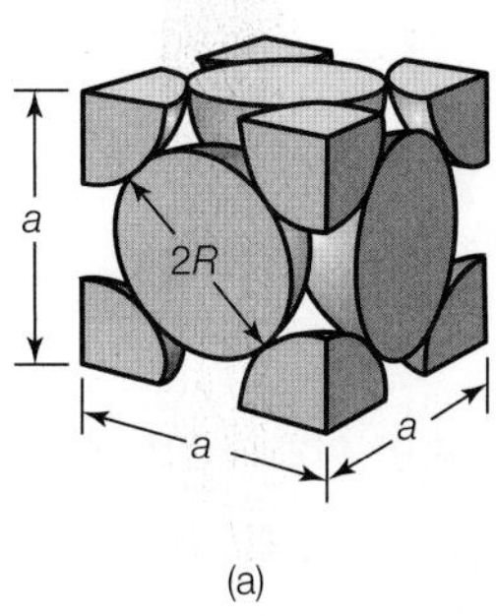

(a)

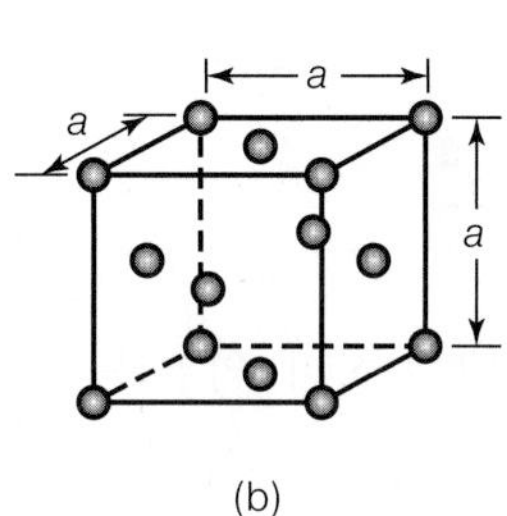

(b)

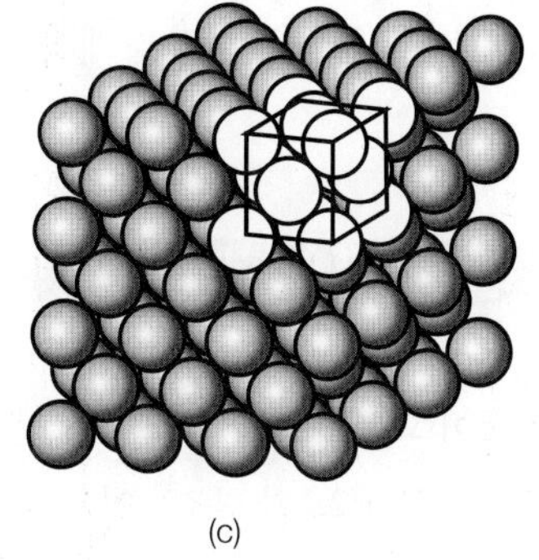

(c)

▶ **그림 3.3**

면심입방형(FCC) 격자구조: (a) 구형 모델, (b) 단위포, (c) 다수의 단위포로 구성된 단결정.

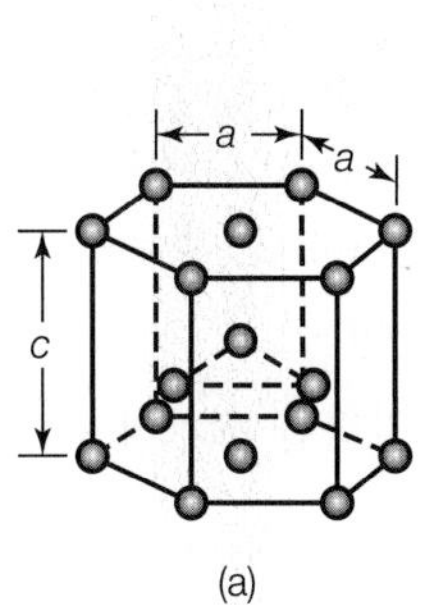

(a)

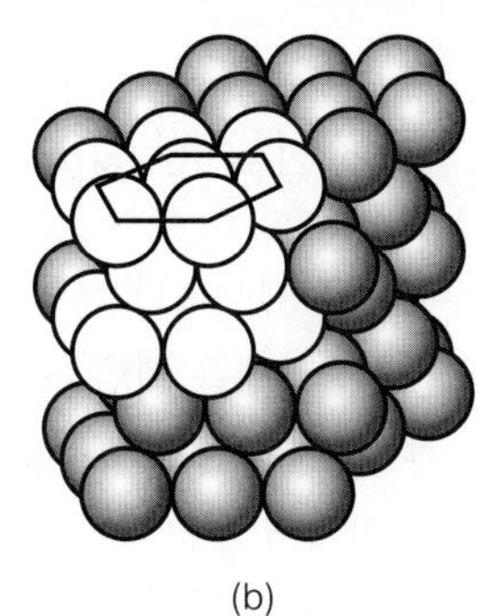

(b)

▶ **그림 3.4**

조밀육방형(HCP) 격자구조: (a) 단위포, (c) 다수의 단위포로 구성된 단결정.

(1) **체심입방형**(BCC, body-centered cubic)
(2) **면심입방형**(FCC, face-centered cubic)
(3) **조밀육방형**(HCP, hexagonal close packed)

이들 결정구조에서 원자간 거리는 약 0.1 nm 정도이고, 원자들이 배열되는 방법에 따라 금속의 특성이 결정된다. 그림 3.2~3.4에 나타낸 세 가지 격자구조 중에서 FCC와 HCP 구조의 결정들은 원자들이 치밀하게 결합된 형상이다. HCP 구조에서 윗면과 아랫면을 **기본평면**(basal plane)이라고 한다.

서로 다른 결정구조가 형성되는 이유는, 각 구조를 형성하는 데 필요한 에너지가 최소화되기 때문이다. 즉, 텅스텐이 BCC 구조를 갖거나, 알루미늄이 FCC 구조를 갖는 이유는 그것이 다른 구조에 비해 에너지가 덜 필요하기 때문이다. 그러나 같은 금속의 경우라도 온도가 달라지면 보다 적은 에너지로 격자구조를 유지하기 위해 다른 구조로 바뀌는 경우도 있다. 예를 들어, 철(iron)은 912°C 이하와 1394°C 이상에서는 BCC 구조를 갖고, 그 사이에서는 FCC 구조를 갖는다. 한 금속이 하나 이상의 결정구조를 가지면 **동소변태**(allotropism 혹은 polymorphism)한다고 한다. 이러한 구조의 변화는 5.2.5절에서 설명하는 금속과 합금의 열처리에서 매우 중요하다.

금속에 다른 금속들을 첨가하여 결정구조를 바꿀 수 있으며, 이것을 **합금**(alloying)이라고 하는데, 금속의 성질을 개선하는 데 흔히 활용된다(5.2절 참조).

3.3 단결정의 변형과 강도

결정이 외부하중을 받으면 우선 **탄성변형**을 하며, 외부하중이 제거되면 원래의 모양으로 되돌아간다(2.2절 참조). 이는 헬리컬 스프링의 경우, 하중을 받으면 길이가 늘어나고, 하중이 제거되면 다시 원래 모양으로 돌아가는 것과 같다. 그러나 결정구조에 작용하는 하중이 충분히 크면, 결정은 **소성변형**을 하여 하중이 제거되더라도 원래의 모양으로 돌아가지 않는다.

결정구조에 소성변형이 일어나는 데는 다음과 같은 기본적인 두 가지 기구가 있다.

1. **슬립**. 전단력에 의해 슬립(slip)면을 따라 원자평면이 다른 이웃하는 원자평면 위를 미끄러지는 것으로 그림 3.5a에 나타내었다. 이 과정은 게임카드를 수평으로 밀 때, 카드끼리 서로 미끄러지는 것과 유사하다. 카드를 미끄러지게 하려면 일정한 크기의 힘이 필요한 것처럼, 결정에도 영구변형을 일으키려면 결정 안에 충분한 크기의 전단력(**임계전단응력**)이 있어야 한다.

   결함이 없는 결정에서 영구변형을 일으키는 **이론적인 최대전단응력**은 다음과 같이 구해진다. 응력이 없을 경우, 결정 안의 원자는 평형상태에 있다(그림 3.6 참조). 위쪽 열의 원자가 오른쪽으로 움직이도록 전단응력이 작용할 때 원자의 위치를 x라 하면, $x = 0$ 또는 $x = b$일 때 전단응력은 0이 된다. 위쪽 열의 각 원자는 아래쪽 열의 가까운 원자에 끌리므로, 2와 4 위치에서 응력은 최대, 부호는 반대가 된다. 3의 위치는 대칭위치이므로 다시 전단응력이 0이 된다. 그림 3.6에서, 전단응력이 정현함수적으로 변한다고 가정하면, 임의의 위치 x에서 전단응력은 다음과 같다.

$$\tau = \tau_{\max} \sin \frac{2\pi x}{b} \tag{3.1}$$

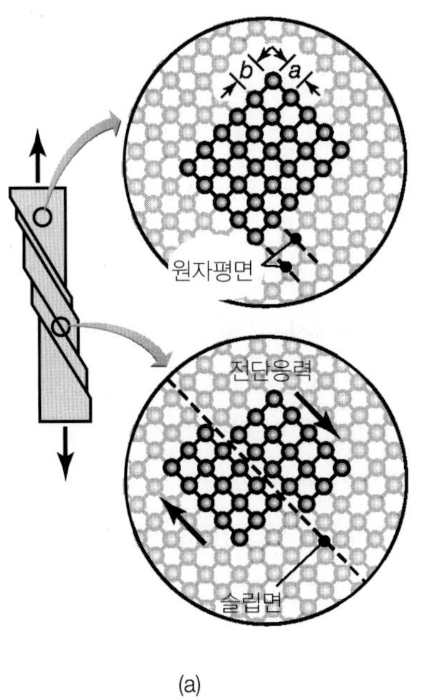

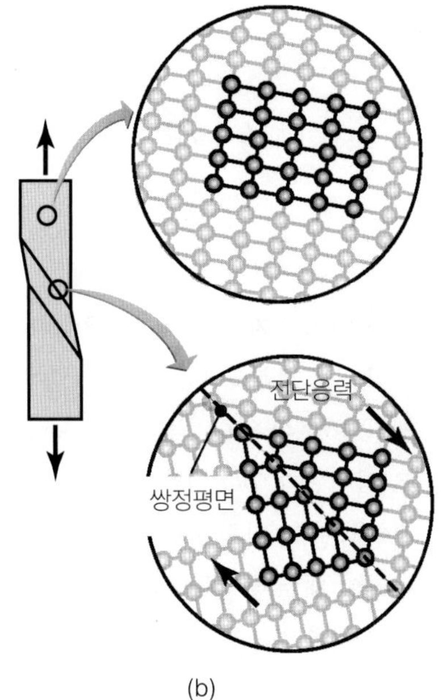

▶ **그림 3.5**

인장하중을 받는 단결정의 영구변형: (a) 슬립에 의한 변형. 슬립을 일으키는 데 필요한 전단응력의 크기는 b/a비에 따라 달라진다. 슬립면은 인장방향으로 회전 정렬한다. (b) 쌍정에 의한 변형. 인장하중은 대칭평면에 전단응력을 발생시킨다.

위 식은 x/b가 작은 경우 다음과 같이 근사된다.

$$\tau = \tau_{\max}\frac{2\pi x}{b}$$

후크의 법칙으로부터

$$\tau = G\gamma = G\left(\frac{x}{a}\right)$$

이므로,

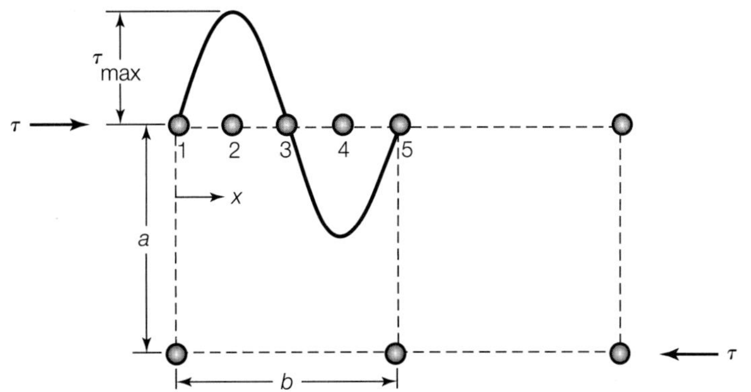

▶ **그림 3.6**

원자면이 움직이는 데 필요한 전단응력.

$$\tau_{\max} = \frac{Gb}{2\pi a} \tag{3.2}$$

가 된다. 이때 b가 a와 거의 같다고 가정하면 다음 식이 얻어진다.

$$\tau_{\max} = \frac{G}{2\pi} \tag{3.3}$$

이 방식으로 계산한 이론적인 최대전단응력은 $G/10$에서 $G/30$ 사이의 값이다.

식 (3.2)로부터 단결정에서 슬립을 일으키는 데 필요한 전단응력은 b/a비에 직접 비례함을 알 수 있다. 결정에서 슬립은 원자가 가장 조밀한 면 위에서 가장 조밀한 방향으로 일어난다. b/a 값은 결정 안에서 방향마다 다르기 때문에, 단결정을 여러 방향으로 시험하면 각 방향으로 다른 성질, 즉 **이방성**(anisotropy)을 보인다. 이방성을 보이는 전형적인 재료는 직물이나 합판으로, 이들을 서로 다른 방향으로 잡아당겨보면 두께방향보다 면방향이 훨씬 강하다.

2. **쌍정.** 소성변형의 두 번째 기구는 쌍정으로, 결정의 일부가 쌍정면에 대해 대칭인 구조를 형성한다(그림 3.5b 참조). 쌍정(twinning)은 갑자기 형성되고, 주석이나 아연 봉이 상온에서 굽혀질 때 소리를 내는 원인이 된다(tin cry). 쌍정은 HCP와 BCC 금속의 소성변형과 FCC 금속의 풀림처리(5.11.4절 참조) 시에 보통 일어난다.

3.3.1 슬립계

슬립면과 슬립방향의 조합을 **슬립계**(slip systems)라고 한다. 일반적으로 5개 이상의 슬립계를 갖는 금속은 연성을 갖고, 5개 미만인 금속은 연성을 갖지 않는다. 각각의 원자배열 유형에 따라서 잠재적인 슬립계의 수도 달라진다.

1. BCC 구조의 결정에는 48개의 가능한 슬립계가 있다. 그러므로 외부에서 작용하는 전단력에 대하여 슬립이 일어날 가능성이 매우 크다. 그러나 비교적 높은 b/a 값 때문에 요구되는 전단력도 크다. 티타늄, 몰리브덴, 텅스텐 같은 BCC 금속은 강도가 높고 연성도 갖는다.
2. FCC 구조의 결정은 12개의 슬립계를 갖는다. 슬립이 일어날 가능성은 중간정도이고 필요한 전단력도 작다. 알루미늄, 구리, 금, 은 같은 FCC 금속은 연성이 아주 좋지만 강도는 약간 낮다.
3. HCP 구조의 결정은 3개의 슬립계를 가지므로 슬립의 가능성은 낮지만, 고온에서는 슬립계가 많이 생긴다. 베릴륨, 마그네슘, 아연 같은 HCP 금속은 일반적으로 상온에서 취성을 갖는다.

그림 3.5a에 나타낸 것처럼, (1) 단결정에서 슬립이 일어난 부분은 회전하여 인장력 방

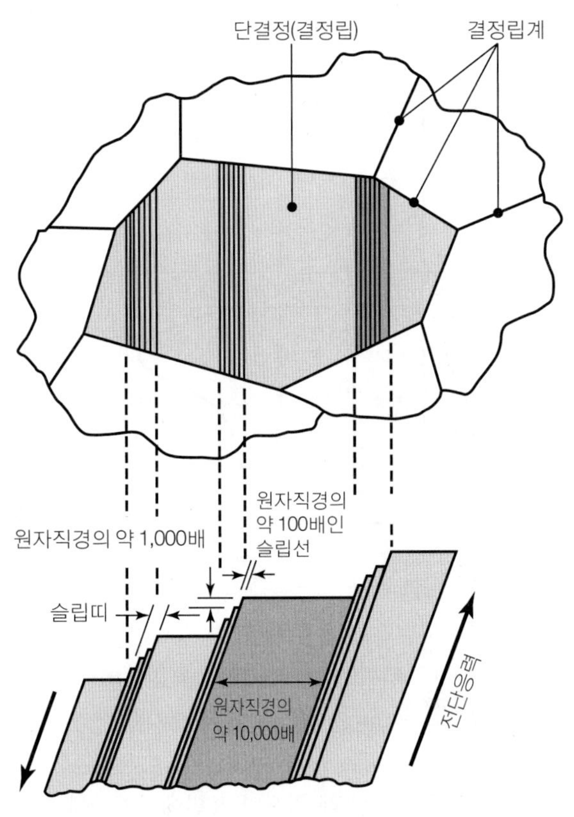

▶ **그림 3.7**
전단응력을 받는 단결정에 생기는 슬립선과 슬립띠. 슬립띠는 다수의 슬립면으로 이루어진다.

향으로 정렬되고, (2) 슬립은 어떤 특정한 면만을 따라 일어남에 주목하자. 전자현미경으로 보면, 슬립면은 하나가 아니고, 여러 개의 슬립면으로 구성된 **슬립띠**(slip band)임을 알 수 있다(그림 3.7 참조).

3.3.2 금속의 이론적 인장강도

이론적 최대전단강도처럼 이론적(또는 이상적) 인장강도를 계산할 수 있다. 그림 3.8에 나타낸 막대에서, 응력이 작용하지 않을 때 원자 사이의 거리(원자간격)는 a이다. 변형을 받지 않은 평형상태에서는 결합력이 영이지만, 원자간격을 증가시키려면 원자 사이의 결합력을 극복할 힘이 필요하다. 이웃한 원자끼리의 원자결합이 깨지게 하는 인장응력 $\sigma_{\max}$를 **이론적 인장강도**(ideal tensile strength)라고 한다.

그림 3.8을 참조하여, 결합력을 파장 λ를 갖는 정현곡선으로 가정하면 이론적 인장강도를 다음과 같이 유도할 수 있다.

$$\sigma_{\max} = \frac{E\lambda}{2\pi a} \tag{3.4}$$

인장시편의 단위면적당 행해진 일은 결합력곡선 아랫부분의 면적과 같다.

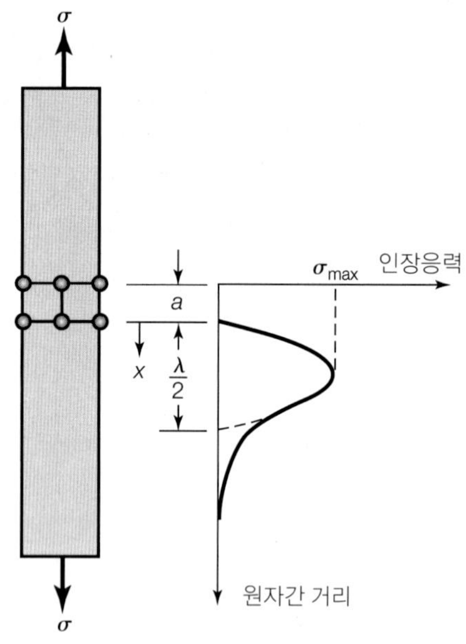

▶ **그림 3.8**
원자간 거리에 따른 결합력의 변화.

$$\text{일} = \int_0^{\lambda/2} \sigma_{max} \sin \frac{2\pi x}{\lambda}\, dx = \frac{\sigma_{max}\lambda}{\pi} \tag{3.5}$$

이 일은 시편이 분리되면서 두 개의 새로운 면이 생성될 때 필요한 표면에너지 γ에 소비된 것으로 볼 수 있다. 인장시편을 분리시키는 데 필요한 표면에너지는 2γ이므로, 이들 식으로부터 다음 관계를 얻는다.

$$\sigma_{max} = \sqrt{\frac{E\gamma}{a}} \tag{3.6}$$

대부분의 고체에 대하여, 위 식에 적절한 값을 대입하면 다음 관계를 근사적으로 구할 수 있다.

$$\sigma_{max} \simeq \frac{E}{10} \tag{3.7}$$

예를 들어, 강의 이론적 인장강도는 20 GPa 정도가 되어야 한다.

3.3.3 결함

실제 금속의 강도는 식 (3.7)로 계산되는 이론값에 비해 한두 자릿수 정도 작다. 이 불일치는 결정구조에 **결함**(imperfection)이 있기 때문이다. 이상적인 모델과는 달리, 실제 금속 결정은 다음과 같이 분류되는 결함들을 갖고 있다.

1. **점결함**(point defect, 그림 3.9 참조): **공공**(空孔, vacancy, 원자부족), **침입원자**(interstitial

▶ **그림 3.9**
단결정격자에서의 결함.

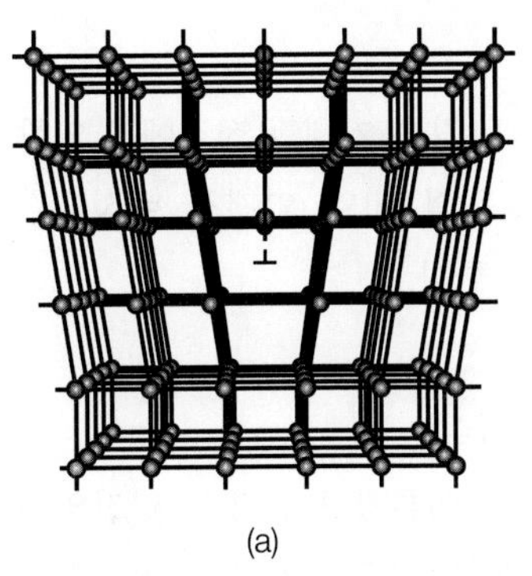
(a)

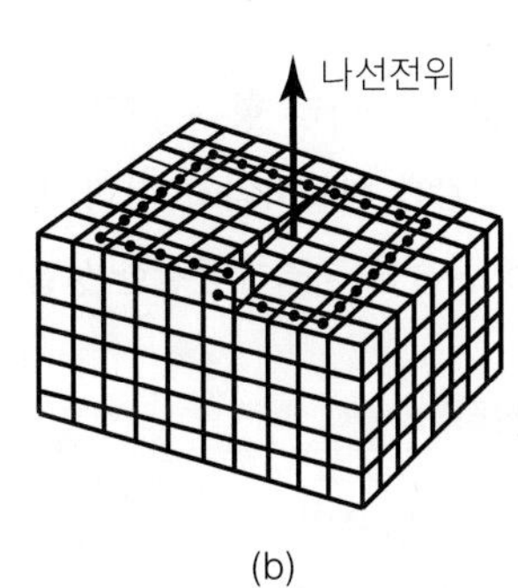

(b)

▶ **그림 3.10**
(a) 인상전위(여분의 원자면 끝단의 선결함), (b) 나선전위.

atom, 격자 내 여분원자), **불순물**(impurity, 순금속 원자를 대신하는 다른 종류의 원자)

2. **선결함**(line defect, 그림 3.10 참조) 혹은 일차원결함: **전위**(dislocation)
3. **면결함**(planar imperfection) 혹은 이차원결함: **결정립계 및 상경계**
4. **체적** 혹은 **부피결함: 기공**(void), **개재물**(산화물, 황화물, 규소화물 같은 비금속 화합물), 다른 **상, 균열**

전위가 포함된 슬립면은 완전한 격자로 구성된 면에 비해 낮은 전단응력으로도 슬립이 생긴다(그림 3.11 참조). 인상(刃狀)전위(edge dislocation)와 유사한 운동으로, 지렁이의 움직임을 예로 들 수 있다. 지렁이는 몸을 끝에서부터 차례로 앞으로 물결치듯이 움직인다. 또한 큰 카펫을 옮길 때 한쪽 끝에서부터 언덕을 만들며 앞으로 전진시키는 것도 이와 유사한 움직임이다. 이때 카펫을 옮기는 데 드는 힘은 전체를 끌어서 옮기는 경우보다 훨씬 작다.

전위밀도(단위체적당 전위의 총 길이, $mm/mm^3 = mm^{-2}$)는 소성변형을 받을수록 증가하고 상온에서 최대 $10^6\ mm^{-2}$만큼 증가한다. 특정 조건에서의 전위밀도는 다음과 같다.

(1) 매우 순수한 단결정, $0 \sim 10^3\ mm^{-2}$
(2) 풀림처리된 단결정, $10^5 \sim 10^6$

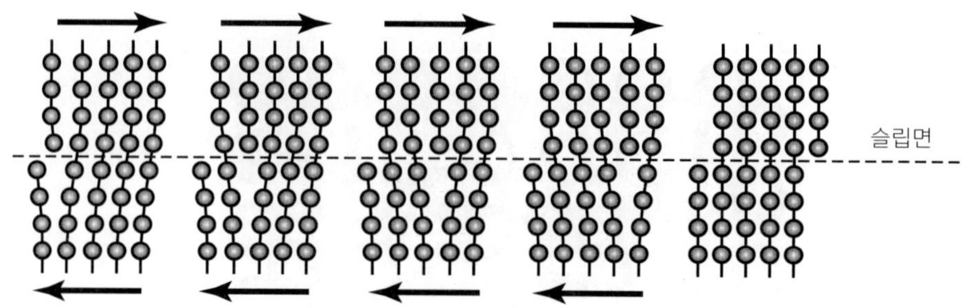

▶ 그림 3.11
전단응력을 받음에 따른 결정격자 내 인상전위의 이동. 금속의 실제강도가 이론강도보다 매우 낮은 이유는 전위로 설명된다.

(3) 풀림처리된 다결정, 10^7~10^8
(4) 심한 냉간가공을 받은 금속, 10^{11}~10^{12}

격자결함은 전기전도도뿐만 아니라 항복강도나 파괴강도 같은 기계적 성질에도 영향을 주며, 이를 **격자구조에 민감한 성질**이라고 한다. 반면에, 융점, 비열, 열팽창, 탄성계수 같이 격자결함과 무관한 성질들을 **구조에 둔감한 성질**이라고 한다.

3.3.4 변형경화(가공경화)

슬립을 일으키는 데 필요한 전단응력의 크기는 전위로 인해 이론값보다 작지만, 전위가 많아지면 (1) 전위끼리 서로 간섭하여 얽히고, (2) 결정립계, 불순물, 개재물에 의해 움직임이 방해된다. 즉, 전위의 움직임이 더 힘들어진다.

이 방법으로 전단응력을 증가시키는 것, 즉 금속의 강도가 높아지는 것을 **가공경화**(work hardening) 또는 **변형경화**(strain hardening)라고 한다(2.2.3절 참조). 변형이 심할수록 전위들의 얽힘도 증가하고, 금속의 강도도 증가한다. 가공경화는 상온에서의 금속 가공공정에서 금속의 강도를 높이는 데 잘 활용된다. 전형적인 예로, 인발에 의해 단면적을 감소시켜 선재의 강도를 높이거나(6.5절), 단조로 볼트머리를 만드는 공정(6.2.4절), 자동차차체용 박판 및 항공기 동체소재의 압연(6.3절) 등을 들 수 있다. 식 (2.11)에 나타낸 것처럼, 변형경화의 정도는 변형경화지수 n으로 나타낸다(표 2.3 참조). 세 가지 결정구조 중에서, HCP 구조의 n 값이 가장 낮고, BCC, FCC 구조의 순서로 높아진다.

3.4 결정립과 결정립계

각종 제품의 가공용 금속은 보통 다수의 결정(립)들이 임의의 방향으로 배열된 **다결정**(polycrystal) 구조이다. 용융금속이 응고될 때, 결정들은 서로 독립적인 임의의 방향으로 만들어진다(그림 3.12 참조). 각 결정은 결정구조, 즉 결정립으로 성장하며, 단위체적당 생기는 결정립의 수와 크기는 **핵생성**(nucleation, 결정형성의 초기상태)률에 의존한다. 각 결

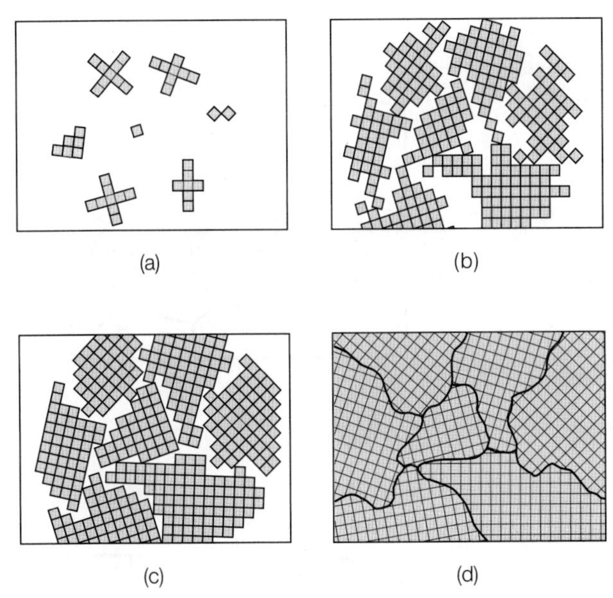

▶ **그림 3.12**

용융금속의 응고과정 개략도. 작은 사각형은 단위격자를 나타낸다: (a) 용융금속 내 임의 위치에서 결정핵의 생성. 이 단계에서는 결정의 방향이 서로 다름. (b)와 (c) 응고가 진행함에 따른 결정의 성장. (d) 각 결정립과 결정립계를 보여주고 있는 고상금속. 이웃하고 있는 결정립이 만나는 각도가 다름.

정이 생기는 곳의 수(그림 3.12a에는 일곱 군데)와 성장속도는 결정립크기를 좌우한다. 핵생성률이 높으면 용융금속의 단위체적당 입자수가 많아지므로 결정립크기는 작아진다. 반대로, 핵생성률에 비해 결정립의 성장속도가 빠르면, 단위체적당 입자수가 작고 크기가 큰 결정립이 만들어진다. 일반적으로 용탕(용융금속)이 급랭되면 작은 입자, 서랭되면 큰 입자를 만든다(5.3절 참조).

그림 3.12에서 입자들이 서로 어떻게 만나서 경계를 이루는지 주목하자. 각 입자를 구분하는 면을 **결정립계**(grain boundary)라고 한다. 결정립은 단결정(순금속의 경우)이나 다결정 집합체(합금의 경우)로 만들어진다.

결정구조의 방향은 결정립계를 경계로 갑자기 바뀐다. 3.3절에서 설명했듯이, 단결정구조나 한 개의 결정립은 이방성을 갖고 있다. 한편, 다결정금속편은 여러 개의 결정립들이 임의의 방향으로 놓여있기 때문에, 평균적으로 **등방성**(isotropic)이 된다(그림 3.13 참조). 따라서 다결정금속의 성질은 시험방향에 따라 일정해야 하나, 실제로는 결정구조가 완전히 등축으로 배열되기 어렵고, 냉간가공으로 인해 결정립이 선택적 방향성을 가지므로, 완전하게 등방성인 경우는 극히 드물다.

3.4.1 결정립도

결정립도(grain size)는 금속의 기계적 성질에 중요한 영향을 끼친다. 결정립이 크면 일반적으로 강도와 경도가 낮고 연성을 가지며, 특히 박판이 인장되거나 단조에서 압축되면서 표면이 늘어나는 경우에 표면상태가 거칠어진다(3.6절 참조). 항복강도 Y는 결정립도와 가장 민감하게 연관되며, 다음의 경험식으로 표현된다(Hall-Petch 식).

▶ **그림 3.13**

다결정금속시편을 인장하였을 때 한 단면에서 인장응력의 분포. 각 결정립의 강도는 방향에 따라 다르다.

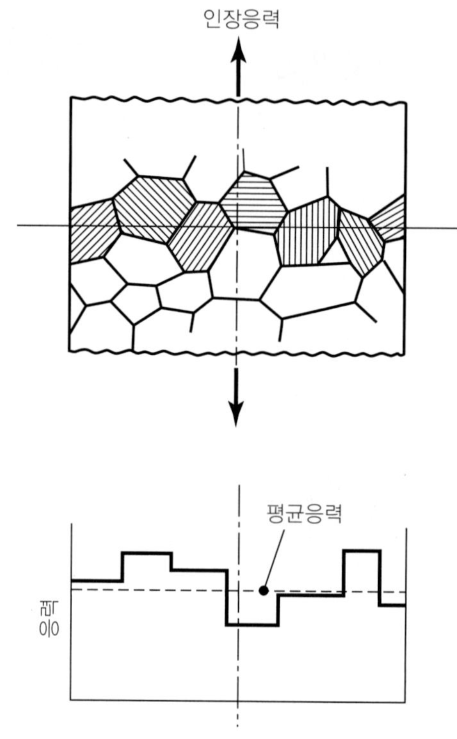

$$Y = Y_i + kd^{-1/2} \tag{3.8}$$

여기서 Y_i는 기본항복응력(전위운동을 막는 응력), k는 상수로서 전위가 결정립계 같은 장애물에 쌓이는 정도를 나타내며, d는 결정립의 직경이다. 식 (3.8)은 재결정온도 이하에서만 유용하다.

결정립도(표 3.1 참조)는 연마 후 부식시킨 재료를 현미경으로 확대 촬영하여 일정한 면적이나 선에 포함된 결정립의 개수로 나타내거나, 표준선도와 비교하여 결정한다. ASTM(American Society for Testing and Materials)에서 정한 입도지수 n은 100배율 상에서 1평방인치당(실제면적 0.0645 mm^{2}에 해당) 입자수 N을 사용하여 다음과 같이 나타낸다.

$$N = 2^{n-1} \tag{3.9}$$

입도지수가 5~8 정도이면 미세입자라고 하고, 7 정도이면 자동차차체나 식기용 판재에 적합하다고 본다. 결정립이 큰 경우에는 강판에 도금된 아연의 경우처럼 육안으로도 관찰할 수 있다.

표 3.1 결정립도

ASTM 입도지수	−3	0	3	5	7	9	12
결정립수/mm^2	1	8	64	256	1,024	4,096	32,800
결정립수/mm^3	0.7	16	360	2,900	23,000	185,000	4,200,000

3.4.2 결정립계의 영향

결정립계는 금속의 강도와 연성, 특히 전위운동을 방해하기 때문에 변형경화에 영향을 주며, 그 영향은 온도, 변형속도, 결정립계 속의 불순물 양 등에 따라 다르다. 결정립계의 원자들은 비효율적이고 무질서하게 배열되어 있어서 결정립 내부의 안정된 원자에 비해 높은 에너지를 가지므로, 반응하기 쉽다. 이로 인해 부식은 주로 결정립계에서 생긴다.

변형속도의 영향을 받는 재료나 고온에서는 소성변형이 **결정립계의 미끄러짐**에 의해서도 일어난다. **크리프 현상**(보통 고온에서 시간이 지나면서 변형이 일어나는 현상, 2.8절 참조)도 결국 결정립계의 미끄러짐에 의한 결과이다.

정상적인 연성과 강도를 갖는 금속이 저용융점 금속과 원자접촉하면 낮은 응력에서도 균열이 일어나는 **결정립계 취화**(grain-boundary embrittlement) 현상이 생긴다(그림 3.14 참조). 수은-아연 혼합물에 젖은 알루미늄, 납이나 창연(bismuth)에 젖은 고온의 구리에서 결정립계 취화의 예를 볼 수 있다. 이 현상에서는 취화원소가 액체상태이므로 **액상금속에 의한 취화**(liquid-metal embrittlement)라고 한다. 반면에, 취화원소의 융점보다 낮은 온도에서도 취화작용이 일어나며, 이는 **고상금속에 의한 취화**(solid-metal embrittlement)라고 한다.

적열취성(hot shortness)은 금속의 용융점보다 낮은 온도에서 결정립계의 불순물이나 구성요소가 국부적으로 녹음으로써 생긴다. 적열취성을 가진 금속이 고온상태에서 소성변형을 받으면(열간가공, 3.7절 참조), 금속편의 결정립계를 따라 부서진다. 이러한 예로 구

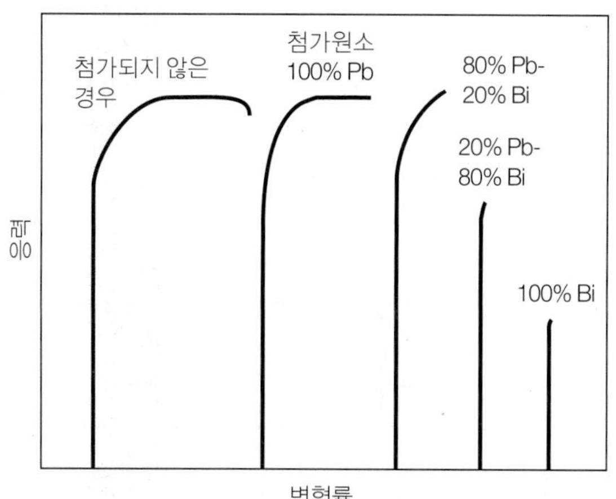

▶ **그림 3.14**
납과 창연에 의해 350°C에서 나타나는 구리의 취화 현상.

리 속의 안티몬, 납이 포함된 강이나 황동을 들 수 있다. 적열취성을 피하려면 결정립계에서 연화나 용융이 생기지 않는 낮은 온도에서 가공하면 된다. 또 다른 형태의 취화는 합금강에서 생기는 **뜨임취화**(temper embrittlement)로서, 이는 결정립계에서 불순물의 편석 때문에 야기된다.

3.5 다결정금속의 소성변형

균일한 등축립(그림 3.15a의 모형처럼 모든 방향으로 크기가 같은 결정립)을 갖는 다결정금속이 상온에서 소성변형을 받으면(냉간가공) 결정립들이 변형되어 늘어난다. 즉, 단조에서와 같이 압축되거나(6.2절의 단조), 박판의 신장성형에서처럼 인장됨으로써(제7장, 판재의 신장성형) 결정립이 변형된다. 각 결정립 내에서의 변형은 3.3절에서 단결정에 대해 설명한 기구에 의해 일어난다.

금속의 소성변형이 진행되는 동안, 결정립계는 계속 붙어 있지만, 전위가 서로 얽힘에 따라 강도가 높아진다. 강도의 증가는 금속에 일어난 변형의 정도(변형률)에 따른다. 또한 결정립이 작을수록 단위체적당 결정립계의 면적이 넓기 때문에 강도가 높아진다.

■ **이방성** 소성변형의 결과로 결정립은 한 방향으로 늘어나고 다른 방향으로는 수축된다(그림 3.15b 참조). 결국 금속은 **이방성**(anisotropy)을 갖게 되고, 수직방향의 성질은 수평방향과 달라진다. 이방성의 정도는 금속이 얼마나 균일하게 변형되었는가에 달려 있다. 그림 3.16에서 균열이 발생한 방향을 보면, 냉연판재의 수직방향(횡방향) 연성은 길이방향에 비해 작음을 볼 수 있다.

이방성은 금속의 기계적 성질과 물리적 성질 모두에 영향을 미친다. 예를 들어, 변압기용 강판은 자기이방성을 갖도록 압연함으로써 자기이력(magnetic-hysteresis)손실을 감소시키고 변압효율을 개선한다(3.11.9절의 비정질합금 참조). 금속의 이방성에는 다음과 같은 두 가지 형태가 있다.

(a)

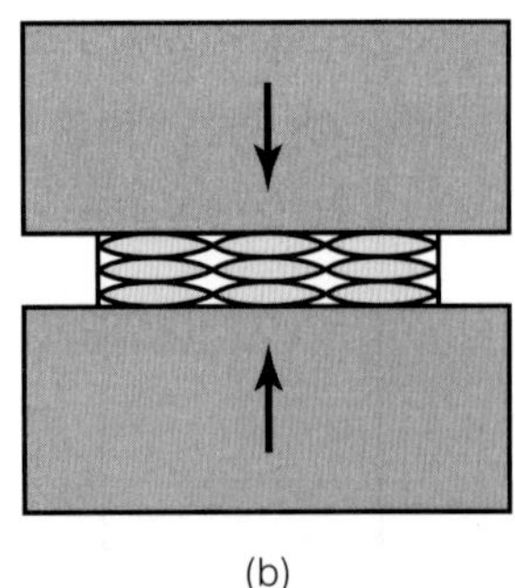

(b)

▶ **그림 3.15**
이상적인 (등축)결정립이 압축될 때의 소성변형: (a) 변형 전, (b) 변형 후(결정립계는 수평방향으로 정렬됨).

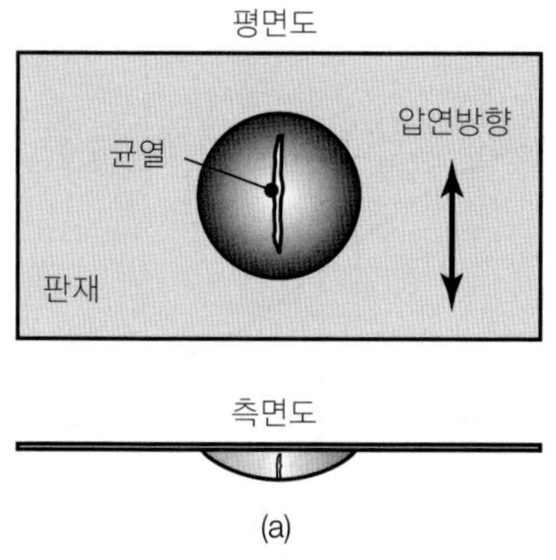

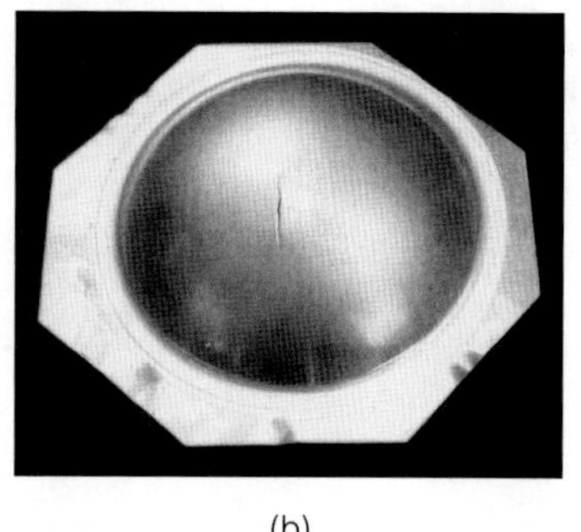

▶ **그림 3.16**

(a) 판재를 벌징할 때 생기는 균열의 개략도. 균열은 압연방향을 따라서 일어난다. (b) 알루미늄판재의 벌징시험에서 생긴 균열.

1. **선택적 방향성.** 선택적 방향성(preferred orientation)은 **결정학적 이방성**(crystallographic anisotropy)이라고도 하며, 그림 3.5에 잘 표현되어 있다. 금속결정이 인장을 받으면, 미끄러지는 블록은 인장방향으로 회전하므로, 슬립면이나 슬립띠는 변형방향으로 정렬한다. 결정립이 제각각 놓여 있는 다결정금속의 경우에도(그림 3.13 참조), 모든 슬립방향은 스스로 인장방향으로 정렬한다. 이와 반대로, 압축을 받으면 슬립면이 압축방향에 수직하게 정렬한다.
2. **기계적 섬유화.** 기계적 섬유화(mechanical fibering)는 금속이 변형되는 동안 불순물, 개재물, 기공이 정렬하여 생긴다. 그림 3.15의 구형 입자가 불순물에 의해 둘러싸여 있다면, 불순물은 변형 후에 수평으로 정렬할 것이다. 불순물은 결정립계를 약화시키기 때문에 수직방향으로 금속을 시험해 보면 강도가 낮고 연성이 떨어짐을 알 수 있다. 이에 대한 좋은 예로 합판을 들 수 있는데, 합판은 평면방향 인장에는 매우 강하지만, 두께방향 인장에는 매우 약하다.

3.6 회복, 재결정, 결정립성장

상온에서 소성변형을 일으키면 (1) 결정립과 결정립계가 변형되면서, (2) 일반적으로 강도가 증가하고, (3) 연성이 줄어들며, (4) 이방성이 생김을 알았다. 이들 효과는 특정 온도범위에서 일정시간 동안 열처리함으로써 제거되어 원래의 성질을 다시 찾을 수 있다(5.11.4절의 **풀림처리** 참조). 이때 재질을 비롯한 몇 가지 요소에 따라 온도범위와 시간을 결정한다. 이 열처리과정에서는 다음과 같은 세 가지 현상이 연속적으로 일어난다.

1. **회복.** 회복(recovery)은 금속의 **재결정온도**(recrystallization temperature) 이하의 특정한 온도범위에서 일어나며, 이 과정에서 심하게 변형된 영역의 응력이 완화되고, 이동하는 전위의 수가 감소된다. 경도나 강도 같은 기계적 성질에는 큰 변화가 없고, 연성은

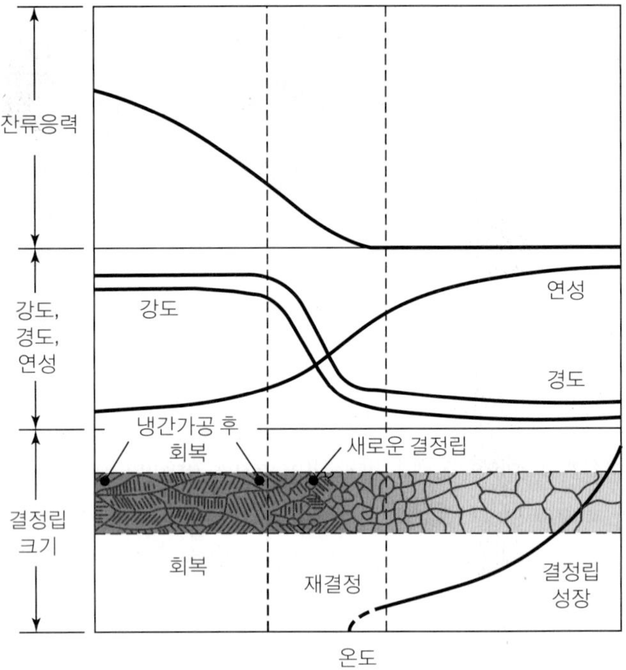

▶ **그림 3.17**
회복, 재결정, 결정립성장이 기계적 성질과 결정립 모양 및 크기에 미치는 영향. 재결정이 일어나는 동안 미세 결정립이 새로 생긴다.

약간 회복되며, **다각형상화**(polygonization)를 통해 부결정립계(subgrain boundary)가 형성되기 시작한다(그림 3.17 참조).

2. **재결정.** 특정한 온도영역에서 이전의 결정립을 대신하여 변형이 없는 등축결정립이 새로이 형성되는 것을 재결정(recrystallization)이라고 한다. 금속의 융점 T_m을 절대온도로 나타내었을 때, 재결정이 일어나는 온도는 대략 0.3~0.5T_m 사이이다. 재결정온도는 일반적으로 한 시간 안에 완전하게 재결정이 이루어지는 온도로 정의한다. 재결정은 전위밀도와 강도를 낮추고 금속의 연성을 증가시킨다(그림 3.17 참조). 납, 주석, 카드뮴, 아연 같은 금속은 상온에서 재결정이 일어난다.

재결정은 냉간가공된 정도에 의존하는데, 냉간가공도가 클수록 재결정온도는 낮다. 그 이유는 냉간가공도가 증가하면 전위의 수와 축적에너지도 증가하기 때문이다. 이 에너지는 재결정에 필요한 일을 공급한다. 재결정은 결정립계를 통해 원자들이 이동하고 교환되는 확산(diffusion) 현상이므로, 시간의 함수이다.

온도, 시간, 냉간가공도가 재결정에 미치는 영향은 다음과 같다(그림 3.18 참조).

- 냉간가공도가 일정한 경우에는 온도가 증가함에 따라 재결정시간이 줄어든다.
- 냉간가공도가 클수록 재결정온도는 낮아진다.
- 냉간가공도가 클수록 재결정 입자크기는 작아진다(그림 3.19 참조). 이는 조대입자 구조를 미세입자로 바꾸어 성질을 개선시킬 때 보통 이용되는 방법이다.
- 선택적 방향성은 재결정 후에도 유지된다. 등방성을 회복하려면 재결정온도보다 더

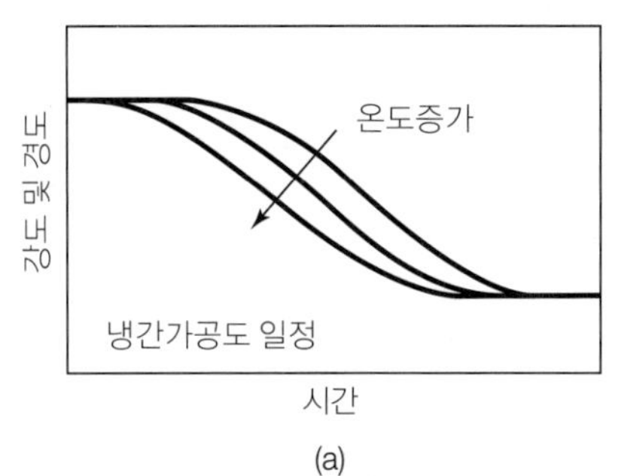

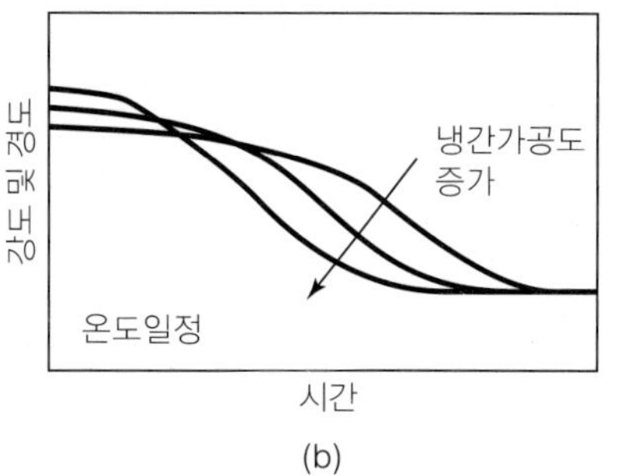

▶ **그림 3.18**

재결정온도, 시간, 냉간가공도에 따른 강도와 경도의 변화. 냉간가공도가 심할수록 전위밀도가 증가하고 저장에너지가 높으므로, 재결정에 걸리는 시간이 짧다.

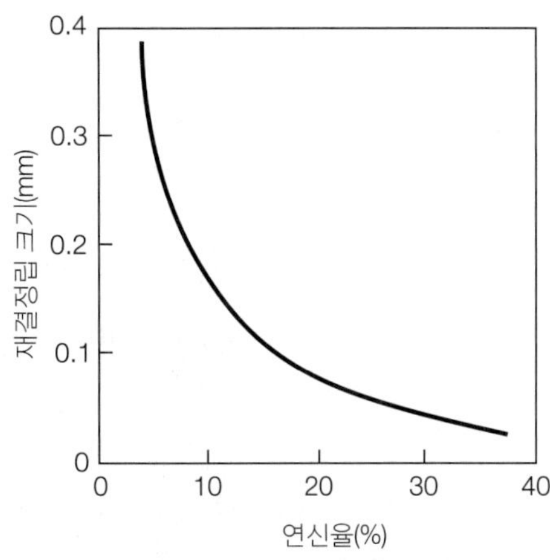

▶ **그림 3.19**

냉간가공도가 재결정립 크기에 미치는 영향(재료: α 황동). 특정한 연신율(보통 5%) 이하에서는 재결정이 일어나지 않는다.

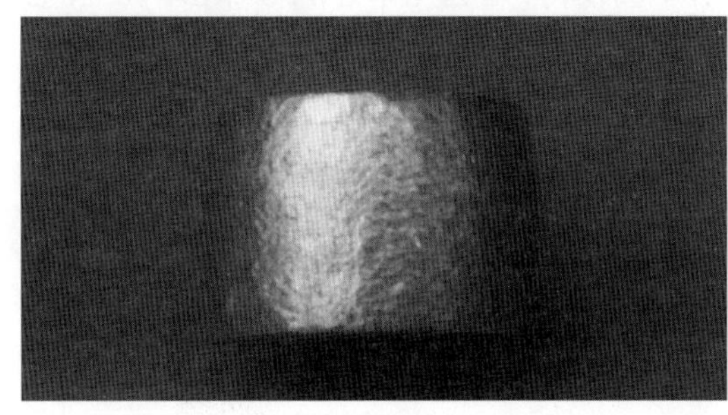

▶ **그림 3.20**

알루미늄 원주시편이 압축되었을 때의 표면거칠기.

높은 온도가 필요하다.

3. **결정립성장**. 금속의 온도를 계속 높이면 결정립이 성장하여, 결국 원래의 결정립크기를 초과한다. 이 현상을 결정립성장(grain growth)이라고 하며 기계적 성질에 다소 나쁜 영향을 준다(그림 3.17 참조). 박판을 인장하거나 단조로 소재를 압축시킬 때(그림 3.20 참조), 조대입자는 **오렌지피일**(orange peel) **효과**라는 거친 표면을 형성한다.

표 3.2 각종 공정의 상사온도범위

공정	T/T_m
냉간가공	< 0.3
온간가공	0.3~0.5
열간가공	> 0.6

주: 온도단위는 K임.

3.7 냉간, 온간, 열간 가공

상온에서 소성변형을 일으키는 작업을 **냉간가공**(cold working), 재결정온도 이상에서는 **열간가공**(hot working)이라고 한다. **온간가공**(warm working)은 이름이 의미하는 것처럼 상온 이상, 열간가공온도 이하에서의 작업을 말하며, 냉간과 열간의 중간가공이 된다. 이 세 가지 소성변형가공의 온도영역을 표 3.2에 가공온도 T와 용융온도 T_m의 비로 나타내었다. 표에서의 온도는 무차원 값으로, 이 비율을 **상사온도**(homologous temperature)라고 한다.

냉간, 온간, 열간 가공에 의해 생산되는 제품에는 중요한 기술적 차이가 있다. 냉간가공품에 비해 열간가공품은 (1) 가공과정에서의 열팽창과 수축으로 인해 치수정확도가 떨어지고, (2) 가열에 의한 산화막으로 인해 표면이 거칠고 표면정도가 낮다. 성형성(formability), 절삭성(machinability), 용접성(weldability) 같은 중요한 가공특성도 냉간, 온간, 열간 가공에 따라 다양하게 영향을 받는다.

3.8 파손과 파괴

파손(failure)은 용도에 맞는 재료선택, 가공방법, 사용수명에 직접 영향을 끼치는 가장 중요한 재료거동 중 하나이다. 재료의 파손과 파괴는 많은 인자들이 복잡하게 연관된 난해한 연구분야로, 이 절에서는 파손에 관한 여러 주제들 중 재료선택 및 가공과 관련된 사항만을 다룬다.

파손의 일반적인 형태에는 두 가지가 있다. 즉, (1) 내부 및 외부 균열의 성장에 의한 재료의 **파단** 및 파괴와 (2) **좌굴**(buckling)이 있다(그림 3.21 참조). 파괴는 다시 연성파괴와 취성파괴의 두 가지 유형으로 나누어진다(그림 3.22 참조). 일반적으로 재료가 파손되는 것은 바람직하지 않지만, 어떤 경우에는 제품의 기능상 꼭 파손되도록 설계하기도 한다. 그 대표적인 예로, (1) 음료캔은 따개의 손잡이를 당기면 미리 정해진 궤적을 따라 얇은 금속판이 찢어지게 되어 있고, (2) 나사식 금속뚜껑이 있는 병의 경우, 뚜껑을 돌리면 역

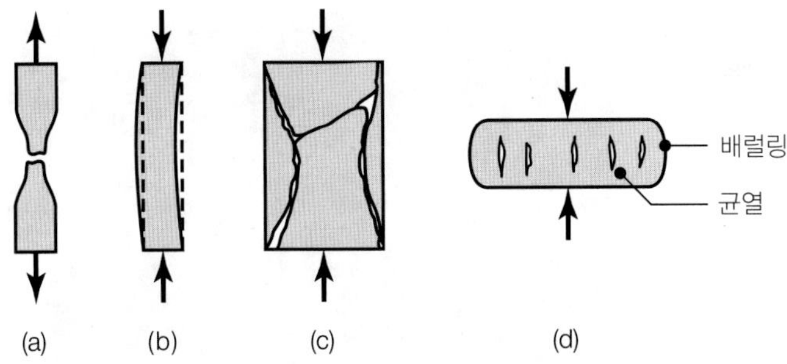

▶ **그림 3.21**

재료의 파손 유형: (a) 연성재료의 네킹 및 파단, (b) 연성재료에 압축하중을 가했을 때의 좌굴, (c) 취성재료의 압축파괴, (d) 연성재료의 압축 시 배럴링 표면에서의 균열.

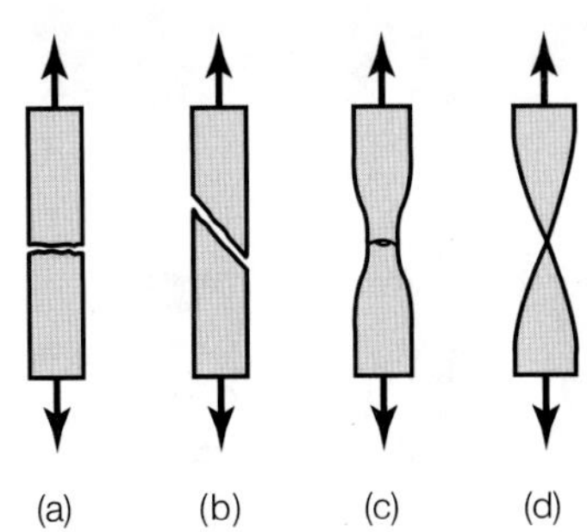

▶ **그림 3.22**

인장파단의 유형: (a) 다결정금속의 취성파괴, (b) 연성 단결정금속의 전단파괴, (c) 다결정금속의 컵-콘형 연성파괴, (d) 다결정금속에서 100% 단면감소율에 따른 완전연성파괴.

시 찢어지도록 설계되어 있다.

3.8.1 연성파괴

연성파괴(ductile fracture)의 특징은 소재가 파단되기 전까지 상당한 소성변형을 겪는 것이다. 금처럼 연성이 매우 높은 재료들은 인장시험 시 파단면이 거의 점에 이를 때까지 네킹이 진행된다(그림 3.22d 참조). 물론 대부분의 금속이나 합금은 유한한 단면적에 이르면 네킹된 후 파단된다. 연성파괴는 일반적으로 **전단응력이 최대가 되는 면**을 따라 발생한다. 비틂의 경우를 예로 들면, 연성재료는 비틂축에 수직한 면, 즉 최대전단응력면을 따라 파괴된다. 이와 같은 전단파괴는 결정립 내부에서 슬립면을 따라 과도한 슬립이 생긴 결과이다.

연성재료의 파단면을 현미경으로 관찰하면(그림 3.23 참조), 마치 파단면 전체에 걸쳐 수많은 미소 인장시험이 수행된 것처럼 미소한 웅덩이가 있는 **섬유형상**을 볼 수 있다. 파단은 작은 공극의 형성으로부터 시작된다. 이 공극은 보통 작은 개재물 주위에 생기거나 재료 내부에 미리 존재하며, 공극들이 성장하고 서로 결합하면서 균열이 성장하여 파단에 이른다. 인장시편에서는 네킹 부위의 중심부에 공극이 성장하고, 서로 결합하면서 파괴가 시작되고(그림 3.24 참조), 중심부에 형성된 하나의 큰 균열이 성장하여 바깥쪽으로 전파된다. 인장시편의 파단면은 그 모양 때문에 **컵-콘형 파괴**(cup-and-cone fracture)라고 한다.

■ **개재물의 영향** 개재물은 공극이 생성되는 곳이므로 연성파괴, 심지어는 재료의 성형성

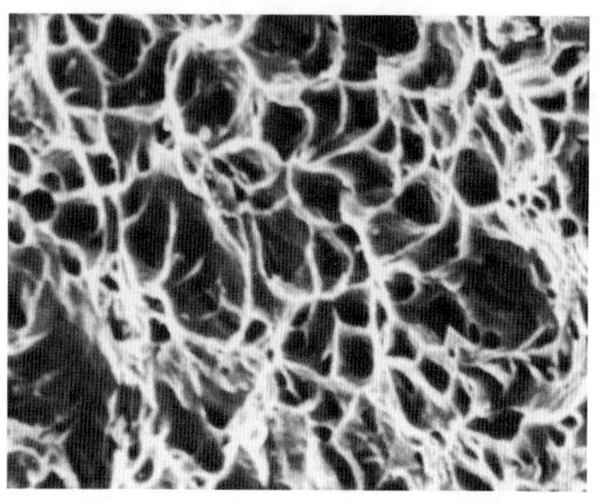

▶ **그림 3.23**

저탄소강의 연성파단면. 파단은 금속 내의 불순물, 개재물, 공극으로부터 시작된다.

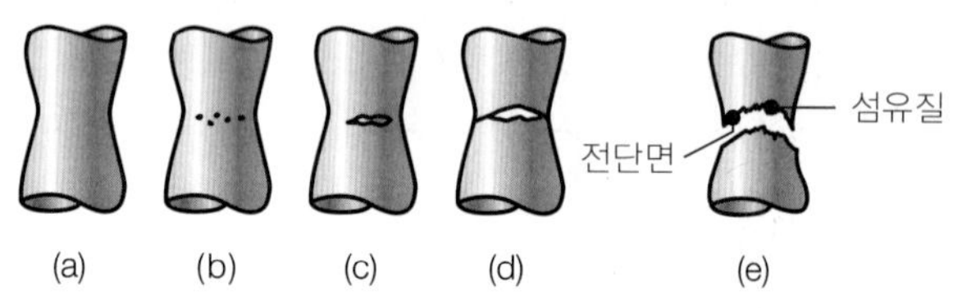

▶ **그림 3.24**

인장시편이 네킹을 일으킨 후 파단에 이르기까지의 단계: (a) 네킹 초기, (b) 네킹 부위에 미소공극 생성, (c) 공극의 연결로 내부균열 발전, (d) 나머지 단면에서 전면 파단 시작, (e) 컵(위쪽 파단면) 및 콘(아래쪽 파단면)형의 최종파단면.

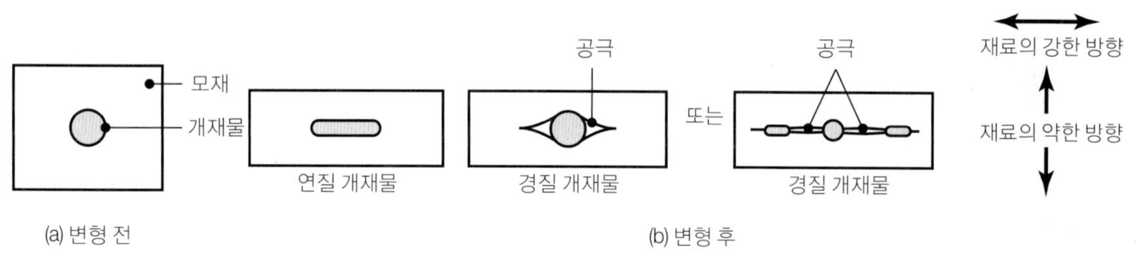

▲ **그림 3.25**

연질 및 경질 개재물의 변형과 소성변형 시 공극형성에 미치는 영향. 경질 개재물은 연질 모재의 변형을 따라가지 않으므로 공극이 생긴다.

에도 중대한 영향을 미친다. 개재물은 다양한 형태의 불순물과 산화물, 탄화물, 황화물 같은 제2상 입자들로 되어 있다. 개재물의 영향은 형상, 경도, 분포, 체적비 같은 인자들에 따라 다르다. 개재물의 체적비가 클수록 재료의 연성은 저하된다. 주조(5.12절 참조)나 다른 금속가공공정 중에 생긴 공극이나 기공도 재료의 연성을 저하시킨다. 공극형성에 영향을 주는 요인에는 다음과 같은 두 가지가 있다.

(1) **결합강도.** 개재물과 모재의 경계면에서의 결합이 강하면 소성변형 중에 공극이 형성될 가능성은 그만큼 줄어든다.

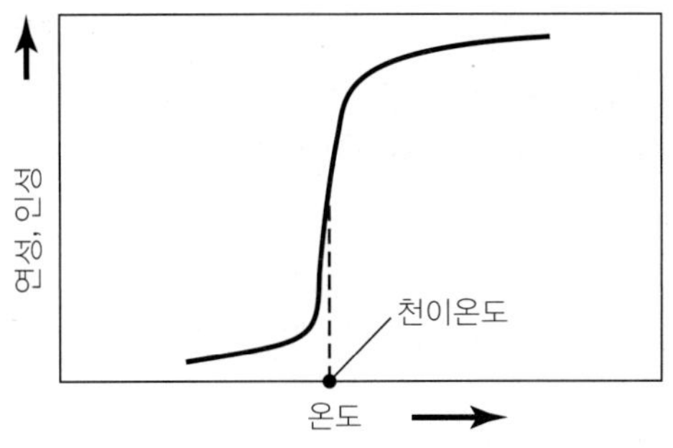

▶ **그림 3.26**

천이온도의 개략도. 좁은 천이온도영역에서 금속의 거동이 바뀌게 된다.

(2) **개재물의 경도.** 황화망간과 같이 연한 개재물은 소성변형 중에 시편이나 공작물의 형상이 변함에 따라 같이 변형하지만, 탄화물이나 산화물 같이 경한 개재물은 공극형성을 유도한다(그림 3.25 참조). 경한 개재물은 취성 때문에 변형 중에 잘게 쪼개지기도 한다.

소성변형이 진행되면 개재물이 한 방향으로 배열된다(**기계적 섬유화**). 따라서 재료의 후속가공에서는 연성과 강도가 극대화되도록 가공방향을 적절하게 선정해야 한다.

■ **천이온도** 좁은 온도범위를 경계로 연성과 인성이 급격히 변하는 온도를 재료의 천이온도(transition temperature)라고 한다(그림 3.26 참조). 이 현상은 체심입방구조 금속과 일부 조밀육방구조 금속에서 생기며, 면심입방구조 금속에서는 거의 생기지 않는다. 천이온도에 영향을 주는 인자로는 재료의 조성, 미세조직, 결정립도, 시편의 형상 및 표면정도, 변형속도 등이 있다. 변형속도가 빠르거나, 소재형상의 변화가 심하거나, 표면에 노치가 있으면 천이온도가 높아진다.

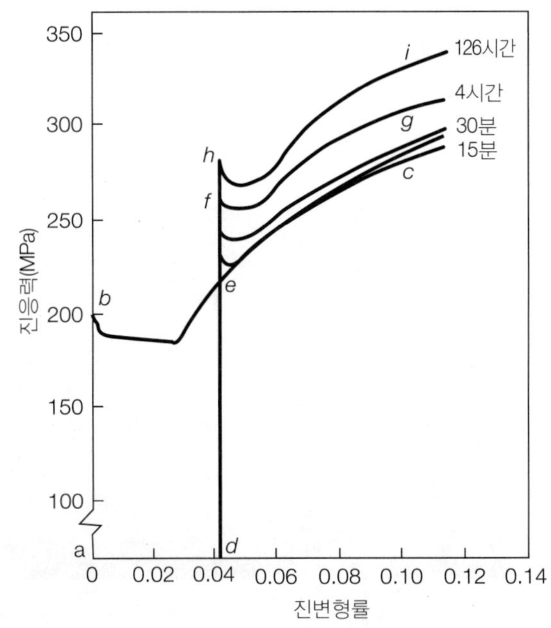

▶ **그림 3.27**

시효경화가 진응력-진변형률 곡선의 모양에 미치는 영향(0.03% C 탄소강, 60°C).

■ **변형시효** 변형시효(strain aging)란 강 속의 탄소원자가 전위주변에 모이고 이동을 방해하여, 전위이동에 대한 재료의 저항이 증대되는 현상이다. 그 결과로 강도는 증가되나 연성은 감소된다. 그림 3.27은 저탄소강의 변형시효효과를 나타낸 것으로, 원래의 응력-변형률 곡선 *abc*는 저탄소강 특유의 상항복점과 하항복점을 갖고 있다. 인장시험 도중 *e*점에서 하중을 완전제거한 후, 바로 시험을 계속하면 곡선 *dec*를 얻으며, 이 곡선에는 상항복점과 하항복점이 나타나지 않는다. 하지만 4시간 경과 후 시험을 계속하면 곡선 *dfg*, 126시간 경과 후에는 곡선 *dhi*를 얻는다. 실온에서 며칠 걸리는 변형시효효과를 고온에서는 몇 시간 만에 같은 수준으로 얻을 수 있다. 이를 **가속변형시효**(accelerated strain aging)라고 하며, 강의 경우에는 청색을 띠므로 **청열취성**(blue brittleness)이라고 한다.

3.8.2 취성파괴

취성파괴(brittle fracture)는 거의 소성변형 없이 재료가 둘 이상의 조각들로 분리되는 현상이다. 파단면은 그림 3.28과 같으며, 인장상태에서 인장응력이 최대인 특정 결정면(**벽개면**, cleavage plane)을 따라 파단된다. 면심입방구조 금속에서는 취성파괴가 잘 생기지 않으나, 체심입방구조나 조밀육방구조의 일부 금속들은 벽개에 의해 파단된다. 일반적으로 온도가 낮고 변형속도가 높으면 취성파괴가 잘 일어난다.

취성파괴된 다결정금속의 인장파단면은 광택이 나고 오톨도톨한데, 이는 균열이 결정립들을 거슬러 전파되면서 벽개면의 방향이 바뀌었기 때문이다. 압축으로 인한 취성파괴는 보다 복잡하며, 이론적으로 압축방향에 45° 방향으로 파단이 발생한다.

벽개면을 따라 파단되는 예로는 암염(rock salt)이 쪼개지거나 운모(mica)가 층상으로 벗겨지는 경우를 들 수 있으며, 이때 파단의 시작과 전파는 벽개면에 수직한 인장응력에 의해 좌우된다. 또 다른 예로는 분필, 회주철, 콘크리트 같은 취성재료들의 거동을 들 수 있다. 이들 재료는 인장 시에는 그림 3.22a와 같은 형태로, 비틂 시에는 비틂축에 45°인 면을 따라서, 인장응력이 최대가 되는 면을 따라 파단된다.

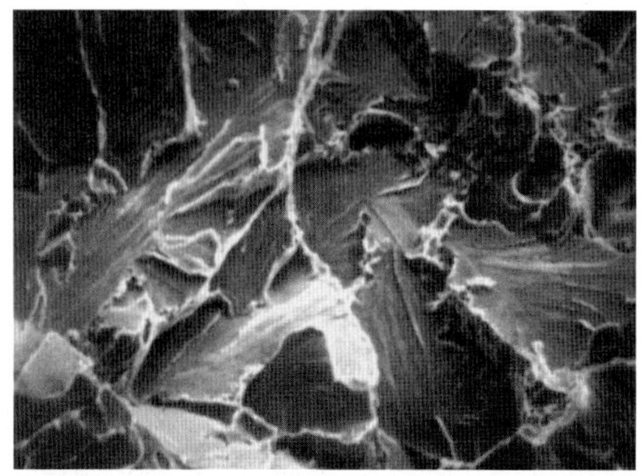

▶ **그림 3.28**
취성파괴된 강의 파단면. 그림 3.23의 연성파괴와 비교해 보면, 결정립을 가로질러 파괴가 일어났음을 볼 수 있다(200×).

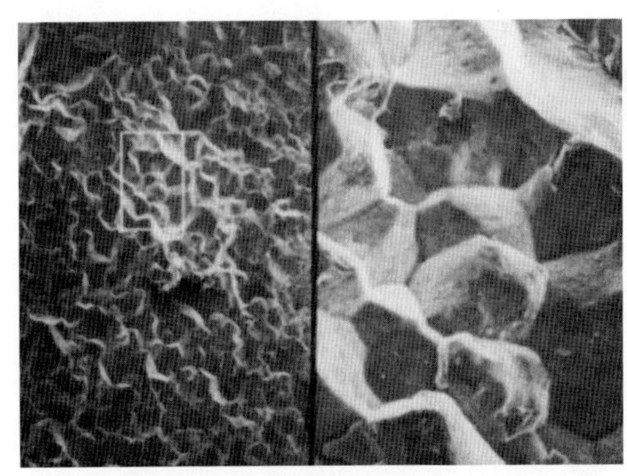

▶ **그림 3.29**
두 가지 확대율로 본 입자간 파괴. 파단궤적은 결정립계로 결정립과 결정립계를 분명하게 볼 수 있음(왼쪽; 100×, 오른쪽: 500×).

■ **결함** 표면의 긁힌 자국, 각종 형태의 흠집, 내/외부 균열 같은 재료의 **결함**은 파괴에 중대한 영향을 끼친다. 인장상태에 있는 균열선단(crack tip)은 매우 높은 인장응력을 받으며, 이로 인한 에너지를 재료 내부에서 소산시킬 수 없게 되어 균열은 급속히 전파된다. 인장방향에 수직한 균열이 있는 시편의 인장강도는 균열길이와 다음과 같은 관계를 가진다.

$$\sigma \propto \frac{1}{\sqrt{\text{균열길이}}} \tag{3.10}$$

취성재료가 압축보다 인장에 더 약한 이유는 결함이 존재하기 때문이다. 균열은 인장응력 하에서 급속히 전파되어, 소위 치명적 파손(catastrophic failure)에 도달한다. 다결정금속의 경우, 가장 보편적으로 관찰되는 파단궤적은 결정립 내부를 가로지르는 형태, 즉 균열이 결정립을 통과하며 전파된 형태이다. 이를 **입자내 파괴**(intragranular 혹은 transgranular fracture)라고 한다. 반면에 그림 3.29처럼, 균열이 결정립계를 따라 전파되는 **입자간 파괴**(intergranular fracture)는 일반적으로 결정립계, 즉 결정 간의 경계면이 (1) 연하거나, (2) 깨지기 쉬운 상(phase)을 포함하고 있거나, (3) 취화작용으로 인해 약해져 있는 경우에 발생한다.

취성재료에서의 최대균열속도는 재료의 탄성파(혹은 음파)속도의 약 62%이다. 재료의 탄성파속도는 E를 탄성계수, ρ를 질량밀도라 할 때 $\sqrt{E/\rho}$로 주어지므로, 강의 경우 최대균열속도는 약 2000 m/s가 된다.

균열선단에는 그림 3.30과 같은 응력상태가 작용할 수 있다. 모드 I은 균열면에 수직한 인장응력상태를 나타내며, 모드 II와 III은 두 개의 서로 다른 방향으로 작용하는 전단응력상태를 나타낸다. 판재의 전단가공, 종이를 찢거나 혹은 음료캔의 뚜껑을 젖혀 뜯어내는 것은 모드 III에 의한 파괴의 예이다.

■ **피로파괴** **피로파괴**(fatigue fracture)는 재료의 흠집이나 결함에서 발생된 미세균열들이 전파되어, 결국 소재가 완전히 파단되는 것이다. 피로파괴의 특징은, 형상 때문에 이름 붙여진 **비치마크**(beach mark)가 파단면에 생긴다는 점이다(그림 3.31 참조). 즉, 파단면을

▶ **그림 3.30**

파괴의 세 가지 유형. 모드 I은 공학적 구조물 및 부품에서 보통 관찰되는 유형이므로 광범위하게 연구되었다. 모드 II는 드문 유형이고, 모드 III은 캔의 뚜껑을 젖히거나, 종이를 찢거나, 재료를 가위로 자를 때 나타나는 유형이다.

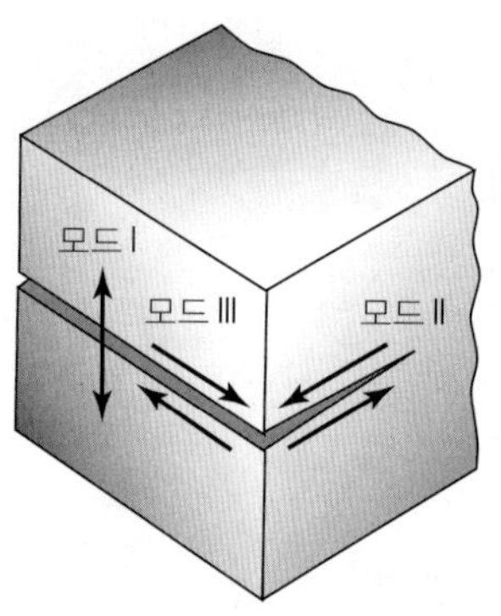

▶ **그림 3.31**

비치마크를 볼 수 있는 금속파단면. 기계 및 엔진부품이 파손하는 대부분의 원인은 과도한 정하중이 아니라 피로에 의한 파단 때문이다(왼쪽: 500×, 오른쪽: 1000×).

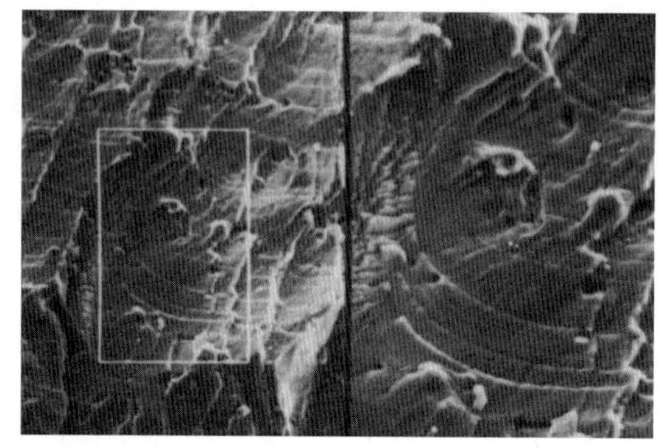

1000배 이상으로 확대해 보면, 일련의 **줄무늬**(striation)들을 볼 수 있으며, 비치마크는 이 평행한 줄들이 많이 모인 것임을 알 수 있다.

피로수명은 소재표면의 가공방법에 따라 크게 달라지며(그림 3.32 참조), 다음의 방법들을 통해 향상시킬 수 있다.

1. 숏피닝(shot peening)이나 롤러버니싱(roller burnishing, 표면압연) 같은 공정을 수행하여 표면에 압축잔류응력이 생기게 한다(4.5.1절 참조).
2. 다양한 방법으로 표면경화처리(surface hardening 혹은 case hardening)를 한다(5.11.3절 참조).
3. 우수한 표면정도로 가공하여 노치나 기타 표면결함들의 영향을 줄인다.
4. 적절한 재료를 선정하고, 재료에 포함된 개재물, 기공, 불순물의 양이 어떤 수준 이하로 되도록 보장한다.

반대로, 제품의 피로강도를 저하시키는 인자 및 공정으로는 탈탄(decarburization), 응력집중을 야기하는 부식에 의한 표면구멍(surface pits), 수소취화, 아연도금(galvanization), 전기도금 등이 있다.

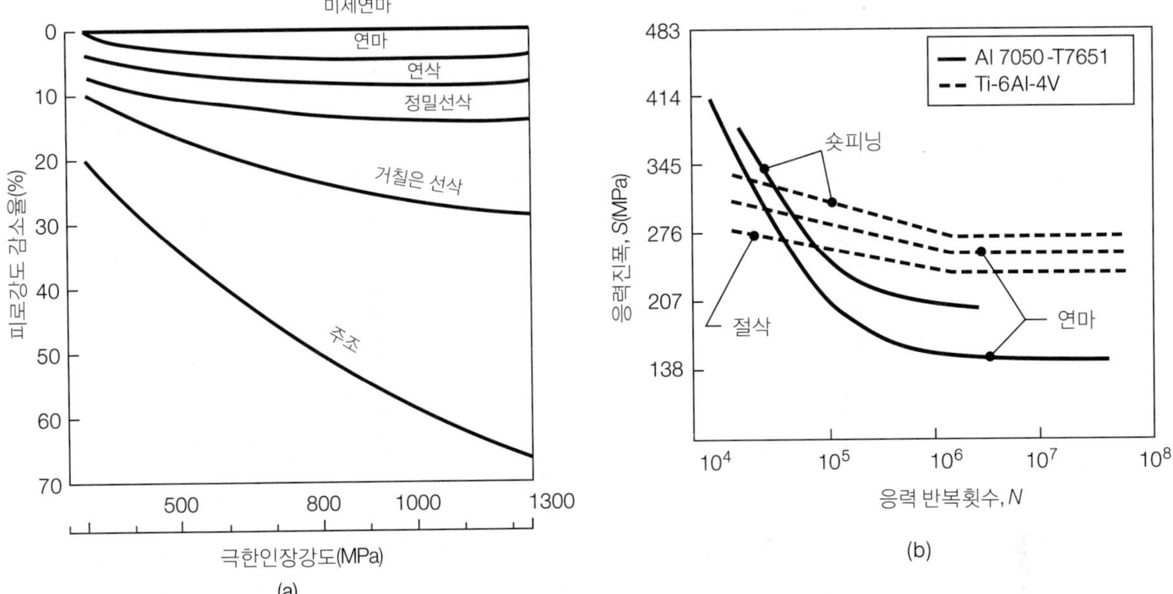

▲ **그림 3.32**

각종 표면마무리작업이 피로강도에 미치는 효과: (a) 주강의 피로강도 감소율. 표면이 거칠고 강도가 높을수록 피로강도 감소율이 크다. (b) 숏피닝으로 압축잔류응력이 생겼을 때의 효과.

■ **응력부식균열** 연성금속이라도 응력부식균열(stress-corrosion cracking)이 발생하면 취성재료처럼 파단된다. 가공 직후에는 결함이 없던 부품들도 상당한 시간이 경과되거나, 경우에 따라서는 비교적 빠른 시간 내에 균열이 발생될 수가 있다. 발생된 균열은 결정립 내부를 관통하거나 결정립계를 따라서 전파된다.

금속재료의 응력부식균열에 대한 민감도는 (1) 재질, (2) 인장잔류응력의 존재여부 및 크기, (3) 사용환경에 따라 다르다. 황동과 오스테나이트계 스테인리스강은 응력부식균열에 매우 민감한 금속들이다. 재료가 소금물이나 부식이 유발되는 화학물질 환경에서 사용되어도 이 균열이 발생하기 쉽다. 응력부식균열의 발생을 억제하기 위해 보통 사용하는 방법은 부품을 가공한 후 바로, 가공으로 생긴 잔류응력을 해소하는 것이다(5.11.4절 참조). 이 목적으로 완전풀림열처리가 이용될 수 있으나, 이 과정에서 냉간가공된 부품의 강도는 저하된다.

■ **수소취화** 많은 금속, 합금, 비금속 재료는 수소의 존재로 인해 연성이 저하되고 취화되어 예상보다 조기에 파단된다. 수소취화(hydrogen embrittleness)라고 하는 이 현상은, 특히 고강도강의 경우에 심각하다. (1) 금속재료의 용융 시, (2) 산세작업(pickling, 화학반응 혹은 전해작용으로 표면의 산화물을 제거하는 작업) 시, (3) 전기도금 시 전기분해를 통해, (4) 대기 중의 수증기나 용접 시 젖은 용접봉이나 용제(flux)로부터 수소가 소재로 침투한다.

3.8.3 치수효과

재료의 성질이 소재의 크기에 따라 달라지는 것을 **치수효과**(size effect)라고 한다. 앞에서의 논의와 식 (3.10)에 의해, 소재의 크기가 작아지면 각종 결함이나 균열이 생길 가능성도 그만큼 줄게 되므로, 크기가 작을수록 소재의 강도 및 연성은 증가한다.

길이가 길어지면 결함의 존재확률도 그만큼 높아진다. 유사한 예로, 긴 사슬은 짧은 사슬보다 약할 가능성이 크다. 왜냐하면 사슬의 길이가 길어짐에 따라서 고리수가 많아지면 약한 고리가 포함되어 있을 확률도 그만큼 높아지기 때문이다. 치수효과의 다른 예로 침상결정인 위스커(whisker)를 들 수 있는데, 결함이 없거나 있더라도 강도에 영향을 주지 않을 정도로 크기가 작아서, 위스커의 실제강도는 이론강도에 가깝다(위스커의 용도는 8.6.10절 및 10.9.2절 참조).

예 3.1 타이타닉호 선체 강판의 취성파괴

1912년에 침몰한 타이타닉호를 면밀하게 분석한 결과에 의하면, 배가 침몰한 이유는 빙산과 충돌했기 때문이라기보다는 구조적 취약성 때문이다. 선체에 사용된 강판은 황이 많이 함유된 저급 강판으로, 사고 당시의 대서양처럼 낮은 온도에서 외부충격하중을 받으면 파괴인성(2.9절의 샤피(Charpy) 충격시험으로 측정)이 낮다. 이러한 재료에서는 용접 강구조물의 특정 부분에서 발생한 균열이 순식간에 선체를 완전히 가로질러서 전파되므로, 큰 배라도 두 동강이 날 수 있다. 침몰된 선체를 물리적으로나 사진으로 관찰한 결과, 타이타닉호는 취성 강판으로 건조된 것으로 판명되었지만, 당시의 배들이 모두 저급 강판으로 건조된 것은 아니었다. 게다가, 보다 우수한 건조기술, 예컨대 우수한 용접기술(제12장 참조)을 사용하였다면, 선체의 구조적 강도를 향상시킬 수 있었을 것이다.

3.9 물리적 성질

재료를 선택하고 가공할 때는 기계적 성질뿐만 아니라 **물리적 성질**도 고려해야 한다. 가공과 관련하여 특별히 중요한 성질은 밀도, 융점, 비열, 열전도도, 열팽창, 전자기적 성질, 산화와 부식에 대한 저항성 등이다.

3.9.1 밀도

금속의 **밀도**(density)는 원자량, 원자반경, 조밀도에 따라 결정되며, 합금원소는 일반적으로 큰 영향을 주지 못한다. 각종 금속의 상온에서의 밀도가 표 3.3에 나와 있다.

항공기나 우주선의 구조물, 자동차차체 및 부품 같이 에너지소비와 출력한도가 중요한 제품에는 경량화가 가장 주된 관심사이다. 따라서 재료 및 구조물의 **비강도**(比强度, specific strength, 무게에 대한 강도비)와 **비강성**(比剛性, specific stiffness, 무게에 대한 강성비)은 중요한 고려사항이다(10.9.1절 참조). 자동차와 같은 일반소비성 제품뿐만 아니라 첨단 장비나 기계에서도 경제성과 경량화를 위해 재료를 대체하는 것이 중요하다.

밀도는 고속으로 작동하는 장치의 재료를 선정할 때도 중요한 고려사항으로, 인쇄기나 직물기에는 마그네슘 부품을 사용한다. 35 mm 고급카메라의 경우, 정밀도를 유지하면서 1/4000초의 노출시간을 얻기 위해 티타늄제 셔터를 이용하는데, 이는 경량이므로 고속작동에서 관성력을 감소시켜 진동이나 부정확, 장기간 사용으로 인한 부품의 파손을 막을

표 3.3 상온에서 각종 재료의 물리적 성질

	밀도 (kg/m³)	용융점 (K)	비열 (J/kg K)	열전도도 (W/m K)	열팽창계수 (μm/m°C)
금속					
알루미늄	2700	933	900	222	23.6
알루미늄합금	2630~2820	749~927	880~920	121~239	23.0~23.6
베릴륨	1854	1551	1884	146	8.5
구리	8970	1355	385	393	16.5
구리합금	7470~8940	1158~1533	337~435	29~234	16.5~20
금	19,300	1336	129	317	19.3
철	7860	1810	460	74	11.5
강	6920~9130	1644~1805	448~502	15~52	11.7~17.3
납	11,350	600	130	35	29.4
납합금	8850~11,350	455~599	126~188	24~46	27.1~31.1
마그네슘	1745	923	1025	154	26.0
마그네슘합금	1770~1780	883~894	1046	75~138	26.0
몰리브덴합금	10,210	2883	276	142	5.1
니켈	8910	1726	440	92	13.3
니켈합금	7750~8850	1383~1727	381~544	12~63	12.7~18.4
니오븀(컬럼븀)	8580	2741	272	52	7.1
실리콘	2330	1696	712	148	7.63
은	10,500	1234	235	429	19.3
탄탈합금	16,600	3269	142	54	6.5
티타늄	4510	1941	519	17	8.35
티타늄합금	4430~4700	1822~1922	502~544	8~12	8.1~9.5
텅스텐	19,290	3683	138	166	4.5
비금속					
세라믹	2300~5500	—	750~950	10~17	5.5~13.5
유리	2400~2700	853~1813	500~850	0.6~1.7	4.6~70
흑연(그래파이트)	1900~2200	—	840	5~10	7.86
플라스틱	900~2000	383~603	1000~2000	0.1~0.4	72~200
목재	400~700	—	2400~2800	0.1~0.4	2~60

수 있다. 그러나 무거운 것이 바람직한 경우도 얼마든지 있다. 그 예로는 각종 기구의 균형추(납이나 철강 사용), 플라이휠, 태엽시계의 부품(텅스텐 사용) 등이 있다.

3.9.2 융점

재료의 융점(melting point)은 원자들을 분리하는 데 필요한 에너지에 따라 달라진다. 표 3.3에서 알 수 있듯이, 순금속은 융점이 일정하지만, 합금은 넓은 범위를 갖는다(5.2절 참조). 금속의 재결정온도는 융점과 연관되므로(3.6절 참조), 풀림처리, 열처리, 열간가공 같은 작업에서는 재료의 융점에 대한 지식이 필요하고, 이는 가공에 사용되는 다이와 공구의 재료선정에도 영향을 미친다.

융점은 주조공정에서 장치와 용해법의 선정에도 중요한 영향을 준다. 금속의 융점이 높을수록 공정이 어려워지며(5.5절 참조), 다이캐스팅과 같은 공정에서의 금형재료 선정은 소재의 융점에 따라서 결정된다. 방전가공(9.13절)에서는 소재의 융점에 따라 소재제거율 및 공구마모율이 결정된다.

3.9.3 비열

비열(specific heat)은 단위질량의 소재온도를 1도 올리는 데 필요한 에너지이다. 합금원소는 금속의 비열에 크게 영향을 주지 않는다. 성형이나 기계가공 후에 공작물의 온도상승은 대상재료의 비열과 가해진 일의 함수이므로, 비열이 작을수록 온도가 높아진다(2.12.1절 참조). 지나치게 온도가 높아지면 (1) 표면정도나 치수정확도 불량, (2) 공구 및 금형 마모과다, (3) 좋지 않은 금속학적 변화초래 등으로 품질에 악영향을 준다.

3.9.4 열전도도

열전도도(thermal conductivity)는 재료를 통해 열이 얼마나 쉽게 흐르는가를 나타낸다. 금속결합된 재료(금속)는 열전도도가 높고, 이온이나 공유결합된 재료(세라믹이나 플라스틱)는 열전도도가 낮다. 합금원소 간에 열전도도의 차이가 크면, 합금원소가 합금의 열전도도에 중요한 영향을 준다(표 3.3 참조). 소성변형이나 마찰에 의해 열이 발생할 때, 열이 빨리 전도되어야 열구배가 낮아져서, 소재의 온도상승으로 인해 불균질하게 변형되는 것을 막을 수 있다. 예를 들어, 티타늄은 열전도도가 낮아서 기계가공하기 어렵다(8.5.2절 참조).

3.9.5 열팽창

재료의 **열팽창**(thermal expansion)은 여러 가지로 심각한 영향을 준다. 일반적으로 열팽창계수는 재료의 융점과 반비례하며, 합금원소는 열팽창에 큰 영향을 주지 않는 편이다. 상대적인 팽창과 수축이 중요한 예로는 전기장치 및 컴퓨터 부품, 유리-금속 밀봉, 금속-세라믹 반조립품(11.8.2절), 제트엔진의 스트럿(strut), 간극이 필요한 운동기계부품 등을 들 수 있다. 열박음(shrink fit)은 열팽창을 이용하는 공정으로, 축구멍을 가열한 후 축을 끼워 넣으면 냉각 후에 축이 견고하게 고정되는 방법이다.

열응력은 상대적인 팽창과 수축으로 인해 소재 내부에 발생하며, 사용 중인 구조물의 부품에 **균열, 변형, 헐거워짐**이 생기는 요인이 된다. 비교적 취성이 강한 재료로 만들어진 공구 및 금형이나 세라믹부품은 열응력에 약하다. 열전도도는 열팽창과 맞물려 제품과 공구 및 금형 양쪽에 열응력을 야기하는 가장 중요한 인자이다. 열응력을 감소시키려면 열전도도가 높고 열팽창이 작아서 소재 내 열구배가 낮아야 한다. 열응력은 HCP 구조 금속이나 세라믹에서 볼 수 있는 **이방성 열팽창**에 의해서도 생긴다. 열피로(thermal fatigue)는 반복 열충격(thermal cycling)에 의해 발생되고, 그 결과로 다수의 표면균열이 생긴다.

열피로 현상은 (1) 고온의 소재를 비교적 찬 다이 위에 반복적으로 올려놓음으로 인해 다이표면에 반복열충격을 주는 단조공정과 (2) 밀링 같은 단속절삭에서 특히 중요하다. **열충격**(thermal shock)은 한 번의 가열에 의해 소재에 균열이 발생하는 경우를 말한다.

치수 및 탄성계수에 대한 온도의 영향은 정밀한 기구나 장치에서 중요한 문제이다. 스프링의 경우, 온도가 올라가면 탄성계수가 작아져서 강성이 낮아진다. 마찬가지로, 온도가 변하면 진자의 진동수가 달라질 수 있다. 열팽창으로 인한 문제를 완화시키기 위해, 열팽창계수가 아주 작은 **저팽창합금**으로 철 64%-니켈 36%인 인바(Invar)와 철 54%-니켈 28%-코발트 18%인 코바(Kovar)가 개발되었다.

3.9.6 전기-자기적 성질

재료의 전기전도와 절연성은 전기장비 및 기계 자체에서도 중요하지만, 판재의 전자기성형(7.5.5절), 방전가공(EDM), 경도가 높은 취성재료의 전기화학적 연삭(제9장 참조) 같은 가공공정에서도 매우 중요하다.

재료의 **전기전도도**는 전류가 얼마나 잘 흐르는가 하는 것으로 정의된다. 금속처럼 전기전도도가 좋은 재료를 도체라고 한다. 전기전도도의 단위는 mho/m 또는 mho/ft인데, 여기서 mho는 전기저항단위인 Ω(ohm)의 역수이다. 즉, 전기전도도는 비저항(electrical resistivity)의 역수이다. 비저항이 높은 재료를 부도체 또는 **절연체**라고 한다. 원자의 결합형태가 전기전도도에 미치는 영향은 열전도도의 경우와 같다. 합금원소는 금속의 전도도에 큰 영향을 주는데, 합금원소의 전도도가 클수록 합금의 전도도도 커진다. 재료의 **절연강도**(dielectric strength)는 전류흐름을 방해하는 정도로써, 전류를 흐르게 하는 데 필요한 단위길이당 전압[V/m]으로 정의된다.

초전도성(superconductivity)은 특정 금속에 나타나는 현상으로, 임계온도 이하에서는 비저항이 거의 0이 되는 현상이다. 지금까지 가장 고온에서 초전도 현상이 나타난 것은 란탄(lanthanum), 스트론튬(strontium), 구리, 산소 합금의 150 K(−123°C)로, 다른 초전도체도 계속 개발 중이다. 초전도체가 개발되면 고출력전자석, 고압동력선, 각종 전기 및 컴퓨터 부품의 효율을 크게 증가시킬 수 있다.

단결정의 실리콘, 게르마늄, 비소, 갈륨 같은 재료의 전기적 성질은 온도뿐만 아니라 미소한 불순물에 매우 민감하다. 실리콘의 경우, 인이나 붕소 같은 **도펀트**(dopant, 불순물)의 종류와 농도를 조절함으로써 전기전도도를 조절할 수 있다(제13장 참조). 이 성질은 전기회로를 축소시키는 데 광범위하게 이용되는 장치인 (고상)**반도체**(semiconductor)에 이용된다. 반도체는 매우 (1) 작으면서, (2) 효율적이고, (3) 저렴하며, (4) 소요동력이 작고, (5) 작동대기시간을 필요로 하지 않는다.

강자성(ferromagnetism)은 인접원자끼리의 교환반응으로 자성모멘트가 평행하게 배열되어 강력한 영구자성을 띠는 것으로(철, 니켈, 코발트 등), 전기모터, 발전기, 변압기, 초단파장치 등에 중요하게 이용된다. **강자성**은 입방정 페라이트 같은 세라믹재료에서도 나타난다.

압전효과(piezoelectric effect, *piezo*는 그리스어로 압력을 가한다는 의미임)는 특정 세라믹이나 석영(quartz)결정 같은 재료에서 나타나는 탄성변형과 전기장 사이의 가역적 상호작용이다. 이 성질은 외부하중에 의한 변형률을 전기에너지로 변환시키는 장치인 **변환기**(transducer)를 만드는 데 이용된다. 전형적인 응용예로는 하중 및 압력 변환기, 스트레인게이지, 음파탐지기, 마이크 등이 있다.

금속이 자기장을 받을 때 일어나는 금속의 팽창 및 수축 현상을 **자왜 현상**(磁歪, magneto-striction)이라고 한다. 이 거동은 순수니켈과 일부 철-니켈합금에서 볼 수 있으며, 초음파가공의 기본원리가 된다(9.9절 참조).

3.9.7 내부식성

금속이나 세라믹이 보이는 환경에 따른 성질저하를 **부식**(corrosion)이라고 하고, 플라스틱의 경우에는 **분해**(또는 **열화**, degradation)라고 한다. 내부식성(corrosion resistance)은 생산공정뿐만 아니라 화학, 식품, 석유산업에서도 재료선택에 중요한 요인이다. 부품이나 구조물에 포함된 원소나 화합물의 가능한 각종 화학반응, 주변 산소와의 산화, 부식은 특히 고온에서, 혹은 자동차나 항공기 같은 교통수단의 경우 중요하게 고려할 사항이다.

내부식성은 재료의 조성뿐만 아니라 특정 환경에 따라서도 달라진다. 부식매개체로는 화학적인 것(산, 알칼리, 염 등)과 환경적인 것(산소, 오염물질, 산성비), 그리고 물(단물, 센물) 등이 있다. 비철금속, 스테인리스강, 비금속 등은 일반적으로 내부식성이 강하다. 강과 주철은 부식에 약하므로, 각종 피복이나 표면처리법으로 보호해야 한다(4.5절 참조).

부식은 표면 전체에 생길 수도 있지만, **피팅**(pitting)처럼 국부적으로 생길 수도 있다. 피팅은 금속의 결정립계를 따라 일어나는 **입계부식**(intergranular corrosion)이나, 볼트나 리벳의 접합면이 부식되는 **틈새부식**(crevice corrosion)을 일컫는다. 두 이종금속은 **동전지**(galvanic cell, 습기를 포함하는 부식환경에서의 전해액과 두 전극)를 형성하여 **유전부식**(流電腐蝕, galvanic corrosion)된다. 이상(二相)합금은 두 개의 다른 금속으로 구성되므로 (5.2.3절), 단상합금이나 순금속에 비해 유전부식에 더욱 민감하다. 따라서 열처리도 내부식성에 큰 영향을 줄 수 있다.

부식은 간접적으로 일어나기도 한다. 그 예로, 가공으로 인해 잔류응력이 남는 경우(2.10절 참조), 부식환경이 제품완전도에 영향을 주는 **응력부식균열**을 들 수 있다. 냉간가공된 금속에는 잔류응력이 남는 경우가 많으므로 열간가공이나 풀림처리된 부품보다 부식되기 쉽다.

공구 및 금형 재료는 윤활제나 냉각제의 화학반응에 의해 부식될 수도 있으며(4.4.4절 참조), 화학반응으로 표면정도가 변하면 금속가공공정에 나쁜 영향을 준다. 그 예로, 코발트 결합제(8.6.4절)를 사용한 초경공구나 초경금형에서는 코발트가 절삭유의 구성원소와 반응할 수 있다(4.4.4절 및 8.7절 참조). 따라서 재료선택 시 금속가공유가 공구 및 금형, 공작물재료에 적합한지를 중요하게 고려해야 한다.

화학반응이 반드시 나쁜 영향을 주는 것만은 아니다. 화학적 가공이나 전기화학적 가공 같은 특수가공법은 실제로 잘 조절된 화학반응에 근거한 것이다(제9장 참조).

산화(oxidation) 역시 알루미늄, 티타늄, 스테인리스강의 내부식성에 다음과 같이 유용하게 활용된다.

(1) 알루미늄은 매우 얇고(몇 겹의 원자층), 강한 산화피막(Al_2O_3)을 형성하여 추가 환경부식으로부터 표면을 보호한다.
(2) 티타늄은 산화티타늄막(TiO_2)을 형성한다.
(3) 스테인리스강에서는 합금원소 중 크롬이 유사한 보호막을 형성한다. 이 과정을 **부동태화**(不動態化, passivation, 4.2절)라고 하며, 보호막이 긁혀서 내부의 금속이 노출되면 새로운 산화피막이 생긴다.

3.10 철금속의 성질과 용도

철합금은 기계적, 물리적, 화학적 성질이 광범위하여 모든 금속 중에서 가장 많이 사용된다. 철을 기본원소로 하는 철금속과 합금으로는 탄소강, 합금강, 스테인리스강, 공구 및 금형강, 주철, 주강 등이 있다. 철합금은 자동차, 가전제품, 컨테이너용 박판; 선박, 보일러, 교량용 후판; I빔 같은 구조물; 스프링, 기어, 축, 크랭크축, 철도레일용 봉재; 공구 및 금형용 강괴; 악기용 선재; 볼트, 리벳, 너트 등의 체결부품으로 생산된다.

승용차의 총 중량 중 816 kg에 해당하는 55%, 모든 구조물 및 기계요소의 70~85%가 철강재료라는 것으로부터 철강의 광범위한 용도를 알 수 있다. 탄소강은 모든 금속 중에서 가장 싸며, 스테인리스강은 다소 비싼 편이다.

3.10.1 탄소강과 합금강

탄소강과 합금강(carbon and alloy steel)은 가장 많이 사용되는 금속으로, 다양한 용도에 맞게 조성과 가공법을 조절하여 사용한다. 생산되는 기본 형태는 후판, 박판, 봉재, 선재, 관재, 주물, 단조품 등이다.

경화능, 강도와 경도, 인성, 내마모성, 성형성, 용접성, 절삭성 등의 성질 개선용 원소들이 첨가되며, 강에 포함되는 특정 원소의 조성이 커질수록 특정 성질이 강하게 나타난다. 예를 들면, 탄소함유량이 많을수록 경화능이 커지고 강도와 경도, 내마모성이 좋아지는 반면, 연성이나 용접성, 인성 등은 감소된다.

■ **탄소강** 탄소강은 다음과 같이 저탄소강, 중탄소강, 고탄소강으로 분류된다(그림 3.33 참조).

1. **저탄소강**(low-carbon steel)은 **연강**(mild steel)이라고도 하며, 0.3% C 미만이다. 고강도를 요하지 않는 볼트, 너트, 박판, 후판, 관재, 기계부품 등에 사용된다.
2. **중탄소강**(medium-carbon steel)은 0.3~0.6% C이며, 기계류, 자동차 및 농기계 부품(기어, 축, 커넥팅로드, 크랭크축), 철도장비, 금속가공기계 등과 같이 저탄소강보다 높은 강도가 요구되는 제품에 사용된다.

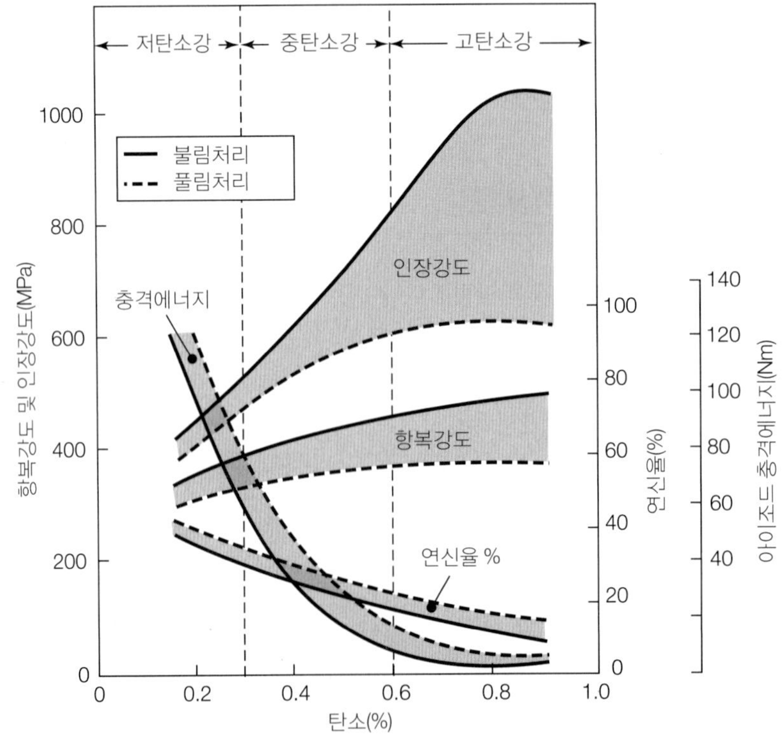

▶ **그림 3.33**
탄소강에서 탄소함유량의 효과.

3. **고탄소강**(high-carbon steel)은 0.6% C 이상으로, 스프링, 주방용 칼, 케이블, 악기용 선재, 레일 등과 같이 고강도와 고경도, 내마모성이 필요한 제품에 사용된다. 일반적으로 제품의 형상을 가공한 후에 열처리를 하며, 탄소량이 많을수록 열처리 후에 경도, 강도, 내마모성이 향상된다.
4. 탄소강 중에서 8.5.1절에서 설명한 절삭성을 향상시킬 목적으로 황이나 인을 첨가한 것을 **황복합쾌삭강**(resulferized carbon steel)이라고 한다.

■ **합금강** 합금원소를 상당량 포함한 강을 합금강(alloy steel)이라고 한다. **구조용**(structural-grade) **합금강**은 ASTM 규격으로 구분되며, 강도가 높아서 건축 및 수송산업에 많이 쓰인다. 강도, 경도, 크리프저항, 피로저항, 인성이 필요한 곳에 사용되는 합금강도 있으며, 사용할 때는 열처리하여 원하는 성질을 갖도록 한다.

■ **고강도-저합금강** 강의 비강도를 개선하기 위해 다수의 고강도-저합금강(HSLA, high-strength low-alloy steels)이 개발되었다. 이들은 보통 탄소량이 0.3% 미만으로, 페라이트 미세입자와 경도가 높은 탄화물이나 질화물의 제2상으로 구성된 미세조직을 갖는다. 1930년대에 처음 개발되었고, 열간압연에 의해 주로 판재 형태로 생산되며, 후판, 박판, 봉재, 구조재의 형태로도 생산된다. 그러나 HSLA 강은 일반 저합금강보다 연성, 성형성, 용접성이 떨어진다.

박판 형태의 HSLA 강은 자동차차체(경량화에 따른 연비 향상), 수송장비, 광산설비, 농기계 등에 다양하게 쓰인다. 후판은 선박, 교량, 건축에 사용되고 I빔, 채널강, 앵글 등의 형강은 건물이나 각종 구조물에 사용된다.

■ **복합조직강** 페라이트와 마르텐사이트 구조가 혼합된, 특별하게 처리된 강종이다. 1960년대 후반에 개발되었으며, 좋은 가공경화특성(높은 n 값, 2.2.3절 참조)이 있어서 연성과 성형성이 좋다.

■ **미세합금강** 우수한 성질로 인해 열처리가 필요 없는 강종으로, 페라이트-펄라이트 조직에 미세한 침탄질화물입자가 분산된 미세조직을 갖는다. 많은 종류가 개발되었으며, 그 중에서 0.5% C, 0.8% Mn, 0.1% V의 조성을 갖는 미세합금강이 가장 많이 사용된다. 세심하게 조절된 냉각과정을 거치면(보통 공랭), 이들 성분은 강도를 균일하게 향상시킨다. 미세합금강(microalloyed steel)은 담금질, 뜨임, 응력완화처리와 같은 후속과정을 거칠 필요가 없으므로, 중탄소강에 비해 10% 정도의 비용절감효과를 줄 수 있다.

나노합금강(nano-alloyed steel)의 개발도 진행 중인데, 이는 매우 작은 결정립크기(10~100 nm)를 가지며, 금속유리를 전구체로 하여 생산된다(5.10.8절 참조). 잘 조절된 결정화공정으로 금속유리의 핵생성률을 높여서 나노크기의 매우 미세한 상을 얻을 수 있다.

3.10.2 스테인리스강

스테인리스강(stainless steel)은 뛰어난 내부식성, 높은 강도와 연성, 고크롬 함유의 특징을 갖는다. 산소(공기)와 접하면 부식으로부터 금속을 보호하는 얇고 단단한 **크롬산화막**을 형성하므로 stainless라고 한다(**부동태화**, 3.9.7절 및 4.2절 참조). 이 보호막은 표면이 긁히면 다시 형성된다. 부동태화를 일으키는 크롬함유량은 최소 10~12%(중량비)이어야 한다.

크롬 외의 합금원소로 니켈, 몰리브덴, 구리, 티타늄, 실리콘, 망간, 니오븀, 알루미늄, 질소, 황 등이 있다. 탄소량이 많을수록 내부식성이 떨어지는데, 이는 탄소와 크롬의 혼합된 크롬탄화물이 유전부식을 촉진하는 제2상을 형성하여 강의 부동태(passivity) 능력을 떨어뜨리기 때문이다.

1900년대 초에 개발된 스테인리스강은 다른 강종을 만드는 방법과 유사하게 전기로 또는 기본 산소공정으로 만들어진다. 불순물의 수준은 각종 정련기술에 의해 조절된다. 스테인리스강은 다양한 형상으로 생산되어 화학, 식품가공, 석유산업에 필수적으로 사용되고, 제품으로는 칼, 주방기구, 건강기구 및 수술기구, 자동차트림 등을 들 수 있다.

스테인리스강은 오스테나이트계, 페라이트계, 마르텐사이트계, 석출경화계, 이중구조계의 5가지로 분류된다(표 3.4 참조).

1. **오스테나이트계**(200 및 300 계열) 강은 크롬, 니켈, 망간이 철과 합금된 것이다. 비자성이고 내부식성이 우수하지만 응력부식균열에는 대단히 민감하다. 모든 스테인리스강 중에서 가장 연성이 크며 쉽게 성형된다. 냉간가공으로 경화되지만, 냉간가공도가 커지면 성형성이 오히려 떨어진다. 이 강종은 주방기구, 부속품, 경량 수송장비, 열교환기 부품, 용접구조물, 강한 화학환경에 노출되는 부품 등의 많은 분야에 이용된다.
2. **페라이트계**(400 계열) 강은 크롬함유량이 높고, 최고 27%에 달한다. 자성을 띠고 내부식성이 좋지만, 오스테나이트계 스테인리스강보다 연성과 성형성은 떨어진다. 이 강종

표 3.4 풀림처리된 스테인리스강의 용도 및 상온에서의 기계적 성질

AISI (UNS*)	극한인장강도 (MPa)	항복강도 (MPa)	연신율 (%)	특징 및 용도
303 (S30300)	550~620	240~260	50~53	자동나사절삭기 제품, 축, 밸브, 볼트, 부싱, 너트, 항공기 부속품, 리벳, 스크루, 스터드
304 (S30400)	565~620	240~290	55~60	화학 및 식품가공장치, 양조장치, 극저온용기, 빗물홈통, 덮개
316 (S31600)	550~590	210~290	55~60	내부식성 및 크리프강도 우수, 화학 및 제지 장비, 사진현상인화장비, 비료분무장치, 케찹제조용 솥, 이스트통
410 (S41000)	480~520	240~310	25~35	기계부품, 펌프축, 볼트, 부싱, 석탄슈트, 주방칼, 제트엔진부품, 광산기계, 총열, 스크루, 밸브
416 (S41600)	480~520	275	20~30	항공기 부속품, 볼트, 너트, 소화기부품, 리벳, 스크루

*Unified Numbering System(통합 호칭체계)

도 냉간가공으로 경화되지만 열처리는 되지 않으며, 일반적으로 주방기구, 자동차 트림 같은 비구조용에 이용된다.

3. **마르텐사이트계**(400 및 500 계열) 강의 대부분은 니켈을 포함하지 않으며, 크롬함유량은 18% 정도이다. 이 강종은 자성을 띠고 강도, 경도, 피로저항성, 연성이 좋지만, 내부식성은 중간 정도이고, 열처리에 의해 경화된다. 칼, 수술기구, 계기, 밸브, 스프링 등에 이용된다.
4. **석출경화계**(PH, precipitation-hardening) 강은 크롬, 니켈과 함께 구리, 알루미늄, 티타늄, 몰리브덴을 포함한다. 이 강종은 내부식성과 연성이 좋고 고온에서 높은 강도를 갖는다. 항공우주 구조용 부품에 주로 사용된다.
5. **이중구조계**(duplex-structure) 강은 오스테나이트와 페라이트의 혼합물이다. 강도가 높고, 300 계열 오스테나이트강에 비해 대부분의 환경에서 내부식성이 매우 우수하고, 응력부식균열에 대한 저항이 좋다. 전형적인 응용분야는 수처리 설비, 열교환기 부품 등이다.

3.10.3 공구 및 금형강

공구 및 금형강(tool and die steels)은 상온이나 고온에서 높은 강도, 충격인성, 내마모성을 갖도록 특별히 설계된 합금강으로(표 3.5 참조), 금속의 기계가공이나 성형에 보통 이용된다. 공구 및 금형강을 포함하여, 각 공정별로 사용되는 다양한 공구 및 금형 재료를 표 3.6에 요약하였다. 이들 재료는 다음과 같이 분류된다.

1. 1900년대 초에 개발된 **고속도강**(HSS, high speed steel)은 고온의 작업온도에서 강도와 경도가 가장 잘 유지되도록 합금된 공구 및 금형강으로, **몰리브덴형**(M 계열)과 **텅스텐형**(T 계열)의 두 가지 기본적인 종류가 있다. M 계열강은 10% 정도의 몰리브덴과 함께 크롬, 바나듐, 텅스텐, 코발트를 함유한다. T 계열강은 12~18%의 텅스텐을 포함하며, 크롬, 바나듐, 코발트 등의 원소를 함유한다. M 계열강은 일반적으로 T 계열강보다 내마모성이 좋고, 열처리할 때 뒤틀림이 적으며 저가이므로, 고속도강의 95% 정도를 차지한다. 고속도강은 내마모성 향상을 위해 티타늄질화물이나 티타늄탄화물로 피

표 3.5 공구 및 금형강의 종류

종류	AISI 기호
고속도강	M(몰리브덴기), T(텅스텐기)
열간가공강	H1~H19(크롬기), H20~H39(텅스텐기), H40~H59(몰리브덴기)
냉간가공강	D(고탄소, 고크롬), A(중합금, 공기경화), O(기름경화)
내충격강	S
몰드강	P1~P19(저탄소). P20~P39(기타)
특수용도	L(저합금), F(탄소-텅스텐)
수경화강	W

표 3.6 각 공정별 공구 및 금형재료

공정	공구 및 금형재료
다이캐스팅	H13, P20
분말가공	
펀치	A2, S7, D2, D3, M2
다이	WC, D2, M2
플라스틱 및 고무용 금형	S1, O1, A2, D2, 6F5, 6F6, P6, P20, P21, H13
열간단조	6F2, 6G, H11, H12
열간압출	H11, H12, H13
냉간헤딩	W1, W2, M1, M2, D2, WC
냉간압출	
펀치	A2, D2, M2, M4
다이	O1, W1, A2, D2
코이닝	52100, W1, O1, A2, D2, D3, D4, H11, H12, H13
인발	
선재	WC, 다이아몬드
형상	WC, D2, M2
봉재 및 관재	WC, W1, D2
롤	
압연용	주철, 주강, 단강, WC
나사전조용	A2, D2, M2
전단스피닝용	A2, D2, D3
판재가공	
프레스작업	아연합금, 4140강, 주철, 에폭시복합재료, A2, D2, O1
디프드로잉	W1, O1, 주철, A2, D2
전단: 냉간	D2, A2, A9, S2, S5, S7
열간	H11, H12, H13
기계가공	초경, 고속도강, 세라믹, 다이아몬드, 큐빅 보론질화물

복하여 사용하기도 한다(4.4.2절 참조).

2. **열간가공강**(H 계열)은 고온에서 사용할 목적으로, 인성이 높고 마모와 균열에 대해 좋은 내성을 갖도록 만들어진 강이다. 합금원소는 텅스텐, 몰리브덴, 크롬, 바나듐이다.
3. **냉간가공강**(A, D, O 계열)은 냉간가공작업에 사용되며, 마모와 균열에 대해 좋은 내성을 갖는다. 기름경화형과 공기경화형이 있다.
4. **내충격강**(S 계열)은 충격인성을 갖도록 설계된 강으로, 조성에 따라 성질이 달라진다. 다이, 펀치, 정 등에 이용된다.

3.11 비철금속의 성질과 용도

비철금속에는 알루미늄, 구리, 마그네슘 같은 상용적인 금속에서부터 텅스텐, 탄탈, 몰리브덴 같은 고강도, 고온금속까지 광범위한 재료들이 있다. 이들 금속은 철금속에 비해 비

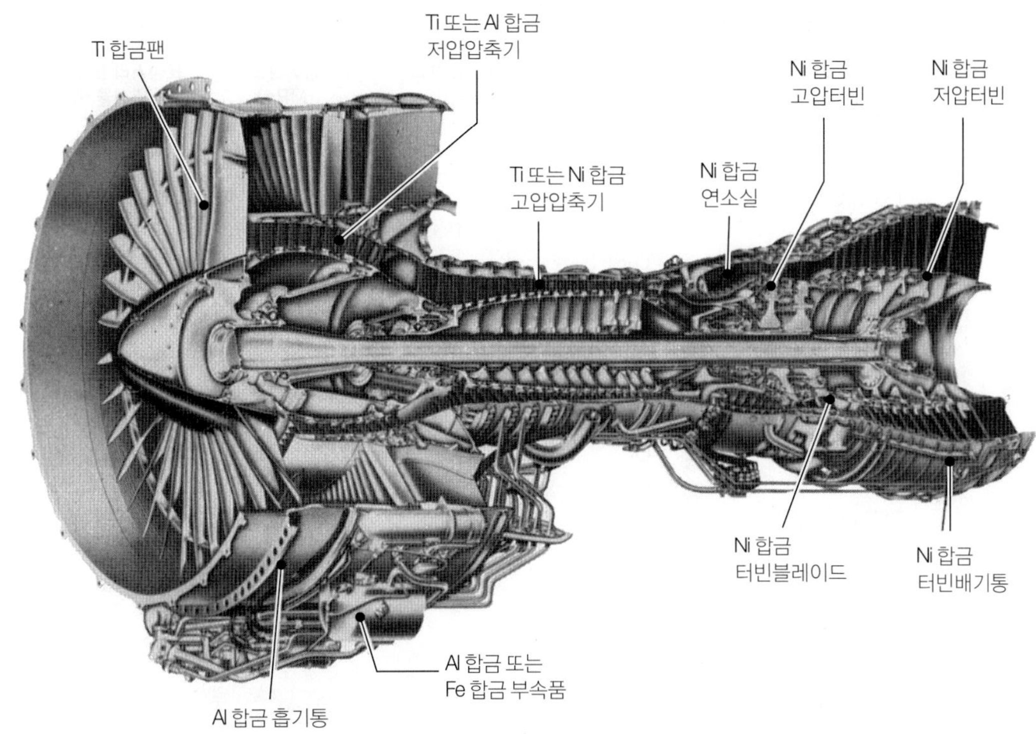

▲ **그림 3.34**
사용부품과 재료를 나타내고 있는 제트엔진(PW2037)의 단면.

싸지만, 많은 기계적, 물리적, 화학적 특성 때문에 중요한 용도로 사용된다.

보잉757 비행기의 터보팬 제트엔진의 비철금속은 38% 티타늄, 37% 니켈, 12% 크롬, 6% 코발트, 5% 알루미늄, 1% 니오븀, 0.02% 탄탈로 구성된다. 이들 비철금속이 없다면 제트엔진(그림 3.34)은 소요에너지 및 효율을 갖도록 설계, 가공, 작동될 수 없을 것이다.

비철금속이 사용되는 전형적인 예는 (1) 주방기구나 항공기 동체의 알루미늄, (2) 전선이나 수도관의 구리, (3) 제트엔진 터빈블레이드나 인공관절의 티타늄, (4) 로켓엔진의 탄탈 등이다.

3.11.1 알루미늄과 그 합금

알루미늄(Al, aluminium)과 그 합금을 선택하게 하는 주요인은 높은 비강도, 많은 화학물질에 대한 내부식성, 높은 열 및 전기 전도도, 무독성, 반사성, 외관, 성형성 및 기계가공성으로, 알루미늄 자체는 비자성이다.

알루미늄의 주된 용도는, 소비되는 순서에 따라서, 용기와 포장용(음료캔, 호일), 건물 및 건축용, 수송기계용(항공기, 우주선, 버스, 자동차(그림 1.5 참조), 기차, 선박), 전기기구(경제적이고 비자성인 양도체), 일반 내구용품(가전, 주방기기, 실외 가구), 간이공구 등이며(표

표 3.7 상온에서 알루미늄합금의 성질

합금(UNS)	처리조건	극한인장강도 (MPa)	항복강도 (MPa)	표점거리 50mm의 연신율(%)
1100 (A91100)	O	90	35	35~45
	H14	125	120	9~20
1350 (A91350)	O	85	30	23
	H19	185	165	1.5
2024 (A92024)	O	190	75	20~22
	T4	470	325	19~20
3003 (A93003)	O	110	40	30~40
	H14	150	145	8~16
5052 (A95052)	O	190	90	25~30
	H34	260	215	10~14
6061 (A96061)	O	125	55	25~30
	T6	310	275	12~17
7075 (A97075)	O	230	105	16~17
	T6	570	500	11
8090	T8X	480	400	4~5

표 3.8 가공용 알루미늄합금의 가공특성 및 용도

	특성(A: 우수, D: 불량)			
합금	내부식성	절삭성	용접성	용도
1100	A	D~C	A	판재가공용, 공동용기
2024	C	C~B	C~B	트럭휠, 스크루기계부품, 항공기 구조물
3003	A	D~C	A	주방용기, 화학장치, 압력용기, 판재가공용, 건축자재, 저장탱크
5052	A	D~C	A	판재가공용, 유압튜브, 가전제품, 버스, 트럭 및 해양구조물
6061	B	D~C	A	내부식성을 요하는 중구조물, 트럭 및 해양구조물, 철도차량, 가구, 파이프, 유압튜브
7075	D	B~D	B	압출구조재, 대형 열교환기, 테니스라켓, 야구배트
8090	A~B	B~D	B	항공기프레임, 헬리콥터 구조용 부품

3.7 및 표 3.8 참조), 대부분의 고압 송전선도 강선보강 알루미늄(ACSR 케이블)으로 만들어진다(AISI 규격 1350-H19).

항공기의 구조용 부품도 거의 알루미늄으로 만들어지는데, 보잉747기의 82%, 보잉777기의 70%는 알루미늄으로 만들어진다. 알루미늄합금 중에서, 표 3.7의 8090 계열 같은 **알루미늄-리튬** 합금은 리튬의 낮은 밀도로 인해 다른 알루미늄합금보다 가벼워서 중요하게 사용된다. 에어버스 A350기는 주로 동체에 알루미늄-리튬합금을 최대 23% 사용한다.

재료선택의 모든 경우에서처럼(1.5절 참조), 알루미늄의 경우에도 고유한 성질을 갖고 있으므로 가공특성과 비용에 중대한 영향을 준다. 예를 들어, 전형적인 알루미늄 음료캔의 경우, 몸체는 3004 혹은 3104, 위판은 5182, 따개는 5042로 각각 만들어진다(각 경우

표 3.9 가공용 마그네슘합금의 성질 및 용도

합금	조성(%) Al	Zn	Mn	Zr	처리 조건	극한인장강도 (MPa)	항복강도 (MPa)	표점거리 50 mm의 연신율(%)	용도
AZ31B	3.0	1.0	0.2		F	260	200	15	압출품
					H24	290	220	15	박판 및 후판
AZ80A	8.5	0.5	0.2		T5	380	380	7	압출 및 단조품
HK31A*			0.7		H24	255	255	8	박판및 후판
ZK60A		5.7		0.55	T5	365	365	11	압출 및 단조품

*HK31A는 3% Th를 포함함.

에 사용되는 판재는 최고로 냉연된 상태인 H19 조건임). 8090 계열 알루미늄-리튬합금은 비강도와 비강성이 높으므로 항공우주용으로 적합하지만, 가격 때문에 다른 용도로는 사용이 제한된다.

알루미늄은 압연, 압출, 인발, 단조 등의 공정으로 다양하게 성형된다. 또한 알루미늄 잉곳으로 주물도 가능하며, 분말야금에도 이용된다(제11장 참조). 정련한 알루미늄합금에는 (1) 열처리하지 않고 냉간가공에 의해 경화된 합금(H로 표기)과 (2) 열처리로 경화된 합금(T로 표기)의 두 종류가 있다. 문자 O로 표기하면 풀림처리된 조건을 나타낸다. 대부분의 알루미늄합금에 대해 쉽게 기계가공, 성형, 용접할 수 있는 기술들이 개발되어 있다.

3.11.2 마그네슘과 그 합금

마그네슘(Mg, magnesium)은 공업용 금속 중 가장 가볍고, 진동감쇠(damping)특성이 우수하다. 마그네슘합금은 무게가 가장 큰 관심사로 여겨지는 구조용 또는 비구조용 제품에 사용되고, 각종 비철금속의 합금원소로 첨가된다.

마그네슘합금의 전형적인 용도는 항공기나 미사일 부품, 물류장치, 간이공구(드릴 등), 사다리, 자전거, 스포츠용품, 일반 경량부품 등이다. 이 합금은 압출봉, 압연판, 단조품 등 단련제품이나 주물로 가용하다. 또한 인쇄기나 직물기계의 고속운동 부품에서 관성력을 최소화하는 데도 이용된다.

순수마그네슘 상태로는 강도가 충분하지 않지만, 다른 원소와 합금하여 고 비강도와 같은 우수한 특성을 나타낸다(표 3.9 참조). 마그네슘합금은 종류에 따라 주조성, 성형성, 기계가공성이 우수하다. 마그네슘은 산소와 매우 급격히 반응하므로, 기계가공이나 연삭, 주조 등을 할 때 화재의 위험에 대해 세심한 주의가 필요하지만, 일단 제품으로 만들어지면 그러한 위험이 없다.

3.11.3 구리와 그 합금

기원전 4000년경부터 사용된 구리(Cu, copper)는 알루미늄합금과 많은 유사성을 갖고 있다. 구리는 열과 전기의 양도체이며 내부식성이 우수하다. 이러한 성질 때문에 구리와 그 합금은 가장 유용한 금속에 속하며, 각종 성형, 기계가공, 주조법으로 쉽게 가공할 수 있다.

구리합금은 전기적 및 기계적 성질, 내부식성, 비자기성, 열전도, 내마모성 등의 복합적인 특성이 필요한 전기/전자 부품, 스프링, 소형화기 카트리지, 배관, 열교환기, 해양기기, 일용 소비제품(주방기구, 장식품) 등에 매우 유용하게 쓰인다.

표 3.10 구리와 황동의 성질 및 용도

종류(UNS)	공칭조성 (%)	극한 인장강도 (MPa)	항복강도 (MPa)	표점거리 50 mm의 연신율(%)	용도
무산소정련동 (C10100)	99.99 Cu	220~450	70~365	55~4	모선, 도파관, 중공전도체, 리드선, 동축케이블, 초단파관, 정류기
단동 (C23000)	85.0 Cu 15.0 Zn	270~72	70~435	55~3	건축배관용, 체결부품, 소화기, 복수기 및 열교환기 부품
저황동 (C24000)	80.0 Cu 20.0 Zn	300~850	80~450	55~3	배터리 캡, 벨로즈, 악기, 유연호스
쾌삭황동 (C36000)	61.5 Cu, 3.0 Pb, 35.5 Zn	340~470	125~310	53~18	기어, 피니온, 고속자동 스크루기계부품
네이벌황동 (C46400~C46700)	60.0 Cu, 39.25 Zn, 0.75 Sn	380~610	170~455	50~17	베어링 볼, 볼트, 해양부품, 항공기 턴버클 배럴, 밸브스템, 복수기 판

표 3.11 청동의 성질 및 용도

종류(UNS)	공칭조성 (%)	극한 인장강도 (MPa)	항복강도 (MPa)	표점거리 50 mm의 연신율(%)	용도
건축용 청동 (C38500)	57.0 Cu, 3.0 pb, 40.0 Zn	415	140 (압출된 상태)	30	건축용 압출재, 문턱, 트림, 힌지
인청동, 5% A (C51000)	95.0 Cu, 5.0 Sn, 미량 P	325~960	130~550	64~2	벨로즈, 클러치판, 코터핀, 다이아프램, 체결부품, 와이어브러시, 화학부품, 섬유기계
쾌삭 인청동 (C54400)	88.0 Cu, 4.0 Pb, 4.0 Zn, 4.0 Sn	300~520	130~435	50~15	베어링, 부싱, 기어, 피니온, 축, 와셔, 밸브
저규소 청동, B (C65100)	98.5 Cu, 1.5 Si	275~655	100~475	55~11	유압선, 볼트, 해양부품, 전기회로, 열교환기 관
양은, 65~18 (C74500)	65.0 Cu, 17.0 Zn, 18.0 Ni	390~710	170~620	45~3	리벳, 스크루, 체결부품, 카메라부품, 공동용기, 명판

표 3.12 니켈합금의 성질 및 용도(모두 상품명임)

합금(조건)	주합금원소 (%)	극한인장강도 (MPa)	항복강도 (MPa)	표점거리 50 mm의 연신율(%)	용도
Nickel 200 (풀림처리)	없음	380~550	100~275	60~40	화학 및 식품산업, 항공우주장비, 전기부품
Duranickel 301 (시효경화)	4.4 AL, 0.6 Ti	1300	900	28	스프링, 플라스틱 압출장비, 유리용 금형, 다이아프램
Monel R-405 (열간압연)	30 Cu	525	230	35	스크루기계부품, 계량기부품
Monel K-500 (시효경화)	29 Cu, 3 Al	1050	750	30	펌프축, 밸브스템, 스프링
Inconel 600 (풀림처리)	15 Cr, 8 Fe	640	210	48	가스터빈부품, 열처리장치, 전기부품, 원자로
Hastelloy C-4 (용체화처리 및 담금질)	16 Cr, 15 Mo	785	400	54	고온안정성, 내응력부식균열성

구리합금은 열처리를 하거나 합금원소를 첨가하여 가공특성을 개선하고 다양한 성질을 갖게 할 수 있다. 가장 일반적인 구리합금은 황동과 청동이다.

황동(brass)은 구리와 아연의 합금으로 가장 오래된 합금의 하나이고, 장식품을 포함한 여러 곳에 사용된다(표 3.10 참조). **청동**(bronze)은 구리와 주석의 합금이다(표 3.11 참조). 다른 종류의 청동으로는 (1) 구리와 알루미늄의 합금인 **알루미늄청동**, (2) **주석청동**, (3) **베릴륨청동**(베릴륨-구리), (4) **인청동** 등이 있다. 베릴륨청동과 인청동은 강도와 경도가 우수하여 스프링이나 베어링에 사용된다.

3.11.4 니켈

니켈(Ni, nickel)은 1751년에 발견된 은백색 금속으로 강도, 인성, 내부식성을 갖게 하는 중요한 합금원소로서, 스테인리스강과 니켈기 초합금에 널리 사용된다. 이들 합금은 제트엔진부품, 로켓, 원자력발전소 같은 고온용 외에도 식품처리 및 화학처리 설비, 동전, 해양기기 등으로 사용된다. 니켈은 자성을 띠므로, 그 합금은 솔레노이드 같은 전자기부품에 사용된다.

크롬, 코발트, 몰리브덴을 함유하는 니켈합금은 고온에서 뛰어난 강도와 내부식성을 갖는다. 절삭성, 성형성, 주조성, 용접성은 합금원소로 개선된다. 특정 온도에서 강도를 유지하는 다양한 니켈합금이 개발되어 있다(표 3.12 참조). **모넬**(Monel)은 니켈-구리합금이고 **인코넬**(Inconel)은 니켈-크롬합금이다. **니켈-몰리브덴-크롬합금**(Hastelloy)은 고온에서 좋은 내부식성과 높은 강도를 갖는다. **니크롬**(Nichrome)은 니켈, 크롬, 철의 합금으로 높은 산화저항과 전기저항성을 갖기 때문에 전기난방재료로 이용된다. **인바**(Invar)는 철과 니켈의 합금으로, 열팽창계수가 작아서 정밀과학기구나 카메라, 광학용으로 사용된다

표 3.13 니켈기 초합금의 성질(870°C에서) 및 용도(모두 상품명임)

합금	조건	극한 인장강도 (MPa)	항복강도 (MPa)	표점거리 50 mm의 연신율(%)	용도
Astroloy	단련	770	690	25	고온용 단조품
Hastelloy X	단련	255	180	50	제트엔진 판재부품
IN-100	주조	885	695	6	제트엔진 블레이드 및 휠
IN-102	단련	215	200	110	과열기 및 제트엔진부품
Inconel 625	단련	285	275	125	항공기엔진 및 구조물, 화학공정장비
Inconel 718	단련	340	330	88	제트엔진 및 로켓부품
MAR-M 200	주조	840	760	4	제트엔진 블레이드
MAR-M 432	주조	730	605	8	주조터빈 휠
René 41	단련	620	550	19	제트엔진부품
Udimet 700	단련	690	635	27	제트엔진부품
Waspaloy	단련	525	515	35	제트엔진부품

(3.9.5절 참조).

3.11.5 초합금

초합금(superalloy)은 고온용으로 중요하게 사용되며, **내열합금** 또는 **고온합금**으로 알려져 있다. 적용제품으로는 제트엔진, 가스터빈, 왕복엔진, 로켓엔진, 열간가공용 공구와 다이를 들 수 있고, 원자력, 화학, 석유산업에서도 사용된다. 초합금은 고온에서 내부식성, 기계적-열적 피로 및 충격, 크리프, 침식에 좋은 내성을 갖는다. 대부분의 초합금은 구조용으로 최고 1000°C까지, 하중이 걸리지 않는 부품이라면 1200°C까지 사용가능하다. 초합금은 상품명이나 특별한 호칭체계로 구분되며, 다양한 형상으로 가용하다.

초합금은 **철기, 코발트기, 니켈기** 합금으로 분류된다. 주요 합금원소는 니켈, 크롬, 코발트, 몰리브덴이며, 알루미늄, 텅스텐, 티타늄 등도 일부 첨가된다. 철기 초합금은 32~67% 철, 15~22% 크롬, 9~38% 니켈로 조성되며, 상용합금은 인콜로이(Incoloy) 계열이다. 코발트기 초합금은 35~65% 코발트, 19~30% 크롬, 최고 35% 니켈로 조성된다. 코발트는 니켈과 같이 흰색을 띠는 금속으로, 코발트기 초합금은 니켈기 초합금보다 강하지 않지만, 보다 고온에서도 강도를 유지한다. 가장 일반적으로 사용되는 초합금은 니켈기 초합금으로, 여러 상품명으로 개발되어 널리 사용되며(표 3.13 참조), 38~76% 니켈, 최고 27% 크롬, 최고 20% 코발트로 조성된다.

3.11.6 티타늄과 그 합금

티타늄(Ti, titanium)은 1791년에 발견되었지만, 상업적으로 생산되기 시작한 것은 1950년대 이후이다. 가격이 비싼 반면, 비강도가 높고 상온이나 고온에서의 내부식성이 우수하여 비행기, 제트엔진, 경주용차, 해양기기, 잠수함선체, 석유화학산업, 정형외과용 임플

표 3.14 티타늄합금의 성질 및 용도

공칭조성 (%)	UNS	조건	온도 (°C)	극한 인장강도 (MPa)	항복강도 (MPa)	연신율 (%)	용도
99.5 Ti	R50250	풀림처리	상온	330	240	30	항공기프레임; 화학, 담수화,
			300	150	95	32	해양부품; 판형 열교환기
5 Al, 2.5 Sn	R54520	풀림처리	상온	860	810	16	항공기엔진 압축기 블레이드 및 배관,
			300	565	450	18	증기터빈 블레이드
6 Al, 4V	R56400	풀림처리	상온	1000	925	14	로켓 모터케이스, 항공기 압축기 및
			300	725	650	14	터빈용 디스크, 구조용 단조품 및
			425	670	570	18	체결부품, 정형외과 임플란트
			550	530	430	35	
		용체+시효	상온	1175	1100	10	
			300	980	900	10	
13 V, 11 Cr, 3 Al	R58010	용체+시효	상온	1275	1210	8	고강도 체결부품, 항공우주부품,
			425	1100	830	12	벌집구조재

란트 같은 생체재료 등 여러 용도에 유용하게 쓰인다(표 3.14 참조). 순수티타늄은 내부식성이 매우 우수하다. 알루미늄, 바나듐, 몰리브덴, 망간, 기타 합금원소를 첨가하여 가공성, 강도, 경화성 등의 성질을 개선할 수 있다. 티타늄합금은 장시간 사용 시 최고 550°C, 단시간 사용 시 최고 750°C의 온도에서 견딜 수 있다.

티타늄합금의 성질과 특징은 조성원소의 작은 변화에도 매우 민감하므로, 조성의 조절과 공정이 매우 중요하며, 공정 중에 수소, 산소, 질소 등에 의한 표면의 오염도 막아야 한다. 이들 요인은 티타늄의 인성과 연성을 감소시킨다.

BCC 구조의 티타늄(880°C 이상, β-티타늄)은 연성이며, HCP 구조의 티타늄(α-티타늄)은 약간 취성을 가지며 응력부식에 매우 민감하다. 합금과 열처리로 다른 티타늄 구조도 얻을 수 있으며, 특정 용도에 맞게 최적화될 수 있다. **티타늄알루미나이드 금속간화합물**(TiAl, Ti_3Al)은 강성이 높고 밀도가 낮으며, 보통 티타늄합금보다 고온성이 좋다.

3.11.7 내열금속

몰리브덴, 니오븀, 텅스텐, 탄탈 같이 융점이 매우 높은 금속을 **내열금속**(refractory metals)이라고 한다. 이들 금속은 약 200년 전에 발견되었지만, 철강과 초합금에 중요하게 이용되기 시작한 것은 1940년대부터이다. 내열금속은 다른 금속들에 비해 고온에서도 강도를 유지한다. 따라서 로켓엔진, 가스터빈, 기타 항공우주분야, 전기, 원자력, 화학산업, 공구 및 금형 재료에 중요하게 사용된다. 이들 재료는 1100~2200°C의 고온에서 강도와 산화가 중요한 곳에 사용된다.

1. **몰리브덴.** 은백색의 금속으로, 융점과 탄성계수가 높고, 열충격에 대한 내성, 열 및 전기 전도도가 우수하다. 몰리브덴(Mo, molybdenum)의 전형적인 용도는 로켓엔진, 제트엔

진, 벌집구조재(honeycomb), 전자부품, 전열선, 다이캐스팅 금형 등이다. 몰리브덴에 주로 첨가되는 합금원소는 티타늄과 지르코늄이다. 몰리브덴은 다른 내열금속에 비해 많이 사용되며, 강이나 내열금속의 주물이나 단련제품에 강도, 인성, 내부식성을 갖게 하는 중요한 원소이다. 몰리브덴의 단점은 500°C 이상에서 산화저항성이 떨어지는 점으로, 이 경우에는 보호피복이 필요하다.

2. **니오븀.** 연성과 성형성이 우수하고 다른 내열금속에 비해 내산화성이 높다. 각종 합금원소를 첨가시켜 니오븀합금이 적절한 강도와 우수한 가공특성을 갖도록 할 수 있고, 로켓, 미사일, 원자력, 화학, 초전도체 장치에 사용된다. **니오븀**(Nb, niobium 혹은 columbium)은 각종 합금과 초합금의 원소로도 사용된다.
3. **텅스텐.** 1781년에 발견된, 내열금속 중 가장 풍부한 **텅스텐**(W, tungsten)은 금속 중에서 융점이 가장 높고(3410°C), 고온에서 고강도를 갖는 특성이 있다. 반면에, 밀도가 높고, 저온 취성을 보이며, 산화에는 약하다.

   텅스텐과 그 합금은 미사일의 노즐라이너, 제트엔진과 로켓엔진의 최고온부, 회로차단기, 용접전극 등 1650°C 이상의 고온용 부품에 사용된다. 전구의 필라멘트선은 분말야금법과 인발기술을 이용하여 순수텅스텐으로 만들어진다. 텅스텐은 밀도가 높으므로 기계장치의 균형추나 시계태엽의 추에 사용되기도 한다. 텅스텐은 고온에서 공구와 금형에 강도와 경도를 부여하는 매우 중요한 원소이며, 텅스텐카바이드(코발트를 카바이드 입자의 결합제로 사용)는 가장 중요한 공구 및 금형 재료이다.
4. **탄탈.** 고융점(3000°C), 좋은 연성과 내부식성을 가진 **탄탈**(Ta, tantalum)은 밀도가 높고, 150°C 이상에서는 화학반응에 대한 저항이 약하다. 탄탈은 합금원소로도 이용되고, 전해 커패시터에 많이 사용되며, 전기전자공업 및 화학공업의 부품, 가열로, 내산성이 요구되는 열교환기에 널리 사용된다. 각종 탄탈기 합금이 다양한 형태로 미사일 및 항공기 부품으로 사용된다.

3.11.8 기타 비철금속

1. **베릴륨.** 철강회색을 띠는 **베릴륨**(Be, beryllium)은 비강도가 높고, 중성자흡수율이 낮기 때문에 핵시설 및 X선 장치에 이용되며, 그 외에 로켓노즐, 우주선과 미사일의 구조물, 항공기 디스크 브레이크, 정밀측정기구, 경면 등에 사용된다. 베릴륨은 합금원소로도 사용되어, 구리나 니켈과의 합금은 스프링(Be-Cu), 전기접점, 광산이나 금속분말 생산 같은 폭발성 환경에서 스파크를 발생시키지 않는 공구에 사용된다. 베릴륨과 그 산화물은 독성이 있으므로 취급에 주의를 요한다.
2. **지르코늄.** 은색의 금속으로, 고온강도와 연성이 우수하고, 표면산화막으로 인해 내부식성이 좋다. **지르코늄**(Zr, zirconium)은 중성자흡수율이 낮기 때문에 전자부품, 원자력부품에 사용된다.
3. **저용융점 금속.** 융점이 낮은 금속들로 납, 아연, 주석 등이 있다.

(1) **납**(Pb, 배관공의 어원인 *plumbum*에서 유래, lead)은 고밀도, 내부식성(표면에 안정된 산화막 형성), 저경도 및 저강도, 높은 연성 및 가공성의 특징을 갖는다. 안티몬, 주석 같은 원소와 합금되어 배관, 베어링합금, 전선 외장, 지붕, 납-산 축전지 등의 용도에 적합하다. 납은 또한 소음과 진동의 감쇠작용, X선 차단, 인쇄활자, 추, 화학 및 페인트 산업에 사용된다. 가장 오래된 납 공예품은 기원전 3,000년경에 만들어졌으며, 영국의 배스(Bath) 지방에 로마인이 설치한 납파이프는 2000년이 지난 오늘날에도 사용되고 있다. 납은 연납재료(solder), 강, 구리 등의 합금원소로서 내부식성과 기계가공성을 향상시킨다. 그러나 납의 유독성 때문에 납에 의한 오염문제가 심각한 문제로 되고 있다(12.13.3절의 **무연 연납재료** 참조).

(2) **아연**(Zn, zinc)은 청백색이며, 철, 알루미늄, 구리에 이어 산업적으로 네 번째로 많이 사용되는 금속으로, 수세기 전부터 알려져 왔지만, 18세기에 이르러서야 연구되고 개발되기 시작했다. 아연의 용도는 크게 두 가지로, (a) 철, 강판, 선재의 아연도금, (b) 주물의 합금원소(예: 황동)로 사용된다. **아연도금**(galvanizing)이 긁히거나 구멍나는 경우, 아연은 양극으로 작용하여 부식으로부터 강(음극)을 보호한다.

아연합금에 주로 첨가되는 원소는 알루미늄, 구리, 마그네슘으로, 이들은 강도를 높이고 주조 시에 치수조절을 용이하게 한다. 아연기 합금은 보통 다이캐스팅 공정으로 기화기, 연료펌프, 자동차그릴, 가정용품(진공청소기, 세척기, 주방용품 등), 기계부품으로 만들어진다. 아연의 또 다른 용도는 초소성합금의 재료로서(2.2.7절 참조), 파단되지 않고 많은 변형을 할 수 있으므로 성형성이 매우 우수하다. 초미세 결정립의 78% 아연-22% 알루미늄 판재는 초소성성형될 수 있는 아연합금의 한 예이다.

(3) **주석**(Sn, tin)은 사용량이 많지 않지만 매우 중요하게 사용되는 금속이다. 은백색의 광택을 내는 주석은 강판 보호용 피복에 사용되어(**주석강판**), 음식물이나 기타 제품의 용기로 사용된다. 밀봉된 캔의 내부에서 강은 주석에 대해 음극 역할을 하므로 부식이 방지된다. 주석피복은 전단강도가 낮으므로, 주석강판은 디프드로잉이나 일반 프레스작업에서 작업성이 좋다.

순수주석은 증류수 제조시설의 내벽재료, 평판유리 제조의 금속용융층(11.11절 참조)으로 사용된다. 주석기 합금(**백색금속**이라고도 함)은 구리, 안티몬, 납을 포함하며, 이들 합금원소는 강도, 경도, 내부식성을 갖게 한다. 주석합금의 낮은 전단강도 및 응착력으로 인한 저마찰특성으로, **배빗**(babbitts)이라는 주석합금은 저널베어링 재료로 쓰인다. **백랍**(pewter)은 15세기에 개발된 주석, 구리, 안티몬의 합금으로, 식기, 접시, 장식품 등에 사용된다. 주석은 금속활자, 치과재료, 청동, 티타늄합금, 지르코늄합금의 원소로 사용되며, 오르간 파이프도 주석합금으로 만들어진다. 주석-납합금은 보통 **연납**재료로 쓰이는데, 조성에 따라 융점이 달라진다(12.13.3절 참조).

4. 귀금속. 금, 은, 백금은 비싸면서도 공업적으로 중요한 귀금속들이다.

(1) **금**(Au, *aurum*에서 유래)은 연하고, 부드럽고, 어떤 온도에서도 내부식성이 좋으므로, 전기연결선이나 단자, 보석류, 화폐, 반사경, 장식품, 치과재료 등으로 이용된다.

(2) **은**(Ag, *argentum*에서 유래)은 연성 금속으로 열 및 전기 전도도가 매우 우수하지만, 표면에 산화막을 형성하여 표면성질 및 외관에 좋지 않은 영향을 준다. 은의 전형적인 용도는 사진필름, 전기접점, 용접재료, 베어링, 식품 및 화학설비, 식기, 보석, 화폐 등이다. 스털링 은(sterling silver)은 은과 7.5% 구리의 합금이다.

(3) **백금**(Pt, platinum)은 부드럽고 연하며 회백색을 띠는 금속으로, 고온 내부식성이 우수하다. 백금합금은 전기접점, 스파크플러그, 자동차 배기조절장치의 촉매제, 필라멘트, 노즐, 유리섬유용 사출다이, 열전대 등에 이용된다. 전기화학산업에도 사용되며, 보석류, 치과재료로도 사용된다.

3.11.9 특수금속과 합금

1. **형상기억합금.** 형상기억합금(shape-memory alloy)은 상온에서 소성변형을 일으키더라도 열을 가하면 원래의 모양으로 돌아가는 재료이다. 이 재료로 만든 곧은 선재를 예로 들면, 헬리컬 스프링으로 만든 후 열을 가하면 다시 원래의 곧은 선재로 돌아간다. 전형적인 형상기억합금으로 55% 니켈-45% 티타늄이 있고, 구리-알루미늄-니켈, 구리-아연-알루미늄, 철-망간-규소, 니켈-티타늄 같은 합금도 있다. 이들 합금은 연성과 내부식성이 좋고 전기전도도가 높다.

   형상기억합금의 거동은 가역적이므로, 열을 주기적으로 가하거나 제거함으로써 반복적으로 형상을 바꿀 수 있다. 전형적인 용도로는 설치가 간편한 온도센서, 클램프, 커넥터, 체결구, 밀봉재 등이다.

2. **비정질합금.** 보통의 금속과 달리 결정립구조를 갖지 않는 금속을 **비정질합금**(amorphous alloy)이라고 한다(5.10.8절 참조). 이 합금은 결정립계가 없고 원자들이 임의로 빽빽이 차있다. 이 구조는 유리의 구조(11.10절)와 비슷하기 때문에, 이 합금을 **금속유리**(metallic glass)라고도 한다. 이들 재료는 선재, 리본, 판재, 분말의 형태 외에 덩어리 형태로도 가용하며, 지속적으로 연구되어 중요한 재료로 부각되고 있다.

   비정질합금은 보통 철, 니켈, 크롬으로 구성되며, 탄소, 인, 보론, 알루미늄, 규소를 합금원소로 첨가한다. 이들 합금은 내부식성이 뛰어나고, 연성과 강도가 우수하다. 또한 자기이력손실이 매우 낮아서 변압기, 발전기, 모터, 자기 증폭기, 선형 가속기용 자기철심으로 적합하다.

   비정질합금은 1960년대에 용융금속을 초고속으로 급랭하여 처음 얻어졌다. 급속응고를 얻는 한 방법인 **스플랫 냉각**(splat cooling) 혹은 **멜트스피닝**(melt spinning, 그림 5.31 참조)은 용탕을 회전시키며 매우 빠른 속도로 방출시키는 방법이다. 이때 냉각속도는 10^6~10^8 K/s 정도에 달하여 용융금속의 결정이 생길 충분한 시간을 갖지 못하게 된다. 하지만 비정질합금의 온도를 높이고 천천히 냉각시키면 결정구조를 갖게 된다.

3. **나노재료.** 1980년대 초반에 처음 연구된 이들 재료의 일부 성질은 전통적인 상업용 재료의 성질보다 우수하다. 우수한 성질로는 독특한 전기, 자기, 광학적 성질과, 구조용 혹은 비구조용에 적합한 강도, 경도, 연성, 내마모성, 내부식성을 들 수 있다. 나노재료는 절삭공구, 금속분말, 컴퓨터칩, 노트북용 평면 디스플레이, 센서, 각종 전자기 부품에 사용된다(8.6.10절, 11.8.1절, 13.18절 참조).

   나노재료는 과립, 섬유, 박막, 복합재료(강화입자크기 1~100 nm)의 형태로 가용하며, 어떤 화학원소의 조합으로도 조성될 수 있다. 그 중에서 탄화물, 산화물, 질화물, 금속 및 합금, 유기 폴리머, 각종 복합재료 등이 중요한 용도에 사용되는 조성이다. 나노재료를 제조하는 합성방법으로는 불활성기체 응축, 플라즈마 합성, 전기증착, 졸-겔 합성, 기계적 합금 혹은 볼 밀링 등이 있다.

4. **금속발포재.** 보통은 알루미늄합금, 경우에 따라서는 티타늄이나 탄탈 합금으로도 만드는 금속발포재(metal foam)에서 금속이 차지하는 체적분율은 5~20%에 불과하다. 발포재를 제조하는 한 방법은 용탕에 공기를 불어넣어서 표면에 거품이 생기게 한 후, 거품을 걷어서 응고시키는 것이다. 또 다른 방법으로, (1) 폴리머나 탄소 발포재격자에 화학증착법, (2) 폴리머 발포재에 금속분말을 섞어서 슬립주조, (3) 티타늄 혼성물을 용융금속이나 분말에 첨가한 후, 고온의 주조 혹은 소결온도에서 수소가스를 방출하는 방법이 있다. 금속발포재는 비강도와 비강성을 독특하게 조합할 수 있고 매우 경량이므로, 항공우주용을 비롯하여 필터, 경량보, 정형외과용 임플란트 재료로 사용하기에 적합하다.

내용 요약 *SUMMARY*

- 순금속과 합금의 가공특성은 기계적, 물리적 성질에 따라 크게 달라진다. 이들 성질은 주로 결정구조, 결정립계, 결정립크기, 단류선, 각종 결함의 영향을 받는다. (3.1절 및 3.2절)
- 소성변형이 생기는 슬립을 일으키는 데 필요한 전단응력이 낮은 이유는 전위에 기인한다. 하지만 전위끼리 엉키거나, 결정립계, 불순물, 개재물 같은 방해물에 걸리게 되면, 슬립에 필요한 전단응력은 증가하며, 이 현상을 가공경화 혹은 변형경화라고 한다. (3.3절)
- 결정립크기와 결정립계는 강도, 연성, 경도 같은 기계적 성질에 큰 영향을 주며, 인성을 감소시켜 취화 현상을 증가시킨다. 결정립계는 전위이동을 방해하므로 변형경화의 요인이 된다. (3.4절)
- 다결정금속이 상온에서 소성변형을 받으면(냉간가공), 전위가 증가하고 엉켜서 재료의 강도가 증가한다. 또한 변형으로 인해 기계적 성질이 각 방향별로 달라지는 이방성이 생긴다. (3.5절)
- 금속에 생긴 냉간가공의 효과는 소재를 특정 온도범위에서 일정시간 동안 가열함으로써 회복, 재결정, 결정립성장의 단계를 순서대로 거치면서 제거될 수 있다. (3.6절)

- 순금속이나 합금은 상온, 온간, 열간에서 가공될 수 있다. 가공되는 동안 소재의 전반적인 거동, 소요 하중 및 에너지, 가공성은 가공온도가 재결정온도보다 높으냐, 낮으냐에 따라서 달라진다. (3.7절)
- 금속의 가공작업 동안 변형을 받아 생기는 소재의 파단이나 파괴는 중요하게 고려할 사항이다. 파괴유형에는 연성파괴와 취성파괴의 두 가지가 있다. 연성파괴는 파괴되기 전에 소성변형이 일어나면서 상당량의 에너지가 필요한 것이 특징이다. 반면에, 취성파괴는 소성변형 없이 급격히 일어나므로, 연성파괴에 비해 소요에너지가 훨씬 작고 매우 위험하다. 순금속 및 합금의 파괴거동에는 환경, 변형률속도, 응력상태 같은 인자 외에 불순물이나 개재물도 중요한 역할을 한다. (3.8절)
- 순금속 및 합금의 물리적 성질이나 화학적 성질 역시 설계 고려사항, 서비스 요구조건, 다른 재료와의 적합성(공구 및 금형을 포함하여), 가공 중의 소재거동에 큰 영향을 준다. (3.9절)
- 강도, 인성, 경도, 연성, 크리프, 내열성, 내산성 등의 광범위한 성질을 가진 많은 종류의 순금속 및 합금들을 사용할 수 있다. 이들 재료는 일반적으로 (1) 철금속과 그 합금, (2) 비철금속과 그 합금, (3) 초합금, (4) 내열금속, (5) 기타 비정질금속, 형상기억합금, 나노재료, 금속발포재 등으로 구분된다. (3.10절 및 3.11절)

수식 요약 SUMMARY OF EQUATIONS

- 금속의 이론적 전단강도: $\tau_{max} = \dfrac{G}{2\pi}$
- 금속의 이론적 인장강도: $\sigma_{max} = \sqrt{\dfrac{E\gamma}{a}} \simeq \dfrac{E}{10}$
- Hall-Petch 식: $Y = Y_i + kd^{-1/2}$
- ASTM 결정립도: $N = 2^{n-1}$
- 인장강도와 균열길이의 관계: $\sigma \propto \dfrac{1}{\sqrt{\text{균열길이}}}$

참고문헌

BIBLIOGRAPHY

Ashby, M.F., and Jones, D.R.H., *Engineering Materials*, Vol. 1, *An Introduction to Their Properties and Applications*, 3rd ed., Pergamon, 2005; Vol. 2, *An Introduction to Microstructures, Processing and Design*, Pergamon, 2005; Vol. 3, *Materials Failure Analysis: Case Studies and Design Implications*, Pergamon, 1993.

Ashby, M.F., *Materials Selection in Mechanical Design*, 3rd ed., Pergamon, 2005.

ASM Handbook, various volumes, ASM International.

ASM Specialty Handbooks, various volumes, ASM International.

Brandt, D.A., and Warner, J.C., *Metallurgy Fundamentals*, Goodheart-Wilcox, 2004.

Budinski, K.G., *Engineering Materials: Properties and Selection*, 8th ed., Prentice Hall, 2004.

Callister, W.D., Jr., *Materials Science and Engineering*, 7th ed., Wiley, 2006.

Davis, J.R. (ed.), *Handbook of Materials for Medical Devices*, ASM International, 2003.

Dieter, G.E., *Engineering Design: A Materials and Processing Approach*, 3rd ed., McGraw-Hill, 1999.

Farag, M.M., *Materials Selection for Engineering Design*, Prentice Hall, 1997.

Flinn, R.A., and Trojan, P.K., *Engineering Materials and Their Applications*, 4th ed., Houghton Mifflin, 1994.

Harper, C. (ed.), *Handbook of Materials for Product Design*, 3rd ed., McGraw-Hill, 2001.

Helmus, M., and Medlin, D. (eds.), *Medical Device Materials*, ASM International, 2005.

Hertzberg, R.W., *Deformation and Fracture Mechanics of Engineering Materials*, 4th ed., Wiley, 1996.

Hosford, W.F., *Physical Metallurgy*, Taylor & Francis, 2005.

Krauss, G., *Steels: Processing, Structure, and Performance*, ASM International, 2005.

Liu, A.F., *Mechanics and Mechanisms of Fracture: An Introduction*, ASM International, 2005.

Mangonon, P.C., *The Principles of Material Selection for Engineering Design*, Prentice Hall, 1999.

Material Selector, annual publication of *Materials Engineering Magazine*, Penton/IPC.

Pollock, D.D., *Physical Properties of Materials for Engineers*, 2nd ed., CRC Press, 1993.

Ratner, B.D., Hoffman, A.S., Schoen, F.J., and Lemons, J.E. (eds.), *Biomaterials Science: An Introduction to Materials in Medicine*, 2nd ed., Academic Press, 2004.

Revie, R.W. (ed.), *Uhlig's Corrosion Handbook*, Wiley-Interscience, 2000.

Roberge, P.R., and Tullmin, M., *Handbook of Corrosion Engineering*, McGraw-Hill, 1999.

Roberts, G.A., Krauss, G., Kennedy, R., and Cary, R.A., *Tool Steels*, 5th ed., ASM International, 1998.

Schaffer, J., Saxena, A., Antalovich, S., Sanders, T., and Warner, S., *The Science & Design of Engineering Materials*, 2nd ed., McGraw-Hill, 1999.

Shackelford, J.F., *Introduction to Materials Science for Engineers*, 6th ed., Macmillan, 2005.

Smith, W.F., *Principles of Materials Science and Engineering*, 3rd ed., McGraw-Hill, 1995.

Thermal Properties of Metals, ASM International, 2002.

Tool and Manufacturing Engineers Handbook, 4th ed., Vol. 3, *Materials, Finishing and Coating*, Society of Manufacturing Engineers, 1985.

Woldman's Engineering Alloys, 9th ed., ASM International, 2000.

Wroblewski, A.J., and Vanka, S., *MaterialTool: A Selection Guide of Materials and Processes for Designers*, Prentice Hall, 1997.

Wulpi, D.J., *Understanding How Components Fail*, 2nd ed., ASM International, 1999.

복습문제

QUESTIONS

3.1 단위격자와 단결정의 차이점을 설명하여라.

3.2 금속의 결정구조를 공부하는 이유는 무엇인가?

3.3 재결정이 금속의 성질에 미치는 영향은 무엇인가?

3.4 슬립계는 어떤 측면에서 중요한가?

3.5 금속의 성질 중에서 격자구조에 민감한 성질과 그렇지 않은 성질이 의미하는 것은 무엇인가?

3.6 금속의 핵생성률과 단위체적당 결정립수 간에는 어떤 관계가 있는가?

3.7 회복과 재결정의 차이점을 설명하여라.

3.8 (1) 같은 금속으로 된 두 개의 시편에서 재결정온도가 다를 수 있는지 설명하여라.
(2) 소재 내에서 부분적으로 재결정이 일어날 수 있는지 설명하여라.

3.9 결정구조가 다르면 강도나 연성이 달라지는 이유를 설명하여라.

3.10 선택적 방향성과 기계적 섬유화의 차이점을 설명하여라.

3.11 기계적 섬유화를 비유할 수 있는 일상생활에서의 예를 몇 개 들어보아라. (힌트: 밀가루반죽층 사이로 밀가루를 뿌린 후 잡아늘임)

3.12 냉간가공된 금속시편이 재결정되었다고 하자. 이 시편을 시험했을 때, 이방성을 나타냈다면 그 이유는 무엇인가?

3.13 시편 내에 재결정이 일어나면 기계적 섬유화를 없앨 수 있는지 설명하여라.

3.14 금속표면에 나타나는 오렌지피일(orange-peel) 효과는 어떤 점에서 중요하게 여겨지는가?

3.15 같은 금속으로 두 개의 부품을 만드는데, 하나는 냉간가공으로, 다른 하나는 열간가공으로 가공하였다고 하자. 어떤 차이점들을 볼 수 있겠는가?

3.16 다결정금속의 결정립크기가 크면, 상온에서 강도가 감소하는 이유는 무엇인가?

3.17 납이나 주석 같이 재결정온도가 상온 근처인 금속은 어떤 면에서 중요한가?

3.18 같은 크기의 고무띠 한두 개로 묶은 게임카드 한 벌이 있다고 하자. 이를 이용하여 이 장에서 설명한 어떤 재료거동 현상을 설명할 수 있겠는가? 고무띠의 개수를 많이 사용하는 것은 어떤 효과를 나타내는가? (힌트: 그림 3.5와 3.7을 활용함)

3.19 제2장과 제3장에 주어진 자료로부터 연성 금속시편이 취성파괴할 수 있는 조건을 나열하여라.

3.20 다음 용도에 적합한 금속을 제시하고, 그 이유를 설명하여라.
(1) 종이클립
(2) 자전거 프레임
(3) 면도날
(4) 배터리 케이블
(5) 가스터빈 블레이드

3.21 금속의 냉간, 온간, 열간 가공의 장점과 한계를 각각 설명하여라.

3.22 부품이 갑자기 심한 온도 변화를 겪으면 균열을 일으키는 이유는 무엇인가?

3.23 다음 금속 및 그 합금이 적합한 용도를 각각 세 가지씩 들어라.
(1) 강
(2) 알루미늄
(3) 구리
(4) 마그네슘
(5) 금

3.24 다음 금속 및 그 합금이 적합하지 않은 용도를 각각 세 가지씩 들어라.
(1) 강
(2) 알루미늄
(3) 구리
(4) 마그네슘
(5) 금

3.25 오늘날 볼 수 있는 첨단제품 중에서 고온에서의 고강도, 부식저항, 크리프저항을 발휘하는 합금이 개발되지 않았다면 볼 수 없었을 제품을 제시하여라.

3.26 몇 가지 금속제품이나 부품을 살펴보고 그들이 어떤 재료로 만들어졌는지를 추측하여라. 추측에 대한 이유는 무엇인가? 만일 한 가지 이상의 재료로 만들어졌다고 추측한다면, 그 이유는 무엇인가?

3.27 다음과 같은 물리적 성질이 요구되는 공학적 용도를 각각 세 가지씩 나열하여라.
(1) 고밀도
(2) 저용융점
(3) 높은 열전도도

3.28 열충격이 반복되면 소재나 금형에 균열을 일으키게 하는 두 가지 물리적 성질로 열전도도와 열팽창을 들 수 있다. 그 이유를 설명하여라.

3.29 일반 재료에 비해 나노재료는 어떤 장점을 갖는가?

3.30 알루미늄은 자동차에서 철강의 대체재료로 언급되어 왔다. 알루미늄 자동차가 나왔다면 이를 구입하기 전에 고려할 만한 사항으로 어떤 점을 들 수 있는가?

3.31 사냥용 산탄총알로 납을 많이 사용하는데, 새들은 음식물 소화를 돕기 위해 납알을 (모래알과 함께) 섭취한다. 이 경우에 납의 대체재료로 추천할 만한 재료로는 무엇이 좋으며, 그 이유는 무엇인가?

3.32 금속유리란 무엇이며, 이 재료에 '유리'라는 단어를 사용하는 이유는 무엇인가?

3.33 이 장에서 설명한 재료들 중에서 다음 값이 가장 높은 것은 각각 어떤 재료인가?
(1) 밀도
(2) 전기전도도
(3) 열전도도
(4) 강도
(5) 가격

3.34 쌍정이란 무엇이며, 슬립과 어떻게 다른가?

연습문제

PROBLEMS

3.35 알루미늄, 일반탄소강, 텅스텐에 대하여 이론적 (1) 전단강도와 (2) 인장강도를 계산하여라. 각 금속에 대하여 이론강도와 실제강도의 비율은 어느 정도인가?

3.36 한 기술자가 어떤 시편의 에칭된 면에서 결정립도가 6이라고 측정하였다. 그러나 그가 사용한 배율이 ASTM에서 규정한 100×가 아니라 150×임을 뒤늦게 알았다. 정확한 결정립도를 계산하여라.

3.37 ASTM 입도지수가 9인 보통 종이클립에 있는 결정립의 수를 계산하여라.

3.38 외팔보의 고유진동수 f는 E를 탄성계수, I를 관성모멘트, g를 중력가속도, w를 보의 단위길이당 무게, L을 보의 길이라고 할 때, 다음 식으로 주어진다.

$$f = 0.56\sqrt{\frac{EIg}{wL^4}}$$

온도가 증가하면 보의 고유진동수에 어떠한 변화가 있는가?

3.39 한 금속시편의 두께가 25 mm에서 15 mm로, 같은 재질의 다른 시편은 25 mm에서 10 mm로 냉간가공

되었다. 이 중 어떤 시편이 낮은 온도에서 재결정될 것이며, 그 이유는 무엇인가?

3.40 수평으로 놓여 있으며, 양 끝이 단순지지된 길이 1 m인 원형단면 축의 중앙에 50 kgf의 하중이 작용한다.

(1) 이 축의 직경이 20 mm이고, AISI 303 강으로 만들어졌다면, 하중작용점에서의 변형량은 얼마인가?

(2) 이 축의 재료를 알루미늄 2024-T4, 청동, 99.5% 티타늄으로 각각 대체할 때, (1)에서와 같은 변형량을 유지하려면 각 경우에 축의 직경이 얼마가 되어야 하는가?

3.41 알루미늄 원자의 직경이 0.5 nm라고 한다면, ASTM 입도지수 5인 결정립에는 몇 개의 원자가 포함되는가?

3.42 이 장에 설명된 재료들에 대하여 (1) 항복응력 대 밀도, (2) 탄성계수 대 강도, (3) 탄성계수 대 상대적 가격의 그래프를 작성하여라. 힌트: 표 16.4 참조.

3.43 황동을 인장시험하여 다음 자료를 얻었다.

결정립크기 (μm)	항복응력 (MPa)
15	150
20	140
50	105
75	90
100	75

이 재료는 Hall-Petch 식을 따르는가? 만일 그렇다면 k 값을 구하여라.

3.44 정밀기구에 사용되는 재료에서 열전도도를 열팽창계수로 나눈 값이 클수록 열변형은 작음을 보일 수 있다. 표 3.3에 제시된 재료들 중에서 열변형이 작은 순서를 제시하여라.

3.45 이 장의 내용에 대하여 학생들에게 퀴즈문제를 낸다고 하자. 정량적인 문제 세 개와 정성적인 문제 세 개를 만들고, 답안을 제시하여라.

제 4 장

표면, 트라이볼로지, 치수특성, 검사 및 품질인증

주요내용

재료의 가공에서 중요하게 고려해야 할 다음 사항들을 설명함.

- ❑ 재료의 가공에 영향을 주는 표면구조, 표면조직, 표면성질
- ❑ 가공공정에서 마찰, 마멸, 윤활(트라이볼로지)의 역할과 각종 가공유제의 특성
- ❑ 가공제품의 외관과 성능을 향상시키기 위한 표면처리법
- ❑ 공업측정, 측정기기, 치수공차와 이들이 품질과 성능에 미치는 영향
- ❑ 가공제품에 대한 파괴검사와 비파괴검사
- ❑ 제품의 품질관리에 사용되는 통계기법

4.1 개요

가공제품의 **표면**은 가공 중에 받은 다양한 기계적, 물리적, 열적, 화학적 영향들 때문에 내부의 모재와는 상당히 다른 성질과 거동을 갖는다. **모재**(substrate)는 제품의 전반적인 기계적 성질들을 결정하는 반면, 가공표면은 다음과 같은 점에서 제품의 특성과 성질에 직접적으로 영향을 준다.

- 마찰 및 마멸 특성은 후속가공에서 공구나 금형과의 접촉상태, 제품으로 사용될 때 다른 물체와의 접촉상태에 영향을 준다.
- 후속가공이나 제품수명 동안 윤활제의 효율성이 달라진다.
- 가공면은 제품의 외양과 기하학적 특성을 결정한다. 이들 특성은 도장, 피복(coating), 용접, 납접, 접착 같은 후속공정이나 제품의 내부식성에 영향을 준다.
- 거칠기, 긁힌 자국, 이음 자국, 열영향부 같은 가공면의 결함은 균열을 발생시켜 제품을 취약하게 하거나, 피로나 기타 파괴기구로 제품을 조기파단시킨다.
- 가공면 상태는 다른 물체와 접촉해 있을 때, 열 및 전기 전도도에 영향을 준다. 예를 들면, 거친 표면은 매끈한 표면보다 열이나 전기의 전도가 불량하다.

마찰, 마멸, 윤활은 **표면** 현상이다. 즉, (1) 마찰은 소요동력, 소요하중, 가공면 품질에 영향을 준다; (2) 마멸은 공구나 다이의 표면형상을 바꾸고, 결과적으로 제품품질과 경제성에 악영향을 미친다; (3) 윤활은 기계나 장비가 제대로 작동되게 할 뿐만 아니라, 모든 가공작업에 예외 없이 필수적인 요소이다.

표면의 성질이나 특성은 각종 **표면처리법**으로 바꾸거나 개선시킬 수 있다. 가공품의 마찰거동, 윤활효과, 내마멸성 및 내부식성, 표면정도 및 외양을 개선하는 기계적, 열적, 전기적, 화학적 표면처리방법들이 다수 있다.

호환성 있는 부품의 **제조**는 대량생산과 표준화에 있어서 기본적인 개념이다. 이러한 관점에서, 부품의 치수와 기하학적 특성을 정확히 측정하는 방법은 제조공정에서 필수적인 요소이므로, 측정관련 기본원리와 측정기기를 설명한다. 파괴시험이나 비파괴시험을 통한 가공품의 **시험** 및 **검사법**도 중요한 사항이다. **제품품질**은 가공에서 가장 중요한 요소이므로, 제품이 가공된 후에 검사하는 것보다는 제품이 가공되는 동안 단계적으로 **품질을 쌓**아가는 것이 경제적으로나 기술적으로 중요함을 강조하고, 이 목표를 달성하는 데 사용되는 기술들을 설명한다.

4.2 표면구조와 성질

금속표면을 자세히 관찰해 보면, 표면이 여러 층으로 구성되어 있음을 알 수 있다. 그림

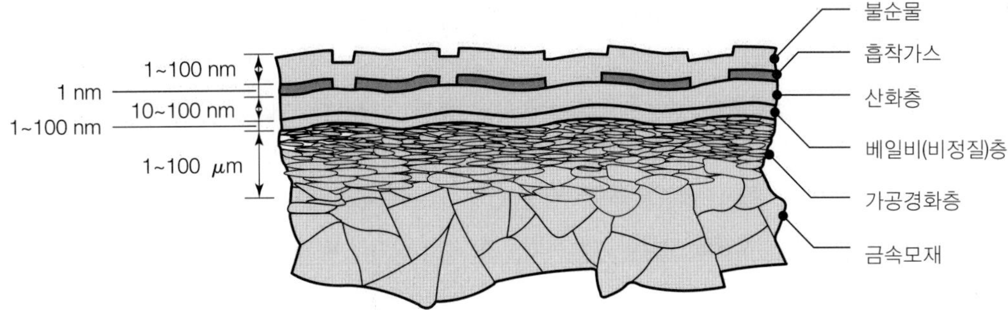

▲ **그림 4.1**
금속표면조직의 단면도. 각 층의 두께는 가공조건과 환경에 따라 다르다.

4.1을 참조하여, 표면으로부터 가장 안쪽에 위치한 **모재**의 구조는 재료의 조성과 가공이력에 의해 결정된다. 모재를 덮고 있는 가공경화층은 가공과정에서 받은 소성변형과 가공경화의 정도가 모재보다 더 심한 부위로, 그 두께와 성질, 즉 **표면구조**는 가공방법, 가공 시 마찰상태 등의 인자에 따라 변한다. 마모된 공구나 부적절한 절삭조건, 무딘 연삭숫돌로 가공된 표면은 비교적 두꺼운 가공경화층을 가진다. 또한 (1) 표면의 변형상태가 불균일하거나, (2) 심한 온도구배를 겪은 경우에는 가공경화층에 **잔류응력**이 남는다.

가공경화층 위에는 미세결정체나 **비정질구조**인 **베일비**(Beilby)**층**이 생기기도 한다. 이 층은 부분용해나 표면유동이 생기는 일부 기계가공이나 표면마무리 작업 후에 급속담금질을 한 경우에 생긴다. 금이나 백금 같은 귀금속재료가 아닌 금속이 불활성분위기(혹은 산소가 없는 상태)에서 가공되거나 보존되지 않으면, 가공경화층이나 베일비층 외측에는 항상 **산화물층**이 생긴다. 몇 가지 예를 들면 다음과 같다.

1. 철은 모재 위에 FeO 층, 그 위에 Fe_3O_4 층, 공기와 접하는 최외측에는 Fe_2O_3 층 같은 복잡한 구조의 산화물층으로 덮여 있다.
2. 알루미늄은 두껍고 다공질인 수산화알루미늄 산화물층 밑에 촘촘한 **비정질구조**의 Al_2O_3 층을 갖는다.
3. 갓 긁히거나 기계가공된 구리면은 밝고 광택이 난다. 그러나 곧바로 산화되어 Cu_2O 층이 형성되고, 그 위에 다시 CuO 층이 덮인다. 따라서 주방기구에서 볼 수 있듯이, 구리는 다소 흐린 빛깔을 띤다.
4. 스테인리스강의 표면에는 산화크롬(CrO)층이 형성되어 부식에 대한 보호막 역할을 하기 때문에 '녹슬지 않는(stainless)' 다는 이름이 붙여졌다. 이 부식억제 현상을 **부동태화**라고 한다(3.9.7절 및 3.10.2절 참조).

보통의 분위기에서 산화물층은 다시 가스나 수분이 흡착된 층으로 덮여 있고, 그 바깥쪽, 즉 최외측에는 불순물로 덮여 있다. 불순물로는 먼지, 기름때, 윤활제나 세척제 찌꺼기, 주변 오염물질 등이 있다.

이상에서 살펴본 바와 같이, 금속표면은 모재와 상당히 다른 성질을 가진다. 예를 들면, 금속표면의 산화물은 일반적으로 모재보다 훨씬 경하므로, 취성과 연마성이 있다. 금속표면의 특성은 재료의 가공 시 마찰, 마멸, 윤활 상태와 후속 피복작업에 큰 영향을 준다. 금속재료의 표면구조에 관련되는 각종 인자들은 플라스틱이나 세라믹 재료의 표면구조에도 거의 같은 영향을 주므로, 그 표면구조 역시 금속재료처럼 가공방법이나 환경조건에 따라 달라진다.

■ **표면완전성**(surface integrity) 표면완전성은 표면의 기하학적 특성에 기계적, 야금학적 성질까지 포함시킨 용어로, 피로강도, 내부식성, 제품수명에 영향을 주므로, 가공작업에서 중요한 고려사항이다. 가공 중에 생기는 각종 **표면결함들**은 표면완전성을 떨어뜨린다. 표면결함의 발생에는 다양한 요인들이 복합되어 있다. 즉, (1) 재료에 원래부터 존재하는 결함, (2) 표면이 가공된 방법, (3) 공정변수들의 부적절한 관리로 인해 야기된 과도한 응력이나 온도가 있다. 실제 작업에서 볼 수 있는 주요 표면결함으로는 **균열**, **크레이터**, **겹침**(folds 혹은 laps), **접힘**, **스플래터**(splatters), **개재물**, **입계약화**(intergranular attack), **열영향부**, **금속학적 변태**, **소성변형**, **잔류응력** 등이 있다.

4.3 표면조직과 거칠기

제조방법에 무관하게 모든 표면은 고유한 특징을 가지며, 이 특징을 **표면조직**(surface texture)이라고 한다. 어떤 표면을 기하학적으로 표현하는 것은 어려운 문제이나, 공학적인 측면에서 명확히 정의되고 측정가능한 양으로 표면조직을 나타내는 기준이 마련되어 있다(그림 4.2 참조).

1. **흠**(flaw) 혹은 **결함:** 긁힌 자국, 균열, 구멍, 눌린 자국, 접힌 자국, 찢어진 곳, 개재물 같은 불규칙적인 표면기복
2. **가공무늬**(lay) 혹은 **방향성:** 눈으로 식별이 가능할 만큼 현저한 가공자국의 형태나 방향
3. **파상도**(waviness): 물결처럼 반복적으로 나타나는 표면기복. 파상도는 (1) 인접한 파형의 정점 간의 거리(파형폭)와 (2) 파형의 정점과 골의 차이(파형높이)로 표시된다. 파상도가 생기는 원인으로는 (a) 공구, 다이 및 공작물의 처짐, (b) 가공력이나 온도에 의한 공작물의 뒤틀림, (c) 불균일한 윤활상태, (d) 진동 혹은 공작물이나 공작기계에 가해지는 주기적인 열적, 기계적 변동 등을 들 수 있다.
4. **거칠기**(roughness): 파상도보다 좁은 간격으로 나타나는 촘촘하고 불규칙한 표면기복. 거칠기는 실제표면의 기복상태에서 저주파영역인 파상도성분이 제거된 것이며, 표면기복의 높이, 폭, 기준길이로 표시된다.

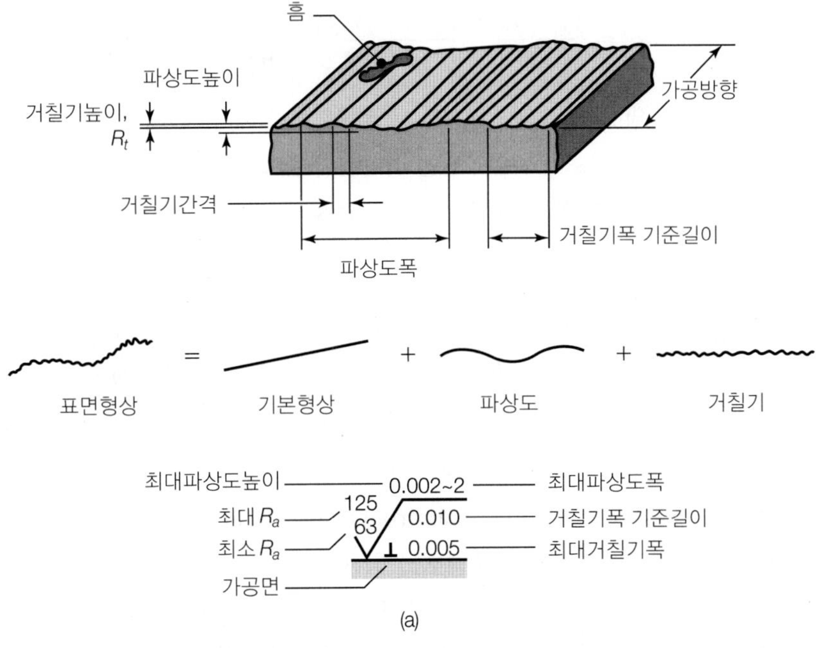

(a)

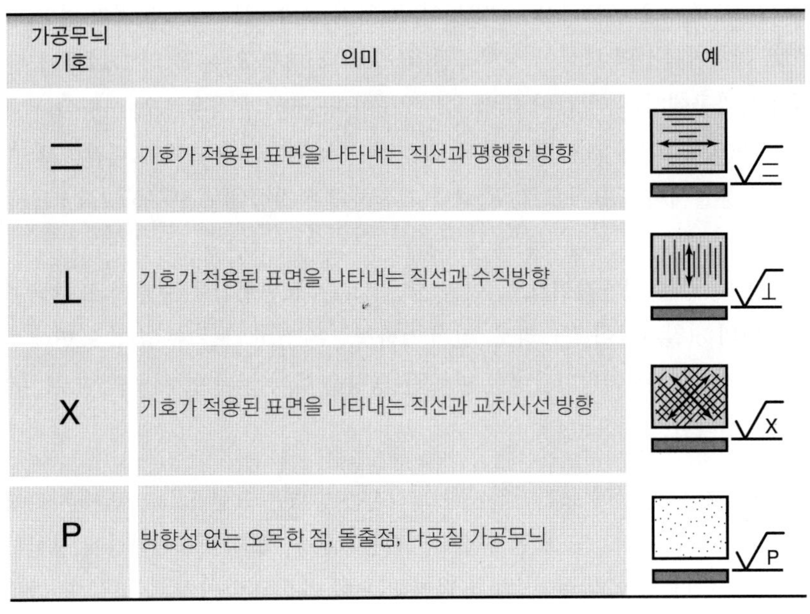

가공무늬 기호	의미	예
=	기호가 적용된 표면을 나타내는 직선과 평행한 방향	
⊥	기호가 적용된 표면을 나타내는 직선과 수직방향	
X	기호가 적용된 표면을 나타내는 직선과 교차사선 방향	
P	방향성 없는 오목한 점, 돌출점, 다공질 가공무늬	

(b)

▶ **그림 4.2**

(a) 표면정도를 나타내는 데 사용되는 표준용어 및 표기법. 숫자는 μm로 주어진 것임. (b) 가공무늬를 나타내는 기호.

■ **표면거칠기**(surface roughness) **표면거칠기**는 두 가지 척도로 나타낸다. 산술평균거칠기 R_a는 AA(arithmetic average)나 CLA(center-line average, **중심선평균**)로도 표시하며, 거칠기곡선의 형태가 그림 4.3과 같은 경우에 다음과 같이 정의된다.

$$R_a = \frac{y_a + y_b + y_c + \cdots + y_n}{n} = \frac{1}{n}\sum_{i=1}^{n} y_i = \frac{1}{l}\int_0^l |y|\,dx \tag{4.1}$$

여기서 종축방향의 길이 y_a, y_b, y_c, ...는 절대값이다. 식 (4.1)의 마지막 항은 기준길이 l에 대하여 아날로그 신호처리에서 얻는 연속된 표면기복에 대한 R_a 값을 나타낸다.

제곱평균평방근거칠기 R_q는 RMS(root-mean-square)로도 표시하며, 다음과 같이 정의된다.

$$R_q = \sqrt{\frac{y_a^2 + y_b^2 + y_c^2 + \cdots + y_n^2}{n}} = \sqrt{\frac{1}{n}\sum_{i=1}^{n} y_i^2} = \left[\frac{1}{l}\int_0^l y^2\,dx\right]^{1/2} \tag{4.2}$$

그림 4.3에서 기준선 AB의 위치는 이 선의 윗부분 면적들의 합과 아랫부분 면적들의 합이 같아지도록 정한다. 표면거칠기의 일반적인 단위는 μm이다.

이 외에도 **최대높이거칠기**(maximum roughness height) R_t로 표면거칠기를 나타내기도 한다. 이 값은 거칠기곡선의 최고점과 최저점 사이의 높이로 정의되고, 연마작업으로 매끈한 표면을 얻고자 할 때 제거할 재료의 양을 의미한다. 표현의 단순함 때문에, 산술평균거칠기가 1950년대 중반부터 국제적으로 채택되어 공학실무에 널리 사용되고 있다.

식 (4.1)과 (4.2)로부터 알 수 있듯이, R_a와 R_q 사이에는 어떤 관계가 있다. 이상적인 경우로, 거칠기곡선의 형상이 정현곡선(sine curve)이면 R_q는 R_a의 1.11배가 된다. 대부분의 절삭가공에서는 이 값이 대략 1.1 정도이며, 연삭의 경우 1.2, 래핑이나 호닝의 경우 1.4 정도이다. R_q는 거친 표면의 최고 정점이나 최저 골의 크기에 민감하고, 이들은 또한 마찰과 윤활에서 중요하므로, R_a보다 계산하기 복잡함에도 불구하고 R_q 역시 많이 사용된다.

R_a나 R_q 값은 평균값이므로, 이들 값만으로는 표면형상을 충분히 표현할 수 없다. 즉, 두 표면의 거칠기값이 같더라도, 실제 기하형상은 전혀 다를 수 있다. 표면에 존재하는 깊은 골짜기 몇 개는 거칠기값에는 별로 큰 영향을 주지 않지만, 제품의 피로, 마찰, 마모 특성에는 심각한 영향을 준다.

■ **사용기호** 도면 상에 표면거칠기를 표시하는 방법은 그림 4.2a 하단에 나타낸 체크기호를 사용하는 것이다. 즉, 표면거칠기의 허용범위를 체크기호의 왼편에 상한값과 하한값으로 표시한다. 표면다듬질상태를 나타내는 이 기호에는 거칠기, 파상도, 가공무늬에 관

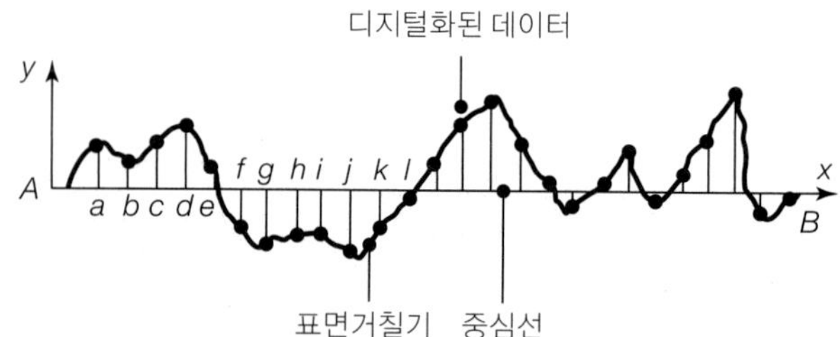

▶ **그림 4.3**
표면거칠기의 척도로 식 (4.1)과 (4.2)에 사용된 좌표.

한 사항은 기입하지만, 결함에 관한 사항은 포함시키지 않는다. 표면결함에 관한 사항을 도면 상에 명기할 때는 별도의 주를 달고 검사될 결함과 검사방법을 기입한다.

■ **측정방법** 가장 많이 사용되는 **표면거칠기 측정기**(surface profilometer)는 표면 위를 직선운동하는 다이아몬드 촉침(stylus)을 사용하는 것이다(그림 4.4a 및 b 참조). 측정 시 촉침의 운동거리를 **기준길이**(cut off)라고 하며(그림 4.2 참조), 이 값은 측정 전에 미리 설정한다. 측정기에 기록되는 표면윤곽곡선은 거칠기성분을 두드러지게 나타내기 위해 수직성분이 수평성분보다 수십 내지 수천 배까지 확대되어 있다(그림 4.4c~f 참조). 따라서 기록된 **윤곽곡선**은 심하게 과장되어 실제표면보다 훨씬 거친 형상으로 나타난다. 또한 거칠기 성분만을 기록하기 위해, 측정기에 입력된 신호는 필터를 거쳐 파상도성분이 제거된

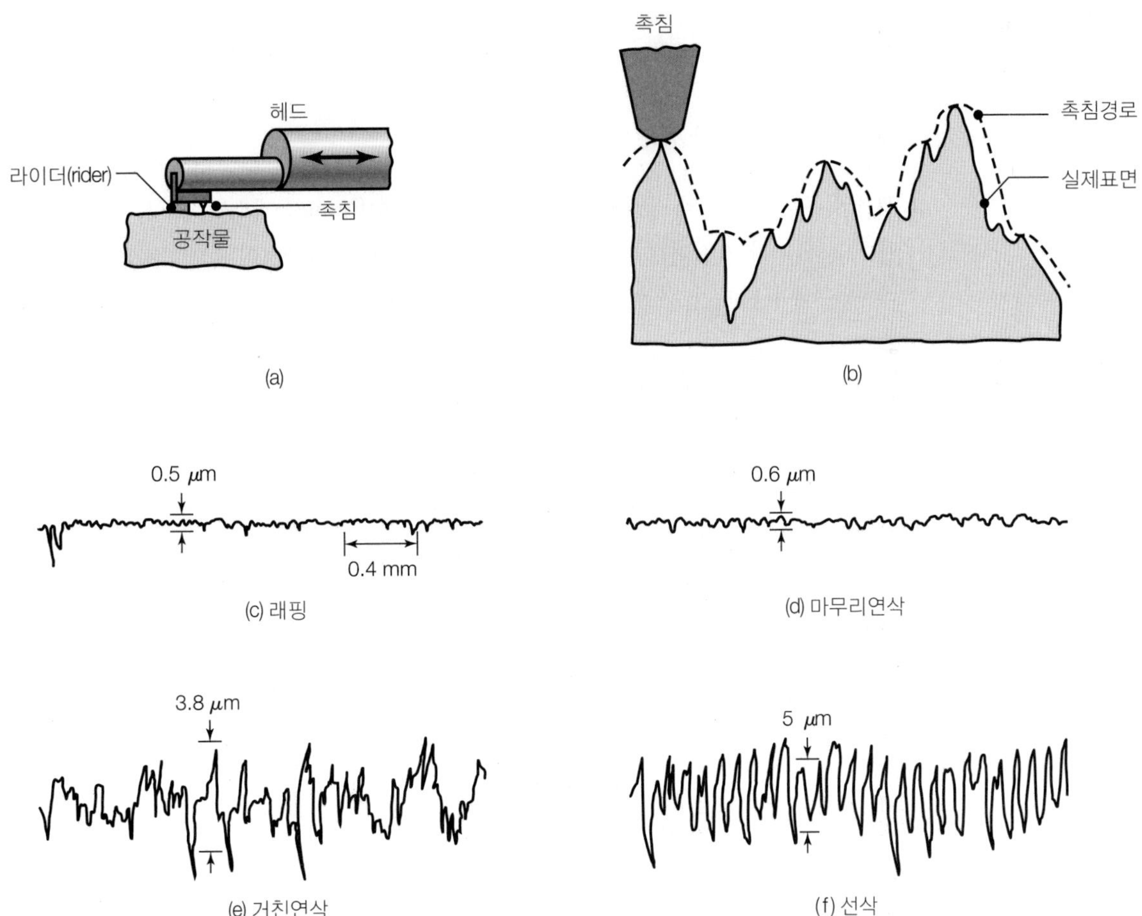

▲ **그림 4.4**

(a) 촉침에 의한 표면거칠기 측정. 라이더(rider)는 촉침을 지지하고 보호한다. (b) 실제의 거칠기곡선과 촉침의 경로로 측정된 표면거칠기(점선). 촉침의 경로는 실제의 표면곡선보다 부드럽다. (c) 래핑 후의 표면형상. (d) 마무리연삭 후의 표면형상. (e) 거친 연삭 후의 표면형상. (f) 선삭 후의 표면형상. 수직방향과 수평방향의 척도가 다름에 유의.

후 기록장치로 출력되는 것이 일반적이다. 기록장치의 형식에는 기계식과 전자식이 있다.

표면거칠기는 (1) 간섭계나 (2) 광학, 주사전자(SEM), 레이저, 원자하중 현미경을 통해 직접 관찰할 수도 있다. 현미경을 사용하면 감도가 낮은 측정기로는 얻기 곤란한 아주 매끈한 표면의 상세한 화상을 얻을 수 있으며, 특히 입체사진은 표면의 거칠기측정과 함께 삼차원적 관측에 유용하다. **삼차원 표면측정**에는 세 가지 방법이 사용된다: (1) **광학간섭 현미경**은 표면에 빛을 쪼여서 반사되는 표면기복의 간섭무늬를 기록한다. (2) 레이저 표면측정기 간섭기술을 사용하거나, 표면 위에 일정한 초점거리를 유지하도록 대물렌즈를 구동하여 렌즈의 움직임을 표면기복으로 삼아 표면을 측정한다. (3) **원자하중 현미경**(atomic-force microscope)은 극히 매끈한 평면을 측정하는 데 사용되며, 원자의 돌출까지 감지하는 분해능을 갖지만, 보통은 수 μm의 수직분해능으로 100평방 μm 이내의 표면을 관찰하는 데 사용된다.

■ **공학실무에서의 표면거칠기** 공학용 설계요건에 적용되는 표면거칠기값의 크기는 조건에 따라 수백 배 정도의 차이가 날 수도 있다. 표면거칠기값의 지정범위가 넓어야 하는 이유와 지정할 때 고려할 점은 다음과 같다.

1. **짝을 이루는 면 사이의 정밀도:** 밀봉(seal), 끼워맞춤(fitting), 개스킷, 공구, 금형에는 사용목적에 따라 거칠기값을 다르게 준다. 예를 들면, 볼베어링이나 게이지의 면들은 매우 매끈해야 되지만, 개스킷이나 브레이크드럼 같은 제품의 면은 상당히 거칠어도 무방하다.
2. **트라이볼로지 측면:** 마찰, 마멸, 윤활 상태에 대한 고려가 필요하다.
3. **피로 및 노치민감도:** 표면이 거칠수록 피로수명은 짧아진다.
4. **전기 및 열 접촉저항:** 표면이 거칠수록 이들 저항은 커진다.
5. **내부식성:** 표면이 거칠수록 부식물질의 침투가능성이 높아진다.
6. **후속공정:** 도장이나 피복작업에서 표면이 거칠면 피복물질의 부착성이 좋아진다.
7. **외양:** 용도에 따라서 거칠거나 매끈한 표면이 선호된다. 주방용기에서 관찰할 수 있다.
8. **생산비:** 표면정도가 우수한 면일수록 가공비는 더 많이 소요된다.

4.4 트라이볼로지: 마찰, 마멸, 윤활

마찰, 마멸, 윤활 같은 표면끼리의 상호작용을 과학적 혹은 공학적으로 연구하는 학문분야를 트라이볼로지(tribology)라고 한다.

4.4.1 마찰

마찰은 수직하중이 작용하는 두 접촉물체 간의 상대미끄럼운동에 대한 저항이라고 정의된다. 모든 제조공정에서는 공구, 금형, 공작물 사이에 항상 상대운동과 힘이 수반된다. 마찰은 에너지소산 현상(비가역적 현상)의 하나로 항상 열을 발생시키며, 이에 따른 온도 상승으로 인해 공정 전체에 중대한 영향을 줄 수도 있다(예: 연삭과열로 인한 망상열균열). 아울러 마찰작용에 의해 접촉면들의 자유로운 운동이 방해를 받으므로, 금속가공공정에서 재료의 유동 및 변형 상태에도 큰 영향을 준다.

이 책에서는 마찰의 역할과 마멸 및 윤활 같은 트라이볼로지 현상을 개별 가공공정, 즉 단조(6.2절), 압연(6.3절), 압출(6.4절), 인발(6.5절), 판재성형(제7장), 기계가공(제8장), 연삭공정(제9장)을 다루면서 상세하게 설명한다. 한편, 마찰을 항상 부정적인 현상으로 취급해서는 안 된다. 판재를 제조하는 압연공정의 경우, 마찰이 없는 상태에서는 자동차가 도로 위를 굴러갈 수 없듯이, 금속의 압연도 불가능해진다.

마찰현상을 설명하는 다양한 이론들이 제안되어 있으나, 마찰모형이 완전하려면 실제 관찰되는 모든 조건, 즉 작용하중, 상대미끄럼속도, 온도, 표면상태, 분위기가 달라도 두 물체 사이의 마찰거동이 잘 설명될 수 있어야 한다. 이러한 관점에서 보면, 지금까지 제안된 많은 모형들은 단지 부분적인 현상에 대한 설명에 그치고 있다. 오래 전에 **쿨롱**(Coulomb)에 의해 제안된 모형에 따르면, 마찰은 거친 표면들 사이의 기계적 체결 때문에 생기는 현상으로, 이 체결력을 극복하고 상대미끄럼운동이 가능하기 위해서는 힘이 필요하다고 보았다. 이후에 몇 가지 발전된 마찰모형이 제안되었으나, 실험적 관찰결과에 그런대로 들어맞는 가장 보편적인 마찰모형은 응착이론(adhesion theory)에 기초한 것이다.

■ **응착마찰이론** 이 이론은 무윤활상태의 깨끗한 두 금속면이 접촉될 때, 이들 면의 거칠기 정도에 관계없이 실제접촉면적은 겉보기접촉면적의 극히 일부라는 사실에 기초한다(그림 4.5 참조). 접촉면에 작용하는 수직하중은 실제접촉이 이루어지는 미소한 돌출부(asperity)들에 의해 지지된다. 이와 같이 실제접촉이 이루어지는 미소면적들의 합을 **실제접촉면적** A_r이라고 한다.

실제접촉면적이 넓고 하중도 작을 때에는 돌출부 접촉 부위에 작용하는 수직응력은 탄성적이지만, 하중이 증가함에 따라 작용응력도 증가하여 결국 이 부위에서 **소성변형**이 생긴다. 돌출부들끼리 접촉된 부분을 **접합부**(junction)라고 한다. 하중의 증가는 돌출부의 소성변형을 유발시킬 뿐만 아니라, (1) 기존 접합부의 접촉면적을 증가시키고, (2) 접합부가 새로 생기게 한다. 한편, 돌출부의 높이는 제각기 다르므로, 어떤 접합부는 탄성상태에 있고 어떤 접합부는 소성상태에 있게 된다.

수직하중작용 하에서 돌출부들끼리의 밀착은 이들 사이에 **응착결합**(adhesive bond)을 유발한다. 이 결합에는 원자 간의 상호작용, 야금학적 상호용해도, 확산이 결부된다. 결합강도는 두 접촉재료의 물리적/기계적 성질, 온도, 표면산화층이나 기타 불순물층의 성질 및 두

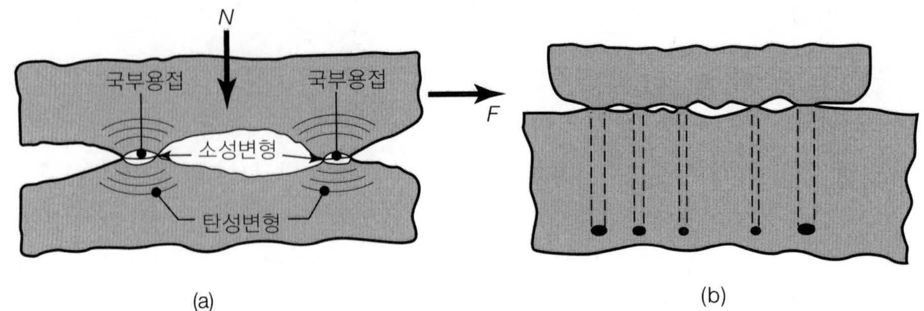

▶ **그림 4.5**
(a) 실제접촉면적을 나타낸 접촉면의 개략도, (b) 겉보기 접촉면적과 실제접촉면적의 비를 나타낸 개략도. 두 면적 간의 비는 최대 수만 배에 달한다.

께에 따라 달라진다. 금속가공공정(제6장에서 제9장까지)에서는 접촉면에서의 작용하중이 충분히 커서, 각 접합부에 작용하는 수직응력은 항복응력에 쉽게 도달한다. 이들 접합부에서는 돌출부들이 소성변형됨과 동시에 응착결합된다. 즉, 돌출부들이 **국부용접**(microweld)된다. 접촉면의 상태가 깨끗할수록 결합력은 강해진다.

■ 마찰계수 접촉면에 수직하중 N이 작용하는 두 물체 간에 상대미끄럼운동이 일어나려면 수평력 F가 필요하다. 응착마찰이론에 따르면, 수평력(마찰력)은 접합부를 전단시키는데 필요한 힘이다. 접촉면에서의 마찰계수 μ는 다음과 같이 정의된다.

$$\mu = \frac{F}{N} = \frac{\tau A_r}{\sigma A_r} = \frac{\tau}{\sigma} \tag{4.3}$$

여기서 τ는 접합부의 전단강도, σ는 돌출부에 작용하는 수직응력이다. 돌출부가 소성변형상태에 있다고 보면, 주위의 재료에 의해 국부적으로 구속된 상태이므로, σ는 돌출부의 경도값에 해당한다(2.6절 참조). 그림 4.5b에서 보인 것처럼, A_r은 표면 사이의 실제접촉면적이다. 따라서 마찰계수를 다음과 같이 표현할 수도 있다.

$$\mu = \frac{\tau}{\text{경도}} \tag{4.4}$$

접촉면의 특성과 강도가 마찰의 크기를 결정하는 가장 중요한 변수이므로, 결합강도가 높은 접촉면끼리 상대운동을 하려면 마찰력이 커야 한다. 식 (4.4)에 의하면, 전단응력을 감소시키거나(전단강도가 낮은 얇은 막을 접촉부에 끼워 넣음으로써) 두 물체의 경도를 증가시킴으로써 마찰계수를 감소시킬 수 있다.

높은 접촉응력을 받는 돌출부 간의 상호작용에는 두 가지 현상이 추가된다. 즉, (1) 변형경화재료의 경우, 돌출부 끝단은 접합부에서의 소성변형에 의해 모재보다 더 강해진다. 따라서 표면상태가 깨끗한 이상적인 조건 하에서는 인장력에 의해 접합부가 파단될 때 실제결합이 이루어진 면을 따라 파단되는 것이 아니라, 이보다 위나 아래쪽을 따라 파단되기 쉽다. (2) 두 번째 현상으로, 접합부에서 하중을 받으면서 접선방향의 상대운동이 있으면 **접합부의 성장**, 즉 접합부의 접촉면적이 증가한다. 그 이유는 항복조건에서(2.11절 참조) 유효응력이 일정할 때, 전단응력이 증가하면 수직응력은 감소하므로, 동일한 수직하중을 지지하기 위해서는 접촉면적이 증가해야 한다.

수직하중이 증가하면 이상적으로는 실제접촉면적 A_r도 증가한다. 접촉면에 불순물이나 윤활유 같은 매체가 없으면, 실제접촉면적은 궁극적으로 겉보기접촉면적에 도달한다. 즉, 최대접촉면적에 도달하면서 두 물체가 하나의 물체처럼 거동하여, 마찰력(전단력)은 결국 최대값에 도달한 후 일정하게 유지된다(그림 4.6 참조). 이 상태를 **고착상태**(sticking)라고 하며, 상대미끄럼이 있는 접촉면에서의 고착상태란 용접과 같이 완전히 접착된 상태를 의미하는 것이 아니라, 표면의 마찰응력이 재료의 전단항복응력 k에 도달하였음을 의미한다.

깨끗한 상태의 두 표면이 충분히 큰 수직응력 하에서 밀착되면, 실제로 **냉간압접**이 발생될 수도 있지만, 보통의 경우는 접촉부에 불순물이나 산화층이 있으므로 마찰응력은 제한된다. 그림 4.6에서처럼, 어느 수준 이상에서는 N이 증가해도 마찰력 F는 일정하므로, 정의에 의해 마찰계수가 감소한다. 이 상황을 설명하기 위한 수직하중이 큰 경우의 마찰거동을 보다 실제에 가깝게 기술하는 다른 마찰모형으로 **(전단)마찰인자**(friction factor) m을 다음과 같이 정의한다.

$$m = \frac{\tau_i}{k} \tag{4.5}$$

여기서 τ_i는 접촉면의 전단강도이고, k는 두 접촉물체 중 연한 재료의 전단항복응력이다. 재료의 단축항복응력을 Y라 할 때, 최대전단응력 항복조건에 따르면 k는 $Y/2$와 같으며, 전단변형에너지 항복조건에 따르면 k는 $Y/\sqrt{3}$와 같다(2.11.2절 참조). 마찰인자는 0에서 1 사이의 값을 가지며, $m = 0$인 경우는 마찰이 없는 상태, $m = 1$인 경우는 접촉면이 완전히 고착된 상태를 나타낸다. 또한 접촉부 얇은 층의 전단항복응력은 수직응력크기의 영향을 받지 않으므로, m은 수직력이나 수직응력의 크기와는 무관하다.

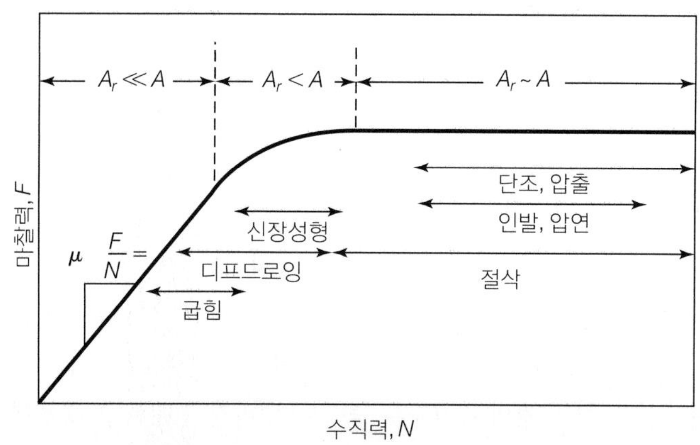

▶ 그림 4.6
마찰력(F)과 수직력(N) 사이의 관계. 실제접촉면적이 겉보기접촉면적에 가까울수록 마찰력은 최대값에 도달한 후 일정하게 된다. 대부분의 기계요소의 작동상태는 첫 번째 영역에 속한다. 두 번째와 세 번째 영역은 금속가공 작업 시 높은 접촉압력이 작용하는 다이와 소재 간의 미끄럼면에 해당한다.

표 4.1 금속가공공정에서의 마찰계수

	마찰계수(μ)	
공정	냉간	열간
압연	0.05~0.1	0.2~0.7
단조	0.05~0.1	0.1~0.2
인발	0.03~0.1	—
판재성형가공	0.05~0.1	0.1~0.2
기계가공	0.5~2	—

마찰은 각종 요인에 따라 민감하게 달라진다. 즉, 강이 납이나 구리 표면을 미끄럼운동할 때의 마찰계수는 각각 1.0 및 0.9이지만, 구리에 납이 얇게 피막된 표면을 미끄럼운동할 때는 0.2이다. 또, 순수니켈이 수소나 질소 분위기에서 니켈표면을 미끄럼운동할 때의 마찰계수는 5이지만, 공기나 산소 분위기에서는 3, 수증기가 있는 경우에는 1.6이다.

마찰계수의 측정값은 작은 경우 0.02로부터 큰 경우 100 이상까지 변한다. 마찰 현상에 수많은 변수가 관련된다는 점에서 보면, 이 결과도 놀라운 것은 아니다. 다양한 윤활제가 사용되는 금속가공공정에서는 표 4.1에서처럼 마찰계수의 범위가 훨씬 좁다. 하중, 온도, 속도, 분위기가 마찰계수에 미치는 영향은 일반화되기 어렵기 때문에, 각 경우에 대해 개별적으로 연구되어야 한다.

■ **경작마찰이론** 그림 4.5a에 나타낸 모형에서, 만약 상부물체가 하부물체보다 더 단단하거나 혹은 상부물체의 표면에 단단한 입자가 돌출되어 있다면, 연한 물체의 표면에 홈이나 긁힌 자국이 생긴다(2.6.6절 **모스경도** 참조). 이 거동도 마찰을 일으키는 중요한 기구로, **경작기구**(ploughing mechanism)라고 한다. 실제로, 응착이 강하지 않은 경우의 마찰거동은 주로 이 경작기구에 의해 지배된다.

경작기구는 다시, (1) 하부물체의 표면이 소성변형되면서 홈이 성형되는 것과, (2) 상부물체의 절삭작용에 의해 하부물체의 표면에 칩(chip)이 생성되면서 홈이 파이는 것으로 구분된다. 어느 경우에도 홈의 생성에는 하중의 작용에 따른 일이 동반되며, 이 작용을 하는 힘이 바로 마찰력이다. 따라서 이 힘의 크기는 접촉면의 마찰계수에 큰 영향을 준다.

■ **마찰의 측정** 마찰계수는 다양한 형상의 축소된 시편을 사용하는 모의실험이나 실제 제조공정에서 실험적으로 구해진다. 일반적인 방법은 모의실험으로 시편에 작용하는 힘과 시편의 치수 변화를 측정하여 마찰계수의 크기를 구하는 것이다. **링압축시험**(ring compres-sion test)은 널리 인정받는 마찰계수 측정법 중 하나로, 특히 단조 같은 부피성형가공에 활용된다. 이 시험법은 링형상의 시편을 편평한 압축판 사이에서 압축하면서 소성변형에 의한 링의 치수 변화를 측정한다(그림 4.7 참조). 압축력에 의해 링의 높이가 줄어들면 링은 반경방향으로 늘어난다. 이때 만약 접촉면의 마찰이 없다면, 링의 내경과 외경은 모두 증가되며, 마찰이 커질수록 내경의 증가량은 줄어든다. 마찰이 매우 클 경우에

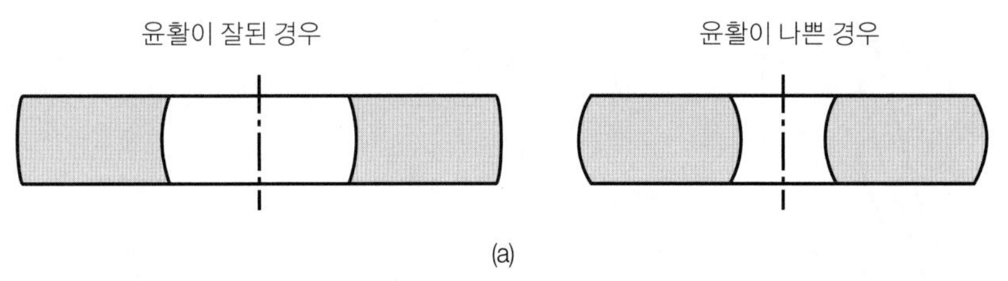

(a)

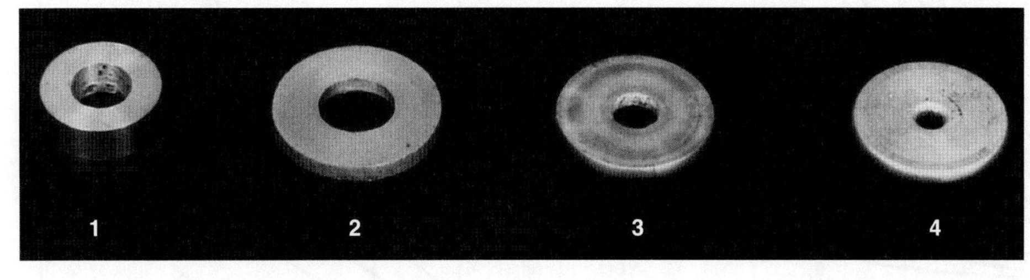

(b)

▶ **그림 4.7**

(a) 링압축시험에서 윤활이 배럴링에 미치는 효과: 윤활이 잘된 경우에는 시편이 압축됨에 따라 외경과 내경이 모두 증가한다; 윤활이 나쁘거나 무윤활인 경우에는 마찰이 커서 내경이 감소한다. 배럴링의 방향은 압축판에 대한 원주면의 상대적인 운동에 따라서 달라짐을 알 수 있다. (b) 실험결과: (1) 원래 시편, (2~4) 압축 후 마찰크기별 시편형상.

는, 링의 외경이 늘어나는 것보다 내경이 줄어드는 것이 에너지를 작게 소모하므로, 내경은 원래보다 오히려 작아진다.

링압축과정의 이론적 해석을 통해 구한 그림 4.8의 곡선을 이용하면, 시편의 높이 변화에 따른 내경 변화량의 측정치로부터 마찰계수나 마찰인자를 결정할 수 있다. 링의 형상에 따라 이들 곡선의 형태는 변하며, 가장 보편적으로 사용되는 링형상은 외경:내경:높이의 비가 6:3:2인 경우이다. 링압축시험은, 상온에서는 시편의 실제크기와는 무관하지만, 열간에서는 크기가 작은 시편의 냉각속도가 빠르므로, 시편크기의 영향을 받는다.

■ **마찰에 의한 온도상승** 마찰극복에 사용된 에너지의 대부분은 열로 변환되고, 일부만 물체 내부에 저장된다. 마찰열은 접촉면의 온도를 상승시킨다. 온도의 상승폭 및 분포는 마찰력의 크기, 미끄럼속도, 표면거칠기, 열전도도나 비열과 같은 재료의 물성치에 따라 달라진다. 마찰력과 미끄럼속도가 클수록, 또 재료의 열전도도와 비열이 작을수록 접촉면의 온도는 상승된다(식 (2.64) 참조). 마찰이 심한 경우에는 접촉면의 온도가 표면을 연화시키거나 녹이기에 충분한 온도범위까지 상승된다. 물론 접촉면의 온도가 재료의 용융온도보다 높을 수는 없다. 마찰에 의한 온도상승폭을 계산하기 위한 각종 해석적 방법들과 식들이 제시되어 있다. 식 (9.9)는 연삭작업에 적용되는 한 예이다.

■ **마찰의 감소** 마찰을 줄이려면, 초경합금이나 세라믹재료 같이 응착이 잘 생기지 않는 재료를 사용하거나, 표면에 박막증착 혹은 피복을 한다. 유체윤활유나 고체윤활제(예: 흑연가루)는 공구, 금형, 공작물 사이에서 접촉면의 응착이나 상호작용을 최소화하는 윤활막을 형성한다. 경작마찰의 경우에는 짝을 이루는 두 물체 중에서 경도가 높은 물체의 표면거칠기를 감소시킴으로써 마찰을 줄일 수 있다.

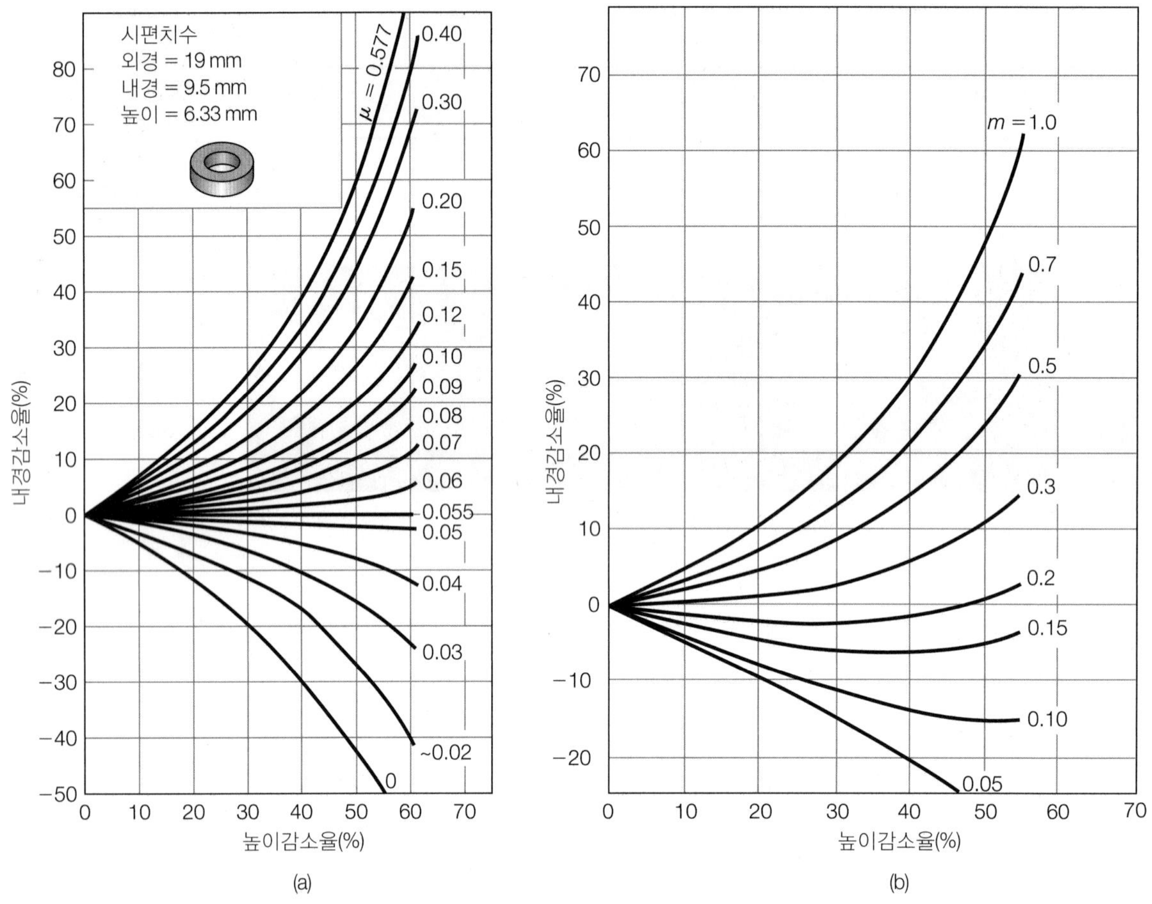

▲ **그림 4.8**

링압축시험에서 마찰을 결정하는 선도: (a) 마찰계수 μ, (b) 마찰인자 m.

매끈한 표면에는 돌출부가 적으므로 경작마찰의 효과가 작지만, 반면에 응착마찰의 효과가 커진다. 금형과 공작물 사이의 접촉면에 20 kHz 정도의 **초음파진동**을 가하는 방법도 마찰을 감소시키는 효과가 크다. 진폭에 따라서 다르지만, 진동은 금형과 공작물을 순간적으로 분리시켜 윤활제가 보다 쉽게 두 물체 사이로 침투되게 한다.

■ **플라스틱과 세라믹재료의 마찰특성** 플라스틱재료(제10장 참조)는 금속재료에 비해 강도는 작지만 일반적으로 마찰계수가 낮다. 이러한 우수한 저마찰특성 때문에, 베어링, 기어, 밀봉재, 인공관절 등 저마찰이 요구되는 용도에 폴리머가 각광을 받고 있다. 별도의 윤활제가 공급되지 않더라도 마찰저항이 작은 재료들을 **자기윤활성**(self-lubrication) 재료라고 한다. 일반적으로, 금속재료의 마찰관련 인자들은 폴리머에도 적용된다. 열가소성 플라스틱이나 탄성중합체는 이들 재료가 갖는 점탄성거동(점성과 탄성 거동을 동시에 가짐)과 이로 인한 **이력손실**(hysteresis loss) 때문에 경작마찰성분이 중요한 인자이다.

플라스틱재료는 마찰로 인해 접촉면의 온도가 상승되면 강도가 떨어지고 연화되므로 사용에 제한을 받는다. 특히, 열전도도와 용융점이 낮기 때문에, 마찰열의 발생으로 인한 접촉면의 온도상승이 적절히 조절되어야 열에 의한 접촉면의 변형과 성질저하가 방지된다.

세라믹재료의 마찰거동(11.8절)은 이들 재료의 응용범위가 다양해짐에 따라 최근에 많이 연구되고 있다. 연구결과에 따르면, 세라믹재료의 마찰기구도 금속재료의 경우와 유사하여 응착기구와 경작기구가 마찰력을 유발하는 두 가지 중요한 요인으로 작용한다. 하지만 세라믹은 경도가 높아서 실제접촉면적이 작으므로, 응착기구가 차지하는 비중은 작다.

예 4.1 마찰계수의 결정

링압축시험에서 높이 10 mm, 외경 30 mm, 내경 15 mm인 시편이 압축되어 높이가 50% 감소되었다. 변형된 시편의 외경이 39 mm일 경우 마찰계수 μ 및 마찰인자 m을 구하라.

풀이 우선 체적일정조건으로부터 변형 후 내경 ID를 구한다. 즉,

$$\text{체적} = \frac{\pi}{4}(30^2 - 15^2)10 = \frac{\pi}{4}(39^2 - \text{ID}^2)5$$

위 식으로부터 ID = 13 mm이다. 따라서

$$\text{내경 변화율} = \frac{15 - 13}{15} \times 100\% = 13\% \text{ (감소)}$$

이며, 그림 4.8로부터 높이감소율 50%, 내경감소율 13%인 경우의 값을 구하면 다음과 같다.

$$\mu = 0.09 \quad \text{및} \quad m = 0.4$$

4.4.2 마멸

마멸(wear)이란 물체 표면의 재료가 점진적으로 손실되거나, 원치 않게 제거되는 현상이다. 마멸은 공구나 금형과 공작물 사이의 접촉면 형상을 바꾸어, 가공품의 치수, 품질, 공정 자체에 나쁜 영향을 주므로, 제조공정의 기술적, 경제적인 측면에서 매우 중요하다. 가공공정에서 마멸문제의 예로는 무디어진 드릴이나 절삭공구, 마멸된 성형공구나 금형을 들 수 있다.

마멸은 표면형상을 바꾸고 가공면에 심각한 손상을 입히기도 하지만, 한편으로 이로운 측면도 있다. 즉, 마멸작용에 의해 표면의 돌출부들이 제거되므로 표면거칠기가 향상된

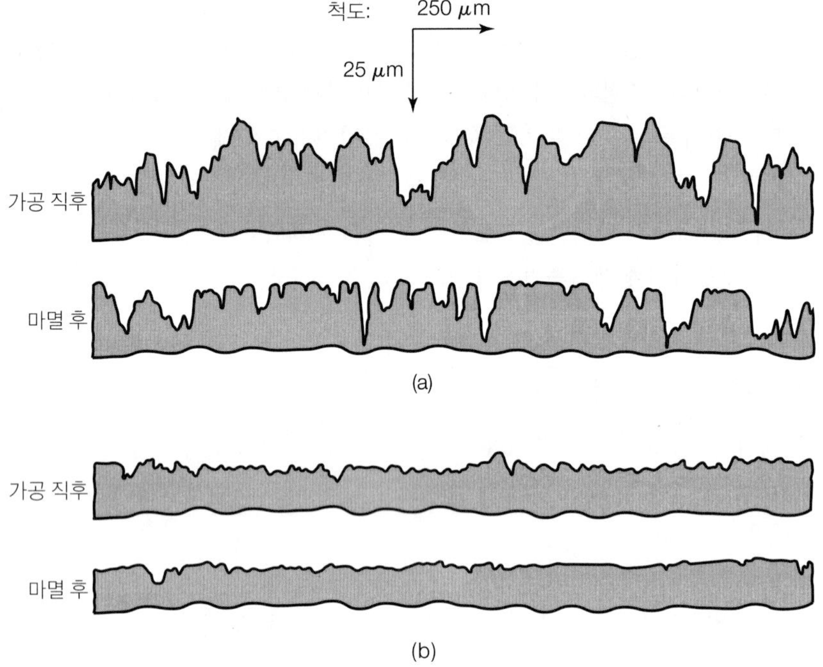

▶ **그림 4.9**
(a) 와이어 브러시된 면과
(b) 연삭면의 마멸 후 상태.

다(그림 4.9 참조). 따라서 적절히 조절된 상태에서의 마멸은 일종의 연마과정으로 취급된다. 각종 기계나 엔진의 길들이기 기간 중에는 이러한 형태의 마멸이 생긴다.

기계부품은 정상적으로 사용하더라도, 특히 큰 하중이 작용하는 경우에는 마멸이 예상되므로 일부 부품은 교체를 전제로 설계한다. 이러한 부품을 **마멸부품**(wear part) 혹은 **마멸판**(wear plate)이라고 하며, 마멸되면 쉽게 교체하여 기계의 다른 부분에 손상을 주지 않도록 한다. 마멸판의 예로는 압출프레스의 실린더라이너와 냉간단조나 인발에 사용하는 금형인서트를 들 수 있다.

■ **응착마멸**(adhesive wear) 그림 4.5에서처럼 응착결합부에 수평력(마찰력)이 작용하면, 원래 접촉면 혹은 이보다 위나 아래쪽을 따라 전단파단이 일어나서 재료의 일부가 떨어져 나가는 현상을 응착마멸이라고 한다(그림 4.10 참조). 이때 파단경로는 접착부의 응착강도와 두 접촉물체 중 약한 재질의 결합강도(cohesive strength)에 따라 결정된다.

응착강도는 돌출부 접촉 부위의 변형경화, 확산, 상호 고체용해도 같은 요인들에 의해 모재의 강도보다 클 경우가 많다. 따라서 파단은 주로 연한 재질 측에서 일어난다. **마멸파편**은 한동안 경한 재질(그림 4.10의 상부물체 참조) 측에 붙어 있다가 계속되는 미끄럼작용에 의해 궁극적으로 분리되어 마멸입자로 된다. 따라서 **응착마멸**을 **미끄럼마멸**이라고도 한다. 과대한 하중이 작용하거나 접착부의 결합강도가 매우 강한 경우, 즉 보다 극심한 조건 하에서는 응착마멸로 인해 **스커핑**(scuffing, 마찰열로 한 표면이 다른 표면에 용착되면서 떨어져나가는 현상), **스미어링**(smearing, 떨어져나온 마멸입자가 다시 한쪽 혹은 양쪽 표면에 달라붙

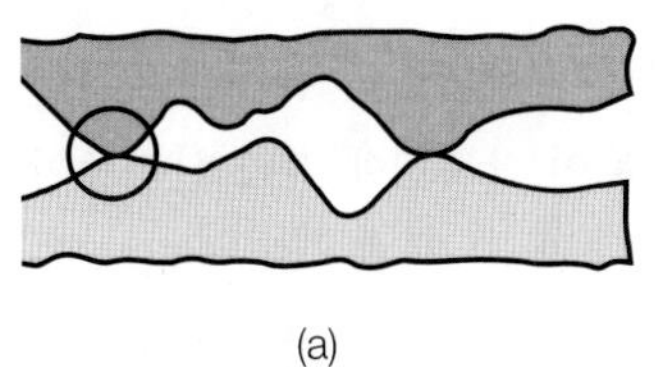

(a)

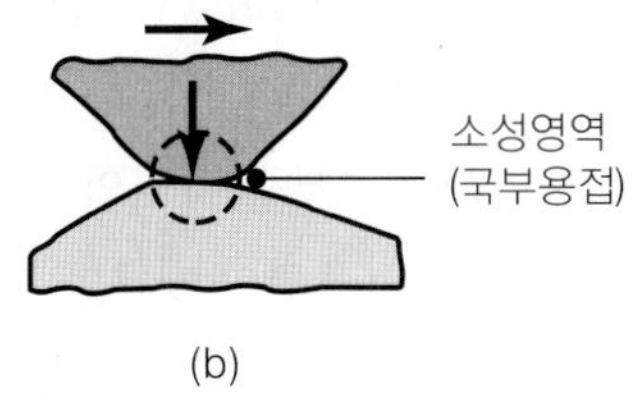

(b)

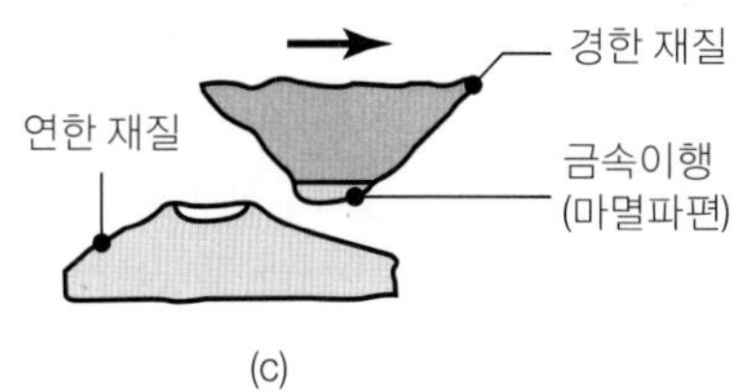

(c)

▲ **그림 4.10**

(a) 돌출부의 접촉, (b) 돌출부의 응착, (c) 마멸입자의 형성.

는 현상), 찢김(tearing), 골링(galling, 한 표면의 일부가 다른 표면에 붙어 벗겨지는 현상), 시저(seizure, 녹아 붙음) 같은 격렬한 마멸(severe wear) 현상이 생긴다.

두 미끄럼접촉면 사이의 접합부가 마멸입자를 생성할 확률을 근거로 하여 응착마멸량을 예측하기 위한 식은 다음과 같다(**Archard 마멸법칙**).

$$V = k\frac{LW}{3p} \tag{4.6}$$

여기서 V는 마멸체적, k는 **마멸계수**(무차원), L은 이동거리, W는 수직하중의 크기, p는 연한 재료의 압입경도이다. 문헌에 따라서는 분모의 3을 마멸계수에 포함시키는 경우도 있다.

대기 중에서 서로 미끄럼운동하는 재료조합에 대한 k 값을 표 4.2에 나타내었다. 마멸량을 측정할 때, 완전히 탈락된 입자만을 고려하는지 혹은 부착된 입자들까지 고려하는지에 따라, 같은 재료에 대해서도 마멸계수는 3배까지 달라진다. 물론 탈락된 입자만 고려하는 경우에는 k 값이 작아진다. 상호용해도가 응착의 중요한 인자로 작용하는 경우에는 상이한 조합의 경우보다 유사 금속의 조합에서 k 값이 크다.

지금까지는 접촉면이 불순물 없는 깨끗한 상태라는 가정 하에서 응착마멸을 논의하였다. 이 경우에는 응착마멸률이 매우 커서 **격렬한 마멸**상태가 된다. 그러나 4.2절과 그림 4.1에서 설명한 대로, 금속표면은 거의 언제나 두께 10~100 nm 정도의 산화층으로 덮여 있다. 이 정도의 두께는 대수롭지 않게 생각될 수도 있으나, 마멸거동에서 경하고 취성이 있는 산화층의 역할은 매우 크다. 작용하중의 크기가 작고 산화층이 모재에 견고히 부착된 경우에는 돌출부들 사이의 접합강도가 약하고 마멸량도 작다. 즉, 이 경우에는 산화층

표 4.2 공기 중에서 마멸계수 k의 대략적인 크기

무윤활	k	윤활	k
연강 대 연강	10^{-2}~10^{-3}	52100강 대 52100강	10^{-7}~10^{-10}
60-40 황동 대 경화된 공구강	10^{-3}	알루미늄 청동 대 경화강	10^{-8}
경화된 공구강 대 경화된 공구강	10^{-4}	경화강 대 경화강	10^{-9}
PTFE 대 공구강	10^{-5}		
텅스텐카바이드 대 연강	10^{-6}		

이 보호막 역할을 하게 되어 가벼운 마멸(mild wear)상태가 된다.

산화층의 취성이 크고 모재에 견고히 부착되지 않은 경우에는 산화층이 높은 수직하중의 작용으로 깨질 수 있다. 또한 돌출부들 사이의 미끄럼운동이 반복됨에 따라 산화층이 피로에 의해 깨지기도 한다. 그러나 표면이 매끈할수록 산화층은 잘 깨지지 않는다. 궁극적으로 산화층이 깨지면 마멸입자가 생성된다. 돌출부들은 산화층이 없는 상태에서 강한 접합부를 형성하고, 새로운 산화층이 형성될 때까지 높은 속도로 마멸이 진행된다.

대기 중에 노출된 표면은 산화층 외에도 가스흡수층이나 기타 불순물층으로 덮여 있다(그림 4.1 참조). 이들 층은 매우 얇지만, 돌출부끼리의 결합력을 약화시키는 효과를 갖는다. 이 효과의 크기는 다양한 인자들에 의해 달라진다. 예를 들면, 습도의 조그마한 차이에 의해서도 마멸률에 큰 변화가 생길 수 있다.

응착마멸을 감소시키려면, (1) 재료 선택 시 응착결합이 강해지지 않도록 두 재료 중 하나를 경한 재료 선택, (2) 얇은 산화층을 형성하는 재료 사용, (3) 경도가 높은 피복, (4) 윤활 등의 방법을 사용한다.

예 4.2 응착마멸

60-40 황동 막대의 한쪽 끝이 무윤활상태의 경화된 공구강 표면 위를 미끄럼운동하고 있다. 이 막대에 작용하는 수직하중의 크기는 90.72 kgf이며, 황동의 경도는 120 HB이다. 응착마멸에 의한 황동막대의 마멸량이 1.64×10^{-8} m^{3}이라면, 이 막대가 이동한 거리는 얼마인가?

풀이 응착마멸량의 산출식 (4.6)에 필요한 계수들의 값은 다음과 같다.

$$V = 1.64 \times 10^{-8}\ \text{m}^3$$
$$k = 10^{-3}\text{(표 4.2 참조)}$$
$$W = 90.72\ \text{kgf}$$
$$p = 120\ \text{kgf/mm}^2 = 1.2 \times 10^8\ \text{kgf/m}^2$$

따라서 막대의 이동거리 L은 다음과 같이 산출된다.

$$L = \frac{(3)(1.64 \times 10^{-8})(1.2 \times 10^8)}{} = 65\ \text{m}$$

■ **연삭마멸** 연삭마멸(abrasive wear)은 경하고 거친 표면이나 경한 돌출부가 있는 표면과, 이보다 연한 표면이 서로 미끄럼운동을 할 때 발생한다. 이 형태의 마멸기구는 마치 연삭기구처럼 미소칩(microchip)이나 슬리버(sliver)를 생성하며, 결과적으로 연한 재질

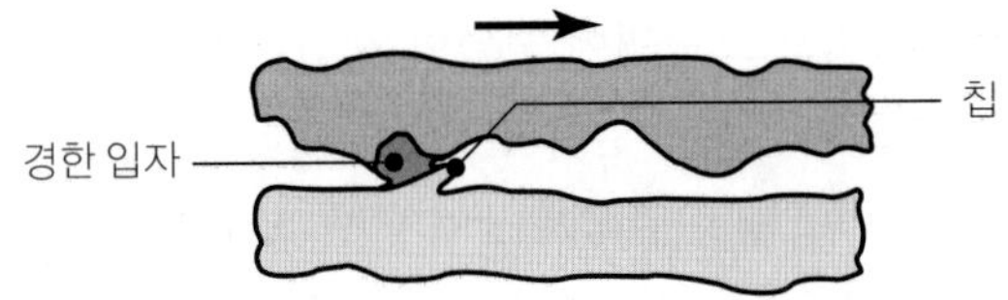

▶ **그림 4.11**
미끄럼운동에 의한 연삭마멸의 개략도. 표면에 생기는 긴 흠집은 연삭마멸을 나타낸다.

의 표면에 홈이나 긁힌 자국을 남긴다(그림 4.11 참조). 제9장에서 설명하는 연삭가공, 초음파가공, 입자제트가공 같은 입자가공공정은 이 원리를 이용한다. 단지 입자가공 시에는 공정변수들을 제어하여 원하는 형상이나 표면을 얻는 반면, 연삭마멸은 의도적이 아닌 원치 않는 현상이라는 점이 다르다.

순금속이나 세라믹재료들의 경우, 연삭마멸에 대한 저항성은 이들 재료의 경도값에 거의 선형 비례한다. 따라서 재료의 경도를 증가시키거나(열처리나 미세조직의 변화를 통해), 수직하중을 감소시킴으로써 연삭마멸을 줄일 수 있다. 한편, 탄성중합체나 고무재료는 원천적으로 연삭마멸에 대한 저항성이 높다. 좋은 예로, 자동차 타이어는 도로표면이 연삭마멸을 촉진시키는 조건임에도 불구하고 긴 수명을 가지고 있다(70,000 km 정도). 이러한 조건에서는 경화강이라 할지라도 오래가지 못할 것이다.

두 물체 간 마멸은 유체나 공기와 함께 분사되는 연삭입자(예: 모래)의 **침식작용**으로 표면에 침식마멸(erosive wear)이 유발되는 것이다. **세 물체 간 마멸**은 공작물과 금형 사이의 윤활제에 포함된 마멸입자(오랜 시간에 걸쳐 생긴)에 의해 연삭마멸이 유발된다. 또한 근처의 기계가공, 연삭작업, 환경으로부터 유입된 입자들이 윤활계통을 오염시켜 유발되기도 한다. 세 물체 간 마멸은 성형작업에 특히 중요하므로, 금속가공용 윤활유의 사용 시에는 생성된 마멸입자들을 제거하는 여과방법과 적절한 검사법이 당연히 고려되어야 한다.

■ **부식마멸** **산화마멸** 혹은 화학마멸이라고도 하며, 표면과 주위환경 사이의 화학작용이나 전해작용에 의해 야기된다. 부식 유발물질은 물, 바닷물, 산소, 산성물질이나 화학물질, 공기 중의 황화수소나 이산화황 등이다. 접촉면이 부식되면 부식물들이 미세한 마멸입자로 되어 떨어져 나온다. 접촉면에서의 미끄럼운동이나 연삭작용으로 부식층이 파괴되거나 제거되면, 새로운 부식층이 형성되고, 그 과정이 계속 반복된다. 부식마멸(corrosive wear)을 줄이려면, 내부식성이 큰 재료를 사용하거나, 주위환경을 조절하거나, 화학반응 속도가 느려지도록 작동온도를 낮춘다.

■ **피로마멸** **표면피로마멸** 혹은 **표면파괴마멸**이라고도 하며, 구름접촉을 하는 베어링처럼 재료의 표면이 반복하중을 받을 때 생기는 마멸 형태이다. 마멸입자는 **스폴링**(spalling, 표면균열의 성장으로 표면일부가 박리되는 현상)이나 **피팅**(pitting, 높은 접촉압력으로 표면이 국부적으로 오목하게 패이는 현상)에 의해 형성된다. 또 다른 형태의 피로마멸(fatigue wear)은 **열피로**(thermal fatigue)에 의한 것으로, 냉각된 금형이 고온의 공작물과 반복적으로

접촉되는 경우처럼, 반복열하중에 의한 열응력으로 표면에 균열이 생긴다(**망상열균열**, heat checking). 이들 균열이 성장하여 만나면 표면 일부가 떨어져나가면서 스폴링이 생긴다. 이 형태의 마멸은 주로 열간가공이나 다이캐스팅용 금형에 생기기 쉽다. 피로마멸을 줄이려면, (1) 접촉응력을 낮추거나, (2) 반복열하중을 줄이거나, (3) 균열시작점이 되는 불순물, 개재물, 기타 결함들을 제거함으로써 소재의 품질을 향상시킨다(3.8절 참조).

■ **기타 마멸기구** **프레팅부식**(fretting corrosion)은 진동을 받는 기계나 회전축의 지지대와 같이 접촉면이 미소하게 운동할 때 발생한다. **충격마멸**(impact wear)은 표면에 충돌하는 입자에 의해 미량의 재료가 표면으로부터 떨어져나가는 마멸이다. 충격마멸을 제조공정에 응용한 예로, 텀블링(tumbling)이나 진동에 의한 버제거작업(9.8절 참조)과 초음파가공(9.9절 참조)이 있다.

많은 경우에 기계부품, 공구, 금형의 마멸은 각종 형태의 마멸기구들이 복합되어 나타난다. 그림 4.12의 단조금형을 예로 들면, 같은 금형에서도 위치에 따라 서로 다른 형태의 마멸기구가 나타남을 알 수 있다. 그림 8.20에 나타낸 절삭공구의 마멸에서도 상황은 비슷하다.

■ **플라스틱과 세라믹 재료의 마멸** 플라스틱재료의 마멸거동은 대체적으로 금속재료의 경우와 유사하며, 앞에서 설명된 것들과 비슷한 형태로 일어난다. 폴리머의 경우, 연삭마멸거동은 부분적으로 폴리머의 탄성변형 및 탄성복원 능력에 의존하며, 이는 탄성중합체의 경우에도 비슷하다. 폴리머의 연삭마멸에 대한 저항성은 탄성계수에 대한 경도의 비가 커질수록 증가한다. 내마멸성이 우수한 대표적인 고분자재료로는 폴리이미드, 나일론, 폴리카보네이트, 폴리프로필렌, 아세탈, 고밀도 폴리에틸렌이 있다(제10장 참조). 플라스틱재료에 실리콘, 그래파이트, 이황화몰리브덴, 테플론(PTFE) 같은 내부윤활제나 고무입자를 첨가시킬 수도 있다.

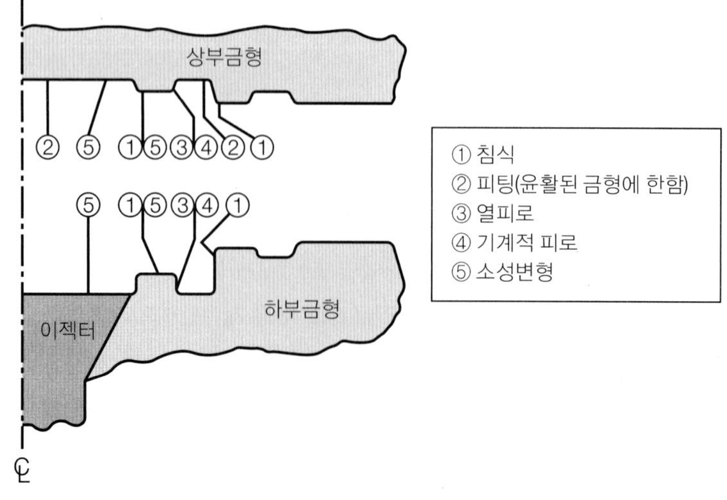

▶ **그림 4.12**
열간단조용 금형에서 볼 수 있는 마멸의 유형.

강화플라스틱재료(10.9절)의 내마멸성은 강화재의 종류, 함유량, 모재 내에서의 방향에 따라 다르다. 탄소섬유, 유리섬유, 아라미드섬유는 모두 내마멸성을 향상시킨다. 섬유강화 플라스틱재료의 마멸은 섬유들이 모재로부터 빠져나가면서 발생한다(섬유이탈). 따라서 섬유방향이 미끄럼방향과 같으면 섬유들이 쉽게 빠져나올 수 있어서 마멸이 극심해진다. 장섬유를 사용하면, 섬유이탈도 줄고 내부균열이 쉽게 표면으로 전파될 수 없으므로 내마멸성이 향상된다.

세라믹재료와 금속재료가 서로 미끄럼운동을 할 경우, 세라믹재료의 마멸은 국부소성변형, 표면균열, 표면화학반응, 경작기구, 표면피로 등에 의해 발생된다. 또한 금속재료가 산화물 형태로 세라믹재료 표면에 이동되어 세라믹재료의 표면에 금속산화물층이 형성될 수 있다. 따라서 이들 재료 사이의 미끄럼운동은, 실제로는 금속과 금속산화물 표면 사이의 미끄럼운동으로 볼 수 있다. 흔히 사용되는 윤활제들은 세라믹재료의 마멸에 별다른 영향을 주지 않는다.

■ **마멸측정법** 마멸을 관찰하고 측정하기 위해 다양한 방법들이 사용된다. 정량적인 방법은 아니나 가장 단순한 방법으로 시각이나 촉각(접촉)에 의한 검사법이 있다. 보다 정확한 방법으로는 치수 변화의 측정, 게이지를 이용한 검사, 표면거칠기 변화의 측정, 무게 변화의 측정 등이 있다. 그러나 대상물이 공구, 금형, 비교적 큰 공작물인 경우에는 전체무게에 비해 마멸량이 매우 작으므로 무게측정법은 정확성이 없다. 마멸된 기계부품들은 새 부품에 비해 많은 소음을 발생시키며 성능의 저하를 가져오므로, 성능이나 소음 정도를 지속적으로 관찰하는 방법도 있다.

윤활유에 포함된 마멸입자를 측정하는 윤활유분석법(분광사진분석법)도 사용된다. 이 방법은 정확도가 높으며, 제트엔진부품의 마멸검사에 이용된다. 방사선사진법은 방사선원소가 함유된 물체의 마멸입자가 상대 물체의 표면에 묻어 나오도록 하여 상대 물체의 방사선세기로부터 마멸량을 측정한다. 이 방법으로 칩의 방사선세기를 측정함으로써 방사선물질을 함유한 절삭공구의 마멸량을 알 수 있다(8.2절 참조).

4.4.3 윤활

가공공정에서 공작물, 공구, 금형 사이의 접촉면상태는 다음과 같은 여러 변수들에 의해 좌우된다.

1. **접촉압력:** 작은 경우에는 탄성범위 내에 있으나, 큰 경우는 공작물 항복응력의 몇 배에 이른다.
2. **상대미끄럼속도:** 매우 낮은 속도범위로부터(초소성성형작업의 경우) 매우 높은 속도범위까지(폭발성형, 선재인발, 연삭, 고속절삭가공 등) 광범위하다.
3. **온도:** 실온부터 거의 용융온도까지(열간 압출이나 스퀴즈캐스팅) 범위가 넓다.

두 접촉면의 상대미끄럼운동이 극한의 조건에서 이루어질 때, 이들 사이에 아무런 보호막이 없다면 마찰과 마멸은 극심해진다.

■ **윤활방식** 금속가공공정에서의 윤활방식은 기본적으로 다음과 같은 네 종류로 구분된다(그림 4.13 참조).

1. **후막윤활:** 유막두께가 표면거칠기의 약 10배 이상 되는 경우로, 두 표면은 유막에 의해 완전히 분리된다. 따라서 금속과 금속 간의 접촉은 이루어지지 않는다. 가벼운 수직하중이 작용하며, 수직하중은 두 물체 사이의 상대속도와 유체의 점성에 기인하는 쐐기효과(wedge effect)로 생긴 **유체동압 유막**으로 지지된다. 이 윤활상태에서는 마찰이 매우 작아서 마찰계수값이 0.001~0.02 정도이고, 마멸은 거의 일어나지 않는다.
2. **박막윤활:** 수직하중이 증가하거나 유체의 속도나 점도가 온도상승 등의 이유로 감소되면, 유막두께는 표면거칠기의 3~10배 정도로 얇아진다. 따라서 높은 돌출부들 사이에는 금속과 금속 간의 접촉이 생기고, 마찰이 커지고 가벼운 마멸상태가 된다.
3. **혼합윤활:** 작용하중의 대부분이 돌출부들의 금속과 금속 간의 접촉을 통해 전달되고, 나머지는 돌출부 골짜기에 존재하는 가압상태의 유막에 의해 전달되는 경우이다. 유막두께는 표면거칠기의 3배 이하이다. 적절한 윤활제로, 분자크기의 수 배 정도 두께로 표면에 강력히 접착되는 **경계막**을 만들 수 있다. 이 경계막은 금속과 금속 간의 직접접촉을 방지하므로, 결과적으로 마멸을 줄이는 효과를 가진다. 경계막의 강도나 기타 인자들에 따라 혼합윤활방식에서의 마찰계수는 최대 0.4 정도이다.
4. **경계윤활:** 하중은 얇은 **경계층**으로 덮인 접촉면을 통해 직접 전달되며, 표면골짜기에 윤활제가 없거나, 있더라도 하중을 지지할 정도로 가압되지 않은 상태이다. 경계막의 강도나 두께에 따라 마찰계수는 0.1~0.4 정도이다.

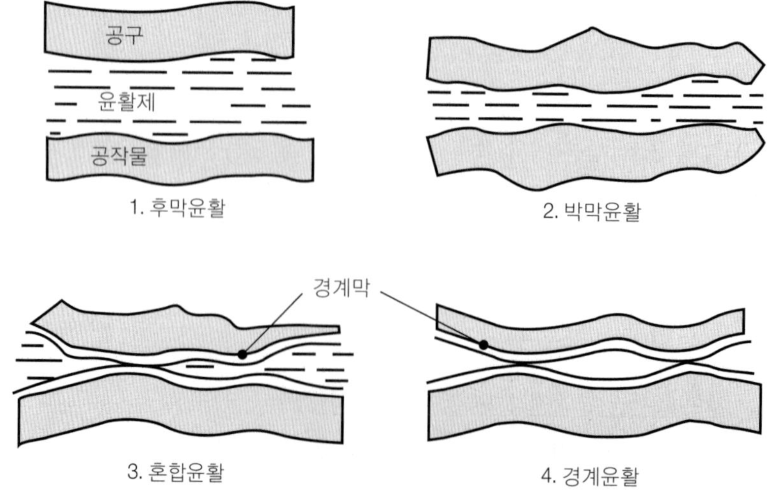

▶ **그림 4.13**
금속가공작업에서의 윤활방식.

대표적인 **경계윤활제**로는 자연유, 지방유, 지방산, 비누가 사용되며, 경계막은 금속표면 위에 빠른 속도로 형성된다. 경계막 두께가 얇아져서 금속과 금속 간의 접촉이 생기면, 접촉면의 화학적 성질과 표면거칠기가 중요한 역할을 한다. (후막윤활의 경우에는 윤활제의 점도가 마찰과 마멸 상태를 결정하는 중요한 인자로 작용하며, 화학적 성질은 금속면의 부식이나 변색 외에는 별다른 중요성을 갖지 않는다.) 경계막은 계속되는 미끄럼운동으로 불안정해져 떨어져나가거나, 접촉면이 고온상태로 되어 **흡착력**을 상실함에 따라 떨어져나간다. 금속표면의 경계막이 제거되어 보호막이 없어지면, 금속과 금속 간의 접촉이 이루어져 마멸이 극심해지고 표면에 패인 자국이 생길 수도 있다. 따라서 경계막의 응착강도는 윤활에서 중요한 인자이다.

■ **표면거칠기와 형상효과** 윤활에서는 표면거칠기의 역할이 중요한데, 특히 혼합윤활의 경우 표면이 어느 정도 거칠다는 것은 윤활제가 국부적으로 모이는 장소가 제공됨을 의미한다. 표면의 골짜기 부위에 모인 윤활제는 비압축성이므로, 그 자체로 수직하중의 상당부분을 지탱해주는 역할을 하며, 또 경계층이 파손된 부위에 이를 공급해주는 역할도 한다. 윤활제가 접촉면에 잘 모이도록 하는 최적거칠기값이 존재한다. 금속가공공정에서는 금형보다는 공작물표면을 좀 더 거칠게 하는 것이 바람직하다. 그렇게 하지 않으면, 더 거칠고 경한 금형면이 공작물표면에 손상을 입힌다. 대부분의 경우, 바람직한 금형면의 거칠기는 0.40 μm 정도이다.

표면거칠기와 더불어 접촉물체들의 전체적인 **형상**도 윤활에 있어서 중요한 고려대상이다. 소재가 변형영역으로 진입될 때, 윤활제도 같이 다이와 공작물 경계면을 따라서 공급되도록 해야 한다. 윤활의 유체역학적 해석에 의거하면, 경계면 속으로의 윤활제 유입은 입구각이 중요한 변수로 작용한다. 즉, 이 각도가 작으면 더 많은 윤활제가 유입되어 윤활상태가 좋아지고 마찰이 낮아진다. 이들 변수를 적절히 선정하면, 금형과 공작물 경계면에 비교적 두꺼운 윤활막이 유지된다.

윤활제를 사용하여 마찰과 마멸을 줄이는 것이 항상 바람직한 것만은 아니다. 두꺼운 윤활막이 형성되면 공작물표면과 금형면이 완전히 접촉되지 않으므로, 광택면을 얻을 수 없고, 소재의 결정립크기에 따라 가공표면이 흐리고 울퉁불퉁하게 된다. 단조나 코이닝 같은 성형공정(6.2절 참조)에서는 윤활제가 소재의 정확한 성형을 방해하므로 바람직하지 않다. 게다가 압연작업에서는 어느 정도 조절된 마찰이 필요하므로, 윤활막 두께가 과대하지 않아야 한다.

4.4.4 금속가공용 윤활제

앞에서 논의된 사항들을 근거로 금속가공용 윤활제의 기능을 요약하면 다음과 같다.

- 마찰을 감소시켜 가공에 소요되는 하중과 에너지를 줄이고 온도상승을 막는다.
- 마멸을 줄이고, 시저, 골링 같은 격렬한 상태로 되는 것을 방지한다.

- 공구, 금형 및 몰드 내에서의 소재유동을 좋게 한다.
- 공작물, 공구 및 금형표면들 사이에서 열차폐물의 역할을 하여 열간가공 시 공작물의 냉각을 방지한다.
- 금형이나 몰드로부터 가공품을 꺼내거나 분리시키는 것을 용이하게 한다.

이들 요구조건을 만족하는 **금속가공용 윤활유**로는 많은 종류들이 있으며, 화학성분, 성질, 특성이 제각기 다르다.

1. **자연유:** 금속표면에서 결합강도가 높다. 이는 표면에 묻은 기름을 깨끗이 제거하기가 쉽지 않다는 사실로부터 알 수 있다. 자연유에는 **광유**(석유류), **동물유**, **식물유**가 있다. 환경보호 차원에서 광유를 생분해되는 식물유로 대체하는 데 많은 관심을 기울이고 있다. 윤활성, 점도, 청정제, 방부제 같은 특별한 성질을 갖도록 다른 종류의 기름이나 각종 첨가제를 혼합하기도 한다. 자연유는 마찰과 마멸을 감소시키는 데는 매우 효과적이지만, 열전도도와 비열이 낮아 금속가공작업에서 발생열을 방출할 때는 효과적이지 못하다. 게다가 후속공정으로 도장이나 용접을 하고자 할 때, 부품표면에서 제거하기 힘들고 비용이 많이 든다.
2. **유화액:** 서로 혼합되지 않는 두 종류의 액체가 섞인 것으로, 첨가제를 섞은 물과 기름의 혼합액이 많이 사용된다. **직접식 유화액**은 물에 소량의 광유를 떨어뜨린 것으로, 액적의 평균직경은 0.1~30 μm이다. **간접식 유화액**은 반대로 기름에 소량의 물을 떨어뜨린 것이다. 직접식 유화액은 물에 의한(체적 대비 95% 이상 차지) 냉각성이 우수하고 윤활효과가 좋으므로, 온도상승이 공구수명, 표면정도 및 치수정확도에 심각한 해를 끼치는 고속성형이나 고속절삭작업에 효과적이다.
3. **합성액**(synthetic solution): 무기물과 다른 화학물질들을 물에 혼합한 것으로, 다양한 성질을 갖도록 각종 화학원소를 첨가한다. **반합성액**도 근본적으로는 합성액으로 소량의 유화액을 첨가한 것이다.
4. **첨가제:** 금속가공용 윤활유에 사용하는 **첨가제**로는 산화억제제, 녹방지제, 방취제, 방부제, 거품방지제 등이 있다. 첨가제로 사용되는 중요한 원소는 황, 염소, 인 등이다. 고압 및 고온용의 극압유(extreme-pressure oil)에 첨가되는 **극압**(EP)**첨가제**는 금속표면과 화학반응을 일으켜서 금속황화물이나 염화물 박막을 표면에 형성시킨다. 이 막은 전단강도가 낮고 금속표면들이 상호 접착되는 것을 방해하므로 마찰과 마멸을 줄이는 데 효과적이다. 극압첨가제는 경계윤활의 경우에 중요하게 사용되지만, 다이나 공구재료가 초경합금인 경우에는 결합제인 코발트(8.6절)를 선택적으로 침해하므로 표면거칠기나 표면성질을 변화시킬 수 있다.
5. **비누:** 나트륨염이나 칼륨염과 지방산의 반응물이다. 알칼리비누는 수용성이나, 다른 금속비누들은 일반적으로 불수용성이며, 이들은 경계윤활에 효과적으로 사용된다. 특히 냉간가공에 많이 이용되는 전환피복법(4.5절)에 사용하면 금형과 공작물 사이에 두꺼

운 막을 만들 수 있다.

6. **그리스**(grease): 고체 혹은 반고체 상태의 윤활제로, 비누, 광유, 각종 첨가제들로 구성된다. 점성이 크고 금속표면에 잘 부착되므로, 주로 기계류에 광범위하게 사용되고, 가공공정에서는 제한된 범위에서 사용된다.
7. **왁스**: 동물이나 식물(파라핀)로부터 채취되며 복잡한 구조로 되어 있다. 왁스는 그리스에 비해 점착성이 덜하고 취성이 있다. 이들도 역시 구리 이외의 금속가공에는 사용이 제한되며, 스테인리스강이나 고온합금들의 가공 시에는 염화처리된 파라핀이 사용되기도 한다.

■ **고체윤활제** 가공작업에는 특유의 성질을 가진 고체윤활제가 사용되기도 하며, 그 종류는 다음과 같다.

1. **흑연**(graphite): 흑연의 성질에 대해서는 11.13절에서 설명한다. 흑연은 층방향으로의 전단에 약해서, 이 방향으로는 마찰계수가 작다. 열간에서 좋은 고체윤활제로 사용되지만, 흑연의 마찰계수는 공기나 습기가 있는 경우에만 낮고 진공상태나 불활성분위기에서는 매우 높다. 실제로, 진공이나 불활성분위기에서는 흑연이 접촉물체를 심하게 마멸시킬 수 있다. 흑연을 윤활제로 사용하는 방법은 이를 윤활하고자 하는 표면에 직접 바르거나, 물, 기름, 혹은 알코올용액에 흑연입자를 섞은 콜로이드상태의 현탁액으로 만들어서 표면에 바르면 된다.
2. **이황화몰리브덴**(MoS_2): 널리 사용되는 층상구조의 고체윤활제로 주로 실온에서 사용되며, 외관상 흑연과 비슷하다. 흑연과 다른 점은 대기 중에서 높은 마찰계수를 갖는 것이다. 통상적으로 이황화몰리브덴을 기름에 타서 사용하나 공작물표면에 문질러 바를 수도 있다.
3. **저강도금속 및 폴리머**: 저강도재료를 공작물표면에 얇게 피복하여 고체윤활제로 사용한다. 이 목적에 적합한 금속재료로는 납, 인듐, 카드뮴, 주석, 은이 있으며, 폴리머로는 PTFE, 폴리에틸렌, 메타크릴레이트 등이 있다. 그러나 이들 피복층은 고응력과 고온상태에서의 강도가 부족하므로 사용범위가 제한된다. 연한 금속을 강, 스테인리스강, 고온합금 같은 고강도금속에 피복하여 윤활에 이용하기도 한다. 예를 들면, 구리나 주석을 고강도금속표면에 화학적으로 증착시킨다. 금속표면에 형성된 얇은 산화물층의 마찰계수가 낮다면, 이 산화물층도 고온상태에서는 고체윤활제 구실을 한다.
4. **유리**: 낮은 온도에서는 고체상태이지만, 높은 온도에서는 점성이 큰 액체상태로 변하여 윤활제 역할을 한다. 이때 점도는 온도의 함수이지만 압력에는 무관하며, 유리의 종류에 따라 점도도 달라진다. 유리는 특히 열전도도가 낮으므로, 고온의 공작물과 비교적 저온인 금형 사이의 단열에도 효과가 있다. 유리윤활제의 대표적인 예를 열간압출(6.4절)과 열간단조(6.2절)에서 찾을 수 있다.
5. **전환피복**(conversion coating): 윤활제가 공작물표면에 항상 잘 부착되는 것은 아니며,

특히 수직응력이나 전단응력이 높으면 부착상태가 심각한 문제이다. 강, 스테인리스강, 고온합금재료들의 단조, 압출, 선재인발이 이 경우에 해당된다. 이 문제를 해결하기 위해, 가공을 시작하기 전에 공작물표면을 산으로 화학반응시켜 다소 거친 다공질상태로 전환시킨다. 표면상태가 전환된 후에는 붕사나 석회로 표면에 남아 있는 산을 제거하고, 비누 같은 액체윤활제를 표면에 바르면, 윤활막은 표면에 견고히 부착되어 쉽게 떨어지지 않는다. 탄소강이나 저합금강의 경우에는 인산아연피복이 행해지며, 스테인리스강이나 고온합금재료의 경우에는 수산염피복이 행해진다(4.5.1절 참조).

6. **풀러린**(Fullerene, 버키볼): 축구공모양의 탄소분자로, 미끄럼면에서 마치 작은 볼베어링 역할을 한다. 고체윤활제로 효율이 좋으며, 특히 항공우주용 베어링 윤활제로 효과적이다(11.13.1절 참조).

■ **윤활제의 선정** 주어진 공정과 공작물재료에 적합한 윤활제를 선정하기 위해 고려해야 할 사항들은 다음과 같다.

- 제조공정의 종류
- 공작물, 공구, 금형 재료들과의 적합성
- 사전 표면처리의 필요성
- 윤활제를 바르는 방법
- 가공 후 윤활제의 제거방법
- 다른 윤활제(예를 들면, 기계를 윤활하기 위해 사용된 윤활제)에 의한 오염가능성
- 폐기된 윤활제의 처리
- 윤활제의 보관 및 보존
- 생태학적 및 환경적 문제점들
- 위의 각 항에 소요되는 비용

금속가공유의 주된 기능, 즉 윤활용인지 냉각용인지를 잘 구분하여 적합한 유체를 선정해야 한다. 물이 주성분인 윤활제는 기름 종류보다 냉각효과는 우수하지만 윤활효과는 떨어진다. 기름 종류를 윤활제로 사용할 경우에는 점도-온도-압력에 따른 특성을 잘 파악해야 한다. 윤활제 점도의 저하는 마찰과 마멸에 심각한 악영향을 준다.

윤활제는 기계작동에 지장을 주는 잔재물을 남기거나, 공작물이나 장비를 부식시켜서는 안 된다. 또한 사용 중에 정기적으로 점검하여 박테리아 성장, 산화물 축적, 금속 칩, 마멸파편 등으로 인한 기능저하, 온도 변화와 시간경과에 따른 열화정도가 확인되어야 한다. 윤활제에 포함된 마멸입자가 공작물과 장비에 손상을 입힐 수 있으므로, 적절한 검사와 여과방법이 중요하다.

공작물표면에는 가공이 완료된 후에도 윤활제 찌꺼기들이 남아 있으므로, 용접이나 도색작업 같은 후속공정을 수행하기 전에 이들 찌꺼기를 깨끗이 제거해야 한다. 이 목적으

로 다양한 세척액과 세척방법이 사용된다(4.5.2절 참조). 윤활제의 사용에 따른 생태학적, 환경적 문제점들과 부수되는 법률적 문제들도 신중히 검토해야 한다. 일부 금속가공용 윤활제는 접촉하거나 흡입할 경우 건강에 유해할 수 있다. 윤활제의 재생이나 폐기에 관한 사항들도 역시 중요한 검토대상이다.

4.5 표면처리, 코팅 및 청정

표면의 일부 혹은 전부에 원하는 성질을 주려면, 부품이 가공된 후 계속하여 표면처리공정을 수행한다. 표면처리의 필요성을 열거하면 다음과 같다.

- 내마멸성, 내침식성, 압입저항성의 향상(공작기계의 안내면, 모든 기계류의 마멸면, 그리고 축, 롤, 캠, 기어, 베어링 등의 기계요소들)
- 마찰의 조절(공작기계, 공구, 다이 등의 미끄럼면, 베어링, 안내면)
- 응착의 감소(전기접점)
- 윤활의 향상(윤활제의 유지가 양호하도록 표면상태 변화)
- 내부식성 및 내산화성의 향상(자동차용 금속판재, 건축외장재, 가스터빈 부품, 의료용 기구)
- 피로저항의 향상(베어링과 축)
- 부품의 마모면 재생(마모된 공구, 금형, 기계부품)
- 표면거칠기의 향상(외양, 치수정확도, 마찰특성)
- 장식, 색상, 특수질감의 효과

4.5.1 표면처리법

표면처리법에는 기계적, 화학적, 열적, 물리적 방법에 기초한 다수의 공정이 있다. 그 원리와 특성을 요약하면 다음과 같다.

1. **숏피닝, 물제트 피닝, 레이저 숏피닝.** 숏피닝(shot peening)은 주철, 유리, 혹은 세라믹재료로 된 수많은 구슬(숏)을 공작물표면에 반복적으로 투사시키는 방법이며, 이 과정에서 표면에는 미소한 압입흔적이 중첩하여 남는다. 사용되는 숏의 직경은 0.125~5.0 mm 정도이며, 표면으로부터 약 1.25 mm 깊이까지 소성변형이 생긴다. 이 소성변형은 깊이방향으로 불균일하고, 표면에는 압축잔류응력을 남겨서 소재의 피로수명을 향상시키므로(그림 3.32b 참조), 숏피닝은 축, 기어, 스프링, 유정드릴용 장비, 제트엔진부품(터빈이나 압축기의 블레이드) 등에 적용된다.

   물제트 피닝(water-jet peening)은 최고 400 MPa의 압력으로 물제트를 부품표면에 충돌시켜 숏피닝에서와 같이 압축잔류응력이 발생하도록 하는 공정이다. 이 방법은 철

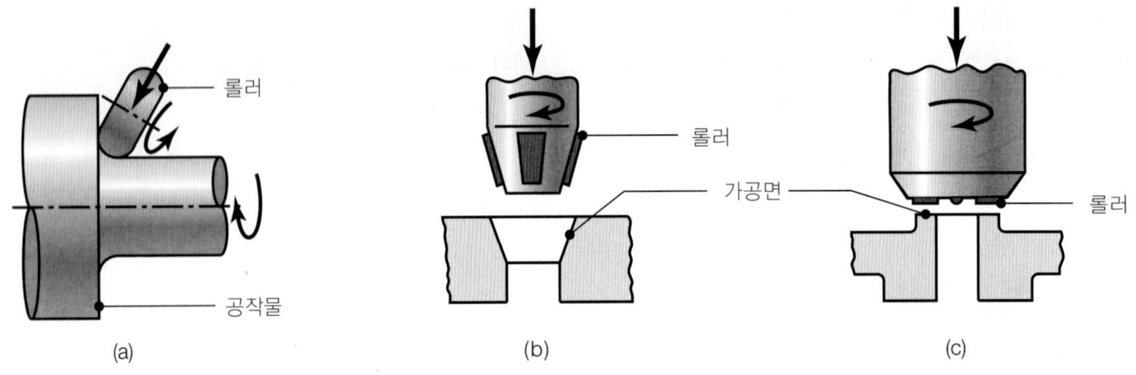

▲ **그림 4.14**
롤러버니싱의 예: (a) 단이 진 축의 필렛면 가공, (b) 원추면의 가공, (c) 평면의 가공.

강 및 알루미늄 합금에 성공적으로 사용된다.

레이저 숏피닝은 고출력 레이저(최고 1 kW)로 표면에 레이저 충격을 가하는 방법으로, 제트엔진의 팬블레이드와 티타늄 및 니켈 합금에 적용되어 1 mm 이상 깊이에 표면잔류응력을 발생시킨다.

초음파 피닝(ultrasonic peening)은 압전변환기가 달린 수공구를 사용하여 22 kHz 정도의 주파수로 작업한다. 수공구에는 개별 피닝 용도에 맞게 다양한 헤드를 장착한다.

2. **롤러버니싱**(roller burnishing, 표면압연). 고도로 연마된 경한 롤로 부품표면을 국부적으로 냉간가공하는 방법이다(그림 4.14 참조). 이 방법은 평면, 원통형, 원추형 등 다양한 형상의 표면에 적용되고, 표면의 긁힌 자국, 패인 자국, 공구 자국을 제거하여 표면정도를 향상시키며, 이로 인해 부식성 물질이나 잔류물이 표면에 끼는 것을 방지하므로 내부식성을 향상시키는 효과도 있다. 롤러버니싱은 부품의 형상과 표면정도를 향상시킬 목적뿐만 아니라, 부품의 기계적 성질을 향상시키기 위해서도 사용된다. 이 방법은 단독으로 사용될 수도 있으나 다른 마무리공정들, 즉 연삭, 호닝, 래핑가공 등과 함께 사용되기도 한다.

   연성이 큰 연한 재질뿐만 아니라 매우 경한 재질의 금속도 이 방법으로 가공되며, 각종 유압기기부품, 밀봉재, 밸브, 스핀들, 축의 필렛부에 적용한다. 이와 유사한 공정으로 원통 내면을 버니싱하는 공정을 **볼라이징**(ballizing) 혹은 **볼버니싱**(ball burnishing)이라고 하며, 원통의 내경보다 약간 큰 매끄러운 구슬을 구멍에 밀어 넣어 표면처리를 한다.

3. **폭발경화법**(explosive hardening). 얇은 폭약층을 공작물표면 위에 설치한 후, 이를 폭발시킴으로써 순간적으로 높은 압력을 표면에 작용시키는 방법으로, 접촉압력은 최고 35 GPa, 지속시간은 2~3 μs 정도이다. 이 방법은 공작물형상을 크게 변화시키지 않고서도(5% 미만) 표면의 경도를 매우 증가시키므로, 철도레일 표면의 경화에 응용된다.

4. **클래딩**(cladding). 클래딩은 금속 소재의 표면 위에 내부식성의 다른 금속재료를 얇은 층으로 깔고 롤이나 기타 방법으로 가압하여 얇게 입히는 공정이다. 특별한 용도로 복수의 층을 클래딩하는 경우도 있다. 대표적인 예로는 순수알루미늄 위에 내부식성 알루미늄합금층을 입히는 알루미늄클래딩이 있으며(*Alclad*라고도 함), 강의 표면에 스테인리스강이나 니켈합금층을 입히는 경우도 있다. 피복재료를 모재 위에 입히기 위해 인발다이(예: 강선에 구리의 피복)나 폭약을 이용하기도 한다.

   모재 위에 이종재료를 깔고 융접시키는 **레이저클래딩**도 개발되어, 금속 및 세라믹에 성공적으로 적용된 바 있다.

5. **기계적 도금법**(mechanical plating, 충격도금법). 기계적 도금법은 소재의 표면 위에 미세한 금속입자를 바르고, 유리, 세라믹, 혹은 사기구슬로 때려 촘촘하게 입히는 공정이다. 이 방법은 자동차의 경화강 부품에 대표적으로 적용되며, 도금두께는 보통 0.025 mm 이하이다.

6. **표면경화법**(case hardening). **침탄법, 침탄질화법, 청화법, 질화법, 화염경화법, 유도경화법** 등의 표면경화법은 5.11.3절에서 별도로 설명하며 표 5.7에 요약되어 있다. 열원으로는 가스나 전기가 흔히 사용되나, 금속 및 세라믹 재료의 표면경화에는 레이저빔도 사용된다. 표면경화법은 다른 표면처리법들처럼 표면에 잔류응력을 유발시킨다. 표면경화 시 표면에 마르텐사이트 조직이 형성되면 압축잔류응력이 생기므로 피로균열의 발생이 지연되어 제품의 피로수명이 향상된다.

7. **살돋움 경화법**(hard facing). 소재의 면이나 모서리 혹은 한 점에 내마멸성의 경한 금속재료들을 제12장에서 설명하는 각종 용접법으로 두껍게 덧붙이는 공정을 말한다. 이 방법으로 형성되는 용접피복물은 여러 층으로 되어 있다(weld overlay, **용접덧살**). 텅스텐카바이드, 크롬, 몰리브덴카바이드 같은 경질 재료의 피복에는 전기아크가 이용될 수도 있다(spark hardening, **스파크경화법**). 살돋움 경화에 사용되는 합금들은 전극, 봉재, 선재, 혹은 분말 형태로 주어진다. 이 경화법의 대표적인 응용예로는 밸브시트, 유정드릴용 공구, 열간가공용 금형 등이 있으며, 마멸부품을 보수할 때도 이용된다.

8. **용사법**(溶射法, thermal spraying, metallizing). 용사법은 봉재, 선재, 분말 형태의 금속재료를 산소아세틸렌화염, 전기아크, 플라즈마아크 등으로 용융시킨 후, 압축공기 분무기를 사용하여 용융금속의 액적을 최고 100 m/s의 속도로 예열된 소재표면에 용사하여 피복하는 공정이다. 결합강도를 개선하려면 용사될 표면을 미리 세척해야 하며, 약간 거칠게 할 필요가 있다. 대표적인 예로는 아연이나 알루미늄이 최대 0.25 mm 두께로 용사된 강구조물, 저장탱크, 로켓엔진 노즐, 탱크차 등이 있다. 사용 에너지원에 따라서 다음과 같이 세분된다.

   (1) **연소용사법**(combustion spraying)

   - **선재 가열용사법:** 산소가스화염으로 선재를 용융시켜 표면에 용착

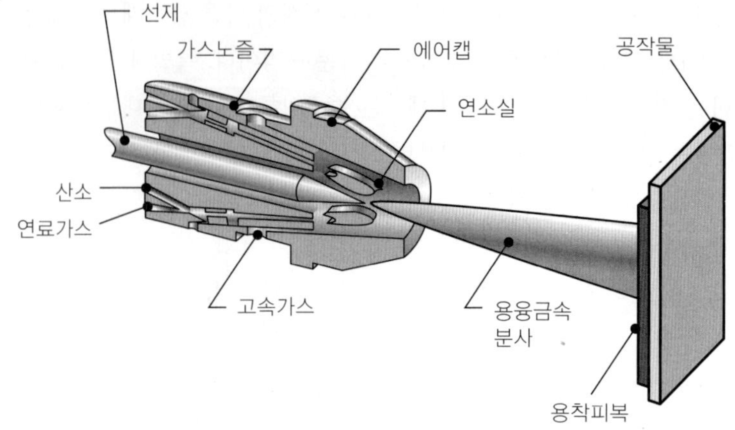

▶ **그림 4.15**
선재 가열용사법의 개략도.

- **금속분말 가열용사법:** 산소가스화염으로 금속분말(11.2절 참조)을 표면에 용착
- **폭발총**(detonation gun) **방법:** 산소혼합가스를 조절하며 폭발시키는 방법
- **고속산소가스용사법:** 위의 방법들과 비슷한 성능이나, 보다 저렴

(2) **전기적 용사법**(electrical spraying)

- **와이어아크 용사법**(twin-wire arc): 두 개의 소모성 선재전극 사이에 발생하는 아크를 이용
- **플라즈마 용사법:** 전통적 방법, 고에너지법, 진공법이 있으며, 8300°C에 달하는 고온을 만들 수 있다. 산화물 없는 매우 양호한 접합강도를 얻는다. **저압플라즈마 용사법**과 **진공플라즈마 용사법**은 모두 접합강도가 높은 피복층을 입힐 수 있다.

(3) **냉간분무법**(cold spraying)

보다 최근에 개발된 공정으로 분무입자를 용융하지 않고 초고속 충격속도를 가진 분사제트를 매우 좁은 영역에 집중하는 방법으로, 피복층이 산화될 염려가 없다.

9. **표면질감처리**(surface texturing). 가공면은 기술적, 기능적, 광학적, 심미적 이유로 인해 이차작업을 통해 추가로 변경될 수 있다. 질감처리방법으로는 (1) 화학적 방법이나 스퍼터링 기술을 이용하는 표면부식, (2) 전기아크, (3) 레이저 펄스, (4) 표면과 반응하여 미세한 원추형상의 표면질감을 주는 원자산소법 등이 있다. 질감법을 선택할 때는 이들 공정이 재료의 성질과 성능에 주는 유해한 영향을 고려해야 한다.

10. **세라믹피복.** 반복적으로 발생되는 아크에 견뎌야 하는 등 고온 및 전기적 저항성이 요구되는 제품들의 세라믹피복을 위한 용사법도 개발되어 있다. 이때에는 경한 금속이나 세라믹분말이 용사재료로 사용되며, 최고 15,000°C에 달하는 플라즈마아크가 이용된다. 로켓모터의 노즐이나 내마멸성이 요구되는 부품에 응용된다.

11. **증착법.** 이 공정은 소재를 피복재료의 화합물이 함유된 기체로 감싸서 소재표면과의 화학반응으로 제품을 피복하는 방법이다. 금속, 플라스틱, 유리, 종이 같은 모재(공작물)에 금속, 합금, 세라믹, 탄화물(카바이드), 질화물, 산화물, 붕화물 등을 수 μm 정도

의 두께로 피복시킨다. 이 방법은 각종 절삭공구(바이트, 드릴, 리머, 밀링커터 등), 다이 및 펀치, 마멸되기 쉬운 부품의 피복에 사용된다(13.5절의 **반도체가공** 참조).

(1) **물리증착법**(PVD, physical vapor deposition). 고진공 및 200~ 500°C 정도의 온도범위에서 증착입자를 소재표면에 물리적으로 이행시키는 방법이다.

진공증착법(vacuum evaporation)은 증착재료를 높은 온도와 진공상태에서 기화시킨 후, 모재표면에 피복층을 형성하는 방법이다. 모재온도는 실온, 혹은 실온보다 약간 높게 하며, 복잡한 형상에 대해서도 균일하게 피복할 수 있다. **아크증착법**(PV/ARC)은 국부아크를 발생하는 다수의 아크기화기로 증착재료(음극)를 기화시킨다. 아크는 이온화된 증기로 된 높은 반응성을 가진 플라즈마를 발생시키며, 이 증기는 모재(양극)표면에 응축되면서 증착된다. 용도는 크게 기능용(고온산화방지용 피복, 전자제품, 광학제품)과 장식용(철물류, 가전제품, 보석류)으로 나눌 수 있다.

스퍼터링(sputtering)은 불활성기체(통상 아르곤가스)를 전기장으로 이온화시켜 생기는 양이온을 증착재료(음극)에 때려서 증착재료의 원자가 튀어나와 모재표면에 응축되면서 피복층을 형성하는 방법이다. 이때 소재와 피복층 사이의 결합을 좋게 할 목적으로 공작물을 가열한다. **반응스퍼터링**(reactive sputtering)은 불활성기체 대신에 산소와 같이 활성이 큰 기체를 사용하는 방법으로, 튀어나온 원자들이 산화되어 소재표면에 얇은 산화물층이 형성된다. **무선주파**(RF) **스퍼터링**은 절연체나 반도체 같이 전도성이 불량한 재료들에 적용된다.

이온도금법(ion plating)은 진공증착법과 스퍼터링을 복합시킨 방법이다. 고진공 속에서 높은 전압이 걸려 생기는 글로우 방전으로 플라즈마가 만들어지면 기화된 원자의 일부만 이온화된다. **이온빔보조증착법**(ion-beam-assisted deposition)은 반도체 피복, 윤활이나 광학적 용도로 박막을 제조하는 데 사용된다. 이중(二重) 이온빔보조증착법은 물리증착법과 이온빔을 조합한 피복기술로, 금속, 세라믹, 폴리머에 견고한 피복을 입힐 수 있다. 세라믹 베어링과 치과기기가 적용되는 예이다.

(2) **화학증착법**(CVD, chemical vapor deposition). 일종의 열화학적인 공정으로, 절삭공구의 TiN 피복에 대표적으로 사용된다(그림 4.16 참조). 흑연 받침대 위에 놓인 공구를 불활성분위기와 대기압 하에서 950~1050°C로 가열하고, 사염화티타늄(증기), 수소 및 질소가스를 가열로 속으로 주입하여 화학반응을 일으키며, 그 결과 공구표면에는 화학반응 생성물인 TiN 피복층이 형성된다. TiC 피복의 경우에는 질소가스 대신에 메탄가스가 사용된다. 화학증착법으로 얻는 피복층 두께는 물리증착법의 경우보다 두꺼운 것이 일반적이다. **MTCVD**(중간온도 CVD)는 CVD 피복보다 균열전파에 대한 저항이 높은 피복을 할 수 있다.

12. **이온주입법**(ion implantation). 이온을 진공상태에서 가속시켜 소재표면의 수 μm 깊이까지 침투시키는 방법으로 이온도금법과 명백히 구분된다. 이온주입법은 소재의 표면성질을 변화시켜 표면경도를 증가시키고 내마멸성과 내부식성도 향상시킨다. 또한 정확하게 공정을 제어할 수 있으며, 원하지 않는 부분의 표면에는 덮개를 씌워 원하는 부위에만 이온을 침투시킬 수 있다. 반도체에 소량의 불순물 원소를 첨가시키는 특수한 용도로 사용되는 경우(제13장 참조)에는 이 방법을 **도핑**(doping)이라고 한다.
13. **확산피복법**(diffusion coating). 확산피복법에서는 합금원소들이 확산 현상에 의해 소재 내부로 침투하며, 그 결과로 표면성질이 변하게 된다. 금속 혹은 비금속 원소들을 고체, 액체, 혹은 기체 상태로 공급할 수 있다. 확산원소의 종류에 따라 여러 명칭으로 불린다(표 5.8의 침탄법, 질화법, 붕화법 참조).
14. **전기도금법**(electroplating). 전기도금법은 전해액에 잠긴 소재(음극)와 도금재료(양극) 사이의 전해작용을 이용하여 소재를 피복시키는 방법이다(그림 4.17 참조). 전해작용은 외부전원에 의해 두 극 사이에 전위차가 생기면 양극으로부터 방출된 금속이온들이 전해액 속의 이온들과 결합하여 음극으로 이동되어 부착되는 과정이다. 도금금속의 부피는 다음 식으로 계산할 수 있다.

$$\text{도금금속의 부피} = cIt \tag{4.7}$$

여기서 I는 전류[A], t는 시간, c는 도금금속, 전해액, 도금효율을 감안한 상수로 보통 0.03~0.1 mm^3/A-s이다. 도금재료의 부피가 일정하다면, 공작물의 표면적이 넓을수록 도금층의 두께가 얇아진다. 부착속도는 보통 0.02 μm/s 정도로, 도금시간은 긴 편이다. 도금두께는 얇은 경우 1 μm 정도에서 최대 500 μm까지 가능하다.

도금액으로는 강산이나 시안용액을 사용하며, 도금액의 금속이온이 소비되므로 용액을 주기적으로 보충해야 한다. 보충방법으로는 (a) 용액에 금속염을 추가하거나, (b) 도금재료로 된 희생전극을 도금탱크에 넣어서 도금층이 만들어지는 속도와 같은 속도로 용해되도록 하는 방법이 있다. 도금액은 다음과 같은 세 가지 방법으로 사용한다.

(1) **랙 도금법:** 소재를 랙에 담아서 일련의 도금탱크를 거치는 방법

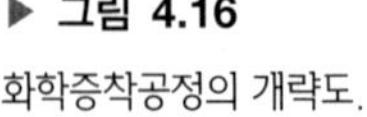
▶ 그림 4.16
화학증착공정의 개략도.

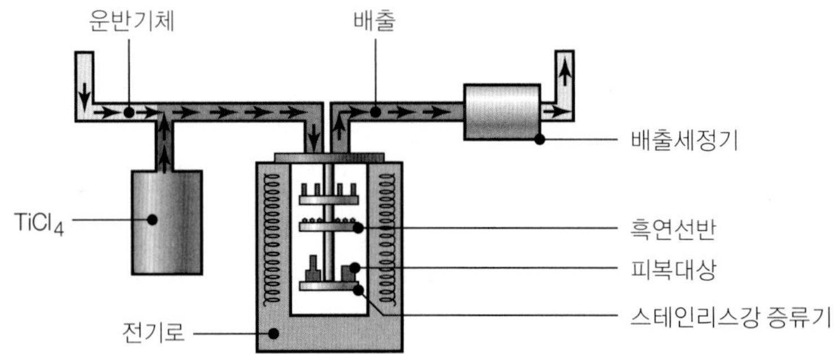

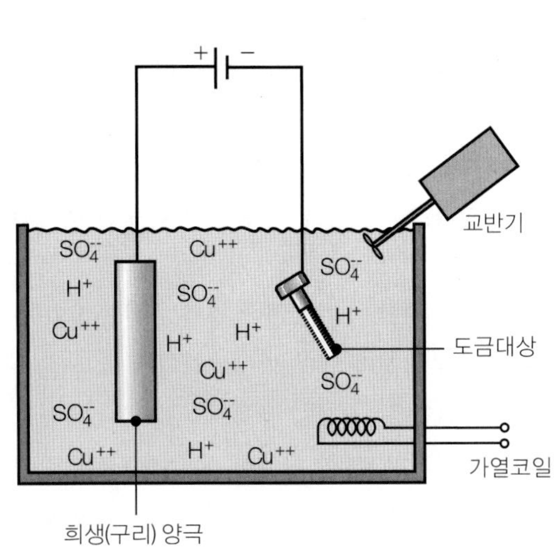

(a)

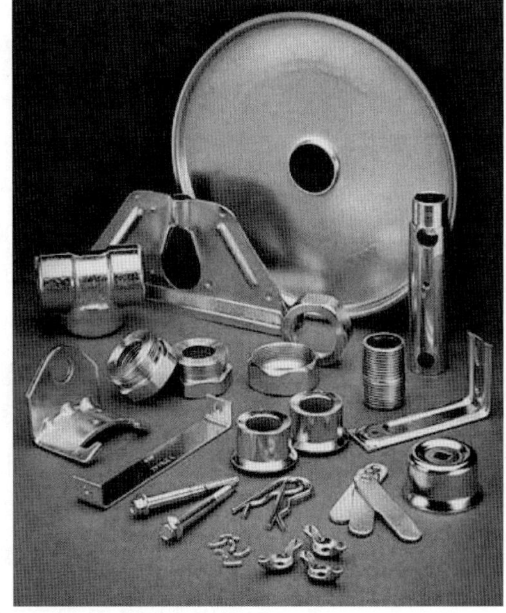

(b)

▲ 그림 4.17

(a) 전기도금공정의 개략도, (b) 전기도금 부품의 예.

(2) **통 도금법:** 소형 소재를 통에 담아서 도금탱크에 담그는 방법. 전해액을 통 사이로 침투시켜 도금하며, 통 자체와 인접한 소재가 전극 역할을 한다. 볼트, 너트, 기어, 부속품 같은 작은 소재에 적합하다.

(3) **붓 도금법:** 전해액을 쇠붓으로 바르는 방법으로, 현장수리 혹은 대형 공작물이나 설비를 분해하지 않고 도금하는 데 적합

상용 도금재료는 크롬, 니켈, 카드뮴, 구리, 아연, 주석이다. **크롬도금**은 단계별로 수행되는데, 소재를 우선 구리도금하고 그 다음 니켈도금한 후, 마지막으로 크롬도금을 한다. 그러나 **경질크롬도금**(hard chromium plating)은 중간과정 없이 모재표면에 직접 도금하며, 이 경우의 경도값은 최고 70 HRC에 달한다.

전기도금법은 인쇄회로용 알루미늄선 및 기판의 구리도금, 각종 철물류의 크롬도금, 구리전기단자의 납접보조용 주석도금, 기타 내마멸성이나 내부식성이 요구되는 제품, 외양이 좋아야 되는 제품들에 주로 사용된다. 금, 은, 백금 같은 귀금속류에는 산화막이 생기지 않으므로(3.11.8절 참조), 전자제품이나 보석산업에서 중요한 도금재료로 사용된다. ABS, 폴리프로필렌, 폴리술폰, 폴리카보네이트, 폴리에스터, 나일론 같은 플라스틱도 전기도금이 가능하다. 그러나 이들 플라스틱재료는 그 자체로는 전기전도성이 없으므로, 무전해 니켈도금 같은 공정을 사전에 수행해야 한다. 도금될 제품의 형상이나 크기에는 제한이 없지만, 형상이 복잡한 소재의 경우에는 도금두께

가 위치에 따라 달라진다.

15. **무전해도금법.** 외부전원을 사용하지 않고, 화학반응만을 통해 공작물에 도금하는 방법이다. 도금재료로는 니켈이 가장 많이 사용되며, 경우에 따라서는 구리도 사용된다. 무전해 니켈도금의 경우, 염화니켈(금속염의 일종)이 차아염소산나트륨 환원제에 의해 니켈로 환원된 후 공작물표면에 피복된다. 니켈도금의 경도값은 대개 425~575 HV이며, 열처리로 1000 HV에 달할 수도 있다. 니켈도금된 제품들은 탁월한 내마멸성 및 내부식성을 가진다.
16. **양극처리법**(anodizing). 산화법의 일종(양극 산화)으로 소재표면에 경하고 다공질인 산화층을 형성하며, 형성된 산화층은 제품의 내부식성과 외양을 향상시키는 효과를 준다. 소재를 양극으로 하여 전해액에 담근 후 전압을 가하면, 양극에서 발생되는 산소가 소재표면을 산화시켜 표면에 산화층이 형성된다. 또한 다양한 색상(대표적으로 검정색, 빨강색, 청동색, 금색, 회색)의 유기염료를 사용하면, 소재표면에는 안정되고 오래가는 착색된 피막이 형성된다. 이 방법은 알루미늄가구나 그릇, 건축자재, 자동차 트림, 사진틀, 열쇠, 스포츠용품 등에 이용된다. 양극처리된 표면은 도색이 잘되므로, 알루미늄과 같이 도색이 어려운 재료들의 도색예비공정으로도 이용된다.
17. **전환피복법**(conversion coating). 화학반응이나 전해반응의 결과로 금속표면에 피복층을 형성하는 방법이다. 철강, 알루미늄, 아연을 비롯한 각종 금속재료들이 전환피복되며, 전환피복층의 생성에는 인산염, 크롬산염, 수산염이 사용된다. 전환피복은 부식방지, 예비도색, 장식용 마무리 등의 목적으로 사용한다.

    냉간가공작업(4.4.4절 참조)에서 특히, 높은 수직응력이나 전단응력이 가해지면, 윤활제는 소재표면에 잘 붙어있지 않으므로, 철강, 스테인리스강, 고온합금을 단조, 압출, 선재인발할 때 문제가 된다. 전환피복의 중요한 용도로 윤활제의 원활한 공급을 위한 공작물의 처리를 들 수 있다. **아연인산염** 전환피복은 탄소강이나 저합금강에 사용되고, **수산염** 피복은 스테인리스강과 고온합금에 사용된다.
18. **채색법**(coloring). 용어 자체가 의미하듯이 금속이나 세라믹의 표면색을 바꾸는 방법을 말한다. 채색법의 원리는 화학반응, 전해반응, 혹은 가열을 통해 소재표면을 산화물, 크롬산 염, 인산염 등과 같은 화합물로 전환시키는 것이다.
19. **용융도금법**(hot dipping). 소재(주로 강이나 주철)를 도금재료의 용탕에 담갔다가 꺼냄으로써 소재표면에 얇은 피막을 입히는 방법이다. 흔히 사용되는 도금재료로는 아연(아연도강판, 배관자재용), 주석(함석판, 식품 캔), 알루미늄, 턴(terne, 10~20% 정도의 주석과 납의 합금) 등이 있다. 도금두께는 단위표면적당 피복층의 무게로 나타내며, 대개 150~900 g/m^2 정도이다. 용융도금된 제품들은 상당기간 동안 내부식성을 가지며, 도금효과 지속기간은 도금두께와 사용환경에 따라서 다르다. 각종 **예비피복 강판**이 자동차차체용을 비롯해 널리 사용되고 있다. 이 방법에서는 여분의 피복재료 용탕을 적절하게 따라내는 방법이 중요하다.

20. **도기에나멜링**(porcelain enameling). 부식방지나 절연용, 혹은 고온용 금속재료를 다양한 유리물질로 피복시킬 수 있다. 피복재료인 도기에나멜에는 에나멜계와 세라믹계가 있다(11.8절 참조). (**에나멜**이란 용어는 매끄럽고 경한 피복재인 광택용 도료를 뜻하기도 함.) 도기에나멜은 각종 금속산화물로 구성된 무기유리물질들을 나타내며, **에나멜링**은 소재와 피복재 모두를 425~1000°C 정도로 가열하여 액화된 산화물들을 소재표면에 융착시키는 방법을 말한다.

에나멜은 성분에 따라 알칼리, 산, 합성세제, 물에 대한 저항성이 다르며, 빛깔도 다르다. 도기에나멜링은 가전제품, 배관설비, 화학반응장치, 도로표지판, 주방용구, 보석류, 제트엔진부품의 피복에 적용된다. 피복방법으로는 담금법, 도포법, 전착법(전기분해로 부착시킴)이 있으며, 두께는 보통 0.05~0.6 mm 정도이다. 이 방법으로 피복되는 소재로는 강, 주철 및 알루미늄이 대표적이다. 세라믹제품들의 표면에 유약을 바르는 것도 도기에나멜링의 응용으로 외양을 좋게 하고 수분침투를 방지하는 효과를 준다. 화학반응을 방지할 목적으로 소재표면에 유리를 입히기도 하며, 이 경우에는 피복층두께가 에나멜링의 경우보다 훨씬 두껍다.

21. **유기질피복.** 금속표면의 외양과 내부식성을 향상시키기 위해 각종 유기질, 박막, 적층으로 피복하는 경우가 있다. 피복과정은 코일을 연속라인에 걸고 0.0025~0.2 mm의 두께로 박막을 입힌다. 이 피복작업으로 유연성, 내구성, 경도, 마모 및 화학물질에 대한 저항성, 색상, 질감, 광택을 줄 수 있다. 피복 판재는 후속성형공정을 거쳐서 TV 캐비닛, 가전제품, 패널, 책장, 건축외장재, 홈통, 금속가구 등에 사용된다.

유기질피복이 극한조건에 적용되는 예로 해군항공기를 들 수 있는데, 이는 습도, 강우, 해수, 매연(함정에서 나오는 배기가스), 항공기유, 제빙액, 배터리산에 노출되고, 먼지, 모래, 돌멩이, 제빙염에 의해 충격을 받는다. 알루미늄구조물의 경우, 에폭시 초벌에 폴리우레탄 덧칠을 씌우는 유기질피복처리를 하면 4~6년의 사용수명을 얻는다.

22. **도장.** 페인트는 기본적으로 에나멜, 라커, 수용성 페인트로 구분되며, 광범위한 특성과 용도를 갖는다. 페인트는 붓질, 담금, 분무 등의 방법으로 바른다. **전착법**(**정전기 분무법**)은 페인트 입자를 정전기적으로 대전시켜 표면에 부착시키는 방법으로, 도장막이 균일하게 부착된다.

23. **다이아몬드코팅.** 각종 화학 및 플라즈마 증착공정과 이온빔 증착기술을 이용하여 금속, 유리, 세라믹, 플라스틱 재료에 다이아몬드코팅을 행하는 중요한 기술이 개발되었다. 또한 두께 1 mm, 최대직경 125 mm의 다이아몬드 투명막을 제조하는 기술도 개발되었다. 이 기술은 다이아몬드가 갖는 경도, 마모저항, 높은 열전도도, 자외선 및 초단파 투과성과 같은 중요한 성질과 결합되어, 각종 항공우주 및 전자부품의 제조를 가능하게 하고 있다.

다이아몬드코팅 제품의 예로는 흠나지 않는 유리창(항공기나 미사일의 센서를 모래폭풍으로부터 보호), 선글라스, 절삭공구(드릴, 엔드밀), 측정기기, 수술용 칼, 면도날, 전자 또는 적외선 열추적센서, 발광다이오드, 스테레오시스템의 스피커, 터빈블레이드, 연료분사노즐 등이 있다. 결정성 구리모재에 탄소를 주입시켜 다이아몬드 막을 성장시키는 연구가 진행 중이며, 이는 컴퓨터칩의 제조에 이용된다(제13장 참조). 다이아몬드를 도핑시켜 트랜지스터용 반도체의 *p*-형 및 *n*-형 단자를 만들면, 다이아몬드가 갖는 높은 열전도도로 인해 실리콘이나 갈륨-비소 칩보다 조밀하게 칩을 집적시킬 수 있으므로, 컴퓨터의 속도를 크게 증가시킬 수 있다.

24. **다이아몬드성 탄소**(DLC, diamond-like carbon). 저온에서 이온빔 증착공정을 이용하여 수 nm의 두께로 피복하여 5,000 HV에 이르는 경도를 얻는 기술이다. DLC는 다이아몬드 막보다 저렴하여 공구 및 금형, 기어, 베어링, MEMS, 미소 탐침자 등에 이용된다.

4.5.2 표면청정법

표면의 중요성과 표면 위에 피복되거나 흡착된 각종 요소 및 오염물질의 영향은 이미 설명하였다. 깨끗한 표면은 이로운 면과 해로운 면을 동시에 갖고 있다. 응착이나 골링 현상의 발생을 줄이는 측면에서는 깨끗하지 않은 표면이 오히려 유리하지만, 대부분 깨끗한 표면을 요구한다. 특히, 피복, 도장, 접착, 용접, 경납접, 연납접 같은 공정에서 견고한 결합을 이루고, 금속가공공정에서 윤활제가 효과적으로 도포되도록 하며, 식음료 용기류나 저장탱크 같은 제품의 청결상태가 만족되도록, 또 제작된 기계부품들이 제 기능을 발휘하거나 원활히 조립되도록 하기 위해서는 표면의 청정화가 필수적이다. **표면 오염물질**로는 녹, 스케일, 칩 같은 금속성 물질과 비금속 파편, 가공유, 고체윤활제, 염료, 연마제 및 기타 환경물질들이 있다. **청정도**를 정확히 정의하기는 어렵지만, 이를 검사하는 간단한 방법으로 다음과 같은 두 가지를 사용한다.

1. 표면을 깨끗한 천으로 닦은 후 천에 묻은 찌꺼기들을 관찰한다. 이 시험은 일상적인 방법이다.
2. 표면이 물에 고르게 젖는지를 관찰한다. 표면이 깨끗하지 않은 경우에는 물이 고르게 퍼지지 않고 여러 개의 물방울들로 남는다. (세척된 정도가 다른 여러 접시를 물에 적셔봄으로써 이 사실을 확인할 수 있다.)

표면청정법은 고체, 반고체, 혹은 액체상태의 오염물질들을 표면에서 제거하는 방법이다. **기계적 청정법**은 오염물질을 기계적으로 털어서 제거하는 것으로, 가는 철선이나 섬유로 된 솔을 사용한 솔질, 건식 혹은 습식 연마입자분사(abrasive blasting), 텀블링, 증기분사, 초음파세척 등이 여기에 속한다. 이들 공정은 특히 녹, 스케일, 기타 고체오염물질을 제거하는 데 효과적이다.

전해청정법은 세척할 부품을 알칼리성 세척액에 담그고 전하를 가하여 수소나 산소거품을 발생시켜 표면으로부터 오염물질을 제거하는 방법이다.

화학청정법은 가공유 같은 기름 종류나 그리스를 제거하기 위한 것으로, 다음과 같은 방법을 사용한다.

(1) 용해(solution). 세척액으로 기름때를 용해시킨다. 세척액으로는 알칼리용액, 유화액, 용매, 고온증기, 산, 염, 유기혼합물 등이 있으며, 세척효과를 높이기 위해 이들을 전기화학적 공정과 조합하여 사용한다.
(2) 비누화(saponification). 화학반응을 통해 동물유나 식물유를 수용성 알칼리염으로 변화시킨다.
(3) 유화(emulsification). 기름때나 윤활제 잔존물을 유화제와 반응시켜 유화액으로 만든다. 이때 기름때와 유화제는 유화액 속에 부유된 상태로 있게 된다.
(4) 분산(dispersion). 표면활성이 큰 물질을 세척액에 포함시켜 표면에 묻은 기름때의 농도를 저하시킨다.
(5) 집합(aggregation). 세척액에 포함된 다양한 세제의 작용으로 윤활제를 표면으로부터 분리시켜 덩어리로 되게 한다.

제품의 형상이 복잡한 경우에는 만족스런 청정도를 얻기 힘들다. 따라서 제품설계자는 설계 시 이러한 점을 충분히 감안하여 청정작업이 어려운 형상으로 설계하지 않도록 노력해야 한다. 예를 들면, (1) 깊고 막힌 구멍은 가급적 피하고, (2) 세척이 어려운 하나의 큰 부품은 가급적 여러 개의 작은 부품으로 나누며, (3) 세척 후 세척액이 잘 빠져나올 수 있는 적절한 배수구를 갖도록 하는 것이 필요하다.

4.6 공업측정과 측정기기

공업측정(engineering metrology)은 길이, 두께, 직경, 구배, 각도, 평면도, 윤곽 등 제품의 형상 정의에 필요한 치수를 측정하는 것이다. 이 절에서는 공업측정용 기기와 기술의 특성에 대하여 설명한다. 측정용 기기나 장치는 매우 다양하며, 기기의 수준은 다음 관점에서 정의된다.

1. **정확도**(accuracy): 측정값이 실제값에 일치하는 정도
2. **정밀도**(precision): 어떤 표준시편에 대한 반복측정 시 측정값의 산포 정도
3. **해상도**(resolution): 측정기로 읽을 수 있는 최소값
4. **감도**(sensitivity): 측정기가 구별할 수 있는 측정값의 최소단위

4.6.1 측정기

1. **눈금선 측정기.** 길이나 각도의 측정에 사용되며, 측정기의 눈금은 특정 양을 나타낸다.

강척(steel rule), 막대자, 줄자는 가장 간단하고 보편적인 직접 길이측정용 기구들이며, 눈금이 나타내는 양은 분수나 소수점 형태로, 최소눈금단위는 보통 1 mm이다. 깊이측정용 자(rule depth gage)에는 자의 길이를 따라 미끄러질 수 있는 걸침대가 있다.

버니어 캘리퍼스(vernier calipers)는 본척(本尺)과 본척을 따라 미끄러지는 **부척**(副尺, vernier)으로 구성되고, 각각 외측 및 내측 길이측정용 턱(jaw)이 하나씩 있어서 캘리퍼 역할을 한다. 본척 눈금과 부척 눈금이 일치되는 값을 읽음으로써 본척의 최소눈금을 부척 눈금으로 등분된 값까지 최소 25 μm까지 측정가능하다. 숫자표시기가 붙은 버니어 캘리퍼스는 측정값을 쉽게 읽고, 눈금을 잘못 읽는 실수를 줄인다. 버니어 높이게이지(height gage)는 깊이게이지(depth gage)와 비슷한 형태이며, 버니어 캘리퍼스와 같은 수준의 측정정밀도를 가진다.

마이크로미터(micrometer)는 주로 두께, 외경, 내경 측정용으로 사용되며, 나사가 있는 주축에 눈금이 표시되어 있다. 주축의 한쪽 끝에는 원주방향으로 보조눈금이 표시된 원통형 너트가 끼워져 있어서 2.5 μm까지 측정이 가능하다. 마이크로미터 깊이게이지와 내경 마이크로미터도 같은 수준의 측정정밀도를 갖는다. 숫자표시기가 부착된 마이크로미터도 있으며, 접촉부가 원추형 혹은 구형인 앤빌을 사용하면 내면의 오목한 곳, 나사 직경, 관이나 곡면판의 두께도 측정이 가능하다.

회절격자(diffraction grating)는 두 개의 편평한 광학 유리판으로 구성되며, 각 유리판에는 평행선들이 촘촘히 새겨져 있다. 두 유리판 중 짧은 쪽의 평행선들은 약간 경사지게 되어 있어, 이를 긴 유리판 위에 대고 보면 간섭무늬가 생기며, 이 무늬의 위치가 두 유리판의 상대위치에 따라 변하는 원리를 이용하여 거리를 측정한다.

2. **간접식 측정기구.** 캘리퍼나 디바이더는 측정값을 표시하는 눈금이 없으므로, 측정량을 직접 측정값을 읽을 수 있는 기구로 옮기는 역할만 한다. 간접 측정방식은 사용자의 숙련도나 측정값을 읽을 기구에 따라 측정정밀도가 떨어질 수 있다. 구멍이나 공동부의 간접 측정에는 **신축형 게이지**(telescoping gage)가 사용된다.

각도의 측정단위로는 라디안 혹은 도, 분, 초가 사용된다. 기하학적인 이유로, 각도는 길이보다 측정이 어려우며 정밀도도 떨어진다. **가동형 각도측정기**(bevel protractor)는 한쪽 날이 움직이게 되어 있다는 점에서 일반 각도측정기와 차이가 있다. 즉, 한쪽 날을 조정하여 측정하고자 하는 두 개의 표면에 측정기의 날이 하나씩 접촉되게 한 후, 이들 사이의 각도를 원주 눈금판으로부터 읽는다. 눈금판은 주눈금판과 보조눈금판으로 되어 있으며, 보조눈금판의 등분수에 따라 측정정밀도가 달라진다. 가동형 각도측정기의 또 다른 형태로 **조합직각자**(combination square)가 있으며, 이는 45° 및 90° 측정용 장치가 부착된 강척이다.

사인바(sine bar)를 이용한 각도측정은 정반 위에 잘 연마된 막대나 판 위에 대상물을 놓고 대상물의 상부면이 정반면과 수평을 이루도록 막대 양단에 각기 다른 높이의 **게이지 블록**(gage block)을 쌓는다. 이때 다이얼 인디케이터를 사용하여 수평이 되는지를 확인하며, 양단에 쌓아올린 블록들의 높이차와 막대길이로부터 삼각함수를 이용하여 대상물의 경사각을 구한다. **각게이지블록**도 각도측정에 이용되며, 사용법은 사인바의 경우와 유사하게 서로 다른 구배를 가진 블록을 다양하게 조합시켜 각도를 측정한다. 작은 물체의 각도측정에는 광학투영기나 눈금이 새겨진 대안렌즈가 붙어 있는 공구현미경을 사용한다.

3. **비교형 길이측정기.** 비교형 혹은 편차형 측정기는 두 점 사이 혹은 두 표면 사이의 거리를 직접 측정하는 대신, 위치에 따른 두 표면 사이 거리의 비교를 통해 거리의 변화량 혹은 기준거리에 대한 편차량을 확대하여 측정한다.

   다이얼 인디케이터(dial indicator)는 접촉자의 직선운동을 원형 눈금판 바늘의 회전운동으로 확대 변환시키는 간단한 기계식 측정기이다. 우선 어떤 기준면에 대해 바늘을 0점에 맞춘 후, 측정될 내부 혹은 외부 표면이 접촉자와 접촉될 때 변화된 바늘 눈금을 직접 읽음으로써 기준면에 대한 변화량을 측정할 수 있다. 다이얼 인디케이터를 사용하면 1 μm의 변화까지 측정이 가능하다.

   전자식 게이지(electronic gage)는 접촉자의 움직임이 스트레인게이지의 전기저항 변화, 혹은 인덕턴스나 정전용량을 통해 감지되며, 감지된 전기신호는 다시 길이단위로 환산되어 표시된다. 전자식 게이지의 대표적인 예로, 미소변위 측정에 널리 사용되는 LVDT(linear variable differential transformer)가 있다. 이들 전자식 측정기는 다른 측정기들보다 값이 비싼 반면에 많은 장점들을 가지고 있다. 예를 들면, 조작이 쉽고 응답시간이 짧으며, 측정값이 숫자로 표시되어 실수 가능성을 줄이고 활용도가 높으며, 마이크로프로세서나 컴퓨터를 이용한 자동화장치에 활용될 수 있다.

4. **진직도, 평면도, 진원도, 윤곽선의 측정.** 진직도, 평면도, 진원도, 윤곽선은 제품의 설계나 가공에서 중요한 형상정밀도들이다. 피스톤 봉, 계측기부품, 공작기계 안내면과 같이 엄격한 형상정밀도가 요구되는 제품에는 정확한 측정방법이 필요하다.

   진직도(straightness)의 측정에는 직선자나 다이얼 인디케이터가 이용된다. 보다 정밀한 측정에는 광원이 부착된 망원경의 일종인 **오토콜리메이터**(autocollimator)가 사용된다. 이 측정기는 광원으로부터 나온 빛과 측정대상물에 부착된 반사경으로부터 반사되는 빛의 경로를 비교함으로써 미소한 각도 변화를 정확히 측정하는 기구이며, 진직도, 평면도, 직각도, 평행도 등의 측정에 사용된다. 각종 기계장치의 조립에서, 요소간의 중심선을 정확히 일치시키는 데는 **트랜싯**(transit)이나 **레이저빔** 같은 광학기구가 사용된다.

   평면도(flatness)의 측정에는 정반과 다이얼 인디케이터를 사용하는 기계적 방법이 주로 이용된다. 직각도도 이 방법으로 측정할 수 있으며, 직각도를 단순 확인하려면 정밀직각자를 사용한다. 평면도 측정에는 광학정반을 사용하여 빛의 간섭 현상을 응용한 **간섭법**(interferometry)이 사용되기도 한다. **광학정반**(optical flat)은 융해석영유리나 광학유리를 양면이 평행하도록 정밀하게 가공한 유리판이다. 대상물 표면에 광학정반을 놓고, 단일파장 광선을 일정각도로 표면에 입사시키면, 광선이 반사될 때는 두 개의 광선으로 나뉘어져 눈으로 식별가능한 밝고 어두운 띠 모양의 간섭줄무늬가 나타난다. 줄무늬의 수는 대상물 표면과 광학정반의 아랫면 사이의 거리에 따라 결정되며, 대상물 표면이 완전한 평면일 경우(즉, 두 면이 이루는 각도가 영인 경우)에는 간섭무늬가 생기지 않는 반면, 측정면이 편평하지 않으면 휘어진 간섭무늬가 생긴다. 간섭법은 가공면의 가공무늬나 흠집을 검사하는 데에도 이용되며, 현미경으로 간섭무늬를 관찰하기도 한다.

진원도(roundness)는 진원에서 벗어난 정도를 나타내는 척도로서, 각종 회전축, 베어링안내면, 피스톤 및 실린더, 베어링 강구 같은 제품은 기능적 측면에서 진원도가 매우 중요하다. 진원도 측정방법에는 두 가지 유형이 있다. (1) 첫 번째 방법은 대상물을 V 블록 위나 양 센터 사이에 설치하고, 다이얼 인디케이터의 접촉자가 대상물 표면과 항상 접촉되도록 하여 대상물을 일회전시키면서 다이얼 인디케이터가 나타내는 값의 최대치와 최소치를 기록하는 방법이다. 이때 최대치와 최소치의 차이를 **TIR**(total indicator reading) 값이라고 한다. 이 방법을 응용하여 축의 진직도나 단면에 대한 직각도를 측정할 수도 있다. (2) 두 번째 방법은 **회전궤적법**(circular tracing)으로서, 정밀하게 가공된 받침대 위에 대상물을 설치한 후, 받침대를 회전시키면서 촉침으로 진원도를 측정한다. 이와는 반대로, 촉침을 정지된 대상물 주위로 회전시키면서 측정할 수도 있다.

윤곽선(profile)은 형판(template)이나 윤곽게이지(profile gage)를 대상물 표면에 대고 형상이 일치되는지를 확인하여 측정한다. 이 방법은 반경이나 필렛을 측정하는 데 편리하게 사용된다. 또 다른 방법으로 다수의 다이얼 인디케이터를 사용하여 윤곽선을 측정할 수도 있다.

기어의 **치형**이나 **나사산**은 치수 및 공차가 지정된 중요한 형상으로, 원활한 작동, 호환성, 마멸 및 소음 저감을 위해서는 이들 부위가 정확하게 가공되어야 한다. 나사산 검사에는 표준 나사산과의 비교를 통해 검증된 각종 나사게이지(thread gage)가 사용된다. 나사게이지에는 나사 플러그게이지(threaded plug gage), 나사 피치게이지(screw-pitch gage, 반경게이지와 유사), 끝이 원추형인 마이크로미터, 나사산 형상의 앤빌을 가진 스냅게이지(snap gage)가 있다. 치형측정에는 다이얼 인디케이터 형식의 측정기, 이두께 측정용 버니어 캘리퍼스, 핀이나 다양한 직경의 볼이 부착된 마이크로미터가 사용된다.

윤곽측정용 **광학투영기**(optical projector), 즉 **광학식 콤퍼레이터**(optical comparator)는 나사절삭공구의 검사용으로 1940년대에 개발되었으며, 지금은 모든 윤곽검사에 이용된다. 측정대상물을 측정테이블이나 양 센터 사이에 설치하고 빛을 통과시키면, 광학장치에 의해 대상물의 상은 100배 이상으로 확대되어 투영면에 나타난다. 길이나 각도를 직접 측정할 수 있도록 투영면에는 표준길이와 표준원들이 그려져 있다. 또한 투영면을 회전시켜 각도를 측정할 수 있으며, 투영면 주위에 새겨진 버니어 눈금을 이용하면 60분의 1도, 즉 1분까지 조정이 가능하다.

5. **좌표측정기 및 삼차원측정기.** 이들 측정장치는 측정대상물을 올려놓는 지지대와 촉침이 부착된 이동대로 구성된 촉침의 좌표를 기록하는 장치로서(그림 4.18), 촉침에는 접촉식과 비접촉식(레이저 촉침)이 있다.

   좌표측정기(CMM, coordinate measuring machine)는 복잡한 형상을 가진 제품의 윤곽선을 높은 감도(0.25 μm)로 신속하게 측정하여 기록하는 **측정기기**이다. 이 측정기는 견고하고 매우 정밀하게 제작되며, 자체 숫자표시판을 갖고 있거나, 가공품의 온라인검사용으로 컴퓨터에 연결하여 사용한다. 이때 효과적인 검사와 신속한 피드백, 즉 다음 부품이 가공되기 전에 공정변수의 변경이 가능하도록 측정기를 공작기계 근처에 설치하며, 이 경우에는 온도 변화, 진동 및 먼지 같은 공장 내 환경에 견딜 수 있도록 측정기를 보다 강건하게 제작한다.

   삼차원측정기(layout machine)는 승용차 문 같은 대형제품의 형상측정에 이용된다. 측정값을 표시하는 숫자표시판과 대상물 표면에 치수를 그리는 금긋기 공구가 부착되어 있으며, 측정정밀도는 0.04 mm 정도이다.

6. **게이지.** 게이지(gage)라는 용어는 측정용 계기를 나타내기 위해 사용되며, 캘리퍼게이지, 깊이게이지, 신축형 게이지, 전자식 게이지, 스트레인게이지, 반경게이지 등이 그 예이다. 전통적으로 게이지(gage)와 계기(instrument)라는 용어는 같은 뜻으로 사용된다. 게이지는 이 외에도 다양한 의미를 가지며, 압력게이지 혹은 압력계(pressure gage), 인장시편의 표점거리(gage length)가 그 예이다. 판 두께, 철사 굵기, 철도 레일 폭, 총기류의 구경 등의 분류에도 게이지라는 용어가 사용된다.

   게이지 블록(gage block)은 열처리 및 응력제거처리를 거친 합금강 혹은 카바이드재료를 매우 정밀하게 가공하여 다양한 크기로 정육면체, 직육면체, 원기둥 형상으로 만든 것이다. 이들 블록의 표면은 매끈하게 래핑가공하여 0.02~0.12 μm 범위의 평면도 및 평행도를 유지하도록 한다. 한 벌의 게이지 블록(블록게이지라고도 함)은 다양한 크기의 블록들로 구성되며(많은 경우 100여 개), 블록들을 다양하게 조합하여 원하는 길이를 얻는다. 블록의 치수정확도는 최고 0.05 μm이며, 정밀한 측정을 위해서는 주위 온도의 조절이 필요하다. 블록게이지의 사용에 있어서 다소의 기술이 요구되지만, 산업체에서 길이의 기준으로 널리 사용되고 있다. 각도 블록(angle block)도 비슷하게 제작되어 각도측정에 사용된다.

   고정게이지(fixed gage)는 측정 부위의 형상과 똑같이 제작되며, **통과용** 게이지(GO gage)와 **정지용** 게이지(NOT-GO gage)의 두 부분으로 구성된다. **플러그게이지**(plug gage)는 구멍측정용으로 사용되며, 통과용과 정지용 게이지의 직경이 각각 구멍의 허용 최소직경 및 최대직경과 같다. 따라서 가공된 구멍에 통과용 게이지만 들어가고 정지용 게이지가 들어가지 못하면, 이는 이 구멍이 허용공차 이내로 가공되었음을 의미한다. 통과용과 정지용 게이지는 한 쌍으로 제작하되, 한 몸체 양쪽 끝에 각기 배치하거나, 한쪽 끝에만 단이 진 형태로 배치한다. 플러그게이지는 테이퍼 구멍의 측정(게이지와 구멍 사이의 구배 차이는 게이지 삽입 시 느슨함 정도로 파악), 스플라인이나 나사 구멍의 측정(통과용 게이지의 숫나사와 구멍의 암나사가 체결되는지 점검)에도 이용된다.

링게이지(ring gage)는 축이나 원형 제품의 측정에 사용되고, **나사링게이지**(ring thread gage)는 수나사 측정에 사용된다. 링게이지가 통과용인지 혹은 정지용인지는 외주면의 널링(knurling) 형태로 식별한다. **스냅게이지**(snap gage)는 외부치수의 측정에 널리 사용되며, 치수가 다른 여러 제품에 사용할 수 있도록 게이지면을 조정할 수 있다. 스냅게이지는 통과용과 정지용 게이지면이 나란히 배열되어 있어서, 제품치수가 원하는 범위에 있는지를 한 번의 측정으로 알 수 있다. 각종 고정게이지는 사용이 간단하고 경제적이지만, 가공된 제품이 너무 크거나 작지 않은지만 확인하고, 실제치수는 측정할 수 없다.

다양한 형태의 **공압게이지**(pneumatic gage) 혹은 **공기게이지**(air gage)도 미세한 거리측정에 사용된다. 일정압력의 압축공기가 게이지면에 있는 노즐을 통해 측정물에 분출되면, 게이지면과 측정물 사이의 간격에 따라 배압의 차이가 생긴다. 즉, 간격이 작을수록 공기의 분출이 힘들어지고, 따라서 배압이 커진다. 보정곡선을 이용하면 압력계에 표시되는 배압으로부터 게이지면과 측정물 사이의 간격을 알 수 있으므로, 구멍 내면의 측정을 할 수 있다. 구멍의 진원도를 측정하려면 공기게이지를 돌려가면서 간격을 측정하면 된다. 링모양의 공기플러그를 부품에 끼우면 핀이나 축의 외경도 측정 가능하며, 특별한 형상을 가진 부품을 측정하려면 공기헤드를 별도로 만들어서 사용한다.

공기게이지는 사용이 간편하고, 해상도는 0.125 μm에 달한다. 하지만 대상물의 표면거칠기가 너무 크면 측정값의 신뢰도가 떨어진다. 계기가 적절하게 작동하려면, 압축공기가 깨끗하고 건조된 것이어야 하고, 측정대상물에는 압력값에 변동을 주는 먼지, 금속입자, 기타 오염물질이 없어야 한다. 공기게이지는 비접촉식이면서 사용압력이 낮아서 다른 기계식 게이지가 남길 수도 있는 변형이나 흠을 남기지 않는다는 장점이 있다.

7. **현미경.** 크기가 작거나 중간 정도인 공구, 금형, 공작물의 형상이나 치수의 측정, 혹은 미세한 부분의 관찰에는 각종 현미경이 이용된다. 특별한 검사목적으로 다양한 특징을 지닌 현미경들이 개발되어 있으며, 측정값을 편리하게 읽을 수 있도록 숫자표시판이 부착된 모델도 있다. 공구실에서 주로 사용되는 **공구현미경**(toolmaker's microscope)은 가장 보편적이며 활용도가 높은 측정용 현미경이다. 공구현미경에 부착된 측정물 설치대는 서로 직교하는 두 방향으로 움직일 수 있으며, 이동량은 2.5 μm까지 조정가능하다. **단면현미경**(light-section microscope)은 긁힌 자국이나 피복층의 두께와 같은 표면의 세부사항을 측정하는 데 이용된다. 측정표면에 얇은 띠모양의 빛을 비스듬히

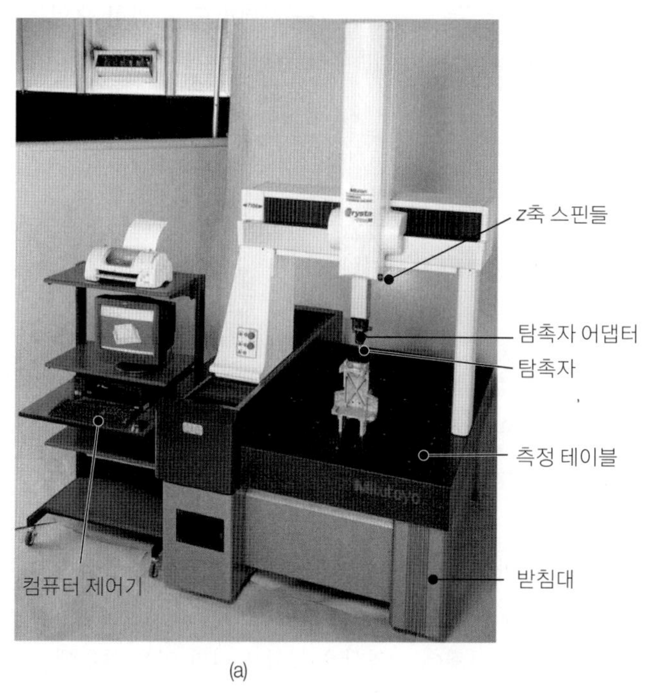

(a)

(b)

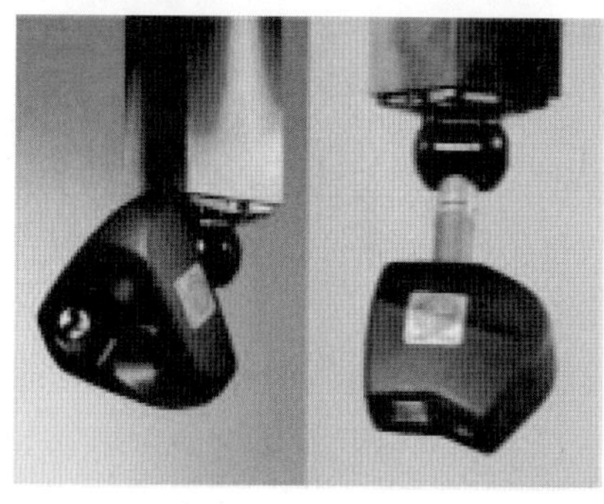

(c)

▲ 그림 4.18

(a) 좌표측정기와 측정대상 부품, (b) 기어형상을 측정하고 있는 접촉식 탐촉자, (c) 레이저탐촉자.

투사하여 이와 직각방향에 맺히는 상을 현미경으로 관찰한다. 현미경을 통해 관찰되는 상으로부터 표면거칠기, 윤곽선, 혹은 여타의 표면특성을 측정할 수 있다. **주사전자현미경**(SEM, scanning electron microscope)은 보통의 광학현미경에 비해 탁월한 배율을 가지며, 극히 세부적인 부분까지 자세하게 관찰 및 촬영을 할 수 있다. 따라서 표면구조, 마찰 및 마멸, 파괴양상 등을 연구하는 데 특히 유용하게 사용되며, 고가인 반면에 십만 배 이상의 배율을 갖는다.

4.6.2 측정 자동화

자동화는 제조공정의 모든 분야에 점점 확산되고 있으며, 이에 따라 자동측정이나 자동검사(4.8.3절 참조)의 필요성이 강조되고 있다. 특히 제15장에서 설명하는 유연가공시스템과 가공셀에는 고급측정기술 및 자동측정장비들이 선도적으로 도입되고 있다. 사실, 이러한 자동화시스템의 설치 및 활용은 이제 선택이 아닌 필수적인 제조기술로 취급된다.

전통적인 생산시스템에서는, 우선 일정량의 제품을 제조한 후 이를 별도의 품질관리실로 보내 검사한다. 그러나 다양한 온라인 측정장치를 이용하는 자동검사의 경우에는 가공

중 측정이 가능하고, 측정결과에 따라 공정이 조정된다.

온라인측정의 중요성은 특정 가공기계로 동일 제품을 가공하더라도, 다양한 요인들로 인해 가공치수는 항상 변화한다는 사실로 설명된다. 그 주요 요인들은 다음과 같다.

1. 공작물의 성질이나 치수가 일정하지 않아서 야기되는 가공력의 변화 및 이에 따른 가공기계의 변형과 진동
2. 열의 영향에 의한 가공기계의 변형. 이 영향에는 주위온도, 금속가공용 윤활유의 온도, 베어링 및 그밖의 기계부품들의 온도 변화가 포함된다.
3. 공구나 금형의 마멸

따라서 생산 도중에 공작물의 치수를 검사해야 하며, 대량생산하는 절삭이나 연삭 같은 각종 작업에 특별한 자동측정장치를 활용하여 **가공중 공작물관리**를 할 수 있다.

예전에는 일단 제품이 완성된 후 측정하는 가공 후 검사가 전통적인 방법이었으나, 이제는 제품이 가공되는 동안 가공기계 상에서 측정하는 온라인검사 혹은 실시간검사를 한다(4.8.3절 참조). 여기서 검사라는 용어는 가공된 혹은 가공 중의 제품치수가 미리 정해진 치수정확도를 만족하는지를 확인하는 것을 말한다.

검사과정은 부품의 파손이나 오작동이 신체에 치명상을 입힐 우려가 있을 경우에는 특히 중요하다. 예를 들면, 볼트의 파단, 케이블의 파단, 스위치의 오작동, 브레이크의 고장, 연삭숫돌의 파열, 기차바퀴의 균열, 터빈블레이드의 파손, 압력용기의 파열, 용접부나 결합부의 파단 등은 매우 위험하다.

4.7 치수공차

치수공차(dimensional tolerance)는 부품치수(높이, 폭, 깊이, 직경, 각도 등)의 허용범위를 말한다. 부품의 가공측면에서 불가피하게 공차를 주어야 하는데, 실제로 어떤 두 부품을 아무리 잘 가공하더라도 정확하게 동일한 치수로 가공할 수는 없으며, 반드시 그럴 필요도 없다. 공차가 엄격하게 주어지면 그만큼 제조비의 상승을 가져오므로, 필요 이상으로 엄격한 공차가 부여되지 않도록 주의한다. 공차는 특히 한 부품이 다른 부품과 조립될 경우에 중요하며, 부품의 기능적인 측면에서나 조립상의 문제가 없는 표면에는 별도의 공차관리 없이 일반공차를 부여하는 것이 보편적이다. 예를 들면, 피스톤과 크랭크축을 연결하는 커넥팅로드의 경우, 구멍 간의 거리 및 구멍의 직경이 커넥팅로드 전체의 폭이나 두께보다 훨씬 더 중요하다.

기하공차를 명확히 정의하기 위한 용어들이 제정되어 있으며, 국제표준기구(ISO)에서 제안하는 축과 구멍의 표시법은 그림 4.19a와 같다. 축과 구멍의 크기는 각각 최대직경과 최소직경으로 주어지며, 그 차이는 각 부재에 대한 공차를 나타낸다. 도면 상에서 공차를

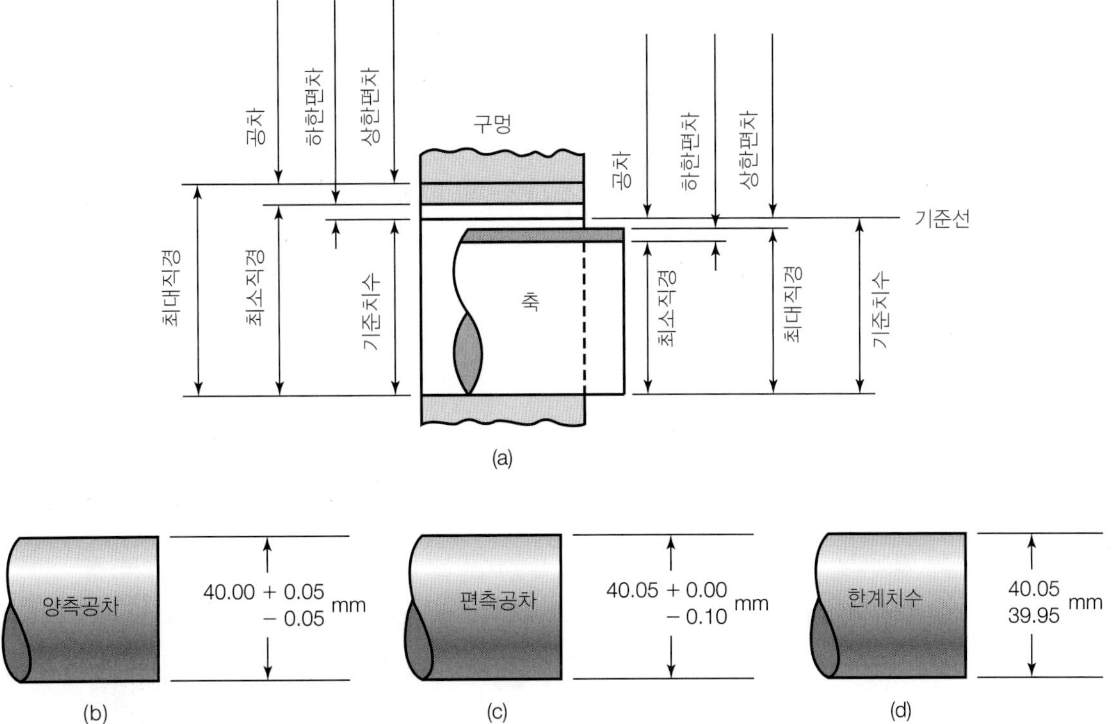

▲ **그림 4.19**

(a) ISO 치수방식에서 지정하는 축의 기준치수, 편차, 공차, (b)~(d) 축의 공차지정방식.

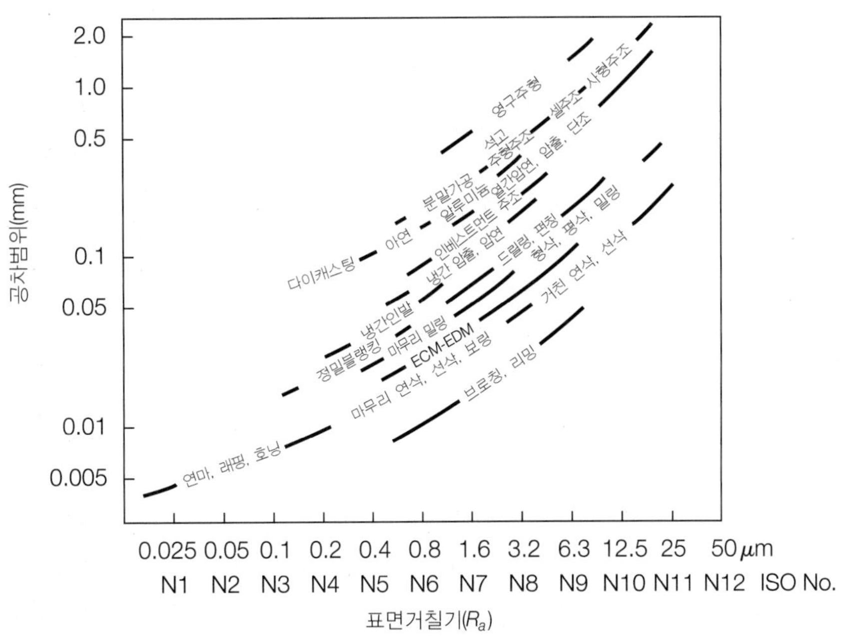

▶ **그림 4.20**

각종 가공공정에서 얻을 수 있는 공차와 표면거칠기. 공차는 25 mm 크기의 시편에 대한 것임.

표현하는 방법은 그림 4.19b-d에 나타낸 것과 같다.

각종 가공공정을 통해 얻는 공차 및 표면거칠기의 범위가 그림 4.20에 주어져 있다. 그림에서 볼 수 있듯이, 공정에 따라 얻을 수 있는 공차와 표면거칠기에는 큰 차이가 있으며, 또한 둘 사이에 어떤 일반적인 관계가 있음도 알 수 있다. 동일한 공정을 사용하더라도 가공품이 클수록 가공정밀도가 떨어진다. 경험에 의하면, 치수의 부정확도는 대략 가공품 크기의 세제곱근에 비례한다. 즉, 가공품의 크기가 두 배가 되면 치수의 부정확도는 $2^{1/3} = 1.26$배, 즉 26% 증가한다.

4.8 시험 및 검사

4.8.1 비파괴검사

비파괴검사(NDT, nondestructive testing)는 말 그대로 제품완전성이나 표면상태를 변화시키지 않고 검사하는 방법이다. 흔히 사용되는 비파괴검사기술의 기본 원리는 다음과 같다.

1. **액체침투법**(liquid-penetrants technique)은 제품표면에 액체를 발라서 표면의 열린 틈을 통해 내부로 침투되는 것을 조사하여, 표면균열, 겹친 부위, 기공과 같은 결함을 검사하는 방법이다. 침투액은 폭 0.1 μm 정도의 작은 균열 속으로도 스며들 수 있다. 흔히 사용되는 침투액으로는 (1) 자외선 불빛에서 형광을 발하는 다양한 감광도를 가진 형광침투액과 (2) 주로 붉은색 염료를 사용하여 표면에 뚜렷한 윤곽선을 나타내는 가시침투액이 있다.

   액체침투법에서는 우선 검사할 표면을 깨끗이 세척하고 건조시킨 후, 침투액을 표면에 붓으로 바르거나 분무시킨다. 액체가 표면의 열린 틈 속으로 스며들기에 충분한 시간을 기다린 후, 표면에 남아 있는 액체를 물이나 용매로 닦아낸다. 그 다음, 현상제를 가하여 침투액이 거꾸로 표면으로 빠져나와 표면의 열린 틈 가장자리에 퍼지게 한다. 이를 직접(가시침투액) 혹은 자외선을 비추어(형광침투액) 관찰함으로써 결함의 위치 및 크기를 검사한다. 이 방법은 장치가 간단하고 다루기 쉬우며 다른 방법에 비해 비용이 적게 들므로, 표면결함을 찾는 데 널리 이용되고 있다. 그러나 이 방법으로는 내부결함을 검사할 수 없다.

2. **자기탐상법**(magnetic-particle inspection technique)은 강자성의 미세입자를 이용하여 제품표면 혹은 표면 밑 결함을 검사하는 방법이다. 먼저 제품표면 위에 강자성 입자를 직접(건식) 혹은 물이나 기름에 타서(습식) 뿌린다. 그 다음, 제품에 자장을 걸어주면 표면의 불연속선, 즉 결함을 따라 입자들이 모이는 것을 관찰할 수 있다. 이렇게 모인 입자들은 일반적으로 결함의 형상이나 크기를 나타낸다. 표면에서 깊지 않으면 표면 밑

결함도 이 방법으로 찾을 수 있다. 보다 명료한 관찰을 위해 염료로 채색된 입자가 사용되기도 한다. 피로균열과 같은 미세한 불연속선을 찾는 데는 습식법이 사용된다.

3. **초음파검사법**(ultrasonic inspection)은 제품에 가해진 초음파빔이 균열 같은 내부결함을 만나면 반사되는 성질을 이용하여 제품의 내부결함을 검사하는 방법이다. 즉, 반사된 초음파에너지의 세기 및 반사시간으로부터 결함의 존재여부와 위치를 구한다. 초음파 발생에는 **탐촉자**(search unit) 혹은 **촉침**(probe)이라는 다양한 형식의 트랜스듀서가 이용된다. 트랜스듀서는 압전원리(3.9.6절)로 작동되며, 수정, 리튬황화물, 혹은 각종 세라믹재료를 사용하여 다양한 형상으로 제작된다. 검사에 사용되는 초음파의 주파수 범위는 1~25 MHz 정도이다. 트랜스듀서에서 발생된 초음파는 물, 기름, 글리세린, 그리스 같은 **중간매질**을 거쳐 검사물에 전달된다.

   초음파검사법은 투과성과 감도가 우수하며, 기차바퀴, 압력용기, 금형 같은 대형 물체의 결함을 여러 방향에서 검사하는 데 사용된다. 이 방법은 다른 비파괴검사법에 비해 정확도가 높으나, 검사결과를 제대로 해석하려면 경험이 요구된다.

4. **음향방사법**(acoustic-emission technique)은 소성변형, 균열의 발생 및 전파, 상변태, 결정립계의 급작스런 재배열 등에 의해 검사물 자체가 발생하는 신호(고주파 영역의 응력파)를 검출하는 방법이다. 음향신호를 방출하는 다른 원천으로는 비등 시 기포의 발생이나 접촉면에서의 마찰 및 마모를 들 수 있다. 음향신호의 검출에는 압전식 세라믹센서가 사용된다. 음향방사법은 일반적으로 제품이나 구조물에 탄성응력을 가하면서, 즉 보에 굽힘모멘트를 가하거나 축에 비틀림모멘트를 가하면서, 혹은 압력용기를 가압하면서 실시한다. 이 방법은 특히 구조물의 지속적인 안전감시에 효과적이다.

5. **음향충격법**(acoustic-impact technique)은 검사물의 표면을 망치로 가볍게 두드릴 때 발생하는 음향신호를 분석하여 검사물의 내부에 불연속면이나 흠이 존재하는지를 검사하는 방법이다. 이 방법의 원리는 기본적으로 손가락이나 망치로 책상이나 벽을 여러 위치에서 두드리면서 그 울리는 소리를 듣는 것과 같다. 비트리파이드 연삭숫돌(9.3.1절)의 검사 시에 육안으로 찾을 수 없는 균열의 존재여부를 알기 위해 이와 유사한 방법(링검사법)이 사용된다. 이 방법은 기계화, 자동화가 가능하고 작업이 용이하나, 검사물의 형상과 질량에 따라 음향신호가 다르므로, 결함 유무를 식별하기 위해서는 표준품이 필요하다.

6. **방사선투과법**(radiography)은 X선 검사를 말하며, 제품의 내부결함을 검사하거나 두께나 밀도 변화를 조사하는 데 이용된다. **디지털 방사선투과법**은 필름 대신에 선형배열된 센서를 사용하여 자료를 컴퓨터기억장치에 저장하는 방식이다. 이와 유사한 기술로, **단층촬영기술**(CT, computer tomography)은 대상물의 얇은 단면에 대한 X선 화상을 모니터에 생성하는 방법으로, 의료용으로 널리 사용된다.

7. **와전류탐상법**(eddy-current inspection method)은 전자기유도 원리를 응용한 검사법으로 내부결함검사에 이용된다. 검사물을 코일 속이나 옆에 설치한 후 코일에 6~60

MHz의 교류를 흐르게 하면 검사물에 와전류가 생긴다. 검사물 내부에 결함이 존재하면 와전류의 흐름에 방해를 주어 와전류의 방향이 바뀌어 전자기장에 변화를 준다. 이 변화는 코일에 흐르는 전류에 영향을 주므로, 코일에 걸리는 전압의 변동상태를 관찰함으로써 결함 유무를 검사할 수 있다.

8. **열탐상법**(thermal inspection)은 접촉식(그림 5.30c) 혹은 비접촉식 온도측정기를 사용하여 검사물의 온도 변화를 관찰하여 내부결함의 유무를 검사하는 방법이다. 균열, 적층판의 박리, 접합불량 같은 내부결함의 존재는 검사물의 온도분포에 변화를 가져온다. **열감응탐상법**(thermographic inspection)은 열감응재료를 검사물 표면에 입힌 후, 이 재료의 색깔이나 외양 변화를 관찰함으로써 내부결함의 유무를 검사하는 방법이다. 열감응재료로는 감열페인트나 감열지, 액정 등이 사용된다.
9. **홀로그래피기술**(holography technique)은 광학장치를 활용하여 물체의 삼차원상을 만드는 기술로, 물체의 상은 사진필름에 기록된다. 이 기술은 단순한 형상이나 잘 연마된 표면을 가진 물체에 적용되지만, 다양한 형상과 표면상태를 가진 제품의 검사에도 응용된다(**홀로그래피 간섭계**, holographic interferometer). 이중 혹은 다중 노출기술로 외력의 작용이나 변동조건(예를 들면, 온도 변화)에서 제품의 홀로그래피상이 변하는지를 관찰하여 내부결함의 유무를 판단한다.

   음향홀로그래피(acoustic holography)는 내부결함에 관한 정보를 검사물 내부의 상으로부터 직접 구하는 방법이다. **수면 음향홀로그래피**(liquid-surface acoustic holography)에서는 검사물과 두 개의 초음파 트랜스듀서(하나는 검사물에 보내는 초음파빔, 다른 하나는 비교용 초음파빔을 발생)를 수조에 넣고 두 초음파빔의 간섭에 의해 생기는 수조의 물결무늬로부터 홀로그래피상을 얻는다. **주사 음향홀로그래피**(scanning acoustic holography)는 하나의 트랜스듀서만 사용하며, 홀로그래피사진은 전자신호의 검출을 통해 얻어진다. 이 장치는 감도가 좋고 휴대가 가능하며, 수조 대신 물기둥을 사용하면 매우 큰 물체의 검사도 가능하다.

4.8.2 파괴검사

파괴검사법(destructive testing method)은 제품완전성, 원래의 형상, 표면상태에 변화를 주어 검사하는 방식으로, 제2장에서 설명한 기계적 시험법은 모두 파괴검사에 속하며, 제품으로부터 시편을 채취하여 시험한다. 일반 기계적 시험법 이외에도 연삭숫돌의 파열속도 확인시험이나 압력용기의 파열압력시험, 판재의 성형성시험(7.7.1절)도 파괴검사의 일종이다. 경도시험은 표면에 압흔을 남기기 때문에 파괴시험법에 속하나, 미소경도시험은 압흔이 매우 작기 때문에 비파괴시험법으로 취급된다. 이 구별은 재료가 노치에 민감(2.9절 참조)하지 않다는 가정 하에서만 가능하다. 대부분의 유리재료나 세라믹재료, 고도로 열처리된 금속재료는 노치에 민감하여 작은 압흔에도 강도나 인성이 저하될 수 있다.

4.8.3 자동검사

전통적인 제조방식에서는 일정 양의 부품이나 조립품을 일괄적으로 제조한 후, 이들을 품질관리실에 보내 검사하여 합격품을 선별한다. 불합격품들은 규격에서 벗어난 정도에 따라 폐기, 재활용, 재가공, 혹은 표준에서 벗어난 허용편차를 기준으로 재고처리된다. **가공 후 검사**(postprocess inspection)에 의존하는 방식은 결함이 발생한 후에야 추적을 하므로, 결함을 방지하는 것이 불가능한 명백하게 비효율적인 방식이다.

이에 반해, 현대적인 제조방식에서는 **자동검사법**의 도입이 중요한 추세로서, 이 방법은 각종 센서장치를 이용하여 가공이 진행되는 동안 공정변수를 계측한다(**온라인검사**). 계측 결과를 이용하여 규격에 맞는 제품이 생산되도록 공정이 자동으로 조정된다. 따라서 제품을 다른 장소로 옮겨 별도의 검사를 할 필요가 없으며, 필요에 따라서 각 공정 직후에 검사를 한다(**가공중 검사**, in-process inspection).

센서(14.8절 참조)와 컴퓨터제어시스템(제15장 참조)을 적절하게 사용하면 자동검사를 제조방식에 통합시킬 수 있다. 이 제조방식에서는 한 공정에서 공작물이 정확히 가공되지 않았거나 주어진 규격을 만족하지 않으면 다음 공정으로 보내지 않는다. 예를 들어, 어떤 제품이 선삭가공된 후에 원통연삭가공해야 하는 경우, 선삭가공에서 잘못 가공된 제품은 원통연삭가공되지 않는다. 자동검사법이 도입된 생산방식은 유연성이 있으며 제품설계변경에 대한 적응성이 우수하다. 게다가, 자동화된 장치를 사용하므로 작업자의 숙련도에 대한 요구가 줄고, 생산성이 증대되며, 제품의 품질, 신뢰도 및 치수정확도가 향상된다.

■ **자동검사용 센서** **센서기술**(14.8절 참조)이 빠르게 발전함에 따라 제조공정의 온라인 혹은 실시간 감시가 가능하다. 접촉식이나 비접촉식의 각종 센서들이 개발되어 있으며, 이들 센서는 치수정확도, 표면거칠기, 온도, 힘, 동력, 진동, 공구마멸 등을 측정하거나 내/외부 결함을 검사하는 데 이용된다. 센서를 마이크로프로세서나 컴퓨터에 연결하면 자료저장 및 분석을 할 수 있다. 이로부터 공정변수들의 신속한 온라인조정을 가능하게 하여 치수공차와 품질규격을 만족하는 제품을 일관성 있게 생산할 수 있다. 이 방식은 이제 생산기계의 표준장비로 되어 있다.

4.9 품질관리

품질관리는 제품품질이 모든 구체적 제원 및 규격을 만족함을 보장하려는 생산자의 총체적 노력이다(16.3절 참조). 제품규격은 치수, 표면정도, 공차, 성분, 색상, 재료의 물리적, 화학적, 기계적 성질 등 여러 사항들을 포함한다. 또한 제품이 교환가능하고 결함 없는 부품을 사용하여 제대로 조립되고 설계된 대로 작동함을 보장하는 사항들도 규격에 명시되는 것이 보통이다.

품질관리는 설계와 제작에 관여하는 모든 사람들의 책임이다. 이 개념은 매우 중요하여 **품질은 전 생산과정을 통해 단계적으로 완성되어야 한다**는 말로 흔히 표현된다. 즉, 품질은 단순히 완성된 제품을 검사함으로써 얻어지는 것이 아니다. 품질이 진정한 의미로 최종 완제품에 이를 때까지 단계적으로 만들어지려면, 재료선택, 가공, 조립 등 설계 및 생산 공정의 모든 측면이 세밀하게 분석되어야 한다.

품질을 보장하는 가장 좋은 방법은 무엇보다도 우선 제품이 정확히 제조될 수 있도록 재료 및 공정을 잘 관리하는 일이다. 통상적으로, 100% 검사는 비용이 너무 많이 소모되므로 채택되기 어렵다. 따라서 **통계기법**을 이용하여 보다 작은 표본집단에 대해 검사하는 방안들이 고안되었다. 이들 방법은 통계기법으로 전체 생산품 중에 불량품이 포함되어 있을 확률을 구한다.

완제품에 이르기까지 거치는 검사과정을 단계별로 살펴보면 다음과 같다.

1. 소재의 성질, 치수, 표면상태가 주어진 조건을 만족하는지를 확인하기 위한 소재검사
2. 제품을 구성하는 각 부품들이 주어진 제원을 만족하는지를 확인하기 위한 부품검사
3. 각 부품들이 제대로 조립되었는지를 확인하기 위한 조립검사
4. 제품의 기능이 설계된 대로 발휘되는지를 확인하기 위한 성능검사

생산라인에는 항상 변동요인이 있기 때문에, 지속적으로 검사가 이루어져야 한다. 그 예로는, (a) 소재의 성질이나 치수의 변화, (b) 제조과정에서 사용되는 공구, 금형, 기계의 작동상태나 성능 변화, (c) 작업자의 실수 가능성, (d) 조립 시 발생할 수 있는 오차 등이 있다. 이로 인해, 어떤 두 제품도 정확히 동일하게 제조될 수 없다. 품질관리의 또 다른 중요한 측면은 결함을 분석하고, 또 이를 즉각적으로 제거하거나 허용수준 이하로 줄일 수 있다는 점이다. 이 모든 활동을 총괄하여 **종합품질경영**(TQM, total quality management)이라고 한다.

품질관리를 실시하기 위해서는 (1) 품질수준을 정량적으로 측정할 수 있어야 하고, (2) 재료와 공정에 관계되는 관리가능한 모든 변수들을 파악할 수 있어야 한다. 제품의 품질수준은 공차, 표면정도, 결함, 기타 제품특성에 관한 제원들이 만족되는지를 평가하여 설정된다.

4.9.1 품질관리의 통계기법

가공작업에는 다수의 재료상수와 공정변수가 개입되므로, **통계기법**을 사용해야 한다. 공정상의 어떤 변화가 특별한 양상이나 경향 없이 불규칙하게 발생되는 경우를 **우연성 변동**(chance variation), 변화의 발생원인을 구체적으로 밝힐 수 있는 경우를 **인과성 변동**(assignable variation)이라고 한다. 이를 구별하는 예로서, 네점 굽힘시험의 결과로 얻는 시편강도는 재료강도의 우연성 변동으로 인해 자연스러운 범위를 갖는다. 이 사실은 재료 내부에 존재하는 미소결함들이 임의로 분포하기 때문이라고 설명한 바 있다(2.5절 참조).

하지만 굽힘시험에 사용된 일부 시편이 잘못 가공되어 노치가 생겼고, 나머지 시편은 제대로 가공되어 노치가 없다면, 이들 시편으로부터 측정된 강도는 가공방식에 따라 달라지므로, 이는 인과성 변동에 해당된다.

가공작업에는 **가변성**이 항상 존재한다는 사실이 수세기 동안 인식되어 왔지만, 이의 중요성은 총기류의 대량생산에는 호환성 부품의 사용이 필수적이라는 점을 인식한 Eli Whitney(1765~1825)에 의해 처음 제기되었다. **통계적 품질관리**(SQC, statistical quality control)에 사용되는 몇 가지 용어에 대한 정의는 다음과 같다.

(1) **표본크기**(sample size): 전체 모집단에 관한 정보를 얻기 위해 표본의 성질을 조사할 때 표본으로 추출되어 검사되는 개체의 수
(2) **무작위표본추출**(random sampling): 모집단 혹은 로트(단위생산체)로부터 표본을 추출할 때 각 개체가 표본으로 취해질 기회가 동등하게 주어지는 추출방법
(3) **모집단**(population 혹은 universe): 표본추출의 대상이 되는 동일한 특성을 가진 개체들(예, 동일한 설계제품들)의 전체집합
(4) **로트크기**(lot size): 모집단의 부분집합. 하나 혹은 여러 개의 로트는 모집단을 대표한다고 간주함

표본으로 추출된 개체들의 공차, 표면정도, 결함 같은 형상 및 특성은 각종 측정기기와 기술을 이용하여 검사한다. 이 특성은 **정량적**으로 측정될 수 있는 것(계량법)과 **정성적**으로 측정될 수 있는 것(계수법)의 두 종류로 크게 분류된다.

계량법(method of variables)은 치수, 공차, 표면정도, 물리적/기계적 성질 같은 제품특성을 정량적으로 **측정**하는 것이다. 이 측정은 대상이 되는 집단에 속해 있는 각 개체에 대하여 실시되며, 측정결과는 주어진 규격과 비교된다. **계수법**(method of attributes)은 기계가공, 성형가공, 용접가공된 부품의 내/외부 결함이나 판재제품의 표면흠집 같은 정성적인 특성의 **존재여부**를 조사하는 것이다. 계량법과 마찬가지로 대상집단에 속해 있는 각 개체를 검사하며, 정성적 측정결과를 정확하게 얻기가 까다롭고 그로 인한 변동폭이 크므로, 표본크기는 일반적으로 계량법의 경우보다 크게 잡는다.

동일하게 생산된 제품을 검사하더라도 측정결과는 제품마다 상이하다. 예를 들어, 선삭된 축의 직경을 마이크로미터로 측정하면, 정확하게 동일한 크기로 가공하고자 했더라도 축의 직경은 일정하지 않음을 금방 알 수 있다. 주어진 모집단에 속해 있는 축의 직경을 전부 측정하여 크기순으로 나열하면, 최소직경을 갖는 축이 한두 개, 또 최대직경을 갖는 축도 한두 개 있고, 나머지 대부분은 그 사이에 속한다. 축의 직경범위를 단계적으로 나누어서 각 범위에 속한 축의 개수를 그림으로 나타낸 것이 그림 4.21a와 같은 막대그래프이다. 이 그림에서 막대들은 축직경의 **분포**(distribution), 즉 **분산**(dispersion 혹은 spread)상태를 나타낸다. 그림 4.21a에 표시한 종모양의 곡선은 **도수분포**(frequency distribution)라고 한다. 도수란 각 직경범위에 속해 있는 축의 개수를 말한다.

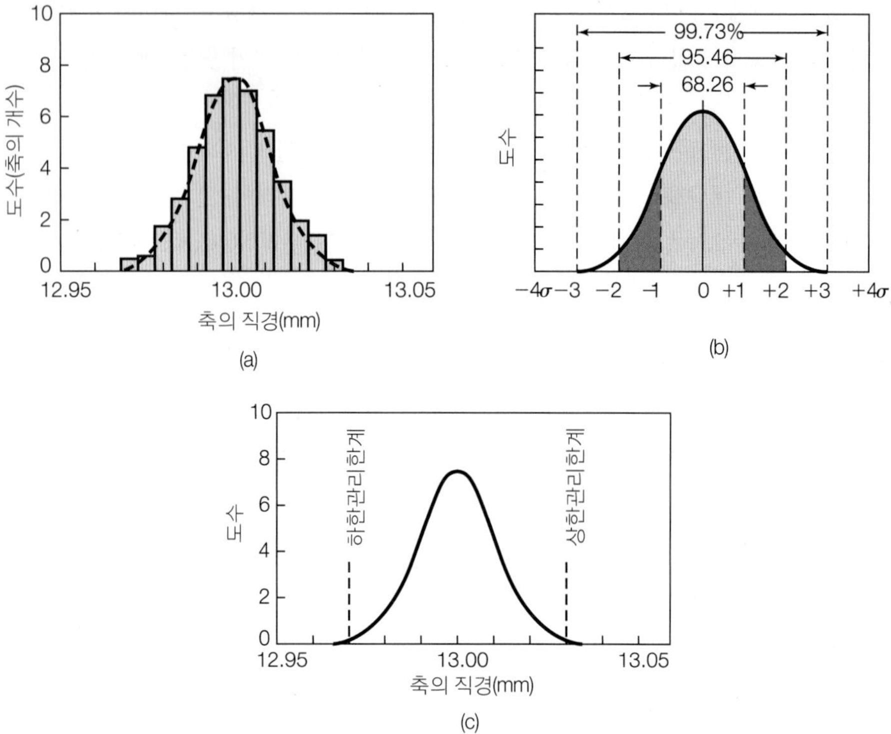

▶ 그림 4.21

(a) 다수의 축직경을 측정하여 얻은 도수분포표, (b) 면적으로 표준편차의 범위를 나타낸 정규분포곡선, (c) 도수분포곡선에 나타낸 하한 및 상한 관리한계.

제조공정에서 얻은 각종 측정자료는 흔히 그림 4.21b와 같은 **정규분포곡선** 형태로 표현된다. **가우스분포**라고도 하는 정규분포는 확률론을 근거로 개발되었으며 두 가지 중요한 특징을 가진다. 첫째, 대부분의 측정값들이 **평균값**(average) 주위에 모여 있다. **산술평균**(arithmetic mean)은 통상 $\bar{x}$로 표시되며 다음과 같이 계산된다.

$$\bar{x} = \frac{x_1 + x_2 + x_3 + \cdots + x_n}{n} \tag{4.8}$$

여기서 분자는 모든 측정값(직경)의 합이며, 분모 n은 측정횟수(이 경우는 측정된 축의 개수)이다.

둘째, 이 곡선의 폭이 측정값의 분산을 나타낸다. 즉, 곡선의 폭이 넓을수록 측정값의 분산은 크다. 측정값의 최대치와 최소치 차이를 **범위**(range)라 하며 R로 표시한다.

$$R = x_{\max} - x_{\min} \tag{4.9}$$

측정값의 분산된 정도는 **표준편차**(standard deviation) σ로 나타내고, 다음과 같이 계산된다.

$$\sigma = \sqrt{\frac{(x_1 - \bar{x})^2 + (x_2 - \bar{x})^2 + (x_3 - \bar{x})^2 + \cdots + (x_n - \bar{x})^2}{n - 1}} \tag{4.10}$$

여기서 x는 각 부품에 대한 측정값을 나타낸다. 식 (4.10)의 분자항에서, (1) 곡선의 폭이 넓을수록 표준편차값은 커지고, (2) σ는 측정값과 같은 단위를 가짐을 알 수 있다. 그림 4.21b의 정규분포곡선에서, 측정된 부품의 총 개수에 대한 각 범위에 속한 부품수의 비율은 $\pm 3\sigma$의 경우 99.73%, $\pm 2\sigma$의 경우 95.46%, $\pm 1\sigma$의 경우 68.26%이다. 즉, $\pm 3\sigma$의 바깥에 속하는 부품의 비율은 단지 0.2%에 지나지 않는다.

■ **식스 시그마** 경영과 서비스산업뿐만 아니라, 제조공정에도 식스 시그마(six sigma)라는 중요한 개념이 대두되었다. 앞의 논의에서 $\pm 3\sigma$의 경우 0.27%의 불량률, 즉 가공작업에서 백만 개당 2700개의 불량품이 만들어진다고 하였다. 현대적인 가공작업에서 이러한 불량률은 허용될 수 없는 수준이다. 실제로도 3σ 수준에서는 컴퓨터가 정상적으로 신뢰성 있게 작동할 수 없고, 서비스산업의 경우에도 미국에서만 매년 2억 7천만건의 신용카드 사용분이 잘못 처리된다는 말이 된다. 게다가, 3~4 시그마 수준으로 운영되는 회사는 불량으로 인한 손실이 총 수익의 10~15%에 달하는 것으로 추산된다. 이로부터 모토롤라나 제너럴 일렉트릭 같은 주요 기업들이 주도하여 제품과 공정에서 결함을 완전하게 없애려는 노력이 광범위하게 펼쳐졌다. 이로 인해 절약되는 액수는 수조원에 달하는 것으로 보고되고 있다.

식스 시그마는 잘 알려진 종합적 품질관리의 원리에 기초하여 특정 프로젝트 내의 제품과 서비스의 품질을 지속적으로 측정하는 일련의 통계도구이다. 여기에는 고객만족도의 보장, 무결함제품의 납품, 공정능력의 이해와 같은 사항들이 포함된다. 이 방법은 문제정의에 대한 명확한 집중, 관련 양의 측정, 공정과 활동의 분석, 개선 및 관리 등으로 구성된다. 식스 시그마는 기업에 미친 막대한 영향으로 인해, 이제는 하나의 경영철학으로 인정되고 있다.

4.9.2 통계적 공정관리

어떤 부품의 생산과정에서 불량품(즉, 주어진 규격에 벗어난 부품)의 수가 증가한다면, 불량의 원인(소재의 변동, 기계조작, 금속가공유의 성능저하, 작업자의 태만 등)을 밝혀 적절한 조치를 취해야 한다. 이 말은 언뜻 당연한 것으로 생각되지만, 생산현장의 작업자에게 이러한 상황에 대한 대처방안을 제공하기 위해 체계화된 통계기법이 개발되기 시작한 것은 불과 1950년대 초반의 일이었다.

이 방법은 공정상태를 가늠하는 어떤 척도를 사용함으로써 불량품의 생산이 계속되는 것을 막기 위해, 작업자가 언제 어떤 조치를 취해야 하는지를 판단하게 하는 것이다. 통계적 공정관리(SPC, statistical process control)로 알려진 이 기법은 (1) 관리도와 관리한계 설정, (2) 공정능력, (3) 사용장비 특성 등의 요소로 구성된다.

■ **관리도** 그림 4.21a의 도수분포곡선에 나타낸 선삭된 축직경의 범위는 지정된 설계공차 영역을 벗어날 수도 있다. 그림 4.21c에는 같은 종모양의 곡선에 축직경에 부여된 공

▶ **그림 4.22**

통계적 품질관리에 사용되는 관리도. 이 관리도의 작성에 사용된 표본크기는 5이며, 표본의 수는 15로서 모든 점이 상한관리한계와 하한관리한계 사이에 있으므로, 이 공정은 통계적으로 조절되고 있음을 알 수 있다.

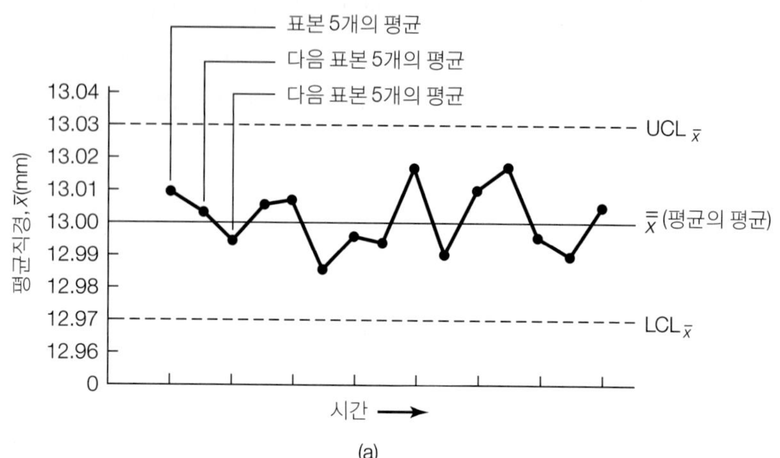

(a)

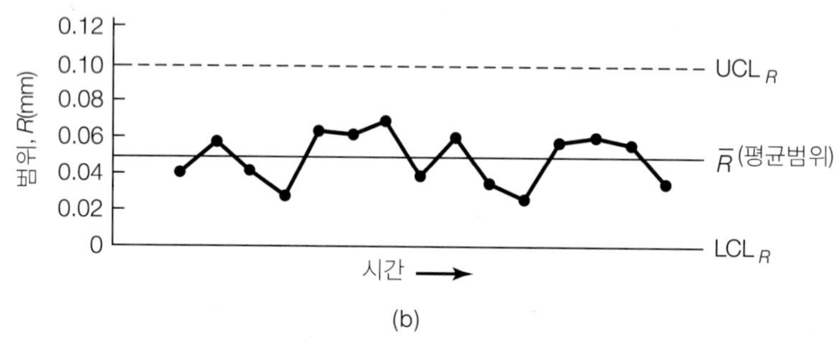

(b)

차를 표시하였다. 관리도(control chart)는 시간의 경과에 따른 공정의 변화과정을 그림으로 나타낸 것으로, 대표적으로 사용되는 두 가지 형태가 그림 4.22에 주어져 있다. 그림 4.22a의 $\bar{x}$는 표본으로 추출되어 검사되는 모든 부품들의 각 부분집합, 예를 들어 5개 부품으로 이루어진 부분집합의 평균을 나타낸다. (표준편차에 따라 다르지만, 전체 검사과정에서 표본크기를 일정하게 유지한다면, 가공작업에서는 표본크기가 2~10개 정도라도 충분한 정확도를 얻을 수 있다.)

표본추출의 빈도는 공정에 따라 다르며, 어떤 공정의 경우에는 표본을 연속적으로 추출할 수도 있고, 어떤 경우에는 하루에 한 개씩만 추출할 수도 있다. 품질관리 담당자는 상황에 따라 필요한 표본추출횟수를 결정할 수 있는 능력을 보유해야 한다. 그림 4.22a에서 횡축(시간)에 평행한 실선은 **평균의 평균**(average of averages, **전체평균**, grand average)으로 모집단의 평균 $\bar{\bar{x}}$를 나타낸다. 또한 전체평균 위아래의 수평점선들은 해당 공정에 대한 **관리한계**(control limit)를 나타낸 것이다.

관리한계는 통상 채택되는 $\pm 3\sigma$ 범위 내에서 실제 생산이 이루어지도록 고안된(3σ 법) 통계적 관리공식으로부터 구해진다. 즉, 평균값 $\bar{x}$에 대한 상한관리한계(upper control limit) UCL_x와 하한관리한계(lower control limit) LCL_x는 각각 다음과 같이 결정된다.

표 4.3 관리도 상수

표본크기	A_2	D_4	D_3	d_2
2	1.880	3.267	0	1.128
3	1.023	2.575	0	1.693
4	0.729	2.282	0	2.059
5	0.577	2.115	0	2.326
6	0.483	2.004	0	2.534
7	0.419	1.924	0.078	2.704
8	0.373	1.864	0.136	2.847
9	0.337	1.816	0.184	2.970
10	0.308	1.777	0.223	3.078
12	0.266	1.716	0.284	3.258
15	0.223	1.652	0.348	3.472
20	0.180	1.586	0.414	3.735

$$\text{상한관리한계}\,(\mathrm{UCL}_{\bar{x}}) = \bar{x} + 3\sigma = \bar{\bar{x}} + A_2\bar{R} \qquad (4.11)$$

$$\text{하한관리한계}\,(\mathrm{LCL}_{\bar{x}}) = \bar{x} - 3\sigma = \bar{\bar{x}} - A_2\bar{R} \qquad (4.12)$$

여기서 $\bar{R}$는 R의 평균값이며 A_2 값은 표 4.3에 주어져 있다.

관리한계값은 사용장비의 생산능력에 관한 과거 이력을 근거로 산출되며, 부품의 설계 요구공차나 치수와는 무관하다. 공정 자체가 갖는 고유한 변동 때문에, 보통은 측정값의 일정비율이 이 범위 사이에 있게 되며, 이것이 관리한계값 설정의 근거가 된다. 통계적 품질관리의 주된 목적은 관리도를 이용하여 이상 원인을 밝히고 제거함으로써 제조공정을 개선하는 데 있으며, 관리도는 공정의 끊임없는 개선상태를 나타낸다.

그림 4.22b의 두 번째 관리도는 표본의 각 부분집합에 대한 범위의 시간경과에 따른 변화과정을 보여주고 있다. 수평실선은 R의 평균값 $\bar{R}$를 나타내며, 이 값은 표본의 가변성을 나타내는 척도가 된다. R에 대한 상한관리한계 UCL_R와 하한관리한계 LCL_R는 각각 다음 식으로부터 결정된다.

$$\mathrm{UCL}_R = D_4\bar{R} \qquad (4.13)$$

$$\mathrm{LCL}_R = D_3\bar{R} \qquad (4.14)$$

여기서 상수 D_4 및 D_3는 표 4.3에 주어져 있다. 또한 표에 주어진 상수 d_2는 다음 식으로부터 표준편차를 구할 때 사용된다.

$$\sigma = \frac{\bar{R}}{d_2} \qquad (4.15)$$

어떤 관리도 곡선이 그림 4.22b의 형태와 유사하면, 이 공정은 **'양호한 통계적 관리상태'**

에 있다고 말한다. 다시 말하면, (1) 곡선의 형태가 어떤 뚜렷한 이상변동의 조짐이 없으며, (2) 모든 점(즉, 측정값)들이 시간의 경과와 더불어 무작위적으로 변하지만, (3) 관리한계 범위를 벗어나지 않고 있다. 반면에, 그림 4.23a, b, c에 나타낸 곡선들은 어떤 경향을 가짐을 알 수 있다. 예를 들면, 그림 4.23a의 중간부분에서는 축직경이 시간의 흐름에 따라 계속 증가하고 있다. 이 증가의 원인은 공정변수 중 어느 하나에 변화가 생겼기 때문이며, 대표적인 예로 절삭공구의 마멸을 들 수 있다. 그림 4.23b와 같은 경우에는, 가공된 축직경이 일관성은 있으나 전체적으로 상한관리한계 근처에 있다. 그 이유로는 선반에 공구가 잘못 설치된 예를 들 수 있으며, 그 결과 축직경이 계속 크게 가공된다고 볼 수 있다.

그림 4.23c는 공정이 처음에는 잘 관리되다가 어느 시점부터 관리한계를 벗어나는 경향을 보여주고 있다. 이는 어느 시점부터 공급되는 소재성질의 변화나 절삭유의 성능 변화(즉, 성능저하) 등에서 그 원인을 찾을 수 있다. 이 상황에서는 공정이 관리한계를 벗어

▶ 그림 4.23

관리도: (a) 공구 마멸과 같은 요인으로 인해 관리한계를 벗어난 후, 공구를 교환하여 다시 통계적 관리가 되고 있는 경우, (b) 공정변수가 부적절하여 모든 제품이 상한관리한계 근처에 있는 경우, (c) 사용재료의 성질이 갑자기 변한 후 공정의 관리한계를 벗어난 상태.

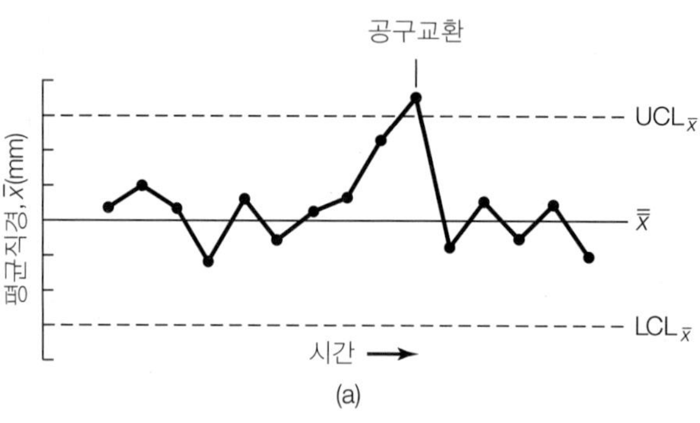

(a)

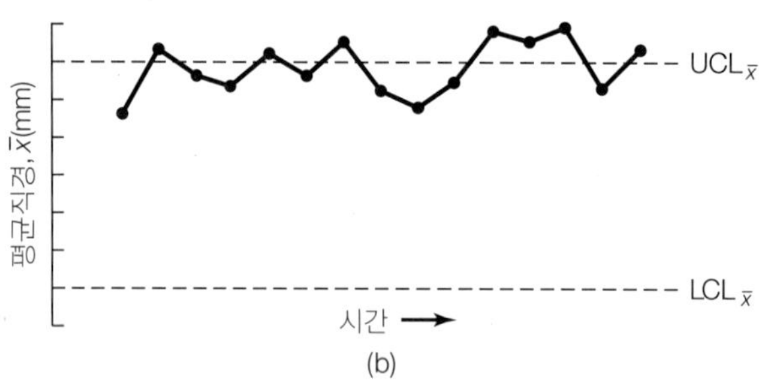

(b)

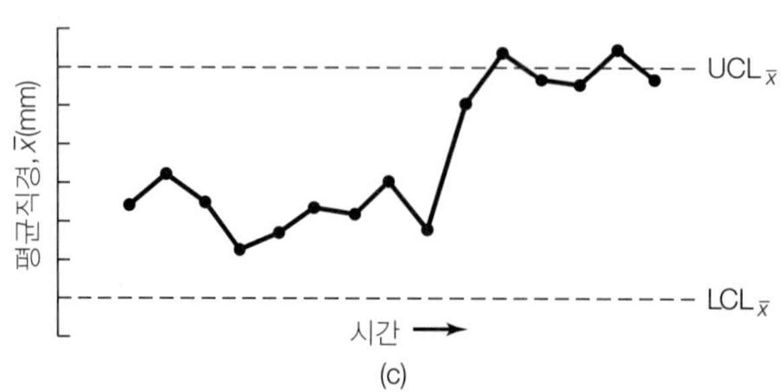

(c)

난 **비정상상태**에 있게 된다.

관리한계를 벗어난 비정상상태의 이유를 구체적으로 규명하는 데는 관리도의 곡선 형태나 경향을 분석함에 있어서 상당한 경험이 필요하다. 가공작업의 **무리한 관리**, 즉 상한관리한계와 하한관리한계를 너무 근접되게 설정하는 것도 공정이 비정상상태에 놓이는 원인이 된다. 따라서 관리한계값은 공정과 무관한 범위가 아닌 실제 공정능력에 맞는 범위로 설정되어야 한다.

SPC를 작업현장에 성공적으로 적용하려면 작업자를 교육시키는 것이 매우 중요하다. 일단 공정관리의 지침이 설정되면, 작업자는 작업의 효율성 측면에서 관리한계를 벗어나기 시작하는 공정의 조정에 대한 책임과 권한을 어느 정도 가져야 한다. 이 작업은 각종 소프트웨어를 활용함으로써 보다 쉽게 수행된다. 예를 들어, 전자측정기구의 숫자표시기를 컴퓨터시스템에 직접 연결시킴으로써 실시간 SPC를 수행할 수 있다. 그림 4.24는 디

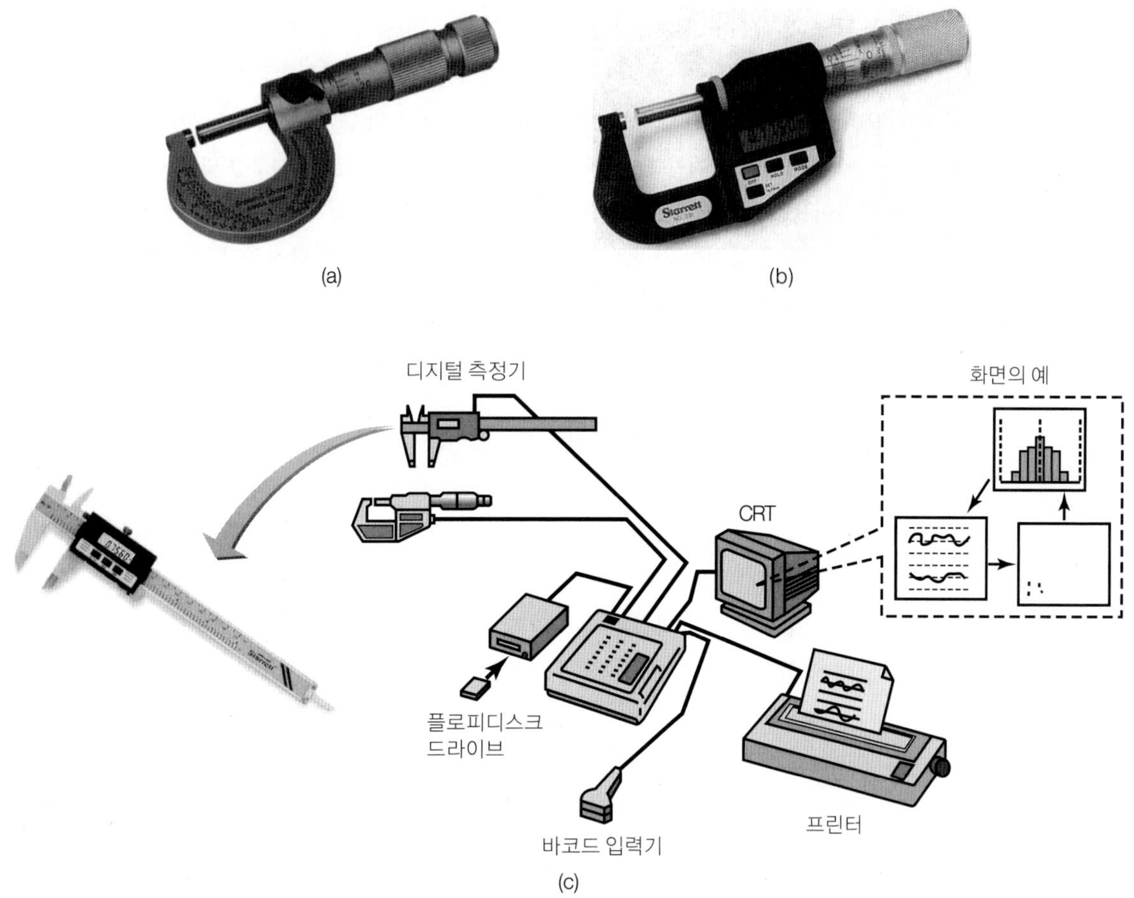

▲ **그림 4.24**

(a) 아날로그식 마이크로미터, (b) 디지털 마이크로미터(측정범위 0~25 mm, 해상도 1.25 μm), (c) SPC에 사용되는 디지털 측정기와 실시간 자료획득용 마이크로프로세서의 통합도. 화면에는 도수분포도와 관리도가 작성된다.

지털 방식의 캘리퍼스나 마이크로미터로부터의 출력을 실시간으로 분석하여 도수분포곡선 및 관리도를 그려주는 다기능 컴퓨터시스템을 나타낸다.

■ **공정능력**(process capability) 공정능력은 한 공정을 통해 정상적으로 가공된 부품이 갖는 측정값의 범위를 말하며, 이 범위에서 측정값은 무작위적으로 변한다고 볼 수 있다. 즉, 공정능력은 어떤 공정을 통해 생산된 부품들이 어떤 정밀도를 갖는지를 알려준다. 제조공정에는 소재, 기계장비, 작업자 모두가 관여되므로, 공정능력이 부품제원을 만족하지 못하는 경우에는 문제규명을 위해서 이들 요소를 개별적으로 분석한다.

내용 요약 *SUMMARY*

- 소재의 표면은 마찰 및 마모 특성, 윤활효율, 외관과 형상, 접촉물체 간의 열 및 전기 전도도 등과 같은 소재특성과 가공특성에 큰 영향을 준다. (4.1절)
- 금속의 표면조직은 이전가공에서 소성변형되거나 변형경화된 것이다. 표면거칠기는 여러 기법으로 정량화할 수 있다. 표면완전성은 다수의 결함으로 구성된다. 표면조직을 나타내는 측정량에는 흠, 방향성, 거칠기, 파상도가 있다. (4.2절 및 4.3절)
- 트라이볼로지는 접촉한 두 표면 사이에서의 마찰, 마모, 윤활 등의 현상을 다루는 과학기술이다. 마찰은 특정한 가공조건에 따라서 바람직하거나, 바람직하지 못할 수 있다. (4.4절)
- 마모는 재료가 표면에서 점진적으로 제거되는 것으로, 소재형상이나 공구 및 금형과의 접촉형상을 변화시키므로 가공공정, 치수정확도, 생산부품의 품질에 영향을 준다. 각종 액상 혹은 고상 윤활제, 심지어는 초음파진동을 사용하면 마찰이나 마모를 감소시킬 수 있다. 윤활에는 네 가지 방식이 있다. (4.5절)
- 가공된 부품은 특정한 기능을 갖는 다양한 측정기기로 측정된다. 측정장비에 컴퓨터를 연결하여 가공작업 도중에 정밀한 측정제어를 함으로써 자동측정방법이 크게 발전하였다. (4.6절)
- 치수공차와 공차의 지정은 부품의 후속조립이나 모든 가공기계 및 장비의 정확도와 작업에 영향을 줄 뿐만 아니라 생산비용에도 큰 영향을 주므로, 가공에서 중요한 인자이다. (4.7절)
- 가공완료된 부품이나 제품을 검사할 때, 다양한 비파괴 및 파괴 시험기술이 사용된다. 이제는 가공 도중에도 자동화된 신뢰성 있는 검사기술로 모든 부품을 검사할 수 있다. (4.8절)
- 품질관리는 제품이 특정 규격이나 제원을 만족함을 보장하는 생산자의 총체적 노력이다. 결함을 찾고 예방하는 데는 통계적 품질관리 및 공정관리 기술이 보편적으로 사용된다. 종합품질관리의 개념은 결함을 찾는 것보다 예방하는 데 중점을 둔다. (4.9절)

수식 요약

SUMMARY OF EQUATIONS

- 산술평균값 거칠기: $R_a = \dfrac{y_a + y_b + y_c + \cdots + y_n}{n} = \dfrac{1}{n}\sum_{i=1}^{n} y_i = \dfrac{1}{l}\int_0^l |y|\, dx$
- 제곱평균평방근 거칠기: $R_q = \sqrt{\dfrac{y_a^2 + y_b^2 + y_c^2 + \cdots + y_n^2}{n}} = \sqrt{\dfrac{1}{n}\sum_{i=1}^{n} y_i^2} = \left[\dfrac{1}{l}\int_0^l y^2\, dx\right]^{1/2}$
- 마찰계수: $\mu = \dfrac{F}{N} = \dfrac{\tau}{\text{경도}}$
- 마찰(전단)인자: $m = \dfrac{\tau_i}{k}$
- 응착마멸량: $V = k\dfrac{LW}{3p}$
- 산술평균: $\bar{x} = \dfrac{x_1 + x_2 + x_3 + \cdots + x_n}{n}$
- 범위: $R = x_{\max} - x_{\min}$
- 표준편차: $\sigma = \sqrt{\dfrac{(x_1 - \bar{x})^2 + (x_2 - \bar{x})^2 + (x_3 - \bar{x})^2 + \cdots + (x_n - \bar{x})^2}{n - 1}}$
- 상한관리한계: $\mathrm{UCL}_{\bar{x}} = \bar{x} + 3\sigma = \bar{\bar{x}} + A_2\bar{R}$
- 하한관리한계: $\mathrm{LCL}_{\bar{x}} = \bar{x} - 3\sigma = \bar{\bar{x}} - A_2\bar{R}$

참고문헌

BIBLIOGRAPHY

Aft, L.S., *Fundamentals of Industrial Quality Control*, 3d ed., Addison-Wesley, 1998.

ASM Handbook,Vol. 17: *Nondestructive Evaluation andQuality Control*,ASM International, 1989.

Bayer, R.G., *Mechanical Wear Fundamentals and Testing*, 2nd ed., Dekker, 2005.

Besterfield, D.H., *Quality Control*, 7th ed., Prentice Hall, 2004.

Bhushan, B., *Introduction to Tribology*, Wiley, 2003.

Bhushan, B. (ed.), *Modern Tribology Handbook*, CRC Press, 2001.

Booser, E.R. (ed.), *Tribology Data Handbook*, CRC Press, 1998.

Bothe, D.R., *Measuring Process Capability: Techniques and Calculations for Quality and Manufacturing Engineers*, McGraw-Hill, 1997.

Breyfogle, F., *Implementing Six Sigma: Smarter Solutions Using Statistical Methods*, 2nd ed., Wiley, 2003.

Burakowski, T., and Wiershon, T., *Surface Engineering of Metals: Principles, Equipment, Technologies*, CRC

Press, 1998.

Campbell, R., *Integrated Product Design and Manufacturing Using Geometric Dimensioning and Tolerancing*,CRC Press, 2002.

Davis, J.R. (ed.), *Surface Engineering for Corrosion and Wear Resistance*, IOM Communications and ASM International, 2001.

Drake, P.J., *Dimensioning and Tolerancing Handbook*, McGraw-Hill, 1999.

Farrago, F.T., and Curtis, M.A., *Handbook of Dimensional Measurement*, 3d ed., Industrial Press, 1994.

Grant, E.L., and Leavenworth, R.S., *Statistical Quality Control*, McGraw-Hill, 1997.

Kear, F.W., *Statistical Process Control in Manufacturing Practice*, Dekker, 1998.

Krulikowski, A., *Fundamentals of Geometric Dimensioningand Tolerancing*, Delmar, 1997.

Lindsay, J.H. (ed.), *Coatings and Coating Processes for Metals*, ASM International, 1998.

Meadows, J.D., *Geometric Dimensioning and Tolerancing*, Dekker, 1995.

______, *Measurement of Geometric Tolerances in Manufacturing*, Dekker, 1998.

Montgomery, D.C., *Introduction to Statistical Quality Control*, Wiley, 2004.

Murphy, S.D., *In-Process Measurement and Control*, Dekker, 1990.

Nachtman, E.S., and Kalpakjian, S., *Lubricants and Lubrica-tion in Metalworking Operations*, Dekker, 1985.

Puncochar, D.E., *Interpretation of Geometric Dimensioningand Tolerancing*, 2nd ed., Industrial Press, 1997.

Rabinowicz, E., *Friction and Wear of Materials*, 2nd ed.,Wiley, 1995.

Robinson, S.L., and Miller, R.K., *Automated Inspection and Quality Assurance*, Dekker, 1989.

Schey, J.A., *Tribology in Metalworking: Friction, Lubricatingand Wear*,ASM International, 1983.

Stachowiak, G.W., and Batchelor, A.W., *Engineering Tribology*, Butterworth-Heinemann, 2001.

Stern, K.H. (ed.), *Metallurgical and Ceramic Protective Coatings*, Chapman & Hall, 1996.

Sudarshan, T.S. (ed.), *Surface Modification Technologies*, ASM International, 1998.

Wadsworth, H.M., *Handbook of Statistical Control Methodsfor Engineers and Scientists*,2nd ed., McGraw-Hill,1998.

Whitehouse, D.J., *Handbook of Surface Metrology*, Instituteof Physics, 1994.

Williams, J.A., *Introduction to Tribology*, Cambridge University Press, 2006.

Winchell, W., *Inspection and Measurement in Manufacturing*, Society of Manufacturing Engineers, 1996.

복습문제 *QUESTIONS*

4.1 표면완전성의 의미와 그 중요성을 설명하여라.

4.2 공학용 설계요구 표면거칠기값의 범위가 넓은 이유를 설명하여라.

4.3 표면은 여러 층으로 되어 있다. 이들 층의 두께에 영향을 주는 인자들을 기술하여라.

4.4 금속산화물층의 경도가 모재의 경도보다 높은 경우에는 어떤 결과가 예상되는지 설명하여라.

4.5 표면의 방향성(가공무늬)을 명시할 때, 고려해야 할 요소들을 열거하라.

4.6 각종 표면결함들(4.3절 참조)이 공학부품의 사용성능

에 주는 영향을 설명하여라. 각 결함이 특정 용도에 중요한지를 어떤 방법으로 알 수 있는가?

4.7 표면거칠기값이 같더라도 반드시 동일한 표면 형태를 의미하지 않는 이유를 설명하여라.

4.8 표면거칠기 측정기의 사용 시 기준길이를 정하는 방법을 설명하고, 예를 들어라.

4.9 촉침의 궤적과 표면의 실제윤곽선은 일반적으로 다르다. 이 사실은 어떤 점에서 중요한가?

4.10 표면의 파상도가 (1) 바람직한 경우와 (2) 바람직하지 않은 경우에 대하여 각각 두 가지씩 예를 들어라.

4.11 두 물체가 서로 문질러질 때, 온도가 상승하는 이유는 무엇인가? 마찰에 의한 표면온도의 상승은 어떤 점에서 중요한가?

4.12 표 4.1에 나타낸 바와 같이, 열간가공 시의 마찰계수는 냉간가공 시보다 크다. 이 사실은 어떤 요인들로 인해 생기는가?

4.13 4.4.1절에서 마찰계수가 1보다 훨씬 클 수도 있다고 하였다. 그 이유를 설명하여라.

4.14 트라이볼로지의 측면에서 일반 기계요소들(예: 기어, 캠, 베어링의 접촉면)과 금속가공(단조, 압연, 압출 등에서 사용되는 금형 및 공구와 소재와의 접촉면) 사이에는 어떤 차이점들이 있는지를 기술하여라.

4.15 링압축시험에서 원래 원형단면인 시편이 변형 후에는 타원형으로 될 수 있다. 그 이유를 설명하여라.

4.16 어떤 미끄럼마찰면의 온도가 그 재료의 용융온도보다 더 높을 수 있는지 설명하여라.

4.17 공학실무에서 볼 수 있는 마멸 형태를 나열하고 간단히 설명하여라.

4.18 Archard의 응착마멸식 (4.6)의 각 항이 마멸량에 영향을 주는 이유를 설명하여라.

4.19 응착마멸 및 피로마멸을 감소시킬 수 있는 방법은 무엇인가?

4.20 수직하중의 감소는 연삭마멸의 감소를 가져온다고 하였다. 그 이유를 설명하여라.

4.21 윤활제를 사용하면 연삭마멸에 영향을 줄 수 있는지 설명하여라.

4.22 연필로 종이에 글을 쓰는 경우에 마멸계수의 크기를 어떻게 산정할 수 있는지 설명하여라.

4.23 식 (4.6)에서 마멸계수 k를 측정하는 시험법을 제안하여라. 이 시험으로 얻은 결과를 공구나 금형의 수명 예측 같은 가공작업에 활용하고자 할 때의 어려움은 무엇인가?

4.24 재료의 연삭마멸에 대한 저항성이 그 재료의 경도와 함수관계를 갖는 이유를 설명하여라.

4.25 마멸은 공학부품, 공구, 금형 등에 부정적 효과를 준다고 하였다. 마멸이 긍정적 효과를 주는 몇 가지 예를 그림과 함께 제시하여라. (힌트: 연필로 글을 쓰는 것은 일종의 마멸 현상이다.)

4.26 이 장에서 토의된 주제들을 근거로 하여 재료의 마찰과 마멸 사이에 직접 연관이 있는지를 설명하여라.

4.27 각종 가전제품이나 자동차에서 마멸된 부품을 교환한 경험이 있을 것이다. 교환부품이 어떤 마멸 형태를 겪었는지를 알 수 있는 방법을 제안하고 설명하여라.

4.28 윤활방식에 대한 연구가 중요한 이유는 무엇인가?

4.29 금속가공용 윤활유가 여러 가지로 다양하게 개발된 이유는 무엇인가?

4.30 다음 사항을 서로 구분하여 설명하여라.

(1) 냉각제와 윤활제
(2) 액상윤활제와 고상윤활제
(3) 직접유화액과 간접유화액
(4) 단순유제와 복합유제

4.31 전환피복의 역할을 설명하여라. 그림 4.13에서, 전환

피복을 적용할 때 가장 적합한 윤활방식은 무엇인가?

4.32 가공된 제품에 표면처리가 필요한 이유는 무엇인가? 몇 가지 예를 들어 설명하여라.

4.33 표면처리법 중에서, 기능을 부여하기 위한 것과 단지 외양을 좋게 하기 위한 것의 예를 각각 몇 가지씩 들어라.

4.34 기계적 표면처리의 대표적인 응용예를 몇 가지 들어라.

4.35 표면경화법과 살돋움 경화법의 차이점을 설명하여라.

4.36 도금강판을 포함하여 피복판재들이 사용되는 예를 몇 가지 열거하여라.

4.37 롤러버니싱 공정이 공작물표면에 잔류응력을 어떻게 남기는지 설명하여라.

4.38 4.2절에서 4.5절까지의 내용에 대한 지식이 활용되지 않는다면 적절하게 제조될 수 없거나, 사용 중에 효율적으로 작동하지 않을 제품이나 부품을 몇 가지 열거하여라.

4.39 길이측정에서 직접식과 간접식의 차이를 설명하여라.

4.40 좌표측정기가 현대적 가공에서 중요한 장비가 된 이유를 설명하고, 사용되는 예를 몇 가지 들어라.

4.41 가공에서 치수공차의 관리가 중요한 이유를 설명하여라.

4.42 설계 시 양측공차보다 편측공차를 지정하는 것이 바람직한 경우의 예를 들어라.

4.43 측정기가 충분한 정밀도를 갖지 못할 수도 있는 이유를 설명하여라.

4.44 다음 사항의 차이점은 무엇인가?

(1) 진원도와 원형도(circularity)

(2) 진원도와 편심도(eccentricity)

(3) 진원도와 원통도(cylindricity)

4.45 플라스틱 같은 비금속제품에 부여되는 공차는 일반적으로 금속재료의 경우보다 크다. 재료의 물리적 성질과 기계적 성질을 고려하여 그 이유를 설명하여라.

4.46 전기에너지를 이용하는 비파괴검사법들의 기본적인 특징을 기술하라.

4.47 비파괴검사법 중에서 내부결함을 검사할 수 있는 것과 외부결함만을 검사할 수 있는 것을 구분하여라.

4.48 비금속재료에 적합한 비파괴검사법을 선정하고, 그 이유를 설명하여라.

4.49 자동검사가 생산공학에서 중요해지는 이유를 설명하여라.

4.50 파괴검사가 불가피한 상황들을 기술하라.

4.51 제품은 반드시 예상수명을 갖도록 설계되고 제작되어야 하는가? 그 이유는 무엇인가?

4.52 그림 4.23에서 상한관리한계 및 하한관리한계를 정규분포곡선의 정점에 가깝게 설정하면 어떤 결과를 초래하는지 설명하여라.

4.53 공정이 관리범위를 벗어나게 하는 요인들을 기술하고, 이들 요인들에 대한 예를 몇 가지 들어라.

4.54 이 장을 공부하면서, 단지 '공차' 라고 하지 않고 '치수공차'라는 용어를 주로 사용하였다. 이 구분이 중요하다고 생각하는지 설명하여라.

4.55 우연성 변동과 인과성 변동의 예를 하나씩 들어라.

연습문제

PROBLEMS

4.56 그림 4.3에 나타낸 표면형상에 대하여, 그림에 나타낸 실선을 따라서 중심선에서 표면까지 떨어진 수직거리를 직접 측정한 후, R_a와 R_q 값을 계산하여라. 같은 그림에서 수직거리를 다른 위치에서 측정한 후, R_a와 R_q 값을 다시 계산하여 앞의 결과와 비교하고, 비교결과에 대하여 논평하여라.

4.57 다음 형상들에 대하여 R_a/R_q 비율을 계산하여라.
(1) 정현(sine)함수
(2) 삼각톱날 형상
(3) 정사각형 펄스

4.58 그림 4.7b를 참조하여 사진에 나타낸 네 시편의 외경과 내경을 각각 측정하여라. 소성변형에서의 체적일정조건을 상기하고, 링압축된 세 개의 시편에 대하여 (1) 높이감소율과 (2) 마찰계수를 구하여라.

4.59 그림 4.8a를 사용하여 높이감소율이 각각 (1) 25%, (2) 50%, (3) 60%인 경우에 대한 마찰계수 대 내경의 변화를 그래프에 그려라.

4.60 예 4.1에서 모든 다른 값들은 동일하고 마찰계수만 0.20이라면, 변형 후의 링 내경은 얼마로 되는가?

4.61 롤러버니싱에 필요한 힘을 산정하는 방법을 제안하여라. (힌트: 경도시험법을 참조할 것.)

4.62 직경 50 mm인 구를 1 A의 전류로 2시간 동안 전기도금하는 경우에 도금두께를 계산하여라. 단, c = 0.08 mm^3/A-s을 사용한다.

4.63 어떤 강철자의 길이가 주변 온도의 상승으로 1% 길어졌다면, 실제 50 mm인 축 직경의 측정값은 얼마로 되는가?

4.64 식 (4.2)와 (4.10)을 검토하여라. R_q와 σ 간에는 어떤 관계가 있는가? 연속곡선의 표준편차를 나타내는 식은 무엇인가?

4.65 표본크기 = 7, $\bar{\bar{x}}$ = 50, $\bar{R}$ = 7인 경우의 평균과 범위에 대한 관리한계값들을 각각 계산하여라.

4.66 표본크기 = 7, $\bar{\bar{x}}$ = 40.5, UCL_R = 4.85인 경우의 관리한계값들을 계산하여라.

4.67 표본크기가 10이고 표본추출횟수가 40인 어떤 검사결과로부터 평균범위가 10이고 평균의 평균이 75임을 알았다. 평균과 범위에 대한 관리한계값들을 계산하라.

4.68 다음 표에 주어진 자료로부터 관리한계값들을 계산하라.

x_1	x_2	x_3	x_4
0.65	0.75	0.67	0.65
0.69	0.73	0.70	0.68
0.65	0.68	0.65	0.61
0.64	0.65	0.60	0.60
0.68	0.72	0.70	0.66
0.70	0.74	0.65	0.71

4.69 문제 4.68에 주어진 자료 전체에 대하여, 평균, 중앙값(median), 표준편차를 계산하여라.

4.70 표본크기가 7인 어떤 검사를 통해 추출된 모든 표본에 대한 평균의 평균은 125, 평균범위는 17.82, 표준편차는 5.85임을 알았다. 또한 한 표본에 대한 측정값은 120, 132, 124, 130, 118, 132, 121이었다. 이 공정의 관리상태에 대해 말하라.

4.71 이 장의 내용에 대해 학생들에게 퀴즈문제를 낸다고 하자. 정량적인 문제 세 개와 정성적인 문제 세 개를 만들고, 답안을 제시하여라.

제 5 장

주조공정

주요내용

금속주조의 기초이론과 주조공정의 특성을 다음과 같이 설명함.

- ❑ 금속의 응고기구, 용탕유동의 특성, 갇힌 가스의 역할과 수축
- ❑ 주조합금의 성질과 용도
- ❑ 소모성주형 및 영구주형 주조공정의 특성과 용도 및 비용
- ❑ 주조설계 시 고려사항과 시뮬레이션 기술
- ❑ 경제적 고려사항

5.1 개요

재료를 유용한 형상으로 만드는 방법에는 여러 가지가 있는데, 용융금속(molten metal, 용탕)을 주형(mold, 거푸집)에 부어 응고시켜서 제품형상을 만드는 **주조**(casting)는 그 중 좋은 한 가지 방법이다. 실제로, 주조는 가장 오래된 제조방법 중 하나로, 기원전 4000년 경부터 장식품이나 구리화살촉, 기타 각종 물건을 만드는 데 이용되었다. 주조공정은 복잡한 제품, 특히 내부공동을 갖는 제품도 한 번에 일체로 만들 수 있고, 매우 크거나 작은 제품을 경제적으로 생산할 수 있다. 주물의 전형적인 예로, 엔진블록, 실린더헤드, 트랜스미션 하우징, 피스톤, 터빈디스크, 밸브, 철도차륜 및 자동차 휠, 장식품 등을 들 수 있다.

주조공정으로는 거의 모든 금속을 원하는 모양의 최종제품으로 성형할 수 있으며, 경우에 따라 약간의 후속작업이 필요하다. 또한 재료와 공정을 잘 조절하면 균일한 성질을 갖는 제품을 만들 수 있다. 다른 가공공정들과 마찬가지로 주조에서도 양질의 제품, 즉 결함이 거의 없고 강도, 치수정확도, 표면정도가 좋은 제품을 경제적으로 생산하려면 재료와 공정변수의 기본적인 관계를 알아야 한다.

주조공정에서 중요한 인자는 다음과 같다.

1. 용융상태로부터 금속의 **응고**와 그에 따른 수축(체적 변화)
2. 용탕의 주형으로의 **유입**
3. 주형에서 금속의 응고와 냉각 동안 일어나는 **열전달**
4. **주형재료**의 영향

5.2 금속의 응고

금속과 합금의 응고과정은 주물에 발달하는 조직과, 주조공정에서 생기는 조직-성질 간의 관계를 이해하는 데 필수적인 사항이다.

순금속은 융점(melting point)과 응고점(freezing point)이 분명하므로, 일정한 온도에서 응고가 일어난다(그림 5.1a 참조). 용탕에서 일정하게 열이 방출되는 경우, 용탕온도가 응고점까지 내려가면 응고과정의 잠열(latent heat)이 방출되는 동안 온도가 일정하게 유지되고, 응고가 끝나면 고체상태로 상온까지 냉각된다. 주물은 냉각되면서, (1) 과열상태의 액상에서 금속의 응고점에 이르는 동안의 수축, (2) 응고점에서 상온에 이르는 동안 고체상태에서의 수축이 일어난다. (3) 물론 고상에서 액상으로 바뀌면서 밀도가 많이 변한다(그림 5.1b 참조).

합금(alloy)은 순금속과 달리 어느 정도의 온도범위에 걸쳐서 응고된다. 용탕온도가 **액상선**(liquidus) 이하로 내려가면 응고가 시작되고, **고상선**(solidus)까지 내려가면 응고가 완

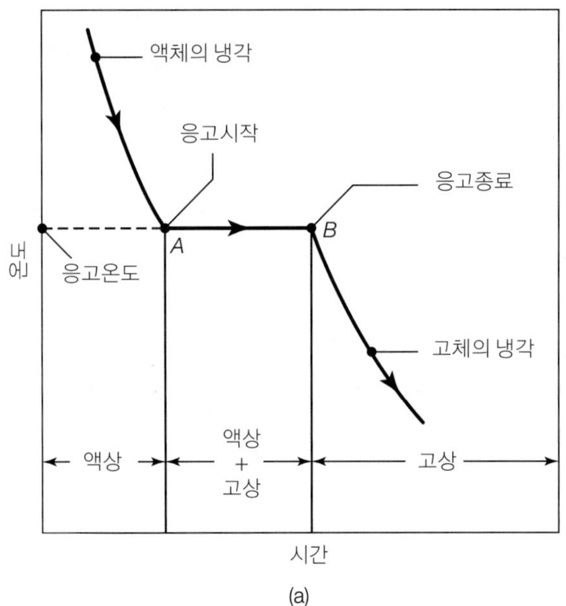

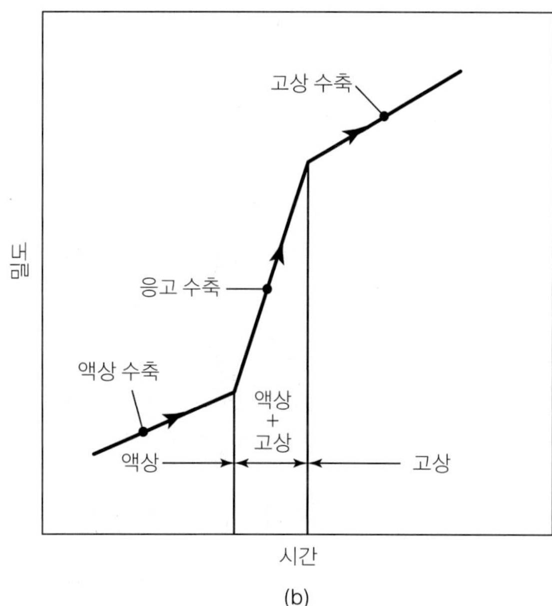

▲ **그림 5.1**

(a) 순금속의 응고 시 냉각곡선. 응고는 일정한 온도에서 일어난다. (b) 시간에 따른 밀도의 변화.

료된다. 액상선과 고상선 사이의 온도영역에서, 합금은 액상과 고상이 함께 존재하는 상태가 된다. 이때의 조성과 상태는 합금의 평형상태도로부터 알 수 있다.

5.2.1 고용체

합금은 **용질**(solute)과 **용매**(solvent)로 구성된다. 소금물이나 설탕물에 비유하자면, 용질은 소금이나 설탕 같이 양이 작은 구성요소이고, 용매는 물과 같이 양이 많은 구성요소이다. 금속의 결정구조를 이루는 원소를 놓고 볼 때(제3장 참조), 용질은 용매에 첨가되는 원소이다. 고체인 합금에서 용매의 특정한 결정구조가 유지되면, 그 합금을 **고용체**(solid solution)라고 한다.

■ **치환고용체** 용질의 원자크기가 용매의 원자크기와 비슷하면, 용질원자는 용매원자와 치환될 수 있으며 **치환고용체**(substitutional solid solution)를 형성한다(그림 3.9 참조). 이 현상의 예로 아연과 구리의 합금인 황동을 들 수 있는데, 용질원자인 아연이 용매인 구리 격자에 치환하여 들어간다. 이 경우 구리 속의 아연 양을 조절하면 황동의 성질을 변경시킬 수 있다.

■ **침입고용체** 용질원자의 크기가 용매원자보다 훨씬 작으면, 용질원자는 용매원자 사이의 공간을 확보하며 침입고용체(interstitial solid solution)를 형성한다. 그 중요한 예로, 철과 탄소의 합금인 강(steel)을 들 수 있는데, 이것은 탄소원자가 철원자 사이에 침입하여

존재한다. 5.11절에서 설명하겠지만, 탄소의 양을 조절하면 철강의 성질을 넓은 영역에서 변화시킬 수 있다. 이러한 이유로, 철강은 값이 싸면서도 다양한 성질을 갖고 많은 용도에 유용하게 쓰이는 재료이다.

5.2.2 금속간화합물

금속간화합물(intermetallic compound)은 용질원자가 용매원자 사이에 특정한 비율로 섞여 있는 복잡한 구조로, 일부 금속간화합물은 고용능력을 갖고 있다. 원자결합의 유형은 금속결합에서 이온결합까지 있으며, 매우 강하고 단단하며 취성이 강하다. 금속간화합물의 예로, 알루미늄에 섞인 구리원자는 $CuAl_2$이 되고, 이 금속간화합물은 알루미늄-구리 합금에 석출되어 나오면서 석출경화의 효과를 낳는다(5.11.2절 참조).

5.2.3 이상계 합금

고용체는 둘 이상의 원소가 고체상태로 녹아 있는 것으로 합금원소들이 균일하게 분포되어 있는 하나의 균질한 고상(solid phase)을 형성한다. 그러나 물에 녹는 설탕의 농도에 한계가 있듯이, 용매원자 격자 내에서 용질원자의 농도에도 한계가 있다. 대부분의 합금은 둘 이상의 고상으로 구성되는 기계적 혼합물이다. 두 개의 고상으로 구성된 시스템을 **이상계**(two-phase system)라고 부르는데, 각각의 상은 전체적으로 균질하게 분포하며, 고유의 특성과 성질을 갖고 있다.

이상계의 전형적인 예로, 용융상태의 구리에 납을 첨가하는 것을 들 수 있다. 혼합물이 응고된 후에, 조직은 두 개의 상으로 구성되는데, 하나의 상은 구리의 고용체로 소량의 납을 함유하며, 다른 상은 대략 구형모양의 납 입자들이 전체적으로 분산되어 있다(그림 5.2a 참조). 이러한 구리-납합금은 순수한 구리나 납과는 다른 성질을 갖는다.

미세한 입자들로 합금하는 것은 합금을 강화시키는 중요한 방법으로, 합금의 성질을 조절할 수 있다. 이상계 합금에서 제2상의 입자들은 전위운동을 방해함으로써 합금을 강하게 한다(3.3절 참조). 이상계 합금의 또 다른 예가 그림 5.2b와 같은 집합구조(aggregate structure)이다. 이 합금은 두 종류의 결정립을 가진 것으로, 각각은 고유의 조성과 성질을 갖고 있다. 그림에서 진한색 결정립은 흰색 결정립과 다른 구조와 성질을 가질 수 있는데, 예를 들어 흰색 결정립은 연성(ductile)을, 진한색 결정립은 취성(brittle)을 나타낼 수 있다.

5.2.4 평형상태도

평형상태도(phase diagram)는 **평형도**(equilibrium diagram) 또는 **구성도**(constitutional diagram)라고도 하며, 특정한 합금에서 온도, 조성과 현재의 상 사이의 관계를 나타내는 선도이다. **평형**이란, 계의 상태가 시간에 상관없이 일정하게 유지됨을 의미하며, **구성**은 합금의 구조, 조성과 물리적 상태 사이의 관계를 말한다.

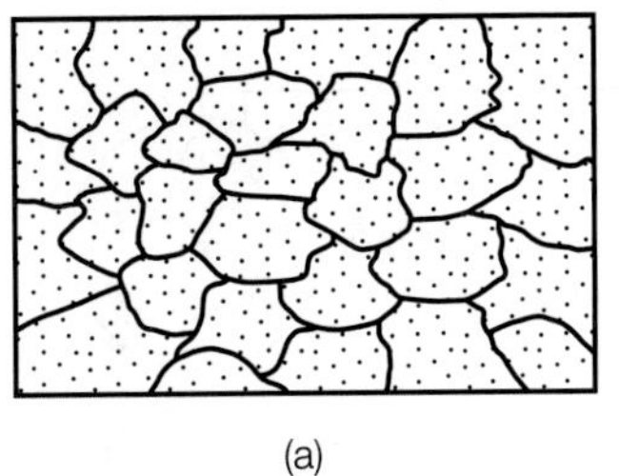

(a)

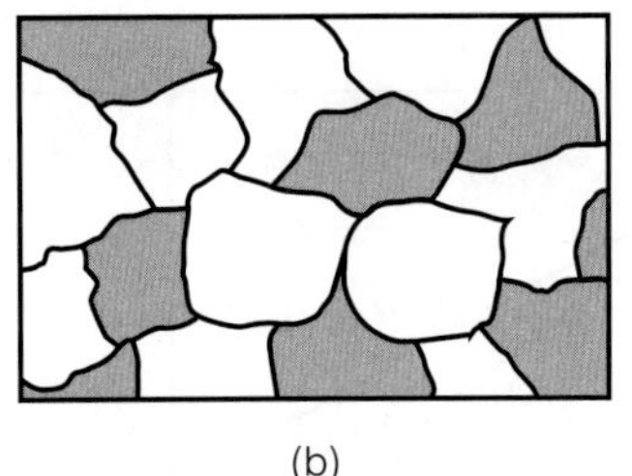

(b)

▶ **그림 5.2**

(a) 납-구리합금 같은 2상계 조직의 결정립, 결정립계, 분산입자. 결정립은 구리에 납이 고용된 것이고, 입자는 제2상의 납이다. (b) 밝은 부분과 어두운 부분의 두 종류의 결정립으로 구성된 2상계. 밝은 결정립과 어두운 결정립은 각각의 조성과 성질을 갖고 있다.

니켈-구리합금의 상태도를 그림 5.3에 나타내었다. 이 상태도는 니켈과 구리의 두 원소에 대한 것이므로 **이원상태도**(binary phase diagram)라고 한다. 이 상태도의 왼쪽 경계(100% Ni)는 니켈의 융점을 나타내며, 오른쪽 경계(100% Cu)는 구리의 융점을 나타낸다. (모든 백분율은 무게에 대한 비율이다.) 50% Cu-50% Ni 조성일 경우에는 1313°C에서 응고가 시작되고, 1249°C에서 응고과정이 끝난다. 1313°C 이상에서는 균질한 50% Cu-50% Ni의 액상이 존재하며, 1249°C까지 천천히 냉각시키면 50% Cu-50% Ni의 균질한 고용체가 형성된다.

액상선과 고상선 사이, 예컨대 1288°C의 온도에서는 이상영역으로, 고상과 액상이 공존한다. 1288°C에서 고상의 조성은 고상선과 수평으로 만나는 점에서 42% Cu-58% Ni, 액상의 조성은 액상선까지 오른쪽으로 가서 만나는 점에서 58% Cu-42% Ni임을 알 수 있다.

그림 5.3에 나타낸 것처럼, 상태도에서 완전히 응고된 합금은 용질원소(Cu)가 용매원소(Ni)에 완전히 용해된 상태이고, 각 결정립이 같은 조성을 가지므로 **고용체**이다. 이때 그림 5.3을 좌우로 뒤집으면 Cu가 용매가 되고 Ni이 용질이 된다. Cu-Ni 고용체의 기계적 성질은 조성에 따라 달라진다. 즉, Ni의 함유량을 증가시킴으로써 순수구리의 성질을 개선할 수 있다. 불순물 원자로 간주될 수도 있는 Ni 용질원자가 전위이동을 방해하여 전위가 쉽게 이동할 수 없으므로, 결과적으로 합금의 강도가 증가된다(3.9절 참조).

■ **천평법칙** 상태도에서 각 상의 조성은 **천평법칙**(lever rule) 또는 지렛대법칙이라는 방법으로 구할 수 있다. 우선 그림 5.3의 아랫부분에 나타낸 것처럼 합금의 공칭 무게조성인 C_0에 (삼각형) 받침점을 만든다. 받침점을 지나는 수직선을 **공액선**(tie line)이라고 한다. 지렛대의 왼쪽 끝은 고상의 조성 C_S, 오른쪽 끝은 액상의 조성 C_L을 나타낸다. 그림에서는 1288°C에서의 지렛대를 나타내고 있다. 그림에 나타난 눈금으로부터 액상분 조성을 알 수 있는데, 가장 왼쪽은 0(완전 고상)이고 가장 오른쪽은 1(완전 액상)이다.

천평법칙에서 **고상분의 무게** S는 다음 식과 같이 C_0와 C_L 사이의 거리에 비례한다.

$$\frac{S}{S+L} = \frac{C_0 - C_L}{C_S - C_L} \tag{5.1}$$

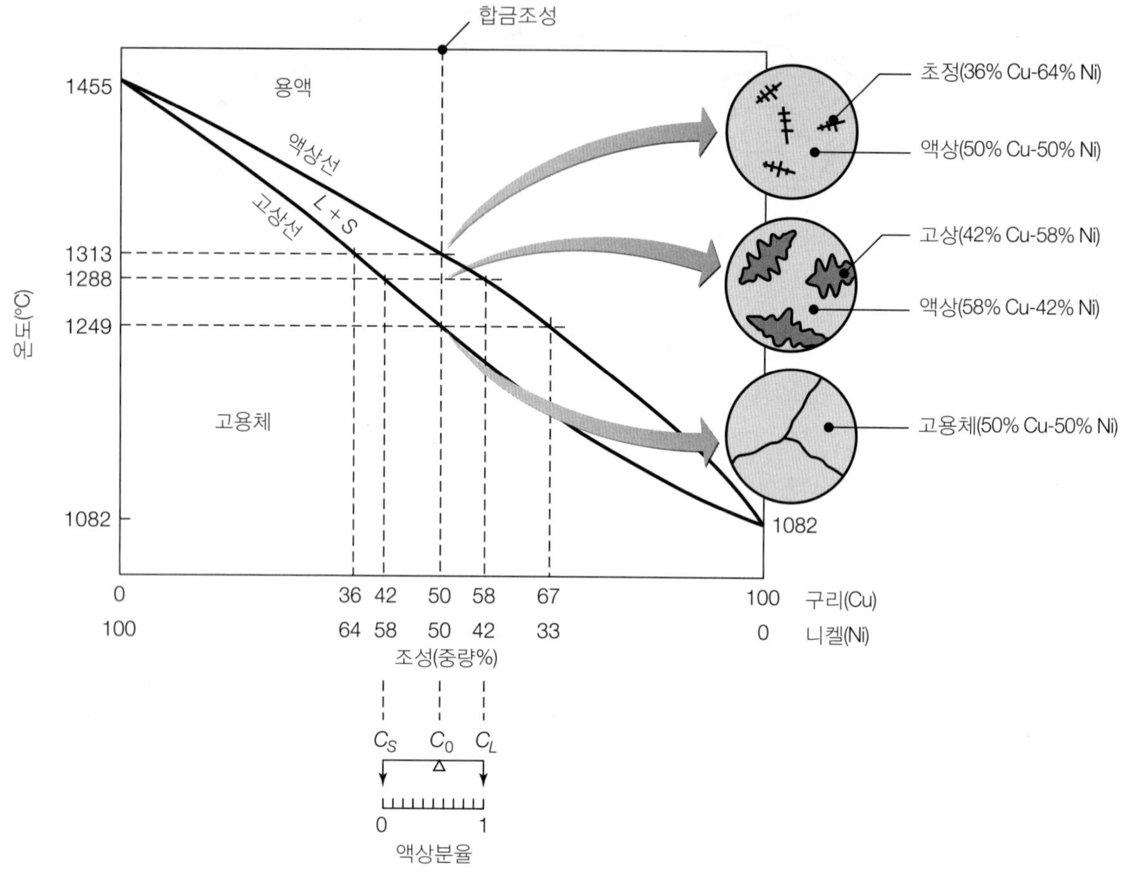

▲ 그림 5.3

응고속도가 느릴 때 얻을 수 있는 니켈-구리합금의 상태도. 순니켈이나 순구리는 응고온도와 용융온도가 같다. 오른쪽의 가장 위에 있는 원은 결정의 핵생성을 나타내고, 중간 원은 수지상정의 형성을 나타내고 있다. 아래에 있는 원은 응고된 합금이 결정립계를 갖고 있음을 보여주고 있다.

마찬가지로, **액상분의 무게** L도 C_S와 C_0 사이의 거리에 비례한다.

$$\frac{L}{S+L} = \frac{C_S - C_0}{C_S - C_L} \tag{5.2}$$

식 (5.1)과 (5.2)의 왼쪽 항은 각각 고상(무게)분율과 액상(무게)분율을 나타낸다.

그림 5.3에서의 공액선 C_0 = 50% Cu-50% Ni은, 온도 1288°C에서 C_0가 C_S보다 C_L에 더 근접해 있으므로, 고상은 액상에 비해 Cu 함유량이 낮다. 즉, 그림 5.3의 오른쪽 중간 그림에 나타낸 것처럼, 온도 1288°C에서 응고하는 고상의 조성은 42% Cu-58% Ni이다.

이 계산은 구리에 대한 것이므로, 만약 상태도의 그림을 좌우로 바꾸어 왼쪽 경계가 0%의 Ni이 되게 하면(Ni이 Cu 속에서 합금원소가 된다), Ni에 대한 액상과 고상의 계산이 된다.

5.2.5 철-탄소계

철(鐵, iron)-탄소의 이원계는 그림 5.4의 **철-탄화철**(iron carbide) **상태도**로 나타낼 수 있다. 순철은 그림 5.4의 왼쪽 끝에 나타낸 것처럼 1538°C에서 녹고, 냉각되면서 처음에 δ-철, 다음에 γ-철, 마지막으로 α-철로 바뀐다. 상업적으로 순철(pure iron)은 0.008% C까지 탄소를 함유한 것이고, 강(鋼, steel)은 2.11% C까지, 주철의 경우는 대부분 4.5% C를 넘지 않지만 최대 6.67% C까지 탄소를 함유한다.

1. **페라이트**(ferrite). 알파 페라이트, 또는 간단히 페라이트라고 부르는 BCC 철 고용체는 727°C에서 최대 0.022% C의 탄소용해도를 갖는다. 델타 페라이트는 매우 높은 온도에서만 안정하며, 실질적인 공업적 의미는 없다. 페라이트는 비교적 부드럽고, 연성을 갖고 있으며, 상온에서 768°C까지 자성을 띤다. BCC 철에는 격자 사이로 탄소가 미소량 용해되며, 이때 탄소량은 페라이트의 기계적 성질에 큰 영향을 미친다. 페라이트에는 상당량의 크롬, 니켈, 몰리브덴, 텅스텐, 규소 등이 철 고용체에 합금되어 특별히 원하는 성질을 나타낼 수 있다.
2. **오스테나이트**(austenite). 1394°C와 912°C 사이에서 철은 **다형변태**(3.2절 참조)를 하여 BCC에서 FCC의 구조로 바뀌며 γ-철, 즉 **오스테나이트** 조직이 된다. 이 조직은 1148°C에서 2.11% C를 용해할 수 있다. 즉, 페라이트에 비해 100배 정도의 용해능력을 가지며, 탄소원자가 철원자 사이에 침입하여 존재한다. 참고로 Fe의 원자반경은 0.124 nm, C의 원자반경은 0.071 nm이다. 오스테나이트는 강의 열처리(5.11절에서 설명)에서 중

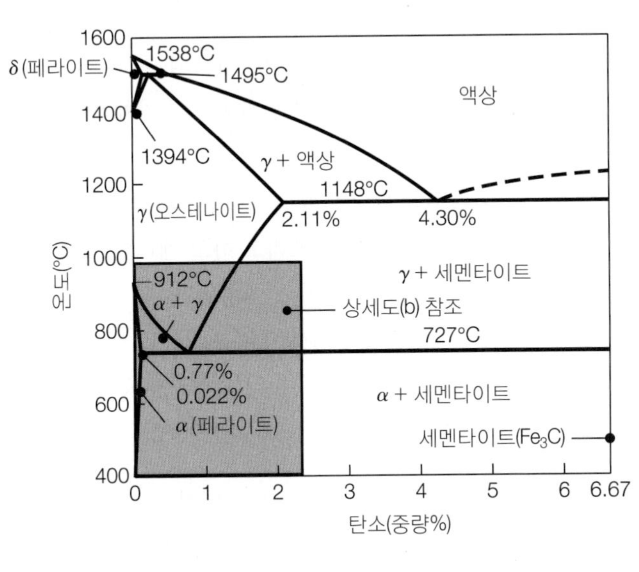

(a)

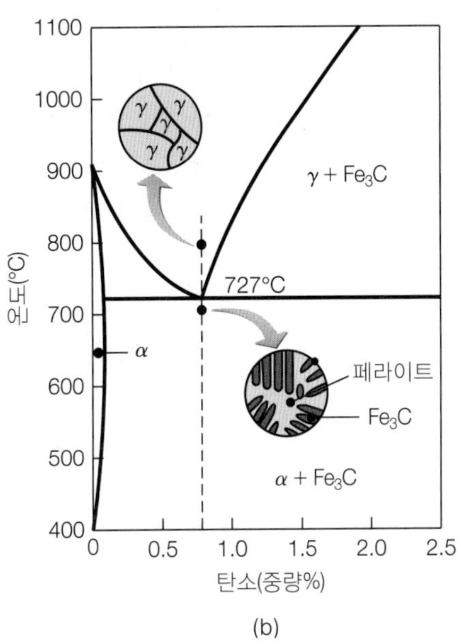

(b)

▲ 그림 5.4

(a) 철-탄화철의 상태도, (b) 철-탄소합금의 공석조성(0.77% C)에서 공석온도 전후의 미세조직.

요한 상으로 페라이트보다 치밀하고, 단상 FCC 구조는 고온에서 연성을 가지므로 성형성이 좋다. 상당량의 니켈과 망간이 FCC 철에 용해되어 다양한 성질을 줄 수 있다. 오스테나이트 강은 고온에서 비자성이며, 오스테나이트계 스테인리스강은 상온에서도 비자성이다.

3. **세멘타이트**(cementite). 그림 5.4a의 오른쪽 경계는 금속간화합물인 **세멘타이트**로 탄소 함유량이 6.67%인 100% 탄화철(Fe_3C)이다. (여기서 말하는 탄화물은 공구와 금형재료로 사용되는 카바이드(초경)와는 다르다.) 세멘타이트는 매우 단단하고 취성이 강해서, 강의 성질에 큰 영향을 미친다. 이 조직에도 크롬, 몰리브덴, 망간 등의 다른 원소를 첨가하여 성질을 개선할 수 있다.

5.2.6 철-탄화철 상태도

철강에서는 탄소함유량과 열처리방식(5.11절)에 따라 미세구조가 다양하게 만들어지는데, 예를 들어 0.77% C 철을 오스테나이트 온도인 1100°C에서부터 **매우 천천히** 냉각시켜보자(그림 5.4b 참조). 이때 서랭시키는 이유는 평형상태를 유지하려는 것이고, 만일 급랭시키면 열처리효과가 나타난다. 727°C에 이르면, 오스테나이트가 페라이트(BCC 구조)와 세멘타이트(Fe_3C)로 변태된다. 페라이트에서는 탄소의 용해도가 0.022%에 불과하므로, 여분의 탄소는 세멘타이트로 석출된다.

이 반응을 **공석반응**(eutectoid reaction)이라고 하며, 이는 특정 온도에서 단상의 고체상(오스테나이트)에서 두 개의 다른 고체상(페라이트와 세멘타이트)으로 동시에 석출되는 것을 말한다. 따라서 0.77% C의 탄소강을 **공석강**(共析鋼, eutectoid steel), 공석반응이 일어나는 온도 727°C를 **공석온도**(euetectoid temperature)라고 한다. 공석강의 구조는 진주의 원형과 닮았다 하여 **펄라이트**(pearlite) **조직**이라고 한다. 펄라이트의 미세조직은 페라이트와 세멘타이트의 층상구조이다(그림 5.4b 참조). 따라서 펄라이트의 기계적 성질은 페라이트(무르고 연함)와 세멘타이트(굳고 취성)의 중간 정도라고 할 수 있다.

탄소가 0.77% C 미만인 철의 미세조직은 펄라이트상(페라이트 + 세멘타이트)과 페라이트상으로 구성된다. 펄라이트 속의 페라이트는 **공석 페라이트**라고 하고 페라이트상은 **전공석**(proeutectoid) **페라이트**라고 하는데, 이는 페라이트상이 공석온도인 727°C보다 높은 온도에서 형성되기 때문이다. 탄소함유량이 0.77% C 이상일 경우에는 오스테나이트가 펄라이트와 세멘타이트로 변태된다. 펄라이트 속의 세멘타이트는 **공석 세멘타이트**라고 하며, 세멘타이트상은 공석온도보다 높은 온도에서 형성되므로 **전공석 세멘타이트**라고 한다.

■ **철에서 합금원소의 영향** 탄소는 철과 강을 구분하는 기본적인 원소이지만, 다른 합금원소들도 필요한 여러 성질을 얻기 위해 첨가된다. 철-탄화철 상태도에서, 이러한 합금원소의 영향은 공석온도와 공석조성(공석점에서 강의 탄소함유량)을 변화시킨다. 특정한 합금원소가 첨가됨에 따라 공석온도는 727°C보다 높아지거나 낮아질 수 있지만, 합금원소는

공석조성을 항상 낮게 함으로써 0.77% C 이하에서 공석이 일어나도록 한다. 공석온도가 낮아진다는 것은 오스테나이트영역이 증가함을 의미한다. 니켈과 같은 합금원소는 FCC 구조인데, 같은 FCC 구조인 오스테나이트를 선호하기 때문에 **오스테나이트 형성자**라고 한다. 반대로, 크롬이나 몰리브덴 같은 원소는 BCC 구조를 갖기 때문에 페라이트의 BCC 구조를 선호하여 **페라이트 형성자**라고 한다.

예 5.1 탄소강에서 상의 양 결정

1040 강 10 kg의 주물이 다음의 각 온도로 서랭될 때, γ와 α 상의 양을 각각 결정하여라.

(a) 900°C (b) 728°C (c) 726°C

풀이

(a) 그림 5.4b에서 0.4% C에서 수직선을 그려서 900°C와 만나는 점을 보면, 오스테나이트 단상 영역에 있으므로 γ 양은 100%(10 kg)이고 α 양은 0이 된다.

(b) 728°C에서 합금은 γ와 α의 이상 영역이 된다. 각 상의 무게분율은 천평법칙에 의해 다음과 같이 구한다.

$$\alpha(\%) = \left(\frac{C_\gamma - C_0}{C_\gamma - C_\alpha}\right)100 = \left(\frac{0.77 - 0.40}{0.77 - 0.022}\right)100 = 50\%, \text{ 즉 } 5\text{ kg}$$

$$\gamma(\%) = \left(\frac{C_0 - C_\alpha}{C_\gamma - C_\alpha}\right)100 = \left(\frac{0.40 - 0.022}{0.77 - 0.022}\right)100 = 50\%, \text{ 즉 } 5\text{ kg}$$

(c) 726°C에서 합금은 α와 Fe_3C의 이상 영역이 된다. 이때 γ 상은 나타나지 않는다. 역시 천평법칙으로 α 상의 양을 구할 수 있다.

$$\alpha(\%) = \left(\frac{6.67 - 0.40}{6.67 - 0.022}\right) \times 100\% = 94\%, \text{ 즉 } 9.4\text{ kg}$$

5.3 주조조직

금속과 합금이 응고하는 동안 발달되는 **주조조직**(cast structure)은 금속의 조성뿐만 아니라 주조과정에서의 열전달률과 액상금속의 유동에 따라서도 달라진다. 조직은 주물의 성질에 영향을 미친다.

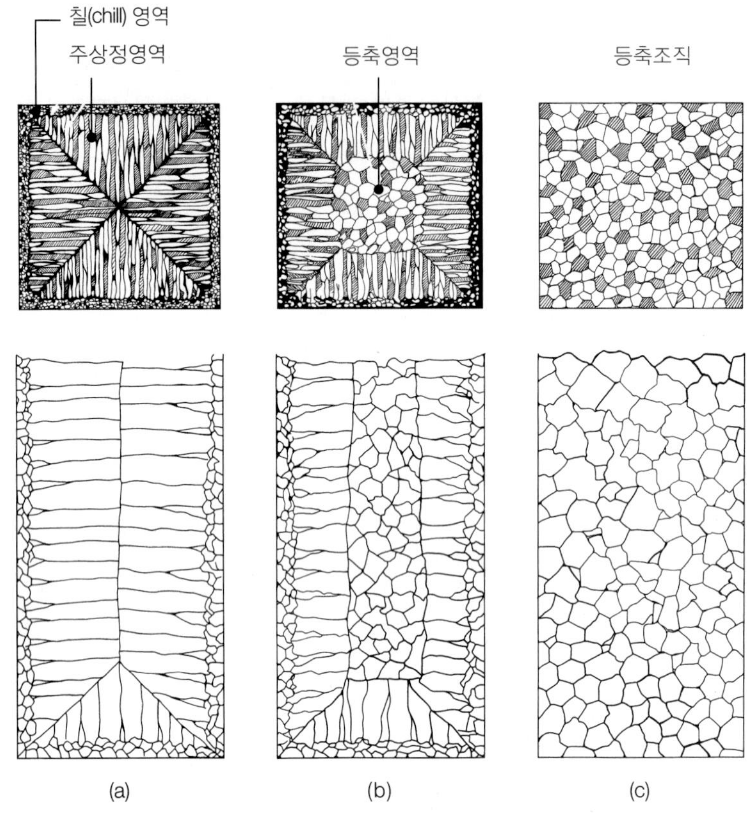

▶ **그림 5.5**
사각주형에서 응고된 금속 조직의 세 가지 유형: (a) 순금속, (b) 고용체합금, (c) 핵생성촉진제를 사용하여 얻은 조직.

5.3.1 순금속

사각주형에서 응고되는 순금속의 결정립구조가 그림 5.5a에 나타나 있다. 주형벽은 대기온도 혹은 약간 가열된 온도로 용탕온도보다 현저하게 낮으므로 용탕이 급속하게 식어서, 미세한 **등축결정립**(equiaxed grain)으로 된 응고표면 또는 셸이 우선 형성된다(칠 영역). 결정립은 주형으로부터의 열전달과 반대방향으로 성장하며 우선방위를 갖는 기둥모양의 결정립, 즉 **주상정**(柱狀晶, columnar grain)이 그림 5.5a와 같이 성장한다. 이때 주상정과 방향이 다른 결정립은 더 이상의 성장이 억제된다.

5.3.2 합금

순금속은 기계적 성질에 제한이 있지만, **합금**(alloying)에 의해 그 성질이 수정되거나 개선된다. 대부분의 공업용 금속은 둘 이상의 화학적 원소로 구성된 **합금** 형태이다.

합금용탕에서 온도가 액상점 T_L 이하로 내려가면 응고가 시작되며, 고상점 T_S에 도달하면 응고가 완료된다(그림 5.6 참조). 이 온도영역에서 합금은 **주상 수지상정**(columnar dendrite)을 갖는 고상-액상 공존(mushy)상태가 된다. 그림 5.6의 오른편 밑에 나타낸 것처럼, 수지상정(樹枝狀晶, dendrite) 가지 사이에는 액상금속이 있음에 주목하자. 수지상정

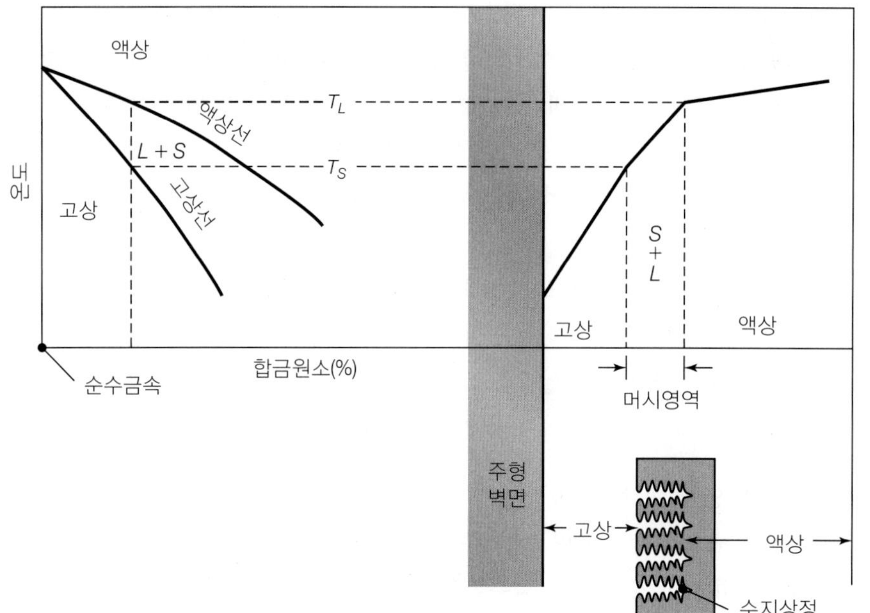

▶ **그림 5.6**

합금의 응고와 온도분포의 개략도. 머시영역에서는 수지상정이 형성된다.

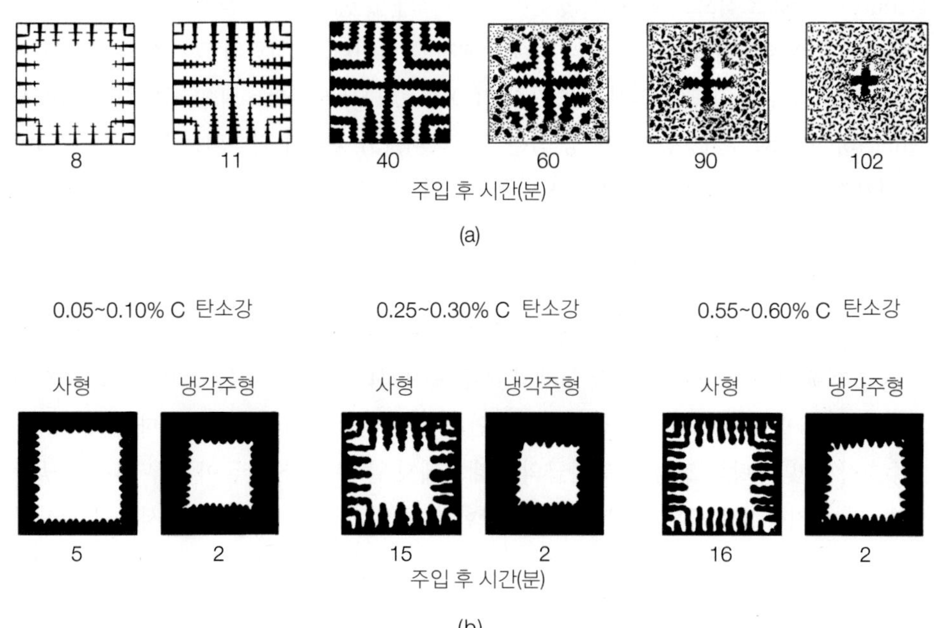

▶ **그림 5.7**

(a) 180 mm 짜리 사각주물에서 회주철의 응고양상. 11분 후에는 수지상정이 서로 닿게 되지만, 주물은 아직 머시상태이고, 완전히 응고하는 데는 약 2시간이 걸린다. (b) 탄소강이 사형과 냉각주형(금형)에서 응고될 때, 탄소량에 따른 응고양상.

은 삼차원 상의 가지와 곁가지를 가지며, 결국 그림 5.7과 같이 서로 만난다. 액상과 고상이 공존하는 머시영역의 크기는 응고되는 동안 용탕유동에 큰 영향을 준다. 이 영역은 다음과 같이 온도 차이로 정의되는 **응고범위**(freezing range)로 나타낸다.

$$\text{응고범위} = T_L - T_S \tag{5.3}$$

그림 5.7b는 응고범위가 작은 탄소강의 경우, 머시영역이 거의 형성되지 않고 응고표면이 면으로 이동하는 것을 보여주고 있다. 공정(eutectic)과정에서도 응고표면이 평면을 유지하면서 응고된다(그림 5.9b 참조). 이때 발달되는 응고조직의 유형은 공정의 조성에 의존한다. 거의 대칭인 상태도를 갖는 합금의 조직은 둘 이상의 고상이 층상구조를 이루며 응고된다. 하지만 합금 중 적은 상(minor phase)의 체적분율이 25% 미만일 때는 **섬유상 구조**가 된다.

합금의 경우, 식 (5.3)의 온도 차이가 50°C 미만이면 응고범위가 짧고, 110°C 이상의 온도 차이이면 응고범위가 길다고 한다. 알루미늄이나 마그네슘 합금은 넓은 머시영역을 갖는데 비해, 철 주조 시에는 일반적으로 좁은 머시영역을 갖는다. 응고범위가 넓은 합금들은 대부분의 응고과정에서 머시상태에 있게 된다(5.10.6절 참조).

■ **냉각속도의 영향** 냉각속도가 느리거나(10^2 K/s 정도), 국부적으로 응고시간이 길면 조대한 수지상정 구조를 갖게 되며, 이때 수지상정 가지 사이의 간격은 매우 넓다. 이보다 빠른 냉각속도(10^4 K/s 정도) 또는 국부적으로 응고시간이 짧은 경우에는, 조직은 미세해지고 가지 사이의 간격도 매우 좁아진다. 매우 빠른 냉각속도(10^6~10^8 K/s 정도)에서는 **비정질**(amorphous) 조직으로 된다(즉, 정돈된 결정구조가 없음, 5.10.8절 참조).

주조조직과 결정립크기는 주물의 성질에 영향을 미친다. 결정립의 크기가 작아짐에 따라 (1) 주조합금의 강도와 연성은 증가하고(3.4.1절의 Hall-Petch 식 참조), (2) 미세기공률(microporosity, 수지상정 사이의 공극)은 감소하며, (3) 응고가 진행되는 동안 **고온균열**이 잘 생기지 않는다. 결정립크기와 분포가 균일하지 않으면 주물은 이방성을 갖는다.

5.3.3 조직-성질 간의 관계

모든 주물은 설계와 사용조건에 적합한 특성을 가져야 하므로, 주조의 응고과정 동안 생기는 조직과 그로 인한 성질 간의 관계가 매우 중요하다. 이 절에서는 수지상정의 관점에서 이 관계를 설명하고, 합금원소의 국부적인 집중인 편석에 대해서 알아본다.

수지상정 및 용탕의 조성은 그 합금의 상태도에서 알 수 있다. 합금이 매우 천천히 냉각되면, 각 수지상정은 균일한 조성으로 성장한다. 하지만 실제 주조작업에서처럼 정상적인 냉각조건에서는 **유심구조 수지상정**이 형성되어 중심부와 표면부의 조성이 달라진다. 표면부는 수지상정의 중심부보다 합금원소들이 더 많이 집중되는데, 이는 수지상정이 만들어지는 동안 중심부로부터 표면부로 용질이 방출되기 때문이다. 이를 **미세편석**(microsegregation)이라고 한다. 그림 5.8의 수지상정 뿌리 부근의 진하게 표시된 부분은 이 부분에 용질이 많이 집중되어 있음을 나타낸다. 즉, 이 부분의 미세편석은 다른 곳보다 훨씬 심하다.

미세편석과 달리 **거대편석**(macrosegregation)은 주물 전체에서 조성이 차이를 보이는 것이다. 응고면이 주형벽면으로부터 내부로 이동할 때 평면을 유지하면(그림 5.9 참조),

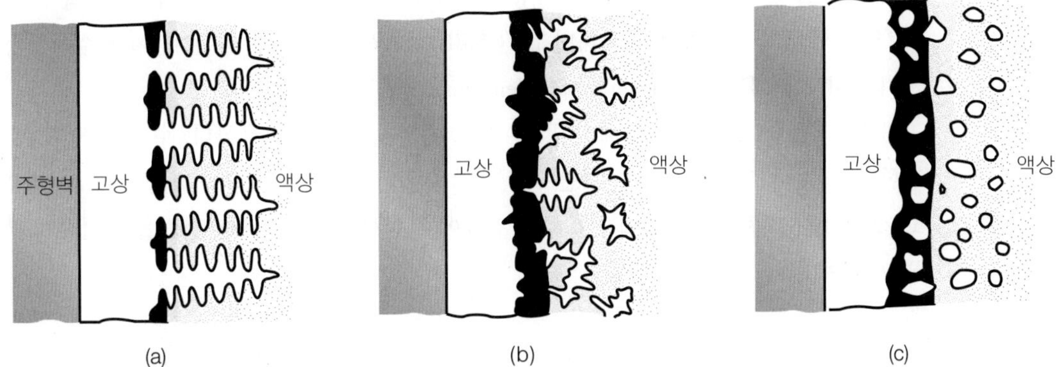

▲ **그림 5.8**

기본적인 세 가지 주조조직: (a) 주상 수지상정, (b) 등축 수지상정, (b) 등축 비수지상정.

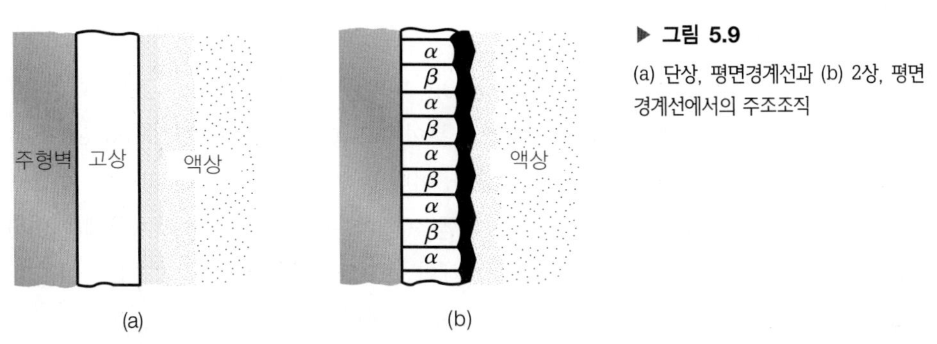

▶ **그림 5.9**

(a) 단상, 평면경계선과 (b) 2상, 평면경계선에서의 주조조직

합금성분 중에서 융점이 낮은 성분은 중심 쪽으로 이동한다(**정상편석,** normal segregation). 결국 주물표면보다 중심부에 합금원소들이 집중된다. 반면에, 고용체합금(그림 5.5b)의 수지상정 구조에서는 이와 반대 현상으로 주물 중심부에서 합금원소 농도가 낮아진다(**역편석,** inverse segregation). 그 이유는 용탕(합금원소 농도가 높은)이 이미 냉각하여 수축된 수지상정 가지 사이의 빈 부분에 공급되기 때문이다. 또 다른 형태의 편석은 중력으로 인해 생기는데(**중력편석,** gravity segregation), 이는 밀도가 높은 성분은 아래로 가라앉고 밀도가 낮은 성분(안티몬-납합금에서의 안티몬)은 표면에 뜨면서 생긴다.

내부가 등축립인 고용체의 전형적인 주조조직이 그림 5.5b에 나타나 있다. 이 내부영역은 **접종제**(inoculant)를 첨가함으로써 그림 5.5c와 같이 주물 전체로 확장시킬 수 있다. 접종제는 용탕에서 결정립 핵을 생성하도록 한다(**이종핵생성,** heterogeneous nucleation). 접종제의 예로는 알루미늄합금에서 결정립을 미세화하여 기계적 성질을 개선하는 데 사용되는 TiB_2를 들 수 있다.

용탕의 응고 중에 생기는 열 구배와 중력(즉, 밀도 차이) 때문에 일어나는 용탕 내에서의 대류는 주조조직에 매우 큰 영향을 미친다. 대류는 바깥부분에 칠(chill) 영역의 형성을 촉진시키고, 결정립크기를 미세하게 하며, 주상조직을 분쇄하여 등축립이 형성되도록 한다. 즉, 용탕 안에서 대류효과가 커지면 그림 5.8b의 조직을 얻을 수 있는데, 이때 수지상정 가지가 서로 분리된다(**수지상정의 배가**, dendrite multiplication).

대류효과를 크게 하려면 기계적 방법이나 전자기적 방법을 사용한다. 수지상정 가지는 강한 편이 아니므로, 응고의 초기단계에 가압이나 기계적 진동에 의해 깨질 수 있다(**반응고주조**, 5.10.6절 참조). 이 방법으로 주물 전체에 걸쳐서 등축의 미세결정립을 균일하게 분포시킬 수 있다(그림 5.8c 참조).

5.4 유동과 열전달

5.4.1 용탕의 유동

용탕유동의 중요성을 강조하기 위해 그림 5.10에 나타낸 기본적인 주조 시스템을 설명한다. 용탕은 처음에 **용탕받이**(pouring basin)에 부어지고, **탕구**(sprue)와 **탕도**(runner)를 통해 주형공동부(mold cavity)로 흘러 들어간다. 이때 **라이저**(riser)는 냉각 및 응고 수축으로 인한 용탕의 부족을 공급하는 저장소 역할을 한다. 용탕을 안내하는 **탕구계**(gating system)는 단순해 보일지라도 세심하게 설계해야 응고과정이 조절되면서 적절한 용탕유동을 보장한다. 예를 들어, 탕구계의 중요한 기능 중 하나는 용탕에 포함된 산화물과 같은 불순물을 주입구 벽에 붙게 함으로써 주형 내부에까지 도달하지 못하도록 하는 것이다. 또한 탕구계를 적절하게 설계함으로써 조기응고, 난류 발생, 가스혼입 같은 문제점을 없애거나 최소화할 수 있다. 용탕이 주형에 도달하기 전이라도 표면에 산화물이 형성되거나

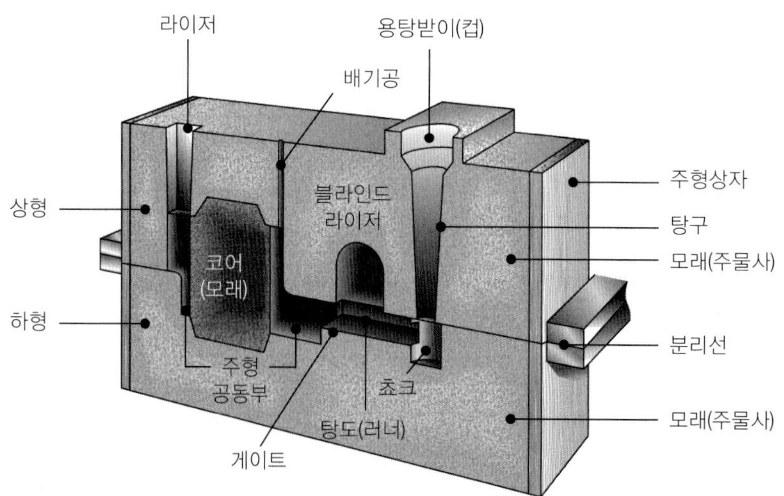

▶ **그림 5.10**
사형(모래주형) 각 부분의 명칭.

(대기 노출로 인해), 불순물이 혼입되는 것을 방지해야 한다.

■ **베르누이 정리** 베르누이(Bernoulli) 정리는 에너지보존법칙에 기초하여 주형 내의 한 위치에서 용탕의 압력, 속도, 높이, 그리고 마찰손실 간의 관계를 나타낸다.

$$h + \frac{p}{\rho g} + \frac{v^2}{2g} = \text{일정} \tag{5.4}$$

여기서 h는 정해진 기준면으로부터의 높이이고, p는 그 높이에서의 압력, v는 액체의 속도, ρ는 유체의 밀도(이때 유체는 비압축성이라고 가정함), g는 중력가속도이다. 위 식에 마찰손실을 감안하면, 특정한 두 위치에서 다음 식이 만족되어야 한다.

$$h_1 + \frac{p_1}{\rho g} + \frac{v_1^2}{2g} = h_2 + \frac{p_2}{\rho g} + \frac{v_2^2}{2g} + f \tag{5.5}$$

여기서 첨자 1, 2는 각각 서로 다른 높이를 나타내며, f는 액체가 유동하면서 생긴 마찰손실로 용탕-주형 접촉면에서의 에너지손실과 난류 발생으로 인해 생긴다.

■ **연속방정식** 연속방정식은 비압축성유체가 주형벽면으로 스며들지 않는 경우, 다음과 같이 유량이 일정하다는 것을 말한다.

$$Q = A_1 v_1 = A_2 v_2 \tag{5.6}$$

여기서 Q는 유량[m^3/s]이고, A는 유동단면적이며, 첨자 1, 2는 서로 다른 위치를 나타낸다. 이때 주형벽면의 침투성(permeability)은 매우 중요한 주형특성으로, 용탕이 벽으로 침투하면 유량이 감소한다(사형주조에서 발생가능, 5.8.1절 참조). 따라서 용탕의 침투를 막기 위해 주형벽면을 피복하는 것이 일반적이다.

■ **탕구의 형상** 앞에서 언급한 두 원리를 응용하면 주형에 많이 사용하는 테이퍼진 탕구를 설계할 수 있다(그림 5.10 참조). 식 (5.5)와 (5.6)을 이용하여 탕구의 맨 위와 아래의 압력이 같고(대기압) 마찰손실이 없다고 가정하면, 탕구의 어느 지점에서든지 높이와 단면적 사이에 다음과 같은 포물선 식을 세울 수 있다.

$$\frac{A_1}{A_2} = \sqrt{\frac{h_2}{h_1}} \tag{5.7}$$

위 식에 따르면, 탕구의 위에서 아래로 내려올수록 단면적이 작아져야 한다. 이는 자유낙하하는 물의 경우에 아래로 떨어지면서 속도가 커질수록 물줄기의 단면적이 줄어드는 것과 같다. 만약 단면적이 일정한 탕구로 용탕을 주입한다면, 용탕이 탕구벽면과 접촉하지 않는 부분이 생기고, 그 결과 공기가 용탕에 혼입될 수 있다. 한편, 테이퍼진 탕구 대신 곧은 탕구를 쓰되, 하단부의 단면을 줄여서 초킹작용으로 공기혼입을 방지하기도 한다(그림

5.10 참조).

주형 충전(充塡, filling)과정을 **모형화**하려면(5.12.5절 참조), 식 (5.6)과 (5.7)을 이용한다. 그림 5.10에 나타낸 용탕받이에 용탕을 따라 부었다고 하자. 용탕은 탕구와 탕도를 따라 유동하여 주형공동부를 채울 것이다. 용탕받이의 단면적이 탕구의 단면적에 비해 훨씬 크다면, 용탕받이에서의 용탕속도는 매우 느리다. 식 (5.5)에 나타낸 마찰손실 f는 점도로 인한 에너지손실이므로, 수직거리에 비례하는 함수로 근사할 수 있다. h를 게이트가 있는 탕구바닥면에서 용탕면까지의 거리라고 할 때, 게이트에서의 용탕속도는 다음과 같다.

$$v = c\sqrt{2gh} \tag{5.8}$$

여기서 c는 마찰을 감안한 상수로 0과 1 사이의 값을 가지며, 마찰이 없는 유동이라면 1이 된다. c 값은 주형재료, 러너형상, 채널크기에 따라 달라지며, 난류 발생으로 인한 에너지손실도 포함시킬 수 있다.

주형공동부 내 용탕면의 높이가 x에 이를 때, 게이트에서의 유동속도는 다음과 같다.

$$v = c\sqrt{2g}\sqrt{h - x} \tag{5.9}$$

식 (5.6)에 따라, 게이트를 통과하는 유량은 위 속도에 게이트 단면적을 곱한 값이다. 높이 x는 주물의 형상에 따라 시간의 함수로 주어진다. 식 (5.9)를 이용하면 평균유량을 계산할 수 있으므로, 주물의 체적을 평균유량으로 나누어 주형충전시간을 알 수 있다.

주형충전과정을 컴퓨터로 시뮬레이션함으로써 설계자는 러너직경이나 크기, 탕구와 용탕받이의 수를 결정하는 데 도움을 받는다. 러너가 조기에 막히는 것을 방지하려면 충전시간은 응고시간(5.4.4절 참조)보다 훨씬 짧아야 하지만, 용탕의 유동속도가 너무 빠르면 주형재료를 침식하거나 레이놀즈(Reynolds)수가 너무 커져 난류가 발생하면서 공기가 혼입될 수 있다. 주조해석용 패키지를 사용하면(5.12.5절 참조) 탕구계의 설계를 평가하거나 주형 각 부분의 치수를 결정하는 데 도움을 받을 수 있다.

■ **유동특성** 탕구계에서의 용탕유동에 대해 중요하게 고려할 것은 **난류**(turbulence)의 발생인데, 난류의 정도는 **레이놀즈수** Re를 이용하여 나타낸다. Re는 유체유동에서 점성력(viscous force)에 대한 관성력(inertia)의 비를 나타낸 값으로, 다음과 같이 정의된다.

$$\mathrm{Re} = \frac{vD\rho}{\eta} \tag{5.10}$$

여기서 v는 속도, D는 채널의 직경, 그리고 ρ와 η는 각각 유체의 밀도와 점도를 나타내며, Re 값이 클수록 난류의 성향이 강해진다. 보통의 탕구계에서 Re 값은 2000~20,000 정도인데 2000까지는 층류(laminar flow), 2000~20,000 사이는 층류와 난류가 섞여 있으며, 이 정도 유동특성을 가진 탕구계는 주물에 나쁜 영향을 주지 않는다. Re 값이 20,000 이상이면 심한 난류가 되고, 이때는 공기가 용탕에 혼입되거나 용탕이 공기나 다른 가스와 반응하여 표면에 불순물(dross)을 형성한다. 난류를 최소화하기 위한 설계기술로 중요한 것은 탕구계의 유동방향과 채널단면적의 급작스런 변화를 피하는 것이다.

용탕유동에서 또 다른 중요한 점으로, 불순물과 슬래그(slag, 용제와 비금속불순물의 화합물)가 주형공동부에 딸려 들어가지 못하도록 해야 한다. 이는 찌꺼기를 걸러내거나, 용탕받이와 탕구계를 적절하게 설계하고, 필터를 사용하여 제거할 수 있다. 필터는 세라믹, 운모, 유리섬유 등으로 만드는데, 적절한 위치에 제대로 설치해야 효과적인 필터링을 할 수 있다.

예 5.2 탕구의 설계와 해석

용탕이 주형으로 주입될 때의 바람직한 유량은 0.01 m^3/min이다. 탕구 윗면의 직경은 20 mm이고 탕구길이는 200 mm이다. 공기혼입이 일어나지 않도록 하려면 탕구 밑면의 직경은 얼마가 되어야 하는가? 주물재료가 알루미늄이고 용탕의 점도가 0.004 $N\text{-}s/m^2$일 때, 탕구 밑면에서의 유동속도와 레이놀즈수를 계산하여라.

풀이 일반적으로 탕구 윗면은 용탕받이에 연결되어 용탕이 담기지만, 여기서는 이를 무시하기로 하자. 유량은 $Q = 0.01\ m^3/min = 1.667 \times 10^{-4}\ m^3/s$이다. 탕구 윗면은 첨자 1, 밑면은 첨자 2로 표시한다. $d_1 = 20\ mm = 0.02\ m$이므로, 윗면의 단면적은

$$A_1 = \frac{\pi}{4}d_1^2 = \frac{\pi}{4}(0.02)^2 = 3.14 \times 10^{-4}\ m^2$$

이며, 따라서 윗면에서의 유동속도는

$$v_1 = \frac{Q}{A_1} = \frac{1.667 \times 10^{-4}}{3.14 \times 10^{-4}} = 0.531\ m/s$$

이다. 마찰손실이 없다고 가정하고 탕구의 윗면과 밑면에는 대기압이 작용한다고 보면, 식 (5.5)를 사용하여

$$0.2 + \frac{(0.531)^2}{2(9.81)} + \frac{p_{atm}}{\rho g} = 0 + \frac{v_2^2}{2(9.81)} + \frac{p_{atm}}{\rho g}$$

로부터, $v_2 = 1.45\ m/s$이 된다. 공기가 혼입되지 않으려면 탕구단면적이 연속방정식을 보장해야 한다. 즉,

$$Q = A_2 v_2 = 1.667 \times 10^{-4}\ m^3/s = A_2(1.45\ m/s)$$

로부터 $A_2 = 1.15 \times 10^{-4}\ m^2$이므로, $d = 12\ mm$가 된다. 탕구의 형상은 식 (5.7)에

주어진 것처럼 포물선 형상이 될 것이다. 표 3.3에서 알루미늄의 밀도 2700 kg/m^{3}를 찾을 수 있으며, 용탕의 밀도는 이보다 조금 낮겠지만, 이 값을 사용해도 레이놀즈수의 계산결과는 크게 달라지지 않는다. 식 (5.10)을 이용하여,

$$\text{Re} = \frac{vD\rho}{\eta} = \frac{(1.45)(0.012)(2700)}{0.004} = 11{,}745$$

가 된다. 이 값은 주형에서의 일반적인 값으로, 층류와 난류가 혼합된 유동에 해당한다.

5.4.2 용탕의 유동성

일반적으로 용탕이 주형공동부를 채우는 능력을 유동성(fluidity)이라고 하는데 이는 두 가지 기본적인 요소, 즉 (1) 용탕의 특성과 (2) 주조변수로 결정된다. 유동성에 영향을 주는 용탕의 특성으로는 다음과 같은 것들이 있다.

1. **점도:** 점도가 온도에 민감할수록 유동성은 떨어진다.
2. **표면장력:** 용탕의 표면장력(surface tension)이 높으면 유동성을 감소시키며, 용탕의 표면에 형성되는 산화막도 유동성에 나쁜 영향을 미친다. 순수알루미늄 용탕표면의 산화막은 표면장력을 3배나 크게 하는 것이 그 예이다.
3. **개재물:** 용해되지 않은 입자인 개재물(inclusion)은 유동성에 심각하게 나쁜 영향을 미친다. 이 영향은 모래가 섞인 기름과 섞이지 않은 기름에서 명백하게 관찰할 수 있다.
4. **합금의 응고 형태:** 5.3절에서 설명했듯이, 응고양상이 유동성에 영향을 미친다. 즉, 유동성은 응고범위에 반비례하므로(식 (5.3) 참조), 이 영역이 짧을수록(순금속이나 공정합금) 유동성이 커진다. 반대로, 긴 응고범위를 갖는 합금(고용체합금)은 유동성이 나빠진다.

유동성에 영향을 주고 동시에 주조 시의 용탕유동과 열적 특성에 영향을 미치는 주조변수(casting parameter)는 다음과 같다.

1. **주형 설계:** 탕구, 탕도, 라이저 등 주형의 세부설계와 치수는 모두 유동성에 영향을 미친다.
2. **주형재료와 표면특성:** 주형의 열전도도가 크고 표면이 거칠수록 용탕의 유동성은 줄어든다. 주형온도를 높이면 유동성은 좋아지지만, 응고가 느려져서 주물에 조대입자를 형성하므로 주물의 강도가 떨어진다.
3. **과열정도:** 과열정도(degree of superheat)는 합금의 융점을 초과한 용탕온도로 정의되며, 응고를 지연시키므로 유동성을 좋게 한다.
4. **주입속도:** 주형 속으로 용탕을 천천히 주입할수록 냉각시간이 길어지므로, 유동성은 떨어진다.
5. **열전달:** 용탕의 점도에 직접적으로 영향을 주며, 따라서 유동성에도 영향을 준다.

이상의 요인들은 서로 매우 복잡하게 관련되지만, **주조성**(castability)이라는 용어로, 어떤 금속으로 양질의 부품을 쉽게 주조할 수 있는지를 나타낸다. 이때 주조성은 유동성뿐만 아니라 주조작업까지 포함시켜 말한다.

■ **유동성 시험법** 유동성을 시험하는 보편적인 방법은 아직 없지만, 그 중 한 가지 방법으로 상온에서 채널을 통해 용탕을 부은 후, 용탕이 응고되어 정지할 때까지 흘러간 거리를 유동성의 척도로 삼는 방법이 있다. 이때의 거리는 채널형상뿐만 아니라 용탕과 주형의 열적 성질의 함수이다. 이 시험법은 주조작업의 상황을 어느 정도 모사하는, 그런대로 유용한 방법이다.

5.4.3 열전달

용탕의 주입에서 응고, 그리고 상온까지 식는 동안 일어나는 열전달은 주조에서 매우 중요한 고려사항이다. 용탕의 각 부분에서의 **열유동**은 매우 복잡한 현상으로, 주물재료와 주형, 공정변수의 영향을 크게 받는다. 한 예로, 얇은 면을 주조하려면 너무 빨리 냉각되어 조기응고되지 않도록 용탕의 유동속도가 어느 정도 빨라야 하지만, 과도한 난류를 발생하여 나쁜 영향을 줄 정도로 빨라서는 안 된다.

주형과 용탕 경계에서의 전형적인 온도분포가 그림 5.11에 나타나 있다. 곡선의 모양

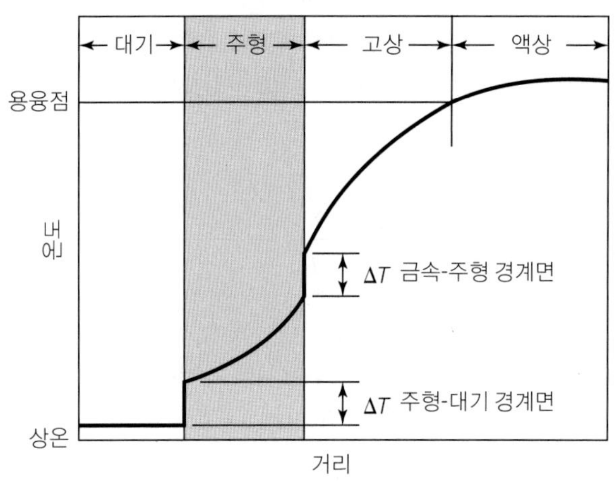

▶ **그림 5.11**
주조에서 용탕이 응고되는 동안 주형벽-고상-액상에서의 온도분포.

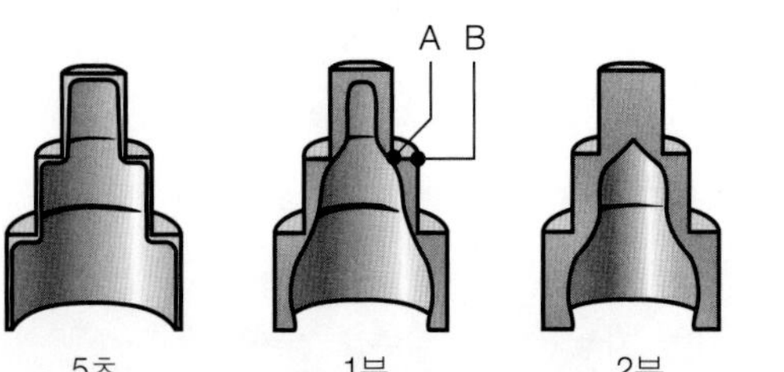

▶ **그림 5.12**
시간경과에 따라 강주물의 응고된 부분. 그림에서 나타낸 시간에서 응고되지 않은 용탕을 쏟아부었으며, 이 원리를 이용한 슬러시 주조법으로 속이 빈 장식품을 만든다.

은 용탕과 주형재료(모래, 금속, 세라믹 등)의 열적 성질에 따라 달라진다. 용탕으로부터의 열은 주형벽면과 주위공기를 통해 빠져나간다. 공기-주형 그리고 주형-용탕 사이의 경계면에서 생기는 온도강하는 경계층(boundary layer)의 존재와 불완전한 접촉에 기인한다.

5.4.4 응고시간

응고의 초기상태에서는 온도가 낮은 주형벽에 얇은 응고층이 형성되고, 시간이 지남에 따라 응고층이 두꺼워진다. 편평한 주형벽에서 이 두께는 시간의 제곱근에 비례한다. 즉, 시간을 두 배로 하면 두께는 $\sqrt{2}$ = 1.41배, 즉 41% 두꺼워진다. 응고시간(solidification time)은 다음과 같이 주물의 체적과 표면적의 함수로 주어진다(**Chvorinov의 법칙**).

$$\text{응고시간} = C\left(\frac{\text{체적}}{\text{표면적}}\right)^n \tag{5.11}$$

여기서 C는 주조상수로, 주형재료, 금속의 성질(잠열포함), 온도 등을 반영한다. 지수 n은 1.5~2의 값을 가지며, 보통은 2를 사용한다. 예를 들어, 큰 구가 응고되어 주위온도까지 식는 데 걸리는 시간은 작은 구에 비해서 더 느린데, 그 이유는 체적은 직경의 세제곱에 비례하고 표면적은 직경의 제곱에 비례하기 때문이다. 마찬가지로, 같은 체적의 육각형 모양이 구형보다 빨리 응고된다.

주형모양과 주입 후 경과시간에 따른 응고층의 두께와 형상이 그림 5.12에 나타나 있다. 그림은 각 시간별로 미응고된 용탕을 따라냄으로써(주형을 거꾸로 하여) 얻은 것이다. 응고두께는 시간에 따라 두꺼워지며 외부돌출각(B)보다 내부돌출각(A) 부위에서 얇음에 주목할 필요가 있다. 이러한 현상은 외부돌출각보다 내부돌출각에서 더 천천히 식기 때문에 생긴다.

예 5.3 여러 모양에 대한 응고시간

같은 체적을 갖지만 모양이 서로 다른 세 가지 주물을 만든다고 하자. 하나는 구, 다른 하나는 정육면체, 나머지는 구의 직경과 같은 높이인 원기둥일 때, 어느 것이 가장 빨리 응고되고, 어느 것이 가장 늦게 응고되는가? Chvorinov의 법칙에서 n = 2를 사용한다.

풀이 체적을 1이라고 할 때, 식 (5.11)에 의해 다음과 같은 관계를 얻을 수 있다.

$$\text{응고시간} \propto \frac{1}{(\text{표면적})^2}$$

각각의 표면적은

$$구: V = \left(\frac{4}{3}\right)\pi r^3, \quad r = \left(\frac{3}{4\pi}\right)^{1/3}, \quad A = 4\pi r^2 = 4\pi\left(\frac{3}{4\pi}\right)^{2/3} = 4.84$$

$$육면체: V = a^3, \quad a = 1, \quad A = 6a^2 = 6$$

$$원기둥: V = \pi r^2 h = 2\pi r^3, \quad r = \left(\frac{1}{2\pi}\right)^{1/3},$$

$$A = 2\pi r^2 + 2\pi rh = 6\pi r^2 = 6\pi\left(\frac{1}{2\pi}\right)^{2/3} = 5.54$$

이며, 따라서 응고시간은 다음과 같다.

$$t_{구} = 0.043C, \quad t_{육면체} = 0.028C, \quad t_{원기둥} = 0.033C$$

그러므로 육면체가 가장 빨리 응고되고 구형이 가장 늦게 응고된다.

5.4.5 수축

금속은 응고되고 식는 동안, 그림 5.1과 표 5.1에 나타낸 것처럼 수축한다. 하지만 회주철 같은 일부 금속은 오히려 팽창하기도 하는데, 회주철의 경우는 흑연의 비체적이 비교적 커서 용탕이 응고하면서 편상으로 석출될 때, 전체적인 금속의 팽창을 가져오기 때문이다.

치수 변화를 가져오고, 때로는 균열을 발생시키기도 하는 **수축**(shrinkage)은 다음의 결과로 생긴다. 이 중에서 주물이 고상에서 냉각되는 동안의 수축량이 가장 크다.

1. 응고 전의 냉각 동안 생기는 용탕의 수축

표 5.1 각종 주물재료의 응고수축률과 응고팽창률

주물재료	응고수축률(%)	주물재료	응고팽창률(%)
알루미늄	7.1	창연	3.3
아연	6.5	실리콘	2.9
Al-4.5% Cu	6.3	회철	2.5
금	5.5		
백철	4~5.5		
구리	4.9		
황동(70-30)	4.5		
마그네슘	4.2		
90% Cu-10% Al	4		
탄소강	2.5~4		
Al-12% Si	3.8		
납	3.2		

2. 액상에서 고상으로 상변화를 일으키는 동안의(잠열 방출 포함) 응고수축
3. 대기온도로 냉각되는 동안 고상금속(주물)의 수축

5.5 용해법과 용해로

용해법(melting practice)은 주물의 품질에 직접적인 영향을 준다. 용해로에는 금속과 합금원소, 용제 같은 여러 첨가물이 장입된다.

용제(溶劑, flux)는 무기화합물이며, 용해가스와 여러 불순물들을 제거하는 역할을 하여 용탕을 정련한다. 용제는 금속에 따라 다양하게 작용하는데, 알루미늄합금의 경우, 기능에 따라 보호막용제(산화로부터 보호막 형성), 청정용제, 슬래그용제, 정련용제, 주형벽 청정용제(일부 용제는 용해로, 특히 유도로의 내벽에 치명적 영향을 주기도 함) 등이 있다. 용제는 수작업으로 용탕에 직접 첨가하거나, 혹은 자동으로 사출시켜 첨가한다. 용탕표면을 대기와의 반응과 오염으로부터 보호하고, 주입 시에 열손실을 줄이려면 표면을 절연시켜야 한다. 절연은 보통 표면을 덮거나, 슬래그(slag)를 형성하는 화합물을 첨가하여 수행된다. 강을 주조할 때 만들어지는 슬래그는 CaO, SiO_2, MnO, FeO로 구성된다.

장입금속(metal charge)에는 스크랩을 재용융시킨 상업적으로 순수한 **일차**(primary)**금속**을 사용한다. 깨끗한 주물조각, 게이트, 라이저 등을 장입금속에 포함시킬 수도 있다. 합금원소의 융점이 충분히 낮으면, 순수합금 원소를 용탕에 첨가하여 원하는 조성을 만들기 쉽다. 만약 원하는 합금원소의 융점이 너무 높으면 용탕과 쉽게 섞이지 않으므로, **마스터**(master) **합금**을 이용하는데, 이는 필요한 원소에 다른 원소를 첨가하여 융점을 낮게 만든 합금이다. 이 경우에는 용탕에 편석이 생기지 않도록 마스터 합금 간의 비중 차이가 너무 커서는 안 된다.

■ **용해로** 주조공장에서 보통 사용하는 용해로(melting furnace)에는 전기아크로, 유도로, 도가니로, 큐폴라가 있다.

전기아크로(electric-arc furnace)는 광범위하게 사용되며, 용해속도가 빠르고(따라서 생산성이 높음), 다른 용해로에 비해 공해가 매우 적으며, 합금용 용탕을 대기시킬 때 시간에 무관하게 용탕을 유지할 수 있다는 장점이 있다.

유도로(induction furnace)는 소형주조공장에 유용하며, 성분을 조절한 소량의 용탕을 생산한다. 여기에는 두 가지 방식이 있는데, 그 첫 번째로 무심형(coreless) 유도로는 고주파전류가 흐르는 수냉 구리코일로 둘러싸인 도가니의 형태이다. 이 방식은 용탕이 유도가열되는 동안 강력한 전자기 교반작용이 있기 때문에, 합금을 첨가하거나 장입물을 추가할 때 우수한 혼합특성을 나타낸다. 유도로의 두 번째 방식은 저주파(최저 60 Hz) 코일로 로의 일부만을 감은 유심형 또는 채널형 유도로이다.

도가니로(crucible furnace)는 오래 전부터 널리 사용된 것으로, 가스, 연료유, 화석연료, 전기 등의 각종 열원으로 가열되는 방식이다. 도가니에는 정지형, 회전형, 이동형이 있으며, 각종 철 및 비철금속의 용해에 사용된다.

큐폴라(cupola, 鎔銑爐)는 내벽을 내화벽돌로 쌓은 수직형 철제로로, 금속, 코크스, 용제를 차례로 층을 이루며 쌓아서 장입한다. 초기투자는 큰 편이지만 연속적으로 작동되며, 높은 용융속도로 다량의 용탕을 생산한다.

공중용해(levitation melting)는 최근에 개발된 용해법으로 자기장으로 용탕을 띄우는 방식이다. 이 방법은 유도코일로 고체 빌렛을 가열함과 동시에 교반 및 구속하여(산화물 개재물로 인한 오염원이 되는 도가니를 사용하지 않고도 용탕을 만듦), 이를 밑으로 유동시켜 코일 바로 밑에 설치한 인베스트먼트 주형(5.9.2절)에 직접 주입한다. 이 방식으로 제조한 인베스트먼트 주물에는 내화물 개재물 및 가스기공이 없고, 균일한 미세결정립 구조를 갖는다.

■ **주조공장과 자동화** 주조공장(foundry)에서 수행되는 주조작업은 전통적으로 많은 수작업을 필요로 하지만, 현대적인 주조공장은 모든 공정이 컴퓨터로 자동화되어 있고, 산업용 로봇(14.7절)을 사용하기도 한다. 자동화장치는 양질의 제품을 저렴하게 대량생산할 뿐만 아니라, 다양한 모양과 크기의 제품을 생산할 수 있다.

주조작업은 3개의 별개 과정으로 구분된다. 즉, (1) 모형(pattern)과 주형을 만드는 작업(시행오차를 최소화하고 효율을 높이기 위해 CAD/CAM 기술과 **신속조형기술**(10.12절 참조)을 이용), (2) 금속을 용해하여 조성과 불순물을 조절하는 작업, (3) 주형으로 주입(컨베이어 사용가능), 교반, 청정, 열처리, 검사하는 작업이다.

5.6 주물재료

제3장에서는 단련조직 금속의 성질을 요약한 바 있다. 많은 금속 재료들이 주물재료로 사용되며, 주물의 형태로 제품을 만들면 미세조직으로 정련하는 가공을 할 필요가 없다. 각종 주물재료의 일반적 성질이 그림 5.13과 표 5.2~5.5에 요약되어 있다.

5.6.1 철합금

주철(cast iron)은 철, 탄소(중량분율 2.11~4.5%), 규소(silicon, 최대 3.5%)의 성분을 갖는 철합금을 일컬으며, 그 종류는 응고 형태와 조직(페라이트, 펄라이트, 담금질 및 뜨임, 오스템퍼링 등)에 따라 분류한다. 탄소가 많이 포함된 주철은 강에 비해 용융온도가 낮으므로 주조공정에 적합하다.

주철은 모든 주물재료 중에서 중량 대비 가장 많이 사용되며, 복잡한 형상으로 쉽게 주

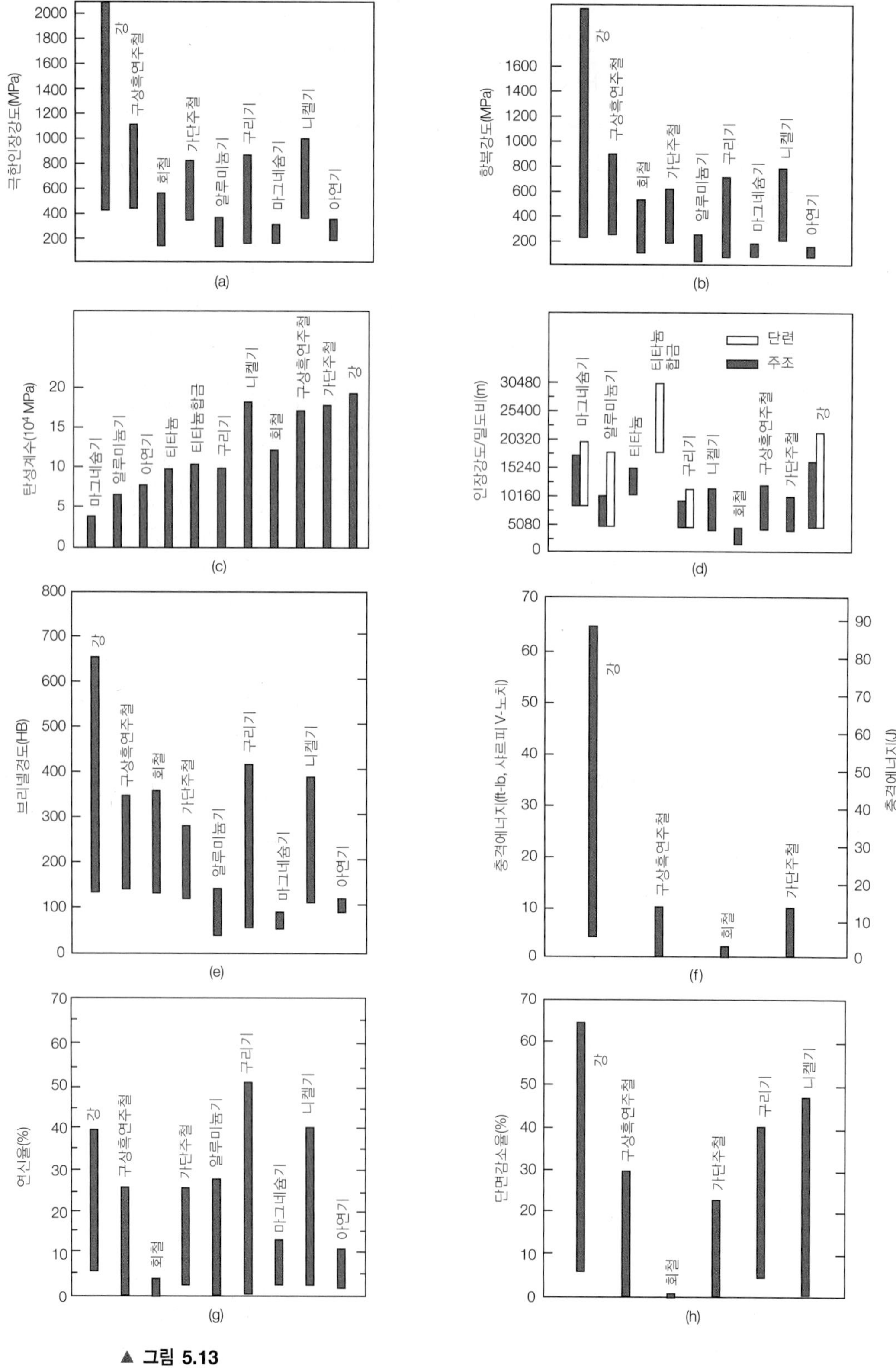

▲ **그림 5.13**

각종 주물재료의 기계적 성질.

표 5.2 주조공정의 일반적 특성

	사형주조	셀주조	소실모형 주조	석고주형 주조	인베스트먼트 주조	영구주형 주조	다이캐스팅	원심주조
주물재료	제한없음	제한없음	제한없음	비철 (Al, Mg, Zn, Cu)	제한없음	제한없음	비철 (Al, Mg, Zn, Cu)	제한없음
중량(kg)								
최소	0.01	0.01	0.01	0.01	0.001	0.1	< 0.01	0.01
최대	제한없음	100+	100+	50+	100+	300	50	5000+
표면정도(μm R_a)	5~25	1~3	5~25	1~2	0.3~2	2~6	1~2	2~10
기공률[1]	3~5	4~5	3~5	4~5	5	2~3	1~3	1~2
형상복잡도[1]	1~2	2~3	1~2	1~2	1	2~3	3~4	3~4
치수정확도[1]	3	2	3	2	1	1	1	3
단면두께(mm)								
최소	3	2	2	1	1	2	0.5	2
최대	제한없음	–	–	–	75	50	12	100
치수공차(mm)	1.6~4 (소형인 경우 0.25)	±0.003		±0.005~0.010	±0.005	±0.015	±0.001~0.005	±0.015
비용[1]								
장비	3~5	3	2~3	3~5	3~5	2	1	1
모형/금형	3~5	2~3	2~3	3~5	2~3	2	1	1
인력	1~3	3	3	1~2	1~2	3	5	5
리드타임[2]	수 일	수 주	수 주	수 일	수 주	수 주	수 주~수 개월	수 개월
생산속도[2]	1~20	5~50	1~20	1~10	1~1000	5~50	2~200	1~1000
최소수량[2]	1	100	500	10	10	1000	10,000	10~10,000

주: 1. 5단계 상대척도로, 1. 가장 높음, 2. 높음, 3. 보통, 4. 낮음, 5. 가장 낮음임. 예를 들면, 다이캐스팅은 상대적으로 기공률이 작고, 형상복잡도는 중간 내지 낮은 편이며, 치수정확도가 최고, 장비 및 금형 비용도 최고, 인건비용은 아주 낮은 편이다.

2. 신속조형기술을 사용하지 않을 때의 대략적인 기간임.

표 5.3 주물재료의 용도와 가공성

주물재료	용도	주조성*	용접성*	절삭성*
알루미늄	피스톤, 클러치 하우징, 흡기다기관, 엔진블록, 밸브몸체, 오일팬, 서스팬션 부품	G~E	F	G~E
구리	펌프, 밸브, 기어블랭크, 선박용 프로펠러	F~G	F	G~E
회철	엔진블록, 기어, 브레이크 디스크 및 드럼, 기계받침대	E	D	G
마그네슘	크랭크케이스, 트랜스미션 하우징, 휴대용 컴퓨터, 장난감	G~E	G	E
가단주철	농기계, 건설기계, 고부하베어링, 철도부품	G	D	G
니켈	가스터빈 블레이드, 화학공장용 펌프 및 밸브부품	F	F	F
구상흑연주철	크랭크축, 고부하기어	G	D	G
탄소강 및 저합금강	다이블록, 고부하 기어블랭크, 철도차륜, 항공기부재	F	E	F~G
고합금강	가스터빈 하우징, 펌프 및 밸브부품, 암석분쇄기	F	E	F
백철	숏블라스팅 노즐, 철도브레이크슈, 분쇄기	G	VP	VP
아연	문손잡이, 방열판 그릴, 기화기몸체	E	D	E

*E-우수, G-양호, F-보통, VP-매우 불량, D-불능

표 5.4 주철의 성질과 용도

주철	종류	극한인장강도(MPa)	항복강도(MPa)	연신율(%, 표점거리 50 mm)	용도
회주철	페라이트계	170	140	0.4	파이프, 위생용기
	펄라이트계	275	240	0.4	엔진블록, 공작기계
	마르텐사이트계	550	550	0	마모면
구상흑연주철	페라이트계	415	275	18	파이프, 일반용도
	펄라이트계	550	380	6	크랭크축, 고응력부품
	템퍼드 마르텐사이트	825	620	2	고강도기계부품, 마모저항
가단주철	페라이트계	365	240	18	철물, 파이프접속부품, 일반공업용
	펄라이트계	450	310	10	커플링
	템퍼드 마르텐사이트	700	550	2	기어, 커넥팅로드
백주철	펄라이트계	275	275	0	마모저항, 압연롤

표 5.5 비철주물재료의 기계적 성질

금속	처리조건	주조법*	극한인장강도(MPa)	항복강도(MPa)	연신율(%, 표점거리 50 mm)	경도(HB)
알루미늄						
357	T6	S	345	296	2.0	90
380	F	D	331	165	3.0	80
390	F	D	279	241	1.0	120
마그네슘						
AZ63A	T4	S, P	275	95	12	–
AZ91A	F	D	230	150	3	–
QE22A	T6	S	275	205	4	–
구리						
황동 C83600	–	S	255	117	30	60
청동 C86500	–	S	490	193	30	98
청동 C93700	–	P	240	124	20	60
아연						
No. 3	–	D	283	–	10	82
No. 5	–	D	331	–	7	91
ZA27	–	P	425	365	1	115

*S-사형주조, D-다이캐스팅, P-영구주형

조된다. 주철은 일반적으로 강도, 마모저항, 경도, 기계가공성(제8장 참조) 등에서 바람직한 성질을 많이 갖고 있다.

1. **회주철**(gray cast iron). 흑연이 편상(片狀, flake)으로 크게 존재하는 구조이다(그림 5.14a 참조). 파단될 때 파단경로가 편상흑연을 따라 일어나면서 파단면이 회색과 거무스름한 색을 띠므로 회주철이라고 불린다. 편상흑연은 응력집중원(stress raiser)의 역할을 하므로 압축에는 강하지만 인장에는 약해 연성을 거의 갖지 않는다. 반면에, 편상

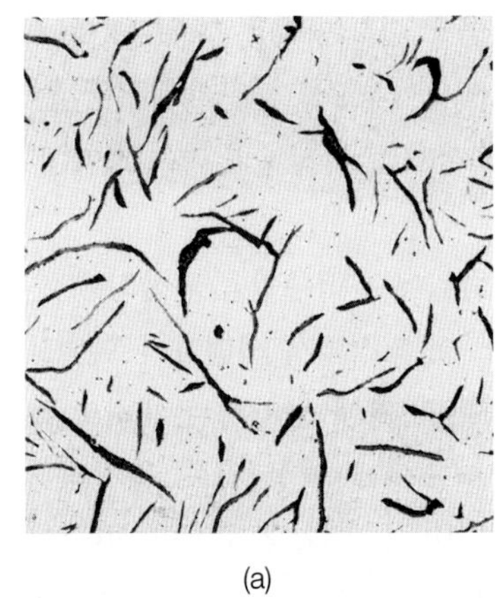
(a)

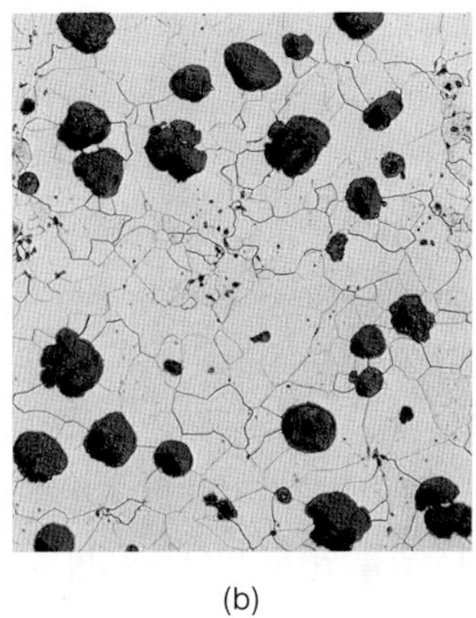
(b)

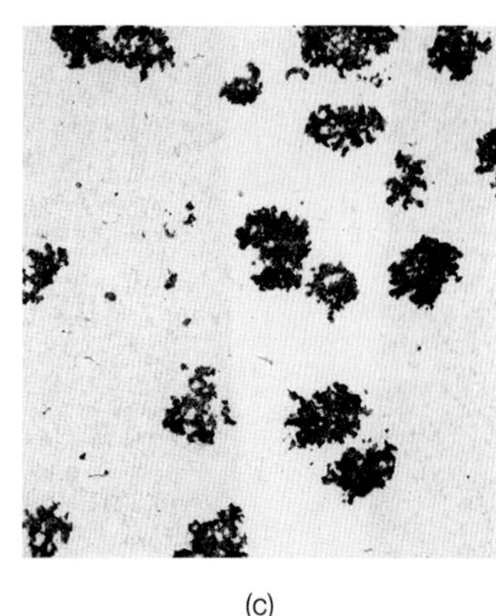
(c)

▲ **그림 5.14**

주철의 미세조직(배율: 100×). (a) 편상흑연을 가진 페라이트계 회철, (b) 페라이트계 구상흑연주철, (c) 페라이트계 가단주철(백주철이 응고할 때처럼 세멘타이트로 존재하는 탄소를 열처리하여 흑연화시킴).

흑연은 내부마찰(에너지가 소산됨)에 의한 진동감쇠능력이 있으므로, 회주철은 공작기계의 받침대와 구조물에 적합하다(8.12절 참조). ASTM에서는 회주철을 두 자리 수로 호칭한다. 예를 들어, 20급 회주철은 최소인장강도가 140 MPa인 재료를 나타낸다.

회주철에는 페라이트계, 펄라이트계, 마르텐사이트계가 있는데(5.11절 참조), 각각은 조직이 다르고 성질과 용도도 다르다. **페라이트계 회주철**은 회철(gray iron)이라고도 하며, 알파 페라이트 기지(基地, matrix)에 편상흑연이 첨가된 것이다. **펄라이트계 회주철**은 펄라이트 기지에 흑연이 첨가된 구조이며, 취성이 있지만 회철보다 강도가 높다. **마르텐사이트계 회주철**은 펄라이트계 회주철을 오스테나이타이징(austenitizing)한 후, 급랭 담금질하여 마르텐사이트 기지에 흑연조직이 생기도록 한 것으로, 경도가 매우 높다. 회주철 주물은 수축기공이 잘 생기지 않으며 미세기공이 거의 없다. 회주철의 전형적인 용도는 엔진블록, 기계 받침대, 전기모터 하우징, 파이프, 기계의 마멸면 등이다.

2. **구상흑연주철**(nodular cast iron, 연성주철). 구상흑연주철의 조직에서는 흑연이 결절성 또는 구상형으로 형성되어(그림 5.14b 참조) 재료가 연성과 내충격성을 갖는다. 용탕을 주입하기 전에 소량의 마그네슘이나 세륨(cerium)을 첨가하여 편상흑연을 구상흑연으로 바꾸며, 열처리를 통해 페라이트계나 펄라이트계, 혹은 템퍼드 마르텐사이트 구조를 얻는다. 구상흑연주철은 기계부품, 파이프, 크랭크축 등에 사용되며, 두 자리 수를 연속하여 표시하여 등급을 나타낸다. 예를 들어, 80-55-06의 경우, 재료의 최소인장강도가 550 MPa(80 ksi), 최소항복강도가 380 MPa(55 ksi), 50 mm에서 6%의 연신율을 가짐을 의미한다.
3. **백주철**(white cast iron). 흑연 대신 다량의 세멘타이트(탄화철)를 포함하므로, 매우 단단하고 내마멸성이 있으며 취성이 있다. 백주철의 조직은 회주철을 급랭시키거나, 탄

소와 규소의 함유량을 낮게 유지하면서 재료의 조성을 조절하여 얻을 수 있다. 이 조직에는 흑연이 없어서 파단면에 흰 결정면이 보이므로 **백철**이라고도 불린다. 백주철은 경도와 내마모성이 매우 우수하므로, 마모성 재료를 가공하는 기계류의 라이너, 압연용 롤, 철도차량의 브레이크슈 등에 이용된다.

4. **가단주철**(malleable cast iron). 800~900°C의 온도범위에서 백주철을 일산화탄소 및 이산화탄소 분위기로 수 시간 풀림처리하여 얻는다. 이 과정에서 세멘타이트는 철과 흑연으로 분리되며, 흑연은 페라이트 또는 펄라이트 기지에 뭉쳐서 존재하고(그림 5.14c 참조) 구상흑연주철과 비슷한 조직을 갖는다. 이 조직은 연성, 강도, 충격저항이 좋으므로 단련작업을 할 수 있다는 의미로 가단주철이라 불린다. 철도장비 외에 여러 용도로 이용되며, 5자리 숫자로 표시한다. 예를 들어, 35018의 경우, 항복강도는 240 MPa(35 ksi), 50 mm에서 연신율은 18%이다.
5. **컴팩트흑연주철**(compact graphite iron). 조직에 존재하는 짧고 두꺼운 편상흑연은 주름진 표면과 둥근 끝단을 가지며 내부적으로 연결되어 있다. 이 주철의 기계적, 물리적 성질은 회주철과 구상흑연주철의 중간 정도이고 절삭성은 구상흑연주철보다 우수하며, 주조성이 좋고 주조 전과정에 걸쳐서 일관된 성질을 보여준다. 자동차 엔진블록, 크랭크케이스, 잉곳주형, 실린더헤드, 브레이크디스크 등에 사용되며, 특히 고온과 열피로 저항성이 필요한 부품에 적합하다.
6. **주강**(cast steel). 강주물용 용탕을 만들 때는 고온이 필요하므로(표 3.3 참조), 주형재료를 잘 선택해야 하고, 특히 강은 산소와 잘 반응한다는 점에 유의해야 한다. 강주물은 소성가공으로 만든 제품에 비해 균일한 성질(등방성)을 갖는다. 강주물의 용접은 가능하지만, 열영향부(12.6절 참조) 내의 주조조직이 변하므로, 모재의 강도, 연성, 인성에 영향을 준다.
7. **주조용 스테인리스강**. 스테인리스강의 주물은 주강주물의 경우와 유사하다. 스테인리스강은 응고범위가 넓고 용융점이 높다. 조성 및 공정변수에 따라 다양한 조직이 만들어진다. 주조용 스테인리스강은 각종 조성으로 가용하며, 열처리 및 용접 방법도 다양하다. 주물제품은 내열, 내부식성이 높으며, 특히, 니켈기 주조합금은 심한 부식환경이나 고온용 부품에 사용한다.

5.6.2 비철합금

1. **알루미늄합금**. 여러 경화기구와 열처리를 통해 광범위한 기계적 성질을 얻는다. 만들어진 주물은 가볍고(경금속 주물이라고 함) 절삭성이 좋다. 그러나 규소가 첨가된 합금을 제외하면, 일반적으로 내마멸성과 내마모성이 낮다. 주조용 알루미늄합금은 자동차의 엔진블록, 건축용, 장식용, 항공우주용, 전기용 등 많은 부분에 이용된다.
2. **마그네슘합금**. 특정한 열처리와 적절한 보호피복을 사용하면, 내부식성이 좋고 강도도 적당하다. 비강도가 매우 우수하여 항공우주용과 자동차 구조용으로 사용된다.

3. **구리합금.** 전기 및 열 전도도, 내부식성이 좋고 납이 포함되지 않는 한 유독성이 없으며, 절삭성과 마모성이 좋다(따라서 베어링재료로 적합). 기계적 성질과 유동성은 합금원소에 따라 달라진다.
4. **아연합금.** 유동성이 좋고 구조용으로 사용하기에 충분한 강도를 갖고 있다. 이 합금은 주로 다이캐스팅을 통해 구조용 형상, 전선관, 내부식성 부품에 사용된다.
5. **고온합금.** 광범위한 성질과 용도를 갖는 고온합금은 티타늄이나 초합금의 주조 시에는 1650°C, 내열금속의 경우에는 그 이상의 고온이 필요하다. 이들 재료로 제트엔진이나 로켓엔진의 부품을 주조하려면 특수기술이 필요하지만, 단조 같은 다른 가공법을 사용하는 것보다 경제적이며 용이할 수 있다.

5.7 잉곳주조와 연속주조

전통적으로, 금속가공공정의 첫 번째 과정은 용탕을 고체 형태, 즉 **잉곳**(ingot)으로 만들고 이로부터 압연, 주조, 단조 같은 후속공정을 통해 원하는 제품으로 성형하는 것이었다. 잉곳주조에서 용탕은 레이들(ladle)로부터 잉곳주형으로 주입되어 응고되며, 이는 기본적으로 사형주조나 영구주형주조에서와 같은 과정이다. 용탕을 잉곳주형에 주입하여 응고시켜 얻은 미세조직은 그림 5.5에 나타낸 것과 같다.

잉곳주조 시에는 압상식 주입(bottom pouring), 주형 윗면에 절연재 사용, 혹은 용탕에 접하면 열을 발생하는 발열화합물을 사용함으로써 가스가 갇히는 것을 감소시킨다. 이와 같은 방법으로 냉각속도를 늦추어 고품질의 잉곳을 얻는다. 냉각된 잉곳은 주형에서 꺼내고 **균일가열로**(soaking pit)에 옮겨서 압연 같은 후속공정을 위해 1200°C 정도의 균일한 온도로 재가열한다. 잉곳의 단면은 사각형이거나 원형이고, 무게는 수백 kg에서 최대 40톤에 이른다.

5.7.1 철합금 잉곳

잉곳의 응고과정에서 일어나는 일련의 반응은 잉곳품질에 중요한 영향을 미친다. 예를 들어, 제강과정에서 용탕에 다량의 산소나 다른 가스들이 용해되어 기공결함이 생길 수 있다(5.12.1절 참조). 그러나 온도가 내려감에 따라 금속에 용해되는 가스의 용해도가 급격히 감소하기 때문에, 가스의 대부분은 응고과정에서 방출된다. 이렇게 방출된 가스는 탄소와 결합하여 응고된 잉곳에 기공을 형성한다. 응고과정에서의 가스발생량에 따라 다음과 같은 세 종류의 철강 잉곳이 만들어진다.

1. **킬드강**(killed steel)은 완전히 탈산된 강으로 산소와 기공이 모두 제거된 상태이다. 탈산공정에서 용탕에 녹아있는 산소는 용탕에 첨가된 원소(주로 알루미늄이며, 바나듐, 티

타늄, 지르코늄도 사용)와 반응한다. 이들 첨가원소는 산소와의 친화력이 강하기 때문에 금속산화물을 형성한다. 만약 알루미늄이 사용된다면 잉곳제품을 알루미늄 킬드강이라고 한다. 이때 킬드(killed)란 용어는 강이 주형 속으로 주입된 이후 조용하게 유지된다는 사실에서 붙여졌다.

2. **세미킬드강**(semi-killed steel)은 부분탈산된 강으로, 잉곳의 상층부에 약간의 기공을 가지나 파이프는 거의 없으므로 스크랩이 적다. 세미킬드강은 파이프가 형성될 자리에 기공이 형성되기 때문에 파이프 현상이 생기지 않으며, 생산원가가 낮다.
3. **림드강**(rimmed steel)은 일반적으로 탄소량 0.15% 미만이며, 알루미늄 같은 원소를 첨가시켜 포함되는 가스를 조절할 수 있다. 림드강의 경우에는 거의 파이프 현상이 생기지 않으며, 표면정도가 양호한 연성의 표면을 갖는다.

5.7.2 연속주조

연속주조(continuous casting)는 1860년대에 비철금속의 주조법으로 처음 개발되었다. 현재에는 철강의 생산에도 널리 이용되며, 비용면에서 큰 절감효과를 가져왔다. 연속주조공정 시스템이 그림 5.15a에 개략적으로 나타나 있다. 질소가스를 5~10분 동안 불어넣어 레이들의 용탕을 청정시키고 온도를 균일하게 한 후, 내벽이 내열처리된 **턴디시**(tundish)에 주입한다. 턴디시에서는 불순물들이 걸러지며, 3톤 가량의 금속을 저장할 수 있다.

주조공정을 시작하기 전에 주형바닥에는 고체의 **개시봉**(starter) 혹은 **모조막대**(dummy bar)를 삽입한 후, 용탕을 주입하고 개시봉 위에서 응고시킨다(그림 5.15a의 밑부분 참조). 이때 개시봉은 **핀치롤**로 지지되는 경로 사이를 통과하며, 주입되는 금속과 같은 비율로 밑으로 빠진다. 용탕의 하강속도는 약 25 mm/s 정도이고, 용탕의 냉각속도는 용탕이 아래로 내려오는 동안 자체 지탱할 응고표면을 충분히 발달시킬 정도여야 한다. 주형 끝부분에서의 응고층 두께는 약 12~18 mm 정도이다. 이때 응고되는 금속의 이동경로를 따라 물을 분사하여 추가로 냉각을 도와준다. 주형-금속 접촉면에서 마찰과 응착을 줄이기 위해 주형면을 흑연 같은 고체윤활제로 피복하고, 주형을 진동시킨다.

연속주조된 금속은 기계절단이나 화염절단으로 원하는 길이만큼 절단하거나, 곧바로 압연기에 연결하여 후속 평압연 혹은 채널강이나 I-빔으로 형상압연한다(6.3절 참조). 연속주조는 잉곳주조에 비해 조성과 성질이 균일한 잉곳을 얻는다. 잉곳두께는 보통 250 mm 정도이지만 새로운 기술의 개발로 두께를 15 mm까지 줄일 수도 있다. 연속주조 후의 두께가 얇을수록 후속 압연공정의 횟수를 줄일 수 있으므로, 전체공정의 경제성을 개선할 수 있다.

5.7.3 박판주조

용탕에서 바로 두께가 얇은 슬래브나 박판을 생산하는 것을 박판주조(strip casting)라고 하며, 이는 연속주조와 비슷한 방식으로 용탕을 응고시키면서 동시에 고온의 고체를 최종 형상으로 바로 압연하는 기술이다(그림 5.15b 참조). 압연 도중에 발생하는 압축응력으로 재료 내부의 기공을 감소시키므로 양호한 성질을 얻을 수 있다. 금속판재나 슬래브를 제조할 때, 박판주조는 열간압연작업을 생략하는 효과를 준다. 현대적 설비를 사용하면 탄소강, 스테인리스강, 전기강(모터, 변압기, 발전기에 사용) 및 기타 금속에 대하여 최종두께를 2~6 mm까지 얻을 수 있다.

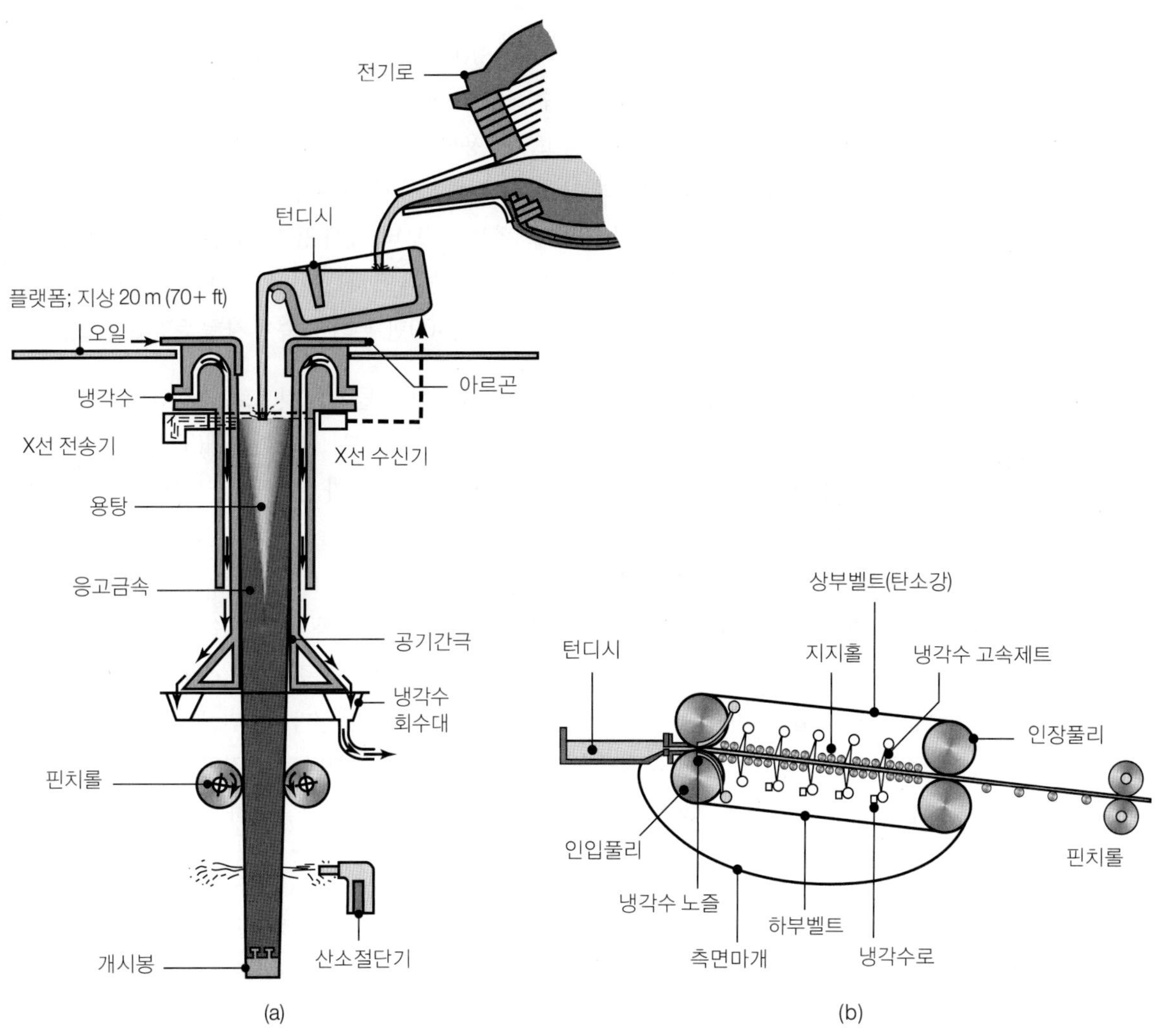

▲ **그림 5.15**

(a) 철강의 연속주조. 플랫폼은 지면에서 20 m 정도 높이이다. (b) 비철금속의 연속박판주조.

5.8 소모성주형 주조공정: 영구모형

주조공정은 일반적으로 주형재료, 조형법, 용탕주입법을 기준으로 분류한다(표 5.2 참조). 주조공정에 사용하는 주형의 두 가지 큰 유형은 **소모성주형**(expendable mold)과 **영구주형**(permanent mold) 주조이다(5.10절). 소모성주형 주조는 모형(模型, pattern)의 반복사용 여부에 따라서 다시 **영구모형**(permanent pattern) 공정과 **소모성모형**(expendable pattern) 공정으로 나뉜다. 소모성주형은 모래, 석회, 세라믹, 또는 기타 유사한 재료로 만들어지며, 보통 각종 **결합제**와 혼합하여 사용한다.

5.8.1 사형주조

금속을 주조하는 전통적인 방법은 모래주형(砂型, sand mold)을 이용하는 것으로, 이는 아주 오래 전부터 이용되었다. 사형주조작업은 (1) 주물의 모양을 갖는 모형을 설치하여 (2) 탕구계를 포함하는 주형을 만들고, (3) 용탕을 주입하여 채우고, (4) 금속이 냉각되어 응고하면 (5) 모래주형을 깨뜨리고, (6) 주물을 꺼내서 마무리하는 작업으로 구성된다. 엔진블록, 실린더헤드, 공작기계 받침대, 펌프 및 모터 몸체 등이 사형주조로 만들어진다. 사형주조(sand casting)의 기원은 고대까지 거슬러 올라가지만(표 1.1 참조), 아직도 가장 많이 쓰이는 주조방법으로, 미국에서만 연간 1500만 톤의 금속이 사형주조로 주조된다.

■ **주물사** 모래는 바위가 오랜 시간 동안 쪼개져서 만들어진 것으로, 값이 싸고 고온에 잘 견디므로 주형재료로 적합하다. 대부분의 사형주조에서는 실리카모래(SiO_2)를 사용한다. 주물사에는 **자연사**(bank sand)와 **합성사**(synthetic sand)가 있는데, 합성사의 조성이 정확하게 조절되므로 주조공장에서 많이 선호된다.

주물사는 (1) 미세하고 둥글어야 매끈한 주형면을 형성하고 치밀하게 결합된다. (2) 주형의 **통기도**(permeability)가 좋아야 주조하는 동안 가스와 공기가 쉽게 빠져나가고, (3) 고온찢어짐이나 균열 같은 주물결함을 피하기 위해 적절한 **주형강도**(collapsibility, 붕괴성)를 가져야 한다. 미세한 주물사를 사용하면 주형강도가 증가하지만 통기도는 떨어진다. 주물사는 사용하기 전에 세척을 하고, 모래입자들을 결합하고 적절한 강도를 주기 위해 점토 같은 결합제를 첨가한다. 주물사와 첨가물을 균일하게 혼합하는 기계로는 **물링머신**(mulling machine)을 사용한다.

■ **사형의 종류** 사형의 주요 구성요소는 그림 5.10에 나타낸 것과 같다. 사형의 종류에는 생사형(green-sand), 콜드박스(cold box), 노-베이크(no-bake) 조형의 세 가지가 있다. 가장 많이 이용되는 재료는 **생사**로서, 그 이름은 용탕주입 시에 아직 수분을 함유하고 있다는 의미이며, 이는 모래와 점토, 물의 혼합물이다. 생사형은 조형방법 중에서 가장 저렴한 방법이다.

건조사형(skin-dried mold)은 주형면을 공기나 화염으로 건조시키거나 오븐에서 건조시킨 것으로, 강도가 높으므로 대형주물에 이용된다. 생사형보다 강하고 치수정확도와 표면정도가 좋지만, 주형의 뒤틀림이 크고 붕괴성이 좋지 않으므로 주물에 고온찢어짐이 발생할 위험이 있으며, 건조시간이 필요하므로 생산성이 떨어진다.

노-베이크 조형법은 액체합성수지를 모래와 혼합하여 상온에서 경화시키는 방법이다. 조형의 결합 시 가열하지 않으므로 **콜드세팅공정**이라고도 한다. **콜드박스 조형법**에서는 각종 유기 혹은 무기 결합제를 혼합하여 열을 가하지 않고 화학적으로 모래입자를 결합시켜 주형강도를 높인다. 이 주형은 생사형의 경우보다 치수면에서 정확하지만, 비용이 많이 든다.

■ **모형** 모형은 주형 내부를 만드는 틀이다. 나무, 플라스틱, 금속 등으로 만들며, **신속조형** 기술로 직접 제작될 수도 있다(10.12절 참조). 모형재료는 주물의 크기와 형상, 치수정확도, 주물의 생산량, 사용되는 조형법 등에 맞추어 선택한다. 모형은 주형을 만들기 위해 반복적으로 사용되므로, 모형재료의 강도와 내구성은 생산될 주형의 개수를 고려해야 한다. 모형은 특정 영역의 마모를 줄이도록 재료들을 조합하여 만들기도 하며, 주형과의 분리가 쉽도록 **이형제**를 코팅하여 사용한다.

모형은 용도와 경제적 측면을 고려하여 다음과 같이 다양하게 설계된다.

(1) **일체형 모형**(one-piece pattern)은 간단한 모양이나 소량생산할 때 이용되며, 나무로 보통 만들고 제작비용이 싼 편이다.
(2) **분할모형**(split pattern)은 두 개의 몸체로 되어 있으며, 각각의 몸체가 주형의 공동부가 되므로, 복잡한 형상도 주조할 수 있다.
(3) **판조합 모형**(match-plate pattern)은 절반으로 분리된 상하형 모형들을 각각 판의 양쪽에 고정한 모형이다. 이 구조에서 탕구계는 모형의 상형 쪽에 배치한다.

■ **코어** 엔진블록이나 밸브 같이 내부에 구멍이 있거나 통로를 갖는 주물에는 코어(core)가 이용된다. 코어는 주형 안에 미리 설치하고, 주조공정이 끝나면 주물에서 제거한다. 주형과 마찬가지로 코어도 적절한 강도, 통기도, 내화도, 붕괴성 등의 성질을 가져야 한다. 코어는 주형 내면에 오목하게 만든 코어프린트에 고정되는데, **코어프린트**는 가스가 배출되는 통로역할도 한다. 용탕이 주입되는 과정에서의 코어 이동을 막기 위해 금속제 지지대인 **코어받침**(chaplet)을 사용하기도 한다. 코어는 주형을 만드는 것과 유사한 방법으로 코어박스(core-box)에서 조형된다. 코어박스는 코어를 찍어내는 금형과 같은 역할을 한다. 모래는 스위프(sweep)나 코어블로어(core blower)로부터 나오는 압축공기로 박스 안으로 밀착된다.

■ **조형기** 간단한 주물에 이용되는 가장 오래된 조형법은 모형 주위에 모래를 손해머로 채우면서 다지는 방법이다. 대량생산공정에서는 조형기를 이용하여 주물사 혼합물을 모

형 주위에 채운다. 조형기(sand-molding machine)는 힘든 작업을 대신해 주며, 조형작업을 조절하여 양질의 주물을 생산한다. 조형작업은 **졸팅**(jolting)공정으로 기계화되며, 이는 주형상자, 주물사, 모형의 조립체를 앤빌 위의 모형판 위에 놓고 공기압으로 빠르게 상하로 교반시켜 관성력에 의해 모형 주위의 모래를 다지는 공정이다.

샌드슬링거는 고압으로 모래를 날려서 균일하게 주조상자에 채우는 기계이다. **샌드스로어**(sandthrower)는 임펠러로 모래를 고속으로 날려서 주형상자에 채우면서 동시에 다지는 기계로, 대형 주형상자를 채우는 데 이용된다.

수직조형법(vertical flaskless molding)은 반쪽 모형을 조형실의 수직벽에 걸고 모형 주위로 주물사를 분사시키면서 다져서 주형을 절반씩 만들고 조립하는 방법이다. 이때 수직벽면이 분리선이 된다. 분리선이 수평이 되도록 주형을 조립하여 주입 컨베이어를 따라 이동시킨다.

충격조형(impact molding)에서는 폭발 또는 순간적인 압축공기의 방출로 모래를 다진다. 이 방법으로 주형강도가 균일하고 통기성이 좋은 주형을 만들 수 있다. **진공조형**(vacuum molding, 'V' **공정**이라고도 함)은 모형을 얇은 플라스틱 막으로 밀봉한 후 주형상자에 놓고 모래를 채우고, 그 위에 두 번째 플라스틱 막을 덮고 진공으로 모래를 다진 후 모형을 빼내는 조형법이다. 주형의 양쪽 부분 모두 이 방법으로 만들어서 조립하면, 용탕을 주입하는 동안 주형은 진공이 유지되지만, 공동부는 그렇지 않다. 용탕이 응고되면 진공상태를 풀고 주물을 꺼낸다.

■ **사형주조작업** 사형주조작업의 순서를 그림 5.16에 나타내었다. 조형작업이 끝나면, 코어를 제 위치에 설치한 후, **상형**(cope)/**하형**(drag)을 닫고(그림 5.10 참조) 체결력을 가하거나 추를 사용하여 하중을 가한다(용탕이 주입될 때의 압력으로 주형상자가 분리되지 않도록). 용탕을 주형으로 적절히 유입시키려면 **탕구계**의 설계가 매우 중요하다. 난류가 최소화되어야 하며, 공기나 가스는 배기공이나 다른 방법으로 배출되어야 하고, 적절한 온도조절이 이루어져 수축과 기공이 생기지 않도록 한다. 또한 응고가 일어나는 동안 충분한 양의 용탕을 공급해야 하므로 **라이저**의 설계도 중요하다. 응고 후에 주형에서 주물을 꺼낸 후에는 주물표면의 모래나 산화층을 진동(교반기) 혹은 샌드블라스팅으로 제거한다. 라이저와 게이트는 산소가스절단, 톱절단, 전단(shearing), 연삭숫돌 등으로 제거하거나, 금형으로 트리밍한다.

거의 모든 금속은 사형주조로 주조될 수 있다. 표면정도는 주형재료에 따라 크게 다르며, 다른 주조공정에 비해 치수정확도가 떨어진다. 그러나 주철제 엔진블록, 대양선박의 대형 프로펠러 같은 복잡한 모양의 제품도 사형주조로 주조한다. 사형주조는 소량생산뿐만 아니라 대량생산에도 경제적이고, 장치비용이 싼 편이다. 사형주조와 기타 주조공정의 특징을 표 5.6에 나타내었다.

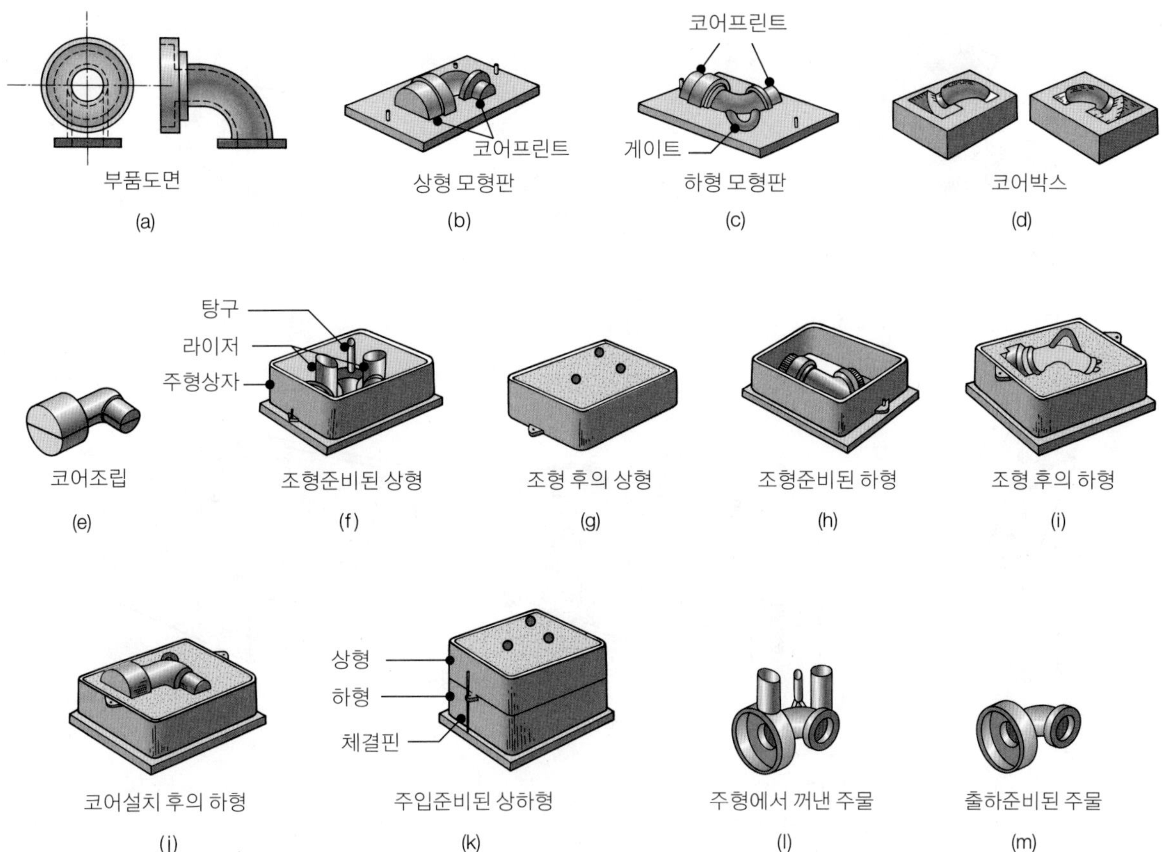

▲ **그림 5.16**
사형주조작업의 순서 개략도.

5.8.2 셸주조

셸주조(shell-mold casting, 그림 5.17)는 적은 비용으로 좋은 표면정도와 공차를 가진 다양한 제품을 생산할 수 있기 때문에 점차 많이 쓰인다. 우선, 판에 고정된 철강 혹은 알루미늄제 모형을 175~370°C 정도로 가열하고, 실리콘 같은 이형제로 코팅한다. 모형판을 2.5~4% 정도의 열경화성수지 결합제(페놀-포름알데히드 등)를 섞은 미세주물사 상자 위에 덮은 후, 상자를 뒤집어서 가열된 모형 위로 주물사 혼합물이 균일층을 이루도록 한다. 주형을 가열로에서 짧게 가열하여 수지를 완전히 경화시키고, 경화된 셸에서 모형을 꺼낸 뒤, 두 개의 반쪽 셸을 서로 접합하거나 체결하여 셸주형으로 조립한다.

셸주형은 보통 5~10 mm 두께로 가볍고 얇으므로 열적 특성이 다른 두꺼운 주형과 다르며, 용탕이 응고하는 동안 가스는 얇은 셸을 통해 배출된다. 주형은 보통 강구(steel shot)를 담은 통에 수직으로 세워서 지지한다. 주형벽은 비교적 매끈하고, 용탕의 유동저항이 작으며, 생사주형보다 예리한 코너, 얇은 면을 갖는 주물을 만들 수 있다. 한 개의 주

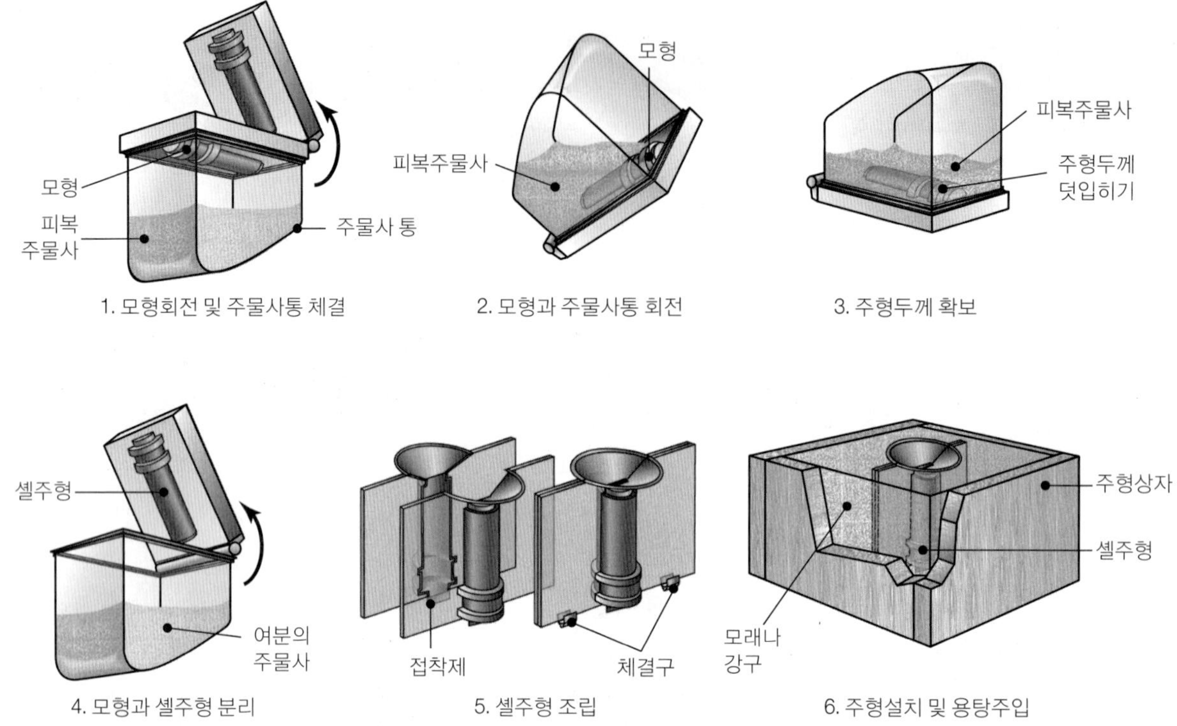

▲ **그림 5.17**
셸주조공정의 순서 개략도.

형에 탕구계를 여러 개 설치하면, 한 번에 다수의 주물을 만들 수 있다. 셸주조 방식은 기어하우징, 실린더헤드, 커넥팅로드 같은 고정밀도 소형기계부품을 생산하는 데 이용되며, 높은 정밀도가 요구되는 주형코어(예, 엔진블록의 물재킷)를 생산하는 데도 널리 이용된다.

셸주조는 다양한 생산요인, 특히 에너지비용을 감안하면 다른 주조공정보다 경제적일 수 있다. 금속모형의 비용이 비교적 높지만, 생산량이 증가하면 그 비중이 작아진다. 주물품질이 좋으므로, 주조 후 청정작업, 기계가공과 기타 마무리공정 비용을 감소시킬 수 있고, 적은 인력으로도 복잡한 형상을 만들며, 공정도 쉽게 자동화된다.

■ **나트륨 실리케이트공정** 이 공정에 사용되는 주형재료는 모래에 1~6%의 나트륨 실리케이트(물유리)를 결합제로 한 혼합물을 사용한다. 이 혼합물을 모형 주위에 다지고 이산화탄소를 불어 넣어서 경화시킨다. 이 공정은 이산화탄소(CO_2)법이라고도 하며, 코어를 조형하는 데도 적용된다. 이 방법으로 제조된 코어는 고온에서 유연성을 보이므로 주물이 열응력으로 찢어지거나 파단될 가능성을 줄여준다.

■ **램드 그래파이트 주형** 모래 대신에 다진 흑연(rammed graphite)으로 주형을 만드는 방법으로 티타늄이나 지르코늄 같은 반응성 금속의 주조에 사용된다. 이들 금속은 모래 속

의 실리카와 격렬하게 반응하므로, 주형재료로 모래를 사용할 수 없다. 따라서 모래로 조형하듯이 조형하여 175°C에서 건조시킨 후, 870°C에서 구워서 습도와 온도가 조절된 상태에서 보관한다. 주조방법은 사형주조와 유사하다.

5.8.3 석고주형 주조

석고주형 주조(plaster-mold casting)는 세라믹주형 주조, 인베스트먼트 주조와 함께, 주물의 치수정확도와 표면정도가 우수하므로 **정밀주조법**이라고 한다. 열쇠부품, 기어, 밸브, 부속품, 공구, 장식품 등이 이 방법으로 제조되며, 무게 1 g 정도의 소형주물도 가능하다. 이 공정에서는 석고응고시간 조절 및 주형강도 강화용 활석(talc)과 실리카를 첨가한 석고로 주형을 만든다.

주형재료를 물과 혼합한 슬러리(slurry) 형태로 모형 위에 붓고, 석고가 굳으면 15분 정도 지난 후, 모형을 제거하고 수분이 제거될 때까지 건조시킨다. 절반씩 제작된 주형을 하나의 주형으로 조립하고 120°C에서 약 16시간 동안 예열한 후, 용탕을 주입한다. 석고주형은 통기성이 매우 낮은데, 안티옥(Antioch) 공정으로 통기성을 증가시킬 수 있다. 즉, 주형을 오토클레이브(autoclave)에서 6~12시간 동안 탈수시키고, 다시 공기 중에서 14시간가량 수분을 공급한다. 다공질 석고를 이용하여 통기성을 증가시키는 경우도 있다.

석고주형에 사용하는 모형은 알루미늄합금, 열경화성 플라스틱, 황동, 아연합금 등으로 만든다. 석고 슬러리를 반복적으로 사용하므로 나무모형은 적합하지 않다. 석고주형이 견디는 최대온도의 한계가 있기 때문에(보통 1200°C 정도), 알루미늄, 마그네슘, 아연, 구리합금에 대해서만 석고주형 주조가 이용된다. 석고주형은 다른 주형에 비해 열전도도가 낮아서 천천히 냉각되므로, 주물은 뒤틀림이 적고 균일한 결정립구조로 양호한 기계적 성질을 가지며, 섬세한 표면과 우수한 표면을 갖도록 주조된다.

5.8.4 세라믹주형 주조

세라믹주형 주조법(ceramic-mold casting)은 정밀주조법의 하나로, 주형재료로 고온용 내열재료를 사용하는 것을 제외하면 석고주형 공정과 유사하다. 미세립 지르콘($ZrSiO_4$)과 알루미늄산화물, 융해실리카 등을 결합제와 혼합한 슬러리를 주형상자 내 모형 위에 붓는다(그림 5.18 참조). 모형은 나무나 금속으로 만든다. 주형재료가 응고하면 주형을 분리하여 건조시킨 후, 가열하여 휘발성 물질을 태운다. 반쪽 주형 두 개를 굳게 체결하여 하나의 세라믹주형으로 만든다. 쇼(Shaw) 공정에서는 주형의 강도를 높이기 위해 세라믹주형 면에 내화점토를 발라서 구운 후, 하나의 주형으로 조립한다.

이 방법은 고온용 내열 주형재료를 사용하므로, 철강을 비롯한 고온금속, 스테인리스강, 공구강 등의 주조에 이용된다. 이 공정은 다소 비싼 편이지만, 주물의 치수정확도와 표면정도가 우수하고, 다양한 크기(최대 700 kg)와 복잡한 모양도 주조할 수 있다. 제품으

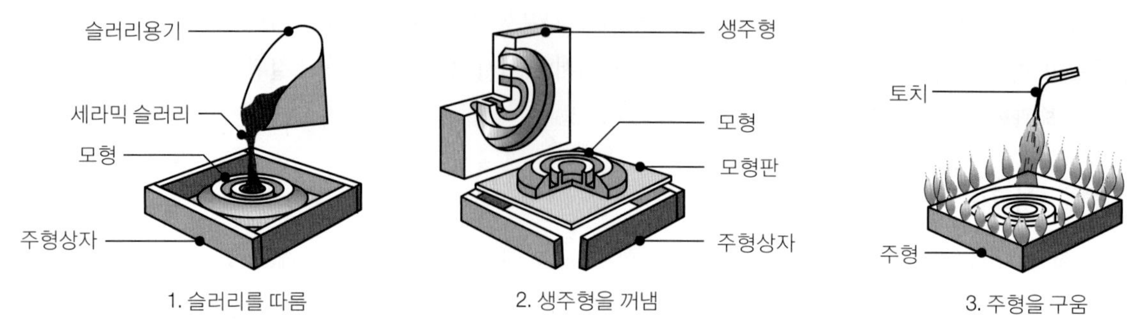

▲ **그림 5.18**
세라믹주형의 제작순서.

로는 임펠러, 절삭날, 금속가공용 금형, 플라스틱 또는 고무부품 제조용 금형 등이 있다.

5.8.5 진공주조

진공주조법(vacuum casting, 5.8.1절에 설명한 진공조형법과 다름에 유의)은 **저압주조**(CL, counter-gravity low pressure process)라고도 하며, 그림 5.19에 개략적으로 나타내었다. 주형재료로는 미세주물사와 우레탄의 혼합물을 사용하여 금형으로 성형한 후, 아민(amine)증기로 경화시킨다. 용탕은 대기 중이나(**CLA 공정**), 진공에서(**CLV 공정**) 용해시킨다. 주형공동부 내의 압력을 대기압의 2/3 정도로 감압시키면, 주형바닥에 있는 게이트를 통해 용탕이 빨려 올라가서 주형공동부를 채운다. 이때 용탕은 용해로 내에서 액상선 온도보다 55°C 정도 높게 유지되므로, 주형 내에서는 곧바로 응고된다. 주형이 완전히 충전되면 주형을 용탕에서 꺼낸다.

이 공정은 인베스트먼트 주조, 셸주조, 일반 사형주조 등을 대체할 수 있으며, 특히 두

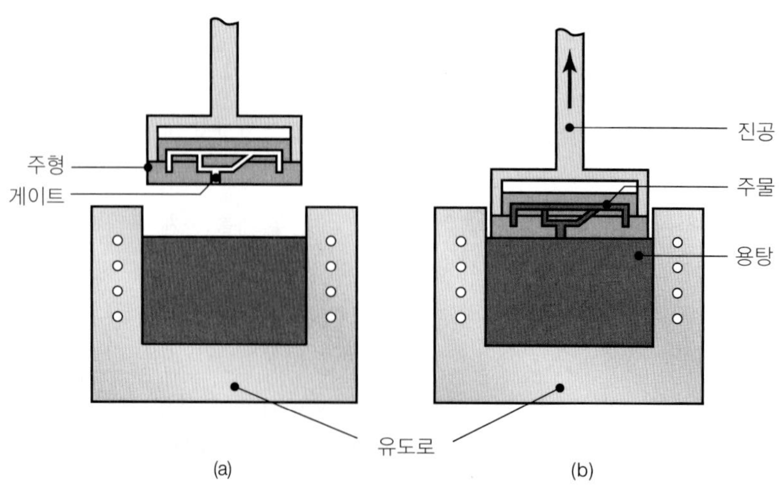

▶ **그림 5.19**
게이트가 바닥에 설치되는 진공주조공정의 개략도: (a) 주형을 용탕에 담그기 전과 (b) 후의 모습.

께가 얇고 복잡한 형상의 부품이 균일한 성질을 갖도록 주조하는 데 적합하다. 이 방법으로 탄소강, 저합금강, 고합금강, 스테인리스강 부품을 최대중량 70 kg까지 진공주조할 수 있다. 이들 부품 중 가스터빈에 사용되는 초합금의 경우에는 벽두께가 최소 0.5 mm일 정도로 얇은 부분도 있다. 이 주조법은 자동화가 가능하며, 생산비용도 일반 사형주조에 비해 그리 높지 않다.

5.9 소모성주형 주조공정: 소모성모형

5.9.1 소실모형주조(로스트폼)

소실모형주조(expendable pattern casting, lost-foam)는 용탕과 접촉하면 증발하는 폴리스티렌 모형을 사용하여 주형공동부를 만드는 방법으로(그림 5.20 참조), **로스트폼** 또는 **로스트패턴 주조**라고도 하며, **Full-Mold 공정**이라는 상품명으로 알려져 있다. 이 공정은 철 및 비철금속의 주물, 특히 자동차산업에서 중요한 주조법이다. 우선, 5~8%의 펜탄을 포함하는 팽창성 폴리스티렌(EPS, expandable polystyrene) 비드 원료를 예열한 알루미늄 금

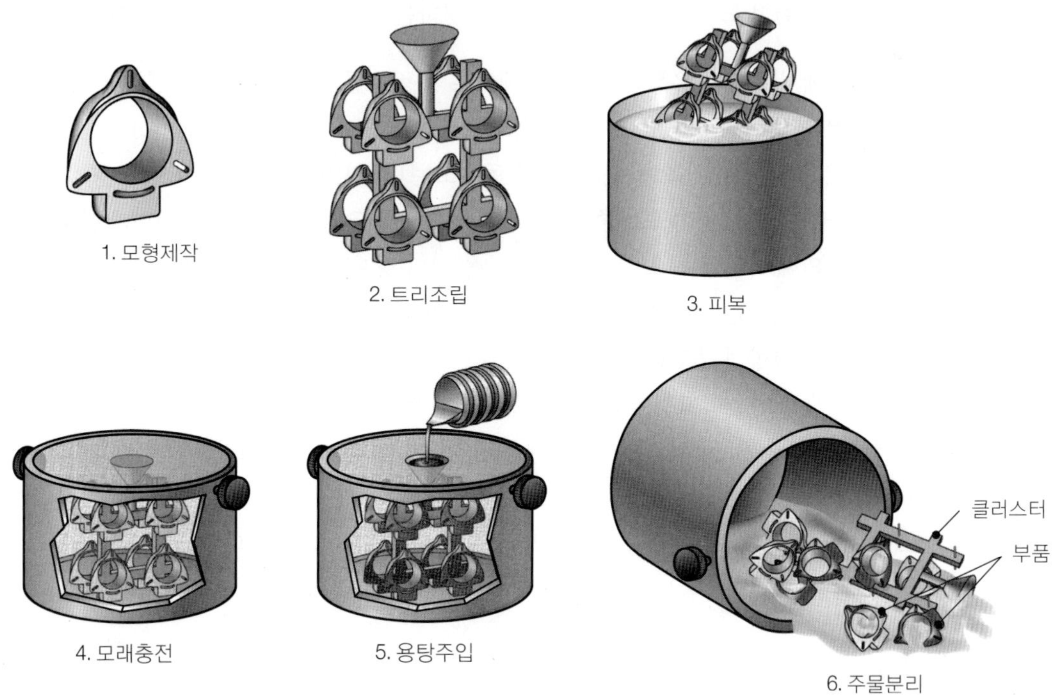

▲ **그림 5.20**
소실모형주조의 개략도.

형에 넣어, 금형 모양대로 폴리스티렌을 팽창시킨다. 비드가 서로 결합되도록 더욱 가열한 후, 냉각하여 폴리스티렌 모형을 분리한다. 여러 개의 모형을 접착제로 접착시키면(12.15.1절 참조), 매우 복잡한 모형을 만들 수 있다.

모형에 내화재료 슬러리를 바른 후, 건조시켜 주형상자에 설치하고 주물사를 다지면서 채워서 모형을 지지하도록 한다. 조형작업이 끝나고 폴리스티렌 모형을 그대로 둔 채 용탕을 주입하면, 용탕은 즉시 모형을 증발시키면서 주형공동부를 채우고, 결국 모형이 차지했던 공간을 완전히 충전시킨다. 용탕의 열로 인해 폴리스티렌 모형은 분해된 후, 주형을 통해 기화된다. 이 방법을 응용하여 폴리스티렌 모형에 세라믹셸 주형재료를 사용하는 방법도 있다(리플리캐스트 C-S 공정). 하지만 이 경우에는 용탕주입 전에 모형을 태워서 미리 방출시킨다.

소실모형주조는 다른 주조법에 비해 다음과 같은 장점을 갖고 있다.

(1) 분리선, 코어, 라이저 등이 없으므로 공정이 단순하며, 설계유연성이 있다.
(2) 주형상자의 비용을 낮출 수 있다.
(3) 저렴한 폴리스티렌을 사용하여 매우 복잡한 형상, 다양한 크기, 상세한 표면을 갖는 모형을 만든다.
(4) 주물의 마무리 및 청정작업을 최소화할 수 있다.
(5) 공정의 자동화가 가능하며, 제품을 장기간 생산할 때 경제적이다.
(6) 폴리스티렌 비드를 모형으로 팽창시켜 성형하는 금형의 제작비용이 높을 수 있다.

주형 내에서 용탕의 유동속도는 모형재료로 사용된 폴리머의 분해속도에 따른다. 용탕의 유동은 레이놀즈수가 400~3,000 정도로 기본적으로 층류유동이고(5.4.1절 참조), 용탕-폴리머 모형 간의 경계에서 용탕의 유동속도는 0.1~1.0 m/s의 범위이며, 모형에 빈 부분을 만들어 두면 용탕속도가 증가하므로 유동속도를 조절할 수 있다. 폴리머가 분해되려면 상당량의 에너지를 필요로 하므로, 용탕-폴리머 경계면에서는 온도구배가 크다. 즉, 공동부를 그냥 채우는 경우보다 용탕의 냉각속도가 빠르므로, 주물의 미세조직이 영향을 받으며 금속의 방향성 응고도 가능하다.

이 방법으로 만들어지는 제품으로는 알루미늄 엔진블록, 실린더헤드, 크랭크축, 브레이크 부품, 다기관(manifold)과 공작기계용 받침대가 있다. 소실모형주조를 이용하면, 폴리머모형을 성형할 때 강화섬유나 강화입자를 미리 분포시켜 놓음으로써 금속모재 복합재료(11.14절 참조)의 제조가 가능하다. 또한 모형 내에 결정립 미세화제나 수정용 마스터합금(5.5절 참조)을 첨가함으로써 주물의 개선 및 결정립 미세화를 시키는 연구가 진행되고 있다.

5.9.2 인베스트먼트 주조(로스트왁스법)

인베스트먼트 주조법(investment casting, lost-wax process)은 기원전 4000~3000년경에

이미 이용되었으며, 일명 로스트왁스법이라고도 한다. 이 공정으로 기어, 캠, 밸브, 래칫(ratchet) 같은 기계부품을 주로 생산하고, 직경 1.5 m, 무게 1140 kg에 이르는 대형부품도 성공적으로 주조된 바 있다. 작업순서는 그림 5.21에 나타낸 것과 같다.

모형은 반고체 혹은 액체 상태의 왁스나 플라스틱을 금형에 사출하여 만든다. 사출 후에 모형을 분리하여 매우 미세한 실리카, 결합제, 에틸 실리케이트, 산 같은 내화성 재료로 된 슬러리에 담근다. 최초의 코팅이 마르면, 반복적으로 코팅하여 주형의 두께를 증가시킨다. (인베스트먼트란 용어도 모형을 내화재료로 계속 덧입힌다(invest)고 해서 붙여진 이름이다.) 이 과정에서 왁스모형이 파손되지 않도록 세심한 주의가 필요하다. 이렇게 만든 일체주형은 일단 공기 중에서 건조시킨 후, 주조금속에 따라 4시간가량 90~175°C의 온도로 가열하여 결정성 수분을 제거하면서 모형을 녹여낸다. 모형찌꺼기를 태워서 완전히 없애기 위해 주형을 고온으로 가열하기도 한다. 주형을 필요한 온도로 예열하여 용탕을 주입하고, 응고되면 주형을 깨서 주물을 꺼낸다. 생산속도를 높이려면 여러 개의 모형을 붙여서 **트리**(tree)라고 하는 한 개의 주형으로 만들어서 사용한다.

이 공정은 재료나 인건비가 높은 편이지만, 마무리공정이 거의 필요하지 않다. 또한 다양한 철 및 비철금속으로 된 무게 1 g~100 kg 정도의 복잡한 제품을 생산하며, 우수한 표

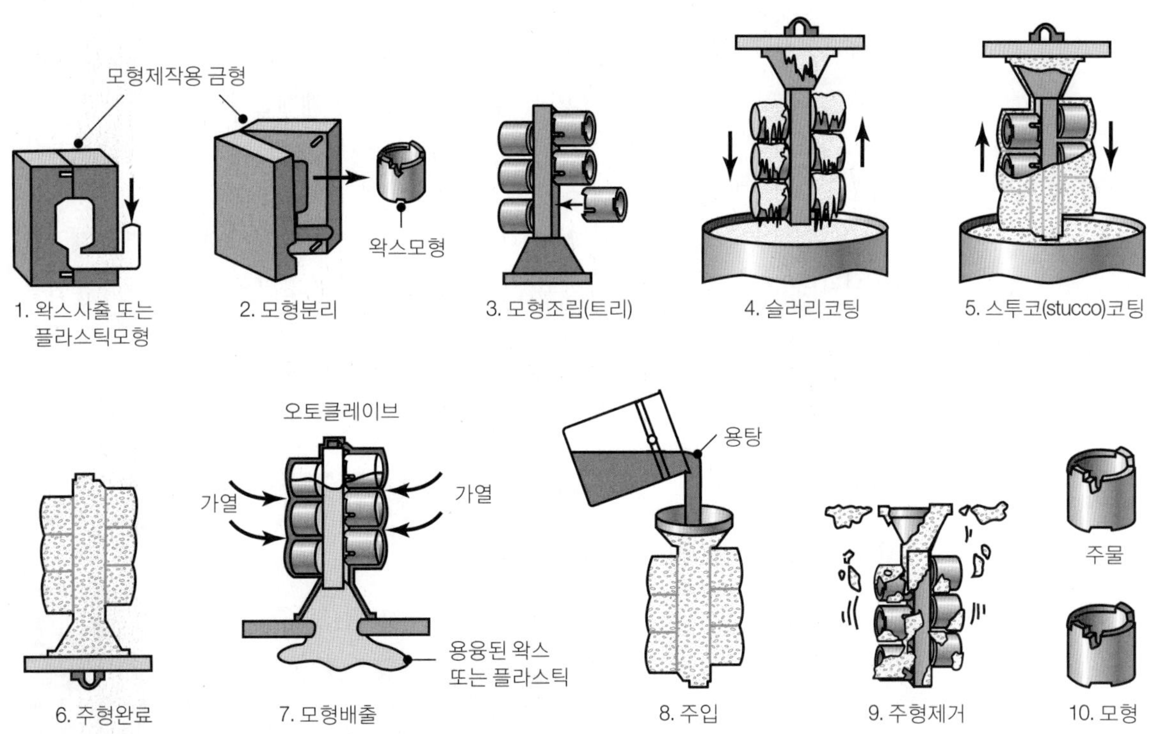

▲ **그림 5.21**

인베스트먼트 주조(로스트왁스법)의 개략도.

면정도와 공차를 갖는 고용융점 합금의 주조에 매우 적합한 방법이다.

■ **세라믹셸 인베스트먼트 주조** 인베스트먼트 주조의 활용 예로 세라믹셸주조를 들 수 있다. 이 방법도 왁스나 플라스틱 모형을 사용하며, (1) 모형을 아교질 실리카 또는 에틸 실리게이트 결합제의 슬러리에 담근 후, (2) 미세입자의 융합실리카 또는 지르콘 분말을 입히고, (3) 주입 시의 열충격에 견디도록 두께를 늘리는 추가코팅을 하기 위해 큰 입자의 실리카에 모형을 담근다. 이 공정은 경제적이며 주강, 알루미늄, 고온합금 등의 정밀주조에 광범위하게 이용된다. 주물에 세라믹코어를 사용한 경우에는 고온 고압의 부식액으로 침출시켜 처리한다.

용탕을 진공에서 주입하면, 가스를 제거하고 산화를 줄이며, 주물품질을 개선할 수 있다. 이 방법이나 다른 주조법으로 만든 주물 내의 미세기공을 더욱 줄이려면 열간균형압축(HIP, hot isostatic pressing)을 적용한다. 알루미늄 주물의 열간균형압축은 500°C에서 최고 100 MPa의 압력을 작용시킨다.

예 5.4 인베스트먼트 주조되는 가스터빈용 초합금 부품

1960년대 이래로 고성능 가스터빈에 사용되는 초합금 부품은 단련제품 대신에 인베스트먼트 주물로 대체되었다. 깨끗한 초합금(니켈기 또는 코발트기) 부품을 제조하기 위해 많은 발전이 거듭되었다. 용해 및 주조 분야에서 마이크로프로세서로 제어되는 진공유도용해기술이 개발되었고, 이로 인해 불순물과 개재물의 혼입정도가 지속적으로 감소되어, 이 부품들의 강도, 연성, 전반적 신뢰도가 향상되었다. 이 부품들은 고상선보다 불과 50°C 낮은 온도에서 작동되므로 매우 세심한 조절이 필요하다.

그림 5.22의 상단에 일체로 인베스트먼트 주조된 가스터빈 로터의 단면 미세조직을 나타내었다. 그림에서 미세하고 균일한 등축결정립이 단면 전체에 걸쳐 분포함을 볼 수 있다. 이러한 결과를 얻으려는 최근의 기술로는 과열온도, 용탕주입기술, 주물의 냉각속도를 정밀제어하는 기술과 용탕 내 핵생성첨가제의 사용기술이 있다. 이와

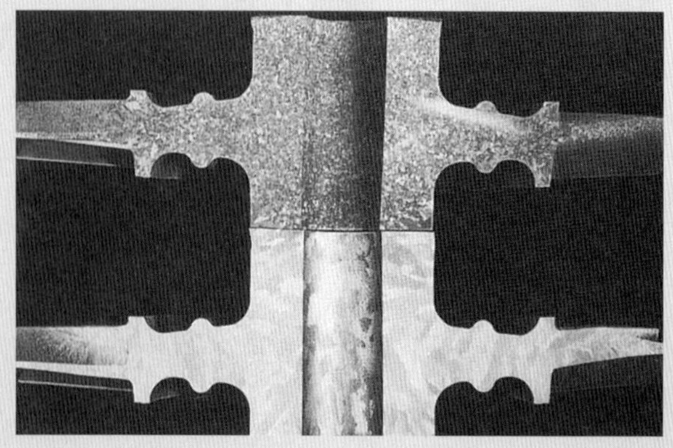

▶ **그림 5.22**
인베스트먼트 주조된 로터(윗그림)와 일반 주조된 로터(아랫그림).

대조적으로 그림 5.22의 하단에는 일반주조법으로 제조된 동일 형상의 로터단면을 나타내었는데, 그림에서 조대한 결정립구조를 볼 수 있다. 조대한 결정립구조를 가진 로터는 미세결정립구조의 로터에 비해 각종 성질이 떨어진다. 이와 같은 주조공정의 발전으로 항공기엔진에서 주물부품의 사용은 다른 부품에 비해 중량대비 20~45% 정도 증가하였다.

5.10 영구주형 주조공정

영구주형(permanent mold)은 그 이름이 의미하듯 반복적으로 사용되며, 주물이 쉽게 주형에서 이탈되어 주형을 재사용할 수 있도록 설계된다. 이들 주형은 고온강도가 유지되는 금속, 즉 금형으로 만들어진다. 금형은 소모성주형보다 열전도도가 좋기 때문에 응고되는 주물은 빠르게 냉각되고, 그 결과로 5.3절에 설명한 것처럼 미세조직과 결정립크기에 영향을 준다.

주형재료는 철강, 청동, 내열금속, 흑연(**반영구주형**)을 사용하고, 주형공동부와 탕구계는 주형 자체를 기계가공하여 반쪽씩 만든다. 내부공동 주물을 만들려면 금속이나 모래 코어를 주형에 사용해야 한다. 전형적인 코어재료로는 셸이나 노베이크 생사형 코어, 회주철, 저탄소강, 열간 다이강 등이 있다. 인서트도 주형의 여러 부분에 사용된다.

영구주형의 수명을 유지하려면, 매번 주조 시마다 주형면을 내화액으로 바르거나, 흑연을 분사하여 코팅한다. 이러한 코팅은 이형제, 열차폐물, 냉각속도 조절의 기능을 갖기도 한다. 복잡한 모양의 주물을 분리하려면 방출핀을 여러 부위에 설치해야 하며, 방출핀을 사용하면 플라스틱 사출성형에서처럼(10.10.2절 참조) 주물이나 탕구계에 작은 원형흔적을 남긴다. 주형을 기계적으로 체결하고 나면, 용탕유동을 용이하게 하고 주형에 대한 열손상(3.9.5절의 **열피로** 참조)을 줄이기 위해 미리 가열한 후, 용탕을 탕구계로 주입한다. 응고 후에는 주형을 열어서 주물을 주형으로부터 분리한다. 주형을 식히는 특별한 방법으로 물을 이용하기도 하고 냉각용 휜(fin)을 쓰기도 한다. 휜은 오토바이의 엔진블록과 실린더 헤드 냉각용과 유사하다.

영구주형 주조는 수작업으로도 하지만, 생산량이 많을 때는 자동화설비를 이용한다. 이 공정은 주로 융점이 낮은 알루미늄, 마그네슘, 구리합금 등에 주로 이용되며, 흑연이나 내열금속주형을 사용하면 철강이나 내열금속도 주조할 수 있다. 이 공정으로 우수한 표면 정도와 치수공차, 균일하고 좋은 기계적 성질을 갖는 부품을 주조할 수 있으며, 제품으로는 자동차 피스톤, 실린더헤드, 커넥팅로드, 기어블랭크, 주방기구 등이 있다. 금형비용이 높으므로 소량생산에는 경제적이지 못하며, 더욱이 주물을 주형으로부터 분리할 때 수반되는 어려움 때문에 너무 복잡한 모양에는 이 방법을 쓸 수 없다.

5.10.1 슬러시주조

그림 5.12에 응고층이 시간에 따라 두꺼워짐을 나타내었다. 얇은 벽의 속이 빈 주물은 이 원리를 이용하여 영구주형 주조로 만들 수 있으며, 이를 **슬러시주조**(slush casting)라 한다. 즉, 용탕을 금형에 주입하여 원하는 두께의 응고층을 얻은 뒤, 주형을 거꾸로 하여 미응고된 금속을 쏟아내고, 반쪽의 주형을 열어서 주물을 분리한다. 이 공정은 소량생산에 적합하고, 아연, 주석, 납 등의 저용융점 금속으로 장식품이나 장난감을 만드는 데 이용된다.

5.10.2 가압주조

가압주조(pressure casting)공정은 **저압주조**(low-pressure casting)라고도 하며, 가스압력으로 용탕을 위로 가압하여 흑연주형이나 금형을 충전시키고(그림 5.23 참조), 주형에서 완전히 응고될 때까지 압력을 유지한다. 또한 진공으로 용탕을 빨아들여서 금형공동부를 충전시킬 수도 있는데, 이 경우에는 용해된 가스를 제거하여 기공이 적은 주물을 얻을 수 있다.

5.10.3 다이캐스팅

1900년대 초에 개발된 **다이캐스팅**(die casting)은 영구주형 주조가 발전된 형태로, 용탕을 0.7~700 MPa의 압력으로 금형공동부 속으로 주입하는 주조법이다. 다이캐스팅 주물로는 트랜스미션 하우징, 밸브 몸체, 사무기기 및 가전제품 부품, 수공구, 장난감 등이 있으며, 제품의 무게는 대부분 90 g에서 최대 25 kg까지이다.

1. **고온챔버공정**(hot-chamber process). 고온챔버공정은 피스톤으로 일정체적의 용탕을 가압하여 구즈넥(gooseneck)과 노즐을 통해 금형공동부로 주입하는 방식이다(그림 5.24

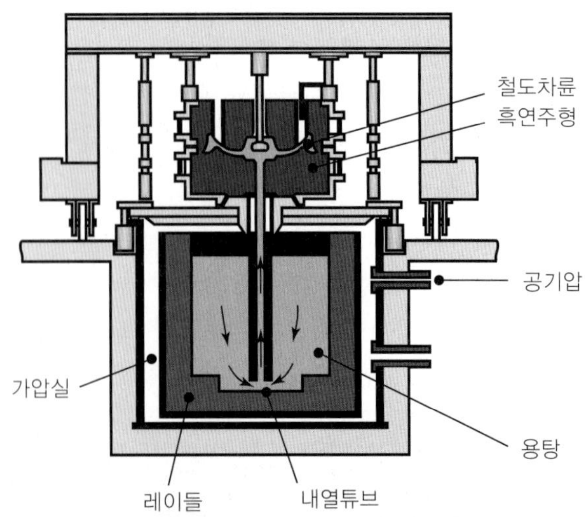

▶ 그림 5.23
철도차륜의 제조에 흑연주형을 사용하는 압상식 가압주조법.

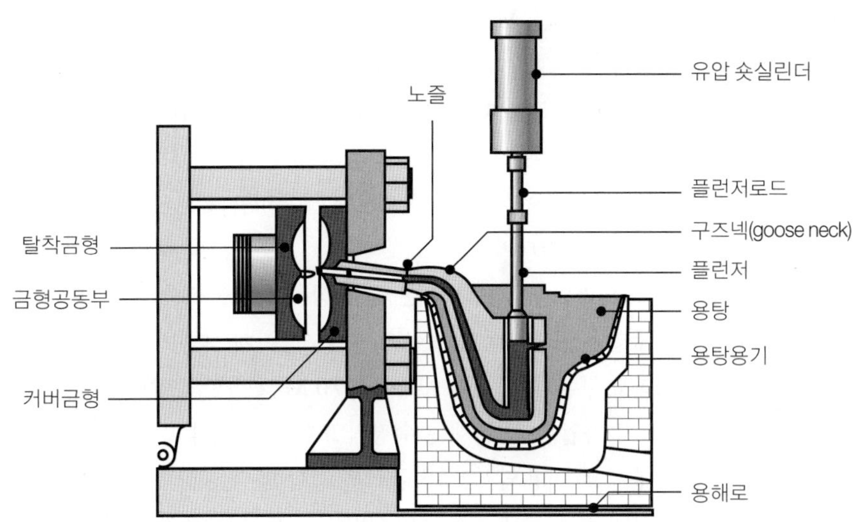

▶ **그림 5.24**

고온챔버식 다이캐스팅의 작업과정.

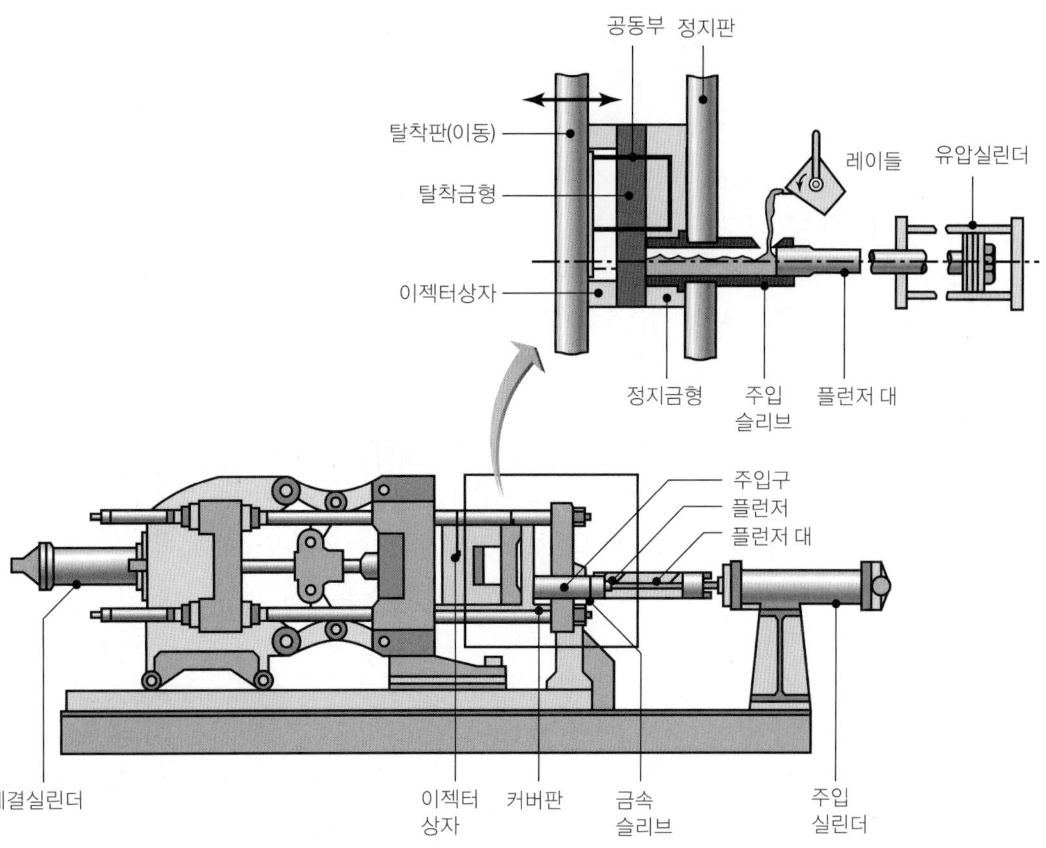

▲ **그림 5.25**

저온챔버식 다이캐스팅공정의 개략도. 금형에 높은 압력이 걸리므로, 주물에 비해 기계의 크기가 훨씬 크다.

참조). 용탕압력은 평균 약 15 MPa(최대 35 MPa) 정도이고, 용탕이 금형에서 응고될 때까지 압력을 유지한다. 금형수명을 늘리고, 용탕을 빨리 냉각시키기 위해(즉, 생산성을 높이기 위해) 금형 내의 유로를 따라서 냉각수나 냉각유를 순환시켜 금형을 냉각시킨다. 사이클시간은 지퍼이빨 같은 매우 작은 부품의 경우 시간당 18,000번 정도, 아연의 경우에는 시간당 900번 정도이다. 이 방식으로는 알루미늄을 제외한 아연, 주석, 납 같은 저용융점 금속들을 주조한다.

2. **저온챔버공정**(cold-chamber process). 저온챔버공정은 용탕을 레이들로 퍼서 사출실린더(샷챔버) 속으로 주입하는 방식이다(그림 5.25 참조). 이때 샷챔버는 가열되지 않은 상태이므로 저온챔버라고 부른다. 용탕은 보통 20~70 MPa 정도의 압력(최고 150 MPa)으로 금형공동부 속으로 가압된다. 기계는 수평식 또는 수직식이고, 알루미늄, 마그네슘, 구리 합금의 주조에 주로 이용되지만, 철합금을 포함한 다른 금속의 주조에도 이용된다. 용탕온도는 알루미늄, 마그네슘 합금의 600°C 정도로부터 구리기, 철기 합금의 경우는 매우 높은 범위를 가진다.

■ **공정능력과 기계선택** 금형에는 고압이 걸리기 때문에 견고하게 체결되지 않으면 서로 분리된다. 다이캐스팅 기계의 용량은 금형체결력으로 정한다. 현재 상용되는 기계의 용량은 25~3,000톤에 이른다. 다이캐스팅 기계의 선택에 고려할 다른 요인으로는 금형크기, 피스톤 행정거리, 가압력, 가격 등을 들 수 있다.

다이캐스팅 금형의 유형으로는 단일공동부(single cavity), 복수공동부(multiple cavity, 복수의 동일 공동부), 조합공동부(combination cavity, 복수의 다른 공동부), 유니트금형(unit die, 마스터금형으로 조립되는 소형의 단순금형) 등이 있다. 금형은 보통 금형강 또는 주강으로 만들며, 용탕의 온도가 높을수록 마모도 증가한다.

금형의 **열균열**(반복적인 가열과 냉각으로 인한 표면균열)이 문제가 되나, 금형재료를 적절하게 선택하고 잘 유지하면 마모로 수명을 다할 때까지 50만회 이상 사용할 수도 있다. 마그네슘합금을 제외한 주물재료는 윤활제를 필요로 하며, 윤활제로는 흑연이나 기타 화합물의 현탁액을 사용한다. 윤활제(이형제)는 금형벽면에 얇게 도포하며, 이들은 물의 탁월한 냉각능력으로 인해 금형온도를 낮게 유지하는 데도 효과적이다.

다이캐스팅공정은 마무리공정과 묶어서 전체공정을 고도로 자동화시킬 수 있다. 다이캐스팅을 통해 복잡한 모양과 섬세한 표면을 가지면서, 강도, 품질, 치수정확도, 표면정도가 우수하여 마무리공정이나 기계가공이 거의 필요하지 않은(정형가공) 제품을 높은 생산속도로 만들 수 있다. 게다가 핀, 축, 체결부품을 금형 내에 미리 설치하여 용탕과 일체로 제품을 만들 수도 있는데(10.10.2절의 **인서트성형** 참조), 이는 막대를 넣어서 얼린 아이스바의 경우와 유사한 방법이다. 방출핀 흔적과 분리선에 소량의 **플래시**(금형 사이로 빠져나오는 얇은 재료, 6.2.3절 참조)가 발생할 수 있다.

상용되는 다이캐스팅합금의 성질과 용도를 표 5.6에 나타내었다. 특정 부품의 제조 시

표 5.6 다이캐스팅 합금의 성질과 용도

합금	인장강도 (MPa)	항복강도 (MPa)	연신율(%) (50 mm 기준)	용도
알루미늄 380 (3.5 Cu-8.5 Si)	320	160	2.5	가전품, 자동차부품, 전기모터 프레임 및 하우징, 엔진블록
알루미늄 13(12 Si)	300	150	2.5	벽두께가 얇은 복잡한 형상, 고온강도가 요구되는 부품
황동 858(60 Cu)	380	200	15	배관 고정구, 자물쇠, 부싱, 장식품
마그네슘 AZ91B (9 Al-0.7 Zn)	230	160	3	동력공구, 자동차부품, 스포츠용품
아연 3번(4 Al)	280	–	10	자동차부품, 사무용품, 주방용기, 건축자재, 완구
아연 5번(4 Al-1 Cu)	320	–	7	가전품, 자동차부품, 건축자재, 사무용품

다이캐스팅은 판재성형, 단조, 또는 다른 주조공정과 경쟁관계에 있다. 용탕이 금형 벽에서 급속하게 식기 때문에 주물은 미세입자를 갖고, 중심부보다 강한 표면부를 형성한다. 결국 다이캐스팅 제품의 벽두께가 얇을수록 비강도는 커진다. 제품은 매끄러운 표면과 높은 치수정확도를 갖기 때문에 기계가공한 것과 같은 표면을 가진 베어링면도 주조가능하다. 장치비용, 특히 금형비용이 비싸지만, 공정이 많이 자동화되어 있으므로 대량생산에 매우 경제적이다.

5.10.4 원심주조법

원심주조공정은 회전에 의한 관성력으로 용탕을 주형으로 주입하는 방법이다. 이 공정에는 진원심주조(true centrifugal casting), 반원심주조(semicentrifugal casting), 센트리퓨징(centrifuging)의 세 가지 종류가 있다.

1. **진원심주조법.** 이 공정은 그림 5.26에서처럼 파이프, 포신, 가로등 기둥 같은 중공 실린더 모양의 부품을 생산하는 방법이다. 용탕은 회전주형 내벽에 직접 주입한다. 회전축은 보통 수평이지만 짧은 가공품에 대해서는 수직일 수도 있다. 주형은 강, 철, 흑연 등

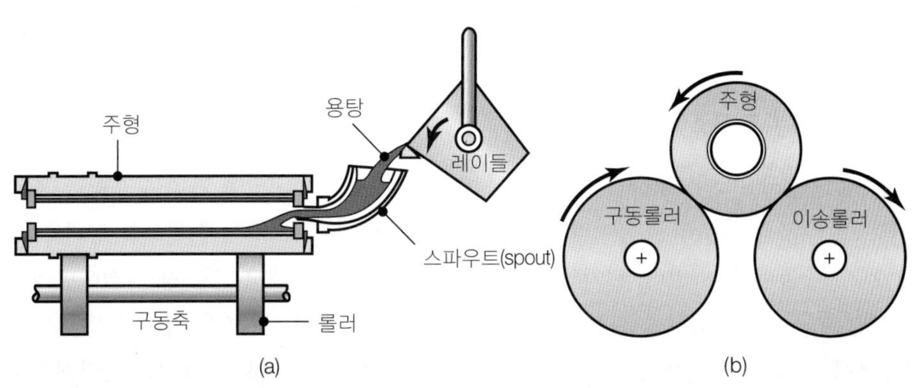

▶ **그림 5.26**
원심주조법의 개략도. 파이프, 실린더형 부품은 이 방법으로 주조된다.

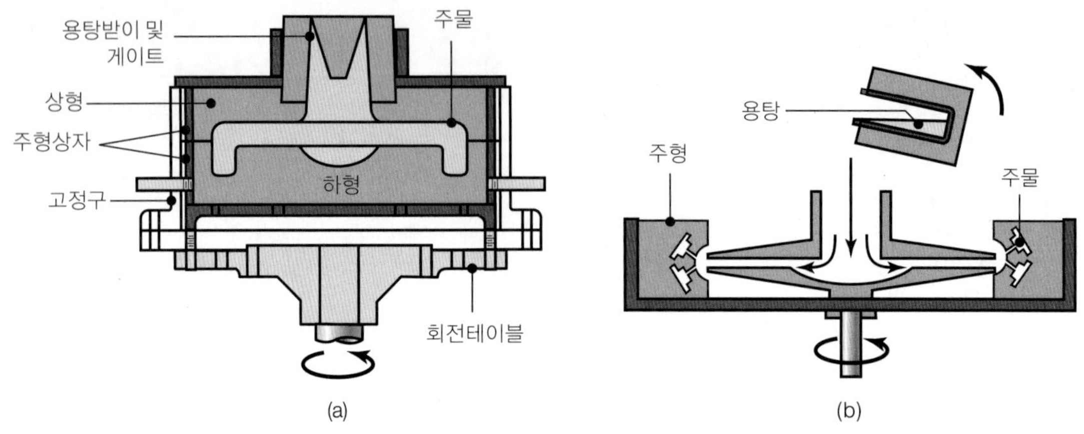

▲ **그림 5.27**

(a) 반원심주조법의 개략도. 바퀴살이 있는 바퀴는 이 방법으로 주조된다. (b) 센트리퓨징의 개략도. 원주를 따라 주형을 배치하고 원심력으로 용탕을 주입한다.

으로 만들고, 수명연장을 위해 내화재료로 코팅한다. 주형면의 형상에 따라 파이프의 겉면에 다양한 모양이나 무늬도 주조된다. 그러나 내부는 원심력에 의해 용탕이 균일하게 분포하기 때문에 원통형 모양을 유지한다. 또한 밀도 차이로 인해 찌꺼기, 불순물, 내화제 조각 등 가벼운 물질은 내부표면으로 몰리는 경향이 있다.

원통형 모양은 직경 13 mm~3 m, 길이 16 m, 벽두께 6~125 mm까지 주조된다. 원심력에 의한 가속도는 최고 150 G로 매우 높으므로, 두꺼운 벽을 갖는 제품도 충분히 주조할 수 있다. 제품은 품질과 치수정확도가 좋고, 미세한 외부표면을 갖는다. 파이프 외에도 부싱, 엔진 실린더라이너, 가로등 대, 베어링의 링 등이 전형적인 제품으로 끝단에 플랜지부를 만들 수도 있다.

2. **반원심주조법.** 이 공정의 예가 그림 5.27a에 나와 있다. 이 방법은 바퀴 같은 축대칭 주물의 생산에 이용된다.
3. **센트리퓨징.** 이 공정에서는 여러 개의 주형을 회전축으로부터 일정거리에 놓고, 가운데서 용탕을 주입하고 원심력으로 가압하여 주형으로 공급한다(그림 5.27b 참조). 이때 주물의 성질은 회전축으로부터의 거리에 따라서 달라진다.

5.10.5 스퀴즈캐스팅

스퀴즈캐스팅(squeeze casting)은 1960년대에 개발된 것으로 고압을 가하여 용탕을 응고시키므로 주조와 단조의 조합이라고 할 수 있다(그림 5.28 참조). 이때 필요한 장치로 다이, 펀치, 방출핀 등이 있다. 펀치압력은 용탕 내의 가스를 없애고 금형-용탕 접촉면에서의 고압은 급속한 열전달을 촉진시켜 냉각속도를 빠르게 하므로, 좋은 기계적 성질의 미세구조를 갖게 하고 미세기공을 최소화시킨다. 스퀴즈캐스팅에서의 압력은 다이캐스팅

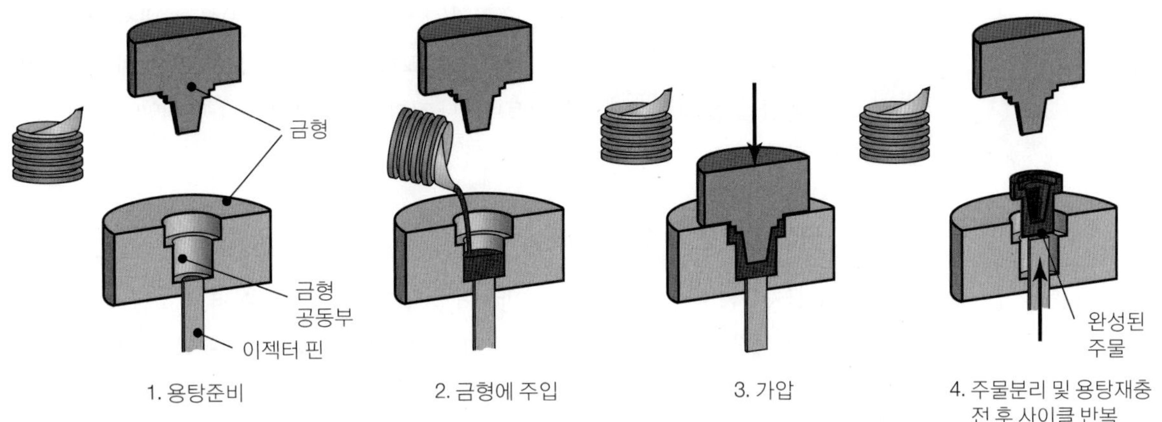

▲ **그림 5.28**
주조와 단조의 장점을 조합한 스퀴즈캐스팅의 작업과정.

의 경우보다는 높고 열간 혹은 냉간 단조(6.2절)의 경우보다는 낮다. 부품은 거의 정형으로 만들 수 있고(1.6절 참조), 복잡한 모양과 미세한 표면을 얻을 수 있으며, 철과 비철합금 모두 주조할 수 있다. 이 방법으로 만들어지는 제품으로는 자동차 휠, 박격포몸체, 브레이크드럼, 밸브몸체 등이 있다.

5.10.6 반용융성형법과 용탕단조

반용융가공이라고도 하는 **반용융성형법**(semisolid metal forming, 1970년대에 개발)은 용탕을 반응고시켜 수지상정구조가 아닌, 대략 구상의 미세결정립 상태로 금형이나 주형에 주입하는 기술이다. 이때의 합금은 교반될수록 점성이 감소되는 거동을 보이므로, 이 공정을 **thixoforming** 또는 **thixocasting**이라고도 한다. 즉, 합금이 고상선온도 이상에서 변형을 받지 않은 상태에서는 버터 같으나, 심하게 교반되면 윤활유 같은 거동을 보인다. 이 거동을 이용하여 액상을 30~40% 정도 포함하는 주조빌렛으로부터 주조-단조 복합기술로 부품을 성형하는 기술이 개발된 것이다. 이 기술은 금속모재 복합재료의 제조에도 활용된다.

반용융성형의 주요 장점은 금형에 주입할 때의 소재온도는 고상온도보다 조금 높은 정도이므로, 응고를 포함한 주조시간을 짧게 하여 생산성을 높일 수 있다는 점이다. 게다가 과열정도가 낮으므로 수축기공이 감소된다. 이 방법으로 제조하는 부품으로는 컨트롤 암, 브래킷, 조향부품 등이 있다. 반용융성형은 다이캐스팅에 비해 (1) 조직이 균질하게 발달하여 균일한 성질과 고강도를 얻을 수 있고, (2) 얇은 부품과 두꺼운 부품 모두에 적용되며, (3) 주물용 합금뿐만 아니라 단련용 합금도 재료로 사용할 수 있고, (4) 연속하여 열처리할 수 있다는 이점을 갖는다. 하지만 소재 및 전반적인 비용이 다이캐스팅에 비해 높다는 단점이 있다.

용탕단조(rheocasting)는 용해로에서 슬러리(액상과 고상의 혼합물)를 꺼내서 냉각시킨 후, 주형이나 금형에 장입하기 전에 자기적으로 교반시키는 방법으로, 알루미늄이나 마그네슘으로 엔진블록, 크랭크케이스(오토바이나 잔디 깎는 기계의), 각종 해양기기에 성공적으로 적용된다.

5.10.7 단결정부품의 주조기술

니켈기 초합금제 가스터빈 블레이드와 반도체용 실리콘(규소) 웨이퍼 주조를 예로 들어, 단결정주조 및 성장기술을 설명한다. 물론 이 공정은 다른 합금이나 부품에 대해서도 적용된다.

■ **터빈블레이드의 일반주조방식** 전통적인 주조공정은 그림 5.18의 세라믹주형을 이용하는 인베스트먼트 주조이다. 용탕을 주형에 주입시키고, 주물은 세라믹주형 벽에서부터 응고되기 시작한다. 입자구조는 다결정으로 발달하며, 이때 형성된 결정립계는 고온에서 원심력이 작용할 때 균열과 크리프에 민감하다.

■ **방향성응고 블레이드** 방향성응고(directional solidification)공정(그림 5.29a 참조)은 1960년대에 개발되었으며, 기본적으로는 인베스트먼트 기술로 세라믹주형을 준비하여 예열시킨다. 이때 주형은 수냉 냉각판으로 지지한다. 주형에 용탕을 주입한 후, 천천히 냉각시키면 냉각판에서부터 결정이 생겨 위로 자라게 된다. 이렇게 블레이드는 길이방향의 방향성을 갖고 응고되므로, 가스터빈에서 생기는 원심력 방향에 강하다.

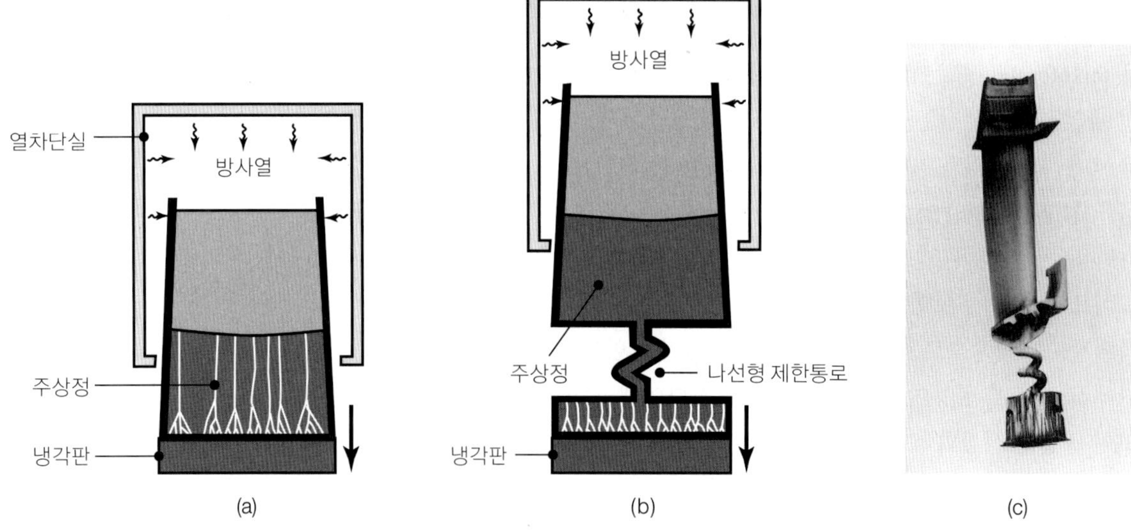

▲ **그림 5.29**

터빈블레이드의 주조법: (a) 방향성 응고, (b) 단결정 블레이드의 제조, (c) 주조 후의 단결정 블레이드.

■ **단결정 블레이드** 단결정 블레이드(single-crystal blade)공정(1967년에 처음 개발)에서 주형은 기본적으로 인베스트먼트 기술로 준비하되, 나사모양의 협로를 추가한다(그림 5.29b 및 c 참조). 단면 전체에서 결정을 한 개만 만들고, 어셈블리를 서서히 낮추면 주형에서 단결정이 위로 성장한다. 이때 이동속도를 매우 세심하게 조절하면 주형에서 단결정 블레이드가 응고된다. 다른 블레이드에 비해 값이 비싸지만(가장 큰 블레이드는 15 kg이 넘고 가격도 6,000 달러 이상임), 결정립계가 없기 때문에 크리프와 열충격에 대한 저항성이 커서 수명이 길고 신뢰성이 높다.

■ **단결정성장** 반도체산업의 출현으로 단결정성장(single-crystal growing)기술은 미소전자기기 제조의 중요한 부분이 되었다. 결정을 성장시키는 방법에는 기본적으로 두 가지가 있다. **결정풀링**(crystal pulling)방법은 **초크랄스키**(Czochralski) **공정**(그림 5.30a 참조)이라고도 하는데, 결정씨앗(seed)을 용탕에 담가서 천천히 회전하면서(1 rev/s) 약 10 μm/s의 속도로 서서히 당기는 방법이다. 용탕은 씨앗에서부터 응고되고, 결국은 용탕 전체가 씨앗의 결정구조로 된다. 이때 특별한 전기적 성질을 주기 위해 **불순물**(합금원소)을 첨가한다. 규소, 게르마늄, 기타 원소의 단결정이 이 공정으로 만들어진다. 이 기술로 직경 400 mm, 길이 2 m까지의 단결정잉곳을 만들 수 있고, 실용적으로는 집적회로용 실리콘 웨이퍼 제조에 200~300 mm 직경의 잉곳을 사용한다. 미소전자소자 제조에 사용하는 얇은 웨이퍼는 단결정 봉을 절단하여 연마한 것이다(제13장 참조).

결정을 성장시키는 두 번째 방법은 **플로팅존**(floating-zone)방법으로(5.30b 참조), 한쪽 끝이 단결정으로 된 실리콘 봉을 유도코일로 가열하면서 유도코일을 천천히 위로 이동시키면, 단결정은 방향을 유지하면서 위로 성장한다. 이 공정은 소량생산에는 비용효율이

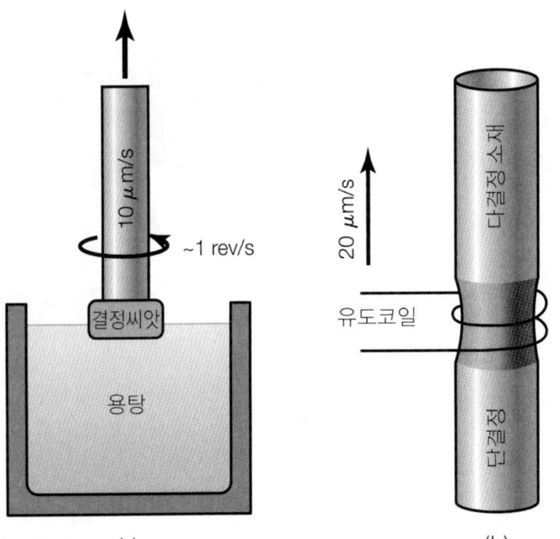

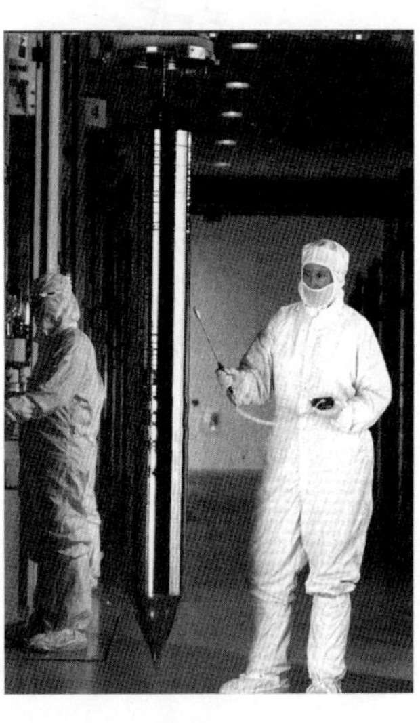

▶ **그림 5.30**
단결정성장 방법: (a) 결정풀링법(초크랄스키 공정), (b) 플로팅존법. 단결정성장은 반도체산업에서 특히 중요하다. (c) 초크랄스키 공정으로 제조된 실리콘 단결정잉곳.

높은 방법이지만, 제조할 수 있는 직경에 한계가 있어서 대부분 초크랄스키 공정으로 대체되었고, 150 mm 이하의 봉에만 아직 적용된다.

5.10.8 급속응고기술

1960년대에 처음 개발된 급속응고기술(rapid solidification)은 용탕을 10^6 K/s 정도의 매우 빠른 속도로 급랭시켜 결정이 생길만한 시간을 주지 않는 것이다. 이때 생기는 합금은 결정구조를 갖지 않으므로(3.2절 참조), **비정질금속** 또는 **금속유리**라고 한다. 비정질금속에는 철, 니켈, 크롬 등이 있으며, 탄소, 인, 보론, 알루미늄, 규소 등과 합금된다. 결정성 조직이라도 급속응고되면 고용도(solid solubility)가 증가하고, 결정립이 미세해지며, 미세편석이 감소된다.

비정질합금은 내부식성과 연성이 뛰어나고, 고강도이며, 자기이력손실이 매우 적고, 와전류에 대한 저항이 높으며, 투자율(透磁率, magnetic permeability)이 우수하다. 후자의 세 가지 성질을 이용하여 변압기, 발전기, 모터, 안정기, 자기증폭기, 선형가속기 등에 효율성이 높은 강자심재료로 사용된다. 또 다른 중요한 용도로는 급속응고된 초합금분말을 준정형가공하여 항공우주용 엔진부품으로 성형하는 것을 들 수 있다. 비정질합금은 선재, 리본, 판재, 분말 등의 형태로 생산된다. 비정질합금을 만드는 한 방법인 **멜트스피닝**(melt spinning)**공정**은 용탕(세라믹 도가니에 유도코일 사용, 그림 5.31 참조)에 고압가스를 작용시켜 회전하는 구리디스크 위로 고속사출하여 급속냉각시키는 방법이다.

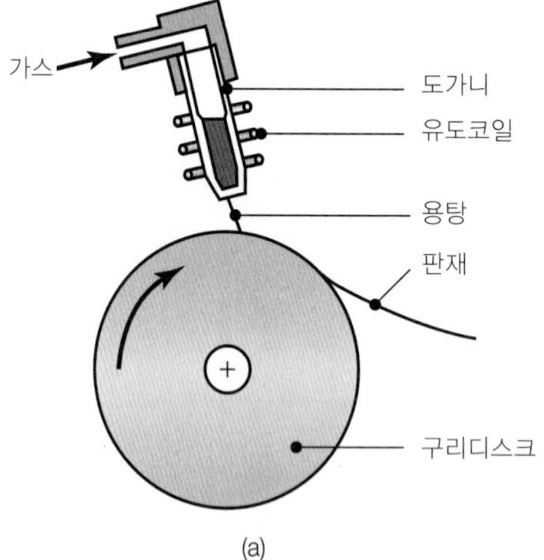

▶ **그림 5.31**
(a) 비정질금속판을 만드는 멜트스피닝공정, (b) 멜트스피닝으로 제조된 비정질 니켈합금 대판.

5.11 열처리법

금속이 가공되면서 생긴 각종 미세조직은 **열처리**(heat treatment)로 수정될 수 있다. 열처리는 소재를 가열한 후, 다양한 속도로 냉각시키며 상변태(phase transformation)를 유도하여, 강도, 경도, 연성, 인성, 내마모성과 같은 기계적 성질을 크게 개선하는 기술이다. 열처리효과는 주로 합금조성과 미세조직, 선행된 냉간가공도, 가열 및 냉각속도 등에 따라 달라진다.

5.11.1 철합금의 열처리

철-탄소계(5.2.5절 참조)에서 일어나는 미세조직의 변화는 다음과 같다.

■ **펄라이트** 공석강의 펄라이트 조직(5.2.6절 참조)에서 페라이트와 층상 세멘타이트가 얇고 조밀하면 **미세 펄라이트**, 층상이 두껍고 넓으면 **조대 펄라이트**라고 한다. 이 두 조직의 차이는 오스테나이트에서 펄라이트로 변태하는 공석과정에서의 냉각속도에 따라 결정되는데, 냉각속도가 빠르면(공랭의 경우) 미세 펄라이트, 느리면(가열로에서 냉각시키는 노냉의 경우) 조대 펄라이트가 된다.

냉각속도에 따른 오스테나이트에서 펄라이트로의 변태과정을 그림 5.32b와 c에서 잘 설명한다. 그림의 곡선은 **등온변태도** 또는 **TTT 선도**(time-temperature-transformation diagram)라고 한다. 이 선도는 오스테나이트에서 펄라이트로의 변태율을 그림 5.32a의 자료에 근거하여 온도와 시간의 함수로 나타낸 것이다. 온도가 높으면 변태에 걸리는 시간이 길어진다. 각 온도마다 변태개시에 필요한 최소의 시간이 있으며, 일정시간이 지나면 변태가 완료된다.

■ **스페로다이트**(spheroidite) 펄라이트가 공석온도 직전까지 가열되어 일정한 시간, 예를 들어 700°C에서 하루 정도 유지되면, 세멘타이트 층상(그림 5.4b 참조)은 구형으로 변환한다. 응력집중원으로 작용하는 세멘타이트의 층상과 달리, **스페로다이트**는 둥근 모양이므로 응력집중을 완화시킨다. 따라서 이 조직은 펄라이트 조직에 비해 높은 인성과 낮은 경도를 가지며, 구형입자가 재료 내에서 균열의 전달을 막아 주므로 냉간가공이 가능하다.

■ **베이나이트**(bainite) 베이나이트는 페라이트와 세멘타이트로 구성된 아주 미세한 조직으로 전자현미경으로만 볼 수 있다. 이 조직은 강에 합금원소를 첨가하고, 펄라이트 변태에 필요한 냉각속도보다 빠르게 냉각할 때 만들어진다. 이 조직을 갖는 베이나이트강은 같은 경도등급의 펄라이트강보다 연성과 강도가 우수하다.

■ **마르텐사이트**(martensite) 오스테나이트가 급랭되면(수냉 담금질 등), FCC 구조가 사각의 체심사각(BCT, body-centered tetragonal)구조로 바뀐다. 이는 체심입방의 사각기둥

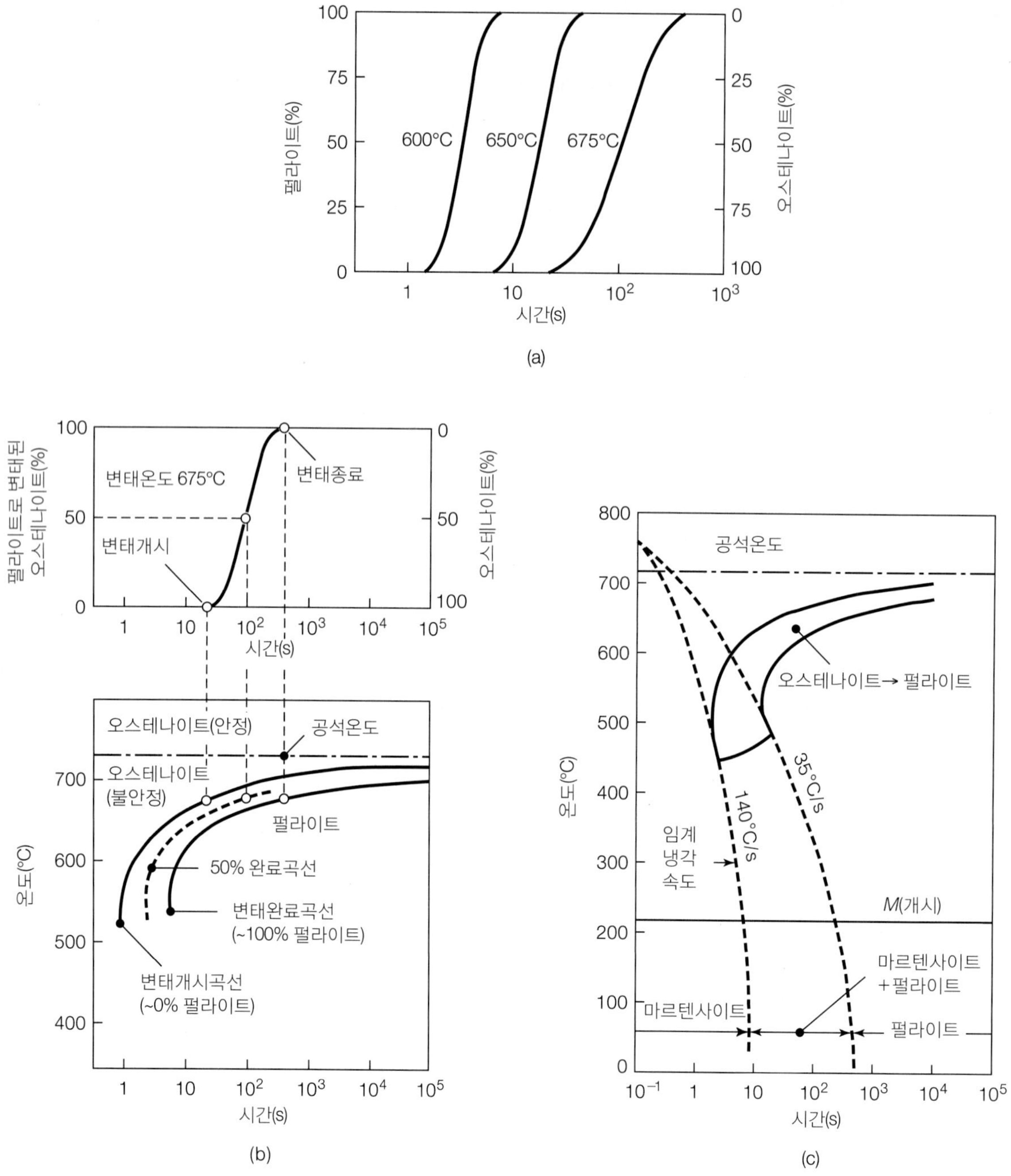

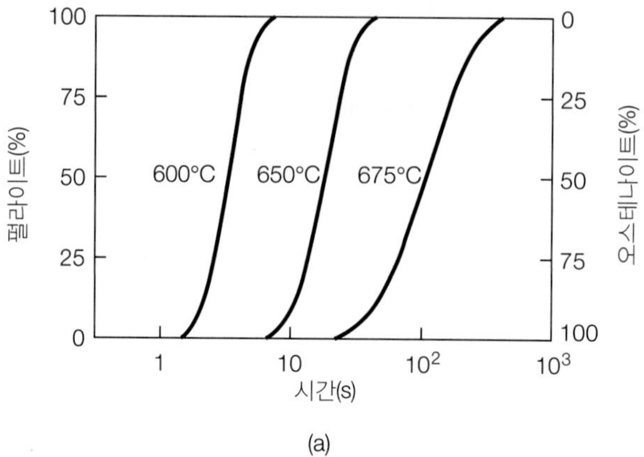

(a)

(b)

(c)

▲ 그림 5.32

(a) 시간 및 온도에 따른 철-탄소합금의 오스테나이트로부터 펄라이트로의 변태, (b) 변태온도 675°C일 때 (a) 선도를 이용하여 작성한 등온변태도, (c) 공석강의 냉각온도에 따른 미세조직.

으로 한 주축을 따라서 약간 길어진 구조로 **마르텐사이트** 조직이라고 한다. 이 구조는 BCC 구조보다 슬립계가 적고, 탄소가 침입형으로 존재하므로 매우 경하고 취성이 높다. 이때의 변태는 확산 현상(시간에 의존하는 현상)이 아니며, 거의 순식간에 발생한다(무확산 변태, 그림 5.32c 참조).

조직에서 변태가 일어나면 상마다 밀도가 다르기 때문에 체적 변화를 일으킨다. 예를 들어, 오스테나이트가 마르텐사이트로 변태될 때 체적이 4% 정도 증가한다. 오스테나이트가 펄라이트로 변태될 때도 작지만 체적팽창이 있다. 이 체적 변화로 내부응력이 발생하며, 담금질과정에서의 급랭으로 담금질균열이 발생하는 것처럼 열처리 시에 균열을 일으킬 수 있다.

■ **잔류오스테나이트**(retained austenite) 철합금을 담금질할 때 담금질온도가 충분히 낮지 않으면 오스테나이트의 일부만이 마르텐사이트로 변태되고, 나머지는 **오스테나이트로 잔류**되어 침상구조의 검은 마르텐사이트를 따라 흰 영역으로 보인다. 잔류오스테나이트는 치수불안정성을 야기하고, 경도와 강도를 저하시키며 균열의 원인이 된다.

■ **템퍼드 마르텐사이트** 템퍼링(5.11.5절 참조)은 마르텐사이트의 강도를 낮추면서 인성을 향상시키기 위한 재가열공정이다. 체심사각구조의 마르텐사이트를 BCC 알파 페파이트와 세멘타이트의 작은 입자로 구성되는 두 상으로 변환되는 중간온도까지 가열한다. 템퍼링시간이 길고 온도가 높으면 마르텐사이트의 경도가 낮아진다. 그 이유는 세멘타이트 입자가 합쳐져서 불안정한 작은 탄화물입자로 성장하면서 연한 페라이트 기지에 용해되어 입자간 거리가 멀어지기 때문이다.

■ **철합금의 경화능**(hardenability) 열처리에 의해 합금이 경화되는 능력을 **경화능**이라고 하며, 이는 소재를 가열하고 나서 담금질을 할 때 얻을 수 있는 경도깊이의 척도이다. (경화능이라는 용어를 재료의 압흔이나 긁힘에 대한 저항력인 경도(hardness)와 혼동하지 말아야 한다.) 철합금의 경화능은 탄소함유량, 오스테나이트의 결정립크기, 합금원소 등에 따라 달라진다. 합금의 경화능은 **죠미니**(Jominy)**시험법**으로 측정한다.

■ **담금질액**(quenching media) 담금질은 물, 염수, 기름, 용융염, 공기 등에서 행하며, 가성용액, 고분자용액, 각종 가스도 이용될 수 있다. 담금질액마다 열전도도, 비열, 증발열이 다르므로 열처리 소재의 냉각속도(담금질 정도)가 달라진다. 담금질액의 상대적인 냉각용량은 (1) 교반 염수 5, (2) 비교반 물 1, (3) 비교반 기름 0.3, (4) 차가운 가스 0.1, (5) 비교반 공기 0.02의 순서이다. 담금질액을 교반하면 냉각속도가 크게 달라진다. 공구강에서 담금질액은 문자로 표시하며(표 3.5 참조), 물 경화 W, 기름 경화 O, 공기 경화 A로 나타낸다. 냉각속도는 소재의 표면적 대 체적비에 따라서도 달라진다(식 (5.9) 참조). 이 비가 크면 냉각속도도 커지며, 예를 들어 두꺼운 판은 같은 면적의 얇은 판보다 천천히 냉각된다.

물은 상용되는 급랭 담금질액이지만, 가열된 금속표면에서 수포가 생겨 표면을 덮을 수 있다(**증기막**, vapor blanket). 이때는 열전도도가 낮은 증기가 열전도의 장벽이 되므로, 담금질액이나 소재를 교반하여 증기막을 감소시키거나 물을 고압으로 분사시키는 방법을 사용한다. 염수는 소금이 경계면에 교반효과를 주는 거품을 만들어주기 때문에 효과적인 담금질액이지만, 제품을 부식시킬 수 있다. **다이담금질**(die quenching)은 열처리 소재를 다이에 체결하여 담금질하는 방법으로 필요한 부분만 냉각시킬 수 있고, 냉각속도와 뒤틀림을 조절할 수 있다.

5.11.2 비철합금과 스테인리스강의 열처리

비철합금과 스테인리스강에는 철합금의 열처리법을 사용할 수 없다. 그 이유는 비철합금은 강이 겪는 상변태를 일으키지 않기 때문이다. 대신에, 열처리 가능한 알루미늄합금(3.11.1절 참조), 구리합금, 마르텐사이트계 석출경화 스테인리스강은 **석출경화법**(precipitation hardening)으로 경화되고 강화된다. 이 방법은 용해도가 포화되어 석출되는 현상을 이용하여 석출물이 원래 상의 기지에 균일하게 분산되도록(그림 5.2a) 하는 열처리법이다.

석출경화법에는 세 단계가 있다. 그림 5.33에 알루미늄-구리합금의 석출과정을 나타내었다. 95.5% Al-4.5% Cu의 조성을 갖는 합금에서 알루미늄(용매)에 대한 구리(용질)의 단상(κ 상) 치환고용체가 500~570°C 사이에서 존재한다. κ 상은 알루미늄이 풍부한 FCC 구조로 연성이 좋다. 용해도곡선 이하로 온도를 낮추면 κ와 θ(경한 금속간화합물, $CuAl_2$)의 두 상이 함께 나타난다. 이를 이용하여 열처리가 가능하고, 용체화처리나 석출로 성질을 개선할 수 있다.

■ **용체화처리**(solution treatment) 용체화처리는 합금을 κ 상 고용체 범위인 540°C로 가열한 후, 물에서 담금질하듯이 급랭시킨다. 급랭된 직후의 조직은 κ 단상으로만 구성된다(그림 5.33b의 *A* 참조). 이 조직은 적절한 강도와 우수한 연성을 가진다.

■ **석출경화** 그림 5.33b의 *A* 조직은 석출경화에 의해 강화될 수 있다. 합금을 중간온도까지 재가열하여 θ 상이 석출되는 일정시간 동안 유지한다. 구리원자는 알루미늄원자와 결합되는 핵생성위치로 확산이동하여 그림의 *B*의 κ 상 내 작은 점으로 표시된 θ 상을 형성한다. 이 조직은 *A* 조직보다 연성은 떨어지나 강도가 높다. 이러한 강도의 증가는 석출 부위가 전위이동을 방해함으로써 생긴다.

■ **시효**(aging) 석출과정은 시간과 온도에 따르므로 시효라고도 하며, 이를 이용하여 성질을 개선하는 것을 **시효경화**(age hardening)라고 한다. 이 과정이 상온 이상에서 이루어지면 **인공시효**(artificial aging)라고 한다. 그러나 일부 알루미늄합금은 시간이 지남에 따라 상온에서도 경화되고 강화되는데, 이것을 **자연시효**(natural aging)라고 한다. 이들 합금은 담금질한 후에 필요한 형상으로 상온에서 냉간성형하면 자연시효에 의해 강도와 경

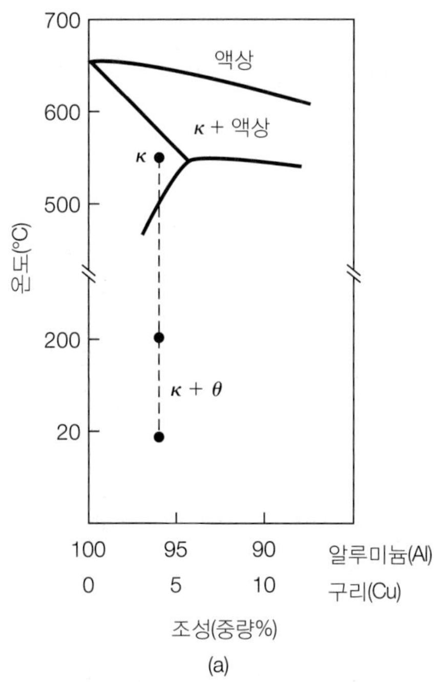

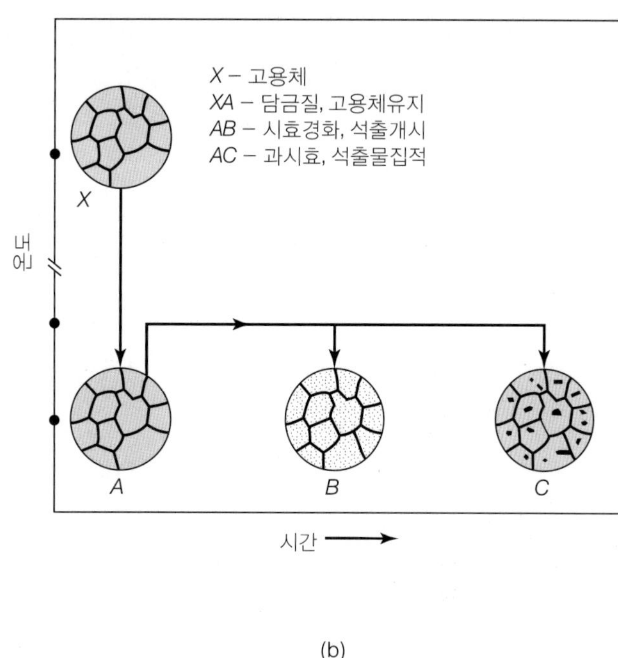

▲ **그림 5.33**
(a) 알루미늄-구리합금계의 상태도, (b) 시효경화과정에서 나타나는 미세조직.

도를 얻을 수 있다. 자연시효는 담금질된 소재를 냉동시킴으로써 지연시킬 수 있다.

석출경화과정에서, 소재를 가열하여 그 온도에서 너무 오래 유지시키면 석출물이 합쳐지면서 성장하여, 그림 5.33b의 *C*에서 큰 점으로 나타낸 것처럼 숫자는 적어지지만 크기가 커진다. 이를 **과시효**(overaging)라고 하는데, 소재는 연하고 강도가 떨어지며, 시간이 지남에 따라 치수안정성은 좋아진다. 따라서 시효과정에서 원하는 성질을 얻으려면 적절한 시간-온도관계의 조절이 필요하다. 시효된 합금은 특정 온도까지만 사용될 수 있고, 그렇지 않으면 과시효되어 강도와 경도가 떨어진다.

■ **마레이징**(maraging) 마레이징은 일부 고강도 철합금에 대한 석출경화 처리로, 마르텐사이트와 에이징을 합쳐서 만든 용어이다. 이 과정에서는 하나 이상의 금속간화합물(5.2.2절 참조)이 저탄소 마르텐사이트의 기지에 석출된다. 전형적인 마레이징강은 18%의 니켈과 기타 원소로 이루어지고 480°C에서 시효시킨 것이다. 마레이징에 의한 경화는 냉각속도에 의존하지 않으므로, 뒤틀림이 거의 없이 넓은 부분에 걸쳐 완전히 균일한 경도를 얻을 수 있다. 마레이징강은 주조, 단조, 압출 등의 다이 및 공구용으로 잘 이용된다.

5.11.3 표면경화법(case hardening)

이제까지 기술한 열처리공정은 소재 전체의 미세조직을 바꾸는 경화기구이다. 그러나 많

표 5.7 표면경화처리의 요약

공정	경화대상금속	표면첨가원소	절차	일반특성	용도
침탄법 (carburizing)	저탄소강(0.2% C), 합금강 (0.08~0.2% C)	C	탄소를 함유하는 기체분위기나(가스침탄법), 탄소를 함유한 고체(고체침탄법)와 함께 870~950°C로 가열한 후 담금질.	경도가 높은 고탄소표면생성. (55~65 HRC) 침탄깊이는 0.5~1.5 mm 이내. 열처리 중에 제품일부 뒤틀림 가능.	기어, 캠, 축, 베어링, 피스톤, 핀, 스프로킷, 클러치판
침탄질화법 (carbonitriding)	저탄소강	C, N	탄소함유 기체와 암모니아 분위기에서 700~800°C로 가열한 후 유냉담금질.	표면경도 55~62 HRC. 경화깊이 0.07~0.5 mm. 침탄법보다 뒤틀림 적음.	볼트, 너트, 기어
청화법 (cyaniding)	저탄소강(0.2% C), 합금강 (0.08~0.2% C)	C, N	청화물용액(예: 30% 시안화나트륨)이나 기타 염욕조에서 760~845°C로 가열.	표면강도 최대 65 HRC. 경화깊이 0.025~0.25 mm. 뒤틀림 있음.	볼트, 너트, 스크류, 소형기어
질화법 (nitriding)	강(1% Al, 1.5% Cr, 0.3% Mo), 합금강(Cr, Mo), 스테인리스강, 고속도강	N	암모니아가스 분위기나용융청화염에서 500~600°C로 가열. 후속열처리 없음.	표면경도 최대 1100 HV. 경화깊이 0.1~0.6 mm(고속도강의 경우에는 0.02~0.07 mm).	기어, 축, 스프로킷, 벨브, 커터, 보링바, 연료분사펌프 부품
붕화법 (boronizing)	강	B	보론을 함유하는 기체나 고체에서 가열.	표면의 경도 및 내마모성 극히 우수. 경화깊이 0.025~0.075 mm.	공구 및 금형강
화염경화법 (flame hardening)	중탄소강, 주철	필요없음	표면을 산소아세틸렌 화염으로 가열하고 물분사나 기타 방법으로 담금질.	표면경도 50~60 HRC. 경화깊이 0.7~6 mm. 약간 뒤틀림.	기어 및 스프로킷의 치형, 액슬, 크랭크축, 피스톤 봉, 선반베드 및 센터
(고주파)유도경화(induction hardening)	위와 같음	필요없음	소재를 구리유도코일에 넣고 고주파전류로 가열한 후 담금질.	위와 같음.	위와 같음.

은 경우에 표면의 성질만 바꾸는 것(즉, 표면경화), 특히 표면압입, 피로, 마모에 대한 저항성을 개선하는 것이 필요하다. **표면경화법**은 기어 치형, 캠, 축, 베어링, 체결부품, 핀, 자동차 클러치판, 공구 및 금형 등에 적용된다. 이들 부품을 전체적으로 경화시키면 인성이 부족해지므로 바람직하지 않다. 인성이 부족하면 표면에 작은 균열이 생길 경우 급속히 번져 제품을 완전히 파손시킬 수 있다.

표면경화법에는 **침탄법, 침탄질화법, 청화법, 질화법, 붕화법, 화염경화법, 유도경화법**이 있으며(표 5.7 참조), 각 방법은 첨가원소(탄소, 질소, 붕소 등)가 함유된 분위기에서 소재를 가열하여 조성과 미세조직, 표면성질을 변경한다.

탄소를 많이 포함하는 강의 경우에는 첨가원소 없이도 표면경화가 이루어진다. 화염경화나 유도경화(고주파경화)만으로도 5.11.1절에서 설명한 열처리공정의 원리로 표면근처의 미세조직이 변경된다. 레이저빔이나 전자빔도 표면 일부나 전체표면의 경화에 사용되며, 경우에 따라서는 소형부품 전체를 경화시키는 데도 사용된다.

표면경화는 국부적인 열처리공정이므로, 표면경화된 부분에는 경도구배가 생긴다. 표면의 경도는 높지만 내부로 들어갈수록 낮으며, 이 비율은 재료의 조성과 공정변수에 따라 달라진다. 표면경화기술로 템퍼링을 하면 열처리된 표면의 성질을 수정할 수도 있다. 열처리가 아닌 기계적 방법으로도 표면을 경화시킨다. 그 예로, 숏피닝이나 표면압연으로 내마모성이나 기타 특성을 개선하는 것을 들 수 있다(4.5.1절 참조).

■ **탈탄작용**(decarburization) 이는 탄소함유 합금을 열처리하거나 열간가공할 때, 산소와 같은 반응물의 존재로 인해 표면에서 탄소를 빼앗기는 현상이다. 이 현상은 탄소함유량을 낮춰 표면경화에 영향을 미치므로 바람직하지 않고, 내구한도를 크게 낮춰 경도, 강도, 피로수명에 나쁜 영향을 미친다. 탈탄작용을 막으려면 열처리를 불활성기체나 진공 분위기에서 작업하거나, 중성염욕을 사용한다.

5.11.4 풀림처리(annealing)

풀림처리(燒鈍)는 냉간가공되었거나 열처리된 소재가 원래의 성질을 갖도록 미세조직을 바꾸는, 즉 연성(성형성)을 증가시키고 경도와 강도를 줄이는 공정이다. 또한 가공된 부품의 기계가공성과 치수안정성을 개선하기 위해 잔류응력을 푸는 데도 사용된다(2.10절 참조). 풀림처리란 용어는 유리의 열처리(11.11.2절 참조)와 용접 후 처리(제12장 참조)에서도 사용된다.

풀림처리공정은 (1) 특정 온도영역까지 소재가열, (2) 일정시간 동안 특정 온도 유지, (3) 서랭의 순서로 이루어진다. 이때 산화를 최소화하려면, 불활성기체나 조절된 분위기를 사용하고 가능한 낮은 온도에서 수행한다. 풀림처리온도는 보통 재결정온도보다 높으

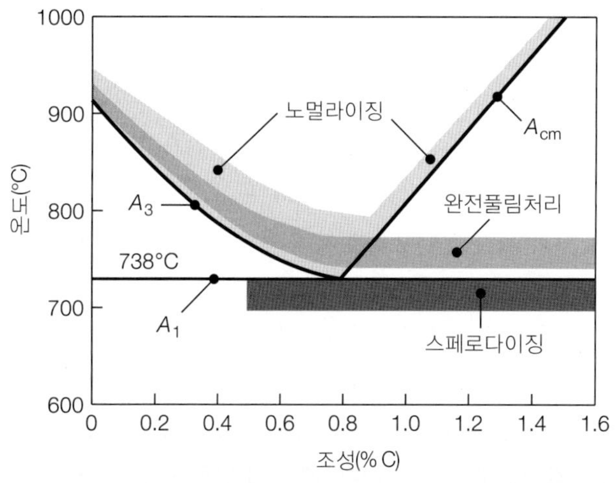

▶ **그림 5.34**
철-탄화철 평형상태도에 나타낸 일반탄소강의 열처리온도범위.

며 냉간가공도에 따라 달라진다(즉, 저장에너지, 2.12.1절 참조). 예를 들어, 구리의 재결정 온도는 200~300°C 정도인 반면, 원래의 성질을 완전히 회복하는 풀림처리온도는 260~650°C 정도이다.

완전풀림처리(full annealing)는 저탄소강 및 중탄소강의 풀림처리에 보통 이용된다. 소재를 그림 5.34의 A_1 또는 A_3 이상으로 가열하였다가, 가열이 끝난 로 안에서 시간당 10°C 정도의 속도로 서서히 냉각시킨다. 완전풀림처리로 얻는 조직은 조대 펄라이트로써, 부드럽고 연성이 크며 균일미세 결정립을 갖는다. 강의 풀림처리에서 일어나는 과도한 연화는 전체 냉각공정을 공기 중에서 행하면 피할 수 있다. 이 공정을 **노멀라이징**(normalizing, 불림)이라고 하며, 소재가 오스테나이트 조직으로 변태되도록 A_3나 A_{cm}의 온도까지 가열한다. 노멀라이징된 제품은 완전풀림처리된 제품에 비해 강도와 경도가 다소 높고 연성은 좀 떨어지며, 작고 균일한 미세 펄라이트 조직을 얻는다. 노멀라이징은 일반적으로 결정립을 미세화하고 균일한 조직으로 만들며, 잔류응력을 줄이고 절삭성을 향상시킨다.

■ **공정풀림처리** 이는 소재가 냉간가공을 받으면서 가공경화로 상실한 연성을 되찾을 목적으로 행하는 풀림처리이다. 이 방법으로 가공물은 최종형상으로 계속 가공될 수 있다. 온도가 높거나 풀림처리시간이 길어지면 결정립성장이 일어나고 성형성에 오히려 나쁜 영향을 준다.

■ **응력제거 풀림처리**(stress-relief annealing) 잔류응력은 성형가공, 기계가공에 따른 불균질변형이나 상변태에 따른 체적 변화로 인해 생긴다. 응력제거 풀림처리는 소재에 생긴 잔류응력을 없애거나 줄이는 열처리법으로, 필요한 시간과 온도는 재질과 잔류응력의 크기에 따라 다르다. 강의 경우, 그림 5.34의 A_1 이하 온도로 가열하여 상변태를 피하면서 공기 중에서 서랭시킨다. 이 공정을 거치면 잔류응력으로 인한 뒤틀림을 방지하여 치수안정성을 좋게 하고 응력부식균열(3.8.2절 참조)의 가능성을 낮출 수 있다.

5.11.5 템퍼링(tempering)

강이 열처리에 의해 경화된다면, 템퍼링(뜨임, 燒戾)은 취성을 줄이고 연성과 인성을 좋게 하며 잔류응력을 줄이는 데 이용된다. 템퍼링은 강을 조성에 따라 특정 온도까지 가열한 후, 정해진 속도로 냉각시키는 방법이다. 합금강은 **뜨임취화**를 겪기도 하는데, 이는 480~590°C 정도에서 결정립계를 따라 불순물의 편석에 의해 야기된다. 템퍼링이란 용어는 유리의 열처리에도 사용된다(11.11.2절 참조).

오스템퍼링(austempering)은 가열된 강을 오스테나이타이징 온도에서 페라이트나 펄라이트 조직이 나타나지 않을 정도로 급속하게 냉각하고, 오스테나이트에서 베이나이트로 완전히 등온변태가 일어날 때까지 특정 온도에서 유지시킨 후, 소재에 열구배가 생기지 않을 정도로 상온까지 서서히 냉각시킨다(보통 공랭). 이때 일차 담금질액으로 많이 이용되는 것은 용융염으로 160~750°C 정도의 온도범위에서 사용한다.

오스템퍼링은 일반 담금질 후 템퍼링하는 과정을 대체함으로써 (1) 담금질균열과 뒤틀림을 감소시키며, (2) 경도를 유지하면서도 연성과 인성을 향상시킨다. 공정시간이 비교적 짧아서 많은 경우에 경제적이다. **수정 오스템퍼링**은 펄라이트와 베이나이트의 혼합 조직을 얻는 열처리법이며, 좋은 예로 **퍼텐팅**(patenting)을 들 수 있다.

마르템퍼링(martempering 혹은 marquenching)은 강 또는 주철을 오스테나이타이징 온도로부터 고온용액(기름이나 용융염)에 담가서 급랭시키는 공정이다. 소재 전체의 온도가 균일해질 때까지 고온용액에서 유지한 후, 온도구배가 생기지 않도록 공기 중에서 서랭시킨다. 이때의 조직은 템퍼링되지 않은 마르텐사이트로, 대부분의 사용목적에 부적합하므로 템퍼링시킨다. 마르템퍼링 강은 열처리에 의한 균열이나 뒤틀림, 잔류응력이 발생할 가능성이 낮다. **수정 마르템퍼링**은 담금질온도를 낮추고 냉각속도를 크게 한 열처리법으로 경화능이 낮은 강에 적합한 방법이다.

오스포밍(ausforming)은 **가공열처리**(thermomechanical processing)라고도 하며, 조절된 온도영역에서 원하는 모양으로 소재를 성형하면서 비마르텐사이트 변태가 일어나지 않도록 시간을 조절하는 방법이다. 제품이 원하는 미세조직을 얻을 수 있도록 다양한 속도로 냉각시킨다. 오스포밍된 부품은 뛰어난 기계적 성질을 갖는다.

5.11.6 극저온처리(cryogenic treatment)

극저온처리법은 강을 상온에서 −180°C(93 K)의 온도까지 열충격을 일으키지 않도록 분당 2 K의 냉각속도로 천천히 냉각시키고, 그 온도에서 소재를 24~36시간 정도 유지함으로써 오스테나이트를 마르텐사이트로 천천히 완전하게 전환하는 방법이다(일반 담금질에서의 전환율은 50~90% 정도). 그 결과, 탄소가 추가로 석출되고(크롬, 텅스텐, 기타 원소와 함께), 잔류응력이 해소되며, 소재는 미세결정립 구조를 갖는다. 24~36시간의 극저온처리 후에는 마르텐사이트를 안정화시키기 위해 소재를 템퍼링처리한다.

강의 극저온처리로 경도와 내마모성이 향상된다. 한 예로, D-2 공구강(3.10.2절 참조)의 내마모성은 극저온처리를 통해 800% 이상 증가하고, 대부분의 공구강은 100~200% 정도 수명이 연장된다. 극저온처리는 공구 및 금형, 치과기기, 항공우주재료, 골프클럽 헤드, 포신 등에 적용된다.

5.11.7 열처리 설계

앞에서 언급한 금속학적 요소들과 함께, 균열이나 뒤틀림, 불균일한 성질을 피하기 위해서는 제품설계 시 열처리에 대한 고려가 필요하다. 담금질과정에서의 냉각속도는 복잡한 모양, 즉 단면의 변화나 두께에 차이가 있을 경우에, 불균일해져서 온도구배가 생기면서 수축량에 차이를 가져와 열응력이 생기고, 경우에 따라 균열, 잔류응력, 응력부식균열을 발생시킬 수 있다.

제품설계 시 열처리에 대한 일반적 지침으로 (1) 가급적 부품두께를 일정하게 하거나, 급격한 두께 변화를 피하고, (2) 내부나 외부에 날카로운 구석을 피하며, (3) 구멍, 긴 홈, 키 홈, 스플라인, 비대칭 부분은 균열발생의 위험으로 인해 열처리하기가 곤란하고, (4) 얇은 두께의 넓은 면은 뒤틀리기 쉬우며, (5) 열간단조품이나 열연제품은 표면에 **탈탄 현상**이 생겨서 적절하게 열처리되지 않을 수도 있음을 염두에 두어야 한다.

5.11.8 주물 청정, 마무리, 검사

주형에서 제품을 분리한 후에는 각종 추가공정이 행해진다. 사형주조에서는 주물을 주형으로부터 꺼낸 후, 진동이나 샌드블라스팅으로 주물에 묻은 모래와 산화층을 제거한다. 또한 절삭성(8.5절)을 해치는 표면산화층을 없애려면, 화학물질을 이용한 피클링(산세작업)이나 전기화학방법으로 세척한다. 주물의 **마무리작업**으로는 금형을 이용한 진직작업이나 단조, 최종치수를 얻기 위한 기계가공 및 연삭 같은 작업이 있다.

주물이 설계요건을 충족시켰는지, 주물품질을 측정하고 결함을 찾아내려면 적절한 검사방법을 사용해야 한다. 주물의 표면결함은 시각적이나 광학적으로 검사한다. 주물 내부결함은 4.8절에 설명한 비파괴검사법을 이용할 수 있다. 파괴검사법으로는 여러 영역에서 시편을 채취하여 강도와 연성을 비롯한 기계적 성질들을 검사하고, 내부결함의 유무와 위치를 알아낸다.

주물(밸브, 펌프, 파이프 등)의 **압력누설**은 보통 주물의 개방구를 막아놓고 물이나 기름, 공기로 압력을 가하여 압력이 유지된 상태에서 누설상태를 점검함으로써 알 수 있다.

5.12 주조설계

모든 공학실무 및 가공작업에서와 마찬가지로, 주조분야에도 오랫동안 주물에 적절한 설계원리와 지침들이 개발되어 왔다. 이 원리들은 주로 실제경험을 바탕으로 하였으나, 이제는 해석적 방법이나 컴퓨터응용 설계 및 가공기술(제15장 참조)이 보편적으로 사용되어 주물의 생산성과 품질을 높이고 있다. 게다가, 설계를 세심하게 하면 많은 비용절감을 가져온다. 제품설계에 영향을 줄만한 주조공정별 장점과 한계를 표 5.8에 요약하였다.

5.12.1 주물결함

주조설계와 작업에 따라 주물에는 각종 결함이 발생할 수 있다. 같은 결함에 대해 여러 가지 다른 명칭이 사용되어 오던 것을 ICFTA(국제주조기술위원회, International Committee of Foundry Technical Associations)에서는 주조결함을 다음의 7가지로 표준화하였다.

표 5.8 각 주조공정의 장점과 한계

공정	장점	한계
사형주조	대부분의 금속 주조가능; 크기, 모양, 무게에 제한없음; 공구비용 저렴.	부분적으로 마무리공정 필요; 표면정도; 공차가 거친 편.
셸주조	치수정확도 및 표면정도 양호; 생산속도 높음.	제품크기에 제한; 모형 및 소요장비가 고가임.
소실모형	크기에 제한없이 거의 모든 금속 주조가능; 복잡한 형상가능.	모형의 강도가 낮음; 소량생산일 경우 고가임.
석고주형	복잡한 형상에 적용; 치수정확도 및 표면정도 양호; 기공발생 적음.	비철금속에 국한; 크기와 생산량에 제한; 주형 제작시간이 긴 편.
세라믹주형	복잡한 형상에 적용; 공차가 작은 제품; 표면정도 양호.	크기에 제한.
인베스트먼트	복잡한 형상에 적용; 치수정확도 및 표면정도 우수; 거의 모든 금속에 적용가능.	제품크기에 제한; 모형, 주형, 인건비가 고가임.
영구주형	치수정확도 및 표면정도 양호; 기공발생 적음; 생산속도 높음.	주형비용 고가; 형상 및 복잡성에 제한; 고용융점 금속에 부적절.
다이캐스팅	치수정확도 및 표면정도 우수; 생산속도 높음.	금형비용 고가; 비철금속에만 적용; 생산개시기간이 긴 편.
원심주조	대형 원주형제품을 양호한 품질로 주조; 생산속도 높음.	장비가 고가임; 제품형상에 제한.

1. **금속돌출**(metallic projections): 휜(fin), 플래시, 거친 표면, 팽창(swell) 같은 전면적인 돌출부
2. **기공**(cavities): 블로홀(blowhole), 핀홀(pinhole), 수축공동 같은 둥글거나 거친 내부 혹은 표면 공동부(다음 페이지의 미소기공(porosity) 참조)
3. **불연속부**(discontinuities): 균열이나 저온 및 고온 찢어짐(tearing), 콜드셧(coldshut). 응고금속의 수축이 구속되면 균열이나 찢어짐이 발생한다. 조대결정립이나 결정립계를 따라 존재하는 저융점 편석이 찢어짐의 경향을 증가시킨다. **콜드셧**은 부분응고된 두 용탕이 마주치면서 생긴 완전히 융합되지 않은 경계면을 일컫는다.
4. **표면결함**(defective surface): 표면접힘(surface fold), 겹침(lap), 표면흠(scar), 모래층 흡착, 산화물스케일 등
5. **불완전한 주물**(incomplete casting): 조기응고로 인한 유동부족(misrun), 용탕부족, 주입온도가 너무 낮거나 주입시간이 너무 긴 용탕, 주입 후 주형으로 용탕 손실되는 런아웃 등
6. **부정확한 치수와 형상:** 부적절한 수축여유, 모형설치오차, 불규칙한 수축, 모형의 변형, 주물의 뒤틀림 등으로 인해 발생
7. **개재물**(inclusions): 용해, 응고, 조형 과정에서 혼입. 개재물은 (1) 용해 시에 분위기(보통 산소)나 도가니재료와의 반응, (2) 용탕의 원소끼리 화학반응, (3) 슬래그나 외부물질이 용탕에 갇혀서, (4) 용탕과 주형재료 사이의 반응결과, (5) 주형이나 코어 표면의 파편이 떨어져서 만들어진다. 따라서 용탕품질을 잘 유지하고 주형상태를 지속적으로

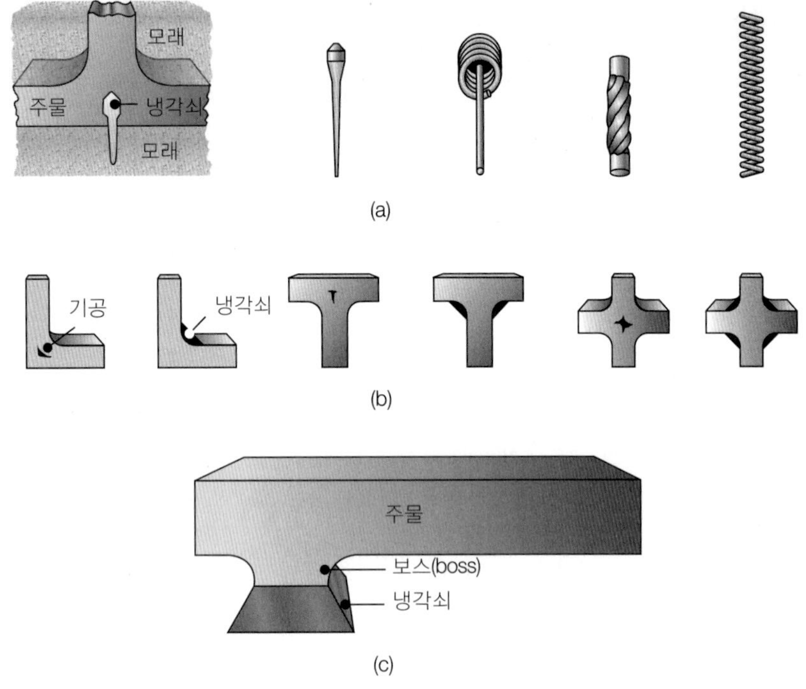

▶ **그림 5.35**
주물의 수축으로 인한 기공을 방지하기 위해 (a) 내부냉각쇠, (b) 외부냉각쇠를 사용한 모양, (c) 냉각쇠는 주위보다 체적이 큰 부분에 사용한다.

점검하는 것이 매우 중요하다.

일반적으로 비금속개재물은 응력집중원으로 작용하고, 또한 주물강도를 감소시키므로 유해하다. 또한 주물 내의 경한 개재물은 후속 절삭작업에서 절삭공구를 파손시킬 수 있다. 개재물은 용탕의 처리과정에서 여과할 수 있다.

■ **미소기공** 주물의 기공은 **수축** 또는 가스로 인해 생기고, 주물의 연성과 표면정도에 치명적이며, 표면은 침투성을 갖게 되고, 압력용기로 쓰일 경우 압력누설이 생길 수 있다. 주물의 얇은 부분은 두꺼운 부분보다 빨리 응고되므로, 그 결과 용탕은 이미 표면이 응고된 두꺼운 부분의 미응고영역으로 흘러갈 수가 없어서 수축기공이 생긴다. 또한 용탕이 응고되면서 수축하여 수지상정 사이나 그 가지 사이에서 **미세기공**(microporosity)이 생기기도 한다(그림 5.8 참조).

수축기공을 감소시키거나 제거하는 방법으로는, (1) 사형주조에서 두꺼운 부분의 응고속도를 높이는 데 사용하는 내/외부 **냉각쇠**(chill, 그림 5.35)를 사용한다. 내부냉각쇠는 주물재료와 같은 재료로 만들고 외부냉각쇠는 주물과 같은 재료나 철, 구리, 흑연 등으로 만든다. (2) 열전도도가 높은 주형재료를 사용하여 온도구배를 급하게 함으로써 열유동을 조절하여 기공을 줄이거나 없앨 수 있다. (3) 주물을 **열간균형압축**(HIP, 11.3.3절 참조)하면 기공을 없앨 수 있지만, 이 방법은 고가이므로 항공기부품처럼 매우 중요한 곳에만 적용된다.

가스로 인해 기공이 생기는 과정은, 액상이 고상보다 **가스용해도**가 커서(그림 5.36 참

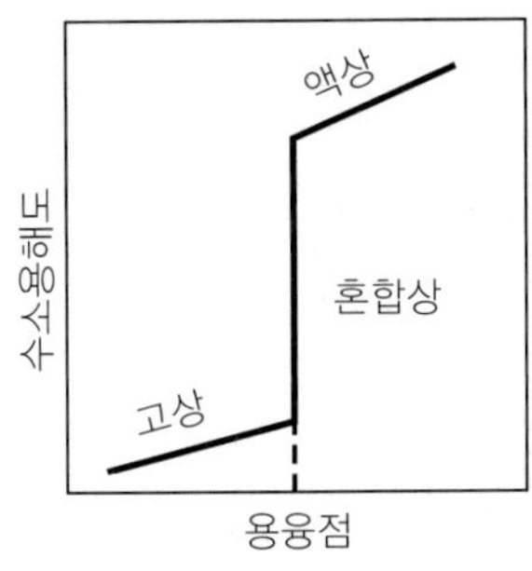

▶ 그림 5.36
알루미늄에 대한 수소의 용해도. 용탕이 응고하기 시작하면 용해도는 급격히 감소함.

조), 주물로 응고되면 용탕에 녹아있던 가스가 방출되어 기공이 생기는 것이다. 또한 용탕이 주형재료와 반응하여 가스가 생기는 경우도 있다. 일단 발생한 가스는 수지상정 가지 사이처럼 이미 존재하는 기공에 축적되면서 주철, 알루미늄, 구리 주물에서는 미세기공으로 남는다.

용탕에 용해된 가스는 불활성기체를 불어넣어 제거하거나 금속을 진공에서 용해하고 주입함으로써 없앨 수 있다. 만약 용해된 가스가 산소라면 탈산제를 사용하는데, 철에는 보통 알루미늄이나 규소, 구리기 합금에는 인을 15% 포함하는 구리를 탈산제로 사용한다.

미세기공은 수축의 결과인지 혹은 가스에 의한 것인지 결정하기 어렵다. 만약 기공이 구형으로 매끄러우면 일반적으로 가스에 의한 것이고, 기공벽이 거칠고 각이 져 있으면 수축에 의한 것이다. 큰 기공은 보통 수축에 의한 것이므로 **수축공동**(shrinkage cavities)이라고 한다.

5.12.2 일반적 설계 고려사항

주조설계에서 다룰 사항은 (1) 기하학적 형상이나 공차와 같이 제품설계에서 고려할 것과 (2) 원하는 주물을 생산하는 데 필요한 주형특성에 관한 것의 두 유형으로 분류된다. 주물을 강건설계하려면 일반적으로 다음 절차를 따른다.

1. 쉽게 주조될 수 있도록 제품을 설계할 것. 이에 관한 중요한 설계 고려사항에 대하여 이 장 전체에 걸쳐서 설명하였다.
2. 제품, 크기, 치수정확도, 표면조직, 기계적 성질에 적합한 주물재료와 주조공정을 선택할 것.
3. 주형이나 금형의 분리선을 합리적으로 설정할 것.
4. 라이저, 탕구, 스크린을 포함하는 탕구계를 설계하고, 설치할 때는 용탕이 주형공동부에 균일하게 공급되도록 할 것.
5. 주조작업이 잘 관리된 상태에서 정확하게 이루어질 수 있도록 할 것.

■ **주물의 설계** 다음의 지침들은 모든 유형의 주물에 대해 일반적으로 적용된다.

1. **모서리, 각, 단면두께.** 날카로운 모서리, 각, 필렛(fillet)부분은 응력집중원으로 작용하여 용탕이 응고하는 동안 주물에 균열이나 찢어짐을 발생시키므로 피하는 것이 좋다. 특히 필렛부분은 응력집중을 낮추고 용탕유동이 잘되도록 반경을 주의 깊게 선택해야 한다. 일반적으로는 3~25 mm 정도로 하며, 소형주물이나 특별한 용도로 사용하는 주물에는 이보다 작은 반경도 허용된다. 반면에, 필렛반경이 너무 크면 필렛부분의 체적이 커져서 결과적으로 냉각속도가 느려진다.

   단면두께의 변화도 부드럽게 이어져야 한다. 이때 단면이 주변보다 큰 지역(단면에 가장 큰 내접원이 그려지는 곳, 그림 5.37b, c, d)은 냉각속도가 매우 느리므로 **열점**(hot spot)이라고 하고, 여기에는 **수축공동**과 **기공**이 집중된다. 열점에서의 수축공동은 작은 코어를 설치함으로써 피할 수 있지만, 사전에 주물 전체에 걸쳐서 벽두께나 단면이 균일하도록 설계하는 것이 수축공동을 피하는 방법이다. 필요하다면, 생산비용이 많이 들더라도 외부냉각쇠 역할을 하도록 주형에 **금속냉각쇠**, 즉 패딩(padding)을 설치하여 열점을 줄이거나 제거할 수 있다(그림 5.35 참조).

2. **평탄면.** 넓고 평탄한 면은 냉각되는 도중의 온도구배에 의해 뒤틀림이 생기거나, 용탕 주입 시 불균일한 유동으로 인해 표면정도를 저하시킬 수 있기 때문에 피해야 한다. 이 목적으로 평탄면에 갈지(之)자 모양의 리브나 세레이션을 두는 기법을 흔히 사용한다.

3. **수축.** 응고되는 동안 주물의 균열을 피하기 위해서는 항상 수축여유가 주어져야 한다. 리브가 교차하는 구조를 가진 주물에서는 리브를 엇갈리게 설계하거나 교차부의 형상을 수정하여 인장응력을 줄여야 한다. 모형의 치수도 응고와 냉각에 의한 수축에 대비하여 여유를 갖고 있어야 한다. 이때 **수축여유**는 약 10~20 mm/m 정도를 준다.

4. **드래프트**(draft). 사형주조 시에는 주형의 손상 없이 모형을 빼낼 수 있도록 작은 구배, 즉 드래프트를 준다. 일반적으로 5~15 mm/m를 주며, 드래프트각은 모형의 재질에 따

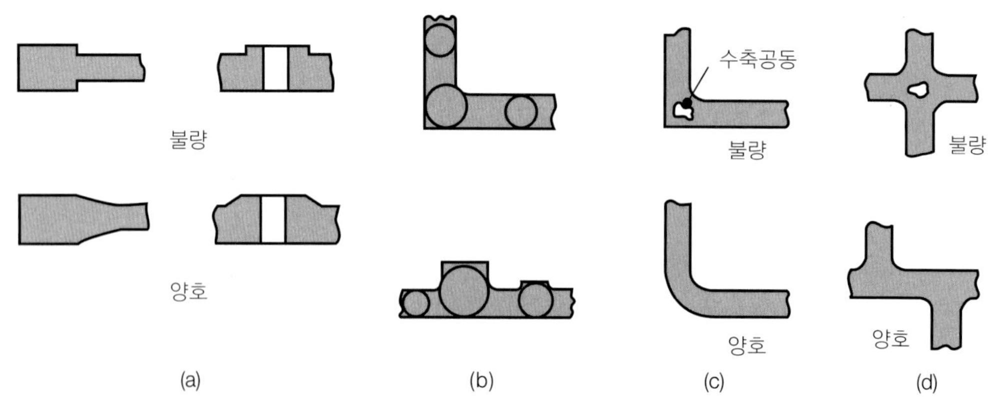

▲ 그림 5.37

(a) 주물결함을 피하기 위한 설계변경. 응력집중을 완화시키기 위해 예리한 코너를 피한다. (b), (c), (d) 주물단면적의 급격한 변화를 피해 열점과 수축공동을 방지하기 위한 설계변경.

라 보통 0.5~2° 정도로 한다. 주물은 내부로 수축되므로 내면의 드래프트각은 이 범위의 두 배 정도가 되어야 한다.

5. **치수공차.** 공차는 주조공정, 주물크기, 사용되는 모형의 종류에 따라 다르게 준다. 공차는 생산비용과 직결되므로 제품성능에 문제가 없는 한 가급적 크게 준다. 소형주물의 경우 ±0.8 mm 정도, 대형주물의 경우는 최대 ±6 mm 정도를 주는 것이 보통이다. 공차는 주형의 한 부분에서는 작게 주더라도 다른 부분과 만날 때는 누적하여 증가되어야 한다.
6. **문자 및 기호 표기.** 주물에는 문자, 숫자, 회사로고와 같은 식별기호를 표시하는 것이 보통이다. 이들 기호는 주물표면에 볼록하게 돌출시키거나 오목하게 파서 나타낼 수 있다. 사형주물을 예로 들면, 모형판을 CNC 밀링머신(8.10절)으로 기계가공할 때, 모형면에 오목하게 글자를 가공하면 된다. 반면에, 다이캐스팅에서는 금형면에 글자를 가공하면, 주물표면에서는 튀어나온 돌출부가 된다.
7. **마무리작업.** 주물에는 기계가공이나 마무리공정이 후속되는 경우가 많음을 중요시 여겨야 한다. 만일 후속가공으로 주물에 구멍을 뚫어야 한다면, 곡면보다는 평면에 구멍을 설정하는 것(드릴의 위치잡기를 감안하여)이 유리하다. 나아가, 구멍위치의 주물표면에 미리 작은 홈을 만들어 두면 드릴작업의 시작점으로 삼을 수 있으므로, 보다 좋은 설계라 할 수 있다. 또한 후속 마무리공정이 필요하다면, 공작기계에 주물이 잘 설치될 수 있는 형상을 미리 만들어 두어야 한다.

■ **주조공정의 선택** 주조공정을 선택하는 데 도움이 되도록, 각 공정의 장점과 한계를 표 5.8에 요약하여 나타내었다. 이 책에서 일관되게 설명한 것처럼, 공정선택은 경제적 고려사항과 별개로 생각할 수 없으며, 주조의 경우에는 5.13절에서 논의하였다.

■ **분리선의 위치** 분리선(parting line)의 위치에 따라 주형설계, 조형작업의 용이성, 코어의 필요형상 및 개수, 지지방법, 탕구계가 결정되므로, 그 위치가 매우 중요하다. 주형 내에서 주물은 부피가 큰 부분을 밑으로 오게 하고 가급적 높이를 낮추도록 배치한다. 주물의 배치에 따라 기공이 분포되는 부분이 결정되는데, 알루미늄 주물을 예로 들면, 기공은 (부력으로 인해) 위로 뜨므로 주물의 상부에 기공이 많이 분포한다(그림 5.36에서 수소는 응고된 주물보다 용탕에 용해되는 양이 훨씬 많음을 상기할 것). 따라서 중요한 면은 밑으로 향하도록 주물을 배치한다.

주물을 잘 배치하고 난 후에는 분리선을 설정해야 한다(그림 5.10 참조). 일반적으로 분리선은 (1) 곡면보다는 평면에 두는 것이 좋고, (2) 가능하면 주조 중앙의 평탄한 표면보다는 모서리나 옆면에 두어서 분리선의 플래시 부분을 보이지 않게 하며, (3) 알루미늄합금처럼 밀도가 낮은 주물에는 상대적으로 낮은 위치에, 철강처럼 밀도가 높은 주물은 중간 높이에 설정한다. 사형주조에서는 러너, 게이트, 탕구정(sprue well)을 하형상자의 분리면에 설치하는 것이 일반적이다.

■ 게이트의 설계와 위치 게이트는 러너와 주물을 연결하는 부분으로, 탕구계 설계에서 고려할 점은 다음과 같다.

1. 복수게이트를 종종 사용하며, 대형주물의 경우에는 필수적이다. 복수게이트를 사용하면 주입온도와 주형 내 온도구배를 낮출 수 있다는 장점이 있다.
2. 게이트는 주물의 두꺼운 부분에 설치한다.
3. 게이트가 주물에 연결되는 부분에는 필렛을 두어 난류형성을 억제한다.
4. 탕구에서 가장 가까운 게이트라도 응고 후 주물에서 쉽게 제거할 수 있도록 거리를 준다. 이 간격은 소형주물의 경우 몇 mm 정도에서 대형주물인 경우 최대 500 mm까지이다.
5. 게이트의 최소길이는 게이트직경의 3~5배 정도로 주물재료에 따라 결정한다. 게이트 단면적은 주형공동부를 충전시킬 만큼 커야 하지만, 러너 단면적보다는 작아야 한다.
6. 굽은 게이트는 피하고, 꼭 필요하다면 게이트의 직선부가 주물에 직접 연결되도록 한다.

■ 러너(탕도)의 설계 러너는 탕구로부터 용탕을 받아서 게이트로 전달하는 수평유로이다. 단순한 주물에는 단일러너를 사용하지만, 복잡한 주물에는 복수러너를 사용한다. 러너에는 불순물(용탕면에 생기는 산화물과 용탕의 혼합물)을 거르는 방지턱을 두어 불순물이 게이트나 주형공동부로 혼입되지 않도록 한다. 불순물 방지턱은 러너의 끝부분에 만드는데, 게이트 윗면에 턱을 두어 용탕표면 이하의 용탕이 게이트로 유동하도록 한다.

■ 기타 설계 탕구설계의 주목적(5.4.1절 참조)은 용탕이 공기를 빨아들이지 못하도록 하거나, 산화물이 과도하게 생기지 않게 용탕의 유동속도를 조절하는 데 있다. 즉, 유동속도는 난류가 발생하지 않으면서 소요응고시간에 맞게 주형을 신속하게 채울 정도로 설계한다. **용탕받이**는 용탕유동이 중단되지 않고 탕구로 흐를 수 있도록 해야 하며, 저장된 용탕이 주입될 때에는 불순물이 떠올라서 주형공동부로 들어가지 않도록 해야 한다. **필터**는 크기가 큰 불순물을 거를 때 사용하며, 용탕속도를 늦추어 층류유동이 되도록 도와주기도 한다. **냉각쇠**는 주물의 특정 부위에서 용탕의 응고를 촉진하는 데 사용한다.

■ 바람직한 주조절차 동일한 주형설계라 하더라도 정상주물과 결함주물이 번갈아 만들어질 수 있으며, 정상주물 아니면 결함주물 하나만 계속 만들어지기는 어렵다는 것이 현장에서 관찰된다. 따라서 결함주물을 점검할 다음과 같은 품질관리절차가 필요하다.

1. 우수한 주물을 만들려면 반드시 고품질의 용탕으로 시작해야 한다. 주입온도, 용탕조성, 가스혼입, 처리과정은 모두 주형에 주입하는 용탕의 품질에 영향을 준다.
2. 용탕주입이 도중에 중단되면 불순물 혼입 및 난류를 야기하므로, 절대적으로 피해야 한다. 주형공동부 내의 용탕면은 연속적이고 중단 없이, 위로 차면서 올라가야 한다.
3. 주물 내의 냉각속도에 편차가 있으면 잔류응력을 야기한다. 주물을 중요한 용도로 사용하려면, 뒤틀림을 피하기 위해 응력제거처리(5.11절 참조)가 필요하다.

5.12.3 소모성주형 주조의 설계

소모성주형 주조공정에서는 주로 주형재료, 주물크기, 주조방법에 맞는 특정한 설계 고려사항을 감안해야 한다.

1. **주형의 배치.** 주형의 각 부분은 논리적으로 간결하게 설치되어야 한다. 주형의 한쪽 끝에서 응고가 시작하여 균일한 응고면이 주물을 가로지르도록 하고, 라이저가 가장 늦게 응고되어야 한다. 주형의 배치는 전통적으로 경험에 의존하여 왔으나, 최근에는 상업용 컴퓨터프로그램을 사용하여 설계한다(5.12.5절 참조). 유한차분 알고리즘에 기초한 컴퓨터기술로 주형충전과정을 시뮬레이션하여 주형의 배치를 신속하게 검증할 수 있다.
2. **라이저의 설계.** 주물설계 시 라이저의 크기와 위치를 결정하는 일은 매우 중요하다(그림 5.10 참조). 라이저는 응고면이 주물을 가로질러서 전진하는 데 필연적인 영향을 주고, 주형의 배치에서도 중요하게 고려되어야 할 사항이다. 블라인드 라이저는 오픈 라이저보다 열을 오랫동안 간직할 수 있다. 라이저는 다음과 같은 다섯 가지 기본지침에 따라 설계한다.
   (1) 라이저 내의 용탕은 주물이 먼저 응고하고 난 후에 응고되어야 한다. 이를 위해 라이저의 크기를 너무 작지 않도록 종횡비가 작은(높이 대 단면적 비가 작은) 원기둥모양의 라이저를 사용한다. 구형 라이저는 가장 효율 높은 형상이지만 조형하기가 어렵다.
   (2) 라이저의 부피는 주물의 수축을 충분히 보상할 수 있을 정도로 커야 한다.
   (3) 용탕공급로와 주물이 만나는 부분에서는 수축공동이 예상되는 열점이 생기지 않도록 한다.
   (4) 라이저는 용탕이 가장 필요한 곳에 공급될 수 있는 위치에 설치한다.
   (5) 용탕이 필요한 곳에 용탕을 공급하는 데 충분한 압력을 가져야 한다. 라이저는 저밀도 재료(예: 알루미늄합금)보다는 고밀도 재료(예: 주강 및 주철)에 유용하다.
3. **기계가공여유.** 대부분의 소모성주형 주물은 마무리공정(기계가공이나 연삭)이 필요하므로 주물설계 시 가공여유를 고려해야 한다. 기계가공여유는 주조방법에 따라 차이가 있고, 주물의 크기나 두께가 증가하면 가공여유도 커야 하며, 모형치수에 포함시켜서 고려한다. 보통 소형주물의 경우 2~5 mm 정도, 대형주물의 경우 25 mm 정도이다.

5.12.4 영구주형 주조의 설계

영구주형 주조의 전형적인 설계지침과 예를 다이캐스팅 경우에 대하여 그림 5.38에 도식적으로 나타내었다. 응고시간을 줄이고 재료를 절약하기 위해 단면적을 줄인 점을 주목하자. 다이캐스팅에서는 공구의 설계에 특별히 주의를 기울여야 한다. 치수정확도를 향상시키기 위해 드래프트를 최소화하도록 설계를 변경할 수 있지만, 드래프트각은 보통 0.5°, 최소 0.25°가 필요하다. 이보다 작으면 주물재료가 국부적으로 금형에 응착되어 탈착 시 뒤틀림이 생긴다.

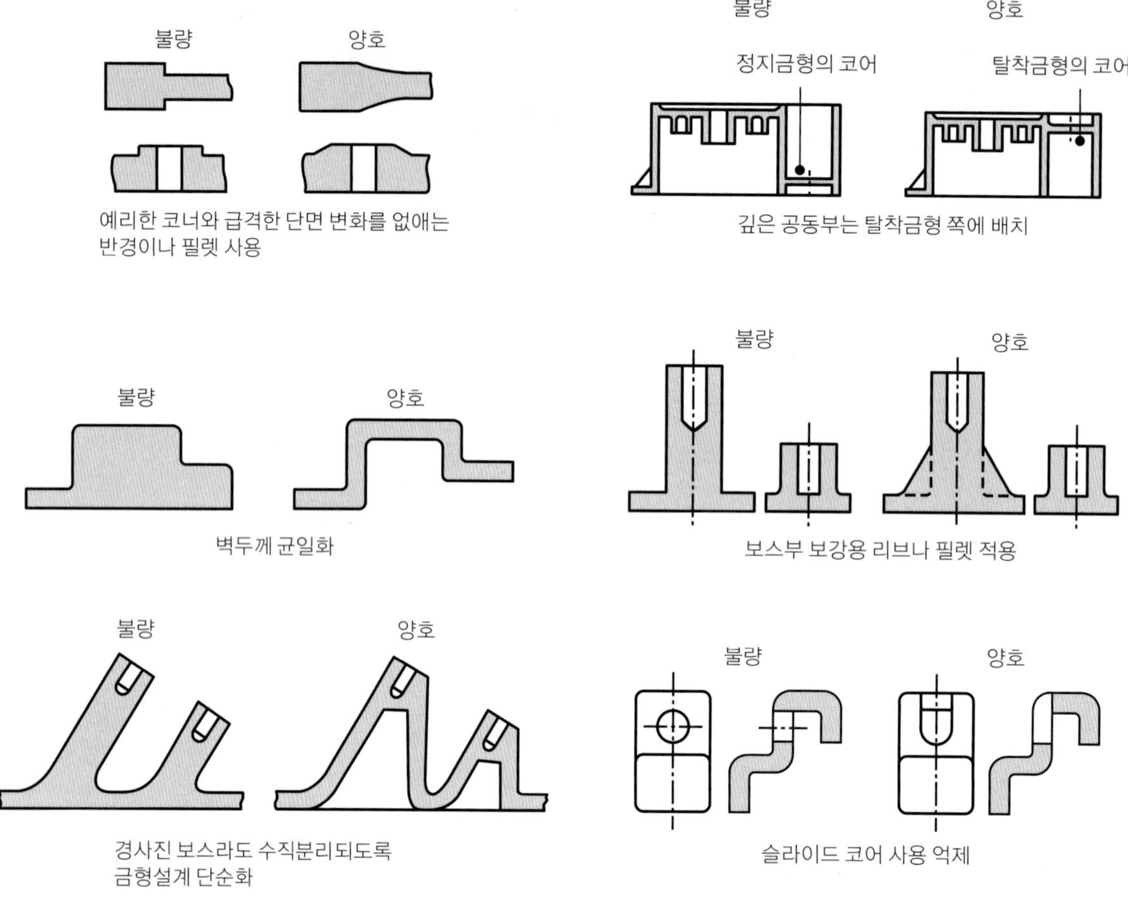

▲ **그림 5.38**
결함을 피하는 주물설계변경의 예.

다이캐스팅 제품은 준정형제품으로 게이트를 제거하고, 플래시나 경미한 결함을 단순하게 절단하기만 하면 된다. 다이캐스팅 제품의 표면정도와 치수정확도는 매우 우수하여(표 5.2 참조), 기계가공여유를 별도로 두지 않는 것이 보통이다.

5.12.5 주조공정의 컴퓨터 모델링

주조공정에서 재료와 공정변수 사이의 관계는 복잡하므로, 적절한 주물설계와 양질의 제품을 생산하기 위해서는 이들 관계를 정량적으로 연구해야 한다. 과거에는 이러한 연구가 매우 어려웠지만, 이제는 컴퓨터와 모델링기법의 급속한 발달로 인해 주조공정의 모든 측면, 즉 유동, 열전달, 응고 시 발달하는 미세조직 등의 각종 상황을 다양한 주조조건 하에서 모델링할 수 있는 아주 중요한 혁신이 이루어졌다.

유동의 모델링은 베르누이식과 연속방정식에 근거한다(5.4절에 설명). 유동해석을 통해 탕구계에 주입되는 용탕의 거동과 주형으로의 유동상태와 함께, 각 지점에서의 속도와 압력분포까지 예측할 수 있다. 또한 열전달의 모델링에 대한 발전도 이루어져 열전달과 유동의 상호작용과 함께 표면조건, 재료의 열특성, 자연대류 또는 강제대류 등의 영향을 해석할 수 있다. 예컨대, 응고가 진행되면서 주물이 수축하면 주형벽면과의 틈에 공기층이 형성되므로, 표면조건은 계속 변한다고 볼 수 있다. 주물에 발달하는 미세조직을 모델링하는 데도 유사한 연구가 진행되고 있다. 이들 연구는 열유동, 온도구배, 핵생성과 결정립성장, 수지상정 및 등축조직의 형성, 결정립계의 구성, 액상-고상 응고면의 이동 현상을 아우른다.

모델 중에는 응고과정에서의 머시영역 폭이나 결정립크기를 예측하는 것도 있다(그림 5.6 참조). 마찬가지로, 등온선을 계산함으로써 예상되는 열점이나 수축공동을 정량적으로 계산할 수 있다. 사용자편의 위주의 컴퓨터와 컴퓨터응용 설계 및 가공기술의 발달로(제14장 참조) 모델링기술도 점점 사용하기 쉬워지고 있다. 이러한 기술의 발달로 생산성제고, 품질향상, 기획 및 비용추정의 용이성, 설계 변화에 대한 신속대응 등의 이점을 얻을 수 있다. 주조공정의 모델링에 사용되는 상업용 소프트웨어로는 ProCast®, Magmasoft 등이 있다.

5.13 주조의 경제성

각종 주조공정을 살펴볼 때, 어떤 주조법은 인력이 많이 필요하고, 어떤 주조법은 금형과 설비비용이 많이 들거나 공정시간이 많이 걸림을 알 수 있다. 표 5.8에 요약한 각 요인들은 주조공정의 전체비용에 크고 작게 영향을 미친다. 제15장에서 더 자세히 언급하겠지만, 총 생산원가는 재료비, 인건비, 공구비, 장비비로 구성된다. 주물제품의 생산에는 주형이나 금형이 필요하며, 여기에 들어가는 소재, 시간, 노력도 모두 생산원가에 추가된다. 사형주조에서는 주형제작에 큰 비용이 들지 않지만, 다이캐스팅의 금형제작에는 고가의 재료와 많은 기계가공과 준비단계가 필요하다. 용탕을 용해하고 주형이나 금형에 주입할 때 역시 용해로를 비롯한 연관설비가 필요하며, 이들의 비용은 원하는 자동화수준에 따라서 달라진다. 마지막으로, 주물의 청정과 검사에 필요한 비용도 원가에 포함된다.

주조작업에 필요한 노동량은 주조법과 자동화 정도에 따라 상당히 달라진다. 예를 들어, 인베스트먼트 주조공정은 많은 단계를 거쳐야 하므로 노동력이 많이 필요하지만, 고도로 자동화된 다이캐스팅 공정은 인력을 거의 사용하지 않고도 높은 생산속도를 얻는다.

주물 한 개당 부과되는 장치비용(단위비용)은 생산개수가 많아질수록 작아진다(그림 5.39 참조). 따라서 높은 생산속도를 유지하면 금형 및 기계장치의 큰 비용을 감당할 수 있다. 그러나 수요가 상대적으로 작다면 이 비용은 급격히 커지는 셈이 되므로, 사형주조나 다른 공정으로 생산하는 것이 훨씬 경제적일 수 있다. 그림 5.39는 동일한 부품을 네 가지

▶ 그림 5.39

동일 부품을 여러 주조법으로 만드는 경우의 경제성 비교. 다이캐스팅은 장비가 고가이므로, 대량생산의 경우에만 경제적이다.

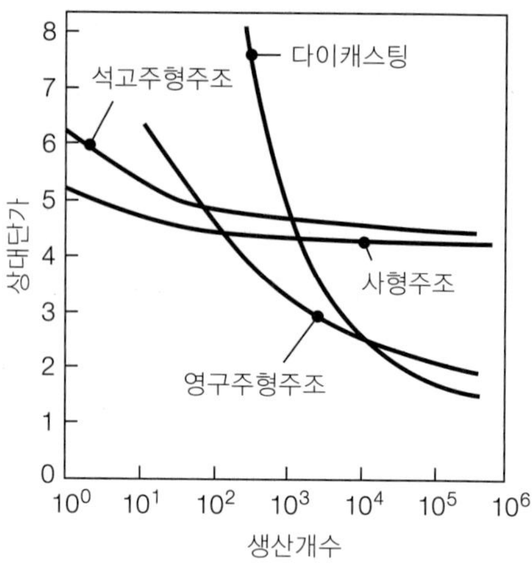

주조법으로 생산할 때의 원가를 나타낸 것으로 다른 주조법도 포함시켜 비교할 수 있다. 위에서 비교한 사형주조와 다이캐스팅의 경우, 제품의 치수특성과 표면특성에서 상당한 차이를 보인다. 즉, 가공법을 결정할 때, 경제적인 측면에만 전적으로 의존할 수는 없다. 사실, 대부분의 제품은 하나 이상의 공정으로 만들 수 있는 것이 보통이므로, 최종 결정은 경제적 측면과 기술적 측면을 모두 고려하여 내려야 한다. 이러한 생산공정의 경제적인 측면은 제15장에서 보다 자세하게 다룬다.

사례연구 | 엔진블록의 로스트폼 주조

내연기관에서 가장 중요한 부품은 엔진블록으로, 피스톤과 실린더의 기본구조를 가지면서 작동 중에 상당한 압력을 받는다.

엔진제조의 산업적인 추세는 고품질이면서 저가의 경량설계에 집중하면서 보다 복잡한 형상에 다수의 부품을 일체로 만든 주물로 추가적인 경제적 이득을 얻는 것이다. 소실모형(로스트폼) 주조는 이들 요구조건을 동시에 만족시키는 주조법으로, 머큐리 마린사는 알루미늄 엔진블록과 실린더헤드를 일체로 생산하는 로스트폼 주조라인을 설치하였다.

로스트폼 주조로 생산되는 부품의 예로 그림 5.40a에 나타낸 선박용 60마력 3기통 엔진블록이 있다. 이전에는 8개의 다이캐스팅 부품을 조립하여 제조하던 것을 9.98 kg의 로스트폼 일체주물로 대체하여 엔진블록 한 개당 0.91 kg의 중량절감과 25달러의 비용절감을 달성하였다. 로스트폼 주조를 통해 엔진의 실린더헤드와 배기계 및 냉각계를 블록에 일체시키면서 사형주조나 다이캐스팅에서 필요하던 후속 절삭공정과 체결부품이 불필요하게 되었다. 게다가, 모형에 구멍을 만들어서 코어를 사용하지 않고도 많은 드릴링작업을 생략할 수 있었다.

머큐리 마린사는 내마모성이 개선된 내부식성 알루미늄합금으로 새로운 V6 엔진도 개발하는 중이다. 이 엔진설계는 엔진블록과 실린더헤드를 일체로 만들었는데, 여기에는 다이캐스팅이나 반영구주형(이전의 V6 엔진

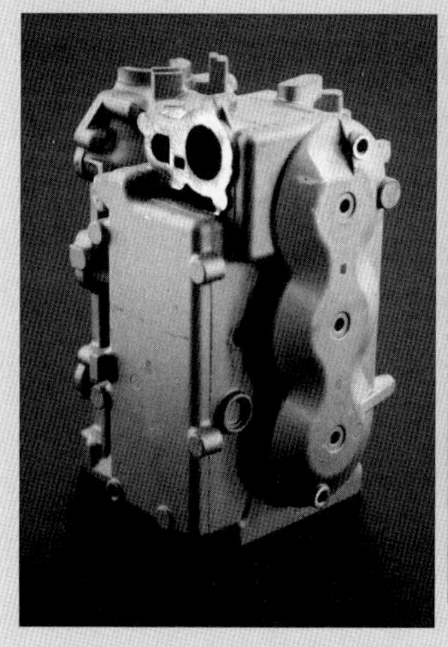

(a)

(b)

▶ **그림 5.40**
(a) 로스트폼 주조로 제작된 선박용 60마력 3기통 엔진 블록, (b) 폴리스티렌 모형이 포함된 주형상자에 알루미늄용탕을 주입하는 로봇. 가압 로스트폼 공정에서는 주형상자에 1034 kPa의 압력을 가한다.

에 사용하던 공정)으로는 코어를 사용해도 만들 수 없었던 냉각용 물재킷이 들어가는 공동부가 있다. 새로운 엔진 블록은 이전의 설계에 비해 경량이면서도 저렴한 한 개의 주물로 만들어지며, 실린더헤드와 배기계 및 냉각계가 통합된 일체로 설계하여 엔진작동 시 물재킷 냉각의 효율을 높일 수 있는 공동부를 갖도록 주조한다.

이 회사는 가압 로스트폼 공정도 개발하였다. 로스트폼 모형을 제작하여 주형상자에 설치하여 모래를 채운 후, 주형상자를 압력용기에 넣은 상태에서 로봇이 알루미늄용탕을 폴리스티렌 모형에 주입한다(그림 5.40b 참조). 주입이 끝나면 압력실의 뚜껑을 닫고 주물이 응고할 때까지 1034 kPa의 압력으로 가압한다(약 15분 정도). 그 결과, 일반 로스트폼 주물에 비해 치수정확도가 우수하고, 기공이 적으며, 강도가 개선된 주물을 생산할 수 있었다.

내용 요약 *SUMMARY*

- 금속주조는 가장 역사가 오래되었으면서도 가장 보편적인 가공방법이다. 순금속은 특정 온도에서 응고되는 반면, 합금은 조성에 따라 온도범위에 걸쳐서 응고된다. 평형상태도는 금속이나 합금의 응고점을 찾는 데 중요하게 사용된다. (5.1절 및 5.2절)
- 용탕의 조성과 냉각속도에 따라 응고되는 금속 결정립 및 수지상정의 크기와 형상이 달라지며, 그로 인해 주물의 성질이 영향을 받는다. (5.3절)
- 회주철이나 일부 금속을 제외하고, 대부분의 금속은 응고과정에서 수축한다. 수축으로 인한 치수 부정확이나 균열로 인해 응고 및 냉각 과정에서 어려움이 따른다. 주조결함은 유형에 따라 몇 가지로 표준 분류된다. (5.3절)
- 주조에서 금속용탕은 주형공동부에 도달하기까지 용탕받이, 탕구, 탕도, 라이저, 게이

트 등 다양한 경로를 따라서 유동한다. 용탕유동에서 기인하는 결함을 발생시키지 않는 적절한 탕구계를 설계하려면, 베르누이 정리, 연속방정식, 레이놀즈수 같은 해석도구를 활용해야 한다. 열전달에 따라서 용탕유동과 주물의 응고시간이 달라진다. 응고시간은 주물의 부피와 표면적의 함수(Chvorinov의 법칙)이다. (5.4절)

- 용해법은 주물품질에 직접 영향을 준다. 금속의 용해에는 (1) 용해가스나 각종 불순물을 제거하기 위해 용탕에 첨가하는 무기화합물, 즉 용제, (2) 용해로의 유형, (3) 모형제작과 조형작업, 용탕주입, 주물로부터 주형제거, 주물청소, 열처리, 검사 등을 고려해야 한다. (5.5절)
- 광범위한 성질, 주조특성, 용도를 갖는 철 및 비철 주물합금을 사용할 수 있다. 주물은 다른 기계부품이나 구조물에 조립되도록 설계 제조되는 경우가 많으므로, 용접성, 절삭성, 표면특성 같은 사항을 함께 고려하는 것이 중요하다. (5.6절)
- 전통적인 잉곳주조공정은 철 및 비철금속 모두 연속주조로 거의 대체되어 후속공정에 사용된다. (5.7절)
- 주조공정은 소모성주형 주조와 영구주형 주조로 구분된다. 가장 보편적인 소모성주형 방법은 사형, 셸주형, 석고주형, 세라믹주형, 인베스트먼트 주조이다. 영구주형방법에는 슬러시주조, 가압주조, 다이캐스팅 등이 있다. 영구주형 주조에 비해 소모성주형 주조에는 주형이나 설비비용이 적게 들지만, 주물의 치수정확도가 낮은 편이다. (5.8~5.10절)
- 다른 가공공정으로 제조되는 부품처럼, 주물의 경우에도 각종 성질이나 사용수명을 높이기 위해 후속 열처리작업을 적용할 수 있다. 열처리작업 동안 미세조직에 상변태를 일으켜서 다양한 특성과 성질을 얻을 수 있다. 중요한 경화 및 강화 기구에는 담금질이나 석출경화 같은 열처리방법이 포함된다. (5.11절)
- 설계자로 하여금 결함 없이 치수공차와 사용조건을 만족하는 주물을 생산하는 데 도움을 주는 일반적 원칙이 수립되어 있다. 고려할 변수의 수가 많지만, 모든 변수, 특히 주형 및 금형으로의 용탕유동과 주물의 각 영역별 냉각속도와 연관된 변수들을 정밀하게 관리하는 것이 중요하다. (5.12절)
- 주물이 성능을 제대로 발휘한다는 전제 하에서, 주조의 경제적인 측면은 기술적인 측면 못지않게 중요하다. 전체비용에 영향을 주는 인자들로는 재료비, 주형비, 금형비, 설비비, 인건비 등이 있으며, 이들은 주조방법마다 다르다. 중요한 변수 중 하나는 주물 한 개당 비용으로, 대량생산의 경우에는 고가의 자동화기기 및 작업에 드는 비용이 정당화될 수도 있다. (5.13절)

수식 요약 SUMMARY OF EQUATIONS

- 베르누이의 정리: $h + \frac{p}{\rho g} + \frac{v^2}{2g} =$ 상수
- 탕구단면적: $\frac{A_1}{A_2} = \sqrt{\frac{h_2}{h_1}}$
- 레이놀즈수: $\mathrm{Re} = \frac{vD\rho}{\eta}$
- Chvorinov의 법칙: 응고시간 $= C\left(\frac{\text{체적}}{\text{표면적}}\right)^n$
- 연속방정식: $Q = A_1v_1 = A_2v_2$
- 게이트에서의 용탕속도: $v = c\sqrt{2gh}$

참고문헌 BIBLIOGRAPHY

Abrasion-Resistant *Cast Iron Handbook*, American Foundry Society, 2000.

Alexiades, V., *Mathematical Modeling of Melting and Freezing Processes*, Hemisphere, 1993.

Allsop, D.F., and Kennedy, D., *Pressure Die Casting*, Part II: *The Technology of the Casting and the Die*, Pergamon, 1983.

An Introduction to Die Casting, American Die Casting Institute, 1981.

ASM Handbook, Vol. 3: *Alloy Phase Diagrams*, ASMInternational, 1992.

ASM Handbook, Vol. 4: *Heat Treating*, ASM International, 1991.

ASM Handbook, Vol. 15: *Casting*, ASM International, 1988.

ASM Specialty Handbook: Cast Irons, ASM International, 1996.

Bradley, E.F., *High-Performance Castings: A Technical Guide*, Edison Welding Institute, 1989.

Campbell, J., *Castings*, 2d ed., Butterworth-Heinemann, 2003.

Case Hardening of Steel, ASM International, 1987.

Casting, in *Tool and Manufacturing Engineers Handbook*, Volume II: *Forming*, Society of Manufacturing Engineers, 1984.

Clegg, A.J., *Precision Casting Processes*, Pergamon, 1991.

Davis, J.R. (ed.), *Cast Irons*, ASM International, 1996.

Investment Casting Handbook, Investment Casting Institute, 1997.

Johns, R., *Casting Design*, American Foundrymen's Society, 1987.

Karlsson, L. (ed.), *Modeling in Welding, Hot Powder Forming and Casting*, ASM International, 1997.

Kaye, A., and Street, A.C., *Die Casting Metallurgy*, Butterworth, 1982.

Krauss, G., *Steels: Heat Treatment and Processing Principles*, ASM International, 1990.

Kurz, W., and Fisher, D.J., *Fundamentals of Solidification*, 4th ed., Trans Tech Pub., 1998.

Liebermann, H.H. (ed.), *Rapidly Solidified Alloys*, Dekker, 1993.

Powell, G.W., Cheng, S.-H., and Mobley, C.E., Jr., *A Fractography Atlas of Casting Alloys*, Battelle Press, 1992.

Rowley, M.T. (ed.), *International Atlas of Casting Defects*, American Foundrymen' s Society, 1974.

Steel Castings Handbook, 6th ed., Steel Founders' Society of America, 1995.

Szekely, J., *Fluid Flow Phenomena in Metals Processing*, Academic Press, 1979.

Totten, G.E., and Howes, M.A.H., *Steel Heat Treatment*, Dekker, 1997.

Upton, B., *Pressure Die Casting*, Part 1: *Metals, Machines, Furnaces*, Pergamon, 1982.

Walton, C.F., and Opar, T.J. (eds.), *Iron Castings Handbook*, 3rd ed., Iron Castings Society, 1981.

Wieser, P.P. (ed.), *Steel Castings Handbook*, 6th ed., ASM International, 1995.

Young, K.P., *Semi-solid Processing*, Kluwer, 2000.

복습문제

QUESTIONS

5.1 다음 특성을 기술하여라.

(1) 합금　(2) 펄라이트
(3) 오스테나이트　(4) 마르텐사이트
(5) 세멘타이트

5.2 주형재료가 용탕유동과 열전달에 미치는 영향은 무엇인가?

5.3 주철에서 흑연의 형상은 주철의 성질에 어떻게 영향을 주는가?

5.4 응고범위(freezing range)가 짧은 경우와 긴 경우의 차이에 대하여 설명하여라. 응고범위는 어떻게 결정하며, 왜 중요한가?

5.5 용탕을 주형에 너무 빨리 주입하면 여러 가지 나쁜 점이 생긴다. 너무 천천히 주입하는 경우에는 어떤 나쁜 점이 생기는지 설명하여라.

5.6 미세기공은 왜 주물의 기계적 성질에 좋지 않은 영향을 주는가? 미세기공으로 인해 영향을 받는 물리적 성질에는 무엇이 있는가?

5.7 바퀴살이 있는 바퀴(spoked wheel)를 회주철로 주조하려고 한다. 바퀴살에 고온균열이 일어나지 않도록 하려면 바퀴살부분을 절연해야 하는가, 아니면 더 빨리 냉각시켜야 하는가? 그 이유는 무엇인가?

5.8 라이저가 제대로 기능하기 위해 다음 중 가장 중요한 것은 무엇이며, 그 이유는 무엇인가?

(1) 주물보다 넓은 표면적을 갖도록 함
(2) 대기압을 받도록 함
(3) 먼저 응고하도록 함

5.9 식 (5.9)에서 주조상수 *C*가 주형재료, 용탕성질, 온도에 따라 달라지는 이유를 설명하여라.

5.10 회주철이 응고 중에 수축하지 않고, 오히려 팽창하는 이유를 설명하여라.

5.11 주물 내부에 공동부가 생긴 경우에 미세기공에 의한 것인지, 아니면 수축에 의한 것인지를 판별할 수 있는 방법을 제시하여라.

5.12 주물에서 고온 찢어짐이 생기는 이유를 설명하여라.

5.13 주물 내부에 내부냉각쇠의 일부를 남겨두어도 괜찮은가? 냉각쇠는 어떤 재료로 만들어져야 하며, 그 이유는 무엇인가?

5.14 외부냉각쇠를 사용하는 경우, 내부냉각쇠만큼 효과적인지 설명하여라.

5.15 주형 내에서 조기에 수지상정이 형성된다면, 용탕이 주형으로 자유유입되는 데 방해가 될 수 있는지 설명하여라.

5.16 응고범위가 짧은 금속과 긴 금속에 대하여 수축공동이 형성되는 경향에 어떤 차이점이 있는지 설명하

여라.

5.17 주물공장의 기술자들은 오래 전부터 용탕의 주입온도를 낮추면, 즉 과열정도를 낮추면 주상정 결정립보다 등축결정립이 촉진됨을 알고 있다. 또한 주입온도가 낮을수록 등축결정립이 미세화된다. 이 현상을 설명하여라.

5.18 주조공정이 오랜 기간 동안 다양하게 발전되어온 이유는 무엇인가?

5.19 블라인드 라이저가 개방형(open-top) 라이저보다 작아도 되는 이유는 무엇인가?

5.20 영구주형 주조에서 주형을 예열하는 것이 좋은가? 또한 주물이 응고한 후에 곧바로 주형에서 꺼내는 것이 좋은가? 답에 대한 이유를 설명하여라.

5.21 사형주조에서 주물을 주형에서 꺼내는 시간을 결정하는 데 영향을 주는 인자에는 무엇이 있는가?

5.22 다이캐스팅 주물에서는 두께가 얇을수록 비강도가 증가하는데, 그 이유는 무엇인가?

5.23 어떤 주물재료는 연성을 거의 갖지 않는다(그림 5.13 참조). 이 점은 주물의 공업적 용도에 어떤 중대한 영향을 주는가?

5.24 회주철의 탄성계수 E는 종류에 따라서(예: ASTM 또는 KS 규격의 등급) 크게 차이가 난다. 그 이유는 무엇인가?

5.25 모형재료를 선정할 때 고려할 점들을 열거하고 설명하여라.

5.26 인베스트먼트 주조공정이 주물표면에 미세한 형상을 만들 수 있는 이유는 무엇인가?

5.27 주형제작에 사용되는 모형과 실제 만들어진 주물의 형상에 다소 차이가 나는 이유를 설명하여라.

5.28 스퀴즈캐스팅은 소모성주형 주조공정에 비해 기계적 성질, 치수정확도, 표면정도가 우수하다. 그 이유를 설명하여라.

5.29 주강이 주철보다 주조하기 힘든 이유는 무엇인가?

5.30 소모성주형 주조공정에서 표면정도를 향상시키려면, 어떤 방법을 취해야 하는가?

5.31 두께가 얇은 부분을 가진 다이캐스팅 제품의 경우, 최소두께에는 한계가 있다. 다이캐스팅 공정으로 두께를 더 얇게 만들 수 없는 이유는 무엇인가?

5.32 영구주형 주조와 사형주조로 만들어진 제품의 성질에는 어떤 차이가 예측되는가?

5.33 소형장난감을 대량으로 생산하는 데 적합한 주조방법은 무엇인지 설명하여라.

5.34 모형제작 시 모형여유(pattern allowance)를 두는 이유는 무엇이며, 그 크기에 영향을 주는 인자는 무엇인가?

5.35 생사형 주물과 영구주형 주물을 비교할 때, 구배의 중요성에 있어서 차이점이 있다면 설명하여라.

5.36 이 장에서 소개된 주조공정에 사용되는 주형 및 금형 재료를 나열하여라. 각 재료를 적용하는 주조방법을 열거하고, 그 주형 및 금형 재료가 해당되는 주조법에 적절한 이유를 설명하여라.

5.37 탄소가 강(steel)의 형태로 철에 강도를 주는 데 효과적인 이유를 설명하여라.

5.38 상태도에 존재하는 공정점(eutectic point)의 공학적인 중요성을 기술하여라.

5.39 경도(hardness)와 경화능(hardenability)의 차이점을 설명하여라.

5.40 주물을 열처리함으로써 얻는 효과를 간단히 요약하여라.

5.41 공학적인 용도의 관점에서, 표면경화처리된 경우와 일반경화된(부품 전체의 경화) 경우의 차이는 무엇

인가?

5.42 창연(Bi, bismuth)합금은 활자금속으로 인쇄용 활자의 주물재료로 사용된다. 이 공정에서 창연이 이상적으로 사용되는 이유를 설명하여라.

5.43 BCC 구조와 FCC 구조 금속 중에서, 어느 구조의 응고수축량이 클 것으로 예상되는지 설명하여라.

5.44 라이저의 크기가 (1) 너무 큰 경우와 (2) 너무 작은 경우에 생기는 단점을 설명하여라.

5.45 사형주물에 문자를 새긴다면, 문자를 주물표면에서 튀어나오도록 새길 것인가, 아니면 오목하게 들어가도록 새길 것인가? 인베스트먼트 주물인 경우에는 어떻게 새길 것인가?

5.46 주조과정에서 금속이 수축하는 세 가지 단계(혹은 기구)를 나열하고, 간단히 설명하여라.

5.47 인베스트먼트 주조에서 트리(tree)의 중요성을 설명하여라.

5.48 다음 주조법으로 슬래브를 주조했을 때의 미세조직을 스케치하여라.
(1) 연속주조
(2) 박판주조(strip casting)
(3) 멜트스피닝(melt spinning)

5.49 사형주조에서 탕구정(sprue well, 그림 5.10 참조)의 설계 제안사항은 다음과 같다.
(1) 직경은 탕구밑면 직경의 두 배
(2) 깊이는 러너깊이의 대략 두 배
이 설계지침을 어겼을 때, 예상되는 결과를 설명하여라.

5.50 반응고주조(thixocasting)와 반용융단조(rheocasting)의 특성을 설명하여라.

5.51 다음 경우에 생기는 온도분포를 간략히 스케치하여라.
(1) 빌렛의 연속주조
(2) 정육면체의 사형주조
(3) 파이프의 원심주조

5.52 다음 각 경우의 장점과 단점을 설명하여라.
(1) 주입온도를 금속의 융점보다 훨씬 높게 한 경우
(2) 주입온도를 금속의 융점에 가깝게 한 경우

5.53 인베스트먼트 주조에서 용탕을 주입하기 전에 주형을 가열할 경우의 장점과 단점은 무엇인가?

5.54 코어받침이 냉각쇠의 역할을 할 수 있는지 설명하여라.

5.55 이 장에서 설명한 주조방법들을 응고속도가 빠른 순서대로 나열하여라. 주물금속으로부터 열을 가장 빨리 뺏는 주조법과 가장 천천히 뺏는 주조법은 각각 무엇인가?

5.56 주물의 무거운 부분은 상형상자가 아닌 하형상자에 배치한다. 그 이유를 설명하여라.

연습문제 *PROBLEMS*

5.57 그림 5.3을 이용하여 20% Cu-80% Ni 합금에 대한 다음 값을 구하여라.
(1) 액상선 온도
(2) 고상선 온도
(3) 1400°C에서의 액상 내 Ni 분율
(4) 1400°C에서의 주상(major phase)
(5) 1400°C에서의 고상 대 액상비

5.58 무게 10-kg인 AISI 1060 강 주물이 주입 후 냉각되어 다음 온도에 달했을 때, γ 상과 α 상의 양을 구하여라(그림 5.4b 참조).
(1) 750°C (2) 728°C (3) 726°C

5.59 직경이 0.3 m이고 길이가 0.5 m인 원기둥 주물이 있다. 동일 재료의 다른 주물로 장반경 대 단반경비가

3인 타원단면으로 원기둥 주물과 단면적 및 길이가 같은 주물이 있다. 같은 주조조건에서 두 주물을 만들 때, 응고시간의 차이를 계산하여라.

5.60 식 (5.7)을 유도하여라.

5.61 두 쪽의 주형(상형과 하형)은 용탕압력(부력)을 견디도록 체결되어야 한다고 하였다. 직경이 22.86 cm인 구형의 강주물을 사형주조로 만든다고 하자. 각 주형상자(그림 5.10 참조)는 50.8 cm × 50.8 cm × 38.1 cm이다. 분리선은 주물의 중심을 지난다고 하고, 주형상자에 필요한 체결력을 구하여라. 단, 용탕밀도는 8009.2 kg/m^3, 주형밀도는 1601.8 kg/m^{3}을 사용한다.

5.62 문제 5.61에서, 분리선의 위치에 따라 답이 달라지는가? 그 이유를 설명하여라.

5.63 문제 5.61에서, 주물의 직경이 25.4 cm에서 50.8 cm로 증가할 때, 체결력을 주물직경의 함수로 그려보아라.

5.64 용탕이 상온까지 냉각될 때, 체적이 수축하는 금속의 비체적 대 온도 곡선을 그려라. 이 곡선에서 라이저에 의해 수축이 보상되는 영역을 표시하여라.

5.65 문제 5.59와 같은 치수를 갖는 원기둥 주물이 있다. 동일한 금속으로 폭 대 두께비가 3인 직사각형 단면이면서 길이 및 단면적이 원기둥 주물과 같은 또 다른 주물을 생각하자. 각 주물이 동일한 조건에서 주조된다고 할 때, 응고시간의 차이를 계산하여라.

5.66 두께가 75 mm인 정사각형 판과 반경 100 mm, 높이 50 mm인 원기둥이 같은 체적을 갖는다고 한다. 원기둥모양의 라이저를 사용하여 각 형상을 주물로 만들 때, 적절한 용탕공급을 위해서 라이저의 체적이 같아야 하는지 설명하여라.

5.67 탕구의 윗면이 러너에서 30.48 cm 높은 곳에 위치하면서 직경이 10.16 cm라고 한다. 식 (5.7)에 근거하여 탕구직경을 러너로부터 높이의 함수로 그려보아라. 단, 탕구 밑면의 직경은 2.54 cm로 한다.

5.68 다이캐스팅 기계에서 투영단면이 75 mm × 150 mm인 직사각형 주물을 만들 때 필요한 체결력을 구하여라. 이때의 답은 고온챔버식과 저온챔버식에서 달라지는가? 그 이유는 무엇인가?

5.69 주물의 모형을 제작할 때, 모형제작자는 모형설계 시 고체의 수축여유를 자동으로 보상하는 특수자를 사용한다. 즉, 모형제작자의 30 cm짜리 자는 실제로는 30 cm가 넘는다. 다음 재료의 주물에 대한 모형제작자용 자의 눈금길이는 실제로 어떤 길이가 되어야 하는가?

(1) 알루미늄
(2) 가단주철
(3) 고망간강

5.70 아래 그림과 같은 스풀용 소재를 알루미늄합금 A-319로 사형주조하여 만들려고 한다. 필요한 수축여유 및 기계가공여유를 고려하여 이 부품의 목제모형을 작도하여라.

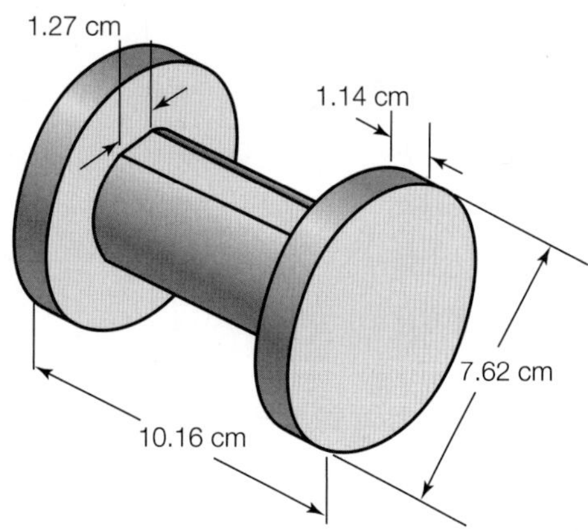

5.71 문제 5.70의 알루미늄제 스풀을 소실모형주조법으로 주조할 때, 모형을 작도하여라. 목제모형과 소실모형 간의 중요한 차이점을 설명하여라.

5.72 사형주조에서 주형상자의 상형은 용탕이 주입될 때 뜨지 않도록 충분한 체결력을 주어야 한다. 아래 그림에 나타낸 주물에 대하여 용탕주입 시 상형이 뜨지 않

는 데 필요한 최소체결력을 계산하여라. (힌트: 용탕이 상형에 가하는 부력은 상형 내 용탕의 유효높이와 관련이 있다.)

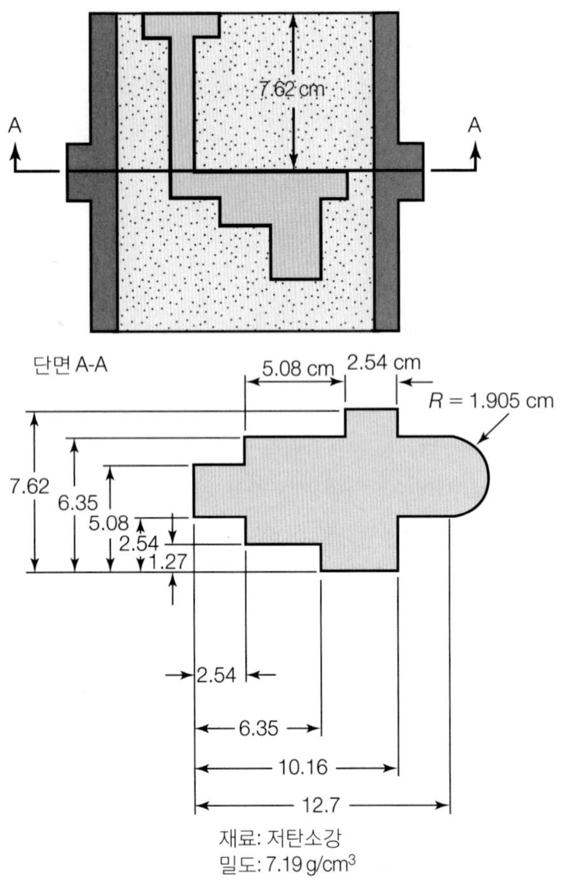

재료: 저탄소강
밀도: 7.19 g/cm³

5.73 라이저는 주물의 다른 부위보다 늦게 냉각하여 용탕을 공급할 수 있어야 하므로 최적형상은 구형이어야 한다. 그러나 구형 라이저는 주조하기가 어렵다.

(1) 주형제작이 용이하면서도 체적 대비 표면적이 최소화되는 블라인드 라이저의 형상을 작도하여라.

(2) 각이 진 원기둥형상 라이저와 (1)번에서 제시한 라이저의 응고시간을 비교하여라.

단, 라이저의 체적은 서로 같고 라이저의 높이는 직경과 같다고 가정한다(예 5.3 참조).

5.74 아래 그림에 나타낸 반구형 주물은 인공고관절 전체에서 관골구(寬骨臼, acetabular cup, 버섯모양 대퇴골두의 짝)로 사용되는 부품이다. 이 부품을 코발트-크롬합금으로 제작할 때, 적합한 주조공정을 선택하고, 필요한 모든 모형이나 공구를 스케치하여라.

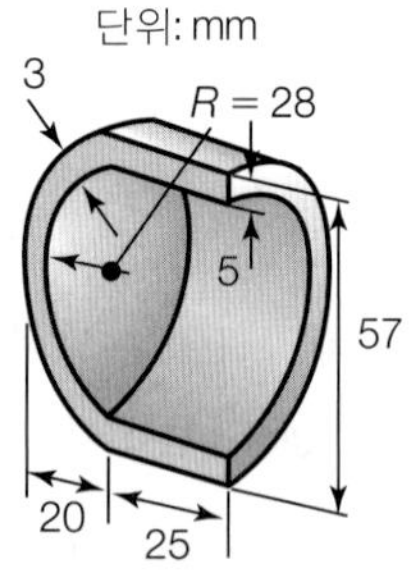

5.75 높이 대 직경비가 1인 원기둥이 사형주조작업에서 4분만에 응고하였다. (1) 높이가 두 배로 증가한 경우, (2) 직경이 두 배로 증가한 경우에 대하여 각각의 응고시간을 계산하여라.

5.76 길이 365 cm, 직경(외경) 91 cm, 두께 1.27 cm인 강파이프를 원심주조법으로 제작한다. 동역학이나 정역학의 기본방정식을 사용하여 자중의 70배인 원심력을 얻는 데 필요한 회전속도를 구하여라.

5.77 길이 30.4 cm, 윗면 직경 12.7 cm인 탕구가 있다. 설계목적상 용탕받이의 용탕높이를 탕구 윗면에서 7.62 cm 높게 유지하려고 한다. 유동속도를 655 cm³/s로 유지하고자 할 때, 탕구 밑면의 직경을 구하여라. 탕구가 공기를 혼입할 것인지 설명하여라.

5.78 용탕을 주입하기 전에 슬래그를 떠내도, 주형에 주입할 때는 소량이 용탕에 혼입되어 유동한다. 슬래그가 용탕금속에 비해 밀도가 훨씬 낮다는 점에 착안하여 소량의 슬래그라도 용탕이 주형공동부에 도달하기 전에 제거할 수 있는 주형기능을 설계하여라.

5.79 순수알루미늄을 사형주형에 주입한다. 용탕받이에서의 용탕면은 주형 내 용탕면보다 25.4 cm 높다. 탕도가 직경 1 cm인 원형단면일 때, 탕도 내에서 용탕의

유동속도는 얼마인가? 이 유동은 층류인가, 아니면 난류인가?

5.80 문제 5.79에 주어진 탕구계에서 레이놀즈수를 2000으로 유지하려면 탕도직경을 얼마로 수정해야 하는가? 이 탕도를 사용할 때, 부피 327 cm^3인 주물이 충전되는 데 필요한 시간은 얼마인가?

5.81 문제 5.79에 주어진 탕구계로, 한 변의 길이가 15.24 cm이고 높이가 10.16 cm인 주물을 충전하는 데 걸리는 시간을 구하여라. 단, 탕구계 마찰은 무시하고, 게이트는 주물바닥에 설치되어 있다.

5.82 크기가 100 mm × 200 mm × 400 mm인 직육면체 주물이 과열되지 않은 알루미늄용탕으로 채워져 있다. 이 주물이 상온까지 냉각된 후의 최종치수를 결정하여라. 주물재료가 회주철인 경우는 어떠한가?

5.83 직경 75 mm, 높이 125 mm인 원기둥 주물을 만드는 데 Chvorinov 법칙의 주조상수 C가 3 s/mm^2로 주어진다. 이 주물이 완전히 응고할 때까지 걸리는 시간을 계산하여라. 응고두께가 20 mm에 달하면 주형을 안전하게 해체할 수 있다고 한다. 원기둥 주물이 균일하게 응고한다고 가정하고, 용탕주입 후 얼마의 시간이 지나야 주형을 해체할 수 있는가?

5.84 진원심주조에서 내경 25.4 cm, 평균외경 35.5 cm, 길이 762 cm인 제품을 주조하기 위해 100 G의 가속도가 필요하다고 한다. 필요한 회전속도를 구하여라.

5.85 어떤 보석상이 7 g짜리 금반지 20개를 한 번의 인베스트먼트 주조작업으로 제작하려고 한다. 왁스모형을 직경 1.27 cm인 탕구에 1.27 cm만큼 떨어져서 4개씩 붙여서 트리를 만들 때, 반지주물은 각각 직경 0.31 cm, 길이 1.27 cm인 탕도를 필요로 한다. 반지, 탕도, 탕구를 완전히 충전하는 데 필요한 금의 무게를 구하여라. 금의 비중은 19.3이다.

5.86 이 장의 내용에 대해 학생들에게 퀴즈문제를 낸다고 하자. 정량적인 문제 세 개와 정성적인 문제 세 개를 만들고, 답안을 제시하여라.

설계문제 DESIGN

5.87 주조에서 용탕의 유동성을 측정하는 시험법을 설계하여라(5.4.2절 참조). 적절한 스케치와 함께 주요 기능 및 특징을 설명하여라.

5.88 오른쪽 그림은 주물제품에 생기는 불연속결함을 나타낸다. 각 경우를 검토한 후, 결함을 피할 수 있는 설계해법을 제안하여라.

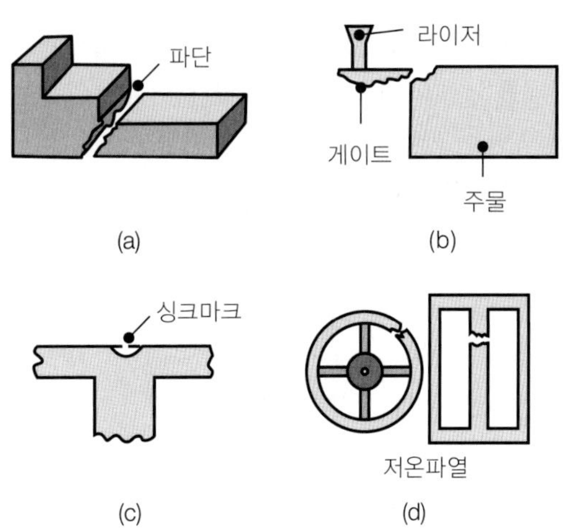

5.89 주방에서 사용하는 도구와 재료를 사용하여, 그림 5.12에 나타낸 것과 유사한 결과를 재현하는 설계를 제안하고 실험하여라.

5.90 사형주조에서 주물사의 통기도를 측정하는 시험방법을 설계하여라.

5.91 청동조각상을 제작하는 절차를 기술하여라. 어떤 주조방법(들)이 적합한지 이유를 설명하여라.

5.92 다음 그림에 나타낸 주물의 보스부분에서 미세기공이 생겼다. 이 주물의 분리선을 변경하는 것만으로도

문제를 해결할 수 있음을 보여라.

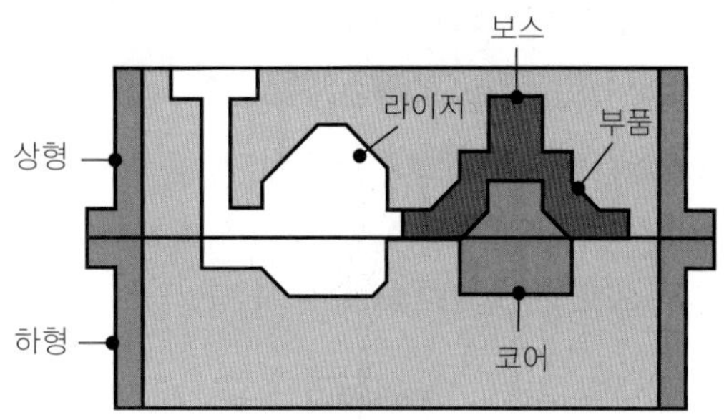

5.93 아래 그림에 나타낸 휠을 주조할 때, 용탕공급을 원활하게 하고, 허브보스 부분에서 미세기공이 생기지 않도록 하려면, (1) 라이저 위치, (2) 코어설치, (3) 외부냉각쇠, (4) 내부냉각쇠를 어떻게 설계하고 사용해야 하는지 보여라.

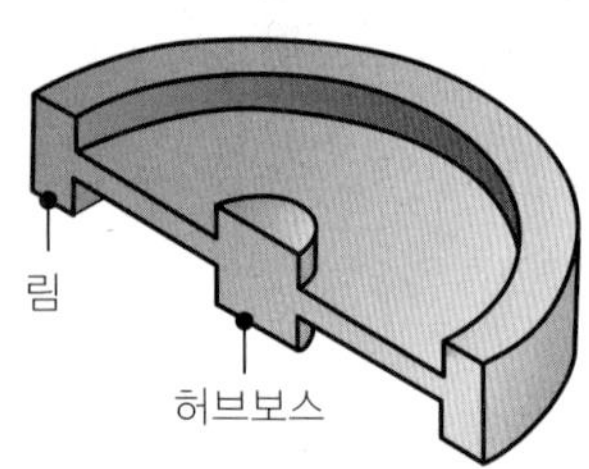

5.94 축대칭 주물에 대하여, 아래 그림 (a)에 도시한 주물설계를 그림 (b)와 같이 변경하였다. 이 부품의 기능적인 측면을 고려해 볼 때, 변경설계안은 당초설계안에 비해 어떤 장점을 갖는가?

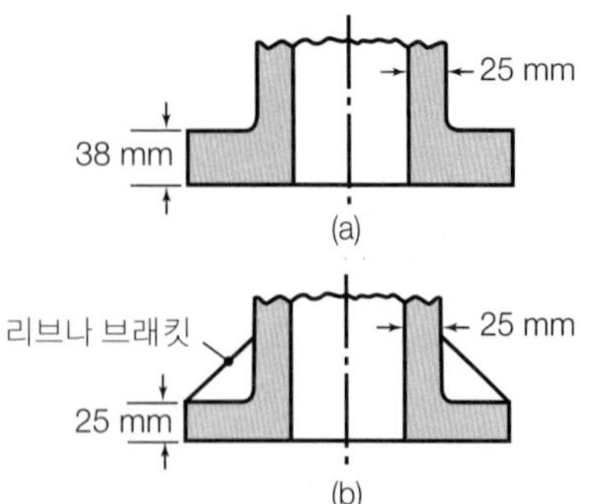

5.95 아래 그림은 부적절한 주물설계와 적절한 주물설계를 보여주고 있다. 변경된 부분을 검토하고, 얻을 수 있는 장점에 대하여 말하여라.

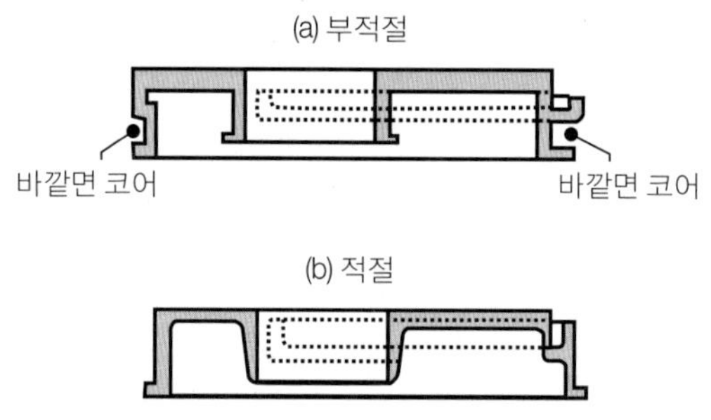

5.96 아래 그림에 다이캐스팅의 주물설계를 세 종류 도시하였다. 각 그림의 당초금형설계 (1)에 대하여 설계를 수정한 이유에 대하여 논평하여라.

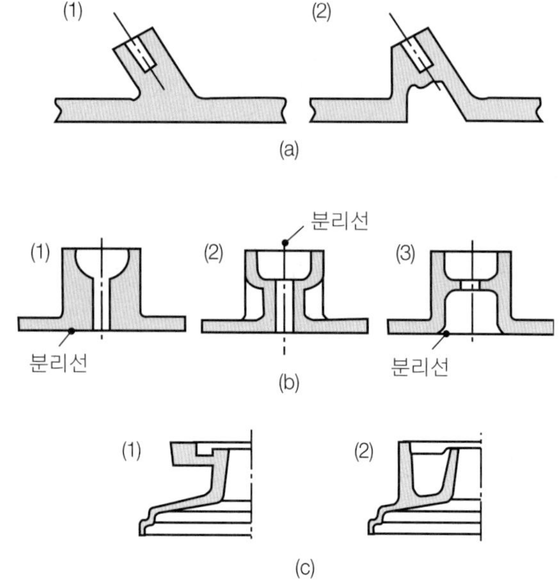

5.97 주형이 상온에서 유지될 때, 경우에 따라서는 주형 내 금속의 냉각속도를 늦추는 것이 바람직한 경우가 있다. 냉각과정에서 냉각속도를 늦추는 방법을 열거하고 설명하여라.

5.98 Chvorinov의 법칙을 나타내는 식 (5.11)에서 상수 C와 n을 결정할 수 있는 실험방법을 설계하여라.

5.99 옆의 도면에 나타낸 부품을 10% Sn 황동으로 매월 100개씩 주조하고자 한다. 이 장에서 소개한 모든 주조법 중에서 적절한 주조공정을 찾기 위해서, (1) 기술적으로 가능하지 않은 공정과, (2) 기술적으로 가능하지만 너무 고가인 공정을 우선 배제하고, (3) 가장 경제적인 공정을 선정하여라. 제품비용에 대해서는 상식적으로 가정하여, 주조공정을 선정한 근거를 작성하여라.

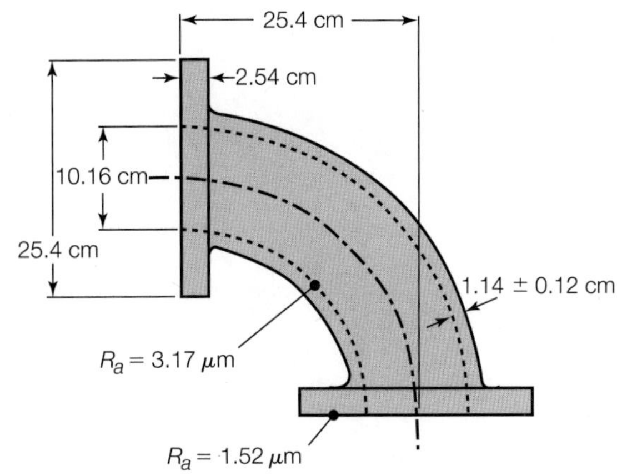

제  장

부피성형가공법

주요내용

부피성형가공에는 단조, 압연, 압출, 인발, 스웨이징 등이 있으며 다음 내용을 설명함.

- ❑ 이들 공정의 기본원리
- ❑ 소요 하중 및 동력, 온도, 성형성, 공구 및 금형 재료, 가공유 같은 주요 공정변수
- ❑ 사용 기계 및 설비의 특성
- ❑ 금형가공방법과 금형의 파손

6.1 개요

이 장에서는 각종 공구와 금형으로 소재에 힘을 가하여 소성변형시켜 형상 변화를 유도하는 **소성가공법**에 대하여 설명한다. 작업의 유형에 따라 소성가공법을 분류하면 일차가공과 이차가공으로 구분하고, 각각은 냉간(상온), 온간, 열간 가공으로 다시 구분된다.

일차가공(primary-working)은 고체상태의 금속소재(보통은 주조잉곳)를 단조, 압연, 압출, 인발 같은 공정으로 분괴하여 단련조직으로 바꾸면서 원하는 형상으로 만드는 작업이다. **이차가공**(secondary-working)은 일차가공된 제품을 추가가공하여 볼트, 기어, 판재제품 같은 최종 또는 준최종제품으로 만드는 작업이다.

이 장의 주제인 **부피성형가공**(bulk deformation process, 표 6.1 참조)에서는 소재부피에 대한 표면적비(또는 두께에 대한 표면적비)가 비교적 작으므로 **부피**(**bulk**)라는 용어를 사용한다. 제품 예로는 수공구, 축, 터빈디스크를 들 수 있다. 제7장에서 설명하는 **판재성형가공**(sheet forming)에서는 제품의 두께에 대한 표면적비가 큰 편으로, 이 경우에도 각종 금형을 사용하여 소재의 형상을 변화시키지만, 두께의 변화는 바람직하지 않으며, 때로는 파단으로 이어지기도 한다. 제품 예로는 금속판재 허브캡, 항공기 동체, 음료캔을 들 수 있다.

이 장에서는 금속재료의 소성가공만을 다루고, 플라스틱재료의 성형공정은 제10장에서, 금속분말, 세라믹, 유리, 복합재료, 초전도체의 성형공정은 제11장에서 각각 설명하기로 한다.

표 6.1 부피성형가공의 일반적 특성

공정	특성
단조	금형세트로 별개의 제품을 생산하며 마무리공정이 보통 필요. 주조나 분말야금기술로도 비슷한 제품 제조가능. 열간에서 이루어지는 경우가 많음. 다이와 장비 가격이 고가임. 인건비는 중간 내지 높은 편. 중간 내지 높은 편의 숙련도 요함.
압연: 평압연	길이가 긴 평판, 판재, 박판을 고속으로 가공하며, 특히 냉간가공인 경우 표면정도가 좋음. 대규모 초기투자 필요. 인건비는 낮거나 중간 정도.
형상압연	I빔 같은 각종 구조용재를 생산. 나사전조도 포함. 공형롤과 고가의 장비필요. 인건비는 낮거나 중간 정도이고 중간 정도의 숙련도 요함.
압출	길이가 길고 단면이 일정한 중실 또는 중공(속이 빈) 제품을 생산. 보통 고온에서 작업. 제품은 필요한 길이만큼 절단하여 사용. 롤성형과 경쟁적인 공정. 냉간압출은 냉간단조와 유사한 공정으로 개별제품을 생산함. 다이와 장비 가격은 중간 내지 높은 편. 인건비는 낮거나 중간 정도. 낮거나 중간 정도의 작업숙련도 요함.
인발	길이가 길고, 단면에 형상을 갖는 봉재, 선재를 생산. 압출의 경우보다 단면적이 작음. 표면정도 우수. 다이, 장비, 인건비 모두 낮거나 중간 정도. 낮거나 중간 정도의 작업숙련도 요함.
스웨이징	내부 및 외부 형상을 갖는 개별제품이나 길이가 긴 제품의 반경방향 단조. 일반적으로 상온에서 행해짐. 낮거나 중간 정도의 작업숙련도.

6.2 단조

단조는 다양한 금형 및 공구로 소재에 압축하중으로 소성변형을 일으켜서 개별부품을 성형하는 공정이다. 단조공정은 가장 오래된 금속가공공정의 하나로, 그 기원이 적어도 기원전 5,000년경까지 거슬러 올라가며(표 1.1 참조), 각종 금속재료를 다양한 크기와 형상을 가진 제품으로 가공하는 데 이용된다. 아주 간단한 단조공정은 대장간에서 수세기 동안 행해온 것처럼 무거운 손 해머와 앤빌을 사용하여 작업되지만, 대부분의 제품은 현대적인 단조기계를 사용하여 높은 생산속도로 생산된다. 전형적인 단조제품에는 자동차 엔진부품, 터빈디스크, 기어, 볼트, 각종 기계와 철도 및 기타 수송기계에 들어가는 수많은 구조용 부품들이 있다. 단조공정에 특별한 기술을 적용하면 정형가공의 범주에 드는 부품을 생산할 수 있다.

단조는 상온에서 작업되거나(냉간단조), 고온에서(작업온도에 따라 온간단조 또는 열간단조) 작업된다. 이때 각 온도범위는 T_m을 절대온도로 나타낸 소재의 용융온도라고 할 때, 상사온도 T/T_m으로 표 3.2에 나타낸 것과 같다. 금속재료의 경우, 무차원 상사온도로 나타낸 재결정온도는 약 0.5 정도이다(그림 3.17 참조).

6.2.1 자유단조

자유단조(open-die forging)는 가장 간단한 단조공정으로 원기둥 소재를 두 개의 평금형 사이에 올려놓고 압축하여 높이를 감소시키는 작업으로(그림 6.1a 참조), 이를 **업세팅**(upsetting)이라고도 한다. 금형모양은 평금형 이외에 금형표면에 원추형이나 곡면부와 같은 간단한 공동부를 만들어서 사용하기도 한다. 이상적인 조건에서 원기둥 소재의 변형

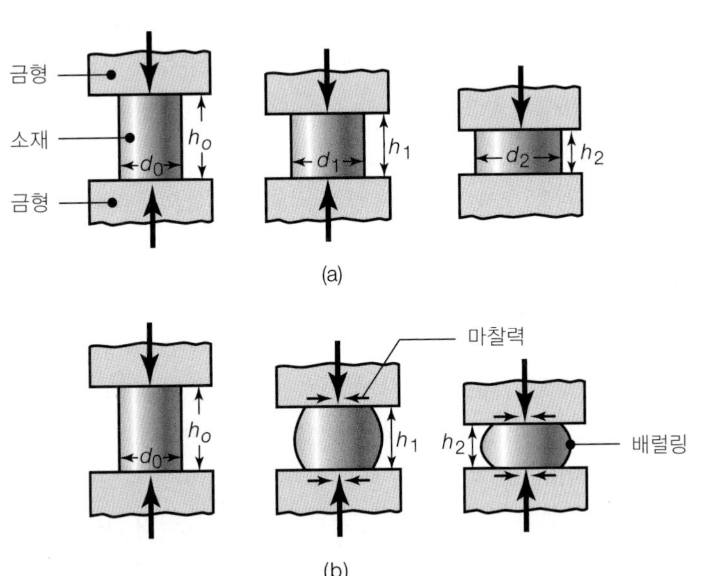

▶ **그림 6.1**
(a) 마찰이 없는 평금형으로 원주형 소재를 압축할 때의 이상적인 변형으로 업세팅이라고도 함. (b) 금형-소재의 접촉면에 마찰이 있는 경우의 업세팅에 의한 변형.

을 그림 6.1a에 나타내었으며, 이때 소재가 보여주는 변형을 **균질변형**(homogeneous deformation)이라고 한다. 소성변형 중에는 체적이 일정하게 유지되므로(2.11.5절 참조), 소재의 높이가 감소하면 직경이 늘어난다. 높이가 h_0인 소재를 압축하여 h_1으로 감소시키는 경우의 높이감소율은 다음과 같다.

$$\text{높이감소율} = \frac{h_o - h_1}{h_o} \times 100\% \tag{6.1}$$

식 (2.1)과 (2.9)에 절대값을 사용하면(부피성형공정에서는 보통 절대값을 사용), 다음과 같이 공학적 변형률과 진변형률을 각각 얻는다.

$$e_1 = \frac{h_o - h_1}{h_o} \tag{6.2}$$

$$\epsilon_1 = \ln\left(\frac{h_o}{h_1}\right) \tag{6.3}$$

상하판의 상대속도를 v라 하면, 식 (2.17)과 (2.18)에 따라 소재에는 다음과 같은 변형률속도가 생긴다.

$$\dot{e}_1 = -\frac{v}{h_o} \tag{6.4}$$

$$\dot{\epsilon}_1 = -\frac{v}{h_1} \tag{6.5}$$

소재의 높이가 h_0에서 h_2로 감소한다면, 위의 식들에 첨자 "1" 대신, 첨자 "2"를 사용하면 된다. 소재의 높이가 아주 작아지면, 진변형률속도 $\dot{\epsilon}$는 급격하게 증가한다.

■ **배럴링** 실제작업에서는 그림 6.1b와 그림 2.14처럼 제품의 옆면이 나오는 **배럴링**(barreling, 배부름) 현상이 생긴다. 배럴링이 생기는 주된 이유는 금형과 소재 간의 접촉면에서 재료가 바깥방향으로 유동하는 반대방향으로 마찰력이 작용하기 때문이다. 배럴링은 고온의 소재를 냉각된 금형으로 업세팅할 때도 생긴다. 접촉부와 그 주변 재료는 급속히 냉각하는 반면, 소재의 나머지 부분은 비교적 고온으로 남아 있으므로 소재의 양 끝면은 가운데 부분보다 변형에 대한 저항이 커진다(2.2.6절 참조). 결국, 소재의 가운데 부분이 양 끝면보다 많이 변형한다.

배럴링이 생기면 소재에서의 재료유동은 불균일하게 되며, 이는 그림 6.2에서처럼 배럴링된 시편의 단면을 연마한 뒤, 부식시켜서 볼 수 있다. 소재의 윗부분과 아랫부분에는 대략 삼각형의 변형되지 않은 영역(데드 영역)이 있으며, 이 부분이 쐐기 역할을 하면서 남은 부분을 변형시키므로 배럴링이 생긴다. 이 불균질변형은 그림 6.3에 나타낸 것처럼 격자무늬를 입혀서 관찰하기도 하는데, 격자무늬방법은 여러 기법으로 실험에 이용된다(6.4.1

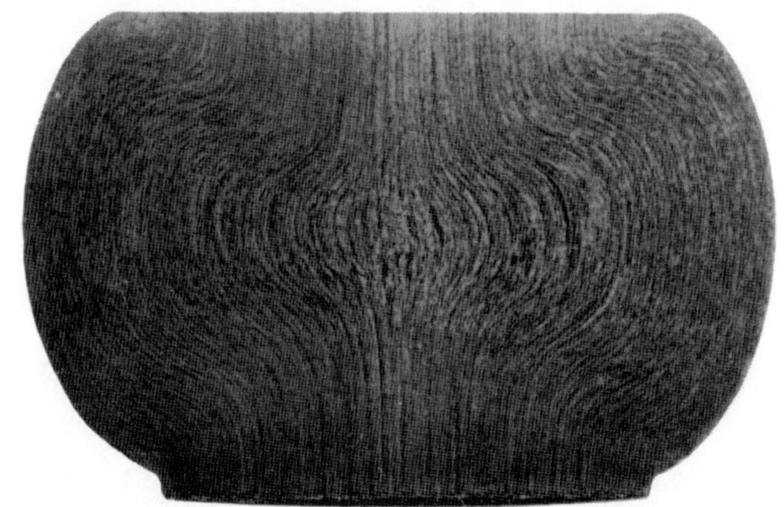

▶ **그림 6.2**

열간에서 원주형 철강시편을 업세팅하였을 때 단면에 나타난 단류선. 불균질변형의 정도와 배럴링이 심함에 유의할 것. 변형이 일어나기 전에 고온의 시편이 온도가 낮은 하부금형과 접촉하고 있었으므로 시편의 아랫부분은 윗면과 다른 모습을 보임. 밑면은 냉각되어 유동저항이 증가되므로 윗면보다 변형이 작음.

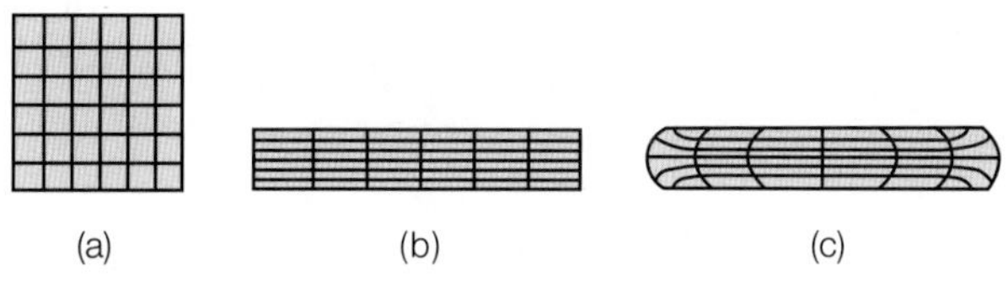

▶ **그림 6.3**

업세팅에서 격자변형의 개략도: (a) 변형되기 전의 격자무늬, (b) 마찰이 없는 경우의 변형, (c) 마찰이 있는 경우의 변형. 이러한 변형무늬로부터 변형체의 변형률을 계산할 수 있다.

절 참조).

마찰에 기인하는 배럴링은 윤활제를 효과적으로 사용하거나, **초음파**로 압축판을 진동시킴으로써 최소화시킬 수 있다(4.4.1절 참조). 열간가공작업에서는 가열된 금형을 사용하거나, 금형과 소재 간의 접촉면에 윤활제의 또 다른 역할인 열차폐물을 둠으로써 배럴링을 감소시킬 수 있다.

그림 6.2에는 배럴링이 한 개만 나타나고 있지만, **이중 배럴링**이 생길 수도 있다. 즉, (1) 단면적에 대한 높이의 비가 크거나, (2) 금형-소재 경계면에서의 마찰이 높은 경우에는 이중 배럴링이 생긴다. 이들 조건에서는 압축판 근처의 변형하지 않은 영역이 서로 만나지 않아서 소재의 중앙부가 균질변형을 하고, 위와 아랫부분에서는 배럴링이 일어나므로 두 곳에서 배럴링이 생기는 것이다.

■ **이상변형 시 하중과 일** 접촉경계면에서의 마찰이 없고 재료가 항복응력 Y를 갖는 완전소성체이면, 원주시편에 작용하는 수직압축응력은 Y로 일정하다. 임의의 높이 h_1일 때의 가공력은

$$F = YA_1 \tag{6.6}$$

이며, A_1은 단면적으로 체적이 일정하다는 조건으로부터 다음과 같이 계산할 수 있다.

$$A_1 = \frac{A_o h_o}{h_1}$$

이상변형일은 시편의 체적과 비에너지 u(식 (2.59))의 곱으로 나타낼 수 있다.

$$\text{일} = \text{체적} \int_0^{\epsilon_1} \sigma \, d\epsilon \tag{6.7}$$

여기서 ϵ_1은 식 (6.3)에서 구한다. 재료가 변형경화성이면, 다음 식으로 주어지는 진응력-진변형률 곡선을 사용하여 가공력을 구한다.

$$\sigma = K\epsilon^n$$

Y_f를 식 (6.3)의 진변형률에 상응하는 재료의 유동응력이라고 할 때(그림 2.37 참조), 변형 중의 가공력은 다음 식으로 표현될 수 있다.

$$F = Y_f A_1 \tag{6.8}$$

가공일은

$$\text{일} = (\text{체적})(\overline{Y})(\epsilon_1) \tag{6.9}$$

로 계산되며, $\overline{Y}$는 다음 식으로 주어지는 평균유동응력이다.

$$\overline{Y} = \frac{K\int_0^{\epsilon_1} \epsilon^n \, d\epsilon}{\epsilon_1} = \frac{K\epsilon_1^n}{n+1} \tag{6.10}$$

6.2.2 해석방법

소성가공에서 응력, 변형률, 변형률속도, 하중, 국부적 온도상승과 같은 각종 양을 이론적으로 결정하는 해석방법을 요약하면 다음과 같다.

■ **슬래브법**(slab method) 슬래브법은 단조나 기타 부피성형가공 공정에서 응력이나 하중을 간단하게 계산하는 해석법이다. 이 방법에서는 소재 내의 요소를 한 개 생각하고, 요소에 작용하는 수직력 및 마찰력을 모두 표시한 후, 평형조건과 항복조건을 적용하는 방법이다.

1. **평면변형률상태의 사각형 소재 단조.** 단조에서의 기본적인 변형과정인 평면변형률 압축에서 마찰이 있는 경우를 예로 들어 보자(그림 6.4). 평금형으로 소재를 압축하면 두께가 감소하고 체적은 일정하므로, 소재는 옆으로 퍼지게 된다. 금형-소재 경계면에서의 상대운동으로 인해 재료가 움직이는 방향과 반대방향으로 마찰력이 작용하는데, 그림 6.4에 마찰력을 수평방향 화살표로 나타내었다. 문제를 단순화시키기 위해, 소재가 지

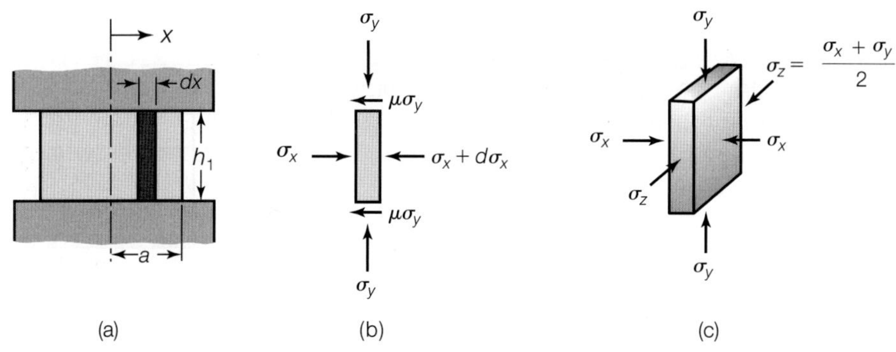

▶ **그림 6.4**
평금형으로 평면변형률 압축(단조)할 때 요소에 작용하는 응력. 응력 σ_x는 요소의 높이 h에 걸쳐서 균일분포를 이룬다고 가정한다. 금속가공공정에서 슬래브해석법을 사용할 때는 우선 요소(슬래브)에 작용하는 응력을 분별해내야 한다.

면(紙面)에 대하여 수직인 z-방향으로 유동이 구속된 **평면변형률조건**을 가정한다(2.11.3절 참조).

소재 내에서 임의 요소를 택하여 이 요소에 작용하는 모든 힘을 표시해 보자(그림 6.4b). 마찰력의 방향과 마찰력으로 인해 요소의 양 측면에 작용하는 수평력의 크기가 다름에 유의하고, 측면에서의 응력 σ_x는 높이 h에 걸쳐 일정하다고 하자.

다음 단계에서는 요소가 정적 평형상태에 있다고 보고, 요소에 작용하는 수평력의 평형조건을 적용한다.

$$(\sigma_x + d\sigma_x)h + 2\mu\sigma_y\,dx - \sigma_y h = 0$$

즉,

$$d\sigma_x + \frac{2\mu\sigma_y}{h}dx = 0$$

위에서 식은 한 개이지만, 미지수는 σ_x와 σ_y로 두 개이다. 항복조건(2.11절)으로부터 두 번째 식을 얻는 방법은 다음과 같다. 그림 6.4c에 나타낸 것처럼, 요소는 세 방향에서 압축을 받는다(그림 2.35d와 비교). 평면변형률상태에서 전단에너지항복조건을 적용하면

$$\sigma_y - \sigma_x = \frac{2}{\sqrt{3}}Y = Y' \tag{6.11}$$

이므로, 다음 식이 성립한다.

$$d\sigma_y = d\sigma_x$$

엄밀한 의미에서, σ_y가 작용하는 면에 전단응력(마찰응력)이 있으므로 σ_y는 주응력이 아니지만, 마찰계수 μ가 작을 때는 대략적으로 σ_x와 σ_y를 **주응력**이라고 가정할 수 있다. 그림 6.4c에서 σ_z는 식 (2.44)에서와 유사한 방법으로 구하였다. 두 방정식을 풀면,

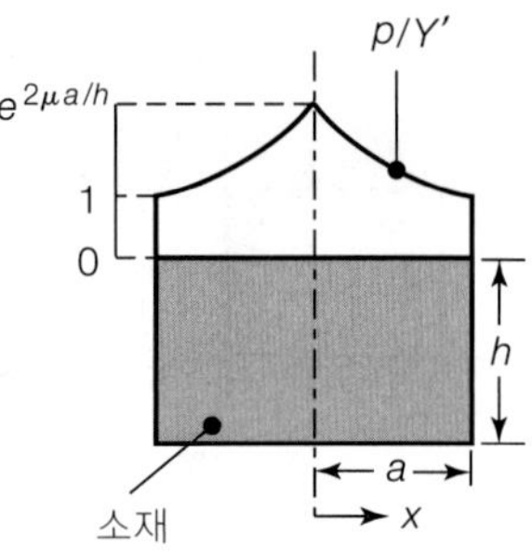

▶ **그림 6.5**

미끄럼마찰조건의 평면변형률 압축에서 다이압력 p의 분포. 왼편 및 오른편의 끝단에서는 압력이 평면변형률조건의 항복응력 Y'과 같다. 미끄럼마찰조건이란 마찰응력이 수직응력에 직접 비례하는 것을 의미한다.

$$\frac{d\sigma_y}{\sigma_y} = -\frac{2\mu}{h}dx \quad \text{즉,} \quad \sigma_y = Ce^{-2\mu x/h} \tag{6.12}$$

여기에 $x = a$에서 $\sigma_x = 0$인 경계조건을 적용하면, 시편의 측면에서 $\sigma_y = Y'$을 얻는다. (모든 응력은 압축방향이므로 응력에 부호를 따로 붙일 필요는 없다.) 적분상수 C의 값은

$$C = Y'e^{2\mu a/h}$$

이 되므로,

$$p = \sigma_y = Y'e^{2\mu(a-x)/h} \tag{6.13}$$

또한

$$\sigma_x = \sigma_y - Y' = Y'[e^{2\mu(a-x)/h} - 1] \tag{6.14}$$

이 된다.

식 (6.13)을 정성적으로 무차원화하여 그림 6.5에 나타내었다. 시편의 중심부로 갈수록 압력이 지수적으로 증가하며, a/h비와 마찰이 클수록 압력이 증가함을 알 수 있다. 변형경화성 재료의 경우에는 식 (6.13)과 (6.14)에서 Y' 대신에 Y'_f를 사용한다. 그림 6.5에 도시한 곡선에서 가운데가 높으므로 이를 **마찰언덕**(friction hill)이라고 한다. 마찰이 있는 경우에는 마찰이 없을 때보다 압력이 높은데, 이는 마찰을 극복하기 위해서 가공력에 의한 일이 더 많이 필요한 것으로부터 이미 예측할 수 있다.

그림 6.5에서 압력곡선 아랫부분의 면적은 시편의 **단위폭당 가공력**에 해당한다. 이 면적은 적분으로 구할 수 있고, **평균압력**은 근사적으로 다음과 같이 나타낼 수 있다.

$$p_{\text{av}} \simeq Y'\left(1 + \frac{\mu a}{h}\right) \tag{6.15}$$

소요압력에 a/h비와 마찰력이 미치는 영향이 중요하며, 그 중에서도 a/h비의 영향이 크다. 단조하중 F는 평균압력과 접촉면적을 곱하여 구할 수 있다.

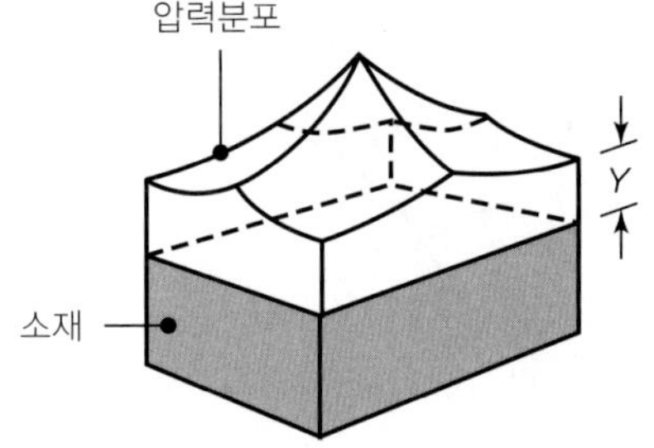

▶ **그림 6.6**
사각형 소재를 마찰있는 평금형으로 압축할 때 평면응력조건에서 전단에너지 항복조건을 사용하여 구한 수직응력(압력)분포. 각 모서리부에서 응력은 재료의 단축인장 항복응력 Y와 같다.

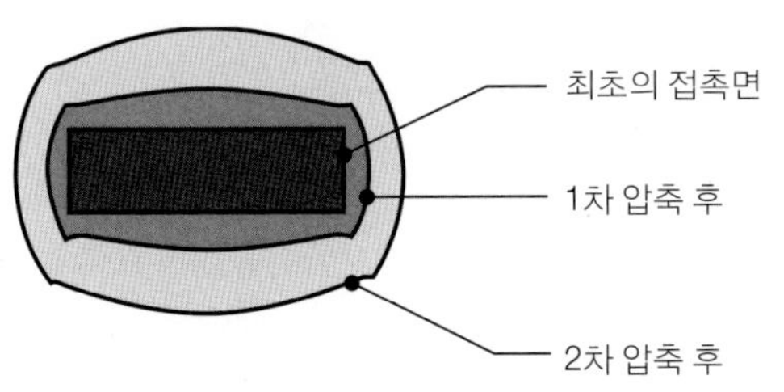

▶ **그림 6.7**
사각형 시편을 마찰있는 평금형으로 압축할 때 접촉면적이 증가하는 양상(위에서 본 그림). 압축정도에 따라 폭방향의 증가량이 길이방향 증가량보다 크다. 정육면체의 시편을 압축하는 경우에도 마찰로 인해 팬케이크 모양이 얻어진다.

$$F = (p_{av})(2a)(\text{폭}) \tag{6.16}$$

압력식에는 높이 h 항이 들어 있으므로, 업세팅 작업에서 높이가 감소함에 따른 하중을 구할 수 있다.

사각형 시편의 옆면을 구속하지 않은 채로 업세팅할 때(평면응력, 그림 2.35 참조), 전단에너지항복조건을 사용하는 경우의 수직응력분포를 그림 6.6에 대략적으로 나타내었다. 모서리부에서는 단축압축을 받으므로 압력이 Y가 되고, 변을 따라서도 마찰이 있으므로 마찰언덕이 나타난다.

실제 평면응력 업세팅에서 직사각형 시편의 윤곽이 확장하는 양상을 그림 6.7에 나타내었다(위에서 본 그림). 시편의 길이가 40% 증가할 때, 폭은 230% 가량 증가하는데, 그 이유는 폭 방향으로의 유동에 대한 저항이 길이방향보다 훨씬 작기 때문이다. 마찬가지로, 정육면체의 시편을 업세팅하는 경우에도 대각선방향으로의 유동이 다른 방향보다 느리므로, 팬케이크 모양이 얻어진다.

2. **원기둥 소재의 단조.** 슬래브법을 이용하면, 원기둥 소재를 단조할 때 소재와 금형의 접촉면에서의 압력분포를 구할 수 있다. 그림 6.8에 나타낸 것처럼, (1) 반경 r, 높이 h인 원주의 원주각 $d\theta$에 해당하는 부분을 잘라서, (2) 반경방향으로 길이가 dx인 작은 요소를 생각하고, (3) 이 요소에 작용하는 수직응력과 마찰응력을 표시하자. 평면변형률조건의 경우와 유사한 절차를 거치면, 다음과 같이 반경 x에서의 압력 p를 구할 수 있다.

$$p = Ye^{2\mu(r-x)/h} \tag{6.17}$$

평균압력은 근사적으로

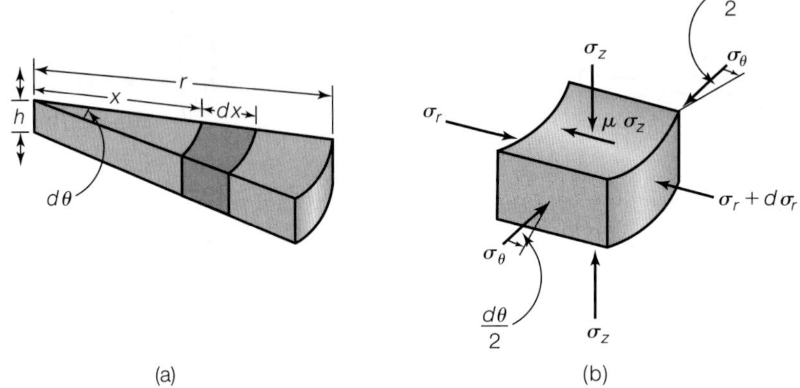

▶ **그림 6.8**
원주형 소재를 평금형으로 단조할 때, 한 요소에 작용하는 응력.

$$p_{av} \simeq Y\left(1 + \frac{2\mu r}{3h}\right) \tag{6.18}$$

로 주어지고, 단조하중은 다음 식으로 구할 수 있다.

$$F = (p_{av})(\pi r^2) \tag{6.19}$$

변형경화성 재료에 대해서는 식 (6.17)과 (6.18)의 Y 대신에 유동응력 Y_f를 사용한다. 식 (6.17)과 (6.18)에서의 마찰계수 μ는 냉간단조의 경우, 0.05~0.1, 열간단조에서는 0.1~0.2 정도이다(표 4.1 참조). 정확한 값은 윤활제의 효율에 따르며, 특히 소재면에서 윤활막이 끊긴 경우에는 이보다 높을 수 있다(4.4.3절 참조).

업세팅에서 마찰과 시편의 형상비(a/h 또는 r/h)가 평균압력 p_{av}에 미치는 영향을 그림 6.9에 나타내었다. 압력은 무차원 형태로 항복응력의 배수로 나타내었다. 이들 곡선은 사용이 간편하며, 마찰과 시편의 형상비가 업세팅 압력에 미치는 영향을 또다시 보여주고 있다.

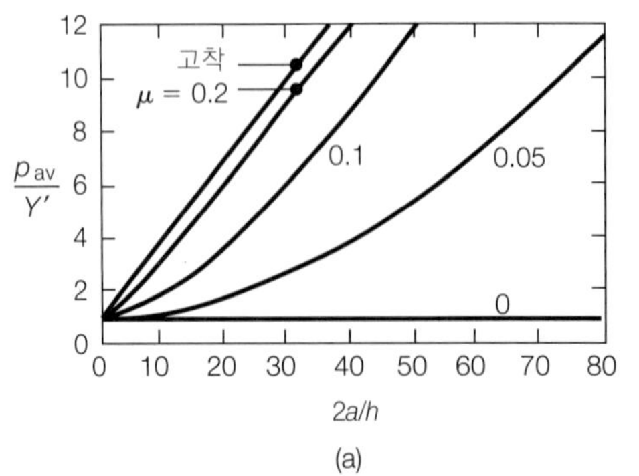

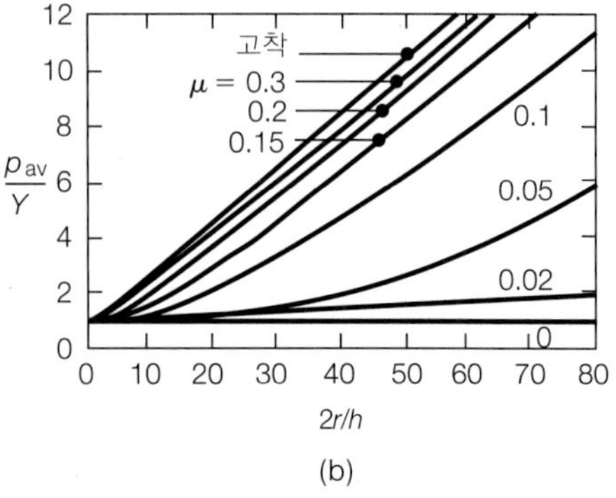

▶ **그림 6.9**
마찰 및 형상비의 함수로 나타낸 항복응력에 대한 평균 다이압력의 비: (a) 평면변형률 압축, (b) 원주형 시편의 압축. 그림 (b)에서는 그림 (a)의 Y'이 아닌 Y가 사용되었음에 유의.

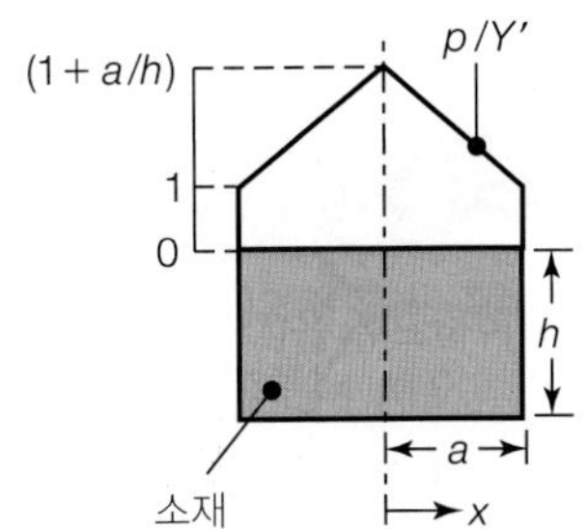

▶ **그림 6.10**

평면변형률조건에서 사각형 시편을 고착마찰조건으로 압축할 때의 수직응력(압력)분포. 양 끝의 압력은 재료의 평면변형률조건 단축항복응력 Y'과 같다.

3. 고착조건에서의 단조. μ와 p의 곱은 소재-금형 접촉면에서의 마찰응력(표면전단응력)이며, 중심부로 갈수록 p가 증가하므로 μp도 증가한다. 그러나 μp의 값은 재료의 전단항복응력 k를 초과할 수 없으므로, $\mu p = k$가 되면 고착이 일어난다. (평면변형률조건에서 k는 $Y'/2$임. 2.11.3절 참조) 고착의 경우라 하더라도 경계면에서의 접착을 뜻하는 것이 아니고, 단지 재료가 압축판에 대하여 상대적으로 움직이지 않을 뿐이다.

고착조건에서의 수직응력은 평면변형률조건의 경우,

$$p = Y'\left(1 + \frac{a - x}{h}\right) \tag{6.20}$$

가 된다.

압력은 그림 6.10에 나타낸 것처럼 x에 대하여 선형적으로 변한다. 고착조건에서 원기둥 시편에 대한 수직응력분포는 다음과 같다.

$$p = Y\left(1 + \frac{r - x}{h}\right) \tag{6.21}$$

이 경우에도 그림 6.10에 나타낸 것처럼 응력분포는 선형적이다.

예 6.1 업세팅 하중의 계산

풀림처리된 4135 강으로 된 원기둥 소재의 직경이 15.24 cm, 높이가 10.16 cm이다. 이 소재가 상온에서 평금형으로 자유단조되어 높이가 5.08 cm로 감소되었다. 마찰계수를 0.2로 가정하고 단조행정이 끝날 무렵의 단조하중을 구하여라. 평균압력식을 사용하여라.

풀이 소재재료가 변형경화성이므로 Y 대신에 Y_f를 식 (6.18)에 사용하면, 평균압력은

$$p_{av} \simeq Y_f\left(1 + \frac{2\mu r}{3h}\right)$$

로 주어진다. 표 2.3에서 $K = 1015$ MPa이고 $n = 0.17$이다. 진변형률의 절대값은

$$\epsilon_1 = \ln\left(\frac{10.16}{5.08}\right) = 0.693$$

이며, 따라서

$$Y_f = K\epsilon_1^n = (1015)(0.693)^{0.17} = 953.65 \text{ MPa}$$

이다. 최종높이 h_1은 5.08 cm이므로, 반경 r은 체적이 일정하다는 조건으로부터

$$\frac{\pi(15.24)^2}{4} \cdot (10.16) = \pi r_1^2 \cdot (5.08) \quad \text{즉,} \quad r_1 = 10.78 \text{ cm}$$

이며, 따라서

$$p_{\text{av}} = 953.65\left(1 + \frac{(2)(0.2)(10.78)}{(3)(5.08)}\right) = 1223.48 \text{ MPa}$$

업세팅 하중은

$$F = (1223.48 \text{ MPa})\pi \cdot (10.78 \text{ cm})^2 = 44.67 \text{ MN} = 4553\text{톤}$$

이 된다. (주: 이 문제의 해에 그림 6.9b를 사용할 수도 있다.)

예 6.2 미끄럼마찰에서 고착마찰로의 전환

평면변형률조건 업세팅에서 마찰응력은 재료의 전단항복응력 k보다 클 수가 없다. 따라서 그림 6.4에서 미끄럼마찰로부터 고착마찰로 바뀌는 지점 x가 존재한다. 이때 x를 a, h, μ의 항으로 나타내어라.

풀이 접촉면에서 마찰로 인한 전단응력은 다음과 같이 표현된다.

$$\tau = \mu p$$

전단응력은 재료의 전단항복응력 k보다 클 수 없고, 이는 평면변형률조건의 경우 $Y'/2$가 된다. 그림 6.5에서의 압력곡선은 식 (6.13)으로 주어진다. 따라서 마찰응력이 전단항복응력과 같아지는 조건은

$$\mu Y' e^{2\mu(a-x)/h} = Y'/2$$

$$2\mu\frac{(a-x)}{h} = \ln\left(\frac{1}{2\mu}\right)$$

이 된다. 따라서

$$x = a - \left(\frac{h}{2\mu}\right)\ln\left(\frac{1}{2\mu}\right)$$

이다.

이미 예상되는 것처럼, μ가 감소하면 x의 크기도 감소한다. 반면에, 압력은 고착을 일으킬 만큼 충분히 높아야 하므로, a/h비는 커야 한다. 예를 들어, a = 10 mm, h = 1 mm인 소재에서, μ = 0.2인 경우 x = 7.71 mm, μ = 0.4인 경우 x = 9.72 mm가 된다.

■ **유한요소법** 유한요소법(FEM, finite-element method)에서는 탄성-소성체의 변형영역을 여러 개의 요소로 잘게 나누고, 요소끼리의 연결점인 절점에서 속도나 변위를 구한다. 요소 내에서의 속도분포는 근사적으로 보간되어 미지의 속도벡터에 대한 연립방정식이 구성되며, 이 연립방정식에 경계조건을 적용하여 풀면 속도분포 및 응력을 계산할 수 있다. 이 방법에서는 금형-소재 간 접촉면에서의 마찰조건과 소재재료의 실제성질을 고려할 수 있는데, 이를 위해서는 소재의 응력-변형률 특성을 변형률속도 및 온도의 함수로 주어야 하고, 금형-소재 간 접촉면에서의 마찰특성과 열전달특성을 입력자료로 주어야 한다.

유한요소법은 부피성형가공과 판재성형가공의 복잡한 형상에 대해서도 적용할 수 있다. 계산의 정확도는 유한요소의 수와 형상 및 수학적 복잡성, 변형증분, 계산방식에 따라

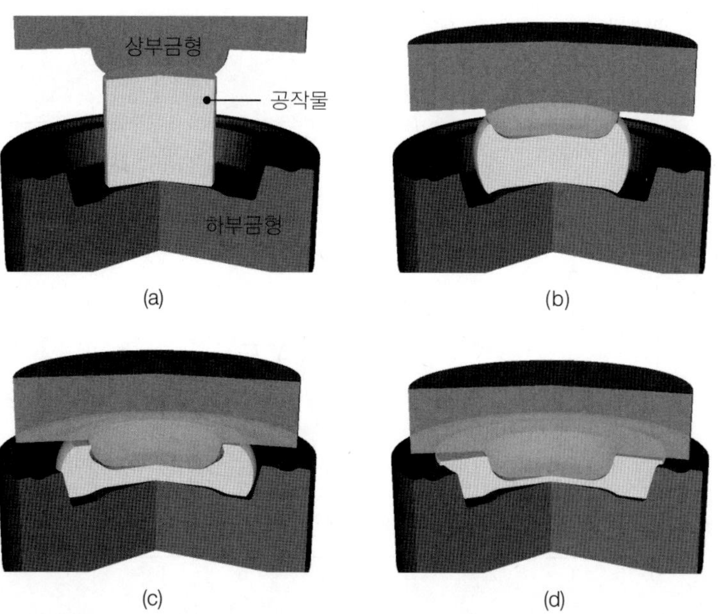

▶ **그림 6.11**
유한요소해석으로 예측된 단조공정에서의 소재 변형.

달라진다. 높은 정확도를 얻으려면 계산량이 많아지지만, 소재의 변형하는 모양과 자세한 응력 및 변형률 분포를 알 수 있다.

그림 6.11은 원기둥 시편을 형단조하는 과정을 유한요소법으로 해석한 결과이다. 소재 단면의 변형양상을 나타내는 격자무늬를 메시(mesh, 요소망)라고 하며, 이것의 변형은 컴퓨터를 이용하여 이론식을 계산한 뒤, 모니터 상에 그래픽으로 나타내므로 단조 중에 소재가 변형하는 모양을 알 수 있다.

유한요소법으로 열간가공에서 재료에 나타나는 미세구조의 변화나 소재에 발생하는 결함을 실험하지 않고도 예측할 수 있으므로, 이들 정보로부터 결함이 없는 제품을 가공할 수 있도록 금형설계를 수정하는 데 이용할 수 있다. 이 외의 해석방법으로 미끄럼선장법(slip-line analysis)과 상계해법(upper-bound technique)이 있지만, 이들 방법은 여기에 설명한 두 가지 해석방법에 비해 잘 사용되지 않는다.

■ **변형영역**(deformation zone)**의 형상** 제2장의 그림 2.25와 같은 관찰은 단조를 비롯한 부피성형공정에서 가공력을 구하거나 변형양상을 예측하는 데 있어서 중요하다. 이미 설명한 경도시험에서 압입에 필요한 압축응력은 이상적인 경우에 단축압축 항복응력 Y의 약 3배이다(2.6.8절 참조). 게다가, (1) 소재의 변형이 압입자 아래에 국한되어 전체적으로는 매우 불균일한 변형상태를 보이며, (2) 변형영역의 크기도 시편의 크기에 비해 상대적으로 작다. 이에 반해 마찰이 없는 편평한 금형 사이에 시편을 놓고 압축시키는 단순압축 시험의 경우에는 시편의 상하면이 항상 금형과 접촉한 상태에 있으며, 시편은 균일변형을 한다. 시편의 변형영역에 관한 이상의 두 가지 극한적인 예 사이에는 다양한 상황이 있을

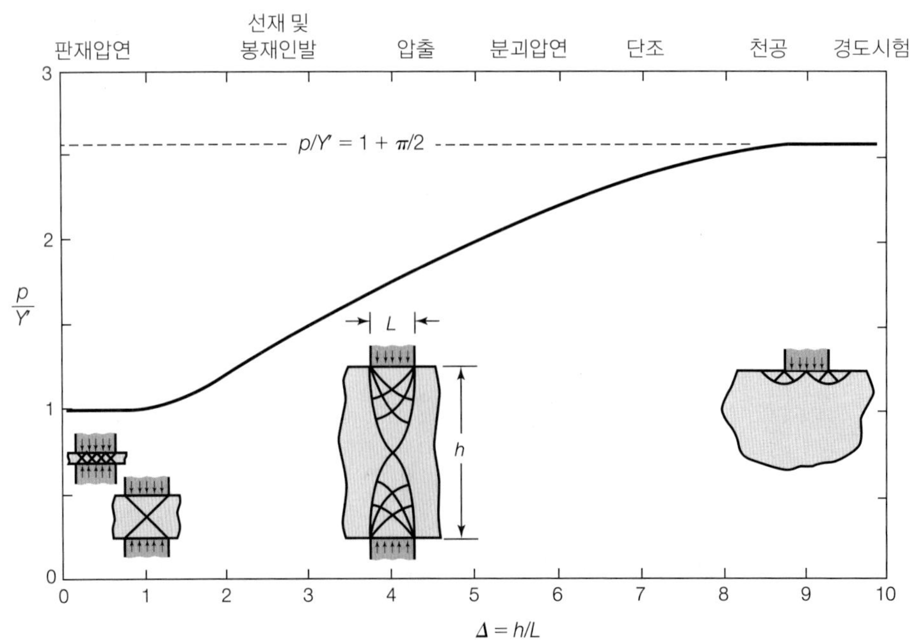

▶ **그림 6.12**
마찰이 없는 평면변형률조건에서 각종 금속가공공정에 소요되는 다이압력. 재료의 소성변형 하중을 예측하는 데 있어서, 다이접촉면적과 소재치수의 기하학적 관계는 중요한 인자이다.

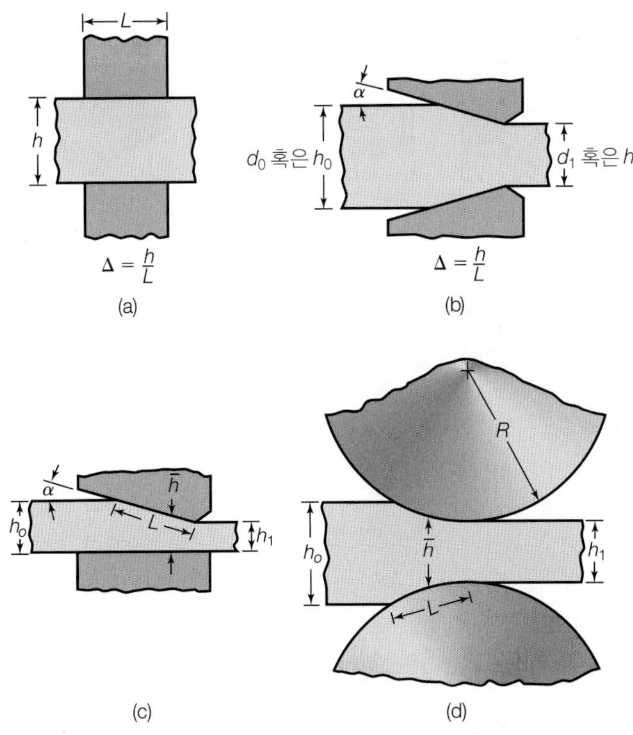

▶ **그림 6.13**

평면변형률 상태에서 수행되는 여러 가지 소성변형 공정에서의 *h*/*L*비: (a) 평금형에 의한 압입(그림 6.19의 코깅작업과 유사), (b) 쐐기형 다이에 의한 판재의 인발 혹은 압출(6.4절 및 6.5절에 설명), (c) 아이어닝(그림 7.56 참조), (d) 압연(6.3절에 설명). 그림 6.12에 나타낸 것처럼 *h*/*L*비가 크면 다이 압력이 커지지만, 실제공정에서는 이 비가 작을수록 접촉면적이 크므로 마찰력의 효과가 커진다.

수 있다.

그림 6.12는 마찰이 없는 경우에 대하여 다양한 상황에서의 변형영역의 형상들과 변형에 소요되는 압력을 나타낸다. 이 그림에서 알 수 있듯이, *h*/*L*비는 변형의 불균질성을 결정하는 중요한 인자이다. 마찰이 있다면 변형에 소요되는 하중에 상당한 차이를 주며, 특히 *h*/*L*비가 작을 경우에는 더욱 그렇다. 변형영역의 형상은 성형공정의 종류나 금형형상, 두께감소율 같은 공정변수에 따라 달라진다(그림 6.13 참조).

6.2.3 단조의 종류

■ **형단조**(impression-die 및 closed-die forging) 형단조는 두 개의 금형으로 소재를 압축하여 **금형공동부**(cavities 혹은 impressions)의 모양으로 만드는 공정이다(그림 6.14 참조). 단조되는 동안 재료의 일부는 밖으로 밀려나가서 **플래시**(flash)를 형성한다. 플래시는 형단조 시 소재유동에 매우 중요한 역할을 한다. 즉, (1) 플래시는 길이 대 두께비(*a*/*h*비와 같음)가 크므로 높은 압력을 받고, (2) 플래시 간극에서 재료유동에 대한 마찰저항 또한 높아서 금형공동부에 있는 재료에 높은 압력을 가하며, (3) 더구나 고온에서 가공할 때(열간단조), 두께가 얇은 플래시는 몸체부보다 빨리 냉각되므로 변형저항이 커져서 금형공동부를 잘 채울 수 있도록 해준다.

단조품의 품질, 치수공차, 표면정도는 단조작업이 얼마나 잘 수행되고 관리되느냐에 따

▶ 그림 6.14
형단조공정의 개략도. 플래시가 생성되며, 이는 트리밍 작업으로 절단된다.

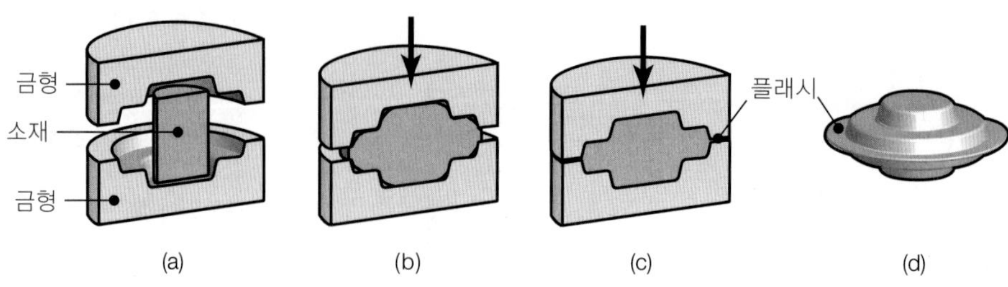

표 6.2 형단조하중의 예측에 사용되는 K_p 값의 범위

단순한 형상, 플래시가 없는 경우	3~5
단순한 형상, 플래시가 있는 경우	5~8
복잡한 형상, 블래시가 있는 경우	8~12

라 결정된다. 치수공차의 일반적 범위는 단조품 치수의 ±0.5~1% 정도이다. 철강의 열간단조에 대한 공차는 ±6 mm 이하이고, 정밀단조의 공차는 ±0.25 mm 정도이다. 치수정확도를 해치는 요인으로는 드래프트각, 필렛반경, 금형마모, 금형 부정합 등이 있다. 단조품의 표면정도는 소재준비, 금형 표면정도, 금형마모, 윤활제의 효율성에 따라 달라진다.

형단조공정은 최종형상이 복잡하므로 **하중**을 정확하게 계산하기가 쉽지 않다. 소재 내의 재료는 위치에 따라 각기 다른 변형률과 변형률속도, 온도를 갖고, 금형-소재 접촉면에서는 마찰계수가 일정하지 않다. 따라서 형단조하중을 계산할 때는 표 6.2에 나타낸 것과 같은 압력배수인자(pressure-multiplying factor) K_p를 사용하여 다음과 같이 단조하중 F를 구한다.

$$F = K_p Y_f A \tag{6.22}$$

여기서 A는 플래시를 포함한 단조품의 투영단면적, Y_f는 재료가 겪는 변형률 및 변형률속도, 온도에서의 유동응력을 나타낸다.

전형적인 형단조하중 곡선을 그림 6.15에 나타내었다. 축대칭제품은 금형공동부가 채워질 때까지 하중이 완만하게 증가하다가(그림 6.15b 참조), 플래시가 생성되면서부터 급격히 증가한다. 단조품에 구체적인 형상을 얻고, 최종치수에 달할 때까지 금형은 조금 더 움직이며, 그 동안에 단조하중은 매우 급격히 증가한다. 플래시가 금형과 일정한 길이만큼 접촉하도록 금형에 **랜드**(land)부를 두어, 소재가 금형을 채울 수 있게 하면서, 동시에 단조하중이 너무 커지지 않도록 한다(그림 6.26 참조).

■ **정밀단조** 정밀단조공정에서는 부품을 정밀하게 성형하는 데 높은 응력이 걸리므로, 다른 단조공정에서보다 큰 용량의 기계가 필요하다. 정밀단조(precision forging)는 폐쇄단조, 코이닝, 분말야금(제11장)과 같이 성형되는 제품이 원하는 최종제품의 치수와 거의 같

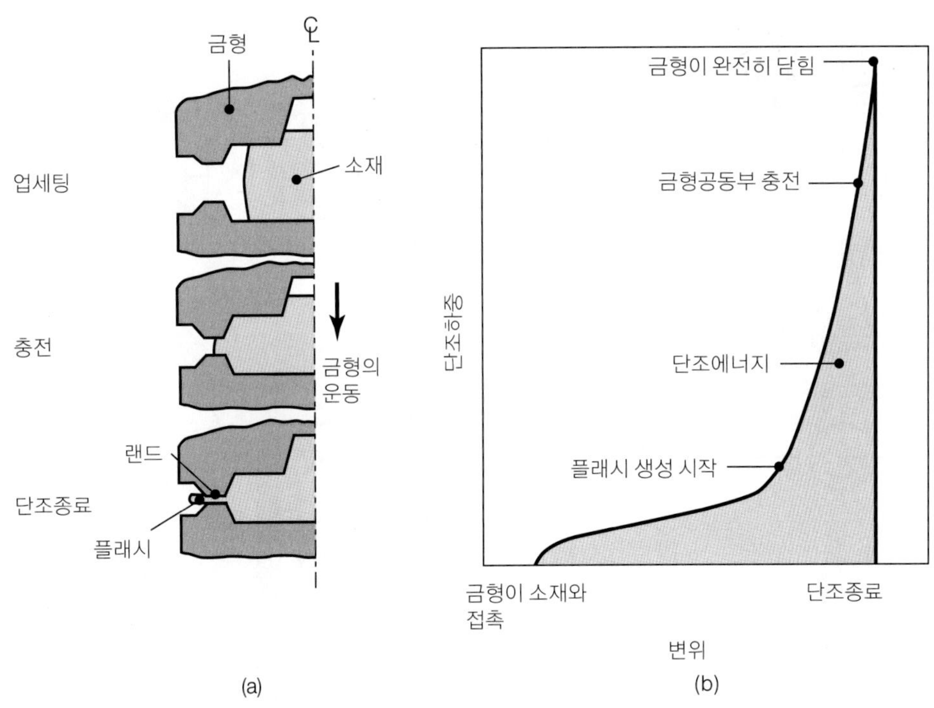

▶ **그림 6.15**
형단조의 전형적인 하중-변위 곡선. 플래시가 생기기 시작하면 하중은 급격히 증가한다. 열간작업에서는 플래시의 두께가 작고 단조품 몸체에 비해 온도가 낮으므로 플래시에 높은 응력이 작용한다.

도록 하는 공정이므로 **준정형**(準正型, near net-shape)**가공**에 속한다(1.6절 참조).

알루미늄합금이나 마그네슘합금은 소요 단조하중과 단조온도가 비교적 낮고 다이마모도 작은 편이며, 단조품의 표면정도가 우수하여 정밀단조에 매우 적합한 단조재료이다. 반면에, 철강을 비롯한 다른 금속은 정밀단조하기가 어려운 편이다. 일반단조와 정밀단조 간의 선택은 경제성을 분석하여 이루어진다. 정밀단조에서는 일반 형단조에서보다 훨씬 높은 정확도로 기계가공한 특수한 금형을 사용해야 하지만, 재료의 낭비가 적고 후속 절삭공정이 생략되어 제품은 원하는 최종제품의 형상에 거의 가깝게 성형된다.

■ **폐쇄단조** 일반적으로는 형단조라고 하나, 진정한 의미의 폐쇄단조(closed-die forging)는 금형이 소재를 완전히 둘러싸서 플래시를 발생하지 않는 공정이다. 폐쇄단조에서는 여분의 재료를 허용하지 않으므로, 원하는 치수의 단조품을 얻으려면 소재의 체적에 대한 정확한 계량과 적절한 금형설계가 필수적이다. 부족하게 계량된 소재로는 금형공동부를 완전히 채울 수 없고, 과다하게 계량된 소재는 과도한 압력을 발생시켜 금형을 파손시키거나 기계를 고장나게 한다.

■ **등온단조 가열금형단조**(hot die forging)라고도 하며, 소재와 금형이 같은 온도를 갖도록 가열하는 형단조공정이다. 단조가 진행되는 동안 소재가 냉각되지 않으므로, 유동응력이 낮게 유지되고 금형공동부 내에서 소재의 유동이 향상된다. 금형재료로는 니켈합금이 보통 사용되며, 높은 치수정확도가 요구되는 복잡한 부품도 유압프레스에서 1회의 행

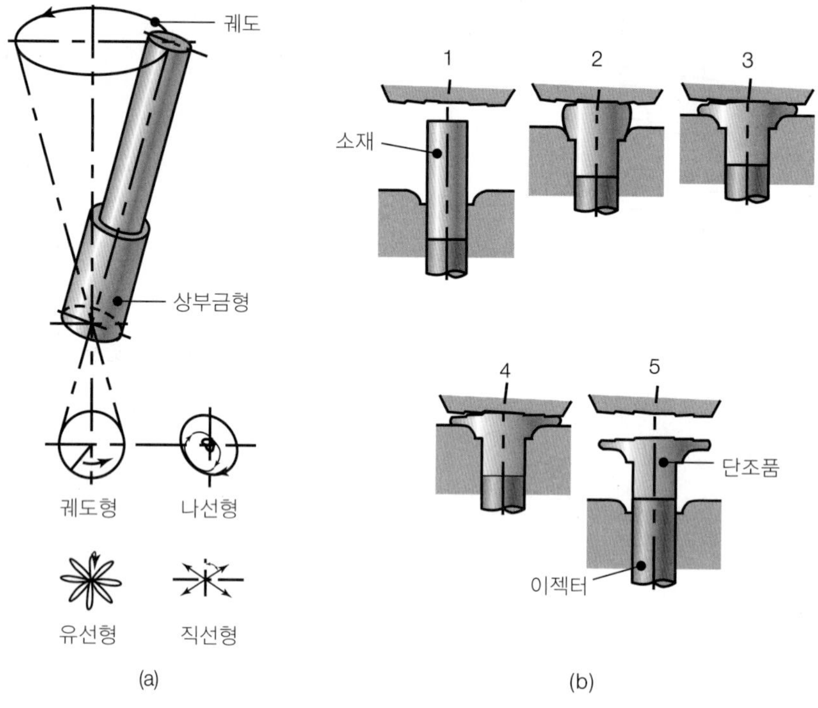

▶ **그림 6.16**
궤도단조공정의 개략도. 금형은 일부만이 소재와 접촉한다. 이 공정은 회전단조 또는 요동단조라고 하며, 베벨기어, 휠, 베어링 링 등의 제조에 응용된다.

정으로 단조된다. 등온단조(isothermal forging)는 비싼 단조법이지만, 티타늄이나 초합금 같은 고가의 재료로 복잡한 형상의 제품을 만들어야 할 때, 금형비용을 보상할 정도로 수량이 충분히 확보되면 경제성을 가질 수 있다.

■ **점진단조** 특수설계된 공구와 금형을 사용하여 코깅작업과 유사하게(그림 6.19 참조) 소재를 여러 작은 단계로 나누어서(따라서 **점진**이라는 용어를 사용) 단조하는 공정으로, 금형-소재 접촉면이 작아서 일반 단조에 비해 소요하중이 작은 특징이 있다. **궤도단조**(orbital forging)는 점진단조(incremental forging)의 한 예로, 금형이 궤도(그림 6.16 참조)를 따라 움직이며 소재를 점진적으로 성형해나가는 작업이다. 따라서 단조하중이 작고, 작업은 조용하며, 생산품목에 대한 유연성이 높다.

6.2.4 기타 단조작업

1. **코이닝**(coining). 폐쇄단조의 한 예로 동전을 성형하는 것을 들 수 있으며, 이때 소재는 완전히 밀폐된 금형공동부 내에서 변형된다. 동전이나 메달의 상세한 형상을 성형하려면 소재의 유동응력보다 5~6배 높은 압력이 필요하다. 이 공정에는 윤활제를 사용하지 않는데, 그 이유는 금형공동부에 갇힌 윤활제가 금형표면의 미세한 형상이 복사되는 것을 방해하기 때문이다. 코이닝작업은 단조제품의 표면정도를 높이고 원하는 치수정확도를 얻는 데도 사용된다(sizing).

2. **헤딩**(heading). 헤딩은 기본적으로 업세팅작업이며, 환봉이나 선재의 한쪽 끝에 넓은 단면부분을 만드는 데 적용된다. 전형적인 예로, 볼트, 스크루, 못, 기타 유사한 부품들을 들 수 있다(그림 6.17 참조). 헤딩작업에서 유의해야 할 것은 소재의 구속되지 않은 부분의 길이가 직경에 비해 너무 길면 소재에 좌굴이 일어난다는 것이다. 헤딩작업은 냉간, 온간, 열간에서 헤더(header)라는 고도로 자동화된 수평기계에서 고속으로 이루어진다.
3. **천공**(piercing). 천공은 소재의 표면에 펀치를 압입시켜 공동부나 압입된 형상을 만드는 공정이다(그림 6.18 참조). 소재는 금형에 구속되는 경우와 금형을 사용하지 않고 그대로 천공하는 경우가 있다. 천공하중은 펀치 단면적 및 끝부분의 형상, 소재의 유동응력, 접촉면에서의 마찰에 따라서 다르다. 천공압력은 재료 유동응력의 3~5배에 달한다. 천공이란 용어는 펀치와 다이로 구멍을 절단하여 만드는 공정을 지칭하기도 한다(7.3절 참조).
4. **허빙**(hubbing). 허빙은 특정 형상의 경화처리된 펀치로 소재표면을 압입하여 공동부(천공의 경우보다 얕은)를 만드는 작업으로, 만들어진 공동부는 다른 제품을 성형하는 데 쓰일 금형으로 사용된다. 허빙작업으로 공동부를 만드는 데 필요한 압력은 소재 인장강

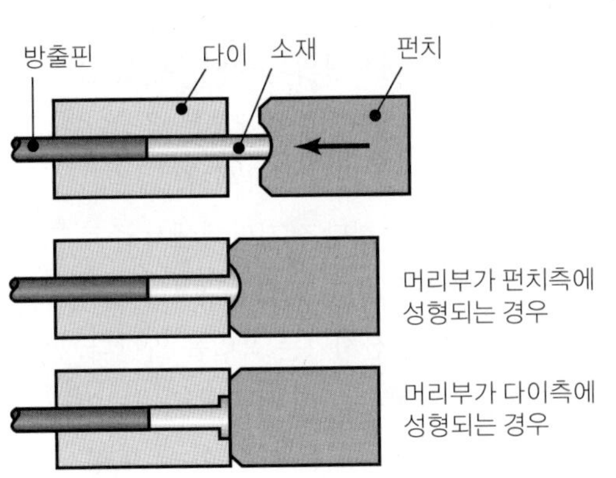

▶ **그림 6.17**

볼트나 리벳 같은 체결구의 머리부를 성형하는 헤딩공정.

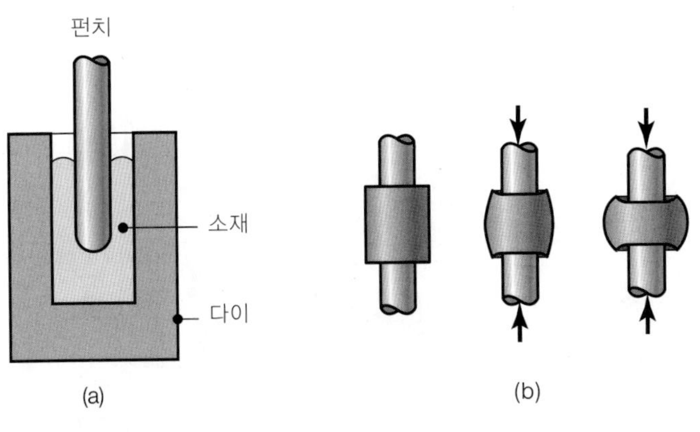

▶ **그림 6.18**

천공작업의 예

▶ **그림 6.19**

(a) 사각형 소재를 코깅작업하는 개략도. 수 회의 코깅작업으로 각재의 두께 및 단면적을 간단한 공구로 줄여나갈 수 있고, 코깅 후에는 배럴링이 생긴다. (b) 자유단조로 봉재 직경을 감소시키는 방법. (c) 자유단조로 링 두께를 감소시키는 방법.

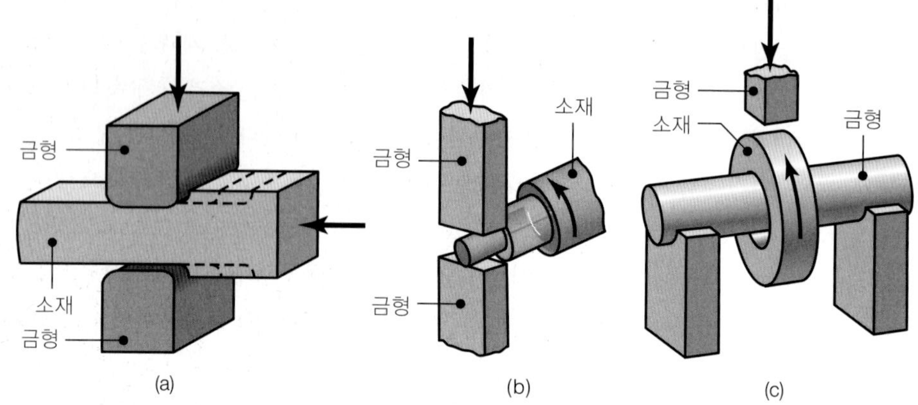

도의 세 배 정도로서, A를 압입부의 투영단면적이라 할 때,

$$\text{허빙하중} = 3(\text{UTS})(A) \tag{6.23}$$

로 계산된다. 3을 곱하는 것은 2.6.8절에서 재료의 경도에서 설명한 것과 같음에 주목하자.

5. **코깅**(cogging). 코깅은 단신작업(drawing out)이라고도 하며, 연속적으로 각재의 두께를 줄여나가는 작업이다(그림 6.19 참조). 이 작업은 점진성형의 또 다른 예로, 큰 금형을 사용하지 않고도 작은 하중으로 길이가 긴 소재의 두께를 줄여나가는 공정이다. 그림 6.19b와 c에 나타낸 것처럼 링이나 축의 단면을 줄이는 데도 사용된다.
6. **풀러링**(fullering)**과 에징**(edging). 풀러링 및 에징 작업은 형단조 전단계에서 주로 각재를 소재로 하여 특정 부분으로 재료를 분배하는 데 사용된다. 에징작업(그림 6.25 참조)은 재료를 한 곳으로 모으는 작업임에 비해, 풀러링은 분산시키는 작업을 말한다. 따라서 이들 작업은 형단조에서 재료가 쉽게 금형공동부를 채우는 데 사용되는 기법이다.
7. **압연단조**(roll forging). 압연단조는 공형(孔型, shaped grooves)을 가진 한 쌍의 형상 롤

▶ **그림 6.20**

압연단조(크로스 롤링)작업의 개략도. 칼이나 테이퍼진 판스프링도 이 공정으로 만들어진다.

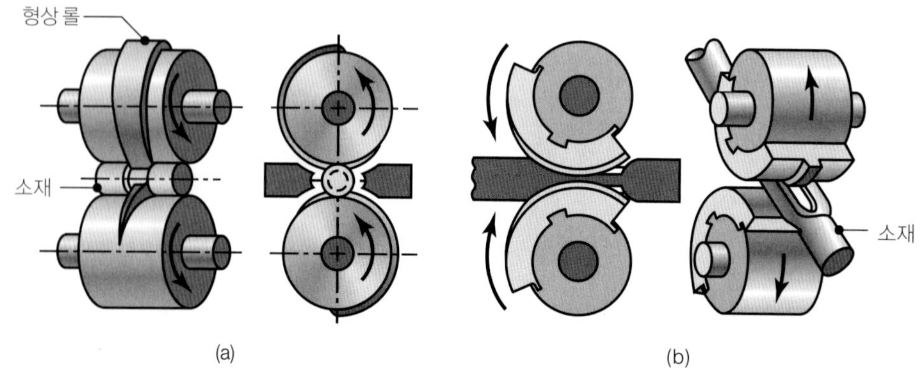

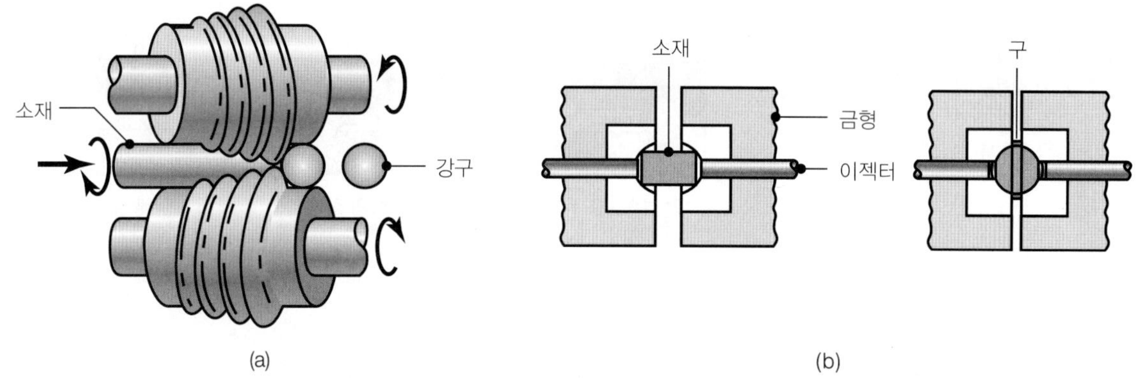

▲ **그림 6.21**

(a) 전조로 베어링용 강구를 제조하는 방법, (b) 원주소재를 업세팅하여 강구를 제조하는 방법. 만들어진 구는 연삭 및 광택작업을 하여 볼베어링이나 기계요소부품으로 사용된다.

사이에 소재를 통과시켜 단면적을 줄이거나 형상을 만드는 작업이다(그림 6.20 참조). 이 공정으로 테이퍼 축이나 겹판스프링, 식탁 나이프, 수공구 같은 최종제품을 제조한다. 또한 다른 단조공정 전에 행해지는 일차 성형작업으로도 사용되며, 그 예로는 크랭크축을 비롯한 각종 자동차부품을 들 수 있다.

8. **강구전조작업**(skew rolling). 강구전조작업은 압연단조와 비슷한 공정으로, 볼베어링용 강구는 보통 이 방법으로 제조된다. 그림 6.21a에 나타낸 것처럼, 소재는 선재나 봉재의 형태로 롤 사이에 이송되어 회전하는 롤에 의해 연속적으로 구형으로 성형된다. 만들어진 강구는 특수기계에서 연삭되고 연마가공된다(9.6절 참조). 볼베어링용 강구는 둥근 봉재를 전단한 뒤, 그림 6.21b에 나타낸 한 쌍의 반구형 금형 사이에서 업세팅하는 방법으로도 만들 수 있다.

6.2.5 단조결함

단조 중에 발생하는 표면균열(그림 3.21d 참조) 외에도 금형공동부에서 소재유동의 부적절로 인해 다음과 같은 결함이 생길 수 있다.

1. 그림 6.22에서처럼 웨브에서의 재료가 너무 가늘면, 단조품에 좌굴이 생겨 겹침결함으로 남는다.
2. 웨브부분의 소재가 너무 두꺼우면, 여분의 재료가 이미 단조된 부분으로 유동하여 단조품 내부의 결함이 된다(그림 6.23 참조). 이들 예에서 보듯이, 재료를 적절하게 분배하고 금형공동부에서 유동을 조절하는 것이 중요함을 알 수 있다.
3. 금형공동부의 반경은 결함의 생성에 매우 중요한 영향을 끼친다. 그림 6.24에서는 코너반경이 크면 소재가 잘 유동하고, 반경이 작으면 재료가 겹쳐져서 **콜드셧**(cold shut)

▶ **그림 6.22**

단조 중에 웨브부분의 좌굴로 인한 겹침. 이 결함은 웨브의 초기두께를 크게 하여 좌굴이 일어나지 않도록 함으로써 해결할 수 있다.

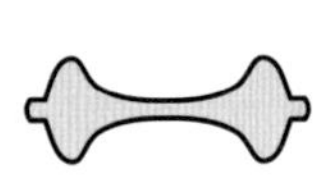

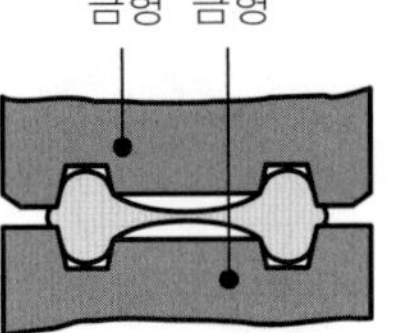

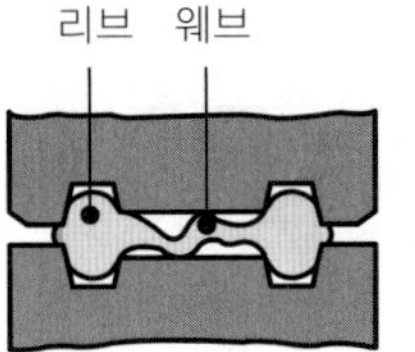

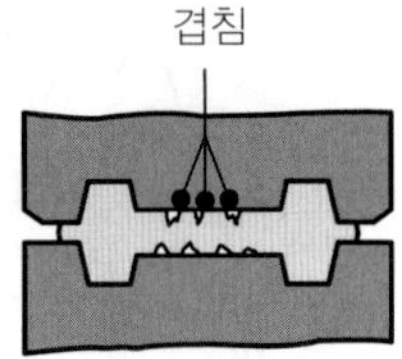

▶ **그림 6.23**

소재가 과대하여 단조품에 생기는 내부결함. 금형공동부가 미리 채워지고 중앙부의 재료가 이미 충전된 부분을 지나가며 유동하게 된다.

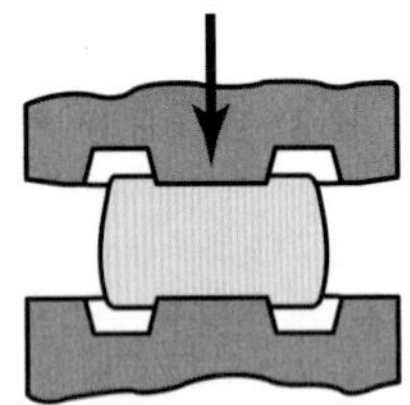

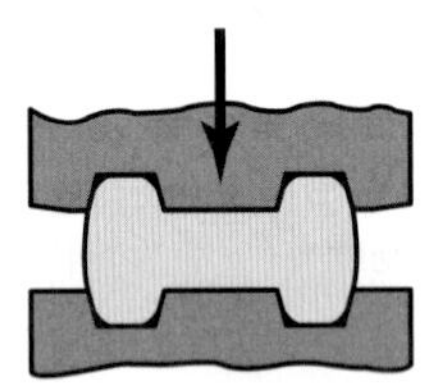

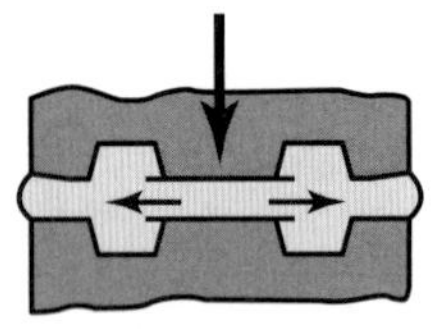

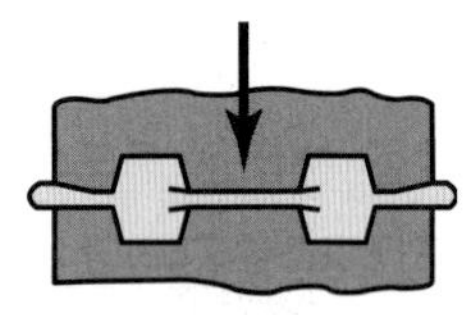

이라는 겹침결함이 생긴다. 이들 단조결함은 제품사용 시 피로파괴를 야기하므로, 단조품을 사용하기 전에, 특히 중요한 부분에 사용할 때는 필수적으로, 제품의 검사를 하는 것이 중요하다(검사방법에 대해서는 4.8절 참조).

4. 결함은 아니지만, 단조품의 품질에 중요한 것으로 **단류선양상**(grain flow pattern)을 들 수 있다. 단류선이 표면과 수직으로 만나면 결정립 경계가 외부에 직접 노출된다. 이러한 결정립을 **종단결정립**(end grains)이라고 하는데, 사용 중에 외부로부터 영향을 받아서(염수, 산성비 및 기타 화학적 환경) 표면이 거칠어지고 응력집중원으로 작용한다. 따라서 금형공동부에 소재를 얹을 때 방향을 고려하고, 재료유동을 조절하여 단조품에 종

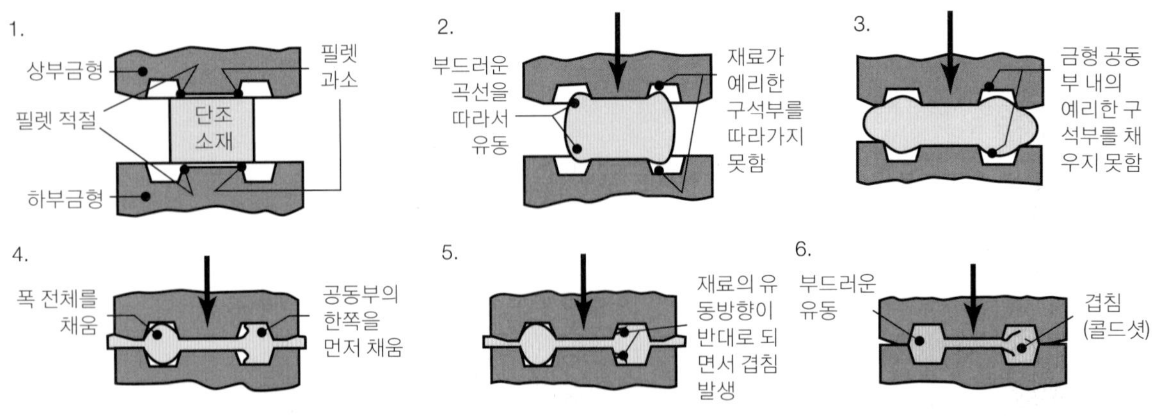

▲ **그림 6.24**

필렛반경의 영향으로 단조품에 생기는 결함. 필렛이 너무 작으면 결함이 생긴다(오른쪽 부분).

단결정립이 생기지 않도록 해야 한다.

5. 단조품 내에서는 금속유동의 방향이 각기 다르고 온도 변화도 다르기 때문에, 단조품은 일반적으로 **이방성**을 나타낸다(3.5절 참조). 단조품에서 채취한 시험편은 위치와 방향에 따라 강도와 연성이 매우 다르다.

6.2.6 단조성

단조성(forgeability)이란 소재가 균열을 일으키지 않고 겪을 수 있는 변형능력과 소요하중으로 정의된다. 단조재료에 포함된 불순물이나 조성의 미묘한 변화가 연성과 단조성에 큰 영향을 준다. 단조성을 정량화시키려는 많은 시험법이 개발되어 있으나, 흔히 사용되는 두 가지 시험은 다음과 같다.

1. **업세팅 시험.** 원기둥 시편을 압축하여 배가 나온 표면에 균열이 생기는지를 관찰하는 시험법이다(그림 3.21d 참조). 균열이 발생할 때까지의 높이감소율이 클수록 그 금속의 단조성은 양호하다. 이때 생기는 균열은 배가 나온 표면에 생기는 **이차 인장응력** 때문이다(외부에서 인장응력을 직접 걸지 않았기 때문에 '이차'라고 함). 배럴링은 금형-소재 간 접촉면에서의 마찰로 생기므로, 마찰은 업세팅 시 생기는 균열에 큰 영향을 준다. 마찰이 크면 높이감소율이 작아도 시편에 균열이 생긴다. 업세팅 시험은 온도와 변형속도를 변화시켜가면서 행할 수도 있다. 특정 재료에 대해서는 이들 변수의 최적 범위에서 단조하도록 한다. 그러나 실제 단조공정에서 소재는 단순 업세팅작업(그림 6.1a)과는 다른 응력상태에 놓이기 때문에, 이 시험결과는 일반적인 지침으로만 사용해야 한다.

   균열이 45°로 발생하느냐, 수직으로 발생하느냐는 배럴링된 표면에서의 축방향 응력 σ_z의 부호에 따라 결정된다(그림 6.8b 참조). 이 응력이 압축방향이면 균열은 45° 방향으로 생기고, 인장방향이면 길이방향으로 생긴다. 재료의 노치민감성이 높을수록 표면결함은 미리 균열로 발전되어 결과에 영향을 준다. 전형적인 표면결함으로는 길이방향 자국, 일련의 개재물, 이전 단계에서의 가공 시에 생긴 겹침 등을 들 수 있다.

2. **열간-꼬임 시험.** 비틂시험(2.4절 참조)의 일종으로 원주시편을 파단이 생길 때까지 같은 방향으로 비튼다. 온도를 변화시켜가며 여러 개의 시편으로 이 시험을 행하여, 각 시편이 파단에 이르기까지 꼬인 회전수를 측정함으로써 최적 단조온도를 알아낼 수 있다. 열간-꼬임 시험(hot-twist test)은 특히 철강재료의 단조성을 결정하는 데 유용한 방법이다.

■ **정수압이 단조성에 미치는 영향** 정수압은 2.2.8절에 설명한 것처럼, 금속 및 비금속의 연성을 향상시키는 영향을 준다. 단조성시험의 결과에 의하면, 높은 **정수압**을 작용시켰을 때 단조성이 향상된다. 이 현상의 이점을 활용하기 위해 높은 압축응력을 주어 금속을 단조하려는 기술을 개발하였으며, 이때 압력전달매체로는 저강도의 연성금속을 사용한다(6.4.3절의 **정수압압출** 참조).

■ **각종 금속의 단조성** 각종 시험과 실제 단조작업에서의 관찰로부터 각종 금속 및 합금의 단조성이 결정된다. 일반적으로 (1) 알루미늄, 마그네슘, 구리와 그 합금들, 탄소강 및 저합금강은 단조성이 양호하고, (2) 초합금, 탄탈, 몰리브덴, 텅스텐과 그 합금들 같은 고온금속의 단조성은 좋지 않다.

6.2.7 단조금형

단조금형 설계와 금형재료 선택에는 (1) 소재재료의 강도와 연성, (2) 변형률속도와 온도에 대한 민감도, (3) 마찰특성, (4) 소재의 형상과 복잡성에 대한 지식이 필요하다. 단조하중이 크고, 특히 치수공차가 작은 경우에는 금형의 변형이 중요하게 고려되어야 한다. 금형설계에 사용되는 용어를 그림 6.25에 나타내었다.

형상이 복잡한 단조품은 여러 단계를 거쳐서 소재가 금형공동부에 적절하게 분배되도록 해야 한다(그림 6.26 참조). 그림에서, 소재는 환봉의 형태로 시작하여 (1) 풀러링이나 에징작업으로 일차 **예비가공**(중간형상)된 후, (2) 두 단계의 단조작업을 더 거친 후에 최종형상으로 만들어지고, (3) 마지막에는 트리밍작업을 한다. 예비가공을 하는 이유는 금형수명을 늘리기 위해, 식 (4.6)에 따른 마모를 최소화하기 위한 것이다. 각 단조단계에서의 금형공동부는 높은 미끄럼속도나 높은 압력 중 하나만을 받도록 설계한다. 즉, 에징작업에서는 비교적 두꺼운 소재를 크게 변형시키는 반면, 최종단조에서는 변형률이 작더라도 높은 압력으로 상세한 형상이 단조되도록 한다. 금형공동부를 채우는 데 필요한 소재의 체적은 정밀하게 계산되어야 하며, 이 계산에 컴퓨터기술을 광범위하게 이용한다.

금형설계에 적용되는 일반적인 지침은 다음과 같다.

1. **분리선**은 두 개의 금형이 서로 만나는 선이다. 대칭형의 단순한 제품에는 단조품의 중앙을 가로지르는 직선인 경우가 보통이지만, 복잡한 모양의 제품에서는 분리선이 동일평면에 있지 않는 경우도 있다. 분리선의 위치를 적절하게 설계하려면, 제품의 형상, 금속유동, 하중의 평형, 플래시 등을 고려해야 한다.
2. **플래시**의 중요성은 6.2.3절에 설명한 바와 같다. 측면으로의 유동이 충분히 구속된 후

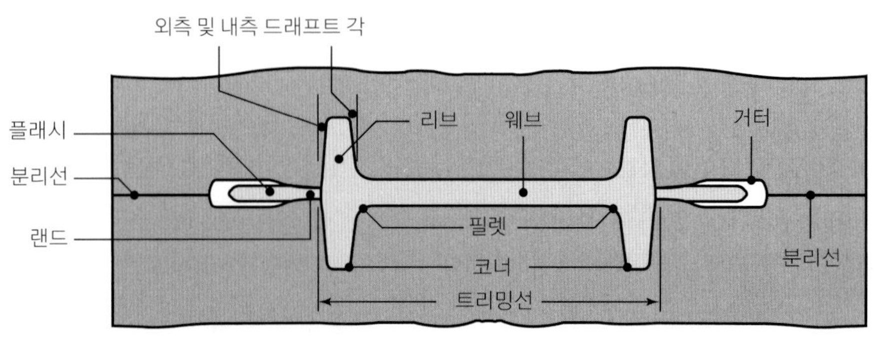

▶ **그림 6.25**
단조금형의 형상을 정의하는 표준용어.

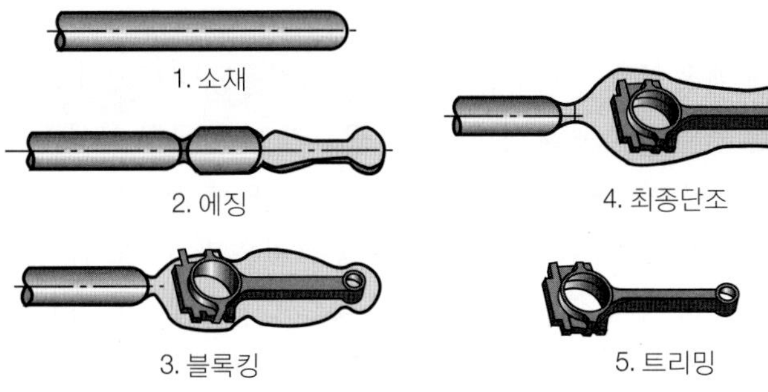

▶ **그림 6.26**
내연기관용 커넥팅로드의 단조순서. 금형공동부를 채우기 위해서는 적절한 양의 플래시가 필요함에 유의.

표 6.3 각종 금속의 단조온도

금속	℃	금속	℃
알루미늄합금	400~450	합금강	925~1250
구리합금	625~950	티타늄합금	750~795
니켈합금	870~1230	내열합금	975~1650

에는(랜드부의 길이에 의해), 여분의 재료는 **거터**(gutter)로 유동되도록 함으로써 단조하중을 필요 이상으로 증가시키는 과대한 플래시가 생기지 않도록 한다. 금형 사이에서 형성되는 플래시의 두께는 단조품 최대두께의 3% 정도로 한다. 랜드부의 길이는 플래시 두께의 5배 정도로 하는 것이 보통이다.

3. **드래프트각**은 제품을 금형으로부터 쉽게 뽑아내기 위해, 거의 모든 단조금형에 필요하다. 단조품이 냉각함에 따라 반경 및 길이 방향으로 수축하므로, 안쪽의 드래프트각은 바깥쪽의 것보다 크게 한다. 안쪽의 드래프트각은 약 7~10°, 바깥쪽의 각은 약 3~5° 정도로 한다.
4. 금형공동부 내에서 금속이 부드럽게 유동하고 금형수명을 연장하기 위해서는 코너 및 필렛부에 반경을 두는 것이 필요하다. 이때 코너반경이 너무 작으면, 금속유동에 좋지 않고 금형에 응력집중 및 반복열하중을 발생시켜 마모를 촉진하므로 바람직하지 않다. **필렛반경**이 너무 작으면 금형에 피로균열을 야기한다.

■ **금형재료** 대부분의 단조, 특히 대형 단조품인 경우는 열간에서 행해진다. 따라서 금형재료의 일반적 요건은 고온에서의 강도와 인성, 경화능, 기계적 및 열충격에 대한 저항, 마모저항(특히 열간단조에서 생기는 스케일에 대한 마모저항) 등이다. 금형재료를 적절하게 선택하려면 금형의 크기, 소재의 조성 및 성질, 형상의 복잡성, 단조온도, 단조작업의 유형, 금형재료의 가격, 생산할 단조품의 수량, 금형재료의 열전달 및 변형특성 등이 고려되어야 한다. 보통 쓰이는 금형재료는 공구 및 금형강으로, 이는 크롬, 니켈, 몰리브덴, 바나듐을 함유한다(3.10.3절 참조).

■ **단조온도와 윤활제** 열간단조에서 각 재료에 대한 단조온도의 범위는 표 6.3에 나타낸 것과 같다. 윤활제는 마찰과 마모에 매우 중요한 영향을 끼치므로, 금형공동부 내에서의 소재유동에 영향을 준다. 윤활제는 가열된 소재와 상대적으로 온도가 낮은 금형 사이에서 **열차폐물**로서도 작용하여, 소재의 냉각속도를 늦추고 금속의 유동속도를 개선시켜준다. 윤활제의 또 다른 중요한 역할은 **이형제**로서, 단조품이 금형에 붙는 것을 방지하고 금형으로부터 잘 방출될 수 있도록 도와준다. 단조에는 매우 다양한 종류의 윤활제들이 사용된다. 열간단조에서는 그래파이트, 이황화몰리브덴 및 (때로는) 유리가 흔히 쓰인다. 냉간단조에는 광유와 비눗물을 보통 사용한다.

6.2.8 단조기계

다양한 설계, 용량, 속도-행정특성을 주는 각종 단조기계가 사용된다(그림 6.27 참조).

1. **기계프레스.** 크랭크프레스나 너클조인트프레스가 있으며, **행정이 제한된다.** 크랭크기구 또는 편심형 기구를 사용하여, 속도가 행정의 중간에서 최대이고, 하사점에서는 영이 된다. 기계프레스(mechanical press)에서 얻는 하중은 행정위치에 따르고, 하사점 부근에서는 하중이 매우 커진다. 따라서 금형이나 장비의 부품의 파손을 피하려면 정확하게 정렬시켜야 한다. 최대용량은 120 MN(12,000톤)이다.
2. **나사프레스**(screw press). 나사프레스는 수직나사를 통해 플라이휠로부터 에너지를 전달받으므로 **에너지가 제한된다.** 각종 단조작업에 사용되며, 특히 소량의 정밀한 제품이나(터빈블레이드 등), 램 속도를 조절해야 하는 단조에 적절하다. 최대용량은 280 MN이다.
3. **유압프레스**(hydraulic press). 유압프레스는 일정한 낮은 속도로 작동되고 **하중이 제한된다.** 일정한 하중으로 소재에 큰 에너지를 전달할 수 있는 특징이 있으며, 램 속도는 행

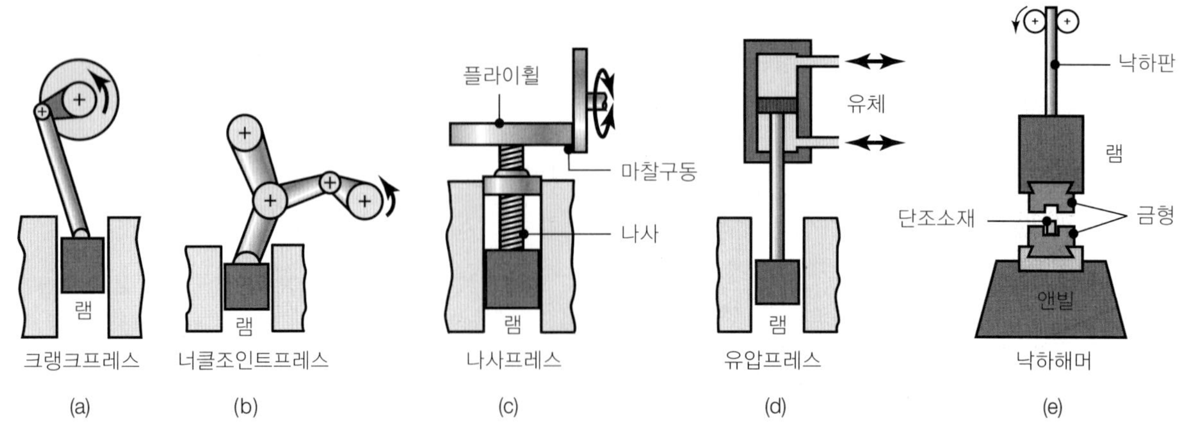

▲ **그림 6.27**
금속가공에 사용되는 각종 프레스의 개략도

정이 진행되는 동안 변화시킬 수 있고, 자유단조 및 형단조에 사용된다. 최대용량은 730 MN이다.

4. **해머**(hammer). 해머는 램의 위치에너지를 운동에너지로 변환시킨 후 에너지를 얻어내므로, 에너지가 제한되는 방식이다. **동력해머**(power hammer)는 램의 낙하행정 동안 중력 외에 증기압이나 공기압 등에 의해 가속된다. 해머는 고속으로 작동하여 작업시간이 짧으므로, 열간단조 시 냉각속도를 최소화할 수 있어서 복잡한 형상, 특히 얇고 깊은 부분이 있는 단조품의 단조에 사용된다. 수 회의 타격으로 최종형상을 단조하는 것이 보통이다. 최대에너지 용량은 1150 kJ에 이른다.
5. **카운터블로우**(counterblow) **해머**. 이름이 뜻하는 바와 같이, 동시에 접근하는 두 개의 램으로 소재를 단조한다. 보통 기계-공압식이나 기계-유압식이 사용된다. 카운터블로우 해머는 고속으로 작동되지만 지지대에 진동을 많이 주지 않는다. 최대용량은 1300 kJ에 이른다.
6. **고에너지단조**(HERF, high-energy-rate forging)**기계**. 램을 고압의 불활성기체로 가속시키는 단조기계로, 소재는 한 번에 빠른 속도로 단조된다. 몇 가지 유형이 있으나 단조작업, 유지관리, 금형파손, 안전문제 등으로 인해 산업체에서의 사용은 제한된다.

■ **단조기계의 선택** 단조기계의 선택에서 중요하게 고려할 점은 단조품의 형상 및 복잡성, 소재재료의 강도, 재료의 변형속도에 대한 민감도, 변형정도, 생산속도 및 비용 등이다. 유압프레스의 경우에는 분당 수 회 정도의 행정임에 비해, 동력해머의 경우에는 분당 300회까지의 행정이 가능하다. 일반적으로 (1) 알루미늄, 마그네슘, 베릴륨, 청동 및 황동 등에는 프레스가 흔히 사용되고, (2) 해머는 구리, 강, 티타늄, 내열금속에 잘 사용된다.

6.3 압연

압연은 밀가루 반죽을 밀듯이, 긴 소재를 한 조의 롤 사이로 통과시키며 압축하중을 가하여 두께를 감소시키고, 단면형상을 변화시키는 공정이다(그림 6.28 참조). 금속가공공정으로 생산되는 금속 전체의 약 90%를 차지하는 압연은 1500년대 말에 처음 개발되었다. 기본적인 압연작업은 **평판압연**(flat rolling) 또는 간단히 **평압연**이라 하며, 압연된 제품은 평판 또는 박판이다.

후판(plate)은 두께 6 mm 이상의 판재로, 선체, 보일러, 교량, 거더(girder), 기계구조물, 원자로 등의 구조적 용도에 사용된다. 대형보일러의 지지대에는 두께 300 mm, 반응로에는 150 mm, 전함이나 탱크에는 100~125 mm 두께의 판재가 사용되기도 한다.

박판(sheet)은 두께가 6 mm 이하인 판재로, 평판 또는 코일로 감긴 대판(strip)의 형태로 일반 가공공장에 공급되고, 후속공정을 거쳐 판재제품으로 가공된다. 자동차차체, 가

▶ **그림 6.28**

평압연 및 형상압연 공정의 개략도.

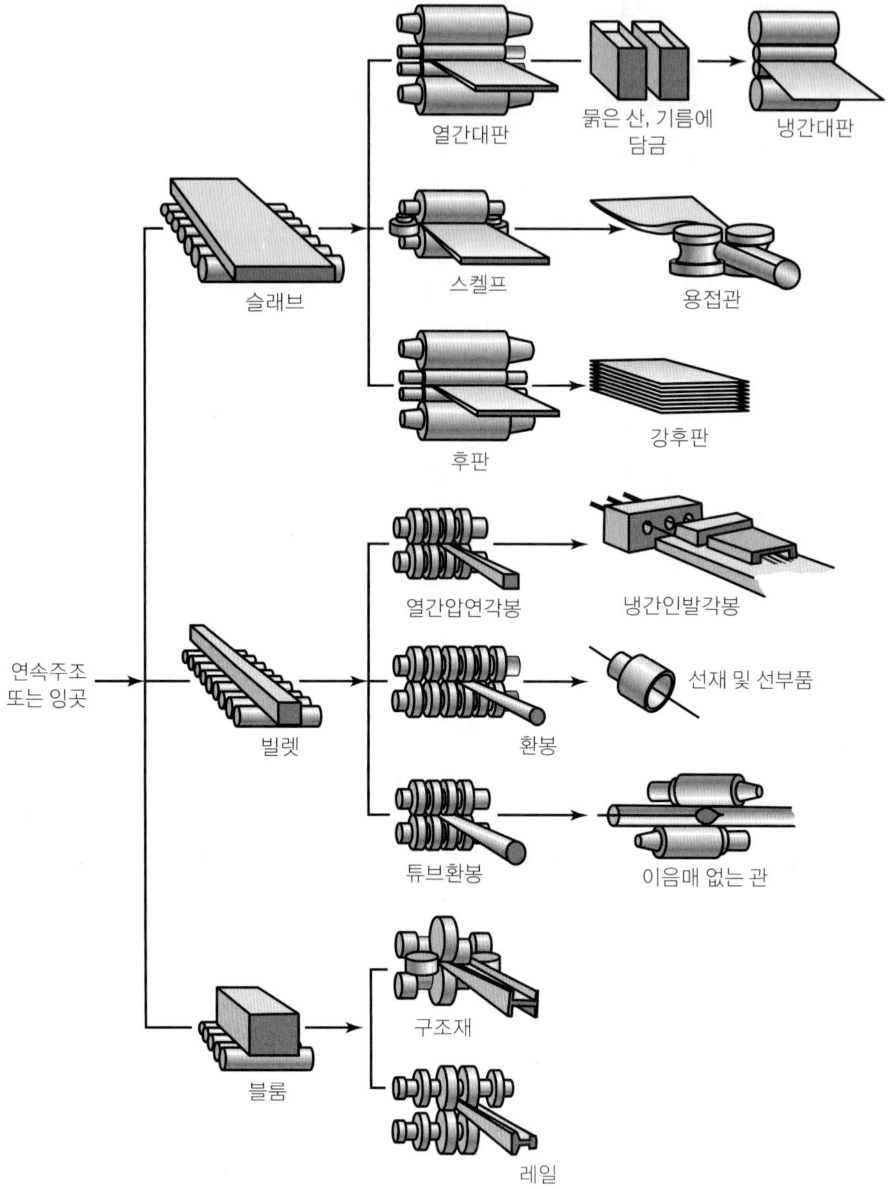

열간대판
묽은 산, 기름에
담금
냉간대판
슬래브
스켈프
용접관
후판
강후판
열간압연각봉
냉간인발각봉
연속주조
또는 잉곳
빌렛
환봉
선재 및 선부품
튜브환봉
이음매 없는 관
구조재
블룸
레일

▶ **그림 6.29**

열간압연으로 인한 결정립 구조의 변화. 열간압연은 금속의 결정립크기를 감소시켜 강도 및 연성을 증대시키는 데 효과적인 가공법으로, 잉곳이나 연속주조의 주조 조직은 열간가공에 의해 단련조직으로 바뀐다.

불균일한
결정립을 가진
잉곳
(a)
새로운 결정립 형성
열간압연
새로운 결정립 성장
재결정 완료
결정립이
조대한
단련제품
결정립이 미세하고
균일한 단련제품
변형되어
늘어난 결정립
(b)

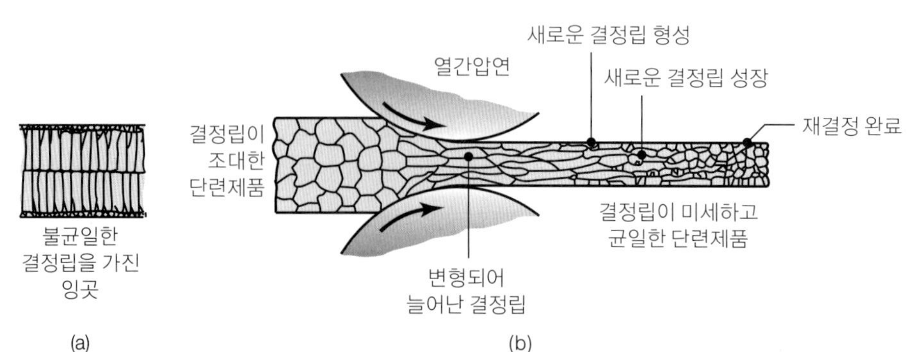

전제품, 음식 및 음료 용기, 주방기기 등에 사용된다. 민간용 항공기의 동체는 1 mm 정도 두께의 2000 계열 알루미늄합금 판재로 만들고, 청량음료용 캔은 0.15 mm의 알루미늄 3104 박판으로 만든다(3.11.1절 참조). 사탕이나 담배를 포장할 때 쓰이는 알루미늄호일은 0.008 mm의 두께를 갖는다.

전통적으로, 최초로 압연되는 재료는 잉곳이다. 그러나 이 방법은 훨씬 효율이 높고 가격이 싼 **연속주조압연**으로 거의 대체되었다(5.7절 참조). 압연은 고온에서 처음 시작되는데(열간압연), 이때 잉곳이나 연속주조된 금속의 조대입자와 취약한 기공성 조직이 파괴되면서 보다 미세한 결정립의 단련구조로 바뀐다(그림 6.29 참조).

6.3.1 평판압연의 역학

평판압연의 개략도를 나타낸 그림 6.30을 참조하면, 두께 h_0인 소재가 롤 사이로 들어와서 한 쌍의 회전하는 롤에 의해 h_f의 두께로 감소된다. 롤의 표면속도를 V_r이라 하면, 마치 유체가 좁은 통로를 흐를 때 점점 빨라지는 것처럼, 소재의 속도는 롤 사이를 지나면서 점점 증가하여 롤 출구에서 V_f가 된다(그림 6.31 참조).

V_r은 일정하므로, 롤과 소재 간에는 롤간격에서의 접촉원호를 따라 상대적인 미끄럼이 생긴다. 접촉원호에는 소재의 속도와 롤의 속도가 같아지는 점이 있다. 이 점을 **중립점**(neutral point) 또는 **노슬립점**이라고 한다. 그림 6.31을 기준으로 할 때, 이 점의 왼쪽에서

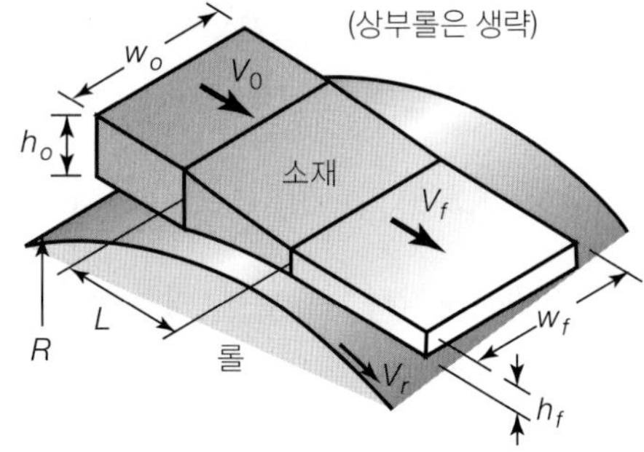

▶ **그림 6.30**
평압연공정의 개략도.

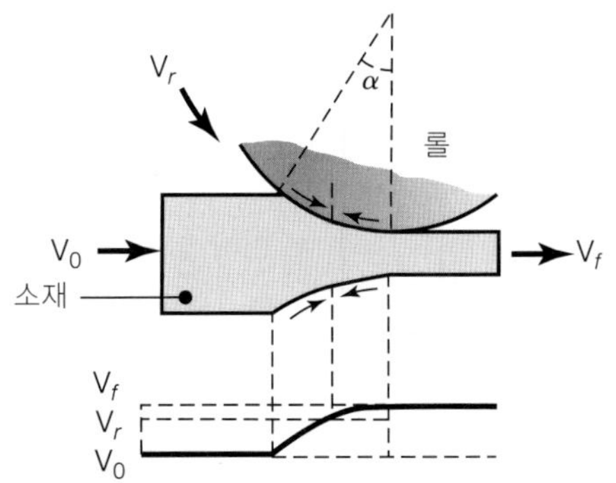

▶ **그림 6.31**
롤과 소재의 접촉면에서 상대속도 분포. 화살표는 소재에 작용하는 마찰력의 방향을 나타낸다.

는 롤이 소재보다 빠르고, 오른쪽에서는 소재가 롤보다 빠르게 움직인다.

접촉면에서의 상대운동으로 인해, 그림 6.31에 표시한 것처럼, 중립점을 경계로 마찰력이 소재에 반대방향으로 작용한다. 마찰력의 방향에 관한한, 그림 6.31과 6.1b는 기본적으로 유사한 상황이다. 업세팅에서는 대칭성으로 인해 양방향 마찰력의 크기가 같지만, 압연에서는 중립점의 왼편에 작용하는 마찰력이 오른편에 작용하는 마찰력보다 훨씬 크다. 이 마찰력의 차이로 소재를 롤 사이에 끌어들여서 압연이 진행된다. 또한 마찰력의 합력과 롤의 표면속도는 서로 방향이 같아야 소재에 일을 가할 수 있다. 즉, 중립점이 출구점 쪽에 치우쳐 있어야 이 조건이 만족된다.

압연에서 **전방미끄럼률**(forward slip)은 다음과 같이 소재의 출구속도 V_f와 롤의 표면속도 V_r로 정의되며, 압연에서 상대속도의 정도를 나타낸다.

$$\text{전방미끄럼률} = \frac{V_f - V_r}{V_r} \tag{6.24}$$

1. **롤압력의 분포.** 롤 사이에 있는 소재의 변형영역은 업세팅에서의 응력상태와 비슷하지만, 평판압연에서 압하력과 응력분포를 계산하려면 접촉곡면을 고려해야 한다. 냉간압연에서 재료는 변형경화를 받아서 출구점에서는 입구점에서보다 유동응력이 높은 상태이다.

   그림 6.32에 입구부와 출구부에서의 소재요소에 작용하는 응력을 각각 나타내었다. 두 요소 간에는 마찰력의 방향만이 다를 뿐이다. 평면변형률조건에서 슬래브해석법을 적용하면(6.2.2절에서 설명), 압연에서의 응력을 다음과 같이 해석할 수 있다.

   그림 6.32에 나타낸 요소에 작용하는 수평력의 평형조건으로부터

$$(\sigma_x + d\sigma_x)(h + dh) - 2pR\,d\phi\,\sin\phi - \sigma_x h \pm 2\mu p\,R\,d\phi\,\cos\phi = 0$$

   을 얻는다. 맨 오른쪽 항의 복호는 입구부와 출구부를 각각 나타낸다. 이차항을 무시하

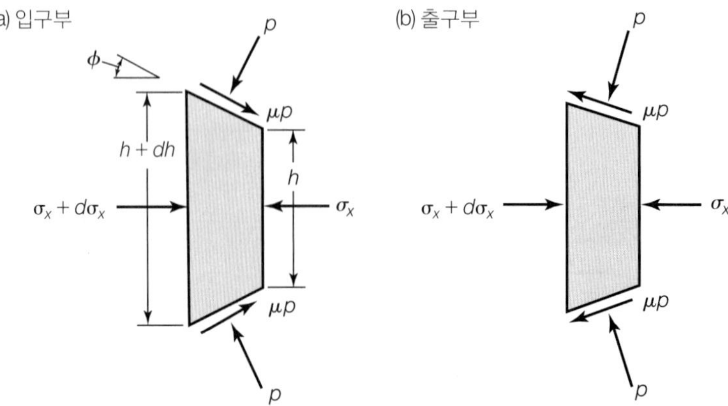

▶ **그림 6.32**
압연 중 요소에 작용하는 응력.

고 식을 정리하면,

$$\frac{d(\sigma_x h)}{d\phi} = 2pR(\sin\phi \mp \mu\cos\phi)$$

로 표현된다. 실제압연에서 각도 α는 몇 도 정도이므로(그림 6.31 참조), $\sin\phi = \phi$와 $\cos\phi = 1$을 가정할 수 있다. 따라서

$$\frac{d(\sigma_x h)}{d\phi} = 2pR(\phi \mp \mu) \tag{6.25}$$

이다. 또한 각도가 작으므로, p를 한 주응력, σ_x를 다른 한 주응력이라고 할 수 있다. 이 두 응력과 재료의 유동응력 Y_f 간의 관계는 평면변형률조건의 경우 식 (2.45)로 주어지므로,

$$p - \sigma_x = \frac{2}{\sqrt{3}}Y_f = Y_f' \tag{6.26}$$

가 된다. 변형경화성 재료에서 유동응력 Y_f는 롤간격의 특정 위치에서 재료가 겪는 변형률에 따라 증가한다. 식 (6.25)를 다시 쓰면,

$$\frac{d[(p - Y_f')h]}{d\phi} = 2pR(\phi \mp \mu)$$

즉,

$$\frac{d}{d\phi}\left[Y_f'\left(\frac{p}{Y_f'} - 1\right)h\right] = 2pR(\phi \mp \mu)$$

$$Y_f'h\frac{d}{d\phi}\left(\frac{p}{Y_f'}\right) + \left(\frac{p}{Y_f'} - 1\right)\frac{d}{d\phi}(Y_f'h) = 2pR(\phi \mp \mu)$$

냉간압연의 경우 판재두께 h가 작아질수록 Y_f'는 증가하므로, 이 둘의 곱은 거의 상수가 되어, 위 식의 둘째 항은 다른 항에 비해 무시할 수 있다. 따라서 위 식은 다음과 같이 근사화된다.

$$\frac{\dfrac{d}{d\phi}\left(\dfrac{p}{Y_f'}\right)}{\dfrac{p}{Y_f'}} = \frac{2R}{h}(\phi \mp \mu) \tag{6.27}$$

h_f를 판재의 최종두께라 할 때, h는 다음과 같이 계산된다.

$$h = h_f + 2R(1 - \cos\phi)$$

또는 근사적으로,

$$h = h_f + R\phi^2 \tag{6.28}$$

이다. 이 관계를 식 (6.27)에 대입한 후 적분하면, 다음과 같이 압력분포를 얻는다.

$$\ln\frac{p}{Y'_f} = \ln\frac{h}{R} \mp 2\mu\sqrt{\frac{R}{h_f}}\tan^{-1}\sqrt{\frac{R}{h_f}}\phi + \ln C$$

즉,
$$p = CY'_f\frac{h}{R}e^{\mp\mu H}$$

여기서
$$H = 2\sqrt{\frac{R}{h_f}}\tan^{-1}\left(\sqrt{\frac{R}{h_f}}\phi\right) \tag{6.29}$$

이다. 입구점에서는 위 식에 $\phi = \alpha$를 대입한 값인 $H = H_0$, 출구점에서는 $\phi = 0$이므로 $H = H_f = 0$을 대입하고, 입구점 및 출구점에서는 $p = Y'_f$임을 적용하면, 다음과 같이 압력분포를 각각 구할 수 있다.

$$\text{입구부: } C = \frac{R}{h_0}e^{\mu H_0}\text{로부터,} \quad p = Y'_f\frac{h}{h_0}e^{\mu(H_0 - H)} \tag{6.30}$$

$$\text{출구부: } C = \frac{R}{h_f}\text{로부터,} \quad p = Y'_f\frac{h}{h_f}e^{\mu H} \tag{6.31}$$

위 식에서 알 수 있듯이, 압력 p는 접촉호를 따라 h와 각도 ϕ의 함수로 표현되며, 재료의 강도, 마찰계수, R/h_f비가 증가함에 따라서 압력이 증가한다. R/h_f비는 업세팅에서 a/b비에 해당한다(6.2.2절 참조).

롤간격에서의 이론적 압력분포를 무차원으로 하여 그림 6.33에 나타내었다. 이때의 곡선들은 그림 6.5의 경우와 유사하다(마찰언덕). 또한 마찰이 작을수록 중립점은 출구점에 가까워진다. 마찰이 영에 가까워지면, 롤은 소재를 끌어당기지 못하고 미끄러지므로 중립점은 출구점이 된다.

소재의 두께감소율(압하율)이 압력분포에 미치는 효과는 그림 6.34에 나타낸 것과 같다. 압하율이 크면 롤간격에서의 접촉호가 길어지므로, 최고압력이 증가한다. 그림에 나타낸 이론적인 곡선의 모양에 비해 실험적으로 구한 압력분포는 최고압력 근처가 둥그런 보다 부드러운 곡선이다.

2. 중립점의 결정. 중립점의 위치는 식 (6.30)과 (6.31)로부터 간단히 구할 수 있다. 즉,

$$\frac{h_o}{h_f} = \frac{e^{\mu H_o}}{e^{2\mu H_n}} = e^{\mu(H_o - 2H_n)}$$

으로부터

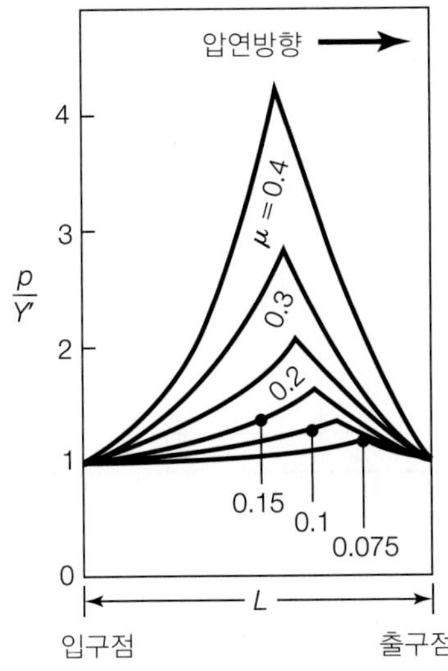

▶ **그림 6.33**

롤접촉면에서 마찰계수의 함수로 나타낸 압력분포. 마찰이 증가할수록 중립점은 입구점에 가까워진다.

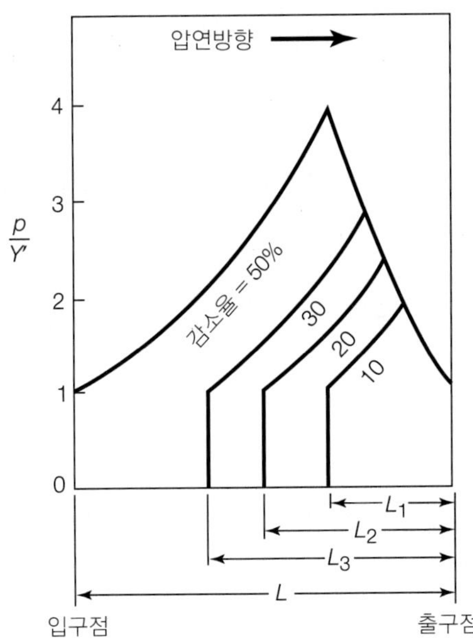

▶ **그림 6.34**

롤접촉면에서 두께감소율의 함수로 나타낸 압력분포. 두께감소율이 증가함에 따라 곡선 아랫부분의 면적이 커지므로, 압하력이 증가함을 알 수 있다.

$$H_n = \frac{1}{2}\left(H_o - \frac{1}{\mu}\ln\frac{h_o}{h_f}\right) \tag{6.32}$$

이다. 식 (6.32)를 식 (6.29)에 대입하여, 다음과 같이 중립각을 계산할 수 있다.

$$\phi_n = \sqrt{\frac{h_f}{R}}\tan\left(\sqrt{\frac{h_f}{R}}\cdot\frac{H_n}{2}\right) \tag{6.33}$$

3. 전방장력(front tension)**과 후방장력**(back tension). 압하력 F를 줄이려면 (1) 마찰력을

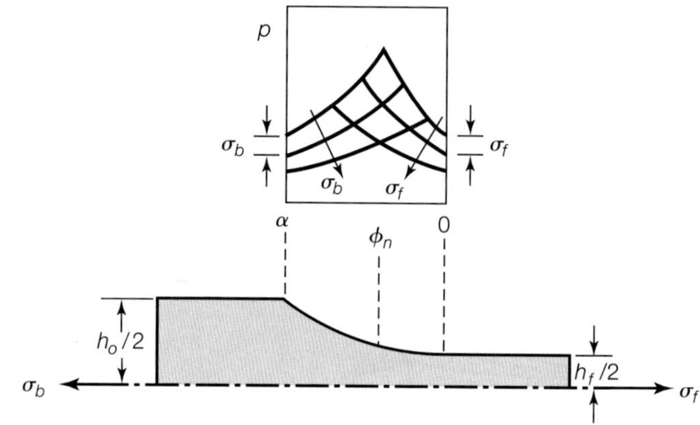

▶ **그림 6.35**

전방장력 및 후방장력의 함수로 나타낸 압력분포. 장력을 증가시킴에 따라 중립점이 이동하고 곡선 아랫부분의 면적이 감소한다.

감소시키고, (2) 반경이 작은 롤을 사용하며, (3) 압하율을 작게 하고, (4) 소재온도를 높이는 방법이 있다. 여기에 추가하여, 소재의 압축방향 항복응력을 낮추는 데 효과적인 방법으로는 압연방향으로 장력을 가하는 것이다. 항복조건에서 설명했듯이(2.11절), 소재에 장력을 가하면(그림 6.35) 소재에 수직한 방향으로의 항복응력은 감소하므로 롤압력도 감소된다.

압연 중에 장력은 입구부(**후방장력** σ_b)나 출구부(**전방장력** σ_f), 또는 양방향에서 가할 수 있다. 이 경우에는 식 (6.30)과 (6.31)을 다음과 같이 수정하여 입구부 및 출구부에서의 장력의 효과를 포함시킨다.

$$\text{입구부:}\quad p = (Y'_f - \sigma_b)\frac{h}{h_o}e^{\mu(H_o - H)} \tag{6.34}$$

$$\text{출구부:}\quad p = (Y'_f - \sigma_f)\frac{h}{h_f}e^{\mu H} \tag{6.35}$$

중립점은 그림 6.35에 나타낸 것처럼, 가해준 장력의 상대적인 크기에 따라서 이동한다. 중립점이 이동하면 압력분포, 토크, 압연소요동력 등이 달라진다.

판재의 두께가 얇고 고강도인 소재를 압연하려면 큰 압하력을 필요로 하므로, 전후방장력을 활용한다. 전방장력은 압연된 판재가 감기는 **코일러**(delivery reel)에서의 토크로 조절하고, 후방장력은 **언코일러**(payoff reel)에서의 브레이크로 조절한다.

예 6.3 롤 미끄러짐이 생길 때의 후방장력

박판의 압연 시 후방장력 σ_b가 너무 크면 롤이 미끄러지기 시작한다. 이때 롤이 미끄러지기 시작하는 데 필요한 후방장력의 크기를 나타내는 식을 유도하여라.

풀이 롤이 미끄러지기 시작하는 것은 중립점이 롤 접촉부의 출구 밖으로 이동하였음을 뜻한다. 따라서 접촉부 전체가 입구부로 되므로, 식 (6.34)를 사용하여 $\phi = 0$, $H = 0$을 대입하여 출구점에서의 압력을 구한다.

$$p_{\phi=0} = (Y_f' - \sigma_b)\left(\frac{h_f}{h_o}\right)e^{\mu H_o}$$

한편, 출구점에서의 압력은 Y_f'에 해당하므로, 위 식을 정리하면 다음 식을 얻는다.

$$\sigma_b = Y_f'\left[1 - \left(\frac{h_o}{h_f}\right)(e^{-\mu H_o})\right]$$

단, H_0는 식 (6.29)에 $\phi = \alpha$를 대입한 값이다. 위 식의 오른쪽 항에 알고 있는 모든 변수를 대입하면 후방장력의 크기를 계산할 수 있다.

4. **압하력**(roll force). 압력-접촉호 곡선의 아랫부분의 면적에 판재의 폭 w를 곱하면 압하력 F를 계산할 수 있다. 이때의 면적은 곡선의 각 점을 계산하여 도식적으로 구한다. 압하력은 다음 식으로 계산할 수도 있다.

$$F = \underset{(\text{출구부})}{\int_0^{\phi_n} wpR\, d\phi} + \underset{(\text{입구부})}{\int_{\phi_n}^{\alpha} wpR\, d\phi} \tag{6.36}$$

또한 보다 간단한 방법으로 접촉면적에 평균접촉응력을 곱하여 압하력을 구할 수도 있다.

$$F = Lwp_{\text{av}} \tag{6.37}$$

여기서 L은 접촉호의 투영길이이다. 길이 L은 R을 롤반경, Δh를 압연 전후 소재두께의 차(**압하량**, draft)라고 할 때, 다음과 같이 근사적으로 계산한다.

$$L = \sqrt{R\Delta h} \tag{6.38}$$

평균압력 p_{av}는 h를 롤간격에서 판재의 **평균두께**라 할 때, h/L비에 따라 정해진다(그림 6.12 및 6.13 참조). h/L비가 크면(압하율이 작거나 롤반경이 작은 경우), 롤은 경도시험에서의 압입자와 같은 역할을 하므로, 마찰은 중요하지 않게 되고, p_{av}는 그림 6.12 곡선의 오른쪽부분에서 구할 수 있다. h/L비가 작으면(압하율이 크거나 롤반경이 큰 경우), a/h비가 큰 경우에 해당하므로, 마찰의 역할이 중요하고 p_{av}는 식 (6.15)로 구한다. 변형경화성 재료에 대해서는 적절한 방법으로 유동응력을 산출해야 한다.

한편, 마찰이 작은 경우, 압하력의 근사식은 식 (6.37)을 단순화시켜

$$F = Lw\overline{Y}' \tag{6.39}$$

가 된다. 단, $\overline{Y}'$는 평면변형률상태에서(그림 2.37) 재료의 평균유동응력이다. 마찰이 큰 경우에는 식 (6.15)를 사용하여 다음과 같이 근사적으로 구한다.

$$F = Lw\overline{Y}'\left(1 + \frac{\mu L}{2h_{\text{av}}}\right) \tag{6.40}$$

5. **롤토크와 동력.** 각 롤에 작용하는 **롤토크** T는 다음 식으로 계산된다.

$$T = \underset{(\text{입구부})}{\int_{\phi_n}^{\alpha} w\mu pR^2\,d\phi} - \underset{(\text{출구부})}{\int_{0}^{\phi_n} w\mu pR^2\,d\phi} \tag{6.41}$$

위 식에서 음의 부호는 중립점을 경계로 마찰력의 방향이 바뀌었음을 나타낸다. 만일 양방향에서 마찰력의 크기가 같다면 롤토크도 영이 될 것이다.

압연토크는 압하력 F가 접촉호의 중간에 작용한다고 보고 계산할 수도 있으며, 이 경우에는 모멘트 팔의 길이가 $0.5L$이고, F는 판재면에 수직으로 작용한다. (열간압연의 경우는 $0.5L$이면 양호하나, 냉간압연에서는 $0.4L$이 타당하다.)

롤 한 개당 토크는

$$T = \frac{FL}{2}$$

이 되고, **롤 한 개당 소요동력**은

$$\text{동력} = T\omega \tag{6.42}$$

이다. 여기서 $\omega = 2\pi N$으로 N은 롤의 분당회전수이다. 따라서 각 롤당 소요동력은

$$\text{동력[kW]} = \frac{\pi FLN}{60{,}000} \tag{6.43}$$

이다. 단, F는 [N], L은 [m], N은 [rpm]의 단위를 사용한 것이다.

예 6.4 압연 소요동력의 계산

폭이 22.86 cm인 6061-O 알루미늄 판재를 두께 2.54 cm에서 2.03 cm로 압연한다. 롤반경이 30.48 cm이고, 회전수가 100 rpm일 때, 이 작업에 필요한 마력수를 구하여라.

풀이 두 개의 롤을 구동하는 데 필요한 동력은 식 (6.43)으로 계산한다.

$$\text{동력} = 2 \times \left(\frac{\pi F L N}{60{,}000} \right) \text{[kW]}$$

여기서 F는 식 (6.39), L은 식 (6.38)로 주어지므로,

$$F = Lw\overline{Y}' \quad \text{및} \quad L = \sqrt{R\Delta h}$$

$$L = \sqrt{(30.48)(2.54 - 2.03)} = 3.94 \text{ cm} \quad \text{및} \quad w = 22.86 \text{ cm}$$

가 된다. 6061-O 알루미늄은 $K = 205$ MPa, $n = 0.2$이며(표 2.3으로부터), 이 작업으로 판재가 받는 진변형률은 다음과 같다.

$$\epsilon_1 = \ln\left(\frac{2.54}{2.03} \right) = 0.224$$

따라서 식 (6.10)으로부터

$$\overline{Y} = \frac{(205)(0.224)^{0.2}}{1.2} = 126.65 \text{ MPa}$$

및

$$\overline{Y}' = (1.15)(126.65) = 145.65 \text{ MPa}$$

을 갖는다. 이들로부터 압하력은

$$F = (3.94 \times 10^{-2} \text{ m})(22.86 \times 10^{-2} \text{ m})(145.65 \times 10^{6} \text{ Pa}) = 1{,}311{,}846 \text{ [N]}$$

이 되어, 압연동력은 다음과 같이 계산된다.

$$\text{동력} = \frac{2\pi(1{,}311{,}846)(3.94 \times 10^{-2})(100)}{60{,}000} = 541.3 \text{ [kW]}$$

6. **열간압연에서의 압하력.** 잉곳이나 슬래브는 열간압연되므로, 열간압연에서 압하력과 압연토크를 구하는 것이 중요하나, 여기에는 어려움이 따른다. 그 이유는 (1) 열간에서 마찰계수 μ를 적절하게 평가하기 곤란하고(표 4.1에 따르면 0.2~0.7), (2) 금속은 고온에서 변형률속도 민감성(2.2.7절)을 갖기 때문이다.

평압연에서의 **평균변형률속도**는 재료의 한 요소가 롤간격을 지나면서 받는 변형률을 압연시간으로 나누어서 구한다. 이때 압연시간은 L/V_r로 근사시킬 수 있으므로,

$$\dot{\epsilon} = \frac{V_r}{L} \ln\left(\frac{h_o}{h_f} \right) \tag{6.44}$$

먼저 이 변형률속도에 상응하는 유동응력 Y_f를 구한 후, 적절한 식에 대입한다. 이때의 계산은 근사적인 방법이고, 열간압연 시 μ의 변화나 온도로 인해 압하력을 정확하게 계산하기는 어렵다.

7. **마찰.** 압연에서는 마찰이 있어야만 롤이 소재를 끌어당길 수 있지만, 마찰이 너무 크면 압하력이나 소요동력이 커진다. 냉간압연에서는 소재와 윤활제에 따라 마찰계수 μ가 0.02~0.3의 범위이다(표 4.1 참조). 4.4.1절에서 설명한 것처럼, 마찰계수를 낮추려면 효과적인 윤활제를 사용해야 하며 **동압윤활**(hydrodynamic lubrication)에 가까운 윤활방식을 이용한다(알루미늄을 냉간에서 고속으로 압연하는 경우). 열간압연에서는 효과적인 윤활제를 사용한 경우 0.2로부터 고착조건인 0.7에 이른다(고착조건은 강, 스테인리스강, 고온합금의 압연에서 흔히 나타남).

   평압연에서 압연가능한 최대압하량, 즉 $(h_o - h_f)$는 마찰과 롤반경의 함수로서

$$\Delta h_{max} = \mu^2 R \tag{6.45}$$

   이다. 따라서 마찰이 크고 롤반경이 클수록 최대압하량은 커진다. 이미 예상할 수 있듯이, 마찰이 없으면 최대압하량이 영이 된다. 그림 6.31에서 각도 α(**물림각**, angle of acceptance)의 최대값은 식 (6.45)와 기하학적으로 연관되며, 경사면 사이에서 블록이 미끄러져 나가는 간단한 모델로부터 다음과 같이 구할 수 있다.

$$\alpha_{max} = \tan^{-1}\mu \tag{6.46}$$

   α_{max}가 이 값보다 크면, 마찰력이 소재를 롤 사이로 끌어들일 만큼 충분히 크지 않으므로 롤은 미끄러진다.

8. **롤의 변형(처짐)과 편평화.** 압하력으로 인해 롤은 그림 6.36a에서처럼 굽힘을 받게 되므로, 결과적으로 판재의 중앙부가 양 측면부보다 두꺼워진다(**크라운**, crown). 이 문제를 피하기 위해, 롤을 연삭할 때 중앙부의 직경을 양 끝보다 약간 크게 되도록 연삭하는 방법이 사용된다. 이를 **캠버**(camber)라고 하며, 금속박판의 압연에서는 캠버량을 롤직경에 대하여 0.50 mm 이내로 준다.

   적절하게 설계된 캠버를 가진 롤은 그림 6.36b에서처럼 평탄한 압연판을 만드나, 일정한 하중과 소재의 폭에 따라 특정한 캠버량이 정해져야 함을 유의해야 한다. 열간압

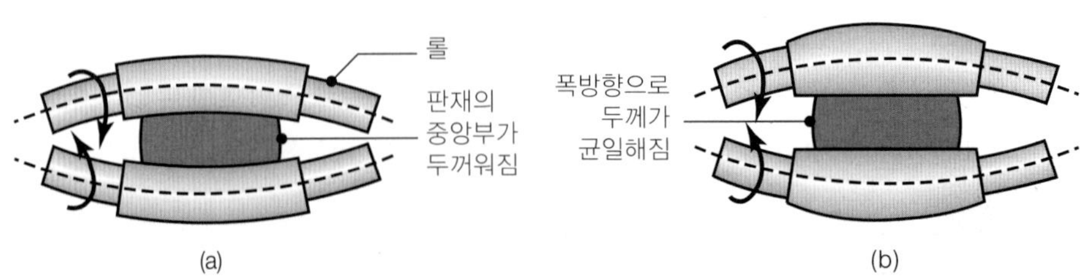

▶ **그림 6.36**
(a) 압하력에 의한 직선롤의 처짐, (b) 연삭하여 캠버를 줌으로써 롤이 굽힘변형 후 균일한 두께의 판재를 압연하도록 함.

연 시에는 롤에서의 불균일한 온도분포로 인해 롤직경이 롤의 길이방향으로 달라지면서 가운데 부분이 불룩해진다(열캠버, thermal camber). 실제작업에서는 롤에 대한 냉각제의 사용위치를 변화시켜가며 캠버를 조절한다.

롤은 압하력으로 인해 탄성변형하여 마치 자동차 타이어의 바닥면처럼 **편평**해지기도 한다. 롤이 편평해진다는 것은 롤반경이 커져서 동일한 압하력에 대해 접촉면적이 커짐을 뜻한다. 따라서 편평의 정도가 클수록 압하력은 증가한다.

편평화된 롤의 반경은 다음 식으로 계산된다.

$$R' = R\left(1 + \frac{CF'}{h_o - h_f}\right) \tag{6.47}$$

여기서 C는 주강 롤에 대하여 2.3×10^{-2} mm²/kN이고, 주철 롤에 대해서는 4.57×10^{-2} mm²/kN이다. F'는 판재의 **단위폭당 압하력**으로 단위는 [kN/mm]를 사용한다. 롤재료의 탄성계수가 클수록 롤의 변형은 작다. 식 (6.47)에서 알 수 있듯이, 윤활제를 효과적으로 사용하거나 압하율을 줄여서 압하력을 감소시키면, 롤의 편평화도 감소한다. 식 (6.47)에서 R'은 압하력 F의 함수이고 압하력은 또한 롤반경의 함수이므로, R'은 반복법으로 구해야 한다. 롤의 편평화(flattening) 정도가 심할 때는 지금까지의 모든 식에서 R 대신에 R'을 사용해야 한다.

9. **폭의 퍼짐.** 후판 및 박판의 압연 시 두께에 대한 폭의 비가 큰 경우에는 압연되는 소재가 평면변형률조건을 유지하지만, 정사각형단면처럼 이 비율이 낮은 경우에는 롤 사이를 지나면서 소재의 폭이 눈에 띄게 늘어난다. 이렇게 폭이 증가하는 것을 '**폭의 퍼짐**(spreading)'이라 한다(그림 6.37 참조). 폭 퍼짐량은 (1) 판재의 두께에 대한 폭의 비가 클수록, (2) 마찰이 클수록, (3) 판재두께에 대한 롤반경의 비가 클수록 감소한다. 폭 퍼짐을 막으려면 한 쌍의 수직롤을 사용하여 압연소재의 옆면을 구속하는 방법을 사용한다(**edger mill**).

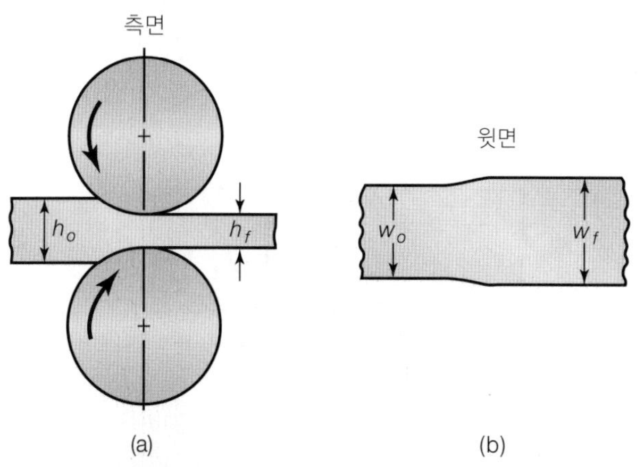

▶ **그림 6.37**
평압연에서 소재의 폭 증가(퍼짐).

6.3.2 압연판의 결함

압연작업이 성공적으로 수행되려면 재료상수, 공정변수, 윤활 등의 많은 인자가 서로 균형을 이루어야 한다. 그렇지 않으면 압연된 후판이나 박판에는 그 표면 또는 제품 내부(구조적 결함)에 결함이 생긴다. **표면결함**은 원재료의 개재물 및 불순물, 스케일, 녹, 이물질, 롤 자국, 기타 전처리 및 전가공에서의 조건으로 인해 생긴다. 블룸, 빌렛, 슬래브를 열간압연할 때는 토치를 사용하여 스케일을 제거하는 등의 여러 방법으로 청정작업을 한다(**스카핑**, scarfing).

구조적 결함은 압연제품이 휘거나 제대로 모양을 이루지 못하는 결함으로, 몇 가지 예를 그림 6.38에 나타내었다. 판재의 가장자리가 물결모양으로 되는 **파도형 결함**(wavy edge)은 롤의 굽힘변형으로 인해 판의 가장자리가 중심부보다 얇아져서 생긴다. 판의 가장자리가 중심부보다 많이 늘어나지만, 길이방향(압연방향)으로의 팽창이 억제되어 결국 좌굴이 일어난 것이다. 그림 6.38b와 c에는 균열의 예가 도시되어 있는데, 이는 압연온도에서 재료의 연성이 부족하거나 롤에 배럴링이 생긴 결과이다. **입벌림결함**(alligatoring)은 압연 중 소재의 불균일한 변형이나 처음 사용된 주조 잉곳 내부의 파이프 결함으로 인해 발생되는 복잡한 양상의 결함이다.

■ **잔류응력** 롤 사이에서의 불균질한 변형으로 인해 압연판에는 잔류응력(residual

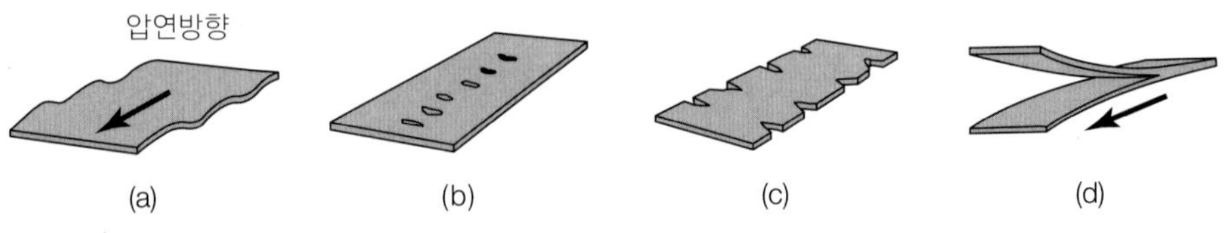

▶ **그림 6.38**
평압면에서 나타나는 결함: (a) 파도형 결함, (b) 중앙부 터짐, (c) 측면 균열, (d) 입벌림(앨리게이터링).

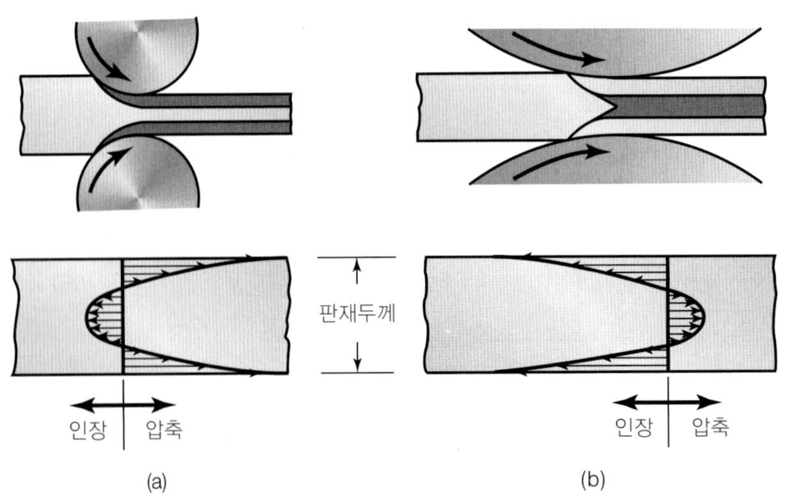

▶ **그림 6.39**
평압연에서 발생하는 잔류응력과 롤반경의 영향: (a) 반경이 작은 롤 또는 압하율이 작은 경우, (b) 반경이 큰 롤 또는 압하율이 큰 경우.

stress)이 생길 수 있다. 직경이 작은 롤을 사용하거나 압하율이 작은 경우에는 소재의 표면부근에서만 소성변형이 되므로(4.5.1절의 숏피닝이나 롤러버니싱과 유사), 표면에서는 압축잔류응력을 남기고 가운데 부분에서는 인장잔류응력을 남긴다(그림 6.39a 참조). 반면에, 큰 직경의 롤을 사용하거나, 두께감소율이 큰 경우에는 표면층뿐만 아니라 전반적인 부피변형이 일어난다. 이 경우에는 그림 6.39b에서처럼 롤과 소재 간의 접촉부에서 표면에 마찰로 인한 구속이 일어나므로, 앞의 경우와는 반대방향으로 잔류응력이 남는다.

6.3.3 압연에서의 진동과 채터

다른 금속가공작업과 마찬가지로, 압연에서도 **진동**과 **채터**가 일어나면 품질과 생산성에 큰 영향을 준다. 한 예로, 현대적인 압연기에서 채터가 발생하지 않는다면 압연속도를 50% 정도 올릴 수 있는 것으로 산출된 바 있다. 압연기의 가격이 매우 비싸다는 점을 감안한다면, 이 문제야말로 중요한 경제적 사안이다. 일반적으로 **자려진동**이라고 정의되는 채터는 압연, 압출, 인발, 절삭(8.12절), 연삭(9.6.8절) 같은 공정에서 일어난다. 압연에서 채터가 생기면 압연판재의 두께와 표면정도에 편차가 생기므로 스크랩손실이 과도해진다. 채터는 **직렬형 압연기**(tandum mill, 그림 6.41d 참조)에서 현저하게 발생하는데, 이는 압연기의 구조와 압연작업의 동역학 간의 상호작용의 결과로 일어난다. 그 중에서도 압연속도와 윤활이 가장 중요한 공정변수임이 밝혀졌다.

압연에서 보통 생기는 진동모드에는 비틂 채터, 제삼 옥타브 채터, 제오 옥타브 채터가 있다(옥타브는 주어진 주파수로부터 8도 음정에 있는 주파수를 의미하며, 물리학적으로 주파수가 두 배가 되는 음정임).

1. **비틂 채터**는 낮은 공진주파수(5~15 Hz 정도)에서 강제진동의 결과로 생기는 채터로(8.12절 참조), 제삼 옥타브 채터와 동시에 일어나기도 한다. 비틂 채터로 인해 게이지두께와 표면정도에 약간의 편차가 생기지만, 속도제어의 오작동, 기어 치형의 손상, 축의 조정불량 등에 기인하지 않는다면 그리 심각한 문제는 아니다.
2. **제삼 옥타브 채터**는 125~240 Hz의 주파수 범위(음악에서의 세 번째 옥타브는 128~256 Hz)의 **자려진동**으로, 외력의 존재(강제진동)와 무관하게 압연기로부터 에너지가 진동에너지로 변환되는 것이다. 이 진동모드는 압연에서 가장 심각한 문제로, 게이지두께의 편차, 스탠드 간 판재장력의 요동을 일으키고, 심지어 판재가 끊어지기도 한다. 제삼 옥타브 채터는 압연속도를 낮춤으로써 보통 해결된다. 적용하기에 항상 실용적인 방법은 아니지만, (1) 압연기 스탠드 간 거리를 늘리거나, (2) 판폭 w를 늘리거나, (3) 롤 지지대에 댐퍼를 달거나, (4) 패스당 두께감소량(압하량)을 줄이거나, (5) 롤반경 R을 늘리거나, (6) 소재-롤 간의 마찰을 늘리는 등의 방법으로 감소시킬 수 있다.
3. **제오 옥타브 채터**는 550~650 Hz의 주파수 범위에서, 작업롤에 생긴 채터자국 때문에 발생한다. 작업롤의 채터자국은 (1) 어떤 임계속도로 계속 작업하거나, (2) 지지롤이나

인입 소재에 표면결함이 있는 경우, (3) 롤의 연삭이 부적절한 경우에 생긴다. 채터자국은 어떤 압연속도에서도 압연판재에 흔적을 남기므로 표면품질에 유해하다. 제오 옥타브 채터는 불쾌한 소음을 내며, (1) 압연기의 속도조절, (2) 직렬형 압연기의 스탠드별로 점차 직경이 큰 지지롤 사용, (3) 롤연삭작업에서 채터방지, (4) 압연기에서 진동발생원 제거 등의 방법으로 조절할 수 있다.

6.3.4 평판압연작업

주조잉곳의 조직을 파괴하는 데는 열간압연(열간단조와 유사한 작업온도, 표 6.3)이 사용되어 조대입자를 가진 취성의 다공성 주조조직을 **단련조직**(wrought structure)으로 바꾼다(그림 6.29 참조). 주조잉곳을 압연하던 전통적인 방법은 이제 연속주조 및 압연(5.7절)으로 거의 대체되었다.

열간압연에 의해 최초로 얻어지는 제품을 **블룸**(bloom) 또는 **슬래브**(slab)라고 한다(그림 6.28 참조). 블룸은 보통 정사각형단면으로 한 변의 길이가 150 mm 이상인 것을 칭하고, 슬래브는 단면이 직사각형인 것을 칭한다. 블룸은 **형상압연**을 통해 I빔이나 철도레일과 같은 구조용 형상으로 압연되고, 슬래브는 후판이나 박판으로 압연된다. **빌렛**(billet)은 정사각형단면 모양으로 블룸의 단면적보다 작은 경우를 칭하며, 형상롤로 압연되어 환봉이나 각재 등의 다양한 형상으로 만들어진다. 열연된 환봉은 봉재나 선재를 인발하는 데 소재로 쓰이므로 **선봉**(wire rod)이라고도 한다.

블룸, 빌렛, 슬래브를 열간압연할 때는 압연하기 전 후속공정에 대비하여 소재표면을 청정하는 것이 보통이다. 청정작업에는 여러 방법이 사용되는데, 화염으로 가열하여 표면의 스케일을 제거하거나(scarfing), 거친 연삭으로 표면을 다듬는다. 냉간압연용 제품에는 열간압연 시 생긴 스케일이나 기타 결함이 있으므로, 이들을 산세하거나 물분사나 연삭 같은 기계적 방법으로 제거한다.

겹침압연(pack rolling)은 금속을 두 겹 이상 겹쳐서 압연함으로써 생산성을 높이는 작업이다. 예를 들어, 알루미늄 호일은 두 겹으로 겹침압연되는데, 알루미늄 호일의 한 면은 윤이 나지만, 반대쪽 면에는 광택이 없는 것을 볼 수 있다. 이것은 호일과 호일이 겹친 면에서는 광택이 없고 호일과 매끈한 롤이 닿은 면에서는 윤이 나기 때문이다.

판재성형가공작업에서 연강이 인장될 때에는 **항복점신장**(yield point elongation)이란 현상을 겪는다. 이 현상으로 인해 **신장변형마크**, 즉 **뤼더**(Lueder)**띠**라는 불균질한 표면이 생긴다(7.2절 참조). 이 현상을 피하려면, 0.5~1.5% 정도의 작은 압하율로 **판재조질압연**(temper rolling)을 한다(스킨 패스).

소재가 롤출구로 나올 때, 재료의 불균질성과 압연 중 공정변수의 변화로 인해 압연판이 충분히 평탄하지 못한 경우가 있다. 평탄도를 높이려면 판재를 여러 대의 **정직 롤**(leveling rolls) 사이로 통과시킨다. 각각의 롤은 보통 별개의 전동기로 구동된다. 대판이 정직 롤을 지날 때마다 반대방향으로 휘도록 롤을 배열한다(그림 6.40 참조).

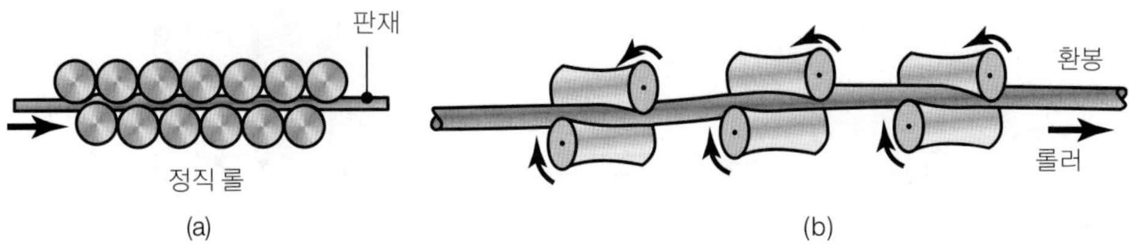

▶ **그림 6.40**
롤러 정직의 개략도: (a) 압연판재 정직, (b) 환봉의 정직.

판재의 두께는 **게이지수**로 구분되며, 게이지수가 적을수록 판재의 두께는 두껍다. 금속판재의 종류에 따라 몇 가지 치수체계가 사용된다. 구리나 황동압연판의 경우, 압연으로 인한 두께 변화로 분류되어 1/4 경화, 1/2 경화 등으로 호칭된다.

■ **윤활제** 철합금의 열간압연에는 그래파이트가 사용되기도 하지만, 일반적으로는 윤활제를 사용하지 않는다. 롤을 냉각시키고 압연제품의 표면스케일을 떨어내는 데는 수용성 냉각수가 사용된다. 비철합금의 열간압연에는 다양한 혼합유, 유화액, 지방산이 사용된다. 냉간압연에는 점도가 낮은 윤활제, 즉 광유, 유화액, 파라핀, 지방유가 사용된다.

■ **압연기** 압연설비는 롤의 배치에 따라서 구분하며, 그림 6.41에 기본적인 롤의 배치방법을 나타내었다. 직경이 작은 롤을 사용하면 압하력을 줄일 수 있지만, 롤의 처짐도 심해지므로 다른 롤로 지지해주어야 판재치수를 관리할 수 있다(그림 6.41 c, e, f).

2단(two-high)이나 **3단** 압연기(three-high rolling mill)(1800년대 중반에 개발)는 롤 최대직경이 1400 mm 정도로 주조잉곳을 초기에 분괴압연하는 데 사용된다(1차 조압연). **다단압연기**(특히, **센쥐미어**(Sendzimir) **압연기** 혹은 **Z-압연기**, 그림 6.41f)는 고강도금속을 얇은 대판으로 냉간압연하는 데 매우 적합하다. 다단압연기를 사용하면 폭 5000 mm, 두께 0.0025 mm까지의 압연제품을 얻을 수 있다. 작업 롤(직경이 가장 작음)은 직경이 최소 6 mm 정도이고, 강성, 강도, 마모저항을 고려하여 초경합금으로 만든다.

직렬형(tandum) **압연기**(그림 6.41d)에서 판재는 다수의 **스탠드**를 연속하여 통과한다. 이때 스탠드 군을 **트레인**이라고 한다. 각 스탠드에서 판재가 통과하는 게이지두께와 통과속도를 제어하는 것이 매우 중요하다. 평판압연 중에는 전방장력을 작용하여 공회전하는 롤 사이를 통과시키는 압연방식도 있다(**Steckel 압연**). 이 경우에는 작업 롤에 걸리는 토크가 없으므로 마찰이 없는 베어링과 같다고 할 수 있다.

압연기의 강성은 압연제품의 치수조절에 중요하다. 현대적인 압연기는 최고속도 25 m/s까지 고도로 자동화되어 있다. 롤 재료에 필요한 성질로는 강도와 마모저항을 우선 꼽을 수 있고, 롤 재료로는 주철, 주강, 단조강이 보통 사용된다. 열연용 롤은 큰 압하율로 소재를 롤 사이에 끌어당기기 위해 표면을 거칠게 가공하고, 심지어는 표면에 노치나 홈을 만들어 사용하기도 한다. 냉연용 롤은 매끈하게 연삭되며, 특별한 용도에 쓰이는 경우에는 연마시켜 사용한다.

▶ **그림 6.41**

압연기의 종류: (a) 2단식, (b) 3단식, (c) 4단식, (d) 직렬형, (e) 유성형(planetary rolls), (f) 클러스터형 압연기(센쥐미어 압연기).

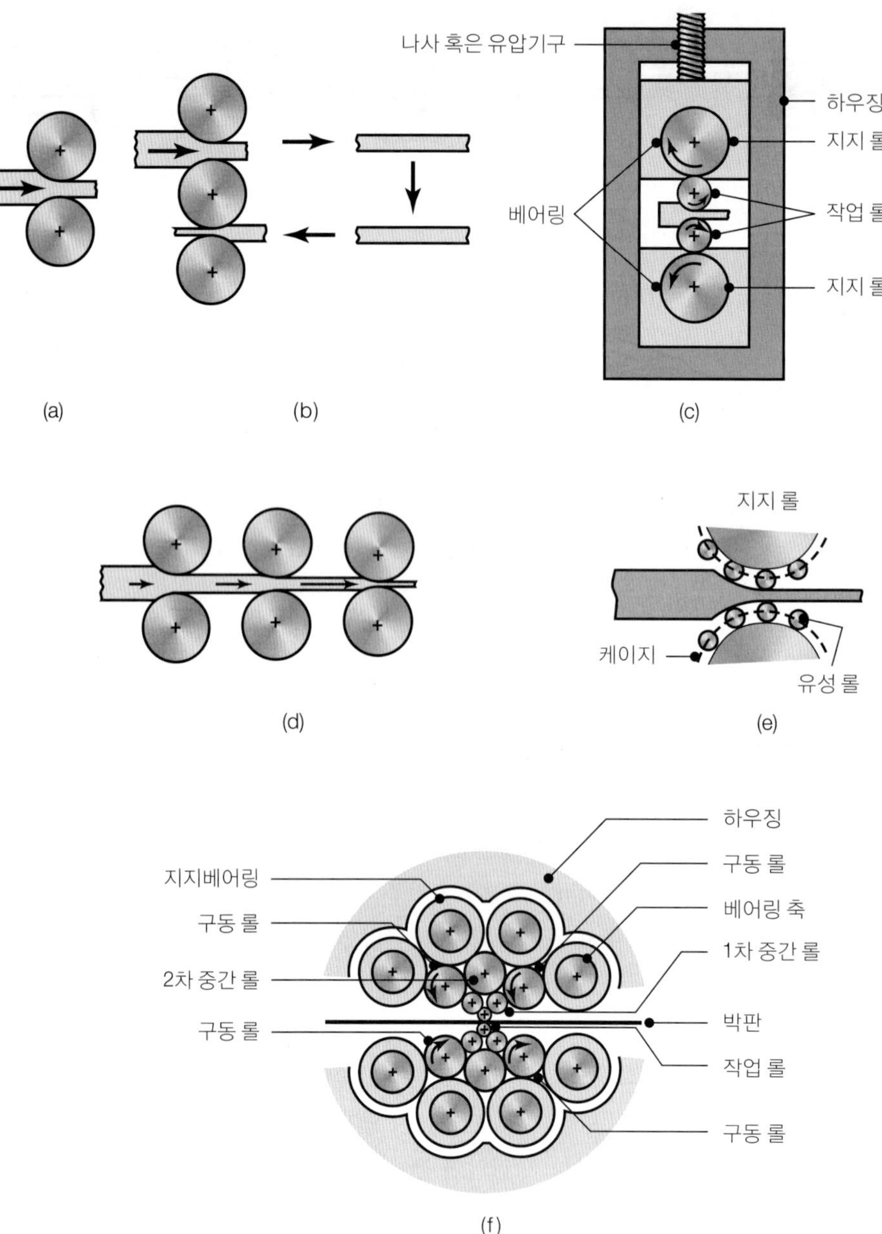

■ **미니밀**(minimill) 전기아크로에서 금속을 용해하여 연속주조 후 곧바로 압연하여 제품을 생산하는 방식을 미니밀이라고 한다. 각 미니밀은 기본적으로 한 가지 금속재료로 한 가지 압연제품(예: 봉재, 각재, 구조재 등)을 생산하여 공장이 속한 지역의 시장에 공급한다.

■ **종합제철소**(integrated mill) 용광로에서 금속을 생산하여 주조나 압연을 거쳐서 소비자에게 최종제품을 납품하는 대형시설을 **종합제철소**라고 한다. 종합제철소와 미니밀 간의 기술적 차이는 사용하는 용해로의 종류에 불과하지만, 용광로는 전기로보다 훨씬 큰 규모의

경제를 의미한다. 따라서 종합제철소의 규모가 훨씬 크고 복잡하며, 대부분 압연판재나 후판을 생산하는 데 특화되어 있다.

6.3.5 기타 압연작업

1. **형상압연**(shape rolling). 다양한 모양의 단면재(section), 채널강, I빔, 철도레일 같이 길이가 길고 직선인 구조재로 쓰이는 형강은 특별히 설계된 다수의 롤쌍 사이로 소재가 통과하도록 압연하여 만든다(그림 6.42 참조). 형상압연기술로 익형단면도 압연가능하다. 형상압연에 사용되는 최초의 소재는 블룸이며(그림 6.28), 압연소재가 내/외부 결함 없이(일부 결함은 소재에 이미 존재가능) 치수공차를 만족하여 원하는 형상으로 압연되도록 일련의 롤을 설계하는 과정(**롤경로설계**, roll pass design)에는 상당한 경험이 필요하다. 소재의 단면적이 감소됨에 따라 길이방향으로 늘어나지만, 채널강의 경우처럼 소재단면에서의 변형이 위치마다 다르므로, 길이방향으로 연신도 불균질해져 휘거나 균열이 발생할 수 있다.
2. **링압연**(ring rolling). 링압연은 두꺼운 링의 직경을 늘리면서 단면적을 감소시키는 공정이다. 링소재를 두 개의 롤 사이에 설치하고(그림 6.43), 바깥 롤을 회전구동시키면서 롤 간의 거리를 좁히면서 링두께를 줄여나간다. 소재의 체적은 일정하므로, 링의 두께가 얇아지면 링의 직경이 증가된다. 형상 롤(공형 롤)을 사용하면 다양한 단면모양의 링을 압연할 수 있다.

   소재의 크기, 강도, 연성에 따라 상온이나 열간에서 작업된다. 동일한 제품을 만드는 다른 가공공정에 비해, 링압연은 제작시간이 짧고, 재료가 절감되며, 치수공차를 줄일 수 있고, 제품의 용도에 맞는 유리한 단류선(grain flow)을 얻을 수 있다. 링압연공정은

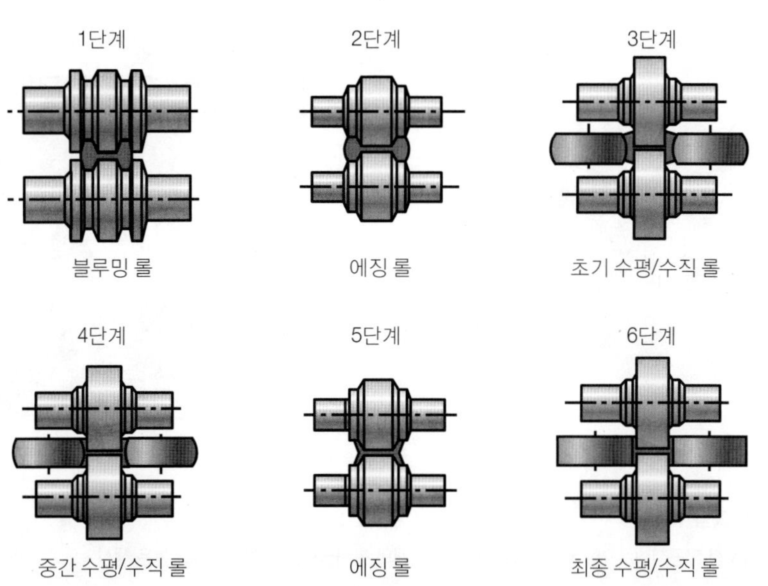

▶ **그림 6.42**
H형강의 형상 압연순서. 채널강이나 I빔 등의 구조재도 이 공정으로 만들어진다.

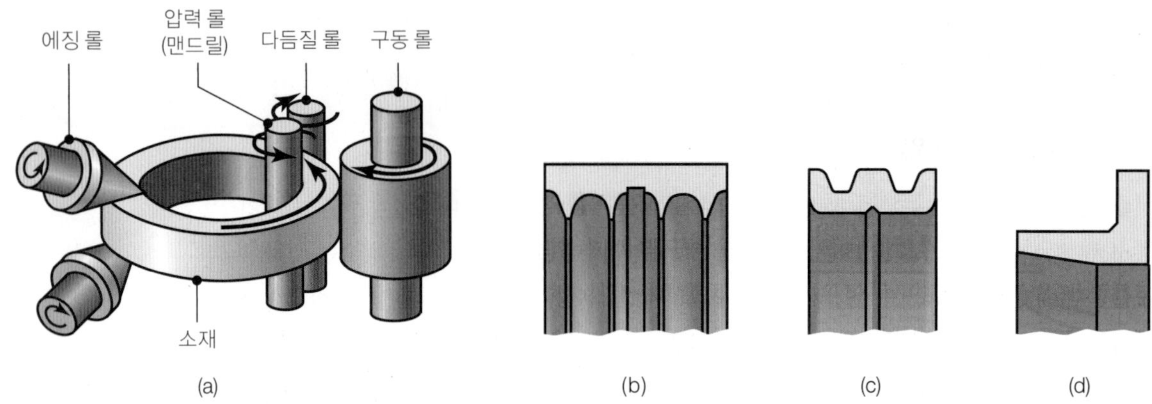

▲ **그림 6.43**

(a) 두께가 감소되면서 직경이 커지는 링압연작업의 개략도, (b) 링압연으로 성형되는 단면의 예.

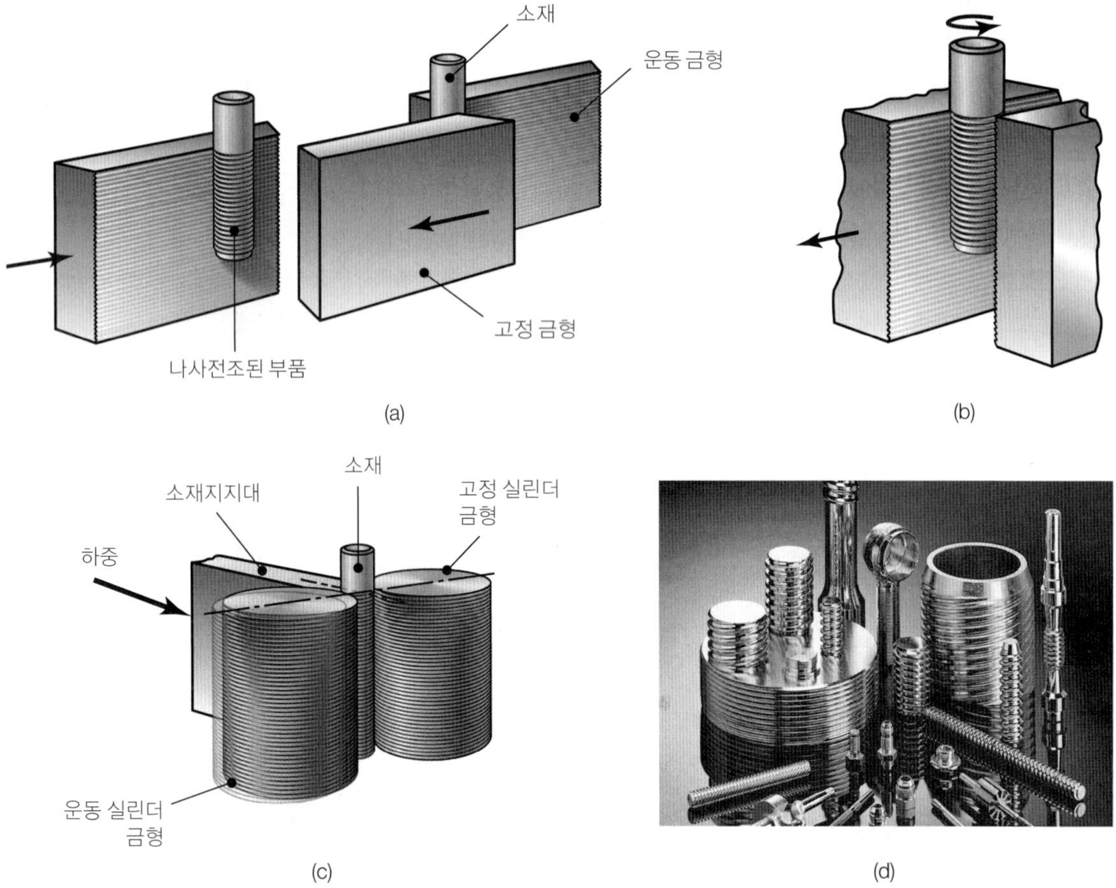

▲ **그림 6.44**

나사전조 공정: (a), (b) 왕복형 평금형, (c) 두 개의 롤러금형, (d) 경제적이고 높은 생산속도로 가공된 나사전조 부품.

로켓이나 터빈에 사용되는 대형 링, 기어바퀴의 림, 볼베어링이나 롤러베어링의 레이스, 플랜지, 파이프의 보강링, 압력용기 등을 제작하는 데 사용된다.

3. **나사 및 기어 전조.** 이 공정은 냉간에서 왕복하거나 회전하는 한 쌍의 금형 사이로 둥근 소재를 통과시켜 직선 또는 테이퍼진 나사산을 성형하는 냉간가공공정이다(그림 6.44a 참조). 이 방법으로 만드는 제품으로는 스크루, 볼트 및 기타 나사부품을 들 수 있다. 평금형을 사용할 때는 한 쌍의 금형이 왕복할 때마다 봉재나 선재에 나사산이 성형된다. 모든 나사전조공정에서 가장 중요한 것은 소재의 연성과 적절한 크기이다. 결함을 최소화하고 표면정도를 높이는 데는 윤활이 중요하다. 나사산을 가진 거의 모든 체결용 부품의 생산에 적용될 수 있다. 금형을 두 개 사용하는 방식과 세 개 사용하는 방식이 있으며, 회전금형을 사용하기도 한다(그림 6.44 참조). 생산속도는 매우 높은 편으로, 초당 최고 30개의 성형도 가능하다. 나사전조는 원통내면에 나사를 내는 경우에도 적용되며, 방법은 외면 나사전조와 유사하고 고강도 나사를 정확하게 가공할 수 있다.

   나사제조 시 나사전조공정의 장점은 재료손실이 없고, 냉간가공을 하므로 치수공차와 강도가 양호한 것이다. 표면정도는 매우 매끈하고 소재표면에 압축잔류응력을 남기므로 피로수명을 늘릴 수 있다. 소재의 변형 중에는 체적이 일정하므로 나사산 직경보다 작은 직경을 가진 소재를 사용해야 한다. 나사를 절삭하여 가공하면 소재의 단류선을 절단하는 반면, 전조나사에서는 냉간가공에 의해 나사의 강도를 높이는 단류선양상을 얻는다(그림 6.45 참조).

   평기어나 헬리컬기어도 나사전조와 유사한 냉간전조공정으로 제작될 수 있다. 기어의 전조공정은 원기둥 소재를 그대로 쓰거나 미리 절삭가공된 기어를 사용한다. 헬리컬기어는 특수제작된 다이로 직접압출하여 가공되기도 한다. 냉간전조된 기어는 자동변속기와 동력공구에 많이 사용된다.

4. **회전천공**(rotary tube piercing). 회전천공은 그림 6.46에서처럼 벽두께가 두꺼운 이음매 없는 관을 만드는 열간가공공정이다. 이 공정은 그림 6.46a처럼 환봉이 반경방향으

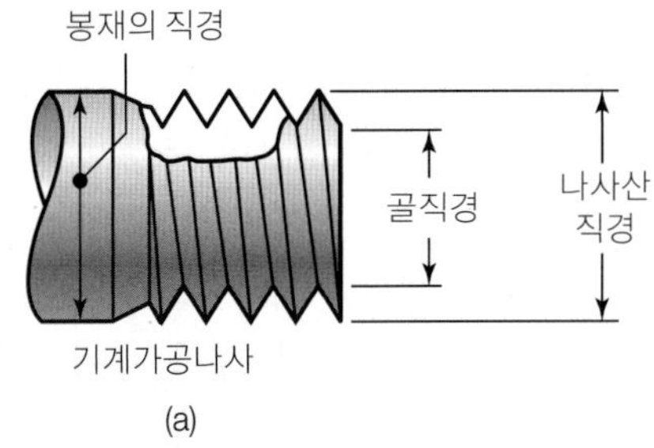

(a)

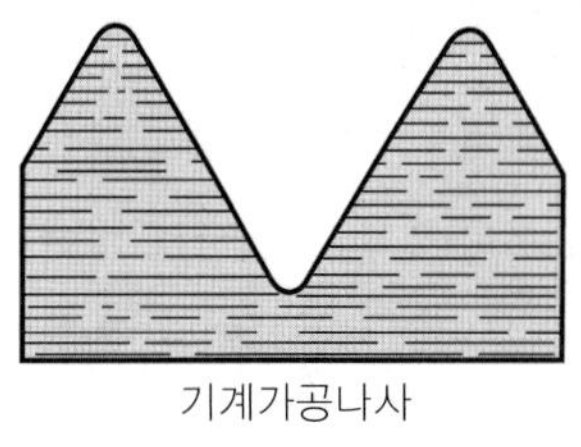

(b)

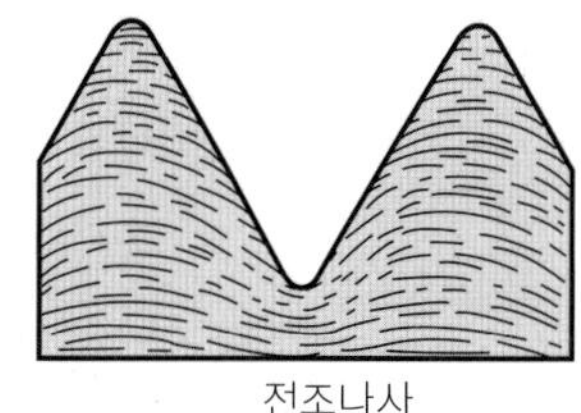

(c)

▲ 그림 6.45

(a) 기계가공나사와 전조나사산의 개략도. 전조나사의 소재는 직경이 커진다. (b) 기계가공나사와 전조나사산의 단류선. 기계가공나사는 단류선을 끊으며 절삭된 반면, 전조나사는 단류선이 이어져 있고, 냉간가공되므로 강도가 높다.

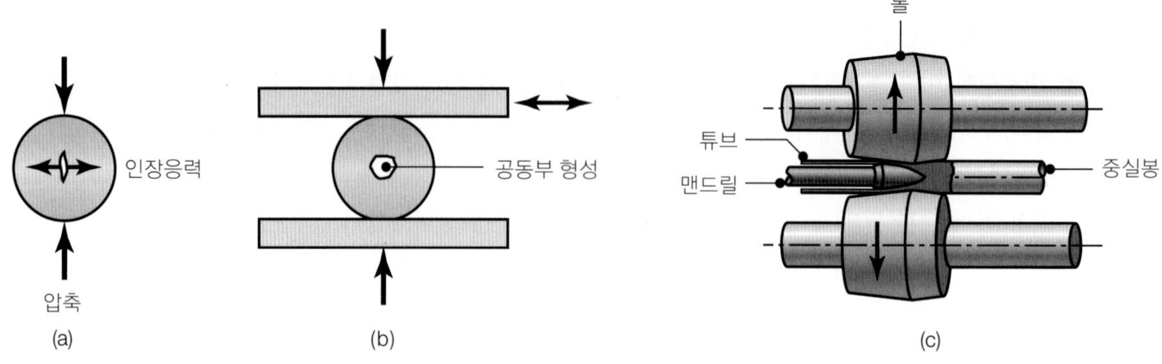

▲ **그림 6.46**

중실환봉에서 이차 인장응력에 의해 공동부가 형성되는 과정. 회전 튜브천공공정에서는 이를 이용하며, 만네스만 압연기로 이음매 없는 관을 제조하는 원리이다.

로 압축을 받으면, 소재의 중심부에서는 인장력이 걸리는 원리를 이용한 것이다. 그림 6.46b에서처럼 주기적으로 압축응력을 작용하면, 봉의 중심부에는 공동부가 생긴다.

회전천공법(**만네스만 공정**, 1880년대에 개발)은 그림 6.46c에서처럼 배열시킨 회전하는 롤을 이용하는 방법이다. 롤의 축이 서로 어긋나 있으므로 회전운동의 축방향성분에 의해 환봉을 롤 사이로 끌어들인다. 관의 내부맨드릴은 만들어지는 구멍을 확대하고 관의 내벽을 다듬는 역할을 한다. 소재는 심한 변형을 겪으므로, 재료는 고품질로서 결함이 없는 것이라야 한다.

5. **관재압연**(tube rolling). 맨드릴을 사용하거나, 사용하지 않는 관재압연으로 튜브와 파이프의 직경과 두께를 다양하게 가공할 수 있다. **필거압연기**(pilger mill)는 튜브와 내부맨드릴을 함께 왕복시키고 튜브를 주기적으로 회전시키면서 가공하여 최대직경 265 mm에 달하는 강관을 가공할 수 있다.

6.4 압출

기본적인 압출공정은 1700년대에 납파이프를 생산하기 위해 개발되었으며, 둥근 빌렛을 용기(container) 안에 넣고 램으로 밀어서 압력을 가하여 다이 사이로 통과시키는 공정이다(그림 6.47 참조). 둥근 형상이나 각종 형상을 가진 다이를 사용하며, 전형적인 압출제품으로는 미닫이문의 레일, 창호, 알루미늄 사다리, 배관부품, 구조 및 건축용 형상재들이 있다(그림 6.48). 압출은 상온이나 열간에서 행해진다. 압출공정은 체적이 일정한 챔버에서 빌렛(소재)을 개별적으로 압출하므로, 기본적으로 개별 또는 준연속 공정이다.

압출에는 다음과 같은 네 가지 기본 유형이 있다(그림 6.47 참조).

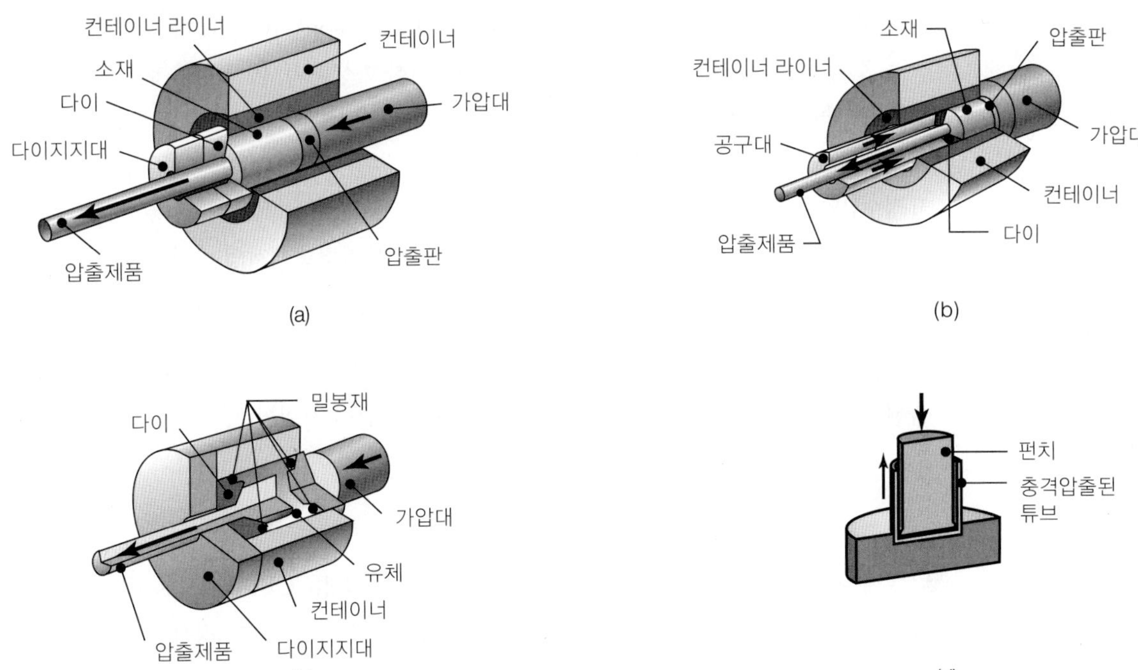

▲ 그림 6.47

압출 유형: (a) 직접압출, (b) 간접압출, (c) 정수압압출, (d) 충격압출.

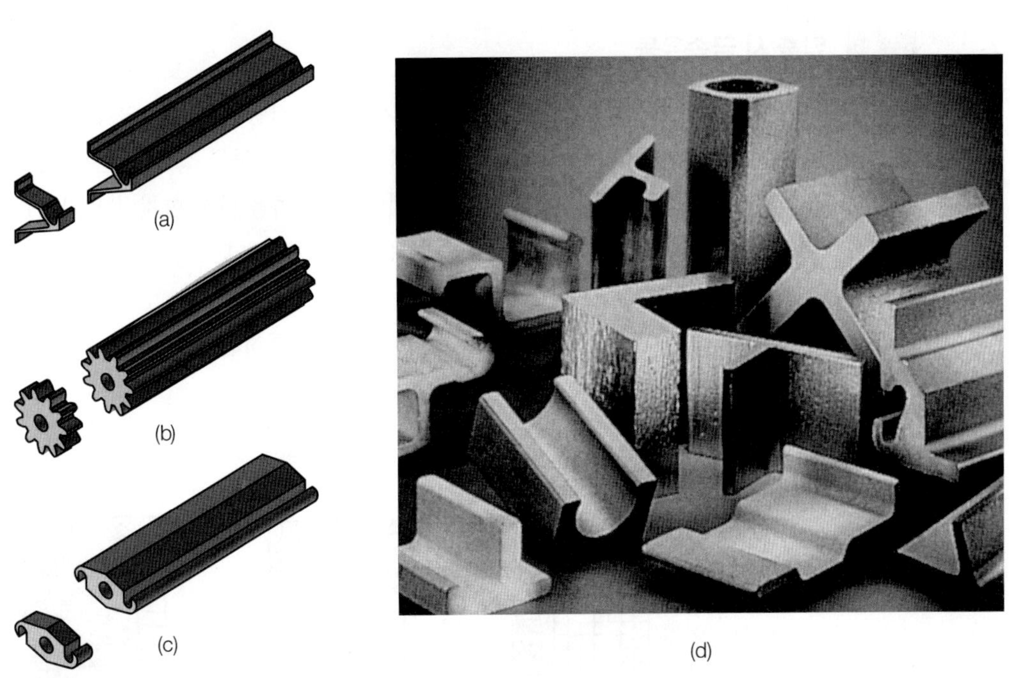

▲ 그림 6.48

(a)~(c) 압출제품을 절단하여 만든 개별제품의 예, (d) 압출단면의 예.

1. **직접압출**(direct extrusion)은 **전방압출**(forward extrusion)이라고도 하며, 치약을 짜내는 것과 비슷한 원리이다. 빌렛은 용기벽면에 대하여 상대미끄럼운동을 한다.
2. **간접압출**(indirect extrusion)은 **후방압출**(backward extrusion)이라고도 하며, 다이가 빌렛 쪽으로 움직이므로 빌렛-용기(다이면 제외) 경계면에서의 상대운동은 없다.
3. **정수압압출**(hydrostatic extrusion)에서는 챔버를 유체로 채우고, 이를 통해 빌렛에 압력을 전달하여 다이를 통과시켜 압출되도록 한다. 용기벽면에서의 마찰은 없다.
4. **충격압출**(impact extrusion)은 간접압출의 일종으로 속이 빈 용기를 만드는 데 적합하다.

압출공정을 표현하려면 몇 가지 변수를 정의해야 한다. 압출 전 빌렛의 단면적을 A_o, 압출된 제품의 단면적을 A_f라 할 때, **압출비** R은 다음과 같이 정의된다.

$$R = \frac{A_o}{A_f} \tag{6.48}$$

압출제품의 모양을 나타내는 기하학적 특성인 **외접원직경**(CCD, circumscribing-circle diameter)은 압출단면을 포함하는 원의 최소직경으로 정의된다. 즉, 정사각형 제품의 경우는 CCD가 대각선 길이와 같으므로, 한 변의 길이의 1.41배가 된다. 압출단면 모양의 복잡한 정도는 **형상인자**(shape factor)로 나타내고, 이는 단면의 둘레길이를 단면적으로 나눈 값이다. 예를 들어, 가장 간단한 모양인 원형단면 압출제품의 형상인자가 가장 작다(11.2.2절의 금속분말의 형상 참조).

6.4.1 압출 시 금속유동

다른 모든 금속가공공정에서와 마찬가지로, 압출에서도 공정전반에 걸쳐서 금속유동의 양상이 중요한 인자이다. 유동양상의 조사에 흔히 사용되는 기법은 둥근 소재를 길이방향으로 자른 뒤, 한쪽 단면에 사각격자 무늬를 입히는 것이다. 두 쪽을 다시 합쳐서 용기에 넣고 압출을 한 후(이때 두 조각이 붙어있도록 경납접하는 경우도 있음), 단면을 열어서 격자선의 변형된 정도를 검사한다.

그림 6.49는 직각다이로 직접압출을 한 경우에 나타나는 전형적인 세 가지 유동양상을

▶ **그림 6.49**
직접압출에서 나타나는 재료유동의 세 가지 형태.

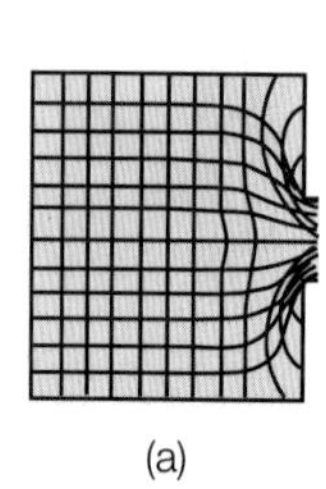
(a)

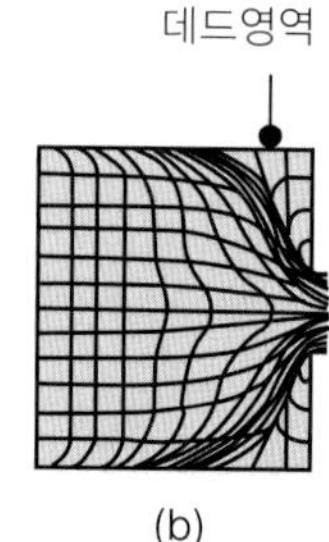

(b)

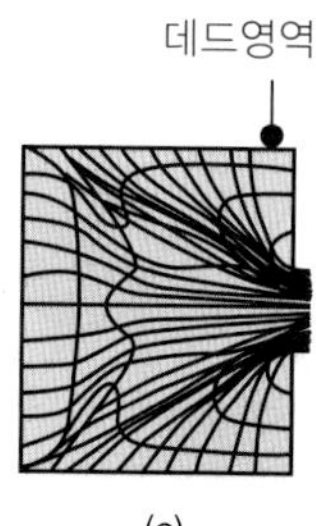

(c)

나타낸다. 유동양상에 큰 영향을 주는 인자는 (1) 빌렛-용기 접촉면에서의 마찰과 (2) 빌렛 내부의 열구배로, 이로 인해 유동양상은 다음과 같이 달라진다.

1. 그림 6.49a는 빌렛-용기-다이 간에 마찰이 없는 경우에 얻어지는 가장 균일한 유동양상이다. 이러한 유동은 윤활제를 매우 효과적으로 사용하였거나 간접압출의 경우에 나타난다.
2. 그림 6.49b는 접촉면에서 마찰이 클 때, **데드메탈영역**(dead-metal zone)이 발생한 것을 나타낸다. 재료가 다이 출구로 유동함에 따라 전단을 심하게 받은 부분이 깔때기모양으로 형성된다. 빌렛표면(산화층 및 윤활제와 함께)은 전단을 심하게 받은 부분을 통과한 뒤에 압출되므로, 압출제품에 결함이 생길 수 있다(6.4.4절 참조).
3. 그림 6.49c에는 전단을 심하게 받은 영역이 뒷부분에까지 확장되어 있다. 이러한 확장은 용기벽면에서의 마찰이 높아 빌렛의 유동을 지연시키거나, 온도가 높아져서 재료의 유동응력을 떨어뜨렸기 때문이다(예: 티타늄의 경우). 열간가공에서는 용기와 접촉한 부분의 재료는 급격히 냉각되므로 유동응력이 커진다. 그 결과, 중심부의 재료는 외주부의 재료에 비해 다이 쪽으로 쉽게 유동되므로, 데드메탈영역이 넓게 형성되고 유동은 불균일해진다. 이러한 유동양상으로 인해 파이프 결함이 발생한다(6.4.4절 참조).

6.4.2 압출의 역학

이 절에서는 압출하중을 구하는 식을 알아보고, 압출하중을 최소화시키는 방법에 대하여 설명한다. 직접압출(그림 6.47a)에서 여러 조건에 대한 램하중은 다음과 같이 계산한다.

1. **이상변형.** A_o와 A_f, L_o와 L_f를 각각 빌렛과 압출제품의 단면적 및 길이라고 할 때, 진변형률의 절대값은 다음과 같이 압출비로 나타낼 수 있다.

$$\epsilon_1 = \ln\left(\frac{A_o}{A_f}\right) = \ln\left(\frac{L_f}{L_o}\right) = \ln R \tag{6.49}$$

항복응력이 Y인 완전소성재료에서 소성변형으로 단위체적당 소산되는 에너지 u는

$$u = Y\epsilon_1 \tag{6.50}$$

이므로, 빌렛에 가해준 일은

$$\text{일} = (A_o)(L_o)(u) \tag{6.51}$$

이 된다. 이 일은 램하중 F가 거리 L_o를 움직여서 공급된 것이므로

$$\text{일} = FL_o = pA_oL_o \tag{6.52}$$

가 된다. 단, p는 램에서의 압출압력이다. 소성변형에 필요한 일과 외부에서 행한 일을

같게 놓으면 다음 식을 얻는다.

$$p = u = Y \ln\left(\frac{A_o}{A_f}\right) = (Y)(\ln R) \tag{6.53}$$

이 경우 압출하중은 $F = pA_o$로 계산된다.

변형경화성 재료의 경우에는 Y 대신 **평균유동응력** $\overline{Y}$를 사용한다. 식 (6.53)은 재료의 진응력-진변형률 곡선의 아랫부분 면적에 해당한다.

2. **마찰을 고려한 이상변형.** 슬래브해석법을 사용하면, 다이-빌렛 면에 마찰이 있고(단, 용기 벽면의 마찰은 무시), 다이각이 작은 경우에 압출압력 p를 다음과 같이 구할 수 있다.

$$p = Y\left(1 + \frac{\tan\alpha}{\mu}\right)[R^{\mu \cot\alpha} - 1] \tag{6.54}$$

데드영역을 고려하여 용기 내에서의 재료유동이 45°의 각도로 이루어진다고 가정하고, 마찰응력이 45°의 가상적인 다이를 따라서 재료의 전단항복응력 $k(k = Y/2)$만큼 작용한다면, 압출압력은 다음과 같이 계산된다.

$$p = Y\left(1.7 \ln R + \frac{2L}{D_o}\right) \tag{6.55}$$

여기서 L은 용기 안에 남아 있는 빌렛의 길이로, 빌렛이 압출됨에 따라 L이 줄어들면 압출압력 및 압출하중도 비례하여 감소한다(그림 6.50 참조). 하지만 간접압출에서 램 하중은 빌렛의 길이와 무관하다.

3. **실제의 압출압력.** 다른 모든 금속가공공정에서처럼, 실제의 압출작업에서도 (1) 소재-다이 접촉면에서 마찰계수와 그 분포, (2) 실제 온도 및 변형률속도에서 소재의 유동응력, (3) 불균질변형에 따른 과잉일(redundant work)을 모두 고려하여 해석적으로 하중을 구하기는 쉽지 않다. 따라서 식 (6.55)에 기초하여 다음과 같은 간단한 경험식을 사용한다.

$$p = Y(a + b \ln R) \tag{6.56}$$

여기서 a와 b는 실험적으로 결정되는 상수로, a는 0.8, b는 1.2~1.5 정도이다.

4. **최적다이각.** 다이각은 압출하중에 중요한 영향을 준다. 다이각과 가공일 간의 관계는 다

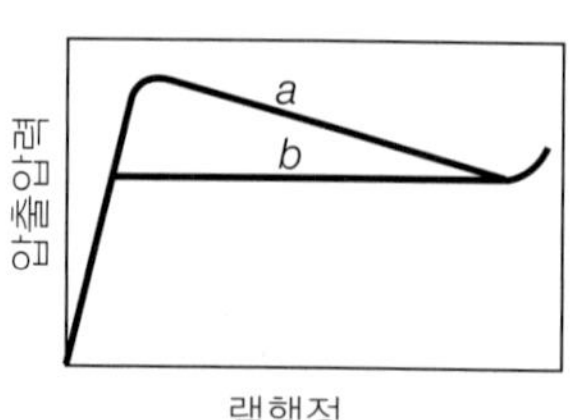

▶ **그림 6.50**

램의 행정에 따른 압출압력곡선: (a) 직접압출, (b) 간접압출. 직접압출에서는 소재가 다이 쪽으로 밀려가면서 챔버와의 마찰저항으로 인해 초기압력이 높다.

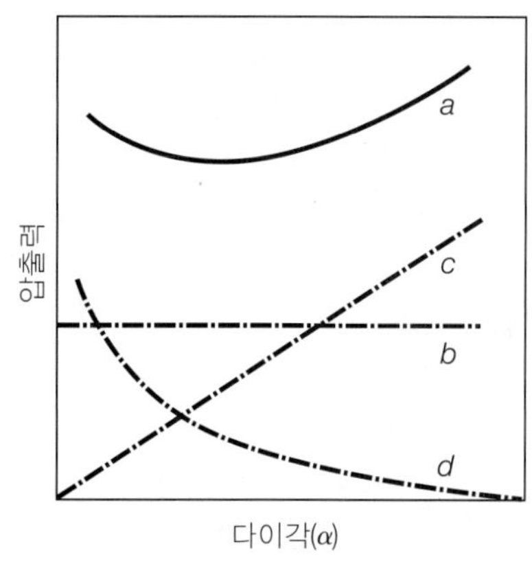

▶ **그림 6.51**

다이각에 따른 압출력: (a) 총 하중, (b) 이상하중, (c) 과잉변형에 필요한 하중, (d) 마찰극복에 필요한 하중. 압출력을 최소로 하는 최적다이각이 존재한다.

음과 같다.

(1) 이상변형(ideal deformation)일은 소재가 겪는 변형률만의 함수, 즉 압출비의 함수이므로, 다이각과 무관하다(그림 6.51의 곡선 b).

(2) 다이각이 작을수록 빌렛-다이 간의 접촉길이가 길어져서 마찰일이 증가한다(그림 6.51의 곡선 d).

(3) 다이각이 클수록 불균질변형이 심해지므로, 과잉일은 증가한다(그림 6.51의 곡선 c).

총 압출하중은 이상의 세 성분의 합으로, 그림 6.51의 곡선 a로 나타낼 수 있다. 곡선에서 하중이 최소가 되는 각도가 존재하며, 이를 최적다이각이라고 한다.

예 6.5 압출 시 변형률속도

반경 r_o인 원형 빌렛을 다이각 α인 원추형 다이로 압출한다. 이때의 변형률속도를 다이입구로부터의 거리 x의 함수로 나타내어라.

풀이 다이의 형상으로부터 다음과 같은 관계를 얻는다.

$$\tan \alpha = \frac{r_o - r}{x} \tag{6.57}$$

따라서

$$r = r_o - x \tan \alpha$$

다이를 통과하면서 소재가 변경할 때, 진변형률증분을 빌렛의 단면적으로 나타내면 다음 식과 같다.

$$d\epsilon = \frac{dA}{A}$$

여기서 $A = \pi r^2$이므로, $dA = 2\pi r\, dr$이 된다. 따라서

$$d\epsilon = \frac{2dr}{r}$$

여기서 $dr = -\tan \alpha \, dx$이다. 또한

$$\dot{\epsilon} = \frac{d\epsilon}{dt} = -\left(\frac{2 \tan \alpha}{r}\right)\left(\frac{dx}{dt}\right)$$

에서 다이 내의 위치 x에서 소재의 속도를 $dx/dt = V$라 하면,

$$\dot{\epsilon} = -\frac{2V \tan \alpha}{r}$$

체적일정조건에 따라 소재의 유동속도가 일정하므로,

$$V = \frac{V_o r_o^2}{r^2}$$

이 되어, 다음 식을 얻는다.

$$\dot{\epsilon} = \frac{-2V_o r_o^2 \tan \alpha}{r^3} = \frac{-2V_o r_o^2 \tan \alpha}{(r_o - x \tan \alpha)^3} \tag{6.58}$$

여기서 음의 부호는 진변형률을 x가 증가함에 따라 감소하는 빌렛 단면적에 대한 항으로 표현했기 때문이다.

5. **열간압출에서의 압출력.** 열간에서는 금속이 변형률속도 민감성을 가지므로(2.2.7절 참조), 열간압출에서 압출력을 정확하게 계산하기가 까다롭다. 평균 진변형률속도 $\dot{\bar{\epsilon}}$는 식 (6.58)로부터 다음과 같이 유도된다.

$$\dot{\bar{\epsilon}} = \frac{6V_o D_o^2 \tan \alpha}{D_o^3 - D_f^3} \ln R \tag{6.59}$$

단, V_o는 램속도이다. 위 식으로부터 (1) 압출비가 크고($D_o \gg D_f$), (2) 직각다이를 사용하지만, 윤활이 불량하여 데드영역이 발생하여 $\alpha = 45°$인 다이처럼 작용하는 경우, 변형률속도는 다음과 같이 계산된다.

$$\dot{\bar{\epsilon}} = \frac{6V_o}{D_o} \ln R \tag{6.60}$$

램속도와 온도가 압출압력에 미치는 영향을 그림 6.52에 나타내었다. 예상한 대로, 램속도가 증가함에 따라, 특히 고온에서는 압력이 급격히 증가한다. 압출속도가 증가하면 단위시간당 가해지는 일도 커지는데, 일은 열로 바뀌므로 속도가 빠를 때는 열이 잘

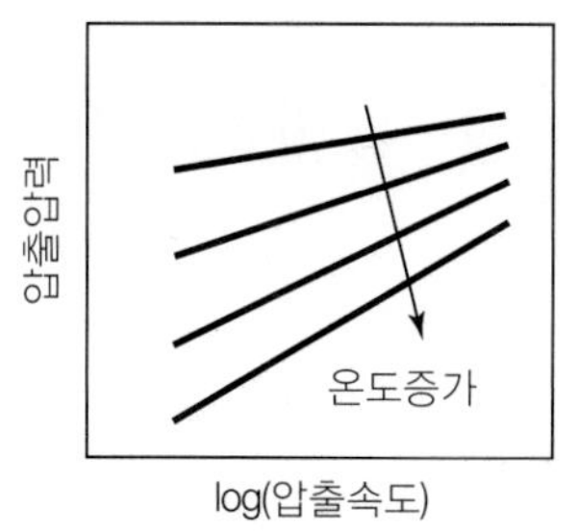

▶ **그림 6.52**

온도와 램속도가 압출압력에 주는 영향(그림 2.9 참조).

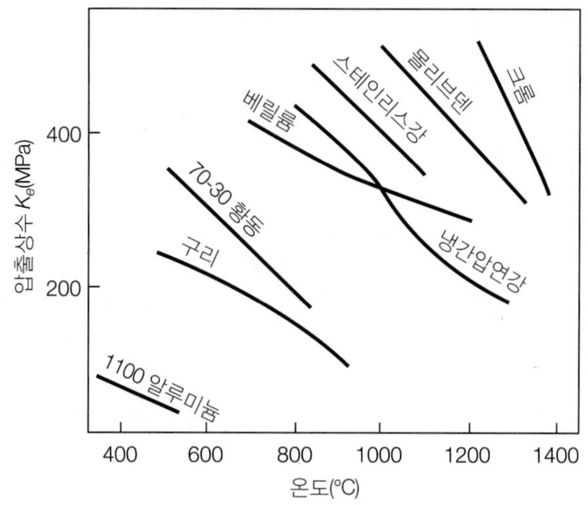

▶ **그림 6.53**

각종 금속의 온도에 따른 압출상수 K_e(온도범위에 유의할 것).

소산되지 않는다. 이러한 온도의 증가로 소재는 **초기용융**(incipient melting)을 일으켜서 결함을 야기할 수 있다. **적열취성**(hot shortness)에 의해 원주방향으로 표면균열을 일으키기도 하는데(3.4.2절 참조), 이는 램속도가 높아서 생기므로 **속도균열**(speed crack)이라고도 한다. 이러한 문제는 압출속도를 낮춤으로써 해결할 수 있다.

압출하중을 계산하는 간단한 방법으로는 다음 식과 같이 실험적으로 결정하는 압출상수 K_e를 사용하는 방법이 있는데, 이는 여러 인자를 포함한 값이다.

$$p = K_e \ln R \tag{6.61}$$

그림 6.53에 각종 재료에 대한 K_e 값을 곡선으로 나타내었다.

예 6.6 **열간압출에서의 압출력 계산**

직경 12.7 cm이고 길이가 25.4 cm인 구리 빌렛을 815°C에서 25.4 cm/s의 속도로 압출한다. 최종 직경을 5.08 cm로 만들기 위해 직각다이를 사용하고 윤활이 좋지 않을 때, 이 작업에 필요한 압출력을 구하여라.

풀이 압출비는 식 (6.48)을 이용하여,

$$R = \frac{12.7^2}{5.08^2} = 6.25$$

이고, 평균 진변형률속도는 식 (6.60)으로부터

$$\dot{\epsilon} = \frac{6(25.4)}{(12.7)} \ln 6.25 = 22.0 \text{ s}^{-1}$$

이다. 표 2.5에서 $C = 130$ MPa(평균값) 및 $m = 0.06$으로 가정하면,

$$\sigma = C\dot{\epsilon}^m = (130)(22)^{0.06} = 156.5 \text{ MPa}$$

$\bar{Y} = \sigma$를 가정하여 식 (6.55)에 대입하면,

$$p = \bar{Y}\left(1.7 \ln R + \frac{2L}{D_o}\right) = (156.5)\left(1.7 \ln 6.25 + \frac{2(25.4)}{(12.7)}\right) = 1113.6 \text{ MPa}$$

이므로

$$F = (p)(A_o) = (1113.6 \text{ MPa}) \frac{(\pi)(12.7 \times 10^{-2} \text{ m})^2}{4} = 14.107 \text{ MN} = 1438.0\text{톤}$$

이 된다.

6.4.3 기타의 압출공정

1. **냉간압출**(cold extrusion). 냉간압출은 직접압출, 간접압출과 단조공정이 조합된 공정을 일컫는 일반적 용어이다(그림 6.54 참조). 상온 또는 수백도의 온도에서 많은 연성재료를 냉간압출하여 다양한 형상으로 가공할 수 있다. 전형적인 제품으로는 자동차부품과 기어블랭크를 들 수 있다. 냉간압출은 다음과 같은 장점을 갖는 중요한 공정이다.
   (1) 공정 중의 변형 및 마찰로 인한 발생열로 소재에 재결정을 일으키지 않는 한, 변형경화로 인해 기계적 성질이 개선된다.
   (2) 치수공차의 조절이 양호하므로 후속되는 절삭 또는 마무리작업을 최소화시킨다.
   (3) 산화막이 생기지 않으므로, 윤활이 효과적이면 표면정도가 개선된다.
   (4) 생산속도가 높고 비교적 가공비가 싼 편이다.

   그러나 냉간압출에서는 공구에 걸리는 응력이 매우 높아서(특히, 소재가 철강재료인 경우), 발생응력은 소재의 경도수준, 즉 소재 유동응력의 최소 세 배에 이른다. 따라서 공구설계와 공구 및 금형 재료의 적절한 선택은 냉간압출의 성패를 결정하는 중요한

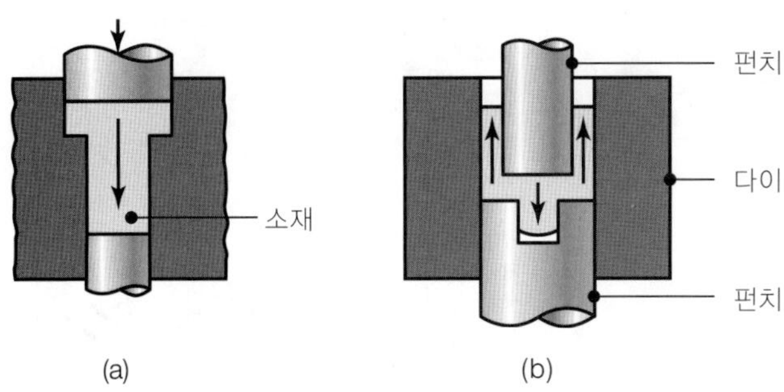

▶ **그림 6.54**
냉간압출의 예. 화살표는 재료의 유동을 나타내고, 이 공정으로 제조되는 제품은 단조품이라고도 한다.

요소이다. 공구의 경도는, 펀치의 경우는 60~65 HRC, 다이는 58~62 HRC를 요한다. 펀치는 충분한 강도, 인성, 마모 및 피로저항을 가져야 하는 중요한 공구이다.

냉간압출에서는 윤활도 매우 중요한데, 그 이유는 새로운 표면이 생성되면서 소재와 공구 사이의 윤활막이 끊겨 소재금속과 공구 사이에 윤활제가 갇힐 가능성이 있기 때문이다. 가장 효율적인 윤활방법은 소재에 인산염을 전환피복하고 비누(또는 왁스)를 윤활제로 사용하는 것이다(4.4.4절 참조). 특히, 압출비가 큰 경우에는 온도의 상승이 큰 문제가 된다. 온도가 너무 높아지면 냉간가공된 금속에서 재결정이 시작하고 완료하는 경우까지 있어서, 냉간가공의 장점을 상쇄시킨다.

2. **충격압출**(impact extrusion). 충격압출은 후방압출과 유사하며, 보통은 냉간압출의 범주에 속한다(그림 6.55 참조). 빠른 속도로 펀치를 소재에 누르면 소재(슬러그)는 후방으로 압출된다. 충격압출제품의 전형적인 예로는 치약튜브 같은 짜는 튜브용기이다.

   충격압출제품의 벽면두께는 펀치와 다이공동부 간의 간극에 의해 결정된다. 충격압출공정으로는 직경에 대한 벽두께의 비가 최소 0.005에 이르는 두께가 얇은 중공용기를 제조할 수 있다. 이때 균일한 벽두께를 얻기 위해서는 제품의 대칭성과 펀치와 소재

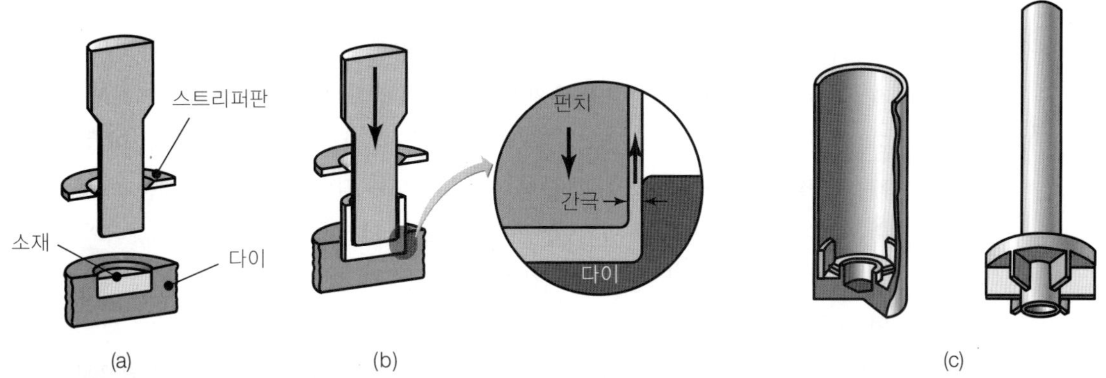

▲ **그림 6.55**
(a), (b) 충격압출공정의 개략도. 압출제품은 스트리퍼판으로 벗겨낸다. (c) 충격압출제품의 예. 튜브형 용기는 충격압출로 제조된다(후커법).

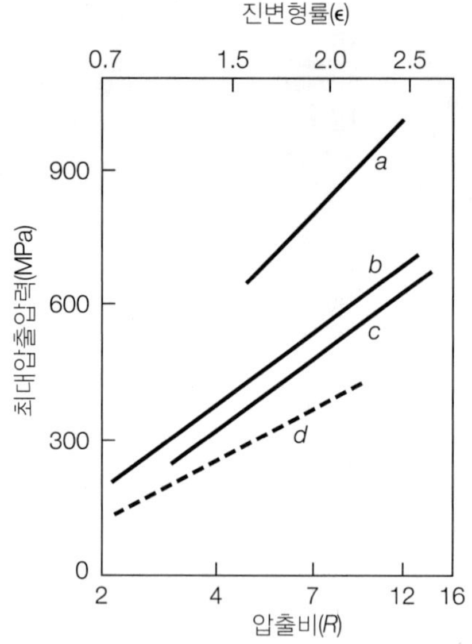

▶ **그림 6.56**

알루미늄합금의 압출에서 압출비의 함수로 나타낸 압출압력: (a) 직접압출(α = 90°), (b) 정수압압출(α = 45°), (c) 정수압압출(α = 25°), (d) 균질이상변형.

의 축이 일치되는 것이 중요하다. 이 방법으로 각종 비철합금재료를 충격압출하면 수직프레스에서 초당 두 개 정도의 생산속도로 그림 6.55c와 같은 다양한 제품을 얻을 수 있다.

3. **정수압압출**(hydrostatic extrusion). 1950년대 초반에 개발된 **정수압압출**에서는 소재를 둘러싸고 있는 작업유체를 통해 압출에 필요한 압력을 전달한다(그림 6.47c 참조). 따라서 용기의 벽면에 마찰이 작용하지 않는다. 더구나 용기 내에서의 고압으로 인해 유체가 다이면을 타고 빠져나오므로 마찰력과 압출하중을 현저하게 감소시킨다(그림 6.56 참조). 압력은 최고 1,400 MPa에 이르며, 압출제품을 보다 압력이 낮은 이차압력실로 밀어내는 방법도 있다(**유체에서 유체로의 압출**). 소재는 높은 정수압 환경에 놓이므로, 이 방법은 압출제품에 생기는 결함을 감소시킨다. 각종 금속과 폴리머들에 대하여, 속이 찬 형상, 튜브 및 기타 속이 빈 형상, 벌집구조와 이종재료끼리 접합된 형상까지 성공적으로 압출된 바 있다.

   정수압압출은 보통 상온에서 행해지고 작업유체로는 식물성유가 사용되는데, 특히 캐스터유(castor oil)는 양호한 윤활제인 동시에 점도가 압력의 영향을 크게 받지 않는다. 열간압출인 경우에는 왁스, 폴리머, 유리 등이 작업유체로 사용된다. 이들 작업유체는 열절연체로도 작용하여 압출 중에 소재온도가 떨어지지 않도록 해준다. 정수압압출은 일부 성공을 거둔 바 있지만, 공구의 구조가 복잡하고, 고압과 특수장비의 설계에 대한 경험이 필요하며, 한 개의 제품을 가공하는 데 긴 시간을 요하므로 실제현장에서의 응용은 제한된다.

4. **동축압출**(coaxial extrusion). 동축압출은 동축의 소재를 같이 압출하는 방법으로, 두 재료는 구리와 은과 같이 강도와 연성이 엇비슷해야 한다. 이 공정을 응용하여 두 재료 간 클래딩을 할 수 있다.

6.4.4 압출결함

압출에서는 다음과 같은 세 가지 주요 결함이 발생할 수 있다.

1. **표면균열**(surface cracking). 압출온도, 마찰, 속도 등이 너무 높으면, 표면온도가 급격하게 증가하여 표면균열 및 터짐을 야기한다(속도균열). 이때의 균열은 결정립계를 따라 일어나며, 보통 적열취성에 기인한다(3.4.2절 참조). 이 결함은 알루미늄, 마그네슘, 아연합금 등에 특히 잘 생기며 몰리브덴합금에도 생긴다. 소재의 온도와 압출속도를 낮춤으로써 방지할 수 있다.

   표면결함은 낮은 온도에서도 일어난다. 이때의 결함은 압출된 제품이 다이랜드부에 주기적으로 부착되기 때문에 생긴다. 다이랜드부에 압출제품이 부착되면 압출압력이 급격하게 증가하고, 압출제품은 앞으로 곧 밀려나면서 압출압력은 감소된다. 이 주기가 연속적으로 반복되면 표면 둘레에 주기적인 결함을 형성한다.

   이 결함은 모양이 대나무와 비슷하므로 **대나무결함**(bamboo defect)이라고도 하며, 특히 작업유체의 점도에 영향을 줄 정도로 압력이 높은 정수압압출에서 나타난다. 이 상황에서는 두꺼운 윤활막이 형성되면서 소재를 갑자기 전진시키고 곧바로 유체압력이 감소하여 마찰을 증대시킨다. 즉, 금속가공유의 물리적 성질이 변함으로 인해 응착-미끄럼의 현상이 반복하여 생긴다. 작업유체를 잘 선택하고 압출속도를 높이면 응착-미끄럼 현상을 없앨 수 있다.

2. **파이프결함**(extrusion defect, 혹은 압출결함(tailpipe, fishtailing)). 그림 6.49c의 금속유동양상은 표면의 산화물이나 불순물을 소재의 중심부로 끌어들이기 쉬운 깔때기 형상을 하고 있다. 이때의 결함을 **파이프결함**이라고 하며, 압출제품 전체길이의 3분의 1에 달할 수 있고, 해당 부분은 결국 잘라서 버려야 한다. 파이프 현상은 (1) 유동양상을 보다 균일하게 함으로써 줄일 수 있는데, 이는 마찰의 조절, 온도구배를 줄임으로써 가능하고, (2) 압출하기 전에 소재의 표면을 기계가공하여 스케일이나 표면의 불순물을 미리 제거하는 방법도 있으며, (3) 용기의 직경보다 약간 작은 압출판(dummy block)을 사용하여(그림 6.47a 참조), 압출이 진행됨에 따라 용기벽을 따라 얇은 각부를 남기는 방법도 있다.

3. **내부균열**(internal cracking). 압출제품의 중심부에 그림 6.57과 같은 균열이 생길 수 있으며, 이를 **중심부 균열**, **셰브론 균열**(chevron cracking) 등으로 다양하게 부른다. 이 균열은 다이 내의 변형영역에서 중심선을 따라 정수압으로 인한 인장응력상태(이차 인장응력) 때문에 생기며, 이때의 변형은 인장시편에 생기는 네킹영역에서의 변형과 유사하다. 이 균열은 관재압출 및 관재스피닝(7.5.4절)에서도 동일한 이유로 관의 내벽에서 발생하는 것이 관찰되었다.

   정수압인장에 영향을 주는 인자는 (1) 다이각, (2) 압출비(단면적감소율), (3) 마찰 등이다. 압출 시에 나타나는 불균일 변형영역을 관찰해 보면, 이들 인자의 영향을 잘 이

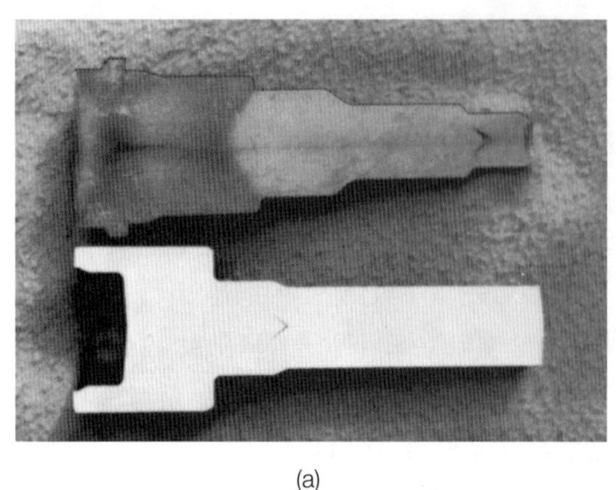

(a)

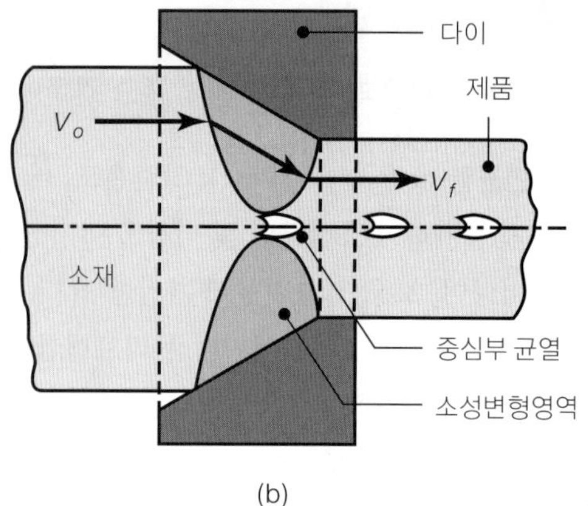

(b)

▲ 그림 6.57

(a) 압출 후 원형강봉에 생긴 세브론균열. 제품을 적절하게 검사하지 않으면 이러한 내부결함은 발견되지 않은 채, 사용 도중 부품을 파단시킨다. (b) 압출공정 과정에서의 소재 내 비변형영역과 소성변형영역. 소성변형영역이 서로 만나지 않으면 세브론균열이 생기고, 이러한 형상은 원추형 다이나 쐐기형 다이로 봉재나 판재를 인발하는 경우에도 나타난다.

해할 수 있다. 실험결과에 따르면, 압출비가 일정할 때, 다이각이 클수록 제품 내의 변형은 불균일해진다. 다이각 외에 내부균열에 영향을 주는 인자는 다이접촉길이이다. 다이각이 작을수록 접촉길이는 길어진다. 이때의 상황은 편평한 압입자로 경도시험을 하는 것과 유사하다. 접촉길이가 클수록 변형영역의 크기 및 깊이는 커진다(그림 6.57b 참조).

그림 6.12에 이미 나타낸 것처럼, 변형양상에 있어서 h/L비가 중요한 변수이다. 이 비가 클수록 변형은 불균질해지는데, 압출비가 작거나 다이각이 크면 h/L비가 크다는 것을 의미한다. 불균질변형으로 인해 소성변형영역이 다이접촉길이 내에서 서로 만나지 않으면, 빌렛의 중심부는 완전소성상태가 아닌 강체영역으로 남는다(그림 6.57a 참조). 또한 압출비가 작고 다이각이 크면 중심부가 다이를 통과해나가는 속도에 비해 표면부의 재료유동은 느려진다. 이로 인해 소재중심부에 정수압인장응력이 걸리고 그림 6.57b와 같은 결함을 발생시킨다. 이 결함은 결함생성의 장소를 제공하는 불순물, 개재물, 공극의 양이 많을수록 발생하기 쉽고, 반면에 압출비와 마찰이 증가할수록 발생 가능성은 줄어든다. 6.5절에서 설명하는 봉재나 선재의 인발에서도 이러한 결함이 관찰된다.

6.4.5 압출작업

다양한 재료를 다양한 단면형상 및 치수로 압출할 수 있다. 압출비는 보통 10~100 이상, 램속도는 0.5 m/s까지 가능하다. 일반적으로 알루미늄, 마그네슘, 구리에는 낮은 램속도를 사용하는 반면, 강, 티타늄, 내열합금에는 높은 램속도로 작업한다.

■ **열간압출**(hot extrusion) 열간압출 시에는 재료가 열간에서 보이는 변형률속도 민감성(2.2.6절) 외에 특별한 사항 몇 가지를 고려해야 한다. 열간압출의 작업온도는 표 6.3에 나타낸 것처럼 열간단조작업의 경우와 비슷하다. 하지만 단조와 달리 열간압출에서는 용기(보통 가열하지 않음) 내에서 빌렛의 부분냉각으로 매우 불균질한 변형이 생긴다. 게다가, 빌렛을 가열할 때 불활성기체 분위기에서 가열하지 않으면, 표면에 산화막이 생겨 마찰특성이 바뀌므로 재료의 유동양상에 영향을 주고, 압출제품의 표면이 산화막으로 덮여서 불량해진다. 이 문제점을 피하려면, 램의 앞면에 압출판을 붙이고(그림 6.47a 참조), 램의 직경을 용기의 직경보다 약간 작게 하여 산화층이 용기 내에 남도록 한다.

■ **윤활** 강, 스테인리스강, 고온재료의 압출에 사용되는 우수한 윤활제로 유리를 들 수 있다. 유리는 고온에서 점도를 잃지 않고 접촉특성이 양호하며, 빌렛과 용기 및 다이 사이에서 열차폐물 작용을 하여 냉각을 최소화한다. 유리를 윤활제로 사용할 때는 다이입구부에 원형 유리패드를 설치하여 놓는다(**세쥬르네 공법**, Séjournet process). 압출이 진행됨에 따라, 유리패드는 연하게 된 뒤 용융되어 최적다이각을 형성한다. 이 방법에서 다이입구부의 유리가 고갈되지 않도록 조절하려면 유리의 온도-점도 특성을 잘 알고 있어야 한다. 열간압출에서는 흑연이나 이황화몰리브덴 같은 고체윤활제도 사용된다. 비철금속은 마찰응력이 높지 않고 설계상 표면정도를 고려하기 때문에(3.6절의 오렌지피일 참조), 윤활제를 사용하지 않거나, 사용한다면 흑연을 사용한다.

용기나 다이에 잘 달라붙는 재료를 압출할 때는 구리나 연강 같은 소재보다 강도가 낮고 연한 재료로 얇은 용기를 만들어 소재를 씌운다(**재킷팅**(jacketing) 또는 **캐닝**(canning)). 덧씌운 부분은 경계면에서의 마찰을 낮게 유지하는 작용을 하는 외에 주위로부터 소재를 보호하거나 소재가 주위를 오염시키는 것을 막는다(유독성이거나 방사능을 방출하는 경우).

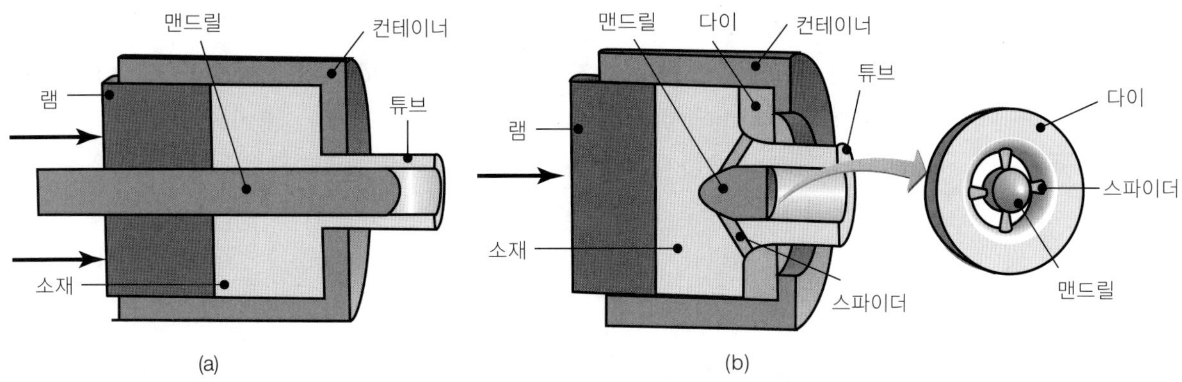

▲ **그림 6.58**

이음매 없는 관의 압출: (a) 램 운동과 독립적으로 움직이는 내부맨드릴을 사용하는 방법. 맨드릴을 램에 고정하여 사용하기도 한다. (b) 스파이더 다이를 사용하는 방법.

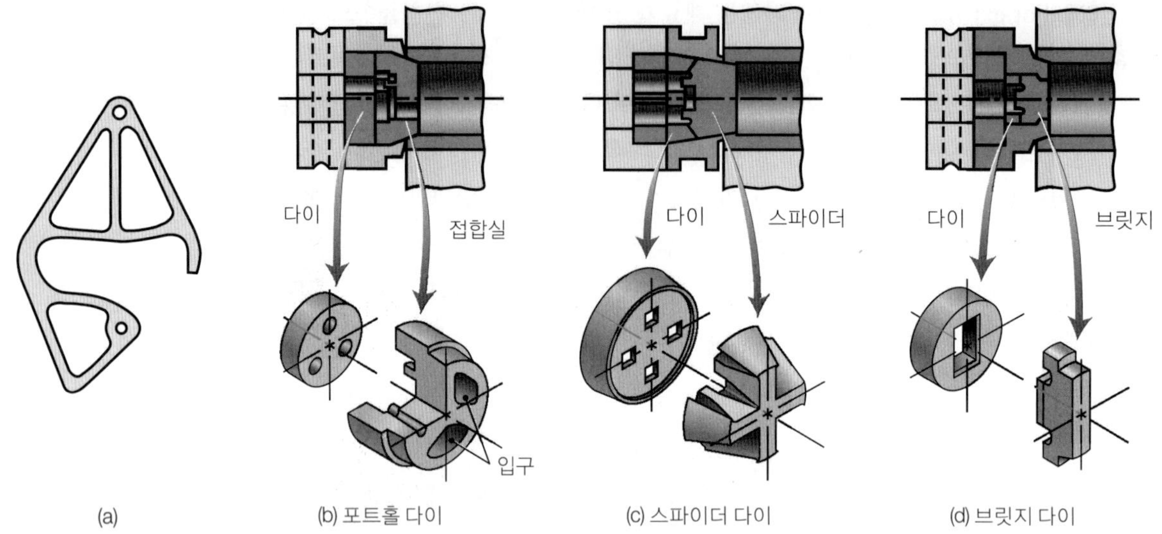

▲ **그림 6.59**

(a) 특수 다이로 단면에 5개의 구멍이 있는 제품을 압출한 예. 6063-T6 알루미늄으로 만들어진 이 부품은 알루미늄제 고가사다리의 잠금쇠이다. (b)~(d) 복잡한 공동부 형상을 압출하는 데 사용되는 각종 다이부품.

이 기법은 분말합금의 압출에도 이용된다(제11장 참조).

■ **압출다이의 설계와 재료** 모든 금속가공공정에서 그렇듯이, 다이설계와 재료선택에는 상당한 경험이 요구된다. 비철금속, 특히 알루미늄의 경우에는 다이각이 90°인 직각다이(**전단다이**, shear die)가 성공적으로 사용된다. 램에 맨드릴을 붙여서(그림 6.58a) 관재를 압출할 수도 있다. 미리 구멍을 낸 소재는 맨드릴을 램에 붙여서 압출하고, 구멍이 없는 빌렛은 용기 내에서 맨드릴로 미리 천공을 한다. 열간압출용 다이재료는 열간가공용 다이강이 보통 사용된다(3.10.3절 참조). 다이수명을 늘리기 위해 다이에 각종 코팅을 하는 경우도 있다(4.5절 참조).

속이 빈 단면(그림 6.59a)을 가진 제품도 **접합실**(welding chamber)을 두고 스파이더 다이, **포트홀 다이**(porthole dies), **브릿지 다이** 같은 특수 다이를 사용하여 압출할 수 있다(그림 6.59b-d 참조). 금속은 내부맨드릴의 지지대 주위를 여러 가닥으로 갈라져서 유동하고, 다이를 통과히여 출구로 나오기 전에 접합실에서 고압을 받아 다시 접합된다. 접합실을 사용하는 공정은 압력을 가했을 때 강력하게 접합하는 능력을 가진 알루미늄이나 그 합금들에 한해서만 유효하다.

■ **압출장비** 열간압출에는 수평형 유압프레스, 냉간압출에는 수직형 유압프레스를 사용하는 것이 일반적이다. 압출용 프레스는 각 압출작업에 맞게 행정 및 속도를 조절하도록 설계되어 있다. 압출용 유압프레스의 최대용량은 160 MN(16,000톤)에 이른다.

6.5 봉재, 선재, 관재 인발

인발은 봉재나 관재를 다이 사이로 잡아당겨서 단면적을 줄이는 작업이다(그림 6.60 참조). 인발공정은 약 11세기경에 개발되었으며 압출과 유사하나, 압출에서는 압축력이 작용하는 반면, 인발에서는 인장력이 작용하는 것이 다르다.

봉재 및 선재의 인발은 마무리공정으로, 제품은 그대로 사용되거나 굽힘 또는 기계가공 등의 후속공정을 통해 다른 형상으로 가공되기도 한다. 선재의 인발공정을 신선(伸線)이라고 한다. 봉재의 용도는 다양하여 소형 피스톤, 구조재, 축, 스핀들, 볼트 및 너트 같은 체결부품의 소재로 사용된다. 선재 및 선제품의 용도도 다양하며, 전기전자장치의 배선, 케이블, 스프링, 악기, 종이클립, 울타리, 용접봉, 쇼핑카트 등에 사용된다. 선재의 직경은 최소 0.025 mm 정도이다.

6.5.1 인발의 역학

인발공정의 주요 변수는 그림 6.60에 나타낸 단면감소율과 다이각이며, 다이-소재 간의 마찰력도 중요한 역할을 한다. 이 절에서는 여러 조건에서 인발하중을 계산하는 방법을 요약한다.

1. 이상변형. 가장 간단한 경우인 이상변형(마찰 및 과잉일 무시)의 경우, 인발응력 σ_d는 압출의 경우와 같으며, 다음 식으로 나타낼 수 있다.

$$\sigma_d = Y \ln\left(\frac{A_o}{A_f}\right) \tag{6.62}$$

위 식은 식 (6.53)과 동일하며, 단위체적당 이상변형에너지 u를 나타낸다. 변형경화성 재료에 대해서는 Y 대신에 변형영역에서의 평균유동응력 $\overline{Y}$를 사용하면 된다. 진응력-진변형률 관계가

$$\sigma = K\epsilon^n$$

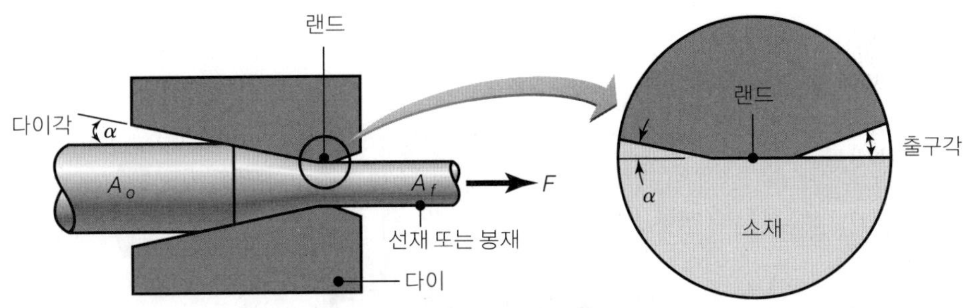

▶ **그림 6.60**
봉재 및 선재 인발의 공정 변수.

으로 주어지는 경우의 평균유동응력은 다음과 같다.

$$\overline{Y} = \frac{K\epsilon_1^n}{n+1} \tag{6.63}$$

인발력 F는

$$F = \overline{Y}A_f \ln\left(\frac{A_o}{A_f}\right) \tag{6.64}$$

이며, 따라서 단면감소율이 크고 재료의 강도가 클수록 큰 인발력이 필요하다.

2. **이상변형과 마찰.** 다이-소재 접촉면에서 마찰이 있으면, 이를 극복하는 데 일이 추가로 필요하므로 그만큼 인발력이 커야 한다. 그림 6.61을 참조하여 슬래브해석법을 적용하면, 다음과 같이 인발응력을 구할 수 있다.

$$\sigma_d = Y\left(1 + \frac{\tan\alpha}{\mu}\right)\left[1 - \left(\frac{A_f}{A_o}\right)^{\mu\cot\alpha}\right] \tag{6.65}$$

선재인발에서 윤활이 잘된 경우, 마찰계수 μ은 0.03~0.1의 범위를 갖는다(표 4.1 참조). 식 (6.65)는 과잉일을 고려하지 않았지만, 다이각이 작은 경우에는 실험자료와 잘 일치한다.

3. **과잉변형일의 고려.** 다이각과 단면감소율에 따라 소재는 압출에서와 같이 불균질변형을 겪는다. 인발응력의 식에 과잉변형일의 영향을 포함시킬 수 있으며, 그 중 한 표현은 다음과 같다.

$$\sigma_d = \overline{Y}\left\{\left(1 + \frac{\tan\alpha}{\mu}\right)\left[1 - \left(\frac{A_f}{A_o}\right)^{\mu\cot\alpha}\right] + \frac{4}{3\sqrt{3}}\alpha^2\left(\frac{1-r}{r}\right)\right\} \tag{6.66}$$

여기서 r은 단면감소율, α는 라디안으로 나타낸 다이각이다. 식 (6.66)의 첫째 항은 이상일과 마찰일 성분을 나타내고, 둘째 항은 과잉일을 다이각의 함수로 나타낸 것이다. 다이각이 클수록 불균일변형이 심할 것이므로 과잉일이 커진다.

다이각이 작을 때, 세 가지 일 성분을 모두 고려하여 인발응력을 구하는 또 다른 식은 다음과 같다.

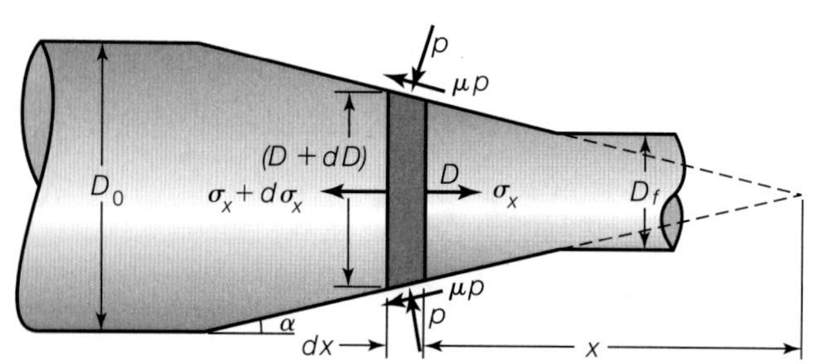

▶ **그림 6.61**
중실환봉 또는 선재를 원추형 다이에서 인발할 때 요소에 작용하는 응력.

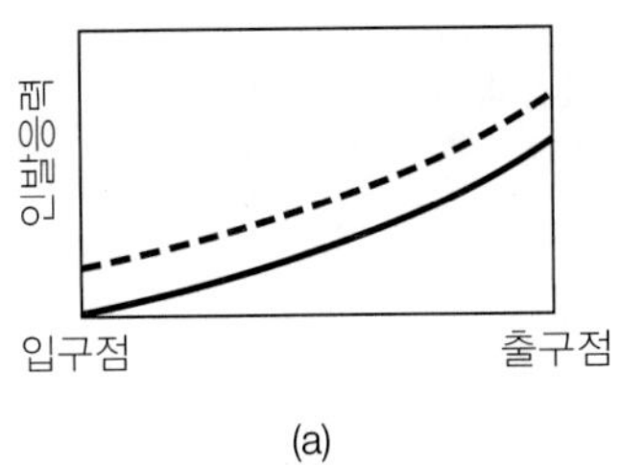

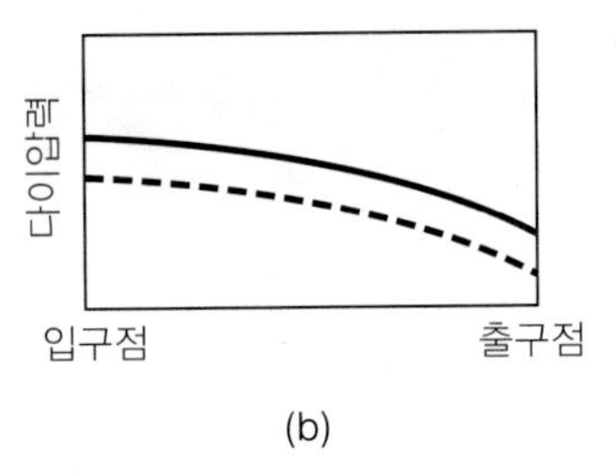

▶ **그림 6.62**
변형영역에서 (a) 인발응력과 (b) 다이접촉압력의 변화. 인발응력이 증가하면 다이압력은 감소하며, 이는 2.13절에서 설명한 항복조건에 기인한다.

$$\sigma_d = \overline{Y}\left[\left(1 + \frac{\mu}{\alpha}\right)\ln\left(\frac{A_o}{A_f}\right) + \frac{2}{3}\alpha\right] \tag{6.67}$$

위 식에서 마지막 항은 과잉일 성분을 나타내며, 이 일은 그림 6.51에서처럼 다이각에 선형 증가하는 것으로 가정하였다. 과잉일은 h/L비(그림 6.12 및 6.13 참조)의 함수이므로, 원형단면의 인발에 대한 **불균질인자**(inhomogeneity factor) Φ를 다음과 같이 근사적으로 나타낼 수 있다.

$$\Phi = 1 + 0.12\left(\frac{h}{L}\right) \tag{6.68}$$

불균질인자를 사용하여 인발응력을 표현하면 다음과 같다.

$$\sigma_d = \Phi\overline{Y}\left(1 + \frac{\mu}{\alpha}\right)\ln\left(\frac{A_o}{A_f}\right) \tag{6.69}$$

식 (6.65), (6.66), (6.67), (6.69)는 인발소요응력을 구하는 합리적인 근사식으로 사용된다.

4. **다이압력.** 그림 2.33b에서 주방향으로 두 압축응력의 크기가 같다고 하고 항복조건을 적용하면, 다이접촉길이를 따라 다이압력 p는 다음 식으로 구할 수 있다.

$$p = Y_f - \sigma \tag{6.70}$$

여기서 σ는 변형영역 내 임의 직경에서의 인장응력이고(즉, σ는 다이출구에서는 σ_d이고, 다이입구에서는 영임), Y_f는 임의 직경에서의 변형률에 상응하는 소재의 유동응력이다. 식 (6.70)에서 다이출구로 갈수록 인장응력이 증가함에 따라 다이압력은 감소함을 알 수 있으며, 이를 그림 6.62에 정성적으로 나타내었다.

예 6.7 인발의 소요동력 및 다이압력의 계산

풀림처리된 302 스테인리스강 환봉을 0.5 m/s의 속도로 직경 10 mm에서 8 mm로 인발하려고 한다. 마찰일과 과잉일의 합이 이상변형일의 40%라고 가정하고, (1) 이 작업에서의 소요동력을 구하여라. (2) 다이출구에서의 다이압력을 구하여라.

풀이

(1) 이 작업에서의 진변형률은

$$\epsilon_1 = \ln\left(\frac{10^2}{8^2}\right) = 0.446$$

이며, 표 2.3에서 $K = 1{,}300$ MPa와 $n = 0.30$임을 알 수 있으므로,

$$\overline{Y} = \frac{K\epsilon_1^n}{n+1} = \frac{(1300)(0.446)^{0.30}}{1.30} = 785 \text{ MPa}$$

인발력은 식 (6.64)로부터

$$F = \overline{Y} A_f \ln\left(\frac{A_o}{A_f}\right)$$

여기서 $$A_f = \frac{(\pi)(0.008)^2}{4} = 5 \times 10^{-5} \text{ m}^2$$

이므로, $$F = (785)(5 \times 10^{-5})(0.446) = 0.0175 \text{ MN}$$

$$\text{동력} = (F)(V_f) = (0.0175)(0.5) = 0.00875 \text{ MN}\cdot\text{m/s}$$
$$= 0.00875 \text{ MW} = 8.75 \text{ kW}$$

실제동력은 40% 더 소요되므로,

$$\text{실제동력} = (1.4)(8.75) = 12.25 \text{ kW}$$

가 된다.

(2) 식 (6.70)로부터

$$p = Y_f - \sigma$$

이며, 여기서 Y_f는 다이출구에서의 소재의 유동응력이다. 즉,

$$Y_f = K\epsilon_1^n = (1300)(0.446)^{0.30} = 1020 \text{ MPa}$$

이 식에서 σ는 인발응력 σ_d이므로, 위에서 구한 실제하중을 사용하여

$$\sigma_d = \frac{F}{A_f} = \frac{(1.4)(0.0175)}{0.00005} = 490 \text{ MPa}$$

이며, 따라서 다이출구에서의 다이압력은 다음과 같다.

$$p = 1020 - 490 = 530 \text{ MPa}$$

5. **열간에서의 인발.** 열간에서는 유동응력이 변형률속도의 함수가 된다. 인발이 진행되는 동안 변형영역에서의 **평균진변형률속도** $\dot{\bar{\epsilon}}$는 식 (6.60)과 동일하며 다음과 같다.

$$\dot{\bar{\epsilon}} = \frac{6V_o}{D_o}\ln\left(\frac{A_o}{A_f}\right) \tag{6.71}$$

열간에서의 인발작업에 대해서는 우선 평균변형률속도를 구한 후, 소재의 유동응력 및 평균유동응력 $\bar{Y}$를 구한다.

6. **최적다이각.** 압출의 경우에서, 세 가지 일 성분(이상일, 마찰일, 과잉일)에 대하여 다이각이 미치는 영향은 각기 다르므로, 압출력을 최소로 하는 **최적다이각**이 존재한다고 하였다. 인발의 경우에도 비슷한 유형의 변형이 일어나므로 그림 6.63과 같이 최적다이각이 존재한다. 하중을 최소로 하는 최적다이각은 감소율에 따라 증가하며, 인발에서 최적다이각은 비교적 작음을 알 수 있다.

7. **패스당 최대단면감소율.** 단면감소율이 커지면 인발응력도 커지지만, 인발응력은 항복응력을 초과할 수 없다는 명백한 한계가 있다. 즉, 인발응력이 항복응력에 달하면 다이를 통과한 소재는 단지 항복만을 일으켜서 결국 파단될 것이다. 따라서 가능한 최대인발응력은 다이출구에서의 재료의 항복응력과 같다. 항복응력이 Y인 완전소성재료를 가정하면, 이 한계는 다음 식에 해당한다.

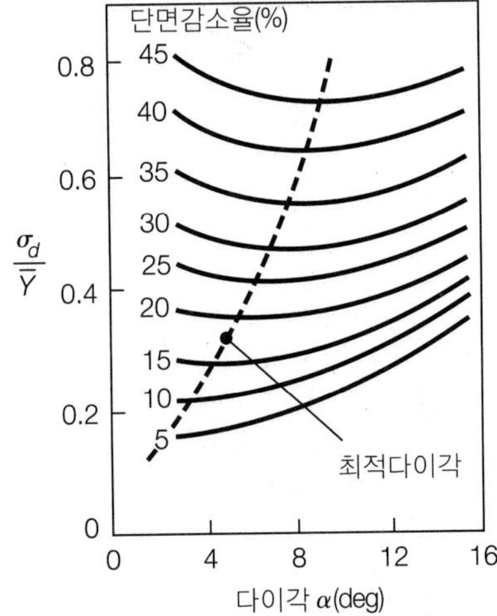

▶ **그림 6.63**

구리선의 인발 시 단면감소율이 최적다이각에 미치는 영향. 최적다이각은 감소율에 따라 증가됨을 볼 수 있다.

$$\sigma_d = Y \ln\left(\frac{A_o}{A_f}\right) = Y \tag{6.72}$$

즉,
$$\ln\left(\frac{A_o}{A_f}\right) = 1$$

따라서
$$\frac{A_o}{A_f} = e$$

이므로

$$\text{패스당 최대단면감소율} = \frac{A_o - A_f}{A_o} = 1 - \frac{1}{e} = 0.63 = 63\% \tag{6.73}$$

가 된다.

변형경화성재료는 출구에서의 유동응력이 입구부분보다 높아지므로, 패스당 최대단면감소율은 위의 식보다 커진다. 마찰 및 다이각이 패스당 최대단면감소율에 미치는 영향은 그림 6.51에 나타낸 것과 비슷하다. 마찰일과 과잉일로 인해 인발응력이 증가하므로, 이상변형의 경우에 비해 패스당 최대단면감소율은 감소한다.

예 6.8 변형경화성 재료의 패스당 최대단면감소율

진응력-진변형률 곡선이 $\sigma = K\epsilon^n$으로 주어지는 재료에 대하여 패스당 최대단면감소율을 구하여라. 단, 마찰일과 과잉일은 무시한다.

풀이 식 (6.62)로부터

$$\sigma_d = \overline{Y} \ln\left(\frac{A_o}{A_f}\right) = \overline{Y}\epsilon_1$$

여기서
$$\overline{Y} = \frac{K\epsilon_1^n}{n+1}$$

이다. 이 문제에서 σ_d의 최대값은 ϵ_1에서의 유동응력과 같을 것이므로,

$$\sigma_d = Y_f = K\epsilon_1^n$$

이로부터 식 (6.72)는

$$K\epsilon_1^n = \frac{K\epsilon_1^n}{n+1}\epsilon_1$$

이 되므로, $\epsilon_1 = n + 1$

$\epsilon_1 = \ln(A_o/A_f)$과 최대단면감소율 $= (A_o - A_f)/A_o$을 사용하면,

$$\text{패스당 최대단면감소율} = 1 - e^{-(n+1)} \tag{6.74}$$

이 된다. $n = 0$(완전소성재료)의 경우, 위 식은 식 (6.73)이 되며, n이 클수록 패스당 최대단면감소율도 커진다.

8. **평판의 인발.** 평판을 인발하려면 쐐기모양의 다이를 사용해야 하며, 이때 소재폭의 변화는 거의 일어나지 않는다. 이는 평판을 압연하는 경우와 유사하며, 두께 대비 폭의 비율이 큰 평판의 인발은 **평면변형률** 문제가 된다. 이 공정 자체는 공업적으로 중요하지 않지만, 7.6절에 설명하는 **아이어닝**(ironing)의 기본적인 변형기구이다.

이 경우에 인발력과 최대감소율을 구하는 방법은 원형단면의 경우와 비슷하다. 이상적인 조건에서, 인발응력은

$$\sigma_d = Y' \ln\left(\frac{t_o}{t_f}\right) \tag{6.75}$$

이며, 여기서 Y'은 평면변형률조건에서 소재의 항복응력이고, t_o와 t_f는 각각 평판의 초기 및 최종 두께를 나타낸다. 평판인발에서의 마찰일이나 과잉일의 영향은 원형단면에서와 비슷하다.

인발응력의 식 (6.75)를 재료의 단축항복응력과 같게 놓으면, 인발된 평판이 단순인장항복을 겪을 것이므로 패스당 최대단면감소율을 구할 수 있다. 즉,

$$\sigma_d = Y' \ln\left(\frac{t_o}{t_f}\right) = Y, \qquad \ln\left(\frac{t_o}{t_f}\right) = \frac{Y}{Y'} = \frac{\sqrt{3}}{2}, \qquad \frac{t_o}{t_f} = e^{\sqrt{3}/2}$$

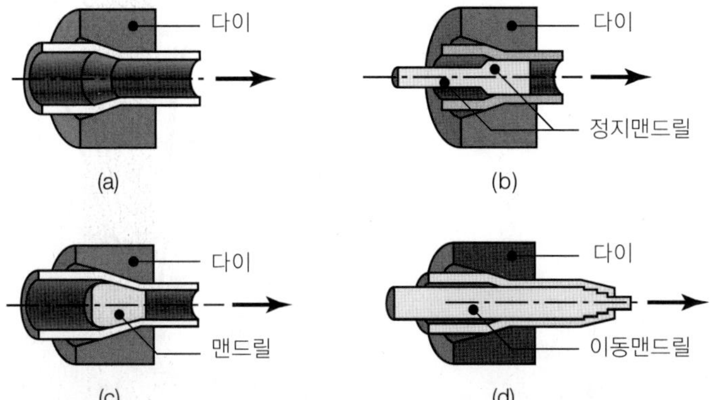

▶ **그림 6.64**
관재인발작업의 예. 튜브소재로부터 직경과 벽두께를 다양하게 만들 수 있다.

이며, 따라서 평판에 대하여 다음 식을 얻는다.

$$\text{패스당 최대단면감소율} = 1 - \frac{1}{e^{\sqrt{3}/2}} = 0.58 = 58\% \tag{6.76}$$

9. **관재의 인발.** 압출이나 다른 공정(형상압연 혹은 만네스만 공정)으로 제조된 관재는 그림 6.64에 나타낸 관재인발공정을 통해 두께 및 직경을 줄인다(**튜브 싱킹**). 내면형상을 가공하기 위해 다양한 맨드릴이 사용되며, 다이 쪽에 형상을 줌으로써 외면형상을 변화시킬 수도 있다. 관재인발에서의 인발력, 다이압력, 패스당 최대단면감소율 등도 원형 단면의 경우와 비슷한 방법으로 계산할 수 있다.

6.5.2 인발결함

인발결함은 압출의 경우와 유사하며, 특히 중심부균열은 매우 비슷하다(6.4.4절 참조). 이러한 내부결함에 영향을 주는 요인도 같으며, 다이각이 크고 패스당 단면감소율이 작을수록, 마찰이 클수록, 소재에 개재물이 많을수록 균열이 생기기 쉽다.

인발에만 생기는 결함으로는 **솔기결함**(seam)이 있으며, 이는 재료의 길이방향으로 생긴 흠집 또는 접힌 자국이다. 인발제품에 솔기결함이 있으면, 업세팅, 헤딩, 나사전조, 굽힘 같은 후속 성형공정 중에 소재가 벌어질 수 있다.

냉간인발 시 소재는 불균질변형을 받으므로, 제품에는 잔류응력이 생기는 것이 보통이다. 그림 6.65에 나타낸 것처럼, 봉재 내에는 다양한 잔류응력이 세 주응력 방향으로 남는다. 하지만 단면감소율이 매우 작은 경우에는 표면에서의 잔류응력이 압축방향이므로, 숏피닝이나 표면압연과 같은 효과를 내게 되어 피로수명을 향상시킬 수도 있다. 잔류응력은시간이 지나면서 생기는 응력부식균열과 제품이 휘는 요인이기도 하다.

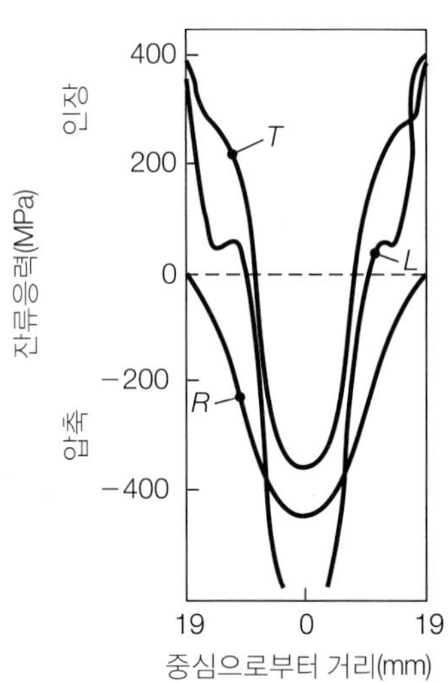

▶ **그림 6.65**

냉간인발된 AISI 1045 탄소강 환봉에 나타난 잔류응력: T = 횡방향, L = 길이방향, R = 반경방향.

6.5.3 인발작업

다른 모든 금속가공공정에서와 마찬가지로, 인발작업의 성공여부는 세심하게 공정변수와 기타 사항들을 잘 선택하는 데 달려 있다. 인발에 사용되는 전형적인 다이의 모양을 그림 6.66에 도시하였다. 제품의 최종직경이 유지되도록 랜드부를 둔다. 또한 랜드부가 있음으로 해서 다이를 재연삭하는 경우에 다이구멍의 출구치수를 유지할 수 있다.

다이각은 보통 6~15°, 패스당 단면감소율은 10~45% 정도로 설계하며, 소재의 단면적이 작을수록 패스당 단면감소율도 작게 한다. 단면감소율이 45% 이상이면 윤활막이 끊겨서 표면정도가 나빠진다. 단면감소율을 아주 작게 하여 소재의 표면정도와 치수정확도를 높이는 경우도 있다(**사이징 패스**).

봉재나 선재를 처음에 다이에 삽입시킬 때는 스웨이징으로 끝을 **포인팅**(pointing)한다(봉재의 끝을 원추형으로 성형, 6.6절 참조). 소재 끝부분을 다이에 통과시킨 후에는 신선기의 죠(jaws)에 물려서 소재를 다이를 통해 연속적으로 끌어당긴다. 대부분의 신선작업에서는 선재가 일련의 다이들을 통과하도록 한다(**연속인발**, tandum drawing). 마지막 다이출구에서 선재에 과도한 인장력이 걸리는 것을 피하기 위해 각 다이 사이에 **캡스턴**(capstan)을 설치하여 1~2회 감고, 캡스턴의 속도를 적절히 조절하여 전방장력을 주면서 동시에 다음 다이의 입구 쪽으로는 **후방장력**을 준다. 후방장력으로 인해 다이압력이 감소하고 다이수명이 향상된다.

봉재나 관재의 진직도가 부족한 경우(코일형상으로 공급되는 경우에도 마찬가지임)에는 축을 어긋나게 배치한 여러 쌍의 롤을 통과시킨다. 이 과정에서 소재는 그림 6.40에 나타낸 것과 같은 방법으로 굽힘과 펴짐을 반복하면서 똑바로 펴진다.

냉간인발에서는 소재가 가공경화되므로 파단되지 않고 충분한 연성을 회복하도록 패스 사이에서 중간 풀림처리를 한다. 스프링이나 악기에 사용되는 강선은 인발작업 전후에 소재를 **퍼텐팅**(patenting)이라는 열처리를 하여 만드는데, 20%의 단면감소율에서 극한 인장강도가 최고 4,800 MPa에 달한다. 단면적이 큰 소재는 열간에서 인발하기도 한다.

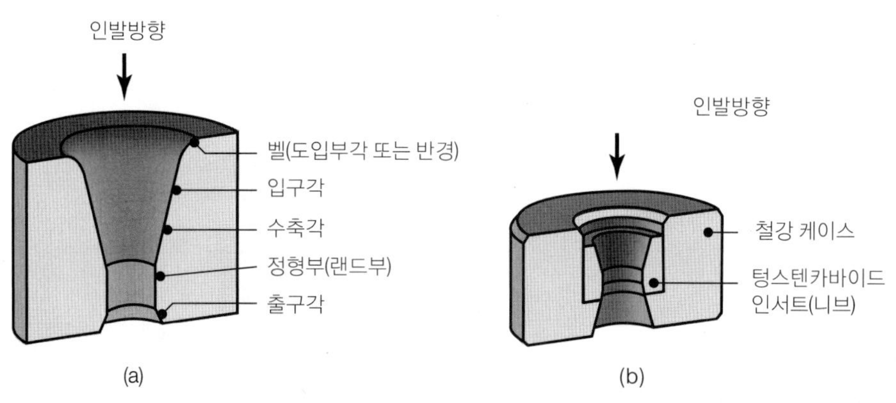

▶ **그림 6.66**
(a) 환봉 및 선재 인발다이의 각부 명칭, (b) 초경다이 인서트와 철강 케이스. 세선 인발용 다이아몬드 다이도 유사한 방법으로 지지된다.

■ **다발인발** 이 공정은 다수의 선재(최다 수천가닥)를 다발(bundle)로 동시에 인발하는 방법으로, 선재끼리 붙는 것을 방지하기 위해 점성 윤활제를 보통 사용한다. 선재끼리 압착되는 과정에서 선재의 단면은 다각형 모양이 된다. 선재는 스테인리스강, 티타늄, 고온합금 등으로, 직경은 최소 4 μm까지 줄일 수 있다.

■ **인발다이** 인발용 다이의 재료로는 공구강, 초경합금, 다이아몬드가 사용된다. 다이아몬드 다이는 세선의 인발에 사용하며, 단결정 형태 혹은 다이아몬드 입자를 금속모재에 압착시킨 다결정 형태를 사용한다. 다이아몬드나 초경합금 다이는 인서트(삽입형)로 만들어 철강 케이스에 넣어서 사용한다(그림 6.66b 참조). 그림 6.67에 인발다이의 마모유형을 나타내었다. 다이의 마모는 입구부에서 가장 심하다. 이곳에서의 다이압력이 가장 높은 것이 마모에 대한 부분적인 요인이 되며, 이 외에도 (1) 인입되는 소재직경의 변화, (2) 진동으로 인한 입구접촉부에서의 변동응력, (3) 소재표면의 마모성 스케일로 인해 입구부의 마모가 심해진다.

각종 형상의 봉재를 인발하는 데는 공회전하는 한 조의 롤을 사용하기도 한다. 이 방식을 **Turk's head**라고 하며, 제품치수에 맞게 롤을 조정할 수 있으므로 보통의 인발다이보다 융통성이 있다.

■ **윤활** 인발작업에서는 적절한 윤활이 중요하다. **건식인발**(dry drawing)은 강도 및 마찰특성에 따라 인발소재의 표면에 각종 윤활제를 바르는 방식이다. 우선 인발소재를 산세(pickling)로 표면처리하여 표면결함을 야기하거나 다이를 마모시켜 수명을 현저하게 감소시킬 수 있는 표면스케일을 제거한다.

이후에 비누분말 상자 속을 통과시켜 비누를 표면에 묻힌다. 강, 스테인리스강, 고온합금 같은 고강도재료는 인발소재의 표면에 강도가 낮은 금속을 씌우거나 **전환피복**(4.5.1절 참조)하여 인발한다. 전환피복은 소재에 황산염이나 옥살산염을 피복시킨 후, 윤활제로 비누를 사용하는 것이 보통이다. 구리나 주석을 소재의 표면에 화학적으로 용착시키면, 강도가 낮은 이들 금속의 얇은 막이 고체윤활제로 작용한다. 티타늄의 인발에는 폴리머를

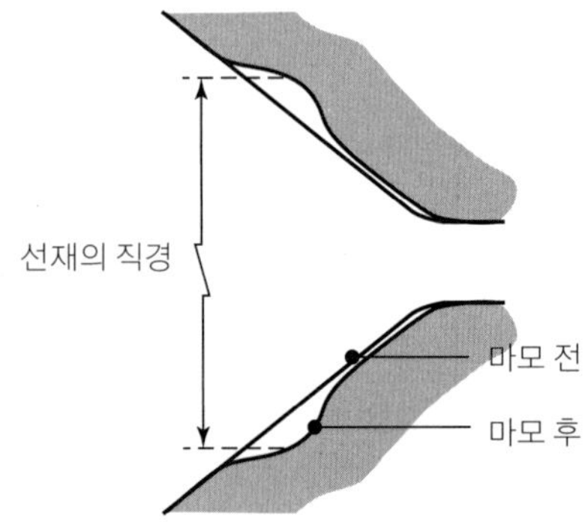

▶ **그림 6.67**
신선(선재인발)용 다이의 전형적인 마모양상.

고체윤활제로 사용하기도 한다.

습식인발(wet drawing)은 다이와 인발소재를 윤활제에 완전히 잠기도록 하며, 윤활제로는 기름이나 유화액(지방이나 염소처리된 첨가제의), 각종 화합물이 많이 쓰인다. 다이와 맨드릴에 **초음파진동**을 가하는 기술도 성공적으로 사용되어 제품의 표면정도와 다이수명을 늘리고, 인발력을 감소시켜 패스당 단면감소율을 크게 할 수 있다.

■ **인발장비** 인발용 장비는 기본적으로 두 가지 유형이 사용된다. **드로우벤치**(draw bench)형은 길이가 긴 수평식 인장시험기와 유사한 것으로, 단면적이 비교적 큰 직선 봉재나 관재를 유압 또는 체인구동으로 최장 30 m까지 1회 인발하는 데 사용된다. 단면적이 작은 소재는 **불 블록**(bull block)형으로 인발하는데, 이는 드럼을 회전시키며 선재를 감는 방식으로, 선재에 걸리는 장력이 인발력이 된다.

6.6 스웨이징

스웨이징(swaging)은 **회전스웨이징**(rotary swaging) 또는 **반경방향단조**(radial forging)라고도 하며, 반경방향으로 왕복운동하는 2개 혹은 4개의 다이로 봉재나 관재의 직경을 줄이는 작업이다(그림 6.68 참조). 다이의 움직임은 케이지에 있는 롤러를 이용하여 얻는 것이 보통이다. 맨드릴을 사용하거나, 사용하지 않고 관재의 내경과 두께를 조절하는 작업도 가능하다(그림 6.69 참조). 길이방향으로 형상을 가진 맨드릴(스플라인축 모양)을 사용하면 내벽에 형상이 있는 관도 제조할 수 있다(그림 6.70a 참조). 포신(또는 총신)의 강선은 나선모양을 갖는 맨드릴에 관재를 스웨이징하여 만든다. 외면에 형상을 갖는 제품도 스웨이징으로 제조할 수 있다(그림 6.70b 참조). 스웨이징은 보통 상온에서 이루어지며, 소재

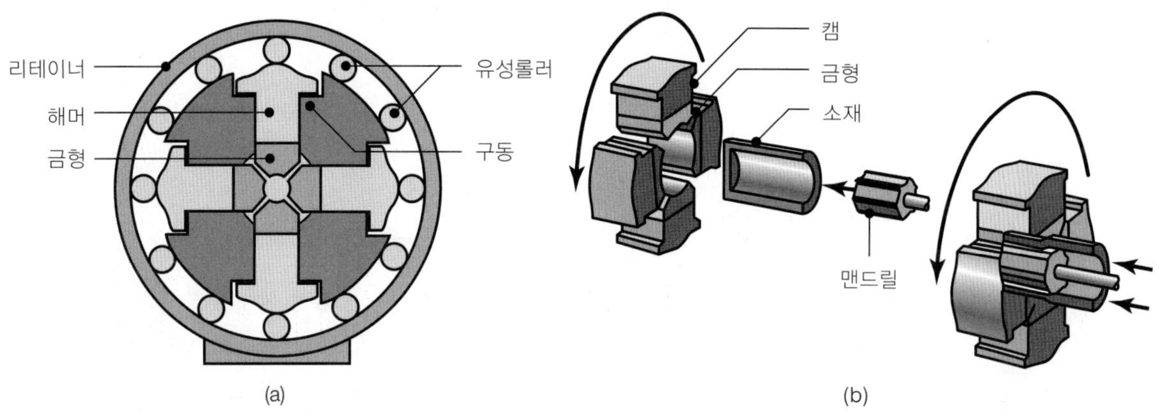

▲ **그림 6.68**

(a) 회전스웨이징 공정의 각부 명칭, (b) 스웨이징으로 튜브소재에 내부형상을 성형하는 개략도.

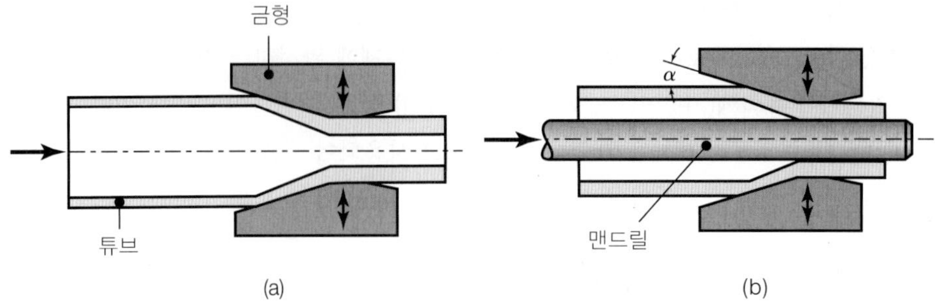

▶ 그림 6.69
스웨이징으로 관재의 외경과 내경을 줄이는 작업: (a) 맨드릴을 사용하지 않은 싱킹, (b) 맨드릴을 사용하는 싱킹. 이종재료의 동축관도 한 공정으로 스웨이징될 수 있다.

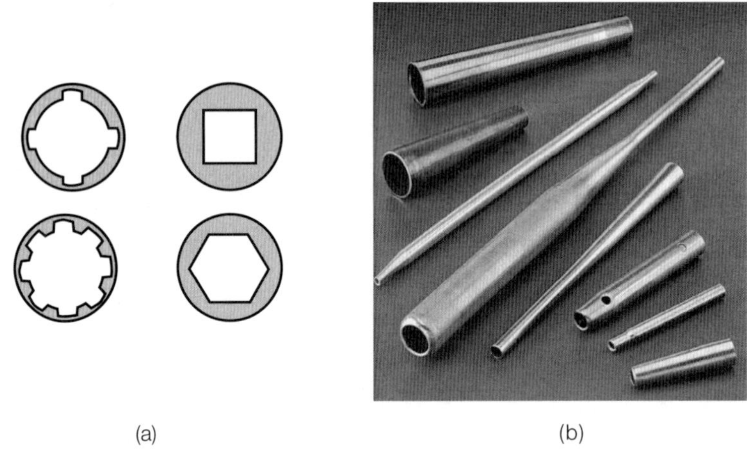

▶ 그림 6.70
균일 두께의 관재를 형상이 있는 맨드릴에 스웨이징하여 제조된 각종 단면. 포신이나 총신의 내부강선도 특수맨드릴을 사용하여 스웨이징된다.

의 기계적 성질이 개선되고 제품의 치수정확도가 높다.

스웨이징 작업으로는 보통 직경 50 mm 이내의 소재를 가공하지만, 포신 같은 대형 직경을 가공하는 데 쓰이는 특수기계도 있다. 맨드릴을 사용하는 경우에는 대상 소재의 길이가 맨드릴 길이에 의해서만 제한된다. 다이각은 몇 도 정도이고, 바람직한 소재유동을 위해 여러 각도를 복합하여 사용한다. 우수한 표면정도를 얻고 다이수명을 늘리기 위해서 윤활제를 사용한다.

6.7 금형의 가공

부피성형가공 외에 제5, 7, 10, 11장에서 설명한 다른 공정에 사용되는 각종 금형의 제작에는 다양한 가공법이 사용된다. 금형가공에는 주조, 단조, 기계가공, 연삭, 방전가공, 전해가공 등의 가공법을 단독으로 혹은 조합하여 사용하며, 표면정도와 치수정확도를 높이기 위한 마무리작업으로 호닝, 연마, 피복작업을 한다. 금형가공법을 선택할 때에는 다음 인자들을 고려한다.

1. 금형을 사용할 공정
2. 금형의 모양과 크기
3. 필요한 표면정도
4. 금형제작에 요구되는 시간(대형 금형은 제작에 수개월이 걸릴 수 있다.)
5. 생산량(즉, 예상 금형수명)
6. 비용

각종 가공공정에서 공구 및 금형 비용이 차지하는 비중이 높은 편이므로, 금형가공법을 선택할 때는 가공비용을 우선적으로 고려해야 한다. 예를 들어, 자동차차체 패널을 찍는 금형세트의 가격은 수십억 원에 달하고, 금형이 작고 모양이 아주 단순하더라도 그 가격은 최소한 수십만 원 정도이다. 하지만 한 개의 금형으로 제품을 대량생산하므로, 제품의 생산단가에서 금형비용이 차지하는 비중은 작은 편이다(16.9절 참조).

금형소재는 **주조**로 제작하는 경우가 많으며, 크기가 작은 금형이나 공구는 제11장에서 설명하는 분말야금이나 10.12절에서 설명하는 **신속조형기술**로도 제작한다. 금형소재를 주조공정으로 만드는 경우, 무게가 수 톤에 달하는 대형 금형은 사형주조법, 소형 금형은 셸주조법으로 만든다. 주강은 강도가 높고 인성이 있으며, 조성, 결정립크기, 성질 등을 쉽게 조절할 수 있어서 금형소재로 적합하다. 주조된 금형소재는 용탕이 주형에서 응고한 과정의 영향을 받으며, 단련된 금형소재와는 달리 방향성을 갖지 않으므로 모든 작업면에서 동일한 성질을 나타낸다. 그러나 주조된 금형소재는 수축으로 인해 치수정확도를 조절하기가 까다로워서 추가공정이 필요하다.

금형소재를 주조한 후에는 (1) 단조, 압연, 압출 같은 일차가공, (2) 기계가공, 연삭, 연마, 피복 같은 이차가공이 뒤따른다. 대부분의 금형은 주조 후 단조된 금형소재를 밀링, 선삭, 연삭, 방전 및 전해가공, 연마 등으로 기계가공하여 만든다(제8장 및 제9장). 최근에 **경식 기계가공**(8.9.2절의 경식선삭 참조)이 개발되었다고는 하나, 일반 기계가공으로는 강도, 경도, 인성, 내마모성이 높은 금형소재를 가공하기가 어렵고 시간도 많이 걸린다. 따라서 공구경로를 최적화하여 생산성을 높여주는 다양한 소프트웨어를 사용하여 **컴퓨터제어 공작기계**나 **머시닝센터**에서 가공한다(그림 1.8, 8.11절, 14.3절 참조).

특수가공법, 특히 **방전가공**은 소형 내지 중형의 압출용 금형을 제작하는 데 많이 사용된다. 특수가공법은 일반 기계가공법보다 신속하고 경제적으로 금형을 가공하며, 후속공정이 필요없는 경우도 많다. 하지만 특수가공법은 표면을 손상시키거나 균열을 야기할 수 있으므로, 금형의 성질(피로수명 포함)에 나쁜 영향을 줄 가능성에 대하여 면밀하게 검토해야 한다.

경도, 마모저항, 강도 등을 높이기 위해서는 금형강(3.10.3절)을 **열처리**한다(5.11절 참조). 공구 및 금형을 열처리한 후에는 필요한 표면정도와 치수정확도를 얻기 위해 연삭 및 연마와 같은 마무리작업을 한다. 연삭을 할 때, 작업이 잘 조절되지 않으면 과열로 인해 표면이 손상되거나 금형표면에 인장잔류응력을 발생시켜 피로수명을 감소시킬 수 있다. 금형표면의 긁힘자국은 응력집중을 야기한다. 금형의 마찰 및 마모 특성을 향상시키기 위해서는 제4장에서 설명한 **피복**을 포함한 각종 표면처리를 한다(4.5.1절 및 8.6.5절).

금형이 작고 공동부가 얕을 때는 **허빙공정**(6.2.4절)을 이용할 수도 있다. 세선의 인발에 사용되는 다이아몬드 다이에 구멍을 낼 때는 작업유 내에서 다이아몬드 분말로 코팅된 가는 바늘모양의 회전하는 공구를 사용한다.

6.8 금형의 파손

금속가공작업에서 금형이 파손되는 것은 다음과 같은 몇 가지 이유가 복합적으로 작용한 때문이다.

1. 부적절한 금형설계
2. 결함이 있는 금형재료
3. 부적절한 열처리 및 마무리 작업
4. 부적절한 설치, 조립 및 금형부품의 정렬불량
5. 과열 및 열균열
6. 과도한 마모
7. 과부하, 잘못된 사용 및 유지관리

공정과 시스템에 대한 **컴퓨터 모델링 및 시뮬레이션 기술**이 발달함에 따라(15.7절 참조), 금형의 설계와 최적화기술은 이제 첨단기술로 대두되었다. 금형설계의 기본적인 지침은 다음과 같다.

(1) 작업하중을 견디려면 금형은 적당한 단면적과 간극을 가져야 한다.
(2) 금형에 예리한 코너반경이나 필렛이 있거나, 단면적에 급격한 변화가 있으면 응력집중원으로 작용하므로 피해야 한다.
(3) 금형강도를 높이려면, 금형을 부위별로 만든 후 조립과정에서 미리 (압축)응력을 작용시켜 둔다.
(4) 마모되거나 파손되면 교체할 수 있도록 금형에 인서트를 설계하여 제작할 수 있다.
(5) 열처리강, 초경합금, 다이아몬드 같은 금형재료는 경도와 마모저항이 높은 반면, **충격하중**(기계프레스나 단조해머의 경우)이나 **열응력**(열간가공에서 금형 내의 온도구배로 인한)에 의해 균열이나 치핑이 생긴다. 따라서 표면가공 및 마무리작업이 중요하다.
(6) 금속가공유는 공구나 금형 재료에 좋지 않은 영향을 줄 수 있다. 예를 들어, 윤활제나 냉각제에 황이나 염소 첨가제가 있으면, 초경합금의 경우 코발트 결합제를 용해시키

므로 강도 및 인성을 저하시킨다(3.9.7절 참조).

(7) 공구나 금형에 과부하가 걸리면 금형이 조기에 파손된다. 예를 들어, 냉간압출에서 금형이 파손되는 주원인 중 하나로 작업자가 성형된 제품을 꺼내지 않은 채 성형할 소재를 올려놓고 가공하는 경우를 들 수 있다.

6.9 부피성형가공의 경제성

부피성형가공되는 제품의 원가는 몇 개의 성분으로 구성된다. 제품이 복잡한 정도에 따라 공구 및 금형 비용은 중간 내지 높은 편이다. 하지만, 다른 가공작업에서처럼, 이 비용은 생산된 제품수로 나뉘어 원가에 반영되므로, 제품의 재료비용이 일정하다면 제품생산량이 증가할수록 제품 한 개당 공구비용 및 설치비용은 감소한다(그림 6.71 참조).

제품크기 역시 가격에 어느 정도 영향을 끼친다. 주방용품이나 소형자동차부품처럼 크기가 작은 제품으로부터 기어나 대형엔진의 크랭크축 및 커넥팅로드 같은 큰 제품까지 있으며, 크기가 커지면 전체비용 중에서 재료비용은 완만하게 증가한다. 이는 (1) 대형 금형에 대한 점진적인 비용증가는 비교적 작은 편이고, (2) 기계와 작업은 제품크기에 상관없이 기본적으로 동일하고, (3) 제품 한 개당 인건비 역시 제품크기에 비례하지 않기 때문이다.

부피성형가공에서의 인건비는 자동화와 컴퓨터제어작업의 추세로 인해 큰 폭으로 감소되었다. 금형설계 및 가공 역시 이제는 컴퓨터응용 설계 및 가공기술(제15장)로 수행되므로 시간과 노력을 크게 절감하고 있다. 압출금형을 예로 들면, 방전가공(9.13절)으로 쉽게 공구강에 다이구멍을 가공하고 있다.

경쟁적인 세계시장에서, 제품을 부피성형가공하는 데 드는 비용을 주조법, 분말야금, 기계가공, 기타 방법으로 가공하는 경우와 비교해 보는 것이 매우 중요하다(가공의 경쟁적

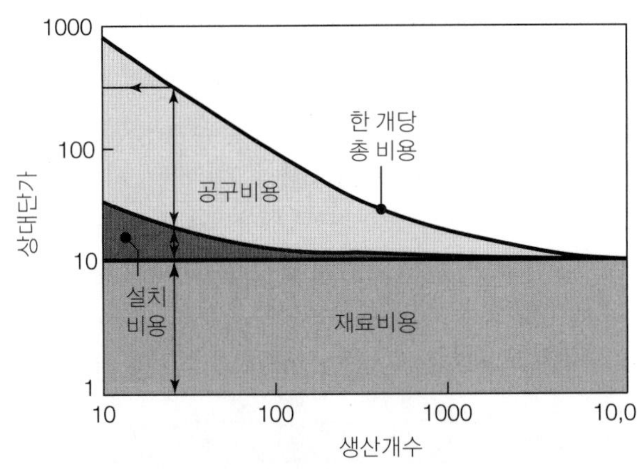

▶ **그림 6.71**
단조에서의 단위비용. 동일 금형으로 단조하는 경우, 생산개수가 늘어날수록 제품당 설치/공구 비용이 감소한다.

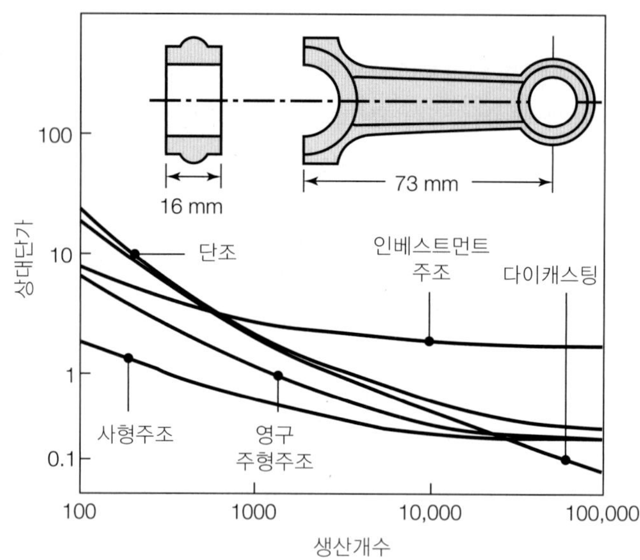

▶ **그림 6.72**

각종 가공법으로 만들어지는 소형 커넥팅로드의 상대단가. 생산개수가 많으면 단조도 유리하다. 사형주조는 20,000개 이하의 생산량에서 다른 공정보다 경제적인 공정이다.

측면은 제16장에서 상세하게 다룸). 예를 들어, 어떤 부품을 가공하는 데 다른 모든 요인은 같고 생산개수만 변수로 본다면, 소모성주형 주조법이 단조를 사용하는 것보다 분명히 경제적일 수 있다(그림 6.72 참조). 소모성주형 주조는 고가의 주형이나 공구를 필요로 하지 않지만, 단조는 고가의 금형을 필요로 하기 때문이다. 하지만 부피성형가공으로는 기계적 성질이 개선되므로, 그 적용이 정당화되는 경우가 많다.

사례연구 | 로터스 엘리제(Lotus Elise) 자동차의 서스펜션 부품

자동차산업에서는 성능, 가격, 연비, 환경규제, 안전성에 대한 요구조건이 계속 증가하고 있다. 차량설계를 개선할 때의 주요 전략은 보안부품의 성능과 안전성을 유지하기 위해 첨단의 소재와 가공방법을 적용하는 동시에, 가격이나 무게를 최적화하는 것으로, 이들 조건은 일견 상반된 제약조건인 것처럼 보인다. 이전의 설계최적화를 통해, 서스펜션 계통 부품의 중량을 34% 절감하는 것이 가능함을 보인 바 있는데, 이는 서스펜션이 차량 총중량의 12%를 차지한다는 점에 볼 때 매우 획기적인 것이었다. 이 중량절감은 주로 (1) 최적설계의 개발, (2) 첨단의 해석도구 사용, (3) 주철부품 대신 정형 혹은 준정형 철강 단조품 사용으로 달성한 것이다. 게다가, 많은 부품에 알루미늄 주물 및 압출품 대신에 최적화된 철강 단조품을 사용함으로써 획기적인 비용절감을 이루었다.

로터스 엘리제(그림 6.73) 모델은 탁월한 승차감과 운전을 위해 설계된 고성능 스포츠카이다. 로터스 그룹은 비용과 중량을 절감하면서 신뢰성과 성능을 개선시키고자 주철제 서스펜션 업라이트 대신에 철강 단조품이나 알루미늄 압출품을 사용할 수 있는지 조사하였다. 알루미늄 압출품은 단조품 설계를 평가하기 위한 벤치마크로 개발되었고, 그에 대한 후속 개발과정은 표 6.4에 나타낸 두 단계로 이루어졌다. 제1단계는 기존 모델의 엘리제 스포츠카에 장착할 철강 단조부품을 개발한 것이고, 제2단계는 새 모델에 적용할 서스펜션 업라이트의 개발이다.

▶ **그림 6.73**
로터스 엘리제 시리즈 2 스포츠카.

새로운 설계는 부품수를 줄이고 최적형상을 결정하는데, 첨단의 소프트웨어도구를 사용하여 반복과정을 거쳐서 개발되었다. 업라이트의 재료선택은 공랭처리된 열간단조강으로 하였는데, 이 재료는 균일한 결정립크기 및 미세조직으로 열처리과정 없이도 균일한 고강도를 가지며, 비슷한 용도에 사용되는 AISI 1548-HT 같은 일반

표 6.4 로터스 엘리제 시리즈 2 자동차의 수직서스펜션 너클암

구분	설명	질량(kg)	비용(달러)
벤치마크	알루미늄 압출품, 철강브래킷, 부싱, 하우징	2.105	85
제1단계	단조강	2.685(+28%)	27.7(−67%)
제2단계	단조강	2.493(+18%)	30.8(−64%)

탄소강에 비해 피로강도가 20% 이상 높다.

표 6.4에 요약된 설계 개선과정에서 볼 수 있듯이 최적화된 단조품 설계로 획기적인 비용절감을 이루었다. 알루미늄 압출품 설계에 비해 중량이 다소 늘었지만 그 비중이 미미한 것으로 나타났고, 대신에 단조강 부품을 사용함으로써 서스펜션 부품이 항상 노출되는 피로하중조건에 매우 유리하게 되었다. 새로운 설계로 부품강성이 높아져서 성능향상도 이루었는데, 이로 인해 운전감과 고객만족도가 개선되었다. 게다가, 새로운 설계는 필요한 부품수를 줄임으로써 설계의 또 다른 기본원리를 충족시킬 수 있었다.

출처: 로터스 엔지니어링 및 AISI(미국 철강협회)

내용 요약

SUMMARY

- 부피성형공정에는 단조, 압연, 압출, 인발이 있으며, 소재의 단면치수를 크게 변화시킨다. 소재의 표면특성과 함께 대변형과 관련된 성질이 중요한 고려사항이다. (6.1절)
- 단조는 금형으로 압축력을 주어서 소재를 변형시키는 공정으로, 강도특성, 표면정도, 치수정확도, 사용 신뢰성이 우수한 부품을 다양하게 생산한다. 금형의 형상, 원소재의 품질, 예비성형체 형상에 따라 각종 결함이 발생할 수 있다. 다양한 특성과 용량을 가진 여러 가지 단조기계를 사용할 수 있다. (6.2절)
- 단조를 비롯한 부피성형공정에서 응력, 변형률, 변형률속도, 온도분포, 하중 등을 분석하는 방법으로는 슬래브법과 유한요소법이 보통 사용된다. (6.2절)
- 압연은 길이가 긴 소재를 한 쌍의 롤 사이로 통과시키면서 압축력을 가하여 연속적으로 두께를 줄이거나 단면을 변화시키는 공정이다. 압연제품으로는 후판, 박판, 극박판(호일), 봉재, 관재(튜브와 파이프) 외에도 I빔, 구조용 형강, 레일, 각종 단면의 봉재들이 있다. 압연공정에서 고려되는 재료상수 및 공정변수로는 소재의 두께 대비 롤의 크기, 패스당 압하율, 압연속도, 윤활, 온도 등이 있다. (6.3절)
- 압출은 소재(빌렛)에 압력을 가하여 다이구멍으로 통과시켜 일정한 길이의 중공 혹은 중실 단면제품을 만드는 공정이다. 주요 인자는 다이설계, 압출비, 윤활, 소재온도, 압출속도 등이다. 냉간압출은 압출과 단조작업의 조합으로 우수한 기계적 성질을 갖는 다양한 부품을 경제적으로 생산하는 방법이다. (6.4절)
- 봉재, 선재, 관재 인발은 한 개 이상의 다이 사이로 소재를 잡아당기는 공정이다. 고품질과 우수한 표면정도를 가진 제품을 생산하려면, 다이설계가 적절해야 하고 재료와 윤활제를 잘 선택해야 한다. 인발에서의 주요 변수는 다이각, 마찰, 패스당 단면감소율이다. (6.5절)
- 스웨이징은 반경방향으로 왕복하는 2개 내지 4개의 금형으로 중실봉이나 관재의 직경을 줄이는 공정이다. 이 공정으로 일정길이의 봉재나 관재의 내/외면을 필요에 맞게 성

형할 수 있다. (6.6절)

- 금형파손에 따른 경제적 손실은 매우 크기 때문에, 금형설계, 재료선택, 금형가공방법은 모두 중요하다. 금형재료와 가공방법은 다양하며, 금형의 가공은 첨단의 기계가공법과 후속처리, 마무리가공, 코팅작업으로 이루어진다. (6.7절 및 6.8절)

수식 요약

SUMMARY OF EQUATIONS

단조

- 평면변형률 압축 시 압력분포: $p = Y' e^{2\mu(a-x)/h}$
- 평면변형률 압축 시 평균압력: $p_{av} \simeq Y'\left(1 + \dfrac{\mu a}{h}\right)$
- 축대칭 압축 시 압력분포: $p = Y' e^{2\mu(r-x)/h}$
- 축대칭 압축 시 평균압력: $p_{av} \simeq Y\left(1 + \dfrac{2\mu r}{3h}\right)$
- 평면변형률 압축 시 고착조건의 압력분포: $p_{av} = Y'\left(1 + \dfrac{a-x}{h}\right)$
- 축대칭 압축 시 고착조건의 압력분포: $p = Y\left(1 + \dfrac{r-x}{h}\right)$

압연

- 입구부 롤압력: $p = Y'_f \dfrac{h}{h_o} e^{\mu(H_0 - H)}$
- 후방장력이 있는 경우, 입구부 롤압력: $p = (Y'_f - \sigma_b)\dfrac{h}{h_o} e^{\mu(H_o - H)}$
- 출구부 롤압력: $p = Y'_f \dfrac{h}{h_f} e^{\mu H}$
- 전방장력이 있는 경우, 출구부 롤압력: $p = (Y'_f - \sigma_f)\dfrac{h}{h_f} e^{\mu H}$
- 롤압력식에 사용되는 변수: $H = 2\sqrt{\dfrac{R}{h_f}}\tan^{-1}\left(\sqrt{\dfrac{R}{h_f}}\phi\right)$

- 압하력(압연하중): $F = \int_0^{\phi_n} wpR\, d\phi + \int_{\phi_n}^{\alpha} wpR\, d\phi$
- 근사 압하력: $F = Lw\overline{Y}'\left(1 + \frac{\mu L}{2h_{av}}\right)$
- 압연토크: $T = \int_{\phi_n}^{\alpha} w\mu pR^2\, d\phi - \int_0^{\phi_n} w\mu pR^2\, d\phi$
- 근사 롤접촉길이: $L = \sqrt{R\Delta h}$
- 롤당 소요동력: $P = \frac{\pi FLN}{60,000}$ [kW]
- 최대 압하량: $\Delta h_{max} = \mu^2 R$
- 최대 물림각: $\alpha_{max} = \tan^{-1}\mu$

압출

- 압출비: $R = A_o/A_f$
- 압출압력(이상변형만 고려): $p = Y \ln R$
- 압출압력(마찰 고려): $p = Y\left(1 + \frac{\tan\alpha}{\mu}\right)[R^{\mu\cot\alpha} - 1]$

인발

- 인발응력(이상변형만 고려): $\sigma_d = Y \ln\left(\frac{A_o}{A_f}\right)$
- 인발응력(마찰 고려): $\sigma_d = Y\left(1 + \frac{\tan\alpha}{\mu}\right)\left[1 - \left(\frac{A_f}{A_0}\right)^{\mu\cot\alpha}\right]$
- 다이압력: $p = Y_f - \sigma$

참고문헌

BIBLIOGRAPHY

Altan, T., Ngaile, G., and Shen, G. (eds.), *Cold and Hot Forging: Fundamentals and Applications*, ASM International, 2004.

Altan, T., Oh, S.-I., and Gegel, H., *Metal Forming2Fundamentals and Applications*, ASM International, 1983.

ASM Handbook, Vol. 14A: *Metalworking: Bulk Forming*, ASM International, 2005.

Blazynski, T.Z., *Plasticity and Modern Metal-Forming Technology*, Elsevier, 1989.

Davis, J.R. (ed.), *Tool Materials*, ASM International, 1995.

Dieter, G.E., *Mechanical Metallurgy*, 3rd ed., McGraw-Hill, 1986.

______ (ed.), *Workability Testing Techniques*, ASM International, 1984.

Frost, H.J., and Ashby, M.F., *Deformation-Mechanism Maps*, Pergamon, 1982.

Ginzburg, V.B., *High-Quality Steel Rolling: Theory and Practice*, Dekker, 1993.

______, *Steel-Rolling Technology: Theory and Practice*, Dekker, 1989.

Hoffman, H. (ed.), *Metal Forming Handbook*, Springer, 1998.

Hosford, W.F., and Caddell, R.M., *Metal Forming, Mechanics and Metallurgy*, 2nd ed., Prentice Hall, 1993.

Inoue, N., and Nishihara, M. (eds.), *Hydrostatic Extrusion: Theory and Applications*, Elsevier, 1985.

Kobayashi, S., Oh, S.-I., and Altan, T., *Metal Forming andthe Finite-Element Method*, Oxford, 1989.

Lange, K. (ed.), *Handbook of Metal Forming*, McGraw-Hill, 1985.

Lenard, J.G., Pietrzyk, M., and Cser, L., *Mathematical and Physical Simulation of the Properties of Hot Rolled Products*, Elsevier, 1999.

Metal Forming Handbook, Schuler GmbH, 1998.

Mielnik, E.M., *Metalworking Science and Engineer-ing*, McGraw-Hill, 1991.

Nachtman, E.S., and Kalpakjian, S., *Lubricants and Lubrication in Metalworking Operations*, Dekker, 1985.

Pietrzyk, M., and Leonard, J.G., *Thermal-Mechanical Modelling of the Flat Rolling Process*, Springer, 1991.

Prasad, Y.V.R.K., and Sasidhara, S. (eds.), *Hot Working Guide: A Compendium of Processing Maps*, ASM International, 1997.

Product Design Guide for Forging, Forging Industry Association, 1997.

Saha, P.K., *Aluminum Extrusion Technology*, ASM International, 2000.

Sheppard, T., *Extrusion of Aluminum Alloys*, Chapman & Hall, 1998.

Tool and Manufacturing Engineers Handbook, Vol. II: *Forming*, Society of Manufacturing Engineers, 1984.

Wagoner, R.H., and Chenot, J.L., *Fundamentals of Metal Forming*,Wiley, 1996.

______, *Metal Forming Analysis*, Cambridge, 2001.

복습문제

QUESTIONS

단조

6.1 어떤 부품을 단조할 것인지, 아니면 주조할 것인지는 어떻게 정하는가? 결론에 이르려면 어떤 점을 검토해야 하는가?

6.2 형단조에서 소재의 체적을 잘 조절해야 하는 이유는 무엇인가?

6.3 코깅작업의 장점과 단점은 무엇인가?

6.4 단조기계의 종류가 다양한 이유를 설명하여라.

6.5 형단조에서 플래시 부분만을 단조하는 데 드는 하중을 측정할 수 있는 실험법을 제안하여라(그림 6.15a 참조).

6.6 한 제조업자가 업체 *A*에서 공급되는 재료로 어떤 부품을 성공적으로 열간단조하고 있다고 하자. 그런데 주요합금원소의 공칭조성이 전과 동일한 재료를 업체 *B*로부터 새로 공급받아 전과 같은 공정으로 단조하였는데도 균열이 발생하였다. 이에 대한 이유는 무엇이겠는가?

6.7 주물을 소재로 사용한 단조에서 최종단조품의 밀도가 원소재의 밀도와 달라질 수 있다면, 그 이유를 설명하여라.

6.8 유리는 열간압출에서 우수한 윤활제로 사용된다. 형단조에서도 유리를 윤활제로 사용할 수 있는지 설명하여라.

6.9 사각형 빌렛을 코깅작업할 때, 폭의 증가에 영향을 주는 인자들을 제시하고 설명하여라.

6.10 단조제품에서 종단결정립(end grains)이 일반적으로 바람직하지 않은 이유와 그에 대한 몇 가지 예를 들어라.

6.11 단조소재를 한 번의 행정만으로 단조하여 최종단조품을 얻기 힘든 이유를 설명하여라.

6.12 단조작업에 윤활제를 사용할 때의 장점과 단점을 나열하여라.

6.13 특히 열간단조에서, 플래시가 소재의 금형충전을 돕는 이유를 설명하여라.

6.14 단조품(예: 파이프렌치나 동전)을 살펴보면, 단조품 표면 위의 문자가 음각되는 대신 양각되어 있음을 볼 수 있다. 이에 대한 설명을 하여라.

압연

6.15 압연에서 소재폭의 증가에 영향을 주는 인자는 다음과 같다.

(1) 압연소재의 폭 대 두께비

(2) 마찰

(3) 롤반경 대 소재두께비

각 인자가 소재폭의 증가에 어떻게 영향을 주는지 설명하여라.

6.16 판재압연 시 전방장력이나 후방장력은 어떻게 가할 수 있는가?

6.17 롤은 압하력에 의해 편평화된다. 롤재료의 성질 중에서 어떤 것을 증가시키면 편평화를 감소시킬 수 있는가?

6.18 롤의 편평화를 감소시킬 수 있는 방법에 대하여 설명하여라.

6.19 평판압연에서 패스당 압하율을 가급적 크게 잡는 기술적 또는 경제적 이유를 설명하여라.

6.20 압하력을 줄일 수 있는 방법을 열거하고 설명하여라.

6.21 평판압연에서 직경이 작은 롤을 사용할 때의 이점과 한계점을 설명하여라.

6.22 링압연작업은 베어링레이스의 제조에 성공적으로 사용된다. 하지만 베어링레이스의 직경을 변경하였더니 표면정도가 매우 불량하였다. 가능한 원인을 열거하고, 관련된 변수를 파악하여 이 문제를 해결하려면 어떤 조사를 할 것인지 기술하여라.

6.23 직렬형(tandum) 압연작업에서 롤속도, 롤간극, 온도, 기타 공정변수들을 조절하는 것의 중요성을 기술하여라.

6.24 음의 방향으로 전방미끄럼(forward slip)이 일어날 수 있는지 설명하여라.

6.25 압연은 후판이나 박판의 두께를 줄이는 작업이다.

그러나 판재를 잡아늘여도 두께는 감소될 것이다. 이 작업이 대량생산에 적절한지 설명하여라.

6.26 그림 6.33에서, 마찰이 클수록 중립점이 입구부로 다가가는 이유를 설명하여라.

6.27 평판압연에서 압연판재의 중심부가 가장자리보다 두꺼워지지 않게 하려면 어떤 조치를 취해야 하는가?

6.28 압연작업의 속도가 (1) 너무 빠른 경우와 (2) 너무 느린 경우에 발생할 수 있는 문제점들을 열거하여라.

6.29 압연을 연속된 단조작업이라고 보는 것이 적절한지 설명하여라.

6.30 적절한 자료와 식들을 참조하여, 티타늄 카바이드가 센쥐미어(Sendzimir) 압연기의 작업롤에는 사용되지만, 다른 압연기에는 일반적으로 사용되지 않는 이유를 설명하여라.

압출

6.31 압출비, 다이형상, 압출속도, 소재온도는 모두 압출압력에 영향을 준다. 그 이유를 설명하여라.

6.32 압출에서 중심부균열을 피할 수 있는 방법을 제시하여라. 제시한 방법이 어떻게 효과적인지 설명하여라.

6.33 길이를 따라서 단면적이 점차 커지는 단이 진 압출품을 가공할 수 있는 방법을 제시하여라. 제시한 방법이 경제적이고 대량생산에도 적합할 것인지 설명하여라.

6.34 식 (6.53)에 따르면, 압출비가 작은 경우(예: $R = 2$)에는 이상변형에 대한 압출압력 p가 소재의 항복응력 Y보다 작을 수 있다. 이 결과가 논리적으로 타당한지 설명하여라.

6.35 정수압압출에서, 램(압출판)과 컨테이너 사이에는 복잡한 밀봉재를 사용하지만, 압출제품과 다이 사이에는 밀봉재를 사용하지 않는다. 그 이유를 설명하여라.

6.36 (1) 압출과 (2) 인발에서 생기는 결함의 종류를 열거하고 설명하여라.

6.37 다이에서 랜드부는 무엇이며, 어떤 기능을 하는가? 랜드부가 없는 경우의 장점과 단점은 무엇인가?

6.38 직접압출에 비해 간접압출은 어떤 경우에 더 적합한가? 또한 직접압출에 비해 정수압압출은 어떤 경우에 더 적합한가?

6.39 직접압출에서 컨테이너 내벽(라이너)을 사용하는 목적은 무엇인가(그림 6.47a 참조)? 정수압압출에서 컨테이너 내벽을 사용하지 않는 이유는 무엇인가?

인발

6.40 봉재나 선재의 인발에서 최대다이압력은 다이입구부에서 생긴다. 그 이유를 설명하여라.

6.41 습식인발과 건식인발은 각각 어떤 조건에서 행해지는 것이 바람직한지 설명하여라.

6.42 인발에서 중요한 공정변수를 들고, 이들이 인발공정에 어떤 영향을 주는지 설명하여라.

6.43 봉재인발작업에서 1회의 패스를 행하는 경우와 2회의 패스를 연속하여(tandum) 행하는 경우를 생각해 보자. 각 경우에 다이각과 총 단면감소율이 같다고 할 때, 인발력도 같을 것인지 설명하여라.

6.44 그림 6.60에서 봉재를 다이로부터 잡아당기는 대신에 다이에 밀어 넣음으로써 단면적을 감소시킨다고 하자. 인발소재가 완전소성재료라고 가정하고, 이 경우에 다음의 각 상태에 대하여 다이압력의 분포를 간단히 그리고, 이에 대해 설명하여라.

(1) 무마찰의 경우
(2) 마찰이 있는 경우
(3) 무마찰의 경우에 전방장력을 가하는 경우

6.45 식 (6.73)을 유도할 때, 인발하는 소재의 연성을 고려하지 않았다. 고려하지 않아도 되는 이유는 무엇인가?

6.46 인발에서 다이압력이 다이출구로 갈수록 감소하는 이유를 설명하여라.

6.47 최대단면감소율로 인발작업을 할 때, 다이출구에서의 다이압력은 얼마가 되는가?

6.48 재료의 변형경화지수 n이 크면, 인발에서 패스당 최대단면감소율도 증가하는 이유를 설명하여라.

6.49 식 (6.73)을 유도하는 과정에서 마찰을 고려하는 경우, 패스당 최대단면감소율은 63%보다 커지거나 작아지는가, 아니면 같은가? 그 이유도 함께 설명하여라.

6.50 선재나 봉재의 인발에서 후방장력이 다이압력에 주는 영향과 이유를 설명하여라.

6.51 선재나 봉재의 인발 시 불균질인자 ϕ가 그림 6.12에서의 h/L비에 의존하는 이유를 설명하여라.

6.52 스웨이징 공정이 개발된 이유를 설명하여라.

6.53 철강을 선재인발할 때는 구리나 납 같은 연한 금속으로 감싸서 작업을 수행하는 경우가 있다. 이 방법이 효과적인 이유를 기술하여라.

6.54 직경이 밀리미터 이하인 다이구멍을 가공하기가 매우 어렵다는 점을 감안한다면, 10 μm 직경인 선재를 어떻게 제조할 것인가?

6.55 풀림처리된 소재를 인발다이로 인발한 경우, 강도, 경도, 이방성은 어떻게 달라지는지 이유와 함께 설명하여라.

일반사항

6.56 이 장에서 다룬 공정 중에서, (1) 마찰이 바람직한 경우와 (2) 마찰이 바람직하지 않은 경우를 각각 두 가지씩 나열하고, 그 이유를 설명하여라.

6.57 제2장에서 세 가지 주제를 선택하여 구체적인 예를 들고, 이 장에서 다룬 공정과 연관시켜 보아라.

6.58 제3장에서 세 가지 주제를 선택하여 구체적인 예를 들고, 이 장에서 다룬 공정과 연관시켜 보아라.

6.59 이 장에서 설명된 공정의 금형재료로는 여러 가지가 사용될 수 있다. 이들을 나열하고, 여러 가지 금형재료가 사용되는 이유를 설명하여라.

6.60 이 장에서 설명된 성형공정으로 제조되는 부품에 발생한 잔류응력에 대하여 유의해야 하는 이유를 설명하여라.

6.61 이 장에서 설명된 각 공정에서 발견될 수 있는 결함의 유형을 요약하여라. 각 결함을 줄이거나 없앨 수 있는 방법을 제시하여라.

연습문제 PROBLEMS

단조

6.62 그림 6.4b에 도시한 자유물체도에서 요소의 왼쪽방향으로 응력증분 $d\sigma_x$를 표시하였다. 그러나 마찰응력 μp의 방향 때문에, 수평력의 평형을 이루려면 그 방향이 오른쪽으로 향해야 할 것이다. 이 응력증분의 방향이 어떻든지 간에 동일한 단조압력을 얻을 수 있음을 보여라.

6.63 다음 각 경우에 대하여 높이 5.08 cm, 직경 2.54 cm인 풀림처리된 원기둥 구리시편을 높이감소율 70%까지 자유단조했을 때의 하중-높이감소량 곡선을 그려라. 단, 배럴링은 무시한다.

(1) 평금형과 시편 간에 마찰이 없는 경우
(2) $\mu = 0.25$인 경우
(3) $\mu = 0.5$인 경우

6.64 그림 6.9b를 이용하여 문제 6.63에 대한 답을 구하여라.

6.65 문제 6.63의 각 경우에 대하여 행해진 일을 계산하여라.

6.66 문제 6.63의 각 경우에 대하여 시편의 온도상승폭을 구하여라. 단, 작업은 단열과정이고, 온도는 시편 전체에 걸쳐 균일하게 분포한다고 가정한다.

6.67 단조성을 결정하기 위해, 직경 25 mm, 길이 200 mm인 환봉으로 열간-꼬임시험을 하였다. 시편이 파단할 때까지 200회 꼬일 수 있었다면, 환봉이 파단할 때의 바깥면에서의 전단변형률을 구하여라.

6.68 평면변형률 압축에서 고착마찰조건일 때의 평균압력에 대한 식을 유도하여라.

6.69 평면변형률 압축에서 단조하중이 고착마찰조건에서의 마찰력과 같아지는 μ 값을 구하여라. 단, 평균압력식을 사용하여라.

6.70 원기둥 업세팅에서 마찰력은 재료의 전단항복응력 k보다 더 커질 수 없다. 따라서 그림 6.8에서 미끄럼으로부터 고착으로 바뀌는 위치 x가 존재하게 될 것이다. x를 구하는 식을 r, h, μ만으로 나타내어라.

6.71 소재가 평금형으로 압축되는 동안 수평력 F를 가하여 오른쪽으로 민다고 하자(아래 그림 참조).

(1) 하중 F가 소재를 오른쪽으로 이동시킬 만큼 충분히 크지 않을 때의 압력분포를 그려라.

(2) 하중 F가 충분히 커서 소재를 오른쪽으로 이동시킬 때의 압력분포를 그려라.

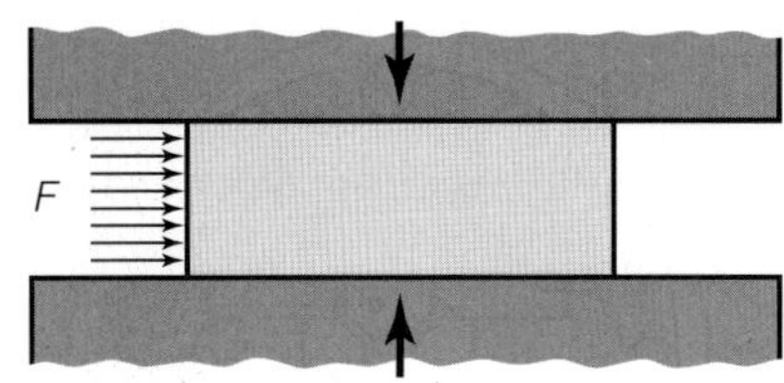

6.72 그림 6.10에 나타낸 고착조건의 예에서, 소재가 평금형으로 압축되는 동안 오른쪽으로 밀어서 이동시킬 수 있는 수평력 F에 대한 식을 구하여라.

6.73 완전소성재료로 만들어진 부피가 같은 원기둥 시편 A와 B를 실온의 등온에서 마찰이 있는 조건으로 높이감소율 25%까지 단조한다. 시편 A는 높이가 5.08 cm이고 단면적이 6.5 cm^{2}인 반면, 시편 B는 높이가 2.54 cm이고 단면적이 13.0 cm^{2}이다. 두 시편에 가해진 일이 같은지에 대하여 설명하여라.

6.74 그림 6.6에서, 시편의 네 변을 따라서의 압력분포는 적용하는 항복조건에 따라 달라질 것인지에 대하여 설명하여라.

6.75 원기둥 소재를 단조할 때, 접촉면에서 다음 그림과 같은 수직압력분포를 얻었다면, 어떤 조건에서 얻을 수 있는지 설명하여라.

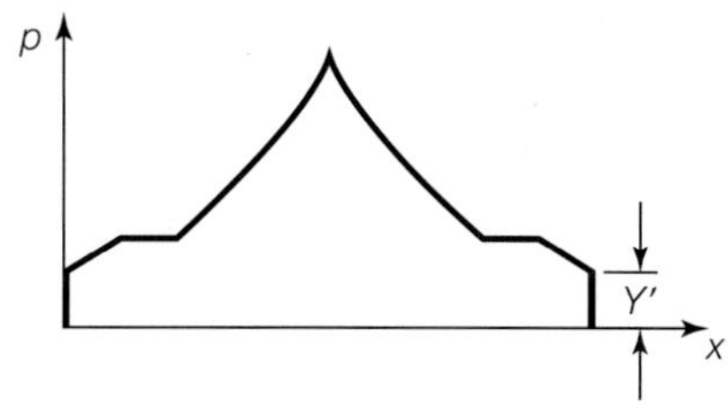

6.76 식 (6.15)로 주어지는 평균 다이압력식을 유도하여라. (힌트: 적분으로 마찰언덕 아랫부분의 체적을 구한 뒤, 이를 소재의 단면적으로 나눈다.)

6.77 직경이 같지만 높이가 다른 두 개의 시편을 마찰이 없는 조건에서 일정한 높이감소율(%)만큼 압축하였다. 압축 후의 직경은 서로 같음을 보여라.

6.78 강도계수 300 MPa, 변형경화지수 0.3인 금속으로 된 직육면체 소재의 크기가 a = 50 mm, h = 30 mm, w = 20 mm이다(그림 6.5 참조). 이 소재를 평면변형률조건에서 μ = 0.2인 조건으로 단조한다. 높이가 20%만큼 감소했을 때의 소요하중을 계산하여라. 단, 평균압력공식을 사용하지 않는다.

6.79 원기둥 소재를 마찰이 있는 두 개의 평금형으로 업세팅하면서 금형을 서로 반대방향으로 회전시키는 경우를 생각하자. 금형이 회전하지 않는 경우와 비교하면 단조하중에 어떤 차이가 있는가? (힌트: 금형이 회전하면 금형-소재 간 접촉면에서의 마찰력의 방향이

바뀌면서 토크가 필요하다.)

6.80 완전소성재료의 원기둥 소재가 마찰이 없는 평금형으로 업세팅된다. 이 공정이 낙하해머를 떨어뜨려서 이루어진다고 하자. 해머의 낙하속도는 소재와 최초로 접촉할 때 최대이고, 해머가 소재의 일정높이에서 정지할 때 영이 된다. 소재높이와 해머속도 간의 정량적인 관계를 세우고 해머속도를 곡선으로 그려라. (힌트: 해머의 운동에너지 감소분은 소재의 소성변형일 증가분에 해당하므로, 소재높이와 해머속도 간의 직접 연관이 가능하다.)

6.81 스웨이징에서 각 금형에 걸리는 하중은 어떻게 예측할 수 있는가?

6.82 용량 22.37 kW인 모터를 사용하여 분당 40행정으로 작동하는 기계프레스가 있다. 이 기계프레스는 플라이휠을 사용하여 매 행정마다 크랭크축의 회전속도가 많이 변하지 않도록 한다. (1) 행정거리가 15.24 cm라면, 전달가능한 최대접촉하중은 얼마인가? (2) 이 기계프레스의 1회 행정으로, 직경 1.27 cm, 높이 5.08 cm인 5052-O 알루미늄 소재의 높이를 얼마나 줄일 수 있는가?

6.83 직경 0.31 cm인 C74500 황동제 리벳을 업세팅하여 직경 0.63 cm인 리벳머리를 만드는 데 필요한 하중을 계산하여라. 리벳과 공구 사이의 마찰계수는 0.5 cm이고, 리벳머리의 두께는 0.31 cm이다.

6.84 슬래브해석법을 이용하여 식 (6.17)을 유도하여라.

압연

6.85 예 6.4의 롤출구에서 판재의 속도는 얼마인가?

6.86 압연롤 두 개 중에서 한 개의 동력이 중단되어 공회전할 때, 롤압력분포를 간단히 그리고, 이로부터 정상적인 경우와 달라지는 변화에 대하여 설명하여라.

6.87 평판압연에서는 토크나 압하력을 측정하지 않고도 마찰계수 μ를 구할 수 있다. 압연식들을 검토하여 마찰계수를 구할 수 있는 실험절차를 제안하여라. 토크와 압하력 외에는 어떤 양을 측정해도 무방하다.

6.88 압연에서 후방장력 σ_b과 전방장력 σ_f을 가할 때, 중립점의 위치가 변하지 않게 되는 두 장력 사이의 관계식을 유도하여라.

6.89 평판압연에서 변형영역의 중심에 있는 요소를 하나 택하고 이 요소에 작용하는 모든 응력이 주응력이라고 가정한 뒤, 작용응력을 정성적으로 표시하여라. 작용응력들은 압축응력인가, 아니면 인장응력인가? 그 이유를 설명하여라. 세 개의 주응력의 크기가 같아질 수 있는가?

6.90 편평한 대판을 압연할 때, 후방장력을 가하면 전방장력을 가할 때보다 약 두 배의 효율로 압하력을 감소시킬 수 있다. 적절한 작도와 함께 이를 설명하여라. (힌트: 중립점의 위치를 고려하여라.)

6.91 판재압연에서 후방장력 σ_b가 너무 크면 롤이 미끄러지기 시작한다. 본문에서의 기호를 사용하여 롤이 미끄러지기 시작할 때의 후방장력의 크기를 나타내는 식을 유도하여라.

6.92 식 (6.45)를 증명하여라.

6.93 Steckel 압연에서 롤은 공회전하므로, 롤 지지베어링에 마찰이 없다면 토크의 합은 0이 된다. 이때 변형일에 드는 에너지는 어디로부터 공급되는가? 적절한 작도와 함께 만족해야 할 조건을 기술하여라.

6.94 진응력-진변형률 곡선이 $\sigma = a + b\epsilon$으로 주어지는 판재를 마찰이 없는 조건에서 Steckel 압연할 때의 소요장력을 구하여라.

6.95 (1) 롤이 구동되는 일반압연에서의 롤압력분포곡선을 깨끗하게 작도하여라.
(2) 롤에 공급되는 동력이 중단되어 롤이 구동되지 않고, Steckel 압연처럼 압연이 전방장력에 의해서만 지속된다고 하자. 이 경우의 압력분포를 명확한 이유와 함께, 앞서 작도한 압력분포곡선에 중첩하여 작도하여라.

(3) 문제 (2)의 상황에서 롤 지지베어링이 녹이 슬어 윤활상태가 나빠졌다고 하자. (압연은 여전히 전방장력으로만 진행된다.) 이 상황에서의 압력분포곡선을 다시 중첩하여 작도하고, 그에 대한 이유를 설명하여라.

6.96 식 (6.28)을 그 앞의 식들에 근거하여 유도하여라. 각도 ϕ가 증가함에 따라 h 값은 어떻게 달라지는가?

6.97 그림 6.34에서 $L = 2L_2$라고 가정할 때, 접촉길이 L에 대한 압하력 F는 L_2에 대한 경우의 두 배인가, 아니면 그 이상인가? 이유를 설명하여라.

6.98 평판압연이 $h_0 = 0.5$ cm, $h_f = 0.38$ cm, $w_0 = 25.0$ cm, $R = 20.0$ cm, $\mu = 0.25$인 조건에서 작업되고, 재료의 평면변형률조건 평균유동응력은 275 MPa이다. 주강 롤의 편평화를 고려하여 압하력과 토크를 계산하여라.

6.99 다음 그림과 같은 압연작업에서 중립점의 위치 x_n을 구하여라. 단, 크기를 모르는 전방장력과 후방장력이 작용하며, 기타 압연자료는 다음과 같다: 압연소재: 5052-O 알루미늄, 롤: 경화강, 롤 표면거칠기: 0.02 μm, 압연온도: 210°C.

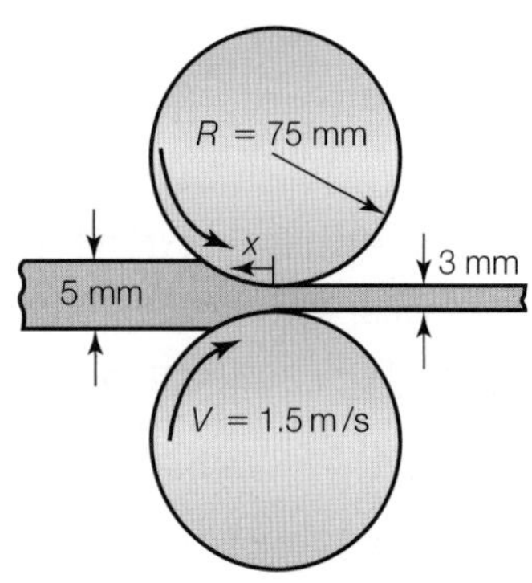

6.100 폭 200 mm, 두께 10 mm인 풀림처리된 저탄소강 대판을 압연하여 두께 6 mm로 가공한다. 롤반경은 200 mm이고, 회전속도는 200 rpm이다. 마찰계수가 $\mu = 0.1$일 때, 압하력과 압연동력을 구하여라.

6.101 아래 그림과 같은 직렬형 압연작업에서 각 스탠드별 압하율을 계산하여라.

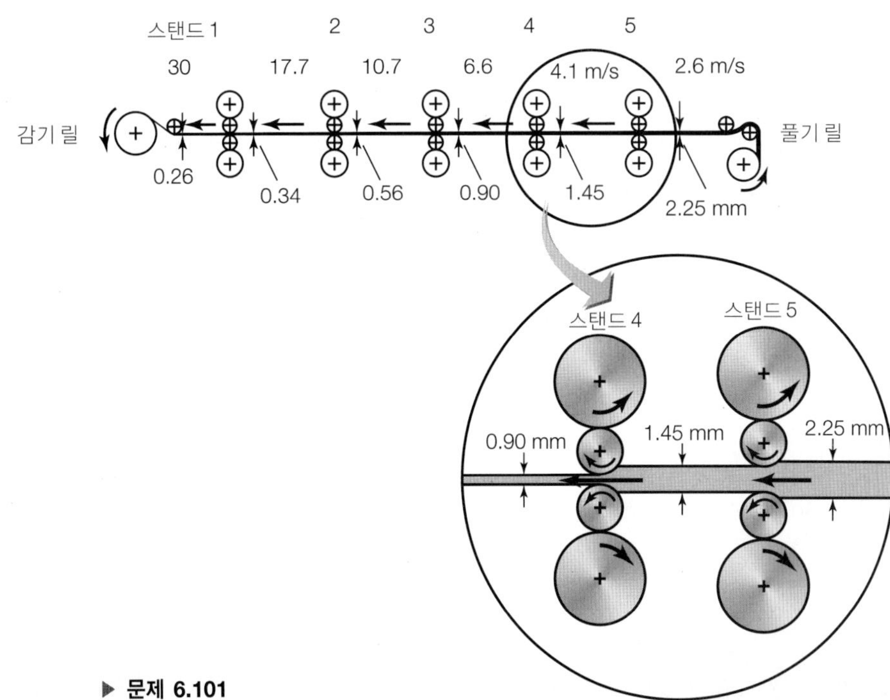

▶ **문제 6.101**

6.102 문제 6.101에서 전방미끄럼이 다음 조건을 유지할 때, 스탠드별 롤속도를 각각 구하여라.

(1) 0%

(2) 10%

압출

6.103 1100-O 알루미늄을 직접압출하여 직경을 15.24 cm에서 5.08 cm로 만들 때의 하중을 계산하여라. 과잉일은 이상변형일의 30%이고, 마찰일은 총 변형일의 25%라고 가정한다.

6.104 식 (6.57)을 증명하여라.

6.105 예 6.6을 참고하여, 열손실이 없다고 가정할 때, 압출재료의 이론적 온도상승폭을 구하여라(물리적 성질은 3.9절 참조).

6.106 본문의 6.5절에 설명한 인발응력을 구하는 방법을 사용하여, 압출압력은 다음 식으로 표현됨을 보여라.

$$p = Y\left(1 + \frac{\tan\alpha}{\mu}\right)\left[1 - \left(\frac{A_o}{A_f}\right)^{\mu\cot\alpha}\right]$$

단, A_o와 A_f는 각각 소재의 초기 및 최종 단면적이다.

6.107 식 (6.55)를 유도하여라.

6.108 초기직경 100 mm인 철강소재를 800°C에서 압출하여 최종직경을 20 mm로 만들려고 한다. 이 압출작업에는 용량이 각각 20 MN, 10 MN인 두 대의 프레스를 모두 사용할 수 있다. 용량이 큰 프레스는 유지보수가 많이 필요하고 고가의 공구를 사용해야 한다. 이 작업에 용량이 작은 프레스를 사용할 수 있겠는가? 용량이 작은 프레스를 사용할 수 없다면, 이 작업과 연관한 활용방안을 제안하여라.

6.109 빌렛직경 125 mm인 70-30 황동을 700°C에서 압출비 20으로 압출하는 데 필요한 하중을 산정하여라.

인발

6.110 예 6.7에서 소재재료가 풀림처리된 70-30 황동이라고 할 때, 소요동력을 계산하여라.

6.111 식 (6.62)를 이용하여 K = 100 MPa, n = 0.3, μ = 0.04인 경우에 대하여 그림 6.63과 유사한 선도를 그려라.

6.112 본문의 6.5절에 설명한 인발응력을 구하는 방법을 사용하여, 평판의 평면변형률조건에서의 인발응력은 다음 식으로 표현됨을 보여라.

$$\sigma_d = Y'\left(1 + \frac{\tan\alpha}{\mu}\right)\left[1 - \left(\frac{t_f}{t_o}\right)^{\mu\cot\alpha}\right]$$

단, t_o와 t_f는 각각 소재의 초기 및 최종 두께이다.

6.113 신선에서 마찰이나 과잉일이 없을 때의 다이압력을 변형영역 내 직경의 함수로 나타내어라.

6.114 진응력-진변형률 곡선이 $\sigma = 34 + 172\epsilon$ [MPa]로 주어지는 재료를 선재로 인발하려고 한다. 선재의 초기직경이 0.63 cm라면, 다이출구에서 가능한 최소 직경은 얼마인가? 과잉일은 없고 마찰일은 이상변형일의 15%라고 가정한다. (힌트: 출구에서 선재의 항복응력은 진응력-진변형률 곡선에서 재료가 겪은 변형률에 해당하는 점이 된다.)

6.115 그림 6.65의 중심부에서 길이방향 잔류응력이 −550 MPa이라고 하자. 전단에너지조건을 사용하여, 이 소재가 이 정도의 잔류응력을 유지할 수 있는 최소 항복응력을 구하여라.

6.116 본문에서의 기호를 사용하여, 완전소성재료를 마찰이 없는 조건에서 신선할 때, 다이분리력(die separating force)을 유도하여라.

6.117 진응력-진변형률 곡선이 $\sigma = 10{,}000\epsilon^{0.3}$ [kPa]인 재료를 신선할 때, 마찰일과 과잉일의 합은 이상변형일의 50%에 달한다고 하고, 패스당 최대단면감소율을 계산하여라.

6.118 유동응력이 $\sigma = K\epsilon^n$인 재료를 인발할 때, 마찰일과 과잉일의 합은 이상변형일의 25%라고 하고, 패스

당 최대감소율에 대한 식을 유도하여라.

6.119 쐐기모양의 다이로 평면변형률조건에서 인발이나 압출할 때의 진변형률속도 $\dot{\epsilon}$은 다음 식으로 주어짐을 증명하여라.

$$\dot{\epsilon} = -\frac{2 \tan \alpha V_o t_o}{(t_o - 2x \tan \alpha)^2}$$

여기서 α는 다이각, t_o는 초기두께, x는 다이입구로부터의 거리이다. (힌트: $d\epsilon = dA/A$임을 고려하여라.)

6.120 $n = 0.25$인 변형경화성 재료를 인발할 때, 패스당 최대단면감소율이 63%인 경우, 마찰일과 과잉일의 합은 이상변형일의 몇 %가 되는가?

6.121 항복응력이 207 MPa인 완전소성재료로 된 원형 선재를 인발하여 직경을 0.25 cm에서 0.18 cm로 가공한다. 다이각은 15°이고, 마찰계수는 0.1이다. 식 (6.62)와 (6.67)을 각각 사용하여 인발력을 구하고, 인발력의 차이에 대하여 언급하여라.

6.122 이 장의 내용에 대해 학생들에게 퀴즈문제를 낸다고 하자. 정량적인 문제 세 개와 정성적인 문제 세 개를 만들고, 답안을 제시하여라.

설계문제 DESIGN

6.123 단조는 제트엔진의 터빈블레이드를 제작하는 한 방법이다. 적절한 기술문헌을 참조하여 블레이드의 설계에 대하여 조사하고, 이들 블레이드를 제작하는 절차를 단계별로 요약하여라. 이 단조작업에서 기술적으로 어려운 점은 무엇인가?

6.124 단조품과 주물을 비교해 볼 때, 동일한 부품이 각 방법으로 제작될 수 있다. 동일 부품에 각 공정을 적용할 때, 부품크기, 형상난이도, 특정 설계를 수정 시 설계유연성의 관점에서 장점과 단점을 제시하여라.

6.125 그림 6.25를 참조하여, 렌치를 단조할 때의 중간 형상을 스케치하여라.

6.126 기술문헌을 조사하여, 주사바늘을 제조하는 가공 단계를 상세하게 열거하여라.

6.127 그림 6.48a는 긴 압출제품을 절단하여 제작되는 개별 제품의 예이다. 이 방법으로 제작되는 다른 제품의 예를 몇 가지 들어라.

6.128 다음에 열거한 소재나 부품으로 만들어지거나 구성되는 제품을 다수 열거하여라.

(1) 선재

(2) 극세선

(3) 다양한 단면형상을 갖는 봉재

6.129 압출제품은 보통 직선이지만, 제품이 일정한 곡률을 갖도록 다이를 설계하는 것도 가능하다.

(1) 곡률을 갖는 압출제품의 용도를 제시하여라.

(2) 곡률을 갖는 압출제품을 제작하는 데 사용될 다이의 형상을 제안하여라.

6.130 기술문헌을 조사하여, 그림 6.41에 나타낸 다양한 롤배치의 설계주안점을 기술하여라.

6.131 이 장의 일부 공정에서 초음파진동을 사용하여 마찰을 줄이는 긍정적 효과에 대하여 설명하였다. 기술문헌을 조사하여, 초음파진동을 적용하기 위한 설계개념을 제안하여라.

6.132 이 장의 사례연구에서 압출에 기반한 설계에 비해 단조품을 사용하는 것이 비용절감효과가 매우 높다고 하였다. 이 비용절감이 가능한 이유를 열거하고 설명하여라.

6.133 건축장식용 황동관을 압출하거나 인발하는 경우에는 표면정도가 매우 좋아야 한다. 이러한 관재를 제작하는 데 필요한 설계변수를 열거하고, 가공방법을 제안하여라.

제  장

판재성형가공

주요내용

금속판재의 특성과 판재를 성형하여 제품을 만들 때의 원리를 설명함.

- ❑ 성형성에 영향을 주는 재료상수
- ❑ 각종 전단작업과 굽힘작업의 원리
- ❑ 판재성형작업의 기초이론과 주요 변수
- ❑ 판재성형의 기본적인 설계원칙
- ❑ 경제적 고려사항

7.1 개요

판재성형가공으로는 철제책상, 가전제품, 항공기 동체, 음료캔, 자동차차체, 주방용기 같은 다양한 소비용 제품과 산업용 제품을 가공한다. 따라서 **프레스작업** 혹은 **스탬핑**이라고도 하는 판재성형가공은 가장 중요한 금속가공공정이기도 하다. 판재가공은 기원전 5,000년경부터 가정용품, 장신구 등을 만들 때 금, 은, 동을 타발하거나 찍어서 만드는 것으로부터 시작되었다. 판재제품은 주물이나 단조품에 비해 경량이면서 형상 융통성이 높다는 장점을 갖는다.

판재성형가공은 부피성형가공과 달리 두께 대비 표면적의 비가 높은 소재를 가공대상으로 한다. 두께가 6 mm 이상인 판재를 후판, 그 이하를 박판이라고 한다. 금속판재는 6.3절에 설명한 압연공정으로 제조되어, 판재가 얇은 경우에는 코일로, 두꺼운 경우에는 평판이나 후판으로 만들어진다. 코일의 경우에는 판재를 코일에서 풀어낸 뒤 편평화작업을 한 후에 성형한다. 판재성형작업에 사용하는 소재판(블랭크)은 큰 판재에서 적절한 치수로 잘라내어 사용한다. 이 작업은 주로 전단작업으로 이루어지며, 후판의 경우에는 제8장과 제9장에 소개한 다른 방법을 사용하여 절단하기도 한다.

표 7.1에 나타낸 것처럼, 각 공정은 제각기 특징을 갖고 있으며, 사용하는 공구도 경질 금형에서부터 고무나 우레탄 같은 연질 공구까지 다양하다. 성형작업에는 주로 기계적 에너지를 사용하지만, 가공법에 따라 수압, 자기력, 폭약 같은 다른 에너지원도 사용한다.

표 7.1 판재성형가공공정의 일반적 특성

공정	특성
롤성형	일정하고 복잡한 단면을 가진 길이가 긴 제품. 표면정도 양호. 생산속도 높음. 공구비용 높음.
신장성형	얕은 곡면형상의 대형 제품. 소량생산에 적합. 인건비용 높음. 공구 및 장비 비용은 부품크기에 따름.
디프드로잉	비교적 단순한 형상의 얕거나 깊은 부품. 생산속도 높음. 공구 및 장비 비용 높음.
스탬핑	펀칭, 블랭킹, 엠보싱, 굽힘, 플랜징, 코이닝 같은 다양한 작업을 포함. 높은 생산속도로 단순하거나 복잡한 형상 성형. 공구 및 장비 비용은 높으나, 인건비용은 낮음.
고무패드성형	단순하거나 복잡한 형상의 드로잉이나 엠보싱. 판재표면은 고무 멤브레인으로 보호됨. 작업 유연성 있음. 공구비용 낮음.
스피닝	소형이나 대형 축대칭 부품. 표면정도 양호. 공구비용은 낮으나, 자동화되지 않으면 인건비가 높음.
초소성성형	복잡하고 미세한 형상, 공차 작음. 가공시간이 길므로, 생산속도 낮음. 고온용 부품에는 부적합.
핀가공	대형 판재의 얕은 형상. 작업 유연성 있음. 장비비용 높음. 부품의 진직교정에도 활용됨.
폭발성형	비교적 복잡한 형상을 가진 초대형 판재. 보통 축대칭 부품. 공구비용은 낮으나, 인건비가 높음. 소량생산에 적합하고, 생산시간 긴 편임.
전자기성형	비교적 저강도 판재의 얕은 성형, 벌징, 엠보싱작업. 튜브형상에 최적임. 생산속도 높음. 특수공구 필요.

7.2 금속판재의 성질

금속판재는 판재면에서 인장력을 받아 성형되는 것이 보통이다. 만일 압축력이 작용하면 판재에 좌굴, 겹침, 주름이 발생할 수 있다. 부피성형가공(제6장에서 설명)에서는 소재의 두께, 즉 세로치수를 의도적으로 변화시켜 제품을 만드는 반면, 대부분의 판재성형공정에서는 인장응력으로 판재를 신장시키면서, 가급적 두께가 조금만 변하도록 한다. 판재성형에서 두께가 감소되면 인장시험의 경우처럼 네킹이나 파단에 이를 수 있다.

모든 판재성형공정의 기본적인 변형기구는 신장과 굽힘이므로, 몇 개의 특정 인자, 즉 연신율, 항복점신장, 이방성, 결정립크기, 잔류응력, 스프링백, 주름 등이 전체 공정에 큰 영향을 준다.

7.2.1 연신율

판재성형작업이 단축인장으로만 이루어지는 경우는 거의 없지만, 2.2절에서 설명한 단축인장시험에서 일어나는 현상을 관찰하면 성형작업에서 금속판재의 거동을 잘 이해할 수 있다. 그림 2.2에서 시편이 인장을 받으면 극한인장강도에 도달할 때까지 처음에는 균일하게 늘어나고, 이후에는 파단이 일어날 때까지 이차적인 불균일연신(**이차연신**)이 일어난다고 설명한 바 있다. 판재성형에서 소재는 신장을 받으므로, 성형성이 좋으려면 균일연

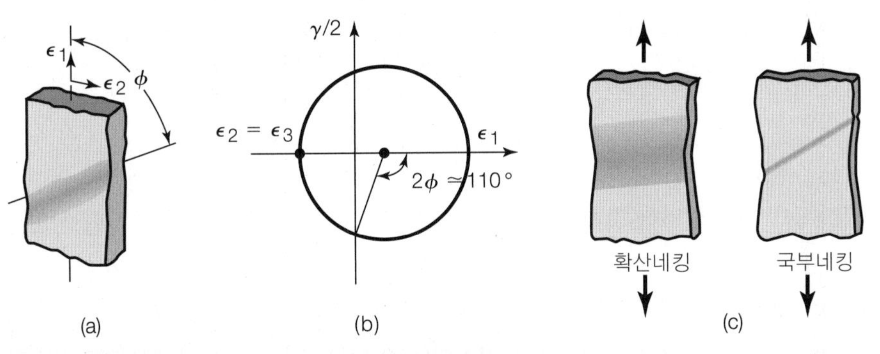

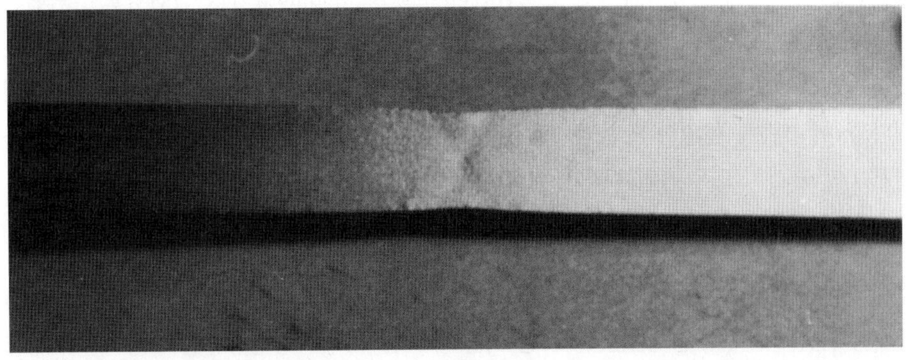

▶ **그림 7.1**
(a) 인장을 받는 판재시편에서의 국부네킹, (b) 모어(Mohr) 변형률 원으로부터 네킹각의 결정, (c) 확산네킹과 국부네킹의 개략도, (d) 알루미늄시편의 인장 시 생긴 이중네킹.

신율이 높아야 한다.

2.2.3절에서 재료의 진응력-진변형률 곡선은 다음 식으로 표현될 수 있음을 보였다.

$$\sigma = K\epsilon^n \tag{7.1}$$

이때 네킹이 시작될 때(**불안정성**)의 변형률은

$$\epsilon = n \tag{7.2}$$

으로 주어진다. 즉, 단순한 신장작업(단축인장)에서 균일한 진변형률의 한계는 변형경화지수 n과 같다. n 값이 크면 균일연신율이 높은 것이므로 판재성형에서는 바람직하다.

판재시편의 네킹은 그림 7.1a에 나타낸 것처럼 인장방향에 대하여 각도 ϕ를 이루며 일어난다. 등방성 판재시편이 단순인장을 받을 때, 모어 변형률원을 그리는 방법은 다음과 같다(그림 7.1b). 즉, ϵ_1을 길이방향 변형률, ϵ_2와 ϵ_3를 폭 및 두께 방향 변형률이라 할 때, 소성역에서의 포아송비는 0.5이므로 폭 및 두께 방향 변형률은 $-\epsilon_1/2$의 값을 갖는다. 그림 7.1a에서처럼 일단 네킹이 일어나면, 폭이 좁은 띠모양의 네킹영역(**국부네킹**)은 상하의 재료에 의해 띠의 길이방향으로 구속되므로, **평면변형률상태**에 있게 된다.

각도 ϕ는 모어원의 ϵ_1점으로부터 2ϕ만큼 회전(시계방향 또는 반시계방향)시킴으로써 정할 수 있다(그림 7.1b). 이 각도는 보통 110° 정도이므로, ϕ는 55°에 해당한다. 인장시험 동안 네킹 띠의 길이는 일정하지만, 두께는 감소하므로(체적이 일정하므로) 결국 시편은 파단한다. 판재면에서 이방성이 있는 재료의 경우에는(평면이방성) 각도 ϕ가 위와는 달라진다.

네킹이 국부적인지 아니면 **확산**되는지는(그림 7.1c 참조) 다음 식으로 주어지는 변형률속도 민감지수 m에 의해 결정된다.

$$\sigma = C\dot{\epsilon}^m \tag{7.3}$$

2.2.7절에서 이미 설명한 것처럼, m 값이 크면 네킹은 확산한다. 알루미늄 띠를 인장할 때 국부네킹이 일어나는 예를 그림 7.1d에 나타내었다. 그림 7.1a에서 ϕ가 시계방향이나 반시계방향으로 정해질 수 있으므로 이중 국부네킹이 생긴 것을 볼 수 있다.

균일연신 이외에 인장시험시편의 표점거리(예를 들면, 50 mm)의 총 연신량도 금속판재의 성형성에서 중요한 인자이다. 총 연신량은 균일연신과 이차연신의 합이다. 균일연신은 변형경화지수 n에 따라 정해지는 반면, 이차연신은 변형률속도 민감지수 m에 의해 결정된다. m이 클수록 네킹이 확산되므로 파단이 일어나기 전까지의 이차연신이 커진다. 따라서 n 및 m 값이 모두 커짐에 따라 재료의 총 연신율은 증가한다.

다음에 설명하는 항목들은 판재성형공정에 중요한 영향을 주는 변수들이다.

1. **항복점신장**(yield-point elongation). 저탄소강은 그림 7.2a에 나타낸 것처럼 상항복점과 하항복점을 가지며, 항복점신장이라는 거동을 보인다. 항복점신장률은 보통 수 % 정도

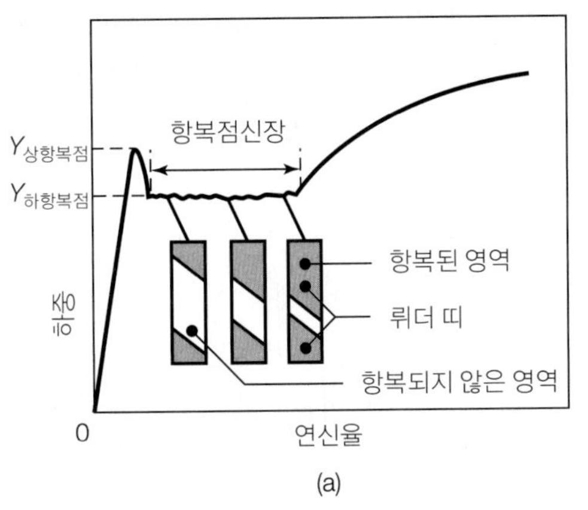

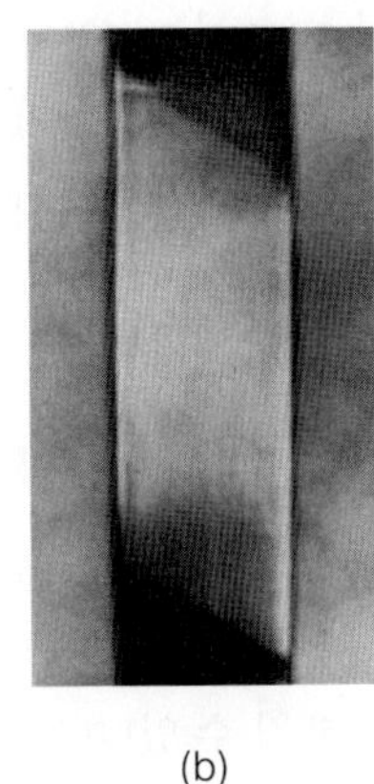

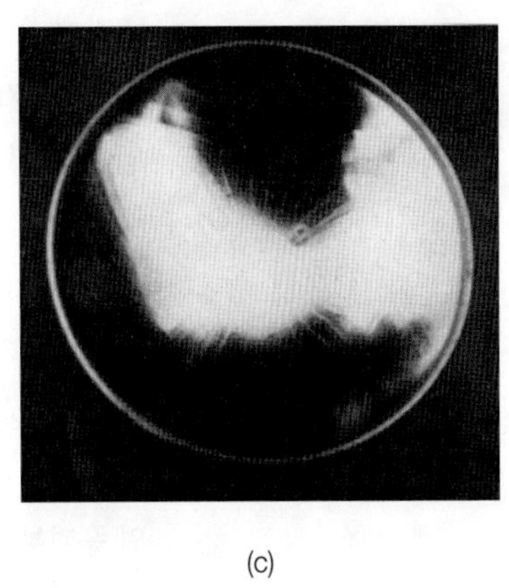

▲ **그림 7.2**

(a) 인장시험 중에 나타나는 항복점신장과 뤼더띠, (b) 풀림처리된 저탄소강 판재에서의 뤼더띠, (c) 주방용기 밑면에서의 신장변형마크.

로, 이 거동은 소재의 특정 영역에서 항복이 시작되어도 다른 부분은 항복되지 않은 채, 하항복점의 증가 없이 신장이 지속되는 현상이다. 전체 연신율이 항복점신장률에 달하면 시편의 전역에서 균일한 변형이 일어난다. 항복점신장률의 크기는 변형률속도(속도가 클수록 신장률도 증가)와 금속판재의 결정립크기(입도가 작을수록 항복점신장률은 증가)에 의존한다.

저탄소강에서의 이러한 거동으로 그림 7.2b에 나타낸 것과 같은 **뤼더**(Lueder)**띠**(**신장변형마크**라고 함)가 판재에 생긴다. 이 띠는 판재가 국부적으로 신장되어 얇아져서 표면에 나타난 것이므로 최종제품의 외관에 남으며, 후속되는 도금이나 도장 공정에 어려움을 주기도 한다. 그림 7.2c는 바닥이 둥그런 일반주방용기의 밑면에 생긴 신장변형마크를 보여주고 있으며, 알루미늄합금은 이 거동을 나타내지 않는다.

이 문제를 피하기 위해 보통 사용되는 방법은 항복점신장을 없애거나 줄이는 것으로, 냉간압연으로 판재두께를 0.5~1.5% 정도 줄임으로써 가능하며, 이를 **조질압연**(temper rolling) 또는 **스킨압연**이라고 한다. 그러나 변형시효로 인해 항복점신장은 상온에서는 수일 후, 고온에서는 수시간 후에 다시 나타나기 때문에, 금속판재는 일정기간(림드강인 경우에는 1주 내지 3주, 5.7.1절 참조) 내에 가공해야 신장변형이 나타나는 것을 막을 수 있다.

2. **이방성.** 금속판재성형에서의 또 다른 중요한 인자는 판재의 이방성, 즉 **방향성**이다. 이방성은 판재의 열-기계적 가공이력에서 생긴다. 3.5절에서 이방성에는 두 가지, 즉 **결정학적 이방성**(결정립의 선택적 방향성에 기인)과 **기계적 섬유화**(불순물, 개재물, 공극 등이 판재의 가공 중 두께방향으로 밀집되는 데 기인)가 있다고 하였다. 이방성은 판재면에만 나타나는 것이 아니고, 두께방향으로도 생길 수 있다. 이때 전자를 **평면이방성**(planar anisotropy),

후자를 **수직이방성**(normal anisotropy) 또는 **소성이방성**(plastic anisotropy)이라고 한다.

3. **결정립크기.** 판재의 결정립크기(3.4.1절)는 (1) 재료의 기계적 성질, (2) 성형제품의 표면외관에 영향을 준다. 결정립이 조대할수록 표면외관은 거칠어 보인다(**오렌지피일** 효과). 금속판재의 일반성형에는 ASTM 규격의 결정립크기 7번 이하의 미세한 것이 바람직하다(3.4.1절 참조).
4. **잔류응력.** 판재의 성형 도중 불균일한 변형으로 인해, 금속판재제품에는 **잔류응력**이 남으며, 제품의 일부를 제거한다든지 하여 균형이 깨지면 제품은 뒤틀린다(그림 2.31 참조). 또한 금속판재제품의 표면에 인장잔류응력이 있을 때, 이를 적절히 제거하지 않으면 **응력부식균열**이 생길 수 있다(그림 7.3 참조).
5. **스프링백**(springback). 판재제품은 두께가 얇고 가공 시에 받는 변형률이 작으므로 상당한 양의 스프링백을 나타내는 경우가 있다(7.4.2절 참조). 특히 자동차패널이나 C 채널강 같이 두께 대비 굽힘반경의 비가 큰 굽힘작업이나, 기타 성형작업에서 두드러지게 나타난다.
6. **주름**(wrinkling). 판재성형에서 재료는 인장응력을 주로 받지만, 가공법에 따라서는 판재면에서 압축응력이 발생하는 수도 있다. 이 경우에는 가늘고 긴 봉에 축방향 압축하중을 가하면 좌굴되는 것처럼, 판재면에 압축응력이 작용하면 좌굴되어 주름이 발생할 수 있다. 한 예로, 디프드로잉(7.6절)에서 소재의 플랜지부는 원주방향으로 **압축응력**을 받음으로 인해 **주름**이 발생할 수 있다. 이와 유사한 현상으로 **겹침**(folding)이나 **붕괴**(collapsing)가 있다. 주름은 (1) 금속판재에서 지지되거나 구속되지 않은 부분이 넓을수록, (2) 두께가 얇을수록, (3) 판재두께의 불균일성이 심할수록 발생하기 쉽다. 주름결함은 판재와 금형 사이에 윤활제가 갇혀 있거나, 불균일하게 분포함으로써도 생길 수 있다.
7. **판재의 코팅.** 금속판재, 특히 강판은 각종 유기질 피복, 막, 층으로 **사전코팅**하여 표면을

▶ 그림 7.3
전등에 사용되는 황동제 디프드로잉 부품에서 생긴 응력부식균열. 균열은 일정시간이 지난 후에 발생되었으며, 응력부식균열이 생기는 금속으로는 황동 및 오스테나이트 스테인리스강(300 계열)을 들 수 있다.

보호하는데, 코팅으로 판재의 내부식성을 높일 뿐만 아니라 외관을 미려하게 한다. 판재코일은 연속생산라인에서 대략 0.0025~0.2 mm의 두께로 코팅한다. 코팅으로 인해 얻는 성질은 유연성, 내구성, 경도, 내마모성 및 내화학성, 색상, 질감, 광택 등으로 매우 다양하다. 코팅된 금속판재는 가공되어 TV 외판, 가전제품 몸체, 패널, 선반, 주택외벽, 금속가구 등에 사용된다. 강판의 부식을 막기 위한 코팅에는 아연이 널리 사용되며 (**도금강판**, 3.9.7절과 4.5절 참조), 특히 자동차산업에서는 아연도금강판이 중요하다. 강판의 도금은 용융도금, 전기도금, 도금풀림처리 등의 방법이 사용된다. (4.5.1절 참조)

7.3 판재의 전단작업

전단작업(shearing process)은 종이펀치기처럼 **펀치**와 **다이**(그림 7.4) 사이에 소재를 놓고 전단응력을 가함으로써 판재, 후판, 각종 단면의 봉재나 관재를 절단하는 작업이다. 펀치와 다이의 모양은 다양하여 원형이거나 가위처럼 직선날인 경우도 있다. 전단작업의 주요 공정변수는 펀치하중, 펀치속도, 표면상태, 펀치나 다이 재료, 펀치와 다이의 코너반경, 펀치-다이 간극, 윤활 등이다.

두 전단면(슬러그와 판재)과 그 모서리부를 그림 7.5에 나타내었다. 전단면은 매끈하지 않으며, 판재에 수직하지도 않은 것이 보통이다. **간극**(clearance) *c*(그림 7.4)는 전단면의 형상과 품질을 결정하는 가장 중요한 인자로, 그림 7.6a에 나타낸 것처럼, 간극이 클수록 전단면은 거칠어지고 변형영역이 커진다. 판재는 간극 내로 잡아당겨지므로 모서리부는 둥글게 휜다. 실제로, 간극이 너무 크면 금속판재에 전단변형이 일어나는 대신, 휘면서 인장응력을 받는다.

실제 작업에서 간극은 판재두께의 2~8% 정도로 설정하는 것이 보통이고, 정밀블랭킹 (fine blanking)의 경우에는 최소 1%까지 설정하기도 한다. 일반적으로 소재가 연하면

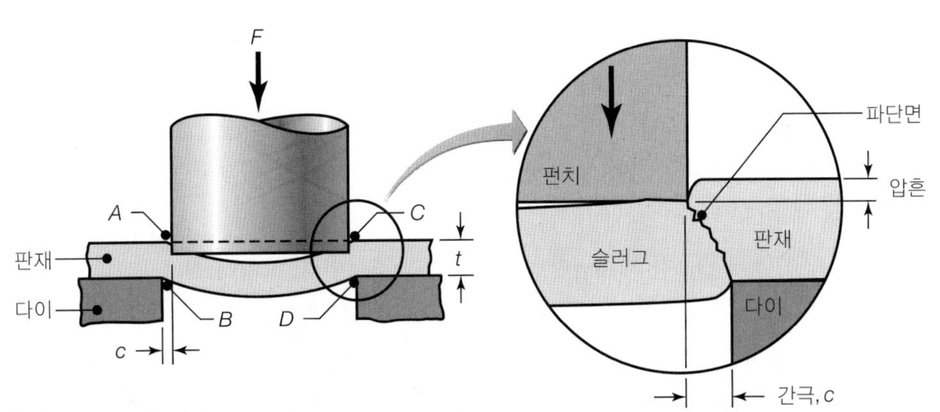

▶ **그림 7.4**
펀치와 다이에 의한 전단작업과 주요 공정변수.

▶ **그림 7.5**

(a) 펀칭된 구멍과 (b) 떨어져 나온 슬러그의 특징적인 형상. 슬러그의 크기척도는 구멍과 다름에 유의.

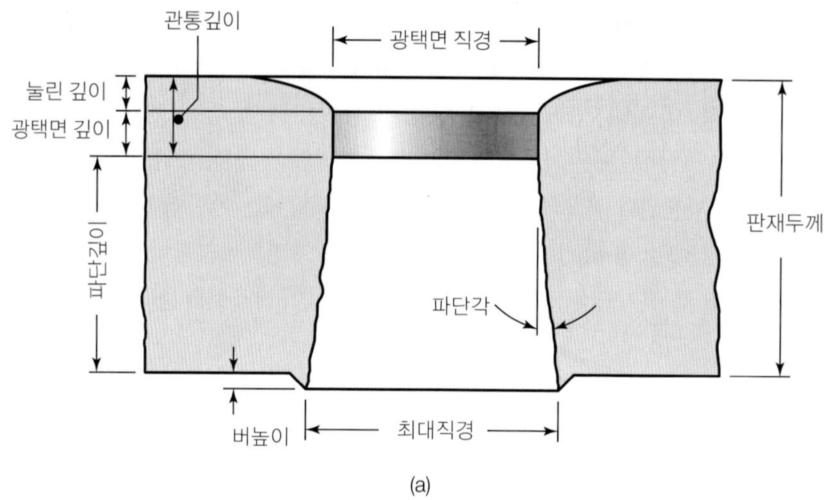

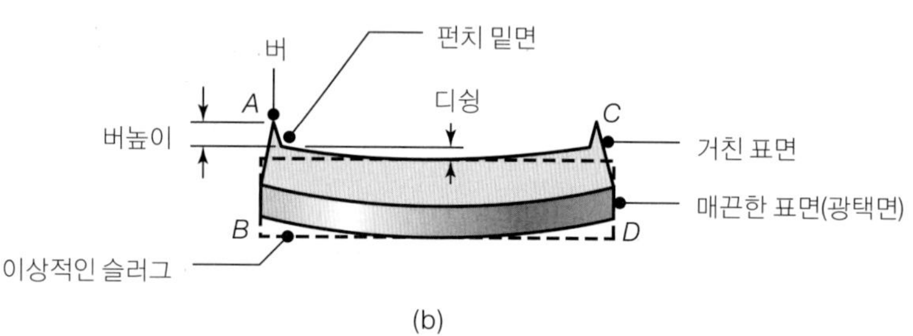

간극을 작게 하고, 판재두께가 두꺼울수록 크게 한다(최대 10%까지). 그림 7.6b에 보인 것처럼, 전단면부위에는 높은 변형률이 생기면서 심한 냉간가공을 받는다. 그 결과, 후속되는 판재가공작업에서 성형성에 좋지 않은 영향을 주기도 한다.

전단과정을 살펴보면, 판재의 윗면과 아랫면의 펀치와 다이 모서리부에서부터(그림 7.4의 A점과 B점) 균열이 형성되기 시작한다. 이 두 점에서 시작된 균열들이 전파되어 서로 만나서 분리를 일으키며 **거친 전단면**을 만든다. **매끈하고 윤이 나는 광택면**이 생기는 것은 펀치나 다이의 벽면에 접촉되며 문질러졌기 때문이다. 그림 7.5b의 슬러그에는 광택면이 아랫부분에 나타나는데, 그 이유는 이 부분이 다이벽면에 문질러졌기 때문이다. 반면에, 판재 쪽의 전단면에서는 펀치에 문질러진 윗부분에 광택면이 생긴다.

전단면에서 비광택면에 대한 광택면의 면적비는 금속판재의 연성이 높을수록 증가하고, 소재의 두께나 간극이 증가할수록 감소한다. 전단작업을 완료하는 데 필요한 펀치행정은 재료의 파단에 필요한 최대전단변형률에 따라 결정된다. 따라서 취성재료나 냉간가공도가 높은 재료는 완전전단될 때까지 펀치행정이 작아도 된다.

그림 7.6에서 변형영역은 높은 전단변형률을 받고 있음을 알 수 있다. 변형영역의 폭은 전단속도, 즉 펀치속도에 따라 정해진다. 펀치속도가 빠르면, 소성변형으로 인해 발생하

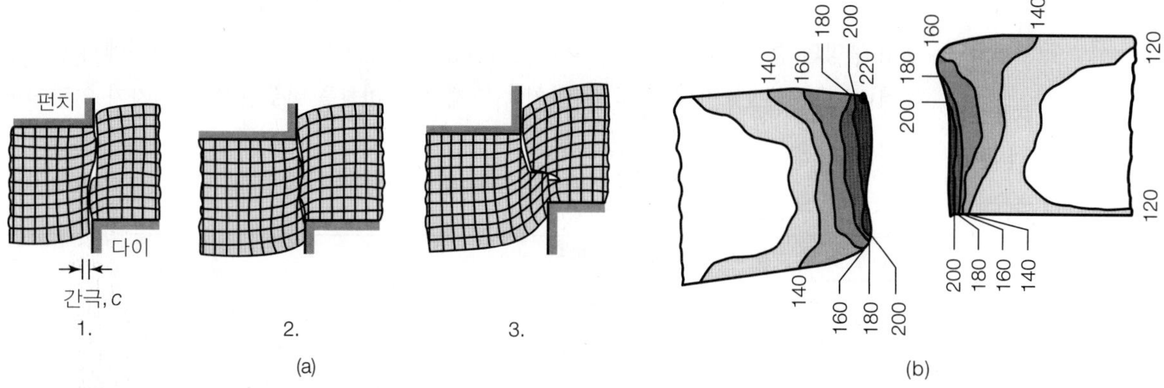

▲ **그림 7.6**

(a) 전단작업 시 펀치와 다이 사이의 변형영역에서 간극 c의 영향. 간극이 크면 소재가 전단되지 않고 다이 안으로 끌려 들어가게 되며, 실제 작업에서의 간극은 판재두께의 2~10% 정도로 한다. (b) 6.4 mm 두께의 AISI 1020 열간압연판의 전단영역에서의 경도분포(HV).

는 열이 좁은 영역에 국한되어(좁은 단열영역이 됨) 전단면이 매끈해진다.

그림 7.5는 **버**(burr)의 형성과정을 보여주는데, 버의 높이는 간극이 넓고 재료의 연성이 클수록 증가한다. 무딘 날의 공구를 사용하는 것도 버가 생기는 주요인이다. 버의 높이, 형상, 크기는 후속되는 가공작업에 심각한 영향을 주며, 플랜징작업(7.4.4절 참조)에서는 버로 인해 균열이 발생하기도 한다. 또한 버가 있는 부품은 작동 중에 외력이 작용하면서 버가 떨어져나가서 부품기능을 방해하거나 윤활제를 오염시킨다. 각종 버제거작업을 9.8절에 기술하였다.

■ **펀치하중** 펀치하중 F는 금속판재의 전단강도와 전단면적의 곱으로 나타낼 수 있으며, 펀치와 재료 간의 마찰로 인해 상당히 커질 수 있다. 전단면은 소성변형, 마찰, 균열을 받으므로, 펀치하중-행정 곡선의 양상은 다양하다. 연성재료에 대한 전형적인 곡선을 그림 7.7에 나타내었다. 곡선 아래의 면적은 전단작업에 드는 총 일량에 해당한다.

최대펀치하중 F_{max}는 다음과 같은 경험식으로 대략 예측할 수 있다.

$$F_{max} = 0.7(\text{UTS})tL \tag{7.4}$$

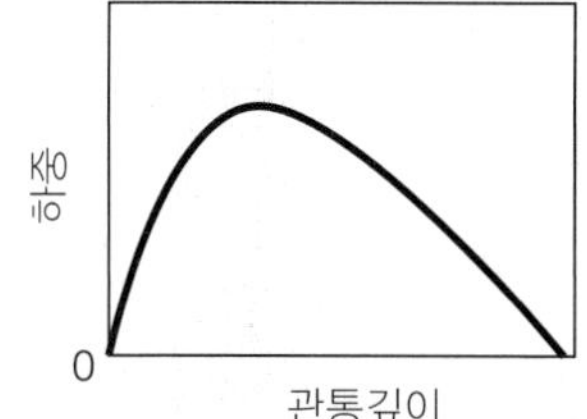

▶ **그림 7.7**

전단작업에서의 전형적인 하중-관통깊이 곡선. 곡선의 밑면적은 전단에 사용된 총 일량이며, 곡선의 모양은 공정변수와 재료상수에 따라 다르다.

여기서 t는 판재의 두께, L은 전단면의 총 길이, UTS는 소재의 극한인장강도로, 직경 D인 원형 구멍의 경우는 $L = \pi D$가 된다. 펀치하중 외에 펀치의 귀환행정 시 펀치에서 판재를 벗겨내는 힘이 필요한데, 이 힘은 펀치와 판재 간의 마찰을 비롯한 각종 인자가 연관되어 계산하기 까다롭다.

예 7.1 최대펀치하중의 계산

두께 1.8 mm인 5052-O 알루미늄 판재에 상온에서 직경 25 mm의 구멍을 내는 데 필요한 펀치하중을 계산하여라.

풀이 펀치하중은 식 (7.4)로 계산하며, 주어진 알루미늄합금에 대한 극한인장강도 UTS는 표 3.7에서 찾으면 190 MPa이다. 따라서

$$F = 0.7(1.8)(\pi)(25)(190)$$

$$= 18{,}802 \text{ N} = 1917 \text{ kgf}$$

이다.

7.3.1 전단작업

이 절에서는 전단공정을 기초로 한 각종 작업에 대하여 설명한다. **펀칭**(punching)은 전단된 조각을 제거하는 것이고(그림 7.8a 참조), **블랭킹**(blanking)은 전단되어 나온 조각이 제품이 되고 판재의 남은 부분은 스크랩이 된다. 흔히 사용되는 전단작업은 다음과 같다.

1. **다이커팅**(die cutting). 다이커팅은 그림 7.8b에 나타낸 각종 작업으로 구성되며, 전단된

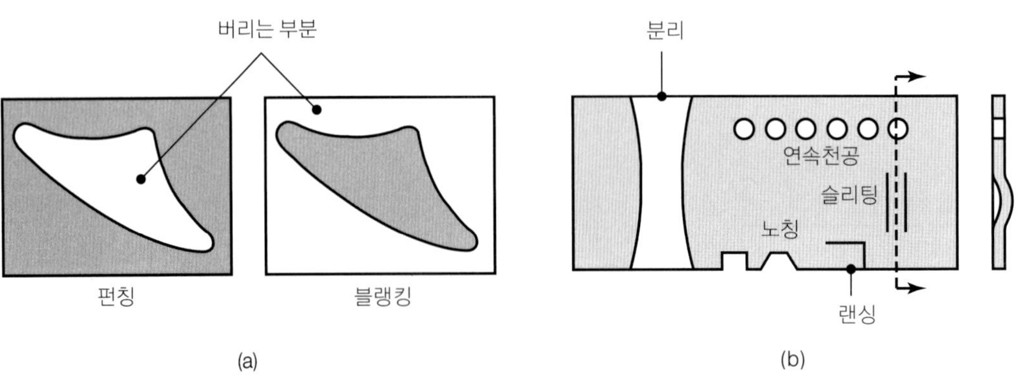

▲ **그림 7.8**

(a) 펀칭과 블랭킹, (b) 판재에서의 여러 가지 전단작업의 예.

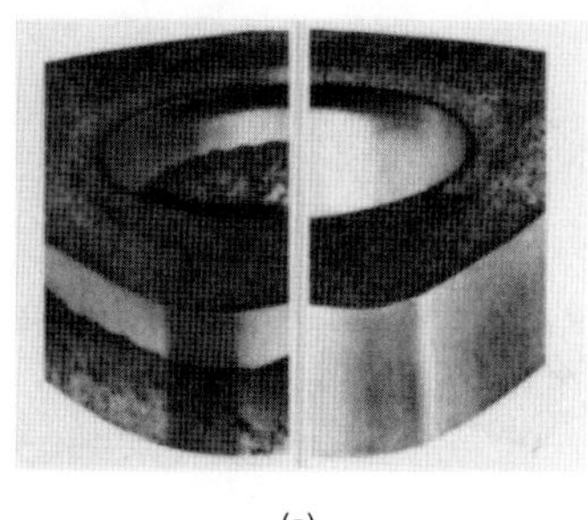

(a)

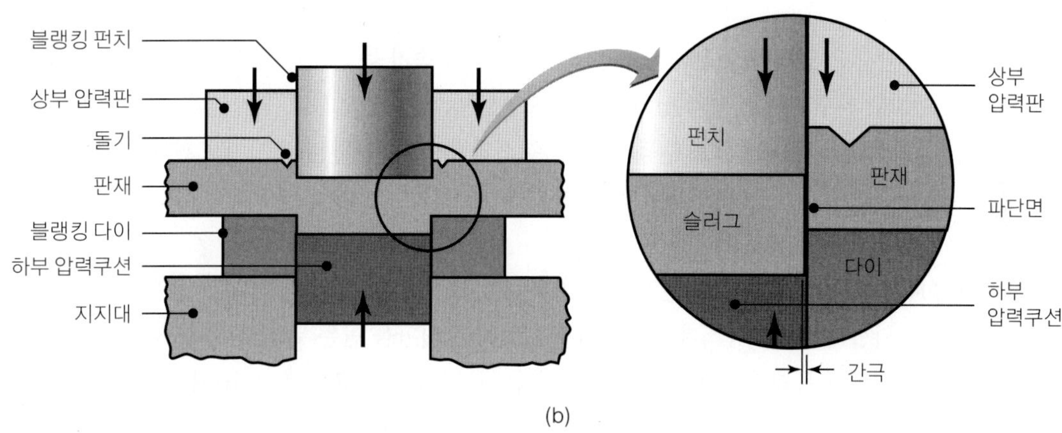

(b)

▲ **그림 7.9**

(a) 일반블랭킹(좌)과 정밀블랭킹(우)에 의한 전단면의 비교, (b) 정밀블랭킹의 작업 단면도.

부품은 다른 부품과 조립되어 다양한 용도로 사용된다. (1) **연속천공**(perforating)은 판재에 다수의 구멍을 뚫는 작업, (2) **분리**(parting)는 판재를 두 개 이상으로 전단하는 작업, (3) **노칭**(notching)은 판재의 옆면을 각종 모양으로 잘라내는 작업, (4) **슬리팅**(slitting)과 (5) **랜싱**(lancing)은 판재 일부를 자른 채 그대로 남겨두는 작업이다.

2. **정밀블랭킹**(fine blanking). 정밀블랭킹으로는 매끈하고 정확한 전단면을 만들 수 있다(그림 7.9a 참조). 기본적인 금형설계의 한 예를 그림 7.9b에 나타내었다. V자형 돌기로 판재를 단단히 고정하여 그림 7.6에 나타낸 것과 같은 변형을 방지한다. 일반 전단작업에서는 간극을 판재두께의 최대 8%로 설정하는 데 비해, 정밀블랭킹 공정에서는 판재두께의 1% 정도로 작게 설정한다. 두께 0.5~13 mm에 ±0.05 mm의 치수공차를 갖는 판재에 적용되며, 적절한 판재경도는 50~90 HRB이다. 이 작업은 펀치, 압력판, 다이의 운동이 각각 별도로 조절되는 복동유압프레스에서 이루어진다. 정밀블랭킹은 펀칭되면서 동시에 블랭킹이 되는 구멍이 있는 제품을 가공하는 데 많이 사용된다.
3. **슬리팅**(slitting). 슬리팅은 깡통따개의 원리와 비슷하게 한 쌍의 원형날을 사용하는 전단작업이다(그림 7.10 참조). 원형날은 직선, 원, 곡선을 따라서 판재를 분단하는데, 직선

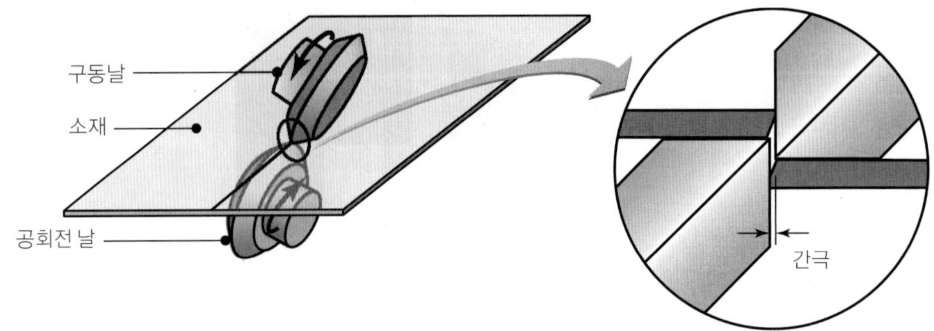

▶ **그림 7.10**
원형날에 의한 분단작업.

분단은 압연공장에서 공급된 넓은 판재를 후속가공에 맞는 폭으로 절단하는 데 사용된다. 분단면에는 버가 생기는 것이 보통이며, 이는 압연으로 제거한다. 슬리팅 장비에는 두 종류, 즉 (1) 날을 구동시키는 **구동형**과 (2) 공회전하는 날 사이로 판재를 잡아당기며 통과시키는 **견인통과형**이 있다. 슬리팅작업이 적절하게 이루어지지 않으면 전단된 판재에 각종 뒤틀림이 유발된다.

4. **강척다이**(steel rule). 연질금속, 종이, 열가소성 플라스틱, 가죽, 고무 등은 **강척다이**로 전단할 수 있다. 강척다이는 경화강으로 얇은 대판을 만든 뒤, 전단할 모양으로 구부려서 편평한 목재판으로 지지한다. 강척다이를 소재에 대고 누르면 소재는 강척의 모양대로 잘려진다.
5. **니블링**(nibbling). 직선펀치가 다이 속으로 고속 상하운동하는 니블러(nibbler)라는 기계를 이용하여 판재에 수많은 구멍을 연속적으로 만들어나가는 공정이다. 이 작업은 종이펀치기로 연속적인 구멍을 내서 긴 홈을 만드는 것과 유사하다. 판재를 수작업이나 자동작업으로 조절하면 어떤 모양으로도 잘라낼 수 있다. 이 공정에는 특정한 다이가 필요치 않으므로 소량생산에는 경제적이다.

■ **전단 시 스크랩**(scrap) 전단작업으로 생기는 **스크랩**(**트림 손실**)은 상당한 양으로, 대형 판재부품의 경우에는 이 손실이 원소재의 30%에 달하기도 한다. 스크랩 손실은 가공비용에서 중요한 인자이므로, 판재에서 전단할 형상을 합리적으로 배치하여 스크랩을 획기적으로 줄여야 한다(**레이아웃**, 그림 7.67 참조). 대량생산에서는 컴퓨터응용설계 기술로 전단작업의 스크랩을 최소화할 수 있다.

7.3.2 전단용 다이

판재전단면의 품질은 판재가 전단된 후의 성형성에 큰 영향을 주므로, 펀치-다이 간극의 조절이 중요하며, 간극이 좁을수록 전단면의 질은 양호하다. 전단면이 거칠 때는 **셰이빙** 작업(그림 7.11)으로 여분의 재료를 잘라낸다.

1. **펀치와 다이의 형상.** 그림 7.4에서 펀치밑면과 다이윗면은 편평하였다. 따라서 전체두께

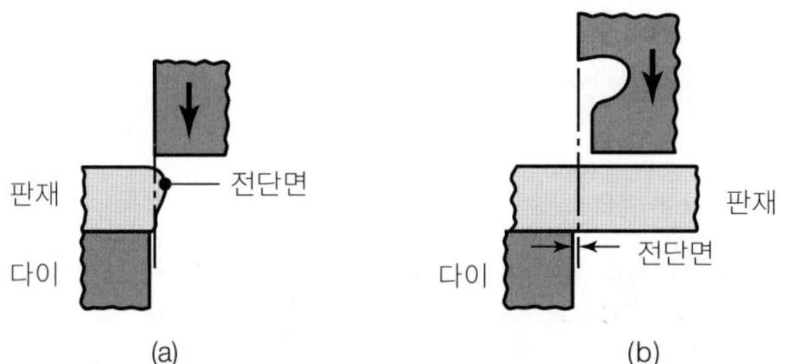

▶ 그림 7.11

전단면을 셰이빙하는 개략도: (a) 전단면의 셰이빙 작업, (b) 전단과 셰이빙을 한 공정으로 하는 작업.

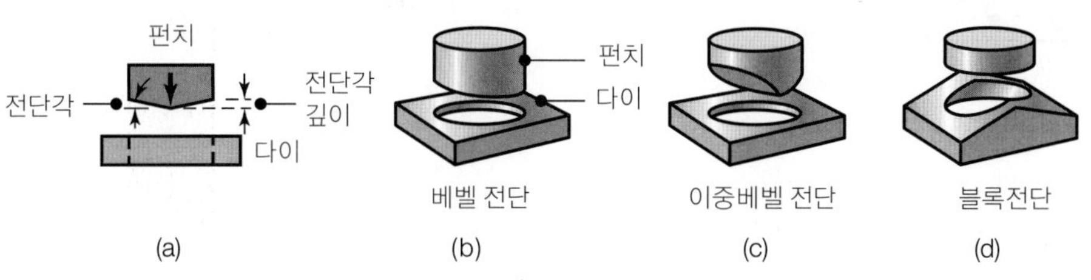

▶ 그림 7.12

펀치와 다이에 전단각을 두는 예.

가 한꺼번에 전단되므로, 전단작업 중에 펀치하중은 급격히 커진다. 펀치와 다이면을 그림 7.12와 같이 경사지도록 하면 전단면적을 항상 작게 조절할 수 있다. 종이펀치기에서 펀치의 날끝 모양을 경사지게 만든 것도 같은 원리이다. 경사진 형상은 전단의 초기행정에서 펀치하중을 감소시키므로, 특히 두꺼운 소재를 전단할 때 적합하고 작업 시 소음수준도 감소시킨다. 하지만 그림 7.12b의 경우에는 펀치에 수평력이 작용하므로, 치수공차를 유지하고 공구파손을 피하려면 프레스가 충분한 강성을 가져야 한다.

2. **복합다이**(compound die). 복합다이는 동일한 대판에 여러 전단작업을 한 번의 행정으로 수행하고자 할 때 사용한다. 복합다이를 사용하면, 단순한 펀치와 다이를 사용하는 공정보다 생산성이 높지만, 비교적 단순한 전단작업에 국한되고, 복합다이의 가격은 개별 전단작업용 다이의 가격보다 비싼 편이다.
3. **연속다이**(progressive die). 펀칭, 굽힘, 블랭킹 등 다수의 작업을 요하는 부품은 **연속다이**를 사용하여 높은 생산속도로 가공된다. 금속판재가 대판코일에서 공급되면 여러 개의 펀치가 달린 한 대의 기계에서(그림 7.13a) 1회의 행정으로 다양한 작업이 수행된다. 연속다이로 가공된 제품의 일례를 그림 7.13b에 나타내었다.
4. **트랜스퍼 다이**(transfer die, 순차이송금형). **트랜스퍼 다이** 장치는 금속판재를 직선 또는 원형 경로를 따라 배열된 별개의 작업대에서 별개의 작업을 받도록 하는 것이다. 각 작업이 끝나면 부품은 후속작업이 행해지는 다음 작업대로 옮겨진다.
5. **공구 및 다이 재료.** 전단작업용 공구 및 다이 재료로는 공구강이 보통 사용되고, 생산속도가 높을 때는 초경합금이 사용된다(표 3.6 참조). 공구 및 다이의 마모를 줄이고 전단면의 질을 높이기 위해서는 윤활이 중요하다.

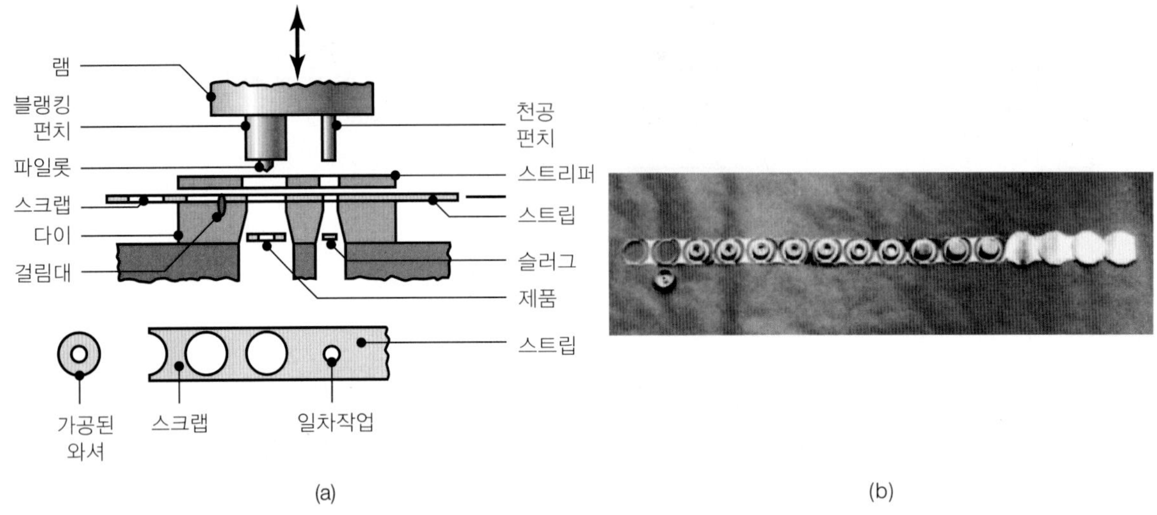

▲ **그림 7.13**
(a) 연속다이에서 와셔를 가공하는 개략도, (b) 연속다이에서 스프레이통의 윗마개를 성형한 모습.

7.3.3 기타 절단작업

판재, 특히 후판을 절단하는 방법으로는 다음과 같은 작업들이 있다.

1. **띠톱**(band saw)의 사용(8.10.5절 참조)
2. 조선이나 중구조물 건조 시 후판 절단용 **산소가스(화염)절단**(9.14.2절 참조)
3. 원판날로 판재표면을 고속으로 문질러서 절단하는 **마찰톱작업**(8.10.5절 참조)
4. 금속판재 및 비금속재료의 절단에 적합한 **물제트절단** 및 **입자물제트절단**(9.15절 참조)
5. 컴퓨터제어장비를 갖추어 고생산성으로 각종 형상을 일관성 있게 절단하는 **레이저빔절단**(9.14.1절 참조). 이 작업은 전단작업과 복합되기도 한다.

7.3.4 테일러용접 블랭크

판재성형작업에서는 큰 판재에서 전단된 일정두께의 한 장짜리 블랭크(소재판)를 사용하는 것이 보통이다. 금속판재성형, 특히 자동차산업에서의 중요한 기술로, 모양과 두께가 다른 판재조각을 맞대기 레이저용접한 블랭크(TWB, tailor-welded blank)를 성형하여 최종형상으로 만드는 기술이 있다.

비약적으로 발달한 레이저용접기술로 용접부의 강도는 충분하다. 용접된 각 판재조각은 서로 다른 두께(강성 같은 설계 고려사항에 따라), 판재등급, 피복, 기타 특성을 가지므로, 성형된 부품의 각 부위별로 원하는 특성을 줄 수 있다. 그 결과, (1) 생산성 증가, (2) 후속 점용접의 필요성(자동차차체의 경우) 감소 내지 배제, (3) 스크랩 손실 저감, (4) 치수관리 개선 등의 효과를 얻는다. 하지만 용접판재의 두께가 얇은 편이므로, 판재를 정확하게 배치하여 용접하는 것이 필수적이다.

예 7.2 자동차산업에서의 테일러용접 블랭크의 사용

테일러용접 블랭크의 예로, 그림 7.14a에 도시한 자동차 측면외판의 제조방법을 들 수 있다. 우선 블랭킹으로 다섯 개의 조각을 전단하고, 이 조각들을 맞대기 레이저용접한 후, 최종형상으로 스탬핑한다. 이렇게 하면 판재의 형상 및 두께 외에도 이종판재 및 코팅판재를 용도에 따라서 재단하여 블랭크를 만들 수 있다. 판재조각을 용접

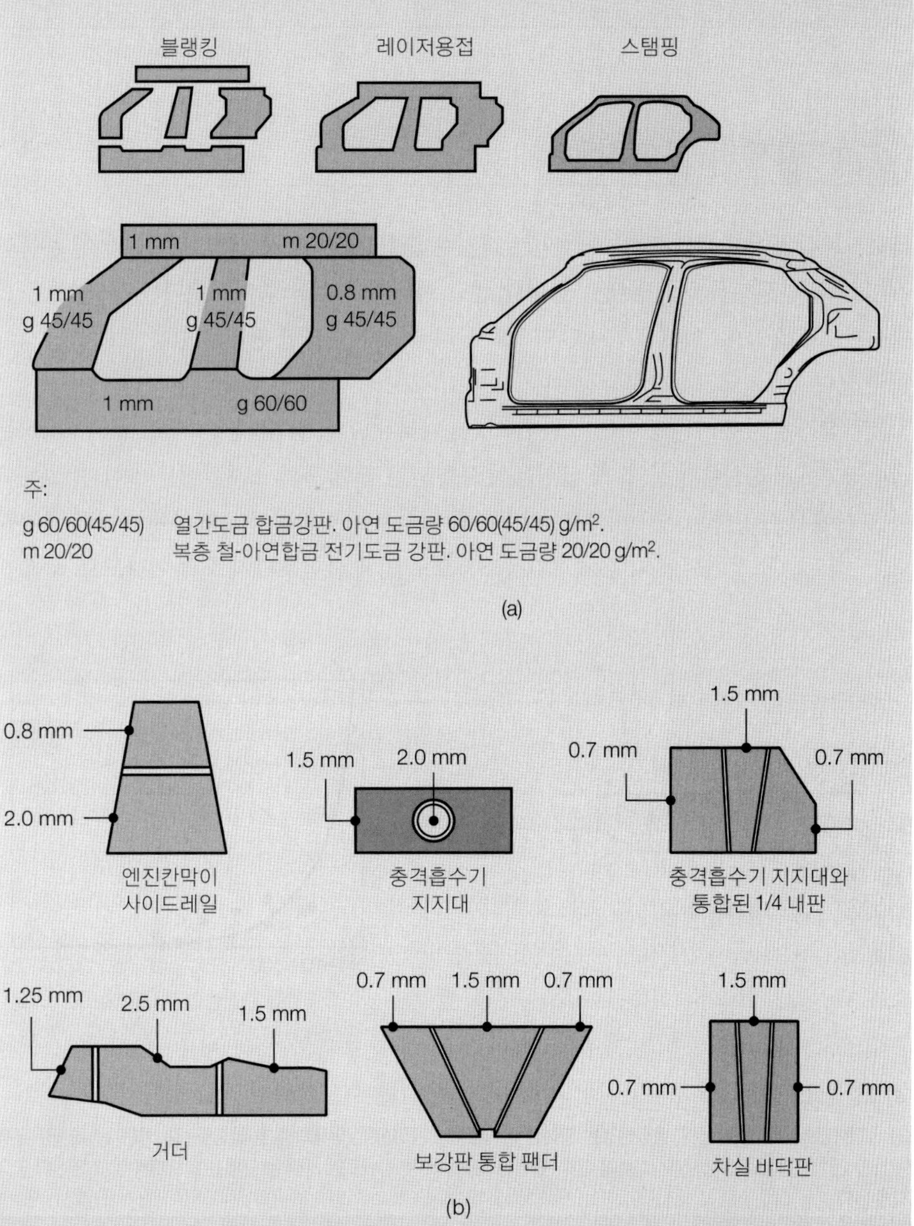

▶ **그림 7.14**

(a) 레이저용접 및 스탬핑에 의한 자동차 외판의 제조, (b) 레이저용접 및 스탬핑으로 가공된 자동차 차체부품의 예.

한 후 성형하는 기술로 제품설계의 유연성이 크게 높아지고, 구조적 강성과 충돌거동(crashworthiness), 성형성, 동일 부품 내 이종재료의 활용, 중량절감, 재료/스크랩/장비/조립/인건비의 절감이 가능하다.

자동차회사에서는 이러한 유형의 생산방식이 증가하고 있다. 그림 7.14b에 도시한 각종 부품은 앞서 설명한 장점을 활용한다. 예로서, 큰 판재에 원형조각을 용접함으로써 충격흡수기(shock absorber)를 지지하는 데 필요한 강도와 강성을 줄 수 있다. 이들 부품의 두께는 부위에 따라 다르므로, 필요한 강성과 강도를 주면서도 중량과 비용을 획기적으로 절감할 수 있다.

7.4 판재의 굽힘작업

금속가공작업에서 가장 많이 사용되는 작업은 **굽힙작업**으로, 플랜지, 말기, 접기, 주름잡기 등으로 판재부품을 모양대로 성형할 뿐만 아니라 강성을 증가시킨다(관성모멘트를 크게 하여). 예를 들어, 판재를 V자 단면으로 굽혀 놓으면 편평한 판재로 있을 때보다 강성이 훨씬 크다.

굽힘작업에 사용되는 용어를 그림 7.15a에 나타내었다. **굽힘허용부**(bend allowance)는 굽힘영역에서 **중립축**의 길이, 즉 굽힘부에 포함되는 굽힘 전의 소재길이를 말한다. 고체역학 교재에서 설명하는 바에 따르면, 중립축의 위치는 굽힘반경과 굽힘각에 따라서 달라진다. 실제로는 소성변형에 따른 체적일정조건으로 인해 굽힘부가 다소 늘어나므로 굽힘 전

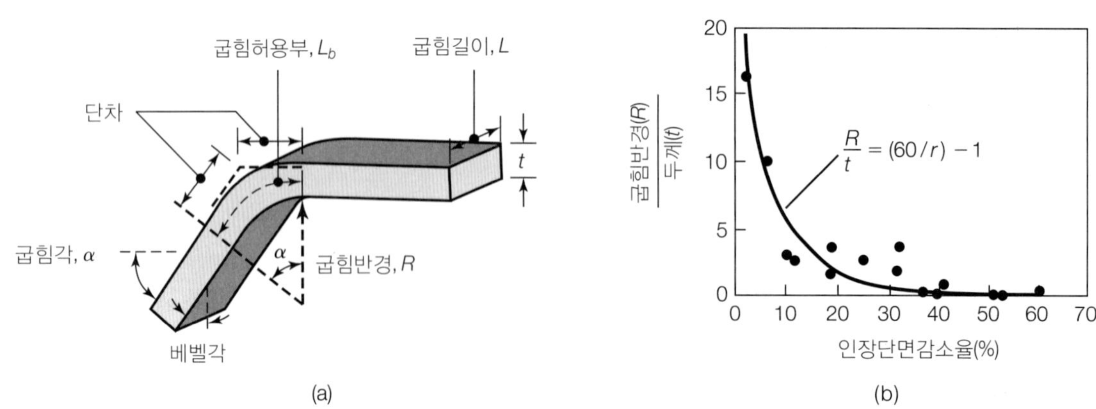

▲ **그림 7.15**

(a) 굽힘작업에 사용되는 용어. 굽힘반경은 굽혀진 안쪽면에서 측정하며, 판재의 폭을 굽힘길이로 삼는다. (b) 판재두께에 대한 굽힘반경비와 인장단면감소율의 관계. 단면감소율이 50%에 이르면, 판재는 균열을 일으키지 않고 완전히 굽혀지게 된다.

표 7.2 상온에서 각종 재료의 최소굽힘반경

재료	조건 연질	조건 경질
알루미늄합금	0	$6t$
베릴륨동	0	$4t$
황동	0	$2t$
마그네슘	$5t$	$13t$
강: 오스테나이트계 스테인리스강	$0.5t$	$6t$
저탄소강, 저합금강, HSLA	$0.5t$	$4t$
티타늄	$0.7t$	$3t$
티타늄합금	$2.6t$	$4t$

의 길이에 해당하는 중립축은 안쪽면으로 이동하는 것처럼 보인다. 굽힘허용부 L_b를 계산하는 근사식은 다음과 같다.

$$L_b = \alpha(R + kt)$$

여기서 α는 굽힘각[rad], R은 (판재 안쪽면을 기준으로 한) 굽힘반경, k는 중립축의 위치를 나타내는 상수, t는 판재두께를 나타낸다. 중립축이 이상적으로 판재의 중간면에 위치한다면 $k = 0.5$가 될 것이다. 하지만 실제에서는 $R < 2t$인 경우에 $k = 0.33$으로부터 $R > 2t$인 경우의 $k = 0.5$까지의 범위를 갖는다.

7.4.1 최소굽힘반경(minimum bend radius)

판재가 굽혀질 때, 판재의 바깥면은 인장을 받고 안쪽면은 압축을 받는다. 이론적으로는 바깥면과 안쪽면이 받는 변형률의 크기는 서로 같고, 다음 식으로 나타낼 수 있다.

$$e_o = e_i = \frac{1}{(2R/t) + 1} \tag{7.5}$$

실제의 굽힘에서는 판재 바깥면의 **굽힘길이**(그림 7.15a의 L)가 판재 안쪽면의 굽힘길이보다 짧아지고, 앞서 설명한 것처럼 **중립축이 안쪽으로 이동**한다. 이는 직사각형 고무지우개를 굽혀보면 쉽게 확인할 수 있다. 따라서 식 (7.5)와는 달리 바깥면과 안쪽면에서의 변형률이 다르고, R/t비가 작을수록, 즉 예리한 굽힘일수록 그 차이는 커진다.

식 (7.5)에 의하면 R/t비가 작아짐에 따라 바깥면의 인장변형률이 커지므로, 이 비율이 어느 한도에 도달하면 재료에 균열이 생긴다. 굽힘의 바깥면에서 균열이 생기기 시작하는 반경 R을 **최소굽힘반경**이라고 한다. 최소굽힘반경은 판재가 안전하게 굽혀지는 한계이며, 보통 $2t$, $3t$, $4t$ 등으로 표시한다. 즉, 굽힘반경이 $3t$라고 하는 것은 균열이 생기지 않고 판재를 굽힐 수 있는 최소반경이 두께의 3배라는 의미이다. 각종 재료에 대한 최소굽힘반경은 실험적으로 결정되며, 핸드북에서 찾을 수 있다. 보통 사용되는 값을 표 7.2에 나타내었다.

최소 R/t비와 재료의 기계적 성질 간의 관계를 알아보는 연구도 많이 진행되는데, 이때 (1) 굽힘에서 바깥면에 균열이 생길 때의 진변형률은 동일한 재료를 단순인장시험할 때 파단 시의 진변형률 ϵ_f와 같고, (2) 재료는 균질하고 등방성이며, (3) 판재는 평면응력상태에서 굽혀진다. 즉, L/t비가 작다는 가정을 사용한다.

인장을 받을 때, 파단 시 진변형률은

$$\epsilon_f = \ln\left(\frac{A_0}{A_f}\right) = \ln\left(\frac{100}{100 - r}\right)$$

이며, 여기서 r은 인장시험 시 단면감소율(%)이다. 2.2.2절에서 설명한 진변형률은 다음과 같다.

$$\epsilon_o = \ln(1 + e_o) = \ln\left(1 + \frac{1}{(2R/t) + 1}\right) = \ln\left(\frac{R + t}{R + (t/2)}\right)$$

위의 두 식을 같게 놓고 정리하면, 다음과 같은 결과를 얻는다.

$$\text{최소}\frac{R}{t} = \frac{50}{r} - 1 \tag{7.6}$$

그림 7.15b에 나타낸 실험결과에 따르면, 실험값에 가장 잘 맞는 식은 다음과 같다.

$$\text{최소}\frac{R}{t} = \frac{60}{r} - 1 \tag{7.7}$$

인장으로 인한 단면감소율이 50%가 되면 R/t비가 영에 가까워진다(소재가 자신에 그대로 접히는 완전굽힘성). 흥미롭게도, 이는 금속재료의 스피닝에서도 재료의 단면감소율이 50%이면 완전스피닝이 가능한 경우와 일치하는 값이다(7.5.4절 참조).

■ **굽힘성**(bendability)**에 영향을 주는 인자** 재료를 가열하거나 정수압을 가하여 인장단면감소율을 증가시키면 재료의 굽힘성을 증가시킬 수 있다. 굽힘작업 중에 응력상태를 변화시켜 굽힘성을 개선하는 기법이 사용되기도 하는데, 예로서 바깥면에서의 인장응력을 최소화하기 위해 압축력을 가하는 것을 들 수 있다.

굽힘길이가 길면, 바깥면에서의 응력은 단축응력이 아닌 **양축응력상태**로 바뀐다. 그 이유는 바깥면의 신장으로 인해 길이 L이 짧아지려고 하지만, 굽힘이 일어나는 주위의 재료에 의해 구속되기 때문이다. 따라서 길이 L이 길수록 최소굽힘반경도 증가한다(그림 7.16 참조). 그러나 길이가 $10t$ 이상이면, 최소굽힘반경은 더 이상 증가하지 않고, 완전한 **평면변형률상태**에 이르게 된다. R/t비가 작은 경우, 폭이 좁은(굽힘길이가 짧은) 판재에서는 측면에서 균열이 발생하고, 폭이 넓어서 양축응력상태에 충분히 도달된 판재는 중앙에서 균열이 일어난다.

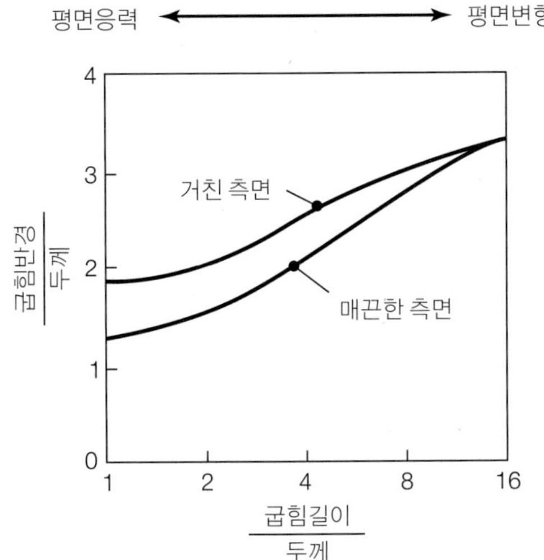

▶ **그림 7.16**

7075-T 알루미늄에서 굽힘길이와 측면의 상태가 굽힘반경-두께비에 주는 영향.

굽힘성은 판재측면의 상태에 따라서도 영향을 받는다. 측면이 거칠면 응력집중이 되므로, 굽힘성이 떨어진다. 굽힘성에 영향을 주는 또 다른 중요인자는 전단작업에서 측면이 받은 **냉간가공도**이다(그림 7.6b 참조). 셰이빙, 기계가공, 풀림처리 등으로 냉간가공영역을 제거하면 측면균열(edge cracking)에 대한 저항을 매우 높일 수 있다.

측면균열이 생기는 또 다른 요인은 금속판재 소재 내 개재물의 양 및 형상이다(3.3.3절 참조). 구상형 개재물보다는 침상형 개재물이 더 유해하다. 판재의 이방성도 굽힘성에 많은 영향을 준다. 그림 7.17에 보인 것처럼, 냉간압연된 판재에는 불순물, 개재물, 공극 등이 기계적으로 배열되며 **이방성**을 나타낸다(기계적 섬유화). 따라서 압연에 수직방향으로는 연성이 감소하므로(그림 7.17c 및 그림 3.16 참조), 실제 굽힘작업에서는 다소 번거롭더

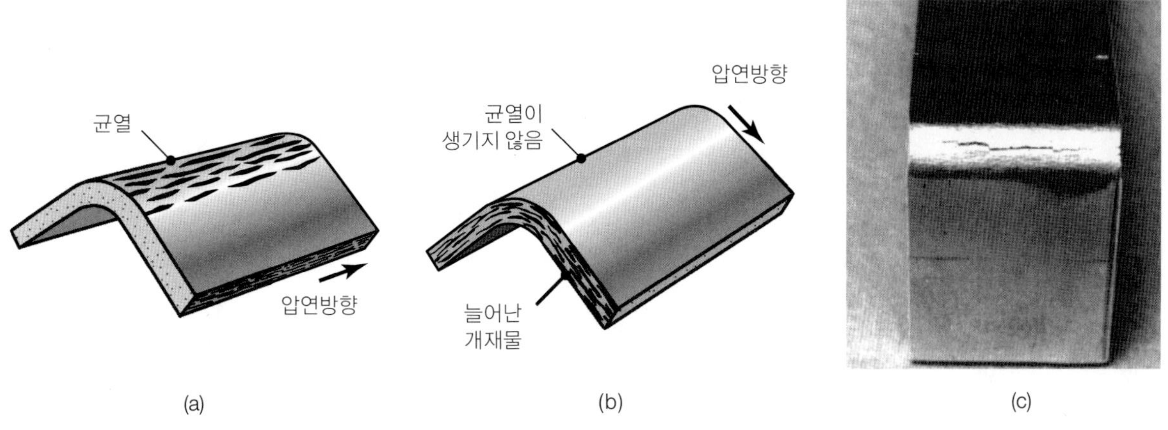

▲ **그림 7.17**

(a), (b) 늘어난 개재물이 판재의 압연방향에 대한 굽힘방향의 함수로 균열에 주는 영향. 굽힘작업을 할 때는 판재에서 소재를 절단해낼 때의 방향이 중요함을 알 수 있다. (c) 알루미늄판을 90° 굽혔을 때 바깥면에 생긴 균열.

라도 압연판재에서 방향을 맞추어 절단해낸 소재를 사용하는 것이 좋다.

7.4.2 스프링백(springback)

모든 재료는 탄성계수를 어느 정도 갖고 있기 때문에(표 2.1 참조), 소성변형 이후에 하중을 제거함에 따라 **탄성복원**이 일어난다. 굽힘 후에 탄성복원이 일어나는 것을 **스프링백**이라고 한다. 그림 7.18에 나타낸 것처럼, (1) 스프링백이 일어난 후의 최종굽힘각은 스프링백 이전보다 작아지고, (2) 최종굽힘반경은 커진다(철사조각을 굽혀보면 쉽게 관찰됨). 스프링백은 평판뿐만 아니라 봉재, 각재, 선재 등 어떤 단면을 갖는 소재에서도 일어난다.

스프링백은 **스프링백비**(springback factor) K_s로 그 양을 나타내며, 다음과 같이 구한다. 굽힘허용부(그림 7.15a)가 굽힘 전후에 같다면, 순수굽힘의 경우

$$\text{굽힘허용부} = \left(R_i + \frac{t}{2}\right)\alpha_i = \left(R_f + \frac{t}{2}\right)\alpha_f \tag{7.8}$$

인 관계로부터, K_s는 다음과 같이 정의된다.

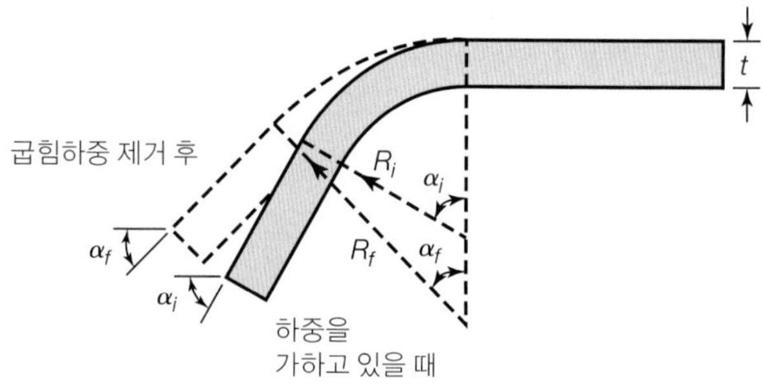

▶ **그림 7.18**

굽힘에서의 스프링백. 스프링백은 하중제거 시 탄성복원에 의해 생기며, 재료는 굽힘 전의 편평한 모양으로 되돌아가려고 한다.

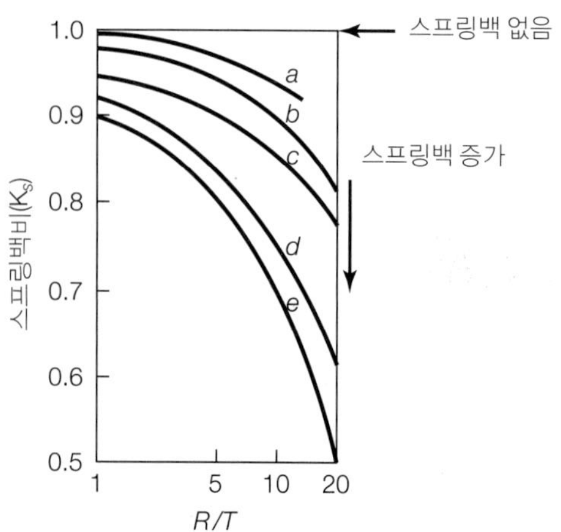

▶ **그림 7.19**

각종 재료의 스프링백비 K_s: (a) 알루미늄 2024-0 및 7075-0, (b) 오스테나이트계 스테인리스강, (c) 알루미늄 2024-T, (d) 1/4 경화 오스테나이트계 스테인리스강, (e) 1/2 경화 내지 완전경화 오스테나이트계 스테인리스강.

$$K_s = \frac{\alpha_f}{\alpha_i} = \frac{(2R_i/t) + 1}{(2R_f/t) + 1} \tag{7.9}$$

여기서 R_i와 R_f는 각각 스프링백 전후의 굽힘반경을 나타낸다. 위 식에서 스프링백비 K_s는 R/t비로만 결정됨을 알 수 있다. 스프링백비가 $K_s = 1$이면, 스프링백이 전혀 일어나지 않는 경우이고, $K_s = 0$이면 자동차의 겹판스프링에서처럼 완전한 탄성복원이 일어남을 뜻한다(그림 7.19 참조).

그림 2.3을 참조하면, 탄성복원량은 가해지는 응력수준과 재료의 탄성계수 E에 따라 결정된다. 즉, 응력수준이 높고 탄성계수가 작을수록 탄성복원량은 커진다. 이 사실을 근거로, 스프링백을 예측하는 다음과 같은 근사식을 사용할 수 있다.

$$\frac{R_i}{R_f} = 4\left(\frac{R_i Y}{Et}\right)^3 - 3\left(\frac{R_i Y}{Et}\right) + 1 \tag{7.10}$$

여기서 Y는 재료의 단축항복응력 혹은 0.2% 내력이다(그림 2.2b 참조).

예 7.3 스프링백 계산

20-게이지 철강판재(0.0912 cm)를 반경 1.27 cm로 굽혔다. 이 판재의 항복응력이 276 MPa이라 할 때, 스프링백을 감안하여 (1) 굽힘 후의 반경과 (2) 굽힘부가 90°로 유지되기 위한 굽힘각을 계산하여라.

풀이

(1) 식 (7.10)에 다음 값들을 대입한다.

$R_i = 1.27$ cm, $Y = 276$ MPa, $E = 200$ GPa, $t = 0.0912$ cm

이로부터,

$$\frac{R_i Y}{Et} = \frac{(1.27)(276)}{(200 \times 10^3)(0.0912)} = 0.0192$$

이므로,

$$\frac{R_i}{R_f} = 4(0.0192)^3 - 3(0.0192) + 1 = 0.942$$

즉,

$$R_f = \frac{1.27}{0.942} = 1.348 \text{ cm}$$

(2) 필요한 굽힘각은 식 (7.9)를 이용하여 계산한다.

$$\frac{\alpha_f}{\alpha_i} = \frac{(2R_i/t) + 1}{(2R_f/t) + 1}$$

즉, $$\alpha_i = \alpha_f \frac{(2R_f/t)+1}{(2R_i/t)+1} = (90°)\frac{(2)(1.348)/(0.0912)+1}{(2)(1.27)/(0.0912)+1} = 95.3°$$

■ **역스프링백**(negative springback) 그림 7.18에서의 스프링백은 양(+)의 스프링백이라고 한다. 어떤 조건에서는 굽힘이 완료된 후에 하중을 제거하면 굽힘각이 더 커지는 **역스프링백**, 즉 음(−)의 스프링백이 일어날 수도 있다. 이 현상은 V-다이 굽힘에서 주로 발생한다. 역스프링백이 발생하는 과정은 그림 7.20의 변형순서를 관찰함으로써 설명된다. (b)에서 소재를 들어내면 양의 스프링백이 일어난다. 그러나 (c)에서 소재가 펀치 윗부분에 닿게 되면, (c)에서 (d)에 이르는 동안 소재는 (a)에서 (b)까지의 굽힘과는 반대방향으로 굽혀진다(다이의 위 모서리부에서). 참고로, (c)에 이르기까지는 펀치반경보다 판재 안쪽면의 굽힘반경이 컸으나, (d)에서는 반경이 같아진다. 하중이 제거되면, 펀치 끝부분과 윗부분에서 각각 스프링백이 일어나면서, (d)에서의 소재는 (c)에 있을 때보다 안쪽으로 펴지려고 한다. (b) 단계에서 소재의 좁은 굽힘부에는 높은 변형률이 발생하므로 (d)에서 하중을 제거할 때 생기는 음의 스프링백이 양의 스프링백보다 클 수 있다. 그 결과, 역스프링백이 발생한다.

■ **스프링백의 보정** 스프링백을 보정하는 데는 다음과 같은 몇 가지 기술이 사용된다.

1. 소재를 **과도굽힘**(overbending)시킴으로써 스프링백을 보상. 이 작업에는 그림 7.21e에 나타낸 **회전굽힘**(rotary bending)기술을 사용하기도 한다. 상부다이는 원추형 로커(각도가 90° 이내)이며 자유회전할 수 있어서, 상부다이가 밑으로 내려오면서 판재를 구속하여 하부다이 주위로 판재를 굽힌다. 이때 하부다이의 여유각만큼 판재가 과도굽힘되므로 스프링백을 보정한다.

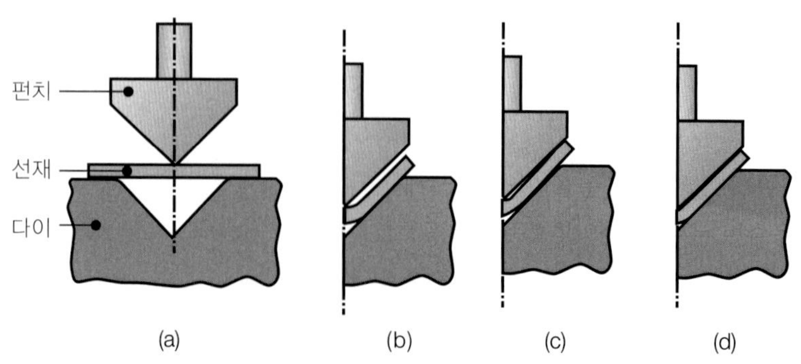

▶ **그림 7.20**
V-다이로 원형선재를 굽히는 단계의 개략도. 이러한 굽힘으로 자유굽힘(air bending, 그림 7.24a)에서는 생기지 않는 음의 스프링백이 생길 수 있다.

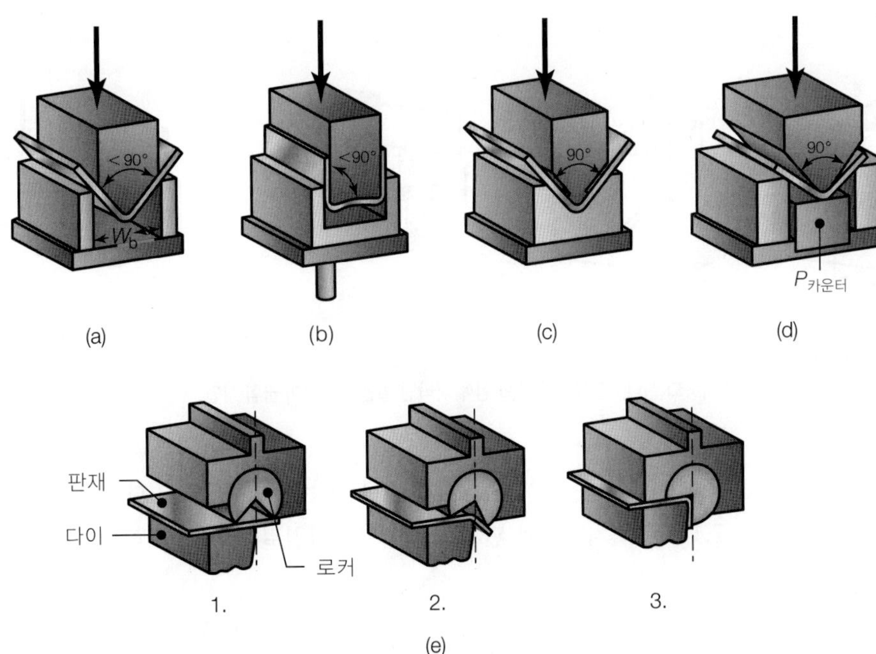

▶ **그림 7.21**

굽힘작업에서 스프링백을 감소하거나 제거시키는 방법.

2. 펀치 끝과 다이면에서 높은 압축응력이 걸리도록 굽힘 부위를 압축하는 코이닝(그림 7.21c, d)
3. 굽힘이 일어나는 동안 소재에 인장력이 걸리도록 하는 **신장굽힘**(stretch bending). 판재의 복합인장력(판재외면의 굽힘 시 인장력을 가함)이 클수록 판재에 소성변형을 일으키는 데 필요한 굽힘모멘트는 작아도 된다. 따라서 굽힘 시 불균일응력의 결과인 스프링백도 감소한다. 이 기술은 바닥이 얕은 자동차차체의 신장성형 시 스프링백 양을 제한하는 데 사용된다. (7.5.1절 참조)
4. 항복응력이 작으면 스프링백도 작아지므로(식 (7.10) 참조), 스프링백을 줄이기 위해 고온에서 굽힘작업을 하는 수도 있다. 하지만 이 방법을 사용하려면 항복응력이 현저하게 낮아질 정도의 고온에서 소재처리와 윤활의 문제가 수반되므로 실제로는 거의 사용되지 않는다.

7.4.3 굽힘하중

굽힘하중은 굽힘공정을 사각빔의 단순굽힘으로 가정하여 구할 수 있다. 즉, 굽힘하중은 재료의 강도, 소재의 길이와 두께(각각 L 및 t), 그림 7.22에 나타낸 다이걸침길이 W로 결정되며, 마찰을 무시했을 때의 **최대굽힘하중** F_{max}는 다음과 같이 일반적으로 표현된다.

$$F_{max} = k\frac{(\mathrm{UTS})Lt^2}{W} \tag{7.11}$$

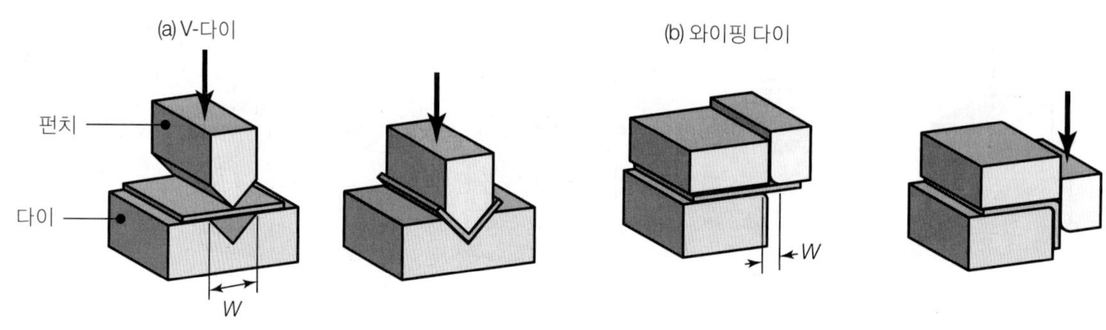

▲ 그림 7.22
굽힘하중을 계산하는 데 사용되는 다이걸침길이 *W*와 함께 나타낸 일반적인 다이-굽힘 작업.

여기서 상수 *k*는 V-다이의 경우 1.2~1.33, 와이핑 다이는 0.3~0.34, U-다이는 2.4~2.6을 사용한다. 식 (7.11)은 펀치반경과 판재두께가 다이걸침길이 *W*에 비해 작은 경우에 잘 사용된다.

굽힘하중은 펀치행정의 함수로 최대값에 도달한 후, 굽힘이 종료되면서 감소한다. 그러나 다이굽힘의 경우에는 펀치가 바닥을 압축함에 따라 다시 급격히 증가하고, **자유굽힘**(그림 7.24a 참조)에서는 굽힘하중이 일단 감소되면 다시 증가하지 않는다.

7.4.4 굽힘가공작업

굽힙가공작업은 개별 판재부품에 적용되는 방법과 코일로부터 연속으로 성형하는 롤성형 같은 연속가공법으로 구분할 수 있다.

1. **프레스브레이크 성형**(press brake forming). 금속박판이나 후판은 프레스에 간단한 고정구를 붙여서 굽힐 수 있다. 길이가 길고(7 m 이상) 폭이 좁은 소재는 **프레스브레이크기**에서 굽힌다. 이 기계는 기계프레스나 유압프레스에 긴 다이를 설치한 것으로 소량생산에 적합하다. 공구가 단순하고 여러 모양에 적용할 수 있으며(그림 7.23 참조), 다이재료로는 대부분 탄소강이나 회주철을 사용하지만, 경질목재(저강도재료의 소량생산에 사용)나 초경을 사용하기도 한다.
2. **기타 굽힘가공법.** 그림 7.24에 나타낸 것과 같은 다양한 방법으로 판재를 굽힘가공할 수 있다. **자유굽힘**(air bending 또는 free bending)에서는 다이를 한 개만 사용한다. 또는 그림 7.24d처럼 두 개의 롤을 사용하되, 직경이 큰 쪽은 변형이 가능한 폴리우레탄 롤을 사용하여 판재를 굽힐 수도 있다. 상부롤이 판재를 하부롤 쪽으로 밀어서 곡률을 주므로, 변형 후 판재의 형상은 상부롤의 압입깊이로 결정된다. 따라서 깊이를 조절하면 판재에 다양한 곡률을 줄 수 있다. 부싱(bushing)처럼 길이가 비교적 짧은 소재는 그림 7.24b에 나타낸 자동화된 **4-슬라이드기**를 사용하여 굽힘가공한다. 후판은 그림 7.24c의 **롤굽힘**(roll bending)으로 가공한다. 이 작업에서는 세 개의 롤간격을 조절하여 곡률

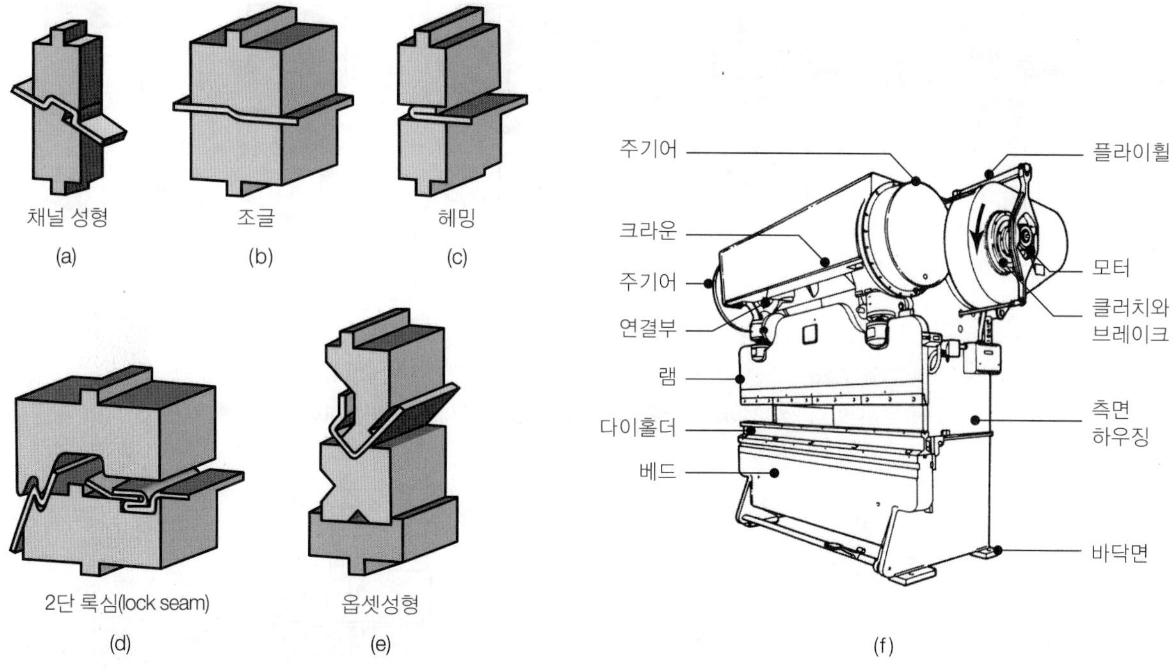

▲ **그림 7.23**
(a)~(e) 프레스브레이크에서 수행되는 각종 굽힘작업, (f) 프레스브레이크의 개략도.

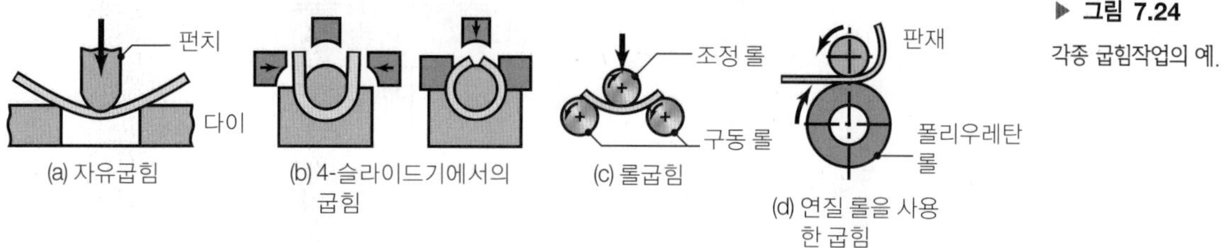

▶ **그림 7.24**
각종 굽힘작업의 예.

을 다양하게 얻을 수 있다.

3. **비딩**(beading). 비딩작업은 판재의 끝부분을 다이공동부에서 굽히는 것이다(그림 7.25 참조). 판재제품에 비드를 만들면 관성모멘트가 증가하여 제품에 강성을 줄 수 있고, 제품의 외관을 미려하게 하며, 날카롭게 노출되는 부분을 없애서 제품의 안전도를 높일 수 있다.
4. **플랜징**. 플랜징은 판재의 모서리를 보통 90°로 굽히는 가공법이다. **수축플랜징**(shrink flanging, 그림 7.26a)에서는 플랜지가 원주방향으로 압축응력을 받으며, 플랜지의 곡률반경이 작아서 압축응력이 너무 커지면 플랜지부에 주름이 잡힐 수도 있다. **신장플랜징**(stretch flanging)에서는 플랜지부에 인장응력이 걸리고, 과도하면 그림 7.26c와 같이 플랜지부가 찢어진다.

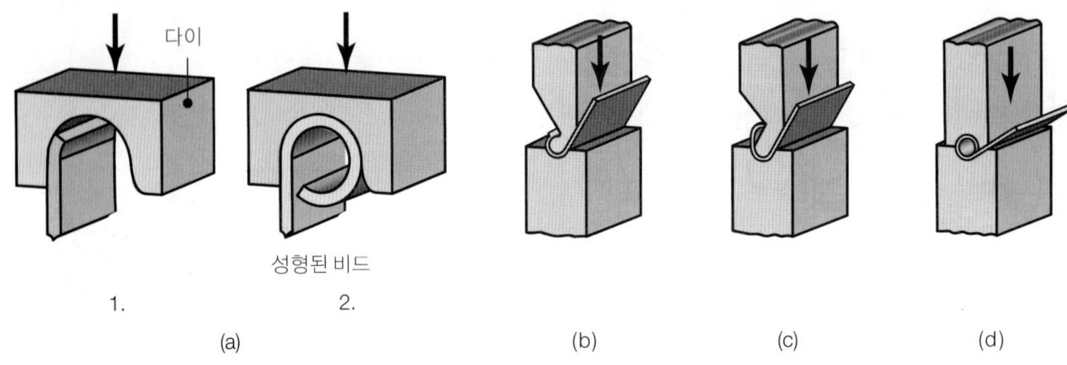

▲ **그림 7.25**

(a) 단일다이 비드성형, (b)~(d) 프레스브레이크에서 2개의 다이를 사용하는 비드성형.

▶ **그림 7.26**

각종 플랜징 작업: (a) 평판의 플랜지, (b) 딤플링, (c) 플랜지를 성형하기 위한 천공, (d) 튜브의 플랜징(플랜지부의 두께가 얇아짐에 유의).

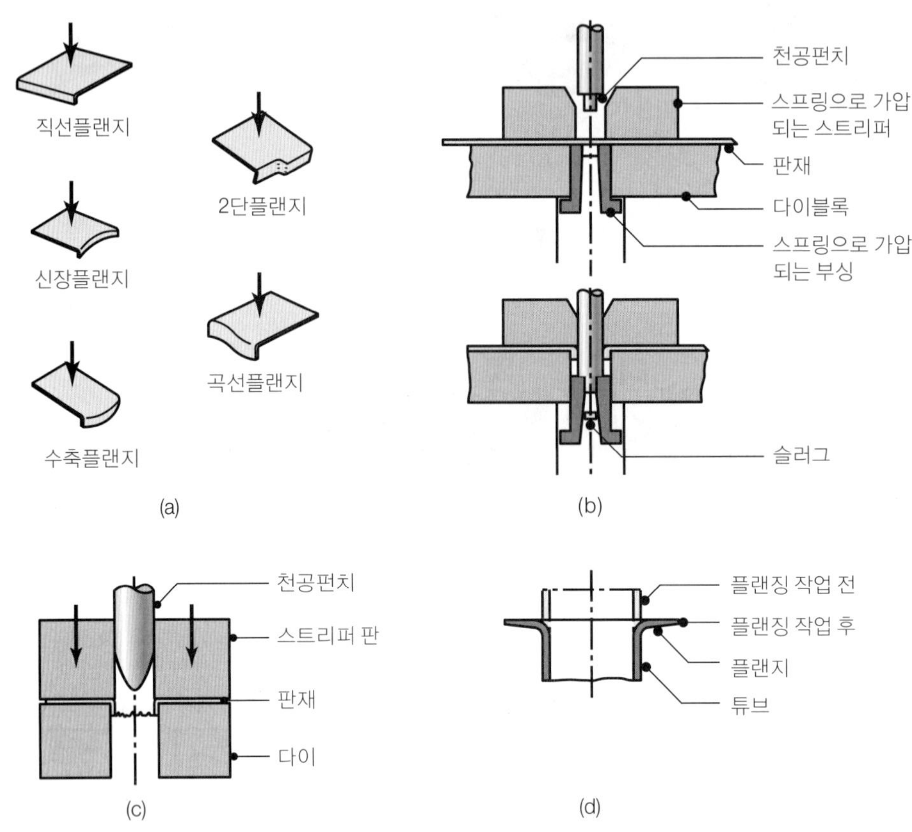

5. **딤플링**(dimpling). 딤플링(그림 7.26b)은 판재에 우선 구멍을 낸 후, 단이 진 펀치로 판재를 관통하여 플랜지부를 만들며 구멍을 확장하는 공정이다. 끝이 뾰족한 펀치(그림 7.26c)로 천공하는 경우에도 플랜지부가 생기며, 비슷한 공정으로 관재의 끝부분에 플랜지를 만들 수도 있다(그림 7.26d 참조). 원추형의 접속부를 갖기 위해 굽힘부가 90°보다 작도록 가공하는 공정은 **플레어링**(flaring)이라 한다. 이들 작업에서 판재 끝면의 상

태는 매우 중요한데, 재료를 신장시키면 끝면에 높은 인장응력이 발생하고, 균열이 생겨서 결국에는 플랜지부가 찢어진다. 구멍직경에 대한 플랜지부의 비가 증가하면 변형률도 따라서 증가하며, 끝면이 거칠수록 균열이 발생할 가능성이 높아진다. 전단면 또는 구멍면은 예리한 공구(그림 7.11)로 다듬질하여 가공면의 표면정도를 높이고 균열의 가능성을 줄일 수 있다.

6. **헤밍**(hemming). 헤밍작업은 판재의 끝단을 접어서 포개는 공정이다(그림 7.23c 참조). 이 작업으로 제품의 강성을 높이고, 외관을 돋보이게 하며, 날카로운 면을 없앨 수 있다. 두 장의 판재를 겹쳐서 헤밍하면 **시밍접합법**(seaming)이 되며(그림 7.23d), 비슷한 공정으로 특정 형상의 롤러로 이중 시밍작업을 하게 되면, 음식이나 음료용기에서 수분이나 공기가 새지 않도록 가공할 수 있다.
7. **롤성형**(roll forming). 연속판재를 대량으로 굽힐 때는 롤성형법이 사용된다. 금속판재가 일련의 롤(그림 7.27a) 사이를 지나면서 단계적으로 굽혀져서 채널, 거터, 사이딩, 패널, 프레임 및 시밍 접합관재도 가공된다(그림 7.27b 참조). 이때 제품길이는 코일재로부터의 공급량에만 한정되므로, 연속적으로 생산하여 일정한 길이만큼 전단하면 제품이 된다. 사용되는 판재의 두께는 0.125~20 mm이고, 성형속도는 1.5 m/s 이하이며, 특별한 경우에는 이보다 빠를 수도 있다.

치수공차, 스프링백, 판재의 찢어짐, 좌굴 등을 중요하게 고려해야 하므로, 롤의 적절한 배치와 설계에는 상당한 경험이 필요하다. 롤은 탄소강이나 회주철로 가공한 뒤, 표면정도와 마모저항을 높이기 위해 크롬도금을 하는 경우가 있다. 롤수명 및 제품 표면정도를 높이려면, 윤활제를 사용하고 소재와 롤을 함께 냉각하는 방법이 사용되기도 한다.

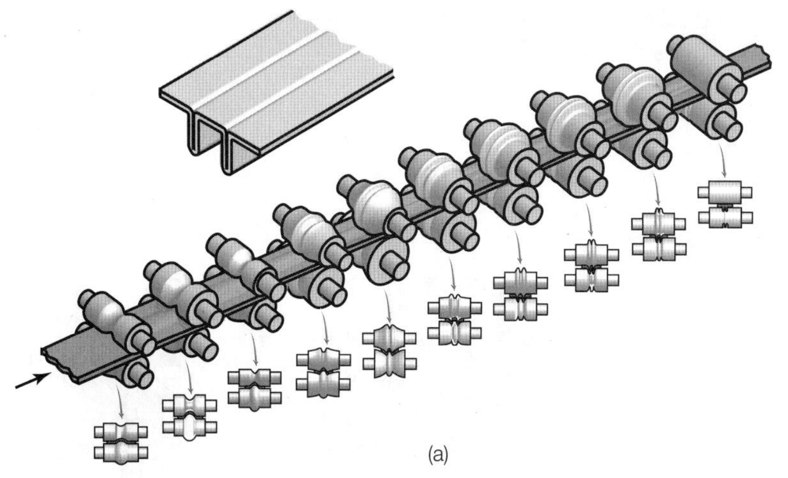
(a)

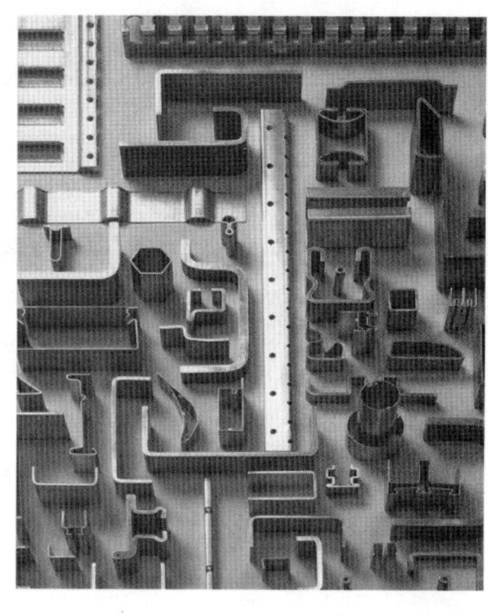
(b)

▲ **그림 7.27**

(a) 구조재 성형의 각 단계를 보여주는 롤성형작업, (b) 롤성형된 단면의 예.

7.4.5 관재굽힘작업(tube bending)

관재 및 기타 속이 빈 제품을 굽히고 성형할 때는 좌굴이나 겹침을 방지하기 위해 특별한 공구를 사용해야 한다. 오래된 간단한 방법으로는 관재에 모래와 같은 분체를 넣고 적절한 고정구로 가공하는 것이다. 이 방법으로 관재에 좌굴이 생기는 것을 막고, 굽힘작업이 끝나면 모래를 빼낸다. 관재는 그림 7.28에 나타낸 유연성이 있는 각종 맨드릴과 다양한 기법을 사용하여 굽히기도 한다. 비교적 두께가 두껍고 굽힘반경이 큰 경우에는 관재가 좌굴되지 않으므로 분체나 플러그를 사용하지 않아도 굽힘작업이 가능하다.

금속재료의 성형 시 높은 압축응력을 가해주는 것이 좋다는 것(2.2.8절 참조)을 그림 7.29에서 관재를 예리하게 굽히는 것으로 예를 보였다. 이 작업에서 관재에 길이방향으로 압축응력을 가하며, 이로 인해 굽힘부의 바깥면에서 인장응력을 감소시켜 소재의 굽힘

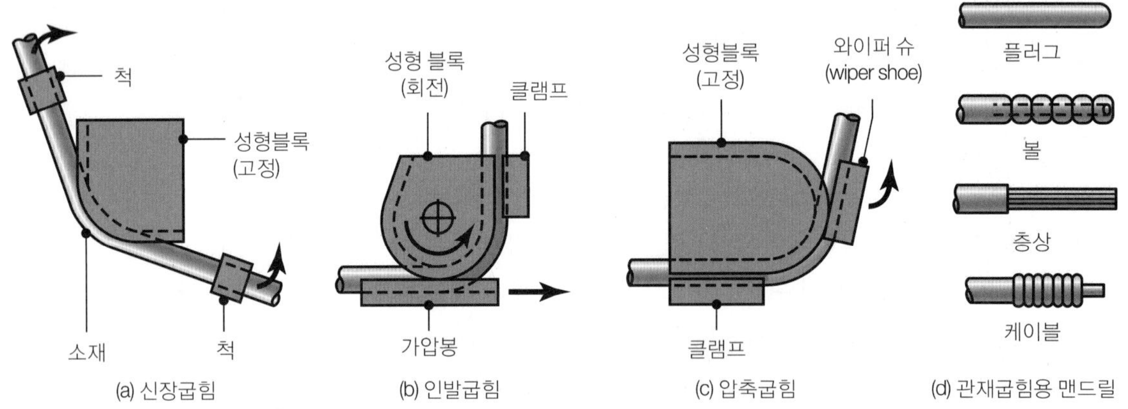

▲ **그림 7.28**

관재의 굽힘작업. 굽힘 중에 관재의 좌굴을 막기 위해 내부맨드릴이나 모래 같은 분체를 채울 필요가 있으며, 속이 찬 봉이나 구조재도 이 방법으로 굽힘가공된다.

▶ **그림 7.29**

축방향으로 압축력을 가하여 관재를 예리한 각도로 굽히는 작업. 압축응력은 파단을 지연시키므로 성형작업 시 유리하고, 관재는 내부를 고무나 액체로 채워서 성형중의 붕괴를 방지한다.

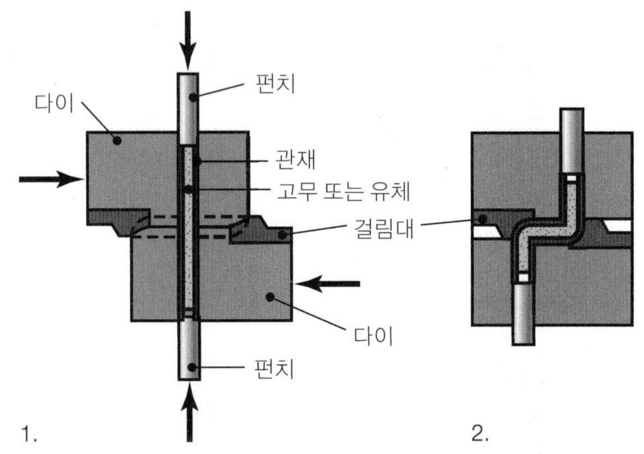

성을 향상시킨다.

7.5 기타 판재성형가공법

7.5.1 신장성형(stretch forming)

신장성형은 금속판재의 양쪽을 고정하고 상하 또는 축방향 운동을 하는 다이나 성형블록에 걸어서 신장시키는 가공법이다(그림 7.30 참조). 신장성형으로 가공되는 중요한 제품으로는 항공기 날개외판, 자동차 도어패널, 창틀 등이 있다. 보잉 767과 757 항공기 동체의 알루미늄 외판은 9 MN의 인장하중을 가하여 신장성형으로 가공한다.

소재로는 대부분 사각판재를 사용하며, 폭이 좁은 쪽을 잡고 길이방향으로 신장시키므로 소재폭이 줄어든다. 소재가 찢어지지 않으려면 신장량을 조절하는 것이 중요하다. 신장성형으로는 예리한 구석부나 이중곡률을 가공할 수 없다. 신장성형에 사용되는 다이는 아연합금, 강, 플라스틱, 목재로 만들고, 윤활제는 거의 사용하지 않는 편이다. 신장성형

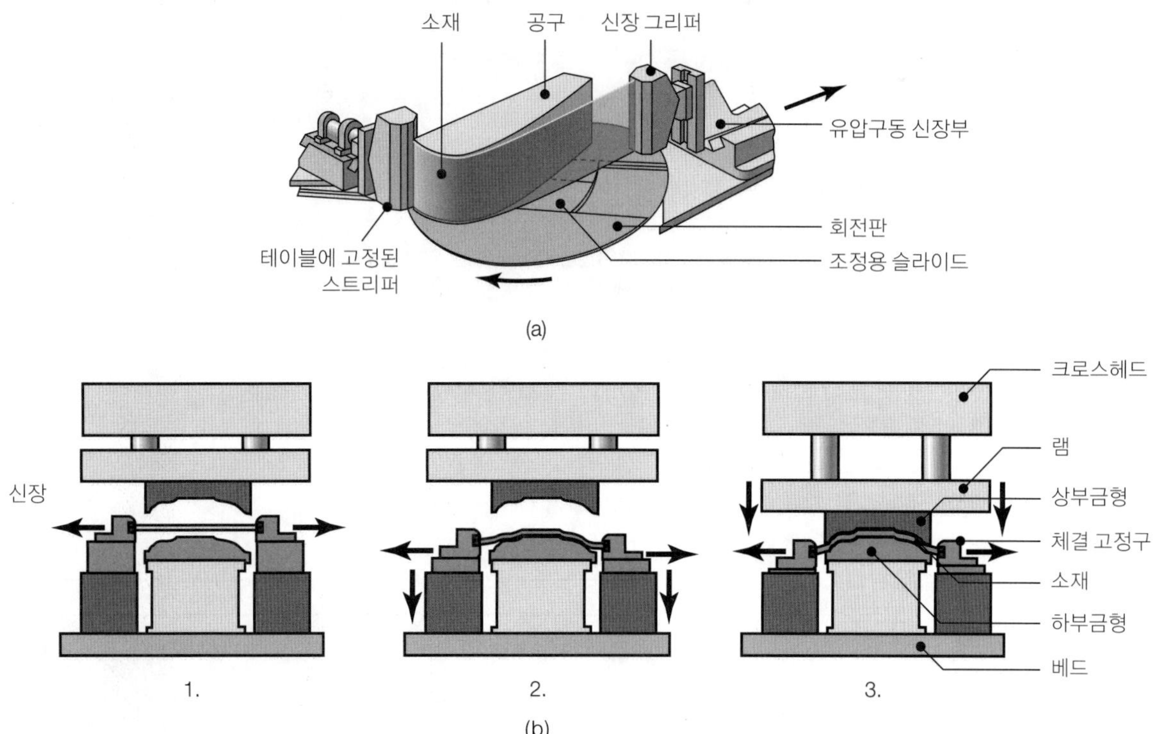

▲ 그림 7.30
(a) 신장성형공정의 개략도. 항공기의 알루미늄 외판은 이 방법으로 가공된다. (b) 유압프레스를 사용한 신장성형작업.

과 연관하여 다양한 부속장비가 사용되며, 소재를 인장시키면서 암/수 다이로 추가성형할 수도 있다. 이 공정은 일반적으로 소량생산에 사용되지만, 활용도가 높고 경제성이 있다.

예 7.4 신장성형에 필요한 일

길이가 38.1 cm인 소재를 아래 그림과 같이 하중 F를 가하여 $\alpha = 20°$가 되도록 신장시킨다. 가공 전 소재의 단면적은 3.2258 cm²이고, $\sigma = 689.5\ \epsilon^{0.3}$[MPa]의 유동응력곡선을 갖고 있다.

(1) 끝단효과(end effect)나 굽힘일을 무시하고, 총 가공일을 구하여라.

(2) 네킹이 시작되는 최대각도 α_{max}를 구하여라.

풀이

(1) 이 경우는 소재를 길이 38.1 cm에서 그림의 $a + b$로 신장시키는 것과 같다. $\alpha = 20°$이면 최종길이는 $L_f = 42.67$ cm이므로, 이때의 진변형률은

$$\epsilon = \ln\left(\frac{L_f}{L_o}\right) = \ln\left(\frac{42.67}{38.1}\right) = 0.113$$

이고, 단위체적당 소성일은(2.12절 참조)

$$u = \int_0^{0.113} \sigma d\epsilon = 689.5 \int_0^{0.113} \epsilon^{0.3} d\epsilon = 689.5 \left[\frac{\epsilon^{1.3}}{1.3}\right]_0^{0.113} = 31.16 \text{ MPa}$$

이며, 소재의 체적은

$$V = (38.1)(3.2258) = 122.903 \text{ cm}^3 = 122{,}903 \text{ mm}^3$$

이므로,

$$\text{가공일} = (u)(V) = (31.16 \text{ N/mm}^2)(122{,}903 \text{ mm}^3)$$

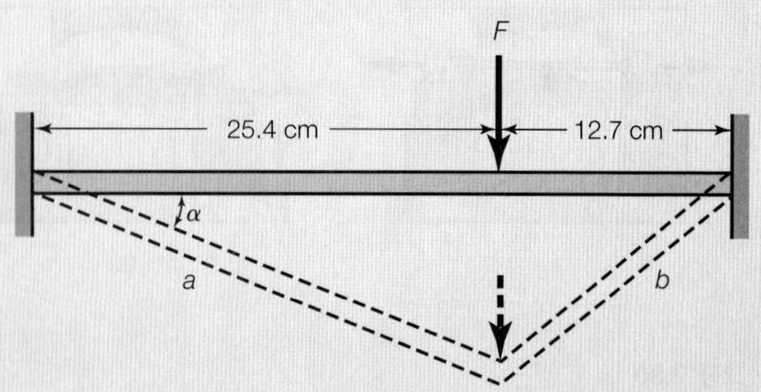

▶ **그림 7.31**
예 7.4에서의 소재.

$$= 3{,}829{,}660\ \text{N-mm} = 3829.66\ \text{N-m}$$

이 된다.

(2) 단축인장 시 네킹한계는 식 (7.2)로 주어지므로

$$L_{max} = L_o e^{0.3} = 38.1(1.350) = 51.43\ \text{cm}$$

따라서 $a + b = 51.43$ cm이고, 좌우 두 개의 삼각형의 높이가 같으므로

$$a^2 - 25.4^2 = b^2 - 12.7^2$$

$$a^2 = b^2 + 483.87$$

즉, $a = 30.41$ cm, $b = 21.02$ cm가 된다. 따라서

$$\cos\alpha = \frac{25.4}{30.41} = 0.835 \quad 즉, \quad \alpha_{max} = 33.4°$$

이다.

7.5.2 **벌징**(bulging)

벌징은 튜브나 원추형 혹은 곡면형상의 소재를 분할다이에 넣고 고무나 폴리우레탄 플러그 같은 충전재를 채워서 확장시키는 작업이다(그림 7.32a 참조). 펀치를 빼내면 플러그는 원래 형상으로 돌아가므로 분할다이를 열어서 제품을 이탈시킨다. 전형적인 벌징 제품으로는 벨로즈(bellows), 주전자, 배럴, 튜브제품의 비드 등이다. 복잡한 형상을 가공할 때는 원기둥 플러그 대신 특정 부위에 높은 압력을 전달할 수 있는 형상 플러그를 사용하기도 한다. 폴리우레탄 플러그는 내마모성이나 윤활제에 대한 내화학성이 높고, 성형제품의 표면정도를 손상하지 않는 장점이 있다(7.5.3절 참조).

벌징작업에서 소재의 길이방향으로 압축응력을 작용시키면 성형성이 향상된다. 플러그 대신에 정수압을 사용하는 경우도 있는데, 이 경우에는 작업유체의 누설방지와 압력조절이 필요하다(그림 7.32b 참조). 기계적으로 확장하거나 수축하는 다수의 **분할다이**도 사용된다. 이러한 다이는 비교적 저가로 만들 수 있으며, 대량생산에 사용된다. 튜브의 신축이음에 사용하는 벨로즈도 그림 7.32c와 같이 벌징작업으로 만들어진다. 즉, 관재를 등간격으로 확장시킨 다음, 축방향으로 압축하여 확장 부위가 겹쳐져서 주름이 되도록 한다. 이 작업에서는 관재의 재료가 충분히 큰 변형률을 유지할 수 있어야 한다.

■ **엠보싱**(embossing) 판재에 기능적 목적이나 장식용 목적으로 숫자, 문자, 로고 등을 얕게 성형하는 작업이다. 엠보싱은 암/수 다이를 이용하거나, 이 장에서 설명하는 다른 가공법으로 성형한다.

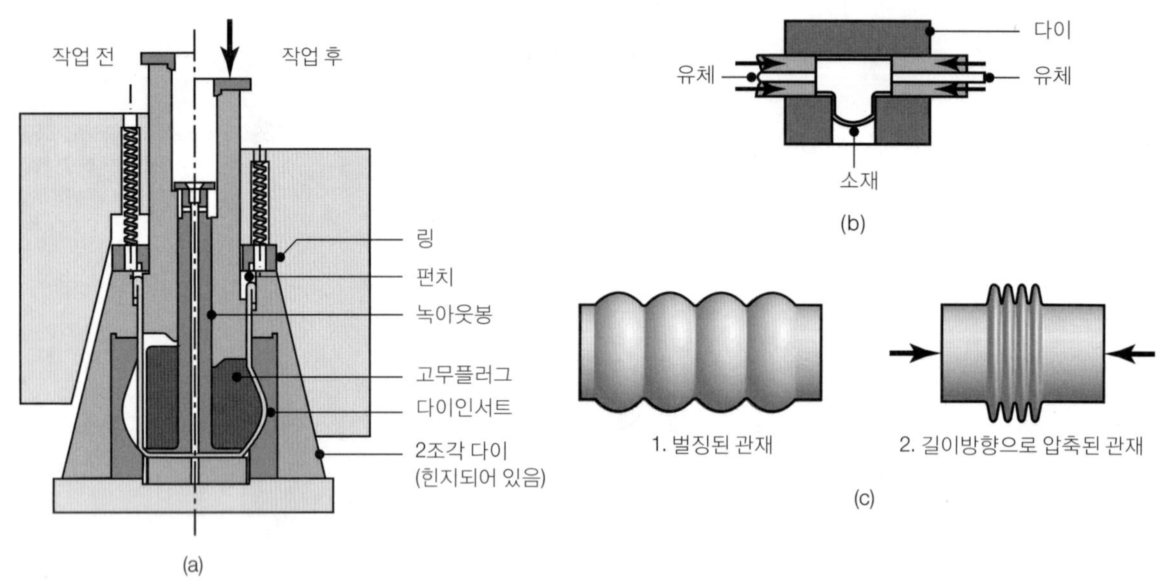

▲ 그림 7.32

(a) 유연충전재를 사용한 관재의 벌징, (b) 내압으로 관재를 확장시켜 배관용 부품을 가공하는 작업. “T”자 관을 만들려면 밑부분에 구멍을 낸다. (c) 벨로즈의 가공.

7.5.3 고무패드성형(rubber-pad forming) 및 하이드로포밍(hydroforming)

앞 절에서 설명한 가공법에서는 경질의 다이를 사용하였으나, 고무패드성형에서는 한쪽 다이를 고무나 폴리우레탄 판으로 대체하여 사용한다. 폴리우레탄은 내마모성이 높고, 판재의 버나 예리한 모서리에 잘 찢어지지 않으며, 피로수명이 길어서 패드로 많이 사용된다. 그럼에도 불구하고, ‘고무패드’라는 용어를 사용하는 것은 이 공정이 폴리머가 사용되기 이전에 개발되었기 때문이다.

그림 7.33에 나타낸 것처럼, 고무패드성형에서는 금속판재의 굽힘 및 엠보싱 가공에 암

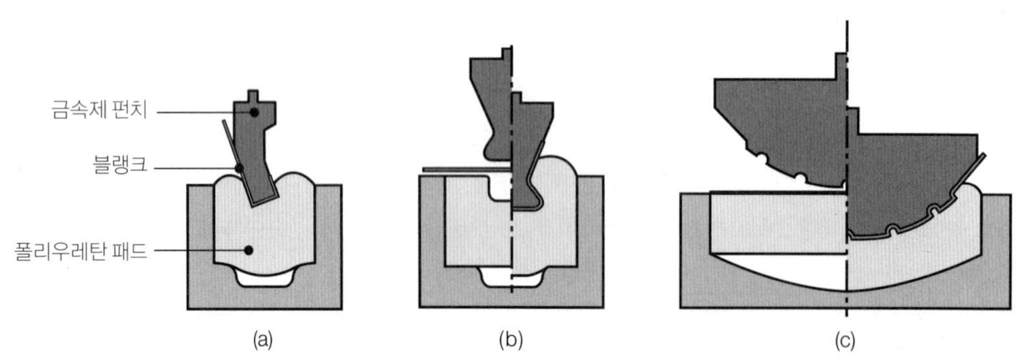

▲ 그림 7.33

유연패드를 다이로 사용하고 금속제 펀치로 압입하는 판재의 굽힘 및 엠보싱 작업.

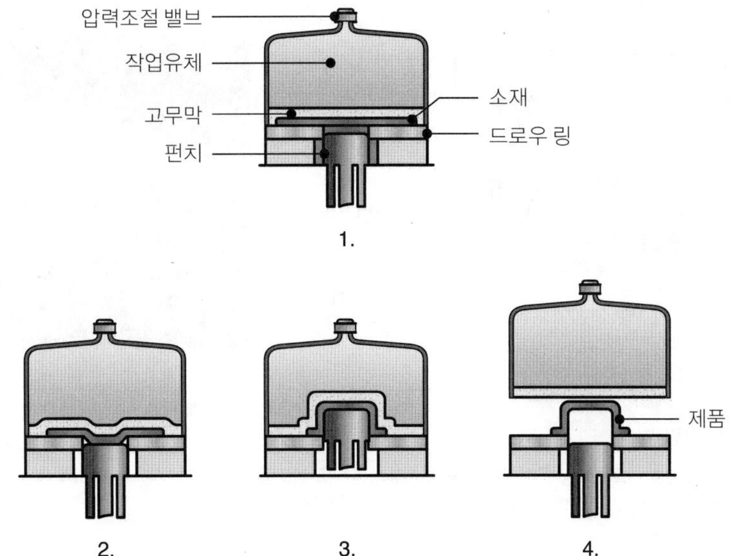

▶ **그림 7.34**

하이드로포밍(유체성형가공)공정. 일반 디프드로잉공정과는 달리, 액압으로 컵의 벽면을 가압하므로 컵이 펀치를 따라 성형되어 성형성이 향상된다.

다이 대신에 고무판을 사용한다. 가공압력은 보통 10 MPa 정도이다. 성형 도중에 판재의 바깥면은 경질의 금속다이면과 접촉하지 않으므로, 손상이나 흠으로부터 보호되고, 소재 표면에 비금속 막이나 피복을 입힌 경우에도 성형이 가능하다.

하이드로포밍(**유체성형가공법**, 그림 7.34)에서는 성형과정에서 소재유동이 적절하게 이루어지도록 작용압력을 조절하면서 최고 100 MPa까지 가압하여, 제품에 주름이 생기거나 찢어지는 것을 방지한다. 고무막에 작용하는 압력으로 컵을 펀치면에 가압하므로, 일반 디프드로잉(7.6절에서 설명)에서보다 깊은 제품을 가공할 수 있다. 펀치-컵 경계에서의 마찰은 컵벽면의 깊이방향 인장응력을 감소시키므로 파단을 지연시킨다. 다른 판재성형가공법과 마찬가지로 하이드로포밍에서도 마찰조건을 잘 조절해야 성공적으로 제품을 가공하므로, 적절한 윤활제 및 윤활방법을 선택하는 것이 중요하다. 튜브 하이드로포밍(그림 7.35)은 철강이나 비철금속제 튜브를 굽힘가공한 소재를 금형에 넣고 내부에 액압을 가하여 성형하는 공정이다. 이 공정으로 단순한 튜브제품(그림 7.35a)뿐만 아니라 단면이 변화하는 복잡한 튜브제품(그림 7.35b)의 생산이 가능하다. 튜브 하이드로포밍제품은 자동차 배기다기관 및 구조용 부품에 많이 적용된다.

고무패드성형과 하이드로포밍 공정은 (1) 공구비용이 싸고(튜브 하이드로포밍의 경우는 고가), (2) 작업에 유연성과 간편성이 있으며, (3) 다이마모가 작고, (4) 판재 표면에 흠을 내지 않고도, (5) 복잡한 형상, 특히 자동차 경량화에 사용되는 복잡한 부품을 가공할 수 있는 이점이 있다.

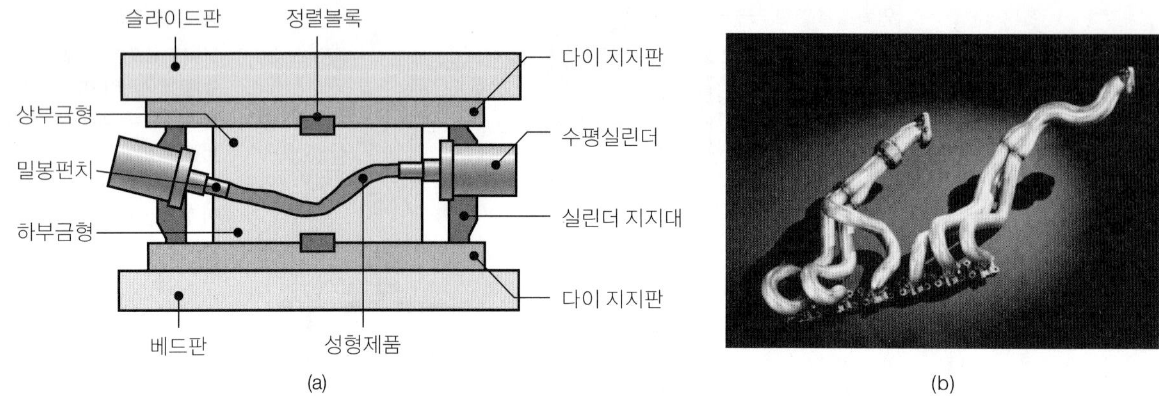

▲ **그림 7.35**

(a) 튜브 하이드로포밍 공정의 개략도, (b) 튜브 하이드로포밍 제품의 예. 자동차 배기계 및 구조재, 자전거 프레임, 유공압 부속품은 튜브 하이드로포밍으로 만들어진다.

7.5.4 스피닝

스피닝작업은 회전하는 맨드릴과 강체의 공구 또는 롤러를 사용하여 축대칭제품을 성형하는 가공법이다. 이 작업에 사용되는 장비는 선반(8.9.2절 참조)과 유사하며, 추가로 각종 특수기능과 컴퓨터제어기능이 장착되어 있다.

■ **일반스피닝**(conventional spinning) 일반스피닝은 평판 또는 예비가공된 원형소재판을 회전하는 맨드릴에 고정하고, 강체인 공구로 변형시키면서 맨드릴의 형상대로 가공하는 방법이다(그림 7.36a 참조). 공구는 수동이나 유압기구로 작동되고, 여러 단계로 나누어 작업하는 경우도 있으며, 작업에 상당한 숙련도를 요한다. 일반스피닝으로 가공한 몇 가지 형상을 그림 7.37에 나타내었는데, 다른 가공법으로 성형하기가 불가능하거나 비경제적인, 원추형이나 곡선형상을 가공하는 데 적합한 공정임을 알 수 있다. 제품의 가능한 직경

▶ **그림 7.36**

스피닝공정의 개략도: (a) 일반스피닝, (b) 전단스피닝. 전단스피닝에서는 제품의 직경이 소재의 직경과 같으며, 그림에서 f는 이송을 나타낸다(mm/rev 또는 in./rev).

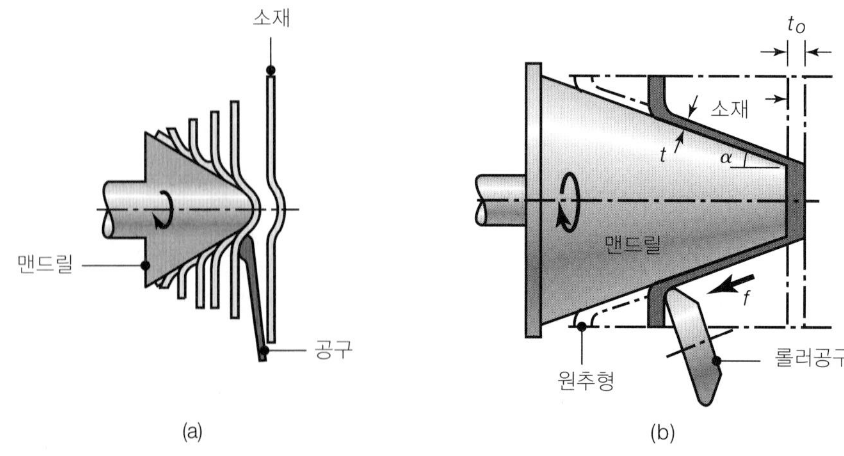

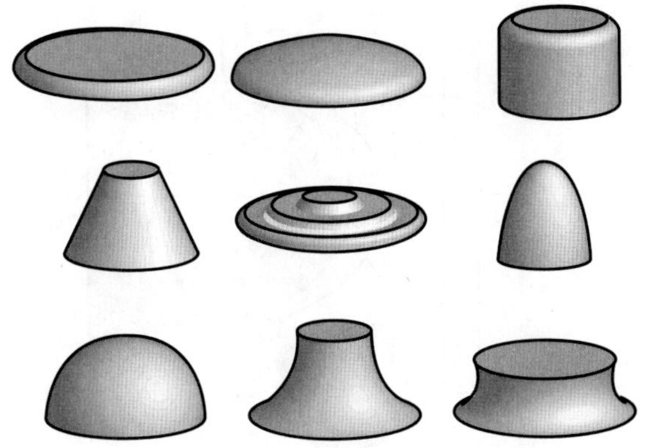

▶ **그림 7.37**

일반스피닝공정으로 가공된 제품의 예. 알루미늄제 주방용기나 전등갓 등의 제품 바깥면에 원주 형태의 자국이 있으면 스피닝으로 가공된 제품임을 알 수 있다.

은 최대 6 m에 달한다. 대부분의 작업은 상온에서 이루어지지만, 두께가 두껍거나 연성이 부족하고 강도가 높은 재료는 열간에서 이루어지기도 한다. 스피닝작업의 공구비용은 싼 편이지만, 최종제품을 성형할 때까지는 여러 단계를 필요로 하므로 소량생산일 때만 경제성이 보장된다(7.10절 참조).

■ **전단스피닝**(shear spinning) 전단스피닝(**동력스피닝**, **하이드로 스피닝**, **스핀단조**라고도 함)작업에서는, 소재의 직경을 일정하게 유지하면서 원추형 및 곡선형상의 축대칭제품을 가공하는데(그림 7.36b 참조), 전형적인 제품으로는 로켓의 모터케이싱과 미사일의 머리부분(missile nose cone)을 들 수 있다. 롤러를 한 개만 사용할 수도 있지만, 맨드릴에 작용하는 반경방향 하중의 평형을 위해서는 두 개의 롤러를 사용하는 것이 바람직하다. 재료의 손실 없이 비교적 단시간에 작업이 완성된다. 상온에서 가공하면 가공 전보다 재료의 항복강도는 높아지지만, 연성과 인성은 떨어진다.

최대직경 3 m인 대형부품도 전단스피닝으로 정밀한 치수공차대로 가공되며, 공구강으로 된 비교적 간단한 공구를 사용하여 매우 다양한 형상을 가공할 수 있다. 소재는 큰 소성변형을 겪으면서 상당한 열이 발생하므로, 스피닝작업 중에 냉각유를 뿌려서 적절하게 온도를 유지한다.

원추형 맨드릴에서 전단스피닝을 하는 그림 7.36b의 경우, 가공제품의 두께는 다음과 같이 간단하게 구해진다.

$$t = t_o \sin \alpha \tag{7.12}$$

가공에너지를 전달하는 힘은 주로 **접선력** F_t이므로, 이상적인 조건에서 원추형으로 전단스피닝할 때의 접선력은 다음과 같다.

$$F_t = ut_o f \sin \alpha \tag{7.13}$$

단, f는 이송이고, u는 식 (2.59)에서 정의된 단위체적당 변형에너지로서, 2.12절에서 설

▶ 그림 7.38

전단스피닝성의 시험법. 롤러를 진행시킴에 따라 제품의 두께는 얇아지고, 파단이 일어나는 두께를 패스당 스피닝의 최대두께감소율로 삼는다.

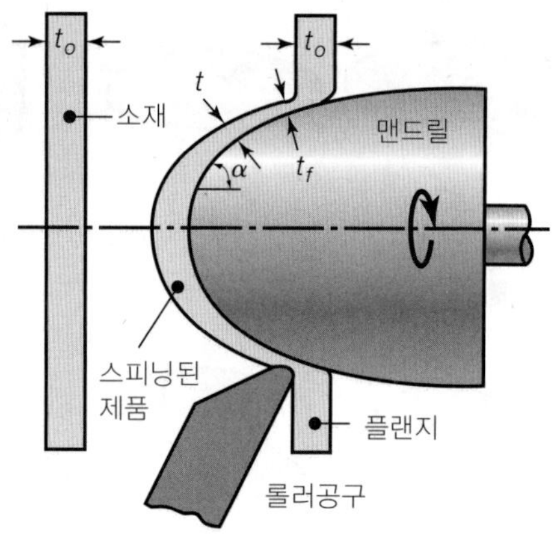

명한 진응력-진변형률 곡선에서 다음 식으로 나타낸 진변형률까지의 면적에 해당한다.

$$\epsilon = \frac{\gamma}{\sqrt{3}} = \frac{\cot \alpha}{\sqrt{3}} \tag{7.14}$$

과잉일과 마찰일을 고려하면, 실제가공력은 식 (7.13)으로 구한 것보다 최고 50% 정도 더 크다.

전단스피닝에서 중요한 인자는 재료가 균열을 일으키지 않고 얇은 두께로 가공될 수 있는 **스피닝성**(spinnability)으로서, 이를 결정하기 위해 원판소재를 타원형 맨드릴에서 가공하는 간편한 시험방법(그림 7.38)을 사용한다. 두께가 점점 작아짐에 따라, 결국 소재가 파단하는 임계두께 t_f에 도달할 것이므로, 스피닝의 최대두께감소율을 다음 식으로 구할 수 있다.

$$\text{최대두께감소율} = \frac{t_o - t_f}{t_o} \times 100\% \tag{7.15}$$

▶ 그림 7.39

패스당 스피닝의 최대감소율과 원소재의 인장단면감소율 간의 관계를 나타내는 실험자료. 재료의 인장시험에서 단면감소율이 50%에 달하면, 원소재의 연성이 증가하여도 스피닝성이 향상되지는 않는다.

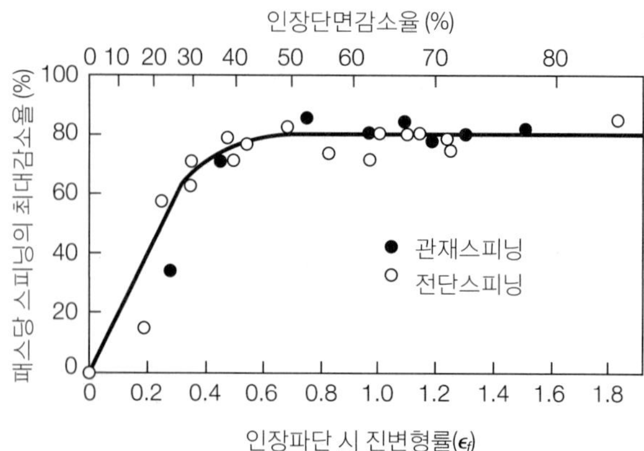

연성금속은 최대두께감소율에 도달한 후 인장이 걸리는 부분에서 파단이 일어나는 반면, 연성이 낮은 재료는 롤러에 접촉한 변형영역에서 파단이 일어나는 것으로 관찰된다.

최대두께감소율을 동일 재료의 인장시험 시 단면감소율에 대하여 그려보면(그림 7.39 참조), 단면감소율이 50% 이상인 재료는 연성이 더 높다 해도 스피닝성이 향상되지 않음을 보여준다. 굽힘의 경우에도 최대굽힘성이 인장시험의 단면감소율 50%에서 나타나는 비슷한 관찰결과를 얻는다(그림 7.15 참조).

■ **관재스피닝**(tube spinning) 원통형 맨드릴과 롤러로 관재를 스피닝하여 그 두께를 줄이는 작업을 관재스피닝이라 하며, 관재의 내/외부를 가공할 수 있다(그림 7.40 참조). 소재는 인발이나 압출 공정에서처럼 전방 또는 후방으로 스피닝되는데, 각 경우에 체적일정조건에 의해 벽두께가 감소하면서 길이가 긴 관재로 성형된다. 맨드릴을 따라 롤러를 운동시킬 때, 경로를 제어함으로써 내면이나 외면에 형상을 만들 수도 있다. 관재스피닝은 전단스피닝과 조합하여 압력용기, 자동차부품, 로켓 및 미사일 부품의 가공에 사용된다.

전단스피닝에서와 같은 방법으로, 전방 관재스피닝에서의 이론적 접선력 F_t를 다음과 같이 구한다.

$$F_t = \overline{Y}(t_o - t)f \tag{7.16}$$

여기서 $\overline{Y}$는 재료의 평균유동응력이다. 변형 시의 마찰과 과잉일로 인해 실제의 가공력은 위에서 구한 값의 두 배 정도가 된다. 후방 스피닝에서는 전방 스피닝과 달리 작업종료에

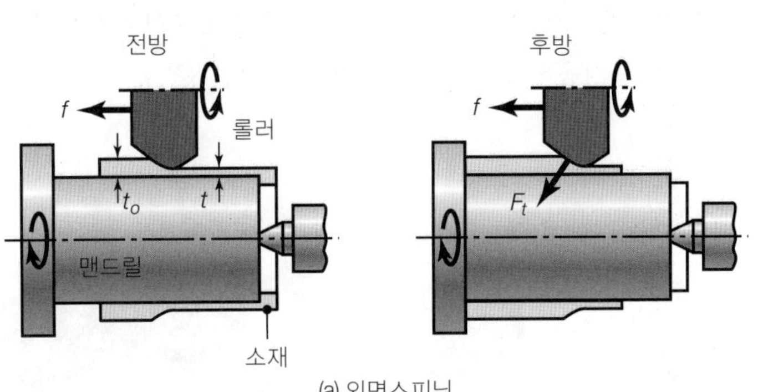

(a) 외면스피닝

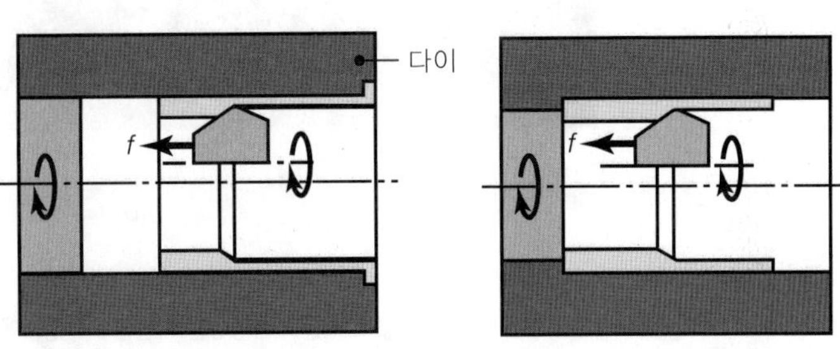

(b) 내면스피닝

▶ **그림 7.40**
관재의 (a) 외면 및 (b) 내면 스피닝공정과 관련 공정변수.

이르는 공구이동경로가 짧아서 공구에 걸리는 이론적 접선력은 식 (7.16)으로 구한 값의 두 배 정도가 된다. (6.4절에 설명한 직접압출과 간접압출의 차이점과 가공일은 하중과 공구이동거리의 곱이 된다는 점에 주목하자.)

관재스피닝작업에서의 스피닝성도 전단스피닝에서와 비슷한 시험방법으로 결정할 수 있다. 이 경우에는 소재의 두께가 계속 감소하도록 롤러의 경로를 경사지게 설정하여, 결국 소재에 파단이 일어나도록 유도한다. 패스당 최대두께감소율은 전단스피닝에서와 마찬가지로 동일 재료의 인장시험 시 단면감소율과 관련이 있다(그림 7.39 참조). 또한 전단스피닝에서처럼, 연성재료는 최대두께감소율에 도달한 후 인장에 의해 파단하고, 연성이 낮은 재료는 롤러 접촉부의 변형영역에서 파단한다.

■ **점진성형**(incremental forming) **점진성형**은 일반스피닝처럼 점진적으로 소재를 가공하는 기술을 통칭하는 용어이다(6.2.3절의 **점진단조** 참조). 가장 단순한 형태로는 그림 7.41에 나타낸 **점진신장성형**(incremental stretch expanding)을 들 수 있으며, 이는 끝이 매끈한 반구형 공구로 회전하는 소재를 변형시켜 축대칭부품으로 가공하는 방법이다. 성형제품에 생기는 변형률 분포는 공구경로에 따라 달라지며, 적절한 윤활이 필수적이다.

CNC **점진성형**은 깊이가 다른 윤곽을 따라가도록 프로그램된 컴퓨터수치제어 공작기계를 사용하는 방법이다. 이 방법에서는 금속소재판을 고정시키고, 공구가 회전하면서 소재를 성형한다. 공구경로는 절삭의 경우와 유사하게 CAD 모델로부터 계산된다(그림 10.46 참조). 그림 7.41b는 CNC 점진성형된 제품의 예를 나타내며, 제품은 반드시 축대칭이어야 할 필요가 없다.

점진성형의 주요 장점은 저가의 공구비용과 고도의 형상유연성이다. CNC 점진성형은 경질 금형을 사용하지 않으므로 판재부품의 신속조형기술로 활용된다(10.12절 참조). 하

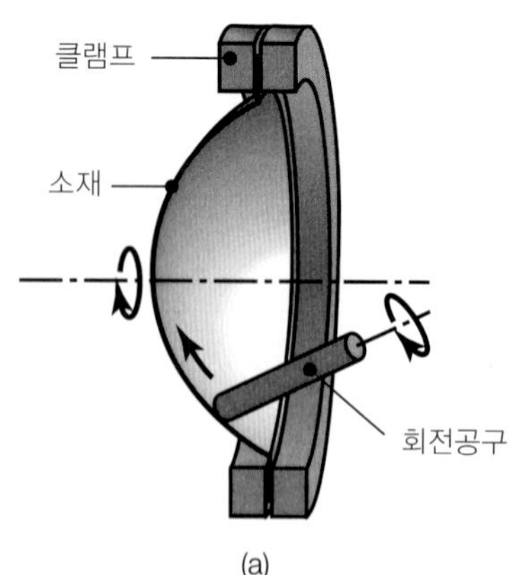

(a)

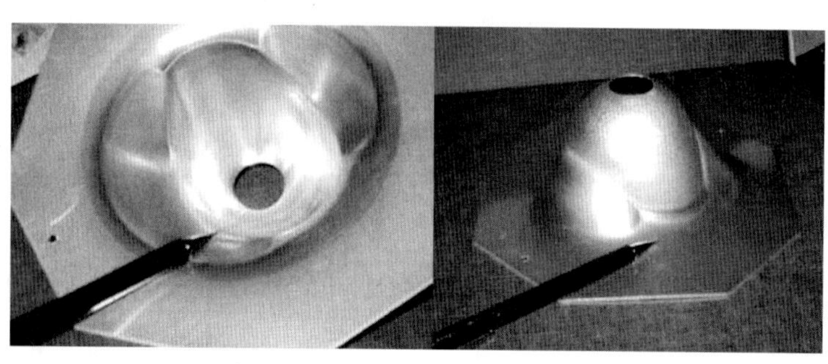

(b)

▲ **그림 7.41**

(a) 점진성형작업의 개략도. 맨드릴을 사용하지 않고, 최종 부품형상은 회전공구의 경로에 따라 결정된다. (b) CNC 점진성형으로 만든 자동차의 전조등 반사경. 부품이 반드시 축대칭일 필요는 없다.

지만 생산속도가 느리고 사용재료에 한계가 있다. 점진성형에 사용되는 재료는 대부분 성형성이 매우 좋은 알루미늄합금에 국한되며, 재료비용이 높은 편이다.

7.5.5 고에너지속도 가공(HERF, high-energe-rate forming)

이 절에서는 화학, 전기, 자기 에너지를 사용하는 금속판재성형법에 대하여 설명한다. 이들 가공법은 매우 짧은 시간에 에너지가 방출되므로 고에너지속도성형이라고 한다.

■ **폭발성형**(explosive forming) 폭발성형가공의 개략도를 그림 7.42에 나타내었다. 소재를 금형 위에 고정하고, 금형공동부는 진공으로 한 뒤, 물이 채워진 탱크 안에 설치한다. 폭약을 소재에서 적당히 떨어진 높이에서 폭발시키면 단시간에 고압의 가스로 되어 충격파(shock wave)를 발생시키며, 이에 따른 높은 압력으로 판재를 성형한다.

수중에서 발생하는 최고압력 p는 다음과 같이 표현된다.

$$p = K\left(\frac{\sqrt[3]{W}}{R}\right)^{a} \tag{7.17}$$

여기서 p의 단위는 MPa, K는 폭약의 종류에 따른 상수(TNT의 경우 51.4)이고, W는 폭약 무게 kg, R은 소재와 폭약 간의 거리 m, a는 보통 1.15인 상수이다.

최고압력을 결정할 때는 에너지전달매체(예를 들면, 물)의 **압축성**과 **음향임피던스**(매체의 밀도와 매체 내 음속의 곱)가 중요한 인자이다. 매체의 압축성이 낮고 밀도가 높을수록 최고압력은 높다(그림 7.43 참조). 수면과 폭약과의 거리가 너무 짧으면, 에너지가 대기로 방출되어 버린다. 폭발속도는 보통 6,700 m/s이며, 이때 재료의 성형속도는 30~200 m/s 정도이다.

높은 변형률속도에서 재료가 충분히 연성을 갖는다면, 폭발성형으로 매우 다양한 형상을 가공할 수 있으며, 금형은 생산수량에 따라 알루미늄합금, 강, 가단주철, 아연합금, 철근콘크리트, 목재, 플라스틱, 복합재료 등으로 만들 수 있다. 이 가공법으로 만들어진 제

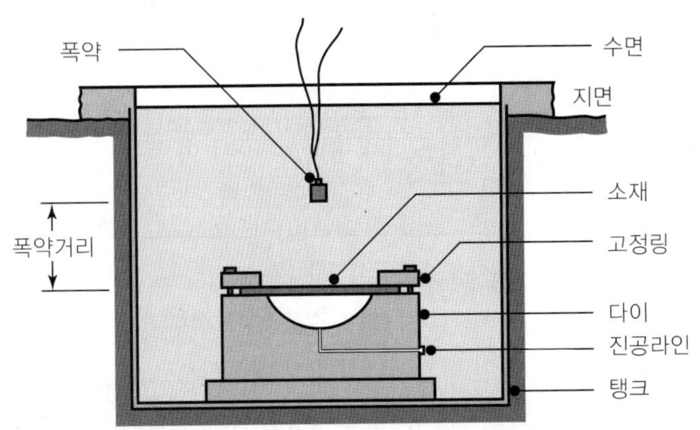

▶ **그림 7.42**
폭발성형과정의 개략도. 폭약은 보통 파괴용으로 사용되지만, 폭발에너지를 조절하여 다른 방법으로는 가공하기 힘들거나 비경제적인 대형 부품을 성형하는 데 이용할 수 있다.

▶ **그림 7.43**

TNT 1.8 kg을 사용할 때, 폭약높이와 에너지전달매체에 따라 얻을 수 있는 최고압력. 효율을 높이려면 밀도가 높고 압축성이 낮은 압력전달매체를 사용하며, 실제 작업에서는 일반적으로 물이 사용된다.

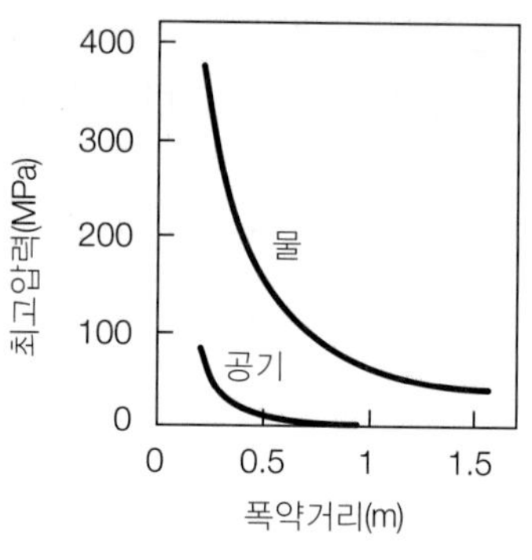

품의 최종성질은 일반 가공법으로 만든 경우와 근본적으로 차이가 없으나, 이 가공법에서는 안전성에 매우 유의해야 한다.

기계를 필요로 하지 않는 폭발성형법은 금형을 한 개만 사용하고 다양성이 있으므로, 대형제품의 소량생산에 적합하다. 두께 25 mm, 직경 3.6 m의 대형강판이 이 가공법으로 가공된 예가 있으며, 벽두께가 25 mm인 관재도 벌징가공된 바 있다. 한편, 이 가공법은 소형 튜브부품을 벌징가공하여 확장시킬 때도 사용되는데, 이때는 밀폐된 금형에서 탄약을 사용한다.

예 7.5 폭발성형 시 최고압력

수중에서 소재판과 0.3 m 떨어진 거리에서 TNT 0.0454 kg을 사용하여 폭발성형할 때의 최고압력을 구하여라. 이 압력은 금속판재를 성형시키는 데 충분한가?

풀이 식 (7.17)을 사용하면 압력은 다음과 같다.

$$p = (51.4)\left(\frac{\sqrt[3]{0.0454}}{0.3}\right)^{1.15} = 62.73\ [\text{MPa}]$$

이 압력은 금속판재를 충분히 성형할 수 있다. 예 2.5에서 연한 알루미늄합금 재료로 된 두께가 얇은 구형용기를 확장시키는 데는 단지 2.76 MPa 정도의 압력이 필요하였다. 또한 하이드로포밍(7.5.3절)에 사용하는 최대압력은 100 MPa이고, 일반 고무패드성형 가공에는 10~50 MPa 정도의 압력을 사용한다. 따라서 이 문제에서 구한 압력은 대부분의 판재성형에 충분하다.

■ **액중방전성형**(elecrtrohydraulic forming) 액중방전성형은 **수중스파크성형** 혹은 **방전성형**이라고도 하며, 일련의 콘덴서에 직류로 저장된 전기에너지를 가는 전선으로 연결된 전극봉에서 방전시켜 에너지원으로 사용한다(그림 7.44 참조). 전극봉을 통해 에너지가 급격히

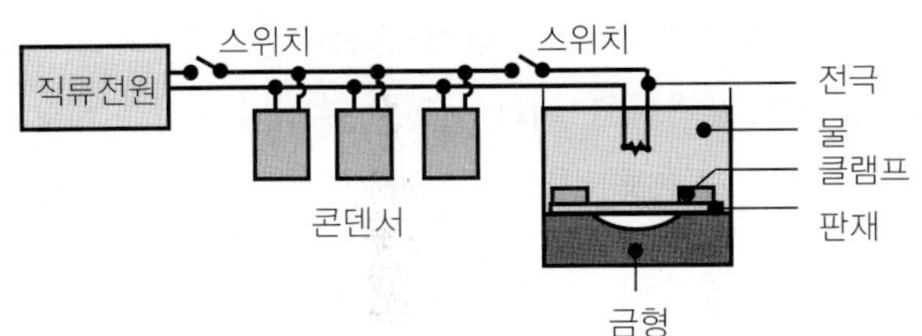

▶ **그림 7.44**
액중방전성형작업의 개략도.

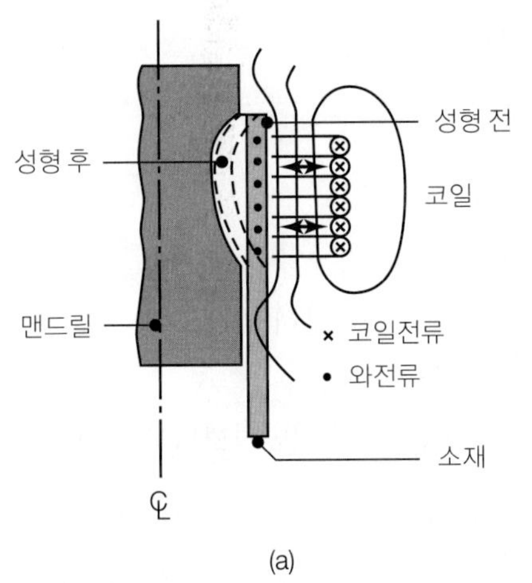

(a)

(b)

▶ **그림 7.45**
(a) 전자기성형공정의 개략도. 제품은 물리적 접촉없이 성형된다. (b) 전자기성형공정으로 육각형 플러그에 밀착시킨 알루미늄 튜브.

방출되면 충격파를 발생하여 판재를 성형한다. 이 가공법은 보다 낮은 수준의 에너지를 사용하여 소형의 소재를 가공한다는 점 외에는 근본적으로 폭발성형법과 유사한 방법이지만, 보다 안전한 가공법이기도 하다.

■ **전자기성형**(magnetic-pulse formaing) 전자기성형은 저장된 전기를 자기코일로 갑자기 방출하여 가공하는 방법이다(그림 7.45 참조). 전형적인 예로, 링모양의 코일로 가공할 관모양의 소재를 감싸고, 코일에 의해 생성된 자기장이 금속소재를 통과하면서 소재 위에 와전류(eddy current)를 발생시키고, 이 와전류로 자체의 자기장이 생성된다. 두 자기장에 의해 발생하는 힘은 서로 반대방향이므로, 코일과 소재 간에는 반발력이 생겨 관재를 내부 맨드릴에 밀착시킨다. 전자기성형으로 얇은 관재를 봉, 케이블, 플러그 위에 눌러 붙이거나(항공기의 끝단부품을 토크튜브에 접합), 벌징이나 플레어링 등 다양한 작업을 할 수 있다.

7.5.6 기타 특수성형법

■ **초소성가공**(superplastic forming) 결정립이 매우 미세한 합금(보통 10~15 μm 이하)은 특정 온도와 낮은 변형률속도에서의 초소성거동으로 매우 큰 연신량(최대 2,000%)을 얻을 수 있음을 2.2.7절에서 설명한 바 있다. Zn-Al이나 티타늄 같은 초소성합금 재료로는 보통의 소성가공기술이나 플라스틱가공(제10장에서 설명하는 열성형, 진공성형, 블로우성형

등)과 유사한 기술로 복잡한 형상을 가공할 수 있다. 다이재료는 성형온도와 소재강도에 따라 선택되며, 저합금강, 주조공구강, 세라믹, 그래파이트, 석고가 많이 사용된다.

높은 연성과 비교적 낮은 강도를 갖는 초소성합금은 다음과 같은 가공 상의 이점을 준다.

1. 가공온도에서 재료의 강도가 낮아 저강도의 공구를 사용할 수 있으므로 공구비용 절감
2. 치수공차가 작고 미세한 부분이 있는 복잡한 형상을 일체로 성형할 수 있으므로, 이차 가공의 필요성 배제
3. 재료의 성형성이 높으므로 중량 및 재료 절감
4. 성형제품에는 잔류응력이 거의 없음

반면에 초소성가공이 갖는 한계는 다음과 같다.

1. 사용온도에서는 재료가 초소성을 갖지 않아야 함
2. 초소성재료는 변형률속도에 매우 민감하므로, 충분히 낮은 속도에서 가공해야 함(보통 10^{-4}~10^{-2}/s의 변형률속도)
3. 가공시간은 수 초에서 수 시간 정도로 가공주기가 일반성형법보다 훨씬 오래 걸림

초소성성형과 **확산접합**(diffusion bonding, 12.12절 참조)을 조합함으로써 금속판재 구조물의 가공에 중요한 발전이 이루어졌는데(SPF/DB), 평판을 확산접합하여 가공한 몇 가지 구조물을 그림 7.46에 나타내었다. 판재의 특정 부위가 확산접합되고, 접합방지 부분은 공압에 의해 금형 안으로 확장된다. 이렇게 만들어진 구조물은 얇으면서도 비강성이 우수

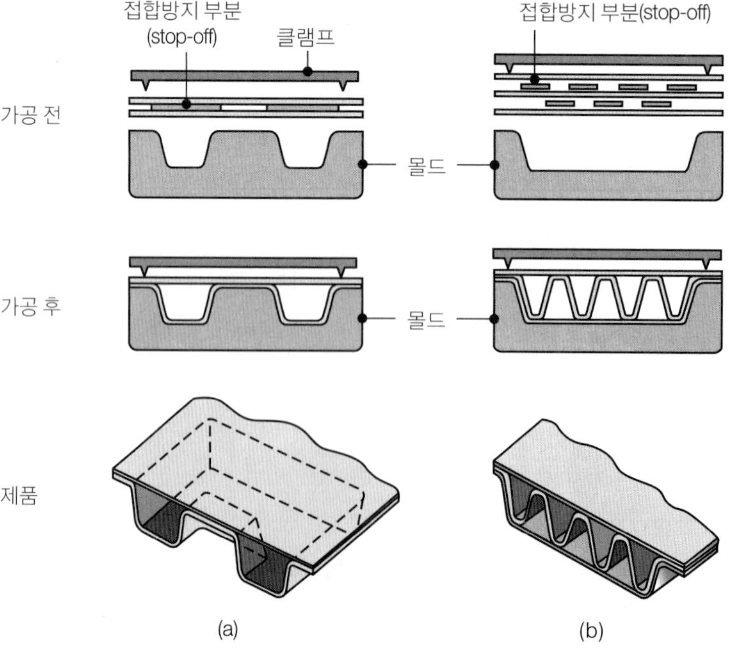

▶ **그림 7.46**
판재의 확산접합 및 초소성 성형으로 만들어진 두 가지 구조물. 이러한 구조물은 높은 비강성을 가진다.

하여 항공우주산업에서 중요하게 사용된다.

예 7.6 초소성가공/확산접합(SPF/DB)의 응용

SPF/DB의 주용도는 토네이도나 미라쥬 2000 같은 군용항공기의 티타늄부품을 만드는 것으로, 동체 벌크헤드, 리딩에지 슬랫, 열교환기 관, 냉각기 출구덕트 등과 F-15 전투기의 코가 이 방법으로 만들어진다. 민간용으로는 에어버스 A340의 변기, 세면대, 음용수 보관패널(Ti-6Al-4V)이 이 방법으로 만들어진다.

초소성가공공정은 티타늄의 경우 900°C, 알루미늄합금은 500°C에서 작업하고, 확산접합도 비슷한 온도에서 이루어진다. 하지만 알루미늄 판재에 생긴 산화물은 확산접합에서 접합강도를 저하시키는 심각한 문제이다. 두께 2 mm인 718 니켈합금 판재의 경우, 950°C의 온도에서 2 MPa의 아르곤가스를 작용시킬 때, 세라믹다이로 초소성가공하는 데 걸리는 시간은 4시간 정도이다.

■ **핀성형**(peen forming) 얇은 금속판재에 곡률을 만들 때는 판재의 한쪽 면을 **숏피닝**하여 핀성형할 수 있다(4.5.1절 참조). 피닝은 회전하는 휠 또는 노즐에서 분사되는 공기로 주철구나 강구를 투사하여 이루어진다. 핀가공법에서는, 판재표면이 압축응력을 받으므로 표면층을 확장하려고 하나 가공층 밑의 재료는 강체로 남아 있으므로, 판재는 곡률을 갖게 되고, 표면에 압축잔류응력을 남기므로 판재의 피로강도를 향상시킨다.

핀성형은 항공기산업에서 항공기 날개외판을 곡면으로 가공할 때 사용된다(그림 7.47 참조). 직경 2.5 mm의 주강구를 60 m/s의 속도로 투사하여 길이 25 m의 날개판을 가공하며, 두꺼운 부분을 가공할 때는 최대직경 6 mm인 강구를 사용하기도 한다. 핀성형은 뒤틀려진 부품을 정직하거나, 진원에서 벗어난 링의 교정에도 사용된다.

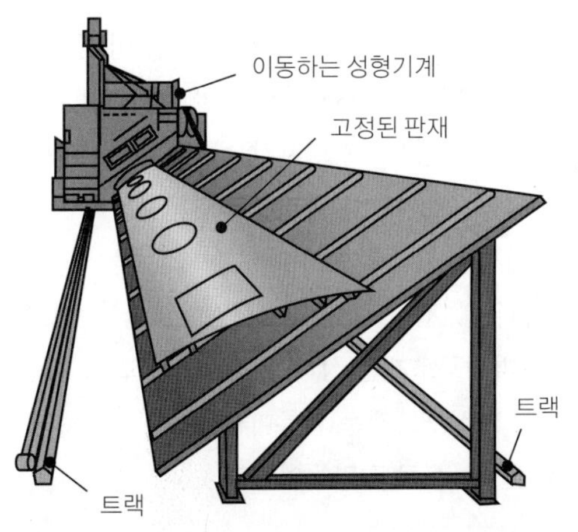

▶ **그림 7.47**

항공기 외판과 같은 대형 판재제품을 성형하는 핀성형기. 판재는 고정되고, 기계가 이동하며 성형한다.

■ **가열성형**(thermal forming) 이 공정은 판재의 특정 부위를 가열하여 두께에 걸쳐 열응력구배를 발생시켜 판재를 곡면으로 성형하는 방법이다. 열원으로는 보통 레이저(**레이저성형**, 플라즈마 토치를 사용하는 경우에는 **플라즈마성형**이라고 함)를 사용한다. 열구배로 생기는 응력은 판재에 외력을 가하지 않고도 소재를 충분히 굽힐 수 있다. **레이저응용가공**(laser-assisted forming)은 레이저로 소재의 특정 부위를 가열하여 유동응력을 낮추고 성형성을 향상시킴으로써 공정의 유연성을 증대시킨 가공법이다. 이 공정은 복잡한 형상의 평판이나 튜브 부품을 진직교정, 굽힘, 엠보싱, 성형하는 데 사용된다.

■ **크리프 시효성형**(CAF, creep age forming) 최근에 개발된 **크리프 시효성형**은 알루미늄 판재를 성형과 동시에 인공시효(5.11.2절 참조)시키는 가공법이다. 현재 적용되는 분야는 민간항공기나 업무용제트기의 날개판을 2024-T351 혹은 보다 최근에 개발된 2022-T8 알루미늄합금으로 성형하는 것이다. 대표적인 예로는 555인승 에어버스 A380을 들 수 있는데, 길이 33 m, 폭 2.8 m 크기이면서 두께가 3~28 mm로 차이가 심한 날개판을 이 공정으로 성형한다. 성형 후에는 최고 80%까지 탄성회복이 일어날 수 있으므로 스프링백이 문제가 되지만, 컴퓨터 모델링 및 시뮬레이션기술을 사용하여 다중곡률을 갖는 복잡한 형상을 경제적으로 생산할 수 있다.

■ **미소성형**(microforming) 미소성형은 크기가 매우 작은 금속제 부품(소형화된 제품)을 생산하는 다양한 금속가공공정을 일컫는다. 일반적으로 부품크기는 1 mm 이하, 무게는 밀리그램 수준이다. 미소성형공정에 대해서는 제13장에서 상세하게 설명한다.

■ **진직교정**(straightening) 성형과정에서의 모든 관련변수를 제대로 조절하기가 어려운 경우에는 박판, 후판, 튜브 부품이 직선으로 똑바르지 않게 가공되는 경우가 있다. 이 경우에는 그림 6.40 및 7.28에 나타낸 방법과 같은 진직교정법으로 이들 제품을 똑바르게 교정한다. 앞서 설명한 핀성형도 판재의 진직교정에 사용할 수 있다. (7.5.5절)

■ **벌집구조재의 가공** 벌집구조재(honeycomb structures)는 가벼우면서도 굽힘저항력이 높아 항공기나 우주선의 부품, 건축자재 및 수송기계류의 부품으로 사용된다. 이 공정은 두 가지 방법으로 제조된다. 보통 사용되는 **확장가공**(그림 7.48a)에서는 판재를 코일에서 절단한 뒤, 등간격으로 접착제를 발라서 적층한 후 오븐에서 경화시킴으로써 접착 부위에 충분한 강도를 얻고, 이를 원하는 폭으로 잘라 펼침으로써 벌집구조재로 만든다.

골판재 가공(corrugation process, 그림 7.48b)에서는 판재를 특수하게 설계된 롤 사이로 통과시키며 골판재로 만들어 원하는 치수로 자른 뒤, 접착제를 바르고 경화시킨다. 이 경우에는 펼치는 공정이 없다. 각 방법으로 만든 벌집구조재는 상하에 외판을 접합시켜 샌드위치 구조(그림 7.48c)를 만드는 데 사용된다. 벌집구조재는 알루미늄 3000 계열로 만드는 것이 보통이나, 티타늄, 스테인리스강, 니켈합금으로도 만들어진다.

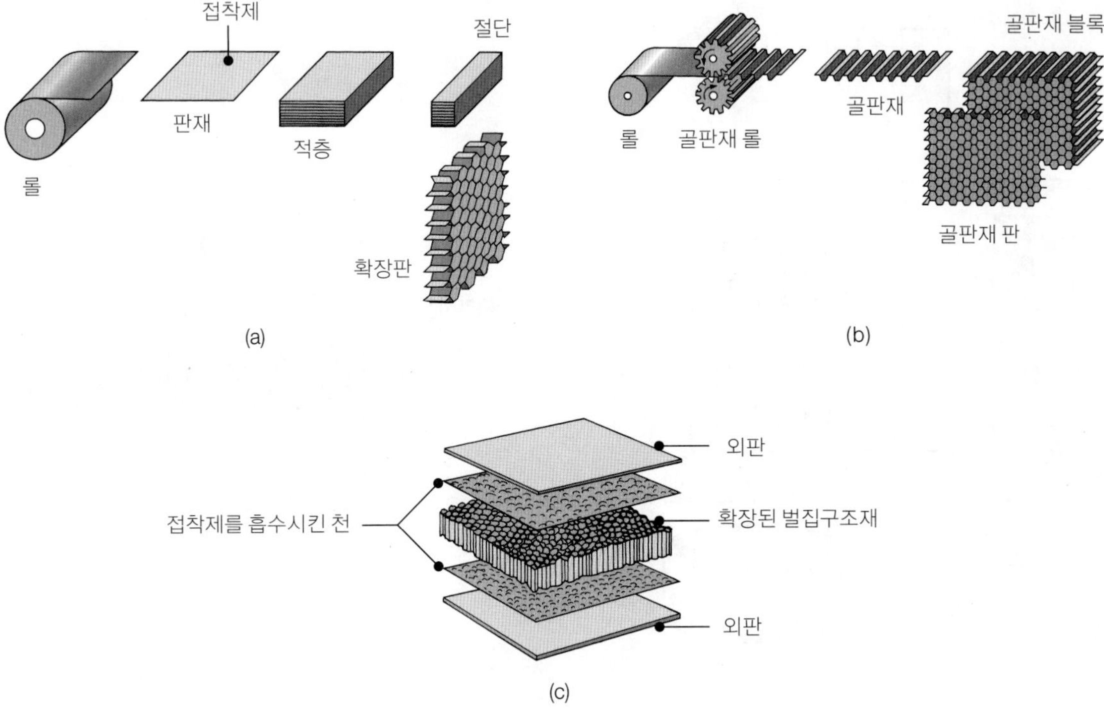

▲ **그림 7.48**

벌집구조재를 성형하는 방법: (a) 확장가공, (b) 골판재가공, (c) 벌집구조 샌드위치재.

7.6 디프드로잉

1700년대에 처음 개발된 디프드로잉(deep drawing)은 중요한 판재성형가공법 및 프레스 작업으로 여겨져 왔다. 디프드로잉으로 가공되는 제품은 음료캔, 주방기구, 모든 종류 및 크기의 용기, 싱크대, 자동차패널 등이다. 이 공정에서는 펀치로 편평한 금속판 소재를 다이공동부로 밀어 넣어서 원통형이나 각통형 제품으로 성형한다(그림 7.49a 참조). 이 가공법은 속이 깊은 제품을 만든다는 뜻으로 디프드로잉이라고 하지만, 깊이가 얕은 제품을 가공하는 데에도 적용된다.

원통형 컵을 디프드로잉할 때의 기본적인 공정변수를 그림 7.49b에 나타내었다. 직경 D_o, 두께 t_o인 원형 소재를 반경 R_d인 다이구멍 위에 올려놓고, **블랭크홀더** 또는 **지지링**으로 눌러서 일정한 하중을 가한다. 직경 D_p, 모서리 반경 R_p인 펀치가 하강하면서 소재를 다이공동부로 밀어서 컵을 만든다. 디프드로잉 공정에서의 주요 변수는 다음과 같다.

1. 금속판재의 성질
2. 펀치직경에 대한 블랭크직경의 비

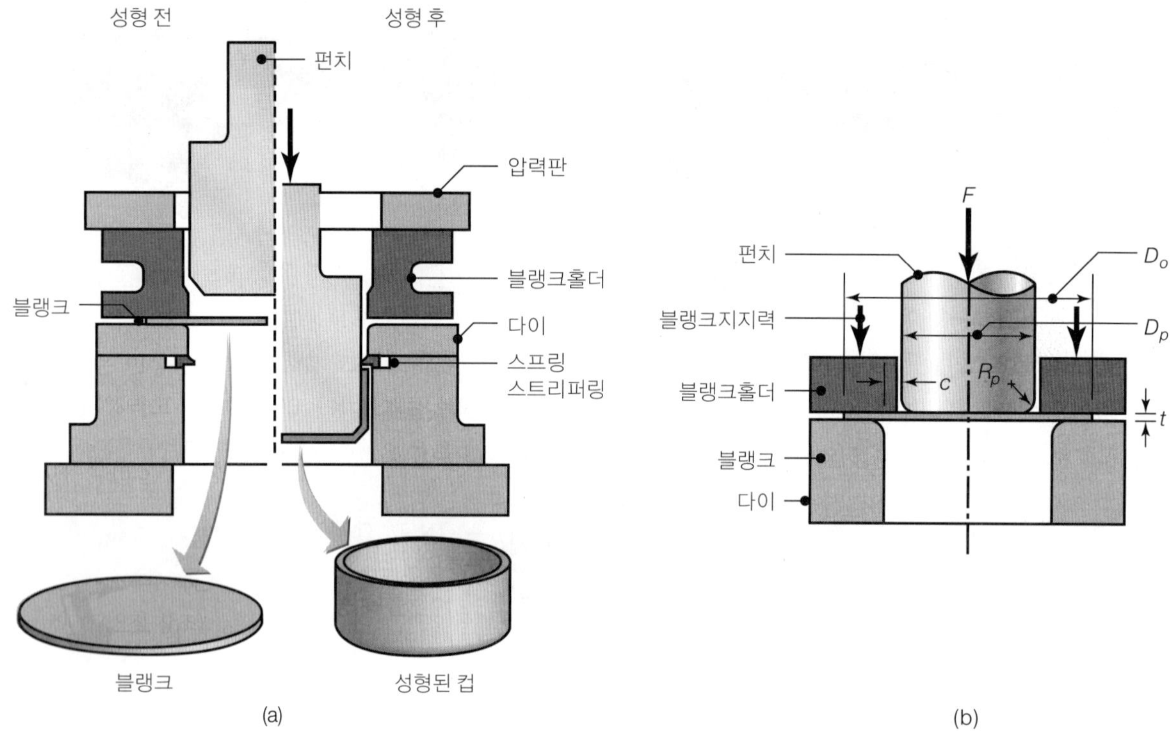

▲ 그림 7.49

(a) 디프드로잉공정의 개략도. 이 방법은 알루미늄 청량음료 캔을 가공하는 첫 단계이며, 성형된 컵은 스트리퍼 링으로 빼낸다. (b) 원형 컵의 디프드로잉 시 공정변수. 이 그림에서는 펀치하중만이 종속변수이고 블랭크 지지력을 비롯한 다른 모든 변수는 독립변수이다.

3. 판재의 두께
4. 펀치와 다이 사이의 간극
5. 펀치와 다이의 모서리반경
6. 블랭크홀더 지지력
7. 펀치의 속도
8. 펀치, 다이, 소재 간의 마찰

디프드로잉 작업에서 소재는 그림 7.50에 나타낸 것과 같은 응력을 받는다. 소재판 내의 요소 A는 소재가 다이공동부로 당겨짐에 따라 반경방향으로 인장응력을 받고, 요소면에 수직한 방향으로 블랭크홀더 압력에 의한 압축응력을 받는다. 소재판의 반경을 따라 자유물체도를 그려보면, 요소 A에서 반경방향 인장응력이 작용하면서 원주방향으로의 압축응력이 생긴다. 이 응력상태에서 요소 A는 반경방향으로는 늘어나지만, 원주방향으로는 수축한다. 이 원주응력으로 인해 디프드로잉 도중 플랜지에 주름이 생기므로, 블랭크홀더로 일정한 하중을 가해주어야 한다.

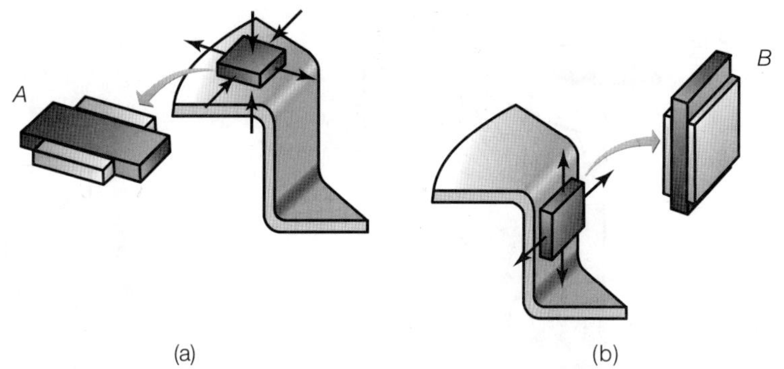

▶ **그림 7.50**

원형컵의 디프드로잉 시 (a) 플랜지부, (b) 컵 벽면에서 요소의 변형.

드로잉력 F(그림 7.49b)는 펀치로부터 컵의 벽면을 통해 플랜지로 전달되면서 플랜지부를 다이공동부 안으로 끌어당긴다. 이미 형성된 컵의 벽면은 요소 B에서 나타낸 것처럼 주로 길이방향으로의 인장응력을 받는다(그림 7.50b 참조). 따라서 요소 B는 원주방향으로 수축되려고 하지만, 컵이 펀치에 밀착하므로 원주방향으로도 인장응력이 걸린다. 즉, 요소 B는 길이방향으로는 늘어나지만 폭은 변하지 않는다. 참고로, 두께가 얇은 관에 인장을 가하면, 식 (2.43)으로 주어지는 일반화된 유동법칙에 따라 직경이 줄게 된다.

이 작업에서 중요한 점은 **순수드로잉 양**과 **신장되는 양**의 비율이다(그림 7.51). 블랭크홀더 지지력이 너무 작으면, 소재는 다이공동부 안으로 자유롭게 빨려 들어가며 소재의 직경이 줄면서 드로잉이 진행된다(순수드로잉). 순수드로잉에서는 그림 7.50a의 요소 A가 다이공동부로 움직임에 따라 직경이 줄게 되므로 두께는 증가한다. 판재의 변형은 플랜지부에서만 일어나고, 컵 벽면에는 탄성응력만 작용한다. 그러나 D_o/D_p의 비가 커지면 이

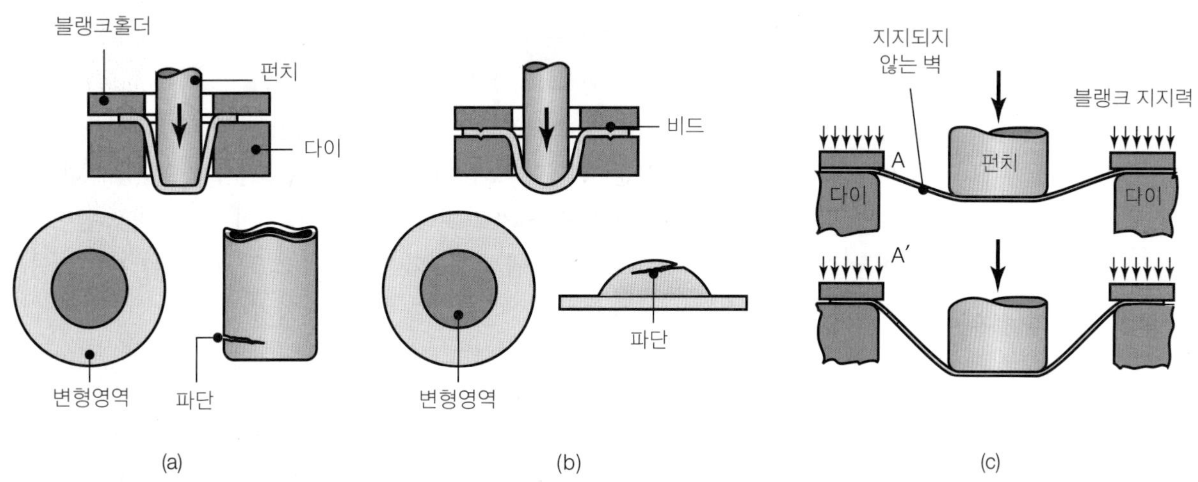

▲ **그림 7.51**

드로잉 작업의 예: (a) 순수드로잉, (b) 순수신장. 비드로 인해 판재가 다이공동부로 빨려 들어가지 못한다. (c) 드로잉 시 지지되지 않는 부위에서 주름이 발생할 가능성이 높다.

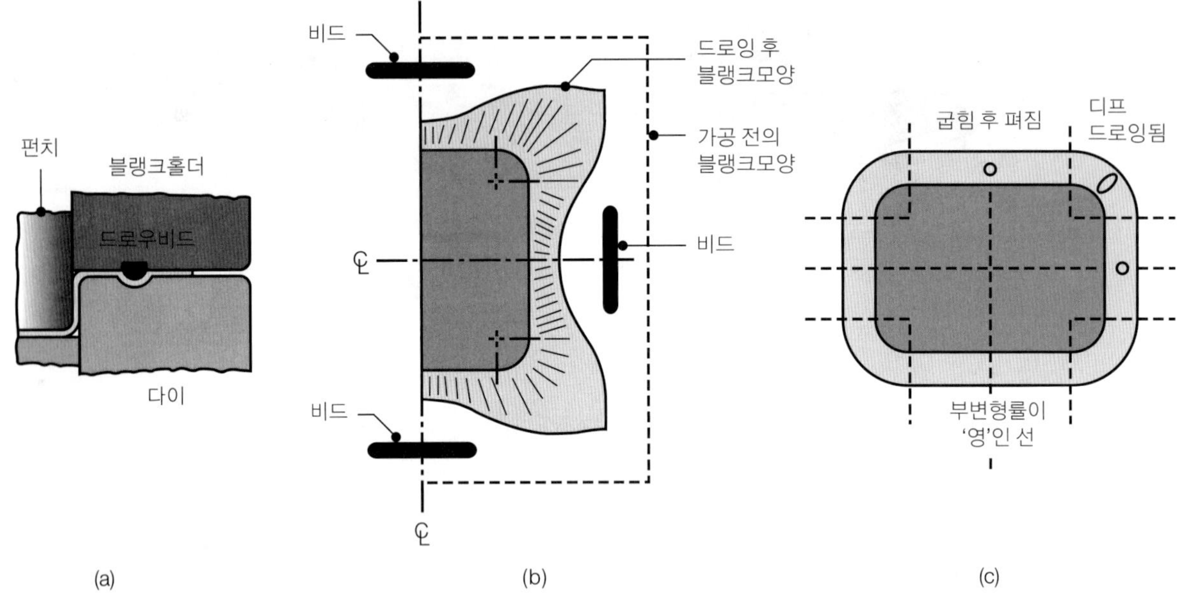

▲ **그림 7.52**

(a) 드로우비드의 개략도, (b) 비드의 사용으로 소재의 운동을 조절하여 사각형 부품을 드로잉할 때의 금속유동, (c) 드로잉할 때 원형무늬의 변형(7.7절 참조).

응력도 증가하여 컵 벽면이 플랜지부를 끌어당기는 데 필요한 하중을 지지하지 못하고, 결국 파단되기에 이른다(그림 7.51a 참조).

역으로, 블랭크지지력이 적절하거나 **드로우비드**(draw bead)를 사용하면(그림 7.51b와 7.52), 블랭크가 다이공동부로 자유롭게 빨려 들어가지 못한다. 판재의 변형이 주로 펀치 아래에서 일어나면서 드로잉된 부분이 신장되면 네킹과 찢어짐이 생길 수 있다. 네킹이 일부에서 나타나는지, 아니면 확산되는지는 (1) 금속판재의 변형률속도 민감지수 m(m이 클수록 네킹은 확산됨), (2) 펀치의 형상, (3) 윤활에 따른다.

디프드로잉에서 지지되지 않은 소재판의 길이(즉, 다이구멍반경과 펀치반경의 차이)는 **주름**의 발생여부에 큰 영향을 준다. 그림 7.51c에 나타낸 것처럼, 펀치가 하강함에 따라 요소 A도 다이 내부로 딸려오지만, A' 위치로 이동함에 따라 직경이 감소하면서 원주방향 길이는 줄어든다. 따라서 새로운 위치에서 공구와 접촉하지 않은 채, 원주방향으로 압축변형률을 받는다. 이 영역에서 판재가 얇아서 압축변형률을 지지할 수 없으면, 판재에 주름이 생긴다. 이 상황은 순수드로잉 상태에서는 잘 일어나는 반면, 순수신장 상태에서는 변형 도중 소재판의 직경이 거의 변하지 않으므로 주름발생이 적다.

■ **아이어닝**(ironing) 다이공동부로 빨려 들어가는 판재의 두께가 펀치-다이 간극보다 크면 두께가 얇아지는데, 이 효과를 아이어닝이라 한다(그림 7.53 참조). 간극 c를 조절함으로써 일정한 벽두께를 만들 수 있고, 디프드로잉에서 나타나는 귀생김 현상(그림 7.57 참조)

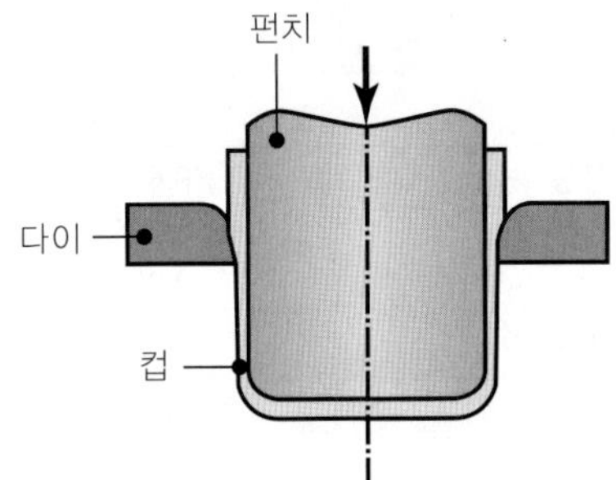

▶ **그림 7.53**

아이어닝공정의 개략도. 컵의 벽면은 바닥면보다 얇아지며, 모든 이음매 없는 청량음료 캔(투피스 캔)은 디프드로잉 후 보통 3단계로 아이어닝된다(뚜껑부와 바닥부가 별도로 제작되는 캔은 쓰리피스 캔이라고 한다).

을 교정할 수도 있다. 소재의 체적이 일정하므로, 간극이 큰 경우에 가공된 컵보다 아이어닝된 컵은 길이가 길어진다.

7.6.1 디프드로잉성(한계드로잉비)

한계드로잉비(LDR, limiting drawing ratio)는 파단을 일으키지 않고 소재를 가공할 수 있는 펀치직경에 대한 블랭크 최대직경의 비 D_o/D_p로 정의되며, 디프드로잉성(deep drawability)의 척도이다. 소재가 다이공동부로 빨려 들어가는 것을 관찰해 보면(그림 7.50 참조), 재료는 폭이 줄어들면서(직경이 줄어들게 되므로) 컵 벽면에서는 길이방향 인장응력을 받는다.

두께에 대한 폭방향 변형률의 비(그림 7.54)는

$$R = \frac{\epsilon_w}{\epsilon_t} = \frac{\ln(w_o/w_f)}{\ln(t_o/t_f)} \tag{7.18}$$

로서, R을 금속판재의 **수직이방성**(normal anisotropy)이라고 한다(**소성이방성** 또는 **변형률비**라고도 함). 첨자 'o'와 'f'는 각각 변형 전과 후의 치수를 나타내며, R 값이 "1"인 경우는 폭변형률과 두께변형률이 같은 경우로서, 재료가 등방성인 경우이다. 얇은 두께를 측정하는 데에는 오차가 따를 가능성이 높으므로, 체적불변성을 이용하여 식 (7.18)을 다음과 같이 수정하여 사용한다.

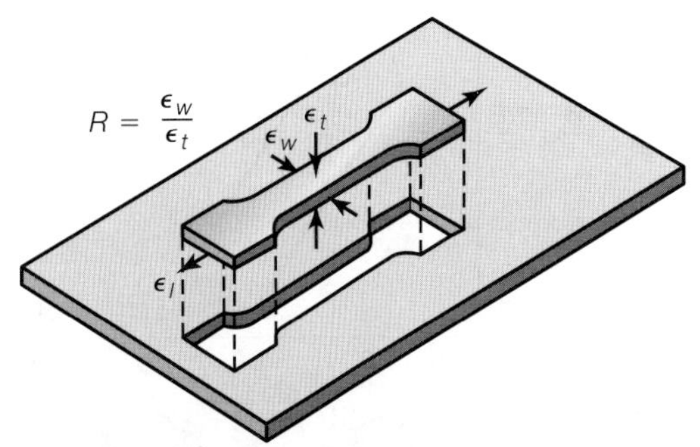

▶ **그림 7.54**

압연판재에서 채취한 인장시편의 폭방향 변형률과 두께방향 변형률로 정의되는 수직이방성계수 R. 시편은 압연방향과 다른 방향에서 채취하기도 한다.

표 7.3 각종 금속판재의 평균 수직이방성 계수 $\overline{R}$

재료	$\overline{R}$	재료	$\overline{R}$
아연합금	0.4~0.6	구리 및 황동	0.6~0.9
열연강	0.8~1.0	티타늄합금(α)	3.0~5.0
냉연 림드강	1.0~1.4	스테인리스강	0.9~1.2
냉연 알루미늄 킬드강	1.4~1.8	고강도 저합금강	0.9~1.2
알루미늄합금	0.6~0.8		

$$R = \frac{\ln(w_o/w_f)}{\ln\{(w_f l_f)/(w_o l_o)\}} \tag{7.19}$$

위 식에서 l은 판재시편의 표점거리를 뜻한다. R 값은 보통 15~20%의 연신율에서 시편의 길이와 폭을 측정하여 구하고, 연성이 낮은 재료는 네킹이 시작되기 직전의 연신율에서 측정하여 구한다.

압연판재는 채취된 시편이 압연방향과 이루는 각도에 따라 R 값이 달라지는 **평면이방성**(planar anisotropy)을 갖는 것이 일반적이다. 이 경우에는 **평균 R 값**, $\overline{R}$을 다음 식에 따라 계산한다.

$$\overline{R} = \frac{R_0 + 2R_{45} + R_{90}}{4} \tag{7.20}$$

단, 첨자 0, 45, 90은 채취된 시편이 압연방향과 이루는 각도로서, 등방성재료인 경우에는 $\bar{R}$ 값이 1이 된다. 각종 판재의 $\bar{R}$ 값을 표 7.3에 나타내었다. 조밀육방격자인 금속재료의 $\bar{R}$ 값은 큰 편이나, 아연의 경우는 결정격자의 c/a비가 커서(그림 3.4 참조) 작은 값을 나타낸다. $\bar{R}$ 값은 금속판재의 결정립크기에도 영향을 받으며, 냉연강판의 경우 결정립크기

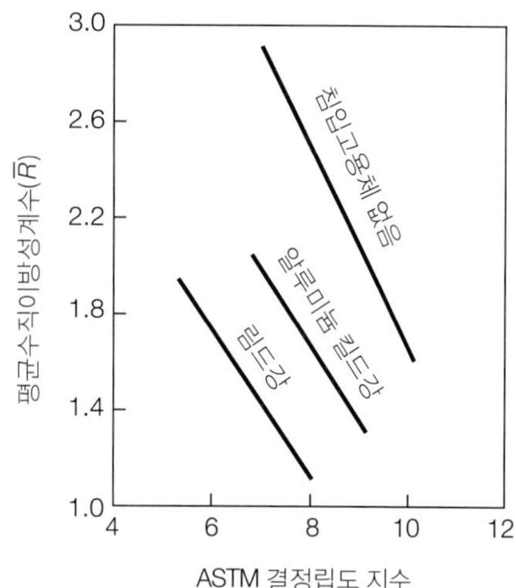

▶ 그림 7.55
각종 저탄소강의 평균수직이방성계수에 미치는 결정립도의 영향.

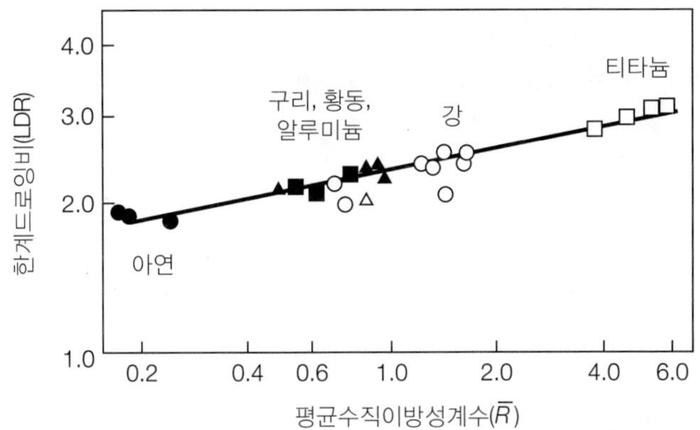

▶ **그림 7.56**
각종 금속판재의 한계드로잉비(LDR)에 평균수직이방성계수 $\bar{R}$가 미치는 영향.

가 작을수록(즉, 표 3.1의 ASTM 지수가 클수록) $\bar{R}$ 값이 작고(그림 7.55), 열연강판의 경우는 방향성이 없어지게 되므로 대략 "1"의 값을 갖는다.

그림 7.56은 $\bar{R}$ 값과 LDR 간의 실험적 관계를 나타낸다. 약간의 편차를 보이지만, 금속판재의 기계적 성질 중에서 $\bar{R}$ 값이 LDR과의 관계를 가장 일관되게 보여준다. 등방성재료가 이상적인 변형을 하는 경우의 최대 LDR 값은 $e = 2.718$에 해당한다.

판재의 **평면이방성**(planar anisotropy) ΔR은 다음과 같이 정의된다.

$$\Delta R = \frac{R_0 - 2R_{45} + R_{90}}{2} \tag{7.21}$$

위 식은 압연방향에 대하여 0° 및 90° 방향의 평균 R 값과 45° 방향의 R 값의 차이를 나타낸다.

예 7.7 한계드로잉비의 예측

어떤 금속판재를 인장시험하여 길이방향으로 23% 늘렸을 때, 두께가 10% 감소하였다고 한다. 이 금속판재의 한계드로잉비(LDR)를 예측하여라.

풀이 시편의 체적불변성으로부터,

$$w_o r_o l_o = w_f t_f l_f \quad \text{즉,} \quad \frac{w_f t_f l_f}{w_o r_o l_o} = 1$$

문제의 주어진 조건에서

$$\frac{l_f - l_o}{l_o} = 0.23, \quad \text{즉} \quad \frac{l_f}{l_o} = 1.23$$

$$\frac{t_f - t_o}{t_o} = -0.10, \quad 즉 \quad \frac{t_f}{t_o} = 0.90$$

이며, 따라서

$$\frac{w_f}{w_o} = 0.903$$

식 (7.18)을 이용하여,

$$R = \frac{\ln(w_o/w_f)}{\ln(t_o/t_f)} = \frac{\ln 1.107}{\ln 1.111} = 0.965$$

판재가 수직이방성을 가지면 $R = \bar{R}$이 되고, 그림 7.56에서

$$\text{LDR} = 2.4$$

라고 예측할 수 있다.

예 7.8 이론적 한계드로잉비

판재가 디프드로잉되는 동안에 두께 변화가 없다고 가정할 때, 이론적 한계드로잉비는 2.718이 됨을 보여라.

풀이 그림 7.49b에 의하면, 소재에서 컵으로 만들어지는 과정에서의 직경의 변화로부터 다음과 같은 최대진변형률이 컵의 상단에 생긴다.

$$\epsilon_{\max} = \ln\left(\frac{\pi D_o}{\pi D_p}\right) = \ln\left(\frac{D_o}{D_p}\right)$$

소성변형에 필요한 일은 그림 7.50a에 나타낸 요소 A에 작용하는 반경방향 응력에 의해 공급된다. 선재인발에 사용된 그림 6.60을 참조하여, 인발되는 단면이 (1) 두께가 얇은 사각형이고, (2) 두께방향이 지면(紙面)에 수직방향이며, (3) 두께는 이상적으로 일정하게 유지된다고 가정하자. 식 (6.62)로부터 인발응력 σ_d, 즉 그림 7.50a의 반경방향 응력은 다음과 같이 주어진다.

$$\sigma_d = Y\epsilon_{\max}$$

여기서 Y는 완전소성재료의 항복응력이다. 디프드로잉의 한계는 드로잉응력이 항복응력에 도달하는 경우이므로(식 (6.74)의 유도과정 참조),

$$Y = Y\epsilon_{max}$$

즉, $\epsilon_{max} = 1$일 때이다. 따라서 $\ln(D_o/D_p) = 1$에 해당하므로, 이론적 한계드로잉비는 다음과 같다.

$$\frac{D_o}{D_p} = 2.718$$

■ **귀생김**(earing) 판재의 평면이방성으로 인해 드로잉된 컵의 벽면 끝에 그림 7.57처럼 파도모양이 생길 수 있다. 귀의 수는 판재금속의 결정학적 구조에 따라 4개, 6개, 혹은 8개가 생긴다. ΔR이 크면 귀의 높이도 커지며, $\Delta R = 0$이면 귀가 생기지 않는다. 귀가 생기면 가공 후에 잘라버려야 하므로 재료가 손실되어 바람직하지 않다. 보통 알루미늄 캔에서의 귀발생량은 캔높이의 1~2% 정도이다.

디프드로잉성은 $\bar{R}$ 값이 크고 ΔR이 작을수록 향상되지만, $\bar{R}$ 값이 큰 금속판재는 ΔR도 큰 것이 일반적이다. 금속판재의 디프드로잉성을 향상시킬 수 있는 금속조직을 개발하려는 노력이 계속되고 있으며, 현재까지 합금원소, 가공온도, 가공 후 풀림주기, 압연 시 두께감소율, 판재제조 시 후판의 교차압연 같은 금속가공 공정변수가 영향을 준다는 것이 밝혀졌다.

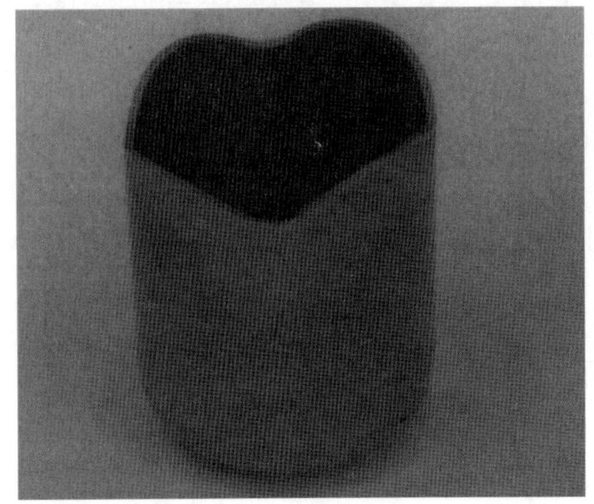

▶ **그림 7.57**
디프드로잉된 컵에서 평면이방성으로 인해 생긴 이어링(재료: 강).

예 7.9 컵직경과 귀생김의 예측

압연방향의 0°, 45°, 90°에 대하여 R 값이 각각 0.9, 1.3, 1.9인 철강판재가 있다. 직경이 100 mm인 원형블랭크를 디프드로잉하여 가공할 수 있는 컵의 최소직경은 얼마인가? 이 경우에 귀가 생기는가?

풀이 주어진 값들을 식 (7.20)에 대입하면

$$\overline{R} = \frac{0.9 + (2)(1.3) + 1.9}{4} = 1.35$$

이며, 한계드로잉비(LDR)는 파단 없이 성형할 수 있는 펀치직경에 대한 블랭크직경의 비, 즉 D_o/D_p로 정의된다. 이 철강판재의 LDR은 그림 7.56에서 대략 2.5라고 볼 수 있다. 따라서 디프드로잉 가능한 컵의 최소직경은 100/2.5 = 40 mm가 된다.

귀생김의 여부를 결정하려면 R 값을 식 (7.21)에 대입한다.

$$\Delta R = \frac{0.9 - (2)(1.3) + 1.9}{2} = 0.1$$

$\Delta R = 0$인 경우에만 귀가 생기지 않으므로, 이 경우에는 디프드로잉 제품에 귀가 생긴다고 볼 수 있다.

■ **최대펀치하중** 디프드로잉에 필요한 에너지는 펀치하중 F에 의해 공급되며, 다른 변형 과정에서와 마찬가지로, 이상변형일, 과잉일, 마찰일과 아이어닝이 있는 경우 아이어닝에 드는 일로 구성된다(그림 7.58). 디프드로잉은 정상상태공정(steady-state process)이 아니고, 많은 변수의 영향이 있으므로 펀치하중을 계산하기가 쉽지 않다. 최대펀치하중을 구하는 여러 식 중에서 간단하면서도 유용한 다음과 같은 경험식이 있다.

$$F_{\max} = \pi D_p t_o (\text{UTS}) \left(\frac{D_o}{D_p} - 0.7 \right) \qquad (7.22)$$

위 식은 마찰, 펀치와 다이의 모서리반경, 블랭크홀더 지지력을 직접 포함하는 대신, 그

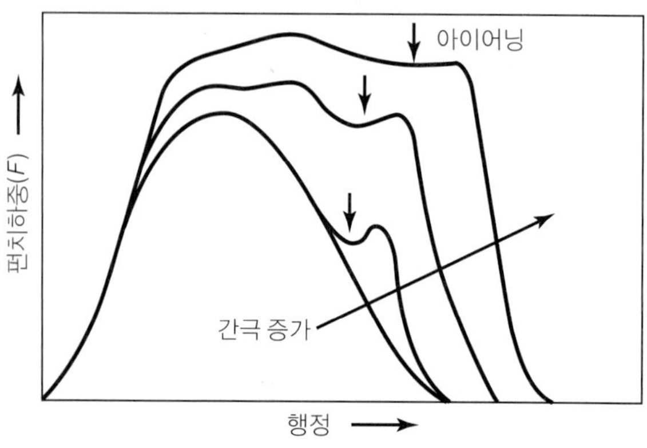

▶ **그림 7.58**
펀치행정이 일정 양에 달하여 컵이 일부 형성된 후에 아이어닝이 일어남(화살표는 아이어닝 개시점을 표시).

영향을 계수에 포함시켜 나타낸다.

펀치하중은 기본적으로 컵의 벽면에 의해 지지되며, 과도한 경우에는 그림 7.51a에 나타낸 것처럼 찢어짐이 발생한다. 그림에는 파단이 생길 때까지 컵이 상당한 깊이로 가공되었음을 보여주는데, 이는 그림 7.58에서 펀치가 일정한 거리를 움직이고 나서야 최대 펀치하중에 도달하는 것으로부터 예측될 수 있다. 펀치의 모서리반경이나 다이반경(판재두께의 10배 이상이면)은 최대펀치하중의 크기에 큰 영향을 주지 않는다.

7.6.2 디프드로잉 작업

디프드로잉 작업에서 중요하게 고려할 사항은 다음과 같다.

1. **간극과 모서리반경.** 간극은 판재두께보다 보통 7~14% 정도 크게 잡는다. 간극을 줄이면 아이어닝효과가 커지나, 너무 작으면 소재는 펀치에 의해 천공되면서 전단될 수도 있다. 펀치와 다이의 모서리반경이 중요하며, 너무 작으면 모서리부에서 컵이 파단되고(그림 7.59), 너무 큰 경우에는 소재가 지지되지 않은 부분에서 주름이 발생한다. 이 부분에서의 주름으로 인해 컵 벽면에 주름살결함이 생긴다.
2. **드로우비드.** 드로우비드(그림 7.51b와 7.52 참조)는 다이공동부 내로 소재유동을 조절하며, 특히 판재가 다이 속으로 불균질하게 유동하는 각통이나 비축대칭 제품의 가공에는 필수적이다. 드로우비드를 사용하면 플랜지부에 생기는 홈 모양으로 인해 강성이 증가하므로 블랭크홀더 지지력을 작게 주어도 된다. 드로우비드의 직경은 13~20 mm 정도로 한다.
3. **블랭크홀더 압력.** 블랭크홀더 압력은 일반적으로 판재의 항복강도와 인장강도의 합의 0.7~1.0% 정도로 준다. 블랭크홀더 지지력이 과도하면 펀치하중이 증가하여(마찰력으로 인해) 컵의 벽면이 찢어지고, 과소한 경우에는 플랜지부에 주름이 생긴다. 블랭크홀더 지지력이 소재가 다이 속으로 빨려 들어가는 유동을 조절한다는 점에 착안하여, 펀치행정에 따라 블랭크홀더 지지력이 변하도록 프로그램된 프레스가 개발된 바 있다. 이 장비에는 독립 다이쿠션을 사용하여 블랭크홀더 지지력이 국부적으로 작용하도록 함으로써 소재의 유동을 더욱 조절하여 디프드로잉성을 향상시키는 기능도 갖추고 있다.

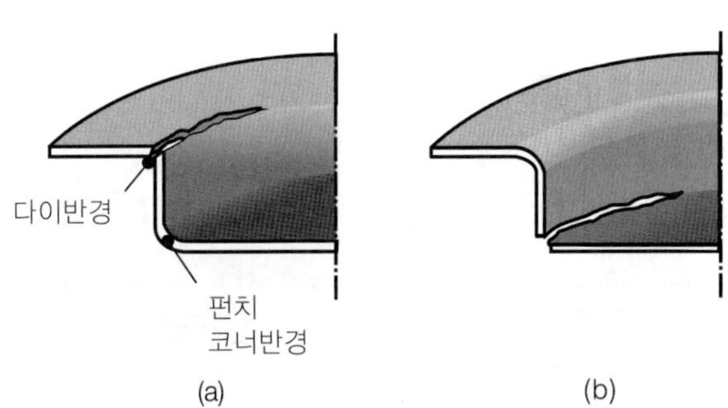

▶ **그림 7.59**

원통컵의 디프드로잉 시 다이 및 펀치반경이 파단에 미치는 영향: (a) 다이반경이 너무 작은 경우(다이반경은 판재두께의 5~10배가 적당), (b) 펀치 코너반경이 너무 작은 경우(펀치와 컵 간의 마찰은 드로잉작업을 유리하게 하므로, 펀치에 과도한 윤활을 하면 드로잉성이 저하됨).

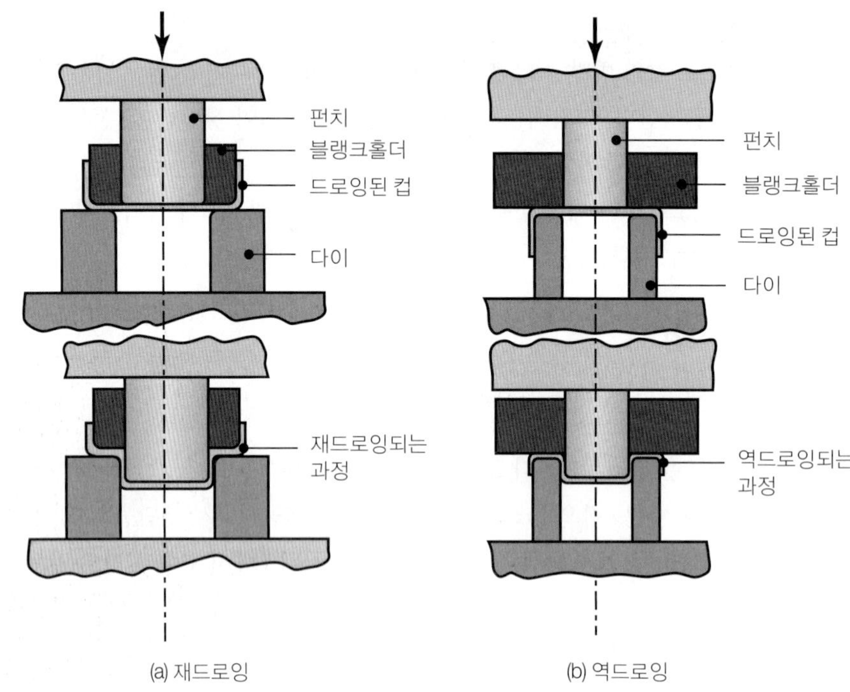

▶ **그림 7.60**
재드로잉으로 컵의 직경을 줄이는 작업: (a) 재드로잉, (b) 역드로잉. 직경이 작고 깊이가 깊은 용기는 드로잉 및 재드로잉을 여러 차례 반복하여 가공한다.

4. **재드로잉**(redrawing). 한 번의 작업으로 가공하기가 어려운 제품은 그림 7.60a에서처럼 재드로잉이나 그림 7.60b의 **역드로잉**(reverse drawing)을 하며, 역드로잉의 경우에는 재료가 처음에 가졌던 형상과 반대방향으로 굽혀진다. 반대방향으로의 굽힘으로 **변형연화**(strain softening)가 일어나며, 이는 바우싱거 효과(2.3.2절에서 설명)의 한 예에 해당한다. 재드로잉 작업에서는 가공하중이 작아도 되고, 재료는 연성이 증가된 것처럼 거동한다.
5. **블랭크홀더를 사용하지 않는 드로잉.** 주름이 생기지 않을 정도로 판재가 두꺼우면 블랭크홀더를 사용하지 않아도 디프드로잉할 수 있다. 이 작업에서는 그림 7.61에 나타낸 것과 같은 특수한 형상을 가진 다이를 사용하며, 다음과 같은 제한조건 내에서 작업이 가

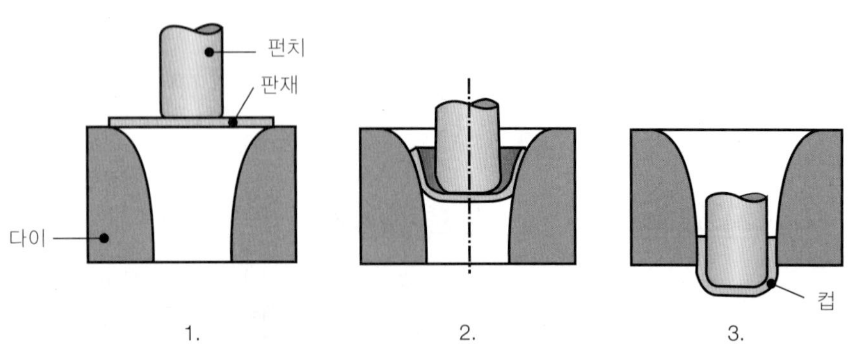

▶ **그림 7.61**
*tractrix*라는 다이형상으로 블랭크홀더 없이 디프드로잉하는 과정. (tractrix는 해석기하학이나 핸드북에 나오는 특수곡선임.)

능하다.

$$D_o - D_p < 5t_o \tag{7.23}$$

위 식으로부터 두께가 얇은 소재로는 드로잉깊이를 깊게 할 수 없음을 알 수 있다. 이 작업에서는 일반 디프드로잉 작업에서보다 펀치행정이 커야 하는 반면, 공구 및 기계의 비용을 줄일 수 있다는 중요한 장점이 있다.

6. **공구와 기계.** 보통 사용되는 공구재료는 공구강이나 합금주철이지만, 가공제품에 따라서는 초경합금이나 플라스틱도 사용된다(표 3.6 참조). 디프드로잉에는 흔히 복동 기계프레스가 사용되며, 때로는 유압프레스가 사용되기도 한다. 펀치속도는 0.1~0.3 m/s이고, 강도가 높은 재료에는 이보다 낮은 속도를 사용하기도 하지만, 일반적으로 펀치속도가 성형에 영향을 주지는 않는다.
7. **윤활.** 디프드로잉 시의 윤활은 가공하중을 줄이고, 가공성을 높이며, 다이마모와 제품결함을 줄이는 데 중요한 역할을 한다. 펀치에는 윤활을 하지 않는 것이 보통인데, 그 이유는 펀치와 소재 간의 마찰이 클수록 가공성이 향상되기 때문이다.

7.7 판재의 성형성

금속판재의 성형성(formability)은 기술적, 경제적으로 중요하므로 많은 관심을 지속적으로 불러일으켜 왔다. 금속판재의 성형성은 재료가 네킹이나 찢어짐 없이 원하는 형상으로 만들어질 수 있는 능력으로 정의된다. 성형성에 크게 영향을 주는 인자에는 (1) 7.2절에서 설명한 판재의 성질, (2) 판재-공구 접촉면에서의 마찰과 윤활, (3) 성형에 사용되는 공구 및 기계의 특성 등 세 가지가 있다. 판재의 성형성시험기술들이 개발되어 있으며, 여기에는 특정 성형공정을 수치모델링하여 판재의 결정조직 같은 입력자료를 넣어서 성형성을 예측하는 기술도 포함된다.

7.7.1 성형성시험

1. **인장시험.** 인장시험(2.2절 참조)은 가장 기본적이고 상용적인 성형성시험법이다. 이 시험을 통해 판재시편이 파단에 이를 때까지의 총 연신량, 변형경화지수 n, 평면이방성 ΔR, 수직이방성 R과 같이 판재에 특히 중요한 성질을 알 수 있다.
2. **컵성형시험**(cupping test). 판재가공은 근본적으로 양축신장과정이므로, 이때의 성형성을 예측하기 위해 초기에 개발된 시험법은 **에릭슨-올슨**(Erichsen-Olsen)시험(신장)이나 **스위프트-후쿠이**(Swift-Fukui)시험(드로잉) 같은 컵성형시험이다. 에릭슨시험은 판재시편을 원형 평다이에 1,000 kg의 하중으로 체결하고, 판재에 균열이 나타나거나 펀치하

중이 최대값에 도달할 때까지 직경 20 mm인 강구를 밀어 넣는 시험법이다. 이때 거리 D mm를 에릭슨수라고 하며, D 값이 클수록 판재의 성형성이 양호하다.

컵성형시험법에서 파단이 일어날 때까지 재료가 신장되는 능력을 측정한다. 시험하기가 비교적 용이하지만, 강구 아래의 변형이 축대칭이므로 실제의 가공작업을 그대로 모사하지는 못한다.

3. **벌지시험**(bulge test). 판재가공작업을 폭넓게 모사하려면 판재에 동일한 양축신장을 주는 **벌지시험**을 한다. 이 시험에서는 원형소재의 원주부분을 구속하고, 펀치 대신 **정수압**을 가하여 벌징시킴으로써 마찰이 없는 순수한 신장성형상태를 얻는다. 벌지한계(파단이 일어날 때까지 벌징된 높이)를 성형성의 척도로 삼으며, 이는 판재품질에 대한 민감한 척도이기도 하다. 이 시험법은 무마찰조건에서의 양축하중(2.11절)에 대한 유효응력-유효변형률 곡선을 얻는 데 사용되기도 한다.
4. **성형한계도**(FLD, forming-limit diagrams). 성형한계도를 작성함으로써 금속판재의 성형성을 잘 파악할 수 있다. 이는 직경 2.5~5 mm인 원 혹은 유사한 도형의 격자무늬를 에칭이나 인화로 인쇄한 소재판을 펀치로 밀어서 신장시킨 후(그림 7.62 참조), 네킹이나 찢어짐이 발생한 부위에서 원의 변형을 측정하는 방법이다. 이 시험에서는 에릭슨시험과 달리 소재판이 다이 내부로 딸려 들어가지 못하도록 드로우비드로 판재를 고정한다. 측정의 정확도를 높이기 위해, 원의 크기와 선굵기는 가능하면 작게 한다. 컴퓨터제어장비를 사용하면 원의 변형을 효율적으로 측정할 수 있다.

윤활은 시험결과에 큰 영향을 주므로, 시험결과를 나타낼 때는 윤활조건에 대하여 언급해야 한다. 이렇게 함으로써 동일 판재에 대한 이종 윤활제나, 동일 윤활제에 대한 이종 판재의 성형성을 평가할 수 있다. 성형한계시험은 무윤활펀치로 수행할 수도 있다.

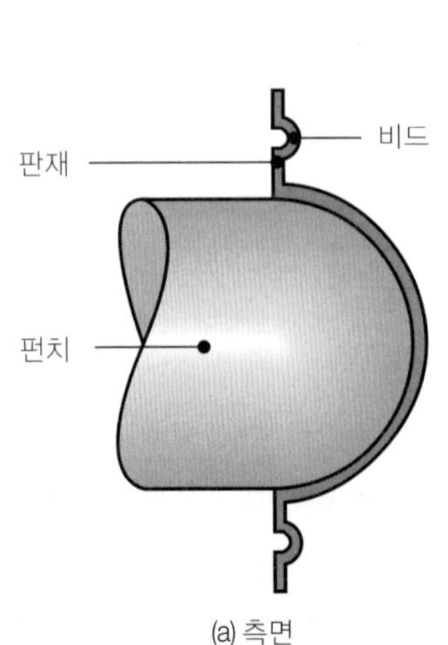

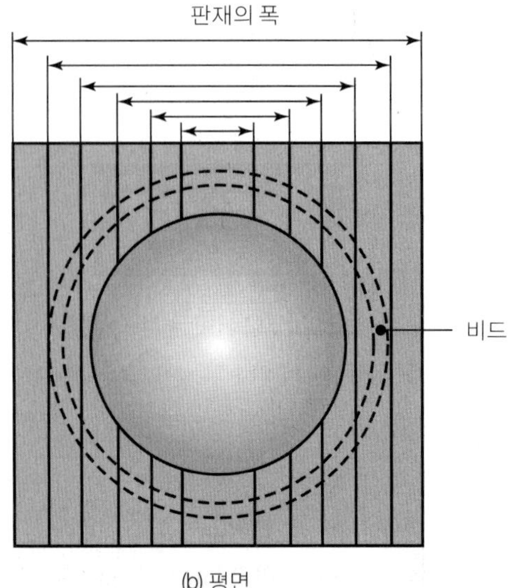

▶ 그림 7.62
폭이 다른 판재시편의 양 끝을 고정시킨 후 행하는 펀치-신장시험의 개략도. 반구형 펀치를 사용할 때, 시편의 폭이 좁을수록 단축신장상태가 되고, 정사각형 시편은 양축신장이 된다.

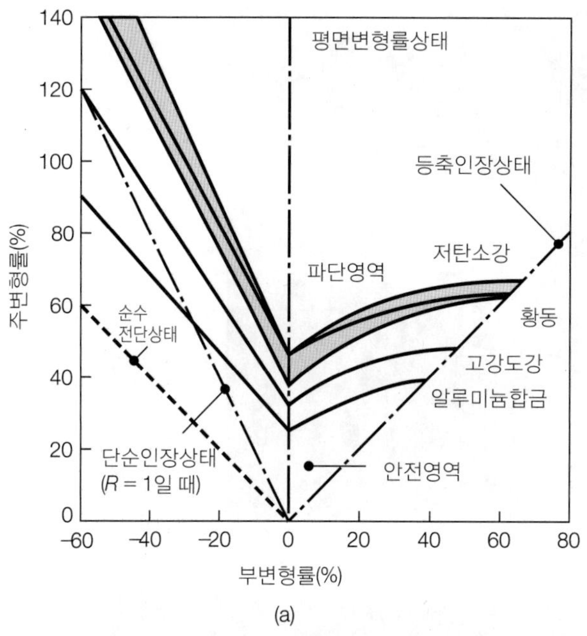

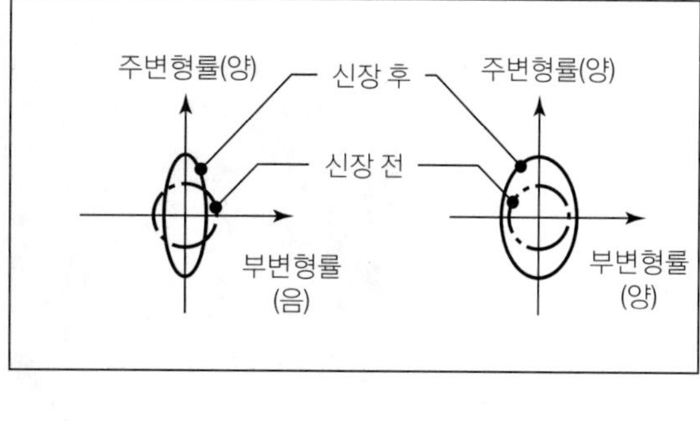

▲ 그림 7.63

(a) 각종 금속판재의 성형한계도(FLD). 주변형률은 항상 양이며, 곡선의 윗부분은 파단영역이므로 특정 재료에 대하여 가공할 때는 변형률상태가 곡선의 아래에 있도록 해야 한다(R은 수직이방성계수임). (b) 부변형률의 부호에 대한 정의. 변형된 원의 면적이 원래 면적보다 크면 판재의 두께는 감소된 것이다.

성형한계도(그림 7.63a)의 수직좌표와 수평좌표를 각각 구성하는 **주변형률**(major strain)과 **부변형률**(minor strain)은 다음과 같이 구한다. 판재와 함께 변형한 원은 타원이 되며(그림 7.63b와 7.64 참조), 타원의 장축은 신장의 주방향과 크기를 나타낸다. 주변형률은 장축방향으로의 공칭변형률(%)을 나타낸 것이다. 장축방향에 수직한 타원의 단축은 변형조건에 따라 신장(양의 값)되거나 수축(음의 값)되고, 단축방향으로의 공칭변형률인 부변형률 역시 양 또는 음의 값을 갖는다. 반면에, 시편은 최소 한 방향으로는 신장변형하므로 주변형률은 항상 양의 값을 갖는다.

금속판재에 원형무늬를 입히고 단순인장시험하면, 폭이 좁아지므로 부변형률은 음의 값을 갖는다. 소성영역에서의 체적일정조건(식 (2.48) 참조)과 수직이방성이 $R = 1$이라고 가정하면(즉, 폭방향 변형률과 두께방향 변형률이 같음), $\epsilon_w = -0.5\ \epsilon_l$이 된다. 이 현상은 넓은 고무띠에 원형무늬를 그린 후, 잡아늘이는 실험을 해보면 알 수 있다. 반면에, 고무풍선에 원형무늬를 그려서 불면, 원래의 원은 크기만 커지므로 부변형률은 양의 값을 갖고 주변형률과 같은 크기로 커진다. 변형 전 원의 면적과 변형 후 타원의 면적을 비교하면 판재의 두께 변화도 알 수 있다. 소성변형 시 체적의 변화는 없으므로, 타원의 면적이 원래의 면적보다 크면 두께는 얇아진다.

동일하지 않은 **변형률경로**를 얻으려면 폭이 다른 여러 개의 시편을 사용한다(그림

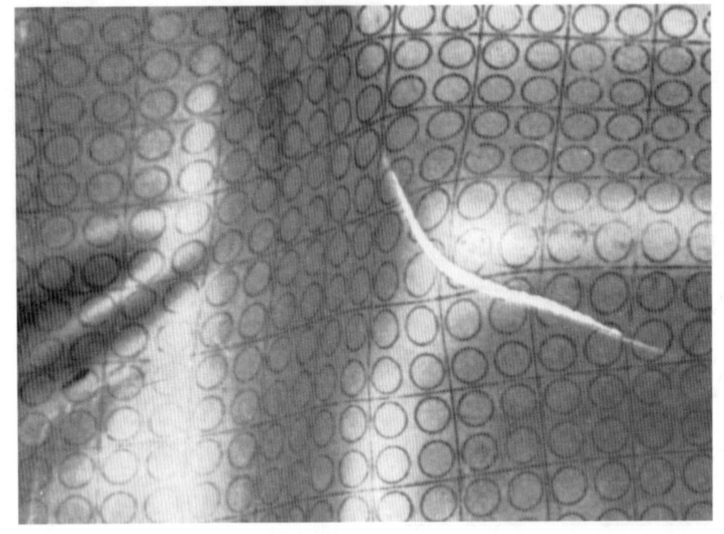

▶ 그림 7.64
격자무늬(원형 및 사각형)를 사용하여 판재성형가공 시 표면변형률을 측정하는 예. 일반적으로 균열(찢어짐)은 주변형률(양)에 수직방향으로 생긴다.

▶ 그림 7.65
폭이 다른 강판의 벌지시험 결과. 왼쪽 시편에서 오른쪽 시편으로 갈수록 단축신장에서 양축신장으로 응력상태가 변하며, 왼쪽 시편이 맨 오른쪽 시편보다 파단에 이르기까지 많이 신장된다.

7.62b 및 그림 7.65 참조). 정사각형 시편은 **등이축신장**, 폭이 좁은 시편은 **단축신장** 상태에 해당한다. 특정 판재에 대하여 일련의 실험을 행하고, 파단된 영역과 파단되지 않은 안전영역을 경계짓는 성형한계곡선을 작성한다(그림 7.63a 참조). 성형한계도에서는 원점을 지나는 직선이 다양한 변형률경로를 나타내는데, (1) 제1사분면에서 수평축과 45°를 이루는 직선은 **등이축인장**, (2) 원점을 지나는 수직축은 **평면변형률**(부변형률이 영이므로), (3) 제2사분면에서 기울기가 2:1인 직선은 **단순인장**(부변형률은 주변형률의 절반), (4) 제2사분면에서 기울기가 −45°인 직선은 **순수전단**을 나타낸다(그림 2.20 참조).

미리 예상할 수 있듯이, 그림 7.63a에서 재질이 다르면 성형한계곡선도 다르게 나타난다. 곡선의 위치가 높을수록 재료의 성형성이 좋다고 할 수 있다. 또한 그림에서 판재의 파단 시에 같은 부변형률 크기, 예를 들어 20%로 압축된 경우(음의 부변형률)가 20%로 인장된 경우보다 큰 주변형률값을 가지며, 이로부터 부변형률은 음의 값, 즉 타원의 단축방향으로 수축을 일으키는 것이 성형성을 향상시키는 방법임을 알 수 있다(그림 7.29의 예 참조). 이러한 효과로 성형성을 높이기 위해 특수한 공구가 설계되어 사용된다.

판재의 두께가 두꺼울수록 그림 7.63a에서 성형한계도의 곡선을 위로 올리는 효과를 주므로, 판재두께가 두꺼우면 성형성은 증가한다고 할 수 있다. 그러나 실제공정에서 굽힘반경이 너무 작으면, 두꺼운 판재는 잘 굽혀지지 않고 균열이 발생할 수 있다(7.4.1절 참조).

펀치와 소재 간의 마찰은 시험결과에 중요한 결과를 미치는데, 윤활이 잘된 경우에는 펀치면에서의 변형률이 균일하다. 또한 성형성은 판재재료의 노치민감성, 표면의 흠집이나 자국 등으로 감소될 수 있으며, 시험에서뿐만 아니라 실제가공 시에도 조기파단이나 찢어짐이 생긴다.

5. **한계돔높이**(LDH, limiting-dome height)**시험**. 한계돔높이시험은 성형한계도의 경우와 비슷한 시편을 사용하여, 각 시편이 파단하거나 펀치하중이 최대에 도달했을 때의 돔높이를 측정하는 시험법이다. 시편의 끝을 원주방향으로 체결하여 시험하므로, LDH 시험으로 시편이 파단에 이를 때까지 신장되는 능력을 알 수 있다. LDH 값이 높으면 판재재료의 유동응력식에서 n, m 값이 높고 총 연신율도 높은 것으로 알려져 있다.

예 7.10 확장직경의 예측

그림 7.63a에 나타낸 알루미늄합금으로 만들어진 두께가 얇은 구각에 내압을 걸어서 확장시키고자 한다. 현재의 직경이 200 mm라면, 안전하게 확장될 수 있는 최대직경은 얼마인가?

풀이 재료가 등이축인장 상태에서 신장되므로, 그림 7.63a에서 최대허용 공칭변형률은 40%이다. 즉,

$$e = \frac{\pi D_f - \pi D_o}{\pi D_o} = \frac{D_f - 200}{200} = 0.40$$

이므로

$$D_f = 280 \text{ mm}$$

이다.

예 7.11 금속판재로 된 자동차차체에서의 변형률

최근에는 금속판재의 표면에 인쇄한 격자무늬가 변형된 것을 측정하여 주변형률과 부변형률 및 그 방향을 계산하는 컴퓨터프로그램이 개발되어 사용된다. 이 프로그램

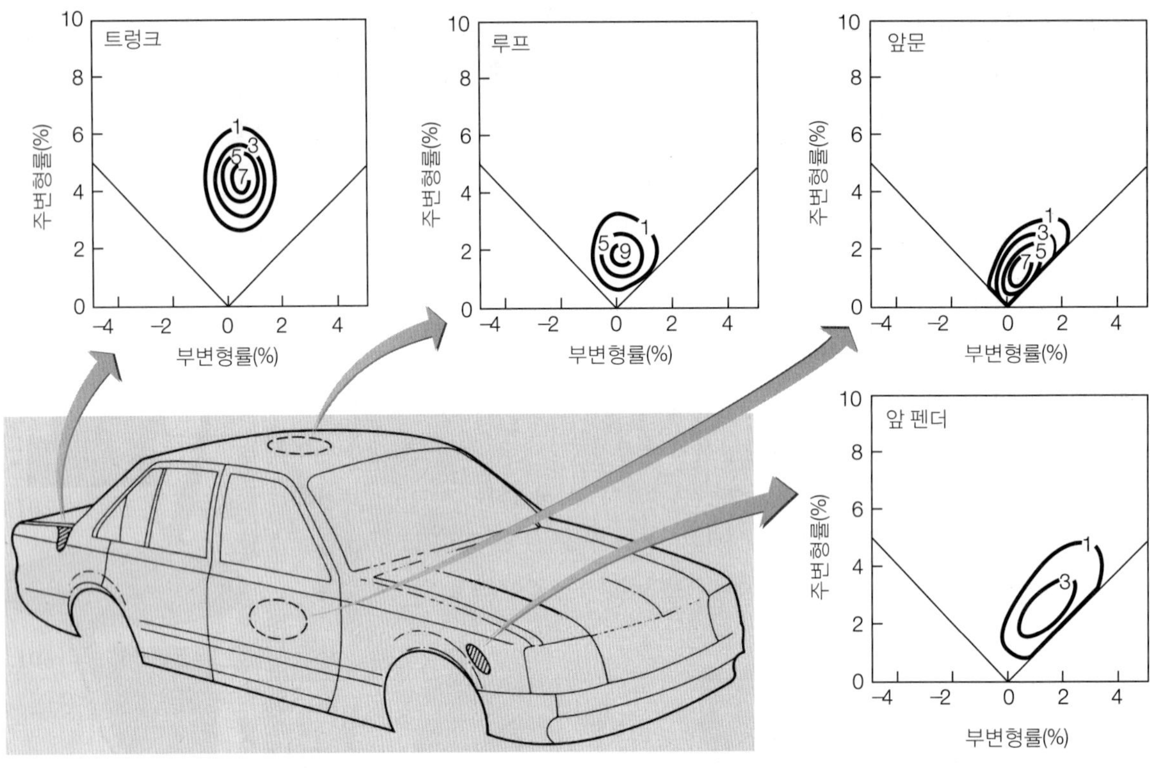

▲ 그림 7.66
자동차차체의 각 부위에서의 주변형률과 부변형률.

을 그림 7.66에 표시한 자동차차체의 각 부위별 패널에 대하여 사용한 결과, 트렁크와 지붕 부위는 주로 평면변형률을 받았고(그림 7.63a의 원점을 지나는 수직선), 앞문과 펜더 부위는 양축변형률을 받았음을 알 수 있다. 그림에서 변형률곡선에 나타낸 숫자는 빈도를 나타낸다.

7.7.2 금속판재 제품의 덴트저항(dent resistance)

덴트는 비교적 두께가 얇은 판재에 생기는 크기가 작은 영구적인 양축변형이다. 자동차차체 패널, 가전제품, 사무가구 같은 금속판재 제품에는 덴트저항이 중요하게 고려되어야 한다. 덴트저항에 영향을 주는 인자는 항복응력 Y, 두께 t, 판의 형상이며, 재료 및 형상변수를 고려한다면 덴트저항을 다음과 같이 나타낼 수 있다.

$$\text{덴트저항} \propto \frac{Y^2 t^4}{S} \tag{7.24}$$

위 식에서 S는 다음과 같이 정의되는 판재의 강성이다.

$$S = (E)(t^a)(\text{형상}) \tag{7.25}$$

대부분의 판재에서 a는 1~2의 값을 갖는다. 판재의 형상에 있어서는 곡률이 작을수록(즉, 판이 편평할수록) 유연성이 있으므로, 덴트저항이 높다. 위 식에 따르면, (1) 강도와 두께가 증가할수록 덴트저항은 높아지고, (2) 탄성계수, 즉 강성이 높거나 (3) 곡률이 클수록 덴트저항은 작아진다. 덴트는 낙하물이나 충돌물질이 판재표면을 때릴 때의 **동하중**으로 인해 생기며, 자동차패널의 경우는 충돌속도가 최대 45 m/s에 이른다. 따라서 정적항복응력보다는 동적항복응력(변형률속도가 높을 때)이 고려되어야 한다. 준정적하중에 의한 덴트도 역시 중요하다.

변형률속도가 커질 때 항복응력도 증가하는 재료에서 덴트가 생기려면, 정적조건에서보다 높은 수준의 에너지가 필요하며, 동하중으로 인한 덴트는 정하중의 경우보다 국부적이 된다. 변형에너지의 일부는 탄성변형에 사용되므로, 금속판재의 탄성에너지율(식 (2.5) 참조)도 고려되어야 한다.

7.8 판재성형가공 장비

대부분의 프레스가공작업에서 사용하는 장비는 주로 기계프레스, 유압프레스, 공압 혹은 유공압 프레스이다(6.2.8절 및 그림 6.27 참조). 전통적인 C-프레임 프레스구조는 앞부분이 개방되어 있어서 공구나 소재의 접근성이 용이하여 널리 사용되어 왔다. 반면에, **박스형**(O-형) 기둥 혹은 이중기둥 프레임구조는 강성이 높다. 또한 자동화기술, 산업용 로봇, 컴퓨터제어 등이 발달하면서 기계 접근성은 큰 문제가 되지 않고 있다.

프레스 선택 시에는 (1) 성형작업의 유형, (2) 대상제품의 크기와 모양, (3) 슬라이드 행정의 길이, (4) 분당 가공횟수, (5) 프레스속도, (6) 프레스베드 윗면에서 슬라이드 바닥(행정을 완전히 내린 경우)까지의 거리에 해당하는 **폐쇄높이**(shut height), (7) 복동(double-action) 혹은 삼복동(triple-action) 등의 슬라이드 유형과 수, (8) 프레스 용량과 가압력, (9) 제어방식, (10) 보조장비, (11) 안전설비 같은 많은 인자들을 고려해야 한다.

프레스에서의 금형교체에는 상당한 노력과 시간이 들므로, 신속 금형교체시스템이 개발되어 사용된다. **분단위 금형교체**(SMED, single-minute exchange of dies)시스템이라 불리는 설비는 자동화된 유압 혹은 공압 설비를 사용하여 몇 시간이 걸리던 금형교체시간을 10분 정도로 단축시킨다.

7.9 설계 고려사항

다른 모든 금속가공공정처럼 판재성형가공의 경우에도 설계 지침과 방식이 점진적으로 발전해왔다. 최선으로 확립된 설계방식, 계산도구, 가공기법을 활용한 주의 깊은 설계야말로 제품의 고품질화를 달성하고 원가절감을 실현하는 최적의 접근방법이다.

7.9.1 설계지침

판재성형가공작업에서 발생하는 가장 중요한 설계문제들에 대한 지침을 요약하면 다음과 같다.

1. **블랭크 설계.** 블랭킹작업에서 남긴 재료, 즉 스크랩은 가장 중요한 관심사이다. 잘못 설계하여 블랭크모양이 밀착되지 않으면 연속 블랭킹작업에서 상당량의 스크랩을 발생시킨다(그림 7.67 참조). 블랭크의 모양에 주어진 용도별 제약의 범위 내에서, 가능하면

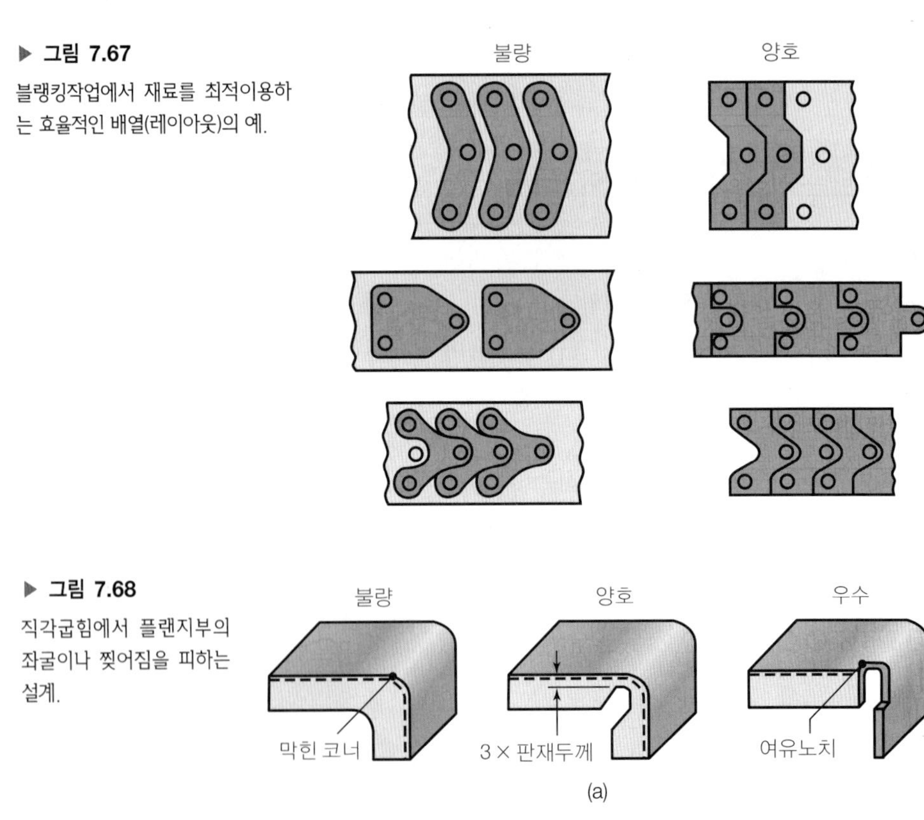

▶ **그림 7.67**
블랭킹작업에서 재료를 최적이용하는 효율적인 배열(레이아웃)의 예.

▶ **그림 7.68**
직각굽힘에서 플랜지부의 좌굴이나 찢어짐을 피하는 설계.

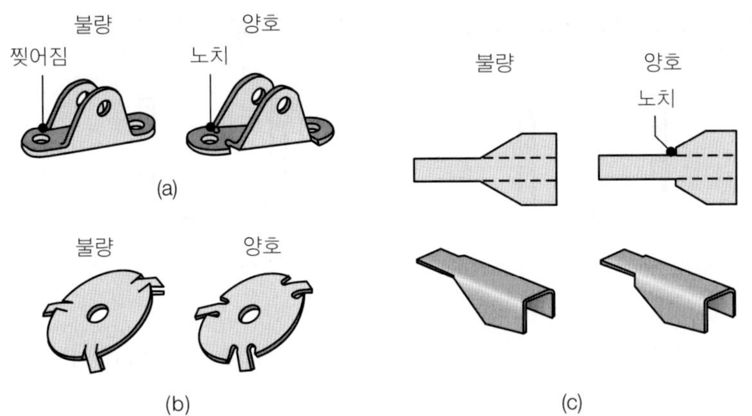

▶ **그림 7.69**

직각굽힘에서 좌굴이나 찢어짐을 피하기 위한 노치의 활용.

스크랩량을 최소화시킬 수 있도록 블랭크를 설계해야 한다.

2. **굽힘.** 굽힘작업에서는 재료의 파단, 주름발생, 굽힘성형 불능 등이 주요 관심사이다. 플랜지가 있는 판재를 굽히고자 하면, 플랜지에 압축응력이 발생하여 좌굴이 생길 수 있다. 이 문제를 해결하려면 그림 7.68에 나타낸 것처럼, 굽힘으로 발생하는 응력이 제한되도록 여유노치(relief notch)를 만들어둔다. 직각굽힘의 경우에는 찢어짐의 문제가 생길 수 있으므로, 이를 방지하는 여유노치를 활용하도록 한다(그림 7.69 참조).

굽힘작업에서 굽힘반경부는 높은 응력이 작용하는 영역이므로, 이 부위에서 응력집중이 일어나지 않도록 설계해야 한다. 한 예로, 굽힘부에 구멍이 있어야 하는 경우, 일반적으로 응력집중 위치로부터 멀리 구멍을 위치시키고, 이것이 불가능하다면 초승달모양의 홈이나 귀모양을 만들어 둔다(그림 7.70a). 마찬가지로, 플랜지를 굽힐 때 탭이나 노치는 응력집중원의 역할을 하여 소재의 성형성을 현저히 떨어뜨린다. 탭이 필요

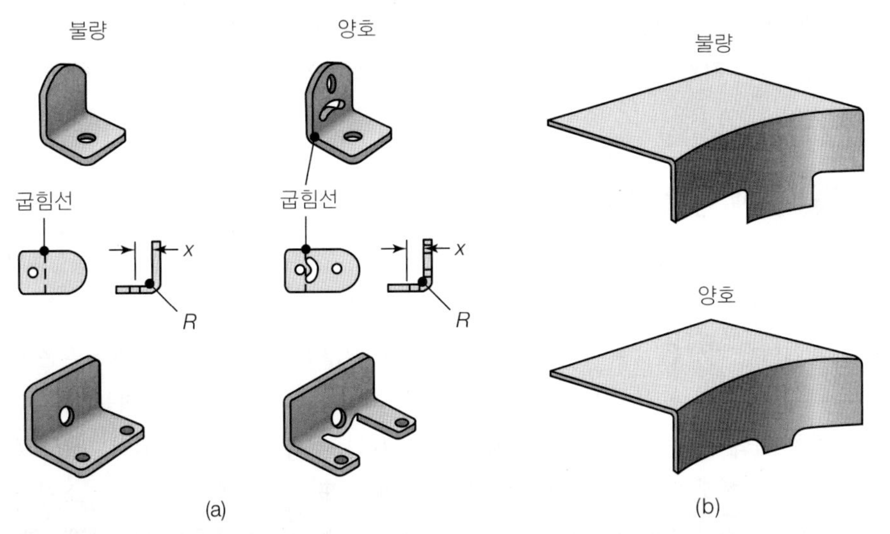

▶ **그림 7.70**

굽힘부의 응력집중 방지: (a) 굽힘부 근처 구멍에 초승달모양 홈이나 귀 사용, (b) 플랜지에 달린 탭의 영향 감소 필요.

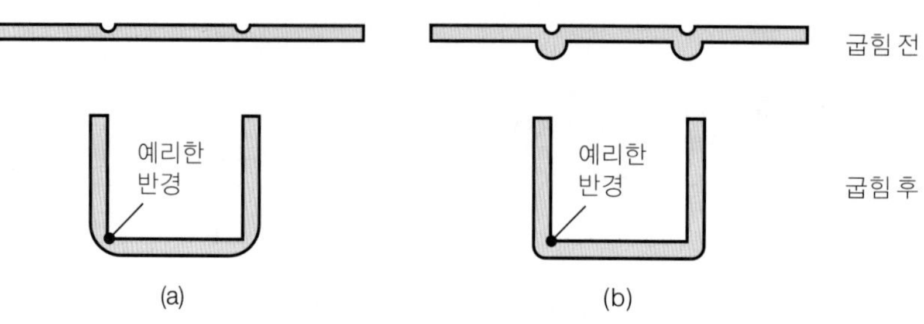

▶ **그림 7.71**
내부반경이 예리한 굽힘부에서의 (a) 스코어링과 (b) 엠보싱 활용방법. 적절히 설계되지 않으면, 이 작업에서 균열이 생길 수 있다.

한 경우에는 곡률반경을 가급적 크게 주어서 응력집중이 일어나지 않도록 한다(그림 7.70b).

굽힘작업과 동시에 노치를 가공해야 한다면, 결정립의 방향에 대하여 노치를 적절하게 배치하는 것이 중요하다. 그림 7.17에 나타낸 것처럼, 균열이 발생하지 않으려면 이상적으로는 굽힘방향이 압연방향에 수직이 되도록 한다(수직배치가 불가능한 경우에는 최소한 경사지도록 배치). 예리하게 굽히고자 할 때는 스코어링(scoring)이나 엠보싱(그림 7.71)으로 미리 가공을 해두는 것이 좋지만, 그래도 균열이 생길 수 있음을 염두에 두어야 한다. 굽힘허용부(그림 7.15)에 버가 있으면 균열이 생겨 판재의 나머지 부분으로 전파시키는 응력집중원으로 작용하므로, 굽힘허용부에 버가 포함되지 않도록 한다.

3. **스탬핑과 연속다이작업.** 연속다이(그림 7.13)를 사용하는 경우에는 가공하고자 하는 부품형상의 숫자와 간격에 의해 공구비용과 작업대의 수가 결정된다. 따라서 공구비용을 최소화하려면 형상개수를 줄여야 한다. 또한 형상을 너무 조밀하게 배치하면 펀치간극이 모자라서 두 개의 펀치를 사용해야 할 필요가 생긴다. 한 조의 펀치와 다이로는 좁은 간격이나 돌출부를 절단하기가 힘들다.
4. **디프드로잉.** 디프드로잉작업 후에는 성형된 컵에 반드시 어느 정도의 스프링백이 생겨 원래의 모양으로 돌아가려고 한다. 따라서 수직벽이 있는 제품은 성형하기가 어려우므로 벽마다 최소 3°의 여유각을 두어 쉽게 성형되도록 한다. 예리한 내부반경이 있는 컵 역시 가공하기가 까다로우며, 깊은 컵은 추가로 아이어닝작업을 거쳐야 하는 것이 일반적이다.

7.9.2 판재가공공정의 모델링

6.2.2절에서 부피성형공정의 해석기술을 요약하고, 유한요소법으로 형단조를 모델링하는 것에 대해 설명하였다(그림 6.11 참조). 수치모델링은 판재가공공정에도 적용된다. 컴퓨터시뮬레이션 기술의 궁극적 목표는 재료특성, 마찰, 이방성, 변형속도, 온도 같은 변수의 함수로 응력, 변형률, 유동양상, 주름발생, 스프링백 등을 신속하게 분석하는 데 있다.

이러한 대화식 해석을 통해 특정 제품을 성형하는 공구 및 다이의 최적형상을 결정하고, 값비싼 시행오차를 줄여서 경비를 줄일 수 있다. 또한 시뮬레이션 기술로 소재판의 크기와 형상, 중간단계 형상, 사용 프레스의 특성, 공정변수 등을 가공작업에 최적화할 수 있다. 컴퓨터모델링에는 강력한 컴퓨터와 다양한 소프트웨어가 필요하지만, 판재가공, 특히 자동차산업에서는 생산비용 절감에 효과적인 수단임이 이미 입증되었다.

7.10 판재성형가공의 경제성

판재성형가공에서도 다른 공정들과 유사하게 경제적 관점을 고려해야 한다. 판재의 성형작업에는 종류가 많아서 서로의 공정 간에도 경쟁이 이루어진다. 대부분의 판재성형작업은 융통성이 많아서 상이한 공정으로 동일한 제품을 생산할 수 있다. 예를 들어, 디프드로잉, 스피닝, 고무성형, 폭발성형 등은 모두 컵모양의 제품을 성형할 수 있다. 심지어는 판재가공 이외의 가공법, 즉 충격압출, 주조, 접합법으로도 컵모양의 제품을 만들 수 있다. 16.5.5절에서 설명하듯이, 거의 모든 가공공정에서는 스크랩이 생긴다. 기계가공의 경우에는 원소재의 최고 60%, 열간단조의 경우에는 최고 25% 정도인 반면에, 판재성형작업에서는 대략 10~25% 정도의 스크랩이 생긴다. 이렇게 생기는 스크랩은 재활용되며, 환경문제로 인해 윤활제가 남아 있는 스크랩은 바람직하지 못하다.

그림 7.72에 보인 제품은 디프드로잉이나 스피닝으로 모두 가공할 수 있다. 하지만 각 공정에 사용되는 금형비용에는 큰 차이가 있다. 디프드로잉 금형은 부품의 수가 많으므로 비교적 간단한 맨드릴과 공구를 사용하는 스피닝의 경우에 비해 가격이 훨씬 비싸다. 따라서 소량만을 생산할 때는 디프드로잉 제품 한 개당 금형비용이 높은 편이다. 반면에, 디프드로잉으로는 스피닝의 경우(고도로 자동화된 경우라도 분 단위로 소요)보다 훨씬 짧은 시간(초 단위로)에 제품을 성형할 수 있다. 게다가, 스피닝작업에는 숙련된 노동력이 더 많이 필요하다. 이 모든 요인들을 고려해 볼 때, 두 방법의 손익분기점(break-even point)은 제품생산개수가 약 700개일 때이다. 즉, 700개 이상의 제품을 생산할 때는 디프드로잉이 보다 경제적이다.

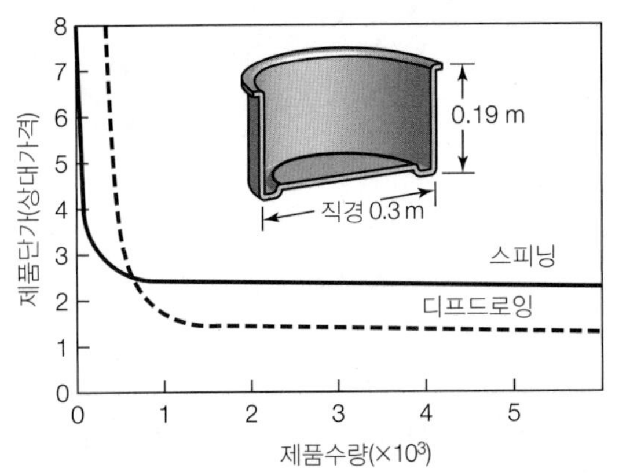

▶ 그림 7.72
둥근 판재용기를 일반스피닝과 디프드로잉으로 제조할 때의 가격비교. 소량생산일 때는 스피닝이 경제적이다.

사례연구 | 심벌즈의 제조

심벌즈(그림 7.73)는 모든 형태의 음악에 필수적으로 사용되는 타악기이다. 현대적인 드럼세트에서 심벌즈는 깊고, 흐리면서, 따뜻한 음색에서부터 낭랑하고, 높고, 예리한 음색에 이르기까지 다양한 소리를 담당한다. 잘 만들어진 심벌즈는 음악을 연주하지만, 그렇지 못한 심벌즈는 폐물에 불과할 수도 있다. 심벌즈는 다양한 크기, 모양, 무게, 무늬, 표면정도(그림 7.73b)를 적용하여 원하는 성능을 얻고 있다.

심벌즈는 B20 청동(구리 80%, 주석 20%, 미량의 은), B8 청동(구리 92%, 주석 8%), 니켈-은 합금, 황동 등의 재료로 만들며, 다양한 가공방법을 사용한다. B20 청동제 심벌즈를 생산하는 가공순서를 그림 7.74에 나타내었다. 금속용탕을 주조하여 버섯모양의 잉곳을 만들어서 상온까지 냉각시킨다. 주조된 잉곳을 14회까지 연속적으로 압연하는데, 이때 압연기 패스마다 소재를 수냉시킨다. 특히 패스마다 소재를 다른 각도로 압연하여 이방성을 최소화하고 선택적 결정립방향성을 주며, 대략 원형으로 가공되도록 한다. 압연소재를 재가열하여 신장성형으로 심벌즈의 상음을 내는 컵 혹은 종 모양을 성형하고, 드릴이나 펀치 작업으로 걸이구멍을 만든 후, 대략 최종직경이 되도록 회전전단기로 트리밍한다. 이 작업 후에 다시 신장성형으로 접시모양으로 가공하여 음조를 조절할 수 있도록 한다.

이렇게 만들어진 심벌즈는 해머로 두드려서 각 악기별로 구별되는 음색을 갖도록 한다. 해머링작업은 수작업(그림 7.75b)이나 자동 핀성형기계(그림 7.75a)로 이루어진다. 수작업 해머링은 소재를 철강 앤빌에 올려놓고 손해머로 두들겨서 가공하는 방법이다. 자동 핀성형의 경우에는 심벌즈가 이미 형상을 갖추고 있기 때문에 형판을 별도로 사용하지는 않지만, 조절가능하고 균일한 무늬를 새길 수 있다. 핀성형작업에서 만드는 무늬의 크기와 모양은 원하는 소리, 즉 심벌즈의 음질, 음색, 음조에 따라 결정한다.

(a)

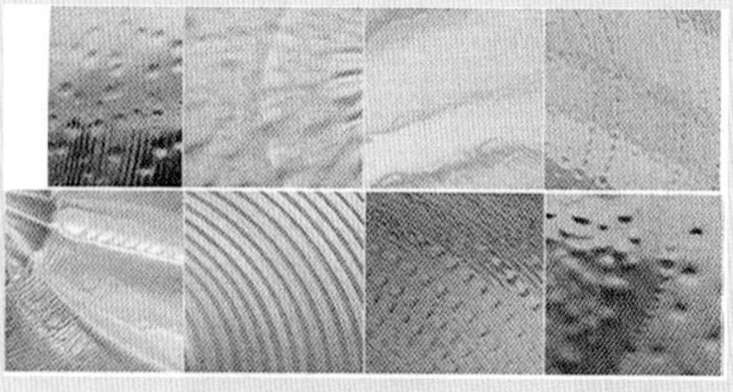

(b)

▲ **그림 7.73**

(a) 일반 심벌즈의 예, (b) 다양하게 마무리된 심벌즈의 표면조직.

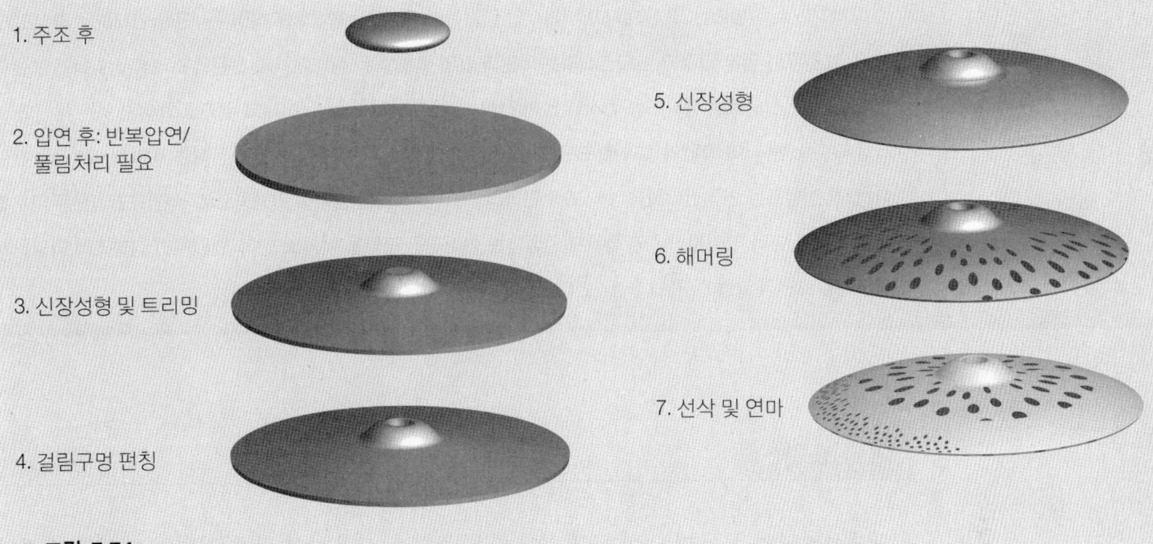

▲ 그림 7.74
심벌즈를 만드는 가공순서.

(a)

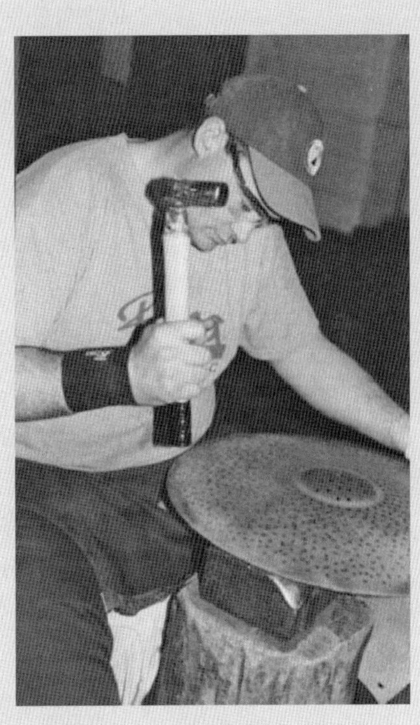

(b)

▲ 그림 7.75
심벌즈의 해머링작업: (a) 핀성형기계에서의 자동 해머링, (b) 수작업.

마지막으로, 심벌즈는 몇 단계의 마무리작업을 거친다. 단순히 세척 후에 식별문양만을 인쇄하는 경우도 있는데, 이 경우는 일부 연주자가 자연스러운 외관과 압연 및 성형된 상태에서의 청동의 소리를 선호하기 때문이다. 보다 일반적으로는 심벌즈를 절삭유 없이 선삭하여 표면산화층을 걷어내고 두께를 줄여 원하는 무게와 소리를 내도록 한다. 이 작업의 결과로, 표면에는 광택이 생기고, 경우에 따라서는 바람직한 표면 미세조직을 갖는다. 일부 심벌즈는 반짝반짝하게 빛나도록 연마하기도 한다. 많은 경우에 핀성형으로 생긴 표면압흔은 마무리 작업 후에도 남아 있어서 연주자들에게 인정받는 심미적인 모양을 띠기도 한다. 현대적인 심벌즈에 다양하게 마무리된 표면이 그림 7.73에 나타나 있다.

내용 요약 SUMMARY

- 판재성형작업은 두께 대비 표면적이 넓은 소재를 사용하여 각종 펀치와 다이로 판재의 평면에 인장응력을 가하는 공정이다. 성형 도중에 판재두께가 감소되면, 네킹이 생겨 결국 찢어짐이나 파단이 일어나므로, 두께의 감소는 가급적 피한다. 판재성형공정에 중요한 역할을 하는 재료상수나 거동에는 연신율, 항복점신장, 이방성, 결정립크기 등이 있다. (7.1절 및 7.2절)
- 판재성형작업에 사용될 소재판은 각종 공정으로 압연판재를 전단하여 준비한다. 전단작업의 주요 공정변수로는 펀치와 다이 사이의 간극, 코너의 예리함, 윤활 등이며, 전단면의 품질은 후속성형공정에 큰 영향을 준다. (7.3절)
- 박판, 후판, 관재(튜브)의 굽힘작업의 주요 공정변수는 최소굽힘반경(굽힘부에서의 균열이 생기지 않는)과 스프링백이다. 금속판재의 굽힘작업에서 스프링백을 최소화할 수 있는 몇 가지 기법이 있다. (7.4절)
- 개별 금속판재 부품은 신장성형, 벌징, 고무패드성형, 하이드로포밍, 스피닝, 초소성성형 등의 다양한 방법으로 생산한다. 모든 가공공정이 그렇듯이 각 성형공정은 장점과 함께 한계를 갖는다. (7.5절)
- 디프드로잉은 깊이 대비 직경 비율이 높은 용기모양의 부품을 생산하는 가장 중요한 판재성형공정이다. 디프드로잉성은 금속판재의 수직이방성의 영향을 받고, 귀생김은 평면이방성의 영향을 받는다. 공정 중의 좌굴이나 주름발생은 심각한 문제를 일으키며, 이들 현상이 생기지 않도록 하는 다양한 기법이 적용된다. (7.6절)
- 금속판재의 성형성을 측정하는 시험법 중 가장 포괄적인 시험법은 펀치-신장시험으로, 이 시험을 통해 판재의 평면에 발생하는 두 변형률의 함수로 안전영역과 파단영역을 구분하는 성형한계도를 작성할 수 있다. (7.7절)
- 판재성형공정용 장비에는 몇 가지 유형이 있으며, 소재의 크기와 형상, 장비의 특성과 제어기능 등에 따라 선택하여 사용한다. 신속 금형교체기술은 생산성과 전체적인 성형

작업의 경제성을 향상시키는 중요한 기술이다. (7.8절)

- 판재성형 시 설계 고려사항은 소재형상, 작업유형, 소재변형의 특성 같은 인자에 바탕을 둔다. 생산 시 문제를 일으키지 않거나 최소화하는 설계지침과 실험식들이 설정되어 있다. 판재성형공정을 모델링하여 컴퓨터시뮬레이션하는 기술은 실제 성형작업에서 금속판재의 거동을 예측하고 설계하는 데 중요한 도구로 사용된다. (7.9절)
- 다른 모든 가공공정에서처럼, 판재성형공정에서도 경제적 관점에서 특정한 공정이나 방법을 채택한다. 각 공정은 상호 경쟁적인 관계에 있으므로, 경제적인 생산을 하려면 공정특성과 능력에 대한 면밀한 지식이 필수적이다. (7.10절)

수식 요약

SUMMARY OF EQUATIONS

- 전단 시 최대펀치하중: $F_{max} = 0.7(\text{UTS})tL$
- 굽힘 시 변형률: $e_o = e_i = \dfrac{1}{(2R/t) + 1}$
- 최소 $\dfrac{R}{t} = \dfrac{50}{r} - 1$
- 스프링백: $\dfrac{R_i}{R_f} = 4\left(\dfrac{R_iY}{Et}\right)^3 - 3\left(\dfrac{R_iY}{Et}\right) + 1$
- 최대굽힘하중: $F_{max} = k\dfrac{(\text{UTS})Lt^2}{W}$
- 수직이방성: $R = \dfrac{\epsilon_w}{\epsilon_t}$
- 평균수직이방성: $\overline{R} = \dfrac{R_0 + 2R_{45} + R_{90}}{4}$
- 평면이방성: $\Delta R = \dfrac{R_0 - 2R_{45} + R_{90}}{2}$
- 디프드로잉 시 최대펀치하중: $F_{max} = \pi D_p t_o(\text{UTS})\left(\dfrac{D_o}{D_p} - 0.7\right)$
- 폭발성형 시 압력: $p = K\left(\dfrac{\sqrt[3]{W}}{R}\right)^a$

참고문헌

BIBLIOGRAPHY

ASM Handbook, Vol. 14B: *Metalworking: Sheet Forming*, ASM International, 2006.

Benson, S.D., *Press Brake Technology*, Society of Manufacturing Engineers, 1997.

Buljanovic, V., *Sheet Metal Forming Processes and Die Design*, Industrial Press, 2004.

Bunge, H.J., et al. (eds.), *Formability of Metallic Materials*, Springer, 2001.

Davies, G., *Materials for Automobile Bodies*, Elsevier, 2006.

Davis, J.R. (ed.), *Tool Materials*, ASM International, 1995.

Fundamentals of Tool Design, 4th ed., Society of Manufacturing Engineers, 1998.

Gillanders, J., *Pipe and Tube Bending Manual*, FMA International, 1994.

Hosford, W.F., and Caddell, R.M., *Metal Forming, Mechanics and Metallurgy*, 2d ed., Prentice Hall, 1993.

Hu, J., Marciniak, Z., and Duncan, J., *Mechanics of Sheet Metal Forming*, Butterworth-Heinemann, 2002.

Nachtman, E.S., and Kalpakjian, S., *Lubricants and Lubrication in Metalworking Operations*, Dekker, 1985.

Pearce, R., *Sheet Metal Forming*, Springer, 2006.

Progressive Dies, Society of Manufacturing Engineers, 1994.

Rapien, B.L., *Fundamentals of Press Brake Tooling*, Hanser Gardner, 2005.

Sachs, G., *Principles and Methods of Sheet Metal Fabricating*, 2d ed., Reinhold, 1966.

Smith, D.A. (ed.), *Die Design Handbook*, 3d ed., Society of Manufacturing Engineers, 1990.

Suchy, I., *Handbook of Die Design*, McGraw-Hill, 1997.

Theis, H.E., *Handbook of Metalforming Processes*, CRC, 1999.

Tool and Manufacturing Engineers Handbook, 4th ed., Vol.2: Forming, Society of Manufacturing Engineers, 1984.

Wagoner, R.H., Chan, K.S., and Keeler, S.P. (eds.), *Forming Limit Diagrams*, The Minerals, Metals and Materials Society, 1989.

복습문제

QUESTIONS

7.1 제2장에서 세 가지 주제를 선택하여 구체적인 예를 들고, 이 장에서 다룬 공정과 연관시켜 보아라.

7.2 제3장에서 세 가지 주제를 선택하여 구체적인 예를 들고, 이 장에서 다룬 공정과 연관시켜 보아라.

7.3 제6장에서 설명한 부피성형가공공정과 이 장에서 설명한 판재성형가공공정 간의 (1) 유사점과 (2) 상이점을 기술하여라.

7.4 전단작업에서 전단두께나 전단폭 같은 재료상수나 공정변수가 펀치하중-행정 곡선(그림 7.7)에 주는 영향을 설명하여라.

7.5 그림 7.5 및 7.6으로부터 알 수 있는 점에 대하여 기술하여라.

7.6 보통 사용되는 종이펀치기에서 펀치 날끝의 모양을 살펴보고 그림 7.12에 나타낸 형상과 비교하여라.

7.7 전단작업 시 전단영역에서의 온도상승을 어떻게 예측할 수 있는지 설명하여라. (힌트: 2.12.1절 참조)

7.8 자신이 가공분야의 실무기사라고 할 때, 그림 7.7에 나타낸 곡선의 모양에 관심을 가져야 하는 이유를 설명하여라.

7.9 버(burr)가 있음으로 해서 도움이 되는 용도가 있는가? 만약 있다면 구체적인 예를 들어라.

7.10 이 장에서 설명한 공정들에서, 여러 종류의 다이재료가 다양하게 사용되는 이유를 설명하여라.

7.11 복합(compound)다이, 연속(progressive)다이, 순차이송(transfer)다이 간의 차이점을 설명하여라.

7.12 전단면의 품질이 판재의 성형성에 영향을 준다고 하였다. 그 이유를 설명하여라.

7.13 금속판재의 굽힘에서 스프링백에 여러 인자가 영향을 주는 정도와 이유를 설명하여라.

7.14 판재의 경도가 굽힘 시의 스프링백에 영향을 줄 수 있는지 설명하여라.

7.15 그림 7.16에서, 판재두께에 대한 굽힘폭의 비가 커지면 응력상태는 평면응력조건으로부터 평면변형률조건으로 바뀜을 알 수 있다. 그 이유를 설명하여라.

7.16 그림 7.19를 검토하고, 재료상수가 곡선의 상대적 위치에 미치는 영향을 기술하여라.

7.17 표 7.2에서 경한 재료가 연한 재료보다 R/t비가 높음을 알 수 있다. 그 이유를 설명하여라.

7.18 관재를 굽힐 때 좌굴이 일어나는 이유를 설명하여라. 이 상황을 빨대를 이용하여 실험하여라.

7.19 그림 7.22를 기초로 하여 U-다이로 채널형상을 만들 때, 적절한 다이 모양을 그리고, 설명하여라.

7.20 금속판재의 자유굽힘(air bending)에서는 역스프링백이 일어나지 않는 이유를 설명하여라.

7.21 판재부품에 비드(bead)를 만들어두면 도움이 되거나 필수적으로 만들어야 하는 예를 들어라.

7.22 판재성형가공작업을 하는 데 재료가 충분한 연성을 갖고 있지 않다고 하자. 연성을 증가시킬 수 있는 방법은 무엇인가?

7.23 원통형 컵의 디프드로잉에서 컵의 벽면에 있는 소재요소에 반드시 원주방향으로 인장응력이 작용해야 하는가(그림 7.50b 참조)?

7.24 하이드로포밍 공정은 디프드로잉에 비해 깊은 용기를 가공할 수 있다고 하였다. 적절한 작도와 함께 이유를 설명하여라.

7.25 그림 7.50a에서 플랜지부의 요소 A에는 원주방향 압축응력이 작용한다. 자유물체도를 그리고, 그 이유를 설명하여라.

7.26 이 장에서 다룬 주제 중에서 (1) 마찰이 바람직한 경우와 (2) 바람직하지 않은 경우에 대하여 각각 구체적인 예를 몇 개 들고, 그 이유를 설명하여라.

7.27 금속판재의 수직이방성지수 R이 크면 디프드로잉성이 향상되는 이유를 설명하여라.

7.28 식 (7.21)의 분자에서 두 번째 항에 음의 부호를 붙이는 이유는 무엇인가?

7.29 판재성형작업에서 변형률상태를 마음대로 조절할 수 있다면, 성형한계도의 왼쪽과 오른쪽 중 어느 영역에서 작업할 것이며, 그 이유는 무엇인가?

7.30 디프드로잉에서 펀치에 윤활을 하는 것은 한계드로잉비에 어떤 영향을 줄 것인지 논평하여라.

7.31 성형성을 파악하는 시험에 사용되는 판재표면 원형무늬의 크기에 대하여 논평하여라. 그림 7.65에 나타낸 사각무늬도 사용할 수 있는지 설명하여라.

7.32 원통형 컵의 디프드로잉 시 펀치하중에 영향을 주는 독립변수를 나열하고, 이들이 어떻게 펀치하중에 영향을 주는지 설명하여라.

7.33 그림 7.63a의 성형한계도에서 단순인장상태를 나타내는 선이 판재의 수직이방성이 $R = 1$인 경우에 해당하는 이유는 무엇인가?

7.34 성형한계도를 작성하는 이유는 무엇인가? 이 선도에서 고려하고 있지 않은 사항이 있다면 무엇인가?

7.35 수직이방성을 구하는 식 (7.20)과 평면이방성을 구하는 식 (7.21)에 각각 담겨 있는 의미는 무엇인가?

7.36 귀생김이 발생하는 이유는 무엇이며, 이는 어떻게 방지할 수 있는가? 귀생김이 유용한 목적으로 사용될 수 있는지 설명하여라.

7.37 7.7.1절에서, 금속판재가 두꺼울수록 성형한계도에서의 곡선은 올라간다고 하였다. 그 이유를 설명하여라.

7.38 그림 7.57에 나타낸 귀생김을 살펴보고, 블랭크가 절단된 방향을 짐작하여 보아라.

7.39 판재성형가공작업에서 비드의 크기와 길이에 영향을 줄만한 인자들에 대하여 기술하여라.

7.40 금속의 강도는 결정립크기에 따른다고 하였다 (3.4.1절 참조). 강도가 금속판재의 R 값에도 영향을 줄 것인가를 설명하여라.

7.41 블랭크홀더 없이 드로잉할 때의 일반적인 치수관계식이 식 (7.23)에 주어져 있다. 이 한계를 초과할 때는 어떤 일이 발생하는가?

7.42 그림 7.63a에서, 세 개의 점선(단순인장, 평면변형률, 등축인장)이 갖는 기울기에 대하여 설명하여라.

7.43 일반 자동차의 부품 중에서, 이 장에서 설명한 공정으로 제조되었을 부품을 찾아내고, 해당 공정을 지목한 이유를 설명하여라.

7.44 굽힘성과 스피닝성은 소재의 재료상수에 있어서 공통적인 측면을 갖고 있다고 하였다. 이 공통적인 측면을 설명하여라.

7.45 판재성형공정이 오랜 기간 동안 매우 다양하게 발전되어온 이유를 설명하여라.

7.46 판재성형공정에서 볼 수 있는 결함의 유형을 요약하고, 각 결함이 발생하는 이유를 간략하게 기술하여라.

7.47 이 장에서 금형을 한 개만 사용하는 공정에는 어떤 것이 있으며, 그 공정의 장점은 무엇인가?

7.48 디프드로잉성은 적절한 방법으로 (1) 플랜지를 가열하거나, (2) 펀치를 냉각시키면 향상된다고 한다. 이들 방법으로 디프드로잉성이 향상되는 이유는 무엇인가?

7.49 문제 7.48에 제안된 방법을 실현할 수 있는 설계를 제시하여라. 생산속도가 설계방안에 영향을 줄 것인지 설명하여라.

7.50 탄소강 판재로 자동차차체 패널을 제조하는 경우, 표면정도에 악영향을 주는 신장변형마크(Leuder 띠)가 생길 수 있다. 신장변형마크가 생기는 것을 어떻게 피할 수 있는지 설명하여라.

7.51 연성을 향상시키려면 금속판재코일을 가열로에 넣고 풀림처리한다. 하지만 이 경우에 판재의 한계드로잉비가 풀림처리하기 전보다 낮아질 수 있다. 이 거동의 이유를 설명하여라.

7.52 마찰이 성형한계도에 주는 영향을 설명하여라.

7.53 금속판재의 성형가공에 일반적으로 윤활제를 사용하는 이유를 예를 들어 설명하여라.

7.54 금속판재의 성형가공작업에서 클램프 설계를 변화시키면, 성형한계도에서 소재의 부변형률이 음의 값을 가질 수 있다. 이 효과가 어떻게 유리한지 설명하여라.

7.55 그림 7.35에 나타낸 부품을 하이드로포밍 이외의 방법으로 제작하는 방법에 대하여 설명하여라.

7.56 금속판재부품 중에서 점진성형가공방법으로 (a) 성형가능한 경우와 (b) 불가능한 경우의 예를 세 가지씩 들어라.

7.57 선택적 방향성(3.5절 참조)으로 인해 철 같은 재료는 냉연 후에 자성이 강해지는 경우가 있다. 이 경우에 LDR 대 자성강도의 선도를 예측하여 그려 보아라.

7.58 미세결정립 구조를 가진 금속이 조대결정립 금속에 비해 정밀블랭킹에 적합한 이유를 설명하여라.

7.59 7.4.4절에 설명한 롤성형과 6.3.5절에 설명한 형상압연 간의 유사점과 차이점은 무엇인가?

7.60 침상형 개재물(stringer)이 굽힘성에 어떻게 악영향을 주는지 설명하여라. 이는 성형성에도 유사한 효과를 주는가?

7.61 그림 7.56에서, 아연은 c/a비가 높고 티타늄은 낮다고 하였다. 이 비율이 한계드로잉비와 연관되는 이유를 설명하여라.

7.62 식 (7.12)에서 (7.14)까지 살펴보고, 어떤 식이 점진성형에 적용가능한지 설명하여라.

연습문제

PROBLEMS

7.63 식 (7.5)를 참조하면, 굽힘 중에 중립축이 이동하므로 실제의 e_o 값은 e_i보다 크다고 하였다. 적절한 작도와 함께 이 현상을 설명하여라.

7.64 식 (7.11)을 참조하면 굽힘하중은 두께의 제곱 t^2에 비례한다. 그 이유는 무엇인가? (힌트: 고체역학에서의 굽힘모멘트를 생각하여라.)

7.65 다음과 같은 R/t 값으로 굽힘가공되기 위해 재료가 가져야 하는 최소한의 파단 시 진변형률을 계산하여라(표 7.2 참조).

(1) 0.5 (2) 2 (3) 4

7.66 두께 3 mm, 폭 300 mm인 티타늄합금 Ti-5Al-2.5Sn으로 된 판재를 폭이 150 mm인 V-다이로 굽힐 때 필요한 최대굽힘하중을 구하여라.

7.67 예 7.4에서 하중-거리 방법을 써서 가해진 일을 계산하여라. 참고로, 일은 수직하중 F와 이동거리의 곱을 적분한 값이다.

7.68 예 7.4에서 하중의 작용점이 수평방향으로는 전혀 움직이지 못한다고 할 때의 총 가공일을 구하여라. (힌트: 소재의 왼쪽부분은 오른쪽부분보다 더 늘어나야 할 것이다.)

7.69 예 7.4에서 $\alpha = 30°$일 때, 하중 F의 크기를 구하여라.

7.70 예 7.4에서 소재가 완전소성재료라면 하중은 얼마가 될 것인가?

7.71 두께 0.5 mm인 5052-O 알루미늄 박판을 펀칭하여 한 변의 길이가 30 mm인 정사각형 구멍을 만드는 데 필요한 하중을 구하여라.

7.72 두께 1 mm인 알루미늄 판재를 아래 그림과 같은 직경 20 mm 다이로 직선형 비드를 성형하려고 한다(그림 7.25a 참조). Y = 150 MPa이라 하고, 스프링백을 고려하여 비드를 성형한 후, 다이에서 꺼냈을 때 비드의 외경을 계산하여라.

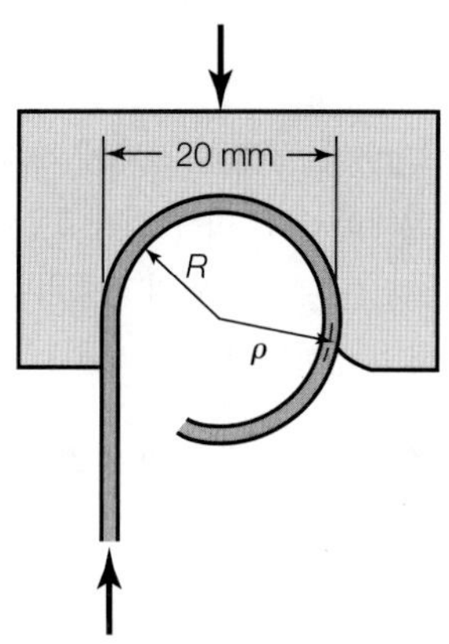

7.73 식 (7.10)을 살펴보고, 실제 수치를 대입해봄으로써 스프링백을 계산할 때 첫 번째 항을 무시할 수 있는지를 보여라.

7.74 예 7.5에서 소재표면에 69 MPa의 압력을 발생시킬 수 있는 TNT의 양을 계산하여라. 폭약이 떨어진 거리는 0.3 m이다.

7.75 표 7.3에 나열된 재료들에 대하여 한계드로잉비

(LDR)를 계산하여라.

7.76 문제 7.66에서와 같은 소재 및 두께로 디프드로잉할 때, 블랭크직경이 25.4 cm이고 펀치직경이 22.86 cm라면 소요하중은 얼마인가?

7.77 수직이방성(R 값)이 3인 철강판재를 디프드로잉하여 컵을 만든다. 1회의 공정으로 성공적으로 만들 수 있는 컵의 높이 대 직경비의 최대값을 구하여라. 단, 컵의 판재두께는 성형되기 전의 블랭크두께와 같다고 가정한다.

7.78 그림 7.56에 도시된 곡선을 LDR과 평균수직이방성 $\bar{R}$의 식으로 표현하여라. (힌트: 그림 2.5b 참조)

7.79 철강판재의 R 값이 압연방향에서 0°, 45°, 90°인 방향에 대하여 각각 1.0, 1.5, 2.0이다. 직경이 150 mm인 원형블랭크로 디프드로잉하여 만들 수 있는 컵의 최소직경은 얼마인가?

7.80 문제 7.79에서, 귀가 생길 것인지 여부와 이유를 말하여라.

7.81 두께가 1 mm인 등방성 판재에 직경 4 mm짜리 원형무늬를 인쇄하였다. 이 판재를 25%만큼 단축인장으로 잡아늘였을 때, (1) 원의 최종치수, (2) 원에서 판재의 두께를 계산하여라.

7.82 문헌을 조사하여 그림 7.61에 소개된 'tractrix' 곡선의 방정식을 찾아보아라.

7.83 예 7.4에서 크기가 같은 두 개의 힘 F가 각각 소재의 끝에서 15.24 cm 떨어진 곳에 작용하여 소재가 신장된다고 하자. (1) a = 10°일 때, 이 힘의 크기를 구하여라. (2) 네킹을 일으키지 않고 a_{max} = 50°가 될 때까지 신장시키려면, 소재의 n 값은 최소한 얼마이어야 하는가?

7.84 식 (7.5)를 유도하여라.

7.85 두께 1.27 cm이고 직경 30.48 cm인 풀림처리된 304 스테인리스강 후판을 a = 30°인 원추형 맨드릴 위에서 전단스피닝할 때, 소요되는 최대동력을 구하여라. 맨드릴은 100 rpm으로 회전하고, 이송은 f = 0.25 cm/rev이다.

7.86 알루미늄 음료캔을 하나 구해서 길이방향으로 절단한 후, 마이크로미터로 바닥면의 두께와 벽면의 두께를 측정하여라. (1) 벽면 아이어닝부의 두께감소와 (2) 초기 블랭크의 직경을 계산하여라.

7.87 두께 1 mm인 5052-O 알루미늄 판재를 한 변의 길이가 150 mm인 평금형으로 펀칭하여 구멍을 만드는데 드는 하중을 구하여라. 평금형 대신에 베벨금형을 사용한다면 답이 어떻게 달라지는가?

7.88 아래 그림과 같은 일렬 블랭킹과 이열 블랭킹 작업에 대하여, 블랭크간격이 직경의 1/10이 유지되어야 할 때의 스크랩률(%)을 각각 계산하여라.

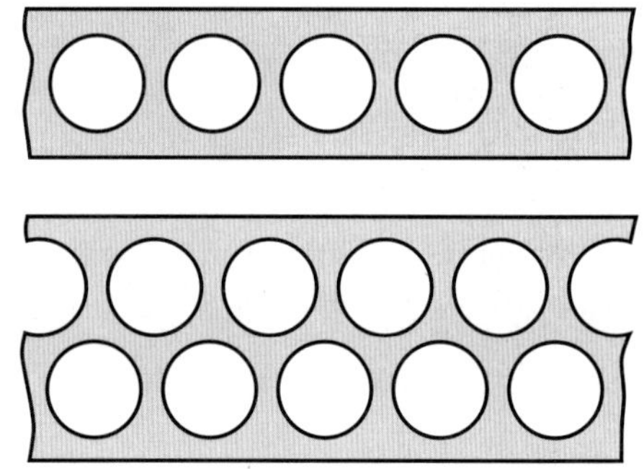

7.89 다음 재료의 굽힘작업에서 최종굽힘반경/초기굽힘반경의 비율을 초기굽힘반경/두께의 함수로 도시하여라.

(1) 5052-O 알루미늄
(2) 5052-H34 알루미늄
(3) C24000 황동
(4) AISI 304 스테인리스강

7.90 아래 그림에 나타낸 포물면 형상 부품은 일반 스피닝작업으로 제작되었다. 이 형상은 윗면에서 7.62 cm 떨어진 곳에서의 내경은 15.24 cm이다.

(1) 맨드릴의 형상을 정의하는 포물선 방정식을 구하

여라.

(2) 이 부품이 두께 10 mm인 초기 블랭크로부터 성형된다고 하고, 블랭크의 최소직경을 구하여라.

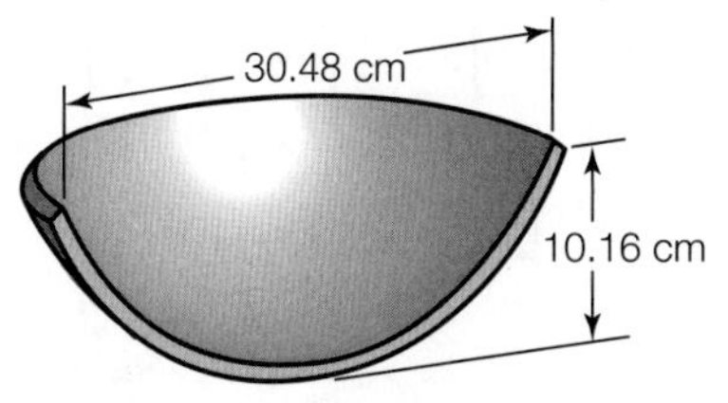

7.91 문제 7.90의 부품이 일반 스피닝이 아닌 전단스피닝으로 제작된다고 하자. 부품의 두께를 반경의 함수로 나타내어라. 이 작업이 가능할 것인지 언급하여라.

7.92 이 장의 내용에 대해 학생들에게 퀴즈문제를 낸다고 하자. 정량적인 문제 다섯 개와 정성적인 문제 다섯 개를 만들고, 답안을 제시하여라.

설계문제 *DESIGN*

7.93 몇 가지 형상(예: 타원형, 삼각형, L-형 등)을 큰 평면 판재에서 레이저빔 절단으로 블랭킹할 때, 스크랩을 최소화하는 배치를 스케치하여라.

7.94 확산접합과 초소성성형을 결합하여 제작할 수 있는 구조용 제품의 예를 도시하여라.

7.95 실험결과에 따르면, 보통 혹은 강화콘크리트를 금속판재성형작업의 다이재료로 사용할 수 있음이 제안되었다. 다이형상을 비롯한 다른 관련 인자들을 고려하여, 이 제안의 타당성에 대한 견해를 기술하여라.

7.96 금속 캔은 제조방법에 따라 2-조각(투피쓰) 캔(바닥과 벽면이 일체임)과 3-조각(쓰리피스) 캔(벽면, 바닥, 윗면이 따로 성형된 후 조립됨)으로 구분된다. 3-조각 캔의 경우, 내압을 받는 두께가 얇은 원통이라고 가정했을 때, 벽면의 심(seam)을 판재의 압연방향과 어떤 각도로 가공하는 것이 유리한가?

(1) 압연방향

(2) 수직방향

(3) 경사진 방향

고체역학에서의 식을 사용하여, 답을 선택한 이유를 설명하여라.

7.97 디프드로잉작업에서 블랭크의 최적형상을 결정하는 방법을 조사하여라. 사각 컵 혹은 각이 진 컵을 드로잉할 때의 최적형상을 스케치하고, 큰 금속판재에서의 배치를 최적화하여라.

7.98 아래 그림에 나타낸 설계에서, 몸체는 편평한 냉연강판으로 제작된다. 몸체의 형상과 판재를 양쪽에서 굽혀야 한다는 점을 감안하여 가공 시 고려사항들을 정리하여라. 냉연강판의 이방성, 표면조직 및 표면정도, 굽힘방향, 전단면의 특성, 조립 시 손잡이를 끼우는 방법 같은 인자들을 고려하여라.

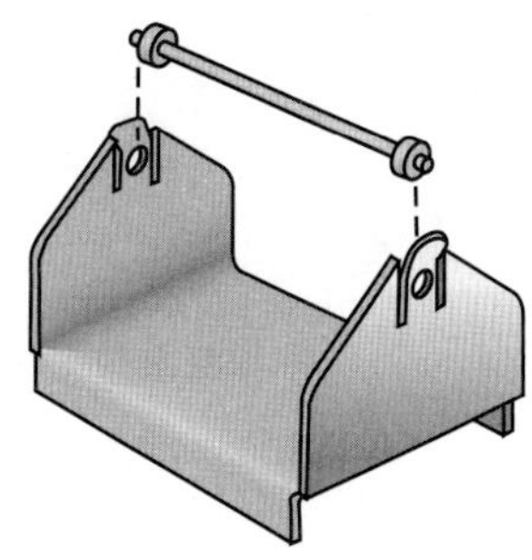

7.99 10.16 cm × 15.24 cm × 7.62 cm의 부피를 갖는 상자를 제작하는 공정을 설계하여라. 상자는 금속판재 두 장으로 제작하고, 조립 시 공구나 체결구를 사용하지 않아야 한다.

7.100 상자를 금속판재 한 장으로 만들어야 하는 경우에 문제 7.99를 반복하여라.

7.101 전동 캔따개로 캔을 따는 경우에 전단된 뚜껑의 가장자리가 각이 지는 현상(scalloping)을 볼 수 있다.

(1) 각이 지는 현상이 발생하는 이유는 무엇인가?
(2) 각이 지는 현상을 최소화하기 위한 캔따개의 설계 변경을 제안하여라.
(3) 캔뚜껑은 흔히 재활용하거나 폐기한다는 점에서, 제안한 설계변경이 꼭 필요한지 설명하여라.

7.102 금속판재성형에서의 최근 동향은 윤활제가 잘 갇히도록(4.3절 참조) 표면에 미세 홈을 갖는 특수표면조직을 만드는 것이다. 이 기술에 대한 문헌조사를 수행하고, 간단한 기술보고서를 작성하여라.

7.103 그림 7.27b에 나타낸 단면형상 중에서 세 개를 선택하여 선택 단면을 제조하는 스탠드별 롤형상을 포함하여 롤성형라인의 배치를 설계하여라.

7.104 두꺼운 종이를 잘 절단하여 그림 7.68에 나타낸 굽힘부를 만들어라. 그림에 "우수"라고 표시된 설계안이 정말로 우수한 설계인지 확인하여라. 각 설계 간 변형률상태의 차이에 대하여 언급하여라.

제 8 장

절삭가공

주요내용

기계가공은 소재에서 재료를 제거하여 표면을 변화시키는 일련의 공정들을 통칭하는 용어임. 기계가공공정은 매우 다양하며, 소재를 거의 모든 형상으로 우수한 치수정확도와 표면정도를 갖도록 가공할 수 있음.

- ❑ 기계가공에서의 칩형성 과정
- ❑ 소요 하중과 동력
- ❑ 공구마멸과 파단의 기구
- ❑ 절삭공구재료의 유형과 특성
- ❑ 공작기계의 특성
- ❑ 진동과 채터, 상호관계
- ❑ 기계가공작업의 설계
- ❑ 기계가공의 경제성

8.1 개요

주조나 성형공정을 통해 가공된 부품들은 최종제품으로 완성되기까지 후속공정이나 마무리작업을 필요로 하는 경우가 많다. 이들 추가공정을 통해 제품으로 사용되는 데 필요한 치수정확도나 표면정도와 같은 특성을 줄 수 있다. 이 장과 제9장에서는 이러한 특성을 얻는 데 사용되는 가공공정에 대하여 상세하게 다룬다. 일반적으로 **소재제거공정**(material-removal process)이라고 하는 이들 공정 역시 원하는 형상을 만드는 데 있어서 다른 가공법들과 경쟁적인 관계에 있다. 어떤 부품을 원하는 수준으로 제작하려면, 소재에 가해질 성형가공 대 기계가공의 비중에 대한 중대한 결정을 내려야 하는 경우가 많다.

기계가공(machining)이란, 소재의 불필요한 부분을 제거함으로써 원하는 형상을 얻는 가공법들을 포괄적으로 의미하는 용어로, 다음과 같은 세 가지 범주로 분류된다.

- 절삭날의 기하학적인 형상이 명확히 정의된 절삭공구, 즉 단인(single-point) 혹은 다인(multipoint) 절삭공구에 의한 **절삭가공**(cutting). 선삭, 보링, 드릴링, 태핑, 밀링, 톱작업, 브로칭 등이 속한다.
- 연삭,호닝, 래핑, 초음파가공과 같은 **입자가공**(abrasive processes, 9.6~9.9절)
- 전기적, 화학적, 열적, 유체동역학적, 혹은 광학적 에너지원을 이용한 **특수가공**(advanced machining processes)

이 장에 설명하는 기계가공공정이 가공작업에서 널리 사용되는, 그리고 꼭 필요한 이유들을 요약하면 다음과 같다.

▶ **그림 8.1**
절삭공정의 예.

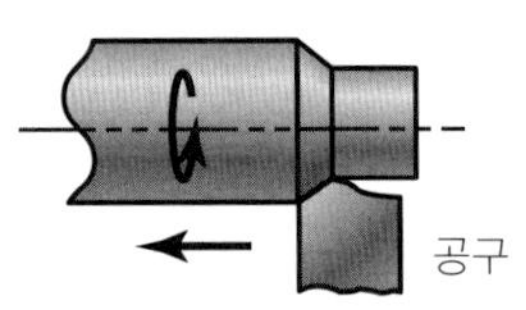

(a) 직선 선삭

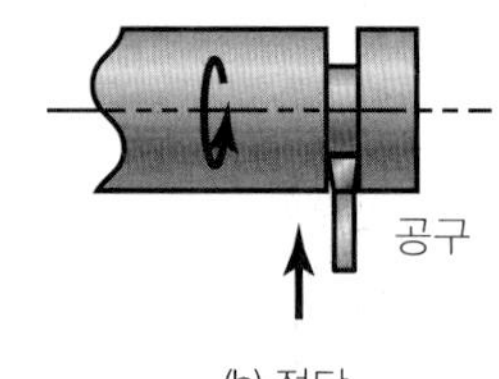

(b) 절단

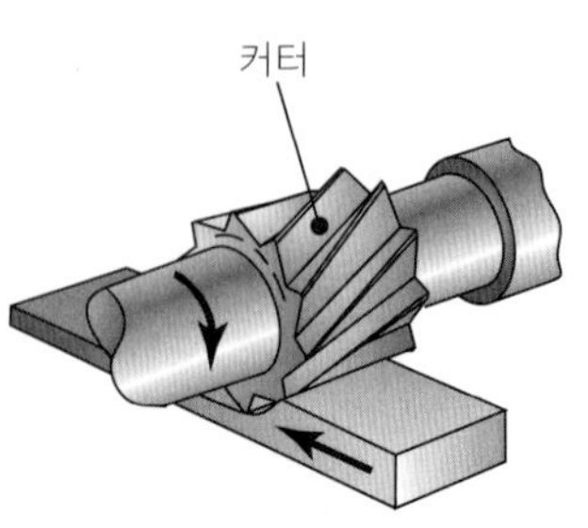

(c) 평밀링

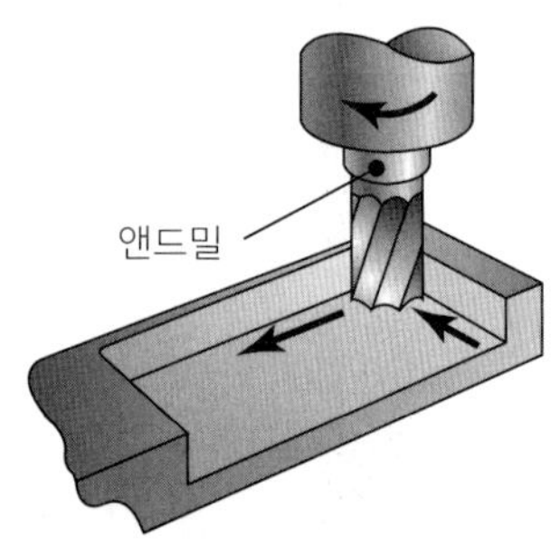

(d) 앤드밀링

1. 많은 경우에 주조나 성형가공만으로는 요구되는 **치수정확도**를 얻을 수 없다. 예를 들면, 크랭크축을 단조할 때, 성형가공만으로는 베어링면이나 윤활구멍을 우수한 치수정확도와 표면정도로 가공할 수 없다.
2. 성형가공으로는 얻을 수 없는 예리한 모서리부나 내면나사 같은 **내/외부 형상**을 갖는 제품의 경우에는 기계가공이 필요하다.
3. 경도나 내마모성을 향상시키기 위해 열처리를 하는 경우, 열처리된 부품에는 변형이 생기거나 표면이 변색될 수 있다. 따라서 요구되는 최종 치수정확도와 표면정도를 얻기 위해서는 **마무리작업**이 추가적으로 필요하다.
4. 다른 가공법으로는 가공될 수 없는 특별한 **표면조직**이나 **특성**이 제품표면의 일부 혹은 전부에 요구된다. 엔진블록을 예를 들면, 어떤 부위는 다른 부위보다 치수정확도나 표면정도가 훨씬 높아야 한다. 마찬가지로, 고반사도 구리경면은 다이아몬드 절삭공구를 사용한 기계가공으로 제작된다.
5. 경우에 따라서는 기계가공으로 제품을 제작하는 것이 다른 어떤 방법보다 **경제적**으로 더 유리할 수 있다. 특히 생산량이 적은 경우에는 더욱 그렇다. 금속성형공정은 고가의 금형과 공구를 사용하므로, 그 비용은 생산량이 많은 경우에만 정당화된다는 점을 상기하자.

이상과 같은 장점에 반해 기계가공공정은 다음과 같은 단점들도 가지고 있다.

1. 기계가공은 **재료의 낭비**가 불가피하고, 성형가공에 비해 에너지 및 인력이 더 많이 필요하다. 따라서 가능하면 기계가공을 피하거나 최소화해야 한다.
2. 기계가공은 소재부피의 일부를 제거하는 작업이므로, 다른 가공법들에 비해 **가공시간이 많이 소요**된다.
3. 제대로 수행되지 못한 기계가공은 오히려 제품의 표면완전성이나 피로수명에 **악영향**을 끼칠 수도 있다.

이상과 같은 단점에도 불구하고, 기계가공공정과 공작기계들은 제조분야에 없어서는 안 될 요소들이다. 1600년대에 선반이 등장한 이래, 기계가공공정은 지속적으로 발전해왔다. 이제는 컴퓨터제어 공작기계를 광범위하게 사용하고, 기계적 에너지 외에도 다양한 에너지원을 이용한 새로운 가공기술들을 사용한다.

다른 모든 가공작업들과 마찬가지로, 기계가공 역시 공작물, 절삭공구, 공구지지대, 공작물 고정장치, 공작기계로 구성된 하나의 **시스템**으로 보는 것이 중요하다. 이들 구성요소 사이의 상호작용에 대한 기초지식 없이는 절삭작업을 효율적이고 경제적으로 수행할 수 없다. 미국에서만 기계가공작업에 사용되는 인건비와 간접경비가 연간 3000억 달러에 달하는 것으로 추산된다는 점에서 이들 고려사항이 중요함은 자명하다.

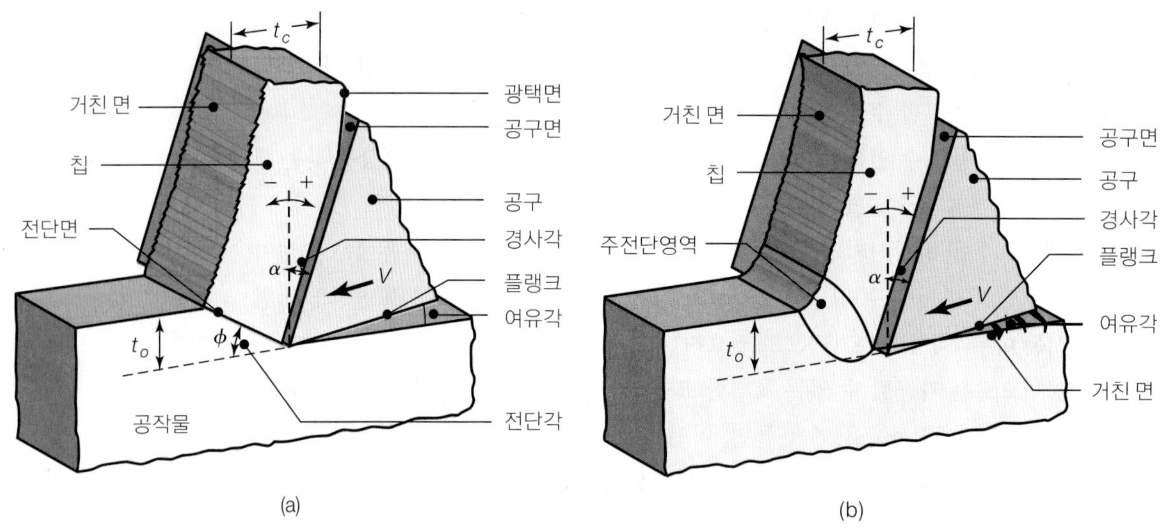

▲ **그림 8.2**

이차원절삭공정의 개략도: (a) 전단면이 명확한 직교절삭(머천트 모델), (b) 전단면이 명확하지 않은 직교절삭.

8.2 칩형성역학

절삭공정은 그림 8.1에 나타낸 것처럼 공작물의 불필요한 부분을 칩(chip)으로 만들어서 표면으로부터 제거한다. 모든 절삭공정에서 칩형성에 관한 기본역학은 근본적으로 동일하며, 그림 8.2와 같은 이차원절삭모형을 통해 설명된다. 이 모형에서 공구는 절삭깊이 t_o, 절삭속도 V로 공작물을 따라 움직인다. 이때 **칩**은 공구 바로 앞에 형성되는 전단면을 따라 소재가 연속적으로 전단되면서 생성된다.

절삭공정에서의 중요한 **독립변수**, 즉 작업자가 직접 변경하면서 조절할 수 있는 변수들은 다음과 같다.

- 절삭공구의 종류 및 상태
- 공구의 형상, 공구면의 표면정도, 날의 예리함 정도
- 공작물재료, 상태 및 작업온도
- 절삭속도, 이송, 절삭깊이 같은 절삭조건
- 절삭유의 사용유무와 그 종류
- 강성도, 감쇠도 같은 공작기계의 특성
- 공구지지대, 공작물고정장치, 고정구

한편, **독립변수**의 변화에 의해 영향을 받는 **종속변수**는 다음과 같다.

- 생성되는 칩의 형태
- 절삭에 소요되는 힘과 에너지
- 공작물, 칩, 공구의 온도상승
- 공구의 마멸 및 파손
- 가공면의 표면정도와 완전성

이상의 변수들 간의 복잡한 상호관계를 공부하는 것이 중요하다는 것을 인식하기 위해, 다음과 같은 질문들을 스스로 해보자.

(1) 가공면의 표면정도가 불량하여 이를 향상시키고자 한다면, 어떤 독립변수를 어떻게 바꾸어야 할까?
(2) 공작물의 온도가 너무 올라가서 제품의 성질에 영향을 줄 정도라면, 어떤 조치를 취해야 할까?
(3) 공구마멸이 극심하여 공구가 쉽게 무디어진다면, 절삭속도, 절삭깊이, 아니면 공구재료 자체나 다른 변수를 바꿀 것인가?
(4) 가공된 공작물의 치수공차가 지정한도를 넘는 경우에는 어떤 수정을 가할 것인가?
(5) 절삭공구가 진동하거나 채터가 생겨 표면정도에 영향을 주는 경우에, 이 문제를 어떻게 해결할 것인가?

대부분의 절삭공정은 본질적으로 삼차원적이지만, 기본적인 절삭역학의 연구에는 그림 8.2와 같은 이차원절삭모형이 매우 유용하다. **직교절삭모형**(orthogonal cutting, 공구의 절삭날이 절삭방향과 수직임)이라고도 하는 이 절삭모형에서는 **경사각**(rake angle)과 **여유각**(relief angle 혹은 clearance angle)으로 공구형상을 나타낸다. 경사각, 여유각, 공구각의 합은 직각이다.

칩의 생성과정을 현미경으로 관찰하면, 그림 8.3a처럼 소재의 일부가 **전단변형**되어 만들어지고, 그 전단변형은 **전단면**(shear plane)에서 일어난다. 전단면과 공작물표면이 이루는 각도 ϕ를 **전단각**(shear angle)이라고 한다. 전단면 아래의 공작물은 아직 소성변형되지 않은 상태이고(탄성변형 제외), 전단면 위의 공작물은 이미 칩으로 변형되어 공구경사면을 거슬러 오르면서 배출된다. 이때 칩과 공구경사면 사이에는 상대미끄럼운동에 의한 마찰이 존재한다.

칩두께 t_c는 t_o, α 및 ϕ로부터 구할 수 있다. t_o와 t_c의 비 r을 **절삭비**(cutting ratio)라 하며 다음 식으로 구한다.

$$r = \frac{t_o}{t_c} = \frac{\sin\phi}{\cos(\phi - \alpha)} \tag{8.1}$$

칩두께는 항상 절삭깊이(**변형 전 칩두께**라고도 함)보다 크므로, r은 1보다 작은 값이다. r의 역수를 **칩압축비**(chip compression ratio)라 하며, 절삭깊이에 비해 얼마나 두꺼운 칩

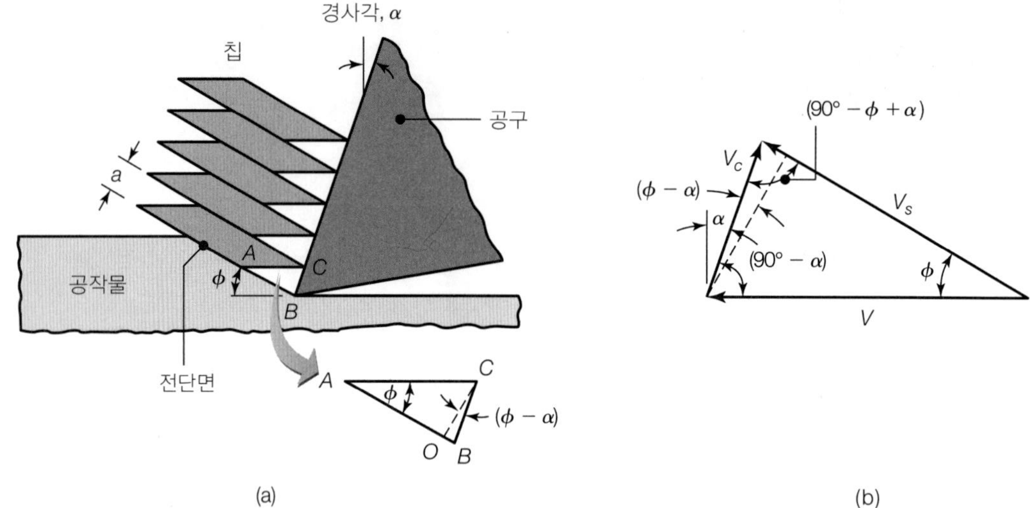

▲ 그림 8.3

칩형성 기구: (a) 기본 형태, (b) 절삭부에서의 속도선도.

이 생성되는지의 척도로 사용한다. 물론 칩압축비는 항상 1보다 크다.

공작물이 전단면을 통과하면서 받는 **전단변형률** γ는 그림 8.3a를 근거로 다음과 같이 나타낼 수 있다.

$$\gamma = \frac{AB}{OC} = \frac{AO}{OC} + \frac{OB}{OC} \tag{8.2}$$

즉,

$$\gamma = \cot\phi + \tan(\phi - \alpha) \tag{8.3}$$

위 식으로부터 전단변형률은 전단각이 작을 경우, 혹은 경사각이 작거나 음일 경우에 커짐을 알 수 있다. 실제 절삭작업에서, 전단변형률은 5 이상의 값으로 관찰된다. 따라서 절삭가공 시에는 공작물이 성형가공에 비해 더 심한 변형을 받는 셈이다(표 2.4 참조).

그림 8.2에서 칩으로 만들어진 후의 칩두께 t_c는 절삭깊이에 해당하는 변형 전 칩두께 t_o보다 커지므로, **칩속도** V_c는 절삭속도 V보다 작아야 한다. 체적불변조건을 도입하면 이들 속도 사이의 관계를 다음과 같이 표현할 수 있다.

$$Vt_o = V_c t_c \quad 혹은 \quad V_c = Vr \tag{8.4}$$

따라서

$$V_c = V\frac{\sin\phi}{\cos(\phi - \alpha)} \tag{8.5}$$

이다.

그림 8.3b와 같은 속도선도를 이용하면, 삼각함수관계로부터 다음 식을 얻는다.

$$\frac{V}{\cos(\phi - \alpha)} = \frac{V_s}{\cos \alpha} = \frac{V_c}{\sin \psi} \tag{8.6}$$

여기서 V_s는 전단면에서 재료가 전단되는 속도이다. **전단변형률속도**는 전단부의 두께 a에 대한 V_s의 비로 정의된다. 즉,

$$\dot{\gamma} = \frac{V_s}{a} \tag{8.7}$$

가 된다.

실험적 관찰에 의하면, 전단부두께 a는 10^{-2}~10^{-3} mm 정도의 크기이다. 이는 절삭속도가 낮더라도 전단변형률속도는 10^3/s~10^6/s 정도로 매우 높음을 의미한다. 전단변형률속도는 재료의 강도와 연성, 그리고 만들어지는 칩의 형태에 영향을 준다(2.2.7절과 표 2.5 참조).

8.2.1 칩 형태

절삭작업에서 만들어지는 칩의 형태는 전반적인 절삭작업뿐만 아니라 가공면의 표면정도와 완전성에 큰 영향을 준다. 생성된 칩을 현미경으로 관찰해보면, 그림 8.2와 8.3a에 나타낸 이상적인 모형과는 매우 다르다. 실제로 관찰되는 금속 칩의 형태와 현미경사진들을 그림 8.4에 나타내었다.

칩은 두 개의 면, 즉 공구경사면과 접촉하는 면(절삭에 의해 새로이 생성되는 면)과 공작물의 원래 표면이 변형된 면(원래 생성되어 있는 면)으로 되어 있다. 공구와 접촉하는 쪽의 칩면은 광택이 나며, 이는 칩이 공구면을 따라 오르면서 문질러진 흔적이다(그림 8.5 참조). 이에 반해 반대쪽 면은 자유표면으로 들쭉날쭉하게 단이 진 형상이며(그림 8.4a와 같이), 이는 칩의 생성에 수반되는 전단작용의 결과이다(유사한 예로 그림 3.5 및 3.7 참조).

금속절삭작업에서 생성되는 칩의 기본 형태는 다음과 같다.

1. **연속형 칩**(continuous chip). 연속형 칩은 절삭속도가 크거나 경사각이 큰 경우에 생긴다(그림 8.4a). 소재의 변형은 **주전단부**(primary shear zone)로 불리는 좁은 영역을 따라 발생하나, 공구와 칩의 접촉면에서의 마찰로 인해 **이차전단부**(secondary shear zone)가 형성되기도 한다(그림 8.4b). 이차전단부의 깊이는 공구와 칩 사이의 마찰이 클수록 깊어진다.

   연속형 칩의 경우, 주전단부가 곡선경계면으로 둘러싸인 넓은 영역에 걸쳐 형성되기도 한다(그림 8.2b). 이 경우 아래쪽 경계면이 가공면보다 밑에 있기 때문에 가공면이 변형되거나 손상될 수 있으며, 그림에서는 이를 공구날이 지나간 자리에 표시하였다. 이 상황은 특히 연한 재질의 금속을 낮은 속도와 경사각이 작은 공구로 절삭할 때 생기며, 표면정도가 불량해지고 가공면에 잔류응력을 유발시켜 가공품의 성질에 악영향을

준다.

연속형 칩이 만들어지는 경우, 가공면의 표면정도가 양호한 것이 보통이다. 하지만 연속형 칩은 작업 도중 공구홀더 주위에 엉키기 쉬우며, 이를 제거하려면 작업을 일시 중단해야 하므로, 특히 컴퓨터제어 공작기계에서는 연속형 칩이 항상 바람직한 것은 아니다. 이 문제는 절삭공구에 칩브레이커(chip breaker) 모양을 만들어서 쉽게 해결할 수 있다(아래에 설명).

칩은 형성과정에서 높은 전단변형률을 받으면서 변형경화된 결과로, 소재의 원래 성질보다 경도와 강도가 높고 연성은 낮다. 경도와 강도의 증가정도는 칩이 받은 전단변

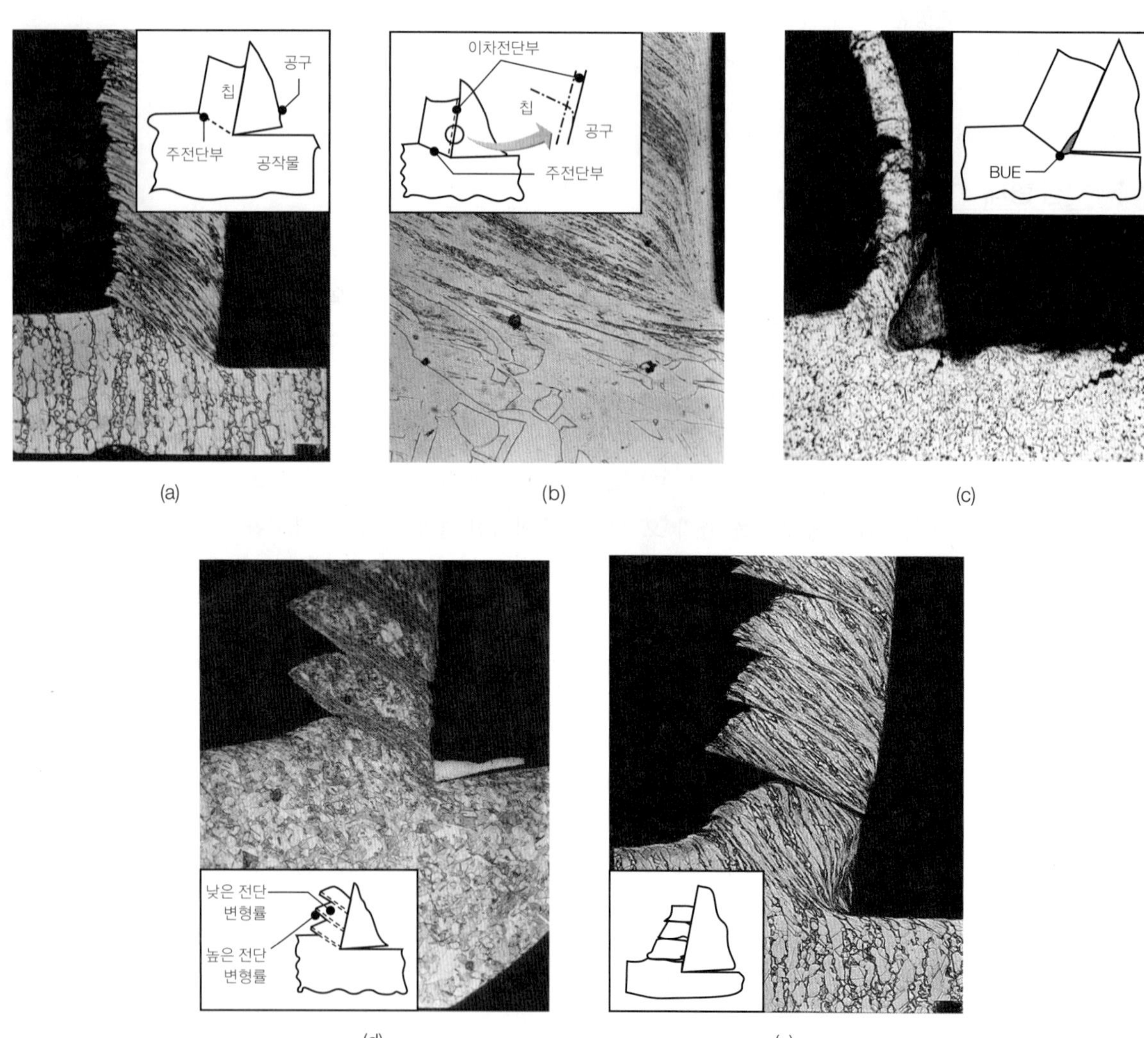

▲ **그림 8.4**

금속절삭 시 관찰되는 각종 칩의 기본 형태: (a) 좁고 직선형의 주전단부를 갖는 연속형 칩, (b) 칩과 공구 접촉면에서의 이차전단부, (c) 구성인선을 갖는 연속형 칩, (d) 마디형 혹은 불균질 칩, (e) 불연속형 칩.

▶ **그림 8.5**
연속형 칩에서 공구와 접촉하는 쪽의 광택이 나는 면(선삭작업).

형률의 크기에 따른다. 공구경사각이 감소하면, 식 (8.3)에 따라 전단변형률이 증가하여 칩의 경도와 강도는 높아진다.

2. **구성인선**(BUE, built-up edge). 절삭과정에서 공구 끝단에 구성인선이 형성되는 경우가 있다(그림 8.4c). 여기서 **구성**(built-up)이란 용어는 소재가 공구면에 점진적으로 부착되어 형성된 층상의 생성물이라는 뜻으로 사용되며, 인선은 절삭날(cutting edge)을 의미한다. 이 생성물은 처음에는 점점 커지다가 어느 정도 커지면 불안정해지면서 떨어져나간다. 탈락된 구성인선물질의 윗부분은 칩을 통해 배출되고, 아랫부분은 공작물표면에 무질서하게 남는다. 구성인선의 생성과 탈락과정은 절삭이 진행되는 동안 계속 반복된다.

구성인선은 실제 절삭작업에서 흔히 관찰되며(그림 8.4c와 8.6 참조), 가공면의 표면정도와 완전성을 해치는 가장 중요한 요인이다. 구성인선은 절삭공구의 형상에 변화를 주는 효과를 가진다. 즉, 구성인선 끝단의 반경은 실제공구의 끝단보다 크며, 이로 인해 가공면의 표면정도가 불량해진다. 또한 구성인선은 공작물재료가 층상으로 심하게 가공경화된 상태로 공작물보다 훨씬 높은 경도값을 갖는다(그림 8.6a 참조). 일반적으로는 구성인선의 형성이 바람직하지 않지만, 얇고 안정된 구성인선은 오히려 공구면을 보호하는 효과를 가지므로 바람직하다고 본다.

구성인선의 형성에 관한 정확한 기구는 아직 명확하게 규명되지 않았으나, 지금까지 조사된 바에 의하면 다음 몇 가지 요인이 구성인선의 형성에 영향을 준다는 것이 밝혀졌다.

(1) 공작물재료가 공구경사면에 응착되는 현상: 이 경우 결합강도는 공작물과 공구, 두 재료 사이의 친화성에 따라 변한다. 세라믹 절삭공구는 공구강의 경우보다 금속과의 친화성이 현저히 낮아서 구성인선을 잘 발생시키지 않는다.
(2) 응착된 금속층이 구성인선으로 성장하는 기구
(3) 공작물재료의 변형경화 용이성: 변형경화지수 n이 클수록 구성인선이 형성될 가능성이 높다.

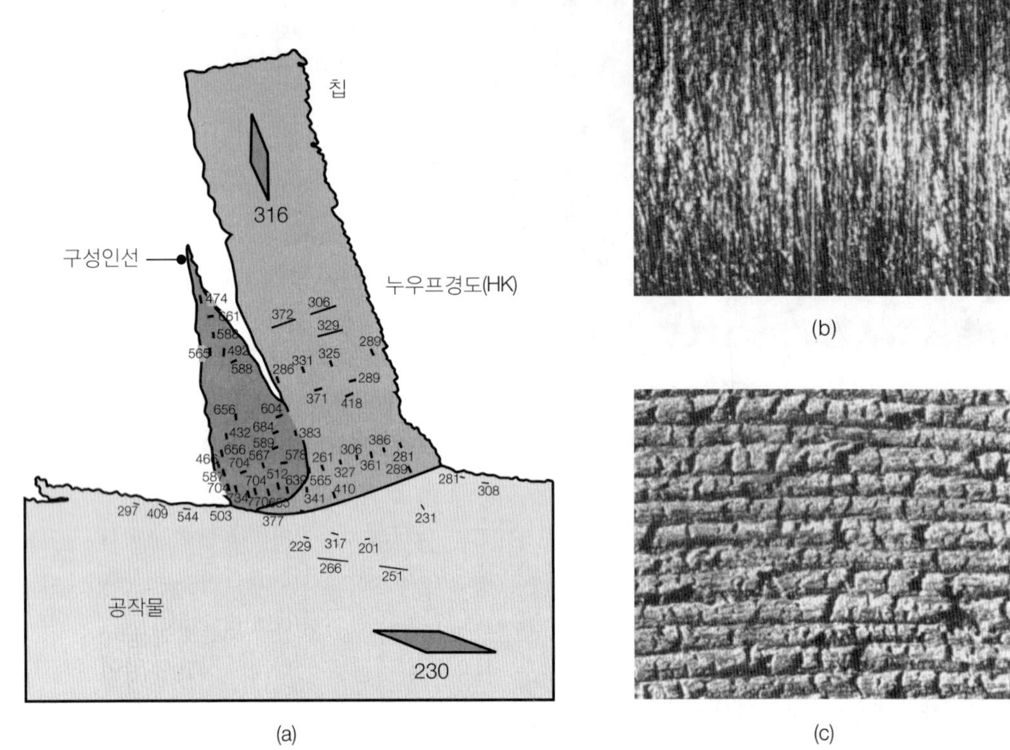

▲ **그림 8.6**

(a) 3115 강에 대한 절삭부에서의 경도 분포, (b) 구성인선이 발생된 5130 강의 선삭작업에서 얻은 표면정도(배율 15). (c) 1018 강의 정면밀링작업에서 얻은 표면정도.

한편, 구성인선을 감소시키거나 억제하는 방법으로는 (1) 절삭속도 V의 증가, (2) 절삭깊이 t_o의 감소, (3) 경사각 α의 증가, (4) 공구반경의 감소, (5) 효과적인 절삭유 사용(8.7절 참조) 등이 있다.

3. **톱니형 칩**(serrated chip). 톱니형 칩은 **불균질 칩** 혹은 **마디형**(segmented) **칩**이라고도 하며, 전단변형률을 크게 받은 영역과 작게 받은 영역이 반복되는 반연속형 칩으로 마치 톱날과 같은 형상을 가진다(그림 8.4d). 티타늄과 같이 열전도도가 낮고 온도상승에 따라 강도가 급격히 감소하는 금속의 절삭 시 이러한 칩이 생성된다.
4. **불연속형 칩**(discontinuous chip). 불연속형 칩은 서로 분리되었거나 약하게 연결된 마디들로 되어 있다(그림 8.4e). 이 형태의 칩은 다음 조건에서 생긴다.
   (1) 취성이 큰 재료의 절삭. 취성이 큰 재료는 절삭 시 야기되는 높은 전단변형률을 견디지 못하고 파단됨
   (2) 경한 개재물이나 불순물이 함유된 재료(그림 3.24 및 3.25 참조)나 회주철의 편상흑연 같은 조직을 가진 재료의 절삭. 불순물이나 경한 입자는 균열생성요인으로 작용하여 불연속형 칩을 만들며, 절삭깊이가 깊으면 이들 결함이 포함될 확률이 높음

(3) 절삭속도가 너무 낮거나 지나치게 높은 경우

(4) 절삭깊이(변형 전 칩두께)가 크거나 공구경사각이 작은 경우

(5) 공작기계의 강성이 부족하고 감쇠능이 작은 경우

(6) 적절한 절삭유가 사용되지 않은 경우

불연속형 칩을 형성하는 또 다른 인자는 전단면에 작용하는 압축응력의 크기이다(식 (8.17) 참조). 2.2.8절에서, 재료가 파단 시까지 견딜 수 있는 최대전단변형률은 그 재료에 작용하는 압축응력에 따라 증가한다고 하였다. 따라서 전단면에 작용하는 수직응력의 크기가 충분하지 못하면, 재료는 높은 전단변형률을 이겨내지 못하고 파단되면서 불연속형 칩이 만들어진다.

칩형성이 불연속적이면, 절삭 도중 절삭력의 변화가 심해진다. 따라서 불연속형 칩이나 톱니형 칩의 경우에는 공작기계, 공구홀더, 공작물고정장치의 강성이 특별히 요구된다. 공작기계의 강성이 부족하면 진동이나 채터가 생겨(8.12절 참조) 가공품의 치수정확도와 표면정도를 악화시키고, 심지어는 절삭공구나 공작기계의 과다한 마모나 파손을 가져온다.

■ **비금속재료의 칩형성** 이상에서 논의된 금속재료의 칩형성에 관한 내용은 비금속재료에도 일반적으로 적용된다. 열가소성 플라스틱재료(제10장)의 절삭 시에는 폴리머의 종류나 절삭깊이, 공구형상, 절삭속도 같은 공정변수에 따라 다양한 형태의 칩이 생성된다. 열경화성 플라스틱이나 세라믹과 같은 취성이 큰 비금속재료의 절삭 시에는 일반적으로 불연속형 칩이 생성된다(8.9.2절의 **연성형 절삭** 참조).

■ **칩말림**(chip curl) 칩말림(그림 8.5 및 8.7a)은 모든 절삭공정에서 관찰되는 일반적인 현상으로 금속재료뿐만 아니라 플라스틱, 나무와 같은 비금속재료의 절삭에서도 관찰된다. 칩말림의 원인은 아직 명확하게 밝혀지지 않았지만, 가능한 요인들로는 (1) 주전단부 및 이차전단부에서의 응력분포, (2) 열구배, (3) 재료의 가공경화특성, (4) 공구경사면의 형상 등을 꼽을 수 있다. 공정변수들 역시 칩말림에 영향을 주는데, 절삭깊이의 감소, 경사각의 증가, 공구-칩 접촉면에서의 마찰감소는 일반적으로 칩곡률반경을 작게 하면서 칩을 더 잘 말리게 한다. 또한 절삭유의 사용이나 공작물재료에 첨가되는 성분들도 칩말림에 영향을 준다.

■ **칩브레이커**(chip breaker) 긴 연속형 칩은 엉키기 쉬워 절삭작업을 방해하고 작업자의 안전에도 문제가 된다. 이 상황은 특히 고속자동기계에서 심각한 문제로 대두된다. 이 문제는 칩브레이커를 사용하여 칩을 단속적으로 절단하여 보통 해결한다. 칩브레이커는 전통적으로 그림 8.7b와 같이 공구경사면에 별도의 금속조각을 부착한 형태를 사용하였으며, 이제는 공구 자체에 홈이나 단을 만든 일체형을 사용한다(그림 8.7c). 그림 8.8에 나타낸 선삭작업에서와 같이 공구형상에 변화를 주어 칩의 유동상태를 조절함으로써 칩을 절

▶ 그림 8.7
칩브레이커: (a) 칩브레이커 사용에 따른 칩 곡률반경의 감소, (b) 절삭공구의 경사면에 고정된 칩브레이커, (c) 칩브레이커의 기능을 갖는 경사면 홈의 형태.

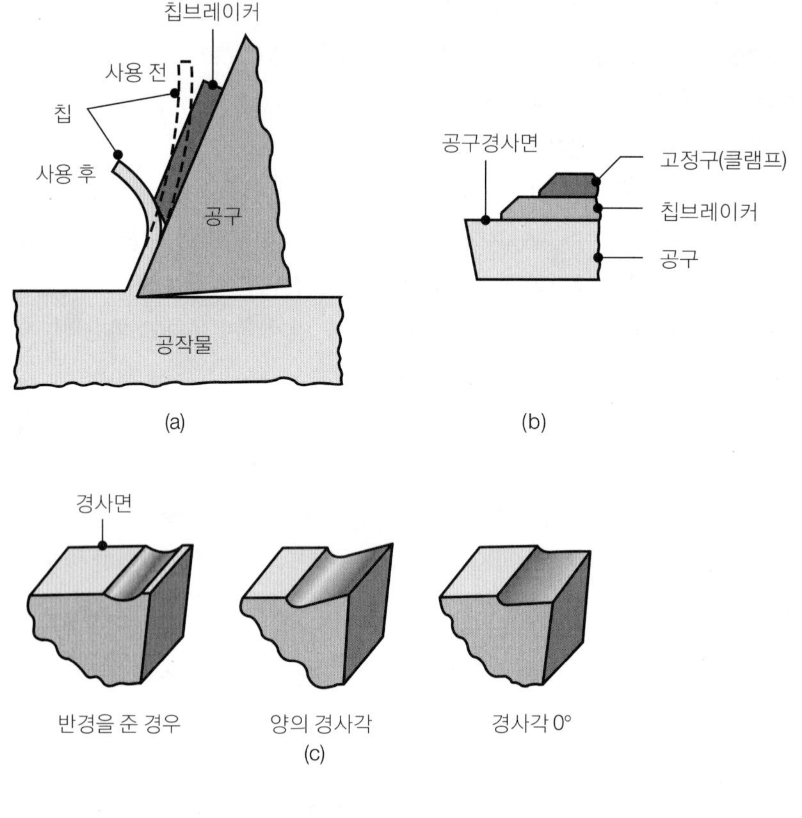

▶ 그림 8.8
선삭작업에서 생성되는 각종 칩의 형태: (a) 촘촘히 말려지는 칩, (b) 공작물에 부딪힌 후 부서지는 칩, (c) 공작물로부터 멀어져가는 연속형 칩, (d) 공구자루에 부딪힌 후 부서지는 칩.

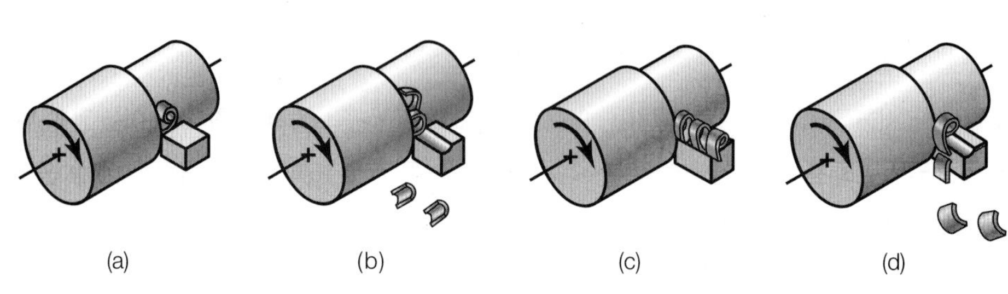

단할 수도 있다.

8.2.2 경사절삭(oblique cutting)

지금까지 이차원적인 절삭공정에 대해 설명하였으나, 대부분의 절삭작업은 삼차원적으로 이루어진다. 그림 8.9a는 이차원절삭에 대한 삼차원절삭, 즉 **경사절삭**의 기본적인 차이를 보여주고 있다. 직교절삭에서는 공구날이 공구진행방향에 대해 수직이고, 칩은 공구경사면을 똑바로 거슬러 올라간다. 이에 반해 경사절삭에서는 공구날이 공구진행방향과 **기울각**(inclination angle) i만큼 경사져 있으므로(그림 8.9b 참조), 칩이 공구경사면을 따라 **칩유동각**(chip flow angle) α_c 방향으로 올라간다. 단, 칩유동각은 공구경사면 위에서

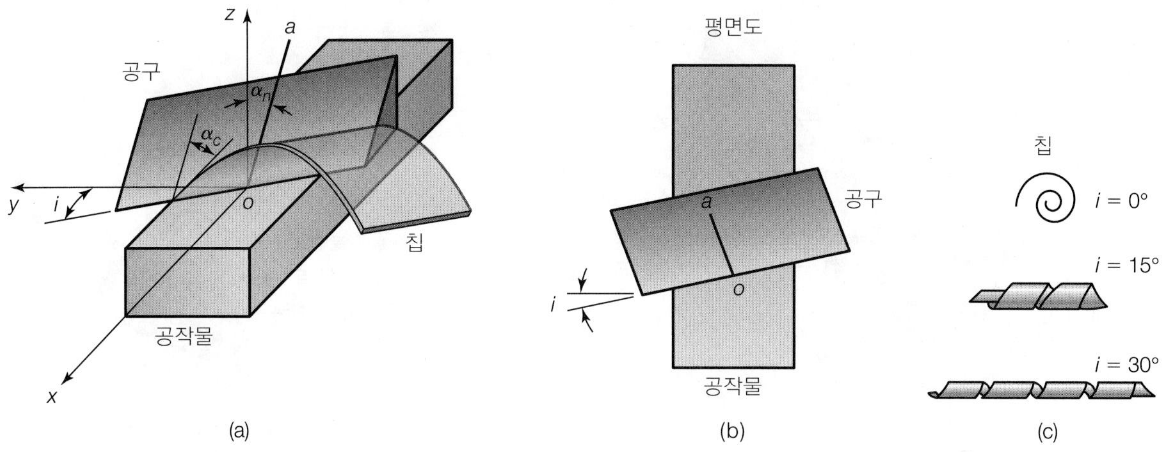

▲ 그림 8.9

삼차원절삭(경사절삭): (a) 경사진 공구가 사용된 절삭작업의 개략도, (b) 기움각이 표시된 평면도, (c) 여러 가지 기움각에 대한 칩 형태.

측정한 각도이다. (이 상황은 제설할 때 제설판을 진행방향과 각도를 주어 눈을 길옆으로 밀어내는 경우와 유사하다.) 한편, 각 α_n은 공구의 기본형상인 **상면경사각**(normal rake angle)으로, 공작물표면에 대해 수직인 선 oz와 공구경사면 상의 직선 oa가 이루는 각이다.

공작물이 속도 V로 공구에 접근한 후, 속도 V_c로 공구면을 거슬러 칩으로 배출된다고 하자. 이들 두 속도벡터가 만드는 평면에서 유효경사각(effective rake angle) α_e를 다음과 같이 계산할 수 있다. 즉, 칩유동각 α_c가 기움각 i와 같다고 가정하면(실험적 관찰에 의하면 두 각이 거의 일치), 다음과 같이 주어진다.

$$\alpha_e = \sin^{-1}(\sin^2 i + \cos^2 i \sin \alpha_n) \tag{8.8}$$

각도 i 및 α_n은 직접 측정이 가능하므로, 이들 각을 위 식에 대입하여 유효경사각을 구한다. 기움각이 증가하면 유효경사각도 증가하여 얇고 긴 칩이 형성된다. 기움각이 다를 때의 칩모양을 그림 8.9c에 나타내었다.

선반작업에 사용되는 단인공구의 전형적인 형상을 공구형상의 정의에 사용되는 공구각들과 함께 그림 8.10에 나타내었다. 절삭이 효율적으로 이루어지려면, 이들 공구각이 적절해야 한다. 드릴링, 태핑, 밀링, 평삭, 형삭, 브로칭, 톱작업, 줄작업 등에 사용되는 각종 삼차원 절삭공구에 대한 논의는 8.8절과 8.9절에서 자세히 다룬다.

■ **셰이빙**(shaving)**과 스카이빙**(skiving) 나무를 대패질하는 것과 유사한 방법으로 평면이나 곡면 형상의 공작물표면을 얇게 절삭할 수 있다. 셰이빙은 전단작업된 제품의 표면정도나 치수정확도를 향상시키기 위해 사용되는 공정이다(그림 7.11 참조). 특별한 모양의 절삭공구를 사용하여 길이가 긴 제품이나 여러 형상이 복합된 제품을 셰이빙하는 작업을 스

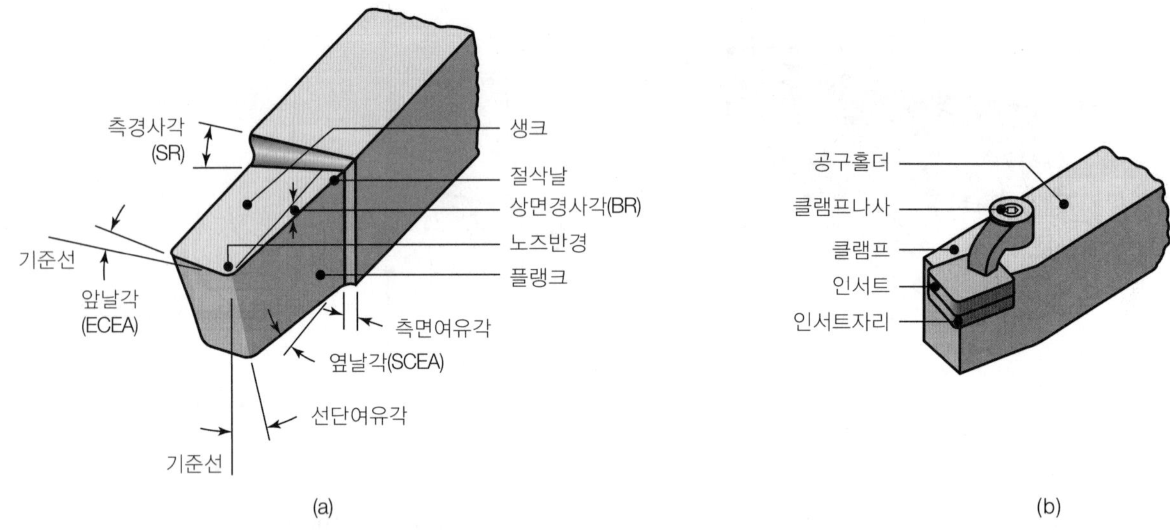

▲ **그림 8.10**

(a) 선삭작업에 사용되는 단인공구의 각 부의 명칭. (b) 전통적인 일체형 절삭공구를 상당량 대체한 인서트형 공구로 초경 및 기타 인서트는 여러 가지 형상과 크기를 갖는다.

카이빙이라고 한다.

8.2.3 직교절삭에서의 절삭력(cutting force)

절삭작업에 소요되는 절삭력 및 절삭동력의 예측은 다음과 같은 이유로 중요하다.

(1) 공작기계의 적합한 용량을 설계하거나 선정하려면 **소요절삭동력**을 알아야 한다.

(2) 공작기계를 적절하게 **설계**하려면 절삭력에 관한 자료가 필요하다. 즉, 공작기계의 요소부품이 과도하게 변형되지 않고, 진동과 채터를 발생시키지 않으면서 가공품의 치수정확도를 유지하려면 절삭력에 대하여 충분한 강성을 가져야 한다.

(3) 공작물의 치수공차를 유지하려면, 절삭력으로 인해 공작물에 과도한 **변형**이 생기지 않아야 한다.

직교절삭에서 절삭력과 절삭동력에 영향을 주는 인자들은 다음과 같다.

1. **절삭력.** 직교절삭에서 공구에 작용하는 힘의 성분들을 그림 8.11에 표시하였다. **절삭력,** 즉 **주분력** F_c는 절삭속도와 같은 방향으로 작용하며 절삭에 소요되는 에너지를 공급한다. **배분력**(thrust force) F_t는 절삭속도에 수직인 방향, 즉 공작물표면에 수직인 방향으로 작용하는 성분이다. 이들 두 힘의 **합력** R은 다시 공구면을 기준으로 하여 공구와 칩 접촉면을 따라 작용하는 **마찰력**(friction force) F와 이에 수직한 **수직력**(normal force) N의 두 개의 성분으로 분해된다. 그림 8.11b로부터 마찰력과 수직력은 다음과 같이 나

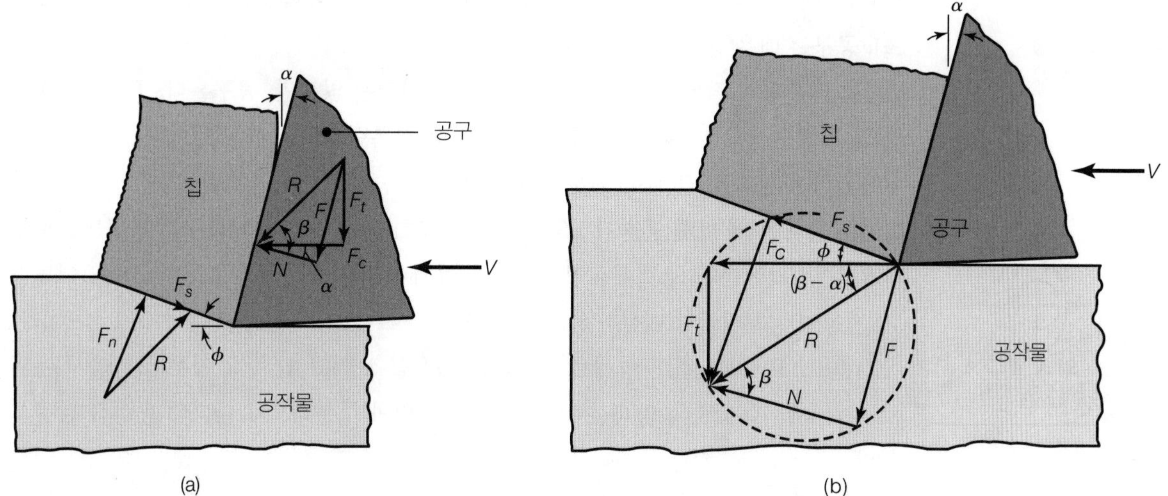

▲ **그림 8.11**

(a) 이차원절삭에서 절삭공구에 작용하는 힘, (b) 절삭력을 분해하는 절삭력선도.

타낼 수 있다.

$$F = R \sin \beta \tag{8.9}$$

$$N = R \cos \beta \tag{8.10}$$

한편, 칩이 평형상태에 있으려면, 공구면에 작용하는 합력과 크기가 같고 방향이 반대인 힘이 전단면에도 작용해야 한다. 이 힘은 전단면을 따라 작용하는 **전단력**(shear force) F_s와 이에 수직한 **수직력** F_n으로 분해된다. 전단면에 작용하는 평균전단응력을 τ라 하면, 그림 8.11에서 전단력과 합력의 관계로부터 절삭력은 다음과 같이 계산된다.

$$F_c = R\cos(\beta - \alpha) = \frac{wt_o\tau\cos(\beta - \alpha)}{\sin\phi\cos(\phi + \beta - \alpha)} \tag{8.11}$$

F와 N의 비는 공구와 칩 접촉면에서의 **마찰계수**이며(4.4.1절 참조), 각도 β를 **마찰각**(friction angle)이라고 한다. 마찰계수 μ는 다음과 같이 표현된다.

$$\mu = \tan\beta = \frac{F_t + F_c\tan\alpha}{F_c - F_t\tan\alpha} \tag{8.12}$$

금속절삭의 경우, μ는 대략 0.5~2 정도이므로, 칩이 공구경사면을 거슬러 올라갈 때 상당한 마찰저항을 받는다는 것을 짐작할 수 있다.

실제 절삭작업에서 이들 힘의 크기는 일반적으로 수백 뉴톤[N] 정도에 불과하지만, 접촉면적이 매우 작기 때문에 절삭 부위에서의 국부적인 응력이나 공구면에 작용하는 압력은 매우 크다. 예를 들면, 칩과 공구의 접촉길이는 대략 1 mm 정도로(그림 8.2 참조), 공구는 매우 큰 응력을 받는다.

2. **배분력.** 배분력이 절삭에 필요한 에너지를 공급하지는 않지만, 공구홀더, 공작물고정장치 및 고정구, 공작기계가 충분한 강성을 갖고 배분력으로 인한 변형이 최소가 되도록 설계되어야 한다는 점에서, 배분력의 크기를 예측하는 것은 중요한 일이다. 배분력이 크게 작용하는 데 반해 공작기계의 강성이 충분하지 않으면, 절삭공구는 가공면으로부터 밀려난다. 이는 결국 절삭깊이의 감소를 초래하여 가공품의 치수정확도를 떨어뜨리고, 진동이나 채터를 초래한다(8.12절 참조).

그림 8.11은 배분력이 아래로 작용하는 경우를 보이고 있으나, 경우에 따라서는 위로도 작용할 수 있다(음의 배분력). 배분력을 합력과 주분력으로 나타내면 각각 다음과 같다.

$$F_t = R\sin(\beta - \alpha) \tag{8.13}$$

$$F_t = F_c\tan(\beta - \alpha) \tag{8.14}$$

그림 8.11의 부호규약에 따르면 F_c의 크기는 항상 양이므로, F_t의 부호는 β와 α 각의 상대적인 크기에 따라 양이나 음으로 변한다. 즉, $\beta > \alpha$인 경우에는 F_t의 부호가 양이지만(즉, 하향), $\beta < \alpha$인 경우에는 음이 된다(즉, 상향). 따라서 (1) 경사각이 크고, (2) 낮은 마찰상태에서는 배분력이 위로 작용할 수도 있다.

이 상황은 그림 8.11에서도 설명될 수 있다. 만약 $\mu = 0$, 즉 $\beta = 0$이면, 합력 R은 수직력 N과 일치하므로 배분력은 위로 작용한다. 또한 $\alpha = 0$ 및 $\beta = 0$인 경우에는 배분력이 전혀 작용하지 않음을 알 수 있다. 이는 그림 8.12에 나타낸 것처럼 실험적으로

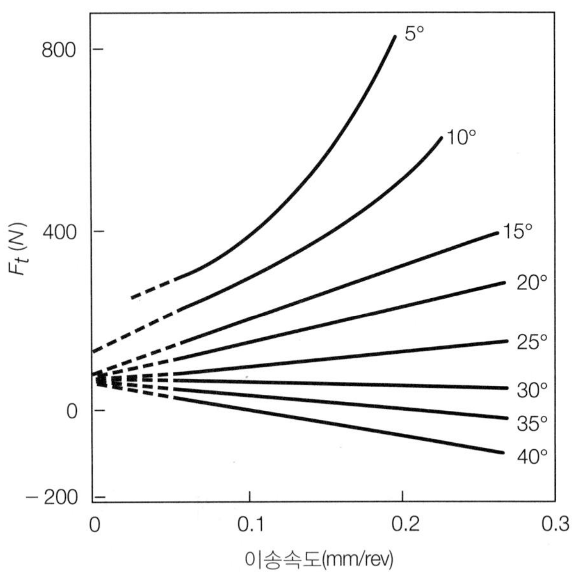

▶ **그림 8.12**

경사각과 이송속도가 배분력에 미치는 영향(AISI 1112 냉간압연강의 이차원절삭). 경사각이 큰 경우에는 배분력이 음이 될 수 있음.

표 8.1 4130 강의 직교절삭 자료

α(°)	ϕ(°)	γ	μ	β(°)	F_c(kgf)	F_t(kgf)	u_t(N/mm²)	u_s	u_f	u_f/u_t(%)
25	21.0	2.55	1.46	56	172.4	101.6	2207	1442	766	35
30	31.7	1.56	1.53	57	115.2	46.3	1476	772	704	48
35	35.8	1.32	1.54	57	105.2	32.2	1345	648	697	52
40	42.0	1.06	1.83	62	105.2	30.8	1345	517	828	62

t_o = 0.0635 mm; w = 12.065 mm; V = 457.2 mm/s; 공구: 고속도강

표 8.2 9445 강의 직교절삭 자료

α(°)	V(mm/s)	ϕ(°)	γ	μ	β(°)	F_c(kgf)	F_t(kgf)	u_t(N/mm²)	u_s	u_f	u_f/u_t(%)
+10	1001	17.0	3.4	1.05	46	167.8	123.8	2749	2014	745	27
	2032	19.0	3.1	1.11	48	163.3	128.4	2069	1835	855	32
	3261	21.5	2.7	0.95	44	149.2	98.4	2455	1717	738	30
	6025	25.0	2.4	0.81	39	137.4	76.2	2262	1552	710	31
−10	2032	16.5	3.9	0.64	33	188.7	174.6	3104	2359	745	24
	3236	19.0	3.5	0.58	30	174.2	147.9	2862	2152	710	25
	5893	22.0	3.1	0.51	27	161.5	119.3	2655	1993	662	25

t_o = 0.9398 mm; w = 6.35 mm; 공구: 초경합금

증명된 바 있다.

배분력의 크기나 방향이 변동하면 절삭작업에 중대한 영향을 준다. 특히 공작기계의 강성이 충분하지 않을 경우, 배분력이 변동하면 절삭작업이 불안정해진다. 한편, 절삭깊이가 절삭력에 미치는 영향은 명확하다. 즉, 절삭깊이 t_o가 증가할수록 주분력 F_c도 증가하며, 따라서 합력 R도 증가한다. 즉, 절삭깊이가 증가한 만큼 더 많은 재료를 제거하려면 그만큼 많은 에너지를 공급해야 한다.

3. **절삭력의 관찰결과.** 절삭력의 크기는 공작물재료의 강도 외에도 여러 변수들의 영향을 받는다. 절삭력에 관한 광범위한 자료(표 8.1 및 8.2 참조)에서, 절삭깊이가 증가하고 경사각이나 절삭속도가 감소함에 따라 주분력 F_c가 증가함을 알 수 있다. 표 8.2의 자료에 따르면, 절삭속도가 낮으면 전단각의 감소 및 마찰계수의 증가가 일어나는데, 이 두 가지 효과는 모두 절삭력을 크게 한다.

   절삭력에 중대한 영향을 끼치는 또 다른 인자는 절삭공구의 끝단반경으로, 이 반경이 클수록(즉, 공구가 무딜수록) 절삭력은 증가한다. 그러나 절삭깊이가 공구 끝단반경의 5배 이상이 되는 경우에는, 이 영향은 거의 무시될 수 있음이 실험적 관찰을 통해 밝혀졌다(8.4절 참조).

4. **절삭 부위의 응력상태.** 전단면이나 공구-칩 접촉면에서의 응력상태를 단순화하여 응력이 균일하게 분포한다고 가정함으로써 절삭 부위의 응력상태를 해석할 수 있다. 우선 전단면의 면적 A_s는 다음과 같다.

$$A_s = \frac{wt_o}{\sin\phi} \tag{8.15}$$

전단면에 작용하는 힘을 두 개의 분력, 즉 전단력과 수직력으로 분해하고, 각각을 면적으로 나누면, 다음과 같이 **평균전단응력** τ와 **평균수직응력** σ를 각각 표현할 수 있다.

$$\tau = \frac{F_s}{A_s} = \frac{F_s \sin\phi}{wt_o} \tag{8.16}$$

$$\sigma = \frac{F_n}{A_s} = \frac{F_n \sin\phi}{wt_o} \tag{8.17}$$

그림 8.13은 이들 평균응력에 관한 일부 자료를 나타낸다. 경사각이 하나의 변수이며, 절삭깊이가 커지면 전단면적도 커진다는 사실을 알면, 이들 곡선에서 다음과 같은 결론을 유추할 수 있다.

(1) 전단면에 작용하는 전단응력의 크기는 공구경사각과 무관하다.

(2) 전단면에 작용하는 수직응력의 크기는 경사각의 증가와 더불어 감소한다.

(3) 결과적으로, 전단면에서는 수직응력이 전단응력의 크기에 아무런 영향을 주지 않는다. 이 현상은 다른 기계적 시험을 통해서도 밝혀진 바 있다. 하지만 수직응력이 클수록 파단 시 전단변형률이 커지므로, 연성이 부족한 재료를 절삭할 때는 공구경사각을 작게 하거나 음으로 하여, 파단 시 전단변형률을 증가시킨다.

한편, 경사면에 작용하는 응력을 구하는 것은 매우 어렵다. 그 중 하나가 공구-칩 접촉면에서의 접촉길이를 정확히 구하는 문제이다. 접촉길이는 전단각의 감소와 더불어 증가하며, 이는 접촉길이가 경사각, 절삭속도, 그리고 공구-칩 접촉면에서의 마찰에 따라 변함을 의미한다. 또 다른 문제는 경사면에 작용하는 응력이 균일하게 분포하지 않는

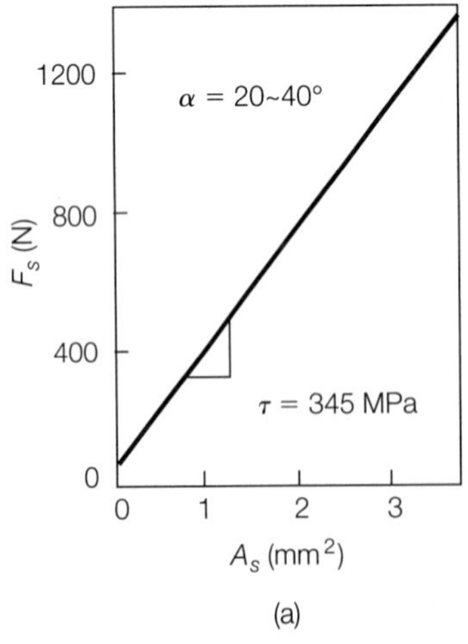

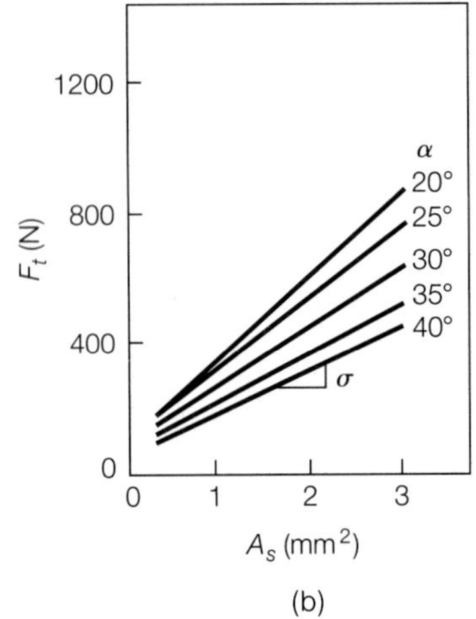

▶ **그림 8.13**
전단면적과 경사각의 변화가 전단면에 작용하는 전단력과 수직력에 미치는 영향(85-15 황동의 절삭). 전단응력은 수직응력의 크기에 관계없이 일정하므로, 수직응력은 재료의 전단유동응력에 아무런 영향을 주지 않는다.

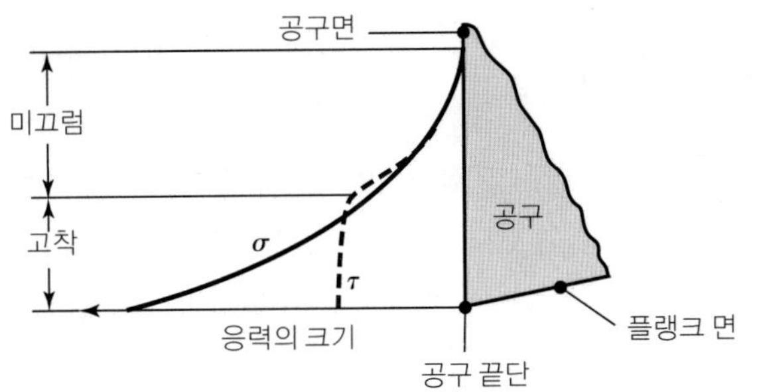

▶ **그림 8.14**
공구-칩 접촉면에서의 수직 및 전단 응력분포 상태.

다는 점이다. **광탄성연구**를 통해 경사면에서의 응력분포가 정성적으로 그림 8.14와 같음이 밝혀졌다. 수직응력은 공구 끝단에서 최대이고, 접촉부 끝단으로 갈수록 급격히 감소한다. 전단응력의 분포상태도 이와 비슷하나, 접촉부의 중간부분까지는 거의 일정하게 유지되다가 그 이후 급격히 감소한다. 이러한 거동은 접촉부의 일부가 고착상태임을 의미한다. 고착은 전단응력이 재료의 전단항복강도에 도달할 때 발생한다. 이 고착 부위는 일부 칩에서 관찰되며, 금속성형공정에서도 생긴다(6.2.2절 참조).

5. **절삭력의 측정.** 절삭력은 **하중센서**(압전결정체 등)나 **공구동력계**(force dynamometer, 저항선 스트레인게이지 방식)를 공구홀더나 공작기계의 공작물고정장치에 부착하여 **측정**한다. 또한 공작기계의 기계효율을 알고 있다면, 동력모니터에서 측정되는 **동력소모량**을 역산하여 구할 수도 있다.

8.2.4 전단각 추정식

전단부와 전단각은 절삭역학에서 매우 중요하여 재료상수나 공정변수로부터 전단각을 추정하고자 하는 많은 연구가 수행되어 왔다. 초창기, 연구결과(M.E. Merchant, 1913~2006)로, 전단각은 (1) 절삭력이 최소가 되도록 하거나, (2) 전단면에서 최대전단응력이 생기도록 스스로 조절된다는 가정에 근거한 전단각 추정식이 있다. 그림 8.11의 절삭력선도로부터, 전단면에서의 전단응력을 다음과 같이 표현할 수 있다.

$$\tau = \frac{F_s}{A_s} = \frac{F_c \sec(\beta - \alpha)\cos(\phi + \beta - \alpha)\sin\phi}{wt_o} \tag{8.18}$$

마찰각 β가 전단각 ϕ와 무관하다고 가정하면, 최대전단응력에 상당하는 전단각은 식 (8.18)을 ϕ에 대해 미분한 후 이를 영으로 놓음으로써 구할 수 있다. 즉,

$$\frac{d\tau}{d\phi} = \cos(\phi + \beta - \alpha)\cos\phi - \sin(\phi + \beta - \alpha)\sin\phi = 0 \tag{8.19}$$

으로부터,

$$\tan(\phi + \beta - \alpha) = \cot\phi = \tan(90° - \phi)$$

$$\phi = 45° + \frac{\alpha}{2} - \frac{\beta}{2} \tag{8.20}$$

이다. 식 (8.20)으로부터 경사각이 감소하거나 공구-칩 접촉면에서의 마찰이 증가할수록 전단각이 감소하고, 따라서 칩은 두꺼워짐을 알 수 있다. α가 작고 β가 크다는 것은 칩이 공구경사면으로 타고 올라가는 데 대한 저항이 커지는 것이므로, 칩이 두꺼워지고 전단각이 작아지는 결과를 예측할 수 있다.

전단각을 추정하는 두 번째 방법은 미끄럼선장 해석법에 근거한 것으로(E.H. Lee와 B.W. Shaffer, 1951), 전단각은 다음 식으로 주어진다.

$$\phi = 45° + \alpha - \beta \tag{8.21}$$

위 식은 식 (8.20)과 유사한 형태로, 두 해석결과의 값이 다를지라도 경향은 같음을 의미한다. 또 다른 연구결과(T. Sata와 M. Mizuno, 1963), 다음과 같은 간단한 추정식이 있다.

$$\alpha > 15°\text{일 경우,}\quad \phi = \alpha \tag{8.22}$$

$$\alpha > 15°\text{일 경우,}\quad \phi = 15° \tag{8.23}$$

이상에서 언급된 연구결과들 외에도, 다양한 가정 하에서 설정된 모형에 근거한 추정식들이 다수 제안되었지만, 대부분의 경우 넓은 범위에서는 실험결과와 잘 맞지 않는다(그림 8.15a 참조). 그 이유는 전단층이 실제로는 얇은 면으로 발생하지 않는 데 주로 기인한다. 그러나 그림 8.15a에서 보듯이, 전단각은 항상 $(\beta - \alpha)$의 증가와 더불어 감소한다. 최근의 보다 포괄적인 해석결과들은 특히 연속형 칩의 경우에 전단각을 정확히 예측한다.

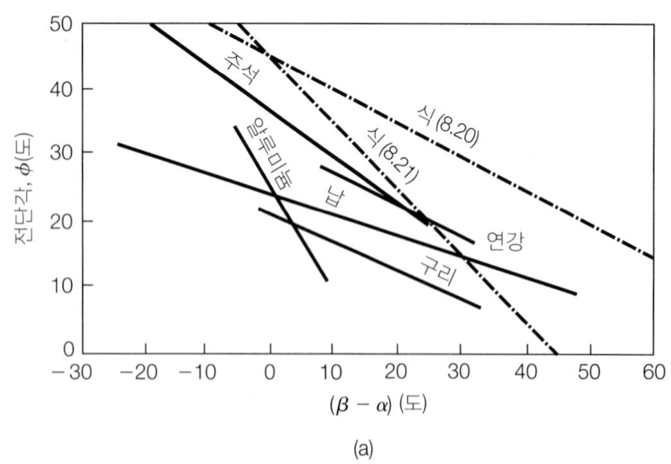

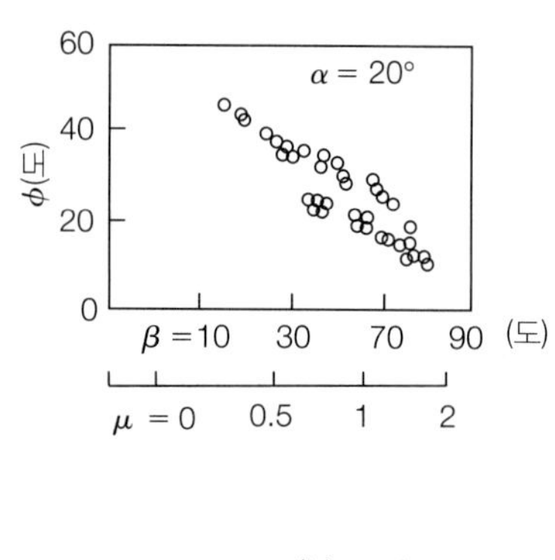

▲ **그림 8.15**

(a) 이론과 실험적으로 구한 전단각 관계식들의 비교, (b) 여러 가지 합금과 절삭속도에 대한 전단각과 마찰각 사이의 관계.

8.2.5 절삭 비에너지

그림 8.11을 참조하면, 절삭 시 입력되는 **총 동력**(total power)은 주분력 F_c와 절삭속도 V의 곱에 해당한다. 즉, 다음과 같다.

$$\text{절삭동력} = F_c V$$

절삭폭이 w인 경우, 단위체적의 소재를 절삭하는 데 소요되는 총 에너지, 즉 **총 비에너지**(specific energy) u_t는 다음과 같이 표현된다.

$$u_t = \frac{F_c V}{w t_o V} = \frac{F_c}{w t_o} \tag{8.24}$$

비에너지 u_t는 단순히 절삭력(주분력)을 절삭단면적으로 나눈 것임을 알 수 있다. 한편, 그림 8.3과 8.11로부터 공구-칩 접촉면에서의 마찰극복에 소요된 동력은 마찰력 F와 칩속도 V_c의 곱이며, **마찰비에너지** u_f는 다음과 같이 표현됨을 알 수 있다.

$$u_f = \frac{F V_c}{w t_o V} = \frac{F r}{w t_o} = \frac{(F_c \sin\alpha + F_t \cos\alpha) r}{w t_o} \tag{8.25}$$

마찬가지로, 전단면에서의 소재전단에 소요된 동력은 전단력 F_s와 전단속도 V_s의 곱이며, **전단비에너지** u_s는 다음과 같다.

$$u_s = \frac{F_s V_s}{w t_o V} \tag{8.26}$$

따라서 **총 비에너지** u_t는 이들 두 비에너지의 합으로 표현된다. 즉, 다음과 같다.

$$u_t = u_f + u_s \tag{8.27}$$

실제로는 위의 두 성분만큼 크지는 않지만, 절삭에 소요되는 에너지가 두 가지 더 있다. (1) 그 중 하나는 절삭에 의해 새로운 표면이 형성될 때 소산되는 **표면에너지**(surface energy)이다. 이 에너지는 마찰에너지나 전단에너지에 비하면 매우 작다. (2) 다른 하나는 소재가 전단면을 통과할 때 야기되는 **운동량 변화**에 소요되는 에너지이다. (이 에너지원은 유체나 기체의 운동량 변화에 의해 터빈날개의 회전력을 얻게 되는 것과 유사하다.) 운동량에너지는 보통의 금속절삭작업에서는 무시될 수 있지만, 고속절삭(예를 들어, 125 m/s 이상)에서는 비중이 커진다.

각종 비에너지의 실험자료가 표 8.2와 8.3에 주어져 있다. 이들 자료로부터, 경사각이 커지면 전단비에너지는 급격히 감소하나 마찰비에너지는 일정하게 유지됨을 알 수 있다. 따라서 u_f/u_t비는 α의 증가와 더불어 상당히 증가한다. 이러한 경향은 u_f/u_t비에 대한 다음 식에서도 예측된다.

표 8.3 각종 절삭작업에 요구되는 비에너지의 근사적인 값

재료	비에너지*(W-s/mm³)	재료	비에너지*(W-s/mm³)
알루미늄합금	0.4~1.1	니켈합금	4.9~6.8
주철	1.6~5.5	내열합금	3.8~9.6
동합금	1.4~3.3	스테인리스강	3.0~5.2
고온합금	3.3~8.5	강	2.7~9.3
마그네슘합금	0.4~0.6	티타늄합금	3.0~4.1

*주: 80%의 효율을 갖는다고 보고 구동모터에서 측정된 값. 무딘 공구의 경우는 1.25를 곱해야 함.

$$\frac{u_f}{u_t} = \frac{FV_c}{F_cV} = \frac{R\sin\beta}{R\cos(\beta-\alpha)}\cdot\frac{Vr}{V} = \frac{\sin\beta}{\cos(\beta-\alpha)}\cdot\frac{\sin\phi}{\cos(\phi-\alpha)} \tag{8.28}$$

α가 크면 β와 ϕ가 모두 증가함이 실험적 관찰을 통해 이미 밝혀졌다. 따라서 식 (8.28)에서 α가 커지면 u_f/u_t비도 증가됨을 알 수 있다. u_f와 u_s가 서로 연관되어 있다는 것은 명확하다. u_f가 절삭작용에 직접 필요하지는 않지만, u_s의 크기에 영향을 준다. 왜냐하면 마찰이 증가할수록 전단각은 감소하며, 전단각의 감소는 u_s의 증가를 가져오기 때문이다.

절삭에 관여하는 각 비에너지들을 구하기 위해 포함된 모든 인자들을 산출한다는 것은 결코 쉬운 일이 아니며, 이론적인 계산을 하는 데도 한계가 있다. 따라서 절삭력이나 절삭에너지를 신빙성 있게 예측하는 것은 아직도 대부분 실험자료(표 8.1, 8.2, 8.3)에 의존하는 실정이다. 표 8.3에 주어진 값들의 범위가 큰 이유는 재료의 종류가 같더라도 강도의 차이가 있고, 절삭작업에 수반되는 각종 변수들이 다르기 때문이다.

예 8.1 절삭에너지의 상대적 비율

t_o = 0.13 mm, V = 122 m/min, α = 10°, 절삭폭 w = 6.35 mm의 조건에서 직교절삭이 이루어지고 있다. 그 결과, 다음과 같은 값들이 측정되었다. 즉, t_c = 0.23 mm, F_c = 56.7 kgf, F_t = 22.7 kgf이다. 총 절삭에너지에 대한 공구-칩 접촉면에서의 마찰 극복에 소산된 에너지의 비율을 구하여라.

풀이 구하고자 하는 비율은 다음과 같이 표현된다.

$$\frac{\text{마찰에너지}}{\text{총 에너지}} = \frac{FV_c}{F_cV} = \frac{Fr}{F_c}$$

여기서

$$r = \frac{t_o}{t_c} = \frac{0.13}{0.23} = 0.565$$

$$F = R \sin \beta$$
$$F_c = R \cos(\beta - \alpha)$$

이고, 따라서

$$R = \sqrt{F_t^2 + F_c^2} = \sqrt{22.7^2 + 56.7^2} = 61.1 \text{ kgf}$$

로부터

$$56.7 = 61.1 \cos(\beta - 10°)$$

$$\beta = 31.9° \text{ 및 } F = 61.1 \sin 31.9° = 32.3 \text{ kgf}$$

이다. 그러므로 마찰에너지의 비율은 다음과 같이 계산된다.

$$\text{비율} = \frac{(32.3)(0.565)}{(56.7)} = 0.32 = 32\%$$

마찬가지 방법으로 계산한 전단에너지의 비율은 68%이다.

예 8.2 성형에너지와 절삭에너지의 비교

직경 1.27 cm, 길이 15.24 cm인 풀림처리된 304 스테인리스강 봉재 두 개가 주어져 있다. 직경을 1.22 cm로 줄이기 위해 (1) 하나는 인장가공하고, (2) 다른 하나는 선삭가공한다. 각 가공에 소요되는 일을 계산하고, 소산된 에너지의 차이를 설명하여라. 단, 선삭은 1회에 완료된다고 가정한다.

풀이

(1) 인장에 소요되는 일은 다음과 같다(2.12절 참조).

$$W_{\text{인장}} = (u)(\text{체적})$$

여기서

$$u = \int_0^{\epsilon_1} \sigma \, d\epsilon$$

이며, 진변형률 ϵ_1은 다음과 같이 구해진다.

$$\epsilon_1 = \ln\left(\frac{1.27}{1.22}\right)^2 = 0.08$$

표 2.3에서 재료의 물성치 K와 n은 다음과 같다.

$$K = 1275\ \text{MPa}, \quad n = 0.45$$

따라서 $$u = \frac{K\epsilon_1^{n+1}}{n+1} = \frac{(1275)(0.08)^{1.45}}{1.45} = 22.57\ \text{MPa}$$

$$W_{\text{인장}} = (22.57\ \text{N/mm}^2)(\pi)\left(\frac{12.7\ \text{mm}}{2}\right)^2(152.4\ \text{mm}) = 435.7\ \text{J}$$

(2) 표 8.3으로부터 스테인리스강의 절삭 시 필요한 비에너지를 평균값으로 구하면 4 W-s/mm³ 정도이다. 한편, 절삭되는 총 체적은 다음과 같다.

$$\text{체적} = \frac{\pi}{4}[(1.27)^2 - (1.22)^2](15.24) = 1.49\ \text{cm}^3 = 1.49 \times 10^3\ \text{mm}^3$$

따라서 선삭에 소요되는 일은 다음과 같다.

$$W_{\text{절삭}} = (4\ \text{J/mm}^3)(1.49 \times 10^3\ \text{mm}^3) = 5960\ \text{J}$$

위의 계산을 통해 절삭일은 인장일의 약 14배가 됨을 알 수 있다. 소요에너지에 큰 차이가 나는 이유는 인장가공에서 소재가 받는 변형률이 선삭가공에 비해 훨씬 작으며, 또한 마찰을 수반하지 않기 때문이다. 절삭가공 시에는 항상 마찰손실이 있으며, 체적이 아무리 작더라도 절삭되는 소재는 인장 시보다 훨씬 큰 변형을 받는다. 표 8.1 및 8.2로부터 절삭 시의 평균전단변형률을 약 3으로 보면, 이는 유효변형률 1.7에 해당한다(식 (2.58) 참조). 따라서 절삭 시 소재가 받는 변형률은 인장 시의 1.7/0.08 = 약 21배라고 볼 수 있다.

이러한 차이가 절삭가공이 인장가공보다 훨씬 더 많은 에너지를 소모하는 이유를 설명한다. 그러나 절삭깊이가 동일하다고 가정하면, 봉재의 직경이 감소함에 따라 두 에너지 사이의 차이는 점점 작아진다.

8.2.6 절삭온도

모든 금속가공작업에서처럼, 절삭작업에 소모된 에너지는 대부분 열로 변환되며, 궁극적으로 절삭 부위의 온도를 상승시킨다. 절삭 시 온도상승에 관한 지식이 중요한 이유는 다음과 같다.

(1) 온도상승은 절삭공구의 강도, 경도 및 내마모성에 악영향을 끼친다.
(2) 온도상승에 의해 가공품치수가 변하므로 치수정확도를 유지하기 어렵다.
(3) 온도상승은 가공품 표면에 열손상을 입혀서 표면성질이나 사용수명의 저하를 초래할

수 있다.

(4) 공작기계 자체도 열구배에 놓이므로 기계의 변형으로 인해 치수관리에 나쁜 영향을 준다.

열의 주발생원은 주전단부와 공구-칩 접촉면으로 전단면에서 전단변형에 소모된 일과 공구경사면에서 마찰극복에 소모된 일이 열로 변환된다. 또한 공구가 마멸되어 무디어진 경우에는 공구 끝단이 가공면을 문지르는 작용에 의해서도 열이 발생한다.

■ **절삭온도에 영향을 주는 변수** 실험자료를 활용하고 열전달과 차원해석법을 근거로 하여 절삭온도에 관한 다양한 연구들이 수행되었다. 절삭 부위의 실제 온도분포는 그림 8.16에서처럼 그 구배가 상당히 크지만, 이차원절삭에 대한 간단한 근사식으로 **평균온도**를 다음과 같이 구할 수 있다.

$$T = \frac{1.2Y_f}{\rho c}\sqrt[3]{\frac{Vt_o}{K}} \tag{8.29}$$

여기서 T는 공구-칩 접촉면에서의 **평균온도**[K], Y_f는 재료의 **유동응력**[kPa], V는 **절삭속도**[m/s], t_o는 **절삭깊이**[cm], ρc는 공작물의 **단위체적당 열용량**[cm-kg/cm^3-K], 그리고 K는 공작물의 **열확산율**[cm^2/s]이다. 열확산율은 단위체적당 열용량에 대한 열전도도의 비이다. 식 (8.29)에 포함된 일부 변수는 온도에 따라 값의 차이가 크므로 예상 온도범위를 잘 설정하여 적절한 값을 사용하는 것이 중요하다. 식 (8.29)에 사용된 재료상수는 모두 공작물재료(8.6절 참조)에 대한 것으로, 공구재료의 열적 성질이 절삭온도에 미치는 영향은 상대적으로 중요하지 않다.

전단면에서의 온도상승은 전단비에너지 u_s 및 재료의 비열 c의 함수이다. 식 (2.65)에

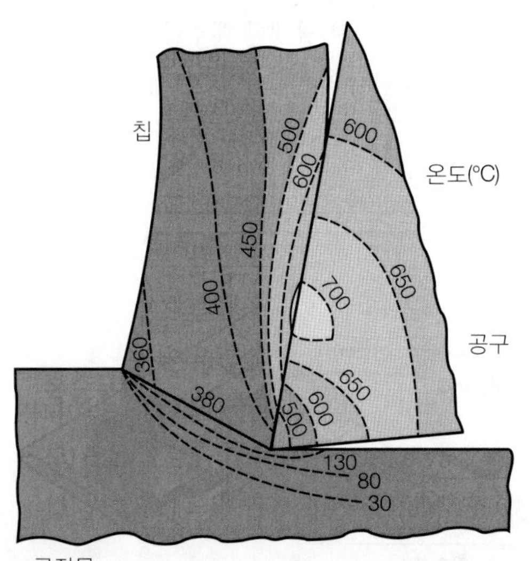

▶ **그림 8.16**
절삭 부위에서의 대표적인 온도분포.

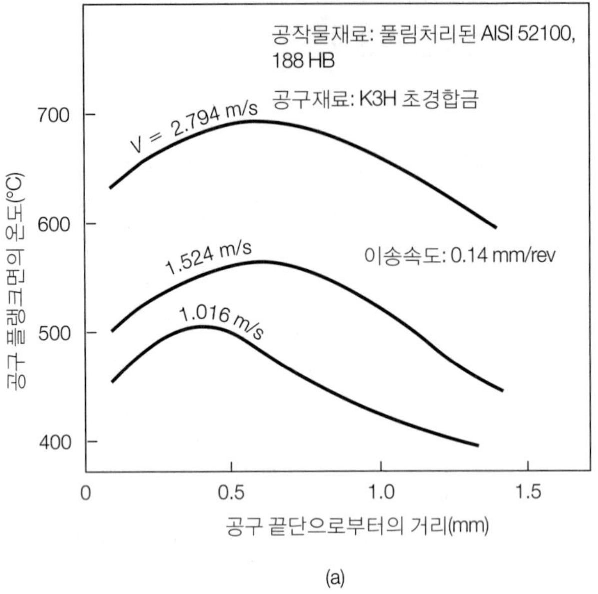

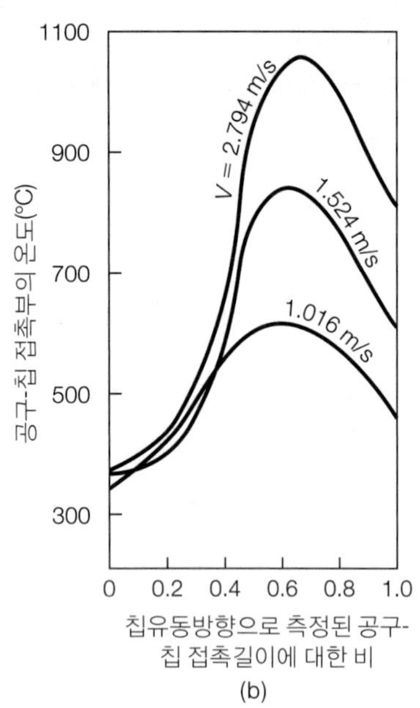

▲ **그림 8.17**

선삭작업 시 온도분포: (a) 공구 플랭크면의 온도, (b) 공구-칩 접촉부의 온도.

서 알 수 있듯이, 강도가 높고 비열이 낮은 재료를 절삭할 때의 온도상승폭이 가장 크다. 한편, 공구-칩 접촉면에서의 온도상승은 물론 마찰계수의 함수이다. 또한 플랭크마멸(8.3절 및 그림 8.20a 참조)이 생기면 공구를 가공면에 문지르게 되어 또 다른 열원이 된다.

그림 8.17은 선삭작업에서 절삭부의 온도를 측정한 실험결과이다. 그림에서 알 수 있듯이, (1) 최고온도점은 공구 끝단에서 조금 떨어진 지점이며, (2) 최고온도는 절삭속도의 증가와 더불어 상승한다. 절삭속도가 빠를수록 열이 소산될 시간이 짧기 때문에 온도상승폭도 그만큼 커진다. 칩은 열방출의 좋은 매체이며, 절삭 시 발생한 대부분의 열이 칩을 통해 방출된다. (칩의 이러한 작용은 금속표면층이 용융되면서 열이 방출되는 융제(ablation) 현상과 유사하다.) 그림 8.18에서 보듯이, 절삭속도가 빠를수록 공구나 공작물로 전달되는 열에 비해 칩으로 방출되는 열의 비율이 더욱 커진다.

식 (8.29)에 의하면, 평균온도는 공작물재료의 강도에 비례하여 증가한다(에너지가 많

▶ **그림 8.18**

절삭속도에 대한 에너지분포의 변화.

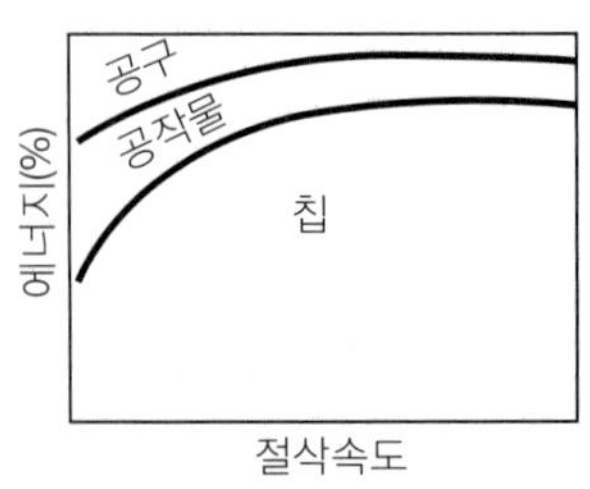

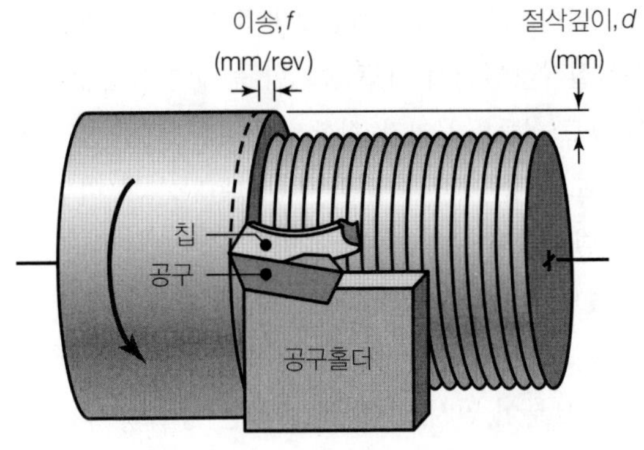

▶ **그림 8.19**

선삭작업에서의 용어. 선삭의 이송은 직교 절삭의 절삭깊이, 선삭의 절삭깊이는 직교 절삭의 절삭폭에 해당한다(그림 8.2 및 8.42 참조).

이 소요). 절삭깊이도 평균온도를 높이지만(칩두께에 대한 표면적의 비가 큰 얇은 칩이 두꺼운 칩보다 빨리 냉각), 절삭깊이가 공구 끝단반경의 두 배 이상이면 그 영향이 무시될 수 있다(그림 8.28 참조).

선삭작업 시의 평균온도 예측에는 식 (8.29)를 근거로 한 다음과 같은 근사식이 이용된다.

$$T \propto V^a f^b \tag{8.30}$$

여기서 a와 b는 상수, V는 절삭속도이며, f는 공구의 이송량으로 공작물 1회전당 공구가 움직인 거리를 나타낸다(그림 8.19 참조). 상수 a와 b의 대략적인 값은 다음과 같다.

공구재료	a	b
초경합금	0.2	0.125
고속도강	0.5	0.375

■ **절삭온도 측정법** 절삭 부위의 온도를 측정하는 한 가지 방법은 (1) **열전대**(thermocouple)를 공구나 공작물의 측정하고자 하는 위치에 심어서 그 지점의 온도를 측정하는 방법으로, 열전대를 심는 작업이 힘들지만 비교적 정확한 측정법으로 널리 사용되어 왔다. (2) 보다 쉬운 방법으로는 공구-칩 자체를 한 쌍의 열전대로 취급하여 이들 사이의 **기전력**(thermal emf)을 측정함으로써 공구-칩 접촉면에서의 평균온도를 구할 수 있다. (3) 복사온도계(radiation pyrometer)를 이용하여 절삭 부위에서 복사되는 적외선을 측정하는 방법도 사용된다. 그러나 이 방법은 단지 표면온도만을 측정할 수 있으며, 측정결과의 정확성도 표면의 방사도(emissivity)에 따라서 달라진다.

8.3 공구마멸과 파손

지금까지의 논의를 통해, 절삭공구는 고응력, 고온, 그리고 미끄럼마찰 상태에 있음을 밝

혔으며, 이들 조건은 모두 공구마멸을 유발한다(4.4.2절 참조). 공구마멸은 가공면의 품질이나 경제적인 절삭작업에 영향을 주므로 절삭작업에서 가장 중요한 문제이다. **공구마멸**에는 광범위한 인자들, 즉 공구와 공작물 재료(이들의 물리적, 화학적, 기계적 성질), 공구형상, 절삭유(사용하는 경우), 공정변수(절삭속도, 이송, 절삭깊이) 등이 관련된다. 공구마멸의 형태는 이들 변수의 상대적인 역할에 따라 결정된다.

공구마멸의 양상을 그림 8.20에 나타내었으며, 마멸이 발생하는 위치나 형상에 따라 **플랭크마멸, 크레이터마멸, 노즈마멸, 치핑**으로 구분한다. 마멸은 점진적인 과정으로 이루어지는 것이 일반적이나, 치핑과 같이 공구의 일부분이 일시에 떨어져나가는 경우도 생긴다. 정도가 심한 치핑을 **치명적 손상**(catastrophic failure)이라고 한다. 아울러 공구는 절삭력에 의해 어느 정도 **소성변형**될 수 있으며, 이는 특히 고온에서 강도가 떨어지는 공구의 경우에 두드러진다. 이들 마멸이나 파단작용에 의해 공구윤곽선이 바뀌며, 이 변화는 결국 절삭작업 전반에 영향을 준다.

▶ 그림 8.20

공구마멸의 각종 형태: (a) 선삭작업 시 공구마멸 형상. VB는 평균플랭크마멸을 나타냄. (b) 플랭크마멸, (c) 크레이터마멸, (d) 열균열, (e) 플랭크마멸과 구성인선.

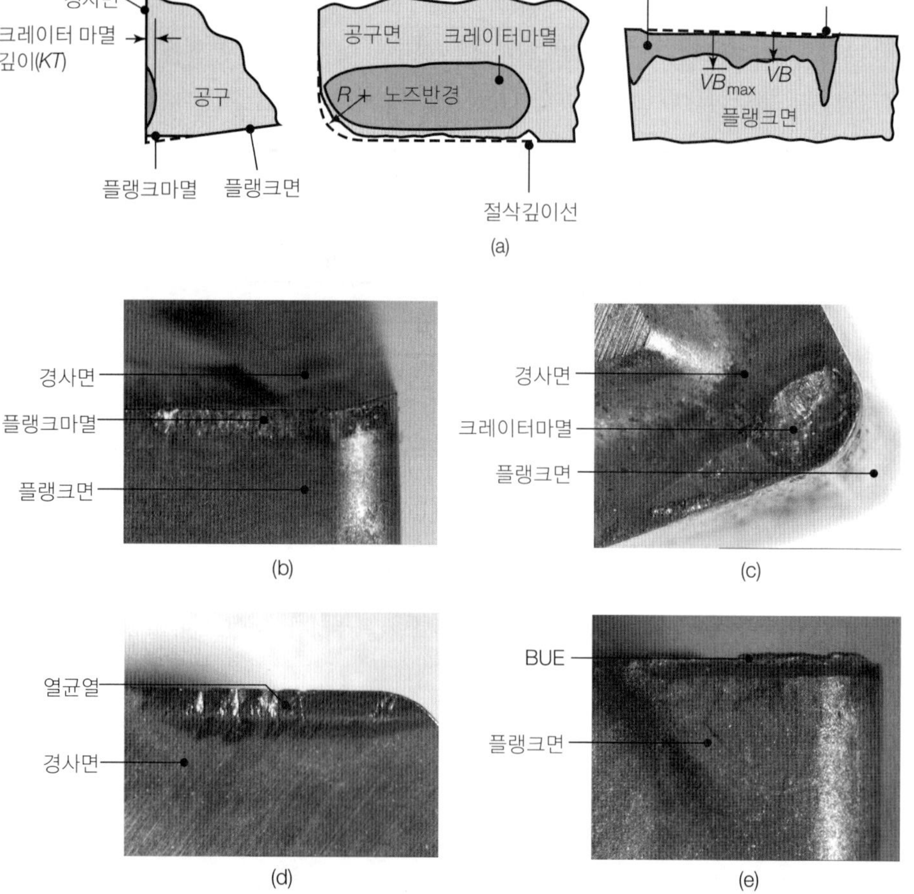

8.3.1 플랭크마멸(flank wear)

플랭크마멸의 발생은 다음의 두 가지 요인으로 발생한다.

1. 가공면에서 공구의 미끄럼운동: 공구와 공작물 재료의 조합에 따라 응착마멸이나 연삭마멸, 혹은 두 가지 모두를 유발한다.
2. 온도상승: 공구재료의 성질에 해로운 영향을 준다.

테일러(F.W. Taylor)는 포괄적인 연구의 결과로 1907년에 다음과 같은 공구수명식을 발표하였다.

$$VT^n = C \tag{8.31}$$

여기서 V는 절삭속도, T는 플랭크마멸폭(그림 8.20a에서 VB)이 지정된 값에 도달할 때까지 걸린 시간(단위는 분), n은 공구수명지수, C는 절삭상수이다. n과 C는 공작물과 공구재료의 조합 및 절삭조건에 따라 결정되는 상수들이다. 식 (8.31)은 테일러에 의해 제안된 많은 공구수명식 중에서 절삭변수의 형태가 가장 간단한 식이다.

■ **공구수명곡선**(tool-life curve) **공구수명곡선**은 절삭실험을 통해 얻은 결과를 그림 8.21과 같이 그래프에 나타낸 것이다. 그림으로부터, (1) 절삭속도가 증가함에 따라 공구수명은 급격히 감소하고, (2) 공작물재료의 상태가 공구수명에 큰 영향을 주며, (3) 공작물의 미세조직이 공구수명에 큰 영향을 주고 있음을 알 수 있다. 열처리는 공작물의 경도를 높이기 때문에, 공구수명에서 중요하게 취급된다. 예를 들면, 페라이트조직의 경도는 약

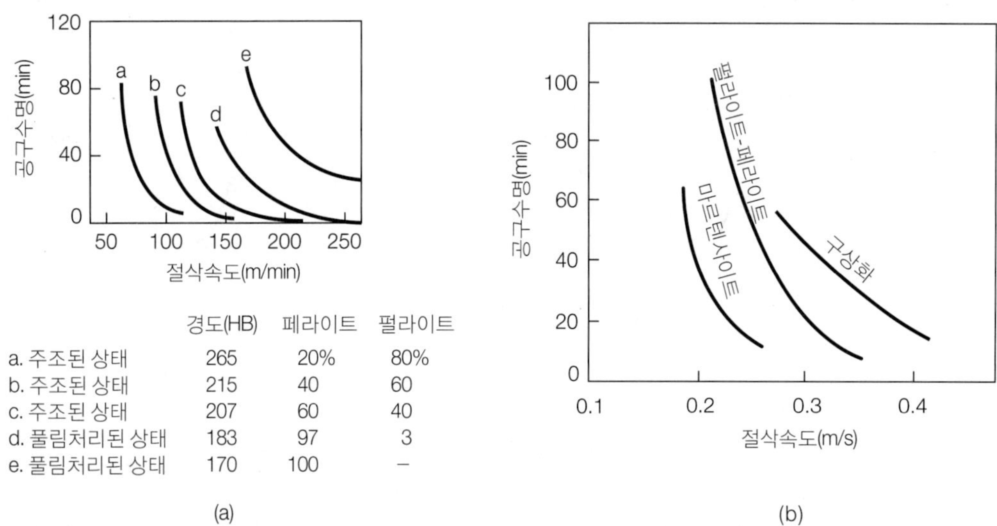

▲ **그림 8.21**

선삭작업 시 공작물의 미세조직이 공구수명에 미치는 영향: (a) 연성 주철의 경우, (b) 동일한 경도값을 갖는 각종 강의 경우.

표 8.4 각종 절삭공구들에 대한 n 값의 범위

고속도강	0.08~0.2	초경합금	0.2~0.5
주조합금	0.1~0.15	세라믹	0.5~0.7

100 HB, 펄라이트조직의 경도는 약 200 HB, 마르텐사이트조직의 경도는 300~500 HB이다(5.11절 참조). 소재에 포함된 불순물이나 경도가 높은 성분 역시, 이들의 연삭마멸작용 때문에 공구수명이 감소되므로 중요한 고려대상이다.

공구수명곡선을 그림 8.22a와 같이 전대수(log-log)그래프에 그리면 공구수명지수 n을 쉽게 구할 수 있다. 실험적으로 구한 n 값의 범위를 표 8.4에 나타내었다. 공구수명곡선은 전대수그래프 상에서 직선으로 나타나는 것이 보통이지만, 보다 넓은 속도영역에서는 직선의 형태를 벗어난다. 심지어 낮은 속도영역에서는 공구수명지수 n이 음의 값을 가질 수도 있다. 즉, 실제의 공구수명곡선은 최대값에 도달한 후 다시 감소한다. 따라서 절삭속도 적용범위 밖에서 공구수명식을 사용할 때는 특별한 주의가 요구된다.

온도는 소재의 물리적, 기계적 성질에 큰 영향을 주므로, 절삭온도가 공구수명에 중대한 영향을 끼침이 쉽게 예상된다. 실제로, 절삭온도가 플랭크마멸과 직접적인 관계가 있음이 실험적 관찰을 통해 확인된다(그림 8.22b 참조). 공구수명에 영향을 주는 가장 중요한 공정변수는 물론 절삭속도이지만, 절삭깊이나 이송속도 또한 중요하다. 이러한 측면에서, 식 (8.31)을 다음과 같이 수정하여 사용할 수 있다.

$$VT^n d^x f^y = C \tag{8.32}$$

여기서 d와 f는 각각 절삭깊이와 이송속도(선삭의 경우, mm/rev)이다. 지수 x와 y 역시, 지

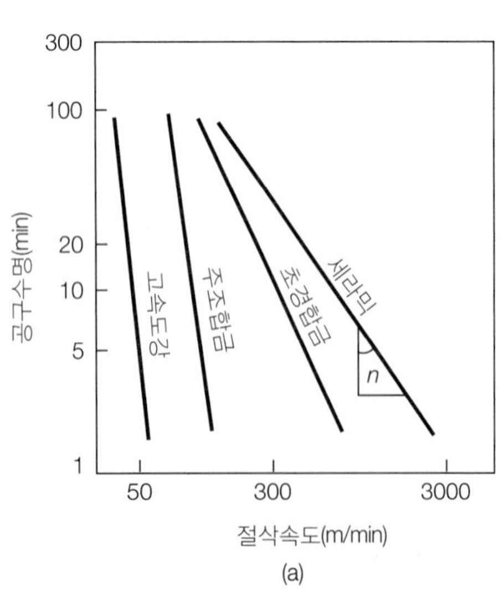

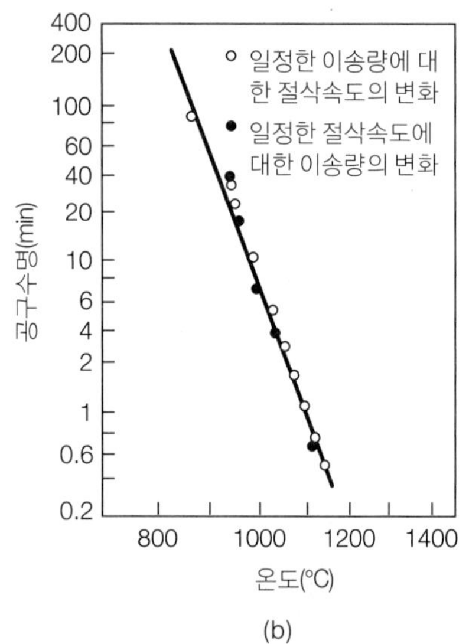

▶ **그림 8.22** (a) 여러 가지 절삭공구 재료들의 공구수명곡선, (b) 절삭온도와 공구수명(플랭크마멸) 사이의 관계. (공작물재료: 내열합금, 공구재료: 초경합금, 공구수명기준: 0.6 mm 플랭크마멸.)

수 n과 마찬가지로 해당 절삭조건에 대한 실험을 통해 구해진다. 실제로 사용되는 대표적인 값의 예를 들면, $n = 0.15$, $x = 0.15$, $y = 0.6$으로, 이로부터 공구수명에 있어서 각 공정변수의 중요성은 절삭속도, 이송속도, 절삭깊이의 순서임을 알 수 있다.

식 (8.32)는 다음과 같이 표현될 수도 있다.

$$T = C^{1/n}V^{-1/n}d^{-x/n}f^{-y/n} \tag{8.33}$$

대표적인 값을 대입하면,

$$T \simeq C^{7}V^{-7}d^{-1}f^{-4} \tag{8.34}$$

식 (8.34)로부터, 공구수명을 일정하게 유지한다는 조건에서 다음 사항들을 유추할 수 있다.

1. 이송속도나 절삭깊이가 증가하면 절삭속도는 감소시켜야 한다. 또한 그 역도 성립되어야 한다.
2. 절삭속도를 감소시키면 이송속도나 절삭깊이를 증가시킬 수 있으므로, 지수값의 크기에 따라 절삭량은 오히려 증가될 수 있다.

■ **허용마멸폭**(VB, allowable wear land) 다소 임의적이기는 하지만, 각 절삭작업에 대한 허용마멸폭을 표 8.5에 나타내었다. 물론 치수정확도나 표면정도의 향상을 위해서는 허용마멸폭을 보다 작게 취할 수도 있다. 고속도강 공구의 추천절삭속도는 일반적으로 공구수명 60~120분에 해당하는 속도이며, 초경공구의 경우에는 30~60분에 해당하는 속도이다 (표 8.9 참조).

■ **최적절삭속도**(optimun cutting speed) 앞에서 절삭속도가 증가하면 공구수명은 급격히 감소한다고 하였다. 반면에, 저속으로 절삭하면 공구수명은 길어지지만, 단위시간당 절삭량은 감소한다. 따라서 생산성이 높으면서 공구비용을 최소로 하는 **최적의 절삭속도**가 존재한다.

그림 8.21a의 공구수명곡선을 분석함으로써 공구재연마나 공구교체기에 도달하기까지의 절삭량과 절삭속도 사이의 관계를 규명할 수 있다. 예를 들어, 그림 8.21a의 "a" 곡

표 8.5 각종 절삭작업 시 절삭공구의 허용마멸폭(VB)

절삭작업	허용마멸폭(mm)	
	고속도강	초경합금
선삭	1.5	0.4
정면밀링	1.5	0.4
엔드밀링	0.3	0.3
드릴링	0.4	0.4
리밍	0.15	0.15

선, 즉 경도 265 HB인 주철재료를 절삭한다고 가정하자. 만약 절삭속도가 1 m/s라면, 공구수명은 약 40분이므로 공구재연마나 공구교체기에 도달하기까지 공구가 움직인 총 거리는 (1 m/s)(60 s/min)(40 min) = 2400 m이다. 한편, 절삭속도가 2 m/s라면 공구수명은 약 5분이므로, 공구가 움직인 총 거리는 (2)(60)(5) = 600 m이다. 절삭량은 공구가 움직인 거리에 직접 비례하므로, 절삭속도를 줄임으로써 공구교환 시까지 더 많은 소재를 절삭할 수 있음을 알 수 있다. 그러나 절삭속도가 감소하면 가공시간은 그만큼 더 길어져서 생산성과 경제성이 떨어진다(8.15절에서 별도 설명).

예 8.3 절삭속도의 감소를 통한 공구수명의 증가

공구수명에 관한 테일러의 식 (8.31)에서 $n = 0.5$, $C = 400$인 경우, 절삭속도를 50% 감소시킬 때 공구수명의 증가율을 계산하여라.

풀이 $n = 0.5$이므로, 테일러식을 $V\sqrt{T} = 400$으로 쓸 수 있다. V_1을 처음 속도, V_2를 감소된 속도라 하면, $V_2 = 0.5V_1$이 된다. C가 상수이므로 두 속도 간의 관계를 이용하여,

$$0.5V_1\sqrt{T_2} = V_1\sqrt{T_1}$$

위 식을 정리하면,

$$\frac{T_2}{T_1} = \frac{1}{0.25} = 4.0$$

이 된다. 이로부터 공구수명의 증가효과는

$$\frac{T_2 - T_1}{T_1} = \left(\frac{T_2}{T_1}\right) - 1 = 4 - 1 = 3$$

즉, 300% 증가함을 알 수 있다. 절삭속도를 감소시키면, 공구수명은 비약적으로 증가하며, 이때 상수 C의 값은 무관함을 알 수 있다.

8.3.2 크레이터마멸(crater wear)

크레이터마멸을 촉진시키는 가장 중요한 인자는 공구경사면에서의 온도와 공구-공작물 재료 사이의 화학적 친화성이다. 아울러 플랭크마멸에 영향을 주는 인자들 역시 크레이터마멸에 영향을 준다. 공구경사면이 비교적 고속의 미끄럼마찰상태뿐만 아니라 높은 응력과 고온상태에 있음은 이미 앞에서 지적되었다. 그림 8.17b에서 공구경사면의 최고온도가 거의 900°C에 도달함을 볼 수 있다. 크레이터마멸의 최대깊이 지점이 공구-칩 접촉면에서

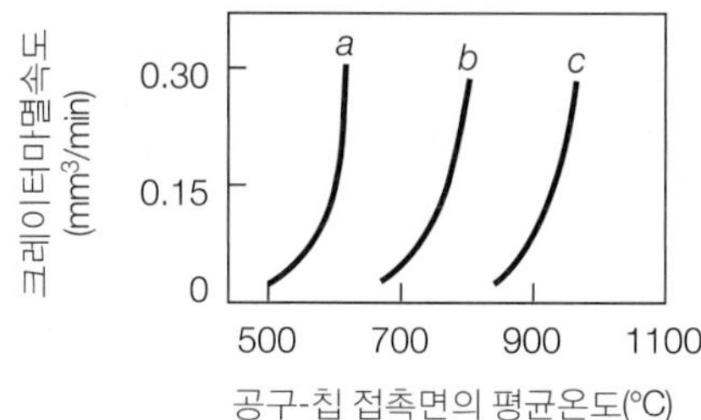

▶ **그림 8.23**

선삭작업 시 크레이터마멸속도와 공구-칩 접촉면의 평균온도 사이의 관계: (a) 고속도강, (b) C1 초경합금, (c) C5 초경합금. 크레이터마멸은 좁은 온도범위에서 급격히 증가한다.

의 최고온도 지점과 거의 일치한다는 것은 흥미로운 사실이다.

그림 8.23은 공구-칩 접촉면온도와 크레이터마멸속도 사이에 직접적인 관계가 존재함을 실험적으로 보이는데, 접촉면온도가 어떤 범위 이상이면, 크레이터마멸이 급속히 증대함을 알 수 있다. 그림 8.24는 강의 고속절삭에서 공구-칩 접촉부의 실제단면 사진으로, 공구가 고온에 노출되어 변색된 부분과 크레이터마멸 윤곽선이 거의 유사함을 확인할 수 있다. 또한 이 변색 형태가 그림 8.16의 온도분포양상과도 매우 잘 일치함을 알 수 있다.

절삭온도가 크레이터마멸에 미치는 영향은 **확산기구**(diffusion mechanism, 공구-칩 접촉면을 통해 원자가 이동되는 현상)로 설명된다. 확산 현상은 공구와 공작물의 재료조합, 온도, 압력, 시간의 영향을 받으며, 이들 값이 증가하면 확산속도도 증가한다. 확산으로 유도되는 크레이터마멸의 예로서, 다이아몬드 절삭공구로 강을 절삭하는 경우가 있다. 강은 탄소용해도가 높으므로 크레이터마멸이 빠르게 진행되고, 결국 공구의 파단으로 이어진다. 확산에 의한 크레이터마멸은 관련인자들이 억제되지 않는 경우에 심해지고, 연마나 응착 같은 다른 요인에 의해서도 생긴다.

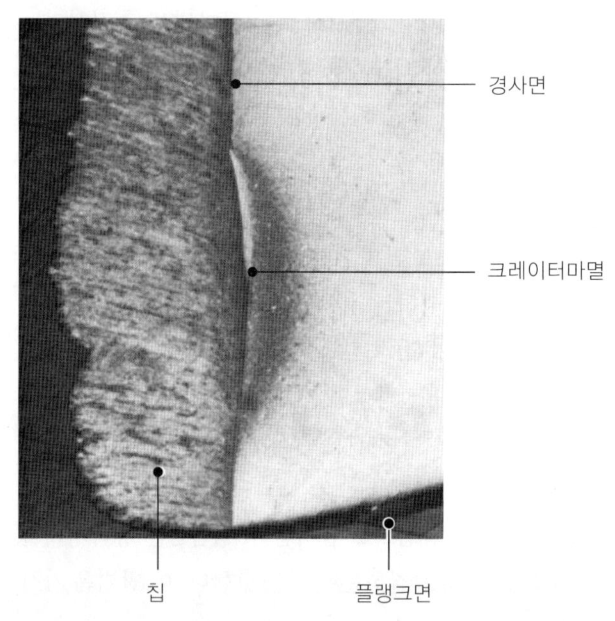

▶ **그림 8.24**

AISI 1004 강의 절삭 시 관찰된 크레이터마멸 사진(절삭속도: 3 m/s). 접촉면에 대한 좌측은 칩이고 우측은 공구경사면임. 공구의 변색된 부분은 고온에 노출되었음을 나타내며, 크레이터마멸양상과 일치하고 있다.

8.3.3 치핑(chipping)

치핑이란 절삭날의 일부가 깨져나가는 현상을 나타내는 용어이다. 깨져 나온 조각이 매우 작을 경우(미소치핑)와 비교적 클 경우(gross chipping 혹은 파괴)가 있다. 점진적으로 이루어지는 마멸거동과는 달리, 치핑은 공구재료의 급작스런 손실을 가져온다. 치핑이 발생하는 두 가지 주된 원인은 **기계적 충격**과 **열피로 현상**이다(둘 다 밀링작업 같은 단속절삭에 의한 충격으로 발생).

기계적 충격에 의한 치핑은 공구에 이미 존재하는 미소균열이나 결함 부위에서 발생한다. 공구경사각이 크면 공구각(공구 끝단의 내측각)은 상대적으로 작아지므로 치핑이 발생하기 쉽다(예리한 연필 끝이 잘 부서지는 것과 유사). 또한 크레이터마멸 부위가 공구 끝단 쪽으로 점차 확장되면 공구 끝단이 취약해지므로, 크레이터마멸의 성장도 치핑의 발생원인이 된다. 열균열은 절삭날에 수직한 방향으로 발생하는데(그림 8.20d 참조), 단속절삭작업 시 절삭공구의 열피로 현상으로 생긴다. 따라서 내충격성이나 열적 성질이 좋은 공구재료를 선정함으로써 치핑을 줄일 수 있다.

8.3.4 공구마멸에 관한 일반적 고찰

공구마멸은 앞에서 설명한 마멸 및 치핑기구들 이외의 다른 현상으로도 발생한다(그림 8.20 참조). 절삭공구에 생긴 **마멸홈**이나 **노치형상**의 마멸은 칩이 폭방향으로 공구와 접촉하는 좁은 경계영역인 **절삭깊이선**(DOC, depth-of-cut line)에서 발생한다. 절삭작업의 속성인 여러 변동요인으로 인해 이 접촉경계선은 조금씩 요동하면서 마멸이 촉진된다. 더구나 이 부위는 항상 바로 직전에 절삭된 가공면과 미끄럼접촉상태에 있고(그림 8.19 참조), 가공면은 얇은 가공경화층을 가지므로 공구에 마멸홈이 생긴다.

공작물표면의 불순물과 산화층은 경하고 연마성이 있으므로 공구마멸을 촉진시키는 요인이 된다. 이 경우에는 절삭깊이 d(그림 8.19 참조)를 산화층이나 가공경화층 두께보다 크게 잡아야 한다. 바꾸어 말하면, 녹슨 공작물의 경절삭은 가능하면 피하는 것이 좋다.

8.3.5 공구상태의 관찰

광범위하게 사용되는 컴퓨터제어 공작기계와 고도로 자동화된 가공작업들로 인해, 절삭공구는 보다 신뢰성 있고 반복가능한 성능을 유지하는 것이 중요한 관건이다. 현대식 공작기계는, 일단 적절하게 프로그램되면 작업자가 직접 감독할 필요가 거의 없다. 따라서 절삭공구가 손상되면 가공되는 품질뿐만 아니라 전반적인 기계가공작업의 효율과 경제성에 심각한 악영향을 준다. 그러므로 마모, 치핑, 파손 같은 절삭공구의 상태를 지속적이고 간접적으로 감시하는 것이 필수적이다.

공구상태는 크게 직접법과 간접법의 두 가지 방법으로 감시한다. **직접법**은 광학기기를 사용하여 주기적으로 공구윤곽선의 변화를 직접 관찰하는 방법을 말한다. 이 방법은 가장 일반적이고 신뢰성 있는 측정방법으로 주로 **공구현미경**을 사용하여 공구의 마멸정도를 측정한다. 그러나 이 방법은 절삭작업을 중단시켜야 한다는 단점이 있어서 지속적인 관찰이 가능한 **컴퓨터 비전시스템**(14.8.1절 참조)에 대한 연구가 진행되고 있다.

간접법은 힘, 동력, 온도상승폭, 표면정도, 진동 등의 공정변수들과 공구상태 사이의 관계를 규명한 후, 이들 공정변수의 변화로부터 공구의 마멸상태를 간접적으로 측정하는 방법이다. **음향방사법**(acoustic emission)은 공구홀더에 부착한 압전식 변환기(piezoelectric transducer)를 이용하여 절삭 시 발생하는 응력파에 의한 음향방사신호(보통 100 kHz 이상)를 검출한 후, 검출된 신호를 분석하여 공구가 마멸된 정도나 치핑된 정도를 구하는 방법이다(그림 8.25 참조). 정밀한 기계가공작업에서는 소재제거량이 미량이어서 절삭력이 작으므로, 음향방사법이 효과적으로 사용된다.

이와 같은 간접식 공구상태 측정시스템은 공작기계에 원래 설치되었거나, 기존의 기계에 추가로 설치된 **변환기들**로 구성된다. 이들 변환기로 절삭작업에서의 각 방향 **토크**와 **힘**들을 지속적으로 측정하고, 검출된 신호는 증폭시켜 마이크로프로세서가 신호내용을 분석하여 대처할 수 있도록 한다. 측정시스템은 공구파손, 공구마모, 공구손실, 과부하, 공작기계 부품(예: 주축)과의 충돌 등의 상황에서 발생하는 신호를 구분하고, 공구마모의 경우에는 가공부품의 치수정확도가 유지되도록 자동으로 보정하는 기능을 갖추고 있다.

변환기는 (1) 절삭작업에 방해를 주지 않고, (2) 정확하게 반복적으로 신호를 감지하며, (3) 공장환경에서 거칠게 사용해도 성능을 유지하면서, (4) 가격경쟁력이 있도록 설계되어야 한다. 센서의 발전이 지속적으로 이루어지면서(14.8절 참조), 최근에는 각종 기계가공작업에서의 온도측정용으로 **적외선**과 **광섬유** 기술을 사용하고 있다.

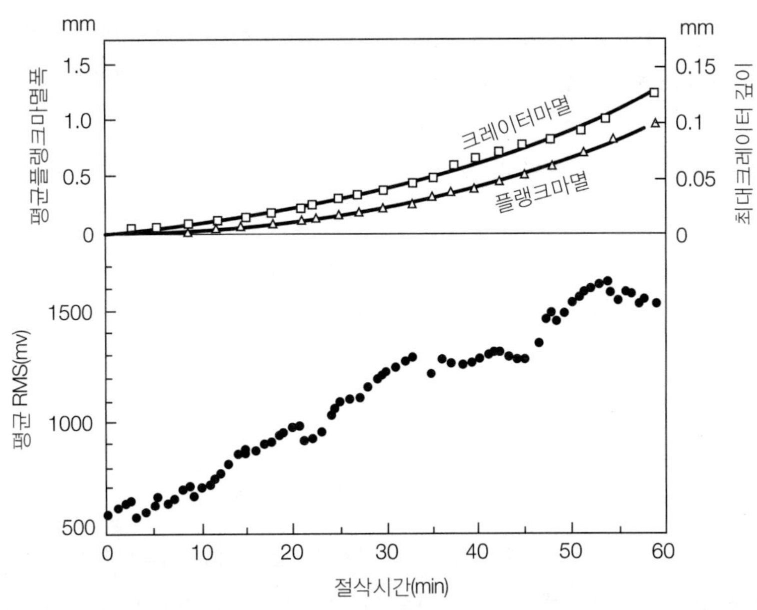

▶ **그림 8.25**
절삭시간에 따른 평균플랭크마멸 및 최대크레이터마멸과 음향방사신호 사이의 관계.

8.4 표면정도와 표면완전성

표면정도(surface finish)는 가공품의 치수정확도뿐만 아니라 가공품의 성질, 특히 피로강도에도 영향을 준다. 표면정도가 가공면의 기하학적 형상을 기술하는 데 반해, **표면완전성**(surface integrity)은 피로수명이나 내부식성처럼 가공면의 형태에 크게 의존하는 성질들을 나타낸다. 표면완전성에 영향을 주는 인자들로는 (1) 절삭온도, (2) 잔류응력, (3) 야금학적 상변태, (4) 표면층의 소성변형, 찢어짐, 균열 등이 있다. 각종 기계가공작업으로 얻을 수 있는 표면거칠기의 범위가 그림 8.26에 주어져 있다.

구성인선은 공구형상에 심각한 변화를 주므로, 모든 인자들 중에서 표면거칠기에 가장 큰 영향을 준다. 그림 8.27은 상이한 두 가지 절삭가공면의 현미경사진으로, 구성인선이 가공면에 심각한 손상을 입힘을 알 수 있다. 세라믹이나 다이아몬드 절삭공구에는 다른 절삭공구보다 구성인선이 잘 생기지 않기 때문에, 우수한 표면정도로 가공할 수 있다.

절삭날이 예리하지 않은 공구(그림 8.20a 참조)는 마치 무딘 칼이나 연필심처럼 끝단반경이 크다. 그림 8.28은 직교절삭에서 공구의 끝단반경과 절삭깊이의 관계를 나타내는데, 절삭깊이가 작으면 상면경사각이 음이 되어 공구가 칩을 제거한다기보다는 공작물표면을 타고 미끄러진다. 이 현상은 예리한 칼로는 버터를 얇게 벗길 수 있으나, 무딘 칼로는 얇은 층을 벗겨내는 대신에 표면이 문질러지는 실험을 해보면 알 수 있다. 절삭깊이에 비해 절삭날 끝단반경이 클수록 공구가 가공면을 문지르는 상태가 심해져서 마찰열과 표면잔류응력을 유발시키며, 궁극적으로는 균열 같은 표면손상의 원인이 된다. 따라서 절삭깊이는 공구의 끝단반경보다 커야 한다.

■ **이송자국**(feed mark) 기계가공작업에서는 공구가 지나간 가공면에 이송자국이 생긴다. 선삭작업에서는 나선형 자국이 생기며, 이송량 f가 크고 공구의 노즈반경 R이 작을수록 이 자국은 뚜렷해진다. 이송자국은 황삭가공에서는 크게 문제가 되지 않지만, 마무리가공에서는 중요한 문제로 대두된다.

선삭작업에서 이송자국, 즉 공구에 의한 표면거칠기 R_t는 다음 식으로 표현된다(그림 8.10a, 8.20a, 8.41c 참조).

$$R_t = \frac{f^2}{8R} \tag{8.35}$$

R이 f보다 매우 작은 경우에는

$$R_t = \frac{f}{\tan \alpha_s + \cot \alpha_e} \tag{8.36}$$

이며, 여기서 α_s와 α_e는 각각 옆날각과 앞날각을 나타낸다(그림 8.41 참조). 정면밀링(그림 8.57 참조)에서는 표면거칠기가 다음 식으로 표현된다.

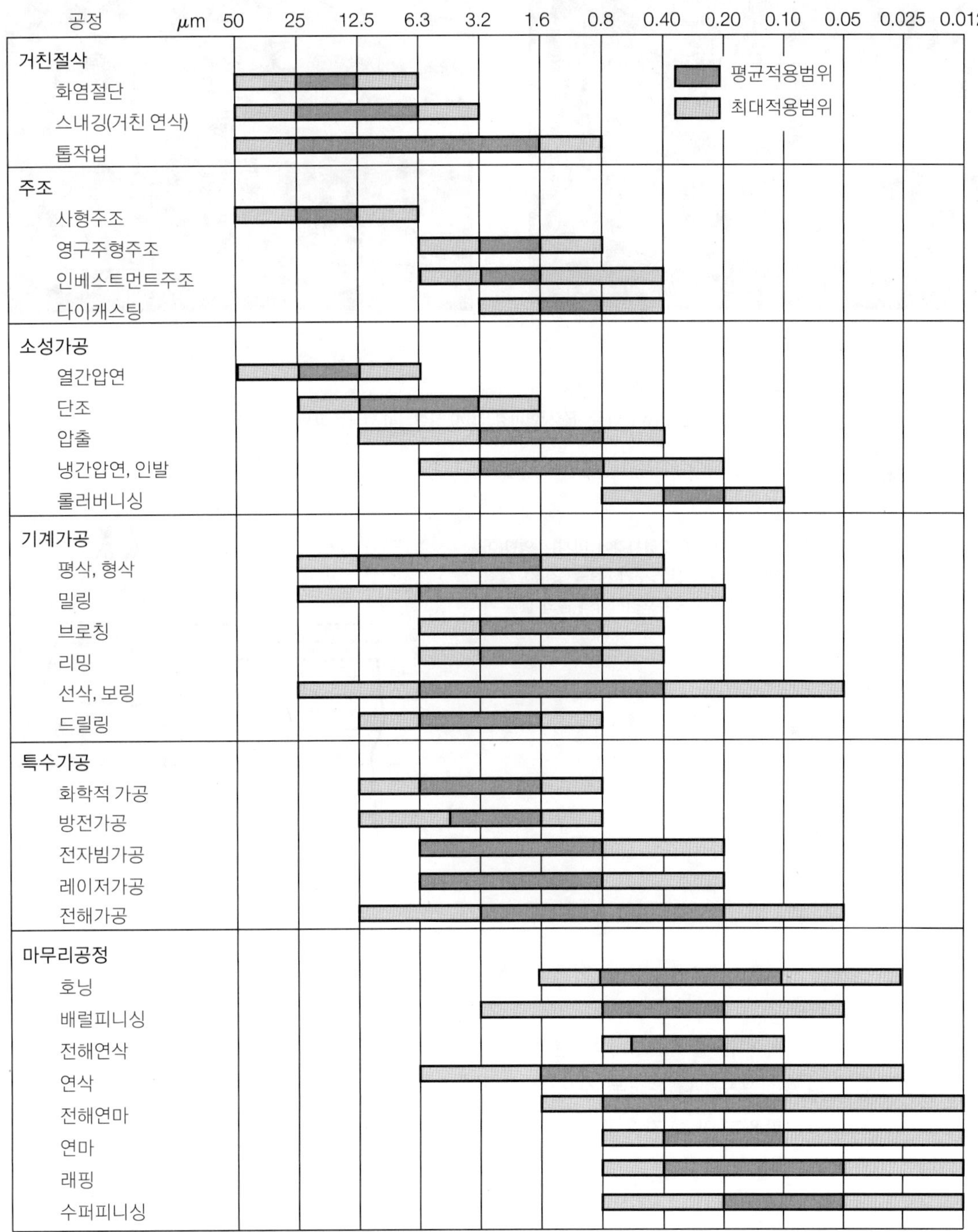

▲ **그림 8.26**

각종 공정에서 얻어지는 표면거칠기의 범위.

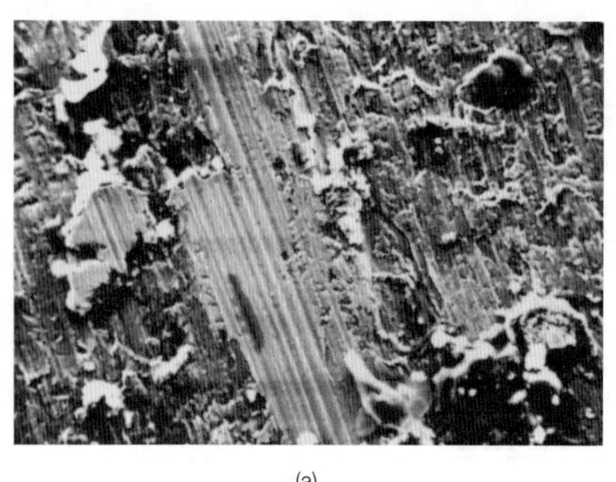
(a)

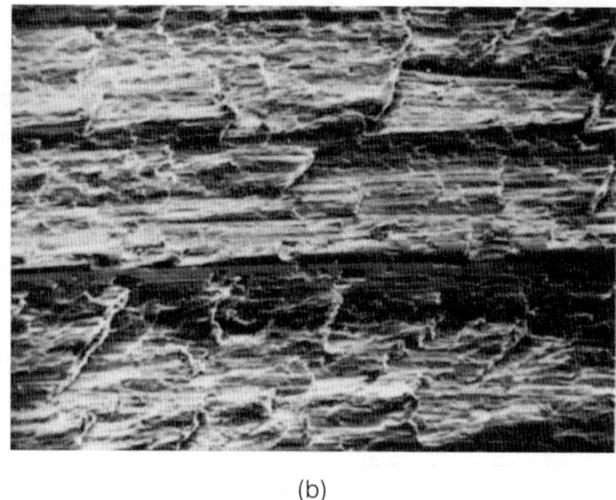
(b)

▲ **그림 8.27**

강의 절삭 시 생성되는 가공면의 주사전자현미경(SEM) 사진: (a) 선삭된 표면, (b) 형삭된 표면.

▶ **그림 8.28**

절삭깊이의 변화가 유효경사각에 미치는 영향(이차원절삭에서 무디어진 공구가 사용된 경우). 절삭깊이가 작은 경우에는 유효경사각이 음의 값을 가진다.

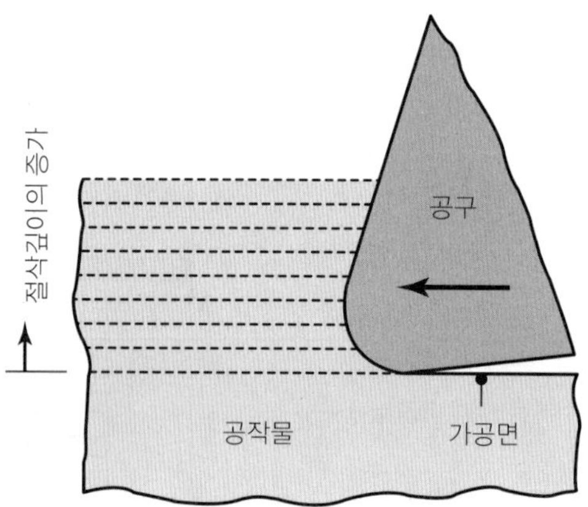

$$R_t = \frac{f^2}{16[D \pm (2fn/\pi)]} \tag{8.37}$$

여기서 D는 공구직경, f는 절삭날당 이송량, n은 절삭날 개수이다. 위 식들은 단지 공구의 형상으로부터 유도된 것으로, 공작물표면의 균열(그림 8.6c 참조), 열변형, 채터(8.12절 및 그림 8.72 참조) 같은 현상들은 감안하지 않은 것이다.

8.5 절삭성

재료의 절삭성(machinability)은 재료끼리 분간은 되지만, 정량적으로 나타내기에는 어려운 재료상수로, 다음과 같은 네 가지 측면에서 정의한다: (1) 가공품의 표면정도 및 표면

완전성, (2) 공구수명, (3) 절삭력의 크기 및 소요동력, (4) 칩 제어. 따라서 어떤 재료의 절삭성이 좋다는 말은 가공품의 표면정도 및 표면완전성이 우수하고, 공구수명이 길며, 절삭력과 절삭동력이 작게 소모되고, 칩 형태가 절삭작업을 방해하지 않고 잘 수거된다는 것을 의미한다.

8.5.1 철강의 절삭성

철강은 가장 중요한 공업재료로, 그 절삭성에 대하여 광범위하게 연구되어왔다. 철강에 납이나 황을 첨가하면 절삭성이 향상되며, 이를 **쾌삭강**(free machining steel)이라고 한다.

■ **연쾌삭강**(leaded steel) 용융된 철강에 납을 첨가하면, 납은 미세입자로 분산된다(그림 5.2a 참조). 절삭작업에서 납 입자는 전단되어 공구-칩 접촉면상을 덮으며, 낮은 전단강도로 인해 고체윤활제 역할을 한다. 이 거동은 연쾌삭강의 절삭 시 칩의 공구쪽 면에 고농도의 납성분이 관찰되는 사실로부터 확인된다. 납은 공구-칩 접촉면에서의 윤활작용 외에 주전단부에서 전단응력을 낮추어 절삭력과 절삭동력을 감소시키는 효과가 있다. 미국철강협회(AISI)의 호칭에서는 10L45와 같이 두 번째와 세 번째 숫자 사이에 문자 L을 넣어서 연쾌삭강과 일반강을 구별한다. (스테인리스강의 호칭에 사용되는 문자 L은 내부식성을 향상시키는 낮은 탄소함유량을 의미하므로 혼동하지 말아야 한다.)

최근에는 납의 독성과 환경문제로 인해 납 대신에 창연(bismuth)이나 주석을 첨가한다(**무연쾌삭강**, lead-free steel). 게다가 고온에서는 연쾌삭강의 절삭성이 떨어지는데, 그 이유는 납이 철강을 취화시키기 때문이다(3.4.2절의 **적열취성** 참조). 참고로, 특정 응력상태나 온도에서는 다른 첨가원소들도 철강이나 알루미늄합금에 '고상금속에 의한 취화 현상'을 일으키는 것으로 관찰된다.

■ **황복합쾌삭강**(resulfurized steel) 및 **인복합쾌삭강**(rephosphorized steel) 철강에 황이 첨가되면 황화망간 개재물이 생겨 주전단부에서의 응력집중원 역할을 한다(그림 8.29의 제2상 입자 참조). 그 결과, 칩은 잘게 부스러지기 쉬워 절삭성이 향상된다. 철강에 인이 첨가

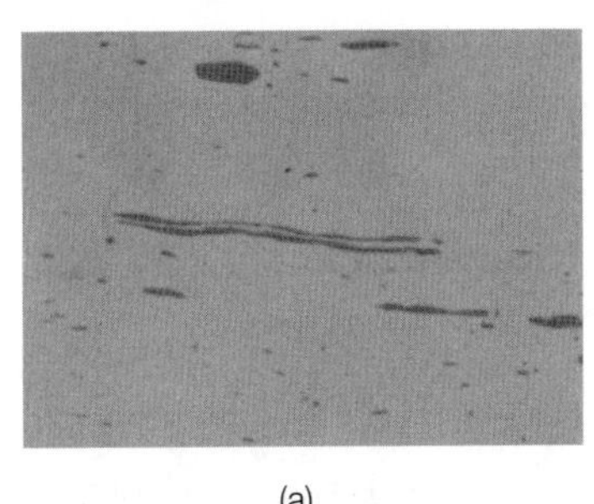
(a)

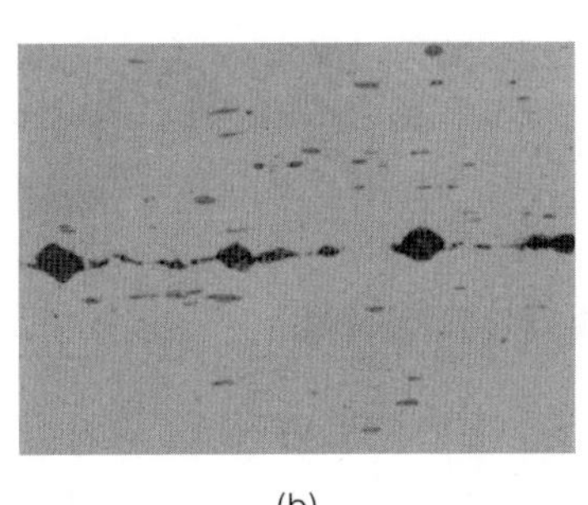
(b)

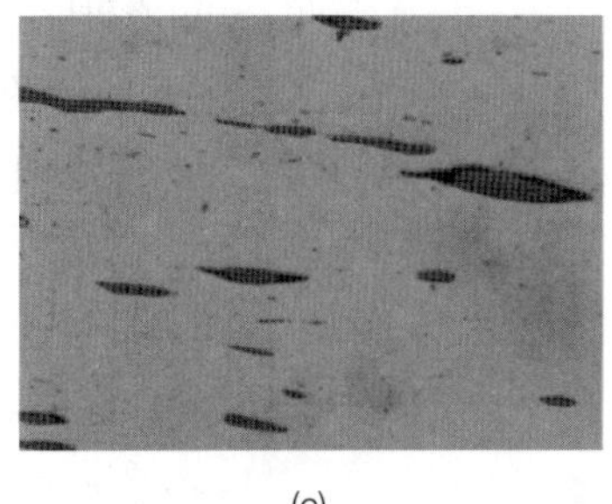
(c)

▲ **그림 8.29**

(a) AISI 1215 강의 황화망간 개재물, (b) AISI 1215 강의 황화망간 개재물과 유리질의 망간규산염 형태의 산화물(검은 부분), AISI 12L14 강의 (c) 황화망간 개재물과 꼬리 형태의 납입자.

된 경우에도 절삭성이 향상되는데, 이 경우에는 인이 페라이트조직을 강화시켜 철강의 경도를 높이고 불연속칩이 생성되도록 한다.

■ **칼슘쾌삭강**(calcium-deoxidized steel) 칼슘쾌삭강에서는 편상의 산화물인 **칼슘 알루미노실리케이트**(calcium aluminosilicate, CaO, SiO_2 및 Al_2O_3)가 형성되어 이차전단부의 강도를 저하시키므로 공구-칩 접촉면에서의 마찰을 줄이는 효과를 주고, 공구마멸 및 절삭온도의 상승도 감소시킨다. 특히 고속절삭 시 문제가 되는 크레이터마멸을 줄이는 데 효과가 있다.

■ **스테인리스강** 오스테나이트계(300 계열)는 일반적으로 절삭하기 힘들다. 채터가 발생하기 쉬우므로 강성과 감쇠능이 큰 공작기계를 사용해야 한다. 반면에, 페라이트계(역시 300 계열)의 절삭성은 양호한 편이다. 마르텐사이트계(400 계열)는 구성인선이 형성되기 쉽고 공구마멸도 심하므로, 고온경도가 높고 크레이터마멸에 강한 공구재료를 사용해야 한다. 석출경화 스테인리스강은 강도와 연마성이 모두 크므로 경하고 연삭마멸에 강한 공구재료를 사용해야 한다.

■ **기타 원소가 철강의 절삭성에 미치는 영향**

(1) 철강에 존재하는 **알루미늄**과 **규소**는 산소와 결합하여 산화알루미늄이나 실리케이트를 형성하므로 항상 해롭다. 이들 화합물은 경하여 공구마멸을 촉진시키며 절삭성을 저하시킨다.
(2) **탄소**와 **망간**은 함유량에 따라 철강의 절삭성에 다양한 효과를 준다. 우선, 탄소함유량이 증가하면 절삭성은 일반적으로 저하된다. 일반 저탄소강(탄소함유량 0.15% 이하)의 경우에는 구성인선이 발생하여 표면정도가 불량해진다. 철강의 성질을 향상시키는 첨가원소인 니켈, 크롬, 몰리브덴, 바나듐은 일반적으로 절삭성을 저하시킨다.
(3) 주강의 절삭성은 단련강(wrought steel)과 비슷하지만 연마성은 더 크다.
(4) 공구 및 다이강은 기계가공이 매우 어려우므로, 대개 기계가공에 앞서 풀림처리를 필요로 한다.
(5) 대부분의 강은 일반적으로 냉간가공에 의해 절삭성이 향상된다. 이는 냉간가공이 구성인선의 발생을 감소시키는 효과를 주기 때문이다.

8.5.2 기타 금속재료의 절삭성

1. **알루미늄**은 기계가공이 용이한 편이나, 연한 등급일수록 구성인선이 발생하기 쉬워 표면정도가 불량해진다. 따라서 경사각과 여유각이 큰 공구로 고속절삭하는 것이 바람직하다. 규소함유량이 높은 가공용 및 주조용 알루미늄합금의 절삭 시에는 공구마멸이 심하므로 경한 재질의 공구를 사용해야 한다. 알루미늄은 탄성계수가 작고 열팽창계수가 크므로, 가공품의 치수정확도를 만족시키는 것이 문제될 수 있다.

2. **회주철**은 일반적으로 기계가공이 가능하나 공구마멸이 심하다. 주물에 존재하는 자유 탄화물(free carbide)이 절삭성을 저하시키고, 공구의 치핑이나 파단을 야기하므로 인성이 큰 절삭공구를 사용해야 한다. 구상흑연주철과 가단주철도 경한 공구를 사용하면 기계가공이 가능하다.
3. **코발트기합금**은 가공경화가 심하고 연마성도 크므로, 연삭마멸에 강한 공구로 이송을 작게 하며 저속절삭해야 한다.
4. **주조용 구리합금**은 절삭하기 쉬운 반면, 단련구리는 구성인선의 발생으로 절삭하기 어렵다. 황동은 절삭이 용이하며, 특히 납이 첨가된 쾌삭황동의 절삭성은 매우 우수하다. 청동은 황동보다 절삭하기 어렵다.
5. **마그네슘**의 절삭은 매우 용이하며, 표면정도도 우수하고 공구수명도 길다. 그러나 마그네슘은 산화속도가 빠르고 가연성이 있으므로 절삭가공에 주의를 요한다.
6. **몰리브덴**은 연성이 있으며 가공경화성이 높다. 따라서 가공면의 표면정도가 불량해질 수 있으므로 예리한 절삭공구로 가공해야 한다.
7. **니켈기합금**은 연마성과 고온강도가 크며 가공경화성이 높다. 니켈합금의 절삭성은 스테인리스강의 경우와 비슷하다.
8. **탄탈**은 변형경화성과 연성이 높고 연하다. 따라서 표면정도가 불량하고 공구마모가 심하다.
9. **티타늄**은 열전도도가 극히 불량하기 때문에(모든 공업용 금속들 중에 최저임), 티타늄이나 그 합금의 절삭 시에는 절삭부의 온도상승과 구성인선의 발생이 심각한 문제로 대두된다. 티타늄은 절삭하기 어려운 재료 중의 하나이다.
10. **텅스텐**은 강하고, 취성이 크며, 공구마멸도 격심하므로 절삭성이 나쁘다. 그러나 고온에서는 절삭성이 향상된다.

8.5.3 비금속재료의 절삭성

1. **그래파이트**(흑연)는 연마성을 가지므로 경하고 연삭마멸에 강한 예리한 절삭공구로 가공한다.
2. **열가소성 플라스틱**은 일반적으로 열전도도, 탄성계수, 연화온도가 모두 낮다. 따라서 이들 재료의 절삭에는 경사각과 여유각이 큰 공구로(가급적 절삭력이 작아지도록) 절삭깊이와 이송속도를 작게 하여 고속절삭하고, 재료의 강성이 낮으므로 공작물을 적절하게 지지하는 방법도 강구해야 한다. 또한 예리하게 연마된 공구를 사용하며, 칩이 끈끈하게 공구에 붙는 것을 방지하기 위해 절삭 부위를 냉각시킬 필요도 있다.
3. **열경화성 플라스틱**은 취성이 크며, 절삭 시 생기는 온도구배에 민감하다. 이들 재료의 절삭성은 일반적으로 열가소성 플라스틱의 경우와 비슷하다.
4. **섬유강화 플라스틱재료**에는 강화섬유가 있으므로 마모성이 높고 절삭하기 힘들다. 절삭으로 인해 섬유가 잘리거나 뽑혀 나오는 것도 심각한 문제이다. 아울러 환경문제에 유의

하여 절삭된 부스러기들이 인체에 접촉되거나 호흡기로 유입되지 않도록 해야 한다.

5. 금속모재 및 세라믹모재 복합재료는 절삭하기에 어려운 편으로, 그 정도는 각 성분의 성질에 따라 다르다. 강화섬유는 마모성이 있고, 모재재료의 연성이 부족하면 절삭성이 떨어진다.
6. 세라믹의 절삭성은 나노세라믹이 개발되고(11.8.1절 참조), 연성형 절삭(8.9.2절)에서처럼 절삭변수를 적절하게 선택한 공정이 개발되면서 점차 향상되고 있다.

8.5.4 열간절삭(thermally assisted machining)

실온에서 절삭하기 힘든 재료도 고온에서는 절삭력이 작고 공구수명도 길어지므로 쉽게 절삭될 수 있다. 열간절삭은 **고온절삭**(hot machining)이라고도 하며, 화염, 고에너지빔(레이저나 전자빔), 플라즈마아크 같은 열원을 절삭공구 바로 앞쪽에 집중시키고 절삭하는 방식이다. 고온절삭은 대부분 선삭이나 밀링 작업에서 활용된다. 그러나 공작물을 가열하여 균일한 온도분포로 유지시키기 어렵고, 공작물이 갖는 원래의 미세조직이 변하여 성질이 저하될 수 있다. 따라서 잘 절연된 경우를 제외하고는 적절한 절삭공구와 절삭유를 사용한 실온에서의 가공에 비해 열간절삭이 갖는 뚜렷한 이점은 별로 없다. 규소질화물 세라믹과 스텔라이트의 절삭에 레이저를 이용하여 열간절삭에 성공한 경우가 있다(8.6.3절 참조).

8.6 절삭공구재료

주조나 성형가공에서 주형이나 금형의 재료선정이 중요하듯이, 절삭공구재료의 적절한 선정은 절삭작업에서 가장 중요한 사항이다. 이미 설명한 바와 같이, 절삭공구는 고온, 높은 접촉응력, 가공면-칩의 미끄럼마찰상태에 있다. 따라서 절삭공구는 다음과 같은 특성을 갖추어야 한다.

- **경도**, 특히 **고온경도**(hot hardness): 절삭작업에서 야기되는 고온상태에서도 경도 및 강도를 유지해야 한다(그림 8.30 참조).
- **인성**: 단속절삭작업(스플라인축의 선삭이나 밀링가공의 경우) 시에 받는 충격력을 견뎌야 한다.
- **내마멸성**: 재연마나 교환시기에 달할 때까지 충분한 수명을 가져야 한다.
- **화학적 안정성** 혹은 **불활성**: 공작물재료에 대해 화학적으로 안정되어 공구마멸을 촉진시키는 어떠한 반응도 일으키지 않아야 한다.

다양한 특성을 가진 공구재료들이 다수 개발되어 사용되고 있다(표 8.6 참조). 이들 공구

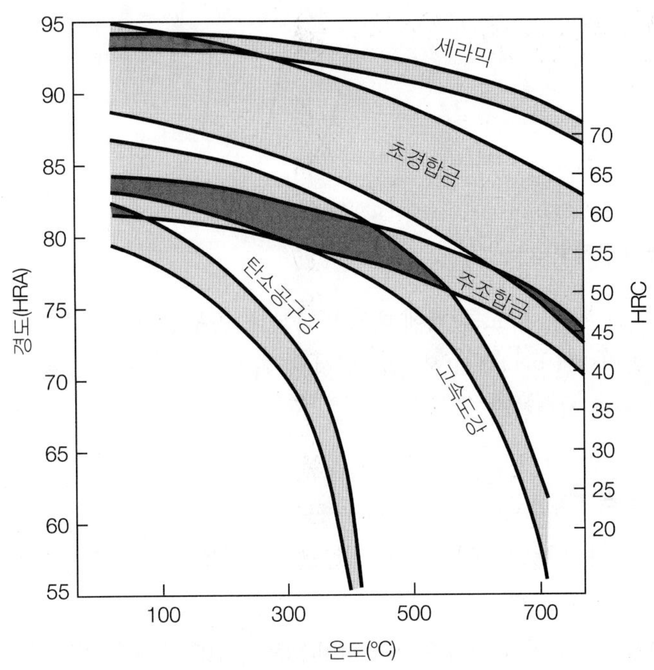

▶ **그림 8.30**

각종 공구재료들의 온도 변화에 따른 경도(고온경도). 각 재료에 대한 범위가 큰 이유는 성분조성비와 열처리방법의 다양성에 기인한다.

표 8.6 각종 공구재료의 대표적인 성질

성질	고속도강	주조합금	초경합금 WC	초경합금 TiC	세라믹	cBN	단결정 다이아몬드*
경도	83~86 HRA	82~84 HRA	90~95 HRA	91~93 HRA	91~95 HRA	4000~5000 HK	7000~8000 HK
압축강도[MPa]	4100~4500	1500~2300	4100~5850	3100~3850	2750~4500	6900	6900
횡파단강도[MPa]	2400~4800	1380~2050	1050~2600	1380~1900	345~950	700	1350
충격강도[J]	1.35~8	0.34~1.25	0.34~1.35	0.79~1.24	< 0.1	< 0.5	< 0.2
탄성계수[GPa]	200	–	520~690	310~450	310~410	850	820~1050
밀도[kg/m^3]	8600	8000~8700	10,000~15,000	5500~5800	4000~4500	3500	3500
경한 상의 체적비 [%]	7~15	10~20	70~90	–	100	95	95
용융 혹은 분해 온도[°C]	1,300	–	1,400	1,400	2,000	1,300	700
열전도율[W/mK]	30~50	–	42~125	17	29	13	500~2000
열팽창계수[$\times 10^{-6}$/K]	12	–	4~6.5	7.5~9	6~8.5	4.8	1.5~4.8

*다결정 다이아몬드의 경우, 충격강도 외에는 일반적으로 이보다 낮은 값을 가짐.

재료는 대략, 개발된 연대순으로 다음과 같이 분류된다. 이들 재료는 대부분 금형이나 주형 재료로도 사용된다(제5, 6, 7, 10, 11장 참조).

1. 탄소강 및 합금강

2. 고속도강

3. 주조코발트합금

4. 초경합금

5. 피복공구
6. 알루미나계 세라믹
7. 큐빅보론질화물
8. 규소질화물계 세라믹
9. 다이아몬드
10. 위스커강화 및 나노결정체 공구재료

이 절에서는 이들 공구재료의 특성, 용도, 한계에 대해 알아본다. 공구성능을 극대화하는 절삭속도 및 절삭깊이의 범위뿐만 아니라 고온경도, 인성, 충격강도, 내마멸성, 열충격에 대한 저항성, 가격 등의 특성을 설명한다.

8.6.1 탄소공구강 및 합금공구강

탄소강은 가장 오랜 공구재료이며, 1880년대 이래로 드릴, 탭, 브로치, 리머 등의 제작에 널리 사용되고 있다. 그 후에 개발된 저합금강과 중합금강도 비슷한 용도로 사용되며, 공구수명은 탄소강보다 더 길다. 이들 공구강은 값이 저렴하고 성형과 연마가 쉬운 반면, 고속절삭작업에 사용하기에는 고온경도와 내마멸성이 부족하다. 그림 8.30은 탄소공구강의 경도가 온도의 상승에 따라 급격히 감소되는 것을 보여준다. 따라서 이들 공구강의 용도는 저속절삭작업에 제한된다.

8.6.2 고속도강(HSS, high-speed steel)

1900년대 초반에 개발된 **고속도강**은 이전까지 사용되던 공구재료보다 고속절삭할 수 있어서 붙여진 이름이다. 공구강에 합금원소를 다량 첨가한 고속도강은 열처리로 다양한 깊이까지 경화되며, 내마멸성이 우수하고, 가격도 비교적 저렴하다. 특히 인성이 크고 파단에 잘 견디기 때문에, 경사각이 큰 절삭공구나 단속절삭작업, 공작기계의 강성이 낮아서 진동과 채터가 생기기 쉬운 절삭작업에 적합하다. 고속도강은 모든 공구재료들 중에서 그 사용량이 가장 많으며, 그 다음으로는 각종 다이강 및 초경합금이 사용된다. 고속도강은 드릴, 리머, 탭, 기어 커터 같이 형상이 복잡한 공구들의 재료로 널리 사용된다. 단, HSS 공구는 초경공구에 비해 상대적으로 낮은 절삭속도로 작업해야 하는 한계가 있다.

고속도강은 **몰리브덴계열**(M 계열)과 **텅스텐계열**(T 계열)의 두 가지 기본적인 형태로 구분된다. M 계열에는 몰리브덴이 약 10%까지 함유되며, 그밖에 크롬, 바나듐, 텅스텐, 코발트가 함유되어 있다. T 계열에는 12~18%의 텅스텐을 비롯하여 크롬, 바나듐, 코발트가 함유되어 있다. 일반적으로 M 계열이 T 계열보다 연삭마멸 저항성이 크고, 열처리변형이 작으며, 가격도 저렴하다. 따라서 미국에서 생산되는 HSS 공구 전체의 약 95%가 M 계열로 제작된다.

고속도강은 단련, 주조, 혹은 소결(분말야금, 제11장 참조) 상태로 가용하다. 또한 공구성능의 향상을 위해 피복하거나(8.6.5절 참조), 경도와 내마멸성 향상을 위해 표면경화처리를 한다(4.5.1절 참조).

8.6.3 주조코발트합금(cast-cobalt alloy)

1915년에 처음 소개된 **주조코발트합금**은 경도가 높고(보통 58~64 HRC), 내마멸성이 우수하며, 고온에서도 경도가 유지된다. 조성은 코발트 38~53%, 크롬 30~33%, 텅스텐 10~20%로 구성된다. 흔히 **스텔라이트**(Stellite)공구로 알려진 이 합금은 주조 후 비교적 단순한 공구형상으로 연삭하여 사용한다. 주조코발트합금은 고속도강에 비해 인성이 작고 충격에 약하므로, 단속절삭작업에는 고속도강보다 부적합하다. 주로 특별한 작업에만 이용된다. 대개는 절삭깊이를 크게 한 연속 황삭작업에 사용되며, 절삭속도와 이송속도는 HSS 공구보다 약 두 배 정도 크게 할 수 있다.

8.6.4 초경합금

지금까지 설명한 공구재료들은 인성, 충격강도, 열충격 저항성 측면에서는 많은 용도에 적합하나 강도와 경도, 특히 고온경도 측면에서는 뚜렷한 한계를 보이고 있다. 따라서 이들 재료는 고속절삭작업, 즉 고온상태에서는 효과적으로 사용될 수 없으며, 적절한 공구수명도 얻지 못한다. 생산성을 높이기 위한 고속절삭용 절삭공구의 개발의 필요성이 대두되어, 초경합금공구가 1930년대에 개발되었다. **초경합금**이란 매우 경한 합금이란 뜻으로 **소결초경합금**(sintered carbide 혹은 cemented carbide)이라고도 한다.

초경합금은 경도가 높으며, 넓은 온도범위에 걸쳐 그 경도가 유지된다(그림 8.30 참조). 또한 높은 탄성계수와 열전도도, 그리고 낮은 열팽창계수를 가지므로, 많은 공구 및 다이재료 중에서 가장 중요하고 다용도로 비용효율이 높은 재료이다. 하지만 공작기계의 강성이 높아야 하고, 이송이 작거나 저속절삭, 채터에는 불리하다. 절삭작업용 초경합금에는 **텅스텐카바이드계**와 **티타늄카바이드계**의 두 가지 종류가 있다. 일반 초경합금을 피복공구와 구분할 때는 보통 **무피복 카바이드**라고 부른다.

1. **텅스텐카바이드**(WC, tungsten carbide). 일종의 복합재료로 경한 **텅스텐카바이드** 입자를 결합제인 **코발트분말**과 함께 소결시킨 것이다. WC 공구나 다이를 제조할 때는 특정 성질을 향상시킬 목적으로 티타늄카바이드나 니오븀카바이드 입자를 첨가시키는 것이 보통이다. WC 공구의 성질은 코발트 함유량에 따라 크게 달라진다(그림 8.31 참조). 코발트 함유량이 많을수록 강도, 경도, 내마멸성은 감소하고, 인성은 증가한다. WC는 강, 주철, 연마성이 큰 비철재료의 절삭에 일반적으로 사용되며, 재료의 우수성으로 인해 HSS 공구를 거의 대체하였다. WC 공구는 분말야금법으로 제조된다(제11장 참조).
2. **티타늄카바이드**(TiC, titanium carbide). **티타늄카바이드** 공구는 TiC 입자를 **니켈-몰리브덴합금** 모재와 함께 소결시킨 것으로, WC 공구보다 내마멸성은 크고 인성은 작다. 이

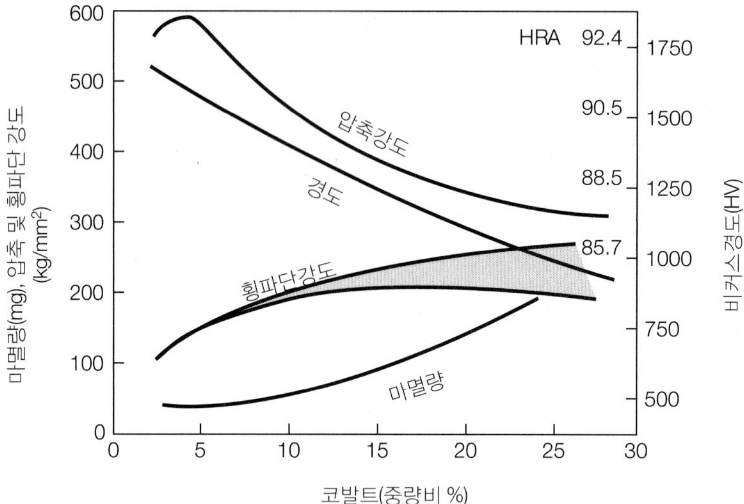

▶ **그림 8.31**
WC 초경합금의 코발트함유량이 기계적 성질에 미치는 영향.

공구는 주로 경도가 높은 강 및 주철의 절삭작업과 WC 공구보다 고속인 절삭작업에 적합하다.

■ **인서트**(insert) 탄소강이나 HSS 공구들은 우선 일체로 성형된 후, 드릴이나 밀링커터와 같은 필요한 형상으로 연삭된다(그림 8.10 참조). 절삭날이 마멸되면 이들 공구를 공구홀더에서 빼서 재연마하는 시간이 걸리는 과정을 거쳐야 한다. 결국 보다 효율적인 방법이 필요하여 절삭날 역할만 하는 **인서트**가 개발되었다(그림 8.32). 인서트는 다수의 날과 다양한 형상을 가진 독립된 절삭공구로 사각형 인서트는 8개, 삼각형 인서트는 6개의 절삭날을 갖는다. 인서트에는 칩유동을 제어하고 진동과 발열을 감소시키는 다양한 형상의 **칩브레이커**를 만들어둔다. 최적의 칩브레이커 형상은 컴퓨터응용설계 및 유한요소해석 기술로 개발된다.

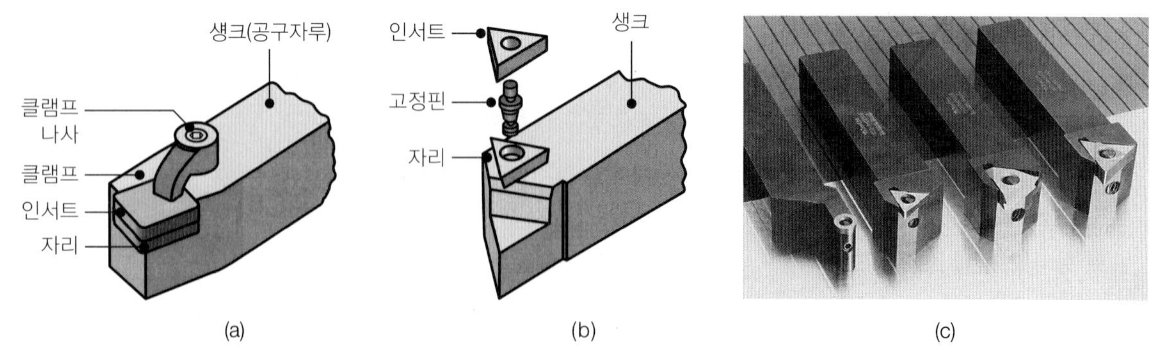

▲ **그림 8.32**
인서트를 공구자루에 부착하는 방법: (a) 클램프, (b) 고정핀, (c) 고정핀의 사용 예(측면의 나사를 사용하여 인서트를 고정핀에 완전히 고정시킴).

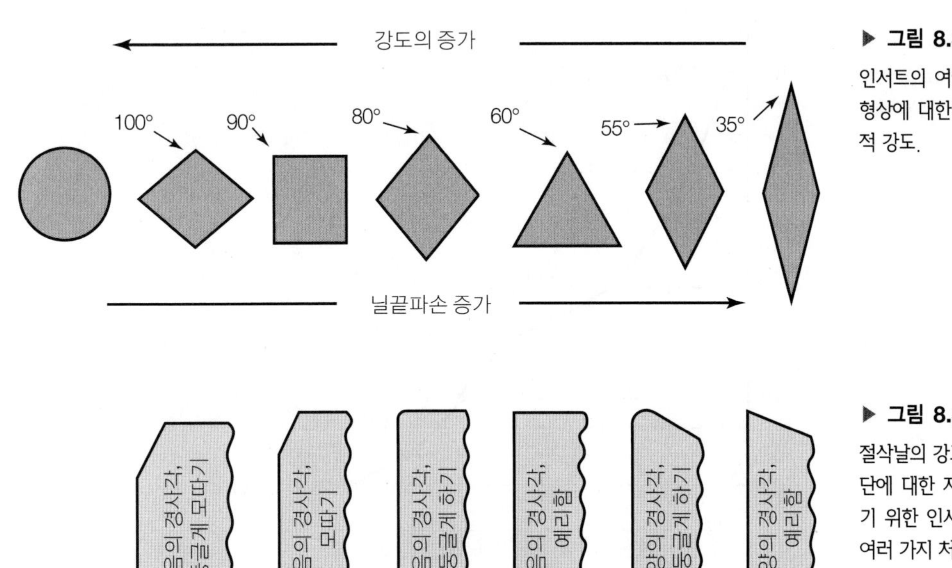

▶ **그림 8.33**
인서트의 여러 가지 모서리 형상에 대한 절삭날의 상대적 강도.

음의 경사각, 둥글게 모따기
음의 경사각, 모따기
음의 경사각, 둥글게 하기
음의 경사각, 예리함
양의 경사각, 둥글게 하기
양의 경사각, 예리함
공구 날끝강도 증가

▶ **그림 8.34**
절삭날의 강도 및 치핑과 파단에 대한 저항을 증대시키기 위한 인서트 모서리부의 여러 가지 처리 방안.

인서트는 다양하게 고안된 체결장치를 이용하여 **공구자루**에 부착한다(그림 8.32a와 b). 특별한 경우에는 공구자루에 **경납접**하여 부착할 수도 있으나(그림 8.39), 인서트와 공구자루 간의 열팽창 차이로 인해 접합 시 균열이나 뒤틀림이 생길 수 있으므로 주의가 요구된다. 체결장치를 사용하면, 절삭날의 교체 시 단순히 인서트의 **자리바꿈**(indexing, 즉 회전)을 통해 새로운 절삭날을 사용할 수 있다. 그림 8.32에 나타낸 것 외에도 특별한 용도에 따라 인서트를 신속히 설치하고 제거하는 기능을 가진 공구홀더들이 다양하게 개발되어 있다.

인서트의 형상은 절삭날의 강도에 영향을 주며, 절삭날각이 작을수록 날의 강도는 약해진다(그림 8.33 참조). 한편, 절삭날을 보다 강하게 하고 치핑을 방지하기 위해 인서트의 날끝을 살짝 연마하여 날끝의 예리함을 없앤다. 즉, 날끝을 둥글게 하거나, 모따기하거나, 혹은 국부적인 음의 경사각이 되도록 하는 것이다(그림 8.34 참조). 대부분의 인서트에는 0.025 mm 정도의 날끝반경을 준다.

8.6.5 **피복공구**(coated tools)

고속도강이나 초경합금(모재)에는 다양한 피복재료를 피복하여 **피복공구**로 사용한다. 피복공구는 독특한 성질들로 인해 고속절삭작업에 적합하므로 절삭작업에 소요되는 시간과 비용을 절약시켜 준다. 실제로, 피복공구의 수명은 무피복공구에 비해 약 10배 정도 길다. 그림 8.35는 1900년대 이래로 절삭시간이 거의 100배 이상 단축되었음을 보이고 있다.

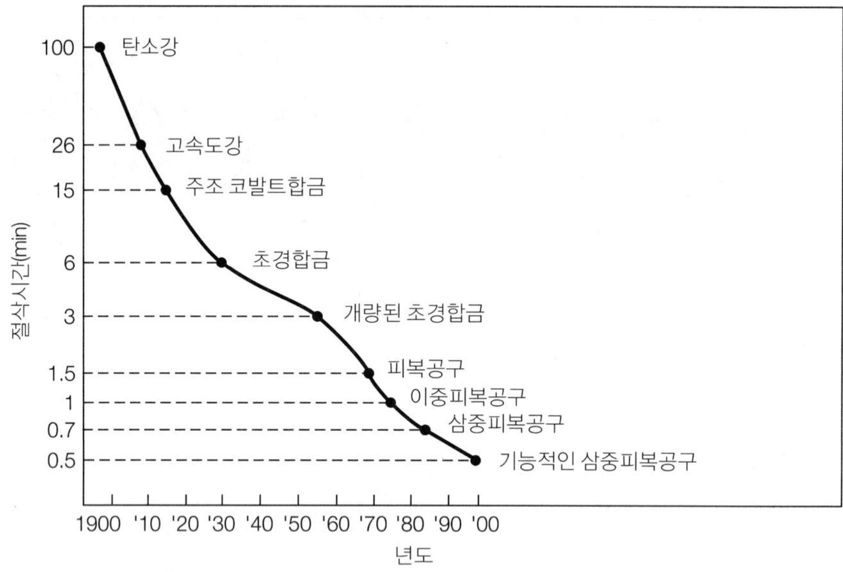

▶ **그림 8.35**
여러 가지 공구재료들에 대한 절삭시간의 상대적 비교 및 도입시기.

보통 사용되는 **피복재료**로는 티타늄질화물(TiN), 티타늄카바이드(TiC), 티타늄탄화질화물(TiCN), 알루미늄산화물(Al_2O_3)이 있다. 피복층의 두께는 2~10 μm 정도로, 4.5절에서 설명한 **화학증착법**(CVD)과 **물리증착법**(PVD) 기술로 절삭공구에 피복된다. CVD 공정은 초경공구에 다상피복 및 세라믹피복을 하는 데 많이 사용된다. 반면에, PVD 방법으로 TiN 피복을 한 초경공구는 공구 날끝강도가 높고, 마찰이 작으며, 구성인선의 형성이 억제된다. 피복층은 매끄럽고, 두께는 2~4 μm 정도로 균일하다. 보다 최근의 기술로, 특히 다상피복에는 **중간온도**(medium-temperature) **화학증착법**(MTCVD)이 개발되어 CVD 피복보다 균열전파에 높은 저항성을 갖게 한다.

피복재료가 갖추어야 하는 일반적 특성은 다음과 같다.

- 고온경도
- 공작물재료에 대한 화학적 안정성 및 불활성
- 낮은 열전도도
- 모재와의 양호한 접착성
- 기공이 거의 없어야 함

이와 더불어, 초경합금이나 고속도강 모재가 충분한 경도, 인성, 높은 열전도도를 가지면 피복효과가 증대된다. 피복층의 강도를 유지하려면, 피복에 앞서 절삭날을 호닝하여(9.7절 참조) 약간 무디게 연마하는 것이 중요하다. 그렇게 하지 않으면, 피복층은 예리한 절삭날 부위에서 쉽게 부서져나간다.

피복재료의 특성은 다음과 같다.

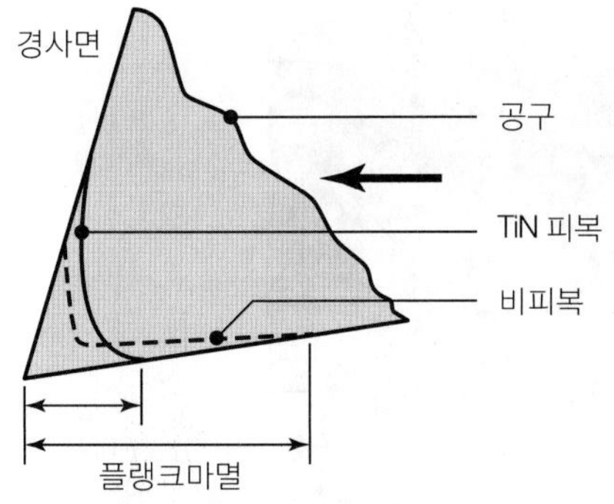

▶ **그림 8.36**

고속도강에 TiN 피복을 한 경우와 피복하지 않은 경우의 마멸 형태.

1. **티타늄질화물**(TiN). 마찰계수가 작고, 경도가 크며, 고온성과 모재 접착성이 우수하다. 따라서 이 피복은 WC 공구뿐만 아니라 드릴, 밀링커터 등 HSS 공구의 수명도 크게 증대시킨다. 티타늄질화물 피복공구(금색)는 매우 높은 절삭속도 및 이송속도에서 우수한 성능을 보이지만, 저속절삭에서는 칩이 응착되면서 피복을 벗겨내므로 제기능을 발휘하지 못한다. 응착발생을 줄이려면 적절한 절삭유를 사용하는 것이 중요하다. 이 피복공구는 피복되지 않은 공구에 비해 플랭크마멸이 현저히 작게 발생한다(그림 8.36 참조). 또한 플랭크면을 재연마하더라도 경사면의 피복층은 그대로 남으므로 재연마 후 사용이 가능하다.
2. **티타늄카바이드**(TiC). WC 인서트에 TiC 피복을 하면(은회색), 연마성이 큰 재료의 절삭 시 플랭크마멸을 크게 줄일 수 있다.
3. **티타늄탄화질화물**(TiCN). 물리증착기술로 피복하며, TiN보다 경하고 인성이 크다. 초경합금이나 고속도강에 사용되며, 스테인리스강의 절삭에 특히 효과적이다. TiCN 피복은 탄소량에 따라 보라색 내지 연한 자주색을 띤다.
4. **세라믹피복.** 세라믹피복은 고온에 강하고 화학적으로 불활성이며, 열전도도가 낮고 플랭크마멸 및 크레이터마멸에 강하므로 절삭공구의 피복에 적합하다. 가장 많이 사용되는 것은 **알루미늄산화물**(Al_2O_3)이다. 그러나 산화물 피복은 화학적으로 너무 안정되어, 모재와의 결합강도는 약한 편으로 공구나 인서트로부터 벗겨질 수 있다.
5. **다상피복**(multiphase coating). 다상피복을 하면 앞에서 설명된 피복물들의 복합된 특성들을 최적으로 얻을 수 있다(그림 8.37 참조). 이층 혹은 삼층으로 다상피복된 초경공구는 주철이나 강의 절삭에 효과적으로 사용된다.

   그림 8.37에 보인 다상피복공구는 모재 바로 위에 TiC, 그 다음에 Al_2O_3, 최외측에 TiN의 순서로 피복된 것이다. 일반적으로 (1) 최하층은 모재 접착성이 좋아야 하고, (2) 최상층은 내마멸성이 크고 열전도도가 작아야 하며, (3) 중간층은 양쪽 피복재료와 잘 어울리고 접착성이 좋아야 한다.

   다상피복공구의 대표적인 용도는 다음과 같다.

   (1) 연속 고속절삭용: TiC/Al_2O_3

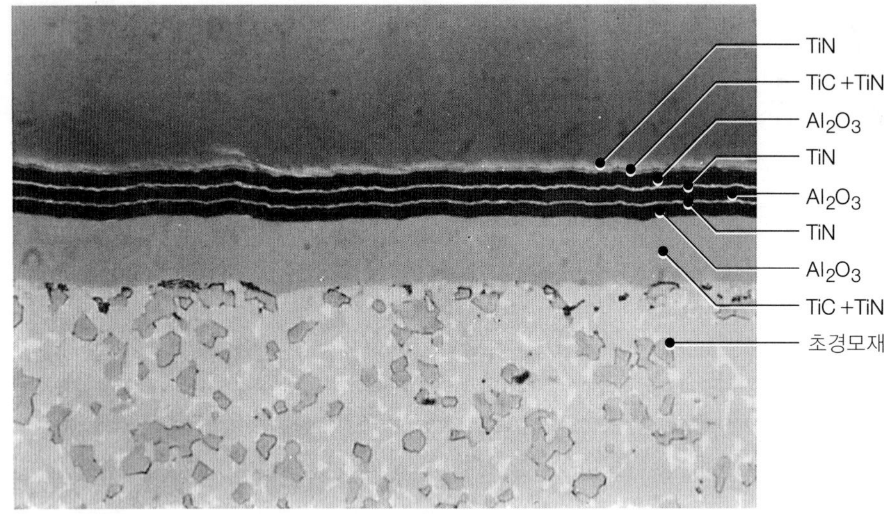

▶ **그림 8.37**
초경모재에 입힌 다상피복. 알루미늄산화물층 사이에 얇은 티타늄질화물층을 교대하여 삼층으로 피복하였으며, 최다 13층으로 피복한 공구도 있다.

(2) 연속 중절삭용: TiC/Al_2O_3/TiN

(3) 단속 경절삭용: TiC/TiC + TiN/TiN

최근의 피복기술로는 **교대형 다상피복층**(alternating multiphase layers)을 만들 수 있다. 이때 각 피복층은 일반 다상피복의 경우보다 얇게 피복된다(그림 8.37 참조). 피복층의 총 두께는 2~10 μm 정도이다. 피복층 두께를 얇게 하는 것은 결정립도가 미세할수록 피복경도가 증가하기 때문으로, 이는 금속의 강도향상을 위해 결정립을 미세화시키는 것과 같은 원리이다(3.4.1절 참조). 즉, 두께가 얇은 피복층은 두꺼운 피복층보다 경도가 높다.

6. **다이아몬드 피복.** 다이아몬드 다결정체를 절삭공구들, 특히 WC나 규소질화물 인서트에 피복하는 것은 피복기술의 중요한 발전이다. 다이아몬드 후막을 절삭공구 끝에 경납접한 공구와 함께, 다이아몬드 박막피복된 인서트가 사용가능하다. 박막은 모재에 PVD나 CVD 기술로 증착되고, 후막은 순수다이아몬드를 판형으로 성장시킨 후, 레이저로 필요형상을 절단하여 초경공구자루에 경납접한다. 다이아몬드 피복공구는 규소첨가 알루미늄합금, 섬유강화 및 금속모재 복합재료(11.14절 참조), 흑연 같은 연마성 재료의 절삭에 특히 효과적이다. 이때 공구수명은 다른 피복공구에 비해 최대 10배까지 연장된다.

7. **기타 피복재료.** 새로운 피복재료들이 계속 개발되어 시험되고 있다. **티타늄알루미늄질화물**(TiAlN)은 항공우주용 합금의 절삭에 효과적이다. **크롬카바이드**(CrC)와 같은 크롬기 피복은 알루미늄, 구리, 티타늄처럼 절삭공구에 응착하기 쉬운 연한 재료의 절삭에 효과적인 것으로 알려졌다. 또 다른 피복재료로 **지르코늄질화물**(ZrN), **하프늄질화물**(HfN), **나노피복**(카바이드, 붕화물, 질화물, 산화물, 혹은 이들의 조합으로), 다양한 재료를 사용한 **복합피복**이 있다.

8.6.6 알루미나계 세라믹공구(alumina-base ceramics)

세라믹공구는 1950년대 초반에 처음 소개되었으며, 그 주성분은 미세하고 순도가 높은 알루미나(Al_2O_3, **알루미늄산화물**)이다. 원료분말을 상온의 고압에서 인서트모양으로 성형한 후 고온에서 소결시킨다. 이 소재를 **백색세라믹**(white ceramic) 혹은 **냉간압축세라믹**(cold-pressed ceramic)이라고 한다(11.9.3절 참조). 티타늄카바이드나 지르코늄산화물을 첨가하면 열충격 저항성과 인성을 향상시킨다.

알루미나계 세라믹공구는 고온경도 및 연삭마멸 저항성이 매우 크다(그림 8.38 참조). 또한 고속도강이나 초경합금에 비해 화학적으로 매우 안정되어 절삭 시 금속이 응착되기 어려우므로 구성인선의 발생도 작다. 따라서 주철이나 강의 절삭 시 세라믹공구를 사용하면 우수한 표면정도를 얻는다. 그러나 세라믹은 인성이 부족하므로, 치핑이나 파단으로 공구가 조기에 파손될 수 있다(그림 8.20 참조). 세라믹공구는 그 형상이나 설치방법이 공구파손에 중대한 영향을 줄 수 있다. 치핑이 생기지 않도록 음의 경사각, 즉 큰 공구각이 일반적으로 선호된다. 또한 강성과 감쇠능이 우수한 공작기계와 공작물고정장치를 사용함으로써 공구진동과 채터를 줄이고(8.12절 참조), 따라서 공구파손도 줄일 수 있다.

■ **서멧**(cermet, *cer*amic과 *met*al의 합성어) 서멧은 **흑색세라믹**(black ceramic) 혹은 **열간압축세라믹**(hot-pressed ceramic)이라고도 하며, 70%의 알루미늄산화물과 30%의 티타늄카바이드로 구성된다. 다른 서멧에는 몰리브덴카바이드, 니오븀카바이드, 탄탈카바이드가 포함되기도 한다. 성능은 세라믹과 초경합금의 중간 정도이다(그림 8.38 참조). 서멧공구에도 피복할 수 있지만, 내마모성의 향상효과가 작고 피복의 장점이 많지 않다.

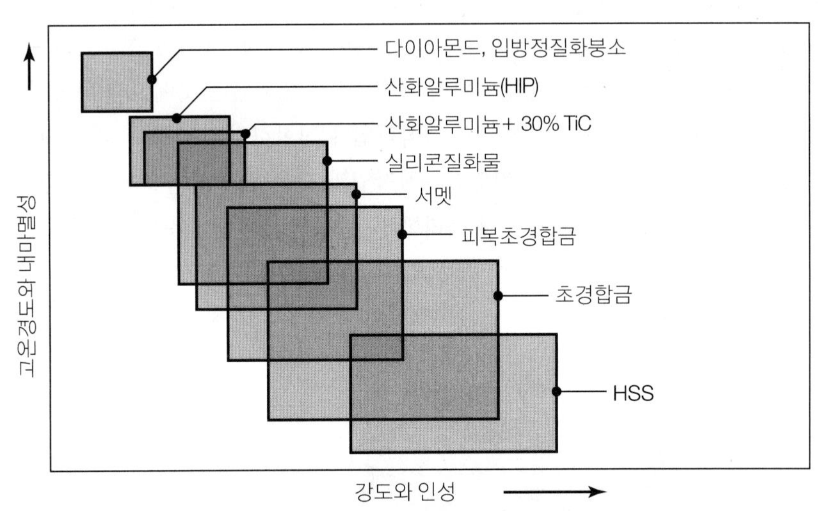

▶ **그림 8.38** 각종 공구재료들의 성질 비교. HIP은 균형압축이 아님에 주의.

8.6.7 큐빅보론질화물(cBN, cubic boron nitride)

현재까지 개발된 재료들 중에서 다이아몬드 다음으로 경한 재료이다. cBN 절삭공구는 0.5~1 mm 두께의 다결정 cBN을 초경합금 모재 위에 가압소결하여 접합시켜 만든다(그림 8.39 참조). 이 공구에서는 모재인 초경합금이 내충격성을 제공하고, 얇은 cBN 층은 고도의 내마멸성과 절삭날강도를 제공한다. 물론 모재 없이 cBN만의 공구도 작은 크기로 제작된다. cBN은 고온에서 철이나 니켈과 반응하지 않으며, 산화도 거의 일어나지 않는다. 따라서 이 공구는 경화된 철금속 및 고온합금의 절삭에 적합하다(8.9.2절의 경식선삭 참조). cBN 공구는 취성이 있으므로 진동과 채터를 피할 수 있는 공작기계의 강성과 고정구가 중요하다. cBN은 연마제로도 사용된다(9.2절에서 설명).

8.6.8 규소질화물 공구

규소질화물(SiN)계 절삭공구는 규소질화물 외에 알루미늄산화물, 이트륨산화물, 티타늄 카바이드 등 다양한 첨가물들로 구성된다. 이들 공구는 인성과 고온경도가 크고, 열충격 저항성이 우수하다. 규소질화물계 재료의 대표적인 예로는 **시알론**(sialon)이 있으며, 그 이름은 구성성분들, 즉 규소(Si), 알루미늄(Al), 산소(O) 및 질소(N)의 원소기호들을 나타내고 있다. 이 재료는 규소질화물보다 열충격 저항성이 높으며, 주철이나 니켈계 초합금들의 중속절삭작업에 추천된다. 단, 규소질화물계 공구는 화학적 친화성 때문에, 강의 절삭에는 부적합하다.

8.6.9 다이아몬드

다이아몬드는 탄소의 결정체로, 지금까지 알려진 모든 물질 중에서 가장 단단하다(11.13절 참조). 다이아몬드공구는 마찰이 작고, 내마멸성이 크며, 예리한 절삭날을 유지할 수 있다. 따라서 매우 우수한 표면정도와 치수정확도가 요구되는 곳에 사용되며, 특히 연한 비철합금과 연마성이 큰 비금속재료의 절삭작업에 적합하다. 다양한 크기의 **단결정 다이아몬드** 절삭공구가 구리의 고정밀 경면다듬질작업과 같은 특별한 용도에 사용된다. 다이아몬드는 취성이 있으므로 공구형상과 예리함이 중요하며, 절삭날을 강하게 하기 위해 경사각을 작게(공구각은 크게) 하는 것이 일반적이다. 다이아몬드공구의 마멸은 미소치핑(열응력

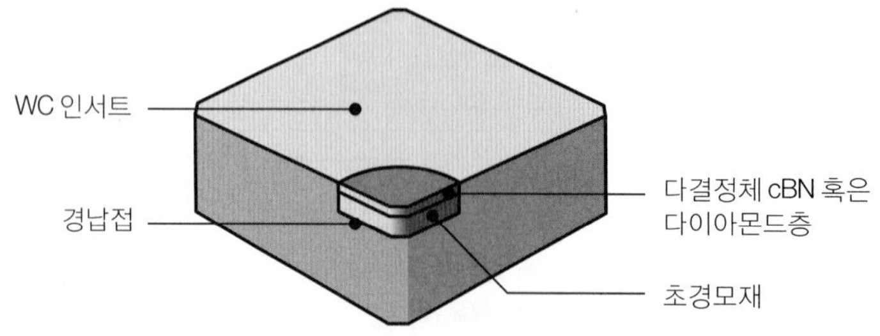

▶ 그림 8.39
WC 인서트에 다결정 CBN이나 다이아몬드층이 입혀진 절삭공구의 구조.

이나 산화로 인한)이나 탄소로의 변환작용(절삭열로 인한)에 의해 발생한다.

단결정 다이아몬드 절삭공구는 **다결정 다이아몬드공구**로 거의 교체되었다. **콤팩트** 공구라고도 하는 다결정공구는 세선의 신선용 다이에도 사용된다. 이 재료는 미세한 인조다이아몬드 결정들을 고온 및 고압 상태에서 약 0.5~1 mm 두께로 융합시킨 후, cBN 공구와 마찬가지로 초경합금 모재 위에 접합시켜 사용한다(그림 8.39 참조). 다결정재료에 결정입자들의 불규칙한 방향성은 균열의 전파를 방해하므로 인성을 증대시키는 효과를 준다.

다이아몬드 절삭공구는 거의 모든 속도영역에서 만족스럽게 사용되며, 특히 연속 경절삭 다듬질작업에 적합하다. 공구파손을 최소화하기 위해서는, 절삭날이 무디어지면 이를 바로 재연마해야 하며, 다이아몬드와 화학적 친화성이 큰 일반탄소강 및 티타늄, 니켈, 코발트계 합금의 절삭작업에는 사용하지 않는 것이 좋다. 다이아몬드는 연삭이나 연마작업에서의 연마제(제9장 참조)와 내마모성 피복재료(4.5절 참조)로도 사용된다.

8.6.10 위스커강화 및 나노결정체 공구재료

지속적으로 개발되는 신소재나 복합재료를 절삭함에 있어서, 절삭공구의 성능과 내마모성을 더욱 향상시키기 위해 (1) 높은 파괴인성, (2) 열충격저항, (3) 날끝강도, (4) 고온경도 같은 우수한 성질을 갖는 새로운 공구재료들이 개발되고 있다.

이러한 용도로 복합 세라믹공구재료에 강화섬유로 위스커(3.8.3절 참조)가 사용된다. **위스커로 강화된** 재료의 예로는 규소질화물계 세라믹에 규소카바이드 위스커, 알루미나계 세라믹에 규소카바이드 위스커가 있으며, 종종 **지르코늄산화물**(ZrO_2)이 첨가되기도 한다. 그러나 규소카바이드는 철합금과 화학적 친화성이 있으므로, 철강재료의 절삭에는 부적합하다.

■ **미세결정립**(micrograin) **초경** 나노재료의 발전으로(3.11.9절) 텅스텐, 티타늄, 탄탈의 매우 미세한 결정립 카바이드로 만들어진 절삭공구가 개발되었다. 결정립의 크기는 0.2~0.8 μm 정도로, 이들 재료는 기존의 초경합금에 비해 강도, 경도, 내마모성이 우수하다. 이들 재료가 사용된 예로, 직경이 100 μm 정도인 드릴이 제작되어 미소전자회로판을 가공하는 데 사용된 바 있다(제13장 참조).

■ **기능적 분포**(functionally graded) **초경** 카바이드성분이 균일하게 분포하는 보통의 초경인서트에서와 달리, 이 공구에서는 카바이드성분을 완만한 구배로 분포시킴으로써 절삭공구에 바람직한 성질의 피복을 한 것과 같은 기능을 갖도록 한 것이다(8.6.5절 참조). 기계적 성질이 완만하게 변하므로 응력집중을 없애고 공구수명과 성능을 향상시킨다. 하지만 가격이 비싸므로 일반적 용도에 사용되지는 않는다.

8.6.11 절삭공구의 극저온처리

공구 및 일반 금속을 극저온처리하면 절삭작업에서의 성능이 향상되는 것에 대하여 지속적인 연구가 이루어져 왔다(5.11.6절 참조). 극저온처리의 절차는 우선, 공구를 −180°C (93 K)까지 매우 천천히 냉각시킨 후, 다시 상온으로 천천히 복귀하여 템퍼링하는 것이다. 이 처리법을 한 공구와 공작물재료의 조합에 의해 공구수명이 최대 300%까지 향상되었다는 보고가 있다.

8.7 절삭유

절삭유(cutting fluid)는 냉각제(coolant)나 윤활제(lubricant)의 역할을 한다(4.4.3절 참조). 기계가공에 사용되는 절삭유의 사용목적은 다음과 같다.

- 절삭부를 냉각시켜 공작물의 온도상승과 변형을 줄이고 공구수명을 향상시킨다.
- 마찰과 마멸을 줄여 궁극적으로 공구수명과 표면정도를 향상시킨다.
- 절삭력과 절삭에너지 사용을 줄인다.
- 칩을 씻어낸다.
- 주변 환경에 의한 부식으로부터 가공면을 보호한다.

절삭유의 사용효과는 많은 인자에 따라 달라지며, 이에는 사용방법, 온도, 절삭속도, 절삭작업 형태 등이 포함된다. 경우에 따라 절삭유의 사용이 오히려 해로울 수도 있다. 예를 들면, 밀링 같은 단속절삭작업에서는 절삭유의 냉각작용이 밀링커터의 절삭날이 받는 온도 변화폭을 더 크게 하여, 결국 반복되는 온도 변화로 인한 절삭공구의 열균열(**열피로** 또는 **열충격**)을 야기할 수 있다. 또한 절삭유의 작용으로 칩말림이 심해질 수도 있는데, 이로 인해 응력이 공구 끝단에 집중되면 절삭열의 발생도 집중되어 공구 끝단의 온도가 더 상승되고, 결국 공구수명을 단축시키는 결과를 초래한다.

절삭유는 **생물학적** 및 **환경적** 문제를 야기할 수 있으므로(4.4.4절 참조), 적합한 재활용과 폐기가 필요하고, 이로 인해 기계가공작업의 비용은 증가한다. 절삭유를 사용하는 것 자체도 가공비용을 구성하는 주요 항목이다. 이러한 이유에서, 작업에 냉각제나 윤활제를 사용하지 않는 **건절삭**(dry cutting) 혹은 **건기계가공**(dry machining)이 점차 중요한 방법으로 대두되었다(8.7.2절 참조). 이 방법을 사용하면 절삭온도가 높아지고 공구마멸이 빨라질 것으로 생각되지만, 일부 공구재료와 피복은 적당한 공구수명을 유지한다. 건절삭은 고속기계가공에 이미 적용되는데, 절삭속도가 높아지면 상당량의 절삭열이 칩으로 배출되므로(그림 8.18 참조), 냉각제를 사용할 필요가 없는 자연스런 방법이다. 또한 3.9.7절에 설명한 것처럼, 절삭유가 일부 절삭공구에 선택적 침식(selective leaching)이라는 악영향을 줄 수도 있다.

8.7.1 절삭유의 종류와 사용법

절삭작업에 보통 사용되는 절삭유에는 **기름**, **현탁액**, **반합성액**, **합성액**의 네 가지 종류가 있다. 각 절삭유의 일반적 특성은 4.4.4절에 소개하였고, 특정 절삭작업에 추천되는 절삭유는 이 장의 해당 절에서 언급한다. 절삭유를 적절하게 선택하려면, 공작물재료나 공작기계의 부품에 미치는 악영향(즉, 부식, 응력부식균열, 얼룩 등), 생물학적 및 환경적 영향, 재활용과 폐기에 대하여 고려해야 한다.

절삭 부위에 절삭유를 공급하는 가장 보편적인 방법은 **유동냉각법**(flood cooling)이며, 공급유량은 단인공구의 경우, 10 L/min에서 밀링커터 같은 다인공구의 경우, 225 L/min까지 광범위하다. 건드릴이나 엔드밀작업 같이 원활한 칩제거가 요구되는 경우에는 절삭유를 700~14,000 kPa 정도의 압력으로 공급한다.

절삭유를 공급하는 또 다른 방법으로 **분무냉각법**(mist cooling)이 있으며, 특히 수용성 절삭유에 적용된다. 이 방법은 환기를 필요로 하고(분무된 절삭유 입자가 호흡기를 통해 인체에 유입되지 않도록) 냉각능력에 한계가 있지만, 다른 방법으로는 불가능한 부위까지 절삭유 공급이 가능하며, 가공상태의 관찰이 용이하다. 이 방법은 특히 연삭작업에 효과적이며(제9장 참조), 이때 절삭유는 70~600 kPa 정도의 공기압력으로 분무된다.

공작기계의 속도와 동력이 증가함에 따라서, 절삭작업에서의 열발생은 중요한 인자가 되었다(8.2.6절 참조). 절삭영역에서의 열제거율을 높이고, 절삭비용과 환경에 미치는 악영향을 줄이기 위해 고압의 냉동냉각제를 사용하는 기술이 개발된 바 있다. 또한 절삭유를 절삭영역에 공급하기 위해 특수설계된 노즐을 통해 35 MPa의 고압 제트류를 분사하기도 한다. 이 작용은 칩이 연속적으로 길게 만들어져 절삭작업을 방해할 때, 칩을 절단시켜 칩브레이커의 역할을 하기도 한다.

■ **절삭공구내부 통과방식** 절삭작업의 난이도는 절삭유를 절삭 부위에 공급하거나 칩을 씻어내기가 까다로운 정도라고 설명한 바 있다. 공구홀더와 절삭공구에 좁은 유로를 만들어서 절삭유를 고압으로 공급하면 절삭유를 효과적으로 사용할 수 있다.

8.7.2 건절삭

경제적 이유와 환경적 이유로 인해, 1990년대 중반부터 금속가공유의 사용을 없애거나 최소화하려는 전세계적인 노력이 지속되고 있다. 이 경향으로 냉각제를 사용하지 않거나 상당히 감소시킨 준-건절삭(NDM, near-dry machining)이 적용되기 시작하였다. 미국에서만 매년 수백만 갤런의 금속가공유가 사용된다는 점에서 이 방법의 중요성이 부각될 만하다. NDM의 주요 이점은 다음과 같다.

1. 절삭유를 사용할 때 주는 환경적 충격을 경감시킴: 가공공장 주변 공기의 질을 개선하고 건강유해물질을 감소시킨다.
2. 절삭유를 유지, 재활용, 폐기에 드는 비용을 포함하여 기계가공작업의 비용을 절감: 전체 기계가공비용에서 금속가공유가 차지하는 비용은 7~17%로 추산되므로, 절감효과가 높다.
3. 가공면 품질의 향상

준-건절삭에 숨어있는 원리는 식물유를 포함하는 절삭유를 최소한만 사용한 공기-절삭유 혼합물 미세분무를 사용하는 것이다. 혼합물은 600 kPa의 압력으로 1 mm 직경의 노즐을 통과하여 공작기계의 주축을 거쳐 절삭부에 공급된다. 이 방법에서 사용하는 절삭유는 1~100 cc/hr로, 유동냉각법에서 사용하는 양의 만분의 일 정도에 불과하므로, 이를 **최소량 윤활법**(MQL, minimum quantity lubrication)이라고도 한다.

건절삭 역시 실용적인 대안이다. 절삭공구의 발전으로 인해, 건절삭은 각종 기계가공작업에 효과적임이 입증되었다. 특히 강, 합금강, 주철의 선삭, 밀링, 기어절삭에는 유효하지만, 알루미늄합금에는 일반적으로 적용되지 않는다.

절삭유의 주요 기능 중 하나로 절삭 부위에서 칩을 씻어내는 것을 들 수 있다. 건절삭에서는 이 기능을 활용할 수 없지만, 공구자루에 구멍을 만들어 압축공기를 사용하는 공구설계가 개발되었다. **압축공기**는 절삭유만큼 냉각효과가 높지는 않지만, 절삭 부위에서 칩을 제거하는 데에는 효과가 매우 높다.

8.7.3 극저온 절삭

금속가공유를 사용할 때의 환경적 악영향을 감소시키거나 없애는 데 관심을 두어, 최근에는 절삭이나 연삭작업에 **액체질소**를 사용하는 기술이 개발되었다(9.6.9절 참조). 적당히 작은 직경의 노즐을 사용하여 −200°C(73 K) 정도의 액체질소를 공구-공작물 접촉면에 분사시켜 온도를 낮춘다. 그 결과로 공구경도, 즉 공구수명이 향상되므로 고속절삭이 가능하다. 게다가 칩의 취성이 커져서 절삭 부위에서 쉽게 제거할 수 있다. 절삭유를 사용하지 않고, 액체질소는 증발해버리며, 칩을 쉽게 재활용할 수 있으므로, 환경에 나쁜 영향을 주지 않고도 기계가공작업의 경제성을 향상시킬 수 있다.

8.8 고속절삭

생산성을 높이고 가공비용을 낮추고자 하는 지속적인 요구로 인해, 기계가공에서 절삭속도와 소재제거율을 높이고자 하는 노력이 계속되고 있다. **고속절삭**(HSM, high-speed machining)은 상대적인 용어이지만, 대략적으로 다음과 같이 절삭속도범위를 구분한다.

1. 고속절삭: 600~1800 m/min
2. 초고속절삭: 1800~18,000 m/min
3. 초초고속절삭: 18,000 m/min 이상

절삭작업에서 **주축회전속도**는 최고 50,000 rpm에 달하지만, 자동차산업의 경우에는 절삭작업에서의 신뢰도를 높이고 생산중단이 일어나지 않도록 15,000 rpm으로 제한하여 사용하는 것이 보통이다. 고속절삭에 소요되는 **주축동력**은 0.004 W/rpm 정도로 일반 절삭의 0.2~0.4 W/rpm에 비해 현저히 낮은 수준이고, 공작물의 최고이송속도(그림 8.54 참조)는 1 m/s 정도이며, 공작기계 부품에 걸리는 가속도는 매우 높다.

고속회전하는 주축은 **강성**과 **정확도**가 높아야 하고 일체형 전기모터를 사용하는 것이 보통으로, 주축을 모터의 회전자로 하고 고정자는 주축하우징 벽에 설치한다. 베어링은 구름베어링이나 유체베어링을 사용하는데, 유체베어링이 차지하는 공간이 작아서 바람직하다. 공작기계 부품이 가감속할 때 생기는 **관성효과**를 감안하여 세라믹이나 복합재료 같은 경량재료를 사용하는 것이 중요하다. 물론 적절한 절삭공구재료를 선택하는 것이 매우 중요하며, 공작물재료에 따라 다상피복 카바이드, 세라믹, 큐빅보론질화물, 다이아몬드 등이 고속절삭에 사용될만한 공구재료들이다.

고속절삭은 전체 기계가공작업에서 **절삭시간**이 차지하는 비중이 높은 작업에 우선적으로 적용해야 한다. 16.9절에서 설명하는 것처럼, 특정 용도에 고속절삭을 적용했을 때의 이점을 평가하는 데 있어서 **비절삭시간**(noncutting time)과 다른 인자들(즉, 공구재료비, 설비비, 인건비 등)이 중요한 고려사항이다. 연구에 의하면, 특정 용도에는 고속절삭이 경제적임이 밝혀졌다. 기존 기계가공보다 생산성이 5~10배 향상된 고속절삭이 적용된 작업의 예를 들면, (1) 항공기의 구조용 알루미늄부품, (2) 니켈-알루미늄-청동 합금제 직경 6 m, 무게 55,000 kg의 잠수함 프로펠러, (3) 자동차엔진 등이다. CNC 제어기술의 발달로 복잡한 3축이나 5축 곡면가공의 고속절삭도 가능하다(8.11절의 머시닝센터 참조).

고속절삭을 채택해야 하는 또 다른 이유는 절삭작업에서 치수공차를 보다 향상시켜야 하는 요구조건 때문이다. 그림 8.17에서 보듯이, 절삭속도가 증가할수록 절삭열이 칩으로 배출되는 비중이 점점 높아져 공구나, 보다 중요하게는 공작물은 거의 상온을 유지할 수 있어서, 절삭작업으로 인한 공작물의 열팽창이나 변형을 피할 수 있는 이점이 있다.

고속절삭에 필요한 공작기계의 특성과 필요조건은 다음과 같이 요약된다.

1. 초고속 회전속도에 견디는 강성, 정확도, 균형에 대한 주축설계와 높은 원심력을 견디는 공작물고정장치
2. 급속이송기구, 베어링특성, 공작기계부품의 관성효과
3. 적절한 절삭공구와 공정변수의 선택과 컴퓨터제어
4. 고속으로 소재가 제거되는 데 따른 효과적인 칩제거 체계

8.9 둥근 형상가공용 절삭가공법 및 공작기계

이 절에서는 표 8.7에 요약한 내용 중에서, 기본적으로 형상이 둥근 제품들을 가공하는 방법에 관해 설명한다. 제품에는 안경테 나사와 같은 소형부품에서부터 축, 피스톤, 실린더, 포신, 수력발전용 터빈처럼 대형부품에 이르기까지 다양한 종류가 있으며, 이들 제품은 주로 선삭가공으로 제작된다. 선삭(turning)이란 공작물을 회전시키면서 절삭한다는 뜻이며, 주조, 단조, 압출, 인발 등을 통해 일차성형 소재들을 공작물로 사용한다. 그림 8.40에 나타낸 것처럼, 선삭작업은 그 활용범위가 매우 넓으며, 다양한 형상으로의 가공이 가능하다. 선삭작업의 종류는 다음과 같다.

- **외경절삭**(turning): 축, 스핀들, 핀, 핸들 등 각종 기계부품의 외면을 곧은 형상, 굽은 형상, 홈이 있는 형상, 원뿔 형상 등으로 가공하는 선삭작업
- **단면절삭**(facing): 다른 부품과 연결할 목적으로 단면을 편평하게 가공하거나, O-링자리 같은 단면 홈을 가공하는 작업
- **총형공구**(form tool)**를 이용한 절삭:** 기능 혹은 외양 상의 이유로 형상을 가진 제품을 이와 동일한 형상의 총형공구로 가공하는 작업
- **보링**(boring): 이미 뚫어진 구멍을 확장시키거나, 내면의 홈을 가공하는 작업
- **드릴링**(drilling): 구멍을 뚫는 작업. 구멍의 치수정확도와 표면정도를 향상시키려면 보링작업이나 태핑작업을 추가함
- **절단**(parting, cutting-off): 부품의 한쪽 끝을 잘라서 개별부품으로 후속가공용 슬러그

표 8.7 기계가공공정의 일반적 특성

공정	특성	치수공차[±mm]
선삭	거의 모든 축대칭소재의 내/외면 절삭 및 단면절삭. 작업숙련도 필요함. 생산속도 낮지만, 터릿선반이나 자동선반을 사용하면 생산속도가 중간 내지 높은 편이고 작업숙련도는 덜 필요함.	정삭: 0.05~0.13 황삭: 0.13 스카이빙: 0.025~0.05
보링	내면형상 절삭. 선삭의 특성과 유사. 채터를 방지하려면 보링바의 강성이 중요.	0.025
드릴링	다양한 크기와 깊이의 원형구멍. 정확도를 높이려면 보링이나 리밍 필요. 생산속도 높음. 작업숙련도 필요정도는 구멍위치나 정확도에 따름.	0.075
밀링	윤곽, 평면, 홈 같은 다양한 형상. 매우 다양한 공구사용. 다용도로 사용. 낮거나 중간 정도의 생산속도. 작업숙련도 필요함.	0.13~0.25
평삭	대형 표면의 평면 및 직선윤곽 형상. 소량생산에 적합. 작업숙련도는 공작물형상에 따름.	0.08~0.13
형삭	비교적 소형 공작물의 평면 및 직선윤곽 형상. 소량생산에 적합. 작업숙련도는 공작물형상에 따름.	0.05~0.13
브로칭	양호한 표면정도로 내/외면의 평면, 홈, 형상 가공. 고가의 공구사용. 생산속도 높음. 작업숙련도는 공작물형상에 따름.	0.025~0.15
톱작업	평면이나 구조형상의 직선 및 윤곽 절단. 톱날이 초경이거나 다이아몬드 피복되지 않은 경우는 경도 높은 공작물에 부적합. 생산속도 낮음. 작업숙련도 낮음.	0.8

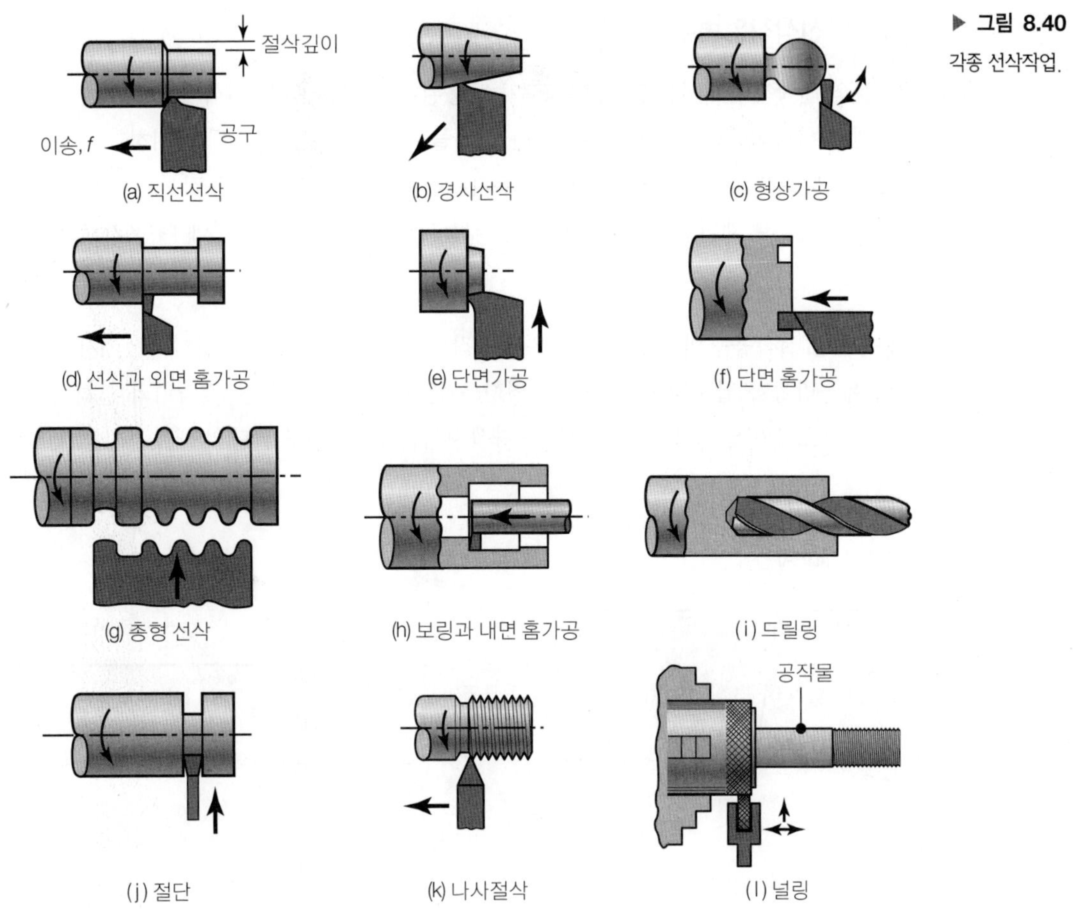

▶ **그림 8.40**
각종 선삭작업.

나 소재를 만드는 작업

- **나사절삭**(threading): 공작물의 외면이나 내면에 나사를 내는 작업
- **널링**(knurling): 미끄럼방지용 손잡이 같이, 원통외면에 규칙적인 모양의 무늬를 새기는 작업

이들 작업은 다양한 절삭조건(즉, 공작물회전속도, 절삭깊이, 이송속도 등, 그림 8.19 참조)에서 수행되며, 절삭조건은 공작물과 공구재료, 요구되는 치수정확도와 표면정도, 공작기계의 용량에 따라 결정된다.

한꺼번에 많은 양의 소재를 절삭하는 **황삭**(roughing cut)의 경우, 절삭깊이는 0.5 mm 이상, 이송속도는 0.2~2 mm/rev 정도로 한다. **정삭**(finishing cut)은 이보다 작은 절삭깊이와 이송속도로 수행된다. 대부분의 절삭작업은 형상을 만드는 황삭작업과 특정 치수공차와 표면정도 요건을 맞추는 정삭으로 구성된다. 절삭속도는 0.15~4 m/s 정도이다.

8.9.1 선삭작업변수

대부분의 선삭작업에서는 단인절삭공구가 사용된다. 그림 8.41에 선삭작업용 오른쪽 절삭공구의 기하학적 형상을 나타내는 표준 명칭들이 주어져 있다. 그림의 기하학적 형상은 적절한 공구홀더와 인서트를 사용해야 **유지**된다는 점에 주의하자. 공작물재료에 따라 공구는 경험적으로 개발된 최적의 공구각을 갖는다. 표 8.8에 공구형상에 대한 자료를 수록하였다.

1. **공구형상.** 절삭공구의 각종 공구각은 절삭작업에서 중요한 기능을 한다. (1) **경사각**은 칩의 유동방향과 날끝강도에 중요한 영향을 준다. 양의 경사각은 절삭력과 절삭온도를 줄이는 효과가 있으므로 절삭작업을 향상시키는 반면, 공구 끝단의 내부각이 작아지므

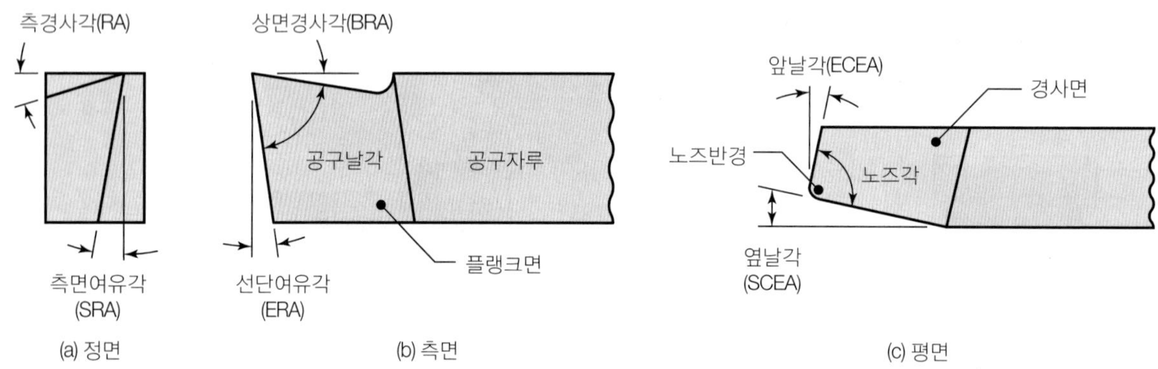

▲ **그림 8.41**

오른쪽 절삭공구의 호칭과 기호. '오른쪽'이라 함은 그림 8.19와 8.42처럼 공구가 오른쪽에서 왼쪽으로 이동함을 의미한다.

표 8.8 선삭에 사용되는 일반적인 공구각

	고속도강					초경(인서트)				
재료	상면경사	측경사	선단여유	측면여유	옆날각과 앞날각	상면경사	측경사	선단여유	측면여유	옆날각과 앞날각
알루미늄 및 마그네슘 합금	20	15	12	10	5	0	5	5	5	15
구리합금	5	10	8	8	5	0	5	5	5	15
강	10	12	5	5	15	−5	−5	5	5	15
스테인리스강	5	8~10	5	5	15	−5~0	−5~5	5	5	15
고온합금	0	10	5	5	15	5	0	5	5	45
내열금속	0	20	5	5	5	0	0	5	5	15
티타늄합금	0	5	5	5	15	−5	−5	5	5	5
회주철	5	10	5	5	15	−5	−5	5	5	15
열가소성 플라스틱	0	0	20~30	15~20	10	0	0	20~30	15~20	10
열경화성	0	0	20~30	15~20	10	0	15	5	5	15

로(그림 8.2 참조), 공구재료의 인성이 작으면 공구가 조기에 파단될 수도 있다. (2) 칩유동방향은 **상면경사각**(back rake angle)에 의해 결정되지만, **측경사각**(side rake angle)이 **상면경사각**보다 중요하다. (3) **여유각**, 즉 **선단여유각**(end relief angle)과 **측면여유각**(side relief angle)은 공구-공작물 접촉 부위에서의 간섭과 미끄럼 현상에 영향을 준다. 즉, 여유각이 너무 크면 공구날이 부서지기 쉽고, 너무 작으면 플랭크마멸이 심해진다. (4) **절삭날각**, 즉 **앞날각**(end cutting edge angle)과 옆날각(side cutting edge angle)은 정도의 차이는 있지만 칩형성, 공구강도, 절삭력에 영향을 준다. (5) **노즈반경**(nose radius)은 표면정도와 날끝강도에 영향을 준다. 즉, 이 반경이 작을수록 가공면은 거칠어지고 공구강도는 떨어진다. 그러나 노즈반경이 크면 채터가 생기기 쉽다(8.12절 참조).

2. **절삭률**(MRR, material removal rate). 절삭작업에서 단위시간당 제거되는 재료의 체적 [mm³/min]을 절삭률 또는 소재제거율이라고 한다. 선삭작업의 경우, 그림 8.42a를 참조하면 절삭률은 다음과 같이 계산된다.

$$\mathrm{MRR} = \pi D_{\mathrm{avg}} d f N \tag{8.38}$$

여기서 $D_{\mathrm{avg}} = (D_o + D_f)/2$는 평균직경(mm), d는 절삭깊이(mm), f는 이송속도(mm/rev), N은 공작물의 회전속도, 즉 단위시간당 회전수(rpm)이다. 직경이 큰 공작물을 경절삭할 때처럼 $D_{\mathrm{avg}} \gg d$인 경우에는 πD_{avg} 대신에 D_o를 사용해도 무방하다.

마찬가지로, 공작물길이 l을 절삭하는 데 걸리는 절삭시간 t는 다음과 같이 계산된다.

$$t = \frac{l}{fN} \tag{8.39}$$

이 절삭시간에는 공구의 접근 및 후퇴에 걸리는 시간은 포함되지 않았다. 현대적인 공작기계는 컴퓨터제어로 비생산시간(nonproductive time)을 최소화하도록 설계 및 제

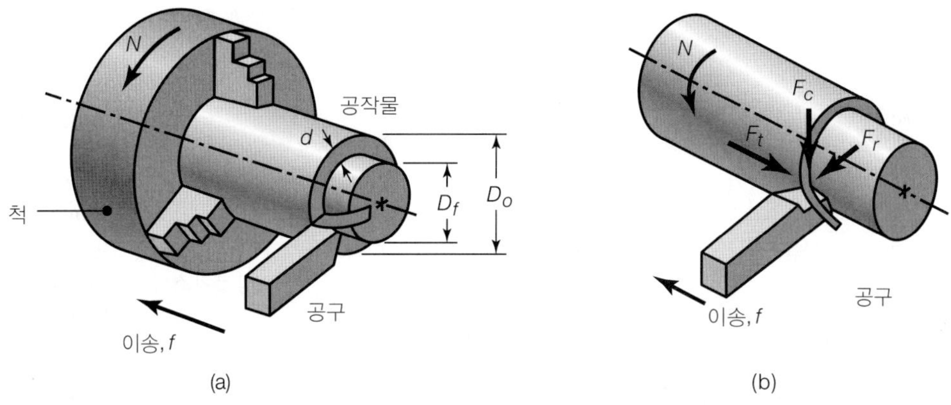

▲ **그림 8.42**

(a) 절삭깊이와 이송속도를 함께 나타낸 선삭작업의 개략도, (b) 선삭 시 절삭공구에 걸리는 절삭력.

작되는데, 공구를 급속이동시키고 공작물 근처에 물릴 때는 이동속도를 줄이는 것이 그 한 방법이다.

3. **선삭에서의 절삭력.** 그림 8.42b에 절삭공구에 걸리는 세 가지 힘을 도시하였다. 이들 힘은 공작기계의 설계뿐만 아니라 정밀절삭작업에서 공구의 처짐을 계산하는 데도 중요하다. **주분력** F_c는 공구 끝에서 아래로 작용하므로, 공구를 아래로 처지게 하는 요인이다. 주분력으로 절삭작업에 소요되는 에너지가 공급된다. 절삭률에 대한 예 8.4에서 알 수 있듯이, 주분력은 8.2.5절에 소개된 단위체적당 에너지로부터 계산된다(표 8.3 참조). **배분력** F_t는 길이방향으로 작용하므로 **이송력**이라고도 한다. **횡분력** F_r은 소재의 반경방향으로 작용하며, 공구를 공작물로부터 밀어내려는 힘이다.
4. **공구재료, 이송, 절삭속도.** 절삭공구재료의 일반적 특성은 8.6절에서 소개한 바 있다. 그

▶ **그림 8.43**

각종 공구재료별로 작용가능한 절삭속도 및 이송속도의 범위.

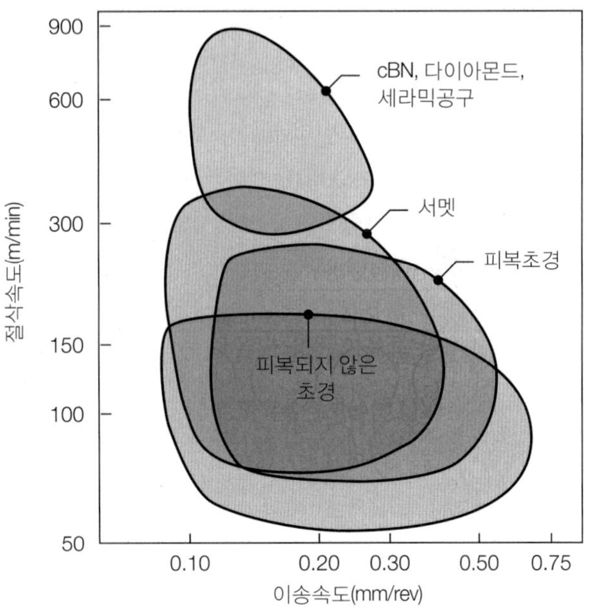

표 8.9 선삭작업의 절삭속도

피삭재료	절삭속도 m/min	피삭재료	절삭속도 m/min
알루미늄합금	200~1000	스테인리스강	50~300
회주철	60~900	열가소성 및 열경화성 플라스틱	90~240
구리합금	50~700	티타늄합금	10~100
고온합금	20~400	텅스텐합금	60~150
강	50~500		

주: (1) 제시한 절삭속도는 초경 및 세라믹 절삭공구에 대한 것이며, 고속도강인 경우에는 이보다 낮고, 피복공구인 경우에는 이보다 높음. (2) 절삭깊이는 일반적으로 0.5~12 mm임. (3) 이송은 일반적으로 0.15 mm/rev임.

림 8.43은 각종 공구재료에 대한 절삭속도와 이송의 범위를 나타낸다. 공작물재료와 절삭공구에 따른 선삭용 절삭속도의 추천안을 표 8.9에 제시하였다.

예 8.4 선삭 시 절삭률과 주분력

길이 15.24 cm, 직경 1.27 cm인 304 스테인리스강 환봉을 선반에서 선삭하여 직경을 1.22 cm로 줄이려고 한다. 주축회전속도는 N = 400 rpm이고, 축방향 공구이송속도는 20.32 cm/min이다. 이 작업에서의 절삭속도, 절삭률, 절삭시간, 소요동력, 주분력을 구하여라.

풀이 절삭속도는 공작물의 접선속도와 같다. 최대절삭속도는 공작물의 외경 D_o에서 생기며, 다음 식으로 표현된다.

$$V = \pi D_o N$$

따라서 $$V = (\pi)(1.27)(400) = 1595.9 \text{ cm/min} = 15.959 \text{ m/min}$$

이며, 절삭된 직경에서의 절삭속도는

$$V = (\pi)(1.22)(400) = 1533.1 \text{ cm/min} = 15.331 \text{ m/min}$$

이다. 주어진 자료로부터, 절삭깊이를 계산할 수 있다.

$$d = \frac{1.27 - 1.22}{2} = 0.025 \text{ cm}$$

이송은 $$f = \frac{20.32}{400} = 0.0508 \text{ cm/rev}$$

이다. 식 (8.38)을 이용하면 절삭률을 다음과 같이 계산할 수 있다.

$$\text{MRR} = (\pi)(1.245)(0.025)(0.0508)(400) = 1.987 \text{ cm}^3\text{/min}$$

실제절삭시간은 식 (8.39)를 이용하여

$$t = \frac{15.24}{(0.0508)(400)} = 0.75 \text{ min}$$

표 8.3을 참조하면, 스테인리스강의 단위체적당 소요에너지는 평균 4 W-s/mm^{3}이다. 따라서 소요동력은 다음과 같이 계산된다.

$$동력 = \frac{(4)(10^3)}{60}(1.987) = 132.5\ \text{W}$$

또한 1 W = 0.102 kg-m/s = 612 cm-kg/min이므로, 소요동력은 81,090 kg-cm/min임을 알 수 있다. 주분력 F_c는 공구에 의한 접선력이다. 동력은 토크 T와 단위 시간당 회전각속도의 곱이므로,

$$T = \frac{(81,090)}{(400)(2\pi)} = 32.3\ \text{kg-cm}$$

한편, $T = (F_c)(D_{avg}/2)$이므로, 주분력은 다음과 같다.

$$F_c = \frac{(32.3)(2)}{(1.245)} = 51.89\ \text{kg}$$

8.9.2 선삭작업과 선반(lathe)

선반은 역사가 가장 오래된 공작기계이다. 목공용 선반은 기원전 1000~1년경부터 사용되기 시작하였지만, 리드스크루가 있는 금속가공용 선반은 1700년대 후반에 와서야 개발되었다. 가장 일반적인 형태의 선반이 그림 8.44에 도시되어 있으며, 이를 **보통선반** 혹은 **엔진선반**(engine lathe)이라고 한다. 엔진선반이라고 부르는 이유는 초기의 선반이 별도로 설치된 엔진으로부터 벨트를 통해 동력을 공급받았기 때문이다.

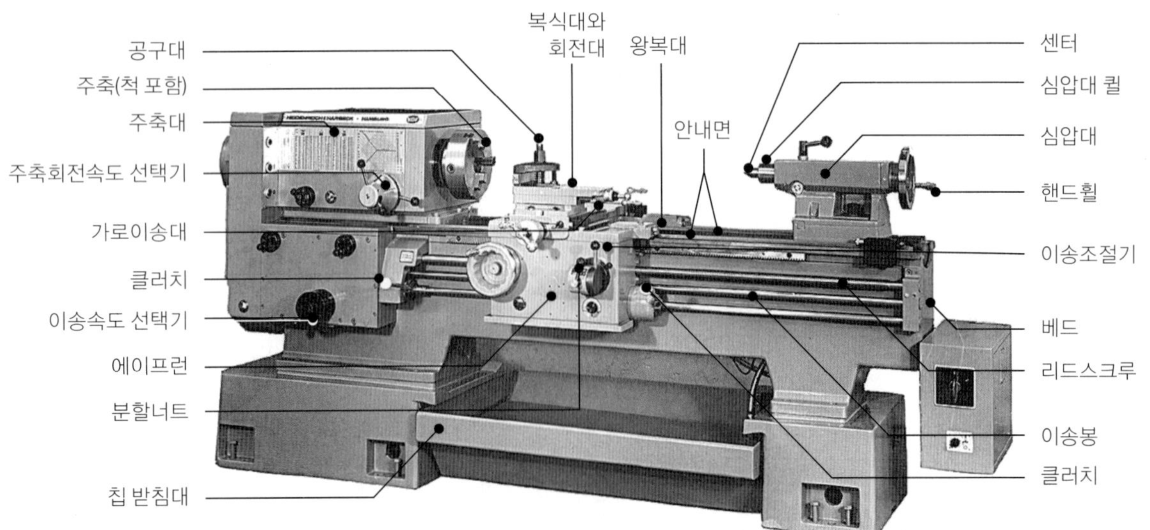

▲ **그림 8.44**

보통선반의 구조와 각부 명칭.

1. **선반의 구성요소와 종류.** 선반은 그림 8.44와 같이 여러 요소와 부속품들로 구성된다. 우선 베드는 다른 구성요소들을 지지하는 역할을 한다. **왕복대**(carriage assembly)는 **가로이송대**(cross slide), **공구대**(tool post), 에이프런의 조립품으로 베드 안내면을 따라 이동한다. 절삭공구는 공구대에 설치되며, 공구대는 회전가능한 **복합공구대**(compound rest) 위에 설치된다. **주축대**(headstock)는 베드에 고정되며, 주축(스핀들) 및 이송봉(feed rod)을 다양한 회전속도로 돌리기 위해 모터, 풀리, V-벨트, 기어 등의 동력공급 및 전달장치들을 장착하고 있다. 주축에는 구멍이 있어서(즉, 중공축) **척**(chuck)이나 콜릿(collet) 같은 공작물고정장치를 부착할 수 있다. **심압대**(tailstock)는 안내면을 따라 움직이면서, 공작물의 다른 한쪽 끝을 필요한 위치에서 지지한다. **이송봉**은 주축대의 기어전동장치로부터 동력을 전달받아 다양한 속도로 회전하며, 왕복대 및 가로이송대를 이동시키는 역할을 한다. **리드스크루**는 나사를 정확하게 가공할 때 사용되며, 이를 감싸고 있는 분할너트(split nut)를 닫으면 왕복대와 연결된다.

선반의 규격은 **스윙**(가공할 수 있는 공작물의 최대직경), 주축대와 심압대 양 센터 간의 최대거리, 그리고 베드 길이로 나타낸다. 여러 종류의 선반들이 다양한 목적으로 활용되며, 이에는 **보통선반**, **탁상선반**(bench lathe), **공구선반**(toolroom lathe), **갭선반**(gap lathe), **특수목적용 선반**이 있다.

모방선반(tracer, duplicating, contouring lathe)은 절삭공구를 형판(template)의 윤곽선을 따라 유압이나 전기로 움직이는 촉침의 궤적과 동일하게 구동시켜, 공작물도 형판과 동일한 윤곽선을 갖도록 가공하는 선반이다. **자동선반**은 규칙적 혹은 불규칙적

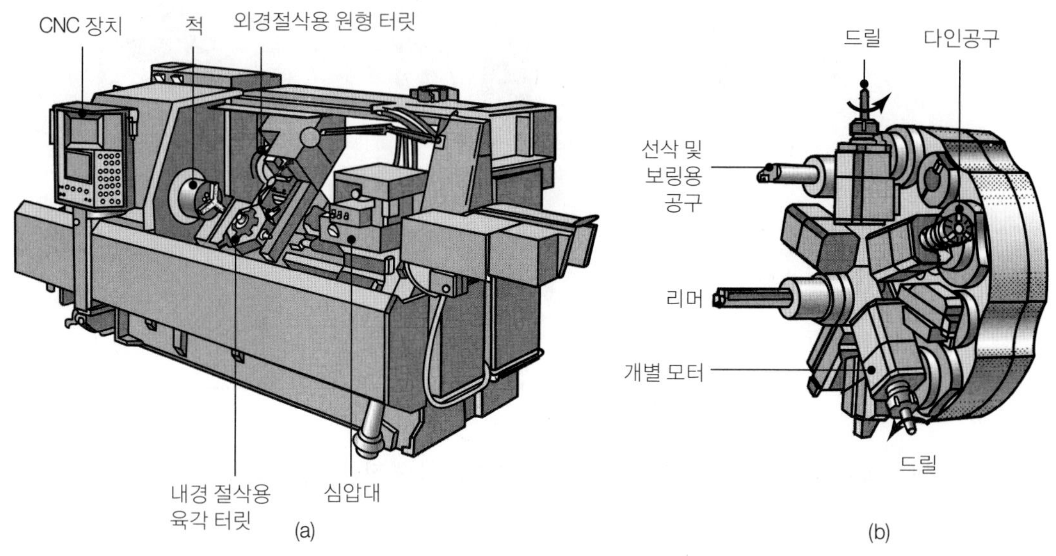

▲ **그림 8.45**
(a) 터릿이 두 개인 컴퓨터수치제어(CNC) 선반, (b) 10개의 공구가 장착된 터릿. 일부 공구는 개별 모터로 자체구동된다.

인 형상의 단품들을 자동생산하는 기계로 일명 척킹머신(chucking machine)이라고도 한다. 터릿선반(turret lathe)은 하나의 공작물에 선삭, 보링, 드릴링, 나사절삭, 단면절삭 등 여러 절삭작업을 복합수행하는 선반으로, 다수의 절삭공구를 육각형 **주터릿**(main turret)에 설치하며, 가로이송대에 부착된 **사각형 터릿**에도 최대 4개까지의 절삭공구를 설치하여 사용한다.

2. **컴퓨터제어선반.** 가장 발전된 형태의 선반으로 모든 작동이 **컴퓨터수치제어**(CNC, computer numerical control)방식에 의해 이루어진다(그림 8.45 참조). 보통 한 개 이상의 터릿이 있으며, 각 터릿에는 다양한 공구가 장착되어 공작물의 여러 면에 다수의 작업을 수행한다. 이 공작기계는 고도로 자동화되어 있어서, 작업이 반복적으로 수행되며 비숙련인력으로도 요구되는 정확도를 만족시키며, 소량 내지 중간량 생산에 적합하다. 컴퓨터제어에 관한 자세한 사항은 제14장과 제15장에 소개한다(8.11절도 참조).

예 8.5 컴퓨터수치제어 선반에서 가공되는 부품

CNC 선반의 능력의 예를 그림 8.46에 도시하였다. 그림의 각 부품에 사용재료 및 공구수, 절삭시간을 표시하였다. 예시된 부품은 보통선반이나 터릿선반에서도 작업이 가능하지만, 효율이 낮고 일관성이 떨어진다.

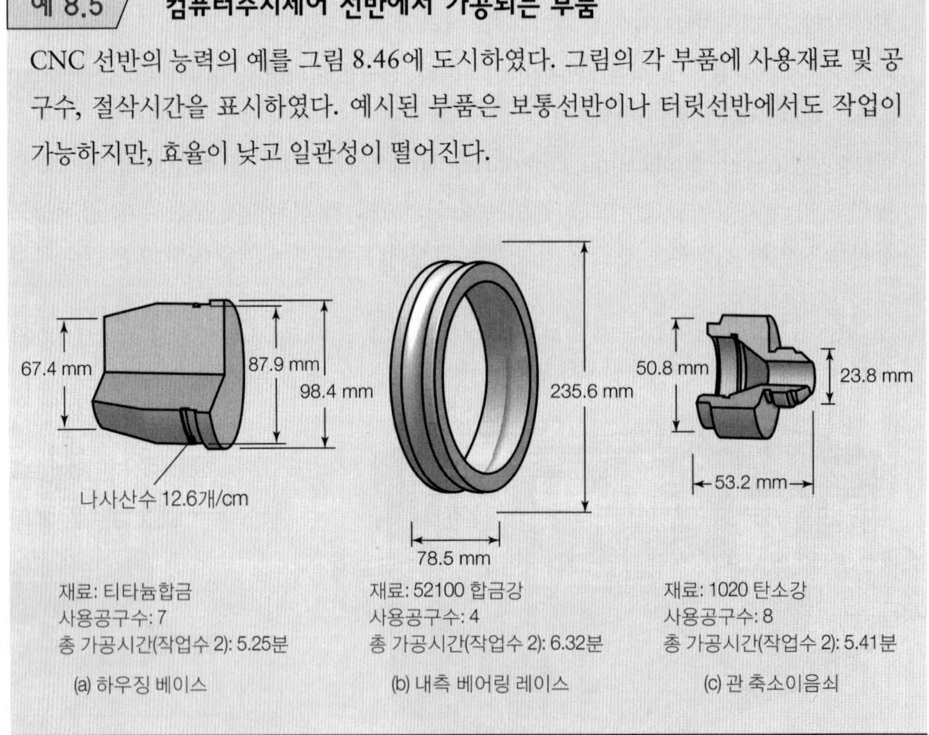

▶ **그림 8.46**
컴퓨터수치제어 선반에서 가공되는 전형적인 부품.

3. **선삭의 공정능력.** 선삭의 상대적인 생산속도를 다른 절삭작업들과 함께 표 8.10에 나타내었다. 생산속도는 기계가공작업의 생산성과 직결된다. 표에 나타낸 각 공정의 생산속도 간에는 큰 차이가 있으며, 이 차이는 공정과 공작기계의 특성뿐만 아니라 설치시간이나 공작물의 유형 및 크기와 같은 인자에 따라서 생긴다. 생산비용을 최소화하려면

표 8.10 각종 절삭작업의 생산속도

작업	속도	작업	속도
선삭: 보통선반	아주 낮거나 낮음	보링	아주 낮음
모방선반	낮거나 중간	드릴링	낮거나 중간
터릿선반	낮거나 중간	밀링	낮거나 중간
컴퓨터제어선반	낮거나 중간	평삭	아주 낮음
단축 자동선반	중간 내지 높음	기어절삭	낮거나 중간
다축 자동선반	높거나 아주 높음	브로칭	중간 내지 높음
		톱작업	아주 낮거나 낮음

주: 표에 제시한 생산속도는 상대적인 것으로, 아주 낮은 생산속도는 시간당 한 개 이상, 중간 생산속도는 시간당 100개 정도, 아주 높음은 시간당 1,000개 이상의 생산속도임.

8.15절 및 제16장에서 논의한 것처럼 공정변수와 공작기계를 적절하게 선택해야 한다.

표 8.10의 생산속도 순위는 상대적인 것으로, 특정 용도에 따라서 매우 달라진다. 예를 들면, 열처리된 고탄소 주강롤(6.3절의 압연기 참조)은 특수선반에서 다수의 서멧공구를 사용하여 최대 6,000 cm^3/min의 고절삭률로 기계가공된다. 이 작업에서의 주요 인자는 공작기계의 초고강성(채터에 의한 공구파손의 방지, 8.12절 참조)과 최대 450 kW에 이르는 고출력이다.

선삭과 연관작업에서 얻는 표면정도와 치수정확도는 공작기계의 특성과 상태, 강성, 진동과 채터, 공정변수, 공구형상과 마모, 절삭유, 공작물재료의 절삭성, 작업자의 숙련도 같은 인자에 따라 달라진다. 그 결과, 가용한 표면정도의 범위는 그림 8.26에서처럼 넓게 나타난다(그림 9.27도 참조).

4. **초정밀절삭**(ultraprecision machining). 컴퓨터, 전자제품, 원자력발전, 방산용 부품의 정밀가공에 대한 수요는 지속적으로 증가하고 있다. 이들 부품의 예로는 광학거울, 광학장치용 부품이 있으며, 그 표면정도는 수십 나노미터(10^{-9} m, 즉 0.001 μm), 가공정확도는 미크론 이하가 요구된다. 이때 사용되는 **초정밀절삭용 절삭공구**로는 단결정 다이아몬드(따라서 이 공정을 **다이아몬드선삭**이라고 함)를 주로 쓰며, 연마된 공구 날끝반경은 최소 수십 나노미터 정도이다. 다이아몬드가 마모되면 심각한 문제를 야기하므로, 최근에는 공구장치를 약 −120°C 정도로 액체질소로 냉각하는 **극저온 다이아몬드선삭기술**도 개발되었다(8.7.3절 참조).

초정밀절삭의 대상재료로는 구리합금, 알루미늄합금, 은, 금, 무전해니켈, 적외선재료, 플라스틱(아크릴)이 있다. 절삭깊이는 나노미터 범위이며, 이 범위에서는 경도가 높고 취성인 재료도 연속형 칩(**연성형절삭**(ductile-regime cutting)이라고 함. 9.5.3절의 연성형연삭도 참조)이 만들어지며, 이보다 절삭깊이가 크면 불연속형 칩이 생성된다.

초정밀가공용 공작기계는 기계, 주축, 공작물고정장치 등이 모두 고정밀, 고강성으로 제작되어야 한다. 초정밀공작기계의 부품은 열팽창이 작고 치수안정성이 높은 재료로 만들어지며, 수분지 일도 이내로 온도가 조절되고 먼지가 없는 환경(청정실)에 설치되어야 하며, 내/외부로부터의 진동의 근원은 가급적 피해야 한다. 이송과 위치제어는 레이저측정기술로 이루어지고, 기계는 고도의 컴퓨터제어시스템과 열 및 기하학적 오차의 보상기능을 갖추고 있다.

5. **경식선삭**(hard turning). 제9장에서 설명하지만, 경도가 높거나 경화처리된 금속재료를 경제적으로 제거하는 가공법으로는 기계적 가공법(특히 연삭)과 특수가공법이 있다. 그러나 전통적인 절삭공정으로도 공구재료를 적절히 선택하고 고강성인 공작기계를 사용하면, 경도가 높은 금속재료를 가공할 수 있다. 한 예로서, 기계 및 자동차 부품용 열처리강(45~65 HRC)의 정삭을 다결정 큐빅보론질화물(PcBN)공구로 가공한다. 경식선삭이라고 하는 이 공정을 통해 절삭된 부품은 치수정확도, 표면정도, 표면완전성이 우수하다. 이 공정은 동일한 부품을 연삭하는 공정에 대하여 기술적으로나 경제적으로 충분히 경쟁할 수 있다. 제9장의 예 9.4에서 경식선삭과 연삭을 비교하여 설명하였다.
6. **나사산의 절삭.** 외면나사를 대량생산할 때는 주로 소성가공(그림 6.44의 나사전조)으로 생산한다. 한편, 그림 8.40k처럼 선반용 공구를 사용하여 공작물 내면 혹은 외면의 나사산을 절삭가공하는 방법을 **나사절삭**(thread cutting, threading)이라고 한다. 또한 나사가 나있는 절삭공구(탭, tap)로 공작물 내/외면의 나사산을 가공하는 방법을 **태핑**(tapping)이라고 한다. 이 외에도 나사절삭용 다이나 밀링커터로 외면나사를 절삭할 수도 있다. 나사산을 연삭가공하면 비용은 상당히 많이 들지만 치수정확도와 표면정도를 향상시킬 수 있다.

   자동나사절삭기(automatic screw machine)는 각종 나사제품들을 높은 생산속도로 절삭가공하는 기계이다. 이들 기계는 나사 이외의 가공에도 사용되므로 **봉재가공용 자동선반**(automatic bar machine)으로 더 잘 알려져 있다. 터릿에 부착된 다수의 절삭공구들을 사용하여, 모든 작업은 자동수행되고, 봉재의 공급도 주축대의 구멍을 통해 자동으로 이루어진다. 즉, 가공이 완료된 부품은 소재에서 절단하고, 소재를 일정량 자동 이송하여 다음 부품을 가공한다. 봉재가공용 자동선반에는 주축의 수에 따라 단축자동선반과 다축자동선반이 있고, 사용되는 봉재의 직경은 보통 3~150 mm의 범위이다.

8.9.3 보링작업(boring)과 보링머신

보링작업은 드릴작업 등으로 미리 만든 구멍내면을 후속가공하여 확장하거나 마무리가공하는 작업이다(그림 8.40h 참조). 보링작업용 절삭공구는 선삭작업용 절삭공구와 비슷하다. 그러나 대형 공작물의 경우에는 절삭공구를 부착하는 보링바(boring bar)가 길어지므로, 공구의 처짐과 이에 따른 치수정확도의 유지가 심각한 문제로 대두된다. 공구의 처짐을 최소화하고 진동을 방지하기 위해, 보링바는 충분한 강성(탄성계수가 큰 재료)을 가져야 한다. 보링바는 진동감쇠능을 갖도록 설계된다(8.12절 참조).

비교적 소형인 공작물의 보링작업은 선반에서 수행되지만, 대형 공작물은 **보링머신**에서 가공된다. 보링머신은 수직형과 수평형으로 분류되며, 보링작업 외에 선삭, 면삭, 홈가

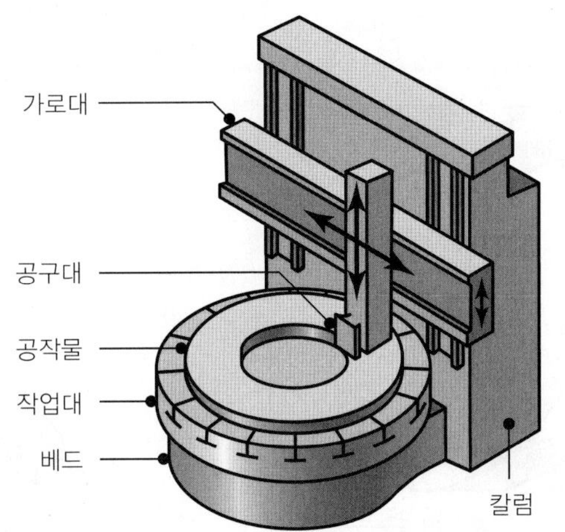

▶ **그림 8.47**
수직형 보링머신의 구조.

공, 모따기 등의 작업이 가능하도록 설계되어 있다. 수직형 보링머신의 경우(그림 8.47), 그 구조가 선반과 비슷하며 공작물은 수직축을 중심으로 회전한다. 수평형 보링머신의 경우, 공작물을 올려놓는 작업대는 수평방향으로 움직이고, 주축대는 상하 및 축방향으로 움직이며, 절삭공구는 보링바에 삽입된 후 주축대의 주축에 설치된다. 드릴, 리머, 탭, 밀링커터 같은 회전형 절삭공구들도 주축에 설치될 수 있다.

8.9.4 드릴링(drilling), 리밍(reaming), 태핑(tapping)

모든 기계가공에서 가장 흔히 이용되는 공정 중의 하나가 드릴링이다. **드릴**은 구멍을 뚫기 위한 절삭공구로 직경에 비해 길이가 긴 편이다(그림 8.48 참조). 따라서 드릴은 사용 중에 휠 수 있으므로, 구멍을 정확하게 가공하고 드릴이 파단되지 않도록 주의가 요구된다. 칩은 공작물 속에서 생성되어 드릴 진행방향과 반대방향으로 배출된다. 따라서 드릴링작업에서는 칩의 제거 및 절삭유의 효과적인 사용이 중요하다.

가장 흔히 사용되는 드릴은 표준형 **트위스트드릴**(twist drill)이다(그림 8.48). 드릴 끝의 주요 형상은 선단각(point angle), 여유각(lip-relief angle), 치즐각(chisel-edge angle), 나선각(helix angle)으로 표현된다. 드릴 끝의 형상 때문에, 드릴 날의 각 지점에서의 경사각과 원주속도는 중심으로부터의 거리에 따라 변한다. 드릴의 다른 종류로는(그림 8.49) 스텝드릴, 코어드릴, 카운터보링(counterboring)드릴, 카운터싱킹(countersinking)드릴, 센터드릴, 스페이드드릴 등이 있다. 크랭크축드릴은 중심을 맞추는 성질이 우수하며, 칩이 쉽게 부서지므로 깊은 구멍을 뚫는 데 적합하다. 건드릴(gun drill)은 특히 깊은 구멍을 뚫는 용도로 사용되며, 가공구멍의 직경 대비 깊이비가 300 이상인 경우도 있다. 참고로, 트리패닝(trepanning, 구멍따내기)은 구멍에 해당하는 부위의 소재를 원판 형상으로 따내는 방법으로, 주로 판재의 구멍을 뚫는 데 사용된다. 즉, 원의 내부는 그대로 두고 원주부만 절삭하여 구멍을 만들며, 따내는 원판의 직경은 최대 150 mm 정도이다.

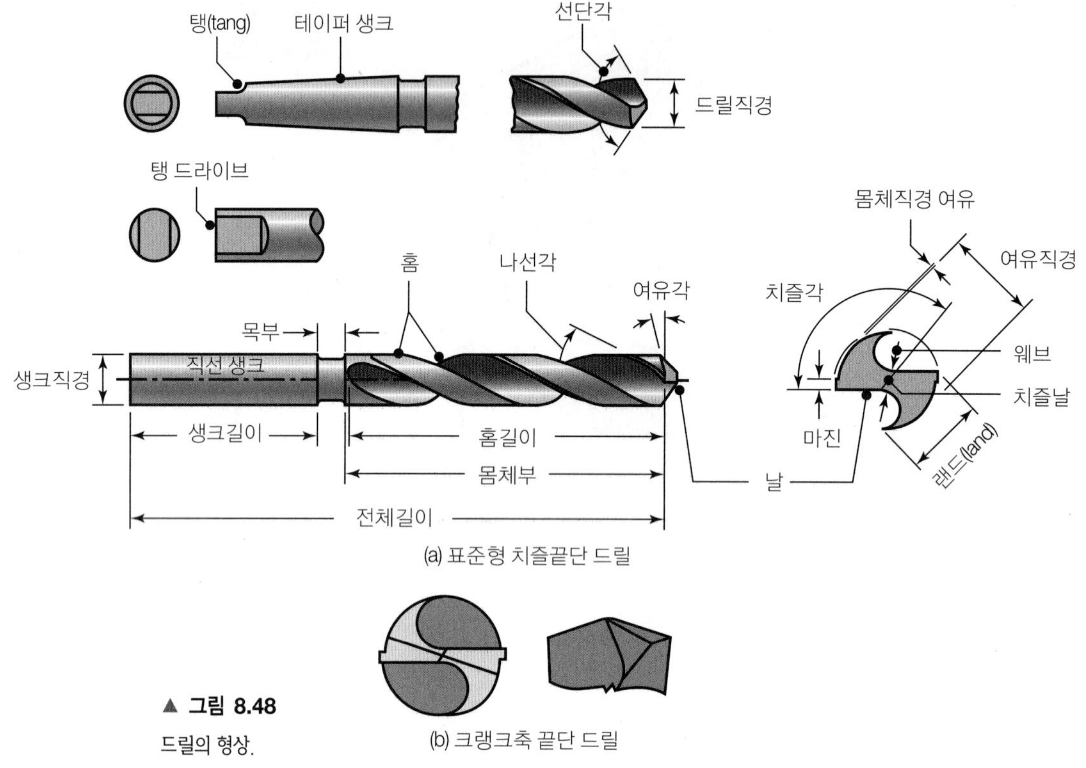

▲ **그림 8.48**
드릴의 형상.

▶ **그림 8.49**
여러 가지 형태의 드릴과 작업 종류.

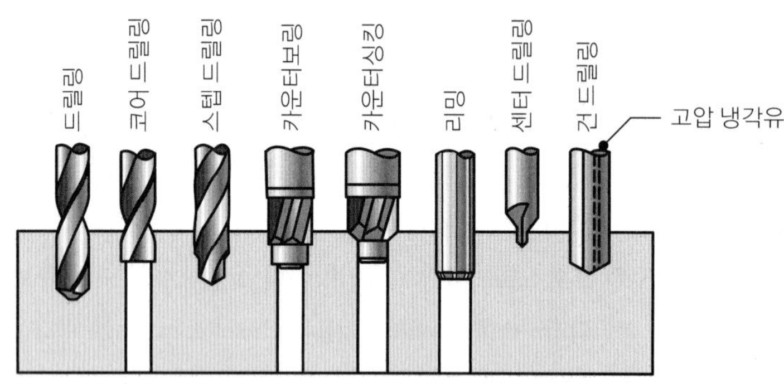

드릴링작업 시 절삭률은 단위시간당 제거되는 소재의 체적으로 다음과 같이 계산된다.

$$\text{MRR} = \frac{\pi D^2}{4} f N \tag{8.40}$$

여기서 D는 드릴의 직경(mm), f는 이송속도(mm/rev), N은 드릴의 회전속도(rpm)로, 표 8.11에 대상재료별로 이송속도와 회전속도 추천안이 제시되어 있다.

드릴링작업에서 추력(thrust force)은 드릴의 축방향으로 작용하는 힘을 말한다. 이 힘이 과도하면 드릴은 휘거나 파단된다. 추력의 크기는 공작물재료의 강도, 이송속도, 회전

표 8.11 드릴링작업 시 속도 및 이송

	표면속도		이송, mm/rev		분당회전수	
공작물재료	m/min	드릴직경	1.5 mm	12.5 mm	1.5 mm	12.5 mm
알루미늄합금	30~120		0.025	0.30	6400~25,000	800~3000
마그네슘합금	45~120		0.025	0.30	9600~25,000	1100~3000
구리합금	15~60		0.025	0.25	3200~12,000	400~1500
강	20~30		0.025	0.30	4300~6400	500~800
스테인리스강	10~20		0.025	0.18	2100~4300	250~500
티타늄합금	6~20		0.010	0.15	1300~4300	150~500
주철	20~60		0.025	0.30	4300~12,000	500~1500
열가소성 플라스틱	30~60		0.025	0.13	6400~12,000	800~1500
열경화성 플라스틱	20~60		0.025	0.10	4300~12,000	500~1500

주: 구멍깊이가 증가할수록 속도와 이송은 감소하여야 하며, 특정한 표면정도가 요구될 때는 그에 맞게 속도와 이송을 선택하여야 함.

속도, 절삭유, 드릴직경, 드릴형상 등에 따라 변하므로, 추력의 정확한 계산은 어렵다. 따라서 드릴과 드릴링장치의 설계 및 사용에는 실험자료가 활용된다. 실제작업에서 추력은 소형드릴의 경우에는 수 뉴톤(N)에 불과하지만, 고강도재료를 대형 드릴로 작업하는 경우에는 100 kN에 달한다.

드릴링작업에 필요한 **토크** 역시 정확히 예측하기란 어려우며, 표 8.3에 주어진 재료의 비절삭에너지를 이용하면 근사적인 값을 구할 수 있다. 즉, 드릴링작업 소요동력은 토크와 회전속도의 곱이므로, 주어진 작업조건에서의 절삭률과 재료의 비절삭에너지로부터 동력을 계산하면 해당 회전속도에 대한 토크를 구할 수 있다. 대형작업에서는 토크가 최대 4000 N-m에 달한다. **드릴수명**은 드릴이 마멸되어 추력이 한계값에 도달할 때까지 뚫을 수 있는 구멍의 수로 정의되며, 탭의 수명도 마찬가지로 표현된다.

드릴링머신은 드릴링작업뿐만 아니라 태핑, 리밍, 보링 등 작은 구멍의 가공에 필요한 일반적인 작업에 이용된다. 드릴링머신은 주로 수직형이며, **드릴프레스**(drill press)가 가장 보편적으로 사용된다. 공작물을 올려놓는 작업대는 조정이 가능하고, 표면에는 고정구 부착용 홈이 나있다. 공작물은 작업대에 직접 고정하거나, 작업대 위에 바이스를 설치하여 고정한다. 드릴은 이송용 손잡이로 이송하거나, 미리 설정된 속도로 동력이송한다. 적절한 절삭속도를 얻기 위해서는 드릴의 크기에 따라 주축회전속도를 조정해야 한다. 드릴프레스의 용량은 작업대에 설치가능한 공작물의 최대직경으로 표시되며, 일반적으로 150~1250 mm 정도가 사용된다.

■ **리밍작업과 리머**(reamer) 리밍은 이미 만들어진 구멍의 치수정확도와 표면정도를 향상시키는 작업이다. 구멍을 가장 정확하게 가공하려면, 센터작업, 드릴링작업, 보링작업, 그리고 리밍작업의 순서로 진행한다. 치수정확도와 표면정도를 더욱 향상시키려면 내면연삭과 호닝작업으로 추가 마무리한다(제9장 참조). 리머(그림 8.50)는 직선 혹은 나선형 홈이

▶ **그림 8.50**
나선형 리머의 각 부위 명칭.

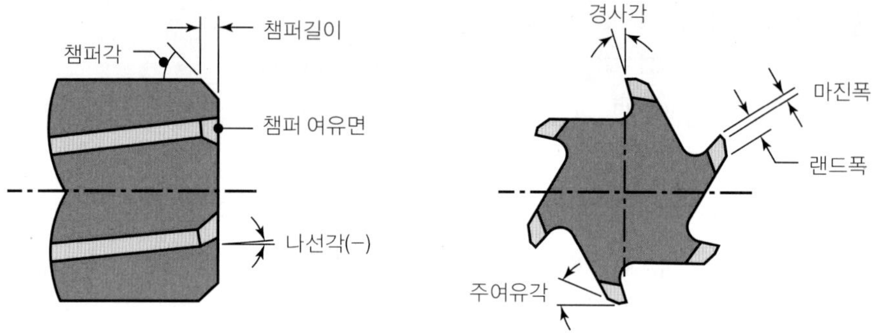

있는 다인절삭공구로, 소량의 절삭량을 가공하는 데 사용된다. 공구자루(생크)의 형상은 드릴과 마찬가지로 직선형과 테이퍼형의 두 가지 종류가 있다. 리머의 형태는 기본적으로 핸드리머와 기계리머(machine reamer, chucking reamer)로 분류되며, 그밖에 선단 마진폭이 넓고 여유각이 없는 로즈리머, 홈붙이(fluted)리머, 셸리머, 팽창(expansion)리머, 조정(adjustable)리머 등이 있다.

■ **태핑작업과 탭**(tap) 태핑은 공작물의 구멍 내면에 나사를 내는 방법이다. **탭**(그림 8.51)은 나사산 형상의 절삭날이 여러 개인 다인절삭공구이다. 보통 3~4개의 홈을 가진 탭이 사용되며, 홈이 세 개인 탭의 나사부가 넓어서 더 강하다. 테이퍼 탭은 태핑작업 시 토크를 줄일 수 있도록 고안된 것이고, 버텀(bottoming) 탭은 막힌 구멍의 끝까지 나사를 내는 용도로 사용된다. 붕괴형 탭은 구멍직경이 큰 경우에 사용되며, 작업이 완료되면 역회전시킬 필요 없이 기계적으로 붕괴시켜 빼낸다. 이 방법은 탭의 직경 100 mm까지 사용된다.

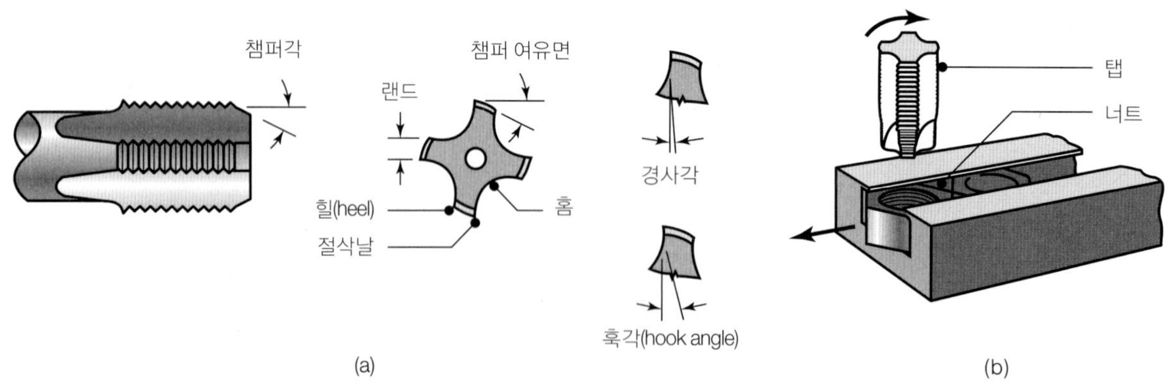

▲ **그림 8.51**
(a) 탭의 각 부위 명칭, (b) 대량생산에서 철강너트에 탭을 내는 개략도.

8.10 일반 형상가공용 절삭가공법 및 공작기계

주로 다인절삭공구로 공작물을 복잡한 형상으로 가공하는 절삭공정과 공작기계가 다수 있다(그림 8.52 및 표 8.7). 그 중에서 **밀링가공**은 활용범위가 가장 넓은 기계가공방법으로, 다수의 절삭날을 가진 커터가 다양한 방향의 회전축을 중심으로 회전운동하며 공작물을 절삭하는 가공법이다. 평면 및 곡면을 가공하는 다른 방법으로는 평삭, 형삭, 브로칭작업이 있다.

8.10.1 **밀링작업**(milling)

밀링작업은 다인절삭공구인 **밀링커터**(milling cutter)로 1회전에 많은 칩을 생성하면서 공작물을 다양한 형상으로 절삭하는 공정이다. 그림 8.52에 나타낸 부품들은 각종 밀링커터를 이용하여 효율적이고 반복적으로 기계가공된다.

밀링작업의 기본적인 유형은 다음과 같다.

1. **평밀링작업**(slab milling, peripheral milling). 이 작업에서는 그림 8.53a에 나타낸 것처럼, 커터의 회전축을 가공면과 평행하도록 하여 공작물을 절삭한다. 커터는 보통 고속도강으로 만들며, 원주면에 다수의 절삭날을 두어, 각 날이 단인절삭공구처럼 절삭작용을 하도록 한다. 커터의 날은 직선형 또는 나선형이므로 **직교절삭**이나 **경사절삭**이 이루어진다. 나선형 커터날은 그림 8.1c에 도시된 것과 같다.

   상향절삭(up milling, conventional milling)은 날의 진행방향과 공작물의 이송방향

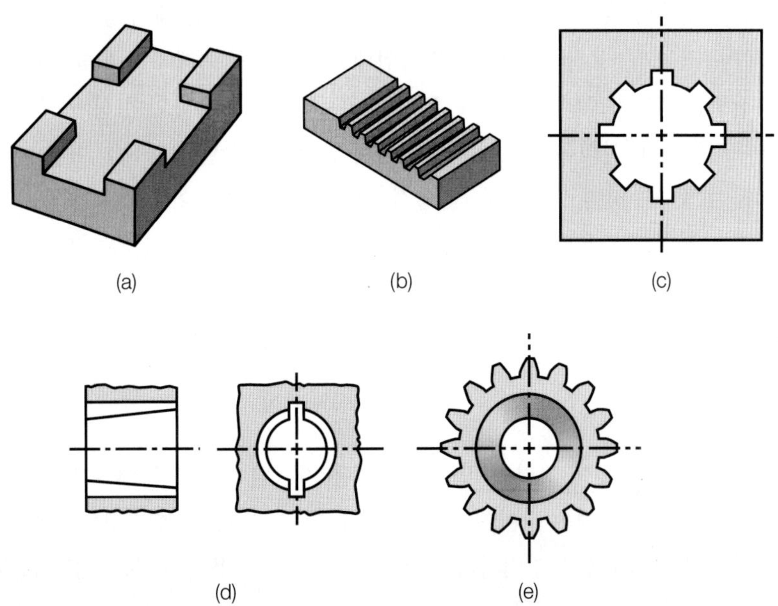

▶ **그림 8.52**
8.10절의 여러 가지 절삭작업을 통해 가공되는 대표적인 제품 예.

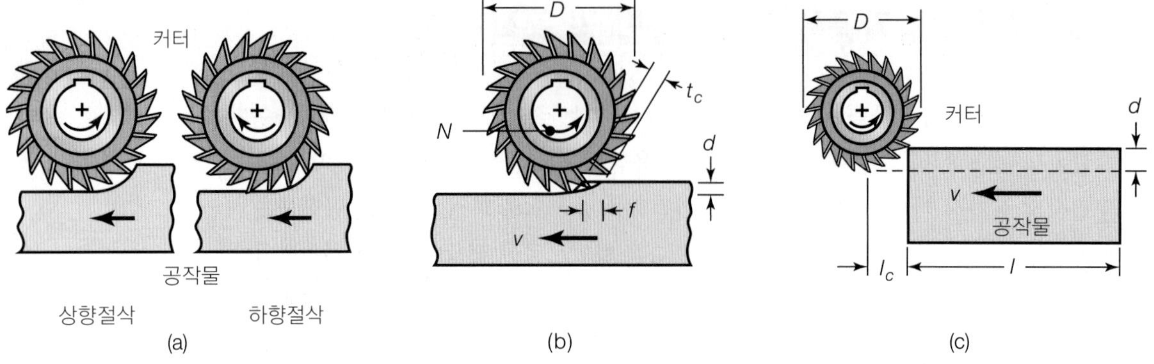

▲ **그림 8.53**
(a) 상향절삭과 하향절삭의 개략도, (b) 절삭깊이, 절삭날당 이송량, 칩의 변형 전 두께를 나타낸 평밀링작업, (c) 완전 절삭깊이에 도달할 때까지 커터의 이동거리를 나타낸 개략도.

이 반대인 경우로, 칩의 가장 두꺼운 위치에서 절삭이 끝난다(그림 8.53b 참조). 이 방법의 장점은 공작물의 표면특성이 절삭날에 특별한 영향을 주지 않으므로, 공작물표면에 부착된 산화물층이나 불순물층이 공구수명에 영향을 주지 않는다는 점이며, 일반적으로 사용되는 밀링작업이다. 공구진동의 가능성은 크지만, 예리한 절삭날이 사용되면 절삭이 원활하게 이루어진다. 상향절삭 시에는 공작물이 위쪽으로 이탈하려는 경향을 가지므로, 공작물을 견고하게 체결하는 것이 중요하다.

하향절삭(down milling, climb milling)은 날의 진행방향과 공작물의 이송방향이 같은 경우로, 칩의 가장 두꺼운 위치에서 절삭이 시작된다. 이 방법의 장점은 절삭력의 하향성분이 공작물을 고정시키는 방향으로 작용한다는 점으로, 특히 세장비가 큰 공작물의 경우에 유리하다. 그러나 절삭날이 공작물에 물릴 때의 충격력이 크므로, 강성이 큰 공작기계가 사용되어야 하고 작업대 이송장치의 백래시가 제거되어야 한다. 하향절삭법은 열간가공된 금속이나 주물 같이 표면에 산화물층이 형성된 공작물의 가공에는 부적합하다. 산화물은 경하고 연마성이 있어서 절삭날의 과도한 마멸이나 손상을 초래하여 공구수명이 짧아진다. 하향절삭은 컴퓨터수치제어(CNC) 공작기계에서 공구수명을 최대로 사용하고자 할 때 권장된다. 전형적인 용도로는 알루미늄의 정삭을 들 수 있다.

밀링에서의 절삭속도는 커터의 원주속도와 같다. 즉,

$$V = \pi D N \tag{8.41}$$

이며, 여기서 D는 커터의 직경이고, N은 커터의 회전속도이다(그림 8.53b). 평밀링작업에서 칩의 두께는 길이에 따라 다르며, 이는 공작물 진행방향에 대한 커터와 공작물 사이의 상대운동에 기인한다. 직선형 커터날을 사용하는 경우 **칩절삭깊이**(chip depth of cut), 즉 변형 전 칩두께 t_c는 다음 식으로 계산된다.

$$t_c = 2f\sqrt{\frac{d}{D}} \tag{8.42}$$

여기서 f는 공작물 진행방향을 따라 측정된 절삭날당 이송량[mm/날]이고, d는 절삭깊이이다. t_c 값이 클수록 절삭날에 작용하는 힘은 증가한다.

절삭날당 이송량 f는 다음과 같이 구해진다.

$$f = \frac{v}{Nn} \tag{8.43}$$

여기서 v는 공작물의 이송속도이고, n은 커터의 절삭날 개수이다. 위 식에서 f의 단위[mm/날]는 우변에 적절한 단위를 대입하여 확인할 수 있다. 절삭시간 t는 다음과 같이 계산된다.

$$t = \frac{l + l_c}{v} \tag{8.44}$$

여기서 l은 공작물의 길이이고, l_c는 절삭이 시작되는 순간의 공작물 끝에서부터 커터 중심까지의 거리이다(그림 8.53c). $l \gg l_c$라는 가정 하에서 밀링작업 시 **절삭률**은 다음과 같이 계산된다.

$$\text{MRR} = \frac{lwd}{t} = wdv \tag{8.45}$$

여기서 w는 절삭폭이며, 공작물의 폭이 커터의 폭보다 좁으면 이 값이 공작물 폭과 같다. 커터의 비절삭 이동거리는 중요한 경제적 고려사항으로 최소화되어야 한다.

2. **정면밀링작업**(face milling). 이 작업에서는 단면에 절삭날을 갖는 커터가 사용되며, 커터의 회전축은 그림 8.54a에 나타낸 것처럼 가공면에 수직이다. 커터는 회전속도 N, 공작물은 이송속도 v로 움직인다. 커터의 회전방향이 그림 8.54b와 같으면 하향절삭이 되고, 그 반대의 경우(그림 8.54c)는 **상향절삭**이 된다.

커터날과 공작물 간의 상대속도로 인해 정면밀링커터는 선삭작업에서처럼 가공표면에 **이송자국**을 남긴다. 표면거칠기는 인서트의 날끝형상과 절삭날당 이송량에 따른다(식 (8.35)~(8.37) 참조).

정면밀링커터에 사용되는 용어와 각도를 그림 8.55에 도시하였다. 그림 8.56은 인서트가 절삭할 때의 측면도이다. 인서트의 **모서리각**이 **변형 전 칩두께**에 직접적인 영향을 주는데, 모서리각(그림에서는 양의 각도)이 커지면, 변형 전 칩두께가 감소되면서(실제 칩두께도 마찬가지) 접촉길이는 증가한다. 대부분의 정면밀링커터에서 모서리각은 0~45°이며, 모서리각이 변해도 변형 전 칩단면적은 일정하다. 모서리각은 축하중 및

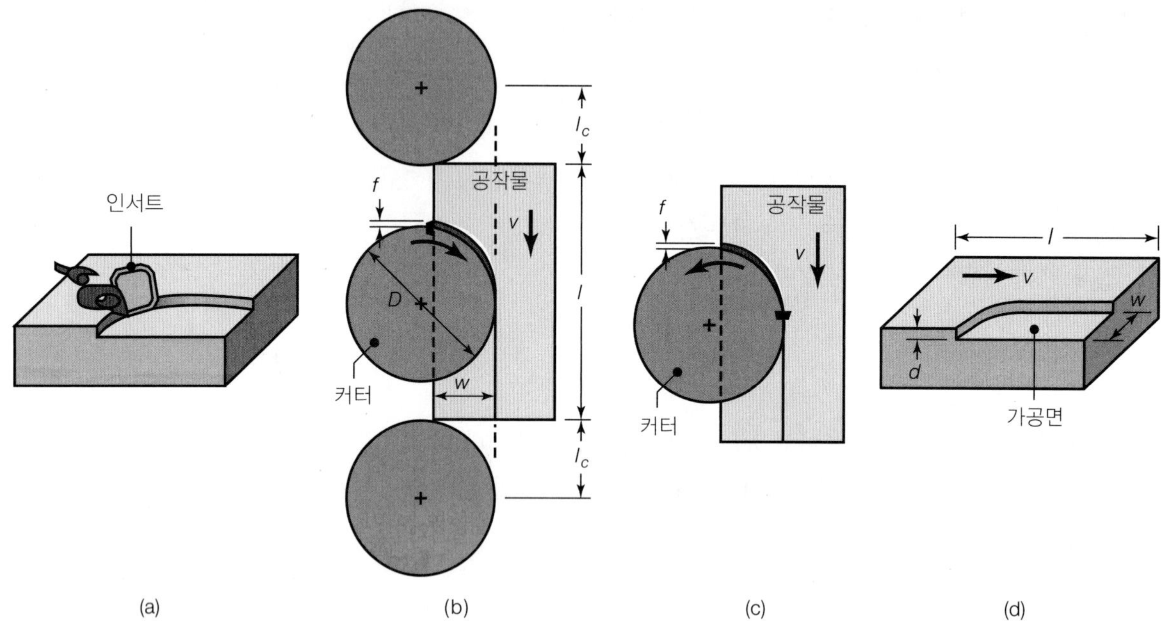

▲ **그림 8.54**

정면밀링작업: (a) 정면밀링작업에서 인서트의 작용, (b) 하향절삭, (c) 상향절삭, (d) 정면밀링의 작업치수.

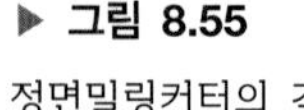

▶ **그림 8.55**

정면밀링커터의 각 부위 명칭.

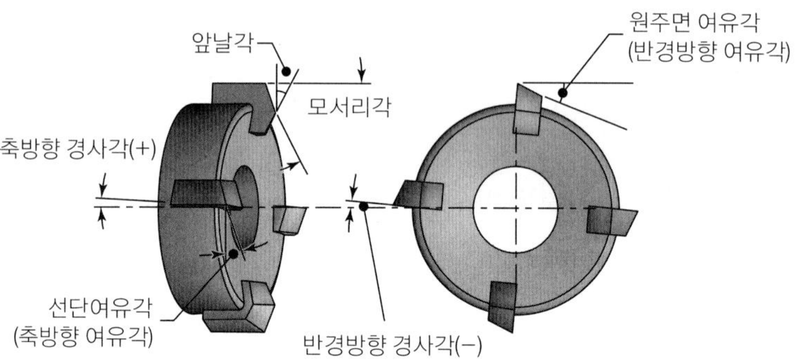

접선력에 영향을 준다. 즉, 모서리각이 작을수록 축하중(수직력)성분은 작아진다.

다양한 밀링공구를 사용할 수 있으며, 공구직경은 공구가 공작물고정구나 다른 부품과 간섭하지 않도록 선택한다. 전형적인 정면밀링작업에서 절삭폭 w에 대한 공구직경 D의 비는 3:2 이상으로 한다. 절삭날은 초경이나 고속도강 인서트 형태로 만들어져서 커터몸체에 삽입된다(그림 8.55 참조).

공구직경과 가공면에 대한 인서트의 각도 및 위치에 따라 인서트가 공작물에 들어가고 나가는 각도가 결정된다. 그림 8.54b의 하향절삭에서 인서트의 축방향 및 반경방향 경사각이 없다면(그림 8.55 참조), 인서트 경사면이 공작물에 직접 닿게 된다(따라서 충격력이 큼). 반면에, 그림 8.57a와 b에서 볼 수 있듯이, 동일한 인서트라도 커터와 공작

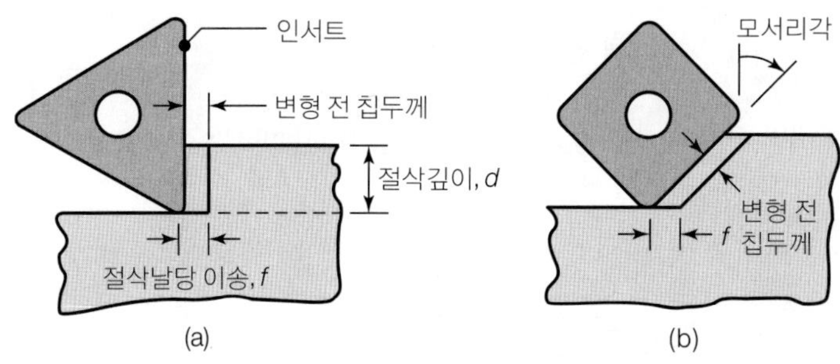

▶ **그림 8.56**

인서트의 모서리각이 변형 전 칩두께에 주는 영향.

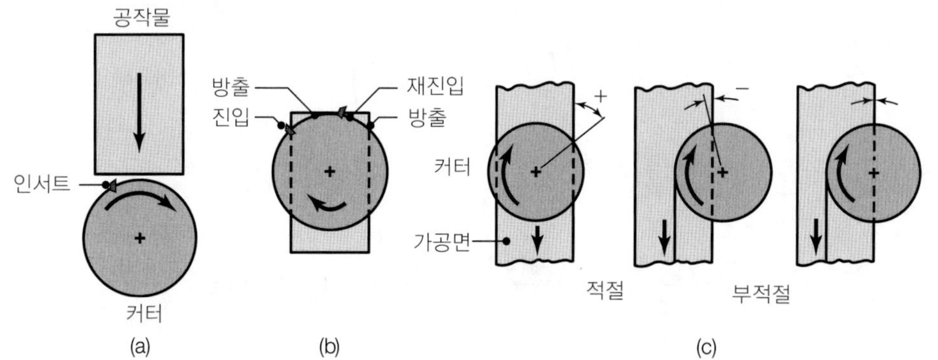

▶ **그림 8.57**

(a) 정면밀링에서 커터와 인서트가 공작물에 닿을 때의 상대적 위치, (b) 절삭종료 시의 인서트 위치, (c) 적절한 위치(양 혹은 음의 각)와 부적절한 위치(영의 각)를 나타낸 인서트의 방출각.

물의 상대위치에 따라 인서트의 진입각이 달라진다. 즉, 그림 8.57a에서는 인서트의 끝단이 최초로 접촉하므로 절삭날끝이 손상될 수 있는 반면, 그림 8.57b에서는 최초접촉 및 인서트 끝단에서 멀어질 때(즉, 진입, 재진입, 두 개의 방출), 각도를 이루고 있다. 따라서 인서트에 작용하는 힘의 변화속도가 작으므로 인서트가 잘 손상되지 않는다. 이 상황은 그림 8.55의 축방향 및 반경방향 경사각에 따라 영향을 받는다.

그림 8.57c는 공작물에 대한 공구의 상대위치별 방출각을 나타낸다. 처음 두 예에서는 인서트가 공작물에서 방출될 때, 각도를 이루므로 인서트에 작용하는 힘이 점차적으로 감소하여 없어지지만(적절), 세 번째 예에서는 인서트가 갑자기 방출되고 있다(부적절).

예 8.6 정면밀링작업에서의 절삭률, 소요동력 및 절삭시간 계산

그림 8.54를 참조하여 D = 150 mm, w = 60 mm, l = 500 mm, d = 3 mm, v = 0.6 m/min, N = 100 rpm이라고 하자. 커터에 인서트날이 10개 끼워져 있고, 공작물재료는 고강도 알루미늄합금이다. 이 작업에서의 절삭률, 절삭시간, 절삭날당 이송량, 소요동력을 계산하여라.

풀이 절삭단면적은 wd = (60)(3) = 180 mm²이 된다. 공작물의 속도는 0.6 m/min

= 600 mm/min이므로, 절삭률은 다음과 같이 계산된다.

$$\text{MRR} = (180)(600) = 108{,}000\ \text{mm}^3/\text{min} = 1800\ \text{mm}^3/\text{s}$$

절삭시간은 식 (8.44)로 계산된다.

$$t = \frac{l + l_c}{v}$$

그림 8.54를 참조하면,

$$l_c^2 + \left(\frac{D}{2} - w\right)^2 = \left(\frac{D}{2}\right)^2$$

따라서 $l_c = \sqrt{Dw - w^2}$, 즉 73.5 mm이다. 따라서 절삭시간은

$$t = \frac{(500 + 73.5)(60)}{600} = 57.3\ \text{s} = 0.955\ \text{min}$$

이다. 식 (8.43)으로부터 절삭날당 이송량을 구할 수 있다. N = 100 rpm = 1.67 rev/s 이므로,

$$f = \frac{10}{(1.67)(10)} = 0.6\ \text{mm/날}$$

표 8.3에서 공작물재료에 대한 절삭 비에너지는 1.1 W-s/mm^{3}이다. 따라서 동력은 다음과 같이 계산된다.

$$\text{동력} = (1.1)(1800\ \text{mm}^3/\text{s}) = 1980\ \text{W} = 1.98\ \text{kW}$$

3. **엔드밀링작업**(end milling). 엔드밀링작업에 사용하는 커터를 엔드밀(end mill)이라고 하며, 그 형상은 그림 8.1d와 같다. 엔드밀은 그 크기에 따라 각각 테이퍼형 혹은 직선형 자루를 가진다. 엔드밀의 회전축은 공작물 설치면에 대해 수직인 것이 보통이나, 경사면의 가공을 위해 회전축을 기울일 수도 있다. 엔드밀링작업은 평면뿐만 아니라 다양한 형상의 면을 가공하는 데 이용된다. 엔드밀은 절삭날이 밑면에 붙어 있으므로, 공동부 가공을 시작하기 위한 드릴용으로 사용될 수도 있다. 끝이 반구형인 **볼엔드밀**은 주로 금형곡면의 가공에 사용된다. **중공엔드밀**(hollow end mill)은 구멍 내면에 절삭날을 갖고 있으며, 환봉의 표면을 가공하여 자동나사절삭기에 사용될 소재의 직경을 정확하게 가공하는 데 사용된다. 엔드밀은 고속도강이나 초경인서트로 만들어진다.

고속절삭과 그 용도를 8.8절에서 설명한 바 있다. 동일한 목적으로 엔드밀을 사용하

는 **고속밀링**이 보편화되었으며, 이 경우에도 공작기계의 강성, 공작물고정장치 등에 고속절삭의 요건이 필요하다. 전형적인 예로, 알루미늄합금의 항공우주용 부품과 벌집구조재를 20,000 rpm 정도의 회전속도로 밀링하는 것을 들 수 있다. 다른 예로는 금형소재에 공동부를 만드는 **다이싱킹작업**을 들 수 있다. 고속밀링에서는 절삭률이 높아서 칩을 수거하고 폐기하는 것이 심각한 문제가 될 수 있다.

4. **기타의 밀링작업과 커터.** 앞에서 설명한 것과 다른 방식의 밀링작업과 커터들이 몇 가지 사용된다. **스트래들밀링**(straddle milling)은 두 개 이상의 커터를 아버(arbor)에 설치하여 공작물의 **평행한** 두 면을 절삭하는 데 이용된다(그림 8.58a 참조). **총형밀링**(form milling)은 특정 형상을 가진 커터로 곡선단면을 만드는 데 사용된다(그림 8.58b 참조). 이 공구는 기어치형의 절삭에 사용되기도 한다(8.10.7절 참조).

   원판형커터를 사용하면 슬로팅(slotting)이나 슬리팅(slitting) 작업을 할 수 있다. 이때 커터의 날은 톱날처럼(8.10.5절 참조) 약간씩 어긋나도록 하여, 깊은 홈을 가공할 때 여유공간을 준다. **슬리팅용 톱날**은 두께가 보통 5 mm 이하로 비교적 얇은 공구이다. 공작기계의 작업대에 공작물을 고정시키는 데 사용하는 T홈을 가공할 때는 **T홈 커터**를 사용한다. 이 경우에는 엔드밀로 홈을 먼저 가공한 후, T홈 커터를 1회 통과시켜 완전한 T홈 형상으로 가공한다. 축에 사용되는 반달형 키홈 가공에는 **키홈 커터**를 이용한다. 각도를 가진 경사면은 **앵글밀링커터**로 가공한다.

   셸밀(shell mill)은 내부가 빈 커터로 엔드밀과 같은 용도로 사용되며, 동일한 공구대에 크기가 다른 커터를 설치할 수 있다. 고속회전주축에 단인공구를 설치하여 작업하는 밀링을 **플라이커팅**이라고 하며, 간단한 정면밀링이나 보링작업을 하는 데 사용된다.

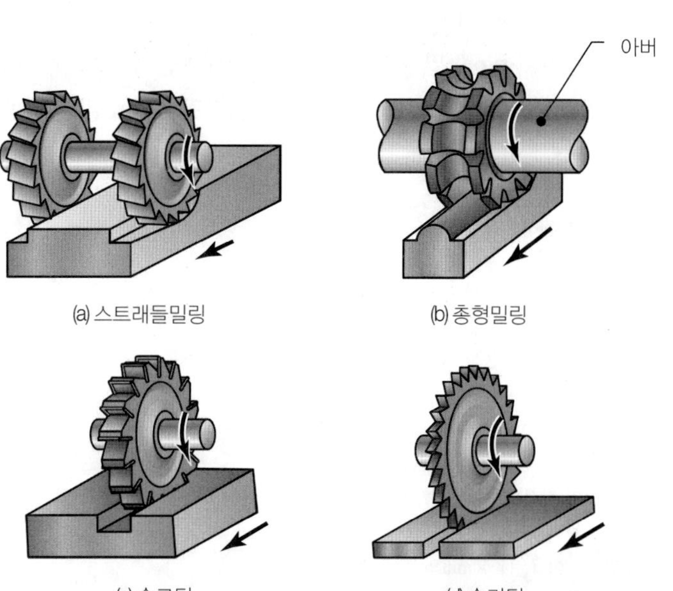

▶ **그림 8.58**
각종 밀링작업: (a) 스트래들밀링, (b) 총형밀링, (c) 슬로팅, (d) 슬리팅.

공구는 일반 단인공구의 형상이며, 주축에서 임의의 반경방향 위치에 설치할 수 있다.

5. **공구홀더.** 밀링커터는 아버용 커터(arbor cutter)와 공구자루 커터(shank cutter)로 구분한다. **아버용 커터**는 공구를 아버에 설치하여 평밀링, 정면밀링, 스트래들밀링, 총형밀링 등의 작업을 한다. **공구자루 커터**는 커터와 공구자루가 일체로 되어 있고, 가장 일반적인 예는 엔드밀이다. 소형 엔드밀은 공구자루에 테이퍼가 없지만, 대형 엔드밀은 공구자루에 테이퍼를 주어 높은 절삭력과 토크에도 공구자루가 미끄러지지 않도록 한다. 테이퍼 없는 공구자루는 **콜릿척**이나 특수 엔드밀홀더에 설치한다. 기계적 방법 외에 유압을 이용하는 공구홀더와 아버도 있다. 밀링작업에서 커터와 공구홀더의 강성은 표면품질 향상과 진동 및 채터의 저감에 중요하다(8.12절 참조). 일반 테이퍼진 공구홀더는 밀링작업 시 반경방향 힘이 걸릴 때, 밑이 벌어져서 종모양으로 변형하거나 마모되는 경향이 있다.
6. **밀링머신과 공정능력.** 지금까지 설명한 밀링작업의 특성 외에 밀링작업의 공정능력은 생산속도, 표면정도, 치수공차, 비용요인 등의 변수에 따라 달라진다. 밀링작업 시 이송과 절삭속도에 대한 일반적인 추천안을 표 8.12에 제시하였다. 밀링작업의 절삭속도도 선삭의 경우와 같이 공작물재료, 공구재료, 공정변수에 따라 최저 30 m/min에서 최고 3000 m/min까지 넓은 범위에서 적용한다.

밀링머신은 다양한 절삭작업을 수행하는 가장 활용도 높은 공작기계의 하나로 꼽힌다. 따라서 다양한 특징을 가진 많은 종류의 밀링머신들이 개발되어 사용된다. 범용 밀링작업에는 **니이형**(column-and-knee type) 밀링머신이 가장 많이 사용된다. 주축의 방향에 따라 평밀링작업용 **수평형**(그림 8.59a)과 정면밀링, 엔드밀링, 보링, 드릴링작업용 **수직형**(그림 8.59b)으로 구분된다. 이들 기계의 구성요소들은 수동으로 혹은 동력을 사용하여 구동하며, 각종 CNC 장치를 부착하여 사용하기도 한다.

베드형(bed-type) 밀링머신에서는 작업테이블이 베드에 직접 설치되어(니이를 대신), 길이방향으로만 움직인다. 따라서 다른 밀링머신에 비해 활용도는 떨어지나, 강성이

표 8.12 밀링작업의 절삭속도

공작물재료	절삭속도 m/min	공작물재료	절삭속도 m/min
알루미늄합금	300~3000	강	60~450
회주철	90~1300	스테인리스강	90~500
구리합금	90~1000	열가소성 및 열경화성 플라스틱	90~1400
고온합금	30~550	티타늄합금	40~150

주: (1) 주어진 절삭속도는 초경, 세라믹, 서멧, 다이아몬드 공구에 대한 것임. 고속도강 공구의 경우에는 주어진 속도보다 낮음.
(2) 절삭깊이 d는 1~8 mm의 범위임.
(3) 절삭날당 이송 f는 0.08~0.46 mm/날의 범위임.

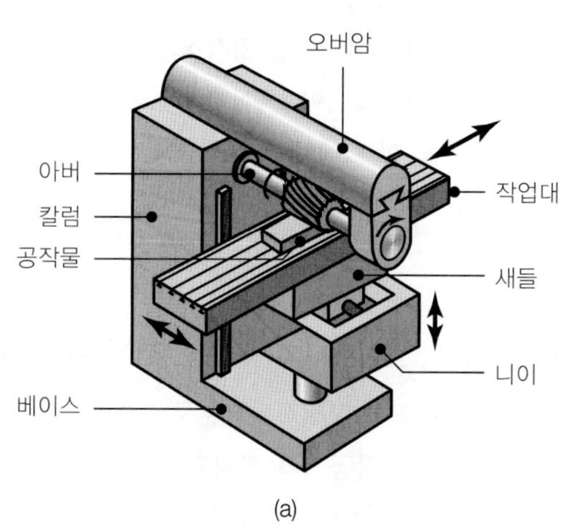

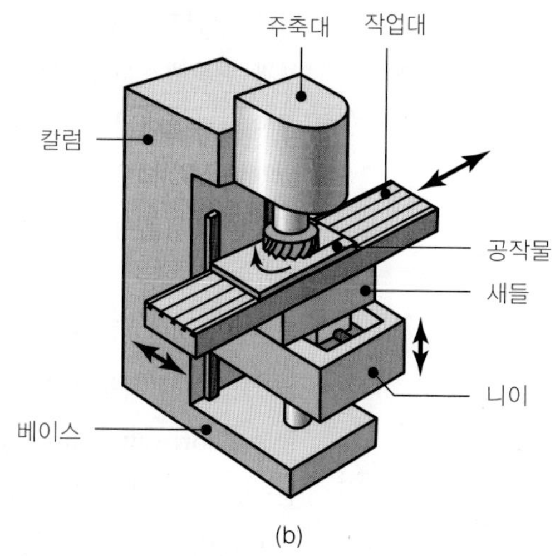

▲ **그림 8.59**
니이형 밀링머신의 구조: (a) 수평형, (b) 수직형.

크므로 높은 생산성이 요구되는 대량생산에 적합하다. 주축은 수평 혹은 수직으로 설치되며, 공작물의 여러 면을 동시에 가공할 목적으로 2~3개의 주축을 보유하는 형태도 있다. **플레이너형**(planer-type) 밀링머신은 베드형과 유사하나, 다양한 면을 가공할 수 있도록 다수의 주축대와 커터를 보유한다. 이 기계는 주로 대형 공작물의 가공에 사용되며, 비슷한 용도의 플레이너(8.10.2절 참조)보다 작업효율성이 높다.

회전작업대(rotary-table) 밀링머신은 수직밀링머신과 유사하며, 정면밀링작업용 주축대를 하나 이상 갖고 있다. 공구의 5축 운동이 가능한 형조각기(profile milling machine)는 프로펠러 같이 복잡한 형상을 가진 제품의 가공에 이용된다. 모방밀링머신(copy milling, duplicating machine)은 촉침을 사용하여 공작물을 모형과 동일한 형상으로 복제한다. 이 기계는 자동차나 항공산업에서 복잡한 형상의 부품이나 다이를 가공하는 용도로 사용되며(다이싱킹), CNC 방식으로 거의 전환되었다. CNC 공작기계는 일관된 정확도로 밀링, 드릴링, 보링, 태핑 등 다양한 작업들을 수행할 수 있어서 활용도가 높다.

8.10.2 평삭작업(planing)과 플레이너

비교적 단순한 절삭작업인 **평삭작업**은 평면이나 길이방향 홈이나 노치의 가공에 사용된다. 주로 대형 공작물에 행해지며, 공작물크기가 25 m × 15 m에 달하는 경우도 있다. 평삭용 공작기계인 **플레이너**에서 공작물은 직선왕복운동을 하는 대형 작업대 위에 설치되며, 절삭공구는 가로대(cross-rail)에 부착된 공구대에 설치된다. 한편, 가로대는 칼럼(column)의 안내면을 따라 상하로 움직이며, 여기에 하나 혹은 그 이상의 공구대가 설치된다. 평삭작업에서는 주로 단인절삭공구가 사용되며, 공작물의 진행방향에 따라 절삭행정과 귀환행정이 반복된다. 귀환행정에 소요되는 비절삭시간은 평삭작업과 다음에 설명될 형삭작업에서 작업효율과 경제성을 저하시키는 큰 요인이 된다. 따라서 이들 작업들은 소량생산에 적합하다. 그러나 양방향의 절삭이 가능한 각종 절삭공구들과 이들의 설치에 필요한 공구홀더를 플레이너에 장착시킴으로써 작업효율을 향상시킬 수 있다.

8.10.3 형삭작업(shaping)과 형삭기

형삭작업은 공작물의 크기가 작다는 점을 제외하고는 평삭작업과 매우 유사하다. 수평형 형삭기(horizontal shaper)에서 공작물은 고정되고 공구가 직선왕복운동을 한다. 즉, 왕복운동을 하는 램에 공구대가 부착되며, 여기에 단인절삭공구가 설치된다. 대부분의 형삭기(shaper)는 램이 전진하는 동안 절삭(push cut, 누름절삭)하나, 그 반대인 경우(draw cut, 당김절삭)도 있다. 한편, 수직형 형삭기(vertical shaper)는 주로 노치, 키홈, 다이 가공에 사용된다. 통상, 수평형 형삭기를 간단히 셰이퍼(shaper)라고 하며, 수직형 형삭기를 슬로터(slotter)라고 한다. 형삭기는 생산속도가 낮아서 주로 공구실이나 공작실에서 수리작업용으로 사용된다.

8.10.4 브로칭작업(broaching)과 브로칭머신

브로칭작업은 형삭작업과 비슷하나 다인절삭공구가 사용되며, 원형, 사각형, 혹은 불규칙한 형상의 구멍; 키홈, 내접기어의 치형, 스플라인 구멍, 평면 같은 공작물의 내/외면 형상가공에 사용된다(그림 8.60). 브로치(broach, 그림 8.61)는 길쭉한 형상의 절삭공구로 높이가 점차적으로 높아지는 여러 개의 절삭날로, 절삭깊이를 점차적으로 증가시키는 효과를

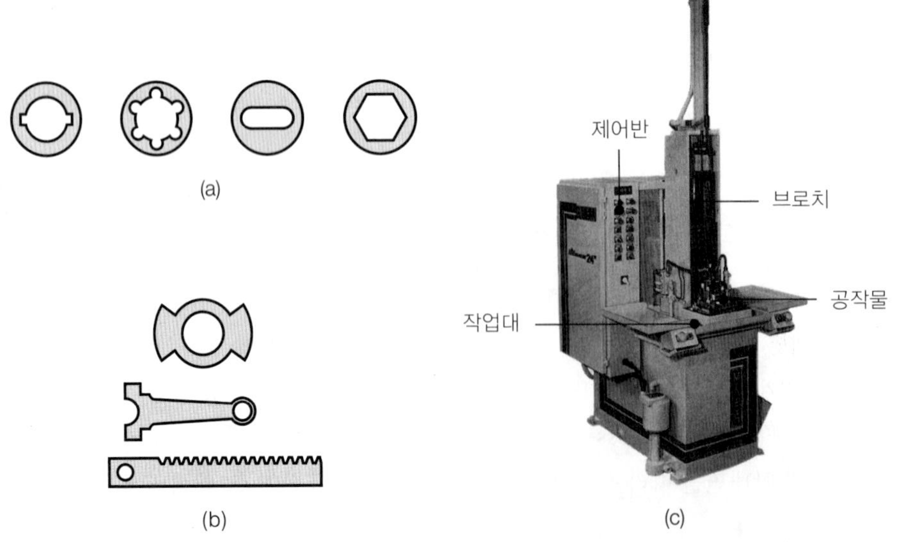

▶ **그림 8.60**
브로칭작업의 대표적인 예: (a) 내면 브로칭, (b) 표면 브로칭(굵은 선이 가공면을 나타냄), (c) 수직형 브로칭 머신.

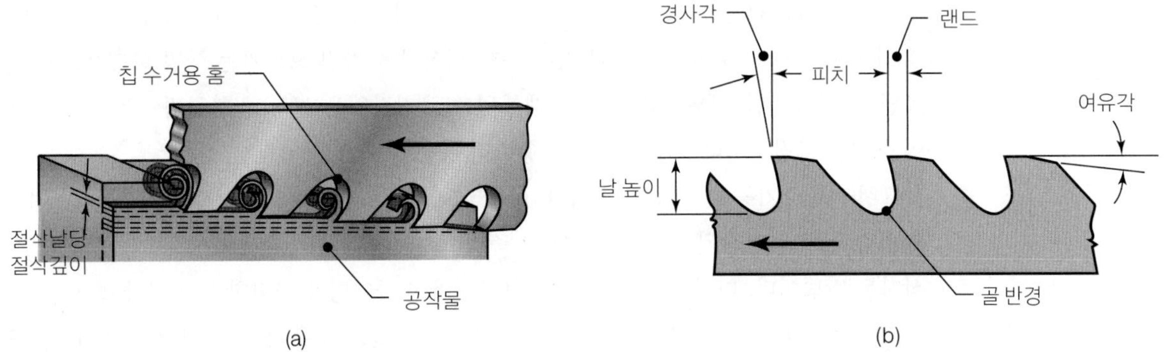

▲ **그림 8.61**
브로치의 절삭작용과 형상: (a) 브로치의 절삭작용, (b) 브로치의 각 부위 명칭.

준다. 따라서 브로치의 1회 행정으로 제거되는 소재의 총 깊이는 각 절삭날에 대한 절삭 깊이들의 합과 같으며, 일반적으로 6 mm까지 가능하다. 이 방법으로 가공되는 제품들은 우수한 표면정도와 치수정확도를 가지므로, 비슷한 형상으로 가공하는 다른 방법들보다 더 유리하다. 물론 브로치는 고가의 절삭공구이지만, 대량생산에 사용되기 때문에 그 가격이 충분히 정당화될 수 있다.

브로치 날의 형상이 각 부위의 명칭과 함께 그림 8.61b에 도시되어 있다. 경사각(일명, hook angle)은 선삭이나 다른 절삭작업에서와 마찬가지로 주로 공작물재료에 따라 결정되며, 보통은 0~20° 사이의 값이 사용된다. 한편, 여유각은 일반적으로 1~4°이나, 다듬질용 절삭날은 이보다 작은 값을 가진다. 여유각이 너무 작으면, 절삭날과 가공면 사이의 마찰이 심해진다. 절삭날의 피치는 여러 인자를 고려하여 결정해야 하며, 이에는 공작물길이(절삭길이), 절삭날의 강도, 칩의 크기 및 형상 등이 있다. 절삭날의 깊이와 피치는, 특히 긴 공작물의 경우에 생성되는 칩을 수용할 만큼 충분히 커야 하나, 적어도 두 개의 절삭날은 항상 공작물과 접촉해야 한다(8.10.5절의 톱작업과 유사).

다양한 형상의 절삭날을 가진 브로치들이 사용되며, 그 중에는 칩브레이커를 가진 형태

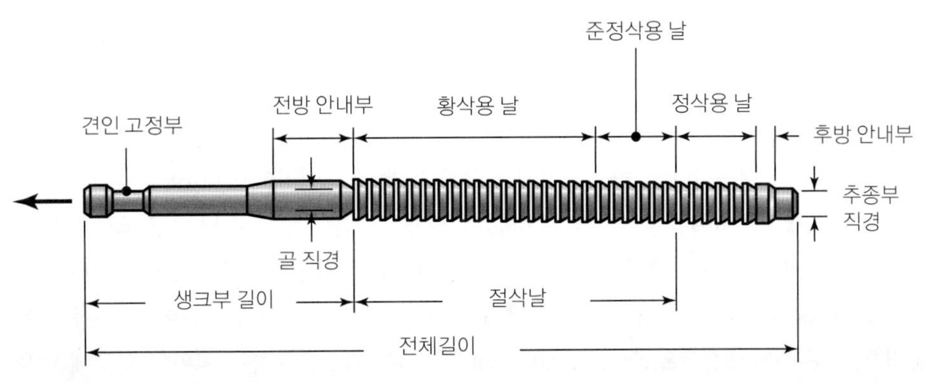

▶ **그림 8.62**
깊은 구멍 확대용으로 사용되는 내면 풀브로치의 형상.

도 있다(그림 8.62 참조). 브로치의 절삭날은 크게 황삭부, 준정삭부(중간다듬질부), 정삭부의 세 부분으로 나누어진다. 그림처럼 원형 절삭날을 가진 브로치는 구멍 확대용으로 사용된다. 불규칙한 내부형상을 가진 제품의 브로칭작업은 보통 원형구멍에서 시작되며, 이 구멍은 드릴링이나 보링작업을 통해 미리 가공한다.

크랭크축을 가공하는 **회전브로칭법**(turn broaching)은 크랭크축이 회전하는 동안 여러 개의 인서트가 부착된 브로치가 크랭크축의 베어링면상을 접선방향으로 이동하면서 절삭하는 방법이다. 따라서 이 가공법은 브로칭과 스카이빙을 조합한 방법이라고 할 수 있다. 여러 개의 크랭크축을 동시에 브로칭하는 기계들도 사용되며, 엔진의 주베어링부도 이 방법으로 가공된다.

브로칭머신의 형태는 브로치를 미는 방식과 당기는 방식의 두 가지로 구별되며, 또 수평형과 수직형으로도 분류된다. **푸시브로치**는 길이가 150~350 mm 정도이며, **풀브로치**는 통상 이보다 길다. 풀브로칭작업은 항상 구멍을 곧게 만들지만, 푸시브로칭작업은 안내구멍이 곧지 않으면 그 불규칙한 형상을 그대로 남기는 경향이 있다. 수평형 기계는 수직형보다 브로치의 행정길이를 더 길게 할 수 있다. 나선형 스플라인이나 총열이 새겨진 총신 같은 다양한 형상의 제품들을 가공하는 각종 형태의 브로칭머신들이 사용되며, 여러 개의 브로치를 동시에 사용하는 다두식 브로칭머신도 사용된다. 브로칭머신의 크기는 바늘처럼 생긴 소형제품으로부터 포신 같은 대형제품 가공용까지 다양하다. 브로칭머신의 용량은 최대견인력과 행정길이로 표시되며, 최대견인력은 0.9 MN(100톤)에 달한다.

8.10.5 톱작업(sawing)과 톱기계

톱작업은 여러 개의 작은 절삭날을 가진 톱을 절삭공구로 사용하여, 각 톱날이 소량의 재료를 계속 제거하는 절삭작업으로 주로 톱기계가공을 의미한다. 이 작업은 금속 혹은 비금속 재료들을 다양한 형상으로 절단하는 용도로 사용된다. **절단폭**(kerf)이 비교적 좁기 때문에 톱작업에서는 재료낭비가 적다. 대표적인 톱날의 형상과 명칭이 그림 8.63에 주어져 있다. 날 간격은 보통 0.08~1.25 날/mm 정도이다.

톱 재료로는 탄소공구강과 고속도강이 주로 사용되나, 보다 경한 재료의 절단에는 날끝에 초경팁이나 고속도강팁이 부착된 톱이 사용된다(그림 8.64b 참조). 작업 시 톱이 공작물에 꽉 껴서 격심한 마찰상태에 놓이지 않도록 톱날을 서로 엇갈리게 배치하여 톱의 두께보다 절단폭이 커지도록 한다(그림 8.63b). 또한 스내깅(snagging, 톱날이 공작물에 걸려 날이 빠지는 현상)을 방지하려면, 적어도 두 개 내지는 세 개의 날이 항상 공작물에 물려 있도록 해야 한다. 얇은 소재를 톱작업하기 힘든 이유가 바로 여기에 있다. 톱작업의 절삭속도범위는 보통 1.5 m/s까지이지만, 고강도금속재료의 절단에는 더 낮은 속도로 작업한다. 절단상태를 좋게 하고 톱수명을 향상시키는 절삭유를 사용하는 것이 일반적이다.

활톱(hacksaw)은 왕복운동하는 직선날로 된 가장 보편적인 형태의 톱이며, 수동 혹은 동력으로 구동한다. **둥근톱**(circular saw, cold saw)은 회전운동하는 원판의 외주에 날을

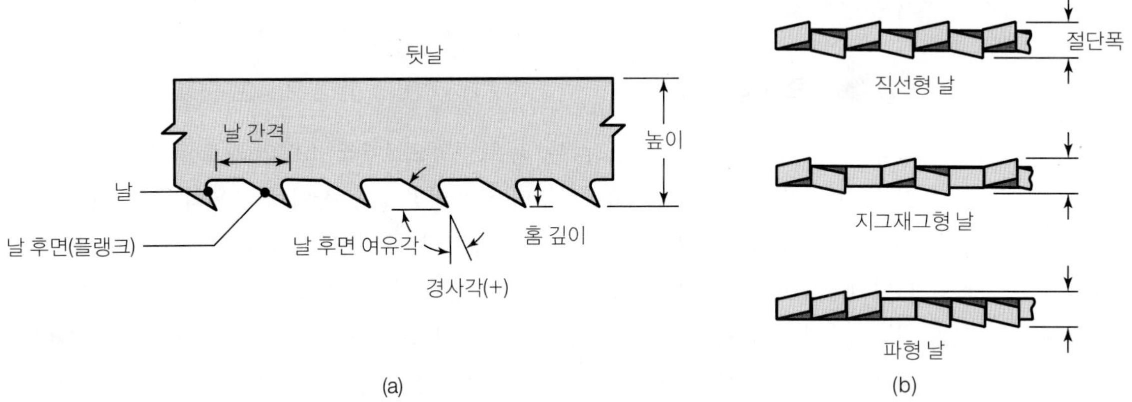

▲ **그림 8.63**
톱날의 형상: (a) 부위별 명칭, (b) 날 배열 형태.

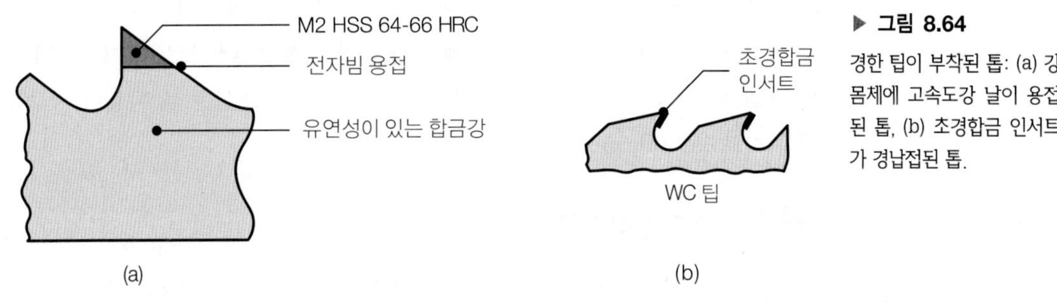

▶ **그림 8.64**
경한 팁이 부착된 톱: (a) 강 몸체에 고속도강 날이 용접된 톱, (b) 초경합금 인서트가 경납접된 톱.

가진 톱으로, 큰 단면의 고속절단작업에 이용된다. 띠톱(band saw)은 유연성 있고 긴 연속된 톱으로, 둥근톱과 마찬가지로 연속 절삭작용을 한다. 다이아몬드 톱은 톱날이나 고강도 강선표면에 다이아몬드 분말을 입힌 톱으로, 경한 금속, 비금속, 복합재료의 절단에 이용된다.

■ **마찰톱작업**(friction sawing) 이는 연강으로 된 칼날이나 원판을 공작물에 대고 125 m/s 정도의 고속으로 마찰시켜서, 이때 발생하는 마찰열로 공작물을 절단하는 방법이다. 마찰에너지가 열로 변환되면서 좁은 영역의 절단부에 있는 공작물재료를 급격히 연화시킨다. 연화된 재료는 칼날이나 원판의 작용(톱날이나 노치가 있는 경우도 있음)에 의해 절단부로부터 제거된다. 이 방법은 많은 열을 발생시켜 공작물의 절단 부위에 열영향부가 생기므로(용접의 경우와 같음. 12.6절 참조), 공작물 성질에 악영향을 줄 수 있다. 칼날이나 원판은 극히 일부분만 공작물에 물리므로 공기 중을 통과하면서 급격히 냉각된다. 마찰톱작업은 경한 철금속이나 강화플라스틱재료의 절단에 적합하며, 비철금속의 경우에는 재료가 칼날에 응착하므로 부적합하다. 압연공장에서 큰 단면의 강을 절단할 때 사용되는 마찰톱작업용 원판은 직경이 1.8 m에 달한다. 마찰톱작업은 주물의 플래시를 제거할 때도

사용된다.

8.10.6 줄작업(filing)

줄작업은 공작물의 표면이나 구석부, 혹은 구멍으로부터 소량의 재료를 제거할 목적으로 사용되며, 이미 기원전 1000년경부터 사용되었다. 줄작업에 사용되는 절삭공구인 줄(file)은 주로 경화처리된 강으로 제작되며, 사각형, 원형, 반원형, 정사각형, 삼각형 등의 다양한 단면형상이 사용된다. 또한 날의 형상도 다양하며, 조밀도 등급도 여러 등급으로 나누어진다. 줄작업은 보통 수작업으로 이루어지나, 자동화기능을 갖춘 다양한 기계들도 사용되며, 고속생산용으로 사용되는 줄작업 기계의 경우, 줄의 왕복운동이 분당 500회에 달하기도 한다.

띠줄(band file)은 길이가 약 75 mm인 여러 개의 줄을 유연한 띠강에 리벳결합한 마디 형상의 줄이며, 띠톱과 비슷한 방법으로 사용된다. 원판형상의 줄들도 사용되며, **회전형 줄**(rotary file)과 **버**(bur)도 금속연마용이나 치과용 특수 목적에 사용된다. 이들 공구는 원추형, 원통형, 혹은 구형으로, 용도에 따라 다양한 형상의 날을 갖고 있다. 대형 버를 사용한 강의 절삭에는 회전속도가 1500 rpm 정도이지만, 소형 버를 사용한 마그네슘의 절삭에는 최고 45,000 rpm에 달한다.

8.10.7 기어절삭가공

기어는 주조, 단조, 압출, 인발, 전조, 분말야금, 블랭킹(시계부품과 같이 작고 얇은 기어 제작용) 등으로 제작된다. 대부분의 기어는 치수관리와 표면정도를 향상시키기 위해 절삭 후에 연삭된다. 비금속재료 기어는 보통 사출성형이나 주조로 제작된다(제10장 참조).

총형절삭법(form cutting)은 제작하고자 하는 기어치형 사이의 공간과 동일한 형상을 한 총형밀링커터로 절삭하는 방법이다(그림 8.58b 참조). 회전하는 커터를 이두께 방향으로 이송시키면서 적절한 절삭깊이로 절삭하며, 하나의 치형이 완성되면 커터를 빼고 기어소재를 다음 치형위치까지 회전시키고, 기어의 모든 치형이 완성될 때까지 이 과정을 반복한다. 브로칭가공법도 기어 제작에 활용되며, 특히 내접기어의 제작에 적합하다. 이 방법은 가공속도가 빠르고 우수한 치수정확도와 표면정도를 가진다. 그러나 브로치 가격이 고가이고 기어의 크기가 바뀜에 따라 별도의 브로치가 필요하므로, 주로 대량생산에 적합하다.

창성기어절삭법(gear generating)에는 다음과 같은 절삭공구가 사용된다.

1. **피니언형 커터**(pinion-shaped cutter). 피니언형 커터는 서로 맞물리는 한 쌍의 기어들 중 하나로 취급될 수 있으며, 다른 쪽은 기어소재가 된다(그림 8.65a). 이 커터는 **기어셰이퍼**(gear shaper)라는 기계에 사용된다(그림 8.65b). 커터는 축방향으로 왕복운동하면서 기어소재의 회전축과 평행한 축을 중심으로 같은 피치원속도를 유지하면서 천천히

회전한다. 두 회전축 사이의 필요한 상대운동을 얻기 위해 기어변속장치를 사용한다. 절삭은 하향 또는 상향 행정에서 이루어진다. 커터의 왕복운동에 필요한 여유공간이 작아도 되므로, 이 방법은 플랜지처럼 한쪽에 가로막힌 면이 있는 부품의 기어가공에 적합하다(그림 8.65b 참조). 이 방법은 소량생산뿐만 아니라 대량생산에도 사용된다.

2. **랙형 커터**(rack-shaped cutter). **랙 셰이퍼**(rack shaper)에 사용되는 공구는 그 형상이 랙의 일부분으로(그림 8.65c), 기어소재의 축방향을 따라 왕복운동한다. 랙형 커터의 잇수는 6~12개 정도로 하여, 적절한 주기를 두어 소재를 정지시키고 커터를 처음 위치로 되돌려 보내며 작업을 반복한다.
3. **호브**(hob). 이는 웜이나 나사의 기본 형상에 여러 줄의 길이방향 홈을 파서 기어창성용 절삭날을 만든 공구이다(그림 8.65d). 평기어를 호빙할 경우, 호브 축과 기어소재 축 사이의 각은 직각에서 호브 날의 리드각만큼 뺀 값과 같다. 호브와 소재는 모두 회전운동

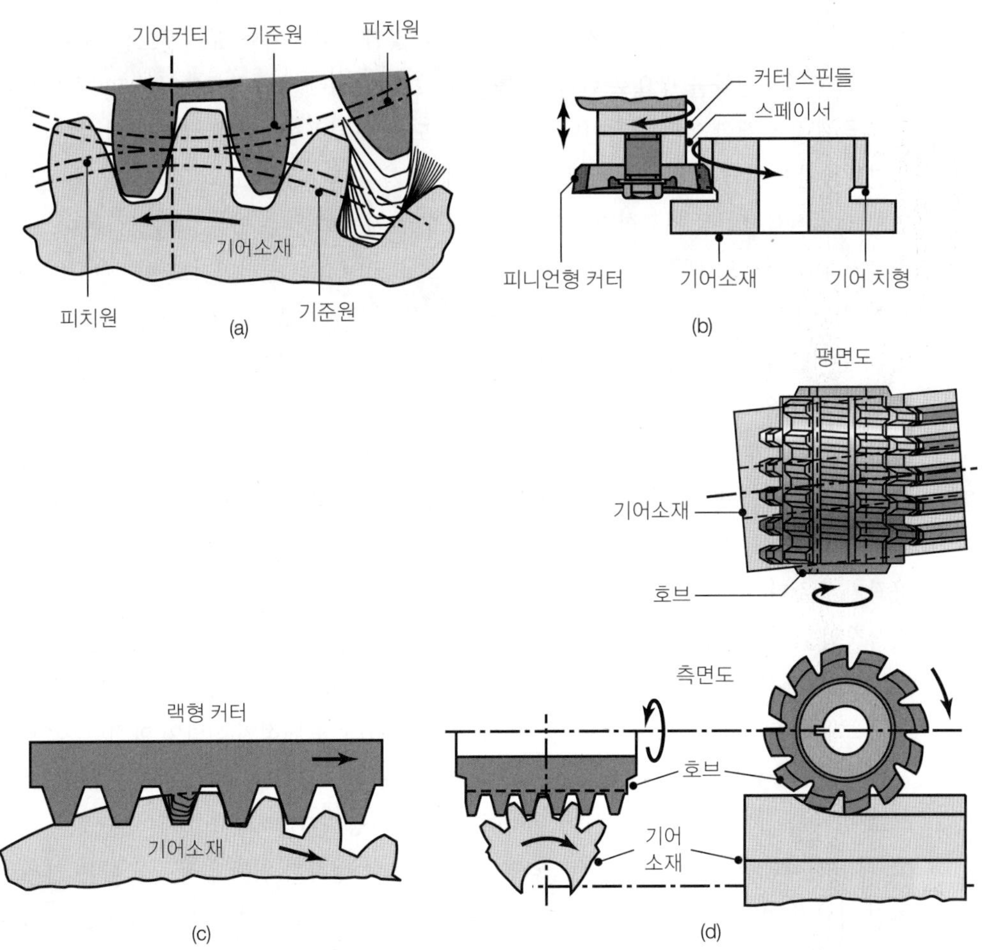

▲ **그림 8.65**

각종 창성기어절삭법: (a) 피니언형 기어커터를 이용한 방법, (b) 기어셰이퍼의 작업방식, (c) 랙형 기어커터를 이용한 방법, (d) 호브를 사용한 기어절삭을 세 방향에서 본 개략도.

만 하며, 모든 이가 완성될 때까지 두 기어가 서로 맞물리는 상태로 계속 회전하면서 가공한다.

이상의 방법으로 제작된 기어들은 사용목적에 따라 치수정확도와 표면정도가 요구되는 수준에 못미칠 수 있다. 이 경우에는 셰이빙, 버니싱, 연삭, 호닝, 래핑 같은 **마무리작업**을 추가한다(제9장 참조). 현대적인 기어가공기계는 컴퓨터로 제어되며, 다축의 컴퓨터제어 공작기계에 제어가능한 커터로 많은 종류의 기어를 절삭할 수 있다.

8.11 머시닝센터와 터닝센터

지금까지 설명한 절삭공정들과 공작기계들은, 아무리 자동화되더라도 기본적으로 선삭, 밀링, 보링, 드릴링 같은 한 가지 공정만을 수행하도록 설계되어 있다. 반면에, 대부분의 제품은 그 표면마다 다양한 형상을 가지므로, 지정된 치수공차와 표면정도를 맞출 수 있는 여러 절삭공정들을 필요로 한다. 예를 들어, 그림 8.26 및 9.27에 도시한 몇 가지 부품은 지금까지 소개한 어떤 공정이나 공작기계로도 이들 부품을 단독으로 가공할 수 없다.

전통적인 방식에서는 한 기계에서 공작물에 한 가지 절삭을 하고 다음 기계로 이동시키면서 전체절삭작업을 완료한다. 이 방식은 고도로 자동화할 수 있는 가공방식이며, 많은 공작기계를 일렬로 배치하는 **이송라인**(transfer line)의 기본원리이기도 하다(14.2.4절에서 설명). 이 방식은 엔진블록과 같은 공작물을 각 가공위치로 이동시켜야만 해당 절삭작업을 수행할 수 있다. 즉, 한 기계에서 가공이 끝나면, 다음 기계로 이동되는 것이 반복된다. 이송라인은 대규모생산, 즉 대량생산방식에서 보통 사용된다.

기계가공할 제품유형이 시장수요에 따라 급격히 변화하는 경우, 이송라인은 비합리적이며 비경제적인 방식이다. 이러한 측면에서, 1950년대 후반에 개발된 머시닝센터는 중요한 개념이다. **머시닝센터**(machining center)는 자동공구교환기능을 가진 컴퓨터제어 공작기계로 다양한 절삭작업을 수행하도록 설계되어, 공작물의 모든 면에 모든 방향에서 절삭작업을 할 수 있다(그림 8.66). 머시닝센터의 개발은 제14장에서 설명하는 **공작기계의 컴퓨터제어**가 발전한 결과이다. 그림 8.45에 도시한 선삭, 면삭, 보링, 나사내기용 절삭공구를 보유한 터릿이 두 개 달린 수치제어선반(**터닝센터**)도 현대적인 선반이 발전한 예이다.

머시닝센터에서 공작물은 **팰릿**(pallet)에 설치하는데(그림 8.66 참조), 이들은 여러 방향으로 위치를 잡거나, 한 축 이상에 대하여 회전도 가능하다. 따라서 한 절삭공정을 마치고, 후속절삭공정(예를 들어, 드릴링, 리밍, 태핑 등)을 수행하기 위해 공작물을 다른 기계로 옮길 필요가 없다. 바꾸어 말하면, 공작물은 그대로 있고 필요한 공구와 기계가 공작물 쪽으로 이동한다. 모든 절삭작업이 완료되면, **자동팰릿교환장치**(automatic tool changer)에 의해 팰릿은 완료된 공작물과 함께 탈착되고, 가공할 공작물이 설치된 다른 팰릿이 가공

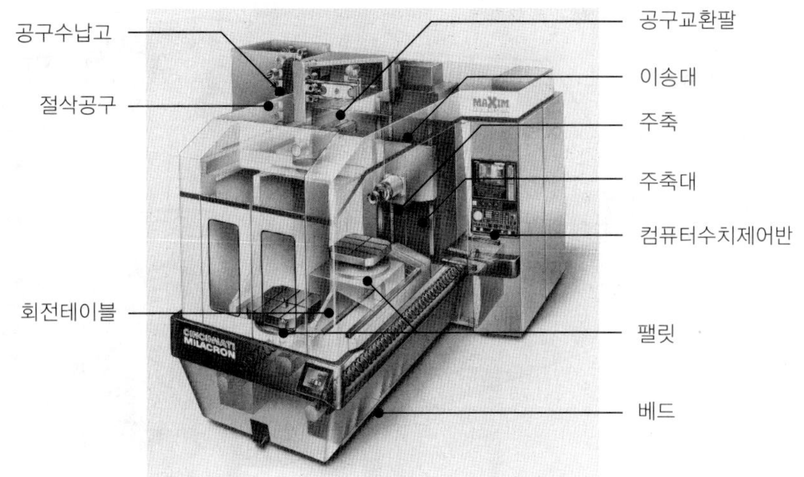

▶ **그림 8.66**
자동공구교환장치를 가진 수평 머시닝센터. 공구수납고에는 최대 200개의 절삭공구를 보관한다.

위치로 옮겨진다. 모든 동작은 컴퓨터로 제어되어 팰릿교환은 10~30초 정도에 완료된다. 한 개의 머시닝센터에 다수의 팰릿을 다루는 팰릿스테이션(pallet station)도 사용할 수 있다. 또한 머시닝센터에는 장착 및 탈착용 자동화장치가 부가적으로 설치되기도 한다.

머시닝센터는 **프로그램할 수 있는 자동공구교환장치**(automatic tool changer)를 갖는다. 설계에 따라, 최다 200개의 절삭공구가 드럼, 매거진, 혹은 체인 형태의 공구수납고에 보관되며, 선택된 공구는 자동으로 주축까지 최단거리로 이동된다. 일부 머시닝센터는 보조수납고에 보다 많은 공구를 보관한다. 공구교환에는 **공구교환팔**(tool-exchange arm)이 보통 사용되며, 공구교환팔이 회전하여 새로운 공구가 공구수납고로부터 이동되어 주축에 설치된다. 공구는 공구홀더에 부착된 부호표, 바코드, 혹은 메모리칩에 의해 식별된다. 공구교환에 걸리는 시간은 몇 초 단위이다.

머시닝센터에는 공구설치과정의 모든 변동을 감지하는 **공구확인대**(tool checking station)와 **제품확인대**(part-checking station)를 설치할 수 있으며, 공구설치나 공구마모 정보를 컴퓨터수치제어장치로 보내 이를 보정한다. 공작물 기준면을 결정하거나, 공구설치의 선정 및 가공품의 온라인검사용으로 **촉침**(touch probe)을 사용하기도 한다. 촉침으로 다수의 면을 접촉하면서 각각의 상대위치를 결정하고, 컴퓨터 소프트웨어의 데이터베이스로 보낸다. 이 자료는 공구경로를 프로그래밍하거나 공구가 마모된 경우, 공구길이 및 직경을 보정하는 데 사용된다.

8.11.1 머시닝센터와 터닝센터의 종류

머시닝센터의 기본적인 두 가지 방식은 수직주축형과 수평주축형이며, 두 축을 모두 갖추고 있는 기계도 많다. 머시닝센터에서 절삭공구가 공작물 주변에 도달하는 최대범위를 작업영역(work envelope)이라고 하며, 이 용어는 산업용 로봇에 먼저 사용된 용어이다(14.7절 참조).

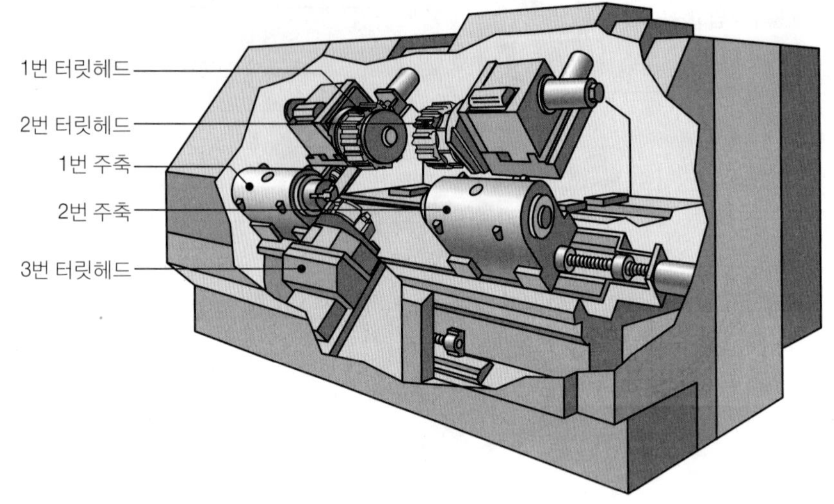

▶ **그림 8.67**
3-터릿, 2-주축형 컴퓨터수치제어 터닝센터의 개략도.

1. **수직주축형**(vertical-spindle) **머시닝센터.** 간단히 수직형이라고도 하며, 주형이나 금형가공처럼 깊은 공동부를 갖는 평면을 가공하는 데 적합하다. 수직절삭 시 추력이 아래방향으로 향하므로, 이들 기계는 높은 강성을 가지며, 치수정확도가 우수한 제품을 생산한다. 수직주축형 기계의 가격은 일반적으로 수평주축형 기계보다 저렴하다.
2. **수평주축형**(horizontal-spindle) **머시닝센터.** 간단히 수평형이라고도 하며(그림 8.66 참조), 여러 표면이 가공되어야 하는 대형 공작물이나 길쭉한 형상의 공작물의 가공에 적합하다. 공작물이 설치된 팰릿은 각 축에 대하여 다양한 각도로 회전된다. 수평주축형 기계의 다른 유형으로 **터닝센터**를 들 수 있는데, 이는 다수의 기능을 갖춘 컴퓨터로 제어되는 선반이다. 컴퓨터수치제어되는 3-터릿 선반이 그림 8.67에 도시되어 있다. 이 기계는 두 개의 수평주축과 각종 절삭공구를 갖춘 세 개의 터릿으로 구성되어, 회전하는 공작물에 다양한 작업을 수행한다.
3. **만능머시닝센터**(universal machining center). 이는 수직 및 수평 주축을 모두 갖고 있다. 다양한 특징을 가지며, 공작물의 모든 면(수직, 수평, 대각선)을 가공할 수 있다.

8.11.2 머시닝센터(machining centers)의 특성과 능력

머시닝센터의 중요한 특성은 다음과 같다.

- 다양한 크기와 형상을 가진 제품들을 효과적이고도 경제적으로, 그리고 일관되게 높은 치수정확도로 가공할 수 있다. 치수공차는 대개 ±0.0025 mm까지 가능하다.
- 직선운동과 각운동을 하는 최다 6개의 축을 가지므로 활용도가 높고, 한 종류에서 다른 종류의 제품생산으로 쉽게 전환될 수 있다. 아울러 여러 공작기계를 사용할 필요가 없으므로 공장면적도 현저히 줄인다.

- 공작물의 설치 및 제거, 공구교환, 측정, 가공 상의 제반 문제점 해결에 소요되는 시간을 줄일 수 있으므로 생산성이 향상된다. 아울러 작업에 필요한 노동력(특히, 숙련된 노동력)을 포함하여 전체비용도 최소화시킬 수 있다.
- 머시닝센터는 고도로 자동화되어 있고 설치면적이 비교적 작아, 한 사람의 작업자가 동시에 둘 혹은 그 이상의 기계를 관리할 수 있다.
- 기계에 공구마모 및 공구위치를 보정하는 촉침이나, 공구파손 및 공구마모를 감지하는 공구상태 감시장치를 장착할 수 있다(8.3.5절 참조).
- 가공 중 혹은 가공 후 검사와 측정을 자동수행하는 기능은 머시닝센터의 새로운 표준이다.

머시닝센터는 다양한 크기와 기능을 갖추고 있으며, 가격도 수천만 원에서 십억 원 이상으로 그 범위가 넓다. 기계동력은 최대 75 kW까지이고, 주축 회전속도는 보통 4000~8000 rpm 정도이나 작은 직경의 커터를 사용하는 특수한 용도에는 최고 75,000 rpm에 달하는 경우도 있다. 팰릿은 최대 7,000 kg의 공작물을 지지하며, 특별한 용도에는 그 이상의 것도 사용된다.

8.11.3 재배열가능한 기계(reconfigurable machine) 및 시스템

가공작업에서의 유연성에 대한 필요성으로부터 재배열가능한 기계라는 새로운 개념이 생겼다. 이는 공작기계를 각자의 요구기능을 만족하는 다수의 모듈로 구성한다는 개념이다. '재배열가능하다'는 용어는 발전된 컴퓨터 하드웨어와 재배열가능한 제어기를 사용하고, 정보관리기술을 활용하여, 특정 생산수요용 다기능을 갖도록 공작기계 모듈을 신속하게

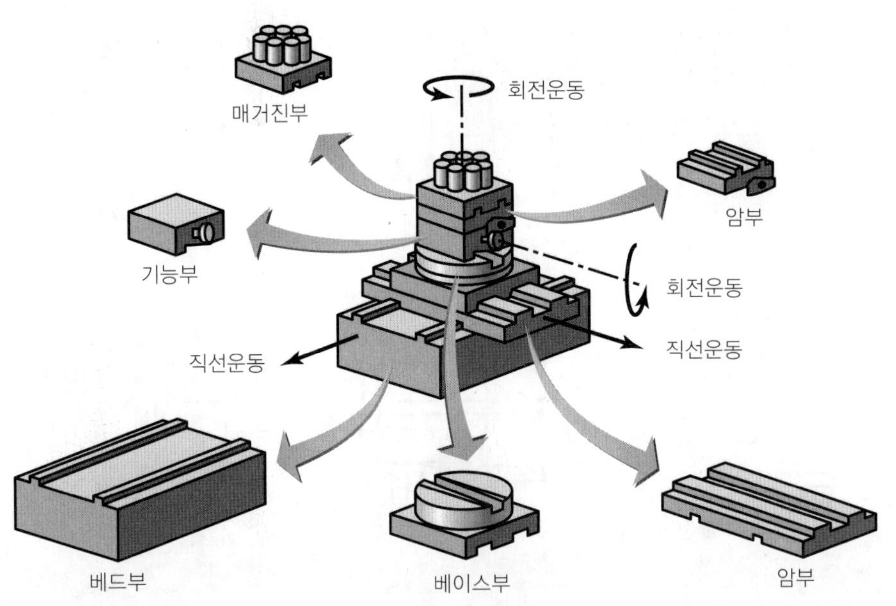

▶ **그림 8.68**
재배열가능한 모듈화된 머시닝센터의 개략도. 모양과 크기가 다른 공작물의 각 면마다 다른 절삭작업을 적용할 수 있다.

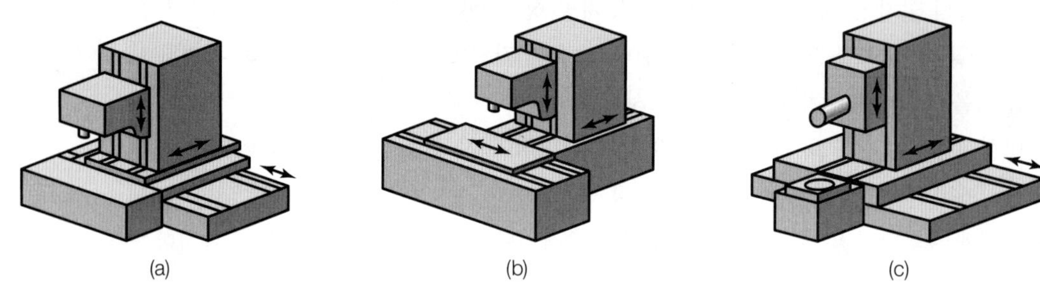

▲ **그림 8.69**
상이한 요소들을 조립하여 구성한 재배열가능한 머시닝센터의 개략도.

재배치한다는 사실에서 유래한다. 삼축 머시닝센터의 전형적인 공작기계 구조에 근거하여, 그림 8.68은 모듈화된 머시닝센터로 재배열하는 방법을 나타낸다. 이렇게 얻은 유연성으로 공작기계는 공작물의 다양한 크기와 형상을 가공하는 상이한 절삭작업을 수행할 수 있다. 유연성을 확보하는 또 다른 예를 그림 8.69에 나타내었는데, 5축(3개 축은 선형 운동하고 2개 축은 회전운동) 기계가 상이한 모듈로 조립되어 재배열될 수 있음을 보이고 있다.

예 8.7 터닝센터에서 외측 베어링레이스의 기계가공

외측 베어링레이스(그림 8.70)는 터닝센터에서 기계가공된다. 최초의 재료는 열간압연된 52100 강관으로 외경 91 mm, 내경 75.5 mm이다. 모든 작업에서 절삭속도는

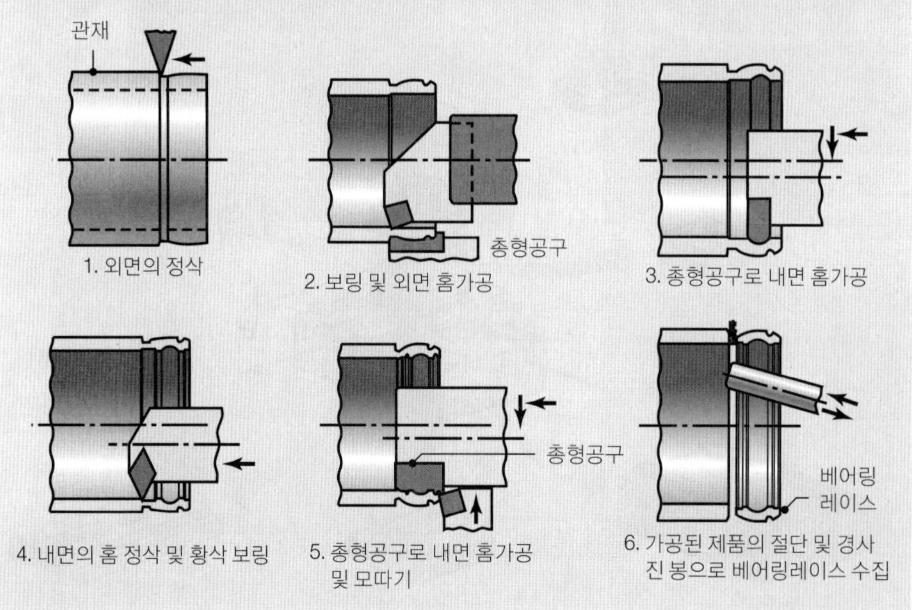

▶ **그림 8.70**
터닝센터에서 외측 베어링레이스를 가공하는 순서.

95 m/min이다. 최종작업인 절단용 공구를 4.76 mm짜리 고속도강에서 3.18 mm짜리 초경으로 바꿈으로써 모든 공구는 초경을 사용한다. 레이스의 폭이 크지 않으므로, 이 변경으로 인한 재료의 절감효과가 높았다. 작업에 사용된 터닝센터로 레이스를 고속가공하면서 반복치수공차를 ±0.025 mm 이내로 유지할 수 있다.

8.11.4 육각(六脚, hexapod) 공작기계

공작기계의 구조와 부품에 적용되는 재료와 설계의 개발이 지속적으로 이루어지고 있다. 그 중요한 목표는 (1) 공작기계에 유연성을 주고, (2) 절삭영역, 즉 절삭이 일어나는 공간을 확대하며, (3) 경량화시키는 것이다. 매우 혁신적인 공작기계 구조의 하나로 팔면체 프레임을 들 수 있다. 6개의 다리로 인해, **육각 공작기계**(그림 8.71) 혹은 **평행링크 공작기계**라고 하는 이 구조는 **스튜어트 플랫폼**(D. Stewart의 이름을 따서)이라는 기구에 근거한 설계이다. 스튜어트 플랫폼은 항공기 조종석 시뮬레이터의 위치제어에 처음 사용된 발명이다. 이 구조의 최대 장점은 6개의 다리를 이루는 링크의 축방향으로만 하중이 걸리고 굽힘응력이나 굽힘변형은 최소화되므로, 강성이 극히 높은 구조물이라는 점이다.

공작물은 고정 작업대에 설치하고, 자체모터와 볼스크루가 장착된 3쌍의 **신축성 튜브**가 회전하는 공구대를 조종한다. 절삭공구가 지정경로를 따라 공작물을 다양한 형상과 곡률로 절삭하도록, 제어기는 튜브들을 개별적으로 신축시킨다. 튜브길이에 따라 6개의 자유도, 즉 3개의 위치좌표와 3개의 회전좌표가 결정된다. 공구의 모든 운동, 심지어는 간단

(a)

(b)

▶ **그림 8.71**
(a) 육각(六脚) 공작기계, (b) 육각 머시닝센터의 절삭공구와 헤드의 상세사진.

한 직선운동이라도 6개 다리의 길이좌표로 변환되어 실시간으로 구동된다. 다리의 운동은 신속하여 높은 가속도와 높은 관성력이 발생한다.

이 기계는 (1) 고강성이고, (2) 머시닝센터만큼 육중하지 않으며, (3) 머시닝센터에 비해 부품수가 삼분의 일 정도 적고, (4) 절삭영역이 넓어서 작업영역을 크게 잡을 수 있으며, (5) 절삭공구를 가공면에 항상 수직으로 유지할 수 있어서 절삭작업이 향상되고, (6) 6개의 자유도를 갖는 고도의 유연성으로 인해 작업 중인 공작물을 재설치하지 않고도 다양한 형상과 크기로 제품을 가공할 수 있다. 게다가, 다른 공작기계와 달리, 기본적으로 이식 설치가 가능하다. 실제로, 기존의 머시닝센터를 쉽게 육각 공작기계로 전환하는 **육각 연결장치**(hexapod attachment)를 사용할 수 있다.

아직 한정된 숫자의 공작기계만 제작되었지만, 효율적인 공작기계가 될 잠재력을 감안한다면 강성, 열변형, 튜브신축 시 마찰, 치수정확도, 작업속도, 반복성, 신뢰성 등의 성능은 계속 평가될 것이다. 현재는 기계의 가격이 오억 원 정도이지만, 앞으로 보편화된다면 획기적으로 하락할 것으로 예상된다.

8.12 진동과 채터

지금까지 절삭공정과 공작기계들을 설명하면서, 공작기계의 강성이 제품의 치수정확도와 표면정도에 중요한 영향을 준다는 것을 강조하였다. 이 절에서는 강성이 부족한 공작기계의 사용이 제품품질과 절삭작업에 끼치는 악영향과 절삭공구와 공작기계에 생기는 진동과 채터(chatter)의 수준에 대해 설명한다. 적절하게 통제되지 못한 진동과 채터는 다음과 같은 결과들을 초래한다.

- 표면정도 불량(그림 8.72의 오른쪽 중간 부위)
- 치수정확도 저하
- 마멸과 치핑이 촉진되어 절삭공구의 조기 파손. 이 현상은 특히, 초경합금, 세라믹, 다

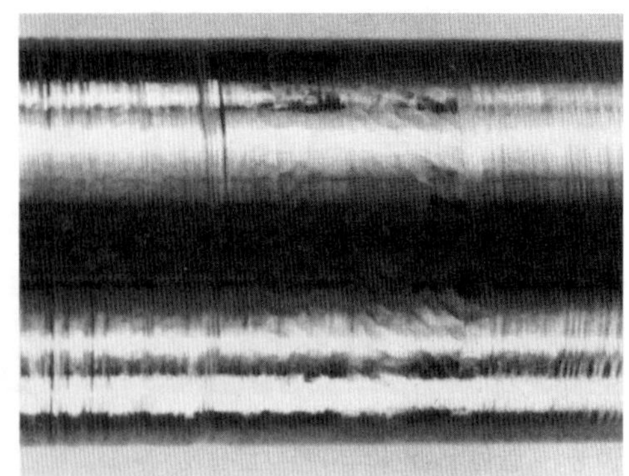

▶ **그림 8.72**
선삭된 면에 생긴 채터자국(사진의 우측중간 부위).

이아몬드 같이 취성이 큰 공구재료의 경우에 심각하다.

- 과다한 진동은 공작기계 부품의 손상을 초래
- 불쾌한 소음 발생. 황동의 선삭작업에서 들을 수 있는 매우 높고 날카로운 소리와 같이 고주파수인 경우에 특히 심하다.

절삭작업에서의 진동과 채터는 매우 복잡한 현상이다. 절삭작업에서 발생하는 진동은 기본적으로 강제진동과 자려진동의 두 가지 형태로 나뉜다.

1. **강제진동**(forced vibration)은 일반적으로 공작기계에 주기적으로 가해지는 힘에 의해 야기된다. 이 힘의 근원은 기어전동장치, 공작기계 부품의 불균형, 공작물의 부적절한 설치, 모터나 펌프 등에서 찾을 수 있다. 또한 스플라인축이나 키홈이 있는 축의 선삭작업이나 밀링작업 같이 절삭공구에 걸리는 힘이 주기적으로 변하는 것도 강제진동의 원인이 된다.

   강제진동을 억제하는 기본적인 해결책은 힘의 근원을 제거하거나 격리시키는 것이다. 작용력의 진동수가 공작기계와 공구로 이루어진 진동시스템의 고유진동수와 같거나 비슷할 경우에는 공진 현상이 발생한다. 이 경우에 진폭을 줄이려면 시스템의 강성이나 감쇠능을 증대시켜야 한다. 일반적으로 절삭공정변수들의 변화가 강제진동에 큰 영향을 주지는 않으나, 절삭속도나 공구형상을 바꾸면 강제진동을 억제할 수 있다.

2. **채터**라고 알려진 **자려진동**(self-excited vibration)은 칩제거과정과 공작기계 구조 간의 상호작용에 의해 야기되며 일반적으로 매우 큰 진폭을 가진다. 채터의 발생은 절삭부의 불안정한 상태로부터 시작되는 것이 보통이다. 절삭부가 불안정하게 되는 요인으로는 공작물재료의 불균질성, 공작물표면상태의 불균일성, 생성되는 칩 형태의 변화, 공구-칩 접촉면에서의 마찰상태의 변화(절삭유의 성능저하 등으로) 등이 있다. 자려진동은 일반적으로 (1) 시스템의 동적강성과 (2) 감쇠능이 크면 억제된다. **동적강성**(dynamic stiffness)이란 가진력의 진폭을 동적변위의 진폭으로 나눈 값을 말한다. 공작기계는 각 진동수마다 상이한 강성을 가지므로, 절삭속도와 같은 공정변수를 바꾸면 채터에 영향을 줄 수 있다.

   재생채터(regenerative chatter)는 기계가공에서 가장 중요한 형태의 자려진동으로, 공구가 이전 절삭에서 남은 진동흔적이나 거칠기를 가진 표면을 절삭할 때 발생한다. 이때 절삭깊이의 변화에 따른 절삭력의 변동으로 진동이 야기되며, 그 결과 가공면에는 다시 진동흔적이 남는다. 이와 같이 후속되는 절삭에 반복적으로 영향을 주므로 재생이라는 용어가 사용되었다. 이러한 진동은 자동차를 거친 길에서 운전할 때 관찰된다(소위 빨래판 효과).

■ **감쇠**(damping) 감쇠란, 진동이 소멸되어가는 현상을 말하며, 공작기계의 진동과 채터를 억제하는 데 중요한 역할을 한다. **구조용 재료의 내부감쇠**(internal damping)는 진동시

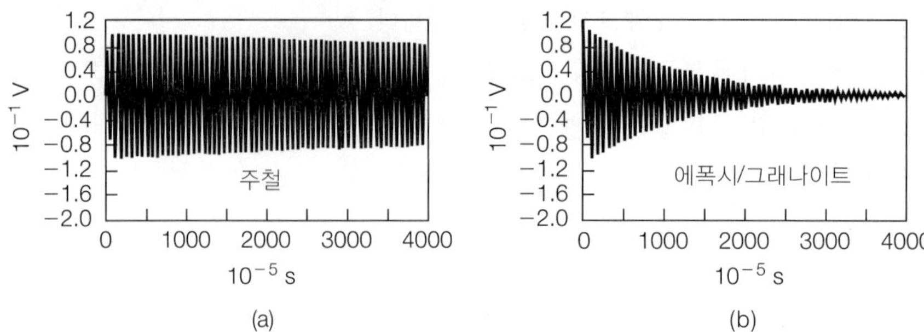

▶ **그림 8.73**

회주철과 에폭시-그래나이트 복합재료의 상대적인 감쇠능.

스템을 구성하는 재료의 에너지손실에 기인하는 재료 자체의 고유한 성질이다. 예를 들면, 회주철은 강보다 감쇠능이 크나 복합재료보다는 작다(그림 8.73 참조). 이와 같이 재료에 따른 감쇠능의 차이는 재료를 망치로 두드린 후, 그 소리를 들어보면 알 수 있다. 철강, 콘크리트, 플라스틱, 나무 등을 두드려 보고 그 차이를 알아보자.

비록 내부감쇠보다는 덜 중요하지만, 공작기계 구조의 볼트체결부도 하나의 감쇠원이 될 수 있다(**체결부 감쇠작용**). 마찰은 에너지를 소산시키므로, 이들 체결부에서의 미소한 무윤활 상대운동은 에너지를 소산시켜 공작기계의 감쇠능을 증대시키는 역할을 한다. 한편, 체결부가 윤활된 경우에도 기름층의 내부마찰로 인해 에너지가 소산되므로, 역시 감쇠를 증대시키는 효과를 가진다. 절삭작업에 사용되는 공작기계들을 설명할 때, 이들 기계는 크고 작은 많은 부품들로 조립되어 있다고 하였다. 따라서 체결부 감쇠작용은 수많은 체결부에서 발생되는 현상들의 누적된 상태로 나타난다. 그림 8.74는 선반을 구성하는 주요 요소들이 하나씩 결합되어 접촉부가 증가함에 따라 선반의 감쇠능이 얼마나 증대되는지를 보여준다. 즉, 체결부가 많을수록 소산되는 에너지는 많아지고, 따라서 구조물의 감쇠능은 증대된다.

외부감쇠(external damping)는 자동차의 완충기와 같이 별도로 설치된 댐퍼에 의한 감쇠작용을 말한다. 외부감쇠의 목적으로 각종 진동흡수기들이 개발되어 공작기계에 장착되고 있다.

■ **채터에 영향을 주는 인자들** 특정 공작물의 절삭 시 채터가 발생하는 경향은 절삭력, 절삭

▶ **그림 8.74**

선반의 부품수 증가에 따른 감쇠능의 증가.

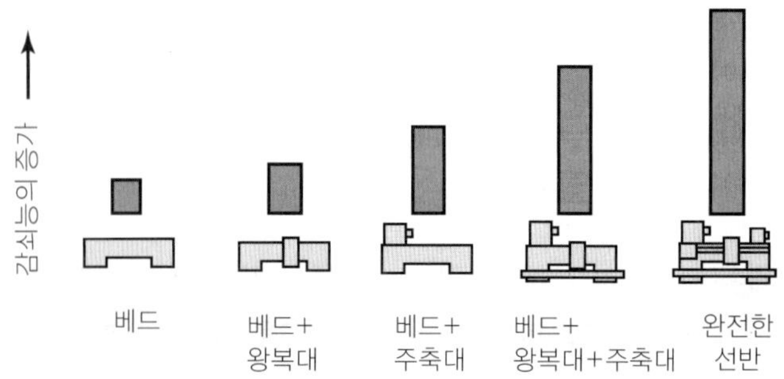

깊이, 절삭폭의 크기에 비례함이 밝혀졌다. 절삭력은 공작물의 강도(경도)와 더불어 증가하므로, 경도가 큰 재료의 절삭 시에 일반적으로 채터가 발생하기 쉽다. 따라서 알루미늄이나 마그네슘 합금보다는 마르텐사이트계나 석출경화 스테인리스강, 니켈합금, 고온 및 내열합금을 절삭할 때 채터 발생확률이 더 높다. 절삭 시 생성되는 칩의 형태도 채터에 영향을 주는 중요한 인자이다. 연속형 칩이 생성되면 절삭력의 변화가 극히 작으므로, 일반적으로 채터가 발생하지 않는다. 반면에, 불연속형 칩이나 톱니형 칩의 경우에는 절삭력의 변화가 크고, 따라서 채터가 발생할 가능성이 높다.

8.13 공작기계의 구조

이 절에서는 특정 요구특성을 가져야 하는 구조물로써 공작기계의 **재료**와 **설계**에 관한 사항들을 설명한다. 공작기계를 잘 설계하려면 사용가능한 재료 및 이들의 형태와 성질, 해당 절삭공정의 동역학적 특성, 작용력 등에 관한 지식이 필요하다. **강성**과 **감쇠**는 공작기계의 구조설계에서 중요한 요소이다. 구조물의 강성은 구성요소의 크기 및 사용재료의 탄성계수를 포함하며, 감쇠는 사용재료의 종류 및 구조물 체결부의 속성과 수를 포함한다.

■ **재료와 설계** 전통적으로, 공작기계의 받침대와 일부 주요 부품들은 회주철이나 구상흑연주철로 제작된다. 이들 재료는 가격이 저렴하고 감쇠능이 우수한 데 반해 무겁다. 공작기계의 무게가 가벼우면, 운반성이 좋고 고유진동수가 높으며, 움직이는 요소의 관성력이 작아지므로 유리하다. 경량설계와 설계유연성을 높이려면, (1) 기계적 체결(볼트와 너트 사용)이나 (2) 용접 같은 조립공정이 필요하다. 그러나 조립 위주의 설계방식은 제작 시 재료와 노동력의 소모가 커서 제작비용의 증가를 가져온다.

단련강(wrought steel)은 경량화가 요구되는 구조물의 재료로 적합하다. 왜냐하면 저가이고 단면의 크기 및 형상이 다양하며(채널형, 각형, 튜브형 등), 기계적 성질이 양호하고, 아울러 가공성(성형성, 절삭성, 용접성 등)이 좋기 때문이다. 예를 들면, 튜브형상 단면의 소재를 사용함으로써 단위무게당 강성을 높일 수 있다. 그러나 단련강을 사용하면 주물이나 복합재료가 갖는 높은 감쇠능의 이점을 가질 수 없다.

강성과 더불어, 공작기계의 정밀도를 저하시키는 또 다른 요인은 부재의 변형을 야기하는 **열팽창 현상**으로, 공구 및 공작물의 변형을 초래한다. 열원에는 내부열원과 외부열원이 있다. (1) 내부열원에는 베어링, 안내면, 모터 등의 공작기계 부품에서 발생하는 열과 절삭부에서 발생하는 절삭열이 있으며(8.2.5절), (2) 외부열원으로는 공작기계 주변의 가열로나 히터, 햇빛, 절삭유와 대기온도의 변화 등이 있다. 공작기계의 설치를 위한 기초와 그 질량, 그리고 설치방법도 기계정밀도에 영향을 주는 중요한 인자들이다. 예를 들면, 높은 정밀도가 요구되는 직경 2.75 m의 선박추진기어 가공용 연삭기는 깊이 6.7 m의 콘크리트 기초 위에 설치된다. 큰 질량의 콘크리트 기초와 공작기계 받침대는 절삭 시 야기되는 진동의 진폭을 줄이고, 이와 관련된 악영향을 줄이는 효과를 갖는다.

공작기계의 받침대나 부품의 제작에 사용되는 재료와 관련하여 몇 가지 대안이 있다. 콘크리트와 폴리머(PMMA, 10.5절)의 복합체인 **아크릴 콘크리트**(acrylic concrete)는 원하는 형상으로 쉽게 주조되며, 공작기계 받침대와 다양한 부품의 제작에 사용된다. 아크릴 콘크리트를 주철과 함께 **샌드위치 구조**로 제조함으로써 각 재료가 갖는 장점들을 결합시킬 수 있다. **그래나이트-에폭시 복합재료**(granite-epoxy composite)는 93%의 분쇄된 그래나이트(화강암)와 7%의 에폭시 결합제로 구성된다. 1980년대 초반, 정밀연삭기 제작에 처음 사용된 이 재료는 다음과 같은 장점들을 가지고 있다. (1) 주조성이 우수하여 다양한 형상의 공작기계에 사용되고, (2) 무게 대비 강성의 비가 크며, (3) 열적 안정성이 있고, (4) 환경에 의한 성질저하가 작으며, (5) 감쇠능이 우수하다(그림 8.73 참조).

8.14 설계 고려사항

1. 기계가공 부품의 일반적 요건

(1) 설계요건에 맞는 재료를 선택하는 것이 물론 필요하지만, 설계자는 이 장에서 설명한 공정들을 이용한 가공은 절삭성이 좋은 재료를 선택함으로써 획기적으로 단순화된다는 점을 인식하고, 가능하면 절삭이 쉬운 재료를 사용할 것을 권장한다.

(2) 원하는 성능이 발휘될 수 있다면 가급적 공차를 넓게 주고, 표면거칠기도 크게 잡는 것이 실용적이다. 흔히 주조된 상태나 소성가공된 상태 그대로 사용해도 충분하여 절삭가공을 할 필요가 없는 경우가 많다. 설계요건을 과도하게 설정하면 연삭, 래핑 같은 값비싼 마무리작업이 추가로 필요하므로, 가급적 피해야 한다. 그림 8.26과 9.27은 공차와 표면거칠기를 지정하고 필요한 가공공정을 선별하는 데 유용한 지침이다.

(3) 공작물이 공작기계 안에서 확실하게 고정되도록 설계한다. 이를 위해서는 이미 설계단계에서 체결기능을 감안해야 한다. 설계자는 고정구의 설치에 필요한 공간, 체결가능 기능, 절삭공구 이동여유를 주어야 한다. 주조나 단조된 소재를 사용할 때는 고정구가 분리선이나 플래시 위에 설치되지 않도록 설계한다.

(4) 가급적이면 모든 기계가공작업이 동일 평면이나 동일 직경에서 이루어지도록 하여 작업횟수를 줄여야 한다. 만일 이것이 불가능하다면, 공작기계에 공작물을 다시 설치하는 횟수가 최소화되도록 기계가공 부위를 설정한다.

(5) 마지막으로, 절삭되는 부위에는 여유공간을 두어 공구가 움직일 수 있거나 버가 발생해도 괜찮은 공간이 되도록 한다.

(6) 버는 절삭작업에서 필연적으로 생긴다. 버가 생긴다는 점을 예상하고, 버를 제거하

기 원한다면 그에 필요한 공간을 두어야 한다.

(7) 상업적으로 가용한 표준 절삭공구, 인서트, 공구홀더를 사용할 수 있도록 설계주안점을 둔다.

2. **선삭에서의 설계 고려사항.** 위에 제시한 일반적 고려사항 외에 선삭작업에서는 다음 사항을 고려한다.

(1) 절삭대상 소재는 가급적 최종치수에 가깝게 준비하여(정형가공이나 준정형가공 기술로) 절삭소요시간을 줄인다.

(2) 얇고 가는 공작물은 적절하게 지지하기가 까다롭고, 절삭작업이 이루어지는 동안 과도하게 변형할 수 있다. 따라서 부품을 가급적 짧고 두껍게 설계한다.

(3) 예리한 코너, 테이퍼, 급격한 단면 변화를 피한다.

(4) 코너반경은 가급적 크게 잡아서 표준 절삭공구의 노즈반경으로 가공할 수 있도록 한다.

(5) 모방선반에서는 가급적 공구교환을 하지 않도록 부품을 설계한다.

(6) 가공대상의 측벽면에는 테이퍼를 약간 두어 공구가 이탈하면서 공구자국이 생기지 않도록 한다.

(7) 널링되는 부위를 좁게 한다. 합리적 제안은 폭이 직경을 초과하지 않게 하는 것이다.

3. **나사산 절삭에서 고려할 점.** 일반적인 고려사항에 외에 선삭작업에 대한 대부분의 설계제안이 나사절삭에도 적용된다. 여기에 추가하여,

(1) 절삭나사보다는 전조나사가 일반적으로 바람직하다. 따라서 나사절삭을 피하는 것이 실용적이다.

(2) 내면나사를 내고자 할 때는 막힌 구멍보다는 관통하는 구멍이 바람직하다. 막힌 구멍에 내면나사를 내야 한다면 끝부분에 여유길이를 두어야 한다.

(3) 내면나사의 경우, 구멍의 시작부분에는 나사를 두지 않도록 설계한다.

(4) 깊이가 얕은 막힌 구멍의 나사는 피한다.

(5) 버는 반드시 생기므로, 내면나사나 외면나사 모두에 챔퍼, 즉 모따기를 두어 버가 생기는 것을 방지한다.

(6) 나사부에 구멍, 홈, 기타 불연속부를 두지 않는다.

4. **드릴링, 리밍, 보링, 태핑 작업**

(1) 드릴작업을 쉽게 하려면 평면에 수직하게 구멍을 지정한다.

(2) 너무 작은 구멍은 피한다. 대량 드릴작업에서는 직경 3 mm의 구멍이 실용적인 최소한계이다.

(3) 너무 깊은 구멍은 피한다. 가능하면 직경 대비 길이비가 3 이하가 되도록 한다. 경우에 따라서는 8:1까지 가능하다.

(4) 한 부품에 복수의 구멍이 필요하다면 가급적 같은 직경을 사용하여 불필요한 공구교환을 피한다.

(5) 구멍바닥은 표준드릴의 선단각으로 지정하고, 불연속 표면을 가진 구멍을 피한다.

(6) 소재를 너무 많이 제거하지 않아도 된다면 막힌 구멍보다는 관통구멍이 바람직하다. 막힌 구멍에 리밍이나 태핑 작업이 후속되는 경우에는 필요한 깊이보다 구멍직경의 1/4 이상 더 깊게 지정한다.

5. **밀링.** 밀링작업은 가장 활용도가 높은 절삭가공법으로, 거의 모든 형상을 가공할 수 있지만, 설계가 잘못되면 경제적으로 가공할 수 없다. 밀링가공할 부품을 설계할 때는 다음 사항을 염두에 둔다.

(1) 내부코너를 지정할 때는 가급적 밀링공구의 반경과 같도록 한다.

(2) 밀링작업은 예리한 외부코너를 쉽게 가공할 수 있는 드문 공정이다. 예리한 코너를 두지 않는 경우에는 원주보다는 베벨(경사직선)이 바람직하다. 원주코너를 가공하려면 공구 및 설치 비용이 많이 든다. 원주부와 축의 반경이 같으면, 둘의 연결부는 매우 정확하게 절삭되어야 하므로 가공하기에 매우 어렵다.

(3) 내부 공동부나 포켓에서는 예리한 코너를 피한다. 홈이나 키홈 자리를 지정할 때는 홈의 폭 및 끝단반경을 밀링공구보다 크게 정의해야 한다.

(4) 직경이 작은 밀링공구를 사용하면 거의 모든 표면을 가공할 수 있다. 하지만 직경이 작은 만큼 가공속도가 느리고, 튼튼하지 못하며, 채터가 발생할 가능성이 높다. 따라서 밀링공구의 크기를 감안하여 설계에 여유를 주어야 한다.

6. **브로칭**

(1) 브로치에 맞는 표준부품을 사용하는 것이 중요하다. 키홈, 스플라인, 치형 등에는 모두 표준치수가 있으므로, 표준치수로 지정하여 일반적인 브로칭을 사용하도록 한다.

(2) 브로치가 흔들리지 않고 공차가 엄격하게 유지되도록 하려면 균형 잡힌 단면이 바람직하다.

(3) 원주부보다는 챔퍼가 브로칭작업이 쉽다.

(4) 역사다리꼴 스플라인은 피한다.

(5) 가능하다면 막힌 구멍에는 브로칭작업을 피한다. 막힌 구멍에 브로칭해야 한다면 가공면의 끝에 여유부를 두어야 한다.

7. **기어절삭.** 밀링작업에서 고려할 사항에 추가하여, 기어절삭에는 다음 사항들을 염두에 둔다. 기어에는 축구멍과 키홈을 두는 것이 일반적이며, 이 경우에는 위에 언급한 설계지침을 따르도록 한다.

(1) 소재(블랭크)를 적절하게 고정하고 절삭작업을 쉽게 하려면, 소재설계가 중요하다. 소재에는 기계가공여유를 두고, 후속 마무리작업을 추가하려면 그에 맞는 마무리 여유를 두어야 한다.

(2) 폭이 넓은 기어는 좁은 기어보다 가공하기 어렵다.

(3) 평기어는 헬리컬기어보다 가공하기 쉽고, 헬리컬기어는 베벨기어나 웜기어보다 가

공하기 쉽다.

(4) 기어의 치수공차와 형상은 산업표준으로 지정되어 있다. 성능요구조건을 만족한다면 가급적 공차범위가 넓게 지정되는 기어등급을 선택한다.

8.15 기계가공의 경제성

지금까지 기계가공의 장점과 한계를 포함한 기술적인 고려사항들을 설명하였다. 이들 고려사항은 여러 가공작업들 간에 경쟁적 측면이 있다는 맥락에서 검토되어야 한다. 예를 들면, 기계가공은 성형공정에 비해 가공시간이 길고 재료낭비가 많지만, 적용범위가 넓고 다른 가공법에 비해 치수관리와 표면정도가 양호하게 부품을 가공할 수 있다.

기계가공의 경제성을 논할 때의 가장 중요한 두 가지 인자는 제품 한 개당 최소비용과 최대생산속도이다. 기계가공에서 **제품 한 개를 가공하는 데 소요되는 총 비용**(total cost)은 다음과 같이 네 가지 성분으로 구성된다.

$$C_p = C_m + C_s + C_l + C_t \tag{8.46}$$

여기서 C_p는 제품 한 개당 총 비용(즉, 단위가 원), C_m은 절삭작업비용, C_s는 준비비용, C_l은 공작물탈착비용, C_t는 공구비용이다. **절삭작업비용**(machining cost)의 산출방법은 다음과 같다.

$$C_m = T_m(L_m + B_m) \tag{8.47}$$

여기서 T_m은 제품 한 개당 소요되는 순수절삭시간, L_m은 단위시간당 인건비, B_m은 기계의 사용에 따른 감가상각비, 보수비, 간접노동비 등이 포함된 단위시간당 간접비용이다. 한편, **준비비용**(setup cost)은 공구와 고정구를 설치하고 기계를 조정하는 등 절삭작업을 준비하는 데 소요되는 총 비용을 총 생산량으로 나누어 제품 한 개당의 비용으로 산출한다. **공작물탈착비용**(loading and unloading cost)은 다음과 같이 산출된다.

$$C_l = T_l(L_m + B_m) \tag{8.48}$$

여기서 T_l은 공작물의 장/탈착에 소요되는 시간뿐만 아니라 절삭속도, 이송속도 등의 변경에 소요되는 시간도 포함한다. **공구비용**(tooling cost)은 절삭공구의 감가상각비, 공구교환, 인서트회전, 재연마 등에 소요되는 모든 경비를 포함하며, 다음 식으로 계산된다.

$$C_t = \frac{1}{N_i}[T_c(L_m + B_m) + D_i] + \frac{1}{N_f}[T_i(L_m + B_m)] \tag{8.49}$$

여기서 N_i는 인서트당 가공되는 공작물 개수, N_f는 인서트날 한 개로 가공되는 공작물 개수, T_c는 인서트교환 소요시간, T_i는 인서트회전 소요시간, D_i는 인서트의 감가상각비이다.

절삭공정에서 제품 한 개를 가공하는 데 걸리는 **시간** T_p는 다음과 같다.

$$T_p = T_l + T_m + \frac{T_c}{N_i} + \frac{T_i}{N_f} \tag{8.50}$$

T_m은 절삭작업의 종류에 따라 계산방법이 다르다. 선삭작업을 예로 들면,

$$T_m = \frac{L}{fN} = \frac{\pi LD}{fV} \tag{8.51}$$

여기서 L은 절삭길이, f는 이송속도, N은 공작물의 회전속도(rpm), D는 공작물직경, V는 절삭속도이다. 물론 이들 모든 식에 있어서 사용변수들의 단위는 일관되게 설정해야 한다. 테일러 공구수명식(식 (8.31) 참조)은 다음과 같이 표현된다.

$$VT^n = C$$

따라서

$$T = \left(\frac{C}{V}\right)^{1/n} \tag{8.52}$$

이며, 공구수명 T는 공구가 교환되거나 재연마된 후 플랭크마멸이 어떤 특정한 값에 도달할 때까지 걸리는 시간(단위는 분)이다. 그러므로 인서트날 한 개당 가공되는 공작물 개수 N_f는 다음과 같이 간단히 표현된다.

$$N_f = \frac{T}{T_m} \tag{8.53}$$

인서트에서 사용되는 날의 수를 m이라 하면, 인서트당 가공되는 공작물 개수는

$$N_i = mN_f = \frac{mT}{T_m} \tag{8.54}$$

이다. 식 (8.51)에서 (8.54)까지 조합하면 다음과 같이 주어진다.

$$N_f = \frac{fC^{1/n}}{\pi LDV^{(1/n)-1}} \tag{8.55}$$

이제 식 (8.46)에 주어진 **제품 한 개당 비용** C_p를 절삭속도의 함수로 나타낼 수 있다. C_p를 V로 미분한 후 이를 0으로 두면 **최소비용**(minimum cost)을 주는 최적절삭속도와 최적공구수명을 구할 수 있다. 즉,

$$\frac{\partial C_p}{\partial V} = 0 \tag{8.56}$$

이로부터 최적절삭속도 V_o는 다음과 같이 구해진다.

$$V_o = \frac{C(L_m + B_m)^n}{\left(\frac{1}{n} - 1\right)^n \left\{\frac{1}{m}[T_c(L_m + B_m) + D_i] + T_i(L_m + B_m)\right\}} \tag{8.57}$$

또한 최적공구수명 T_o는 다음과 같이 표현된다.

$$T_o = \left[\left(\frac{1}{n}\right) - 1\right] \frac{\frac{1}{m}[T_c(L_m + B_m) + D_i] + T_i(L_m + B_m)}{L_m + B_m} \tag{8.58}$$

한편, T_p를 V로 미분한 후 이를 0으로 두면 **최대생산성**(maximum productivity)을 주는 최적절삭속도와 최적공구수명을 구할 수 있다. 즉,

$$\frac{\partial T_p}{\partial V} = 0 \tag{8.59}$$

이로부터 **최적절삭속도** V_o와 **최적공구수명** T_o는 각각 다음과 같이 표현된다.

$$V_o = \frac{C}{\left[\left(\frac{1}{n} - 1\right)\left(\frac{T_c}{m} + T_i\right)\right]^n} \tag{8.60}$$

$$T_o = \left(\frac{1}{n} - 1\right)\left(\frac{T_c}{m} + T_i\right) \tag{8.61}$$

절삭공정에서 제품 한 개를 가공하는 데 소요되는 최소비용과 최소시간, 즉 최대생산속도가 그림 8.75에 정성적으로 도시되어 있다. 어떤 표면을 가공하는 데 드는 총 비용은 이 표면에 요구되는 정도에 따라 달라진다(9.17절 참조). 요구되는 표면정도가 엄격할수록 기계가공비용은 급격히 증가한다.

이상에서 살펴본 바와 같이, 절삭공정의 경제성을 분석하려면 절삭작업에 관계되는 모든 변수들을 파악하고, 각종 비용계수들을 결정하여 주어진 절삭작업에 적합한 공구수명곡선을 구하고, 절삭작업 전반에 걸쳐 소요되는 각종 시간들을 정확히 측정해야 한다. 그림 8.75에서 명백하듯이, 절삭속도의 작은 변화가 총 비용과 생산시간에 큰 변화를 주므로, 정확한 자료를 사용하는 것이 중요하다.

▶ **그림 8.75**

기계가공의 경제성: (a) 최소 비용 절삭속도, (b) 최대생산성 절삭속도.

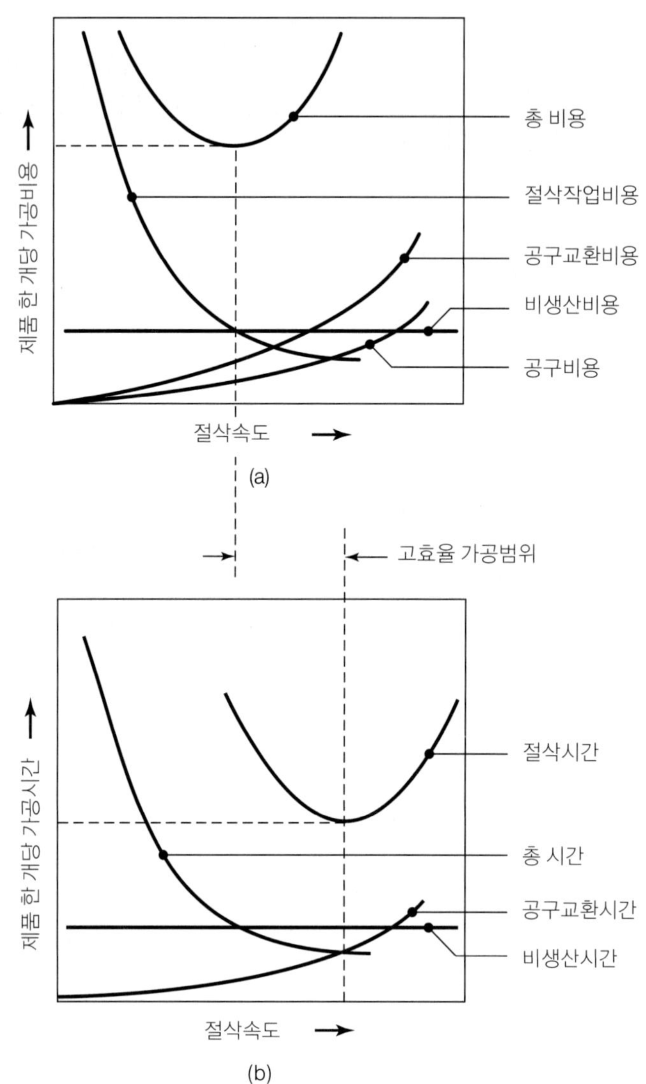

사례연구 | 핑(Ping) 골프퍼터

미국 애리조나 주 피닉스에 소재한 핑 골프사의 엔지니어들은 최고의 성능을 가진 최고급 퍼터(putter, 그린 위에서 공을 구멍에 넣는 데 사용하는 골프채)를 개발하려는 노력으로, 최근에 신제품 퍼터인 Anser® 시리즈 개발의 설계 및 제조공정에 첨단의 기계가공작업을 적용하였다(그림 8.76 참조). 엔지니어들은 독특한 설계제약조건 안에서 생산량에 맞는 실용성과 함께 기능적이면서 심미적인 요구조건을 만족하는 퍼터를 창조해내는 목표와 업무를 수행하였다.

처음에 내린 결정들 가운데 하나는 퍼터의 기능요건에 맞는 재료를 선택하는 것이었다. 네 종류의 스테인리스강(303, 304, 416, 17-4 석출경화형, 3.10.2절 참조)의 각 성질들, 즉 절삭성, 내구성, 소리나 느낌(골프장비에만 독특하게 적용되는 조건)을 검토하였다. 각 재료를 평가한 결과, 쾌삭성(8.5.1절), 즉 칩이 잘게 부서져 나오고 소요동

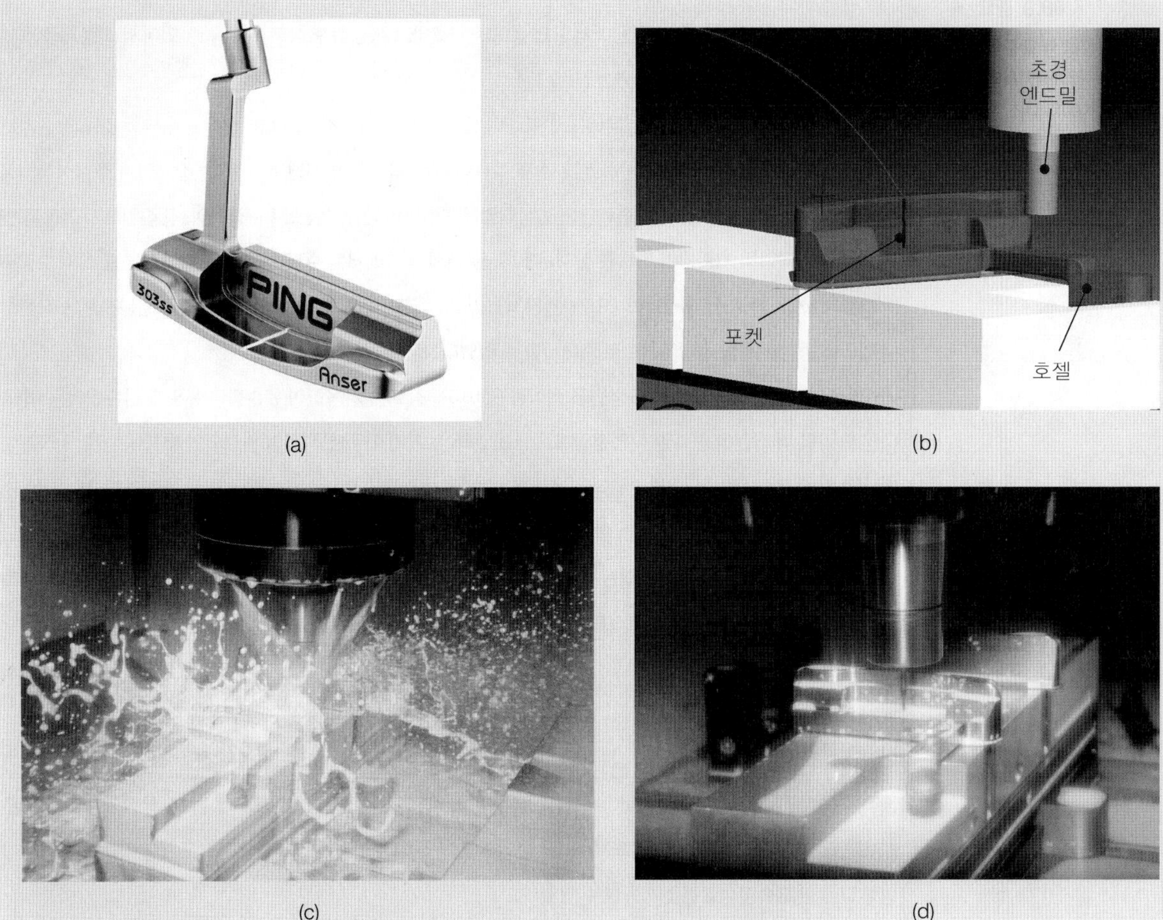

(a) (b) (c) (d)

▲ **그림 8.76**

(a) Ping Anser® 골프퍼터, (b) 퍼터 외면황삭의 CAD 모델, (c) 수직머시닝센터에서의 황삭과정, (d) 수직밀링머신에서 문자를 절삭하는 과정.

력이 작으며, 표면정도 양호, 공구수명 향상으로 인해 절삭속도를 크게 하여 생산성을 높일 수 있는 303 스테인리스강이 선정되었다.

프로젝트의 다음 단계는 절삭가공할 소재의 최적형상과 가공작업의 순서를 결정하는 것이었다. 엔지니어들은 최종크기보다 약간 크게 단조된(6.2절) 소재를 개발하기로 하였다. 단조품은 주물에 비해 바람직한 내부 결정립조직을 가지며, 주물의 경우는 내부기공과 절삭작업 후의 표면정도에 일관성이 떨어진다(5.12.1절 참조). 단조소재에는 최종치수보다 모든 방향으로 1.25~1. 9 mm 크게 기계가공여유를 두었다.

프로젝트에서 가장 힘들고 시간이 많이 걸린 업무는 각 부품을 가공하기 위한 프로그래밍과 고정구를 개발하는 일이었다. 기계가공되는 부품에 대한 일반적인 요건(엄격한 공차와 반복성)에 추가하여, 퍼터의 경우에는 심미적인 설계제원이 요구된다. 이 경우에는 정밀한 기계가공과 가공 후 전체적인 외관이 모두 필수적이다. 최종형상의 가공에는 대부분 곡면절삭(사출금형의 경우, 그림 10.28 참조)이라는 기계가공기술이 사용되었다. 이 작업으로 가공시간이 길어졌지만, 모든 면에서 표면정도가 탁월하고 복잡한 형상도 가공할 수 있어서 최종제품에 부가가치를 더해주었다.

기계가공으로 대량생산하는 경우에는 반복성이 필수적이다. 단조소재는 퍼터면에 돌출부를 갖도록 설계하여 최초 기준면(고정구용)으로 사용하였다. 소재 주위에 세 개의 평면을 간단하게 절삭하여 제1차 주절삭작업에 사용할 기준면으로 삼았다. 퍼터 전체면의 절삭작업은 총 6개의 단계작업으로 구성하여, 각 작업에서 가공된 면은 다음 단계작업의 기준면이 되도록 설계하였다. 몇 개의 작업에서는 수평축 CNC 밀링머신에 툼스톤 고정구(14.9절 참조)를 사용하였다. 이 방식으로, 한 공작물이 가공되는 도중에 작업자가 다음 가공할 공작물을 장착할 수 있어서 공정의 효율을 획기적으로 증대시킬 수 있었다.

모듈러 고정구와 TiAlN 피복 초경합금 절삭공구(8.6.5절 참조)를 사용하여 왼손잡이용 및 오른손잡이용 퍼터, 다른 모델의 퍼터 간에 신속한 작업전환이 가능하였다. 초기의 기준면 작업이 완료되면 부품을 삼축 수직밀링머신(VMC)으로 이송하여 퍼터 캐비티(뒷면의 빈 부분)를 가공한다. 단조소재는 준정형치수를 가지므로, 대부분의 면에서 최대절삭깊이가 1.9 mm 이내이고, 퍼터 '캐비티 내면'을 가공할 때는 절삭깊이가 38.1 mm에 달하므로 밀링작업량이 가장 많이 소요되는 작업이었다(그림 8.76b 및 c 참조). 또한 캐비티 내면의 구석은 깊이에 비해 상대적으로 직경이 작다(깊이가 코너직경의 7배 이상).

준비작업의 수를 줄이기 위해 4축 수평형 머시닝센터를 사용하였다. 비교적 복잡한 형상인 호젤(hosel, 골프채의 샤프트에 연결하는 소켓부)을 가공하는 데는 회전형 축을 사용하였다. 호젤가공부는 지지되는 부분이 작은 편이어서 채터발생이 문제가 된다. 컴퓨터 시뮬레이션모델로 주축속도를 바꿔가면서 진동모드해석을 수행하여 공작물/고정구의 고유진동수를 찾아서 피할 수 있도록 공정조건을 정하였다(8.11절 참조). 공작기계의 용량은 22.37 kW, 주축속도는 12,000~20,000 rpm의 범위이었다. 준정형 단조소재를 사용함으로써 밀링작업에 절삭깊이를 얕게 한 고속절삭조건을 적용할 수 있었다.

모든 절삭작업이 완료된 후, 탁월한 표면정도를 만드는 데 약간의 수작업이 필요하였다. 또한 가볍게 숏블라스팅하여(유리구를 사용, 4.5.1절) 표면에 일관성을 주었다. 마지막으로, 흑색의 니켈-크롬 도금을 하여 심미적 효과를 높이고, 골프장에 있을 수도 있는 화학물질에 의한 부식과 작은 흠집으로부터 스테인리스강 표면을 보호하도록 하였다.

내용 요약 SUMMARY

- 기계가공은 원하는 형상, 표면정도, 치수정확도를 갖도록 소재를 가공하는 방법으로, 특히 다른 성형가공으로는 경제적으로 적절하게 얻을 수 없는 복잡한 형상을 가진 부품의 가공에 필수적으로 사용된다. 반면에, 기계가공에서는 칩의 형태로 재료의 일부를 버려야 하며, 가공시간이 길고 가공면에 좋지 않은 영향을 줄 수 있다. (8.1절)
- 기계가공에서의 주요 공정변수는 절삭공구의 형상과 재질; 절삭속도, 이송, 절삭깊이와 같은 절삭조건; 절삭유; 공작기계와 소재 재질의 특성 등이다. 이들 공정변수에 따라 하

중과 소비동력, 공구마멸, 표면정도와 완전성, 온도, 소재의 치수정확도 등이 영향을 받는다. 보통 관찰되는 칩의 유형에는 연속형 칩, 구성인선, 불연속형 칩, 톱니형 칩이 있다. (8.2절)

- 온도상승은 공구수명, 소재의 치수정확도와 표면완전성에 좋지 않은 영향을 줄 수 있는 중요한 고려사항이다. (8.2절)
- 공구마멸은 소재와 공구재료의 특성, 절삭속도, 절삭유에 따라서 주로 결정되며, 이송, 절삭깊이, 공작기계 특성의 영향도 받는다. 공구마멸에는 플랭크마멸과 크레이터마멸의 두 가지 유형이 있다. (8.3절)
- 표면정도가 나쁘면 제품의 완전성에 좋지 않은 영향을 주므로, 기계가공된 부품의 표면정도는 중요한 고려사항이다. 표면정도에 영향을 주는 주요 변수로는 절삭공구의 형상과 상태, 칩 형태, 공정변수가 있다. (8.4절)
- 절삭성은 일반적으로 표면정도, 공구수명, 소요 하중 및 동력, 칩 형태로 정의된다. 따라서 소재의 절삭성은 자체성질과 미세조직뿐만 아니라 공정변수의 적절한 선택과 관리에 따라서도 달라진다. (8.5절)
- 절삭공구재료에는 다양한 종류가 있으며, 고속도강, 초경합금, 세라믹, 큐빅보론질화물이 많이 사용된다. 이들 재료는 피복상태와 조합되어 광범위하게 기계적, 물리적 성질, 특히 고온경도, 인성, 화학적 안정성 및 불활성, 치핑 및 마멸에 대한 저항을 갖는다. (8.6절)
- 기계가공작업에서 절삭유는 마찰, 소요 하중과 동력을 감소시키고 공구수명을 향상시키는 중요한 매체이다. 일반적으로 공구압력이 높고 작업속도가 느린 경우에는 윤활특성이 좋은 절삭유가 필요하고, 온도상승이 심한 고속작업에는 냉각성능이 좋은 절삭유를 사용한다. (8.7절)
- 둥근 외면이나 내면을 가공하는 기계가공공정으로 선삭, 보링, 드릴링, 태핑, 나사절삭이 있다. 이들 작업의 삼차원적 특성으로 인해 칩이 작업을 방해할 수 있으므로 칩운동과 제어를 중요하게 고려해야 한다. 각 공정을 최적화시키려면 설계변수와 공정변수 간의 상호관계를 이해해야 한다. (8.9절)
- 고속절삭, 초정밀절삭, 경식선삭은 비교적 최근에 개발된 절삭기술이다. 이들 기술로 절삭비용을 줄이고, 뛰어난 표면정도와 치수정확도를 얻을 수 있다. (8.8절 및 8.9절)
- 평밀링, 정면밀링, 엔드밀링, 브로칭, 톱작업 등으로 복잡한 형상을 가공할 수 있다. 이들 공정에서는 소재에 대하여 다양한 축을 갖는 다인공구나 커터를 사용한다. 사용되는 공작기계는 대부분 컴퓨터로 제어되고, 다양한 기능의 부가장치를 갖추고 있어서 작업의 유연성이 높다. (8.10절)
- 머시닝센터와 터닝센터는 다용도로 각종 절삭작업을 수행할 수 있는 공작기계의 중요한 발전이다. 이들 기계를 선택할 때는 가공복잡도, 절삭작업의 횟수와 유형, 소요 공구수, 치수정확도, 생산속도 요구조건 등을 고려하여 결정한다. (8.11절)

- 절삭작업에서의 진동과 채터는 소재의 치수정확도와 표면정도, 공구수명을 보장하기 위해 중요하게 고려해야 할 사항이다. 진동과 채터를 제어하는 데는 공작기계의 강성과 진동감쇠능이 중요한 인자이다. 공작기계 구조용 신소재들이 개발되어 사용되고 있다. (8.12절 및 8.13절)
- 절삭작업으로 부품을 가공하는 데 적용되는 설계지침이 다수 마련되어 있다. (8.14절)
- 절삭공정의 경제성은 각종 비용요인에 따른다. 제품 한 개당 최소가공시간 혹은 최소비용을 보장하는 최적절삭속도를 각각 결정할 수 있다. (8.15절)

수식 요약 SUMMARY OF EQUATIONS

- 절삭비: $r = \dfrac{t_o}{t_c} = \dfrac{\sin \phi}{\cos(\phi - \alpha)}$
- 전단변형률: $\gamma = \cot \phi + \tan(\phi - \alpha)$
- 절삭속도 간의 관계: $\dfrac{V}{\cos(\phi - \alpha)} = \dfrac{V_s}{\cos \alpha} = \dfrac{V_c}{\sin \phi}$
- 마찰력: $F = R \sin \beta$
- 수직력: $N = R \cos \beta$
- 마찰계수: $\mu = \tan \beta = \dfrac{F_t + F_c \tan \alpha}{F_c - F_t \tan \alpha}$
- 배분력: $F_t = R \sin(\beta - \alpha) = F_c \tan(\beta - \alpha)$
- 전단각 추정식: $\phi = 45° + \dfrac{\alpha}{2} - \dfrac{\beta}{2}$

  $\phi = 45° + \alpha - \beta$
- 총 절삭동력 $= F_c V$
- 총 비에너지: $u_t = \dfrac{F_c}{w t_o}$
- 마찰 비에너지: $u_f = \dfrac{Fr}{w t_o}$
- 전단 비에너지: $u_s = \dfrac{F_s V_s}{w t_o V}$
- 평균온도: $T = \dfrac{1.2 Y_f}{\rho c} \sqrt[3]{\dfrac{V t_o}{K}}$
- 공구수명식: $T \propto V^a f^b$

■ 소재제거율(MRR)

선삭: $MRR = \pi D_{avg} d f N$

드릴링: $MRR = \pi \left(\frac{D^2}{4}\right) f N$

밀링: $MRR = wdv$

참고문헌

BIBLIOGRAPHY

Arnone, M., *High Performance Machining*, Hanser, 1998.

ASM Handbook, Vol. 16: *Machining*, ASM International, 1989.

ASM Specialty Handbook: Tool Materials, ASM International, 1995.

Astakhov, V.P., *Metal Cutting Mechanics*, CRC Press, 1998.

Boothroyd, G., and Knight,W.A., *Fundamentals of Machining and Machine Tools*, 3d ed., Dekker, 2005.

Brown, J., *Advanced Machining Technology Handbook*, McGraw-Hill, 1998.

Byers, J.P. (ed.), *Metalworking Fluids*, Dekker, 1994.

Davis, J.R. (ed.), *Tool Materials*, ASM International, 1995.

DeVries, W.R., *Analysis of Material Removal Processes*, Springer, 1992.

Dudzinski, D., Molinari, A., and Schulz, H., (eds.) *Metal Cutting and High Speed Machining*, Springer, 2002.

Erdel, B., *High-Speed Machining*, Society of Manufacturing Engineers, 2003.

Ewert, R.H., *Gears and Gear Manufacture: The Fundamentals*, Chapman & Hall, 1997.

Hoffman, E.G., *Jig and Fixture Design*, 4th ed., Industrial Press, 1996.

Kalpakjian, S. (ed.), *Tool and Die Failures: Source Book*, ASM International, 1982.

Komanduri, R., "Tool Materials," in *Kirk-Othmer Encyclopedia of Chemical Technology*, 4th ed., Vol. 24, Wiley, 1997.

Krar, S.F., and Check, A.F., *Technology of Machine Tools*, 5th ed., Glencoe Macmillan/McGraw-Hill, 1996.

Machinery's Handbook, Industrial Press, revised periodically.

Modern Metal Cutting: A Practical Handbook, Sandvik Coromant, 1996.

Nachtman, E.S., and Kalpakjian, S., *Lubricants and Lubrication in Metalworking Operations*, Dekker, 1985.

Rivin, E.I., *Stiffness and Damping in Mechanical Design*, Dekker, 1999.

Roberts, G.A., Krauss, G., and Kennedy, R., *Tool Steels*, 5th ed., ASM International, 1997.

Shaw, M.C., *Metal Cutting Principles*, 2d ed., Oxford, 2005.

Sluhan, C. (ed.), *Cutting and Grinding Fluids: Selection and Application*, Society of Manufacturing Engineers, 1992.

Stephenson, D., and Agapiou, J.S., *Metal Cutting: Theory and Practice*, 2d ed., CRC Press, 2005.

Stout, K.J., Davis, J., and Sullivan, P.J., *Atlas of Machined Surfaces*, Chapman & Hall, 1990.

Townsend, D.P., *Dudley's Gear Handbook: The Design,*

Manufacturing, and Application of Gears, 2d ed., McGraw-Hill, 1991.

Trent, E.M., and Wright, P.K., *Metal Cutting*, 4th ed., Butterworth Heinemann, 2000.

Venkatesh, V.C., and Chandrasekaran, H., *Experimental Techniques in Metal Cutting*, rev. ed., Prentice Hall, 1987.

Walsh, R.A., *McGraw-Hill Machining and Metalworking Handbook*, McGraw-Hill, 1994.

Weck, M., *Handbook of Machine Tools*, 4 vols., Wiley, 1984.

복습문제 QUESTIONS

8.1 절삭깊이가 증가하고 경사각이 감소할수록 절삭력 F_c는 증가한다. 그 이유를 설명하여라.

8.2 공구 끝단이 무디어진 경우, 절삭작업에 어떤 영향을 주는지 설명하여라.

8.3 표 8.1과 8.2에서 관찰되는 경향을 기술하여라.

8.4 표 8.3에 주어진 각종 재료의 비에너지 자료에서, 동일한 종류의 재료라 하더라도 비에너지값에 차이가 크게 나는 것은 어떤 요인들 때문인가?

8.5 절삭유가 칩형성에 미치는 영향들을 기술하여라. 또, 절삭유가 절삭작업에 어떻게 그리고 왜 영향을 미치는지 설명하여라.

8.6 절삭유의 사용이 오히려 해가 되는 경우는 어떤 조건 하에서인가?

8.7 순수 알루미늄이나 구리가 절삭하기 쉬운 이유를 설명하여라.

8.8 절삭작업 시 공구의 최고온도점이 공구-칩 접촉부의 중간 정도에 위치하는 이유를 설명하여라. (힌트: 절삭열의 주공급원은 전단면과 공구-칩 접촉면임.)

8.9 직교절삭에 대한 다음 각 문장의 옳고 그름을 말하고, 그 이유를 설명하여라.

(1) 일정한 전단각에 대하여, 같은 절삭비를 주는 경사각이 두 개 존재한다.

(2) 절삭깊이와 경사각이 일정한 경우, 사용 절삭유의 종류는 칩두께에 영향을 주지 않는다.

(3) 절삭속도, 전단각, 경사각을 알고 있다면 칩속도를 계산할 수 있다.

(4) 칩두께는 경사각이 클수록 얇아진다.

(5) 칩브레이커의 역할은 칩의 곡률을 줄이는 데 있다.

8.10 절삭온도가 너무 높게 상승하도록 방치하는 것은 바람직하지 않다. 그 이유를 설명하여라.

8.11 서로 다른 두 절삭속도에 대하여 공구수명이 같을 수 있다. 그 이유를 설명하여라.

8.12 밀링 같은 단속절삭작업에 부적합한 공구재료들을 표 8.6에서 찾고, 그 이유를 설명하여라.

8.13 절삭작업에서 불연속형 칩이 생성됨으로써 야기되는 불리한 점들을 설명하여라.

8.14 매우 낮은 절삭속도에서는 공구수명이 거의 무한대로 될 수 있다고 언급하였다. 그렇다면 모든 절삭작업을 낮은 속도에서 수행하도록 추천할 것인지를 답하고, 그 이유를 설명하여라.

8.15 그림 8.31을 참조하여, 초경합금의 성질에 미치는 코발트함유량의 영향을 어떻게 설명하겠는가?

8.16 절삭공정을 이해함에 있어서, 생성되는 칩의 형태에 관한 연구가 중요한 이유를 설명하여라.

8.17 톱니형 칩이 만들어지는 경우에는 절삭력의 변화가 크다. 이 사실을 어떻게 예측할 수 있는지 설명하여라.

8.18 나무는 고도의 이방성 재료이다(실제로는 직교이방

성). 나무를 결에 대해 여러 방향으로 절삭할 경우, 절삭방향이 칩형성에 미치는 영향에 대하여 설명하여라.

8.19 경사절삭(삼차원절삭)의 장점을 기술하여라. 경사절삭이 일어나는 절삭공정에는 어떤 것이 있는지 설명하여라.

8.20 절삭속도를 낮추면 한 번의 재연마(혹은 절삭날 교환)로 절삭가능한 소재제거량을 증가시킬 수 있다. 그 이유를 설명하여라.

8.21 식 (8.8)의 중요성에 대해 설명하여라.

8.22 절삭공구의 고온경도를 측정하는 방법을 제시하여라. 측정절차에 어려운 점은 없는가?

8.23 절삭공구를 여러 재료들로 다상피복하는 이유를 설명하여라. 효과적인 절삭이 되려면 다상피복공구의 모재는 어떤 성질을 가져야 하는가?

8.24 인서트 공구의 장단점들을 설명하여라. 인서트는 왜 개발되었는가?

8.25 고속도강공구에 사용되는 합금원소들을 열거하여라. 각 합금원소가 첨가된 이유를 설명하여라.

8.26 절삭공구에 모따기(chamfer)부를 두는 목적을 설명하여라.

8.27 온도가 절삭공구의 성능에 중대한 영향을 미치는 이유를 설명하여라.

8.28 세라믹과 서멧 절삭공구들은 초경합금 절삭공구에 비해 몇 가지 뚜렷한 장점을 갖는다. 그럼에도 불구하고, 이들 재료가 초경합금의 대체재료로 그리 많이 사용되지 않는 이유를 설명하여라.

8.29 절삭공구재료에서 화학적 안정성과 불활성이 중요한 이유를 설명하여라.

8.30 취성이 큰 공구재료, 특히 세라믹으로 절삭할 때의 주의사항들을 열거하여라.

8.31 절삭유의 효과가 절삭속도에 따라 달라지는 이유를 설명하여라. 절삭유온도의 관리가 중요한지 답하고, 그 이유를 설명하여라.

8.32 다이아몬드와 큐빅보론질화물(cBN) 중 어느 재료가 강의 절삭에 더 적합한지를 답하고, 그 이유를 설명하여라.

8.33 절삭공구를 재연마, 재활용, 혹은 폐기할 것인지를 결정할 때, 검토할 사항들을 열거하고 설명하여라.

8.34 절삭온도에 영향을 주는 변수들을 열거하고, 이들이 왜 그리고 어떻게 영향을 주는지를 설명하여라.

8.35 절삭작업에서 가공면의 표면정도를 불량하게 하는 인자들을 열거하고 설명하여라.

8.36 선삭용 단인절삭공구의 형상을 정의하는 여러 각도들의 기능을 각각 설명하여라. 옆날각이 증가함에 따라 칩두께는 어떻게 변하는가?

8.37 드릴의 나선각은 공작물재료의 종류에 따라 다르다. 그 이유를 설명하여라.

8.38 길이가 긴 환봉이 일정한 절삭깊이로 선삭되고 있다. 길이를 따라 가공된 봉의 직경에 차이가 있다면, 어떻게 차이가 나고, 그 이유는 무엇인지 설명하여라.

8.39 밀링에서 상향절삭과 하향절삭의 상대적인 특징과 절삭작업에서의 중요성을 기술하여라.

8.40 그림 8.64a에는 강으로 된 톱날 몸체에 고속도강 절삭날이 용접되어 있다. 톱 전체를 고속도강으로 만들 것을 추천하는지에 대해 답하고, 그 이유를 설명하여라.

8.41 절삭작업에서 진동과 채터가 주는 나쁜 영향들을 기술하여라.

8.42 공작기계의 구성요소 중 세라믹재료로 만들 수 있는 부품을 열거하고, 세라믹재료가 적합한 이유를 설명하여라.

8.43 그림 8.12에서 이송속도가 0인 경우에도 배분력이 생기는 이유를 설명하여라.

8.44 절삭온도의 상승이 공작물경도와 관련이 있는지 설명하여라.

8.45 공구마멸이 공작물과 전체 절삭작업에 주는 영향을 기술하여라.

8.46 테일러의 공구수명식에서 다음 값이 클수록 좋은지, 아니면 작을수록 좋은지 설명하여라.
(1) 공구수명지수 n
(2) 절삭상수 C

8.47 다음 장비로 수행할 수 없는 절삭작업이 있는지 각각 설명하여라.
(1) 머시닝센터
(2) 터닝센터

8.48 기계가공작업에서 절삭비는 어떤 중요성을 갖는가?

8.49 유화액 절삭유는 물 95%, 수용성 기름 5%, 기타 첨가제로 구성되는 것이 보통이다. 구성비에 심한 차이가 있는 이유는 무엇인가? 기름이 반드시 첨가되어야 하는지 설명하여라.

8.50 테일러의 공구수명식에서 n 값이 음이 될 수도 있다고 하였다. 어떤 경우에 그렇게 되는가?

8.51 직선형 날 커터를 사용하는 평밀링에서의 절삭력을 산정해야 한다면, 어떤 절차를 따라 구할 것인지 설명하여라.

8.52 칼을 앞뒤로 움직이면서 절단하는 것이 왜 더 효과적인지, 가능한 이유들을 설명하여라. 절단될 소재, 마찰, 칼의 치수와 형상 같은 인자들을 고려하여라.

8.53 공구-칩 접촉면에서의 마찰을 줄이면(예를 들어, 효과적인 절삭유를 사용하여), 절삭작업의 역학에 어떤 영향을 주는가? 몇 가지 예를 들어 설명하여라.

8.54 생산속도의 증가를 위해, 단지 절삭속도를 높이는 것이 항상 바람직하지는 않다. 그 이유를 설명하여라.

8.55 금속의 절삭 시 절삭속도가 낮더라도, 전단변형률 속도는 높은 것으로 관찰된다. 그 이유는 무엇인가?

8.56 식 (8.30)의 지수로부터 절삭속도가 이송보다 온도 상승에 큰 영향을 주는 것을 알 수 있다. 그 이유는 무엇인가?

8.57 절삭공구의 허용마멸폭(표 8.5 참조)을 초과하여 사용하면 어떤 결과가 초래되겠는가?

8.58 그림 8.34, 8.38, 8.43을 관찰한 결과에 대하여 언급하고 설명하여라.

8.59 그림 8.22a의 공구수명곡선에서 세라믹공구는 다른 재료에 비해 오른쪽에 치우쳐 있다. 그 이유는 무엇인가?

8.60 그림 8.18에 따르면, 절삭속도가 빠를수록 칩에 의해 제거되는 에너지의 비율이 높다는 것을 알 수 있다. 그 이유는 무엇인가?

8.61 절삭유의 효율성을 측정하려면 어떻게 하겠는가? 제안한 방법을 설명하여라.

8.62 다이아몬드나 큐빅보론질화물 절삭공구의 능력을 활용하고자 할 때, 꼭 필요한 조건에 대하여 설명하여라.

8.63 표 8.6에 나열한 성질 중에서 마지막 두 성질은 공구수명에 중요할 수 있다. 그 이유는 무엇인가? 표에 나열된 성질 중에서 절삭작업에 가장 덜 중요한 것은 어떤 것인지 설명하여라.

8.64 그림 8.30에서 모든 공구재료, 특히 초경재료는 특정 온도에서 경도의 범위가 넓게 나타난다. 그 이유는 무엇인가?

8.65 사용했던 절삭공구를 재활용할 수 있는 방법을 제안하여라. 재활용하고자 할 때, 환경적 요인을 포함하여 어려운 점이 있다면 언급하여라.

8.66 본문에서 살펴본 것처럼, 오늘날 성공적으로 사용되는 공구재료가 많이 있지만, 공구재료에 대한 연구

개발은 여전히 지속되고 있다. 그 이유를 설명하여라.

8.67 대형구멍의 가공 시에는 드릴링, 보링, 리밍의 순서로 가공하는 것이 단지 드릴링과 리밍을 하는 것보다 정확하다. 그 이유를 설명하여라.

8.68 심하게 산화되고 표면이 울퉁불퉁한 환봉을 선반에서 선삭하려고 한다. 절삭깊이 d를 크게 할 것인가, 아니면 작게 할 것인가? 답에 대한 이유는 무엇인가?

8.69 드릴링작업에서 구멍이 깊어짐에 따라 절삭력이나 토크가 변하는지에 대하여 설명하여라.

8.70 나사를 제조함에 있어서 전조법과 절삭법의 장점과 제한점을 각각 설명하여라.

8.71 표 8.8, 8.10, 8.11의 내용에 대하여 관찰한 결과를 설명하여라.

8.72 표 8.10의 주석은 구멍깊이가 깊을수록 속도와 이송을 감소시켜야 한다는 것이다. 그 이유는 무엇인가?

8.73 기계가공작업에서 표면정도를 불량하게 만드는 요인을 열거하고 설명하여라.

8.74 이 장에서 설명한 기계가공작업에 대하여 작업난이도 및 절삭유 기대효과를 나타내는 목록을 만들어라. (예: 구멍의 태핑작업은 직선 축을 선삭작업하는 것보다 난이도가 높다.)

8.75 정면밀링작업 시 커터에 의해 공작물표면에 남겨지는 이송자국은 진원을 이루는지에 대하여 설명하여라.

8.76 밀링커터 날의 개수를 선택할 때 고려할 사항은 무엇인가(그림 8.53과 8.55 참조)?

8.77 머시닝센터와 터닝센터를 개발하게 된 기술적인 필요사항을 설명하여라. 이 기계들의 주축회전속도가 넓은 범위에 걸쳐 있는 이유는 무엇인가?

8.78 그림 8.74에 나타낸 구성요소 개수 외에 공작기계의 감쇠능을 증가시키는 인자로는 무엇이 있는지 설명하여라.

8.79 공작기계 구성요소의 열팽창이 중요한 이유는 무엇인가? 예를 들어 설명하여라.

8.80 이 장에서 소개한 절삭공정을 이용하여 비금속재료나 고무 같은 재료를 절삭하고자 할 때의 문제점은 무엇인가? 이 문제점에 공작물재료의 각종 물리적 및 기계적 성질, 절삭력, 부품형상, 필요한 고정구 등이 미치는 영향은 무엇인지 정리하여라.

8.81 직육면체 소재를 기계가공하여 아래 그림과 같은 부품을 가공하고자 한다. 필요한 절삭작업의 종류와 가공순서, 필요한 공작기계를 제안하여라.

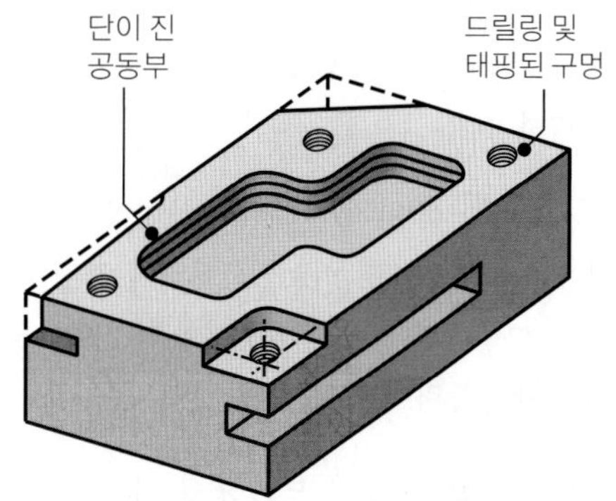

8.82 아래 그림에 나타낸 다음 세 가지 부품에 대한 절삭공구재료를 각각 선택하고, 절삭시간을 산정하여라.

(1) 스테인리스강 펌프축

(2) 구상흑연주철 크랭크축

(3) 304 스테인리스강 튜브내면가공

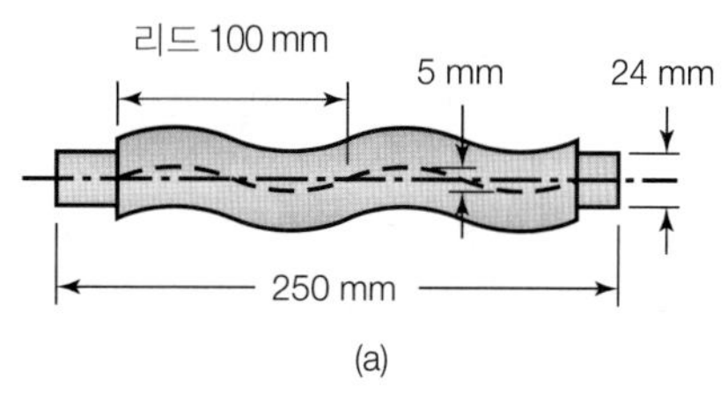

(a)

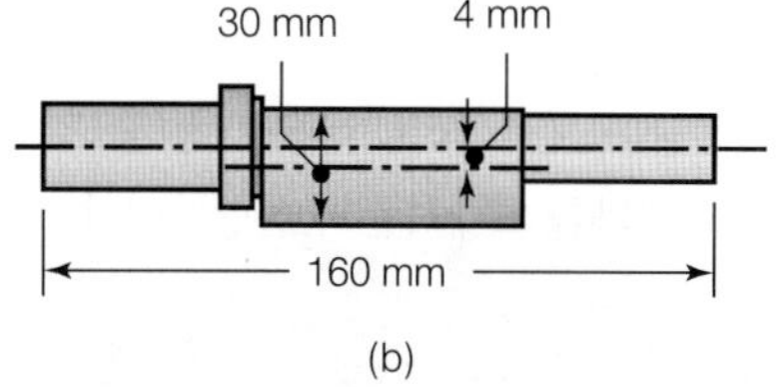

(b)

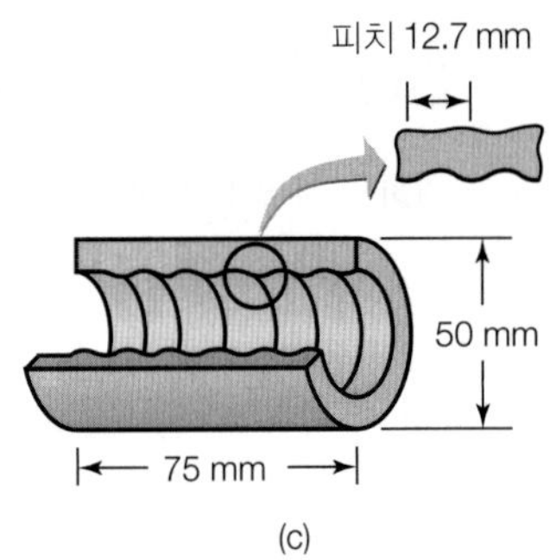

(c)

8.83 합금에 대한 절삭성을 일반화시키기 어려운 이유는 무엇인가?

8.84 건절삭의 장점과 단점은 무엇인가?

8.85 절삭유를 사용하지 않고도 고속절삭을 할 수 있는지 설명하여라.

8.86 경사각이 0°이면, 마찰력이 절삭방향, 즉 주분력에 수직하게 작용하므로 소요절삭동력에 직접 기여하지 않는다. 그렇다면 경사각이 증가할 때, 예를 들어 20°일 때는 소요동력이 변하는 이유는 무엇인가?

8.87 기어블랭크에 키홈을 브로칭 할 때, 치형을 절삭하기 전에 할 것인지, 아니면 후에 할 것인지 제안하고 설명하여라.

8.88 기본적인 금속절삭공정을 이해한 상태에서, 절삭공구의 물리적 및 화학적 성질 중에서 중요하다고 생각하는 성질은 무엇인가?

8.89 세라믹, 다이아몬드, 큐빅보론질화물 공구에는 음의 경사각이 잘 사용된다. 그 이유는 무엇인가?

8.90 목공용 드릴은 어떤 재료로 만들어지는가? (힌트: 목공에서는 온도가 400°C를 넘는 일이 거의 없다.) 이 드릴로는 금속재료에 구멍을 제대로 가공하지 못한다. 그 이유는 무엇인지 설명하여라.

8.91 절삭공구 모재와 다른 열팽창계수를 갖는 피복을 하면 어떤 결과를 초래하는지 설명하여라.

8.92 준-건절삭(NDM, near-dry machining)의 상대적인 장점과 한계점을 논의하여라. 기술적, 경제적 측면을 모두 고려하여라.

8.93 컴퓨터제어 공작기계를 사용하는 현대적 가공작업에서는 어떤 형태의 칩이 바람직하지 않은지 설명하여라.

8.94 활톱이 띠톱에 비해 생산성이 낮은 이유를 설명하여라.

8.95 브로칭작업으로 절삭하는 것이 바람직한 공작물이나 조건을 기술하여라.

8.96 다음 공정 간의 유사점과 차이점을 적절한 스케치와 함께 설명하여라.
(1) 셰이빙
(2) 브로칭
(3) 회전브로칭

8.97 마찰톱작업을 비철금속에 적용하기 어려운 이유는 무엇인가?

8.98 그림 8.68에 나타낸 모듈러 머시닝센터를 살펴보고, 이 기계에 적합한 공작물이나 작업에 대하여 설명하여라.

8.99 머시닝센터에 부적합한 공작물의 유형에 대하여 구체적인 예를 들어 설명하여라.

8.100 일반 공학실무에서 볼 수 있는 다음의 예를 들어라.
(1) 강제진동
(2) 자려진동

8.101 절삭속도가 낮으면 공구온도도 낮고, 절삭속도가 높으면 공구온도도 높다. 하지만 절삭속도를 훨씬 높이면 공구온도는 낮아진다. 그 이유를 설명하여라.

8.102 고속절삭의 발달이 가능하게 된 기술적인 혁신과 경제적인 필요성에 대하여 설명하여라.

연습문제

PROBLEMS

8.103 경사각 15°, 마찰계수 0.2인 직교절삭에서, 마찰계수가 두 배로 되는 경우의 칩두께 증가율(%)을 계산하여라. 단, 전단각 계산은 식 (8.20)을 사용한다.

8.104 식 (8.1)을 증명하여라.

8.105 간단한 해석적 표현을 사용하여, 예 8.2의 마지막 문단에서 설명하는 내용을 입증하여라.

8.106 식 (8.3)을 이용하여 전단변형률 γ 대 전단각 ϕ의 관계를 경사각 α를 변수로 하여 그림을 그리고, 이로부터 관찰되는 바를 설명하여라.

8.107 경사각이 10°인 직교절삭에서, 전단각과 절삭비를 마찰계수의 함수로 작도하여라.

8.108 식 (8.12)를 유도하여라.

8.109 예 8.1에서 전단각을 결정하여라. 구한 전단각이 정확한 값인지, 아니면 근사값인지 설명하여라.

8.110 직교절삭 실험에서 다음 자료를 얻었다. 두 경우 모두 절삭깊이(이송) t_o = 0.13 mm, 절삭폭 w = 2.5 mm, 경사각 $\alpha = -5°$, 절삭속도 V = 2m/s이었다. 다음 값들을 계산하여라.

(1) 전단각 ϕ(식 (8.20)을 사용하지 말 것)

(2) 마찰계수 μ

(3) 전단면에서의 전단변형률 γ

(4) 칩속도 V_c와 전단속도 V_s

(5) 비에너지 u_f, u_s, u_t

	공작물 재료	
	알루미늄	강
칩두께 t_c[mm]	0.23	0.58
주분력 F_c[N]	430	890
배분력 F_t[N]	280	800

8.111 공작물의 재료상수가 다음과 같을 때, 문제 8.110의 조건에서 온도를 구하여라.

	공작물 재료	
	알루미늄	강
유동응력 Y_f[MPa]	120	325
열확산도 K[mm²/s]	97	14
비열 ρc[N/mm² K]	2.6	3.3

8.112 경사각이 −5°인 건절삭작업에서, F_c = 1330 N 및 F_t = 740 N의 힘이 측정되었다. 절삭유를 사용하였더니, 이들 힘은 F_c = 1200 N 및 F_t = 710 N으로 되었다. 절삭유를 사용함으로 인해, 마찰각은 얼마나 바뀌었는가?

8.113 경사각 10°인 공구로 알루미늄을 건절삭할 때, 전단각이 25°였다. 절삭유를 사용하여 마찰계수를 15% 줄였을 때의 전단각을 계산하여라.

8.114 초경합금 공구재료를 예로 들 때, 절삭공구의 평균온도가 일정하게 유지되려면, 절삭속도가 세 배로 될 경우에 이송속도는 얼마나 변해야 하는지를 식 (8.30)을 사용하여 구하여라.

8.115 직교절삭에서 절삭유의 사용이 배분력 F_t의 크기를 어떻게 변화시키는지 적절한 선도를 사용하여 보여라.

8.116 직경 20.32 cm의 스테인리스강 봉이 주축회전속도 600 rpm, 절삭깊이 0.25 cm로 선삭된다. 선반의 모터동력이 3.7 kW이고 기계효율이 80%라면, 허용되는 최대이송속도는 얼마인가?

8.117 어떤 공구재료에 대한 테일러의 공구수명식에서 n = 0.3이고, C = 400이다. 절삭속도가 (1) 30%, (2) 60% 감소한다면, 공구수명은 각 경우에 몇 %나 증가하는가?

8.118 아래의 플랭크마멸 자료는 C6 초경공구를 사용하여 1045 강(HB = 192)을 절삭시험하여 얻었다. 이송속도는 0.38 mm/rev, 절삭폭은 0.76 mm이었다.

(1) 플랭크마멸량을 절삭시간의 함수로 작도하여라.

공구파손기준을 마멸폭 0.38 mm로 삼을 때, 표에 나타낸 네 가지 절삭속도에 대한 공구수명을 결정하여라.

(2) 절삭속도와 공구수명을 대수-대수그래프에 그리고, 테일러 공구수명식의 n과 C 값을 결정하여라.

(3) 이 결과를 활용하여, 절삭속도 91.44 m/min인 경우의 공구수명을 계산하여라.

절삭속도 V [m/min]	절삭시간 [분]	플랭크마멸 [mm]
121.92	0.5	0.03556
	2.0	0.05842
	4.0	0.07620
	8.0	0.13970
	16.0	0.20828
	24.0	0.28448
	54.0	0.38100
182.88	0.5	0.04572
	2.0	0.08890
	4.0	0.15240
	8.0	0.25400
	13.0	0.36830
	14	0.40640
243.84	0.5	0.12700
	2.0	0.25400
	4.0	0.35560
	5.0	0.40640
304.8	0.5	0.25400
	1.0	0.33020
	1.8	0.38100
	2.0	0.40640

8.119 그림 8.22a에 주어진 네 가지 공구재료에 대하여 n과 C를 구하여라.

8.120 그림 8.18a를 참조하여 식 (8.30)에 사용된 지수 a의 크기를 구하여라.

8.121 직경 75 mm, 길이 1.5 m인 풀림처리된 알루미늄 환봉을 이송속도 2 mm/rev로 하여 선반에서 황삭할 때, 소요되는 절삭시간을 다음 경우에 대하여 구하여라.

(1) 고속도강공구를 사용하는 경우

(2) 초경공구를 사용하는 경우

8.122 길이 150 mm, 직경 75 mm인 티타늄합금 봉재를 선반에서 선삭하여 한 번에 직경을 65 mm로 줄이고자 한다. 주축은 400 rpm으로 회전하고, 공구는 축방향속도 200 mm/min으로 이동한다. 이 작업에서의 절삭속도, 절삭률, 절삭시간, 소요동력, 절삭력을 구하여라.

8.123 예 8.4를 반복하여 풀어라. 단, 사용된 소재는 고강도주철이고, $N = 500$ rpm이다.

8.124 직경 1.9 cm의 드릴이 드릴프레스에서 300 rpm으로 회전하고 있다. 이송속도가 0.13 mm/rev이라면 절삭률은 얼마인가? 또, 드릴직경이 3배가 될 경우의 절삭률은 얼마인가?

8.125 직경 15 mm의 드릴을 사용하여 마그네슘합금을 주축회전속도 500 rpm, 이송속도 0.1 mm/rev으로 드릴링작업한다. 절삭률을 계산하여, 드릴에 걸리는 토크를 추정하여라.

8.126 평밀링작업에서, $D \gg d$인 경우에는 거리 l_c가 근사적으로 $\sqrt{Dd}$와 같음을 보여라.

8.127 예 8.6에서 칩절삭깊이를 계산하여라.

8.128 예 8.6에서 주축속도를 200 rpm으로 증가시킨다면, 어떤 양의 계산결과에 영향을 주는가?

8.129 길이 50.8 cm, 폭 15.24 cm인 고강도강 블록의 평밀링작업이 절삭날당 이송량 0.25 mm/날, 절삭깊이 3.81 mm로 수행된다. 커터는 직경이 63.5 mm이고, 6개의 직선형 절삭날을 가지며, 150 rpm으로 회전한다. 절삭률과 절삭시간을 계산하고, 소요동력을 추정하여라.

8.130 그림 8.54에서, $D = 200$ mm, $w = 30$ mm, $l = 600$ mm, $d = 2$ mm, $v = 1$ mm/s, $N = 200$ rpm이라고 가정하자. 커터에는 인서트가 10개 삽입되어 있고, 공작물재질은 304 스테인리스강이다. 절삭률, 절삭시간 및 절삭날당 이송량을 각각 구하고, 소요동력을 추정하여라.

8.131 고속도강 절삭날이 12개인 직경 20.32 cm의 정면 밀링커터를 사용하여 길이 20.32 cm, 폭 7.62 cm의 황동 블록을 가공할 경우, 절삭에 소요되는 시간을 산정하여라.

8.132 길이 30.48 cm, 두께 5.08 cm인 후판을 cm당 4.72개의 날을 가진 띠톱으로 절단하고자 한다. 띠톱의 속도는 45.72 m/min이고, 판의 이송량은 톱날당 0.08 mm라면, 이 판을 길이로 절단하는 데 소요되는 시간은 얼마인가?

8.133 한줄나사로 된 직경 10.16 cm의 호브를 사용하여 치형개수 40개의 평기어를 가공하고자 한다. 호브의 절삭속도가 61 m/min이라면, 기어소재의 회전속도는 얼마가 되어야 하는가?

8.134 식 (8.20)을 유도함에 있어서 마찰각 β는 전단각 ϕ에 무관하다고 가정하였다. 이 가정이 타당한지 설명하여라.

8.135 직교절삭작업이 다음 조건 하에서 수행된다: 절삭깊이 0.1 mm, 절삭폭 5 mm, 칩두께 0.2 mm, 절삭속도 2 m/s, 경사각 15°, 절삭력(주분력) 500 N, 배분력 200 N. 절삭 시 전단면에서 소산되는 에너지의 총 에너지에 대한 비율을 구하여라.

8.136 직교절삭작업이 다음 조건 하에서 수행된다: 절삭깊이 0.5 mm, 절삭폭 2.54 mm, 절삭비 0.3, 절삭속도 91.44 m/min, 경사각 0°, 절삭력(주분력) 90.72 kg, 배분력 68 kg, 공작물의 밀도 7.2 g/cm^3, 공작물의 비열 0.5 kJ/kg°C. (1) 절삭열의 발생은 전단면과 공구-칩접촉면에서만 이루어지고, (2) 공구의 열전도도는 0, 외부로 방출되는 열은 없으며, (3) 칩의 온도분포는 균일하다고 가정한다. 칩의 온도상승량이 68.3°C라면, 전단면에서 소산된 에너지 중에서 공작물로 빠져나간 에너지의 비율을 계산하여라.

8.137 결정립의 최대인장방향(그림 8.4a 참조)과 전단면이 이루는 각 ψ는 다음과 같이 표현된다.

$$\psi = 0.5 \cot^{-1}\left(\frac{\gamma}{2}\right)$$

여기서 γ는 식 (8.3)으로 주어지는 전단변형률이다. 풀림처리된 어떤 금속의 직교절삭에서 만들어진 칩 한 조각이 주어져 있다. 이 칩이 생성된 절삭속도와 공구경사각은 알고 있지만 그 외의 사항들은 모른다고 할 때, 이 칩을 만든 절삭작업에 소요된 동력을 어떻게 추정할 것인지 그 과정을 개략적으로 서술하여라. 단, 완벽하게 꾸며진 실험실과 풍부한 기술서적들을 사용할 수 있다.

8.138 선반에서 직경 120 mm인 봉재를 10 mm당 1 mm 경사진 테이퍼로 가공하려고 한다. 초기절삭깊이 4 mm, 이송속도 0.25 mm/rev, 주축회전속도 150 mm로 절삭작업을 진행할 때, 평균절삭률을 구하여라.

8.139 공구수명이 식 (8.34)로 주어지는 경우, 공작물 한 개당 절삭비용을 최소로 하는 최적이송속도를 유도하여라.

8.140 고강도 알루미늄합금을 용량 20마력인 선반(기계효율은 80%)에서 선삭할 때의 공정변수는 다음과 같다: 마찰계수 0.25, 절삭폭 6.35 mm, 경사각 0°, 절삭속도 91.44 m/min.

(1) 최대절삭깊이를 계산하여라.

(2) 재료의 전단강도는 얼마로 예측되는가?

8.141 절삭속도 76.2 m/min, 이송속도 0.06 mm/rev인 초경 절삭공구를 사용하는 절삭작업에서 절삭온도가 650°C로 측정되었다.

(1) 절삭속도를 50% 증가시키면, 절삭온도는 대략 얼마가 되는가?

(2) 최고온도를 425°C로 유지하려면, 절삭속도를 얼마로 하여야 하는가?

8.142 직경 7.62 cm인 회주철 환봉을 선반에서 500 rpm으로 선삭한다. 절삭깊이 6.35 mm, 이송 0.5 mm/rev일 때, 선반의 최소용량은 얼마이어야 하는가?

8.143 직경 15.24 cm, 길이 30.48 cm인 알루미늄 봉재

를 선삭하여 직경을 12.7 cm로 줄일 때, 다음 공구를 사용할 때의 절삭시간을 각각 구하여라.
(1) 피복되지 않은 초경공구
(2) TiN 피복공구

8.144 문제 8.143의 각 경우에 소요동력을 계산하여라.

8.145 삼각법을 이용하여, 직교절삭에서의 전단에너지 대 마찰에너지의 비를 각도 α, β, ϕ의 항으로 나타내는 식을 유도하여라.

8.146 세라믹공구를 사용하는 선삭작업에서 절삭속도를 50% 증가시켰을 때, 공구수명을 일정하게 유지하려면 이송속도를 얼마로 바꾸어야 하는가? 단, $n = 0.5$ 및 $y = 0.6$을 사용한다.

8.147 식 (8.35)를 사용하여, $R = 1$ mm, 표면거칠기 1 μm를 얻는 이송을 구하여라. 절삭을 지속하면서 공구의 노즈마멸이 진행된다면 이송을 어떻게 변경해야 하는지 설명하여라.

8.148 저탄소강 공작물에 깊이 2.54 cm의 막힌 구멍을 드릴링가공하려고 한다. 드릴링은 1.27 cm 드릴로 이송 0.25 mm/rev, 주축회전속도 700 rpm으로 작업한다. 이 구멍을 드릴링작업하는 데 걸리는 시간을 계산하여라.

8.149 그림 8.53에 나타낸 정면밀링작업에서 공작물의 크기는 12.7 cm × 25.4 cm이다. 밀링공구 직경은 15.24 cm, 날은 8개이며, 300 rpm으로 회전하고, 절삭깊이는 3.175 mm, 이송은 0.127 mm/날이다. 공작물재료의 절삭비에너지가 91 W-min/cm^{3}이고, 절삭 시 공구직경의 75%가 공작물에 물린다고 할 때, (1) 소요동력과 (2) 절삭률을 구하여라.

8.150 직경 5.08 cm, 날 10개인 공구로 절삭깊이 2.54 mm를 유지하며, 길이 25.4 cm인 다음 재료를 평밀링 가공할 때, 절삭시간 범위를 구하여라.
(1) 탄소강 (2) 티타늄합금
(3) 알루미늄합금 (4) 열가소성 플라스틱

8.151 머시닝센터의 주축과 공구가 프레임에서 30.48 cm만큼 나와 있다. 절삭작업에서 0.0025 mm의 공차를 유지하려면, 허용온도차는 얼마인가? 0.025 mm의 공차인 경우는 어떠한가? 단, 주축은 강으로 만들어졌다.

8.152 절삭밸브의 생산에서, 인건비 19,000원/시간, 간접경비 15,000원/시간이라고 한다. 또한 공구는 가격 25,000원인 사각형 세라믹인서트를 사용하고, 교환에는 5분, 회전에는 1분이 걸린다. V_o의 단위를 m/min으로 사용하는 경우, $C = 100$일 때 비용측면에서의 최적절삭속도를 구하여라.

8.153 문제 8.152의 조건으로 최대생산성 측면에서의 최적절삭속도를 구하여라.

8.154 인서트형 밀링커터를 사용하는 평면밀링작업에서의 최적절삭속도를 구하는 식을 유도하여라.

8.155 주기적으로 재연마하는 고속도강 공구를 사용하는 선삭에서의 최적절삭속도를 구하는 식을 유도하여라.

8.156 자신이 이 장의 주제를 다루는 강사라고 가정하고, 학생들의 이해를 시험하기 위해 정량적인 문제를 낸다고 하자. 계산문제를 여러 개 준비하고, 그에 대한 답안을 제시하여라.

설계문제 *DESIGN*

8.157 효과적인 냉각 및 윤활 방법이 개발되면, 공구수명은 매우 증가될 수 있다. 절삭유를 절삭영역에 공급하는 방법을 설계하고, 설계안의 장점과 단점을 논의하여라.

8.158 길이가 짧은 튜브형상 공작물을 사용하여 선반에

서 직교절삭작업을 수행할 수 있는 실험장치를 고안하여라.

8.159 절삭공구는 공구선단에서 약간 떨어진 경사면에 홈을 만들어서 칩-공구 접촉길이를 조절한다(그림 8.7c의 가장 왼쪽 설계 참조). 이 공구의 가능한 장점을 설명하여라.

8.160 아래 그림은 주강 밸브몸체의 절삭 전(왼쪽), 절삭 후(오른쪽) 도면을 나타낸다. 절삭할 면을 구분하여라(모든 면을 절삭하는 것은 아님). 이 부품을 절삭하는 데 적합한 공작기계는 어떤 유형인가? 어떤 종류의 절삭작업이 필요하며, 어떤 순서로 작업해야 하는가?

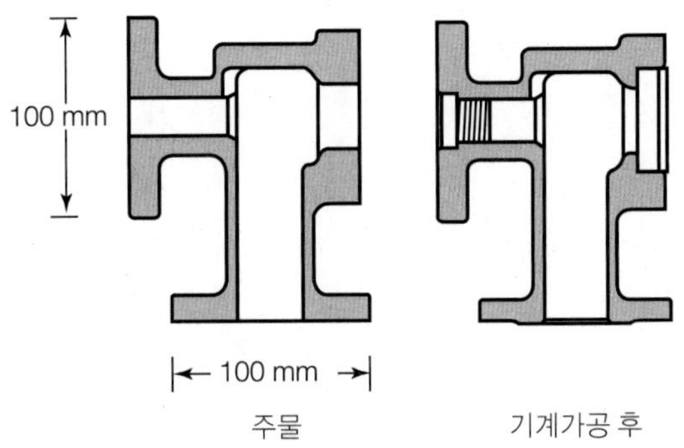

8.161 이 장에서 설명한 절삭공정들의 공정능력에 대하여, 다음 행들을 포함하는 종합적인 표를 작성하여라.

(1) 사용 공작기계
(2) 공구 종류 및 재료
(3) 소재 및 가공부품의 형상
(4) 최소 및 최대 가공크기
(5) 가공 표면정도
(6) 가공 치수공차
(7) 생산속도

8.162 대형 볼트는 육각형 봉재를 육각 척에 물리고 선반에서 선삭으로 원통형 몸체를 절삭한다. 이 작업에 수반되는 어려운 점을 열거하고 설명하여라.

8.163 그림 12.62에 나타낸 피스톤을 제작하는 데 필요한 고정구를 설계하고, 필요한 절삭작업을 설명하여라.

8.164 그림 8.16과 8.17b에서, 최고온도의 발생위치는 공구 윗면의 중간쯤임을 볼 수 있다. 또한 온도의 상승은 각종 공구재료에 나쁜 영향을 준다는 것을 설명하였다. 절삭작업의 역학을 고려하여, 내열성이 낮은 공구의 윗면 중간에 세라믹이나 초경 같은 재료로 된 작은 인서트를 삽입하는 제안에 대하여 기술적, 경제적인 측면에서의 장점에 대한 견해를 기술하여라.

8.165 절삭작업에서 만들어지는 칩을 유용한 제품 제작에 활용할 수 있는지에 대한 견해를 기술하여라. 가능한 제품의 예를 몇 가지 들고, 이들 제품의 특성 및 다른 가공공정으로 동일한 제품을 제작하는 경우와 비교한 차이점을 요약하여라. 이 용도에는 어떤 유형의 칩이 바람직한지 설명하여라.

8.166 실험에 의하면, 압연판재 같은 얇고 넓은 칩, 예를 들면 두께 0.08 mm, 폭 10 mm인 칩을 제조할 수 있다. 이 경우에 사용된 재료는 알루미늄, 망간, 스테인리스강이다. 절삭장치는 원판소재의 원주를 직선날을 반경방향으로 이송하면서 절삭하는 직교절삭의 경우와 비슷하다(플런지 절삭). 이 방법으로 금속박판을 제조하는 경우, 표면 특성 및 박판의 성질에 대하여 견해를 기술하여라.

8.167 냉각제와 관련한 주된 관심사는 박테리아에 의한 생물학적 공격으로 냉각제가 열화되는 것이다. 냉각제의 수명을 늘리기 위해, 화학방부제를 흔히 사용하지만, 이로 인해 냉각제를 폐기하는 것이 매우 복잡해진다. 절삭유용 환경친화적 방부제를 사용하는 최근의 발달에 관한 문헌조사를 수행하여라.

8.168 벌집구조재(7.5.5절 참조)를 총형밀링작업으로 절삭가공하고자 한다(그림 8.58b 참조). 벌집구조재의 판재가 절삭력으로 좌굴되지 않게 하려면 어떤 방법을 사용하여야 하는가? 가능한 많은 해결책을 생각하여라.

8.169 다음 그림은 동력전달용 축을 나타내며, 선반에서 가공된다. 이 부품을 제작하는 데 필요한 작업들을 나열하고, 절삭시간을 산정하여라.

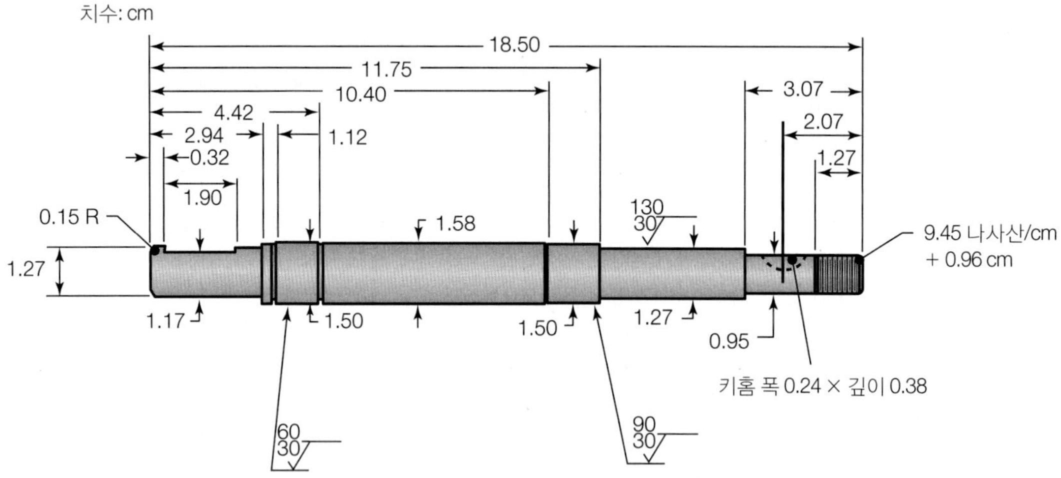
치수: cm
18.50
11.75
10.40
4.42
2.94
1.12
0.32
1.90
3.07
2.07
1.27
0.15 R
1.27
1.58
130
30
9.45 나사산/cm
+ 0.96 cm
1.17
1.50
1.50
1.27
0.95
키홈 폭 0.24 × 깊이 0.38
60
30
90
30

제 9 장

연삭가공 및 특수가공

주요내용

제품의 치수정확도와 표면정도를 향상시키는 데 사용되는 마무리공정의 기본 특성을 설명함.

- ❑ 연삭숫돌의 기술과 연삭작업의 역학
- ❑ 연삭기의 종류와 첨단 입자가공공정
- ❑ 래핑, 호닝, 연마, 화학기계적 연마, 피복입자 사용 등의 각종 입자가공작업
- ❑ 화학적 가공, 전해가공, 방전가공, 레이저가공, 전자빔가공, 입자제트가공 같은 비기계적 방법에 의한 소재제거공정
- ❑ 버제거작업
- ❑ 각 공정의 설계와 경제적 고려사항

9.1 개요

제8장에서 설명한 절삭가공에서는 특정 재료로 된 명확하게 정의된 형상을 가진 공구를 사용하였다. 절삭공정은 칩의 제거를 통해 이루어지며, 그 역학은 비교적 이해하기 쉽다. 그러나 공작물재료의 경도가 너무 높거나 취성이 있는 경우, 또는 형상으로 인해 앞 장에서 설명한 절삭가공법으로는 충분한 치수정확도로 가공하기 힘든 경우가 있다. 이러한 경우에 부품을 생산하는 최적의 가공법은 **연삭입자**(abrasives)를 이용하는 것이다. 연삭입자는 예리한 모서리가 있는 작고 경한 입자로서, 절삭공구와는 달리 불규칙한 형상을 가진다. 연삭입자는 공작물표면에서 재료를 소량씩 제거하는데, 이는 미세한 칩을 형성하는 절삭공정에 해당한다.

연삭가공(abrasive machining process)은 이미 가공된 제품에 행해지는 최종작업인 것이 일반적이다. 하지만 반드시 미소량의 재료를 제거하는 것만은 아니며, 소재의 대량제거작업으로도 사용되어 경제적인 측면에서 밀링이나 선삭 같은 기계가공과 경쟁할 수 있다. 연삭입자는 경하므로, 경도가 매우 높거나 열처리된 부품의 마무리작업; 세라믹이나 유리 같이 경도가 높은 비금속재료의 가공; 불필요한 용접비드의 제거; 봉재, 구조재, 석재, 콘크리트의 절단; 연삭입자를 섞은 공기제트나 물제트로 표면의 청정작업 등에 사용된다.

한편, 연삭가공 외에 1940년대부터 개발된 첨단의 기계가공법들을 **비전통적**(non-traditional) 가공법 또는 **특수가공법**이라고 하며, 전기적, 화학적, 유체, 열적 원리를 활용한 것으로, 다음과 같은 경우에 적용효과가 높다.

1. 소재의 경도 및 강도가 매우 높은 경우(경도값 400 HB 이상)
2. 공작물이 너무 유연하거나 가늘어서 절삭저항이나 연삭저항을 지탱할 수 없는 경우, 또는 부품을 공작물고정장치에 물리기 힘든 경우
3. 내면 및 외면에 형상이 있거나 직경이 작은 구멍이 있는 등 부품의 형상이 복잡한 경우
4. 다른 가공법으로는 얻을 수 없는 표면정도나 치수정확도가 필요한 경우
5. 공작물 내의 온도상승이나 잔류응력이 바람직하지 않거나 허용되지 않는 경우

특수가공법을 적절하게 선택하여 사용하면, 앞 장에서 설명한 전통적인 기계가공법에 비해 경제적으로나 기술적으로 중요한 이점을 얻을 수 있다.

9.2 연삭입자

가공작업에서 소재제거공정에 사용되는 연삭입자는 다음과 같다.

표 9.1 각종 재료 및 연삭입자의 누우프 경도값

보통유리	300~500	티타늄질화물	2000
부싯돌, 석영	800~1100	티타늄카바이드	1800~3200
지르코늄산화물	1000	실리콘카바이드	2100~3000
경화강	700~1300	보론카바이드	2800
텅스텐카바이드	1800~2400	큐빅보론질화물	4000~5000
알루미늄산화물	2000~3000	다이아몬드	7000~8000

1. **일반연삭입자**(conventional abrasives)
   - 알루미늄산화물(Al_2O_3)
   - 실리콘카바이드(SiC, 탄화규소)
2. **초연삭입자**(superabrasives)
   - 큐빅보론질화물(cBN)
   - 다이아몬드

표 8.6과 9.1을 비교해보면, 연삭입자의 경도는 절삭공구재료보다 훨씬 높음을 알 수 있다. 다이아몬드와 cBN은 경도가 특히 높기 때문에 "초(super)"라는 접두사를 붙여 부른다. 경도와 함께 연삭입자의 중요한 특성으로 **깨짐성**(friability)이 있으며, 이는 연삭입자가 보다 작은 입자로 쪼개지는 성질을 말한다. 연삭입자의 깨짐성으로 인해, 날의 **자생작용**(self sharpening)이 생기며, 이 특성은 연삭입자가 예리한 날을 유지하는 데 중요한 역할을 한다. 깨짐성이 높다는 것은 입자의 강도나 파괴저항이 작다는 뜻으로, 깨짐성이 높은 연삭입자는 연삭하중에 쉽게 쪼개진다. 예를 들면, 알루미늄산화물은 실리콘카바이드보다 깨짐성이 낮다.

연삭입자의 **모양**과 **크기**는 깨짐성에 영향을 준다. 판상입자보다 육면체입자의 깨짐성이 낮은데, 이는 음의 경사각을 갖는 절삭공구(그림 8.28 참조)에 비교할 수 있다. 또한 크기가 작은 입자는 결함이 존재할 확률이 낮으므로(형상효과, 3.8.3절), 큰 입자보다 강하고 깨짐성이 낮다. 연삭공정에서 깨짐성의 중요성은 9.5절에서 설명한다.

■ **연삭입자의 종류** 천연 연삭입자로는 에머리(emery), 코런덤(corundum)(알루미나, 알루미늄산화물), 석영, 가넷(garnet), 다이아몬드가 있지만, 불순물의 양을 알 수 없고 성질이 불균일하므로, 그 성능을 신뢰할 수 없다. 따라서 현재 사용되는 알루미늄산화물이나 실리콘카바이드는 거의 합성된 것이다.

1. **인조 알루미늄산화물**(Al_2O_3)은 1893년에 처음 제조되었고, 보크사이트(bauxite), 철분말, 코크스를 융해시켜 얻는다. 알루미늄산화물에는 두 가지 종류가 있다. 그 중에서 **융해 알루미늄산화물**은 다시 백색(깨짐성 매우 높음), 흑색(깨짐성 낮음), 단결정으로 구분된다. **미융해**(unfused) **알루미나**(세라믹 알루미늄산화물이라고도 함)는 융해 알루미나보다 경

도가 높으며, 가장 순도가 높은(결함이 없는) 형태를 **시드겔**(seeded gel)이라고 한다. 1987년에 처음 소개된 시드겔은 입자크기가 0.2 μm 정도로 일반 연삭입자에 비해 매우 작다. 이렇게 작은 입자를 소결하여(11.4절 참조) 큰 입자로 만든다. 시드겔은 경도가 높고 깨짐성도 높은 편이므로 날의 예리함을 잘 유지할 수 있기 때문에, 난연삭재료를 연삭하는 데 사용된다.

2. **실리콘카바이드**(SiC, 1891년에 개발)는 실리카모래, 석유코크스, 소량의 염화나트륨(소금)으로 제조된다. 실리콘카바이드는 **흑색**(깨짐성 낮음)과 **녹색**(깨짐성 높음)으로 구분되고, 알루미늄산화물보다 깨짐성이 높은 편이므로 쪼개지기 쉬워 날의 예리함이 유지된다.
3. **큐빅보론질화물**(cBN, 1970년대에 개발)의 성질과 특성은 9.6.7절과 11.8.1절에서 설명한다.
4. **다이아몬드**(연삭입자용은 1955년 이후부터 사용)는 천연산 외에 합성하여 만들기도 하는데, 이를 인조다이아몬드 혹은 공업용 다이아몬드라고 한다. 그 성질과 특성은 8.6.9절과 11.13.2절에서 설명한다.

■ **입도**(grain size) 가공공정에 사용하는 연삭입자는 제8장에서 설명한 절삭공구나 인서트의 크기에 비해 훨씬 작다. 또한 연삭입자는 날카로운 모서리로 공작물표면에서 소재를 미량씩 제거하므로, 매우 우수한 표면정도와 치수정확도를 얻을 수 있다(그림 6.26과 9.27 참조). 연삭입자의 크기(입도)는 크기를 나누는 체에 따라서 **입도지수**(grit number)로 나타낸다. 크기가 작을수록 입도지수는 크다. 즉, 입도지수가 10이면 매우 조대, 100이면 미세, 500이면 매우 미세한 입자이다. 사포나 에머리천의 경우에도 같은 방법으로 입도를 구분하며, 입도지수를 사포나 천의 뒷면에 인쇄하여 나타낸다.

9.3 연삭숫돌

연삭입자 한 개는 아주 소량의 재료만을 제거하므로, 다수의 입자들이 동시에 작용해야만 높은 소재제거율(MRR, material removal rate, 절삭가공에서는 절삭률이라고 함)을 얻을 수 있다. 이 목적으로 연삭입자를 결합하여 **연삭숫돌**의 형태로 만들어 사용한다(그림 9.1). 연삭입자는 서로 일정한 거리만큼 떨어져서 결합제로 지지된다. 결합숫돌에서 미소칩이 생성될 공간을 주고 냉각작용을 하기 위해서는 필수적으로 기공이 있어야 한다. 즉, 기공 없이 속이 꽉 찬 연삭숫돌은 사용할 수 없다. 어떤 연삭숫돌이라도 숫돌표면에서 쉽게 기공을 관찰할 수 있다. 그림 9.1에 나타낸 나머지 용어에 대해서는 9.4절과 9.5절에서 설명한다.

많이 사용하는 일반 연삭입자로 된 연삭숫돌의 형식을 그림 9.2, 초연삭입자로 된 연삭

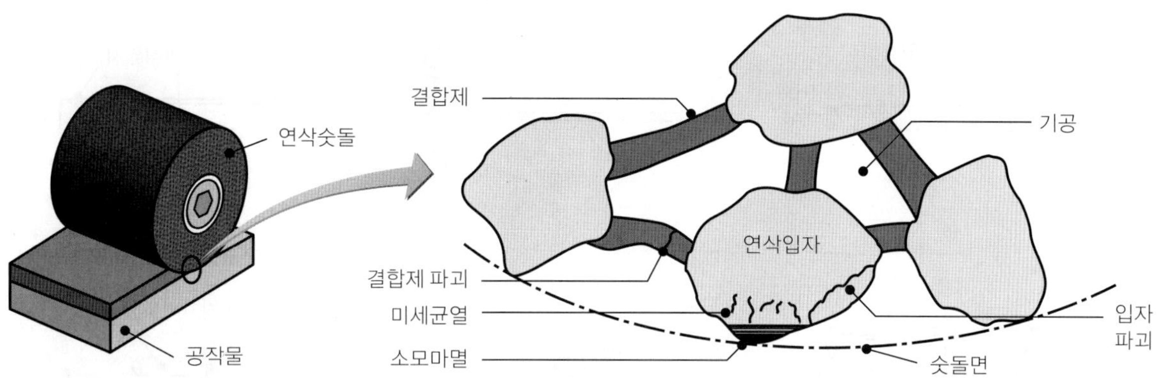

▲ **그림 9.1**

연삭숫돌의 구조와 마멸양상을 나타내는 개략도.

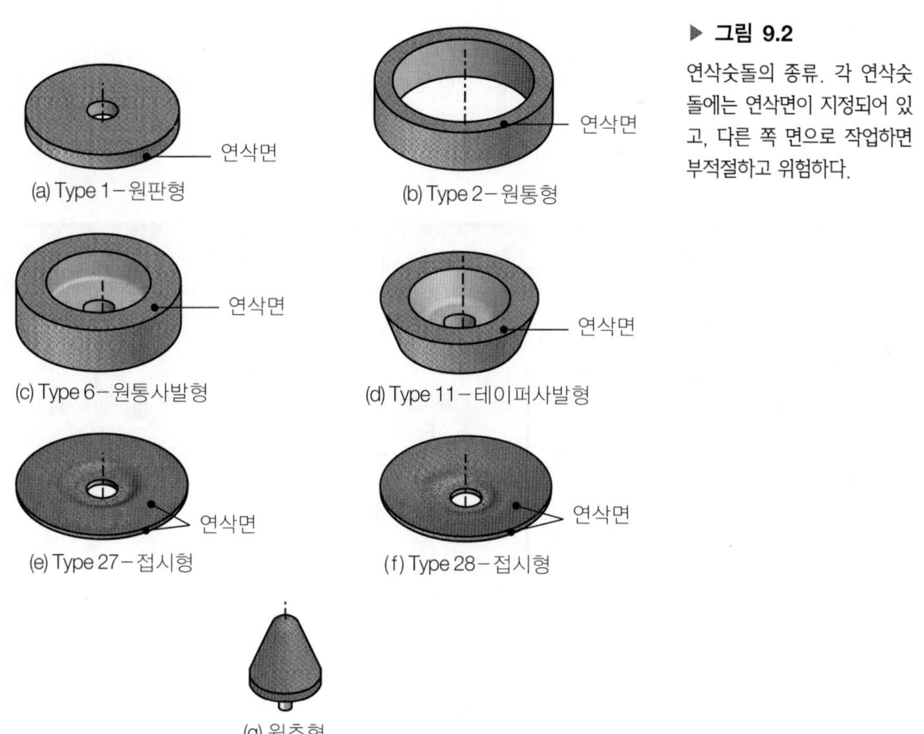

▶ **그림 9.2**

연삭숫돌의 종류. 각 연삭숫돌에는 연삭면이 지정되어 있고, 다른 쪽 면으로 작업하면 부적절하고 위험하다.

숫돌은 그림 9.3에 나타내었다. 초연삭입자는 고가이므로 연삭숫돌표면에만 층을 만들어 사용한다. 연삭숫돌은 문자와 숫자로 구성된 표준기호로 연삭입자의 종류, 입도, 결합도(grade), 조직(structure), 결합제를 표시한다. 그림 9.4에는 알루미늄산화물 및 실리콘카바이드 연삭숫돌의 기호표시법, 그림 9.5에는 다이아몬드 및 cBN 연삭숫돌의 기호표시법을 나타내었다.

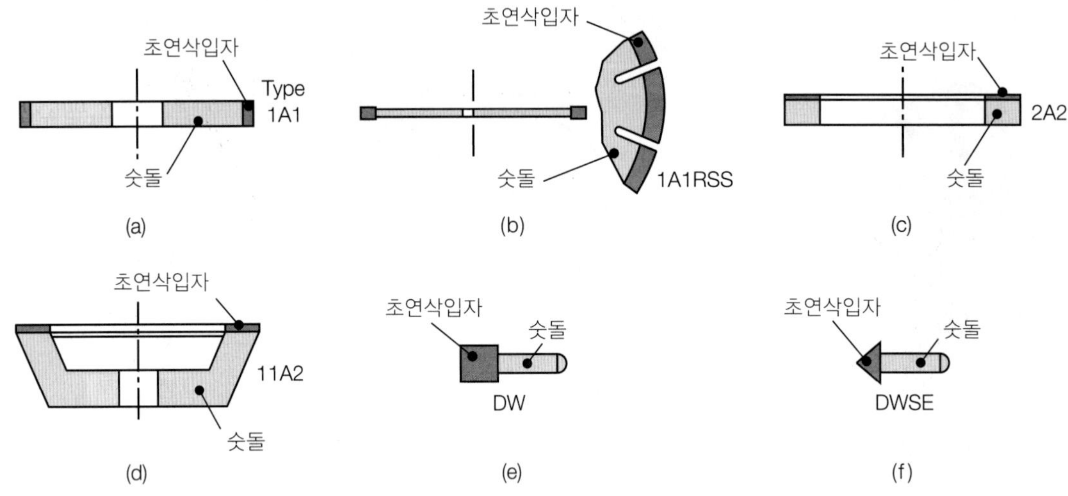

▲ 그림 9.3

초연삭입자로 된 연삭숫돌의 예. 원주부(림)는 초연삭입자로 된 연삭면이고 숫돌(코어)은 메탈이나 복합재료로 만든다. 초연삭입자에 대한 결합제는, (a), (d), (e)는 레지노이드, 메탈, 혹은 비트리파이드이고, (b)는 메탈, (c)는 비트리파이드, (f)는 레지노이드이다.

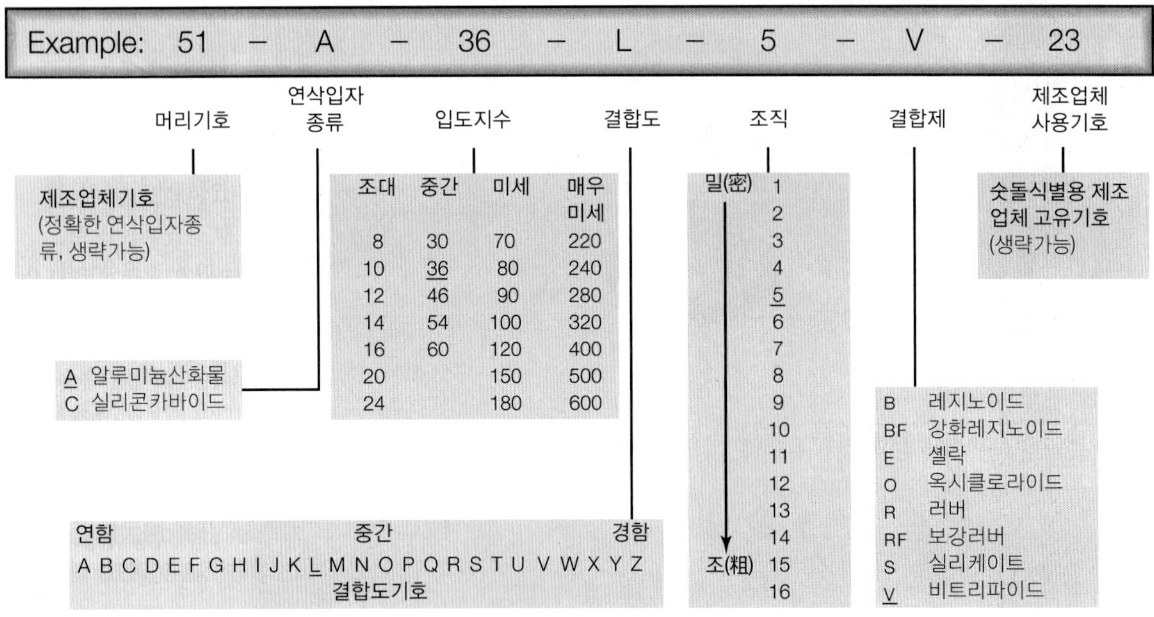

▲ 그림 9.4

알루미늄산화물 및 실리콘카바이드 연삭숫돌의 표시방식.

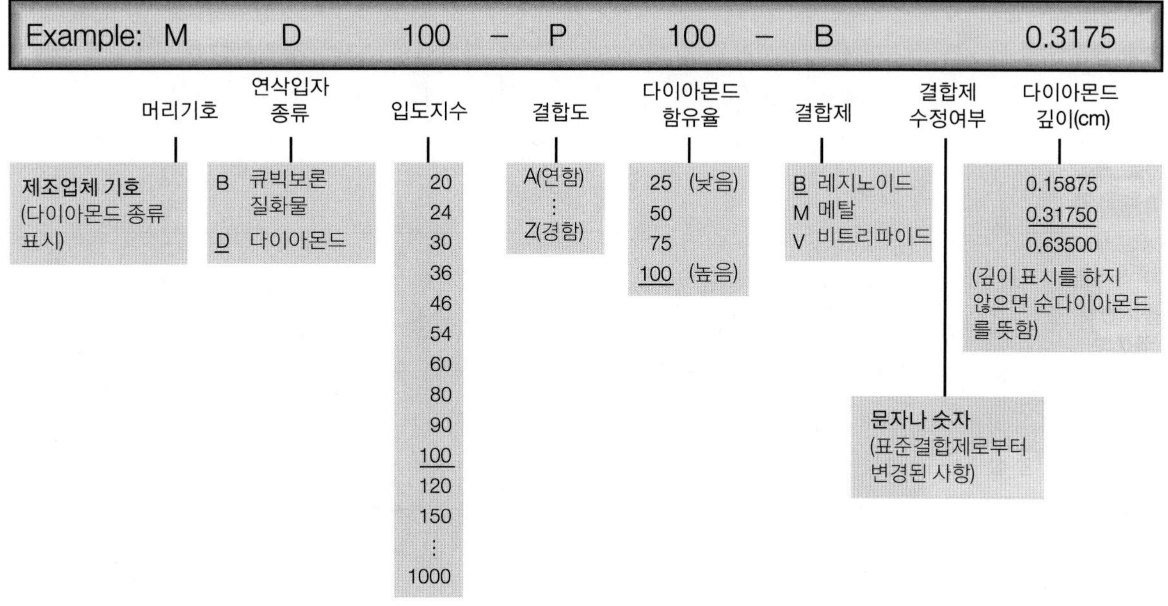

▲ **그림 9.5**
다이아몬드 및 큐빅보론질화물 연삭숫돌의 표시방식.

9.3.1 결합제(bond type)

결합제로는 비트리파이드, 레지노이드, 고무, 금속이 보통 사용되고, 이들 결합제는 일반 연삭입자 및 초연삭입자에 모두 쓰인다(단, 고무는 제외).

1. **비트리파이드**(vitrified) **숫돌.** 비트리파이드 결합제는 기본적으로 유리이고, 미국 이외의 지역에서는 세라믹본드라고도 하며 가장 많이 사용된다. 결합제의 원료는 장석(결정성 광물)과 진흙으로 구성되며, 이들을 연삭입자와 함께 섞고 수분을 가하여 연삭숫돌의 모양으로 가압하여 성형한다. 이렇게 만든 **생형**(green product, 분말가공 제품과 유사, 11.3절)을 서서히 온도를 올려서 최고 1250°C에서 구우면, 유리가 융해하여 구조적 강도를 나타낸다. 구워진 숫돌에 열균열이 생기지 않도록 서랭시켜 최종크기로 맞추고, 품질과 치수정확도를 검사하고 결함여부를 시험한다.

   비트리파이드 결합제를 사용한 숫돌은 강도와 강성이 있고 다공질성이며, 기름, 산, 수분에 대한 저항성이 있다. 반면에, 취성이 있으므로 기계 및 열충격에 대한 저항이 떨어진다. 이를 보강하기 위해 철강판재나 컵의 형태로 숫돌을 지지함으로써 사용 중에 구조적 성능을 발휘하도록 한 비트리파이드 숫돌도 있다.
2. **레지노이드**(resinoid) **숫돌.** 결합제의 재료는 열경화성 수지로서(10.4절 참조), 다양한 조성과 성질을 얻을 수 있다. 이 결합제는 유기화합물이므로, 레지노이드 결합제를 사용한 숫돌을 **유기질숫돌**(organic wheel)이라고도 한다. 숫돌의 기본 제조법은 연삭입자, 액

체 또는 분말 상의 페놀수지, 첨가제를 혼합하여 연삭숫돌의 모양으로 압축한 후, 약 175°C의 온도에서 경화시키는 것이다. 열경화성 수지는 유리보다 탄성계수가 작으므로, 레지노이드 숫돌은 비트리파이드 숫돌보다 유연하다. 최근에는 페놀수지 대신에 폴리이미드(10.6절 참조)를 사용하여 인성과 고온저항을 향상시킨 숫돌을 개발하여 사용한다.

다양한 체눈크기의 섬유유리 매트로 숫돌을 강화시킨 **강화레지노이드 숫돌**(reinforced resinoid wheels)도 많이 사용되며, 이는 강도를 향상시키기보다는 어떤 이유로 숫돌이 파괴될 때 숫돌의 분리를 지연시키는 목적으로 사용된다. 직경이 큰 레지노이드 숫돌은 숫돌 성형 시 강철 링을 내부에 보강하여 사용한다.

3. **러버**(rubber) **숫돌.** 연삭숫돌의 결합제 중에서 가장 유연한 결합제는 고무이다. 러버 숫돌의 가공공정은 고무원료, 황, 연삭입자를 혼합하여 판재로 압연한 후, 원형으로 절단한 것을 가압하면서 가열하여 고무를 가황처리한다. 이러한 방법으로 두께가 얇은 숫돌을 만들 수 있으며, 절단작업에서 톱처럼 사용할 수 있다(절단날, cut-off blade).
4. **메탈본드**(metal bond) **숫돌.** 분말가공기술을 이용하여 연삭입자를 금속숫돌의 원주면에 6 mm 이내의 깊이로 결합시킨다(그림 9.3 참조). 숫돌자체(코어)재료는 강도, 강성, 치수정확도 등의 숫돌요구조건에 따라, 알루미늄, 황동, 강, 세라믹, 복합재료 등을 사용한다. 초연삭입자는 메탈숫돌에 단층으로 도금하거나 경납접하여 사용한다.
5. **기타 숫돌.** 지금까지 설명한 결합제 외에도 실리케이트, 셸락(shellac), 옥시클로라이드 등의 결합제가 있지만, 이들은 많이 사용되지 않는 편이다.

9.3.2 결합도(grade)와 조직(structure)

연삭숫돌의 결합도는 결합제의 강도를 나타내는 척도로서, 숫돌에 사용된 결합제의 종류와 양에 따라 달라진다. 강도와 경도는 서로 직접적인 관계가 있기 때문에, 결합도를 연삭숫돌의 경도라고도 한다. 즉, 경한 숫돌은 연한 숫돌보다 강한 결합제를 사용하였거나 연삭입자 사이에 결합제를 많이 사용한 숫돌이다. 연삭숫돌의 조직은 기공률(그림 9.1에서의 입자간 간격)을 나타내는 척도이다. 연삭숫돌에서는 연삭칩이 생성될 수 있는 간극을 주기 위해 기공이 필요하며, 기공이 없으면 연삭공정이 제대로 이루어지지 않는다. 연삭숫돌의 조직은 조(粗), 밀(密)로 구분한다(그림 9.4 참조).

9.4 연삭이론

연삭은 기본적으로 각 연삭입자가 절삭공구의 역할을 하는 소재제거공정이다. 연삭입자 한 개와 단인공구(single-point tool, 그림 8.2 참조)가 하는 역할 간의 주요 차이점은 다음과 같다.

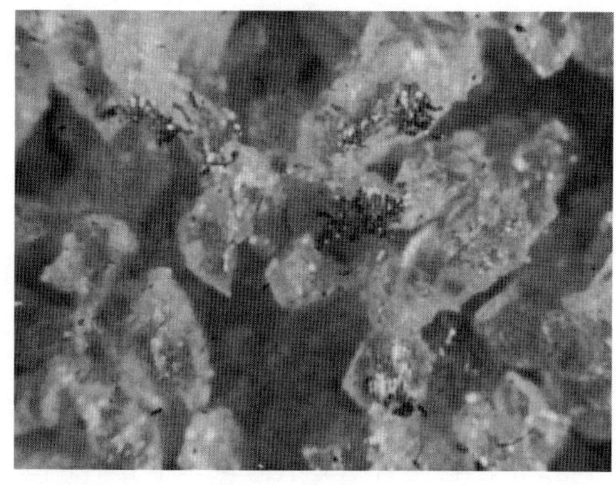

▶ **그림 9.6**
연삭입자, 기공, 마멸면, 연삭입자에 응착된 금속칩 등을 볼 수 있는 연삭숫돌(A46-J8V)의 연삭면. 연삭입자는 임의의 배열과 형상을 갖는다(배율: 50×).

표 9.2 입자가공의 속도 및 이송범위

공정변수	일반연삭	크리프피드연삭	버핑	연마
숫돌속도(m/min)	1500~3000	1500~3000	1800~3600	1500~2400
공작물속도(m/min)	10~60	0.1~1	–	–
이송(mm/패스)	0.01~0.05	1~6	–	–

1. 각 연삭입자는 불규칙한 형상을 갖고, 숫돌의 원주방향을 따라 임의로 배열되어 있다(그림 9.6 참조).
2. 연삭입자는 평균적으로 매우 큰 음의 경사각을 갖는다(−60° 또는 그 이하). 따라서 전단각이 매우 작다(8.2.4절 참조).
3. 연삭입자의 반경방향 위치는 일정하지 않다.
4. 절삭속도에 비해 연삭속도는 매우 높다(약 30 m/s, 표 9.2).

연삭입자에 의한 칩형성의 예를 그림 9.7에 나타내었는데, 음의 경사각, 작은 전단각, 칩

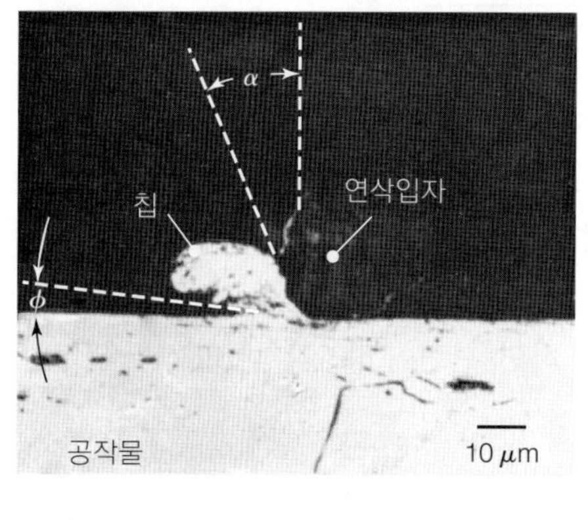

(a)

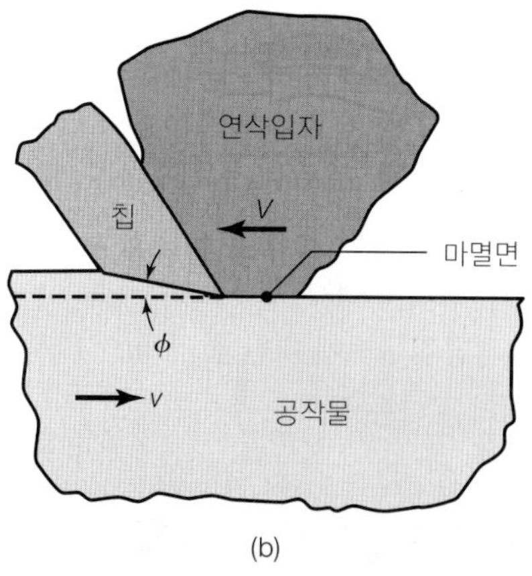

(b)

▶ **그림 9.7**
(a) 연삭입자에 의해 만들어지는 연삭칩. 연삭입자는 음의 경사각을 갖는다. (b) 연삭입자에 의한 칩형성과정. 음의 경사각이므로 전단각이 작고, 입자에는 마멸면이 생긴다.

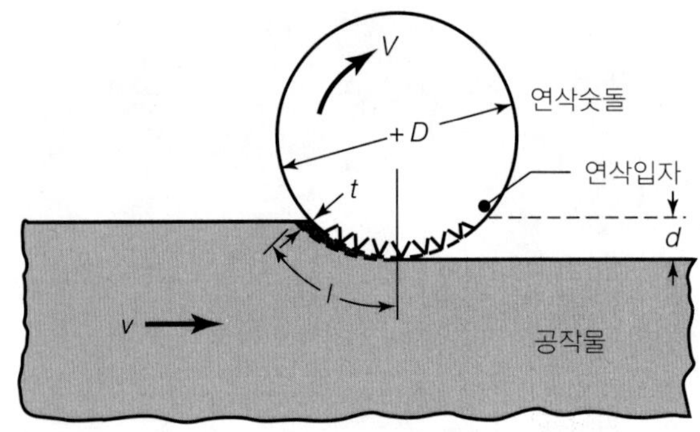

▶ **그림 9.8**

평면연삭의 변수. 실제연삭에서는 연삭깊이 d와 접촉길이 l은 숫돌직경 D보다 훨씬 작다. 치수 t는 입자당 연삭깊이이다.

의 크기가 작은 것을 볼 수 있다(예 9.1 참조). 연삭숫돌이 일으키는 스파크에 접착테이프를 갖다 대면 연삭칩을 모을 수 있으며, 연삭에서는 금속칩이 다양하게 생긴다는 것을 직접 확인할 수 있다.

연삭의 역학과 관련변수는 연삭표면을 분석해봄으로써 잘 알 수 있다(그림 9.8 참조). 직경 D인 연삭숫돌이 **연삭깊이**(wheel depth of cut) d만큼 금속층을 제거한다고 하자. 숫돌의 원주면에 있는 각 입자는 원주속도 V(그림 9.8의 경우에는 상향연삭)로 운동하고, 소재는 속도 v로 이송되며, 연삭입자가 변형 전 두께 t(**입자당 연삭깊이**, grain depth of cut), 변형 전 길이 l인 칩을 제거한다고 하자. $v \ll V$이면, 평면연삭의 경우에 변형 전 칩길이 l은 대략 다음 식으로 주어진다.

$$l \simeq \sqrt{Dd} \tag{9.1}$$

외면연삭(원통연삭, 9.6절 참조)인 경우에는 D_w를 공작물의 직경이라 할 때,

$$l = \sqrt{\frac{Dd}{1 + (D/D_w)}} \tag{9.2}$$

내면연삭인 경우에는

$$l = \sqrt{\frac{Dd}{1 - (D/D_w)}} \tag{9.3}$$

으로 주어진다.

칩두께 t는 다음과 같이 구한다. 즉, C를 숫돌표면에서 단위면적당 절삭점의 개수라 할 때(그림 9.8 참조), 공작물의 단위폭당 단위시간에 생성되는 칩의 개수는 VC, 단위시간당 제거되는 소재의 체적은 vd이다.

평균칩두께에 대한 칩 폭 w의 비를 r이라 하면, 단면이 직사각형이고 폭이 일정한 칩의 체적은 다음 식으로 주어진다.

$$칩\ 체적 = \frac{wtl}{2} = \frac{rt^2l}{4} \tag{9.4}$$

단위시간당 제거된 소재체적은 단위시간당 만들어진 칩의 개수에 각 칩의 체적을 곱하여 구할 수 있다.

$$VC\frac{rt^2l}{4} = vd$$

그런데 $l = \sqrt{Dd}$이므로, 평면연삭작업에서 변형 전 칩두께는 다음과 같다.

$$t = \sqrt{\frac{4v}{VCr}\sqrt{\frac{d}{D}}} \tag{9.5}$$

실험적 관찰에 따르면, C 값은 대략 0.1~10/mm^2 정도로, 숫돌의 입도가 미세할수록 큰 값을 갖는다. r의 크기는 대부분의 연삭작업에서 10~20 정도이다. 식 (9.1)~(9.5)에 일반 연삭작업에 사용되는 값들을 대입해 보면, l과 t는 매우 작은 값을 얻는다. 실제로, t 값은 보통 0.3~0.4 μm 정도의 범위이다.

예 9.1 연삭칩의 크기

전형적인 평면연삭작업에서의 변형 전 칩의 길이와 두께를 계산하여라. D = 200 mm, d = 0.05 mm, C = 2/mm^2, r = 15를 사용한다.

풀이 변형 전 길이와 두께는 다음 식으로 각각 주어진다.

$$l = \sqrt{Dd} \quad 및 \quad t = \sqrt{\frac{4v}{VCr}\sqrt{\frac{d}{D}}}$$

표 9.2에서 다음과 같이 속도를 정한다.

$$v = 0.5\ \text{m/s} \quad 및 \quad V = 30\ \text{m/s}$$

따라서 변형 전 칩의 길이와 두께는 다음과 같이 계산된다.

$$l = \sqrt{(200)(0.05)} = 3.2\ \text{mm}$$

$$t = \sqrt{\frac{(4)(0.5)}{(30)(2)(15)}\sqrt{\frac{0.05}{200}}} = 0.006\ \text{mm}$$

한편, 칩은 소성변형을 받으므로, 칩의 실제길이는 계산된 길이보다 짧고, 두께는 보다 두꺼울 것이다(그림 9.7 참조).

9.4.1 연삭저항

연삭기와 공작물고정장치를 설계하거나 공작물과 기계가 받는 변형을 계산하려면, 연삭저항을 알아야 한다. 변형으로 인해 공작물이나 공구가 처지게 되면, 치수정확도를 맞출 수 없고, 따라서 정밀연삭이 불가능해진다.

연삭입자에 걸리는 힘(8.2.3절의 절삭력 F_c 참조)이 변형 전 칩의 단면적에 비례한다고 가정하면, **상대적 연삭저항**은 다음과 같다.

$$\text{상대적 연삭저항} \propto \frac{v}{VC}\sqrt{\frac{d}{D}} \tag{9.6}$$

실제연삭저항은 상대적 연삭저항과 피연삭재 강도의 곱으로 구할 수 있다.

연삭칩의 형성에 소비되는 **에너지**는 다음과 같이 세 개의 성분으로 구성된다.

$$u = u_{\text{칩}} + u_{\text{경작}} + u_{\text{미끄럼}} \tag{9.7}$$

여기서 $u_{\text{칩}}$은 소성변형을 받아 칩이 형성되는 데 필요한 비에너지, $u_{\text{경작}}$은 칩이 제거되지 않더라도 소성변형으로 경작(plowing)되는 데 필요한 비에너지(그림 9.9 참조), $u_{\text{미끄럼}}$은 그림 9.7b에 표시된 **마멸면**(wear flat, 절삭공구에서의 플랭크마멸과 유사, 8.3절 참조)이 마찰을 극복하면서 연삭표면을 미끄러지는 데 필요한 미끄럼에너지로, 마멸면이 넓을수록 연삭저항은 커진다.

각종 재료에 대한 비에너지를 표 9.3에 나타내었으며, 단인공구를 사용하는 절삭작업에 비해(표 8.3 참조), 연삭작업에 필요한 에너지가 훨씬 크다는 것을 알 수 있다. 이러한 차이는 다음과 같은 이유에서 발생한다.

1. **치수효과.** 이미 언급했듯이, 연삭칩은 절삭작업에서 생기는 칩에 비해 훨씬 작아서, 그 크기가 두 자릿수 정도 작다. 3.8.3절에 설명한 대로, 금속편은 크기가 작을수록 강도가 커진다. 따라서 연삭에는 절삭보다 높은 비에너지가 필요하다. 최근의 연구결과에 의하면, 칩의 형성 시 전단부에서의 전위밀도가 매우 높아져서(3.3.3절 참조) 연삭에너지에 큰 영향을 준다는 것이 밝혀졌다.

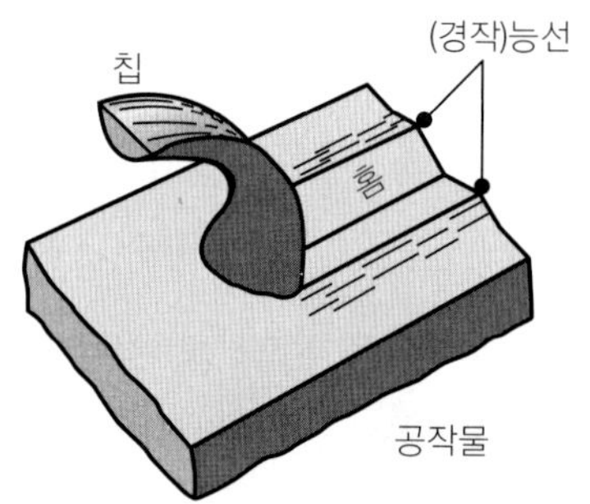

▶ **그림 9.9**
공작물표면에서 연삭입자에 의한 칩형성 및 경작과정.

표 9.3 평면연삭 시 재료별 비에너지

공작물재료	경도	연삭 비에너지(W-s/mm³)
알루미늄	150 HB	7~27
주철(class 40)	215 HB	12~60
저탄소강(1020)	110 HB	14~68
티타늄합금	300 HB	16~55
공구강(T15)	67 HRC	18~82

2. **마멸면.** 마멸면(그림 9.7b 참조)에서의 미끄럼으로 인해 마찰에너지가 소요되며, 이 에너지는 전체소비에너지의 상당부분을 차지한다. 연삭에서 마멸면의 크기는 연삭칩에 비해 훨씬 크며, 이는 단인공구에 의한 절삭공정에서 플랭크마멸폭이 절삭칩의 크기에 비해 작은 경우와는 상당히 다르다(8.3절 참조).
3. **칩의 금속조직.** 연삭입자의 평균경사각은 큰 음의 값을 가지므로(그림 9.7 참조), 칩이 받는 전단변형률이 매우 크다. 이로 인해 연삭칩의 소성변형에는 다른 절삭공정에 비해 큰 에너지가 필요하다. 게다가, 칩이 분리되는 경작과정에서도 칩의 형성과는 무관하게 에너지를 소비한다(그림 9.9 참조).

예 9.2 평면연삭의 연삭저항

저탄소강을 평면연삭함에 있어서, 숫돌직경 D = 25.4 cm, 회전속도 N = 4000 rpm, 연삭폭 w = 2.54 cm, 연삭깊이 d = 0.005 cm, 공작물의 이송속도 v = 152.4 cm/min이라고 한다. 주연삭저항(숫돌의 접선방향 힘) F_c와 배분력 F_n(공작물표면에 수직방향 힘)을 계산하여라.

풀이 우선 다음과 같이 소재제거율을 계산한다.

$$\text{MRR} = dwv = (0.005)(2.54)(152.4) = 1.935\ \text{cm}^3/\text{min} = 32.3\ \text{mm}^2/\text{s}$$

u를 표 9.3에서 구할 수 있는 비에너지라 할 때, 소비된 동력은 다음 식으로 구한다.

$$\text{동력} = (u)(\text{MRR})$$

저탄소강의 경우 비에너지의 평균값은 41 W-s/mm³ 정도이므로

$$\text{동력} = (41)(32.3) = 1324.3\ \text{W}$$

가 된다. 한편, 동력은 T를 토크, ω를 숫돌의 회전각속도라 할 때, 다음과 같이 정의된다.

$$\text{동력} = T\omega$$

단, 여기서 $T = (F_c)(D/2)$, $\omega = 2\pi N/60\ s^{-1}$에 해당한다. 따라서

$$1324.3\ \text{N-m/s} = F_c\left(\frac{0.254\ \text{m}}{2}\right)(2\pi)(4000/60\ \text{s}^{-1})$$

이므로, $F_c = 24.9\ \text{N} = 2.54\ \text{kgf}$이 된다.

배분력 F_n은 기술문헌에 실린 실험자료들로부터 주연삭저항 F_c보다 30% 정도 높다는 점을 이용하여 계산한다. 즉, 다음과 같다.

$$F_n = (1.3)(2.54) = 3.30\ \text{kgf}$$

9.4.2 온도상승

연삭에서의 온도상승은 공작물의 표면성질에 좋지 않은 영향을 주고 잔류응력을 유발하는 원인이 된다. 게다가, 공작물 내에서의 온도구배로 인한 열팽창 및 수축으로 뒤틀림이 생기고, 발생열이 공작물로 전도되면서 공작물이 팽창하므로 치수정확도를 맞추기가 힘들어진다. 연삭일의 대부분은 열로 전환된다. **표면의 온도상승폭** ΔT는 연삭표면에 대한 총 에너지유입비율의 함수이다. 즉, 폭 w, 길이 L인 연삭면적에 대하여,

$$\Delta T \propto \frac{uwLd}{wL} \propto ud \tag{9.8}$$

치수효과를 고려하고 u가 변형 전 칩두께 t에 반비례한다고 가정하면, 온도상승폭은 다음과 같다.

$$\text{온도상승폭}\ \Delta T \propto D^{1/4} d^{3/4}\left(\frac{V}{v}\right)^{1/2} \tag{9.9}$$

연삭 중 칩의 생성 시 도달하는 **최고온도**는 1650°C에 달한다. 그러나 칩의 형성에 드는 시간이 매우 짧으므로(수 μsec 정도), 칩의 재료는 거의 용융된다. 발생열의 상당부분은 칩과 함께 소산되며(절삭공정의 경우, 그림 8.18 참조), 일부만이 공작물로 전도된다. 실험결과에 의하면, 연삭공정 중 총 에너지의 절반 정도만이 공작물로 전도된다고 한다(이는 절삭가공의 경우에 비해 높다). 미끄럼이나 경작과정에 따른 발생열은 대부분 공작물 쪽으로 전도된다.

■ **스파크**(sparks) 금속재료의 연삭공정에서 볼 수 있는 스파크는 사실 칩이 빛나고 있는 것이다. 고온상태의 칩과 대기 중의 산소와의 발열반응으로 인해 칩이 빛나며, 실제로 산소가 없는 분위기에서 금속을 연삭하면 스파크를 볼 수 없다. 스파크의 색상, 조도, 형상은 연삭되는 금속의 조성에 따라 다르다. 발열반응 동안의 발생열이 충분히 높으면, 칩은

용융되고 표면장력으로 인해 구형을 띤 채, 광택 있는 구형입자로 응고된다. 이러한 입자를 전자주사현미경으로 관찰해 보면, 속이 비어 있고, 한 번 용융된 후 급속히 재응고되었음을 시사하는 미세한 수지상정조직을 볼 수 있다. 구형입자는 숫돌-공작물 경계면에서 칩의 말림으로 인한 소성변형으로도 만들어진다.

9.4.3 온도의 영향

연삭공정에서 온도상승이 심하면 다음과 같은 결과가 나타난다.

1. **템퍼링**(tempering). 온도상승이 심하면 열처리된 강부품의 경우 템퍼링을 일으켜서(5.11.5절 참조) 표면을 연화시킨다. 따라서 과도한 온도상승이 유발되지 않도록 연삭공정변수를 설정해야 하고, 온도를 쉽게 조절하려면 연삭액을 사용한다(9.6.9절 참조).
2. **버닝**(burning). 연삭표면의 온도가 너무 높아지면 표면이 탈 수 있다. 버닝이 일어난 강은 고온산화로 인해 청색을 띤다. 버닝 자체는 유해한 것이 아니지만, 표면층이 금속학적 변태를 겪게 되어, 고탄소강의 경우 재오스테나이트화 후에 급랭으로 인한 마르텐사이트가 형성된다(5.11절 참조). 이를 **금속학적 버닝**(metallurgical burn)이라고 하며, 이는 니켈기 합금에서도 심각한 문제이다.
3. **망상열균열**(heat checking). 연삭 중의 고온은 공작물표면에 열응력을 일으켜서 그물모양으로 균열시키는 **망상열균열**을 야기할 수도 있다(5.10.3절 참조). 균열은 연삭방향에 수직한 방향으로 일어나는 것이 보통이지만, 연삭조건이 과도할 때는 평행한 방향으로

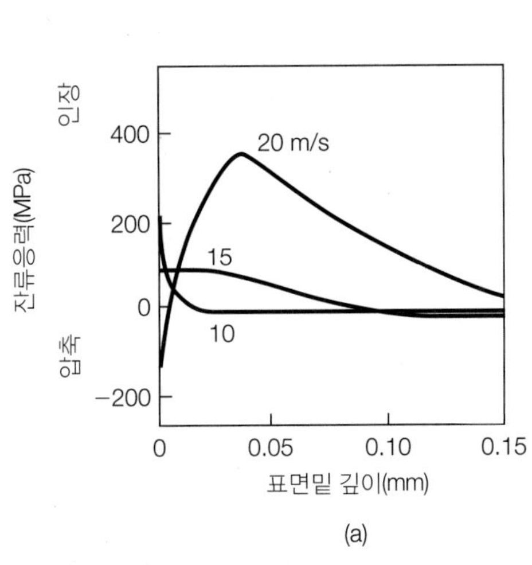

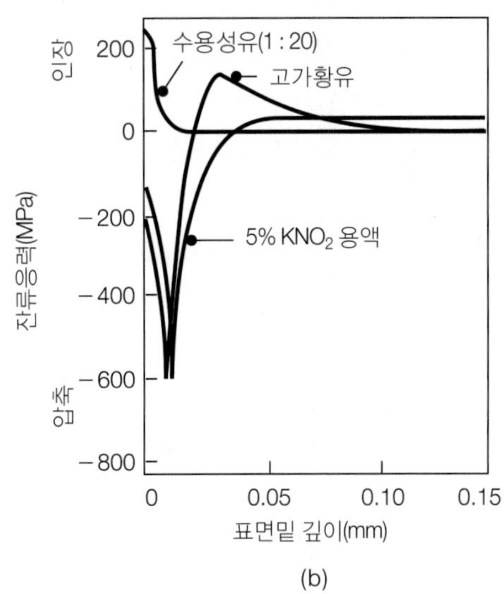

▲ 그림 9.10

텅스텐의 연삭 후 표면에 생긴 잔류응력: (a) 연삭숫돌의 영향, (b) 연삭액의 영향. 표면에 생기는 인장잔류응력은 피로수명을 떨어뜨리므로, 잔류응력수준을 최소화하도록 연삭변수를 설정하여야 한다.

도 일어난다. 망상열균열은 피로수명과 심미적 외관에 모두 악영향을 준다.

4. **잔류응력.** 연삭된 공작물에 잔류응력이 발생하는 주된 이유는 온도 변화나 온도구배이다. 잔류응력은 칩을 형성하는 연삭입자와 공작물표면을 미끄러지는 마멸면의 물리적 상호작용으로 인해 표면에 생기는 소성변형에 의해서도 생긴다. 연삭숫돌의 속도와 연삭액의 영향에 따라 생기는 잔류응력에 대한 두 가지 예를 그림 9.10에 나타내었다. 잔류응력은 연삭액을 사용하는 방법과 방향에 따라 크게 영향을 받는다. 인장잔류응력은 피로강도에 악영향을 주므로(3.8.2절) 공정변수를 세심하게 설정해야 한다. 결합도가 낮은 숫돌을 사용하거나, 숫돌속도를 낮추거나, 공작물속도를 높여서 잔류응력의 수준을 가급적 작게 하는 것이 좋다(**저응력연삭**, low-stress grinding).

9.5 연삭숫돌의 마멸

연삭숫돌이 마멸되면 절삭공구의 경우와 마찬가지로, 연삭표면의 형상과 정확도에 악영향을 준다(8.3절 참조). 연삭숫돌의 마멸은 다음과 같은 세 가지 기구에 기인한다.

1. **소모마멸**(attricious wear). 연삭입자의 예리했던 연삭날은 **소모마멸**로 인해 무디어지고, 그림 9.7b에 나타낸 것처럼 **마멸면**을 형성하며, 이는 연삭입자와 공작물재료 간의 상호작용에 의해 발생한다. 두 재료 간에는 물리적으로나 화학적으로 복잡한 반응이 일어나며, 이에는 확산, 화학적 분해, 미세파괴, 용융, 소성변형 등이 있다.

   절삭공구의 경우에서처럼, 두 재료가 화학반응하지 않으면 반응이나 결합이 일어나지 않으므로 소모마멸이 줄어든다. 예를 들어, 강을 연삭할 때, 알루미늄산화물의 소모마멸은 실리콘카바이드의 경우보다 훨씬 낮은데, 그 이유는 알루미늄산화물과 철은 잘 반응하지 않는 반면, 실리콘카바이드는 철에 용해되기 때문이다. 한편, 큐빅보론질화물은 강과의 반응성이 낮아서 연삭입자로 사용하기에 적합하다. 따라서 소모마멸을 줄이려면 연삭입자와 소재 간의 반응성과 상대적 경도나 인성 같은 기계적 성질을 고려하여 연삭입자의 종류를 선택해야 한다. 연삭 시의 분위기나 연삭액의 종류도 입자-공작물 간의 반응에 영향을 준다.

2. **입자의 파괴.** 연삭입자는 취성이 있으므로 연삭 중의 파괴특성이 중요하다. 소모마멸로 인한 마멸면이 너무 크면, 연삭입자가 무디어져서 연삭작업이 비효율적이 되고 온도상승이 과도해진다. 최적의 경우에는 연삭입자가 적절한 속도로 탈락되거나 쪼개져서, 연삭 중에 새로운 예리한 모서리가 지속적으로 생긴다. 이는 칠판에 가는 선을 그릴 때 분필을 쪼개어 사용하는 것에 비교할 수 있다. 9.2절에서 연삭입자의 **깨짐성**과 날의 자생작용에 대하여 설명하였는데, 이는 효율적인 연삭작업에 중요한 사항이다.

   연삭입자를 선정할 때는 소모마멸률을 고려해야 한다. 소모마멸률은 높지만 깨짐성이 작을 때는 입자가 무디어지고 마멸면이 커져서, 비효율적으로 연삭되고 표면이 손상될 수 있다.

이를 고려하면 소재별로 다음과 같은 연삭입자를 사용하는 것이 바람직하다.

(1) 알루미늄산화물: 강, 철합금, 합금강

(2) 실리콘카바이드: 주철, 비철금속, 경한 취성 재료(초경, 세라믹, 대리석, 유리 등)

(3) 다이아몬드: 세라믹, 초경, 경화강

(4) cBN: 경도가 50 HRC 이상인 강, 주철, 고온초합금

3. **결합제의 파괴.** 결합제의 강도인 **결합도**(grade)는 연삭에서 중요한 공정변수이다. 결합제가 너무 강하면, 무디어진 입자가 탈락되지 않으므로 연삭효율이 떨어진다. 반면에, 결합제가 너무 약하면, 숫돌의 마모율이 너무 높아져서 공차를 유지할 수 없고 작업이 비경제적이게 된다. 경한 재료를 연삭하거나 잔류응력 및 열손상을 줄이려면 연한 결합제를 사용하는 것이 좋다. 결합도가 높은 숫돌은 연한 재료나 소재를 고속으로 대량 제거할 때 사용한다(9.5.3절 참조).

9.5.1 연삭숫돌의 드레싱과 트루잉

드레싱(dressing)은 연삭숫돌표면의 마모된 입자를 조정하여 예리한 입자로 만드는 작업으로, 과도한 소모마멸로 인해 입자가 무디어졌거나(**글레이징**(glazing), 숫돌면이 반들거림), **눈메움**(loading)이 생긴 경우에 행한다. 눈메움이란 숫돌표면의 기공(그림 9.6 참조)이 칩이나 다른 재료로 메워진 상태를 말하는데, (1) 연한 공작물재료를 연삭하거나, (2) 연삭숫돌의 부적절한 선택(기공이 너무 낮은 숫돌), (3) 공정변수의 부적절 등으로 생긴다. 눈메움된 숫돌은 작업효율이 낮고, 마찰열을 발생하므로 표면손상과 치수정확도 손실을 유발한다.

드레싱은 다음과 같은 방법으로 행한다.

1. 숫돌을 회전시키면서 특정 형상을 가진 다이아몬드(또는 다이아몬드 **집합체**)로 연삭면의 폭방향으로 이동시켜 숫돌표면에서 연삭입자를 한 층 벗겨낸다. 이 드레싱방법은 숫돌 사용 시 연삭액 사용유무에 맞추어 습식이나 건식을 택하여 실시한다.
2. 별 모양의 강철판을 겹쳐 회전하는 숫돌에 가압하여 연삭입자를 분쇄하면서 표면을 벗겨내는 방법도 있다. 이 방법으로 드레싱하면 연삭숫돌표면이 거칠어지므로, 거친 작업용 숫돌에만 적용한다(9.6.5절).
3. 연삭막대(abrasive stick)를 연삭숫돌표면에 사용하기도 한다. 이 방법은 보통 연한 숫돌에 적용하고, 정밀연삭용 숫돌에는 부적절하다.
4. 메탈본드 다이아몬드숫돌용으로 새로 개발된 드레싱기술로는 방전이나 전해작용으로 숫돌소재를 제거하는 방법이 있다. 이 방법은 메탈본드 숫돌표면층을 살짝 침식시켜 새로운 다이아몬드 연삭날이 노출되도록 한다.

5. 총형연삭(form grinding)용 숫돌에는 **분쇄드레싱**(crush dressing)을 한다. 이 방법은 금속제 롤을 주로 비트리파이드 연삭숫돌표면에 가압한다. 롤(고속도강, 텅스텐카바이드, 보론카바이드)은 기계가공 및 연삭된 형상을 갖고, 이 형상을 드레싱하고자 하는 숫돌에 복사시킨다(그림 9.11 참조).

연삭숫돌표면을 드레싱하는 드레싱기술과 횟수는 연삭저항과 표면정도에 큰 영향을 준다. 현대식 컴퓨터제어 연삭기(9.6절)는 자동드레싱기능을 갖추고 있어서, 연삭작업을 지속하면서 드레싱할 수 있다. 알루미늄산화물 연삭숫돌의 드레싱 깊이는 보통 5~15 μm, cBN 숫돌은 2~10 μm 정도이다. 현대적인 드레싱기는 0.25~1 μm의 해상도를 갖는다.

드레싱은 공작물에 형상연삭을 하기 위해 연삭숫돌에 모양을 주는 데도 사용된다(9.6.2절 참조). 드레싱의 일종으로 숫돌을 원래 형상으로 복원시키는 작업을 **트루잉**(truing, 진원화)이라고 한다. 즉, 원형숫돌의 경우, 트루잉을 통해 원주면을 진원이 되도록 드레싱한다. 연삭숫돌은 연삭할 공작물의 형상대로 **모양**을 만들 수도 있다. 그림 9.2a의 'Type 1'

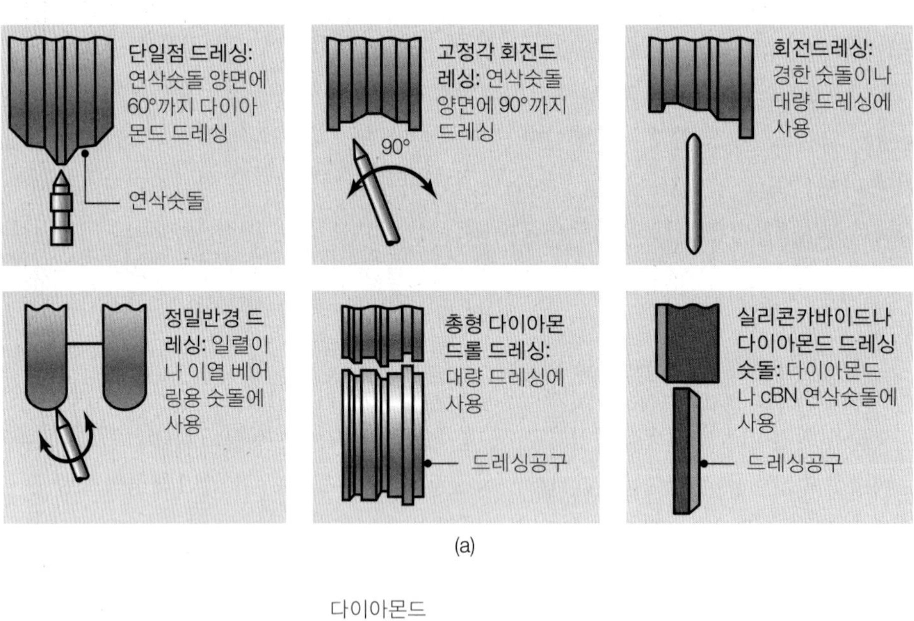

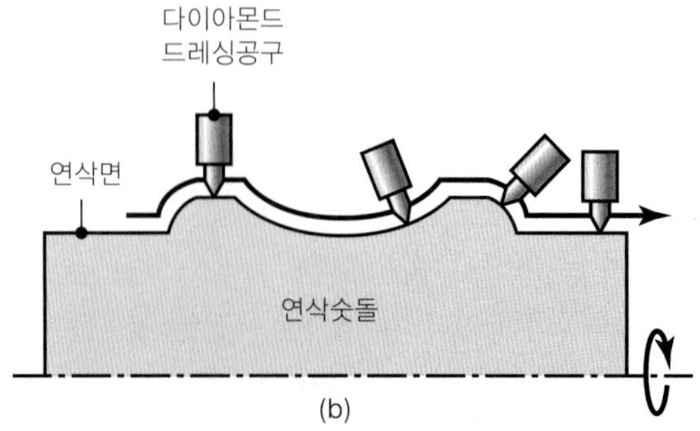

▶ **그림 9.11**
(a) 연삭숫돌의 드레싱방법, (b) 컴퓨터제어에 의한 드레싱으로 연삭숫돌의 연삭면을 성형하는 과정. 다이아몬드 드레싱공구는 접촉점에서 항상 면에 수직방향이다.

숫돌의 경우는 원통면, 즉 직선이므로 평면을 연삭할 수 있지만, 숫돌면을 드레싱하여 다양한 모양을 줄 수 있다. 컴퓨터제어 형상연삭기능을 갖춘 현대식 연삭기에서는 다이아몬드 드레싱공구를 지정된 경로를 따라 자동으로 움직이도록 함으로써 숫돌면의 형상을 드레싱한다(그림 9.11). 이때 다이아몬드 드레싱공구의 축은 접촉점에서 숫돌면과 수직이 되도록 유지된다.

9.5.2 연삭비(grinding ratio)

연삭숫돌의 마모량과 소재가 연삭된 양의 관계를 나타내는 변수인 연삭비 G는 다음과 같이 정의된다.

$$G = \frac{\text{제거된 소재의 체적}}{\text{숫돌의 마모체적}} \tag{9.10}$$

연삭비 G는 연삭작업의 많은 인자들, 즉 숫돌의 종류, 공작물재료, 연삭액, 공정변수(연삭깊이, 연삭속도) 등에 따르며, 실제작업에서 2~200 이상의 넓은 범위를 가진다. 실제작업에서 연삭비를 높게 유지하려는 노력이 항상 바람직한 것은 아니다. 높은 연삭비는 연삭날이 무딘 경우에도 나타나며, 이 경우에는 연삭표면이 손상될 가능성이 있다. 따라서 전반적인 경제성분석을 통해 정당화된다면 낮은 연삭비도 허용된다.

■ **연하게 또는 경하게 작용하는 연삭숫돌** 연삭작업 도중에 연삭숫돌은 결합도에 관계없이 연하게 또는 경하게 작용한다. 이는 표면이 거친 종이에 연필로 쓰면 연필심이 연하게 작용하고(마모율이 높음), 매끈한 종이에서는 경하게 작용하는 것과 같다. 연삭에서의 이러한 거동은 입자에 작용하는 하중에 따라 결정되는데, 하중이 크면 입자가 쪼개지거나 결합제가 파괴되므로, 숫돌은 연하게 작용하여 숫돌마모가 심해지고 연삭비가 작아진다. 식 (9.6)으로부터 연삭저항은 공작물재료의 강도가 높고, 공작물속도 v와 연삭깊이 d가 클수록 증가하며, 숫돌속도 V와 숫돌직경 D가 클수록 감소한다. 따라서 v와 d를 증가시키거나 V와 D를 감소시키면 숫돌은 연하게 작용한다.

예 9.3 숫돌의 거동

일정한 연삭속도로 평면연삭작업을 하고 있다. 일정시간이 지나서 숫돌이 마모되어 작아졌을 때, 숫돌은 연하게 작용하는가, 아니면 경하게 작용하는가?

풀이 식 (9.6)을 참조하면 연삭작업에서 시간이 지남에 따라 변하는 변수는 연삭속도 V와 숫돌직경 D이다. V와 D가 모두 작아지면 상대적 연삭저항은 증가하므로, 숫돌은 연하게 작용한다. 연삭기에 따라서는 이러한 변화를 보정하기 위해 가변속도의 주축모터와 직경이 다른 숫돌을 준비하여 사용한다.

9.5.3 숫돌의 선택과 재료의 연삭성

용도에 따라 어떤 연삭숫돌을 선택하느냐 하는 것은 작업의 경제성과 연삭표면의 질에 큰 영향을 준다. 연삭숫돌의 선택은 연삭면의 형태에 맞는 숫돌형상뿐만 아니라 공작물재료의 특성까지도 고려해야 한다. 재료의 **연삭성**(grindability)은 절삭성(8.5절)이나 단조성(6.2.6절)과 마찬가지로 엄밀하게 정의하기 어렵다. 연삭성은 어떤 재료를 연삭하는 것이 얼마나 용이한가 하는 일반적인 척도이며, 표면정도, 표면완전성, 숫돌마모, 작업시간, 전반적 경제성 등을 포함시켜 결정한다. 절삭성의 경우와 마찬가지로, 재료의 연삭성도 공정변수, 숫돌 종류, 연삭액, 연삭기 특성, 공작물고정장치를 잘 선택하면 크게 향상된다.

항공우주용 신소재를 포함한 각종 금속 및 비금속 재료들에 대한 연삭작업조건이 잘 세워져 있다. 특정 용도에 대한 연삭숫돌과 공정변수의 사용범위는 각종 핸드북에서 찾을 수 있다. 연삭숫돌 선택의 예를 들면, 주철에는 C60-L6V, 강에는 A60-M6V, 카바이드에는 C60-I9V나 D150-R75B, 티타늄에는 A60-K8V를 적용한다. 세라믹의 경우에는 다이아몬드숫돌을 잘 선택된 공정변수와 함께 사용함으로써 비교적 쉽게 연삭할 수 있으며, D150-N50M 숫돌이 보통 사용된다.

■ **연성형 연삭**(ductile-regime grinding) 감쇠능이 우수한 고강성의 연삭기로 가볍게 연삭하면 세라믹을 연삭하는 경우에도 연속형 칩을 얻을 수 있다(그림 9.7b와 9.9 참조). 이를 **연성형 연삭**이라고 하며, 우수한 표면완전성을 얻을 수 있다. 그러나 세라믹 칩의 크기는 보통 1~10 μm 정도로 미세하여, 금속칩에 비해 연삭액에서 분리하기가 어려우므로, 미세한 필터를 사용해야 한다.

9.6 연삭작업과 연삭기

연삭작업은 다양한 숫돌-공작물 조합으로 수행된다. 특정 용도에 연삭공정을 적용할 때는 부품의 형상, 크기, 공작물고정의 용이성, 생산속도 등을 고려해야 한다. 연삭작업의 기본 형식은 평면연삭, 원통연삭, 내면연삭, 센터리스 연삭이다. 공작물에 대한 숫돌의 상대운동은 공작물표면에 평행한 방향이거나(횡단연삭, 길이이송연삭, cross-feed 연삭), 반경방향(플런지연삭)이다. 연삭기로는 평면연삭기를 가장 많이 사용하고, 그 다음이 벤치연삭기(숫돌이 두 개임), 원통연삭기, 공구연삭기, 내면연삭기의 순이다.

현대식 연삭기는 컴퓨터제어기능으로 공작물의 장착, 고정, 순환, 측정과 숫돌의 드레싱 및 셰이핑(shaping)을 자동으로 수행할 수 있다. 또한 숫돌과 공작물표면의 상대위치를 결정하는 촉침과 게이지를 장비하고 있거나, 드레싱작업 도중 다이아몬드 드레싱공구가 파손되면 이를 감지하는 촉각감지기능을 갖춘 연삭기도 있다. 연삭숫돌은 깨지는 성질이 있고 고속으로 작동되므로, 연삭숫돌을 다루거나, 저장, 사용할 때는 지정된 안전절차를 따라야 한다.

9.6.1 평면연삭(surface grinding)

평면연삭은 평면을 연삭하는 가장 보편적인 연삭작업이다(그림 9.12 참조). 공작물은 테이블에 부착된 전자척(magnetic chuck)에 고정되고(그림 9.13 참조), 비자성재료는 바이스, 특수고정구, 진공척, 양면 테이프 등을 이용하여 고정한다. 이 작업에서는 주로 원통숫돌을 **수평주축**에 달아서 테이블을 길이방향으로 왕복시키면서 횡단연삭(traverse grinding)을 수행하며 매 행정마다 측방향으로 이송을 준다(cross-feed). **플런지연삭**(plunge grinding) 시에는 연삭숫돌을 반경방향으로 움직여서 홈을 연삭한다(그림 9.12b 참조). 평면연삭기의 크기는 연삭할 수 있는 면의 치수(길이와 폭)로 구분된다. 수직형 연삭기는 **수직축**과 **회전형 테이블**을 사용하여 다수의 공작물을 한 작업에 연삭할 수 있다(그림 9.12c 참조).

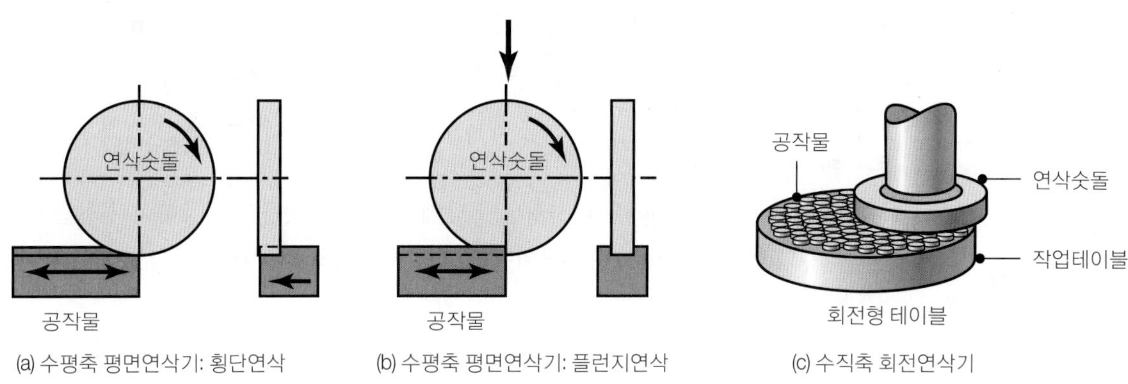

▲ **그림 9.12**
평면연삭작업의 개략도.

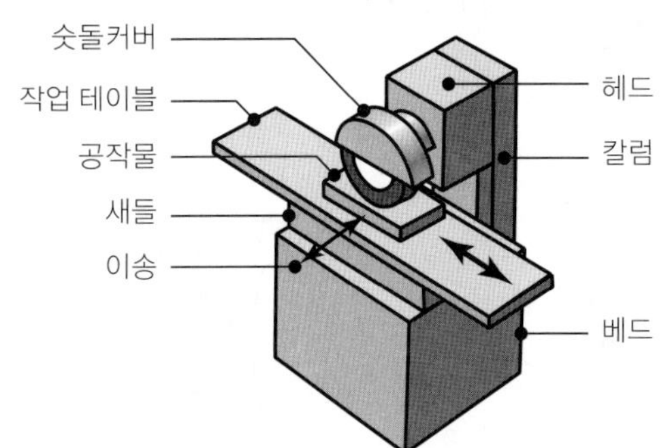

▶ **그림 9.13**
평면연삭기의 개략도. 공작물은 전자척으로 고정시키고, 숫돌이 파손될 경우를 대비하여 숫돌커버를 씌운다. 연삭액 공급장치가 있는 경우에는 숫돌이 회전을 시작한 후에 연삭액을 공급하고, 숫돌이 정지하기 전에 공급을 중지하여야 한다.

9.6.2 원통연삭(cylindrical grinding)

원통연삭작업에서는 공작물의 원통 외면이나 어깨부를 연삭하며, 크랭크축, 차축, 핀, 스핀들, 압연기의 롤 등에 적용된다. 일반 원통연삭에서는 공작물이 축을 따라 왕복하고, 대형의 긴 공작물인 경우에는 연삭숫돌이 왕복하는데, 이 경우에 사용하는 **롤연삭기**는 최대직경 1.8 m에 달하는 롤도 연삭할 수 있다(그림 6.29 참조).

원통연삭작업에서 공작물은 센터나 척으로 지지되거나, 연삭기 주축대의 면판에 고정된다. 직선 원주면의 연삭 시에는 공구와 공작물의 축이 평행하다. 숫돌과 공작물은 모터를 별도로 사용하여 각기 다른 속도로 구동된다. 길이가 길고 단이 진 공작물도 원통연삭기에서 연삭된다. 연삭면의 형상대로 드레싱된 숫돌을 사용하면, 형상이 있는 공작물도 연삭할 수 있다(**총형연삭** 및 **플런지연삭**). 원통연삭기는 연삭할 수 있는 공작물의 최대직경과 길이로 구분된다(8.9.2절).

만능연삭기(universal grinder)는 공작물축과 숫돌축이 수평면에서 기울어질 수 있도록 하여 테이퍼진 축을 연삭할 수 있다. 만능연삭기에는 컴퓨터제어장비를 갖추어 적은 인력으로도 부품을 정확하게 반복적으로 연삭할 수 있다. 원통연삭기에는 컴퓨터제어기능을 갖추어 **원통형**이 아닌 부품(캠과 같은)을 회전시키며 연삭할 수도 있다. 이 경우에는 공작물축의 회전속도에 맞추어서 공작물축과 숫돌축 간의 거리를 연속적으로 변화시킴으로써 지정된 형상을 연삭한다.

나사연삭(thread grinding)은 나사형상에 맞게 드레싱된 숫돌을 사용하여 원통연삭기나 센터리스연삭기(그림 9.14)에서 작업된다(그림 9.14 참조). 나사피치를 맞추기 위해 공

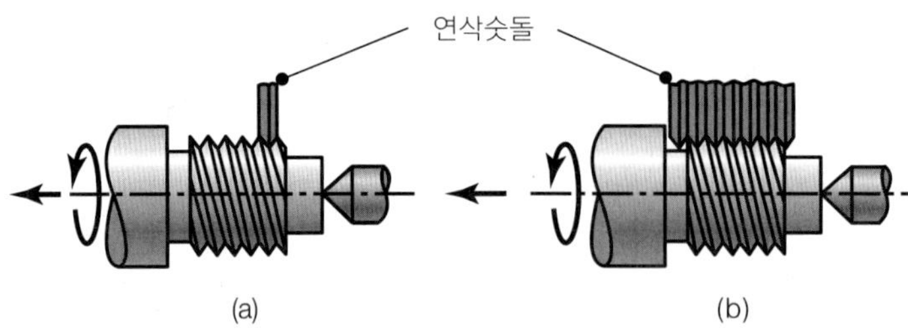

▶ **그림 9.14**
(a) 횡단연삭 및 (b) 플런지연삭에 의한 나사연삭.

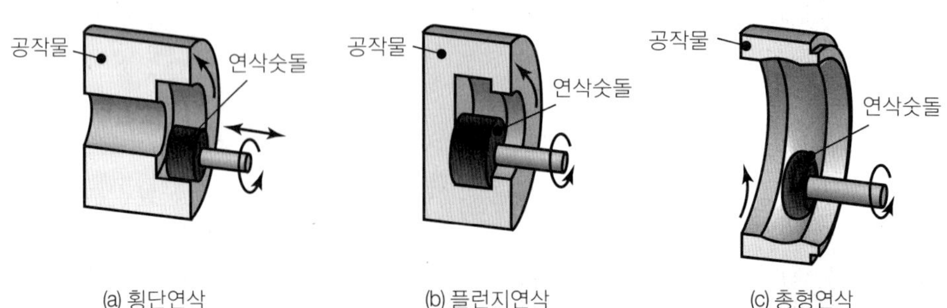

▶ **그림 9.15**
내면연삭작업의 개략도.

작물과 숫돌의 운동은 동시제어되며, 대략 여섯 번의 작업으로 완료된다. 나사연삭작업은 비용이 많이 드는 방법이지만, 모든 가공법 중에서 가장 정확하고 표면정도가 매우 우수한 나사를 만들 수 있다.

9.6.3 내면연삭(internal grinding)

내면연삭은 소경의 숫돌로 베어링레이스나 부싱 같은 부품의 내면을 연삭하는 방법이다(그림 9.15 참조). 공작물은 회전하는 척의 내부에 고정되고, 숫돌은 30,000 rpm 이상으로 회전한다. 형상드레싱된 숫돌을 사용하여 공작물의 반경방향으로 이송하면 내면형상을 연삭할 수 있다. 주축을 수평면과 경사지게 할 수 있는 내면연삭기로는 테이퍼진 구멍도 가공할 수 있다.

9.6.4 센터리스연삭(centerless grinding)

센터리스연삭은 공작물을 센터나 척으로 지지하는 대신에 받침판(workrest blade)을 사용

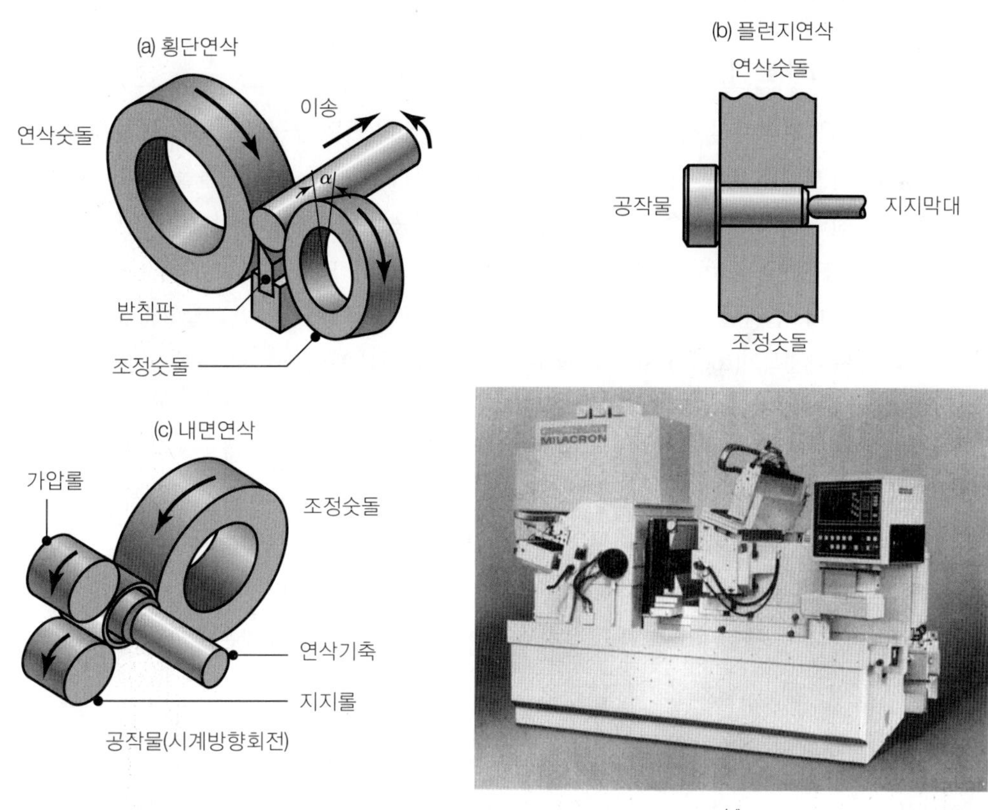

▲ **그림 9.16**
(a)~(c) 센터리스연삭작업의 개략도, (d) 컴퓨터수치제어 센터리스연삭기.

하여 원통면을 연속적으로 연삭하는 생산속도가 높은 공정이다(그림 9.16 참조). 센터리스 연삭으로 가공되는 부품에는 롤러베어링, 피스톤핀, 엔진밸브, 캠축 등이 있다. 이 연속작업에는 작업자의 숙련도가 거의 필요 없으며, 최소 0.1 mm의 직경을 가진 부품도 연삭할 수 있다. 센터리스연삭기에는 cBN 숫돌을 사용하여 숫돌표면속도를 최고 10,000 m/min까지 높인 것도 있다.

길이이송(through-feed)방식에서는 공작물을 받침판으로 지지하고 두 개의 숫돌 사이에서 연삭한다. 공작물은 두 개의 숫돌 중 직경이 큰 숫돌에 의해 연삭되고, 직경이 작은 조정숫돌(regulating wheel)은 공작물의 축방향운동을 조정한다. 조정숫돌로는 러버숫돌을 사용하며, 약간 기울어진 축으로 연삭숫돌의 5% 정도의 속도로 회전한다.

볼트, 밸브태핏(tappet), 배전기축과 같이 직경이 변하는 부품도 센터리스연삭으로 가공할 수 있다. Infeed 방식에서는 원통연삭기의 플런지연삭과 유사하게 단이 진 부분이나 형상을 연삭한다(그림 9.16b 참조). 테이퍼진 부품은 end-feed 방식으로 센터리스연삭된다. 센터리스연삭기에 나사형상으로 드레싱된 숫돌을 사용하면 높은 생산속도로 나사연삭을 수행할 수 있다. 센터리스 내면연삭에서는 공작물을 세 개의 롤에 지지하여 슬리브형 부품이나 링의 내면을 연삭한다.

9.6.5 기타 연삭기

특수목적용 연삭기의 하나인 벤치연삭기(bench grinder)는 공구나 소형공작물을 즉석에서 연삭할 때 사용하는 연삭기로, 전기모터축의 양쪽 끝에 두 개의 숫돌을 달아서 한쪽 숫돌은 거친 연삭용, 다른 숫돌은 미세연삭용으로 사용하는 것이 보통이다.

만능형공구연삭기(universal tool and cutter grinder)는 단인 또는 다인의 절삭공구연삭에 사용되며, 연삭할 공구를 정확하게 설치할 수 있도록 특수한 공작물고정장치를 갖고 있다. 공구대연삭기(tool-post grinder)는 선반의 공구대에 부착하여 주축에 물린 공작물을 연삭할 수 있는 독립된 장치이다(그림 8.44 참조). 이 연삭기는 사용범위가 넓지만, 선반은 탈락된 연삭입자로부터 보호되어야 한다.

스윙프레임연삭기(swing-frame grinder)는 주물공장에서 대형주물을 연삭하는 데 사용된다. 주물의 거친 연삭은 숫돌의 최대직경이 0.9 m인 바닥에 고정된 연삭기에서 행한다. 휴대용 연삭기는 공압이나 전기로 구동되거나 전기모터나 가솔린엔진에 연결된 유연한 축으로 구동되며, 용접비드(그림 12.5 참조) 제거작업이나 절단작업(얇은 원판숫돌 사용)을 할 수 있다.

9.6.6 크리프피드(creep-feed)연삭

연삭은 전통적으로 소재제거율이 낮고 마무리공정에 주로 사용되어 왔지만, 밀링, 브로칭, 평삭 같이 연삭으로도 소재를 대규모로 제거하는 작업을 할 수 있다(8.9.1~8.9.4절 참

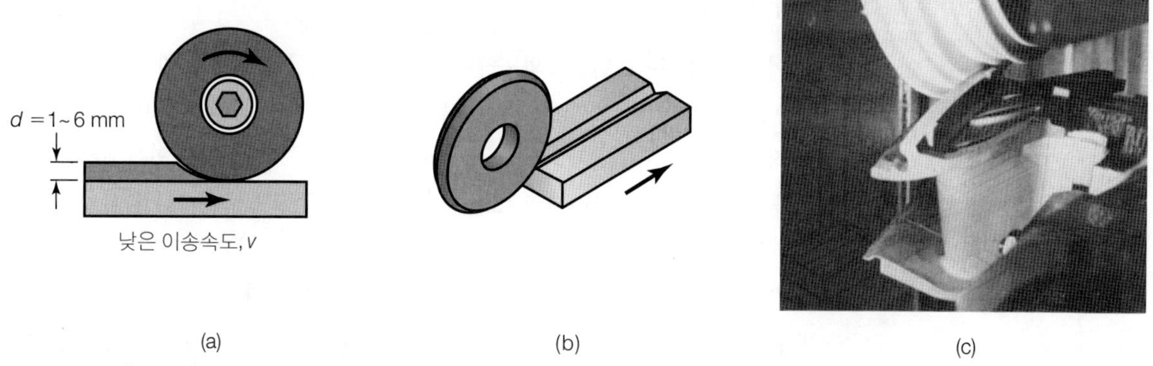

▲ 그림 9.17
(a) 크리프피드 연삭공정, (b) 1회의 크리프피드연삭으로 평면에 만들어진 홈, (c) 형상을 가진 연삭숫돌로 크리프피드연삭하는 예.

조). 1950년대에 개발된 크리프피드연삭에서는 연삭깊이를 최대 6 mm까지 깊게 하고, 공작물의 이송속도는 작게 한다(그림 9.17 참조). 숫돌은 주로 연한 결합도의 수지결합제로 성긴 조직을 사용하여 온도를 낮추고 표면정도를 높인다. 연삭작업 도중에 다이아몬드 롤을 사용하여 지속적으로 드레싱할 수 있는 연삭기도 사용된다. 크리프피드연삭에 사용되는 연삭기는 (1) 최대 225 kW의 고출력, (2) 고강성(연삭깊이가 깊으므로 연삭저항이 높음), (3) 높은 감쇠능, (4) 주축속도 및 테이블속도의 가변정밀제어, (5) 대용량의 연삭액 사용이 가능하도록 특수하게 제작된다.

이 방법은 형상펀치, 키홈, 트위스트드릴의 홈, 터빈블레이드의 뿌리부분(그림 9.17c 참조), 복잡한 초합금부품의 연삭 같은 특정 용도에서 다른 소재제거작업에 비해 경제성이 있다. 이 경우에는 숫돌을 가공하려는 공작물의 형상대로 드레싱하여 사용한다. 공작물은 사전에 밀링, 형삭, 브로칭가공될 필요가 없으므로, 준정형으로 주조나 단조된 부품에 적합한 공정이다. 일반적으로 1회의 연삭으로 충분하지만, 표면정도의 향상을 위해 2회의 연삭이 필요한 경우도 있다.

9.6.7 연삭을 통한 소재의 대량제거

연삭공정으로도 대량의 소재를 제거할 수 있다. 이러한 거친 연삭작업은 소재의 표면에 나쁜 영향을 줄 수 있지만, 어떤 용도에서는 경제성이 있고, 특히 밀링, 선삭, 브로칭 같은 절삭공정과 경쟁할 수도 있다. 이 작업에서는 표면정도는 이차적인 문제이고 연삭숫돌(혹은 벨트, 9.8절 참조)은 최저의 비용으로 최대의 효과를 얻는 데 사용된다. 이 공정으로 얻을 수 있는 형상공차는 일반 기계가공에서 얻는 공차와 같은 수준이다(그림 9.27 참조).

9.6.8 연삭 중의 채터

연삭 중에 일어나는 채터는 표면정도와 숫돌성능에 나쁜 영향을 주므로 가급적 피해야 한다. 연삭 중의 진동은 베어링, 스핀들, 편심숫돌, 근처의 기계에 의한 외부요인 등으로 발생하고, 연삭작업 자체로도 **재생채터**(regenerative chatter)를 유발한다. 연삭채터에 대한 해석은 절삭가공의 경우와 유사하다(8.12절 참조). 따라서 주요 변수는 (1) 연삭기와 공작물고정장치의 강성과 (2) 감쇠능이고, 연삭채터에 국한하는 추가요인으로는 (1) 연삭숫돌의 불균일, (2) 드레싱기술, (3) 불균일한 숫돌마모를 들 수 있다.

채터가 발생하면 연삭표면에는 독특한 **채터자국**이 생기므로 이들을 조사하면 문제의 원인을 알 수 있다. 연삭채터의 발생을 억제할 수 있는 일반적 지침으로는 (1) 연한 결합도의 숫돌 사용, (2) 숫돌의 정기적인 드레싱, (3) 드레싱방법 변경, (4) 소재제거율을 작게 함, (5) 공작물의 견고한 고정 등을 들 수 있다.

9.6.9 연삭액

연삭액의 기능은 8.7절에 설명한 절삭유의 기능과 비슷하다. 연삭공정이나 연마제를 사용하는 소재제거공정이 건식으로 이루어지는 경우도 있으나, 연삭액은 (1) 공작물의 온도상승을 막고, (2) 부품의 표면정도와 치수정확도를 향상시키며, (3) 숫돌의 눈메움과 마멸을 감소시키므로, 작업효율을 높이고 동력소모를 줄인다는 점에서 중요하다.

일반연삭에는 **물을 기초로 한 유화액**을 연삭액으로 사용하고, 나사연삭에는 기름을 사용하는 것이 보통이다. 연삭액은 유동상이나 분무상으로 공급하는데, 연삭숫돌의 표면속도가 높아 숫돌의 원주면 근처에는 **공기막**(air stream 혹은 air blanket)이 형성되어 연삭액이 절삭부에 도달하기가 어려우므로, 특수설계된 **노즐**을 통해 고압으로 연삭액을 뿌려서 효율을 높인다.

수용성 연삭액을 사용하여 연삭 부위의 열을 제거하는 동안 연삭액의 온도가 너무 높아지면, 공작물이 팽창하여 치수공차를 관리하기 힘들다. 이를 해결하기 위해 일정한 온도를 유지하는 방법으로 연삭액을 냉각장치에 순환시킨다. 절삭유에 대하여 8.7절에서 논의한 것처럼 생물학적, 환경적인 측면에서, 연삭액을 선정하여 사용할 때 폐기, 처리, 재활용 등이 중요한 고려사항이다. 이때 사용하는 방법은 중앙 및 지방 정부의 법과 규정에 저촉되지 않아야 한다.

■ **극저온 연삭**(cryogenic grinding) 환경에 유해한 금속가공유를 대체할 목적으로, 연삭작업에 사용하는 냉각제로 액체질소를 사용하는 기술이 최근에 개발되었다(8.7.2절 참조). 작은 직경의 노즐을 통해 −200°C 정도의 액체질소를 숫돌-공작물 연삭 부위에 분사시켜 온도를 떨어뜨린다. 이미 설명한 것처럼, 온도가 높으면 공작물의 표면정도와 완전성이 불량해지는 악영향을 준다. 실험적 연구에 따르면, 극저온 연삭은 전통적인 연삭액을 사용하는 것에 비해, 표면 (금속학적)버닝과 산화를 감소시키고, 표면정도를 향상시키

며, 인장잔류응력의 수준을 낮추고, 연삭숫돌의 눈메움이 덜하다(즉, 드레싱 필요성 감소). 따라서 티타늄처럼 열전도도가 낮고(표 3.3 참조), 비열이 작으며, 반응성이 높은 재료에 특히 적합하다. 이 방법의 경제적 이점이나 피로수명 같은 다른 효과들이 계속 연구되고 있다.

예 9.4 연삭 대 경식선삭(hard turning)

8.9.2절에서 경식선삭에 대한 설명을 하면서, 경식선삭이 적용되는 예로 열처리강(보통 45 HRC 이상)을 다결정 cBN 단인절삭공구로 기계가공하는 것을 예로 들었다. 이 장에서 지금까지 논의된 바에 따르면, 연삭과 경식선삭은 특정 용도에서 서로 경쟁적임이 명백하다. 경식선삭은 공차와 표면정도가 연삭의 수준에 이르면서 점차로 연삭에 대하여 경쟁력을 갖게 되었다. 즉, (1) 선삭에 사용되는 에너지는 연삭의 경우보다 훨씬 작고(표 8.3과 9.3을 비교), (2) 열손상을 포함하여 공작물표면에 주는 손상이 덜하며, (3) 절삭유가 필요 없고, (4) 공작기계의 가격이 싼 편이다.

게다가, 공작물이 선반의 척에 물린 상태로 마무리가공되므로, 공작물을 운반하거나 연삭기에 재설치할 필요가 없다. 반면에, 길고 가는 공작물을 경식선삭할 때는 절삭력이 연삭의 경우보다 크므로, 공작물고정장치가 문제가 된다. 또한 공구마모와 관리는 연삭숫돌의 자동드레싱과 비교해 볼 때, 심각한 문제일 수 있다. 따라서 연삭에 대한 경식선삭의 경쟁적 위치는 제품의 표면완전성, 품질, 전반적 경제성의 측면에서 각 용도에 대해 개별적으로 평가하는 것이 필요하다.

9.7 마무리작업

공작물의 최종 마무리작업에 연삭입자를 사용하는 방법들이 있다. 마무리공정은 생산시간과 원가에서 큰 비중을 차지하므로, 비용과 이점을 고려하여 사용여부를 결정해야 한다.

보통 많이 사용되는 마무리공정들은 다음과 같다.

1. **피복연삭재**(coated abrasives). 연삭입자를 피복한 전형적인 예로 사포와 에머리천을 들 수 있는데, 이는 연삭입자를 종이나 천 같은 유연한 지지재료에 정전기로 입자의 긴 축이 수직하도록 하여 피복시킨 것이며(그림 9.18 참조), 피복재료로는 수지를 사용한다. 피복연삭재는 판이나 벨트의 형태로 만들어지며, 연삭숫돌의 경우보다 훨씬 성긴 조직을 갖는다. 이들은 금속시편이나 목공에서 평면 혹은 곡면을 다듬질하는 데 광범위하게 사용된다. 가공할 수 있는 표면정도는 전적으로 입도에 의해 결정된다.

   피복연삭재는 높은 소재제거율로 가공하는 **벨트연삭**의 벨트로도 사용된다. 벨트연삭

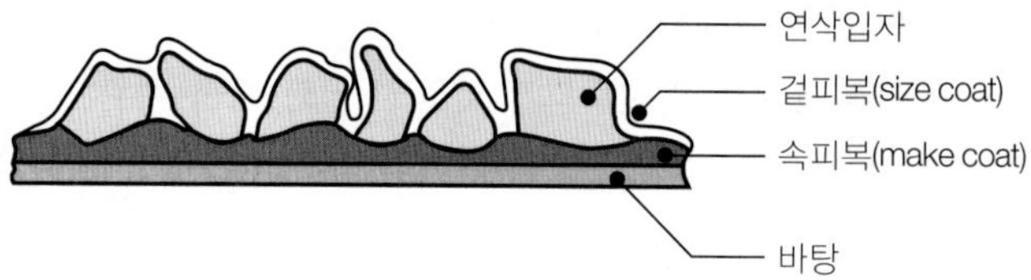

▶ **그림 9.18**
피복연삭재의 구조. 사포(16세기에 개발)와 에머리천은 대표적인 피복연삭재이다.

은 8~16개의 캠을 갖는 캠축의 경우, 일반 연삭작업을 대체하는 중요한 생산공정이 되었다. 벨트속도는 700~1800 m/min 정도이고, 벨트연삭기에는 진동을 최소화시킬 수 있는 적절한 벨트지지부와 강성구조가 필요하다.

최근에 개발된 **미소복제**(microreplication)기술은 아주 작은 피라미드형 알루미늄산화물 연삭입자를 벨트면의 지정된 위치에 정렬시킨 벨트를 사용하는 기술이다. 이 벨트를 스테인리스강이나 초합금에 사용하면, 다른 피복연삭재를 사용한 경우보다 일관된 성능을 나타내고 온도상승이 작다. 미소복제기술은 정형외과용 임플란트, 터빈블레이드, 의료 및 치과용 기구에 많이 사용된다.

2. **와이어브러싱.** 이 작업에서는 공작물을 고속으로 회전하는 원통형 와이어브러시에 이송시킨다. 와이어의 끝단은 공작물표면에 길이방향 홈을 만든다. 이 공정은 표면에 미세한 질감을 주는 데 사용되며, 가벼운 소재제거공정으로도 사용된다.
3. **호닝**(honing). 호닝은 구멍내면을 미세한 표면정도로 가공하는 데 주로 사용되는 방법으로, 호닝공구(그림 9.19)는 알루미늄산화물이나 실리콘카바이드 막대숫돌(hone)로 구성된다. 이들을 회전하는 맨드릴에 장착하여 구멍 안에서 축방향 왕복운동과 함께 반경방향으로 힘을 가하면 교차된 사선자국이 남는다. 구멍의 크기에 따라 막대숫돌을 반경방향으로 조정하며, 표면정도의 미세함은 사용된 연삭입자의 종류와 크기, 회전속도, 가압력으로 조절한다. 칩을 제거하고 온도를 낮게 유지하기 위해 연삭제를 사용한다. 호닝이 잘못 적용되면 원통형 내면을 얻는 대신, 종모양이나 파형 혹은 테이퍼진 내면으로 가공된다. 원통외면이나 평면도 호닝할 수 있고, 절삭공구나 인서트 날끝의 예리함을 없애는 데도 사용된다(그림 8.32 참조).

   수퍼피니싱(superfinishing)은 호닝과 유사하지만, 가압력이 작고 막대숫돌의 움직임이 짧다. 이 공정에서는 공작물표면에서 연삭입자가 같은 경로를 움직이지 않도록 조절된다. 원통형제품의 외면을 수퍼피니싱하는 예를 그림 9.20에 도시하였다.

▶ **그림 9.19**
보링되거나 연삭된 구멍의 표면정도를 향상시키는 데 사용되는 호닝공구.

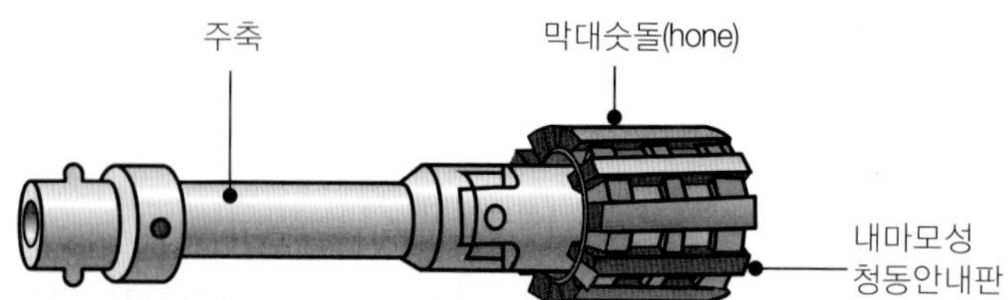

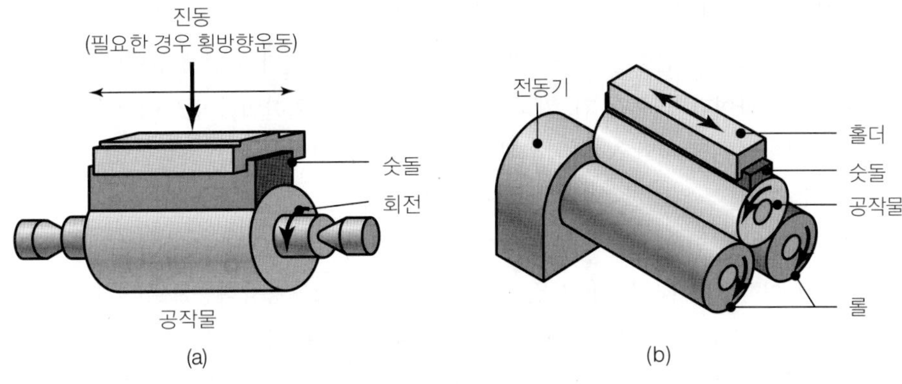

▶ **그림 9.20**

원주형 제품에 대한 수퍼피니싱작업: (a) 원통 마이크로호닝, (b) 센터리스 마이크로 호닝.

4. **전기화학적 호닝.** 이 공정은 호닝에서의 미세연삭입자의 작용과 전기화학적 작용을 결합한 것으로, 사용장비의 가격이 비싼 반면, 일반 호닝에 비해 5배까지 가공속도가 빠르고 공구수명은 최고 10배까지 향상된다. 이 방법은 원통형 내면의 마무리작업에 주로 사용된다.
5. **래핑**(lapping). 래핑은 평면이나 원통면에 사용되는 마무리공정이다. 주철, 구리, 가죽, 천 등으로 만들어진 랩(그림 9.21a)에 연삭입자를 기름 등과 혼합한 랩제를 묻혀서 사용한다. 래핑압력은 공작물의 경도에 따라 7~140 kPa 정도로 준다. 미세한 연삭입자(입도지수 900까지)를 사용하면 ±0.4 μm 정도의 치수공차를 얻을 수 있고, 표면정도는 0.025~0.1 μm까지 가능하다. 평면이나 원통형 공작물은 그림 9.21b 및 c에 나타낸 것과 같은 기계에서 래핑한다. 유리렌즈나 구형 공작물 같은 곡면도 특정 형상의 랩으로 가공할 수 있고, 짝을 이루는 기어의 접촉면도 래핑이 가능하다.
6. **연마**(polishing). 연마는 매끈하고 광택 있는 표면정도를 얻는 공정이다. 연마공정을 가

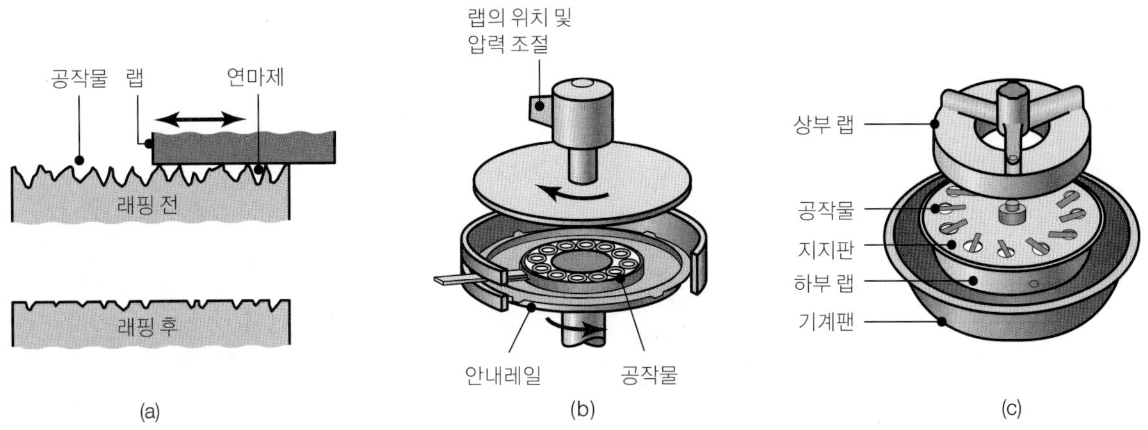

▲ **그림 9.21**

(a) 래핑공정의 개략도, (b) 원통형 공작물의 평면래핑작업, (c) 원주형 공작물의 래핑작업.

능하게 하는 두 가지 기구는, (1) 미세한 연마입자에 의한 소재제거와 (2) 연마 중에 발생하는 마찰열로 표면층을 연화시켜 문지르는 것으로, 연마된 면에 광택이 나는 것은 문지름의 결과이다. 연마는 천, 가죽, 펠트(felt)로 만든 원판이나 벨트에 알루미늄산화물이나 다이아몬드 분말을 발라서 행한다. 형상이 불규칙하거나, 예리한 모서리, 깊은 홈, 예리한 돌출부를 가진 부품은 연마하기 어렵다.

7. **레이저연마.** 이 방법은 파장이 짧은 레이저를 마이크로 혹은 나노 초 동안 조사하여 표면(미크론 이하 깊이)을 금속용융 및 재응고시키는 것으로, 용융작용으로 인해 표면돌출부(그림 4.4 참조)가 줄어서 표면이 매끈하게 된다. 철 및 비철금속 공작물뿐만 아니라 유리나 다이아몬드에도 적용된다. 레이저연마된 표면은 광학용으로 적합하고 마찰도 작아져서 자동차 실린더라이너와 같은 용도에 효과적으로 사용된다(아우디 및 폭스바겐 엔진의 예). 일반 연마작업에 비해 작업속도가 빠르고, 프로그램제어를 사용하면 굴곡면을 가진 공작물에도 적용가능하다.
8. **버핑**(buffing). 버핑은 연마와 유사한 작업으로, 매우 미세한 연마제를 천이나 가죽으로 된 부드러운 버프에 묻혀서 사용한다. 버핑은 연마된 부품을 보다 미세한 표면정도로 가공하는 데 사용한다.
9. **전해연마**(electropolishing). 금속표면을 경면의 정도로 가공하려면 **전해연마**를 사용하는데, 이는 전기도금의 역과정으로(4.5.1절 참조), 공작물과 기계적 접촉을 하지 않으므로 불규칙한 형상의 연마에 적합하다. 전해액이 공작물표면의 돌출부나 뾰족한 부분을 다른 부분보다 빨리 침식함으로써 매끈한 표면으로 만든다. 전해연마는 버제거작업에도 사용된다(9.9절 참조).
10. **화학기계적 연마**(CMP, chemical-mechanical polishing). 화학기계적 연마는 반도체산업에서 매우 중요한 공정으로, 그림 9.22에 나타낸 것처럼 조절된 침식을 일으키는 성분의 수용액과 연마입자의 현탁액을 사용하여 연마와 침식의 복합작용으로 공작물표면에서 소재를 제거한다. 그 결과, 탁월하게 미세한 표면정도와 완벽한 평면을 얻는다.

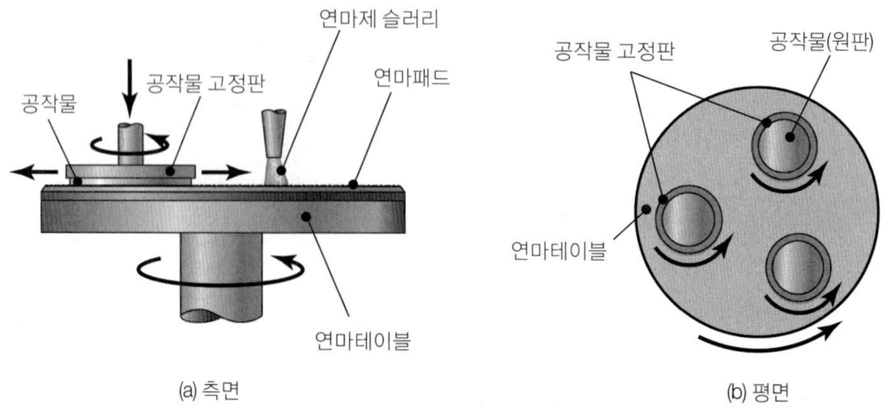

▶ **그림 9.22**
화학기계적 연마공정의 개략도. 실리콘 웨이퍼와 집적회로의 제조에 많이 사용되며, 화학기계적 평탄화공정이라고도 한다.

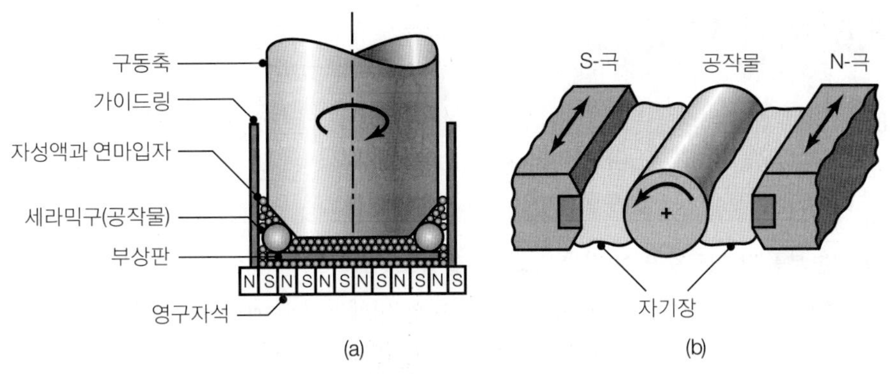

▶ **그림 9.23**

자기장을 이용한 구와 롤러의 연마작업: (a) 세라믹구의 자기부상연마, (b) 롤러의 자기장보조연마.

이 공정은 실리콘 웨이퍼(13.4절 참조)를 미크론 수준으로 연마하는 데 주로 적용된다. 웨이퍼 전체에서 균일한 연마가 이루어지고 직선 가공무늬(4.3절 참조)가 생기지 않도록 회전하는 공작물 고정판 밑에 웨이퍼를 부착하여 역시 회전하는 작업대 위의 연마패드에 가압한다(그림 9.22 참조). 연마패드에는 홈을 두어 모든 웨이퍼에 연마제가 공급되도록 한다.

구리, 실리콘, 이산화실리콘, 알루미늄, 텅스텐 등에 대한 연마입자-화학용액 조합이 개발되었다. 실리콘이나 이산화실리콘의 경우를 예로 들면, 콜로이드상 실리카(SiO_2)입자를 KOH 혹은 NH_4OH 용액에 현탁한 슬러리를 연마패드/웨이퍼 접촉면에 계속 공급한다.

11. **자기장을 이용한 연마공정.** 자기장을 사용하여 연마제 슬러리를 지지하고 보다 효과를 높이는 기술로 다음과 같이 두 가지 방법이 있다.

(1) 세라믹구의 **자기부상연마**(magnetic float polishing)공정을 그림 9.23a에 개략적으로 나타내었다. 연마입자와 극히 미세한 자철분말을 물이나 케로젠 같은 용액에 섞은 자성유체를 가이드링 안의 연마실에 채운다. 세라믹구를 구동축과 부상판 사이에 넣으면, 연마입자, 세라믹구, 부상판(비자성재료로 만듬)이 모두 자기력으로 지지된다. 세라믹구는 구동축으로 가압되면서 연삭작용에 의해 연마된다. 연마입자에 의해 구에 가해지는 힘을 극히 미세하게 조절하므로, 연마작용이 매우 미세하다. 연마시간이 기존의 다른 연마방법에 비해 훨씬 짧으므로, 이 공정은 매우 경제적이면서도 연마된 표면에는 결함이 거의 없다.

(2) 세라믹롤러에 **자기장보조연마**(magnetic-field-assisted polishing)를 적용한 예를 그림 9.23b에 도시하였다. 세라믹이나 강철롤러(공작물)를 주축에 고정하여 회전시키고, 자극(magnetic pole)을 진동시켜 자성연마제에 진동운동을 준다. 이 작용으로 원주형롤러의 표면을 연마하면 경도 63 HRC인 베어링강을 30초 이내에 경면마무리할 수 있다.

9.8 버제거작업

버(burr)는 판재의 전단(그림 7.5 참조), 단조품이나 주물의 트리밍, 기계가공으로 공작물의 모서리를 따라 생기는 삼각형의 얇은 융기부이다. 버가 있으면 부품의 조립에 방해가 되고, 부품의 흐름이나 정렬을 방해하며, 전기부품의 경우에는 단락을 유발한다. 또한 버가 있으면 부품의 피로수명이 단축되고(7.3절 참조), 날카로운 형상으로 인해 위해요인이 되기도 한다. 부품의 모서리에 모따기를 지정하면 버제거(deburring)의 필요성이 감소된다. 반면에, 시계의 작은 부품처럼 얕게 구멍을 내고 나사를 친 경우에는 버로 인해 두께가 좀 더 두꺼워지므로, 결과적으로 스크루의 체결력을 향상시키는 효과를 주기도 한다.

버제거에는 (1) 줄로 수작업하여 제거하거나(8.10.6절 참조), (2) 절삭, (3) 와이어브러싱(9.7절), (4) 유연연삭 마무리(연삭제가 담긴 심으로 만든 회전하는 나일론브러시 사용), (5) 연삭벨트(9.7절), (6) 초음파(9.9절), (7) 방전연마(9.7절), (8) 전해연마(9.11절), (9) 진동피니싱, (10) 숏블라스팅, (11) 연마제유동가공, (12) 열에너지, (13) 로봇 버제거작업 등의 방법을 사용한다. 여기서는 나열된 방법 중에서 마지막 다섯 공정을 설명한다.

1. **진동피니싱**(vibratory finishing)공정은 비교적 소형의 공작물을 대량으로 버제거하고 표면정도를 향상시키는 작업이다. 이는 배치(batch)형식의 작업으로, 특정 형상을 가진 **연삭펠릿**을 공작물과 함께 용기에 넣고 용기를 진동시키거나 회전시킨다. 연삭입자와 금속편의 충돌로 공작물의 날카로운 모서리와 버가 제거된다. 용도에 따라서 건식이나 습식을 사용하고, 그리스청소나 내부식성을 주기 위해 액체혼합물을 첨가하여 작업하는 경우도 있다.
2. **숏블라스팅**은 입자블라스팅(grit blasting)이라고도 하며, 공기제트나 회전하는 바퀴로 연삭입자(보통 모래)를 고속으로 분사시켜 공작물표면에 투사하는 방법이다. 숏블라스팅은 금속이나 비금속 재료의 버제거작업뿐만 아니라, 산화피막 벗기기, 청정, 제거에도 유용한 방법이다. 표면은 약간 흐린 듯이 가공되며, 소규모연마와 에칭도 이 공정으로 작업된다(미소입자블라스팅).
3. **연마제유동가공**(abrasive-flow machining)은 실리콘카바이드나 다이아몬드 같은 연삭입자를 점성 재료에 혼합하여 공작물의 구멍이나 통로에 방향을 바꾸어가며 유동시키는 공정이다. 압력과 함께 작용하는 연삭혼합물에 의해 공작물의 버나 예리한 모서리를 침식시키면서 연마한다. 이 공정은 다른 방법으로는 접근하기 어려운 공작물 내의 공동부를 가공하는 데 적합하다. 적용압력은 0.7~22 MPa 정도이다. 공작물을 적절한 고정통에 담고 예리한 모서리나 버제거 대상 부위로 연마제를 유동시키면 외면을 가공할 수도 있다.
4. **열에너지법**은 연소실에 부품을 넣고 천연가스와 산소의 혼합가스를 채운 뒤, 이를 점화시켜서 최고 3300°C에 달하는 열파동을 일으킨다. 버는 순간적으로 가열되면서 용융

되어 없어지고, 공작물은 약 150°C까지 가열된다. 이 공정은 연소되지 않는 부품에는 대부분 효과적이다. 그러나 버나 플래시가 너무 크면 용융 후에 비드를 형성하고, 가늘고 긴 부품은 변형될 수 있으며, 다른 버제거작업과는 달리 공작물표면을 연마하는 효과가 없다.

5. **로봇 버제거작업.** 주물이나 단조품에서 버나 플래시를 제거하는 작업에는 점차적으로 프로그램가능한 로봇(14.7절 및 14장의 사례연구 참조)을 사용하여 단조롭고 값비싼 수작업 인력을 절감하고, 결과적으로 보다 일관성 있는 버제거작업을 수행하고 있다. 이 방법의 최대 장점은 버제거 대상의 형상 및 적용매체의 관점에서 유연성이 있다는 점이다. 반면에, 설비비용이 크다는 단점이 있으며, 다축 버제거작업용 로봇시스템은 2억 5천만 원 이상 소요된다.

9.9 초음파가공

초음파가공(UM, ultrasonic machining)은 연삭입자로 공작물의 표면에 미소치핑이나 침식을 일으켜서 소재를 제거하는 공정이다. 공구(그림 9.24a 참조)는 저진폭(0.05~0.125 mm), 고주파(20 kHz)로 진동하고, 이 진동으로 공구와 공작물 사이에 있는 미세연삭입자를 고속운동시킨다. 연삭제를 체적분율 20~60%로 물에 탄 혼합액(slurry)을 사용하며, 절삭 부위에서 떨어져 나온 찌꺼기는 혼합액에 섞여서 제거된다. 연삭제로는 보론카바이드를 사용하지만, 알루미늄산화물이나 실리콘카바이드도 사용하며, 입도는 100(거친 가공) 내지 1000(미세한 가공)을 사용한다.

초음파가공은 세라믹, 초경, 유리, 보석, 경화강 같은 경하고 여린 재료의 가공에 가장 적합하다. 공구팁은 저탄소강으로 만들고, 공구고정대를 통해 변환기에 연결된다. 미세

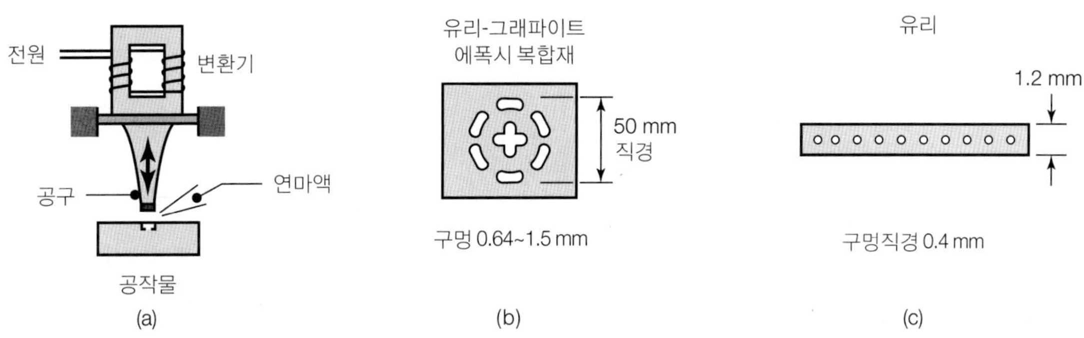

▲ **그림 9.24**

(a) 미소치핑과 침식으로 소재를 제거하는 초음파가공의 개략도. (b)와 (c) 초음파가공으로 만들어진 구멍의 예. 가공된 구멍의 크기와 소재의 재질에 주목할 것.

한 연삭제를 사용할 때는 0.0125 mm 이상의 치수공차를 유지할 수 있다. 그림 9.24b와 c에 초음파가공된 예를 보여준다.

초음파가공에서의 **미소치핑**은 입자가 표면에 충돌할 때 걸리는 고응력으로 가능하다. 입자와 표면이 접촉하는 시간은 매우 짧고(10~100 μs) 접촉면적도 매우 작다. 구형입자의 반경을 r, 공작물 내의 탄성파속도를 $c_o(c_o = \sqrt{E/\rho})$, 입자가 표면에 충돌하는 속도를 v라 할 때, 접촉시간 t_o는 다음과 같다.

$$t_o \simeq \frac{5r}{c_o}\left(\frac{c_o}{v}\right)^{1/5} \tag{9.11}$$

입자가 표면에 주는 힘 F는 운동량의 변화량으로부터 계산할 수 있다. 즉, m을 입자의 질량이라고 하면,

$$F = \frac{d(mv)}{dt} \tag{9.12}$$

이며, 입자가 표면에 충돌하고 반발될 때의 **평균력** F_{avg}는

$$F_{ave} = \frac{2mv}{t_o} \tag{9.13}$$

가 된다. 위 식에 실제값들을 대입해 보면, 접촉면적이 작으므로 미세한 입자라 하더라도 매우 높은 응력을 발생시킨다는 것을 알 수 있으며, 취성 재료인 경우에는 이러한 응력이 미세치핑이나 표면침식을 일으키기에 충분하다(9.15절의 **입자제트가공** 참조).

■ **회전초음파가공**(RUM, rotary ultrasonic machining) 이 공정은 연마슬러리 대신에 공구표면에 주입하거나 전기도금한 메탈본드 다이아몬드연삭입자를 사용하는 방법이다. 회전하면서 초음파로 진동하는 공구에 일정한 압력으로 공작물을 누르면서 정면밀링작업(8.10.1절 참조)과 유사하게 소재를 제거한다. 이 방법은 세라믹에 깊은 구멍을 높은 소재제거율로 가공할 때 특히 효과적이다.

9.10 화학적 가공

어떤 화학물질은 금속을 침식하여 부식시킨다는 점을 이용하여 소재표면에서 미소량을 제거하는 화학적 가공(CM, chemical machining)이 개발되었다(표 9.4). 화학적 가공법은 산이나 알칼리용액 같은 **용해액**(reagent) 또는 **부식액**(etchant)을 사용하여 공작물표면에서 화학적 용해를 일으켜서 소재를 제거하는 방법이다. 화학적 가공은 특수가공법 중에서 가장 오래된 방법으로 오래 전부터 금속이나 단단한 돌을 조각하는 데 사용되었고, 보다

표 9.4 특수가공공정의 일반적 특성

공정	특성	공정변수 및 소재제거율 혹은 절삭속도
화학적 가공(CM)	대형 평판이나 곡면에 얕은 절삭(12 mm까지); 박판의 블랭킹; 공구 및 장비 비용 저가; 생산개수가 적을 때 적절.	0.025~0.1 mm/min
전해가공(ECM)	깊은 공동부를 가진 복잡한 형상; 특수가공법 중 소재제거율이 가장 높음; 공구 및 장비 비용 고가; 고출력 소비; 중간 내지 대량 생산.	V: 5~25(직류); A: 1.5~8 A/mm^2; 2.5~12 mm/min, 전류밀도에 따름
전해연삭(ECG)	초경공구와 같이 경도가 높은 재료의 절단 및 연삭; 호닝공정으로도 사용; 일반연삭보다 소재제거율 높음.	A: 1~3 A/mm^2; 보통 1000 A당 1500 mm^3/min
방전가공(EDM)	고경도의 복잡한 부품 성형 및 절삭; 다소의 표면손상 야기; 연삭 및 절삭 공정으로도 사용; 공구 및 장비 비용 고가.	V: 50~380; A: 0.1~500; 보통 300 mm^3/min
와이어 EDM	평면 및 곡면의 윤곽가공; 장비 고가.	재료 및 두께에 따라 다름
레이저빔가공 (LBM)	두께가 얇은 재료의 절단 및 구멍 가공; 열영향부; 진공 불필요; 장비 고가; 에너지 소비량 많음.	0.50~7.5 m/min
전자빔가공 (EBM)	두께가 얇은 재료의 절단 및 구멍 가공; 매우 작은 구멍 및 홈 가공; 열영향부; 진공 필요; 장비 고가.	1~2 mm^3/min
물제트가공 (WJM)	두께 25 mm 혹은 그 이상의 모든 비금속재료 절단; 유연한 재료의 윤곽가공에 적합; 열손상 없음; 소음.	재료에 따라 매우 다름
입자물제트가공 (AWJM)	금속 및 비금속 재료의 단층 및 다층 절단.	최고 7.5 m/min
입자제트가공 (AJM)	금속 및 비금속 재료의 절단, 슬로팅, 버제거, 플래시 제거, 에칭, 청정작업; 수동 조절; 예리한 모서리를 둥글게 만듦; 위험한 편.	재료에 따라 매우 다름

최근에는 인쇄회로기판과 마이크로프로세서 칩의 제조에 이용되고 있다. 버제거작업에도 화학적 방법이 사용된다.

9.10.1 화학밀링(chemical milling)

화학밀링은 후판, 박판, 단조품, 압출품 등에 얕은 공동부를 만들어서 설계요건을 만족시키거나 무게를 감소시키는 가공법으로(그림 9.25 참조), 다양한 금속에 최대깊이 12 mm까지 가공할 수 있다. 공작물표면에 가공 후 제거할 수 있는 **마스킹**을 하거나(그림 9.26 참조), 일부만을 용해액에 담가서 용해액에 의해 부위별로 선택적 침식이 일어나도록 한다.

이 공정은 항공우주산업에서 항공기나 미사일의 대형 외피패널이나 프레임으로 사용되는 압출재의 일부를 얇은 층으로 제거하는 데 사용된다. 이 공정은 미소전자장치(13.8절 및 13.14절 참조)를 가공하는 데도 사용되며, 종종 **습식식각**이라고 한다. 용해액의 탱크 용량은 최대 3.7 × 15 m이다. 화학적 가공과 기타 기계가공공정으로 얻을 수 있는 표면정도와 치수공차는 그림 9.27에 나타낸 것과 같다. 화학밀링에서는 선택적 부식으로 인해 결정립 내부가 침식되어(3.4절 참조) 표면성질에 좋지 않은 영향을 줄 수 있고, 용접이나 경납접된 구조물에서는 소재제거가 불균일하게 일어난다. 또한 주물을 화학밀링하면 기공이나 불균일한 조직으로 인해 울퉁불퉁한 표면이 만들어지기도 한다.

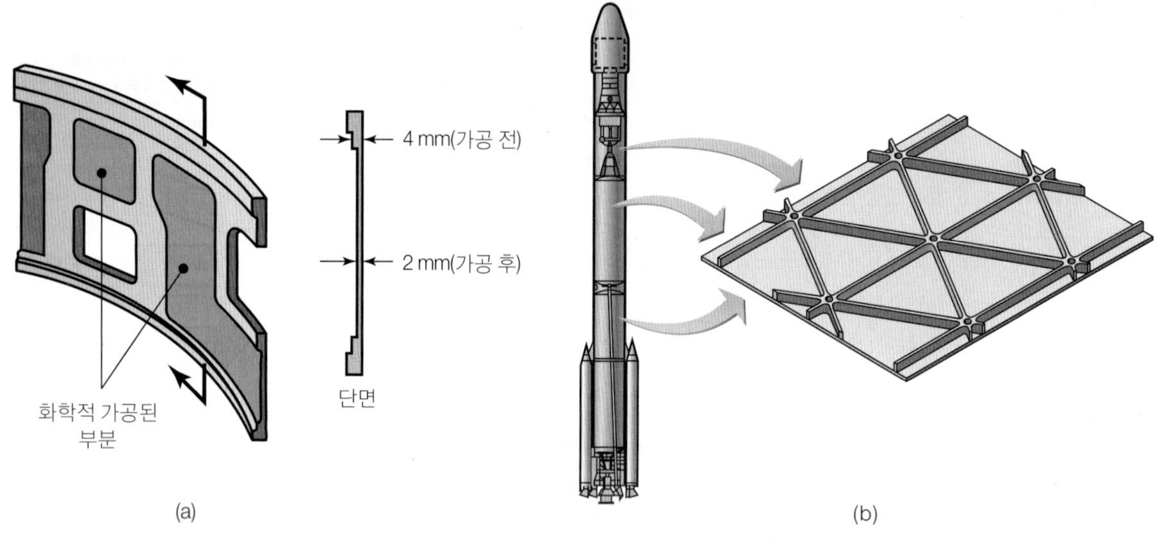

▲ **그림 9.25**

(a) 비강성을 향상시키기 위해 화학밀링으로 가공된 미사일 외판, (b) 알루미늄합금판을 화학밀링으로 가공하여 중량을 감소시킨 우주발사체. 판재는 롤성형이나 신장성형으로 먼저 필요한 형상으로 성형한 후, 밀링가공한다.

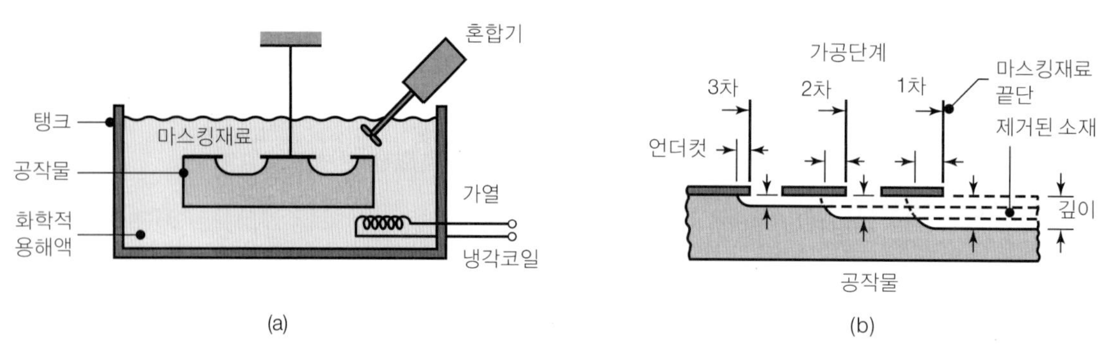

▲ **그림 9.26**

(a) 화학적 가공공정의 개략도. 하중을 가하거나 공작기계를 사용하지 않는다. (b) 화학적 가공으로 형상을 가공하는 과정.

9.10.2 화학블랭킹(chemical blanking)

화학블랭킹은 금속판재의 블랭킹과 유사한 공정이지만(그림 7.8 참조), 소재가 기계적으로 전단되는 것이 아니라 화학적 용해에 의해 제거된다. 화학블랭킹은 버가 없는 인쇄회로기판(그림 13.31), 장식용 패널, 얇은 금속판재의 스탬핑, 복잡하고 작은 형상의 제조에 사용한다.

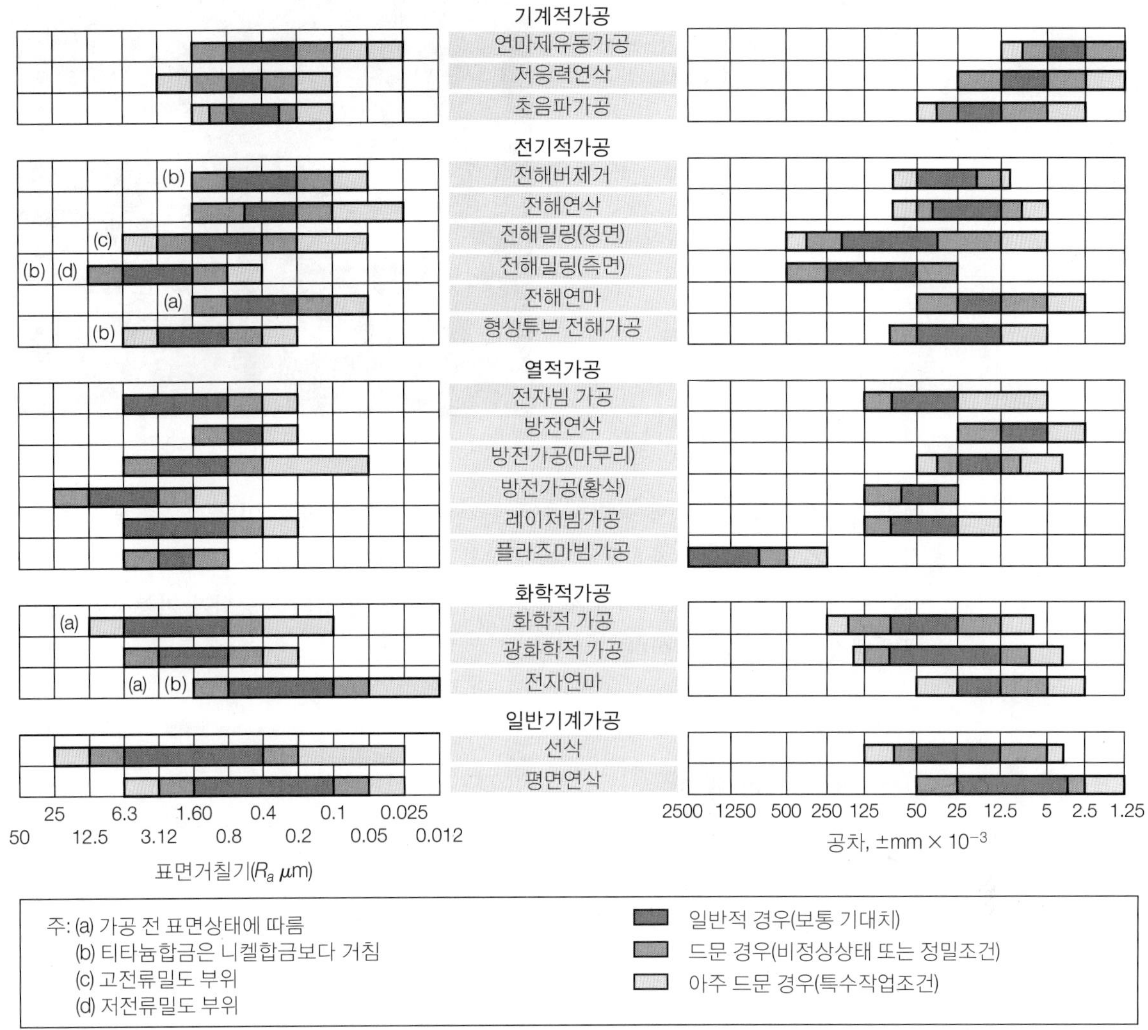

▲ **그림 9.27**

각종 소재제거공정으로 얻을 수 있는 표면거칠기와 공차(그림 8.26 참조).

9.10.3 광화학블랭킹(photochemical blanking)

광화학블랭킹은 광식각(photoetching)이라고도 하며 화학밀링을 응용한 가공법으로, 사진기술을 이용하여 편평한 박판에서 소재를 제거한다. 이 방법을 이용하면 버를 형성하지 않고도, 최소 0.0025 mm 두께의 박판을 복잡한 모양으로 블랭킹할 수 있으므로(그림 9.28 참조), 미세한 스크린, 인쇄회로기판, 전기모터용 적층판, 평판 스프링, 컬러텔레비전의 섀도마스크를 가공하는 데 사용된다. 광화학블랭킹은 일반 블랭킹(7.3절 참조)으로는 만들기 힘든 초소형부품을 성형할 수 있고, 깨지기 쉬운 공작물재료에도 적용할 수 있다. 화학 용해액을 다룰 때는 사전주의를 요하고, 작업자가 액체화합물이나 휘발성 화학물질

▶ **그림 9.28**
광화학 블랭킹으로 각종 형상이 가공된 두께 0.1 mm, 직경 60 mm의 철강판재.

에 노출되지 않도록 안전에 특별한 주의를 기울여야 한다. 또한 이 공정으로 생기는 화학적 부산물은 부분적으로 재활용될 수 있으나, 폐기 시에는 특별한 관리를 요한다. 이 공정에는 숙련된 인력이 필요하지만, 공구비용이 낮으며, 공정의 자동화가 가능하여 중간량 내지 대량 생산에 경제적이다.

9.11 전해가공

전해가공(ECM, electrochemical machining)은 근본적으로 전기도금의 역과정으로, **전해액**이 전류를 운반하며 공구-공작물의 틈을 빠른 속도로 유동하면서 전기화학적 작용으로 공작물(양극)을 전기분해시켜 공구(음극)에 도금되기 전에 공작물표면으로부터 소재를 제거하여 공동부를 만드는 가공법이다(그림 9.29 참조). 이 공정을 응용하면 전극을 절삭공구처럼 사용하여 선삭, 평삭, 슬로팅, 절단, 곡면절삭 등을 할 수 있다.

형상이 있는 공구는 황동, 구리, 청동, 스테인리스강 등으로 만들고, 전해액으로는 염화나트륨이나 질산나트륨 수용액 같이 전도성이 높은 무기염용액을 사용한다. 전해액은 공

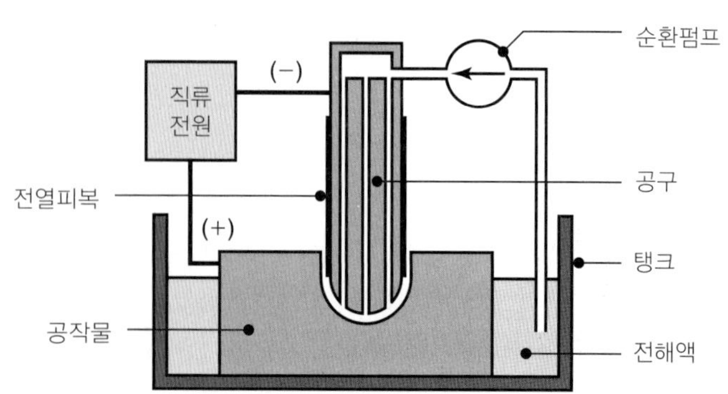

▶ **그림 9.29**
전해가공공정의 개략도.

구의 통로를 통해 빠른 속도로 공급되며, 5~25 V의 직류전원을 1.5~8 A/mm^{2}의 전류밀도로 사용하는데, 전해가공기의 용량은 최대 40,000 A로부터 최소 5 A까지 있다. 소재제거율은 이온교환율만의 함수이므로, 공작물재료가 전도성이면 재료의 강도, 경도, 인성의 영향을 받지 않고 가공할 수 있다.

ECM에 의한 소재제거율은 다음 식으로부터 계산할 수 있다.

$$\text{MRR} = CI\eta \tag{9.14}$$

여기서 MRR의 단위는 [mm^3/min], I = 사용전류[A], η = 전류효율(보통 90~100%)이다. C는 [mm^3/A-min]의 단위를 갖는 재료상수로, 순금속의 경우 원자가가 높을수록 커진다. 단면적이 A_o[mm^2]로 일정한 공동부를 전해가공할 때의 이송속도 f[mm/min]는 다음 식으로 계산한다.

$$f = \frac{\text{MRR}}{A_o} \tag{9.15}$$

위 식에서 이송속도는 전극이 공작물을 파고드는 속도이다.

ECM은 고강도 재료에 복잡한 공동부를 만들 때 보통 사용되며, 특히 항공우주산업에

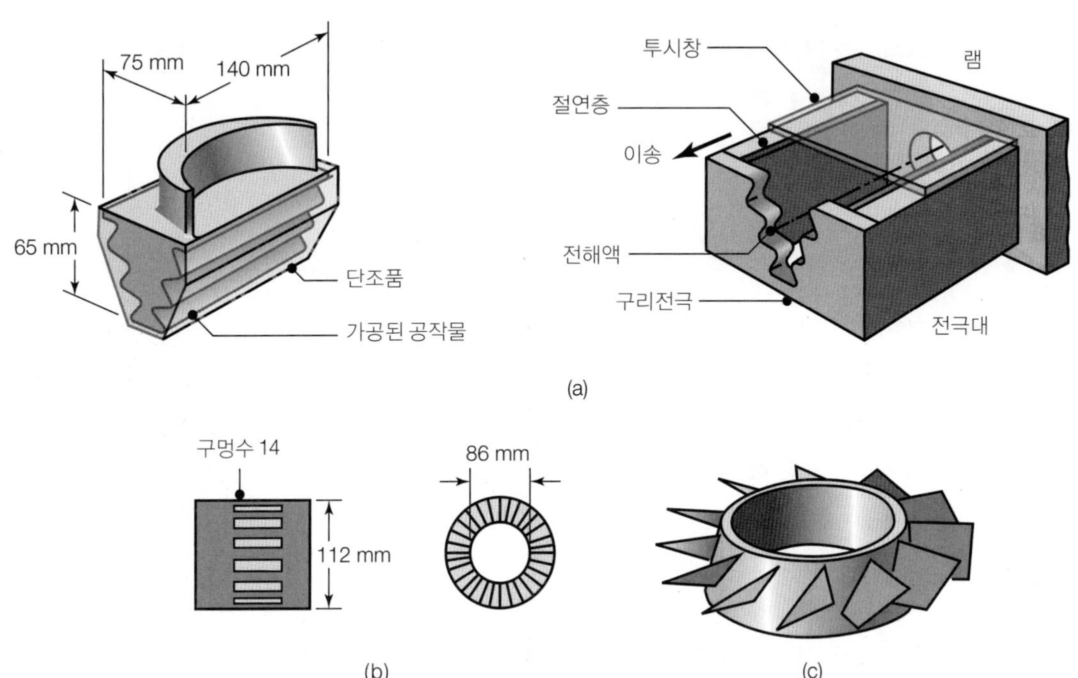

▲ 그림 9.30

전해가공으로 가공된 부품의 예: (a) 니켈합금 터빈블레이드(360 HB)와 사용된 전극, (b) 4340 강 롤러베어링 케이지의 가는 홈, (c) 압축기 디스크와 일체로 가공된 익형.

서 터빈블레이드, 제트엔진 부품, 노즐 등을 대량으로 가공하는 데 사용된다(그림 9.30 참조). 이 방법은 단조금형의 공동부(다이싱킹)나 작은 구멍을 가공하는 데도 사용된다. ECM으로는 버가 없는 표면을 가공할 수 있고, 실제로 버제거작업에 사용되기도 한다. 공작물에 열손상을 주지 않고 공구에 의한 하중이 없으므로 뒤틀림이 생기지 않으면서 공구마모도 없지만, 전해가공으로 가공된 부품의 기계적 성질(특히 피로강도)은 다른 소재제거가공으로 가공된 경우와 면밀하게 비교되어야 한다. 최근에는 생산속도와 유연성을 높이고, 정밀한 치수공차를 유지하도록 수치제어 머시닝센터에서 ECM 시스템을 사용할 수 있다.

ECM을 응용한 것으로, STEM(shaped-tube electrolyte machining, **형상튜브 전해가공**)은 터빈블레이드의 깊은 소구경 구멍가공에 보통 사용된다. 사용공구는 전기절연수지로 피복한 티타늄튜브이다. 가공가능한 구멍의 최소직경은 0.5 mm, 깊이 대 직경비는 최대 300:1에 달한다. ECM은 같은 기계에서 방전가공(EDM, 9.13절 참조)과 조합하여 사용할 수 있다. ECM과 첨단 기계가공을 조합하여 각 공정의 장점만을 활용하는 하이브리드 가공시스템이 현재 개발 중이다.

■ **PECM**(pulsed electrochemical) **가공** 고밀도전류(100 A/cm^2 수준)를 직류 대신 펄스로 사용하는 ECM 응용공정을 PECM 공정이라고 한다. 펄스를 사용하는 이유는 전해액의 유동속도를 낮추어 금형이나 몰드에 ECM을 적용하고자 함이다. 연구결과에 의하면, PECM은 ECM에 비해 피로수명을 향상시킨다. 이 방법은 방전가공으로 생기는 재주조층(9.13절 참조)을 제거하는 데도 사용된다.

9.12 전해연삭

전해연삭(ECG, electrochemical grinding)은 전해가공과 일반 연삭가공을 조합한 가공법으로, 사용장비는 연삭기와 비슷하고 연삭숫돌이 연삭입자로 된 회전하는 음극이라는 점만 다르다(그림 9.31a 참조). 연삭숫돌은 다이아몬드나 알루미늄산화물 연삭입자를 메탈본드로 결합한 것을 사용하고, 1200~2000 m/min의 표면속도로 회전시키며, 사용하는 전류밀도는 1~3 A/mm^2 정도이다. 연삭입자는 숫돌과 공작물 간에 절연재 역할을 하고 작업 부위에서 전해된 부스러기를 기계적으로 제거한다. 전해액으로는 질산나트륨을 사용하고, 전해가공에서와 마찬가지로 전해액을 유동시킨다. 전해연삭에서 대부분의 소재제거는 전해작용으로 일어나고 연삭작용에 의한 소재제거는 5% 미만이므로, 숫돌의 마모량은 매우 작다. 마무리작업은 표면정도와 치수정확도를 높이기 위해 연삭작용으로 행한다.

전해연삭에서의 소재제거율은 다음 식으로 계산할 수 있다.

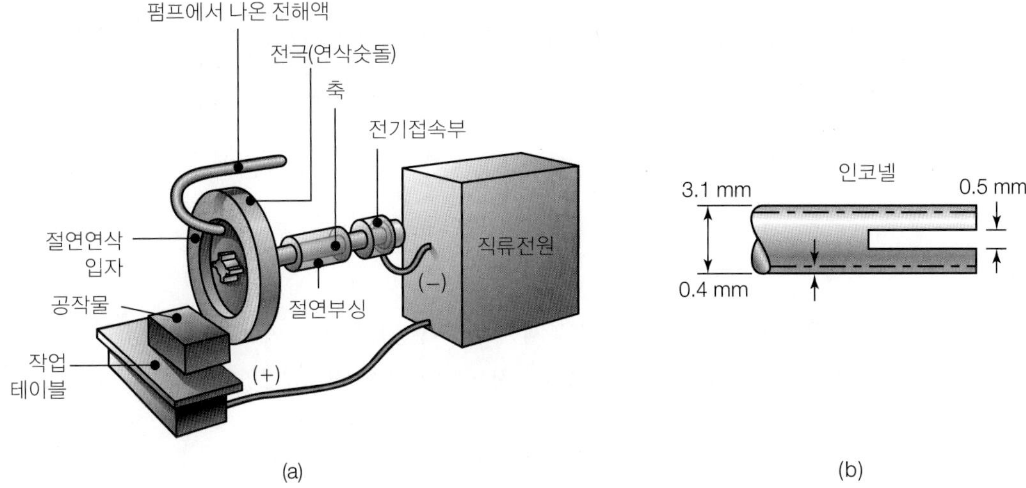

▲ **그림 9.31**
(a) 전해연삭공정의 개략도, (b) 둥근 니켈합금관에 전해연삭으로 가공된 슬롯.

$$\text{MRR} = \frac{GI}{\rho F} \tag{9.16}$$

여기서 MRR의 단위는 [mm^3/min]이고, G = 상당중량[g], I = 사용전류[A], ρ = 밀도[g/mm^3], F = 패러데이(Faraday)상수(96,485 Coulombs/mole)이다. 공작물에 대한 연삭숫돌의 이송속도 V_s는 다음 식으로 주어진다.

$$V_s = \left(\frac{G}{\rho F}\right)\left(\frac{E}{gK_p}\right)K \tag{9.17}$$

여기서 V_s의 단위는 [mm^3/min]이고, E = 사용전압[V], g = 숫돌-공작물의 간극[mm], K_p = 손실계수(1.5~3의 범위), K = 전해액의 전기전도도[Ω^{-1} mm^{-1}]이다.

이 공정은 밀링, 연삭, 절단과 유사한 작업에 적합하여 초경과 고강도 합금에 성공적으로 적용되지만(그림 9.31b 참조), 금형가공과 같은 깊은 공동부 가공에는 부적합하다. 공작물의 경도가 매우 높아서 숫돌마모가 심한 경우, 전해연삭은 기존의 다이아몬드 숫돌연삭에 비해 월등한 장점을 보여준다. 치수정확도, 반복도, 생산성이 향상된 수치제어방식의 전해연삭기도 사용가능하다.

예 9.5 **전해가공과 일반 드릴링작업의 비교**

티타늄합금 블록에 직경 12.5 mm, 깊이 20 mm의 구멍을 전해가공으로 만들고자 한다. 전류밀도 6 A/mm^{2}와 재료상수 C = 1.6 mm^3/A-min을 사용하고 효율을 90%로 가정할 때, 작업시간을 계산하여라. 계산된 작업시간을 일반 드릴링작업의 절삭시간과 비교하여라.

풀이 식 (9.14)와 (9.15)로부터 이송속도는 다음과 같이 정리된다.

$$f = \frac{CI\eta}{A_o}$$

여기에 $C = 1.6\ \text{mm}^3/\text{A-min}$와 문제에서 주어진 $I/A_o = 6\ \text{A/mm}^2$을 대입하면, $f = (1.6)(6)(0.9) = 8.64\ \text{mm/min}$으로 계산된다. 구멍의 깊이가 20 mm이므로

$$\text{전해가공 작업시간} = \frac{20}{8.64} = 2.3\ [\text{분}]$$

이다. 드릴링시간을 구하려면, 표 8.12에서 티타늄합금에 대한 자료를 찾는다. 12.5 mm 드릴에 대하여 다음 값을 선택했다고 하자. 즉, 드릴회전속도 = 300 rpm, 이송 = 0.15 mm/rev이다. 따라서 이송속도는 (300 rev/min)(0.15 mm/rev) = 45 mm/min이 된다. 20 mm의 구멍깊이에 대해서는

$$\text{드릴링시간} = \frac{20}{45} = 0.45\ [\text{분}]$$

이며, 따라서 전해가공 절삭시간의 20% 정도이다.

9.13 방전가공

방전가공(EDM, electrical-discharge machining)의 원리는 스파크방전으로 인한 금속의 침식을 이용한 것이다(표 9.4 참조). 전류가 흐르는 두 선의 끝을 접촉하여 아크방전을 발생시켜보면 금속의 일부가 침식되어 작은 크레이터가 만들어지는 것을 관찰할 수 있는데, 이는 선재표면으로부터 소재의 극히 일부가 제거된 것이다. 이 현상은 전기가 발견된 이래 알려져 왔지만, 1940년대에 이르러서야 이 원리에 기초한 방전가공법이 개발되어 제조업에서 가장 중요하고 널리 사용되는 생산기술의 하나가 되었다.

EDM 시스템은 형상이 있는 공구(**전극**)와 공작물을 절연액(**방전액**, dielectric fluid)에 담그고 직류전원에 연결하는 것으로 구성된다(그림 9.32 참조). 공구와 공작물 간의 전위차가 충분히 크면 자기장이 방전액 내 현탁입자들의 농도를 증가시켜 전류가 흐를 수 있는 다리를 형성하여 전기방전이 일어나고, 이는 공작물과 전극 재료의 일부를 용융시킨다. 방전액 또한 급속히 가열되면서 증발하여 기포가 형성되고, 이는 간극의 저항을 증가시켜

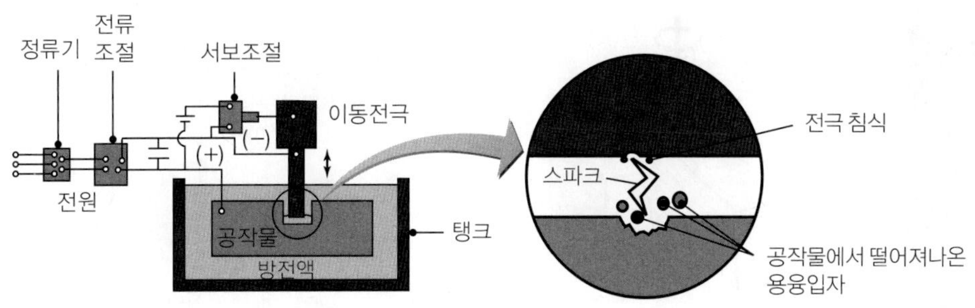

▶ **그림 9.32**
방전가공공정의 개략도.

결국 아크가 꺼지고, 기포는 주위의 방전액으로 열을 뺏기면서 없어진다. 이로 인한 충격파와 방전액의 유동으로 공작물표면에서 나온 찌꺼기와 용융된 재료가 방전액에 씻겨나가면서 공작물표면에서 미소량의 소재를 제거한다. 방전은 50~380 V의 전압과 0.1~500 A의 전류를 사용하여 50~500 kHz의 빠르기로 반복된다.

방전액은 (1) 전위차가 충분히 높아질 때까지 절연재 역할을 하고, (2) 공구-공작물 간극에서의 찌꺼기를 제거하며, (3) 냉각제의 역할을 한다. 공구와 공작물 사이의 간극이 매우 중요하므로, 공구의 하향 이송은 서보기구에 의해 일정한 간극을 유지하도록 제어된다. 가장 흔히 사용되는 방전액은 광물유이고, 특수한 용도로는 등유나 탈이온화된 증류수를 사용하기도 한다. 공작물은 방전액 통에 고정되어 수치제어시스템으로 제어된다. 방전가공기는 펌프와 방전액의 여과장치를 갖추고 있다.

EDM 공정은 전도체이면 어떤 재료도 가공할 수 있고, 1회 방전당 제거되는 금속의 체적은 소재의 용융온도와 용융잠열과 같은 물리적 성질에 의해 결정되며, 이들 값이 크면 소재제거율이 작아진다. 1회 방전당 제거되는 소재체적은 10^{-6}~10^{-4} mm^3 정도이다. EDM은 기계적 에너지를 사용하지 않으므로 공작물재료의 경도, 강도, 인성이 소재제거율에 영향을 주지 않는다. 소재제거율을 조절하려면 방전주파수와 방전에너지를 변화시킨다. 전류밀도가 크고 방전주파수가 작을수록 소재제거율은 커지고 표면거칠기가 심해진다.

EDM에 사용되는 **전극**에는 흑연이 주로 사용되고, 황동, 구리, 구리-텅스텐합금도 사용된다. 공구(전극)는 성형, 주조, 분말가공, 기계가공 등으로 가공하며, 직경이 최소 0.1 mm인 전극도 사용된다. **공구마멸**은 가공되는 치수정확도와 형상에 영향을 주므로 중요한 인자이다. 구리전극을 사용하고 극성을 바꿈으로써 공구마멸을 최소화시킬 수 있으며, 이를 **마멸 없는 방전가공**(no-wear EDM)이라고 한다.

방전가공은 자동차차체용 대형 금형(다이싱킹), 터빈블레이드, 복잡한 형상(그림 9.33a 및 b 참조), 작고 깊은 구멍(그림 9.33c 참조)의 가공에 널리 사용된다. 공작물과 전극 간의 상대운동을 조절하면 단이 진 공동부도 가공할 수 있다(그림 9.34 참조).

방전가공에서의 소재제거율 MRR[mm^3/min]은 기본적으로 전류와 공작물재료 용융온도의 함수이다. 소재제거율을 산출할 때는 다음과 같은 경험식을 사용한다.

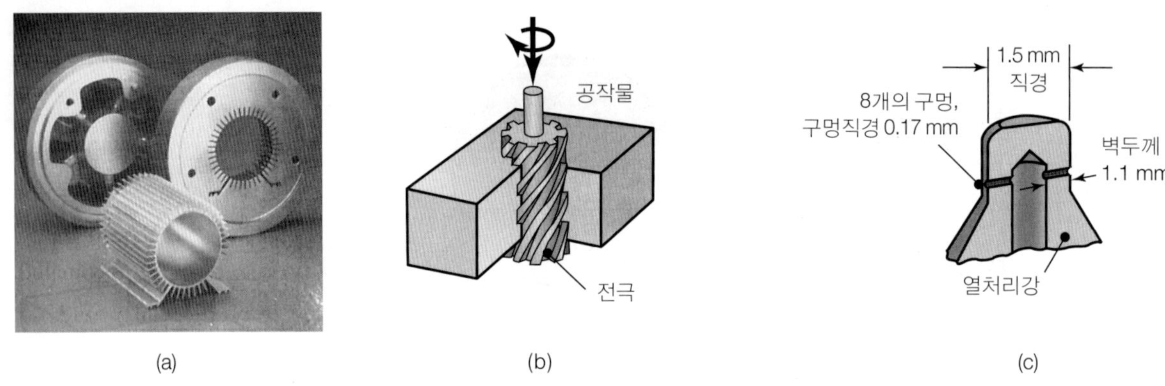

▲ **그림 9.33**

(a) 형상전극으로 방전가공한 제품 예. 뒤쪽에 있는 두 개의 원형제품은 앞에 있는 제품을 압출한 알루미늄 압출다이이다. (b) 회전형 전극으로 가공되는 나선공동부. (c) 방전가공으로 가공된 연료분사노즐의 구멍.

$$\text{MRR} = 4 \times 10^4\, I T_w^{-1.23} \tag{9.18}$$

여기서 I는 사용전류[A], T_w는 공작물의 용융온도[°C]이다.

전극의 마모율 W_t[mm³/min]는 T_t를 전극의 용융온도[°C]라 할 때, 다음과 같은 경험식으로 산출된다.

$$W_t = (1.1 \times 10^4) I T_t^{-2.38} \tag{9.19}$$

전극에 대한 공작물의 마모비 R은 T_r을 전극에 대한 공작물의 용융온도비라 할 때, 다음 식에서 구한다.

$$R = 2.25 T_r^{-2.38} \tag{9.20}$$

실제작업에서 마모비는 0.2~100의 넓은 범위에서 변한다. (연삭공정에서의 연삭비도 비슷

▶ **그림 9.34**

사각형 전극을 사용하여 EDM으로 가공한 단이 진 공동부. 전극은 수직방향으로 운동하고, 공작물은 수평면에서 2 주축방향으로 동시제어되어 이송된다.

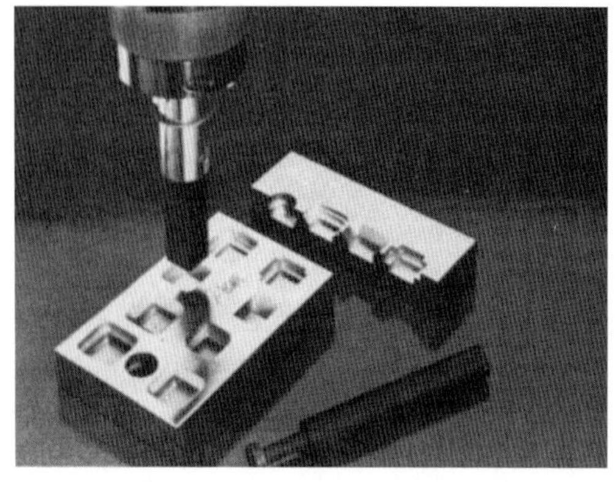

한 범위이었음. 9.5.2절 참조)

EDM에서 소재제거율은 대략 2~400 mm^3/min의 범위이다. 이보다 높은 경우도 가능하지만, 그로 인해 용융 후 재응고된 조직(재주조층)으로 표면이 매우 거칠어지고, 피로성질이 저하된다. 따라서 마무리가공에서는 낮은 소재제거율로 가공하거나 다른 마무리공정으로 재주조층을 제거한다. 최근의 기술은 전극을 진동시킴으로써 매우 미세한 표면을 얻을 수 있어서, 광택면을 갖도록 공동부를 가공하고자 할 때, 수작업을 상당히 줄일 수 있다.

EDM으로는 톱작업도 할 수 있는데, 띠톱이나 원판톱(톱날은 없는) 기계와 유사한 장치로 EDM에서 사용되는 전기회로를 사용하며, 높은 소재제거율로 폭이 좁게 절단할 수 있다. 이 공정에서의 절단력은 매우 작으므로 가는 부품에도 적용할 수 있다.

예 9.6 방전가공과 드릴링작업의 가공시간 비교

예 9.5를 참조하여 EDM으로 구멍을 가공하는 데 걸리는 시간을 계산하고, 이를 일반 드릴링작업 및 ECM 공정의 경우와 비교하여라. 티타늄합금의 용융온도는 1600°C(표 3.3 참조), 전류는 100 A로 가정한다. 전극의 용융온도가 1100°C일 때, 전극의 마모율을 계산하여라.

풀이

(1) 식 (9.18)을 이용하면,

$$\text{MRR} = (4 \times 10^4)(100)(1600)^{-1.23} = 458 \text{ mm}^3/\text{min}$$

이며, 구멍의 체적 V는

$$V = \pi\left[\frac{(12.5)^2}{4}\right](20) = 2454 \text{ mm}^3$$

이다. 따라서 EDM 가공시간은 2454/458 = 5.4분이다. 이는 ECM의 2.35배, 드릴링작업의 11.3배에 해당한다. 참고로, 전류를 300 A로 증가시킨다면, EDM 가공시간은 1.8분이 되어 ECM보다 짧게 된다.

(2) 전극의 마모율은 식 (9.19)를 사용하여 계산한다. 즉,

$$W_t = (1.1 \times 10^4)(100)(1100)^{-2.38} = 0.064 \text{ mm}^3/\text{min}$$

가 된다.

9.13.1 방전연삭(EDG, electrical-discharge grinding)

방전연삭에 사용되는 연삭숫돌은 흑연이나 구리로 만들고, 연삭입자는 사용하지 않는다. 회전하는 숫돌과 공작물 사이에서 일어나는 반복적인 스파크방전으로 소재는 공작물표면으로부터 제거된다. 소재제거율[mm³/min]은 사용전류를 *I*[A], *K*를 공작물재료의 상수[mm³/A-min]라 할 때, 다음 식으로 주어진다.

$$\mathrm{MRR} = KI \tag{9.21}$$

상수 *K*는 철강재료의 경우 16, 텅스텐카바이드의 경우 약 4 정도이다

방전연삭공정은 전해연삭과 조합되어 사용될 수 있으며, 이 경우에는 **전해-방전연삭**(ECDG, electrochemical-discharge grinding)이라고 한다. 흑연숫돌에서 일으키는 전기방전으로 산화피막을 제거한 후, 화학작용으로 소재를 가공하고 전해액으로 씻어낸다. 이 공정은 초경공구나 금형의 연삭에 주로 사용되지만, 수술용 바늘, 두께가 얇은 관, 벌집구조재 같은 얇은 부품의 가공에도 사용된다. 전해-방전연삭은 일반 방전연삭보다 가공속도가 빠른 반면, 동력소모가 많다.

9.13.2 방전와이어커팅

방전가공을 응용한 것으로 그림 9.35와 같은 **방전와이어커팅**(와이어 EDM)이 있다. 이는 가는 띠톱으로 윤곽절단하는 것과 비슷하며(8.10.5절 참조), 천천히 움직이는 와이어가 지정된 경로를 따라가면서 방전스파크를 톱날처럼 사용하여 공작물을 절단한다. 절단가능한 최대두께는 300 mm 정도이고, 경도가 높은 금속으로 펀치, 공구, 금형 등을 만들 때나 전자산업에서 복잡한 부품을 만들 때 이용한다(표 9.4 참조).

와이어는 황동, 구리, 텅스텐 등으로 만들고 직경은 0.25 mm 정도이므로, 좁은 폭으로 절단할 수 있다. 아연 혹은 황동으로 다층피복된 와이어도 사용된다. 와이어는 충분한 인장강도와 파괴인성, 높은 전기전도도를 가져야 한다. 와이어의 가격은 비교적 싼 편이므로 일회용으로 사용하고 재활용한다. 와이어의 이송속도는 0.15~9 m/min의 범위에서 일정하게 하고, **절단폭**(kerf, 그림 9.35 참조)도 일정하게 유지한다.

절단속도는 단위시간당 절단단면적으로 보통 표시한다. 예를 들면, 50 mm 두께의 D2 공구강에 대하여 18,000 mm²/hr, 150 mm 두께의 알루미늄에 대하여 45,000 mm²/hr 등으로 표시한다. 이를 선형 절단속도로 나타내면, 각각 18,500/50 mm/hr = 6 mm/min, 45,000/150 mm/hr = 5 mm/min으로 환산된다.

방전와이어커팅의 소재제거율 MRR[mm³/min]은 다음 식으로부터 구한다.

$$\mathrm{MRR} = V_f h b \tag{9.22}$$

여기서 V_f = 공작물 내에서 와이어의 이송속도[mm/min], h = 공작물의 두께[mm]이고,

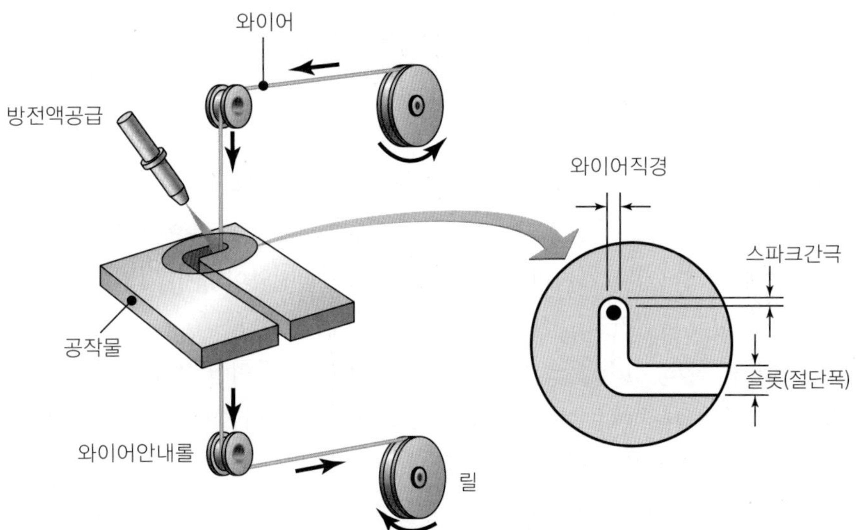

▶ **그림 9.35**

방전와이어커팅공정의 개략도. 스파크방전을 톱니처럼 사용하여 띠톱으로 가공하는 것과 비슷하며, 한 개의 릴에 감긴 와이어로 최장 50시간을 가공한 후 폐기한다.

절단폭(그림 9.35 참조)은 d_w를 와이어직경[mm], s를 와이어와 공작물 사이의 간극[mm]이라 할 때, $b = d_w + 2s$로 계산된다.

현대식 방전와이어커팅기는 (1) 와이어의 절단경로를 제어하는 컴퓨터제어, (2) 와이어의 파단 시 자동으로 자체적인 꿰(self-threading) 기능, (3) 동시에 두 개의 부품을 절단하는 다축기능, (4) 와이어의 파단을 방지하는 제어기능, (5) 절삭계획의 프로그램화 등의 장비를 갖추고 있다(다축 방전와이어커팅 머시닝센터). 이축 컴퓨터제어기를 사용하면 선삭이나 원통연삭과 유사하게 원통형상을 가공할 수 있다.

9.14 고에너지빔가공

9.14.1 레이저빔가공(LBM, laser-beam machining)

레이저빔가공은 에너지원으로 광학에너지를 공작물표면에 집중시키는 레이저(laser, *L*ight *A*mplification by *S*imulated *E*mission of *R*adiation)를 이용하는 가공법으로(그림 9.36a 참조), 고도로 집중된 고밀도에너지를 조절하여 공작물의 일부를 녹이고 증발시킨다. 이 가공법은 진공을 필요로 하지 않으며, 각종 금속 및 비금속 재료에 적용할 수 있다. 가공작업에 이용하는 레이저에는 CO_2(펄스 또는 연속파), Nd:YAG(네오디뮴:이트륨-알루미늄-가넷), Nd:유리, 루비, 엑시머 레이저 등이 있으며, 용도는 표 9.4와 9.5에 요약하였다.

레이저빔가공에서의 중요한 물리적 변수로는 공작물표면의 반사도(reflectivity)와 열전도도, 비열, 용융 및 증발잠열 등이 있다. 이들의 양이 작을수록 공정효율은 높아진다. 절단깊이는 다음과 같이 비례한다.

$$t \propto \frac{P}{vd} \tag{9.23}$$

여기서 P는 사용동력, v는 절단속도, d는 레이저빔의 직경이다. 레이저빔가공으로 가공된 표면은 거친 편이고 열영향부(그림 12.15 참조)가 생기므로, 중요한 용도로 사용하려면 열영향부를 제거하거나 열처리해야 한다. 톱절단, 방전와이어커팅, 전자빔가공과 같은 다른 절단공정과 마찬가지로 절단폭은 중요한 고려사항이다.

레이저빔은 산소, 질소, 아르곤 같은 분사가스와 조합하여 얇은 판재재료의 절단에 사용되기도 한다(laser-beam torch). 스테인리스강이나 알루미늄에는 고압의 불활성가스(질소)보조 레이저절단법이 사용되는데, 절단면에 산화물을 남기기 않으므로 용접성을 향상시킬 수 있다. 분사가스는 공작물표면에서 용융되었거나 증발된 재료를 날려 보내는 중요한 기능도 갖고 있다.

레이저빔가공은 금속, 비금속, 복합재료의 드릴링이나 절단에 널리 사용된다(그림 9.36 참조). 복합재료의 경우, 마모성과 작업의 청정함으로 인해, 레이저빔가공은 일반 기계가공법의 대안으로 각광받고 있다. 직경이 최소 0.005 mm(실용적으로는 최소 0.025 mm)인 구멍을 깊이 대 직경비 50:1까지 각종 재료에 가공할 수 있다. 레이저를 다룰 때는 극히 주의를 요하는데, 적절한 사전주의사항을 지키지 않으면 출력이 낮은 레이저라도 눈의 망막을 손상시킬 수 있다.

레이저빔은 (1) **용접작업**(12.5절 참조), (2) 금속 및 세라믹의 표면개질용 소규모 **열처리**

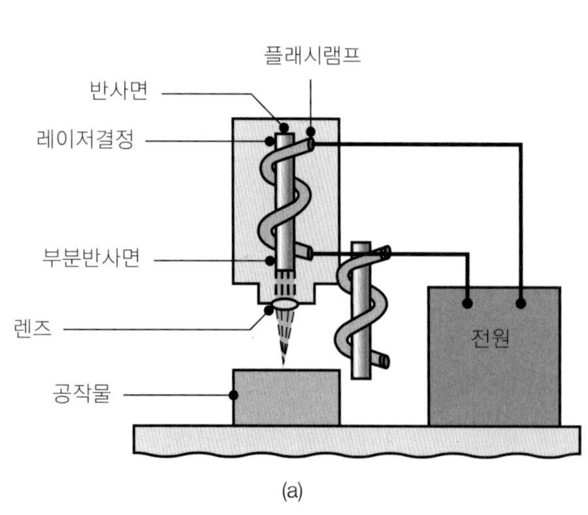

(a)

(b)

▲ 그림 9.36

(a) 레이저빔가공공정의 개략도, (b) 레이저빔으로 금속판재를 절단하는 예.

표 9.5 가공에 사용되는 레이저의 일반적 용도

용도		레이저 종류
절삭:	금속	PCO_2, $CWCO_2$, Nd : YAG, 루비
	플라스틱	$CWCO_2$
	세라믹	PCO_2
드릴링:	금속	PCO_2, Nd : YAG, Nd : 유리, 루비
	플라스틱	엑시머
마킹:	금속	PCO_2, Nd : YAG
	플라스틱	엑시머
	세라믹	엑시머
표면처리(금속)		$CWCO_2$
용접(금속)		PCO_2, $CWCO_2$, Nd, YAG, Nd : 유리, 루비

주: P = 펄스, CW = 연속파

작업, (3) 부품에 문자, 숫자, 코드를 새기는 작업에 사용된다. 마킹하는 다른 방법으로는 펀치, 핀, 침, 스크롤 롤, 스탬핑, 식각에 의한 방법이 있다. 레이저로 마킹하고 조각하는 방법은 장비가 비싸지만, 정확도, 반복도, 유연성, 자동화 용이성, 가공작업의 온라인 적용 같은 장점을 갖기 때문에 점차 보편화되고 있다.

광섬유를 이용한 빔의 전달로 레이저절단공정은 근본적으로 유연한 공정이며, 여기에다가 간단한 고정구, 짧은 설치시간, 수 kW급 기계의 가용성과 2D 및 3D 컴퓨터제어시스템의 기능으로 인해, 레이저절단법은 7.3절에서 설명한 전통적인 펀칭작업에 의한 판재절단법과 성공적으로 경쟁하며, 전반적인 효율을 높이기 위해 두 공정을 복합시켜 사용하기도 한다.

9.14.2 전자빔가공과 플라즈마아크절단

전자빔가공(EBM, electron-beam machining)은 고속의 전자를 에너지원으로 하여 공작물표면에 충돌시키는 가공법으로(그림 9.37 참조), 레이저빔가공과 비슷한 용도로 사용되나, 진공이 필요하다. 전자빔가공기는 전자를 광속의 50~80%로 가속시키기 위해 50~200 kV의 전압을 사용한다. 전자빔가공은 광범위한 금속재료를 매우 정확하게 절단하는 데 사용된다. 열원을 이용한 다른 어떤 절단공정보다 표면정도가 우수하고, 절단폭이 좁다(12.5절의 전자빔용접 참조). 전자빔과 공작물표면의 상호작용으로 유해한 X선이 방출되므로, 관련장비는 고도로 숙련된 인력만이 사용해야 한다.

플라즈마아크절단(PAC, plasma-arc cutting)은 플라즈마(이온화된 가스)빔으로 비철금속이나 스테인리스강 후판을 고속절단하는 데 사용한다. 발생온도가 매우 높으므로(산소를 플라즈마가스로 사용할 경우, 토치에서 9400°C), 작업이 빠르고 절단폭이 좁으며, 표면정도가 우수하다. 이때의 소재제거율은 방전가공이나 레이저빔가공보다 훨씬 높고, 우수한 반복성으로 부품을 가공할 수 있다. 플라즈마절단은 프로그램가능한 제어를 이용하여 고

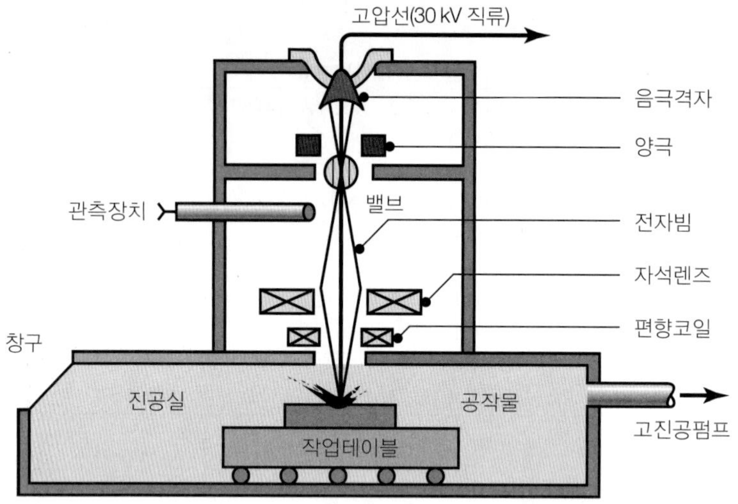

▶ **그림 9.37**

전자빔가공공정의 개략도. 레이저빔가공과는 달리 진공이 필요하므로 공작물 크기에 제한이 있다.

도로 자동화되어 있다.

보다 전통적인 방법으로는 **산소가스절단**(OFC, oxyfuel-gas cutting)법이 있으며, 용접에서와 같이 토치를 사용한다(제12장). 이 방법은 강, 주철, 주강의 절단에 특히 유용하다. 절단은 주로 산화와 가열로 이루어지며, 부분적인 용해도 일어난다. 절단폭은 1.5~10 mm 정도이다.

9.15 물제트, 입자물제트, 입자제트 가공

물이나 공기분류(噴流)에 손을 통과시켜 보면 상당한 힘이 작용함을 느낄 수 있다. 이 힘은 분류의 운동량 변화에 기인하는 것으로 수차터빈이나 가스터빈이 작동하는 원리이기도 하다. 이 원리는 다음에 설명하는 가공법에도 적용된다.

1. **물제트가공**(WJM, water-jet machining). 수압가공(hydrodynamic machining)이라고도 하며(그림 9.38a), 물제트의 힘으로 절단이나 버제거작업하는 데 사용된다. 물제트는 소재에 톱처럼 작용하여 좁은 홈을 만들며 절단한다. 압력은 최대 1400 MPa까지 가능하지만, 작업효율이 좋은 일반 압력수준은 약 400 MPa이고, 제트노즐의 직경은 약 0.05~1.0 mm이다. 물제트가공기계와 전형적인 가공부품을 그림 9.38에 나타내었다.

   이 가공법으로는 플라스틱, 천, 고무, 목재, 종이, 가죽, 절연재료, 벽돌, 복합재료 등 거의 모든 비금속재료를 최대두께 25 mm 또는 그 이상으로 절단할 수 있다. 자동차 대시보드의 비닐 및 폼 커버는 다축의 로봇구동형 물제트가공장비로 절단된다. 이 공정은 다른 절단작업에 비해 효율이 높고 깨끗한 방법이므로, 식품가공산업에서 식품을

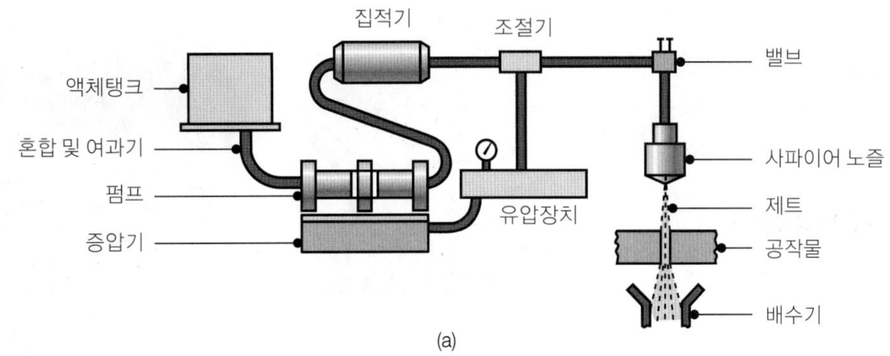

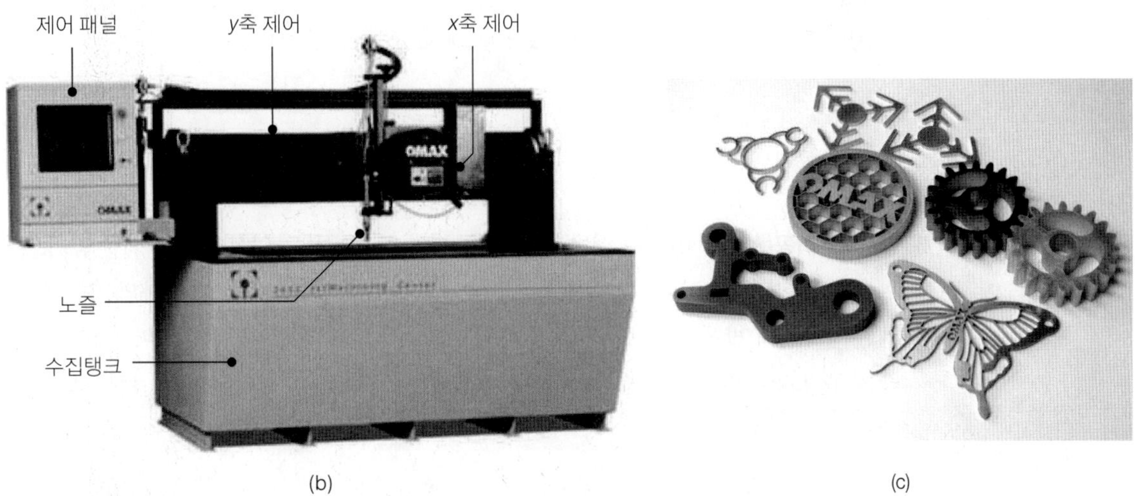

▲ **그림 9.38**

(a) 수압가공(물제트가공)공정의 개략도, (b) 컴퓨터제어 물제트가공기, (c) 물제트절단된 비금속부품의 예.

절단하고 얇게 써는 용도로도 사용된다(표 9.4 참조).

이 공정의 장점은 (1) 절단위치에 미리 구멍을 뚫을 필요 없이 어느 지점에서나 시작할 수 있고, (2) 열이 생기지 않으며, (3) 공작물의 나머지 부분이 변형하지 않는다는 점이다(따라서 유연한 재료에 적합). (4) 공작물은 거의 젖지 않고, (5) 버는 잘 생기지 않는다. (6) 또한 환경적으로도 안전한 가공공정이다.

2. **입자물제트가공**(AWJM, abrasive water-jet machining). 이는 물제트에 실리콘카바이드나 알루미늄산화물 같은 연삭입자를 첨가하여 물제트가공보다 소재제거율을 증가시킨 가공법이다. 각종 두께의 금속, 비금속, 고급 복합재료를 단층 혹은 다층으로 하여 절단하며, 특히 열에 민감하여 열을 발생하는 공정으로는 가공할 수 없는 경우에 적합하다. 가공할 수 있는 최소구멍직경은 3 mm, 최대구멍깊이는 25 mm 정도이다. 강화플라스틱의 경우 절단속도는 최고 7.5 m/min이지만, 금속의 경우는 이보다 훨씬 낮다. 다축의 로봇구동형 기계를 사용하면 복잡한 삼차원 형상의 부품을 최종치수까지 가

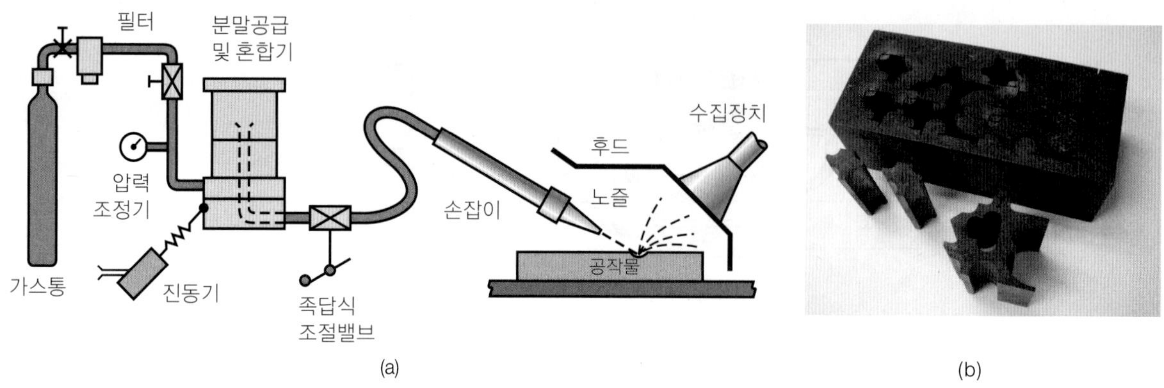

▲ **그림 9.39**
(a) 입자제트가공의 개략도, (b) 입자제트가공된 부품의 예(두께 50 mm인 304 스테인리스강).

공할 수 있다. 노즐을 루비, 사파이어, 카바이드기 복합재료로 만들면 노즐수명이 향상된다.

3. **입자제트가공**(AJM, abrasive-jet machining). 이 공정에서는 연삭입자가 섞인 공기, 질소, 혹은 이산화탄소 제트를 공작물표면에 분사한다(그림 9.39 참조). 입자의 충돌로 충분한 집중력이 발생하므로(9.7절 참조), (1) 경도가 높고 취성인 금속 및 비금속 재료에 작은 구멍, 홈, 모양을 절단, (2) 버제거작업이나 소형 플래시의 제거, (3) 트리밍 및 모따기, (4) 표면에서 산화층이나 다른 표면막의 제거, (5) 불규칙한 표면을 갖는 부품의 청정작업 등을 할 수 있다.

   공급가스의 압력은 850 kPa 정도이고, 입자제트의 속도는 최고 300 m/s로, 밸브로 조정된다. 수작업용 노즐은 초경이나 사파이어로 만들고, 연삭입자는 10~50 μm 크기의 것을 사용한다. 공작물의 모서리는 둥글게 가공되므로, 설계 시에 이를 반영해야 하며, 금속부품에 구멍이 있는 경우에는 구멍을 테이퍼지게 한다. 연삭입자가 공기로 분사되므로, 이 작업에는 위험요소가 있다.

9.16 설계 고려사항

이 장에서 설명한 공정 및 작업에 대한 중요한 설계 고려사항은 다음과 같이 요약된다.

9.16.1 연삭 및 입자가공

전형적인 연삭작업은 최종형상에 가깝게 가공된 공작물(준정형)에 대하여 수행된다. 크리프피드연삭을 제외하고는 연삭작업으로 소재를 대량으로 제거하는 것은 비경제적이다. 연삭작업에 대한 설계 고려사항은 8.14절에 설명한 절삭작업의 경우와 유사하다. 여기에 추가하여 다음과 같은 고려사항에 주의를 기울여야 한다.

1. 연삭하고자 하는 부품은 적합한 고정구나 공작물고정장치에 견고히 설치되도록 설계되어야 한다. 가늘고 직선이거나 튜브형인 공작물은 연삭작업 중에 변형될 수 있으므로, 특별한 주의가 요구된다.
2. 높은 치수정확도가 요구되는 경우, 구멍이나 키홈과 같은 단속된 표면을 피해야 한다. 이들은 진동이나 채터를 발생시킨다.
3. 원통연삭 대상부품은 균형잡혀 있어야 하고, 변형을 최소화하기 위해 길고 가는 설계는 피한다. 필렛반경이나 코너반경은 가급적 크게 주도록 한다.
4. 센터리스연삭에서, 길이가 짧은 공작물은 받침판으로 정확하게 지지되지 않아서 연삭하기 힘들다. 길이이송방식에서는 직경이 큰 부분만 연삭된다.
5. 정밀하게 총형연삭해야 하는 부분은 단순하게 설계하여 숫돌의 총형드레싱 횟수를 줄여야 한다.
6. 작고 깊은 구멍이나 끝이 막힌 구멍의 내면연삭은 피한다. 굳이 연삭해야 한다면 구멍 끝단에 여유부를 둔다(그림 9.40a 참조).
7. 치수정확도를 양호하게 유지하려면, 공작물을 재설치하지 않아도 모든 연삭작업이 쉽게 이루어지도록 설계한다. (이 지침은 모든 가공 및 작업에 적용됨에 유의하자.)

9.16.2 초음파가공

1. 날카로운 형상, 코너, 반경은 연마슬러리에 의해 침식되므로 피하도록 한다.
2. 이미 가공된 구멍에는 연마입자가 수직벽에 경사지게 충돌하므로 다소의 테이퍼가 생

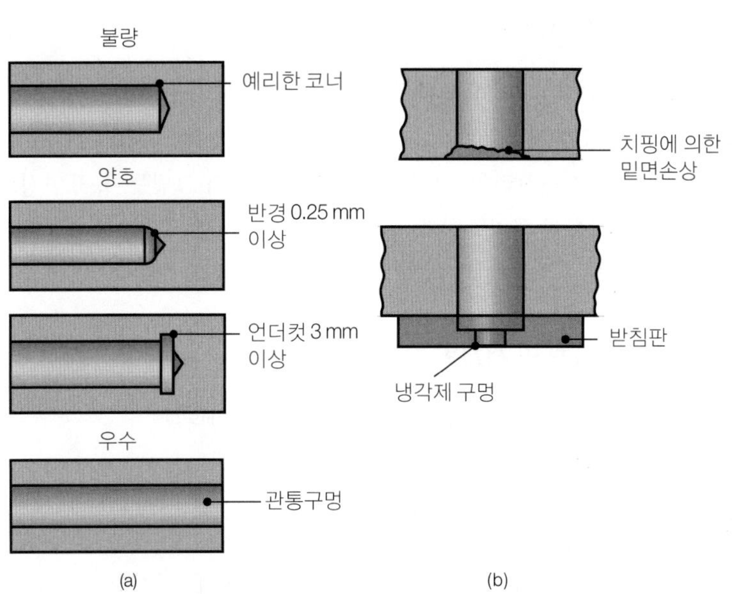

▶ **그림 9.40**

구멍 내부형상의 설계지침: (a) 구멍 내면의 연삭 지침. 호닝에도 적용됨. (b) 초음파가공으로 고품질 관통구멍을 가공하는 경우의 받침판 사용.

긴다.

3. 여린 재료의 구멍 끝부분은 치핑이 일어나므로, 부품바닥에 지지판을 대야 한다(그림 9.40b).

9.16.3 화학적 가공

1. 부식액은 노출된 표면을 계속 침식하므로, 날카로운 코너, 깊고 좁은 공동부, 큰 테이퍼, 겹쳐진 시임(seam), 다공질 공작물재료가 포함되는 설계는 피한다.
2. 부식액은 수직 및 수평 방향 모두 소재를 침식하므로, 언더컷이 발생할 수 있다(그림 9.26에 나타낸 마스킹재료 모서리 밑부분). 화학블랭킹에서는 소재두께의 ±10% 공차를 유지하는 것이 보통이다.
3. 화학적 가공에서 생산속도를 높이려면, 공작물을 다른 공정(즉, 기계가공)으로 미리 가공해두어야 한다.

9.16.4 전해가공 및 전해연삭

1. 전해액은 예리한 형상을 침식하는 경향이 있으므로, 전해가공은 예리한 직각코너나 평면바닥을 가공하기에 부적합하다.
2. 전해액의 유동을 조절하기가 쉽지 않으므로, 불규칙한 공동부는 지정된 치수정확도로 원하는 형상대로 가공되지 않을 수 있다.
3. 전해가공할 구멍이나 공동부에는 가공으로 인한 테이퍼가 약간 허용되도록 설계해야 한다.
4. 평탄면을 가공하려면, 전해연마되는 면의 폭이 연삭숫돌의 폭보다 좁아야 한다.

9.16.5 방전가공

1. 사용할 전극이 경제적으로 적절하게 제작되도록 부품을 설계한다.
2. 깊고 좁은 홈은 피한다.
3. 경제적으로 가공하려면, 다른 모든 가공작업에서 그렇듯이, 표면정도를 너무 미세하게 지정하지 않아야 한다.
4. 생산속도를 높이려면, 대부분의 소재제거는 전통적 가공방법으로 수행한다(황삭).

9.16.6 레이저 및 전자빔 가공

1. 예리한 코너는 가공하기 어려우므로 가급적 피한다.
2. 깊숙하게 절단하면 테이퍼진 벽을 만든다.
3. 레이저빔가공에서 공작물표면의 반사도는 중요한 고려사항으로, 흐리고 연마되지 않은 표면이 바람직하다.

4. 국부적인 고온과 열영향부가 가공품의 성질에 줄 수 있는 악영향을 검토해야 한다.
5. 전자빔가공에서 생산속도를 높이려면, 공작물크기가 진공실의 크기에 잘 들어맞아야 한다.
6. 공작물의 일부에만 전자빔가공이 필요하다면, 공작물을 보다 작은 여러 개의 부품으로 나누어 전자빔가공을 한 후에 조립하는 방법을 모색한다.

9.17 공정의 경제성

연삭은 마무리작업이나 대량 소재제거작업에 모두 사용될 수 있다고 하였다. 성형이나 기계가공공정만으로는 부품을 원하는 치수정확도와 표면정도로 만들 수 없는 경우가 많으므로, 마무리작업에 흔히 연삭을 사용한다(그림 9.27 참조). 그러나 연삭은 추가공정이므로 생산비용에 큰 영향을 준다. 반면에, 크리프피드연삭의 경우, 숫돌의 마모율은 높지만 밀링 같은 일반 기계가공작업을 대체할 수 있는 공정임이 입증되었다.

모든 마무리공정은 생산비용을 높인다. 지금까지 논의된 바에 의하면, 표면정도를 높이기 위해서는 보다 많은 작업이 필요하고 원가도 높아진다. 그림 9.41에서, 연삭이나 호닝으로 표면정도를 향상시키려면 비용은 기하급수적으로 증가함에 유의하자.

마무리공정에서는 컴퓨터제어와 로봇을 활용하여 장비의 자동화에 많은 진보가 이루어졌고(14.7절 참조), 그 결과로 자동화기계의 구입에는 큰 자본투자를 필요로 하지만, 인건비와 생산시간이 감소되었다. 어떤 제품을 가공할 때 마무리작업 비용이 중요한 인자라

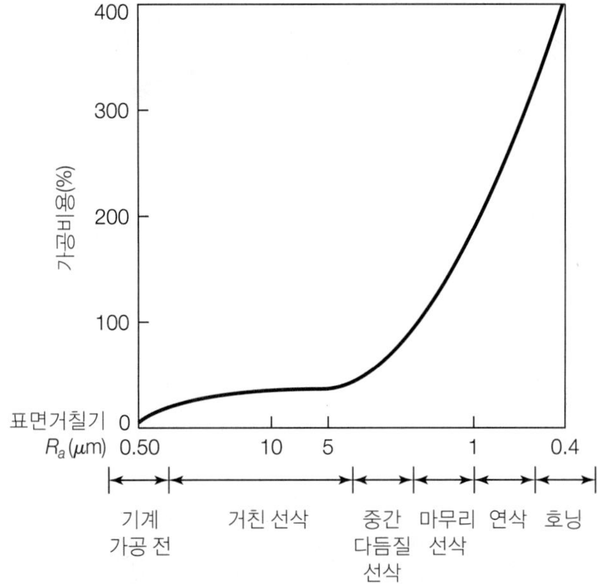

▶ **그림 9.41**
제품의 소요표면정도에 따른 기계가공 및 마무리공정의 비용 증가.

면, 개념 및 설계단계에서 요구되는 표면정도와 치수정확도에 대한 분석이 필요하다(제1장 참조). 또한 마무리작업에 선행되는 모든 공정을 분석하여 보다 양호한 표면정도와 치수정확도를 줄 수 있는지를 검토해야 하며(정형가공), 이는 공구 및 공정변수를 잘 선택하고 관련된 공작기계의 특성을 활용함으로써 달성될 수 있다.

특정한 공정을 이용한 경제적인 생산(제16장 참조)은 공구 및 장비의 비용, 소재제거율, 작업비용, 요구되는 작업자의 숙련도, 이차가공 및 마무리가공의 필요성 여부에 달려 있다. 화학적 가공에서는 용해액, 마스킹재료, 폐기물의 비용과 함께 부품청정비용이 중요한 인자이고, 방전가공에서는 전극의 비용과 전극교환횟수가 중요하다.

소재제거율은 생산속도와 직결되며, 특수가공법에 따라서 매우 다르고, 공구 및 장비의 비용과 요구되는 작업자의 숙련도 또한 다양하다. 전기적 가공이나 고에너지빔가공에는 기계에 대한 자본투자가 높지만, 생산속도와 동일 부품을 다른 가공법으로 가공하는 경우를 산정해봄으로써 타당성을 갖게 된다.

사례연구 | 스텐트(stent)의 제조

심장마비, 뇌졸중, 기타 심장혈관질환은 미국에서 33초당 한 명씩 생명을 앗아간다. 이들 질병은 대부분 혈관벽에 지방(콜레스테롤)이 점차 쌓여서 관상동맥이 좁아지거나 막히는 관상동맥질환에서 기인한다. 이 상황에서는 심장근육으로 공급되는 혈류가 감소하여 결국 심장마비, 뇌졸중, 기타 심장혈관질환이 생긴다. 오늘날 막힌 혈관을 여는 데 가장 보편적으로 사용하는 방법은 혈관 내에 스텐트를 삽입하는 것이다. 그림 9.42에 나타낸

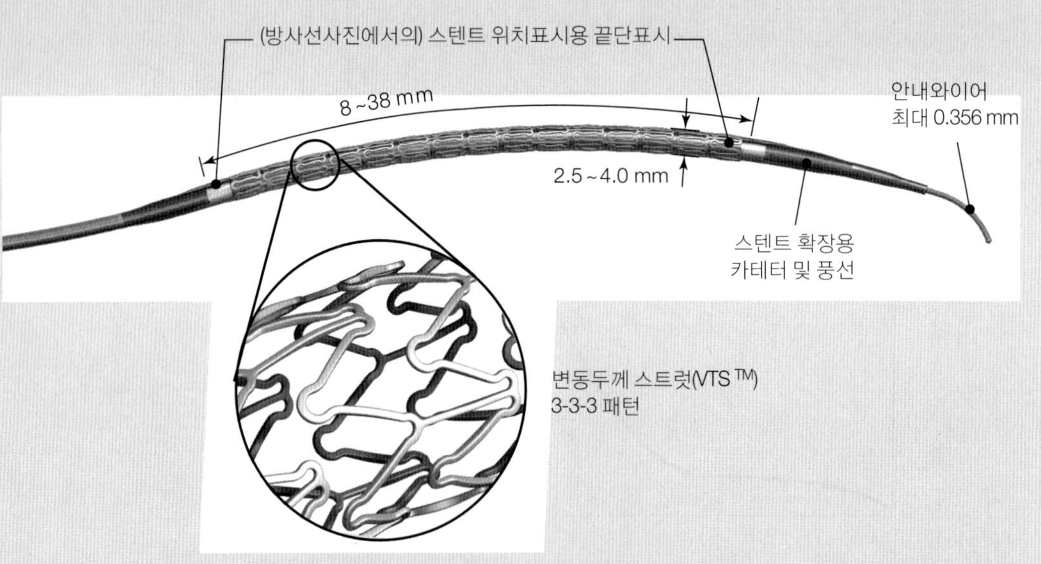

▲ 그림 9.42
가이던트사의 MULTI-LINK TETRA™ 관상동맥 스텐트 시스템.

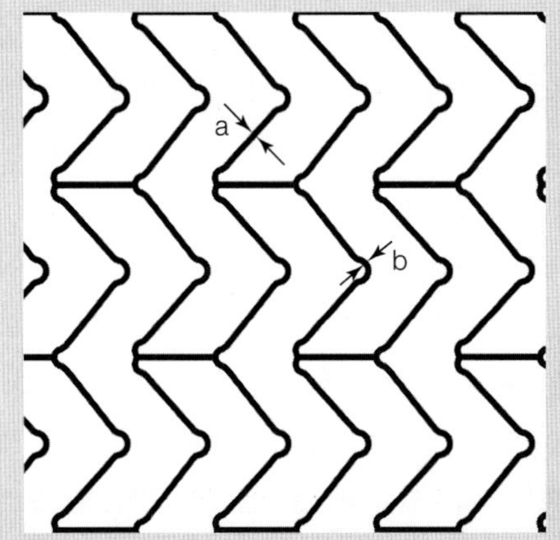

주:
a. 0.12 mm 두께로 X선 영상추적가능 (radiopacity)
b. 0.091 mm 두께로 유연성 확보

▶ **그림 9.43**
3-3-3 MULTI-LINK TETRA^{TM} 패턴의 상세도.

MULTI-LINK TETRA^{TM}은 촘촘한 망으로 이루어진 튜브로, 완전히 막혔거나 부분적으로 막힌 관상동맥에 삽입하여 풍선확장도관으로 확장된다. 스텐트는 혈관을 여는 비계(飛階), 즉 기계적 버팀대의 역할을 한다. 스텐트를 사용하는 것은 환자에게 심장병치료를 위한 최소한의 수술법이다. 이외의 방법으로는 심장을 열고 우회시키는 수술을 해야 하는데, 이는 환자에게 위험도가 높고, 고통을 주며, 재활시간과 비용이 많이 든다.

스텐트가 적절하게 성능을 발휘하려면, 설계상의 정확도와 정밀도를 최고수준으로 달성해야 하므로 가공에 지극한 노력을 요한다. 스텐트를 제조하려면, 모든 설계조건을 만족하고 극도로 신뢰성을 보장해야 하므로, 모든 가공공정에서 엄격한 품질관리절차를 통과해야 한다. 스텐트의 설계단계에서는 많은 재료선택인자, 즉 반경방향 강도, 내부식성, 내구한도, 유연성, 생체적합성 등이 있다. 스텐트가 확장되었을 때도 혈관압력을 견뎌야 하므로 반경방향 강도가 중요하다. 스텐트는 인체 내에 삽입되므로 내부식성을 가져야 하고, 심장박동에 따른 응력변동을 견뎌야 하므로, 재료는 피로저항이 높아야 한다. 게다가, 스텐트는 구불구불한 심장 내부에 맞추어서 설치될 정도로 유연한 벽두께이어야 한다. 무엇보다도 재료는 생체적합성이 충분하여, 환자의 남은 인생 동안 문제를 일으키지 않아야 한다. 스텐트의 표준재료는 이상의 요구조건을 모두 만족시키는 316L 스테인리스강이

(a)

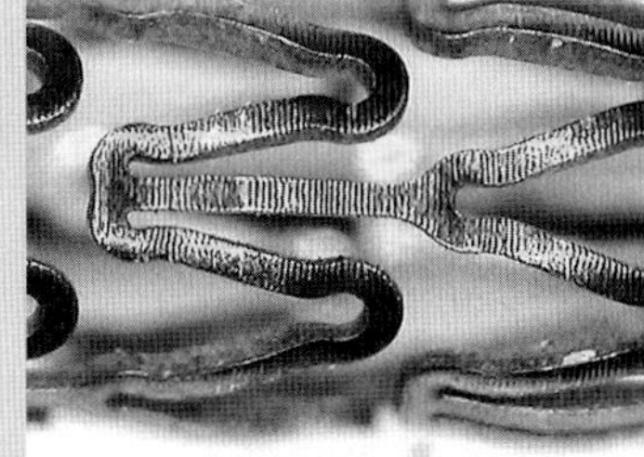
(b)

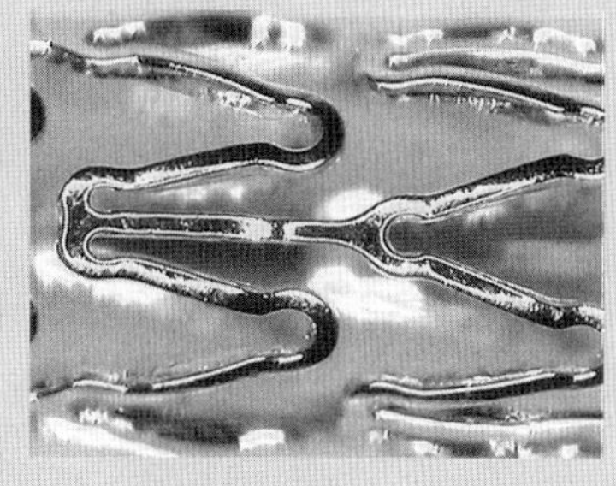
(c)

▲ **그림 9.44**
스텐트 표면의 변화: (a) 레이저가공 후의 MULTI-LINK TETRA^{TM}. 금속슬러그가 아직 붙어 있다. (b) 슬러그 제거 후. (c) 전해연마 후.

다(3.10.2절 참조).

스텐트의 형상 역시 성능에 영향을 준다. 설계된 스텐트는 심장박동으로 야기되는 응력에서 어떤 변형을 하는지를 유한요소해석으로 우선 파악한다. 받침대 형상, 튜브두께, 받침대 발 폭 등이 모두 스텐트의 성능에 영향을 준다. 그림 9.43에 주요치수를 나타낸 MULTI-LINK TETRA™과 같이 여러 형태가 가능하다.

스텐트는 외경이 스텐트의 최종치수와 같도록 인발된 스테인리스튜브로부터 가공을 시작한다. 이때 벽두께는 스텐트가 확장되었을 때, 적절한 강도를 줄 수 있도록 선택한다. 인발튜브를 레이저가공하여 원하는 형태로 만든다(그림 9.44a 참조). 이 방법은 스텐트의 작고 복잡한 형태를 엄격한 치수공차에 맞도록 가공할 수 있는 효과적인 가공법임이 입증되었다. 스텐트 형태대로 레이저절단되면서 작은 금속 슬러그조각을 틈새에 남기므로, 레이저절단 시 튜브벽을 관통하는 것이 필요하다. 소재는 공기로부터 열적, 화학적 공격을 받아 스테인리스 표면에는 두꺼운 산화층과 슬래그가 필연적으로 생긴다. 더구나, 레이저가공으로 인해 용접 스플래터, 버, 기타 표면결함이 생긴다. 따라서 스플래터나 산화층을 제거하는 마무리작업이 필요하다.

레이저가공 후의 제1차 마무리작업은 화학적 부식으로 스텐트 표면 위의 슬래그를 최대한 제거하는 것이다. 이 작업은 산성용액에서 수행되고, 작업결과로 얻은 표면은 그림 9.44b와 같다. 슬래그가 일단 충분히 제거되면, 레이저가공에서 생긴 남아 있는 버가 완전히 제거되어야 한다. 스텐트에는 피떡(트롬빈)이 엉기지 않을 정도로 표면정도가 충분히 매끈해야 하는 것이 중요하다. 스텐트를 전해연마하여(9.8절 참조) 예리한 부분을 없애고, 전해가공액에 전류를 흘려서 광택 있고 매끈한 표면정도(그림 9.44c)를 확보한다. 이렇게 가공한 스텐트를 풍선카테터와 조립하여 소독한 뒤, 포장하여 외과병원으로 배달한다.

내용 요약 SUMMARY

- 소재의 경도가 높은 경우, 재질이 취성이거나 너무 유연한 경우, 부품형상이 복잡하거나 높은 표면정도나 치수정확도가 요구되는 경우에는 입자가공이나 특수가공 공정을 사용하는 것이 경제적이다. (9.1절)
- 일반 연삭입자는 알루미늄산화물이나 실리콘카바이드(규소 탄화물)이고, 초연삭입자에는 큐빅보론질화물과 다이아몬드가 있다. 연삭입자의 깨짐성은 형상 및 입도와 함께 중요한 인자이다. (9.2절)
- 연삭숫돌은 연삭입자와 결합제로 구성된다. 숫돌의 중요한 특성에는 연삭입자와 결합제의 종류, 결합도, 경도가 있다. 숫돌이 깨질 경우를 대비하여 금속이나 섬유로 보강하여 숫돌의 무결성을 유지하는 경우도 있다. (9.3절)
- 연삭이론을 통해 칩 크기, 연삭하중 및 소요에너지, 연삭온도, 잔류응력, 연삭된 부품의 표면완전성에 주는 좋지 않은 영향들 간에 정량적인 관계를 세울 수 있다. (9.4절)
- 연삭숫돌이 마멸되면 연삭된 부품의 완전성과 표면품질에 중대한 영향을 준다. 마멸된 정도는 숫돌의 마모체적 대비 소재의 제거체적으로 정의되는 연삭비를 통해 알 수 있

다. 컴퓨터제어기술을 활용한 다양한 기술로 숫돌을 드레싱하거나 트루잉(진원화)한다. (9.5절)

- 평면연삭, 외면연삭, 내면연삭, 대규모 소재제거연삭에 사용되는 여러 가지 종류의 연삭공정 및 기계가 있다. 원하는 표면정도와 치수정확도를 얻고 버닝, 열균열, 유해한 잔류응력, 채터 등을 피하려면, 연삭입자, 공정변수, 연삭액을 적절하게 선택하는 것이 중요하다. (9.6절)
- 초음파가공은 미소치핑으로 소재를 제거하는 방법으로, 경도가 높고 취성인 재료에 적합하다. (9.7절)
- 표면정도를 향상시키는 데 사용되는 몇 가지 마무리작업이 있다. 마무리작업은 제품원가를 크게 상승시키는 요인이 될 수 있으므로, 마무리작업을 잘 선택하여 적용하는 것이 중요하다. (9.8절)
- 일부 가공부품에는 버제거작업이 필요하다. 버제거방법으로는 진동피니싱이나 숏블라스팅이 보통 사용되고, 그 이외에 열에너지 공정 등의 방법도 사용된다. (9.9절)
- 특수가공은 화학적 혹은 전기적 방법을 사용하거나 고에너지빔을 사용하므로, 경도가 높은 재료나 복잡한 형상을 가진 부품을 가공하는 데 적합하다. 하지만 이들 공정은 표면에 손상을 주어 피로수명을 감소시킬 수 있으므로, 공정선택 시 표면완전성에 주는 영향을 검토해야 한다. (9.10~9.14절)
- 물제트가공, 입자물제트가공, 입자제트가공은 절단이나 버제거작업에 효과적으로 사용된다. 이들 공정은 고정된 공구를 사용하지 않으므로, 본질적으로 작업의 유연성을 갖는다. (9.15절)
- 다른 모든 가공공정들과 마찬가지로 특수가공을 효과적으로 사용하려면 적절한 설계지침을 따라야 한다. (9.16절)
- 이 장에서 설명한 공정들은 각자 고유한 능력을 갖는다. 또한 각 공정마다 사용하는 기계, 제어, 공정변수, 생산성이 다르므로, 특정한 부품을 가공하고자 할 때마다 각 공정의 경쟁적 측면을 잘 고려하여 적용해야 한다. (9.17절)

수식 요약 *SUMMARY OF EQUATIONS*

- 변형 전 칩길이, l:

평면연삭: $l = \sqrt{Dd}$

외면연삭: $l = \sqrt{\dfrac{Dd}{1 + D/D_w}}$

내면연삭: $l = \sqrt{\dfrac{Dd}{1 - D/D_w}}$

- 평면연삭 시 변형 전 칩두께: $t = \sqrt{\dfrac{4v}{VCr}\sqrt{\dfrac{d}{D}}}$
- 상대적 연삭저항 $\propto \dfrac{v}{VC}\sqrt{\dfrac{d}{D}}$
- 평면연삭 시 온도상승폭: $\Delta T \propto D^{1/4}d^{3/4}\left(\dfrac{V}{v}\right)^{1/2}$
- 연삭비: $G = \dfrac{\text{소재의 제거체적}}{\text{숫돌의 마멸체적}}$
- 초음파가공에서 입자의 충돌력: $F_{\text{ave}} = \dfrac{2mv}{t_o}$; 여기서 $t_o = \dfrac{5r}{c_o}\left(\dfrac{c_o}{v}\right)^{1/5}$
- 소재제거율:

  전해가공: $\text{MRR} = CI\eta$

  전해연삭: $\text{MRR} = \dfrac{GI}{\rho F}$

  방전가공: $\text{MRR} = 4 \times 10^4\, IT_w^{-1.23}$

  방전연삭: $\text{MRR} = KI$

  방전와이어가공: $\text{MRR} = V_f hb$, 여기서 $b = d_w + 2s$
- 전해연삭 시 숫돌의 침투속도: $V_s = \left(\dfrac{G}{dF}\right)\left(\dfrac{E}{gK_p}\right)K$
- 방전가공 시 전극봉의 마멸속도: $W_t = (1.1 \times 10^4)IT_t^{-2.38}$
- 레이저빔가공 시 절단시간: $t = \dfrac{P}{vd}$

참고문헌 BIBLIOGRAPHY

ASM Handbook, Vol. 16: *Machining*, ASM International, 1989.

Borkowski, J., and Szymanski, A., *Uses of Abrasives and Abrasive Tools*, Ellis Horwood, 1992.

Brown, J., *Advanced Machining Technology Handbook*, McGraw-Hill, 1998.

Chryssolouris, G., and Sheng, P., *Laser Machining, Theory & Practice*, Springer, 1991.

Crafer, R.C., and Oakley, P.J., *Laser Processing in Manufacturing*, Chapman & Hall, 1993.

El-Hofy, H.A.-G., *Advanced Machining Processes*, McGraw-Hill, 2005.

Gillespie, L.K., *Deburring and Edge Finishing Handbook*, Society of Manufacturing Engineers/American Society of Mechanical Engineers, 2000.

Guitran, E.B., *The EDM Handbook*, Hanser-Gardner, 1997.

Hwa, L.S., *Chemical Mechanical Polishing in Silicon Processing*, Academic Press, 1999.

Jain, V.K., and Pandey, P.C., *Theory and Practice of Electrochemical Machining*, Wiley, 1993.

Jameson, E.C., *Electrical Discharge Machining*, Society of Manufacturing Engineers, 2001.

Krar, S., and Ratterman, E., *Superabrasives: Grinding and Machining with CBN and Diamond*, McGraw-Hill, 1990.

Krar, S., *Grinding Technology*, 2nd ed., Delmar, 1995.

Malkin, S., *Grinding Technology: Theory and Applications of Machining with Abrasives*, Wiley, 1989.

Marinescu, I.D. (ed.), *Handbook of Advanced Ceramics Machining*, CRC Press, 2006.

Marinescu, I.D., Hitchiner, M., Uhlmann, E., and Rowe, W.B. (eds.), *Handbook of Machining with Grinding Wheels*, CRC Press, 2006.

Marinescu, I.D., Tonshoff, H.K., and Inasaki, I. (eds.), *Handbook of Ceramics Grinding and Polishing*, Noyes, 1999.

Maroney, M.L., *A Guide to Metal and Plastic Finishing*, Industrial Press, 1991.

McGeough, J.A., *Advanced Methods of Machining*, Chapman & Hall, 1988.

Momber, A.W., and Kovacevic, R., *Principles of Abrasive Water Jet Machining*, Springer, 1998.

Nachtman, E.S., and Kalpakjian, S., *Lubricants and Lubrication in Metalworking Operations*, Dekker, 1985.

Powell, J., *Laser Cutting*, Springer, 1991.

Salmon, S.C., *Modern Grinding Process Technology*, McGraw-Hill, 1992.

Schneider, A.F., *Mechanical Deburring and Surface Finishing Technology*, Dekker, 1990.

Shaw, M.C., *Principles of Abrasive Processing*, Oxford, 1996.

Sluhan, C. (ed.), *Cutting and Grinding Fluids: Selection and Application*, Society of Manufacturing Engineers, 1992.

Sommer, C., and Sommer, S., *Wire EDM Handbook*, Technical Advanced Publishing Co., 1997.

______, *Non-Traditional Machining Handbook*, Advance Publishing, 1999.

Steen, W.M., *Laser Material Processing*, Springer, 1991.

Szymanski, A., and Borkowski, J., *Technology of Abrasives and Abrasive Tools*, Ellis Horwood, 1992.

Taniguchi, N. (ed.), *Nanotechnology*, Oxford, 1996.

Tool and Manufacturing Engineers Handbook, 4th ed., Vol. 1: *Machining*, Society of Manufacturing Engineers, 1983.

Webster, J.A., Marinescu, I.D., and Trevor, T.D., *Abrasive Processes: Theory, Technology, and Practice*, Dekker, 1996.

복습문제

QUESTIONS

9.1 다른 가공으로 가공된 부품을 추가로 연삭작업하는 이유는 무엇인가?

9.2 연삭숫돌의 종류와 크기가 다양한 이유를 설명하여라.

9.3 연삭작업(표 9.3 참조)과 기계가공(표 8.3 참조)에 필요한 비에너지에 큰 차이가 나는 이유를 설명하여라.

9.4 일반연삭입자에 비해 초연삭입자가 갖는 장점을 설

명하여라. 초연삭입자의 한계가 있다면 무엇인지 설명하여라.

9.5 그림 9.2에 나타낸 연삭숫돌이 사용되는 예를 들어라.

9.6 동일한 연삭숫돌이라도 경우에 따라 연하게 또는 경하게 작용하게 되는 이유를 설명하여라.

9.7 연삭숫돌의 성능에서 연삭입자의 깨짐성이 미치는 영향을 설명하여라.

9.8 특정한 연삭작업에 사용할 적절한 연삭입자를 선정할 때 고려할 점을 기술하여라.

9.9 마멸면(wear flat)이 연삭작업에 미치는 영향은 무엇인가? 플랭크마멸이 절삭작업에 주는 영향과 유사점이 있는지 설명하여라.

9.10 연삭비 G는 (1) 연삭숫돌의 종류, (2) 공작물의 경도, (3) 연삭깊이, (4) 숫돌 및 공작물의 속도, (5) 연삭액의 종류 등에 따라서 다르다. 그 이유를 설명하여라.

9.11 고도로 정밀한 연삭을 할 때, 주의할 점을 나열하고 설명하여라. 공작기계, 공정변수, 연삭숫돌, 연삭액의 역할은 무엇인가?

9.12 원판형 연삭숫돌(그림 9.2a의 Type 1)의 원주면에서 단위면적당 실제절삭점의 개수를 결정할 수 있는 방법을 제안하여라. 이 숫자는 어떤 중요성을 갖는가?

9.13 다음 재료로 만들어진 부품을 연삭할 때의 난점을 나열하고, 그 이유를 설명하여라.

(1) 열가소성 플라스틱

(2) 열경화성 플라스틱

(3) 세라믹

9.14 초음파가공이 유연하고 연성이 있는 재료에는 적합하지 않은 이유를 설명하여라.

9.15 경화강을 연삭할 때는 연한 결합도의 숫돌을 사용할 것이 추천된다. 그 이유를 설명하여라.

9.16 이 장에 설명된 가공법 중 재료의 피로강도에 좋지 않은 영향을 주는 가공법을 나열하고, 그 이유를 설명하여라.

9.17 연삭작업 중에 채터를 유발하는 요인을 나열하고, 그 이유를 설명하여라.

9.18 부품의 버제거작업에 사용되는 방법들을 요약하여라. 각 방법의 장점과 한계를 논의하여라.

9.19 이 장에 설명된 가공법 중 소재의 물리적 성질이 중요한 가공법을 나열하고, 그 이유를 설명하여라.

9.20 제8장에서 소개한 절삭가공공정 대신에, 이 장에 소개된 소재제거공정들이 선호되거나 필수적으로 사용되는 기술적, 경제적 이유를 들어라.

9.21 단조용 금형 같은 금형블록을 다이싱킹(die sinking) 가공하는 데 적합한 공정에는 무엇이 있는가(6.7절 참조)?

9.22 그림 9.2에는 숫돌의 형식별로 연삭면을 화살표로 표시하였다. 다른 쪽 면을 연삭에 사용하면 부적절하고 위험한 이유를 설명하여라.

9.23 그림 9.3의 (b)에 나타낸 숫돌에는 원주를 따라서 금속톱처럼 톱니모양이 만들어져 있다. 이와 같은 설계를 한 이유는 무엇인가?

9.24 그림 9.10에서 숫돌속도와 연삭액이 연삭으로 인한 잔류응력의 유형과 크기에 주영향을 준다는 것을 볼 수 있다. 이 현상에 대한 가능한 이유를 설명하여라.

9.25 연삭작업 중에 공작물온도가 너무 올라가도록 하면 어떤 결과를 초래하는가?

9.26 표 9.4의 내용을 보고 관찰되는 점을 언급하여라.

9.27 크리프피드연삭이 중요한 공정으로 부각된 이유를 설명하여라.

9.28 산업현장에서는 연삭숫돌의 주축속도를 높이려는 경향이 있다. 속도의 증가에 따른 가능한 장점과 한계점을 설명하여라.

9.29 이 장에 설명된 특수가공법을 사용하고자 할 때, 일반적으로 예비성형이나 사전 기계가공이 바람직하다. 그 이유는 무엇인가?

9.30 때때로 마무리작업이 필요한 이유는 무엇인가? 제품원가를 낮추기 위해, 마무리작업이 최소화될 수 있는 방법은 무엇인가? 몇 가지 예를 들어라.

9.31 방전와이어커팅 공정은 업체에서, 특히 공구 및 금형가공에 광범위하게 사용된다. 그 이유는 무엇인가?

9.32 이 장에 소개된 공정들에서 다음과 같은 재료를 가공하기에 적합한 소재제거공정을 나열하고, 그 이유를 설명하여라.

(1) 세라믹
(2) 주철
(3) 열가소성 플라스틱
(4) 열경화성 플라스틱
(5) 다이아몬드
(6) 풀림처리된 구리

9.33 이 장에 설명된 공정 중에서 예리한 모서리나 형상을 가공하기 힘든 공정을 나열하고, 그 이유를 설명하여라.

9.34 연삭 비에너지 u는 연삭깊이와 공작물재료의 경도에 따라 어떻게 달라지는가?

9.35 예 9.2에서 연삭작업 시의 배분력은 주분력보다 약 30% 정도 크다고 하였다. 배분력이 큰 이유는 무엇인가?

9.36 연삭작업의 배분력 크기에 관심을 가져야 하는 이유는 무엇인가?

9.37 방전가공에서 소재제거율이 공작물재료 용융온도의 함수가 되는 이유는 무엇인지 설명하여라.

9.38 표 9.4를 살펴보고, 각 공정에 대하여 공작물재료의 기계적, 물리적, 화학적 성질이 가공성에 미치는 영향을 나열하고 설명하여라.

9.39 표 9.4에 나열된 공정 중에서 비금속재료에 적용할 수 없는 공정을 들고, 그 이유를 설명하여라.

9.40 표면정도 요건이 미세해지면 기공비용이 급증하는 이유는 무엇인가?

9.41 이 장에 설명된 공정 중에서 다음 재료로 만들어진 공작물에 적합한 공정은 무엇인지 설명하여라.

(1) 세라믹
(2) 열경화성 플라스틱
(3) 열가소성 플라스틱

9.42 비용 측면 외에, 경도가 높은 공작물용 연삭숫돌을 연한 공작물에 사용할 수 없는 이유가 무엇인지 설명하여라.

9.43 경도가 가장 높다고 알려진 다이아몬드의 표면을 연삭하는 방법은 무엇인가?

9.44 드레싱과 트루잉을 정의하고, 이들 간의 차이점을 기술하여라.

9.45 연삭작업에서 생기는 열균열이란 무엇인가? 다른 가공공정에서도 열균열이 생기는지 설명하여라.

9.46 불규칙한 형상, 예리한 코너, 깊은 홈, 예리한 돌출부는 연마하기 까다로운 이유를 설명하여라.

9.47 버제거작업이 오랜 기간 동안 다양하게 발전해온 이유를 설명하여라.

9.48 식 (9.9)로부터, 공작물속도가 빨라지면 연삭온도는 낮아진다. 이는 공작물속도가 0이면, 연삭속도가 무한히 낮아진다는 의미인지 설명하여라.

9.49 금속가공유가 절삭작업과 연삭작업에 작용할 때의 유사점과 차이점을 기술하여라.

9.50 연삭, 호닝, 연마, 버핑 간에 유사점이 있는지 설명하여라.

9.51 연삭작업의 경제성을 평가할 때, 연삭비가 중요한 인자인지 설명하여라.

9.52 연삭으로 공작물에 매우 미세한 표면정도를 만들

수 있다. 이것이 결국 부품의 품질을 나타내는 것인지 설명하여라.

9.53 호닝작업이 적절하게 수행되지 않으면, 종모양, 파도모양, 배럴모양, 테이퍼모양의 구멍을 만들 수 있다. 이러한 모양이 가능한 이유를 설명하여라.

9.54 이 장에서 설명한 특수가공법 중에서 공작물에 열손상을 줄 수 있는 것은 무엇인가? 이 손상이 초래할 수 있는 결과를 열거하고 설명하여라.

9.55 비금속재료의 레이저빔가공에 대한 견해를 기술하여라. 몇 가지 가능한 용도를 들고, 다른 공정에 비해 갖는 장점을 말하여라.

9.56 EDM 공구로 흑연이 잘 사용된다고 하였다. 와이어 EDM에도 흑연의 사용이 적절한지 설명하여라.

9.57 전해연마에 사용하는 연삭입자의 역할은 무엇인지 설명하여라.

연습문제

PROBLEMS

9.58 다음과 같은 공정변수로 평면연삭작업을 할 때 만들어지는 칩의 크기를 계산하여라. D = 20.32 cm, d = 0.0254 mm, v = 9.144 m/min, V = 1524 m/min, C = 77.5/cm^2, r = 20.

9.59 연삭작업에서 공작물의 강도가 50% 증가하였다면, 동일한 연삭저항을 얻기 위해 연삭깊이 d를 몇 % 감소시켜야 하는가? (단, 다른 모든 공정변수는 동일하다고 가정한다.)

9.60 두께가 얇은 Type 1 연삭숫돌을 사용할 때, 회전체에 발생하는 응력에 관한 문헌을 참고하여 접선방향 응력 σ_t와 반경방향 응력 σ_r을 반경(숫돌중심에서 원주면까지 거리)의 함수로 도시하여라. 숫돌의 두께가 얇으므로 평면응력문제로 볼 수 있다. 최대조합응력은 어떻게 결정하며, 그 발생위치는 어디인가?

9.61 평면연삭작업에서의 소재제거율(MRR)을 본문에 사용된 기호를 사용하여 공정변수의 항으로 유도하여라.

9.62 평면연삭작업이 다음의 조건으로 진행되고 있다: D = 250 mm, d = 0.1 mm, v = 0.5 m/s, V = 50m/s. 이 조건이 D = 150 mm, d = 0.1 mm, v = 0.3 m/s, V = 25 m/s로 바뀌었을 때, 온도상승폭은 처음 조건에 비해 얼마나 달라지는가?

9.63 평면연삭작업에서 연삭칩의 운동에너지로 소산되는 에너지를 구하는 식을 유도하고, 그 크기에 대해 논하여라. 단, 본문에 사용된 기호를 사용한다.

9.64 Type 1 연삭숫돌의 축이 플라이휠에 연결되어 일정한 속도로 회전하고 있다. 이 장치를 사용하여 일정한 속도 v로 이송되는 길이가 긴 공작물을 평면연삭할 때, 연삭숫돌이 정지할 때까지 연삭된 길이를 식으로 나타내어라. 단, 숫돌마모는 무시한다.

9.65 직경 1 mm인 구형의 알루미늄산화물 입자를 다음 높이에서 강철판에 떨어뜨렸을 때, 평균충돌력을 구하여라. 계산결과를 도시하고, 결과로부터 관찰한 바를 언급하여라.

(1) 1 m (2) 2 m (3) 10 m

9.66 깊이 50 mm, 직경 25 mm인 구멍을 전해가공으로 만들려고 한다. 가공면의 품질보다는 생산속도가 중요하다고 할 때, 이 작업에 필요한 최대전류와 작업시간을 산정하여라.

9.67 방전가공기로 문제 9.66의 작업을 한다면 가공시간은 얼마나 되는가?

9.68 레이저빔으로 두께 6.35 mm, 폭 101.6 mm인 공작물을 절단한다. 절단폭(kerf)이 4.23 mm라고 할 때, 작업시간을 계산하여라.

9.69 표 3.3을 참조하여, 다음과 같은 조건의 방전가공(EDM)이 가능한 공작물 및 전극으로 사용될 금속 또는 합금의 짝을 찾아라. 각 경우에 대하여 마모비 R을 계산하여라.
(1) 최저마모비
(2) 최고마모비

9.70 9.5.2절에서 실제의 연삭비는 2~200의 범위를 갖는다고 하였다. 9.13절에 주어진 자료를 참조하여, 방전가공작업에서 마모비의 범위를 산정하고 연삭비와 비교하여라.

9.71 다음 연삭조건에서 열균열이 발생하였다: 주축회전속도 4000 rpm, 숫돌직경 25.4 cm, 연삭깊이 0.038 mm, 이송속도 15.24 m/min. 이 조건에서 주축회전속도를 3500 rpm으로 낮추었더니, 열균열이 생기지 않았다. 직경 20.32 cm의 연삭숫돌을 사용한다면, (1) 열균열이 발생한 연삭온도에 도달하는 주축회전속도는 얼마인가? (2) 열균열이 생기지 않는 최대주축회전속도는 얼마인가?

9.72 항공우주용 고강도 알루미늄합금을 연삭하고자 한다. 길이 20.32 cm, 직경 7.62 cm인 원통면을 연삭깊이 0.076 mm로 하여 1분 이내에 연삭해야 한다면, 연삭기의 소요동력은 얼마이어야 하는가? 재료를 고강도 티타늄합금으로 변경한 경우, 소요동력은 얼마가 되는가?

9.73 연삭작업이 25.4 cm 연삭숫돌, 4000 rpm 회전속도로 이루어지고 있다. 공작물 이송속도는 15.24 m/min, 연삭깊이는 0.05 mm이고, 표면접촉 온도계로 측정한 최고온도는 982°C이었다. 공작물재료가 강일 경우, (1) 주축회전속도를 5000 rpm으로 올리면 연삭온도는 얼마로 되는가? (2) 10,000 rpm으로 올린 경우의 연삭온도는 얼마로 되는가?

9.74 센터리스연삭기의 조정숫돌이 5° 기울어져서 7.62 m/min의 선속도로 회전한다. 연삭숫돌을 통과하는 공작물의 이송속도는 얼마인가?

9.75 경화강 공작물을 초음파가공할 때, 공작물의 온도가 올라가면 입자충돌력의 크기에 어떤 변화가 생기는지 설명하여라. 일반적인 값들을 사용하여라.

9.76 부품의 표면정도를 1.6 μm에서 0.4 μm로 지정하였을 때, 연삭작업의 비용은 얼마나 증가하는가?

9.77 알루미늄 부품 한 개를 연삭작업하는 데 드는 에너지비용이 900원이다. 이 소재의 연삭 비에너지가 8 Ws/mm^{3}이라고 할 때, T15 공구강인 공작물재료의 연삭작업에 드는 에너지비용은 얼마인가?

9.78 화학기계적 연마작업에서 웨이퍼의 각속도를 연마패드의 반경 및 각속도의 함수로 나타내어라.

9.79 방전와이어가공으로 25 mm 두께의 구리판을 가공한다. 와이어는 1.5 m/min으로 이송되고, 절단폭(kerf)은 1.5 mm이다. 소요동력을 계산하여라. (구리 1 g을 용융시키는 데 1550 J이 든다고 가정한다.)

9.80 열처리된 4340 강 부품을 직경 20.32 cm, 폭 2.54 cm인 연삭숫돌로 다음 조건에서 평면연삭작업을 한다: 숫돌 선속도 V = 1524 m/min, 연삭깊이 d = 0.05 mm/패스, 횡방향 이송 w = 3.81 mm, 공작물의 왕복속도 v = 6.1 m/min, 연삭액 사용 안함.
(1) 숫돌과 공작물 간의 접촉길이는 얼마인가?
(2) 소재제거율은 얼마인가?
(3) C = 300이라 할 때, 단위시간당 몇 개의 칩이 만들어지는가?
(4) 칩의 평균부피는 얼마인가?
(5) 접선방향 연삭저항이 F_c = 4.5 kgf일 때, 이 작업에 드는 비에너지는 얼마인가?

9.81 금속압연에 사용되는 직경 150 mm인 공구강 작업롤(u = 60 W-s/mm^3)을 직경 250 mm, 폭 75 mm인 Type 1 연삭숫돌로 연삭한다. 작업롤 회전속도 10 rpm, d = 0.04 mm, r = 12, C = 5개/mm^2, 숫돌 회전속도 N = 3000 rpm일 때, 칩의 크기와 연삭저항을 구하여라.

9.82 다음 입자들이 철강 공작물에 1 m/s로 충돌할 때의

접촉시간과 평균충돌력을 구하여라. 식 (9.11)과 (9.13)을 사용하고 계산결과로부터 파악한 사실을 언급하여라. (힌트: 표 2.1, 3.3, 8.6 참조)
(1) 직경 5 mm 강구
(2) 직경 0.1 mm 큐빅보론질화물 입자
(3) 직경 3 mm 텅스텐구
(4) 직경 75 mm 고무공
(5) 직경 3 mm 유리비드

9.83 자신이 이 장의 주제를 다루는 강사라고 가정하고, 학생들의 이해를 시험하기 위해 정량적인 문제를 낸다고 하자. 정량적인 문제를 세 개 준비하고, 그에 대한 답안을 제시하여라.

설계문제 DESIGN

9.84 이 장에 설명한 공정들 중에서 두 공정 이상을 한 대의 기계에서 복합적으로 수행할 수 있는 공작기계를 설계하고 간단하게 스케치한 후, 기능을 설명하여라. 설계한 공작기계는 어떤 공작물에 유용한가?

9.85 이 장에 설명한 각 공정에 사용할 수 있는 각종 공작물고정 방법 및 장치의 원리를 적절한 스케치와 함께 설명하여라.

9.86 9.4절에 설명한 것처럼, 부품의 설계에서 표면정도는 중요한 고려사항이다. 공정변수의 역할, 사용 장치 및 장비 등을 포함하여 연삭작업에서 최종 표면정도에 영향을 주는 변수들을 가능한 많이 기술하여라.

9.87 연삭작업에서의 치수효과에 대하여 9.4.1절에 설명하였다. 치수효과를 연구할 수 있는 장치를 설계하고, 실험방법을 제안하여라.

9.88 공작물의 설계와 형상이 연삭숫돌의 적절한 형상과 종류를 결정하는 데 어떻게 영향을 주는지 설명하여라.

9.89 연삭가공의 공정능력에 대한 종합적인 표를 작성하여라. 표에는 부품형상, 사용기계의 종류, 공작물의 최소 및 최대 치수, 생산속도 등을 포함하여라.

9.90 중심에서 바깥쪽으로 두께가 선형 감소하는 얇은 원판을 제작하는 방법을 설계하여라.

9.91 가공된 부품의 표면에 문자나 숫자를 표기하는 것은 라벨이나 스티커를 사용하는 방법 외에 각종 기계적 혹은 비기계적 방법으로도 가능하다(9.14.1절 참조). 이들 방법에 대한 목록을 만들고, 각각의 장점과 한계를 설명하여라.

9.92 제8장과 제9장에 주어진 자료에 의거하여 구리합금 소재에 직경 10 mm, 깊이 100 mm인 관통 구멍을 가공하는 다음 방법의 타당성에 대하여 언급하여라.
(1) 일반 드릴링
(2) 기타 방법

9.93 문헌조사를 수행하여 연삭재료의 종류나 작업조건을 파악하는 유용한 지침으로, 연삭작업에서 생기는 스파크의 색상, 명도, 형상을 관찰하는 방법에 대하여 설명하여라.

9.94 대형 공구점을 방문하여 진열된 각종 연삭숫돌을 살펴보아라. 숫돌에 표기된 사항을 적고, 그림 9.4와 9.5에 나타낸 표기법에 근거하여 공구점에서 가장 많이 취급한 숫돌의 종류와 크기를 비롯한 관찰결과에 대하여 언급하여라.

9.95 소형 연삭숫돌을 하나 구해서 표면을 확대경이나 현미경으로 관찰한 뒤, 그림 9.6과 비교하여라. 숫돌의 원통면을 금속이나 비금속 재료에 대고 세게 문지른 후, 다음 관찰사항을 설명하여라.
(1) 만들어진 칩의 유형
(2) 문질러진 표면의 상태
(3) 연삭숫돌 표면의 변화

9.96 이 장에 소개된 연삭공정에는 연삭숫돌을 사용하는 공정과 연삭입자를 사용하는 공정이 있다. 두 유형을

구분하여 특징을 나타내는 표를 하나 만들고, 관찰된 바를 설명하여라.

9.97 제6장에서 제9장까지 다룬 주제들에 근거하여, 구멍가공공정에 대한 종합적인 표를 다음 내용을 포함시켜서 만들어라.

(1) 각 방법의 장단점

(2) 가공된 구멍의 품질과 표면완전성

(3) 특정 용도의 예

9.98 정밀공학이란 용어는 정밀한 치수공차와 양호한 표면정도를 갖는 고품질의 부품을 가공하는 것을 지칭한다. 공정능력을 기준으로한 첨단 기계가공공정의 목록을 각 방법마다 간단한 설명을 곁들여서 만들어라(가공되는 부품의 품질이 높은 순서로).

9.99 이 장에 설명된 공정들은 단독으로나 둘 이상이 조합되어 금속가공작업용 공구 및 금형을 제작하거나 마무리하는 데 활용된다. 이들 방법에 대한 장단점과 전형적인 용도를 설명하는 간략한 기술보고서를 작성하여라.

9.100 이 장에 설명된 공정 중에서 다양한 비금속재료 및 고무성 재료에 적용하기 까다로운 공정을 나열하여라. 공정난이도를 언급할 때, 부품형상이나 공작물재료의 각종 물리적, 기계적 성질의 영향 같은 주제를 포함시켜 설명하여라.

9.101 이 장에 설명한 공정 중에서 다음 성질이 연관되거나 중요한 공정들을 나열하여라. 둘 이상의 성질이 중요한 공정이 있다면 그 이유를 설명하여라.

(1) 기계적 성질

(2) 화학적 성질

(3) 열적 성질

(4) 전기적 성질

제 10 장

폴리머와 강화플라스틱의 가공, 신속조형기술과 신속금형기술

주요내용

폴리머와 강화플라스틱(복합재료)의 특성 및 가공방법과 신속조형기술을 설명함.

- 열가소성 플라스틱, 열경화성 플라스틱, 탄성중합체, 강화플라스틱의 구조, 성질, 거동, 가공특성
- 부품생산에 사용되는 압출을 비롯한 각종 성형공정방법과 공정별 공정변수 및 사용기계
- 강화플라스틱의 생산에 적용되는 독특한 공정들의 기초이론과 사용기계
- 플라스틱 부품을 신속하게 소량생산하기에 탁월한 방법인 신속조형기술의 원리
- 폴리머와 강화플라스틱의 제작 시 설계 고려사항
- 폴리머 가공의 경제성

10.1 개요

플라스틱(plastic)이란 용어는 1909년경에 처음 사용된 이래, 폴리머(polymer)와 같은 뜻으로 보통 사용된다. 플라스틱의 어원은 "틀에 부어넣어 성형될 수 있다"라는 뜻의 그리스어 *plastikos*로부터 유래한다. 플라스틱은 분자량이 매우 큰 고분자재료에 해당한다(거대분자). 폴리머로 만들어지는 일반소비제품이나 산업제품들로는 식품 및 음료 용기, 포장재, 광고표지판, 주방기구, 직물, 의료기구, 다공질재(폼), 페인트, 보호장비, 장난감 등이 있다. 금속에 비해, 플라스틱은 저밀도, 저강도(low strength) 및 저강성(low stiffness), 낮은 전기전도도 및 열전도도, 화학물질에 대한 안정성, 높은 열팽창계수들로 특징지어진다(표 10.1 참조).

반면에, 대부분 플라스틱의 유용한 온도범위는 약 350°C 이하로 낮은 편이며, 장기간 사용 중에는 금속만큼 치수가 안정적이지 못하다. 플라스틱은 비교적 쉽게 기계가공, 주조, 성형, 접합되어 다양한 모양으로 만들어지며, 부수적인 표면마무리작업이 거의 불필요한데, 이는 금속에 비해 중요한 장점이다. 플라스틱은 상업적으로 판재, 후판, 필름, 봉재, 여러 형태의 관재로 얻을 수 있다.

폴리머란 단어는 1866년에 처음 사용되었다. 초기의 폴리머는 동식물의 **자연산 유기물**

표 10.1 상온에서 각종 공업용 플라스틱의 기계적 성질

재료	UTS(MPa)	*E*(GPa)	표점거리 50 mm에서 연신율(%)	포아송비(ν)
ABS	28~55	1.4~2.8	75~5	–
강화 ABS	100	7.5	–	0.35
아세탈	55~70	1.4~3.5	75~25	–
강화 아세탈	135	10	–	0.35~0.40
아크릴	40~75	1.4~3.5	50~5	–
셀룰로오스	10~48	0.4~1.4	100~5	–
에폭시	35~140	3.5~17	10~1	–
강화 에폭시	70~1400	21~52	4~2	–
불화탄소	7~48	0.7~2	300~100	0.46~0.48
나일론	55~83	1.4~2.8	200~60	0.32~0.40
강화 나일론	70~210	2~10	10~1	–
페놀	28~70	2.8~21	2~0	–
폴리카보네이트	55~70	2.5~3	125~10	0.38
강화 폴리카보네이트	110	6	6~4	–
폴리에스터	55	2	300~5	0.38
강화 폴리에스터	110~160	8.3~12	3~1	–
폴리에틸렌	7~40	0.1~0.14	1000~15	0.46
폴리프로필렌	20~35	0.7~1.2	500~10	–
강화 폴리프로필렌	40~100	3.6~6	4~2	–
폴리스티렌	14~83	1.4~4	60~1	0.35
PVC	7~55	0.014~4	450~40	–

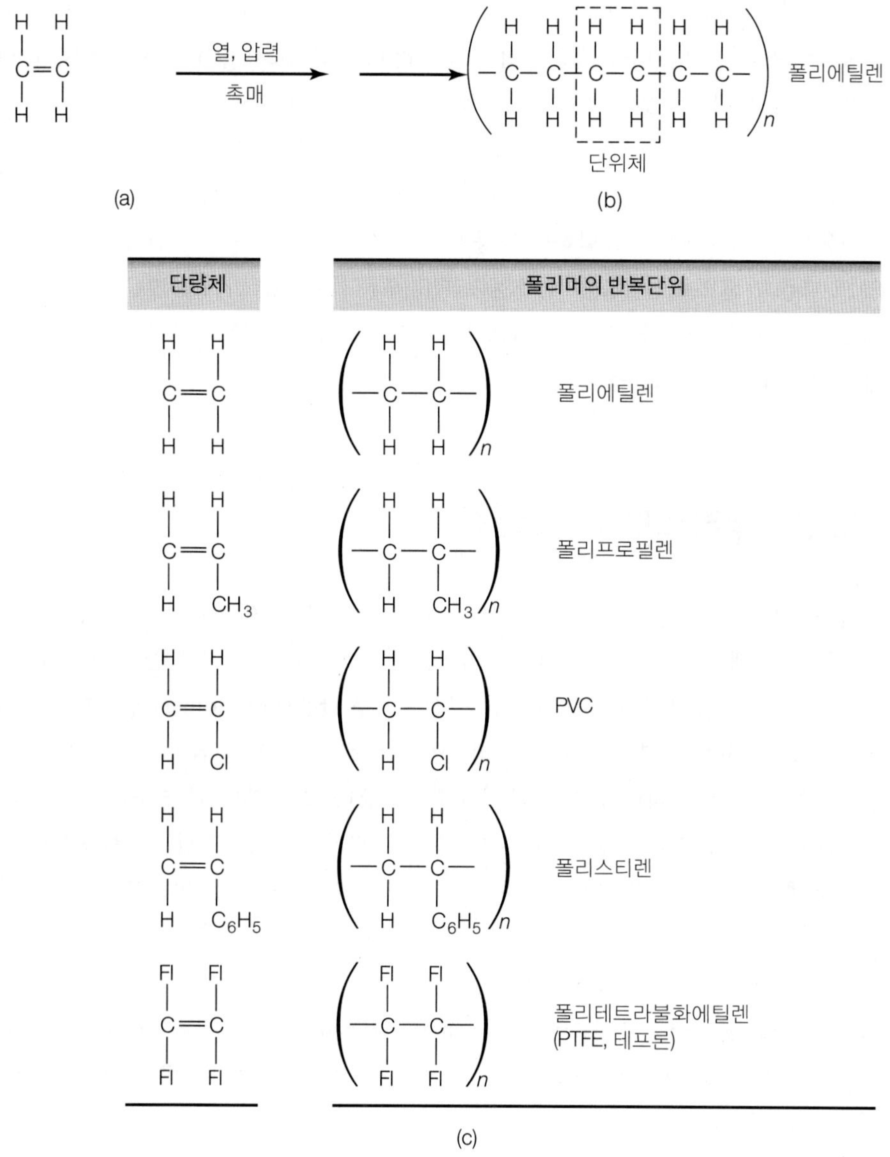

열, 압력
촉매
폴리에틸렌
단위체
(a) (b)

단량체	폴리머의 반복단위	
$H_2C{=}CH_2$	$-(CH_2-CH_2)_n-$	폴리에틸렌
$H_2C{=}CH(CH_3)$	$-(CH_2-CH(CH_3))_n-$	폴리프로필렌
$H_2C{=}CHCl$	$-(CH_2-CHCl)_n-$	PVC
$H_2C{=}CH(C_6H_5)$	$-(CH_2-CH(C_6H_5))_n-$	폴리스티렌
$Fl_2C{=}CFl_2$	$-(CFl_2-CFl_2)_n-$	폴리테트라불화에틸렌 (PTFE, 테프론)

(c)

▶ **그림 10.1**
폴리머분자의 기본구조: (a) 에틸렌분자, (b) 에틸렌분자가 선형사슬로 연결된 폴리에틸렌, (c) 기타 폴리머의 분자구조.

질로 만들어졌다. 가장 흔한 예로 셀룰로오스를 들 수 있는데, 이는 여러 화학반응을 거쳐서 **초산섬유소**(cellulose acetate)로 되어 사진필름(celluloid), 포장용지, 직물섬유를 만드는 데 사용되고, 질산섬유소로 되어 플라스틱, 폭약, 레이온(셀룰로오스 직물섬유), 니스의 원료로 사용된다. 최초의 **인조 폴리머**는 1906년에 개발되어 베이클라이트(L.H. Baekeland (1863~1944)의 이름을 딴 상품명)라 명명된 **페놀-포름알데히드**이다.

현대적인 플라스틱 기술의 발달은 1920년대에 석탄 및 석유로부터 원료를 추출함으로써 시작되어 **에틸렌**을 구성요소로 한 **폴리에틸렌**이 최초로 만들어졌다. 에틸렌은 아세틸렌과 수소의 반응물질이고, 아세틸렌은 코크스와 메탄의 반응으로 얻어진다. 상업용 폴리머인 폴리프로필렌, 폴리비닐 클로라이드(PVC), 아크릴, 폴리카보네이트 등도 마찬가지 방법으로 만들어지며, 이들 재료를 **합성유기폴리머**(synthetic organic polymer)라고 한다. 몇 가지 합성폴리머가 만들어지는 기본적인 절차를 그림 10.1에 요약하였다.

중요한 재료군으로 **폴리머모재 강화플라스틱**(**복합재료**의 일종)이 있으며, 이들은 강성, 강도, 크리프저항, 높은 비강도 및 비강성에 있어서 다양한 성질을 나타낸다. 이들은 수많은 소비용품 및 산업제품을 포함하여 자동차와 항공우주산업에도 사용된다. 가공기술에서의 또 다른 발전으로 **신속조형기술**과 **신속금형기술**을 들 수 있다. 이 방법은 부품의 삼차원 CAD 도면에서 직접 물리적인 고체모형을 만드는 기술로, 전통적인 가공방법보다 훨씬 짧은 시간에 시작품을 만들 수 있다.

10.2 플라스틱의 구조

플라스틱의 많은 성질은 주로 (1) 폴리머분자의 구조, (2) 분자의 형상과 크기, (3) 폴리머 구조를 이룬 배열에 따라 결정된다. 폴리머분자는 그 거대한 크기로 인해 다른 유기화합물과 구분된다. 폴리머를 만드는 기본 구성요소를 **단량체**(monomer)라고 한다. **단위체**(*mer*)라는 단어는 "부분"을 뜻하는 그리스어 *meros*에서 온 말로 금속의 결정구조의 단위격자(3.2절에서 설명)처럼 최소 반복단위를 나타낸다. 대부분의 단량체들은 탄소원자가 수소, 산소, 질소, 불소, 염소, 규소, 황 같은 다른 원자들과 공유결합(전자를 공유)하고 있는 유기물질이다. 간단한 단량체로는 에틸렌분자를 들 수 있는데, 이는 탄소와 수소 원자로 구성되어 있다(그림 10.1a 참조).

폴리머는 사슬모양구조 내에 보통 수백 내지 수천 회 반복되어 있는 많은 mer, 즉 단위들을 뜻한다. 폴리머는 긴사슬분자(long-chain molecules)로서, **대분자**(macromolecules) 또는 **거대분자**(giant molecules)라고도 하는데, **중합**, 즉 여러 개의 단량체가 결합 및 교차결합되어 만들어진다.

10.2.1 중합

폴리머에 있는 단량체는 **중합반응**이라는 화학반응에 의해 반복단위로 연결되면서 길고 큰 분자를 형성한다. 여러 중합과정 중에서 가장 기본적인 두 가지 중합과정은 축합중합과 첨가중합이다.

(1) **축합중합**(condensation polymerization)에서는 반응하는 두 가지 단위체 간의 결합으로 폴리머가 만들어진다. 이 반응의 부산물로 물이 **응축**되면서 제거된다. 이 과정에서 고분자는 단계적으로 성장하므로, **단계성장중합** 또는 **단계반응중합**이라고도 불린다.
(2) **첨가중합**(addition polymerization)은 **사슬성장중합** 또는 **사슬반응중합**이라고도 하며,

반응부산물 없이 결합이 일어난다. 이 반응이 사슬반응이라고도 불리는 이유는 빠른 반응속도로 수 초 내에 긴 사슬이 단번에 생기기 때문이며, 이때의 반응속도는 축합중합 때보다 훨씬 빠르다. 이 반응에서는 개시제(initiator)를 첨가하여 단량체의 탄소원자끼리 연결된 이중결합 중 하나를 끊어서 많은 단량체들이 긴 사슬을 만드는 연결과정을 시작한다. 예를 들어, 에틸렌 단량체(그림 10.1a 참조)는 서로 연결되어 폴리에틸렌이라는 폴리머를 만든다(그림 10.1b 참조). 다른 유형의 첨가중합의 예를 그림 10.1c에 나타내었다.

폴리머의 기본특성과 유형은 다음과 같다.

1. **분자량**(molecular weight). 폴리머의 **분자량**은 폴리머사슬 내 단위체들의 분자량의 합이다. 폴리머의 분자량이 클수록 분자사슬의 길이는 길다. 중합반응은 임의 현상이므로, 폴리머사슬은 임의 길이로 만들어지지만, 사슬길이의 분포는 전통적인 분포곡선으로 표현할 수 있다. 사슬마다 그 길이가 다르기 때문에, 폴리머의 분자량은 통계적 평균으로 표시한다. 분자량의 분포에서 관찰되는 분산을 **분자량분포**(MWD, molecular weight distribution)라고 하며, 이는 분자량과 함께 폴리머의 성질에 큰 영향을 준다. 예를 들어, 인장강도, 충격강도, 균열저항, 용융상태 점도는 모두 분자량이 클수록 증가한다(그림 10.2 참조). 대부분의 상업용 폴리머의 분자량은 10,000~10,000,000 사이의 범위에 있다.
2. **중합도**(DP, degree of polymerization). 폴리머사슬의 크기를 중합도로 나타내는 것이 편리한 경우가 있다. **중합도**는 단위체의 분자량에 대한 폴리머의 분자량, 즉 분자당 단위체의 평균개수로 정의된다. 플라스틱가공법(10.10절 참조)의 용어를 사용하면, 이 수가 클수록 폴리머의 유동저항이 커져 마치 유체의 점도가 증가하는 것과 같은 거동을 보여주므로(그림 10.2 참조), 폴리머를 유용한 제품으로 가공하고 성형하는 데 영향을 준다.

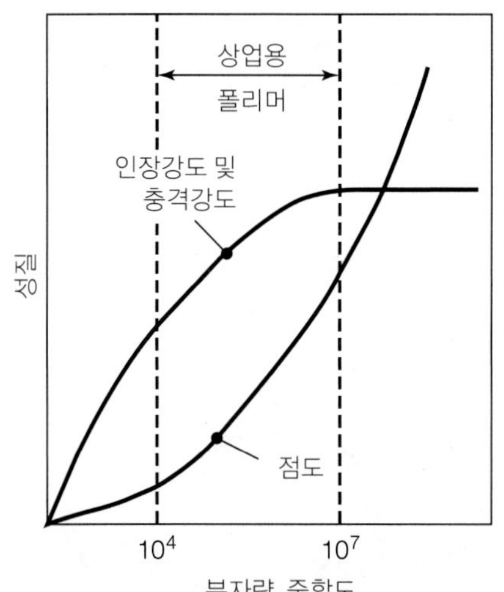

▶ **그림 10.2**
분자량과 중합도가 폴리머의 강도 및 점도에 미치는 영향.

3. **결합**(bonding). 중합반응으로 단량체가 분자사슬을 만들면 분자 내에서 원자끼리는 **일차결합**인 **공유결합**을 한다. 서로 다른 사슬이나 같은 사슬이 겹쳐진 부분에서의 결합은 반데르발스(van der Waals)결합, 수소결합, 이온결합 등과 같은 **이차결합**으로 결합된다. 이차결합은 공유결합의 수십 내지 수백분의 일 정도로 약하다. 폴리머의 분자량이 클수록 강도나 점도가 증가하는 이유는 분자사슬이 길수록 이차결합을 극복하는 데 많은 에너지가 필요한 것에 부분적으로 기인한다. 예를 들어, 중합도별로 1, 6, 35, 140, 1350인 에틸렌 단위체들은 실온에서 각각 기체, 액체, 그리스, 왁스, 고체플라스틱의 형태로 존재한다.
4. **선형폴리머**(linear polymer). 그림 10.1에 나타낸 사슬모양의 폴리머는 선형구조(그림 10.3a)를 가지므로 **선형폴리머**라고 한다. 선형분자라고 해서 직선은 아니다. 폴리머는 다양한 구조를 가지며, 선형폴리머라도 분지 및 다리결합사슬을 포함할 수 있고, 그 결과로 폴리머의 성질이 달라진다.
5. **분지(分枝)폴리머**(branched polymer). 폴리머의 성질은 단량체의 종류에만 의존하는 것이 아니라 분자구조의 배열에도 의존한다. **분지폴리머**(그림 10.3b)는 폴리머가 합성될 때, 주사슬에 측분지사슬(side-branch chain)이 붙은 것이다. 분지는 분자사슬의 상대운동을 방해하므로 폴리머의 변형 및 응력균열 저항에 영향을 주어 강도를 높인다. 분지폴리머의 밀도는 선형폴리머보다 낮다. 분지폴리머의 거동과 선형폴리머의 거동은 가지가 나온 나무를 쌓은 더미(분지폴리머)와 통나무더미(선형폴리머)에 비유할 수 있다. 통나무더미에서 통나무를 움직이는 것보다 가지가 나온 나무더미에서 가지를 움직이는 것이 더욱 힘들다는 것을 알 것이다. 가지들이 삼차원 공간 속에 엉켜 있어서 운동이 방해되므로, 현상적으로는 높은 강도를 나타낸다.
6. **다리결합폴리머**(cross-linked polymer). **다리결합폴리머**는 삼차원구조이며, 인접사슬과 공유결합을 하고 있다(그림 10.3c). 다리결합사슬구조를 가진 폴리머를 **열경화성 플라스**

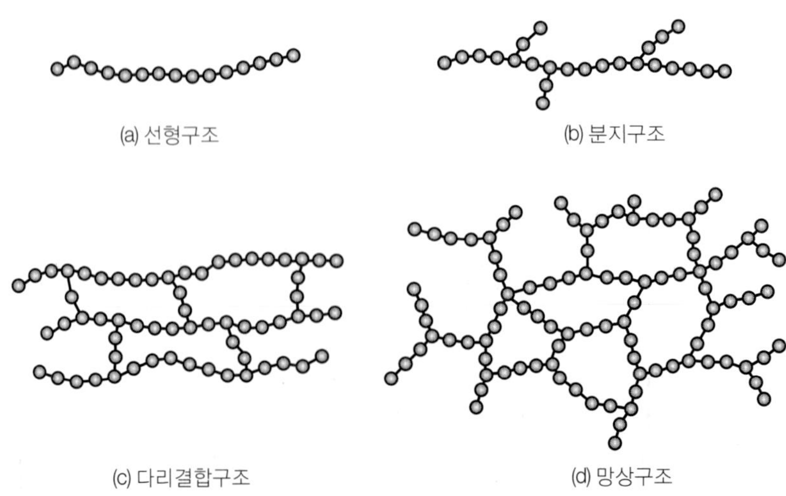

▶ 그림 10.3
폴리머 사슬의 개략도: (a) 선형구조(아크릴, 나일론, 폴리에틸렌, PVC, 불화폴리비닐 등 열가소성 플라스틱), (b) 분지구조(폴리에틸렌), (c) 다리결합구조(고무 및 탄성중합체), (d) 망상구조(에폭시, 페놀 등의 열경화성 플라스틱).

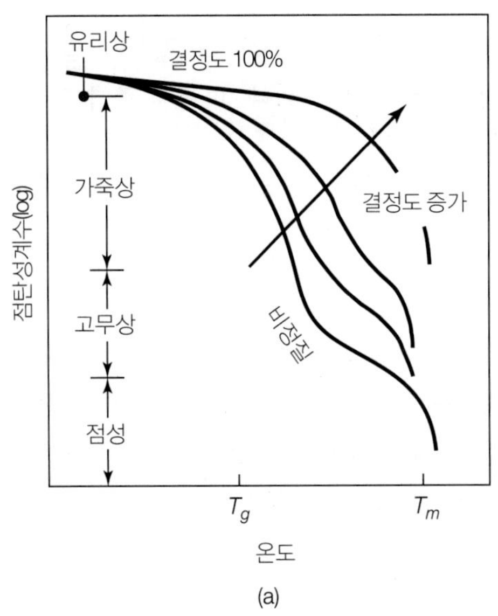

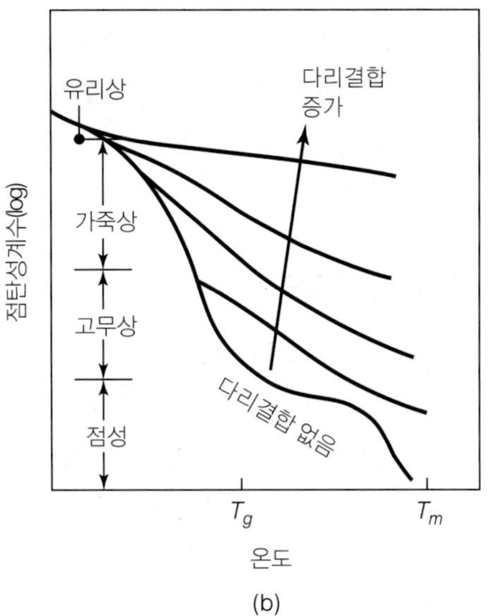

▶ **그림 10.4**
폴리머의 점탄성계수와 온도와의 관계: (a) 결정도의 영향, (b) 다리결합의 영향.

틱이라 하며, 에폭시, 페놀(phenolic), 실리콘(silicone) 등이 있다(10.6절 참조). 다리결합은 고무의 **가황처리**처럼 폴리머의 성질에 중요한 영향(보통 경도, 강도, 강성, 취성, 치수안정성, 그림 10.4 참조)을 준다(10.8절).

그림 10.3d에서 보인 것처럼, **망상폴리머**(network polymers)는 삼중공유결합의 공간(삼차원)그물로 이루어진다. 고도로 다리결합된 폴리머도 망상폴리머로 간주된다. 이미 성형된 열가소성 폴리머들도 높은 강도를 얻기 위해 자외선, X선, 전자빔 등의 고에너지를 방사시킴으로써 다리결합시킬 수 있다. 그러나 지나친 방사처리는 폴리머를 분해시킨다.

7. **혼성폴리머**(copolymers)**와 삼량체**(terpolymers). 폴리머사슬 내의 반복단위체들이 모두 같은 형이면, 이를 **동종폴리머**(homopolymer)라고 한다. 그러나 고용체합금처럼(5.2.1절 참조) 두 가지 혹은 세 가지의 서로 다른 단량체가 결합되어 폴리머에 강도와 인성을 높이고 성형성을 향상시키는 특정한 성질을 줄 수 있다. **혼성폴리머**는 두 종류의 폴리머를 가지며, 그 예로는 자동차용 타이어에 널리 사용되는 스티렌-부타디엔이 있다. **삼량체**는 세 종류를 가지며, 헬멧, 전화기, 냉장고 내벽에 사용되는 ABS가 있다.

예 10.1 / 폴리비닐 클로라이드(PVC)의 중합도

PVC 단위체의 분자량을 구하여라. PVC 폴리머의 평균분자량이 50,000이라면 중합도는 얼마인가?

풀이 그림 10.1c로부터 PVC 단위체는 수소원자 3개, 탄소원자 2개, 염소원자 1개를 갖고 있음을 알 수 있다. 이들 원소의 원자가는 각각 1, 12, 35.5이므로, PVC 단위체의 분자량은 (3)(1) + (2)(12) + (1)(35.5) = 62.5가 된다. 따라서 중합도는 50,000/62.5 = 800이다.

10.2.2 결정도(crystallinity)

아크릴, 폴리카보네이트, 폴리스티렌 같은 폴리머는 **비정질**(amorphous)의 배열을 갖는다. 비정질배열이란, 폴리머분자사슬이 넓은 범위에서 볼 때 규칙성이 없는 상태로 존재함을 말한다(3.11.9절의 **비정질합금** 참조). 폴리머분자의 비정질배열은 흔히 그릇 속에서 서로 꼬여 있는 국수가닥에 비유될 수 있다. 그러나 폴리머의 합성과정 동안 또는 이차가공에서의 변형으로 결정성을 주어 그 성질을 변화시킬 수 있다.

폴리머의 결정체영역을 **결정자**(crystallites)라고 한다(그림 10.5 참조). 소방함 속의 소방호스나 상자 속의 화장지처럼 긴 분자가 규칙적으로 겹쳐 있을 때 결정이 형성된다. 결정성 폴리머가 부분적으로 존재할 때는 결정체상과 비정질을 가진 이상(二相)재료라 할 수 있다. 냉각 중의 응고속도와 사슬의 모양을 조절함으로써 완전한 100%는 아니지만 폴리머에 다양한 **결정도**를 줄 수 있다.

결정도는 폴리에틸렌의 경우 체적비 95%에 이르는 거의 완전한 결정에서부터 일부만이 결정화되어 있고 대부분이 비정질인 폴리머에 이르기까지 다양하다. 결정도는 분지의 정도에 영향을 받는다. 선형폴리머는 결정도가 높을 수 있지만, 고도의 분지폴리머는 결정도가 낮은데, 그 이유는 사슬분자가 규칙적인 결정구조로 배열하는 것을 분지가 방해하기 때문이다.

■ **결정도의 영향** 폴리머의 기계적, 물리적 성질은 결정도의 영향을 크게 받는다. 결정도가 증가함에 따라 폴리머는 강성이 증가하고 경해지며, 연성이 줄고 밀도가 높아져서 고

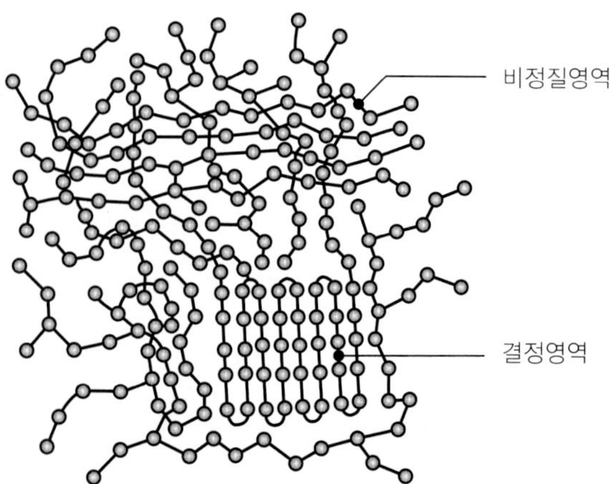

▶ **그림 10.5**

폴리머 내의 비정질영역과 결정영역. 결정영역에는 분자가 정돈되어 배열되어 있고, 결정도가 높을수록 폴리머의 경도와 강성이 높고 연성은 낮다.

무의 성질을 벗어나고, 용제와 열에 대한 저항이 커진다(그림 10.4 참조). 결정도가 높아지면 체적의 감소와 결정격자에서 분자의 효율적인 정돈배치로 인해 밀도가 높아진다. 폴리에틸렌의 고결정 형태(80~95% 결정도)인 **고밀도 폴리에틸렌**(HDPE)은 비중이 0.941~0.970으로, 결정도 60~70%, 비중 0.910~0.925인 저밀도 폴리에틸렌(LDPE)보다 강하고 강성이 높으며, 경하고 연성이 낮다.

광학적 성질도 결정도의 영향을 받는다. 굴절률은 밀도에 비례하므로 비정질상과 결정상 간의 밀도차가 클수록 폴리머의 불투명성은 커진다(통과하는 빛의 양이 작음, 그림 10.5 참조). 폴리카보네이트나 아크릴처럼 완전히 비정질인 폴리머는 투명성이 된다.

10.2.3 유리전이(glass-transition)온도

비정질폴리머는 특정한 용융점을 갖지 않지만, 좁은 온도범위를 지날 때 기계적 거동에 분명한 변화를 겪는다. 저온에서는 경하고 강성이 있으며 취성이고 유리 같으나, 고온에서는 고무상(rubbery) 또는 가죽상(leathery)이 된다. 이때의 전이온도 T_g를 **유리전이온도** 또는 **유리점**(glass point)이라고 한다. 유리라는 말이 들어가는 이유는, 유리가 비정질고체로서(3.11.9절 참조) 같은 양상으로 거동하기(유리봉을 화염 위에 놓고 그 거동을 관찰함으로써 볼 수 있듯이) 때문이다. 대부분의 비정질폴리머들은 이러한 거동을 보이나, 약간의 예외로 폴리카보네이트처럼 (1) 유리전이온도 이하에서도 강성이나 취성이 없는 경우도 있다. 폴리카보네이트는 (2) 상온에서 질기므로 안전헬멧이나 방호구에 사용된다.

T_g를 구하려면, 폴리머의 비체적을 온도의 변화에 따라 측정하여 그리고, 곡선의 경사가 갑자기 변하는 점을 찾는다(그림 10.6 참조). 그러나 고도의 다리결합폴리머의 경우에

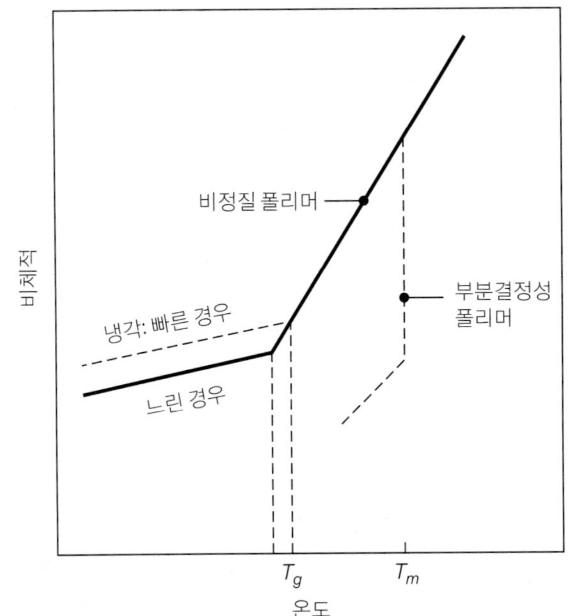

▶ **그림 10.6**

폴리머의 비체적과 온도와의 관계. 아크릴이나 폴리카보네이트 같은 비정질폴리머는 유리전이온도가 뚜렷하지만, 용융온도는 뚜렷하지 않으며, 폴리에틸렌이나 나일론 같은 부분결정성 폴리머는 냉각 시 용융온도 바로 아래서 급격히 수축한다.

표 10.2 폴리머의 유리전이온도 및 용융온도

재료	T_g(°C)	T_m(°C)
나일론 6,6	57	265
폴리카보네이트	150	265
폴리에스터	73	265
폴리에틸렌: 고밀도	−90	137
저밀도	−110	115
폴리메틸메타크릴레이트	105	–
폴리프로필렌	−14	176
폴리스티렌	100	239
폴리테트라불화에틸렌(PTFE)	−90	327
PVC	87	212
고무	−73	–

는 T_g 근처에서의 곡선경사의 변화가 완만하여 T_g 점을 찾기가 힘들다. 유리전이온도는 폴리머에 따라 달라서(표 10.2 참조), 어떤 폴리머에서는 실온이 T_g 이상인 반면, 다른 폴리머에서는 실온이 T_g 이하이기도 하다. 부분결정성 폴리머는 비정질폴리머와는 달리 분명한 융점 T_m을 갖는다(그림 10.6과 표 10.2 참조). 온도가 감소함에 따라 구조의 변화가 일어나므로, 폴리머의 비체적은 급격히 작아진다.

10.2.4 혼합물

유리전이온도 이하에서 비정질폴리머의 취성거동을 개선하려면 소량의 탄성중합체를 섞으면 된다. 작은 입자들이 비정질폴리머에 퍼져서 균열의 전파에 대한 저항을 크게 하여 인성과 충격강도를 높여준다. 이러한 폴리머를 **수정고무폴리머**(rubber modified polymer)라 한다. 최근의 혼합기술에 의하면 여러 성분을 섞은 **중혼합체**(polyblend)로 서로 다른 폴리머의 좋은 성질만을 이용한다. 최근에는 금속의 합금과 유사한 **혼화성 혼합물**(miscible blend, 2상의 분리 없이 혼합하는 것)이 개발되어 폴리머혼합물이 보다 연성을 갖도록 할 수 있다. 폴리머혼합물은 전체 폴리머 생산량의 20% 정도를 차지한다.

10.2.5 첨가제

폴리머에 특정한 성질을 주기 위해서는 일반적으로 **첨가제**를 가한다. 첨가제는 강성, 강도, 색상, 내후성, 가염성, 전기제품에서의 불똥저항 등을 향상시키고, 후속공정이 쉽도록 폴리머의 특성을 변화시킨다.

1. **충전제**(filler)로는 목재가루(미세한 톱밥), 미세한 실리카분말, 진흙, 운모분말 등과 유리, 석면, 셀룰로오스의 단섬유 등을 보통 사용한다. 충전제는 그 유형에 따라 플라스틱의 강도, 경도, 인성, 마모저항, 치수안정성, 강성 등을 향상시키므로 폴리머와 충전제

의 다양한 혼합비율에 따라 기계적 성질을 극대화시킬 수 있다. 강화플라스틱(10.9절)에서는 충전제와 폴리머사슬 간의 결합성에 따라서 효율이 결정된다. 충전제는 값이 싸기 때문에, 폴리머의 전체적인 가격을 낮추는 데 중요한 역할을 한다.

2. **가소제**(plasticizer)는 폴리머의 유리전이온도를 낮춤으로써 유연성과 연성을 주는 데 사용된다. 가소제로는 비등점이 높고(휘발성이 없음) 분자량이 작은 용제를 사용한다. 가소제는 긴 사슬분자 간의 이차결합력을 약화시켜 폴리머를 연하고 유연성 있게 만든다. 가소제를 사용한 가장 보편적인 것은 PVC(polyvinyl chloride)인데, 다용도로 사용되면서 유연성을 유지한다. 가소제를 이용한 다른 예로는 박판, 필름, 튜브, 샤워커튼, 의복재료 등이 있다.
3. 대부분의 폴리머들은 **자외선**(햇빛)과 산소에 의해 분해되는데, 이들은 일차결합을 약화시키거나 파괴시킴으로써 긴 사슬분자의 분리를 초래한다. 이 경우 폴리머는 분해되고 깨지기 쉬우며 딱딱해진다. 반면에, 플라스틱제품을 폐기할 때는 환경에 노출시켜 분해를 촉진시키는 것이 도움이 된다(10.7.3절의 생분해 플라스틱 참조). 자외선으로부터 보호하는 전형적인 예는 고무를 탄소막(soot)으로 입히는 것이다. 탄소막은 자외선의 대부분을 흡수한다. 산화로 인한 열화, 특히 고온산화에 대해서는 폴리머에 산화방지제를 첨가시킴으로써 보호할 수 있다. 각종 물질을 피복하는 것도 폴리머를 보호하는 방법이다.
4. 플라스틱에 다양한 색상을 낼 수 있는 것은 **색상제**(colorant)를 첨가하기 때문이다. 색상제는 유기물질(염료)일 수도 있고 무기물질(도료)일 수도 있다. 도료는 분산매질로서, 일반적으로 염료보다 온도나 광선에 대한 저항이 강하다. 색상제의 선택은 사용온도와 광선에 노출되는 정도에 따라 정한다.
5. 온도가 충분히 높으면, 대부분의 폴리머는 타게 된다. 폴리머의 **가염성**(flammability, 연소를 지속시키는 능력)은 성분에 따라(염소 및 불소의 양과 같은) 매우 다양하다. 예를 들어, 폴리메틸메타크릴레이트(아크릴)는 일단 불이 붙으면 지속적으로 타는 반면, 폴리카보네이트는 그렇지 못하다. 폴리머의 가염성은 가염성이 덜한 원료로 만들거나, 염소, 브롬, 인의 화합물 같은 **지염제**(flame retardant)를 첨가함으로써 감소시킬 수 있다. 폴리머의 타는 특성은, (1) 불화탄소(즉, 테플론)는 타지 않으며, (2) 카보네이트, 나일론, 비닐클로라이드 등은 타지만 자체적으로 꺼지고, (3) 아세탈, 아크릴, ABS, 폴리에스터, 폴리프로필렌, 스티렌 등은 타면서 자체적으로 꺼지지 않는 것으로 구분된다.
6. 폴리머를 유용한 제품으로 만드는 후속가공 시 마찰을 감소시키거나 제품이 주형에 부착되는 것을 막기 위해 **윤활제**를 첨가한다. 윤활제는 얇은 폴리머 필름이 서로 붙는 것을 막는 데도 중요하다(제4장 참조).

10.3 열가소성 플라스틱: 거동과 성질

서로 이웃한 긴 사슬분자 간의 결합(이차결합)은 분자 내의 공유결합(일차결합)보다 훨씬 약하다고 하였다. 플라스틱의 전반적인 강도는 이차결합력에 따라 결정되고, 선형폴리머나 분지폴리머는 상대적으로 이차결합력이 약하다. 유리전이온도 T_g 혹은 용융온도 T_m 보다 온도를 더 높이면, 폴리머를 원하는 모양으로 성형하여 만들기 쉬워진다. 이는 온도를 높이면 긴 사슬분자의 열진동으로 인해, 이웃한 사슬분자 간의 운동이 원활해져서 이차결합력이 약해지기 때문이다. 플라스틱을 성형한 후에 온도를 다시 낮추면 원래의 강도와 경도를 회복하는 **가역과정**을 겪는다. 하지만 폴리머를 가열하고 냉각하는 과정을 반복하면 재료의 성질이 저하되는 **열화**(劣化, degradation), 즉 열시효(thermal aging)를 일으킬 수 있다.

이러한 거동을 보이는 폴리머를 **열가소성 플라스틱**(thermoplastics)이라고 하며, 아크릴, 셀룰로오스, 나일론, 폴리에틸렌, PVC 등이 이에 속한다. 열가소성 플라스틱의 거동에 가장 크게 영향을 주는 공정변수는 온도와 변형속도이다. 대부분의 폴리머는 유리전이온도 이하에서 **유리성**(딱딱하고 깨지기 쉬운)이고 탄성체처럼 거동한다. 유리성 영역에서 응력과 변형률의 관계는 다음과 같이 선형적으로 나타낼 수 있다.

$$\sigma = E\epsilon \tag{10.1}$$

폴리머로 비틂시험을 하는 경우에는 다음과 같은 관계를 얻는다.

$$\tau = G\gamma \tag{10.2}$$

유리성 거동은 폴리머의 탄성계수와 같은 강성을 갖는 스프링으로 설명할 수 있다(그림 10.7a 참조). 이 경우에는 시각 t_1에서 하중을 제거하면 변형률이 완전히 회복된다. 폴리머에 응력을 가한 후, 그 크기를 증가시키면 실온에서 유리가 깨지듯이 플라스틱도 파괴된다. 플라스틱의 기계적 성질을 나타낸 표 10.1에 따르면, 열가소성 플라스틱의 강성은 금속에 비해 수십분의 일, 인장강도는 수분의 일 정도이다(표 2.1 참조). 일부 열가소성 및 열경화성 플라스틱에 대한 전형적인 응력-변형률 곡선을 그림 10.8에 나타내었다. 각 플라스틱은 강성(딱딱함), 연성(부드러움), 취성(깨짐), 유연성 등으로 구분되는 재료의 거동에 있어서 각기 다른 성질을 보이고 있다. 플라스틱도 금속처럼 피로와 크리프 현상을 겪는다.

열가소성 플라스틱의 주요 특성은 다음과 같다.

1. **온도와 변형속도의 영향.** 온도가 열가소성 플라스틱의 강도와 탄성계수에 주는 영향은 금속의 경우와 유사하다(2.2.6절과 2.2.7절 참조). 즉, 온도가 증가하면 강도와 탄성계수는 감소하고, 인성은 증가한다(그림 10.9 참조). 온도가 충격강도에 주는 영향을 그림 10.10에 나타내었으며, 각 폴리머 간에는 충격강도에 큰 차이가 있음을 볼 수 있다.

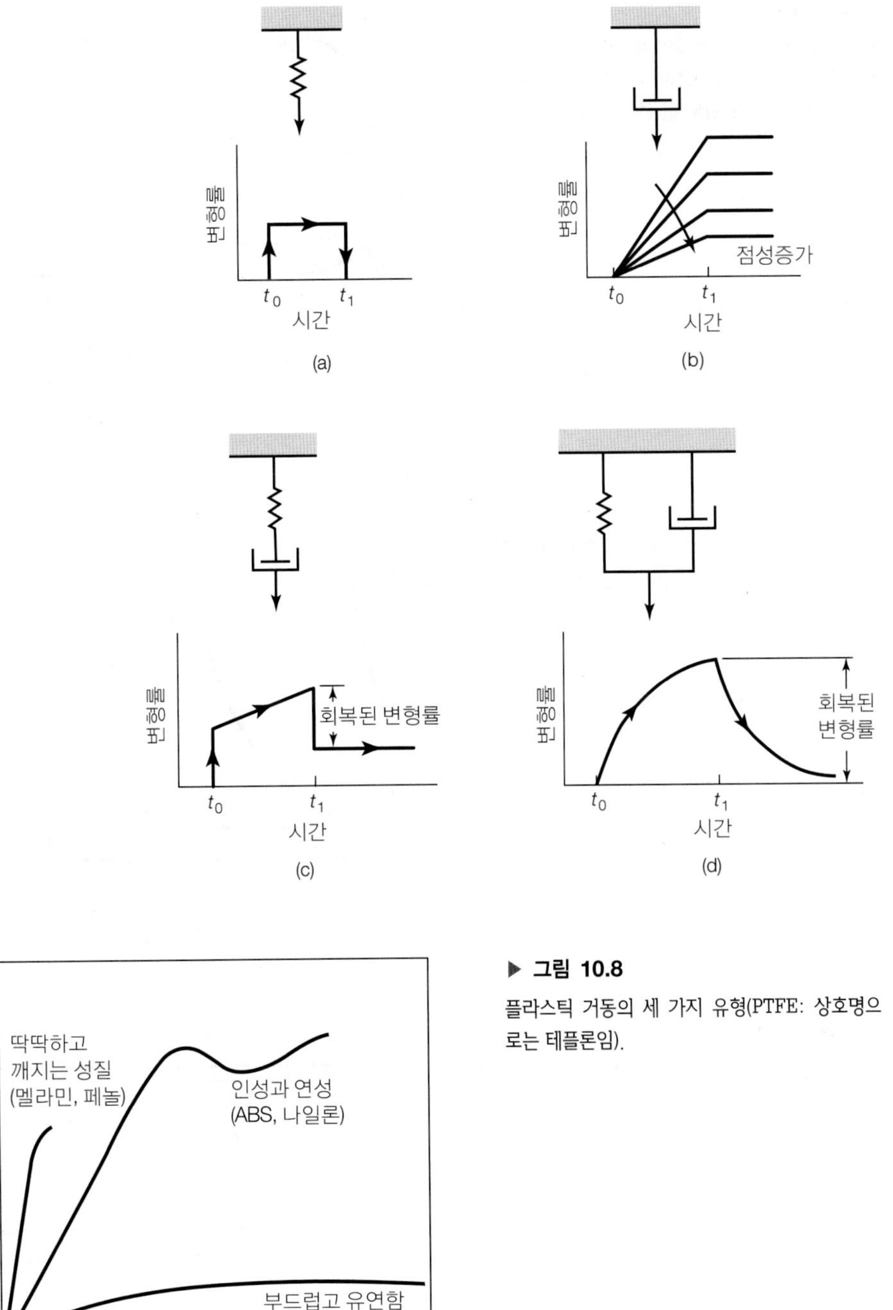

▶ 그림 10.7

폴리머의 변형모드: (a) 탄성, (b) 점성, (c) 점탄성 (Maxwell 모델), (d) 점탄성(Voigt-Kelvin 모델).

▶ 그림 10.8

플라스틱 거동의 세 가지 유형(PTFE: 상호명으로는 테플론임).

열가소성 플라스틱의 온도를 T_g 이상으로 올리면 처음에는 가죽상이 되다가 점차 고무상으로 변한 후(그림 10.4 참조), 결국 용융온도 T_m 이상에서는 온도증가에 따라 점도가 감소하는 점성유체가 된다. 이러한 **점탄성**(viscoelastic) **거동**은 스프링과 댐퍼를

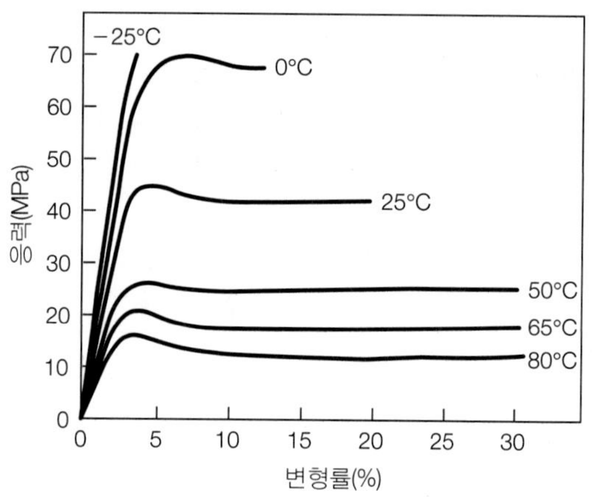

▶ **그림 10.9**

온도가 열가소성 플라스틱인 셀룰로오스 아세테이트의 응력-변형률 곡선에 미치는 영향. 온도가 조금 변하여도 강도 및 연성이 현저히 달라짐.

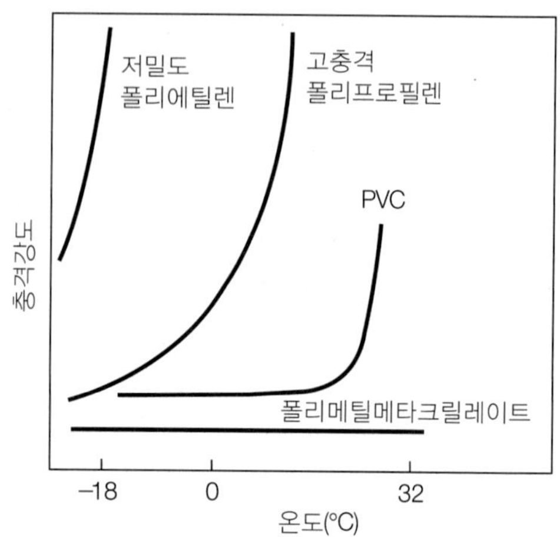

▶ **그림 10.10**

각종 플라스틱에서 온도가 충격강도에 미치는 영향. 온도가 조금 변하여도 충격강도에 큰 영향을 줌.

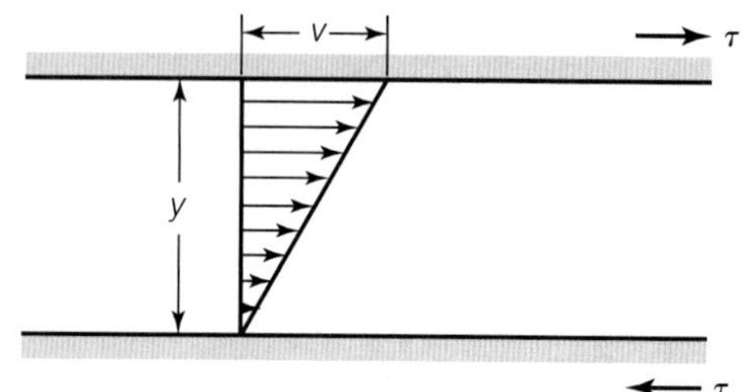

▶ **그림 10.11**

점성계수의 정의에 사용되는 변수(식 (10.3) 참조).

사용하여 맥스웰(Maxwell) 모델(그림 10.7c)과, 캘빈(Kelvin)모델(Voigt 모델이라고도 함. 그림 10.7d)로 표현할 수 있다. 하중이 일정하게 작용할 때, 처음에는 높은 변형률속도로 신장하다가 일정시간 동안은 점성거동을 나타내며 늘어난다(2.8절의 크리프 참조). 점탄성 모델에서는 탄성적으로 늘어난 부분은 가역적이지만(탄성회복), 점성부분은 회복되지 않는다.

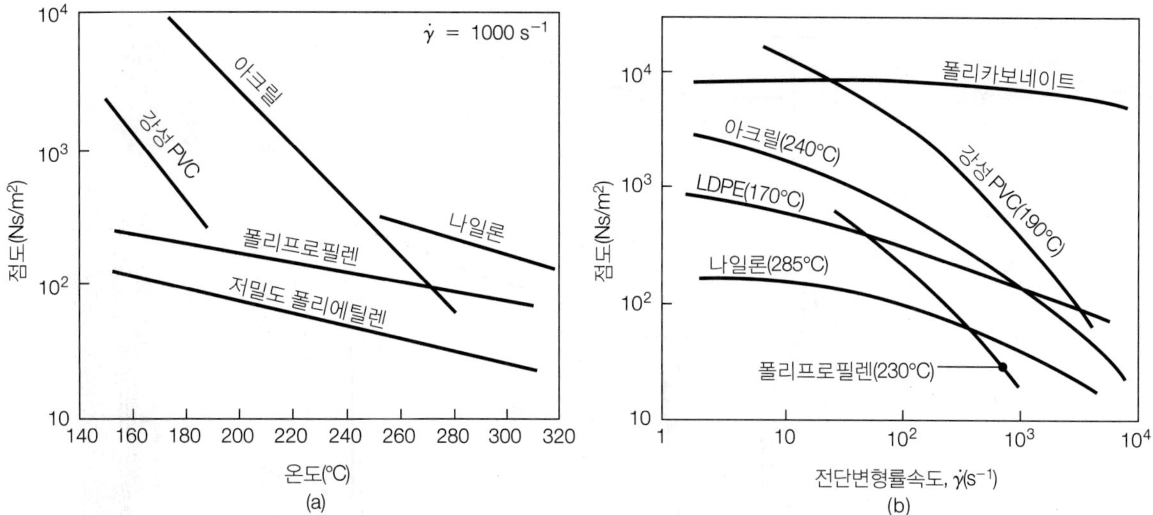

▲ **그림 10.12**
점도의 변화: (a) 온도의 영향, (b) 전단변형률속도의 영향.

점성거동은 η를 점도, dv/dy를 그림 10.11에 나타낸 것과 같은 **전단변형률속도** $\dot{\gamma}$라 할 때, 다음과 같다.

$$\tau = \eta\left(\frac{dv}{dy}\right) = \eta\dot{\gamma} \tag{10.3}$$

전단응력 τ가 전단변형률속도에 비례하면, 이를 **뉴토니안**(Newtonian)**거동**이라고 하며, 이를 따르는 유체를 뉴톤유체라고 한다. 하지만 많은 폴리머의 거동은 뉴톤유체로 근사되지 않으며, 식 (10.3)을 사용하면 실제거동과 매우 다르게 예측된다. 예를 들어, PVC, 폴리에틸렌, 폴리프로필렌 등은 변형률속도가 커지면 점도가 크게 감소한다. 이때 점도를 변형률속도의 함수로 다음과 같이 나타낼 수 있다.

$$\eta = A\dot{\gamma}^{1-n} \tag{10.4}$$

여기서 A는 폴리머의 **일관성지수**(consistency index), n은 **멱법칙지수**(power-law index)이다.

열가소성 플라스틱의 점성거동과 관련한 위의 식들은 다음과 같이 표현한 금속의 변형률속도 민감성과 유사하며(2.2.7절), 뉴토니안거동은 $m = 1$인 경우에 해당된다.

$$\sigma = C\dot{\epsilon}^m \tag{10.5}$$

높은 m 값을 갖는 열가소성 플라스틱은 인장 시 파괴 전까지 **불균일변형량**이 커서 금속과 달리 네킹부분이 매우 길게 확산된다(그림 10.13 참조). 이 특성은 초소성금속의 경우

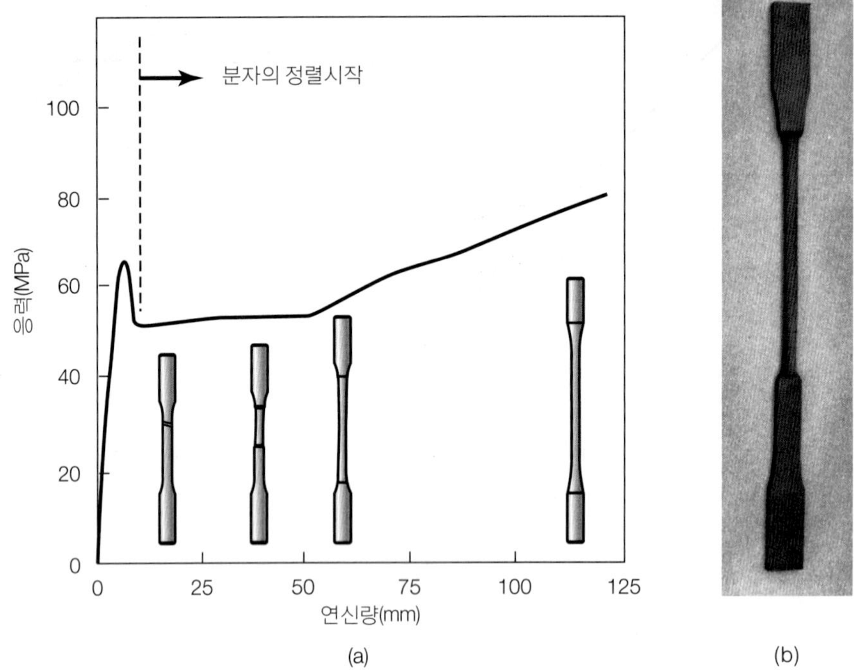

▶ **그림 10.13**

(a) 열가소성 플라스틱인 폴리카보네이트의 하중-연신량 곡선, (b) 불균일변형된 고밀도 폴리에틸렌의 인장 시편.

와 유사하며(2.2.7절에서 서술함), 이를 이용하여 10.10절에 소개된 가공법으로 열가소성 플라스틱을 성형하여 청량음료의 용기(PET, polyethylene terephthalate), 과자나 식육용 포장받침, 신호등 같은 복잡한 형상을 만들 수 있다.

열가소성 플라스틱은 T_g와 T_m 사이의 온도범위에서 분자구조와 결정도에 따라, 그림 10.4에 나타낸 것처럼, 가죽상과 고무상 거동을 동시에 보여준다. 탄성거동에 따른 변형률(e_e)과 점성유동에 의한 변형률(e_v)을 동시에 고려하면, 다음과 같은 **점탄성계수** E_r를 정의할 수 있다.

$$E_r = \frac{\sigma}{(e_e + e_v)} \tag{10.6}$$

점탄성계수는 시간에 따라 변하는 탄성계수를 나타낸다.

폴리머의 점도 η는 분자간 미끄러짐에 대한 저항을 나타내는 척도로서 온도, 분자구조, 분자량, 압력 등에 의존한다. η_o를 물질상수, E를 활성에너지(반응이 개시되는 데 필요한 에너지), k를 볼츠만(Boltzmann)상수(열에너지상수로 13.8×10^{-24} J/K), T를 온도(K)라 할 때, 점도는 다음 식으로 나타낸다.

$$\eta = \eta_o e^{E/kT} \tag{10.7}$$

폴리머의 온도가 높을수록 분자간 운동이 쉬워져서 점도는 작아진다. 점도는 주조 시

용탕의 유동성의 역에 해당한다(5.4.2절 참조). 분자량이 클수록(즉, 사슬의 길이가 길수록) 이차결합수가 많으므로 점도는 커진다. 그러나 분자량 분포의 편차가 크면 짧은 사슬도 많으므로 점도는 감소한다. 압력이 증가하면 폴리머의 결정영역 내의 결정의 실제체적을 제외한 여분의 공간인 **자유체적** 또는 **자유공간**이 감소하게 되므로 점도는 증가한다.

실험결과에 의하면, 유리전이온도 T_g에서 폴리머의 점도 η는 약 10^{12} Pa-s이며, 선형 열가소성 플라스틱의 경우 $\Delta T = T - T_g$라 할 때, 온도와 점도 간의 관계는 대략 다음과 같다.

$$\log \eta = 12 - \frac{17.5\ \Delta T}{52 + \Delta T} \tag{10.8}$$

2. **크리프와 응력완화.** 열가소성 플라스틱은 점탄성거동으로 인해, 2.8절에 설명한 **크리프**와 **응력완화** 현상을 보인다. 그림 10.7b, c, d의 댐퍼모델에서 일정하중이 작용해도 폴리머는 크리프를 일으키며 계속 변형한다. 회복되는 변형률은 스프링의 강성에 해당하는 탄성계수에 의존한다.

   점탄성거동의 맥스웰모델(그림 10.7c)에 따르면, 작용하중에 따른 변형률, 즉 **크리프함수**를 다음과 같이 나타낼 수 있다.

$$\epsilon(t) = \left(\frac{1}{k} + \frac{1}{\eta}t\right)F \tag{10.9}$$

   여기서 k는 스프링상수(선형스프링의 경우, AE/l), η는 댐퍼의 점도, F는 작용하중을 나타낸다. 캘빈모델(그림 10.7d)의 크리프함수는 다음과 같다.

$$\epsilon(t) = \frac{1}{k}\left[1 - e^{-(k/\eta)t}\right]F \tag{10.10}$$

   폴리머에서의 응력완화는 일정시간을 두고 일어나며, 작용변형률 하에서 응력이 점차 감소되는 현상이다. 맥스웰모델(그림 10.7c)의 경우, **완화함수**는 다음과 같다.

$$\sigma(t) = \frac{k\Delta l}{A}e^{-(k/\eta)t} = \frac{k\Delta l}{A}e^{-t/\lambda} \tag{10.11}$$

   여기서 Δl은 연신량, A는 실제단면적이다. $\lambda = \eta/k$는 시간의 단위를 가지면서 응력이 완화되는 정도를 나타내므로 **완화시간**(relaxation time)이라고 한다. 폴리머의 점도와 강성은 모두 온도에 따라 변하므로, 완화시간 역시 온도의 함수이다.

3. **방향성**(orientation). 열가소성 플라스틱을 인장변형시키면, 긴 사슬분자는 인장방향으로 배열한다. 이 결과로 **방향성**이 생기므로, 폴리머도 금속처럼 이방성을 띠게 된다(3.5절 참조). 시편은 수직방향에 비해 인장방향으로 강도 및 강성이 높아진다. 이 현상은 폴리머의 강도와 인성을 향상시키는 중요한 기술이다. 반면에, 방향성으로 인해 수직방

향으로는 강도가 떨어진다.

4. **크레이징**(crazing). 폴리스티렌이나 아크릴 같은 열가소성 플라스틱은 인장응력이나 굽힘을 받을 때, 재료가 쐐기형의 좁은 영역에서 국부적으로 심하게 변형된다. 이 현상을 크레이징이라고 한다. 크레이즈(잔금)는 균열처럼 보이지만 스폰지 같은 다공성상태로 보통 50% 정도의 공극을 갖는다. 시편에 인장하중을 더욱 가하면, 이 공극들이 서로 합해져서 마침내 폴리머는 파단된다. 크레이징은 투명한 유리성 폴리머 및 기타의 유형에서 모두 관찰된다. 용제, 윤활제, 수증기 등이 있는 환경은 크레이즈의 생성을 촉진한다(**환경응력균열** 및 **용제크레이징**). 재료 내의 잔류응력도 폴리머의 크레이징과 균열형성에 영향을 준다. 방사선과 가시광선 역시 폴리머의 강도에 좋지 않은 영향을 준다.

   크레이징과 유사한 현상으로 **응력백색화**(stress whitening)가 있다. 플라스틱이 접힘이나 굽힘에 의해 인장응력을 받으면, 색상이 연해진다. 이 현상은 재료 내부에 미세공극이 생기는 데 기인한다. 그 결과, 재료는 빛을 덜 통과시켜 불투명해진다. 가정용품이나 완구에 사용된 플라스틱부품을 굽혀보면 이러한 현상을 쉽게 볼 수 있다.

5. **흡습성.** 나일론 같은 폴리머의 중요한 한계는 물을 흡수하는 성질이다. 물은 가소제로 작용하여 폴리머가 더욱 소성화되도록 한다. 어떤 의미에서 물은 비정질영역에 있는 사슬을 윤활시킨다. 습기를 많이 흡수함에 따라 폴리머의 유리전이온도, 항복응력, 탄성계수들은 크게 저하하는 것이 보통이다. 습한 환경에서의 흡습으로 인해 치수가 변하는 경우도 있다.

6. **열 및 전기적 성질.** 금속에 비해, 플라스틱은 열 및 전기의 낮은 전도성, 낮은 비중(0.90에서 2.2까지), 비교적 큰 열팽창계수(금속의 수십 배, 표 3.3 참조)로 특징지어진다. 폴리머는 전기전도도가 낮아서 전기전자부품에 많이 사용된다. 하지만 10.7.2절에 설명한 전도성 폴리머도 개발되어 사용된다.

예 10.2 폴리머의 점도를 낮추는 방법

폴리카보네이트를 170°C에서 가공하여 부품을 만들려고 하는데, 점도가 원하는 크기의 두 배라고 한다. 이 폴리머를 가공하는 데 적절한 온도를 구하여라.

풀이 표 10.2로부터 폴리카보네이트의 T_g는 150°C이다. 170°C일 때의 점도는 식(10.8)을 이용하여

$$\log \eta = 12 - \frac{17.5(20)}{52 + 20} = 7.14$$

따라서 $\eta = 13.8$ MPa-s이다. 이 값이 원하는 점도의 두 배라고 했으므로, 원하는 점도는 6.9 Mpa-s이고, 따라서

$$\log(6.9 \times 10^6) = 12 - \frac{17.5(\Delta T)}{52 + \Delta T}$$

에서 $\Delta T = 21.7$이므로, 가공에 적절한 온도는 150 + 21.7 = 171.7°C가 된다. 여기서 온도는 반올림하여 구했으나, 점도는 온도에 매우 민감함에 주의해야 한다.

예 10.3 인장을 받는 열가소성 플라스틱 부재의 응력완화

열가소성 플라스틱 부품이 강체 사이에서 인장을 받으며 5 MPa의 응력을 나타내고 있다. 30분 후에 응력은 처음의 절반으로 감소되었다고 한다. 응력이 처음 값의 1/10로 감소하는 데는 얼마나 걸리는가?

풀이 주어진 자료를 식 (10.11)에 대입하면, $t = 0$, $\sigma = 5$ MPa에 대하여

$$5 = \frac{k\Delta l}{A}e^0 = \frac{k\Delta l}{A}$$

이므로, 이 재료에 대하여 식 (10.11)은 다음과 같이 된다.

$$\sigma(t) = 5e^{-t\lambda}$$

여기에 t = 30분을 대입하면, σ = 2.5 MPa이 되어야 하므로

$$2.5 = 5e^{-(30)/\lambda}, \qquad -\frac{30}{\lambda} = \ln\left(\frac{2.5}{5}\right), \qquad \lambda = 43.3\ [\text{분}]$$

이다. 따라서 σ = 0.5 MPa로 되는 데는

$$\ln\left(\frac{0.5}{5}\right) = -\frac{t}{43.3}$$

즉, t = 99.7분이 걸린다.

10.4 열경화성 플라스틱: 거동과 성질

폴리머의 긴 사슬분자가 삼차원배열에서 다리결합되면, 그 구조는 강력한 공유결합을 하는 하나의 거대분자로 된다. 앞에서 언급했듯이, 이러한 폴리머를 **열경화성 플라스틱**(thermosetting plastics) 또는 **열경화체**(thermosets)라고 하는데, 그 이유는 중합과정 동

안 완전한 망이 만들어져서 제품의 모양이 영구히 정해지기 때문이다. 이 과정을 **경화반응**(curing)이라고 하며, 이는 열가소성 플라스틱의 경우와는 달리 비가역적이다. 열경화성 플라스틱의 온도에 대한 반응은 빵을 굽거나 달걀을 삶는 것에 비유할 수 있다. 구운 빵이나 삶은 달걀을 식힌 후 재가열해도 그 모양에는 변화가 없다.

에폭시, 폴리에스터, 우레탄 같은 열경화성 플라스틱은 실온에서 경화한다. 상온에서 경화가 일어나더라도 반응열로 인해 플라스틱의 경화가 촉진된다. 열경화성 플라스틱은 유리전이온도가 확실하지 않다. 열경화성 플라스틱의 중합화과정은 보통 두 단계로 일어난다. (1) 첫 번째 단계는 분자가 부분중합하여 선형사슬로 되는 화학적 성장단계이다. (2) 두 번째 단계는 제품이 금형 속에서 성형되는 동안 가열, 가압되어 다리결합이 완료되는 제품형성단계이다(10.10절 참조).

열경화성 플라스틱의 강도 및 경도는 결합성으로 인해 열가소성 플라스틱과 달리 온도나 변형속도의 영향을 받지 않는다. 열경화성 플라스틱의 전형적인 예는 **페놀수지**인데, 이것은 페놀과 포름알데히드 간의 반응으로 생기는 물질이다. 이 폴리머로 만들어지는 제품은 주방용기의 손잡이, 전등 스위치부품, 콘센트 등이다. 열경화성 플라스틱은 일반적으로 열가소성 플라스틱보다 우수한 기계적, 열적, 화학적 성질과 전기저항, 치수안정성을 갖는다(10.6절 참조). 그러나 너무 높은 온도에서 열경화성 플라스틱은 타기 시작하고, 열화(劣化)되며, 눋게 된다.

10.5 열가소성 플라스틱: 종류와 용도

이 절에서는 주요 열가소성 플라스틱의 일반적 특성과 전형적인 용도를 플라스틱제품의 가공 및 사용 시의 기능과 연관지어 개략적으로 설명한다. 플라스틱을 사용함에 있어서의 일반적인 추천안을 표 10.3에 나타내었다.

1. **아세탈**(acetal, 알데히드와 알코올의 응축중합 생성물)은 강도 및 강성이 있고, 크리프, 마모, 습기, 열, 화학물질 등에 대한 저항성이 좋다. 장시간에 걸쳐 고성능을 낼 수 있는 기계류 및 부품에 사용된다(베어링, 캠, 기어, 부싱, 롤러, 임펠러, 마모면, 파이프, 밸브, 샤워꼭지, 하우징 등). 델린(Delrin)이라는 상품명으로도 불린다.
2. **아크릴**(PMMA, polymethylmethacrylate)은 적절한 강도와 좋은 광학적 성질 및 내후성을 갖는다. 아크릴은 투명하지만 불투명하게도 만들 수 있으며, 화학물질에 대한 저항성이 있는 편이고, 전기저항이 높다. 렌즈, 점등표지, 전시물, 판유리, 차광판, 투명한 돔, 자동차의 렌즈, 유리창, 표시등, 가구에 쓰인다.
3. **ABS**(acrylonitrile-butadien-styrene)는 치수안정성과 강성이 있으며, 충격, 마모, 화학적 저항성이 있고 양호한 강도, 인성, 저온성질, 전기저항을 갖고 있다. 사용되는 곳은

표 10.3 플라스틱제품의 일반적 용도

설계요건	용도	플라스틱 종류
기계적 강도	기어, 캠, 롤러, 밸브, 팬 블레이드, 임펠러, 피스톤	아세탈, 나일론, 페놀, 폴리카보네이트, 폴리에스터 폴리프로필렌, 에폭시, 폴리이미드
내마모성	기어, 마모방지용 라이너, 베어링, 부싱, 롤러스케이트 바퀴	아세탈, 나일론, 페놀, 폴리이미드, 폴리우레탄, 초고분자량 폴리에틸렌
마찰특성: 높은 경우	타이어, 미끄럼방지면, 신발, 바닥재	탄성중합체, 고무
낮은 경우	미끄럼 면, 인공관절	불화탄소, 폴리에스터, 폴리에틸렌, 폴리이미드
전기저항	모든 종류의 전기부품 및 장비, 가전제품, 전기 고정구	PMMA, ABS, 불화탄소, 나일론, 폴리카보네이트, 폴리에스터, 폴리프로필렌, 우레아, 페놀, 실리콘, 고무
화학저항	화학물질 용기, 실험실 장비, 화학산업 부품, 식음료용기	아세탈, ABS, 에폭시, PMMA, 불화탄소, 나일론, 폴리카보네이트, 폴리프로필렌, 우레아, 실리콘
열저항	가전제품, 주방용기, 전기부품	불화탄소, 폴리이미드, 실리콘, 아세탈, 폴리술폰, 페놀, 에폭시
기능성 및 장식용	핸들, 손잡이, 카메라 및 배터리 케이스, 트림 몰딩, 파이프 연결부	ABS, 아크릴, 셀룰로오스, 페놀, 폴리에틸렌, 폴리프로필렌, 폴리스티렌, PVC
기능성 및 투명성	렌즈, 물안경, 안전유리, 신호판, 식품처리장비, 실험실 도구	아크릴, 폴리카보네이트, 폴리스티렌, 폴리술폰
하우징 및 속빈 형상	동력공구, 하우징, 스포츠 헬멧, 전화기	ABS, 셀룰로오스, 페놀, 폴리카보네이트, 폴리에틸렌, 폴리프로필렌, 폴리스티렌

파이프, 부속품, 배관부품(크롬도금하여 사용), 헬멧, 공구손잡이, 자동차부품, 보트선체, 전화기, 화물상자, 주택, 가전제품, 냉장고내벽, 장식용 패널 등이다.

4. **셀룰로오스**(cellulosic)는 성분에 따라 광범위한 기계적 성질을 갖고 있다. 이들은 강성, 강도, 인성이 있게 만들어질 수도 있으나, 내후성이 약하고 열과 화학물질에 쉽게 영향을 받는다. 사용되는 곳은 공구손잡이, 필기용구, 손잡이, 안경테, 보안경, 기계의 안전판, 헬멧, 튜브와 파이프, 조명기구, 용기, 운전대, 포장백, 표지판, 당구공, 완구, 장식용 패널 등이다.
5. **불화탄소**(fluorocarbon)는 온도, 화학물질, 기후, 전기에 대한 저항성이 좋다. 그리고 특유의 비점착성과 저마찰특성을 갖고 있다. 화학공정설비의 내벽, 주방용기의 눌어붙지 않는 코팅, 고온 전선이나 케이블의 절연체, 개스킷, 저마찰면, 베어링, 밀봉재 등에 사용된다. 테플론(Teflon)이라는 상품명으로 알려져 있다.
6. **폴리아미드**(polyamide; *poly*, *am*ine, carboxyl a*cid*의 합성어)에는 두 종류가 있다.
   (1) **나일론**은 기계적 성질이 양호하고 마모저항이 좋으며, 자체윤활성과 대부분의 화학물질에 대한 저항성을 갖고 있다. 모든 나일론은 흡습성이 있다. 흡습으로 인해 기계적 성질이 저하되고 제품의 치수가 증가한다. 사용되는 곳은 기어, 베어링, 부싱, 롤러, 체결부품, 지퍼, 전기부품, 빗, 튜브, 내마모면, 가이드, 수술용구 등이다.
   (2) **아라미드**(*ar*omatic poly*amides*)는 인장강도와 강성이 매우 높다. 강화플라스틱(복합재료)에 쓰이는 섬유, 방탄조끼, 케이블, 레이디얼 타이어 등에 쓰인다. 케블라

(Kevlar)라는 상품명으로 알려져 있다.

7. **폴리카보네이트**(polycarbonate)는 양호한 기계적, 전기적 성질로 인해 용도가 넓다. 이는 충격저항이 매우 좋고 화학물질에 안정하다. 보통 사용되는 곳은 안전헬멧, 광학렌즈, 방탄용 창유리, 표지판, 병, 식품처리설비, 유리창, 베어링, 전기부품, 절연체, 의료기, 사무기 부품, 기계의 안전판, 치수안정성이 요구되는 제품 등이다. 렉산(Lexan)이라는 상품명으로도 불린다.
8. **폴리에스터**(polyester, 열경화성은 10.6절 참조)는 양호한 기계적, 전기적, 화학적 성질을 갖고, 마모저항이 좋으며 마찰이 작다. 기어, 캠, 롤러, 부하지지용 베어링의 부품, 펌프, 전기기계류의 부품 등에 사용된다.
9. **폴리에틸렌**은 전기적, 화학적 성질이 좋으며, 기계적 성질은 성분과 구조에 따른다. 저밀도(LDPE), 고밀도(HDPE), 초고분자량(UHMWPE)의 세 가지 등급이 있다. LDPE는 가정용품, 병, 쓰레기통, 관, 범퍼, 화물상자, 완구, 튜브 등에 사용되고, HDPE는 기계류의 부품, 벨트, 끈, 내마모면, 썰매, 카누, 캠퍼지붕에 쓰이며, UHMWPE는 고충격에 대한 인성과 마모저항이 필요한 부품(예: 인공무릎이나 고관절)에 사용된다.
10. **폴리이미드**(polyimide)는 열가소성 플라스틱의 구조를 갖지만 열경화성 플라스틱의 녹지 않는 특성을 가진다(10.6절 참조).
11. **폴리프로필렌**(PP, polypropylene)은 기계적, 전기적, 화학적 성질이 좋고 찢어짐에 대한 저항이 우수하다. 사용되는 곳은 자동차의 외장 및 부품, 의료기, 가전제품 부품, 전선의 절연재, TV장, 파이프, 가구류, 컵, 유가공제품 및 주스의 용기, 화물상자, 로프, 창틈마개 등이다.
12. **폴리스티렌**(polystyrene)은 저렴하고 보통 정도의 성질을 가지며, 약간 취성이 있는 편이다. 사용되는 곳은 일회용 용기, 포장; 육류, 과자, 캔디 등의 받침; 절연체, 가전제품, 자동차 및 TV/라디오의 부품, 가정용품, 완구 및 가구의 부품(목재의 대용품으로) 등이다.
13. **폴리술폰**(polysulfone)은 열, 물, 증기에 대하여 매우 우수한 저항성을 갖고, 일부 화학물질에 대한 저항성이 매우 높지만, 유기용제에는 약하다. 증기다리미, 커피제조기, 온수용기, 살균을 요하는 의료용기, 동력공구 및 가전제품의 하우징, 항공기 객실의 내장, 절연체에 사용된다.
14. PVC(polyvinyl chloride)는 다양한 성질을 가지며, 저렴하고 내수성이 있다. 강성을 조절하여 만들 수 있으나 강도나 열저항을 요하는 곳에는 부적합하다. 강성 PVC는 인성이 있고 딱딱하다. 강성 PVC는 파이프나 도관 같은 건설업계 용품, 자동차 앞유리, 표지판 등에 쓰이고, 연성 PVC는 전선 및 케이블의 피복, 저압용 유연튜브 및 호스, 신발류, 인조가죽, 융단, 음반, 개스킷, 밀봉재, 외장, 필름, 박판, 코팅 등에 사용된다.

10.6 열경화성 플라스틱: 종류와 용도

이 절에서는 주요 열경화성 플라스틱의 일반적 특성과 용도에 대하여 소개한다.

1. **알키드**(alkyds, 알코올을 뜻하는 *alkyl*과 산(*acid*)의 합성어)는 전기절연성, 충격저항, 치수안정성이 양호하고, 흡습성이 낮다. 전기 및 전자 부품에 주로 쓰인다.
2. **아미노**(aminos, **우레아**와 **멜라민**)는 경도와 강성이 있으며, 마모, 크리프, 전기방전에 대한 저항이 있다. 보통 사용되는 곳은 소형 전기제품의 하우징, 카운터탑, 핸들, 배전반의 뚜껑 등이다. 우레아(urea)는 전기 및 전자 부품에 사용되고, 멜라민(melamine)은 식기에 쓰인다.
3. **에폭시**(epoxy)는 기계적 및 전기적 성질, 치수안정성이 뛰어나고, 강력한 접착력과 열과 화학물질에 대한 저항성이 좋다. 기계적 강도와 고절연성을 요하는 전기부품, 공구 및 다이, 접착제 등에 보통 사용된다. 섬유강화 에폭시(10.9절 참조)는 우수한 기계적 성질로 인해 압력용기, 로켓추진장치 케이스, 탱크 및 유사한 구조물에 사용된다.
4. **페놀수지**는 취성이 있으나, 강성이 높고 치수안정성이 있으며, 열, 물, 전기, 화학물질 등에 대한 저항성이 높다. 보통 쓰이는 곳은 손잡이, 핸들, 적층판, 전화기, 연삭숫돌 결합제, 전선부품, 연결부품(커넥터), 절연체 등의 전기부품이다.
5. **폴리에스터**(열가소성은 10.5절 참조)는 기계적, 화학적, 전기적 성질이 양호하다. 폴리에스터는 대개 유리 또는 다른 섬유로 보강되어 사용된다. 사용되는 곳은 보트, 화물상자, 의자, 자동차 차체, 수영장, 찢어지지 않는 옷, 종이재료, 장식품 등이다. 이 재료는 주형수지로도 쓸 수 있다.
6. **폴리이미드**는 고온에서도 양호한 기계적, 물리적, 전기적 성질을 갖고 있다. 또한 크리프저항과 저마찰특성 및 저마모특성도 갖고 있다. 폴리이미드는 열가소성 플라스틱의 구조를 갖지만 열경화성 플라스틱의 녹지 않는 특성을 갖는다. 펌프부품(베어링, 밀봉재, 밸브면, 리테이너링, 피스톤 링), 고온용 전기 연결부품, 항공기부품, 고강도 충격저항 구조물, 스포츠용품, 구명조끼 등에 사용된다.
7. **실리콘**(silicone, 규소(silicon)와 구별할 것)의 성질은 조성에 따른다. 일반적으로 광범위한 습도 및 온도, 기후의 범위에서 전기적 성질이 우수하고, 화학물질과 열에 대한 저항이 뛰어나다(10.8절 참조). 고온에서 강도를 요하는 전기부품, 오븐용 개스킷, 열 밀봉재, 방수재료에 사용된다.

10.7 고온용 폴리머, 전도성 폴리머, 생분해 플라스틱

이 절에서는 중요한 세 가지 폴리머의 개발에 대하여 설명한다.

10.7.1 고온용 폴리머(high-temperature polymer)

폴리머 및 폴리머혼합물을 고온용, 특히 항공우주산업에서 사용할 수 있게 되었다. 금속의 경우처럼(3.11.6절의 티타늄합금의 경우), 폴리머의 내열성으로 고온에서는 단기간, 보다 저온에서는 장기간 사용할 수 있다. 단기간용 폴리머는 마모, 용융, 증발되어 열을 소산시키는 **융제재료**(ablative material)에 사용되며, 페놀-실리콘 혼성폴리머가 수천도의 온도에 노출되는 로켓이나 미사일 부품으로 사용된다. 장기간용 폴리머는 최고온도 260°C까지 사용가능하다. 고온용 열가소성 플라스틱으로는 불소를 포함하는 열가소성 플라스틱, 폴리케톤, 폴리이미드가 있다. 고온용 열경화성 플라스틱에는 페놀수지, 에폭시수지, 실리콘기 열경화성 플라스틱, 페놀-유리섬유계가 있다.

10.7.2 전도성 폴리머(electrically conducting polymer)

금속분말, 소금, 옥화물(iodide) 같은 불순물을 **미량첨가**(doping)시킴으로써 폴리머의 전기전도성을 증가시킬 수 있다. 폴리머의 전도성은 수분을 흡수하거나 방사선을 쪼임으로써 바꿀 수도 있다. 전도성 폴리머가 사용되는 곳은 미소전자장치, 충전배터리, 커패시터, 연료전지, 촉매, 연료계 센서, 성에제거판, 정전기방지 코팅, 표면실장기술에 필요한 전도성 접착제(12.14.4절 참조) 등이다.

10.7.3 생분해 플라스틱(biodegradable plastic)

현재 생산되는 전체 플라스틱제품의 1/3 가량은 병, 포장재, 쓰레기봉투 같은 일회용(폐기용) 제품으로, 이들 폐기물은 부피기준으로 고형 쓰레기의 10%를 차지한다. 플라스틱의 사용은 점차 늘어가고, 일회용 플라스틱제품에 대한 환경문제와 쓰레기 매립지의 제한문제로 생분해 플라스틱의 개발에 많은 노력을 기울이고 있다.

대부분의 플라스틱은 전통적으로 (1) 재생되지 않도록 천연자원을 사용하고, (2) 생분해되지 않으며, (3) 재활용이 까다로운 합성폴리머로 만들어왔다. **생분해성**(biodegradability)이란 토양이나 물 속에 있는 미생물에 의해 적절한 환경조건에서 유독한 부산물을 만들지 않고 폴리머재료의 일부나 전체가 완전히 분해되는 것을 의미한다(1.4절의 생물주기 참조). 생분해된 결과로서의 최종산물은 이산화탄소와 물이다. 재료를 구성하는 성분이 다양하기 때문에, 생분해 플라스틱이라도 진정한 의미로 생분해되는 것은 일부에 해당한다.

현재 세 가지 종류의 생분해 플라스틱이 개발되어 있다. 이들 재료는 다양한 분해소요기간(몇 개월에서 몇 년까지)과 각기 다른 분해특성을 갖고 있다.

1. **녹말기-생플라스틱**(starch-based bioplastics)은 생산능력의 측면에서 보면 가장 앞서있는 종류이다. 감자, 밀, 쌀, 옥수수의 녹말립을 분말로 가공한 후, 가열하여 끈적끈적한

액체로 만들고, 생플라스틱재료에 특정 성질을 주기 위해 각종 결합제와 첨가제를 혼합시킨다. 이 액체를 냉각시켜 펠릿 형태로 만들어서 10.10절에 설명한 일반 플라스틱 가공기계에서 가공한다.

2. **유산기-생플라스틱**(lactic-based bioplastics)은 옥수수나 다른 곡물을 발효시켜 유산을 만든 후, 중합시켜 폴리에스터 수지를 만든다.
3. **설탕** 곡물에 **유기산**을 첨가시켜 특별히 개발된 공정에서 중합반응을 일으켜서 결정도와 강성이 매우 높은 폴리머를 만든 후, 석유로부터 만든 폴리머와 유사하도록 후속공정을 거친다.

각종 농업쓰레기, 식물 탄수화물, 식물 단백질, 식물성 기름 등을 활용하여 완전하게 생분해되는 플라스틱을 만들려는 수많은 노력이 지속되고 있다. 그 활용 예는 다음과 같다.

- 쌀알이나 밀가루 같은 곡물로 일회용 식탁식기류(접시, 나이프, 포크 등) 대체
- 감자, 밀, 쌀, 옥수수에서 추출한 녹말로 플라스틱 제조
- 커피원두나 쌀겨를 고온고압에서 수분을 제거하고 성형하여 플라스틱부품 제조
- 의료용 및 수술용으로 수용성 혹은 퇴비성 폴리머 사용
- 해양생물 및 야생동물에 영향을 주지 않고, 하수도나 해양에서 녹는 음식 및 음료 용기 (감자녹말, 석회석, 셀룰로오스, 물로 구성)

생플라스틱의 장기간에 걸친 성능, 제품으로서의 수명주기와 매립지에서의 분해주기 등은 아직 완전히 검증되지 않았다. 또한 생분해만을 강조하면 플라스틱의 재활용문제에 대한 관심이나 재료 및 에너지의 절약에 대한 노력을 왜곡시킬 소지가 있다. 현시점에서의 문제는 생분해 폴리머의 가격이 합성폴리머의 가격보다 훨씬 비싸다는 사실이다. 따라서 옥수수, 밀, 쌀, 콩의 껍데기 같은 농업쓰레기를 주성분으로 하고 생분해 폴리머를 보조성분으로 하는 혼합물이 매력적인 대안으로 떠오르고 있다.

■ **재활용** 플라스틱을 재활용하여 자동차차체 부품, 포장재, 농업용 구조재와 같은 다양한 제품에 사용하는 경우가 늘고 있다. 플라스틱 제품에는 재활용가능하다는 화살표 삼각형 안에 1-PETE(폴리에틸렌), 2-HDPE(고밀도 폴리에틸렌), 3-V(비닐), 4-LDPE(저밀도 폴리에틸렌), 5-PP(폴리프로필렌), 6-PS(폴리스티렌), 7-기타 등의 표시를 한다.

10.8 탄성중합체(고무)

고무라는 말과 탄성중합체(elastomer)라는 말은 보통 같은 뜻으로 사용된다. 탄성중합체는 하중이 제거되었을 때, 시간을 두고 본래의 모양과 크기로 복원되는 기능을 가진 재료를 일컫는 반면, **고무**는 대변형 후 신속하게 복원되는 기능을 가졌음을 지칭한다. 탄성

(elastic)과 단위체(mer)의 합성어인 탄성중합체는 비정질폴리머 군으로, (1) 낮은 유리전이온도를 갖고, (2) 찢어지지 않고 큰 탄성변형을 겪을 수 있으며, (3) 연하고, (4) 탄성계수가 낮다. 탄성중합체의 구조는 심하게 **꼬인 구조**로(빽빽하게 꼬여 있거나 뒤틀려 있음), 하중을 받으면 늘어나지만 하중이 제거되면 원래 모양으로 되돌아온다(그림 10.14 참조). 중합과정에서 다리결합도 일어나며, 대표적인 예로는 고온에서 고무에 황으로 **가황처리**(vulcanization, 로마신화에 나오는 불의 신인 Vulcan에서 유래)하는 것으로, 이는 1839년에 Charles Goodyear에 의해 발견되었다. 탄성중합체가 일단 다리결합을 이루면 더 연해지거나 다른 모양으로 바뀔 수 없는 예로서, 하나의 거대분자인 자동차 타이어를 들 수 있다.

탄성중합체의 경도는 듀로미터(durometer)로 측정하며(2.6.7절 참조), 분자사슬에 다리결합이 늘어날수록 경도는 증가한다. 탄성중합체도 플라스틱과 마찬가지로 특정 성질을 주기 위해 다양한 첨가제를 혼합한다. 탄성중합체는 중요한 용도로 사용되는데, 고마찰 및 미끄럼방지면, 부식 및 마모방지용 보호막, 전기절연재, 방충격재 및 방진재 등이 그 예이다. 제품의 예로는 타이어, 호스, 창틈마개, 신발류, 라이닝, 개스킷, 밀봉재, 인쇄용 롤, 바닥재 등이 있다.

탄성중합체의 한 가지 특성은 늘어남과 줄어듦에 있어서의 이력(히스테리시스)손실이다. 그림 10.14에서 시계방향으로의 하중경로는 에너지손실을 나타내며, 기계에너지가 열로 바뀐다. 이 성질은 진동에너지의 흡수(감쇠)나 방음에 대단히 유용하다.

탄성중합체의 종류는 다음과 같다.

1. **천연고무**(natural rubber). 천연고무는 열대식물의 목피 안쪽에서 얻어지는 우유처럼 생긴 **라텍스**(latex)가 기본성분이다. 마모와 피로저항이 높고 고마찰특성을 갖지만, 기름, 열, 오존, 햇빛에 약하다. 타이어, 밀봉재, 신발굽, 커플링, 엔진마운트에 보통 사용된다.
2. **합성고무**(synthetic rubber). 합성고무는 천연고무에 비해 열, 휘발유, 화학물질, 고온에 대한 저항성이 좋다. 예로는 합성천연고무, 부틸, 스티렌-부타디엔, 폴리부타디엔, 에틸렌프로필렌이 있다. 기름에 대한 저항성이 있는 합성고무의 예로는 네오프렌, 니트릴, 우레탄, 실리콘이 있다. 합성고무가 쓰이는 곳은 타이어, 충격흡수기, 밀봉재, 벨트 등이다.

▶ 그림 10.14

고무의 하중-연신량 곡선. 하중 및 제하 경로를 나타내는 시계방향의 폐곡선은 이력(히스테리시스)손실을 나타내며, 이력현상을 이용하여 고무는 자동차 타이어나 공작기계의 진동흡수 받침에 사용되어 에너지소산, 진동완화, 충격흡수 역할을 한다.

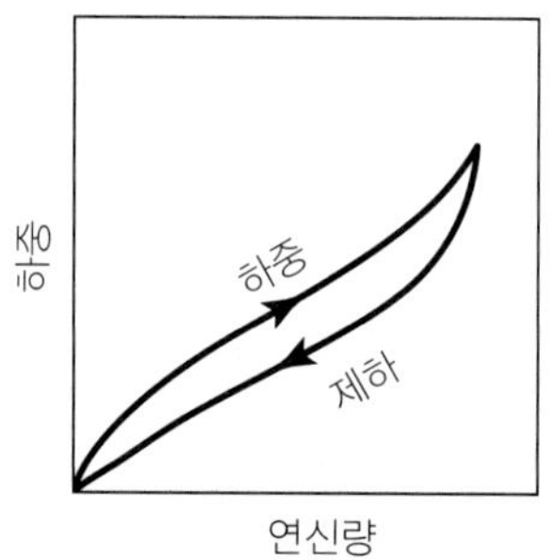

3. **실리콘.** 실리콘(10.6절 참조)은 탄성중합체 중에서 최고인 315°C의 고온까지 유용하게 쓰이나, 강도 및 내마모성, 기름에 대한 저항성은 다른 탄성중합체보다 못하다. 밀봉재, 개스킷, 열절연재, 고온용 전기스위치, 각종 전자부품에 주로 쓰인다.
4. **폴리우레탄.** 강도, 강성, 경도가 높고, 탁월한 내마모성, 절단이나 찢어짐에 대한 저항성 등이 전반적으로 매우 양호한 성질을 갖고 있다. 보통 사용되는 곳은 밀봉재, 개스킷, 쿠션, 금속판재의 고무성형용 다이아프램(7.5.3절), 범퍼 같은 자동차차체 부품 등이다.

10.9 강화플라스틱

그림 10.15에 나타낸 강화플라스틱(reinforced plastics, **복합재료**)은 공업재료에서 가장 중요한 재료의 하나로, 몇 가지 점에서 일반 재료에 비해 탁월한 성능을 갖고 있다. **복합재료**는 화학적으로 상이한 두 가지 이상의 재료가 조합된 것으로, 상호 용해되지 않는 상으로 존재하면서 각 성분이 따로 사용될 경우보다 성질 및 구조적 성능이 우수한 재료라고 정의된다. 플라스틱은 금속재료에 비해 기계적 성질(특히 강도, 강성, 크리프저항)이 떨어지지만, 각종 강화재(reinforcements)를 섞어 강화플라스틱으로 만듦으로써 이들 성질을 향상시킬 수 있다. 표 10.1에 나타낸 것처럼, 강화재는 플라스틱의 강도, 강성, 크리프저항을 향상시키며, 특히 비강도(중량 대비 강도)와 비강성(중량 대비 강성)을 높인다. 강화플라스틱은 항공기, 우주선, 해양구조물, 배관, 전자제품, 자동차, 보트, 사다리, 스포츠용품 등에 다양하게 사용된다.

가장 오래된 복합재료의 예는 기원전 4000년경으로 거슬러 올라가서 진흙에 짚을 섞어

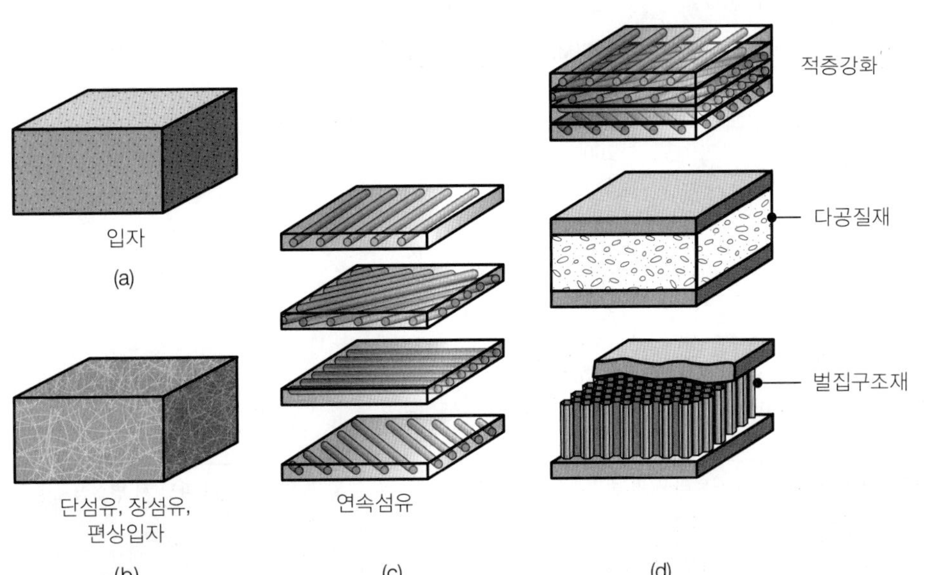

▶ **그림 10.15**
강화플라스틱의 유형: (a) 입자강화, (b) 단섬유, 장섬유, 편상입자 강화, (c) 연속섬유강화, (d) 적층강화 및 다공질재나 벌집구조재의 샌드위치복합재 구조.

만든 진흙막사와 건축용 벽돌을 들 수 있다. 이때 사용된 짚은 강화재이며, 진흙은 모재(matrix)에 해당한다. 복합재료의 또 다른 예는 1800년대에 사용되기 시작한 것으로, 석조물이나 콘크리트를 철봉으로 강화한 것이다. 실제로, 콘크리트는 그 자체로 시멘트, 모래, 자갈을 포함하는 복합재료이다. 콘크리트만으로는 취약하고 인장강도가 거의 없기 때문에, 강화콘크리트에서는 철봉이 복합재료에 필요한 인장강도를 담당한다.

10.9.1 강화플라스틱의 구조

강화플라스틱은 그림 10.15에 나타낸 것처럼 **섬유**(불연속 또는 분산된 상)와 **플라스틱모재**(연속된 상)로 구성된다. 강화섬유로는 유리, 탄소, 아라미드, 보론이 사용된다. 이들 섬유는 강하고 강성이 있으며(표 10.4), 그림 10.16에 나타낸 것처럼 높은 비강도와 비강성을 갖고 있다. 그러나 강화섬유는 일반적으로 취약하고 마모되기 쉬우며 인성이 떨어지므로, 그 자체로는 구조용 가치가 별로 없다. 플라스틱모재는 강화섬유보다 강도 및 강성이 떨어지나, 인성이 높다. 따라서 강화플라스틱은 두 성분의 장점만을 조합한 것이다(표 10.5 참조).

강화플라스틱은 높은 비강도 및 비강성 외에도 강화되지 않은 플라스틱에 비해 높은 피로저항, 인성, 크리프저항을 보인다. 이러한 구조는 비교적 쉽게 설계, 제작, 보수된다. 강화플라스틱에서 섬유의 함량은 체적분율로 10~60% 정도이다. 실제로, 사용가능한 최고 함량은 65%이며, 이보다 높은 경우에는 구조적 성질이 떨어진다. 강화플라스틱에 한 가지 이상의 섬유가 사용된 경우에는 **혼성형**(hybrid)이라고 하며, 보다 양호한 성질을 나타낸다.

표 10.4 강화섬유의 성질

종류	인장강도(MPa)	탄성계수(GPa)	밀도(kg/m³)	상대가격
보론	3500	380	2600	가장 비쌈
탄소: 고강도	3000	275	1900	저렴
고강성	2000	415	1900	저렴
유리: E형	3500	73	2480	가장 저렴
S형	4600	85	2540	가장 저렴
케블라: 29	2800	62	1440	비쌈
49	2800	117	1440	비쌈
129	3200	85	1440	비쌈
넥스텔(Nextel): 312	1630	135	2700	비쌈
610	2770	328	3960	비쌈
스펙트라(Spectra): 900	2270	64	970	비쌈
1000	2670	90	970	비쌈

주: 주어진 물성치들은 재료와 시편 준비과정에 따라 크게 차이날 수 있음. 강화섬유의 파단 시 변형률은 1.5~5.5%의 범위임.

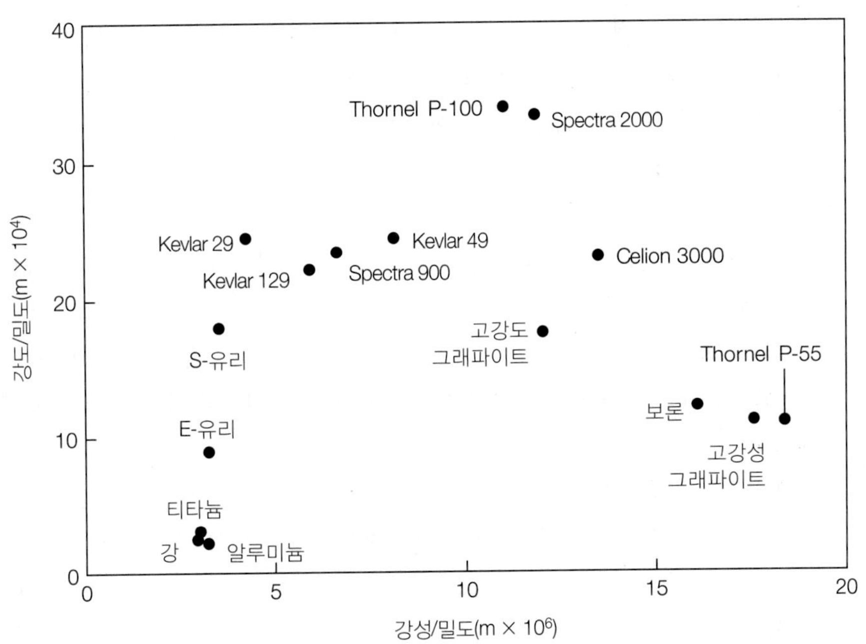

▶ **그림 10.16**

강화플라스틱에 사용되는 각종 섬유의 비강도(인장강도 대 밀도의 비)와 비강성계수(탄성계수 대 밀도의 비).

표 10.5 강화플라스틱 및 복합재료의 종류와 일반적 특성

재료	특성
강화섬유	
유리	고강도, 저강성, 고밀도; 가장 저렴; E형(칼슘-알루미노보로실리케이트)과 S형(마그네시아-알루미노실리케이트)이 보통 사용됨.
흑연(그래파이트)	고강성 혹은 고강도 가능; 저렴; 유리보다 밀도 낮음.
보론	고강도 및 고강성; 밀도 가장 높음; 가장 고가; 중심에 텅스텐섬유 사용.
아라미드(케블라)	모든 강화섬유 중 가장 높은 비강도; 고가.
기타 섬유	나일론, 실리콘카바이드, 실리콘질화물, 알루미늄산화물, 보론카바이드, 탄탈카바이드, 강, 텅스텐, 몰리브덴; 제3, 8, 9, 10장 참조.
모재재료	
열경화성 플라스틱	가장 보편적으로 사용되는 것은 에폭시와 폴리에스터; 그 이외에 페놀수지, 불화탄소, 황화폴리에테르, 실리콘, 폴리이미드 사용.
열가소성 플라스틱	PEEK; 열경화성보다 인성이 높으나, 내열성이 떨어짐.
금속	알루미늄, 알루미늄-리튬, 마그네슘, 티타늄; 강화섬유로는 그래파이트, 알루미늄산화물, 실리콘카바이드, 보론을 사용.
세라믹	실리콘카바이드, 실리콘질화물, 알루미늄산화물, 뮬라이트; 강화섬유는 각종 세라믹 사용.

10.9.2 강화섬유

강화섬유의 종류, 특성과 제조방법은 다음과 같다.

1. **폴리머섬유.** 가장 많이 사용되는 강화섬유는 **아라미드섬유**(상품명 Kevlar)이다. 이 섬유는

강화섬유 중에서 가장 인성이 강하고, 비강도가 높다(그림 10.16 및 표 10.4 참조). 파괴되기 전에 약간의 소성변형을 겪으므로 취성을 갖는 섬유들에 비해 높은 인성을 갖는다. 그러나 아라미드는 흡습성이 있으며(나일론과 유사), 이로 인해 성질이 저하되고, 습열응력(hygrothermal stress)을 고려해야 하므로 용도에 제한을 준다. 다른 폴리머 강화섬유로는 레이온, 나일론, 아크릴이 있다.

고성능 폴리에틸렌섬유(상품명 Spectra)는 초고분자량과 고도의 분자사슬 배향을 갖고, 비슷한 가격으로도 아라미드섬유에 비해 우수한 마모저항과 굴곡피로강도를 나타내며, 밀도도 작아서 비강도 및 비강성이 높다. 하지만 다른 섬유에 비해 용융온도가 낮고 모재와의 접합특성이 떨어진다. 새로운 폴리머섬유가 계속 소개되고 있으며, Nextel도 그 중의 한 예이다.

강화플라스틱에 사용되는 대부분의 합성섬유는 폴리머를 방적돌기(spinneret, 샤워꼭지와 비슷한 구조로 한 개 내지 수백 개의 구멍이 나 있음)라는 장치를 통해 반응고상태의 연속미세섬유로 압출하여 만들어진다. 폴리머가 열가소성 플라스틱이면, 10.10.1절에서 설명한 것처럼, 압출기 내에서 먼저 용융시킨다. 열경화성 폴리머도 먼저 용해시키거나 화학처리를 하여 압출함으로써 섬유모양으로 만들 수 있다. 이들 작업은 높은 생산속도와 제품신뢰도를 갖고 수행된다. 방적돌기를 빠져나온 액상폴리머는 가죽상으로 먼저 변환된 후에 응고한다.

연속미세섬유의 압출과 응고과정을 **방적**(spinning)이라고 하며, 이는 천연직물(면이나 모직)의 생산에 사용되는 것과 같은 용어로, 천연직물의 경우에는 길이가 짧은 섬유를 꼬아서 방적사를 만든다는 점이 다르다. 강화섬유를 방적하는 방법에는 다음과 같은 네 가지가 있다.

(1) 그림 10.17에 나타낸 **멜트스피닝**(melt spinning)에서는 폴리머를 용융시켜 방적돌기 사이로 압출한 뒤, 바로 냉각하여 응고시킨다. 이 작업에 사용되는 방적돌기에는 직경 0.25 mm의 구멍이 50여개 있고, 두께는 약 5 mm 정도이다. 방적돌기를 빠져나온 섬유는 강제대류로 냉각시키는 동시에 잡아당겨 최종직경이 방적돌기의 구멍보다 훨씬 작게 만든다. 나일론, 올레핀(olefin), 폴리에스터, PVC 섬유는 이 방법으로 만들어진다. 나일론이나 폴리에스터 섬유는 중요한 용도로 이용되므로, 멜트스피닝은 가장 중요한 섬유가공공정이다.

멜트스피닝 섬유는 방적돌기로 원형단면 외에 삼각형, 오각형, 팔각형, 심지어는 속이 빈 모양 등 각종 단면으로 압출된다. 특히 속이 빈 섬유를 사용하면 내부에 갇힌 공기 덕분에 추가로 열을 차단할 수 있다.

(2) **습식방적**(wet spinning)은 가장 오래된 섬유제조방법으로 용매에 녹인 폴리머를 사용한다. 방적돌기를 화학물질 욕조에 담그고 미세섬유가 빠져나오면서 화학물질 욕조에서 응결하도록 한 뒤, 실패에 감는다. 습식방적이란 용어도 응결액 욕조에서 젖은 섬유를 말려서 사용해야 한다는 의미로 사용된 것이다. 아크릴, 레이온, 아라

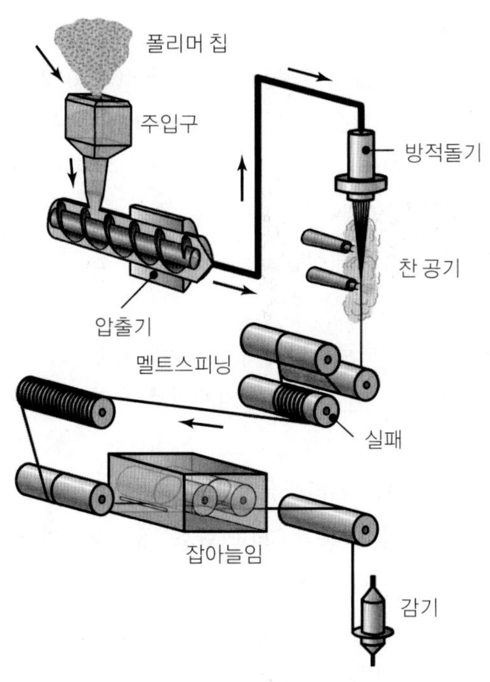

▶ **그림 10.17**

폴리머섬유 제조용 멜트스피닝 공정. 폴리머섬유는 직물이나 복합재료의 강화재 등 다양한 용도로 사용된다.

미드섬유가 이 방식으로 제조된다.

(3) **건식방적**(dry spinning)은 열경화성 플라스틱에 적용되는 방법으로, 용매를 사용하지만 습식방적에서처럼 폴리머를 묽게 한 뒤 응결시키는 대신에 공기나 불활성가스 분류에서 용매를 증발시켜 섬유가 응고되도록 한다. 미세섬유는 응결액과 닿지 않으므로 별도로 건조시킬 필요가 없다. 건식방적은 아세테이트(아세트산 인조견사), 트리아세테이트(삼초산섬유), 폴리에스터기 엘라스테인(elastane), 아크릴섬유에 사용된다.

(4) **젤스피닝**(gel spinning)은 고강도 혹은 특별한 성질을 가진 섬유를 제조하는 공정으로, 폴리머를 완전히 용융시키거나 액체에 녹이는 대신에 폴리머분자를 여러 점에서 액정(液晶, liquid crystal) 형태로 접합시키는 방법이다. 이 방법으로 만들어진 미세섬유는 분자사슬끼리의 강한 접합력으로 인해 섬유의 인장강도가 매우 크다. 게다가 압출과정에서 받는 변형률로 인해 액정은 섬유축 방향으로 정렬된다. 방적돌기를 빠져나온 미세섬유는 극히 심한 방향성을 가지므로 섬유의 강도를 더욱 높인다. 이 공정은 미세섬유를 일차로 공기에 통과시킨 후, 액체욕조에서 계속 냉각시키므로 건식-습식방적이라고도 한다. 고강도의 폴리에틸렌 및 아라미드섬유가 젤스피닝으로 만들어진다.

대부분의 섬유제조방식에서는 폴리머분자를 섬유방향으로 심하게 잡아늘이는 단계가 필요하다. 이렇게 생긴 방향성으로 인해 부피가 큰 폴리머보다 섬유의 강도가 높다. 잡아늘이는 과정은 방적돌기에서 압출된 직후에 아직 유연한 폴리머에 적용하거나, 냉간인발로 수행된다. 이 과정에서 최고 800%의 변형률이 발생한다.

2. **유리섬유.** 유리섬유는 모든 강화섬유 중에서 가장 폭넓게 사용되며 저렴하다(11.10.2절의 유리 참조). 이때의 복합재료는 GFRP(유리섬유 강화플라스틱)이라고 하며, 체적분율 30~60%의 유리섬유를 포함한다. 유리섬유는 용융된 유리를 백금다이의 작은 구멍으로 뽑아내어 만들고, 후속공정에 필요한 경우 보호피복이나 사이징을 추가한다. 유리섬유와 모재 간의 습윤(wetting)과 접합을 향상시키려면 **실란**(silane, 실리콘 수소화물)으로 처리한다.

   유리섬유에는 (1) 많이 사용되는 칼슘-알루미노-보로실리케이트 유리인 **E형**, (2) 높은 강도와 강성을 갖지만 가격이 비싼 마그네시아-알루미노-실리케이트 유리인 **S형**, (3) 고온저항과 내산성이 강한 **E-CR형**이 있다.

3. **그래파이트**(흑연)**섬유.** 그래파이트섬유(그림 10.18a)는 유리섬유보다 비싸지만, 저밀도, 고강도, 고강성을 동시에 갖는다. 탄소섬유를 이용한 제품을 CFRP(탄소섬유 강화플라스틱)라고 한다. 그래파이트섬유는 대부분 값싼 원료인 PAN(plolyacrylonitrile)이라는 유기체를 **열분해**하여 만들어진다. 레이온과 피치(석유정제과정에서 촉매분해 후의 잔류물)도 원료로 사용된다. **열분해**란 열을 가하여 화학 변화를 야기하는 것으로, 원료를 태워 검은 색의 탄소로 만드는 것을 예로 들 수 있다.

   PAN으로 만들어진 섬유를 적절한 온도에서 다리결합시켜 후속가공단계에서 용융되지 않도록 하고, 동시에 잡아늘인다. 이 단계에서 섬유는 탄화되어 고온에서 PAN에 있던 수소와 질소를 방출시킨다. 탄화온도는 최고 1500°C, 흑연화온도는 약 3000°C에 달한다.

   탄소와 흑연은 보통 같은 뜻으로 사용되지만, 그 차이는 열분해 시의 온도와 원료의 순도에 따른다. 탄소섬유는 탄소함량이 80~95% 정도임에 반해 그래파이트섬유는 보통 99% 이상이다. 이렇게 만든 섬유의 탄성계수는 35~800 GPa로 크기에 따라 등급을 나누고, 인장강도는 250~2600 MPa 정도이다.

   강화섬유에 전기 및 열 전도성을 준 **전도성 그래파이트섬유**도 사용가능하며, 이는 전자기파나 무선주파의 차폐물이나 번개보호용 강화플라스틱에 쓰인다. 이들 전도성 섬유는 직경 7 μm의 그래파이트섬유 심에 0.5 μm 두께로 금속(보통 니켈)을 연속적으로

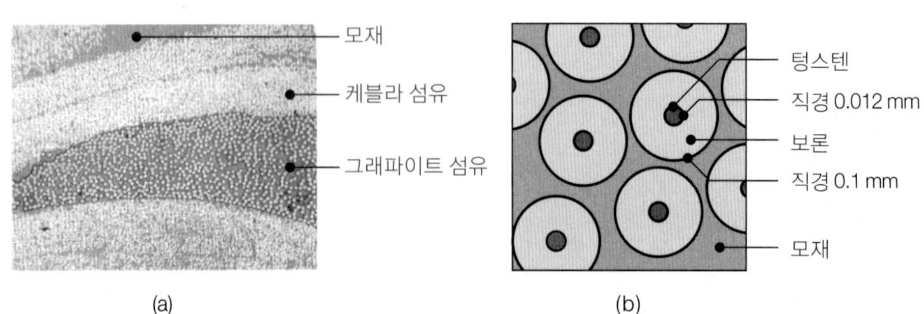

▶ 그림 10.18
(a) 그래파이트와 아라미드(케블라) 강화섬유로 만들어진 테니스 라켓의 단면, (b) 보론섬유로 강화된 복합재료의 단면.

전기도금하여 만든다.

4. **보론섬유.** 보론(boron)섬유는 텅스텐섬유에 보론을 용착(화학적 증착법, 4.5.1절 참조)시킨 것으로(그림 10.18b), 보론을 탄소섬유에 용착시킬 수도 있다. 이 재료는 인장 및 압축 방향 모두 강도 및 강성이 높고, 고온저항이 우수하다. 그러나 텅스텐을 사용하므로 밀도와 가격이 높아서 강화플라스틱제품의 가격과 무게를 높인다.
5. **기타 섬유.** 복합재료에 사용되는 기타 섬유로는 실리콘카바이드, 실리콘질화물, 알루미늄산화물, 사파이어, 철강, 텅스텐, 몰리브덴, 보론카바이드, 보론질화물, 탄탈카바이드 등이 있다(제11장 참조). 금속섬유는 6.5절에 설명한 인발공정을 통해 섬유로 가공되고, 미세섬유로 인발하려면 뭉쳐서 가공한다. 3.8.3절에 설명한 위스커도 강화섬유로 사용되는데, 이것은 가는 침상의 단일결정으로 직경은 1~10 μm 정도, 종횡비(길이 대 직경비)가 100에서 15,000에 이른다. 직경이 작으므로 불순물이 없거나, 있다하더라도 강도에 큰 영향을 주지 않으므로, 재료의 이론적 강도에 가깝다(3.3.2절 참조).

10.9.3 섬유의 직경과 길이

강화플라스틱에 쓰이는 섬유의 평균직경은 보통 0.01 mm 정도이다. 강화섬유는 인장에 대해 매우 강하고 강성이 있다. 그 이유는 섬유의 분자들이 길이방향으로 배열되어 있고, 단면적이 매우 작으므로 섬유 내에 결함이 존재할 확률이 매우 낮기 때문이다. 예를 들어, 유리섬유는 인장강도가 4600 MPa에 달하여 철강보다 훨씬 강하지만, 일반유리의 강도는 이보다 훨씬 낮다.

강화섬유는 **단섬유**와 **장섬유**, 즉 **불연속섬유**와 **연속섬유**로 구분된다. 단섬유는 **종횡비**가 보통 20~60 정도, 장섬유는 200~500 정도이다. 단섬유와 장섬유의 구분은, 섬유길이를 증가시켜 기계적 성질이 향상되면 단섬유로 간주하고, 섬유길이를 늘려도 더 이상 성질의 향상이 이루어지지 않는 섬유는 장섬유로 본다. 분산섬유 외의 복합재료 강화방법으로, (1) 로빙(roving, 섬유가닥이 약간 꼬인 형태), (2) 얀(yarn, 꼬인 가닥), (3) 직조천(woven fabric, 의복의 경우), (4) 여러 조합의 매트(mats)를 이용하는 방법이 있다. 또한 그림 10.15에 나타낸 것처럼 입자나 박편 형태의 강화재를 사용하기도 한다.

10.9.4 모재의 재료

강화플라스틱의 모재는 다음과 같은 세 가지 기능을 갖는다.

1. 응력을 지지하고 강화섬유에 전달하여, 강화섬유가 하중의 대부분을 담당하도록 한다.
2. 강화섬유를 물리적 손상과 주위환경으로부터 보호한다.
3. 플라스틱모재의 연성과 인성으로 복합재에 생긴 균열의 전파를 억제한다.

모재의 재료로는 에폭시, 폴리에스터, 페놀수지, 불화탄소, 황화폴리에테르, 실리콘 등이 사용된다. 이 중에서 에폭시(강화플라스틱 전체의 80%)와 폴리에스터가 가장 많이 사용되며, 폴리에스터가 에폭시보다 저렴하다. 폴리이미드는 300°C 이상에서도 견디며, 그래파이트섬유로 보강하여 사용한다. PEEK(polyetheretherketone) 같은 열가소성 플라스틱도 모재로 사용된다. 열가소성 플라스틱은 열경화성 플라스틱보다 인성은 높으나, 내열성이 낮아서 사용온도는 100~200°C로 제한된다.

10.9.5 강화플라스틱의 성질

강화플라스틱의 성질은 (1) 강화재료의 종류, 형상, 방향, (2) 섬유의 길이, (3) 강화재료의 체적분율(%)에 따라 다르다. 단섬유는 장섬유보다 덜 효과적이고(그림 10.19 참조), 그 성질은 시간과 온도에 따라 크게 영향을 받는다. 장섬유는 모재 내에서 하중을 잘 전달하므로 보통 중요한 곳, 특히 고온에 사용된다.

강화플라스틱에서는 섬유-모재 간의 경계면에서 하중이 전달되므로, 섬유와 플라스틱 모재 간의 접착력이 매우 중요한 요소이다. 접착이 불량하면 섬유가 끌려나오거나, 특히 온도와 습도가 높은 악조건 하에서 사용되는 구조물에서는 **박리**(delamination) 현상이 야기된다. 미리 피복을 하거나 접착제를 바르는 표면처리방법을 통해 경계면에서의 접착

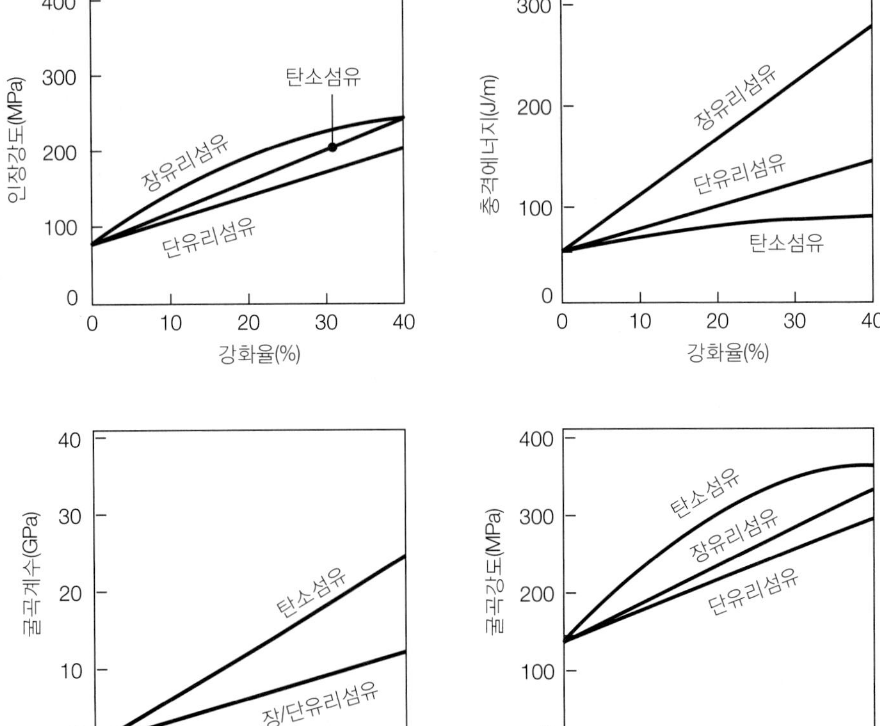

▶ **그림 10.19**
강화섬유의 양과 섬유길이가 강화나일론의 기계적 성질에 미치는 영향. 섬유의 양이 증가함에 따라서 기계적 성질이 개선된다.

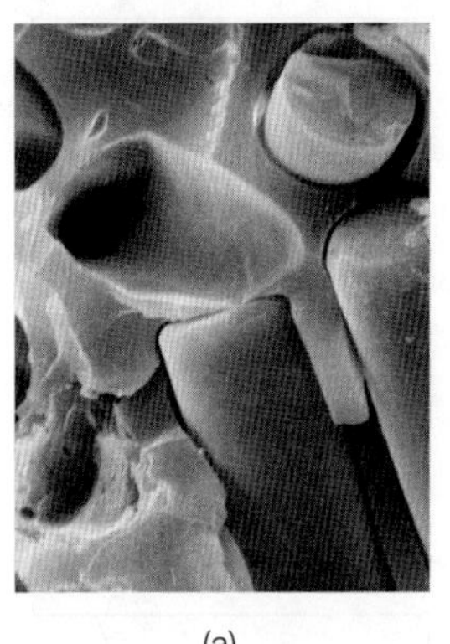
(a)

(b)

▶ **그림 10.20**

(a) 유리섬유강화 에폭시복합재의 파단면. 섬유의 직경은 10 μm이고 임의의 배향이다. (b) 그래파이트섬유강화 에폭시복합재의 파단면. 섬유의 직경은 9~11 μm이고 모두 같은 배향이다.

력을 높인다. 예를 들면, 유리섬유에 실란(10.9.2절)처리를 하면 섬유와 모재 간에 습윤 및 접합성을 높일 수 있다.

강화플라스틱에서 최대강도 및 강성은 인장력이 작용하는 방향으로 섬유가 배열될 때 얻어진다. 이러한 복합재료는 당연히 심한 이방성을 나타낸다(그림 10.21 참조). 그 결과, 복합재의 다른 성질들, 즉 강성, 크리프저항, 열 및 전기전도, 열팽창 등도 이방성을 띤다. 일방향 강화구조에서 가로방향의 성질은 길이방향보다 훨씬 낮다. 예를 들어, 섬유보강 테이프는 세로방향으로는 쉽게 찢어지나, (인장력을 가하여) 잡아당길 때에는 매우 강하다.

강화플라스틱제품에는 사용조건에 따르는 최적의 기능을 줄 수 있다. 예를 들어, 여러 방향으로부터 힘을 받는 제품(예: 벽두께가 얇은 압력용기)에는 섬유를 모재에 열십자로 배열하여 강화한다(10.11.2절의 필라멘트 감기 참조). 또한 플라스틱모재의 재질과 형태를 다양하게 사용하여 제조공정을 쉽게 함으로써 경비를 줄이고 특정한 성질(침투성이나 치수안정성)을 줄 수 있다.

■ **강화플라스틱의 강도와 탄성계수** 강화플라스틱의 섬유길이방향으로의 강도는 섬유와 모재의 강도를 각기 고려하여 복합재료의 섬유 체적분율로부터 계산할 수 있다. 이하의 식에서는 하첨자를 사용하여, 복합재료는 c, 섬유는 f, 모재는 m으로 나타낸다. 복합재료에 작용하는 총 하중 F_c는 섬유에 작용하는 하중 F_f와 모재에 작용하는 하중 F_m의 합이므로

$$F_c = F_f + F_m \tag{10.12}$$

이며, 따라서 다음과 같이 응력과 단면적의 곱으로 나타낼 수 있다.

$$\sigma_c A_c = \sigma_f A_f + \sigma_m A_m \tag{10.13}$$

그런데 $A_c = A_f + A_m$임을 알고 있으므로, x를 복합재료에서 섬유의 면적비라고 하면(섬유가 모재의 길이방향으로 균일하게 놓여 있는 경우에는 체적분율이 됨), 위의 식은 다음과 같이 쓸 수 있다.

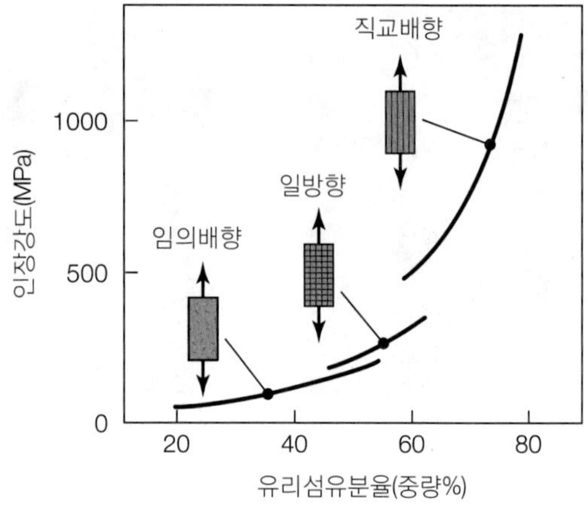

▶ **그림 10.21**
유리섬유강화 폴리에스터의 인장강도와 섬유분율 간의 관계.

$$\sigma_c = x\sigma_f + (1 - x)\sigma_m \tag{10.14}$$

총 하중에서 섬유가 담당하는 비율을 계산해 보자. 우선 인장하중이 걸리는 복합재료에서는 보강섬유와 모재에 걸리는 변형률은 같으므로, 즉 $e_c = e_f = e_m$이고, 2.2절에서

$$e = \frac{\sigma}{E} = \frac{F}{AE}$$

이므로, 다음 식을 얻는다.

$$\frac{F_f}{F_m} = \frac{A_f E_f}{A_m E_m} \tag{10.15}$$

체적분율을 알고 있다면 위의 식과 식 (10.12)를 이용하여 F_f/F_c비를 계산할 수 있다. 또한 식 (10.14)에 σ 대신 E를 대입하여 복합재료의 탄성계수 E_c를 다음 식으로 구할 수 있다.

$$E_c = xE_f + (1 - x)E_m \tag{10.16}$$

예 10.4 그래파이트-에폭시 강화플라스틱의 성질

어떤 그래파이트-에폭시 강화플라스틱이 그래파이트 장섬유를 20% 함유하고 있다. 강화섬유는 강도 2500 MPa, 탄성계수 300 GPa이고, 에폭시모재의 강도는 120 MPa, 탄성계수는 100 GPa이다. (1) 이 복합재료의 탄성계수를 계산하고, (2) 보강섬유가 담당하는 하중비율(%)을 구하여라.

풀이

(1) 주어진 자료에서 $x = 0.2$, $E_f = 300$ GPa, $E_m = 100$ GPa, $E_m = 100$ GPa, $\sigma_f =$

2500 MPa, 그리고 σ_m = 120 MPa이다. 식 (10.16)을 이용하면,

$$E_c = 0.2(300) + (1 - 0.2)100 = 60 + 80 = 140 \text{ GPa}$$

이 된다.

(2) 식 (10.15)를 이용하면, F_f/F_m는 다음과 같이 계산된다.

$$\frac{F_f}{F_m} = \frac{(0.2)(300)}{(0.8)(100)} = 0.75$$

따라서 $F_c = F_f + F_m$, $F_m = F_f/0.75$로부터

$$F_c = F_f + \frac{F_f}{0.75} = 2.33F_f$$

따라서 $$F_f = 0.43F_c$$

를 얻는다. 이로부터 보강섬유는 복합재료 단면적의 20%에 불과하지만, 하중의 43%를 담당하고 있음을 알 수 있다.

10.9.6 강화플라스틱의 용도

강화플라스틱을 처음으로 사용한 곳은 내산(耐酸)용기로, 페놀수지를 석면섬유로 보강한 것이었다(1907년). 1920년대에는 카운터탑에 주로 쓰인 호마이카(Formica)가 개발되었다. 1930년대에는 에폭시가 모재로 처음 사용되었고, 1940년대부터는 유리섬유로 만든 보트, 강화플라스틱으로 만든 항공기, 전기제품, 스포츠용품이 출현하였다. 복합재의 발달은 1970년대에 주로 이루어졌고, 이들 재료를 **고급복합재료**라고 한다. 고온용으로는 유리섬유나 탄소섬유 혼성강화플라스틱이 사용되고, 지속적인 사용온도범위는 최고 300°C이다.

강화플라스틱은 군용 및 민간용 항공기, 로켓부품, 헬리콥터 회전익, 자동차차체, 판스프링, 구동축, 파이프, 사다리, 압력용기, 스포츠용품, 스포츠 및 군용 헬멧, 보트동체, 기타 다양한 구조물에 사용된다. 구체적인 예로는 DC-10, L-1011, 보잉 727, 757, 767, 777 등의 민간용 항공기의 부품을 들 수 있다. 보잉 777기는 전체중량의 9%가 복합재료이다(이는 이전 기종보다 약 세 배 증가한 것임). 바닥보 및 패널, 수직 및 수평 꼬리날개는 대부분 복합재료로 되어 있다.

결과적인 중량절감으로, 강화플라스틱은 항공기의 연료소비를 2% 정도 감소시켰다. 550~700명의 탑승객을 태울 수 있는 새로 개발된 에어버스 A380에서는 수평안정판, 보조익, 날개상자 및 선단, 동체의 보조 마운팅브래킷, 바닥구조물을 탄소섬유, 열경화성 플

라스틱, 열가소성 플라스틱으로 만들었다. 상부동체는 알루미늄과 유리섬유강화 에폭시 프리프래그를 적층하여 제작한다.

Lear Fan 2100 여객기의 구조는 거의 전부가 그래파이트-에폭시 강화플라스틱이고, 1986년에 연료재공급 없이 지구를 일주한 Voyager호의 가벼운 구조는 90% 가까이가 탄소-강화플라스틱으로 제작되었다. 스텔스 폭격기의 곡면프레임은 탄소 및 유리섬유, 에폭시수지 모재, 고온 폴리이미드 등의 첨단재료로 만들어진다. 보론섬유 강화플라스틱은 군용 항공기, 골프채 샤프트, 테니스 라켓, 낚싯대, 파도타기 판(sail board) 등에 사용된다. 보다 최근의 예로는 시속 92.6 km를 낼 수 있는 미해군의 소형 복합재료 선체(이중 동체를 가진 쌍동선)의 개발을 들 수 있다.

10.11절에 설명한 폴리머모재 강화플라스틱의 가공에는 혁신적인 기술들이 이용되며, 대형 혹은 소형 부품을 제작함에 있어서 몰딩, 성형, 절삭, 조립 등의 공정을 조합하여 가공한다. 매우 중요한 용도로 강화플라스틱을 사용할 때는 전체적으로 강화섬유와 모재 간에 양호한 접착상태를 보장하기 위해 세심하게 검사하고 시험하는 것이 필수적이다. 경우에 따라서는 검사비용이 복합재료 총 생산가의 1/4에 달하기도 한다.

10.10 플라스틱의 가공법

플라스틱가공은 제6장과 제7장에서 설명한 금속의 성형 및 가공공정과 비슷한 작업으로 행해진다. 플라스틱은 사출, 주조, 성형, 절삭, 접합되어 부수적인 공정을 하지 않고도 비교적 쉽게 다양한 형상의 제품으로 만들어진다(표 10.6 참조). 플라스틱은 비교적 낮은 온도에서도 녹거나(열가소성) 경화되므로(열경화성), 금속에 비해 다루기가 쉽고 가공에너지가 적다(표 10.2 참조). 반면에, 플라스틱 부품 및 제품의 성질은 가공방법이나 공정변수에

표 10.6 플라스틱 및 강화플라스틱 가공법의 특징

공정	특징
압출	길고 균일한 중실 혹은 중공 단면; 생산속도 높음; 공구비용 저렴; 치수공차 범위 넓음.
사출성형	다양한 크기의 복잡하고 미세한 형상; 생산속도 높음; 공구비용 고가; 치수정확도 양호.
구조용 다공질재성형	비강성이 높은 대형제품; 사출성형보다 공구비용 저렴; 생산속도 낮음.
블로성형	다양한 크기의 속이 빈 두께가 얇은 제품; 식음료; 용기 제조 시 생산속도 높고 비용 저렴.
회전성형	비교적 단순하고 속이 빈 대형제품; 공구비용 저렴; 생산속도 낮음.
열성형	얕거나 약간 깊은 공동부; 공구비용 저렴; 중간 정도의 생산속도.
압축성형	형단조 제품과 유사한 제품; 공구비용 비교적 저렴; 중간 정도의 생산속도.
전이성형	압축성형보다 복잡한 제품과 높은 생산속도; 다소의 스크랩손실; 중간 정도의 공구 비용.
주조	유연한 주형을 사용하여 단순하거나 복잡한 형상의 제품 성형; 생산속도 낮음.
복합재료 가공	생산주기가 긴 편; 치수공차와 공구비용은 공정에 따라 다름.

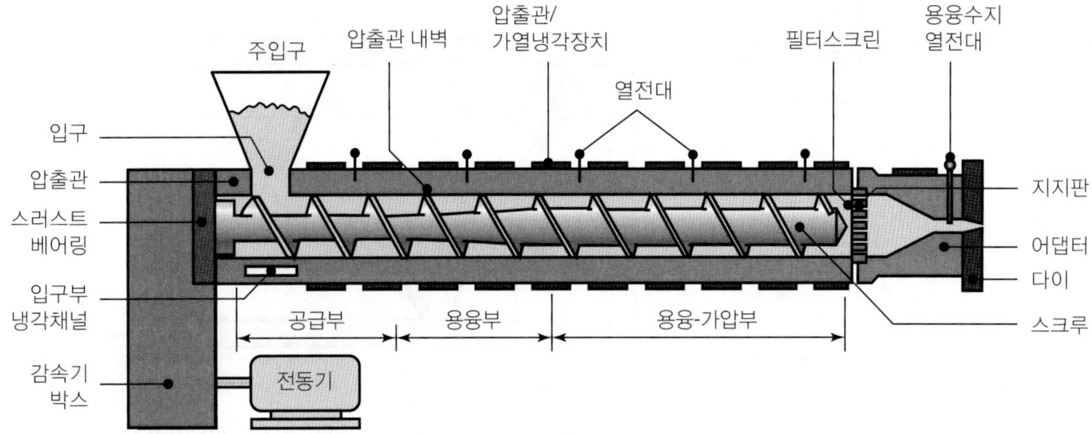

▲ **그림 10.22**
플라스틱 압출기의 개략도.

따라 크게 영향을 받으므로, 품질유지를 위해서는 가공조건의 관리가 중요하다. 플라스틱은 **펠릿**(pellet)이나 **분말**의 형태로 가공공장에 운반되어 성형공정 직전에 용융된다. 플라스틱 소재는 박판, 후판, 봉재, 관재 등의 형태로도 얻을 수 있고, 다양한 제품으로 성형된다. 강화플라스틱 제조와 같은 특수한 경우에는 **액체플라스틱**이 이용된다.

10.10.1 압출

압출에서는 펠릿, 과립, 분말 형태의 열가소성 플라스틱 원료를 주입구를 통해 압출관에 공급한다(그림 10.22 참조). 압출관 속에는 스크루가 회전하며 펠릿을 섞어서 출구 쪽으로 밀어낸다. 스크루의 기계작용으로 인한 내부마찰과 압출관 둘레의 가열기로부터 열을 받아 펠릿이 녹고, 동시에 스크루작용으로 관 내의 압력이 증가한다.

스크루는 (1) 주입구에서 공급받은 원료를 관의 중앙부로 밀어 넣는 **공급부**, (2) 플라스틱의 전단으로 인해 열이 발생되어 용융이 시작되는 **용융부**, (3) 전단과 용융을 가속시켜 출구부의 압력을 상승시키는 **가압부**(**펌프부**)로 구성된다. 각 부분의 길이는 원료의 용융특성에 맞추어 수정한다.

1. **폴리머압출의 역학.** 압출스크루의 가압부에 따라서 압출기를 통과하는 폴리머의 유동속도가 결정된다. 스크루의 **날개판**(flights)이 얇고 배럴과의 간극이 작은 균일한 형상이라고 가정하자(그림 10.23 참조). 용융플라스틱은 항상 나선형 홈을 채우며, 이 홈은 스크루 날개판에 의해 압출기 출구 쪽으로 밀려간다. 가압부에서의 압력이 일정하다면, 압출기를 빠져나오는 폴리머의 **유량**(drag flow)은 다음과 같다.

$$Q_d = \frac{VHW}{2} \tag{10.17}$$

▶ **그림 10.23**

압출기 스크루 가압부의 형상.

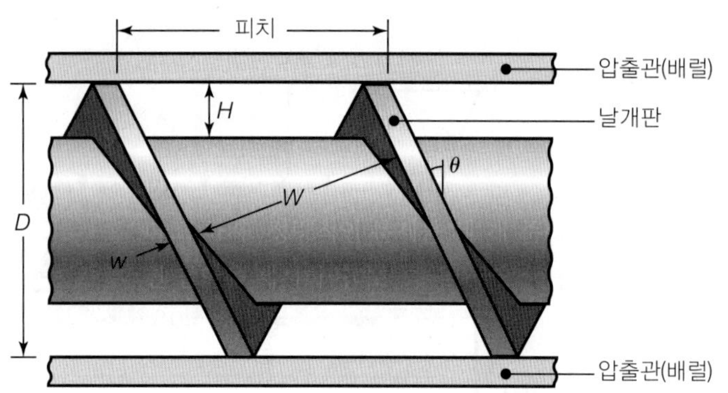

여기서 V는 압출방향으로의 날개판 속도이고, H는 채널깊이, W는 채널폭이다. 그림 10.23에 정의된 형상으로부터, 속도와 채널폭은 다음과 같이 계산된다.

$$V = \omega \cos \theta = \pi D N \cos \theta \tag{10.18}$$

$$W = \pi D \sin \theta - w \tag{10.19}$$

여기서 ω는 스크루의 회전 원주속도, D는 스크루 직경, N은 축의 분당회전수, θ는 날개판 각도, w는 날개판 두께이다. 날개판 두께 w가 아주 작아서 무시할 수 있다면, 유량은 다음과 같이 단순화된다.

$$Q_d = \frac{\pi^2 H D^2 N \sin \theta \cos \theta}{2} \tag{10.20}$$

스크루의 공급부와 용융부에서 압력이 많이 발생한다면, 실제유량은 위 식으로 계산한 값보다 커지겠지만, 보통은 위 식보다 압력이 작은 편이므로, 압출기를 통과하는 유량은 다음과 같이 보정유량 Q_p만큼 작게 계산한다.

$$Q = Q_d - Q_p \tag{10.21}$$

뉴톤유체(10.3절 참조)의 경우, Q_p는 다음 식으로 계산한다.

$$Q_p = \frac{W H^3 p}{12 \eta (l / \sin \theta)} = \frac{p \pi D H^3 \sin^2 \theta}{12 \eta l} \tag{10.22}$$

여기서 l은 가압부 길이이다. 식 (10.21)은 다음과 같이 **압출기 특성식**으로 정리된다.

$$Q = \frac{\pi^2 H D^2 N \sin \theta \cos \theta}{2} - \frac{p \pi D H^3 \sin^2 \theta}{12 \eta l} \tag{10.23}$$

식 (10.4)에서 용융폴리머의 멱법칙지수 n을 안다면, 다음 근사식을 압출기 특성식으로 사용할 수 있다(Rauwendaal, 1984).

$$Q = \left(\frac{4+n}{10}\right)\left(\pi^2 HD^2 N \sin\theta \cos\theta\right) - \frac{p\pi DH^3 \sin^2\theta}{(1+2n)4\eta} \tag{10.24}$$

압출기의 출구유량은 다이의 특성에 따라 결정된다. 다이를 통과할 때의 압력강하와 출구유량 Q_{die}의 관계를 나타내는 식을 **다이 특성식**이라고 하며, 이는 다음과 같이 주어진다.

$$Q_{\text{die}} = Kp \tag{10.25}$$

여기서 p는 다이입구에서의 압력, K는 다이형상의 함수이다. K를 해석적으로 결정하는 것은 복잡하고 어려우며, 점차 컴퓨터 도구를 사용하는 편이다. 보다 일반적으로는 K를 실험적으로 결정하며, 원형단면으로 압출하는 단순한 경우에는 다음 식을 사용한다.

$$K = \frac{\pi D_d^4}{128\eta l_d} \tag{10.26}$$

여기서 D_d는 다이구멍의 직경, l_d는 다이랜드부 길이이다. 압출기 특성식과 다이 특성식을 알고 있다면, 두 개의 연립방정식으로부터 압출작업에서의 유량과 압력을 계산할 수 있다.

2. **공정특성.** 다이를 빠져나온 압출제품은 공기나 냉각수 채널 속을 통과하며 냉각된다. 제품의 수축이나 뒤틀림을 최소화시키려면, 냉각속도를 잘 조절하고 균질한 냉각이 이루어지도록 하는 것이 중요하다. 제품이 냉각된 후에 인발기에서 인발(정형)되기도 한다. 압출제품은 코일로 만들거나 원하는 길이로 절단한다. 형상이 복잡하더라도 단면이 일정한 경우에는 비교적 저렴한 공구로 압출된다. 이 공정은 탄성중합체를 압출하는 경우에도 이용된다.

다이를 빠져나온 압출재료는 아직 연성이 있고 가압력이 제거되므로, 압출제품의 단면적은 다이구멍의 면적보다 커진다. 이를 **다이팽창**(die swell, 그림 10.57b 참조)이라고 하며, 원형압출제품의 경우에는 다이구멍의 직경보다 커지고, 그 차이는 폴리머 종류에 따라 다르다. 복잡한 단면을 갖는 압출다이를 적절하게 설계하려면 상당한 경험이 필요하며, POLYFLOW 같은 현대적인 소프트웨어로 모든 종류의 폴리머 압출공정을 수치모사하여 압출다이의 설계에 활용한다.

압출기는 압출관의 직경과 종횡비(L/D)로 보통 분류되는데, 직경 25~200 mm, 종횡비 5~30 정도의 압출기가 상업용으로 많이 사용된다. 생산용 압출장비의 가격은 3천만~1억 원이며, 압출제품의 냉각 및 권취장비에 별도로 3천만 원 정도가 소요된다. 따라서 이러한 투자에 합당한 대량생산이 요구된다.

예 10.5 플라스틱 압출기의 해석

직경 5 mm인 원형 나일론 봉재를 압출하려고 한다. 다이랜드부의 길이는 20 mm, 작업온도는 300°C, 압출기의 회전속도는 50 rpm이다. 압출기 스크루의 나사각은 20°이고, 용융가압부의 길이는 1 m, 날개판 사이의 채널깊이는 7 mm, 압출관 직경은 50 mm이다. 압출기 특성식과 다이 특성식을 각각 구하고, 작업유량을 계산하여라. 압출기를 빠져나오는 속도는 얼마인가? 다이팽창은 무시한다.

풀이 그림 10.12로부터, 300°C일 때 나일론의 점도를 구하면, 300 Ns/m²이고, 압출제품의 단면적은 $A = \pi D_d^2/4 = 1.96 \times 10^{-5}$ m²이다. 식 (10.23)으로 주어진 압출기 특성식은 Q[m³/s]와 p[N/m²]에 대하여 다음과 같이 정리된다.

$$
\begin{aligned}
Q &= \frac{\pi^2 HD^2 N \sin\theta \cos\theta}{2} - \frac{p\pi DH^3 \sin^2\theta}{12\,\eta l} \\
&= \frac{\pi^2(0.007)(0.050)^2(0.833)\sin 20^\circ \cos 20^\circ}{2} - \frac{\pi(0.050)(0.007)^3 \sin^2 20^\circ}{12(300)(1)}p \\
&= 2.31 \times 10^{-5} - (1.75 \times 10^{-12})\,p
\end{aligned}
$$

식 (10.26)으로부터

$$K = \frac{\pi D_d^4}{128\,\eta l_d} = \frac{\pi(0.005)^4}{128(300)(0.020)} = 2.56 \times 10^{-12}$$

이며, 따라서 식 (10.25)로 주어진 다이 특성식은 다음과 같다.

$$Q = Kp = (2.56 \times 10^{-12})p$$

그림 10.24에 압출기 특성식과 다이 특성식을 나타내었으며, 두 직선의 교점에서 압출기가 작업된다. 두 특성식으로부터 압력은 $p = 5.4$ MPa로 계산되고, 이 압력에서

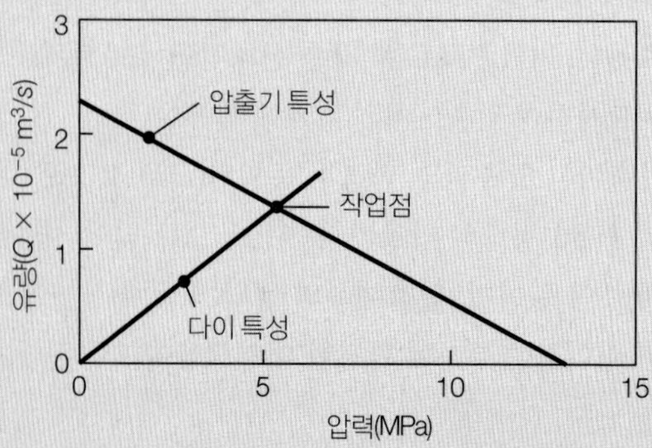

▶ **그림 10.24**
예 10.5의 압출기 특성과 다이 특성.

의 유량은 $Q = 1.37 \times 10^{-5}$ m³/s이다. 유량을 압출제품 단면적으로 나누면, 다음과 같이 최종속도가 계산된다.

$$Q = vA; \qquad v = \frac{Q}{A} = \frac{1.37 \times 10^{-5}}{1.96 \times 10^{-5}} = 0.70 \text{ m/s}$$

3. **판재와 필름의 압출.** 폴리머 판재와 필름은 그림 10.25a에 나타낸 것과 같은 사각형의 가늘고 긴 구멍을 가진 다이를 통해 압출된다. 폴리머에 압력을 가하여 공기를 불어넣을 수 있도록 설계된 다이를 통과하도록 압출하고, 압출된 판재는 수냉 안내롤을 거쳐 고무피막된 한 쌍의 핀치롤로 잡아당기며 감는다.

얇은 폴리머필름과 상품포장용 플라스틱백은 압출기에서 제조된 튜브를 확장시켜 만든다(그림 10.25b 참조). 수직으로 두께가 얇은 튜브를 압출하고, 필름이 일정한 두께로 얇아질 때까지 압출금형의 중심에서 공기를 불어넣어 풍선모양으로 확장시키며, 냉각링에서 공기로 냉각시켜 더 이상의 확장을 막는다. 이렇게 만든 **분출필름**(blown film)은 공기를 빼고 절단하여 포장재나 쇼핑백으로 판매된다. 폴리머필름은 스카이빙(skiving)이라는 공정(원통형 플라스틱의 둘레를 특별히 설계된 칼로 벗겨내는 방법)으로 제조되기도 하는데, PTFE(polytetrafluoroethylene, 테플론) 필름이 이 방식으로 생산된다.

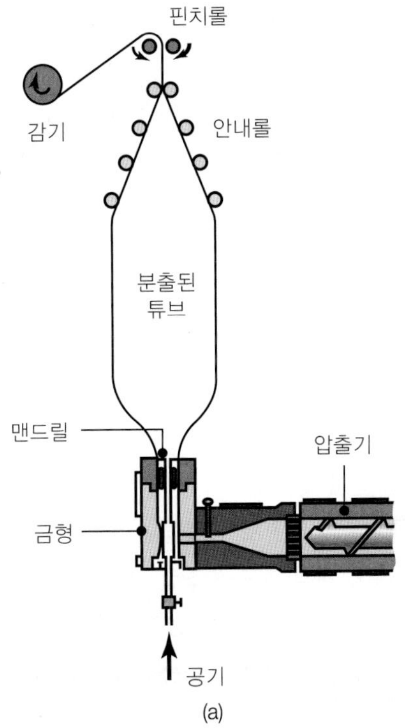

(a)

(b)

▶ **그림 10.25**
(a) 압출된 튜브에 공기를 불어서 필름이나 플라스틱 백을 생산하는 개략도, (b) 분출필름작업.

예 10.6 분출필름용 다이와 특성

플라스틱 쇼핑백은 분출필름으로 제조되는데, 분출필름의 폭이 400 mm라고 한다.

(1) 압출다이의 직경은 얼마인가?

(2) 이들 쇼핑백은 상당히 질기다. 이러한 강도는 어떻게 얻어지는가?

풀이

(1) 쇼핑백의 둘레길이는 (2)(400) = 800 mm이고, 압출 시에는 원형이었으므로 확장되었을 때의 직경은 $\pi D = 800$, 즉 $D = 255$ mm임을 알 수 있다. 이때는 압출다이 직경의 1.5~2.5배로 확장된 것이다. 최대분출비로 2.5를 택하면 다이의 직경은 255/2.5 = 100 mm이다.

(2) 그림 10.25에서, 압출된 후에 필름은 핀치롤에 의해 위로 당겨진다. 즉, 필름의 분자는 압출튜브가 확장할 때 원주방향으로 늘어나면서 배열되고, 동시에 길이방향으로도 늘어나면서 배열된다. 이러한 폴리머 분자의 양축방향성은 분출필름의 강도와 인성을 매우 향상시킨다.

4. **기타 압출공정.** 이 장에 소개되는 다른 폴리머공정의 원료로 사용되는 **펠릿**도 압출로 제조된다. 이 경우에는 직경이 작은 봉재로 압출한 후에 짧은 길이로 잘라서 펠릿으로 만든다. 압출기를 약간 변경하면 사출성형이나 블로성형 같은 다른 성형공정에서 간단한 용융장치로 사용할 수 있다. 블로성형이나 분출필름 압출을 하려면 선행공정으로 먼저 튜브압출을 해야 한다.

플라스틱 튜브나 **파이프**는 그림 10.26a와 같은 스파이더 다이를 사용하는 압출기에서 제조된다(그림 6.58 참조). 높은 압력에 견디는 강화호스를 제조하려면, 보강재로 사용할 직조섬유나 선재가 같이 공급되도록 설계된 다이를 사용한다.

그림 10.26b에 나타낸 **동심압출**(coextrusion)은 한 개의 다이로 두 종류 이상의 폴리머를 동시에 압출하는 공정이다. 따라서 제품의 단면은 각각의 특성과 기능을 발휘하는 여러 종류의 폴리머로 구성된다. 동심압출로 판재, 필름, 튜브 형상으로 만들 수 있고, 이들 소재는 층마다 고유 기능을 갖는 다층 식품포장재에 대표적으로 사용된다. 각 층의 기능은 (1) 식품이나 액체와 반응하지 않고, (2) 물이나 기름 같은 액체가 새지 않도록 하며, (3) 제품의 라벨인쇄가 쉽도록 한다.

플라스틱을 입힌 전선, 케이블, 판재들도 동심압출로 압출되면서 플라스틱이 입혀진다. 플라스틱이 일정한 두께로 피복되도록 선재의 속도를 조절하며 다이구멍을 통과시킨다. 전선의 경우에는 다이출구에서 절연상태를 연속으로 점검하며, 롤러로 자동인쇄하여 전선의 종류를 표시한다. 플라스틱을 입힌 종이클립 역시 동심압출로 제조된다.

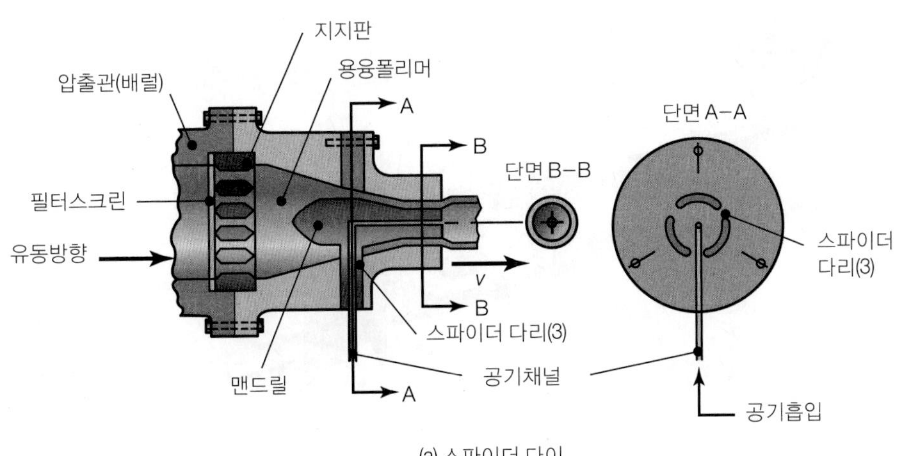

(a) 스파이더 다이

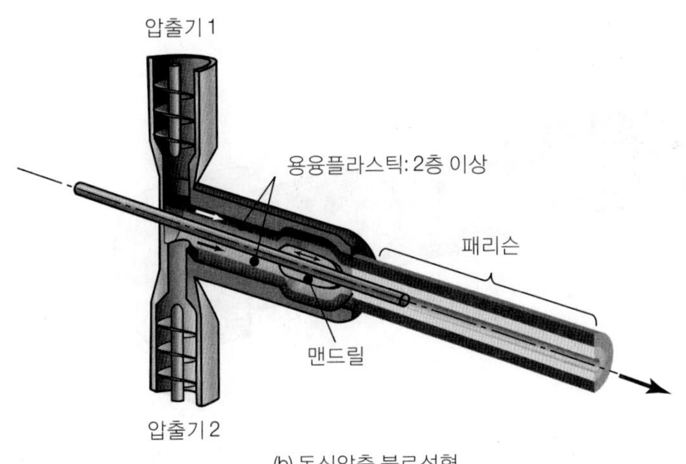

(b) 동심압출 블로성형

▶ 그림 10.26

플라스틱 튜브의 압출: (a) 스파이더 다이와 압축공기를 사용하는 방법, (b) 병 제조용 튜브의 동심압출.

10.10.2 사출성형(injection molding)

사출성형은 그림 5.24에 나타낸 고온챔버식 다이캐스팅과 매우 유사한 공정이다. 과립형 펠릿을 가열 실린더에 공급하여 용융시키고, 용융된 재료는 유압플런저나 압출기의 회전스크루에 의해 분할다이의 공동부로 사출된다(그림 10.27a 참조). 최근에 개발된 장비로는 **왕복스크루형**이 있다(그림 10.27b 참조). 이 방식에서는, 다이입구에서 재료의 압력이 올라가면 회전스크루는 압력에 의해 정해진 위치만큼 후진하여 사출량을 조절한 후, 회전운동을 중지하고 전방으로 가압하며 용융플라스틱을 금형공동부로 밀어 넣는다. 사출압력은 70~200 MPa이다.

전형적인 사출성형제품으로는 컵, 용기, 하우징, 공구손잡이, 계기손잡이, 전기 및 통신부품(예: 핸드폰), 완구, 배관부품이 있다. 열가소성 플라스틱의 경우에는 금형온도가 그리 높지 않으나 열경화성 플라스틱이 성형될 때는 **중합반응** 및 **다리결합**이 일어나므로 금형온

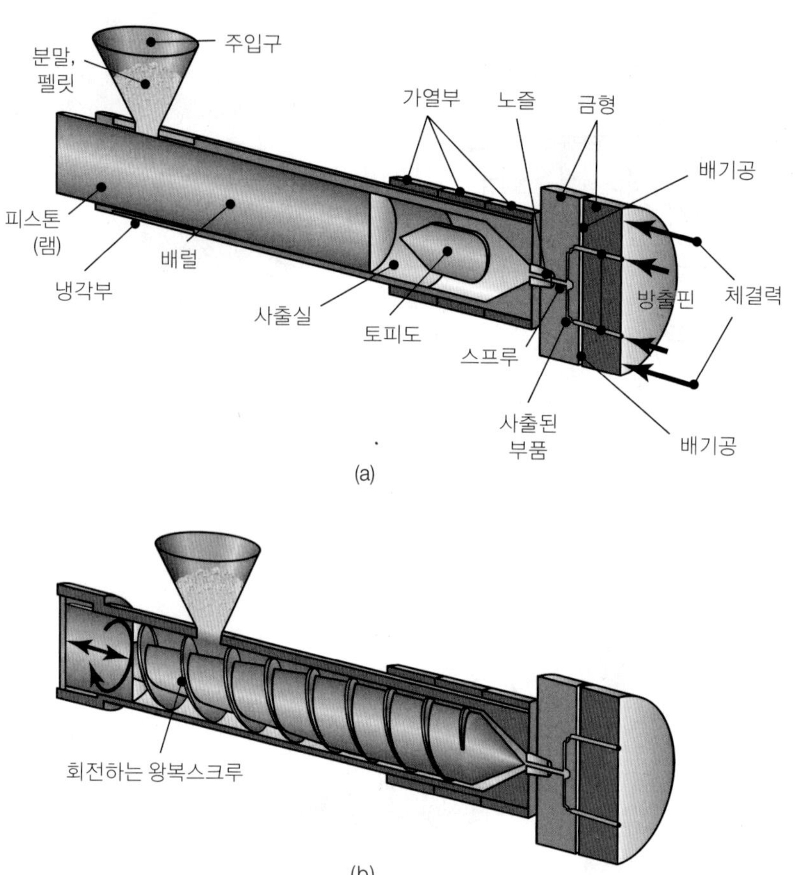

▶ **그림 10.27**
사출성형기: (a) 플런저형, (b) 왕복스크루형.

도가 올라간다. 어떠한 경우이든 성형된 제품이 충분히 냉각된 후(열가소성 플라스틱), 또는 화학반응이 충분히 진행된 후(열경화성 플라스틱)에 금형을 열어서 제품을 이탈시켜야 한다. 이탈 후에는 금형이 다시 닫히고 공정이 다시 자동반복된다. 탄성중합체도 이 방법으로 사출성형된다. 이동 맨드릴이나 스크루가 반대로 회전하는 맨드릴을 금형과 함께 사용하면, 복수의 공동부가 있거나 내부 및 외부에 나사부가 있는 제품을 성형할 수 있다.

재료가 금형에 사출될 때는 용융된 상태이므로, 다이캐스팅처럼 양호한 치수정밀도와 함께 복잡한 형상을 얻을 수 있다. 하지만 금속의 주조에서처럼(제5장), 사출성형제품도 냉각하면서 수축한다(플라스틱은 금속보다 열팽창계수가 큼에 유의, 표 3.3 참조). 플라스틱의 선형수축량은 0.005~0.025 mm/mm 혹은 그 이상이고, 체적수축률은 1.5~7%(표 5.1 및 11.4절 참조) 정도이다. 플라스틱 성형 시 수축은 금형을 약간 크게 제작하여 보정한다.

사출금형과 기계 및 특수한 사출공정은 다음과 같다.

1. **금형.** 사출금형은 제품설계에 따라서 러너, 코어, 공동부, 냉각수로, 인서트(삽입재), 방출핀, 이젝터 같은 다수의 부품으로 구성된다. 금형에는 다음과 같은 세 가지 기본유형이 있다.

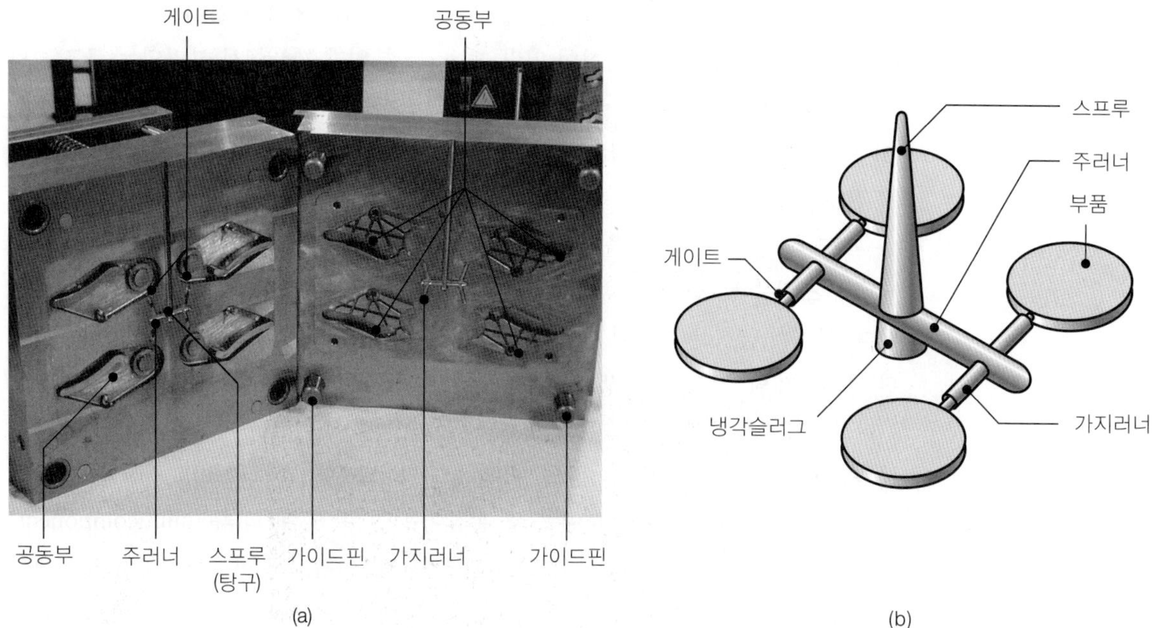

▲ **그림 10.28**

사출금형의 형상: (a) 두 겹판 금형의 주요 형상, (b) 네 부품의 사출과 사용재료의 체적.

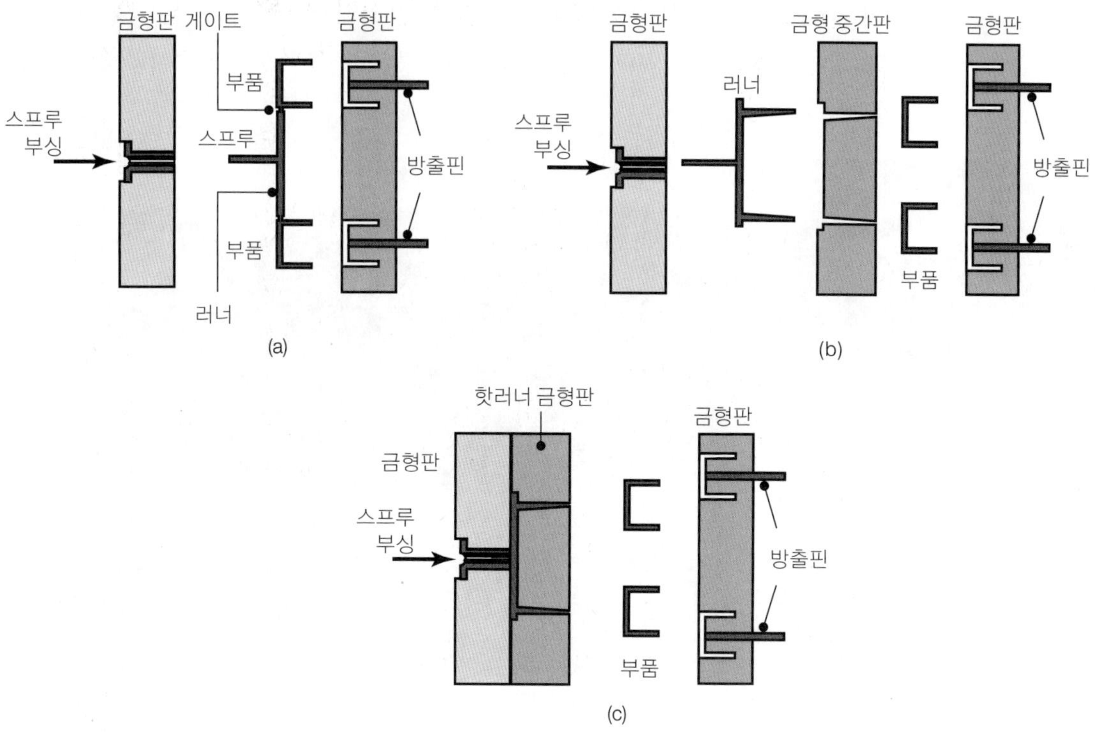

▲ **그림 10.29**

사출금형의 유형: (a) 두 겹판 금형, (b) 세 겹판 금형, (c) 핫러너 금형.

(1) 콜드러너-두 겹판 금형: 가장 단순한 기본구조(그림 10.28 및 10.29a)

(2) 콜드러너-세 겹판 금형: 금형이 열릴 때, 러너 부위가 제품에서 분리되는 구조(그림 10.29b)

(3) 핫러너 금형 혹은 러너 없는 금형: 러너판을 가열하여 러너에 있는 용융플라스틱의 온도를 유지하는 구조(그림 10.29c)

콜드러너 금형에서는 사출관 끝에서 금형공동부 사이의 스프루(sprue, 탕구)에 응고된 플라스틱을 트리밍으로 제거해야 한다. 이때 나오는 스크랩은 잘게 썰어서 재사용한다. 핫러너 금형은 가격이 비싸지만, 제품에 게이트, 러너, 스프루가 없고, 사출제품만 냉각시켜 탈착시키므로 생산주기가 짧다.

나사, 핀, 스트립 같은 금속제 인서트를 금형공동부에 미리 설치한 후, 용융폴리머를 사출하여 일체형 사출제품을 만들 수 있는데(**인서트성형**, 그림 10.30), 가장 흔한 예로 전기부품과 스크루드라이버 같은 공구 손잡이를 들 수 있다. **다부품**(multicomponent) 사출성형은 **동시사출**(coinjection) 혹은 **샌드위치사출**이라고도 하며, 이 공정으로 색상과 모양을 복합시킨 제품을 성형할 수 있다. 다색상의 자동차 후미등덮개, 이종재료로 된 볼-소켓 조인트가 이 공정으로 성형된다. 또한 미리 인쇄된 필름을 금형공동부에 설치한 후 사출하면 제품에 따로 장식하거나 표지를 인쇄할 필요가 없다.

사출성형은 제품치수를 양호하게 조절하면서도 대량생산할 수 있는 공정이다. 한 주기 완료시간은 5~60초가 보통이지만, 열경화성 플라스틱의 경우에는 몇 분이 걸리기도 한다. 금형은 공구강이나 베릴륨-동합금으로 만들고, 한 번에 다수의 제품을 성형하

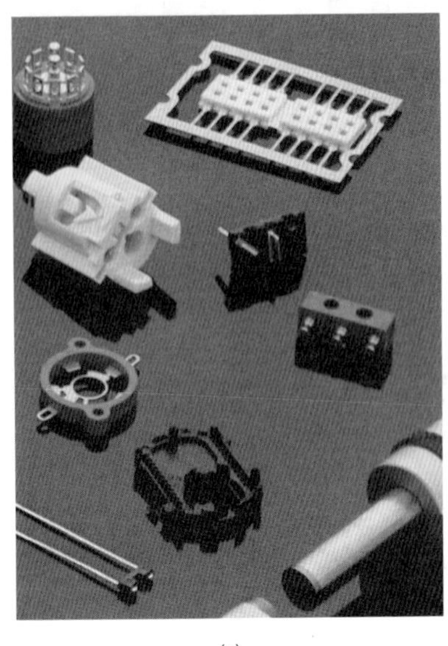
(a)

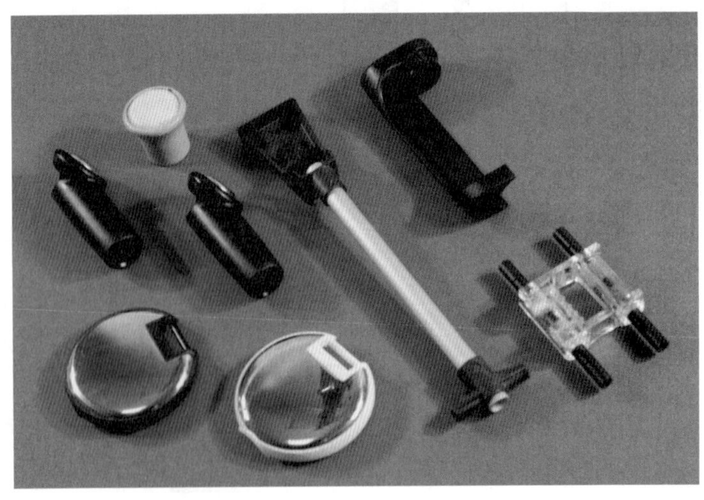
(b)

▲ **그림 10.30**

사출성형으로 제조된 부품. 금속부는 금형공동부에 미리 설치한 후, 사출하여 일체로 만든다.

도록 **공동부**를 여러 개 만들기도 한다(5.10.3절의 다이캐스팅과 유사). 적절한 금형설계와 재료유동은 제품품질을 결정하는 중요한 요소이다. 제품품질에 영향을 주는 다른 요소들로는 사출압력, 온도, 수지상태 등이 있다. 금형 내 재료유동을 연구하기 위한 **컴퓨터모델**이 개발되어 사용되며, 이를 활용하여 금형설계를 개선하고 적절한 공정변수를 결정할 수 있다. 사출금형의 가격은 2천만~2억 원 정도의 고가이므로, 투자에 합당한 대량생산이 요구된다.

2. **사출기.** 사출성형기는 보통 수평형이며 사출가능한 제품의 무게와 금형의 체결력에 따라서 구분된다. 체결력은 보통 유압으로 가해지며, 전기를 이용하는 경우도 있다. 전기구동형은 유압형보다 가볍고 소음이 적다. 수직형 사출기는 소형제품, 공차가 작은 부품이나 인서트성형에 사용된다. 일반 사출기는 체결력이 0.9~2.2 MN(100~250톤) 정도이나, 최대 45 MN(5000톤)에 달하여 25 kg의 제품을 생산하는 것도 있다. 그러나 대부분의 사출제품은 100~600 g 정도이며, 현대식 사출기는 마이크로프로세서와 컴퓨터를 제어반에 장착하여 작업의 모든 면을 관리한다.
3. **이중사출**(overmolding). 이중사출은 일종의 동시사출공정으로 한 번의 사출로 힌지조인트나 볼-소켓 조인트를 성형하는 방법이다. 두 종류의 플라스틱으로 두 부품이 접합하지 않도록 사출하여 조립된 상태의 조인트를 성형한다. 같은 재질의 플라스틱으로 사출하여 힌지를 성형하는 경우에는 한 번에 두 개의 공동부를 갖는 금형에 사출하되, 냉각인서트를 사용하여 두 부품이 접합하지 않도록 한다(ice-cold molding).
4. **반응사출성형**(RIM, Reaction-injection molding). **반응사출성형**은 열경화성 플라스틱에 적용되는 공정으로, 두 종류 이상의 반응액체를 금형공동부에 고압으로 밀어넣고(그림 10.31 참조), 금형에서 화학반응을 신속하게 일으켜서 폴리머로 응고하는 방법이다. 자동차범퍼 및 펜더, 냉장고나 냉동기의 단열판, 구조용부품의 보강재를 만드는 데 이 공정이 이용된다. 유리나 그래파이트 같은 강화섬유를 섞어 제품의 강도 및 강성을 향상

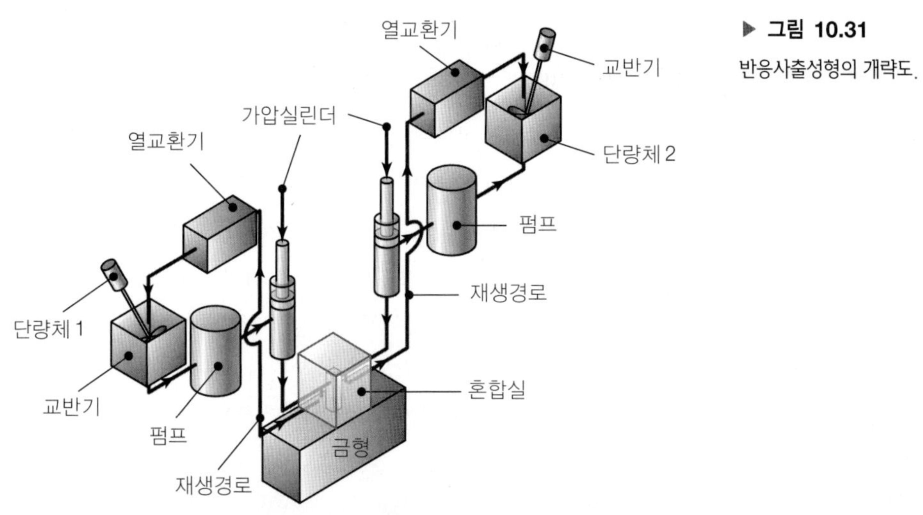

▶ **그림 10.31**
반응사출성형의 개략도.

시키는 데도 사용된다.

5. **구조용 다공질재성형**(structural foam molding). 이 공정은 표면이 매끈하고 내부는 다공질인 발포 플라스틱제품을 만드는 데 사용된다. 이 방법으로 생산되는 제품은 가구부품, TV장, 사무기기 하우징, 축전지 케이스 등이다. 다공질재성형공정은 열가소성 플라스틱과 열경화성 플라스틱 모두에 적용되며, 사출성형이나 압출과 유사하다. 열경화성 플라스틱의 경우에는 반응사출성형의 경우처럼 액상재료를 사용한다.

   다공질재 사출성형은 열가소성 플라스틱을 **분출제**(blowing agent, 질소 같은 불활성가스나 성형할 때 가스를 방출하는 화학제)와 섞어서 폴리머를 팽창시키는 공정이다. 제품의 내부는 다공질로 되고, 표면은 매끈하고 단단해진다. 표면부 두께는 2 mm 정도이고, 제품의 밀도는 속이 찬 플라스틱에 비해 40% 정도 가벼워서 높은 비강도를 갖는다. 이 방법으로 제조된 부품은 비강성이 높고, 무게는 최대 55 kg까지 가능하다.

예 10.7 **사출성형 기어**

250톤 사출성형기로 직경 11.43 cm, 두께 1.27 cm인 평기어를 제조하려고 한다. 기어는 미세한 치형을 갖고 있다. 한 개의 금형에서 몇 개의 기어를 사출할 수 있는가? 기어의 두께에 따라 그 수량이 변하는가?

풀이 치형이 미세하므로 금형공동부 내의 압력은 100 MPa 정도가 필요하다. 기어의 단면적은 $\pi(11.43)^2/4 = 102.6\ \text{cm}^2$이다. 금형의 분리선이 기어의 절반부분을 지난다고 가정하면 필요한 하중은 $(102.6\ \text{cm}^2)(100 \times 10^2\ \text{N/cm}^2) = 1026\ \text{kN} = 104.6$ 톤이 된다. 사출기의 용량이 250톤이므로, 금형에는 두 개의 공동부를 만들 수 있고 한 주기당 두 개의 기어를 사출할 수 있다. 두께가 변해도 단면적이 같으면 체결력이 동일하므로 기어의 두께는 압력에 영향을 주지 않고, 답은 동일하다.

10.10.3 블로성형(blow molding)

블로성형은 압출과 사출 성형공정을 변형하여 조합한 것으로, **압출 블로성형**은 (1) 튜브를 압출하고(보통 수직으로 압출), (2) 튜브직경보다 훨씬 큰 공동부를 갖는 금형에 고정한 뒤, (3) 금형공동부를 채우도록 공기를 불어넣어 튜브를 확장시키는 공정이다(그림 10.32a 참조). 사용하는 공기압력은 350~700 kPa이고, 금형이 튜브를 따라 이동하도록 하여 압출과 연속하여 성형하는 경우도 있다. 금형이 양쪽에서 닫히면(이 과정에서 관재를 자르게 됨) 공기가 주입된 후에 적당량 이송하고, 제품이 냉각되면 탈착된다. 수평이동하는 금형으로 압출된 튜브를 연속하여 부분적으로 부풀리면, **주름관**을 제조할 수 있다(10.10.1절 참조).

사출 블로성형에서는 사출성형으로 길이가 짧은 튜브, 즉 **패리슨**(parison)을 먼저 만들고(그림 10.32b 참조), 금형을 열어서 패리슨을 블로성형용 금형으로 이송한 후, 뜨거운 공기로 패리슨을 확장시켜 금형공동부를 채우도록 한다. 이 공정의 대표적인 제품은 플라스틱 음료병과 속이 빈 용기이다.

동심압출된 관재나 패리슨으로 다층구조물을 제조하는 방법으로 **다층 블로성형**이 있다.

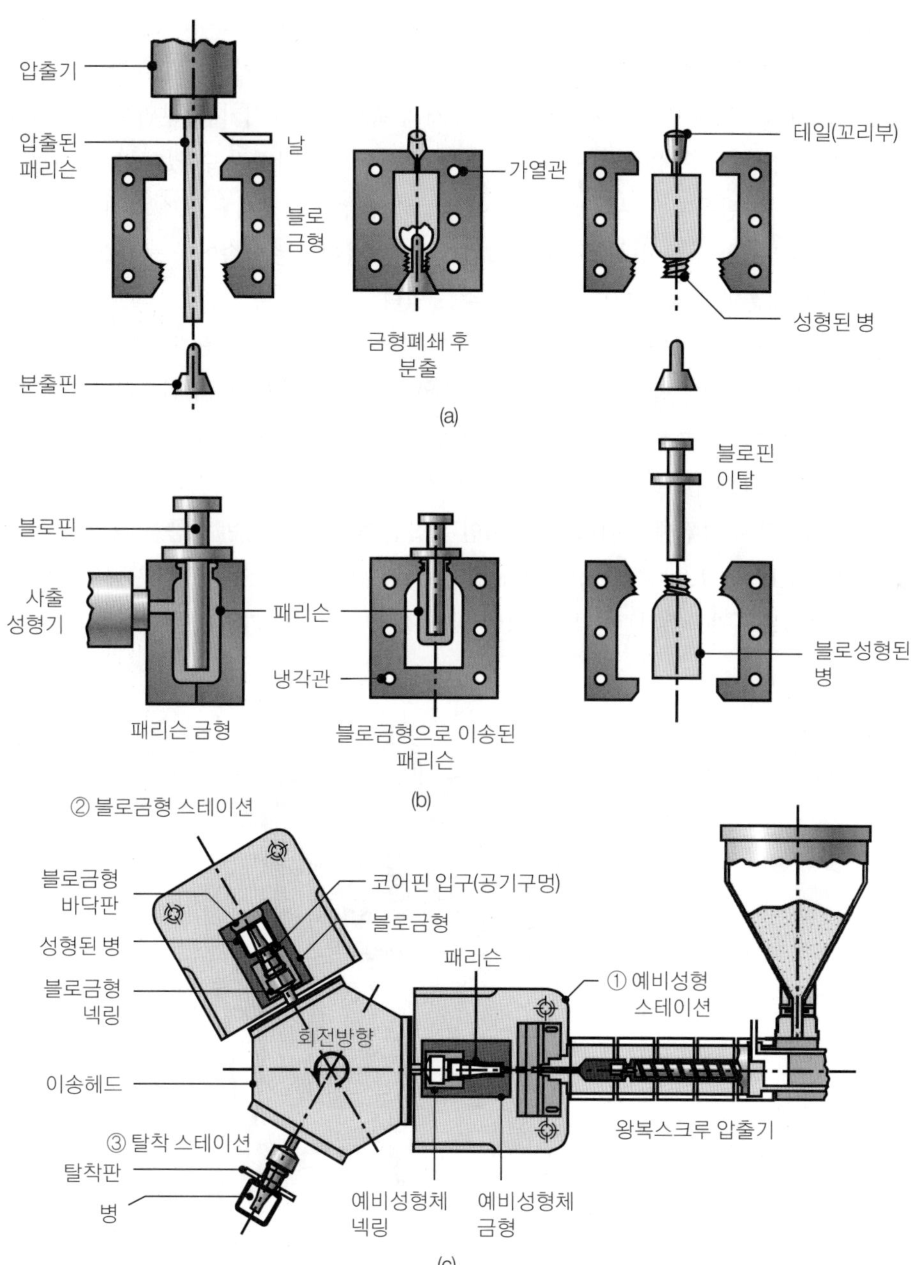

▶ **그림 10.32**
(a) 플라스틱 청량음료 용기를 만드는 블로성형공정의 개략도, (b) 사출 블로성형 공정, (c) 스테이션이 3개인 사출 블로성형기.

예로서, 식음료용 다층플라스틱 포장재는 각 층별로 냄새 및 수분침투 방지층, 벗겨짐에 대한 저항, 인쇄가능성, 가열된 액체를 담을 수 있는 기능 등의 특성을 갖도록 한다. 이들 소재는 화장품이나 제약산업에도 활용된다.

10.10.4 회전성형(rotational molding)

열가소성 플라스틱 대부분과 일부 열경화성 플라스틱으로 속이 빈 대형제품을 제조할 때는 **회전성형**을 이용한다. 두 조각으로 분할되는 금속제 금형은 서로 수직한 두 개의 축에 의해 회전하도록 설계된다(그림 10.33 참조). 미리 계량된 플라스틱 미세분말을 가열된 금형에 넣고 가열장치에서 더욱 가열하면서 두 개의 축으로 회전시키면, 분말이 금형 내부에서 이동되며 플라스틱을 완전 용융시키지 않고도 서로 용착시킬 수 있다. 어떤 제품들은 다리결합 화학반응제를 분말에 첨가하여 제품이 금형에서 성형된 후에도 지속적인 가열에 의해 다리결합이 일어나도록 하기도 한다. 이 공정에서는 금속이나 플라스틱 인서트를 삽입시켜 제품과 일체가 되도록 성형할 수도 있다.

회전성형의 일종인 **슬러시 성형**(slush molding)은 액상폴리머인 **플라스티솔**(plastisols, 가장 흔한 예로는 비닐 플라스티솔)을 소재로 사용한다. 플라스틱재료 입자들을 금형에 넣고 가열하면서 회전시키면, 원심력으로 금형의 내벽에 밀착하면서 용융된다. 금형면대로 성형된 제품은 회전되며, 냉각된 후 금형을 열어 탈착된다.

회전성형으로는 벽두께가 최소 0.4 mm인 복잡한 형상의 속이 빈 제품을 제조할 수 있으며, 크기가 1.8 × 1.8 × 3.6 m인 제품까지도 성형된 바 있다. 제품표면은 금형면의 표면정도에 따르고, 가공주기는 다른 공정에 비해 길지만 장비의 가격이 싸다. 품질은 주로

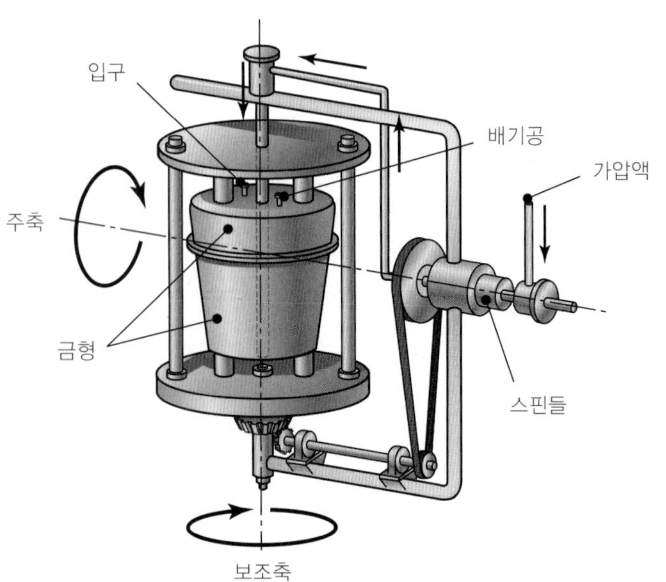

▶ **그림 10.33**
회전성형 공정.

금형에 넣는 분말의 양, 금형 회전속도, 가열장치 내 가열온도와 가공시간의 관계에 의해 조절된다.

10.10.5 열성형(thermoforming)

열성형은 열가소성 플라스틱 판재나 필름을 금형 위에 얹고, 열을 가하며 압력차를 이용하여 성형하는 일련의 공정이다(그림 10.34 참조). 판재를 용융점보다 낮은 **연화점**(softening point) 정도로 미리 가열한 후, 오븐에서 꺼내서 금형 위에 올려놓고 진공을 작용시키면 판재는 금형 위로 당겨지며 붙게 된다. 이때 금형은 상온으로 유지되므로, 플라스틱은 금형에 닿는 모양대로 성형된다. 성형되는 재료의 강도가 낮은 편이므로, 진공에 의한 압력차로 충분하지만, 일부 제품에는 공기압이나 기계적인 방법이 동원되기도 한다.

이 방법으로 만들어지는 제품으로는 포장용기, 광고표지판, 냉장고 내벽, 가전제품 하우징, 목욕탕 샤워실 내벽 등을 들 수 있다. 성형 도중에 압력차가 유지되어야 하므로, 구멍이 있는 제품은 성형이 곤란하다. 열성형은 판재성형의 드로잉과 신장성형이 동시에 행해지는 것과 같으므로(제7장 참조), 소재는 균일연신량이 커야 한다. 그렇지 않으면 네킹과 함께 파단이 생긴다. 열가소성 플라스틱은 변형률속도 민감지수 m이 커서 네킹의 확산에 따른 연신량이 크다(2.2.7절 참조).

두 장의 판재를 사용하면 속이 빈 부품을 성형할 수 있다. 이 경우에는 두 개의 금형을 맞추어 닫고 그 사이로 가열된 소재를 넣어, 소재 사이에서는 압축공기, 금형 쪽에서는 진공을 작용시켜 성형한다(12.17.1절의 **가열판용접** 참조).

열성형용 금형에는 높은 강도가 필요하지 않으므로, 보통은 알루미늄으로 만든다. 금형에 내는 구멍은 0.5 mm 이내로 하여 성형된 판재에 자국이 남지 않도록 한다. 공구가격은 싼 편이고, 생산속도가 높다. 열성형공정에서 생기는 결함으로는 찢어짐, 두께 불균일, 부적절한 금형충전, 제품형상의 복사불량 등이 있다.

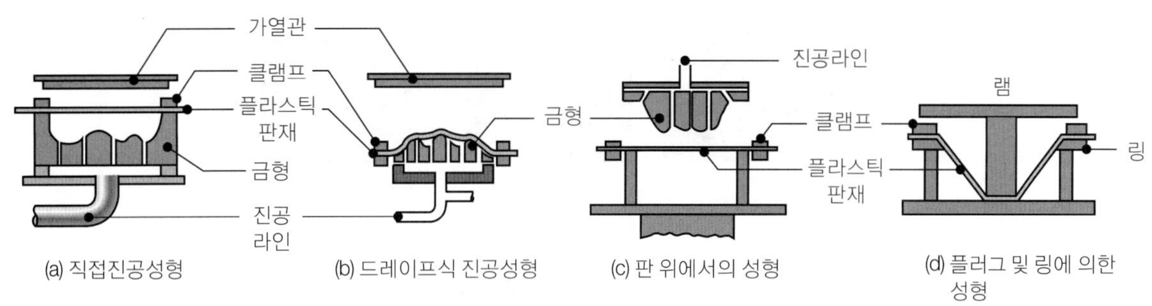

▲ 그림 10.34

열가소성 플라스틱판을 가공하는 여러 가지 열성형공정. 이 공정으로 광고표지, 과자용기, 샤워실 내벽, 포장용기 등을 가공한다.

10.10.6 압축성형(compression molding)

압축성형은 분말이나 점성 액상수지와 충전제의 혼합물을 미리 일정한 체적으로 모양을 잡아서 가열된 하부금형 위에 올려놓고, 상부금형 또는 플러그로 가압하여 성형하는 공정이다(그림 10.35 참조). 압축성형은 단조작업과 유사하여 플래시가 생기므로 트리밍으로 이를 제거해야 한다. 압축성형으로 가공되는 제품은 접시, 핸들, 용기 캡, 부속품, 전기전자 부품, 세탁기 교반기, 하우징 등이며, 탄성중합체와 섬유강화플라스틱도 이 방법으로 가공된다.

압축성형에는 주로 열경화성 플라스틱이 사용되는데, 초기소재는 부분경화된 상태로 가공을 시작하여 재질, 부품형상 및 두께에 따라 가열금형 내에서 0.5~5분의 경화시간을 거치면 다리결합이 완료된다. 재료의 두께가 두꺼울수록 경화시간이 오래 걸린다. 압축성형은 사출성형에 비해 공정이 비교적 간단하므로, 금형가격이 싼 편이다. 압축성형용 금형에는 (1) 속이 얕거나 편평한 제품을 가공하는 **플래시형**, (2) 고밀도를 얻는 **능동형**, (3) 고품질을 얻는 **반능동형**의 세 가지 종류가 사용된다. 언더컷을 가진 제품은 바람직하지 않지만, 금형의 옆면을 개방하여 제품의 탈착을 용이하게 할 수 있다(그림 10.35d 참조). 압축성형은 사출성형에 비해 복잡한 제품의 가공은 곤란한 편이고, 치수조절은 보다 용이하다.

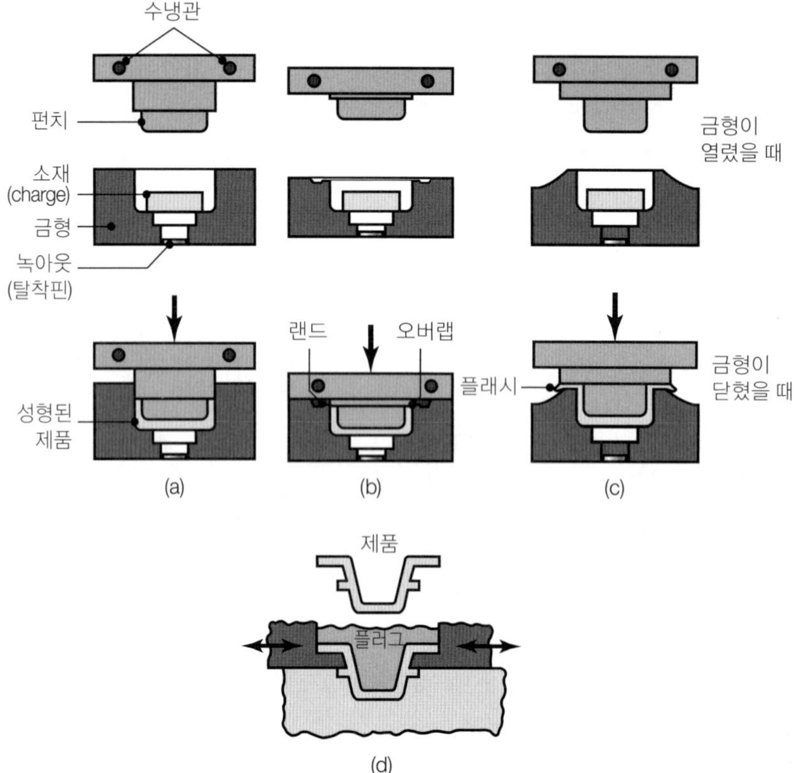

▶ 그림 10.35
압축성형의 유형: (a) 능동형, (b) 반능동형, (c) 플래시형, (d) 역구배가 있는 압축성형제품용 금형의 설계.

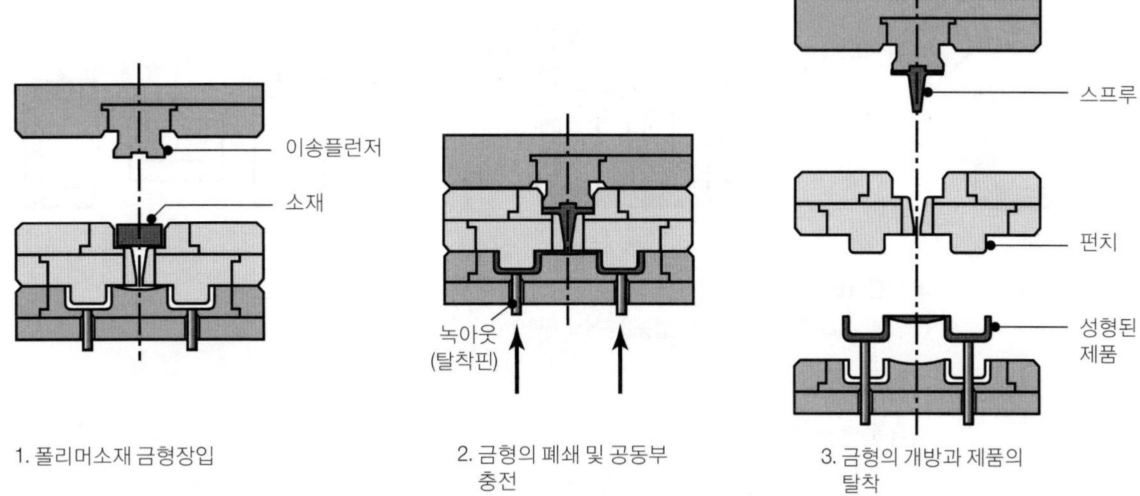

▲ **그림 10.36**

열경화성 플라스틱의 전이성형에서의 작업단계. 이 공정은 벽두께가 변하는 복잡한 제품의 가공에 적합하다.

10.10.7 전이성형(transfer molding)

전이성형은 압축성형을 보다 발전시킨 것으로, 경화되지 않은 열경화성 소재를 가열된 이송가열실에 놓고(그림 10.36 참조), 재료가 적당히 가열되면 이를 밀폐된 가열금형에 사출하여 성형하는 공정이다. 사용되는 기계의 유형에 따라 램, 플런저, 회전스크루가 재료에 압력을 가하여 좁은 통로를 통해 금형공동부로 유입되도록 한다. 이때의 유동으로 상당한 열이 발생하여 재료온도를 올리면서 재질을 균질하게 한다. 다리결합으로 경화가 일어나며, 금형에 유입될 때의 수지는 용융상태이므로, 사출성형 정도로 섬세하고 복잡한 제품을 가공할 수 있다.

전이성형으로는 전기전자 부품 및 고무, 실리콘 제품을 가공하며, 복잡한 형상에 두께가 일정하지 않은 제품에 적합하다. 금형은 공구강으로 만들며, 압축성형용 금형보다 값이 비싸고, 금형충전에 사용되었던 채널 속의 재료는 재사용할 수 없다(10.11.1절의 수지전이성형 참조).

10.10.8 주조

나일론, 아크릴 같은 열가소성 플라스틱이나, 에폭시, 페놀, 폴리우레탄, 폴리에스터 같은 열경화성 플라스틱은 강체금형이나 가변 금형에 주조하여 각종 형상으로 만들 수 있다(그림 10.37a 참조). 대형기어, 베어링, 휠, 후판, 내마모성 부품 등은 이 방법으로 만든다. 열가소성 플라스틱의 경우는 단위체, 촉매, 첨가제의 혼합물을 가열하여 금형에 주입하면, 대기압에서 중합반응이 일어나면서 제품으로 성형된다. 가변 금형(폴리우레탄으로 만듦)을

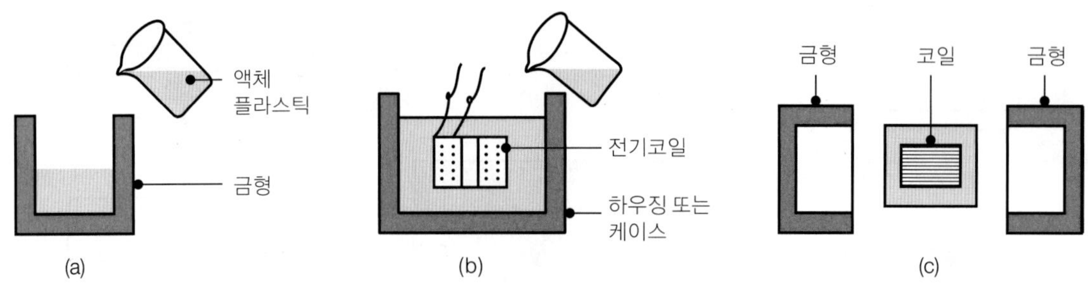

▲ **그림 10.37**
플라스틱의 (a) 주조, (b) 폿팅, (c) 캡슐화공정의 개략도.

사용하면 복잡한 형상을 성형하여 응고 후에 벗겨낼 수 있다. 플라스틱이나 단섬유 강화플라스틱에 **원심주조법**을 이용할 수도 있다(5.10.4절 참조). 열경화성 플라스틱도 비슷한 방법으로 주조된다.

■ **폿팅**(potting)**과 캡슐화공정**(encapsulation) 주조와 유사한 공정으로, 전기전자산업에서 중요하게 사용되는 공정에 폿팅 및 캡슐화공정이 있다. **폿팅**(그림 10.37b)은 제품과 일체가 될 하우징이나 케이스를 주형으로 삼아 주조하는 가공법이고, **캡슐화공정**(그림 10.37c)은 부품을 응고된 플라스틱 층으로 감싸는 가공법으로, 두 가공법 모두에서 플라스틱은 절연재로 사용된다. 후크나 스터드 같은 구조용 부품도 부분적으로 캡슐화하는 경우가 있다.

■ **폼성형**(foam molding) **스티로폼** 컵이나 식품용기, 절연블록, 형상 있는 포장재(카메라, 컴퓨터, 가전제품의 포장에 사용)는 **폼성형**으로 만들어진다. **팽창되는 폴리스티렌**을 분출제(blowing agent)가 포함된 비드의 형태로 만들어(스티렌 단위체의 중합반응으로 만듦) 금형에 넣은 뒤, 주로 증기를 이용하여 열을 가한다. 그 결과로 비드는 원래 체적보다 최대 50배까지 팽창하여 금형 내부를 채우면서 성형된다. 팽창량은 온도와 시간으로 조절할 수 있다. 보통 사용되는 제품의 성형방법은 증기로 **미리 팽창시킨** 비드를 저장고에서 3~12시간 정도 안정화시킨 후, 앞서 설명한 방법대로 금형에서 성형한다.

폴리스티렌 비드에는 세 가지 크기, 즉 (1) 컵제조용 소형, (2) 형상제조용 중형, (3) 절연블록용 대형(성형 후 절단하여 사용)이 있으므로 제품의 최소벽두께에 맞는 비드크기를 선택하여 사용한다. 비드는 팽창 전에 착색되거나, 비드 자체가 착색된 형태로 사용가능하다.

■ **폴리우레탄 폼공정** 이 공정은 쿠션이나 절연블록 같은 제품을 만드는 데 사용되는 공정으로, 기본적으로는 둘 이상의 화학성분을 혼합시키는 방법이다. 화학반응으로 금형 내에서 경화되어, 다공성 조직이 만들어진다. 컴퓨터제어로 혼합을 적절하게 조절하는 저압용 혹은 고압용 기계가 있다.

10.10.9 냉간성형 및 고상성형

제6장과 제7장에서 설명한 금속의 냉간가공에 사용되는 압연, 디프드로잉, 압출, 형단조, 코이닝, 고무성형 같은 가공법은 상온에서 열가소성 플라스틱을 냉간성형하는 데도 이용되며, 대상재료로는 폴리프로필렌, 폴리카보네이트, ABS, 강성 PVC를 사용한다. 이때는 (1) 재료가 상온에서 충분한 연성을 가질 것(따라서 폴리스티렌, 아크릴, 열경화성 플라스틱은 가공할 수 없음)과, (2) 재료의 변형은 복원되지 않을 것(스프링백과 크리프를 최소화하기 위해)이 필요하다.

플라스틱의 냉간가공법이 다른 가공법에 비해 갖는 장점은 다음과 같다.

1. 강도, 인성, 균일연신이 증가
2. 우수한 기계적 성질을 주기 위해 분자량이 큰 플라스틱 사용가능
3. 가열이나 냉각이 필요 없으므로 가공속도가 제품두께의 영향을 받지 않음
4. 일반 성형법에 비해 가공주기가 짧음

고상성형(solid-phase forming)은 플라스틱이 결정성폴리머인 경우, 용융온도보다 약 10~20°C 낮은 온도에서(표 10.2 참조) 아직 고상인 상태에서 가공하는 방법으로 냉간성형에 비해 가공력이 작고, 스프링백도 작아진다. 이 가공법은 고온성형법만큼 널리 사용되지 않고, 단지 특수한 용도에만 적용된다.

10.10.10 탄성중합체의 가공

탄성중합체는 열가소성 플라스틱의 성형에 사용되는 각종 가공법으로 성형된다. 열가소성 탄성중합체는 압출이나 사출로 성형되는데, 압출이 가장 경제적이고 신속한 가공법이다. 가공특성의 측면에서 보면, 열가소성 탄성중합체는 폴리머이고, 기능과 성능의 측면에서는 고무이다(10.8절 참조). 이 폴리머는 블로성형이나 열성형으로도 가공된다. 열가소성 폴리우레탄은 일반 가공법으로 성형되며, 열가소성 고무, PVC, ABS, 나일론과 혼합되기도 한다. 압출의 경우에는 170~230°C, 사출성형의 경우는 60°C까지의 범위에서 가공한다. 압출제품으로는 호스, 몰딩, 튜브 등이 있고, 사출제품에는 장난감, 자동차부품, 하우징, 신발, 가전제품 부품 등의 다양한 제품이 있다.

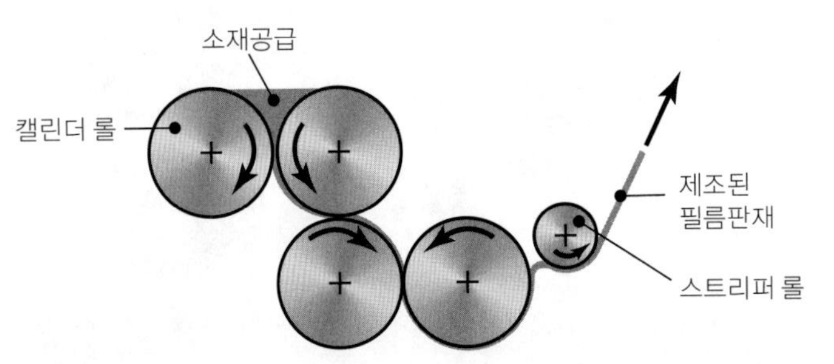

▶ **그림 10.38**
캘린더링의 개략도. 이 공정으로 제조되는 판재는 열성형에 사용된다.

고무와 열가소성 플라스틱 판재는 **캘린더링**(calendering, 그림 10.38)공정으로 만들어지는데, 이는 가열된 플라스틱 덩어리를 일련의 롤 사이로 공급하여 판재의 형태로 뽑아내는 공정이다. 고무는 직조 라이너를 두 판재 사이에 넣어서 성형하기도 한다. 고무장갑이나 풍선 같은 개별 고무제품은 액체화합물에 반복적으로 형을 담가서 일정한 두께를 얻고, 증기로 가황처리한 후에 형에서 벗겨내어 만든다.

10.11 강화플라스틱의 가공법

10.9절에서 설명한 것처럼, 강화플라스틱은 가장 중요한 재료 중 하나로 꼽히며, 비강도, 비강성, 크리프저항 등이 높게 요구되는 설계조건에 맞게 가공될 수 있다. 강화플라스틱은 제품별로 구조가 독특하므로, 유용한 제품으로 가공하기 위해서는 특별한 가공법을 사용한다(그림 10.39 참조).

강화플라스틱의 가공에는 세심한 주의와 여러 단계가 요구되므로, 가공비용이 비싼 편이다. 이를 극복하기 위해서는 설계와 가공공정의 세심한 적용과 통합으로(동시공학, 1.2절 참조) 제품완전성과 생산속도를 유지하면서 비용을 최소화시켜야 한다. 강화플라스틱과 연관하여 환경적으로 중요하게 고려할 점은 가공 중에 발생하는 먼지이다. 예로서, 공중에 떠다니는 탄소섬유는 부품가공이 완전히 끝난 한참 후에도 작업장에 남는 것으로 알려져 있다.

강화플라스틱은 이 장에서 설명된 가공법에 두 종류 이상의 재료를 사용하여 가공된다. 10.9절에 설명한 것처럼, 강화재의 형태는 분산섬유, 직조천이나 매트, 로빙(꼰 섬유), 연속섬유 등이다. 단섬유는 주로 열가소성 플라스틱의 사출성형에 첨가되고, 직조섬유는 반응사출성형, 길이가 긴 섬유는 강화플라스틱의 압축성형에 사용된다. 강화재를 폴리머모재에 확실하게 접합시키고 후속공정에서 보호하려면 폴리머에 함침(impregnation)시켜

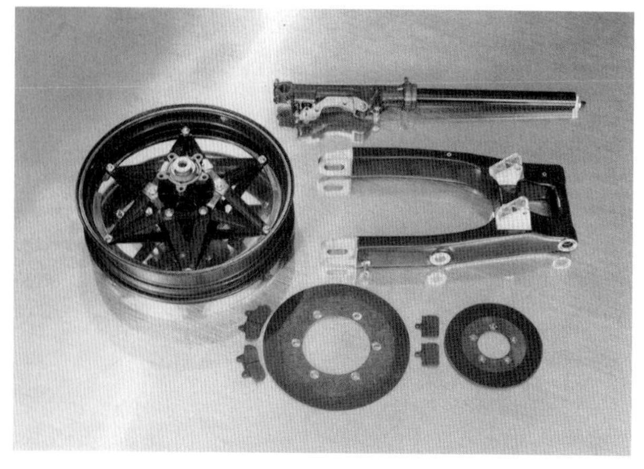

▶ **그림 10.39**
혼다 오토바이의 앞/뒷바퀴살, 뒷바퀴스윙암, 휠, 브레이크 디스크에 사용되는 강화플라스틱 부품.

코팅되도록 해야 한다.

별도의 공정으로 함침시켜 부분적으로 경화시킨 소재로는 다음과 같은 형태가 있다.

1. **프리프래그**(prepregs). 연속섬유를 배열시키고(10.40a 참조), 폴리머모재와의 접착을 향상시키기 위해 표면처리를 한 후, 수지 욕조에 담가서 코팅하여 판재나 테이프의 형태로 만든 것을 말한다(그림 10.40b 참조). 프리프래그를 여러 겹 포개어 적층구조로 하면, 변동하는 환경조건에서도 특성과 피로강도가 잘 유지되어 건축용 패널, 전기절연재, 항공기의 구조용 부품을 만들 수 있다. F-14 전투기의 수평꼬리날개는 컴퓨터제어 특수적층기를 사용하여 만든다.
2. **SMC**(sheet-molding compound). SMC는 폴리머 막(보통 폴리에틸렌) 위에 얇게 수지층(보통 폴리에스터 혼합물)을 바르고, 그 위에 연속 강화섬유에서 짧게 절단된 단섬유를 뿌려서 제조한다(그림 10.41 참조). 뿌려진 단섬유 위에 다시 수지층을 얇게 바르고, 맨 위층을 역시 폴리머 막으로 덮은 후, 이를 롤러로 통과시키며 압축하여 판재의 형태로 말아서 보관한다. 이렇게 만들어진 제품은 원하는 성형점도를 얻기 위해 숙성과정을 거쳐야 한다. 숙성과정은 온도와 습도를 조절하며 하루 정도 유지한다. 숙성된 SMC는 가죽성 질감이며, 보관기간이 약 30일 정도로 기간 내에 가공해야 한다.
3. **BMC**(bulk-molding compound). 이는 SMC와 비슷하게 직경 50 mm 정도의 빌렛 형태로 압출하여 만든 혼합물이다. 금형에서 성형할 때는 밀가루반죽과 비슷한 특성을 보이며, DMC(dough-molding compound)라고도 한다.
4. **TMC**(thick-molding compound). BMC(저가)와 SMC(고강도)의 특성을 결합시킨 혼합

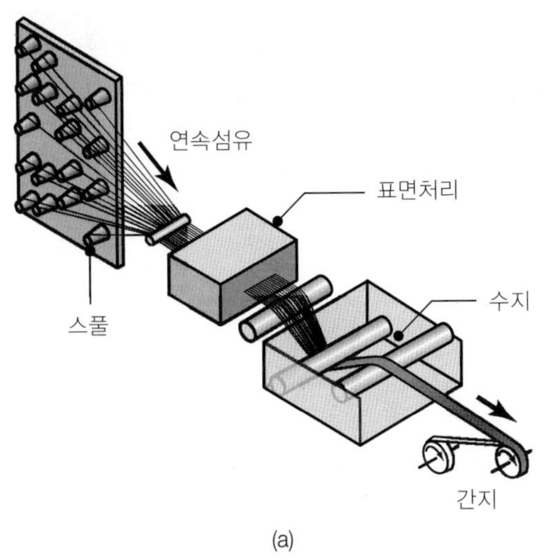

(a)

(b)

▲ **그림 10.40**

(a) 폴리머-모재 복합재료의 가공공정, (b) 보론-에폭시 프리프래그 테이프(prepreg tape).

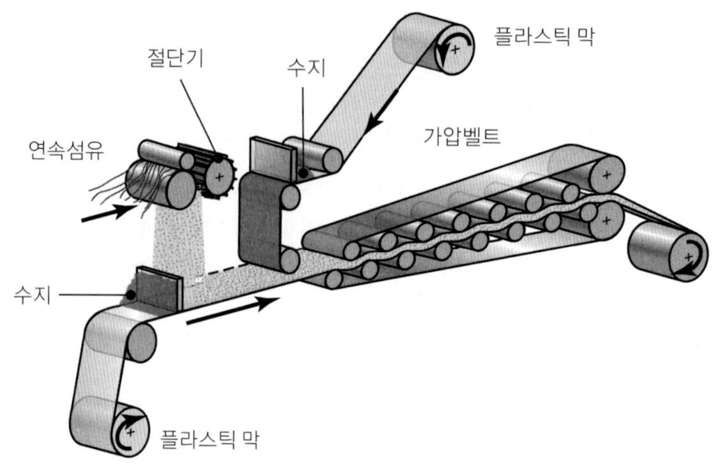

▶ **그림 10.41**
강화플라스틱 판을 제조하는 공정. 이 단계에서의 판재는 아직 점성을 띠며, 후속공정에서 성형되어 여러 가지 제품으로 만들어진다.

물로, 다양한 길이의 분산섬유를 첨가하여 사출성형한다. 이 방법으로 만든 제품은 유전강도(dielectric strength)가 높아서 전기부품에 사용된다.

예 10.8 복합재료로 만드는 테니스라켓

테니스라켓은 가볍고 강성이 높아야 한다는 특성에 부합하도록 강화섬유로 그래파이트, 섬유유리, 보론, 세라믹(실리콘카바이드), 케블라를 사용한 복합재료로 만들어진다. 라켓 중심부는 다공질재(foam)로 만들고 외부의 필요부분에 일방향 강화나 꼰 섬유 강화를 적용한다. 보론섬유로 강화한 라켓의 강성이 가장 높고, 그래파이트(탄소)섬유, 유리섬유, 케블라의 순으로 강성이 낮다. 강성이 가장 낮은 라켓은 80%의 섬유유리를 사용한 것이고, 95% 그래파이트와 5%의 보론섬유를 사용하는 경우에 강성이 가장 높다. 후자는 저렴한 강화섬유를 많이 사용하고 가격이 비싼 강화섬유는 최소로 사용하는 셈이다.

10.11.1 성형

강화플라스틱을 성형하는 방법에는 다음과 같은 다섯 가지 방법이 있다.

1. **압축성형.** 이 작업에서는 두 금형 사이에 소재를 놓고 압력을 가한다. 금형을 상온에서 사용하는 경우도 있지만, 소재에 따라서는 경화를 촉진시키기 위해 금형을 가열하기도 한다. 소재로 BMC(폴리머, 섬유, 첨가제의 혼합물로, 점성이 있고 끈끈함)를 사용하는 경우에는 덩어리를 원하는 체적만큼 잘라서 사용한다. 보강섬유는 길이 3~50 mm의 것을 사용하며, 때로는 이보다 긴 섬유(최장 75 mm 까지)도 사용한다. SMC도 압축성형에 사용되며, 이 경우에는 운반 및 보관의 용이성을 위해 수지-섬유 혼합물을 싸고 있던 플라

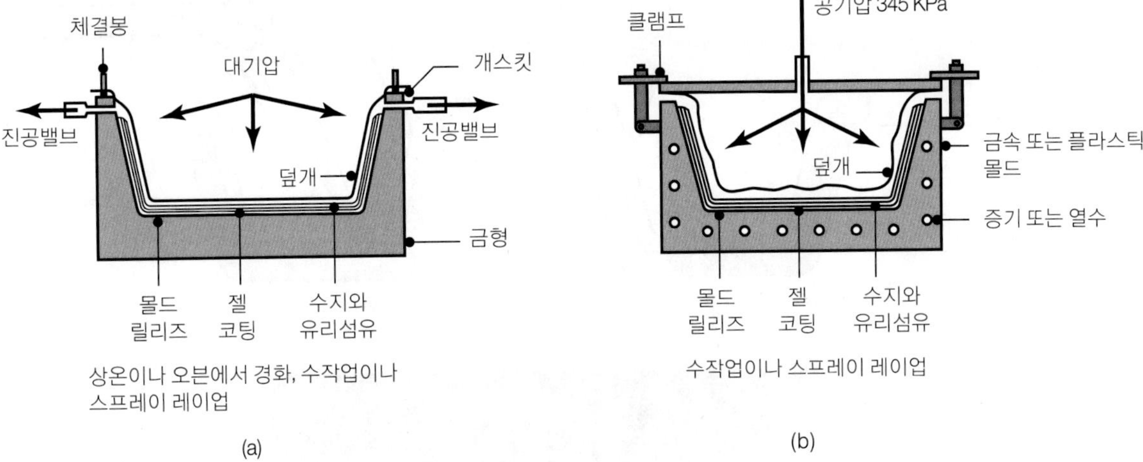

▲ **그림 10.42**

(a) 진공백 성형, (b) 압력백 성형.

스틱 막을 가공 시에 벗겨내어 사용한다.

2. **진공백 성형.** 그림 10.42에 나타낸 것처럼, 프리프래그를 몰드에 여러 겹 깔고, 플라스틱 백으로 덮은 후, 공기를 뽑아내서 진공으로 만들어줌으로써 소재에 압력을 가하여, 양호한 접합을 얻고 몰드의 형상대로 성형하는 방법이다. 별도의 압력이나 가열이 필요한 경우에는 몰드 전체를 **오토클레이브**(autoclave)에 넣어 가열한다. 특정한 방향성을 얻고자 할 때는 섬유의 배향에 주의해야 하며, 단섬유를 사용하는 경우에는 방향성을 고려하지 않는다. 수지가 진공백에 붙는 것을 방지하거나, 과도하게 바른 수지를 제거하려면, **릴리즈 천**(또는 **블리더 천**)을 프리프래그 위에 몇 겹 깔아서 사용한다. 몰드는 금속(보통은 알루미늄) 혹은 경화시킬 재료와 같은 종류의 수지(강화재로 보강된)를 사용한다. 몰드재료로 동종의 수지를 사용하면, 몰드와 제품 간에 열팽창계수가 다름으로 인해 생기는 문제를 해결할 수 있다.
3. **접촉성형**(contact molding). 이 공정에서는 강화플라스틱, 목재, 석고 등으로 한 개의 몰드(그림 10.43)만을 만들어서 조립식 수영장, 보트, 욕조, 샤워실 패널, 하우징 같이 두께 대비 표면적의 비가 매우 큰 제품을 가공한다. 이 가공법은 성형하면서 강화재를 수지에 함침시키는 '습식법'이며, 가장 간단한 작업으로는 **수작업 레이업**(hand lay-up)을 들 수 있다. 재료를 몰드에 깔고 손으로 갇힌 공기를 몰면서 빼내어 제품을 성형한다(그림 10.43a 참조).

 소재를 분사시켜 성형할 수도 있는데(spray-up, 그림 10.43b 참조), 이 경우에는 자동화된 분사장치를 사용해도 가공속도가 느린 편이고, 인건비가 높다. 그러나 작업이 간단하고 공구비용이 싸며, 제품은 몰드에 접촉한 면만 매끈하므로 재료선택에 제한이 있다. 각종 보트선체가 이 방법으로 가공된다(그림 10.43c 참조).

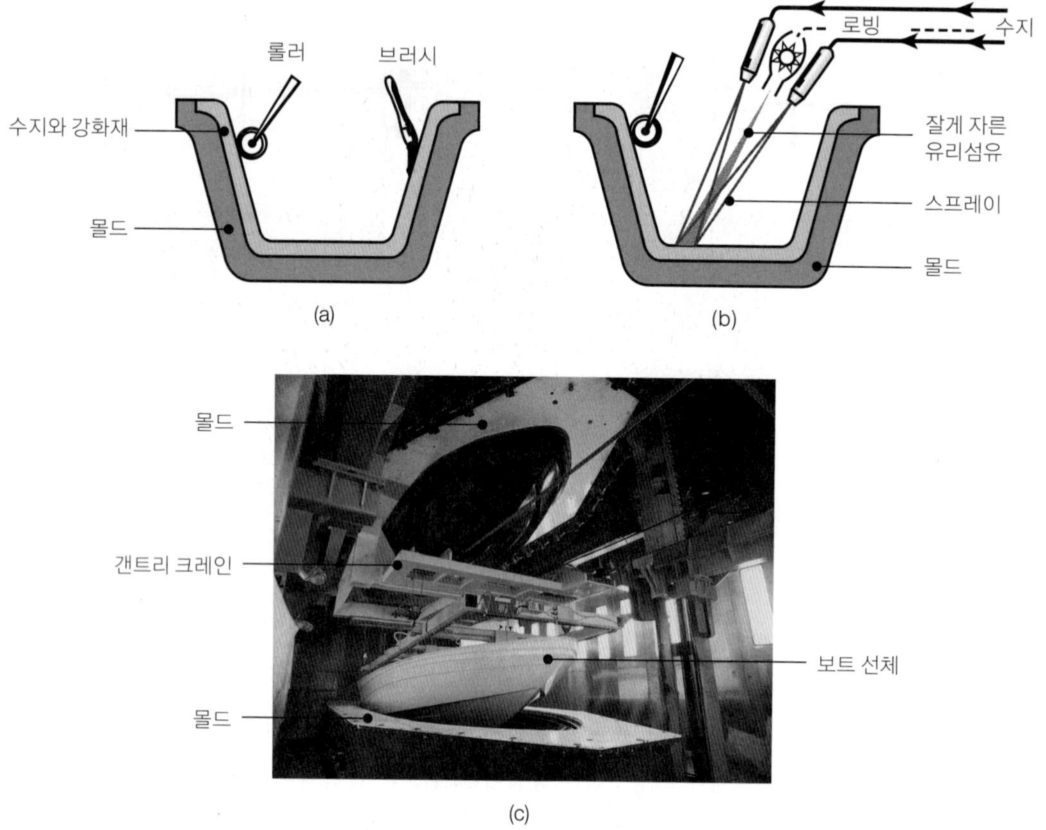

▲ **그림 10.43**

강화플라스틱 접촉성형공정: (a) 수작업 레이업, (b) 스프레이업, (c) 접촉성형으로 제조된 보트 선체.

4. **수지전이성형**(resin transfer molding). 전이성형에 기초한 가공법으로(10.10.7절 참조), 촉매와 혼합한 수지에 섬유강화재를 첨가하여 피스톤 형태의 왕복펌프로 금형공동부에 충전시키는 공정이다. 이 공정은 소량 또는 중간량 생산용으로 수작업레이업, 스프레이업, 압축성형을 대체하는 가공법이다.
5. **전이/사출성형**. 이는 압축성형, 사출성형, 전이성형을 조합하여 자동화시킨 공정으로, 각 공정의 장점을 가지면서 우수한 성질의 제품을 성형하는 방법이다.

10.11.2 필라멘트 감기와 인출

■ **필라멘트 감기**(filament winding) 수지를 적신 강화섬유를 감으면서 경화시키는 공정으로, 회전하는 맨드릴 위에 강화필라멘트, 테이프(프리프래그), 꼰 섬유(로빙) 등을 연속적으로 감아서 파이프나 저장탱크 같은 축대칭제품을 만든다. 이때 강화재는 폴리머욕조를 통과시키며 함침시킨다(그림 10.44a 참조).

필라멘트 감기법으로 만들어진 제품은 보강구조가 우수하여 매우 강하며, 알루미늄이

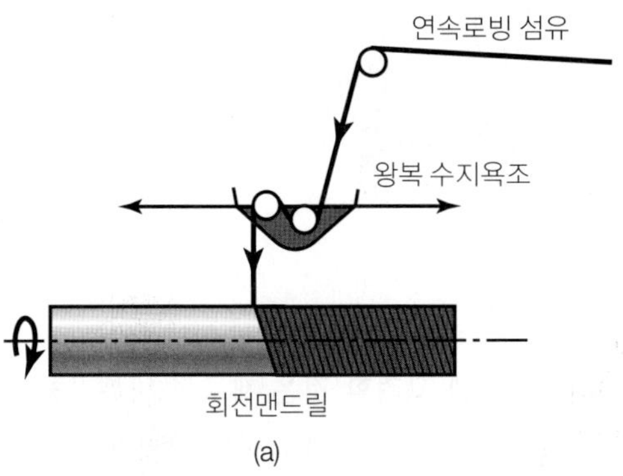

(a)

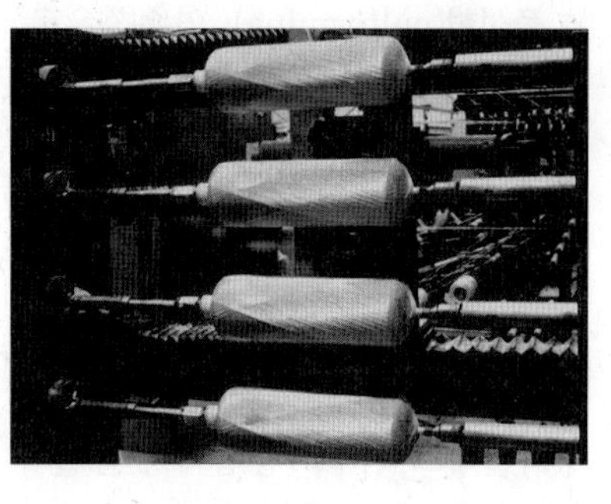
(b)

▶ **그림 10.44**
(a) 필라멘트 감기공정의 개략도, (b) 알루미늄 라이너에 유리섬유를 감아서 만드는 보잉 767 항공기의 용기 부품.

나 티타늄으로 만들어진 원주형 또는 구형 압력용기(그림 10.44b)를 강화시키는 데도 사용된다. 이 경우에는 금속재료 내벽이 누설을 방지하는 역할을 한다. 고형 로켓추진제 위에는 필라멘트 감기법을 직접 적용하기도 한다. 7축 컴퓨터제어기계(제14장 참조)를 사용하면 단방향 프리프래그를 자동으로 감아서 비축대칭제품을 성형할 수 있다. 이 공정을 적용하는 비축대칭제품으로는 항공기엔진 덕트, 동체, 프로펠러, 블레이드, 받침대가 있다.

■ **인출**(pultrusion) 봉재, 형상재, 관재처럼 단면이 일정하고 길이가 긴 제품은 **인출공정**으로 만들어진다(금속 인발제품과 유사, 6.5절 참조). 전형적인 제품으로는 골프채, 구동축, 구조재(예: 사다리, 보행로, 난간) 등이다. 이 가공법은 1950년대 초반에 개발되었으며, 열경화성 폴리머욕조에 연속강화재(곧 섬유나 직조천)를 통과시킨 후, 길이가 긴 가열금형 사이로 잡아당기면(그림 10.45 참조), 소재는 금형을 통과하는 동안 경화된다. 인출에 잘 사용되는 재료는 유리섬유로 강화된 폴리에스터이다.

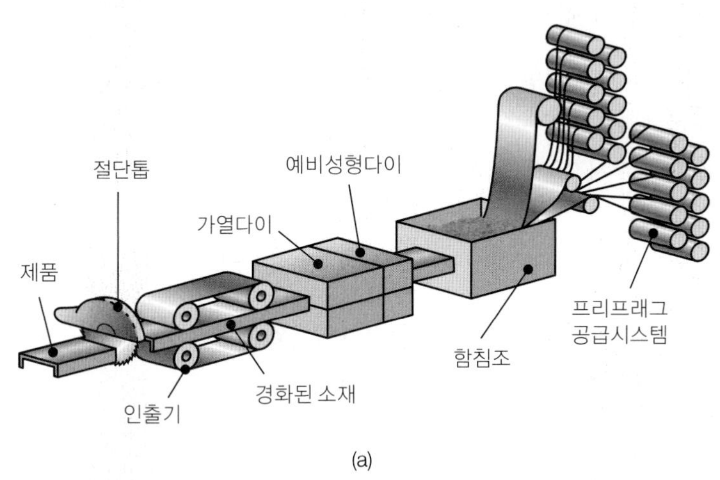

(a)

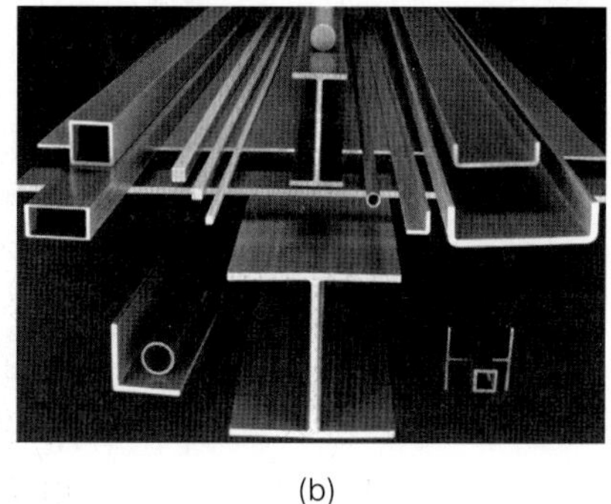
(b)

▲ **그림 10.45**
(a) 인출공정의 개략도, (b) 인출공정으로 제조된 부품의 예.

■ **풀성형**(pulforming) 연속섬유로 강화되지만 단면이 일정하지 않은 제품은 풀성형으로 제조된다. 폴리머욕조를 통과시킨 복합재료를 두 개의 반쪽 금형 사이에 고정하여 최종제품으로 경화시킨다. 금형이 원래의 위치로 돌아가면서 제품은 연속 성형된다. 이 공정으로 만들어지는 제품에는 섬유강화된 망치손잡이와 자동차 겹판스프링이 있다.

10.11.3 품질관련 고려사항

강화플라스틱의 가공법에서 품질과 관련하여 중요하게 고려할 것은 재료의 내부기공과 층간 틈새이다. 공정 중에 발생하는 휘발성가스가 성형되는 재료에 갇히면 미세기공을 형성하므로 진공백을 이용하여 빠져나오도록 해야 한다. 경화가 부적절하거나 운송 및 취급 중에 미세균열이 발생할 수도 있다. 이러한 결함은 초음파탐상 및 기타 방법으로 발견되어야 한다(4.8.1절 참조).

10.12 신속조형기술과 신속금형기술

시작품(試作品, prototype, working mock-up), 즉 제품 최초의 완전모델(그림 1.3 참조)은 전통적으로 제8장에서 설명한 각종 공구와 기계를 사용한 기계가공작업 같은 유연가공공정으로 몇 주 내지 몇 개월에 걸쳐서 제작하였다. 가공에서 최근의 중요한 발전인 **신속조형기술**(RP, rapid prototyping, 혹은 desktop manufacturing, free-form fabrication이라고도 함)은 삼차원 CAD 도면으로부터 직접 고형화된 물리적 모델을 만드는 공정이다. 1980년대에 개발된 신속조형기술에는 수지경화, 용착, 응고, 소결 등의 몇 가지 고형화 기술이 사용된다.

신속조형기술의 중요성과 경제적 파급효과는 다음과 같다.

1. 삼차원 CAD 시스템(15.4절에서 설명)을 통해 화면 상에서 여러 각도에서 보면서 개념설계를 구체적으로 파악할 수 있다.
2. 각종 비금속 및 금속 재료로 시작품을 제작하여 기능적, 기술적, 심미적 측면에서 완전하게 평가할 수 있다.
3. 기존의 방법에 비해 훨씬 짧은 시간과 적은 비용으로 시작품제작이 가능하다.

하지만 현대적인 CNC 공작기계(제8장 및 제15장) 역시 복잡한 형상을 신속하게 가공하는 능력을 갖고 있으므로, 신속조형기술의 실용적인 대안이다.

이 절에서는 한 층씩 쌓아가면서 제품을 성형하는 **첨가가공**(additive manufacturing)을 중점적으로 설명한다. 다른 신속조형기술로는 **공제가공**(subtractive process, 기본적으로 컴퓨터제어 기계가공작업 이용)과 **가상시작공정**(virtual prototyping, 첨단의 그래픽과 소프트웨

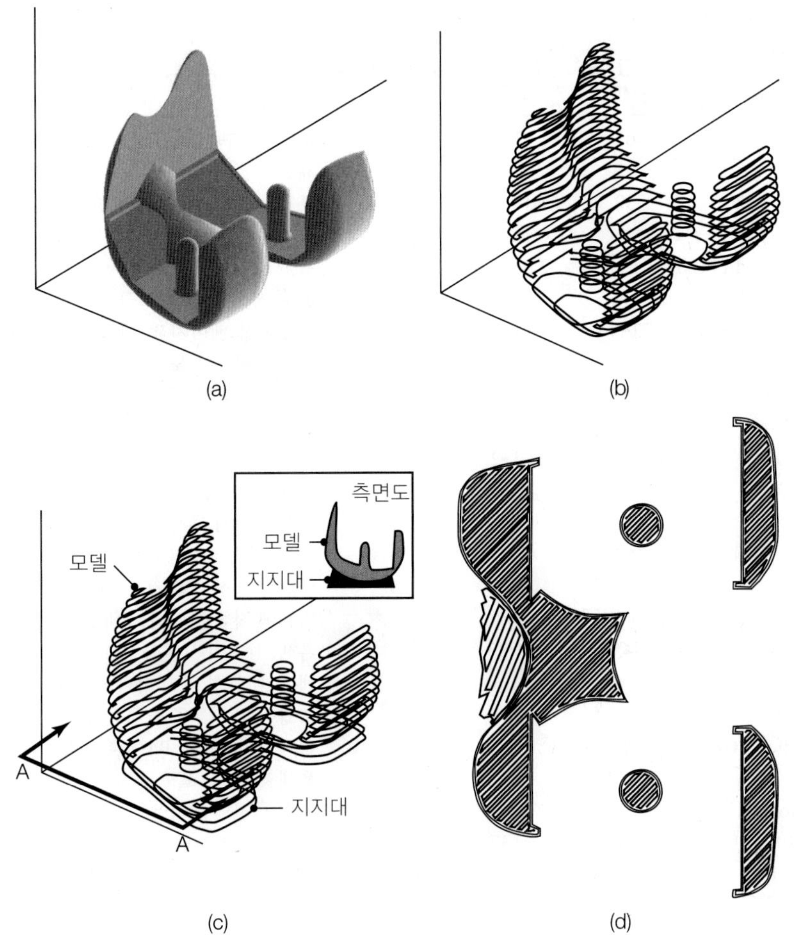

▶ **그림 10.46**

스테레오리소그래피: (a) 부품의 삼차원 표현, (b) 부품의 층별 외곽선(10개 중 1개씩 도시), (c) 지지대 계획, (d) 각 층의 가공에서 공구경로 결정(그림 (c)의 단면 A-A를 융해용착모델링 할 때, 압출헤드의 경로).

어 사용)이 있다. 첨가가공은 컴퓨터로 구동되는 하드웨어와 소프트웨어가 통합 연결되어야 가능하다. 이 기술은 마치 식빵조각에 풀을 붙여가며 층층이 수직으로 쌓아가는 것과 같다. 이 절에서 설명하는 기술들 역시 비슷한 방법으로 층층이 쌓아가며 제품형상을 만

표 10.7 신속조형기술의 특성

재료공급 형태	공정	층생성기술	상변화 유형	재료
액체	스테레오리소그래피	액체-층경화	광중합	광폴리머(아크릴레이트, 에폭시, 색상수지, 충전수지)
	폴리젯	액체-층경화	광중합	광폴리머
	융해용착모델링	용융플라스틱 압출	냉각 응고	열가소성 플라스틱(ABS, 폴리카보네이트, 폴리술폰)
분말	삼차원인쇄	분말층에 결합제 방울 공급	상변화 없음	폴리머, 세라믹, 금속분말, 주물사와 결합제
분말층	레이저 선별소결	레이저구동	소결 혹은 용융	폴리머, 왁스, 금속, 세라믹
분말층	전자빔용융	전자빔	용융	티타늄합금, 코발트, 크롬

표 10.8 신속조형기술용 재료의 기계적 성질

공정	재료	인장강도 [MPa]	탄성계수 [GPa]	50mm 연신률 [%]	비고
스테레오리소그래피	Somos 7120	63	2.59	2.3~4.1	투명한 호박색. 신속조형기술용으로 양호한 범용재료.
	Somos 9120	32	1.14~1.55	15~25	투명한 호박색. 화학저항성 양호. 내피로성 양호. 고무몰딩용 모형제조에 사용.
	WaterShed 11120	47.1~53.6	2.65~2.88	3.3~3.5	광학적으로 투명하며, 연한 녹색을 띰. ABS와 유사한 기계적 성질. 신속금형에 사용.
	Prototool 20L	72~79	10.1~11.2	1.2~1.3	불투명한 베이지색. 자동차부품, 하우징, 사출몰드에 적합한 고강도 폴리머.
폴리젯	FC 700	42.3	2.0	15~25	투명한 호박색. 충격강도 양호. 도료흡수 및 기계가공성 양호.
	FC 800	49.9~55.1	2.5~2.7	15~25	흰색, 청색, 혹은 흑색. 내습성 양호. 범용으로 적합.
	FC 900	2.0~4.6	–	47	회색 혹은 흑색. 매우 유연한 재료로, 고무나 실리콘의 촉감과 흡사.
용해용착모델링	폴리카보네이트	52	2.0	3	흰색. 신속조형 및 범용에 적합한 고강도 폴리머.
	ABS	22	1.63	6	다양한 색상으로 가용하며, 흰색을 가장 많이 사용. 범용에 적합한 강하고 내구성 있는 재료.
	PC-ABS	34.8	1.83	4.3	흑색. 기계적 성질과 내열성 양호.
레이저 선별소결	Duraform PA	44	1.6	9	백색. 내열성 및 내화학성 부품제조에 사용. 스냅식 조립품 및 사형주조 혹은 실리콘 공구에 적합.
	Duraform GF	38.1	5.9	2	백색. Duraform PA에 유리를 첨가한 형태로 고온용에 적합.
	Somos 201	17.3	14	130	복수의 천연색 가용. 고무의 기계적 성질 모사가능.
	ST-100	305	137	10	청동을 용침시킨 철강분말.
전자빔용융	Ti-6Al-4V	970~1030	120	12~16	HIP으로 처리하면, 최고 600 MPa의 피로강도 가능.

들어나가며, 0.1~0.5 mm 정도인 개별 층을 만드는 방법에서 각 기술 간의 주요 차이가 생긴다. 그림 10.46에 부품을 성형하는 계산과정을 나타내었다.

신속조형기술에서는 부품 한 개를 가공하는 데 대부분 몇 시간 정도 걸린다. 따라서 이 방법은 대량생산에 적합하지 않을뿐더러 사용하는 재료도 고가이다. 신속조형기술의 특징을 표 10.7에, 사용재료의 성질을 표 10.8에 요약하였다.

10.12.1 스테레오리소그래피

스테레오리소그래피(STL, stereolithography) 공정은 액상 광폴리머를 특정 형상으로 경화시키는 원리에 근거한다. 액상 광폴리머에 레이저빔을 조사하면서 이동시키면 무슨 일이 발생할지 생각해 보라. 레이저는 중합반응에 필요한 에너지를 공급하며 광폴리머를 경화시킨다. 레이저에너지는 폴리머에 흡수되고, 비어-램버트(Beer-Lambert) 법칙에 따르면, 노출에너지 E는 침투깊이에 따라 지수적으로 감소한다.

$$E(z) = E_o^{-z/D_p} \tag{10.27}$$

여기서 E_o는 수지표면에서의 노출에너지(단위면적당), D_p는 레이저파장에 따른 침투깊이(z-방향)로 수지의 성질에 해당한다. 경화깊이 C_d에서 액상 폴리머가 겔상태로 경화하는 데 충분한 노출에너지 E_c를 받는다고 하자.

$$E_c = E_o^{-C_d/D_p} \tag{10.28}$$

위 식을 경화깊이에 대하여 정리하면,

$$C_d = D_p \ln\left(\frac{E_o}{E_c}\right) \tag{10.29}$$

즉, 수지가 중합반응을 통해 강도가 약한 겔상태로 만들어진 두께를 나타낸다. 이 조건을 이용하여, 이미 경화된 부분 위에 제어소프트웨어로 원하는 형상대로 조금씩 쌓으며 올라가고, 마무리작업으로 형광등에서 추가경화를 시킨다. 레이저빔 초점을 벗어나면 중합반응을 일으키는 데 필요한 노출에너지를 충분히 받지 못한다.

수지표면에서 경화된 선폭 L_w는 다음 식으로 주어진다.

$$L_w = B\sqrt{\frac{C_d}{2D_p}} \tag{10.30}$$

여기서 B는 레이저빔 초점의 직경이다.

스테레오리소그래피(그림 10.47) 장비는 수직으로 높낮이가 조정되는 플랫폼기구와 광경화성 액체 아크릴레이트(acrylate) 폴리머로 채운 조형통으로 구성된다(그림 10.47 참조). 아크릴레이트 액체는 아크릴 단위체, 올리고머(oligomer, 중간중합체), 광개시제(레이저광에 노출되면 중합반응이 시작되도록 함)의 혼합물이다. 플랫폼이 가장 높은 위치에 있을 때는 액체층이 얕으므로, 자외선빔을 발생하는 레이저를 표면 a 위의 선택된 부분에 초점을 맞추어 x-y 방향으로 이동하면서 조사한다.

빔으로 인해 광폴리머가 경화하면서 특정한 모양, 예를 들면 링모양의 고체로 만들어진다. 폴리머가 경화되면 플랫폼을 약간 낮추어 액체층이 다시 깔리도록 하고 작업을 반복한다. 그림 10.47에는 b 지점의 위치까지 작업이 반복되면서 플랫폼이 ab 깊이까지 내려가서 원기둥 벽면이 만들어진 결과가 도시되어 있다.

b 지점에서 빔의 x-y 운동을 확대하면, 이미 성형된 부분 위에 플랜지모양을 덧붙일 수 있다. 플랜지부가 적절한 두께로 경화되도록 한 뒤, 작업을 반복하면 b와 c 지점 사이에 또 다른 원기둥 벽면을 만들 수 있다. 이때 주변의 액체는 자외선빔을 쬐지 않았으므로, 계속 액상으로 남고, 자외선빔이 조사된 부분만 바닥으로부터 위로 올라가면서 층층이 형상을 이루어 원하는 제품으로 조형된다. 사용되지 않은 액체폴리머는 다른 제품이나 시작품을 제조하는 데 재사용된다.

스테레오리소그래피란 용어는 이 공정이 이차원적인 리소그래피(평면에 인쇄시킬 상은 잉

▶ **그림 10.47**

스테레오리소그래피 공정의 개략도.

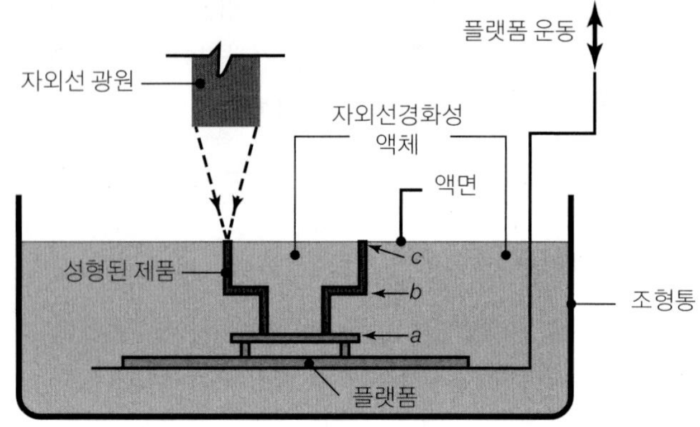

크를 흡수하고 나머지는 잉크를 흡수하지 않도록 하는 인쇄법)와 유사한 방법에 삼차원적인 운동을 추가한 것을 의미한다. 작업이 완료되면 제품을 플랫폼에서 꺼내어 액체성분을 빨아들이고, 초음파와 알코올 욕조에서 세척시킨 후, 자외선을 몇 시간 쬐어 완전히 경화시키는 최종단계를 거친다.

빔과 플랫폼의 운동을 서보제어시스템으로 조절하면, 이 공정으로 다양한 제품을 성형할 수 있다. 작업소요시간은 몇 시간 내지 하루 정도 걸린다. 이 공정에 대하여, (1) 제작하는 시작품의 정확도와 치수안정성, (2) 보다 저렴한 액체모델링 재료, (3) 형상자료를 모델제작시스템으로 전송하는 CAD 인터페이스, (4) 전통적 의미에서의 진정한 시작품 및 모델에 필적하는 강도를 갖도록 하는 기술들에 대하여 지속적인 개선이 이루어지고 있다. 사용되는 기계의 가격은 용량에 따라 1억~5억 원에 달하며, 액체폴리머의 가격은 갤런당 30만 원 정도이다. 스테레오리소그래피 기술로 제작하는 시작품의 최대크기는 500 × 500 × 600 mm 정도이다. 또한 이 기술은 주조나 사출성형용 주형 및 금형 분야에서도 점차 중요하게 응용되고 있다.

10.12.2 폴리젯(polyjet)

폴리젯공정은 잉크젯인쇄와 비슷한 방법으로, 8개의 프린트헤드를 통해 광폴리머를 용착시켜나가는 방법이다. 헤드에는 자외선등을 달아서 각 층마다 바로 경화시키므로, 스테레오리소그래피 공정에서 필요한 후속경화과정을 생략하였고, 최소 16 μm의 얇은 층으로 이루어진 매끈한 표면을 얻을 수 있으며, 작업이 완료되는 즉시 제품을 사용할 수 있다. 이 방법에는 두 가지 재료가 사용되는데, 하나는 실제 모델에 사용되고, 다른 하나는 겔상태의 재료로 그림 10.46c에 나타낸 지지대로 사용된다. 지지대로 사용된 재료는 모델이 완성되면 수용액으로 제거한다. 성형가능한 제품크기는 최대 500 × 400 × 200 mm로 꽤 큰 편이다.

폴리젯공정은 스테레오리소그래피와 비슷한 공정능력을 보이며 비슷한 재료를 사용하지만(표 10.8 참조), 세척할 필요가 없고, 경화작업에 걸리는 시간이 짧으며, 훨씬 얇은 층

두께로 해상도가 우수하다는 장점을 갖는다.

10.12.3 융해용착모델링(FDM, fused deposition modeling)

융해용착모델링(그림 10.48)은 x-y 로봇에 가열된 압출헤드를 달아서 작업대 평면방향으로 운동시키고, 작업대를 필요에 따라 상하로 운동시키면서 가열다이의 작은 구멍을 통해 열가소성 플라스틱 필라멘트를 필요한 위치에 녹여서 공급하는 방법으로 다른 방법에 비해 작업시간이 짧다. 최초의 개시층은 받침판 위에 지정된 경로를 따라 압출헤드를 움직이면서 일정속도로 필라멘트를 공급하여 만든다(그림 10.46d 참조). 개시층이 완료되면 작업대를 낮추어 후속층들을 적층시켜 나간다.

때때로 그림 10.49a에 나타낸 것과 같은 복잡한 형상을 조형해야 할 경우가 있는데, 이 형상은 a 높이까지 적층한 후에 다음 층을 조형하고자 할 때, 튀어나온 넓은 면을 지지하는 재료가 없으므로 직접 조형하기가 어렵다. 이 문제를 해결하는 방법은 모델링재료와 별도로 지지용 재료를 공급하여 필요한 높이에서 모델링 필라멘트가 얹힐 바닥면을 확보하는 것이다. 지지용 재료는 층마다 성기게 공급하여 모델링재료보다 약하게 만들어서 작업이 완료되면 부러뜨리거나 용해시켜 제거한다.

FDM 공정에서 층두께는 압출다이의 구멍직경으로 결정된다. 구멍직경은 0.03~0.12 mm 정도로, 이는 수직방향으로 얻을 수 있는 치수공차이기도 하다. x-y 평면에서는 필라멘트를 공급할 수 있는 한도에서 0.025 mm까지 치수정확도를 맞출 수 있다. FDM으로 조형된 제품을 자세히 보면 경사면에 단이 진 것을 알 수 있다. 이러한 표면거칠기를 개선

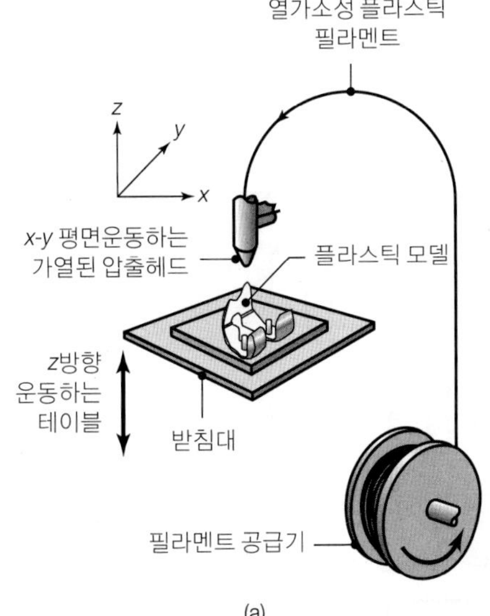

(a)

(b)

▲ **그림 10.48**

(a) FDM(융해용착모델링공정)의 개략도, (b) FDM Vantage X 신속조형기.

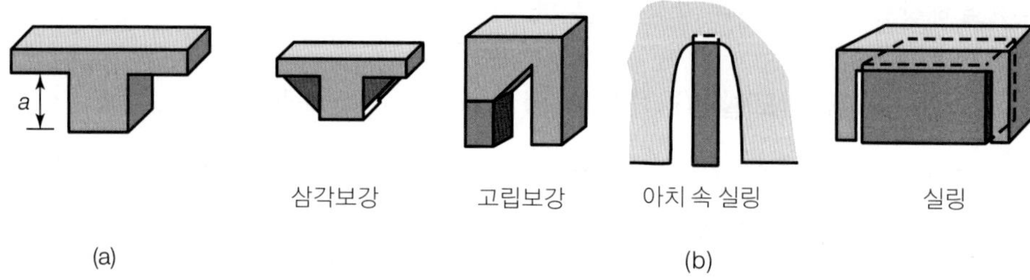

▶ **그림 10.49**
(a) 지지용 재료가 필요한 돌출부가 있는 부품, (b) 신속조형기에서 사용하는 지지방법.

하려면 화학증착연마법이나 가열공구를 사용하여 표면을 매끈하게 처리하거나, 연마용 왁스를 사용하여 표면을 피복한다. 하지만 이들 마무리작업을 주의 깊게 적용하지 않으면, 전체 치수공차가 불량해진다.

10.12.4 레이저 선별소결(SLS, selective laser sintering)

레이저 선별소결은 폴리머분말(금속분말도 사용)을 조형하고자 하는 제품형상대로 선택적으로 소결하는 방법이다(제11장 참조). 이 공정의 기본 구성요소를 그림 10.50에 나타내었다. 처리실 바닥은 두 개의 실린더, 즉 (1) 점진적으로 하강하면서 소결되어 제품이 조형되는 **제품조형실린더**와 (2) 점진적으로 상승하면서 롤러기구로 분말을 공급하는 **분말공급실린더**가 있다.

제품조형실린더에 분말층을 얇게 덮은 후, 공정제어 컴퓨터로 안내되는(조형하고자 하는 제품의 삼차원 CAD 프로그램이 지시) 레이저빔을 이동시키면서 분말층에 초점을 맞추어 특정 단면이 고형화되도록 소결시킨다. 그런 다음, 분말층이 덮이면 같은 과정을 연속적으로 반복하면서 전체적인 삼차원 부품을 조형한다. 이때 소결되지 않은 영역의 분말은

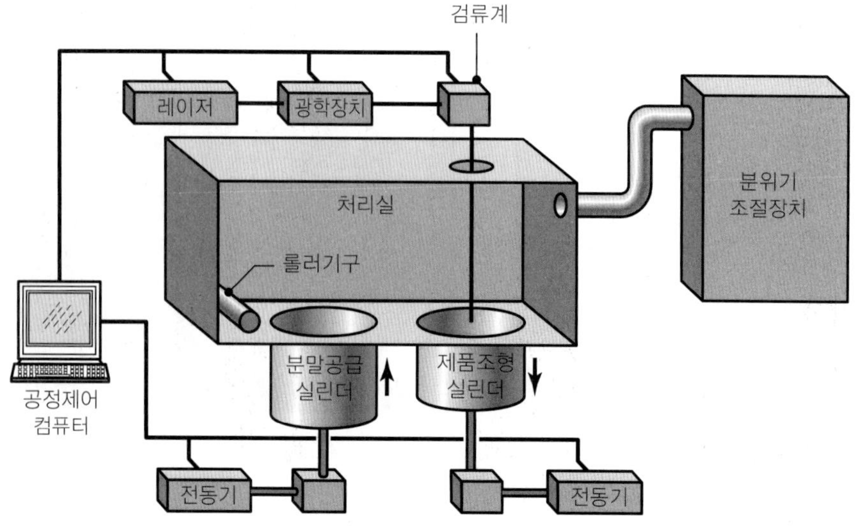

▶ **그림 10.50**
레이저 선별소결공정의 개략도.

차상층의 소결될 부분을 떠받치는 역할을 한다. 작업이 끝나면 고형화되지 않은 분말은 떨어내어 회수한다.

이 공정에는 폴리머(ABS, PVC, 나일론, 폴리에스터, 폴리스티렌, 에폭시), 왁스, 금속, 세라믹(적절한 결합제 첨가) 등 다양한 재료를 사용할 수 있지만, 소결에 필요한 레이저의 용량이 작고 가격이 저렴한 폴리머를 가장 많이 사용한다. 금속이나 세라믹을 사용하고자 할 때는 폴리머 결합제를 혼합하여 일단 작업한 후에 조형된 제품을 소결로에서 제대로 소결시킨다.

■ **전자빔용융**(EBM, electron-beam melting) 전자빔용융은 SLS와 유사한 공정으로, 전자빔을 에너지원으로 사용하여(12.5.1절 참조) 티타늄이나 코발트크롬 분말을 녹여 금속제 시작품을 만드는 방법이다. 공작물은 진공상태에서 조형되고, 최대크기는 200 × 200 × 180 mm로 제한된다. EBM은 에너지사용의 관점에서 최고 95%의 효율을 나타내므로(SLS의 경우는 10~20%의 효율), 티타늄분말을 실제로 녹여서 밀도가 완전한 제품을 조형할 수 있다. 조형속도는 최고 60 cm³/시간이고, 층두께는 0.05~0.20 mm 정도이다. 조형된 제품에 열간균형압축(11.3.3절 참조)을 하여 피로강도를 높일 수 있다. 아직까지는 티타늄과 코발트크롬에만 적용되었지만, 스테인리스강, 알루미늄합금, 구리합금에도 적용하려는 개발이 이루어지고 있다.

10.12.5 **삼차원인쇄**(3DP)

이 공정은 비금속 혹은 금속 분말재료를 얇은 층으로 도포한 후, 레이저를 사용하는 대신 그림 10.51처럼 프린트헤드로 무기질 결합제를 공급하여 조형하는 방식이다. 분말통을 지지하는 피스톤이 점진적으로 하강함에 따라, 매 단계에서 분말층을 도포하고 결합제로 고형화시킨다.

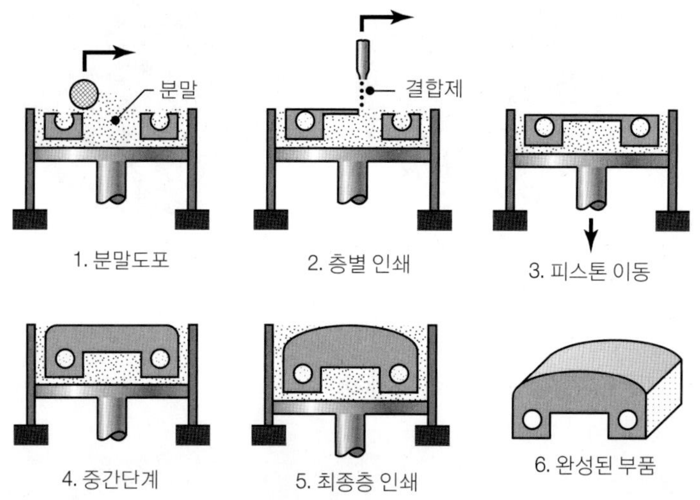

▶ **그림 10.51**
삼차원인쇄의 개략도.

(a)

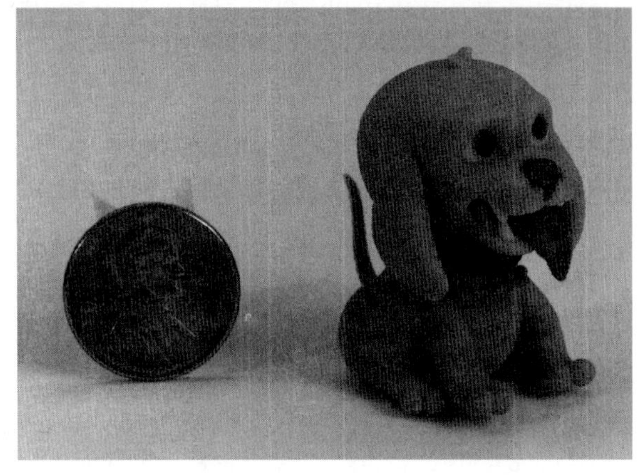

(b)

▲ **그림 10.52**

삼차원인쇄로 제작된 부품의 예. 천연색 부품도 가능하다.

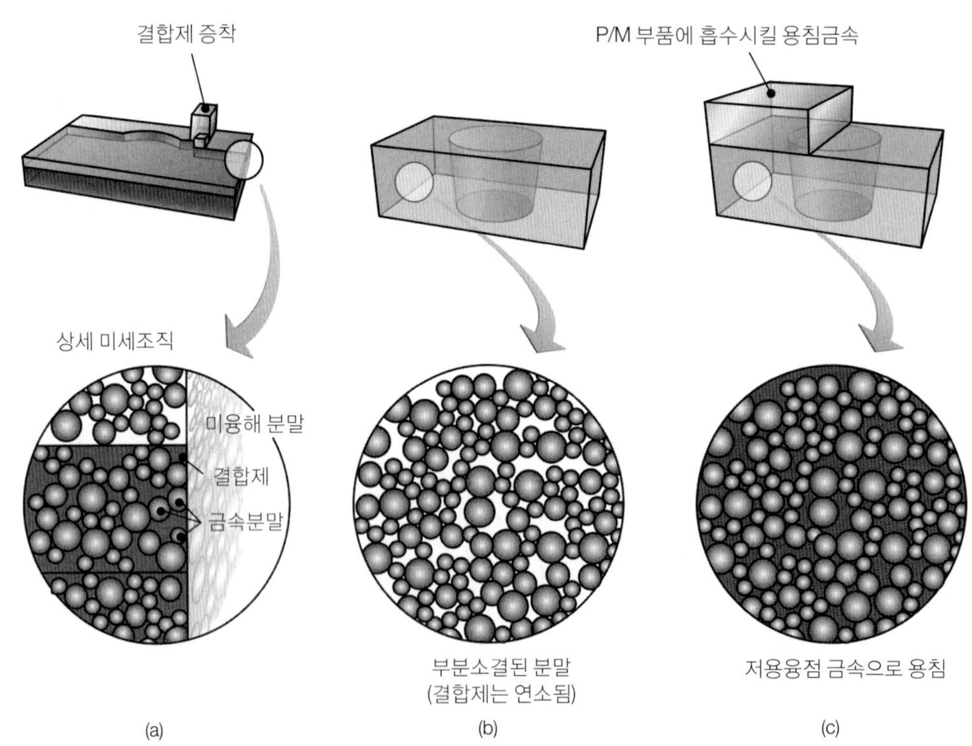

▲ **그림 10.53**

삼차원인쇄공정: (a) 부품 조형, (b) 소결, (c) 금속부품으로 만드는 용침단계.

3DP에 사용되는 분말재료와 결합제는 다양하여 유연성이 있으며, 폴리머와 강화섬유 혼합물, 주물사, 심지어 금속도 사용가능하다. 더구나 한 대의 기계에 복수의 프린트헤드를 사용할 수 있으므로, 색상이 다른 결합제를 사용하여 천연색 시작품을 제작할 수도 있으며(그림 10.52), 그 효과는 삼색 잉크를 사용하여 사진을 인쇄하는 잉크젯프린터와 같다.

3DP 공정으로 조형되는 시작품은 약간 다공성으로 강도가 부족할 수 있다. 금속분말을 사용하고 그림 10.53에 나타낸 순서로 소결과 금속용침(11.4절)을 거치면 완전한 밀도를 얻을 수 있다. 이때 제품은 분말에 결합제를 혼합하여 만들지만, 소결과정에서 결합제를 태워 없애고 금속분말을 부분적으로 융합시킨다(11.3.4절에 설명한 MIM 공정과 같음). 3DP에 많이 사용하는 분말금속은 스테인리스강, 알루미늄, 티타늄이고, 용침금속으로는 열전도성과 내마모성이 좋은 구리나 청동이 보통 사용된다. 이 방법은 아래에 설명하는 **신속금형기술**에도 적용된다.

10.12.6 직접(신속)가공기술 및 신속금형기술

신속조형기술로 제작되는 시작품은 설계를 평가하고 문제점을 해결하는 데 사용되지만, 제품으로 바로 활용되거나 판매용 제품을 직접 생산하는 도구, 즉 모형, 주형, 금형으로 활용되는 경우도 있다. 가장 잘 개발된 신속조형작업은 대부분 폴리머 공작물을 제작하지만, 기능적인 이유로 금속제품을 조형하는 것이 필요할 때가 있다. 금속제 시작품은 일반적으로는 제8장에서 설명한 기계가공작업으로 가공할 수 있다. 하지만 신속조형기술을 활용하면 비용측면에서 이점을 얻을 수 있으므로, 일반 공정과 연결하여 시작품제작과정을 능률적이고 경제적으로 만들 수 있다.

신속조형기술을 다른 가공공정에 활용하는 가장 간단한 방법은 주조에 사용되는 모형과 주형을 직접 제작하는 것이다(5.8절 참조). 한 예로, 그림 10.54에 나타낸 인베스트먼트주조에서 각 모형을 신속조형기술로 만들고(이 경우는 스테레오리소그래피), 이들을 조립하여 주조용 트리를 만들 수 있다. 이때 모형재료는 세라믹주형을 만들고 나서 완전하게 타서 없어져야 한다. 또한 CAD 프로그램으로 작성된 제품도면을 수정하여 수축을 보상한 모형이 신속조형기계에서 제작되어야 한다.

또 다른 예로, 3DP를 이용하면 알루미늄산화물이나 알루미늄-실리카 분말에 실리카 결합제를 사용하여 쉽게 세라믹주형(5.8.4절)을 만들 수 있다. 이 주형은 두 단계, 즉 150°C에서의 경화와 1000~1500°C에서의 굽기과정을 거쳐야 한다. 이들 제품은 셸주조작업에 적합하고, 비슷한 방법으로 모래주형이나 사출금형(일반적으로는 **금형인서트**), 세라믹의 슬립주조(11.9.1절 참조)용 주형도 제작할 수 있다.

신속조형기술로 주형을 직접 제작할 때는 주형에 필요한 통기도가 확보되어야 한다. 예를 들어, 융해용착모델링(FDM)로 제작한다면 인접하는 필라멘트 사이에 약간의 틈이 있으므로, 이웃한 층끼리 필라멘트 압출방향이 수직하도록 조형하면 이 조건이 만족된다.

신속금형기술(RT, rapid tooling)의 장점은 제품생산용 주형이나 주형인서트를 시간

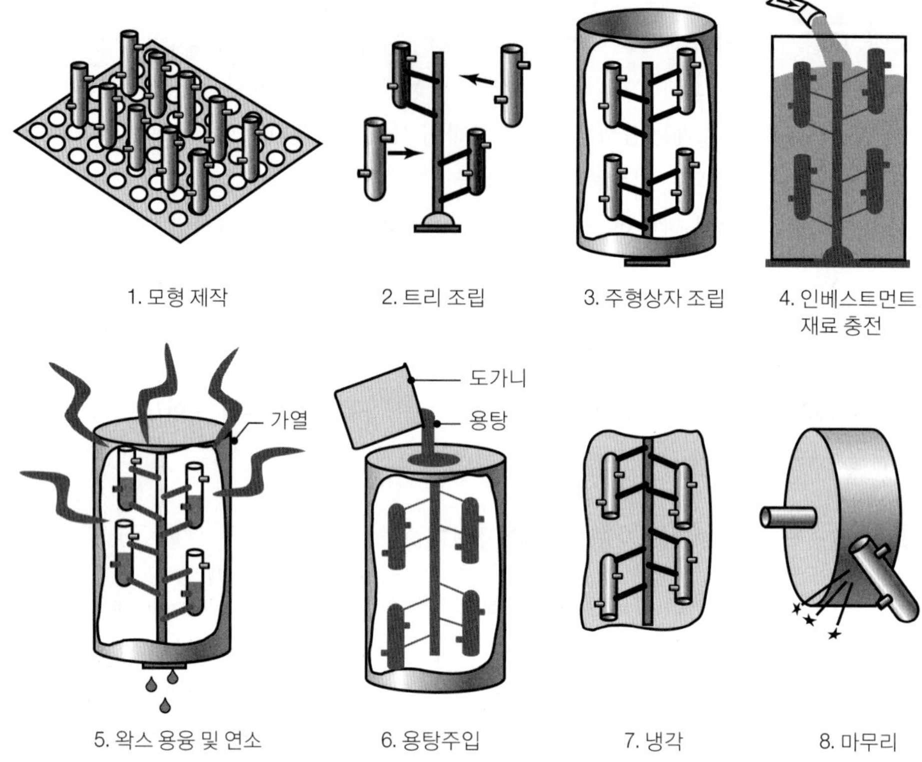

▶ **그림 10.54**
신속조형기술로 왁스모형을 만드는 인베스트먼트주조의 가공순서. 주형상자를 채우는 단계(4)에서, 셸주형에서 사용하는 방법을 활용할 수도 있음.

지체 없이 바로 제작할 수 있다는 점이다(전통적인 방법으로 제작한다면 공구준비에만 몇 개월이 걸릴 수 있음). 게다가, 설계자는 생산하고자 하는 제품의 CAD 파일만 분석하면 되므로, 설계과정이 단순해지고 소프트웨어가 자동으로 수축보상을 고려하여 공구형상을 생성한다.

신속조형기술에 기초한 기타 신속금형기술은 다음과 같다.

1. RTV(room-temperature vulcanizing, 실온가황처리) **주형/우레탄 주조**는 신속조형작업으로 제작한 모형에 분리제를 피복하여 액상의 RTV 고무를 붓고 경화시켜(보통 수 시간 이내) 한쪽의 주형을 만드는 공정이다. 이렇게 만든 주형을 액상우레탄 사출성형이나 반응사출성형 작업(10.10.2절 참조)에 사용한다. 이 방법에서의 큰 제한은 주형수명에 있는데, 폴리우레탄이 경화하면서 주형에 점진적으로 손상을 입히기 때문에 최다 25개 정도의 생산에만 적합하다.

   에폭시 혹은 알루미늄충전 에폭시 주형도 제작가능하지만(그림 10.55 참조), 주형설계에는 특별한 주의가 필요하다. RTV 고무를 사용하면 유연성이 있어서 주형에서 경화된 제품에서 벗겨내기 쉽지만, 에폭시 주형의 경우에는 강성이 높아서 벗겨낼 수 없으므로, 주형설계가 복잡해진다. 즉, 구배가 있어야 하고, 언더컷이나 기타 형상은 RTV로 조형할 수 있더라도 피해야만 한다.

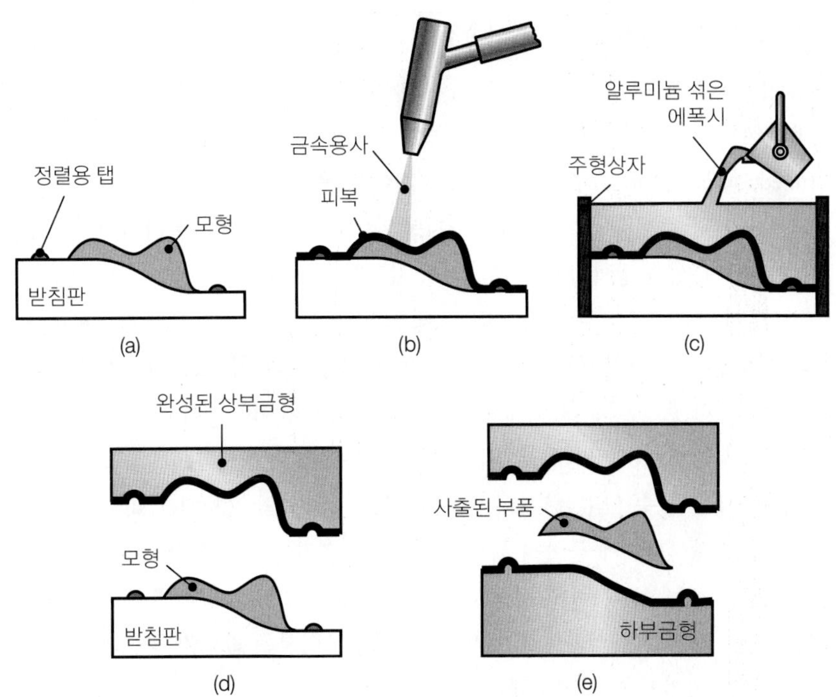

▶ **그림 10.55**

용사금형기술을 활용한 사출금형 제작순서: (a) 신속조형작업으로 모형과 받침판 제작, (b) 모형에 아연-알루미늄합금 용사, (c) 용사된 모형과 받침판을 주형상자에 넣고 알루미늄을 섞은 에폭시로 충전, (d) 경화 후, 완성된 금형에서 받침판 제거, (e) 하부금형이 제작된 후, 사출된 부품.

2. ACES(acetal clear epoxy solid) **사출성형**(직접식 AIM이라고도 함)은 신속조형기술(주로 스테레오리소그래피)로 사출성형용 셸 형태 주형을 직접 제작하여 에폭시, 알루미늄충전 에폭시, 저용융점 금속 등의 사출에 사용하는 공정으로, 주형수명은 최다 10개 정도이다.
3. **용사금형기술**(sprayed metal tooling)에서는 신속조형기술로 모형을 제작한 뒤, 그림 10.55에 나타낸 것처럼 용사작업(4.5.1절 참조)으로 모형표면을 아연-알루미늄합금으로 피복한다. 금속피복된 모형을 주형상자에 넣고 에폭시나 알루미늄충전 에폭시를 붓고(필요에 따라 냉각라인 설치가능) 응고한 후에 모형을 제거하여 주형의 절반을 만든다. 이렇게 제작한 주형은 사출성형작업에 적합하며, 주형수명은 주형재료와 사용온도에 따라서 몇 개 내지 몇 천 개에 이른다.
4. **켈툴**(Keltool)**공정**에서는 위에서 설명한대로 RTV 주형을 신속조형기술로 만들고 주형에 A6 공구강(3.10.3절), 텅스텐카바이드, 폴리머결합제 분말을 혼합하여 채워서 경화시킨다. 이때 만들어진 공구를 **생형공구**(11.3절 참조)라고 하며, 굽기공정에서 폴리머를 태워 없애고 공구강과 텅스텐카바이드 분말을 융합시킨 후, 가열로에서 구리를 용침시켜 최종 금형으로 만든다. 후속 기계가공이나 연마가공을 하여 표면정도와 치수정확도를 맞춘다. 켈툴 금형은 대량생산용으로 적합하지만 크기가 150 × 150 × 150 mm 정도로 제한되므로, 금형인서트를 만드는 데 주로 사용된다. 사용재료와 공정조건에 따라서 금형수명은 십만 개 내지 천만 개에 이른다.

예 10.9 분사다기관의 신속조형

로버(Rover) 그룹은 브리티시 항공사의 자회사로 사륜구동차량과 고성능 자동차를 생산하는 회사로 유명하다. 신개발 로버엔진에 사용할 혁신적인 분사다기관(injection manifold, 그림 10.56)을 실린더에 효율적으로 공기를 유동시키는 강제환기실에 근거하여 새로 설계하였다. 하지만 강제환기실은 매우 복잡하고 내부공간이 많아서 유동특성을 정확하게 파악하려면 시작품을 일체로 제작해야 했다.

로버사는 전통적으로 모형 제작, 복잡한 코어 제작, 주조작업을 거쳐서 시작품을 제작하는 것이 보통이었다. 하지만 이 작업은 비용이 많이 들고, 제작기간이 대략 16주 정도 걸린다. 로버사는 스테레오리소그래피 기술을 이용하여 CAD 파일로부터 다중트랙 분사다기관 시작품을 39시간 만에 전통적인 시작품 제작에 드는 비용의 10% 이하로 제작할 수 있었다. 보다 중요한 것은 시작품의 강도와 정확도가 충분하여 다기관을 엔진시험대에 붙여서 체적효율(다양한 조건에서 한 행정당 실린더에 최대 공기체적을 공급할 수 있는 능력)을 직접 측정할 수 있었다. 이 과정을 통해 복잡한 흡기통로와 강제환기실을 최적화시킬 수 있었으므로, 로버사는 값비싼 공구와 기계를 구입하는 결정을 내리기 전에 제품에 설계변경을 가할 수 있었다.

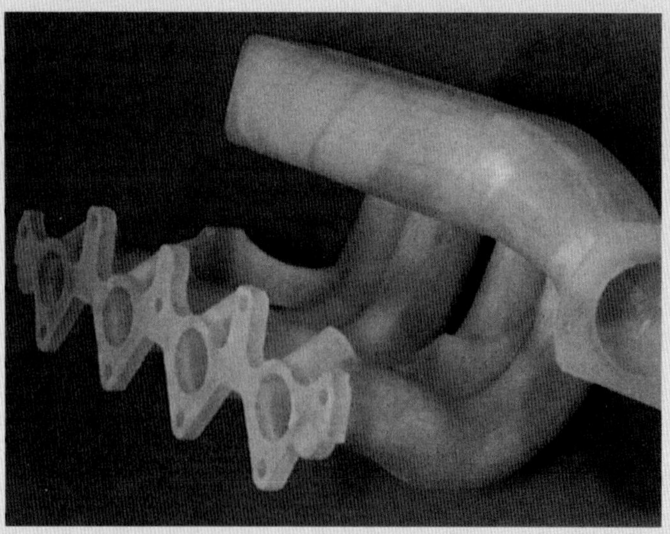

▲ **그림 10.56**
스테레오리소그래피로 제작된 분사다기관 설계의 신속조형 모델.

10.13 설계 고려사항

플라스틱의 성형가공에서 설계 시 고려할 점은 금속가공의 경우와 어느 정도 유사한 점이 많다. 플라스틱의 종류와 가공법은 매우 다양하므로, 그 가운데서 적절한 재료와 가공법을 선정하려면 (1) 플라스틱의 기계적, 물리적 성질, (2) 제품사용 요구조건, (3) 가공법이 치수안정성이나 열화 같은 성질이나 거동에 장기적으로 미치는 영향, (4) 가공성, (5) 경제성, (6) 수명주기가 끝났을 때의 궁극적인 폐기 및 재활용방법을 고려해야 한다. 플라스틱 및 강화플라스틱에 적용되는 설계 고려사항은 다음과 같다.

1. 플라스틱은 금속보다 강도나 강성이 낮고, 강화플라스틱은 비강도나 비강성이 높은 편이다. 따라서 필요한 강성을 줄 수 있을 만큼 충분한 단면계수(중립축에서 표면에 이르는 거리에 대한 관성모멘트의 비)를 갖도록 단면크기를 결정해야 한다. 부적절하게 부품을 설계하거나 조립하면 휘거나 수축된다(그림 10.57a 참조).
2. 가공법을 선택할 때는 제품의 전체 형상을 고려하여 결정해야 한다. 가공법을 선정한 후에도, 형상을 만드는 과정이나(그림 10.57b 참조), 치수조절, 표면정도에서 문제가 생기지 않도록 제품 및 다이가 설계되어야 하고, 금속의 주조와 마찬가지로, 금형 내에서 재료의 유동이 적절하게 조절되어야 한다. 특히 압출, 열성형, 블로성형의 경우에는 가공 중에 일어나는 분자배향의 영향도 고려되어야 한다.
3. 폴리머는 복잡한 형상으로 성형할 수 있다. 실제로, 열가소성 플라스틱의 장점 중 하나는 성형부품 한 개로 다수 부품이 조립된 제품을 대신할 수 있다는 점이다. 이들 부품은 다양한 재료특성과 색상을 갖도록 생산할 수 있지만, 값비싼 공구비용을 상쇄할 정도의 대량생산이 확보되어야 한다(10.14절 참조).
4. 제품품질을 높이고 금형수명을 향상시키려면, 단면크기의 심한 변화나(그림 10.57c 참조) 형상의 갑작스런 변화를 가급적 피해야 한다. 벽두께를 가급적 균일하게 유지하고, 두께 변화를 하더라도 완만하게 변하도록 한다. 강성을 높이려면 보강리브를 사용하는데, 리브두께는 보강하고자 하는 단면의 두께보다 얇게 하고 높이는 벽두께의 세 배를 넘지 않도록 한다. 싱크마크(그림 10.57c)는 반대면에 질감을 주거나 홈을 만들어서 감출 수 있다. 리브에는 0.5~1.5°의 구배를 준다.
5. 단면적이 너무 넓은 부분에서는 수축이 일어나서 플라스틱제품에 기공을 발생시키며, 역으로 너무 얇은 부분은 강성이 부족하여 성형 후에 몰드에서 이탈시키기가 곤란하다. 플라스틱의 탄성계수는 낮은 편이므로 부품의 강성을 향상시키기 위해서는 적절한 형상을 선택해야 하는데(그림 10.57d 참조), 재료를 절감하고자 할 때는 이 점이 특히 중요하다. 이 경우의 고려사항은 금속의 주조 및 단조의 경우와 유사하다.
6. 플라스틱제품에 구멍이 성형되도록 할 수 있지만, 이는 금형설계를 복잡하게 하는 요인이 된다. 금형에 코어핀을 사용하여 구멍을 성형하면 구멍의 모서리에는 플래시가

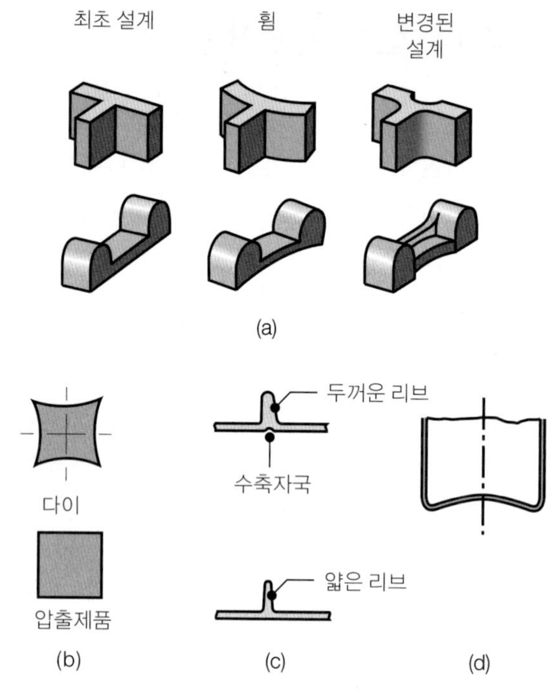

▶ **그림 10.57**

플라스틱제품의 휨을 없애거나 최소화하기 위한 설계의 예: (a) 휨을 최소화하기 위한 설계변경, (b) 사각단면의 압출용 다이설계(과장된 그림). 이렇게 설계하지 않으면 재료가 회복되는 과정에서 단면이 부풀게 된다. (c) 리브가 있는 구조에서 냉각수축으로 인한 수축자국(pull-in)을 최소화하기 위한 설계변경, (d) 얇은 플라스틱 용기의 바닥은 알루미늄 캔과 마찬가지로 안쪽으로 둥글게 하여 강성을 높인다.

흔히 발생하며, 코어핀을 양쪽에서 지지해야 하므로, 막힌 구멍보다는 관통구멍이 바람직하다.

7. 제품이 금형에서 쉽게 이탈되도록, 이탈을 방해하는 측면의 형상이나 구멍을 가급적 피하여 설계한다. 측면형상을 만들려면 금형으로 들어갈 수 있는 측면코어를 사용하면 되지만, 이로 인해 금형설계가 복잡해진다.
8. 나사산을 성형하려면 다음 세 가지 방법 중 하나를 적용한다: (1) 나사형상을 가진 코어를 사용하고 성형 후에 회전시켜 부품을 이탈시킨다. (2) 나사축이 분리선에 오도록 배치한다. 이 방법으로 약간의 플래시가 생길 수 있지만, 코어를 사용하지 않은 장점이 있다. (3) 유연한 폴리머의 경우에는 나사를 성형한 후 금형에서 빼낸다. 이 방법을 사용하려면 나사깊이가 얕고 나사산 각도가 커야 한다.
9. 문자, 숫자, 기타 표면형상을 성형할 수 있다. 이들 형상을 양각이나 음각으로 성형하는 것은 금형 제작방법에 따른다. 금형을 기계가공하여 만들면 금형면에 글자모양을 음각하는 것이 용이하므로 부품에는 양각하는 것이 편하다. 반면에, 금형을 RTV 공정으로 제작하되 기계가공된 모형을 사용한다면, 금형면에 양각되고 부품에는 음각되는 것이 편하다.

10.14 플라스틱 가공의 경제성

다른 모든 가공법에서와 마찬가지로, 플라스틱의 설계 및 가공법 역시 장비, 공구, 생산비용을 포함한 비용과 성능을 근거로 선정되어야 한다. 어떤 가공법을 최종적으로 선정할 때는 생산량도 매우 중요하게 고려해야 하는데, 주조나 단조에서처럼 생산량이 많아야 고가의 장비나 공구를 사용할 수 있다. 하지만 생산량이 적을 때는 신속조형기술을 활용하여 일부 가공법을 경제적으로 만들 수 있다. 이때 금형수명은 제한적이다. 신속조형기술은 시작품을 제작하는 데 적합하며, 심지어는 한정된 수량의 제품을 생산할 수도 있지만, 재료비가 비싸므로 중간량 내지 대량 생산에는 부적합하다. 플라스틱 및 복합재료의 경제적 가공법에 대한 일반적 지침을 표 10.9에 제시하였다.

플라스틱의 가공에는 각종 장비가 사용된다. 가장 가격이 비싼 장비는 사출성형기로, 기계의 가격은 금형체결력에 비례한다. 체결력이 2000-kN인 기계는 1억 원 정도, 20,000-kN인 기계는 4억 5천만 원에 달한다(표 16.8 참조). 복합재료의 성형기계 및 공구비용은 대부분의 경우에 높은 편이고 생산속도와 경제적 생산량은 매우 다양하다.

금형 내에 만들 공동부의 최적 개수는 다이캐스팅의 경우에서와 마찬가지로 중요하며(5.10.3절 참조), 소형제품은 한 개의 금형에 여러 개의 공동부를 만들고, 러너로 각 공동부를 연결시킨다. 공동부의 개수가 많아지면 금형이 커지고 제작비용이 늘어나지만, 한 가공주기에 많은 제품을 성형하므로 생산속도가 빨라진다. 따라서 자세한 분석을 바탕으로 적절한 공동부 개수, 금형의 크기, 기계 용량을 결정해야 한다.

표 10.9 플라스틱 가공법의 비용 및 생산량 비교

				생산량(생산개수)						
	장비투자비용	생산속도	공구비용	10	10^2	10^3	10^4	10^5	10^6	10^7
기계가공	중간	중간	낮음	←	→					
압축성형	높음	중간	높음			←	—	—	→	
전이성형	높음	중간	높음			←	—	—	→	
사출성형	높음	높음	높음				←	—	→	
압출	중간	높음	낮음	*						
회전성형	낮음	낮음	낮음		←	→				
블로성형	중간	중간	중간				←	—	→	
열성형	낮음	낮음	낮음		←	→				
주조	낮음	매우 낮음	낮음	←	→					
단조	높음	낮음	중간	←	→					
다공질재성형	높음	중간	중간				←	—	→	

주: *는 연속공정임.

사례연구 | Invisalign 치열교정기

치열교정기는 50년 이상 치열을 교정하는 데 사용되어 왔으며, 주로 금속, 세라믹, 플라스틱으로 만든 와이어 부착용 고정구를 치아에 접착시키고 와이어에 장력을 주어 수년에 걸쳐서 치열이 원하는 형상으로 정렬되도록 하는 방법이다. 일반 치열교정기는 장기간의 치아건강을 위해 사용되는 잘 알려진 성공적인 기법이다. 하지만 일반 치열교정기가 갖는 단점은 (1) 심미적으로 보기가 좋지 않고, (2) 와이어나 브래킷의 예리함이 통증을 유발할 수 있으며, (3) 음식물찌꺼기가 끼어서 치아가 썩기 쉽고, (4) 교정기를 착용한 상태에서는 칫솔질이나 치실 사용이 불편하고 비효과적이며, (5) 교정기에 손상을 줄 수 있는 음식물의 섭취를 피해야 한다.

이에 대한 해결책으로, 얼라인 테크놀로지(Align Technology)는 Invisalign이라는 제품을 개발하였다. 이 제품은 여러 개의 교정기로 구성되며, 각 교정기를 약 2주간씩 착용하도록 한다. 각 교정기(그림 10.58)는 치아를 원하는 위치로 점진적으로 이동시키는 정밀한 형상을 갖는다. 이 교정기는 인서트 형태여서 식사, 칫솔질, 치실을 사용할 때는 뺄 수 있고, 특히 투명한 플라스틱으로 만들어져 착용한 사람의 외모에 큰 영향을 주지 않으므로, 일반 교정기의 단점을 없앴다.

Invisalign 제품은 그림 10.59에 나타낸 제조공정에서 첨단기술들을 조합하여 사용한다. 치과의사가 폴리머재료를 사용하여 환자치아의 본을 뜨는 것으로부터 시작하여(그림 10.59a 참조), 본으로부터 그림 10.59b에 나타낸 삼차원 CAD 자료를 생성한다. 전용 CAD 소프트웨어를 사용하여 최적의 방법으로 치아를 점진적으로 이동시키는 치료계획을 설정한다.

일단 치료계획이 설정되면, 컴퓨터에 저장된 정보를 이용하여 교정기를 제조하며, 이때 스테레오리소그래피를 독창적으로 활용한다. 스테레오리소그래피에 사용되는 재료는 많지만, 모두 황갈색을 띠므로 교정용 제품에 직접 사용하기가 곤란하다. 대신에, 스테레오리소그래피 기계로 치아의 점진적인 위치에 맞는 몰드를 제작하여(그림 10.59c 참조), 투명한 폴리머 판재를 열성형(10.10.5절 참조)하여 교정기를 제작한다. 교정기 세트는 치료를 담당한 치과의사에게 전달되고, 매 2주마다 환자에게 새 교정기를 지급한다.

Invisalign 제품은 치아건강을 향상시키고 수명이 다할 때까지 치아를 보전하고자 하는 사람들에게 매우 인기가 높은 것으로 판명되었다. 스테레오리소그래피를 사용하여 정확한 열성형 몰드를 신속하고 저렴하게 제작함

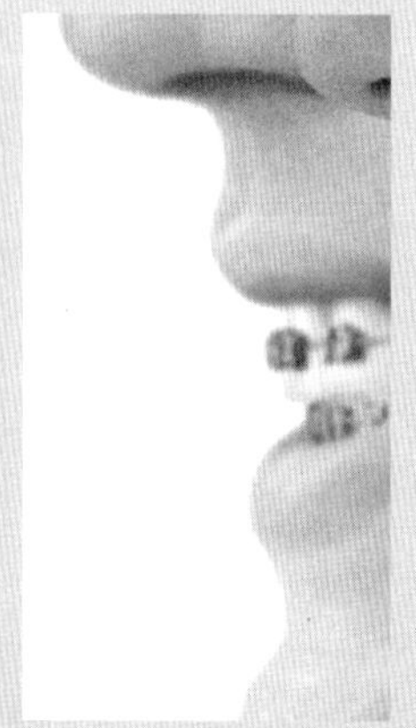

▶ **그림 10.58**

(a) 신속조형기술과 열성형으로 제작한 치열교정기, (b) 기존 치열교정기와 투명한 교정기를 사용한 경우의 비교.

(a)

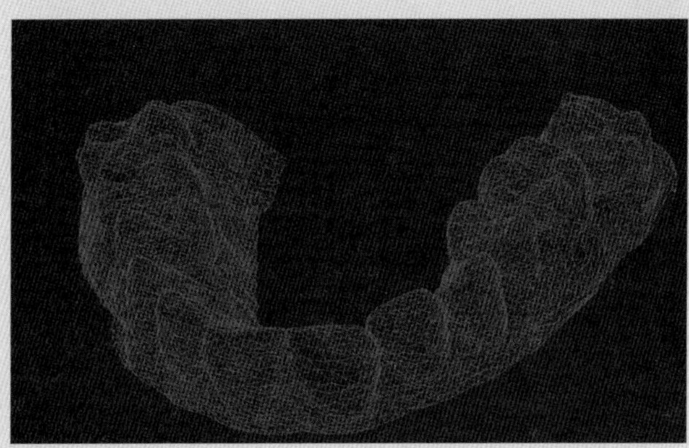

▲ 그림 10.59

Invisalign 치열교정기의 가공순서: (a) 폴리머로 환자치아의 본을 뜸, (b) 원하는 치아형상의 CAD 표현용 컴퓨터모델링, (c) 치아의 점진교정에 사용되는 교정기의 제작. 교정기는 투명한 플라스틱을 열성형하여 제조한다.

으로써 새로운 치과치료술이 경제적으로 가능하게 되었다.

내용 요약 SUMMARY

- 폴리머는 광범위한 기계적, 물리적, 화학적, 광학적 성질을 갖는 중요한 재료이다. 금속에 비해 플라스틱은 일반적으로 밀도, 강도, 탄성계수, 열 및 전기 전도도가 낮고, 열팽창계수가 크다. (10.1절)
- 플라스틱은 폴리머분자와 각종 첨가제로 구성된다. 폴리머사슬에서 가장 작은 반복단위를 단위체라고 한다. 단위체는 중합과정을 거치면서 서로 연결되어 보다 큰 분자로 만들어진다. 폴리머의 성질은 분자구조, 결정도, 첨가제 등에 따라 달라진다. 폴리머의

취성영역과 연성영역은 유리전이온도로 구분된다. (10.2절)

- 열가소성 플라스틱은 가열되면 연해지면서 쉽게 성형할 수 있다. 기계적 거동은 스프링과 댐퍼로 구성된 점탄성거동의 특성을 나타내며, 크리프, 응력이완, 크레이징, 흡수성 등을 갖는다. (10.3절)
- 열경화성 플라스틱은 다리결합된 폴리머사슬 구조로 만들어지고, 가열해도 연해지지 않는다. (10.4절)
- 열가소성 플라스틱과 열경화성 플라스틱은 다양한 특성을 갖는 많은 소비제품과 산업제품에 사용된다. (10.5절 및 10.6절)
- 폴리머의 사용 시 중요한 측면으로 생분해 플라스틱을 들 수 있는데, 현재까지 몇 가지 종류가 개발되어 있다. (10.7절)
- 탄성중합체는 하중을 제거하면 원래 형상으로 돌아오기까지 큰 탄성변형을 겪을 수 있는 특성을 가진다. 따라서 타이어, 밀봉재, 신발류, 호스, 벨트, 충격흡수제 등에 중요하게 사용된다. (10.8절)
- 강화플라스틱은 복합재료라고도 하며, 기계적 성질이 우수하면서도 가벼워서 중요한 공업재료로 꼽힌다. 강화섬유로는 유리, 그래파이트, 아라미드, 보론이 사용되고, 모재로는 에폭시를 보통 사용한다. 강화플라스틱의 성질은 조성과 섬유배향에 따라 결정된다. (10.9절)
- 열가소성 플라스틱은 압출, 사출성형, 주조, 열성형 등의 방법으로 성형된다. 열경화성 플라스틱은 일반적으로 사출성형이나 주조로 만들어진다. (10.10절)
- 강화플라스틱은 구조용 부품으로 가공되며, 원료로 액상 플라스틱, 프리프래그, BMC, SMC 등의 형태를 사용한다. 가공법으로는 성형법, 필라멘트 감기, 인출 등이 있다. (10.11절)
- 신속조형기술은 본질적인 유연성으로 시제품 제작의 저비용과 신속성으로 인해 점점 중요한 기술이 되고 있다. 활용되는 기술로는 스테레오리소그래피, 폴리젯, FDM(융해용착모델링), SLS(레이저 선별소결), 3DP 등이 있다. 신속금형기술은 이들 공정을 보다 발전시킨 것이다. (10.12절)
- 플라스틱부품의 설계 시에는 상대적으로 낮은 강도 및 강성, 높은 열팽창, 일반적으로 낮은 내열성 등의 요인을 고려해야 한다. (10.13절)
- 비용이 적게 드는 재료와 가공방법이 다양하게 있으므로, 플라스틱이나 강화플라스틱 가공법의 경제성은 특히 금속제 부품과 비교할 때 중요한 고려사항으로 금형비용, 생산속도, 생산량 등이 주요 변수이다. (10.14절)

수식 요약

SUMMARY OF EQUATIONS

- 선형 탄성거동: 인장 시, $\sigma = E\epsilon$
  전단 시, $\tau = G\gamma$
- 점성거동: $\tau = \eta\left(\frac{dv}{dy}\right) = \eta\dot{\gamma}$
- 변형률속도 민감성: $\sigma = C\dot{\epsilon}^m$
- 점탄성계수: $E_r = \frac{\sigma}{(e_e + e_v)}$
- 점도: $\eta = \eta_o e^{E/kT}$, $\log \eta = 12 - \frac{17.5\ \Delta T}{52 + \Delta T}$
- 응력완화: $\tau = \tau_o e^{-t/\lambda}$
- 완화시간: $\lambda = \frac{\eta}{G}$
- 복합재료의 강도: $\sigma_c = x\sigma_f + (1 - x)\sigma_m$
- 복합재료의 탄성계수: $E_c = xE_f + (1 - x)E_m$
- 압출기 특성식: $Q = \frac{\pi^2 HD^2 N \sin\theta \cos\theta}{2} - \frac{p\pi DH^3 \sin^2\theta}{12\eta l}$
- 다이특성식: $Q_{\text{die}} = Kp$, 원형 금형인 경우 $K = \frac{\pi D_d^4}{128\eta l_d}$
- 스테레오리소그래피에서 경화깊이: $C_d = D_p \ln\left(\frac{E_o}{E_c}\right)$
- 스테레오리소그래피에서 선폭: $L_w = B\sqrt{\frac{C_d}{2D_p}}$

참고문헌

BIBLIOGRAPHY

Agarwal, B.D., Broutman, L.J., and Chandrashekhara, K., *Analysis and Performance of Fiber Composites*, 3rd ed., Wiley, 2006.

ASM Handbook, Vol. 21: *Composites*, ASM International, 2001.

Baird, D.G., and Collias, D.I., *Polymer Processing: Principles and Design*, Wiley, 1998.

Beaman, J.J., Barlow, J.W., Bourell, D.L., and Crawford, R., *Solid Freeform Fabrication*, Kluwer, 1997.

Bertholet, J.-M., *Composite Materials: Mechanical

Behavior and Structural Analysis, Springer, 1999.

Bhowmick, A.K., and Stephens, H.L., *Handbook of Elastomers*, 2nd ed., CRC, 2000.

Buckley, C.P., Bucknall, C.B., and McCrum, N.G., *Principles of Polymer Engineering*, 2nd ed., Oxford, 1997.

Campbell, F. (ed.), *Manufacturing Processes for Advanced Composites*, Elsevier, 2003.

Campbell, P., *Plastic Component Design*, Industrial Press, 1996.

Chanda, M., and Roy, S.K., *Plastics Technology Handbook*, 3rd ed., Dekker, 1998.

Chawla, K.K., *Composite Materials: Science and Engineering*, 2nd ed., Springer, 1998.

Chua, C.K., and Leong, L.K.F., *Rapid Prototyping: Principles and Applications in Manufacturing*, World Scientific Co., 2000.

Cooper, K.G., *Rapid Prototyping Technology*, Dekker, 2001.

Daniel, I.M., and Ishai, O., *Engineering Mechanics of Composite Materials*, 2nd ed., Oxford, 2005.

Dimov, S.S., and Pham, D.T., *Rapid Manufacturing: The Technologies and Applications of Rapid Prototyping and Rapid Tooling*, Springer, 2001.

Erhard, G., *Designing with Plastics*, Hanser Gardner, 2006.

Gastrow, H., *Injection Molds: 130 Proven Designs*, Hanser Gardner, 2002.

Griskey, R.G., *Polymer Process Engineering*, Chapman & Hall, 1995.

Gutowski, T.G., *Advanced Composites Manufacturing*, Wiley, 1997.

Harper, C.A., *Handbook of Plastics, Elastomers, and Composites*, 3rd ed., McGraw-Hill, 1996.

______, *Handbook of Plastic Processes*, Wiley-Interscience, 2006.

Hilton, P.D., and Jacobs, P.F., *Rapid Tooling: Technologies and Industrial Applications*, Marcel Dekker, 2000.

Johnson, P.S., *Rubber Processing: An Introduction*, Hanser Gardner, 2001.

Lu, L., Fuh, J.Y.H., and Wong, Y.S., *Laser-Induced Materials and Processes for Rapid Prototyping*, Kluwer, 2001.

MacDermott, C.P., and Shenoy, A.V., *Selecting Thermoplastics for Engineering Applications*, 2nd ed., Dekker, 1997.

Mallick, P.K. (ed.), *Composites Engineering Handbook*, Dekker, 1997.

Malloy, R.A., *Plastic Part Design for Injection Molding: An Introduction*, Hanser Gardner, 1994.

Mazumdar, S.K., *Composites Manufacturing: Materials, Products and Process Engineering*, CRC Press, 2001.

Miller, E., *Introduction to Plastics and Composites: Mechanical Properties and Engineering Applications*, Dekker, 1995.

Nielsen, L.E., and Landel, R.F., *Mechanical Properties of Polymers and Composites*, 2nd ed., Dekker, 1994.

Potter, K., *Introduction to Composite Products: Design, Development and Manufacture*, Chapman & Hall, 1997.

______, *Resin Transfer Molding*, Chapman & Hall, 1997.

Rauwendaal, C., *Polymer Extrusion*, 4th ed., Hanser Gardner, 2001.

Rosato, D.V., *Plastics Processing Data Handbook*, 2nd ed., Chapman & Hall, 1997.

______, and Rosato, M.G., *Injection Molding Handbook*, 3rd ed., Kluwer Academic Publishers, 2000.

______, and Rosato, M.G., *Plastics Design Handbook*, Kluwer Academic Publishers, 2001.

Rosen, S.R., *Thermoforming: Improving Process Performance*, Society of Manufacturing Engineers,

2002.
Rudin, A., *Elements of Polymer Science and Engineering*, 2nd ed., Academic Press, 1999.
Shastri, R., *Plastics Product Design*, Dekker, 1996.
Shenoy, A, *Thermoplastic Melt Rheology and Processing*, CRC Press, 1996.
Skotheim, T.A., *Handbook of Conducting Polymers*, 2 vols., Dekker, 1986.
Starr, T.F., *Pultrusion for Engineers*, CRC Press, 2000.
______, *Plastics: Materials and Processing*, 2nd ed., Prentice Hall, 1999.
Tadmor, Z., and Goqos, C., *Principles of Polymer Processing*, 2nd ed., Wiley, 2006.
Tool and Manufacturing Engineers Handbook, 4th ed., Vol. 8: *Plastic Part Manufacturing*, Society of Manufacturing Engineers, 1996.
Vollrath, L., and Haldenwanger, H.G., *Plastics in Automotive Engineering: Materials, Components, Systems*, Hanser-Gardner, 1994.
Zachariades, A.E., and Porter, R.S., *High-Modulus Polymers: Approaches to Design and Development*, Dekker, 1995.

복습문제

QUESTIONS

10.1 공학적 용도에서 플라스틱의 가장 중요한 기계적, 물리적 성질을 요약하여라.

10.2 폴리머와 금속재료의 성질에서 근본적으로 다른 점은 무엇인가?

10.3 중합도의 영향을 받는 폴리머의 성질로는 어떤 것이 있는가?

10.4 플라스틱의 가염성이 중요하게 고려되어야 하는 용도를 들어라.

10.5 탄성중합체가 갖고 있는 성질 중에서, 열가소성 플라스틱에 없는 성질로는 무엇이 있는가?

10.6 그림 10.14에 나타낸 것과 반대방향, 즉 반시계방향으로의 이력거동을 보이는 재료가 있을 수 있는가에 대하여 설명하여라.

10.7 그림 10.13에 나타낸 인장시편의 거동을 관찰하고, 시편재료의 변형률속도 민감지수 m 값이 클 것인지, 아니면 작을 것인지 설명하여라.

10.8 결정도가 높은 폴리머를 합성하는 이유를 설명하여라.

10.9 표 10.3에 제시된 용도에 다른 예를 추가하여라.

10.10 재료의 공학적 용도에서 유리전이온도 T_g의 중요성은 무엇인가?

10.11 폴리머의 다리결합이 강도를 향상시키는 이유는 무엇인가?

10.12 폴리머의 광학적 성질을 바꿀 수 있는 방법에 대하여 설명하여라.

10.13 탄성중합체가 개발된 이유는 무엇인가? 탄성중합체를 대체할 수 있는 재료가 있는지 설명하여라.

10.14 크리프나 응력이완이 중요시되는 플라스틱 제품이나 부품의 예를 몇 가지 들어라.

10.15 플라스틱의 재활용과 생분해 플라스틱의 개발을 상호 비교하고, 자신의 견해를 제시하여라.

10.16 이 장에 소개된 플라스틱의 경도를 어떻게 측정할 것인지 설명하여라. 측정하기 어려운 점이 있다면 설명하여라.

10.17 복합재료와 합금을 구별하고, 구체적인 예를 들어 설명하여라.

10.18 강화섬유와 모재의 기능에 대하여 설명하여라. 두 재료의 성질 간에 근본적인 차이점은 무엇인가?

10.19 자신이 본 제품 중에서 강화플라스틱으로 만들어진 것에는 어떤 것이 있는가? 그 제품이 강화플라스틱으로 만들어졌다는 것을 어떻게 알 수 있는가?

10.20 강화플라스틱과 비슷한 강도를 갖는 금속이나 합금재료를 들어라.

10.21 (1) 금속모재 복합재료, (2) 강화플라스틱, (3) 세라믹모재 복합재료 간의 상대적인 장점과 단점을 비교하여라.

10.22 이 장에서 복합재료의 많은 장점에 대하여 설명하였다. 이들 재료의 단점과 한계는 무엇이며, 한계를 극복할 수 있는 방법에는 어떤 것이 있는지 제안하여라.

10.23 혼성복합재료는 두 종류 이상의 강화섬유가 사용된 것으로 정의된다. 일반 복합재료에 비해 혼성복합재료가 갖는 장점은 무엇인가?

10.24 복합재료에서 강화섬유가 하중의 상당부분을 담당할 수 있는 이유를 설명하여라.

10.25 모든 기어가 금속으로 된 어떤 제품을 제조한다고 하자. 영업사원이 금속제 기어 중 일부를 플라스틱으로 대체할 것을 권유하였다. 대체에 대한 결정을 내리기 전에 품어야 할 질문목록을 작성하여라.

10.26 그림 10.8의 세 곡선을 검토하고, 각 유형의 재료가 사용될 만한 용도를 이유와 함께 들어라.

10.27 문제 10.26을 그림 10.10에 있는 곡선에 대하여 반복하여라.

10.28 벌집구조재가 승용차에 사용될 수 있다고 생각하는가? 사용될 수 있다면 어떤 부분에 사용될 수 있는지 설명하여라.

10.29 이 장에 설명된 재료 외에 복합재료로 간주될 수 있는 재료에는 어떤 것이 있는가?

10.30 열전도도가 높아야 바람직한 복합재료의 용도에는 어떤 것이 있다고 생각되는가?

10.31 각종 스포츠장비를 조사하고 복합재료로 만든 부품을 구별하여라. 각 용도별로 복합재료를 사용한 이유와 그로 인한 장점을 설명하여라.

10.32 이 장에서 재료의 조합과 구조를 몇 가지 설명하였다. 다음과 같은 환경조건에 적합한 용도를 갖는 재료들을 상대적인 순서로 나열하여라.
(1) 극저온 (2) 극고온 (3) 진동 (4) 고습도

10.33 이 장에 소개된 강화플라스틱과 복합재료의 경도를 어떻게 측정할 것인지 설명하여라. 이러한 재료에 대한 경도측정이 의미가 있는가? 압흔의 크기를 달리하면 답이 달라질 수 있는지 설명하여라.

10.34 일반 금속가공기술을 플라스틱에 적용할 때의 장점에 대하여 설명하여라.

10.35 플라스틱의 냉간성형이 다른 가공법에 비해 가질 수 있는 장점은 무엇인가?

10.36 일부 성형공정은 왜 다른 플라스틱보다 특정 플라스틱에 더 적합한지 이유를 설명하여라.

10.37 사출성형에 열경화성 플라스틱을 사용할 수 있는지에 대하여 설명하여라.

10.38 베이비파우더용 플라스틱 용기(병)에 새겨진 글자는 오목하게 패인 형상보다는 볼록하게 나와 있다. 이러한 방식으로 성형한 이유에 대해 설명할 수 있는가?

10.39 인서트성형에 적합한 부품의 예를 몇 가지 들어라. 인서트성형법을 사용할 수 없다면, 이들 부품을 어떻게 가공할 것인지 설명하여라.

10.40 금속제 음료용기와 플라스틱 음료용기를 대비할 때, 가공 시 고려할 점에는 무엇이 있는가?

10.41 전등스위치, 콘센트, 회로차단기 같은 플라스틱 전기부품을 살펴보고, 그 부품들의 제조에 사용되었을 가공법을 설명하여라.

10.42 금속제 물통과 플라스틱 물통처럼 금속이나 플라스틱으로 제조되는 제품 중 크기와 모양이 비슷한 제

품들을 살펴보아라. 각각의 두께에 대하여 말하고, 두께에 차이가 있다면 그 이유를 설명하여라.

10.43 강화플라스틱의 가공법을 나열하고, 각 가공법을 다음과 같은 섬유배향 및 배열기능별로 구분하여라.

(1) 일방향 (2) 교차방향
(3) 평면 내 임의배향 (4) 삼차원 임의배향

10.44 플라스틱제품 중에는 다른 재료나 부품을 사용하지 않고도 뚜껑을 여닫을 수 있도록 힌지가 만들어져 있는 것이 있다. 이러한 제품의 예를 들고, 제조방법을 설명하여라.

10.45 블로성형이나 필름백제조 같은 성형작업은 수직으로 이루어지고, 이 작업이 행해지는 공장천정의 높이는 10~15 m 정도로 높다. 그 이유를 설명하여라.

10.46 신속조형기술로 커피잔을 제작한다고 하자. 손잡이의 윗부분 밑에는 받쳐주는 재료가 없는데, 어떻게 제작할 것인지 설명하여라.

10.47 각 신속조형작업의 장점과 단점을 요약한 표를 작성하여라.

10.48 신속조형작업 후에 일반적으로 마무리작업이 필요한 이유를 설명하여라. 장난감 자동차의 시작품을 제작하는 경우, 필요하다고 생각되는 마무리작업들을 나열하여라.

10.49 신속조형작업으로 부품을 제작하여 실험응력해석에 사용함으로써 일반 가공작업으로 생산할 최종제품의 강도를 추측하고자 하는 연구가 지속되고 있다. 이 방법에서 고려할 사항과 그 사항들을 해결할 방법을 요약하여라.

10.50 스테레오리소그래피로 제작한 긴 외팔보는 경화과정에서 잔류응력이 제거되면서 휘는 문제가 생긴다. 이 문제를 없애거나 제어할 방법을 제안하여라.

10.51 스테레오리소그래피나 폴리젯의 주요 장점은 반투명 혹은 완전투명 폴리머를 사용할 수 있어서 부품내부를 상세하게 식별할 수 있다는 점이다. 이 기능을 유용하게 쓸 수 있는 부품이나 제품을 열거하여라.

10.52 이 장에서 설명한 섬유제조공정에 근거하여, 탄소다공질재(foam)를 어떻게 만들 것인지 설명하여라. 금속 다공질재는 어떻게 만들 수 있는가?

10.53 압출에서의 다이팽창(die swell)은 원형단면인 경우에는 반경방향으로 균일하지만, 다른 단면의 경우에는 균일하지 않다. 이 사실을 감안하여, 다음 단면형상을 가진 압출폴리머를 제조하는 다이구멍 형상을 도시하여라.

(1) 정사각형 (2) 정삼각형

10.54 위스커(whisker)를 강화재료로 사용하는 경우의 장점과 제한점은 무엇인가?

10.55 분출제를 소량 사용함으로써 속이 빈 폴리머섬유를 제조할 수 있다. 이러한 섬유의 용도를 열거하여라.

10.56 사출성형작업에서는 부품에서 러너를 떼어낸 뒤, 분쇄기에 넣어서 펠릿으로 재활용하는 것이 보통이다. 처음 사용하는 펠릿에 비해, 이렇게 재활용된 펠릿을 사용하는 데 주의할 점을 열거하여라.

10.57 폴리머를 기어용으로 사용하기에 적합한 특성은 무엇인가? 이 용도로 사용하기에 단점인 특성은 무엇인가?

10.58 폴리머에 전기가 통하도록 만들 수 있는가? 몇 가지 방법을 예로 들어라.

10.59 각 폴리머마다 강성에 편차가 큰 이유는 무엇인가? 강성의 공학적 중요성은 무엇인지 예를 들어 설명하여라.

10.60 열가소성 플라스틱이 열경화성 플라스틱보다 재활용하기 쉬운 이유를 설명하여라.

10.61 수축포장(shrink-wrap)의 원리를 설명하여라.

10.62 폴리머를 다음 용도에 사용할 때 필요한 특성을 나열하여라.

(1) 인공고관절 인서트

(2) 골프공
(3) 자동차 대시보드
(4) 의복
(5) 어린이용 인형

10.63 부품이 열가소성 플라스틱으로 만들어졌는지, 아니면 열경화성 플라스틱으로 만들어졌는지 어떻게 알 수 있는가를 설명하여라.

10.64 압출기 스크루의 형상과 구체적인 기능을 설명하여라.

10.65 사출성형된 나일론 기어에 작은 구멍들이 포함되어 있음이 발견되었다. 이 문제를 해결하려면 사출하기 전에 원료를 잘 건조시켜야 한다고 제안되었다. 원료를 건조시켜야 하는 이유를 설명하여라.

10.66 다음 공정에서 생산주기시간을 결정하는 것은 무엇인가?
(1) 사출성형
(2) 열성형
(3) 압축성형

10.67 그림 10.57에 나타낸 수축자국(싱크마크)은 금속의 소성가공이나 주조공정에서도 나타나는지 설명하여라.

10.68 압출기의 배럴부와 사출기의 배럴부 간의 차이점을 열거하여라.

10.69 플라스틱부품의 소량생산, 예를 들어 100개 이하의 생산에 적합한 공정을 추천하고 설명하여라.

10.70 이 장의 마지막 부분에 제시된 사례연구를 검토하고, 신속조형작업으로 치열교정기를 직접 제작하지 않는 이유를 설명하여라.

10.71 신속조형기술이 대량생산에 적합하지 않은 이유를 설명하여라.

10.72 사출성형용 공구를 신속하게 제작할 수 있는 방법을 들고 설명하여라.

10.73 신속조형된 어떤 부품을 자세히 살펴보니, 각 층의 둘레에 흰색 필라멘트가 보이면서 층별로 제작되었음을 알 수 있었다. 이때 사용된 재료가 열가소성 플라스틱인지, 아니면 열경화성 플라스틱인지 설명하여라.

10.74 사출성형에 실온가황처리(RTV) 고무주형을 사용할 때의 장점을 열거하여라.

10.75 스테레오리소그래피와 폴리젯 간의 유사점과 차이점은 무엇인가?

10.76 신속조형된 부품에 색상을 띠게 하려면 어떤 방법을 사용하는지 설명하여라.

연습문제 *PROBLEMS*

10.77 그림 10.9에 나타낸 재료에 대하여 응력-변형률 곡선 아랫부분의 면적(인성)을 계산하고, 이를 온도의 함수로 작도하여 관찰되는 사항을 설명하여라.

10.78 그림 10.9에서 온도가 증가함에 따라 폴리머의 탄성계수는 감소함을 알 수 있다. 그림의 응력-변형률 곡선을 이용하여 탄성계수 대 온도의 곡선을 그려라.

10.79 그림 10.19의 자료를 바탕으로, 강화된 나일론의 기계적 성질의 증가율(%)을 계산하여라.

10.80 높이 75 mm, 폭 25 mm, 길이 1 m인 직사각형 단면의 외팔보의 끝단에 100 N의 집중하중이 작용한다. 표 10.1에서 강화되지 않은 재료와 강화된 재료를 두 개씩 선정하여 외팔보의 최대처짐량을 계산하여라. 알루미늄과 강에 대해서도 동일한 계산을 하고, 그 결과를 서로 비교하여라.

10.81 10.5절과 10.6절에서 몇 가지 플라스틱과 용도에 대하여 설명하였다. 설명된 내용을 바탕으로 하여, 제

품유형별로 표를 작성하고 재료로 사용될 수 있는 플라스틱의 종류를 정리하여라.

10.82 일반 자동차에 사용되는 철강제 튜브형 구동축의 치수를 알아보아라. 이 구동축을 강화되지 않은 플라스틱과 강화플라스틱으로 각각 대체한다면, 동일한 토크를 전달하기 위한 치수는 얼마가 되어야 하는가? 표 10.1에서 재료를 선정하고 포아송비는 0.4로 가정한다.

10.83 표 10.1의 강화플라스틱에 대하여, 강화재의 사용으로 인해 증가된 플라스틱의 성질을 평균적으로 계산하고 관찰되는 사항을 설명하여라.

10.84 예 10.4에서 섬유의 강도가 1250 MPa이고 모재의 강도가 240 MPa이라면, 하중의 몇 %가 섬유에 의해 지지되는가? 강화섬유의 탄성계수가 600 GPa이고 모재의 탄성계수가 50 GPa이라면 답은 어떻게 달라지는가?

10.85 직경이 3.81 cm인 원판 10개를 금형 한 개에서 사출성형하는 데 필요한 금형체결력을 산정하여라. 적절한 길이와 직경을 갖는 러너도 포함시켜라.

10.86 2리터짜리 플라스틱 음료병은, 길이 12.7 cm이고 병의 나사진 주둥이와 동일 직경인 튜브형 패리슨으로부터 가공된다. 블로성형을 하는 동안 균일변형을 가정하고, 패리슨 튜브부분의 벽두께를 산정하여라.

10.87 그림 10.12에 나타낸 폴리머들의 일관성지수(consistency index)와 멱법칙지수(power-law index)를 구하여라.

10.88 배럴직경이 100 mm인 압출기에서, 채널깊이 6 mm, 날개판 각도 17.5°인 스크루가 100 rpm으로 회전한다. 이 압출기로 폴리프로필렌을 압출할 때의 최고유량을 구하여라.

10.89 문제 10.88에 주어진 압출기에서 가압부의 길이가 2.5 m이고, 폴리에틸렌 원형봉을 압출하는 데 사용된다. 다이 랜드부가 1 mm, 구멍직경이 5 mm이고, 폴리에틸렌의 평균온도가 250°C일 때, 다이를 통과하는 유량을 계산하여라. 구멍직경이 10 mm인 경우의 유량은 얼마인가?

10.90 배럴직경 101.6 mm, 채널깊이 6.35 mm, 날개판 각도 18°, 펌프부 1.83 m인 압출기가 있다. 이 압출기로 점도 7.03 kg-s/m^{2}인 플라스틱을 압출할 때, 실험을 통해 다이 특성식이 Q_x = (0.49 cm^5/kg-s)p로 구해졌다. 114.71 cm^3/s의 유량을 얻으려면 스크루속도를 얼마로 해야 하는가?

10.91 스크루가 1회전할 때, 날개판이 배럴직경에 해당하는 거리만큼 소재를 밀려면 날개판 각도를 얼마로 해야 하는가?

10.92 스테레오리소그래피에서 레이저로 10 kJ의 에너지를 직경 0.25 mm인 점에 조사할 때, 경화깊이와 경화선폭을 구하여라. 단, $E_c = 6.36 \times 10^{10}$ J/m^2 및 D_p = 100 μm이다.

10.93 문제 10.92에 주어진 스테레오리소그래피 시스템에서 40 mm 원으로 정의된 층을 경화시키는 데 소요되는 시간을 계산하여라. 단, 인접선끼리 10% 겹치도록 하고, 가용출력은 10 MW이다.

10.94 융해용착모델링장치에서 압출헤드의 직경이 1 mm이고, 0.25 mm 두께의 층을 만든다. 압출헤드속도와 폴리머압출속도가 모두 50 mm/s일 때, 50 mm 정육면체를 만드는 제작시간을 산정하여라. 단, 압출헤드는 한 층을 만들고 나서 와이어브러시에서 15초간 청소된다.

10.95 문제 10.94에 주어진 자료에 더하여, 지지재료의 기공률이 50%라고 가정하고, 높이 100 mm, 외경 88 mm, 벽두께 6 mm인 컵을 다음과 같이 제작하는 데 걸리는 시간을 계산하여라.

(1) 막힌 면을 밑으로 하는 경우

(2) 막힌 면을 위로 하는 경우

10.96 나일론의 멱법칙지수가 n = 0.5인 경우에 예 10.5의 답은 어떻게 되는가? n = 0.2인 경우의 답은 어떻

게 되는가?

10.97 그림 10.7을 참조하여, 시간 $t = t_o$일 때 단위변형률이 가해진 경우의 완화곡선(즉, 시간의 함수로 나타낸 응력)을 도시하여라.

10.98 연속섬유강화 복합재료에서 섬유방향으로의 열팽창계수를 나타내는 일반식을 유도하여라.

10.99 보통 자동차 타이어 한 개에 포함되는 분자의 개수는 몇 개인가? 원자의 개수는 몇 개인가?

10.100 에폭시모재(E = 100 GPa)에 다음과 같은 강화섬유가 20% 사용된 복합재료의 탄성계수와 섬유의 하중지지분율(%)을 계산하여라.
(1) 고탄성계수 탄소섬유
(2) 케블라 29

10.101 문제 10.100에서의 복합재료가 단면적 50 mm^{2}에 F_c = 2000 N의 하중을 받을 때, 모재와 강화섬유에 작용하는 응력을 계산하여라.

10.102 탄성계수가 E_f = 300 GPa인 강화섬유로 만들어진 복합재료가 있다. 섬유의 허용응력이 200 MPa이고, 모재의 강도가 50 MPa일 때, 모재와 강화섬유가 동시에 파단되려면 모재의 탄성계수가 얼마이어야 하는가?

10.103 이 장의 내용에 대해 학생들에게 퀴즈문제를 낸다고 하자. 정량적인 문제 다섯 개와 정성적인 문제 다섯 개를 만들고, 답안을 제시하여라.

설계문제 DESIGN

10.104 강화플라스틱에 대한 최근의 기술문헌을 조사하고, 섬유길이가 강화플라스틱의 강도, 탄성계수, 충격에너지 같은 기계적 성질에 주는 영향을 나타내는 자료를 정리하여 제시하여라.

10.105 금속제 청량음료 용기를 플라스틱 용기로 대체할 경우, 설계 시 고려사항을 논의하여라.

10.106 각종 제품을 플라스틱으로 만들 때와 강화플라스틱으로 만들 때의 설계상 문제점들을 구체적인 예를 들어서 논의하여라.

10.107 현재 플라스틱으로 만들어지지 않는 제품이나 부품을 나열하고, 그에 대한 이유를 설명하여라.

10.108 토마토주스나 양념 같은 산성물질을 담는 철강이나 알루미늄 용기의 내벽은 보통 폴리머로 피복되어 있다. 이러한 용기를 제작하는 방법을 설명하여라(제7장 참조).

10.109 이 장에 주어진 자료를 사용하여, 새로운 용도로 사용될 복합재료를 설계하여 보아라.

10.110 강도와 강성이 높은 모재에 연하고 강성이 낮은 강화재를 사용하는 복합재료가 실용적인 용도를 가질 수 있는지 설명하여라.

10.111 복합재료가 이방성을 가짐으로 해서 장점을 살릴 수 있는 제품들을 나열하여라.

10.112 비강도와 비강성이 모두 중요한 제품설계를 몇 가지 들어라.

10.113 복합재료의 두께방향 강도가 중요한 설계 및 용도를 기술하여라.

10.114 강화플라스틱의 두께방향으로 기계적 성질을 측정할 수 있는 시험방법을 설계하고 설명하여라.

10.115 이 장에서 설명한 것처럼, 강화플라스틱은 습기, 화학물질, 온도 변화 같은 환경요인에 부정적인 영향을 받을 수 있다. 이러한 조건에서 복합재료의 기계적 성질을 측정할 수 있는 시험방법을 설계하고 설명하여라.

10.116 복합재료의 기계적 성질은 다른 재료들처럼 적절한 시편을 제작하여 시험함으로써 얻어진다. 시편을 준비하는 과정과 시험을 실시하는 과정에서 직면할 문제점에 대하여 설명하여라.

10.117 표 10.1에 행을 하나 추가하여, 가용한 색상과 투명도를 포함한 플라스틱의 외관에 대하여 요약하여라.

10.118 강화섬유를 삼차원적으로 직조한 직조천을 경화성 수지에 함침시켜 복합재료를 만들 수 있다. 이렇게 만든 복합재료와 적층강화 복합재료 간에 기계적 성질의 차이점을 설명하여라.

10.119 강화섬유나 위스커가 일정한 단면을 갖는 대신, 단면이 변하거나 표면에 굴곡이 지도록 만들 수 있다. 이러한 강화섬유의 장점은 무엇일지 설명하여라.

10.120 폴리머는 (단독 혹은 강화된 상태로) 제7장에 설명한 판재성형가공작업의 금형에 적합한 재료로 사용될 수 있다. 이 경우에 금형형상이나 다른 관련인자들을 고려하여 장점과 유의사항을 논의하여라.

10.121 재활용할 때 쉽게 분류되도록 모든 플라스틱제품에는 삼각형기호 안에 숫자나 문자를 표기하여 식별한다. 숫자나 문자가 나타내는 의미와 이들 기호가 사용되는 이유를 설명하여라.

10.122 서로 다른 두 종류의 치약튜브를 몇 개 구해서, 날카로운 면도날로 길이방향을 따라 조심스럽게 절단하여라. 튜브 사용재료의 종류와 제조방법에 대한 관찰결과를 요약하여라.

10.123 신속조형기술을 이용하여 얼음조각상을 제작하는 기계를 설계하여라. 설계한 기계의 기본적인 기능과, 크기나 형상난이도에 주는 영향에 대하여 언급하여라.

10.124 융해용착모델링을 응용한 가공기술을 제안하고자 한다. 즉, 두 종류의 폴리머 필라멘트를 사용하여 압출 직전에 용융하고 혼합시켜 제품을 제작한다. 이 방법이 가질 수 있는 장점은 무엇인지 설명하여라.

제 11 장

분말금속, 세라믹, 유리, 초전도체의 성질과 가공법

주요내용

금속 및 세라믹 분말, 유리, 다이아몬드, 그래파이트로부터 부품을 정형가공하는 기술과 공정에 대하여 설명함.

- ❑ 금속 및 세라믹 분말의 제조방법
- ❑ 분말압축의 역학과 형상을 갖도록 압축하는 공정
- ❑ 부품의 치수공차, 표면정도, 외관을 향상시키는 마무리공정
- ❑ 유리, 그래파이트, 다이아몬드 같은 상업적으로 중요한 비금속재료
- ❑ 복합재료와 초전도체의 가공방법
- ❑ 이들 공정의 설계방법과 경쟁적 측면

11.1 개요

지금까지 서술한 생산공정에 이용되는 원재료는 용융상태이거나 고체상태의 재료였다. 이 장에서는 금속분말, 세라믹, 유리를 제품으로 만드는 공정들과 금속모재 및 세라믹모재 복합재료, 초전도체를 가공하는 방법들에 대하여 설명하고, 각 공정에 대한 설계 고려사항을 소개한다.

분말야금(P/M, powder metallurgy)공정은 금형에서 분말금속을 압축하고 소결하여(가열하되 용융시키지 않음), 정형(net-shape) 혹은 준정형(near-net-shape)으로 복잡한 제품을 만들 수 있다. 분말의 광범위한 가용성, 거의 최종치수에 맞추어 생산할 수 있는 능력, 전체 공정의 경제성으로 인해, 이 공정으로 가공된 제품은 점차 많은 분야에서 사용되고 있다.

이 장에서는 **세라믹, 유리, 그래파이트**(흑연), **다이아몬드**의 구조, 성질, 가공법도 설명한다. 이들 재료는 금속에 비해 경도, 고온저항, 전기적 및 광학적 성질 같은 기계적, 물리적 성질이 매우 달라서 독특하고도 중요한 용도로 사용된다.

다음으로는 **금속모재** 및 **세라믹모재 복합재료**의 구조, 성질, 가공법을 설명한다. 폴리머모재 복합재료는 제10장에서 이미 설명하였다. 복합재료는 구성성분끼리 조합할 수 있는 경우의 수가 많아서 소비용이나 산업용으로 매우 다양하게, 특히 항공기나 우주산업에서 광범위하게 사용된다.

이 장의 마지막 부분에서는 초전도체의 가공법을 소개하며, 자기공명영상이나 자기장 측정기구에 사용하는 자기코일 같은 제품으로 만드는 과정을 설명한다.

11.2 분말야금

분말야금은 1900년대 초에 백열전구용 텅스텐 필라멘트를 만드는 데 처음 이용되었다. 이제는 기어, 캠, 부싱, 절삭공구; 필터나 기름 함유 베어링 같은 다공질제품; 그리고 피스톤링, 밸브가이드, 커넥팅로드, 유압피스톤 같은 자동차부품을 만드는 데 사용된다(그림 11.1 참조). 최근에는 P/M 기술의 발달로 인해 랜딩기어, 엔진마운트 지지대, 엔진디스크, 임펠러, 엔진 나셀(nacelle)프레임 같은 항공기 구조부품도 금속분말로 만들어진다.

P/M은 주조, 단조, 기계가공 같은 다른 공정에 대하여 경쟁력을 갖고 있으며, 특히 고강도와 고경도의 합금으로 복잡한 모양의 제품을 만드는 경우에 매우 유리하다. P/M 제품의 거의 70%는 자동차용으로 사용된다. 이 공정으로 만들어지는 제품은 우수한 치수정확도를 가지며, 대부분 2.5 kg 이하의 제품을 생산하지만, 볼펜에 이용되는 아주 작은 볼에서부터 중량 50 kg의 대형제품까지 다양하게 만들어낼 수 있다. 일반 승용차의 경우, 분말야금으로 제조된 정밀금속부품이 현재 13 kg 정도 사용되며, 매년 10% 정도 증가할

(b)

▶ **그림 11.1**

(a) 분말야금공정으로 제조한 부품의 예, (b) 분말야금공정으로 제조한 상업용 관개스프링클러. 무연황동합금으로 만들어졌으며, 다이캐스팅 부품을 대체하여 비용을 60% 절감하였다.

것으로 전망된다.

P/M 공정은 다음과 같은 단계별 순서를 거쳐서 이루어진다.

1. 분말제조
2. 혼합(blending 혹은 mixing)
3. 압축(compaction)
4. 소결(sintering)
5. 마무리공정

마무리공정에는 코이닝, 사이징, 기계가공, 함침 등이 포함되며, 제품품질, 치수정확도, 강도를 개선할 목적으로 적용한다.

11.2.1 금속분말의 제조

금속분말은 여러 방법으로 제조되며, 최종제품의 특정 요구조건에 따라서 제조방법을 선택한다. 금속분말의 원료는 덩어리, 광석, 염, 기타 화합물의 형태를 갖는다. 분말의 제조방법에 따라 분말입자의 형상, 크기분포, 기공성, 화학적 순도, 표면특성 등이 결정된다(그림 11.2 참조). 이들 특성은 분말압축과정에서의 유동특성과 후속되는 소결공정에서의 반응성에 큰 영향을 준다. 분말입자의 크기는 0.1~1000 μm 정도이다. 분말제조방법은 다음과 같다.

1. **입자화**(automization). 용융금속을 따르면서 불활성가스나 공기, 물제트를 분사하거나 회전하는 원판의 원심력을 이용하여 분말입자로 만드는 방법으로 분말을 제조하는 데 널리 사용된다(그림 11.3 참조). 이때 만들어지는 입자크기는 용탕온도, 유동속도, 노즐 크기, 분사제트의 특성 등에 따라서 달라진다. 용탕입자화방법과 유사한 방법으로 헬륨으로 채워진 챔버에서 소모성 전극봉을 빠르게 회전시켜 용융된 전극봉의 끝이 원심력에 의해 떨어져나가며 금속입자를 만드는 방법이 있다(그림 11.3d 참조).

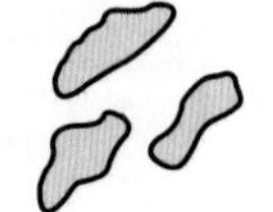

(a) 일차원형상

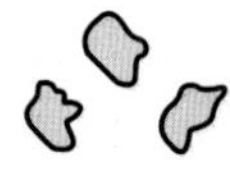

(b) 이차원형상

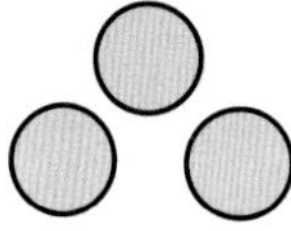

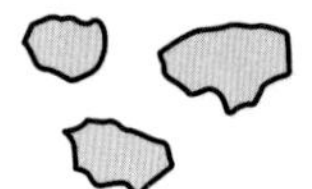

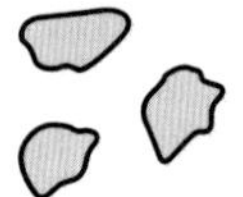

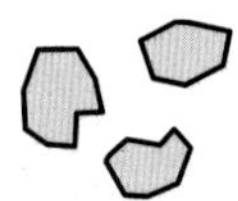

(c) 삼차원형상

▶ **그림 11.2**
제조법에 따른 금속분말의 형상.

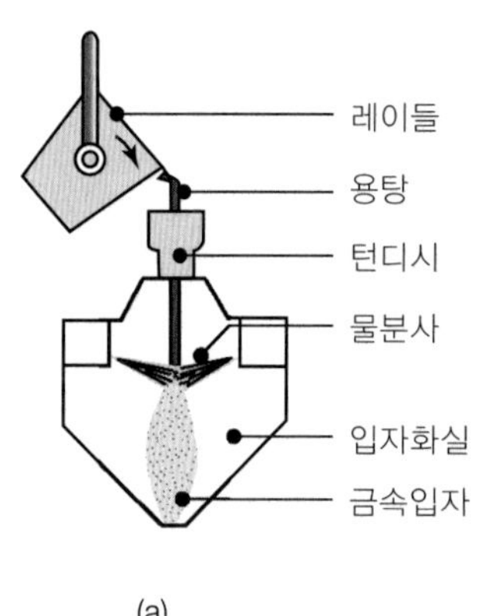

(a)

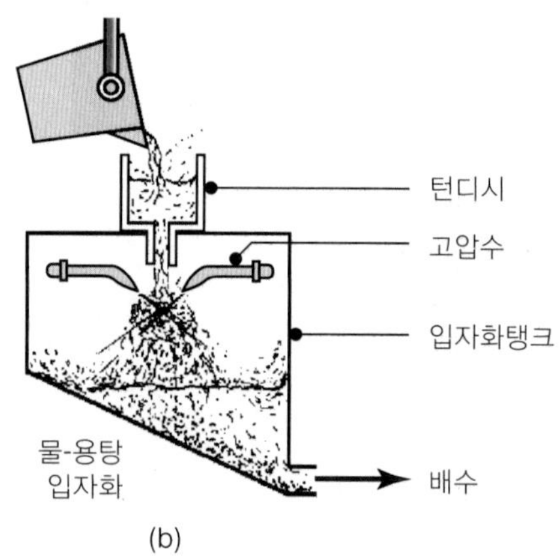

(b)

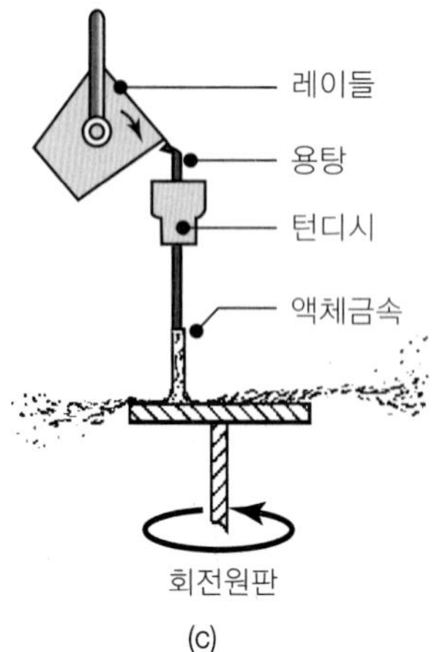

(c)

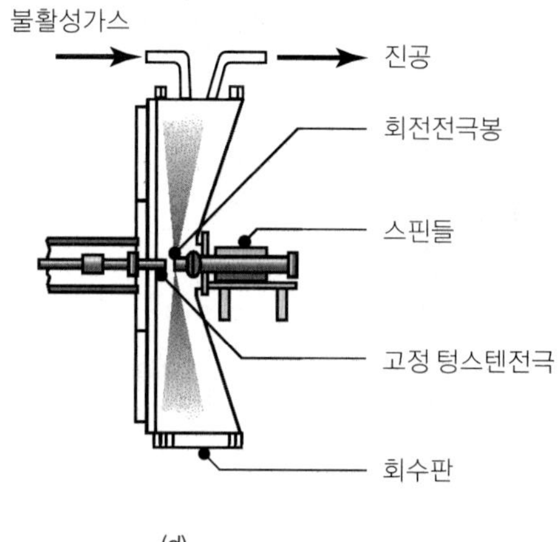

(d)

▶ **그림 11.3**
입자화에 의한 금속분말제조: (a) 가스-용탕입자화, (b) 물-용탕입자화, (c) 원심력-용탕입자화, (d) 회전식 소모성전극에 의한 입자화.

2. **환원**(reduction). 수소, 일산화탄소 등의 가스를 환원제로 이용하여 금속산화물을 환원시키는(산소의 제거) 방법으로, 매우 미세한 금속산화물이 환원되어 금속분말이 된다. 이 방법으로 만들어지는 분말은 부드럽고, 다공질이며, 균일한 크기의 구형이나 각형 모양을 갖는다.
3. **전해용착**(electrolytic deposition). 이 방법은 수용액 또는 융해염을 이용한다. 이 방법으로 제조된 분말은 순도가 가장 높다.
4. **카보닐**. 철이나 니켈을 일산화탄소와 반응시켜 철 카보닐[$Fe(CO)_5$]이나 니켈 카보닐[$Ni(CO)_4$]을 만들고, 반응물질을 철과 니켈로 분해하여 작고 치밀하며 균일한 고순도의 구형입자를 제조하는 방법이다.
5. **분쇄**(comminution). 기계적 분쇄는 볼분쇄기(ball mill)를 이용하여 분쇄하거나 연성이 낮은 금속은 연삭하여 금속을 작은 입자로 만드는 방법이다. 볼분쇄기는 강구나 회주철구를 원통에 담아 회전시키는 기계이다(그림 11.26 참조). 이때 취성재료의 분말입자는 각형의 입자모양을 갖지만, 연성재료는 편상입자로 만들어지므로 분말야금법에 부적합할 수도 있다.
6. **기계적 합금**(mechanical alloying). 이 방법은 둘 이상의 순금속분말을 볼분쇄기에서 혼합하는 방법이다. 경도가 높은 볼의 충격으로 반복적으로 분말들이 깨지고, 확산에 의해 서로 붙으면서 합금분말이 만들어진다.
7. **기타 방법**. 많이 이용하지는 않지만, 다음과 같은 분말제조방법이 있다.
   (1) 화학적 용액으로부터 **석출**(precipitation)시키는 방법
   (2) **기계가공**으로 미세한 칩을 얻는 방법
   (3) **증기응축법**(vapor condensation)
   (4) **고온추출야금**(high-temperature extractive metallurgy)
   (5) 휘발성 할로겐화합물(할로겐과 금속성 원소의 화합물)과 액상금속을 반응시키는 방법
   (6) 고상산화물을 조절 환원 또는 환원/탄화시키는 방법

■ **나노분말** 최근에 개발된 방법으로 구리, 알루미늄, 철, 티타늄 같은 금속을 나노분말로 제조하는 기술이 있다(3.11.9절의 **나노재료** 참조). 이들 금속들을 분말로 만드는 과정에서 5500 MPa 정도의 압축응력과 전단응력을 가하여 심하게 소성변형시키면, 입자는 더욱 작아지고 기공이 없는 우수한 성질을 갖는다.

■ **마이크로캡슐화 분말** 이들 분말은 결합제로 완전히 피복된 후에 온간가압공정으로 압축하여 성형하며(11.3.4절의 **금속사출성형** 참조), 전기용품으로 사용하면 결합제가 절연재의 역할을 하므로 전기가 흐르지 않도록 하여 와전류손실을 줄인다.

11.2.2 입도, 분포 및 형상

분말입자의 크기는 체(screen)를 통과시켜 결정한다(체 통과법). 즉, 체눈크기가 점점 작은

여러 개의 체를 쌓아놓고 입자를 통과시켜 크기를 정하는데, 체눈이 작을수록 입도지수(mesh size)는 크다. 예를 들어, 입도지수가 30이면 체눈크기는 600 μm, 100이면 150 μm, 400이면 38 μm가 된다. (이 방법은 9.2절에 설명한 연삭입자의 입도결정법과 유사하며, 숫자가 클수록 입자크기는 작다.)

분말이 특히 미세한 경우(45 μm 이하)에는 체 통과법 이외에 다음 방법들도 사용된다.

1. **침전법**(sedimentation): 입자가 액체에 침전하는 속도로 크기결정
2. **현미경분석:** 전자현미경(TEM 및 SEM) 사용
3. **광분산법**(light scattering): 액체에 떠있는 입자에 레이저를 조사한 후, 입자에 의해 분산된 빛을 검출기로 모아서 신호를 수치화하여 입도분포 계산
4. **광학적 방법:** 입자가 가로막는 빛을 **광전관**으로 검출
5. **전기센서:** 액체에 떠있는 입자의 크기와 분포를 검출

입도분포는 분말의 가공특성에 영향을 주는 중요한 인자로, 그림 11.4a와 같은 **도수분포곡선**(4.9.1절 및 그림 4.21a 참조)으로 나타낸다. 그림에서 입도의 최대빈도수(중량대비)는 75~90 μm에서 나타나며, 이 최대값을 모드(mode)라고 한다. 같은 입도자료를 **누적분포곡선**으로 나타낼 수도 있다(그림 11.4b 참조). 그림에 따르면, 입자중량의 75% 정도가 100 μm 크기 이하이며, 입자크기가 200 μm일 때는 누적분포가 100%에 달한다.

입자의 모양은 가공특성에 중요한 영향을 미친다. 분말입자의 모양은 주로 종횡비나 형상지수로 나타낸다. 종횡비(aspect ratio)는 입자의 최대길이와 최소길이의 비율로서, 이 비의 값은 구형의 경우 1에서 침상입자나 편상입자의 경우 약 10까지 된다. **형상지수**(SF, shape factor)는 입자의 체적에 대한 표면적의 비를 같은 체적인 구의 직경과 비교하여 나타낸 값이다. 즉, 편상입자는 구형입자보다 형상지수가 높다.

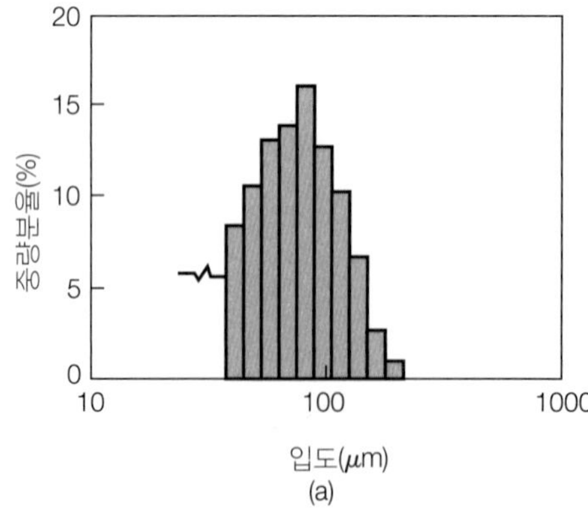

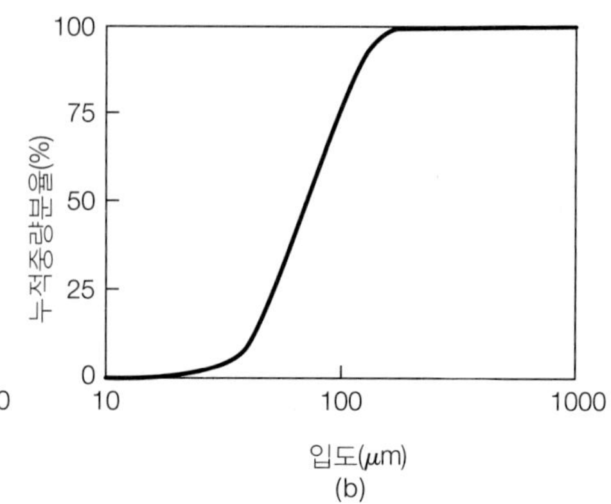

▶ 그림 11.4
(a) 입도분포그래프(중량분율), (b) 입도분포곡선(누적중량분율).

예 11.1 입자의 형상지수 결정

다음 경우에 형상지수(SF)를 결정하여라.

(1) 구형입자

(2) 정육면체 입자

(3) 원기둥 입자(길이:직경 = 2:1)

풀이

(1) 형상지수를 k, 상당직경을 D_{eq}라 할 때, 표면적 A와 체적 V의 비는 다음과 같다.

$$\frac{A}{V} = \frac{k}{D_{eq}}$$

구형입자의 경우, 직경 $D = D_{eq}$인 구의 표면적 $A = \pi D^2$, 체적 $V = \pi D^3/6$이므로, 형상지수는 다음과 같다.

$$k = \left(\frac{A}{V}\right)D_{eq} = \left[\frac{(\pi D^2)}{(\pi D^3/6)}\right]D = 6$$

(2) 변의 길이가 L인 육면체의 표면적은 $6L^2$, 체적은 L^3이므로

$$\frac{A}{V} = \frac{6L^2}{L^3} = \frac{6}{L}$$

이며, 상당직경은 다음과 같이 계산된다.

$$D_{eq} = \left(\frac{6V}{\pi}\right)^{1/3} = \left(\frac{6L^3}{\pi}\right)^{1/3} = 1.24L$$

따라서 형상지수는 다음과 같다.

$$k = \left(\frac{A}{V}\right)D_{eq} = \left(\frac{6}{L}\right)(1.24\ L) = 7.44$$

(3) 길이 대 직경비가 2:1인 원기둥의 표면적은

$$A = \left(\frac{2\pi D^2}{4}\right) + \pi DL = \left(\frac{\pi D^2}{2}\right) + 2\pi D^2 = 2.5\pi D^2$$

이고, 체적은

$$V = \left(\frac{\pi D^2}{4}\right)(L) = \left(\frac{\pi D^2}{4}\right)(2D) = \frac{\pi D^3}{2}$$

이며, 상당직경은

$$D_{eq} = \left(\frac{6V}{\pi}\right)^{1/3} = \left(\frac{6\pi D^3}{2\pi}\right)^{1/3} = 1.442D$$

이므로, 형상지수는 다음과 같다.

$$k = \left(\frac{A}{V}\right)D_{eq} = \left[\frac{(2.5\pi D^2)}{(\pi D^3/2)}\right](1.442D) = 7.21$$

11.2.3 금속분말의 혼합

금속분말의 혼합은 P/M 공정의 두 번째 단계이며, 다음의 목적으로 수행된다.

1. P/M 제품에 특별한 물리적, 기계적 성질이나 독특한 특성을 주기 위해 이종금속이나 다른 재료를 섞는다. 분말혼합물은 합금으로 분말을 제조하거나 이종금속분말을 혼합하여 만든다. 이때 제품의 성질이 균일하려면, 분말이 잘 혼합되어야 한다.
2. 한 종류의 금속분말이라도 크기와 형상이 매우 다를 수 있으므로, P/M 제품끼리의 균일성을 보장하기 위해 혼합되어야 한다. 이상적인 혼합은 크기와 형상에 있어서 모든 입자들이 균일하게 분포되는 것이다.
3. 후속공정에서의 유동특성을 개선하기 위해 **윤활제**를 분말과 함께 섞는다. 윤활제의 혼합으로 금속입자 사이의 마찰이 감소되므로 금형에서 분말금속의 유동이 좋아지고, 금형수명도 길어진다. 윤활제로는 스테아린산(stearic acid)이나 아연스테아린산염(zinc stearate)을 중량비 0.25~5% 정도 섞는다.
4. 사형주조에서의 주형을 만들 때처럼, 각종 결합제를 섞어서 **생형강도**(green strength)가 충분하도록 하여 후속되는 소결과정에서 파괴되지 않도록 한다.

분말의 혼합은 오염을 피할 수 있도록 조절된 분위기에서 수행되어야 한다. 혼합이 과도하면 분말이 **열화**되는데, 이때 입자의 모양이 바뀌고, 변형경화되어 후속 압축공정이 어렵게 된다. 분말은 공기, 불활성분위기(산화방지), 또는 액체 속에서 혼합하며, 이때 액체는 윤활제 작용을 하므로 좀 더 균일하게 혼합할 수 있다. 혼합공정은 품질을 유지하고 개선하기 위해 점차 마이크로프로세서로 제어되고 있다.

금속분말은 체적에 비해 큰 표면적을 가지므로, 특히 마그네슘, 알루미늄, 티타늄, 지르코늄, 토륨 등의 분말은 폭발의 위험이 있다. 따라서 혼합과정 및 저장이나 취급하는 동안 매우 세심한 주의가 요구된다. 주의사항으로는 (1) 접지설비, (2) 스파크방지(스파크를 일으키지 않는 공구사용 및 열원이 될 수 있는 마찰의 회피), (3) 먼지더미, 화염노출, 화학반응 회피 등이 있다.

11.3 금속분말의 압축

압축공정은 혼합된 금속분말을 가압하여 모양을 만드는 공정으로(그림 11.5a와 b 참조), 금형과 프레스, 즉 유압프레스나 기계프레스를 사용한다(그림 6.27 참조). 압축은 보통 상온에서 수행되지만, 열간에서 수행되기도 한다. 압축공정의 목적은 필요한 모양과 밀도를 얻고 입자끼리 치밀하게 접촉시키며 후속공정을 견딜 만큼 충분한 강도를 주는 것이다. 이때 압축된 분말을 **압축생형**(green compact)이라고 한다.

분말야금에서의 밀도는 세 단계, 즉 (1) 분말상태, (2) 압축생형, (3) 소결 후에 각각 달라진다. 입자형상, 평균입도, 입도분포는 분말상태에서의 충전밀도를 결정한다. 입도분포가 넓은 구형입자는 충전밀도가 높지만 압축생형으로 만들었을 때의 생형강도가 낮으므로, 다이압축법(P/M 제품의 제조에 가장 많이 사용하는 방법)으로 만드는 P/M 부품에는 부적절하다. 따라서 P/M 부품의 제조에는 구형입자보다 금형 내 충전밀도가 낮더라도 불규칙한 형상의 분말(예를 들면, 물-입자화시킨 철분말, 그림 11.3 참조)이 좋다. 부품치수의 반복성을 유지하려면 분말의 충전밀도에 일관성이 있어야 한다. 한편, 11.3.3절에 설명하는 **열간균형압축**에는 구형입자가 선호된다.

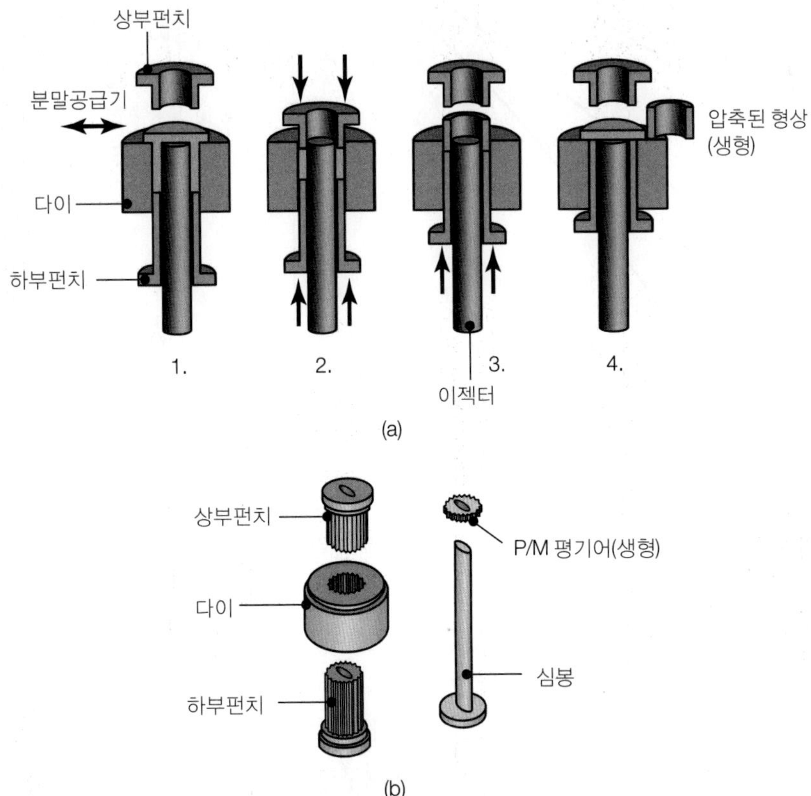

▶ **그림 11.5**
(a) 부싱을 성형할 때의 압축(compaction)과정. 가압된 분말제품은 압축생형이라고 한다. (b) 평기어를 압축하는 데 사용되는 공구 및 다이세트.

▶ **그림 11.6**

(a) 압축압력에 따른 구리 및 철 분말의 밀도 변화. 밀도는 P/M 제품의 기계적, 물리적 성질에 큰 영향을 준다. (b) 밀도가 구리분말의 인장강도, 연신율, 전기전도도에 주는 영향. IACS는 전기전도도를 규정한 International Annealed Copper Standard의 약자이다.

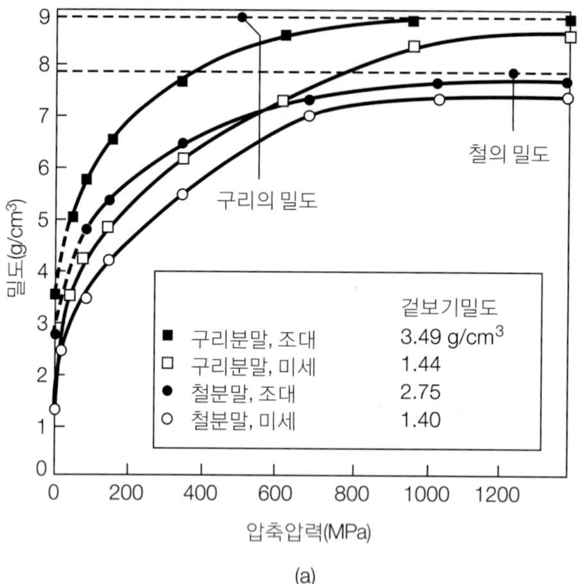

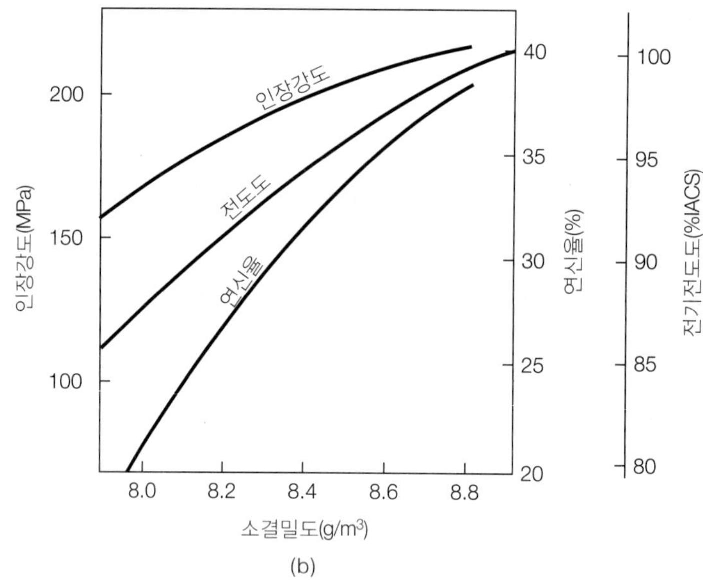

압축생형의 밀도(**생형밀도**)는 주로 (1) 압축압력, (2) 분말의 조성, (3) 분말의 경도에 따라서 결정된다(그림 11.6a 참조). 연한 분말에 압축압력을 증가시키면 생형밀도가 높고, 순금속분말은 합금분말보다 높은 밀도를 얻는다. 윤활제를 약간 혼합하면 생형밀도와 압축생형 내의 균일성을 모두 향상시킬 수 있다.

입자형상이 생형밀도에 미치는 효과를 이해하기 위해, 화학조성과 경도가 같은 두 종류의 분말을 생각하고, 그 중 한 분말의 입자는 구형이고 다른 분말은 불규칙 형상이라 하자.

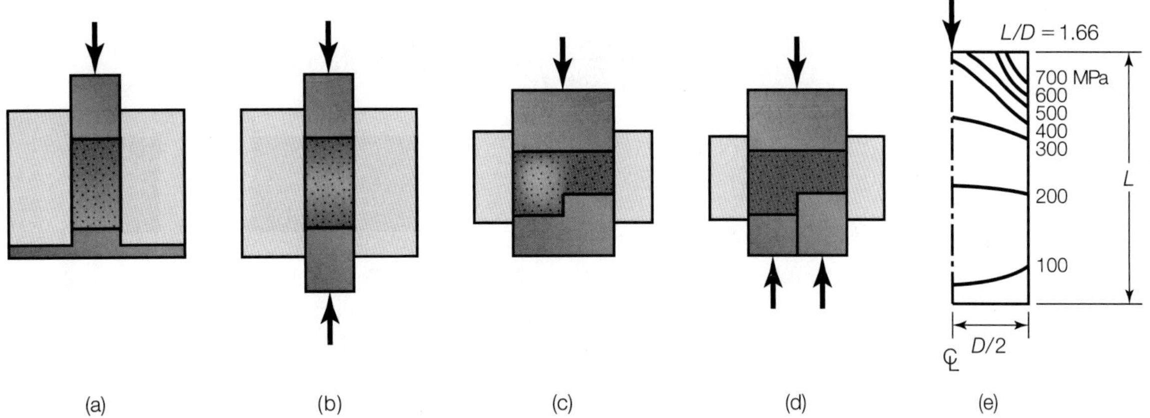

▲ **그림 11.7**

각종 다이로 금속분말을 압축할 때의 밀도분포: (a)와 (c) 단동프레스, (b)와 (d) 복동프레스. 별도로 움직이는 펀치로 가압한 (d)의 경우가 (c)의 경우보다 균일한 밀도를 얻을 수 있다. (e) 구리분말을 단동프레스로 압축했을 때의 압력분포곡선.

구형입자는 겉보기밀도(apparent density, 충전밀도)가 높겠지만, 고압으로 압축되면 두 분말의 생형밀도는 거의 비슷해진다. 두 종류의 분말을 표준조건에서 가압할 때, 높은 생형강도를 주는 쪽을 **압축성**(compressibility, 11.4절의 **소결밀도** 참조)이 높다고 말한다.

밀도가 클수록 강도와 탄성계수뿐만 아니라 전기전도도도 좋아진다(그림 11.6b 참조). 그 이유는 밀도가 클수록 같은 체적에 고체금속의 양이 많아지기 때문이며, 외력에 대한 저항성도 커지게 된다. 금속분말입자끼리의 마찰과 펀치면 및 다이벽에서의 마찰로 인해 같은 부품 내에서도 밀도가 상당히 다를 수 있다. 이러한 밀도편차는 다이와 펀치를 적절하게 설계하고 마찰을 조절함으로써 최소화시킬 수 있다. 부품 내 밀도를 보다 균일하게 하려면 별개로 구동되는 **복동펀치**를 이용해야 한다(그림 11.7 참조).

예 11.2 금속분말-윤활제의 혼합밀도

11.2.3절에서, 압축하기 전에 윤활제로서 아연스테아린산염을 무게의 2% 정도까지 섞는다고 했다. 다음과 같은 가정 하에 철분말-아연스테아린산염 혼합물의 이론적 밀도와 겉보기밀도를 계산하여라.

(a) 1000 g의 철과 20 g의 윤활제

(b) 윤활제의 밀도는 1.10 g/cm^3

(c) 철분말의 이론적 밀도는 7.86 g/cm^3(표 3.3)

(d) 철분말의 겉보기밀도는 2.75 g/cm^3(그림 11.6a)

풀이

(1) 혼합물의 체적은

$$V = \left(\frac{1000}{7.86}\right) + \left(\frac{20}{1.10}\right) = 145.4 \text{ cm}^3$$

이며, 혼합물의 무게는 1000 + 20 = 1020 g이므로, 이론적 밀도는 1020/145.41 = 7.01 g/cm^{3}이다.

(2) 철분말의 겉보기밀도는 2.75 g/cm^{3}이므로 이론적 밀도의 (2.75/7.86)100 = 35%이다. 아연스테아린산염에 대해서도 비슷한 비율로 가정하면 혼합물의 겉보기밀도는 (0.35)(7.01) = 2.45g/cm^{3}로 추정할 수 있다.

11.3.1 분말압축 시 압력분포

그림 11.7e는 단동프레스를 사용하는 경우(그림 11.7a 및 c 참조), 아래로 내려갈수록 압력이 급격히 떨어짐을 보여주고 있다. 이때의 압력분포는 6.2.2절에 설명한 슬래브법을 이용하여 계산할 수 있다. 그림 11.8에 나타낸 좌표계를 사용하고, D는 직경, L은 길이, p_0는 펀치에 의해 가해지는 압력이라고 하자. 두께 dx인 슬래브요소에 작용하는 모든 응력, 즉 압축압력 p_x, 다이벽의 압력 σ_r, 마찰력 $\mu\sigma_r$을 표시한다. 이때 펀치가 아랫방향으로 작용하므로 마찰력은 위쪽으로 향한다.

이 요소에 작용하는 힘의 수직방향 평형조건은 다음과 같다.

$$\left(\frac{\pi D^2}{4}\right)p_x - \left(\frac{\pi D^2}{4}\right)(p_x + dp_x) - (\pi D)(\mu\sigma_r)\,dx = 0 \tag{11.1}$$

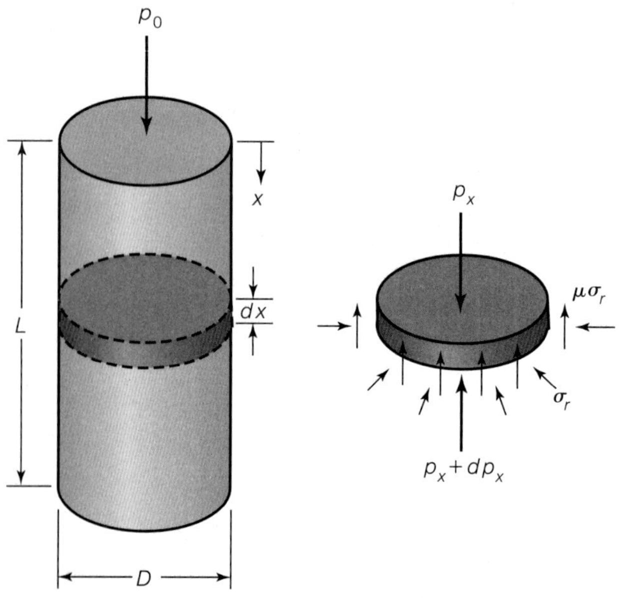

▶ **그림 11.8**
분말압축 시 요소에 작용하는 응력과 좌표계. 압력은 단면에서 균일하다고 가정한다(그림 6.4 참조).

이를 정리하면,

$$D\,dp_x + 4\mu\sigma_r\,dx = 0$$

두 개의 미지수(p_x와 σ_r)에 대해 한 개의 식 밖에 없으므로, 다음과 같이 입자간 마찰의 척도를 나타내는 인자 k를 도입하자.

$$\sigma_r = kp_x$$

입자간 마찰이 없다면 $k = 1$이 되고, 이때 분말은 유체처럼 거동하며 $\sigma_r = p_x$가 된다. 평형조건식을 다시 나타내 보면

$$dp_x + \frac{4\mu kp_x\,dx}{D} = 0$$

즉,

$$\frac{dp_x}{p_x} = -\frac{4\mu k\,dx}{D}$$

가 되며, 이 식의 형태는 6.2.2절에서 설명한 업세팅의 경우와 비슷하다. 이때 경계조건은 $x = 0$에서 $p_x = p_0$이므로, 위 식을 적분하면 다음을 얻을 수 있다.

$$p_x = p_0 e^{-4\mu kx/D} \tag{11.2}$$

즉, 마찰계수, 변수 k, 길이 대 직경비가 커지면 압력은 작아진다.

예 11.3 분말압축에서 압력의 감소

분말혼합물이 $k = 0.5$, $\mu = 0.3$의 값을 갖는다고 가정하자. 직경이 10 mm인 곧은 원기둥모양을 압축할 때 (1) 압력 0, (2) 펀치 압력의 1/2의 압력이 나타나는 깊이를 각각 구하여라.

풀이

(1) 식 (11.2)에서 $p_x = 0$이므로

$$0 = p_0 e^{-(4)(0.3)(0.5)x/10}, \text{ 즉 } \quad e^{-0.06x} = 0$$

따라서 x가 ∞이어야 압력이 0이 된다.

(2) $p_x/p_0 = 0.5$이므로,

$$e^{-0.06x} = 0.5, \text{ 즉 } x = 11.55\text{ mm}$$

실제적으로 50%의 압력감소는 너무 커서, 허용할 수 없을 정도로 압축밀도가 작

아진다. 이 예에 주어진 조건에서는 원기둥의 길이 대 직경비가 1.2 이상이면 단축압축이 부적절함을 보여준다.

11.3.2 압축장비

금속분말을 압축하는 데 필요한 압력은 알루미늄의 경우 70 MPa부터 고밀도 철의 800 MPa까지 다양하다(표 11.1 참조). 필요한 압축압력은 입자의 특성과 모양에 따르며, 혼합 방법과 윤활제에 의해서도 달라진다.

특별한 경우에는 매우 큰 용량의 프레스가 필요하지만, 보통 1.8~2.7 MN(200~300톤) 용량의 프레스가 이용되며, 대부분의 경우 필요한 가압력은 0.9 MN(100톤) 이하이다. 작은 용량에는 크랭크프레스나 편심프레스, 큰 용량이 필요하면 토글프레스나 너클프레스를 사용한다(그림 6.27 참조). 45 MN(5000톤) 정도의 큰 가압력이 요구되는 대형부품의 경우에는 유압프레스가 사용된다.

프레스의 선택은 부품의 크기, 형상, 필요한 밀도, 생산속도 등에 따라서 결정한다. 가압할 때 금형 속에 공기가 갇힐 수 있는데, 가압속도가 빠를수록 공기가 많이 갇힌다. 따라서 공기구멍을 준비하고 금형을 적절하게 설계하여 공기가 압축을 방해하지 않도록 해야 한다.

11.3.3 균형압축(isostatic pressing)

압축생형은 **균형압축**, **압연**, **단조**와 같은 추가공정으로 밀도가 개선될 수 있다. 이미 살펴본 것처럼, 압축된 분말의 밀도는 불균일하기 때문에 압축생형이 보다 균일한 밀도를 가지려면 정수압(hydrostatic pressure)이 가해져야 한다(이는 눈덩어리를 손으로 뭉치는 것과 같다).

냉간균형압축(CIP, cold isostatic pressing)은 금속분말을 네오프렌 고무, 우레탄, PVC 같은 고탄성 재료의 유연한 고무몰드에 채우고(그림 11.9 참조), 물을 이용하여 압력실 내에서 정수압을 가하는 방법이다. 이때의 상용압력은 400 MPa이며, 최고 1,000 MPa까

표 11.1 각종 분말재료의 압축압력

금속	압력(MPa)	기타 재료	압력(MPa)
알루미늄	70~275	알루미늄산화물	110~140
황동	400~700	탄소	140~165
청동	200~275	초경합금	140~400
철	350~800	페라이트	110~165
탄탈	70~140		
텅스텐	70~140		

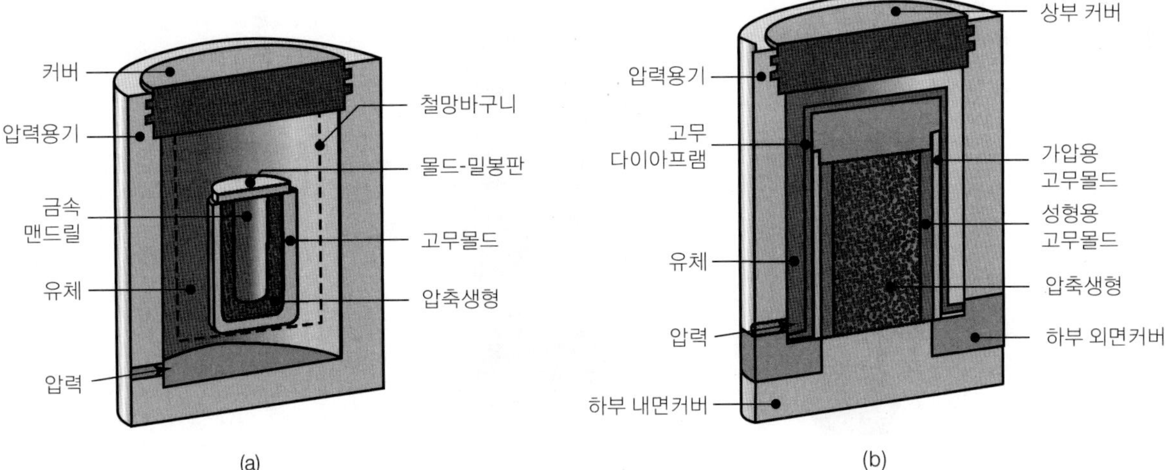

▲ **그림 11.9**
냉간균형가압의 개략도: (a) 습식몰드공정. 컵모양의 압축생형 내면에는 고체 맨드릴, 외면에는 유연한 고무몰드로 감싸서 유체 안에 넣고 가압한다. (b) 건식몰드공정. 고무몰드는 유체와 직접 닿는 대신, 다이아프램을 통해 가압된다.

지도 이용된다. 제품의 크기, 형상복잡도에 따라 CIP를 포함한 각종 가압법을 적용하는 한계를 그림 11.10에 나타내었다.

열간균형압축(HIP, hot isostatic pressing)은 고용융점을 갖는 판재로 용기를 만들어서 금속분말을 넣고, 불활성가스나 유리질의 유체를 압력매개체로 하여 가압하는 방법이다(그림 11.11 참조). HIP의 상용압력은 1100°C에서 100 MPa이며 점차 온도와 압력이 커지는 추세이다. HIP의 주된 장점은 100%의 완전밀도를 갖게 하고, 입자들 간에 접합이 강하며, 기계적 성질이 양호한 압축생형을 생산한다는 것이다. HIP 공정은 비교적 고가의 공정으로, 항공기용 초합금부품, 텅스텐카바이드 절삭공구, P/M 공구강의 최종 치밀

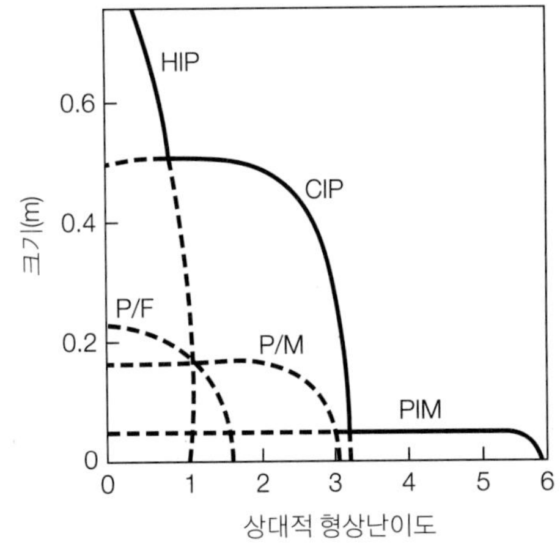

▶ **그림 11.10**
각종 P/M 공정의 적용가능한 부품크기 및 형상난이도. P/F는 분말단조, PIM은 분말사출성형을 뜻함.

▶ **그림 11.11**
열간균형압축의 공정순서.

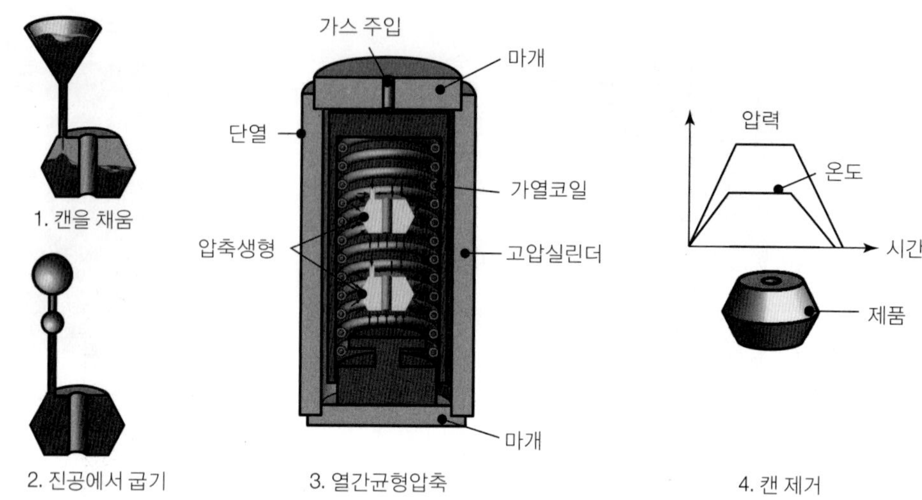

화공정, 초합금이나 티타늄 주물의 내부기공 압착 및 성질개선에 주로 사용된다.

균형압축의 주요 장점은 모든 방향으로 균일하게 압력을 가하고, 다이벽면과의 마찰이 없으므로 모양에 상관없이 거의 균일한 결정립구조와 밀도를 갖는 압축생형을 생산한다는 점이다. 길이 대 직경의 비가 큰 경우에도 매우 균일한 밀도와 강도, 인성, 표면정도가 좋은 제품을 생산할 수 있다. 이 방법은 치수공차 범위가 넓고, 시간이 많이 걸리며, 한 번에 가공하는 부품개수가 적어서 부품당 비용이 많이 드는 단점을 갖고 있다.

11.3.4 기타 압축 및 성형공정

1. **금속사출성형**(MIM, metal injection molding). 금속사출성형은 초미세 금속분말(보통 45 μm 이내, 10 μm 이내인 경우도 있음)을 25~45%의 폴리머나 왁스결합제와 혼합하여 플라스틱의 사출성형과 유사하게(10.10.2절 참조) 135~200°C의 온도로 금형에 사출하는 공정이다. 성형된 생형은 저온 가열로에서 플라스틱을 태우거나, 용제를 사용하여 결합제를 제거한다. 경우에 따라서는 취급이 용이하도록 결합제를 남겨두는 경우도 있다. 생형은 소결로에서 최고 1375°C로 소결시킨다. 이 공정은 금속분말 및 세라믹분말에 모두 적용되므로 **분말사출성형**(PIM, powder injection molding)이라고도 한다.

   분말사출성형에 적합한 금속은 용융점이 1000°C 이상인 탄소강, 스테인리스강, 공구강, 구리, 청동, 티타늄 등이다. 총기, 외과기구, 자동차, 시계의 부품들이 이 방법으로 만들어진다. 분말사출성형은 다른 압축법에 비해 다음과 같은 장점을 갖는다.

   (1) 두께 5 mm 정도의 얇은 벽을 갖는 복잡한 형상의 제품도 금형으로부터 쉽게 분리시키며 성형할 수 있다. 상업용으로 제조되는 부품은 수분지 일 그램에서 250 g 정도이다.

   (2) 기계적 성질은 거의 단련부품의 경우와 같다.

(3) 치수공차가 양호하다.

(4) 복수공동부를 갖는 금형을 사용하여 생산속도를 높일 수 있다.

(5) MIM 공정으로 생산되는 제품은 인베스트먼트 소형주물(5.9.2절), 소형 단조품, 복잡하게 기계가공된 제품들과 경쟁할 수 있다. 하지만 아연이나 알루미늄 다이캐스팅(11.12절) 제품이나 기계가공 나사(8.9.2절)에 대해서는 경쟁력이 떨어진다.

PIM의 주요 제한점은 높은 비용과 미세 금속분말의 가용성에 있다.

2. **압연.** 그림 11.12에 나타낸 **분말압연**은 **롤압축**이라고도 하며, 이단압연기 사이로 분말을 통과시키면서 압축시켜 연속적인 대판(strip)으로 가공하는 방법이다(그림 6.41a 참조). 압연속도는 최고 0.5 m/s 정도이고, 금속분말에 따라서 상온이나 열간에서 수행된다. 전기, 전자 부품용 및 동전용 판재는 분말압연으로 만들어진다.

3. **압출.** 분말은 **열간압출**에 의해서도 압축될 수 있다. 이때 분말을 금속용기에 담아서 함께 압출하며, 초합금분말은 열간압출을 통해 개선된 성질을 얻는다(6.4절 참조). 압출로 예비성형된 P/M 부품은 재가열하여 형단조로 최종형상을 만들기도 한다.

4. **무가압성형**(pressureless compaction). **무가압성형**은 금속분말을 중력만으로 다이에 채운 후 바로 소결시키는 공정이다. 압력이 가해지지 않으므로 치밀도가 낮은 제품을 얻을 수 있고, 주로 필터와 같은 다공질제품에 사용된다.

5. **세라믹 몰드**(ceramic mold). 이 공정에서는 인베스트먼트 주형기술로 금속분말 성형용 세라믹 몰드를 만들고 금속분말로 몰드를 채운 후 강철용기에 담는다. 이때 몰드와 용기 사이를 미립자 재료로 채우고, 용기의 공기를 빼낸 뒤 밀봉하여 열간균형압축을 행한다. 미사일엔진의 티타늄합금 압축기로터가 이 공정으로 만들어진다.

6. **용사법**(spray deposition). 용사법은 입자화장치, 불활성 분위기의 분사실, 예비성형용

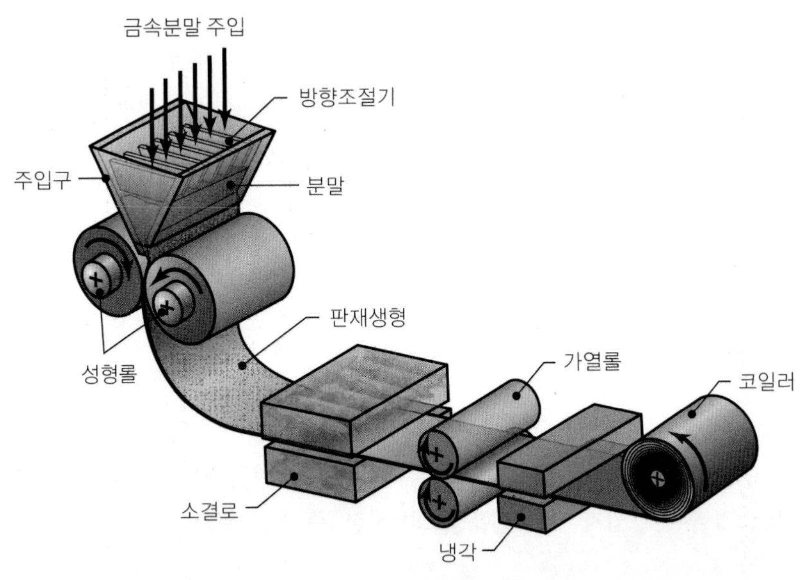

▶ 그림 11.12
분말압연의 예. 주입구 안의 방향조절기를 거치면서 분말이 폭방향으로 균일분포한다.

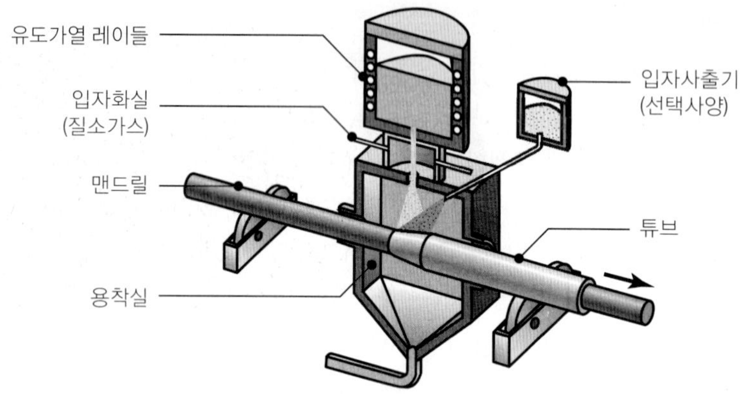

▶ **그림 11.13**
용탕을 회전맨드릴에 분사하여 이음매 없는 관을 제조하는 분사용착공정(Osprey 공정).

몰드로 구성된 성형공정으로, 오스프리(Osprey)공정이 가장 잘 알려져 있다(그림 11.13 참조). 금속을 입자화시켜 냉각된 예비성형용 몰드(구리나 세라믹으로 만듬)에 용사하여 응고시킨다. 이때 금속입자끼리 상호 용착하면서 고체금속 밀도의 99% 이상을 얻을 수 있다. 몰드는 빌렛, 튜브, 원판, 원통 등의 다양한 형상을 사용한다. 용사된 제품은 단조, 압연, 압출 같은 후속 성형 및 치밀화공정을 거친다. 제품은 결정립이 미세하여 동종재료의 단련제품과 맞먹는 기계적 성질을 갖는다.

11.3.5 펀치와 다이 재료

P/M에서 사용하는 펀치와 다이 재료는 금속분말에 의한 마모정도와 생산되는 제품의 개수를 고려하여 선택한다. 대부분의 다이재료는 60~64 HRC 범위의 경도를 갖는 D2 또는 D3 같은 공랭경화 또는 유냉경화 공구강을 이용한다. 보다 가혹한 용도에는 경도와 내마모성이 높은 초경다이가 사용된다. 펀치도 다이와 유사한 재료로 만들어진다. 압축공정을 잘 수행하고 다이수명을 보장하려면, 다이와 펀치의 치수를 세심하게 결정해야 한다. 펀치와 다이 사이의 간극이 너무 크면 분말이 유입되어 공정을 방해하고, 편심된 제품이 만들어질 수 있다. 직경 간극은 25 μm 정도로 주는 것이 일반적이다. 공구수명을 늘리고 전반적인 공정효율을 높이려면 다이와 펀치의 표면이 공구의 움직임 방향으로 잘 연마되어야 한다.

11.4 소결

소결은 조절된 분위기에서 압축된 금속분말에 융점 이하의 열을 가하여 각 입자끼리 충분한 정도로 결합시키는 공정이다. 소결하지 않은 생형압축분말은 여리고 **생형강도**도 약하다. 소결 후 분말입자 간의 결합강도와 성질, 즉 소결제품의 품질은 확산기구, 소성유동,

휘발성물질의 증발, 재결정, 결정립성장, 기공수축 등에 따라 다르다.

제품의 소결밀도는 주로 생형강도와 소결온도, 시간, 소결로 분위기 같은 소결조건에 따른다. 이들 변수가 증가하거나 환원성 분위기를 사용하면 소결밀도는 높아진다. 구조용 P/M 부품의 경우에는 소결밀도를 높여서 우수한 기계적 성질을 얻지만, 치수정확도를 유지하기 위해 소결밀도의 증가를 최소화시키는 경우도 있다.

이렇게 상반된 두 특성은 압축성이 높은, 즉 생형밀도가 높은 분말을 사용하고 소결온도를 너무 높지 않게 함으로써 얻을 수 있다. 이러한 분말은 한정된 용량의 프레스로도 대형제품을 압축할 수 있으므로, 압축성이 높은 분말의 제조에 많은 노력을 쏟고 있다.

소결온도는 일반적으로 금속이나 합금 용융점의 70~90% 정도이다(표 11.2 참조). **소결시간**은 철이나 구리의 경우 최저 10분, 텅스텐이나 탄탈의 경우 8시간에 이른다. 요즈음은 대부분의 생산에서 연속소결로가 이용된다. 연속소결로는 다음과 같은 세 개의 실, 즉 (1) 결합강도를 개선하고 균열을 방지하기 위해 생형에 사용된 윤활제를 태우는 연소실, (2) 소결을 위한 고온실, (3) 냉각실을 갖고 있다.

성공적인 소결과 최적의 성질을 얻기 위해서는 소결로 분위기를 잘 조절해야 한다. 무산소 분위기는 철 및 철기 금속의 침탄화나 탈탄화를 조절하는 데 필수적이며, 분말의 산화를 막아준다. 산화물 개재물은 기계적 성질에 악영향을 주고(3.8절 참조), 같은 양의 개재물이라도 크기가 작으면 제품의 단위부피당 많은 수가 포함되므로 그 영향이 크다. 기타 금속의 소결에 이용되는 가스는 수소, 해리 암모니아, 부분연소된 탄화수소, 질소 등이다. 내열금속합금이나 스테인리스강의 소결에는 진공상태가 보통 이용된다.

■ **소결기구** 소결과정은 매우 복잡하며, 공정변수뿐만 아니라 금속입자의 조성에도 의존한다. 온도가 올라가면 인접한 두 입자가 **확산**에 의해 접합된다(고체상태의 접합, 그림 11.14a 참조). 그 결과, 압축품의 강도, 밀도, 연성, 열 및 전기 전도도가 증가한다(그림 11.15 참조). 동시에 체적도 줄어들므로 주조에서처럼 어느 정도 수축여유를 두어야 한다.

표 11.2 각종 금속에 대한 소결온도 및 시간

재료	온도(°C)	시간(분)
구리, 황동, 청동	760~900	10~45
철 및 철-흑연	1000~1150	8~45
니켈	1000~1150	30~45
스테인리스강	1100~1290	30~60
Alnico 합금(영구자석용)	1200~1300	120~150
페라이트	1200~1500	10~600
텅스텐카바이드	1430~1500	20~30
몰리브덴	2050	120
텅스텐	2350	480
탄탈	2400	480

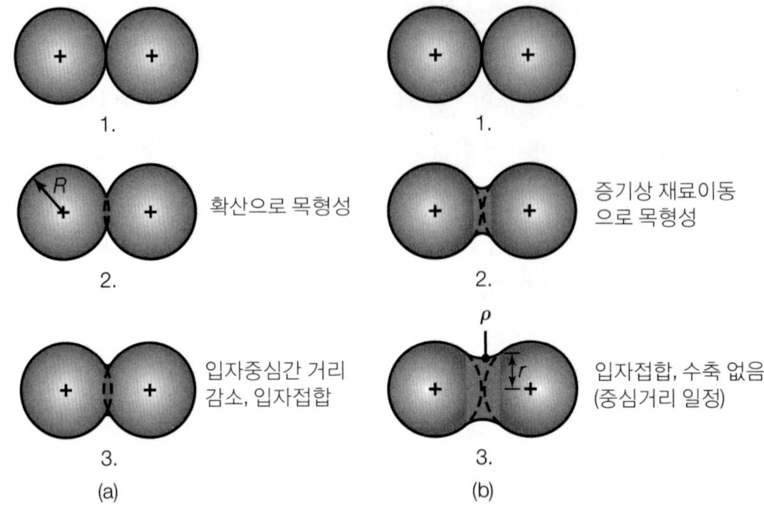

▶ **그림 11.14**
금속분말의 두 가지 소결기구: (a) 고상재료 이동, (b) 액상재료 이동. R = 입자반경, r = 목반경, ρ = 목 부위 형상반경.

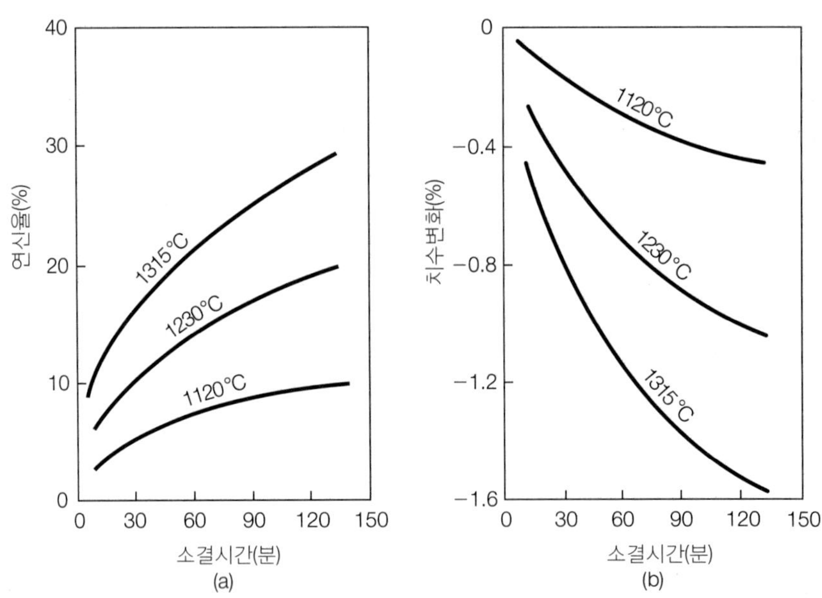

▶ **그림 11.15**
316L 스테인리스강의 소결 시 소결온도와 시간이 연신율 및 치수변화에 미치는 영향.

(5.12.2절 참조)

두 번째 소결기구는 **증기상 재료이동**(vapor-phase transport)이다. 소재가 융점에 가깝게 가열되면 금속원자가 증기상으로 방출된다. 두 입자간 경계인 접촉점에서는 온도가 국부적으로 높고, 증기는 모여서 재응고된다. 따라서 경계면이 커지고 강해지는 반면, 각 입자는 줄어든다. 인접한 두 입자가 서로 다른 금속이라면, 두 입자가 접촉되는 곳에서 합금된다. 한 입자의 용융점이 다른 입자보다 낮은 경우에는, 그림 11.14b에 나타낸 것처럼, 용융점이 낮은 입자가 녹아서 다른 입자의 접촉부를 표면장력으로 둘러싼다(**액상 소결**). 이 예로 초경 다이나 공구에 사용되는 코발트가 있다(8.6.4절). 이러한 방법으로 더욱 강하고 치밀한 제품이 얻어진다.

온도, 시간, 공정이력에 따라 상이한 구조와 기공률을 가진 소결제품을 얻을 수 있다. 압축생형에는 기공이 포함되어 있고 소결되는 동안에도 가스가 계속 생기면서 갇히므로, 소결과정에서 기공을 완전히 제거할 수는 없다. 이때 기공들은 내부적으로 망상으로 연결되거나 고립되어 존재하며, 이는 P/M 필터나 베어링을 만드는 데 중요한 고려사항이 된다(베어링의 경우, 기공에 윤활제가 담김).

또 다른 소결기술로 **스파크소결**(SPS, spark plasma sintering)이 있다. 이 공정에서는 느슨한 금속분말을 흑연몰드에 넣고 전류로 가열하면 고에너지방전으로 한 공정에 압축시킬 수 있다. 급격한 방전으로 표면산화막(알루미늄 같은 입자)이나 오염물질을 벗겨내므로, 열간압축하는 경우 결합을 좋게 한다. SPS 공정은 알루미늄합금에 효과적으로 사용되지만, 세라믹이나 경도가 높은 금속분말의 치밀화작업에도 유용하게 사용될 것으로 전망된다. 최근에 SPS 공정은 나노분말을 가공하는 데 사용된 바 있다.

P/M 합금의 기계적 성질을 표 11.3에 나타내었다. 금속분말은 열처리효과를 주목할 필요가 있다. P/M 제품과 단련제품, 주물 간 제 성질의 차이를 알아보려면 제3장 및 해당되는 장에 소개된 표를 참조한다. 여러 공정으로 가공한 티타늄합금의 기계적 성질을 표 11.4에 나타내었다. HIP 티타늄은 주조 후 단조된 티타늄과 비슷한 값을 나타낸다. 정밀단조가 아니면 단조품은 기계가공공정이 추가로 필요하지만, P/M 제품은 추가공정이 필요 없으므로 경쟁력 있는 대안이 될 수 있다.

표 11.3 분말재료의 기계적 성질

호칭	MPIF 유형	조건	인장강도 (MPa)	항복강도 (MPa)	경도	25 mm에 대한 연신율(%)	탄성계수 (GPa)
철: FC-0208	N	AS	225	205	45 HRB	< 0.5	70
		HT	295	–	95 HRB	< 0.5	70
	R	AS	415	330	70 HRB	1	110
		HT	550	–	35 HRC	<0.5	110
	S	AS	550	395	80 HRB	1.5	130
		HT	690	655	40 HRC	< 0.5	130
FN-0405	S	AS	425	240	72 HRB	4.5	145
		HT	1060	880	39 HRC	1	145
	T	AS	510	295	80 HRB	6	160
		HT	1240	1060	44 HRC	1.5	160
알루미늄: 601AB		AS	110	48	60 HRH	6	–
압축봉		HT	252	241	75 HRH	2	–
황동: CZP-0220	T	–	165	76	55 HRH	13	–
	U	–	193	89	68 HRH	19	–
	W	–	221	103	75 HRH	23	–
티타늄: Ti-6Al-4V		HIP	917	827	–	13	–
초합금: 스텔라이트 19		–	1035	–	49 HRC	< 1	–

주: MPIF: 미국분말공업협회, AS: 소결, HT: 열처리, HIP: 열간균형가압

표 11.4 Ti-6Al-4V 티타늄합금의 기계적 성질 비교

공정	밀도(%)	항복강도(MPa)	인장강도(MPa)	연신율(%)	단면감소율(%)
주조	100	840	930	7	15
주조 후 단조	100	875	965	14	40
분말야금					
혼합합금(P + S)*	98	786	875	8	14
혼합합금(HIP)*	>99	805	875	9	17
합금분말(HIP)	100	880	975	14	26
전자빔 용융	100	910	970	16	–

주: P + S = 가압 및 소결, HIP = 열간균형가압

예 11.4 소결에서의 수축

압축된 분말금속의 소결과정 동안 일어나는 고상접합 시의 선수축률이 4%이다. 원하는 소결밀도가 이론적 밀도의 95%라면, 원래 압축분말금속의 밀도는 얼마여야 하는가? 소결과정에서의 질량 변화는 무시한다.

풀이 선수축률을 $\Delta L/L_o$로 정의하자. 이때 L_o는 원래 길이이다. 소결과정 동안 체적 수축은 다음과 같이 표현된다.

$$V_{소결} = V_{생형}\left(1 - \frac{\Delta L}{L_o}\right)^3 \tag{11.3}$$

성형된 압축생형의 체적은 소결된 부품보다 크다. 그러나 소결과정에서 질량은 변하지 않으므로, 위 식을 밀도에 대해 다시 표현하면 다음과 같다.

$$\rho_{생형} = \rho_{소결}\left(1 - \frac{\Delta L}{L_o}\right)^3 \tag{11.4}$$

따라서

$$\rho_{생형} = 0.95(1 - 0.04)^3 = 0.84$$

즉, 84%가 된다.

예 11.5 자동차엔진 주베어링 캡의 P/M 제조

주베어링 캡(MBC, main bearing cap)은 내연기관의 핵심이 되는 구조용 부품이다(그림 11.16). 대부분의 MBC는 회주철(5.6절 참조)로 주조되는데, 회주철은 주조성과 절삭성이 우수하고(경도가 낮고 미세조직 내의 편상흑연으로 인해), 압축강도와 진동감쇠능이 좋은 유용한 재료이다. 반면에, 피로강도가 낮고 취성이 심하므로, 고응력이

걸리는 용도에는 부적절하다.

1993년부터 제너럴 모터스의 3100, 3800 V6 엔진에 분말야금 MBC가 사용되기 시작하였다. P/M은 설계유연성과 기능상 이점, 특히 정형가공능력으로 인해 주물제품을 최종치수 및 형상으로 가공하는 기계가공라인에 대한 주요 설비투자의 필요성을 없애주었다. 이 용도로 액상소결기술과, 탄소강에서 합금조성을 최적화하여 고강도이면서 저가인 P/M용 합금강을 개발하였으며, 이를 ZM(Zenith Material) 833이라고 명명하였다.

P/M 공정으로 각 MBC는 측면 볼트구멍을 드릴링하고 태핑하는 작업을 제외하고는 정형으로 가공된다. P/M 공정의 성공에 결정적인 역할을 한 것은 긴 볼트구멍을 성형한 것으로, 이를 기계가공한다면 비용이 많이 드는 까다로운 작업이었을 것이다. 이 구멍의 성형을 위해 볼트구멍의 길이방향으로 '수직'압축이 적용되었는데, 이 방법은 베어링 내면의 원호모양을 분말압축으로 성형해야 하는 어려운 문제이기도 하였다. 반면에, 베어링면과 윗면을 가압하므로 엔진블록의 조립라인에서 조립방향을 표시할 수 있는 이점을 주었다. 또한 수직압축은 '평면'압축, 즉 볼트구멍이 수평이 되는 압축에 비해 압축프레스의 용량이 작아도 되며, 이는 비용절감의 요인이 되기도 한다. 게다가, 3800 엔진의 뒤쪽 MBC는 움푹 들어간 볼트구멍 보스, 사각형의 윤활유 방출구, 수직측면 홈, 오일실 유지용 이중호, 강도증가를 위해 튀어나온 호 등 평면압축으로는 얻을 수 없는 몇 가지 모양을 갖고 있으므로, 수직압축을 필히 적용해야만 하였다.

ZM833은 요구되는 피로강도를 만족시키므로 극한조건의 엔진내구시험에 사용될 실제 MBC를 제조하는 데 사용되었다. 내구시험에서 엔진블록 주물이 파괴될 때

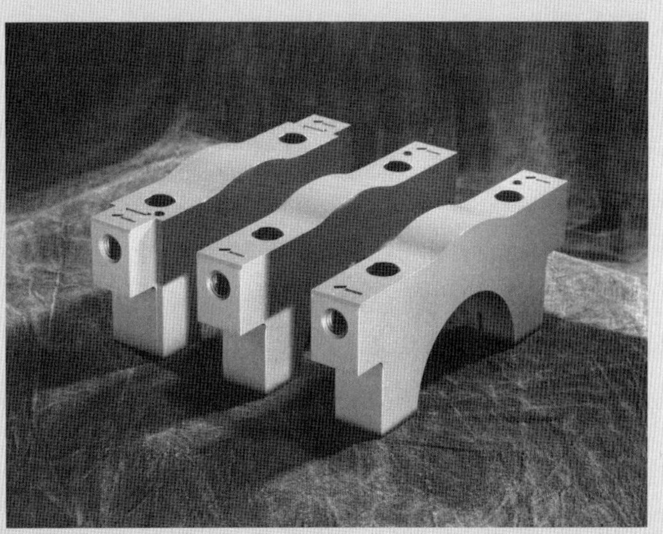

▶ **그림 11.16**
3.8리터 및 3.1리터 GM 엔진에 사용되는 분말가공된 주베어링 캡.

까지 P/M 캡에는 균열이 생기기 않았으며, P/M 캡의 피로시험점에 도달하기까지 여러 대의 엔진블록을 파손시키면서, 결국 안전여유도를 결정할 수 있는 S-N 곡선(그림 2.26 참조)을 얻을 수 있었다. P/M 제품은 엔진에서 예상되는 가장 가혹한 조건의 1.8배를 견딘다는 성공적인 피로시험결과를 반복적으로 보여줌으로써 강건설계임을 입증하였다.

억지끼워맞춤 과정에서 취성이 높은 재료에는 균열이 생길 수 있지만, 재료가 연성을 가지면 균열발생이 억제되는 기능적 이점을 준다. ZM833 재료는 (1) 밀도 6.6 g/cm^3, (2) 인장강도 450 MPa, (3) 경도 70 HRB, (4) 탄성계수 107 GPa(주철보다 낮은 값으로 MBC의 응력집중 부위의 초기인장응력을 현저히 낮춤), (5) 인장연신율 3~4%(주철 0.5%, 구상흑연주철 3%보다 높음), (6) 굴곡굽힘시험으로 피로내구한도를 측정한 결과, 회주철과 구상흑연주철 사이의 값으로 회주철의 두 배 수준에 해당하는 성질을 보여주었다.

11.5 이차공정 및 마무리공정

소결분말제품의 성질을 더욱 개선하거나 특별한 성질을 주기 위해, 소결 후에 다음과 같은 후속공정이 수행된다.

1. 프레스에서 고압 하에 수행되는 부가 압축공정으로, **코이닝**과 **사이징** 같은 **재가압공정**을 들 수 있다. 이 공정의 목적은 소결부품의 치수정확도를 높이고 더욱 치밀화시켜 강도와 표면정도를 한층 개선하는 것이다.
2. **단조**는 미소결 혹은 소결합금 분말의 예비성형체를 가열된 금형에서 열간단조하여 최종형상으로 성형하는 공정이다. 이 공정을 분말단조(P/F, powder-metallurgy forging)라고 하며, 특히 소결된 예비성형체를 사용하는 경우에는 소결단조라고도 한다. 철 및 비철합금을 분말단조하면 완전밀도(재료의 이론적 밀도의 99.9% 이상)를 갖는 제품을 만들 수 있다.

   예비성형체의 변형은 업세팅과 재가압의 두 가지 모드에 따라 이루어진다. 업세팅에서는 그림 6.1처럼 재료유동이 측방향으로 빠져나간다. 예비성형체는 변형되는 동안 압축 및 전단응력을 받으며, 입자간 잔류산화막이 파괴되므로 제품의 인성, 연성, 피로강도가 향상된다. 재가압에서는 재료유동이 주로 펀치의 운동방향이고 측방향 유동은 거의 없으므로, 업세팅만큼 기계적 성질이 좋지는 않다.

   분말단조된 제품은 표면정도와 치수공차가 우수하고 플래시가 아주 없거나 거의 없으며, 균일한 미세결정립을 갖는다. 이 기술로 얻어지는 우수한 성질은 자동차(예: 커넥팅로드), 제트엔진, 군사용 및 산악용 장비의 고응력 부품에 매우 적합하게 사용된다.

3. 분말금속부품의 기공에는 유체를 **함침**시킬 수 있다. 즉, 소결된 제품을 가열한 기름에 잠기게 하여 기름이 부품에 스며들게 한다. 내부적으로 전체체적의 30% 정도까지 윤활유가 함침된 베어링이나 부싱은 이 방법으로 만들어지며, 이들 부품은 수명이 다할 때까지 계속해서 윤활유를 공급한다. 유니버설조인트도 그리스를 P/M 제품에 함침시켜 만들면 그리스통을 별도로 설치하지 않아도 된다.
4. **금속용침**(infiltration)은 저용융점 금속의 슬러그(slug)를 소결부품 위에 놓고 용융될만한 충분한 온도까지 가열하여 저용융금속이 모세관 현상에 의해 기공 속으로 침투하도록 한다. 그 결과, 기공이 채워져 밀도와 강도가 좋아진다. 철기 금속에 구리를 용침시키는 것이 가장 일반적으로 사용되며, 이 방법으로 경도와 인장강도가 개선되고, 기공들이 채워져서 부식을 일으키는 습기의 침입을 방지한다. 납으로 용침시키기도 하는데, 납은 전단강도가 낮아서 저마찰특성을 가지므로, 일부 베어링재료를 이 방법으로 만든다.
5. 분말금속 제품에는 다음과 같은 후속공정을 할 수도 있다.
   (1) 경도, 강도, 내마모성을 개선하기 위한 **열처리**(담금질, 뜨임, 증기처리; 5.11절)
   (2) 홈과 언더컷의 가공, 표면정도와 치수정확도의 향상, 구멍내면나사 및 기타 형상의 가공을 위한 **기계가공**(선삭, 밀링, 드릴링, 태핑, 연삭; 제8장 및 제9장)
   (3) 표면특성, 내부식성, 피로저항, 외관을 향상시키기 위한 **마무리작업**(버제거, 버니싱, 도금, 피복)

예 11.6 초경공구와 다이의 제조

초경(텅스텐카바이드)은 넓은 온도범위에서 경도, 강도, 내마모성이 우수한 중요한 공구 및 금형재료이다(8.6.4절 참조). 이러한 초경재료의 제조에는 분말야금기술이 사용된다. 우선 텅스텐과 탄소분말을 볼분쇄기나 회전혼합기에 넣고 혼합한 후, 혼합물(중량 대비 94% 텅스텐과 6% 탄소)을 진공유도로에서 약 1500°C로 가열한다. 그 결과, 텅스텐은 탄화되어 미세한 분말 형태로 텅스텐카바이드가 만들어지며, 결합제(주로 코발트)를 텅스텐카바이드에 첨가하여(헥산 같은 유기액체와 함께) 균질한 혼합물이 되도록 볼로 분쇄한다. 이 과정은 몇 시간에서 심지어는 며칠이 걸리기도 한다.

균질화가 끝나면 혼합물을 건조시키고 200 MPa 정도의 압력으로 냉간압축하여 고형화시킨다. 고형화된 생형은 수소분위기 혹은 진공로에서 조성에 따라 1350~1600°C의 온도로 소결시킨다. 이 온도에서 코발트는 액상이 되어 카바이드입자의 결합제 역할을 한다. (흑연다이를 사용하여 소결온도에서 분말을 열간압축하는 경우도 있다.) 소결되는 동안 텅스텐카바이드는 16% 정도의 선형수축을 겪으며, 이는 40%의 체적수축에 해당한다. 따라서 정확한 치수로 공구를 제조하려면 크기와 형상을 잘 조절하는 것이 중요하다. 티타늄카바이드나 탄탈카바이드 같은 다른 카바이드와 조합된 초경도 이 예에서 설명한 방법으로 만든 혼합물로 제조된다.

11.6 분말제품의 설계 고려사항

분말제품의 설계에서는 금속분말의 독특한 성질, 금형 속에서의 유동특성, 압축생형의 취성 등으로 인해 다음과 같은 설계원칙을 따라야 한다(그림 11.17에서 11.19까지 참조).

1. 압축한 부품의 형상은 가능한 간단하고 균일해야 한다. 모양의 급격한 변화, 얇은 면, 두께의 변화, 큰 종횡비는 피해야 한다.
2. 압축생형은 금형으로부터 손상 없이 쉽게 빼낼 수 있어야 한다. 구멍이나 오목한 부분은 펀치의 축과 평행해야 하고 필요하면 모따기(chamfer)를 둔다.
3. P/M 부품도 다른 공정에서처럼, 용도에 따른 기능이 만족된다면 가급적 공차를 크게 하여 공구와 금형의 수명을 늘리고 생산비용을 줄이도록 해야 한다.
4. 제품의 벽두께가 1.5 mm 이하가 되지 않도록 한다(하지만 길이 1 mm인 부품에 0.34 mm의 두께가 성공적으로 가압된 경우도 있음). 길이 대 두께비가 8:1 이상이면 압축이 곤란하고, 밀도편차를 피할 수 없다.
5. 제품 전체길이의 15%를 넘지 않으면 단순하게 단이 진 제품이 가능하다. 단이 이보다 크면 보다 복잡한 복동공구를 사용해야 한다(그림 11.17 참조).
6. 가압방향과 수직한 면에는 문자나 숫자를 각인할 수 있다. 문자는 양각이나 음각으로 모두 가능하지만, 양각된 문자는 생형단계에서 파손되기 쉽고 소결단계에서 부품을 여러 층으로 쌓는 데 방해가 된다.

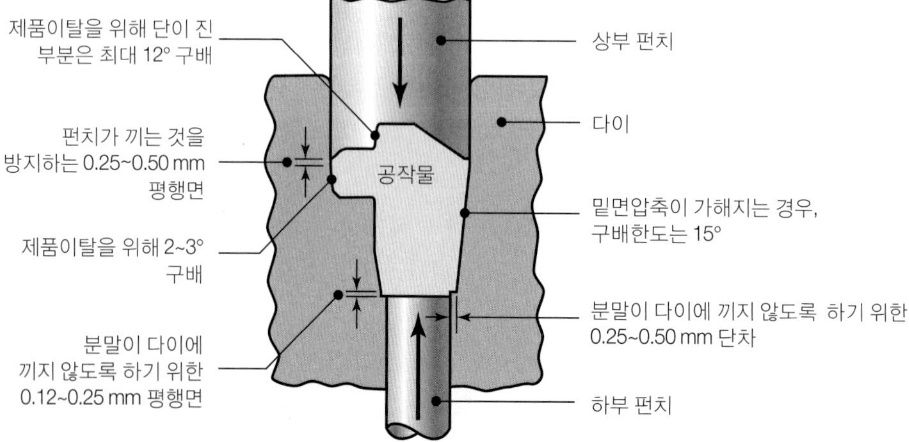

▶ **그림 11.17**
분말금속압축용 금형과 설계지침.

7. 금형 내부에 단을 둠으로써 플랜지나 돌출부를 만들 수 있지만, 이러한 돌출부는 생형을 이탈시킬 때 부서지기 쉽고 보다 정교한 공구를 필요로 한다. 또한 긴 플랜지는 주변에 구배를 주어야 하고, 바닥모서리에 반경, 플랜지와 몸체 연결부에 반경을 주어야 응력집중과 파손가능성을 낮출 수 있다(그림 11.19a 참조).
8. 제품의 모서리를 따라 진원 반경을 주면, 펀치가 그 모양을 따라 영의 두께까지 되어야 하므로 가급적 피한다(그림 11.18e 참조). 모따기나 평면이 바람직하며, 많이 사용하는 설계법은 45°의 각도와 0.25 mm 평탄부를 두는 것이다(그림 11.18d 참조).
9. 키, 키홈, 구멍 등 기어나 풀리에서 토크를 전달하는 형상도 압축과정에서 성형할 수 있다. 보스부(그림 5.35c의 예 참조)는 적절한 구배를 주고 길이가 압축대상 제품의 전체크

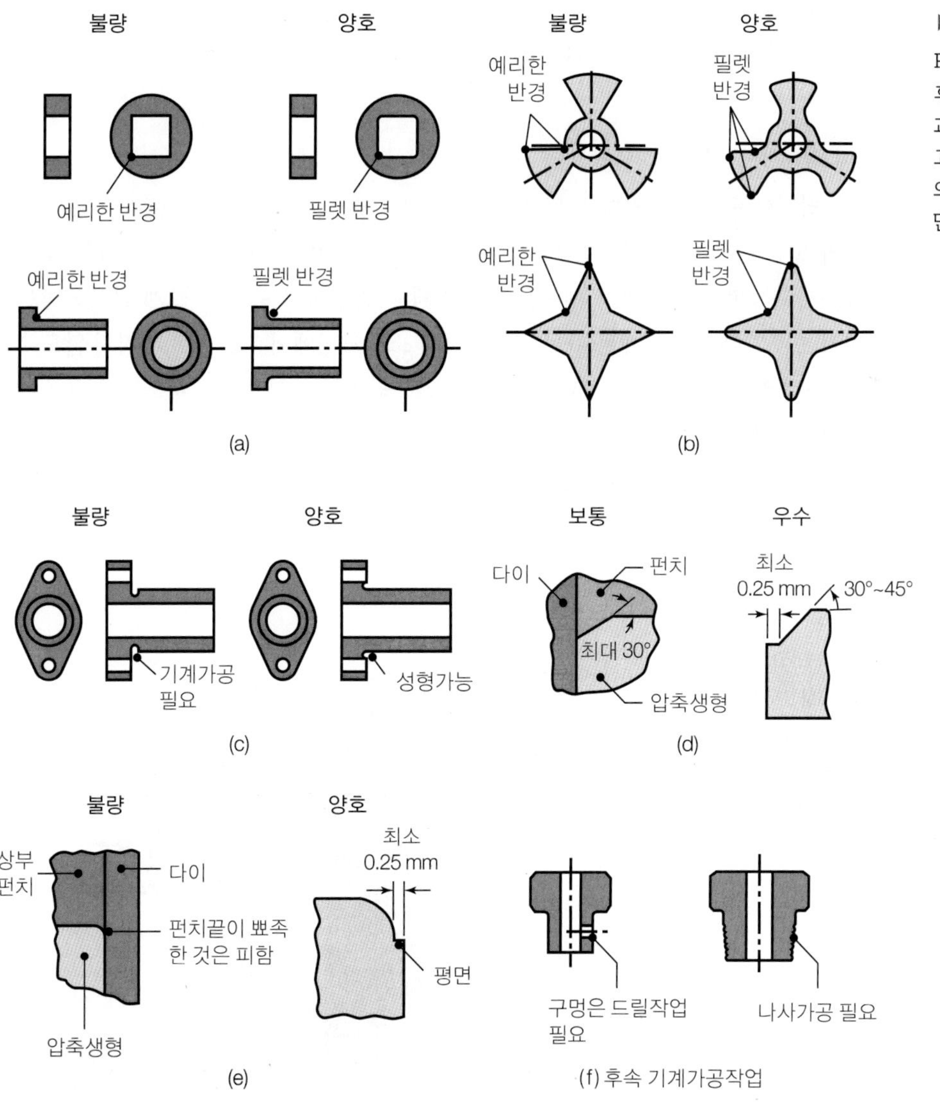

▶ **그림 11.18**
P/M 제품에서 설계변경 및 후속가공의 예. 예리한 반경과 이중 코너를 피해야 하고, 나사나 직각구멍은 별도의 후속 기계가공작업으로 만들어야 한다.

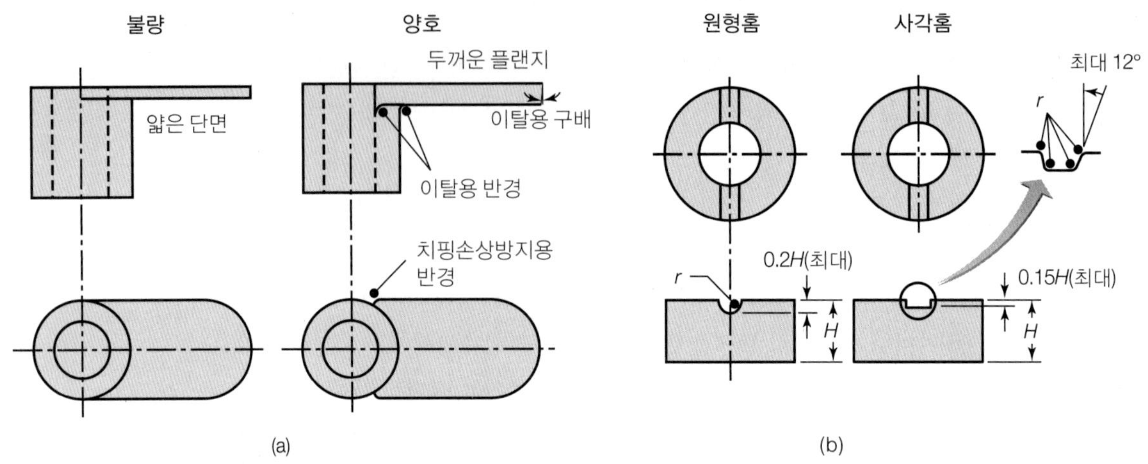

▲ **그림 11.19**

(a) 지지되지 않은 플랜지에 대한 설계지침, (b) 홈에 대한 설계지침.

기에 비해 작으면 성형가능하다.

10. 가압방향에 수직한 노치나 홈은 성형가능하다(그림 11.18c 참조). 원형홈의 경우 제품두께의 20% 이내, 사각홈의 경우 제품두께의 15% 이내이어야 한다(그림 11.19b 참조).
11. 금속사출성형으로 만드는 제품은 플라스틱 사출성형과 유사한 설계제약을 받는다. 여기에 추가하여 벽두께는 가급적 균일하여 소결과정에서 뒤틀림이 생기지 않도록 한다. 금형은 금속분말이 한군데에 모이지 않고 균일하게 분포하는 부드러운 유동이 일어나도록 설계되어야 한다.
12. 소결된 P/M 제품의 치수공차는 보통 ±0.05~0.1 mm이다. 이 공차는 사이징, 기계가공, 연삭 등의 후속가공으로 향상시킬 수 있다(그림 9.27 참조).

▶ **그림 11.20**

분말사출금형에서 유동방향이 급격하게 변하면, 금속분말이 불균일하게 분포한다.

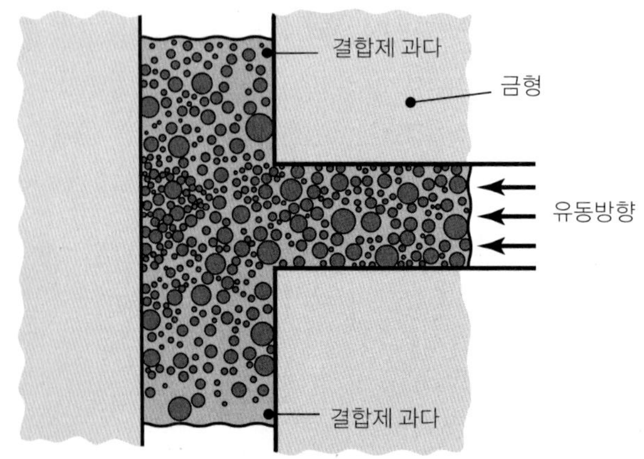

11.7 분말가공의 경제성

P/M 부품의 제조 시 주요 비용요인은 금속분말, 압축용 금형, 압축 및 소결용 장비에 드는 비용들이다. 금속분말의 단위가격은 주조용 용탕금속이나 기계가공 및 성형용 단련소재보다 훨씬 높다(1.5 내지 7배 이상). 분말금속의 가격은 철, 알루미늄, 아연, 구리, 크롬, 스테인리스강, 몰리브덴, 텅스텐, 코발트, 니오븀, 지르코늄, 탄탈의 순으로 비싸며, 분말의 제조방법, 품질, 구입량에 따라 구체적인 가격이 정해진다.

분말의 가격이 비싼 대신에, P/M 공정은 정형 혹은 준정형 가공능력으로 인해 다양한 용도에서 비용효율이 높은 가공법이다. P/M 공정에 사용되는 금형이나 장비의 가격 또한 비싼 편으로, 이를 보상하여 가격경쟁력을 확보하려면 연간 5만개 이상의 대량생산이 요구된다. 현대적인 P/M 장비는 고도로 자동화되어 제품 한 개당 인건비를 낮출 수 있으므로, 연간 수백만 개의 규모로 생산되는 자동차부품의 제조에 이상적이다.

P/M은 점차적으로 주조, 단조, 기계가공 등에 비해 경쟁력을 갖고 있다(표 11.5 참조). 금형으로 압축하여 소결한 많은 부품은 기계가공을 거의 필요로 하지 않으며, 일부 제품에는 간단한 마무리작업을 한다. 아주 복잡한 제품이라도 P/M 부품에 필요한 후속공정은 구멍을 내기 위한 드릴링이나 태핑, 표면 일부의 연삭 정도이면 충분하다. 경우에 따라서는 P/M 부품 하나로 다른 가공법으로 제조된 다수 부품들의 조립품을 대체할 수도 있다.

분말단조(P/F)는 완전밀도로 내피로성이 우수해야 하는 중요한 용도에 적용된다. 분말단조는 제품의 성질과 생산비용 모두에서 일반 단조나 주조공정과 경쟁한다. 즉, 자동차의 커넥팅로드는 P/M 단조나 주조 모두로 생산할 수 있다. 한편, 금속사출성형(MIM)은 보다 미세하고 가격이 비싼 분말을 사용하고 보다 많은 생산단계, 즉 소재준비, 사출, 결합제분리, 소결 등을 거쳐야 한다. 따라서 전체 비용요소가 높으므로, 소형의 정교한 부품(보통 100 g 이하)을 대량생산하는 데서 가격경쟁력을 확보한다.

P/M 가공의 또 다른 응용분야는 비교적 소량이면서 대형인 항공우주부품으로, 이들 부품은 품질요구조건이 까다롭고 특별한 금속학적 고려사항을 만족해야 한다. 예를 들

표 11.5 분말가공과 다른 공정을 비교했을 때의 장단점

공정	분말가공에 대한 장점	분말가공에 대한 단점
주조	주형 및 설비 비용이 저렴한 편; 크기 및 형상의 범위가 매우 넓음	일부 고온합금에는 부적절; 가공 중 재료의 손실
단조(열간)	크기 및 형상의 범위가 넓고 생산속도 높음; 단류선의 조절로 기계적 성질 우수	가공 중 재료의 손실; 금형마모; 치수조절 곤란
압출(열간)	긴 제품에 대하여 생산속도 높음; 복잡한 단면 가능	단면 형상이 일정; 금형마모; 치수조절 곤란
기계가공	크기 및 형상의 범위가 넓음; 모든 재료 가능; 생산개시시간 짧음; 치수조절 양호; 공구 단순	가공 중 재료의 손실; 생산성 낮음; 표면완전성을 저해할 수 있음

어, 어떤 니켈기 초합금은 고도로 합금되어 있어서 주조과정에서 편석이 문제가 되므로(5.3.3절 참조), 반드시 P/M 방법으로만 가공해야 한다. 초합금분말은 열간압출(6.4절)로 우선 고형화작업을 하고, 고온가열된 금형에서 열간단조를 행한다(6.2절). 모든 베릴륨제품도 기본적으로는 분말야금을 이용하여 가공되며, CIP 후 소결 혹은 HIP 등의 방법을 이용한다. 이들 재료는 가공이 까다롭고 P/M 방법으로 가공된 제품이라도 다량의 마무리절삭을 요하는 경우가 많은데, 이는 압축 후 소결하는 철분말의 P/M 제품에는 마무리절삭을 거의 하지 않는 것과 극명한 대조를 이룬다. 항공우주용으로 사용되는 특별하고도 매우 고가인 P/M 방법은 경쟁대상이 되는 공정이 없다.

11.8 세라믹: 구조, 성질, 용도

세라믹은 금속과 비금속원소 간의 화합물로, 세라믹(ceramic)이란 용어는 재료와 제품 모두를 지칭한다. 세라믹의 어원인 그리스어 *keramos*는 '도기용 진흙', *keramikos*는 '진흙

표 11.6 세라믹의 종류와 일반적 특성

세라믹 종류	일반적 특성
산화물 세라믹	
알루미나	고온경도 및 내마모성 우수, 강도 및 인성 적절; 가장 흔히 사용되는 세라믹; 절삭공구, 연삭입자, 전기 및 열 절연재
지르코니아	고강도 및 고인성; 열충격, 마모, 부식에 대한 저항성; 부분안정 지르코니아(PSZ) 및 변태-인성강화 지르코니아(TTZ)는 보다 우수한 성질을 가짐
탄화물	
텅스텐카바이드	경도, 강도, 마모저항은 코발트 결합제의 양에 따름; 금형 및 절삭공구에 사용
티타늄카바이드	텅스텐카바이드보다는 인성이 떨어지지만, 내마모성은 우수함; 결합제로 니켈과 몰리브덴 사용; 절삭공구에 사용
실리콘카바이드	고온강도와 내마모성; 열기관부품 및 연삭입자로 사용
질화물	
큐빅보론질화물	다이아몬드 다음으로 경도가 높은 물질; 산화저항 우수; 연삭입자와 절삭공구로 사용
티타늄질화물	금색; 저마찰특성으로 피복재료에 사용
실리콘질화물	크리프, 열충격에 대한 저항이 높음; 인성과 고온경도 우수; 열기관에 사용
시알론	실리콘질화물과 기타 산화물 및 카바이드로 구성; 절삭공구에 사용
서멧	산화물, 카바이드, 질화물로 구성; 화학저항이 우수하나, 다소 취성이 있고 고가임; 고온용 부품에 사용
나노상 세라믹	일반 세라믹보다 강하고, 가공 및 절삭이 쉬움; 자동차 및 제트엔진 부품에 사용
실리카	고온저항성; 석영은 압전효과를 나타냄; 각종 산화물을 포함하는 실리케이트는 고온, 비구조용으로 사용
유리	50% 이상의 실리카 함유; 비정질 구조; 다수의 종류가 있으며, 기계적, 물리적, 광학적 성질의 범위가 넓음
유리세라믹	고도의 결정질 구조; 유리보다 강하고, 열충격저항이 양호하고 강함; 주방용기, 열교환기, 전자부품에 사용
그래파이트	탄소의 결정체; 전기 및 열 전도도 우수; 열충격저항 양호; 섬유, 다공질재, 버키볼 형태로 윤활제, 몰드, 고온부품에 사용
다이아몬드	경도가 가장 높은 물질; 단결정 혹은 다결정 형태; 절삭공구 및 연삭입자, 세선 신선용 다이에 사용; 피복재료로도 사용됨

제품'을 뜻한다. 세라믹을 구성하는 원소들 간의 가능한 결합 종류가 많기 때문에 세라믹의 종류는 매우 다양하며, 소비제품 및 산업제품으로 널리 사용된다.

세라믹을 최초로 사용한 것은 도기류와 벽돌로써 기원전 4000년경까지 거슬러 올라간다. 세라믹은 절연성과 고온강도가 우수하여 오랫동안 자동차의 스파크플러그 재료로 이용되어 왔으며, 이제는 열기관을 비롯한 공구, 다이재료 등 다양한 응용분야에서 그 중요성이 커지고 있다(표 11.6 참조). 최근에는 강도, 고온 내부식성의 향상으로 절삭공구(8.6절 참조), 건축용 백색도기 및 타일, 자동차부품(엔진효율을 높이는 실린더라이너, 코팅된 피스톤, 연료분사 라이너 등)에 많이 이용된다.

세라믹의 일부 성질, 특히 경도, 내열성, 전기저항성은 금속에 비해 탁월하다. 세라믹은 단결정 또는 다결정의 형태이며, 입자크기는 세라믹의 강도와 성질에 중요한 영향을 미친다. 입자가 미세할수록 강도와 인성이 높으며, 이를 **파인세라믹**(fine ceramic)이라고 한다. 세라믹은 **일반 세라믹**(백색도기, 타일, 벽돌, 도기, 연삭숫돌용)과 **공업용** 혹은 **첨단세라믹**(열교환기, 절삭공구, 반도체, 보철용)의 두 부류로 구분한다.

11.8.1 구조와 종류

세라믹의 결정구조는 크기가 다른 다양한 원소들이 결합한 것으로, 모든 재료 중 가장 복잡한 편이다. 세라믹 구성원자들 사이의 결합은 주로 **공유결합**(전자를 공유하는 강한 결합)과 **이온결합**(극성이 반대인 이온 간의 강한 결합)이다.

가장 오래된 세라믹재료는 **진흙**으로, 미세입자의 판상구조이며, **고령토**(kaolinite, 중국의 지명 Kaoling에서 유래)가 잘 알려져 있다. 고령토는 흰색의 진흙으로 실리콘과 알루미늄 이온의 결합층이 번갈아있는 알루미늄 실리케이트(규산염)로 구성되어 있다(그림 11.21 참조). 여기에 물이 첨가되면 수분이 흡착되어 층끼리 미끄러지면서 부드럽게 되고 소성을 띠어 성형할 수 있게 된다(수분소성, hydroplasticity). 세라믹의 또 다른 천연원료로는 **부싯돌**(flint, 매우 미세한 입자의 규토로 된 돌, SiO_2)과 **장석**(feldspar, 칼슘, 나트륨, 알루미늄 규산염, 칼륨 등의 광물질 결정으로 구성)이 있다. 이들 천연원료에는 많은 불순물이 포함되어 있으므로, 유용한 제품을 만들려면 불순물을 제거해야 하며, 잘 정련된 원료일수록 신뢰성 있는 좋은 품질의 세라믹제품을 만들 수 있다.

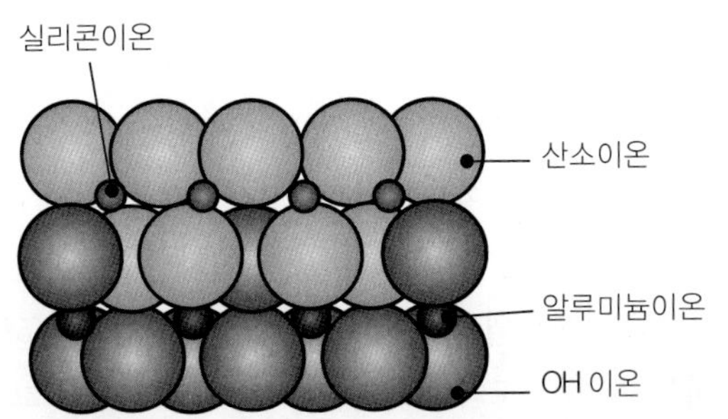

▶ **그림 11.21**
고령토의 결정구조.

1. 산화물 세라믹(oxide ceramics)

(1) **알루미나**(alumina). 알루미나(알루미늄산화물, Al_2O_3)는 순수 형태 또는 다른 산화물과의 혼합원료로 가장 많이 이용되는 산화물 세라믹(oxide ceramics)으로 코런덤(corundum) 또는 에머리(emery)라고도 하며, 경도가 높고 강도는 보통이다. 천연알루미나가 존재하지만 불순물을 포함하고 있으며, 불균일한 성질을 갖고 있어서 그 거동을 신뢰할 수 없다. 오늘날에는 알루미나, 실리콘카바이드 등 많은 세라믹들을 인공적으로 합성하여 품질을 조절할 수 있다(9.2절 참조).

인조 알루미늄산화물은 1893년에 처음 합성된 이래, 전기로에서 용융된 보크사이트(bauxite, 알루미늄의 원료로 쓰이는 산화알루미늄 원광), 철분말, 코크스를 융합하여 제조하여 분쇄한 후, 표준체를 통과하는 입자별로 입도를 분류한다. 알루미늄산화물 제품은 냉간압축한 뒤 소결하여 만든다(백색 세라믹). 티타늄산화물, 티타늄카바이드 같은 다른 세라믹을 소량 첨가함으로써 성질을 개선할 수 있다. 알루미나와 기타 산화물로 된 멀라이트(mullite) 및 첨정석(spinel)은 고온용 내화재료로 이용된다. 알루미나의 기계적, 물리적 성질은 열 및 전기의 절연재, 절삭공구, 연삭입자로 사용하기에 적합하다.

(2) **지르코니아**(zirconia). 지르코니아(지르코늄산화물, ZrO_2, 백색)는 인성, 열충격, 마모, 부식에 대한 내성이 좋고, 열전도도와 마찰계수가 낮다. 보다 최근에 개발된 **부분안정 지르코니아**(PSZ, partially stabilized zirconia)는 지르코니아보다 강도 및 인성이 우수하므로 성능 면에서 신뢰성이 높은 재료이다. PSZ는 칼슘, 이트륨, 마그네슘의 산화물을 지르코니아에 첨가한 것으로, 첨가과정에서 육면체의 입방격자를 갖는 미세립 지르코니아가 만들어진다. 전형적인 용도로는 금속의 열간압출용 다이, 연삭용 지르코니아 비드, 그리고 항공우주용 부품의 피복용, 자동차의 기초도장용, 식품 포장재의 미세광택인쇄용으로 사용되는 산포재료 등이 있다.

PSZ의 또 다른 중요한 특성으로는 주철과의 열팽창계수 차이가 20% 이내이고 열전도도가 다른 세라믹재료의 1/3에 불과하므로 실린더라이너나 밸브부싱 같은 열기관부품으로 매우 적당하다(헐거워지거나 세게 조이지 않으므로 주철엔진의 접촉 부위에 손상을 주지 않음). PSZ의 성질을 보다 개선시키려는 최근의 노력으로 **변태-인성강화 지르코니아**(TTZ, transformation-toughened zirconia)를 개발하였으며, 이 재료는 세라믹모재에 인성이 높은 상이 분산되어 있어서 PSZ보다 인성이 우수하다.

2. 탄화물(carbides)

탄화물의 전형적인 예는 절삭공구나 다이재료로 이용되는 텅스텐카바이드, 티타늄카바이드와 연삭입자로 이용되는 실리콘카바이드이다.

(1) **텅스텐카바이드**(WC, 초경합금)는 텅스텐카바이드 입자와 결합제인 코발트로 이루어진다. 이때 결합제의 양은 재료의 성질에 큰 영향을 미친다. 즉, 코발트의 양이 증가하면 인성은 증가하는 반면, 경도와 강도, 내마모성은 감소한다(그림 8.31 참조).

(2) **티타늄카바이드**(TiC)는 결합제로 니켈과 몰리브덴을 이용하며, 텅스텐카바이드만큼 인성이 크지 않다.

(3) **실리콘카바이드**(SiC)는 마모, 충격, 부식저항이 좋고, 마찰계수가 낮으며, 고온에서도 강도를 유지하므로 열기관의 고온부품으로 적합하며, 연삭입자로도 이용된다(9.2절 참조). 인조 실리콘카바이드는 실리카모래와 코크스에 소량의 염화나트륨과 톱밥을 합성하여 만들어진다. 이 공정은 인조 알루미늄산화물을 만드는 공정과 유사하다.

3. 질화물(nitrides)

(1) **큐빅보론질화물**(cBN, cubic boron nitride)은 다이아몬드 다음으로 경도가 높은 재료로 연삭입자, 절삭공구용으로 이용된다. 천연으로는 존재하지 않으며 인조 다이아몬드(11.13.2절)를 만드는 것과 유사한 방법으로 1970년대에 처음 합성되었다.

(2) **티타늄질화물**(TiN)은 절삭공구의 코팅재료로 널리 쓰이며, 저마찰특성으로 인해 공구수명이 개선된다.

(3) **실리콘질화물**(Si_3N_4)은 고온크리프에 대한 저항이 크고 열팽창이 적으며, 열전도도가 좋고 열충격에 강하다. 자동차엔진, 가스터빈 부품 같은 고온구조용 부품과 캠롤러, 베어링, 샌드블라스트 노즐, 제지산업용 부품에 적합하다.

(4) **시알론**(sialon). 시알론은 알루미늄산화물, 이트륨산화물, 티타늄카바이드 등이 첨가된 실리콘 질화물로 구성된다(8.6.8절 참조). 이 재료는 실리콘질화물보다 강도 및 열충격저항이 높으므로, 절삭공구재료에 주로 사용된다.

4. 서멧(cermet)

서멧은 고온 산화저항성을 갖는 세라믹과 인성, 열충격저항, 연성을 갖는 금속이 결합된 복합재료로, P/M 기술로 세라믹과 금속의 조성을 다양하게 만들 수 있다(11.14절 참조). 1960년대에 개발되었고, **흑색 세라믹** 혹은 **열간압축** 세라믹이라고도 한다. 절삭공구용으로 쓰이며, 전형적인 조성은 70%의 Al_2O_3와 30%의 TiC이다. 다른 종류의 서멧으로는 산화물, 탄화물, 질화물들이 다양하게 포함된 것으로, 제트엔진의 노즐, 항공기 브레이크 등 고온용품에 사용된다.

5. 실리카(silica, 규토)

자연에 풍부하게 존재하는 실리카는 다형변태재료이며, 여러 결정구조를 가질 수 있다. 입방구조는 고온가열로용 내화벽돌에서 볼 수 있으며, 대부분의 유리도 50% 이상의 실리카를 포함하고 있다. 실리카의 가장 일반적인 형태는 **석영**(quartz)으로 매우 단단하고, 육각 결정구조를 가지며, 압전효과(3.9.6절 참조)를 나타내므로 통신용 고정주파수 진동자로 널리 사용된다.

규산염(silicate)은 실리카와 알루미늄, 마그네슘, 칼슘, 칼륨, 나트륨, 철 등의 산화물을 반응시켜 만든다. **리튬-알루미늄 실리케이트**는 열팽창과 열전도도가 매우 작고, 열충격저항이 양호하지만, 강도가 낮고 피로수명도 짧으므로 촉매변환기, 재생기, 열교환기 부품 같은 비구조용으로만 적합하다.

6. 나노세라믹(초미세상 세라믹, nanophase ceramic)

불과 수천 개의 원자가 뭉쳐서 상을 이루는 **나노세라믹**은 일반 세라믹에 비해 매우 낮은 온도에서도 연성을 나타내며, 강도가 높고 결함이 없이 쉽게 가공된다. 가공과정에서 입자크기, 분포, 불순물을 조절하는 것이 중요하다. 자동차산업에서의 용도로는 밸브, 로커암, 터보차저 회전자, 실린더라이너가 있고, 제트엔진 부품에도 사용된다. 기타 용도로 피복재료, 초소형전지, 광학필터, 초박편 커패시터, 래핑용 나노연삭입자, 태양전지, 인공심장밸브 등에 사용된다. 크기가 100 nm 이하인 나노결정체 제2상 입자는 섬유 형태이며 복합재료의 강화재로 사용된다(11.14절 참조). 이들은 인장강도와 크리프저항이 우수하다(3.11.9절 및 13.18절의 **나노재료** 참조).

11.8.2 세라믹의 성질과 용도

세라믹은 금속에 비해 취성이 있고, 고온강도와 경도가 우수하며, 탄성계수가 크고, 인성, 밀도, 열팽창, 열 및 전기 전도도가 낮은 특성을 갖는다. 그러나 세라믹재료와 입자크기의 다양성 때문에, 기계적 및 물리적 성질은 매우 다양하다. 예를 들어, 세라믹의 전기전도도를 향상시킬 수 있으며, 이는 반도체의 원리이기도 하다(13.3절 참조). 세라믹의 성질은 결함, 균열, 불순물, 가공방법에 민감하여 다양한 성질을 나타낸다.

1. **기계적 성질.** 공업용 세라믹의 기계적 성질을 표 11.7에 나타내었다. 인장강도(횡파단강도)가 압축강도에 비해 한 자릿수가 작음에 주목할 필요가 있다. 그 이유는 세라믹이 균열, 불순물, 공극 등에 민감하기 때문인데, 인장응력이 걸리면 이러한 결함들로부터 균열이 발생하고 전파되므로 인장강도가 매우 낮은 편이다(3.8절 참조). 따라서 반복성과 신뢰성(일정기간 동안의 허용성능)은 세라믹부품의 사용수명에 중요한 요소이다.

표 11.7 상온에서 각종 세라믹의 성질

재료	기호	횡파단강도 (MPa)	압축강도 (MPa)	탄성계수 (GPa)	경도 (HK)	포아송비 (ν)	밀도 (kg/m^3)
알루미늄산화물	Al_2O_3	140~240	1000~2900	310~410	2000~3000	0.26	4000~4500
큐빅보론질화물	cBN	725	7000	850	4000~5000	–	3480
다이아몬드	–	1400	7000	830~1000	7000~8000	–	3500
융해실리카	SiO_2	–	1300	70	550	0.25	–
실리콘카바이드	SIC	100~750	700~3500	240~480	2100~3000	0.14	3100
실리콘질화물	Si_3N_4	480~600	–	300~310	2000~2500	0.24	3300
티타늄카바이드	TiC	1400~1900	3100~3850	310~410	1800~3200	–	5500~5800
텅스텐카바이드	WC	1030~2600	4100~5900	520~700	1800~2400	–	10,000~15,000
부분안정 지르코니아	PSZ	620	–	200	1100	0.3	5800

주: 재료조건에 따라 기계적 성질은 넓은 범위를 가짐.

입자크기와 기공률(porosity)이 작을수록 다결정세라믹의 인장강도는 증가한다. 보통의 도기류는 기공률이 10~15% 정도인 반면, 경한 **자기류**(磁器類, porcelain, 고령토, 석영, 장석으로 구성된 세라믹)는 약 3%의 기공을 갖는다. 인장강도는 다음과 같은 경험식에 따른다.

$$\text{UTS} \simeq \text{UTS}_o e^{-nP} \tag{11.5}$$

위 식에서 P는 공극의 체적분율이고, UTS_o는 공극이 없을 때의 인장강도, 지수 n은 4~7 사이의 값을 갖는다. 탄성계수도 기공률에 의존하며, 그 관계는 다음과 같다.

$$E \simeq E_o(1 - 1.9P + 0.9P^2) \tag{11.6}$$

여기서 E_o는 공극이 없을 때의 탄성계수이다. 식 (11.6)은 50%의 기공률까지 잘 맞는다.

세라믹은 금속이나 열가소성 플라스틱에 비해 연성이 낮아서 충격인성과 열충격저항이 부족하고 일단 균열이 발생하면 빠르게 전파된다. 세라믹(특히 유리)은 반복하중에 의한 피로파단 외에도 **정적피로**(static fatigue)라는 현상을 갖고 있다. 즉, 정적 인장하중이 일정시간 동안 가해지면 갑자기 파괴되는데, 이러한 현상은 수증기가 있는 곳에서만 발생하고 건조한 곳이나 진공 중에는 발생하지 않는다. 이는 금속의 응력부식균열(3.8.2절)과 유사한 파괴기구에 기인한다.

인장응력을 받을 세라믹부품은 미리 압축응력을 주어 성형하면(prestressing) 제품에 인장응력이 걸리더라도 견딜 수 있다. 응력처리방법으로는 (1) 열처리 및 화학적 템퍼링(5.11절 및 11.11.2절), (2) 레이저 표면처리, (3) 열팽창계수가 다른 재료로 세라믹 코팅, (4) 연삭으로 표면에 압축잔류응력이 생기도록 하는 표면처리공정 등이 있다. 세라믹의 인성과 기타 성질들을 개선하려는 기술들이 발전하였고, **기계가공 가능한 세라믹**(8.5.3절 참조)도 개발되었다.

2. **물리적 성질.** 대부분의 세라믹은 비중이 낮고(표 3.3, 철의 비중 7.86에 비해 산화물 세라믹은 3~5.8), 용융점과 분해온도가 매우 높다. 열전도도의 경우, 세라믹의 조성에 따라 수천 배까지 달라지고(금속은 열 배 정도 달라짐), 다른 재료와 마찬가지로 온도와 공극이 증가함에 따라 열전도도는 감소한다(공기는 열의 불량도체). 공극이 없을 때의 열전도도를 k_o라 할 때, 열전도도 k와 기공률은 다음과 같은 관계에 있다.

$$k = k_o(1 - P) \tag{11.7}$$

세라믹의 열팽창특성이 그림 11.22에 나타나 있다. 열팽창과 열전도도는 열충격이나 열피로를 유도하는 열응력을 생기게 한다(3.9.5절 참조). 열팽창이 작고 열전도도가 클수록 **열균열**의 발생은 감소한다(표면 근처의 조각이나 층이 떨어져 나가는 것을 **스폴링**(spalling)이라 함). 예를 들어, 융해실리카는 열팽창이 거의 0이므로, 열충격저항성이 매우 우수하다.

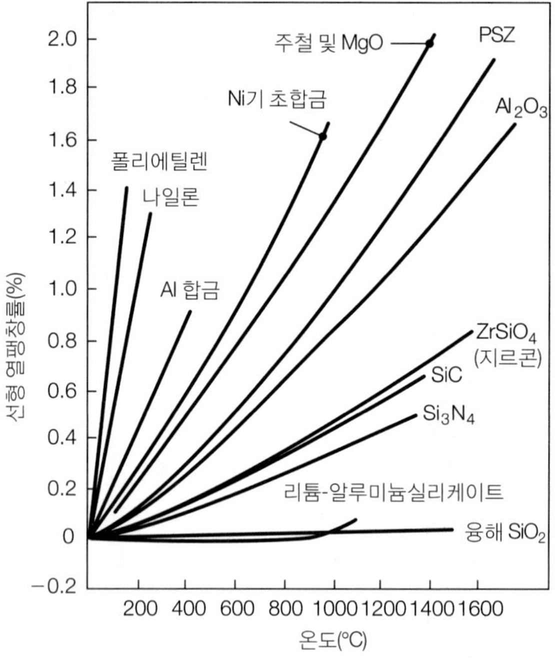

▶ 그림 11.22

온도 변화에 따른 세라믹, 금속, 플라스틱의 열팽창률. 주철과 부분안정 지르코니아(PSZ)의 열팽창률은 20% 이내로 비슷하여 내연기관에서 두 재료를 함께 사용할 수 있음을 보여주고 있다.

낮은 열팽창의 중요성을 보여주는 친근한 예가 주방기구나 오븐상판에 사용되는 열저항 세라믹이다. 이들 세라믹은 열팽창이 작아서 뜨거운 부분과 차가운 부분 사이의 높은 열구배를 견딜 수 있다. 또한 세라믹과 금속의 상대적 열팽창이 작아야 열기관에 세라믹부품을 사용할 수 있다. 부분안정 지르코니아(PSZ)부품의 열팽창계수는 엔진블록(그림 11.22 참조)에 사용되는 주철의 열팽창계수와 거의 비슷하므로, PSZ를 열기관에 사용하는 또 다른 이점이다. 한편, 산화물 세라믹에서는 **이방성 열팽창**이 보통 일어난다. 즉, 서로 다른 방향으로 열팽창의 정도가 달라진다. 이 현상은 세라믹부품의 균열을 발생시키는 열응력을 생기게 한다.

세라믹재료의 **광학적 성질**은 조성, 구조, 혼합물로 조절되므로 투명도나 색상을 다르게 줄 수 있다. 예를 들어, 단결정 사파이어는 투명한 반면, 지르코니아는 백색이고, 미세립 다결정 알루미늄산화물은 불투명의 회색이다. 또한 기공률도 세라믹의 광학적 성질에 영향을 미친다. 이는 얼음에 공기방울이 갇혀 있으면 투명도가 떨어지는 것과 같다.

세라믹은 기본적으로 전기저항이 높지만, 특정 원소를 첨가함으로써 전기전도성을 갖도록 만들 수 있으며, 이 성질을 이용하여 반도체나 심지어는 초전도체 재료로 사용한다(11.15절 참조).

3. **세라믹의 용도.** 표 11.6에 나타낸 바와 같이, 세라믹은 소비용이나 산업용으로 광범위하게 사용된다. 일부 세라믹은 양호한 전기저항, 절연강도(단위길이당 통전소요전압), 자기적 성질(스피커 자석용으로 적합)로 인해 전기전자산업에 이용된다. 전기부품에 사용되는 예로 **자기류**를 들 수 있다. PZT(lead zirconate titanate)나 $BaTiO_3$(barium titanate)

같은 세라믹은 우수한 **압전성**을 나타낸다.

세라믹은 고온에서 강도와 강성을 유지하는 능력 때문에(그림 11.23 및 11.24) 고온용 부품에 매우 중요한 재료이다. 엔진에 세라믹부품을 사용하면 작동온도를 높일 수 있으므로 연료를 효율적으로 연소시키고 배기가스를 줄일 수 있다. 현재 내연기관의 효율은 30%선이지만 세라믹부품을 잘 이용하면 현재효율에서 적어도 30% 정도 개선할 수 있다. 가솔린엔진과 디젤엔진의 부품에 성공적으로 이용되는 세라믹으로 실리콘질화물, 실리콘카바이드, PSZ가 있다. 또한 뛰어난 내마모성을 갖고 있어서 실린더

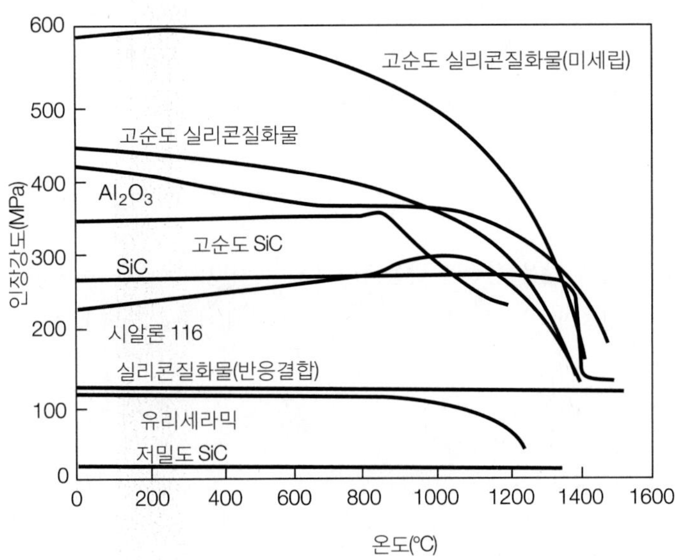

▶ **그림 11.23**
온도가 각종 공업용 세라믹의 강도에 미치는 영향. 대부분의 세라믹은 고온에서도 강도를 유지한다.

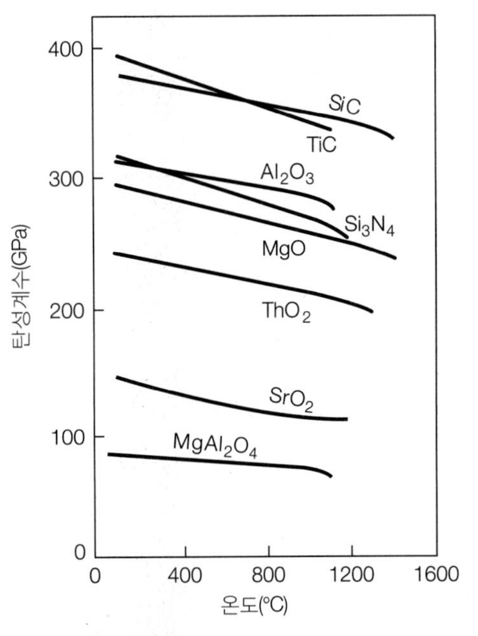

▶ **그림 11.24**
온도가 세라믹의 탄성계수에 미치는 영향.

라이너, 부싱, 밀봉재, 베어링 같은 곳에 매우 적합하다. 세라믹은 금속의 피복재료로도 이용되어 마모감소, 부식방지, 열차폐 재료의 역할을 한다.

세라믹의 또 다른 매력적인 성질은 저밀도와 고탄성계수로서, 이를 활용하면 엔진무게를 감소시키고, 구동부의 경우 관성력도 줄일 수 있다. 예를 들어, 공작기계의 고속구동부를 세라믹으로 대체하면, 고탄성계수는 기계의 무게를 줄이면서 강성을 향상시키므로 진동과 채터(8.12절 참조)를 방지하고 가공품의 치수정확도를 향상시킨다. 세라믹질화물은 볼베어링과 롤러베어링에 이용된다.

한편, 세라믹은 적절한 강도와 불활성(inertness)을 갖고 있어서 인체의 관절대체용이나 치과용 생체재료로 사용된다. 보통 사용되는 생체세라믹(bioceramics)으로는 알루미늄산화물, 실리콘질화물, 실리카화합물 등이 있다. 세라믹은 다공질로 만들 수 있으므로 뼈가 자라서 다공질표면에 강한 기계적 접합을 이루도록 할 수 있다.

예 11.7 기공률의 영향

완전히 치밀한 세라믹이 다음과 같은 성질을 갖는다: $UTS_o = 100$ MPa, $E_o = 400$ GPa, $k_o = 0.5$ W/m-K. 기공률이 10% 일 때, 위의 값들은 어떻게 바뀌는가? 단, $n = 5$라고 가정한다.

풀이 식 (11.5)~(11.7)을 이용하면 다음을 얻는다.

$$UTS = 100e^{-(5)(0.1)} = 61 \text{ MPa}$$
$$E = 400[1 - (1.9)(0.1) + (0.9)(0.1)^2] = 328 \text{ GPa}$$
$$k = 0.5\,(1 - 0.1) = 0.45 \text{ W/m-K}$$

예 11.8 세라믹 베어링

실리콘질화물 세라믹 볼베어링과 롤러베어링은 윤활제가 거의 없는 고온, 고속 조건에서 사용된다. 이들 베어링은 전체를 세라믹으로 만들거나, 볼이나 롤러만 세라믹으로 만들어서(하이브리드 베어링) 사용한다(그림 11.25 참조). 세라믹 베어링이나 하이브리드 베어링을 사용하는 기계의 예로는 고성능 공작기계 주축(8.13절 참조), 금속캔 시밍접합용 공구, 고속유량계, 우주왕복선 주부스터 로켓의 액체산소 및 액체수소 펌프 등이다.

세라믹 볼은 내마모성과 파괴인성이 높고, 윤활이 거의 없거나 아주 없는 경우에도 잘 작동하며, 밀도가 낮다. 또한 열팽창계수가 철강의 1/4에 불과하고 최고 1400°C

▶ 그림 11.25
세라믹 베어링과 레이스.

까지 견딘다. 세라믹 볼은 직경공차 0.13 μm, 표면거칠기 0.02 μm로 가공된다. 분말야금기술로 완전밀도를 갖도록 가공된 티타늄탄화질화물(TiCN)이나 실리콘질화물(Si_3N_4) 베어링급 재료는 크롬강에 비해 경도는 두 배 높고, 무게는 40% 가볍다. 최대직경 300 mm까지 생산된다.

11.9 세라믹의 가공

세라믹은 각종 공정을 통해 유용한 제품으로 성형된다(표 11.8 참조). 일반적인 과정은 (1) 원료를 미세입자로 분쇄, (2) 원하는 성질을 갖도록 첨가물 혼합, (3) 성형, 건조, 굽기 등의 단계를 거친다. 원료는 주로 볼분쇄기를 사용하여 습식이나 건식으로 분쇄한다(그림 11.26b 참조). 습식분쇄는 입자들을 한데 모으고, 공기 중으로 날리지 않게 하므로 효과적이다. 분쇄입자에 혼합하는 **첨가물**의 기능은 다음과 같다.

표 11.8 세라믹 가공의 특징

공정	장점	단점
슬립주조	대형제품, 복잡한 형상; 장비비용 저렴	생산속도 낮음; 치수정확도에 제한
압출	속이 빈 형상과 작은 직경; 생산속도 높음	일정한 단면의 제품; 두께에 제한
건식가압	가공오차 작음; 자동화로 생산속도 높음	길이 대 직경비가 높은 제품은 밀도불균일; 금형은 내마모성이 높아야 함; 장비비용이 고가
습식가압	복잡한 형상; 생산속도 높음	제품 크기에 제한; 치수정확도에 제한; 공구비용 고가
고온가압	강하고 고밀도인 제품	보호분위기 필요; 금형수명이 짧음
균형가압	균일한 밀도분포	장비비용 고가
지거링	자동화로 생산속도 높음; 공구비용 저렴	축대칭제품에 국한; 치수정확도에 제한
사출성형	복잡한 형상; 생산속도 높음	공구비용 고가

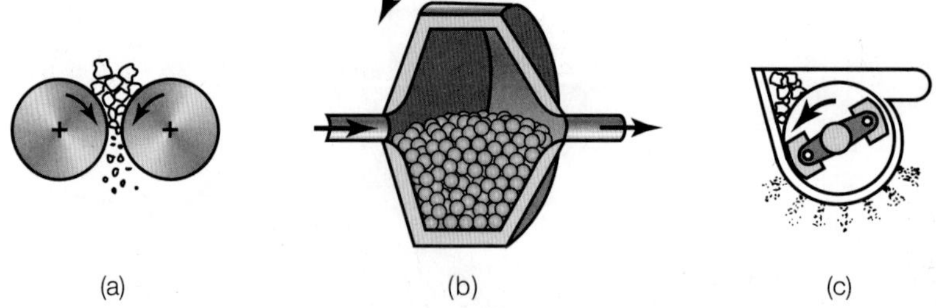

▶ **그림 11.26**
세라믹 미세립을 만드는 분쇄법: (a) 롤분쇄, (b) 볼분쇄, (c) 해머분쇄.

1. 세라믹입자의 **결합제**
2. 입자 간의 내부마찰을 줄이고 몰드로부터의 이탈을 용이하게 하는 **윤활제**
3. 혼합을 쉽게 하는 **습윤제**(wetting agent)
4. 혼합물의 성형성을 향상시키는 **가소제**
5. 세라믹-물의 현탁액으로 만드는 **유동성증가제**(deflocculent). 유동성증가제는 입자의 전하를 바꾸어 서로 반발하도록 함으로써 유동성을 증가시키며, Na_2CO_3, Na_2SiO_3 등을 1% 이하로 사용한다. 물이 첨가되면 점도가 낮아져서 주입하기 쉬워진다.
6. 기공화 및 소결을 조절하기 위한 각종 제재

세라믹을 성형하는 기본적인 세 가지 공정은 주조, 소성성형, 프레싱이다.

11.9.1 주조

가장 일반적인 주조공정은 배출주조(drain casting)라고도 하는 **슬립주조**(slip casting)이다(그림 11.27). 슬립은 액체(보통 물) 속에 있는 세라믹입자들의 현탁액을 말한다. 기공이 있는 석고주형에 슬립을 주입할 때, 슬립은 금속용탕에서처럼 주형 안으로 쉽게 흐르도록 점성이 낮고 유동성이 충분해야 한다. 주형에 접한 층의 물이 주형에 흡수되면 남아 있는 현탁액을 쏟아 부은 후(슬러시 주조에서처럼 속이 빈 제품을 만드는 경우, 그림 5.12 참조), 제품 윗면을 제거하고, 제품을 주형으로부터 분리한다.

화장실 세면대, 미술품, 식기 같은 크고 복잡한 모양의 제품이 슬립주조로 만들어진다. 비록 치수조절에 한계가 있고 생산속도가 떨어지지만, 주형과 장비에 드는 비용은 매우

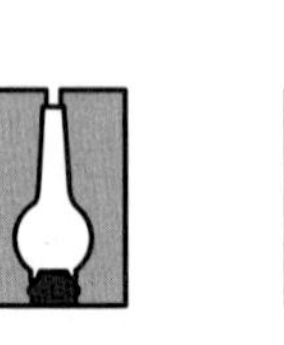

▶ **그림 11.27**
슬립주조로 세라믹제품을 만드는 과정. 슬립을 주입한 후, 제품을 건조시키고 노에서 구워서 강도와 경도를 갖도록 한다.

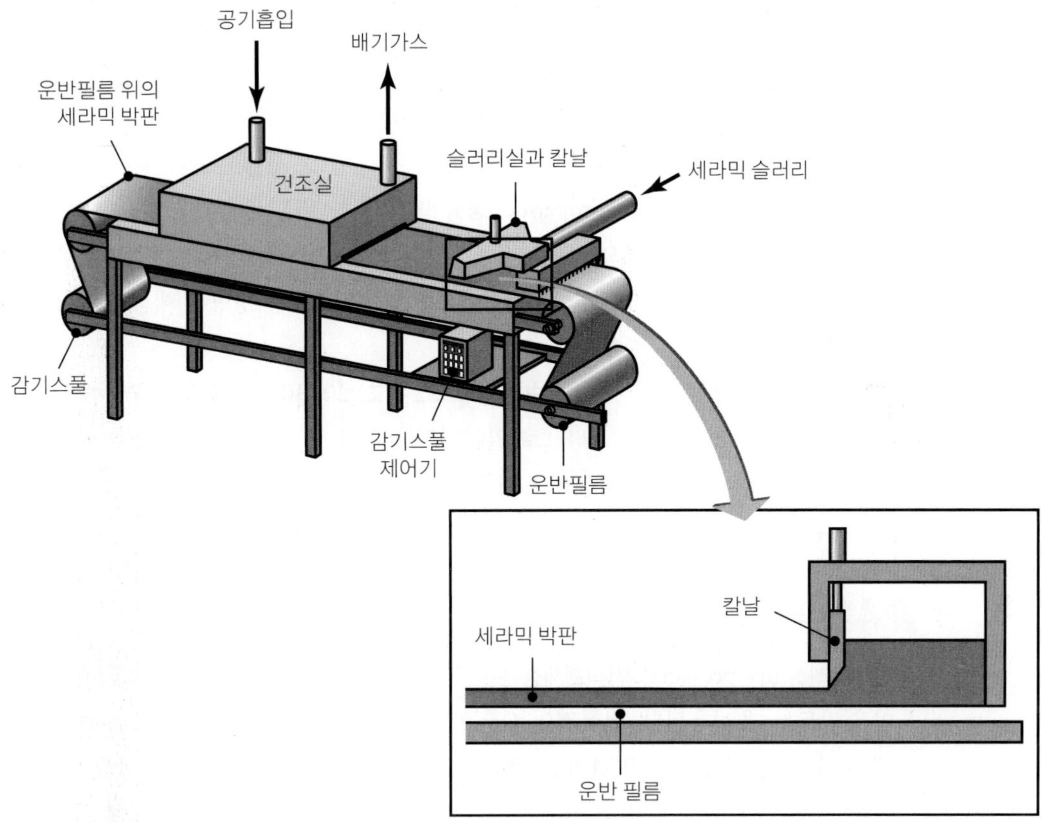

▲ **그림 11.28**

칼날공정으로 세라믹판재를 제조하는 방법.

저렴하다. 어떤 경우에는 부품을 별도로 만들어서 서로 조립하기도 한다.

속이 찬 세라믹제품을 만들려면 주형에 계속 슬립을 부어 흡수된 물을 보충하면서 제품이 수축하지 않도록 한다. 이 단계의 부품은 물렁한 상태로 분말가공에서처럼 **생형**(green)이라고 하며, 이를 구워서 제품으로 만든다.

생형상태의 세라믹제품은 기계가공하여 특정 형상을 만들거나 치수정확도를 높일 수 있다. 하지만 생형은 아직 연한 상태이므로 수작업이나 간단한 공구로 기계가공하는 것이 보통이다. 예를 들면, 슬립주조에서 생긴 플래시(그림 6.14c에 나타낸 단조품의 플래시와 유사)를 와이어브러시로 부드럽게 제거하는 정도이다. 생형에 구멍을 가공할 수도 있지만, 후속되는 굽기공정에서 변형될 것이므로, 나사를 내는 것과 같은 상세한 작업은 하지 않는 것이 보통이다.

두께가 1.5 mm 이하인 세라믹 박판은 **칼날공정**(doctor-blade process)기술로 제조된다. 이 공정에서는 그림 11.28에 나타낸 것처럼, 이동하는 플라스틱벨트 위에 슬립을 주조하고, 칼날로 두께를 조절한다. 박판을 만드는 또 다른 공정으로, 슬립을 종이테이프 위에 얹어서 한 쌍의 롤 사이로 압연하는 방법이 있으며, 종이테이프는 후속되는 굽기공정에서 연소시켜 없앤다.

11.9.2 소성성형(plastic forming)

소성성형(연성, 습식, 수분소성(hydroplastic) 성형이라고도 함)은 압출, 사출, 몰딩, 지거링(회전판에서의 성형)등 여러 방법으로 행해질 수 있다. 소성성형으로 재료는 유동방향을 따라 층상구조를 갖게 되므로 이방성을 나타내어 후속공정이나 최종 성형된 제품에 영향을 미친다.

압출은 스크루형 압출기를 사용하여(그림 10.22 참조) 20~30%의 수분을 함유하는 원료혼합물에 압력을 가하여 다이구멍으로 밀어내는 방법이다. 압출제품의 단면은 일정하지만, 속이 빈 제품을 성형하는 경우에는 가공할 수 있는 벽두께에 제한이 있다. 압출공정의 공구비용은 낮고 생산속도는 높다.

11.9.3 프레싱

1. **건식프레싱**(dry pressing). 건식프레싱은 분말금속의 압축과 유사하며, 비교적 간단한 모양을 만드는 데 이용된다. 전형적인 제품으로는 백색도기류(white ware), 내화물, 연마재 등이 있다. 이 공정은 P/M처럼 생산속도가 높고, 공차를 정밀하게 조절할 수 있다. 혼합물의 수분은 4% 이내로 하지만, 경우에 따라서는 12%에 달하며, 보통 스테아린산, 왁스, 녹말, 폴리비닐 알코올 같은 유기적, 무기적 결합제를 혼합물에 첨가하여 윤활제로 사용한다. 프레싱 압력은 35~200 MPa 정도이다. 건식프레싱에는 현대식 프레스를 사용하여 자동화가 많이 이루어져 있다. 다이는 초경이나 경화강으로 만들어지는데, 마모성 세라믹입자를 견디는 내마모성을 지녀야 하므로 고가인 편이다.

   건식프레싱된 세라믹의 밀도는 P/M에서처럼, 입자끼리와 몰드벽면의 마찰로 인해 불균일하다(그림 11.29, 11.7 참조). 밀도차를 줄이기 위해 몇 가지 방법이 이용되며, 공구의 설계가 매우 중요한 관건이다. 특히 원자로의 연료봉을 가공할 때는 진동프레싱과 충격성형이 이용되며, 균형압축으로도 밀도차를 줄일 수 있다. 이러한 밀도차 때문에 제품을 굽는 동안 뒤틀림이 생긴다. 길이 대 직경 비가 클수록 뒤틀림이 심해지므로, 보통 이 비율이 2:1을 넘지 않도록 한다.
2. **습식프레싱**(wet pressing). 습식프레싱 작업에서는 유압프레스나 기계프레스로 고압을 가하여 제품을 성형한다. 이 공정은 일반적으로 복잡한 형상을 만드는 데 이용된다. 수분은 보통 10~15% 정도이다. 생산속도는 높지만 제품의 크기에 제한이 있고, 건조되는 동안 수축이 일어나므로 치수의 정확한 조절이 어렵고 공구비용도 고가이다.
3. **균형압축.** P/M에서 광범위하게 이용되는 이 방법은 제품에 균일한 밀도를 주기 위해 세라믹에도 이용된다. 이 방법으로 만들어지는 부품으로는 (1) 자동차의 스파크플러그 절

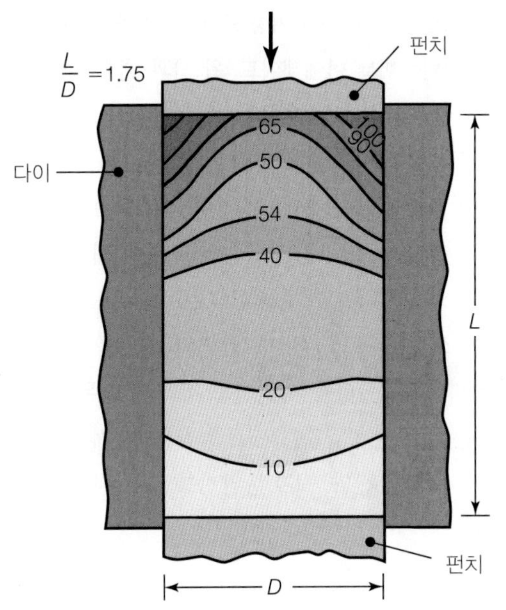

▶ **그림 11.29**

단동프레스에서 압축된 생형에서의 밀도분포. L/D비가 클수록 밀도차는 증가한다.

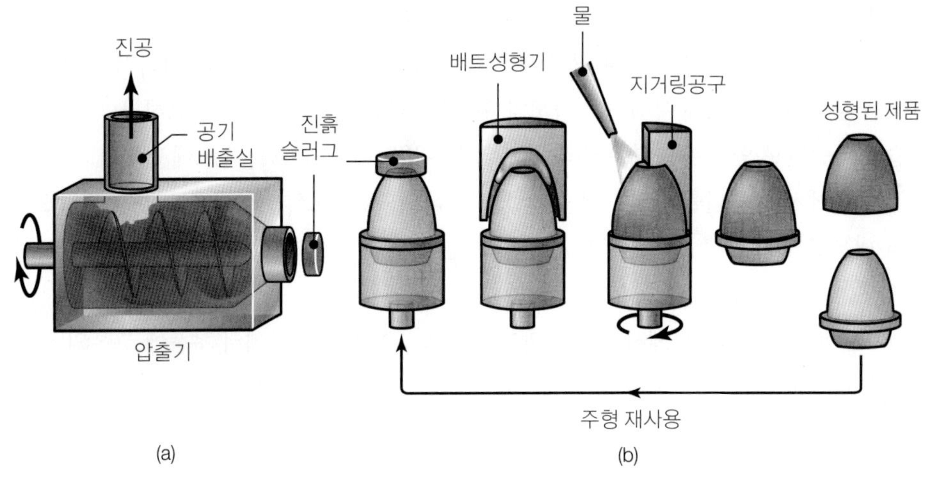

▶ **그림 11.30**

세라믹을 성형하는 (a) 압출, (b) 지거링공정.

연체(자기류), (2) 고온용 베인(실리콘질화물)이 있다.

4. **지거링**(jiggering). 세라믹접시 같은 축대칭제품을 만들려면 몇 단계의 공정을 거쳐야 한다. 일단 압출하여 슬러그를 만들고, 석고 주형에서 배트(bat, 박쥐형)로 성형한 후, 최종적으로 회전주형에서 지거링한다(그림 11.30 참조). 지거링은 형판이나 롤러를 공구로 하여 배트를 성형하는 작업이다. 지거링이 끝나면 제품을 건조하고 굽는다. 이 공정은 치수정확도에 한계가 있다.

5. **사출성형**. 플라스틱과 분말금속의 사출성형에 대한 장점을 10.10.2절과 11.3.4절에서 설명하였다. **세라믹사출성형**(CIM, ceramic injection molding)은 로켓엔진 부품, 압전

스캐너, 초음파 메스 같은 첨단기술제품의 **정밀성형**에 널리 이용된다. 원료를 열가소성 플라스틱(폴리프로필렌, 저밀도 폴리에틸렌, 에틸렌비닐 아세테이트, 왁스)과 혼합하여 사출성형하고, 결합제는 열분해로 제거하며, 굽기공정에서 재료를 소결한다. 이 공정은 10~15 mm 이하의 얇은 두께를 만들 수 있고, 알루미나, 지르코니아, 실리콘질화물, 실리콘탄화물 같은 대부분의 공업용 세라믹에 적용된다. 두꺼운 부분에서는 수축으로 인한 내부기공 및 균열이 발생할 수 있으므로, 사용재료 및 공정변수의 조절에 세심한 주의를 요한다.

6. **고온프레싱**(hot pressing). 고온프레싱은 가압소결이라고도 하며, 압력과 온도를 동시에 작용시킨다. 이 방법은 기공률을 감소시키며 부품을 더욱 치밀하고 강하게 만든다. 첨단 세라믹제품의 질을 향상시키기 위해서는 열간균형압축(11.3.3절 참조)을 적용한다. 압력과 온도를 동시에 적용하므로 금형수명은 짧아진다. 보호분위기를 보통 사용하며, 펀치와 다이재료로는 흑연이 보통 이용된다.

11.9.4 건조와 굽기공정

앞 절에서 설명한 방법으로 세라믹을 성형하고 난 후에는 제품을 건조시키고 구워서 적절한 강도를 갖도록 해야 한다. 건조 시에는 부품 내 수분함유량과 두께의 차이, 형상의 복잡성으로 인해 부품이 뒤틀리거나 균열이 생길 수 있는 위험한 단계이다. 따라서 뒤틀림과 균열을 감소시키기 위해 분위기의 습도와 온도를 조절하는 것이 매우 중요하다.

습기의 증발로 인한 수축량은 원래 크기의 15~20%(그림 11.31) 정도에 달한다. 습기가 높은 환경에서는 증발률이 낮아서 습기구배가 작으므로, 건조가 일어나는 동안 표면으로부터 내부로의 큰 수축을 막아준다. 건조된 **생형**은 비교적 쉽게 최종형상으로 기계가공할 수 있다.

굽기공정(firing)은 P/M에서 소결과 마찬가지로 조절된 분위기에서 부품에 고온의 열을 가하는 작업으로, 세라믹제품에 강도와 경도를 준다. 굽기공정에서는 (1) 세라믹의 복잡한 산화물 입자들 사이에 강한 결합이 이루어지고, (2) 기공률의 감소로 인해 기계적 성질이 향상된다. 아직 상용화되지는 않았지만, 2 GHz 이상의 주파수로 작동되는 가열로에서 세라믹을 **마이크로파 소결**하는 기술이 개발되고 있다.

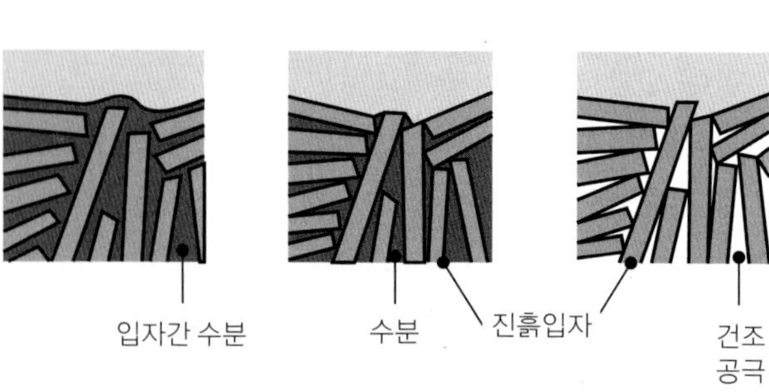

▶ **그림 11.31**
건조과정에서 수분제거에 따른 수축. 체적수축량은 최대 20%에 달한다.

나노상 세라믹(11.8.1절 및 13.18절)은 일반 세라믹보다 저온에서 소결된다. 또한 상온에서는 고밀도로, 열간가압으로는 이론적 밀도로 압축되어 결합제를 사용하거나 소결을 하지 않아도 정형제품으로 성형된다.

예 11.9 세라믹부품의 성형 시 치수의 변화

원기둥 세라믹부품이 최종길이 $L = 20$ mm가 되도록 만들어져야 한다. 이 재료에 대해 건조와 굽기공정 동안 선수축률이 건조된 길이 L_d를 기준으로 각각 7%와 6%이다. 다음을 계산하여라.

(1) 초기 길이 L_o

(2) 구워낸 제품의 기공률 P_f가 3%일 때, 건조된 기공률 P_d

풀이

(1) 주어진 자료와 건조가 굽기공정보다 먼저 적용되는 공정이라는 점으로부터 다음과 같이 계산할 수 있다.

$$\frac{(L_d - L)}{L_d} = 0.06$$

에서 $L = (1 - 0.06)L_d$이므로,

$$L_d = \frac{20}{0.94} = 21.28 \text{ mm}$$

따라서

$$L_o = (1 + 0.07)L_d = (1.07)(21.28) = 22.77 \text{ mm}$$

(2) 최종기공률이 3%이므로, 실제체적 V_a는 다음과 같다.

$$V_a = (1 - 0.03)V_f = 0.97V_f$$

이때 V_f는 구워낸 체적이다. 굽기공정 동안 선수축률이 6%이므로, 건조된 체적 V_d는 다음과 같다.

$$V_d = \frac{V_f}{(1 - 0.06)^3} = 1.2V_f$$

따라서 $$\frac{V_a}{V_d} = \frac{0.97}{1.2} = 0.81 = 81\%$$

그러므로 건조된 부품의 기공률 P_d는 19%이다.

11.9.5 마무리공정(finishing operations)

굽기공정 후의 표면 흠을 없애고, 표면정도와 치수정확도를 향상시키며, 최종형상으로 만들기 위해 마무리공정을 수행한다. 이러한 공정으로는 (1) 연삭, (2) 래핑, (3) 초음파가공, (4) 방전가공, (5) 레이저빔가공, (6) 연마입자 물제트가공, (7) 텀블링(예리한 모서리나 연삭자국 제거) 등이 있다. 마무리공정을 선택할 때는 대부분의 세라믹재료에 취성이 있다는 점과 후속공정으로 비용이 증가한다는 점을 중요하게 고려해야 한다. 또한 후속공정이 세라믹의 성질에 미칠 영향도 고려해야 한다. 세라믹은 노치민감성이 높으므로 표면정도가 좋을수록 강도도 좋아진다. 외관과 강도를 향상시키고 수분이 침투하지 않도록 굽기 전에 세라믹제품에 유약(glaze)재료(4.5.1절 참조)를 바르는 경우가 많다.

11.10 유리: 구조, 성질, 용도

유리는 액체구조의 **비정질고체**로서, 결정이 형성되기 전에 매우 빠른 속도로 **과냉각**된 것이다. 일반적으로 유리는 결정화과정을 거치지 않고 고체상태로 빠르게 냉각된 융해무기물이라고 정의된다. 유리는 특정한 용융점이나 응고점을 갖지 않으며, 그 거동이 비정질 고분자와 유사하다(10.2.2절 참조). 오늘날 상업적으로 이용가능한 유리는 약 750종에 달한다. 유리의 용도는 창유리, 병, 주방기기로부터 특별한 기계적, 전기적, 화학적, 광학적 성질을 갖는 특수유리에 이르기까지 매우 다양하다. 어떤 유리는 신호출력손실이 거의 없이 빛으로 통신하는 **광섬유**나, 강화플라스틱에 사용되는 고강도 **유리섬유**의 원료로 사용되기도 한다(10.9.2절 참조).

모든 유리는 **유리원료**(glass former)로 알려진 실리카를 최소 50% 이상 함유한다. 강도를 제외한 유리의 조성과 성질은 알루미늄, 나트륨, 칼슘, 바륨, 보론, 마그네슘, 티타늄, 리튬, 납, 칼륨 등의 산화물을 첨가함으로써 크게 개선된다. 이들 산화물은 그 기능으로 인해 **중간제** 또는 **수정제**(modifiers)라고 부른다. 유리는 일반적으로 화학적 침입에 대한 저항이 높고, 산, 알칼리, 습기부식에도 강하다.

11.10.1 유리의 종류

상업용 유리는 조성에 따라 다음과 같은 유형으로 분류된다(표 11.9 참조).

1. **소다-석회**(soda-lime) **유리**(가장 일반적인 형태)
2. **납-알칼리 유리**
3. **보로실리케이트**(borosilicate) **유리**
4. **알루미노실리케이트**(aluminosilicate) **유리**

표 11.9 유리의 각종 성질

	소다-석회 유리	납 유리	붕규산염 유리	용해실리카	96% 실리카 유리
밀도	높음	가장 높음	중간	가장 낮음	낮음
강도	낮음	낮음	적절	가장 높음	높음
열충격저항	낮음	낮음	양호	가장 높음	우수
전기저항	적절	가장 좋음	양호	양호	양호
열간가공성	양호	가장 좋음	보통	가장 불량	불량
열처리성	양호	양호	불량	없음	없음
화학저항	불량	보통	양호	가장 우수	우수
충격-마모저항	보통	불량	양호	가장 우수	양호
자외선투과	불량	불량	보통	양호	양호
상대가격	가장 낮음	낮음	중간	가장 높음	높음

5. 96% 실리카 유리

6. 용해실리카

유리는 성질에 따라 색상유리, 간유리(희고 반투명성), 다형상(multiform) 유리, 광학유리, 광색(photochromatic, 빛을 받으면 진해지는 선글라스 같은)유리, 감광(photosensitive, 투명성에서 불투명성으로 변화하는)유리, 섬유성(유리섬유처럼 가늘고 긴 섬유로 뽑아낼 수 있는) 유리, 기공성 유리(공기방울을 포함하므로 양호한 열절연재로 사용) 등으로도 구분된다. 유리의 **경성**과 **연성**은 기계적 성질이 아닌 열적 성질의 의미로 구분한다. 즉, 연성유리는 경성유리에 비해 낮은 온도에서 연해지는 유리로, 소다-석회 유리와 납-알칼리 유리는 연성유리에 속하고 나머지는 모두 경성유리이다.

11.10.2 기계적 성질

실용적으로 사용되는 모든 유리의 거동은, 대부분의 세라믹처럼, 선형탄성 및 취성재료로 간주된다. 대부분 상업용 유리의 탄성계수는 55~90 GPa, 포아송비는 0.16~0.28 정도이다. 흠집에 대한 저항의 척도인 경도는 모스(Mohs)경도 5~7 정도로 대략 350~500 HK에 상당한다.

벌크(bulk, 덩어리) 형태의 유리는 140 MPa 이하의 저강도를 갖는데, 그 이유는 벌크상태의 유리표면에 작은 흠들과 미세균열들이 많이 존재하기 때문이다. 이 강도는 결함 없는 이상적인 유리의 강도에 비해 2~3자리 작은 것이다(3.3.2절 참조). 유리는 열처리나 화학적 처리를 통해 강도와 인성을 높일 수 있다(11.11.2절에 설명).

유리는 이론적으로 최고 35 GPa의 강도를 갖는다. 용융유리에서 섬유로 뽑아내면(섬유유리), 인장강도는 0.2~7 GPa이며 평균적으로는 2 GPa의 강도를 갖는다. 즉, 유리섬유는 철강보다 강하므로 플라스틱의 강화재로 사용되어 보트, 자동차차체, 가구, 운동기구 등에 사용된다. 유리의 강도는 보통 굽힘시험으로 측정한다(2.5절 참조). 실제의 가혹한 사용조건에서도 신뢰성 있는 강도를 측정하기 위해, 우선 유리면을 완전히(거칠게) 벗겨서 시험한다. 세라믹에서 관찰되는 **정적피로** 현상(11.8.2절 참조)이 유리에서도 일어난다. 만약 유리가 1000시간 이상을 하중에 대해 견뎌야 한다면, 유리에 가할 수 있는 최대응력은 처음 순간에 견딜 수 있는 최대응력의 1/3 정도이다.

11.10.3 물리적 성질

유리는 낮은 열전도도와 높은 전기저항성 및 절연강도를 갖고 있다. 열팽창계수는 금속이나 플라스틱에 비해 낮으며 거의 0에 가까운 것도 있다(표 3.3 참조). 예를 들어, 티타늄 실리케이트 유리(투명한 고실리카 합성유리)나 융해실리카(투명한 고순도 실리콘이산화물 비정질 합성유리)의 열팽창계수는 거의 영이다(그림 11.22 참조). 반사, 흡수, 투과, 굴절 등 유리의 광학적 성질은 조성과 처리에 따라 다르게 할 수 있다.

11.10.4 유리세라믹(glass ceramics)

유리는 비정질재료이지만, **유리세라믹**(예: Pyroceram, 상품명)의 미세구조는 고도의 결정질구조로 되어 있다. 유리세라믹은 각종 산화물을 대량 포함하므로 유리와 세라믹을 혼합한 듯한 성질을 가지며, 유리보다 강하다. 1957년에 처음 개발된 이 재료로 만드는 제품은 먼저 성형을 한 후 열처리를 통해 **재결정**(devitrification)시킨다. 투명한 다른 유리들과는 달리, 유리세라믹은 일반적으로 흰색이나 회색을 띤다.

유리세라믹의 경도는 약 520~650 HK 정도이고 열팽창계수가 0에 가까운, 열충격에 견디는 좋은 재료이고, 일반 세라믹에 흔히 생기는 기공이 없으므로 강하다. 유리세라믹의 성질은 그들의 조성을 바꾸거나 열처리기술로 개선될 수 있다. 유리세라믹은 주방기구, 가스터빈 엔진의 열교환기, 라돔(radome, 레이더 안테나의 하우징), 전기전자기기의 부품으로 이용된다.

11.11 유리의 가공

모든 유리의 가공과 성형은 붉은 색을 띠는 점성유체인 용융유리로부터 시작된다. 유리제품은 일반적으로 다음과 같이 분류된다.

(1) 두께 0.8~10 mm로 창문, 문, 테이블 등에 이용되는 **평판** 및 **후판**
(2) 화학물질, 네온등, 장식품 등에 이용되는 **봉재** 및 **튜브**(관재)
(3) 병, 꽃병, 헤드라이트, TV관 등의 **개별제품**
(4) 복합재료의 강화재용 및 광섬유용 **유리섬유**

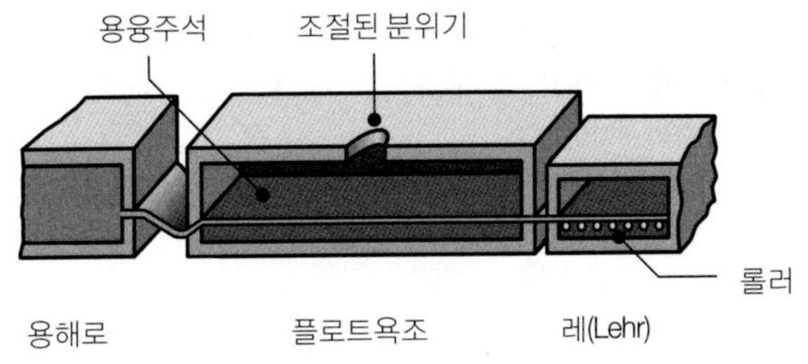

▶ **그림 11.32**
판유리를 성형하는 플로팅방법.

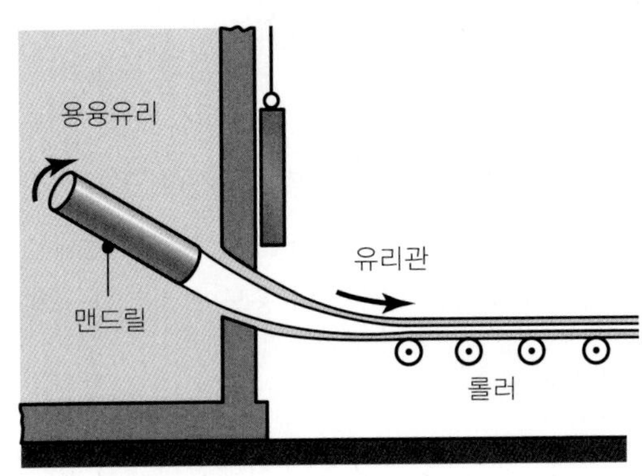

▶ **그림 11.33**
유리관의 제조공정. 맨드릴에 공기를 불어넣어 관이 붕괴되지 않도록 한다.

평판유리는 전통적으로 용융유리를 드로잉(drawing)이나 압연하여 만들었으나, 이제는 플로트(float)방법으로 만든다. **드로잉공정**은 용융유리를 롤 사이로 잡아당겨 평판을 만드는 방법으로, 응고중인 유리는 롤 사이에서 압착되어 평판으로 만들어지고 일련의 작은 롤들을 통과한다. **압연공정**에서는 용융유리가 구동롤 사이에서 압축되어 판재로 만들어진다. 이때 롤표면에 형상을 주면 그에 따라 유리표면에도 부조세공을 한 것처럼 가공된다. 드로잉이나 압연으로 생산된 유리는 표면이 거칠어서 판유리로 가공하려면 평행연삭 및 연마해야 한다.

1950년대에 개발된 **플로트방법**(그림 11.32)에서는 용해로에서 출탕된 용융유리를 분위기가 조절되고 용융주석이 담긴 통으로 보내 띄운 후, 레(lehr)라고 하는 다른 챔버에 있는 롤 위로 이동시켜 응고시킨다. **플로트유리**는 표면이 매끄러우므로 후속 연삭이나 연마가공이 필요하지 않다.

유리관은 그림 11.33에 나타낸 공정으로 생산된다. 이 작업에서는 용융유리가 회전하는 실린더 또는 원추모양의 맨드릴을 감싸면서 롤에 의해 뽑아진다. 이때 유리관이 붕괴되지 않도록 속이 빈 맨드릴을 통해 튜브 내부에 공기를 불어 넣어준다. 이 공정에 사용되는 기계에는 수직형, 수평형, 경사형이 있다. **유리봉**도 비슷한 방법으로 만들어진다.

연속섬유는 가열백금판에 나있는 많은 구멍(200~400개)을 통해 최고 500 m/s의 속도로 뽑아서 제조한다. 이 방법으로 최소직경 2 μm까지의 유리섬유를 만들며, 섬유표면을 보호하기 위해 곧바로 실란 같은 화학코팅을 한다. **열절연재**(glass wool)나 방음재로 사용되는 짧은 유리섬유는 **원심분무공정**(centrifugal spraying process)으로 만든다. 용융유리는 회전하는 헤드를 통해 섬유로 만들어지며 뿌려지고, 제조되는 섬유직경은 대략 20~30 μm 정도이다.

11.11.1 개별유리제품의 가공

개별 유리제품은 블로잉, 프레싱, 원심주조, 새깅 공정으로 가공한다.

■ **블로잉**(blowing) 블로잉공정은 병이나 플라스크 같이 내부가 비어있는 얇은 벽의 제품을 만드는 데 이용되며, 10.10.3절에 설명한 열가소성 플라스틱의 블로성형과 유사하다. 블로잉공정으로 유리병을 만드는 과정을 그림 11.34에 나타내었다. 이 공정에서는 공동부에 공기를 불어넣어 가열된 유리덩어리를 확장시켜 몰드벽면에 밀착시킨다. 몰드벽면은 유리가 눌러 붙는 것을 막기 위해 이형제(기름이나 유화액)로 피복한다. 성형이 끝나면 몰드를 열어서 제품을 꺼낸다. 이 공정으로 제조된 제품은 대부분의 용도에 적합한 표면

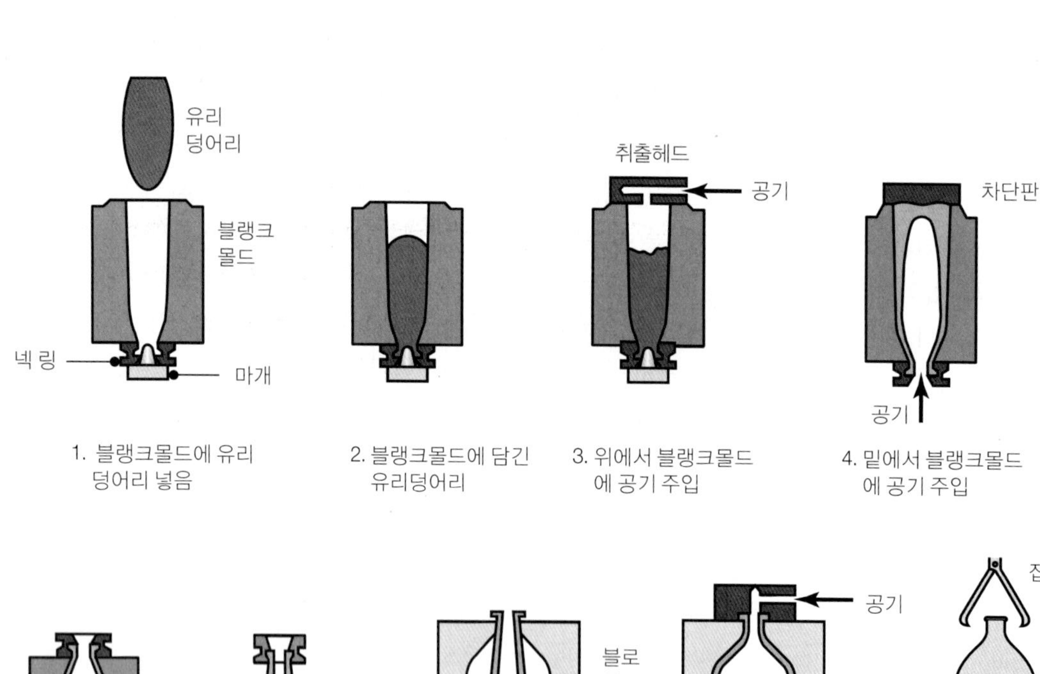

▲ **그림 11.34**

일반 유리병을 제조하는 과정.

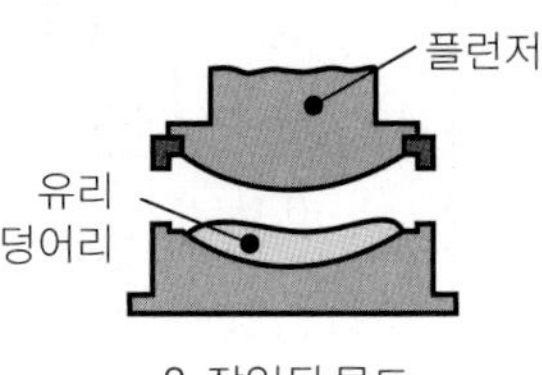

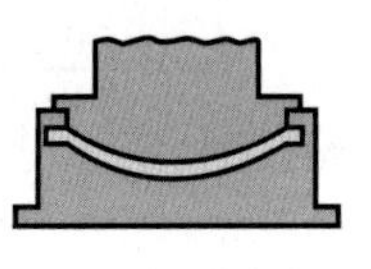

1. 빈 몰드 2. 장입된 몰드 3. 유리가압 4. 최종제품

▶ **그림 11.35**
몰드를 이용한 프레싱공정으로 유리제품을 제조하는 과정.

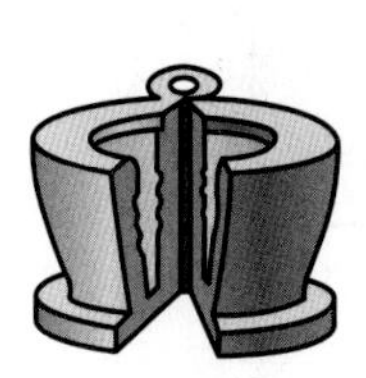
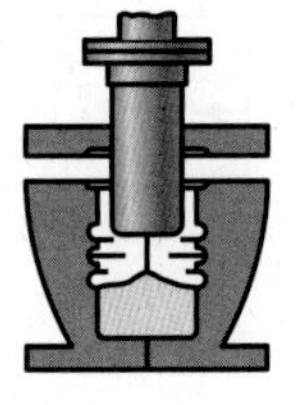

1. 빈 몰드 2. 장입된 몰드 3. 유리가압 4. 최종제품

▶ **그림 11.36**
분할몰드를 이용한 프레싱 공정.

을 갖는다. 제품의 벽두께를 조절하는 것이 쉽지 않지만, 생산속도가 높다. 전구는 자동화된 블로잉기계에 의해 분당 2000개 정도의 생산속도로 가공된다.

■ **프레싱**(pressing) 이 작업은 용융유리 덩어리를 금형에 올려놓고 플런저로 압축하여 원하는 모양으로 성형하는 방법이다. 이때 금형은 일체형(그림 11.35) 혹은 분리형을 사용한다(그림 11.36). 압축 후 응고된 유리는 금형과 플런저의 모양을 갖는다. 소재는 내부에서 구속되기 때문에, 이 방법으로 만들어진 제품은 블로잉 제품보다 치수정확도가 좋다. 그러나 프레싱은 얇은 벽을 갖는 제품이나, 병과 같이 플런저가 빠져나올 수 없는 모양의 제품에는 적용할 수 없다.

■ **원심주조**(centrifugal casting) 유리산업에서 스피닝(spinning)이라고 알려진 원심주조법은 금속의 원심주조와 유사하다(5.10.4절 참조). 용융유리는 원심력에 의해 주형벽면으로 밀착되면서 응고된다. TV관, 미사일코 부품 등이 전형적인 제품이다.

■ **새깅**(sagging) 얕은 접시모양의 제품이나 가볍게 양각된 유리제품을 성형하는 공정으로, 유리판재를 주형에 올려놓고 가열하면, 유리는 자중으로 주형의 모양대로 만들어진다. 이 공정은 열가소성 플라스틱의 열성형과 유사하지만 압력이나 진공을 작용시키지 않는다. 접시, 선글라스 렌즈, 망원경 거울, 조명기구 패널 등이 이 방법으로 만들어진다.

11.11.2 유리처리기술

유리는 열템퍼링, 화학템퍼링, 적층 등의 방법으로 강화될 수 있다. 유리제품은 어닐링이나 다른 마무리공정을 거칠 수도 있다.

1. **열템퍼링**(thermal tempering). 물리적 템퍼링 또는 칠(chill)템퍼링이라고도 하며, 뜨거운

▶ **그림 11.37**
표면에 압축잔류응력을 야기하여 강도를 향상시키는 단계와 템퍼링된 판유리에서의 잔류응력.

1. 가열된 유리, 응력 없음.

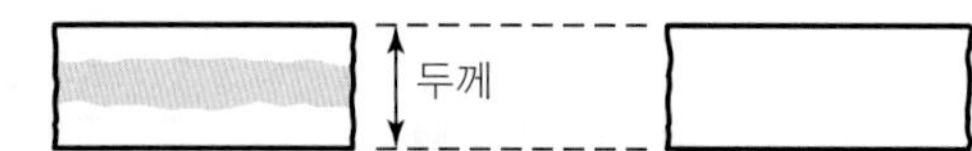

2. 표면급속냉각으로 표면은 수축하고 내부도 따라서 변형, 약간의 응력.

3. 내부냉각 및 수축으로 표면이 압축됨. 내부에는 인장응력.

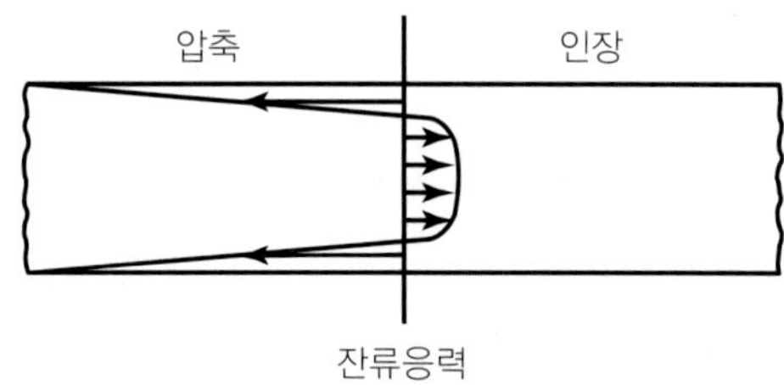

유리표면을 급랭하는 열처리법이다(그림 11.37 참조). 그 결과, 표면은 수축되고 나머지는 여전히 고온이므로 표면에 인장응력이 생긴다. 몸체가 냉각되면서 수축하면 응고된 표면은 압축되므로, 표면에는 압축잔류응력, 내부에는 인장응력이 걸린다. 표면의 압축응력은 유리의 강도를 증가시킨다. 열팽창계수가 크고 열전도도가 작을수록 잔류응력이 커지므로 유리는 강해진다. 열템퍼링은 비교적 짧은 시간에 행해지며(몇 분 정도) 대부분의 유리에 적용할 수 있다. 잔류응력으로 많은 에너지를 저장하기 때문에, **템퍼링된 유리**가 깨질 때는 여러 조각으로 갈라진다.

2. **화학템퍼링**(chemical tempering). 이 작업에서는 유리의 종류에 따라 용융된 KNO_3, K_2SO_4, 또는 $NaNO_3$ 용액에서 가열한다. 이때 유리표면에서 많은 수의 이온들이 교환되면서 크기가 큰 원자가 작은 원자를 대체하고, 그 결과로 표면에 압축잔류응력이 생긴다. 이때의 조건은 벽을 이루고 있는 벽돌 사이에 쐐기를 박아서 압축하중을 가하는 것과 비슷하다. 화학템퍼링은 열템퍼링에 비해 많은 시간이 필요하며(한 시간 정도), 여러 온도에서 작업이 가능하다. 저온에서는 뒤틀림이 작고 복잡한 모양에도 적용이 가능하고, 고온에서는 제품에 뒤틀림이 생기기도 하지만, 처리 후에는 제품강도의 손실 없이 고온에서도 사용할 수 있다.
3. **겹판유리**(laminated glass). 두 개의 유리평판 사이에 얇은 플라스틱 박판(보통 PVB, 폴리비닐 부티랄)을 넣어 강화시킨 유리이며, 이 방법을 **적층강화법**이라고 한다. 겹판유리는 깨지더라도 플라스틱 판에 의해 서로 붙어있게 된다. 자동차유리가 깨질 때 이러한 현상을 볼 수 있다.
4. **마무리작업.** 유리제품이 특정한 제품요건을 만족하도록 절삭, 드릴링, 연삭, 연마 같은 후속공정을 할 수 있다. 날카로운 모서리나 코너는 (1) 연삭이나(테이블이나 선반용 유리의 경우), (2) 토치로 가열하여(**가열연마**, fire polishing) 국부적인 연화와 표면장력으로 부드럽게 만든다.

금속제품과 마찬가지로 유리제품도 충분히 서랭되지 않으면 잔류응력이 생긴다. 잔류응력을 없애려면, 금속의 응력제거풀림처리와 비슷한 방식으로 어닐링하면 된다. 이 방법에서는 유리를 일정온도까지 가열한 후 천천히 냉각시킨다. 크기, 두께, 유리 종류 등에 따라 어닐링시간은 몇 분에서 길게는 10개월 정도까지(망원경에 사용되는 600 mm 반사경의 경우) 다양하다.

11.12 세라믹과 유리의 설계 고려사항

세라믹과 유리제품은 조성, 가공법, 마무리공정, 다른 부품과의 조립방법을 선택할 때 세심한 주의가 필요하다. 이때 인장강도의 부족, 결함민감도, 낮은 충격인성을 중요하게 고려하고, 이들 단점이 고경도, 상온/고온에서의 압축강도, 다양한 물리적 성질 같은 바람직한 특성들로 보상될 수 있는지를 검토해야 한다. 공정변수의 조절과 원료의 종류 및 불순물 수준도 중요하다. 다른 모든 설계 결정과정에서처럼, 필요한 생산개수와 공구, 장치, 인건비 같은 다양한 인자들을 고려해야 한다.

이들 재료의 가공법을 선택할 때는 가공 중의 치수 변화, 뒤틀림, 균열 가능성이 중요한 요소이다. 세라믹이나 유리부품이 조립품의 일부로 사용될 때는 다른 부품과의 적합성 또한 중요 고려사항이다. 이 경우에 특히 중요한 것은 열팽창(밀봉재의 경우)과 하중의 유형이다. 세라믹제품을 설계하는 데 있어서 잠재적인 파단 가능성은 항상 중요한 요소이다.

11.13 그래파이트와 다이아몬드

11.13.1 그래파이트(graphite, 흑연)

그래파이트는 조밀충전된 탄소원자 평면 혹은 판이 **층상구조**를 이루는 탄소결정체이다. 그래파이트는 여리지만 열 및 전기 전도도가 좋으며 열충격과 고온에 강하므로(500°C에서 산화 시작) 전극봉, 전열선, 모터 브러시, 고온용 고정구(fixture), 가열로 부품, 도가니, 금속 주조 시의 주형(그림 5.23의 예 참조), 밀봉재(저마찰특성과 높은 내마모성의 활용)에 이용된다. 연필심도 흑연과 진흙의 혼합물이다.

그래파이트는 열-중성자 흡수단면적이 작고 산란단면적이 넓어서 핵시설부품에 적합하다. 또한 화학물질에 대한 저항이 높아 부식성 유체의 필터로 이용된다. 그래파이트의 중요한 용도는 10.9.2절에 설명한 복합재료와 강화플라스틱의 **강화섬유**로 사용하는 것이다.

그래파이트는 층상구조로 인해, 층을 따라 전단력이 걸릴 때 매우 약해지고(그림 3.4 참조), 이로 인해 저마찰특성을 가지며, 고체윤활제로 사용된다(4.4.4절 참조). 그러나 저마찰특성은 공기 중 또는 습기가 있는 환경에서만 나타나고, 진공에서는 마모성이 있고, 윤활성이 좋지 않으며, 다른 재료와 달리 강도와 경도가 온도에 따라 증가한다.

그래파이트의 또 다른 구조는 축구공 모양의 탄소분자로, 이를 **버키볼**(buckyball, 다각형 돔구조물의 발명자인 Buckminster Fuller(1895~1983)의 이름을 딴 것) 또는 **풀러린**(fullerene)이라고 한다. 이 재료는 검댕으로부터 화학적으로 불활성인 구형분자를 만든 것으로 고체윤활제 입자로 작용하며, 금속과 혼합하면 초전도성을 나타내기도 한다. 다른 개발품으로 **탄소 세공물질**(microcellular carbon foam)이 있는데, 이는 기공이 균일하게 분산된 등방성 강도를 가진 물질로, 항공우주용 구조물의 강화부품으로 직접 성형되어 사용된다.

그래파이트는 입자크기에 따라 **산업용**, **미립자**, **초미립자**로 등급지어진다. 그래파이트의 기계적 성질은 세라믹제품에서처럼 입자크기를 줄임으로써 개선된다. 초미립 그래파이트는 구리를 용침시켜 방전가공기의 전극이나 가열로의 고정구로 사용되며, **비정질 그래파이트**는 도료용으로 쓰인다. 그래파이트는 일반적으로 몰딩, 성형, 굽기(baking)의 순서로 성형되고 최종형상으로 기계가공된다. 상업적으로는 다양한 크기의 정사각봉, 직사각봉, 환봉으로 사용할 수 있다.

■ **탄소나노튜브** 탄소나노튜브는 그래파이트판과 유사한 구조를 둥글게 만 것과 같으며, 직경은 몇 나노미터, 길이는 미크론 단위이다. 지금까지 여러 용도에 사용할 것으로 제안되었지만, 실제 상용화된 용도는 많지 않다. 현재 MEMS(미소전자기계시스템, 13.18절 참조)용 신소재로 활용하는 방안을 모색 중이다.

11.13.2 다이아몬드

탄소의 주요 형태인 **다이아몬드**는 공유결합구조를 갖고, 지금까지 알려진 재료 중 경도가 가장 높다(7000~8000 HK). 다이아몬드는 취성이 강하고 700°C 근처에서 분해되지만, 무산소 분위기에서는 보다 고온에서 견딘다. 다이아몬드는 경도가 높아서 (1) 단결정 또는 다결정 형태로 절삭공구(8.6.9절)나 (2) 연삭숫돌의 연삭입자(9.2절) 및 연삭숫돌의 드레싱(연삭입자를 예리하게 하는 작업, 9.5.1절)재료로 사용하며, (3) 세선(직경이 0.06 mm 이하, 6.5.3절)의 신선용 다이재료로도 사용된다.

인조 또는 **공업용 다이아몬드**는 1955년에 처음 합성되었고, 산업용으로 광범위하게 사용된다. 인조 다이아몬드를 만드는 한 가지 방법은 3000°C의 온도에서 14 GPa의 정수압을 가하는 것이다. 산업용 인조 다이아몬드는 자연산과 거의 동일하며, 불순물이 적기 때문에 오히려 더욱 뛰어난 성질을 나타낸다. 다양한 크기와 모양으로 사용되며, 가장 일반적으로 사용되는 연삭입자의 직경은 약 0.01 mm 정도이다. 보석수준의 품질이면서 천연산보다 전기전도도가 50배, 레이저손상에 대한 저항이 10배 이상 향상된 인조 다이아몬드가 개발되어 있다.

잠재적인 용도로는 정보통신 및 집적회로산업에서의 컴퓨터 열흡수원과 고출력레이저의 창 등이 있다. 다이아몬드 입자는 연삭작업에서의 성능을 향상시키는 피복재(니켈, 구리, 티타늄 등의 결합제와 함께)로 사용되기도 한다.

피복재로 사용되는 DLC(diamondlike carbon, 다이아몬드성 탄소, 4.5.1절에서 설명)은 내마모성이 높아서 절삭공구, 면도날, 고성능 자동차부품에 사용된다.

11.14 복합재료의 가공법과 용도

새로운 복합재료가 계속 개발되고 있으며, 폴리머, 금속, 세라믹은 다양한 종류와 형태로 강화섬유나 모재 양쪽에 모두 이용된다. 이 분야의 연구개발은 강도, 인성, 강성, 고온 저항성, 사용 시 특히 악조건 하에서의 신뢰도를 향상시키는 데 중점을 두고 있다.

11.14.1 금속모재 복합재료(MMC, metal-matrix composite)

금속모재의 장점은 폴리머모재에 비해 고온 저항성과 양호한 연성, 인성을 갖는 점이다. 그러나 밀도가 높고 공정이 까다롭다는 제약이 있다. 복합재료 모재금속은 알루미늄, 알루미늄-리튬, 마그네슘, 티타늄을 사용하며, 다른 금속들도 계속 연구되고 있다. 강화섬유 재료로는 그래파이트, 알루미늄산화물, 실리콘카바이드, 보론을 사용하며, 베릴륨이나 텅스텐도 사용가능하다.

알루미늄모재에 보론섬유로 강화시킨 복합재료는 비강성이 높고 경량이며 열전도도가 좋아서, 스페이스셔틀 우주왕복선의 구조용 튜브형 지지대에 사용된다. 다른 용도로는 자전거 프레임, 스포츠용품, 항공기 및 헬리콥터의 안정판 등이 있다. 금속모재와 강화섬유

표 11.10 금속모재 복합재료의 용도

강화섬유	모재	용도
그래파이트	알루미늄	위성, 미사일, 헬리콥터 구조물
	마그네슘	로켓 및 위성 구조물
	납	배터리판
	구리	전기접촉부 및 베어링
보론	알루미늄	압축기 블레이드 및 구조용 지지부품
	마그네슘	안테나 구조물
	티나늄	제트엔진 팬블레이드
알루미나	알루미늄	핵융합로의 초전도체 고정부품
	납	배터리판
	마그네슘	헬리콥터 변속기 구조물
실리콘카바이드	알루미늄, 티타늄	고온 구조물
	초합금(코발트기)	고온 엔진부품
몰리브덴, 텅스텐	초합금	고온 엔진부품

의 적절한 접합이 중요한 고려사항이다. 금속모재 복합재료는 가스터빈, 전기부품, 각종 구조용 부품에 이용된다(표 11.10 참조).

금속모재 복합재료를 준정형부품으로 가공하는 방법에는 다음과 같은 세 가지가 있다.

1. **액상가공법**은 액상모재와 고상강화재를 일반 주조법이나 가압-함침 주조법으로 주조하는 방법이다. 후자의 경우는 압력기체를 사용하여 액상모재금속을 강화섬유 예비성형체(판재나 선재 형태)에 가압하여 함침시킨다.
2. **고상가공법**은 분말야금기술과 냉간 및 열간 균형압축기술을 사용한다. 강화섬유를 모재에 균질하게 분포시키려면 구성성분을 잘 혼합하는 것이 중요하다. 이 기술을 사용하여 코발트를 모재재료로 한 텅스텐카바이드 공구 및 다이를 가공하는 것을 예 11.6에서 설명하였다. 위스커나 섬유강화재를 사용하는 복잡한 MMC 부품을 만들 때는 부품 안에서 강화재의 분포 및 배향이 적절해야 하므로, 금형설계와 공정변수의 조절이 매우 중요하다. 분말야금기술로 제조된 MMC 부품은 열처리를 통해 최적의 성질을 얻을 수 있다.
3. **이상**(two-phase)**가공법**은 5.10.6절에서 설명한 **용탕단조**(rheocasting)공정과 **입자용사법**(spray atomization and deposition)으로 구성된다. 후자의 경우에는 강화섬유를 액상과 고상이 섞인 모재와 혼합시킨다.

예 11.10 알루미늄모재 복합재료로 만든 브레이크 캘리퍼

자동차의 설계와 가공에서의 한 가지 경향은 성능과 연비를 향상시키고자 경량설계를 많이 채택하는 것이다. 이 경향은 브레이크 캘리퍼를 금속모재 복합재료로 대체하여 개발하는 것에서 볼 수 있다. 브레이크 캘리퍼는 전통적으로 주철로 만들며, 소형차의 경우 3 kg, 트럭의 경우에는 14 kg까지 무게가 나간다. 주철제 캘리퍼를 완전히

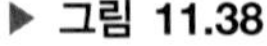
▶ 그림 11.38

알루미늄모재 복합재료로 만든 브레이크 캘리퍼. 나노결정체 알루미나섬유 보강재를 사용함.

재설계하여 중량절감을 하고자 알루미늄을 고려하였으나, 재료부피가 많이 필요하여 바퀴와 브레이크판 사이의 공간에 설치하기가 곤란하였다.

세라믹 연속섬유를 사용한 복합재료 인서트(미리 주조)로 알루미늄합금을 보강한 브레이크 캘리퍼를 새로 설계하였다(그림 11.38). 강화섬유는 직경 10~12 μm인 나노결정체 알루미나섬유(UTS = 3100 MPa, 밀도 = 3.9 g/cm^3)로, 섬유의 체적분율은 65%이다. 결과적인 금속모재 복합재료는 인장강도 1500 MPa, 밀도 3.48 g/cm^{3}이다. 유한요소해석으로 설계안이 최소설계요건을 초과하며, 제한된 공간에서 주철제 캘리퍼와 비슷한 변형량을 보임을 확인하였다. 개발된 브레이크 캘리퍼는 50%의 중량절감과 함께 내부식성, 재활용 용이성 같은 추가 이점을 가져다주었다.

11.14.2 세라믹모재 복합재료(CMC, ceramic-matrix composite)

세라믹모재 복합재료는 최근에 개발된 중요한 공업재료이다. 앞서 기술한 바와 같이, 세라믹은 강도와 강성이 높고 고온에 강하지만, 일반적으로 인성이 부족하다. 반면에, 실리콘카바이드, 실리콘질화물, 알루미늄산화물, 멀라이트(알루미늄, 실리콘, 산소의 화합물) 같은 모재재료는 1700°C에서도 강도를 유지한다. 또한 비록 고온에서 산화저항성이 떨어지긴 하지만, 탄소섬유-탄소모재 복합재료는 2500°C까지 강도를 유지한다. 세라믹모재 복합재료는 제트엔진, 자동차엔진, 해저 탐사장비, 압력용기, 각종 구조용 부품에 쓰이고 있다.

세라믹모재 복합재료의 가공에는 아래에 소개하는 몇 가지 방법이 사용된다.

1. **슬러리용침**(slurry infiltration)은 가장 일반적인 방법으로, 강화섬유 예비성형체를 열간가압한 후, 모재분말과 운반액체, 유기질 결합제를 섞은 슬러리를 함침시키는 방법이다. 이 공정으로 강도와 인성이 높고 균일한 조직을 갖는 제품을 얻을 수 있지만, 사용하는 모재재료의 용융온도가 낮기 때문에 고온성질에 제약을 받는다. 이 기술을 개선한 것으로 슬러리의 **반응결합**(reaction bonding 혹은 reaction sintering)기술이 있다.
2. **화학합성공정**은 졸-겔 및 폴리머 중간화합물 기술을 이용한다. **졸-겔공정**에서는 졸(sol, 액체가 연속상인 콜로이드상 유체)에 강화섬유를 포함시켜 겔로 변환시킨 후, 열처리를 통해 세라믹모재 복합재료를 제조한다. **폴리머 중간화합물** 방법은 세라믹섬유를 제조하는 방법과 유사하다.
3. **화학적 증기용침**(chemical vapor infiltration)은 섬유질 예비성형체(다공성)에 화학적 증착기술(4.5.1절 참조)로 모재상을 용침시키는 방법이다. 제품의 고온성질이 우수하지만, 공정비용이 높고 시간이 많이 걸린다.

이들 공정 외에도 용탕함침, 조절산화, 열간가압소결 등의 신기술(아직 실험단계임)이 복합재료의 성질과 성능을 개선하기 위해 광범위하게 개발되고 있다.

11.14.3 기타 복합재료

기타 복합재료 몇 가지를 아래에 설명한다.

1. 복합재료는 기지 금속과 기지재(substrate)에 다양한 종류의 **코팅**을 함으로써 만들어지기도 한다. 플라스틱에 알루미늄이나 다른 금속을 장식용으로 도금하거나, 금속에 에나멜(기원전 1000년경부터 사용)이나 유리성 물질을 기능적 혹은 장식의 목적으로 입혀서 여러 용도로 사용한다(4.5절 참조).
2. 또 다른 복합재료의 예로 **GLARE**(glass-reinforced fiber-metal laminate)를 들 수 있으며, 이는 항공기 날개, 동체단면, 꼬리날개 표면, 에어버스 A380의 문에 사용된다. GLARE는 여러 층의 알루미늄 사이로 유리섬유로 강화된 에폭시모재 층(프리프래그 형태)을 끼워 넣은 것으로, 기존의 항공우주재료에 비해 중량이 절감되고, 내충격성과 내피로성이 향상된 장점이 있다.
3. 텅스텐카바이드, 티타늄카바이드에 코발트와 니켈을 각각 결합제로 하여 절삭공구나 다이에 사용하는 **초경합금**은 복합재료의 일종이다(8.6절 참조). 공구재료로 사용하는 서멧도 복합재료의 일종이다.
4. 각종 유기질, 무기질, 금속결합제로 알루미늄산화물, 실리콘카바이드, 다이아몬드, 큐빅보론질화물 연삭입자를 결합시킨 **연삭숫돌**도 복합재료에 속한다(9장 참조).
5. 또 다른 복합재료로 에폭시모재를 화강암 입자로 강화시킨 것이 있다(8.13절 참조). 이 재료는 높은 강도와 좋은 진동감쇠능(회주철보다 우수), 뛰어난 마찰특성 등을 갖고 있으므로 일부 정밀연삭기의 공작기계 베드에 이용된다.

11.15 초전도체의 가공

초전도체(3.9.6절)는 전력을 발전, 저장, 배전함에 있어서 에너지를 크게 절약할 수 있는 잠재력을 갖고 있지만, 실용적인 용도에 맞는 형상과 크기로 가공하기가 매우 어렵다. 초전도체에는 두 가지 유형이 있다. 그 하나는 **저온초전도체**(LTSC, low-temperature superconductor)인 금속으로 니오븀, 주석, 티타늄을 조합하여 만들어지고, 다른 하나는 **고온초전도체**(HTSC, high-temperature superconductor)인 세라믹으로 각종 구리산화물로 만들어진다. 여기서 고온이라 함은 실온을 의미하며, HTSC가 보다 실용적으로 사용될 수 있다.

세라믹 초전도재료는 분말 형태로 얻는다. 이를 가공할 때의 어려움은 이 재료가 본질적으로 취성과 이방성을 갖고 있어서 효율이 높은 방향으로 결정립을 정렬하기가 까다롭

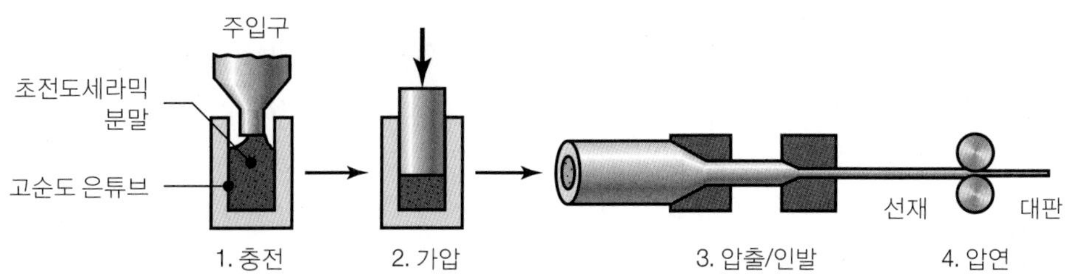

▶ **그림 11.39**
튜브사용 분말가공법의 각 단계 개략도.

다는 데 있다. 특히 결정립도가 작을수록 결정립을 정렬하기가 어렵다.

초전도체의 가공법은 다음 단계로 이루어진다.

1. 분말을 준비하고 혼합하여 볼분쇄기로 0.5~10 mm의 결정립도로 분쇄
2. 성형
3. 열처리를 통한 결정립 정렬

가장 많이 사용되는 성형방법은 그림 11.39에 나타낸 **OPIT**(oxide powder in tube, 튜브사용 분말가공법)이다. 이 작업에서는 분말을 은튜브(은의 전기전도도는 모든 금속 중에서 최고임)에 담고 양 끝을 막아서 기계적으로 가공하여(스웨이징, 인발, 압출, 균형압축, 압연 등) 선재, 테이프, 코일, 덩어리 형태의 최종형상으로 만든다. 초전도체를 가공하는 다른 방법으로는 (1) 은선에 초전도재료를 피복, (2) 레이저융제(레이저가열로 재료층이 표면에서 녹아 없어지면서 열을 빼앗아가는 현상)법으로 초전도박막을 용착, (3) 칼날공정(11.9.1절 참조), (4) 폭발접합(12.11절 참조), (5) 화학용사법이 있다.

사례연구 | 밸브리프터(valve lifter)의 열간균형압축

HIP 공정으로 클래딩시킨 밸브리프터(그림 11.40)는 중형 및 대형 트럭의 디젤엔진에 모두 사용된다. 무게가 0.2 kg인 밸브리프터는 캠축 위에 설치되어 엔진밸브를 여닫는 역할을 한다. 따라서 윗면은 내마모성을 가진 텅스

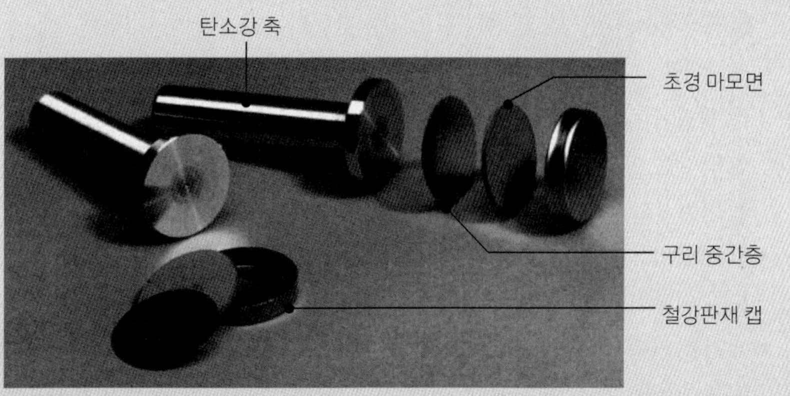

▶ **그림 11.40**
강력 디젤엔진의 밸브리프터. 탄소강 축에 초경 캡을 열간균형압축하여 만든다.

텐카바이드, 축은 피로저항을 가진 탄소강으로 제작하는 것이 바람직하다. HIP 밸브리프터가 개발되기 전에는 노내경납접(12.13.2절)으로 부품을 제작하였지만, 작동 중에 파단되는 일이 종종 발생하였고 스크랩 비율이 비교적 높은 편이었다. 이 부품은 연간 40만 개 이상 생산되어야 하므로 스크랩 비율이 높으면 곤란하다.

HIP 공정으로 클래딩한 제품은 9% Co 결합제를 사용한 텅스텐카바이드 윗면(분말가공으로 압축 및 소결하여 제조), WC 원판을 덮는 철강판재 캡, 구리합금 박판층, 탄소강 축으로 구성된다. 철강판재 캡을 전자빔으로 탄소강 축에 용접하여(12.5절 참조), 조립된 부품 전체를 열간균형압축하여 접합강도를 높인다. HIP 작업은 1010°C에서 100 MPa의 압력을 가하여 수행한다. 텅스텐카바이드 면은 밀도 14.52~14.72 g/cm^3, 경도 90.8 ± 5 HRA, 최소횡파단강도 2450 MPa를 나타내었다.

이차작업으로, 윗면을 연삭하여 돌출된 철강판재 캡을 제거하고 내마모성을 가진 텅스텐카바이드 면이 노출되도록 한다. HIP 접합의 신뢰성은 매우 높아 스크랩 비율을 0.2% 이하로 감소시켰다. 전면 생산한지 4년이 경과한 시점에서 아직 작동중의 파단이 일어나지 않았으며, 열간균형압축 작업을 적용한 덕분에 생산원가를 크게 낮출 수 있었다.

내용 요약

SUMMARY

- 분말야금공정은 각종 금속 및 합금분말을 이용하여 비교적 치수공차가 작은 복잡한 형상의 부품을 정형 혹은 준정형으로 제조할 수 있는 경제적인 방법이다. (11.1절)
- 분말야금공정은 분말제조, 혼합, 압축, 소결의 순서로 이루어지며, 이후에 치수정확도, 표면정도, 기계적/물리적 성질, 외관 등을 개선하는 추가공정을 한다. (11.2~11.5절)
- 분말야금공정의 설계에는 압축된 부품의 형상, 압축생형의 손상 없는 이형과정, 용도에 따른 허용치수공차 등을 고려해야 한다. (11.6절)
- 분말야금공정은 비교적 소형부품을 중간량 내지 대량생산할 때 적합한 방법으로 다른 가공방법에 대하여 경쟁력을 가진다. (11.7절)
- 세라믹은 고온에서 경도와 강도가 높고, 탄성계수가 크며, 취성, 저인성, 저밀도, 낮은 열팽창계수, 낮은 열 및 전기 전도도를 갖는다. (11.8절)
- 세라믹을 성형하는 세 가지 기본공정으로 주조, 소성성형, 프레싱이 있다. 성형된 제품은 적절한 강도를 갖도록 건조시키고 굽는다. 제품이 최종형상을 갖도록 기계가공이나 연삭 같은 마무리공정이 필요한 경우가 있고, 특정 성질을 개선하려면 제품에 표면처리를 한다. (11.9절)
- 모든 상업용 유리는 조성별로 여섯 가지 유형 중 하나에 속한다. 덩어리 형태 유리는 강도가 비교적 낮지만, 열 및 화학적 처리를 통해 강도와 인성을 높일 수 있다. (11.10절)
- 유리를 연속 제조하는 방법에는 플로팅, 드로잉, 압연이 있다. 개별 유리제품은 블로잉, 프레싱, 원심주조, 새깅 등의 방법으로 가공한다. 유리제품은 일차가공 후에 열 혹은 화

학 템퍼링, 적층강화 등의 방법으로 강도를 향상시킬 수 있다. (11.11절)

- 세라믹 및 유리의 공정설계에는, 일반적으로 인장강도와 인성이 부족하고 표면 및 내부 결함에 민감하다는 점을 고려해야 한다. 다른 부품과 조립되어 제품이 제조되는 경우에는 뒤틀림이나 균열이 매우 중요하게 고려되어야 한다. (11.12절)
- 그래파이트, 버키볼, 다이아몬드는 매우 특이한 성질을 보이는 탄소 형태이다. 이들 재료는 독특한 용도에 사용된다. (11.13절)
- 금속모재 복합재료나 세라믹모재 복합재료는 특유의 성질로 인해 점점 사용범위가 넓어지고 있다. 금속모재 복합재료는 액상, 고상, 이상 공정을 통해 제조되며, 세라믹모재 복합재료는 슬러리용침, 합성, 화학적 증기용침 등의 방법으로 제조된다. (11.14절)
- 초전도재료는 이방성과 함께 본질적인 취성을 가지므로 유용한 제품으로 제조하기가 어렵다. 다른 가공법도 개발되고 있지만, 초전도재료를 가공하는 기본적인 방법은 분말을 은튜브로 싸서 원하는 형상으로 소성변형시키는 것이다. (11.15절)

수식 요약 — SUMMARY OF EQUATIONS

- 분말입자의 형상인자: $k = \left(\frac{A}{V}\right) D_{eq}$
- 분말압축 시 압력분포: $p_x = p_o e^{-4\mu kx/D}$
- 소결 후 체적: $V_{소결} = V_{생형}\left(1 - \frac{\Delta L}{L_o}\right)^3$
- 생형의 밀도: $\rho_{생형} = \rho_{소결}\left(1 - \frac{\Delta L}{L_o}\right)^3$
- 인장강도: $\text{UTS} \simeq \text{UTS}_o e^{-nP}$
- 탄성계수: $E \simeq E_o(1 - 1.9P + 0.9P^2)$
- 열전도도: $k = k_o(1 - P)$

참고문헌 — BIBLIOGRAPHY

분말야금

ASM *Handbook*, Vol. 7: *Powder Metal Technologies and Applications*, ASM International, 1998.

German, R.M., *A-Z of Powder Metallurgy*, Elsevier, 2006.

______, *Powder Metallurgy and Particulate Materials*

Processing, Metal Powder Industries Federation, 2005.

______, and Bose, A., *Injection Molding of Metals and Ceramics*, Metal Powder Industries Federation, 1997.

Karlsson, L. (ed.), *Modeling in Welding, Hot Powder Forming and Casting,* ASM International, 1997.

Pease III, L.F., and West, W.G., *Fundamentals of Powder Metallurgy*, Metal Powder Industries Federation, 2002.

Powder Metallurgy Design Guidebook, American Powder Metallurgy Institute, revised periodically.

Powder Metallurgy Design Manual, 3rd ed., Metal Powder Industries Federation, 1998.

Upadhyaya, G.S., *Sintering Metallic and Ceramic Materials: Preparation, Properties and Applications*, Wiley, 2000.

세라믹 및 기타 재료

Barsoum, M.W., *Fundamentals of Ceramics*, McGraw-Hill, 1996.

Buchanan, R.C., *Ceramic Materials for Electronics: Processing, Properties, and Applications*, 3rd ed., Dekker, 2004.

Cranmer, D.C., and Richerson, D.W., *Mechanical Testing Methodology for Ceramic Design and Reliability*, Dekker, 1998.

Harper, C.A. (ed.), *Handbook of Ceramics, Glasses, and Diamonds*, McGraw-Hill, 2001.

Holand, W., and Beall, G.H., *Design and Properties of Glass-Ceramics*, American Chemical Society, 2001.

Jahanmir, S., *Friction and Wear of Ceramics*, Dekker, 1994.

King, A.G., *Ceramics Processing and Technology*, Noyes Pub., 2001.

Lu, H.Y., *Introduction to Ceramic Science*, Dekker, 1996.

Prelas, M.A., Popovici, G., and Bigelow, L.K. (eds.), *Handbook of Industrial Diamonds and Diamond Films*, Dekker, 1997.

Rahaman, M.N., *Ceramic Processing Technology and Sintering*, Dekker, 1996.

Reed, J.S., *Principles of Ceramics Processing*, 2nd ed., Wiley, 1995.

Richerson, D.W., *Modern Ceramic Engineering: Properties, Processing, and Use in Design*, 3rd ed., Dekker, 2005.

Wilks, J., and Wilks, E., *Properties and Applications of Diamond*, Butterworth-Heinemann, 1991.

복합재료

ASM Engineered Materials Handbook, Desk Edition, ASM International, 1995.

ASM Handbook, Vol. 21: *Composites*, ASM International, 2001.

Belitskus, D.L., *Fiber and Whisker Reinforced Ceramics for Structural Applications*, Dekker, 2004.

Chawla, K.K., *Composite Materials*, 2nd ed., Springer, 1998.

______, *Ceramic Matrix Composites*, 2nd ed., Springer, 2003.

Gutowski, T.G. (ed.), *Advanced Composites Manufacturing*, Wiley, 1997.

Hoa, S.V., *Computer-Aided Design for Composite Structures*, Dekker, 1996.

Mallick, P.K. (ed.), *Composites Engineering Handbook*, Dekker, 1997.

Ochiai, S., *Mechanical Properties of Metallic Composites*, Dekker, 1994.

복습문제

QUESTIONS

분말야금

11.1 P/M 제품을 만드는 과정에서, 금속분말을 혼합시킴으로써 얻는 장점은 무엇인가?

11.2 분말금속의 가공에서 생형강도가 중요한 이유는 무엇인가?

11.3 금속분말의 사출성형이 중요한 가공법으로 부각되는 이유를 설명하여라.

11.4 소결이 진행될 때 일어나는 현상을 설명하여라.

11.5 기계적 합금이란 무엇이며, 이 방법이 5.2절에 설명한 전통적인 금속의 합금에 대하여 갖는 장점은 무엇인가?

11.6 P/M 제품에 다양한 수지를 금속처럼 용침시키는 것도 가능하다. 용침된 제품에서 얻을 수 있는 이점에는 무엇이 있는지, 예를 들어 설명하여라.

11.7 P/M 부품을 전기도금할 때의 주의사항에는 무엇이 있는지 설명하여라.

11.8 P/M 가공에서 금속분말의 형상이나 크기가 주는 영향을 입자의 형상지수(SF)를 포함시켜 설명하여라.

11.9 그림 11.6에 나타낸 곡선의 모양과 그들의 상대적인 위치에 대하여 이유를 설명하여라.

11.10 압축생형을 소결온도로 가열할 때는 천천히 가열해야 하는가, 아니면 급히 가열해야 하는가? 이유를 설명하여라.

11.11 P/M 제품을 만들 때 미세분말 혹은 조대분말을 사용하는 경우, 각각의 영향을 설명하여라.

11.12 분말가공에 사용하는 펀치나 다이재료에 필요한 성질은 제6장에 설명한 단조나 압출의 경우와 다른지에 대하여 설명하여라.

11.13 냉간균형압축과 열간균형압축의 상대적인 장단점을 설명하여라.

11.14 P/M 제품의 기계적 성질이나 물리적 성질이 밀도에 따라 변하는 이유를 설명하여라.

11.15 그림 11.7d에서처럼 다수의 펀치를 사용하여 압축하려면 어떤 종류의 프레스가 필요한가(제6장 및 제7장 참조)?

11.16 함침(impregnation)과 용침(infiltration)의 차이를 설명하고, 적용되는 용도의 예를 들어라.

11.17 공구강을 P/M 기술로 만든다면, 주조 및 후속 금속가공기술을 사용하던 기존의 방법에 대하여 어떤 장점을 갖는지 설명하여라.

11.18 압축압력과 소결온도가 분말금속의 종류에 따라 달라야 하는 이유를 설명하여라.

11.19 각종 분말제조방법을 열거하고, 각 방법으로 제조된 분말입자의 형상을 설명하여라.

11.20 P/M 가공에는 위험요소가 있다고 하였다. 각 위험요소의 원인을 설명하여라.

11.21 금속분말의 입도분류(screening)란 무엇이며, 왜 하는지 설명하여라.

11.22 압축금속분말의 밀도에 편차가 생기는 이유는 무엇이며, 편차는 어떻게 줄일 수 있는가?

11.23 P/M 가공은 주조나 단조 같은 다른 가공법에 대하여 경쟁력이 있다고 하였다. 기술적, 경제적 장점을 언급함으로써 그 이유를 설명하여라.

11.24 10.12.4절에 설명한 레이저 선별소결법(SLS)은 신속조형기술에 해당한다. 레이저 선별소결이 이 장에 설명된 공정들과 유사점을 갖는지 설명하여라.

11.25 P/M 가공작업의 다양성을 보여주는 그림 6.28과 유사한 개략도를 작성하여라.

세라믹 및 기타 재료

11.26 세라믹, 금속, 열가소성 플라스틱, 열경화성 플라스틱 간의 주요 차이점을 기술하여라.

11.27 세라믹이 압축보다 인장에 약한 이유는 무엇인가?

11.28 세라믹의 기공률이 증가하면 기계적 성질이나 물리적 성질이 저하되는 이유를 설명하여라.

11.29 세라믹이 금속과 달리 고온에서도 탄성계수를 유지한다는 점은 어떤 공업적 용도에 도움을 줄 수 있는가?

11.30 표 11.7에 주어진 기계적 성질에 대한 자료는 그 범위가 넓다. 그 이유를 설명하고, 공업적인 중요성을 검토하여라.

11.31 금속부품을 세라믹부품으로 대체하고자 할 때 고려해야 할 인자를 나열하고 설명하여라. 가능한 대체 부품의 예를 들고, 부품의 형상과 크기에 대하여 언급하여라.

11.32 세라믹의 인성을 증대시키는 방법에는 어떤 것이 있는가?

11.33 정적피로를 중요하게 고려해야 할 용도나 조건을 들어라.

11.34 대형 세라믹제품을 만드는 데 따르는 문제점을 설명하여라. 이들 문제점을 극복하려면 어떻게 해야 하는지 제안하여라.

11.35 세라믹이 8.6절에 설명한 절삭공구재료로 효과적인 이유는 무엇인지 설명하여라. 세라믹은 금속가공용 다이재료로도 적합한가?

11.36 세라믹재료 중 열팽창계수가 거의 영인 재료가 적합하게 쓰일 수 있는 용도를 들어라.

11.37 세라믹모재 부품을 개발하는 이유를 설명하여라. 이러한 부품이 현재 및 미래에 사용될 가능한 용도를 몇 가지 들어라.

11.38 세라믹부품의 건조과정에서 중요한 인자를 열거하고, 그 인자들이 중요한 이유를 설명하여라.

11.39 유리의 열팽창계수가 높고 열전도도가 낮을수록 가공 중에 높은 수준의 잔류응력이 생긴다. 그 이유를 설명하여라.

11.40 세라믹에 적용되는 마무리작업에는 어떤 것이 있으며, 그러한 작업이 필요한 이유는 무엇인가?

11.41 볼분쇄기(그림 11.26b 참조)에 사용되는 금속구에 필요한 성질은 무엇인가? 이러한 성질이 중요한 이유를 설명하여라.

11.42 유리의 어떤 성질로 인해, 유리를 가공할 때 불어서 확장시키면서 병모양으로 제조할 수 있는가? 제7장에서 설명한 금속판재성형작업 중에 유사한 공정이 있는지 설명하여라.

11.43 자동차 앞유리 같은 겹판유리에 사용되는 플라스틱 판은 어떤 성질을 가져야 하는지 설명하여라.

11.44 자신에게 익숙한 세라믹제품의 예를 몇 개 들고, 그 제품들이 만들어졌을 가공방법과 순서에 대하여 요약하여라.

11.45 유리의 열(물리적)템퍼링과 화학템퍼링 간의 차이점은 무엇인가?

11.46 그림 11.27d에 나타낸 작업을 하는 목적은 무엇이라고 생각하는지 설명하여라.

11.47 사출성형은 플라스틱, 분말금속, 세라믹에 모두 적용되는 공정이다. 사출성형이 이렇게 다른 유형의 재료들에 모두 적합한 이유는 무엇인가?

11.48 유리의 강화기구와 다른 금속 및 비금속 재료의 강화기구 간에는 어떤 유사성이 있는지 구체적인 예를 들어 설명하여라.

11.49 다음에 열거한 평면제품이 큰 돌에 맞아서 파괴될 때의 양상을 설명하고, 각 차이점에 대한 이유를 말하여라.

(1) 일반 유리창
(2) 템퍼링된 유리
(3) 겹판유리

11.50 이 장에 설명된 공정들과 제5장에서 제10장까지 소개된 공정들 간의 유사점과 차이점에 대하여 설명하여라.

11.51 칼날공정이란 무엇이며, 개발된 이유는 무엇인가?

11.52 유리판재의 제조방법에 대하여 설명하여라.

11.53 금속분말과 세라믹분말을 제조할 때, 유사점과 차이점을 기술하여라. 유리분말을 제조하려면, 두 방법 중 어떤 방법이 적합한지 설명하여라.

11.54 유리섬유는 어떻게 제조되는가? 유리섬유의 다양한 용도를 나열하고 설명하여라.

11.55 다이아몬드를 세라믹의 한 종류라고 생각하는지 설명하여라.

11.56 사출성형, 금속사출성형, 세라믹사출성형 간의 유사점과 차이점은 무엇인가?

11.57 알루미늄산화물과 부분안정 지르코니아(PSZ)는 보통 흰색을 띤다. 이들 재료가 색상을 띨 수 있는가? 있다면 어떤 방법으로 가능한가?

11.58 세라믹은 금속에 비해 인장을 받을 때의 강도범위가 넓다고 하였다. 그 이유를 나열하여라.

연습문제

PROBLEMS

11.59 입자크기가 50 μm인 철분말 500 g에 포함된 입자의 수를 계산하여라.

11.60 구리입자 표면에 0.1 μm 두께의 산화층이 덮여 있다고 하자. 직경이 75 μm인 구리분말입자에서 산화층이 차지하는 체적은 얼마인가? 이 산화층이 분말금속의 후속가공에서 하는 역할이 무엇인지 설명하여라.

11.61 다음과 같은 입자의 형상지수(SF)를 구하여라.
(1) 표면적 대 두께비가 12:12:1인 편상입자
(2) 세 방향 축비가 5:2:1인 타원체(ellipsoid)

11.62 3.3절에서 취성파괴에너지는 표면에너지로 소산된다고 하였다. 분말제조방법 중 분쇄법은 취성파괴를 이용하는 것이라고 할 때, 직경이 각각 1, 10, 100 μm인 구형분말을 제조하는 데 필요한 상대적인 에너지를 비교하여라.

11.63 그림 11.6a를 참조하여, 완전밀도를 가진 직경 25 mm, 높이 15 mm의 원기둥을 만드는 데 필요한 느슨한 미세 철분말의 체적을 계산하여라.

11.64 그림 11.7e에서, 압축생형의 직경을 따라 압력이 변함을 볼 수 있다. 그 이유를 설명하여라.

11.65 다음과 같은 공정변수 범위에 대하여 압력비 p_x/p_o 곡선군을 x의 함수로 작도하여라.

$$\mu = 0\text{~}1,\ k = 0\text{~}1,\ D = 5\text{~}50 \text{ mm}$$

11.66 한 변의 길이가 a인 정사각형 다이를 사용하여 압축할 때, 식 (11.2)와 유사한 식을 유도하여라.

11.67 예 11.7에서, (1) 굽고 난 후의 기공률이 9%가 되는 건조공정 후의 기공률과 (2) 건조 및 굽기 공정 동안의 선수축률이 각각 8%, 7%일 때, 제품의 최초길이 L_o를 계산하여라.

11.68 문제 11.67에서, 값들이 모두 절반으로 주어질 때 답은 어떻게 달라지는가?

11.69 세라믹에 대하여 UTS, E, k 값을 기공률 P의 함수로 작도하고, 각 성질에서 관찰할 수 있는 경향을 설명하여라.

11.70 알루미늄 분말 1 g의 표면적을 입자크기의 자연로그의 함수로 작도하여라.

11.71 문헌조사를 수행하여 입자화 챔버에서 제조되는 금속분말의 최대크기를 알아보아라.

11.72 조대한 구리분말을 기계프레스에서 2812.3 kg/cm^{2}의 압력으로 압축하였다. 후속되는 소결과정에서 생형부품은 추가로 8% 수축하였다. 부품의 최종밀도는 얼마인가?

11.73 철분말을 사용하여, 최종밀도가 주철의 90%인 기어를 제조하고자 한다. 소결과정에서의 수축은 대략 5%인 것으로 알려졌다. 직경 6.35 cm, 허브 1.905 cm인 기어의 제조에 필요한 프레스하중을 계산하여라.

11.74 문제 11.73에서 기어의 두께가 1.27 cm인 경우, 필요한 분말의 체적을 계산하여라.

11.75 아래 그림의 축대칭부품을 미세한 구리분말로부터 압축 및 소결하여 200 MPa의 인장강도를 갖도록 하려고 한다. 압축생형의 체적이 8 cm^{3}일 때, 필요한 압축하중과 초기분말의 체적을 구하여라.

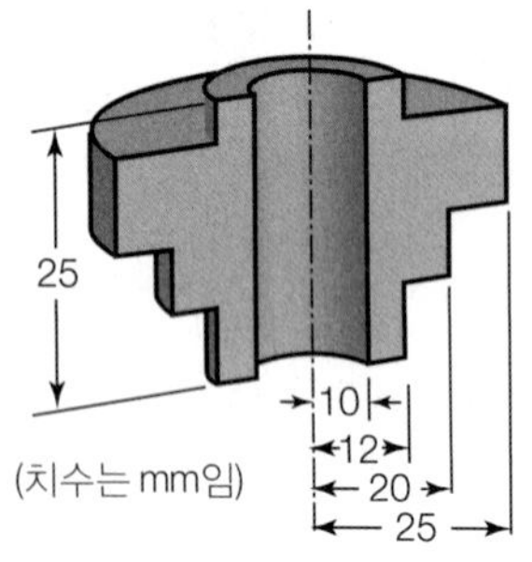

11.76 초전도체 단선필라멘트를 제조하는 데 사용할 수 있는 방법으로, 튜브사용법(powder-in-tube) 이외에 어떤 기술이 있는지 설명하여라.

11.77 그림 11.1a에 나타낸 부품들을 제조할 수 있는 다른 방법들에 대하여 설명하여라. 제시한 각 방법을 P/M과 비교하여 장점과 한계를 언급하여라.

11.78 완전밀도 세라믹의 성질이 UTS_o = 180 MPa, E_o = 300 GPa라고 한다. 기공률 20%일 때, 이들 성질을 n = 4, 5, 6, 7인 경우에 각각 구하여라.

11.79 k_o = 0.7 W/m-K인 세라믹의 열전도도를 기공률 1%, 5%, 10%, 20%, 30%인 경우에 각각 구하여라.

11.80 k_o = 0.65 W/m-K인 세라믹이 있다. 이 세라믹을 원기둥 모양으로 성형하였더니, x를 원기둥의 한쪽 끝에서 떨어진 거리, L을 원기둥 길이라고 할 때, 기공률 분포가 $P = 0.1(x/L)(1 - x/L)$가 되었다. 이 원기둥의 평균열전도도를 계산하여라.

11.81 이 장의 내용에 대해 학생들에게 퀴즈문제를 낸다고 하자. 정량적인 문제 세 개와 정성적인 문제 세 개를 만들고, 답안을 제시하여라.

설계문제

DESIGN

11.82 밀도편차가 오히려 바람직한 P/M 제품 스케치를 몇 개 작성하여라. 이들 부품의 기능 측면에서 밀도편차가 바람직한 이유를 설명하여라.

11.83 P/M 제품에 대한 설계 고려사항을 (1) 주조, (2) 단조로 만들어지는 제품의 설계 고려사항들과 비교하고, 관찰되는 바를 기술하여라.

11.84 P/M 기어를 설계할 때, 허브의 외경과 치형뿌리 직경은 가급적 크게 해야 한다고 알려져 있다. 이 설계 고려사항의 이유를 설명하여라.

11.85 세라믹에 대한 설계 고려사항은 이 장의 다른 재료들에 대한 설계 고려사항과 얼마나 다른지 설명하여라.

11.86 (1) 분말야금이나 (2) 세라믹공정으로 제조하기에 부적합한 모양이나 설계기능이 있는지 설명하여라.

11.87 문제 11.75의 그림에 나타낸 부품에서 제안할 만한 설계 수정사항은 무엇인가? 이유를 설명하여라.

11.88 다음 그림의 축대칭부품들은 P/M으로 제조된다. 제안할 만한 설계 변경사항에 대하여 기술하여라.

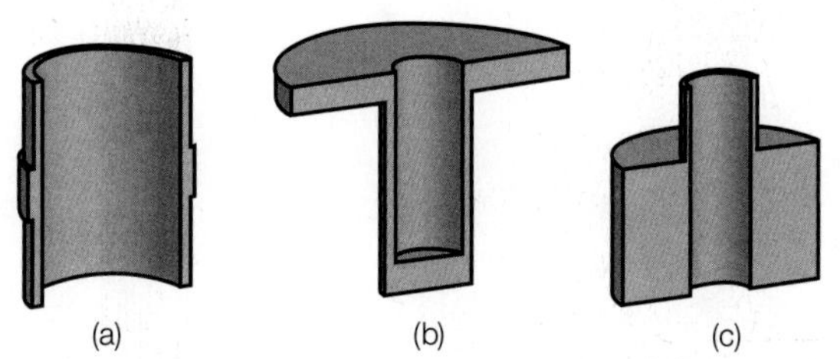

11.89 어떤 설계에서 금속 보를 세라믹 보로 대체한다고 하자. 강도, 강성, 처짐, 내열성, 내환경성 같은 두 보의 거동에서 볼 수 있는 차이점들을 논하여라.

11.90 세라믹 피스톤을 사용하는 내연기관의 설계에 대하여 견해를 기술하여라.

11.91 분말야금제품을 기술영업하는 부서에 취직하였다고 하자. 현재 P/M 부품을 사용하지 않고 있는 용도 중에서 어떤 용도를 개발해 보겠는가? 영업차 잠재고객을 방문한다면, 어떤 점을 충고하겠는가? 잠재고객이 어떤 관심사항이나 궁금한 점을 질문할 것 같은가?

11.92 파이렉스(Pyrex) 주방기기는 독특한 현상을 보여준다. 즉, 많은 횟수 동안 제대로 잘 기능을 하고나서 산산조각이 나면서 깨진다. 이 현상을 조사하고 가능한 원인을 나열한 후, 이러한 파단을 감소시키거나 증가시키는 가공 고려사항에 대하여 논의하여라.

11.93 세라믹이나 유리 같은 취성재료의 강도는 흠집 같은 표면결함에 매우 민감하다고 하였다(노치민감성). 이들 재료 조각을 몇 개 구하여 표면에 흠집을 내고 바이스에 조심스레 물린 후, 굽혀 보아라. 관찰된 바를 언급하여라.

11.94 기술문헌을 조사하여, 강화섬유용 유리섬유의 품질과 광섬유통신용 유리섬유의 품질 간의 차이점을 기술하여라. 관찰된 바를 언급하여라.

11.95 다음 제품의 제조공정을 조사하여 정리하여라.

(1) 소형 세라믹 조각상

(2) 화장실의 백색도기류

(3) 일반 벽돌

(4) 바닥타일

11.96 이 장에서 설명한 것처럼, 초전도체 전선이나 대판을 제조하는 한 방법은 초전도재료 분말을 압축하여 튜브에 넣고, 다이 사이로 인발하거나 압연하는 것이다. 이 제조법의 각 단계에서 생길 수 있는 문제점들에 대한 견해를 기술하여라.

11.97 그림 11.18을 검토하고, 그림의 축대칭부품 대신 두께가 일정한 부품인 경우에 대하여 비슷한 그림을 작성하여라.

제 12 장

접합과 이음

주요내용

주요 접합공정과 작업의 원리, 특성, 용도에 대하여 기술함.

- ❑ 산소용접과 소모성 및 비소모성 전극을 사용하는 아크용접 공정
- ❑ 고상용접 공정
- ❑ 레이저빔용접과 전자빔용접
- ❑ 용접부의 성질 및 특성과 금속의 용접성 관련 인자
- ❑ 접착과 그 용도
- ❑ 기계적 이음법과 체결구
- ❑ 접합공정의 경제적 고려사항
- ❑ 양호한 접합 설계지침과 공정 선택

12.1 개요

접합(joining)은 가공작업에서 중요한 측면을 갖는 많은 공정들을 포함하는 포괄적인 용어이다. 자동차, 자전거, 인쇄회로기판, 기계류, 가전제품들을 살펴보면, 부품을 접합하고 조립하는 것이 얼마나 필요한 것인지 쉽게 알 수 있다. 접합은 다음과 같은 이유로 선택되거나 필수적인 공정이다.

1. 제품 전체를 일체로 만드는 것이 불가능하거나 비경제적이다.
2. 부품을 각각 만들어 조립하는 것이 일체로 만드는 것보다 가공상 용이하다.
3. 제품을 사용하는 동안 유지보수를 위해 분해해야 할 필요가 있다.
4. 제품의 기능상 성질이 다른 재질로 조합되어야 할 필요가 있다. 예로서, 마찰이나 마모 또는 부식과 환경적 침입에 노출되는 제품의 표면은 나머지 부분과 다른 특성이 필요하다.
5. 제품을 부품으로 나누어 조립이 가능하다면, 일체로 만든 경우보다 운반이 용이하며 경제적이다.

접합 및 이음 공정은 매우 다양하여, 분류하는 방법 역시 다양하지만, 이 장에서는 목차 순서에 따라서 설명한다. 접합방법은 공통된 작업원리에 따라서 구분할 수 있다. 접합부는 야금학적으로나 물리적으로 변화를 겪으므로, 용접된 부품의 성능과 성질에 큰 영향을 준다.

용접(fusion welding)은 전기적 혹은 고에너지 방법에 의해 공급되는 열로 재료를 일부 녹여서 융합시키는 방법으로, **산소가스용접**, 소모성 및 비소모성 전극을 이용한 **아크용접**과 **고에너지빔용접**이 있다. 9.14절에 설명한 것처럼, 고에너지 공정은 절단이나 기계가공에도 이용된다.

고상용접(solid-state welding)은 접합부를 액상으로 용해시키지 않고 접합시키는 방법이다. 고상용접에는 **냉간**, **초음파**, **마찰**, **저항**, **폭발**, **확산용접**이 있다.

경납접(brazing)과 **연납접**(soldering)은 용가재(filler metal)를 사용하지만, 용접의 경우보다 낮은 온도에서 작업하고, 열원도 외부에서 공급하는 방법이다.

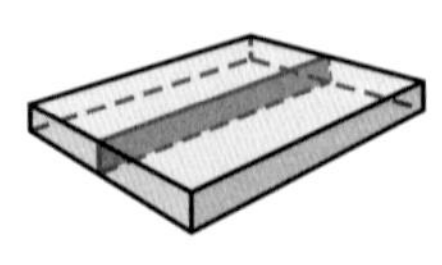
(a) 맞대기접합

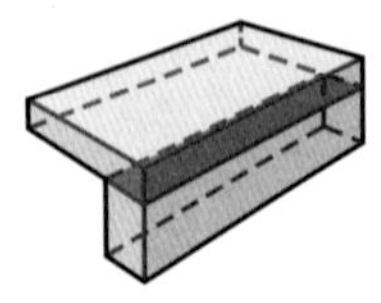
(b) 코너접합

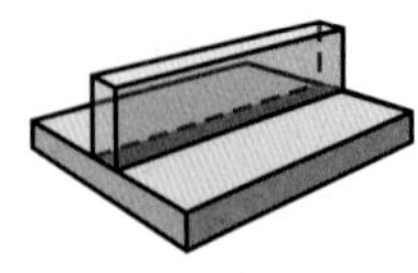
(c) T 접합

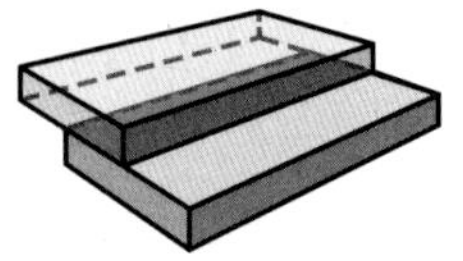
(d) 겹침접합

(e) 모서리접합

▲ **그림 12.1**
용접부의 예.

표 12.1 각종 접합법 간의 비교

접합법	강도	설계유연성	소형공작물	대형공작물	공차	신뢰성	보수용이성	육안검사	비용
아크용접	1	2	3	1	3	1	2	2	2
저항용접	1	2	1	1	3	3	3	3	1
경납접	1	1	1	1	3	1	3	2	3
볼트와 너트	1	2	3	1	2	1	1	1	3
리벳팅	1	2	3	1	1	1	3	1	2
체결구	2	3	3	1	2	2	2	1	3
시밍, 크림핑	2	2	1	3	3	1	3	1	1
접착	3	1	1	2	3	2	3	3	2

주: 1. 매우 양호, 2. 양호, 3. 불량

표 12.2 용접공정의 일반적 특성

공정	작업	장점	필요한 숙련도	용접위치	전류 형태	변형량	장비가격
SMAW	수동	휴대가능 및 유연성	상	전체	교류, 직류	1~2	저가
SAW	자동	고적층률	중~하	수평, 평면	교류, 직류	1~2	중가
GMAW	반자동 혹은 자동	대부분의 금속 용접가능	상~하	전체	직류	2~3	중~고가
GTAW	수동 혹은 자동	대부분의 금속 용접가능	상~하	전체	교류, 직류	2~3	중가
FCAW	반자동 혹은 자동	고적층률	상~하	수평, 평면	직류	1~3	중가
산소용접	수동	휴대가능 및 유연성	상	전체	–	2~4	저가
EBW, LBW	반자동 혹은 자동	대부분의 금속 용접가능	중~상	전체	–	3~5	고가

주: 변형량에서 1은 최대, 5는 최소를 의미함.

접착법(adhesive bonding)은 동종 및 이종 재료들 간에 강도, 밀봉, 절연, 진동감쇠, 내부식성이 필요한 용도에 사용되는 방법으로, 독특한 장점이 많은 중요한 기술이다. 접착법 중에는 표면실장기술(surface mounting technology)에 사용되는 전기전도 접착법도 포함된다.

기계적 이음공정은 각종 체결구, 볼트, 너트, 스크루, 리벳을 이용하는 방법이다. 비금속 재료의 접합에는 기계적 이음, 접착, 내/외부 열원을 이용한 융접, 확산, 사전도금 등의 방법이 사용된다.

각 접합공정은 다른 모든 가공법들과 마찬가지로, 접합부 설계(그림 12.1), 대상부품의 크기와 형상, 접합부의 강도와 신뢰성, 장비의 비용과 유지, 작업숙련도 같은 중요한 고유의 특성을 갖는다(표 12.1 및 12.2).

12.2 산소용접

1900년대 초반에 개발된 산소용접(OFW, oxyfuel gas welding)은 접합부의 금속용융열원 공급용 화염을 만드는 데 **산소**와 **연료가스**를 사용하는 접합공정이다. 산소용접에서 가장 많이 사용하는 가스는 아세틸렌으로 이를 산소아세틸렌용접(OAW)이라고 하며, 구조용 판재금속의 조립, 자동차차체, 각종 수리작업에 사용된다.

열원은 토치 안에서 아세틸렌가스(C_2H_2)와 산소가 혼합하여 연소되면서 발생한다. 주된 연소공정은 화염의 안쪽에서 일어나며(그림 12.2), 다음 화학반응식을 따른다.

$$C_2H_2 + O_2 = 2CO + H_2 + \text{반응열} \tag{12.1}$$

이 화학반응은 아세틸렌을 일산화탄소와 수소로 분해하고, 화염에서 발생하는 총 열량의 약 1/3을 발생시킨다. 총 열량의 2/3를 발생시키는 이차반응은 다음과 같이 일산화탄소와 수소가 타면서 이루어진다.

$$2CO + H_2 + 1.5O_2 = 2CO_2 + H_2O + \text{반응열} \tag{12.2}$$

연소과정에서 발생하는 온도는 3300°C에 이른다. 물론 이 과정에서 수소가 연소하여 수증기를 방출한다.

■ **화염의 종류** 산소용접에서는 아세틸렌과 산소의 혼합비가 중요한 인자이다. 이 비가 1:1인 경우에 생기는 화염을 **중성염**(그림 12.2a)이라고 한다. 산소가 과다한 경우에는 **산화염**(그림 12.2b)이 생기는데, 이는 금속을 산화시킬 염려가 있기 때문에, 특히 강에 매우 위험하다. 그러나 구리 및 그 합금을 용접할 경우에는 용융금속의 표면에 얇은 **슬래그** 보호막을 만들어 주기 때문에 산화염이 유리하다. 산소가 부족할 경우에는 **환원염** 또는 **탄화염**(그림 12.2c)을 만들며, 화염온도는 낮아진다. 따라서 경납접, 연납접, 또는 화염경화 같이 낮은 온도가 필요할 경우에 유리하다.

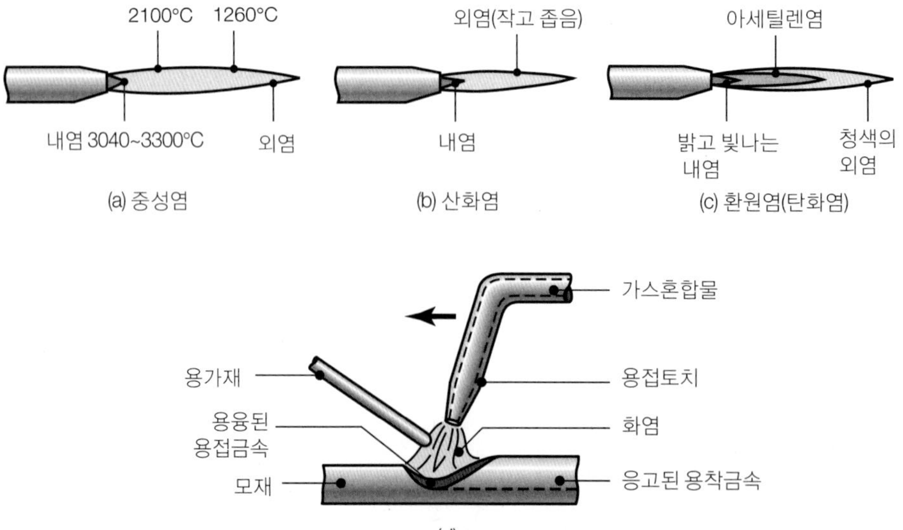

▶ **그림 12.2** 산소용접 및 절단에 사용되는 산소아세틸렌 화염의 종류: (a) 중성염, (b) 산화염, (c) 환원염(탄화염), (d) 산소용접작업의 개략도.

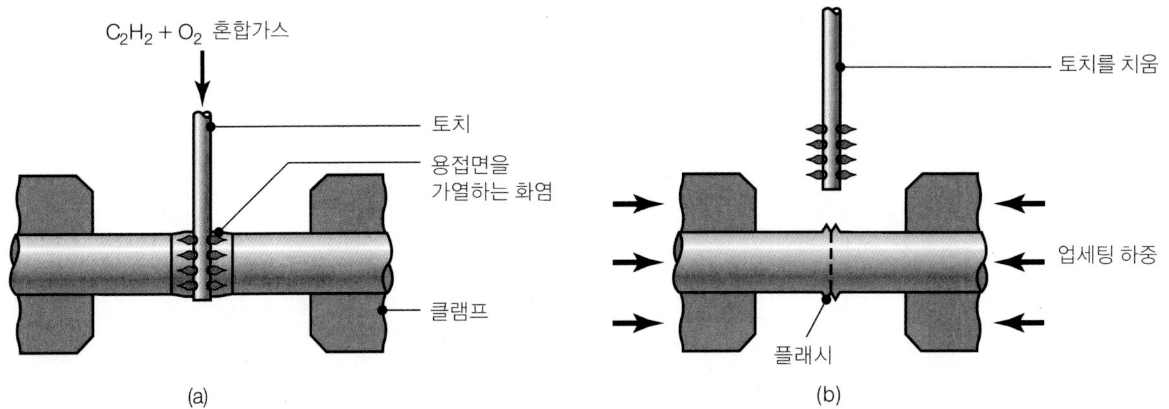

▲ **그림 12.3**

가압가스용접 공정의 개략도: (a) 용접 전, (b) 용접 후. 접합부에 생긴 플래시는 작업 후에 제거한다.

수소나 메틸아세틸렌 프로파딘 같은 가스도 산소용접에 이용되지만, 아세틸렌을 이용한 경우보다 화염온도가 낮으므로 납처럼 용융점이 낮거나, 얇고 작은 부품의 용접에 사용된다. 순수 수소가스를 사용하는 경우에는 화염이 투명하여 육안으로 화염을 조절하기가 어렵다.

■ **용가재** 용가재는 용접이 일어나는 동안 용접부에 추가로 금속을 공급하는 역할을 한다. 이들은 **봉재**나 **선재**(그림 12.2d)로 공급된다. 용가재를 용제(flux)로 피복하는 경우도 있는데, 용제는 용접부 주위에 가스로 된 보호막을 발생시켜 용접부 산화를 방지하는 역할을 한다. 또한 용제는 용접부의 산화물과 다른 물질들을 용해시켜 제거함으로써, 보다 강한 용접부를 만들고, 이들이 형성하는 슬래그(산화물, 용제, 용접봉 피복재료의 화합물)는 용융풀이 냉각하는 동안 대기에 노출되어 산화하는 것을 방지하기도 한다.

■ **가압가스용접**(pressure gas welding) 이 방법은 용접대상물의 표면을 산소아세틸렌가스 혼합물을 사용하는 토치로 가열하고(그림 12.3a), 표면이 용융되기 시작하면 토치를 치우고 축방향으로 힘을 가하여 용접대상물을 가압하는 용접법이다(그림 12.3b). 접합부가 응고할 때까지 압력을 유지하므로, 플래시가 발생한다.

12.3 아크용접: 소모성전극(용접봉)

1800년대 중반에 개발된 아크용접은 전기에너지를 이용한 용접방식으로, 소모성전극(용접봉)이나 비소모성전극을 사용하고(봉재나 선재 형태), 직류나 교류 전원으로 전극의 끝과 용접부 사이에 아크를 발생시켜 용접한다. 이 절에서는 다양한 형태의 아크용접에 관해

표 12.3 용접금속 용융에 필요한 단위부피당 비에너지

재료	비에너지, u [J/mm³]	재료	비에너지, u [J/mm³]
알루미늄 및 그 합금	2.9	니켈	9.8
주철	7.8	탄소강	9.1~10.3
구리	6.1	스테인리스강	9.3~9.6
청동(90Cu-10Sn)	4.2	티타늄	14.3
마그네슘	2.9		

설명한다(표 12.2).

12.3.1 아크용접에서의 열전달

아크용접에서의 열유입량은 다음 식으로 계산된다.

$$\frac{H}{l} = e\frac{VI}{v} \tag{12.3}$$

여기서 H는 열유입량[J], l은 용접길이, V는 사용전압, I는 사용전류[A], v는 용접속도이다. e는 용접효율로서, 피복금속아크용접(SMAW)의 경우 75%, 가스방호 금속아크용접(GMAW)이나 서브머지드 아크용접(SAW)의 경우 90%에 이른다. 용접효율은 가용한 모든 에너지가 금속용융에 사용되지 못하고, 일부는 공작물을 통해 전도되고, 일부는 복사로 손실되며, 상당 부분은 분위기의 대류로 손실됨을 시사한다.

식 (12.3)으로 주어지는 열유입량은 일정량의 재료, 즉 전극봉이나 용가재를 용융시키는 데 사용된다. 용융비에너지를 u, 용접부의 단면적을 A라 하면, 다음과 같이 된다.

$$H = u(\text{체적}) = uAl \tag{12.4}$$

각종 금속의 u 값을 표 12.3에 나타내었다. 식 (12.3)과 (12.4)로부터 다음과 같이 용접속도를 산출할 수 있다.

$$v = e\frac{VI}{uA} \tag{12.5}$$

이들 식은 아크용접에 적용하도록 개발되었지만, 다른 용접작업의 경우에도 용접형상이나 공정효율을 감안하여 유사한 식을 얻을 수 있다.

예 12.1 재료별 용접속도 산정

V = 20볼트, I = 200 A, 용접비드의 단면적 30 mm²인 작업조건으로 용접하는 경

우를 생각하자. 공작물과 용접봉이 다음과 같은 재료일 때의 용접속도를 산정하여라. 용접효율은 75%로 잡는다.

(1) 알루미늄
(2) 탄소강
(3) 티타늄

풀이 알루미늄의 경우 표 12.3으로부터 용융 비에너지 $u = 2.9\ \text{J/mm}^3$이므로, 식 (12.5)로부터 다음과 같이 계산된다.

$$v = e\frac{VI}{uA} = (0.75)\frac{(20)(200)}{(2.9)(30)} = 34.5\ \text{mm/s}$$

마찬가지로, 탄소강의 경우 $u = 9.7\ \text{J/mm}^3$(표 12.3 자료에서의 평균값)를 대입하여 $v = 10.3\ \text{mm/s}$, 티타늄의 경우 $u = 14.3\ \text{J/mm}^3$을 대입하여 $v = 7.0\ \text{mm/s}$가 된다.

12.3.2 피복금속아크용접(SMAW, shield metal arc welding)

피복금속아크용접은 가장 오래되고 간단하며 유용한 접합방법 중 하나로, 현재 공업용 용접의 50% 정도가 이 방법으로 이루어진다. 피복용접봉의 끝을 공작물에 접촉시켰다 빨리 떼어내어 전기아크를 발생시키고, 아크를 지속시키려면 공작물로부터 일정한 거리를 유지해야 한다(그림 12.4a). 용접봉이 가늘고 긴 막대기 모양이므로(12.3.8절 참조), 이를 **막대기 용접**(stick welding)이라고도 한다. 아크에서 발생된 열원으로 아크 주위에 있는 모재, 용접봉, 피복재의 끝부분을 녹이고, 용융혼합물이 용접영역에서 응고하면서 용접부를 형성한다. 용접봉의 피복재는 용접영역에서 산소를 제거하고 산소분위기로부터 용접

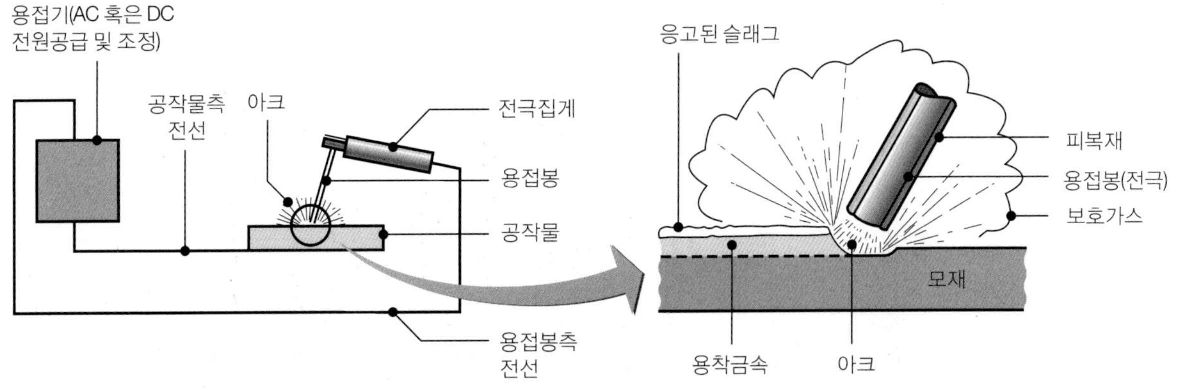

▲ **그림 12.4**

피복금속 아크용접 공정의 개략도. 대형구조물의 산업용 용접 중 약 50%는 이 방식을 이용함.

▶ **그림 12.5**

깊은 용접부를 다층용접할 때의 용접비드 형성순서.

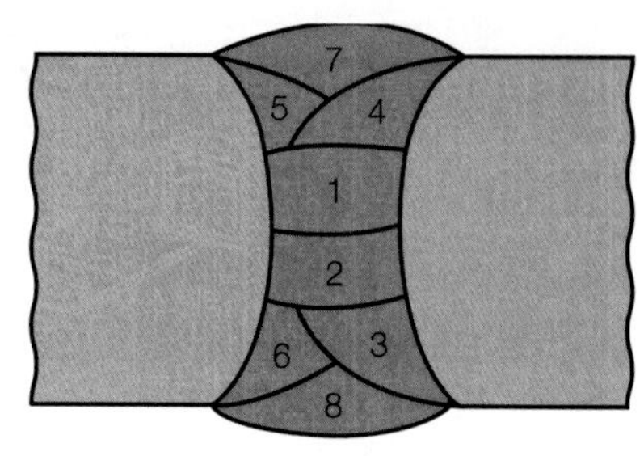

부를 보호하는 방호가스를 방출한다.

용접봉의 끝부분은 전극집게에 고정한다. 전원의 한쪽 극은 전극집게, 다른 쪽 극은 피용접물에 연결한다(그림 12.4b). 전원으로는 주로 50~300 A의 전류를 사용하며, 총 전력량은 10 kW 이내이다. 전류량이 너무 낮으면 융해가 완전하지 못하고, 너무 높을 경우에는 용접봉의 피복을 손상시켜 용접효과를 감소시킨다. 전류는 교류나 직류가 사용되며, 판재의 용접에는 아크가 안정적으로 유지되는 직류를 사용한다.

직류를 사용할 때는 **극성**(전극의 방향성)이 중요하며, 이는 용접봉 형태, 피용접물 종류, 아크분위기, 가열층 깊이에 따라 결정한다. **정극성**(straight polarity)은 공작물을 양극으로 하고 용접봉을 음극으로 하는 형태이고, 깊은 용입(penetration)이 가능하다. **역극성**(reverse polarity)에서는 용접봉이 양극이고 공작물이 음극이며, 접합부의 틈이 넓거나 용입이 얕아야 하는 금속판재의 용접에 선호된다. 교류전류를 사용하는 경우에는, 아크가 급속히 맥동하므로, 대직경의 용접봉에 최대전류를 사용하여 두꺼운 단면을 용접하기에 적절하다.

SMAW는 간단한 용접봉을 사용하며, 용접에 필요한 장치는 동력원, 동력선, 전극집게이다. 공정의 간편성으로 인해, 주로 건설현장, 조선소, 파이프라인이나 보수유지를 필요로 하는 용접에 많이 이용된다. 특히 멀리 떨어진 곳이라도, 연료사용 휴대용 발전기를 동력원으로 설치가능한 곳에서는 용접이 가능하다. 적용되는 용접물의 두께는 3~19 mm이며, 이는 숙련된 용접공이 다층용접하면 늘어날 수 있다(그림 12.5). 용접비드가 생길 때마다, 다음 층을 용접하기 전에 와이어브러시 같은 도구로 매번 슬래그를 제거해야 한다. 응고된 슬래그가 완전히 제거되지 않으면, 용접부에 심각한 부식을 발생시켜 용접부파단의 원인이 된다. 따라서 인건비와 재료비가 높은 편이다.

예 12.2 **피복금속아크용접의 사용전류**

탄소강 공작물(탄소강 용접봉 사용)을 20 V 전원으로 피복금속아크용접 작업한다. 밑변과 높이가 10 mm인 삼각형 단면으로 용접부를 만들고자 할 때, 필요한 용접전류를 계산하여라. 용접속도는 10 mm/s이고, 효율은 75%이다.

풀이 용접부의 단면적은 다음과 같이 계산된다.

$$A = \frac{1}{2}bh = \frac{1}{2}(10)(10) = 50 \text{ mm}^2$$

탄소강 용접봉에 대한 용융 비에너지의 최대값을 표 12.3에서 찾으면 10.3 J/mm^{2}이므로, 식(12.5)로부터

$$v = e\frac{VI}{uA}; \qquad I = \frac{vuA}{eV} = \frac{(10)(10.3)(50)}{(0.75)(20)} = 343 \text{ A}$$

의 용접전류가 필요하다.

12.3.3 서브머지드 아크용접(SAW, submerged arc welding)

서브머지드 아크용접에서는 노즐을 통해 중력으로 용접부에 공급되는 **과립 용제**(석회, 실리카, 망간산화물, 칼슘불화물 등으로 구성)로 용접아크를 덮는다(그림 12.6). 용제는 융해된 금속을 두꺼운 층으로 덮어서 아크가 흐트러지는 것을 막아준다. 따라서 서브머지드 아크용접에서는 복사열이나 연기가 많이 나지 않는다. 또한 용제는 보온재 역할과 피용접물에 열이 깊이 침투할 수 있도록 도와주는 역할도 한다. 사용되지 않은 용제는 **용제회수관**으로 회수하여 재사용한다.

무피복 소모성 용접봉을 사용하며, 이는 직경 1.5~10 mm 봉재의 코일 형태로 **용접건**(welding gun)의 관을 통해 자동공급한다. 전원의 전류는 300~2000 A, 전압은 최고 440 V의 표준 단상 혹은 삼상 전력을 사용한다. 용제는 중력으로 공급되므로, SAW는 평판이나 수평방향 용접에 국한된다. 파이프와 같은 원주형 공작물도 용접이 가능하며, 이 경우에는 공작물을 회전시키며 용접을 수행한다.

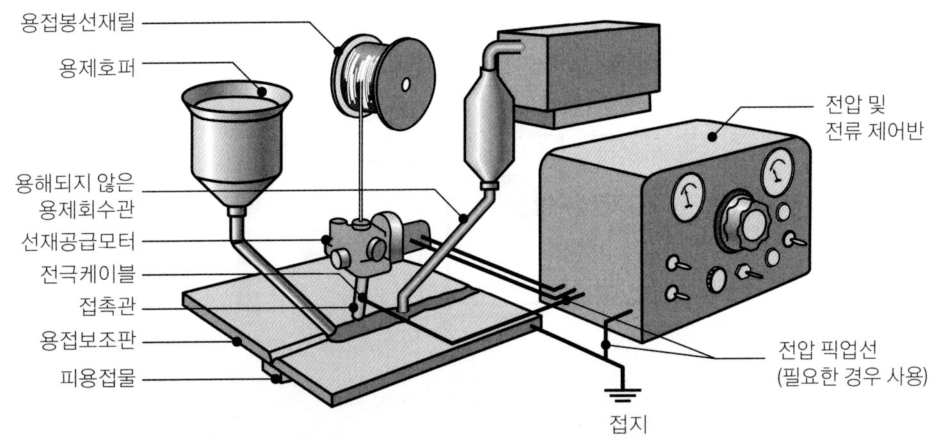

▶ **그림 12.6** 서브머지드 아크용접(SAW) 공정의 개략도와 용접장치. 사용되지 않은 용제는 회수하여 재사용함.

SAW는 자동화되어 경제성이 높으며, 각종 탄소강과 합금강, 스테인리스강의 판재 및 후판을 최고 5 m/min의 속도로 용접할 수 있다. 용접품질은 아주 우수하여 용접 부위의 인성과 연성이 높고 기계적 성질이 균일한 것이 특징이다. SAW의 생산성은 매우 높아서 SMAW에 비해 한 시간에 4~10배에 이르는 용접금속을 용착시킬 수 있다.

12.3.4 가스방호 금속아크용접(GMAW, gas metal arc welding)

가스방호 금속아크용접에서는 용접부가 밖에서 공급되는 아르곤, 헬륨, 이산화탄소 등의 가스혼합물로 된 불활성가스로 감싸져 보호된다(12.7a). 또한 액상의 용접부가 산화되는 것을 방지하기 위해, 용접봉 자체에 환원제를 첨가시킨다. 무피복 선재용접봉은 노즐을 통해 용접아크 부분으로 자동공급되어 소모된다(그림 12.7b). 따라서 이 공정을 이용하면 용접 부위에 슬래그가 적고, 그 결과로 용접 도중에 슬래그를 제거하지 않고도 다층용접을 할 수 있다.

GMAW는 1950년대에 개발되었으며, MIG 용접(metal inert-gas welding, 불활성가스 금속

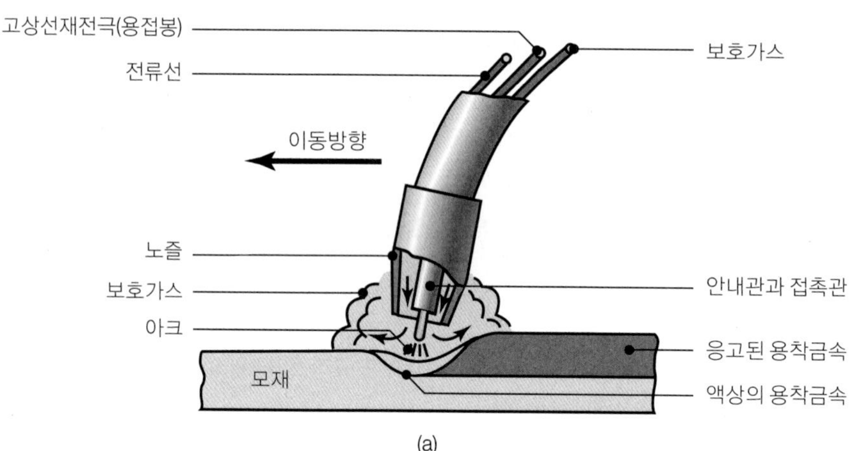

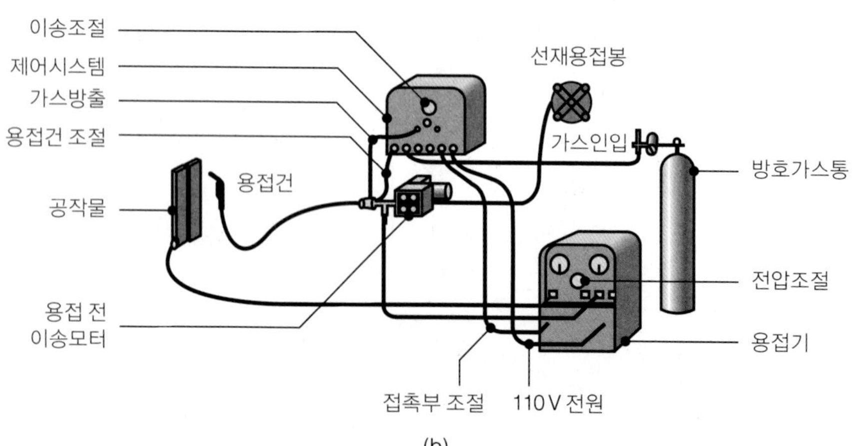

▶ **그림 12.7**
(a) 가스방호 금속아크용접(GMAW)의 개략도. MIG라고도 함. (b) 가스방호 금속아크용접 작업의 기본장비.

용접)이라고도 한다. 이 방식은 각종 철 및 비철금속의 용접에 적합하여, 금속제조업에서 광범위하게 사용된다. 또한 공정이 매우 신속하고 다양하게 적용되며 경제적이어서, 생산성은 SMAW의 두 배에 달한다. 자동화하기 쉽고 로봇을 이용한 유연가공시스템에 쉽게 사용할 수 있는 장점도 있다(제14장 및 제15장 참조).

GMAW에서 금속은 다음과 같은 세 가지 방법으로 이송된다.

1. **분사이송**(spray transfer). 이 방식에서는 작은 용융금속방울들이 용접봉으로부터 초당 수백 개의 비율로 용접 부위에 전달된다. 이 방식은 흐트러짐이 없고 매우 안정적이다. 높은 직류전류와 고압, 대직경의 용접봉을 사용하고, 아르곤 혹은 아르곤이 지배적인 가스를 방호가스로 사용한다. **맥동아크**(pulsed arc)를 사용하면 소요평균전류를 낮출 수 있는데, 맥동아크란 일정하게 낮은 전류에 진폭이 큰 펄스전류를 더하여 발생시키는 아크를 말한다. 이 공정으로는 모든 용접자세가 가능하다.
2. **액적이송**(globular transfer). 이 방식은 이산화탄소가 지배적인 가스를 사용하여 전기아크에 의해 발생되는 힘으로 용융금속을 작은 방울들로 흐트러뜨려서 용접 부위에 공급한다. 높은 용접전류를 사용하며, 분사이송방식보다 용입이 깊고 용접속도가 빠르다. 이 방식은 두꺼운 단면의 용접에 사용된다.
3. **단락**(short circuiting). 이 방식에서는 용접봉의 끝이 용접 풀(weld pool)과 접촉하여 단락을 일으키면서 용융금속이 방울을 이루며 초당 50개 이상씩 공급된다. 저전류, 저전압, 이산화탄소가 많은 가스와 소직경의 선재용접봉이 사용되고, 소요전력은 약 2 kW이다. 용접온도도 상대적으로 낮다. 따라서 이 방법은 얇은 판재나 단면에만 적합하고 (6 mm 이하), 두꺼운 단면에서는 융해가 불완전할 수 있다(그림 12.20 참조). 이 용접법은 사용이 쉽고 철금속의 얇은 단면 용접에 보편적으로 사용된다. 여기에 맥동아크장치를 추가한 방식이 두께가 얇은 철 및 비철금속에 점차 많이 사용되고 있다.

12.3.5 유심용제 아크용접(FCAW, flux-cored arc welding)

유심용제 아크용접은 GMAW와 유사하나, 용접봉이 관형상으로 되어 있고 용제가 관 내부에 채워져 있는 것이 다르다(그림 12.8). 유심용제 용접봉은 보다 안정된 아크를 발생시키고, 용접 단면형상과 용접 부위의 기계적 성질이 양호하다. 용접봉에 사용되는 용제는 SMAW에서 사용되는 취성 피복재보다 훨씬 유연하여, 유심용제 용접봉은 길게 코일 형태로 사용한다. 용접 소요전력은 대개 20 kW이다.

용접봉의 직경은 0.5~4.0 mm 정도로, 소경 용접봉은 얇은 재료의 용접에 적절하고, 용접이 어려운 위치에서도 비교적 쉽게 용접하며, 용제의 화학성분을 조절하면 각종 금속을 용접할 수 있다. 보호가스발생식 유심용제 용접봉을 사용하면 용접 부위를 보호하는 가스를 용접봉이 자체적으로 방출하므로, 별도로 보호가스를 공급할 필요가 없다.

FCAW는 SMAW의 다양성과 GMAW의 용접봉 자동공급 특성을 합쳐 놓은 효과를 갖

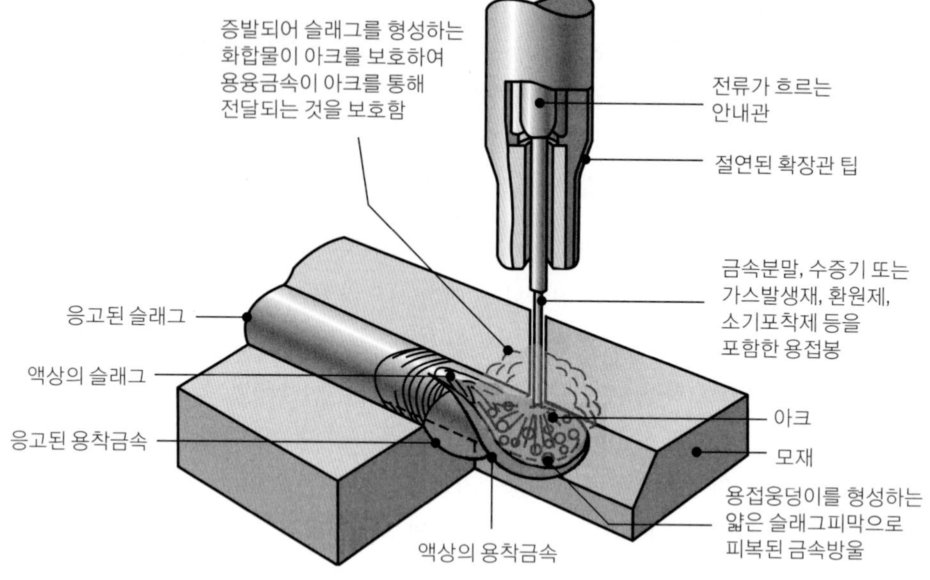

▶ **그림 12.8**
유심용제 아크용접(FCAW)의 개략도. 이 용접법은 그림 12.5에 소개한 가스방호 금속아크용접법과 유사함.

고 있다. 따라서 용접의 경제성도 우수하고 강, 스테인리스강, 니켈합금의 다양한 접합에 이용된다. FCAW의 강력한 장점은 유심용제에 용접 부위에 필요한 합금원소를 첨가함으로써, 용접 부위의 합금조성을 맞추어 줄 수 있다는 점이다. 이 공정은 자동화가 쉽고 로봇을 이용한 유연가공시스템에도 적용할 수 있다.

12.3.6 **일렉트로가스용접**(EGW, electrogas welding)

일렉트로가스용접은 일반적으로 모서리를 맞대어 한 번에 용접하는 **맞대기용접**(butt welding, 그림 12.1a)에 주로 쓰이며, 특수장비가 필요한 기계용접법에 해당한다(그림 12.9). 용접금속은 접합될 두 부분의 사이에 만들어 놓은 용접공동부(weld cavity)에 용착된다. 용접 부위는 수냉시키고 기계적으로 작동되는 두 개의 구리판을 위로 움직이면서, 용융 슬래그가 용접부로부터 흘러나가지 않도록 막는다. 파이프와 같은 원주형 공작물도 피용접부를 회전시키면서 원주방향 용접이 가능하다.

용접봉(전극)은 안내관을 통해 공급되고, 유심용제 용접봉에는 최고 750 A, 일반 용접봉에는 최고 400 A의 전류로 연속아크를 유지하며, 소요전력은 대략 20 kW이다. 공작물 재질에 따라 이산화탄소, 아르곤, 헬륨 같은 불활성가스를 이용하여 아크를 보호한다. 가스는 외부에서 공급하거나, 유심용제의 경우 자체발생시키고, 이들을 병용하기도 한다. 일렉트로가스용접 장치는 신뢰성이 있고 사용자를 훈련시키는 것도 비교적 수월하다. 용접 부위 두께는 12~75 mm 정도이며 강, 티타늄, 알루미늄합금의 용접에 사용된다. 전형적인 용도는 교량건설, 압력용기, 후육 대구경관, 저장탱크, 선박 등이다.

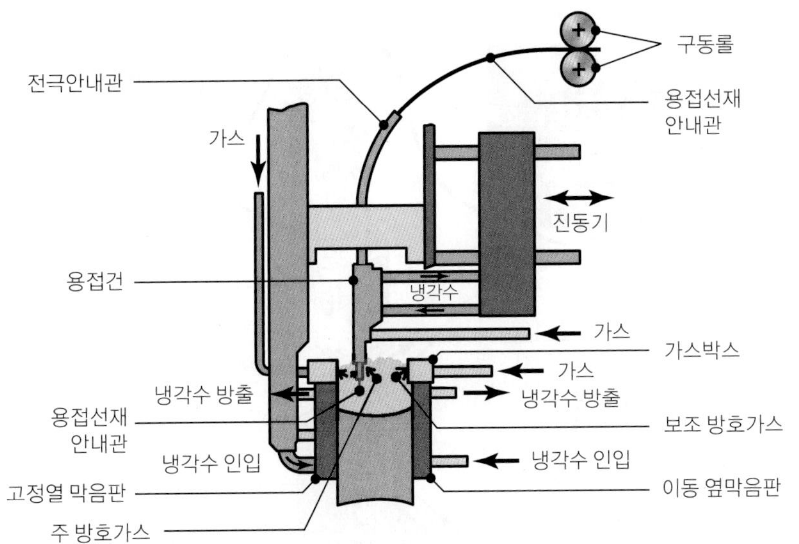

▶ **그림 12.9**
일렉트로가스용접(EGW) 공정의 개략도.

12.3.7 일렉트로슬래그용접(ESW, electroslag welding)

일렉트로슬래그용접(그림 12.10)은 용도와 방식이 EGW와 유사하지만, 용접아크가 용접봉의 끝과 피용접부의 밑부분에서 시작한다는 점이 다르다. 첨가된 용제는 아크의 열에 의해 녹고, 용융슬래그가 용접봉의 끝에 도달하면 아크는 꺼지지만, 용융슬래그의 전기저항에 의해 열이 지속적으로 공급된다. 따라서 아크가 꺼지게 되면 ESW은 엄밀히 말해 아크용접이라 할 수 없다. 한 개 또는 다수의 일반 용접봉이나 유심용제 용접봉을 사용할 수 있으며, 용접봉의 안내관에는 소모식과 비소모식(전통적인 방법)이 있다.

ESW은 50~900 mm 이상의 후판을 한 번에 용접할 수 있다. 사용전원은 40~50 V의 전압과 600 A의 전류가 필요하며, 두꺼운 판에는 보다 많은 전류가 필요하다. 용접속도는 12~36 mm/min이며, 용접품질이 뛰어나서 중장비나 핵발전용 원자로 용기의 중구조 강판 용접에 사용된다.

12.3.8 전극(용접봉, electrode)

소모성전극 아크용접에 사용되는 **용접봉**은 용착금속의 강도, 전류(직류나 교류), 피복재의 종류에 따라 구분된다. 용접봉은 숫자와 문자로 구분하거나, 숫자와 문자를 기입하기에 너무 직경이 작은 경우에는 색깔로 구분한다. 피복용접봉은 길이 150~460 mm, 직경 1.5~8 mm 정도로 만들어진다. 피용접부의 두께가 얇고 용접전류가 낮을수록 용접봉의 직경도 가는 것을 사용한다.

■ **용접봉 피복재**(electrode coating) 용접봉은 규산염(실리케이트) 결합제와 분말재료(산화물, 탄산염, 불화물, 금속합금, 면섬유소나 목분 같은 섬유소)로 된 점토질로 **피복**한다. 피복

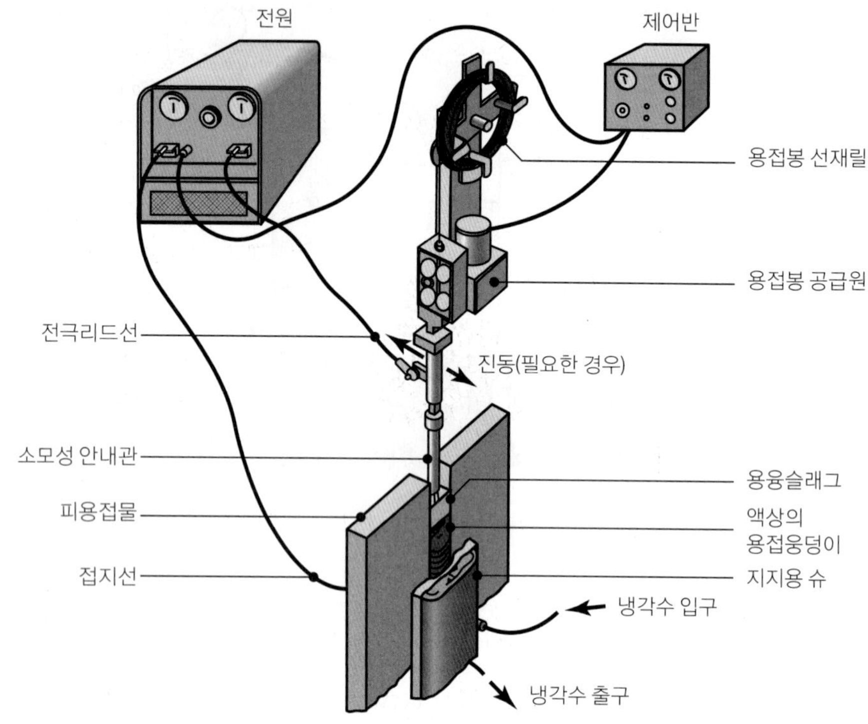

▶ **그림 12.10**
일렉트로슬래그용접(ESW)에 쓰이는 장치

재는 취성이 강한 편으로, 용접과정에서 매우 복잡한 과정을 거쳐 다음과 같은 기능을 한다.

1. 아크를 안정시킨다.
2. 주변의 공기를 차단하는 보호막 가스(이산화탄소, 수증기, 일산화탄소, 미량의 수소 등)를 생성한다.
3. 용접봉의 녹는 속도를 조절해 준다.
4. 용제로 작용하여, 용접부에 이물질(산화물, 질화물, 기타 개재물)이 혼입되지 않게 슬래그를 형성하여, 용융 풀을 덮어서 보호한다.
5. 용접부의 기계적 성질을 개선시키는 데 합금원소를 공급하고, 용접부가 산화되어 취약해지는 것을 방지하는 환원제를 첨가해 준다.

양호한 용접부를 얻으려면, 각 층을 용접할 때마다 용착 피복재, 즉 슬래그를 제거해야 한다(그림 12.5 참조). 이를 위해, 수동 또는 동력 와이어브러시를 사용할 수 있다. 피복되지 않은 스테인리스강이나 알루미늄합금 용접봉도 있으며, 각종 용접작업에서 용가재로 사용된다.

12.4 아크용접: 비소모성전극

비소모성전극을 이용한 아크용접에서는 텅스텐전극을 일반적으로 사용한다. 전극은 아크의 한 극으로서, 용접에 필요한 열을 발생시키고, 보호가스를 외부로부터 공급한다. 기본적인 세 가지 공정의 특성과 용도는 다음과 같다.

12.4.1 텅스텐아크용접(GTAW, gas tungsten arc welding)

텅스텐아크용접은 TIG(tungsten inert gas) 용접이라고도 하며, 용가재는 **선재**로 공급된다(그림 12.11a). 접합부를 맞닿게 하는 경우는 용가재를 공급하지 않을 수도 있다. 용가재는 피용접부 금속과 유사한 재료로 만들어지며 용제는 사용하지 않는다. 보호가스는 주로 아르곤이나 헬륨 또는 둘을 혼합하여 사용한다. 용접 중에는 텅스텐전극이 소모되지 않으므로 일정한 전류가 공급되면 안정된 아크간격이 유지된다.

용접기(그림 12.11b) 용량은 8~20 kW 정도로, 공작물에 따라서 직류 200 A 혹은 교류 500A를 선택하여 사용한다. 일반적으로 알루미늄과 마그네슘에는 청정효과로 산화물을 제거하고 용접품질이 개선되는 교류를 사용한다. 전극의 전자방출특성을 향상시키기 위

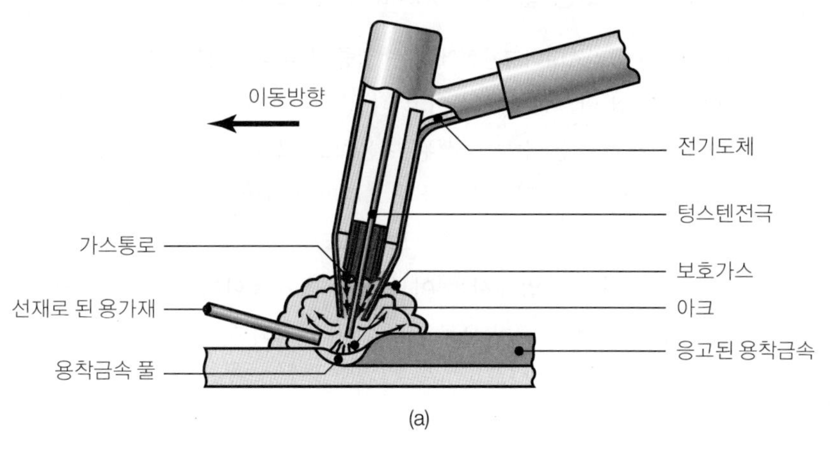

▶ **그림 12.11**
(a) 텅스텐아크용접(GTAW) 공정의 개략도. TIG라고도 함. (b) 텅스텐아크용접의 작업에 사용되는 장비.

해 텅스텐전극에 토륨이나 지르코늄을 첨가하기도 한다. 텅스텐전극이 용융금속에 의해 오염되면 용접부의 불연속이 생기므로, 중요한 용도에서는 심각한 문제가 된다. 따라서 전극봉이 용융금속 풀에 닿지 않도록 해야 한다.

GTAW은 알루미늄, 마그네슘, 티타늄, 내열금속의 용접에 널리 사용되며, 특히 얇은 금속의 용접에 적합하다. 불활성가스의 비용으로 인해 SMAW보다 비싼 방법이지만, 고품질과 깨끗한 표면을 보장한다.

12.4.2 원자수소용접(AHW, atomic hydrogen welding)

원자수소용접은 두 개의 텅스텐전극 사이에 아크를 발생시키고, 수소가스를 유동시켜 보호분위기를 만드는 방법이다. 수소가스는 두 개의 원자로 구성되지만(H_2), 6000°C 이상의 아크 주위에서는 원자상태로 해리되면서 아크로부터 다량의 열을 흡수한다. 해리된 수소원자가 온도가 낮은 용접 부위를 때리면서 다시 2원자 수소로 결합하면서, 갖고 있던 에너지를 짧은 순간에 방출하여 열원을 제공한다. AHW에서는 아크기둥과 공작물표면의 거리를 변화시키며 공급에너지를 쉽게 조절할 수 있다. 하지만 불활성가스를 사용하는 것이 보다 저렴하므로, GTAW에 비해 많이 사용되지 않는다.

12.4.3 플라즈마아크용접(PAW, plasma arc welding)

1960년대에 개발된 **플라즈마아크용접**에서는 집중된 플라즈마아크를 만들어 용접부에 쏘아주는데, 이때 발생한 아크는 안정적이고 최고 33,000°C의 고온에 도달한다. 플라즈마는 전자와 이온이 거의 같은 수로 구성된 이온화된 고온가스이다. 플라즈마는 저전류를 이용한 개시아크를 이용하여 텅스텐전극과 오리피스(orifice) 사이에서 시작된다. 플라즈마아크는 비교적 좁은 오리피스를 통과하므로 아크가 고도로 집중된다. 용접전류는 보통 100 A 미만이나, 특별한 작업에서는 이보다 높게 사용한다. 용가재를 사용할 때에는 GTAW에서와 마찬가지로 아크 속으로 공급한다. 아크와 용접부는 아르곤, 헬륨, 또는 둘의 혼합가스로 보호한다.

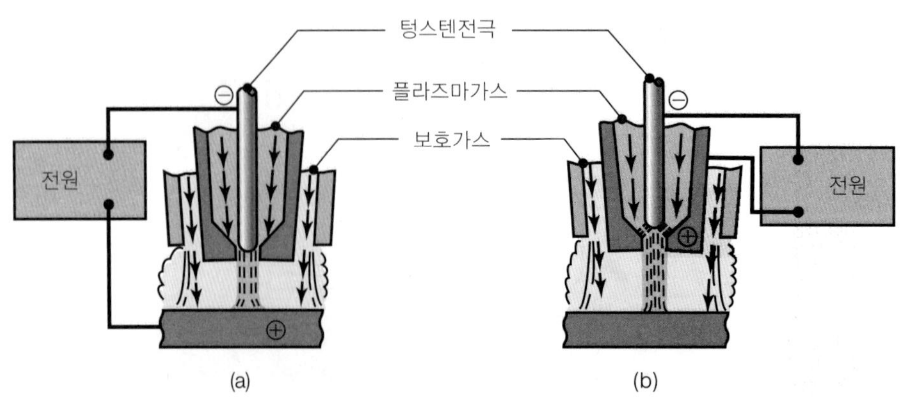

▶ 그림 12.12
두 가지 형태의 플라즈마아크용접(PAW): (a) 전달식과 (b) 비전달식. 고속으로 용접을 수행하여 깊고 좁은 용접부를 만들어 준다.

플라즈마아크용접에는 두 가지 종류가 있다. **전달식**(transferred arc, 그림 12.12a)에서는 피용접물이 전기회로의 일부분이 된다. 따라서 아크는 전극으로부터 피용접물로 직접 전달된다. **비전달식**(nontransferred arc, 그림 12.12b)에서는 전극과 노즐 사이에 아크를 발생시키고 열은 플라즈마가스에 의해 피용접물로 전달되며, 이 방법은 **용사법**(4.5.1절)에도 활용된다.

다른 아크용접방식에 비해 플라즈마아크용접은 (1) 에너지를 집중시킬 수 있어서 용입이 깊고 좁으며, (2) 아크안정성이 좋고, (3) 120~1000 mm/min의 높은 용접속도를 가능케 하는 장점이 있다. 일반적으로 6 mm 이하의 두께를 가진 다양한 금속을 용접할 수 있다. 플라즈마아크의 높은 열집중은 최대 20 mm 두께의 티타늄과 알루미늄합금의 접합부를 관통시킬 수 있다(**키홀방법**, keyhole technique). 키홀방법에서는 플라즈마아크의 힘으로 용융금속이 밀려나면서 용융 풀에 구멍이 만들어진다. 플라즈마아크용접은 높은 에너지집중, 양호한 아크안정성, 그리고 빠른 용접속도 때문에 맞대기용접이나 겹침용접에 많이 사용된다.

12.5 고에너지빔용접

고에너지빔에 의한 접합은 주로 레이저빔용접 및 전자빔용접을 말하며, 용접부의 고품질과 기술적, 경제적 장점으로 인해 현대의 가공분야에서 중요하게 사용된다. 고에너지빔의 특성과 가공작업에 이용되는 독특한 용도에 대하여 9.14절에서 설명한 바 있다.

12.5.1 전자빔용접(EBW, electron-beam welding)

전자빔용접에서는 고속의 집중된 전자빔에 의해 열이 발생되는데, 전자가 피용접물에 충돌하면서 전자의 운동에너지는 열로 변환된다. 따라서 이 공정은 피용접물에 전자빔을 집중시키기 위한 장치와 진공상태가 필요하며, 진공도가 높을수록 전자빔의 침투가 깊어져서 침투깊이 대 폭의 비가 커진다. 진공도는 HV(고진공), MV(중진공)로 표시하여 많이 사용하고, NV(진공 없음)의 경우도 일부 재료에 효과적인 경우가 있다. EBW는 아주 얇은 금속호일에서부터 150 mm 두께의 후판까지 다양한 두께를 갖는 대부분의 동종 및 이종 금속의 맞대기용접이나 겹침용접에 모두 사용된다. 집중된 전자빔에너지는 공작물에 구멍을 낼 수도 있다(9.14절 참조). 일반적으로 보호가스, 용제, 용가재를 사용하지 않으며, 전자빔 건의 용량은 최고 100 kW에 이른다.

1960년대에 개발된 EBW는 용접부 측면이 거의 평행할 정도로 깊고 좁게 용접하며(깊이 대 폭의 비율이 10~30 정도, 그림 12.13), 열영향부가 작다는 장점이 있다(12.6절 참조). 서보제어기를 사용하면 용접변수들을 정확히 제어하며, 용접속도도 최고 12 m/min까지

▶ **그림 12.13**

용접비드의 크기 비교: (a) 전자빔이나 레이저빔 용접, (b) 일반(텅스텐아크) 용접.

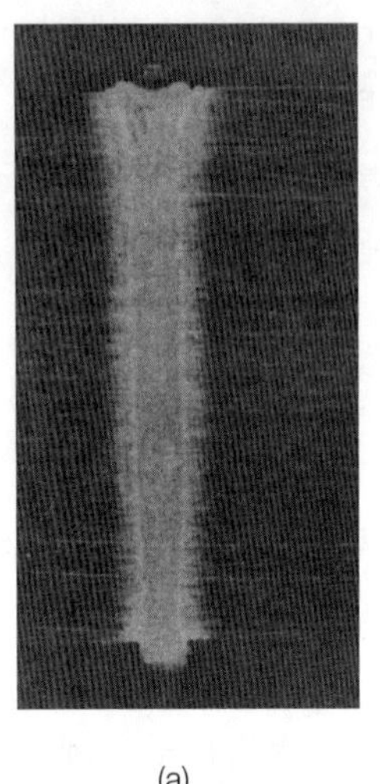

(a)

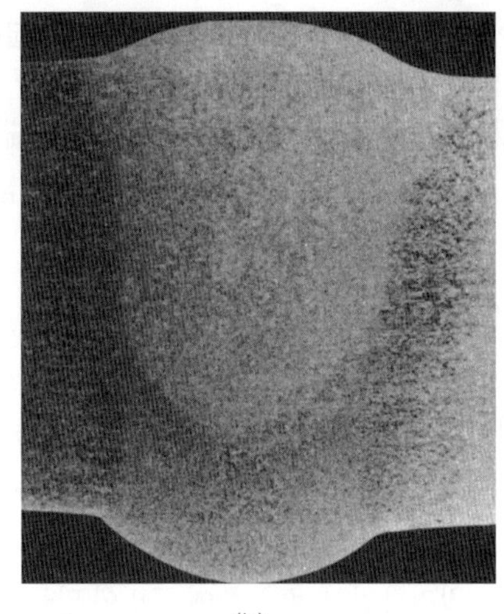

(b)

정확히 제어할 수 있다. 열변형량과 수축량은 극히 적으며, 용접품질이 좋고 순도가 매우 높다. 보통 사용되는 곳은 항공기, 미사일, 핵시설 및 전자부품이며, 자동차산업에서는 기어와 축에 사용된다. 하지만 전자빔용접장치는 X선을 발생시키므로 적절한 안전점검과 주기적인 유지보수가 매우 중요하다. 관련 공정으로 10.12.4절에 설명한 전자빔용융을 들 수 있다.

12.5.2 레이저빔용접(LBW, laser-beam welding)

레이저빔용접은 고출력 레이저빔을 용접열원으로 이용하여 융접하는 방법이다(그림 9.36 및 표 9.5 참조). 레이저빔은 직경 10 μm까지 초점을 맞출 수 있어서 에너지밀도가 높으므로 용접물에 깊이 침투한다. 따라서 이 공정은 깊이 대 폭의 비율이 4~10 정도인 좁고 깊은 접합부를 용접하는 데 특히 적합하다(그림 12.13a). 얇은 재료의 점용접에는 레이저빔을 맥동시켜 사용할 수 있으며(천분의 일초 단위로), 출력은 100 kW까지 가능하다. 두꺼운 단면의 깊은 용접부에는 연속형 수 kW급 레이저 시스템이 사용된다. 공작물재료의 반사도가 높으면 이 공정의 효율은 떨어진다. 공정의 성능을 향상시키기 위해, 철금속의 경우에는 산소, 비철금속의 경우에는 불활성가스를 사용하기도 한다.

LBW는 자동화되어 두께 25 mm까지의 재료에 다양하게 사용되며, 특히 얇은 재료에 효과적이다. 보통 용접되는 금속은 알루미늄, 티타늄, 철금속, 구리, 초합금, 내열금속 등이다. 용접속도는 2.5 m/min으로부터, 얇은 금속에는 최고 80 m/min까지 가능하다. 공정자체의 특성 때문에 접근할 수 없는 위치에도 용접할 수 있다. 레이저빔은 눈과 피부에 극히 유해하므로, 레이저빔용접 시에는 안전이 특히 중요한 고려사항이다. 고상(YAG)레이저는 특히 위험하다.

LBW는 수축과 뒤틀림이 최소화되어 용접품질이 좋으며, 용접부는 강도와 연성이 양호하고 미세기공이 없다. 7.3.4절 및 예 7.2에 설명한 테일러용접을 비롯하여, 자동차산업에서는 트랜스미션부품의 용접에 가장 많이 사용된다. 수많은 적용분야 중에서 얇은 전자부품의 용접, 심박조절기의 밀봉용접, 트랜스미션 축부품용접(12.9절의 **마찰용접**과 경쟁)의 예를 들 수 있다.

전자빔용접에 비해 LBW의 주요 장점은 다음과 같다.

(1) 레이저빔은 공기를 통과하므로, 진공이 필요치 않다.
(2) 레이저빔은 광학적으로 모양을 만들거나 조작하고(광섬유 사용) 초점을 맞출 수 있기 때문에, 공정을 쉽게 자동화할 수 있다.
(3) 레이저빔은 X선을 배출하지 않는다.
(4) 용접부의 품질이 우수하며, 불완전한 융해나 구멍 또는 기공이 생기는 경향이 적다.

예 12.3 면도날의 레이저용접

그림 12.14는 질렛 센서(Gillette Sensor) 면도날 통을 가까이서 본 것이다. 폭이 좁고 고강도인 두 개의 날에는 각각 13군데의 용접점이 있으며, 그 중 11군데는 직경 0.5 mm 정도의 검은 점으로 나타나 육안으로 확인할 수 있다. 이들 용접부는 Nd:YAG 레이저를 광섬유로 유연하게 전달하여, 날의 길이를 따라서 정확한 위치에 용접한 것이다. 레이저 용접기를 다수 사용하여 시간당 3백만 개의 속도로 정확하고 일관성 있게 용접품질을 유지하면서 용접한다.

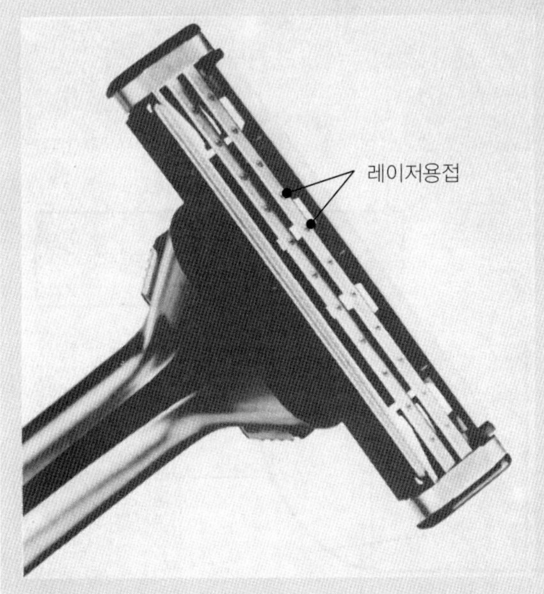

▶ **그림 12.14**
레이저빔용접한 질렛 센서 면도날 통.

12.6 용접부

이 절에서는 용접공정의 다음과 같은 측면을 다룬다.

- 용접부의 본질, 특성, 품질
- 금속의 용접성
- 용접부의 시험방법

그림 12.15에 전형적인 용접부의 단면도를 나타내었다. 단면은 세 영역으로 구분된다.

1. **모재**(base metal): 용접될 금속
2. **열영향부**(HAZ, heat-affected zone): 열의 영향을 받는 영역
3. **용합부**(fusion zone): 용접 중에 녹고 응고 후에 용착금속이 되는 영역

이 중 두 번째와 세 번째 영역의 금속조직과 기계적인 성질에 주요한 영향을 미치는 인자들은 용접될 금속(단상, 이상, 이종), 용접공정, 용가재(사용된 경우), 용접변수이다. 용가재 없이 이루어진 용접을 **자생용접**이라 부르며, 이 경우 용접부는 모재가 **재응고**되어 형성된다. 용가재를 사용하여 용접을 수행한 경우의 용접부에는 가운데에 **용착금속**이 생기고, 이는 모재와 용가재의 혼합물로 구성된다.

용접부의 기계적 성질은 (1) 접합부 온도의 크기와 분포를 결정하는 가열속도와 금속의 열적 성질, (2) 공급된 열량, 온도상승폭, 금속의 사전 냉간가공도, 용접 후의 냉각속도 등에 따라 결정되는 용접부의 미세조직과 결정립크기, (3) 기타 용접비드의 형상과 균열, 잔류응력, 개재물, 산화막 등의 존재여부 등에 따라 달라진다.

▶ **그림 12.15**
산소용접과 아크용접에서 형성되는 전형적인 융합부의 특성.

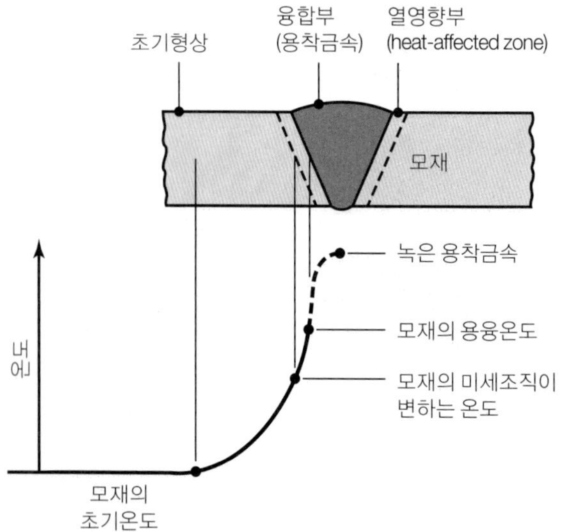

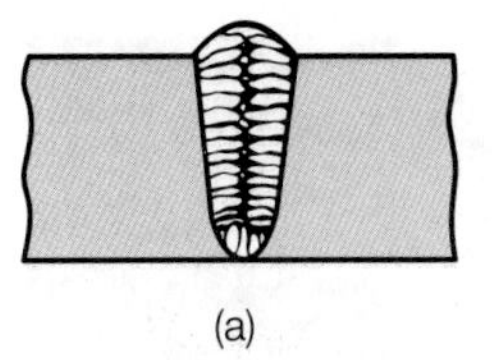
(a)

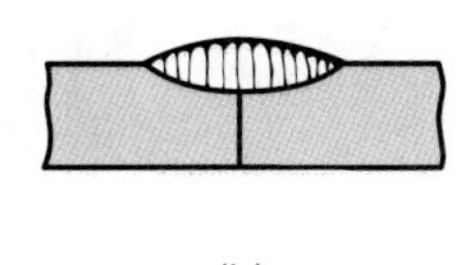
(b)

▶ **그림 12.16**

결정립구조 비교: (a) 깊은 용접부와 (b) 얕은 용접부. 응고된 용착금속의 결정립방향은 모재의 표면과 수직을 이룬다.

■ **용착금속의 응고** 접합될 부분에 열을 가하고 용가재를 공급하면, 용해된 용접부는 서서히 주위온도까지 냉각된다. 용접부의 응고과정은 주조에서와 비슷하며 주상(수지상)정립의 형성으로 시작한다. 이 결정립은 길게 열유동과 평행한 방향으로 형성된다(그림 5.5 참조). 금속의 열전도도는 주위공기보다 높으므로 주상정은 평판에 평행하게 성장한다(그림 12.16a). 용접부가 얕은 경우의 결정립모양은 그림 12.16b에 나타낸 것과 같다. 결정립의 구조와 크기는 합금의 종류, 용접과정, 사용된 용가재에 따라서 다르다.

냉간가공된 모재에서의 용착금속은 **합금주조조직**을 가지며 용접부가 가열되었다가 식기 때문에 결정립크기는 큰 편으로, 용접부의 강도, 경도, 인성 및 연성은 낮은 편이다(그림 12.17). 용가재를 적절히 선택하거나, 용접 후 적절한 열처리로 용접부의 기계적 성질을 향상시킬 수 있다. 용접부가 너무 빠르게 냉각되는 것도 문제가 된다. 예를 들면, 용접하기 전에 접합될 영역을 **예열**함으로써, 용접부의 냉각속도를 조절하여 늦출 수 있다. 예열법은 열전도도가 높은 금속, 즉 알루미늄이나 구리에 특히 중요한데, 이는 용접 중에 열이 빠르게 소산되는 것을 막아주기 때문이다.

■ **열영향부(HAZ)** 열영향부는 높은 용접온도를 겪으면서 용접 전에 비해 미세조직이 달라진 모재부분이다(그림 12.15). 열영향부의 기계적인 성질과 미세조직은 (1) 열유입률(일반적으로 용접부 단위길이당으로 표시함) 및 냉각속도와 (2) 용접부의 온도에 따라서 변한다.

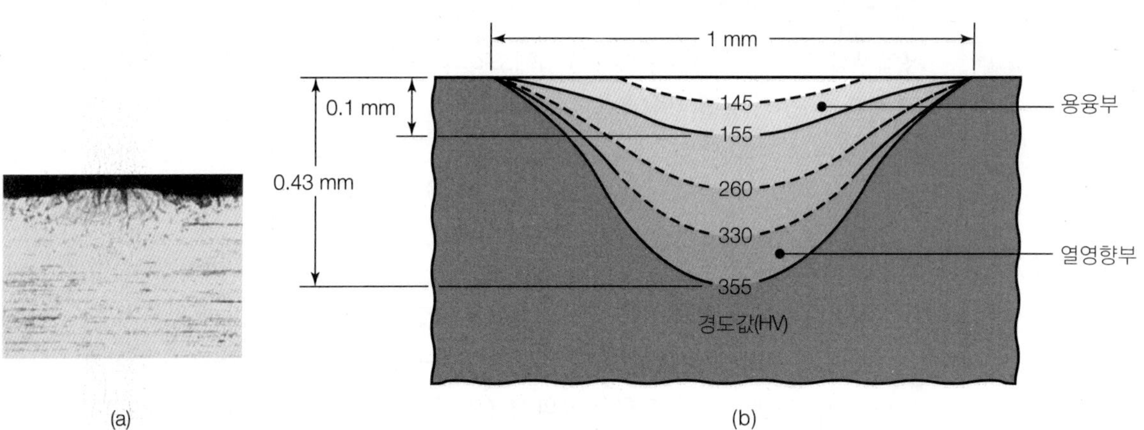

▲ **그림 12.17**

(a) 냉연된 니켈판재에 레이저빔으로 만들어진 용접비드, (b) 용접비드 단면에서의 미세경도분포. 용접비드에서의 경도값이 모재에서의 값보다 낮다.

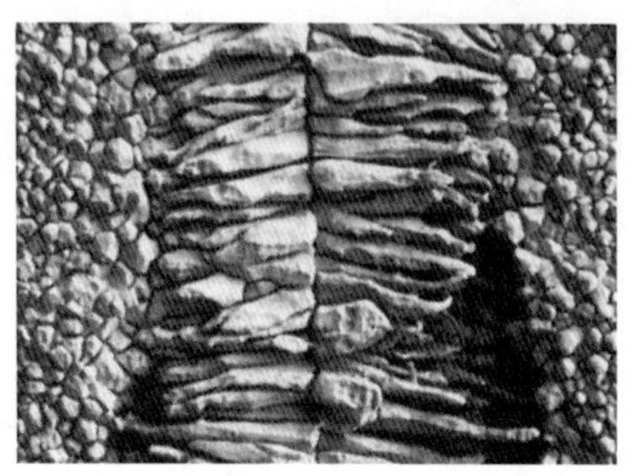

▶ **그림 12.18**
부식액에 노출시킨 310 스테인리스강관 용접부의 확대사진(20배). 용접선은 그림의 중앙에 위치함.

초기 결정립크기, 결정립방향, 용접 전의 냉간가공도 같은 금속학적 요소들과 더불어 금속의 비열과 열전도도가 열영향부의 크기와 특성에 많은 영향을 미친다.

열영향부의 강도와 경도는 모재의 용접 전 강도와 경도에 따라 달라지며, 제3장과 제5장에서 설명한 것처럼 냉간가공, 고용체강화, 석출경화, 다양한 열처리 등의 강화기구에 따라서도 달라진다. 이들 강화기구 중 해석하기 가장 쉬운 것은 냉간압연 또는 단조에 의해 냉간가공된 모재에 일어나는 강화현상이다(제6장).

용접열로 인해 냉간가공된 모재의 결정립들은 길이방향으로 배열된 구조로부터(선택적 방향성) **재결정**된다. 용착금속으로부터 멀리 떨어진 결정립들은 미세한 등축결정립들로 재결정된다. 그러나 용착금속과 가까운 결정립들은 보다 긴 시간 동안 높은 온도의 영향을 받아 성장한다(3.6절 참조). 이처럼 결정립이 성장한 영역의 강도는 낮고 연해진다. 접합부의 이러한 부분이 열영향부에서 가장 약한 부분이며, 화학적인 반응에 의해 부식에도 약해지기 쉬운 부분이다. 한 예를 그림 12.18에 나타내었는데, 가운데 보이는 수직선은 두 개의 용접부가 만나는 지점이다. 이종금속간 접합이나 기타 방법에 의해 강화된 합금의 용접에서 열영향부에 미치는 열의 역할은 매우 복잡하므로, 참고문헌을 참조하자.

12.6.1 용접품질

용접부의 열주기이력과 이에 따른 미세조직의 변화로 인해, 용접부에 결함이나 **불연속면**이 생길 수 있다. 용접 불연속면은 확립된 용접기술을 부적절 또는 부주의하게 적용하거나, 작업자 표준훈련의 부족으로 인해 발생한다. 용접품질을 해치는 주요 불연속면은 다음과 같다.

1. **기공**(porosity). 용접부의 기공은 (1) 용접부가 응고되는 동안 방출된 가스가 외부로 빠져나가지 못하기 때문에 생기거나, (2) 화학적 반응, (3) 불순물의 침입에 의해 생긴다. 대부분의 용접부에는 약간의 기공이 존재하며, 기공의 모양은 일반적으로 구형이거나 타원형이다(5.12.1절 참조). 또한 기공의 분포는 불규칙적이거나 임의의 곳에 집중적으로 모여 있는 경우도 있다. 젖은 용제를 사용하거나 습기가 있는 환경으로 인해 **수소기공**이 존재하면, 알루미늄합금 용접부에는 기공으로 남고, 철강에는 수소취화현상이 생긴다(3.8.2절 참조).

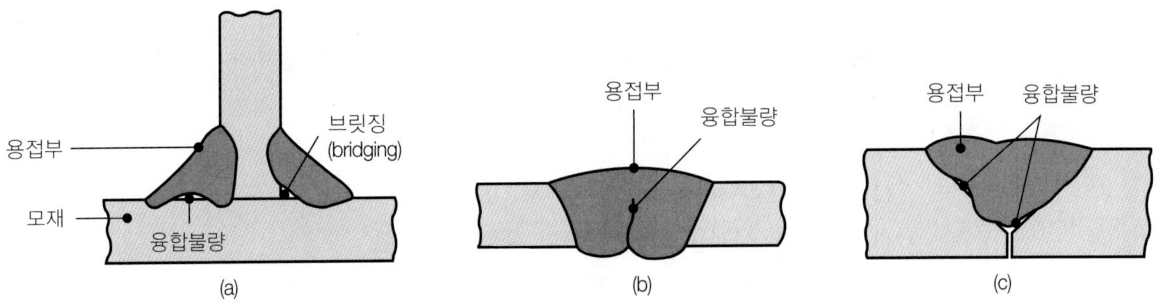

▲ **그림 12.19**

용접 시 생길 수 있는 다양한 용접결함: (a) 필렛용접부의 융합불량, (b) 용접부중심에서 산화물이나 불순물로 인한 융합불량(특히 알루미늄의 경우), (c) 홈(그루브)용접 시 융합불량.

용접부의 기공을 줄이려면 다음과 같은 방법을 사용한다.

(1) 적절한 용접봉과 용가재를 선택한다.

(2) 용접될 부분을 예열하거나 용접에 필요한 열공급을 증가시키는 등의 용접작업을 개선한다.

(3) 용접부를 깨끗하게 하고 용접부에 불순물이 들어가는 것을 방지한다.

(4) 가스가 방출될 시간을 갖도록 용접속도를 낮춘다.

(5) 용접비드에 숏피닝처리를 한다(4.5.1절 참조).

2. **슬래그개재물**(slag inclusion). 슬래그개재물이란 산화물, 용제, 용접봉 피복재료의 혼합물인 슬래그가 용접부에 갇힌 것을 말한다. 용접하는 동안 보호가스가 용해된 용접부를 대기로부터 차단하지 못하면, 대기로부터의 불순물 역시 슬래그개재물을 만들 수 있다. 따라서 용접 중에 슬래그를 용접부 표면에 뜨게 하여 용접부 안에 존재하지 못하도록 용접조건을 적절히 선택하는 것이 중요하다. 슬래그개재물의 발생을 방지하려면 다음과 같이 한다.

(1) 다음 층을 용접하기 전에 수동 혹은 동력 와이어브러시로 용착비드 표면을 깨끗이 한다(그림 12.5 참조).

(2) 적절한 보호가스를 공급한다.

(3) 용접부를 재설계하여(12.17절 참조), 용융금속 풀에 적절한 조치를 취할 여유공간을 확보한다.

3. **불완전한 융합 및 용입.** 융합불량(incomplete fusion)은 용착비드를 불량하게 만들며, 그 예를 그림 12.19에 나타내었다. 양호한 용접부를 얻기 위해서는 다음과 같이 한다.

(1) 모재의 온도를 증가시킨다.

(2) 용접하기 전에 용접 부위를 깨끗이 한다.

(3) 용접부의 설계를 변경한다.

(4) 적절한 용접봉으로 변경하여 사용한다.

(5) 적절한 보호가스를 사용한다.

용입부족(incomplete penetration)은 용접부의 깊이가 충분하지 않을 때 발생하며, 다음과 같이 하면 개선할 수 있다.

(1) 열유입량을 증가시킨다.

(2) 용접속도를 천천히 한다.

(3) 용접부의 설계를 변경한다.

(4) 접합할 면이 잘 맞도록 고정한다.

4. **용착부 형상.** 용착부 형상(weld profile)은 기계적 강도와 용접부 외관에 영향을 끼칠 뿐만 아니라, 다층용접에서 슬래그개재물 삽입이나 융합불량을 일으킬 수 있기 때문에 중요하다.

충전부족(underfilling)은 용접부에 용착금속이 충분히 채워지지 않을 때 발생한다 (그림 12.20a).

언더컷(undercutting)은 모재가 필요 이상으로 녹아 없어져 날카로운 홈이나 노치형상으로 모재가 패일 때 일어난다. 언더컷이 심하면, 응력집중효과를 일으키며 용접부의 피로강도를 감소시켜 파괴를 유발한다.

오버랩(overlap, 그림 12.20b)은 용접을 잘못 수행하거나 재료를 잘못 선택함으로 인해, 용접부의 표면이 균일하지 못한 것을 말한다. 그림 12.20c에는 결함이 없는 양호한 용접부의 단면이 주어져 있다.

5. **균열**(crack). 균열은 용접부에서 다양한 위치와 방향으로 발생할 수 있다. 균열의 유형에는 길이방향, 횡방향, 크레이터(crater), 용접비드밑(underbead), 모재단부(toe) 균열이

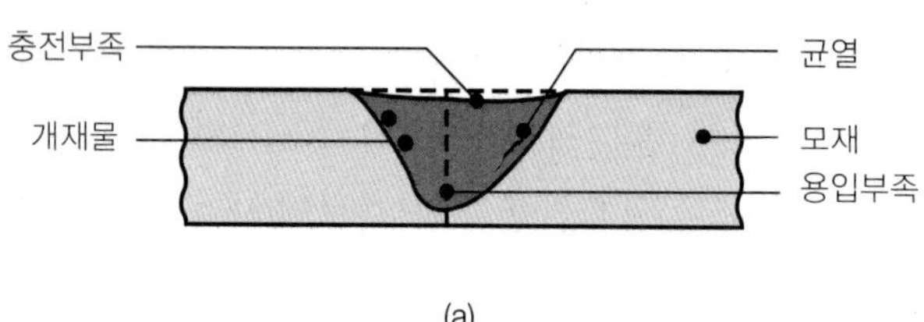

(a)

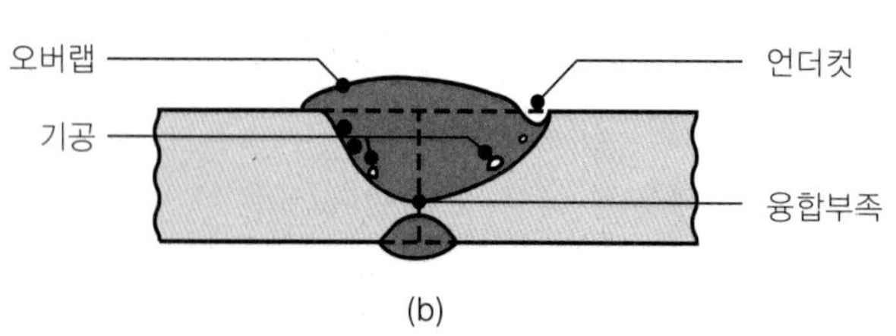

(b)

양호한 용접부

(c)

▲ 그림 12.20

용접 시 일어날 수 있는 다양한 용접결함.

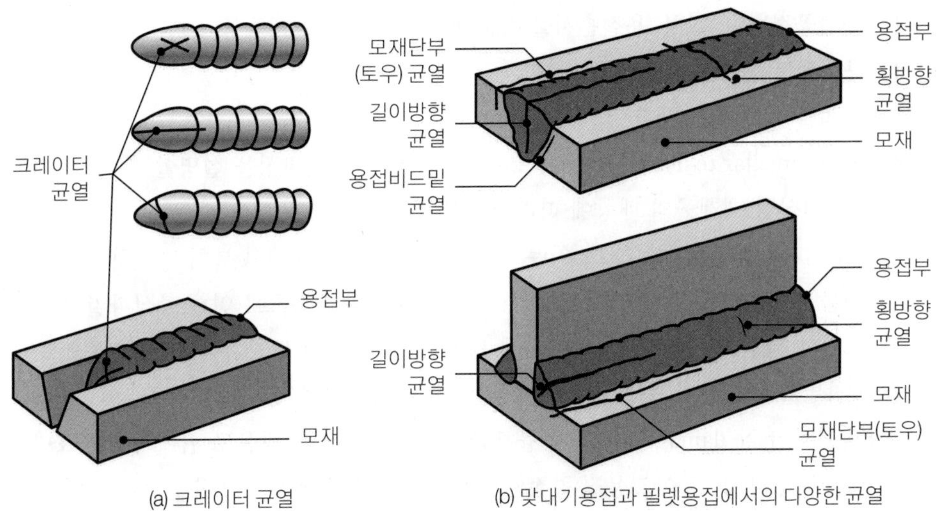

▶ **그림 12.21**

용접이음부의 균열 형태. 용접비드와 용접구조물에서 응고와 수축에 의한 열응력으로 발생함.

있다(그림 12.21). 이들 균열은 일반적으로 다음 인자들이 복합되어 발생한다.

(1) 용접부에 열응력을 발생시키는 온도구배

(2) 용접부 내의 화학적 조성에 따른 수축률의 편차

(3) 용착금속의 응고 시 고상-액상 경계면이 움직이면서 결정립 경계면에 황 같은 원소가 편석되어 생기는 결정립계 취화현상(3.4.2절)

(4) 수소취화현상(3.8.2절 참조)

(5) 응고과정 중에 용착금속의 수축이 구속되는 조건으로(그림 12.22), 주조에서 과도한 구속으로 주물에 일어나는 **고온균열**과 유사(5.12.1절 참조)

균열은 온도에 따라 **열간균열**(용접부의 온도가 고온일 때 발생)과 **냉간균열**(용착금속이 응고한 후에 발생)로 분류된다. 균열을 방지하는 방법은 다음과 같다.

(1) 냉각 시 수축으로 인해 발생하는 응력을 최소화시킬 수 있도록 용접설계를 변경한다.

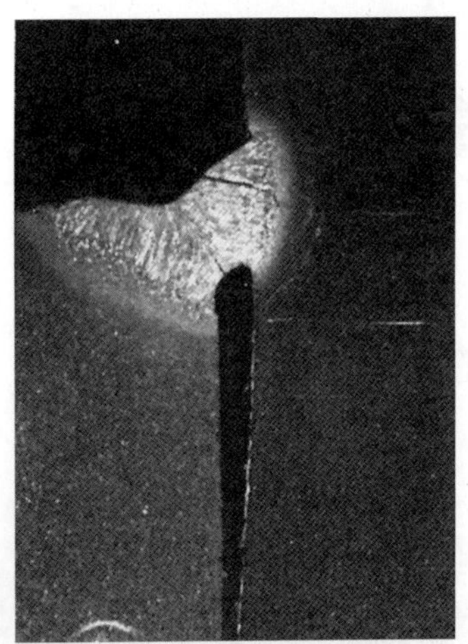

▶ **그림 12.22**

용접비드에 생긴 균열. 용접 후에 용접부가 수축할 수 없도록 두 개의 공작물이 구속을 가한 결과이다.

(2) 용접공정변수, 절차, 용접순서를 바꾼다.
(3) 용접될 부품을 예열한다.
(4) 용접 후 급랭을 피한다.

6. **층상파열**(lamellar tear). 3.5절에서, 소성변형된 금속의 이방성을 설명할 때, 비금속 불순물과 침상형 개재물의 배향에 따라 두께방향으로 소재가 더 약함을 설명하였다. 이 현상을 기계적 섬유화라고 하고, 이는 압연판과 구조물 형태에서 특히 명확하게 나타난다. 이들 공작물을 용접할 때는 응고 시 구속된 부재의 수축으로 인해 층상파열이 발생할 수 있다. 층상파열은 부재들의 수축을 방지하거나 용접비드가 부재가 약한 쪽으로 더 깊이 침투할 수 있도록 용접설계를 변경함으로써 방지할 수 있다.
7. **표면손상**(surface damage). 용접 시 융해금속의 일부가 작은 방울로 튀어서 모재표면에 응고될 수 있다. 또는 아크용접 공정에서 부주의로 인해 용접봉이 용접부가 아닌 부분에 닿을 수 있다. 이 경우에 형성되는 표면결함은 외관상이나 용도상의 이유로 바람직하지 못하다. 심한 경우에는 용접구조물의 기계적 성질에까지도 악영향을 미칠 수 있는데, 특히 노치효과가 큰 금속일수록 그 영향은 더욱 크게 나타난다.
8. **잔류응력**. 용접 시 가해지는 국부적인 가열과 냉각, 용접부의 팽창과 수축에 의해 소재에 잔류응력이 발생한다(2.10절 참조). 잔류응력은 다음과 같은 악영향을 준다.

(1) 용접부품의 변형, 뒤틀림, 좌굴(그림 12.24)
(2) 응력부식균열(3.8.2절 참조)
(3) 용접부를 기계가공이나 톱으로 제거할 때 생기는 추가변형
(4) 피로수명의 감소

그림 12.24a에 용접부에 존재하는 잔류응력의 형태와 분포를 나타내었다. 두 평판을 용접할 때, 용접부의 좁고 긴 영역의 온도는 고온인 반면, 나머지 대부분의 온도는 상온이다. 용접 후 시간이 경과하면 용접부에서 나머지 판재로 열이 전달되며 용접부는 냉각된다.

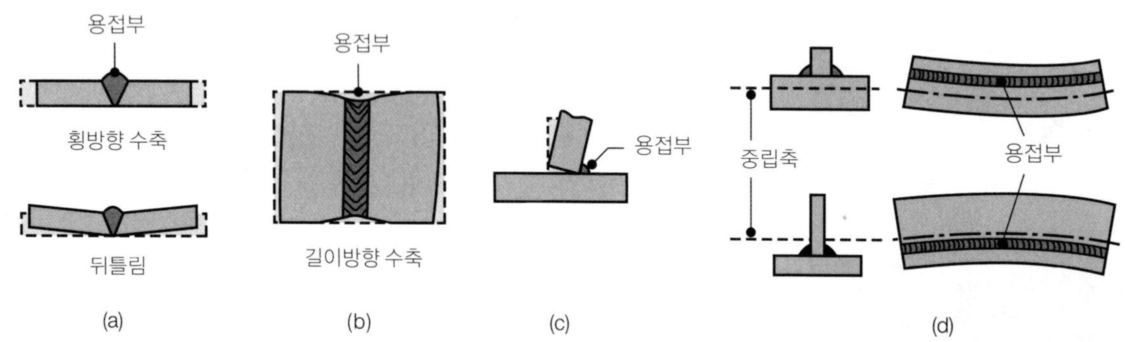

▲ **그림 12.23**

용접 후 일어나는 용접부의 변형: (a), (b) 맞대기이음과 (c), (d) 필렛용접의 경우. 변형은 용접부의 서로 다른 열팽창과 수축으로 인해 발생하는데, 용접 전에 필요한 부분을 적절히 고정하면 변형량을 줄이거나 없앨 수 있다.

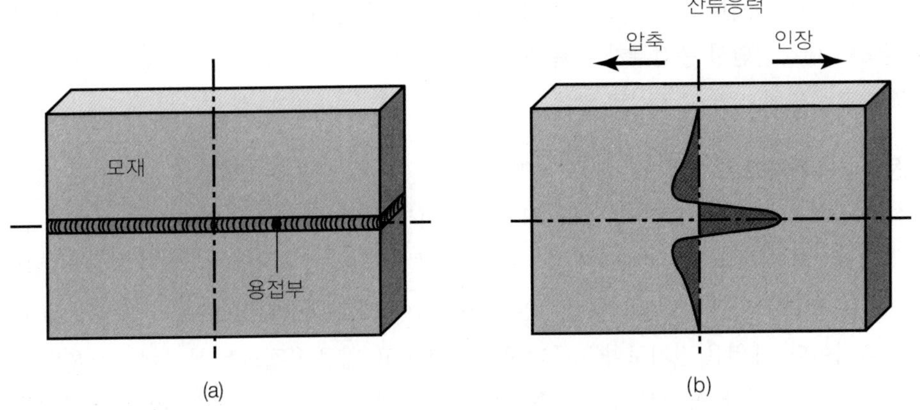

▶ **그림 12.24**
맞대기이음부에서의 잔류응력분포.

따라서 평판은 길이방향으로 팽창하는 반면에 용접부는 수축한다. 이 상반된 효과로 인해 생기는 잔류응력을 그림 12.24b에 나타내었다. 잔류응력의 분포로부터 용접부에서 멀리 떨어진 부분의 크기는 0으로 감소하며, 용접부에 외력이 가해지지 않기 때문에 전체 잔류응력의 인장과 압축력은 평형을 이룸을 알 수 있다.

복잡한 용접구조물에 존재하는 잔류응력분포는 삼차원으로 나타나며, 이를 이론적으로 해석하기는 어렵다. 앞에 소개한 두 평판 용접의 경우는 운동이 구속되지 않은 경우이나, 이 두 평판이 구조물의 일부로 구속되어 있다면, 평판은 자유롭게 팽창하거나 수축할 수 없으므로 작용응력이 발생할 것이며, 강성이 큰 구조물에서는 그 현상이 두드러지게 나타날 것이다.

용접구조물이 **변형**하는 예를 그림 12.25에 나타내었다. 용접하기 전에 구조물에 응력이 걸리지 않은 상태는 그림 12.25a와 같다. 구조물의 형상은 그런대로 강성이 있으나, 지지할 필요가 있으면 고정구를 사용한다. 용접비드가 만들어질 때는, 용융금속은 접합면 사이를 채우고 밖으로도 밀려나와서 용접비드를 형성한다. 이때까지는 용접부에 응력이

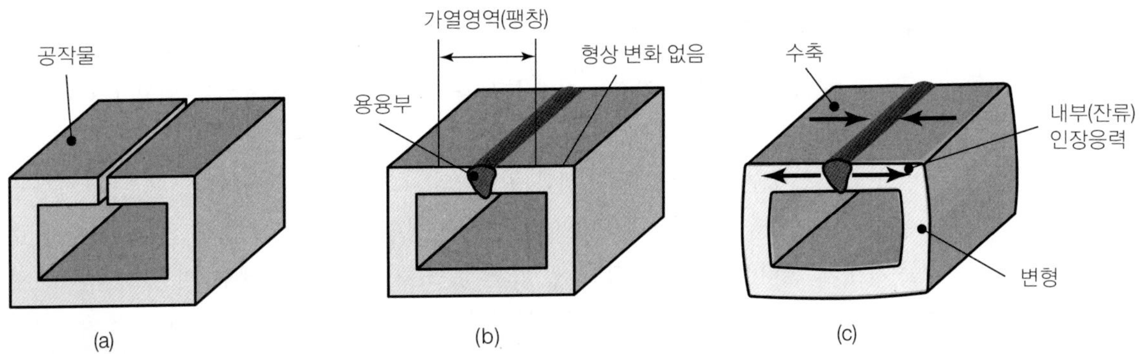

▲ **그림 12.25**
용접구조물의 변형: (a) 용접 전, (b) 용접비드가 용착부를 형성하는 용접 도중, (c) 용접 후 구조물이 변형된 모습.

걸리지 않는다. 용접비드가 응고하면서 용접비드와 주변 재료는 실온까지 냉각된다. 이들 금속이 냉각되면서 용접부가 수축하려고 하나 주변 구조물로 인해 구속된다. 그 결과, 구조물에는 변형(그림 12.25c)과 잔류응력이 발생한다.

■ **용접부의 응력해소** 비틀림, 좌굴, 균열 등 잔류응력에 의해 수반되는 문제들은 모재나 용접부를 **예열**함으로써 없앨 수 있다. 모재나 용접부를 예열하면 냉각속도와 열응력을 감소시켜(재료의 탄성계수가 작아지므로) 용접성을 향상시키고, 용접부의 수축이나 균열을 줄여주는 효과도 있다. 예열은 용접부의 급속냉각이 해로운 경화강(5.11절)을 용접할 때도 효과적이다. 예열은 전기로나 고주파로에서 행하고, 얇은 용접물은 복사램프나 열풍으로 예열할 수도 있다. 용접부에서 만족스런 강도와 인성을 최적으로 얻으려면, 예열온도와 냉각속도를 주의 깊게 조절해야 한다.

용접구조물의 잔류응력은 **응력제거 풀림처리**로 감소시킬 수 있다(5.11.4절). 응력제거처리에 필요한 가열온도와 시간은 재질과 잔류응력의 크기에 따라 다르다. 또 다른 응력제거법으로는 용접비드부분의 숏피닝, 해머링, 표면압연 등이 있다(4.5.1절 참조). 이들 방법은 압축잔류응력을 유발하여 용접부의 인장잔류응력을 줄이거나 제거시켜준다. 다층용접의 경우에는 첫 층과 마지막 층에 숏피닝에 의한 손상이 일어날 수 있으므로, 이들 층에는 피닝을 가하지 않는다.

구조물에 약간의 소성변형을 가함으로써 잔류응력을 줄이거나 없앨 수도 있다(그림 2.32 참조). 이 방법을 용접된 압력용기에 적용하려면, 용기 내부에 압력을 가하여 소성변형을 일으킬 만큼 축응력과 원주응력이 걸리도록 하면 된다(proof-stressing). 높은 내압이 걸릴 때, 갑자기 파괴가 일어나지 않도록 하려면, 용접부에 응력집중을 일으킬 수 있는 노치나 불연속면이 없어야 한다.

응력제거의 목적 외에도, 기계적 성질을 변화시키기 위해 다양한 방법으로 용접부를 열처리한다. 이에는 (1) 철강재료에 대한 풀림처리, 노멀라이징, 담금질, 템퍼링(뜨임처리)과 (2) 석출경화 합금에 대한 용체화처리 및 시효(aging)가 있다(5.11절).

12.6.2 용접성(weldability)

금속의 **용접성**이란, (1) 주어진 성질과 특성을 가진 구조물로 용접될 수 있고, (2) 용접 후에는 사용조건을 만족하는 능력을 말한다. 용접성은 많은 변수들의 영향을 받기 때문에 일반적으로 기술하기 어렵다. 모재와 용가재의 재료특성, 즉 합금원소, 불순물, 개재물, 결정립조직, 가공이력은 용접성에 매우 중요한 영향을 미친다. 또한 용접성에 영향을 주는 기계적, 물리적 성질로는 강도, 인성, 연성, 노치민감도, 탄성계수, 비열, 용융온도, 열팽창계수, 용융금속의 표면인장특성, 부식성 등이 있다.

좋은 용접을 얻으려면, 피용접부 표면의 준비, 표면산화막, 흡수된 가스의 성질을 이해하는 것이 중요하다. 용접부의 온도상승과 온도분포는 용접공정에 따라 크게 다르다. 용접성에 영향을 미치는 다른 요인은 보호가스나 용제의 종류, 용접봉 피복에 포함된 수분함량, 용접속도, 용접자세, 냉각속도, 예열 유무, 용접 후 처리(응력제거처리나 열처리) 등이다.

다음은 각 금속의 용접성을 간단하게 나타낸 것으로, 이들 금속의 용접성은 용접기술과 공정변수의 적절한 조절에 따라 달라질 수 있다.

1. 일반 탄소강: (1) 저탄소강은 매우 우수, (2) 중탄소강은 양호, (3) 고탄소강은 불량
2. 아연도금이나 사전 윤활된 탄소강: 아연도금층이나 윤활층이 남아 있으면 용접성에 악영향
3. 저합금강: 보통 내지 양호
4. 고합금강: 공정이 잘 조절된 상태에서는 일반적으로 양호
5. 스테인리스강: 용접가능
6. 주철: 일반적으로 용접가능
7. 알루미늄합금: 열유입률을 높게 하여 용접가능. 아연이나 구리를 함유하는 경우는 용접불가
8. 구리합금: 알루미늄합금과 유사
9. 납: 용접가능
10. 주석: 용접가능
11. 아연: 용접 곤란. 연납접 선호(12.13.3절 참조)
12. 마그네슘합금: 보호가스와 용제의 사용으로 용접가능
13. 니켈합금: 용접가능
14. 티타늄합금: 보호가스의 적절한 사용으로 용접가능
15. 지르코늄: 보호가스의 적절한 사용으로 용접가능
16. 텅스텐: 공정이 잘 조절된 상태에서 용접가능
17. 몰리브덴: 공정이 잘 조절된 상태에서 용접가능
18. 니오븀(콜럼비움): 공정이 잘 조절된 상태에서 용접가능
19. 탄탈: 공정이 잘 조절된 상태에서 용접가능

12.6.3 용접부의 시험과 검사

용접부의 품질은 접합부를 시험 및 검사하여 결정된다. 용접부에 대한 표준시험법과 절차가 ASTM, AWS, ASME, ASCE 등의 기관에 의해 확립되어 있다. 용접부의 검사는 파괴검사와 비파괴검사로 대별된다(4.8절 참조). 각 검사법은 나름대로의 장점, 제한점, 신뢰성을 갖고 있으며 특수한 장비와 시험기술을 필요로 한다.

1. **파괴검사.** 파괴검사로는 보통 다섯 가지 방법이 쓰이며, 이들에 대한 요약은 다음과 같다.
   (1) **인장시험.** 실제 용접부와 용착금속으로부터 시편을 채취하여 길이방향과 횡방향으로 인장시험하면, 2.2절에 설명한 것처럼 응력-변형률 곡선을 얻을 수 있다. 용접

부의 각 위치 및 방향별 응력-변형률 곡선으로부터 항복강도(Y), 극한인장강도(UTS), 연성을 알 수 있다. 연성은 연신율(%)이나 단면감소율(%)로 나타낸다. 용접부의 경도시험결과로부터, 용접강도와 용접 부위의 미세조직 변화를 알 수도 있다.

(2) **인장-전단시험.** 이 시험에서는 실제의 용접부와 절차를 모사하도록 준비된 시편을 사용한다(그림 12.26a). 시편에 인장력을 가하여 용착금속의 전단강도와 파괴가 일어나는 위치를 결정한다.

(3) **굽힘시험.** 용접부의 연성과 강도를 결정하기 위해 용접시편을 고정구 주위로 굽히는 **둘러싸기 굽힘시험**(그림 12.26b)과 **횡방향 세점 굽힘시험**(그림 12.26c, 그림 2.21 참조)이 있다.

(4) **파괴인성시험.** 이 시험은 2.9절에 설명한 충격시험법을 보통 사용하며, 샤피 V-노치 시편으로 인성을 측정한다. 또 다른 인성시험법으로 추를 낙하시켜서 충격에너지를 얻는 낙하하중시험이 있다.

(5) **부식 및 크리프시험.** 용접부의 화학적 조성과 미세조직의 차이 때문에, 용접부에 선택적 부식이 일어날 수 있다(그림 12.18 참조). 크리프시험은 용접부가 고온에서 사용될 때, 용접부의 고온거동을 결정하는 중요한 시험이다.

(6) **점용접부 시험.** 점용접부 시험에서는 (1) 인장-전단, (2) 횡단면인장(cross-tension), (3) 비틂, (4) 박리시험(peel test)을 이용하여 용접너겟의 강도를 측정한다(그림 12.27). 인장-전단시험은 적용하기 쉽고 저렴하기 때문에 제조업체에서 많이 쓰인다. 횡단면인장 및 비틂시험을 하면 용접부의 흠, 균열, 기공 등을 찾을 수 있다. 박리시험은 얇은 판재에 보통 사용되며, 용접부를 굽힌 후 벗겨내면서 떨어진 용접너겟의 크기와 모양을 평가한다.

2. **비파괴검사.** 압력용기, 파이프라인, 하중지지 구조물, 발전소처럼 용접부의 파괴가 큰

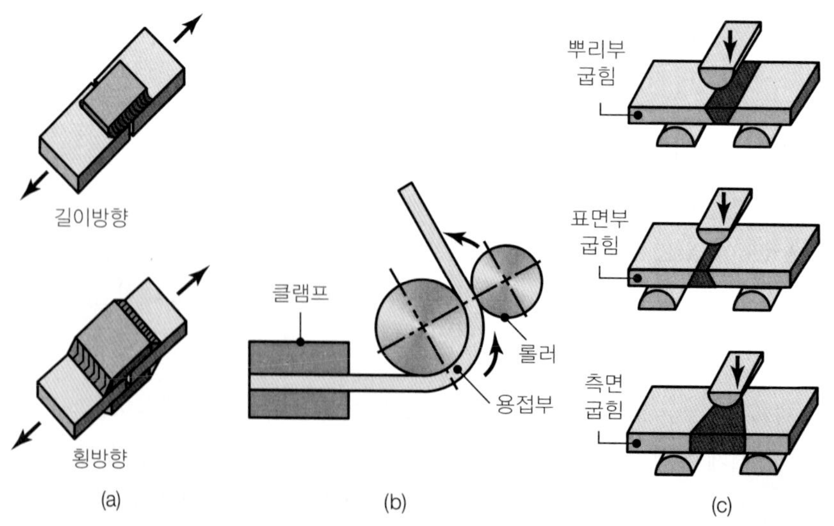

▶ **그림 12.26**
(a) 용접부의 인장-전단시험에 사용되는 시편의 종류, (b) 둘러싸기 굽힘시험, (c) 용접시편의 세점 굽힘시험.

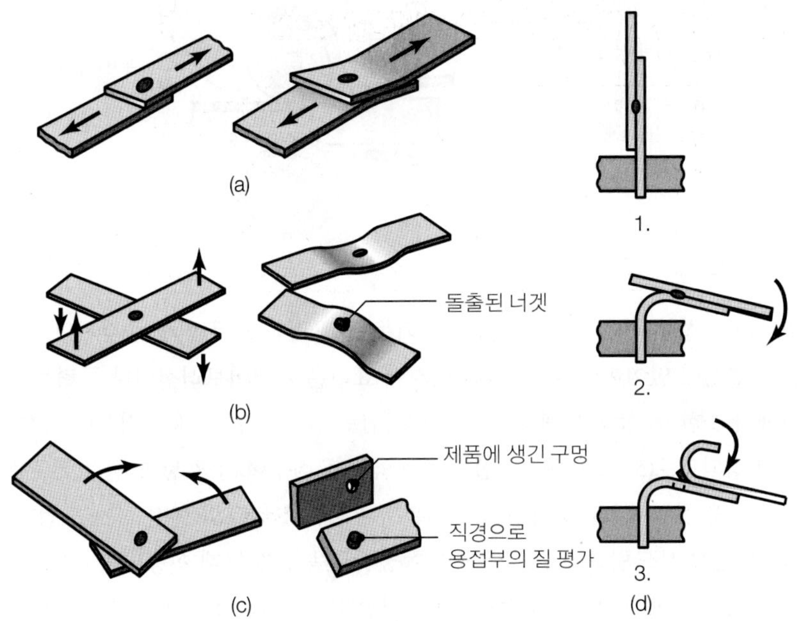

▶ **그림 12.27**
(a) 점용접부의 인장-전단시험, (b) 횡단면인장시험, (c) 비틂시험, (d) 박리시험.

재난을 일으킬 수 있는 경우에는 종종 비파괴검사를 수행해야 한다. 용접부의 비파괴검사에는 4.8.1절에 설명한 육안검사, 방사선검사, 자분탐상법, 액체침투법, 초음파탐상법 등이 있다.

12.6.4 용접공정 선택

지금까지 설명한 재료특성 외에, 접합부와 용접공정의 선택 시 고려해야할 사항은 다음과 같다.

1. 용접될 부품이나 구조물의 형상, 용접두께, 크기
2. 부품 가공 시 사용된 가공방법
3. 작용하중이나 응력 같은 실제 사용조건
4. 용접위치, 접근성, 작업의 용이성
5. 뒤틀림과 변색의 영향
6. 용접부의 외관
7. 모서리준비, 용접, 기계가공과 마무리가공을 포함한 후속가공에 드는 총 비용

12.7 냉간압접

냉간압접(CW, cold welding)은 금형이나 롤을 사용하여 접합면을 가압하고, 소성변형을

▶ **그림 12.28**
롤접합 및 롤 클래딩공정의 개략도.

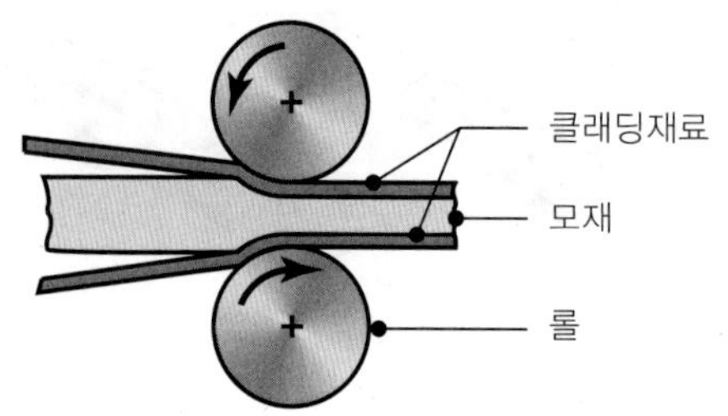

일으켜서 접합시키는 방법이다. 접합되는 두 공작물 모두 연성을 갖거나, 적어도 한 공작물은 연성이 있어야 한다. 용접하기 전에 표면은 와이어브러싱이나 동력브러싱으로 깨끗하게 청소한다. 상호 용해성을 갖는 이종금속 간의 접합 시에는 취성이 강한 **금속간화합물**이 형성되므로(5.2.2절 참조), 접합부는 약하고 취성이 강해진다. 한 예로, 알루미늄과 강의 결합을 들 수 있다. 동종금속 간에는 우수한 접합강도와 연성을 가진 접합부를 얻는다. 냉간압접은 부드럽고 연한 금속의 소형공작물을 접합할 때 이용되며, 구체적인 예로 전기연결부, 선재접합, 열에 민감한 용기의 밀봉(예: 폭약을 담은 통)을 들 수 있다.

■ **롤접합** 롤접합(ROW, roll bonding 혹은 roll welding)은 길이가 긴 공작물이나 연속판재에 한 쌍의 롤로 냉간압접에 필요한 압력을 가하는 방법이다(그림 12.28). 예 12.4에 설명한 것처럼, 롤접합은 동전 소재판을 생산하는 데 이용된다. 다른 공정에서와 마찬가지로, 접합강도를 향상시키려면 적절한 표면준비가 중요하다. 롤접합을 적용하는 또 다른 예로는, 열팽창계수가 다른 이종금속층을 접합하여 자동온도조절장치에 사용되는 바이메탈 판재를 들 수 있다(12.8절 참조). 접합면에 그래파이트나 세라믹 같은 분리제를 지정된 위치에 설치하면 한정된 부분만을 접합시킬 수 있다(stop-off). 이 기술은 그림 7.46에서처럼 판재구조물을 **초소성성형**할 때 사용된다.

롤접합은 열간에서 수행될 수 있으며(**열간 롤접합**), 대표적인 예로, (1) 석출경화된 알루미늄합금 판재 위에 순수알루미늄(5.11.2절), (2) 내부식성을 높이기 위해 연강 위에 스테인리스강을 붙이는 **클래딩**(4.5.1절)을 들 수 있다.

예 12.4 미국 동전의 롤접합

이종금속판재를 접합하여 동전 소재판(예: 25센트 미국동전)을 만드는 데 롤접합 기술이 사용된다. 두께 1.2 mm인 75% 구리-25% 니켈합금 판재를 두 바깥층으로, 두께 5.1 mm의 순수구리 판재를 안쪽 층으로 사용하고, 양호한 접합강도를 얻기 위해 접촉면을 먼저 화학처리한 후 와이어브러시로 깨끗이 청소한다. 금속판을 세 겹으로 겹쳐서 처음에는 두께 2.29 mm까지, 두 번째는 1.36 mm까지 감소시켜 총 82%의 두께감소율까지 압연한다.

소성변형이 일어나는 동안 체적은 항상 일정하므로(2.11.5절), 층 사이에서는 표면적이 현저하게 늘어나고 깨끗한 접촉표면이 생성된다. 이러한 접촉표면적의 증가와 더불어 롤의 고압 하에서 니켈이 구리에 녹아들어(5.2.1절 참조) 강한 접합을 이룬다.

12.8 초음파용접

초음파용접(USW, ultrasonic welding)에서 두 용접부재의 접촉면은 일정한 수직력과 진동하는 전단력을 받는다. 전단응력은 그림 12.29a와 같이 초음파가공에 쓰이는 것과 유사한(그림 9.24a 참조) **트랜스듀서**의 팁(선단부)에 의해 가해진다. 진동주파수는 10~75 kHz 정도이며, 소요에너지는 접합될 재료의 두께와 경도에 따라 증가한다. 효율적인 공정을 위해서는 트랜스듀서와 **음향봉**(sonotrode, *son*ic과 elec*trode*의 결합어)이라 불리는 팁 간의 적절한 조합이 중요하다. 용접팁을 회전원판으로 대체하면(그림 12.29b), 심(seam, 솔기)용접 구조로(그림 12.35의 **저항심용접**과 유사) 만들 수 있으며, 이 경우에 한쪽 소재는 판재나 호일이다.

전단응력은 피용접물 접촉부에서 소규모 소성변형을 일으키면서 산화막과 오염물을 제거하여 양호한 접촉과 강한 고상접합을 만든다. 용접 부위의 온도는 접합금속 융점온도(표 3.2)의 1/3 내지 1/2 정도까지(절대온도로) 도달한다. 따라서 용융이나 융해 과정은 수

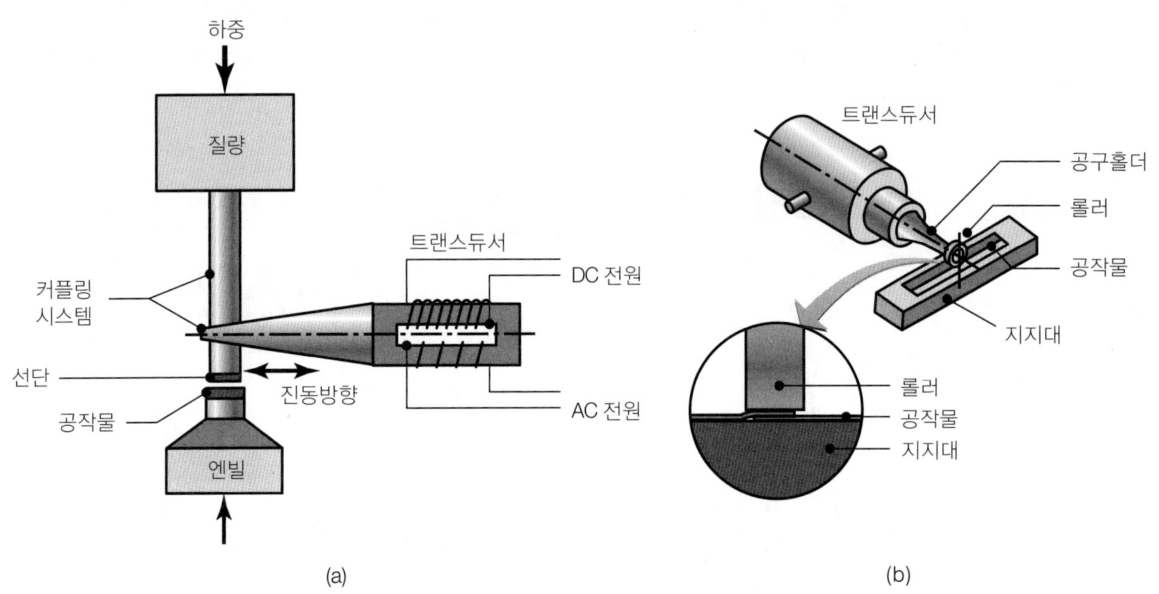

▲ **그림 12.29**

(a) 겹침용접용 초음파용접기의 구성. 공구선단의 횡진동으로 공작물 경계에서 소성변형이 일어나고 접합된다. (b) 롤러를 사용하는 초음파심용접.

반되지 않으나, 용접부의 야금학적 변화가 일어날 수 있다.

초음파용접 공정은 다용도로 신뢰성 높게 사용되는데, 이종금속을 포함하여(예: 바이메탈 판) 다양한 금속 및 비금속 재료의 용접에 널리 쓰인다. 구체적으로는 플라스틱의 접합과 자동차산업 및 전자산업에서 박판, 호일, 세선의 겹침용접과 호일을 이용한 패키징의 접합에 많이 사용된다. 초음파용접으로 열가소성 플라스틱을 접합할 때의 기구는(12.17.1절 참조) 금속의 경우와 다르며, 플라스틱의 용융점이 낮기 때문에 접촉면에서 용융이 일어난다(표 10.2 참조).

12.9 마찰용접

지금까지 언급한 접합공정에서는 용접열원으로 외부에너지를 사용하는데 반해, **마찰용접**(FRW, friction welding)에서는 용접 소요열을 접합할 두 부재 사이에서 생기는 마찰열, 즉 기계적 에너지로부터 얻는다. 마찰로 인한 온도상승은 두 손을 서로 빠르게 비벼보거나, 급하게 미끄러지는 로프를 보면 짐작할 수 있다.

FRW는 용접부재 중 하나를 고정시키고 다른 하나는 척이나 콜릿에 고정하여 고속회전시키면서, 두 용접부재에 축하중을 가하여 접촉시키는 방법이다(그림 12.30). 회전부재는 선속도가 최고 900 m/min에 달하므로, 척이나 콜릿에 미끄러지지 않고 회전력과 축하중에 견디도록 견고하게 고정시켜야 한다. 충분한 접촉이 이루어지면 (1) 회전부재를 정지시켜 전단력에 의해 용접부가 깨지지 않도록 하고, (2) 축하중을 증가시킨다.

용접영역은 보통 (1) 발생 열량, (2) 재료의 열전도도, (3) 고온에서 재료의 기계적 성질

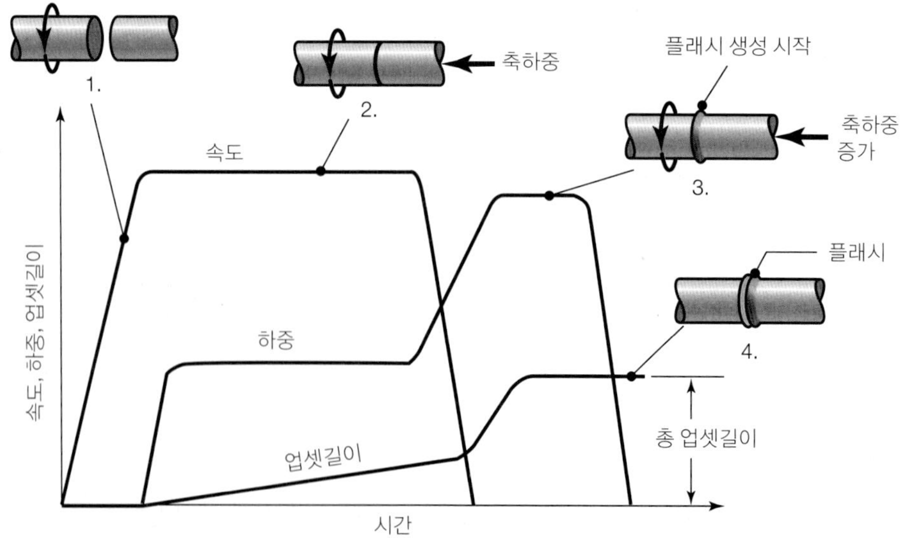

▶ 그림 12.30
마찰용접공정의 작업순서: (1) 왼쪽 부품 고속회전, (2) 오른쪽 부품에 축하중을 가하여 왼쪽 부품에 접촉시킴, (3) 축하중이 증가함에 따라 플래시 생성, (4) 지정된 업셋길이에 도달하면, 용접종료. 업셋길이는 두 부품이 중첩된 길이이므로, 용접 후 총 길이는 각각의 길이의 합보다 짧다. 플래시는 절삭이나 연삭으로 제거한다.

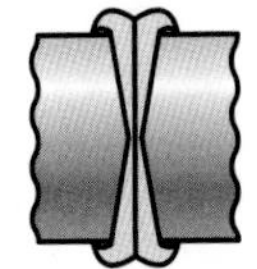

(a) 고압 혹은 저속

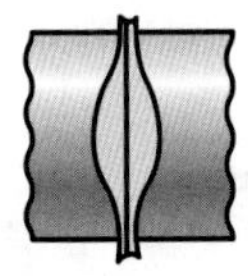
(b) 저압 혹은 고속

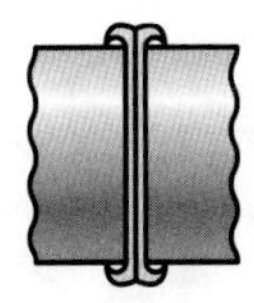
(c) 적절

▶ **그림 12.31**
마찰용접에서 작용하중과 회전속도에 따른 융합부의 형상.

에 따라 좁은 영역으로 제한된다. 또한 용접부의 모양은 회전속도와 가압하는 축하중에 따라 달라지므로 균일하고 강한 접합을 얻도록 이들을 잘 조절해야 한다(그림 12.31). 가압과정에서 고온의 금속이 반경방향으로 밀려나면서 산화물이나 다른 오염물도 함께 제거되므로 접합강도를 더욱 향상시킨다.

1940년대에 개발된 FRW는 두 부재 중 하나가 축대칭이기만 하면, 다양한 금속의 접합에 이용된다. 마찰용접으로 봉재는 최대직경 100 mm까지, 관재는 최대외경 250 mm까지 양호한 접합강도를 갖도록 성공적으로 용접할 수 있다. FRW에서는 열과 하중이 복합적으로 작용하므로 가열된 접촉면에는 소성변형에 의해 플래시가 형성된다. 플래시는 후속 기계가공이나 연삭으로 쉽게 제거할 수 있다(이 장 끝부분의 사례연구 참조).

FRW에는 일반적인 형식 외에 다음과 같은 종류가 있다.

1. **관성마찰용접**(IFW, inertia friction welding). FRW의 일종으로, 소요 마찰에너지를 플라이휠의 운동에너지를 통해 공급받는다. 이 작업에서는 (1) 플라이휠을 적당한 속도까지 가속하고, (2) 두 부재를 접촉시키면서 (3) 축하중을 가한 후, (4) 접촉면에서의 마찰로 인해 플라이휠 속도가 느려지면 축하중을 증가시킨다. 플라이휠이 정지하면 용접이 완료되므로, 용접품질을 위해서는 각 단계별 시간조절이 중요하다. 이때 관성마찰용접장치의 회전관성질량, 즉 용접에너지는 용접단면의 크기와 재료상수에 맞추어서 조정한다.
2. **선형마찰용접**(LFW, linear friction welding). 용접할 두 소재 중 하나를 고정시키고 다른 소재를 선형왕복운동시키는 마찰용접법으로, 피용접물의 단면이 반드시 원형이나 튜브형상일 필요는 없다. 이 용접법에서는 한 소재가 다른 소재에 대하여 상대운동을 하므로, 균형잡힌 왕복기구가 필요하며, 금속이나 플라스틱에 대하여 원형뿐만 아니라 사각형 부품들도 용접할 수 있다. 적용되는 예로, 접촉면적 240 mm^{2}인 사각형 티타늄합금 부품을 주파수 25 Hz, 진폭 ±2 mm, 가압력 100 MPa을 작용시켜 용접한다. 이외에도 각종 금속 부품이 최대단면적 50 × 20 mm까지 성공적으로 용접되고 있다.
3. **공구마찰용접**(FSW, friction stir welding). 일반 마찰용접에서는 두 접촉면끼리 서로 문지르는 마찰로 인해 접촉면을 가열하는데 반해, **공구마찰용접**에서는 제삼의 물체, 즉 공구로 용접할 두 표면을 문질러서 용접열을 얻는다. 회전공구에는 소형의 돌기(직경 5~6 mm, 길이 5 mm 정도)를 두어 접합부 틈 사이에서 회전시킨다(그림 12.32). 공구의 접촉압력과 상대운동으로 인해 마찰열이 발생하여 접합부를 230~260°C 정도로 가열한다.

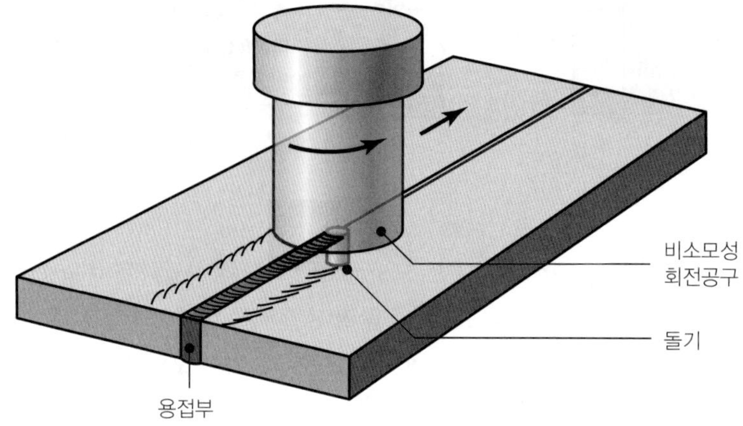

▶ **그림 12.32**
공구마찰용접 공정의 개략도. 두께 75 mm인 알루미늄합금 후판도 이 공정으로 용접된 바 있다.

회전공구 끝에 달린 돌기는 접합부의 재료를 가열, 혼합, 교반하는 역할을 한다.

이 용접법은 항공우주용 합금, 특히 알루미늄 압출재를 접합하기 위해 개발되었으나, 이제는 폴리머나 복합재료의 접합에도 적용된다. 접합부의 두께는 최소 1 mm에서 최대 30 mm까지 가능하다. 공구마찰용접은 기공이 거의 없고, 재료의 조직도 균일한 우수한 용접품질을 얻을 수 있다. 또한 열유입을 최소화하여 용접부를 형성하므로, 뒤틀림과 미세조직의 변화가 없고 연기나 용접방울이 튀는 현상도 없다. 용접장치는 간단한 일반 수직밀링머신(그림 8.59b)을 그대로 사용할 수 있으며, 자동화도 용이하다.

12.10 저항용접

저항용접(RW, resistance welding)은 접합부의 **전기저항**을 이용하여 용접에 필요한 열을 발생시키는 제반 공정으로, 소모성전극, 보호가스, 용제가 필요치 않다는 장점을 갖고 있다. 저항용접에서 발생되는 열은 다음 식으로 주어진다.

$$H = I^2Rt \tag{12.6}$$

여기서 H = 발생열 [J 또는 W-sec], I = 전류 [A], R = 저항 [ohm], t = 통전시간 [초]이다. 위 식은 복사 및 전도로 손실되는 에너지를 감안하여, 1보다 작은 상수 K를 포함시켜 실제 얻는 에너지를 나타내도록 수정하여 사용하기도 한다. 즉, 수정식은 $H = I^2RtK$로 표현된다.

그림 12.33에 나타낸 **저항점용접** 공정에서 총 저항은 다음 각 성분의 합으로 구해진다.

1. 전극의 저항
2. 전극-공작물 사이의 접촉저항

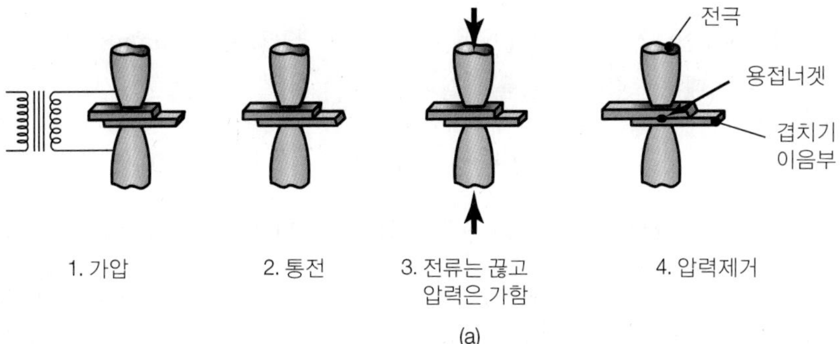

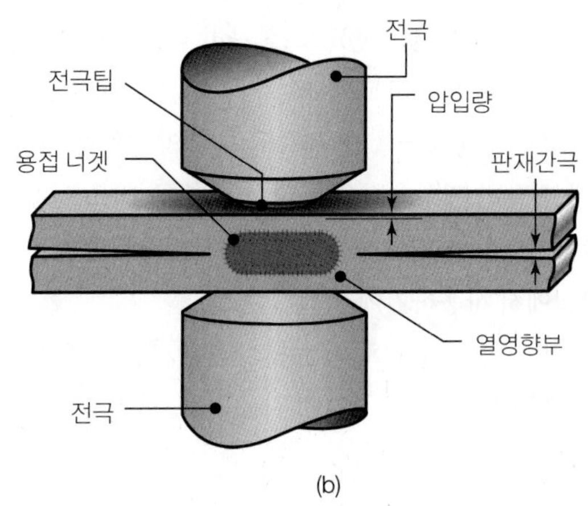

▶ **그림 12.33**

(a) 저항점용접의 연속공정, (b) 용접너겟과 판재표면에 전극으로 인해 약간 압입된 부분을 보여주고 있는 점용접부의 단면도. 이 공정은 박판용접과 자동차 차체용접에 많이 사용되는 공정이다.

3. 피용접물의 개별저항
4. 피용접물 사이의 접촉저항(접착면저항)

예 12.5 / 저항점용접에서의 발생열

5000 A의 전류와 통전시간을 0.1초로 유지하여 1 mm 두께의 두 강판을 5 mm 직경의 전극으로 점용접할 때, 용접 부위에서 발생되는 열량과 그 분포를 구하라. 유효저항은 200 $\mu\Omega$을 사용한다.

풀이 이 작업에서 발생하는 열은 식 (12.6)에 따라

$$\text{발생열} = (5000)^2(0.0002)(0.1) = 500\ \text{J}$$

이고, 전극 사이의 재료는 모두 가열되어 용접되었다고 가정하면, 용접너겟의 체적은

$$V = \left(\frac{\pi}{4}d^2\right)(t) = \left(\frac{\pi}{4}(5)^2\right)(2) = 39.3\ \text{mm}^3$$

로 계산된다. 표 12.3에서 강의 용융비에너지의 평균값은 9.7 J/mm^{3}이므로, 용접너겟을 녹이는 데 필요한 열은 다음과 같다.

$$H = u(\text{체적}) = (9.7)(39.3) = 381 \text{ J}$$

결론적으로 나머지 열(119 J), 즉 24%의 열은 용접너겟 주위에서 소산된다.

저항용접에 사용되는 전압은 0.5~10 V 정도이지만, 전류는 최대 100,000 A의 큰 값을 사용한다. 접합부에서의 실제 온도상승폭은 접합되는 금속의 비열과 열전도도에 따르므로, 알루미늄이나 구리 같은 높은 열전도도를 가진 금속들을 접합할 경우에는 높은 열집중이 필요하다. 전극재료는 열전도도와 고온강도가 높아야 하며, 구리합금으로 만드는 것이 보통이다. 저항용접은 동종금속 및 이종금속 간의 접합에 사용된다.

1900년대 초엽에 개발된 저항용접은 특수한 기계를 필요로 하며, 오늘날에는 대부분 프로그래밍된 컴퓨터제어로 작업된다. 기계는 일반적으로 휴대용이 아니므로, 이 공정은 가공공장이나 공작실에서 사용하기에 적절하다.

저항용접에는 점용접, 심용접, 프로젝션용접, 플래시용접, 업셋용접의 다섯 가지 방법이 있다. 이 중 처음 세 방법은 겹침접합에 사용되고, 나머지 두 방법은 맞대기접합을 하는 방법이다.

12.10.1 저항점용접(RSW, resistance spot welding)

저항점용접에서는 마주보는 두 원통형 전극의 끝을 두 금속판재의 겹침이음새 부위에 접촉하여 발생되는 저항열로 용접을 한다(그림 12.33a). **용접너겟**에서 좋은 결합을 얻기 위해서는 그림에 나타낸 바와 같이 전류가 흐르는 동안 압력을 가한다(그림 12.33b). 따라서 전류와 압력의 정확한 제어는 저항점용접에서 매우 중요하다. 사용전류는 3,000~40,000 A의 범위이고, 용접되는 재료와 두께에 따라 다르게 적용한다.

접합강도는 겹치는 재료표면의 거칠기와 청결도에 의존하므로, 기름, 페인트, 두꺼운 산화막은 용접하기 전에 표면에서 제거해야 한다. 그러나 균일하고 얇은 산화막이나 이물질은 크게 영향을 미치지 않는다. 용접너겟은 최대 10 mm의 직경을 갖고, 용접 부위의 표면에는 약간 변색된 압흔이 남는다.

점용접은 저항용접 공정 가운데 가장 간단하고 일반적으로 사용되는 용접법이다. 용접은 한 개 또는 다수의 전극을 이용하여 수행하며 작업에 필요한 압력은 기계식이나 공압식으로 가압한다. **로커암형**(rocker-arm type) 점용접기는 소형제품, **프레스형** 점용접기는 대형 용접물에 사용된다. 용접부 접근이 어려운 경우에는 다양한 형상의 전극을 사용하여 점용접을 한다(그림 12.34).

현대식 점용접 장비는 전류와 압력의 최적값 제어용 컴퓨터를 이용하고, 점용접건(spot

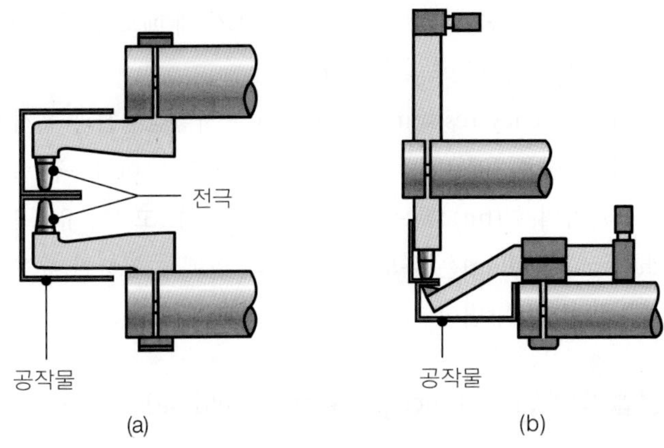

▶ **그림 12.34**

복잡한 형상에 대한 점용접 시 접근용이성을 위한 전극의 특수설계.

welding gun)은 프로그램된 로봇에 의해 작동된다(14.7절). 점용접은 박판용접에 폭넓게 사용되어, 주방용기의 손잡이에서부터 다수의 전극을 사용하는 자동차차체에까지 적용되며, 자동차 한 대에 대략 2,000회의 점용접이 이루어진다.

12.10.2 저항심용접(RSEW, resistance seam welding)

저항심용접은 메시심용접(mash seam welding)이라고도 하며, 점용접의 수정된 형태로 전극을 회전하는 휠 또는 롤러로 대체한 것이다(그림 12.35). 저항심용접에서는 교류전원을 사용하여 전류가 한 주기에서 충분히 높은 값에 도달할 때마다 전도체인 롤러가 연속적으로 점용접을 하며, 실제로 겹침 점용접으로 액체나 가스가 누설되지 않는 접합부를 얻는다(그림 12.35b). 또한 **롤 점용접**은 롤러에 전류를 단속적으로 공급하여, 심의 길이를 따라 다양한 간격으로 점용접을 한다(그림 12.35c). RSEW는 캔의 길이방향 심, 머플러, 가솔린 탱크, 기타 저장용기를 만들 때 사용되며, 용접속도는 얇은 판의 경우 1.5 m/min 정도이

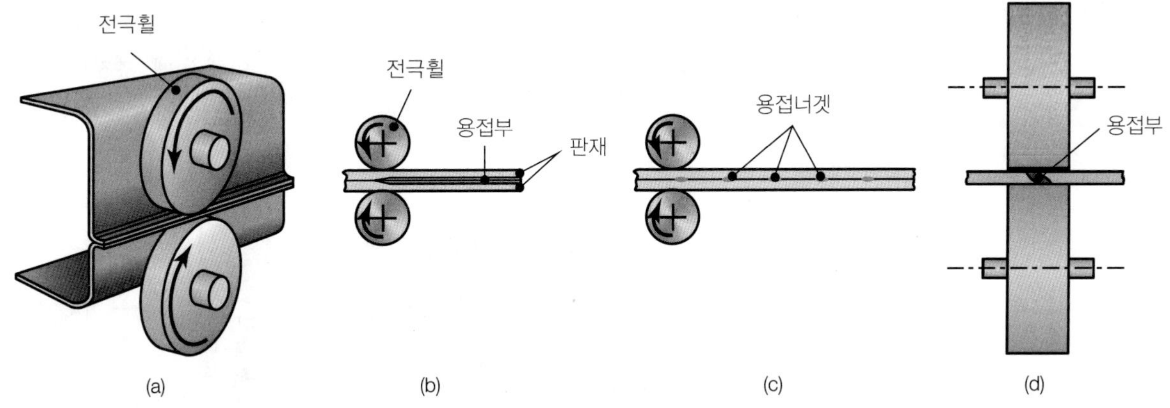

▲ **그림 12.35**

(a) 롤을 전극으로 사용하여 용접하는 심용접, (b) 심용접에서 겹치는 점들, (c) 롤점용접, (d) 메시심용접.

다. 메시심용접에서는 겹쳐지는 용접부의 폭을 판재두께의 두 배 내지 세 배로 한다. 7.3.4절에서 설명한 테일러용접 소재판도 이 방법으로 용접된다.

고주파 저항용접(HFRW, high-frequency resistance welding)은 저항심용접과 유사한 방법으로, 고주파전류(최고 450 kHz)를 사용한다. 적용되는 곳은 튜브의 맞대기용접, I-빔 같은 구조재, 나선용접관, 열교환기의 휜(fin) 튜브, 바퀴의 림 등이다. **고주파 유도용접**(HFIW, high-frequency induction welding)은 유도코일을 롤러 앞에 설치하여 튜브나 파이프를 고주파 유도가열하여 용접하는 방법이다.

12.10.3 저항프로젝션용접(RPW, resistance projection welding)

저항프로젝션용접은 용접소재의 한쪽 면에 돌출부나 함몰부를 만들어 높은 전기저항이 생기도록 하는 용접법이다(그림 12.36). 돌출부를 설계조건이나 강도에 따라 원형이나 타원형으로 만들어서 접합대상인 편평한 면과 접촉시키면, 접촉면적이 작으므로 돌출부의 온도는 국부적으로 올라간다. 전극이 돌출부를 가압하면 점용접에서와 마찬가지로 용접너겟이 형성된다. 용접에 사용되는 편평한 전극은 구리합금으로 만들고, 전극온도를 낮추기 위해 수냉시킨다.

점용접장치 중 전극만을 교체하면 RPW에 사용할 수 있다. 용접부에 돌출부를 만드는데 추가비용이 들지만, RPW는 한 번에 복수의 용접부를 용접할 수 있으며 전극의 수명이 길고 두께가 다른 금속끼리 용접할 수 있는 장점이 있다. 박판이나 후판에 너트나 볼트를 용접할 때는 기계가공이나 단조로 돌출부를 가공하고 RPW를 적용한다. 금속바구니, 그릴, 오븐 선반, 쇼핑카트 등에 사용되는 선재를 접합할 때도 선재끼리의 접촉면적이 작기 때문에 RPW가 유용하게 사용된다.

12.10.4 플래시용접(FW, flash welding)

플래시용접 또는 **플래시 맞대기용접**은 두 부재의 끝을 맞댈 때 발생하는 전기아크의 저항으로 발생하는 열을 이용하여 용접하는 방법이다(그림 12.37). 이 경우 아크를 이용하기 때문에 아크용접으로 분류되기도 한다. 온도가 상승하여 접합부가 연해질 때, 조절된 속도

▶ **그림 12.36**

저항프로젝션용접의 개략도: (a) 용접 전과 (b) 용접 후. 판재에 있는 돌출부는 엠보싱작업에 의해 제작함.

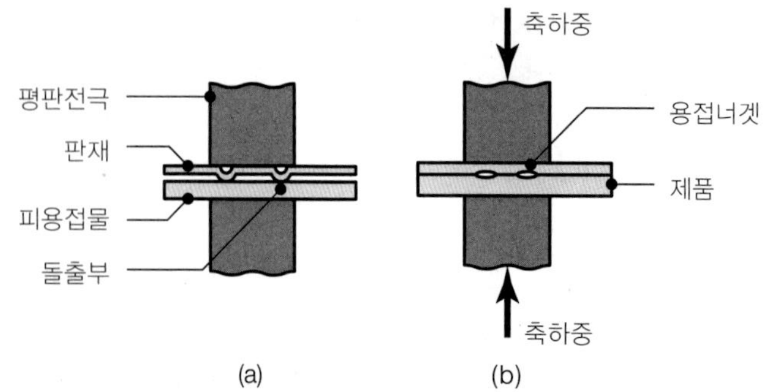

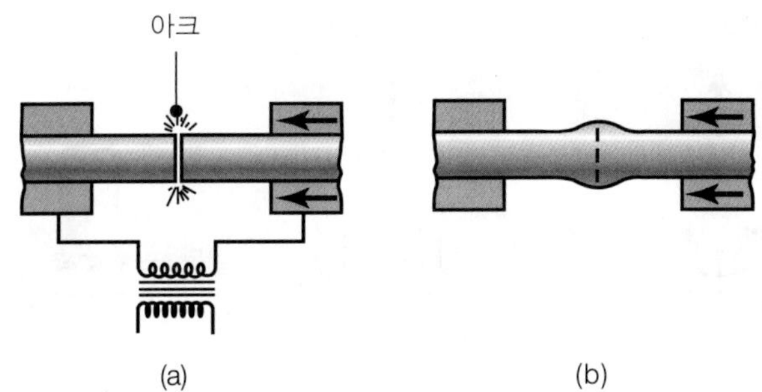

▶ **그림 12.37**
봉재 또는 관재의 맞대기 플래시용접: (a) 용접 전, (b) 용접 후.

로 축방향으로 가압하면 접합부에는 소성변형(업세팅)이 일어나 용접이 된다. 이 공정은 **열간 업세팅**(그림 6.1 참조)에 해당하므로, **업셋용접**(UW, upset welding)이라고도 한다. 접합부의 플래시가 만들어지는 과정에서 스파크가 소나기처럼 만들어지면서 상당량의 소재가 밀려나온다. 이때 불순물과 오염물질도 같이 밀려나오기 때문에, 용접품질이 양호하다. 용접 후에 플래시를 접합부 표면에서 제거하려면 기계가공으로 깎아낸다. 플래시용접기는 보통 자동화되어 있고 대형이며, 소요전력은 10~1500 kVA로 다양하다.

플래시용접 공정은 동종금속이나 이종금속끼리의 맞대기용접이나 모서리용접에 사용되며, 1~75 mm 직경의 봉재나 0.2~25 mm 두께의 박판용접에 사용된다. 얇은 봉재를 플래시용접할 경우에는 축방향 압축력으로 인해 좌굴이 일어날 수도 있다. 그림 7.26b 및 c에 도시된 성형공정으로 제작된 링들도 플래시 맞대기용접할 수 있다. 이 용접법은 고정구를 사용하여 부러진 띠톱 톱날을 수리하는 데 이용되기도 한다. 이 공정은 자동화를 통해 반복용접작업을 수행할 수 있다. 플래시용접은 (1) 파이프나 관재형상으로 만들어진 금속가구나 창틀을 접합할 때, (2) 고속도강을 공구자루에 용접할 때, (3) 인발선재나 압연코일의 용접에 이용된다.

12.10.5 스터드 아크용접(SW, stud arc welding)

스터드 아크용접은 플래시용접과 유사하며, 볼트나 나사봉, 고리 등을 한 전극으로 하여, 평판의 형상을 가진 다른 부분에 용접하는 방법이다(그림 12.38). 이때 발생열을 집중시키고, 산화를 방지하며, 용접부에 용융금속을 모으기 위해, 결합 부위에 일회용 세라믹링(ferrule)을 사용한다. 스터드용접장치는 아크와 스터드에 작용되는 압력을 다양하게 조절할 수 있도록 자동화되어 있으며, 휴대용 스터드용접장비도 유용하게 사용된다. 이 공정은 자동차, 건설, 가전제품, 전기산업, 조선업에서 많이 사용된다.

스터드용접은 금속제 스터드를 공작물에 접합시키는 일반적 용어로, 이 작업은 저항용접, 마찰용접, 또는 본 장에서 소개한 기타 용접법으로 수행된다. 적용대상에 따라 보호가스를 사용하거나 사용하지 않는다.

콘덴서방전 스터드용접에서는 콘덴서로부터 직류아크를 생성하며, 용접시간이 극히 짧기 때문에(1~6 ms 정도) 세라믹링이나 용제를 사용하지 않는다. 이 공정은 피복되거나 도

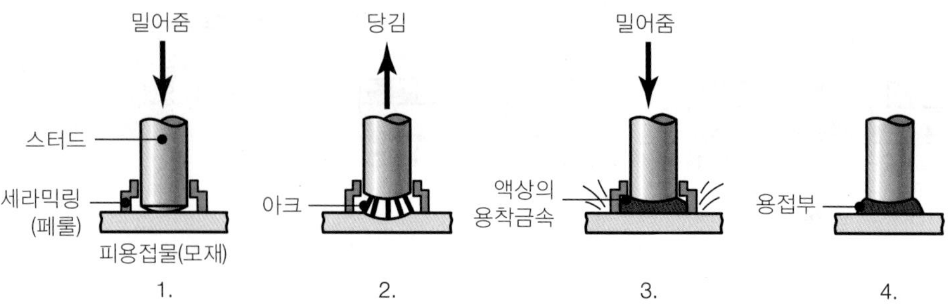

▶ **그림 12.38**

스터드용접의 용접순서. 스터드용접은 주로 봉재, 나사봉, 다양한 체결구들을 금속 판재에 접합시킬 때 사용한다.

장된 박판금속에 스터드용접할 수 있는 방법이다. 이 공정과 스터드 아크용접 간의 선택은 접합할 금속의 종류, 공작물 두께, 스터드 직경, 접합부의 형상에 따라 정한다.

12.10.6 퍼커션용접(PEW, percussion welding)

지금까지 소개된 저항용접 공정은 필요한 전력을 만들어내기 위해 변압기가 필요하지만, **퍼커션용접**은 용접에 필요한 전기에너지를 콘덴서에 저장하고 매우 짧은 시간(1~10 ms) 동안 전력을 방전하여, 접합부에 국부적으로 높은 열을 만들어서 용접을 가능케 한다. 이 공정은 전기부품의 경우처럼 용접부에 인접한 다른 부분의 가열을 피하고자 할 때 이용된다.

12.11 폭발용접

폭발용접(EXW, explosion welding)은 접합될 소재들 중 얇은 쪽 판재(**플라이어**(flyer)**판**이라고 함) 위에 폭약층을 깔고, 폭발에 의해 발생하는 압력을 이용하여 용접하는 방법이다(그림 12.39). 이때 생기는 접촉압력은 매우 높고(10^{10} Pa 정도), 플라이어판이 상대소재를 때리는 운동에너지에 의해 파도모양의 접촉부를 형성한다. 이때의 충격이 두 표면을 기계적으로 접합시키며(그림 12.40), 소성변형에 의한 냉간압접도 함께 일어난다(4.4절). 플라이어판을 경사지게 설치하면 접촉면의 산화막이 밀려나가므로 접합강도가 매우 높다.

폭약은 유연한 플라스틱판, 선, 과립, 액체 등의 형태를 플라이어판 위에 주조하거나 압축하여 부착한다. 폭발속도는 보통 2400~3600 m/s 정도로 폭약종류, 폭약층 두께, 압축밀도 등에 따라 다르며, 표준 상업용 발파캡을 사용하여 폭발시킨다.

폭발용접은 얇은 판을 이종금속에 입힐 때 매우 적합한데, 이종금속 판재는 화학산업에 특히 유용하게 사용된다. 크기가 최대 6 × 2 m인 판도 이 방법으로 접합되고, 접합된 판은 압연을 통해 더욱 얇게 만들 수 있다. 튜브나 파이프를 보일러나 열교환기의 구멍에 접합시킬 때 이 방법이 사용된다. 튜브 안에 폭약을 장착하여 폭발시키면 튜브가 확장되면서 판에 밀착 접합된다.

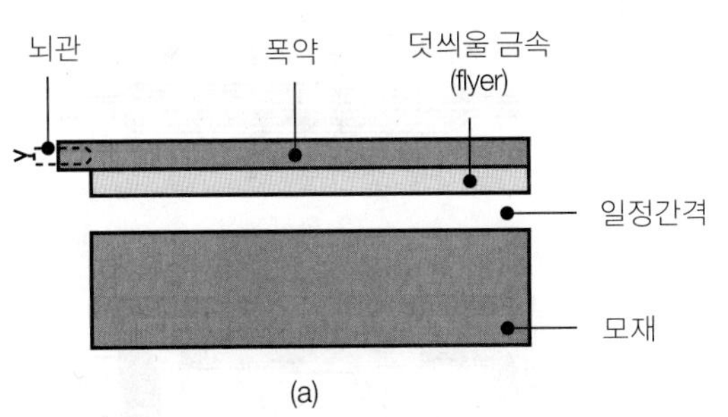

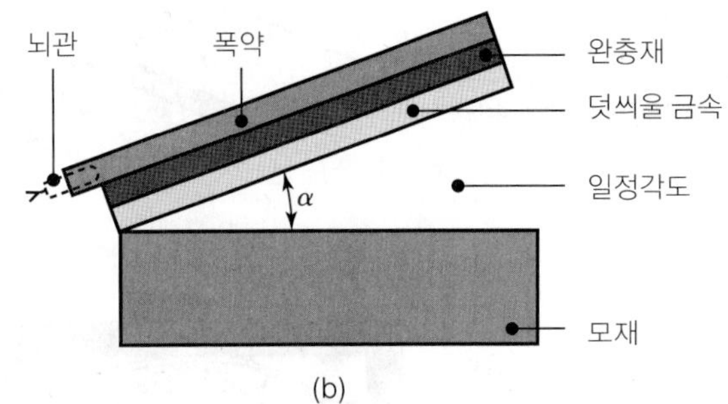

▲ **그림 12.39**

폭발용접공정의 개략도: (a) 일정간격을 유지한 경우, (b) 일정각도를 유지한 경우.

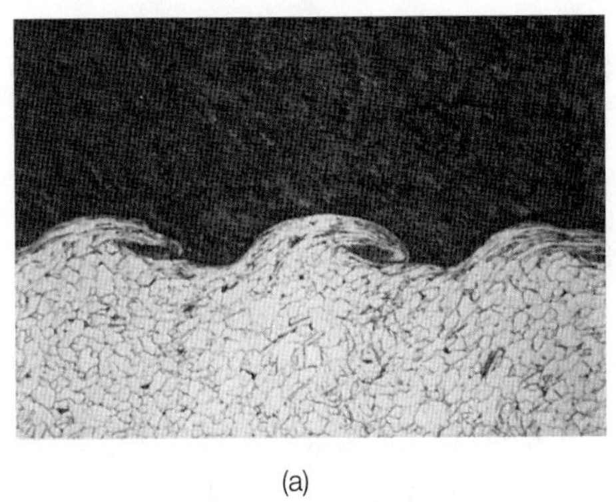

(a)

(b)

▶ **그림 12.40**

폭발용접된 접합부의 단면 형상: (a) 저탄소강의 아랫면과 티타늄의 윗면의 접합, (b) 저탄소강의 아랫면과 인코넬 800(철과 니켈을 주로 한 합금)의 윗면 접합.

12.12 확산접합

확산접합(DB, diffusion bonding) 또는 **확산용접**(DFW, diffusion welding)은 주로 확산(원자가 접합면을 가로지르는 운동)과 접합면에서의 약간의 소성변형에 의해 접합강도를 얻는 고상접합법이다. 이 공정은 접합금속 간에 충분한 확산이 일어날 수 있도록 0.5 T_m(T_m은 절대온도로 나타낸 융점) 정도의 온도에서 수행한다. DFW에서 접합면은 모재금속과 동일한 물리적, 기계적 성질을 갖는다. 이때 접합강도는 접합면에 작용하는 압력, 온도, 접촉시간, 청정도에 따라 결정되지만, 접합면에 용가재를 사용하면 이들의 영향력을 줄일 수 있다.

이 공정의 원리는 수 세기 전 금세공가들이 구리 위에 금을 접합하여 **금박금**(filled gold)을 만들 때 이미 사용되었다. 망치작업으로 얇은 금 박판을 만든 다음, 이것을 구리 위에 올려놓고 그 위에 추를 올려놓는다. 그리고 이것을 노에 넣어 양호한 접합이 얻어질 때까지 가열한다(열간압접(HPW, hot pressure welding)이라고도 함).

확산접합에서는 공작물을 가열로에 넣거나 전기저항을 이용하여 가열한다. 소요압력

▶ 그림 12.41
세 장의 판재로 확산접합과 초소성성형을 작업하는 순서.

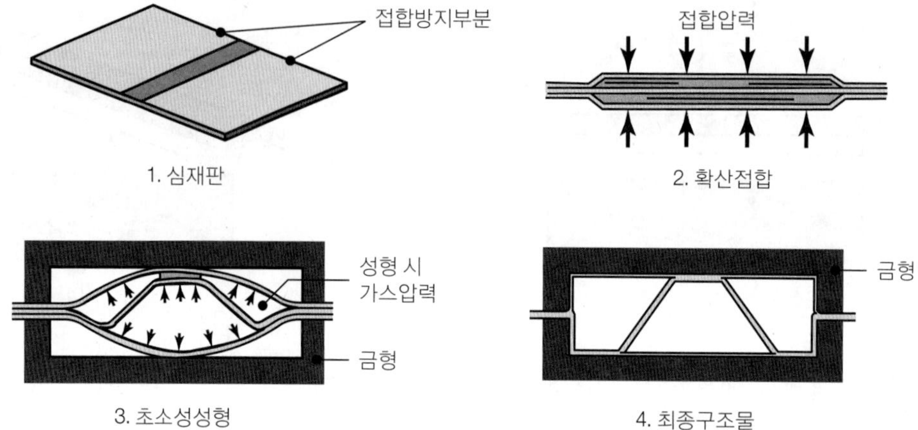

은 (1) 중추, (2) 프레스, (3) 가스압력차, (4) 접합시킬 공작물의 상대적인 열팽창을 이용하여 부가한다. 복잡한 부품의 접합에는 고압의 오토클레이브를 사용한다. 이 방법은 이종금속의 접합에 가장 적당한 용접법이며, 티타늄, 베릴륨, 지르코늄 같은 반응성금속과 내열합금에도 사용할 수 있고, 분말야금(11.4절)의 소결과 복합재료의 가공(11.15절)에서도 중요하게 이용된다.

확산은 접합면에서 원자의 이동 현상이므로, DFW는 다른 용접공정에 비해 느린 편이다. DFW는 항공우주산업, 핵산업, 전자산업에서 수량이 적고 형상이 복잡한 부품을 만드는 데 사용되지만, 적당한 생산량에 대해서는 자동화가 가능한 경제적인 공정으로, 인공관절이나 센서 단면을 접합하는 데 사용된다(그림 13.48 참조).

■ **확산접합/초소성성형** 판재금속 구조물의 제조기술 중에서 1970년대에 시작된 중요한 발전으로 **확산접합**과 **초소성성형**(7.5.5절 참조)을 조합한 방법(DB/SPF)을 들 수 있다. 평판을 겹쳐서 확산접합한 후 성형하는 과정을 그림 12.41에 도시하였다. 판재의 부위를 선별하여 확산접합시키고 접합되지 않은 부분은 금형에서 공압으로 확장시켜 얇고 비강성이 매우 높은 구조물을 제작하므로, 항공우주산업에 중요하게 적용된다. 이 공정은 (1) 기계적 체결구가 필요 없고, (2) 소요부품수를 줄일 수 있으며, (3) 치수정확도가 좋고 잔류응력이 낮으며, (4) 인건비와 제품개발기간을 줄일 수 있다. 이 기술은 알루미늄합금 및 기타 합금을 비롯하여 항공우주용 티타늄구조물(보통 Ti-6Al-4V 합금)에 잘 적용된다.

12.13 경납접과 연납접

용접의 경우보다 낮은 온도에서 수행하는 접합법은 **경납접**과 **연납접**이다. 경납접과 연납접은 다소 임의적인 온도로 구분하며, 경납접의 온도가 연납접의 경우보다 높다.

12.13.1 경납접(brazing)

경납접은 기원전 3000~2000년경부터 사용한 오래된 공정으로, 접합면 사이에 용가재를 놓은 다음, 용가재는 녹고(450°C 이상) 피용접물은 녹지 않을 정도로 온도를 높여 접합시키는 공정이다(그림 12.42a). 녹은 용가재는 **모세관작용**으로 접합면 사이의 미세공간을 채우고, 용가재가 식어서 응고하면 강한 접합부를 이룬다. **경납용접**(braze welding)은 그림 12.42b에 나타낸 것처럼 용가재를 접합부에 용착시키는 접합법이다.

경납접에 사용되는 용가재의 용융온도는 접합할 금속의 용융온도(고상점, 그림 5.3 참조)보다 낮아야 한다. 즉, 경납접은 모재가 융해되어 용접부를 형성하는 액상용접공정과는 다르며, 따라서 열영향부(12.6절), 뒤틀림, 잔류응력 같은 문제들이 감소된다. 경납접 접합부의 강도는 (1) 접합부의 설계와 (2) 모재-용가재 경계면에서의 부착력에 달려 있다. 따라서 표면은 모세관효과가 완전히 일어날 수 있도록 화학적으로나 기계적으로 깨끗이 세척되어야 하므로, 용제를 사용하는 것이 중요하다.

접합부 간극은 접합강도에 직접 영향을 주는 중요한 공정변수로(그림 12.43 참조), 전단강도는 간극이 작을수록 높아지고, 인장강도의 경우는 최대가 되는 간극이 존재한다. 간극은 보통 0.025~0.2 mm 정도로 하는데, 간극크기가 작은 편이므로 짝을 이루는 접합면의 표면거칠기도 중요하다(4.3절 참조).

■ **용가재** 표 12.4에 경납접에 사용되는 경납재료(**용가재**)를 경납접온도와 함께 나타내었다. 용가재는 선재, 판재, 링, 심(shim), 예비성형체, 분말 등의 다양한 형상으로 사용된다. 일반 용접작업과는 달리, 경납접 용가재는 접합할 공작물과 상당히 다른 조성을 갖는다는 점에 유의해야 한다. 접합부 **취화**(용융금속의 결정립계 침투에 기인, 3.4.2절 참조), 접합부에

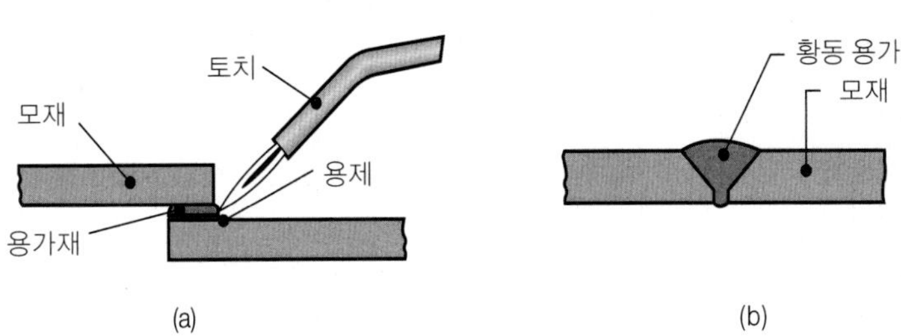

▶ **그림 12.42**
(a) 경납접과 (b) 경납용접 작업.

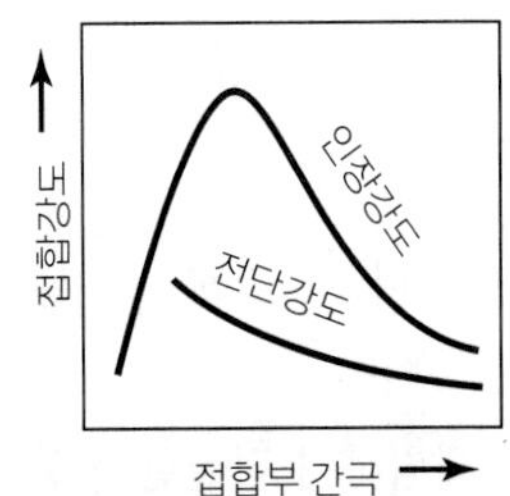

▶ **그림 12.43**
경납접합에서 접합부 간극이 인장강도와 전단강도에 미치는 영향. 전단강도는 인장강도와 달리, 간극이 커짐에 따라 단순 감소한다.

표 12.4 각종 금속에 대한 경납재료와 경납접온도

모재	용가재	경납접온도(°C)
알루미늄과 그 합금	알루미늄-규소	570~620
마그네슘합금	마그네슘-알루미늄	580~625
구리와 그 합금	구리-인	700~925
철과 비철금속(알루미늄과 마그네슘 제외)	은과 구리합금, 구리-인	620~1150
철기, 니켈기, 코발트기 합금	금	900~1100
스테인리스강, 니켈기, 코발트기 합금	니켈-은	925~1200

취성의 금속간화합물 형성, 접합부의 유전부식을 피하려면 용가재와 그 화학적 조성을 잘 선택하는 것이 중요하다.

용가재와 모재 사이에 일어나는 확산은 경납접 뒤에 이어지는 공정이나 경납접된 부품의 실제 사용 중 접합부의 기계적, 금속학적 성질을 변화시킨다. 예를 들면, 순수 주석 용가재로 티타늄을 경납접한 후, 경납접된 부분을 시효나 열처리하면 주석은 티타늄모재로 완전히 확산되어 접합부는 더 이상 존재하지 않게 된다.

■ **용제** 경납접 시 용제는 산화를 방지하고 공작물표면의 산화막을 제거하기 위해 사용한다. 경납접 용제는 일반적으로 붕사, 붕산, 붕산염, 불화물, 염화물의 혼합물로 만들고, 반죽, 슬러리, 분말의 형태로 사용한다. 용융된 용가재의 습윤성과 모세관효과를 향상시키기 위해서는 습윤제(wetting agent)를 첨가하기도 한다. 용제는 부식성이 있으므로, 경납접 후에는 뜨거운 물로 세척하여 반드시 제거해야 한다.

경납접 표면은 깨끗이 준비하여 녹, 기름, 기타 불순물이 없도록 한다. 깨끗하게 처리된 표면은(4.5.2절 참조) 접합부에서 용융된 용가재의 정상적인 습윤과 퍼짐특성을 얻고, 접합강도를 최대로 하는 데 필수적이다. 접합면의 표면정도를 향상시키는 데는 샌드블라스팅을 하기도 한다(9.9절 참조).

12.13.2 경납접의 종류

경납접공정은 가열방법에 따라 다음과 같이 구분된다. 경납접을 할 때 공작물을 고정하는 고정구를 특별히 고안하여 다양하게 사용하며, 일부는 열팽창과 수축을 허용하는 기능도 있다.

1. **토치경납접**(TB, torch brazing). 토치경납접의 사용열원은 산소가스로 만든 탄화염이다(그림 12.2c 참조). 먼저 토치로 접합부를 가열한 다음, 접합부에 경납봉재나 경납선재를 용착시킨다. 경납접이 가능한 적절한 부품두께는 보통 0.25~6 mm이다. 이 공정에서는 다수의 토치를 사용하거나 자동화할 수도 있으나, 조절하기가 까다로우므로 숙련된 인력이 필요하다.
2. **노내경납접**(FB, furnace brazing). 경납접할 부품을 미리 깨끗이 세척하여 적절한 형상

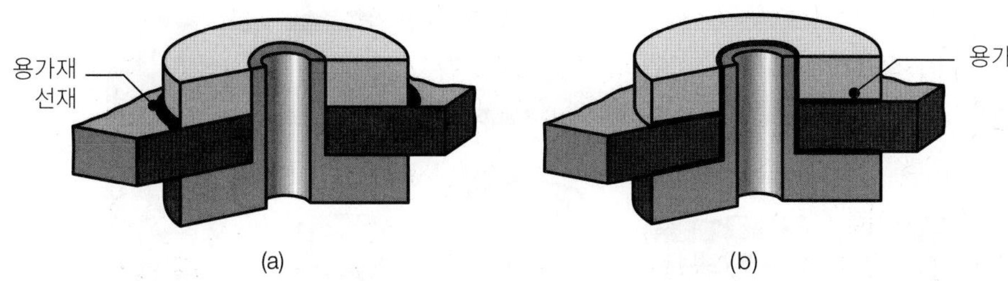

▶ **그림 12.44**
(a) 경납접 전과 (b) 경납접 후의 예. 용가재는 둥근 선재 형태임.

의 용가재를 설치하고 가열로에 넣고 공작물 전체를 균일하게 가열하는 방법이다(그림 12.44). 노(5.5절)는 복잡한 형상의 부품인 경우 배치 형태(batch type)로 이용하고, 접합부설계가 간단한 소형부품이나 대량생산부품의 경우에는 연속 형태로 사용한다. 스테인리스강의 크롬산화물 부동태화층(3.10.2절 참조)이 접합강도에 영향을 주는 것과 같은, 분위기와 반응하는 금속에는 **진공로**나 **중성분위기**를 사용한다.

3. **유도가열(고주파)경납접**(IB, induction brazing). 유도가열경납접에 사용하는 열원은 고주파 교류전류이다(5.5절 참조). 용가재를 설치한 부품을 유도전류코일 가까이에서 급속 가열한다. 보호분위기를 사용하지 않는 경우에는 용제를 사용하며, 접합하기에 적절한 부품두께는 보통 3 mm 이하이다. 이 방법은 연속적으로 경납접하는 데 적절하다.
4. **저항경납접**(RB, resistance brazing). 저항경납접에 이용하는 열원은 공작물 간의 전기저항으로 얻으며, 저항용접에서와 같이 전극을 사용한다. 이 공정에서는 용가재를 부품에 미리 설치하거나, 경납접하는 동안에 외부에서 공급해 준다. 접합가능한 부품두께는 보통 0.1~12 mm이다. 이 방법은 유도가열경납접처럼 신속하고, 가열 부위도 좁은 영역에 국한되며, 자동화되어 균일한 품질을 제조할 수 있다.
5. **담금경납접**(DB, dip brazing). 담금경납접은 조립물을 용융된 용가재 함침조나 열원으로 쓸 염욕조(용가재의 용융점보다 약간 높은 온도)에 담궈서 접합하는 방법이다. 따라서 이 공정에서는 공작물 전체표면에 용가재로 피막을 입히게 된다. 금속 함침조는 5 mm 이하의 두께나 직경을 갖는 소형부품에 대해서만 사용한다. 용융염욕조는 용제의 역할도 하면서 복잡한 조립물을 제조하는 데 사용된다. 제품과 욕조의 크기에 따라 한 번에 최다 1000개의 접합부를 접합할 수도 있다.
6. **적외선경납접**(IRB, infrared brazing). 적외선경납접에 사용하는 열원은 열집중도가 높은 수정등이다. 이 공정은 벌집구조재(허니콤, 그림 7.48 참조)와 같이 1 mm 이하의 두께를 갖는 매우 얇은 공작물의 경납접에 특히 적합하다. 수정등에서 나오는 복사에너지를 접합부에 집중시키고, 공정은 진공에서 행하기도 한다. 마이크로웨이브 가열을 사용하기도 한다.
7. **확산경납접**(DFB, diffusion brazing). 확산경납접은 가열로에서 수행하며, 가열온도와 시간을 적절히 제어하여 용가재가 접합면으로 확산되도록 하는 방법이다. 필요한 경납접 시간은 30분에서 24시간 정도이다. 확산경납접은 강력한 겹침이음이나 맞대기이음과

▶ 그림 12.45
경납접 작업에 보통 사용되는 접합부의 설계.

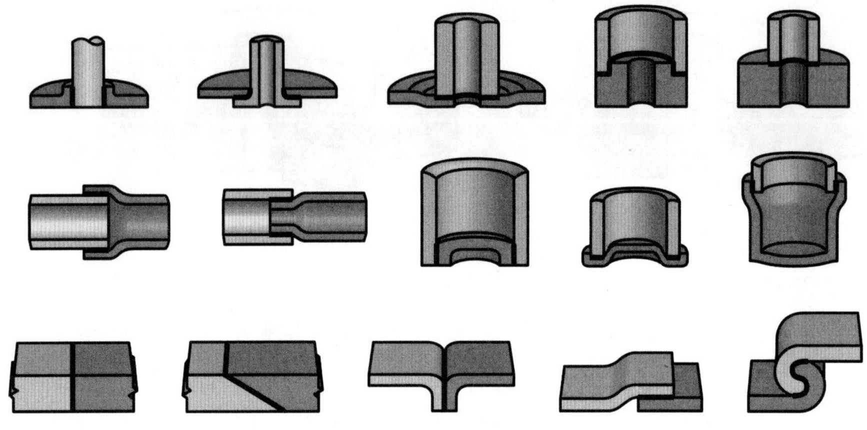

어려운 접합작업에 사용된다. 접합 경계면에서의 확산속도는 부품의 두께와 무관하기 때문에, 접합가능한 부품두께는 호일 같은 박판으로부터 최대 50 mm에 이른다.

8. **고에너지빔.** 고정밀을 요하는 고온금속이나 합금에는 전자빔이나 레이저빔을 이용한 가열법을 사용하기도 한다(12.5절 참조).
9. **경납용접.** 경납용접에서는 용접에서와 같이 접합부를 준비하며, 산소아세틸렌 토치의 산화염으로 용가재를 접합부에 용착시킨다. 따라서 일반 경납접에 비해 용가재를 많이 사용하지만, 용접온도는 일반 융접온도에 비해 낮으므로 용접부의 변형이 최소화된다. 이 공정에서는 용제를 필히 사용해야 적절한 접합강도를 얻을 수 있다. 경납용접은 철주물이나 강 제품의 유지보수에 주로 사용되지만, 자동화되어 대량생산에 사용할 수도 있다.

그림 12.45에 전형적인 경납접합부를 도시하였다. 이종금속 간에도 양호한 접합강도를 얻을 수 있으며, 이에는 초경드릴팁(석재가공 드릴)이나 공구자루에 붙이는 초경인서트(그림 8.32 참조)가 있다. 경납접합부의 전단강도는 은이 포함된 경납재료를 사용할 경우 최고 800 MPa에 달한다. 경납접은 복잡하고 경량인 형상에 대하여 뒤틀림 없이 신속하게 접합할 수 있는 방법이다.

12.13.3 연납접(soldering)

연납접은 450°C 이하에서 녹는 용가재인 **연납재료**(solder)를 사용하여, 조립되거나 근접시킨 부품 사이를 모세관작용으로 채워서(경납접에서와 같이) 접합하는 방법이다(그림 12.46). 구리-금, 주석-납 합금을 이용한 연납접은 기원전 4000~3000년경부터 사용한 오래된 방법이다. 연납접의 열원으로는 주로 납땜인두, 토치나 오븐을 사용한다.

연납접은 다양한 금속과 두께에 적용할 수 있고, 특히 전자산업에서 널리 사용된다. 수작업으로 연납접하려면 숙련된 기술이 필요하고 시간이 많이 걸리는 반면, 자동화 장비를

▶ **그림 12.46**
연납접에 보통 사용되는 접합부 설계.

사용하면 고속으로 연납접할 수 있다.

경납접과는 달리, 연납접 온도는 상대적으로 낮으므로, 연납접합부는 고온에서의 사용이 매우 제한된다. 더욱이 연납재료의 강도는 일반적으로 낮기 때문에, 하중지지용 구조재의 접합에는 사용하지 않는다. 또한 맞대기이음은 접합면이 작으므로 연납접으로 접합하지 않는다. 접합부의 접합강도를 향상시키려면 기계적 이음을 추가해야 한다(12.17.3절 참조).

연납재료는 주석-납합금의 조성비율을 다양하게 하여 만든다. 접합강도를 향상시키거나 특별한 용도에는 주석-아연, 납-은, 카드뮴-은, 아연-알루미늄 합금을 사용하기도 한다(표 12.5). 납의 독성과 환경에 미치는 악영향으로 인해, **무연 연납재료**가 지속적으로 개발되어 사용되고 있다. 이들은 주로 주석기 연납재료로 96.5% 주석-3.5% 은, 42% 주석-

표 12.5 연납재료와 용도

연납재료	용도
주석-납	일반 용도
주석-아연	알루미늄
납-은	실온 이상의 온도에서 강도를 필요로 할 때
카드뮴-은	고온에서 강도를 필요로 할 때
아연-알루미늄	알루미늄; 내부식성
주석-은	전자부품
주석-창연	전자부품

58% 창연 등이 많이 사용된다.

연납접에 사용하는 **용제**는 다음과 같은 두 가지 형태로 나뉜다.

1. 아연암모늄염화물 용액과 같은 무기산이나 염으로 된 용제는 표면을 빠르게 세척하지만, 연납접 후에는 부식을 일으키므로 잔류용제를 물로 씻어내야 한다.
2. 비부식성 수지계 용제는 전기제품의 접합에 사용된다.

■ **연납접성**(solderability) 연납접성은 12.6.2절에 설명한 용접성과 비슷한 방법으로 정의할 수 있다. (1) 구리와 금, 은 등의 귀금속은 연납접이 용이하고, (2) 철이나 니켈은 약간 어려우며, (3) 알루미늄이나 스테인리스강은 강하고 얇은 산화막을 형성하기 때문에 연납접하기 어렵다(4.2절). 표면에 얇은 산화막을 형성하는 금속을 연납접하려면 표면을 변화시키는 특별한 용제를 사용해야 한다. (4) 주철, 마그네슘, 티타늄 같은 금속재료나 그래파이트 및 세라믹 같은 비금속재료는 먼저 공작물표면을 금속으로 도금하여 연납접할 수 있다(세라믹의 접합기술에 대하여 설명한 12.17.3절 참조). 금속에 도금을 하면 연납접성을 개선할 수 있는데, 식품용기에 많이 사용되는 **주석도금강판**이 그 대표적인 예이다.

■ **연납접의 종류** 연납접에는 다음과 같은 방법이 있으며, 경납접과 유사하게 분류된다.

1. **리플로우**(reflow) **연납접**(RS)
2. **웨이브**(wave) **연납접**(WS): 인쇄회로기판의 자동연납접에 사용
3. **토치연납접**(TS)
4. **노내연납접**(FS)
5. **인두연납접**(INS): 납땜인두 사용
6. **유도가열연납접**(IS)
7. **저항연납접**(RS)
8. **담금연납접**(DS)
9. **적외선연납접**(IRS)
10. **초음파연납접**: 변환기로 용융된 연납재료에 초음파 캐비테이션을 발생하여 접합부 표면의 산화막을 제거하고 용제를 사용하지 않음

이들 공정의 대부분은 이미 설명한 용접이나 경납접과 유사하지만, 처음 두 방법은 다른 연납접 방법과 매우 다르므로 여기서 상세하게 설명한다.

1. **리플로우 연납접**. 연납재료로는 연납용 금속입자를 용제 및 습윤제와 혼합한 반죽(paste)을 사용한다. 연납반죽은 점성이 매우 높아서 비교적 오랫동안 고체모양을 유지한다(그리스나 케이크크림의 거동과 유사). 이 작업에서는 **스크린**이나 스텐실 공정으로 연납반죽을 접합부에 직접 바른다(그림 12.47). 이 방법은 전자부품을 인쇄회로기판에 실장 접합하는 데 많이 사용하는 방법이다(13.13절). 연납반죽의 표면장력으로 표면실장

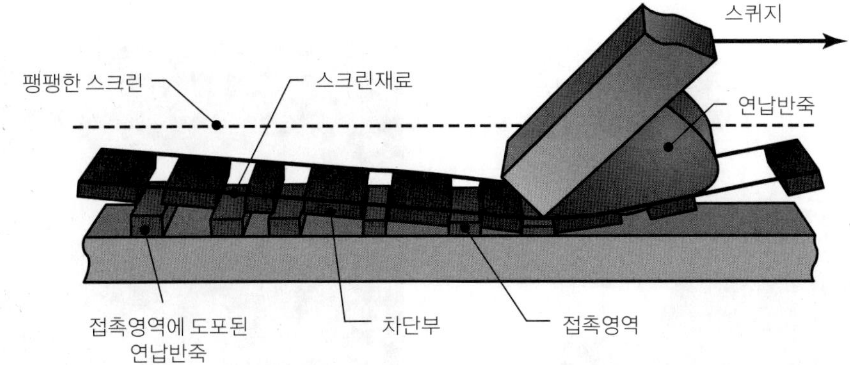

▶ **그림 12.47**
리플로우 연납접에서 인쇄회로기판에 연납반죽을 바르는 과정.

부품이 정렬되므로, 연납접합부의 신뢰성이 향상되는 것은 이 방법이 갖는 또 다른 장점이다.

연납반죽을 바르고 부품을 올려놓은 조립품은 가열로로 이송하여 리플로우 연납접한다. 이 작업에서는 다음 현상들이 순서대로 일어나도록, 조절된 방법으로 제품을 가열한다.

(1) 연납반죽에 포함된 용매가 증발한다.

(2) 용제가 활성화되어 용제작용을 한다.

(3) 부품을 세심하게 예열한다.

(4) 연납입자가 용융하여 접합부를 적신다.

(5) 조립품에 열충격이 가해지거나 연납접합부가 파단되지 않도록 느린 속도로 냉각시킨다.

이 공정은 단순해 보이지만, 양호한 접합강도를 얻으려면 각 단계에서의 공정변수, 온도, 노출시간을 적절하게 제어해야 한다. 그럼에도 불구하고 리플로우 연납접은 인쇄회로기판의 제조에 가장 많이 사용되는 연납접 방법이다.

2. **웨이브 연납접.** 이 방법은 회로부품을 기판에 연납접하는 대표적인 방법으로(13.13절), 그 원리는 용융된 연납재료가 필요한 표면만을 적시도록 하는 데 있다. 실제로, 연납재료는 대부분의 폴리머표면에는 붙지 않으므로 용융된 상태에서 쉽게 제거된다. 또한 납땜인두에서 볼 수 있듯이, 연납재료는 접합대상 금속이 일정한 온도로 예열되었을 때만 금속표면을 잘 적시고 양호하게 접합된다. 따라서 웨이브 연납접이 성공적으로 적용되려면, 미리 별도의 용제작용과 예열작업이 필요하다.

웨이브 연납접은, 그림 12.48a에 나타낸 것과 같이, 펌프를 사용하여 용융된 연납재료에 일정한 웨이브를 만들고, 예열된 인쇄회로기판을 웨이브 위로 이송시키는 방법이다. 연납재료는 노출된 금속표면만 적시고, 집적회로의 폴리머부품이나 폴리머로 피복한 인쇄회로기판은 적시지 않는다. **공기나이프**(고속의 뜨거운 공기제트)로 접합부를 불어서 여분의 연납재료를 떨어뜨려서 인접한 도선끼리 연결되는 것을 막는다.

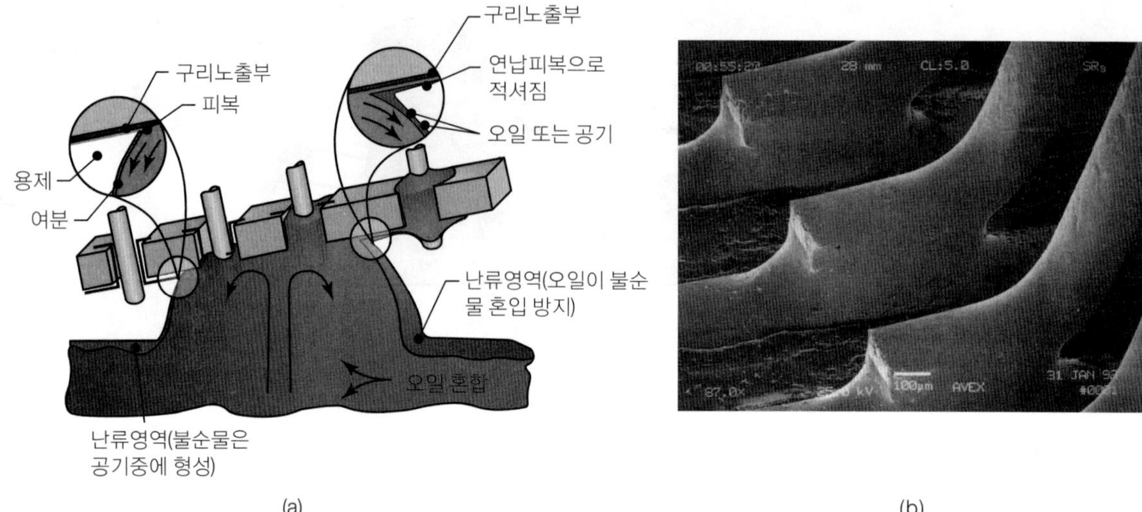

▲ **그림 12.48**

(a) 웨이브 연납접공정의 개략도, (b) 표면실장소자 웨이브 연납접합부의 SEM 사진.

표면실장부품을 웨이브 연납접하려면 부품을 인쇄회로기판에 우선 접착시켜야 한다(12.14절 참조). 이 작업은 스크린이나 스텐실 공정으로 에폭시를 기판에 바르고 부품을 정해진 위치에 얹은 후, 에폭시를 경화시켜 수행한다. 그림 12.48b는 전형적인 표면실장접합부의 주사전자현미경 사진을 나타낸다.

예 12.6 전자부품의 인쇄회로기판 연납접

컴퓨터 및 소비용 전자제품산업은 수많은 전자부품을 필요로 한다(제13장 참조). 집적회로나 기타 전자장치는 오랜 사용기간 동안 신뢰성 있게 기능하도록 기대되지만, 그 기간 동안에 온도가 심하게 변하거나 기계적 진동 및 충격을 받는 수가 있다. 이러한 요구조건을 인식하여 전자부품을 인쇄회로기판에 접합하는 연납접합부는 충분한 강도와 신뢰성을 가져야 함과 동시에 자동화장비에서 매우 신속하게 수행되어야 한다.

이들 산업에서의 지속적인 동향은 칩의 크기가 계속 작아지고 인쇄회로기판의 집적도는 높아지는 것이다. 집적회로를 표면실장부품에 넣어서 인쇄회로기판의 밀집도를 높이고, 보다 중요하게는 인쇄회로기판의 양쪽 면에 모두 부품을 설치함으로써 공간을 절약한다. 인쇄회로기판의 양면 표면실장과 인라인 회로를 채택함에 따라 발생하는 까다로운 문제를 극복하고, 모든 접합부를 신뢰성 있는 자동화공정으로 연납접하는 것이 필요하다. 게다가, 다음과 같은 미묘한 조건, 즉 모든 인라인회로는 조립 용이성을 위해 기판의 한쪽 면에만 삽입되도록 해야 한다는 제약이 있다.

이러한 기판에 연결부를 연납접하는 기본 절차는 다음과 같다.

(1) 연납반죽을 한 면에 바른다.
(2) 표면실장부품을 얹고 동시에 인라인부품을 기판의 주면(primary side)에 삽입한다.
(3) 연납재료를 용융 및 응고시킨다.
(4) 기판의 제2면에 접착제를 바른다.
(5) 표면실장부품을 제2면에 붙인다.
(6) 접착제를 경화시킨다.
(7) 제2면에 웨이브 연납접을 수행하여 표면실장부품과 인라인회로를 기판에 전기적으로 연결시킨다.

연납반죽은 스텐실(화학적으로 식각하여 제작)이나 스크린을 이용하여 인쇄회로기판의 지정된 부분에만 발라지도록 한다. 미세한 부품에는 연납반죽을 균일한 두께로 바를 수 있는 스텐실을 많이 사용한다. 표면실장회로부품을 기판에 얹고, 가열로에서 200°C 정도로 가열하여 연납재료를 녹여서 부품과 인쇄회로기판 간에 강한 접합이 이루어지도록 한다.

이 시점에서 도선을 갖는 부품을 기판의 주면에 꽂고 도선을 약간 구부린 후, 기판을 뒤집는다. 표면실장부품 위치의 중앙에 에폭시 점을 찍는 방법으로 기판에 접착제를 바른 후, 자동화된 고속 컴퓨터제어시스템으로 표면실장부품을 접착제 위에 얹는다. 접착제가 경화되면 기판을 뒤집어서 웨이브 연납접을 수행한다. 웨이브 연납접 작업은 표면실장부품을 제2면에 접합시키는 동시에 기판의 주면에 꽂은 인라인부품의 도선을 연납접한다. 기판을 청소하고 검사한 후에 회로품질검사를 수행한다.

12.14 접착법

지금까지 설명한 접합방법을 사용하는 대신에, **접착제**를 사용하여 수많은 부품과 제품들을 접합하고 조립할 수 있다. **접착법**은 상표붙이기, 포장, 제본, 실내가구, 신발류 제조 등에 오랫동안 사용되어온 접합방법이다. 1905년에 개발된 합판은 아교로 목재층들을 접착시킨 전형적인 예이다. 접착법은 제2차 세계대전(1939~1945) 동안 군용 항공기의 하중지지용 부품의 접합에 최초로 대량 적용되면서 생산공정에서 그 사용범위를 계속 넓혀왔다. 접착시킨 접합부의 예들을 그림 12.49에 나타내었다.

접착법을 광범위하게 활용하는 주요 산업분야는 항공우주, 자동차, 가전제품, 건축제품 등이다. 구체적인 예로는 차유리에 백미러를 달 때, 자동차 브레이크라이닝, 적층강화 차유리(11.11.2절 참조), 가전제품, 헬리콥터 날개, 벌집구조재, 항공기 동체를 들 수 있다.

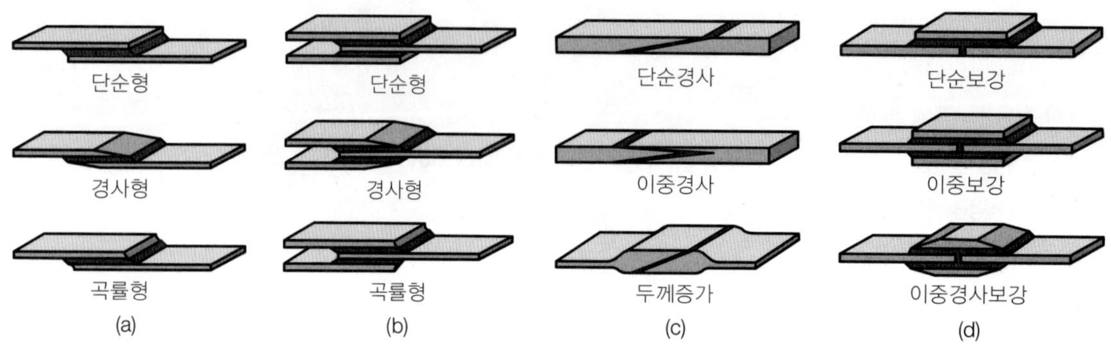

▲ **그림 12.49**
접착접합부의 형상: (a) 단순 겹침, (b) 이중 겹침, (c) 경사 맞대기, (d) 보강 맞대기.

접착제는 액체, 반죽 형태, 용액, 유화액, 분말, 테이프, 필름 등의 다양한 형태로 사용할 수 있으며, 접착두께는 0.1 mm 정도이다.

12.14.1 접착제

용도에 맞는 접합강도와 피로강도를 가진 여러 형태의 접착제가 사용되며, 지금도 계속 개발되고 있다. 접착제의 세 가지 기본 형태는 다음과 같다.

1. **천연 접착제:** 녹말, 덱스트린(dextrine, 녹말로부터 얻어내는 점착성 물질), 소야(soya)가루, 동물성 접착제
2. **무기질 접착제:** 물유리, 마그네슘 옥시클로라이드
3. **합성유기질 접착제:** 열가소성 플라스틱(비구조재 접착용. 구조재 접착에 일부 사용), 열경화성 플라스틱(주로 구조재 접착에 사용)

접합강도가 요구되는 경우, 특히 하중지지용에는 합성유기질 접착제가 주로 사용된다. 합성유기질 접착제는 다음과 같이 구분된다.

1. **화학반응성:** 폴리우레탄, 실리콘, 에폭시, 시아노아크릴레이트, 수정아크릴, 페놀, 폴리이미드
2. **압력민감성:** 천연고무, 스티렌-부타디엔 고무, 부틸고무, 니트릴고무, 폴리아크릴레이트
3. **고온용융성:** 에틸렌-비닐아세테이트 혼성폴리머, 폴리올레핀, 폴리에스테르, 열가소성 탄성중합체
4. **반응용융성:** 우레탄성분에 근거한 열경화성 플라스틱
5. **증발성**(혹은 **확산성**): 비닐, 아크릴, 페놀, 폴리우레탄, 합성고무 및 천연고무
6. **필름 및 테이프:** 나일론-에폭시, 탄성중합체-에폭시, 니트릴-페놀, 비닐-페놀 및 폴리이미드

7. **지연성:** 스티렌-부타디엔 혼성폴리머, 폴리비닐 아세테이트, 폴리스티렌, 폴리아미드
8. **전기 및 열 전도성:** 에폭시, 폴리우레탄, 실리콘, 폴리이미드(12.15.4절 참조)

접착제는 화학성분에 근거하여 다음과 같이 분류할 수도 있다.

1. **에폭시계:** 고강도 및 200°C까지의 고온성을 가지며, 자동차의 브레이크라이닝이나 모래주형의 결합제로 사용(5.8.1절 참조)
2. **아크릴계:** 청정하지 않은 표면의 접합에 적합
3. **혐기성계:** 산소의 박탈로 경화되며, 접착부는 경하고 취성을 가짐. 외부열원이나 자외선조사로 경화시간 단축가능
4. **시아노아크릴레이트계:** 접착두께가 얇고 접착시간은 5~40초 정도임
5. **우레탄계:** 실온에서 인성과 유연성이 높고, 밀봉재로 널리 사용
6. **실리콘계:** 습기나 용매에 대한 저항성이 우수하고, 충격 및 박리강도가 높지만, 경화시간이 1~5일 정도로 긴 편임

이들 접착제는 최적의 성질을 얻기 위해 대부분의 경우, 에폭시-실리콘, 니트릴-페놀, 에폭시-페놀처럼 혼합하여 사용한다. 접착제의 가격은 에폭시 및 페놀, 폴리우레탄, 아크릴, 실리콘, 시아노아크릴레이트의 순으로 비싸진다. 대략 260°C 정도까지 사용될 수 있는 고온용 접착제로는 폴리이미드와 폴리벤지미다졸이 있으며, 가장 가격이 비싼 편이다.

접착제는 용도에 따라 다음 성질 중 하나 이상을 만족시켜야 한다(표 12.6).

- 강도(전단강도 및 박리강도)
- 인성
- 각종 화학물질과 액체에 대한 저항성

표 12.6 화학반응성 접착제의 특성

	에폭시	폴리우레탄	수정 아크릴	시아노아크릴레이트	혐기성계
충격저항	불량	우수	양호	불량	적절
인장-전단강도[MPa]	15~22	12~20	20~30	18.9	17.5
박리강도[N/m]	< 525	14,000	5250	< 525	1750
접착대상재료	제한 없음	매끈하고 다공질이 아닌 재료	매끈하고 다공질이 아닌 재료	다공질이 아닌 금속이나 플라스틱	금속, 유리, 열경화성 플라스틱
사용온도범위[°C]	−55~120	−160~80	−70~120	−55~80	−55~150
열경화 혹은 혼합 필요성	필요	필요	불필요	불필요	불필요
용매저항	우수	양호	양호	양호	우수
내습성	우수	적절	양호	불량	양호
접합간극[mm]	불필요	불필요	0.5	0.25	0.60
냄새	약함	약함	강함	적당	약함
독성	적당	적당	적당	낮음	낮음
가연성	낮음	낮음	높음	낮음	낮음

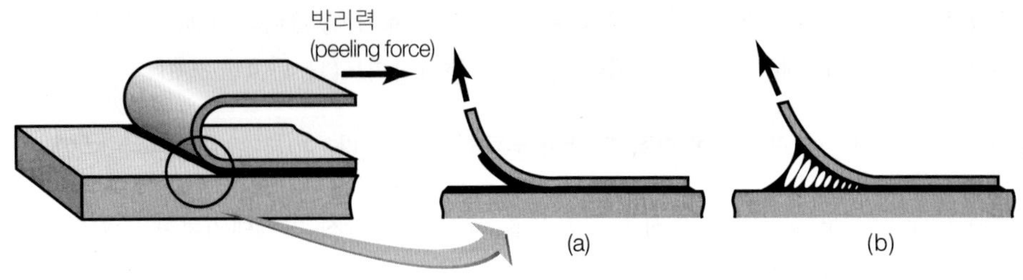

▶ **그림 12.50**

박리시험에서 나타나는 접착제 특성: (a) 취성의 접착제와 (b) 인성을 가진 접착제. 이 시험은 종이로부터 접착테이프를 떼어내는 것과 유사함. 접착제로 접합된 이음부는 이와 같은 박리력을 받아서는 안됨.

- 열 및 습기에 의한 환경적 분해(열화)에 대한 저항성
- 접합될 경계면에 습윤되는 능력

접착부는 전단, 압축, 인장력에 견디도록 설계되지만, 박리력을 받아서는 안 된다(그림 12.50). 예를 들어, 어떤 표면에서 접착테이프를 떼어내기가 얼마나 쉬운가를 생각해 보면 이를 잘 알 수 있다. 접착부가 박리될 때는 취성을 보이므로, 박리되기 어려우려면 접착부가 연성과 인성을 가져야 한다.

12.14.2 표면준비작업

접착에서 양호한 접착강도를 얻으려면, 먼지, 때, 기름, 기타 오염물질이 없어야 하므로, 표면준비작업이 매우 중요하다. 접착테이프를 먼지가 많거나 기름이 묻은 표면에 붙이는 것은 거의 불가능하다. 오염물질은 접착제의 습윤성에도 영향을 주어, 접착제가 표면 위에 균일하게 퍼지는 것을 방해한다. 공작물표면에 두껍고 약한 산화막이 있으면 접착이 불량해지는 반면, 다공성 혹은 얇으면서 강한 산화막은, 특히 표면거칠기로 접착을 향상시키는 경우에는 바람직하다. 하지만 표면거칠기가 너무 크면 공기가 갇혀서 접착강도가 감소될 수 있다. 접착강도를 증가시키기 위해 각종 화합물이나 예비막으로 표면성질을 수정할 수 있다.

12.14.3 공정능력

접착제를 사용하면 동종 및 이종의 금속 또는 비금속 재료, 모양, 크기, 두께가 다른 요소들을 다양하게 서로 접착시킬 수 있다. 접착제로 접합시킨 구조물은 250°C 이상에서는 사용하지 않는 것이 좋다. 접착은 기계적 이음법과 함께 사용할 수도 있으며(12.15절 참조), 이 경우 접착부의 접합강도는 더욱 증가한다. 생산공정에서 열경화성 접착제를 사용할 때 중요한 요소는 경화시간으로, 고온에서는 수 초간, 상온에서는 수 시간까지 소요되므로, 접착공정의 생산속도는 낮은 편이다. 용도에 맞는 접합부설계와 올바른 접착방법의 선정에는 많은 주의와 숙련도를 요하며, 경우에 따라서는 고정구, 프레스, 공구, 오토클레이브나 오븐 같은 특수장비들이 필요하다.

접착제로 접합한 부품의 품질과 강도에 대한 비파괴검사는 까다로운 편이지만, 4.8.1

절에 설명한 음향충격법, 홀로그래피법, 적외선탐상법, 초음파검사법 등이 효과적으로 사용될 수 있다.

접착제를 이용한 접합의 주요 장점은 다음과 같다.

1. 강도가 요구되는 구조재의 접합이나 비구조용 단순접합, 즉 밀봉, 단열, 이종금속 사이에서 발생하는 전해부식 방지, 내부감쇠에 의한 진동과 소음 감소 등에 사용된다.
2. 접합 경계면에 집중되는 힘을 분할시킨다. 볼트나 나사를 이용한 기계적 체결이나 용접으로 결합된 부품에 걸리는 국부응력을 없애고 구멍으로 인한 단면의 구조적 결함을 없앤다.
3. 접합부의 외관에 영향을 주지 않는다.
4. 매우 얇고 약한 요소들에 큰 힘을 가하지 않고 접합시킬 수 있다.
5. 다공질 재료와 성질이나 크기가 매우 다른 재료들도 접합시킬 수 있다.
6. 보통 실온 내지 200°C 사이에서 접합시키므로, 모재성질의 변화나 접합부의 변형이 줄어든다. 열변형의 감소는 열에 민감한 재료들에 대해서는 특히 중요하다.

접착의 주요 단점은 다음과 같다.

1. 접합된 부품의 사용온도에 제한이 있다.
2. 접합시간이 비교적 길다.
3. 접합표면준비에 상당한 주의를 요한다.
4. 접합부의 비파괴검사가 용이하지 않다(특히 큰 구조물의 경우).
5. 사용수명 동안 가혹한 환경조건에서(온도, 산화, 방사능, 응력부식, 용해에 의한 열화) 접착된 부분의 신뢰성이 일정하지 않다.

12.14.4 전기전도성 접착제

대다수의 접착은 기계적 강도를 얻는 데 사용되지만, 최근에는 전자산업을 중심으로 납계열의 연납재료를 전기전도성 접착제로 대체하여 적용하려는 개발이 시도되고 있다. 전도성 접착제는 계산기, 리모컨, 제어반 외에 전자조립품, 액정화면, 전자게임, 포켓용 TV, 전자게임기 등에 집중 사용된다.

접착제의 경화온도는 연납접온도보다 낮을 것이 요구된다. 전도성 접착제는 폴리머를 모재로 사용하고 은, 구리, 알루미늄, 니켈, 금, 그래파이트 같은 전도성 충전재를 편상이나 입자의 형태로 섞거나, 폴리스티렌 같은 폴리머입자를 금이나 은으로 박막 피복하여 섞은 것이다(10.7.2절 참조). 은은 전기전도도가 매우 높아서 충전재로 가장 많이 사용되어 최고 85%까지 첨가된다. 접착제가 전도성을 띠기 위한 충전재의 최저부피농도가 있으며, 이는 보통 40~70%의 범위이다.

접착제가 등방성 혹은 이방성 전기전도성을 나타내도록 하려면, 금속제 입자의 크기,

형상, 분포뿐만 아니라, 열 및 압력이 가해지는 방법이나 각 전도성입자가 접촉하는 양상을 조절한다. 전기전도성을 향상시키는 충전재는 열전도성도 향상시킴에 유의한다. 모재로는 에폭시가 보통 사용되지만, 열가소성 플라스틱이 사용되기도 한다.

12.15 기계적 이음

샤프연필, 시계, 컴퓨터, 자전거, 엔진, 항공기와 같은 수많은 제품들은 기계적으로 체결된 부품으로 구성되는데, 제품이 사용수명, 즉 수명주기 동안에 분해될 수 있도록 두 개 이상의 부품들로 조립되어 있다(14.10절 참조). 기계적 이음은 다음과 같은 장점을 가진다.

1. 가공의 용이성
2. 조립, 분해와 부품수송의 용이성
3. 부품교환과 유지보수의 간편성
4. 힌지, 미끄럼기구와 같은 움직일 수 있는 접합부나 위치를 조정할 수 있는 부품 및 고정구를 필요로 하는 설계 가능
5. 전반적인 제품 가공비용의 절감

가장 보편적으로 사용하는 기계적 이음법은 볼트, 너트, 나사, 리벳, 핀, 기타 **체결구**(fastener)를 사용하는 것으로, 대부분의 방법은 부품에 **구멍**을 만들어서 체결구를 설치하고 고정하는 방식을 사용한다.

12.15.1 구멍준비작업

구멍준비작업은 기계적 이음에서 주요한 과정으로, 재료의 종류, 성질, 두께에 따라 펀칭, 드릴링, 화학적 또는 전기적 방법, 고에너지빔 등을 이용하여 접합될 부분에 구멍을 뚫는 작업이다(제7, 8, 9장 참조). 제5, 6, 11장에서 기술한 바와 같이, 구멍은 주조, 단조, 압출, 분말야금에 의해 **부품의 한 부분으로** 성형되기도 하며, 이 경우에는 후속작업을 생략할 수 있어서 비용을 절감할 수 있다. 구멍의 치수정확도와 표면정도를 향상시키려면 구멍준비작업 후에는 셰이빙, 디버링, 리밍, 호닝 같은 마무리공정을 추가한다.

구멍을 뚫는 개개의 공정이 기본적으로 다르므로, 각 공정으로 만든 구멍은 고유한 표면정도와 공차 및 기계적 성질을 가진다. 예를 들어, 펀치로 만든 구멍에는 축방향 가공무늬가 생기지만(4.3절과 7.3절 참조), 드릴로 만든 구멍에는 원주방향 가공무늬가 생긴다. 구멍이 몸체에 주는 가장 중요한 영향은 응력집중으로 인해 부품의 피로수명을 감소시킨다. 피로수명은 구멍의 원주상으로 압축잔류응력을 줌으로써 개선될 수 있다. 압축잔류응력은 보통 구멍에 **드리프트핀**(drift pin)을 넣고 구멍을 약간 팽창시켜 발생시킨다. 이 과정은 숏피닝이나 버니싱하는 것처럼, 구멍의 표면층을 소성변형시킨다(4.5.1절 참조).

12.15.2 나사체결부품

볼트, 나사, 너트는 가장 많이 쓰이는 **나사체결부품**이다. 기계설계 교재를 참조하면 나사산의 치수, 공차, 피치, 강도, 사용재질 등 각종 규격과 명세를 알 수 있다. 볼트와 나사는 너트에 맞물려 고정되거나, 또는 나사구멍에 스스로 나사산을 내며 맞물려져 고정된다. 후자의 방법은 특히 플라스틱제품에 적용할 때 효과적이고 경제적이다.

만약 이음새가 항공기, 각종 기계류 및 엔진 같이 진동을 받는 경우에는, 특별히 고안된 너트와 록와셔를 사용해야 한다. 이들은 비틀림을 받는 방향으로 마찰저항을 증가시켜 체결구들이 진동에 의해 풀어지는 것을 방지해 준다.

12.15.3 리벳

리벳팅은 가장 보편적으로 사용되는 영구적 또는 반영구적인 기계적 이음법이다(그림 12.51). 대형 상업용 항공기의 조립에는 수천 개의 리벳이 쓰인다. 리벳의 기본 형태는 중실형, 중공형, 블라인드형(한쪽 면에서만 삽입하는 형태)이 있다. 리벳의 설치는 구멍 안에 리벳을 집어넣고 자루의 끝을 업세팅(그림 6.17의 헤딩과 유사) 변형시키는 것으로 마감된다. 이 작업은 수작업이나 로봇을 사용하는 기계작업으로 수행되고, 실온이나 고온에서 특수공구를 사용하거나 폭발물을 써서 수행할 수도 있다.

12.15.4 기타 체결법

기타 체결방법들이 부품의 체결과 조립에 다양하게 응용되어 쓰이며, 이들을 다음에 간단히 소개한다.

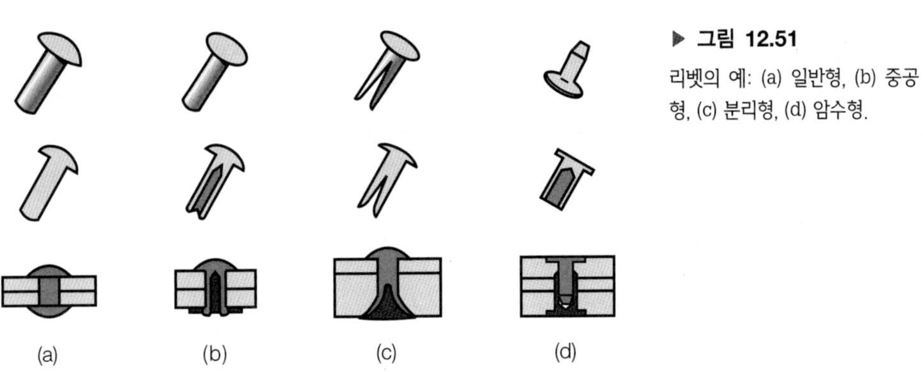

▶ **그림 12.51**
리벳의 예: (a) 일반형, (b) 중공형, (c) 분리형, (d) 암수형.

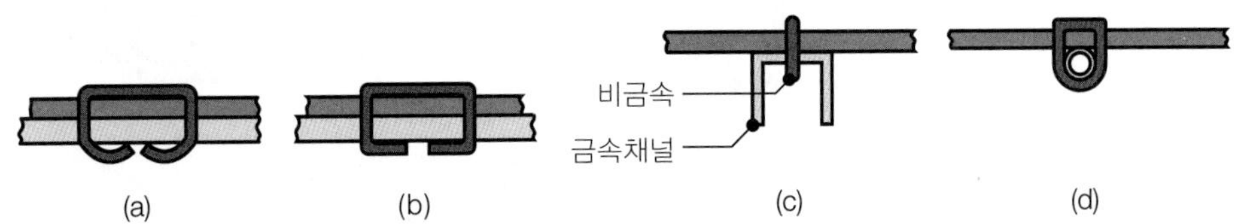

▶ **그림 12.52**
스티칭 및 스테플링의 예: (a) 표준 스테이플, (b) 평클린치 스테이플, (c) 채널스트랩, (d) 핀스트랩.

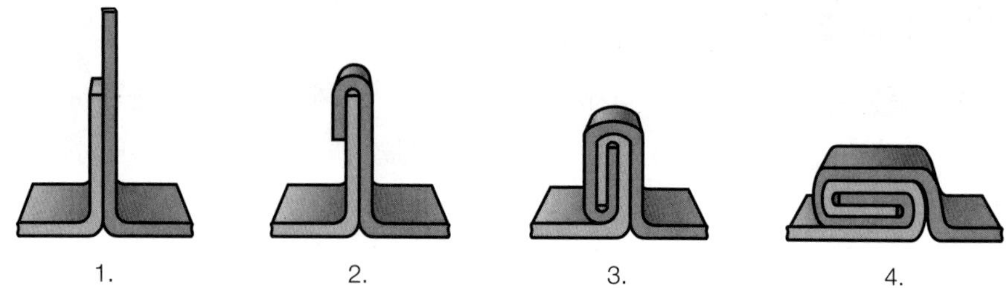

▶ **그림 12.53**
이중 록심의 성형단계.

1. **스티칭 또는 스테플링.** 스티칭(metal stitching)과 스테플링(stapling)은 종이를 스테플러로 찍는 것과 같은 방법이다(그림 12.52). 이 작업은 신속하고, 특히 얇은 금속 및 비금속 재료의 접합에 적합하며 구멍을 준비할 필요가 없다. 포장용 종이상자나 용기를 만들 때 이 방법을 사용한다.
2. **시밍**(seaming). 시밍은 두 박판의 일부분을 함께 포개 접어서 결합시키는 간단한 원리를 이용한 것으로, 두 장의 종이 끝을 겹쳐 접는 것과 유사한 방법이다. 캔 뚜껑, 식품용기 또는 주방용기 등이 대표적인 예이다(록심, 그림 12.53). 시밍에서 소재는 아주 작은 반경으로 굽혀서 겹쳐질 수 있어야 한다(7.4.1절 및 그림 7.15 참조). 그렇지 못하면 소재에 균열이 생기고, 시밍접합부는 공기나 물을 밀폐시키지 못한다. 시밍접합부를 접착제, 코팅, 경계면에 폴리머 사용, 연납접(철강캔에 적용) 등으로 보강하면 밀폐효과가 개선된다.
3. **크림핑**(crimping). 크림핑은 체결구를 사용하지 않는 접합법으로, 유리병 뚜껑이나 전선 연결부는 이 방법을 응용하여 조립한다. 이 공정에서는 수축(7.4.4절)이나 스웨이징(6.6절)으로 비드나 딤플을 만들어서 체결한다(그림 12.54). 크림핑은 튜브나 평판부품 모두에 사용된다.
4. **스냅인 체결구**(snap-in fasteners). 그림 12.55에는 여러 종류의 스프링과 스냅인 체결구들을 도시하였다. 이들 체결구는 자동차차체와 가정용품 조립에 널리 쓰이며, 매우 경제적으로 쉽고 빠르게 이음공정을 수행할 수 있도록 해준다.
5. **열박음과 가압박음.** 부품은 열박음(shrink fit)이나 가압박음(press fit)에 의해 조립되기도 하는데, 열박음은 두 재료 간의 열팽창과 수축을 이용하는 것이다. 금형의 조립과 축

▶ **그림 12.54**
크림핑을 이용한 기계적 이음 예.

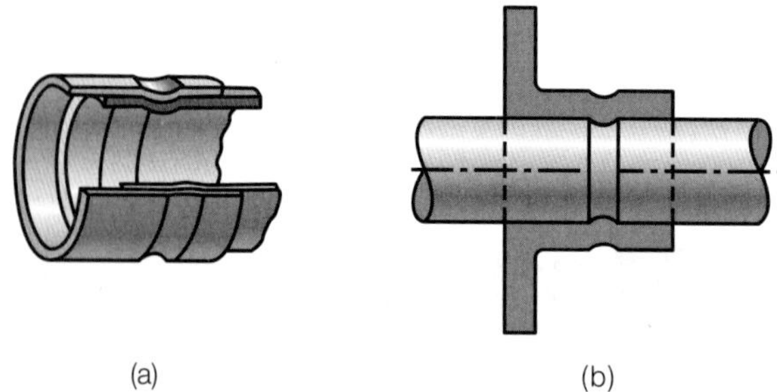

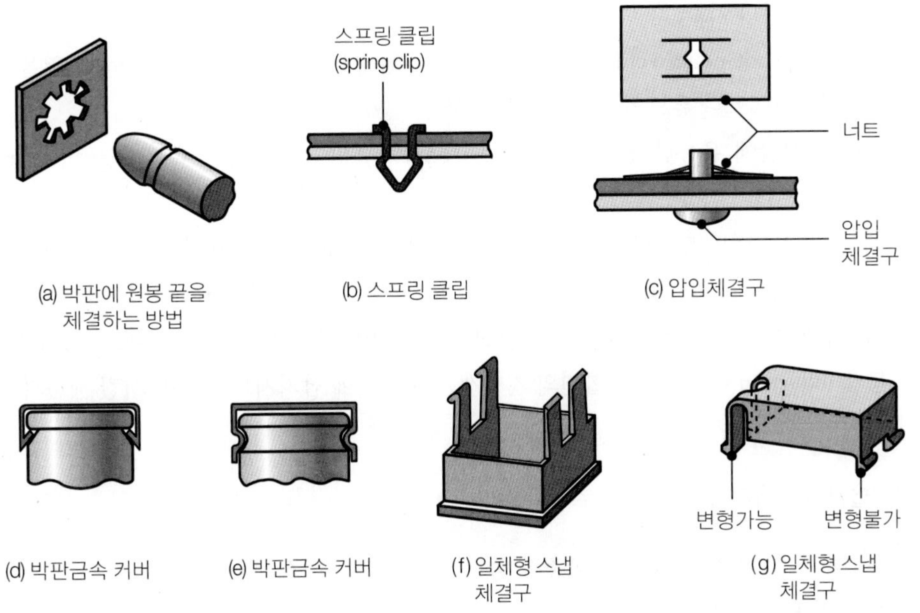

▶ **그림 12.55**
스프링과 스냅인 체결구를 이용한 조립의 예.

에 기어를 설치하거나 캠을 설치할 때 사용한다. 가압박음은 접합되는 한 부분이 다른 부분에 물리적인 힘을 가해 높은 접합강도를 얻는 방법이다.

12.16 비금속재료의 접합

12.16.1 열가소성 플라스틱의 접합

10.3절에서 설명한 것처럼, 열가소성 플라스틱은 온도가 올라감에 따라서 연해지면서 녹으므로, 외부열원이나 내부열원을 사용하여 접합할 부품의 경계면에서 온도가 올라가도록 하여 접합시킨다. 열로 인해 경계면에서의 열가소성 플라스틱은 녹아서 점성상태가 되므로, 여기에 압력을 가하면 경계면에서 융접이 일어나서 양호한 접합을 얻는다. 이때 같은 폴리머재료로 만들어진 용가재를 사용하여 강한 접합을 얻기도 한다.

폴리에틸렌 같은 폴리머를 접합할 때는, 산화가 일어나면 소재가 열화(분해)를 일으키기 때문에 문제가 된다. 따라서 이와 같은 재료의 접합에는 불활성 보호가스(예: 질소)를 사용하여 산화를 방지해야 한다. 또한 열가소성 플라스틱은 열전도도가 낮기 때문에(표 3.3 참조), 너무 빠르게 가열하면 재료표면이 타거나 그을음이 생길 수 있어서 접합강도에 필요한 충분한 융접을 얻기가 어렵다.

융접에 사용되는 **외부열원**은 다음과 같으며, 접합할 폴리머재료에 맞추어 사용한다.

1. 뜨거운 공기나 가스, 혹은 수정가열램프를 사용한 적외선 조사
2. 가열판용접(hot-plate welding): 가열된 공구와 금형을 접합시킬 면에 접촉하여 열을 공급. 주로 파이프나 튜브의 맞대기용접에 사용
3. 박막의 접합에 유용한 전자가열(radio-frequency heating) 혹은 유전가열(dielectric heating)
4. 레이저: 폴리머의 분해나 연소를 막기 위해, 저출력으로 초점을 흐리게 하여 사용
5. 저항주입용접(resistive-implant welding): 전기저항선 혹은 탄소계 테이프, 판, 선 등을 접합면에 놓고 전류를 통과시킴. 접합면의 저항선에 고주파를 거는 경우도 있음(고주파용접, induction welding). 접합면의 저항선은 용접부에 남겨지므로, 접합시킬 제품과 적합성이 있어야 함

내부열원은 다음과 같은 방법으로 얻는다.

1. 초음파용접(12.8절): ABS나 고충격 폴리스티렌 같은 비정질폴리머에 특히 잘 사용되는 가장 보편적인 접합공정
2. 마찰용접(12.9절): 폴리머용 **회전용접**(spin welding)이라고도 하며, 직선운동으로 마찰을 일으키면 **진동용접**(vibration welding)이라고 함. 아세탈, 폴리에틸렌, 나일론, 폴리프로필렌 같은 고결정도 폴리머(10.2.2절 참조)의 접합에 유용
3. **궤도용접**(orbital welding): 한쪽 부품이 궤도를 따라 회전운동하는 것을 제외하고는 마찰용접과 유사(그림 6.16a 참조)

■ **기타 접합법** 폴리머의 **접착법**은 활용도 높은 공정으로, PVC 단면이나 ABS 관을 접합하는 데 많이 사용된다. 액체 접착제를 연결 슬리브나 관 표면에 발라서 사용하고, 접착효율을 높이기 위해 예비막을 먼저 바르는 경우도 있다. 폴리에틸렌, 폴리프로필렌, 테플론은 접착제가 표면에 잘 붙지 않기 때문에 접착이 어려우므로, 접착강도를 개선하려면 이들 재료의 표면을 화학적으로 처리해야 한다. **접착예비막**이나 **양면 접착테이프**를 사용하는 것도 효과적이고, 용매를 사용하여 접합시키는 경우도 있다(**용매접합**).

플라스틱 음식포장재는 여러 종류의 얇은 필름들을 동시압출하여 만들며, 압출열로 필름들이 **융접**된다(10.10.1절 참조). 각 필름은 수분이나 산소침투를 막는 역할, 포장 시 열을 밀봉하는 역할 등 각각 다른 기능을 수행한다. 일부 플라스틱 포장재는 일곱 개의 필름층으로 접합된 것도 있다.

잘 정의된 폴리머 용접부를 만드는 방법인 **Clearweld®** 공정은 두 폴리머의 경계면에 토너를 먼저 바르거나 두 폴리머를 가공하면서 토너로 처리해 둔다. 레이저를 사용하여 폴리머가 아닌 토너를 가열함으로써, 경계면에서 열이 발생하여 용접이 일어나서 강한 폴리머용접이 이루어진다.

열가소성 플라스틱은 체결구나 나사를 사용하는 **기계적 방법**으로도 접합할 수 있다. 접

합부의 강도는 체결방법과, 기계적 이음의 구멍에서 찢어짐에 저항하는 플라스틱의 인성과 탄성률에 따라 달라진다. 일체형 스냅체결구(그림 12.55f 및 g)는 조립작업을 단순화시키고 비용효율이 높아서 많이 채택되는 방법이다.

또한 미세한 자성입자를 폴리머에 섞어서 자성을 이용하여 접합하는 방법도 있다. 입자크기는 대략 1 μm 정도로, 고주파장을 걸면 폴리머의 유도가열을 일으켜서 경계면을 용융시키면서 접합이 이루어진다(전자기 접합).

12.16.2 열경화성 플라스틱의 접합

에폭시나 페놀수지 같은 열경화성 플라스틱은 온도가 올라가도 연해지거나 녹지 않으므로, (1) 나사를 이용하거나 성형단계에서 인서트를 끼워 넣는 방법(그림 10.30 참조), (2) 기계적 체결구, (3) 용매를 이용하여 접합한다. 용매를 이용한 접합은 (a) 연마재를 천이나 종이에 묻혀서 표면을 거칠게 가공, (b) 용매로 표면을 닦아냄, (c) 충분한 접합강도가 얻어질 때까지 표면을 압축하는 순서를 따른다.

12.16.3 세라믹과 유리의 접합

제품에 사용되는 다른 재료들과 마찬가지로, 세라믹이나 유리도 동종 혹은 이종 재료로 만들어진 다른 부품들과 함께 조립되어야 하며, 접합방법으로 접착, 기계적 이음, 열박음이나 가압박음을 사용한다. 이 경우 조립품이 사용수명 동안 고온에 노출된다면 접합할 두 재료의 상대적 열팽창을 고려해야 한다(3.9.5절 참조).

■ **세라믹** 접합하기 어려운 재료의 조합을 접합시키는 효과적인 기술은, 마치 목재조각을 금속에 접착시킬 때 접착제를 미리 바르고 말린 후에 접착시키는 것처럼, 대상부품 중 하나 혹은 모두에 쉽게 접합하는 재료로 미리 피복하여 접합제의 역할을 하도록 하는 것이다. 예로서, 알루미나 세라믹의 표면에 금속을 입히는 방법(4.5.1절 참조)을 들 수 있다. Mo-Mn 공정으로 알려진 이 기술에서는 세라믹부품에 유약을 바르고 구워서 표면에 광택이 나도록 한 후, 광택층 위에 니켈을 도금한다. 도금된 면은 금속표면을 가지므로, 금속표면과 경납접될 수 있다. 또한 세라믹은 구조에 따라 금속에 확산접합(12.12절)시킬 수도 있다. 이 경우 접합부의 강도를 향상시키기 위해 접합부에 금속층을 추가하는 경우도 있다.

세라믹부품은 성형하는 과정에서 접합되거나 조립될 수 있으며(11.9절 참조), 그 전형적인 예가 커피잔을 만들 때 손잡이를 별도로 만들어서 성형과정에서 접합시키는 것이다. 따라서 세라믹제품은 각각의 부품을 만들고 나중에 추가공정으로 접합시킨다기보다는 제품의 성형과정에서 일체형 제품을 만든다고 볼 수 있다.

8.6.4절에서 설명한 텅스텐카바이드는 코발트를 모재(결합제)로 사용하고, 티타늄카바이드는 니켈-몰리브덴 합금을 모재로 사용한다. 따라서 두 경우의 결합제가 모두 금속이

고, 초경합금은 다른 금속과 쉽게 경납접되므로, 초경절삭공구를 탄소강 공구홀더에 경납접하거나(그림 8.32d 참조), 초경팁을 석재용 드릴에 경납접하거나, 큐빅보론질화물이나 다이아몬드팁을 초경인서트에 경납접할 수 있다(그림 8.39 참조).

■ **유리** 많은 유리제품에서 볼 수 있듯이, 유리는 상호간에 잘 접합된다. 접합하는 방법은 유리면을 가열하여 연하게 만든 뒤, 두 조각을 가압하면서 조립품을 냉각시키면 된다. 유리를 금속에 접합할 때는 금속이온을 유리의 비정질 표면구조에 확산시킴으로써 접합이 가능하다.

12.17 접합에서의 설계 고려사항

12.17.1 용접설계

다른 모든 제조공정에서와 마찬가지로 최적의 용접방안은 최소비용으로 설계조건과 사용조건을 동시에 만족시키는 것이다. 용접특성을 감안한 몇 가지 설계 예를 그림 12.56에 도시하였다. 일반적인 설계지침은 다음과 같이 요약된다.

1. 용접은 자동화된 경우 외에는 비싼 공정이므로, 제품설계 시 용접부의 수를 최소화한다.

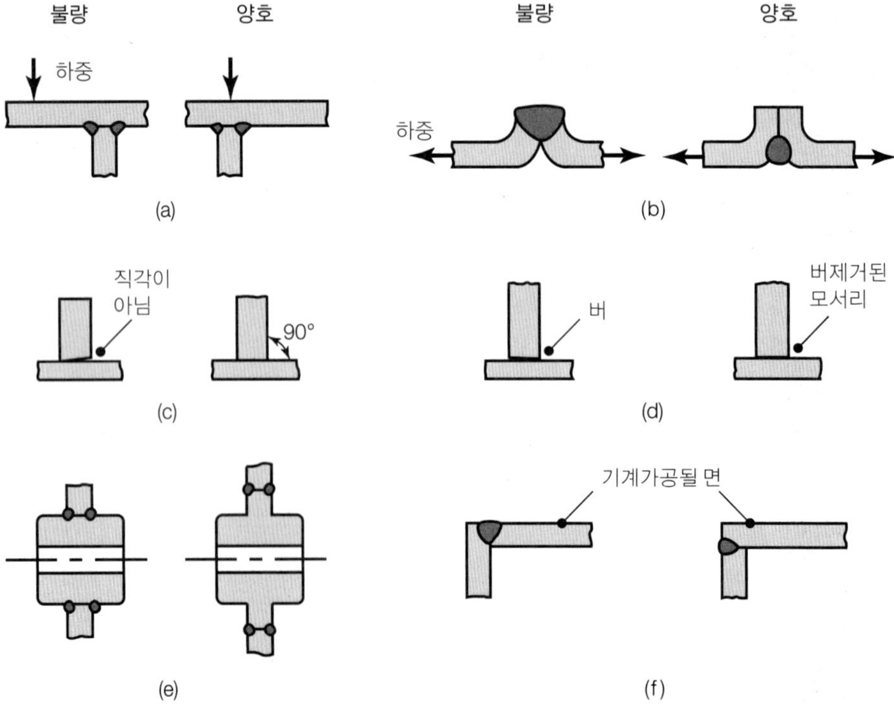

▶ **그림 12.56**
용접부의 설계지침.

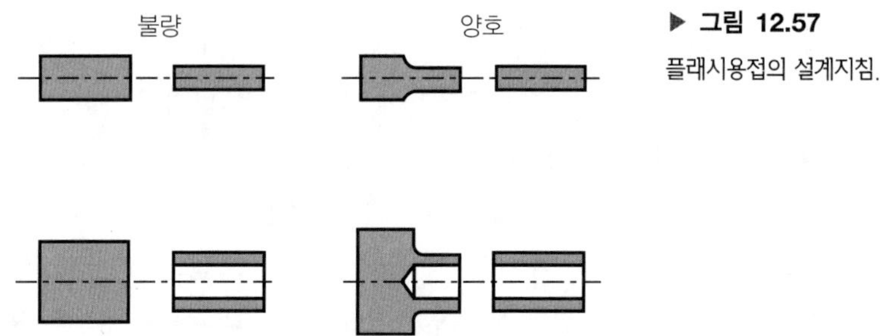

▶ **그림 12.57**
플래시용접의 설계지침.

2. 용접구조물에서 과도한 응력이 걸리거나 응력이 집중되는 부분을 피해서 용접부의 위치를 잡는다.
3. 후속가공이나 사용 및 외관에 방해를 주지 않는 위치에 용접위치를 설정한다.
4. 용접 전에 피용접물이 잘 맞도록 준비한다. 모서리의 준비방법(톱절단, 기계가공, 전단, 화염절단 등)은 용접품질에 영향을 준다.
5. 설계를 수정하면, 모서리준비를 하지 않아도 되는 경우가 있다.
6. 용접재료를 절약하고 외관을 유지하려면, 용접비드의 크기를 최소화시켜야 한다.
7. 용접공정에 따라서는 접합할 두 면의 단면적이 같도록 설계해야 한다(그림 12.57의 플래시용접 참조).

예 12.7 용접설계의 선택

세 가지 다른 형태의 용접설계를 그림 12.58에 나타내었다. 그림 12.58a에서, 두 개의 수직접합부는 외부 혹은 내부에서 용접될 수 있다. 전체길이를 연속적으로 외부용접을 하는 데는 상당한 시간이 걸리고 용가재가 많이 필요하므로, 이를 부분적인 내

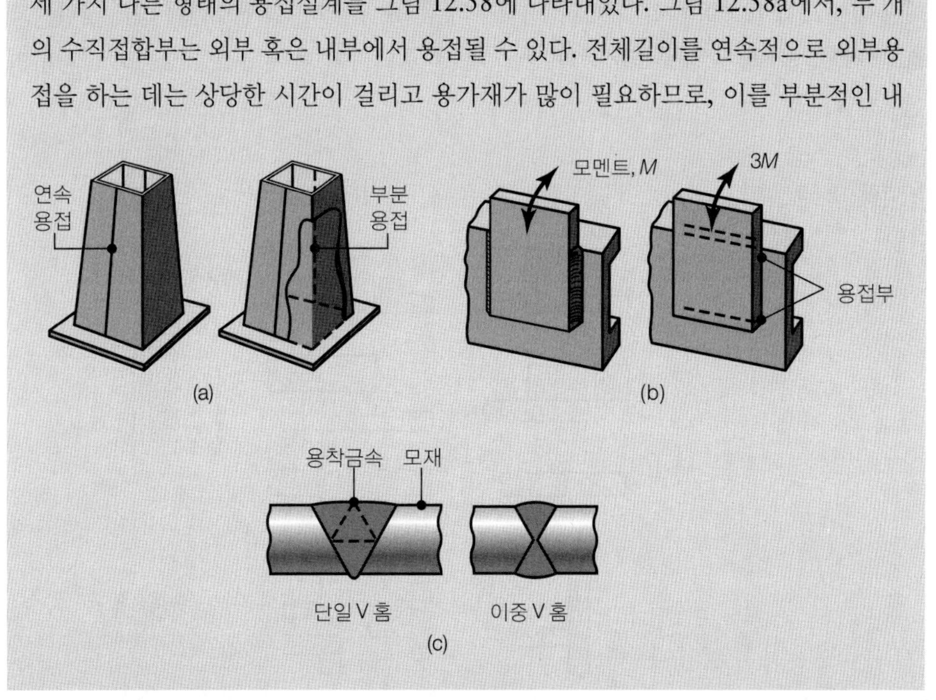

▶ **그림 12.58**
예 12.7의 용접설계.

부용접으로 변경하면 시간과 재료를 절약할 수 있다. 더욱이 내부 부분용접의 경우에는 구조물의 외관이 향상되고, 구조물에 가해지는 에너지의 양이 적기 때문에 뒤틀림도 감소된다(그림 12.25 참조).

그림 12.58b에서는 두 설계가 같은 양의 용접재료와 용접시간을 필요로 하지만, 오른쪽의 설계가 왼쪽 설계에 비해 세 배나 더 큰 모멘트 M을 지지할 수 있다. 그림 12.58c에서, 왼쪽의 용접은 오른쪽 용접에 비해 거의 두 배 정도의 용접재료를 소비한다. 또한 왼쪽의 설계는 V 홈을 내는 모서리가공에서 더 많은 양의 모재를 가공해야 하므로 많은 시간과 재료를 소비하게 된다.

12.17.2 경납접과 연납접의 설계

경납접의 접합부 설계지침이 그림 12.59에 주어져 있다. 경납접에서 강한 접합부를 얻으려면 용접에 비해 넓은 접촉면이 필요하다. 연납접 설계지침은 경납접과 비슷하며, 그림 12.45와 12.46에 흔히 사용되는 접합부설계를 도시하였다. 연납접된 제품의 경우에서도, 충분한 접합강도를 얻으려면 접촉면적을 넓게 하는 것이 중요하다.

12.17.3 접착법의 설계

접착법 설계의 가장 중요한 점은 접합부에 갈라짐이나 박리력이 작용하지 않고 인장, 압축, 전단력만이 작용하도록 설계하는 것이다(그림 12.50 참조). 접착에 대한 접합부설계에 대한 예를 그림 12.60에 도시하였다. 접착부의 강도는 접착부 설계에 따라 크게 달라지므로, 접착된 구조물이 사용기간 동안 받을 작용하중이나 주변의 환경을 충분히 고려하여 설계한다.

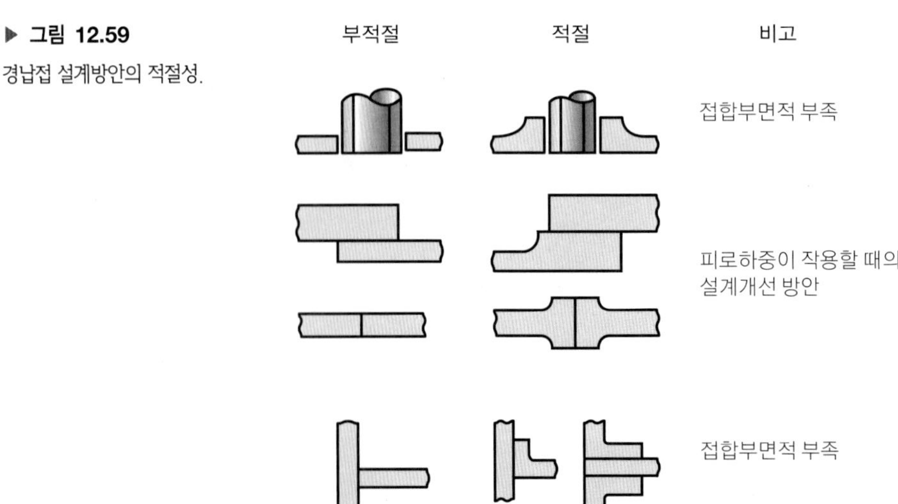

▶ **그림 12.59**
경납접 설계방안의 적절성.

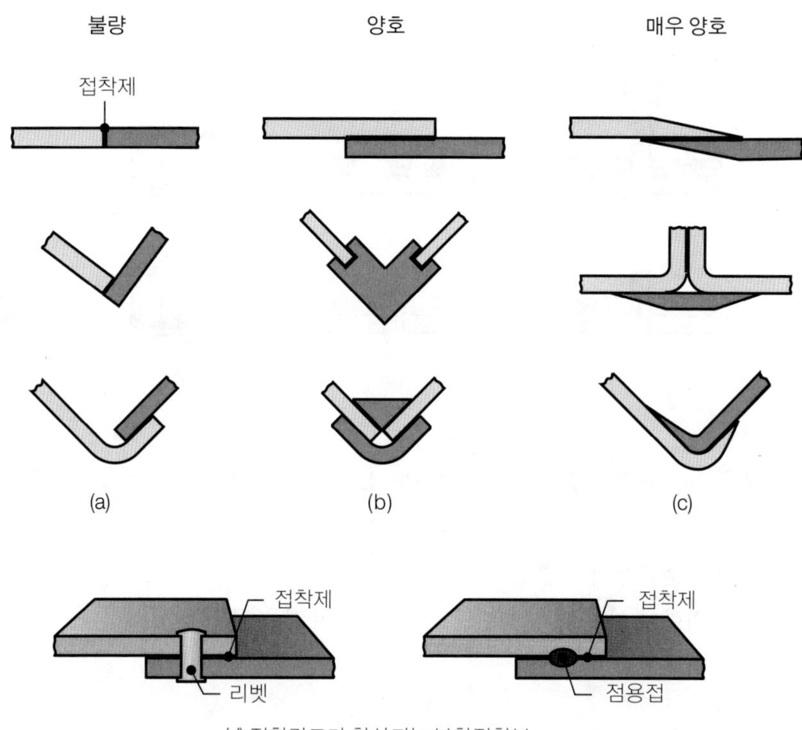

(d) 접합강도가 향상되는 복합접합부

▶ **그림 12.60**
접착법의 각종 접합부설계. 좋은 설계방안은 접합부재 간에 넓은 접촉면을 확보하는 것이다.

맞대기이음을 할 때에는 접착면적을 가능하면 크게 해야 하고, 단순 겹침이음에서는 접착부에 작용하는 우력(짝힘)으로 인한 인장력이 발생하여 접착부가 변형될 수 있다는 점을 고려해야 한다. 접착되는 요소들의 열팽창계수는 가급적 비슷한 값을 가져 접착하는 동안에 발생가능한 내부응력을 줄이는 것이 좋다. 또한 열주기가 작용하면 접합부의 상대운동을 일으켜서 접합강도를 떨어뜨릴 수 있다.

12.17.4 기계적 이음의 설계

기계적 이음의 접합부 설계에서는 (1) 공작물이 받는 전단 및 인장과 같은 하중의 종류, (2) 구멍의 크기 및 간격, (3) 체결재료가 공작물재료에 적합한지가 중요하다. 체결재료와 공작물이 부적합한 경우에는 유전부식(**틈새부식**이라고도 함)이 생긴다. 예를 들어, 구리판재에 철강제 볼트나 리벳을 사용하면, 볼트는 양극, 구리판은 음극으로 작용하여 부식이 급속히 진행되면서 접합강도를 잃는다. 알루미늄이나 아연 체결구가 구리제품에 미치는 작용도 유사하다.

기계적 이음에 대한 일반적인 설계지침은 다음과 같다(14.10절 참조).

1. 큰 체결구를 소량 사용하는 것이 작은 체결구를 다량 사용하는 것보다 경제적이다.
2. 부품에는 체결구를 최소한으로 사용하여 조립되도록 한다.

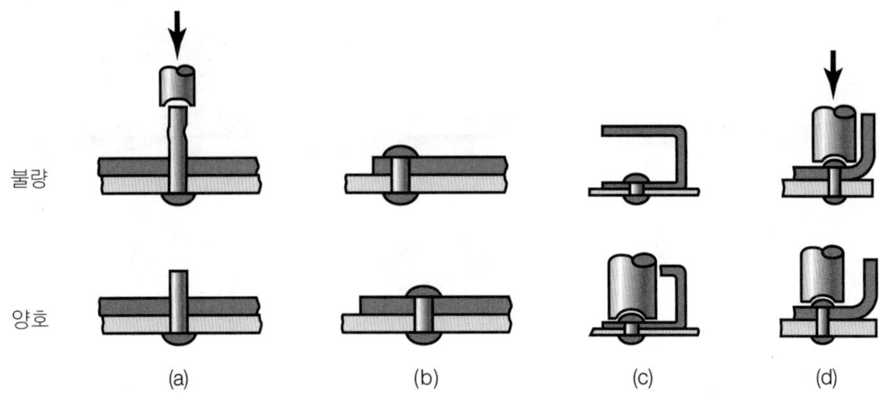

▶ **그림 12.61**
리벳팅의 설계지침.

3. 비용을 절감하고 조립공정이 용이하도록, 접합시킬 부품 간의 맞춤은 가급적 여유를 갖게 지정한다.
4. 언제나 표준규격의 체결구를 사용하도록 한다.
5. 제품에 외력이 가해질 때 파단을 피하려면, 체결용 구멍이 모서리나 코너에 너무 가깝지 않도록 한다.

12.18 경제적 고려사항

앞에서 특정 접합공정에 대하여 설명할 때, 기본적인 경제적 고려사항도 함께 설명한 바 있다. 하지만 고려할 요인들이 너무 다양하므로, 비용에 대하여 일반화시키기가 쉽지 않다. 접합공정에 대한 전반적인 상대비용은 표 12.1과 12.2의 제일 오른쪽 열에 표시되어 있다. 표 12.1에 따르면 접합부를 사전에 준비해야 하는 경납접과 기계적 이음법이 가장 비싼 방법인 반면, 저항용접이나 시밍 및 크림핑 공정의 경우는 고도로 자동화된 관계로 가장 저렴한 방법이다.

한편, 접착법의 비용은 구체적인 용도에 따라 달라지지만, 접착법은 전반적인 경제성의 관점에서 볼 때 매력적인 접합방법이며, 때로는 특정 용도에 적용가능한 유일한 방법이기도 하다.

표 12.2에는 용접공정별로 장비가격을 간단하게 나타내었다. 특수장비를 사용하는 레이저용접이 가장 비싼 공정인 반면, 전통적인 산소가스용접이나 피복금속아크용접이 가장 저렴한 용접법이다. 아래에 용접공정별로 장비가격의 범위를 제시한다. 일부 장비는 크기와 자동화 및 제어 수준에 따라서 제시된 가격을 크게 초과할 수도 있다.

- 피복금속아크용접: 3십만~2백만 원
- 가스방호 금속아크용접 및 유심용제 아크용접: 백만~3백만 원

- 텅스텐아크용접: 백만~5백만 원
- 플라즈마아크용접: 백 오십만~6백만 원
- 일렉트로슬래그용접: 천 5백만~2천 5백만 원
- 저항용접: 2천만~5천만 원
- 노내경납접: 2백만~3억 원
- 플래시용접: 5백만~10억 원
- 레이저빔용접: 3천만~10억 원
- 마찰용접: 7천 5백만~10억 원 이상
- 전자빔용접: 9천만~10억 원 이상

다른 모든 가공공정에서와 마찬가지로, 접합공정의 경제성에서 중요한 측면은 공정자동화와 최적화에 있다(제14장 및 제15장 참조). 그 중에서도 특히 중요한 측면은 산업용 로봇의 사용으로, 이는 기계눈과 폐회로제어 기능을 갖춰 복잡한 용접경로를 정확하게 따라가며 용접할 수 있다(7.3.4절의 테일러블랭크 참조). 그 결과, 용접공정의 반복성과 정확도가 크게 향상된다.

사례연구 | Monosteel®피스톤의 마찰용접

대형트럭 제조업체들은 디젤엔진의 배출물질을 저감시키고자 새로운 설계와 제조방법에 지속적으로 많은 노력을 들여왔다. 이러한 노력의 일환으로 1980년대 이후부터 **녹색엔진**(green engine, 16.4절 참조)의 필요성을 반영하는 많은 기술들이 개발되었다. 배기가스 재순환(연소된 배기가스 일부를 엔진의 흡기유동에 다시 섞는 기술)은 질소산화물 배출물질을 저감시키는 것으로 알려져 이제 표준기술로 사용된다. 하지만 이 기술을 도입하면 연소효율이 떨어지고, 입자에 의한 연삭마모(4.4.2절 참조)와 엔진에 재순환되는 산(acid)으로 인해 부품의 내구성이 떨어진다. 엔진효율을 유지하거나 심지어 향상시키기 위해, 엔진제조업체는 실린더압력과 작동온도를 높였고, 이로 인해 엔진부품은 보다 가혹한 조건에 놓이게 되었다.

미국시장에서 디젤엔진에 전통적으로 사용하던 알루미늄 피스톤은 위와 같은 현대식 엔진설계에 더 이상 신뢰성 있게 기능할 수 없었다. 알루미늄 피스톤에 생기는 문제들은 실린더에서의 높은 연소압력에 의한 소위 '버섯모양 균열'과 잠재적인 파괴가능성, 피스톤의 냉각부족에 따른 핀(피스톤과 커넥팅로드를 연결)에서의 스커핑(scuffing, 마모) 등으로 판명되었다. 이를 해결하기 위해 다음과 같은 설계특징을 갖는 Monosteel® 피스톤이 개발되었다(그림 12.62).

(1) 이전에 사용하던 알루미늄합금 대신에, 강도와 고온 기계적 성질이 우수한 탄소강을 피스톤재료로 사용한다(3.10절 참조).

(2) 두 부품을 접합하는 설계로 피스톤 내에 냉각오일순환용 오일통로를 만들 수 있다. Monosteel® 설계의 주요 장점은 오일통로가 커서 피스톤에서 효과적인 열전달이 가능하다는 것이다. 이 설계로 이전의 피스톤에 비해 림부분에서 온도를 40°C 가량 낮출 수 있다.

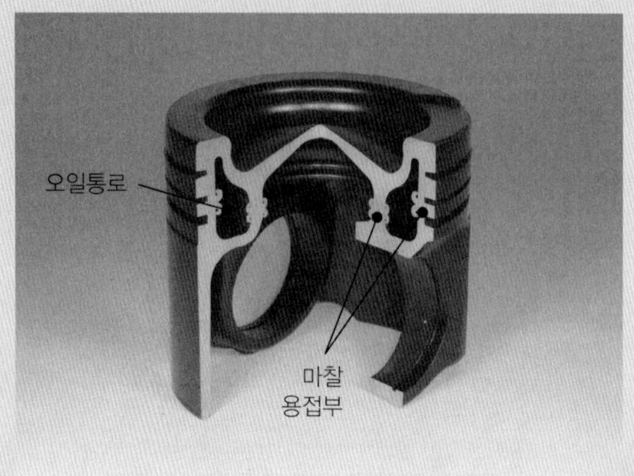

(a)

(b)

▲ **그림 12.62**

Monosteel® 피스톤: (a) 오일통로와 마찰용접부를 보여주는 피스톤 절단면, (b) 외부플래시를 기계가공으로 제거하기 전의 마찰용접부 상세사진.

(3) 피스톤의 철강제 덮개는 알루미늄제 덮개보다 훨씬 강성이 높아서 변형이 작으므로, 간극을 작게 유지할 수 있다. 그 결과로 오일소모량이 적으면서도 안정된 피스톤 작용을 얻을 수 있다(유해한 배기물질도 감소).

Monosteel® 피스톤은 단조품 두 개를 기계가공한 뒤 용접하여 만든다. 두 부품을 접합하는 데 사용한 공정은 마찰용접(12.9절)으로, 이 경우에 다음과 같은 장점을 갖는다.

(1) 마찰용접으로 잘 조절되고 신뢰성 있으며 반복가능한 고품질의 용접부를 얻는다.
(2) 마찰용접부는 기공 없이 연속되어, 오일통로를 밀봉하는 고강도 용접부를 얻을 수 있다.
(3) 용접공정의 주요 공정변수는 에너지(즉, 플라이휠의 회전속도)와 접촉압력이므로, 최적화시키기에 수월하다.

마찰용접공정은 거의 기계로 제어되므로, 작업자나 전문가가 개입할 필요가 없다. 주요 비용투자는 다른 용접기술에 비해 큰 편이지만, 용접품질(이 용도로 용접되는 능력)은 매우 양호하다.

그림 12.62에 나타낸 Monosteel® 피스톤은 2.224-MN 용량의 관성마찰용접기에서 원주속도 7.5 m/s, 접촉압력 140 MPa로 접합된 것이다(그림 12.30 참조). 그림에서 보듯이, 용접부는 최적의 플래시형상을 보이며(그림 12.31 참조), 피스톤 외면에서는 선삭작업으로 제거하고(8.9.1절), 피스톤 덮개부는 연삭한다(9.6절). 생산속도는 비교적 빠른 편으로, 한 개에 보통 40~60초의 주기로 가공하지만, 피스톤크기에 따라 이보다 더 빠르거나 늦게 가공될 수 있다. Monosteel® 피스톤은 2003년 이래 다수의 엔진모델에 적용되어 대규모로 생산되고 있다.

내용 요약 SUMMARY

- 대부분의 제품은 많은 부품들의 조립체이므로, 접합 및 체결 공정은 부품의 가공, 사후 관리, 수송에서 중요한 역할을 한다. (12.1절)
- 접합공정을 차지하는 주요 공정으로 용가재를 사용하거나 사용하지 않고 접합부 양쪽에 열을 가하여 용융시켜서 일체로 접합하는 융접을 들 수 있다. 융접에는 소모성전극봉 용접과 비소모성전극봉 아크용접의 두 가지 방법이 보통 사용된다. 특정 용접법을 선택할 때는 소재재질, 형상복잡도, 크기, 두께, 용접부 유형 같은 인자들을 고려해야 한다. (12.3절 및 12.4절)
- 전자빔용접과 레이저빔용접은 고에너지빔을 사용하는 접합공정이다. 이들 공정은 좁고 품질이 좋은 용접부를 얻을 수 있으므로, 가공에서 중요하고 독특한 용도를 갖는 방법이다. (12.5절)
- 용접부는 야금학적으로나 물리적으로 중요한 변화를 겪으므로, 용접부의 성질, 특성, 품질은 중요하게 고려해야 할 인자들이다. 금속의 용접성, 용접설계, 공정선택 역시 중요하게 고려해야 할 인자들이다. (12.6절)
- 고상용접은 접합부를 용융시키지 않고, 대신에 기계적 방법이나 폭발을 통해 압력을 가하여 접합시키는 방법으로, 접합면의 표면준비 및 청소가 중요하다. 초음파용접과 마찰용접은 고상용접의 두 가지 예로서, 금속판재나 호일을 접합하는 중요한 공정이다. (12.7~12.11절)
- 확산접합은, 초소성성형과 조합되는 경우, 비강도 및 비강성이 높은 복잡한 형상의 금속판재 구조물을 효과적으로 제조할 수 있는 방법이다. (12.12절)
- 경납접과 연납접은 접합부 사이에 용가재를 사용하는 공정이다. 이들 공정은 용접의 경우보다 낮은 온도를 사용하며, 복잡한 형상과 두께를 가진 이종금속끼리 접합할 수 있는 방법이다. (12.13절)
- 접착에 의한 접합부는 강도, 밀봉, 절연, 진동감쇠, 이종금속간 부식저항 등에 양호한 특성을 갖는다. 전도성 접착제는 표면실장기술에서의 중요한 발전에 해당한다. (12.14절)
- 기계적 이음법은 가장 오래되었으면서, 아직도 가장 보편적으로 사용되는 기술이다. 형상이나 크기에 있어서 체결구와 체결기술이 광범위하게 개발되어 수많은 영구이음이나 반영구이음에 적용되고 있다. (12.15절)
- 열가소성 플라스틱, 열경화성 플라스틱을 포함하여 다양한 세라믹과 유리의 접합에 적합한 여러 가지 접합공정이 있다. (12.16절)
- 접합공정에 적용되는 설계지침이 수립되어 있어서, 그 중 일부는 접합공정 대다수에 일반적으로 적용되는 반면, 일부는 특정 용도에 국한하여 적용된다. (12.17절)
- 접합공정의 경제성은 장비비용, 인건비, 필요 기술수준과 함께 소요시간, 접합부 품질, 특정 요건을 만족시켜야 할 필요성 같은 인자들에 따라 달라진다. 자동화, 공정최적화,

컴퓨터제어 등을 적용하면 비용을 크게 절감할 수 있다. (12.18절)

수식 요약

SUMMARY OF EQUATIONS

- 용접 시 열유입량: $\frac{H}{l} = e\frac{VI}{v}$
- 용접속도: $v = e\frac{VI}{uA}$
- 저항용접 시 열유입량: $H = I^2Rt$

참고문헌

BIBLIOGRAPHY

Adams, R.D., (ed.), *Adhesive Bonding*, CRC Press, 2005.

Baghdachi, J., *Adhesive Bonding Technology*, Dekker, 1996.

Bickford, J.H., and Nassar, S. (eds.), *Handbook of Bolts and Bolted Joints*, Dekker, 1998.

Bowditch, M.A., and Baird, R.J., *Oxyfuel Gas Welding*, Goodheart-Wilcox, 2003.

Cary, H.B., and Helzer, S., *Modern Welding Technology*, 6th ed., Prentice Hall, 2004.

Duley, W.W., *Laser Welding*, Wiley, 1999.

Evans, G.M., and Bailey, N., *Metallurgy of Basic Weld Metal*, Wooodhead, 1997.

Grong, O., *Metallurgical Modeling of Welding*, The Institute of Metals, 1994.

Hicks, J.G., *Welded Joint Design*, 2nd ed., Abington, 1997.

Houldcroft, P.T., *Welding and Cutting: A Guide to Fusion Welding and Associated Cutting Processes*, Industrial Press, 2nd ed., 2001.

Humpston, G., and Jacobson, D.M. *Principles of Soldering*, ASM International, 2004.

Hwang, J.S., *Modern Solder Technology for Competitive Electronics Manufacturing*, McGraw-Hill, 1996.

Introduction to the Nondestructive Testing of Welded Joints, 2nd ed., American Society of Mechanical Engineers, 1996.

Jacobson, D.M., and Humpston, G., *Principles of Brazing*, ASM International, 2005.

Jeffus, L.F., *Welding: Principles and Applications*, 5th ed., Delmar, 2002.

Judd, M., and Brindley, K., *Soldering in Electronics Assembly*, 2nd ed., Newnes, 1999.

Kou, S., *Welding Metallurgy*, 2nd ed., Wiley, 2002.

Lancaster, J.F., *The Metallurgy of Welding*, 6th ed., Chapman & Hall, 1999.

Lippold, J.C., and Kotecki, D.J., *Welding Metallurgy and Weldability of Steels*, Wiley, 2005.

Mandal, N.R., *Aluminum Welding*, ASM International, 2002.

Manko, H.H., *Soldering Handbook for Printed Circuits and Surface Mounting*, Van Nostrand Reinhold, 1995.

Minnick, W.H., *Gas Metal Arc Welding Handbook*, Goodheart-Wilcox, 1999.

Mouser, J.D., *Welding Codes, Standards, and Specifications*, McGraw-Hill, 1997.

Nicholas, M.G., *Joining Processes: Introduction to Brazing and Diffusion Bonding*, Chapman & Hall, 1998.

Parmley, R.O. (ed.), *Standard Handbook of Fastening and Joining*, 3rd ed., McGraw-Hill, 1997.

Pecht, M.G., *Soldering Processes and Equipment*, Wiley, 1993.

Petrie, E.M., *Handbook of Adhesives and Sealants*, 2nd ed., McGraw-Hill, 2006.

Powell, J., *CO_2 Laser Cutting*, 2nd ed., Springer, 1998.

Rotheiser, J., *Joining of Plastics: Handbook for Designers and Engineers*, Hanser Gardner, 2004.

Satas, D., *Handbook of Pressure-Sensitive Adhesive Technology*, 3rd ed., Satas & Associates, 1999.

Schultz, H., *Electron Beam Welding*, Woodhead, 1994.

Schwartz, M.M., *Brazing*, 2nd ed., ASM International, 2003.

______, *Ceramic Joining*, ASM International, 1990.

______, *Joining of Composite-Matrix Materials*, ASM International, 1994.

Speck, J.A., *Mechanical Fastening, Joining, and Assembly*, Dekker, 1997.

Steen, W.M., *Laser Material Processing*, 2nd ed., Springer, 1998.

Swenson, L.-E., *Control of Microstructures and Properties in Steel Arc Welds*, CRC Press, 1994.

Tres, P.A., *Designing Plastic Parts for Assembly*, 3rd ed., Hanser-Gardner, 1998.

Weld Integrity and Performance, ASM International, 1997.

Woodgate, R.W., *Handbook of Machine Soldering*, Wiley, 1996.

복습문제 QUESTIONS

12.1 용접공정의 종류가 다양하게 개발되어 온 이유를 설명하여라.

12.2 기계적 이음법을 접착법과 비교할 때, 장점과 제한점을 나열하여라.

12.3 소모성전극봉과 비소모성전극봉의 유사점과 차이점을 기술하여라.

12.4 특정 용접공정을 공작물에 적용할 때, 용접자세를 수평, 수직, 혹은 거꾸로 하여 작업해야 하는지, 아니면 모든 용접자세가 가능한지를 결정하는 요소는 무엇인가? 적절한 예를 들어 설명하여라.

12.5 그림 12.5에 대한 관찰결과에 대하여 논하라.

12.6 이 장에서 설명한 용접작업에 사용되는 공작물고정용 고정구(fixture)의 필요성과 역할에 대하여 논하라.

12.7 그림 12.13에 나타낸 두 가지 용접비드의 크기에 영향을 미치는 요인들은 무엇인가?

12.8 서브머지드 아크용접의 품질이 매우 우수한 이유는 무엇인지 설명하여라.

12.9 아크용접 공정에서 용접봉을 선택하는 데 고려해야 할 인자들을 설명하여라.

12.10 일렉트로슬래그용접이 두꺼운 판재나 중구조물의 용접에 적절한 이유는 무엇인지 설명하여라.

12.11 소모성전극 아크용접과 비소모성전극 아크용접의 유사점과 차이점은 무엇인가?

12.12 표 12.2에는 용접물의 뒤틀림에 대한 항목을 두어 그 정도를 나타내었다. 각 용접공정별로 뒤틀림정도가 다르게 나타나는 이유를 설명하여라.

12.13 그림 12.16에서, 결정립이 왜 그림의 특정 방향으로 성장하는지를 설명하라.

12.14 이 장에서 설명한 용접공정들에 대하여, 공작물재료와 두께의 함수로 용접속도의 범위를 나타내는 표

를 작성하여라.

12.15 고상용접(solid-state welding)이란 무엇을 의미하는지 설명하여라.

12.16 그림 12.19, 12.20, 12.21과 관련하여 관찰한 바를 기술하여라.

12.17 마찰용접은 다른 용접방법에 비해 어떤 장점을 갖는가?

12.18 확산접합이 금속판재의 초소성성형과 조합하여 사용될 때, 매력적인 제조공정이 되는 이유는 무엇인가? 이 경우 제한점이 있다면 무엇인가?

12.19 롤접합이 부품의 다양한 형상에 적용가능한지 설명하여라.

12.20 그림 12.41과 관련하여 관찰된 바를 말하여라.

12.21 인쇄회로기판의 양쪽 면에 모두 전기부품을 실장하고자 할 때, 어떤 연납접공정을 사용할지 설명하여라.

12.22 (1) 확산접합과 (2) 냉간압접된 부품의 접합강도에 영향을 미치는 인자들을 설명하라.

12.23 도시지역의 공장에서 폭발용접을 실행할 때, 겪을 수 있는 어려운 점들에 대하여 논하여라.

12.24 25센트짜리 미국동전의 모서리를 살펴보고 관찰된 바를 말하여라. 단면, 즉 각 층의 두께는 대칭적인지 설명하여라.

12.25 저항용접은 다른 용접방법에 비해 어떤 장점을 갖는가?

12.26 저항점용접에서 용접너겟의 강도에 영향을 미치는 것은 무엇인가?

12.27 저항용접작업에서 전극을 통해 소재에 작용시키는 압력의 크기는 어떤 점에서 중요한가?

12.28 공구마찰용접(FSW)으로 용접이 가능한 재료와 가능하지 않은 재료를 들고 설명하여라.

12.29 고응력을 받으면서, 제품수명 동안 몇 차례 분해되어야 하는 접합부에 적합한 접합방법을 순서대로 나열하여라.

12.30 그림 12.31을 관찰하고, 융합부의 특정 형상이 가압력과 속도의 함수로 만들어지는 이유를 설명하여라. 이때 재료상수의 영향에 대하여 언급하여라.

12.31 그림 12.35c에 나타낸 롤 점용접은 어떤 용도에 적합한가? 구체적인 예를 들어라.

12.32 12.1절에 나열한, 접합공정이 필요한 다섯 가지 유형의 제품에 대한 예를 들어라.

12.33 그림 12.36의 프로젝션용접된 부품은 이 장이나 다른 장에 소개된 공정으로 제조될 수 있는지 설명하여라.

12.34 저항프로젝션용접을 수행한 후, 경계면이 편평해지는 현상에 영향을 미치는 인자들은 무엇인가(그림 12.36 참조)?

12.35 그림 12.37b에 나타낸, 플래시용접에서 형성되는 업세팅된 접합부의 모양에 영향을 주는 인자들은 무엇인가?

12.36 확산접합과 초소성성형을 사용하지 않고, 그림 12.41b에 주어진 구조물을 만들 수 있는 방법에 관해 설명하여라.

12.37 가정용품이나 음식료품을 저장하는 금속제 용기에 대하여 조사하여라. 이 장에서 설명한 공정을 사용하여 제조된 제품을 구별해내고, 관찰된 바를 기술하여라.

12.38 연납재료 반죽(paste)을 사용하는 공정은 무엇이며, 그 공정의 장점은 무엇인가?

12.39 용접을 하기 전에 피용접부를 예열하는 이유는 무엇인가?

12.40 주조공정(제5장 참조)과 용접 간의 유사점과 차이점은 무엇인가?

12.41 용접할 부품에 대한 과도한 구속이 용접할 각종 부품에 발생가능한 용접결함에 주는 역할에 대하여 설명하여라.

12.42 몇 가지 금속의 용접성에 대하여 설명하고, 어떤 금속이 다른 금속보다 용접하기 쉬운 이유를 설명하여라.

12.43 용가재금속의 조성은 용접할 모재금속과 같아야 하는지 설명하여라.

12.44 용착부를 가로질러서 재료의 성질에 차이가 나게 하는 데 기여하는 인자들을 기술하여라.

12.45 강의 용접성은 탄소함유량에 따라 어떻게 변하는지에 관해 이유와 함께 설명하라.

12.46 금속의 용접성, 연납접성, 주조성, 성형성, 기계가공성에 공통적으로 존재하는 인자는 무엇인가? 적절한 예를 들어 설명하여라.

12.47 중요한 용도에 사용되는 용접물을 검사하는 절차를 기술하여라. 용착부를 검사하는 과정에서 흠을 발견했다고 할 때, 이 흠이 특정 용도에 중요한지 여부를 어떻게 결정할 것인가?

12.48 경납접과 연납접을 구분할 때, 적용온도에 따라 임의로 구분하는 것이 옳은지 설명하여라.

12.49 Loctite®는 금속볼트가 진동으로 헐거워지는 것을 방지하는 접착제로, 기본적으로 너트를 잠근 후에 볼트를 너트에 붙여버린다. 이 접착제가 어떻게 작용하는지 설명하여라.

12.50 고응력과 반복(피로)하중을 받는 접합부에 적합한 접합공정을 적합한 순서대로 나열하여라.

12.51 접착공정에서 표면준비작업이 중요한 이유는 무엇인가?

12.52 기계적 이음법이 개발되어 온 이유는 무엇인가? 이들의 구체적인 적용 예를 몇 가지 들어라.

12.53 기계적 이음법에서 구멍준비작업이 중요한 이유는 무엇인가?

12.54 기계적 이음법으로 이종금속을 접합시킬 때 주의해야 될 점은 무엇이며, 그 이유는 무엇인가?

12.55 플라스틱의 접합과 관련하여 어려운 점은 무엇인가? 또한 세라믹 접합의 어려운 점은 무엇인가?

12.56 12.17절의 각 그림에 나타낸 많은 접합부에 대한 관찰결과를 언급하여라.

12.57 접착이 다른 접합방법과 다른 점은 무엇이며, 제한점은 무엇인지 설명하여라.

12.58 연납접을 얇은 단면의 접합에 주로 사용하는 이유는 무엇인가?

12.59 접착된 접합부가 박리하중에 약한 이유를 설명하여라.

12.60 각종 가정용품을 조사하여, 제품들이 접합되고 조립된 방법에 대하여 정리하여라. 제품별로 조사된 공정이 특별히 사용된 이유에 대하여 설명하여라.

12.61 (1) 시밍, (2) 스티칭, (3) 연납접에 의해 접합되고 조립된 제품의 예를 몇 가지씩 들어라.

12.62 환봉(열경화성 플라스틱제)을 편평한 금속판에 접합하는 방법을 제안하여라.

12.63 편평한 판재로부터 그림 12.53에 도시한 이중 시밍작업을 수행하는 데 필요한 공구와 장비에 대하여 기술하여라(그림 7.23 참조).

12.64 금속제 상자에 열가소성 플라스틱 뚜껑을 접합하는 방법에 관해 설명하라. 뚜껑은 수시로 떼어낼 필요가 있다고 가정한다.

12.65 문제 12.64에서, 뚜껑이 (1) 열경화성 플라스틱, (2) 금속, (3) 세라믹으로 만들어진 경우에는 어떻게 되는가? 자신이 선택한 조립방법과 관련된 인자들을 기술하여라.

12.66 접착을 이용한 접합부의 강도가 확산용접에 의해 얻어지는 강도만큼 될 수 있는지 설명하여라.

12.67 이 장에서 설명한 각 공정별로 공작물의 크기제한이 있는지 논평하여라.

12.68 이 장에서 설명한 공정으로 접합되기 힘들거나 불가능한 부품형상을 설명하고, 구체적인 예를 들어라.

12.69 전기전도성 접착제의 용도를 몇 가지 들어라.

12.70 각종 가정용 제품에서 체결구를 사용하는 용도를 들고, 다른 접합법을 사용하지 않은 이유에 대하여 설명하여라.

12.71 이 장에서 소개한 각 공정별로 공작물의 형상에 제한이 있는지 논평하여라.

12.72 용착부에 고온파열, 수소유도균열, 층상균열 같은 균열이 생기지 않도록 하기 위해 따라야 할 지침을 나열하고 설명하여라.

12.73 다층용접부를 만들어 나갈 때(그림 12.5), 모든 용접비드층을 한 번에 연속하여 만들어야 하는가, 아니면 용접비드를 한 층 만든 후 기다렸다가 다음 층을 만들어야 하는가? 용접비드가 냉각할 시간은 충분하다고 가정한다.

12.74 피로파단은 용접비드 자체가 아닌 용접부의 열영향부에서 발생하는 이유를 설명하여라.

12.75 용접할 부품을 예열하면, 기공의 발생가능성이 증가하는가, 아니면 감소하는가? 이유를 설명하여라.

12.76 아크용접에 비해 전자빔용접이나 레이저빔용접의 장점은 무엇인지 설명하여라.

12.77 용접부에 생기는 불연속부의 일반적 유형을 기술하고, 이들을 피하는 방법에 대하여 설명하여라.

12.78 표면손상의 일종인 용접방울이 생기는 원인은 무엇인가? 용접방울은 어떻게 조절될 수 있는지 설명하여라.

12.79 용접봉의 기능과 특성을 기술하여라. 피복재의 역할은 무엇이며, 용접봉은 어떻게 분류되는가?

12.80 폭발용접의 장점과 한계점을 기술하여라.

12.81 저항심용접과 저항점용접의 차이점을 설명하여라.

12.82 이 장에서 설명한 공정 중에서, 대형볼트의 머리와 몸체를 용접하는 데 사용할 만한 방법은 무엇인가(그림 6.17 참조)? 이 방법의 장점과 한계점을 설명하여라.

12.83 웨이브 연납접을 설명하여라. 이 공정의 장점과 단점은 무엇인가?

12.84 볼트와 리벳의 유사점과 차이점은 무엇인지 설명하여라.

12.85 전기단자의 연납접을 용이하게 하려면 주석도금을 하는 방법이 많이 사용된다. 주석이 적절한 재료인 이유는 무엇인가?

12.86 표 12.3의 내용을 검토하고, 일정 체적을 녹이는 데 필요한 에너지가 재료마다 다른 이유를 설명하여라.

연습문제 PROBLEMS

12.87 두께 1.5 mm인 두 개의 구리판을 7000 A의 전류로 0.3초 동안에 걸쳐 점용접을 수행하였다. 용접에 사용한 전극의 직경이 5 mm이었을 때, 용접부에 발생한 전체열량은 얼마인가? 단, 저항은 200 $\mu\Omega$이라고 가정한다.

12.88 문제 12.87에서, 발생한 열량이 모두 전극 사이의 재료에 국한되고 온도는 균일분포한다는 가정 하에,

온도상승폭을 계산하여라.

12.89 문제 12.87에서 온도가 구리용융점의 0.7~0.85배일 때, 허용전류의 범위를 계산하여라. 탄소강에 대하여 이 문제를 반복하여라.

12.90 그림 12.24에서, 용접물의 윗부분을 용착부만 남기고 예리한 톱으로 제거하였다고 하자. 그러면 2.10절에 설명한 바와 같이 잔류응력이 해소되면서 용접물은 변형할 것이다. 이 경우에 용접물이 어떤 양상으로 변형할 것인지 설명하여라.

12.91 아래 그림은 열연 저탄소강 판재로 된 두 부분을 결합하여 만든 도르래를 나타낸다. 이 두 부분을 결합시킬 때 보통 점용접이나 V 홈 용접을 이용할 수 있다. 이 제품을 제조하는 데 있어서 두 용접법의 장단점에 관해 설명하라.

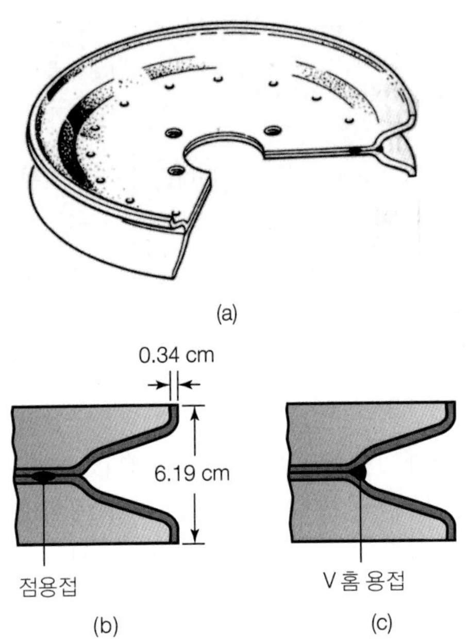

12.92 직경 50 mm, 두께 4 mm, 길이 60 mm인 알루미늄합금 파이프를 15 × 15 × 5 mm인 L자형 알루미늄합금 앵글판에 용접하고자 한다. 알루미늄합금 앵글판의 길이는 300 mm이다.

(1) 텅스텐아크용접(GTAW)을 사용할 경우, 용접부의 폭은 약 8 mm이다. 이 용접작업의 열유입량으로 인한 전체구조물의 온도상승폭을 계산하여라. 단, 전극봉 1 g 용융에는 1500 J, 알루미늄합금 1 g 용융에는 1200 J이 필요하다.

(2) 용접비드 폭 6 mm인 전자빔용접을 사용하는 경우의 온도상승폭을 계산하여라.

12.93 피복금속아크용접(SMAW)작업으로 탄소강에 필렛용접부를 만든다(그림 12.21b 참조). 원하는 용접속도는 25 mm/s이고, 용접전압 10 V, 용접폭 7 mm일 때, 필요한 전류는 얼마인지 계산하여라.

12.94 마찰용접의 공급에너지는 I를 플라이휠의 관성모멘트[kg-cm^2], S를 주축회전속도[rpm]라 할 때, $E = I\omega^2/2$으로부터 $E = IS^2/C$로 주어진다. C는 단위를 감안한 비례상수이다. 철강 튜브(외경 8.89 cm, 벽두께 0.635 cm)를 주축회전속도 600 rpm으로 평면 프레임에 마찰용접할 때, 플라이휠의 관성모멘트는 얼마이어야 하는가? 단, 공급에너지는 모두 용접부를 가열하는 데 사용되고, 용접부의 융해에 필요한 에너지는 0.1936 kgf-m이라고 한다.

12.95 산소아세틸렌, 아크, 레이저빔 절단공정은 기본적으로 공작물을 국부적으로 융해시키는 것이다. 직경 250 mm, 두께 12 mm인 판에 직경 80 mm 구멍을 절단할 때, 판의 온도상승폭을 절단폭(kerf)의 함수로 도시하여라. 절단에너지의 절반은 판으로, 나머지 절반은 잘라낸 구멍판으로 전달된다고 가정한다.

12.96 그림 12.1에 나타낸 간단한 맞대기 및 겹침 접합부와 표 12.6에서 주어진 접착제의 성질을 참조하여,
(1) 맞대기접합부의 면적이 3 × 20 mm일 때, 접합부가 견딜 수 있는 최소 및 최대 인장하중을 계산하여라.
(2) 겹침접합부의 면적이 15 × 15 mm일 때, 최소 및 최대 인장하중을 계산하여라.

12.97 리벳길이가 너무 길면 그림 12.61처럼 좌굴된다. 고체역학에서의 자료를 이용하여, 리벳팅하는 동안 좌굴이 일어나지 않는 리벳의 길이 대 직경비를 구하여라.

12.98 공작물재료가 다음과 같을 때, 예 12.2를 반복하여라.
(1) 마그네슘
(2) 구리
(3) 니켈

12.99 두께 10 mm인 스테인리스강 후판을 서브머지드 아크용접으로 그림 12.20c처럼 맞대기용접한다. 용접부 형상은 대략 사다리꼴로, 윗변과 아랫변이 각각 15 mm와 10 mm이다. 스테인리스선재를 용가재로 사용하고, 40 V 전압, 400 A 전류로 작업할 때의 용접속도를 산정하여라.

12.100 이 장의 내용에 대해 학생들에게 퀴즈문제를 낸다고 하자. 정량적인 문제 세 개와 정성적인 문제 세 개를 만들고, 답안을 제시하여라.

설계문제

DESIGN

12.101 두 개의 원기둥모양 소재를 마찰용접으로 접합한 후, 용착부에 생기는 플래시까지 제거할 수 있는 기계를 설계하여라(그림 12.30 참조).

12.102 문제 12.101에서 한쪽 소재의 단면이 원형이 아닌 경우라면, 기계의 설계를 어떻게 수정해야 하는가?

12.103 어떤 마찰용접으로도 접합시킬 수 없는 부품설계에 관해 설명하여라.

12.104 접합부설계(이 장에 소개된 공정들에 대하여)에 대한 종합적인 개관을 작성하여라. 각 접합부가 공업적인 용도로 사용되는 구체적인 예를 들어라.

12.105 그림 12.58a에 나타낸 두 가지 용접설계를 검토하고, 재료역학 과목에서 다루었던 주제에 근거하여, 그림의 오른쪽 용접설계가 더 큰 모멘트를 지지할 수 있음을 보여라.

12.106 대형선박을 건조할 때, 선체조립 시 철강후판의 넓은 단면을 용접해야 할 필요가 있다. 이 용도에 맞는 용접법을 찾기 위해, 선박의 용접작업에 사용되는 용접법별로 장단점을 나열하여라. 어떤 용접공정을 추천할 것이며, 그 이유는 무엇인가?

12.107 각종 가정용품을 살펴보고, 제품들이 어떻게 접합되고 조립되었는지 설명하여라. 그 용도에 그 방법을 사용한 이유를 설명하여라.

12.108 컴퓨터장비에서 오작동(하드웨어 버그)이나 고장이 생기는 주요 원인은 연납접부, 특히 표면실장 소자에서 접합와이어의 피로파단에 있다(그림 12.48 참조). 표면실장 접합부의 피로시험용으로 사용할, 반복하중을 주는 시험도구를 설계하여라.

12.109 폭 2.54 cm, 길이 20.32 cm인 두 개의 철강대판을 기계적 이음법으로 접합하여 길이방향으로 인장시험한다고 할 때, 최고의 강도를 주는 접합부를 설계하고 실습하여라.

12.110 용접작업에서의 안전에 대한 일반적 지침을 요약하여라. 이 장에 설명한 각 작업에 대하여, 용접 및 절단의 안전한 실무를 위한 구체적인 지시사항을 간결하고 효과적으로 전달하는 포스터를 작성하여라. (산업안전과 관련된 각종 기관에서 발간한 책자를 참조할 것.)

12.111 고가의 부품이 부서지거나 마모되었을 때, 예를 들어, 단조품의 일부가 깨져나갔을 때, 상용되는 수리방법은 깨진 부분을 용접비드로 메우고 나서 원래의 치수대로 기계가공하는 것이다. 이 방법을 사용하고자 하는 사람에게 제안할 주의사항 목록을 작성하여라.

12.112 그림 12.28에 나타낸 롤접합에서 접합면이 오염물질 없이 깨끗하다고 어떻게 보장할 수 있는지 설명하여라.

12.113 Alclad 소재는 5182 알루미늄합금 양면을 순수 알루미늄 박막층으로 피복하여 만든다. 5182 합금은

고강도를 담당하고, 순수알루미늄 피복층은 안정된 산화물층으로 우수한 내부식성을 갖는다. 이러한 이유로, Alclad는 항공우주용 구조재로 잘 사용된다. 롤 접합된 다른 재료들과 용도를 조사하여, 요약표를 작성하여라.

12.114 납땜인두로 두 선재를 연납접하는 다음과 같은 실습을 해보라. 우선 납땜인두를 선재에 갖다대면서 연납재료를 바로 적용한다. 다음에는 연납재료를 가하기 전에 선재를 예열한다. 같은 작업을 차가운 평면과 가열된 평면에 각각 반복해 보고, 그 결과를 기록하여 발견사항을 설명하여라.

12.115 문헌조사를 통해, 인공고관절을 대퇴부에 연결하는 데 사용하는 접착제의 종류와 성질을 알아보고 정리하여라.

12.116 인터넷을 사용하여, 영구체결구, 즉 한 번 박으면 빠져 나오지 않는 스크루의 머리형상에 대하여 조사하여라.

12.117 전자빔용접 및 레이저빔용접에 대하여, 12.10절의 식 (12.6)과 유사한 식을 구하여라.

제 13 장

미소전자기계기구와 나노가공

주요내용

미소기구를 제조하는 과학과 기술, 특히 미소전자 및 미소전자기계시스템(MEMS)의 가공법과 함께 일반적으로 사용하는 재료에 대하여 설명함.

- ❑ 산화물이나 도펀트, CMOS 소자를 쉽게 만들 수 있는 실리콘(규소)의 독특한 성질
- ❑ 웨이퍼 제조에 필요한 주조잉곳의 처리법과 기계가공작업
- ❑ 리소그래피, 식각, 도핑 공정
- ❑ 회로제조에 사용되는 습식 및 건식 식각공정
- ❑ 트랜지스터에서 컴퓨터에 이르기까지 모든 수준에서의 전기적 연결법
- ❑ 집적회로의 패키징공정과 인쇄회로기판의 가공방법
- ❑ MEMS 기구를 가공하는 특수공정
- ❑ 나노가공

13.1 개요

미소가공(micromanufacturing)은, 정의에 충실히 따르자면, 육안으로 보이지 않을 정도로 작은 크기로 가공하는 방법이다(그림 1.7 참조). 하지만 미소제조, 미소전자, 미소전자기계시스템(MEMS, micro-electromechanical system) 같은 용어는 이름이 의미하는 정도로 미소한 길이규모에만 한정하지 않고, 크기가 매우 작은 재료나 가공기술을 포괄하는 의미로 사용된다. 이러한 유형의 가공방법은 일반적으로 리소그래피, 습식 및 건식 식각, 피복기술을 주로 활용한다. 이에 더하여, 반도체 가공기술은 실리콘이 산화물을 형성하는 독특한 능력과 **CMOS**(complimentary metal-on-oxide semiconductor, 상보성 금속-산화막 반도체)를 활용한다. 미소가공기술을 이용한 제품의 예로는 각종 센서와 탐촉자, 잉크젯

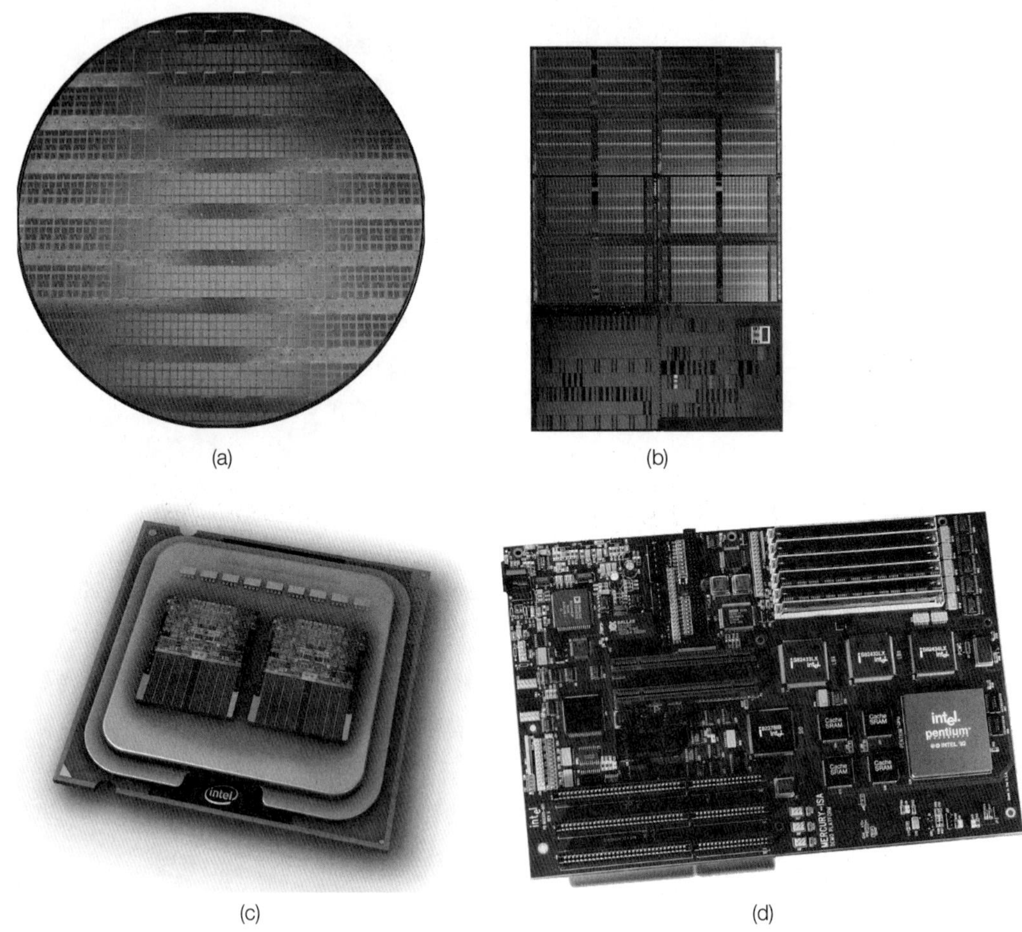

(a) (b) (c) (d)

▲ **그림 13.1**

(a) 표면에 다수의 다이(칩)가 제작된 300 mm 웨이퍼, (b) 153 MB SRAM과 논리시험회로가 내장된 인텔 45 nm 칩, (c) 인텔 Itanium® 2 프로세서, (d) 펜티엄 프로세서 마더보드.

프린팅헤드, 미소작동기와 연관소자, 자기 하드드라이브 헤드, 컴퓨터 처리장치나 메모리 칩 같은 미소전자소자들이 있다.

반도체재료가 전자부품에 사용된 지 수십 년이 지났지만, 역사상 가장 위대한 기술적 진보의 서막을 올린 것은 1947년에 발명된 트랜지스터이다. 집적회로(IC, integrated circuit)기술이 개인용 컴퓨터, 휴대폰, 정보시스템, 자동제어, 전자통신의 기초가 된 이래로, 미소전자기술의 역할은 계속 증가되어 왔다(그림 13.1).

복잡한 IC를 구성하는 기본요소는 트랜지스터(그림 13.2)로, 이는 단순한 개폐스위치 역할을 하는 세 개의 단자를 갖는 기구로서, '게이트'단자에 양전압이 걸리면 '소스'단자와 '드레인'단자 사이에 전류채널이 형성되어 전류가 두 단자 사이를 흐르도록 한다(스위치 폐쇄, 즉 연결). 게이트에 전압이 걸리지 않으면, 전류채널이 형성되지 않으므로, 소스와 드레인은 서로 단절된다(스위치 개방, 즉 단절). 그림 13.3은 이 장에서 상세하게 설명하는 기본적인 공정단계를 조합한 **MOSFET**(metal-oxide-semiconductor field effect transistor, 금속-산화막 반도체 전계효과 트랜지스터) 제작과정을 나타낸다.

MOS(금속-산화막 반도체)구조 외에 **BJT**(bipolar junction transistor, 접합형 트랜지스터)도 일부 사용된다. 이들 트랜지스터를 실제로 가공하는 절차는 MOSFET 및 MOS 기술 모두에 사용되는 방법과 매우 유사하지만, 회로를 이용하는 방법이 서로 다르다. **RAM** (random access memory) 같은 기억회로소자나 마이크로프로세서는 주로 MOS 소자로 구성되는 반면, 증폭기나 필터 같은 선형회로는 접합형 트랜지스터(BJT)로 구성된다. 이

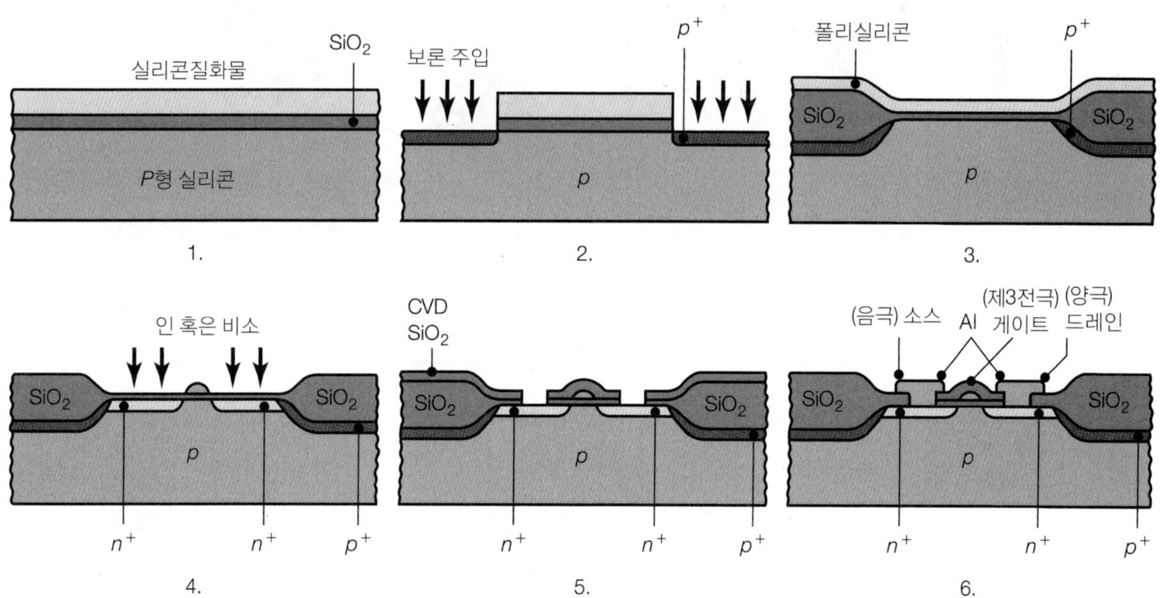

▲ **그림 13.2**

MOS(금속-산화막 반도체) 트랜지스터 제작과정의 단면도.

▶ 그림 13.3

집적회로의 일반적 제작순서.

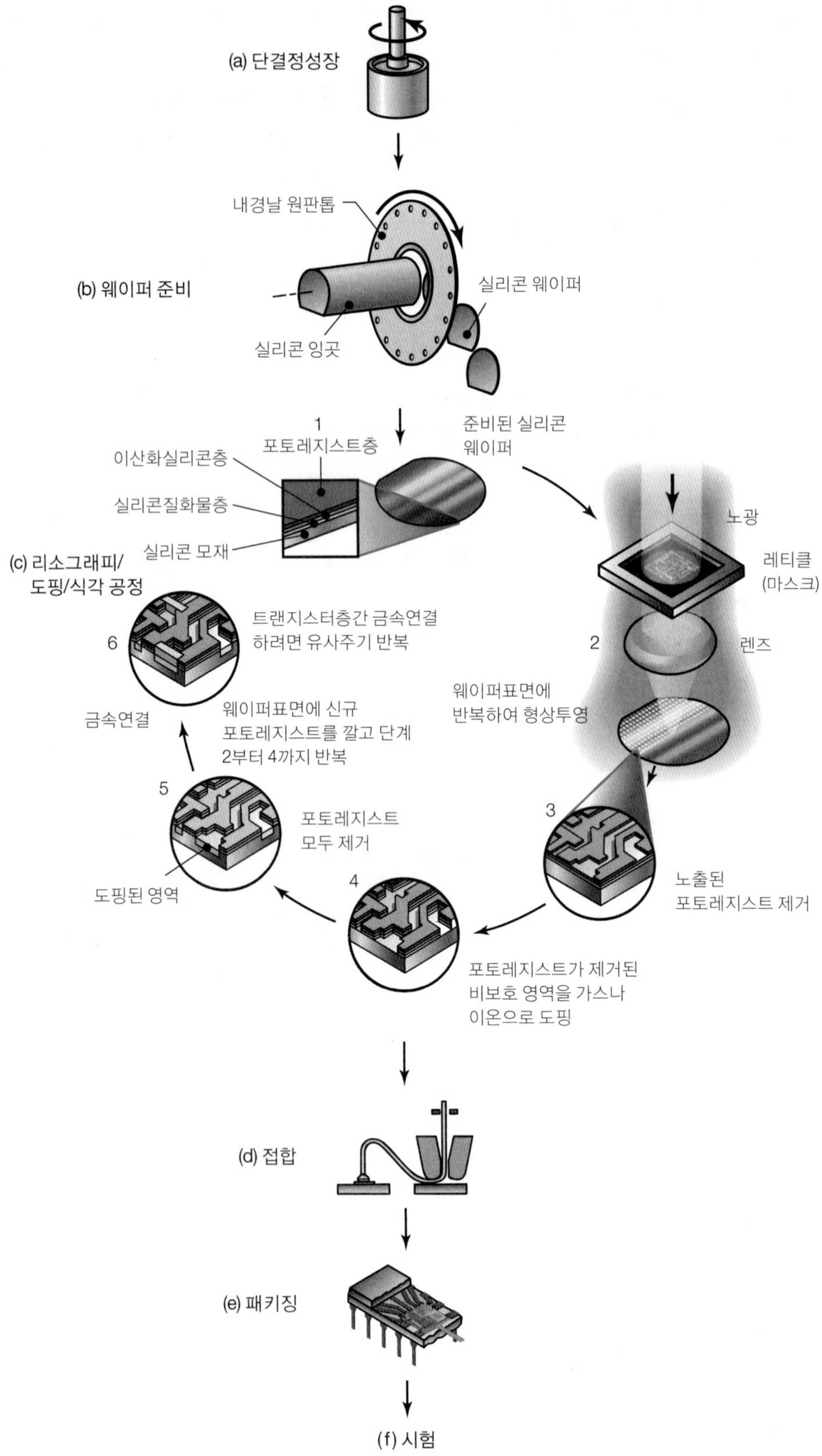

(a) 단결정성장

(b) 웨이퍼 준비
내경날 원판톱
실리콘 웨이퍼
실리콘 잉곳

1
포토레지스트층
준비된 실리콘
웨이퍼
이산화실리콘층
실리콘질화물층
실리콘 모재
(c) 리소그래피/
도핑/식각 공정
노광
레티클
(마스크)
2
렌즈
웨이퍼표면에
반복하여 형상투영
3
노출된
포토레지스트 제거
4
포토레지스트가 제거된
비보호 영역을 가스나
이온으로 도핑
5
포토레지스트
모두 제거
도핑된 영역
웨이퍼표면에 신규
포토레지스트를 깔고 단계
2부터 4까지 반복
금속연결
6
트랜지스터층간 금속연결
하려면 유사주기 반복

(d) 접합

(e) 패키징

(f) 시험

들 두 유형의 소자 간의 다른 차이점으로는 작동속도, 항복전압(breakdown voltage), 소요전류(MOSFET의 소요전류가 낮음) 등이 있다.

오늘날의 IC가 갖는 주요 장점은 고도의 복잡성, 축소된 크기, 저가격이다. 가공기술이 계속 발전함에 따라 소자크기가 작아지고, 그로 인해 한 개의 **칩**(회로가 가공되는 반도체재료의 한 조각)에 보다 많은 요소를 얹을 수 있다. 게다가, 대량공정과 자동화로 각 회로를 완성하는 비용을 크게 낮추었다. 가공되는 요소부품에는 트랜지스터, 다이오드, 저항, 콘덴서가 있다. 칩의 크기는 보통 0.5 × 0.5 mm에서 50 × 50 mm의 범위이다. 현대적인 기술은 칩 한 개에 소자를 수천만 개의 밀도로 집적시키며, 이를 **VLSI**(very large-scale integration, 초고밀도 집적회로)라고 한다. 휴대폰에 사용되는 프로세서는 VLSI가 사용된 예이다. IC가 1억 개 이상의 소자를 포함하는 경우에는 **ULSI**(ultra large-scale integration, 초초고밀도 집적회로)라는 용어를 사용한다. 예를 들어, 인텔 듀얼코어 Itanium® 2 프로세서는 17억 개의 트랜지스터를 갖는다.

이 장은 실리콘, 갈륨-비소, 폴리(다결정)실리콘 같은 많이 사용되는 반도체의 성질을 우선 설명한 후, 미소전자소자와 집적회로를 가공하는 데 필요한 공정들을 IC 검사, 패키징, 신뢰도와 함께 상세하게 설명한다(그림 13.3). 또한 이 장에서는 **MEMS**의 제조와 관련한 잠재적으로 더 중요한 발전에 대해서도 설명한다. 이 기술은 전기시스템과 기계시스템을 조합하여 그 특성길이가 1 mm 이하인 장치를 가공하는 기술이다. 이들 기구는 전자소자를 제조하는 데 사용되는 많은 배치(batch)공정기술을 활용하여 만들며, 다른 독특한 공정들도 개발되어 사용된다.

MEMS는 1987년경에 사용되기 시작한 용어이지만, 이제는 정밀신속한 센서, 나노제조용 미소로봇, 의약 전달시스템, 인공장기 등의 용도에 다양하게 응용되는 기술이다. 현재, MEMS는 가속도계나 압력센서를 온칩(on-chip) 전자기구와 함께 사용하는 활용도가 비교적 낮은 편이다. MEMS의 원래 의미는 미소전자기계기구로, 엄밀하게는 집적된 제어회로를 갖추고 있어야 하지만, 압력센서, 밸브, 미소거울 같은 미소기계기구도 포함하는 보다 포괄적인 용어로 흔히 사용되고 있다. MEMS 산업의 2005년도 매출은 전세계적으로 약 50억 달러이었으며, 해마다 15% 씩 증가하는 것으로 보고 있다.

13.2 클린룸

클린룸(청정실)은 집적회로의 제조에 필수적인 설비로, 이는 가공대상의 크기를 인식한다면 그 필요성이 쉽게 이해된다. 집적회로의 길이는 수 mm 이내이며, 회로 내 트랜지스터의 가장 가는 선폭은 수십 나노미터에 불과하다(나노 = 10^{-9}). 이 정도의 크기는 우리의 일상생활에 무해하다고 여겨지는 먼지, 연기, 향수, 박테리아보다도 작다. 하지만 이들 오염물질이 실리콘 웨이퍼를 가공하는 도중에 개입되면, 전체소자의 성능에 심각한 영향을 준다. 따라서 집적회로의 가공환경에는 해를 줄만한 가능한 모든 입자를 제거하는 것이 필수적이다.

클린룸의 청정도는 **등급**(class)으로 정의된다. 등급의 구분체계는 입방피트당 크기가 0.5 μm 이상인 입자의 수로 나타낸다. 예를 들어, 10등급 클린룸에는 입방피트당 입자가 10개 이내이다. 클린룸에는, 그림 13.4에 나타낸 것처럼, 입자의 크기와 수가 중요하다. 미소전자가공에 사용되는 대부분의 클린룸은 1등급에서 10등급 정도이다. 오염물질의 수준을 비교하자면, 현대적인 병원은 공기 입방피트당 10,000개 이상의 입자가 있다.

미립자 오염물질이 없는 조절된 공기를 얻으려면, 모든 환기는 고성능미립자 공기(HEPA, high-performance particulate air)필터를 통해 이루어져야 한다. 여기에다가, 공기온도 21°C, 상대습도 45%가 유지되도록 조절되어야 한다. 클린룸에서는 중요한 공정이 수행되는 곳에서 다른 곳보다 청정도가 높게 유지되도록 설계된다. 이를 위해서는 여과된 환기를 층류유동으로 중요한 작업장을 향하도록 공급하여 공기를 걷어내면서 먼지입자가 작업환경에서 멀어지도록 하는 방법을 사용한다.

클린룸에서 가장 큰 오염원은 사람이다. 인체에서 자연스럽게 떨어져 나오는 피부입자, 머리카락, 향수와 화장품, 의복, 박테리아, 바이러스는 클린룸을 쉽게 100등급으로 만들어버린다. 따라서 대부분의 클린룸은 실험실 가운, 장갑, 모자 같은 특별한 복장을 요구하며, 향수나 화장품의 사용도 피하도록 한다. 가장 엄격한 클린룸은 소위 토끼복(bunny suits)이라고 하는, 전신을 완전히 덮는 복장을 요구한다. 복장 이외의 엄격한 주의사항으로는 연필 대신에 볼펜을 사용하는 것(흑연입자의 생성방지)과 클린룸용 특수용지를 사용하는 것이 요구된다.

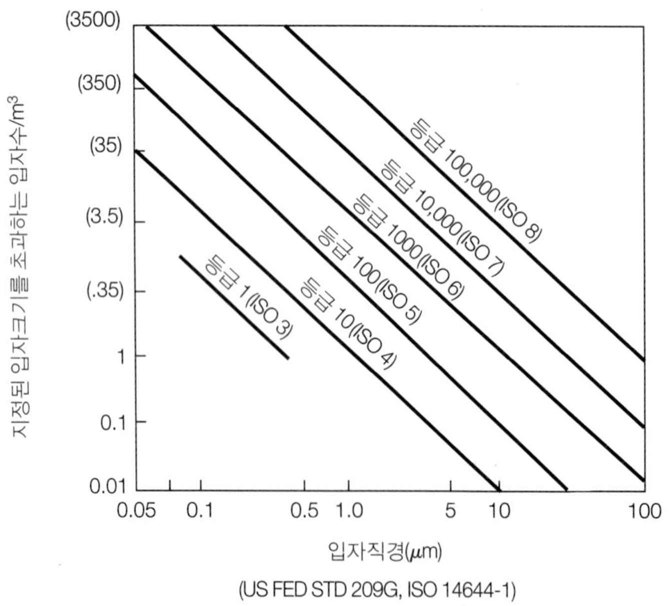

▶ **그림 13.4**
클린룸 등급별 허용 입자크기 및 농도.

13.3 반도체와 실리콘

반도체재료는 양도체와 부도체의 중간에 해당하는 전기적 성질을 가지며, 비저항은 10^{-3} ~10^{8} Ω-cm 정도이다. 반도체는 결정구조에 선별된 불순물 원자를 조절된 양만큼 첨가함으로써 전기적 성질을 변화시킬 수 있으므로, 전자소자의 기초가 된다. 이들 불순물 원자를 **도펀트**(dopant)라고 하며, 반도체격자의 원자에 비해 원자가전자를 하나 더 갖는 원자(n형, 즉 음의 도펀트)와 원자가전자가 하나 부족한 원자(p형, 즉 양의 도펀트)로 구분된다. 주기율표의 제IV족 원소인 실리콘의 도펀트로는 n형 및 p형에 인이나 비소(제V족) 및 붕소(제III족)를 각각 사용한다. 반도체소자의 전기작용은 종류와 농도가 다른 불순물 첨가영역을 만들어서 조절한다.

초기의 전자소자는 게르마늄으로 만들었으나, 지금은 실리콘(규소)을 산업표준으로 사용한다. 실리콘은 산소 다음으로 지각에 풍부하게 존재하므로 경제적으로 유리하다. 실리콘은 게르마늄에 비해 에너지밴드 갭이 커서(실리콘 1.1 eV, 게르마늄 0.66 eV), 실리콘 소자의 작동온도는 최고 150°C로 게르마늄 소자의 작동온도(100°C)보다 높다는 장점을 갖고 있다. 게다가, 실리콘의 산화물(이산화실리콘, SiO_2)로 MOS 소자를 제조할 수 있으며, 이는 MOS 트랜지스터의 근간이 된다. 이들 재료는 기억소자나 프로세서 등에 사용되

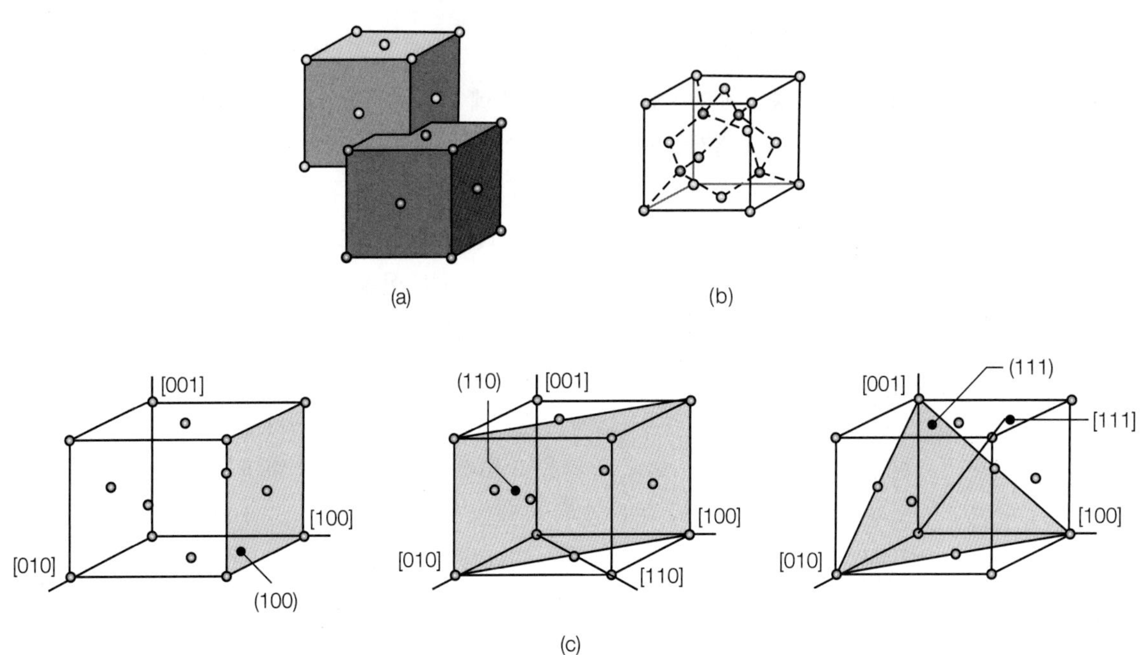

▲ 그림 13.5

실리콘의 결정구조와 밀러지수: (a) 다이아몬드형 fcc 단위포(8개의 침입단위포 중 한 개만 표시), (b) 실리콘의 다이아몬드형 구조, (c) 정육면체 격자의 밀러지수. 면밀러지수는 소괄호 ( )나 중괄호 { }, 방향밀러지수는 대괄호 [ ], 같은 방향은 ⟨ ⟩로 나타낸다.

며, 전세계적으로 생산되는 반도체재료 중에서 가장 많이 사용된다.

실리콘의 **결정구조**는 다이아몬드형 fcc 구조로, 그림 13.5에 fcc 재료의 밀러지수와 함께 나타내었다(밀러지수는 단위포 내에서 면과 방향을 식별하는 표시방법임). 밀러평면지수에서 결정평면은 평면이 세 축과 만나는 좌표의 역수로 나타낸다. 이방성 식각제(13.8.1절에 설명)를 사용하면 특정 결정평면 내의 재료를 선택적으로 제거하므로, 웨이퍼(13.5절 참조) 내에서 실리콘 결정의 배위(orientation)가 중요하다.

실리콘을 가공할 때의 중요한 이점은 이산화실리콘이 우수한 절연재이므로 절연작용이나 보호막으로 사용되는 반면, 게르마늄산화물은 수용성이므로 전자소자로 사용하기에 부적합하다. 하지만 실리콘이 갖는 한계도 있어서, 특히 **갈륨비소**(GaAs) 같은 화합물 반도체가 개발되었는데, 실리콘에 비해 발광성이 있어서 레이저나 LED(light-emitting diode, 발광다이오드) 같은 소자를 만드는 데 사용된다. 또한 에너지밴드 갭이 커서(1.43 eV), 작동 최고온도는 200°C에 달하고, 갈륨비소에 만들어진 소자는 실리콘에 만들어진 경우보다 훨씬 빠른 속도로 작동한다. 반면에, 가격이 비싸고 공정이 훨씬 복잡하며, 고순도의 산화층을 성장시키기가 어렵다.

13.4 결정성장과 웨이퍼 준비작업

실리콘은 자연상태에서 이산화실리콘이나 다양한 실리케이트의 형태로 존재하므로, 일련의 정제과정을 거쳐야 반도체소자 제작에 필요한 고품질, 무결함의 단결정재료로 만들 수 있다. 제1단계 정제공정에서는 실리카(규암)와 탄소를 혼합하여 전기로에서 가열하여 95~98%의 순도를 갖는 다결정 천연실리콘으로 만든다. 제2단계에서는 천연실리콘을 HCl 증기와 반응시켜 초고순도 삼염화실란($SiHCl_3$)으로 변환시킨 후, 이를 수소분위기에서 가열하여 초고순도 실리콘으로 분해시킨다. 이렇게 만들어진 초고순도 다결정실리콘을 **EGS**(electronic-grade silicon, 전자소자등급 실리콘)이라고 한다.

단결정실리콘은 보통 **초크랄스키 공정**(CZ **공정**, 그림 5.30 참조)을 사용하여 만든다. 이 공정은 결정 씨앗을 실리콘용탕에 담근 후, 천천히 돌리면서 끌어올려서(20 μm/s 정도) 단결정으로 성장시키는 방법으로, 양을 조절하여 불순물을 첨가하면 균일하게 불순물이 분포하는 단결정으로 만들 수도 있다. 이 방법으로 길이 1 m, 직경 100~300 mm에 달하는 원주형 단결정실리콘 잉곳을 만들 수 있다. 하지만 이 기술로 만들어진 잉곳은 직경이 정밀하게 조절되지 않으므로, 소요직경보다 몇 mm 크게 성장시킨 후에 연삭하여 정확한 직경으로 맞춘다.

실리콘 웨이퍼는 그림 13.6에 나타낸 일련의 기계가공 및 마무리작업으로 잉곳을 절단하여 만든다. 이때 실리콘결정의 배위를 표시하기 위해 실리콘 잉곳 전체에 원통면을 따라서 식별노치나 식별평면을 미리 가공해 둔다(그림 13.6c). **웨이퍼**로 절단할 때는 내경날

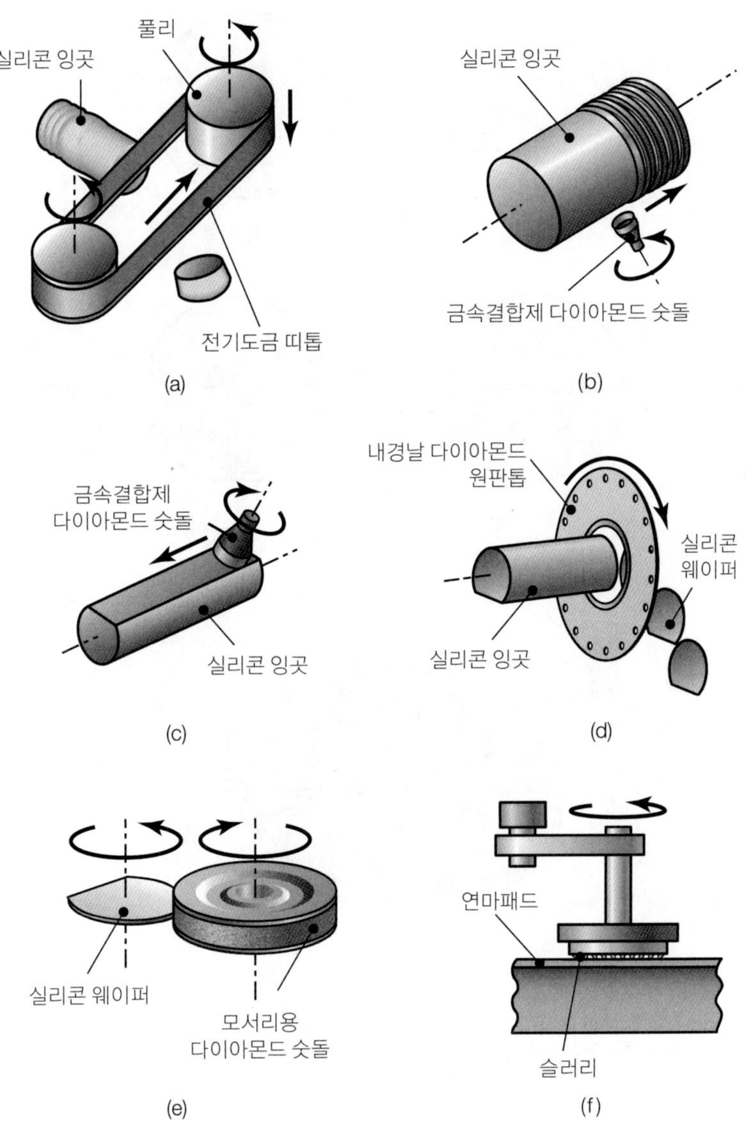

▶ 그림 13.6

실리콘 잉곳에서 웨이퍼를 제작하는 마무리작업: (a)와 (b) 실리콘 잉곳의 원통면과 단면 연삭, (c) 식별용 노치와 평면 가공, (d) 웨이퍼 절단, (e) 웨이퍼 모서리 연삭, (f) 웨이퍼의 화학기계적 연마.

을 가진 회전 원판톱을 사용한다(그림 13.6d). 대부분의 전자소자에 필요한 기판의 깊이는 수 미크론을 넘지 않지만, 후속가공단계에서 온도 변화를 견디고 기계적인 지지를 할 수 있는 양을 감안하여, 웨이퍼의 두께는 보통 0.5 mm 정도가 되도록 절단한다.

절단된 웨이퍼의 모서리를 둥글게 연삭하여 치핑저항을 높인다. 최종적으로 웨이퍼를 연마하고 세척하여 톱작업에서 생긴 모든 표면결함을 제거한다. 이 작업은 보통 화학기계적 연마(CMP)라고 하며, 9.7절에 설명한 바 있다.

가공공정을 적절하게 조절하기 위해서는 웨이퍼의 결정배위를 아는 것이 중요하다. 따라서 앞서 설명한 것처럼, 웨이퍼에는 그림 13.7에 나타낸 것과 같은 식별용 노치나 평면을 미리 가공해 둔다. 가장 많이 사용되는 배위는 결정의 (100) 면이나 (111) 면이 웨이퍼

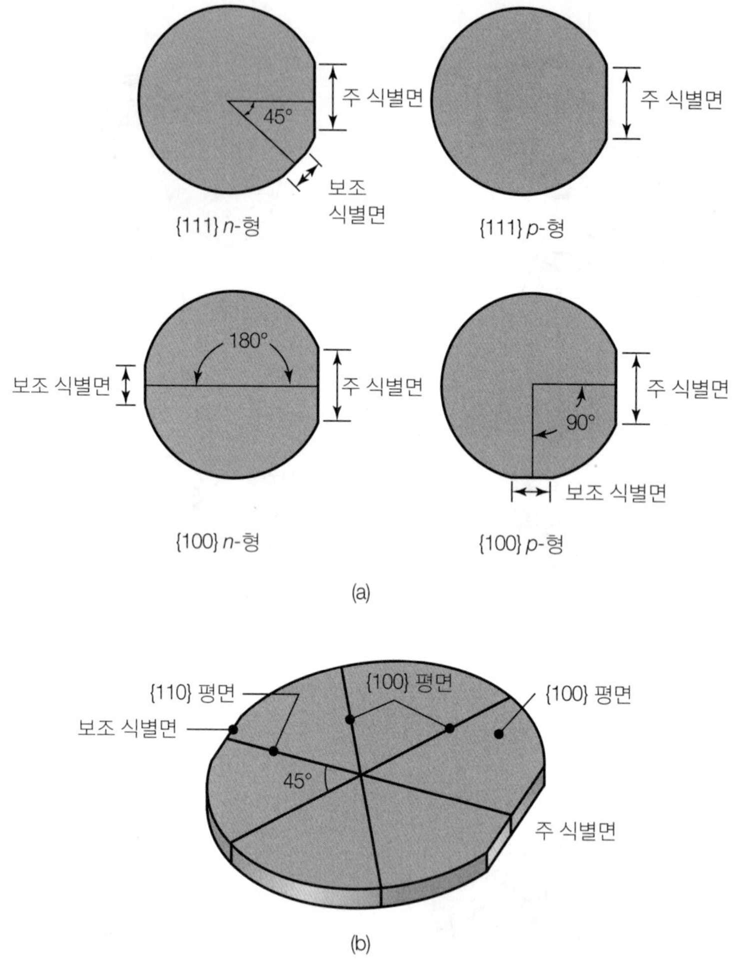

▶ **그림 13.7**
실리콘 단결정 웨이퍼의 식별방법. 이 식별방법은 150 mm 웨이퍼에 주로 사용하고, 보다 큰 웨이퍼에는 식별용 노치를 사용한다.

표면에 오도록 하는 것이며, (110) 면도 미소기계용으로 사용된다. 웨이퍼에는 앞면 모서리에서 3~10 mm 정도를 남겨서 로트번호, 배위, 웨이퍼 고유식별코드 등의 표기정보를 레이저로 기록한다.

소자는 웨이퍼표면 전체에서 한꺼번에 제작한다. 웨이퍼의 로트수는 직경 150~200 mm짜리 25~50개, 직경 300 mm짜리 12~25개로 하여, 공정 중에 처리와 운송을 용이하게 한다. 웨이퍼의 직경에 비해 소자의 크기는 매우 작아서, 한 장에 수천 개의 회로를 만들 수 있다. 공정이 완료되면 완전한 하나의 집적회로를 담고 있는 각각의 **칩**을 잘라낸다.

13.5 박막과 박막증착

미소전자소자의 가공에는 다양한 종류의 박막, 특히 절연용이나 도전용 박막이 많이 사용된다. 보통 증착되는 박막으로는 폴리실리콘, 실리콘질화물, 이산화실리콘, 텅스텐, 티타늄, 알루미늄이 있다. 경우에 따라, 단결정실리콘 웨이퍼는 단지 기계적인 지지를 하면서 그 위에 에피택시(epitaxy)층이 성장하도록 하는 역할만을 한다(13.6절 참조). 실리콘 에피택시 박막은 모재의 격자구조와 동일한 구조를 가지면서, 역시 단결정으로 성장한다. 실제의 웨이퍼표면 대신, 증착박막 위에 가공할 때의 이점은 불순물의 개입이 없고(탄소나 산소 같은), 소자성능이 우수하며, 웨이퍼에서는 얻을 수 없는 재료특성을 맞춤형으로 얻을 수 있다는 점이다.

증착박막의 주요 기능은 확산에 대한 **마스킹**(masking), 즉 반도체표면의 보호와 이식이다. 마스킹용 박막은 형상에 맞게 고해상도로 식각되면서, 동시에 도펀트의 통과를 효과적으로 차단할 수 있어야 한다. 소자제작이 완료되면 하부회로 보호용 박막을 입히기도 한다. 마스킹용이나 보호용 박막재료에는 이산화실리콘, PSG(phosphosilicate glass, 인규산염유리), BPSG(붕소인규산염유리), 실리콘질화물이 사용된다. 이들 각 재료는 고유의 장점을 갖고 있으며, 흔히 조합되어 사용된다.

박막 중에는 도펀트 불순물을 포함하여 하부의 모재에 대한 도핑공급원으로 사용되는 것도 있다. 전도성 박막은 소자 내부연결용으로 사용되므로, 비저항이 낮고, 전류수송능력이 크며, 단자와 패키징 도선을 와이어접합으로 연결하는 데 적합해야 한다. 이 목적으로 사용되는 재료로는 알루미늄과 구리가 있으며, 보다 쉽게 건식식각되는 알루미늄을 많이 사용해 왔다. 하지만 알루미늄은 소형구조물이나 고전류밀도용으로 사용하기 어려우므로, 비저항이 낮은 구리를 사용하려는 연구가 진행되고 있다. 회로의 복잡도가 증가하면서 절연박막으로 구분되는 최다 여섯 층의 전도층이 제작된다.

박막증착에는 압력, 온도, 진공설비를 다양하게 적용하는 다음과 같은 기술들이 사용된다(4.5.1절 참조).

1. **증발**. 박막증착에 사용되는 가장 단순하고 오래된 방법으로, 금속박막을 증착하는 데 주로 사용된다. 이 방법에서는 금속을 진공상태에서 가열하여 증기로 만든 후, 대상표면에 얇은 금속층을 이루도록 한다. 증발열원으로는 가열 필라멘트나 전자빔을 사용한다.
2. **스퍼터링**. 금속증착에 사용되는 방법으로, 진공상태에서 고에너지 이온(보통 직류전원으로 만든 아르곤 Ar^+ 사용)으로 목표물을 때린다. 이온이 목표물에 충돌하면서 원자가 튀어나와 웨이퍼 위에 증착된다. 이 과정에서 아르곤 중 일부는 박막에 갇히지만, 매우 균일하게 표면을 입히는 기술이다. 보다 발전된 스퍼터링 기술로 무선주파 동력원을 사용하는 기술(**RF 스퍼터링**)과 자기장을 도입하는 **자전관**(磁電管, magnetron) **스퍼터링**이 있다.
3. **화학증착법**(CVD). 가장 많이 사용되는 방법으로, 기체화합물을 반응시켜 박막으로 증착하는 방법이다(4.5.1절 참조). 이 기술에서는 실란이나 염화실란을 산화시켜 이산화실리콘을 증착하는 과정을 많이 사용한다. 그림 13.8a는 대기압에서 작동하는 연속 CVD 반응기를 나타낸다.

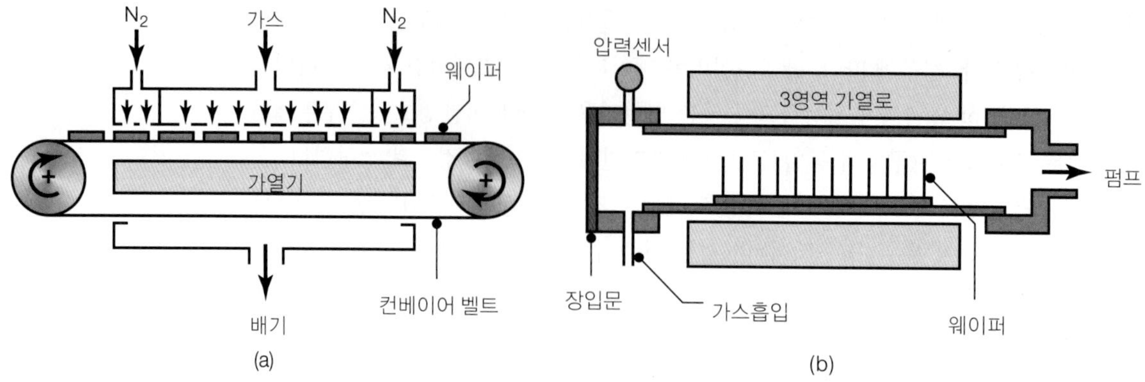

▲ **그림 13.8**

(a) 연속형 대기압 CVD 반응기와 (b) 저압 CVD 반응기의 개략도.

4. **저압 화학증착법**(LPCVD). 그림 13.8b는 CVD와 유사한 방법을 저압에서 작동하는 개략도이다. 이 방법은 수백 장의 웨이퍼를 동시에 피복할 수 있으므로, 대기압 CVD에 비해 생산속도가 높고, 전달기체를 덜 사용하면서도 우수한 박막균일도를 보장한다. 이 방법은 폴리실리콘, 실리콘질화물, 이산화실리콘을 증착하는 데 많이 사용된다.
5. **플라즈마 화학증착법**(PECVD, plasma-enhanced CVD). 소재가스를 포함하는 무선주파(RF) 플라즈마에 웨이퍼를 설치하는 방법으로, 증착과정에서 웨이퍼의 온도를 낮게 유지하는 장점이 있다. 하지만 증착된 박막은 수소를 포함하며, 다른 방법에 비해 품질이 낮다.

모재를 결정 씨앗으로 삼아 결정체 층을 형성하는 실리콘 **에피택시층**은 여러 방법으로 성장시킬 수 있다. 기체상에서 실리콘이 증착되는 경우를 **증기상 에피택시**(VPE, vapor-phase epitaxy), 모재를 가열하여 증착재료가 포함된 액상용액에 접촉시키는 방법을 **액상 에피택시**(LPE, liquid-phase epitaxy)라고 한다.

고진공공정인 **분자빔 에피택시**(MBE, molecular-beam epitaxy)는 증발을 통해 분자빔을 만들어서 가열된 모재 위에 증착시키는 방법이다. 이 공정은 초고순도 박막을 만들며, 박막이 한 번에 한 원자층씩 만들어지므로, 도핑 단면을 우수하게 조절할 수 있어서, 특히 갈륨비소기술에 중요하게 사용된다. 하지만 MBE는 다른 박막증착기술에 비해 결정성장 속도가 느리다는 단점을 갖고 있다.

13.6 산화작용

산화작용이란 모재재료가 산소와 반응하여 산화막이 성장하는 현상이다. 앞 절에서 설명한 증착기술로 산화물 박막을 입힐 수도 있지만, 열적으로 성장시킨 산화물은 고품질의 모재로부터 직접 만들어지므로, 증착되는 산화물보다 높은 수준의 순도를 나타낸다. 하지만 원하는 박막의 조성이 모재재료와 다르다면 증착법을 사용할 수밖에 없다.

이산화실리콘은 현대적 집적회로기술에서 가장 많이 사용되는 산화물로, 그 우수한 특성으로 인해 실리콘을 가장 많이 사용하는 이유이기도 하다. 도펀트 마스킹이나 소자절연기능 외에, 이산화실리콘의 가장 중요한 역할은 MOSFET에서 **게이트산화물**로 사용되는 것이다. 실리콘표면은 산소와의 친화력이 극도로 높아서 절단된 실리콘 판에는 즉시 3~4 nm 두께의 산화막이 생긴다. 현대적 IC 기술에서는 수 나노미터에서 수백 나노미터 두께의 산화막을 필요로 한다.

1. **건식산화.** 건식산화는 산소가 많은 분위기에서 모재의 온도를 750~1100°C 정도로 올려서 산화시키는 비교적 단순한 공정이다. 이산화실리콘은 다음과 같은 화학반응으로 만들어진다.

$$Si + O_2 \rightarrow SiO_2 \tag{13.1}$$

대부분의 산화작용은 한 번에 최다 150장의 웨이퍼를 가열로에 넣어 배치공정으로 작업한다. **급속열산화**(RTO, rapid thermal oxidation)공정에 **급속열풀림처리**(RTA, rapid thermal annealing)를 조합한 **급속열공정**(RTP, rapid thermal process)은 웨이퍼에 얇은 산화물을 입히는 데 사용된다.

산화막이 일단 형성되면, 산화제를 사용하여 산화물층 밑에 있는 실리콘표면에서 산화작용이 일어나도록 해야 한다. 즉, 산화막이 위쪽으로는 성장을 지속할 수 없으므로, 실리콘-이산화실리콘의 경계면에서 아래쪽으로 성장해야만 한다(그림 13.9). 산화물두께 대 실리콘 소비량의 비율은 1:0.44이다. 즉, 100 nm 두께의 산화막을 얻으려면 대략 44 nm의 실리콘이 소비된다. 모재가 충분히 두껍다면, 이 조건은 크게 문제가 되지 않는다.

하지만 실리콘이 소비됨으로 인해, 표면 근처의 도펀트가 재배열하는 중요한 효과가 있다. 어떤 도펀트는 산화물 경계면에서 사라지는 데 반해 다른 도펀트는 축적되므로, 이 효과를 상쇄하려면 공정변수를 수정해야 한다.

2. **습식산화.** 수증기 분위기를 사용하여 산화시키는 기술을 습식산화라고 하며, 그 과정은 다음과 같은 화학반응으로 나타낼 수 있다.

$$Si + 2H_2O \rightarrow SiO_2 + 2H_2 \tag{13.2}$$

이 방법은 건식산화보다 성장속도가 상당히 높지만, 산화물의 순도가 낮기 때문에 유전강도도 낮다. 산업계에서 많이 사용하는 것은 건식산화와 습식산화를 조합하여 건식-습식-건식의 세 층으로 산화물을 성장시키는 방법이다. 이 방법으로 습식산화의 높

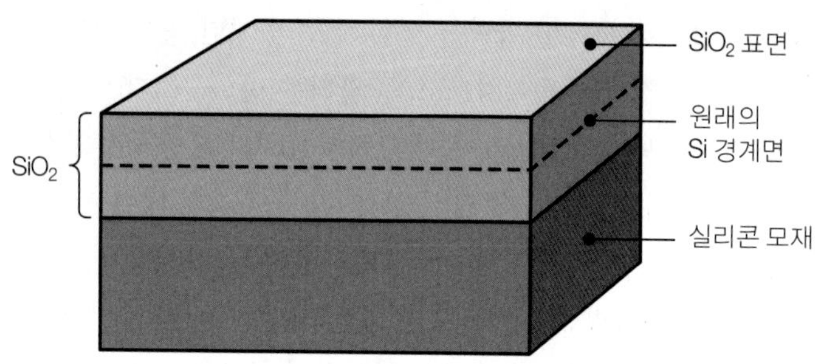

▶ **그림 13.9**
이산화실리콘의 성장과 실리콘의 소비.

은 성장속도와 건식산화의 고품질을 조합하여 얻을 수 있다.

3. **선택적 산화.** 위에 설명한 두 산화방법은 실리콘표면 전체를 피복하는 데 유용하다. 하지만 표면의 일부분만 산화시킬 필요가 있으면 산소나 수증기의 통과를 막는 실리콘질화물(8.6절 및 11.8.1절)을 사용한다. 즉, 일부영역을 실리콘질화물로 막아서, 다른 부분이 산화되더라도 하부의 실리콘이 그대로 남도록 한다.

13.7 리소그래피

리소그래피(lithography)는 소자의 기하학적 형상을 **레티클**(reticle, **마스크** 혹은 **포토마스크**라고도 함)로부터 모재표면으로 옮기는 공정을 말한다. 리소그래피 기술을 요약하여 표 13.1에 수록하였으며, 그림 13.10에 도식적으로 비교하여 나타내었다. 오늘날 가장 많이 사용되는 방법은 **포토리소그래피**로서 대부분의 집적회로를 성공적으로 제작하며, 전자빔이나 X선 리소그래피는 보다 고해상도로 형상을 옮길 수 있어서 집적회로의 미세화 추세에 따라 많은 관심을 끌고 있다.

13.7.1 포토리소그래피

레티클은 유리나 석영판에 크롬박막이나 철산화물 혹은 철유화액으로 칩형상을 증착시켜 만든다. 레티클의 상은 칩에 만들 구조와 등배율로 만들 수도 있지만, 흔히 확대상을 만들어 사용한다(5~20배율을 사용하며, 10배율을 가장 많이 사용). 확대상은 렌즈로 웨이퍼

표 13.1 리소그래피 기술의 일반적 특성

방법	파장(nm)	최소형상크기(nm)
자외선(포토리소그래피)	365	350
수정범위 자외선(deep UV)	193	190
원자외선(extreme UV)	10~20	30~100
X선	0.01~1	20~100
전자빔	–	80

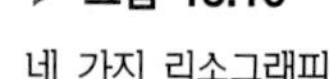

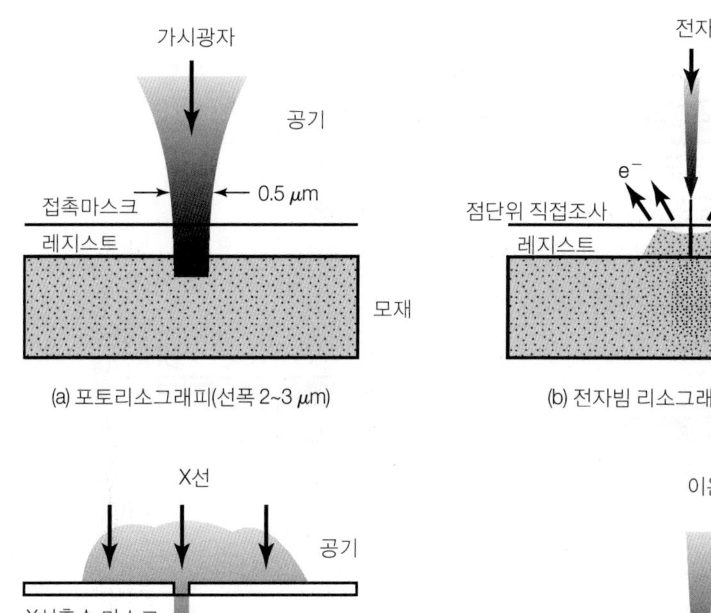

(a) 포토리소그래피(선폭 2~3 μm)

(b) 전자빔 리소그래피(선폭 0.1 μm)

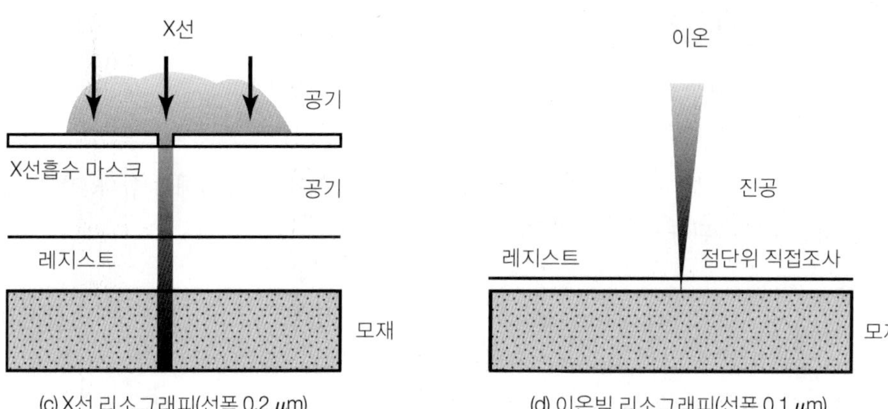

(c) X선 리소그래피(선폭 0.2 μm)

(d) 이온빔 리소그래피(선폭 0.1 μm)

▶ 그림 13.10

네 가지 리소그래피 기술의 비교: (a) 포토리소그래피, (b) 전자빔 리소그래피, (c) X선 리소그래피, (d) 이온빔 리소그래피.

표면에 초점을 맞추어 축소시키며, 이를 **축소 리소그래피** 공정이라고 한다.

실제 제작과정에서 미소전자회로를 만들 때는 리소그래피 공정을 여러 번 적용하는데 (현대적 IC 소자는 최다 40번의 리소그래피 공정이 필요), 각 공정마다 다른 레티클을 사용하여 소자에 다른 모양과 내부연결이 만들어지도록 한다. 설계단계에서는 최종크기보다 수천 배 확대하여 레티클 형상을 작성한 후, 계속 축소시켜 원하는 크기로 만들어서 무결함의 석영판에 고정시킨다. 레티클의 설계와 제작에는 컴퓨터응용설계(15.4절)가 중요하게 사용된다. 리소그래피에서는 청정도가 무엇보다도 중요하므로, 로봇이나 웨이퍼 특수처리장치를 사용하여 먼지나 오염물질이 개입되는 것을 최소화한다.

일단 박막증착이 완료되고 필요한 레티클 형상이 제작되면, 웨이퍼를 세척하고 유기성 **포토레지스트**(PR, photoresist)로 피복한다. PR은 세 가지 주요 성분, 즉 (1) 빛에 노출되면 구조가 바뀌는 폴리머, (2) 폴리머의 감광작용을 조절하는 감광제, (3) 폴리머를 액상으로 만드는 데 필요한 용매로 구성된다.

웨이퍼를 회전기에 올려놓고 점성 액체상태의 PR을 웨이퍼 위에 부은 후, 수천 rpm으로 30~60초간 회전시키면 두께 0.5~2.5 μm의 PR 층이 고르게 입혀진다(그림 13.11). 후

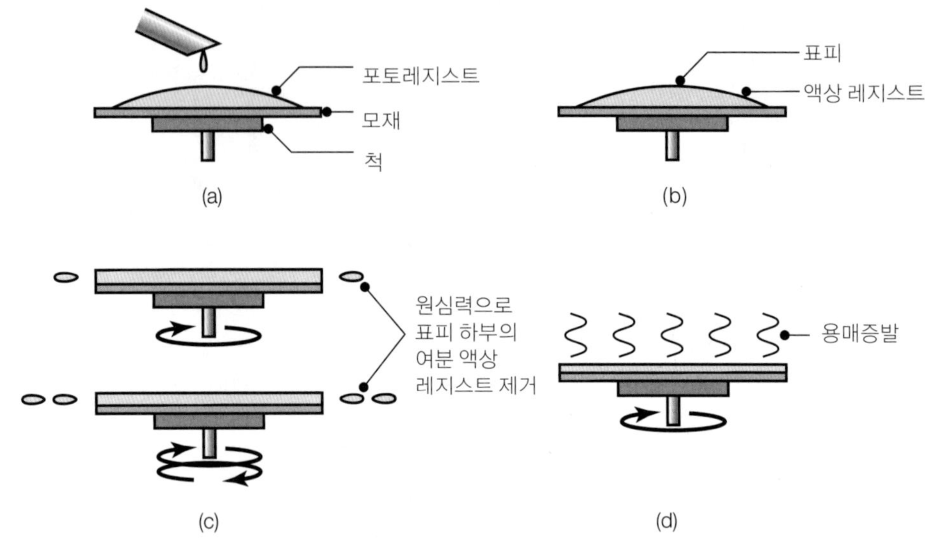

▶ **그림 13.11**
웨이퍼표면에 유기성 포토레지스트를 입히는 절차: (a) 액체 도포, (b) 저속회전, (c) 고속회전시켜 균일 두께로 피복하고, 여분의 액체는 제거, (d) 최종회전속도에서 용매를 증발시킴.

속 리소그래피 작업에서 적절한 성능을 확보하려면, PR 층을 잘 조절해야 한다. 층 두께는 다음 식으로 계산된다.

$$t = \frac{kC^{\beta}\eta^{\gamma}}{\omega^{\alpha}} \tag{13.3}$$

여기서 t는 레지스트 두께, C는 단위부피당 폴리머 질량농도, η는 점도, ω는 회전각속도, k, α, γ, β는 회전기의 특성상수이다. 마스킹 수준이 특별히 중요할 때는 BARL(barrier antireflective layer)이나 BARC(barrier antireflective coating)을 PR의 윗면이나 아랫면에 입혀서, 특히 알루미늄의 선폭을 조절할 수 있도록 한다.

리소그래피의 다음 단계는 100°C 정도의 대류 오븐이나 가열판 위에서 10~30분 동안 웨이퍼를 **사전건조**(prebaking)하는 공정으로, PR에서 용매를 제거하고 경화시킨다. 형상을 웨이퍼표면에 옮기는 방법에는 **스테퍼**(stepper)를 사용하는 방법과 **스텝-스캔** 시스템을 사용하는 방법이 있다. 스테퍼는 레티클 상 전체가 한 개씩 지정된 위치에 노광되도록 초점을 바꾸며 맞추어가는 장치이다(그림 13.12a). 스텝-스캔 시스템은 선형 노광원을 사용하여 레티클과 웨이퍼를 동시에 반대방향으로 이송하면서 상을 옮기는 방법이다(그림 13.12b).

웨이퍼 표면에 이전 층이 식각되어 있으면, 레티클 밑에서 웨이퍼가 정확하게 정렬되어야 원하는 구조를 만들 수 있으며, 이를 **노광정합**(registration)이라고 한다. 노광된 PR 층을 현상하여 제거하면, PR 층에 복사된 레티클 상이 만들어진다. 그림 13.13에서 볼 수 있듯이, 레티클은 원하는 형상의 음화상 혹은 양화상이다. 양화상인 경우는 자외선으로 노광시켜 유기박막의 사슬분자를 파괴하고, 파괴된 분자를 현상제로 선택적으로 제거한다. 음화상의 경우는 현상과정에서 PR이 팽창하거나 변형되어 미세한 형상제작에 부적

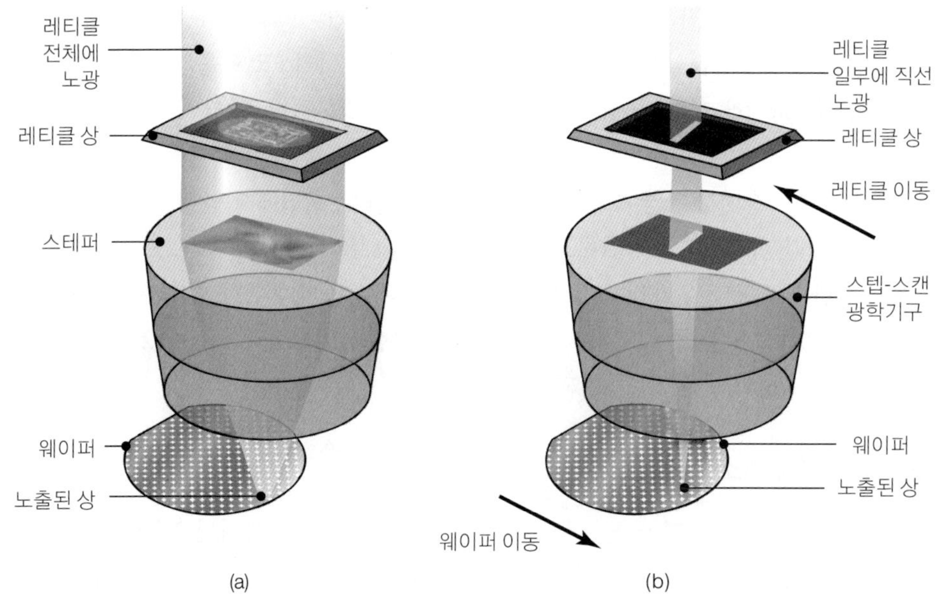

▶ **그림 13.12**
형상을 웨이퍼표면에 옮기는 방법: (a) 스테퍼를 사용하는 방법, (b) 스텝-스캔 시스템을 사용하는 방법.

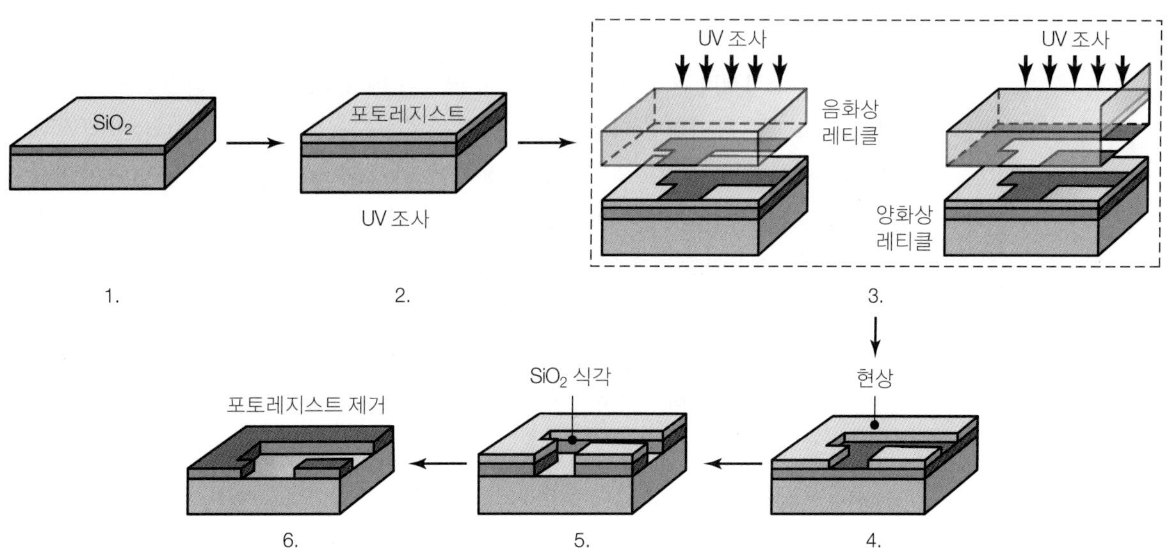

▲ **그림 13.13**
리소그래피에 의한 형상전송과정. 3단계에서 마스크는 형상의 양화상 혹은 음화상이다.

합하므로, 양화상을 보다 많이 사용한다.

노광과 현상이 완료되면, 웨이퍼를 **사후건조**(postbaking)하여 용매를 제거하고 남아 있는 PR이 인성을 갖고 견고하게 부착되도록 한다. 여기에 추가하여, 웨이퍼를 150~200°C로 가열하면서 자외선을 쬐는 수정범위 자외선처리(deep UV treatment)를 통해 PR의 강도를 높여서 고에너지 주입이나 건식식각 같은 후속공정에 견디도록 하는 경우도 있다. PR 층이 벗겨진 하부박막에는 도펀트를 주입하거나 식각처리를 하고(13.8절 및 13.9절), 마지막으로, 습식제거제나 산소플라즈마에 노출시켜 PR 층을 완전히 벗겨낸다(이 기술을 ashing이라고 함). 이상의 리소그래피 절차를 반복하면, 여러 층의 복잡한 집적회로를 제작할 수 있다.

리소그래피 기술에서 가장 중요하게 여기는 것은 실리콘표면에서 얻을 수 있는 **최소 선폭**이다. 해마다 회로밀도는 증가하고, 소자크기와 형상은 점점 작아져서, 오늘날 상업적으로 가능한 최소 선폭은 0.04~1 μm 정도로 이를 더욱 줄이기 위한 연구가 지속적으로 이루어지고 있다. 예를 들어, 그림 13.1c에 나타낸 인텔 듀얼코어 Itanium® 2 프로세서는 0.04 μm(40 nm)의 선폭으로 제작되었다.

13.7.2 기타 리소그래피

형상의 해상도는 소자크기와 관련되며, 광원의 파장길이에 의해 제한받으므로, 자외선보다 파장이 짧은 수정범위 자외선, 원자외선(遠紫外線, extreme UV), 전자빔, X선을 사용하기도 한다(표 13.1 참조). 자외선이 아닌 광원을 사용하려면, 해당 광원에 맞는 레지스트를 사용해야 한다.

1. **원자외선 리소그래피.** 포토리소그래피에서 형상의 해상도는 광선의 회절로 인해 제한되며, 회절효과를 줄이려면 파장길이가 짧은 광선을 사용해야 한다. **원자외선(EUV) 리소그래피**는 13 nm 파장길이의 광선을 사용하여 30~100 nm 정도의 형상을 얻는 방법으로, 몰리브덴/실리콘 고반사거울(유리렌즈는 EUV 광선을 흡수)로 마스크를 통과시켜 웨이퍼표면에 파형의 초점을 맞춘다.
2. **X선 리소그래피.** 리소그래피 기술에서 가장 많이 사용하는 방법은 포토리소그래피이지만, 광선회절로 인해 해상도에 근본적인 한계가 있다. **X선 리소그래피**는 파장길이가 짧고 초점깊이가 크며 먼지의 영향을 덜 받는다는 점에서 포토리소그래피보다 우수하다. 이러한 특성으로 훨씬 미세한 형상을 만들 수 있고, 깊이 대 폭의 비로 정의되는 형상비를 100 이상으로 만들 수 있다(포토리소그래피는 최대 10 정도로 제한).

   하지만 이들 장점을 활용하려면, 고가이며 보유 연구소가 많지 않은 싱크로트론(synchrotron) 입자가속기가 필요하다. 따라서 업계의 입장에서는 X선에 기반을 둔 제조기술에 투자하는 대신에 포토리소그래피의 성능을 보완하고 향상시키는 방향으로 제조설비에 필요한 자본투자를 해왔다. LIGA 공정(13.15절 참조)은 X선 리소그래피의 장점을 충분히 활용하는 공정이지만, X선 리소그래피는 아직 보편적으로 사용되지 않고 있다.
3. **전자빔 및 이온빔 리소그래피.** X선 리소그래피와 마찬가지로, **전자빔이나 이온빔 리소그래피** 역시 해상도 측면에서 포토리소그래피에 비해 우수한 방법이다. 이들 방법은 전자빔이나 이온빔의 좁은 영역에 고밀도전류를 사용하여 형상을 웨이퍼에 옮길 때 한 번에

한 픽셀씩 스캔할 수 있다. 소프트웨어를 사용하여, 저장된 형상을 점 단위로 옮기도록 제어하여 마스킹작업을 수행한다.

이들 기술은 웨이퍼의 좁은 면적 위에 정확하게 노출을 제어하고, 초점깊이가 크며, 결함밀도가 낮다는 장점을 가진다. 해상도는 전자의 산란으로 제약을 받으며, 일부 재료에 2 nm 해상도를 달성하였다고 보고되지만, 일반적으로는 10 nm의 해상도를 갖는다. 하지만 해상도가 증가할수록 고도로 초점을 맞춘 빔이 많이 필요하므로 스캔시간도 길어진다. 이들 기술의 주요 단점은 전자빔이나 이온빔이 진공을 필요로 하므로 설비가 복잡하고 제조원가가 상승한다는 점이다. 또한 다른 리소그래피 방법에 비해 스캔시간이 길다는 단점도 있다.

4. **SCALPEL**(*S*cattered with *A*ngular *L*imitation *P*rojection *E*lectron-Beam *L*ithography). 이 방법은 약 100 nm 두께의 실리콘질화물 박막과 50 nm 두께로 텅스텐 피복된 형상으로 마스크를 만드는 기술이다(그림 13.14). 고에너지 전자는 실리콘질화물과 텅스텐을 모두 통과하지만, 텅스텐은 전자를 넓게 산란시키는 반면에 실리콘질화물은 거의 산란시키지 않는다. 조리개가 산란된 전자를 막아서 웨이퍼에 고품질의 상을 옮길 수 있는 잠재성이 높은 기술이다. 가장 큰 장점은 에너지가 레티클에 흡수되는 대신에, 깨질 염려가 없고 저렴한 조리개에서 차단당한다는 점이다. 이 공정의 한계는 마스크의 크기가 작다는 점이다.

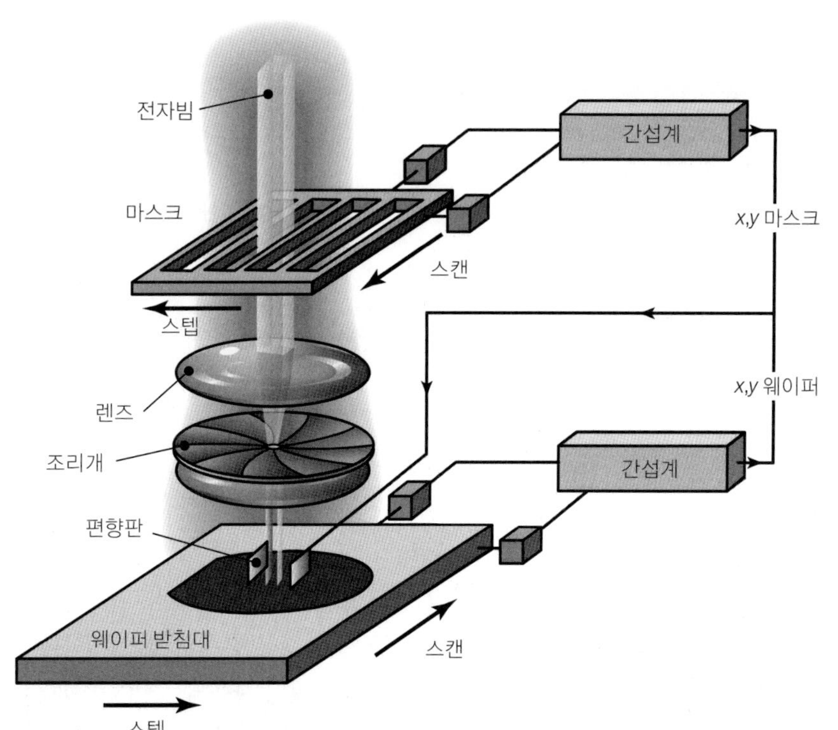

▶ **그림 13.14**
SCALPEL 공정의 개략도.

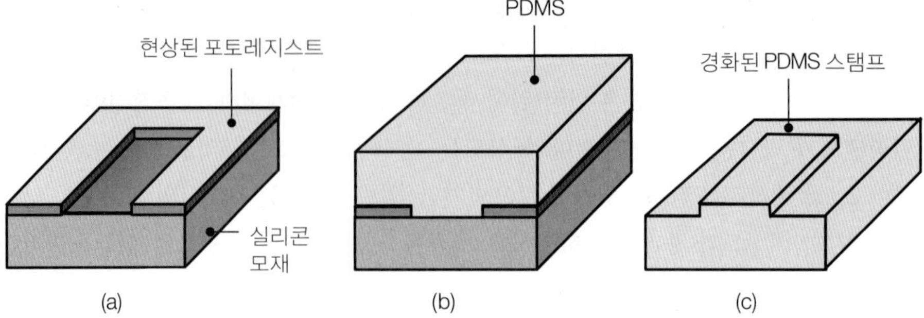

▶ **그림 13.15**

연성 리소그래피용 PDMS 몰드 제작과정: (a) 표준 리소그래피 공정으로 제작되어 현상된 포토레지스트, (b) 포토레지스트 위에 PDMS를 부음, (c) PDMS를 벗겨내어 스탬프로 사용. 마스터 모형은 수 회 반복사용 가능함.

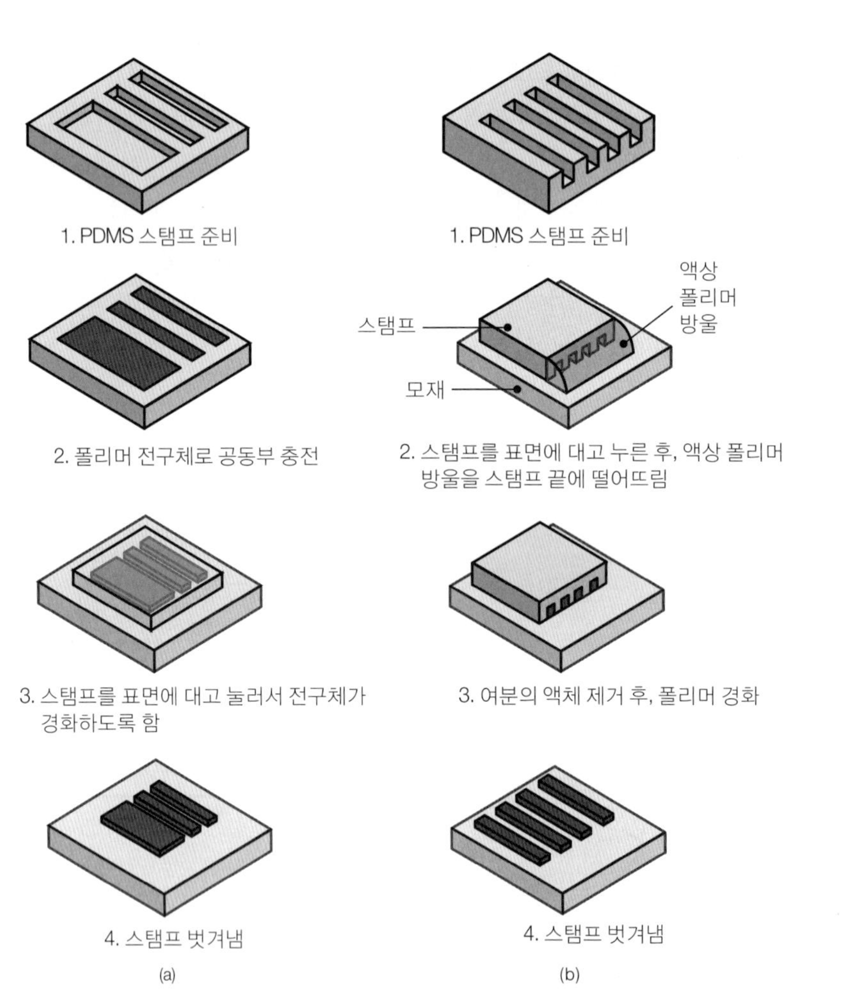

▶ **그림 13.16**

연성 리소그래피 기술: (a) 미소전이성형(μTM), (b) 모세관 미소성형(MIMIC).

5. **연성 리소그래피.** 연성 리소그래피란, 그림 13.15에 나타낸 것처럼, 마스터 몰드를 표준 리소그래피 기술로 만들고, 이로부터 탄성중합체 형상 혹은 스탬프를 만들어서 형상을 옮기는 다수의 공정을 일컫는다. 스탬프용으로 많이 사용되는 탄성중합체는 실리콘고무, 즉 PDMS(polydimethylsiloxane)로, 이 재료는 화학적으로 불활성이고 흡습으로

인해 팽창하지 않으며, 열적 안정성, 강도, 내구성, 표면성질이 좋다.

동일 모형에서 다수의 PDMS 스탬프를 만들 수 있으며, 각 스탬프는 수 회 반복사용할 수 있다. 형상이 옮겨진 박막은 습식식각이나 원하는 화학물질을 표면에 선택적으로 주입할 때의 마스크로 사용된다. 연성 리소그래피에는 다음과 같은 공정들이 있다.

- **미소접촉인쇄**(μCP, microcontact printing): PDMS 스탬프에 '잉크'를 바르고 표면에 대고 눌러서 얇은 잉크층의 형상을 표면에 옮기는 방법으로, 층 두께는 1분자두께에 불과하다. 이 박막층은 선택적 습식식각의 마스크로 사용되거나 표면층에 필요한 원소를 저장하는 데 활용된다.
- **미소전이성형**(μTM, microtransfer molding): PDMS 몰드에 액상폴리머 전구체를 채우고, 표면에 대고 누르면서 경화시킨 후에 몰드를 벗겨내는 방법이다(그림 13.16a).
- **모세관 미소성형**(MIMIC, micromolding in capillaries): 그림 13.16b에 나타낸 것처럼, PDMS 스탬프의 빈 형상에 스탬프 측면이나 저장조에서 나온 액체가 모세관 작용으로 파고 들어가도록 하는 방법이다. 사용하는 액체로는 열경화성 폴리머, 세라믹 졸-겔, 현탁액 등이다. 형상의 종횡비가 적당하면 형상복제가 잘 이루어지지만, 그 정도는 실제 사용하는 액체의 종류에 따라서 다르다. MIMIC 공정은 폴리머 FET(field effect transistor, 전계효과 트랜지스터)나 다이오드에 사용되고 센서의 제작에도 활용된다.

13.8 식각

식각(etching)은 박막 전체 혹은 박막이나 모재의 특정 부분을 화학적으로 제거하는 공정이다. 이 공정에서 가장 중요한 기준은 **선택도**(selectivity)로, 이는 다른 재료에 비해 한 재료만을 식각하는 능력을 말하며, 재질이 다른 박막간 식각속도의 비율로 정의된다. 식각공정을 요약하여 표 13.2와 13.3에 수록하였다. 실리콘기술에서 식각공정은 하부의 실리콘이나 레지스트 재료는 최대한 남겨두고, 이산화실리콘층만을 효과적으로 식각해야 한다. 폴리실리콘이나 금속을 식각할 때는 하부의 절연박막은 최대한 남겨두고 고해상도로 수직벽 형상을 만들 수 있어야 한다. 식각속도는 수십~수천 nm/min이며, 선택도는 1:1 내지 100:1의 범위이다.

13.8.1 습식식각

습식식각은 웨이퍼를 산성용액 액체에 담그는 방법으로, 등방성, 즉 모든 방향에서 같은 속도로 식각되는 단점을 갖는다. 이 조건은 마스크재료 밑부분에 언더컷을 발생시키므로(그림 13.17a 참조), 모재에서 제작할 기하형상의 해상도를 제한한다.

표 13.2 식각속도의 비교

		식각속도(nm/min)[a]							
식각제	목표재료	폴리실리콘 n^+	폴리실리콘, 무도핑	SiO_2	SiN	인규산염유리, 풀림처리	알루미늄	티타늄	포토레지스트 (OCG-820PR)
습식 식각제									
농축 HF(49%)	이산화실리콘	0	–	2300	14	3600	4.2	>1000	0
25:1 HF:H_2O	이산화실리콘	0	0	9.7	0.6	150	–	–	0
5:1 BHF[b]	이산화실리콘	9	2	100	0.9	440	140	> 1000	0
실리콘 식각제 (126HNO_3: 60H_2O:5NH_4F)	실리콘	310	100	9	0.2	170	400	300	0
알루미늄 식각제 (16H_3PO_4:1HNO_3: 1HAc:2H_2O)	알루미늄	< 1	< 1	0	0	< 1	660	0	0
티타늄 식각제 (20H_2O:1 H_2O_2: 1HF)	티타늄	1.2	–	12	0.8	210	> 10	880	0
피라냐 (50H_2SO_4:1H_2O_2)	금속 및 유기체 세척	0	0	0	0	0	180	240	> 10
아세톤 (CH_3COOH)	포토레지스트	0	0	0	0	0	0	0	> 4000
건식 식각제									
CF_4+CHF_3+He, 450 W	실리콘산화물	190	210	470	180	620	–	> 1000	220
SF_6+He, 100 W	실리콘산화물	73	67	31	82	61*	> 1000	69	
SF_6m 125 W	얇은 실리콘질화물	170	280	110	280	140	–	> 1000	310
O_2, 400 W	포토레지스트 에싱(ashing)	0	0	0	0	0	0	0	340

주: [a] 결과는 상온의 신규용액에 대한 것임. 실제 식각속도는 온도, 사전 사용정도, 박막의 노출면적, 기타 재료의 존재, 박막의 불순물 및 조직 등에 따라 다름.

[b] 완충 불화수소산, 중량분율 33% NH4F 및 8.3% HF.

표 13.3 실리콘 식각작용의 일반적 특성

	온도 (°C)	식각속도 (μm/min)	{111}/{100} 선택도	질화물 식각속도 (nm/min)	SiO_2 식각속도 (nm/min)	p^{++} 식각 정지층
습식식각						
HF:HNO_3:CH_3COOH	25	1~20	–	낮음	10~30	없음
KOH	70~90	0.5~2	100:1	< 1	10	있음
에틸렌-디아민-파이로차테콜(EDP)	115	0.75	35:1	0.1	0.2	있음
$N(CH_3)_4OH$(TMAH)	90	0.5~1.5	50:1	< 0.1	< 0.1	있음
건식(플라즈마)식각						
SF_6	0~100	0.1~0.5	–	200	10	없음
SF_6/C_4F_8(DRIE)	20~80	1~3	–	200	10	없음

효과적인 식각을 하려면 다음 조건이 필요하다.

1. 식각제를 표면에 운송
2. 화학반응으로 재료 제거
3. 반응물질을 표면으로부터 운송
4. 식각공정의 급속정지능력(etch stop): 형상이 정확하게 옮겨지는 데 필요하며, 선택도가 높은 하부층을 보통 사용함

위에서 1번이나 3번 단계가 공정속도를 늦추는 요인이라면, 용액을 교반하여 식각속도를 높인다(그림 9.26a 참조). 식각속도는 온도, 식각재료, 용액의 조성에 따라 크게 변하므로, 이들 변수로 위 2번의 진행속도를 조절할 수 있다. 식각공정이 신뢰성을 확보하려면 양호한 온도조절과 반복성 있는 교반기능이 필요하다.

등방성 식각제는 다음과 같은 경우에 많이 사용된다.

1. 손상된 표면의 제거
2. 응력집중을 피하고자 예리하게 식각된 코너부를 둥글게 만들고자 할 때
3. 이방성 식각을 한 후에 거칠기를 감소시킬 때
4. 단결정 판에 구조물을 만드는 경우
5. 결함의 평가

미소전자소자 및 MEMS(13.14~13.16절 참조)에서는 마스킹을 이용하여 구조물을 정확하게 가공해야 하지만, 등방성 식각제로는 이를 달성하기가 쉽지 않다. 강산성 식각제를 사용하면, (1) 식각속도가 빠르고(보통은 0.1~1 μm/s 정도이지만, 66% 질산-34% 불화수소산 식각제의 경우, 최고 50 μm/min에 달함) (2) 둥근 공동부를 만든다. 식각속도는 교반에 매우 민감하여 측면형상과 수직형상을 조절하기 어렵다.

형상의 크기는 집적회로의 성능을 좌우하므로, 초소형 구조물을 선명하게 제작하는 것이 절실하게 필요하지만, 등방성 식각은 마스크 밑에 발생하는 언더컷으로 인해 선명한 형상을 만들지 못하므로, 초소형 형상을 만들기 힘들다.

이방성 식각(anisotropic etching)은 식각이 재료의 조성이나 구조의 변화에 크게 영향을 받을 때 일어나며, 이에는 **방향의존성 식각**(orientation-dependent etching)과 **수직 식각**(vertical etching)의 두 가지 유형이 있다. 대부분의 수직 식각은 13.8.2절에 설명한 건식 플라즈마로 수행된다. 방향의존성 식각은 단결정에서 방향에 따라 식각속도가 달라지면서 생기며(그림 13.17b), 적절하게 수행되면 식각제에 저항하는 결정학적 평면으로 벽을 만들 수 있다. 예를 들어, 그림 13.18은 실리콘의 방향별 식각속도를 온도의 함수로 나타낸 것으로, [111] 결정방향의 식각속도는 다른 방향에 비해 식각속도가 한 차수 이상 낮으므로, 이 방향을 따라서 선명한 벽면이 얻어진다.

식각공정에서의 **이방성비**(AR, anisotropy ratio)는 다음과 같이 정의된다.

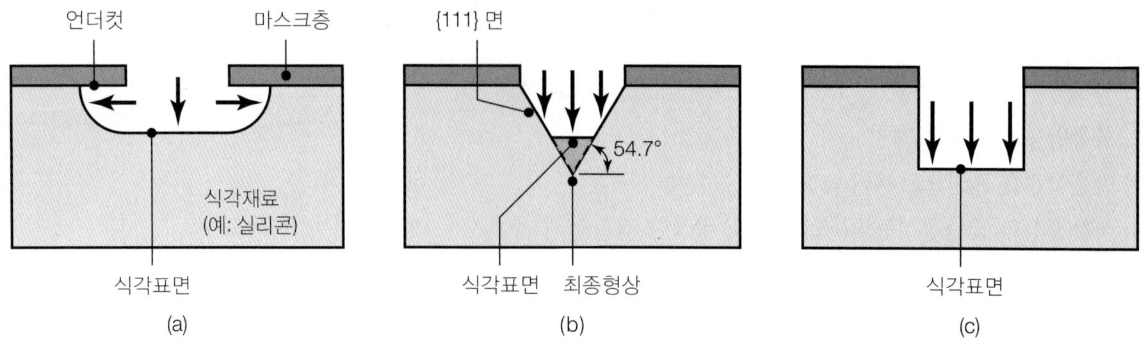

▲ **그림 13.17**

식각 방향성: (a) 등방성 식각: 수직과 수평으로 모두 비슷한 속도로 진행되어, 심각한 마스크 언더컷이 생긴다. (b) 방향의존성 식각(ODE): 수직으로 식각이 진행되다가 {111} 면에서 정지하므로, 마스크 언더컷이 거의 생기지 않는다. (c) 수직 식각: 수직으로 식각이 진행되며, 마스크 언더컷이 거의 생기지 않는다.

$$AR = \frac{E_1}{E_2} \tag{13.4}$$

여기서 E는 식각속도, 하첨자는 결정학적 방향을 나타낸다. 등방성 식각제의 경우에는 이방성비가 1인 반면, (110)/(100)/(111) 실리콘의 경우에는 400:200:1에 달한다. {111} 평면은 항상 느리게 식각되는 반면, {100} 평면과 {110} 평면은 식각제에 따라 식각속도가 조절된다.

이방성 식각에서도 마스킹은 역시 중요한데, 등방성 식각에서와 다른 이유로 실리콘산화물은 마스크재료로 부적절하다. 이방성 식각속도는 등방성 식각(보통 3 μm/min)에 비해 느린 편으로 웨이퍼를 식각하는 데 몇 시간이 걸린다. 실리콘산화물은 마스크재료로

▶ **그림 13.18**

실리콘의 결정학적 방향별 식각속도. 용액으로 EDP 수용액 사용.

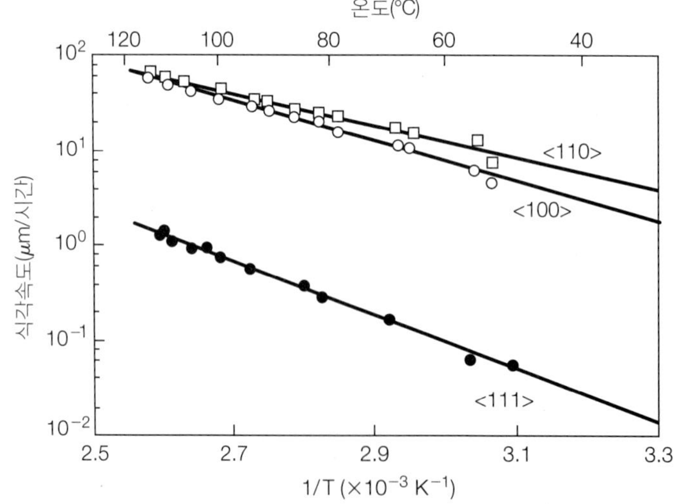

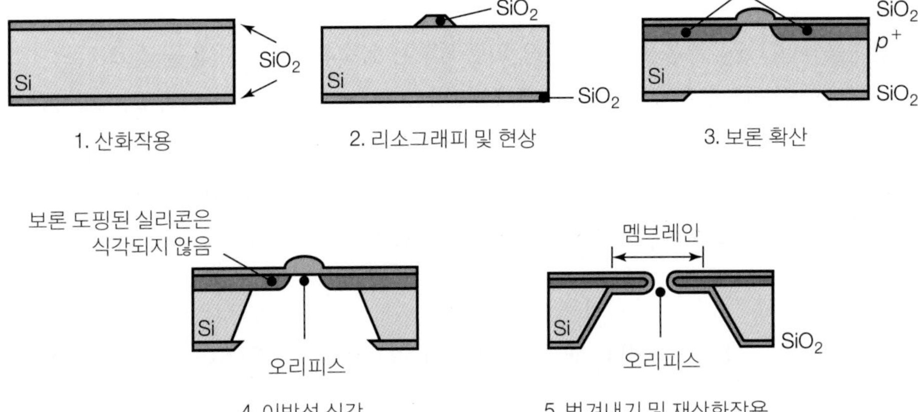

▶ **그림 13.19**
보론 식각정지층의 사용과 배면식각으로 멤브레인과 오리피스를 만드는 과정.

사용하기에는 너무 빠르게 식각되므로, 고밀도 실리콘질화물을 마스크재료로 사용한다.

얇은 박막을 가공하거나 매우 정밀한 두께를 가진 형상을 만들려면, 필요한 시점에서 식각공정을 급속하게 중지해야 한다. 개념적으로는 웨이퍼를 식각용액에서 꺼내기만 하면 된다. 하지만 식각작용은 식각제의 순환능력에 따라 크게 달라지므로, 웨이퍼표면에 걸쳐서 순환되는 정도에 편차가 있으면 식각공정을 중단하는 것 자체가 식각깊이에 큰 편차를 가져온다.

웨이퍼표면에서 균일한 형상크기를 얻는 데 가장 많이 사용하는 방법은 보론층을 실리콘에 확산시키거나 주입하여 식각정지층(etch stop)으로 삼는 것이다. 보통 사용되는 식각정지층의 예로는 실리콘 밑에 보론주입층을 까는 것과 실리콘질화물(Si_3N_4) 밑에 이산화실리콘(SiO_2)층을 까는 것을 들 수 있다. 이방성 식각제는 실리콘만큼 보론주입 실리콘을 많이 식각시키지 않으므로 **배면식각**(back etching)으로 표면형상이나 박막을 만들 수 있다. 그림 13.19는 보론 식각정지층을 사용한 예를 보여준다.

많은 종류의 식각제가 개발되어 사용되며, 각각의 경우 많이 사용되는 식각제는 다음과 같다.

1. 이산화실리콘은 보통 불화수소(HF)산 용액으로 식각한다. 순수 HF 식각의 화학반응식은 다음과 같다.

$$SiO_2 + 6HF \rightarrow H_2SiF_6 + 2H_2O \tag{13.5}$$

하지만 이산화실리콘은 위 식의 작용으로만 식각되지 않는다. 불화수소산은 약산이므로 물 속에서 완전하게 수소이온과 불소이온으로 분리되지 않고, HF_2^-가 만들어져서 HF만으로 이산화실리콘을 분해하는 것보다 4.5배나 빠르게 분해한다. HF_2^- 이온을 고려한 화학반응은 다음과 같다.

$$SiO_2 + 2HF_2^- + H^+ \rightarrow SiF_6^{2-} + 2H_2O \qquad (13.6)$$

산성용액은 HF_2^- 이온을 HF 이온으로 분해하기에 충분한 수소이온을 갖고 있으므로, 식각용액의 pH 값은 매우 중요하다. HF와 HF_2^-가 소비되면서 식각속도는 느려진다. 따라서 식각속도를 안정화시키려면, 불화암모늄(NH_4F) 완충액을 사용하여 pH를 유지하고 HF와 HF_2^- 농도를 일정하게 한다. 이러한 식각용액을 **BHF**(buffered hydrofluoric acid, 완충 불화수소산) 혹은 **BOE**(buffered oxide etch, 완충산화물 식각)라고 하며, 다음 화학반응식을 따른다.

$$SiO_2 + 4HF + 2NH_4F \rightarrow (NH_4)_2SiF_6 + 2H_2O \qquad (13.7)$$

2. 실리콘질화물은 보통 160°C로 가열하여 인산(H_3PO_4)으로 식각한다. 수분이 있으면 인산의 식각속도가 감소하므로, 응축된 수증기를 용액으로 되돌리는 **환류시스템**을 사용하여 식각속도를 일정하게 유지한다.
3. 실리콘의 식각에는 질산(HNO_3)과 불화수소산(HF)의 혼합물을 종종 사용한다. 이들 산은 물로 희석할 수 있다. 완충액으로는 질산의 산화력을 유지시켜주는 아세트산(초산)을 사용하며, 이를 **HNA 식각시스템**이라고 한다. 이 식각공정은 질산이 실리콘을 산화시키고 불화수소산이 실리콘산화물을 제거하는 것으로 요약된다. 이러한 두 단계 반응과정은 금속의 화학가공에서 보통 사용되는 방법이다(9.10절 참조). 전체 화학반응은 다음과 같다.

$$18HF + 4HNO_3 + 3Si \rightarrow 3H_2SiF_6 + 4NO + 8H_2O \qquad (13.8)$$

식각속도는 실리콘산화물의 제거속도에 의해 제약을 받으므로, 식각속도를 유지하기 위해 불화암모늄을 보통 사용한다.
4. 이방성 식각인 단결정실리콘의 방향의존성 식각에는 수산화칼륨을 사용한다. 화학반응식은 다음과 같다.

$$Si + 2OH^- + 2H_2O \rightarrow SiO_2(OH)_2^{2-} + 2H_2 \qquad (13.9)$$

이 반응에서는 OH 이온의 공급원으로 칼륨을 필요로 하지 않고, KOH는 다른 평면에 비해 {111}형 평면을 훨씬 느리게 식각시킨다. 경우에 따라서는 이소프로필알코올을 KOH 용액에 첨가하여 식각속도를 늦추고 식각균일성을 높인다. KOH는 진하게 첨가된 *p*형 재료(**보론 식각정지층**, 그림 13.19 참조)를 만나면 식각이 정지되는 매우 중요한 기능을 갖고 있다.
5. 알루미늄은 80% 인산(H_3PO_4), 5% 질산(HNO_3), 5% 아세트산(CH_3COOH), 10% 물로 구성된 용액으로 식각한다. 질산으로 먼저 알루미늄을 산화시킨 후, 인산과 물로 산화물을 제거한다. 이 용액은 포토레지스트로 마스킹된다.

6. 웨이퍼 세척에는 수십 년간 피라냐(Piranha) 용액을 사용해 왔다. 이 용액은 황산(H_2SO_4)과 과산화물(H_2O_2) 혼합물을 가열한 것이다. 피라냐 용액은 이산화실리콘이나 실리콘 질화물에 영향을 주지 않으면서 웨이퍼표면에서 포토레지스트나 기타 유기피복을 벗겨내고 표면에서 금속을 제거하는 이상적인 세척액이다. 순수실리콘 표면은 수소를 포함하는 얇은 층의 실리콘산화물을 만드는데, 이는 불화수소산에 살짝 담가 제거할 수 있다.
7. 포토레지스트는 피라냐 용액으로 벗겨낼 수도 있지만, 포토레지스트만을 벗겨내고자 할 때는 아세톤을 사용한다. 아세톤은 포토레지스트를 용해시키지만, 제작과정에서 포토레지스트가 과도하게 가열된 경우에는 아세톤만으로는 벗겨내기가 힘들다. 이 경우에는 산소플라즈마를 사용하여 벗겨낸다.

예 13.1 *n*형 실리콘 내에 *p*형 영역을 가공하는 절차

*n*형 실리콘 샘플 내에 *p*형 영역을 만들고자 한다. 이 작업을 하기 위한 절차를 매 단계마다 샘플의 단면을 그려서 설명하여라.

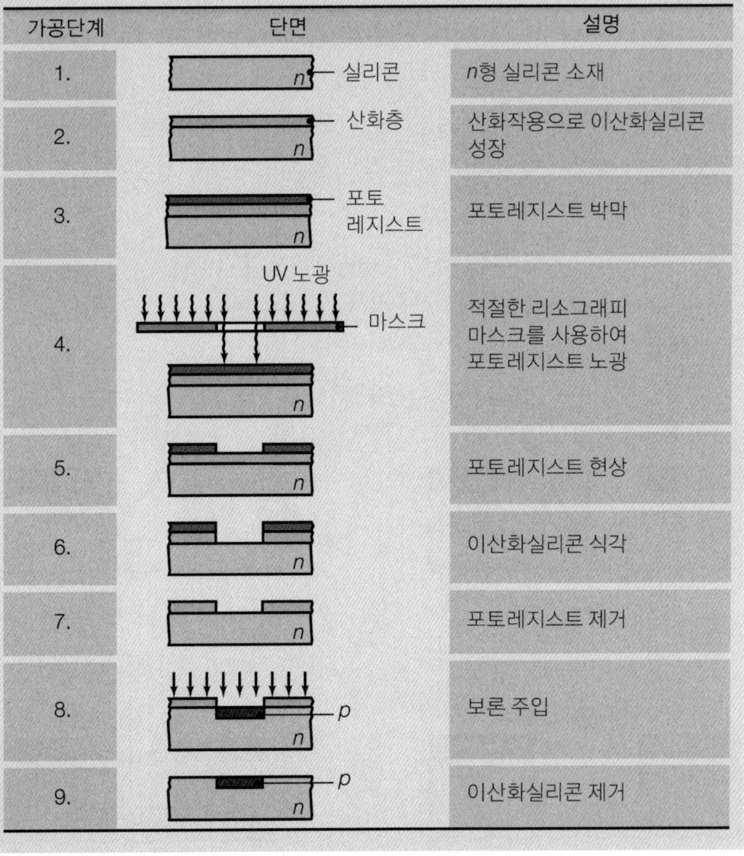

가공단계	단면	설명
1.	*n* — 실리콘	*n*형 실리콘 소재
2.	*n* — 산화층	산화작용으로 이산화실리콘 성장
3.	*n* — 포토 레지스트	포토레지스트 박막
4.	UV 노광, 마스크, *n*	적절한 리소그래피 마스크를 사용하여 포토레지스트 노광
5.	*n*	포토레지스트 현상
6.	*n*	이산화실리콘 식각
7.	*n*	포토레지스트 제거
8.	*p*, *n*	보론 주입
9.	*p*, *n*	이산화실리콘 제거

▶ **그림 13.20**
*n*형 실리콘 내에 *p*형 영역을 가공하는 절차.

풀이 그림 13.20을 참조한다. 이렇게 제작된 간단한 소자를 *pn* 접합 다이오드라고 하며, 그 작동원리는 대부분 반도체의 기초가 된다.

13.8.2 건식식각

현대적 집적회로는 건식식각으로만 제작된다. 이는 저압에서 반응가스를 사용하여 화학반응을 일으키는 방법으로, 습식식각에 비해 방향성이 커서 고도의 이방성 식각단면을 만들 수 있다(그림 13.17c). 게다가, 습식식각공정에서는 용액을 주기적으로 교환해야 하지만, 건식식각에서는 소량의 반응가스만을 사용하면 된다. 건식식각에서는 고전기장 및 자기장의 영역에서 플라즈마나 방전을 일으켜서 존재하는 가스가 분해되어 이온, 전자, 혹은 고도의 반응성분자가 생기도록 하는 방법을 보통 사용한다. 표 13.2에 건식식각제, 목표재료, 식각속도를 나타내었다. 특수 건식식각기술에는 다음과 같은 종류가 있다.

1. **스퍼터식각.** 스퍼터(sputter)식각은 불활성기체의 이온(보통 Ar^+ 사용)을 목표물에 충돌시켜서 소재를 제거하는 공정이다(그림 13.21). 목표물이 실리콘 웨이퍼인 경우에는 충돌로 인해 운동량이 전달되면서 원자간 결합이 깨지고 소재가 튀어나온다. 실리콘 칩이 모재이면, 목표물 재료가 이온화된 기체로 스퍼터된 뒤 실리콘표면 위에 증착된다. 스퍼터식각에서의 유의점은 다음과 같다.
   (1) 종횡비가 특히 큰 경우에는 튀어나온 소재가 목표물에 재증착될 수 있다.
   (2) 스퍼터식각은 재질에 무관하게 대부분의 재료를 같은 속도로 식각하므로, 마스킹이 어렵다.
   (3) 식각속도는 느린 편으로, 수십 nm/min에 불과하다.
   (4) 재료에 손상이나 과도한 침식을 일으킬 수 있다.

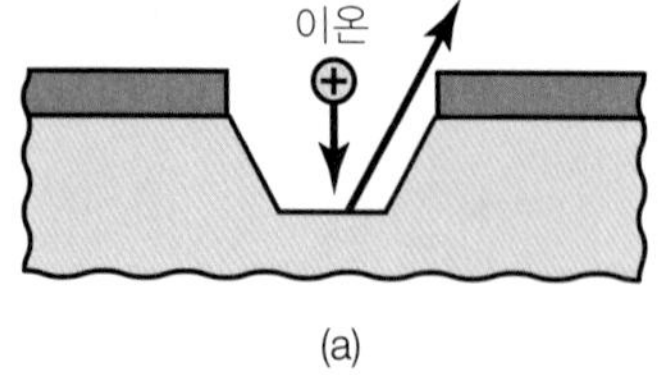

(a)

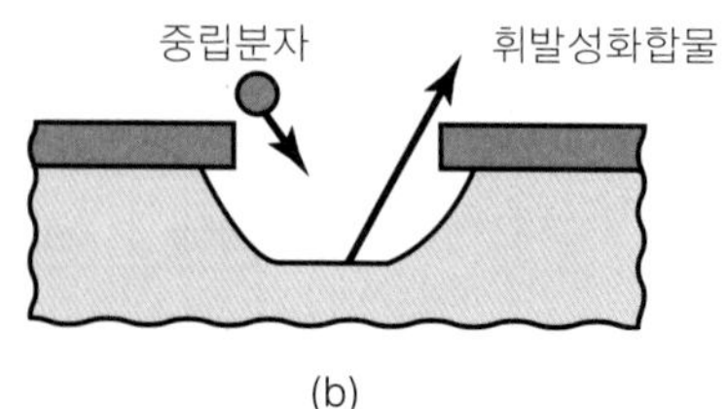

(b)

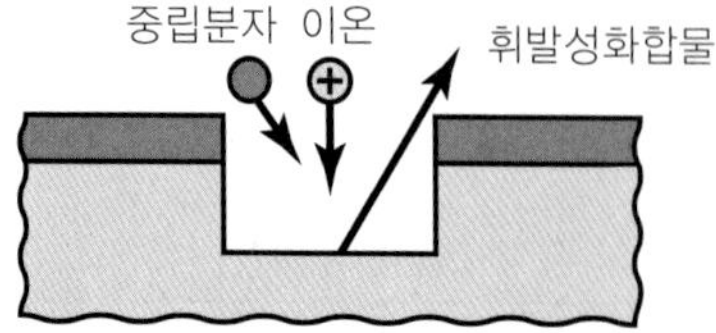

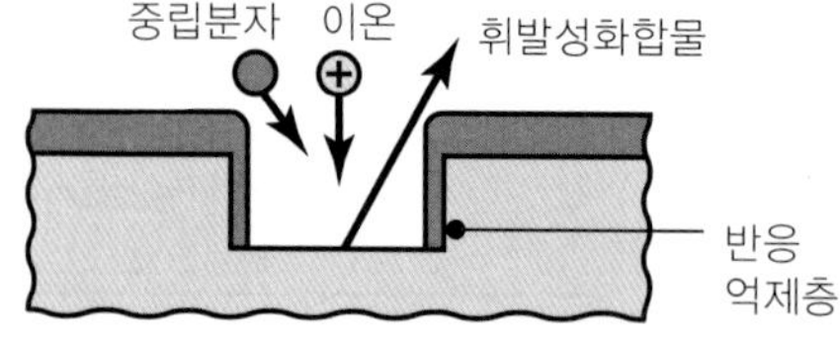

▶ **그림 13.21**
건식식각기술별 식각형상: (a) 스퍼터식각, (b) 화학식각, (c) 반응이온빔식각, (d) 이온빔-반응억제층 식각.

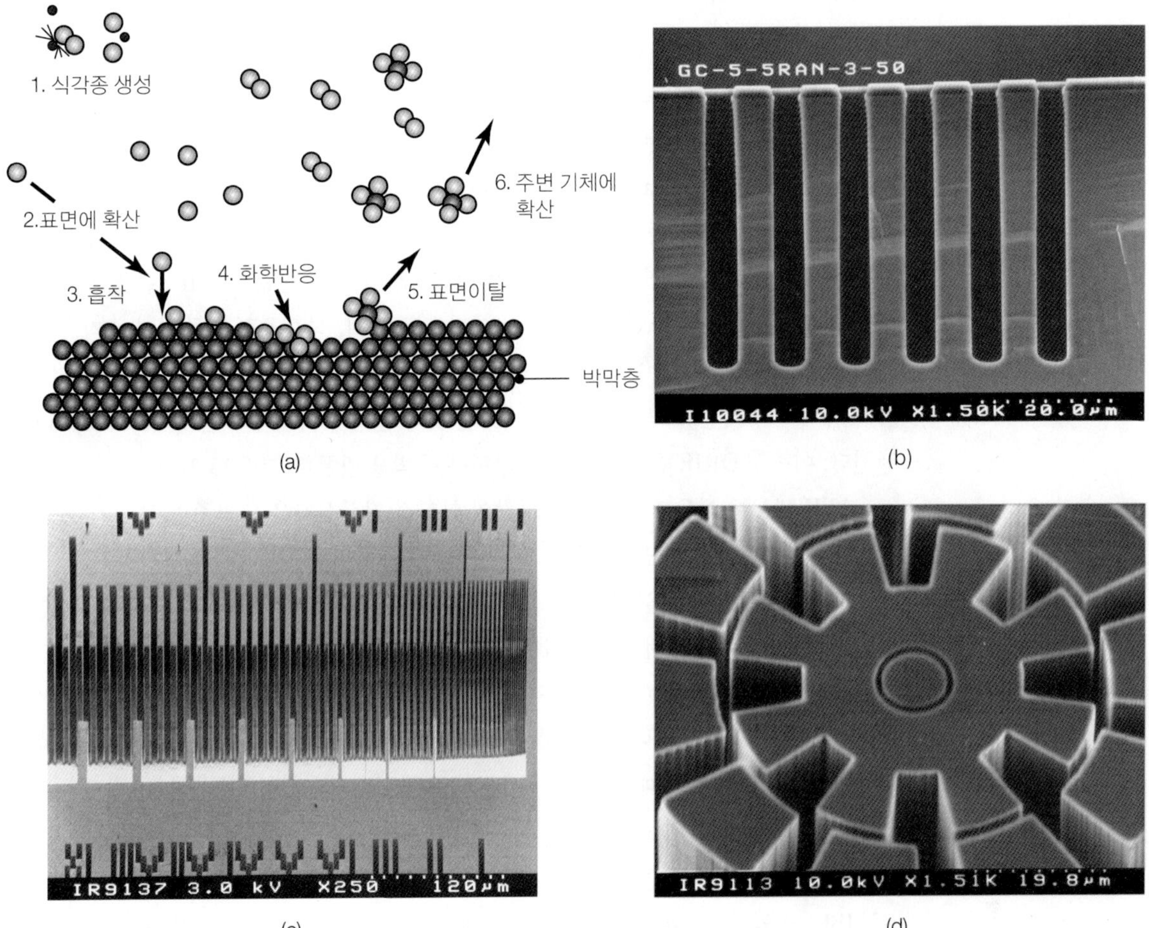

▲ **그림 13.22**

(a) 반응플라즈마식각의 개략도, (b) DRIE(심층반응이온식각) 홈의 예. 수직벽에 주기적인 언더컷, 즉 주름무늬가 생긴다. (c) DRIE 이방성 식각으로 만든 수직벽, (d) 극저온 건식식각의 예. 식각 시에 모재온도를 −140°C로 유지하여 2 μm 두께의 산화층으로 145 μm 깊이의 구조물을 식각하였다.

(5) 포토레지스트는 제거하기 힘들다.

2. **반응플라즈마식각.** 건식화학식각이라고도 하며, 염소나 불소이온(RF 자극으로 생성)과 기판이 화학적으로 반응하여 확산되는 다른 분자를 사용하는 방법이다(그림 13.22a). 만들어지는 휘발성 화합물은 진공시스템으로 제거한다. 이 과정에서 CF_4 같은 반응분자는 높은 에너지를 가진 전자와 충돌하여 분리되면서 불소원자를 만든다(단계 1). 반응이온이 표면에 확산되어(단계 2), 흡착되고(단계 3), 화학적으로 반응하여 휘발성 화합물을 만든다(단계 4). 화합물은 표면을 떠나서(단계 5) 주변 기체에 확산된 후 진공시스템으로 제거된다.

일부 반응제는 표면 위에서 중합반응을 일으키므로 추가로 제거해야 하며, 이는 플라즈마 반응기 내에서 산소를 사용하거나 외부작업으로 제거한다. 반응분자의 전하(電荷)는 표면에 충돌할 때 손상을 입히지 않을 정도이므로, 스퍼터링 효과는 일어나지 않는다. 식각은 등방성으로 일어나고 마스크 밑에 언더컷이 생긴다.

3. **물리화학적 식각.** 반응이온빔식각(RIBE, reactive ion-beam etching)과 화학보조 이온빔식각(CAIBE, chemically assisted ion-beam etching)을 조합하면 물리화학적 식각의 장점을 얻을 수 있다. 이들 공정은 소재를 제거할 때는 화학적 반응분자종(種, species)을 사용하지만, 이온이 표면에 주는 물리적 충격으로 도움을 받는다. RIBE은 심층반응이온식각(DRIE, deep reactive ion etching)이라고도 하며, 식각공정과 폴리머 증착층을 주기적으로 방해하면서 수백 미크론 깊이의 수직홈을 만든다. 이 작업이 등방성 건식식각과 함께 수행되면, 그림 13.22b에 나타낸 것과 같이 수직벽에 주름무늬(scalloping)가 생긴다. 이방성 DRIE 공정은 수직에 가까운 측벽을 만든다(그림 13.22c).

   CAIBE에서는 이온충격이 다음과 같이 화학적 건식식각을 도와준다.

   (1) 표면의 반응성을 높임

   (2) 표면에서 반응물질을 제거하고 화학적 반응분자종이 청정한 면에 도달하도록 함

   (3) 표면화학반응을 추진하는 에너지 공급. 하지만 중립분자종이 식각의 대부분을 담당

   이온충격이 방향성을 갖고 그 도움으로 이방성 식각이 일어나는 물리화학적 식각은 매우 유용한 방법이다. 이때 이온충격에너지는 마스크를 제거할 만큼 높지 않다. 이러한 요인으로 종횡비가 매우 큰 준-수직벽을 만들 수 있고, 이온충격으로 재료가 직접 제거되지 않으므로 마스크도 사용할 수 있다.

4. **극저온 건식식각.** 이 방법은 공작물온도를 극저온으로 낮추어 화학보조 이온빔식각(CAIBE)이 일어나도록 하는 방법으로, 매우 깊은 수직벽을 갖는 형상을 만드는 데 사용된다. 저온으로 인해 이온충격방향이 표면에 수직하지 않으면, 표면화학반응에 필요한 충분한 에너지가 공급되지 않는다. 깊은 홈의 측벽에서 생기는 경사진 충격은 화학반응을 추진하지 못하므로, 그림 13.22d에 나타낸 것과 같은 매끈한 수직벽을 만들 수 있다.

목표물박막이 제거되면 건식식각작용도 종료되어야 하나, 건식식각은 선택성이 없으므로 식각정지층을 바로 적용할 수 없다. 이때는 방출분광분석기(optical emission spectroscopy)로 특정 반응 동안 방출되는 광선의 파장을 필터로 잡아서, 식각지점에서 광집중도가 현저하게 변화하는지 여부를 탐지하여 반응종료시점을 결정한다.

예 13.2 / 습식식각과 건식식각의 비교

〈100〉 웨이퍼 위에 산화물 마스크를 씌워서 정사각형이나 직사각형 구멍을 만드는 공정을 생각하자. 정사각형 마스크의 변은, 그림 13.23에 나타낸 것처럼, 웨이퍼표면의 〈110〉 방향(그림 13.7 참조)과 정확하게 일치한다. 식각으로 만들어질 수 있는 구

멍의 형상에 대하여 설명하여라.

풀이 등방성 식각으로 만들어지는 공동부는 그림 13.23a에 나타낸 것과 같다. 식각이 모든 방향으로 일정한 속도로 진행되므로 둥근 공동부가 만들어지고 마스크 밑에 언더컷도 생긴다. 방향의존성 식각법을 사용하면 그림 13.23b와 같은 공동부를 만든다. ⟨100⟩ 및 ⟨110⟩ 방향 식각속도가 ⟨111⟩ 방향보다 훨씬 빠르므로, {111} 평면으로 정의되는 측벽면이 생긴다. 실리콘의 경우를 예로 들면, 측벽면은 표면과 54.7°를 이룬다.

마스크가 크고 식각시간이 짧으면, 그림 13.23c와 같이 측벽면은 ⟨111⟩ 방향, 밑면은 표면과 평행한 ⟨100⟩ 방향을 갖는 공동부가 생긴다. 직사각형 마스크를 사용한 경우의 공동부는 그림 13.23d에 나타낸 것처럼 만들어진다. 심층반응이온식각(DRIE)의 결과는 그림 13.23e에 나타낸 것과 같이 깊은 공동부를 만들 수 있으나, 폴리머층이 주기적으로 증착됨에 따라 측벽면에 주름무늬가 생긴다(그림에는 과장하여 표현). 화학보조 이온빔식각(CAIBE)으로 만들어진 공동부는 그림 13.23f에 나타낸 것과 같다.

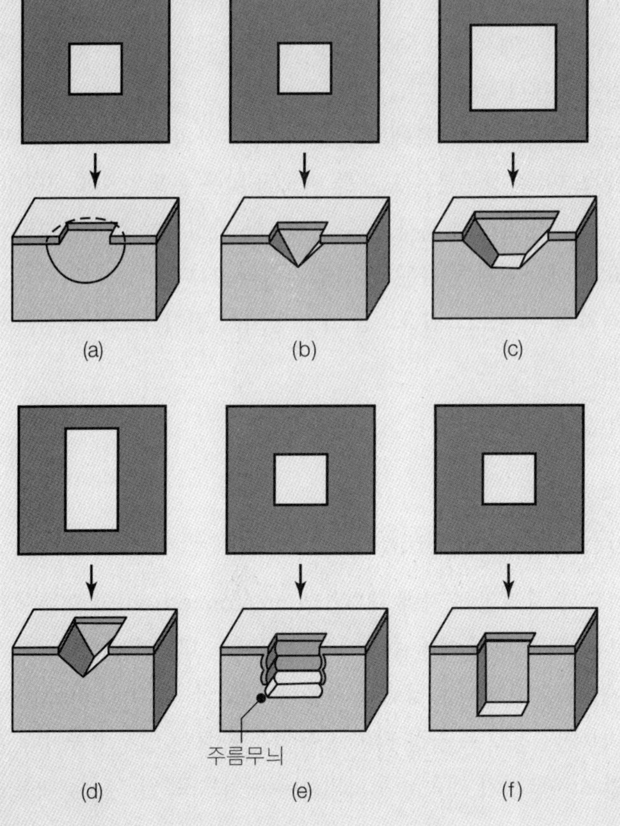

▶ **그림 13.23**
정사각형 마스크를 사용할 때, 식각방법별로 생기는 홈의 모양: (a) 등방성(습식) 식각, (b) ODE(방향의존성 식각), (c) 구멍이 넓은 경우의 ODE, (d) 직사각형 구멍인 경우의 ODE, (e) DRIE(심층반응이온식각), (f) 수직 식각.

13.9 확산과 이온주입

13.3절에 설명한 것처럼, 미소전자소자의 작동은 흔히 도핑된 구역의 종류와 농도에 따라 달라진다. 이들 구역의 전기적 특성은 **확산** 및 **이온주입** 공정으로 도펀트를 모재에 주입함으로써 변경된다. 미소전자소자에는 서로 다른 구역을 다수 만들어야 하므로, 제작과정에서 이 단계는 몇 차례 반복하여 작업된다.

확산과정은 열적 자극으로 인해 원자가 이동하는 것이다. 도펀트는 증착박막의 형태로 모재에 주입되거나, 모재를 도펀트 공급원이 포함된 증기에 노출시켜서 주입된다. 이 작업은 보통 800~1200°C 정도의 고온에서 수행된다. 모재 내에서 도펀트의 운동은 온도, 시간, 도펀트종의 확산계수(즉, 확산도), 모재의 종류와 품질의 함수이다. 확산의 본질상 도펀트 농도는 표면에서는 매우 높고 표면에서 멀어질수록 급격히 감소한다.

모재 내에서 보다 균일한 농도를 얻으려면, 웨이퍼를 더욱 가열하여 도펀트를 내부로 끌어들이는 **드라이브인 확산공정**을 수행한다. 확산은 원하든지 원치 않든지 간에 항상 고온에서 일어난다는 사실을 후속공정에서도 염두에 두어야 한다. 확산공정이 저렴한 공정이기는 하지만, 매우 등방성인 공정이기도 하다.

이온주입(ion implantation)은 훨씬 비싼 공정으로, 특별한 장비를 필요로 한다(그림 13.8c). 최고 백만 볼트의 고전압 빔으로 이온을 가속하여, 자기질량분리기로 원하는 도펀트를 골라서 주입한다. 빔은 음극선관에서와 비슷하게 편향판 쌍으로 웨이퍼표면에 조준된다. 이온주입시스템 전체는 진공에서 작동된다.

이온이 실리콘표면에 고속충돌하면 격자구조에 손상을 주어 전자의 활동성을 떨어뜨린다. 이 조건은 바람직하지 않으며, 손상부분은 모재를 비교적 낮은 온도인 400~800°C에서 15~30분 가열하는 풀림처리 단계에서 복구될 수 있다. 이 과정에서 실리콘격자가 재배열하며, 자체복구에 필요한 에너지가 공급된다. 풀림처리의 또 다른 중요한 기능은 도펀트를 격자간 위치에서 격자점 위치로(그림 3.9 참조) 이동시켜 전기적으로 활성화시키는 것이다.

13.10 금속화와 검사

집적회로가 완전하게 기능하도록 하려면 소자에 **내부연결**(interconnection)이 이루어져야 하고, 이는 그림 13.24에 나타낸 것처럼 여러 수준에서 수행된다. **내부연결**에는 전기저항이 낮고 유전체 표면(절연재)에 잘 부착되는 금속을 사용하므로, 금속화(metallization)라고 한다. VLSI 기술에서 내부연결용으로 가장 많이 사용되는 재료는 알루미늄이나 알루미늄-구리합금이다. 하지만 소자크기가 계속 소형화되는 추세이므로, 알루미늄 내부연

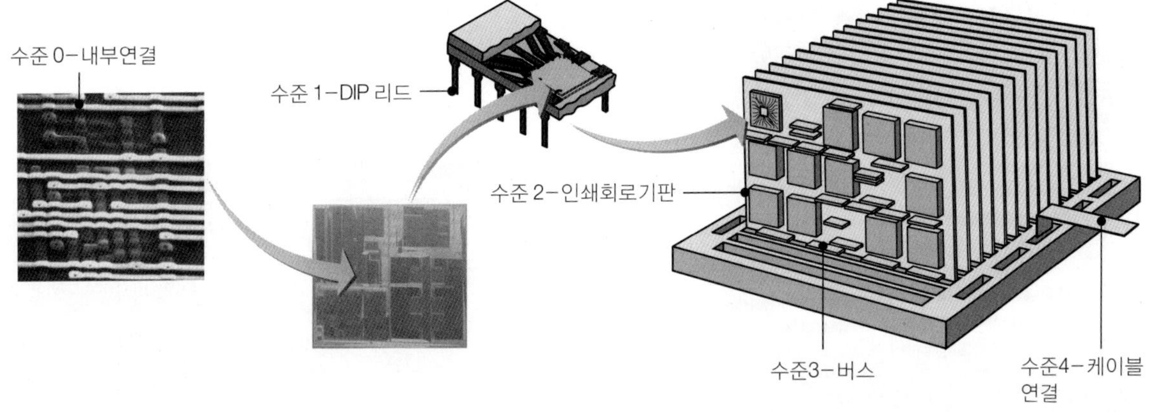

수준	요소의 예	내부연결방법
수준 0	IC 내 트랜지스터	IC 금속화
수준 1	IC, 기타 개별부품	패키지 리드 혹은 모듈 내부연결
수준 2	IC 패키지	인쇄회로기판
수준 3	인쇄회로기판	연결부(버스)
수준 4	섀시나 상자	연결부/케이블 연결
수준 5	시스템, 즉 컴퓨터	

▲ **그림 13.24**
집적회로의 수준계층별 요소간 연결.

결부에서는 원자이동 현상이 문제가 되고 있다.

원자이동 현상(electromigration)은 고전류가 흐를 때 유동전자의 충격에 의해 금속원자가 물리적으로 이동하는 과정이다. 특히 알루미늄 같은 저용융점 금속은 원자가 이동되기 쉽다. 극단적인 경우에는, 이 조건으로 인해 금속전선이 단락되거나 누전될 수도 있다. 이 문제를 해결하는 방법으로, 텅스텐이나 티타늄으로 샌드위치형 금속층을 만들거나, 최근에는 알루미늄보다 비저항이 낮고 원자이동 현상이 잘 일어나지 않는 순수구리를 사용한다.

금속은 표준 증착기술로 증착하고 내부연결 형상은 리소그래피 및 식각 공정으로 만든다. 현대적 IC는 보통 한 겹에서 네 겹의 금속층을 가지며, 각 금속층은 실리콘산화물이나 BPSG(붕소인규산염유리) 같은 유전체로 절연된다. 이들 층간 유전체의 **평탄화공정**(planarization, 평면을 만드는 작업)은 금속의 단락이나 내부연결의 선폭변동을 줄이는 데 매우 중요하다. 평탄면을 얻기 위해서는 유전체 층의 봉우리와 골짜기를 평탄화시키는 균일 산화물 식각공정을 많이 사용해 왔다.

하지만 오늘날의 고밀도 내부연결에 사용되는 표준 평탄화공정은 **화학기계적 연마**

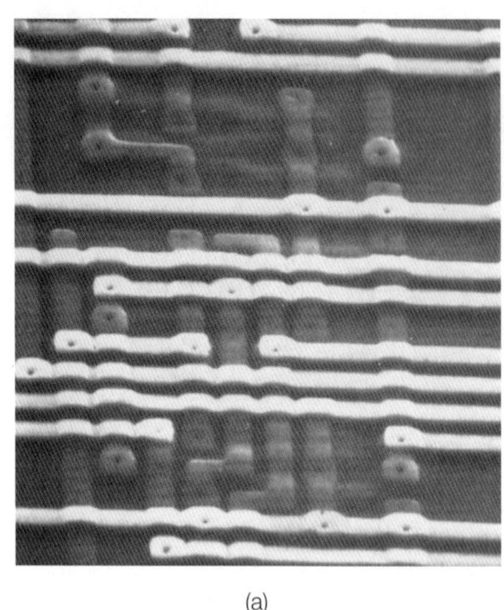

(a)

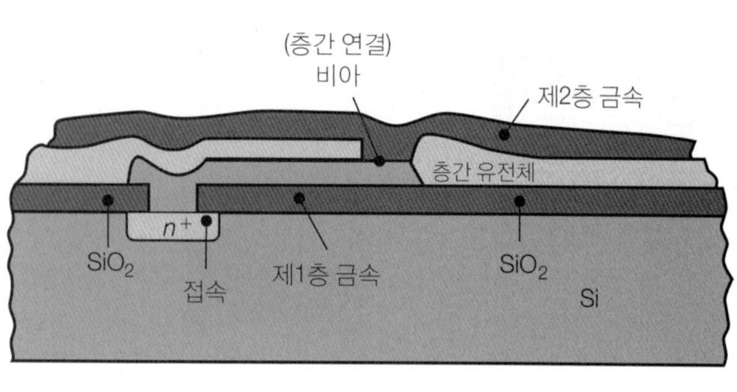

(b)

▲ **그림 13.25**

(a) 2층 금속내부연결의 SEM 사진, (b) 2층 금속내부연결의 단면도.

(CMP, 9.7절 참조)이며, 이를 화학기계적 평탄화공정이라고도 한다. CMP는 목재를 원판이나 벨트 사포로 문지르듯이 웨이퍼표면을 물리적으로 연마하는 공정으로, 웨이퍼를 0.03 μm 이내의 완전한 평탄면, 표면거칠기 R_q(4.4절 참조)를 0.1 nm 이내로 연마할 수 있다.

두 금속층은 **층간 연결**(via)을 통해 서로 연결되고 **접속점**(contact)을 통해 기판 위의 소자로 연결된다(그림 13.25). 소자가 작아지고 빨라지면서 일부 칩의 크기와 속도는 금속화공정 자체의 저항과 유전체 및 트랜지스터 게이트의 정전용량에 의해 좌우되고 있다. 보통 실리콘질화물(Si_3N_4)을 사용하여, 나트륨이온에 대한 이온방벽의 역할을 하면서 긁힘저항이 우수한 부동태화층(passivation layer)을 입힘으로써 웨이퍼가공이 완료된다.

웨이퍼가공이 완료된 후에는 웨이퍼 위의 개별 회로를 각각 검사한다(그림 13.26). 각 칩은 다이(die)라고도 하며, 바늘모양 촉침이 붙은 컴퓨터제어 플랫폼을 다이의 접합점에 접촉시키고 검사한다. 촉침에는 다음과 같은 두 형태가 있다.

1. **검사패턴 혹은 검사구조물.** 검사구조물을 활성 다이 밖의 스크라이브선(scribe line, 다이 사이의 빈 공간)에 설치하고, 촉침은 검사구조물을 측정하는 방법이다. 검사구조물은 트랜지스터와 내부연결구조로 구성되어 비저항, 접촉저항, 원자이동 현상 같은 양을 다양하게 측정한다.
2. **직접형 촉침.** 각 다이의 접합점에서 100% 검사법을 사용한다.

플랫폼은 웨이퍼표면 전체를 돌아다니면서, 각 회로가 제대로 기능하는지를 컴퓨터로 작성한 시간조절용 파형을 사용하여 검사한다. 불량 칩이 발견되면 잉크를 떨어뜨려 표시

▶ **그림 13.26**

웨이퍼의 결함을 검사하는 촉침(사진 중앙). 결함 있는 다이에는 잉크표지를 남긴다.

한다. 미소가공부품 원가의 최고 삼분의 일이 검사과정에 소요된다.

웨이퍼수준의 검사가 완료되면, 반대면에서 상당량의 모재를 연삭하여 제거한다(배면연삭). 다이의 최종두께는 패키징 요구조건에 따라 다르지만, 전체적으로 웨이퍼 두께의 25~75%를 제거한다. 배면연삭이 끝나면, 각 다이를 웨이퍼에서 분리한다. 이 작업에는 다이아몬드 톱절단이 보통 사용되며, 치핑이나 균열손상을 최소화하며 똑바른 모서리를 얻을 수 있다. 분리된 다이에서 잉크로 표시된 것은 버리고, 검사에 통과한 칩들을 분류하여 패키징작업으로 보낸다.

13.11 와이어접합과 패키징

작동이 되는 다이는 보다 튼튼한 기초 위에 부착하여 신뢰성이 확보되도록 한다. 간단한 방법으로는 다이를 에폭시접착제로 패키징재료에 접착하는 것이다(12.14절 참조). 다른 방법으로는 금속합금을 가열하여 만든 공융접합(eutectic bond)을 이용하는 것으로, 96.4% 금과 3.6% 실리콘 혼합물이 많이 사용되며, 이는 370°C의 공융점을 갖는다(그림 5.4 참조). 칩을 일단 기초 위에 접합시키고 나면, 패키지 리드선에 전기적으로 연결해야 한다. 이 작업은 매우 가는 금선(25 μm 직경)을 패키지 리드선에서 다이의 주면이나 중심 아래에 있는 접합패드(bonding pad)까지 와이어접합하여 이루어진다(그림 13.27a). 다이 위의 접합패드는 한 변의 길이가 50 μm 이상이며, 접합와이어는 열압축, 초음파, 혹은 열음

(a)

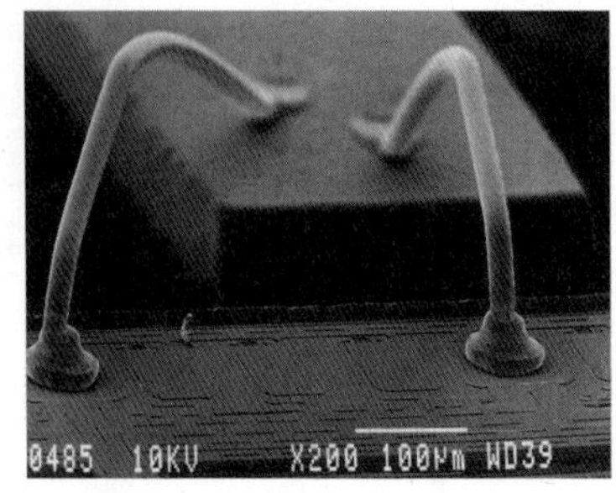

(b)

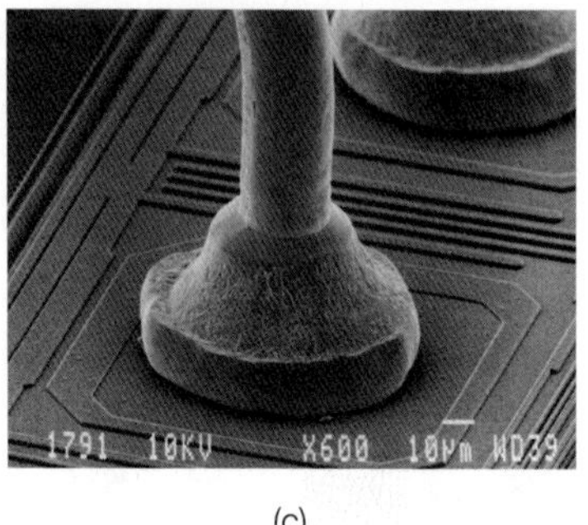

(c)

▲ **그림 13.27**

(a) 패키지 리드선(왼쪽)을 다이접합패드(오른쪽)에 연결하는 와이어접합의 SEM 사진, (b)와 (c) 접합부의 상세 사진.

파 기술로 부착된다(그림 13.28).

연결된 회로는 최종적으로 패키징을 거친다. 회로는 웨이퍼 위에서 대량으로 만들어지지만, 패키징은 개별적으로 이루어져야 하므로, 패키징작업은 완성된 IC의 전체비용을 거의 결정하는 비용요소이다. 패키지에는 다양한 종류가 있으며(표 13.4), 회로의 작동요건에 맞는 것을 선택해야 한다. 회로의 패키지를 선택할 때의 고려사항으로는 칩크기, 외부 리드선의 수, 작동환경, 열 소산, 소요전력 등이 있다. 군사용이나 산업용 IC의 패키지에는 특히 강도, 인성, 밀폐성, 고온저항이 요구된다.

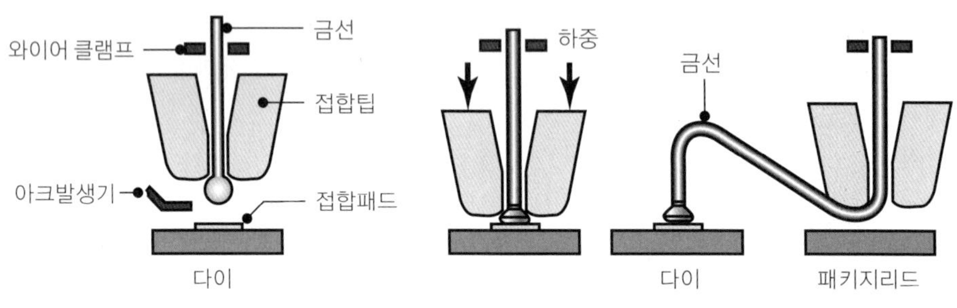

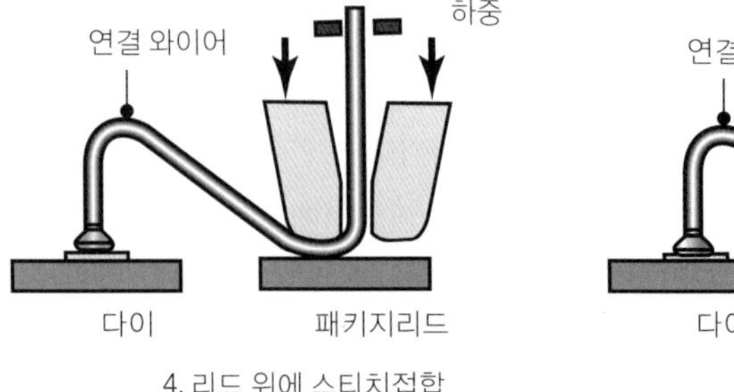

▶ **그림 13.28**

열음파 볼-스티치 공정(ball and stitch process)의 개략도.

표 13.4 플라스틱몰딩 IC 패키지 요약

패키지	약칭	핀수 최소	핀수 최대	설명
관통구멍 실장				
이중직렬	DIP	8	64	이열의 직렬 리드
단일직렬	SIP	11	40	일렬의 직렬 리드
지그재그 직렬	ZIP	16	40	이열의 지그재그로 건너뛴 리드
사중직렬	QUIP	16	64	네 열의 지그재그로 건너뛴 리드
표면실장				
소형윤곽 IC	SOIC	8	28	양면에 리드를 갖는 소형 패키지
박형 소형윤곽 패키지	TSOP	26	70	SOIC의 박형
소형윤곽 J 리드	SOJ	24	32	SOIC와 동일하나, 리드가 J 형상임
플라스틱리드 칩캐리어	PLCC	18	84	사면에 J 형상 리드를 갖는 패키지
박형 사면 플랫팩	TQFP	32	256	넓고 박형이면서 사면에 리드를 갖는 패키지

패키지의 재료로는 폴리머, 금속, 세라믹이 사용된다. 금속제 패키지는 Kovar(열팽창계수가 낮은 철-코발트-니켈합금, 3.9.5절) 같은 합금으로 만들며, 밀폐성과 열전도도가 좋지만, 도선의 개수에 제한을 받는다. 세라믹 패키지는 Al_2O_3를 보통 사용하며, 밀폐성, 열전도도가 좋고 금속제 패키지보다 많은 개수의 리드선을 만들 수 있지만, 가격이 비싸다. 플라스틱 패키지는 저렴하고 리드선의 개수를 많이 만들 수 있으나, 열저항이 크고 밀폐성이 떨어진다.

오래되었지만, 여전히 많이 사용되는 패키징 형태인 **DIP**(dual in-line packaging, 이중 직렬 패키지)를 그림 13.29a에 도식적으로 나타내었다. DIP는 저렴하고 처리가 용이한 특징을 가지며, 패키지재료로는 열가소성 플라스틱, 에폭시, 세라믹 등을 사용하여 2~500개의 외부 리드선을 만들 수 있다. 세라믹 패키지는 넓은 온도범위에서 고성능 및 군수용으로 사용되도록 설계되며, 플라스틱 패키지에 비해 월등하게 비싸다. 평면형 세라믹 패키지는, 그림 13.29b에 나타낸 것처럼, 패키지와 모든 리드선이 같은 평면에 있다. 이 패키지 형태는 처리가 간편하지 않고 DIP처럼 모듈설계가 되지 않으므로, 평면형 패키지의 낮은 형상이 필수적인 다층 회로판에 영구적으로 부착하는 데 보통 사용된다.

표면실장 패키지는 현대적 집적회로의 표준이 되었다. 이에 대한 예는 그림 13.29c에 나타낸 것과 같으며, 각 경우의 차이는 연결부의 형상이다. DIP를 기판표면에 연결할 때는 가지처럼 나온 발을 해당 구멍에 삽입하고, 표면실장하는 경우에는 특별히 준비된 접촉판 위에 연납접한다. 패키지크기와 접촉부 배치는 표준 형상에서 선택하고, 패키지를 기판에 접착한 후 웨이브 연납접으로 연결부를 접합한다(12.13.3절 참조).

속도가 빠르고 활용도 높은 칩에는 연결부의 밀집도가 높아진다. **핀그리드 배열**(PGA, pin-grid array)은 밀집된 핀을 인쇄회로기판의 관통된 구멍에 연결하는 방식이다. 하지만 PGA는 다른 직렬 패키지나 표면실장 패키지처럼 밀집된 미소직경 와이어나 다리에

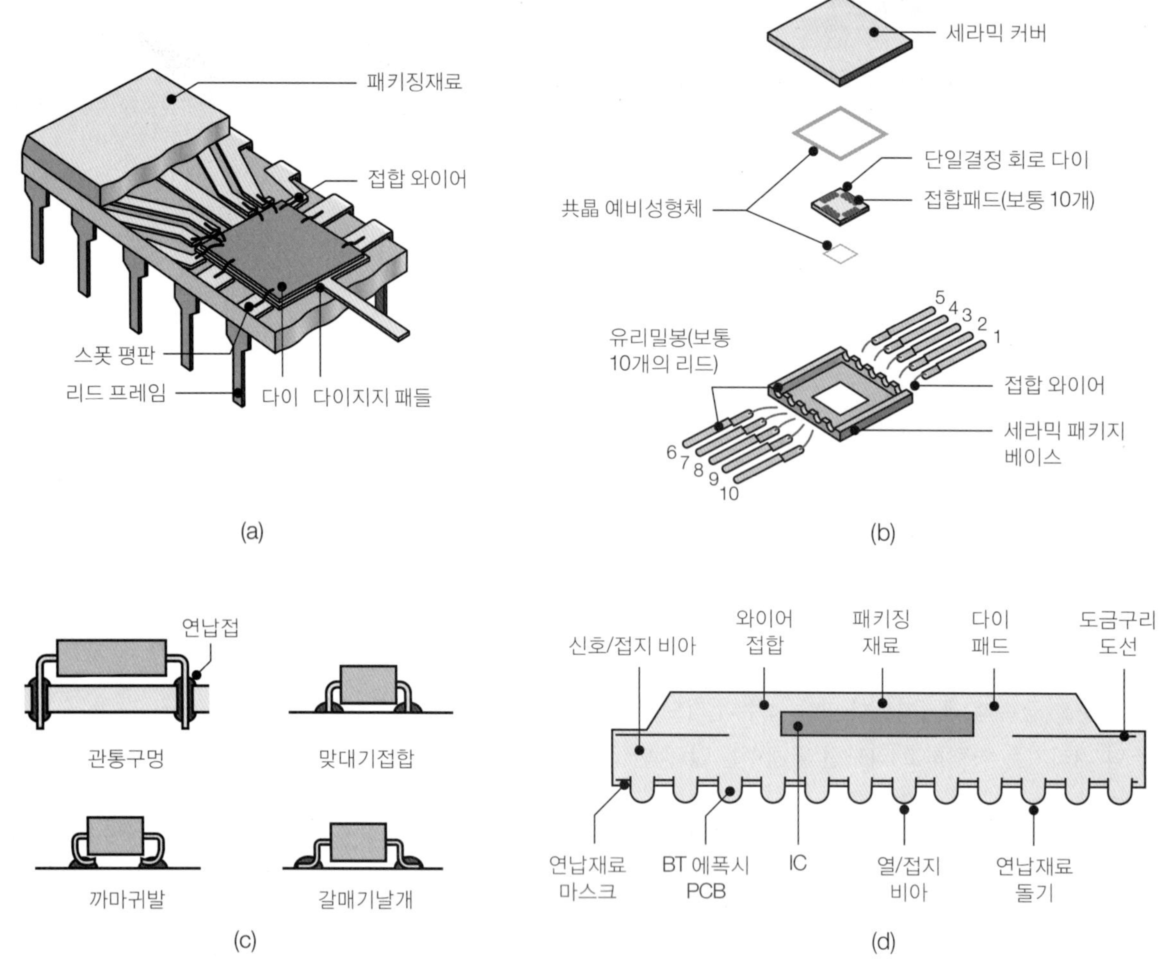

▲ **그림 13.29**

각종 IC 패키지의 개략도: (a) DIP(이중 직렬 패키지), (b) 세라믹 평면 패키지, (c) 일반 표면실장형상, (d) BGA(볼그리드 배열).

소성변형이 일어나기가 매우 쉽다. 밀집된 연결부에서 연결 부위가 가늘어지는 어려움을 피하는 한 방법으로 그림 13.29d에 나타낸 **볼그리드 배열**(BGA, ball-grid array)이 있다. 이 배열은 패키지 밑면에 밀집된 다수의 금속볼에 연납재료를 도금한 것이다. 볼 사이의 최소간격은 50 μm이지만, 일반적으로는 간격을 1.0 mm, 1.27 mm, 1.5 mm로 규격화하여 사용한다.

BGA에는 1000개 이상의 연결점이 설계될 수도 있으나, 보통 200~300개의 연결점이면 용도에 충분하다. 리플로우 연납접(12.13.3절 참조)을 적용하면 각 볼마다 연납재료의 표면장력으로 BGA 연결점에 잘 정렬되므로, 전기적 연결이 양호하게 이루어진다.

플립칩 기술(FCT, flip-chip technology)은 볼그리드 배열을 기판에 부착하는 절차이다

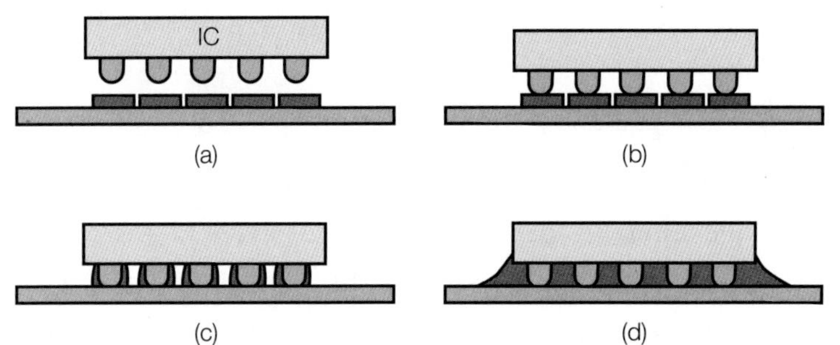

▶ **그림 13.30**

플립칩 기술의 개략도: (a) 연납재료가 도금된 금속볼이 있는 플립칩 패키지와 인쇄회로기판의 패드, (b) 용제도포 및 정렬, (c) 리플로우 연납접, (d) 캡슐화공정.

(그림 13.30). 마지막에 에폭시를 사용하는 캡슐화공정은 IC 패키지를 인쇄회로기판에 견고하게 부착할 뿐만 아니라 작동중에 생기는 열응력을 분산하는 역할을 한다. 칩을 패키지에 밀폐한 후에는 최종검사를 한다. 패키징의 주요 목적은 외부환경으로부터 고립시키는 것이므로, 이 단계에서의 검사는 열, 습기, 충격, 부식, 진동 등을 대상으로 한다. 밀폐효과를 검사할 목적으로 파괴검사(4.8.2절)를 수행할 수도 있다.

13.12 칩의 수율과 신뢰도

수율(yield)은 제조된 칩의 총 개수에 대한 기능하는 칩의 비율이다. 전체 IC 공정의 최종수율은 웨이퍼 수율, 접합 수율, 패키징 수율, 검사 수율의 곱으로 계산된다. 이 값은 신개발 공정의 경우 몇 % 정도로부터 성숙된 제조라인의 90% 이상에 이르는 범위에 있으며, 수율손실은 대부분 공정이 복잡한 웨이퍼공정에서 생긴다. 이 단계에서 웨이퍼는 양호영역과 불량영역으로 구분되며, 불량요인으로는 점결함(예: 산화물 핀홀), 박막오염, 금속입자 등과 불균일 박막증착이나 식각 불균일 같은 면결함 등이 있다.

완성된 IC에서의 주요 관심사는 **신뢰도**와 **고장률**(failure rate)이다. 소자의 사용수명이 무한할 수는 없으므로, 미소전자소자의 예상수명과 고장률은 통계적 방법으로 처리한다(4.9.1절의 식스시스마 참조). 고장률을 나타내는 단위는 10억 소자-시간당 고장횟수로 정의되는 기간 내 **고장횟수**(FIT, failure in time)를 사용한다. 한 시스템에는 수백만 개의 소자가 포함될 수 있으므로, 시스템 전체에 대한 고장률은 높아진다. 일반적으로 고장률이 100 FIT 이상이면 수용하기 곤란하다.

고장분석만큼 중요한 사항으로 고장기구, 즉 소자를 고장나게 하는 실제 사건이나 요인에 대한 결정을 들 수 있다. 공정에 기인하는 고장요인으로는 (1) 확산영역(불균일한 전류흐름과 접합부 파손 야기), (2) 산화막(유전 파손과 표면전하 축적), (3) 리소그래피(형상 부정확과 마스크 정렬불량), (4) 금속층(접촉불량과 고전류밀도에 기인하는 원자이동 현상) 등이 있다. 기타 파손요인에는 칩 실장불량, 와이어접합부의 열화, 패키지 밀폐성의 손실이 있다.

집적회로의 모든 고장요인 중에서 와이어접합과 금속화에서의 고장이 절반 이상을 차지한다.

소자의 수명은 매우 긴 편이므로(10년 이상), 정상작동조건에서 소자의 고장을 연구하는 것은 비현실적이다. 고장을 효율적으로 연구하는 한 가지 방법으로 **가속수명시험**(accelerated life testing)이 있으며, 이는 소재를 고장나게 하는 조건을 가속하여 시험하는 방법이다. 온도, 습도, 전압, 전류를 변동시켜가면서 부품에 가하고, 이로부터 얻어지는 통계자료를 활용하여 정상작동조건 하에서의 고장양상과 소자수명을 예측한다. 칩 실장 및 패키징에 대해서는 작동온도를 변동시키면서 시험한다.

13.13 인쇄회로기판

패키지된 집적회로는 단독으로 사용되는 것이 아니라, 다른 IC들과 조합되어 전체 시스템의 구성요소로 작동한다. 인쇄회로기판(PCB, printed circuit board)은 다른 모든 칩들과 최종연결하는 기판으로, 다른 PCB나 각 IC 내 전자회로의 버스를 연결하는 역할을 한다(그림 13.24 참조). 인쇄회로기판에는 집적회로 외에 저항이나 콘덴서 같은 회로부품을 별도로 설치하는데, 그 주된 이유는 (1) 너무 많은 공간을 필요로 하여 제한된 실리콘표면

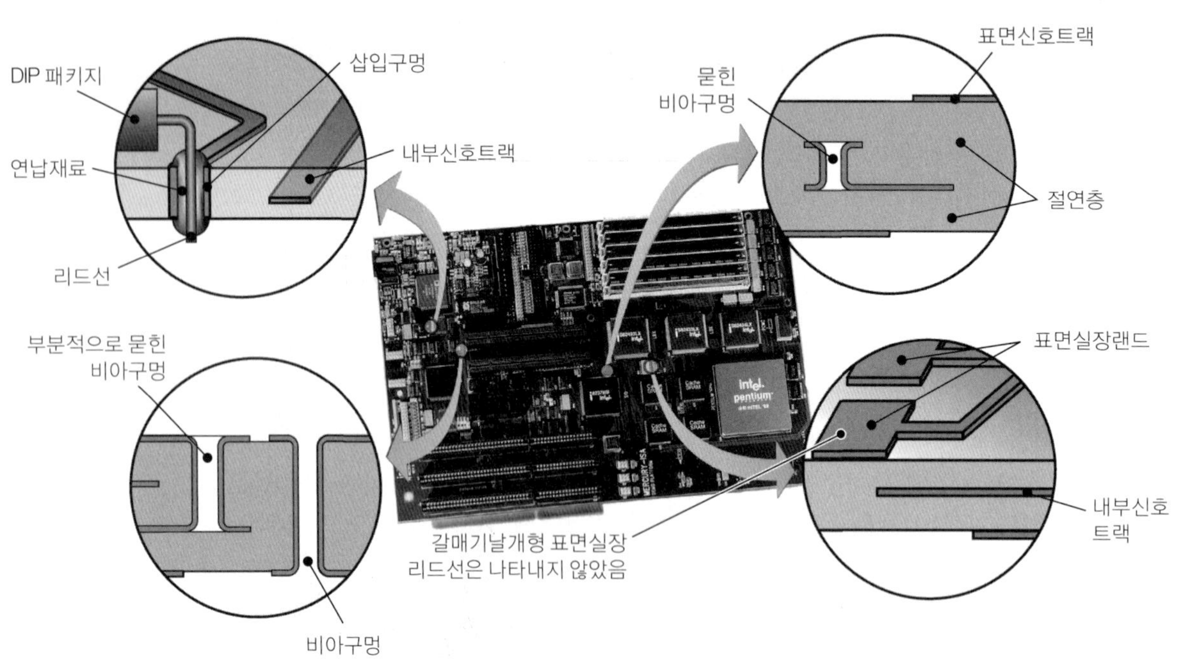

▲ **그림 13.31**
인쇄회로기판과 설계형상.

에 얹을 수 없거나, (2) 특별하게 전력소산을 해야 하거나, (3) 칩에 넣을 수 없는 특성을 갖기 때문이다. 기판에 직접 설치하는 부품으로는 실리콘표면에 집적시킬 수 없는 유도자(inductor)와 고성능 트랜지스터, 대용량 콘덴서, 정밀저항, 주파수제어용 결정자 등이 있다.

인쇄회로기판은 기본적으로 구리박막을 여러 겹 입힌 플라스틱수지로 만든다(그림 13.31). **단면 PCB**는 부도체 기판의 한쪽 면에만 구리 선로가 있는 반면, **양면 PCB**에는 양면에 모두 구리 선로가 있다. 구리와 절연층을 교대로 쌓아서 다층기판을 만드는 경우도 있다. 단면기판은 가장 단순한 형태의 회로기판이며, 양면기판은 양쪽 면에 장착되는 부품 간에 전기연결이 되는 부분을 갖고 있다. 전기연결은 그림 13.31에 나타낸 **비아**(via)라는 구멍을 통해 이루어진다. 다층기판에는 부분 비아, 묻힌 비아, 관통 비아를 사용하여 PCB의 융통성을 확보한다. 양면기판이나 다층기판은 IC 패키지를 기판의 양쪽 면에 모두 설치할 수 있으므로, 전체회로를 조밀하게 설계할 수 있다.

기판에 사용하는 절연재료는 보통 두께 0.25~3 mm인 에폭시수지를 에폭시/유리섬유(E-유리, 10.9.2절 참조)로 강화하여 사용한다. 기판소재는 유리섬유를 에폭시에 함침시킨 층을 가열된 판이나 롤로 가압하여 만든다. 가열과 가압으로 경화되면, 인쇄회로기판으로 사용하기에 충분한 강성과 강도를 가진 기판이 만들어진다. 기판소재를 원하는 크기로 절단하고, 칩 부착기에서 사용하는 기판정렬용으로 구석마다 직경 3 mm의 구멍을 뚫어놓는다. 비아 및 연결용 구멍들은 펀칭이나 CNC 드릴작업(14.3절)으로 준비하는데, 생산속도를 높이기 위해 여러 장을 겹쳐서 가공한다.

인쇄회로기판 위의 통전패턴은 원래 스크린인쇄기술(**인쇄회로기판**이라는 용어가 생긴 이유임)로 제작하였으나, 이제는 주로 식각기술로 제작한다. **공제공법**(subtractive method)에서는 구리박판을 인쇄회로기판에 부착시키고, 원하는 형상의 양(+)의 마스크를 입혀서 포토리소그래피로 현상하는 방법이다. **첨가공법**(additive method)은 원하는 형상의 음(−)의 마스크를 사용하여 기판에 직접 구리를 무전해도금이나 전기도금(4.5.1절 참조)하는 방법이다.

IC 및 개별 부품은 기판 위에 연납접하여 부착한다. 이 작업은 집적회로(및 내부의 미소전자소자)가 작동되기 위해 거쳐야 할 마지막 단계이다. IC를 인쇄회로기판에 부착할 때는 **웨이브 연납접**과 **리플로우 연납접**(12.4.3절)이 잘 사용되는 방법이다.

PCB를 배치할 때의 설계 고려사항은 다음과 같다.

1. 웨이브 연납접은 기판의 한 면에만 적용되므로, 관통구멍에 실장할 부품은 모두 기판의 한쪽 면에서 삽입해야 하고, 삽입되는 면에 표면실장할 소자는 리플로우 연납접으로 부착해야 한다.
2. 웨이브 연납접에서 연납재료의 유동이 좋으려면, 인쇄회로기판에서 IC 패키지의 배치가 적절해야 한다. 패키지를 한 방향으로 삽입하도록 배치하면 자동삽입에 유리하고, 방향이 서로 다르면 연결부 전체에 걸쳐서 연납재료가 유동하는 데 어려움이 따른다.

3. IC의 간격은 작동으로 발생한 열이 빠질 수 있도록 결정한다. 패키지 간격과 인접한 기판간 거리는 강제 공기유동과 열대류가 일어나는 데 충분해야 한다.
4. 각 IC 패키지 주변에는 인접소자의 방해 없이 재작업이나 수리할 수 있을 정도의 공간을 확보해야 한다.

13.14 MEMS 기구의 미소가공

지금까지 설명한 주제들은 순수하게 전기적 혹은 전자적 원리에 기초하여 작동하는 집적회로 및 부품의 제작공정을 다루었다. 이들 공정은 기계적 요소나 기능을 갖는 기구를 제작하는 데도 활용된다.

그림 13.3에 소개한 방법으로 다음과 같은 유형의 기구들을 만들 수 있다.

1. **미소전자소자:** 이들 반도체에 기반한 소자는 설계에 전기적 원리를 사용하고, 매우 소형화된 특성을 갖는다.
2. **미소기계소자:** 초소형 기어나 힌지 같이 순수하게 기계적이면서 크기가 원자크기 내지 수 밀리미터인 제품을 일컫는다.
3. **미소전자기계소자:** 기계요소와 전기 혹은 전자적인 요소를 매우 작은 크기에서 조합한 제품으로 대부분의 센서가 여기에 해당된다.
4. **미소전자기계시스템(MEMS):** 제품에 접적회로를 갖추고 있는 미소전자기계소자이며, 제품의 예로서 에어백 센서와 이 장의 사례연구에서 소개한 디지털 미소거울기구를 들 수 있다.

미소전자소자는 반도체재료에 기반을 두는 반면, 미소전자기계소자 및 일부 MEMS는 반드시 반도체재료에 국한되지 않는다. 즉, 보다 다양한 재료를 사용하고 그에 적합한 공정을 개발할 수 있다. 그럼에도 불구하고, 실리콘에 대한 첨단의 신뢰성 있는 가공공정들이 미소전자소자의 용도로 이미 개발되어 있으므로, 실리콘이 많이 사용된다.

크기가 미크론에서 밀리미터에 이르는 형상을 제조하는 것을 미소기계가공(micromachining)이라고 한다. MEMS 기구는 이 장의 앞부분에서 설명한 집적회로기술이 잘 개발되어 활용되는 **다결정실리콘(폴리실리콘)**이나 **단결정실리콘**을 사용하여 주로 제작되었다. 단결정실리콘을 사용하면 이방성 식각기술로 종횡비가 큰 선명한 벽면을 갖는 MEMS 기구를 제작할 수 있다.

MEMS 기구에 실리콘을 사용하는 경우에 발생하는 문제는 크기가 작아지면서 응착력이 커지고 마모가 심해진다는 점이다. 대부분의 상업용 기구는 힌지 대신 굽혀지는 스프링을 사용하는 등의 방법으로 마찰을 피하도록 설계한다. 하지만, 이로 인해 설계가 복잡해져서, 경우에 따라서는 MEMS 기구로 실현되기 어려워지기도 한다. 이를 극복하고자

적절한 수명과 성능을 주는 재료와 윤활제를 찾으려는 연구가 상당히 진행되고 있다.

실리콘카바이드, 다이아몬드, 그리고 알루미늄, 텅스텐, 니켈 같은 금속들이 잠재적인 MEMS 재료로 연구되고 있다. 윤활제에 대한 연구도 진행되고 있는데, MEMS 기구를 실리콘유로 감싸면 응착마멸(4.4.2절 참조)을 없앨 수 있으나, 기구의 성능을 저하시킴이 밝혀졌다. 폴리머의 자체조립층이나 자기윤활특성을 갖는 신소재도 연구되고 있다. 하지만 윤활문제는 MEMS 기구의 사용이 확장되는 데 대한 기술적 장벽으로 여전히 남아 있다.

MEMS의 영역과 MEMS 기구는 빠르게 발전하면서 신공정이나 기존 공정의 개선이 지속적으로 개발되고 있다. MEMS 기술이 산업용으로 광범위하게 활용될 것으로 예견되었으나, 아직까지는 컴퓨터산업, 의료산업, 자동차산업에서만 MEMS를 활용하고 있을 뿐이다. 이 장에서 설명한 많은 공정들이 MEMS에 보편적으로 활용되는 대신에 MEMS 분야 연구자나 관련자들만이 관심을 보이고 있다.

예 13.3 에어백용 가속도계와 제어시스템

MEMS에 기반한 상업용 제품의 예로, 그림 13.32에 나타낸, 자동차 에어백용 가속도계와 제어시스템이 있다. 이 가속도계는 횡방향, 공진기의 원리에 근거한 것으로, 오늘날 MEMS의 상업적 용도로 가장 많이 쓰이며 자동차 에어백시스템용 센서로 널리

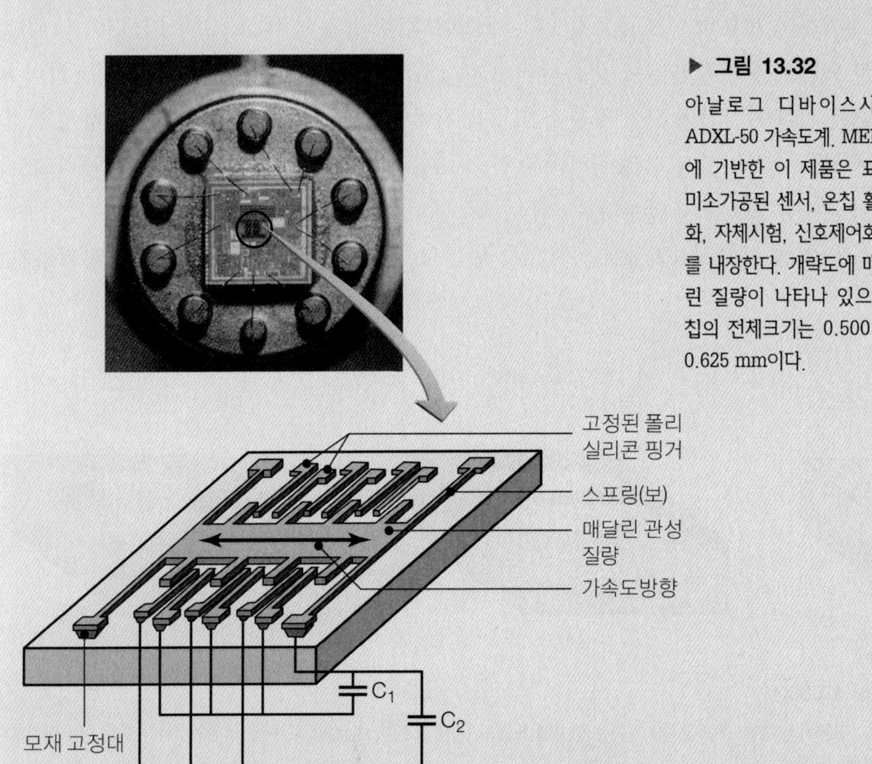

▶ **그림 13.32**
아날로그 디바이스사의 ADXL-50 가속도계. MEMS에 기반한 이 제품은 표면 미소가공된 센서, 온칩 활성화, 자체시험, 신호제어회로를 내장한다. 개략도에 매달린 질량이 나타나 있으며, 칩의 전체크기는 0.500 × 0.625 mm이다.

사용된다.

중심부 질량에 연결된 네 개의 가는 보 끝의 밑부분을 기판에 고정시켜서, 정적 평형조건에서 가는 보가 스프링의 역할을 한다. 가속도가 생기면 질량부가 변형하면서 핀과 기판 위의 고정핑거 간의 간극이 줄어들거나 늘어난다. 질량과 핀 사이의 전기용량을 측정함으로써 질량부의 변형, 즉 시스템의 가속도나 감속도가 직접 측정된다. 그림 13.32는 한 방향으로의 가속도를 측정하는 배치를 나타내고 있으나, 상업용 센서는 다수의 질량을 채택하여 동시에 여러 방향에서의 가속도를 측정할 수 있다.

그림 13.32는 미소가공된 50G 표면 가속도계(ADXL-50)로 기판에 신호조절과 자기진단회로를 갖추고 있다. 폴리실리콘 감지요소(다이의 중앙부에 보임)는 전체 다이면적의 5%만을 차지하며, 전체 칩의 크기는 0.500 × 0.625 mm이다. 질량은 약 0.3 μg이고, 센서의 측정정확도는 ±50G 범위에서 5%이다.

13.14.1 부피미소가공

1980년대 초까지, 부피미소가공(bulk micromachining)은 미크론 규모에서 가장 많이 사용되는 가공 형태였다. 이 가공공정은 단결정실리콘 위에 방향성 식각을 사용하여(그림 13.17b), 표면 아래로 식각을 진행하다가 특정 결정면, 도핑영역, 식각가능 박막 등을 만나면 정지하여 필요한 구조물을 만드는 방법이다. 이 공정의 예로, 그림 13.33에 나타낸 실리콘 외팔보를 제작하는 공정을 들어보자. 13.7절에 설명한 마스킹기술을 사용하여 n형 실리콘기판의 사각형 모양에 붕소 도핑을 하여 p형 실리콘으로 변경한다. 방향성 식각에 사용하는 수산화칼륨 같은 식각제는 붕소 도핑된 실리콘을 많이 식각시키지 못하므로, 사각형 모양은 식각되지 않는다.

실리콘 위에 실리콘질화물로 마스크를 만들고 수산화칼륨으로 식각하면, 도핑되지 않

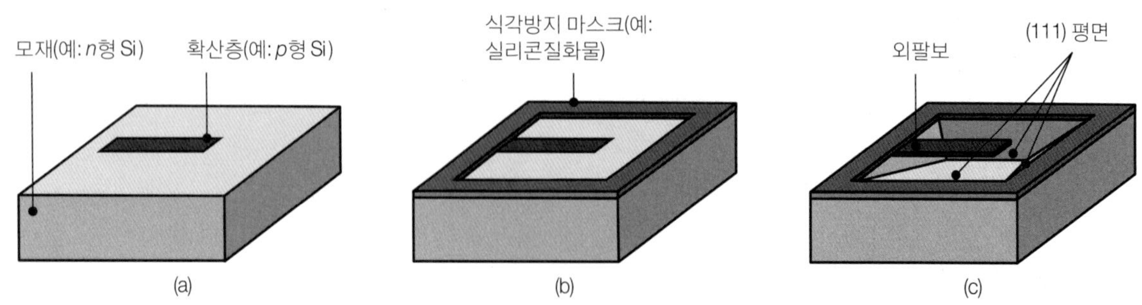

▲ **그림 13.33**

부피미소가공의 단계별 개략도: (a) 원하는 형상에 도펀트 확산, (b) 마스킹박막 도포 및 형상화, (c) 방향의존성 식각으로 외팔보 가공.

은 실리콘은 빠르게 제거되고, 마스크와 도핑된 부분은 남게 된다. n형 실리콘기판에 (111) 면이 노출되면, 식각공정이 정지되고 패치 밑에 언더컷을 만들면서 그림에 나타낸 것과 같은 외팔보를 만든다.

13.14.2 표면미소가공

부피미소가공은 매우 단순한 형상의 제작에는 유용하지만, 다결정재료에 습식식각제를 사용하면 방향별로 식각속도가 다르게 가공되지 않으므로, 단결정재료에만 사용이 국한된다. MEMS는 다결정재료에 적용해야 하는 경우가 많으므로, 부피미소가공에 대한 대안으로 **표면미소가공**(surface micromachining)을 사용한다. 이 방법으로 실리콘소자를 만드는 기본 절차를 그림 13.34에 나타내었으며, 그 첫 단계는 스페이서 혹은 희생층을 얇은 절연층(**고립층** 혹은 **완충층**이라고 함)으로 피복된 실리콘기판 위에 증착시키는 것이다.

희생층에 가장 많이 사용되는 재료는 불화수소산에 잘 식각되는 PSG(인규산염유리)로, 화학증착법으로 증착시킨다. 두 번째 단계는, 그림 13.34b에 나타낸 것처럼, 희생층에 마스크를 입히고 식각한다. 다음 단계로, 구조용 박막을 희생층 위에 증착시킨다. 이때 재료로는 폴리실리콘, 금속, 합금, 절연체 등을 사용한다(그림 13.34c). 구조용 박막에 형상을 가공할 때는 수직벽과 치수공차를 유지하도록 건식식각법을 적용한다. 마지막으로, 희생층을 습식식각하여 그림 13.34e에 나타낸 것과 같은 삼차원구조물이 남도록 한다. 참고로, 증착된 금속에 형상을 가공하기 전에 웨이퍼를 풀림처리하여 잔류응력을 제거해야 한다. 잔류응력이 남아 있으면, 희생층을 제거할 때 구조용 박막이 심하게 뒤틀린다.

그림 13.35는 표면 및 부피 미소가공을 조합하여 제작한, 전류가 통할 때 흰색 빛을 내

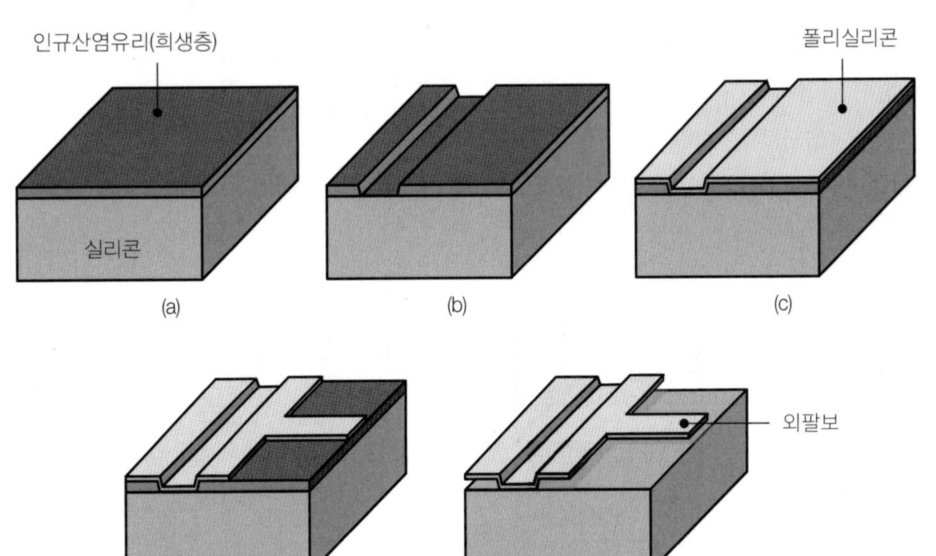

▶ **그림 13.34**

표면미소가공의 단계별 개략도: (a) PSG(인규산염유리) 희생층 증착, (b) 희생층 식각, (c) 폴리실리콘 증착, (d) 폴리실리콘 식각, (e) PSG를 선택적 습식식각하여 실리콘모재와 증착된 폴리실리콘을 남김.

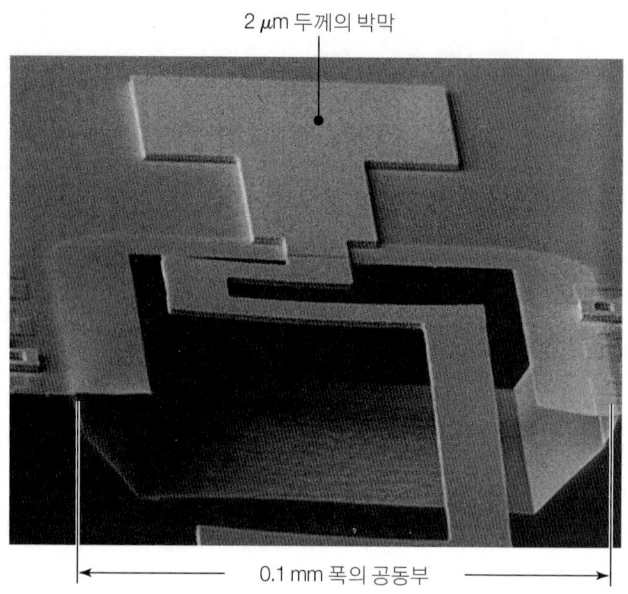

▶ **그림 13.35**

부피미소가공과 표면미소가공을 조합하여 제작한 미소램프.

는 미소램프를 나타낸다. 최상층은 플라즈마식각된 2.2 μm 두께의 텅스텐으로 굴곡이 진 필라멘트와 접합부를 구성한다. 사각형의 걸친 부분은 실리콘질화물을 건식식각한 것이고, 급하게 경사진 층은 PSG를 HF로 습식식각한 것이다. 기판은 실리콘으로 ODE 식각하였다.

희생층 제거용 식각제는 가급적 절연층, 실리콘, 구조용 박막에는 작용하지 않고 남겨 둔 채로 희생층만을 선택적으로 용해시킬 수 있도록 주의 깊게 선택해야 한다. 형상이 크고 희생층이 좁으면 이 작업이 매우 까다로워서 식각에 몇 시간이 걸릴 수도 있다. 식각시간을 줄이려면 미소구조물에 식각용 구멍을 추가하여 식각액이 희생층에 접근하기 쉽게 한다.

이 작업에서의 또 다른 문제점은 습식식각 후에 생기는 **붕괴고착**(stiction)으로, 그림 13.36에 나타낸 것과 같은 상황이 발생한다. 희생층을 제거한 후에 액상 식각제를 웨이퍼

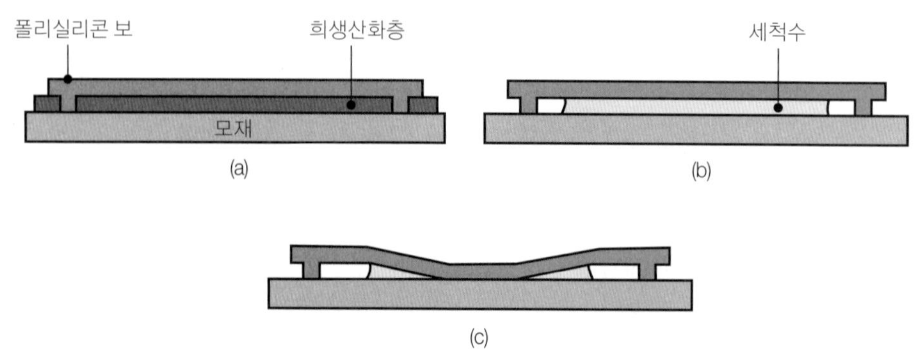

▶ **그림 13.36**

습식식각 후의 붕괴고착: (a) 희생층 위의 보, (b) 건조 전의 보, (c) 건조과정에서 모세관 인력으로 표면에 당겨진 보. 일단 표면과 접촉하면, 응착력으로 인해 원래 모양으로 돌아가지 않는다.

표면에서 건조시키는 과정에서 구조물층과 표면층 사이에 모세관작용으로 남은 초승달 모양 액체의 모세관 인력으로 인해 박막을 변형시켜서 기판에 닿게 한다. 미세한 구조에서는 응착력이 심해 박막이 표면에 영구적으로 고착되므로, 원하는 삼차원형상으로 제작되지 않는 어려움이 있다.

예 13.4 표면미소가공을 이용한 미소거울 구동시스템 힌지의 제작

표면미소가공은 미소전자기계시스템을 제작하는 데 흔히 사용되는 기술이다. 적용 예로는 가속도계, 압력센서, 미소펌프, 미소모터, 액추에이터, 미소현미경 잠금기구 등이다. 이들 기구는 종종 매우 높은 수직벽을 필요로 하나, 이는 증착하기 어려워서 직접 제작하기가 힘들다. 이 문제점을 해결하기 위해 넓은 평면구조물을 수평으로 가공한 후, 회전시키며 접어서 그림 13.37에 나타낸 것과 같은 수직위치로 세운다.

그림 13.37a는 표면에서 제작된 미소거울을 경사지게 세운 모습을 나타낸다. 이 시스템은 다른 탐지기나 센서로 빛을 반사시킬 때(표면에 경사지도록) 사용된다. 기구의 높이와 거울의 종횡비를 감안할 때, 직접 제작하기가 매우 어렵다는 것은 자명하다. 대신에, 거울과 선형구동자를 표면미소가공하고 설치위치로 접는 것이 보다 쉬운 방법이다. 거울을 접으려면, 그림 13.37b에 나타낸 것과 같은 특별한 힌지를 설계하여 제작해야 한다.

그림 13.38은 다음의 절차를 따른 힌지의 제작과정을 나타낸다.

1. 2 μm 두께의 PSG(인규산염유리) 층을 기판재료에 증착한다.
2. PSG 위에 2 μm 두께의 폴리실리콘층(그림 13.38a의 폴리 1)을 증착한 후, 포토리소그래피로 형상을 만들고 건식식각하여 힌지핀이 포함된 원하는 구조요소를 만든다.
3. 두 번째 PSG 희생층을 0.5 μm 두께로 증착한다(그림 13.38b).
4. 두 PSG 층에 모두 연결위치를 식각한다(그림 13.38c).

(a)

(b)

▶ **그림 13.37**
(a) 전개된 미소거울의 SEM 사진, (b) 미소거울 힌지부의 상세 사진.

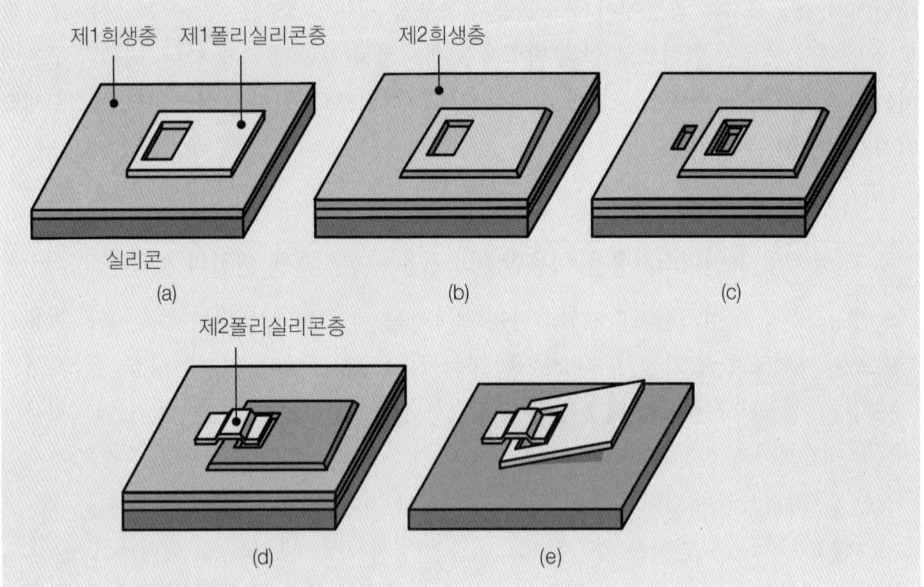

▶ **그림 13.38**

힌지가공의 단계별 개략도: (a) PSG(인규산염유리) 희생층 및 폴리실리콘층 증착, (b) 제2희생층 증착, (c) PSG 선택적 식각, (d) 폴리실리콘 증착 및 힌지 스테이플 성형, (e) PSG 선택적 습식식각 후 힌지 회전.

5. 두 번째 폴리실리콘층을 증착하여 형상화한 후 식각한다(그림 13.38d의 폴리 2).
6. PSG 희생층을 습식식각으로 제거한다.

이렇게 만든 힌지는 마찰이 매우 커서, 거울을 축침으로 조심스럽게 세우면, 그 위치에 고정된다. 이들 거울은 흔히 자세를 정밀하게 제어하는 선형구동자와 조합되어 사용된다.

■ **SCREAM**(single-crystal silicon reactive etching and metallization, 단결정실리콘 반응식각 및 금속화) 매우 깊은 MEMS 구조물을 만드는 또 다른 방법으로, 그림 13.39에 도시한 SCREAM 공정이 있다. 이 기술은 표준 리소그래피와 식각 공정으로 10~50 μm 깊이의 홈을 만들고 이산화실리콘을 화학증착하여 내벽 및 바닥에 보호층을 덮은 후, 이방성 식각공정으로 홈의 바닥에 있는 산화물만을 제거하고 건식식각으로 홈의 밑부분을 확장하는 방법이다. 육불화황(SF_6)을 사용하여 등방성 식각하면, 홈의 바닥에서 노출된 옆쪽으로 확장되면서 식각되어 인접한 식각부와 만나면서 구조물을 형성한다.

■ **SIMPLE**(silicon micromachining by single-step plasma etching, 단일단계 플라즈마식각에 의한 실리콘 미소가공) SCREAM 기술의 대안으로, 그림 13.40에 도시한 방법으로 염소가스기반 플라즈마식각공정을 사용하여, p-도핑 혹은 가볍게 도핑된 실리콘은 이방성으로 가공하고, 강하게 n-도핑된 실리콘은 등방성으로 가공하는 기술이다. 그 결과로, 그림에 나타낸 것처럼, 속이 빈 MEMS 기구를 한 번의 플라즈마식각으로 만들 수 있다.

SIMPLE 공정과 관련한 주의사항은 다음과 같다.

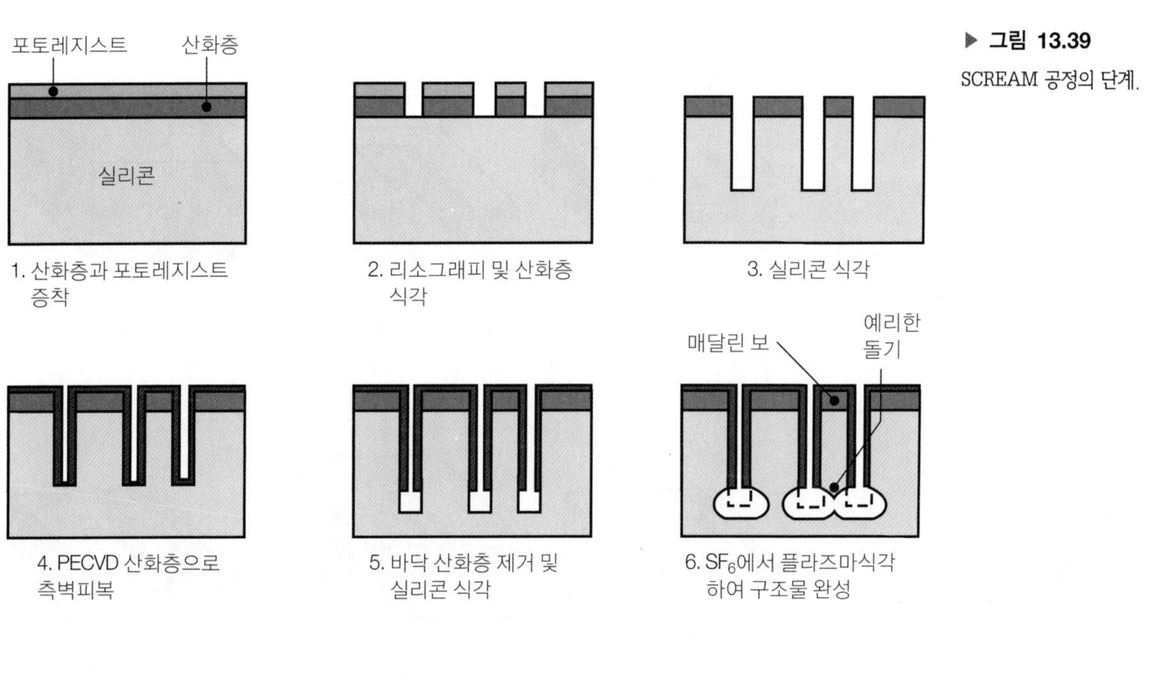

▶ **그림 13.39**
SCREAM 공정의 단계.

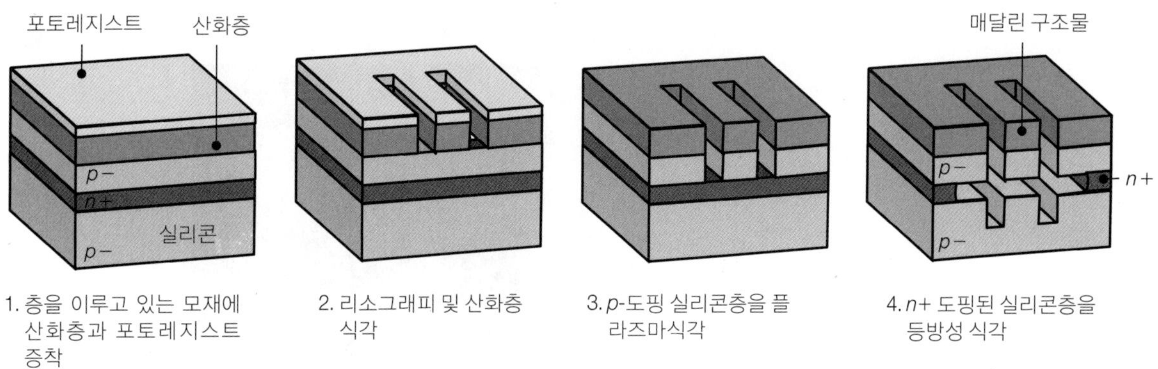

▲ **그림 13.40**
SIMPLE 공정의 단계.

1. 염소가스 플라즈마는 느린 속도로라도 산화물을 식각하므로, 산화물 두께는 비교적 두꺼워야 한다.
2. 등방성 식각속도는 50 nm/min 정도의 낮은 편으로, 이 공정은 매우 느리게 진행된다.
3. 구조물의 하부층에는 깊은 홈이 생겨서 밑부분이 빈 구조물의 운동에 영향을 준다.

■ **융합접합과 식각의 조합** 융합접합(fusion bonding)과 확산접합(12.12절 참조)은 서로 호환하여 쓸 수 있는 용어이지만, MEMS의 용도에서는 주로 융합접합이 선호된다. 단결정 실리콘에서 매우 높은 구조물은 그림 13.41에 나타낸 실리콘 융합접합 및 심층반응이온식각

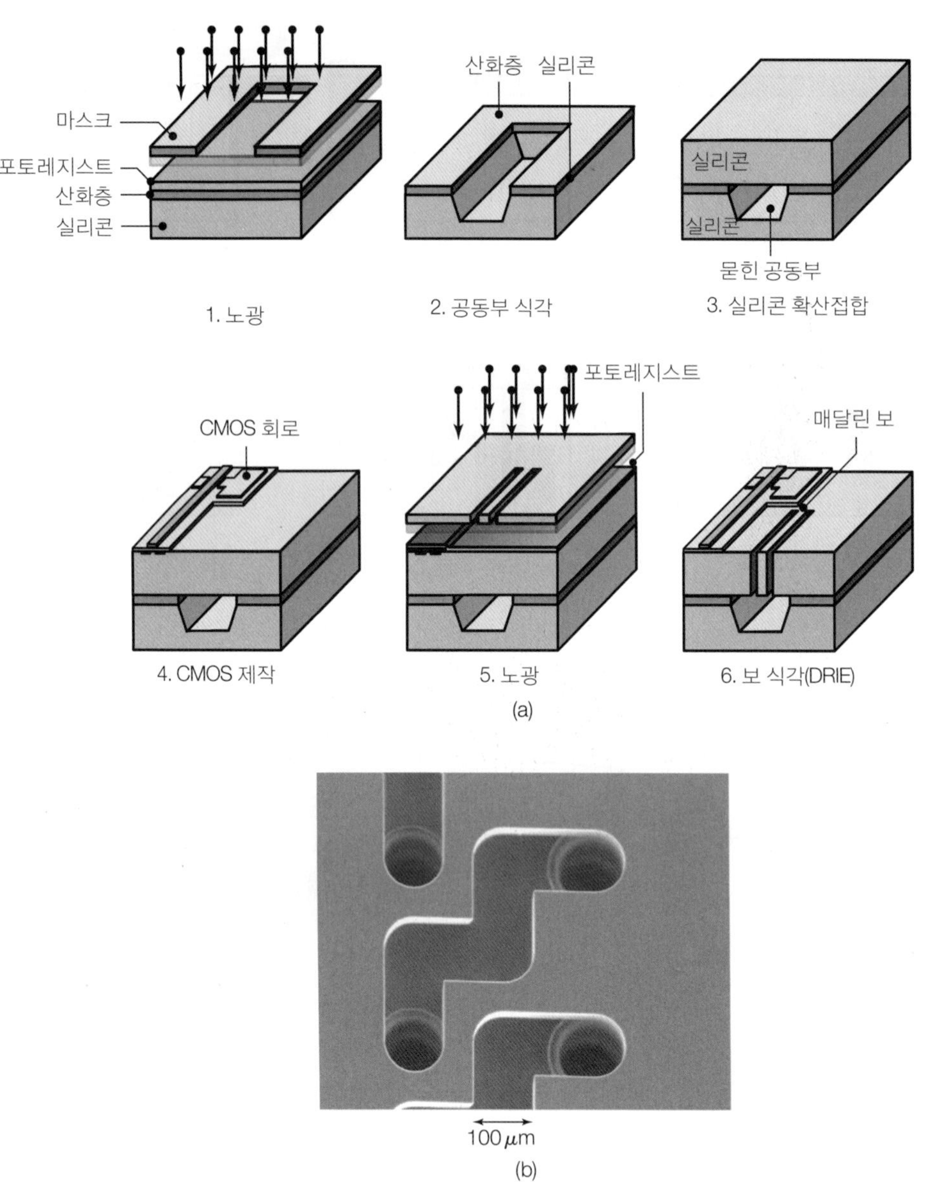

▶ **그림 13.41**

(a) 실리콘 융합접합과 심층반응이온식각을 조합하여 (SFB-DRIE) 외팔보를 제작하는 단계, (b) 두 장의 웨이퍼에 DRIE공정을 적용하고 정렬한 후, 실리콘 융합접합을 적용하여 제작된 미소유체유동소자. Pyrex 층(보이지 않음)을 최상층에 양극접합하면 유체유동을 관찰하는 창으로 사용할 수 있다.

(SFB-DRIE)을 조합하여 만들 수 있다. 우선, 실리콘 웨이퍼에 산화물 절연층을 입히고 표준 리소그래피 절차로 깊은 홈을 형상화시켜 일반 습식식각이나 건식식각으로 큰 공동부를 만든다. 가공층 위에 두 번째 실리콘층을 융합접합하고, 필요하면 원하는 두께로 연삭 혹은 연마한다. 이 단계에서 그림 13.3에 나타낸 절차대로 집적회로를 두 번째 실리콘층에 제작한다. 두 번째 층에 보호레지스트를 입히고 노출시켜 첫 번째 실리콘의 공동부까지 층을 관통하는 홈이 만들어지도록 심층반응이온식각법을 적용한다.

LIGA에 사용된 기판은 양도체이거나 양도체가 피복된 부도체이다. 주 기판재료의 예로는 오스테나이트강 판재; 티타늄층을 입힌 실리콘 웨이퍼; 금, 티타늄, 니켈 등을 도금한 구리판이 있으며, 금속도금한 세라믹이나 유리도 사용된다. 표면은 입자블래스팅으로 거칠게 하여 레지스트재료가 잘 부착되도록 한다.

레지스트재료는 X선 민감도가 높고, 건식 및 습식 식각에 노출될 때 저항이 좋아야 하며, 열적 안정성이 있어야 한다. 가장 많이 사용되는 PMMA는 분자량이 매우 크고(몰당 10^6 g 이상, 10.2.1절 참조), X선에 노출되면 화학결합이 분리되어 유리기(free radical)가 만들어지면서 분자량이 매우 작아진다. 또한 노출된 PMMA는 습식식각공정에서 유기용매에 선택적으로 용해된다. 현상 후에 남는 삼차원구조물을 세척 및 건조시키고, 필요하면 건식질소처리를 한다.

금속의 전해증착에는 니켈을 보통 사용하는데(전기도금, 4.5.1절 및 그림 4.17 참조), 처음에는 양도체인 기판의 노출면에 증착하고, 이어서 PMMA 구조물 사이를 채우며 심지어 윗면까지 피복한다(그림 13.44a). 니켈은 전기도금 시에 증착속도와 잔류응력을 비교적 조절하기 쉬워서 선택되는 재료이다. 니켈의 무전해도금(4.5.1절)도 가능하여, 부도체 기판에 직접 증착시킬 수도 있다. 하지만 니켈은 MEMS에서 마멸속도가 높아서 다른 재료나 피복을 사용하려는 연구가 진행되고 있다.

금속구조물이 증착된 후에는 정밀연삭으로 기판재료나 니켈 증착층 일부를 제거하며, 이를 **평탄화공정**이라고 한다(13.10절 참조). 삼차원 MEMS 소자에는 수백 미크론 두께의 층에 미크론 단위의 공차가 요구되므로, 평탄화공정이 명백하게 필요하다. 일반 래핑(9.7절)이 연한 PMMA와 그 사이를 채우고 있는 금속을 동시에 제거하는 데 선호되는 방법으로, **나노연삭**이라고 불리는 다이아몬드 래핑공정으로 수행한다. 다이아몬드 슬러리를 연한 금속판에 묻혀서 사용하며, 75-mm 직경의 기판에 1 μm 이하의 평탄도를 유지하며 소재를 제거할 수 있다.

다리결합된(10.2.1절) PMMA 레지스트를 싱크로트론 X선 방사광에 노출시키고 산소 플라즈마나 용매를 사용하여 제거하면, 금속구조물만 남길 수 있다. 니켈을 전해증착시켜

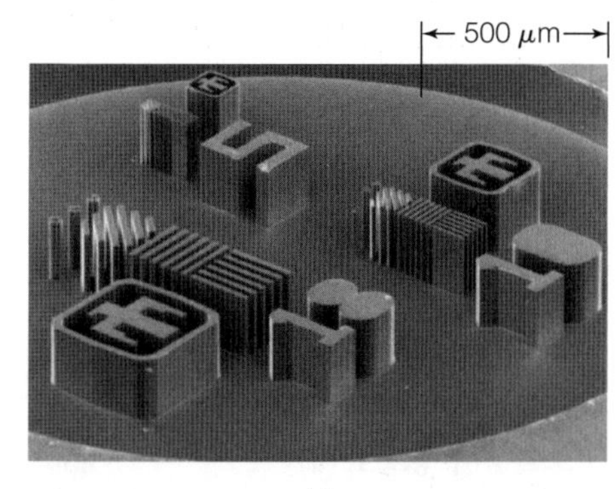

(a)

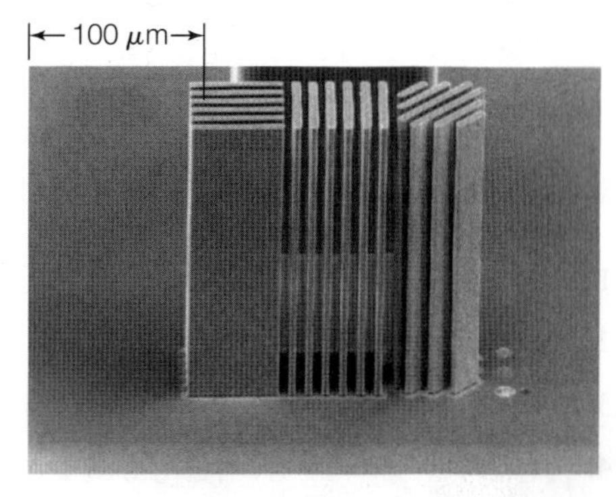

(b)

▶ **그림 13.45**
(a) 전해성형된 니켈 구조물, (b) 니켈판과 간격의 상세 사진.

예 13.5 잉크젯 프린터의 작동원리와 노즐의 제작절차

잉크젯 프린터는 현재까지 MEMS를 가장 성공적으로 활용한 제품이다. 잉크젯 프린터는 노즐로부터 나노 혹은 피코 리터(10^{-12} 리터)의 잉크를 인쇄지에 분사하는 인쇄기이다. 다양한 방식이 있지만, 고해상도용 프린터에는 실리콘 가공기술이 가장 많이 적용된다. 센티미터당 472.44 도트의 해상도(1200 dpi)를 얻으려면 대략 20 μm의 노즐피치가 필요하다.

잉크젯 프린터의 작동원리는 그림 13.42에 나타낸 것과 같다. 노즐 밑의 탄탈저항이 가열되면 잉크액적이 만들어져서 분사되는데, 이 저항이 가는 잉크막을 가열하여 5 μs만에 기체방울을 만든다. 기체방울이 급속히 확장하여 내압이 1.4 MPa에 도달하면 앞부분의 액상 잉크는 노즐을 통해 빠르게 밖으로 밀려나온다. 잉크액적의 꼬리부분은 표면장력으로 24 μs 이내에 분리되고, 열원이 꺼짐에 따라 노즐 내의 기체방울도 붕괴된다. 50μs 이내에 저장조로부터 노즐로 잉크가 끌려나와 다음 액적의 분사에 필요한 표면모양을 만든다.

전통적인 잉크젯 프린터헤드는 전해가공된 니켈 노즐을 집적회로와 별도로 제작하고 접합공정으로 두 부품을 연결하였다. 하지만 프린터 해상도가 높아지면서 두 부품을 몇 μm 이내의 공차로 접합하기가 힘들어졌다. 이러한 이유로 단일부품, 즉 단일구조 집적회로로 제작하는 것이 관심을 끌었다.

단일구조 잉크젯 프린터헤드의 제작순서를 그림 13.43에 나타내었다. 실리콘 웨이퍼를 준비하여 인규산염유리(PSG) 패턴을 입히고, 그 위에 저응력 실리콘질화물을

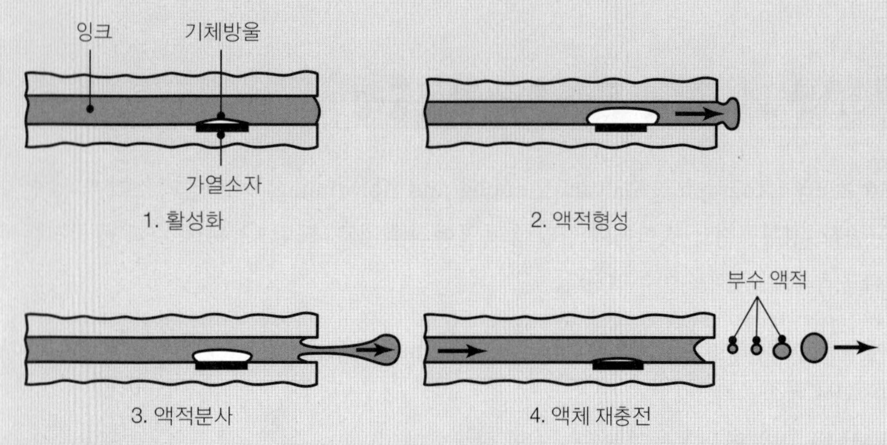

▲ **그림 13.42**
잉크젯 프린터의 작동순서: (1) 저항가열소자가 켜지면 잉크를 빠르게 기화시켜 공기방울 형성, (2) 5 μ초 이내에 기체방울이 확장되어 잉크를 노즐에서 밀어냄, (3) 표면장력으로 액적이 분리되면서 고속으로 분사됨. 동시에 가열소자가 꺼지면 기체방울의 열이 주위의 잉크로 전달되면서 붕괴, (4) 24 μ초 이내에 잉크액적이 분사되고(부수 액적은 바람직하지 않음) 표면장력으로 잉크가 저장조로부터 끌려나와 재충전됨.

▶ 그림 13.43
잉크젯 프린터헤드의 가공 순서.

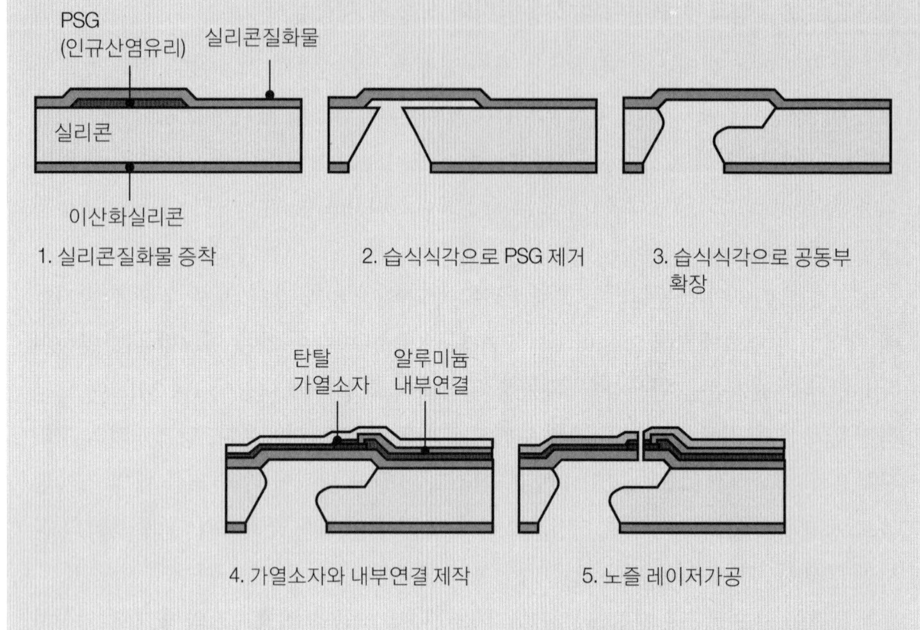

피복한다. 웨이퍼의 뒷면을 등방성 식각하여 잉크저장조를 만든다. 회로를 제어하는데 필요한 CMOS를 제작하고(그림 13.43에는 나와 있지 않음) 탄탈 가열패드를 증착시킨다. 탄탈 패드와 CMOS 회로 사이를 알루미늄으로 내부연결하고 레이저가공으로 노즐을 제작한다. 이렇게 제작된 노즐들을 잉크젯 프린터헤드에 배열하면 센티미터당 944.88 도트(2400 dpi) 이상의 해상도를 얻을 수 있다.

13.15 LIGA 및 관련 미소가공공정

LIGA(X-ray Litographie, Galvanoformung und Abformung)는 X선 리소그래피, 전기도금증착, 성형공정을 결합하여 나타낸 독일어의 약자로, 그림 13.44에 나타낸 공정순서는 다음과 같은 단계로 이루어진다.

1. 매우 두꺼운(최고 수백 미크론) PMMA(polymethylmethacrylate) 레지스트층을 주기판 위에 증착한다.
2. PMMA 층을 평행 X선에 노출시키고 현상한다.
3. 주기판에 금속을 전해증착한다.
4. PMMA를 제거하거나 벗겨내면, 개별 금속구조물이 만들어진다.
5. 금속구조물을 금형으로 사용하여 사출성형한다.

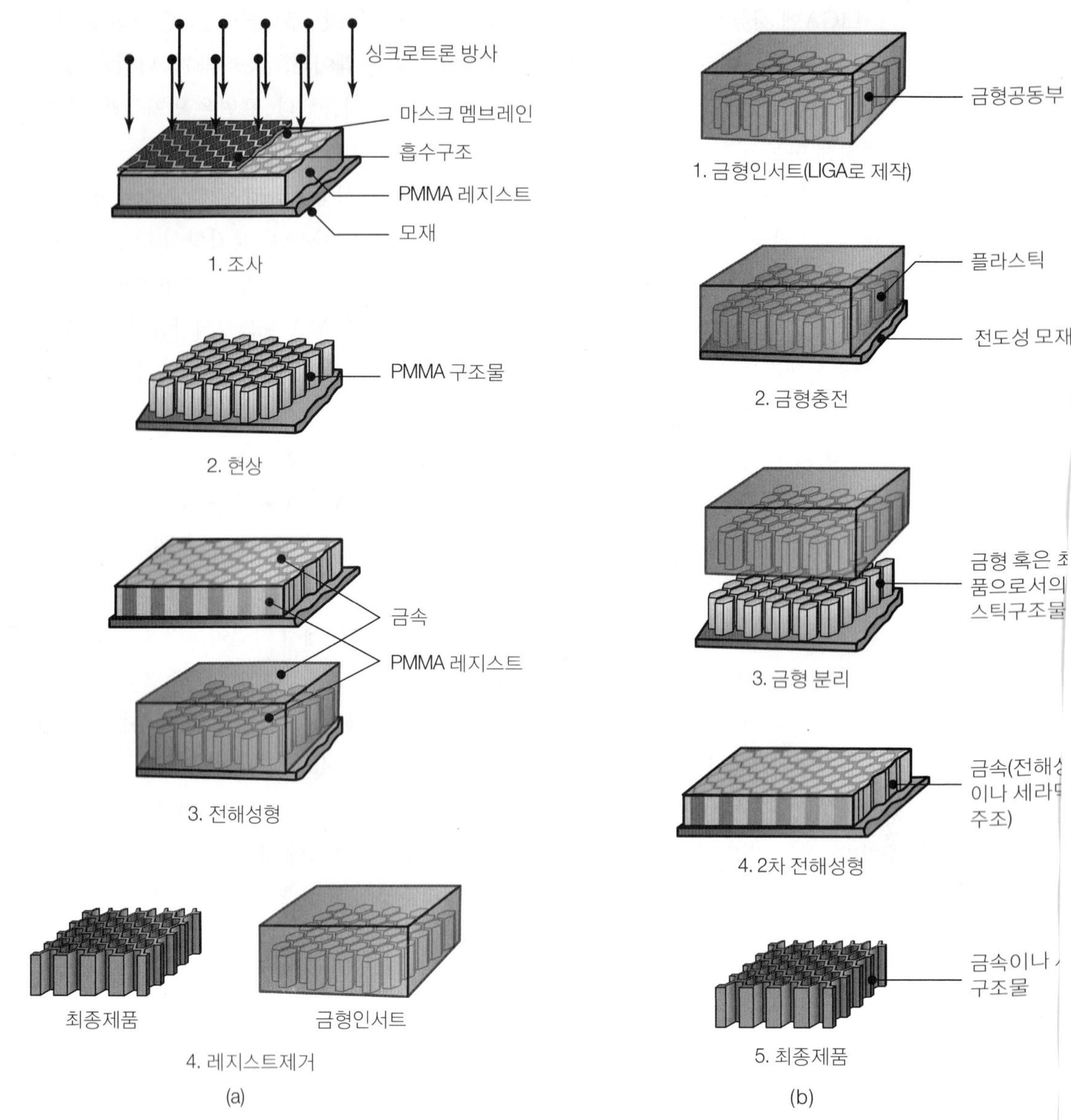

▲ 그림 13.44
LIGA 제작순서: (a) 금속제품 혹은 금형인서트의 일차제작, (b) 일차제품을 이차작업, 즉 복사에 사용.

용도에 따라 LIGA 공정은 다음과 같은 최종제품을 제작할 수 있다.

1. 개별 금속구조물: 전해증착공정으로 제작
2. 사출성형된 플라스틱 구조물
3. 인베스트먼트 주조된 금속부품: 사출성형 플라스틱 구조물을 모형으로 사용
4. 슬립주조된 세라믹부품: 사출성형 플라스틱 구조물을 주형으로 사용

예 13.5 잉크젯 프린터의 작동원리와 노즐의 제작절차

잉크젯 프린터는 현재까지 MEMS를 가장 성공적으로 활용한 제품이다. 잉크젯 프린터는 노즐로부터 나노 혹은 피코 리터(10^{-12} 리터)의 잉크를 인쇄지에 분사하는 인쇄기이다. 다양한 방식이 있지만, 고해상도용 프린터에는 실리콘 가공기술이 가장 많이 적용된다. 센티미터당 472.44 도트의 해상도(1200 dpi)를 얻으려면 대략 20 μm의 노즐피치가 필요하다.

잉크젯 프린터의 작동원리는 그림 13.42에 나타낸 것과 같다. 노즐 밑의 탄탈저항이 가열되면 잉크액적이 만들어져서 분사되는데, 이 저항이 가는 잉크막을 가열하여 5 μs만에 기체방울을 만든다. 기체방울이 급속히 확장하여 내압이 1.4 MPa에 도달하면 앞부분의 액상 잉크는 노즐을 통해 빠르게 밖으로 밀려나온다. 잉크액적의 꼬리부분은 표면장력으로 24 μs 이내에 분리되고, 열원이 꺼짐에 따라 노즐 내의 기체방울도 붕괴된다. 50μs 이내에 저장조로부터 노즐로 잉크가 끌려나와 다음 액적의 분사에 필요한 표면모양을 만든다.

전통적인 잉크젯 프린터헤드는 전해가공된 니켈 노즐을 집적회로와 별도로 제작하고 접합공정으로 두 부품을 연결하였다. 하지만 프린터 해상도가 높아지면서 두 부품을 몇 μm 이내의 공차로 접합하기가 힘들어졌다. 이러한 이유로 단일부품, 즉 단일구조 집적회로로 제작하는 것이 관심을 끌었다.

단일구조 잉크젯 프린터헤드의 제작순서를 그림 13.43에 나타내었다. 실리콘 웨이퍼를 준비하여 인규산염유리(PSG) 패턴을 입히고, 그 위에 저응력 실리콘질화물을

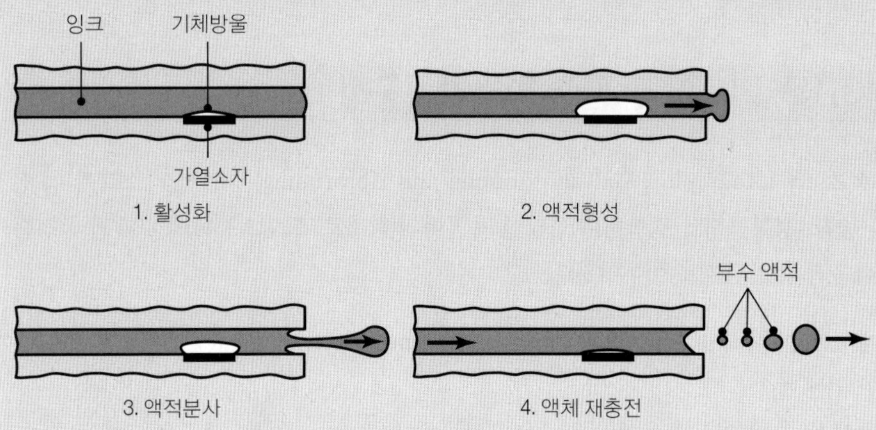

▲ **그림 13.42**

잉크젯 프린터의 작동순서: (1) 저항가열소자가 켜지면 잉크를 빠르게 기화시켜 공기방울 형성, (2) 5 μ초 이내에 기체방울이 확장되어 잉크를 노즐에서 밀어냄, (3) 표면장력으로 액적이 분리되면서 고속으로 분사됨. 동시에 가열소자가 꺼지면 기체방울의 열이 주위의 잉크로 전달되면서 붕괴, (4) 24 μ초 이내에 잉크액적이 분사되고(부수 액적은 바람직하지 않음) 표면장력으로 잉크가 저장조로부터 끌려나와 재충전됨.

▶ 그림 13.43
잉크젯 프린터헤드의 가공 순서.

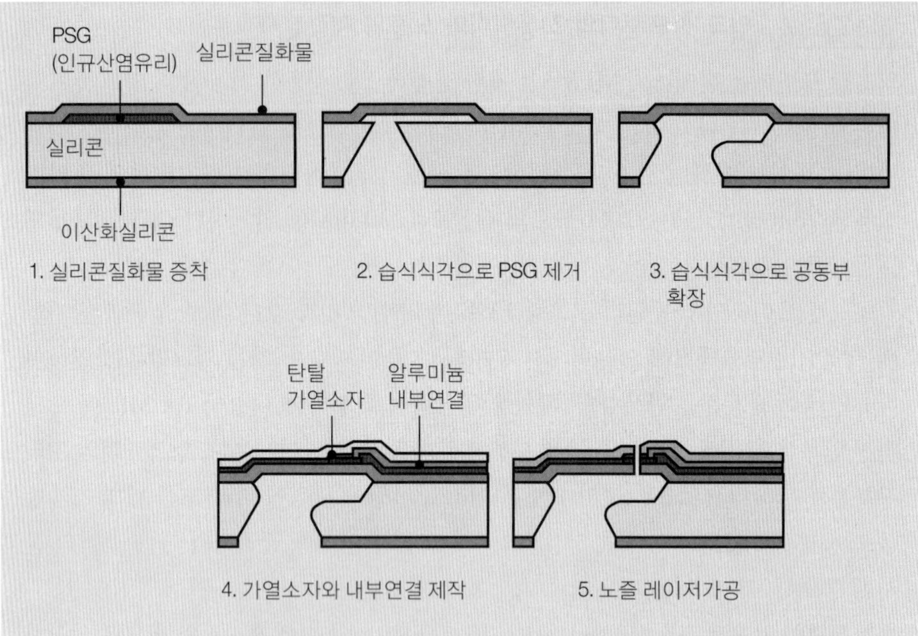

피복한다. 웨이퍼의 뒷면을 등방성 식각하여 잉크저장조를 만든다. 회로를 제어하는데 필요한 CMOS를 제작하고(그림 13.43에는 나와 있지 않음) 탄탈 가열패드를 증착시킨다. 탄탈 패드와 CMOS 회로 사이를 알루미늄으로 내부연결하고 레이저가공으로 노즐을 제작한다. 이렇게 제작된 노즐들을 잉크젯 프린터헤드에 배열하면 센티미터당 944.88 도트(2400 dpi) 이상의 해상도를 얻을 수 있다.

13.15 LIGA 및 관련 미소가공공정

LIGA(X-ray Litographie, Galvanoformung und Abformung)는 X선 리소그래피, 전기도금증착, 성형공정을 결합하여 나타낸 독일어의 약자로, 그림 13.44에 나타낸 공정순서는 다음과 같은 단계로 이루어진다.

1. 매우 두꺼운(최고 수백 미크론) PMMA(polymethylmethacrylate) 레지스트층을 주기판 위에 증착한다.
2. PMMA 층을 평행 X선에 노출시키고 현상한다.
3. 주기판에 금속을 전해증착한다.
4. PMMA를 제거하거나 벗겨내면, 개별 금속구조물이 만들어진다.
5. 금속구조물을 금형으로 사용하여 사출성형한다.

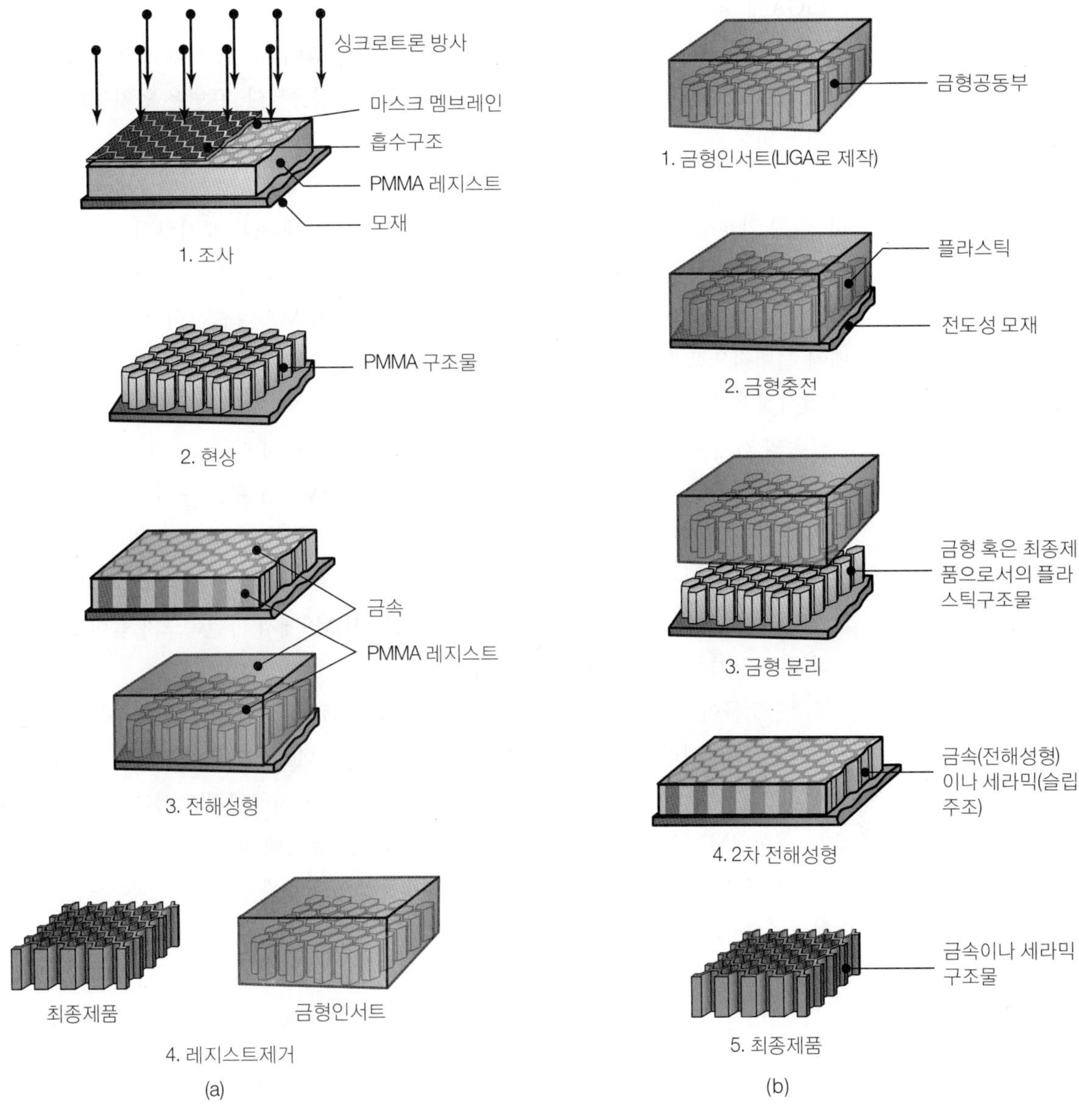

▲ **그림 13.44**

LIGA 제작순서: (a) 금속제품 혹은 금형인서트의 일차제작, (b) 일차제품을 이차작업, 즉 복사에 사용.

용도에 따라 LIGA 공정은 다음과 같은 최종제품을 제작할 수 있다.

1. 개별 금속구조물: 전해증착공정으로 제작
2. 사출성형된 플라스틱 구조물
3. 인베스트먼트 주조된 금속부품: 사출성형 플라스틱 구조물을 모형으로 사용
4. 슬립주조된 세라믹부품: 사출성형 플라스틱 구조물을 주형으로 사용

LIGA에 사용된 기판은 양도체이거나 양도체가 피복된 부도체이다. 주 기판재료의 예로는 오스테나이트강 판재; 티타늄층을 입힌 실리콘 웨이퍼; 금, 티타늄, 니켈 등을 도금한 구리판이 있으며, 금속도금한 세라믹이나 유리도 사용된다. 표면은 입자블래스팅으로 거칠게 하여 레지스트재료가 잘 부착되도록 한다.

레지스트재료는 X선 민감도가 높고, 건식 및 습식 식각에 노출될 때 저항이 좋아야 하며, 열적 안정성이 있어야 한다. 가장 많이 사용되는 PMMA는 분자량이 매우 크고(몰당 10^6 g 이상, 10.2.1절 참조), X선에 노출되면 화학결합이 분리되어 유리기(free radical)가 만들어지면서 분자량이 매우 작아진다. 또한 노출된 PMMA는 습식식각공정에서 유기용매에 선택적으로 용해된다. 현상 후에 남는 삼차원구조물을 세척 및 건조시키고, 필요하면 건식질소처리를 한다.

금속의 전해증착에는 니켈을 보통 사용하는데(전기도금, 4.5.1절 및 그림 4.17 참조), 처음에는 양도체인 기판의 노출면에 증착하고, 이어서 PMMA 구조물 사이를 채우며 심지어 윗면까지 피복한다(그림 13.44a). 니켈은 전기도금 시에 증착속도와 잔류응력을 비교적 조절하기 쉬워서 선택되는 재료이다. 니켈의 무전해도금(4.5.1절)도 가능하여, 부도체 기판에 직접 증착시킬 수도 있다. 하지만 니켈은 MEMS에서 마멸속도가 높아서 다른 재료나 피복을 사용하려는 연구가 진행되고 있다.

금속구조물이 증착된 후에는 정밀연삭으로 기판재료나 니켈 증착층 일부를 제거하며, 이를 **평탄화공정**이라고 한다(13.10절 참조). 삼차원 MEMS 소자에는 수백 미크론 두께의 층에 미크론 단위의 공차가 요구되므로, 평탄화공정이 명백하게 필요하다. 일반 래핑(9.7절)이 연한 PMMA와 그 사이를 채우고 있는 금속을 동시에 제거하는 데 선호되는 방법으로, **나노연삭**이라고 불리는 다이아몬드 래핑공정으로 수행한다. 다이아몬드 슬러리를 연한 금속판에 묻혀서 사용하며, 75-mm 직경의 기판에 1 μm 이하의 평탄도를 유지하며 소재를 제거할 수 있다.

다리결합된(10.2.1절) PMMA 레지스트를 싱크로트론 X선 방사광에 노출시키고 산소 플라즈마나 용매를 사용하여 제거하면, 금속구조물만 남길 수 있다. 니켈을 전해증착시켜

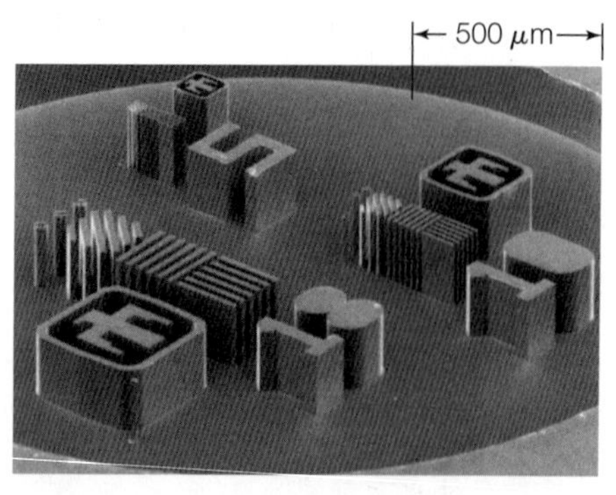

(a)

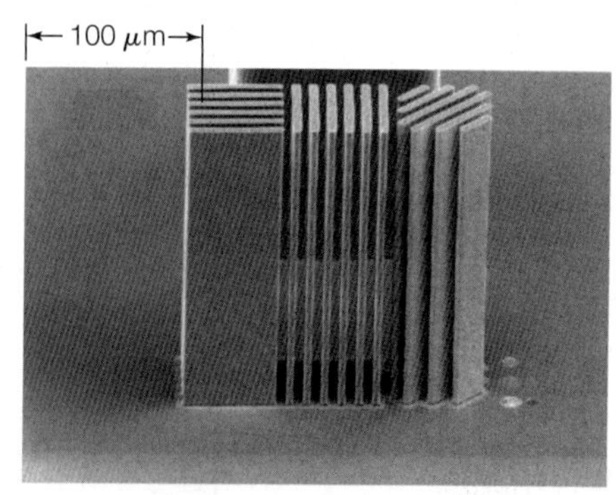

(b)

▶ 그림 13.45
(a) 전해성형된 니켈 구조물, (b) 니켈판과 간격의 상세 사진.

표 13.5 미소금형 가공기술의 비교

	제조기술		
	LIGA	레이저가공	EDM
종횡비	10~50	10	최고 100
표면거칠기	< 50 nm	100 nm	0.3~1 μm
정확도	< 1 μm	1~3 μm	1~5 μm
마스크 필요성	필요	불필요	불필요
최대높이	1~500 μm	200~500 μm	μm~mm

제작한 개별 구조물의 예를 그림 13.45에 나타내었다.

개별 금속구조물을 제작하는 공정단계들이 시간이 매우 많이 걸리고 값비싼 방법들이지만, LIGA의 주요 장점은 이들 구조물을 미크론 이하 형상을 신속하게 복사하는 성형공정의 금형으로 사용할 수 있다는 것이다. 표 13.5에 미소금형을 제작할 수 있는 공정을 나열하여 비교하였는데, LIGA 공정의 장점이 많음을 알 수 있다. 미소금형은 반응사출성형, 사출성형, 압축성형공정(10.10절) 등에 활용할 수 있다.

예 13.6 희토류 자석의 제작

전자기 소자의 크기가 작아지면서 사마륨 코발트(SmCo)나 네오디뮴 철 붕소(NdFeB) 군으로 만드는 희토류 자석을 사용하는 것이 유리하게 되었다. 이들 재료는 일반 자석보다 10배 정도 강한 자성재료로(표 13.6), 분말 형태로 사용할 수 있으며, 효율 높은 초소형 전자기 트랜스듀서 소재로 사용된다.

이들 자석을 제작하는 가공단계를 그림 13.46에 나타내었다. X선 방사광 노출과 용매처리를 통해 PMMA 주형을 제작하고, 희토류 분말을 에폭시 결합제와 혼합하여 캘린더링(그림 10.38 참조) 및 가압공정을 조합하여 PMMA 주형에 채운다. 금형에서 70 MPa 정도로 가압된 상태에서 경화반응을 일으키도록 한 후 평탄화시킨다. 기판에 최소 35 킬로에르스텟의 자기장을 원하는 방향으로 걸어서, 자성재료가 자기를 띠면 PMMA를 용해시켜 제거하고 그림 13.27과 같이 희토류 자석만 남도록 한다.

표 13.6 영구자석재료의 성질

재료	에너지적(GOe × 10^{-6})
탄소강	0.20
36% 코발트강	0.65
Alnico I	1.4
Vicalloy I	1.0
백금-코발트	6.5
$Nd_2Fe_{14}B$, 완전치밀상태	40
$Nd_2Fe_{14}B$, 결합된 상태	9

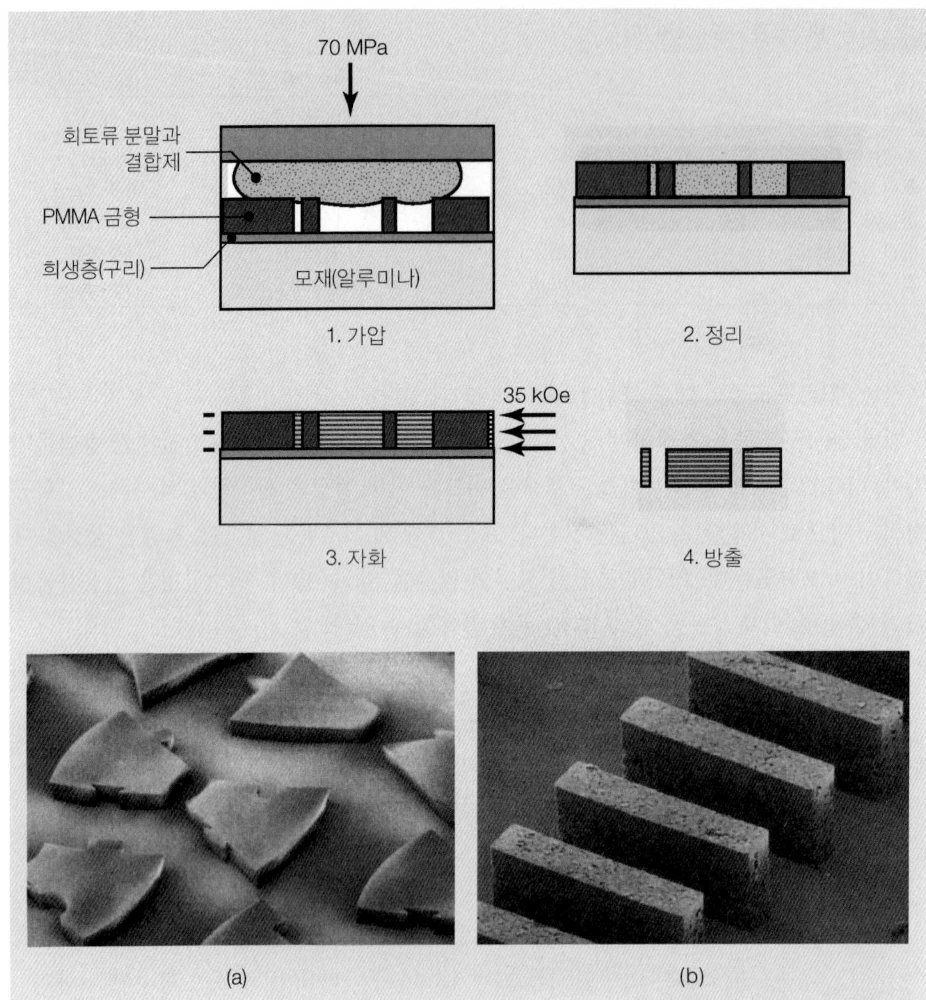

▶ **그림 13.46**
미소센서용 희토류 자석의 제작순서.

▶ **그림 13.47**
$Nd_2Fe_{14}B$ 영구자석의 SEM 사진. 분말입자크기는 1~5 μm, 결합제는 메틸렌-클로라이드 저항성 에폭시를 사용. 이 공정으로 제작한 자석에서 최대 9 MGOe의 에너지적을 얻는다.

■ **다층 X선 리소그래피** LIGA 기술이 종횡비가 크고 재생산가능한 형상의 MEMS 기구를 제작하기에는 매우 적합하지만, 종종 LIGA 기술로 직접 제작할 수 없는, 다층으로 단이 진 구조물이 필요한 경우가 있다. 바닥면이 고정된 형상은 도금공정을 직접 적용할 수 있으므로, 이 기술에서는 PMMA로 둘러싼 전해증착된 금속층을 LIGA 공정으로 제작하고, 두 번째 PMMA 레지스트층을 제작된 구조물에 접합하여 X선용 마스크를 정렬하고 X선에 노출시킨다.

복잡한 MEMS 기구에는 바닥면이 뜬 형상이 종종 사용되며, 이 목적으로 개발된 확산 접합 및 희생층 제거과정을 그림 13.48a에 도식적으로 나타내었다. 이 공정은 PMMA로 전해성형된 두 개의 판을 안내핀을 사용하여 맞대어 정렬하고, 기판을 가열프레스에서 접합시킨 후 희생층으로 사용한 기판을 식각으로 제거하여 기판을 하나만 남기는 방법이다. 이렇게 제작된 구조물의 예를 그림 13.48b에 나타내었다.

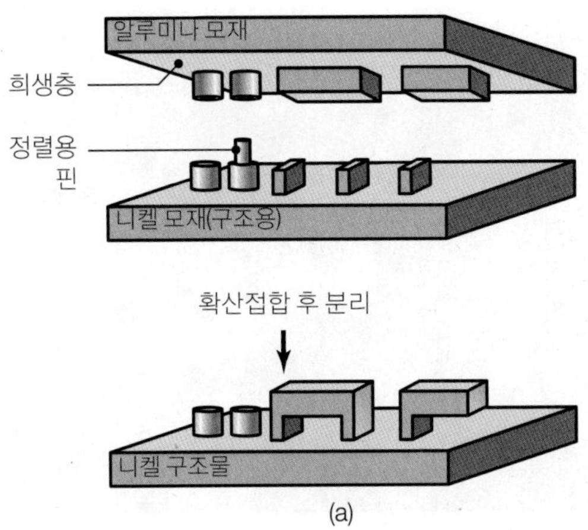

(a)

(b)

▶ **그림 13.48**
(a) 웨이퍼규모 확산접합으로 다층 MEMS를 제작하는 과정, (b) 인장변형률 측정용 매달린 링 구조물. 두 층을 웨이퍼규모 확산접합하여 제작한다.

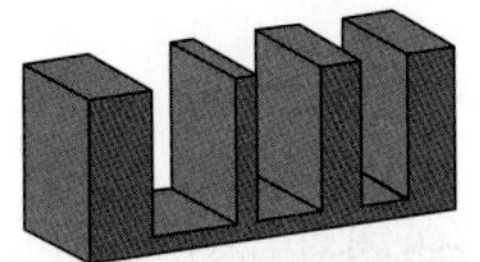

1. 실리콘 웨이퍼에 심층식각

2. 희생산화층 증착

3. 도핑 안된 폴리실리콘 증착

4. 즉석 도핑된 폴리실리콘 증착

5. 산화층까지 평탄화 식각

6. 무전해 니켈도금

7. 표면정리 및 산화층까지 연마

8. HF 식각분리 및 몰드이탈

9. 2단계로 돌아가서 몰드주기 반복

웨이퍼

희생산화층

도핑 안된 폴리실리콘

도핑된 폴리실리콘

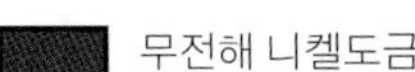
무전해 니켈도금

▶ **그림 13.49**
HEXSIL 공정의 단계별 개략도.

(a)

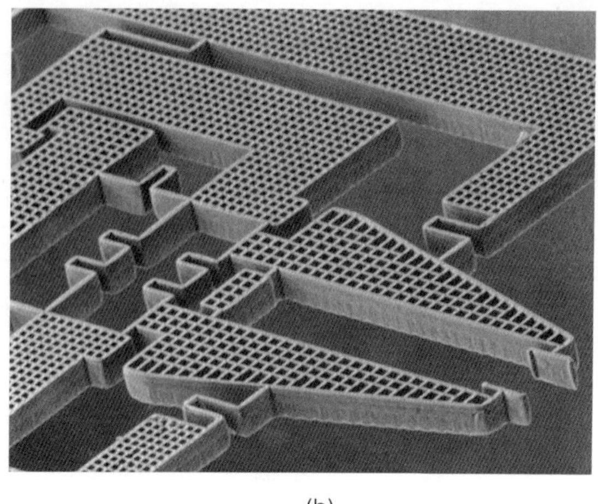
(b)

▲ 그림 13.50
(a) 미소조립이나 미소수술용 미소집게의 SEM 사진, (b) 집게의 상세 사진.

■ **HEXSIL** 이 공정은, 그림 13.49에 나타낸 것처럼, 육각형 벌집구조(HEXagonal honeycomb structures), 실리콘 미소가공(SILicon micromaching), 박막증착을 조합하여 종횡비가 크고 바닥면이 뜬 구조물을 제작하는 방법으로, LIGA의 능력과 경쟁할 정도로 선명한 형상을 가진 높은 구조물을 제작할 수 있다.

HEXSIL에서는 단결정실리콘에서 건식식각으로 깊은 홈을 먼저 만들고, 얕은 습식식각으로 홈 벽면을 매끈하게 가공한다. 홈의 깊이는 원하는 구조물의 높이로 하되 실용적으로는 약 100 μm로 제한된다. 실리콘 위에 산화막을 성장시킨 후, 도핑되지 않은 다결정실리콘층을 덮는다. 이 층은 주형충전과 형상선명도를 양호하게 한다. 다음으로, 도핑된 실리콘층을 증착하여 미소기구의 레지스트부분을 만들어둔다. 마지막으로, 전기도금이나 무전해 니켈도금층을 증착한다. 그림 13.49는 HEXSIL로 폭이 다른 홈을 제작하는 과정이며, 이를 이용하여 다양한 구조물을 제작할 수 있다.

그림 13.50은 HEXIL 공정으로 제작한 미소집게를 나타낸다. 이 집게는 열로 구동되는 봉에 연결되어 미소조립용이나 미소수술용으로 사용되었다.

13.16 고상자유형 제조기술

고상자유형 제조기술(solid freeform fabrication)은 10.12절에 설명한 신속조형기술을 일컫는 용어로서, 이 방법은 소재를 제거하는 대신에 첨가가공을 통해 복잡한 삼차원구조물을 제작하는 특징을 갖는다. 신속조형기술에서의 많은 발전은 MEMS 제작에도 활용된다.

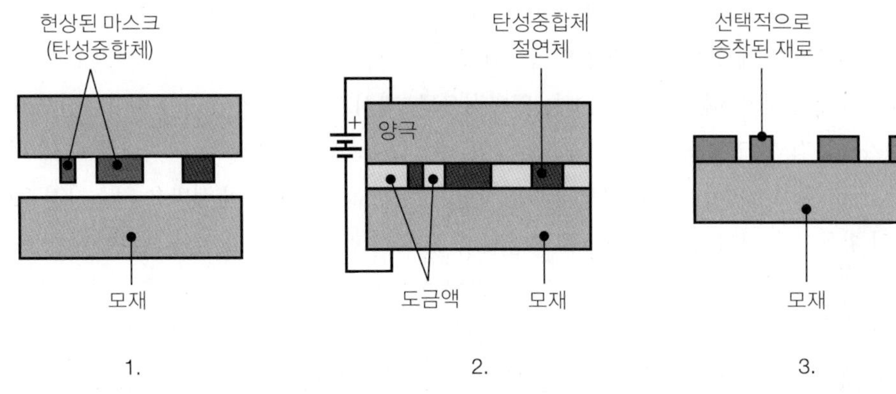

▶ **그림 13.51**
즉석마스킹공정: (1) 증착 전 모재, (2) 모재와 즉석마스크를 접촉하여 증착 진행, (3) 형상증착 완료.

■ **미소 스테레오리소그래피** 스테레오리소그래피는 광개시제와 고도로 초점을 맞춘 광원을 이용하여 액상 열경화성 폴리머를 경화시키는 공정으로, 직경 0.25 mm의 레이저초점을 사용하여 75~500 μm 두께의 층을 만들어나간다.

반면에, **미소 스테레오리소그래피**는 동일한 방법을 사용하지만, 레이저초점의 직경을 1 μm 정도로 고집중하여 층두께를 10 μm 정도로 얇게 쌓는 방법이다. 이 기술은 많은 경제적 이점을 갖는 반면, 부도체인 폴리머 구조물을 제작하므로 제어회로를 MEMS 기구에 연결하기에 어려운 점이 있다.

MEMS 기구를 제작하는 또 다른 방법으로 **즉석마스킹**(instant masking)법이 있다(그림 13.51). MEMS 기구를 즉석마스킹법으로 제작하는 고상자유형 제조기술을 **전기화학적 제조기술**(EFAB, electrochemical fabrication)이라고도 한다. 탄성중합체 재료로 된 마스크를 13.7절에 설명한 일반 포토리소그래피 기술로 먼저 제작한다. 제작된 마스크를 전해증착조에 잠긴 기판 위에 눌러서 접촉 부위에 도금용액이 닿지 않게 함으로써 마스크가 접촉되지 않은 기판 위에만 전해증착이 진행되어, 결국은 마스크와 동일한 형상이 복사되도록 한다. 즉석마스킹 기술을 사용하면, 두 번째 층을 만들어서 희생층으로 활용함으로써 바닥면이 뜬 구조나 아치를 갖는 복잡한 삼차원형상을 제작할 수 있다.

13.17 메조가공

제5장에서 제12장까지 설명한 전통적인 가공공정은 육안으로 볼 수 있는 크기의 부품을 제조하는 데 이용된다. 이러한 부품의 크기를 일반적으로 거시규모(*macroscale*)라고 하며, 이는 '길다'는 의미의 그리스어 *makros*에서 온 단어이다. 따라서 이들 부품의 가공공정을 거시가공(macromanufacturing)이라고 하며, 다루는 크기범위는 설계나 가공의 관점에서 아주 잘 개발되어 왔고 이해되어 있다.

반면에, 메조가공(mesomanufacturing)의 예로는 보청기, 스텐트, 밸브 같은 의료용 기구; 손목시계, 초소형 모터나 베어링을 들 수 있다. 그림 1.7을 참조하면, 메조가공은 미소가공과 거시가공에 모두 중첩됨을 알 수 있다.

메조가공에 사용되는 접근방법에는 일반적으로, 거시가공공정의 크기를 줄이는 방법과 미소가공공정의 크기를 늘리는 방법의 두 가지가 있다. 전자의 예로는 크기 32 × 25 × 30.5 mm, 무게 100 g인 1.5 W 모터를 장착한 선반을 들 수 있다. 이 선반은 최소직경 60 μm인 황동을 표면거칠기 1.5 μm로 가공할 수 있다(그림 9.27 참조). 이와 유사하게, 밀링머신, 기계프레스, 기타 공작기계들도 소형화될 수 있다.

미소가공공정의 크기를 늘리는 것도 유사하다. LIGA 공정은 미소크기의 기구를 제작하지만, LIGA로 제작되는 최대부품은 메조크기이다. 이러한 이유로, 메조가공공정은 미소가공공정과 구분하기 힘든 경우가 많다.

13.18 나노가공

나노가공(nanomanufacturing)은 나노미터 길이규모로 부품을 제작하는 기술로, 미크론 이하 규모, 즉 길이 10^{-6}~10^{-9} m에서의 가공방법을 지칭하는 용어이다. 집적회로 내 대부분의 형상은 이 정도의 길이규모이지만 나노가공이라고 하지는 않으며, 주로 분자공학에 의한 의약품이나 기타 형태의 바이오가공만을 현재 상용화된 예로 들고 있다. 하지만 많은 물리적 생물학적 공정들이 이 길이규모에서 수행되며, 이 가공방법은 미래의 혁신에 상당히 유망한 기술로 인정되고 있다.

나노가공은 두 가지 기본적인 접근법, 즉 **하향식 방법**과 **상향식 방법**을 갖는다. 하향식 접근법은 큰 구성요소(예: 실리콘 웨이퍼)와 다양한 가공공정(예: 리소그래피나 습식플라즈마식각)으로 훨씬 작은 형상이나 제품(마이크로프로세서, 센서, 탐촉자)을 만드는 방법이다. 한편, 상향식 접근법은 작은 구성요소(예: 원자, 분자, 혹은 원자나 분자의 집합체)로 구조물을 만들어나가는 방법으로, 이론적으로는 10.12절에 설명한 첨가가공기술과 유사하다. 하지만 나노가공이라는 관점에서 보면, 상향식 접근법은 원자나 분자 규모에서 제품을 다루고 만들어야 함을 의미한다.

상향식 접근법은 자연에서 광범위하게 이용되는 방법인 반면(세포증식은 기본적인 상향식 접근법임), 인간의 가공기술은 대부분 하향식 접근법으로 이루어진다. 실제로, 현시점에서 상업적 가능성을 보이는 나노가공 제품은 아직 없다. 공업재료에 가장 적용할 만한 유망한 기술은 다음과 같다.

1. **탄소나노튜브 기구.** 탄소나노튜브(11.13.1절 참조)는 튜브 형태의 그래파이트로 간주할 수 있으며, 나노규모의 기구 개발용으로 관심을 끌고 있다. 이들 나노튜브는 흑연의 레이저절제, 탄소아크방전, 가장 흔하게는 화학증착법(4.5.1절)으로 제작된다. 탄소나노

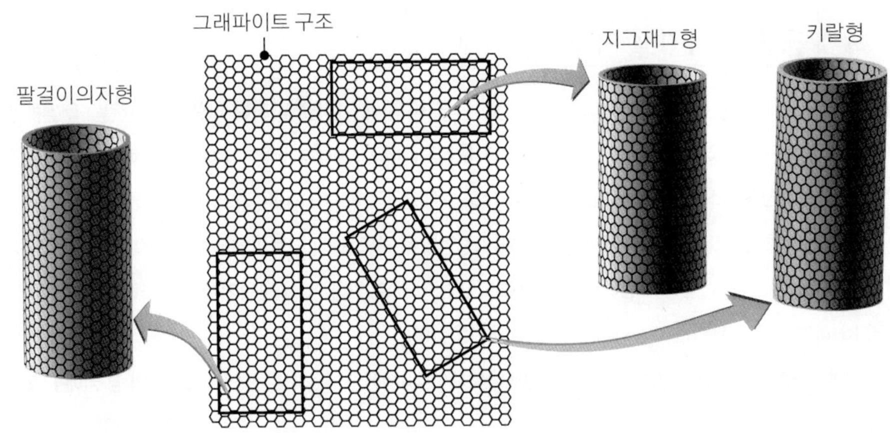

▶ **그림 13.52**
탄소나노튜브의 형태: 팔걸이의자형, 지그재그형, 키랄(chiral)형. 팔걸이의자형 나노튜브는 전기전도도가 매우 높고, 지그재그형과 키랄형 나노튜브는 반도체이다.

튜브에는 단층벽(SWNT, single-walled NT)과 다층벽(MWNT, multiwalled NT)이 있으며, 각종 원소로 도핑될 수 있다.

탄소나노튜브는 강도가 탁월하여 복합재료의 강화섬유로 주목받고 있다(10.9절 및 11.4절). 하지만 탄소나노튜브는 대부분 재료와의 부착력이 매우 낮아서 모재로부터 박리되므로, 강화섬유용으로의 응용에 제약을 받는다. 또한 구조물 내에 나노튜브를 적절하게 분산시키기가 어려워서, 뭉쳐 있을 경우에는 강화섬유로서의 효과가 역시 제한된다. 탄소나노튜브를 사용한 일부 제품 중에는 2006년도 '투르 드 프랑스(Tour de France)'에 사용한 자전거의 프레임과 신형 야구배트 및 테니스라켓이 있다. 현시점에서 강화재료로서의 나노튜브는 극히 일부만 사용되고 있고, 그나마 그래파이트 섬유가 주역할을 하고 있어서 제품에서의 효과도 미미하다.

탄소나노튜브의 또 다른 특성으로, 전류운반기능이 매우 뛰어난 점을 들 수 있다. 따라서 나노튜브 내의 그래파이트 배위에 따라 반도체나 양도체로 만들어질 수 있다. 팔걸이의자형 나노튜브(그림 13.52)는 이론적으로 은이나 구리보다 1000배 이상의 전류밀도를 운반할 수 있어서 나노기구에서의 전기연결부로 주목을 받고 있다.

탄소나노튜브는 특히 자동차나 항공우주용 연료관에 사용하는 폴리머의 정전기 방전능력을 개선할 목적으로 첨가하는 경우가 있다. 이 외에 제안되는 용도로는 수소동력차량의 수소저장기, 평면 디스플레이, X선 및 마이크로웨이브 발생기, 나노크기 센서 등이다.

2. **나노상 세라믹.** 나노상 세라믹(11.8.1절 참조)은 세라믹재료를 제조할 때 나노크기 입자를 사용함으로써 세라믹의 강도와 연성을 동시에 향상시킬 수 있어서 관심을 받고 있다. 또한 표면적 대 단면적의 비가 높으므로 촉매로 이용될 수도 있다. 알루미늄모재의 강화재로 SiC 입자를 사용하는 것처럼(11.14절), 나노상 입자는 강화재로 사용될 수 있다.

사례연구 | 디지털 미소거울기구

MEMS 기반 제품이 상업용으로 이용되는 예로, 그림 13.53에 나타낸 **디지털 픽셀기술**(DPT™, Digital Pixel Technology) 기구가 있다. 이 기구는 **디지털 미소거울기구**(DMD™, digital micromirror device)를 배열하여 컴퓨터로 구동되는 영사시스템에서 디지털 영상을 투사하는 데 사용된다. 이 기구는 알루미늄 거울의 각도를 변화시켜 스크린에 초점을 맞추는 광학기계로 빛을 보내는 역할을 하므로, 각 거울이 해상도의 픽셀에 해당한다. 거울은 환하거나 어두운 픽셀을 투영하지만, 회색조도 만들어낼 수 있다. 빛을 광학기계로 반사하는 스위칭시간은 약 15 μs 정도이므로, 인간의 눈보다 훨씬 빠르게 반응한다.

DMD 기구를 제작하는 단계를 그림 13.54에 나타내었다. 제작순서는 다른 표면미소가공의 경우(예 13.5 참조)와 유사하지만, 다음과 같은 중요한 점이 다르다.

- 모든 미소가공단계는 전자회로에 손상을 주지 않는 온도인 400°C 이하에서 수행된다.
- 두꺼운 실리콘산화물층을 증착하고 화학기계적 연마를 하여 MEMS 기구에 적합한 기초를 만든다.
- 접합패드 및 전극은 알루미늄을 스퍼터링으로 증착하여 만든다(13.5절).

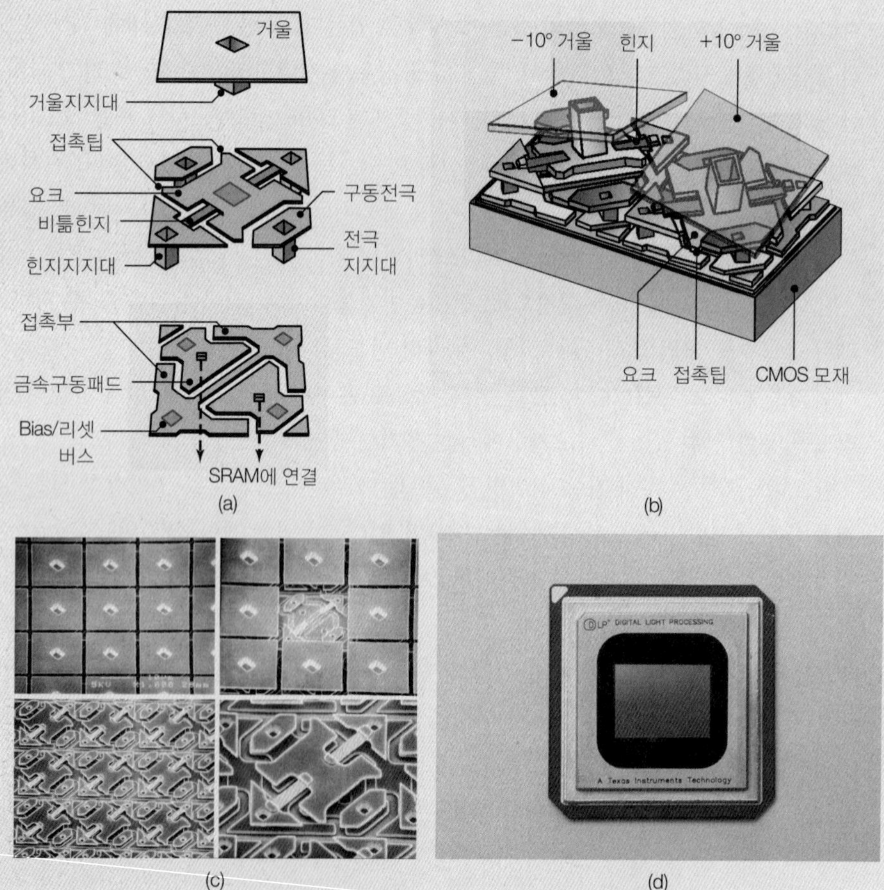

▶ **그림 13.53**
텍사스 인스트루먼트사의 DPT™ 소자: (a) DMD의 분해도, (b) 인접한 DMD 픽셀, (c) DMD 배열의 사진. 내부구조를 보기 위해 일부 거울을 제거한 모습이며, 거울의 한 변 길이는 17 μm이다. (d) DPT 소자. 디지털 영사시스템, 고해상도(HD) 텔레비전, 기타 화상 디스플레이시스템에 사용되며, 사진의 소자는 한 변 길이 50 mm 이내에 1,310,720개의 미소거울을 내장한다.

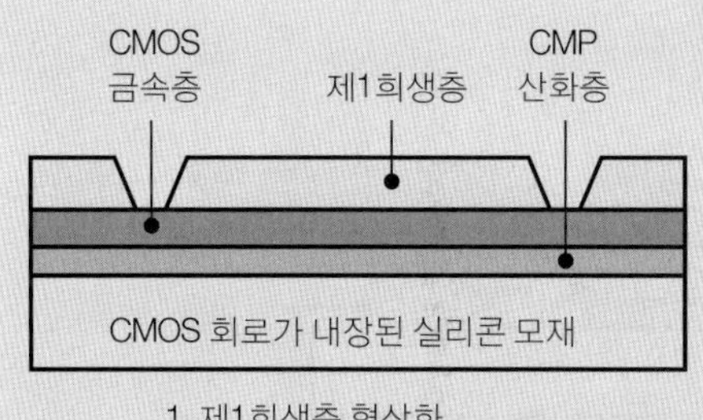

1. 제1희생층 형상화

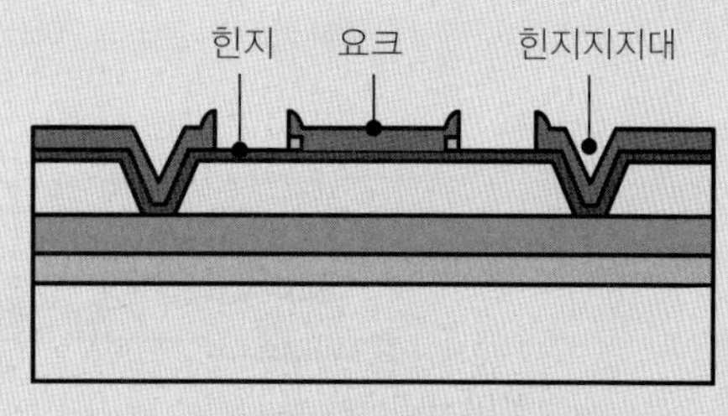

4. 요크식각 및 산화층 제거

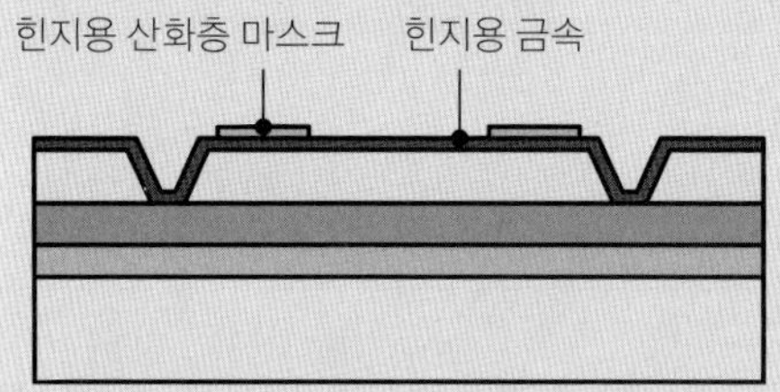

2. 힌지용 금속 증착; 힌지용 산화층 마스크 증착 및 형상화

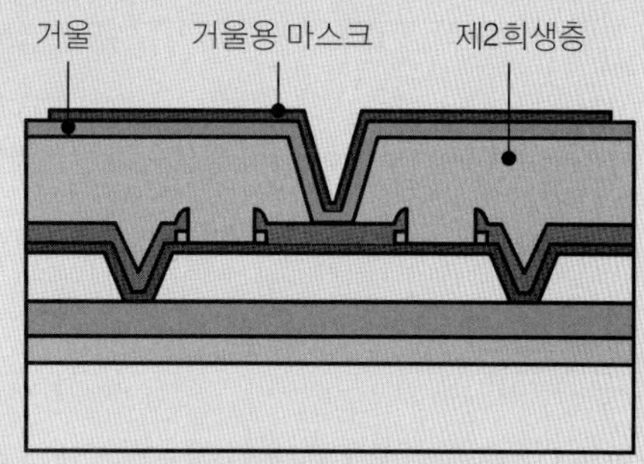

5. 제2희생층과 거울층 증착

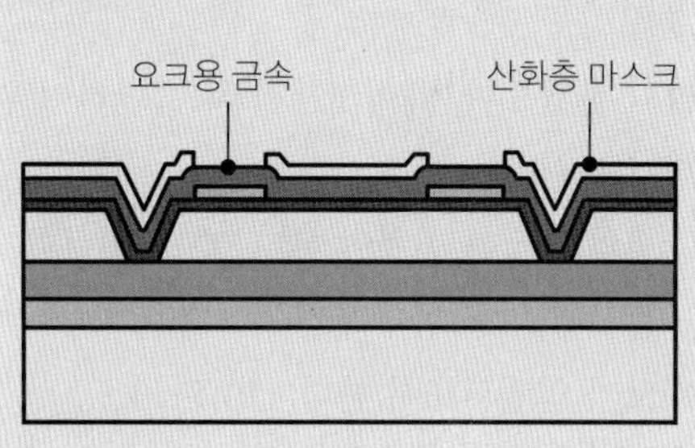

3. 요크용 금속증착 및 요크용 산화층 마스크 형상화

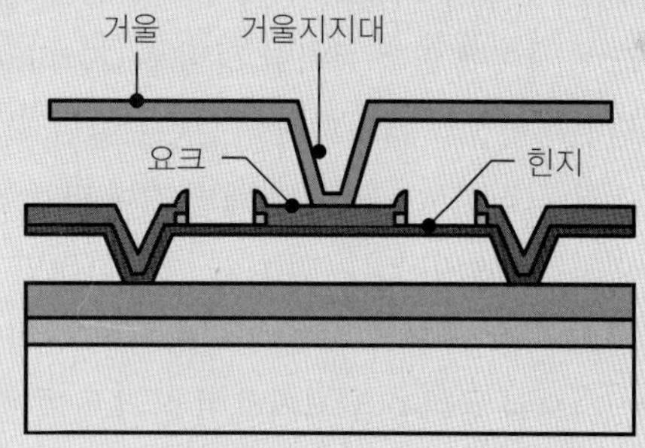

6. 거울형상화 및 희생층 식각제거

▶ **그림 13.54**
텍사스 인스트루먼트사의 DMD 소자 제작순서.

- 전용 알루미늄합금으로 만들어지는 비틀림 힌지는 고강도이면서 작용응력이 작아야 기구의 높은 신뢰성이 보장된다.
- DMD의 MEMS 부분은 매우 섬세하여, 칩으로 분리할 때 특히 주의해야 한다. 웨이퍼가 준비되면, 웨이퍼 톱으로 칩의 경계에 해당하는 홈을 파서(그림 13.8c 참조), 나중에 각 칩으로 분리될 수 있도록 해둔다.
- 요크와 접합패드 사이에 응착이 일어나지 않도록 하는 층을 증착하는 특별한 단계가 있다.
- DMD는 광학창을 가진 밀폐된 세라믹 패키지에 설치한다.

이렇게 제작된 거울을 배열하면 회색조 화면을 나타낼 수 있다. 따라서 세 개의 거울(각각 적색, 녹색, 청색 광선 담당)을 한 픽셀로 하여, 수백만 색상을 가진 천연색 영상이 투영된다. 디지털 픽셀기술은 디지털 영사시스템, 고해상도(HD) 텔레비전, 기타 각종 광학용에 널리 사용된다.

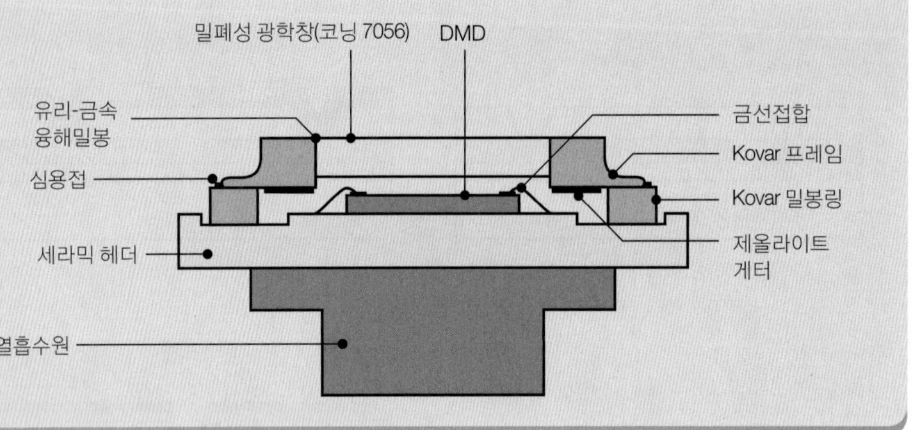

▶ **그림 13.55**
DMD 소자에 사용된 세라믹 평면패키지 구조.

내용 요약

SUMMARY

- 전자산업이 급속히 발전함에 따라 새로운 기구개념과 회로설계의 가능성이 끊임없이 나타나고 있다. 그 중에서 MEMS 기구는 중요한 기술로 부각되었다. (13.1절)
- 실리콘, 갈륨-비소화합물, 폴리실리콘 등의 반도체재료는 전기적 성질이 양도체와 부도체 사이에 있는 독특한 성질을 갖는다. (13.3절)
- 단결정성장과 웨이퍼제작 관련기술이 잘 개발되어 있으며, 웨이퍼제작 후 절단하여 완전한 집적회로가 포함된 개별 칩이 만들어진다. (13.4절)
- 미소전자소자나 집적회로를 제작하려면 몇 단계의 공정을 거쳐야 한다. 순수 웨이퍼가 준비되면, 웨이퍼 기판에 반복하여 산화층을 깔고 박막을 증착시킨 후, 리소그래피나 식각으로 산화층을 제거하여 실리콘 기판과 회로가 연결되도록 한다. (13.5~13.8절)
- 실리콘 구조물의 전기적 특성을 바꾸기 위해서는 해당 영역에 확산이나 이온주입법으로 도펀트(불순물)를 첨가시킨다. (13.9절)
- 미소전자소자는 다층구조의 금속층 사이를 내부연결하여 회로를 만들고, 완성된 회로가 외부와 전기접속되도록 패키징한다. (13.10절 및 3.11절)
- 미소전자소자나 집적회로의 수율은 중요한 경제적 고려사항이며, 이들 제품은 긴 수명이 요구되므로, 작동의 신뢰성이 점점 중요해지고 있다. (13.12절)
- 보다 유연하고 속도가 빠른 집적회로를 제작하려면, 인쇄회로기판에 밀집된 접점들을 패키징하는 기술이 필요하다. (13.13절)
- MEMS 기구는 미소전자소자산업에서 개발된 기술과 재료를 활용하여 가공된다. 부피 및 표면 미소가공, LIGA, SCREAM, HEXSIL, 다층구조의 융합접합 등이 일반적인 가공방법이다. (13.14~13.16절)
- 메조가공과 나노가공은 크기가 매우 작은 제품을 가공하기 위해 상향식 혹은 하향식 기

술을 사용하며, 기술이 빠르게 변화하는 유망한 분야이다. (13.17절 및 13.18절)

참고문헌

BIBLIOGRAPHY

Anderson, B.L., and Anderson, R.L., *Fundamentals of Semiconductor Devices*, McGraw-Hill, 2004.

Berger, L.I., *Semiconductor Materials*, CRC Press, 1997.

Bhushan, B., *Handbook of Nanotechnology*, Springer, 2004.

Blackwell, G.R. (ed.), *The Electronic Packaging Handbook*, CRC Press, 2000.

Brar, A.S., and Narayan, P.B., *Materials and Processing Failures in the Electronics and Computer Industries: Analysis and Prevention*, ASM International, 1993.

Campbell, S.A., *The Science and Engineering of Microelectronic Fabrication*, 2nd ed., Oxford, 2001.

Chandrakasan, A., and Brodersen, R. (eds.), *Low Power CMOS Design*, IEEE, 1998.

Chandrakasan, A., and Brodersen, R., *Low Power Digital CMOS Design*, Kluwer, 1995.

Chang, C.-Y., and Sze, S.M. (eds.), *ULSI Devices*, Wiley-Interscience, 2000.

Davis, J.A., and Meindl, J.D. (eds.), *Interconnect Technology and Design for Gigascale Integration*, Springer, 2003.

Elwenspoek, M., and Jansen, H., *Silicon Micromachining*, Cambridge University Press, 2004.

Elwenspoek, M., and Wiegerink, R., *Mechanical Microsensors*, Springer, 2001.

Gad-el-Hak, M. (ed.), *The MEMS Handbook*, 2nd ed., CRC Press, 2005.

Gardner, J.W., Varadan, V., and Awadelkarim, O.O., *Microsensors, MEMS and Smart Devices*, Wiley, 2001.

Griffin, P.B., Plummer, J.D., and Deal, M.D., *Silicon VLSI Technology: Fundamentals, Practice and Modeling*, Prentice Hall, 2000.

Harper, C.A. (ed.), *Electronic Packaging and Interconnection Handbook*, 4th ed., McGraw-Hill, 2004.

______, *High-Performance Printed Circuit Boards*, McGraw-Hill, 2000.

Hwang, J.S., *Modern Solder Technology for Competitive Electronics Manufacturing*, McGraw-Hill, 1996.

Javits, M.W. (ed.), *Printed Circuit Board Materials Handbook*, McGraw-Hill, 1997.

Judd, M., and Brindley, K., *Soldering in Electronics Assembly*, 2nd ed., Newnes, 1999.

Khandour, R.S., *Printed Circuit Boards*, McGraw-Hill, 2005.

Kovacs, G.T.A., *Micromachined Transducers Sourcebook*, McGraw-Hill, 1998.

Liu, C., *Foundations of MEMS*, Prentice Hall, 2005.

Madou, M.J., *Fundamentals of Microfabrication*, 2nd ed., CRC Press, 2002.

Mahajan, S., and Harsha, K.S.S., *Principles of Growth and Processing of Semiconductors*, McGraw-Hill, 1998.

Mahalik, N., *Micromanufacturing and Nanotechnology*, Springer, 2005.

Maluf, N., and Williams, K., *An Introduction to Microelectromechanical Systems Engineering*, 2nd ed., Artech House, 2004.

Manko, H.H., *Soldering Handbook for Printed Circuits and Surface Mounting*, Van Nostrand Reinhold, 1995.

Matisoff, B.S., *Handbook of Electronics Manufacturing*, 3rd ed., Chapman & Hall, 1996.

May, G.S., and Spanos, C.J., *Fundamentals of Semiconductor Manufacturing and Process Control*,

Wiley, 2006.

Nishi, Y., and Doering, R. (eds.), *Handbook of Semiconductor Manufacturing Technologies*, Dekker, 2000.

Ohring, M., *Reliability & Failure of Electronic Materials and Devices*, Academic Press, 1998.

Pierret, R.F., *Advanced Semiconductor Fundamentals*, 2nd ed., Prentice Hall, 2002.

Poole, C.P., and Owens, F.J., *Introduction to Nanotechnology*, Wiley, 2003.

Quirk, M., and Serda, J., *Semiconductor Manufacturing Technology*, Prentice Hall, 2000.

Rizvi, S., *Handbook of Photomask Manufacturing Technology*, CRC Press, 2005.

Robertson, C., *Printed Circuit Board Designer's Reference*, CRC Press, 2003.

Schroeder, D.K., *Semiconductor Material and Device Characterization*, 3rd ed., Wiley, 2006.

Sze, S.M. (ed.), *Semiconductor Devices: Physics and Technology*, 2nd ed., Wiley, 2001.

Taur, Y., and Ning, T.H., *Fundamentals of Modern VLSI Devices*, Cambridge, 1998.

Ulrich, R.K., and Brown, W.D. (eds.), *Advanced Electronic Packaging*, Wiley, 2006.

Van Zandt, P., *Microchip Fabrication: A Practical Guide to Semiconductor Processing*, McGraw-Hill, 2000.

Wolf, S., *Microchip Manufacturing*, Lattice Press, 2003.

Wolf, S., and Tauber, R.N., *Silicon Processing for the VSLI Era: Process Technology*, 2nd ed., Lattice Press, 1999.

van Zant, P., *Microchip Fabrication: A Practical Guide to Semiconductor Processing*, 5th ed., McGraw-Hill, 2004.

Varadan, V.K., Jiang, X., and Varadan, V.V., *Microstereolithography and Other Fabrication Techniques for 3D MEMS*, Wiley, 2001.

복습문제 QUESTIONS

13.1 웨이퍼, 칩, 기구(소자), 집적회로, 표면실장 등의 용어를 정의하여라.

13.2 실리콘이 반도체나 IC 기술에 가장 많이 사용되는 이유를 설명하여라.

13.3 용어 VLSI, IC, CVD, CMP, DIP가 뜻하는 것은 각각 무엇인가?

13.4 n형과 p형 도펀트는 어떻게 다른지 설명하여라.

13.5 에피택시가 다른 형태의 박막증착과 다른 점은 무엇인가?

13.6 습식식각과 건식식각의 차이점을 설명하여라.

13.7 산화작용에서 실리콘질화물의 역할은 무엇인가?

13.8 리소그래피에서 사전건조와 사후건조의 목적은 각각 무엇인가?

13.9 선택도와 등방성을 정의하고, 식각공정에서의 중요성을 설명하여라.

13.10 선폭과 노광정합의 의미는 무엇인가?

13.11 확산과 이온주입을 서로 비교하여라.

13.12 증발과 스퍼터링 간의 차이점은 무엇인가?

13.13 수율은 어떻게 정의되는가? 수율의 경제적 중요성을 설명하여라.

13.14 가속수명시험이란 무엇이며, 사용되는 이유는 무엇인가?

13.15 용어 BJT와 MOSFET은 각각 무엇을 뜻하는가?

13.16 다음 공정의 기본사항을 설명하여라.

(1) 표면미소가공
(2) 부피미소가공

13.17 LIGA란 무엇인가? 다른 공정에 비해 이 공정의 장점은 무엇인가?

13.18 등방성 식각과 이방성 식각의 차이점은 무엇인가?

13.19 마스크란 무엇이며, 어떤 성분으로 이루어지는가?

13.20 화학보조 이온빔식각(CAIBE)과 반응플라즈마식각에는 어떤 차이점이 있는가?

13.21 이 장의 내용 중에서 폴리머로부터 제품을 만들 수 있는 공정에는 어떤 것이 있는가? (제10장 참조)

13.22 PCB란 무엇인가?

13.23 적절한 스케치를 통해 열음파 접합공정을 설명하여라.

13.24 다이, 칩, 웨이퍼 간의 차이점을 설명하여라.

13.25 실리콘 웨이퍼 모서리에 평탄면이나 노치를 가공해두는 이유를 설명하여라.

13.26 비아(via)란 무엇이고, 어떤 기능을 하는가?

13.27 플립칩이란 무엇인가? 표면실장소자에 대한 장점을 설명하여라.

13.28 IC 패키지를 인쇄회로기판 양쪽 면에 부착하는 방법에 대하여 설명하여라.

13.29 수평형 에피택시 반응기(아래 그림 참조)에서, 웨이퍼는 1~3°로 약간 경사진 장입대 위에 얹어서 에피택시층을 성장시킨다. 이렇게 하는 이유는 무엇인가?

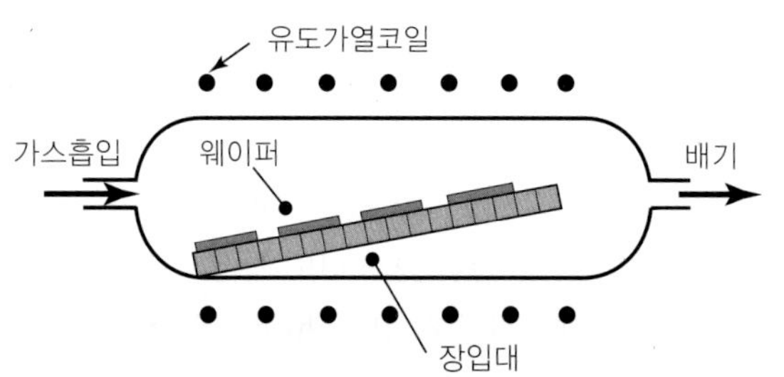

13.30 아래의 표는 웨이퍼를 제작하는 과정에서의 세 가지 변화, 즉 웨이퍼직경의 증가, 칩크기의 감소, 공정복잡성의 증가를 나타낸다. 표의 빈 부분에 '증가', '감소', '변화 없음'을 채워 넣어서 각 변화가 웨이퍼 수율과 작동 칩의 개수에 주는 영향을 나타내어라.

가공조건이 수율에 미치는 영향

변화	웨이퍼 수율	작동 칩의 개수
웨이퍼직경의 증가		
칩크기의 감소		
공정복잡성의 증가		

13.31 트랜지스터의 속도는 폴리실리콘 게이트의 폭에 비례하여, 게이트 폭이 좁을수록 속도가 빨라진다. 가공공정에서의 공차로 인해 게이트 폭이 변동한다고 할 때(예를 들면, ±0.1 μm), 중요한 회로의 속도변동폭을 최소화시키려면 설계자는 게이트 크기를 어떻게 변경해야 하는가? 이러한 변경에 대한 불이익은 없는지 설명하여라.

13.32 이온주입공정에서의 일반적인 문제점은 채널링(channeling) 현상으로, 고전압의 이온이 정지할 때까지 결정평면 상의 채널을 통과하면서 재료 내부까지 깊숙이 도달하는 것이다. 이 효과를 막는 간단한 방법은 무엇인가?

13.33 이 장에서 설명한 MEMS 기구는 평기어, 힌지, 보 같은 거시규모 기계요소를 사용한다. 다음에 나타낸 기계요소를 MEMS에 적용가능한 요소와 그렇지 않은 요소로 구분하고, 그 이유를 설명하여라.
(1) 볼베어링 (2) 헬리컬 스프링
(3) 베벨기어 (4) 리벳
(5) 웜기어 (6) 볼트 (7) 캠

13.34 그림 13.7b는 (100) 실리콘 웨이퍼 위에서의 밀러지수를 나타낸다. 그림 13.5를 참조하여, 그림 13.7a에 나타낸 다른 웨이퍼들에 대해서도 중요한 평면들을 표시하여라.

13.35 그림 13.23을 참조하여, 원형 마스크로 만들어지

는 구멍을 스케치하여라.

13.36 두께가 직경의 십분의 일인 평기어를 제작하고자 한다. 직경이 다음과 같을 때 평기어를 어떻게 제작하겠는가?
(1) 10 μm (2) 100 μm (3) 1 mm
(4) 10 mm (5) 100 mm

13.37 클린룸 중에서 10등급과 1등급이 있다면 어느 쪽이 더 청정한가?

13.38 미소전자소자, 미소기계기구, MEMS 간의 차이점을 설명하여라.

13.39 MEMS 및 MEMS 기구에 실리콘을 많이 사용하는 이유는 무엇인가?

13.40 표면미소가공에서 희생층을 사용하는 목적은 무엇인가?

13.41 용어 SIMPLE과 SCREAM은 각각 무엇을 뜻하는가?

13.42 이 장의 내용 중에서 세라믹으로 제품을 만들 수 있는 공정에는 어떤 것이 있는가? (제11장 참조)

13.43 HEXSIL이란 무엇인가?

13.44 스테레오리소그래피와 미소 스테레오리소그래피의 차이점은 무엇인가?

13.45 리소그래피는 투영된 형상을 제작하므로, 진정한 삼차원형상을 제작하기 어려운 편이다. 이 장에서 설명한 공정 중에서 렌즈 같은 삼차원형상을 제작하는 데 가장 적합한 공정은 무엇인가?

13.46 표면미소가공이 부피미소가공에 비해 갖는 장점과 한계를 나열하고 설명하여라.

13.47 LIGA 공정의 주요 한계점은 무엇인가?

13.48 그림 13.49에 나타낸 미소집게를 제작하는 데 HEXSIL 이외에 사용할 수 있는 공정을 설명하여라.

연습문제 PROBLEMS

13.49 어떤 웨이퍼 제조업체가 하나는 500개, 다른 하나는 300개의 칩을 담는, 크기가 같은 두 개의 웨이퍼를 제작하였다. 검사결과 두 웨이퍼에서 모두 50개의 칩이 불량으로 판정되었다. 두 웨이퍼의 수율을 계산하여라. 칩크기와 수율 간에 어떤 연관성을 설정할 수 있는가?

13.50 염소기 폴리실리콘 식각공정에서 폴리실리콘:레지스트의 선택도는 4:1이고, 폴리실리콘:산화물의 선택도는 50:1이다. 350 nm의 폴리실리콘을 식각할 때, 레지스트와 노출된 산화물은 얼마나 소비되는가? 노출된 산화물의 4 nm만 제거되도록 하려면 폴리실리콘:산화물의 선택도는 얼마이어야 하는가?

13.51 공정순서에 따라, 산화작용으로 400 nm, 150 nm, 40 nm, 15 nm의 네 개의 이산화실리콘층이 성장되었다. 실리콘 기판은 얼마나 소비되었는가?

13.52 어떤 설계규칙에서 금속선의 폭이 2 μm 이상이도록 규정하고 있다. 만일 1 μm 두께의 금속층을 습식식각한다면, 포토레지스트의 최소폭은 얼마이어야 하는가? (습식식각은 완전히 등방성이라고 가정한다.) 완전히 이방성인 건식식각공정을 사용하는 경우, 포토레지스트 최소폭은 얼마이어야 하는가?

13.53 그림 13.18을 이용하여, 식각속도를 온도의 함수로 나타내는 수식을 작성하여라.

13.54 한 변의 길이가 100 μm인 정사각형 마스크를 {100} 평면 위에서 한 변을 ⟨110⟩ 방향으로 설치하였다. 80°C에서 에틸렌-디아민(ethylene-diamine)/파이

로카테콜(pyrocatechol)을 사용하여 깊이 4 μm의 구멍을 식각할 때, 시간은 얼마나 걸리는가? 식각결과의 형상을 스케치로 나타내어라.

13.55 그림 13.17b에 나타낸 마스크에 대하여 홈 바닥의 폭을 시간의 함수로 나타내는 식을 작성하여라.

13.56 불소원자가 실리콘표면을 1 mm/s의 속도로 충돌할 때, 접촉시간과 평균충돌력을 계산하여라. 힌트: 식 (9.11) 및 (9.13) 참조.

13.57 깊이 10 μm인 홈을 식각할 때, 이방성 비율이 (1) 200, (2) 2, (3) 0.5인 경우의 언더컷과 측벽면의 경사각을 각각 계산하여라.

13.58 표 13.3에 나열된 습식식각제로 깊이 10 μm인 홈을 식각할 때의 언더컷을 계산하여라. 마스크를 실리콘산화물로 만들었다면, 언더컷은 어떻게 되는가?

13.59 두께 75 mm인 실리콘 소재로부터 평기어를 식각하는 데 걸리는 시간을 예측하여라.

13.60 레지스트 스핀기계에서 점도 0.05 N-s/m인 폴리머 레지스트를 입히고 있다. 작동속도를 2000 rpm으로 했을 때, 작업 후 측정된 레지스트두께가 1.5 μm라고 한다. 작동속도를 6000 rpm으로 한다면, 레지스트두께는 얼마가 되는가? 식 (13.3)에서 $\alpha = 1.0$으로 잡는다.

13.61 아래 그림에서 구멍의 형상을 검토하고, 각각 어떻게 만들어졌는지 설명하여라.

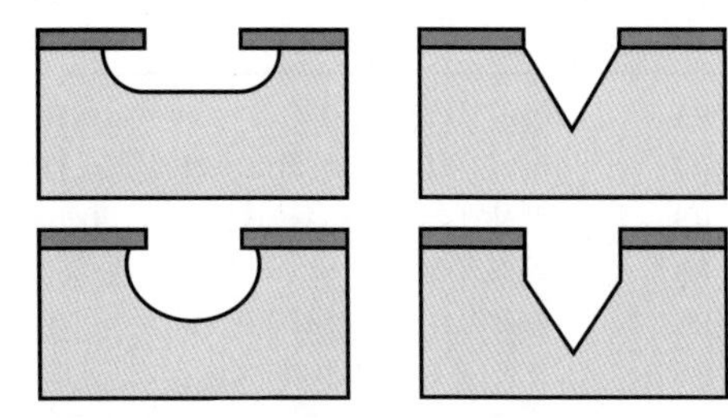

13.62 폴리이미드 포토레지스트가 적절하게 현상되려면, 두께 1 μm당 100 mJ/cm^{2}이 필요하다. 150 μm의 박막을 1000 W/m^{2}의 광원에 노출하여 현상하는 데 걸리는 시간은 얼마인가?

13.63 그림 13.22d에 나타낸 미소모터를 제작하는 데 필요한 층수는 몇 개인가?

13.64 두께 250 μm인 실리콘 웨이퍼 안에 두께 25 μm, 크기 500 × 500 μm인 다이아프램을 제작하고자 한다. 식각속도가 1 μm/min인 KOH 수용액으로 습식식각기술을 사용할 때, (1) 식각시간, (2) (100) 실리콘 웨이퍼 위에 사용할 마스크의 크기를 계산하여라.

13.65 파이프 속을 흐르는 물의 레이놀즈수가 2000이라고 한다. 파이프의 직경이 (1) 10 mm, (2) 100 μm일 때, 물의 속도를 계산하여라. MEMS 기구 안에서의 유동이 난류 혹은 층류가 될지 예측하고 설명하여라.

설계문제

DESIGN

13.66 아래 그림은 간단한 *pnp* 접합형 트랜지스터의 단면을 나타낸다. 이 소자를 제작하는 공정의 순서도를 작성하여라.

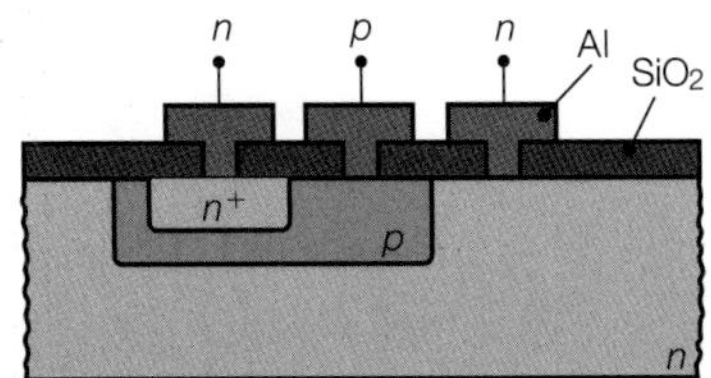

13.67 아래 그림의 MOS 트랜지스터 단면과 주어진 설계규칙표를 참조하여 트랜지스터의 가능한 최소크기

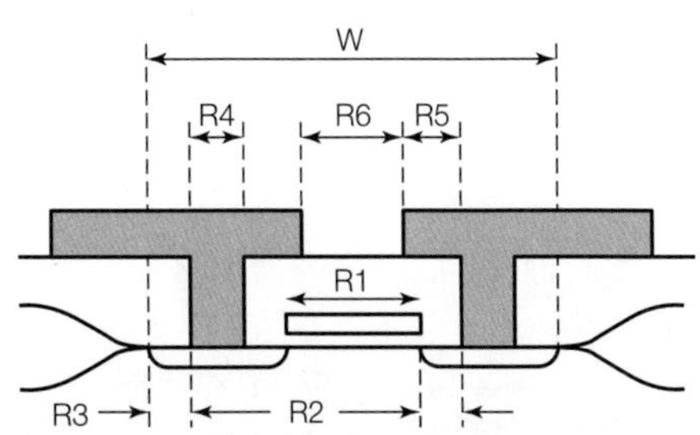

*W*를 설계하여라. *W*의 크기에 영향을 주지 않는 설계 규칙이 있다면 몇 번 규칙인지 이유를 설명하여라.

규칙번호	규칙명	값(μm)
R1	폴리실리콘 최소폭	0.50
R2	폴리실리콘-접촉 최소간격	0.15
R3	확산접촉 최소중첩길이	0.10
R4	최소접촉폭	0.60
R5	금속접촉 최소중첩길이	0.10
R6	금속-금속 최소간격	0.80

13.68 아래 그림은 비틀림 보에 달려 있는 거울을 나타내며, 홈의 바닥에서 거울 양측면에 전압을 인가하면 정전기력으로 거울이 기울어지도록 되어 있다. 이 기구를 제작하는 데 필요한 가공작업의 순서도를 작성하여라.

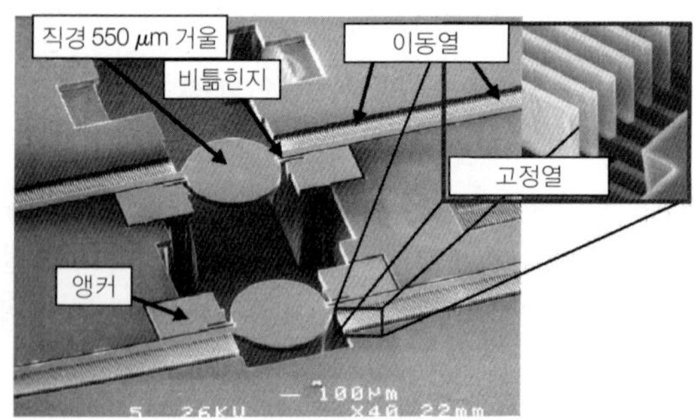

13.69 그림 13.36을 참조하여, 기판에 달라붙지 않을 외팔보의 임계치수를 구하는 실험방법을 설계하여라.

13.70 그림 13.32에 나타낸 기구를 제작하는 방법에 대하여 설명하여라.

13.71 각종 전자 및 컴퓨터 장비를 살펴보고 최대한 분해하여, 이 장에서 설명한 기술로 제작되었을 부품을 확인하여라.

13.72 이 장에서 설명한 내용이나 공정 중에서, 제12장까지 설명한 공정들과 유사성을 가진 측면이 있는가? 어떤 점이 유사한지 설명하여라.

13.73 클린룸의 중요한 기능과, 그 기능이 어떻게 유지되어야 하는지를 설명하여라.

13.74 이 장에서 설명한 지식이나 기술이 없었다면 존재하지 않았을 제품의 예를 들고 설명하여라.

13.75 그림 13.6의 2단계에 나타낸 웨이퍼 절단작업에서 사용하는 연삭숫돌의 종류와 형상에 대하여 기술문헌을 찾아보고 보다 상세하게 설명하여라.

13.76 미소전자소자는 악조건(고온, 습기, 진동 같은)에서 사용될 뿐만 아니라 물리적으로도 남용될 수 있음(예: 단단한 면에 떨어뜨림)을 잘 알고 있다. 이러한 조건에서 이들 소자의 내구성 시험방법에 대하여 의견을 기술하여라.

13.77 문헌조사를 통해, 다음 공정으로 가공할 수 있는 구멍의 최소직경을 결정하여라.

(1) 드릴링 (2) 펀칭
(3) 물제트 절단 (4) 레이저가공
(5) 화학적 식각 (6) EDM

13.78 그림 13.32에 나타낸 것과 유사한 가속도계를 (1) SCREAM 공정, (2) HEXSIL 공정을 사용하여 제작하고자 할 때의 공정순서를 각각 설계하여라.

13.79 문헌조사를 통해, 바이오 MEMS의 활용에 대한 한 쪽짜리 요약보고서를 작성하여라.

13.80 실리콘의 결정구조를 설명하여라. FCC 구조와 다른 점은 무엇인가? 원자충전율(APF, atomic packing factor)은 얼마인가?

제 14 장

가공자동화

주요내용

가공작업에 사용되는 로봇, 센서, 고정구와 같은 자동화기술에 대하여 설명함.

- ❑ 대량생산에 적용되는 고정자동화
- ❑ 생산성과 유연성을 향상시키는 수치제어기계
- ❑ 개회로제어, 폐회로제어, 적응제어 같은 제어방식
- ❑ 가공작업의 많은 단계에서 활용되는 산업용 로봇
- ❑ 가공공정을 감시하고 관리하는 데 사용되는 센서
- ❑ 제품의 조립 및 분해를 보장하는 설계 고려사항
- ❑ 자동화가 제품설계와 공정의 경제성에 미치는 영향

14.1 개요

1950년대 초까지, 대부분의 가공작업은 유연성이 없었고 숙련된 기술자를 필요로 하는, 전통적인 기계들에서 이루어졌다. 다른 제품이 가공될 때마다, 기계들은 매번 새로운 공구를 갖추어야 했고, 재료의 이동 또한 재구성되어야 했다. 게다가, 복잡한 형상을 가진 새로운 제품과 부품을 개발하려면, 작업자는 기계의 공정변수를 맞추기 위해서 수많은 시행착오를 거쳐야만 했다. 더욱이 사람이 하는 일이라서 정확히 똑같은 부품들을 만들기가 어려웠다. 이러한 환경은 가공방법이 비효율적이었으며, 인건비가 전체 생산비용의 중요한 부분을 차지했음을 의미한다. 따라서 가공작업의 효율과 유연성을 향상시키고, 제품비용에서 노동비용의 비중을 감소시키는 것이 점차로 필요하게 되었다.

생산성(productivity) 역시 중요한 관심사가 되었다. 원료, 에너지, 자본, 노동, 기술 같은 모든 자원의 최적활용, 즉 종업원 1명의 시간당 생산량으로 정의되는 생산성은 기본적으로 작업효율을 재는 척도이다. 기계류나 공정의 **기계화**(mechanization)는 1940년대에 가장 활발하였다. 이후로, 가공의 과학기술이 급속하게 발전하면서 가공작업의 효율이 향상되고, 전체비용 중에서 인건비가 차지하는 비율이 감소하기 시작하였다. 가공작업의 효율을 향상시키는 그 다음 단계는 **자동화**(automation)인데, 이는 '자발적 움직임'을 뜻하는 그리스어 *automatos*에서 유래한다. 이 용어는 1940년대 중반에 미국 자동차산업에서 부품들이 생산기계에서 자동처리 및 가공되는 것을 표현하기 위해 만들어졌다. 지난 60년 동안, 자동화의 형식과 정도에 있어서 많은 발전과 성과가 있었다. 이들 중요한 발전은 주로 제어시스템 및 컴퓨터의 용량과 정교함이 빠르게 발전했기 때문에 가능하였다.

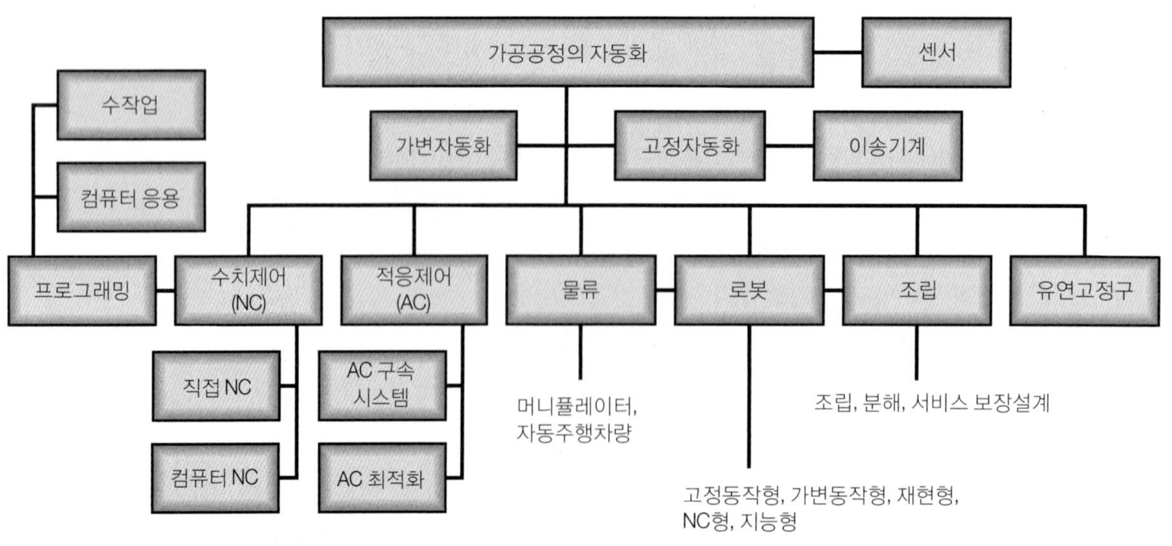

▲ **그림 14.1**
이 장에서 설명하는 주제의 개관.

이 장에서는 그림 14.1에 나타낸 개관에 따라서, 우선 자동화의 역사와 원리, 그리고 제조공장에서 각종 작업과 활동을 통합하는 방법에 대하여 알아본다. 또한 수치제어와 적응제어 기술을 통해 기계와 시스템의 제어에 필요한 중요한 개념을 소개한다. 가공에서의 기본 요소로, 특히 **산업용 로봇**을 포함한 각종 시스템으로 발전한 물류방법에 대하여 설명한다. 그 다음에는 **센서기술**을 다루는데, 센서는 기계류, 공정, 시스템의 제어와 최적화에 필수적 요소이다. 또한 진보된 가공기술, 특히 **유연가공시스템**의 많은 장점들을 활용하는 **유연고정구**와 **조립작업**에 대하여 설명한다. 마지막으로, **컴퓨터통합가공 시스템**에서의 주요 발전과 가공작업의 모든 측면에 끼친 영향을 소개한다.

14.2 자동화

자동화는 가공공정을 수행하고 제어하는 특별한 장비와 장치를 사용하여, 인간을 조금 개입시키거나 혹은 전혀 개입시키지 않고, 미리 예정된 순서의 작업을 수행하는 것으로 정의된다. 14.8절과 제15장에서 설명하겠지만, 자동화는 각종 장치, 센서, 액추에이터, 기술, 특수장비를 사용하여, (1) 가공작업의 모든 측면을 관찰하고, (2) 작업 중에 생기는 변화에 대한 결정을 내리며, (3) 작업의 모든 측면을 제어함으로써 달성된다.

자동화는 급진적으로 변화하는 개념이라기보다는 **점진적**으로 발전하는 개념으로, 다음과 같은 활동영역에서 성공적으로 적용되어 왔다.

- **가공공정과 작업:** 절삭, 연삭, 단조, 냉간압출, 주조, 플라스틱 성형 등은 광범위하게 자동화된 공정들의 예이다.
- **물류:** 재료와 부품은 각 완성단계에서 로봇의 사용을 포함한 컴퓨터제어장비에 의해 인간의 지시없이 공장 내에서 이동된다.
- **검사:** 부품은, 특히 가공 중에, 결함, 치수정확도, 표면정도가 자동검사된다.
- **조립:** 개별 가공된 부품은 반제품 및 최종제품으로 자동조립된다.
- **포장:** 제품은 자동포장된다.

14.2.1 자동화의 발달과정

금속가공은 기원전 4000년 전부터 발전해 왔지만(표 1.1 참조), 1750년대의 산업혁명 초기에 와서야 자동화가 도입되었다. 공작기계는 1890년대 후반에 개발되기 시작했으며, 대량생산과 이송기계는 자동차산업을 중심으로 1920년대에 개발되었다. 하지만 이들 시스템은 고정된 자동기구로 특정 제품만을 생산하도록 설계된 것이었다. 1950년대 초반에 개발된 공작기계의 수치제어(NC, numerical control)는 자동화에서 획기적인 발전의 계기가 되었다. 이 역사적인 개발로, 가공의 많은 측면이 급속히 자동화되기 시작했다(표 14.1).

표 14.1 가공공정자동화의 역사적 발달과정

연대	개발내용
1500~1600	금속성형공정에 수력이용; 화폐용 판재성형을 위한 압연기
1600~1700	목재가공용 수동선반; 기계식 계산기
1700~1800	보링, 선삭 및 나사가공용 선반; 드릴프레스
1800~1900	모방선반; 터릿선반; 만능밀링머신; 고급 기계식 계산기
1808	직물기계의 직조형상 자동제어용 펀치구멍을 가진 금속박판카드
1863	자동 피아노연주기(Pianola)
1900~1920	기어식 선반; 자동 나사절삭기; 자동 유리병제조기
1920	'로봇(robot)'이라는 용어출현
1920~1940	이송기계; 대량생산
1940	전자식 계산기 등장
1943	전자계산기 등장
1945	'자동화(automation)'라는 용어출현
1947	트랜지스터 발명
1952	수치제어 공작기계의 원형 등장
1954	APT(Automatically Programmed Tool) 개발; 적응제어
1957	상업용 NC 공작기계
1959	집적회로 등장; '그룹 테크놀로지' 개념 도입
1960	산업용 로봇 등장
1965	대규모 집적회로
1968	프로그램가능한 제어기
1970년대	통합가공시스템 출현; 로봇을 이용한 자동차차체 점용접; 마이크로프로세서; 마이크로컴퓨터를 이용한 로봇, 유연가공시스템; 그룹 테크놀로지; 통합가공시스템
1980년대	인공지능; 인공지능형 로봇; 지능형 센서; 무인가공셀
1990~2000년대	통합가공시스템; 지능형 센서 위주 기계; 정보통신 및 세계적 가공망; 퍼지논리장치; 인공신경망; 인터넷 도구; 가상환경; 고속정보시스템

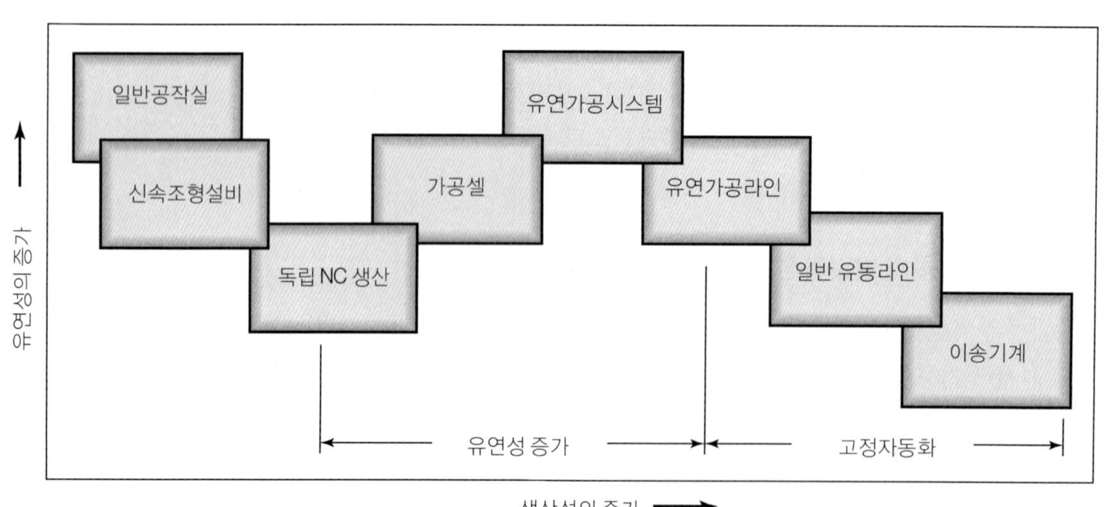

▲ **그림 14.2**

각종 가공시스템의 유연성과 생산성. 그림의 겹치는 부분은 각 그룹 내에서 가능한 자동화와 컴퓨터제어의 수준에 따른다.

사용 공정, 제품유형, 생산량에 따라서, 가공에는 다양한 수준의 자동화가 이루어진다. 가공시스템(그림 14.2)은 자동화가 이루어진 정도에 따라 다음 순서로 분류된다.

1. **공작실**(job shop)은 범용 공작기계와 머시닝센터를 사용하고(8.11절), 인력 개입의 수준이 높다.
2. **신속조형설비**(10.12절)는 공작실에 비해 인력 개입이 작고, 컴퓨터로 구동되는 신속조형기계의 독특한 기능을 활용한다.
3. **독립 NC 생산방식**은 **수치제어기계**(14.3절)를 사용하지만, 작업자와 기계의 상호작용이 여전히 높다.
4. **가공셀**(15.9절)은 산업용 로봇을 포함한 유연 물류와 컴퓨터제어가 통합된 기계집단으로 구성된다(14.7절).
5. **유연가공시스템**(15.10절)은 다수의 가공셀과 자동화된 물류시스템을 연동시켜 가공의 모든 측면에 컴퓨터제어를 사용한다.
6. **유연가공라인**은 컴퓨터제어 기계류를 셀 대신 생산라인에 적용하고, 부품운송은 고정 자동화를 통해 이루어진다. 유연가공시스템에 비해 제품유동이 제한적이지만, 작업처리량이 높아서 생산량이 많다.
7. **유동라인** 및 **이송라인**은 단일 부품의 생산을 목표로, 기계 사이에 자동물류장치를 갖춘 기계류를 그룹으로 조직한 것으로, 가공라인은 제한적으로 유연성 없이 설계된다.

14.2.2 자동화의 목표

자동화는 다음과 같은 중요한 목표를 갖는다.

1. 가공작업의 여러 측면을 **통합**하여, 제품의 품질과 일관성을 향상시키고 생산주기시간과 노력을 최소화하며 인건비를 줄인다.
2. 생산제어를 향상시켜 가공비를 낮춤으로써 **생산성을 향상**시킨다. 보다 신속하고 효율적으로 소재와 부품을 기계에 장착, 이송, 이탈시킨다. 보다 효과적으로 기계를 사용하고, 생산은 더욱 효율적으로 조직된다.
3. 가공공정의 반복성을 높여서 **품질을 개선**한다.
4. **인간의 개입**으로 인한 지루함, 실수의 가능성을 줄인다.
5. 부품의 수동조작으로 인한 **공작물의 손상을 막는다**.
6. 기계, 물류 및 운반, 보조장비들을 더욱 효율적으로 배치함으로써 **공간을 경제적으로 사용**한다.
7. 특히 위험한 작업조건에서 **작업자의 안전성을 높인다**.

■ **자동화와 생산량** 생산량은 부품의 경제적인 생산에 필요한 기계와 장비의 형식과 자동화의 수준을 결정함에 있어서 중요하다. **총 생산량**(total production quantity)은 다양한

표 14.2 생산방식에 따른 생산량의 범위

생산방식	생산량	제품유형
실험용 제품 및 시작품	1~10	모든 유형
소량배치생산	< 5000	항공기, 공작기계, 금형
대량배치생산	5000~100,000	트럭, 농기계, 제트엔진, 디젤엔진, 외과기구
대량생산	100,000+	자동차, 가전제품, 체결구, 병, 식음료용기

로트크기(lot size)로 생산되는 부품의 총 개수로 정의된다. 로트크기는, 제16장에서 설명하는 것처럼, 생산의 경제성에 큰 영향을 준다. **생산속도**는 단위시간당 생산되는 부품의 개수로 정의된다. 각 생산방식에 적용되는 생산량의 개략적인 범위를 표 14.2에 나타내었다. **실험용 제품**이나 **시작품**은 생산량이 가장 작음을 예상할 수 있다(10.12절 참조).

소량의 부품은 공작실에서 제작한다(그림 14.2). 이때의 작업은 부품다양성이 높은데, 이는 작업과 공구설비를 크게 변화시키지 않고 단시간에 각종 부품을 생산할 수 있음을 뜻한다. 하지만 공작실 기계들을 다루려면 숙련된 인력이 필요하고, 생산량과 생산속도가 낮기 때문에, 부품당 비용이 높다(그림 14.3). 인력이 많이 필요한 제품의 생산방식을 노동집약적이라고 한다(14.12절 참조).

소량생산(piece-part production)은 아주 소량을 제작하는 것으로 공작실에 적합하며, 로트크기는 보통 50개 이하이다. **소량배치**(small-batch)**의 생산량**은 일반적으로 10~100 정도의 범위로, 범용기계나 머시닝센터를 사용하고, **배치생산**은 100~5000의 로트크기로, 소량배치생산과 유사한 기계들을 사용하지만, 생산속도를 높이기 위해 특별히 설계된 고정구(fixture)를 사용한다.

대량생산(mass production)은 일반적으로 100,000개 이상의 생산량을 가지며, 전용기계와 자동화된 소재 및 부품 이송장비를 필요로 한다. 기계, 장비, 특수공구가 비싸지만, 자동화수준이 높기 때문에 필요한 숙련도와 인건비가 상대적으로 낮아진다. 하지만 이 생

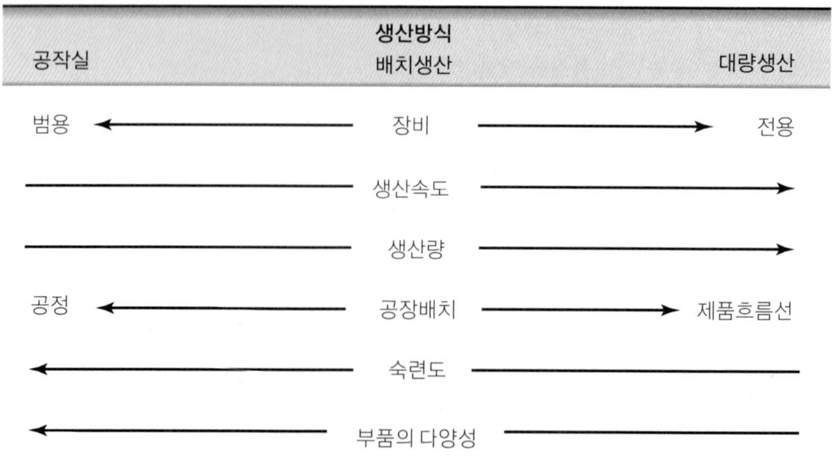

▶ **그림 14.3** 세 가지 생산방식의 일반적인 특성비교.

산시스템은 특정 제품만을 위해 구성되므로, 유연성이 결여된다.

14.2.3 자동화의 응용

자동화는 원료에서 완성품에 이르기까지 모든 형태의 물품과, 공작실에서 대형 제조설비까지 모든 생산방식에 적용할 수 있다. 신규 혹은 기존 생산설비의 자동화 여부에 대한 결정에는 다음과 같은 점을 고려해야 한다.

- 가공되는 제품의 유형
- 필요한 생산량과 생산속도
- 자동화시킬 가공작업의 특수성
- 가용인력의 숙련도
- 자동화 시스템의 신뢰성과 유지문제
- 경제성

자동화는 일반적으로 초기설비비용이 높고 작업과 유지의 원리에 대한 지식이 필요하므로, 수준이 낮더라도 자동화를 도입하는 결정을 하려면 진정한 필요성에 대하여 검토해야만 한다. 업체에서 처음에는 높은 의욕을 갖고 전면적으로 자동화를 도입하지만, 자동화의 경제적 이득은 현실이 아니라 환상이고, 결국은 자동화의 비용효과가 높지 않음을 발견하는 사례가 드물지 않다. 따라서 **전면적** 자동화보다는 특정 설비에 국한한 **선택적 자동화**가 바람직하다. 인건비가 정당화되고 인력이 충분이 공급된다면, 가용인력의 숙련도가 높을수록 자동화의 필요성은 낮아진다. 역으로, 가공설비가 자동화되어 있다면 필요한 숙련도는 낮다.

14.2.4 고정자동화(hard automation)

고정자동화 혹은 **정위치자동화**(fixed-position automation)에서는 생산기계가 엔진블록, 밸브, 기어, 스핀들 같은 규격화된 제품을 생산하도록 설계된다. 제품크기와 공정변수가 변경될 수 있지만 기계들은 전용화되어 유연성이 없으므로, 모양과 크기가 많이 다른 제품을 생산하도록 수정할 수 없다(15.8절의 **그룹 테크놀로지** 참조). 이러한 기계는 설계제작이 비싸기 때문에, 부품을 대량생산해야 경제성이 보장된다.

고정자동화용 기계는 **빌딩블록**, 즉 **모듈러 원리**로 만들어진다. 이를 **이송기계**(transfer machine)라고 하며, (1) **동력부 생산단위**(power-head production unit)와 (2) 이송기구(transfer mechanism)의 두 요소로 구성된다. 동력부 생산단위는 프레임 혹은 베드, 전기구동 모터, 기어박스, 공구주축으로 구성된다. 이들 생산단위는 본질적인 모듈성으로 인해 쉽게 재조합되어 다른 부품을 생산할 수 있다. 이송기계를 구성하는 다수의 동력부 단위는 공장 바닥에 직선, 원형, 또는 U자형으로 배열된다. 공구파손이나 기계고장이 발생하

▶ **그림 14.4**

동력부 장치의 두 가지 형식: (a) 직선 형태, (b) 회전형 형태.

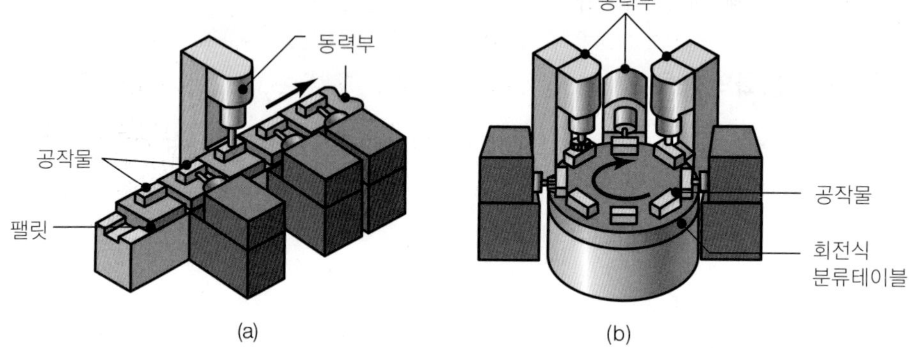

는 경우에도 작업의 연속성을 유지하기 위해, 이 시스템에는 **완충저장소**(buffer storage)를 만들어둔다.

이송기구와 **이송라인**은 센서나 기타 기구를 활용하여, 공작물을 기계의 한 작업대에서 다른 작업대로, 한 기계에서 다른 기계로 이동시킬 때 사용된다. 공작물 이송방법으로는 (1) 팰릿(pallet)에 설치한 부품을 다양한 기구로 밀거나 당길 수 있는 레일(그림 14.4a), (2) 회전식 분류테이블(rotary indexing table, 그림 14.4b), (3) 천정식 컨베이어가 있다. 이송기계의 공구는 신속교환용 공구홀더로 쉽게 교환할 수 있다(예: 그림 8.66 참조). 이들 기계는 자동측정 및 검사 시스템을 다양하게 갖추어서, 한 작업대에서 가공된 부품이 다음 작업대로 이동하기 전에 치수공차를 만족하는지 확인한다. 이송기계는 14.10절에 설명하

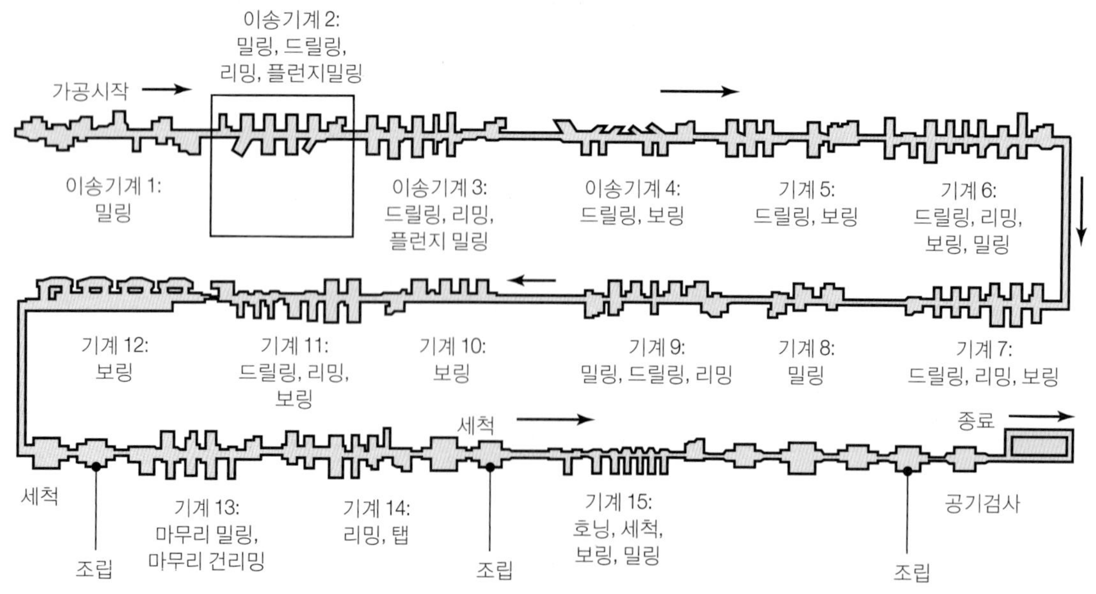

▲ **그림 14.5**

실린더헤드를 생산하는 대형 이송라인.

는 자동조립에서도 광범위하게 사용된다.

이송라인(transfer line 혹은 flow line)은 그림 14.5에 도시한 다수의 이송기계로 구성되어 엔진블록용 실린더헤드의 생산처럼 대량생산시스템에 사용되는 방식이다. 그림의 시스템은 시간당 100개의 실린더헤드를 생산하며, 각종 기계가공작업들, 즉 밀링, 드릴링, 리밍, 보링, 태핑, 호닝 등과 세척 및 측정까지 포함되어 있음을 주목하자.

14.2.5 가변자동화(soft automation)

고정자동화에 비해 **가변자동화**, 즉 **프로그램가능한 자동화**는 기계의 수치제어와 다양한 프로그램을 이용한 기능을 통해 큰 유연성을 가진다(14.3절과 14.4절에 설명). 모양과 크기가 전과 다른 부품을 생산할 때는 기계에 쉽게 재프로그램할 수 있다. 가변자동화는 고효율과 고생산성을 가진 **유연가공시스템**(15.10절 참조)의 숨은 원리이다.

14.2.6 프로그램가능한 제어기

가공작업은 전통적으로 기계적, 전기기계적, 공압적 원리에 기초한 타이머, 스위치, 릴레이(계전기), 계수기 등의 장치로 제어되어 왔다. 1968년부터는 **PLC**(programmable logic controller, **프로그램가능한 논리제어기**)가 도입되면서 이들 장치를 대체하였다. PLC는 릴레이 제어반을 사용하지 않고 재프로그램할 수 있으며, 차지하는 공간도 작기 때문에 가공시스템 및 작업에 광범위하게 적용된다. PLC의 기본적인 기능은 (1) 시작-종료(on-off) 동작, (2) 순서별 작업, (3) 피드백제어이다.

PLC는 고속디지털 처리 및 통신기능을 가진 시스템제어에도 사용되어, 산업환경에서 신뢰성 있게 작동하면서 작업의 전체 효율을 높인다. 하지만 수치제어기계의 발달로 인해(14.3절), 신규 설비에는 예전처럼 많이 사용되지 않는 편이다. 신규 설비에는 가격이 PLC보다 저렴하고 프로그램과 네트워크가 용이한 마이크로컴퓨터가 많이 사용된다.

14.2.7 종합생산성관리

다양한 기기, 장비, 시스템을 유지하고 관리하는 것은 제조업체의 생산성에 영향을 주는 중요한 업무이다. 이로 인해 **종합생산성관리**(TPM, total productive maintenance)나 **종합생산성 설비관리**(TPEM, total productive equipment management)가 중요해졌다. 이들 활동은 다음 요인들을 지속적으로 분석하는 것이다: (1) 장비의 고장과 문제점, (2) 장비 생산성의 감시와 개선, (3) 예방 및 예측 유지관리의 도입, (4) 단계시간, 공회전시간, 주기시간의 단축, (5) 기계 및 장비의 최대활용과 효율성 개선, (6) 결함제품의 감소. 이 활동에서는 팀워크가 중요하므로, 기계작업자, 유지관리 인력, 엔지니어, 경영진 간에 완전한 협력이 필요하다.

14.3 수치제어

수치제어(NC, numerical control)는 시스템에 수치자료(숫자와 문자) 형태로 코드화된 지령을 직접 줌으로써 기계요소의 동작을 제어하는 방법이다. 시스템은 자동으로 수치자료를 해석하여 출력신호로 변환시킨다. 이 신호들은 (1) 스핀들의 회전 및 정지, (2) 공구교환, (3) 공작물이나 공구의 경로이동, (4) 절삭유 공급 및 중지 등의 기계요소 제어를 실행한다.

수치제어의 중요성을 다음 예로서 설명한다. 그림 14.6에 나타낸 부품의 지정된 위치에 구멍을 뚫어야 한다고 하자. 전통적인 수작업에서는 작업자가 그림의 세 방법 모두에서 한 점을 기준점으로 하여 공작물에 대한 드릴의 위치를 잡고, 구멍 뚫는 작업을 진행한다. 정확히 똑같은 모양과 치수정확도를 갖는 부품을 100개 가공해야 한다고 하자. 작업자는 똑같은 동작을 계속 반복해야 하기 때문에, 이 작업은 지루해질 것이 명확하다. 더욱이, 여러 이유로 인해(4.9절 참조), 가공된 부품마다 정확도가 서로 다를 확률이 높다. 이번에는 생산지시가 바뀌어서 10개의 부품은 다른 위치에 구멍을 뚫어야 한다고 가정하자. 작업자는 기계를 다시 세팅해야 하고, 이는 시간의 소비와 함께 오차를 유발하는 요인이 될 것이다.

수치제어기계는 원래 부품이나 바뀐 부품의 해당 파트프로그램을 14.4절에 설명한 대로 간단히 입력받음으로써 반복적으로 정확하게 생산할 수 있다. 기계가공작업의 모든 관련 자료는 하드디스크에 저장되고, 특정 정보는 공작기계의 제어반에 전달된다. 입력정보에 근거하여 공작기계의 각종 장치가 작동되며, 필요한 준비작업이 이루어지고, 다양한 윤곽을 갖도록 부품을 선삭하거나, 밀링머신에서 다이싱킹(die sinking) 같은 복잡한 작업도 쉽게 진행된다.

14.3.1 컴퓨터수치제어

컴퓨터화된 시스템에는 **직접수치제어**(DNC, direct numerical control)와 **컴퓨터수치제어**(CNC, computer numerical control)의 두 가지 방식이 있다.

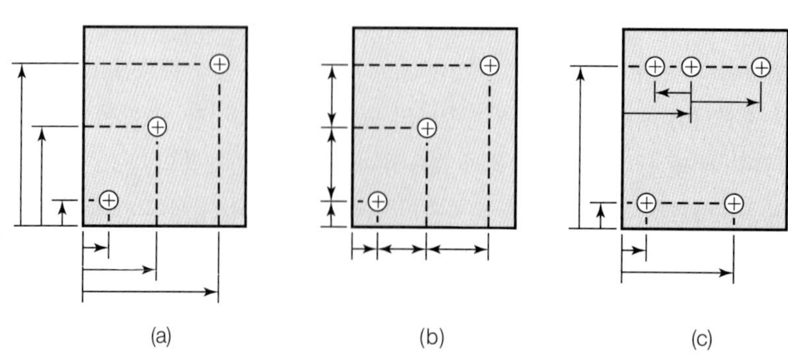

▶ **그림 14.6**
공작물 내 구멍의 위치표시 방식: (a) 왼쪽 끝점을 기준으로한 절대좌표계, (b) 각 구멍에 대한 상대좌표계, (c) 절대좌표계와 상대좌표계의 혼합방식.

DNC에서는 중앙컴퓨터에 의해 기계들이 단계별로 직접 제어된다. 이 시스템에서 작업자는 중앙컴퓨터를 사용하고, 생산설비 내 모든 기계의 상태가 중앙컴퓨터를 통해 나타나고 감시된다. 따라서 DNC는 컴퓨터 작동이 중지되면 모든 기계가 작동을 할 수 없는 치명적 단점을 갖는다.

분산수치제어(distributed numerical control)는 전용 마이크로컴퓨터를 장착한 다수의 CNC 기계를 묶어서 중앙컴퓨터로 제어하는 시스템이다. 이 시스템은 큰 기억용량과 계산능력으로 DNC의 단점을 극복하고 유연성을 제공한다.

CNC는 제어 하드웨어(NC 기계에 설치)가 로컬컴퓨터 소프트웨어의 지령을 받는 방식으로, 마이크로컴퓨터가 기계나 장비의 일부로 통합된 시스템이다. 프로그래머는 파트프로그램을 원격으로 준비하고, 설계 소프트웨어 및 가공 시뮬레이션(파트프로그램에 오류가 없음을 확인)으로부터 얻은 정보를 통합시킨다. 기계작업자는 쉽게 수동으로 컴퓨터에 프로그램하고 직접 수정하며, 다른 부품에 대한 프로그램을 준비하거나 저장할 수 있다. 오늘날 CNC 시스템은 큰 기억용량, 마이크로프로세서, 프로그램 편집기능을 갖추었고, 유연성, 정확성, 융통성이 증가된 소형컴퓨터의 등장으로 인해 널리 사용되고 있다.

14.3.2 NC 기계의 원리

전형적인 NC 기계의 기본 요소와 작동이 그림 14.7에 나타나 있다. 수치제어의 기능요소는 다음과 같다.

1. **자료입력:** 수치정보가 읽혀지고, 컴퓨터 기억장소에 저장된다.
2. **자료처리:** 프로그램이 가공용 기계제어단위에 읽혀진다.
3. **자료출력:** 정보가 명령어(보통 펄스명령)로 변환되어 서보모터에 주어진다(그림 14.8).

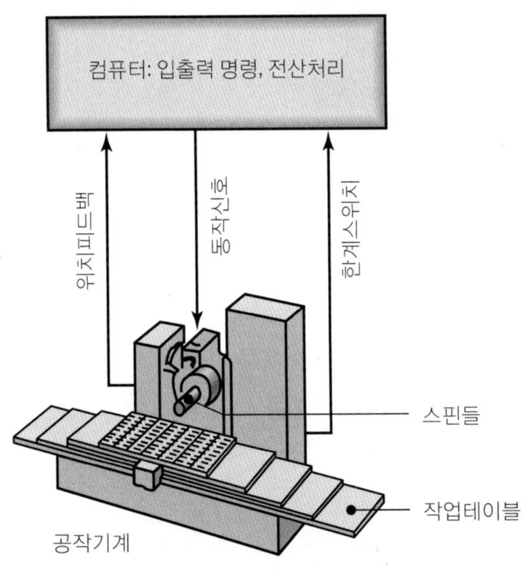

▶ **그림 14.7**
수치제어 공작기계에 사용되는 구성장치의 개략도.

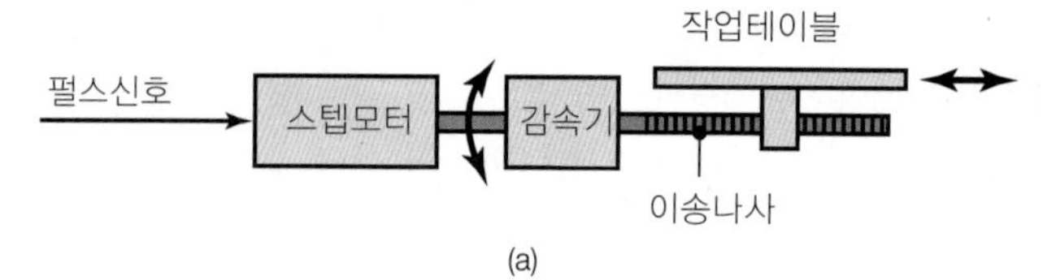

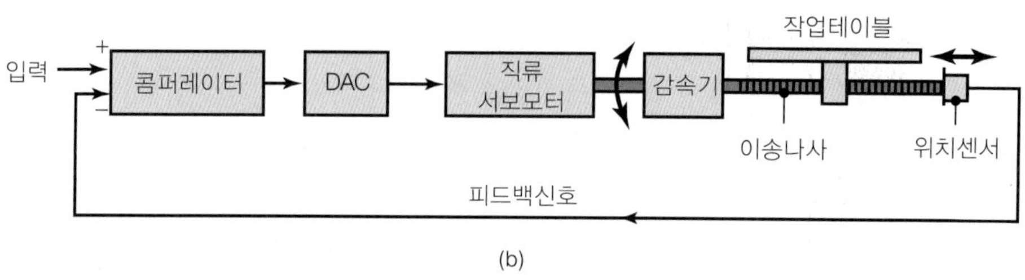

▶ **그림 14.8**
수치제어기계에 사용되는 (a) 개회로, (b) 폐회로 제어 시스템의 개략도. (DAC는 디지털/아날로그 변환기를 의미한다.)

서보모터는 스텝모터, 이송나사, 기타 장치로 작업테이블을 구동한다.

■ **제어회로의 형식** **개회로시스템**(그림 14.8a)에서는 제어기가 서보모터에 신호를 주지만, 작업테이블의 이동과 최종도달점을 확인하지 않는다. 반면에, **폐회로시스템**(그림 14.8b)은 작업테이블의 위치를 정확하게 측정하는 각종 트랜스듀서(변환기), 센서, 카운터를 장착하여, **피드백제어**로 작업테이블의 위치를 신호와 비교하면서, 적절한 위치에 도달하면 작업테이블 구동을 종료한다.

NC기계에서의 **위치측정**은 두 방식으로 이루어진다. (1) **직접 측정시스템**에서는 검출장

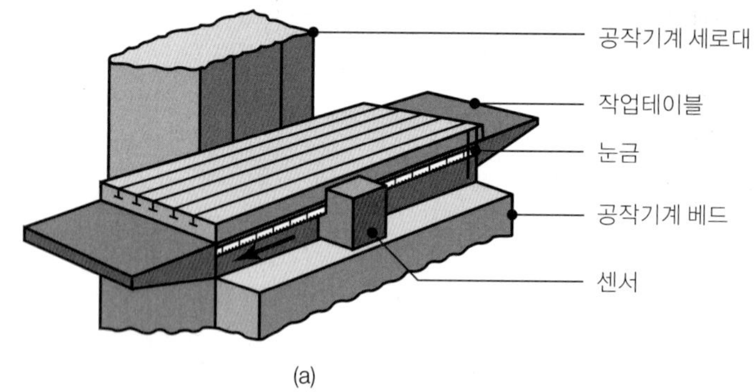

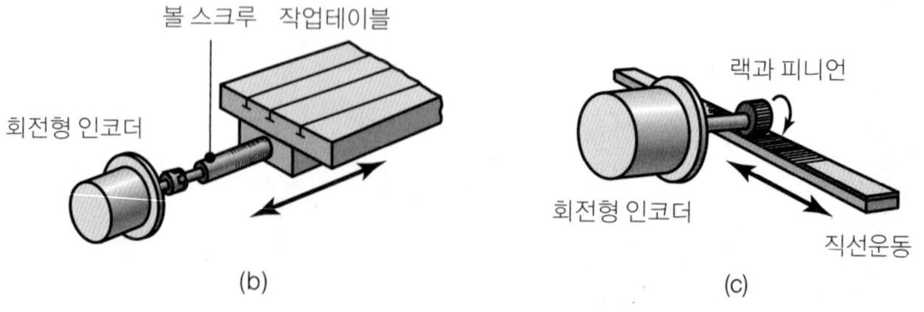

▶ **그림 14.9**
(a) 공작기계 작업테이블 직선변위의 직접측정법, (b)와 (c) 간접측정법.

치가 테이블이나 직선운동용 슬라이더에 표시된 눈금을 읽는다(그림 14.9a). 이 방식은 눈금이 기계에 붙어 있으므로 정확하고, 이송기구의 백래시(backlash, 서로 물려 있는 두 기어의 유격운동)의 영향도 심하지 않다. (2) 간접 측정시스템은 **회전형 인코더**를 이용하여 회전운동을 직선운동으로 환산한다(그림 14.9b와 c). 이 방식에서는 백래시가 측정정확도에 큰 영향을 준다. 위치피드백 기구는 주로 자기 혹은 광전기 원리에 근거한 각종 센서를 이용한다.

예 14.1 개회로제어와 폐회로제어의 비교

그림 14.8은 일차원의 간단한 개회로제어와 폐회로제어를 나타낸다. 작업테이블의 질량 m을 알고 있고, 기어의 토크로 작용력을 변동시켜서 작업테이블을 제어한다. 마찰이 없다고 하고 위치와 속도가 측정될 때, (1) 개회로제어와 (2) 폐회로제어에 필요한 힘에 대한 식을 각각 구하여라.

풀이 초기속도는 영이라고 가정하고(시간 $t = 0$일 때), 초기위치를 x_0라고 하자. 개회로제어 시스템에서 현재위치는 다음 운동방정식으로 구해진다.

$$x - x_0 = \frac{1}{2}at^2$$

$F = ma$를 적용하되, 처음 절반구간에서는 질량이 가속되고, 나머지 절반구간에서는 감속되어야 하므로, 작용력은 다음과 같이 시간의 함수로 나타낼 수 있다.

$$F = ma \text{ 일 때}, \quad 0 < t < \frac{x - x_0}{a}$$

$$F = -ma \text{ 일 때}, \quad \frac{x - x_0}{a} < t < \frac{2(x - x_0)}{a}$$

이론적으로는 현재위치에 도달하는 시간을 최소화하려면 모터로 전달하는 최대토크로 가속도를 발생시켜야 한다. 하지만 모터는 갑자기 최대토크를 낼 수 없을 뿐만 아니라 현실적으로 마찰도 개입된다. 외력이 가해지면 작업테이블은 구동되겠지만, 개회로제어시스템에서는 원하는 위치에 도달되거나 유지되는지 확인할 방법이 없다.

$\dot{x}$을 순간속도, x를 원하는 위치라고 할 때, 폐회로제어시스템에서의 작용력은 다음 식으로 주어진다.

$$F = -k_v\dot{x} + k_p(x - x_0)$$

여기서 k_v와 k_p는 각각 작업테이블의 속도이득 및 위치이득이다. 이득값이 잘 선택되면, 폐회로제어시스템은 외력이 작용해도 안정적으로 원하는 위치를 유지한다.

14.3.3 제어계의 형식

수치제어에는 위치제어(point-to-point)방식과 윤곽제어(contouring)방식의 두 가지 제어계가 있다.

1. **위치제어방식**은 **위치결정시스템**이라고도 하며, 기계의 각 축이 이송나사에 의해 독자적으로 구동되고, 작업 형태에 따라 서로 다른 속도로 움직인다. 기계는 처음에는 최대속도로 움직이나(비생산시간을 줄임), 공구가 수치적으로 정의된 위치에 도달하면 속도를 줄인다. 따라서 드릴링 같은 작업에서 위치결정 후에 절삭작업이 진행되는 방식이다(그림 14.10a). 드릴로 구멍을 가공한 후에 공구가 위로 빠져나가면, 다음 위치로 신속이동하여 작업을 반복한다. 펀칭작업에도 마찬가지로 적용된다.
2. **윤곽제어방식**은 **연속경로시스템**이라고도 하며, 위치결정과 절삭작업이 제어된 경로를 따라 동시에, 다른 속도로 이루어진다(그림 14.10b). 공구가 지시된 경로를 따라 이동하며 절삭하므로, 정확한 제어와 속도 및 운동의 동기성이 중요하다. 윤곽제어방식은 선반, 밀링, 연삭기, 기계용접, 머시닝센터에 사용된다.

■ **보간**(interpolation) 경로를 따라가는 운동은 점진적으로 수행된다(그림 14.11). 드릴링, 보링, 밀링 작업에서 실제경로의 예는 그림 14.12에 나타낸 것과 같다. 모든 보간에서, 제어되는 경로는 공구 **회전중심점**의 경로이다. 공구종류, 공구직경, 공구마모에 따른 보정(compensation)은 NC 프로그램 내에서 지정하여 반영한다.

1. **직선보간**(linear interpolation)은 이축이나 삼축에서 시작점과 종착점을 잇는 직선으로 공구를 이동시키는 것이다(그림 14.11a). 이론적으로 모든 형태의 윤곽은 점 사이의 증분을 작게 한 직선보간으로 만들 수 있지만(그림 14.11b), 그러기 위해서는 다량의 자료가 처리되어야 한다.
2. **원호보간**(circular interpolation, 그림 14.11c)에서는 (1) 종착점의 좌표, (2) 원호중심의 좌표와 반경, (3) 원호를 따라가는 공구의 방향을 입력하여 경로를 지정한다.

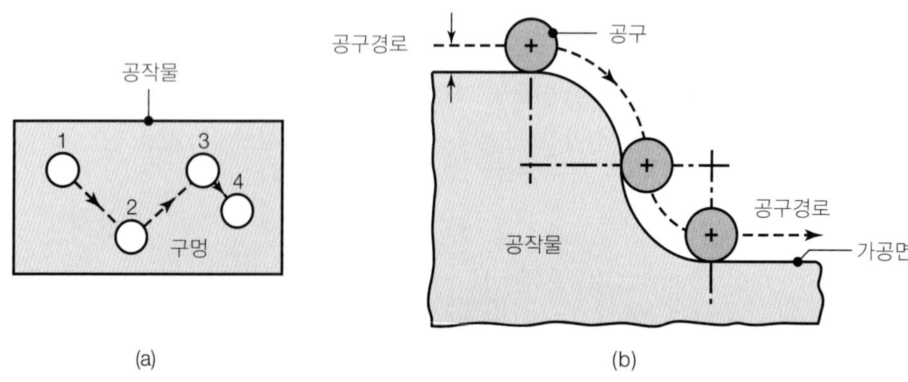

▶ 그림 14.10
수치제어 기계가공에서의 공구이동: (a) 위치제어, 즉 드릴비트가 1번 구멍을 뚫은 후 2번 구멍을 뚫는 것과 같이 순차적으로 구멍순서를 따라 가공하는 방법, (b) 밀링공구를 이용한 연속경로제어. 밀링공구의 경로는 공구의 반경만큼 보정해 주어야 하며 공구마모를 고려한 경로보정도 필요하다.

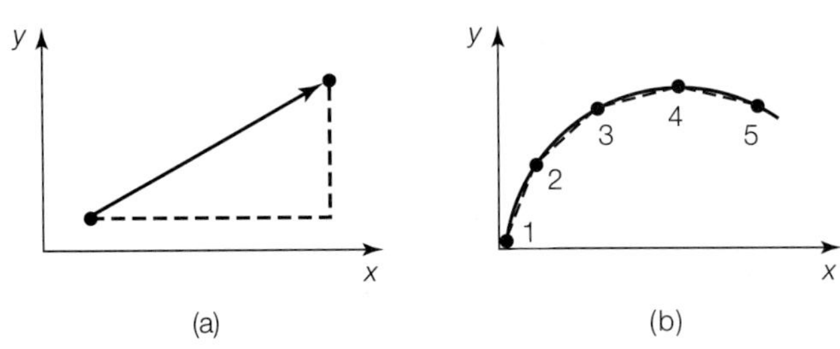

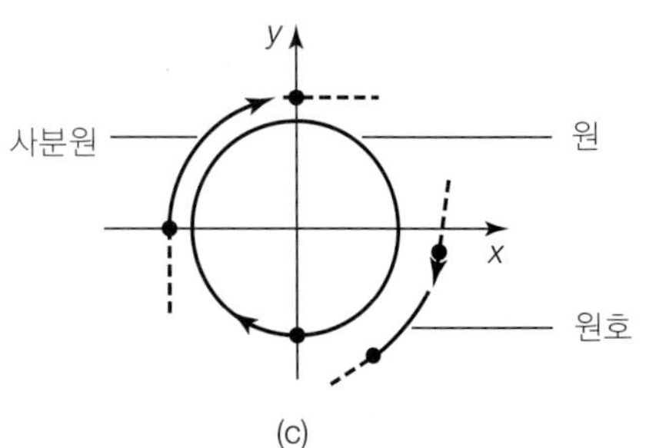

▲ **그림 14.11**

보간법의 종류: (a) 직선보간, (b) 미소선분으로 근사시킨 연속경로보간, (c) 원호보간.

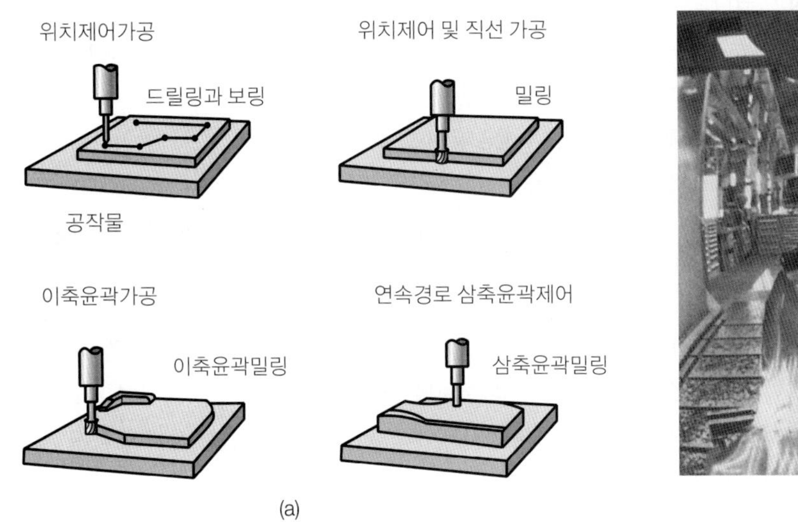

▲ **그림 14.12**

(a) 드릴링, 보링, 밀링에서의 공구경로, (b) 5축 수치제어 공작기계에서의 곡면가공.

3. **2차식 보간**과 **3차식 보간**에서는 경로를 고차항의 다항식함수 곡선으로 근사시킨다. 이 방법은 5축 기계(8.11.2절 참조)에 효과적이며, 특히 자동차차체의 다이싱킹작업에 유용하다. 이 보간법은 산업용 로봇의 구동에도 사용된다(14.7절 참조).

14.3.4 NC 기계의 정확성

NC 기계의 **위치정확도**는 특정 좌표계에서 기계가 얼마나 정확하게 위치되는가로 정의된다. NC 기계는 적어도 ±3 μm의 위치정확도를 가진다. 동일 작업조건에서, 위치이동을 반복할 때의 근접도로 정의되는 **반복성**(repeatability)은 ±8 μm 정도이고, 기계요소의 최소이동량으로 정의되는 **해상도**(resolution)는 2.5 μm 정도이다.

공작기계의 강성(8.12절 참조)과 기어구동 및 이송나사에서의 백래시 제거는 수치제어의 정확도에 중요한 영향을 미친다. 현대적 공작기계에는 예하중을 가한 볼 스크루를 사용하여 백래시를 제거한다. 명령신호에 기계가 신속하게 응답하려면 마찰과 관성이 최소화되어야 하는데, 관성을 줄이려면 운동부품의 질량이 작아야 한다.

14.3.5 장점과 한계

수치제어는 일반적인 기계제어방법에 비해 다음과 같은 **장점**을 갖는다.

1. 양호한 치수정확도, 반복성, 스크랩손실 감소, 높은 생산속도, 높은 품질로 복잡한 모양을 만드는 능력이 있고, 작업유연성이 우수하다.
2. 형판 및 다른 고정구가 필요 없으므로 공구비용이 절감된다.
3. 기계조정이 쉽다.
4. 한 번의 설치로 많은 작업을 수행하고, 설치와 가공에 필요한 준비시간이 짧다. 설계변경을 쉽게 수용하고, 재고품을 줄일 수 있다.
5. 프로그램은 단시간에 준비되고, 수시로 불러올 수 있다.
6. 신속하게 시작품 생산이 가능하다.
7. 필요한 작업숙련도가 높지 않고, 작업자는 작업장에서 다른 일을 할 수 있는 시간이 많아진다.

NC의 주요 **제한점**은 (1) 비교적 높은 초기가격, (2) 프로그래밍 및 컴퓨터시간의 필요 및 비용, (3) 훈련된 직원으로 특별 유지해야 한다는 점이다. NC 기계는 복잡한 시스템이기 때문에, 고장이 나면 매우 큰 손실이므로 예방적 유지가 필수적이다. 하지만 이들 제한점은 NC의 전체적인 경제적 이점으로 쉽게 보상된다.

14.4 수치제어용 프로그래밍

수치제어용 프로그램은 NC 기계가 특정 작업을 수행하도록 하는 순차적인 지시사항으로 구성된다. **NC 프로그래밍**은 CAD에 사용한 동일 소프트웨어로 작업장에서 하거나, 외부로부터 구입하여 사용한다. 프로그램에는 다음과 같은 지시와 명령이 포함된다.

1. **형상지시부**: 공구와 공작물 간의 상대운동을 담는다.
2. **가공지시부**: 주축회전속도, 이송, 절삭공구, 절삭유 같은 변수를 지정한다.
3. **운동지시부**: 보간형식과 공구나 공작물의 이동속도를 담는다.
4. **보조지시부**: 절삭유 공급유무, 주축회전방향, 공구교환, 공작물 이송, 체결 등의 내용을 담는다.

수동 프로그래밍(manual programing)에서는 우선 부품도면(CAD 포함, 15.4절 참조)에 기초하여 공구, 공작물, 작업테이블 간의 치수관계를 계산하고, 수행작업과 작업순서를 결정한다. 다음 단계로, 특정 작업을 수행하는 데 필요한 상세정보들로 프로그램을 작성한다. 숙련된 기술자들은 공작기계와 공정능력에 익숙하기 때문에, 약간의 프로그래밍 훈련을 거치면 수동 프로그래밍을 할 수 있다. 하지만 프로그래밍작업은 지루하고 시간을 소비하며 비경제적이어서, 대부분 간단한 위치제어에만 사용된다.

컴퓨터응용 프로그래밍은 부품의 코너, 변, 면의 좌표를 계산해주는 **프로그래밍 언어**를 사용하는 방법이다. 프로그래밍 언어는 컴퓨터와의 교신수단이며 기호화된 문자로 구성된다. 프로그래머는 이 언어를 사용하여 가공할 부품을 기술하며, 컴퓨터는 그것을 NC 코드로 변환한다. 다양한 특징과 용도를 갖는 언어들이 상업적으로 개발되어 있다. 영어와 비슷한 문장을 사용한 최초의 언어(**APT**, Automatically Programmed Tools)는 1950년대 말에 개발되었으며, 확장된 형태로 위치제어와 연속경로제어 프로그래밍에 종종 사용된다.

복잡한 부품의 기계가공에는 그래픽에 기반한 컴퓨터응용가공 프로그램을 사용한다. 공구경로를 CAD 프로그램(15.4절 참조)과 유사한 그래픽환경에서 만들면 프로그램이 자동으로 기계어(**G-코드**)로 변환한다. NC 코드는 가공지시사항을 CNC 하드웨어에 전달하는 귀중한 수단이지만, 소프트웨어번역기 없이는 편집하거나 오류를 찾기 힘들다. 특히 (1) 당초 프로그램된 것보다 다른 직경의 엔드밀을 사용하거나, (2) 채터를 피하기 위해 절삭속도를 바꾸는 사소한 문제로 기계작업자가 프로그램을 수정해야 하는 경우, G-코드를 직접 변경하기는 까다로운 편이다.

작업장에서의 프로그래밍은 공작기계 제어기 상에서 직접 CNC 프로그래밍 소프트웨어를 사용함으로써 고난이도의 형상 및 가공 정보를 CNC 제어기로 보낼 수 있다. G-코드는 기계작업자의 관리 하에 전용컴퓨터에서 작성된다. 이 방법의 이점은 가공 프로그램의 변경사항이 프로그램부서로 보내져서 작업장에서 입증된 프로그램으로 저장되고, 유사부품군에 대하여 재사용되거나 표준화된다는 점이다. 생산개시 전에 프로그램을 검증해야 하며, 이는 모니터 상에서 공정 시뮬레이션을 검토하거나, 알루미늄, 목재, 왁스, 플라스틱 같은 저렴한 재료로 부품을 먼저 가공해봄으로써 확인할 수 있다.

14.5 적응제어

적응제어(AC, adaptive control)는 작업변수를 특정 공정의 동적 변화나 교란 같은 새로운 환경에 자동 적응시키는 방법으로, 기본적으로 피드백시스템이다. 일상생활에서 일어나는 인간의 반응은 이미 동적인 피드백제어를 포함한다는 것을 알고 있다. 예를 들어, 평탄한 도로를 운전하기는 비교적 쉬워서 별다른 조치를 하지 않아도 되지만, 거친 도로에서는 도로조건을 주시하면서 구덩이를 피하는 조종을 한다. 또한 자동차가 거칠게 움직이면서 진동하는 것을 신체가 느끼므로, 자동차의 방향과 속도를 바꾸어가며 거친 도로의 영향을 줄이고 승차감을 높이려고 반응할 것이다. 마찬가지로, **적응제어기**도 이들 조건을 점검하여 적절한 제동양상에 적응한 후(예: 잠김방지 브레이크시스템 및 트랙션 컨트롤), 피드백으로 이를 달성시킨다.

AC 시스템이 상업적으로 활용되는 예로는 선박의 조타, 화학반응로의 제어, 압연기, 의료기술을 들 수 있다. AC는 화학산업이나 정유산업의 연속공정에 오래 전부터 활용되었지만, 가공공정에 성공적으로 적용된 것은 비교적 최근이다. 가공작업에서, 적응제어는 (1) 생산속도 최적화, (2) 품질 최적화, (3) 비용 최소화에 기여한다. 불량주물이나 부적절하게 열처리된 부품처럼 공작물의 치수나 재질이 불균일한 상황에서는 AC를 활용하는 것이 특히 중요해진다.

이득스케줄링(gain scheduling)은 AC의 가장 간단한 형태로, 측정된 작업조건에 맞추어 각기 다른 이득을 선정하고, 시스템 작업공간의 각 영역에 할당한다. 첨단의 적응제어기를 사용하면, 작업조건의 변화에 따라 이득을 연속적으로 변화시킬 수 있다.

AC는 CNC 시스템을 논리적으로 확장한 것이다. 14.4절에 설명한 것처럼, 파트 프로그래머는 공작물재료에 관한 기존의 지식과 특정 가공공정에 대한 다양한 자료에 기초하여 공정변수를 설정한다. CNC 기계는 특정 가공주기 동안에 이들 변수를 일정하게 유지하는 반면, AC에서는 폐회로 피드백제어로 공정 **도중**에 이들 변수를 자동으로 조정하는 기능을 갖는다(그림 14.13).

■ **적응제어의 원리와 응용** 적응제어시스템에 공통된 기본적 기능들은 다음과 같다.

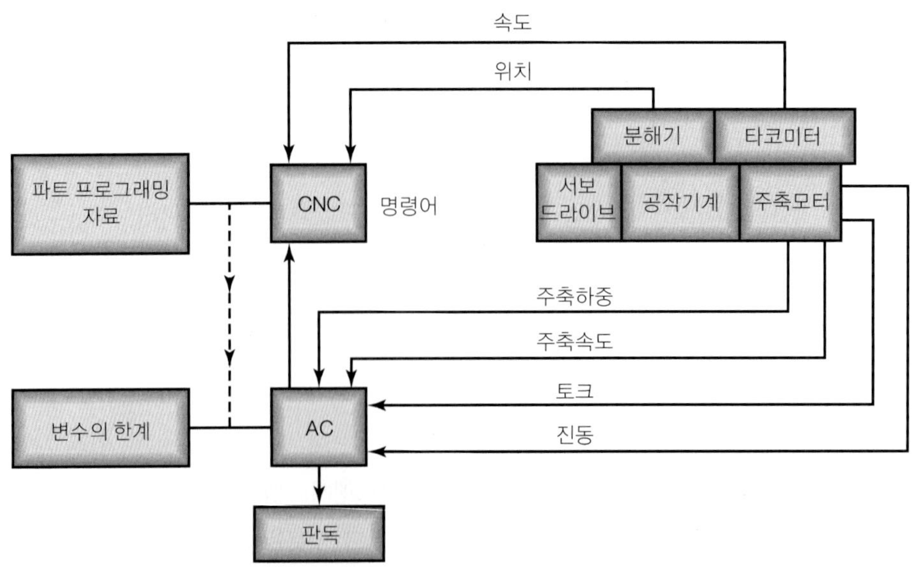

▶ **그림 14.13**
선삭작업에 AC(적응제어)를 적용한 개략도. 시스템이 절삭력, 토크, 진동 같은 변수를 측정하여, 이들 변수가 과도하면 이송이나 절삭깊이 같은 공정변수를 조정하여 허용수준 이내로 돌아오도록 한다.

1. 공정의 작업조건을 결정한다. 여기에는 성능도 포함된다. 이는 힘, 토크, 진동, 온도 같은 변수를 측정하는 센서를 이용하는 것이 보통이다.
2. 작업조건에 맞는 제어방식을 결정한다. 작업조건에 큰 변화가 생기면 제어방식을 변경할 것인지 여부를 결정한다. 기계가공에서의 절삭속도나 이송속도 같은 공정변수의 수정은 보다 신중하게 결정한다.
3. 공정을 지속적으로 감시하며, 필요시마다 제어기에 후속수정을 한다.

선반에서의 선삭작업을 예로 들면(8.9.2절), AC 시스템은 실시간으로 절삭력, 토크, 온도, 공구마모율, 공구치핑이나 파손, 공작물의 표면정도를 측정하여, 이들 정보를 명령어로 변환하여 공작기계의 공정변수를 변경함으로써 변수들을 일정하게(혹은 일정한도 이내로) 유지하거나 절삭작업을 최적화시킨다.

공정변수에 구속조건을 가하는 시스템을 **적응제어구속**(ACC, adaptive-control constraint)시스템이라고 한다. 만일 배분력, 절삭력(토크도 함께)이 과도하게 증가하면(예: 주물의 경도가 높은 부분), AC 시스템은 절삭력을 허용한도로 낮추기 위해 절삭속도나 이송을 변화시킨다(그림 14.14). 이 상황에서 AC를 사용하지 않거나 작업자가 직접 개입하지 않으면, 절삭력이 커져서 공구가 파손되거나 공작물이 급격하게 변형될 것이므로 가공품의 치수정확도와 표면정도를 해칠 것이다.

작업을 최적화하는 시스템을 **적응제어최적화**(ACO, adaptive control optimization)시스템이라고 한다. 최적화는 소재제거율의 극대화나 표면정도의 향상을 목표로 한다. 현재 ACO의 개발과 실행은 복잡하기 때문에, 대부분의 시스템들은 ACC에 기초하고 있다.

AC가 효과적으로 작동하려면, 특히 고속절삭작업에서(8.8절 참조), 작업 도중의 **반응시간**이 짧아야 한다. 선삭작업이 주축회전속도 1000 rpm으로 선반에서 이루어지는 동안, 갑자기 공구가 파손되어 공작물의 표면정도와 치수정확도에 악영향을 주는 경우를 생각해 보자. AC 시스템이 효과적으로 작동하려면, 감지시스템이 매우 빠르게 반응해야 공작

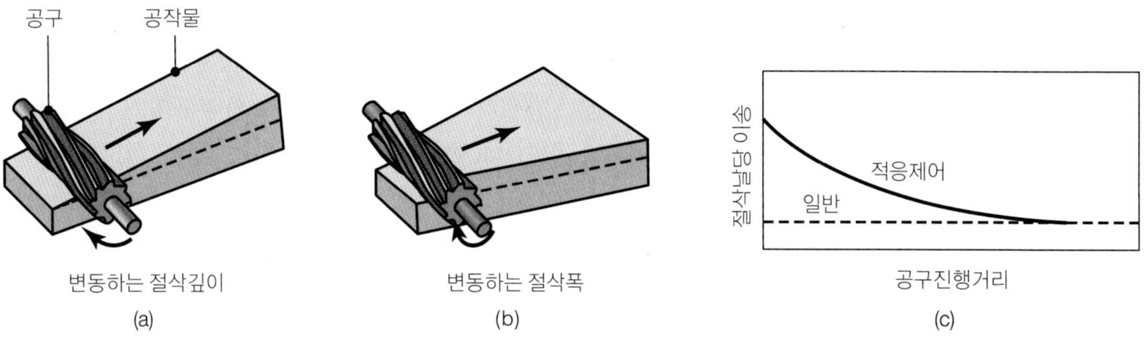

▲ **그림 14.14**

평밀링작업 적응제어의 예. 절삭깊이나 절삭폭이 증가함에 따라 절삭력과 토크도 증가하므로, 시스템은 이 증가분을 측정하여 자동으로 이송을 줄임으로써 절삭력이 과도해지거나 공구가 파손되는 것을 방지한다.

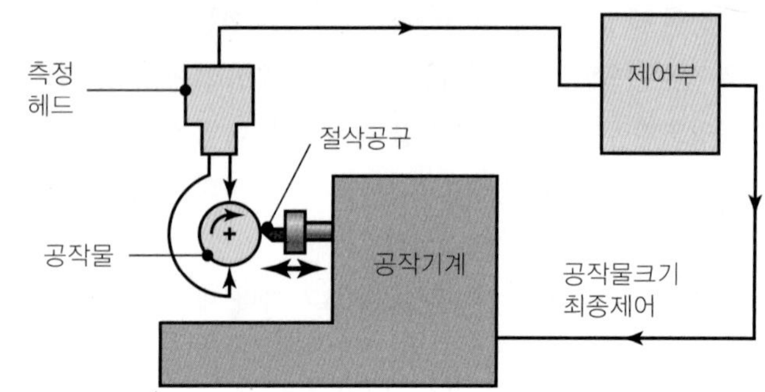

▶ 그림 14.15
선삭작업에서 공작물직경의 공정 중 검사. 시스템은 절삭공구의 반경방향 위치를 자동조절하여 공작물이 정확한 직경으로 가공되도록 한다.

물 손상이 확대되는 것을 막을 수 있다.

가공작업에서 적응제어가 효과적이려면 제어대상과 공정변수 간의 **정량적 관계**를 찾아서, 컴퓨터 소프트웨어에 수학적 모델 형태로 저장되어야 한다. 예를 들어, 기계가공작업에서 공구마모율이 지나치게 커지면, 컴퓨터는 마모율을 허용한도로 줄이는 데 필요한 속도나 이송의 변화량(증가 혹은 감소량)을 결정해야 한다. 시스템은 또한 공구마모와 온도상승으로 야기되는 공작물의 치수 변화를 보정할 수 있어야 한다(그림 14.15). 연삭작업의 경우(9.6절)에는 숫돌마모, 연삭입자의 무디어짐, 연삭저항, 온도, 표면정도, 공작물 변형 같은 공정변수 간의 정량적 관계가 컴퓨터 소프트웨어에 저장되어야 한다. 마찬가지로, V-다이로 판재를 굽히는 경우(7.4절)에는 스프링백이 펀치행정, 재료상수, 공정변수들의 함수로 만들어진 자료가 컴퓨터 기억장치에 저장되어야 한다.

가공공정에는 수많은 인자가 개입되므로, 이러한 정량적 관계를 수식으로 얻기가 어렵다는 것이 명백하다. 하지만 기계가공의 힘과 토크는 다른 변수들에 비해 AC로 감시하기 용이함이 알려져 있다. 동력이 표시되거나, 자료획득시스템과 연결된 다양한 동력제어장치가 상업적으로 가용하다.

14.6 물류와 운반

공장 내 물류(material handling)는 제품의 총 생산주기에서 원료와 부품의 운반, 저장, 관리와 관련된 기능과 시스템으로 정의된다. 이 주기 동안에, 원료와 부품은 창고에서 기계로, 기계에서 기계로, 검사에서 조립라인으로 이동하고 입고되었다가 마지막에는 출하된다(15.12절의 적시생산방식 참조). 예를 들면, (1) 단조품의 치수정확도를 개선하는 기계가공을 하려면 밀링머신 작업대에 올려놓아야 하고(그림 8.66), (2) 표면정도와 치수정확도를 더욱 개선하려면 기계가공된 단조품을 연삭해야 하며, (3) 최종제품으로 조립하기 전에 검사해야 한다. 마찬가지로, 절삭공구를 선반에, 금형을 프레스나 해머에, 연삭숫돌을 스핀들에 설치하거나, 부품치수를 측정하고 검사하려면 특정 고정구에 설치해야 한다.

물류작업은 반복성과 신뢰성이 있어야 한다. 예컨대, 부품이 선반의 척이나 콜릿에 잘못 장착되거나 금형에 잘못 올려지는 경우를 생각해 보자. 그 결과, 공구나 금형을 파손시키거나 부품이 허용수준 이하로 가공될 것이다.

생산주기 동안 재료와 부품이 질서있게 유동해야 한다는 측면에서 **공장의 설계**가 중요하다. 원료와 부품의 이동거리는 최소화되어야 하며, 창고와 서비스센터는 그에 맞게 구성되어야 한다. 다수의 작업이 필요한 부품에 대해서는, 기기들이 작업자나 산업용 로봇 주위에 모여 있어야 한다(15.9절의 셀단위가공 참조).

1. **물류방법.** 특정 가공작업에 대한 적절한 물류방법의 선택에는 다음과 같은 요인을 고려해야 한다.
   (1) 부품의 모양, 크기, 무게와 특성
   (2) 이동거리와 이동중 및 최종 목적지에서 부품의 위치와 방향
   (3) 부품이 운반되는 경로의 상태
   (4) 자동화와 요구되는 제어의 수준, 그리고 시스템 내 다른 장비와의 통합
   (5) 요구되는 작업숙련도
   (6) 경제적 고려사항

   소량배치(small-batch)작업에서, 원료와 부품은 손으로 취급되고 운반되지만, 이 방법은 시간과 비용이 많이 든다. 더욱이, 수작업이기 때문에 예측할 수 없고 신뢰성이 없으며, 심지어는 운반 부품의 무게와 모양이나, 오래된 주조공장 또는 단조공장에서의 열기와 연기 같은 환경적 요인으로 인해 작업자에게 위험할 수도 있다.
2. **물류장비.** 재료의 운반에는 컨베이어, 롤러, 자체구동 모노레일, 수레, 지게차, 자동주행차량과 기계, 전기, 자기, 공압, 유압장치 및 머니퓰레이터 등의 다양한 형태의 장비들이 사용된다. **머니퓰레이터**는 작업자가 직접 제어하도록 설계되거나, 자동화되어 반복운반용으로(예: 공작기계, 프레스, 금형, 가열로에 부품을 장착 및 이탈) 사용되며, 무거운 부품을 집어서 이동시키거나 원하는 방향으로 정렬시킬 수 있다. 별도의 물류장비 없이 부품을 운반하는 장치를 **통합이송장치**(integrated transfer device)라고 한다.

   자동 입/출고시스템(AS/RS, automated storage/retrieval system)을 사용하면 창고공간을 효율적으로 사용하며 인건비를 절감한다. 현재 몇 종류의 시스템이 사용가능하나, 15.12절에 설명하는 재고 최소화 혹은 무재고의 중요성이나 적시생산방식의 관점에서는 창고에 보관하는 것이 바람직하지 않다.
3. **자동주행차량**(AGV, automated guided vehicles). 실시간 제어되는 유연성 있는 물류 및 운반은 현대적 가공에서 필수적인 부분이다. 1950년대에 처음 개발된 자동주행차량은 유연가공시스템에서 널리 사용된다(그림 14.16). 이 운반시스템은 유연성이 매우 높고, 서로 다른 작업장소에 효율적인 배달을 할 수 있다. AGV의 움직임은 자동 입/출고시스템과 연결되도록 설계되기도 한다.

▶ 그림 14.16

(a) 자동주행차량(Tugger형). 레이저센서를 내장하여, 사람이나 장애물 주변을 안전하게 운행한다. (b) 창고에서 사용될 목적으로 지게기능을 가진 자동주행차량.

(a)

(b)

많이 사용되는 AGV 유형으로는 (1) 팰릿전용 차량, (2) 상자나 쟁반이 장착된 경하중용 차량, (3) 견인 차량(그림 14.16a 참조), (4) 지게형 차량(그림 14.16b), (5) 반조립품을 최종조립품에 전달하는 조립라인 차량 등이 있다. 팰릿크기는 다양하며 장착과 이탈은 다양한 이송기구를 사용하여 수작업이나 자동으로 수행한다. AGV의 적재하중은 최대 3175 kgf에 이른다.

AGV는 바닥에 깔린 전선이나 테이프(자성안내방식) 혹은 형광칠된 띠(광학안내방식)로 표시된 길을 따라서 자동으로 운행한다. 일부 시스템은 작업자의 안내가 필요한 경우도 있다. **자율안내방식**(autonomous guidance)은 전선이나 테이프 없이도 장착된 제어기에 다양한 광학, 초음파, 관성기법을 갖추고 운행하는 방식이다. AGV의 **운행상황**은 중앙컴퓨터에서 제어하고 감시하여, 작업장 사이의 정체, 기계 고장, 가공시스템 일부의 가동중지 같은 복잡한 경우에도 재료와 부품의 이동을 최적화한다. 작업현장에서의 적절한 운행관리가 중요하며, AGV끼리 혹은 다른 기계와의 충돌을 피할 수 있도록 차량에는 센서 및 다양한 제어기능이 설계되어 있다.

4. **코딩시스템.** 코딩시스템은 가공시스템에서 부품이나 반조립품을 인식하여 발견하고 정확한 장소로 운반하기 위해서 개발되었다.

(1) **바코드**(bar code)는 가장 널리 사용되는 경제적인 방법으로, 부품에 부착된 라벨에 인쇄되어 고정식 혹은 휴대용 바코드리더나 스캐너로 읽을 수 있다.

(2) **자성띠**는 신용카드 뒷면에 붙여서 사용하는 것처럼 두 번째로 많이 사용하는 방법이다.

(3) RF(무선주파) **태그**는 가격이 비싸지만, 위의 두 방법에 비해 가시적인 선을 사용하지 않는 방법이다. 보통 RF 태그는 수백 미터, 블루투스(bluetooth) 시스템(15.14절

참조)은 10~30미터의 사용범위를 가지며, 재기록이 가능하다.

(4) 기타 방법으로 **음향파**, **광학문자인식**, **기계눈** 등을 사용하는 방법이 있다(14.8.1절 참조).

14.7 산업용 로봇

로봇이라는 단어는 1920년에 체코의 작가 K. Čapek이 그의 연극 R.U.R.(Rossum's Universal Robots)에서 처음 사용하였으며, '작업자'를 뜻하는 체코어인 *robota*에서 파생되었다. 산업용 로봇(industrial robot)은 프로그램된 동작으로 재료, 부품, 공구, 기타 장치를 이동하거나 기타 다양한 작업을 수행하도록 설계된, 재프로그램가능한 다기능 머니퓰레이터로 정의된다. 넓은 의미에서의 로봇이라는 용어는 작업자가 직접 조작하는 머니퓰레이터도 포함한다. 1960년대 초반에 소개된, 최초의 산업용 로봇은 독성 및 방사성 물질의 취급, 가열로나 주조공장에서 뜨거운 재료를 넣고 빼내는 등의 위험한 작업에 사용되었다.

로봇의 가장 적합한 용도로는 3D(dull-dirty-dangerous, 지루하고 지저분하며 위험한 일들)와 3H(hot-heavy-hazardous, 뜨겁고 무거우며 유해한 일들)가 있다. 오늘날, 산업용 로봇은 가공공정 및 작업에서 널리 이용되는 중요한 구성요소로서, 생산성과 품질을 향상시키고 인건비를 획기적으로 감소시키고 있다.

14.7.1 구성요소

인간의 팔, 손목, 손가락이 선반 위의 물체를 집거나, 수공구나 가위를 사용할 때, 기계나 자동차를 운전할 때, 어떻게 다양하게 움직이는지 살펴봄으로써 로봇 구성요소의 기능과 능력을 쉽게 이해할 수 있다. 산업용 로봇의 기본적인 구성요소는 다음과 같다(그림 14.17a).

1. **머니퓰레이터. 팔과 손목**이라고도 하는 머니퓰레이터는 링크, 기어, 조인트 같은 기구를 사용하여 인간의 팔과 손의 운동과 비슷한 운동을 하는 기계단위이다. 손목의 끝은 공간상의 한 점에 특정 방향으로 도달할 수 있다. 완전한 움직임에는 6자유도가 필요하므로, 대부분의 로봇은 6개의 회전조인트를 갖는다(그림 14.17a 참조). 4자유도 혹은 5자유도를 갖는 로봇도 있으나, 이들의 움직임은 제한적이며, 특별한 용도에는 과잉자유도를 갖는 7자유도 로봇이 사용되기도 한다.
2. **엔드이펙터**(end effector, 손). 로봇 손목의 끝에는 엔드이펙터가 달려 있다. 엔드이펙터는 특정 취급조건에 맞도록 맞춤형으로 제작되기도 한다. 기계집게(mechanical gripper)는 두 개 이상의 손가락을 갖는 가장 많이 사용되는 엔드이펙터이다. 특정 용도에 맞는

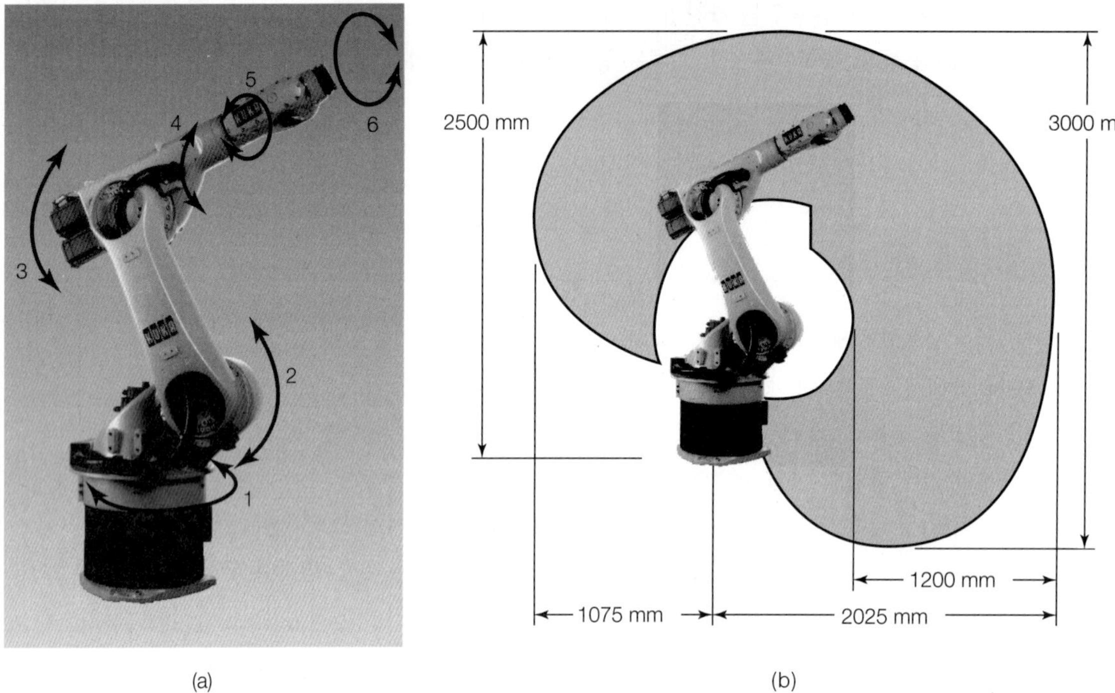

▲ **그림 14.17**

(a) 6축 KR-30 KUKA 로봇. 손목의 적재하중은 30 kgf이고, 반복정확도는 ±0.15 mm이며, 모든 축에 기계적 브레이크를 장착하고 있다. (b) KUKA 로봇의 작업영역.

엔드이펙터를 선택하려면 적재하중(payload), 환경, 신뢰도, 비용을 고려해야 한다. 작업 형태에 따라 다음과 같은 것들이 있다(그림 14.18).

(1) 물류용 집게, 갈고리, 주걱(scoop), 자석, 진공 컵, 끈끈이 손가락

(2) 도장용 스프레이 건

(3) 점용접, 아크용접, 아크절단용 도구

(4) 드릴, 너트드라이버, 절삭기, 사포벨트 같은 동력공구

(5) 다이얼게이지, 레이저, 혹은 탐촉자 같은 측정장비

측각형(compliant) **엔드이펙터**는 깨지기 쉬운 재료를 취급하거나 조립작업을 하는 데 사용된다. 공작물이나 부품에 가해지는 힘을 탄성기구로 제한하거나 지정된 요구강성에 맞도록 설계된다. 예를 들면, 축방향으로는 강성을 갖고 횡방향으로는 측각을 감지하도록 설계하여, 조립작업에서 부품의 정렬이 어긋나더라도 손상을 주지 않고 진행할 수 있게 한다.

3. **동력원.** 직선축과 회전축에서의 머니퓰레이터의 동작은 전기, 공압, 유압 동력원을 사용한 독립적인 액추에이터에 의해 제어되고 조정된다. 각 동력원은 고유의 특성, 장점, 한계를 갖는다.

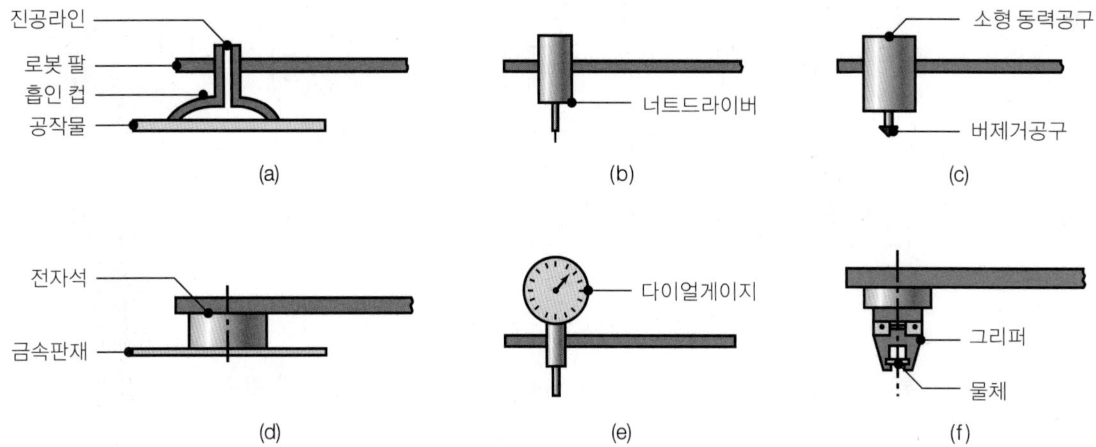

▲ **그림 14.18**
엔드이펙터에 부착할 수 있는 다양한 장치나 공구.

4. **제어시스템.** 머니퓰레이터와 엔드이펙터가 로봇의 팔과 손이라면, 제어시스템은 로봇의 두뇌라고 할 수 있다. 제어시스템은 로봇의 동작명령을 내리는 교신 및 정보처리 시스템으로, 머니퓰레이터의 동작을 개시하고 종료하는 자료를 저장한다. 제어기는 로봇의 신경과 같은 역할을 하며, 컴퓨터와 가공셀이나 조립시스템 같은 다른 장비들과 연결된다. **피드백장치**는 로봇 제어시스템의 중요한 부분이다. 고정동작로봇은 **개회로제어**를 한다. 이 시스템에서는, 명령이 주어지면 로봇 팔은 그에 따라 동작하지만, 그 정확성이 감시되지 않고 자기교정능력을 갖지 않는다(14.3.1절 및 그림 14.8 참조). **폐회로시스템**에서는 위치결정 피드백으로 정확성을 높인다.

NC 기계에서와 같이, 산업용 로봇의 제어 형태에도 위치제어와 연속경로제어가 있다(14.3.3절). 특정 업무에 따라서는, 전자회로기판 조립작업의 경우, 0.05 mm의 위치반복도가 요구된다(13.13절). 정확성과 반복성은 적재하중이나 작업영역 내 위치에 따라 달라지며, 대부분의 로봇에서 정량화하기가 매우 어렵다.

14.7.2 로봇의 분류

로봇은 운동방식에 따라 다음과 같은 기본적 형태로 구분된다(그림 14.19).

(1) **직교좌표형**(cartesian) 또는 **직각좌표형**(rectilinear)
(2) **원주좌표형**(cylindrical)
(3) **구좌표형**(spherical) 또는 **극좌표형**(polar)
(4) **다관절형**(articulated 또는 anthropomorphic)

로봇은 작업현장에 고정되거나, 천정레일을 따라 움직이거나(gantry robot, **레일이동로

▶ **그림 14.19**

산업용 로봇의 종류: (a) 직교좌표형, (b) 원통형, (c) 구형(극좌표형), (d) 다관절형(회전가능한 이음부를 가진 사람의 관절과 같은 기능을 가진 형).

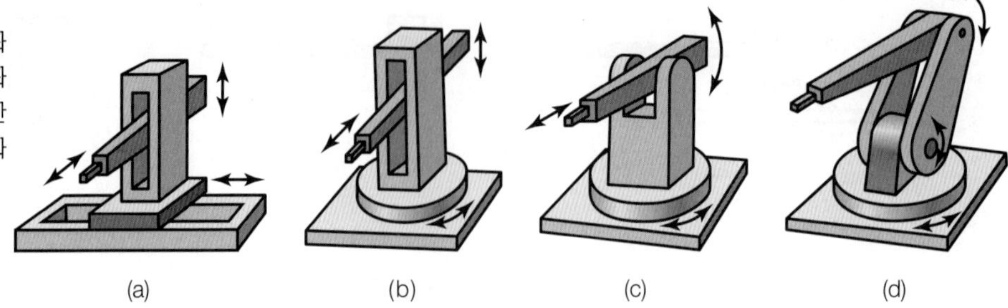

봇), 바퀴로 작업현장을 이동한다(mobile robot, **주행로봇**). 이와 같은 분류방식 외에 동작의 표현방식에 따라 다음과 같이 구분할 수도 있다.

1. **고정동작로봇과 가변동작로봇. 집기-놓기 로봇**(pick-and-place robot)이라고도 불리는 고정동작로봇(fixed-sequence robot)은 정해진 순서로 위치이동하도록 프로그램된 것으로, 같은 주기를 계속 반복한다. 이 로봇은 간단하고 상대적으로 저렴하다. **가변동작로봇**(variable-sequence robot)은 복수의 작업순서를 프로그램한 것으로, 개시명령이 떨어지면(예: 제어컴퓨터로부터의 신호, 바코드, 검사대로부터의 신호) 지정된 작업을 즉시 수행할 수 있다.
2. **재현로봇**(playback robot). 작업자가 재현로봇과 로봇의 엔드이펙터를 원하는 경로를 따라서 이끌거나 걷게 한다. 즉, 작업자가 해야 할 일을 보여줌으로써 로봇을 학습시킨다. 로봇은 경로와 이동순서를 기억하고 재현하며, 작업자의 행동과 안내 없이도 계속 반복할 수 있다. 제어반에 연결된 조작판을 사용하는 학습기(teach pendant)로 로봇을 제어하고 학습시켜서 업무를 수행시키는 방법도 있다. 동작은 제어기의 기억장치에 등록되며, 필요할 때마다 로봇에 의해 자동으로 재현된다.
3. **수치제어 로봇.** 이 형태의 로봇은 수치제어기계와 비슷하게 프로그램되고 작동한다. 로봇은 디지털 자료에 의해서 서보 제어되며 비교적 쉽게 동작순서를 바꿀 수 있다. NC 기계에서와 같이, 위치제어와 연속경로제어의 두 가지 기본 제어방식이 있다. 위치제어 로봇은 프로그램하기가 쉽고 적재하중과 **작업영역**(working envelope, 로봇 팔과 작업 공구가 모든 방향으로 도달하는 최대범위, 그림 14.17b 및 그림 14.20)이 크다. 연속경로제어 로봇은 정확도가 높지만, 적재하중이 작다. 고급 로봇들은 높은 정확도로 고속이동이 가능한 복잡한 경로제어시스템을 갖고 있다.
4. **지능형(지각) 로봇**(intelligent robot). 지능형 로봇은 인간이 하는 기능이나 업무 일부를 수행할 수 있다. 촉각(접촉)이나 시각(컴퓨터눈, 14.8절 참조)용으로 다양한 센서를 갖는다. 인간과 비슷하게, 감각능력과 형상인식으로 주변 환경을 관찰하고 평가하고, 다른 물체, 특히 기계에 근접했는지를 판단하며, 다음 동작을 진행하기 위한 적절한 결정을 내리고 실행한다. 지능형 로봇의 동작은 매우 복잡하기 때문에, 이 형태의 로봇을 제어하기

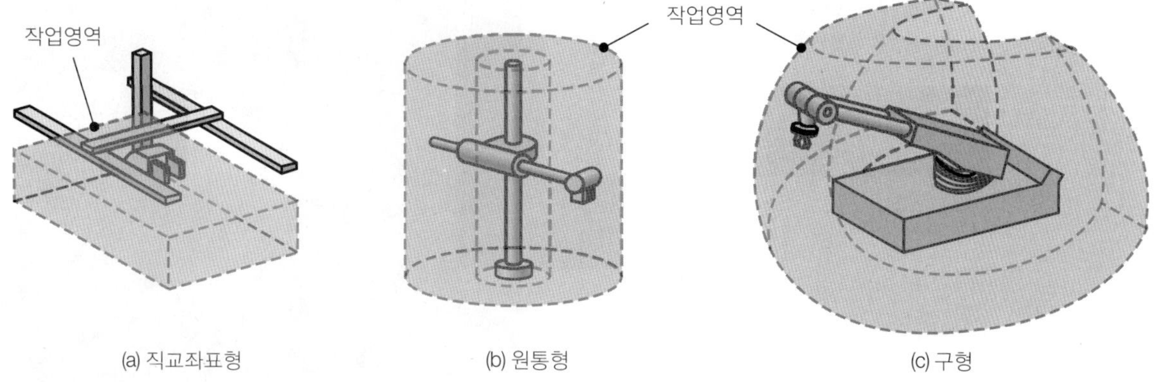

▲ **그림 14.20**

세 가지 형태 로봇의 작업영역.

위해서는 강력한 컴퓨터가 필요하다.

14.7.3 로봇의 응용과 선택

산업용 로봇은 주로 다음과 같은 용도로 사용된다.

1. **물류**: (1) 작업자 개입 없이 각 완성단계의 용탕, 원료, 부품을 취급하는 주조 및 성형 작업, (2) 부품을 가열로나 담금질 욕조에 넣고 꺼내는 열처리작업, (3) 부품을 프레스나 기타 기계에 장착 및 이탈시키는 성형작업.
2. **점용접**: 자동차 및 트럭차체의 점용접(그림 14.21), 양질의 용접부 형성. 로봇은 아크용

▶ **그림 14.21**

산업용 로봇으로 자동차차체를 점용접하는 모습.

▶ 그림 14.22

산업용 로봇으로 자동차차체의 접합부를 밀봉 작업하는 모습.

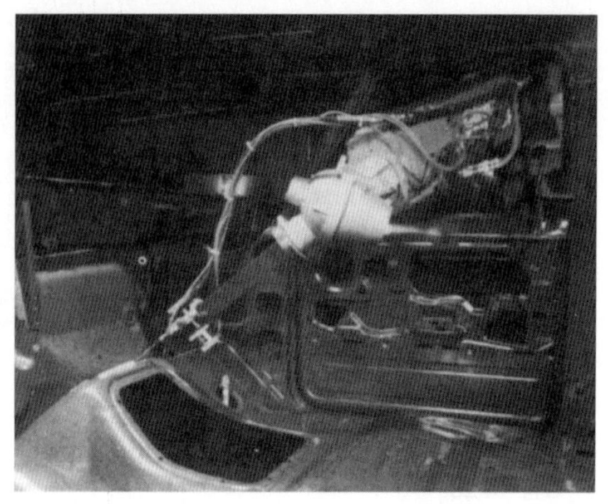

접, 아크절단, 리벳팅 같은 다른 유사한 작업도 수행(제12장 참조).

3. 마무리작업: 엔드이펙터에 장착한 적절한 공구로 연삭, 버제거, 연마작업(제9장)
4. 접착제나 밀봉제: 그림 14.22에 나타낸 자동차프레임에 적용
5. 스프레이 도장: 특히 복잡한 모양과 세척작업에서 다음 부품에도 동작을 정확하게 반복
6. 자동조립: 매우 반복적인 작업 수행(그림 14.23 및 14.10절 참조)
7. 검사와 측정: 다양한 제조단계에서 인간보다 훨씬 빠른 속도로 수행

■ **로봇의 선택** 가공작업에서 로봇의 선택에 영향을 미치는 요인은 (1) 비용, (2) 적재하중, (3) 이동속도, (4) 신뢰성, (5) 반복성, (6) 로봇 팔의 형상, (7) 자유도, (8) 제어시스템, (9) 프로그램 메모리, (10) 작업영역 등이다. 로봇은 기성품이 아니라 제어기, 엔드이펙터, 환경과 통합되는 시스템으로 간주해야 한다.

▶ 그림 14.23

원형 및 직선형 이송라인에 산업용 로봇을 사용하여 자동조립작업을 하는 예.

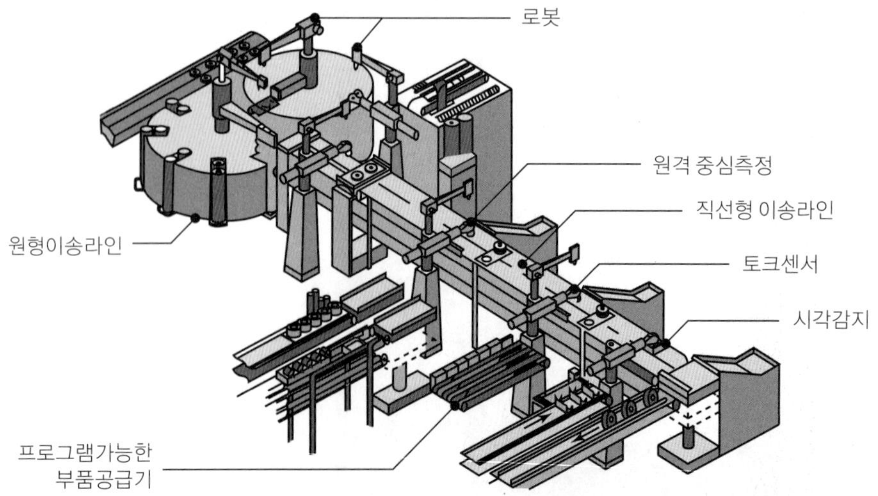

14.8 센서기술

센서는 위치, 힘, 토크, 압력, 온도, 습도, 속도, 가속도, 진동 같은 특정한 양이나 성질을 감지하거나 측정할 목적으로 신호를 발생하는 장치이다. 전통적으로, 센서, 액추에이터, 스위치는 기계의 성능과 동작에 한도를 설정하는 데 사용되어 왔다. 즉, 작업테이블의 이동을 제한하는 공작기계의 정지기, 자동차단기의 압력 및 온도 측정기, 작업속도의 초과를 방지하는 엔진의 조속기 등을 그 예로 들 수 있다. 센서기술은 가공공정 및 시스템에서 중요한 요소로, 자료획득, 감시, 교신, 기계와 시스템의 컴퓨터제어에 필수적이다(그림 14.24).

센서는 어떤 양을 다른 양으로 변환시키기 때문에 **트랜스듀서**(transducer, 변환기)라고 불리기도 한다. **아날로그 센서**는 측정치에 비례하는 전압신호를 발생한다. **디지털 센서**는 컴퓨터로 직접 전송되는 디지털(수치) 출력을 발생한다. **아날로그/디지털 변환기**(ADC)는 센서와 컴퓨터를 연결하는 데 사용된다.

14.8.1 분류

가공공정 및 작업에 사용되는 센서는 다음과 같이 구분된다.

1. 기계적 센서: 위치, 모양, 속도, 힘, 토크, 압력, 진동, 변형률, 질량 등의 양을 측정
2. 전기 센서: 전압, 전류, 전하, 전기전도도의 측정
3. 자기 센서: 자기장, 자속, 투자성의 측정
4. 열센서: 온도, 열유속, 열전도도, 비열의 측정
5. 기타: 음향파, 초음파, 화학, 광학, 방사능, 레이저, 광섬유 센서

센서는 지능형 로봇의 제어에 필수적이며, 인간의 감각을 흉내내는 기능을 갖도록 개발되고 있다(스마트센서). 용도에 따라서, 센서는 금속, 비금속, 유기 혹은 무기 재료로 만들어지며, 액체, 기체, 플라즈마, 반도체의 형태로 사용된다. 이들 재료의 특별한 성질을 이용하여, 센서는 측정된 양이나 성질을 아날로그 혹은 디지털 출력으로 변환한다.

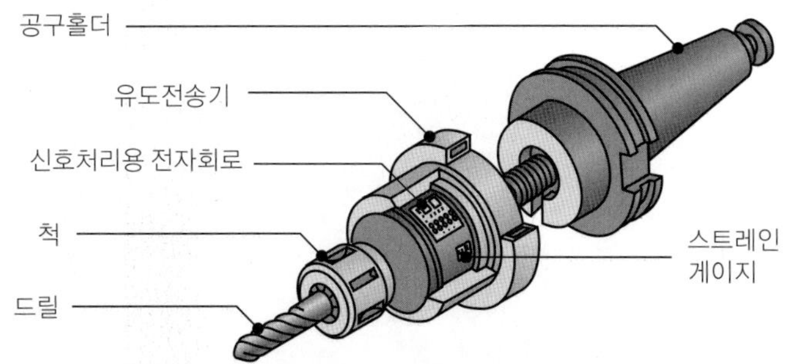

▶ **그림 14.24**
배분력센서와 토크센서를 내장한 공구홀더(스마트 공구홀더). 절삭작업의 연속감시가 가능하다.

액추에이터는 물체와 직접 접촉하여 전자기계적 방법으로 적절한 동작을 하는 기구이다. 일반 수은온도계의 작동은 수은과 유리의 열팽창 차이에 근거한다. 마찬가지로, 광전지로 광선의 단절을 감지함으로써 물체나 장벽의 존재를 탐지할 수 있다. 근접센서(proximity sensor)는 센서와 물체나 운동하는 기계부품 간의 거리를 감지하고 측정하는 센서로, 음향, 자성, 정전용량, 광학 등의 방법에 근거한다.

센서는 감지방식에 따라 다음과 같이 구분된다.

1. **촉각감지**(tactile sensing)는 센서를 배열하여 변동하는 접촉력을 연속적으로 감지하는 것이다. 유리병, 전자장비, 계란 같이 깨지기 쉬운 부품은 촉각형 엔드이펙터를 가진 로봇으로 다룰 수 있다. 이때 압전장치, 스트레인게이지, 자기유도, 초음파, 광섬유와 액정 다이오드의 광학시스템을 사용하여 물체에 가해지는 힘을 감지한다. 3축 방향으로의 쥐는 힘과 모멘트를 측정하고 제어할 수 있는 촉각센서가 설계된 바 있다(그림 14.25).

   엔드이펙터의 쥐는 힘은 폐회로 피드백장치를 통해 감지, 감시, 제어된다. 힘의 피드백과 감각인식을 사용한 촉각형 그리퍼는 복잡하고 강력한 컴퓨터를 필요로 하므로 값이 비싸다. 관절형 엔드이펙터는 접촉, 힘, 운동, 형상을 감지하는 능력을 갖추어, 인간의 손과 손가락을 흉내내도록 설계된 것이다. 이상적인 촉각센서는 인간의 손가락이 쉽게 느끼는 미끄러짐(예: 무거운 물체가 손가락 사이에서 미끄러지는 경우) 역시 감지할 수 있어야 한다.

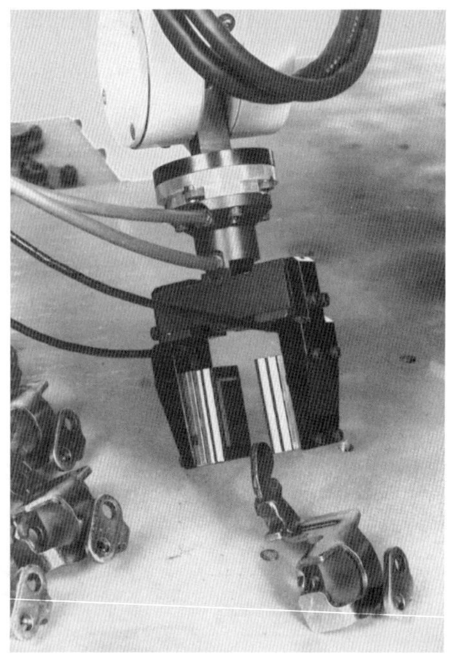

▶ 그림 14.25

촉각감지 센서를 내장한 로봇 그리퍼. 촉각센서는 고가이고 내구성이 떨어지므로(강건성 부족) 산업용으로 많이 사용되지 않는다.

2. **시각감지**(**기계눈, 컴퓨터눈**)에서는 카메라가 물체의 존재와 모양을 광학적으로 감지한다(그림 14.26). 시각감지에서, 마이크로프로세서는 보통 1초 이내에 화상을 처리한다. 화상을 측정하고, 측정치는 디지털화된다(**화상인식**, image recognition). 시각감지에는 두 가지 기본적인 시스템이 있다: (1) **선형배열**에서는, 단지 물체의 존재나 그 표면의 어떤 특성 같은 한 가지 차원만 감지된다. (2) **매트릭스배열**은 삼차원까지 감지할 수 있으며, 예를 들어, 인쇄회로기판에 삽입된 부품이나 연납접합을 정확히 검사할 수 있다(**조립검증작업**). 자동검사시스템에 사용하면(4.8.3절), 균열과 흠집도 찾아낸다.

기계눈(machine vision)은 접근할 수 없는 형상, 유해한 가공환경, 다수의 작은 모양의 측정, 물리적 접촉으로 대상물에 손상을 주는 경우에 특히 적합하다. 기계눈의 용도로는 (1) 판재금속 스탬핑라인에서의 온라인 확인과 부품의 검사, (2) 공구불일치량과 공구파손을 감지하고 부품설치와 고정구 장착을 검증하며 표면정도를 감시하는 공작기계용 센서를 들 수 있다(그림 14.26). 기계눈은 부품을 식별하고 검사하여, 결함있는 부품을 추출해낼 수 있다. 시각감지능력을 갖추면, 엔드이펙터가 부품을 집어서 적절한 방향과 위치에서 쥘 수 있다.

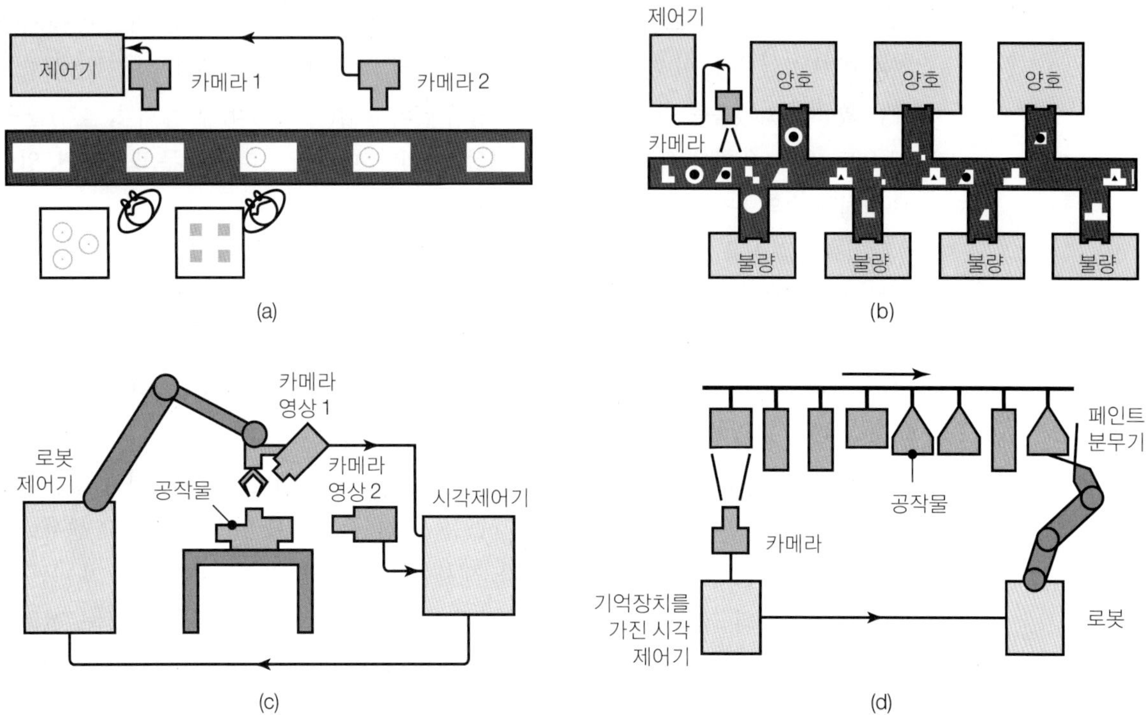

▲ **그림 14.26**

기계눈(machine vision)의 응용 예: (a) 부품의 온라인검사, (b) 부품의 형상분류, 검사, 결함이 있는 부품의 분류, (c) 공작물에 대한 상대위치를 로봇에 알려주는 카메라의 사용, (d) 카메라의 형상분류 결과에 따른 부품의 페인팅. 시스템에 내장되어 있는 기억장치용량에 따라 올바른 형상분류가 가능하다.

3. 스마트센서는 논리기능을 갖고 양방향 교신, 판정 및 적절한 작동을 수행할 수 있다. 판정에 필요한 입력과 지식은 칩 형태로 스마트센서에 내장된다. 예를 들어, 센서가 달린 컴퓨터칩은 절삭유공급이 끊어지면 공작기계를 멈추도록 프로그램될 수 있다. 마찬가지로, 주행로봇이나 로봇 팔에 장치하여 우연히 다가오는 기계나 사람에 대한 거리, 열, 소음 같은 양을 감지하여 작동을 멈추게 할 수 있다.

■ **센서의 선택** 센서의 선택을 좌우하는 요인으로는 (1) 측정 혹은 감지할 양의 유형, (2) 시스템 내 다른 요소와의 상호작용, (3) 예상 사용수명, (4) 요구되는 성능수준, (5) 센서 사용의 난이도, (6) 가격 등이 있다. 센서가 사용되는 환경의 유형은 중요한 고려사항이다. 센서를 튼튼하게 설계해야 극심한 온도, 충격 및 진동, 습기, 부식, 먼지 및 각종 오염물질, 액체, 전자기방사선, 기타 산업환경에서의 방해요인을 견딜 수 있다(16.2.3절의 강건설계 참조).

14.8.2 센서융합(sensor fusion)

센서융합은 다수의 센서를 통합하여, 각 센서에서 감지되는 자료(힘, 진동, 온도, 치수 등)들을 조합함으로써 고차원의 정보와 신뢰도를 만들어내는 감지방식이다. 센서융합이 적용되는 한 예로, 우리가 뜨거운 차나 커피를 마시는 것을 들어보자. 우리는 이 행동을 당연하게 여기고 있지만, 이 과정은 사람의 눈, 입술, 혀, 손가락, 손들로부터 얻어지는 복합자료를 활용하고 있음을 쉽게 알 수 있다. 즉, 우리의 오감(시각, 청각, 후각, 미각, 촉각)을 통해 온도, 운동, 위치를 실시간 감지하고 있는 것이다. 따라서 커피가 너무 뜨거우면, 입술로 향하는 손의 운동은 그에 맞추어 조절된다.

센서융합을 처음 사용한 분야는 로봇운동 제어와 미사일비행 추적 및 유사한 군사용이었는데, 그 주된 이유가 이들 운동이 인간의 행동을 흉내낸 움직임이기 때문이다. 가공에서 센서융합의 예는 절삭작업에서 통합된 다수의 센서로 (1) 공작물의 치수와 표면정도, (2) 절삭력, 진동, 공구 마모 및 파손, (3) 공구-공작물의 여러 위치에서의 온도, (4) 주축동력 같은 양을 지속적으로 감지하는 것이다.

센서융합에서의 중요한 측면은 **센서의 유효성입증**으로, 한 센서가 고장나면 이를 감지하여 제어시스템이 고도의 신뢰성을 유지하도록 한다. 유효성을 입증하려면, 각 센서로부터 충분한 자료를 얻는 것이 필수적이다. 센서융합과 유효성입증은 복잡하고 꽤 비싼 방법이지만, 센서의 크기, 품질, 기술에서 이루어진 발전과, 제어시스템, 인공지능, 전문가시스템, 인공신경망 분야에서의 지속적인 개발로 인해, 이제는 가능한 기술이 되었다(제15장에서 설명).

14.9 유연고정구

가공작업용 공작물고정장치에서 **고정구**(fixture), **클램프**, **지그**(jig)는 호환하여 사용되는 용어로, '**지그와 고정구**'처럼 같이 사용되기도 한다. 일반적인 공작물고정장치에는 척, 콜릿, 맨드릴이 있다. 이들의 대부분은 공작실에서 수동으로 작동되지만, 기계, 유압, 혹은 전기로 작동되는 **동력 척**처럼 기계화나 자동화의 수준에 맞게 설계되어 작동되는 공작물고정장치들도 있다.

클램프는 간단한 다기능장치인 반면, **고정구**는 특별한 목적으로 설계한 탈착장치이다. **지그**는 부품과 공구의 정확한 정렬을 위해 다양한 기준면과 기준점을 갖고 있으며 대량생산에서 널리 사용된다(8.11절의 **팰릿** 참조). 이들 장치는 실제 가공작업(이 경우 공작물에 힘을 가하여 기계에서 미끄러지거나 변형되지 않고 위치를 유지하도록 함)에 사용되거나, 측정과 검사를 위해 공작물을 지지할 때(이 경우에는 공작물에 힘이 가해지지 않음) 사용된다.

공작물고정장치는 특정한 범위의 용량을 가진다. 즉, (1) 콜릿은 특정 범위의 직경을 가진 환봉만을 고정하고, (2) 4턱 척(four-jaw chuck)은 다양한 치수의 각기둥 공작물을 고정시키며, (3) **전용고정구**는 특정 작업용으로 특정 공작물의 모양과 치수에 맞게 설계 제작된다. 사각봉재 형태의 공작물은 바이스의 평행 턱 사이에 죔으로써 쉽고 견고하게 고정된다. 공작물에 곡면이 있으면, 그에 맞도록 턱을 기계가공하여 공작물을 고정시킬 수 있다.

유연가공시스템의 출현으로(15.10절) **자체 유연성**을 갖는 공작물고정장치와 고정구를 설계하여 사용하게 되었다. **유연고정구**(flexible fixturing, **지능형 고정시스템**이라고도 함)는 원리에 따라 다양한 방법을 사용한다. 하지만 이들 장치는 기본적으로 많은 수정이나 변경 없이, 또는 작업자의 개입 없이도(두 가지 모두 생산성에 나쁜 영향을 끼침) 일정 범위의 공작물 모양과 치수를 신속하게 수용할 수 있다. 공작물을 적절하게 체결하는 방법으로, 앞에 설명한 로봇이나 컴퓨터제어를 사용하여 공작물의 방향을 조작하는 방법 외에 다음과 같은 고정기술이 있다.

1. **모듈러 고정구.** 소량이나 중간 로트크기에, 특히 전용고정구의 비용이나 제작소요시간이 정당화되지 않는 경우에 잘 사용되는 고정구이다(그림 14.27). 복잡한 공작물이라도 표준부품들로 고정구를 신속하게 제작하여 기계 내에 설치할 수 있고, 가공이 완료된 후에 분해할 수 있다. 모듈러 고정구는 그리드구멍이나 T 홈을 이용하여 기초판이나 블록 위에 제작한다.

   기초판이나 블록 위에는 다양한 표준부품들, 즉 설치 핀, 조정 쐐기, 공작물 지지대, V 블록, 클램프, 스프링 등을 사용하여 신속하게 고정구를 만들 수 있다. 특별한 상황에서는 컴퓨터응용 고정구계획으로 로봇을 사용하여 고정구를 조립하고 변경할 수 있다. 전용고정구에 비해, 모듈러 고정구는 비용이 저렴하고 준비시간이 짧으며, 손상된

▶ 그림 14.27
모듈러 고정구 시스템의 구성부품.

부품의 수리가 쉬우며 고유의 유연성이 높다.

2. **툼스톤**(tombstone) **고정구.** 받침대형(pedestal-type) 고정구라고도 하며, 두 개 내지 여섯 개의 수직면을 갖고(즉, 묘비와 닮음) 그 위에 공작물들을 설치한다. 톰스톤 고정구는 자동화되거나 로봇을 사용하는 가공에 보통 사용된다. 공작기계는 원하는 작업을 공작물의 한 면에 수행한 뒤, 툼스톤을 회전시켜서 다른 공작물에 작업을 한다. 이 고정구는 기계에 한 개 이상의 공작물을 공급할 수 있으나, 다른 고정구만큼 유연하지는 못하다. 따라서 툼스톤 고정구는 자동차산업과 같은 대량생산에 보통 사용된다(제8장의 사례연구 참조).
3. **bed-of-nails 장치.** 이 고정구는 공작물의 외면 형상에 맞게 공압작동 핀들을 접촉시키고, 각 핀을 기계적으로 고정하여 공작물을 지지한다. 탄탄한 구조로 강성이 높고, 형상을 반복하여 만들 수 있는 장점이 있다.
4. **하중조정**(adjustable-force) **클램프.** 그림 14.28에 또 다른 유연고정구시스템인 하중조정 클램프시스템을 도식적으로 나타내었다. 클램프에 부착된 스트레인게이지로 체결력을 감지하여 공작물이 작업대에 견고하게 체결되도록 체결력을 조정한다.
5. **상변화**(phase change) **재료.** 단단한 공구로 지지하는 대신, 불규칙하거나 곡선을 가진 공작물을 체결매체에 넣어 고정하는 방법에는 다음과 같은 두 가지가 있다.
   (1) 오래된 방법으로 저용융점 금속(예: 납)을 체결매체로 사용하여, 불규칙 형상의 공작물을 부분적으로 담그고 응고시켜서 간단한 고정구로 체결하는 방법이 있다(아이스바의 나무막대와 같음. 유사한 공정으로 인서트성형, 10.10.2절 및 그림 10.30 참조). 이 방법은 항공우주산업에서 잘 사용되지만, 체결매체로서 납(3.4.2절의 액상 금속에 의한 취화 참조)은 건강과 환경에 악영향을 줄 수 있다.

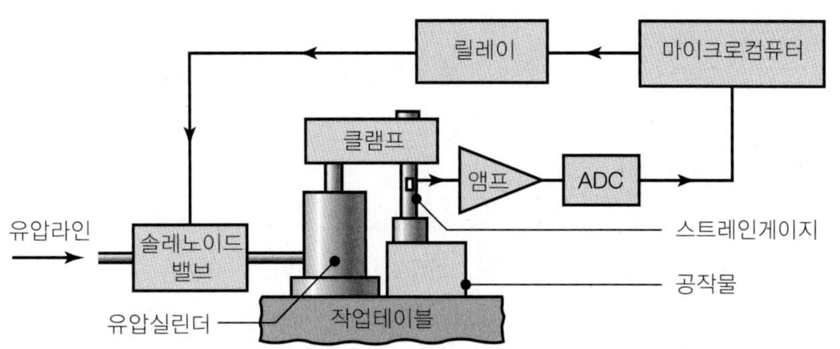

▶ **그림 14.28**
하중조정 클램프의 개략도. 스트레인게이지로 체결력을 감지하여 자동조정한다.

이 방법을 유사하게 적용한 것으로, 그림 7.48에 나타낸 벌집구조재를 기계가공하는 방법이 있다. 속이 빈 구조재의 벽두께는 매우 얇아서, 절삭공구로 힘을 가하면 쉽게 변형되거나 손상된다. 구조재를 보강하는 한 방법으로, 빈 부분에 물을 채워서 얼리면 육각형 공동부가 얼음으로 지지되어, 절삭력에 저항할 수 있는 충분한 강성을 얻을 수 있다. 기계가공이 끝나면, 얼음은 녹여서 없앤다.

(2) 아직 실험단계인 두 번째 방법으로, **자기유동성**(MR, magnetorheological) 혹은 **전기유동성**(ER, electrorheological) 유체를 지지매체로 사용하는 방법이 있다. MR의 적용에서는 자성입자(미크론입자나 나노입자, 3.11.9절, 11.2.1절, 11.8.1절 참조)를 비자성유체에 현탁시키고, 계면활성제를 첨가하여 입자를 분산시킨다. 공작물을 이 액체에 담그고 외부자기장을 가하면, 입자가 극성을 띠면서 유체가 고체로 상을 바꾼다. 공작물의 가공이 끝나면, 외부자기장을 풀고 공작물을 꺼낸다. ER의 적용에서는 유전상수가 낮은 유전체입자를 액체에 현탁하여 전기장을 가하면 액체가 고체로 상을 바꾼다.

14.10 조립, 분해, 서비스

지우개가 달린 연필, 나무손잡이가 달린 프라이팬, 음료캔 같이 단지 두세 개의 부품으로 구성되는 간단한 제품들은 비교적 쉽게 조립된다. 하지만 대부분의 제품은 많은 부품들로 이루어져 있고, 이들의 조립은 상당한 주의와 계획을 필요로 한다.

전통적으로, 조립은 **수작업**을 많이 이용하였는데, 이는 원가에 중요한 영향을 끼치게 된다. 전체 조립작업은 작업자에게 개별 작업을 할당하여 수행하도록 개별 조립작업으로 나눈다(**반조립품**). 조립작업에 관련된 인력이 20~60% 범위를 차지할 때, 조립비용은 보통 전체 생산단가의 25~50%를 차지한다. 전자산업에서는 전체 임금의 40~60% 정도를 조립공에게 지불한다. 조립작업에서의 비용이 증가함에 따라, **자동조립**의 필요성이 명백해지고 있다.

1700년대 말에 머스킷의 수작업 조립과 1800년대 초에 **교환부품**(4.9.1절의 Eli Whitney 참조)을 도입한 이래, 조립방법은 계속 개선되어 왔다. 현대적인 대규모 조립은 포드자동차의 모델 T용 플라이휠 마그네토 발전기에 처음 적용되었고, 이 활동은 결국 자동차의 대량생산을 이끌었다.

조립방법과 시스템의 선택은 소요 생산속도, 총 생산량, 제품의 시장수명, 가용인력, 비용에 따라 결정된다. 이 책 전체를 통해 설명했듯이, 가공품은 일정한 치수공차를 갖는다(4.7절 참조). 볼베어링을 예로 들면, 공칭치수가 같더라도 특정 로트의 일부 볼은 다른 것들에 비해 조금 작고, 동일 로트에 있는 내, 외륜 레이스(race)에도 다소의 치수 차이가 있다.

대량생산 제품에는 다음과 같은 두 가지 조립방법을 적용할 수 있다.

1. **임의조립**(random assembly): 여러 개의 부품 중에서 임의로 부품을 선택하여 조립한다.
2. **선택조립**(selective assembly): 볼과 레이스의 경우, 가장 작은 것에서 가장 큰 것까지 크기에 따라 우선 구분한 후, 알맞게 짝을 맞추어서 조립한다. 즉, 직경이 가장 작은 볼은 외경이 가장 큰 내륜 및 내경이 가장 작은 외륜에 조립한다.

14.10.1 조립시스템

조립방법에는 **수동조립**, **고속자동조립**, **로봇조립**의 세 가지 기본 형식이 있다. 이들 방법은 대부분의 경우, 개별적으로 혹은 조합되어 사용될 수 있으나, 적절하고 경제적인 조립방법에 대한 설계분석이 우선 이루어져야 한다(그림 14.29).

1. **수동조립**(manual assembly)은 비교적 단순한 공구를 사용하며, 소량생산에는 경제적이다. 인간의 손과 손가락의 기민함과 여러 감각기관을 통한 피드백의 기능으로, 작업자는 다소 복잡한 제품이라도 별 어려움 없이 수동으로 조립할 수 있다. 사각부품을 공차가 작은 사각구멍에 맞추어 조립하는 것은, 자동조립에서는 어려운 작업일 수 있지만, 인간의 손으로 간단하게 수행할 수 있는 작업이다. 하지만 수동조립에서는 **누적손상**

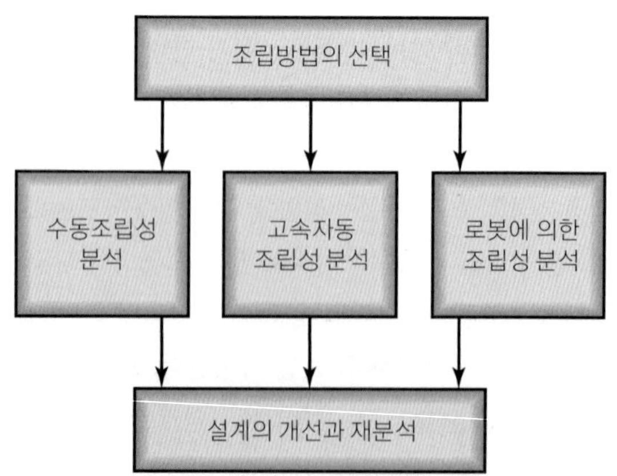

▶ **그림 14.29**
조립보장설계를 분석하는 단계.

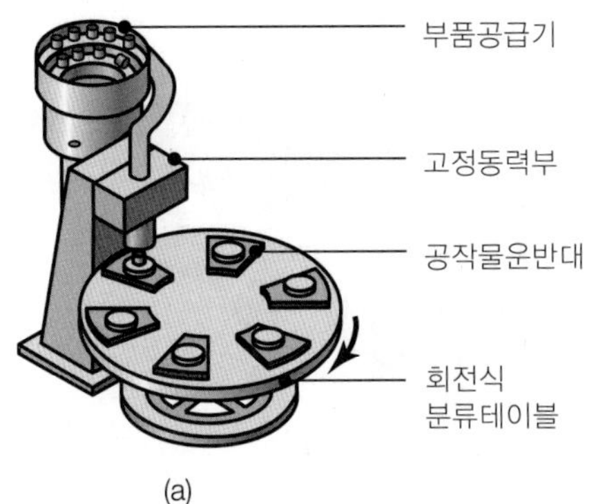

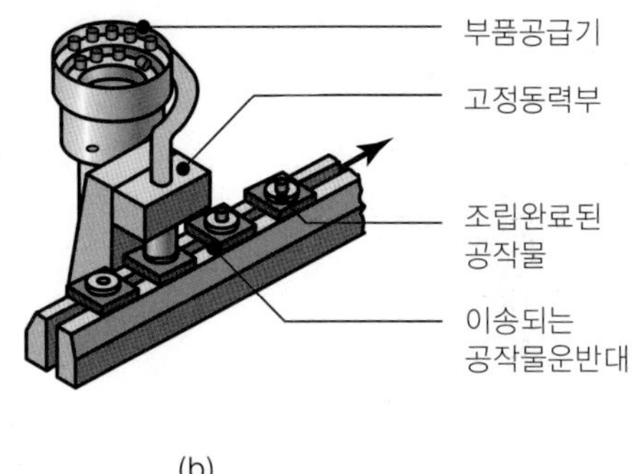

▶ **그림 14.30**
자동조립용 이송시스템: (a) 회전식 분류기, (b) 직선형 분류기.

질병이 생길 수 있다(팔목터널증후군).

2. **고속자동조립**(high-speed automated assembly)은 조립용으로 특수설계된 이송기구를 사용한다. 그림 14.30에 나타낸 두 가지 이송기구는 제품을 적절한 위치에 이송하여 조립작업을 수행하는 예이다. **로봇조립**(robot assembly)에서는 각 작업장마다 한두 대의 범용로봇을 사용하거나, 종합조립시스템에서 다수의 로봇을 사용하는 방식이다.

조립시스템의 기본적인 형식에는 동기식, 비동기식, 연속식이 있다.

(1) **분류**(indexing)**시스템**이라고도 불리는 **동기**(synchronous)**시스템**에서는 부품과 요소를 고정된 개별 작업장에 일정한 속도로 공급하고 조립한다. 이동속도는 조립품을 완성하는 데 가장 긴 시간이 걸리는 작업장을 기준으로 정해진다. 이 시스템은 소형제품의 대량, 고속 조립에 주로 사용된다.

부분조립품을 작업장 사이로 이동시키는 이송시스템에는 **회전분류방식**과 **일렬분류방식**이 있다(그림 14.30). 이들 시스템은 전자동 혹은 반자동 모드로 작동된다. 하지만 한 작업장에 고장이 생기면, 전체 조립작업을 멈추게 할 수 있다. 조립할 각 부품을 공작물운반대나 고정구로 고정된 다른 부품 위에 공급하여 위치시키는 부품공급기는, 진동을 주는 방법 등으로 각 부품을 공급슈트 쪽으로 이동시키고, 독창적인 방법으로 부품이 적절한 방향을 가지며 공급되도록 한다(그림 14.31). 모든 자동조립작업에서는 부품을 적절한 방향으로 위치시키고, 공급의 정체를 피해야 한다.

(2) **비동기시스템**(nonsynchronous system)은 각 작업장이 독립적으로 작업하며, 모든 남는 조립품은 작업장 사이의 **저장소**(buffer)에 저장하는 방식이다. 그러므로 저장소에 충분한 반제품이 있으면 해당 작업장은 작업할 필요가 없다. 더욱이, 한 작업장이 어떤 이유로 작업을 할 수 없더라도, 조립라인은 저장소의 모든 부품을 사용할 때까지 작업을 계속한다. 비동기시스템은 조립할 부품이 많은 대형제품의 조립에 적합하다. 각 조립작업마다 소요시간이 다르면, 가장 더딘 작업장에 의해 전체 작업 속도가 결정된다.

(3) **연속시스템**(continuous system)에서는 제품이 팰릿이나 공작물운반대에 얹혀서 일

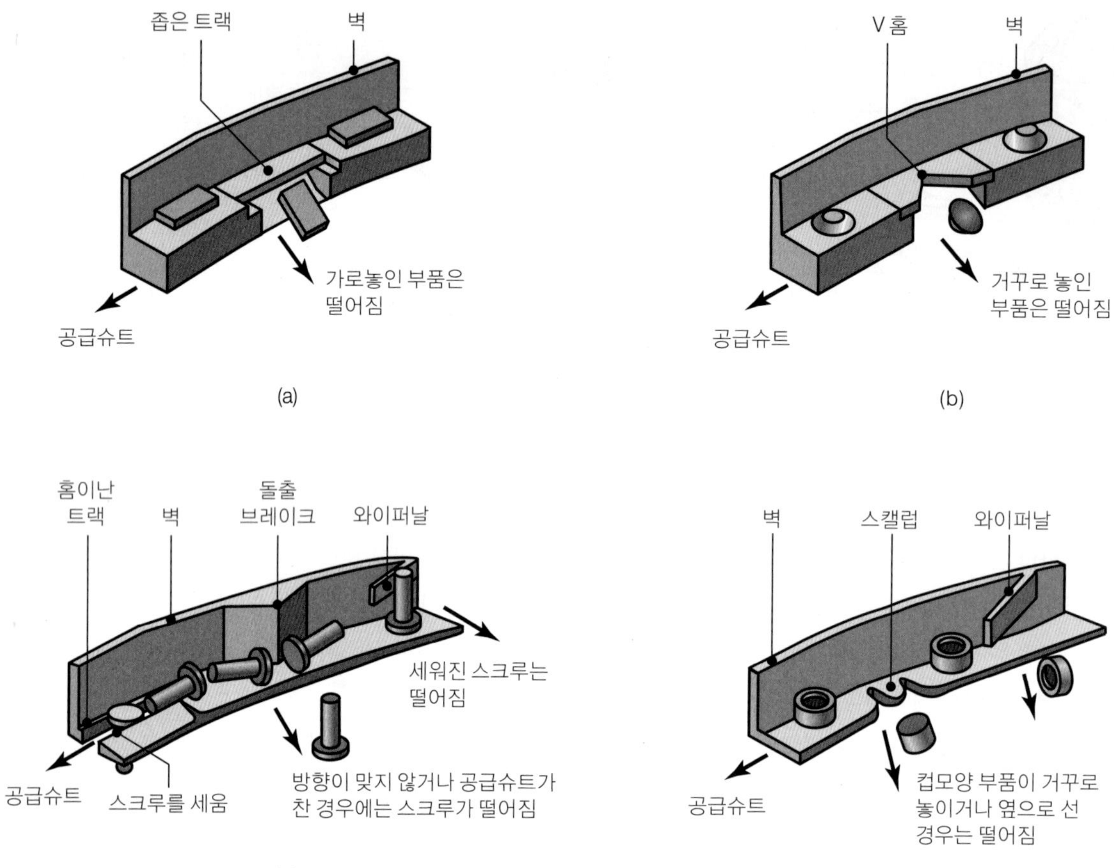

▲ 그림 14.31
자동조립에서 부품이 제대로 놓이도록 하는 안내장치의 예.

정한 속도로 움직이는 동안에 조립된다. 조립될 부품들은 제품의 일정한 이동에 맞추어, 각종 동력장치에 의해 제품 쪽으로 이동되어 공급된다. 이 시스템은 병입 및 포장공장과 자동차, 기계공장의 대량생산라인에서 전형적으로 사용된다.

조립시스템은 특정한 제품라인용으로 설치되기도 하지만, 제품모델이 다양하여 제품라인이 가변적인 경우에는 유연성을 가지면서 변화하는 제품라인에 따르도록 변경되기도 한다. 이러한 유연조립시스템(FAS, flexible assembly system)은 컴퓨터제어, 호환성 있고 프로그램가능한 동력부와 공급장치, 코딩된 팰릿, 자동주행장치 등을 사용한다.

14.11 설계 고려사항

다른 가공공정 및 시스템에서처럼, 이 장에서도 설계는 가장 중요한 사항이다.

14.11.1 고정구의 설계

유연한 공작물고정장치와 고정구를 설계, 제작, 사용하는 것은 첨단 가공시스템의 효율적인 작업에 필수적이다. 설계주안점을 다음에 요약하였다.

1. 공작물고정장치는 공작물을 자동으로 정확하게 고정하고 위치를 정밀하게 유지하며, 충분한 체결력으로 특정 가공작업에서 가해지는 힘을 견뎌야 한다.
2. 고정구는 충분한 강성을 갖고 고정구-공작물 경계면에 발생하는 수직응력과 전단응력을 견디며, 과도하게 변형하지 않아야 한다.
3. 공작물과 고정구 사이의 지지면에 칩이나 부스러기가 있으면 큰 문제가 된다. 칩은 표면장력이 작용하는 젖은 면에 잘 달라붙으므로, 절삭유가 사용되는 곳에 모이기 쉽다.
4. 유연고정구는 공작물이 서로 다른 공정으로 제작될 수 있고, 공작물마다 치수나 표면형상이 다를 수 있는 상황에도 적응해야 한다. 이는 특히, 공작물이 (1) 깨지기 쉽거나 세라믹 같은 취성재료인 경우, (2) 플라스틱이나 고무처럼 비교적 연하고 굴곡되는 재료인 경우, (3) 폴리머피복처럼 접촉표면에 부드러운 피복이 된 경우에 중요하다.
5. 고정구나 클램프는 높이를 낮게 하여 절삭공구와 충돌하지 않도록 한다. 기계가공작업에서 공구경로를 프로그래밍할 때는 충돌방지를 중요하게 고려해야 한다(14.3절 및 14.4절 참조).
6. 유연고정구는 특정 요구조건을 만족하여 가공셀과 유연가공시스템에서 적절하게 기능해야 한다. 공작물을 기계에 장착하고 이탈시키는 시간을 최소화하여 가공주기시간을 줄이도록 한다.
7. 공작물은 고정구 안에서 쉽게 위치를 잡고 체결될 수 있도록 설계되어야 한다. 플랜지, 평탄면, 기타 위치확인용 표면을 공작물 설계에 포함시켜 고정구설계를 단순화하고 기계 사이에서 공작물을 이송하는 데 도움을 주도록 한다.

14.11.2 조립, 분해, 서비스 보장설계

■ **조립보장설계**(DFA, design for assembly) 제품의 기능과 가공보장설계가 중요한 관심사가 되었으나, 조립비용을 줄여야 한다는 필요성 때문에 DFA, 특히 자동조립보장설계가 주목을 끌고 있다. **수동조립**의 장점은 인간이 쉽게 부품더미에서 맞는 부품을 꺼낼 수 있다는 점이다. 인간의 시각, 지능, 민첩성은 매우 복잡한 시스템을 잘 맞추어 조립할 수 있게 해준다. 하지만 **고속자동조립시스템**에서 부품을 자동으로 취급하려면, 부품더미에서 부품을 분리시켜서 호퍼나 진동피더(그림 14.30)로 이송하여, 적절한 위치와 방향으로 조립

해야 한다.

조립작업의 분석과 경험에 기초하여, 다음과 같은 DFA 설계지침이 개발되었다(그림 1.4 참조).

1. 제품 한 개에 필요한 부품의 수와 종류를 줄이고, 단일부품이 다기능을 갖도록 하며, 모듈로 관리될 수 있는 반조립품을 가급적 고려한다
2. 부품은 완전한 대칭성을 갖거나(원형이나 정사각형), 아니면 아예 완전히 비대칭으로 설계하여(타원이나 직사가형) 작업자의 실수를 줄인다. 부품이 부정확하게 설치될 수 없도록 하거나, 위치, 정렬, 조정을 할 필요가 없도록 설계한다. 부품은 다른 요소에 쉽게 꽂을 수 있도록 설계한다.
3. 부품의 조립 시에 장애물이 없고, 시야를 가리지 않도록 설계한다.
4. 설계는 가급적 볼트, 너트, 스크루 같은 체결구를 사용할 필요가 없도록 하고, 스냅인 체결구 같은 다른 방법도 고려해야 한다(그림 12.55). 체결구를 사용해야 한다면, 종류를 최소화하고 공구가 방해받지 않고 사용되도록 위치와 간격이 정해져야 한다.
5. 부품설계 시 크기, 모양, 무게, 유연성, 마모성, 다른 부품과의 걸림 같은 인자를 고려한다.
6. 조립품을 회전시키지 않도록, 부품은 한 방향으로 삽입되도록 설계한다. 수직방향으로 삽입되도록 설계하면 중력을 이용할 수 있다.
7. 조립과정에서 부품이 쉽게 움직이도록 제품을 설계하고, 기존제품의 경우는 재설계한다(그림 1.4 참조). 내/외부의 예리한 코너부는 챔퍼(모따기), 테이퍼, 라운딩으로 대체한다.
8. 모양이 유사한 부품들은 천연색 코딩으로 구분한다.

로봇조립의 설계지침은 수동조립이나 고속자동조립에 대한 지침들과 유사하며, 다음과 같은 추가사항이 있다.

1. 로봇의 그리퍼(엔드이펙트)를 바꾸지 않고도 잡고 다룰 수 있도록 부품들을 설계하여(그림 14.18 참조), 별도의 그리퍼가 필요하지 않도록 한다. 또한 그리퍼가 정확한 방향에서 부품을 잡을 수 있어야 한다.
2. 로봇에게 볼트, 너트, 나사 같은 나사체결구를 사용하는 조립은 어려운 반면, 자체나사 스크루(금속판재, 플라스틱, 목재용), 스냅인, 리벳, 용접, 접착작업은 쉽게 처리할 수 있다.

■ **조립효율의 평가** 조립작업의 효율을 평가하는 해석도구나 컴퓨터기반 도구를 개발하기 위해 많은 노력을 기울여 왔다. 이들 도구는 상이한 제품설계 간의 비교를 통해 조립이 쉬운 설계속성을 선택할 수 있는 근거를 제공한다.

조립효율을 평가하려면, 조립성에 영향을 주는 형상에 대하여 조립품을 구성하는 부품을 평가하고, 조립소요시간의 기준을 정한다. 이 과정은 기존제품에 대해서도 적용할 수 있다. 부품개수를 N, 총 조립시간을 $t_{전체}$라 할 때, 조립효율은 다음과 같이 계산한다.

$$\nu = \frac{Nt}{t_{전체}} \tag{14.1}$$

여기서 t는 취급, 방향설정, 조립에 어려움이 없는 소형부품에 대한 이상적인 조립시간으로, 보통 3초로 잡는다. 식 (14.1)을 이용하면, 경쟁하는 두 설계안을 조립보장설계의 관점에서 평가할 수 있다. 잘 설계된 구성부품의 조립효율은 25% 정도이고, 조립효율이 5~10%인 제품은 조립이 쉽도록 재설계할 필요가 있다. 한편, 이상적인 조립시간인 3초 기준은 보통 비현실적이므로, 현장에서 100%에 가까운 조립효율을 달성하기는 힘들다.

■ **분해보장설계**(design for disassembly) 제품의 유지나 부품교환을 위해 제품을 분해할 때의 방법 및 용이성은 제품설계 시 고려해야 하는 또 다른 중요사항이다. 분해보장설계에 대한 지침은 아직 확립되어 있지 않지만, 조립보장설계의 지침에서와 유사한 인자들을 고려하면 된다. 제품이나 구성부품의 컴퓨터모델이나 물리적 모델을 분석하여, 분해 시의 장애물, 통로의 크기, 시야의 가림, 분해부품을 단단히 쥐고 움직일 때의 어려움 같은 잠재적인 문제점들을 파악할 수 있다.

분해보장설계는 수명주기가 끝난 제품을 어떻게 분해하여 재활용하고, 가치있는 부품을 얼마나 재사용할 것인가 하는 측면에서 중요하다. (1) 부품의 설계와 위치, (2) 분해용 공구의 종류, (3) 수공구 혹은 동력공구 사용여부 등에 따라서 분해용이성이 결정된다. 스크루나 스냅인에 비해 리벳은 분해시간이 길고, 가치있는 재료가 부품에 층으로 접착된 경우는 불가능하지 않더라도 분리가 매우 힘들어서 재활용이나 재사용하기에 비경제적이 될 것이다. 명백하게, 분해시간이 길면 비용도 많이 들 것이므로, 재활용하려고 하지 않을 것이다. 따라서 분해소요시간에 대하여 연구하고 측정할 필요가 있다. 분해방법에 따라 차이가 있지만, 일반적인 분해소요시간은 선재절단 0.25초, 선재분리 1.5초, 스냅인 및 클립 제거 1~3초, 스크루 및 볼트 제거 0.15~0.6초/회전 등이다.

■ **서비스보장설계**(design for service) 조립 및 분해 보장설계의 개념에 포함시켜야 할 사항으로, 제품을 유지할 때, 특히 수리할 때의 용이성을 확보해야 한다. 서비스보장설계라는 이 접근방법은 서비스를 받아야 할 빈도가 높은 부품일수록 제품의 바깥쪽에 있어야 한다는 개념에 바탕을 두고 있다.

14.12 경제적 고려사항

모든 생산시스템은 기본적으로 기계와 인간의 조합체이므로, 최종결정에 중요한 영향을 주는 인자는 사용기계류의 종류와 가격, 운전비용, 소요인력의 수준과 양, 생산량 등이다. 또한 로트크기와 생산속도 역시 생산의 경제성에 큰 영향을 준다. 연간 소량생산되는 제품은 공작실에서 제조할 수 있지만, 공작실에서 사용하는 기계류는 숙련된 인력을 필요로 한다. 게다가, 공작실에서는 생산량과 생산속도가 낮아서, 제품 한 개당 원가는 높은 편이다(그림 14.3 참조).

공작실의 경우와 반대로, 전통적인 이송라인과 전용기계 및 장비, 전용공구, 컴퓨터제어시스템을 사용하여 대량의 제품을 생산하는 경우가 있다. 이때는 각 생산요소에 많은 투자가 필요한 반면, 자동화수준이 높기 때문에 필요한 작업숙련도와 인건비는 모두 낮은 편이다. 이 생산방식은 특정 종류의 제품을 생산하도록 조직되어 있어서 유연성은 별로 없다.

대부분의 가공작업은 위에 언급한 두 극단적인 생산방식 사이에 있으므로, 원하는 자동화수준을 적용할 때는 신중하게 결정해야 한다. 많은 경우에, 설비에 대한 전면적 자동화보다는 특정 설비에 국한한 선택적 자동화가 비용효율이 높다. 인건비가 정당화되고 자격있는 인력이 충분하다는 가정 하에, 작업인력의 숙련도가 높으면 자동화의 필요성이 낮은 것이 일반적이다. 반대로, 가공설비가 이미 자동화되어 있으면, 필요한 숙련도는 낮다.

조립작업이 많이 필요한 제품의 경우에는 인력요소가 큰 비중을 차지하는 **노동집약적** 생산이 된다. 노동집약적 제품의 예로는 항공기, 기관차, 자전거, 피아노, 가구, 장난감, 신발, 의복 등을 들 수 있다. 가정용품뿐만 아니라 첨단기술 제품의 경우에도 노동력이 많이 필요한 제품들이 멕시코, 중국, 환태평양 국가들에서 제조되거나 조립되는 이유는 인건비가 싸기 때문이다(1.10절 및 16.9절 참조).

수동조립에서는 비교적 간단한 공구가 사용되고, 로트크기가 작은 경우에 경제적이다. 인간의 손과 손가락의 민첩성과 여러 감각을 통한 피드백 능력으로 작업자는 꽤 복잡한 제품도 어려움 없이 수동조립할 수 있다. 14.7절에 설명한 것처럼, 조립작업에 로봇을 선택하여 사용하고자 할 때는 인건비와 이점을 고려하여 판단해야 한다.

사례연구 | 로봇을 이용한 플라스틱 터보건(Toboggan) 썰매의 버제거 작업

로보토 테크놀로지(Robotor Technology)는 플라스틱 사출성형이나(10.10.2절) 블로성형으로(10.10.3절) 터보건 썰매 및 자동차용 고품질 시트를 제조하는 업체이다. 터보건을 성형한 후, 냉각되는 동안에 구멍을 만들고 구멍 주위는 버제거작업(9.8절)이 필요하다(어린이용 카시트의 등받이도 비슷한 버제거작업이 필요한 생산라인임). 버제거작업은 로봇을 활용하는 것이 이상적이지만, 자동화하기가 힘들다. 회전형 버공구를 사용하면, 연기와 입자가 생겨 건강상의 위험을 주고, 비회전형 커터를 사용하려면 로봇에 프로그램된 경로가 성형제품이 수축하면서 생기는 편차를 수용할 수 있어야 한다.

로보토 테크놀로지는 다양한 커터날을 장착할 수 있는 부상장착형(float-mounted) 공구(14.7.1절의 **촉각형 엔드이펙터** 참조)를 개발하여 이 문제를 해결하였다. 버를 제거하려면 칼날이 정확한 절삭각과 일정한 절삭력을 유지해야 한다. KUKA KR-15 로봇을 사용함으로써, 플라스틱의 수축을 보상하면서 절단과 버제거작업을 한번에

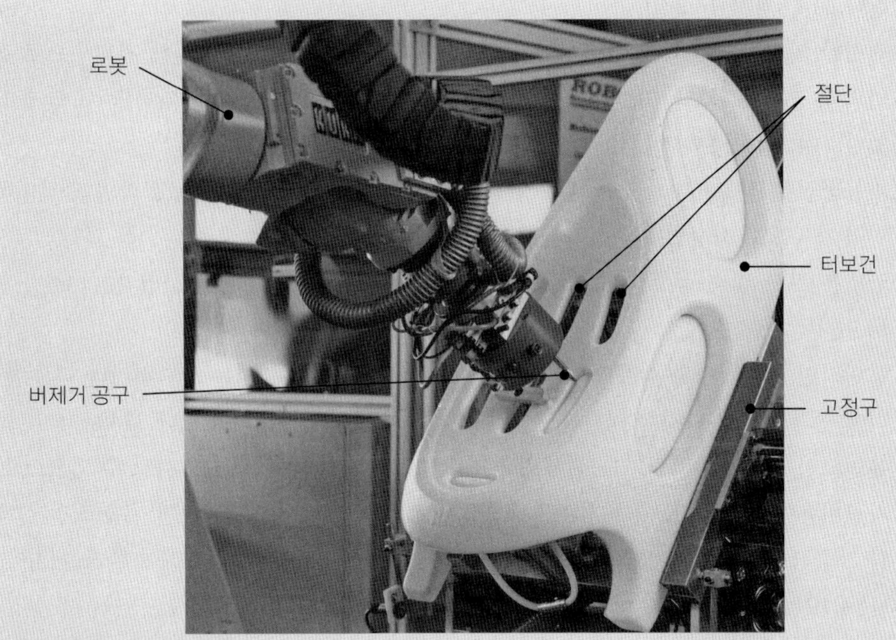

▶ **그림 14.32**
블로성형된 터보건의 로봇 버제거작업.

작업할 수 있게 되었다(그림 14.32).

블로성형된 제품이 성형기에서 이탈되면, 작업자는 곧바로 플래시를 제거하고 제품을 회전식 분류테이블에 설치한다(그림 14.4 참조). 테이블이 회전하여 제품이 로봇의 작업영역으로 들어오면, 로봇은 측면의 구멍을 먼저 절단하고 버를 제거하여 고정구가 터보건을 기울여서 윗면을 작업할 수 있도록 한다.

각 터보건을 작업하는 동안 자동공구교환기(8.11절 참조)로 볼록한 날(구멍절단에 사용)을 직선날로 바꾸어가며 외곽형상을 매끈하게 다듬는다. 터보건이나 어린이용 카시트의 복잡한 형상은 로봇이 갖는 유연성을 보여주는 좋은 예이다.

로봇은 이 작업을 40~50초 내에 완료하므로, 120초가 걸리는 블로성형의 작업시간보다 짧아서, 로봇의 활용은 수요시스템(pull system, 15.12절 참조)의 목표와 부합한다.

로봇은 유해하고 더러운 환경(14.7절 참조)에 성공적으로 응용되어 수작업과 연관된 연기노출이나 손목통증 같은 상해를 피할 수 있게 되었다. 게다가, 버제거작업의 품질이 높고 불량률이 낮아져서 로봇 셀을 설치한 지 석 달 만에 투자비용을 회수할 수 있었다.

내용 요약 *SUMMARY*

- 자동화에는 단순자동화로부터 복잡한 시스템에 이르기까지 여러 수준이 있다. 자동화는 모든 가공공정, 물류, 검사, 조립, 포장에 성공적으로 적용된다. 가공공정이나 작업에 가장 경제적인 자동화수준을 선택하려면 생산량과 생산속도를 중요하게 고려해야

한다. (14.1절 및 14.2절)

- 진정한 의미의 자동화는 수치제어기계로부터 시작되었는데, 이로 인해 저비용으로 작업의 유연성이 확보되어, 작업숙련도가 낮아도 상이한 부품을 쉽게 가공할 수 있게 되었다. (14.3절 및 14.4절)
- 가공작업은 적응제어기술로 더욱 최적화된다. 적응제어는 지속적으로 작업을 감시하면서 자동으로 공정변수를 적절하게 수정해나간다. (14.5절)
- 산업용 로봇 및 자동주행차량을 사용하면서 물류기술이 보다 발전하였다. (14.6절 및 14.7절)
- 현대적인 가공기술과 컴퓨터통합가공을 활용함에 있어서 센서는 필수적이다. 각종 원리에 근거한 매우 다양한 센서들이 개발되어 성공적으로 사용되고 있다. (14.8절)
- 유연고정구와 자동조립기술을 사용하면 작업자의 개입을 대폭 감소시킬 수 있으므로, 가공비용이 절감된다. 이들 기술을 효과적이고 경제적으로 적용하려면, 종합적인 설계와 가공작업에서 조립, 분해, 서비스 보장설계를 중요한 인자로 인식해야 한다. (14.9절 및 14.10절)
- 다른 모든 가공공정에서와 마찬가지로 이 장에서 다룬 기술들을 적용하려면 특정한 설계 고려사항과 지침을 따라야 한다. (14.11절)
- 자동화에서의 경제적 고려사항으로 적절한 자동화수준과 연관된 결정이 포함되고, 이 결정에는 생산량이나 생산속도 같은 변수가 고려되어야 한다. (14.12절)

참고문헌 BIBLIOGRAPHY

Blum. R.S., and Liu, Z., *Multi-Sensor Image Fusion and Its Applications*, CRC, 2005.

Bolhouse, V., *Fundamentals of Machine Vision*, Robotic Industries Association, 1997.

Boothroyd, G., *Assembly Automation and Product Design*, 2nd ed., Dekker, 2005.

Boothroyd, G., Dewhurst, P., and Knight, W., *Product Design for Manufacture and Assembly*, 2nd ed., Dekker, 2001.

Brooks, R.R., and Iyengar, S., *Multi-Sensor Fusion: Fundamentals and Applications with Software*, Prentice Hall, 1997.

Busch-Vishniac, I., *Electromechanical Sensors and Actuators*, Springer, 1999.

Chow, W., *Assembly Line Design: Methodology and Applications*, Dekker, 1990.

Craig, J.J., *Introduction to Robotics*, 3rd ed., Prentice Hall, 2003.

Davies, E.R., *Machine Vision: Theory, Algorithms, Practicalities*, 3rd ed., Morgan Kaufmann, 2004.

Fraden, J., *Handbook of Modern Sensors: Physics, Designs, and Applications*, 3rd ed., Springer, 2003.

Galbiati, L.J., *Machine Vision and Digital Image Processing Fundamentals*, Prentice Hall, 1997.

Hornberg, A., *Handbook of Machine Vision*, Wiley, 2006.

Ioannu, P.A., *Robust Adaptive Control*, Prentice Hall, 1995.

Lynch, M., *Computer Numerical Control for Machining*, McGraw-Hill, 1992.

Molloy, O., Warman, E.A., and Tilley, S., *Design for Manufacturing and Assembly: Concepts, Architectures and Implementation*, Kluwer, 1998.

Myler, H.R., *Fundamentals of Machine Vision*, Society of Photo-optical Instrumentation Engineers, 1998.

Nof, S.Y., Wilhelm, W.E., and Warnecke, H.-J., *Industrial Assembly*, Chapman & Hall, 1998.

Rampersad, H.K., *Integral and Simultaneous Design for Robotic Assembly*, Wiley, 1995.

Rehg, J.A., *Introduction to Robotics in CIM Systems*, 5th ed., Prentice Hall, 2002.

Ripka, P., and Tipek, A., *Modern Sensors Handbook*, ISTE Publishing Co., 2007.

Smid, P., *CNC Programming Handbook*, 2nd ed., Industrial Press, 2002.

______, *CNC Programming Techniques*, Industrial Press, 2005.

Snyder, W.E., and Qi, H., *Machine Vision*, Cambridge, 2004.

Stenerson, J., and Curran, K.S., *Computer Numerical Control: Operation and Programming*, 3rd ed., Prentice Hall, 2005.

Umbaugh, S.E., *Computer Imaging*, CRC, 2005.

Valentino, J.V., and Goldenberg, J., *Introduction to Computer Numerical Control*, 3rd ed., Prentice Hall, 2002.

Van Doren, V., *Techniques for Adaptive Control*, Butterworth-Heinemann, 2002.

Wilson, J., *Sensor Technology Handbook*, Newnes, 2004.

Zuech, N., *Understanding and Applying Machine Vision*, 2nd ed., Dekker, 1999.

복습문제

QUESTIONS

14.1 기계화와 자동화의 차이점을 설명하여라. 각각에 대한 예를 몇 가지씩 들어라.

14.2 자동화를 급진적으로 변화하는 개념이라기보다는 점진적으로 발전하는 개념이라고 하는 이유는 무엇인가?

14.3 가공작업에서 자동화될 수 없는 활동이 있는지 설명하여라.

14.4 고정자동화와 가변자동화의 차이점과, 그렇게 불리는 이유를 설명하여라.

14.5 기계를 수치제어하는 원리를 설명하여라. 수치제어가 필요하고 발전하게 된 것은 어떤 요인 때문인가? NC의 전형적인 용도를 제시하여라.

14.6 직접수치제어와 컴퓨터수치제어의 차이점을 들어라. 각 방식의 상대적인 장점은 무엇인가?

14.7 개회로제어와 폐회로제어의 원리를 설명하여라.

14.8 컴퓨터응용 NC 프로그래밍의 장점을 나열하고 설명하여라.

14.9 적응제어의 원리와 목적을 설명하여라. 가공에서 현재 사용되는 용도와 장차 사용될 수 있을 용도를 몇 가지 들어라.

14.10 자동주행차량을 개발하게 된 요인은 무엇인가? 자동주행차량의 제한사항은 없는지 설명하여라.

14.11 특정한 가공설비를 하나 들고, 그에 적합한 물류시스템을 선정할 때 고려해야 할 인자들을 나열하고 논의하여라.

14.12 산업용 로봇의 기능을 나열하여라. 왜 이러한 기능이 필요한가?

14.13 각종 센서의 원리에 대하여 논하고, 각 유형별로 두 가지씩 용도를 들어라.

14.14 조립보장설계의 개념을 설명하여라. 가공에서 조

립보장설계가 중요해진 이유는 무엇인가?

14.15 조립공정에서 부분적인 자동화가 가능한지 설명하여라.

14.16 가공작업에서의 적응제어에 대한 견해를 기술하여라.

14.17 로봇관절의 두 가지 방식은 무엇인가? 각 방식의 용도를 들어라.

14.18 다른 고정방법에 비해 유연고정구의 장점은 무엇인가? 유연고정구의 제한사항은 없는지 설명하여라.

14.19 로봇이 특정 경로를 따라가도록 프로그램되는 방법을 설명하여라.

14.20 그림 14.2와 관련하여 관찰된 바를 논의하고, 각 가공시스템의 구체적인 예를 들어라.

14.21 그림 14.4에 나타낸 두 가지 배열의 상대적 장점과 단점은 무엇인가?

14.22 그림 14.15에 나타낸 방법 외에, 선반작업에 적용할 수 있는 공작물직경의 온라인 측정방법에 대하여 설명하여라. 각 방법의 장점과 한계를 설명하여라.

14.23 그림 14.10a에 도시한 위치제어방식은 드릴링이나 펀칭에만 적용할 수 있는지 설명하여라.

14.24 이 장에서 소개되지 않은 산업용 로봇의 가능한 용도를 기술하여라.

14.25 그림 14.23에 나타낸 자동조립라인에 필요한 로봇의 수는 무엇으로 결정하는지 설명하여라.

14.26 로봇 작업영역(그림 14.20)의 형상과 크기가 중요한 상황을 들어라.

14.27 그림 14.17a에 나타낸 로봇의 각 구성요소의 기능을 설명하고, 자유도에 대하여 언급하여라.

14.28 자동주행차량(AGV)과 자체안내차량(self-guided vehicle)의 차이점을 설명하여라.

14.29 산업용 로봇이 개발되고 도입되던 초기에는 그 유용성과 비용효율성이 과장되었다고 이제는 인식하고 있다. 이러한 상황을 설명할 수 있는 이유는 무엇이라고 생각하는가?

14.30 머시닝센터를 가장 잘 활용할 수 있는 가공작업의 종류(그림 14.2)를 들어라. 이때 제품의 생산량과 다양성은 어떤 영향을 주는가(8.11절 참조)?

14.31 (1) 개회로제어와 (2) 폐회로제어가 바람직한 예를 각각 들어라.

14.32 가공설비에서 자동화수준을 생산량과 생산속도에 맞추어야 하는 이유는 무엇인가?

14.33 자동가공시스템의 발전에서 센서가 중요하게 된 이유를 설명하고, 구체적인 예를 들어라.

14.34 공작물고정장치로 유연고정구가 꼭 필요한 예를 들어라. 이 경우에 어떤 단점은 없는지 설명하여라.

14.35 수치제어를 적용하지 않는 것이 좋다고 생각되는 상황을 들고 설명하여라.

14.36 표 14.2는 생산량에 맞는 제조방식과 제품 예를 나타낸다. 표의 목록에 제품 예를 추가하여라.

14.37 그림 14.6에 나타낸 각 위치결정방식이 바람직하게 적용되는 경우를 들어라.

14.38 그림 14.26에 나타낸 예와 비슷하게, 기계눈이 사용될 수 있는 특정 용도를 들어라.

14.39 그림 14.31에 추가하여 안내장치의 예를 들어라.

14.40 그림 14.19에 나타낸 각 로봇의 작업영역을 도시하여라. 가공작업에서 이들 작업영역이 갖는 의미를 설명하여라.

14.41 그림 14.19에 나타낸 각 로봇의 용도를 몇 가지 들어라.

14.42 진동식 공급기를 사용하지 말아야 할 용도를 그

이유와 함께 몇 가지 제시하여라.

14.43 제6장 및 제7장에 설명한 금속성형가공공정에서 적응제어가 적합하다고 생각하는 공정을 들고, 그림 14.15에 나타낸 것과 유사하게 도시하여라.

14.44 그림 14.26a와 c에 나타낸 시스템의 응용 예를 들어라.

14.45 그림 14.7과 14.8에 나타낸 시스템에 대한 관찰결과를 요약하여라.

14.46 촉각센서가 적합하지 않은 경우의 예를 들고, 그 이유를 설명하여라.

14.47 기계눈이 적절하고 신뢰성 있게 사용될 수 없는 용도를 들고, 그 이유를 설명하여라.

14.48 그림 14.10b 및 14.12에 나타낸 방식으로, 공구마모가 가공품에 주는 영향을 도시하여라.

14.49 미래의 경향을 확실하게 예측하기는 힘들지만, 이 장에서 다룬 내용 중에서 2000년대 후반기에 새로운 발전이 일어날 것이라고 생각하는 주제를 들고 견해를 말하여라.

14.50 (1) 전용고정구, (2) 모듈러 고정구, (3) 유연고정구가 바람직한 상황을 들고 설명하여라.

14.51 관절형 로봇이란 무엇이며, 어떤 용도가 있는지 설명하여라.

연습문제

PROBLEMS

14.52 스핀들/브래킷 조립품이 다음 부품으로 구성된다: 철강 스핀들, 나일론 부싱 2개, 스탬핑된 철강 브래킷, 나일론 부싱의 철강 브래킷 고정용 스크루와 너트 각 6개. 이 조립품을 그림 7.98에 나타낸 조립품과 비교하고, 각 설계의 조립효율을 계산하여라.

14.53 일반 볼펜을 분해하여라. 볼펜을 조심스럽게 재조립하면서 시간을 측정하여 조립효율을 산정하여라. 같은 과정을 샤프연필에 대해서도 적용하여 조립효율을 산정하여라.

14.54 그림 14.11b를 검토하고, 원을 직선증분으로 근사할 때의 최대오차를 나타내는 식을 원의 반경, 직선증분의 개수의 함수로 나타내어라.

14.55 35 kg의 작업테이블이 모터/기어 조합으로 제어되며 최대 50 N의 힘을 발생할 수 있다. 작업테이블을 현재 위치(x = 0)에서 다음 위치(x = 100 mm)까지 구동하고자 한다. (1) 개회로제어시스템과 (2) 폐회로제어시스템에 대하여, 작업테이블에 가해지는 합력과 작업테이블의 위치를 시간의 함수로 도시하여라. 단, k_p = 0.5 N/mm 및 k_v = 0.045 N-s/mm를 사용한다.

14.56 예 14.1을 검토하고 마찰계수가 μ인 경우에 개회로 및 폐회로 시스템에서 힘을 구하는 식을 각각 구하여라.

14.57 예 14.1의 작업테이블이 시간 t의 함수, $x = \sin \omega t$로 주어지는 삼각함수 위치에 있기 위한 폐회로제어시스템 방정식을 구하여라. 단, 마찰계수는 영으로 가정한다.

14.58 이 장의 내용에 대해 학생들에게 퀴즈문제를 낸다고 하자. 정량적인 문제 다섯 개와 정성적인 문제 다섯 개를 만들고, 답안을 제시하여라.

설계문제

DESIGN

14.59 여러 용도로 널리 사용될 수 있는 기계적인 그리퍼 시스템을 두 가지 설계하여라.

14.60 그림 14.28에 나타낸 것과 유사한 시스템에 대하여, 선반척에 사용할 수 있는 유연고정구 장치를 설계하여라(그림 8.42 및 8.44 참조).

14.61 제1장의 그림 1.4에 제시된 예에 덧붙여 다른 예를 추가하여라.

14.62 그림 14.3에 나타낸 생산방식에 적합한 제품의 예를 들어라.

14.63 제6장에서 제12장 사이에 소개된 기계를 하나 선택하여 센서융합이 효과적으로 적용될 수 있는 시스템을 설계하여라. 설계된 시스템을 판매한다면, 어떻게 구입자에게 장점을 확신시키겠는가? 설계된 시스템의 비용효율성은 어떠한가?

14.64 그림 14.31에 나타낸 부품들에 사용된 재료의 종류(금속 또는 비금속)가 안내장치의 효율에 영향을 줄 것인지 설명하여라.

14.65 제품을 하나 생각하고, 그 제품을 생산할 이송라인을 그림 14.5와 같이 설계하여라. 필요한 기계의 종류와 숫자를 언급하여라.

14.66 유연고정구의 기본원리를 14.9절에서 설명하였다. 매우 다양한 부품을 제조한다고 생각하고, 유연고정구에 대한 설계지침을 작성해 보아라. 각 고정구의 원리를 나타내는 간단한 스케치를 그리고, 적용범위와 한계를 설명하여라.

14.67 기초판(base plate)에 각종 클램프, 설치 핀, 공작물지지대, 부속품을 부착시킨 모듈러 고정구의 유용성과 용도에 대하여 견해를 말하여라.

14.68 가정용품을 몇 가지 살펴보고, 제품들이 조립된 방식에 대하여 도시하고 설명하여라. 이들 중에서 조립, 분해, 서비스를 단순하고 신속하게 하려면 설계를 어떻게 바꿀 것인지 언급하여라.

14.69 그림 14.18a에 나타낸 설계를 검토하고, 다음 제품을 쥐는 데 적합한 그리퍼를 설계하여라.

(a) 계란

(b) 부드러운 고무제품

(c) 매끈하고 광택 있는 표면을 가진 금속구

(d) 신문

(e) 포크, 나이프, 숟가락 같은 식기류

14.70 오래된 가정용 전기제품(예: 토스터기나 전기밥솥)을 구해서 분해하여라. 14.11.2절에 제시된 설계지침에 의거하여 재설계할 때의 제안사항을 정리하여라.

14.71 그림 14.25에 나타낸 그리퍼에 사용된 설계와 재료에 대하여 언급하여라. 이러한 그리퍼는 작업현장에서 내구성이 낮은데, 그 이유를 설명하여라.

14.72 그림 14.28을 관찰한 결과를 정리하고, 가공에서 유사한 용도에 사용할 수 있는 설계안을 제시하여라. 설계안을 작업현장에서 실제 생산에 적용할 때의 유용성에 대하여 언급하여라.

14.73 제8장에서 설명한 기계가공작업에 사용되는 다양한 공구홀더를 검토하고, 그림 14.24에 나타낸 것과 유사한 센서시스템을 설계하여라. 센서시스템의 기능에 대하여 언급하고, 작업현장에서 사용할 때 직면할 수 있는 어려움에 대하여 논하여라.

14.74 U자형 부품의 열린 부분이 밑으로 오게 하여 조립되는 경우에, 그림 14.31에 나타낸 것과 같은 방법으로 작동하는 안내장치를 설계하여라.

14.75 직경과 두께가 다른 부품군에 적용할 수 있는 동력공작물고정장치를 사용하는 유연고정구를 설계하여라.

14.76 문제 8.160의 그림에 나타낸 부품에 적용할 모듈러 고정구시스템을 설계하여라.

14.77 그림 14.26a와 c에 나타낸 시스템의 용도를 몇 가지 들어라.

14.78 각종 수치제어기계의 제원을 검토하고, (a) 위치결정 정확도, (b) 반복정확도, (c) 해상도에 대한 목록을 만들어라. 이 목록에서 관찰되는 바를 언급하여라.

14.79 그림 14.16에 나타낸 자동주행차량을 생각하자. 이 시스템은 여러 건물에서 작동가능한가? 작동가능하기 위해서 어떤 어려움이 예상되는지 설명하여라.

제  장

컴퓨터통합가공 시스템

주요내용

가공환경에 컴퓨터를 통합시키는 기술에 대하여 설명함. 현대적이고 효율적인 가공시스템에는 컴퓨터 하드웨어, 소프트웨어, 통신망, 통신규정, 인력들이 통합되어 있음.

- 그래픽기술과 부품해석을 통한 컴퓨터응용설계
- 가공공정과 시스템을 모사하는 컴퓨터기술
- 이전의 설계와 가공기술을 신속하게 추출하여, 새로운 상황에 직접 적용하는 그룹 테크놀로지 및 데이터베이스 기술
- 작업자가 필요하거나 필요 없는 가공셀의 원리와 특징
- 홀론(holonic) 생산방식의 개념과 응용
- 적시생산방식과 고효율생산방식의 개념과 이점
- 정보통신시스템의 중요성과 특징
- 가공에 활용되는 인공지능과 전문가시스템

15.1 개요

앞 장에서는 가공작업의 다양한 단계에서 기계화, 자동화, 컴퓨터제어의 적용, 이점, 한계에 대하여 설명하였다. 이 장에서는 **가공활동의 통합**에 대하여, 즉 공정, 기계, 장비, 작업, 관리를 통합된 **가공시스템**으로 간주하여 설명한다. 통합시스템은 생산설비를 완전하게 관리함으로써 생산성, 제품품질, 신뢰성을 증대시키고 가공비용을 최소화할 수 있다.

컴퓨터통합가공(CIM)에는 전통적으로 분리되어 있던 제품설계, 연구개발, 생산, 조립, 검사, 품질관리의 기능들이 모두 연결된다. 통합시스템에서는 제품설계, 재료, 가공공정, 공정과 장비의 능력, 관련활동들 사이의 정량적 관계를 잘 이해하고 수립해야 한다. 이 방법으로 재료, 제품 형태, 시장수요의 변화를 적절하고 효과적으로 수용할 수 있다.

다음 표현들을 상기하자. (1) 품질은 제품과 함께 만들어져야 한다. (2) 고품질이 반드시 고비용을 필요로 하는 것은 아니다. (3) 저질제품으로 시장을 개척하면, 궁극적으로 제조업체에 매우 값비싼 대가를 치르게 한다. 설계 및 가공활동이 분리된 것보다, 적절하게 통합되었을 때 쉽고 값싸게 고품질제품을 얻을 수 있다. 이 장에서 설명하는 **컴퓨터응용 설계/공학/가공/공정계획**과 **공정 및 시스템의 시뮬레이션**을 통해 성공적이고 효과적으로 통합시스템이 달성된다.

이 장에서는 시장요구와 제품 변화에 대처하고, 고품질제품을 소비자에게 **적시납품**할 수 있으려면 기계, 공구, 장비, 가공작업이 **유연성**을 가져야 함을 설명하고 강조한다. 지난 40년간의 중요한 발전들(표 1.1 참조)은 현대적인 가공, 특히 날로 경쟁이 심해지는 세계시장에 큰 영향을 주어 왔다. 그 중에는 **그룹 테크놀로지, 셀단위가공, 유연가공시스템, 적시생산방식**(JIT)이 포함된다. 게다가, 통합가공에서 **컴퓨터제어**와 하드웨어 및 소프트웨어를 광범위하게 사용함에 따라, **정보통신망**의 계획과 효과적인 적용이 이들 활동에 중요한 요소가 되었다.

이 장의 끝부분은 전문가시스템, 자연어처리, 기계눈, 인공신경망, 퍼지논리 등으로 구성되는 **인공지능**과, 이들 발전이 가공활동에 주는 충격에 대하여 검토하는 것으로 결론짓는다.

15.2 가공시스템

가공은 재료, 공구, 기계, 제어, 인간 같은 개별 항목들이 포함된 상호 의존하는 다수의 활동으로 구성된다. 즉, 가공은 다수의 다양한 물리요소와 인간요소로 구성된 하나의 크고 복잡한 시스템이다. 이들 중 일부 요소는 원료의 가격과 공급, 시장요구의 변화, 경제상황, 세계동향, 인간의 행동과 성과처럼, 예측과 관리가 어렵다.

이상적으로는 상호 의존의 본질과 정도를 식별할 수 있는 **수학적, 물리적 모형**으로 가공시스템을 나타내야 한다. 가공시스템의 어딘가에 변동이나 장애가 있다면, 자체조정을 통해 기능이 효과적이고 효율적으로 수행되어야 한다. 예를 들어, 특정 원료의 공급이 감소되어(예: 지정학적 요인, 전쟁, 파업 등) 가격이 오르면 대체재료를 찾아서 선택해야 하지만, 그 같은 변화가 가공조건, 생산속도, 제품품질, 가공비용에 주는 영향을 신중하게 고려한 후에 결정해야 한다.

마찬가지로, 제품의 모양, 크기, 용량에 대한 요구도 불규칙적으로 빠르게 변동한다. 예를 들면, 1980년대의 오일쇼크로 자동차의 크기가 작아졌고, 1990년대에는 연비가 낮은 스포츠카가 유행했으며, 최근에는 고유가와 환경문제로 인해 하이브리드 자동차의 수요가 높다. 가공시스템은 짧은 **생산개시시간**(lead time) 내에, 가급적 기계와 공구에 대한 큰 자본투자 없이, 변경된 제품을 생산할 수 있어야 한다. 생산개시시간은 제품개념이 만들어진 순간부터(혹은 제품주문서를 수령한 때부터) 제품이 최초로 시장에 출하될(혹은 고객에게 납품될) 때까지 걸린 시간으로 정의된다.

이렇게 복잡한 시스템에 개입된 많은 변수들 중 일부는 완전하고 신뢰할 만한 자료가 부족하여, 컴퓨터 시뮬레이션하고 모델링하는 것 자체가 쉽지 않다. 게다가, 나머지 변수 역시 정확하게 예측하고 관리하는 것이 항상 쉬운 것이 아니다. 이들 문제점의 예는 다음과 같다.

1. 공작기계의 특성, 성능, 그리고 불규칙한 외부교란에 대한 반응을 항상 정밀하게 모델링할 수는 없다(15.7절 참조).
2. 원료의 가격과 성질은 시시각각 변하고 정확하게 예측하기 어렵다.
3. 센서는 모든 상황에서 폐회로제어를 할 수 있을 만큼 튼튼하지 못하다.
4. 시장요구와 인간의 행동 및 성과는 신뢰성 있게 모형화되기 어렵다.

15.3 컴퓨터통합가공

제14장에서 다루었던, 가공작업에서 다양한 단계의 자동화는 **정보기술**(IT)과 대화식 컴퓨터의 광범위한 전산망의 도움으로 더욱 확장되고 있다. 그 결과가 컴퓨터통합가공(CIM, computer-integrated manufacturing)인데, 이는 넓은 의미로 설계, 계획, 생산, 분배, 경영의 모든 면을 컴퓨터로 통합하는 것이다. CIM은 장비와 컴퓨터를 단순히 연결하는 것이 아니라, 하나의 방법론이자 목표이다.

CIM의 효율은 컴퓨터, 기계, 그리고 그들의 제어와 관련된 대규모 **통합정보통신시스템**의 사용에 따라 크게 달라진다. 이 시스템에서 일어나는 문제점은 15.14절에서 설명한다. 이상적으로는 CIM이 회사 전체의 업무와 관련되기 때문에, 기술정보와 업무정보를 담은 광범위한 데이터베이스가 필요하다.

기존의 가공공장에 CIM을 도입하려면, 회사업무 중 일부 선택된 단계에서 모듈을 사용하는 것에서 시작한다. 반면에, 신규공장에서 CIM의 이점을 완전하게 활용하려면, 업무의 모든 단계를 다루는 종합적이고 장기적인 전략계획이 필수적이다. 이 계획에는 (1) 업체의 사명, 목표, 문화, (2) 자원의 가용성, (3) 생산제품과 연관된 떠오르는 신기술, (4) 원하는 통합수준 같은 사항들을 고려해야 한다. 갑자기 CIM을 계획하고 도입하기에는, 특히 중소기업에게 CIM은 엄청나게 비싼 체제이다.

■ **부시스템**(subsystem) CIM 시스템은 전체에 통합되는 부시스템들로 이루어진다(그림 15.1). 부시스템은 다음 요소들로 구성된다.

1. 사업계획과 지원
2. 제품설계

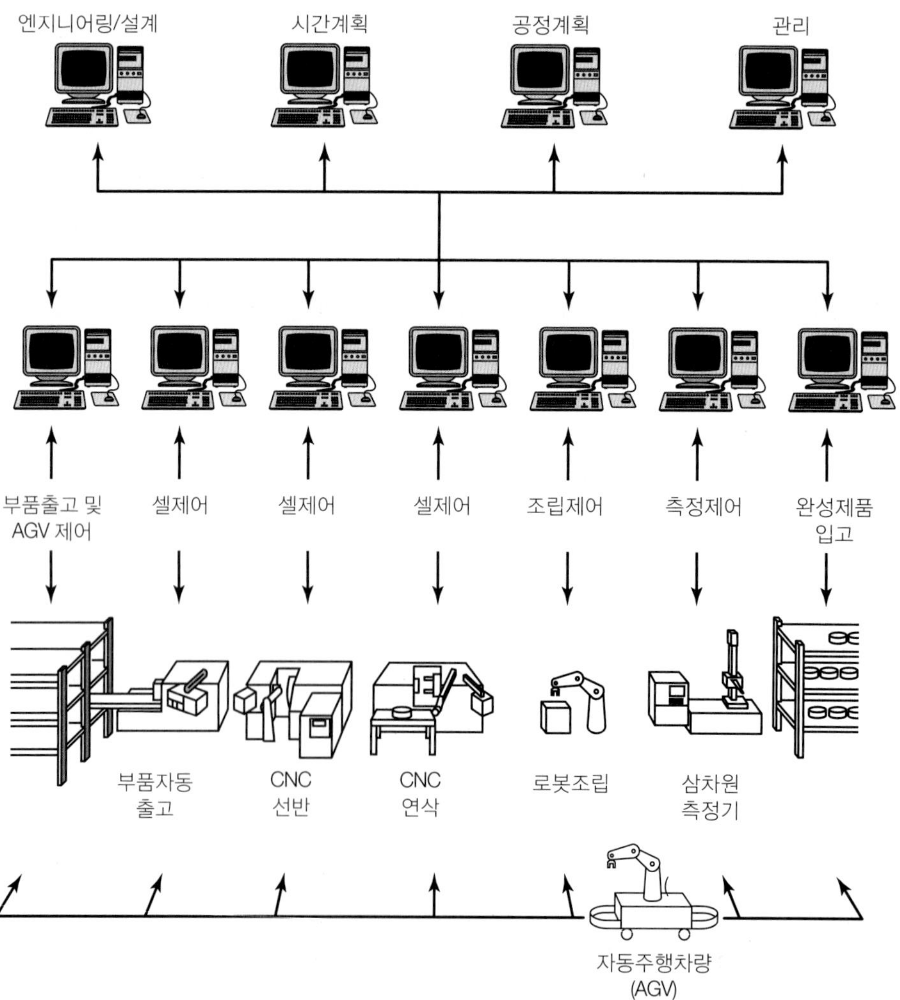

▶ **그림 15.1** 컴퓨터통합가공 시스템의 구성도.

3. 가공공정계획
4. 공정자동화와 제어
5. 작업현장 감시시스템

부시스템은, 그림 15.1의 화살표로 나타낸 것처럼, 하나의 부시스템 출력이 다른 시스템의 입력이 되도록 설계되고 개발되며 적용된다. 조직상 이들 부시스템은 (1) 예측, 시간계획, 재료수급계획, 송장작성, 회계 같은 **사업계획기능**과 (2) 생산과 공정제어, 물류, 시험과 검사 같은 **사업실행기능**으로 나뉜다.

■ **이점** CIM을 사용할 때의 이점은 다음과 같다.

1. 짧아지는 제품수명주기(16.4절 참조)와 시장수요의 변동, 국제경쟁에 대응할 수 있다.
2. 더 나은 공정제어를 통해 제품의 품질과 균일성을 향상시킨다.
3. 재료, 기계, 인력을 잘 활용하고, **작업진행부품**(WIP, work-in-progress)의 재고를 줄임으로써, 생산성을 향상시키고 제품원가를 절감한다.
4. 전체 가공작업의 생산, 시간계획, 경영이 잘 관리되므로, 제품원가를 절감한다.

15.3.1 CIM 데이터베이스

효율적인 CIM 시스템에는 생산조직 전체가 공유할 수 있는 데이터베이스가 필요하다. 데이터베이스는 제품, 설계, 기계, 공정, 원료, 생산, 재정, 구매, 영업, 마케팅, 재고에 대한 자세하고 정확한 실시간 자료로 구성되어야 한다. 이 거대한 자료체계는 컴퓨터 메모리에 저장되어, 설계와 생산의 여러 방면을 관리하고자 할 때, 개인, 조직, 혹은 CIM 시스템 자신에 의해서 호출되고 필요하면 수정되기도 한다.

데이터베이스는 다음 정보로 구성되는 것이 보통이다.

1. **제품자료**(부품형상, 치수, 공차, 제원)
2. **자료관리속성**(작성자, 개정수준, 부품번호)
3. **생산자료**(부품 및 제품 제조에 사용된 가공공정)
4. **작업자료**(시간계획, 로트크기, 조립요건)
5. **자원자료**(자산, 기계, 장비, 공구, 인력과 이들 자원의 능력)

데이터베이스는 개인이나 생산용 기계 및 장비에 장착된 각종 센서를 통해 구축된다. 후자의 경우, **자료획득장치**(DAS, data acquisition system)에 의해 자동수집되며, 단위시간 동안 생산된 부품개수, 치수정확도, 표면정도, 무게 등의 자료를 정해진 표본추출비율로 보고한다. DAS는 마이크로프로세서, 트랜스듀서, 아날로그/디지털 변환기(ADC)로 구성된다. DAS는 통계분석, 자료제시, 제품수요전망 등의 목적으로, 자료를 분석하고 다른 컴퓨터에 전송하는 기능도 갖는다.

데이터베이스의 설치와 사용에는 다음과 같은 고려사항이 중요하다.

1. 적시에 정확하고 쉽게 접근되고 공유되어야 하며, 사용자에게 편리해야 한다.
2. 자료에 무엇인가 이상이 있는 경우, 올바른 자료가 복구되어 다시 저장되어야 한다.
3. 데이터베이스는 각종 목적으로 여러 사람이 사용하므로, 다양한 배경과 필요성을 가진 사용자들에게 유연하고 신속하게 응답해야 한다.
4. 데이터베이스는 설계자, 생산기사, 공정계획자, 재무담당자, 회사의 경영자들이 쉽게 접근할 수 있어야 하지만, 부당하거나 인가되지 않은 사용으로부터 자료를 보호해야 한다.

15.4 컴퓨터응용 설계 및 공학

컴퓨터응용설계(CAD)는 제품과 부품의 설계도면과 형상모델의 작성에 컴퓨터를 활용하는 것으로(그림 1.8a 참조), 보통 **CAD 시스템**이라고 하는 **대화식 컴퓨터그래픽스**를 사용한다. **컴퓨터응용공학**(CAE)은 데이터베이스의 정보를 공유하면서 용도에 맞게 자료를 쉽게 만들어준다. CAE의 용도로는 (1) 구조물이나 하중지지 부재의 응력, 변형률, 변형량, 온도 등의 분포에 대한 유한요소해석, (2) NC 데이터의 생성, 저장, 복구, (3) 집적회로나 기타 전자장비의 설계가 있다.

CAD 사용자가 컴퓨터상에서 도면이나 단면을 작성하면, 설계안은 각 부품별로 색상을 달리하여 화면에 계속 도시된다. 최종도면은 인쇄하거나 디지털 파일로 저장하여, 전산망에 연결된 컴퓨터에서 필요에 따라 접근할 수 있도록 한다. CAD 시스템을 사용하면, 설계자는 설계대상을 그래픽화면에서 개념화할 수 있고, 설계대안을 고려하거나, 특정 설계를 요구조건에 맞게 신속하게 수정할 수 있다.

CATIA 같은 강력한 소프트웨어를 사용하면, 설계안을 즉시 공학해석하여 과도한 하중이나 변형, 조립과정에서 짝을 이루는 면끼리의 간섭 같은 잠재적인 문제점들을 미리 파악할 수 있다. 설계안의 형상 및 치수특성에 추가하여 재료, 제원, 가공지시사항 목록 같은 정보들도 CAD 데이터베이스에 저장된다. 설계자는 이들 정보를 활용하여 설계대안의 경제성을 분석할 수 있다.

15.4.1 자료교환규정

최근에는 각 업체별로 개발되어 특성이 다른 CAD 시스템이 다수 공급되면서 시스템 간의 자료교환이 심각한 문제가 되었다(15.14절 참조). 오랫동안 가장 많이 사용된 Autodesk™의 DFX 도면교환양식이 사실상 표준의 역할을 한다. DFX는 기하학적 정보만을 담고 있다. 또한 STL(*ST*reo *L*ithography, 10.12.1절 참조) 양식은 원래 신속조형기술에서 3D 형상을 내보내는 데 사용하였으나, 이제는 CAD 시스템 간의 자료교환형식이 되었다.

호환성을 높이는 단일표준형식과 기하정보 외의 추가정보 교환에 대한 필요성은 IGES(Initial Graphics Exchange Specification) 파일형식을 사용함으로써 많이 해소되었다. 개발업체는 시스템에 번역기를 달아 자료를 전처리하여 표준형식으로 만들어 내보내고, 표준형식을 불러들여서 시스템에 맞는 자료로 후처리하면 된다. IGES는 양방향(시스템 내/외부로) 번역에 사용되며, 삼차원 선과 면 데이터의 번역에도 광범위하게 사용된다. IGES는 계속 진화하면서 많은 버전이 존재하며, 현재는 5.3 버전이 사용 중이다.

또 다른 표준으로 솔리드모델에 기초한 PDES(Product Data Exchange Specification)가 있으며, 이는 국제표준기구(ISO)가 개발한 STEP(Standard for the Exchange of Product Model Data)에 근거를 두고 있다. PDES는 CAD 시스템 간에 형상, 설계, 가공, 품질인증, 수명주기, 시험, 유지 등의 정보를 교환할 수 있도록 해준다.

15.4.2 CAD 시스템의 구성요소

CAD 시스템에서의 설계과정은 다음과 같은 네 단계로 구성된다.

1. **형상모델링**(geometric modeling). **형상모델링**은 물체 또는 그 일부를 수학적, 즉 해석적으로 표현하는 것이다. 설계자는 우선, 선, 면, 입체, 치수, 참고문을 생성하거나 수정하는 명령으로, 대상물을 완전하고 정확하게 이차원이나 삼차원으로 나타내는 형상모델을 만든다. 이들 명령의 결과는 화면에 도시되므로, 화상을 마음대로 조작하면서 특정 부위 단면을 확대하여 자세하게 검토한다. 작성된 모델은 데이터베이스에 저장된다.

   모델은 다음과 같은 방법으로 표현된다.

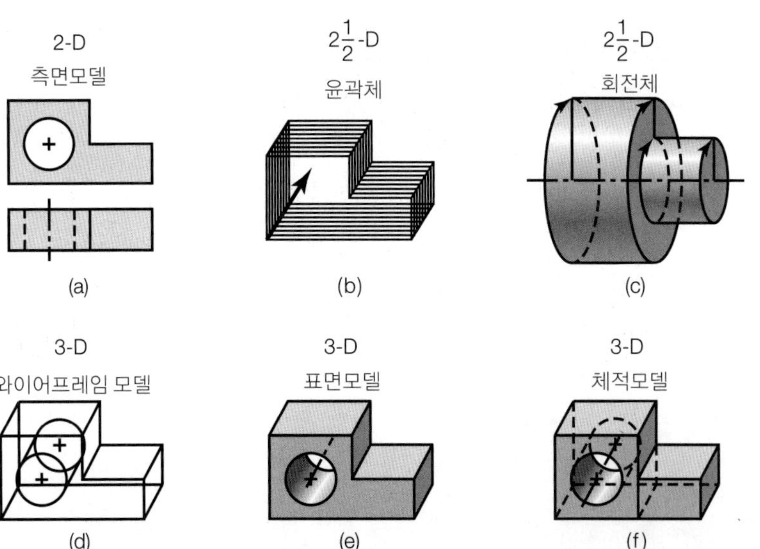

▶ **그림 15.2**
CAD에 사용되는 모델링의 종류.

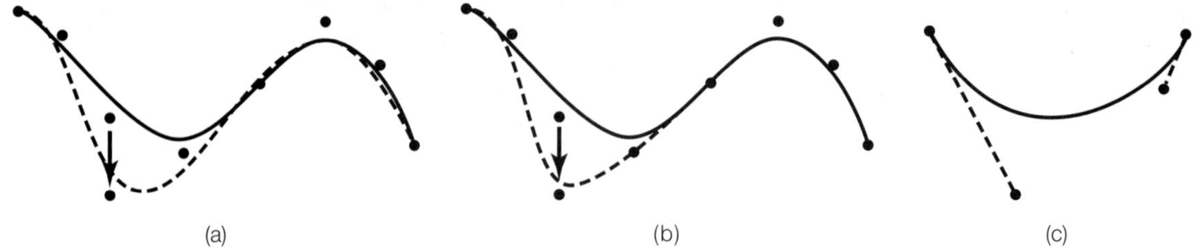

▲ **그림 15.3**

스플라인 곡선의 형태: (a) Bezier 곡선은 시작점과 끝점을 지나고, 중간 조정점은 전체 곡선에 영향을 준다. (b) B-스플라인은 단위곡선을 연결한 것으로, 조정점은 인근 곡선에만 영향을 준다. (c) 조정점 2개를 지나고, 다른 2개의 조정점으로 시작점과 끝점에서의 기울기를 결정하는 3차식 Bezier 단위곡선. 3차원 단위곡선을 연결하면, 곡선은 연속이지만 기울기가 불연속일 수 있다.

(1) **선 모델**, 즉 와이어프레임(wire frame, 그림 15.2 참조)은 모든 경계선을 실선으로 나타내는 것이다. 모양이 복잡하면 알아보기 어렵지만, 물체의 부위마다 다른 색을 사용하면 대상을 좀 더 쉽게 식별할 수 있다. 와이어프레임 모델에는 2-D, $2\frac{1}{2}$-D, 3-D의 세 가지 형태가 있다. 2-D 형상은 대상이나 부분의 윤곽을 보여주고, $2\frac{1}{2}$-D 형상은 2-D 물체를 z축 방향으로 평행이동시켜 얻거나, 둥근 물체의 경우 축을 중심으로 2-D 모델을 회전시켜 간단히 얻을 수 있다.

(2) **곡면모델**(surface model)은 보이는 모든 면을 나타냄으로써 물체의 곡면형상이나 모서리를 정의하는 모델이다. CAD 프로그램은 곡면모델에 Bezier 곡선, B-스플라인, NURBS(nonuniform rational B-splines) 등을 사용한다. 이들 방법은 모두 조정점을 사용하여 다항식 곡선이나 곡면을 정의한다. Bezier 곡선은 시작점과 끝점을 통과하도록 만들어진 혼합곡선으로, 조정점 한 개를 수정하면 곡선 전체에 영향을 준다는 단점이 있다. B-스플라인은 다항식 단위곡선을 연결하여 만든 혼합곡선으로 조정점 한 개를 수정하면 해당 부분곡선에만 영향을 준다. 2차원 Bezier 곡선과 B-스플라인의 예를 그림 15.3에 나타내었다. NURBS 곡선은 B-스플라인의 특수한 형태로, 각 조정점마다 가중치를 둔 곡선이다.

(3) **솔리드모델**(solid model)은 보이는 모든 면을 나타내면서 내부체적에 대한 자료도 포함하는 모델이다. 솔리드모델은 궤적체적(swept volume, 그림 15.2b와 c)이나 그림 15.4에 나타낸 기법으로 만들 수 있다. 경계표현방식(BREP, boundary representation)은 표면들을 조합하여 솔리드모델을 만드는 방식이다(그림 15.4a). 도형조립방식(CSG, constructive solid geometry)은 구, 정육면체, 직육면체, 원기둥, 원추 같은 단순도형들(입체원형이라고 함)을 조합하여 솔리드모델을 만드는 방식으로(그림 15.4b), 사용자가 입체원형 및 크기의 조합을 자유로이 선택하여 원하는 솔리드모델로 만들 수 있다. 솔리드모델은 설계분석이나 가공준비작업이 쉽다는 장점을

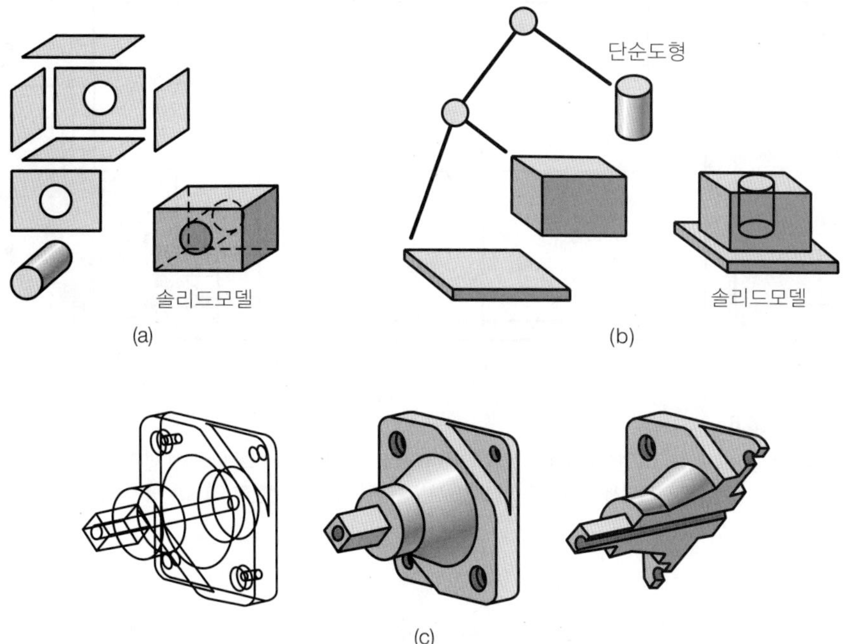

▶ 그림 15.4

(a) 입체형상의 경계면 표현과 솔리드모델을 이용하여 재구성한 입체형상, (b) 입체원형의 조합으로 표현한 솔리드모델, (c) CAD를 이용한 동일 부품의 세 가지 표현.

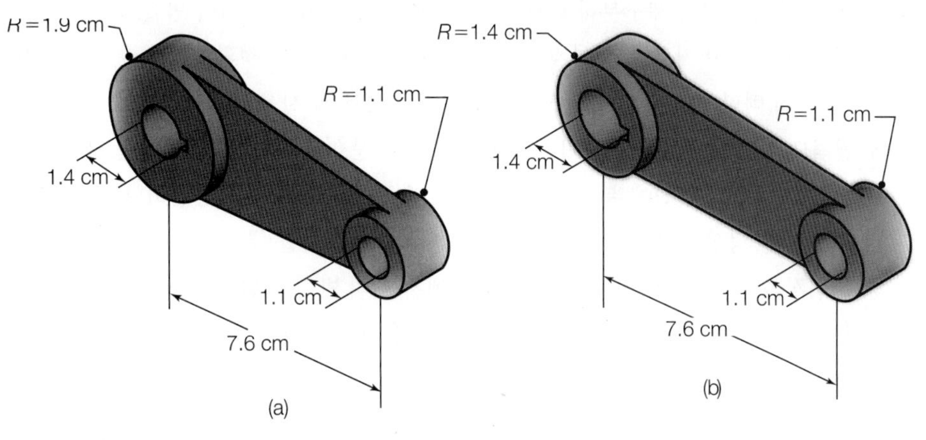

▶ 그림 15.5

매개변수설계의 예: (a) 원래 설계, (b) 자료파일에서 매개변수를 수정하여 만든 수정설계.

갖는 반면, 와이어프레임이나 곡면모델에 비해 메모리를 많이 차지하고 처리시간이 길다.

솔리드모델의 특별한 유형으로 **매개변수모델**이 있다. 이는 부품을 정의하는 BREP이나 CSG 방식에 추가하여 모양을 정의하는 치수나 구속조건까지 기억하여(그림 15.5), 부품의 일부를 수정할 때마다, 정의에 따라 부품 전체가 새로 생성되어 간단하고 직접적으로 모델을 변경할 수 있는 방식이다.

(4) **옥트리**(octree) **표현법**은, TV 화면이나 모니터에서 물체를 픽셀로 나타내는 것처럼, 삼차원 상에서 물체를 표현하는 모델기법이다(그림 15.6). 모든 면적을 사각형으로

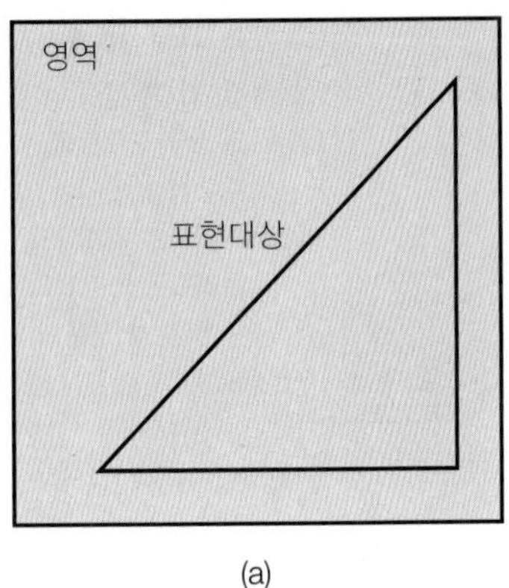

(a)

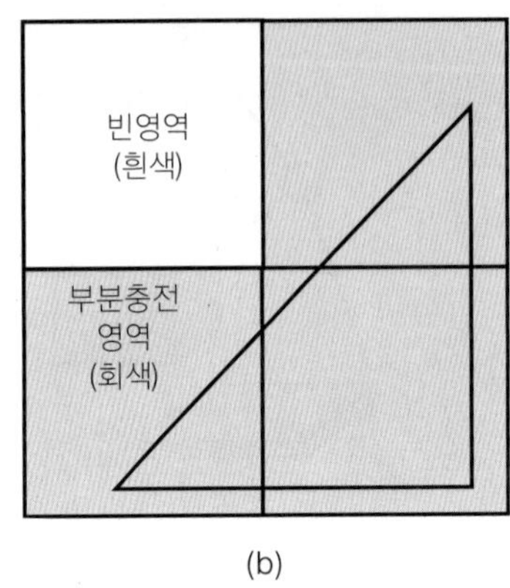

(b)

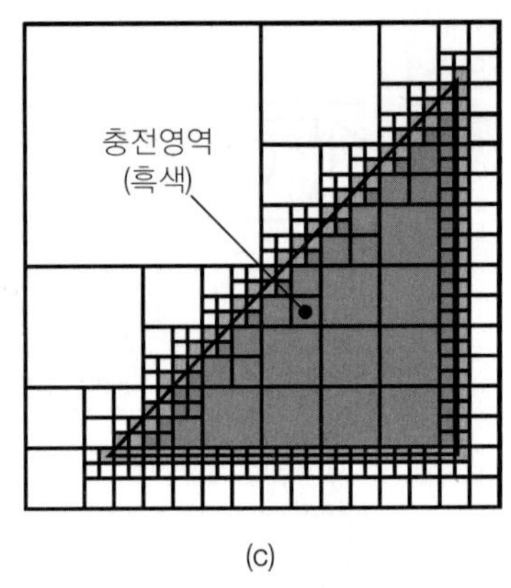

(c)

▲ 그림 15.6

내부가 찬 물체의 옥트리 표현절차: (a) 첫 번째 반복결과, (b) 두 번째 반복결과, (c) 여섯 번째 반복결과. 모든 체적을 팔분 공간으로 잘게 나누어가면서 충전영역, 빈 영역, 부분충전영역으로 구분한다. 그림은 평면도형을 이차원에서의 사분면으로 나타내고 있다.

잘게 나눌 수 있듯이, 입체를 **육면체**로 잘게 나누어 각각을 충전영역, 빈 영역, 부분충전영역으로 구분한다. 부분충전 **복셀**(voxel, *vo*lume pi*xel*로부터 만든 합성어)을 계속 잘게 나누면서 재구분하고 해상도를 높여가면 부품의 상세한 면을 얻을 수 있다. 표현이 다소 번거로운 듯하지만, 이 방법은 복잡한 면을 정확하게 표현할 수 있어서, 특히 뼈나 장기의 형상을 모델링하는 의료용에 잘 사용된다.

(5) **골격모델**(skeleton)은 부품이나 조립품의 동적 분석을 하는 데 사용되는 모델로, 상세한 곡면모델 대신에 부품을 선, 면, 곡선으로 단순화시키는 방법이다. 개념상, 골격모델은 형상의 최대내접원(삼차원의 경우는 내접구)을 구한 후, 각 원(혹은 구)의 중심점을 연결하여 만들 수 있다. 각 점에서 원의 반경은 별도 저장한다. 일반 곡면모델이나 솔리드모델 대신에 골격모델을 사용하려는 연구가 진행되고 있다.

2. **설계분석과 최적화.** 기하학적 특성이 결정된 설계는 공학해석을 거친다. 이 단계에서 응력, 변형률, 변형량, 진동, 열전달, 온도분포, 치수공차 등을 해석한다. 이들 양을 정확하고 빠르게 계산하는 여러 종류의 소프트웨어 패키지가 있으며, 이를 이용하면 공학해석을 비교적 쉽게 수행할 수 있어서, 설계자는 부품의 생산 이전에 설계안을 꼼꼼하게 조사할 수 있다. 하지만 설계된 부품에 하중, 온도, 기타 변수들이 주는 실제 영향을 파악하려면 현장에서의 실험 및 측정이 불가피하다.

3. **설계검토와 평가.** 구성부품 사이의 가능한 모든 간섭을 점검하는 검토와 평가는 중요한 설계단계이다. 이 단계는 부품의 조립이나 사용 도중의 문제점을 피하기 위해 필수적이며, 운동부재(링크, 기어, 캠 등)가 의도한 대로 작동하고 기능하는지 확인하는 단계이다. 운동부재 및 기타 동적 조건에서의 잠재적인 문제점을 확인할 수 있는 애니메이션 기능이 있는 소프트웨어가 사용가능하다. 설계검토와 평가단계에서, 정밀하게 부품의 치

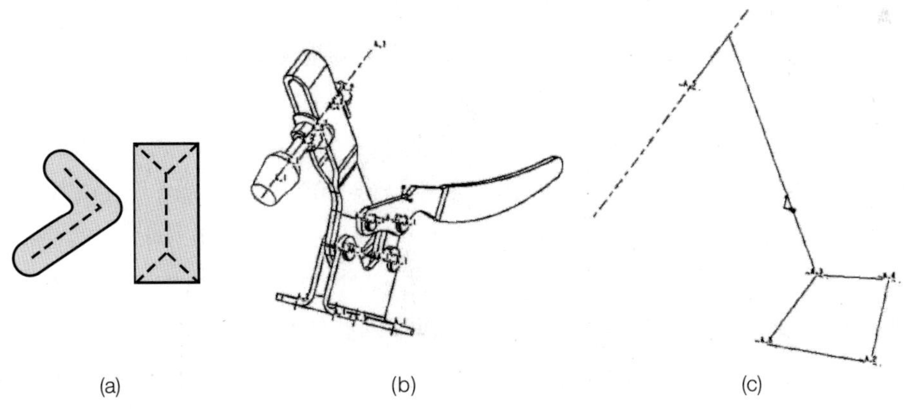

▶ **그림 15.7**
(a) 두 개의 서로 다른 물체의 골격자료구조(물체 내부에 점선으로 표시), (b) 클램프의 일반 형상, (c) 클램프의 기구학적 해석용 골격모델.

수를 결정하고 생산에 필요한 공차범위를 완전하게 지정한다(4.7절 참조).

4. **문서화.** 이상의 단계들이 완료되면, 문서화 및 참고자료용으로 설계의 출력본을 만든다. 이 단계에서 상세도면과 가공도면도 만들어서 출력한다. CAD 시스템에는 부품의 단면도 작성, 도면의 축소확대, 다양한 시각에서 부품의 입체모양을 나타내는 변환기능이 있다. 전산망에 연결된 모든 컴퓨터에서 데이터베이스의 부품도면을 추출할 수 있으므로, 도면의 출력본이 항상 필요한 것은 아니다.
5. **데이터베이스.** 제품에 사용되는 많은 부품들은 지정된 설계제원에 따라 대량생산된 표준부품이거나(볼트나 기어 등), 이전 설계에 사용된 것과 동일한 부품일 수 있다. CAD 시스템은 내장된 데이터베이스 관리시스템을 보유하므로, 설계자가 부품 라이브러리에서 부품을 식별하고 검토하며 부품정보를 사용할 수 있다. 이들 부품은 매개변수모델로 저장되어 비용효율이 높게 형상을 갱신할 수 있다. 광범위한 부품 라이브러리를 가진 상업용 데이터베이스도 있으며, 많은 업체가 부품 라이브러리를 인터넷 상에서 사용할 수 있도록 제공하고 있다.

15.5 컴퓨터응용가공

컴퓨터응용가공(CAM, computer-aided manufacturing)은 공정 및 생산계획, 시간계획, 제조, 품질관리, 경영을 포함한 제품생산의 모든 단계에서 도움을 주는 컴퓨터와 컴퓨터 기술의 사용을 의미한다. CAD와 CAM의 명백한 이점 때문에, 두 시스템은 **CAD/CAM 시스템**으로 결합되어 부품형상에 대한 자료를 재입력하지 않아도 설계정보를 제품의 가공계획에 사용한다. CAD에서 만든 데이터베이스를 저장하고, CAM에서 추가 처리하여 생산기계 및 물류장비의 작동과 제어용 자료와 지시사항을 만들고, 품질관리를 위한 자동시험 및 검사에도 활용한다(4.8.3절).

CAD/CAM의 출현으로 제품개발이 표준화되고, 설계노력, 평가, 시작품작업이 절감되어 가공작업이 크게 혁신되었고, 결과적으로 비용이 절감되고 생산성도 향상되었다. 쌍발엔진의 보잉 777 여객기를 예로 들면, 모든 설계가 컴퓨터에서 이루어졌고(**무도면 설계**), 2000개의 작업장이 8대의 컴퓨터와 연결되었다. 이 여객기는 이전 여객기 모델에서 필요했던 시작품이나 물리모형을 만들지 않고도, 개발비용 60억 달러를 들여 CAD/CAM 소프트웨어로부터(고급 CATIA 시스템) 직접 제작되었다.

기계가공작업에서 CAD/CAM의 중요한 기능으로, NC 선삭, 밀링, 드릴링 같은 작업에서의 공구경로 지정능력을 들 수 있다(8.10절 및 14.4절 참조). 프로그래머는 지시사항(프로그램)을 컴퓨터에서 만들고 수정하여 공구경로를 최적화시킨다. 가공기사는 화면에서 공구경로를 보면서 점검하여, 공구가 클램프, 고정구, 혹은 다른 장애물과 충돌할 가능성이 있는지를 확인한다. 공구경로는 언제라도 수정하여 다른 부품의 기계가공에 활용된다. CAD/CAM 시스템은 모양이 비슷한 부품들을 그룹으로 분류하는 기능도 갖고 있다(15.8절의 그룹 테크놀로지 참조).

15.6 컴퓨터응용 공정계획

가공작업이 효율적이려면, 다양한 모든 행동들이 체계적으로 계획되어야 하며, 이는 전통적으로 공정계획자들에 의해서 작성되었다. 공정계획은 생산방법, 공구, 고정구, 기계, 작업순서, 각 작업의 표준처리시간, 조립방법을 결정하는 작업이다. 선택된 정보들은 그림 15.8과 같은 **공정계획표**(routing sheet)로 문서화되는데, 이 업무를 수작업으로 하면 매우 노동집약적이고 시간소모적이며, 공정계획자의 경험에 크게 의존해야 한다.

컴퓨터응용 공정계획(CAPP, computer-aided process planning)은 이 복잡한 업무를 수행함에 있어서, 전체 가공작업을 하나의 통합된 시스템으로 보고, 각 부품 제조과정의 개별 작업이나 단계를 다른 것들과 연결해 나간다. 따라서 CAPP은 CAD와 CAM 사이의 중요한 연결고리로, 광범위한 소프트웨어, 통합가공시스템(이 장의 나머지 부분에서 다룸)과 CAD/CAM의 효과적인 연결을 필요로 한다. CAPP은 가공작업을 효율적으로 기획하여 시간계획을 작성하는 강력한 도구로, 특히 기계가공, 성형, 조립작업으로 다양성이 높은 부품을 소량생산하는 데 효과적이다.

15.6.1 CAPP 시스템의 구성요소

CAPP 시스템에는 자료수정시스템과 자동생성시스템의 두 가지 형식이 있다.

1. **자료수정시스템**(variant system 혹은 derivative system)은 가공할 부품의 표준공정계획을 컴퓨터파일로 보유하여, 데이터베이스에서 부품코드번호로 표준계획을 탐색하여 활용

공정계획표		
고객명: Midwest Valve Co.		부품명: 밸브몸체
수량: 15		부품번호: 302
작업번호	작업내용	사용기계
10	단조품검사, 경도확인	로크웰 시험기
20	플랜지 황삭가공	5번 선반
30	플랜지 정삭가공	5번 선반
40	구멍 보링 및 카운터 보링	1번 보링머신
50	내부홈 가공	1번 보링머신
60	구멍 드릴링 및 태핑	2번 드릴링머신
70	플랜지면 연삭	2번 연삭기
80	구멍내면 연삭	1번 내면연삭기
90	청정	진공청정기
100	검사	초음파 시험기

▶ **그림 15.8**
공정계획표의 예.

하는 방식이다. 공정계획은 부품형상과 가공특성에 기초하며(15.8절의 그룹 테크놀로지 참조), 호출된 표준계획을 화면상으로 검토한 후, 공정계획표를 출력하거나 해당 부품에 대한 공정계획표로 저장한다. 공정계획에는 사용할 공구와 기계의 종류, 가공작업의 순서, 작업별 절삭속도와 이송, 소요시간 등의 자료를 담는다. 필요에 따라, 기존의 공정계획에 부분적인 수정을 가하는 것이 보통이며, 만일 특정 부품에 대한 표준공정계획이 컴퓨터파일 안에 없으면, 비슷한 코드번호를 갖는 유사부품에 대한 공정계획표를 호출하여 사용한다. 신규 부품에 대한 공정계획표가 아예 없으면, 새로 작성하여 컴퓨터파일에 저장한다.

2. **자동생성시스템**(generative system)은 공정계획자가 특정 부품을 만들 때 전통적으로 따르는 논리적 과정에 기초하여 공정계획을 생성하는 방식으로, 부품형상과 치수, 공정능력, 가공방법과 사용기계 선택, 작업순서에 대한 종합적이고도 상세한 지식이 필요하므로 매우 복잡하다. (컴퓨터의 이러한 기능을 **전문가시스템**이라고 하며, 15.15절에 소개한다.) 자료수정시스템은 기존의 계획을 수정하여 사용하는 반면, 자동생성시스템은 새로운 계획을 만들어내는 기능을 갖는다. 이 시스템은 아직 보편적이지는 않지만, (1) 신규 부품의 공정계획을 수립할 때 유연성과 일관성이 있고, (2) 최적화 계획능력과 최

신의 가공기술을 활용하므로 수준 높은 계획을 작성할 수 있다는 장점이 있다.

컴퓨터에 의한 공정계획능력은 15.3절에 설명한 CIM의 부시스템으로, 생산시스템의 계획 및 관리와 통합될 수 있다. 이 기능을 이용하면, 생산시간계획과 그에 맞는 공장의 생산능력계획을 세울 수 있고, 재고 및 구매의 관리가 가능하다.

■ **CAPP 시스템의 장점** 전통적인 공정계획방법에 대비한 CAPP 시스템의 장점은 다음과 같다.

1. 표준화를 통해, 공정계획자의 생산성을 향상시키고, 생산개시시간과 계획비용을 절감하며, 제품품질과 신뢰도의 일관성을 향상시킨다.
2. 비슷한 모양과 특징을 갖는 부품의 공정계획을 간단히 준비할 수 있고, 신규 부품을 생산할 때는 쉽게 호출하여 수정할 수 있다.
3. 특정 요구에 맞게 공정계획을 수정할 수 있다.
4. 공정계획표가 신속하고 일관되게 준비되므로, 알아보기 쉽고 활용도가 높다.
5. 비용예측과 작업표준 같은 다른 기능들도 CAPP에 포함시켜 수행할 수 있다.

15.6.2 재료수급계획과 생산자원계획

원료 및 공구의 재고와 조달에 대한 시간계획을 관리하는 컴퓨터시스템을 **재료수급계획**(MRP, material-requirements planning)이라고 한다. 이 활동은 생산, 주문, 구매, 시간계획의 여러 단계에서 원료, 보급품, 부품의 재고에 대한 완전한 기록을 유지하므로, 재고관리방법으로 간주되기도 한다. 전체생산시간계획과 연결된 다수의 자료파일들에 소요원료, 제품구조수준(즉, 제품을 구성하는 부품, 반조립품, 조립품 같은 개별 항목), 시간계획을 담고 있다.

더욱 발전된 복잡한 형태로, 피드백을 통해 생산계획의 모든 측면을 관리하는 **생산자원계획**(MRP-II, manufacturing resource planning)이 있다. MRP-II 시스템은 최종 생산시간계획 작성, 실적과 생산량의 항목으로 실제 결과 모니터링, 전체 생산시간계획과 비교하는 기능을 갖고 있다.

15.6.3 전사적 자원관리(ERP, enterprise resource planning)

1990년대에 시작된 ERP는 기본적으로 MRP-II를 확장한 것으로, 중요한 경영기법으로 자리를 잡았다. 다소의 차이는 있지만, 일반적으로 ERP는 업체가 제품을 수주, 생산, 선적, 서비스하는 데 필요한 모든 자원을 효율적으로 기획하고 관리하는 방법이라고 정의된다. ERP에는 회계와 대금청구 기능도 포함되므로, ERP는 제조업체 내의 모든 정보와 다양한 기술 및 재무 활동을 연결하고, 최적화하며, 역동적으로 통합한다. ERP의 궁극적 목표는 생산성을 높이고, 가공주기시간을 줄이며, 공정을 최적화함으로써, 업체뿐만 아니라

고객에게도 이득을 주자는 것이다.

하지만 효율적인 ERP를 도입하는 것은 다음과 같은 이유로 어렵고도 도전적인 업무이다.

1. 회사, 특히 글로벌 기업인 경우, 연관된 모든 구성원 간에 시간에 맞게 작동하고 효과적이며 신뢰성 있는 정보교환체제를 구축하기 어렵다(즉, 헌신적인 팀워크가 필요함).
2. 정보시스템과 전자상거래(e-commerce)가 기업의 성공에 매우 중요한 시대이므로, 업무관행을 바꾸어야 할 필요가 있다.
3. ERP의 활용에 맞는 대규모의 특정 하드웨어와 소프트웨어를 구비해야 한다.

15.7 가공공정의 컴퓨터 시뮬레이션

컴퓨터의 하드웨어와 소프트웨어가 정교하고 강력해짐에 따라 가공공정 및 시스템을 컴퓨터로 시뮬레이션하는 기술이 급속도로 발전하고 있다. 공정시뮬레이션에 사용되는 모델에는 다음과 같은 형태가 있다.

1. 특정 작업에 대한 모델로, 공정의 타당성을 검증하고 성능을 개선하는 목적으로 사용된다.
2. 다수의 공정과 공정 간의 상호작용에 대한 모델로, 공정계획자와 공장설계자가 기계나 설비를 배치하는 데 도움을 준다.

개별 공정은 다양한 수학적 기법을 사용하여 모델링되며(6.2.2절 참조), 특히 유한요소해석은 저가의 상업용 소프트웨어 패키지 형태로 많이 사용된다(**공정시뮬레이션**). 이 모델이 활용되는 전형적인 문제로는 **공정의 타당성**(예: 프레스작업에서 금속판재의 성형성과 거동 확인)과 **공정의 최적화**(예: (1) 단조에서 금형 내 재료유동을 해석하여 잠재적인 결함을 찾거나, (2) 주조에서 열점을 제거하고 균일냉각 및 결함최소화를 위한 주형설계)를 들 수 있다.

다수의 공정과 장비를 포함하는 전체 가공시스템에 대한 시뮬레이션은 공장설계자가 기계를 배치하거나, 중요한 기계를 파악하는 데 도움을 준다(15.12절의 수요시스템과 공급시스템 참조). 이 모델은 가공기사가 시간계획이나 물류계획을 세우는 데도 도움을 준다. 시뮬레이션에는 상업용 패키지를 보통 사용하고, 특정 업체나 제품라인에 대하여 작성된 전용 소프트웨어를 사용하는 경우도 드물지 않다.

예 15.1 공장규모가공의 시뮬레이션

이 책에서 개별 가공작업의 시뮬레이션에 초점을 맞춘 예와 사례연구를 몇 건 소개한 바 있다. 하지만 저가의 고성능 컴퓨터시스템과 첨단 소프트웨어의 발달로, 전체 가공시스템을 시뮬레이션하여 가공 및 조립작업을 최적화시킬 수 있다.

한 예로, **디지털 가공허브** 소프트웨어(Delmia사 제품)는 인간마네킹을 사용하여 가공 공정을 삼차원으로 시뮬레이션함으로써 안전 유해사항, 가공상의 문제, 병목 현상을 확인하고, 기계가공의 정확도를 향상시키며, 공구 배치를 최적화하는 데 사용된다(그림 15.9a 참조). 또한 조립라인을 가동하기 전에 시뮬레이션을 수행할 수 있어서 개발 시간과 비용을 크게 절감해준다. 그림 15.9b는 자동차공장의 로봇용접라인을 나타내는데, 가상환경에서 로봇의 동작을 시뮬레이션하여 인접로봇이나 다른 기계와의 충돌을 찾아냄으로써 사전에 로봇 프로그램을 수정하여 충돌을 막을 수 있다. 이 사례는 시스템 시뮬레이션의 용도를 보여주는 것이지만, 보다 일반적인 용도는 작업순서와 기계류의 배치를 최적화하여 가공비용을 절감하는 것이다.

이 소프트웨어에는 각종 작업과 기계류의 설치에 따른 인간공학적 분석을 수행하

▶ **그림 15.9**
공장규모 가공작업의 시뮬레이션: (a) 가상 마네킹을 사용하여 자동차 대시보드의 수작업조립에 소요되는 이동과 효율을 평가하는 화면, (b) 로봇용접라인. 복수의 로봇과 공작물 간의 상호작용을 시뮬레이션하여 충돌을 방지하고 생산성을 향상시킨다.

(a)

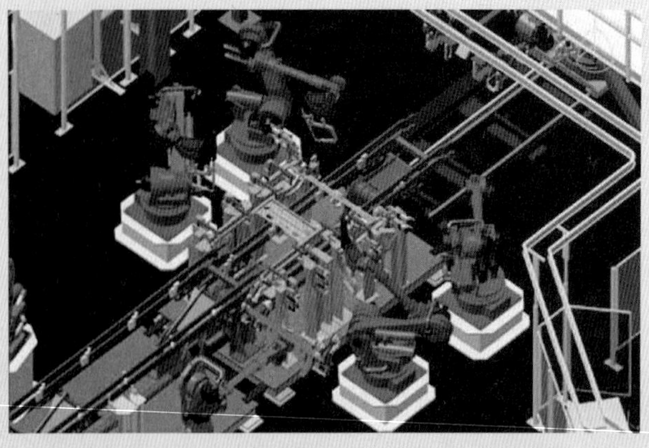

(b)

는 기능도 있어서, 부품, 장비, 인력의 이동에서 병목 현상이 확인되면 공정계획자가 자동 혹은 수작업으로 병목 현상 발생지점을 조정하여 해소할 수 있다. 이 기술로 독일 라사트(Rastatt) 소재의 다임러-크라이슬러 공장은 각 작업자가 평균 85~95%의 시간을 생산에 집중하도록 생산라인의 균형을 잡을 수 있었다.

시스템 시뮬레이션의 또 다른 용도는 생산량을 최적화하여 적시생산방식(15.12절)에 대처하도록 가공작업을 계획하는 것이다. 예를 들어, 한 자동차업체가 주어진 시간에 1000대의 자동차를 생산해야 한다면, 어느 날에는 선루프가 달린 차만 생산하거나, 도료 변경횟수를 최소화하도록 차량을 색상별로 구분하여 작업하는 전략으로 생산을 최적화한다. ILOG사의 소프트웨어를 예로 들면, 필요한 시점에 소재를 주문하여 불필요한 재고가 쌓이지 않도록 공장작업을 계획할 수 있어서 적시생산방식이 유지되도록 한다.

15.8 그룹 테크놀로지

많은 부품이 모양이나 가공방법에서 유사성을 가짐을 이 책 전체에 걸쳐서 알 수 있다. 전통적으로, 부품은 공식적인 설계 고려사항이나 공정경험을 활용하지 않은 채, 밑바닥부터 설계되었고 가공도 그런 식으로 계획되었다. 1900년대 초에 유럽에서 처음 개발된 그룹 테크놀로지(GT, group technology)는 **설계와 공정에서 부품 간의 유사성**을 활용하고자 하는 가공개념으로, 부품들을 분류하고 코딩하여 집단으로 묶는 것이다(그림 15.10). 그룹 테크놀로지라는 용어는 1959년부터 사용되었고, 대화식 컴퓨터가 널리 사용되기 시작한

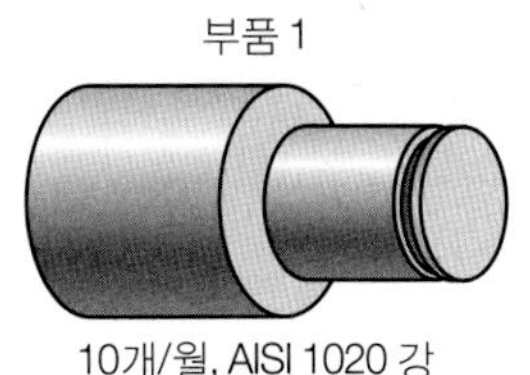

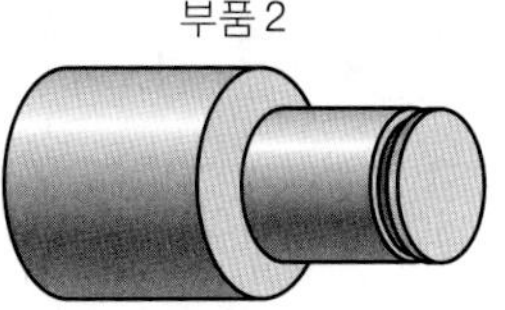

(a)

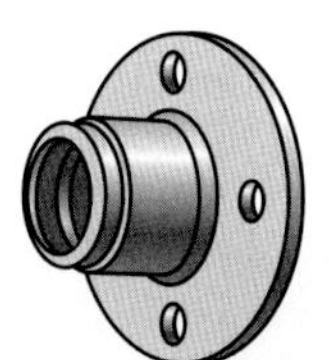

(b)

▶ **그림 15.10**
(a) 기하학적 형상은 동일하지만 가공속성이 다른 두 부품, (b) 가공속성이 유사하지만 기하학적 형상이 다른 네 부품.

1970년대에 와서야 크게 발전하였다.

가공공장에서의 조사결과에 따르면, 유사부품들이 널려 있다는 사실이 반복적으로 확인된다. 보통의 조사방법에서는 (1) 각 제품을 분석하고, (2) 제품을 기본요소로 나누며, (3) 유사성을 식별한다. 한 업체에서 만들어진 3000개의 부품 중 90%가 불과 다섯 개의 주요 부품집단으로 분류된다는 조사결과도 있다. 예를 들어, 펌프는 모터, 하우징, 축, 밀봉재, 플랜지의 기본요소로 나뉠 수 있다. 제조되는 펌프들의 다양성에도 불구하고, 각 기본요소는 설계와 가공방법의 관점에서 근본적으로 같다. 예를 들면, 축은 모두 한 집단으로 분류될 수 있다.

GT는 소비자가 다양한 제품을 소량씩 요구하는 데 부응하는 **배치생산방식**(batch production, 14.2.2절 참조)에서 더욱 매력적인 기술이 되었다. 개별 배치작업에서는 높은 효율을 유지하기 힘들고, 생산량이 적으면 전체 가공효율도 나빠진다. 배치가공작업에서의 전통적인 **제품흐름**이 그림 15.11a에 나타나 있다. 같은 유형의 기계들이 집단으로, 즉

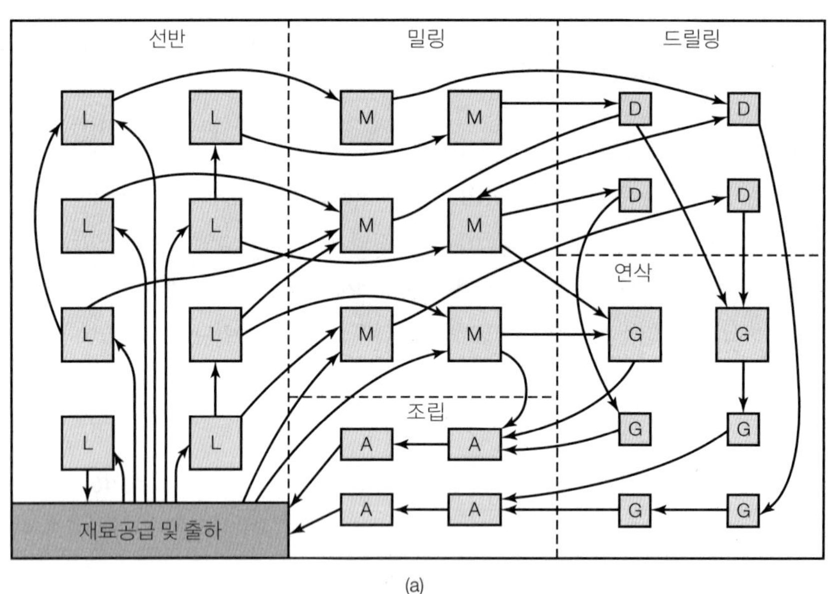

(a)

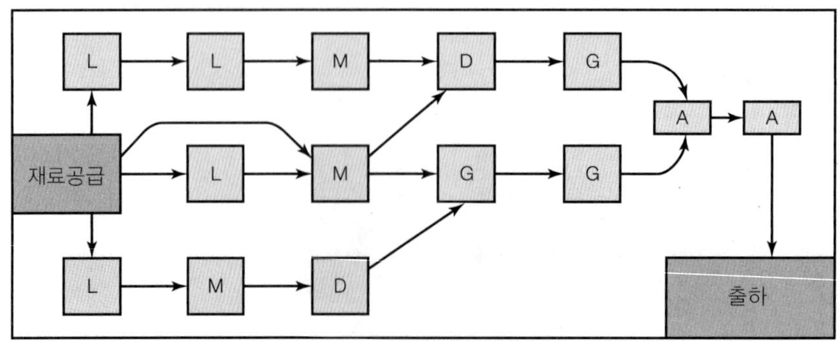

(b)

▶ **그림 15.11**
(a) 전통적인 공장에서 공작기계의 기능적 배치. 화살표는 재료와 부품의 가공단계별 흐름을 나타낸다. (b) 그룹 테크놀로지(셀단위가공)의 집단배치. 색인: L = 선반, M = 밀링, D = 드릴링, G = 연삭, A = 조립.

선반, 밀링머신, 드릴프레스, 연삭기들끼리 모여서 기능적으로 배치되어 있음을 주목하자. 이 **기능적 배치**는 그림의 화살표처럼 재료와 부품의 이동이 상당히 불규칙하여 시간과 노력을 낭비하는 비효율적 방법이다. **셀단위가공**(15.9절) 기계들은 보다 효율적인 제품흐름선을 따라 **집단배치**(group layout, 그림 15.11b)된다. 부품의 공통특징에 따라 가공셀을 배치하므로, GT는 신속대응가공방식에 필수적인 기능이다(15.13절 참조).

15.8.1 부품의 분류와 코딩

그룹 테크놀로지에서 부품은 **분류와 코딩**(C/C, classification and coding) **시스템**에 의해 식별되고 집단화된다. 부품의 분류와 코딩은 GT에서 복잡하고 중요한 첫 번째 단계로, 부품의 설계속성 및 가공속성에 따라 수행된다(그림 15.10 참조).

1. **설계속성**(design attribute)은 기하학적 형상의 **유사성**에 따라, 다음 사항들로 구성된다.
   (1) 외부와 내부의 모양과 크기
   (2) 형상비(길이 대 폭의 비, 혹은 길이 대 직경의 비)
   (3) 치수공차
   (4) 표면정도
   (5) 부품의 기능
2. **가공속성**(manufacturing attribute)은 가공작업의 순서와 방법의 **유사성**에 따라, 다음 사항들로 구성된다.
   (1) 일차공정
   (2) 이차공정과 마무리공정
   (3) 치수공차와 표면정도 같은 공정능력
   (4) 작업순서
   (5) 공구, 다이, 고정구, 기계
   (6) 생산량과 생산속도

위의 두 목록으로부터, 제품의 설계와 제조에서 코딩(다음 절 참조)은 시간소모적이면서 상당한 경험을 필요로 한다는 것을 알 수 있다. 가장 간단한 형태의 코딩은 부품형상을 총칭하여 축대칭부품, 직선형 부품, 두께 대 표면적비가 큰 부품 등으로 분류하는 것이다.

부품의 전체 가공주기 동안, 생산흐름을 보고 부품을 분류할 수도 있으며, 이를 **생산흐름 분석**(PFA, production flow analysis)이라고 한다. 15.6절의 공정계획표에 공정계획과 작업순서가 명시되어 있음을 상기하자. PFA의 한 가지 단점은 특정 공정계획표가 전체 작업을 최적화하여 나타낸 것이 아니라는 점이다. 사실, 같은 부품을 제조하기 위한 공정계획표라도 공정계획자의 경험에 따라서 많이 다를 수 있으며, 이 문제를 피할 수 있는 CAPP의 장점을 지적한 바 있다.

15.8.2 코딩방식

코딩은 회사의 자체 시스템이나 상업적으로 가용한 C/C 시스템으로 수행한다. 생산라인과 편제 상의 요구조건은 광범위하게 변하므로, 보편적으로 적용되는 C/C 시스템은 존재하지 않는다. 자체 개발되었든지, 아니면 구입되었든지 간에, 시스템은 NC 기계나 CAPP 시스템 같은 회사 내 다른 시스템들과 호환성이 있어야 한다. 부품집단에 사용되는 **코드구조**는 숫자, 문자, 혹은 그 조합으로 이루어진다. 제품의 각 부품에는 코드를 지정하는데, 설계속성이나(보통 12자리 이내) 가공속성만 지정할 수도 있고, 대부분의 고급 코딩시스템에서는 최대 30자리를 사용하여 설계속성과 가공속성 모두를 지정한다.

코딩은 복잡함의 정도에 따라, 다음과 같은 기본적인 세 가지 수준으로 나뉜다.

1. **계층별 코딩**(hierarchical coding). **모노코드**라고도 하며, 이어지는 각 숫자의 의미가 전단계의 숫자값의 영향을 받는다. 각 기호는 전단계 숫자에 포함된 정보를 보다 상세하게 설명하므로 코드 안의 숫자는 홀로 해석될 수 없다. 이 시스템의 장점은 짧은 코드로 많은 양의 정보를 포함한다는 점이지만, 컴퓨터화된 시스템에는 적용하기가 어렵다.
2. **폴리코드**(polycodes). **체인형 코드**라고도 하는 이 코드의 각 숫자는 자체로 의미를 가지므로 전단계 숫자의 영향을 받지 않는다. 이 구조는 비교적 긴 경향이 있지만 특정 부품

▶ **그림 15.12**
금속판재 브래킷에 대한 의사결정계통도 분류.

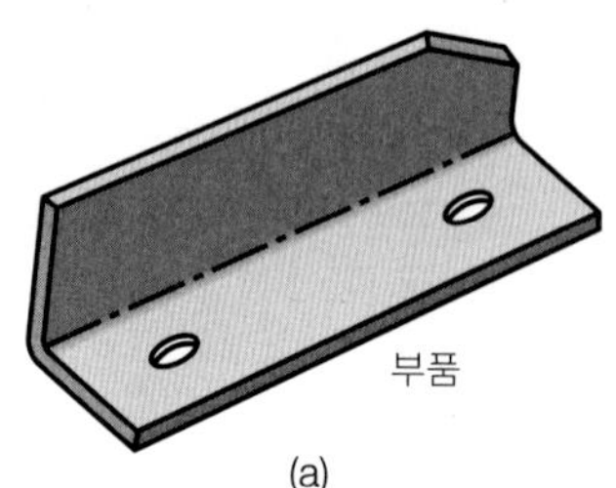

(a)

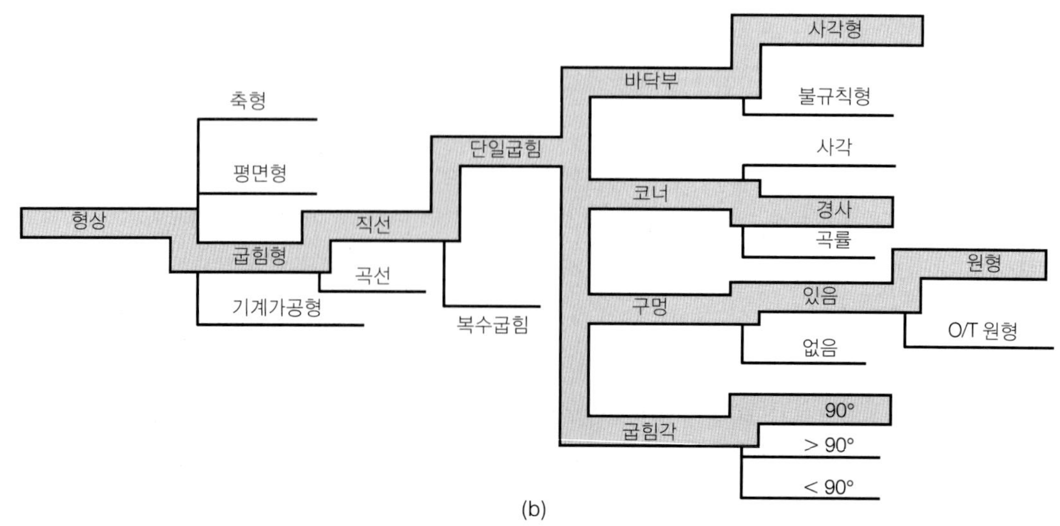

(b)

의 설계속성 및 가공속성의 인식이 가능하고 컴퓨터 실행에 적합하다.

3. **의사결정계통도**(decision-tree) **코딩.** 이 시스템은 **혼성코드**(hybrid code)라고도 하며 가장 발전된 시스템으로(그림 15.12), 설계속성과 가공속성을 모두 포함한다.

15.8.3 코딩시스템

산업용 코딩시스템에는 다음과 같은 것들이 있다.

1. **Opitz 시스템**은 1960년대에 독일에서 H. Opitz(1905~1977)가 개발하였으며, 현존하는 최초의 포괄적인 코딩시스템이었다. 기본코드는 설계와 가공자료를 나타내는 아홉 자리 숫자(12345 6789)로 이루어진다(그림 15.13). 네 개의 보조코드(ABCD)는 가공 작업의 유형과 순서를 식별하는 데 사용된다. 이 시스템에는 두 가지 단점이 있다. 즉,

		형상코드					보조코드			
		첫째 자리	둘째 자리	셋째 자리	넷째 자리	다섯째 자리				
		부품종류	주요 형상	회전식 표면가공	평면가공	보조구멍, 치형, 성형 가공	자리 1	자리 2	자리 3	자리 4
0	회전형 부품	$\frac{L}{D} \leq 0.5$	외부형상, 외부형상 요소	내부형상, 내부형상 요소	평면표면	보조구멍	크기	재료	원자재 초기형상	정밀도
1		$0.5 \leq \frac{L}{D} < 3$								
2		$\frac{L}{D} \geq 3$			기계가공	치형				
3		$\frac{L}{D} \leq 2$ 편차고려	주형상	회전식 기계 가공, 내부 및 외부 형상 요소		보조구멍, 치형, 성형 가공				
4		$\frac{L}{D} > 2$ 편차고려								
5		특수								
6	비회전형 부품	$\frac{A}{B} \leq 3$, $\frac{A}{C} \geq 4$ 편평한 부품	주형상	주요 구멍	평면표면	보조구멍, 치형, 성형 가공				
7		$\frac{A}{B} > 3$ 긴 부품	주형상		기계가공					
8		$\frac{A}{B} \leq 3$, $\frac{A}{C} \geq 4$ 정방형 부품	주형상							
9		특수								

▶ **그림 15.13**
Opitz 분류 및 코딩 시스템.

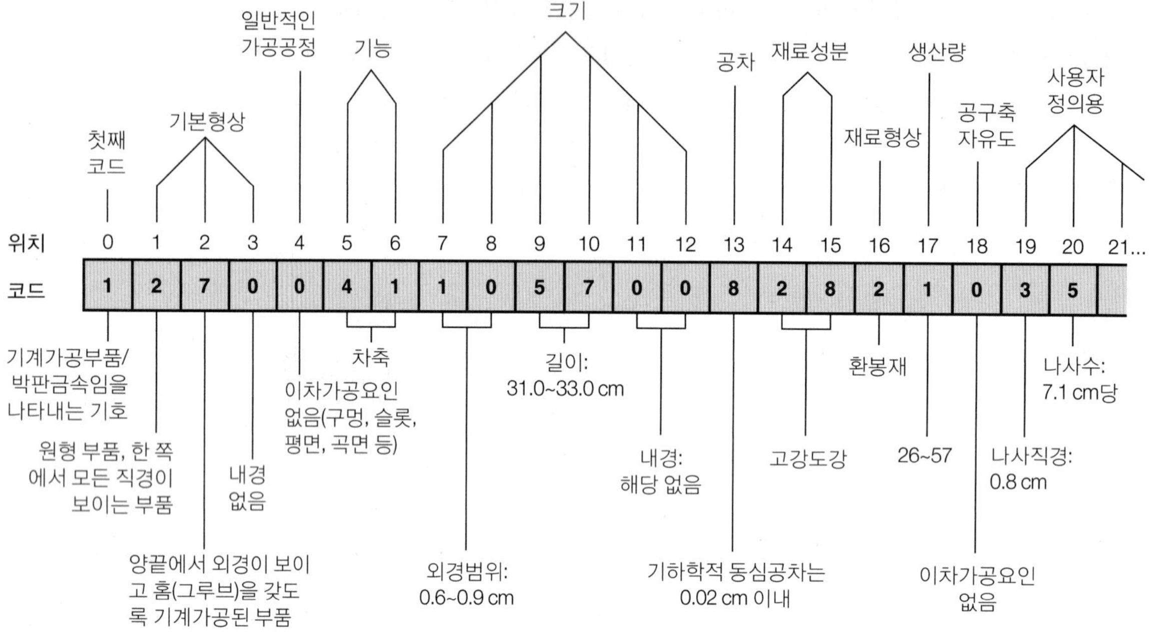

▲ **그림 15.14**

기계가공된 부품의 Multiclass 코드 예.

▶ **그림 15.15**

회전형 부품의 KK-3 시스템 구조.

자릿수	항목		(회전형 부품)
1	제품명		일반분류
2			상세분류
3	재료		일반분류
4			상세분류
5	주요치수		길이
6			직경
7	주요치수의 형상 및 비율		
8	세부 형상 및 공정의 종류	외부면	외면과 주요형상
9			동심나사 부품
10			기능적 절단 부품
11			특이형상부품
12			성형
13			원주면
14		내부면	내면 주요형상
15			내부곡면
16			내부평면 및 원주면
17		끝면	
18		비동심구멍	규칙배열된 구멍
19			특별한 구멍
20		비절삭 공정	
21	정확도		

(1) 유사한 가공속성을 갖는 부품이 서로 다른 코드를 갖거나, (2) 다른 모양을 가진 다수의 부품들이 같은 코드를 가질 수 있다.

2. 그림 15.14에 나타낸 **MultiClass 시스템**은 원래 네덜란드 응용과학연구소에서 MICLASS(Metal Institute Classification System)라는 이름으로, 설계, 제조, 관리 기능의 자동화와 규격화를 돕기 위해서 개발되었다. 30자리의 숫자를 사용하는 MultiClass는 컴퓨터에서 대화식으로 사용자에게 질문을 던지는 형식으로 사용된다. 질문에 대한 답에 기초하여, 컴퓨터는 자동적으로 부품에 코드숫자를 지정한다.
3. **KK-3 시스템**은 절삭 및 연삭 부품에 범용으로 사용되는 C/C 시스템으로 21자리의 숫자를 사용한다. 이 코드는 앞의 두 코딩시스템에 비해 길지만, 부품의 치수 및 치수비율(예: 길이 대 직경비)까지 분류한다. 축대칭부품에 대한 KK-3 시스템의 구조를 그림 15.15에 나타내었다.

15.8.4 그룹 테크놀로지의 장점

그룹 테크놀로지의 장점은 다음과 같다.

1. 부품설계를 표준화하고 설계중복을 최소화한다. 신규 부품설계는 기존의 유사설계를 사용하므로, 시간과 노력을 크게 절약한다. 설계자는 컴퓨터파일에 유사한 부품이 이미 존재하는지의 여부를 신속하게 결정할 수 있다.
2. 설계자와 공정계획자의 경험을 반영하는 자료가 데이터베이스에 저장된다. 그러므로 경험이 없는 신입 설계자라도 기존의 경험으로부터 도움을 받을 수 있다.
3. 가공비용을 보다 쉽게 예측할 수 있고, 재료, 공정, 생산제품 개수, 기타 요인들에 관련된 통계도 쉽게 얻을 수 있다.
4. 공정계획은 표준화되어 보다 효율적으로 시간계획이 수립되고, 작업지시를 집단화하여 생산효율을 높이며, 기계의 이용률이 향상된다. 설치시간이 감소되고, 부품은 일관된 품질로 보다 효율적으로 생산된다. 비슷한 공구, 고정구, 기계들은 한 집단의 부품을 가공하는 데 공동 사용된다.
5. 그룹 테크놀로지는 CAD/CAM, 셀단위가공, CIM과 연계되어 생산성을 향상시키고, 소량배치생산에서의 비용을 절감시킨다(대량생산에 근접). 설계와 제조 단계에서의 잠재적인 절감은 5% 내지 최대 75%에 이른다.

15.9 셀단위가공

그룹 테크놀로지의 개념은 하나 이상의 가공셀로 구성되는 **셀단위가공**(cellular manufacturing)에서 효율적으로 사용된다. 각 **가공셀**(manufacturing cell)은 하나 이상의 작업장(workstation)으로 구성되고, 각 작업장은 하나 이상의 기계(부품마다 한 가지 작업을 수행하는 **단일기계단위** 및 **집단기계단위**)로 구성된다. 동일 부품군에서 상이한 제품라인을 만들려면, 기계를 수정하고 공구를 교환하여 재편성한다. 가공셀은 수요가 비교적 일정한 부품군을 생산하는 데 특히 효과적이다.

셀단위가공은 소재제거공정(제8장 및 제9장)이나 금속판재가공(제7장)에 많이 적용되는 편이고, 사출이나 압축성형 같은 폴리머가공에는 상대적으로 적게 적용되어 왔다. 가공셀에 보통 사용되는 공작기계는 선반, 밀링머신, 드릴, 연삭기, 방전가공기, 머시닝센터 등이다. 판재성형에서는 전단기, 펀치기, 절곡기 및 기타 성형기계들이 사용된다.

셀단위가공은 다음과 같은 작업에 대해서 어느 정도 자동화된다.

1. 작업장에서 소재와 공작물의 장/탈착
2. 작업장에서의 공구 및 금형 교환
3. 작업장 사이의 공작물과 공구의 운반
4. 가공셀 안에서 전체 작업의 시간계획과 관리

이들 활동의 중심에는 소재와 부품을 작업장 사이에서 운반하는 **물류시스템**이 있다. 작업자가 있는 기계가공셀에서는, 부품이 너무 무겁거나 운반이 위험한 경우나 셀의 중앙에 산업용 로봇(14.7절)이 설치된 경우 외에는 작업자가 직접 부품을 운반하고 이송한다. 이 셀에는 자동검사 및 시험기가 포함되는 경우도 있다.

셀단위가공의 중요한 이점은 (1) 작업진행부품수(WIP)가 줄어들어 경제적이고, (2) 생산성이 향상되며, (3) 제품품질 문제를 즉시 찾아낼 수 있다는 점이다. 게다가, 소속된 기계와 공정의 다양성 때문에, 운전자는 다기능적이 되며 같은 기계에서 일함으로써 생기는 지루함의 영향을 받지 않는다.

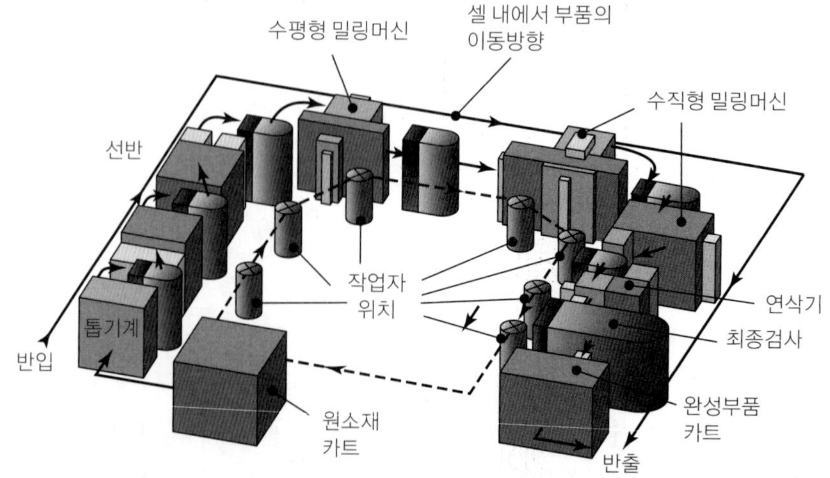

▶ 그림 15.16
작업자가 있는 유연가공셀의 개략도.

■ **가공셀의 설계** 전통적인 공장에 특정 기능을 가진 가공셀을 설계하여 설치하려면, 공장을 개편하여 기존의 제품흐름선을 재배치해야 한다. 기계들은 *U*자형, *L*자형, 혹은 루프(폐곡선)를 따라서 배치한다(그림 14.23 참조). 집단기계단위(group-machine cell)에서 작업자가 직접 소재를 다룬다면, 소속 기계에 작업자가 쉽게 접근할 수 있는 *U*자형 배열이 편리하고 효율적이다. 물류가 기계화된 경우에는 직선 배열이나 루프형 배열이 더 효율적이다. 가공셀에서 기계와 물류장비를 가장 적절하게 배열하려면 생산속도, 제품의 유형, 모양, 크기, 무게 같은 요인을 고려해야 한다.

■ **유연가공셀**(FMC, flexible manufacturing cell) 시장수요의 빠른 변화와, 소량이지만 다양한 제품을 요구한다는 관점에서, 가공작업의 유연성이 강력히 요구됨을 강조한 바 있다. 가공셀이 물류처리용 기계시스템이나 산업용 로봇과 함께 CNC 기계와 머시닝센터(8.11절 참조)를 사용하면 유연성을 가질 수 있다. 기계가공작업에서의 **유연가공셀**의 예를 그림 15.16에 나타내었다.

삼차원측정기를 갖춘 컴퓨터제어 검사장에서는 다양한 부품의 치수를 검사할 수 있다. 따라서 이들 검사장비를 가공셀에 편성해두면, 서로 다른 부품들도 성공적으로 제조할 수 있다. 이렇게 컴퓨터로 통합된 가공셀에서는 최소 한 개인 배치크기에서도 부품 간에 거의 시간지연을 하지 않고 부품을 제조할 수 있다(신규 기계가공 지시사항을 다운로드하는 시간만 필요).

유연가공셀에는 작업자를 두지 않는 것이 보통이므로, 그 설계와 작업은 다른 가공셀에 비해 더 엄격하다. FMC가 적절하게 기능하려면, 제어시스템과 엔드이펙터의 형식 및 용량을 포함하여 기계와 로봇의 선택이 중요하다. FMC 설계과정에서, 가공부품군에 대한 요구가 크게 변경되는 경우를 대비하여, 소속장비가 필요한 용량과 유연성을 갖도록 고려해야 한다. 다른 유연가공시스템(15.10절)과 마찬가지로, 유연가공셀은 매우 고가이다. 하지만 생산성(배치생산인 경우), 유연성, 관리능력이 뛰어나므로 이를 보상할 수 있다.

예 15.2 소형 공작실에서의 가공셀

1990년대 중반부터, 대기업들은 기계가공작업을 일차 납품업체에게 외주를 주기 시작했다. 이 경향으로, 소형 공작실은 정교한 프로젝트를 다룰 능력을 개발해야 하는 압력을 받았고, 조금 큰 업체는 소량생산 혹은 턴키 작업을 요구받았다. 이들 두 시장요인은 다음과 같은 유연가공셀의 설계 및 도입 경향을 낳았다.

- 가공셀에서 기계의 숫자는 줄이는 대신에 활용도를 높인다. 신규 가공셀에서는 4~5대의 기계를 사용하는 대신에 1~2대의 기계로 구성한다.
- 소형업체에서도 첨단의 CAD 시스템을 사용한다. 물론, 최고사양의 CAD 시스템은 대기업의 컴퓨터 워크스테이션에서 돌지만, 컴퓨터의 계산능력과 소프트웨어

의 접근성이 향상됨으로 인해 소형업체도 저가이지만 강력한 PC용 패키지를 사용한다.

- PC 제어기가 보다 일반화되면서 개방체제로 전환되었다. 역사적으로, 기계제조업체는 제어시스템을 완전 장악하여 PC 기반 제어를 제한시켜 왔지만, PC의 개방체제로 인해 기계제어를 PC가 담당하면서 기계작업자에게 많은 유연성을 준다.
- PC 기반 소프트웨어를 사용하여 솔리드모델 부품형상을 곡면모델로 변환하여 기계가공할 수 있게 되었다.

15.10 유연가공시스템

유연가공시스템(FMS, flexible manufacturing system)은 가공의 주요 구성요소를 모두 고도의 자동화시스템으로 통합한 것이다. 1960년대 말에 처음 개발된 FMS는 다수의 가공셀로 구성되고, 각 가공셀은 CNC 기계 여러 대, 산업용 로봇 한 대, 자동물류처리 시스템으로 구성되고, 이들은 모두 중앙컴퓨터, 즉 파일서버에 연결된다. 작업장을 연속적으로 지나가는 각 부품의 가공공정에 대한 지시가 컴퓨터로부터 구체적으로 내려진다. FMS의 유연성으로 부품의 다양한 속성을 취급하면서 임의의 순서로 부품을 제조할 수 있다. 공장 내의 FMS 편성의 예를 그림 15.17에 나타내었다.

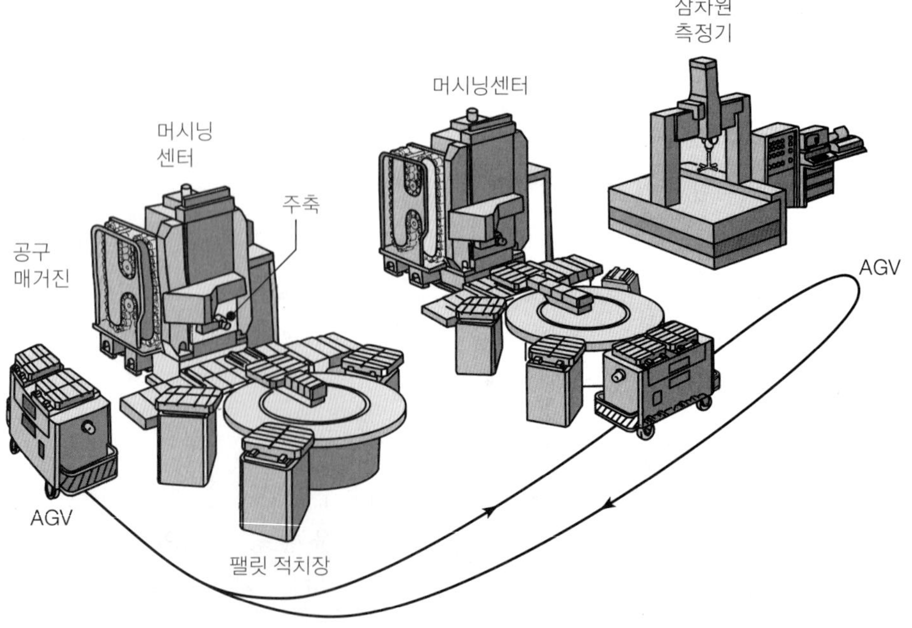

▶ **그림 15.17**
머시닝센터 두 대, 삼차원측정기 한 대, AGV 두 대로 구성된 유연가공시스템.

▶ **그림 15.18**

다수의 기계(머시닝센터)와 복도를 따라 이동 중인 자동주행차량(AGV)으로 구성된 유연가공시스템의 개관.

표 15.1 이송라인과 유연가공시스템의 특성비교

특성	이송라인	유연가공시스템
대상부품종류	소품종	무한
로트크기	100 이상	1~50
부품교환시간	0.5~8시간	1분
공구교환	수동	자동
적응제어	어려움	가능함
재고량	많음	적음
고장 시 생산능력	불가능	부분생산 가능
생산효율	60~70%	85%
자본지출의 정당성	단순	복잡함

고도로 자동화된 이 시스템은 전체 가공작업의 각 단계를 최적화할 수 있다. 각 단계는 하나 이상의 공정이나 작업으로 구성되며(예: 절삭, 연삭, 절단, 성형, 분말야금, 열처리, 마무리), 원소재의 반입, 검사, 조립까지도 포함된다. 오늘날 FMS가 가장 많이 적용되는 분야는 기계가공작업과 조립작업으로, 가공공장에서 지금까지 달성한 효율과 생산성에서 최고수준을 나타낸다(그림 15.18 참조).

FMS는 (1) 고도로 생산적이지만 유연성이 없는 이송라인과(14.2.4절), (2) 다양한 제품을 생산하지만 비효율적인 공작실생산의 장점만을 결합한 시스템이라고 볼 수 있다. 표 15.1은 이송라인과 FMS의 상대적 특성을 보여주는데, FMS에서는 다른 부품으로의 전환시간이 매우 짧아 제품과 시장수요의 변화에 신속하게 대응할 수 있음에 주목하자.

■ **FMS 구성요소** 컴퓨터제어시스템은 FMS의 두뇌에 해당한다. FMS의 기본요소로는 (1) 작업장, (2) 소재와 부품의 자동물류장치, (3) 제어시스템이 있다. 작업장 소속기계의 종류는 생산유형에 따라 다르다. 기계가공작업에서는(제8장) 3축 내지 5축 머시닝센터, CNC 선반, 밀링머신, 드릴프레스, 연삭기 등으로 구성된다. 여기에 (좌표측정기를 포함한) 자동검사, 조립, 청정용 기계들도 포함될 수 있다. 금속판재가공, 펀칭, 전단작업도 FMS에 적합하며, 단조작업의 FMS는 가열로, 단조기계, 트리밍 프레스, 열처리설비, 청정설비로 구성된다.

물류는 중앙컴퓨터로 제어되며, AGV, 컨베이어, 각종 이송기구에 의해서 수행된다. 시스템은 원료, 소재, 각종 완성단계의 부품(작업진행 부품)을 가공기계, 순서, 시간에 무관하게 운반할 수 있어야 한다. 각기둥모양 부품은 특별히 설계된 **팰릿**으로 운반하고, 축대칭부품은 로봇이나 기계장치로 운반한다.

■ **시간계획** FMS에서는 시간계획과 공정계획이 매우 중요하다. 비교적 고정된 시간계획에 따라 작업을 수행하는 공작실과는 달리, FMS에서는 동적 시간계획으로 제품 형태의 빠른 변화에 대처하여 실시간 결정에 대응한다. FMS의 시간계획시스템은 부품별 작업유형을 명확히 규정하고, 사용기계나 가공셀을 지정한다.

FMS의 유연성으로 인해, 가공작업의 전환 시 설치시간을 낭비하지 않고, 작업, 순서, 기계의 유형에 무관하게 가공을 진행시킨다. 하지만 작업장 사이를 돌아다니는 부품의 허용품질과 치수정확도가 유지되려면, 시스템 각 단위의 특성, 성능, 신뢰성을 지속적으로 점검해야 한다.

15.11 홀론 생산방식

홀론 생산방식은 가공단위를 독특하게 편성하는 보다 새로운 개념으로, **홀론**(holon)이란 단어는 '전체'를 의미하는 그리스어 *holos*와 '일부'를 뜻하는 접미사 *on*으로 구성된다. 홀론 생산방식에서의 각 구성요소는 독립체(즉, 전체)이자 동시에 계층구조의 종속체(즉, 일부)가 된다.

홀론 편성방식은 1960년대부터 연구되어 왔으며, 생태계에서 많은 예를 볼 수 있다. 이들 시스템은 다음과 같은 기본적인 세 가지 특징을 갖는다.

1. 안정적인 중간 형태가 존재하면 그렇지 않을 때보다 단순한 시스템이 복잡한 시스템으로 훨씬 빠르게 진화한다. 또한 안정적이고 복잡한 시스템이 진화하려면 계층구조가 필요하다.
2. 홀론은 자신을 포함하는 전체(종속품에 대하여)인 동시에 다른 시스템의 종속품이다. 홀론은 자체 행동하는 단위로, 계층구조 내 상위수준의 지시 없이도 독자적으로 우연성

을 다룰 수 있다. 동시에 복수의 상위수준 주체들로부터 관리되기도 한다.

3. 홀론체제(holarchy)는 (1) 자신의 종속품을 관장하는 자율적인 전체, (2) 계층구조의 상위수준에 의해 통제되는 종속품, (3) 국부적 환경에 따른 동격체로 구성된다.

생태계에서의 홀론체제는 교란에 대해 안정하고, 가용자원을 최적사용하며, 환경 변화에 고도로 유연하게 대처하는 특성을 갖는다. **가공홀론**(manufacturing holon)이란, 물체나 정보를 생산, 저장, 운송하는 가공시스템에서의 자율적이고 협동적인 구성요소를 말한다. 가공홀론은 제어부와 물리적 처리부로 구성되는데, 예를 들면, 적절한 인터페이스로 상호작용하는 CNC 밀링머신 한 대와 작업자 한 명의 조합일 수 있다. 또한 가공셀 집단처럼, 필요한 처리나 정보를 각각 담당하는 홀론이나 외부세계와 연결되는 인간 같은 개별 홀론들로 구성될 수도 있다. 홀론체제는 특정 가공작업의 필요성에 따라 역동적으로 만들어지기도 하고 소멸되기도 한다.

홀론체제의 관점은 작동하는 가공환경을 상향식으로 만들어가는 것이다. 홀론 내에 지능을 부여함으로써 최대의 유연성을 달성하여, (1) 생산업무를 완료하는 데 필요한 모든 생산 및 제어기능을 지원하고, (2) 하부의 장비와 시스템을 관리한다. 가공시스템은 필요에 따라 홀론이나 요소를 가감하면서 역동적으로 사용할 수 있는 계층구조로 재편되어 원하는 제품을 최적으로 생산한다.

개별 처리능력이 필수적인(예: 적응제어나 기계눈 프로그래밍) 전통적 계층구조 관리와는 반대로, 홀론체제의 가공시스템은 홀론 간의 신속하고 효율적인 정보교환에 의존한다. 홀론체제용으로 제안된 특수한 장치나 소프트웨어 알고리즘이 많이 있다. 이들에 대한 상세한 설명은 이 책의 범위를 넘어서므로, 일반적인 사건의 순서만을 다음과 같이 요약한다.

1. 공장은 자원집단에 있는, 개별 실체로 가용한 다수의 자원홀론으로 구성된다. 예를 들어, 가용한 홀론은 (1) CNC 밀링머신과 작업자, (2) CNC 연삭기와 작업자, (3) CNC 선반과 작업자로 구성될 수 있다.
2. 공장 내 계층구조의 상위수준으로부터 명령이나 지시를 받으면, 지시홀론이 만들어져서 가용한 자원홀론과 정보교환 및 협상을 시작한다.
3. 협상을 통해 자원홀론들은 제품요건, 자원홀론 가용성, 고객 요구조건에 기초하여 할당된 자체편성 집단으로 만들어진다. 예를 들어, 주어진 제품을 가공하기 위해 CNC 선반, CNC 연삭기, 자동검사기가 생산홀론으로 편성될 수 있다.
4. 기계고장, 기계가용성 부족, 고객 요구조건의 변화가 생기는 경우, 자원집단에 있던 다른 홀론이 필요한 만큼 가감되어 생산홀론을 재편할 수 있다. 생산의 병목 현상은 자원집단 내 홀론 간 정보교환과 협상으로 파악되고 제거될 수 있다.

위의 마지막 단계는 하드웨어 부품을 시스템에 연결하면 바로 사용할 수 있는 컴퓨터산업에서 빌려온 용어인 **플러그 앤 플레이**(plug and play)라고 한다.

15.12 적시생산방식

적시생산(JIT, just-in-time production)의 개념은 수십 년 전에 미국에서 만들어진 개념이지만, 1953년에 일본의 토요타자동차에서 처음으로 대규모로 적용하여, 가공시스템 전체에서 재료, 기계, 자산, 인력, 재고의 낭비를 없애는 데 사용되었다. JIT 개념은 다음과 같은 목표를 갖는다.

1. 보급품은 사용할 시점에 맞추어 적시구입
2. 부품은 필요할 때 적시생산으로 반조립품 제조
3. 반조립품은 필요할 때 적시생산으로 최종제품 조립
4. 최종제품은 판매될 때 적시생산 및 납품

전통적인 제조방식에서는 부품을 배치(batch)작업으로 제조하여 재고시킨 후, 필요할 때마다 꺼내서 사용한다. 이 방식을 **공급시스템**(push system)이라고 하며, 이는 부품을 시간계획대로 먼저 제조하고, 필요할 때 출고하여 사용하는 방식이다. 이에 반해, JIT는 **수요시스템**(pull system)으로, 주문이 있을 때 부품을 생산하는 방식이다. 즉, 부품을 쌓아놓지 않으면, 부품의 입출고에 따른 불필요한 활동이나 지출도 없앨 수 있다는 개념이다.

JIT에서의 이상적인 생산량은 한 개이다. 따라서 이 방식을 **무재고**(zero inventory)**생산** 혹은 **수요 시간계획**(demand scheduling)이라고도 한다. 더욱이, 부품을 가공하는 중에 자동으로 혹은 작업자가 실시간으로 검사하고, 부품을 단기간 내에 사용한다. 이 방법으로, 불량품이나 공정이상을 즉시 찾아서 교정하여 균일한 고품질의 제품을 생산하므로, 생산관리가 지속적으로 유지된다(16.3절 참조).

생산의 문제점을 찾는 능력은 호수의 수면(재고수준을 나타냄)과 호수바닥에 깔린 돌(생산의 문제점)에 비유할 수 있다. 수심이 깊으면(공급시스템에서의 높은 재고) 돌들을 볼 수 없지만, 수심이 낮을 때는(수요시스템의 낮은 재고) 돌들이 노출되므로, 이들을 찾아서 살펴보고 제거할 수 있다. 즉, 재고수준이 높으면 쌓인 부품들과 관련된 품질과 생산의 문제점들이 가려지는 문제가 있다.

JIT 개념을 실행하려면 가공작업의 모든 측면이 지속적으로 감시되고 검토되어 가치가 부가되지 않는 모든 작업과 자원사용이 제거되어야 한다. 이 방식은 (1) 고품질제품을 생산한다는 작업자의 자부심과 헌신, (2) 유휴자원 제거, (3) 생산이나 조립에서 일어나는 어떤 문제도 신속하게 해결하는 작업자, 기술자, 경영진의 팀워크를 강조한다.

JIT 개념의 중요한 측면은 외부업체나 사내부서로부터 보급품 및 부품이 적시에 납품되어 공장 내 재고를 대폭 감소시키는 것이다. 그 결과로 창고설비가 크게 절감된다. 실제로, 부품보관을 위해 대형 창고를 짓는 것은 이제 과거의 일이 되었다. 납품업체는 보통 하루 단위로 미리 검사된 물품을 필요한 생산시점에 납품해야 한다. 이에는 신뢰성 있는 납품업체, 회사-납품업체 간의 밀접한 협동과 신용, 신뢰성 있는 운송수단이 필요하다. 또한 원활한 작업을 위해서는 납품업체의 수를 줄이는 것도 중요하다.

■ **간반**(Kanban) JIT는 일본에서 '가시적인 기록'을 뜻하는 간반이라는 이름아래 처음 적용되었다. 이 기록은 두 가지 카드로 구성되는데, (1) 하나는 작업장에서 한 컨테이너나 카트에 동일한 특정 부품의 생산을 인가하는 **생산카드**이고, (2) 다른 하나는 부품을 사용할 다른 작업장에 부품 컨테이너나 카트의 운반을 인가하는 **운반카드** 혹은 **이동카드**이다. 이제는 바코드가 찍힌 플라스틱 표나 다른 장치로 대체된 카드에 발행장소, 부품 형태, 부품번호, 컨테이너나 카트 내의 수량에 대한 정보를 기록한다. 돌아다니고 있는 컨테이너의 개수는 항상 완전하게 관리하여 최대생산효율을 달성하는 시간계획대로 움직인다.

■ **JIT의 장점** JIT의 장점은 다음과 같다.

- 재고운반비용의 절감
- 보급품의 납품이나 생산에서 불량품의 신속탐지(스크랩손실 감소)
- 부품검사와 재작업 필요성의 감소
- 낮은 비용으로 고품질부품 생산

JIT 생산방식을 적용한 결과, 제품비용의 20~40%, 재고의 60~80%, 불합격률의 90%, 생산개시시간의 90%, 스크랩, 재작업, 보증비용의 50%를 절감하고, 직접노동생산성을 30~50%, 간접노동생산성을 60%까지 향상시킬 수 있었다.

15.13 고효율생산방식

현대적인 가공환경에서, 회사는 고객의 필요성과 요구조건, 그리고 변동하는 세계시장수요에 대응해야 한다. 동시에 제조업체는 자원이 낭비되는 양을 최소화하도록 관리해야 한다. 이로부터 **고효율생산방식**(lean manufacturing) 혹은 **고효율제조전략**의 개념이 생겨났다.

고효율생산방식은 지속적인 개선을 통해 가공의 모든 영역에서 낭비요인(즉, 부가가치가 없는 활동)을 **찾아내서 제거**하고, 수요시스템에서의 제품흐름을 강조하는 체계적인 접근방법이다. 고효율생산방식을 대규모로 적용하는 경우에는 **신속대응가공**(agile manufacturing)이라고 한다. 고효율생산방식에서는 제조업체가 모든 활동을 고객의 관점에서 검토하고, 부가가치가 극대화되도록 공정을 최적화시켜야 한다. 이 관점은 특정 활동이 (1) 명백하게 부가가치를 낳는지, (2) 부가가치가 없지만 불가피한 것인지, (3) 부가가치가 없으면서 피할 수 있는 것인지를 구별할 수 있게 해준다.

고효율생산방식은 한두 개의 개별 작업을 개선하는 대신에 전체 공정흐름에 초점을 맞춘다. 낭비요인에 대한 전형적인 고려사항은 다음과 같다.

- 재고(JIT 방식 활용): 재고는 비용을 나타내고, 결함을 쌓게 만들며, 시장수요 변화의 대응력을 약화시킴
- 대기시간: 불균형 작업하중, 품질문제, 계획되지 않은 유지보수로부터 발생
- 항상 작업자의 효율을 극대화시킴
- 불필요한 공정 및 단계: 비용 소요
- 제품운반: 부가가치가 없는 활동으로 제거하거나(예: 기계가공셀 설치) 최소화시켜야 함(예: 공장배치의 개선)
- 효율이 낮은 작업자나 불필요한 제품이동에 대한 시간 및 운동 연구수행
- 결함

15.14 가공정보통신망

통합가공에서 작업의 협동과 효율을 높은 수준으로 유지하려면, 광범위하고 신속하게 상호작용하는 **정보통신망**(communication network)이 필수적이다. World Wide Web, 즉 인터넷은 수십 억 인구의 개인생활뿐만 아니라 업무에도 심대한 충격을 주었다. 하지만 인터넷은 보안과 성능 상의 문제로 인해 가공환경에 적합하지 않은 편이다. **지역전산망**(LAN, local area network)은 정보통신기술상 중요한 발전으로, 이 하드웨어/소프트웨어 시스템에서는 논리적으로 연관된 집단의 기계와 장비가 서로 정보를 교환한다. LAN은 이들 집단을 서로 연결하여 가공의 여러 국면을 하나의 통합된 작업으로 모아준다.

LAN은 다수 건물에서 수백, 수천 대의 기계와 장비들을 연결할 만큼 크고 복잡할 수도 있으며, 동케이블이나 광섬유로 다양한 전산망을 배치하여(그림 15.19) 수 미터에서 최장 32 km까지의 거리에 사용된다. 보다 먼 거리에는 **광역전산망**(WAN, wide area network)을 사용한다. 전산망의 종류가 달라도 '게이트웨이'나 '브리지'를 사용하여 서로 연결하여 통합할 수 있으며, 이에는 인터넷연결을 통한 FTP(file transfer protocols)가 흔히 사용된다. IPv6나 인터넷2 같은 첨단의 전산망 프로토콜이 개발중이지만, 아직 가공에는 적용되지 않고 있다.

전산망에서 접속관리가 제대로 이루어지지 않으면 여러 작업장에서 동시에 발송하는 정보들이 서로 충돌할 수 있다. 따라서 발신체들을 지속적으로 주시하는 것이 필수적이다. 충돌감지기능을 가진 다중접속전산망(CSMA/CD)이 1970년대에 개발되어 **이더넷**(Ethernet)에 활용되었다. 다른 접속관리방식으로 **토큰링**(token ring)과 **토큰버스**(token bus)를 들 수 있는데, 이들 방식에서는 '토큰'을 각 장치로 순환시켜 토큰을 갖고 있는 장치가 발신하는 동안, 다른 장치들은 수신만 하도록 한다.

무선 LAN(WLAN, wireless LAN)을 사용하는 경향이 늘어남에 따라 이동시험대나 자료수집장치(예: 바코드판독기) 같은 장비를 쉽게 전산망에 연결할 수 있다. 현재의 정보통

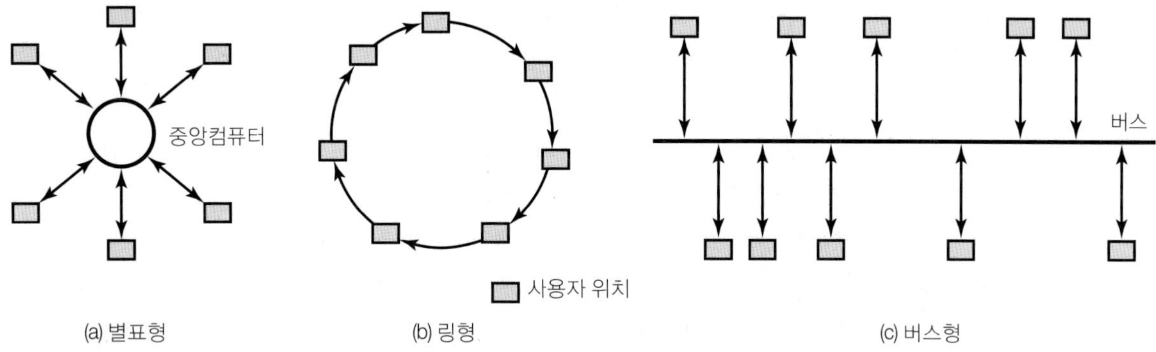

▲ **그림 15.19**

지역전산망(LAN, local area network)의 세 가지 형식: (a) 배치를 자주 바꾸지 않을 때 사용하는 별표형(스타) 토폴로지. 모든 메시지는 중앙컴퓨터를 통해 전달된다. 사무실용 전화시스템은 대부분 이 시스템을 이용한다. (b) 사용자가 링 모양으로 연속 연결된 링토폴로지. 메시지는 최종목표지에 전달될 때까지 한 장소에서 다음 장소로 계속적으로 전달된다. (c) 모든 사용자가 버스(bus)에 독립적으로 연결된 버스토폴로지. 이 시스템은 신뢰성이 있고 유지보수가 용이하다. 또한 공장 내 기계배열 형태와 유사하므로, 설치가 용이하며 기계를 재배치할 때 전산망을 재정돈하기도 쉽다.

신표준(IEEE 802.11)은 신호의 주파수와 사양, 두 개의 무선주파수, 한 개의 적외선방법을 정의하고 있다. 무선전산망은 유선에 비해 속도가 느리지만, 유연성을 활용한다면 기계감시 같이 속도가 느린 업무에는 바람직하다.

불루투스(Bluetooth), IrDA, HomeRF 같은 정보통신표준에 기반을 둔 **개인전산망**(PAN, personal area network)도 가용하며, 이는 단거리에서 자료나 음성을 통신하도록 설계되었다. 예를 들어, 단거리 불루투스 장치는 10 m 범위에서 통신할 수 있다. 이 기술은 PC와 휴대폰에 채택되었지만, 가공에는 아직 보편적으로 활용되지 않고 있다. PAN은 중요한 변화를 겪고 있으며, 정보통신표준도 계속 정교해지고 있다.

15.14.1 **정보통신표준**(communication standard)

일반적으로, 한 가공셀에 설치한 기계와 장비를 한 업체로부터 구입하였다면, 다른 가공셀의 기계와 장비는 다른 업체로부터 구입한 것이다. 그 결과, 가공시스템의 프로그램가능한 장치들은 다양한 시기에 상이한 납품업자들로부터 구입한 각종 용량과 성능을 가진 다수의 컴퓨터와 마이크로프로세서로 움직이는 셈이다. 각 셀의 컴퓨터는 독자적인 사양과 관리체계를 가지고 있으므로, 주문제작 인터페이스 없이는 셀 외부와 정보를 교환할 수 없다. 이 상황은 '자동화의 고립'상태를 초래하여, 어떤 경우에는 자동화비용의 50% 이상이 가공셀과 사내 타부서와의 정보교환 문제점을 타개하는 데 지출된다.

상호 독립적인 기능만을 수행하던(정보교환의 공통기초 없이) 자동화 셀에 CIM의 정보통신과 효율을 향상시키는 정보통신표준이 필요해짐에 따라, 상당한 노력을 기울여서 기존의 미국 및 국제표준에 기초한 **MAP**(manufacturing automation protocol, 가공자동화 정보교환규정)이라는 정보통신표준이 개발되었다. MAP의 능력과 효과는 1984년에 다수의 장비들을 성공적으로 상호 연결시킴으로써 입증되었다.

지금은 ISO/OSI(ISO/Open System Interconnect, 국제표준기구의 개방시스템 상호 연결) 기준모델이 전세계적으로 사용된다. ISO/OSI 모델은 두 사용자 간의 정보통신을 7층으로 나눈 계층구조로 되어 있다(그림 15.20). 각 층이 담당하는 역할은 (1) 자료송신의 기계적 및 전자적 방법, (2) 오류감지와 교정, (3) 정확한 메시지의 송신, (4) 사용자간 대화의 관리, (5) 메시지의 공동문장 번역, (6) 이송자료의 이해여부 확인 등으로 되어 있다.

이 시스템의 작동은 복잡하며, 기본적으로는 사용자 *A*로부터 나온 각 자료 및 메시지는 사용자 *B*에게 각 층마다 순차적으로 전송된다. 추가되는 메시지는, 메시지가 제7층으로부터 제1층으로 이동할 때, 당초의 메시지에 추가된다. 메시지는 동축케이블, 광섬유케이블, 초단파 등을 이용하여 전송된다.

정보통신규정(communication protocol)은 이제 **사무자동화**에도 확장되어, ISO/OSI 기준모델에 근거한 **TOP**(technical and office protocol, 기술 및 사무관련 규정)이 개발되었다. 이 방식으로 작업현장과 사무실 간의 조직 내 모든 수준에서 전체적인 정보통신(MAP/TOP)이 가능하다. 회사 내 **인터넷도구**(하드웨어, 소프트웨어, 프로토콜)는 모든 부서를 연결하여, 그 자체로 완전히 호환성 있는 **인트라넷**(Intranet)의 기능을 갖는다.

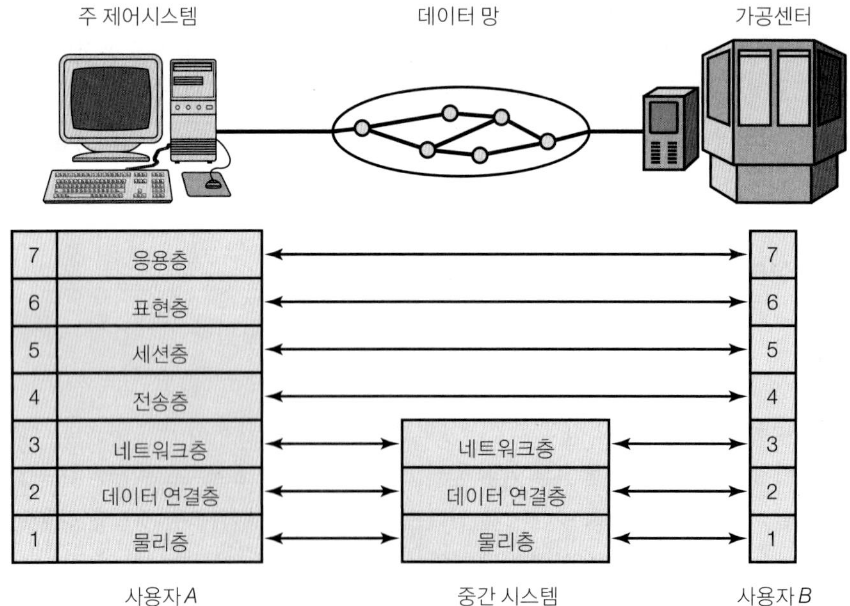

▶ **그림 15.20**
개방시스템의 ISO/OSI 기준모델.

15.15 인공지능

인공지능(AI, artificial intelligence)은 학습, 논리, 문제해결, 언어이해 같은 인간의 지적 행동특성을 나타내는 시스템과 관련된 컴퓨터공학의 한 분야이다. AI의 목표는 컴퓨터로 하여금 인간의 행동을 모사하게 하는 것이다. AI의 원리와 도구를 복잡한 응용문제에 적용하려는 기술을 **지식공학**이라고 한다.

기억용량의 확장발전(VLSI 칩 설계)과 가격하락으로 인해, 인공지능은 설계, 자동화, 가공작업의 전반적 경제성에 심대한 영향을 주고 있다. 현재는 개인용 컴퓨터에서도 실행될 수 있는 저가의 AI 프로그램이 개발되어 사무실이나 작업현장에서 사용된다.

가공분야에서 AI의 용도는 다음과 같다.

1. 전문가시스템
2. 자연어
3. 기계(컴퓨터)눈
4. 인공신경망
5. 퍼지논리

15.15.1 전문가시스템(ES, expert system)

지식기반시스템이라고도 하는 전문가시스템은 **지식**과 **추론**을 사용하여(그림 15.21) 어려운 문제를 해결하는 능력을 가진 지능형 컴퓨터프로그램이라고 정의된다. 전문가시스템의 목표는 인간 전문가가 하듯이 지적인 작업을 수행하는 것이다. 이때 작업을 수행하는 데 필요한 지식을 전문가시스템의 **영역**(domain)이라고 한다.

전문가시스템은 사실, 자료, 가설, 정의에 근거한 지식베이스를 이용하며, 발견적 해결방식을 따라, 마치 전문가가 하듯이 알맞은 판단과 확률 높은 예측을 한다. 지식베이스는 보통 **if-then rule** 형식의 질문들로 이루어진 컴퓨터코드로 표현된다. 이들 규칙으로 문제를 해결하는 기구를 **추론엔진**(inference engine)이라고 한다. 전문가시스템은 다른 소프트웨어 패키지와 자료를 교환할 수 있다.

복잡한 설계 및 가공 문제를 다루는 전문가시스템을 구성하려면, (1) 대량의 지식과 함께 (2) 이 지식을 활용하여 해법을 찾는 기구가 필요하다. 전문가 개인 또는 집단의 다년간 경험에 대한 정확한 모델링, 복잡한 귀납적 추론, 인간의 판단능력(실수로부터도 배울 수 있는 능력을 포함하여)에 관련된 어려움 때문에, 지식기반시스템의 개발에는 상당한 시간과 노력이 필요하다.

전문가시스템은 실시간으로 작동하고 응답시간이 짧기 때문에, 문제에 빠르게 대처할 수 있다. 가장 일반적인 AI 프로그래밍 언어는 C++, LISP, PROLOG이며 FORTRAN, BASIC 같은 언어도 사용된다. 최근에 개발된 **전문가시스템 소프트웨어 셸**(framework

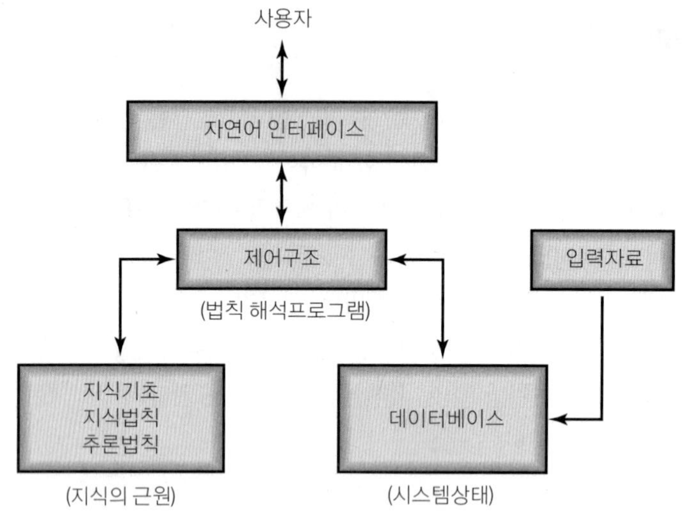

▶ 그림 15.21
전문가시스템의 기본구조. 지식기초는 지식법칙(문제에 관한 일반정보)과 추론법칙(결론을 도출하는 방식)을 사용한다. 전문가시스템과 사용자 간의 정보교환은 자연어 인터페이스를 이용한다.

system이라고도 함)은 업체의 특정 요구에 맞게 특정 용도로 작성할 수 있는 전문가시스템의 골격이다.

다수의 전문가시스템이 개발되어 사용되며, 적용분야는 다음과 같다.

1. 각종 기계 및 장비의 문제점 진단과 올바른 작동의 결정
2. 생산설비의 모델링 및 시뮬레이션
3. 컴퓨터응용설계, 공정계획, 생산시간계획
4. 업체의 가공전략 관리

15.15.2 자연어 처리

전통적으로, 컴퓨터 메모리의 데이터베이스로부터 정보를 얻어내려면, 자연어를 기계어로 바꾸는 컴퓨터 프로그램을 사용해야 했다. 이제는 데이터베이스시스템과 소통할 수 있는 자연어가 많이 개발되어, 사용자가 간단한 질문형식으로 명령어를 입력함으로써 정보를 얻을 수 있다. 자연어 소프트웨어 셸이 사용가능하며, 이는 (1) 가공에서의 재료흐름의 시간계획과 (2) 데이터베이스의 정보를 분석하는 데 응용된다.

컴퓨터가 음성합성 및 인식능력을 갖도록 하는 데 큰 진보가 있으므로, 키보드로 명령을 입력할 필요가 없어지고 있다. 음성인식 소프트웨어는 워드프로세싱이나 장애인이 컴퓨터를 사용하는 데 활용되지만, 아직 고도의 대화를 인식하지는 못하고 있다.

15.15.3 기계눈(machine vision)

14.8절에서 기계눈의 기본적 특징에 대해서 기술하였다(그림 14.26 참조). 인공지능을 위한 컴퓨터와 소프트웨어는 카메라와 그밖의 광센서들과 조합될 수 있다. 이들 기계는 부품을 검사, 식별, 분류하는 작업과 로봇을 안내하는 기능(**지능형 로봇**, 그림 15.22)을 한다.

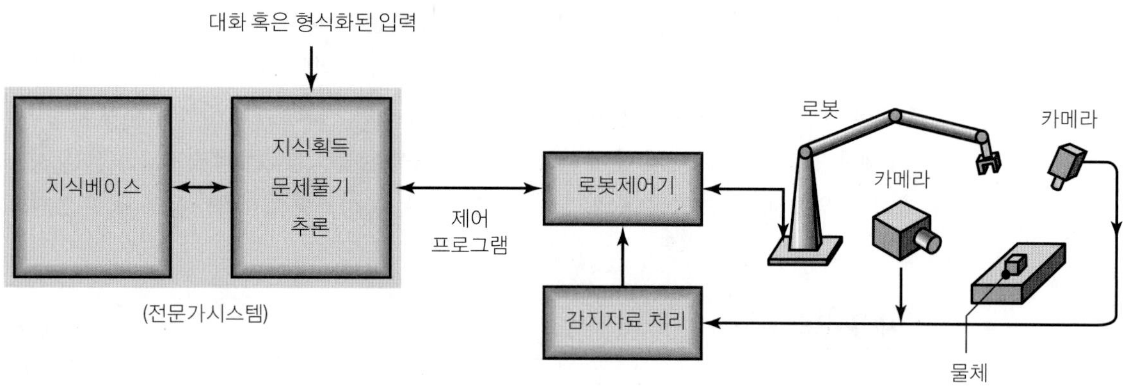

▲ **그림 15.22**

기계눈으로 안내되는 산업용 로봇에 적용되는 전문가시스템.

기계눈을 사용하지 않는다면, 이들 작업은 인간이 개입되어야 하는 작업이다.

15.15.4 인공신경망(ANN, artificial neural network)

순차작업에서는 컴퓨터가 인간의 두뇌보다 훨씬 빠르지만, 인간은 특성의 인식(예: 잡음이 있는 상황에서의 얼굴이나 음성) 같이 **병렬처리**가 필요한 형상기반작업에서 더 우수하여, 상황을 재빨리 파악하고 변동하는 조건에 맞게 조정하여 이해한다. 이 장점은 인간이 실시간으로 **오감**(시각, 청각, 후각, 미각, 촉각)을 동시에 사용하는 능력(**자료융합**)에 기인한다. 인공지능의 한 가지인 ANN은 인간의 두뇌에서 자료가 처리되는 방식을 컴퓨터가 모방하도록 함으로써 앞서 언급한 기능을 다소라도 얻고자 하는 기술이다.

인간의 두뇌에는 약 천억 개의 **신경세포**가 세포당 천 가지 이상으로 **연결**되어 있다. 각 신경세포는 일련의 입력신호를 받아들이기만 하는 단순한 작업을 수행한다. 복합된 입력이 어떤 임계치를 넘으면, 신경세포는 자신의 전기화학적 신호를 연결된 신경세포들에게 보낸다. 인간의 학습은 신경세포들 간 신호연결성의 강도가 변화하여 얻어지는 것으로 파악된다.

오늘날 인공신경망이 사용되는 분야는 (1) 잡음감소(예: 전화), (2) 대화인식, (3) 공정제어 등이며, 절삭력, 토크, 음향방출, 주축속도 같은 입력변수들을 사용하여 엔드밀링된 공작물의 표면정도를 예측하는 데 사용된 바 있다.

15.15.5 퍼지논리(fuzzy logic)

제어시스템이나 패턴인식 분야에서 인기를 얻고 있는 인공지능의 구성요소로 **퍼지논리**가 있다. 인간이 부정확하고 비수치적인 정보를 근거로 판단을 한다는 관찰결과를 기반으로, 1965년에 소개된 **퍼지모델**은 모호함과 부정확한 정보를 나타내는 수학적인 도구이다. 이 모델은 모호하고 부정확한 자료나 정보를 인식, 표현, 조작, 이해, 활용하는 기능을 갖고,

신경망의 경우보다 고차원의 추론 및 의사결정을 하는 데 사용된다.

퍼지논리 기술 및 장치는 로보틱스와 운동제어, 화상처리와 기계눈, 기계학습, 지능시스템의 설계에 성공적으로 적용되었다. 퍼지논리의 적용 예로는 (1) 자동차의 자동변속기, (2) 세탁량, 직물종류, 때의 양에 따라서 세탁주기를 자동조절하는 세탁기, (3) 전진, 상승, 좌회전, 우회전, 체공, 착륙 등의 명령어를 인식하는 음성조종 헬리콥터 등을 들 수 있다.

내용 요약 SUMMARY

- 컴퓨터통합가공 시스템은 변동하는 시장수요에 대응하여 가공작업과 관리기능을 잘 제어할 수 있는, 생산성을 향상시키는 중요한 방법이다. (15.1~15.3절)
- 복잡하고 정교한 소프트웨어들이 신속하게 개발됨에 따라, 컴퓨터 시뮬레이션 및 해석 능력을 갖춘 컴퓨터응용 제품설계 및 공학기술은 보다 효율적이고 상세하며 종합적인 결과를 제공한다. (15.4절)
- CAM은 CAD와 결합되어 설계단계의 정보를 가공계획단계 및 가공작업으로 전달한다. (15.5절)
- 가공작업에서 CAPP, 가공공정 및 시스템의 컴퓨터 시뮬레이션, 그룹 테크놀로지, 셀단위가공, 유연가공시스템, 홀론 생산방식, 적시생산방식 같은 발전은 생산성 향상에 필수적인 요소이다. (15.6~15.12절)
- 고효율생산방식은 낭비요인을 확인하여 제거함으로써 품질 및 고객만족도를 향상시키고 제품원가를 낮추고자 하는 방식이다. 핵심개념은 JIT 원리를 적용하여 재고관리를 수요시스템으로 구성하는 것이다. (15.12절 및 15.13절)
- CIM 기술에 있어서 통신망과 세계적 표준은 매우 중요하다. (15.14절)
- 인공지능은 가공의 과학, 공학, 기술의 모든 측면에서 그 활용도가 높아지고 있다. (15.15절)

참고문헌 BIBLIOGRAPHY

Amirouche, F.M.L., *Principles of Computer-Aided Design and Manufacturing*, 2nd ed., Prentice Hall, 2003.

Badiru, A.B., *Expert Systems Applications in Engineering and Manufacturing*, Prentice Hall, 1998.

Biekert, R., Berling, D., Evans, R.J., and Kelley, D.G., *CIM Technology: Fundamentals and Applications*, Goodheart Wilcox, 1998.

Black, JT., and Hunter, S.L., *Lean Manufacturing: Systems and Cell Design*, Society of Manufacturing Engineers, 2003.

Burbidge, J.L., *Production Flow Analysis for Planning Group Technology*, Oxford, 1997.

Chang, T.-C., Wysk, R.A., and Wang, H.P., *Computer-Aided Manufacturing*, 3rd ed., Prentice Hall, 2005.

Cheng, T.C.E., and Podolsky, S., *Just-in-Time Manufacturing: An Introduction*, 2nd ed., Chapman & Hall, 1996.

Driankov, D., Hellendoorn, H., and Reinfrank, M., *Intro-*

duction to Fuzzy Control, 2nd ed., Springer, 1996.

Fausett, L.V., *Fundamentals of Neural Networks*, Prentice Hall, 1994.

Gershwin, S.B., Chrissoleon, Y.D., Papadopoulos, T., and Smith, J.M., *Analysis and Modeling of Manufacturing Systems*, Springer, 2002.

Gu, P., and Norrie, D.H., *Intelligent Manufacturing Planning*, Chapman & Hall, 1995.

Hannam, R., *CIM: From Concept to Realisation*, Addison-Wesley, 1998.

Haykin, S.S., *Neural Networks: A Comprehensive Foundation*, 2nd ed., Prentice Hall, 1998.

Higgins, P., Roy, L.R., and Tierney, L., *Manufacturing Planning and Control: Beyond MRP II*, Chapman & Hall, 1996.

Hitomi, K., *Manufacturing Systems Engineering*, 2nd ed., Taylor & Francis, 1996.

Hyer, N., and Wemmerlov, U., *Reorganizing the Factory: Competing through Cellular Manufacturing*, Productivity Press, 2003.

Irani, S.A. (ed.), *Handbook of Cellular Manufacturing Systems*, Wiley-Interscience, 1999.

Jackson, P., *Introduction to Expert Systems*, 3rd ed., Addison-Wesley, 1998.

Kasabov, N.K., *Foundations of Neural Networks, Fuzzy Systems, and Knowledge Engineering*, MIT Press, 1996.

Krishnamoorty, C.S., and Rajeev, S., *Artificial Intelligence and Expert Systems for Engineers*, CRC, 1996.

Kusiak, A., *Computational Intelligence in Design and Manufacturing*, Wiley-Interscience, 2000.

______, *Engineering Design: Products, Processes, and Systems*, Academic Press, 1999.

Lee, K., *Principles of CAD/CAM Systems*, Addison-Wesley, 1999.

Leondes, C.T. (ed.), *Fuzzy Logic and Expert Systems Applications*, Academic Press, 1998.

Liebowitz, J. (ed.), *The Handbook of Applied Expert Systems*, CRC, 1997.

Louis, R.S., *Integrating Kanban with MRP II: Automating a Pull System for Enhanced JIT Inventory Management*, Productivity Press, 2005.

______, *Custom Kanban: Designing the System to Meet the Needs of Your Environment*, Productivity Press, 2006.

McMahon, C., and Browne, J., *CAD/CAM Principles, Practice and Manufacturing Management*, Addison-Wesley, 1999.

Monden, Y., *Toyota Production System: An Integrated Approach to Just-in-Time*, 3rd ed., Institute of Industrial Engineers, 1998.

Parsaei, H., Leep, H., and Jeon, G., *The Principles of Group Technology and Cellular Manufacturing Systems*, Wiley, 2006.

Popovic, D., and Bhatkar, V., *Methods and Tools for Applied Artificial Intelligence*, Dekker, 1994.

Rehg, J.A., *Introduction to Robotics in CIM Systems*, 5th ed., Prentice Hall, 2002.

______, and Kraebber, H.W., *Computer-Integrated Manufacturing*, 3rd ed., Prentice Hall, 2005.

Sandras, W.W., *Just-in-Time: Making It Happen*, Wiley, 1997.

Singh, N., *Systems Approach to Computer-Integrated Design and Manufacturing*, Wiley, 1995.

Singh, N., and Rajamani, D., *Cellular Manufacturing Systems: Design, Planning and Control*, Chapman & Hall, 1996.

Vajpayee, S.K., *Principles of Computer-Integrated Manufacturing*, Prentice Hall, 1995.

Vollmann, T.E., Berry, W.L., and Whybark, D.C., *Manufacturing Planning and Control Systems*, 4th ed., Irwin, 1997.

______, and Jacobs, F.R., *Manufacturing Planning and Control for Supply Chain Management*, McGraw-Hill, 2004.

Williams, D.J., *Manufacturing Systems*, 2nd ed.,

Chapman & Hall, 1994.
Wu, J.-K., *Neural Networks and Simulation Methods*, Dekker, 1994.

복습문제

QUESTIONS

15.1 가공분야에서 컴퓨터는 어떤 양상으로 충격을 주어 왔는지 상세하게 설명하여라.

15.2 가공활동을 하나의 시스템으로 간주하는 데 따른 이점은 무엇인가? 가공시스템의 구성요소는 무엇인가?

15.3 컴퓨터통합가공 작업의 이점과 한계에 대하여 논의하여라.

15.4 데이터베이스란 무엇이며, 가공에서 필요한 이유는 무엇인가? 제조업체의 경영진이 데이터베이스에 접근해야 하는 이유가 무엇인지 설명하여라.

15.5 CAD 시스템이 작동되는 방법에 대하여 설명하여라.

15.6 전통적인 설계방법에 비해 CAD 시스템이 갖는 장점은 무엇인가? CAD 시스템의 한계는 무엇인지 예를 들어 설명하여라.

15.7 NURB란 무엇인가?

15.8 삼차다항식 Bezier 부분곡선은 B-스플라인이나 일반 Bezier 곡선에 비해 어떤 장점을 갖는가?

15.9 그림 15.6에 나타낸 옥트리 표현법에 대하여 이해한 바를 설명하여라.

15.10 공정계획의 목적에 대하여 설명하여라. 계획과정에서 컴퓨터는 어떻게 활용되는가?

15.11 이 장에서 소개한 두 가지 방식의 CAPP 시스템에 대하여 각각의 특징을 설명하여라.

15.12 공정계획표의 특성을 설명하여라. 공정계획표가 필요한 이유는 무엇인가?

15.13 그룹 테크놀로지란 무엇이며, 개발된 이유는 무엇인가? 또한 장점을 설명하여라.

15.14 그룹 테크놀로지에서 분류와 코딩은 어떤 역할을 하는지 설명하여라.

15.15 가공셀이란 무엇이며, 개발된 이유는 무엇인가?

15.16 유연가공시스템의 기본원리를 설명하여라. 이 방식에 대규모의 자본투자가 필요한 이유는 무엇인가?

15.17 유연가공시스템이 광범위한 로트크기를 생산할 수 있는 이유는 무엇인가?

15.18 적시생산방식의 이점은 무엇인가? 이 방식을 수요시스템(pull system)이라고 하는 이유는 무엇인가?

15.19 LAN의 기능을 설명하여라.

15.20 정보통신표준의 장점이 무엇인지 설명하여라.

15.21 퍼지논리라는 용어는 무엇을 의미하는가?

15.22 홀론 생산방식의 배경이 되는 원리를 설명하여라.

15.23 링 전산망과 스타 전산망의 차이점은 무엇인가? 이들 차이점은 어떤 점에서 중요한가?

15.24 간반(kanban)이란 무엇이며, 왜 개발되었는가?

15.25 FMC와 FMS는 각각 무엇이며, 둘 간의 차이점이 무엇인지 설명하여라.

15.26 인공지능의 구성요소에 대하여 설명하여라. 기계눈이 인공지능의 구성요소인 이유는 무엇인가?

15.27 미래의 공장이 아무리 자동화되어도 인간이 여전히 필요한 이유를 설명하여라.

15.28 컴퓨터에 익숙하지 않은 나이가 많은 작업자에게 컴퓨터응용가공의 원리를 어떻게 설명할 것인가?

15.29 그림 15.4b에 나타낸 도형 외에 입체원형의 예를 들어라.

15.30 그림 15.11b에 나타낸 배열의 배경이 되는 논리를 설명하여라.

15.31 그림 15.18에 도시한 유연가공시스템에 대한 관찰결과를 설명하여라.

15.32 자동주행차량에 사용되는 효율적인 안내시스템의 특성은 무엇인가?

15.33 인공지능이 효과적으로 적용될 가공분야의 구체적인 예를 들어라.

15.34 미래의 기계나 제어기가 음성인식기능을 갖는 것에 대한 의견을 말하여라.

15.35 머시닝센터가 적시생산방식에 적합할 것인지에 대하여 설명하여라.

15.36 공급시스템과 수요시스템 간의 근본적인 차이점을 명백하게 할 수 있는 예를 들어라.

15.37 CAPP의 자료수정시스템이 바람직한 경우와, 자동생성시스템이 바람직한 경우의 구체적인 예를 각각 들어라.

15.38 이 장에서, 문제가 제대로 정의되지 않았거나 자료가 모호한 경우에는 인공신경망이 특히 유용하다고 하였다. 가공분야에서 이러한 경우의 예를 들어라.

15.39 가공셀에 사용되는 기계의 숫자에 하한치가 있는지 설명하여라.

15.40 가공분야에서 영문자 세 개로 된 약어(예: CNC, FMS, LAN 등)를 가능하면 많이 제시하고, 그 뜻을 설명하여라.

15.41 무재고 생산방식에 단점이 있는지 설명하여라.

15.42 유연가공셀에서 로봇이 중요한 구성요소인 이유는 무엇인가?

15.43 JIT를 글로벌 제조업체에 적용하는 것이 가능한지 설명하여라.

15.44 매개변수모델 설계의 장점과 한계를 기술하여라.

15.45 계층별 코딩의 장점은 무엇인가?

15.46 인공지능에 대한 15.15절의 내용을 자신이 다시 쓴다고 하자. 이 주제와 관련된 자신의 생각을 요약하여 간단하게 작성하여라.

15.47 자신이 제조업체를 소유하고 있고, 이 장에 소개된 가공에서의 기술발전을 아직 활용하지 않고 있음을 알았다고 하자. 이제 이 기술들을 이용하고 싶고 충분한 자본도 갖고 있다고 할 때, 자신의 업체가 필요한 사항을 어떻게 분석할 것이며, 이 기술들을 어떻게 도입할 계획인지 설명하여라. 기술적인 측면과 인간적인 측면을 모두 고려하여라.

15.48 다른 산업국가의 상황과 비교한 한국에서의 제조업 상황에 대한 자신의 견해를 구체적인 예를 들어 기술하여라.

15.49 인공지능시스템이 궁극적으로 인간의 두뇌를 대신할 수 있다고 주장한 사람이 있다. 여기에 동의하는지 설명하여라.

연습문제 *PROBLEMS*

15.50 다음 도형의 골격모델을 도시하여라.

(1) 원

(2) 정사각형

(3) 정삼각형

각 도형의 면적이 0.45 cm^2인 경우에 골격모델의 각 절점과 끝점에서의 반경은 얼마인가?

15.51 그림 15.12에 나타낸 부품을 표현하는 데 사용된 입체원형을 열거하여라.

15.52 이 장의 내용에 대해 학생들에게 퀴즈문제를 낸다고 하자. 정량적인 문제 한 개와 정성적인 문제 세 개를 만들고, 답안을 제시하여라.

설계문제

DESIGN

15.53 이 책에서 논의된 다양한 부품과 제품을 검토하여, 그림 15.10에 나타낸 것처럼 집단화하고, 관찰된 바를 언급하여라.

15.54 고효율생산방식의 차원에서 공정을 평가해 보자. 예를 들어, 다음에 제시한 활동을 잘 관찰하여 낭비요인을 만드는 단계를 찾아내고, 제거하거나 최적화하여라.

(1) 8명 집단의 아침을 준비한다.

(2) 의복을 세탁하거나 세차를 한다.

(3) 인터넷검색 소프트웨어를 사용한다.

(4) 시험을 준비하거나, 보고서 혹은 기말과제를 작성한다.

15.55 그림 15.8에 나타낸 것과 같이, 어떤 제품에 대한 공정계획표를 생각하자. 홀론 생산방식이 가공순서를 자동적으로 생성한다면, (1) 수작업으로 작성하는 것과 동일할 가능성과 (2) 홀론체제가 매번 동일한 순서로 작성할 가능성은 얼마나 될지 설명하여라.

15.56 제품을 하나 생각하여, 그림 15.12에 나타낸 것과 같은 의사결정계통도를 작성하여라.

15.57 제품설계나 제품특성에서 가공분야에 큰 충격을 준 경향을 구체적인 예를 들어 설명하여라.

15.58 특정 제품을 하나 생각하고, 사용될 기계와 장비의 특성을 기술하면서 그 제품을 제작하는 가공셀을 설계하여라(그림 15.16 참조). 제품에 설계변경이 가해지는 경우, 가공셀의 배치를 어떻게 변경할 것인지 설명하여라.

15.59 조사에 따르면, 미국에서 제조되는 모든 부품의 95%가 50개 이하의 로트크기로 생산된다고 한다. 그 결과에 대하여 논평하고, 제14장과 제15장에서 소개된 기술을 적용하는 것과 관련한 자신의 의견을 말하여라.

15.60 간단한 제품을 한 개 생각하고, 이 부품을 제작하는 데 사용할 그림 15.8에 나타낸 것과 유사한 공정계획표를 작성하여라. 동일한 부품을 다른 사람에게 준 경우, 공정계획표가 동일하게 작성될 가능성이 얼마나 될지 설명하여라.

15.61 그림 15.8을 검토하고, 다음 각 제품의 제조용으로 사용할 공정계획표를 제안하여라.

(1) 자동차 커넥팅로드

(2) 압축기 블레이드

(3) 유리병

(4) 사출성형 금형

(5) 베벨기어

15.62 가공셀에 적합하지 않은 생산기계의 유형은 무엇인가? 이들 기계가 부적합한 설계특성이나 생산특성상의 이유가 무엇인지 설명하여라.

15.63 다음 각 경우에 대하여, 방 안에 홀론 10개의 집단을 균일하게 떨어뜨려 놓는 프로그램을 요약함으로써 홀론 생산방식의 이점을 설명하여라.

(1) 주컴퓨터 한 대가 있고, 홀론은 주컴퓨터의 지시를 받는다.

(2) 주컴퓨터가 없고, 대신에 각 홀론이 지능을 갖고 있다.

제 16 장

제품설계와 가공의 경쟁력

주요내용

고품질과 가능한 낮은 원가로 국제적 경쟁력을 갖춘 제품을 가공하려면 많은 인자 간의 복잡한 상호관계를 이해하는 것이 필요함. 이러한 관점에서 제품설계와 가공에 크게 영향을 주는 인자들을 설명함.

- ❑ 설계의 품질과 강건설계
- ❑ 제품수명주기와 지속가능설계에 대한 고려
- ❑ 설계단계에서 재료 및 공정 선택의 중요성
- ❑ 제품생산비용에서 가공작업이 차지하는 경제적 중요성과 주요 관련인자

16.1 개요

경쟁이 심한 세계시장에서 고품질제품을 가능한 낮은 원가로 가공하려면, 여러 요인들 간의 복잡한 관계를 이해하여야 한다. 앞선 장들에서 다음 내용들을 설명한 바 있다.

1. 제품설계, 재료 선택, 가공공정은 모두 서로 연관되어 있음
2. 설계를 주기적으로 변경하는 이유
   (1) 제품의 성능향상
   (2) 신소재의 장점을 활용하고, 보다 저가인 재료 사용
   (3) 가공과 조립을 쉽고 빠르게 하여 경비절감
   (4) 낭비와 불합격률을 완전히 없애려는 노력

오늘날, 사용할 수 있는 가공법과 재료의 종류는 아주 다양하므로, 최고의 재료와 최선의 가공법을 선택하여야 원가를 절감하고 고품질제품을 생산하여, 지속적으로 세계시장에서 기회를 얻을 수 있다. 이제 높은 수준의 제품품질, 즉 제품이 국제표준에 맞고 전세계적으로 시장성이 높아야 한다는 **세계수준**(world-class)이라는 용어를 많이 사용한다. 제품품질의 경우도 그렇지만, '세계수준'이라는 자격은 회사가 달성해야 할 고정된 목표가 아니라 시간이 지날수록 기준이 높아지는 움직이는 목표임을 상기하자.

이 장에서는 우선 **제품설계**에서의 중요한 고려사항들인 **강건설계**와 **다구치**(Taguchi)**법**의 개념을 소개한다. 제품설계는 기본설계에 더하여 제품가공의 용이성과 생산소요시간까지 포함해야 한다. 설계를 단순화하고 부품수를 줄이며, 부품크기나 특정 부분의 치수를 작게 함으로써 비용, 특히 고가의 재료를 절감할 기회가 많다는 점을 재차 강조해둔다.

제품품질과 **예측수명**의 설명에서는 품질수익률을 비롯한 관련 변수들에 대하여 정리한다. 특히 잠재적인 환경유해요소와 관련하여, 제품, 서비스, 시스템의 **수명주기평가**와 **수명주기공학**이 점차 중요해지고 있다. **지속가능가공**은 회사가 이익을 내면서도 가공작업이 환경, 보다 일반적으로는 사회에 주는 어떤 나쁜 영향도 감소시키거나 없애는 것을 매우 강조한다.

제품 재료의 선택은 전통적으로, 특정한 성능요건을 만족시킬 수 있는 많은 경험을 필요로 했지만, 이제는 데이터베이스와 전문가시스템으로 선택과정이 편리해졌다. 또한 기존 제품에 사용된 재료를 검토해보면, 제품성능을 향상시키고, 특히 원가를 절감하는 재료대체의 기회를 많이 찾을 수 있다.

생산단계에 맞는 단일공정이나 공정순서를 최종 선택할 때는, 가공공정의 능력을 잘 평가하여, 그 결과를 판단의 근거이자 지침으로 삼아야 한다. 이 책 전체를 통해 제품설계와 특정 재료에 합당한 제품, 부품, 반조립품을 가공하는 방법이 하나 이상 있다고 설명하였다. 가공법을 잘못 선택하면 제품품질과 비용에 모두 큰 영향을 주리라는 것은 자명하다.

다른 장에서 가공공정을 소개할 때, 그 경제성을 해당 장 말미에 설명한 바 있지만, 이 장에서는 넓은 관점에서 전반적으로 중요한 가공비용 요인들을 요약한다. 항상 그런 것은 아니지만, 제품의 **가격**은 시장성과 고객만족도를 결정한다. 이에 대처하려면, 각 재료, 첨단공정, 작업, 시스템, 경제적 요인의 특성에 대한 완벽한 최신 지식을 갖추어야 하며, 동시에 설계와 가공기술에서 혁신과 창의적인 접근이 시도되어야 한다.

16.2 제품설계와 강건설계

제품설계를 비롯한 각종 최적화기법의 방법론과 원리를 설명하는 것은 이 책의 범위를 넘어선다. 하지만 각 장마다 가공의 경쟁적 측면과 함께 **DFMA**(가공 및 조립보장설계) 연관사항들을 강조한 바 있다. 표 16.1에 나열한 참고자료들은 이 책에서 찾을 수 있는 가공공정에 대한 설계지침들이다.

DFMA에서의 지속적인 발전으로, 관련 소프트웨어 패키지를 널리 사용할 수 있다. 이들 소프트웨어를 사용하려면 상당한 훈련과 지식이 필요하지만, 이들은 부품개수, 조립시간, 제조시간을 줄여서 전체 생산비용이 절감되는 제품을 설계자가 신속하게 개발하도록 도와준다.

16.2.1 제품설계 고려사항

다른 장들에서 소개한 설계지침에 추가하여, 일반적인 제품설계 고려사항을 요약하면 다음과 같다.

1. 원하는 기능과 성능을 저하시키지 않고도 부품수를 줄이거나 제품설계를 단순화할 수 있는가?
2. 환경 고려사항을 숙지하여 재료와 공정 선택, 제품설계에 반영하였는가?
3. 모든 설계 대안을 검토하였는가?
4. 제품이나 부품에서 불필요한 기능을 없애거나 다른 기능에 통합시켰는가?
5. 유사제품군이나, 서비스, 수리, 성능개량, 설치옵션에 모듈러 설계 및 구성요소(building block)의 개념을 고려하였는가?
6. 설계를 좀 더 작고 가볍게 할 수 있는가?
7. 치수공차와 표면정도를 너무 과도하게 지정하지 않았는가? 이들을 완화했을 때, 부정적인 영향이 심각한가?
8. 제품을 조립하거나 유지보수를 위해, 분해, 서비스, 재활용하기가 어렵거나 시간이 많이 걸리지 않는가?
9. 반조립품을 고려해 보았는가?

표 16.1 각 주제별 이 책의 참고자료

공정	설계 고려사항
금속주조	5.12절
부피성형가공	제6장의 각 절
금속판재 가공	7.9절
기계가공	8.14절
입자가공	9.16절
폴리머	10.13절
분말야금 및 세라믹	11.6절 및 11.12절
접합	12.17절
재료성질	**재료의 가공특성**
표 2.1, 2.3, 2.5; 그림 2.4, 2.6, 2.12, 2.13, 2.27	표 3.8
표 3.3, 3.4, 3.7, 3.9, 3.10~3.14	표 5.2 및 5.3
표 5.4, 5.5, 5.6; 그림 5.13	표 7.2
표 7.3	8.5절
표 8.6; 그림 8.30, 8.31	표 11.5, 11.8, 11.9
표 9.1	12.5절
표 10.1, 10.4, 10.5, 10.8; 그림 10.16	표 16.7
표 11.3, 11.4, 11.7, 11.9; 그림 11.22, 11.23, 11.24	
표 12.6	
가공공정의 능력	**치수공차 및 표면정도**
그림 4.20	그림 4.20
표 5.2, 5.7, 5.8	표 5.2
표 6.1	표 8.7; 그림 8.26
표 7.1	그림 9.27
표 8.7; 그림 8.26	그림 16.4
표 9.4; 그림 9.27	
표 10.6, 10.7, 10.9	
표 11.5, 11.8	
표 12.1, 12.2, 12.5	
표 13.5; 그림 14.3; 표 15.1; 그림 16.3	
일반비용	**재료비용**
표 5.2; 그림 5.39	표 10.4
그림 7.72	표 11.9
그림 9.41	표 16.4
표 10.9	
표 11.9	
표 12.1 및 12.2	
표 16.8; 그림 16.5	

10. 체결구를 사용해야 한다면, 그 양과 종류를 최소화시켰는가?

11. 사용할 부품을 모두 제작하기보다, 일부라도 규격품을 구입할 수는 없는가?

12. 제품의 용도에 비추어 볼 때, 안전한가?

위의 고려사항들에 대한 예로서, (1) 라디오, 전자장비, 카메라, 컴퓨터, 계산기, 휴대폰 같은 제품의 크기가 얼마나 작아졌고, (2) 제품을 수리할 때, 반조립품이나 모듈을 간단하게 교체함으로써 인건비를 얼마나 절감하는지, (3) 제품에 사용하던 전통적인 체결구 대신에 스냅인 조립품이 얼마나 많이 사용되는지를 들 수 있다.

16.2.2 제품설계와 재료의 양

자동화와 컴퓨터통합으로 인해 생산속도가 높아지고 인건비의 비중이 낮아질수록, 제품 원가에서 재료비용이 차지하는 비중이 높아진다. 재료비용을 시장가격보다 낮출 수는 없지만, 생산할 부품에 사용되는 재료의 양은 절감할 수 있다. 부품의 전체적인 형상은 설계 및 시작품 단계에서(10.12절의 신속조형기술 참조) 유한요소해석, 최소중량설계, 최적설계, CAD/CAM 같은 기술로 최적화된다. 이들 방법으로 매우 편리하게 설계분석, 재료선택, 재료사용을 할 수 있고, 전반적인 최적화를 이룰 수 있다.

사용재료의 양을 줄이려면 우선 부품의 부피를 줄여야 한다. 따라서 비강도나 비강성이 높은 재료를 선택해야 한다(3.9.1절 참조). 제품설계를 개선하거나, 관성모멘트가 큰 단면(예: I 빔)으로 바꾸거나, 속이 찬 봉재 대신에 튜브나 속이 빈 부재를 사용함으로써 비강도나 비강성을 향상시킬 수도 있다.

하지만 설계변경 및 개선으로 사용재료의 양을 최소화하면, 단면두께가 얇아져서 가공에 심각한 기술적 문제를 야기한다. 다음과 같은 예를 들어 보자.

1. 주조나 사출에서 얇은 부분은 충전이 어렵고, 요구 표면정도와 치수정확도를 얻기 힘들다(5.12절).
2. 단조로 얇은 제품을 가공하려면, 마찰과 냉각효과로 인해 큰 하중이 필요하다(6.2.3절).
3. 충격압출로 벽두께가 얇은 제품, 특히 치수정확도가 높은 제품은 제조하기 어렵다(6.4.3절).
4. 두께가 얇으면 판재의 성형성도 떨어진다(7.7절). 게다가, 판재두께가 얇아지면 성형 도중에 판재평면에 작용하는 압축응력으로 인해 주름이 생긴다(7.6절, 그림 7.50 참조).
5. 얇은 공작물을 절삭하거나 연삭할 때는 부품의 변형, 치수정확도 불량, 채터 발생 같은 문제가 생기므로, 첨단 기계가공공정을 고려해야 할 필요가 생긴다(8.12절 및 9.16절).
6. 얇은 판재나 가는 구조물을 용접하면 열구배로 인한 변형이 생긴다(12.17절 참조).

반면에, 너무 두꺼운 부품을 만들 때는 다음과 같은 문제가 생긴다.

1. 다이캐스팅(5.10.3절)이나 사출성형(10.10.2절) 같은 공정에서, 단면이 두꺼우면 냉각과 탈착에 필요한 생산주기시간이 길어져서 생산속도가 저하된다.
2. 별도로 조절하지 않으면, 주물의 두꺼운 부분에서 기공이 생긴다(그림 5.37 참조).
3. 판재가 두꺼우면 굽힘성이 떨어진다(그림 7.15b 및 표 7.2).

4. 분말야금에서 두꺼운 부품은 밀도편차와 그에 따른 기계적 성질의 편차가 크다(그림 11.6).
5. 두꺼운 단면을 용접하면, 용접강도에 영향을 주는 잔류응력과 용입불량 같은 문제가 생길 수 있다(12.6절).
6. 다이캐스팅 부품(5.10.3절)은 두께가 얇을 때 미세결정립이 발달하므로, 두께가 두꺼울수록 단위두께당 강도가 떨어진다.
7. 열연으로 두꺼운 단면을 압연하면, 냉연된 얇은 단면에 비해 강도 및 치수정확도가 낮고 표면거칠기가 크다(6.3절).
8. 두께나 부피가 큰 폴리머부품은 금형에서 냉각 및 탈착에 시간이 많이 걸리므로, 생산주기시간이 길어진다(10.13절).

16.2.3 강건설계(robust design)

제품설계에서의 중요한 고려사항은 강건성(robustness)이다. 다구치(16.3.4절 참조)에 의해 도입된 강건성은 사용환경이 변해도 허용변수의 범위 내에서 설계, 공정, 시스템이 기능을 유지하는 것이라고 정의된다. 이때의 변동을 **잡음**(noise)이라고 하며, 이는 관리하기 힘들거나 불가능한 인자라고 정의한다. 가공작업에서 잡음의 예로는 (1) 생산설비에서 대기온도나 습도의 변동, (2) 작업현장에서의 불규칙하고 돌발적인 진동, (3) 반입된 원소재의 치수 및 표면/내부 성질의 편차, (4) 하루 중 혹은 일정기간 동안 작업자나 기계의 성능 변화를 들 수 있다. 강건공정이라면 잡음이 있거나 바뀐다고 해서 공정의 성능이 변하지 않고, 강건설계라면 돌발적인 사고가 일어나도 부품이 여전히 기능하는 것이다.

간단한 사례로, 그림 16.1a에 나타낸 두 개의 볼트로 벽에 고정되는 브래킷을 생각해 보자. 두 개의 고정용 구멍을 가공할 때는 가공공정이나 기계(펀칭, 드릴링, 천공)로부터 당연히 오차가 수반된다. 이 오차로 인해 브래킷 윗면이 수평을 유지하지 못한다. 강건설계는 그림 16.1b처럼 고정용 구멍의 간격을 두 배로 넓히는 것이다. 가공방법과 제조원가가 동일하지만, 강건설계로 원래 설계안보다 윗면의 수평도 오차를 절반으로 줄였다. 보다 강건한 설계라면 진동이 가해지거나 오래 사용해도 헐거워지지 않는 볼트 종류를 사용할 것이다(12.15절의 기계적 이음 참조).

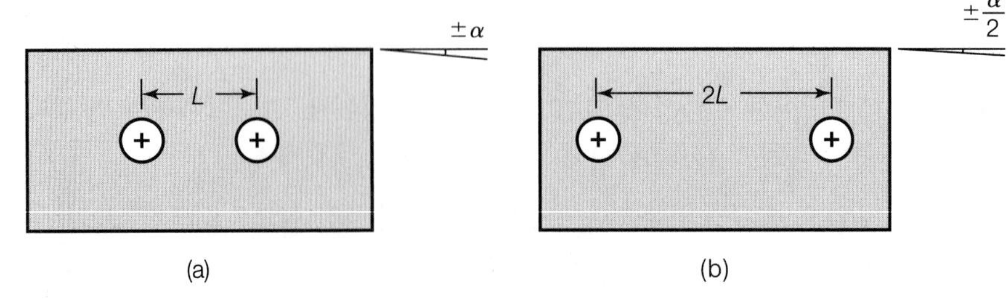

▶ **그림 16.1**
강건설계의 간단한 예: (a) 금속판재 브래킷의 두 고정구멍의 가공오차에 따라 윗면은 완전한 수평에서 $\pm\alpha$의 편차를 갖는다. (b) 강건설계에 따라 구멍 간의 거리를 두 배로 늘리면, 수평도 편차는 $\pm\alpha/2$가 된다.

예 16.1 DFMA(가공 및 조립보장설계) 활용사례

제품개념 및 개발의 초기단계에서 DFMA의 원리를 적용하여 얻는 이득에 관한 예는 수없이 많다. 이 원리는 기존의 설계를 수정하거나 적절한 제조방법을 선택할 때도 활용될 수 있다. 여기서는 맥도넬 더글라스가 설계제작한 군용 헬리콥터에서, 조종사의 계기판을 재설계하는 것을 예로 들어보자.

계기판의 패널은 금속판재, 압출품, 리벳 같은 부품으로 구성된다. DFMA 소프트웨어를 사용하여 패널을 분석한 결과, 재설계로 다음과 같은 효과를 얻을 수 있었다: (1) 부품개수는 74개에서 9개로 감소, (2) 패널의 무게는 3.00 kg에서 2.74 kg으로 감소, (3) 가공시간은 305시간에서 20시간으로 감소, (4) 조립시간은 149시간에서 8시간으로 감소, (5) 총 제작시간은 697시간에서 181시간으로 감소.

재설계한 결과로 74%의 비용절감이 예측되었고, 이에 근거하여 계기판의 다른 부품들에도 유사한 분석을 하게 되었다.

16.3 제품품질과 품질관리

지난 수십 년간, 고품질 제품을 가공하는 것이 필수화되었지만, 품질이란 어렵고도 모호한 개념이다. 자동차의 예를 들면, 고성능 스포츠카가 고품질의 예가 될까, 아니면 대량생산되고 연비가 좋으며 유지비도 싼 모델이 고품질의 더 좋은 예일까? 각 모델은 설계목적을 만족시키면서 고객에게 기쁨을 줄 수 있다(아래 참조). 품질에 관해 논의하려면, 이러한 예를 참작해야 할 것이다.

16.3.1 가공목표로서의 품질

제품품질 측정과 관리기법은 4.9절에서 설명하였다. 품질은 명확하게 정의된 기술적 고려사항 외에 인간의, 따라서 주관적인 의견이 포함된다는 점에서, 정확하게 정의하기 힘들다. 다구치의 정의에 따르면(16.3.3절 참조), 제조업체는 그들의 고객에게 기쁨을 주는 제품을 공급할 책임을 갖는다. 그렇게 하려면, 제조업체는 다음과 같은 특성을 갖는 제품을 공급해야 하는데, 이 특성은 고품질제품을 정의하는 것이기도 하다.

1. 높은 신뢰성
2. 요구기능이 양호하고 안전하게 작동
3. 양호한 외관
4. 저가
5. 성능개량(upgrade) 가능

6. 필요할 때 원하는 양 가용
7. 예상수명 동안의 강건성

품질은 가공분야에서 언제나 중요한 고려사항이었다. 글로벌 경제와 경쟁의 관점에서, 가장 우선시되어야 할 개념은 '**끊임없이 지속되는 품질개선**'이다. 하지만 제조업체가 선택하는 품질수준은 제품이 겨냥하는 시장에 따라 달라진다. 따라서 저가의 저품질 제품에 맞는 틈새시장이 있는 것처럼(대형백화점이나 할인점에서 쉽게 볼 수 있음), 롤스로이스 자동차, 오디오장비, 스포츠용품(테니스라켓, 골프채, 스키, 헬멧 등) 같은 고가의 고품질 제품에도, 특히 경기가 좋으면, 좋은 시장이 있다.

설계 및 가공 기사들은 **동시공학**(1.2절 참조)으로 특정 제품의 부품에 사용할 재료를 선택할 수 있다. 이때 품질 고려사항은 항상 동시공학의 일부가 되어야 한다. 간단한 예로, 스크루드라이버 대에 사용할 재료를 선택한다고 하자. 스크루드라이버의 기능을 감안한다면, 항복응력, 인장강도, 비틂강성, 내마모성과 내부식성 등 필요한 성질을 갖춘 대의 재료를 선택할 것이다(예: 금속, 플라스틱, 고무, 복합재료, 목재 등). 이들 성질을 제대로 갖춘 재료로 만든 스크루드라이버는 기계적 성질이 낮은 재료로 만든 경우보다 잘 기능하고 오래 사용된다.

우수한 성질을 갖는 재료는 일반적으로 고가이며 가공하기 힘든 편이다. 따라서 특정 제품에 맞는 가공작업과 시스템을 철저하게 검토하여 최종제품의 원가를 낮추어야 하며, 이 책에서 설명한 수많은 기술적, 경제적 고려사항을 활용해야 한다. 불행히도, 엔지니어는 '양호, 신속, 저가 중에서 두 개만 골라야 하는' 딜레마에 흔히 봉착한다.

가공작업에서 발생하는 심각한 비용요인으로 인해, **품질수익률**(ROQ, return on quality)의 개념이 중요해졌다. ROQ는 다음과 같이 구성된다.

1. 품질은 고객만족도에 결정적 영향을 주므로, 일종의 **투자**로 간주되어야 한다.
2. 품질개선에 얼마나 많은 자원을 투입할 것인지에 대하여 일정한 한계를 두어야 한다.
3. 품질개선을 위해 지출하는 세부분야를 적절하게 평가해야 한다.
4. 추가비용을 산정하려면, 품질의 점진적 개선실적을 신중하게 검토/평가해야 한다.

일반적으로 알고 있는 것과는 달리, 고품질 제품에 꼭 비용이 많이 드는 것은 아니다. 대부분의 산업(전형적인 예로, 자동차산업이나 항공우주산업)에서는 무결함을 추구하며 ROQ를 미리 최소화시키는 반면, 다른 산업(예: 집적회로제조)에서는 마지막 몇 개의 결함을 제거하는 비용이 매우 높다(결함허용설계 같은 기법 도입의 이유). 하지만 간접적 요인으로 이들 마지막 결함까지 제거하는 편이다. 고객만족도는 정성적이어서 계산하기 까다롭다고 하지만, 고객이 구입한 제품에 결함이 없다면 만족도가 올라가고, 고객으로 계속 남을 것이다. 제품에 포함된 결함을 찾아서 수리하는 **상대적 비용**은 다음과 같이 단계별로 10배씩 커지는 소위 **10배 규칙**을 따른다(16.9.1절 참조).

단계	상대적 수리비용
부품의 가공	1
반조립품	10
최종조립품	100
제품판매점	1000
고객	10,000

16.3.2 종합품질경영(TQM, total quality management)

종합품질경영이란, 품질이 제품 내부에 설계되고 쌓여야 함을 강조하는 체계로, 고품질 제품을 일관되게 생산하기 위해 경영진과 종업원 모두가 합심하여 노력해야 하는 관리방법이다. 결함을 찾는 것이 아닌 결함을 예방하는 것을 중요한 목표로 삼는다.

TQM에는 지도력과 팀워크가 꼭 필요하다. 이를 통해 제품편차를 줄이고 고객만족도를 향상시키는 데 필수적인, 가공작업 모든 측면에서의 **지속적인 개선**이라는 목표를 달성하는 것이 보장된다. TQM 개념은 공정의 변동성을 줄이고, 결함있는 부품이 생산라인을 타고가면서 계속 가공되지 않도록, 이미 만들어진 제품이 아닌 '공정을 관리할 것'을 요구한다.

■ **품질관리서클**(quality circle) 이 개념은 종업원(작업자, 감독자, 관리자)으로 구성된 정기적인 소그룹회의를 통해서 가공작업 전반에 걸쳐 제품품질을 유지하고 개선하는 방법을 토의하도록 하는 것이다. 즉, 품질관리를 위한 생산현장 작업자의 참여, 책임, 창의성, 팀워크를 강조한다. 물론, 작업자가 통계자료를 분석하고, 불량원인을 파악하며, 필요에 따라 즉각적인 조치를 취할 수 있는 능력을 갖도록 종합적인 교육을 실시해야 한다. 품질관리서클은 고효율생산방식에 특히 효과적인 것으로 파악되고 있다(15.13절 참조).

■ **품질공학**(quality engineering)**의 철학** 품질관리에 관한 많은 개념과 방법들은 이 분야의 전문가들에 의해 더 넓은 관점으로 확장되었다. 대표적인 전문가로 W.E. 데밍과 G. 다구치를 꼽을 수 있으며, 품질과 제품비용에 대한 이들의 개념은 현대 제조업에 큰 영향을 주었다.

16.3.3 데밍(Deming) 기법

제2차 세계대전이 진행되는 동안, W.E. 데밍(1900~1993)을 위시한 몇몇 사람들이 전시 산업체 가공공장을 위한 새로운 **통계적 공정관리기법**(4.9.2절 참조)을 개발하였다. 통계적 공정관리방법은 (1) 기계 및 작업자의 성능과, (2) 원소재의 품질과 치수에는 항상 **변동**이 있음을 인정함으로써 시작되었다. 이들의 업적은 통계적 분석법을 도입한 점에 그치지 않고, 제조공정을 바라보는 새로운 시각, 즉 비용을 줄이면서도 품질을 개선한다는 관점을

표 16.2 데밍의 14개 품질철학

1. 제품과 서비스의 개선에 대한 결의를 지속시킨다.
2. 새로운 철학을 채택한다.
3. 품질을 달성하는 방법으로, 대량검사에 의존하지 않는다.
4. 가격표에 기대어 거래를 얻어내는 관행을 끝낸다.
5. 생산 및 서비스 시스템을 부단히 개선하여 품질과 생산성을 향상시키고, 지속적으로 비용을 절감한다.
6. 특정 업무에 필요한 훈련을 실시하고, 차기 훈련을 위해 내용을 문서화한다.
7. 감독하는 대신에 지도력을 발휘한다.
8. 불안요인을 몰아내어 모두가 효율적으로 일할 수 있도록 한다.
9. 부서 간의 장벽을 허문다.
10. 무결함이나 생산성 향상기준에 대한 슬로건, 장려, 목표를 만들지 않는다.
11. 목표할당이나 관리를 숫자로 하지 않고, 숫자로 된 목표를 세우지 않는다. 스스로 달성하고자 하는 지도력으로 대신한다.
12. 전문가로서의 자부심을 뺏어가는 요인을 제거한다.
13. 교육 및 자기계발에 대한 강력한 프로그램을 실시한다.
14. 사내 구성원 모두가 변혁을 성취하는 업무를 하도록 격려한다.

제기하였다.

제조조직이 관리자, 작업자, 기계, 제품의 시스템이라는 사실을 인식한 데밍은 그의 기본 생각을 유명한 '14개 품질철학'으로 요약하였으며, 이를 표 16.2에 수록하였다. 이들 관점은 업무에 대한 점검목록이나 메뉴 정도가 아니라 고품질 제품을 생산하는 회사의 특성이라고 데밍이 인정한 것이다. 그는 의사소통, 작업자의 직접 참여, 통계학과 첨단 가공 기술교육을 매우 중시하였다. 그의 생각은 제2차 세계대전 말부터 널리 채택되었다.

16.3.4 다구치(Taguchi) 기법

G. 다구치(1924~)의 기법에서는 공학과 통계기법을 조합하여 제품설계와 가공공정을 최적화함으로써 고품질과 저비용의 목적을 달성한다. 고품질 제품의 개발에 필요한 모든 특성을 실제로 만족시키기가 쉽지는 않지만, 다구치 기법은 가공에서의 탁월성을 선결요건으로 삼는다.

다구치는 품질을 문서로 입증하는 기법을 개발하는 데도 공헌하였다. 제품의 최적상태에서 벗어난 모든 편차는 제품수명, 성능, 경제성을 저하시키기 때문에 재정적 손실이라는 점을 인식시켰다. 품질이 손상된 제품의 출하는 사회에 재정적 손실을 끼치며, 아울러 다음과 같은 결과를 초래한다고 규정한다.

1. 품질불량은 우선 고객 불만족을 야기한다.
2. 결함 있는 제품의 수리나 서비스에, 일부는 현장에서 별도의 경비가 지출된다.
3. 판매시장에서 생산업체의 신뢰도가 떨어진다.
4. 생산업체는 궁극적으로 시장점유율을 잃는다.

다구치의 품질공학적 방법론은 다음과 같은 점을 강조한다.

- **부서 간의 상호 교차기능 증대:** 설계부서와 생산부서 간에 공통 언어와 개념으로 의사소통을 해야 한다. 설계 요구사항과 가공공정 선택의 관계를 정량화한다.
- **실험계획법의 실시:** 공정이나 작업에 포함되는 모든 인자들과 이들의 상호작용을 동시에 연구한다.

실험계획법(experimental design)은 관리가능한 변수들과 관리불가능한 변수들이 제품에 미치는 영향을 규명하는 데 활용된다. 이 방법으로 제품치수와 제품성질에서의 편차를 최소화하고, 궁극적으로 그 평균을 원하는 수준으로 유지한다. 실험계획법에는 필요한 실험횟수를 줄이기 위한 복잡한 기법들을 활용하며, 이에는 요인설계(factorial design)와 직교배열법(orthogonal arrays)이 있다. 환경조건의 변화나 원소재 성질의 일상적 편차 같은 관리불가능한 변수(잡음)들이 제품에 미치는 영향도 이들 방법으로 규명할 수 있다.

실험계획법을 활용하면, (1) 어떤 공정을 지배하는 변수들을 신속히 파악하고(주영향 관찰), (2) 최선의 공정관리방안을 마련할 수 있다. 예를 들어, 어떤 부품을 절삭할 때 치수공차에 영향을 주는 인자들이 즉시 파악되며, 적절한 절삭속도, 이송량, 절삭공구, 절삭유를 지정할 수 있다. 이들 공정변수를 원하는 수준으로 관리하려면, 장비를 새로 구입하거나 기존 장비를 대대적으로 개량해야 하는 경우도 생긴다.

16.3.5 다구치 손실함수(loss function)

다구치에 의해 도입된 중요한 개념으로, 설계목표에서 벗어난 모든 편차는 품질을 손상시킨다는 것이 있다. 설계목표의 예를 들면, 그림 4.19에 제시된 공차규격에 명시된 치수이다. 설계치수는 공차와 함께 지정되지만, 다구치의 철학은 설계목표에서 벗어난 편차도 최소화할 것을 요구한다. 즉, 그림 4.19에서 직경 40.03 mm인 축은 정상으로 간주되어 검사를 통과하지만, 이 직경이 엄밀한 설계목표에서 약간 벗어났으므로, 특히 복잡한 시스템에서는 제품의 강건성과 성능을 저하시킨다고 본다.

일반 회계실무에서는 부품이 설계공차를 완전히 벗어난 경우에만 결함으로 간주하여 회사손실로 처리하고, 그렇지 않으면 회사에 손실이 없다고 본다. 다구치 손실함수는 부품이 설계사양을 만족하더라도 생길 수 있는 손실을 계산하기 위해 도입되었다.

따라서 다구치 손실함수는 편차 최소화에 근거한 품질 비교도구로 사용되며, 부품이 설계목표에서 벗어날수록 증가하는 회사손실을 계산하는 데 활용된다. 이 함수는 두 개의 인자가 곱해진 포물선으로 정의되는데, 한 인자는 공차를 완전히 벗어났을 때의 교체비용(선적, 폐기, 취급비용 포함), 다른 인자는 설계목표에서 벗어난 정도를 나타내는 이차함수이다.

손실비용은 Y를 가공평균값, T를 설계목표값, σ를 가공된 부품의 표준편차라고 할 때, 다음과 같이 수학적으로 나타낸다.

$$\text{손실비용} = k[(Y - T)^2 + \sigma^2] \tag{16.1}$$

여기서 k는 LSL을 하한편차한계(lower specification limit)라 할 때, 다음과 같이 정의되는 상수이다.

$$k = \frac{\text{교체비용}}{(\text{LSL} - T)^2} \tag{16.2}$$

하한 및 상한 편차한계인 LSL과 USL이 같은 값으로 지정되면(즉, 공차의 균형이 잡힌 경우) 둘 중 어떤 값을 사용해도 무방하다.

참고로, LSL과 USL은 4.9.2절에 설명한 관리한계(LCL 및 UCL)와 무관하다. LSL과 USL은 **설계요구조건**으로, 가공능력을 염두에 두지 않고 결정되는 경우가 흔하다. 설계자가 공차를 지정할 때는 흔히, 경험이나 설계가 기능되는 범위에서 최대값을 지정하는데, 이는 가공기사에게 넓은 공차범위를 주어 가공을 쉽게 하고자 하는 의도이다. 반면에, 하한 및 상한 관리한계는 공차에 대한 설계자의 의도를 반드시 반영할 필요가 없다. 편차한계는 식 (16.1)이 의미하는 것처럼, 제조업체가 설계목표를 달성하는 여부를 확인하는 도구로 사용된다.

예 16.2 폴리머 튜브의 생산

의료용 고품질의 폴리머 튜브를 생산하고 있다. 설계목표로서 튜브의 두께는 2.6 mm, 상한편차한계는 3.2 mm, 하한편차한계는 2.0 mm이다(2.6 ± 0.6 mm). 제품에 결함이 있으면 선적비용을 포함하여 10,000원에 교체해주어야 한다. 현재 공정으로는 평균 2.6 mm, 표준편차 0.2 mm로 튜브를 생산하고 있으며, 월간 생산량은 10,000개이다. 이 튜브를 가공하는 압출기의 가열시스템을 개량하려는 계획을 갖고 있으며, 개량이 되면 편차를 절반으로 줄일 수 있지만 5천만 원의 비용이 든다. 다구치 손실함수를 사용하여 압출기 개량투자의 회수기간을 예측하여라.

풀이 문제로부터 다음 양들이 정의된다.

$$\text{USL} = 3.2\text{ mm},\ \text{LSL} = 2.0\text{ mm},\ T = 2.6\text{ mm},\ \sigma = 0.2\text{ mm},\ Y = 2.6\text{ mm}$$

식 (16.2)의 상수 k는 다음과 같다.

$$k = \frac{(10{,}000\text{원})}{(2.0 - 2.6)^2} = 27{,}780\text{원}$$

식 (16.1)로부터, 압출기 개선 전후의 손실함수는 각각 다음과 같다.

$$\text{개선 전 손실비용} = (27{,}780)[(2.6 - 2.6)^2 + 0.2^2] = 1{,}110\text{원/개}$$

$$\text{개선 후 손실비용} = (27{,}780)[(2.6 - 2.6)^2 + 0.1^2] = 280\text{원/개}$$

따라서 월간 (1110 − 280)(10,000) = 8,300,000원의 절감이 가능하므로, 투자회수 기간은 다음과 같이 예측된다.

$$50{,}000{,}000\text{원}/(8{,}300{,}000\text{원/월}) = 6.02\text{개월}$$

16.3.6 ISO 및 QS 표준

국제무역, 글로벌 가공, 가격에 민감한 경쟁이 증가함에 따라, 제조업체는 많은 도전을 받고 있다. 소비자는 점점 **고품질의 제품과 서비스**를 저가로 요구하면서 일관되고 신뢰성 있게 이 요구를 만족시켜주는 공급업체를 찾는다. 이러한 경향으로 인해 제품의 품질관리방법, 신뢰성, 안전도에 대한 국제적으로 준수하고 인정하는 기준을 설정할 필요성이 제기되었다.

■ **ISO9000 표준** 1987년에 처음 제정되었고, 1994년과 2000년에 개정된 ISO9000 표준(품질관리 및 품질인증 표준)은 품질체계의 대표적인 관리표준이다. 이는 제조업체들이 세계무역에서 사업하는 방식에 지속적인 영향을 주었고, 품질에 관한 세계표준이 되었다.

ISO9000 계열은 다음과 같은 표준을 두고 있다.

- ISO9001 – 품질체계: 설계/개발, 생산, 설치, 서비스에서의 품질인증모델
- ISO9002 – 품질체계: 생산 및 설치에서의 품질인증모델
- ISO9003 – 품질체계: 최종검사 및 시험에서의 품질인증모델
- ISO9004 – 품질관리 및 품질체계 요소: 지침

이들 표준에 자발적으로 등록하는 업체에게는 인증서를 발급해 준다. 업체들은 일반적으로 ISO9001과 9002에 등록하고, 일부 업체는 ISO9003까지 등록한다. ISO9004 표준은 지침일 뿐이며, 등록기준이 아니다. 회사의 공장이 인증서를 받으려면, 이해관계가 없고 자격을 갖춘 실사팀이 방문하여, 표준에서 제시한 20가지 핵심요소의 기능이 적소에서 잘 수행되는지를 확인한다.

업체가 표준의 요건을 만족시키지 못하는 경우, 정도에 따라서 등록이 추천되거나 유보된다. 실사팀은 표준미달항목의 개선에 대한 조언이나 자문을 하는 대신에 표준미달의 근원을 설명한다. 인증을 계속 유지하려면 주기적인 실사를 받아야 한다. 인증과정은 6개월에서 일년 혹은 그 이상이 걸릴 수도 있으며, 업체 규모, 공장수, 제품라인에 따라 수천만 원의 비용이 소요되기도 한다.

ISO9000 표준은 제품에 대한 인증이 아니라 **품질공정인증**이다. 업체는 품질에 대한 자체기준과 실무를 수립한다. 문서화된 품질체계는 ISO 표준에 부합해야 하며, 표준의 의

도에 배치되는 기준을 품질체계에 명시할 수 없도록 하고 있다. ISO9000에 등록되었다는 것은, 회사가 자체의 품질체계(설계, 개발, 생산, 설치, 서비스에서의 품질)에 명시된 품질관리를 실행함(실행을 확인하는 문서작성도 포함)을 공언하는 것이다. 따라서 정부기관을 포함한 일반소비자는 타국 업체라도 그 뒤에는 반드시 명시된 품질관리의 실행이 따른다는 것을 믿을 수 있다. 업체들 간에도 ISO9000 등록업체에는 이 실행이 뒤따름을 믿을 수 있으므로, 납품업체들로 하여금 등록할 것을 요구한다.

■ **QS9000 표준** 이는 크라이슬러, 포드, GM이 합동으로 개발하여 1994년에 발표한 것이다. QS9000 표준을 개발하기 전에, 빅3 자동차업체는 각자의 품질체계표준을 갖고 있었다. 제1그룹 납품업체는 QS9000에 등록해야 한다. QS9000은 ISO9000의 모든 조항을 기초로 하므로, 흔히 'ISO9000 뼈대에 부속품이 많이 달린 것'이라고 불린다.

■ **ISO14000 표준** 국제 환경관리체계(EMS, Environmental Management System)에 부속되어 1996년에 발표된 이 표준은 생산제품의 수명기간 동안 환경에 영향을 주는 업체의 활동관행에 대한 것이다(16.5절 참조). 이들 활동은 (1) 업체 내부뿐만 아니라 외부에도 영향을 주고, (2) 제품의 생산에서 사용 후 폐기까지 지속되며, (3) 오염, 폐기물, 소음, 천연자원 고갈, 에너지사용 같이 환경에 주는 영향을 포함한다.

많은 국가에서 이 표준의 인증서를 받으려는 업체의 수가 빠르게 늘어나고 있다. ISO14000은 환경실사지침, 환경영향평가, 환경 라벨과 선언, 환경관리 등의 조항을 갖고 있다. ISO14001의 환경관리체계 요건은 일반 요건, 환경정책, 계획, 적용 및 시행, 점검 및 교정활동, 관리검토 등으로 구성된다.

16.4 수명주기공학과 지속가능가공

제품수명주기의 개념을 1.4절에 소개한 바 있다. 수명주기공학(LCE, life-cycle engineering)은 환경인자들, 특히 제품이나 공정의 수명주기 구성요소에 대한 설계, 최적화, 각종 기술적 고려사항을 감안한다. LCE의 주요목표는 제품의 초기설계단계부터 재사용과 재활용을 고려하는 것이다(녹색설계 혹은 녹색공학).

■ **요람에서 무덤까지** 전통적인 제품수명주기는 '요람에서 무덤까지'의 모델로서, 다음과 같은 연속되면서 상호 연결된 단계로 구성된다.

1. 원료와 에너지를 포함한 천연자원의 추출
2. 원료의 가공
3. 제품의 제조
4. 제품을 소비자에게 운송 및 납품

5. 제품의 사용, 재사용, 유지관리
6. 제품의 폐기

수명주기 분석 및 공학이 종합적이고 강력하며 필요한 도구이기는 하나, 전면적으로 적용하기에는 비용이 많이 들고 어려우며 시간이 많이 걸린다. 이는 주로 재료, 공정, 장기간의 영향, 비용 등에 대한 입력자료의 불확실성과, 전체 시스템의 각종 구성요소 간 상호연관성 평가용 자료의 수집시간에서 비롯한다. 특정 산업분야, 특히 환경손상의 가능성이 높은 화학 및 공정 산업에서는 수명주기 분석용 소프트웨어 패키지를 많이 활용한다.

■ **지속가능가공**(sustainable manufacturing) 최근 들어, 천연자원은 한정되어 있고, 따라서 재료와 에너지를 보전할 필요가 있음을 잘 알고 있다. **지속가능가공**이란 용어는 유지관리와 재사용을 통해 이들 자원을 보전할 것을 특히 강조한다. 1.4절에서 제품수명주기 고려사항을 설명하면서 '요람에서 무덤까지'와 '요람에서 요람으로'의 개념 간 차이점과 생태학적 및 산업적 재활용에 대하여 소개하였다.

부품을 재활용하려면 제품에서 분리해내야 하므로, 이 작업에 시간이나 노력이 너무 많이 들면 재활용 자체가 터무니없이 비싸진다. 재활용을 편리하게 하는 일반적 지침은 다음과 같다.

1. 제품이 아닌 제품수명주기를 설계한다. 투입되는 모든 재료와 에너지, 그리고 설계수명을 마친 제품의 종착지까지 고려한다.
2. 가급적이면 재활용하기 쉬운 재료를 사용한다.
3. 제품에 들어가는 부품의 개수와 재료의 종류를 줄이고, 가급적 재료를 적게 사용한다.
4. 생물학적 재활용 재료와 산업적 재활용과정을 거쳐야 하는 재료가 섞이지 않도록 설계한다.
5. 모듈러 설계를 활용하여 분해가 편리하도록 한다.
6. 플라스틱부품에는 가급적 한 종류의 폴리머를 사용한다.
7. 플라스틱부품에는 재활용 식별표기를 한다(플라스틱 식품용기나 병 참조).
8. 피복, 도장, 도금을 피하고, 플라스틱부품은 성형된 색상을 그대로 사용한다.
9. 조립품에 접착제나 리벳 같은 영구접합법의 사용을 피하고, 대신에 체결구, 특히 스냅식 체결구를 사용한다.

예 16.3 나이키 운동화 제조의 지속가능가공

나이키 운동화는 접착제로 조립된다(12.14절). 1990년경까지, 접착제에는 건강유해물질과 석유화학스모그를 유발하는 석유기반 용매가 포함되었다. 이 상황을 개선하기 위해, 나이키사는 납품업체와 협력하여 물기반 접착제기술을 성공적으로 개발하여, 이제는 대부분의 조립작업에 사용한다. 그 결과, 나이키사의 아시아권 하청업체의 모든 가공작업에 사용하는 용매는 1995년 이래로 67% 감소하였다. 1997년에는 834,000갤런의 유해 용매가 1290톤의 물기반 접착제로 대체되었다.

또 다른 예로, 운동화의 고무밑창은 밑창 주위에 플래싱(flashing, 그림 6.14c나 10.35c에 나타낸 플래시와 유사)이 생기는, 상당량의 고무가 소비되는 공정을 통해서 제조된다. 수천 개의 금형을 사용하여 하루에 백만 개 이상의 밑창을 제조하는 40여 개의 공장에서, 이 플래싱은 신발제조공정의 최대 낭비요인이었다. 이와 같은 낭비를 줄이기 위해, 회사는 플래싱을 고무분말로 갈아서 고무혼합물에 재사용하는 기술을 개발하였다. 그 결과, 낭비가 40% 감소하였고, 게다가 혼합고무의 내마모성, 내구성, 전반적 성능이 최고급 고무보다 우수하다는 것을 알게 되었다.

16.5 재료의 선택

재료 선택의 일반적인 기준은 1.5절에서 살펴보았으며, 여기서는 재료 선택에 관련된 사항을 보다 상세하게 알아본다.

16.5.1 재료의 일반적 성질

제2장을 통해 설명한 것처럼, 재료의 기계적 성질로는 (1) 강도, (2) 인성, (3) 연성, (4) 경도, 그리고 (5) 피로, 크리프, 충격 등에 대한 저항이 있다. 여기에 더하여, 강성과 덴트저항 같은 특성은 재료의 탄성계수 외에 부품의 기하학적 형상에 따라 정해진다. 마찰과 마모 특성 역시 4.4절에 설명한 것처럼 다수의 인자가 복합되어 결정된다.

재료의 물리적 성질(3.9절)에는 밀도, 용융점, 비열, 열 및 전기 전도도, 열팽창계수, 자기적 성질 등이 있다. 화학적 성질(3.9.7절)에서 관심을 둘 것은 산화 및 부식이다. 이미 앞의 여러 장에서 이들 물성치가 제품설계와 가공에 적절한 지에 대하여 설명하였다. 표 16.1에 각종 재료의 성질과 관련된 표와 그림 목록을 정리하였다.

최근에는 전산화된 광범위한 데이터베이스를 활용하여 보다 쉽고 빠르게 재료를 선택할 수 있다. 한편, 재료 선택과 변수의 결정을 도와주는 전문가시스템 소프트웨어(스마트 데이터베이스)도 매우 유용하다. 이는 제품설계와 기능요건에 대하여 적절하게 입력을 하면, 마치 전문가나 전문가집단이 하듯이 특정 용도에 맞는 적절한 재료를 쉽게 찾을 수 있는 기능을 갖고 있다.

어떤 방법을 사용하든지, 제품에 사용할 재료 선택에는 다음 사항들을 중요하게 고려하자.

1. 선택한 재료의 성질이 최소한의 요건이나 사양보다 필요 이상으로 우수하지 않은가?

2. 보다 저렴한 다른 재료로 대체할 수 없는가?
3. 선택한 재료의 가공특성이 적절한가?
4. 주문할 재료는 표준규격, 치수, 표면정도, 공차대로 얻을 수 있는가?
5. 재료수급에 안정성이 있는가?
6. 재료의 가격이 크게 오르거나 시장변동이 심할 가능성은 없는가?
7. 재료를 원하는 때에 원하는 양만큼 구입할 수 있는가?

16.5.2 상업적으로 가용한 소재형상

소재는 주물, 압출품, 단조품, 봉재, 후판, 박판, 호일, 선재, 분말 등의 다양한 형태로 구입할 수 있다(표 16.3). 부가공정의 필요성을 최소화하기 위한 형상으로 소재를 구입할 때는 원소재의 표면품질, 공차, 진직도 같은 특성을 고려해야 한다. 이들 특성이 우수하고 일관되면 부가공정에 드는 노력과 시간이 절감된다. 자사공장의 제조설비로 환봉을 경제적으로 생산할 수 없다면 환봉을 구입하는 편이 경제적이다.

예를 들어, 치수정확도, 표면정도, 진원도, 진직도가 양호한 간단한 축을 제조하고자 한다면, 요건에 맞게 이미 선삭 및 센터리스연삭된(제8장과 제9장) 환봉을 구입하면 된다. 반면에, 길이방향으로 직경이 다르게 단이 진 축을 제조해야 한다면, 환봉을 구입하여(단이 진 축의 최대직경과 같은 환봉으로) 선반에서 가공해야 한다. 주문할 소재의 공차범위가 넓거나 휘어졌거나 진원도가 불량하면, 직경이 더 큰 환봉을 주문해야 최종제품 크기를 맞출 수 있다.

매 가공단계에서 부품은 고유한 기하학적 특징, 형상, 표면정도, 공차특성을 갖도록 생산된다. 다음 예를 보자.

1. 주물은 일반적으로 냉간압출이나 분말야금으로 제조한 부품보다 치수정확도와 표면정도가 떨어진다(제5, 6, 11장).
2. 열간압연 혹은 열간인발 제품은 냉간압연 혹은 냉간인발된 경우보다 표면정도가 거칠

표 16.3 상업적으로 가용한 재료의 형태

재료	가용한 형태	재료	가용한 형태
알루미늄	B, F, I, P, S, T, W	마그네슘	B, I, P, S, T, w
세라믹	B, p, s, T	플라스틱	B, f, P, T, w
구리 및 황동	B, f, I, P, s, T, W	귀금속	B, F, I, P, t, W
탄성중합체	b, P, T	강 및 스테인리스강	B, I, P, S, T, W
유리	B, P, s, T,W	아연	F, I, P, W
그래파이트	B, P, s, T,W		

주: B = 봉재, F = 호일, I = 잉곳, P = 후판 및 박판, S = 구조형상, T = 튜브, W = 선재; 소문자는 가용성에 제약이 있음을 의미함.

고 치수공차범위가 넓다(제6장).
3. 압출제품은 롤성형 제품에 비해 단면치수공차가 작다(제6, 7장).
4. 롤성형 후 용접된 관은 이음매 없는 관보다 벽두께가 균일하다(제6, 12장).
5. 선삭된 환봉은 연삭된 환봉보다 표면정도가 거칠고 치수공차범위가 넓다(제8, 9장).

16.5.3 재료의 가공특성

재료의 가공특성은 주로 주조성, 단조성, 성형성, 절삭성, 연삭성, 용접성, 열처리 시의 경화능으로 대별된다. 원소재는 주조, 소성가공, 기계가공, 연삭, 용접, 열처리되어 특정 형상, 치수, 표면정도를 갖는 개별 부품으로 가공되므로, 적절한 재료를 선택하려면 가공성을 고려하는 것이 매우 중요하다. 표 16.1에 재료의 일반적인 가공특성에 대한 참고자료를 나열하였다. 재료의 품질 또한 가공특성에 큰 영향을 준다. 다음 예를 보자.

1. 단순 업세팅이나 헤딩작업에서 길이방향으로 심(솔기, 겹침)이 있는 봉재나 각재를 사용하면 균열이 생길 수 있다.
2. 내부결함이나 개재물이 있는 봉재로 이음매 없는 관을 제조할 때는 균열이 생길 수 있다.
3. 기공이 있는 주물을 기계가공하면 표면정도가 불량해진다.
4. 불균일하게 열처리된 소재나 응력이 제거되지 않은 소재는 절삭이나 드릴링 같은 후속 공정에서 뒤틀릴 수 있다.
5. 원소재의 조성이나 미세조직이 일정치 않으면, 일관되게 열처리나 기계가공되지 않는다.
6. 냉간가공조건이나 두께에 편차가 있는 판재를 사용하면, 굽힘이나 기타 성형작업에서 스프링백 양이 다르게 나타난다.
7. 미리 윤활제가 도포된 판재의 경우, 윤활막두께가 균일하지 않으면 성형성, 표면정도, 전반적 품질에 나쁜 영향을 준다.

16.5.4 공급의 안정성

전략재료의 공급은 지정학적 요인에 크게 좌우되므로, 공급에 안정성이 없고 생산에 좋지 않은 영향을 준다. 파업, 원료부족이나, 특정한 형상, 품질, 수량으로 생산하는 것을 기피하는 경우도 공급의 안정성에 영향을 주는 요인이 된다.

16.5.5 재료 및 가공비용

원소재라 하더라도 가공이력이 있으므로 단가(단위무게당 또는 단위부피당 가격)는 재질뿐만 아니라 형상, 크기, 조건에 따라서도 달라진다. 예를 들어, 선재는 많은 공정을 거쳐서 생산되는 소재이므로, 같은 재질이라 하더라도 봉재보다 단가가 비싸다(6.5절). 마찬가지로, 금속후판에 비해 박판의 단가가 높으며, 금속분말은 원래의 덩어리금속보다 비싸다. 구매량이 많으면 재료의 단가는 낮아지는 것이 일반적이다.

표 16.4 탄소강을 기준으로 한 각종 재료의 단위부피당 상대가격

금	60,000	탄소강	1
은	600	마그네슘합금	2~4
몰리브덴합금	200~250	알루미늄합금	2~3
니켈	35	회주철	1.2
티타늄합금	20~40	나일론, 아세탈, 실리콘	1.1~2
구리합금	5~6	고무	0.2~1
스테인리스강	2~9	기타 플라스틱 및 탄성중합체	0.2~2
고강도저합금강	1.4		

표 16.4에 단련금속과 플라스틱의 부피단가를 탄소강을 기준하여 상대적으로 나타내었다. 표의 자료를 활용하는 예는 다음과 같다. 즉, 사각형단면의 외팔보 철강빔의 끝단에 일정하중을 지지하는 설계에서, 최대처짐량이 지정되었다고 하자. 고체역학에서의 식을 이용하고 빔의 무게를 무시한다면, 빔의 적절한 단면치수를 결정할 수 있고, 이로부터 빔의 부피가 계산된다. 따라서 표의 자료를 부피에 곱함으로써 빔의 가격을 쉽게 계산할 수 있다. 단가가 무게를 기준으로 주어진다면 빔의 무게를 계산하여 가격을 알 수 있다.

특정 재료의 가격은 변동이 심한데, 그 원인은 수요공급의 원칙에 따른 단순한 경우로부터 지정학적 요인으로 인한 복잡한 경우까지 매우 다양하다. 어떤 제품이 시장에서 가격경쟁력을 더 이상 유지하지 못하면 대체재료나 보다 저렴한 재료를 선택해야 한다. 실례를 들면, 1940년대에 구리의 부족으로 미국정부는 1센트 동전을 아연도금강으로 제조한 바 있다. 또한 1960년대에 구리가격이 급등하여 가정용 전선을 일시적으로 알루미늄으로 대체한 적도 있다. 하지만 이 재료대체로 전기접속부에서의 과열을 피하기 위해 스위치나 콘센트를 재설계했음을 염두에 두자.

판재가공, 단조, 기계가공처럼 가공작업 도중에 스크랩이 발생하는 경우에는(표 16.5) 소재가격에서 스크랩의 가격을 빼서 순재료비용을 산출한다. 절삭에서는 스크랩률이 높은 반면(각종 칩 형태, 8.2.1절 참조), 압연, 형상압연, 링압연, 분말야금은(모두 정형 또는 준정형가공임. 1.6절) 스크랩 발생이 최소이다.

표 16.5 각 가공법에 따른 대략적인 스크랩률

가공법	스크랩(%)
기계가공	10~60
열간형단조	20~25
금속판재가공	10~25
냉간 또는 열간 압출, 단조	15
비소모성주형주조	10
분말야금	<5
압연 및 링압연	<1

스크랩의 가격은 금속 종류 및 스크랩 수요에 따라 정해지며, 원래 재료가격의 10~40% 정도에 해당하는 것이 보통이다. 스크랩의 가격은 오염여부에 따라서도 좌우된다. 즉, 절삭유를 사용한 금속칩은 건절삭된 칩보다 가격이 낮다.

16.6 재료의 대체

세계시장에는 신제품이 계속 출현하지만, 설계 및 가공 활동에서 모두 중요하게 여기는 것은 역시 기존제품을 개선하는 것이다. 중요한 제품개선은 (1) 재료대체, (2) 새로운 설계, 기술, 가공기법의 적용, (3) 공정변수의 효과적 조절, (4) 공장작업의 자동화로 이루어진다. 재료대체에 대한 결정을 내리려면, 신뢰성 있고 광범위한 재료데이터를 사용할 수 있어야 한다.

자동차 및 항공기 산업은 재료대체를 가장 중요하고 지속해야 하는 업무로 여기는 산업이다. 스포츠용품이나 의료용품 산업의 경우도 마찬가지이다.

기존제품에서 재료를 대체하는 데에는 다음과 같은 이유가 있다.

1. 재료 및 가공비용 절감
2. 조립 및 자동조립으로의 전환의 용이성
3. 중량감소 및 마모, 피로, 부식저항 등 제품성능의 향상
4. 비강도 및 비강성의 증대
5. 유지보수의 필요성 감소
6. 국내 및 해외로부터의 재료수급 불안정성 해소
7. 환경유해재료의 사용을 금하는 법령이나 규정에 부합
8. 강건성 향상 등으로 제품의 성능편차나 환경민감도 축소(16.2.3절 참조)

■ 자동차산업에서의 재료대체 금속 및 비금속 재료 모두에 있어서 자동차산업은 가장 큰 수요산업이므로, 납품업체들, 특히 철강, 알루미늄, 플라스틱산업 간에 항상 경쟁이 심하다. 자동차업체에서는 용도, 가격대비 효용성, 재활용, 기타 환경적 고려사항의 측면에서 이들 주요 사용재료의 이점과 한계점을 항상 연구한다. 자동차산업에서의 최근 동향은 앞에서 열거한 이유들 중 한두 가지를 달성하기 위해 효과적으로 재료를 대체한 다음과 같은 좋은 예들을 많이 보여준다.

1. 금속제 차체의 부품 다수를 플라스틱이나 강화플라스틱으로 대체
2. 금속제 범퍼, 연료탱크, 하우징, 커버, 클램프 및 기타 많은 부품을 플라스틱으로 대체
3. 금속제 엔진부품 일부를 세라믹이나 강화플라스틱 부품으로 대체
4. 금속으로 된 구동축을 복합재료로 대체

5. 주철제 엔진블록을 알루미늄 주조품으로, 단조품이던 크랭크축을 주조품으로, 단조품이던 커넥팅로드를 주조나 분말야금 또는 복합재료로 대체. 일부 알루미늄주물 피스톤은 단조강 피스톤으로 대체(제12장의 사례연구 참조)
6. 강구조물을 알루미늄 압출품으로, 압연강판 차체패널을 압연알루미늄 판재로 대체(그림 1.5 참조)

■ **항공우주산업에서의 재료대체** 항공우주산업에서 전통적인 알루미늄합금(2000 및 7000 계열)은 알루미늄-리튬합금이나 티타늄합금, 복합재료로 대체되고 있는데, 그 주된 이유는 이들 재료의 비강도가 우수하기 때문이다. 단조부품은 불순물과 미세조직이 잘 조절된 분말야금부품으로 대체된다. 분말야금부품은 기계가공과 마무리작업을 줄이고, 고가의 재료를 스크랩으로 낭비하는 비율이 낮다. 또한 첨단의 복합재료와 벌집구조가 기존의 알루미늄제 동체프레임부품을 대체하며(그림 16.2), 금속모재 복합재료도 알루미늄 및 티타늄제 구조부품 일부를 대체하고 있다.

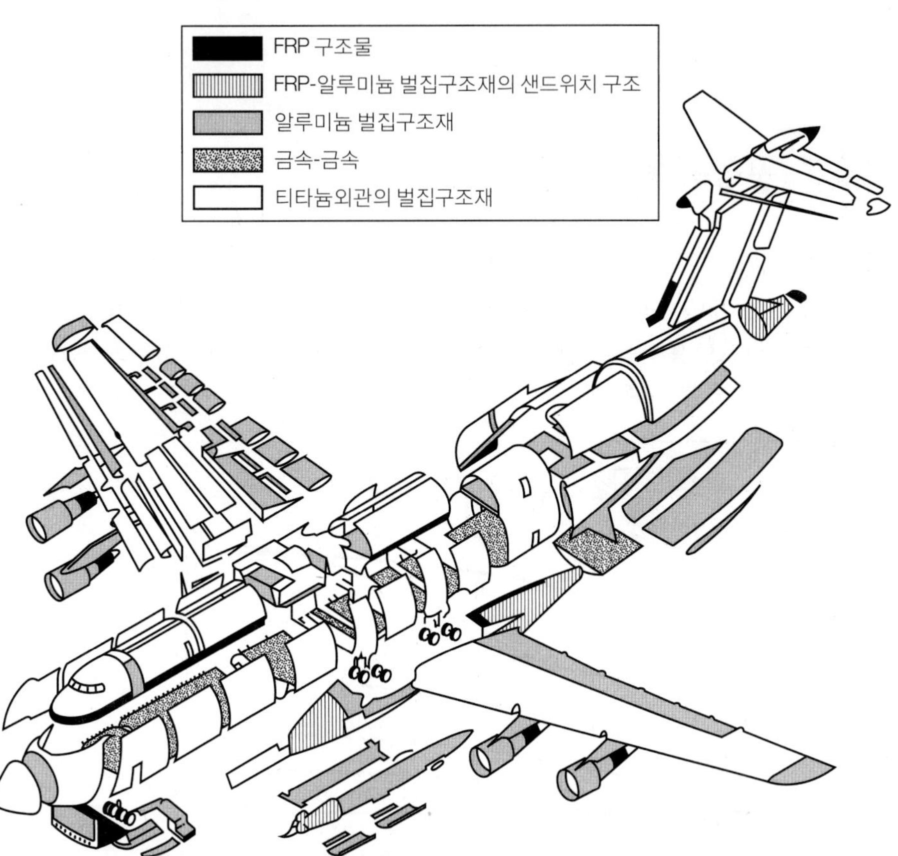

▶ **그림 16.2**
록히드사의 C-5A 수송기에 사용되는 첨단 재료(FRP = 섬유강화 플라스틱).

예 16.4 군용수송기 C-5A로부터 C-5B로 재료변경

표 16.6에 군용수송기 C-5A로부터 C-5B로 각종 부품의 재료를 변경한 내용과 변경 이유를 요약하여 나타내었다.

표 16.6 군용수송기 C-5A로부터 C-5B로 재료를 변경한 이유

항목	C-5A 재료	C-5B 재료	변경이유
날개패널	7075-T6511	7175-T73511	내구성
주프레임 단조품	7075-F	7049-01	응력부식저항
기계가공 프레임	7075-T6	7049-T73	응력부식저항
프레임 스트랩	7075-T6 판	7050-T7651 판	응력부식저항
동체외판	7079-T6	7475-T61	재료가용성
동체 바닥밑 부속품	7075-T6 단조품	7049-T73 단조품	응력부식저항
날개/출입구 부속품	4340 합금강	PH13-8MO	부식방지
후미경사로 록후크	D6-AC	PH13-8 MO	부식방지
유압라인	AM350 스테인리스강	21-6-9 스테인리스강	현장수리 개선
동체 이중안정 스트랩	Ti-6Al-4V	7475-T61 알루미늄	티타늄 스트랩파괴

16.7 공정능력

모든 가공공정에는 각각의 장점과 제한이 있다는 것을 설명하였다. 가공공정의 일반특성과 능력에 대한 자료를 표 16.1에 나열하였다. 주조나 사출성형으로는 단조나 분말야금보다 더 복잡한 모양을 만들 수 있다. 반면에, 단조품은 절삭이나 기타 마무리작업과 같은

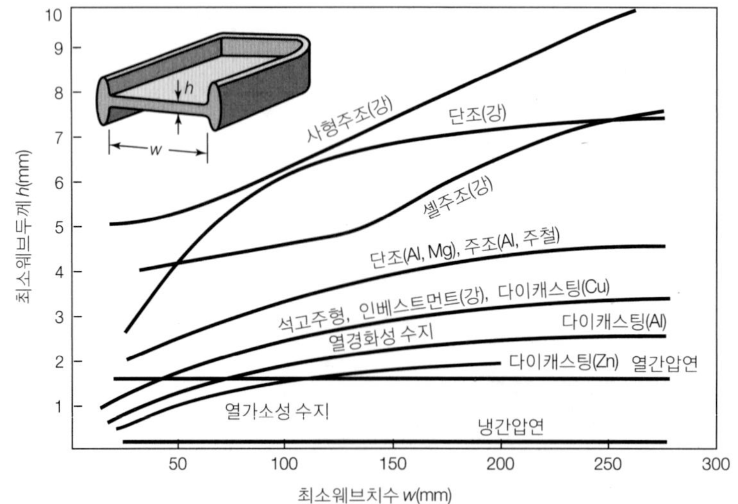

▶ **그림 16.3**
부품의 최소치수가공에 대한 공정능력.

후속공정이 필요하지만, 주물제품이나 분말야금제품보다 인성이 뛰어나다.

제품의 모양에 따라서는 각 부분을 미리 가공한 뒤, 체결이나 경납접, 용접, 접착 등의 방법으로 접합할 수 있다. 반대로, 조립작업 비용이 비싼 경우에는 제품을 일체로 만드는 것이 더 경제적이다. 공정의 선택에 있어서 고려해야 할 또 한 가지 사항으로는 가공되는 단면의 최소크기 및 치수이다(그림 16.3). 예를 들면, 냉간압연으로는 박판을 가공할 수 있지만, 사형주조법이나 단조로는 얇은 두께의 가공이 불가능하다.

1. 치수공차와 표면정도. 치수공차와 표면정도는 부품, 기계, 기구의 정상적인 기능, 전반적

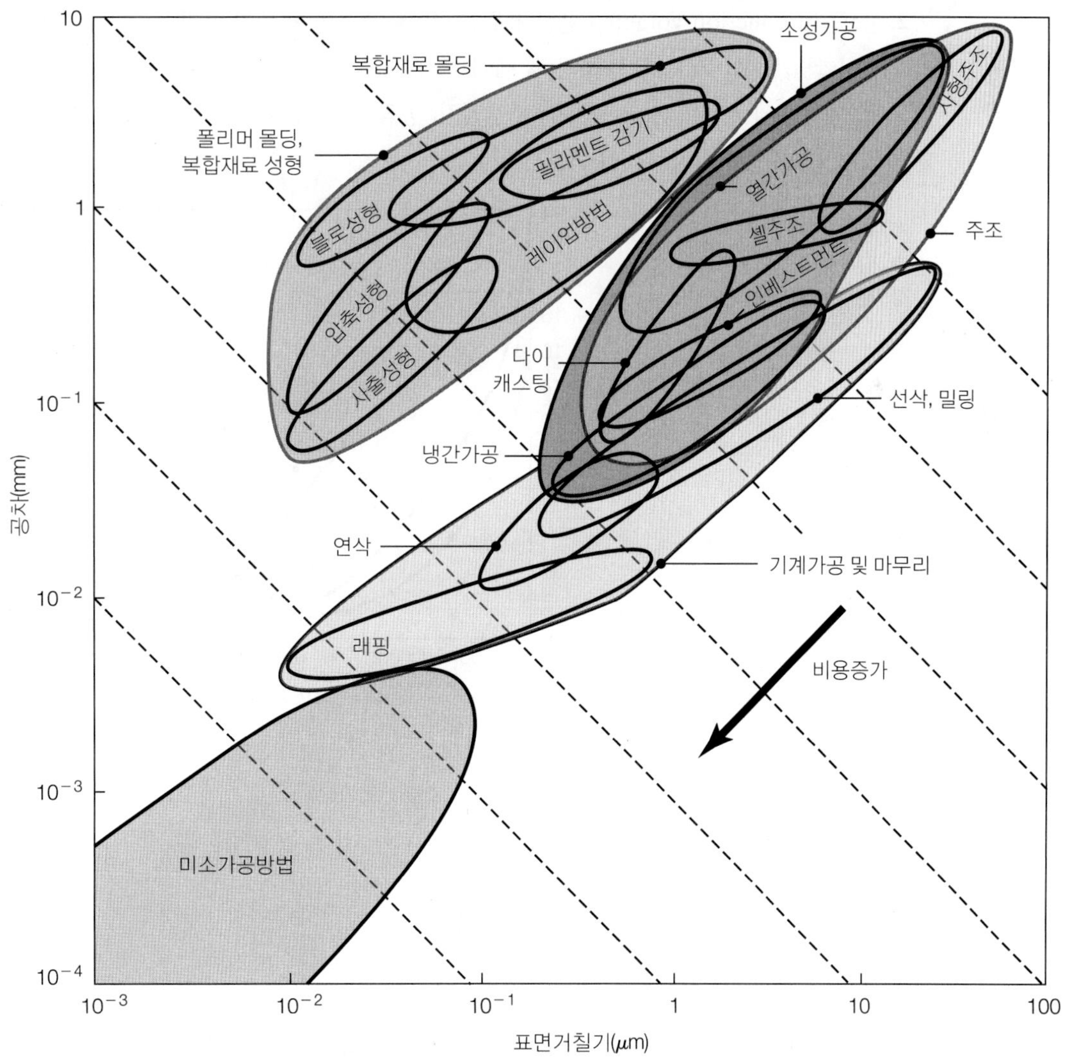

▲ 그림 16.4

각종 가공작업으로 얻을 수 있는 치수공차와 표면거칠기의 범위. 점선은 비용인자를 나타내며, 점선 사이의 한 간격은 비용이 두 배로 증가함을 의미한다.

인 외관뿐만 아니라 후속되는 조립작업에도 영향을 준다. 가공법으로 얻을 수 있는 표면정도와 치수공차의 범위를 그림 16.4에 이를 요약하였고, 그에 대한 자료는 표 16.1에 나열하였다.

표면정도를 높이고 치수공차를 줄이려면, 추가 마무리작업을 하거나 공정변수를 잘 조절하고, 보다 고품질의 장비를 사용해야 한다. 반면에, 치수공차를 줄이고 표면정도를 높이려면, 가공시간이 길어지고 공정수가 많아져서(그림 9.41 및 16.5), 가공비용이 증가한다(그림 16.6). 항공기용 티타늄합금 구조부품을 절삭하는 경우, 총 절삭비용의 60%가 치수공차와 표면정도를 만족시키는 최종 절삭공정에 들어간다. 기능적으로나 심미적으로 허용하는 한, 가능하면 표면정도를 낮추고 치수공차를 크게 한다.

2. **생산량**(production volume). 생산량(로트크기)은 제품의 품목에 따라서 매우 달라진다. 종이클립, 볼트, 와셔, 점화플러그, 베어링, 볼펜 같은 제품은 대량생산되는 품목인 반면, 여객기의 제트엔진, 기관차의 디젤엔진, 공작기계, 대형선박의 추진기관은 소량생

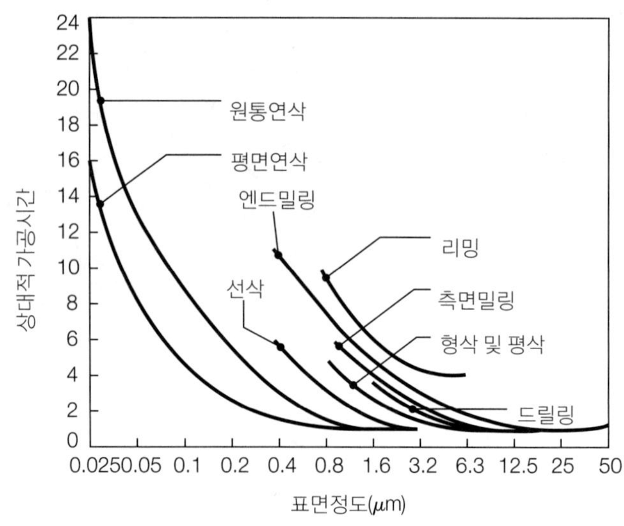

▶ **그림 16.5**
각 가공법으로 필요한 표면정도를 내는 데 걸리는 시간.

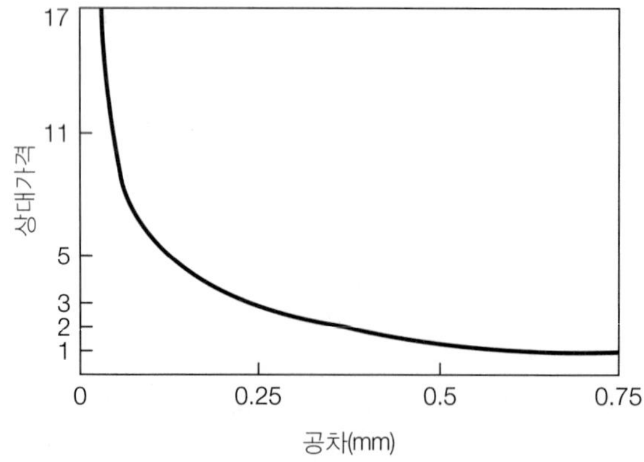

▶ **그림 16.6**
공차와 상대가격 간의 관계.

산된다. 생산공정과 장비를 선택할 때는 생산량이 중요한 역할을 하며, 실제로 특정 공정의 최적생산량, 즉 **경제적 주문량**을 수학적으로 산출하는 데 많은 노력을 기울이고 있다.

3. **생산속도**(production rate). 단위시간당 생산개수로 정의되는 **생산속도**는 가공공정의 선택 시 중요한 인자이다. 분말가공, 다이캐스팅, 디프드로잉, 롤성형 등은 생산속도가 높은 가공법인 반면, 사형주조법, 기계가공 및 특수가공법, 스피닝, 초소성가공, 접착, 확산접합, 강화플라스틱가공법들은 비교적 느린 가공법이다. 생산속도는 자동화나 가공기계를 다수 사용함으로써 높일 수 있지만, 생산속도가 낮은 가공법이라고 해서 비경제적인 것은 아니다.
4. **리드타임**(lead time). 리드타임은 발주에서 고객에게 납품하기까지 걸린 시간으로 정의된다. 공정을 선택할 때는 생산개시시간의 영향을 크게 받는다. 단조, 압출, 다이캐스팅, 롤성형, 판재성형가공 같은 공정은 다양하고 값비싼 다이나 공구를 사용해야 하므로 생산개시시간이 꽤 긴 편으로, 리드타임은 금형의 형상, 크기, 재료에 따라 수주에서 수개월이 걸린다. 반면에, 기계가공 및 연삭가공법은 제8장과 제9장에서 설명한 것처럼, 자체적으로 유연성이 있고, 비교적 짧은 시간에 가공설비를 각종 조건에 맞출 수 있

표 16.7 각종 재료에 대한 가공공정의 적용가능성

	탄소강	합금강	스테인리스 강	공구및 다이강	알루미늄 합금	마그네슘 합금	구리합금	니켈합금	티타늄합금	내열합금
주조										
사형	A	A	A	B	A	A	A	A	B	A
석고주형	–	–	–	–	A	A	A	–	–	–
세라믹주형	A	A	A	A	B	B	A	A	B	A
인베스트먼트	A	A	A	–	A	B	A	A	A	A
영구주형	B	B	–	–	A	A	A	–	–	–
다이캐스팅	–	–	–	–	A	A	A	–	–	–
열간단조	A	A	A	A	A	A	A	A	A	A
압출										
열간	A	A	A	B	A	A	A	A	A	A
냉간	A	B	A	–	A	–	A	B	–	–
충격	–	–	–	–	A	A	A	–	–	–
압연	A	A	A	–	A	A	A	A	A	B
분말가공	A	A	A	A	A	A	A	A	A	A
판재성형	A	A	A	–	A	A	A	A	A	B
절삭	A	A	A	A	–	A	A	A	B	A
화학가공	A	B	A	B	A	A	A	B	B	B
ECM	–	A	B	A	–	–	B	A	A	A
EDM	–	B	B	A	B	–	B	B	B	B
연삭	A	A	A	A	A	A	A	A	A	A
용접	A	A	A	–	A	A	A	A	A	A

주: (A) 일반적으로 이 가공법을 사용, (B) 이 가공법을 사용할 수 있으나, 어려움이 따름, (–) 이 가공법은 보통 사용하지 않음.

다. 머시닝센터, 유연가공셀, 유연가공시스템(제8장과 제15장)은 제품의 형태나 수량이 바뀔 때, 신속하고 효율적으로 적응할 수 있다.

5. **가공공정 및 기계의 강건성.** 강건성은 설계, 공정, 시스템에 대한 용어라고 16.2.3절에서 설명하였다. 가공공정에서 강건성의 중요성을 예시하기 위해, 간단한 사출플라스틱 기어를 생각하고, 제조 시 품질에 심각한 편차가 있음을 알았다고 하자. 플라스틱의 사출에서는 팰릿품질(원료), 온도, 시간 등 모두 조절가능한, 잘 이해된 변수들이 있다(10.10.2절). 하지만 16.2.3절에서 언급한 공장의 대기온도나 습도, 공장문으로 들어오는 먼지(주입기에 공급되는 팰릿을 오염), 작업조가 바뀌면서 생기는 작업효율 차이처럼 조절이 힘들거나 불가능한 변수(잡음)들도 있다.

   좋은 품질을 유지하려면, 우선 잡음이 품질에 미치는 영향을 이해하는 것이 필요하다. 다음 질문들이 가능하다: (1) 대기온도는 사출기어의 품질에 어떻게 얼마나 영향을 주는가? (2) 팰릿에 묻은 먼지는 사출기 배럴과 부품의 성능에 어떻게 얼마나 영향을 주는가? (3) 작업조가 바뀌면 작업효율이 얼마나 달라지는가? 이들 질문에 대한 답을 찾고 분석한다면, 예를 들어 대기온도의 변동이 기어품질에 나쁜 영향을 주지 않도록 작업변수를 새로 설정할 수 있을 것이다.

16.8 가공법의 선택

각 장, 특히 제14장과 제15장에서 설명한 대로, 이제는 많은 가공공정들이 자동화되었고 컴퓨터제어로 공정의 모든 측면을 최적화하면서, 제품의 신뢰도와 품질을 높이고 인건비를 절감하고 있다.

가공공정을 선택할 때는 다음과 같은 점들이 고려되어야 한다(표 16.7 참조).

1. 공작물재료의 특성 및 관련 성질
2. 제품의 모양, 크기, 두께와 그 변화
3. 치수공차 및 표면정도 요건
4. 부품의 기능적 요건
5. 소요 생산량
6. 전체 가공작업의 다양한 측면에 드는 비용

어떤 재료는 상온에서 가공하지만, 다른 재료는 반드시 열간에서 가공되므로 가열로와 적절한 관련공구가 필요하다. 또한 어떤 재료는 연하고 연성이 있어서 가공이 쉽지만, 다른 재료들은 경도가 높고 취성이 있으며 마모성이 있어서, 특별한 가공기술과 적절한 공구 및 다이재료를 필요로 한다.

재료마다 주조성, 단조성, 성형성, 절삭성, 용접성 등의 가공특성이 다르며, 가공특성이 모두 우수한 재료는 없다. 예를 들어, 주조 혹은 단조되는 재료는 성형 후에 최종 표면정도 및 치수정확도를 얻기 위한 절삭, 연삭 및 마무리작업에서 문제를 일으킬 수도 있다.

공정 선택의 단계에서 관련인자들을 요약한 다음과 같은 질문을 제기해 보자.

1. 차선의 가공법이 모두 검토되었는가?
2. 특히 공장규모(대규모)에 적용되었을 때, 공정이 주는 생태학적 영향은 무엇인가?
3. 선정한 가공법이 재료, 가공할 형상, 소요 생산속도에 비추어 경제성이 있는가?
4. 치수공차, 표면정도, 품질에 대한 요건을 일관되게 만족시킬 수 있는가?
5. 부품에 추가 마무리작업할 필요 없이 최종치수로 만들 수 있는가?
6. 필요한 공구가 공장에서 사용할 수 있는가? 없다면 규격품으로 구입할 수 있는가?
7. 스크랩이 발생하는가? 발생한다면 최소화시킬 수 있는가? 스크랩의 가격은 얼마인가?
8. 공정변수는 최적화되었는가?
9. 가공주기의 모든 국면에서 자동화 및 컴퓨터제어의 가능성을 검토하였는가?
10. 형상이나 가공속성이 유사한 제품들에 그룹 테크놀로지를 적용할 수 있는가?
11. 검사기술이나 품질관리는 적절하게 실시될 수 있는가?
12. 모든 부품이 자사공장에서 가공되어야 하는가? 일부라도 외주를 주거나 규격품으로 구입할 수는 없는가?

16.9 가공비용과 비용절감

제품은, 특히 세계시장에서, 유사제품에 비해 가격경쟁력을 가져야 한다. 제품의 총 비용은 재료비용, 공구비용, 고정비용, 자본비용, 직접인건비용, 간접인건비용 같은 몇 가지 항목으로 구성된다. 비용에 대한 참고자료는 표 16.1에 나열하였다.

제조업체는 생산비용 산출방법을 여러 가지 사용한다. 각 산출절차는 복잡하고 심지어는 논란의 여지가 있기도 하며, 각 업체의 특성과 생산작업의 유형에 따라 다르다. 비용체계(비용 정당성)의 최근 동향은 (1) 품질향상 및 재고절감에 따른 무형 이득, (2) 수명주기 비용, (3) 기계 활용도, (4) 기계의 임대대비 구입비용, (5) 자동화나 최신 가공기술의 도입에 따른 재무위험들을 포함하고 있다.

제품책임(product liability, 1.9절)에 직접 연루되는 제조업체가 쓰는 비용은 관련 당사자들 모두에게 염려되는 문제가 되고 있다. 현대의 모든 제품은 가능한 책임보상청구에 대비한 비용을 제품가격에 포함시킨다. 예를 들어, 미국의 자동차업체에 대한 책임보상으로 자동차 한 대당 약 500달러가 간접비용에 추가되고, 사다리 가격의 20%는 잠재적인 제품책임비용에 사용되는 것으로 추산된다.

16.9.1 제품비용의 구성

주요 비용요인은 다음과 같이 요약된다.

1. **재료비용.** 재료비용은 이 책의 해당 절에서 충분히 설명하였다. 표 16.1을 참조한다.
2. **공구비용.** 공구비용은 제품이나 부품을 가공하는 데 필요한 공구, 금형, 주형(몰드), 모형, 특정 지그 및 고정구를 제작하는 데 드는 비용으로, 선택된 가공공정에 따라 큰 영향을 받는다. 예로서, (1) 다이캐스팅의 공구비용은 사형주조법의 경우보다 높으며, (2) 기계가공이나 연삭의 경우는 분말가공, 단조, 압출의 공구비용보다 훨씬 낮다. 참고로, 일부 압출다이는 방전가공으로 쉽게 만들 수 있으므로, 재료와 부품크기에 따라서는 복잡한 단면을 압출하는 것이 고가의 롤성형용 공구에 투자하는 것보다 경제적일 수 있다.

   기계가공작업에서는 초경공구가 고속도강보다 비싸지만 공구수명이 길다. 스피닝으로 제품을 가공할 때는 일반스피닝의 공구비용이 동력스피닝의 경우보다 훨씬 낮다. 고무패드성형공정에 드는 공구비용은 암/수 다이를 사용하는 디프드로잉이나 스탬핑보다 낮다. 공구비용이 고가라면, 단일 품목의 대량생산이 보장되어야 한다(부품당 금형비).
3. **고정비용.** 고정비용은 전기동력 및 연료비용, 부동산세, 임대료, 보험료, 자본(감가상각 및 이자 포함) 등으로 구성된다. 이들 비용은 제품 생산개수에 무관하게 지출된다. 따라서 고정비용은 생산량에 크게 영향 받지 않는다.
4. **자본비용.** 자본비용은 토지, 건물, 기계, 공구, 설비 등에 투자된 비용으로, 가장 비중이 큰 지출이다. 표 16.8에서 항목별 가격범위가 넓음과 어떤 기계는 수십억 원에 달함에

표 16.8 각종 가공기계의 기본가격

가공기계	가격범위(단위: 백만원)	가공기계	가격범위(단위: 백만원)
브로칭	10~300	유연가공시스템	> 1000
드릴링	10~100	머시닝센터	50~1000
방전가공기	30~150	기계프레스	20~250
전자기성형	50~150	밀링머신	10~250
압출기	30~80	링압연기	> 500
융해용착모델링	40~200	로봇	20~200
기어 셰이핑	100~200	롤성형기	5~100
원통연삭기	40~150	고무성형기	50~500
평면연삭기	20~100	스테레오리소그래피	80~500
헤더	100~150	신장성형기	400~1000+
사출성형기	30~200	이송라인	100~1000+
지그 보링머신	50~150	전자빔용접기	75~1000
수평보링머신	100~400	텅스텐아크용접기	1~5
일반 선반	10~100	레이저빔용접기	60~1000
자동선반	30~250	저항점용접기	20~50
수직 터릿선반	100~400	초음파용접기	50~200

주목하자. 비싼 장비를 구입할 때는 대형 지출에 따른 높은 생산속도와 경쟁력 있는 제품가격이 유지되어야 한다. 높은 생산성을 보장하려면 정기적인 유지보수가 필요한데(14.2.7절), 사소한 기계고장이 심각한 가동중지로 이어지며, 매우 비싼 대가를 치러야 할 경우도 있다.

5. **인건비용.** 인건비용은 직접비용과 간접비용으로 구분한다. **직접인건비용**은 제품의 가공에 직접 투입된 인력에 대한 비용으로, 처음에 원소재를 취급하기 시작해서 제품이 완성될 때까지의 모든 노동력을 포함시킨다(이때 걸린 시간을 floor-to-floor 시간이라고 함). 직접인건비용은 급여(제수당을 포함한 시간당 급여)에 작업자가 제품을 생산하는 데 소비한 시간을 곱하여 산출한다. 제품가공시간은 가공제품의 크기, 형상복잡도, 치수정확도, 표면정도뿐만 아니라 공작물재료의 가공특성에 따라서도 달라진다. 예를 들어, 표 8.10에서 보는 것처럼, 내열합금의 가장 바람직한 절삭속도는 알루미늄이나 일반탄소강의 경우보다 낮아야 하므로, 항공우주용 특정 재료의 기계가공비용은 일반합금의 경우보다 높게 된다.

   간접인건비용은 전체 가공작업의 진행에 필요한 비용으로, 감독, 수리, 유지, 품질관리, 엔지니어링, 연구, 판매 등에 소요되는 비용과 사무직원비용까지도 포함한다(비생산노동력). 이 비용은 특정 제품 한 개에 대하여 산출할 수 없으므로, 모든 제품에 일정 비율이 되게 산출한다. 인건비용은 1.10절에 설명하고 표 1.3에 나타낸 것처럼, 국가별로 많이 차이가 난다. 오늘날 서구국가에서 구매하는 많은 제품들이 인건비가 싼 중국, 대만, 멕시코, 인도 등지에서 제조되거나 조립된 것도 놀라운 일이 아니다(16.9.1절 참조).

16.9.2 가공비용과 생산량

가공비용에서 가장 중요한 인자는 생산량으로, 생산량이 많을 때는 생산속도가 높아야 한다. 생산속도가 높으려면 전용기계를 사용하고, 직접인력을 줄이는 등의 대량생산기법을 사용해야 한다. 생산량이 작을 때는 직접인력의 비중이 높아짐을 보통 의미한다.

14.2.2절에서 설명한 것처럼, 선반, 밀링머신, 유압프레스 같은 범용기계에서는 소량배치생산이 이루어지고, 이때 사용되는 기계는 융통성이 있어서, 공구를 적절히 바꿔가며 다양한 형상 및 크기로 제품을 가공할 수 있다. 그러나 이 작업에는 숙련도가 요구되므로 직접인건비용이 높은 편이다. 수량이 보다 많은 경우는(중간량생산) 범용기계에 컴퓨터제어장치를 붙여서 사용한다. 인건비를 더욱 줄이려면, 머시닝센터나 유연가공시스템이 좋은 대안이다. 100,000개 이상의 생산량에는 전용기계를 설계하여 사용하며, 직접인력을 거의 사용하지 않고도 다양한 특정 작업을 수행하도록 한다.

16.9.3 비용절감

비용절감을 하려면, 우선 위에 설명한 비용요인들이 어떻게 초래되고 상호 연관되는지를, 이 장에서 설명한 많은 인자들에 따라 좌우되는 상대비용으로 평가해야 한다. 제품단가는 설계 및 가공 특성에 따라 크게 달라진다.

한 예로, 어떤 제품이 금화의 경우처럼 고가의 재료를 사용하지만 가공의 비중은 별로 크지 않다고 하면, 직접인건비용에 비해 재료비용은 높게 된다. 반면에, 어떤 제품은 탄소강 같은 비교적 저렴한 재료를 사용하지만, 복잡하고 값비싼 여러 제조단계를 거쳐서 생산된다. 전기모터를 예로 들면, 하우징, 로터, 베어링, 브러시, 권선자 등 각종 부품을 비교적 저렴한 재료로 가공하는 데 매우 다양한 가공법이 사용된다.

근사적이지만, 가공에 드는 비용은 대략 다음과 같이 구분되어 사용된다.

설계	5%
재료	50%
직접인건비용	15%
간접관리비용	30%

1960년대에는 인건비가 전체생산비용의 40% 정도를 차지했지만, 오늘날에는 이 비율이 제품의 종류와 자동화의 수준에 따라서 최저 5% 정도로 낮은 경우도 있다. 좋은 예로, 컴퓨터칩이나 휴대폰의 제조를 들 수 있다. 인건비의 비중축소는 고도의 자동화설비 덕분이므로, 임금이 싼 국가로 생산기지를 옮기는 것이 경제적인 실용해법이 아닐 수도 있음을 시사한다. 물론, 제품에서 인건비의 비중이 높아지면 상황이 달라질 수 있다.

위에서 설계단계에 드는 비용이 많지 않은 것처럼 보이지만, 이 단계야말로 다른 단계에 드는 비용과 시장에서의 제품성공에 가장 큰 영향을 준다. 제품의 개발과정에서 종종 생기는 공학적 변경도 비용에 심각한 영향을 준다. 변경의 본질과 범위 외에, 변경이 생긴 시점이 매우 중요하다. 공학적 변경비용은 변경시점이 늦어질수록(설계단계에서 최종생산에 이르기까지), 16.3절의 표와 유사하게, 대략 10배씩 비용이 증가한다(10배 규칙).

제품을 가공하는 매 단계에서 발생하는 모든 비용들을 주의 깊게 분석하면, 비용절감을 이룰 수 있다. 이 책 전체를 통해 비용절감의 기회에 대하여 강조하였으며, 그 중 일부를 요약하면 다음과 같다.

1. 부품설계를 단순화하고 반조립품의 수를 줄인다.
2. 재료의 사용량을 줄인다.
3. 치수공차와 표면정도의 허용한도를 크게 잡는다.
4. 보다 저렴한 재료를 사용한다.
5. 가공방법의 대안을 찾아본다.
6. 보다 효율적인 기계와 장비, 자동화와 컴퓨터제어를 사용한다.

가공설비에 자동화와 최신기술을 도입하는 것은 일부 비용을 절감하는 확실한 방법이지만, 이 접근방법에는 신중함이 필요하다. 신뢰성 있는 자료를 입력하고, 기술적, 인간적 요인을 감안한 **비용 대비 효용성분석**을 완전히 거친 후에야 비용절감에 대한 결정을 제대로 내릴 수 있다. 고급기술이나 현대적 컴퓨터제어기계의 도입은 매우 고가이므로(제품유형에 따라), **투자수익률**(ROI, return on investment) 개념이 중요하다는 것은 자명하다(16.3절의 **품질수익률** 참조).

최근 수년간 일부 제품의 가격(예: 계산기, 컴퓨터, 전자시계)은 하락한 반면, 다른 제품의 가격(예: 자동차, 항공기, 주택, 서적)은 상승한 것을 알고 있다. 이 가격변동의 차이는 인력 및 기계비용의 변화, 자동화 및 컴퓨터제어의 도입, 세계적 경쟁, 경제동향(예: 수요, 환율, 관세 등) 등에 기인한다.

내용 요약 *SUMMARY*

- 생산 및 비용의 경쟁적 측면은 가공에서 가장 중요한 고려사항이다. 제품은 설계제원과 품질기준에 우선 부합해야 하고, 세계시장에서 경쟁력을 갖기 위해서는 경제적 기준에도 부합해야 한다. (16.1절)
- 경제적으로 생산하기 위한 제품설계지침이 다수 확립되어 있다. (16.2절)
- 제품의 품질과 기대수명은 고객만족도와 시장성에 큰 영향을 준다. (16.3절)
- 데밍과 다구치의 경영기법으로 품질과 설계를 향상시켜 강건제품을 생산하는 체제를 갖출 수 있다. 품질손실함수는 품질을 평가하는 데 유용하게 사용되는 도구이다. (16.3절)
- 제품이 환경에 미칠 유해한 영향을 감소시키고자 함에 따라, 수명주기평가 및 수명주기공학은 가공에서 점차 중요해지는 고려사항이다. 지속가능가공은 원료와 에너지를 포함한 천연자원의 낭비를 줄이고자 하는 개념이다. (16.4절)
- 많은 후보재료들 중에서 적합한 재료를 선택하는 것은 가공에서 까다로운 작업이며, 재료의 성질, 상업적으로 가용한 형상, 공급안정성, 가격 및 가공비용 등의 요인을 고려해야 한다. (16.5절)
- 재료의 대체, 제품설계의 변경, 치수공차와 표면정도의 완화는 생산비용을 낮추는 중요한 방법들이다. (16.6절)
- 가공공정의 능력은 매우 광범위하므로, 특정 제품이 설계제원과 기능요건에 부합하도록 공정을 적절하게 선택하는 것이 매우 중요하다. (16.7절 및 16.8절)
- 제품의 총 비용은 여러 가지 요소로 구성된다. 소프트웨어를 활용하면, 설계, 사후관리 요건, 품질 등에 적합하면서도 가장 저렴한 재료를 찾을 수 있다. 인건비가 제품원가에서 차지하는 비중은 점점 줄어들고 있지만, 고도로 자동화되고 컴퓨터제어되는 기계를 사용하여 더욱 낮출 수 있다. (16.9절)

수식 요약

SUMMARY OF EQUATIONS

- 다구치손실함수: 손실비용 = $k[(Y - T)^2 + \sigma^2]$

단, $k = \dfrac{\text{교체비용}}{(\text{LSL} - \text{T})^2}$

참고문헌

BIBLIOGRAPHY

Anderson, D.M., *Design for Manufacturability & Concurrent Engineering*, CIM Press, 2003.

Ashby, M.F., *Materials Selection in Mechanical Design*, 3rd ed., Pergamon, 2005.

ASM *Handbook*, Vol. 20: *Materials Selection and Design*, ASM International, 1997.

Billatos, S., and Basaly, N., *Green Technology and Design for the Environment*, Taylor & Francis, 1997.

Boothroyd, G., Dewhurst, P., and Knight, W., *Product Design for Manufacture and Assembly*, 2nd ed., Dekker, 2001.

Bralla, J.G., *Design for Manufacturability Handbook*, 2nd ed., McGraw-Hill, 1999.

Cha, J., Jardim-Gonclaves, R., and Steiger-Garcao, A., *Concurrent Engineering*, Taylor & Francis, 2003.

Crowson, R., *Product Design and Factory Development*, 2nd ed., CRC, 2005.

Deming, W.E., *Out of the Crisis*, MIT Press, 1986.

Dettmer, W.H., *Breaking the Constraints to World-Class Performance*, ASQ Quality Press, 1998.

Giudice, F., La Rosa, G., and Risitano, A., *Product Design for the Environment*, CRC, 2006.

Harper, C.A. (ed.), *Handbook of Materials for Product Design*, McGraw-Hill, 2001.

Hartley, J.R., and Okamoto, S., *Concurrent Engineering: Shortening Lead Times, Raising Quality, and Lowering Costs*, Productivity Press, 1998.

Hundai, M. (ed.), *Mechanical Life Cycle Handbook*, CRC Press, 2001.

Imai, M., *Gemba Kaizen: A Commonsense, Low-Cost Approach to Management*, McGraw-Hill, 1997.

Madu, C. (ed.), *Handbook of Environmentally Conscious Manufacturing*, Springer, 2001.

Mahoney, R.M., *High-Mix Low-Volume Manufacturing*, Prentice Hall, 1997.

Mangonon, P.C., *The Principles of Materials Selection for Design*, Prentice Hall, 1999.

McDonough, W., and Braungart, M., *Cradle to Cradle: Rethinking the Way We Make Things*, North Point Press, 2002.

Poli, C., *Design for Manufacturing: A Structured Approach*, Butterworth-Heinemann, 2001.

Priest, J., and Sanchez, J., *Product Development and Design for Manufacturing*, 2nd ed., CRC, 2001.

Rhyder, R.F., *Manufacturing Process Design and Optimization*, Dekker, 1997.

Shina, S.G. (ed.), *Successful Implementation of Concurrent Engineering Products and Processes*, Wiley, 1997.

Stoll, H.W., *Product Design Methods and Practices*, Dekker, 1999.

Swift, K.G., and Booker, J.D., *Process Selection: From Design to Manufacture*, 2nd ed., Butterworth-Heinemann, 2003.

Taguchi, G., Chowdhury, S., and Wu, Y., *Taguchi's Quality Engineering Handbook*, Wiley, 2004.

Walker, J.M. (ed.), *Handbook of Manufacturing*

Engineering, 2nd ed., Dekker, 2006.
Wang, J.X., *Engineering Robust Designs with Six Sigma*, Prentice Hall, 2005.
Wenzel, H., Hauschild, M., and Alting, L., *Environmental Assessment of Products*, Vol. 1, Springer, 2003.
Wenzel, H., and Hauschild, M., *Environmental Assessment of Products*, Vol. 2, Springer, 1997.
Wu, Y., and Wu, A., *Taguchi Methods for Robust Design*, American Society of Mechanical Engineers, 2000.

복습문제

QUESTIONS

16.1 제품의 재료를 선택할 때의 주요 고려사항을 열거하고 설명하여라.

16.2 원소재의 가용한 형상을 아는 것은 왜 중요한가? 구체적인 예를 다섯 가지 들어라.

16.3 재료의 가공특성을 설명하여라. 가공특성의 중요성을 나타내는 예를 세 가지 들어라.

16.4 재료대체는 왜 가공공학에서 중요한 측면인가? 자신의 경험이나 관찰로부터 예를 다섯 가지 들어라.

16.5 자동차 및 항공우주 산업에서 재료대체를 최우선적으로 중요하게 여기는 이유는 무엇인가?

16.6 가공공정의 선택에는 어떤 인자들을 고려해야 하는가? 이들 인자는 왜 중요한지 설명하여라.

16.7 공정능력이란 무엇인가? 구체적인 가공공정을 네 가지 들고, 각 공정의 공정능력에 대하여 기술하여라.

16.8 공정을 선택할 때, 생산량을 중요하게 고려해야 하는가? 답에 대한 이유를 설명하여라.

16.9 생산개시시간이 길어질 때, 유리한 점이 혹시 있다면 논의하여라.

16.10 경제적 주문량이란 무엇을 의미하는가?

16.11 가공에 연관되는 각종 비용에 대하여 설명하여라. 이들 각 비용을 절감하는 방법은 무엇인가?

16.12 '요람에서 요람으로'의 접근방법은 무엇이며, 어떤 이득을 가져다주는가?

16.13 한 가공방법을 다른 방법으로 교체(trade-off)한다는 것은 어떤 의미인가? 가공에서 교체가 중요한 이유는 무엇인가?

16.14 직접인건비용과 간접인건비용의 차이점을 설명하여라.

16.15 식료품의 경우 포장단위가 클수록 무게단가가 싸지는 이유를 설명하여라.

16.16 가공공정에서 스크랩의 가치가 재료의 종류에 따라 다른지 이유를 설명하여라.

16.17 표 16.4에 나열한 스크랩률의 범위에 대하여 의견을 제시하여라.

16.18 표 16.6에 수록된 정보에 대하여, 관찰된 바를 기술하여라.

16.19 표 16.7에서 가공기계의 가격에는 크기 이외에 어떤 인자가 포함되어 있는가?

16.20 표 16.7에 소개된 고가의 가공기계를 사용하는 것이 정당화될 수 있는 이유를 설명하여라.

16.21 그림 16.3에서, 각 곡선의 위치가 상대적으로 다른 이유를 설명하여라.

16.22 그림 16.6에서, 곡선의 모양에 영향을 주는 요인에는 무엇이 있는가?

16.23 생산시간이 표면정도에 의존하는 것을 감소시킬 수 있는 방법을 제안하여라(그림 16.5 참조).

16.24 원소재를 구입할 때는 가공할 부품의 최종치수에 가까운 것이 항상 바람직한가? 답에 대한 이유를 예를 들어가면서 설명하여라.

16.25 제품라인에 선택한 재료의 공급안정성이 없음이 밝혀졌다면, 어떤 조치를 취할 것인가?

16.26 제품에서 재료의 양을 줄였을 때 발생하는 잠재적인 문제점을 기술하여라.

16.27 알루미늄 음료캔을 철강으로 대체하는 경우, 견해를 언급하여라.

16.28 종업원이 고용된 시점과 훈련을 마친 시점 사이의 기간에 급여와 제수당이 지급되었지만, 아무것도 생산되지 않았다. 이 비용은 이 장에서 설명한 어떤 항목으로 구분되어야 하는가?

16.29 산업계에서 준정형가공을 실행하려는 이유는 무엇인가? 몇 가지 예를 들어라.

16.30 그림 16.4에서 다음 공정의 위치를 찾아라.
(1) 센터리스연삭 (2) 전해가공
(3) 화학밀링 (4) 압출

16.31 경험과 관찰에 근거하여, 지난 수년간 크기, 모양, 무게가 변해온 제품을 들고 언급하여라.

16.32 16.9.2절에서, 오늘날의 가공환경에서 비용을 분석해보면 설계비용은 전체비용의 5%라고 한다. 이 제안이 합리적인 이유를 설명하여라.

16.33 다음 경우의 예를 나열하여라.
(1) 일회용 제품
(2) 재사용 제품
예로부터 관찰된 바를 논하고, 재사용가능한 제품을 많이 만들려면 어떻게 해야 하는지 설명하여라.

16.34 제품의 수명주기평가에 대한 자신의 관심을 기술하여라.

연습문제 *PROBLEMS*

16.35 한 제조업체가 볼베어링 레이스를 링압연으로 제조한다(그림 6.43 참조). 내면의 표면정도는 0.10± 0.06 μm로 지정되었다. 링압연된 레이스를 측정하였더니, 평균거칠기가 0.112 μm, 표준편차는 0.02 μm였다. 한 달에 5만 개가 제조되고, 결함 있는 레이스를 폐기하는 비용이 5,000원이다. 윤활제를 특수한 유화액으로 바꾸면, 평균거칠기가 설계사양과 같아진다고 한다. 윤활제를 바꾸는 데 한 달에 얼마까지 추가비용을 쓸 수 있는가?

16.36 문제 16.35의 자료에서, 윤활제를 바꾸면 가공공정에서 0.10 ± 0.01 μm를 달성할 수 있다고 한다. 윤활제를 바꾸는 데 월간 얼마나 사용할 수 있는가? 윤활제를 바꾸는 데 비용이 들지 않는다면 어떻게 되는가?

16.37 이 장의 내용에 대해 학생들에게 퀴즈문제를 낸다고 하자. 정량적인 문제 세 개와 정성적인 문제 세 개를 만들고, 답안을 제시하여라.

설계문제 *DESIGN*

16.38 표 16.7은 금속과 그 합금에 대한 가공공정을 나타내고 있다. 이 책에 주어진 정보와 다른 출처의 자료에 기초하여, 세라믹, 플라스틱, 강화플라스틱, 금속모재 및 세라믹모재 복합재료 같은 비금속재료들에 대하여 유사한 표를 작성하여라.

16.39 그림 1.3을 검토하고, 두 순서도와 관련한 자신의 견해를 말하여라. 수정하고 싶은 부분이 있다면, 어떤

부분이며 그 이유는 무엇인가?

16.40 지난 수년 동안 다이얼식 전화기, 아날로그 라디오, 전축, 진공관 같은 수많은 제품들이 사용되지 않게 되었다. 이에 반해, 신제품들이 시장에 출현하고 있다. (1) 진부하여 사용되지 않는 제품들과 (2) 신제품들에 대한 종합적인 목록을 작성하여라. 이 목록에서 알 수 있는 변화에 대하여 언급하여라. 신제품을 만들기 위해 가공방법과 시스템이 어떻게 진화해왔는지 논의하여라.

16.41 가정용품 중에서 세 가지를 선정하여 최근 10년간 가격의 변화를 조사하여라. 가격이 변동하게 된 이유를 논의하여라.

16.42 그림 2.2a는 원형단면을 가진 전형적인 인장시편을 나타낸다. 환봉에서 인장시험용 시편을 한 개만 만들고자 할 때 가공법과 가공기계를 선택하여라. 이 선택안의 장점과 한계점을 논의하고, 시편의 개수가 많아질 경우에 경제적인 생산을 위해 선택안을 어떻게 바꿀 것인지에 대하여 기술하여라.

16.43 표 16.3에는 몇 가지 재료의 상업적으로 가용한 형상이 나열되어 있다. 재료 납품업체를 접촉하여, 표에 다음 재료를 추가하여라.

(1) 티타늄 (2) 초합금 (3) 납
(4) 텅스텐 (5) 비정질금속

16.44 가정용품 중에서 세 가지를 선정하여 (1) 제품에 사용된 재료와 그 이유, (2) 제품의 가공법과 그 가공법을 사용한 이유에 대하여 알아보아라.

16.45 자동차의 후드를 열고 각 부품을 살펴본 뒤, (1) 정형가공, (2) 준정형가공으로 가공된 부품을 각각 몇 가지씩 들어라. 이들 부품의 설계와 가공법에 대하여 살펴보고, 제조업체가 준정형가공조건을 어떻게 얻었는지 언급하여라.

16.46 수공구나 사다리 같은 제품을 전문용으로 만들 때와 일반소비용으로 만들 때, 설계, 재료, 가공법, 조립방법 간에 차이가 있을 수 있는지에 대하여 말하여라.

16.47 그림 11.1에 나타낸 부품들을 분말야금 외에 어떤 방법으로(단독 혹은 조합하여) 만들 수 있는가? 이 방법은 경제적인가?

16.48 제7장에서 설명한 판재성형가공작업에 사용되는 프레스를 만드는 데 사용될 수 있는 생산 및 조립 방법에 대하여 논의하여라.

16.49 일부 절삭공정의 형상능력이 그림 8.40에 나타나 있다. 가공되는 각종 형상을 검사하고 대안이 될 수 있는 공정을 제안하여라. 이 제안에 영향을 주는 재료의 성질에 대하여 언급하여라.

16.50 그림 1.1에 나타낸 트랙터의 내연기관을 생각해 보자. 이 책에 소개된 주제에 근거하여, 내연기관의 부품 세 개를 골라서, 그들 부품을 자신이 제조할 때 사용할 재료와 공정을 설명하여라. 단, 해당 부품들은 매우 대량생산되는 부품으로, 품질, 완전성, 사용신뢰성을 유지하면서 최저가에 제조되어야 한다.

16.51 다음에 열거한 용도에 사용할 재료를 하나만 선택할 때, 나머지 재료에 대한 장단점을 논하여라. 또한 이들 제품이 정상사용에서 겪는 일반적인 조건에 대하여 논하여라.

(1) 의자-금속판재 : 강화플라스틱
(2) 크랭크축-주물 : 단조품
(3) 커넥팅로드-단조품 : 분말가공품
(4) 전등스위치 덮개판-금속판재 : 플라스틱판재
(5) 물주전자-유리 : 금속
(6) 허브캡-금속판재 : 주물
(7) 못-철강 : 구리
(8) 해머손잡이-목재 : 금속

16.52 문제 16.51에서 나열한 제품의 가공에 적합한 가공법들에 대하여 논의하여라. 추가공정이 필요할 것인지에 대하여 설명하여라. 추가공정이 필요하다면, 필요한 추가공정을 제안하고 그 이유를 설명하여라(코팅, 도금, 열처리, 마무리공정 같은).

16.53 다음에 열거한 제품을 만들고자 두 가공법 중 하나

를 선택할 때, 결정에 영향을 주는 요인에 대하여 논의하여라.

(1) 전기모터 하우징의 일부–사형주조 : 다이캐스팅
(2) 대형 베벨기어–기계가공 : 소성가공
(3) 캠–단조 : 분말가공
(4) 후라이팬–주조 : 판재 스탬핑
(5) 여름 야외용 가구–알루미늄 튜브성형 : 주철
(6) 공작기계 구조물–용접 : 주조
(7) 고강도용 나사–전조 : 기계가공
(8) 저가의 가정용 선풍기 날개–열성형 플라스틱 : 열경화성 플라스틱 몰딩

16.54 아래 그림은 철강판재 부품이다. 이 부품을 만드는 방법에 대하여 설명하고, 다음 경우에 가공공정을 바꿀 것인지에 대하여 논하여라.

(1) 부품개수가 10개에서 수천 개로 증가하는 경우
(2) 길이가 2 m에서 20 m로 늘어나는 경우

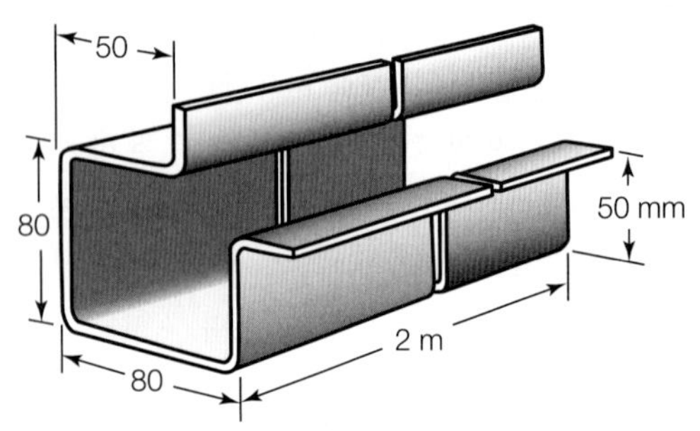

16.55 다음 그림은 탄소강 기어 세그먼트(부분 기어)를 나타낸다. 바닥의 작은 구멍은 이 부품을 스크루와 너트로 원형 축 주위에 고정하기 위해 만든 것이다. 이 부품의 가공공정 순서를 제안하여라. 다음과 같은 인자들의 영향을 고려하여라—부품 소요개수, 치수공차, 표면정도. 다음 공정들을 논의하여라—봉재로부터 절삭, 압출, 단조, 분말야금.

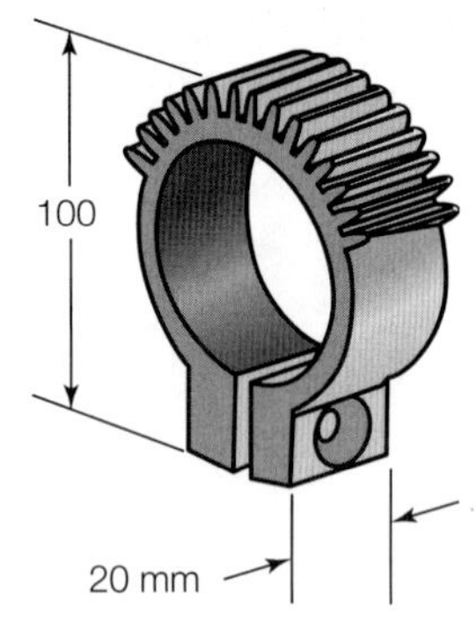

16.56 제품 속의 많은 부품들은 제품의 품질과 강건성에 큰 영향을 미치지 못하는 경우가 많다. 예를 들면, 자동차의 조수석 도구함(glove compartment)에 사용하는 힌지는 고객만족에 큰 영향을 주지 않으며, 도구함을 여닫는 횟수가 많지 않아서 강건설계를 쉽게 달성할 수 있다. 이러한 종류의 부품에 손실함수 같은 다구치방법을 사용할 것을 주장하겠는지 설명하여라.

16.57~16.60 제시된 그림들을 검토하고, 다음 사항들에 대한 견해를 기술하여라.

(1) 사용할 만한 재료들, 선택한 재료와 이유
(2) 가공공정과 선정이유
(3) 제안할 만한 설계변경

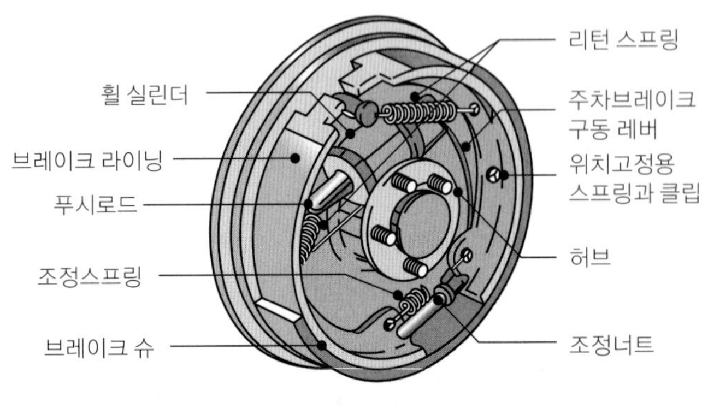

(a) 드럼식 브레이크

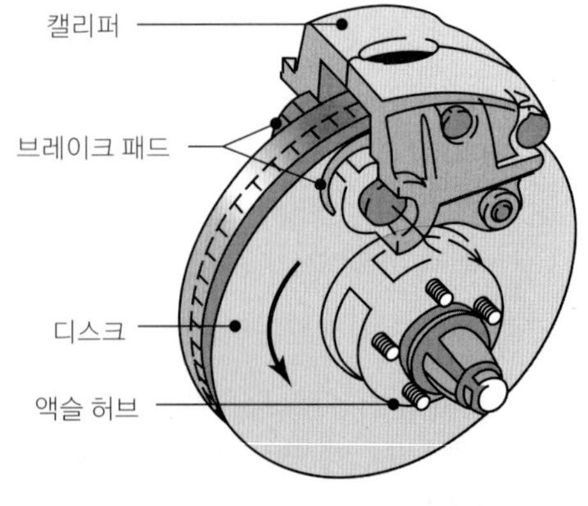

(b) 디스크식 브레이크

▲ 문제 16.57

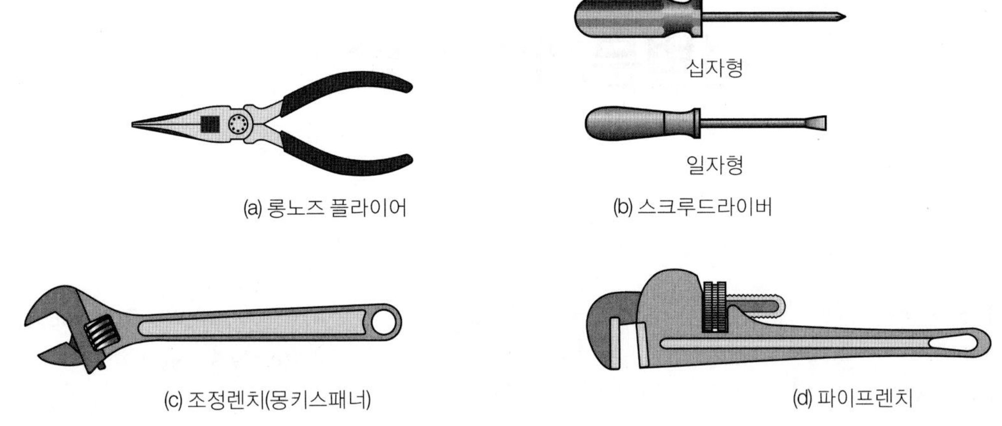

(a) 롱노즈 플라이어　(b) 스크루드라이버

(c) 조정렌치(몽키스패너)　(d) 파이프렌치

▲ **문제 16.58**

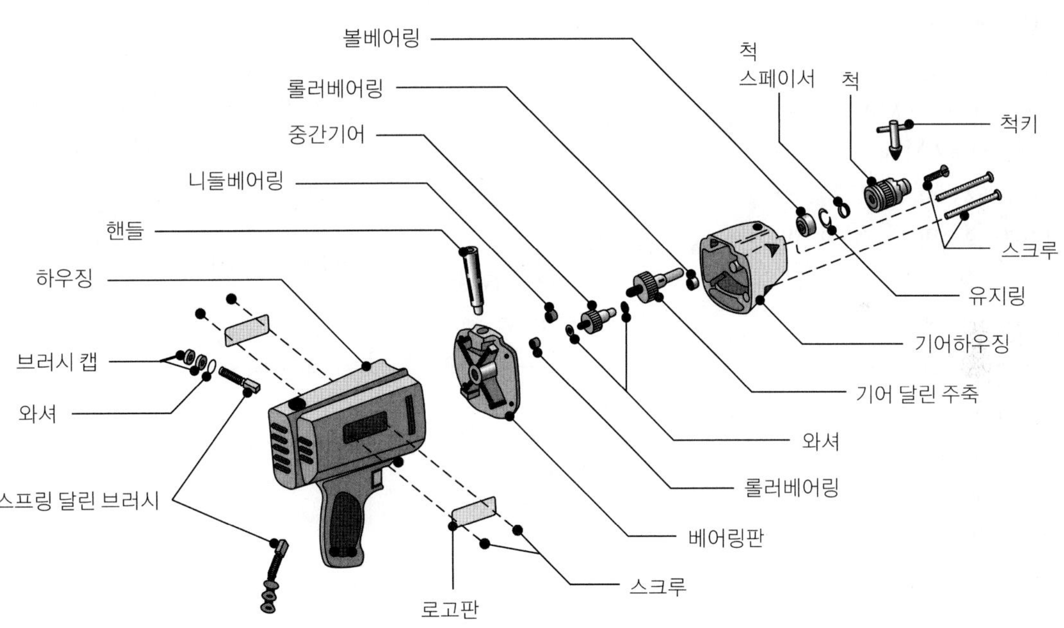

▲ **문제 16.59**

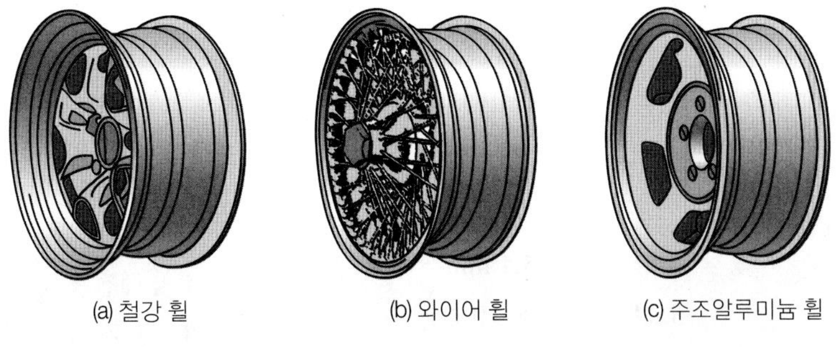

(a) 철강 휠　(b) 와이어 휠　(c) 주조알루미늄 휠

▲ **문제 16.60**

선별문제의 해답

2.47 $e_l = 155$, $e_d = -0.92$
$\epsilon_l = 5.043$, $\epsilon_d = -2.526$

2.48 $K = 626.5$ MPa

2.49 UTS = 340 MPa

2.50 UTS = 237 MPa

2.51 (1) $P = 3650$ N

2.52 $P = 8890$ kgf

2.55 $\sigma = -131.69$ MPa
$\tau = 131.69$ MPa

2.57 (1) 1562 Nm, (2) 2390 Nm
(3) 9978 Nm, (4) 6906 Nm

2.59 (1) $\epsilon = 0$

2.63 $P = 157$ kN

2.64 $l_f = 50.89$ cm

2.66 $l_f = 1.006$ m, $\Delta l = 0.006$ m

2.76 $D = 19.8$ mm

2.80 최대전단응력조건:
$P = 338$ kN
전단변형에너지조건:
$P = 389$ kN

2.82 (1) $\sigma_1 = 52.9$ MPa
(2) $\sigma_1 = 60.0$ MPa

2.83 강철판: $\Delta V = 70\ \text{mm}^3$
구리판: $\Delta V = 31\ \text{mm}^3$

2.84 $\epsilon_l = 0.654$

2.86 $h_f = 0.227$ cm

2.91 $\sigma_z = -380.0$ MPa이어야 하므로, $F_z = 152$ kN(압축)

2.92 (1) $\sigma = 284$ MPa
$e = 0.613$
(2) $\sigma = 458$ MPa
$e = 0.478$
(3) $\sigma = 268$ MPa
$e = 0.286$

2.94 전단변형에너지조건 $\sigma_1 = 125$ MPa, 최대전단응력조건 $\sigma_1 = 110$ MPa

2.95 $t = 0.23$ mm

2.97 (2) $Y = 90$ MPa
(3) $Y = 79.4$ MPa
(4) $\epsilon_3 = -0.6$

3.35 (1) 알루미늄:
$\tau_{이론} = 9.5$ GPa
탄소강:
$\tau_{이론} = 23.7$ GPa
텅스텐:
$\tau_{이론} = 43.6$ GPa
(2) 알루미늄:
$\sigma_{이론} = 7.9$ GPa
탄소강:
$\sigma_{이론} = 20$ GPa
텅스텐:
$\sigma_{이론} = 40$ GPa

3.36 $n = 7$

3.37 9.34백만 개

3.40 (1) $\delta = 6.5$ mm
(2) 알루미늄 2024-T4:
25.2 mm
청동: 23.2 mm
티타늄 99.5%:
25.1 mm

3.41 3.90×10^{15}개

4.57 (1) 0.90, (2) 0.866, (3) 1.0

4.60 9.9 mm

4.62 $h = 0.073$ mm

4.63 $d = 49.5$ mm

4.65 $UCL_{\bar{x}} = 52.933$
$LCL_{\bar{x}} = 47.067$
$UCL_R = 13.468$
$LCL_R = 0.546$

4.66 $UCL_{\bar{x}} = 41.556$
$LCL_{\bar{x}} = 39.444$
$LCL_R = 0.197$

4.67 $UCL_{\bar{x}} = 78.080$
$LCL_{\bar{x}} = 71.920$
$UCL_R = 17.77$
$LCL_R = 2.23$

4.68 $UCL_{\bar{x}} = 0.7243$
$LCL_{\bar{x}} = 0.6223$
$UCL_R = 0.1600$
$LCL_R = 0$

4.69 $\bar{x} = 0.6733$
중앙값 = 0.675
$\sigma = 0.0411$

4.70 정상적인 관리상태에 있음.

5.57 (1) $T_L = 1400$°C
(2) $T_S = 1372$°C
(3) 80%
(4) 액상
(5) 0

5.61 체결력 필요 없음.

5.68 $F_{고온챔버} = 506$ kN

$F_{저온챔버} = 394$ kN

5.69 (1) 30.39 cm
(2) 30.267 cm
(3) 30.78 cm

5.72 $P = 3.58$ kgf

5.76 $N = 405$ rpm

5.77 $d = 1.85$ cm

5.79 $v_2 = 223$ cm/s
$Q = 175.3$ cm^3/s

5.80 $d = 0.5$ cm, $t = 12$분

5.81 $t = 14.7$초

5.82 99.0 × 198.1 × 396 mm

5.83 $t = 624$초

5.84 $N = 710$ rpm

6.65 (1) 7056 J
(2) 8030 J
(3) 9004 J

6.66 (1) 79°C
(2) 90°C
(3) 101°C

6.67 $\gamma = 78.6$

6.69 $\mu = 0.5$

6.78 $F = 1.11$ MN

6.82 (1) $F = 110$ kN
(2) $\Delta h = 4.38$ cm
($h_f = 0.7$ cm)

6.83 $F = 155$ kgf

6.85 $V_f = 203.5$ m/min

6.98 $F = 1660$ kN
$T = 1365$ kN-cm

6.99 $x_n = 8.64$ mm

6.100 $F = 1.38$ kN, $P = 409$ kW

6.101 스탠드 3: 38%

6.102 스탠드 3 전방미끄럼 0%:
$V_r = 10.7$ m/s
전방미끄럼 10%:
$V_r = 9.73$ m/s

6.103 1360톤

6.105 $\Delta T = 601$ K

6.109 $F = 6.62$ MN

6.110 $P = 6.4$ kW

6.114 $D_f = 0.2794$ cm

6.115 $Y = 345$ MPa

6.121 식 (6.62): $F = 37.3$ kgf
식 (6.67): $F = 60.7$ kgf

7.65 (1) 0.51, (2) 0.22, (3) 0.13

7.66 $F_{max} = 19.58$ kN

7.67 $W = 3910$ J

7.68 $W = 4085$ J

7.69 $F = 143$ kN

7.71 $F = 7980$ N

7.72 외경 = 21.1 mm

7.74 $W = 58.2$ g

7.76 $F_{max} = 763.4$ kN

7.77 1.55

7.79 $D = 61.7$ mm

7.81 (1) 장축길이 5mm,
단축길이 3.5mm인 타원
(2) $t = 0.875$ mm

7.83 (1) $F = 34$ kN
(2) $n = 0.368$

7.85 $P = 21.86$ kW

7.87 평금형 $F_{max} = 79.3$ kN
베벨금형 $F_{max} = 19.95$ kN

7.88 일렬 블랭킹 32%
이열 블랭킹 26%

7.90 (1) $y = x^2/9$, (2) $d = 35.57$ cm

8.103 16% 증가

8.109 $\phi = 31.7°$, 정확한 값

8.110 (1) $\phi = 28.2°$
(2) $\mu = 0.533$
(3) $\gamma = 2.52$

8.111 $T_{알루미늄} = 244°C$
$T_{강} = 990°C$

8.112 $\Delta\beta = 1.5°$

8.113 $\phi = 27.3°$

8.114 83% 감소 필요

8.116 $f = 0.056$ mm/rev

8.117 (1) 330%, (2) 2120%

8.118 (1) 54분, 13.5분, 4.5분, 1.8분

8.120 $a = 0.34$

8.121 (1) 44초, (2) 25초

8.122 $t = 0.75$분
MRR = 3660 mm^3/s

8.123 $F_c = 71.67$ kg

8.124 MRR = 11.058 cm^3/min

8.125 $T = 1.40$ Nm

8.127 $t_c = 0.76$ mm

8.129 MRR = 130.65 cm^3/min
$t = 2.3$분

8.130 MRR = 60 mm^3/s
$t = 620$초

8.131 $t = 23.0$초

8.132 $t = 10.6$초

8.133 $N = 0.76$ rpm

8.135 67.7%

8.136 12%

8.138 MRR = 27,800 mm^3/min

8.140 (1) $t_o = 3.1$ mm

8.141 (1) 730°C

8.142 37 W

8.143 (1) 18.4분

8.146 $f_2 = (0.51)f_1$

8.148 $t = 11$초

8.149 (2) MRR = 110.6 cm^3/min

8.151 0.0025 mm 허용공차의 경우,
$\Delta T = 0.71°C$

8.152 $V_o = 91$ m/min

8.153 $V_o = 66.67$ m/min

9.58 $t = 4.2 \times 10^{-4}$ cm
$l = 0.227$ cm

9.65 (1) 9.8 N
(2) 14.7 N
(3) 38.5 N

9.66 $t = 4.17$분

9.67 $t = 81.83$분

9.68 $t = 6$초

9.71 (1) $N = 5600$ rpm
(2) $N = 4900$ rpm

9.72 $P_{알루미늄} = 1.68$ kW

9.73 (1) $\Delta T = 1117°C$
(2) $\Delta T = 1578°C$

9.74 $f = 11$ mm/s

9.79 $P = 13$ kW

9.80 (1) 3.2 mm
(2) MRR = 1.18 cm³/min

9.81 (1) $l = 1.94$ mm
$t = 0.0074$ mm
(2) $F_c = 597$ N

9.82 (1) $t_o = 13.9\ \mu s$
$F_{ave} = 56.7$ N

10.84 하중의 75%를 강화섬유가 지지

10.86 $t = 0.254$ cm

10.87 $A = 72{,}465$ Ns/m²
$n = 1.707$

10.88 $Q_d = 141{,}500$ mm³/s

10.89 $Q = 0.00833$ mm³/min

10.90 $N = 147$ rpm

10.91 $\theta = 17.6°$

10.92 $C_d = 0.116$ mm
$L_w = 0.19$ mm

10.93 $t = 29.4$초

10.94 $t = 1.7$시간

10.100 (1) 91%, (2) 61%

10.101 (1) $\sigma_f = 182$ MPa
$\sigma_m = 4.5$ MPa
(2) $\sigma_f = 122$ MPa
$\sigma_m = 19.5$ MPa

10.102 $E_m = 75$ MPa

11.59 $N = 973$백만 개

11.60 $V = 1770\ \mu m^3$

11.61 (1) SF = 15.17
(2) SF = 7.61

11.63 $V = 41.3$ m³

11.67 (1) $P = 27\%$
(2) $L_o = 23.23$ mm

11.68 (1) $P = 14\%$
(2) $L_o = 21.56$ mm

11.72 $\rho = 8.99$ g/cm³

11.74 $V = 185$ cm³

11.75 $F = 412$ kN, $V = 45$ cm³

11.78 $n = 4$인 경우,
UTS = 80.9 MPa
$E = 196.8$ GPa

11.79 $P = 1\%$인 경우,
$k = 0.693$ W/mK

11.80 $k_{ave} = 0.639$ W/mK

12.87 $H = 2940$ J

12.88 $\Delta T = 14{,}400°C$

12.92 (1) $\Delta T = 75°C$
(2) $\Delta T = 42°C$

12.93 $I = 792$ A

12.94 $I = 9.62$ kg-m²

12.96 (1) $F_{min} = 720$ N
$F_{max} = 1800$ N
(2) $F_{min} = 1350$ N
$F_{max} = 3375$ N

12.99 $v = 12.2$ mm/s

13.49 $Y_{500} = 90.0\%$
$Y_{300} = 83.3\%$

13.50 레지스트 87.5 nm
산화물 7 nm

13.51 266 nm

13.54 $t = 10.91$분

13.56 $F = 4.37 \times 10^{-17}$ N

13.57 (1) 언더컷 0.05 μm
측벽면 경사각 0.28°
(2) 5 μm, 26.6°
(3) 20 μm, 63.4°

13.58 KOH의 경우, 0.1 μm 및 0.05 μm

13.59 $t = 3$일

13.60 $t = 0.5\ \mu m$

13.62 $t = 150$초

13.65 (1) $v = 0.178$ m/s
(2) $v = 17.8$ m/s

14.52 문제에 주어진 조립품 $\nu = 11\%$, 그림 7.98의 조립품 $\nu \approx 100\%$

16.35 쓸 수 있는 추가비용 1000만원/월

16.36 쓸 수 있는 추가비용 3100만원/월

찾아보기

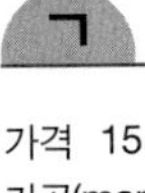

ㄱ

ㄹ

ㅁ

ㅂ

ㅅ

ㅇ

ㅈ

ㅊ

ㅋ

ㅍ

ㅎ

기타